Rudolf Winkler, Gaby Keller

Pilze Mitteleuropas

Haupt
NATUR

utunterseite
ruchtkörper

Hutunterseite mit Lamellen

→ 2. Stielporlingsartige
blösbaren Lamellen → 3. Dickröhrlingsartige
erablaufenden Lamellen und gelbem Fleisch in der Stielbasis → 3. Dickröhrlingsartige

veich
und stets faserig

Lamellen nicht wachsartig

«Sollbruchstelle»
rennbar

Lamellen nicht frei
Sporenpulver in verschiedenen Brauntönen bis schwarz
(Lamellen ausgewachsen nie weiß)

Sporenpulver weiß, braun, purpurbraun bis schwarz

/Stielbasis knollig verschiebbarer evtl. doppelter Ring
/Stiel beringt, -basis ohne Scheide, Hut oft schuppig
/gestiefelt, glimmerig, körnig oder schmierig, klein oder sehr groß
/Lamellen zunehmend schwarz, evtl. zerfließend und Stiel beringt

Kapitel 9
Agaricaceae,
Champignonverw.
(S. 436–476)

Sporenpulver dunkelbraun bis schwarz Fleisch dünn, brüchig

/oft in Brauntönen, auf Dung
/reifende Lamellen zunehmend fleckig
/Lamellen (Sporen) zunehmend schwarz, evtl. zerfließend und Stiel nicht beringt

Kapitel 10
Psathyrellaceae,
Faserlingsverwandte
(S. 478–501)

Sporenpulver hellbraun bis braun

lila-, grau- oder rostbraun

/Lamellen mit violettem Schein
/büschelig, auf Holz
/schuppig, auf Holz
/Hutoberfläche schleimig
/beringte Arten
/tränende Lamellen
/Rettichgeruch

Kapitel 11
Strophariaceae s. l.,
Träuschlingsähnliche
(S. 504–555)

/kegeliger Hut
/radialrissige Huthaut
/knollige Stielbasis
/seitlich oder im Scheitel auf Holz
/klein, auf Holz, Lamellen mit Oliv-Schein
/schuppig, auf Erde oder ziemlich klein

Kapitel 12
Inocybaceae,
Risspilzverwandte
(S. 558–608)

rostbraun

/Hut lebhaft gelb, auf Mist oder gedüngter Wiese
/häutige, kleine Arten

Kapitel 13
Bolbitiaceae,
Mistpilzverwandte
(S. 610–630)

/Schleier, Schleierreste
/groß, dickfleischig, Hut schleimig, seidig
/Hut und Stiel schleimig
/Farbe intensiv, matt
/anliegender, doppelter Ring

Kapitel 14
Cortinariaceae,
Schleierlingsverw.
(S. 632–703)

Fleisch sehr brüchig ohne Fasern

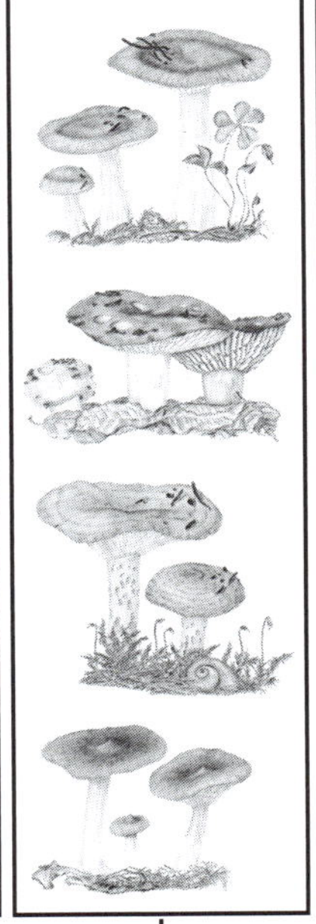

Kapitel 15
Russulales,
Täublingsartige
(S. 706–771)

Fruchtkörper

/becherförmig
/morchelartig
/spatel- oder zungenförmig bis kopfig
/geweihartig
/pustelartig
/vorwiegend unterirdische Knollen

Mikroskop:
Sporen reifen in Schläuchen (Asci)

Kapitel 16
Ascomycetes,
Schlauchpilze
(S. 774–953)

Rudolf Winkler, Gaby Keller

Pilze Mitteleuropas

3800 Pilzarten schrittweise bestimmen
2400 Farbfotos, 220 Illustrationen und 220 Mikrozeichnungen

Illustrationen: Margrith Montalta Graf
Mikrozeichnungen: aus Pilze der Schweiz von J. Breitenbach/F. Kränzlin

3., unveränderte Auflage

Haupt

Inhaltsverzeichnis

Vorwort

Als vor 30 Jahren mit der Systematik-Agenda 2000 ein Aufruf mit aller Dringlichkeit an die Wissenschaft und die Regierungen erging, das Leben auf unserem Planeten besser und schneller zu dokumentieren, damit die Mechanismen über Ursprung, Erhaltung und Verlust der Artenvielfalt besser verstanden werden können, erkannten viele, dass unsere Kenntnisse insbesondere zu Pilzen und Insekten sehr mangelhaft sind. In einigen Ländern konnten in der Folge Forschungsprojekte realisiert werden, um der Vision von einer brauchbaren Kenntnis zumindest der nationalen Artenvielfalt etwas näher zu kommen. Mit der breiten Etablierung von molekulargenetischen Methoden, Stichwort Barcoding, zeigte sich, dass die pilzliche Artenvielfalt auch in relativ gut untersuchten Regionen wie Mitteleuropa nochmals viel größer ist als vermutet worden war. Und es werden immer noch jährlich mehrere neue Pilzarten aus Mitteleuropa entdeckt und bekannte Arten als Artengruppen identifiziert. Mit den aufkommenden einfachen elektronischen Kommunikationsmitteln verbreitete sich zudem die «Bürgerwissenschaft», d.h. Pilzfreunde können ihre Beobachtungen, ihre Bestimmungen miteinander teilen und auf einer gemeinsamen Plattform speichern und damit die Wissenschaft stützen und ergänzen. Diese technischen Fortschritte lösten einen wahrlichen Boom nach Bestimmungshilfen aus.

Pilzsammeln zu Speisezwecken oder zur Freude am Entdecken der Artenvielfalt ist ein weit verbreitetes Freizeitvergnügen. Dazu aber werden Bestimmungswerke gebraucht. Auch die vielen Einzelbeschreibungen, die vielen Fotos im frei zugänglichen Internet vermögen ein Kompendium, ein umfassendes Bestimmungsbuch nicht zu ersetzen. Und angesichts des raschen Fortschrittes in den letzten Jahren ist der Bedarf nach einer aktuellen Übersicht groß.

Ausgehend von den Wünschen vieler Speisepilzsammler nach einem Bestimmungsbuch, das sich primär an makroskopischen und ökologischen Merkmalen orientiert, haben die beiden Autoren über die letzten Jahre versucht, ein solches zu schaffen. Dabei hat sich der Fokus immer mehr erweitert und sie haben eine eigentliche Mission entwickelt, den gegenwärtigen Stand der Artenvielfalt von Pilzen in Europa, insbesondere Mitteleuropa, aufzuzeigen und dabei die Prinzipien eines möglichst einfachen Bestimmungsschlüssels beizubehalten, nach dem Motto «Pilze mit und ohne Hut». In minutiöser Kleinarbeit haben die beiden die Basisinformationen zusammengetragen und aufbereitet. So bleibt zu wünschen, dass dieses Buch einen weiteren Meilenstein in der Systematikagenda setzt und mit einem klaren Aufbau hilft, den Einstieg in die Pilzartenvielfalt und damit zum großen Staunen über die vielfältige Ausdrucksweise von Leben zu erleichtern und zu fördern.

Beatrice Senn-Irlet

Autorin und Autor

Gaby Keller und **Rudolf Winkler** haben sich 2002 bei der Ausbildung von Pilzkontrolleur:innen kennengelernt. Gaby Keller wollte sich zur Pilzkontrolleurin ausbilden lassen. Rudolf Winkler war Gruppenleiter in diesem Kurs. Er ist ursprünglich Lehrer und mehrheitlich in der Naturpädagogik tätig. Sechs Jahre zuvor war sein Buch «2000 Pilze einfach bestimmen» erschienen. Die Biologin und Mittelschullehrerin Gaby Keller gab sich im Kurs als leidenschaftliche Nutzerin dieses Pilzbuches zu erkennen.

Rudolf Winkler entwickelte in den folgenden Jahren basierend auf diesem Buch ein Programm mit erweiterten digitalen Bestimmungsmöglichkeiten, baute die umfassende digitalisierte Diasammlung von Guglielmo Martinelli ein und bearbeitete das ursprüngliche Pilzbuch laufend weiter. Im Jahr 2011 gab Gaby Keller den Anstoß, im Rahmen eines Weiterbildungsurlaubs zu ihrer Lehrtätigkeit eine überarbeitete Neuauflage des Ursprungswerkes in Angriff zu nehmen. Damit war der Grundstein für eine sehr fruchtbare Zusammenarbeit von Anwenderin und Buchautor gelegt. Adrian Pabst, Grafiker beim AT-Verlag, entwickelte in der Folge eine geeignete Layout-Vorlage für das neue Buchprojekt. Diese erlaubte eine direkte, auf Form und Inhalt angepasste Entwicklung und Integration des Textes.

Aus der Überarbeitung des Ursprungswerks wurde zunehmend eine grundlegende Neubearbeitung. Durch die Weiterentwicklung sämtlicher Bestimmungsschlüssel, das Studium unzähliger wissenschaftlicher Publikationen und der gleichzeitigen Beschreibung weiterer Arten schraubte sich der Aufwand zunehmend in schwindelerregende Höhen! Die Überprüfung der Stammbäume und Arten anhand neuer Publikationen, die entsprechend notwendige Klärung der Kapitelordnung, die laufende Nachführung eines Quellenverzeichnisses, die Ergänzung von Artenbeschreibungen, das Bearbeiten und Einsetzen der Texte und Bilder, und viele formale und methodische Herausforderungen erforderten eine sehr enge Zusammenarbeit. Die Autorin und der Autor ergänzten sich in ihren Kompetenzen und überprüften laufend gegenseitig die individuell entwickelten Inhalte.

Das Erarbeiten des neuen Werks war geprägt von einem intensiven und kreativen Austausch im Zweierteam, sowohl in Bezug auf den Inhalt als auch auf die Form. Die Sichtweisen konnten sich im Laufe der Zeit durchaus ändern - Entscheidungen wurden aber immer übereinstimmend gefällt. Aus der gemeinsamen leidenschaftlichen Arbeit um Pilze wuchs eine Symbiose des Schreibens. Dank der wohlwollenden Unterstützung des engen Beziehungsumfelds von Familie, Partnerin und Partner, zahlreichen Fachleuten sowie Freund:innen und Bekannten liegen die «Pilze Mitteleuropas» nun nach 12 Jahren Arbeit fertig vor. Wir bedanken uns ganz herzlich bei allen Mitwirkenden, die zu diesem Werk beigetragen haben. Nachdem die erste Auflage in wenigen Monaten verkauft werden konnte, freuen wir uns, für 2024 eine neue Version im genau gleichen Umfang aber bereits mit zahlreichen kleinen Korrekturen anzubieten.

Liebe Leserinnen und Leser, wir wünschen Ihnen viel Freude und Erfolg beim Bestimmen von Pilzen mit unserem neuen Buch.

Fehraltorf und Zürich, 10. Februar 2024

Gaby Keller, Rudolf Winkler

Dank

Illustrationen und Zeichnungen

Makroskopische Illustrationen

Die Zeichnungen von **Margrith Montalta** aus Morissen illustrieren in jedem Unterkapitel die typischen Merkmale und Formen der jeweils beschriebenen Pilze. Sie hat sich ihre umfassenden Kenntnisse unter anderem durch genaues Beobachten und Zeichnen erworben. 1994 absolvierte sie die Prüfung zur Pilzkontrolleurin, ein Jahr später zur Handelspilz-Expertin, dann zur Notfallexpertin bei Pilzvergiftungen und in Hornberg die Prüfung zur Deutschen Pilzsachverständigen. Während des Kurses für angehende Pilzkontrolleure in Landquart lernte sie Rudolf Winkler kennen, welcher für die Illustrationen in seinem Buch «2000 Pilze einfach bestimmen» in ihr die passende Zeichnerin fand. Die äußerst informativen und ästhetischen Zeichnungen wurden für dieses Buch neu angefertigt, mit weiteren Arten wie Nichtblätterpilzen und vor allem auch Schlauchpilzen, ergänzt. Für die Zeichnungen hat Margrith Montalta frische Pilze, die sie zum Teil zur Bestimmung mikroskopiert hat, und das dazugehörende Substrat oder die Symbionten als Vorlage verwendet. Bestimmte wichtige Merkmale hat sie extra betont und die Pilze teilweise in verschiedenen Wachstumsstadien gezeichnet. Unterstützt bei der Pilzsuche wurde Margrith Montalta oft von ihrem Mann. Manchmal hat sie auch Skizzen und Notizen gleich vor Ort gemacht. Die Feldarbeit war nicht weniger aufwendig als das Zeichnen. Dabei war Margrith Montalta froh, stets von ihren Hunden begleitet worden zu sein.

Mikroskopische Zeichnungen

Die Mikrozeichnungen in jedem Unterkapitel stammen aus der Buchreihe «Pilze der Schweiz» Band 1–6 von **Josef Breitenbach** und **Fred Kränzlin** aus den Jahren 1981–2005, die wir mit freundlicher Genehmigung der Nachkommen von F. Kränzlin verwenden dürfen.

Diese einmalige Dokumentation mit Texten, Fotos und Mikrozeichnungen bleibt eine äußerst wertvolle Grundlage, auch wenn inzwischen viele Pilze in diesem Werk ihren Namen gewechselt haben oder neu überarbeitet worden sind. Es dürfte eine ganze, immer noch aktive Generation von Pilzbegeisterten sein, die mit diesem Werk aufgewachsen ist und damit erste Schritte in die Mikroskopie tätigen konnte. Die hier wiederverwendeten Zeichnungen dienen dazu, die beschriebenen und mit typischen makroskopischen Skizzen versehenen Gattungen und Gruppen auf der Ebene der Unterkapitel mit Zeichnungen der wesentlichen mikroskopischen Aspekte zu ergänzen. Mehrheitlich sind es Zeichnungen zu den Formen und Ornamenten der Sporen. Wo zur Unterscheidung von Bedeutung, sind es aber auch Skizzen zu Zystiden, zur Struktur der Huthaut oder zu Basidien und Asci. Die Bilder wurden aus den Büchern eingescannt und es wurden passende Ausschnitte zusammengestellt. Eine Übersicht an Beispielen zu verschiedenen Formen und Fachbegriffen ist auf der zweithintersten Seite zu finden. Weitere Informationen zu den Büchern von J. Breitenbach/F. Kränzlin finden sich unter mykologia.ch.

Fotografische Abbildungen

Hinter den zahlreichen Farbbildern stehen verschiedene Fotograf:innen. Abbildungen von Pilzen sind nicht nur einfach ein Foto. Personen, die solche Bilder machen können, sind dafür viel unterwegs. Die geeigneten Objekte muss man zuerst einmal finden und bestimmen können. Der Zustand der Fruchtkörper und das Licht müssen stimmen und man muss sie geschickt und ästhetisch ansprechend gruppieren, damit die wesentlichen Merkmale sichtbar werden und die Tiefenschärfe ausreicht.

Ein großer Teil der Bilder stammt vom inzwischen leider verstorbenen **Guglielmo Martinelli**. Bereits im Buch «2000 Pilze einfach bestimmen» von 1996 stammten die meisten Fotografien von ihm. Alle, die ihn gekannt haben, wissen, wie oft und wie weit er stets unterwegs war, um seiner Leidenschaft für die Pilze nachzugehen und die Sammlung seiner Dias zu vervollständigen. Der Maurer und spätere Polier aus dem Bergamask lebte in Dietikon bei Zürich. Er hat seine Fotos alle als Dias gemacht und vor der Zeit von Internet und Digitalfotografie ein immenses Wissen über die Pilze und ihr Vorkommen erarbeitet. Für seine Fotos hat er die Pilze nach Hause genommen, ihre natürliche Umgebung in Kisten auf dem Balkon nachgestellt und unzählige Dias davon erstellt, die er laufend erneuerte. Seine Funde hat er an zahlreichen Ausstellungen und im Verein für Pilzkunde in Zürich regelmäßig einem breiten Kreis zur Verfügung gestellt. Er war Jahrzehnte als Pilzkontrolleur tätig. Da er selber die Pilze zum Essen gar nicht mochte, hatte er bei der Kontrolle gerne ein Körbchen mit guten Steinpilzen dabei. Erblickte er bei Kund:innen interessante Pilze für seine Sammlung, bot er zum Tausch einige seiner Steinpilze an.

Es durften Bilder von zahlreichen weiteren Fotograf:innen verwendet werden. Einige von ihnen aus der Schweiz waren ebenfalls bereits im Buch von 1996 dabei. Viele haben Abbildungen für den Verbreitungsatlas der WSL beigesteuert und sind über diesen Weg angefragt worden. Regine Balmer vom Haupt Verlag konnte den Kontakt zu Peter Karasch und Dr. Rita Lüder von der DGfM (Deutsche Gesellschaft für Mykologie e.V.) vermitteln. Nach einem Austausch in Stuttgart haben sie weitere Fotograf:innen aus Deutschland vermittelt, die nochmals sehr viele ausgezeichnete Fotos beisteuern konnten. Einige Personen sind auch direkt angefragt worden, ob sie passende Bilder beisteuern könnten.

Dr. **Ditte Bandini** ist Schriftstellerin, Indologin, Übersetzerin und *Inocybe*-Expertin. 2016 erhielt sie für ihre herausragende Arbeit bei der Erforschung der Risspilze *(Inocybe)* den Adalbert-Ricken-Preis. Ihr mykologisches Interesse hat Ditte Bandini eher spät entdeckt. Innert kürzester Zeit erarbeitete sie sich ein enormes Wissen und spezialisierte sich auf die Risspilze. Sie besitzt eine große Sammlung und konnte in den letzten Jahren mithilfe von DNA-Analysen und morphologischen Untersuchungen viele Neubeschreibungen von Risspilz-Arten publizieren. Auf ihrer Homepage inocybe.org stellt sie eine breite Auswahl aus dieser Sammlung vor.

Dr. **Stefan Blaser** durfte sich während des Botanikstudiums an der Universität Bern intensiv mit der Diversität holzbesiedelnder Pilze auseinandersetzen. Obwohl er dieser Pilzgruppe seit über 15 Jahren treu ergeben ist, freut er sich auch über alle anderen Pilze, die ihm begegnen. Er fotografiert gerne im Makrobereich unter Studiobedingungen und experimentiert seit einigen Jahren mit Focus Stacking.

Max Danz begann vor mehr als 40 Jahren mit einem größeren Fotoapparat und einem teuren Makroobjektiv Pilze zu fotografieren. Enttäuscht vom Resultat hörte er bald wieder auf und machte erst ab 1999 mit einer Digitalkamera weiter. Seit 2002 fotografiert er nun hauptsächlich Pilze, ungefähr alle fünf Jahre mit einer neuen Kamera, immer ohne Blitz und ohne direktes Sonnenlicht, am Standort mit Stativ.

Matthias Dondl ist Hobbymykologe und fotografiert seit 20 Jahren Pilze. Seit 2015 ist er auch im Vorstand des Vereins für Pilzkunde München e.V. aktiv. Sein besonderes Interesse gilt der Gattung *Cortinarius*.

Petra und **Werner Eimann** sind Mitglieder bei der Arbeitsgemeinschaft Pilzkunde Niederrhein (APN), bei der Bayerischen Mykologischen Gesellschaft (BMG) und der Deutschen Gesellschaft für Mykologie DGfM. Ihre Schwerpunkte liegen in der Natur- und Pilzfotografie und seit Längerem gilt ihr besonderes Interesse den Myxomyceten und Ascomyceten.

Silvia Feusi interessierte sich nach der bestandenen Prüfung als Pilzkontrolleurin mehr für die Mykologie als den Speisewert der Pilze. Die Natur und deren Zusammenhänge begeistern sie umfassend und sie beschäftigt sich neben der Mykologie vertieft mit Lichenologie und Botanik.

Gérard Frossard ist langjähriges Mitglied der Wissenschaftlichen Kommission des Verbandes Schweizerischer Vereine für Pilzkunde (VSVP). Er fotografiert Pilze und sein Name findet sich in diversen Publikationen.

Jörg Gilgen beschäftigt sich seit 1985 intensiv mit Pilzen, der Pilzfotografie und Pilzkartierung. Viele Jahre war er TK-Obmann im Verein für Pilzkunde Biberist und viele Jahre Präsident im Verein für Pilzkunde Oberburg. 1991 absolvierte er die Prüfung zum Pilzkontrolleur. Seit bald 20 Jahren betreut er die Pilzkontrolle der Stadt Burgdorf und der Gemeinde Oberburg. 1995 wurde er in die Wissenschaftliche Kommission des Verbandes Schweizerischer Vereine für Pilzkunde gewählt. Seit bald 30 Jahren amtet er an den schweizerischen Pilzbestimmer-Tagungen als Gruppenleiter und 21 Jahre war er Gruppenleiter an der VSVP-Studienwoche im Entlebuch. Besonders interessieren ihn kleine Ascomyceten; ca. 30 Arten sind in «Cryptogamica Helvetica 23, 2021» publiziert.

Christian Gold hat vor 10 Jahren seine Tätigkeit im Job als Gymnasiallehrer für Deutsch unterbochen und einen Kurs zur Trüffelsuche mit dem Hund besucht. Seither widmet er sich ganz diesem Thema und bietet selber Kurse an. Auf Trueffelsuche.de informiert er mit Bildern und Texten ausführlich über die bisher gefundenen Arten und verschiedenste Themen rund um die Trüffelsuche und -zucht.

Alois Iten war schon als Kind fasziniert von der Pilzwelt. Erst seit der Pensionierung findet er Zeit, sich intensiv damit zu beschäftigen. Er wurde Mitglied in zwei Pilzvereinen und bestand 2018 die Prüfung zum Pilzkontrolleur. Fast täglich im Wald, dokumentiert er seine Funde fotografisch, vorzugsweise in ihrem natürlichen Habitat.

Peter Karasch beschäftigt sich seit mehr als 40 Jahren intensiv mit Pilzen. Er ist seit 2008 mykologischer Fachberater und seit 2009 freiberuflich als Sachverständiger und Feldmykologe z.B. für den Nationalpark Bayerischer Wald tätig. Er ist seit mehr als 15 Jahren für die ehrenamtliche Pilzkartierung und Naturschutzfragen in Bayern und Deutschland zuständig und bildet PilzCoaches und Feldmykologen aus. Gemeinsam mit Andreas Gminder hat er das 2023 neu erschienene Kosmos «Handbuch Pilze» verfasst. Über seine pilzkundlichen Aktivitäten kann man sich u.a. auf pilzteam-bayern.de informieren.

Dr. **Rita Lüder** ist Biologin und seit ihrer Kindheit Pilz- und Naturbegeistert. Ihre Liebe zur Natur gibt sie in ihren Kursen, Publikationen, Zeichnungen und Fotos weiter. Neben dem «Grundkurs Pilzbestimmung» und «Pilze zum Genießen» hat sie weitere Pilzbücher und Lehrmaterialien wie Poster und Rätselpfade zum Kennenlernen der heimischen Natur verfasst. Zusammen mit Ihrem Mann Frank hat sie die Ausbildungen zum PilzCoach und zur Feldmykologie der DGfM (Deutsche Gesellschaft für Mykologie) ins Leben gerufen. Weitere Infos gibt es auf www. kreativpinsel.de.

Manfred Meusers zählte zu den besten westdeutschen Hobbymykologen seiner Zeit und beschäftigte sich vorwiegend mit der Bestimmung von Porlingen, Blätterpilzen inklusive der Sprödblättler und deren Fotografie. Zu seinen herausragenden Fähigkeiten gehörte die Erstellung von Bestimmungsschlüsseln auch für größere Gattungen.

Hans-Peter Neukom ist seit mehr als 30 Jahren Pilzkontrolleur für die Gemeinde Küsnacht im Kanton Zürich. Er war mehr als 20 Jahre im Vorstand der Schweizerischen Vereinigung amtlicher Pilzkontrollorgane VAPKO tätig und während 8 Jahren Präsident beim Verein für Pilzkunde Zürich. Seit 13 Jahren ist er im Vorstand der Schweizerischen Trüffelvereinigung (STV). Er ist Mitautor des Pilzbuches «Pilze Champignons Fungi», erschienen 2001 beim AT-Verlag und Verfasser von Pilzartikeln in verschiedenen Medien.

Xaver Schmid war einer der ersten Pilzlehrer der Autorin und des Autoren dieses Buches. Er hat während mehr als 30 Jahren sein Fachwissen für die Ausbildung von Pilzkontrolleur:innen in der Schweiz zur Verfügung gestellt, war viele Jahre Leiter der Pilzbestimmung im Verein für Pilzkunde Zürich und hat schon früh Pilze fotografiert. Er hat sich auch beruflich mit der Zucht und dem Handel von Pilzen beschäftigt. Bei seiner Tätigkeit in der Kontrolle von Handelspilzen ist er mit Importen aus der ganzen Welt in Kontakt gekommen und hat z. B. auch bei Besuchen in China das Sammeln und die Verarbeitung der Pilze in der chinesischen Kultur kennengelernt.

Dr. **Matthias Theiss**, Jahrgang 1960, ist Facharzt für Urologie im Ruhestand in Biedenkopf, Deutschland. Als Pilzsachverständiger der Deutschen Gesellschaft für Mykologie (DGfM) liegt sein Schwerpunkt seit vielen Jahren auf der Pilzfotografie. Er arbeitet mit an verschiedenen nationalen und internationalen Kartierungsprojekten in deutschen und europäischen Nationalparks und publizierte in verschiedenen Laien- und Fachzeitschriften, wie Tintling, Mycologia Bavarica und der Deutschen Zeitschrift für Mykologie. Von ihm stammen Texte und Fotos für den Pilz des Jahres 2009 und 2015 in Deutschland. Weiter verfasste er für zwei lokale Tageszeitungen mehrjährige Serien mit Pilzporträts. Für seinen umfassenden Artikel über den Wiesen-Champignon erhielt er 2018 den Medienpreis der DGfM.

Lotte Wegmann ist von den Pilzen fasziniert seit ihrer Kindheit, allerdings nicht als Nahrungsmittel – ihre Eltern kannten die Pilze zu wenig gut – sondern aufgrund ihrer Farben und vielfältigen Formen. Mit dem genauen Betrachten und Bestimmen, begann sie jedoch erst viele Jahre später. Eine Phase mit eingeschränkter Mobilität brachte sie dazu, in den ihr zugänglichen kleinen Waldstücken alles abzusuchen, was dort an Pilzen gedieh. Damit stieg sie direkt auch in die Welt der kleinen Pilze ein. Bald kam ein Mikroskop zum Einsatz und mithilfe von Büchern, Online-Foren und Pilzvereinen erarbeitete sie sich rasch ein großes Wissen. Völlig selbstverständlich wurden die Pilze jeweils vor dem Pflücken am Standort fotografiert.

Karl Wehr beschäftigt sich seit mehr als 40 Jahren mit der Bestimmung, Fototografie und der Erfassung von Pilzen. Er ist Vorsitzender der Arbeitsgemeinschaft Pilzkunde Niederrhein (APN) und Landeskoordinator für Pilzkartierung in Nordrhein-Westfalen.

Björn Wergen, ursprünglich aus Nordrhein-Westfalen, hat schon im Alter von 7 Jahren mit den Großeltern im Wald die Welt der Pilze entdeckt. Sie zeigten ihm die intensive Blaufärbung des Hexenröhrlings, die beeindruckende Größe von Steinpilzen und die Schönheit der Fliegenpilze, und schon war er angesteckt. Im Alter von 16 Jahren wurde er zum jüngsten Pilzsachverständigen seiner Zeit und begann mit der Fotografie von Pilzen. 2014 bekam er den Adalbert-Ricken-Preis für seine Arbeit auf dem Gebiet der Schlauchpilze und für die Kartierung in Deutschland und Österreich. Seit dem 1. Oktober 2015 ist er der Leiter der Schwarzwälder Pilzlehrschau, pilzzentrum.de.

Markus Wilhelm beschäftigt sich seit etwa 50 Jahren mit Pilzen, eher mit den *Agaricales*, aber auch immer mehr mit den *«Aphyllophorales»*. Generell aber sind ihm alle Pilze, auch Schleimpilze, wichtig. Er sieht sich hauptsächlich als Fotograf, die Arten sollen möglichst gut dokumentiert werden. Verschiedene Beiträge, wie z. B im Tintling, in der Schweizerischen Zeitschrift für Pilzkunde (SZP) und in anderen Zeitschriften sowie auch in Pilzbüchern enthalten Fotos von ihm. Markus Wilhelm ist Mitglied im Verein für Pilzkunde Basel und in der Wissenschaftlichen Kommision des verbands Schweizerischer Vereine für Pilzkunde (VSVP).

Uwe Winkler ist seit 20 Jahren als Hobby-Mykologe tätig. Der Schwerpunkt seiner Interessen liegt bei den Gattungen *Cortinarius* und *Russula*.

Erich Zimmermann befasst sich, nebst der Faszination durch die Mykologie, seit vielen Jahren mit Flechten bewohnenden Asco- und Basidiomyceten und hat schon mehrere neue Arten publiziert.

Ein bis zwei Bilder beigesteuert haben weiter **Hans Bender, Guido Bieri, Romano De Marchi, Silvia Eggli Christen, Chantal Hinni, Michael Krikorev, Jürgen Marqua, Maria Neuhäusler, Raphael Rickmann, Urs Roffler, Geert Schmidt-Stohn, Gerhard Schuster, Martin Urben** und **Waldschutz Schweiz, WSL.**

Textbeiträge, kritische Durchsicht, diverse Unterstützung

Dr. **Beatrice Senn** hat das ganze Buch durchgesehen, zahlreiche Hinweise auf Schwachstellen und Verbesserungsmöglichkeiten gemacht, fehlende Bilder zur Verfügung gestellt sowie das Vorwort geschrieben. Sie hat während Jahrzehnten wissenschaftliche Publikationen verfasst und an der Eidgenössischen Forschungsanstalt für Wald, Schnee und Landschaft WSL das Daten- und Informationszentrum der Schweizer Pilze SwissFungi sowie den Verbreitungsatlas für Pilze in der Schweiz aufgebaut.

Von Dr. **Andrin Gross** stammt das Kapitel zum Artenschutz mit der Schilderung der Aktivitäten in der Schweiz und Verweisen auf Erkenntnisse in Deutschland und Österreich in der Einleitung. Seit 2018 hat er die Leitung von SwissFungi an der WSL übernommen. Zusammen mit Dr. Stefan Blaser hat er das Buchprojekt seitens der WSL von Anfang an begleitet und mit Beratung geholfen sowie Bilder und Daten zur Verfügung gestellt. Andrin Gross ist seit seiner Kindheit von Pilzen fasziniert und konnte sein langjähriges Hobby zum Beruf machen, als er die Leitung von SwissFungi übernommen hat. Als Mitglied im Natur- und Vogelschutzverein Birmensdorf und als Vorstandsmitglied von BirdLife Zürich (2010–2016) engagiert er sich seit seinem Biologiestudium aktiv für den Naturschutz. Er ist seit 2018 Mitglied im Verein für Pilzkunde Zürich und seit 2022 Kassier der International Mycological Asscociation IMA.

Dr. **Artemis Treindl** arbeitet als wissenschaftliche Mitarbeiterin bei SwissFungi und befand sich am Anfang ihres Biologiestudiums als die Mykologie sie gepackt und nicht mehr losgelassen hat. Im Zentrum ihrer wissenschaftlichen Arbeit stehen seither stets die Pilze, ihre Vielfalt, ihre evolutionären Strategien und ökologischen Funktionen. Im Artikel zur Bestimmung einer neuen Art beschreibt sie ihr Vorgehen, wie sie damals noch als Doktorandin die Funde von *Amanita intermedia* analysiert und festgestellt hat, dass es sich dabei um eine neue Art handeln muss.

Dr. **Simon Egli** war an der WSL tätig und befasste sich mit der Erforschung von Mykorrhizapilzen. Er hat die Texte unter diesem Blickwinkel kritisch durchgesehen und Ergänzungen angebracht.

Wir bedanken uns bei vielen weiteren Leuten, die uns unterstützt haben. **Zoltàn Kaszàs** für die Beratung in Sachen Betonung der wissenschaftlichen Pilznamen, **Nicolas Winkler** für die Einrichtung und Wartung einer Datencloud. Den Instruktorinnen und Instruktoren der Schweizer Vereinigung amtlicher Pilzkontrollorgane und zahlreichen Vereinen für Pilzkunde für die Arbeit mit den Vorabdrucken und Rückmeldungen aus der Praxis.

Für die großzügige finanzielle Unterstützung bedanken wir uns beim BAFU und für die Begleitung des Projektes durch den Haupt Verlag bei **Patrizia Haupt, Martin Lind** und aus der Anfangszeit, **Regine Balmer**.

Wir bedanken uns ebenfalls bei der **Eidg. Forschungsanstalt für Wald, Schnee und Landschaft WSL**, die mit ihren bereits erwähnten aktiven und ehemaligen Mitarbeiter:innen das Buchprojekt begleitet und unterstützt hat.

2. korrigierte Auflage

Wir bedanken uns herzlich für zahlreiche lobende Rückmeldungen, wie auch für Hinweise auf Unstimmigkeiten in der ersten Auflage.

Speziell erwähnen möchten wir die Unterstützung von Uwe Winkler mit einer kritischen Durchsicht von Kapitel 14 *Cortinariaceae*, Schleierlingsverwandte und von Björn Wergen für jene von Kapitel 16 *Ascomycota*, Schlauchpilze. Dank ihnen konnten viele Präzisierungen und teils bessere Bilder eingefügt werden. Die Seitenzahlen und Artnummern blieben aber auch in diesen Kapiteln unverändert.

Einleitung

Die Wärme der Morgensonne breitet sich im feuchten Wald aus; es riecht unvergleichlich nach Walderde, Pilzen und Kräutern. Ein frisch wachsender Steinpilz, der sich ins Licht rückt, und dieser Tag beginnt für eine Mehrheit der Waldgängerinnen oder Waldgänger mit Glücksgefühlen.

Steinpilze bilden ihre Fruchtkörper nur an ganz bestimmten Orten und während kurzer Zeitfenster. Auch bringt nicht jeder Morgen wärmende Sonnenstrahlen und leider steht den meisten Menschen schon gar nicht so oft Zeit und Muße zur Verfügung, sich auf die Suche nach solchen Erlebnissen zu machen.

Mit wachsender Kenntnis von Pilzen steigt aber die Wahrscheinlichkeit, in verschiedensten Lebensräumen Pilzarten zu begegnen, die durch ihre Besonderheiten zum Erlebnis werden. Wer durch die Natur streift und zahlreiche Lebewesen mit einem Namen ansprechen kann, der wird auch immer mehr von diesen Organismen angesprochen. An jeder Ecke melden sich alte Bekannte, geben Hinweise auf ihre besonderen Standorte, bieten eine Einladung zum Sammeln einer Menübeilage, und ab und zu zeigt sich eine Seltenheit in einer ganz besonderen Nische. Das füllt auch trübe Tage fern von Steinpilzgebieten und -zeiten mit Momenten der Freude. Selbst Düngerlinge auf einem Misthaufen (Abb. 1) beleben eine schöne Berglandschaft mit dem vertrauten Gruß alter Bekannter.

Pilzkenntnisse machen die belebte Natur vertraut; man verwächst mit ihrer Vielfalt und ihren Zusammenhängen. Diese Verbindung lässt sich auch mit Pflanzen, Tieren oder geologischen Kenntnissen erreichen. Aus der Konzentration auf ein Thema wachsen meistens auch Beziehungen in andere Bereiche.

Immer mehr zeigen sich Pilze als die großen Meister der Vernetzung und sind so eine wunderbare Basis zum Verständnis von Zusammenhängen und Kreisläufen. Die Betrachtung von Symbiosen, vom Abbau und der Wiederverwertung von Rohstoffen hat vielleicht zu lange ein Nebendasein gefristet. Mit zunehmenden Abfallbergen und der Erkenntnis, dass die irdischen Ressourcen nicht unerschöpflich sind, rückt diese Stärke der Pilze in den Fokus der Aufmerksamkeit. Hoffentlich führt das wachsende Interesse zu entsprechenden Fortschritten in der Rückgewinnung von Rohstoffen, zum Nachbau der Effizienz von natürlichen Kreisläufen, zu wertvollen Weiterentwicklungen in der Medizin und vielem mehr.

Abb. 1: Eine Ansammlung von *Panaeolus semiovatus*, Ring-Düngerlinge auf dem letztjährigen Mist auf einer Alpweide.

Für wen ist dieses Buch gedacht?

Für den ersten Kontakt zum Bestimmen von Pilzen dürfte das Buch zu detailliert und zu umfangreich sein. Es richtet sich an Leute mit fortgeschrittenem Interesse und begleitet den schrittweisen Aufbau eines vertieften Überblicks zu den verschiedenen Formen von Pilzfruchtkörpern, ihren Lebensräumen, Ähnlichkeiten, Unterschieden und Verwandtschaften. Das Buch bleibt so lange ein wertvoller Begleiter, bis man sich die Strukturen und Ordnungen eingeprägt hat.

Mit dem erarbeiteten Überblick ist der Weg offen, sich mit Monografien in Teilgebiete zu vertiefen oder sich laufend erscheinenden wissenschaftlichen Publikationen zuzuwenden. Im Wechsel zwischen genauer Betrachtung von Details und dem Einordnen in ein Gesamtgefüge lassen sich die Pilzkenntnisse immer weiter entwickeln.

«Pilze Mitteleuropas. 3800 Pilze schrittweise bestimmen» begleitet fortgeschrittene Einsteigende bis zu ihrem Interesse an Spezialgebieten

Einfache Pilzführer mit 200–300 Arten

«Pilze Mitteleuropas» mit Schlüsseln und 3800 Arten

Monografien, wissenschaftliche Publikationen

Umfang

Das vorliegende Buch ermöglicht die Bestimmung von gut 3800 Pilzarten mit Fruchtkörpern, die mit bloßem Auge wahrnehmbar sind und in den inneren, zentralen Gebieten Europas vorkommen. Arten, die nur im mediterranen Klima oder in Küstengebieten gedeihen, werden nur vereinzelt erwähnt. Die Gebirgsarten aus den Alpen sind eher berücksichtigt; der Fokus ist jedoch auf mittlere Lagen in der Schweiz, Deutschland, Österreich, aber auch den Norden Frankreichs sowie Italiens und angrenzende Gebiete mit ähnlicher Vegetation gerichtet.

Das Buch ist in 16 Kapitel unterteilt, die für einen ersten Überblick in 6 Gruppen betrachtet werden können. Bei den ersten 5 Gruppen und damit den ersten 15 Kapiteln handelt sich um Ordnungen der Abteilung *Basidiomycota*, Ständerpilze. Das letzte Kapitel befasst sich mit der Abteilung *Ascomycota*, Schlauchpilze. Zur Bedeutung der Rangstufen und zur Einordnung dieser Gruppen in den Stammbaum der Lebewesen und die weitere Aufteilung in Familien und Gattungen siehe den Abschnitt «Rangstufen und Endungen».

·*Basidiomycota*, Ständerpilze	Kapitel
·*Aphyllophorales*, Nichtblätterpilze	1
·*Polyporales* p. p., Stielporlingsartige und ähnliche Ordnungen	2
·*Boletales*, Dickröhrlingsartige	3
·*Agaricales*, Blätterpilze (Weiß-, Rosa-, Braunsporer)	4–14
·*Russulales*, Täublingsartige	15
·*Ascomycota*, Schlauchpilze	16

Das Buch hat zwei Gerüste. Das Grundgerüst mit den 16 Kapiteln folgt weitgehend dem Stand der Systematik, also der Ordnung aufgrund der Verwandtschaft. Ergänzend zu dieser Systematik gibt es mit der Struktur der Schlüssel ein zweites Gerüst, welches die Pilze nach gemeinsamen, möglichst gut wahrnehmbaren Eigenschaften ordnet. In vielen Fällen sind Pilzarten mit großer Ähnlichkeit auch nahe verwandt. Die Schlüssel vergleichen aber auch ähnliche Arten, welche nicht nahe verwandt und deshalb in unterschiedlichen Kapiteln beschrieben sind. Das lässt sich vergleichen mit dem bekannten Beispiel der Delfine. Im Schlüssel wären Delfine neben Fischen mit ähnlicher Form und dem gleichen Lebensraum aufgeführt. Aufgrund ihrer Systematik wären die Delfine dann aber in die Klasse der Säugetiere, deutlich abseits der Tiergruppen mit den Fischen, eingeordnet.

In den Anfangszeiten der Mykologie, bevor das Lichtmikroskop und inzwischen vor allem die molekulargenetischen Untersuchungen zur Bestimmung der Verwandschaft beitrugen, spielten ähnliche Erscheinungsformen eine viel größere Rolle. Eine «Erbschaft» aus diesen früheren Zeiten sind die *Aphyllophorales*, Nichtblätterpilze. Die Bezeichnung fasst *Basidiomycota*, Ständerpilze zusammen, welche weder Lamellen noch Röhren haben. Es sind Fruchtkörper mit Stoppeln, Leisten oder flacher Fruchtschicht und solche, die an andere Lebewesen erinnern, wie z. B. kartoffelartige Knollen oder korallen- bzw. tintenfischartige Gebilde. Bereits mikroskopische Untersuchungen ließen vermuten, dass z. B. die früher als *Gasteromycetes*, Bauchpilze bezeichneten Stäublinge, Boviste, Erdsterne usw. zwar ähnlich aussehen, jedoch unterschiedliche Verwandtschaften haben. Mit den erweiterten Mitteln der molekulargenetischen Untersuchungen werden die phylogenetischen, entwicklungsgeschichtlichen Verhältnisse immer klarer und es gibt die ehemalige Ordnung *Aphyllophorales*, Nichtblätterpilze in der Systematik nicht mehr.

Zum Kennenlernen der Pilze bleibt diese durch Beobachtung gewachsene Gruppierung jedoch hilfreich, weil man als Erstes immer noch die ähnlichen Knollen der verschiedenen «Bauchpilze» sieht und vergleichen möchte. Erst mit größerem Aufwand können mikroskopische Unterschiede einbezogen oder sogar molekulargenetische Sequenzen zu Hilfe genommen werden. Deshalb wird die ehemalige Ordnung *Aphyllophorales* hier in einem eigenen Kapitel behandelt, wie das auch in zahlreichen anderen Pilzbüchern gehandhabt wird. In den Schlüsseln dieses Kapitels werden die ähnlichen Formen verglichen und unterschieden, und sie weisen danach auf die entsprechenden Arten hin, die an verschiedenen Orten der systematisch gültigen Struktur eingeordnet sind. Die Schlüssel möchten also den Betrachter und die Betrachterin anhand der Beobachtungsfähigkeiten abholen, erst über gut feststellbare und danach auch verstecktere Merkmale schrittweise zum aktuellen Namen der Art und über deren Nummer zur Beschreibung am passenden Platz in der Systematik führen.

Systematik der Pilze

Geschichte und Ziel

Im Laufe der Erdgeschichte hat sich eine riesige Zahl von Lebewesen, darunter auch von Pilzen gebildet. Gewisse Gruppen haben sich vor langer Zeit auseinanderentwickelt. Deren Arten sind somit lediglich weit entfernt miteinander verwandt. Bei anderen Gruppen haben die gemeinsamen Vorfahren vor nicht allzu langer Zeit gelebt. Diese Arten sind nahe miteinander verwandt. Zeichnet man solche Aufspaltungen von Lebewesengruppen in Bezug auf die Zeit auf, so erhält man einen Stammbaum.

Die bisher gewachsene Struktur basiert wesentlich auf der Arbeit des Schweden Carl von Linné (1707–1778), der die binäre Nomenklatur in einem ersten umfassenden System der Lebewesen einführte. Seither besteht der wissenschaftliche Name einer Art aus zwei Teilen. Der erste Name nennt die Gattung (*Genus*), der zweite ist eine spezifische Bezeichnung für den Zusatz einer Art (Epitheton).

Die damals aufgestellte Ordnung innerhalb der Lebewesen wurde immer wieder verfeinert, bis zum heutigen Stand des Wissens. Zur Veranschaulichung folgen einige Schritte der Entwicklung.

Laurent de Jussieu (1748–1836) erarbeitete eine Systematik des Pflanzenreichs inklusive der Pilze und publizierte 1789 das Werk «Genera plantarum secundum Ordines naturales Disposita» (Pflanzengattungen, nach natürlicher Ordnung angeordnet). Georges Léopold Cuvier (1769–1832) veröffentlichte aufgrund seiner vergleichenden Anatomie 1817 die Publikation «Le règne animal distribué d'après son organisation» (Das Tierreich, aufgeteilt gemäß seinem Prinzip), welche eine erste Einteilung in sogenannte Hauptstämme des Tierreichs wie Wirbeltiere, Weichtiere, Strahlentiere und Gliedertiere beinhaltete. Ernst Haeckel (1834–1919) errichtete für die Bakterien das Organismenreich *Monera,* und Herbert F. Copeland (1902–1968) fasste die Einzeller mit echtem Kern zum Reich *Protoctista* zusammen. Robert H. Whittaker (1924–1980) löste das Reich der Pilze *(Fungi)* aus jenem der Pflanzen heraus. Die ehemaligen Protoctista wurden enger gefasst und neu als Protista bezeichnet. Damit wurden 5 Reiche für sämtliche Lebewesen geschaffen:

- *Prokaryota:* Organismen mit Zellen ohne Zellkern
- *Protista:* Einzeller mit Zellkern
- *Plantae:* Pflanzen
- *Animalia:* Tiere
- *Fungi:* Pilze

1990 haben Carl R. Woese, Otto Kandler und Mark L. Wheelis eine übergeordnete Aufteilung der Lebewesen in drei Domänen propagiert (Abb. 2):

- *Bacteria:* Bakterien
- *Archaea:* Archaeen
- *Eukarya (Eukaryota):* Eukaryoten

Da stets neue Erkenntnisse dazukommen, muss diese Einordnung jedoch ständig angepasst und die Systematik gemäß aktuellstem Kenntnisstand optimiert werden. Diese laufenden Anpassungen sollen die Herkunft und Verwandtschaft immer präziser abbilden, bringen aber auch Unruhe in die Bezeichnungen, da immer wieder Gruppen gespalten, neu benannt oder zusammengeführt werden müssen.

Wird (inzwischen meist mittels molekulargenetischer Untersuchungen) festgestellt, dass Individuengruppen, die bisher aufgrund von Ähnlichkeiten zusammengefasst wurden, von zwei oder mehr verschiedenen Ursprungsarten abstammen, so spricht man von einer polyphyletischen (mehrstämmigen) Gruppierung. Gemeinsame Merkmale, wie z. B. die unterirdische Knollenbildung, sind mehrfach in nicht nahe verwandten Gruppen entstanden – man spricht von analogen Merkmalen und bezeichnet derartige Entwicklungen als Konvergenz. Erkennt man ein Taxon, sei es eine Art, eine Gattung, eine Familie usw., aufgrund von Konvergenzen als Gruppierung, so muss es aufgetrennt werden. Umgekehrt sollen Arten, deren nahe Verwandtschaft bisher nicht erkannt wurde, entsprechend näher gruppiert und entsprechend benannt werden.

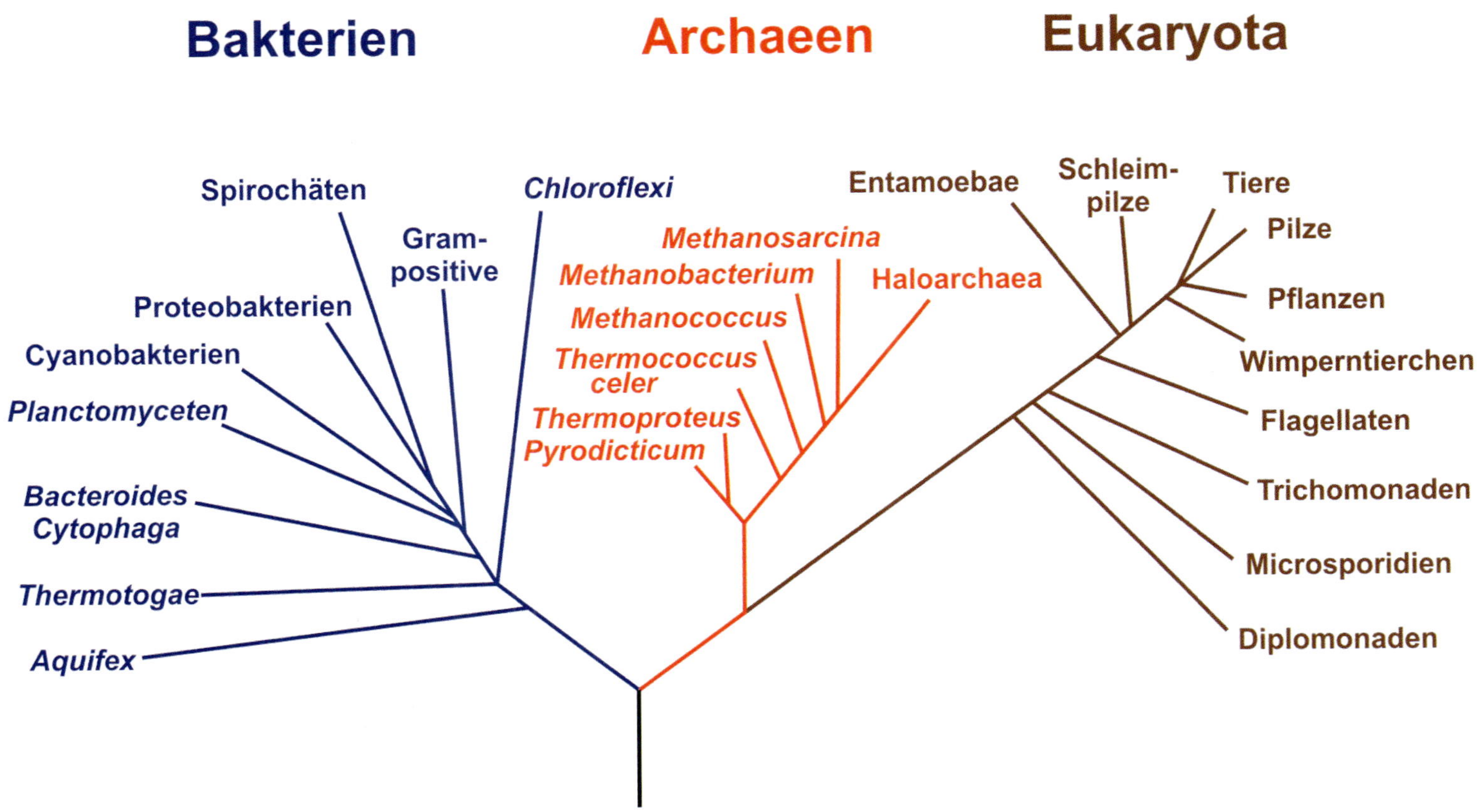

Abb. 2: Ein phylogenetischer Baum der lebenden Dinge, basierend auf RNA-Daten und von Carl Woese vorgeschlagen, zeigt die Trennung in die Domänen *Bacteria*, *Archae* und *Eukaryota*.

Die Anzahl der Pilzarten

Hawksworth & Lücking 2017 nennen als Schätzung 2,2–3,8 Millionen verschiedene Pilzarten. Gemäß Cheek et al. 2020 sind 148 000 Arten beschrieben und jedes Jahr kommen ca. 2000 weitere dazu. Das bedeutet, dass erst ca. 5 % der Pilzarten benannt und eingeordnet sind, was erahnen lässt, dass zukünftige Arbeiten im bestehenden Ordnungssystem weitere Veränderungen auslösen werden.

Zur Orientierung folgt hier eine Zusammenstellung der größeren systematischen Gruppen innerhalb und im Umfeld der Pilze. Ist bei einer Gruppe der Rang noch nicht klar, so wird die Bezeichnung «Klade» (clade) verwendet. Falls es sich um eine noch nicht klar festgelegte Einordnung handelt steht als Hinweis «incertae sedis».

Superreich/Domäne | Klade | Reich | Unterreich | Abteilung

- *Eukaryota*, Eukaryoten
  - *Opisthokonta* (Klade der Tiere und Pilze)
    - *Fungi*, Pilze
      - *Dikarya*
        - ***Ascomycota***, Schlauchpilze
        - ***Basidiomycota***, Ständerpilze
      - *Fungi (incertae sedis)*
        - *Blastocladiomycota*
        - *Chytridiomycota*
        - *Cryptomycota*
        - *Microsporidia*
        - ***Mucoromycota***
        - *Olpidiomycota*
        - *Sanchytriomycota*
        - *Zoopagomycota*
  - *Amoebozoa* (Klade innerhalb der Protisten)
        - ***Evosea***

Auch diese Struktur bildet lediglich den aktuellen Kenntnisstand ab, zeigt also eine Momentaufnahme. Ein laufend aktualisierter Stammbaum findet sich z. B. im Taxonomy Browser des National Center for Biotechnology Information (NCBI) ncbi.nlm.nih.gov/Taxonomy/Browser/wwwtax.cgi.

In diesem Buch geht es um Pilze aus den fett markierten Abteilungen, die fast ausschließlich dem Unterreich *Dikarya* mit den beiden Abteilungen *Basidiomycota*, Ständerpilze und *Ascomycota*, Schlauchpilze angehören. Einige wenige Hinweise gibt es auf Arten aus anderen Abteilungen des Reiches der Pilze. *Glomus macrocarpum*, Großfrüchtige Jochtrüffel gehört z. B. zur Abteilung *Mucoromycota* und dort in die Unterabteilung *Glomeromycotina*. Noch weiter entfernt ist ein Vertreter der Schleimpilze, *Lycogala epidendrum*, Blut-Milchpilz, welcher zur Klade der *Amoebozoa* in die Abteilung *Evosea* und die Klasse ***Eumycetozoa*** gehört und damit außerhalb des Reiches der Pilze eingeteilt ist.

Rangstufen und Endungen

Die Rangstufe eines Taxons kann man oft der Endung des Namens entnehmen. Diese Endungen, wie sie hier verwendet werden, sind im «International Code of Nomenclature» festgelegt.

Darin geregelt ist ebenfalls, dass für eine Art nebst der Gattung, welche im Namen enthalten sind, fünf weitere Stufen angegeben werden müssen. Diese sieben Pflichtstufen sind hier fett ausgezeichnet.

Rangstufe	Endung
·***regnum*, Reich**	
·*subregnum*, Unterreich	
·***divisio/phylum*, Abteilung**	***-mycota***
·*subdivsio*, Unterabteilung	*-mycotina*
·***classis*, Klasse**	***-mycetes***
·*subclassis*, Unterklasse	*-mycetidae*
·***ordo*, Ordnung**	***-ales***
·*subordo*, Unterordnung	*-ineae*
·***familia*, Familie**	*-aceae*
·*subfamilia*, Unterfamilie	*-oideae*
·*tribus*, Tribus	*-eae*
·*subtribus*, Untertribus	*-inae*

Ab der Stufe der Gattung gibt es eine Reihe weiterer Unterteilungen, die jedoch keine einheitlichen Endungen aufweisen.

- ·***genus*, Gattung**
- ·*sectio*, Sektion
  - ·*subsectio*, Untersektion
- ·*series*, Serie
  - ·*subseries*, Unterserie
- ·***species*, Art**
  - ·*subspecies*, Unterart
- ·*varietas*, Varietät
  - ·*subvarietas*, Untervarietät
- ·*forma*, Form
  - ·*subforma*, Unterform

Die obligatorischen Rangstufen am Beispiel von *Pluteus atromarginatus*, Schwarzschneidiger Dachpilz sind somit die Folgenden:

	Endung →	Rangstufe
·*Fungi*, Pilze		·Reich
·*Basidiomycota*, Ständerpilze	*-mycota*	·Abteilung
·*Agaricomycetes*	*-mycetes*	·Klasse
·*Agaricales*, Blätterpilze	*-ales*	·Ordnung
·*Pluteaceae*, Dachpilzverwandte	*-aceae*	·Familie
·*Pluteus*, Dachpilze		·Gattung
·*Pluteus atromarginatus*, Schwarzschneidiger Dachpilz		·Art

Regeln der Namensgebung

Wer legt die Namen der Pilze fest?

Das allgemeingültige Regelwerk zur einheitlichen Benennung von Pilzen ist der «International Code of Nomenclature». Die Namensgebung in diesem Buch basiert auf den aktuellen Anwendungen in den führenden Datenbanken, die sich grundsätzlich auf den «Shenzhen-Code» (Shenzhen Code; Turland et al. 2018; Abb. 3), den aktuellen Code aus der Schreibphase dieses Buches, stützen.

Bereits 1867 publizierte Alphonse de Candolle ein erstes Nomenklatur-Gesetz unter dem Titel «Lois de la Nomenclature Botanique» (De Candolle 1867, Abb. 4). Es gilt als erster Standard zur internationalen Regelung der Namensgebung. Seither sind in unterschiedlichen Abständen weitere «Laws», später «Rules» und seit 1950 «Codes» erschienen. Jeder Code löst den vorhergehenden ab und ersetzt jeweils alle vorgängigen Regelungen. Sie werden alle 5–6 Jahre überarbeitet. Der nächste Code wird das 20. Regelwerk sein und auf dem Austausch am International Botanical Congress Madrid im Jahr 2024 basieren. Die vereinbarten «Rules» und «Codes» wurden in ihrer Bezeichnung jeweils mit den Orten der entsprechenden Kongresse und dem Erscheinungsdatum versehen. Die Reihe der bisherigen Erscheinungen lautet: «Laws of botanical nomenclature» 1867; «Laws of botanical nomenclature», ed. 2 1883; «Vienna Rules» 1906; «Brussels Rules» 1912; «Cambridge Rules» 1935; «Amsterdam Code» 1950; «Stockholm Code» 1952; «Paris Code» 1956; «Edinburgh Code» 1961; «Montreal Code» 1966; «Seattle Code» 1972; «Leningrad Code» 1978; «Sydney Code» 1983; «Berlin Code» 1988; «Tokyo Code» 1994; «St. Louis Code» 2000; «Vienna Code» 2006; «Melbourne Code» 2012; «Shenzhen Code» 2018; geplant ist der «Madrid Code» 2024.

Beispiel aus der 1. Gesetzgebung zur Nomenklatur von 1867

«Article 59. Nul n'est autorisé à changer un nom sous prétexte qu'il est mal choisi, qu'il n'est pas agréable, qu'un autre est meilleur ou plus connu, qu'il n'est pas d'une latinité suffisamment pure, ou par tout autre motif contestable ou de peu de valeur.» *(Artikel 59. Niemand ist befugt, einen Namen unter dem Vorwand zu ändern, dass er schlecht gewählt ist, dass er nicht angenehm ist, dass ein anderer besser oder bekannter ist, dass er nicht in einem befriedigend reinen Latein verfasst ist oder aus anderen fragwürdigen Gründen oder von geringem Wert.)*

In diesem Gesetzesartikel aus dem Jahr 1867 (De Candolle 1867) zeigt sich der Bedarf, die Namensgebung zuverlässig zu regeln und zu verhindern, dass selbstbewusste Personen nach eigenem Gutdünken die von ihnen jeweils bevorzugten Namen durchzusetzen versuchen. In den Codes wurden auch die Regeln festgelegt, nach denen die Herkunft der Namen zu dokumentieren ist. Es soll bei jedem Namen einsichtig sein, wer ihn zum ersten Mal gültig beschrieben hat und wer ihn allenfalls neu kombiniert, also in eine andere oder neue Gattung eingeteilt hat.

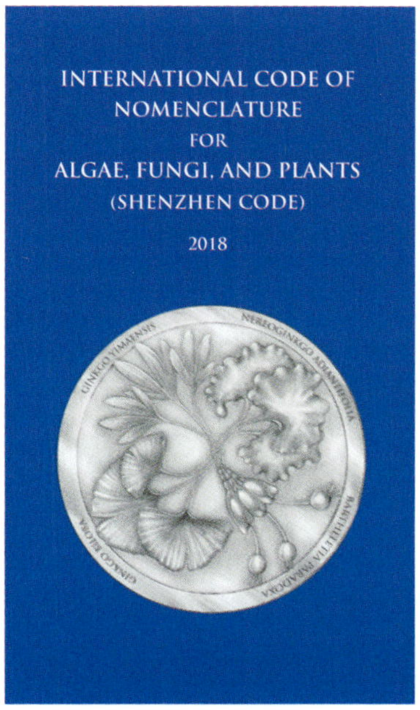

Abb. 3: Titelblatt des «Shenzhen Code» 2018. Turland et al. 2018

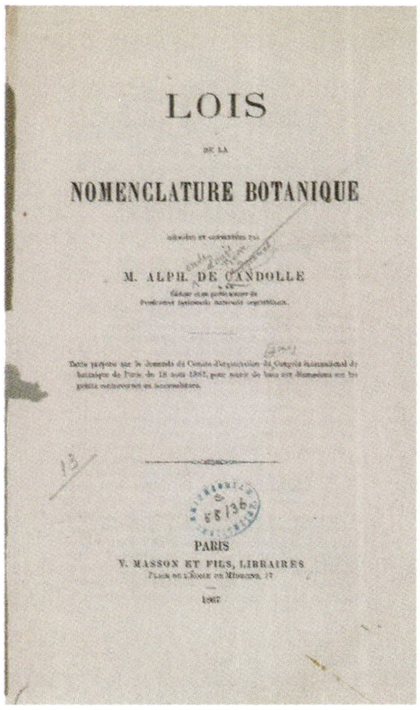

Abb. 4: Titelblatt von «Lois de la Nomenclature Botanique». De Candolle 1867

Aktuelle Regelungen nach dem Shenzhen Code von 2018

Der Startpunkt für die Gültigkeit wissenschaftlicher Namen ist der 1. Mai 1753 mit der Veröffentlichung von Carl von Linnés «Species Plantarum» (von Linné 1753, Abb. 5). Bereits früher verwendete Namen müssen nicht mehr berücksichtigt werden. Die späteren Werke von Persoon 1801 und Fries 1821–1832 spielen zusätzlich eine besondere Rolle. Sie sanktionieren seit Linné bis zu ihren Publikationen verwendete Namen, was bedeutet, dass die Schreibweise dieser Namen dadurch konserviert wird. Ausnahmen davon sind im «Shenzhen Code» in Art. 60 und F.9 festgelegt.

Sanktioniert sind Rostpilze, Brandpilze oder Bauchpilze, wenn sie von Persoon in «Synopsis methodica fungorum 1801» (Persoon 1801, Abb. 6) genannt wurden, und alle übrigen Arten (außer Schleimpilzen), wenn sie in Fries' «Systema mycologicum vol. 1–3. 1821 bis 1832» (Fries 1821, 1822 & 1832a, Abb. 7) mit «Index alphabeticus 1832» (Fries 1832b) «Elenchus fungorum, vol. 1–2. 1828» (Fries 1928, Abb. 8) publiziert worden sind.

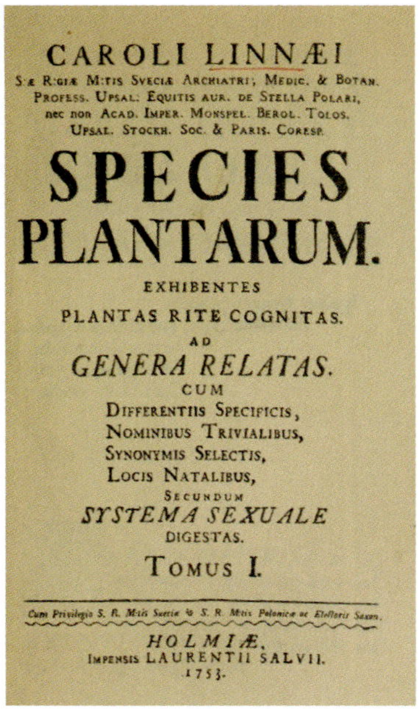

Abb. 5: Titelblatt von «Species Plantarum». von Linné 1753.

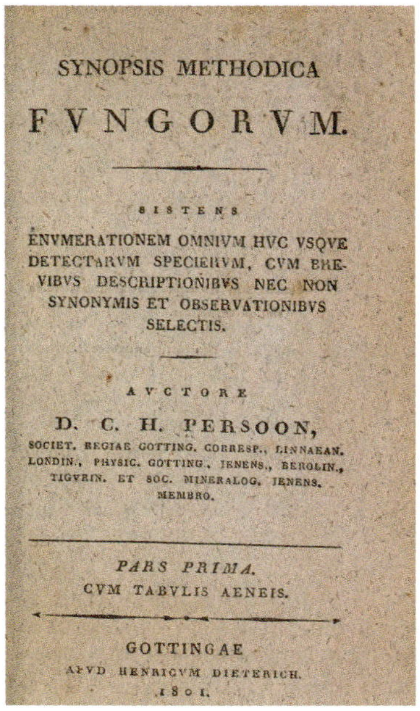

Abb. 6: Titelseite von «Synopsis methodica fungorum». Persoon 1801.

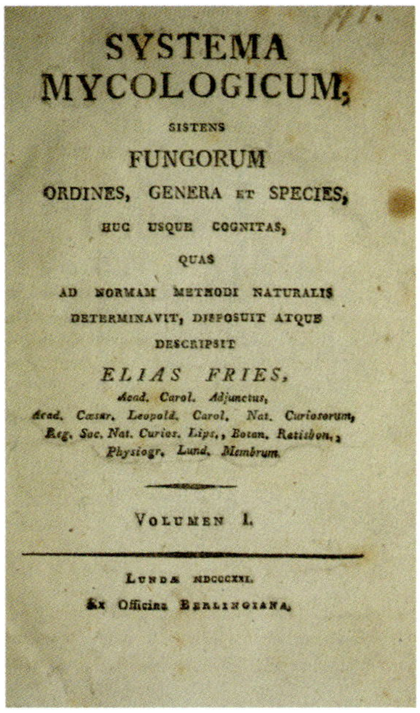

Abb. 7: Titelseite von «Systema mycologicum vol. 1». Fries 1821.

Abb. 8: Titelseite von «Elenchus fungorum, Vol 1». Fries 1828.

Autorenzitate

Zwei Beispiele zum Verständnis der Autorenzitate und deren teilweise unterschiedlicher Anwendung.

Beispiel 1: *Amanita muscaria* (L.) Lam.

Die Ergänzung dieses Pilznamens durch die Abkürzungen der beiden Autoren bedeutet, dass diese Art von Carl von Linné (L.) als Erstem (damals als *Agaricus muscarius*) beschrieben (von Linné 1753) und danach von de Lamarck (Lam.) in der «Encyclopédie Méthodique, Botanique 1–1: 111 (1783)» zu *Amanita muscaria* umkombiniert wurde (de Lamarck 1783). Wird ein Name geändert, weil z.B. eine Art in eine andere Gattung verschoben werden muss, erscheint der Erstautor immer in Klammern. Der von Linné verwendete Name *Amanita muscaria* wurde durch die Erwähnung von Elias Fries sanktioniert (Fries 1821). Dies kann angegeben werden, indem der sanktionierende Autor nach einem Doppelpunkt erscheint (*Amanita muscaria* (L.: Fr.) Lam.), wird jedoch meistens weggelassen.

Beispiel 2: *Amanita rubescens* Pers.

Christiaan Hendrik Persoon hat im Jahr 1797 in der Publikation «Tentamen dispositionis methodicae fungorum in classes, ordines, genera et familias (Lipsiae): 67 (1797)» (Persoon 1797) diese Art beschrieben. Der Name wurde danach durch die Erwähnung bei Elias Fries 1821 sanktioniert. Fries wies die Art jedoch der Gattung *Agaricus* zu und betrachtete *Amanita* als «Serie», also als Teilgruppe der Gattung, sodass sich daraus *Agaricus rubescens* (Pers.) Fr. ergab. Möchte man den sanktionierenden Autor auch im aktuellen Namen erwähnen, so braucht es in diesem Fall die Ergänzung mit Samuel Frederick Gray, welcher 1821 in «A Natural Arrangement of British Plants: 600» (Gray 1821) den sanktionierten Artnamen erneut zu *Amanita rubescens* umkombiniert hatte. Aus diesem Grund findet man auch die Bezeichnung *Amanita rubescens* (Pers.: Fr.) Gray.

Die wichtigen Datenbanken mycobank.org und indexfungorum.org verzichten auf die Angaben zu den sanktionierenden Autoren Persoon oder Fries. Sie verweisen jedoch oft mit Links auf die entsprechenden Beschreibungen (in diesem Fall z. B. Fr., Syst. mycol. 1: 18 1821). Informationen im Internet und solche Verweise ermöglichen heute auch Leuten ohne Zugang zu einer wissenschaftlichen Bibliothek in vielen Fällen einen schnellen Zugriff auf Originaltexte wie auch auf spätere und aktuelle Publikationen.

Kurze Autorenzitate sind wichtig, damit sie Publikationen nicht überladen. Die Zusammenarbeit verschiedener Autorinnen und Autoren führte leider zu einer Entwicklung, die den Druck von Autorenzitaten in vernünftiger Darstellung erschweren. Ein Beispiel dazu ist *Boletus torosus* Fr., Ochsenröhrling, welcher 2015 in eine neue Gattung umkombiniert wurde und seither die folgende Bezeichnung mit Autorenzitat hat: *Imperator torosus* (Fr.) Assyov, Bellanger, Bertéa, Courtec., G. Koller, Loizides, G. Marques, J.A. Muñoz, N. Oppicelli, D. Puddu, F. Rich. & P.-A. Moreau. Solche Autorenzitate sollten vermieden werden. Im «Shenzhen Code» (Recommendation 46C.2.) wird empfohlen, bei mehr als zwei Autoren nur den ersten zu nennen und die weiteren mit et al. zusammenzufassen, in diesem Fall also *Imperator torosus* (Fr.) Assyov et al.

Es gibt Pilzliteratur, welche auf die Nennung der Autorinnen und Autoren ganz verzichtet. Meistens ist dies unproblematisch. Bei mehrfach vorliegenden Beschreibungen einer Art sowie im Fall einer Aufteilung oder Zusammenlegung mit anderen Arten ist es jedoch wichtig, mit dem Zitat zu klären, auf welche Beschreibung man sich bezieht. In diesem Buch werden die Autorinnen und Autoren deshalb weiterhin in der üblichen Form angegeben, ohne Verweis auf das Jahr der Namenspublikation.

Konsequenzen von Änderungen im Code

Namenswechsel

Die Kenntnis der Regeln des «International Code of Nomenclature for algae, fungi, and plants» (ICN) schafft Verständnis für wechselnde Gültigkeiten von Namen, welche viele Leute verunsichern. Ein Beispiel dazu ist *Pluteus cervinus* (Schaeff.) P. Kumm., Rehbrauner Dachpilz. Diese Art wurde nach den Regeln vor Sydney 1983 *Pluteus atricapillus* (Batsch) Fayod genannt. August Johann Georg Karl Batsch hat diese Art 1786 unter dem Namen *Agaricus atricapillus* beschrieben (Batsch 1786). Fayod 1889 hat sie umkombiniert zu *Pluteus atricapillus*. Der Pilz wurde aber 1774 schon von Jacob Christian H. von Schaeffer beschrieben (Schaeffer 1774). Vor Sydney galt als nomenklatorischer Startpunkt für diese Pilze «Systema mycologicum» 1821–1832 von Fries. In Sydney wurde dieser Startpunkt mit den Regeln in der Botanik vereinheitlicht und auf den 1. Mai 1753 zurückversetzt, den Zeitpunkt der Publikation von Carl von Linné. Aufgrund dieser Regeländerung hat die Priorität gewechselt und der Pilz muss jetzt *Pluteus cervinus* (Schaeff.) P. Kumm. genannt werden. Viele Mykologinnen und Mykologen hatten sich wegen vieler solcher Namenswechsel gegen die Anpassung der Regeln ausgesprochen, hatten damit jedoch keinen Erfolg. Die Vereinheitlichung mit den Gewohnheiten in der Botanik brachte eine Vereinfachung im Rahmen der Gesamtsicht und hat sich durchgesetzt.

Gültige Schreibweise

Trotz des dichten Regelwerkes im ICN sind Unklarheiten bei der Interpretation und der korrekten Schreibweise möglich. Ein Beispiel dafür ist *Chlorophyllum rhacodes* (Vittad.) Vellinga, Keulenstieliger Garten-Safranschirmling. Die Schreibweise *rhacodes* oder *rachodes* wechselte immer wieder und aufgrund der Bedeutung der Bezeichnung wie auch der Regeln des ICN gibt es gute Argumente für beide Darstellungen. Eine solche Schreibweise ist nicht weltbewegend, aber beim Nachschlagen in Namensverzeichnissen (Indizes) oder beim Durchsuchen von Datenbanken ist es lästig, wenn die Orthografie immer wieder wechselt. In solchen Fällen kann ein Antrag zur Klärung gestellt werden, ein sogenanntes Proposal. Das wurde in diesem Fall gemacht. Vellinga & Pennycook 2010 schlugen vor, die Schreibweise *rachodes* zu konservieren, und lösten damit eine große Auseinandersetzung aus. Nach der Diskussion im Nomenclature Committee on Fungi (NCFungi) hat sich das General Committee (GC) defintiv für die Schreibweise *rhacodes* entschieden (Wilson & Neill 2017). Das Konservieren von Namen wird auch angewendet, um Verwirrungen zu vermeiden, wenn sehr gebräuchliche Namen nach den Regeln abgeändert werden müssten. Sie erlauben eine Präzisierung zur Auslegung von Regeln oder auch vereinbarte Ausnahmen von Regeln.

Wissenschaftliche oder deutsche Namen

Personen, die sich für Pilze interessieren, stehen am Anfang häufig vor der Frage, ob sie sich deutsche oder wissenschaftliche Namen aneignen sollen. Am Anfang geht sicher beides. Wer sich vertieft mit den Pilzen in der Literatur auseinandersetzen und umstrittene Bestimmungen klären will, braucht jedoch die wissenschaftlichen Bezeichnungen. Nur dafür gibt es diese Regelwerke und nur über diese Bezeichnungen lassen sich die Pilznamen auch international abgleichen. Wie nun ausgeführt, bedeutet das leider nicht, dass wissenschaftliche Namen zuverlässig gleich bleiben. Es gibt das Bonmot: «Deutsche Namen ändern sich von Ort zu Ort, wissenschaftliche von Zeit zu Zeit». Darin steckt ein Stück Wahrheit. Deutsche Namen entwickeln sich an verschiedenen Orten im Zusammenhang mit Gewohnheiten und Dialekten und haben dann lange Bestand. *Cantharellus cibarius*, Echter Pfifferling nennt man in Österreich und Bayern Reherl, in Sachsen Gelchen, im fränkischen Gebiet Gelberle, in der Schweiz Eierschwämmli, und es gibt unzählige weitere lokale Bezeichnungen wie Dotterpilz, Eierleistling, Gähling, Galluschel, Goassrehling, Göbn, Marillenschwamm, Nagerl, Pfefferling, Rilling, Rehfüßchen, Rehgaißl, Rehling, Schweinsfüßerl usw. Die wissenschaftlichen Bezeichnungen sind überregional, sind mit der laufenden Forschung jedoch eher dem zeitlichen Wandel unterzogen.

Pilzbestimmung

Früher und heute – ein Blick in die Geschichte

Die Beschreibung der Pilze Mitte des 18. Jahrhunderts stützte sich mehrheitlich auf Beobachtungen, die ohne optische Hilfen sichtbar waren. Dazu gab es bereits wertvolle Abbildungen wie z. B. von Jacob Christian Schaeffer 1762, «Fungorum qui in Bavaria et Palatinatu circa Ratisbonam nascuntur icones nativis coloribus expressae 1» (SCHAEFFER 1762). Auf der Bildtafel wurden sogar bereits Sporen gezeichnet (Abb. 9) und mit der Legende «Der vergrößerte Samenstaub» versehen (Abb. 10).

Die Form dieser Sporen ist in der Abbildung aber wenig differenziert. Eine breite Verwendung des Mikroskops hat sich sicher erst später eingebürgert.

In dieser Hinsicht bilden die sechs Bände von BREITENBACH & KRÄNZLIN 1981 bis 2005 aus der Schweiz einen Meilenstein mit einer durchgehenden Beschreibung der Pilzarten nach makroskopischen und mikroskopischen Merkmalen sowie einem Foto und mikroskopischen Zeichnungen, die auch in diesem Buch exemplarisch verwendet werden dürfen. Diese Buchreihe hatte zu einer breiten Verwendung des Mikroskops beigetragen und damit umfassenderen Kreisen eine größere Differenzierung bei der Bestimmung ermöglicht.

So basiert die Bestimmung heute auf, in grober Schätzung, je ca. 100–200 makroskopischen und mikroskopischen Merkmalen.

Abb. 9: Tab. IX mit abgebildeten Sporen (Fig. VIII) des Gemeinen Stockschwämmchens. SCHÄFFER 1762.

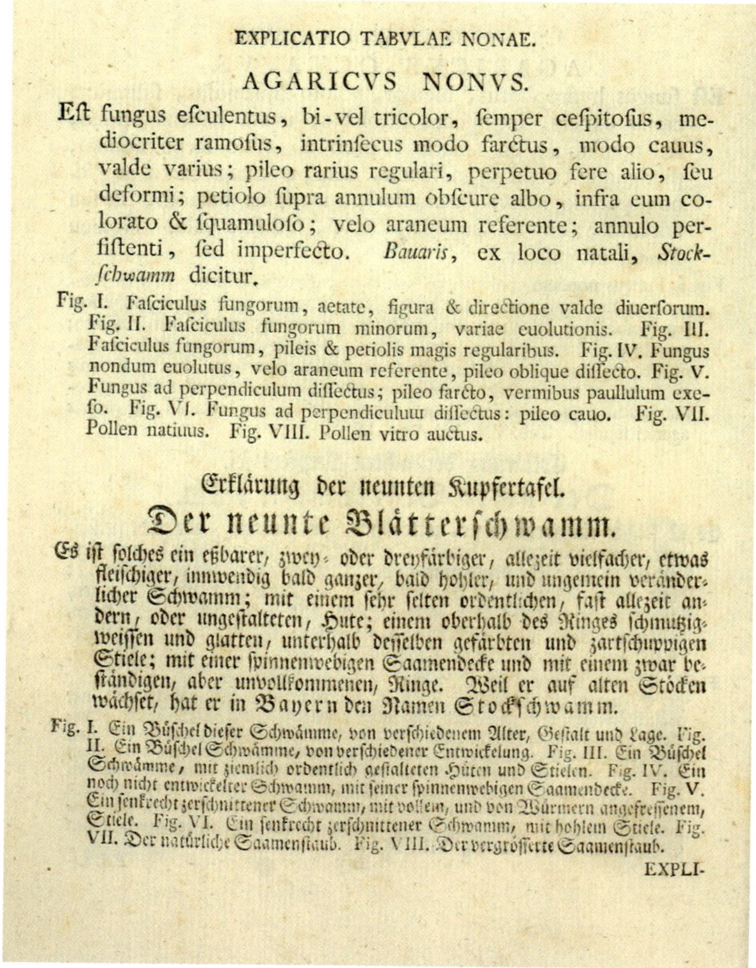

EXPLICATIO TABVLAE NONAE.

AGARICVS NONVS.

Eſt fungus eſculentus, bi-vel tricolor, ſemper ceſpitoſus, mediocriter ramoſus, intrinſecus modo farctus, modo cauus, valde varius; pileo rarius regulari, perpetuo fere alio, ſeu deformi; petiolo ſupra annulum obſcure albo, infra eum colorato & ſquamuloſo; velo araneum referente; annulo perſiſtenti, ſed imperfecto. *Bauaris*, ex loco natali, *Stockſchwamm* dicitur.

Fig. I. Faſciculus fungorum, aetate, figura & directione valde diuerſorum. Fig. II. Faſciculus fungorum minorum, variae euolutionis. Fig. III. Faſciculus fungorum, pileis & petiolis magis regularibus. Fig. IV. Fungus nondum euolutus, velo araneum referente, pileo oblique diſſecto. Fig. V. Fungus ad perpendiculum diſſectus; pileo farcto, vermibus paullulum exeſo. Fig. VI. Fungus ad perpendiculuur diſſectus: pileo cauo. Fig. VII. Pollen natiuus. Fig. VIII. Pollen vitro auctus.

Erklärung der neunten Kupfertafel.

Der neunte Blätterſchwamm.

Es iſt ſolches ein eßbarer, zwey- oder dreyfärbiger, allezeit vielfacher, etwas fleiſchiger, innwendig bald ganzer, bald hohler, und ungemein veränderlicher Schwamm; mit einem ſehr ſelten ordentlichen, faſt allezeit andern, oder ungeſtalteten, Hute; einem oberhalb des Ringes ſchmutzigweiſſen und glatten, unterhalb deſſelben gefärbten und zartſchuppigen Stiele; mit einer ſpinnenwebigen Saamendecke und mit einem zwar beſtändigen, aber unvollkommenen, Ringe. Weil er auf alten Stöcken wächſet, hat er in Bayern den Namen Stockſchwamm.

Fig. I. Ein Büſchel dieſer Schwämme, von verſchiedenem Alter, Geſtalt und Lage. Fig. II. Ein Büſchel Schwämme, von verſchiedener Entwickelung. Fig. III. Ein Büſchel Schwämme, mit ziemlich ordentlich geſtalteten Hüten und Stielen. Fig. IV. Ein noch nicht entwickelter Schwamm, mit ſeiner ſpinnenwebigen Saamendecke. Fig. V. Ein ſenkrecht zerſchnittener Schwamm, mit vollem, und von Würmern angefreſſenem, Stiele. Fig. VI. Ein ſenkrecht zerſchnittener Schwamm, mit hohlem Stiele. Fig. VII. Der natürliche Saamenſtaub. Fig. VIII. Der vergröſſerte Saamenſtaub.

EXPLI-

Abb. 10: Die Erklärung zur neunten Kupfertafel mit Fig. VIII: Der vergrößerte Samenstaub. SCHÄFFER 1762.

Ungefähr seit der Jahrtausendwende spielt die molekulargenetische Analyse eine zunehmende Rolle und ist für eine wissenschaftliche Publikation heute praktisch unerlässlich. Dabei werden Abschnitte des Erbgutes verglichen, womit festgestellt werden kann, wie nahe Individuen miteinander verwandt sind. Bei Pilzen werden meist zwei DNA-Abschnitte gewählt, welche zwischen Abschnitten liegen, die Baupläne für Ribosomen beinhalten. Sie werden ITS1 und ITS2 («internal transcribed spacer») genannt und sind mehrere Hundert Nukleotide lang. Während z. B. Farbtöne sehr viele Übergänge und Nuancen aufweisen, die in Worten kaum zu definieren sind, ist die Bestimmung der Abfolge der vier verschiedenen Nukleotide eindeutig und kann maschinell erfolgen. Die erhaltene Sequenz muss für die Auswertung mit vorhandenen Sequenzen aus Datenbanken verglichen werden. Da in der Datenbank nicht garantiert ist, dass der Artname, mit dem eine Sequenz beschriftet ist, korrekt ist, dass der Pilz also richtig bestimmt wurde, vergleicht man idealerweise mit Sequenzen von Exemplaren, anhand denen die Originalbeschreibungen der Arten verfasst wurden, den sogenannten «Holotypen». Nucleotid-Sequenzen innerhalb von Individuen einer Pilzart stimmen erfahrungsgemäß zu 98,5–100 % überein.

Der Preis für diese Analysen ist in den letzten Jahren stark gesunken, was sie z. B. auch für Vereine erschwinglich macht. Weiterhin werden jedoch größere Geräte für die Vorgänge der Extraktion und Vervielfältigung der DNA-Abschnitte und schließlich für das Analysieren der Nukleotidabfolge benötigt. Kleine Laborkits, welche die Extraktion der DNA mit anschließendem Auslesen der Nukleotide außerhalb eines fest eingerichteten Labors oder sogar im Felde ermöglichen, sind in Entwicklung. Damit könnten sich in absehbarer Zeit noch einmal neue Möglichkeiten erschließen und viele Bestimmungen zeitnah überprüft und verfeinert werden.

Auch bei der maschinellen Bilderkennung erfolgte in den letzten Jahren eine rasante Entwicklung. Bei Pflanzen ist diese Art der Bestimmung schon weit fortgeschritten und ergibt erstaunlich zuverlässige Resultate. Das Aussehen der Pilze ist variabler und oft spielen Merkmale eine Rolle, welche nicht sichtbar und somit nicht fotografierbar sind. So ist die Zuverlässigkeit der Bilderkennung bei Pilzen noch tiefer. Eine Verfeinerung ist möglich, wenn mikroskopische Bilder und, als Ergänzung zu den Fotos, Angaben zu Geruch, Geschmack, Beschaffenheit des Fleisches usw. mit einbezogen werden können.

Vorgehen und Ziel einer Bestimmung

Das Ziel einer Pilzbestimmung ist es, herauszufinden, welcher bereits gültig beschriebenen Art ein gefundener Fruchtkörper oder eine Kollektion am nächsten kommt. Da die Originalbeschreibungen oft nur knapp sind und vielleicht auch nur in schwer verständlichem Latein vorliegen, bringt es kaum Erfolg, wenn man Pilze nach Originalbeschreibungen bestimmen will. Es braucht Bücher oder andere Publikationen mit Ergänzungen, Korrekturen und weiteren Hinweisen zu den Pilzarten.

Hat man Literatur zur Hand oder auf einem Bildschirm, so geht es darum, eine beschriebene Art zu finden, die in möglichst allen angegebenen Eigenschaften mit den zu bestimmenden Exemplaren übereinstimmt oder, umgekehrt formuliert, welcher die Pilze in keiner wesentlichen Eigenschaft widersprechen. Damit wird deutlich, dass eine Bestimmung immer von den verwendeten Grundlagen und deren Qualität abhängt. Auch bleibt der Entscheid, was ein wesentlicher Unterschied ist, vage. Ist ein Pilz nur mit 2 oder 3 Eigenschaften beschrieben, so ist eine Übereinstimmung weniger aussagekräftig, als wenn in der Beschreibung 40 bis 50 detaillierte Merkmalsangaben aus verschiedenen Bereichen vorliegen. Es spielt auch eine Rolle, ob in der verwendeten Literatur nur wenige Arten beschrieben sind und damit eine größere Wahrscheinlichkeit besteht, dass die Art gar nicht enthalten ist, oder ob eine fein differenzierte und reichhaltige Zusammenstellung bisher publizierter Arten vorliegt. Schließlich liegt auch ein Unterschied darin, wie spezifisch die Beschreibungen vorliegen und wie dicht relativierende Ausdrücke wie «häufig», «meistens», «bisweilen», «eventuell», «etwas» vorkommen. Aufgrund der unterschiedlichen Erscheinungsformen sind solche Angaben zwar unumgänglich, aber mit Unklarheiten behaftet. Die Beschreibung «Die Stielbasis ist meistens knollig» kann theoretisch für jeden Pilz mit irgendeiner Stielform gelten. Dennoch ist die Angabe eine Hilfe und eine Bestärkung für Bestimmende, wenn ein Fruchtkörper tatsächlich eine knollige Stielbasis hat. In der Kombination mit anderen Wahrscheinlichkeiten oder expliziten Angaben können auch diese relativen Angaben schrittweise zu befriedigender Klarheit führen. Eine Bestimmung bleibt schlussendlich aber ein «Indizienprozess», der sich auf viele einzelne Hinweise stützt.

Obwohl verschiedene Pilzbücher aufeinander aufbauen und sich letztlich auf jeweils dieselbe Originalbeschreibung beziehen, sind unterschiedliche Beschreibungen möglich, die Zweifel an einer allgemeingültigen Zuordnung aufkommen lassen können. Wer in einem solchen Fall eine weitere Klärung wünscht, greift mithilfe der Autorenzitate auf die originalen Beschreibungen zurück. Zur damaligen Beschreibung findet sich im Idealfall auch eine Abbildung oder ein hinterlegtes getrocknetes Exemplar, ein Exsikkat. Damit sind weitere Abklärungen möglich, wie mikroskopische und genetische Untersuchungen, die größere Sicherheit bei der Zuordnung liefern. Es gibt auch Arten, die ursprünglich mangelhaft beschrieben und später ergänzt wurden. Sie erhalten den Zusatz «emend». Das bedeutet, dass die Beschreibung verbessert wurde (lat. «emendare» = verbessern). Für Benennungen, bei denen später nicht mehr geklärt werden kann, was gemeint war, gibt es ebenfalls Regeln im ICN, wie sie neu definiert und belegt werden können.

Man muss sich bewusst sein, dass eine letzte Klarheit nicht möglich ist. Es kann sein, dass es sich bei den Individuen, welche als Grundlage für die Beschreibung dienten, um «Randfiguren» gehandelt hat, mit Ausprägungen, die selten sind oder gar einzigartig waren. Zudem können bei der Beschreibung Fehler passieren und Lücken offen bleiben. Schließlich kann man wiederum einen Fruchtkörper finden, der ebenfalls einzigartig ist und sich kaum einer bestehenden Beschreibung zuordnen lässt. Damit bleibt jede Einordnung eine Annäherung an eine Vorlage. Ein einzelner Fruchtkörper kann deshalb auch für gute Fachleute unbestimmbar bleiben. Erst wenn solche Exemplare immer wieder gefunden werden, kann man sich fragen, ob es sich vielleicht um eine Art handelt, die noch gar nicht beschrieben worden ist.

Wie publiziert man eine neue Art?

Das Vorgehen zur Identifikation einer neuen Art bis zu deren Publikation ist aufschlussreich für das Verständnis der Voraussetzungen, die eine neue Art von einer Variante innerhalb eines bestehenden Artenspektums unterscheiden. Artemis Treindl zeigt am Ende dieser Einleitung an einem Beispiel den ganzen Prozess einer Abklärung zur Benennung einer neuen Art, wie er aktuell in der Wissenschaft praktiziert wird. Dabei zeigt sich, dass nicht nur eine klare Differenz zu bestehenden Arten gezeigt werden soll. Es muss auch ausgeschlossen werden können, dass es sich bei den betreffenden Fruchtkörpern lediglich um eine Hybridisierung, also um das Ergebnis einer Fortpflanzung zwischen zwei nah verwandten Arten, handelt.

Wie bestimmt man mit diesem Buch?

Der Ablauf in Kürze

Dieses Buch mit 16 Kapiteln und Gattungsschlüsseln, 104 Unterkapiteln mit Zeichnungen und Artenschlüsseln sowie gut 3800 Artenbeschreibungen und 2400 Abbildungen ist darauf ausgerichtet, Pilze in 3–4 Schritten zu bestimmen. Das Ziel des ersten Schrittes ist der Weg ins passende Kapitel. Dieses Kapitel findet man mithilfe des Übersichtsschlüssels im Vorsatz des Buches oder über den Einstiegsschlüssel direkt vor Kapitel 1.

Es folgt hier zuerst eine ausführliche Erläuterung des Übersichtsschlüssels. Durch wiederholten Gebrauch kann man sich dieses Schema zunehmend merken und findet häufig einen direkten Einstieg in die Kapitel.

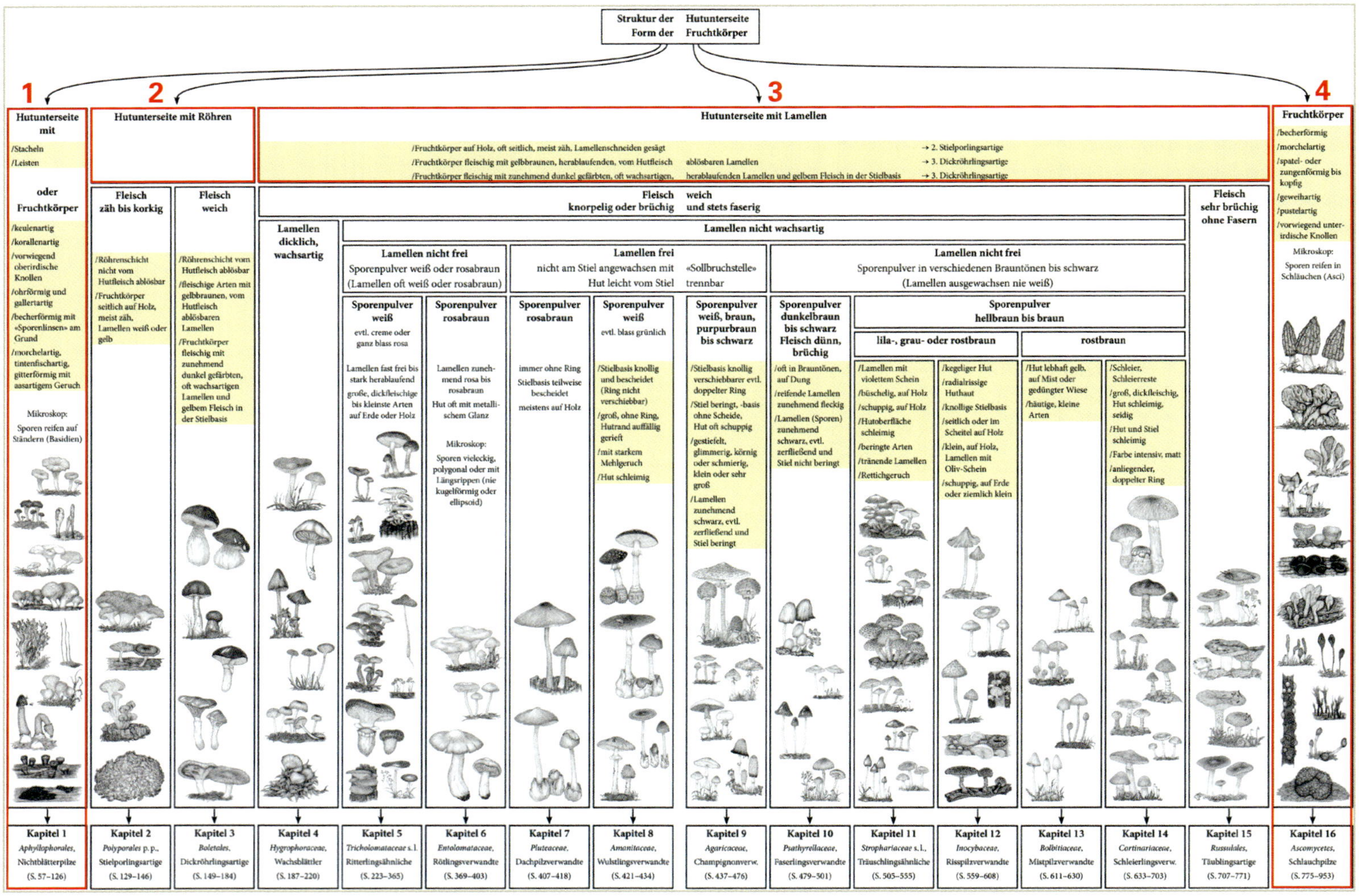

Schritt 1a: Übersichtsschlüssel

Der Startschritt für die Arbeit mit diesem Buch ist die Einordnung des Pilzfundes in eines der 16 Kapitel. Diese Einordnung erfolgt anhand des Übersichtsschlüssels. In diesem erfolgt der Einstieg ganz oben mit der Zuteilung in eine der vier Gruppen (**1–4**), die sich über die 16 Spalten erstrecken.

1 Pilzfruchtkörper mit Hut und Stiel sowie Stacheln oder Leisten auf der Hutunterseite führen in die erste Spalte, ebenso Keulen, Korallen, vorwiegend oberirdische Knollen, ohrförmige und zugleich gallertartige Fruchtkörper, Becherformen mit linsenartigen Sporenträgern am Grund (Teuerlinge) sowie morchel-, tintenfischartige oder gitterförmige, nach Aas riechende Fruchtkörper. Im Mikroskop sieht man, dass die Sporen auf Ständern (Basidien) wachsen. Diese möglichen Fruchtkörperformen und Hutunterseiten sind gelb hinterlegt und beginnen alle mit einen Schrägstrich (/). Es genügt, wenn eines dieser so gekennzeichneten Kriterien erfüllt ist. Immer zutreffen muss aber, dass sich die Sporen auf Basidien entwickeln; diese Eigenschaft ist nicht gelb hinterlegt.

2 Ins zweite Kästchen über der zweiten und dritten Spalte gehören alle Pilze mit Röhren oder Poren auf der Unterseite des Hutes.

3 Das breite dritte Kästchen erstreckt sich über 12 Spalten und umfasst alle Arten mit Lamellen auf der Hutunterseite.

4 In die letzte Spalte gehören Pilze mit becherförmigen, morchel- oder lorchelartigen, spatel- oder zungenförmigen bis kopfigen Formen, geweih- oder pustelartigen Fruchtkörpern auf Holz und vorwiegend unterirdischen Knollen. (Diese möglichen Fruchtkörper sind wiederum gelb hinterlegt und mit einem Schrägstrich (/) gekennzeichnet, da nur eine davon zutreffen muss). Im Mikroskop sieht man, dass sich die Sporen in Schläuchen (Asci) entwickeln. Dieses Kriterium muss zutreffen.

Für Pilze in den Spalten links und rechts außen gelangt man direkt zu den Kapitelnummern 1 bzw. 16. Die Pilze mit Röhren auf der Hutunterseite im zweiten Kästchen trennen sich in die korkig-zähen Stielporlingsartigen mit nicht ablösbarer Röhrenschicht in Kapitel 2 und in die Röhrlingsartigen mit weicherem Fleisch und mehr oder weniger gut ablösbarer Röhrenschicht in Kapitel 3. Im breiten Rahmen über 12 Spalten der Pilze mit Lamellen finden sich drei gelb hinterlegte Kriterien. Sie beginnen ebenfalls alle mit einen Schrägstrich (/). Diese Bedingungen müssen nicht erfüllt sein. Ist eine davon erfüllt, folgt die Anweisung zum Wechsel ins Kapitel 2 oder 3. Es handelt sich dabei um Ausnahmegruppen von Arten mit zähen, hellen und oft gesägten Lamellen, die zu den Stielporlingsartigen (2) gehören, oder fleischige Fruchtkörper auf Holz oder Erde, mit braunen, herablaufenden und gut vom Fleisch ablösbaren Lamellen sowie mit wachsartigen, durch den Sporenstaub zunehmend schwärzlichen Lamellen und gelbem Fleisch in der Stielbasis, die zu den Röhrlingsartigen in Kapitel 3 führen. An diesen drei Ausnahmen kommt man bei jeder Bestimmung von Lamellenpilzen vorbei. Mit der Zeit hat man sie im Kopf und kann direkt in den entsprechenden Kapiteln beginnen.

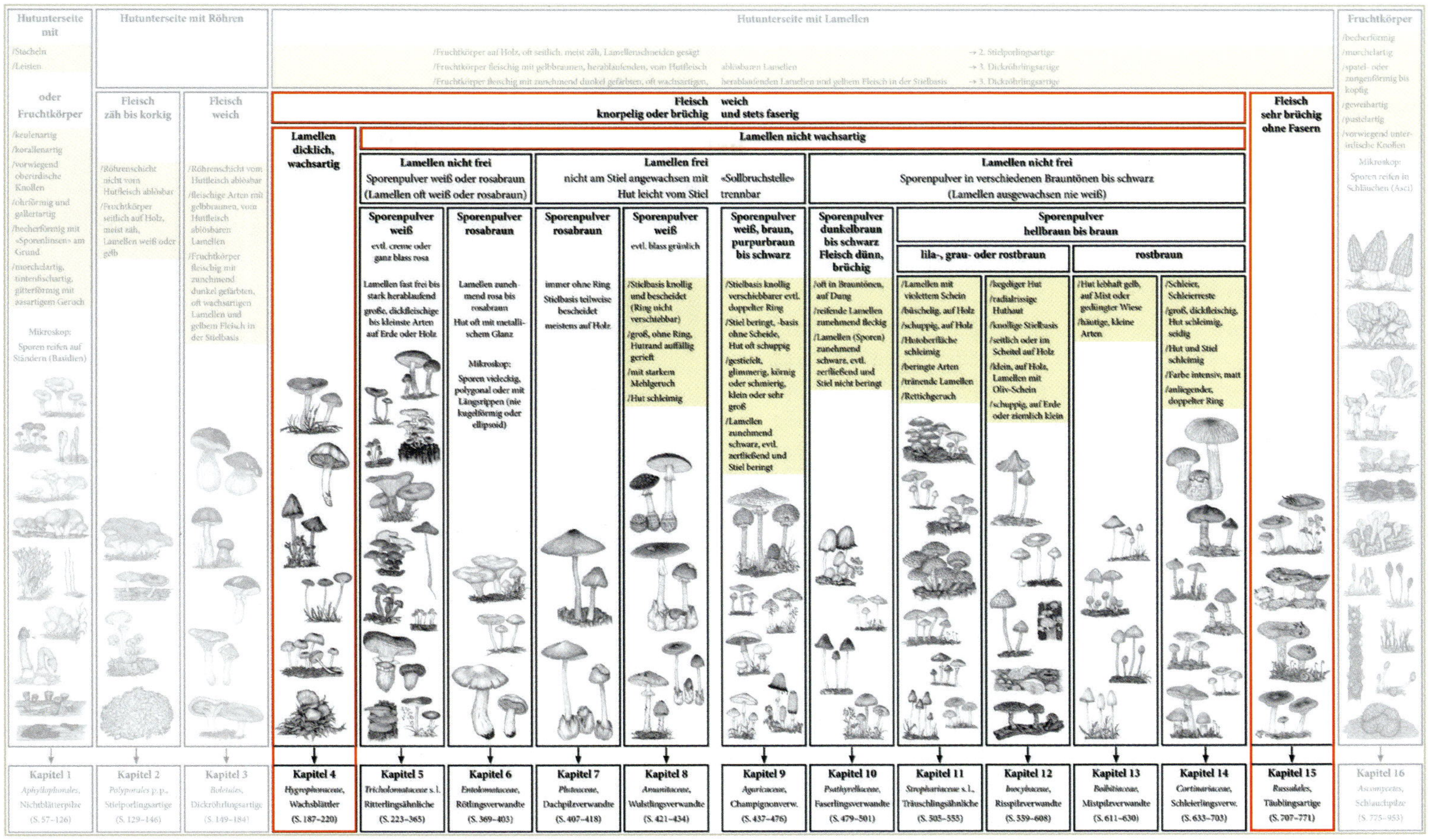

Nach dieser Überprüfung verbleiben die Pilzarten mit Lamellen, welche in die Kapitel 4–15 führen. Fruchtkörper mit brüchigem Fleisch ohne Fasern weisen ins Kapitel 15, zu den *Russulales* in der zweitletzten Spalte. Von den weichen, knorpeligen bis brüchigen, jedoch stets fasernden Fruchtkörpern, weisen jene mit dicklichen, wachsartigen Lamellen ins Kapitel 4 auf der linken Seite der verbliebenen Spalten. In den Spalten 5–14 bleiben somit alle Lamellenpilze, die nicht zu den bei «Hutunterseite mit Lamellen» notierten Ausnahmen gehören und weder ganz brüchiges Fleisch noch wachsartige Lamellen haben. Es folgt die Frage nach freien oder nicht freien Lamellen. Die Arten mit freien Lamellen führen in die Kapitel 7–9.

Die Grenze zwischen freien und schmal angewachsenen Lamellen ist nicht einfach zu ziehen. Die Lamellen sollen am Stiel nicht angewachsen sein, und wenn man sie abzulösen versucht, soll an der Stielspitze nichts zu sehen sein. Ein weiterer Hinweis auf freie Lamellen sind Stiele, die sich wie an einer «Sollbruchstelle» sauber vom Hut trennen lassen. Sind die Lamellen zumindest schmal angeheftet oder breit angewachsen, bleiben die Spalten 5 und 6 mit weißem oder rosabraunem und die Spalten 10–12 mit braunem bis schwarzem Sporenpulver. Hier muss deshalb eine Stufe weiter unten nach dem passenden Sporenpulver gesucht werden.

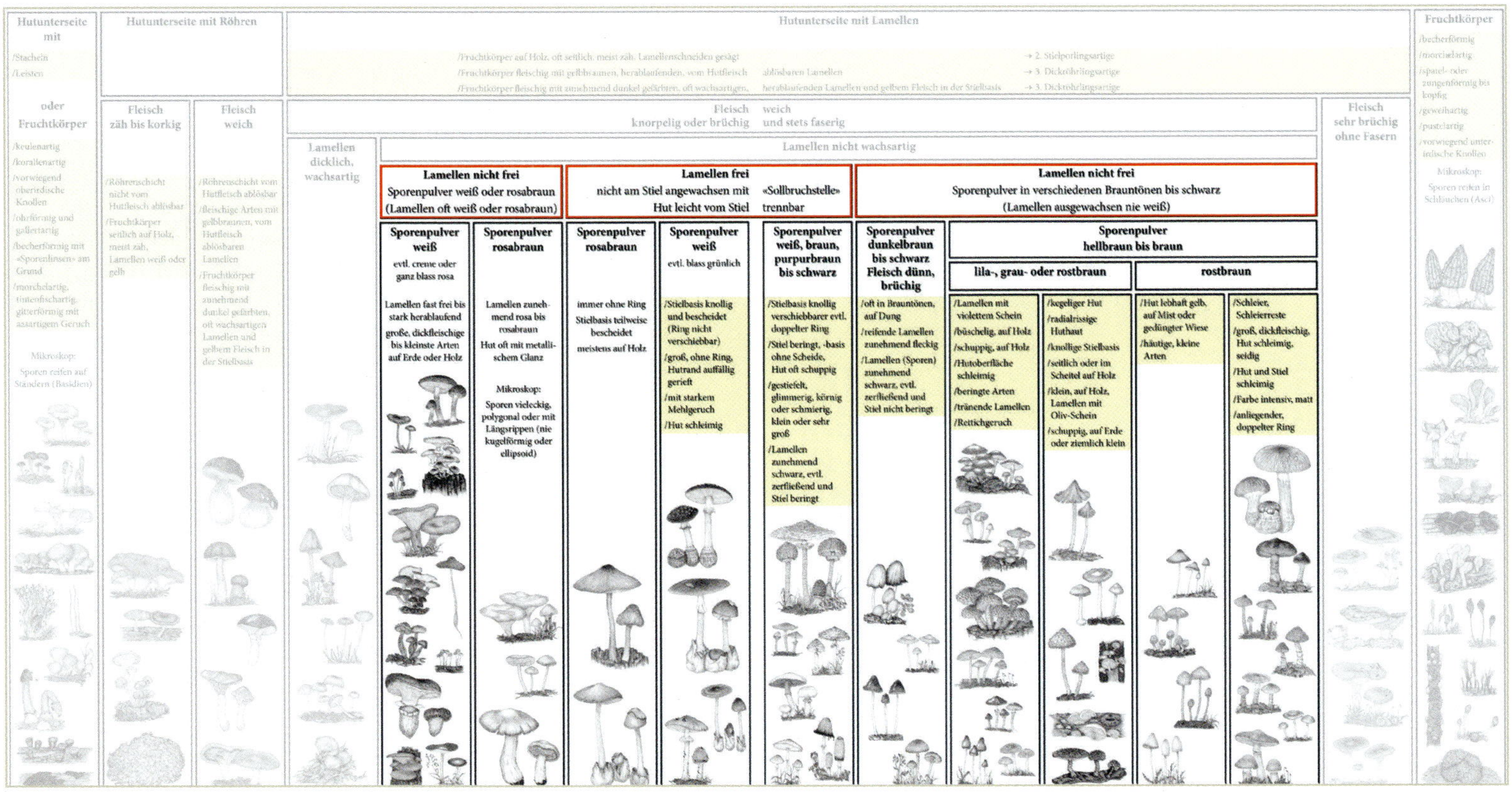

Ausgewachsene Pilze mit weißen Lamellen haben auch helles Sporenpulver, denn braunes oder schwarzes Sporenpulver färbt die Lamellen mit der Reife entsprechend ein. Umgekehrt gibt es aber auch Arten mit gelben, violetten oder braunen Lamellen, welche trotzdem weißes Sporenpulver haben. Diesen hellen Sporenstaub kann man mit etwas Glück auf dem Hut von Nachbarpilzen erkennen (Abb. 11).

Arten mit braunem oder schwarzem Sporenpulver hinterlassen umgekehrt oft Spuren dieser Sporen an der Stielspitze oder man kann sie mit einem Abrieb der Lamellen mit der Ecke eines Taschentuches oder einem Wattestäbchen sichtbar machen.

Sowohl bei den freien Lamellen als auch bei den nicht freien Lamellen und dem braunen Sporenpulver gibt es jedoch Situationen, bei denen das nächste Kästchen nicht eindeutig ist. Freie Lamellen und weißes Sporenpulver können ins Kapitel 8 oder 9 führen. In diesem Fall kommen die gelb hinterlegten Kriterien zum Zug. Sie sind immer mit einem Schrägstrich eingeleitet, welcher «oder» bedeutet. Man fährt dort weiter fort, wo mindestens ein Kriterium erfüllt ist.

Abb. 11: *Tricholoma terreum*, Gemeiner Erd-Ritterling mit weißem Sporenpulver auf den Hüten der unteren Exemplare.

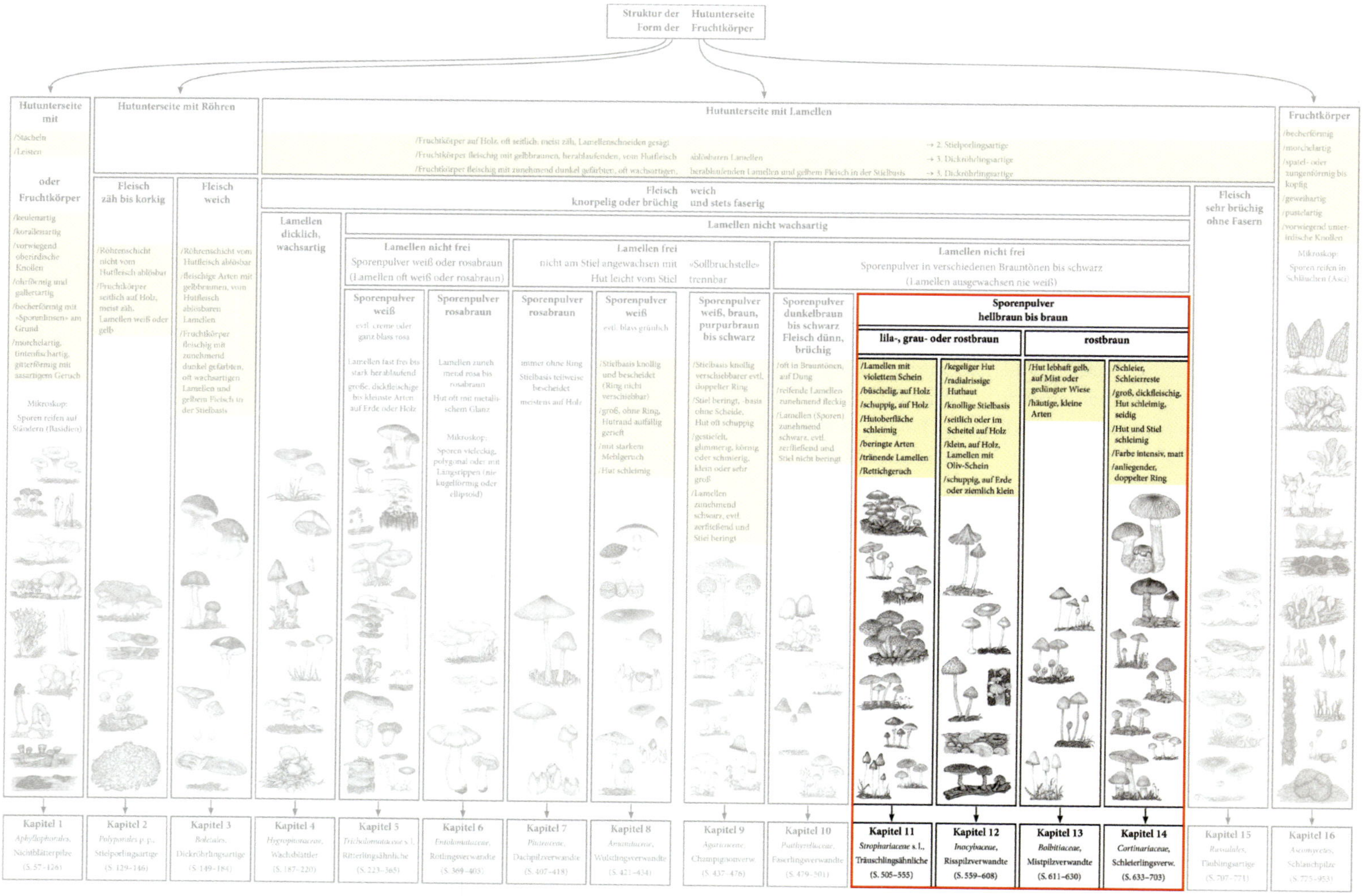

Die komplizierteste Gruppe ist diejenige mit hellbraunem bis braunem Sporenpulver, welche in die Kapitel 11–14 führt. Lila- oder graubraunes Sporenpulver führen in die beiden Spalten auf der linken Seite, in denen man nach einem der gelb hinterlegten Kriterien sucht, die so ins Kapitel 11 bzw. 12 weisen. Bei rostbraunem Sporenpulver bleiben aber alle 4 Spalten möglich, was bedeutet, dass in all diesen Spalten nach einem zutreffenden gelb hinterlegten Kriterium gesucht werden muss.

Arten, deren Merkmale untypisch sind und in ein anderes Kapitel führen, sind in die Schlüssel dieses Kapitels integriert worden und somit meist mehrfach verschlüsselt.

Schritt 1b: Einstiegsschlüssel

Vor den 16 Kapiteln des Buches findet sich auf 8 Seiten der Einstiegsschlüssel. Er ist ausführlicher als der Übersichtsschlüssel und erlaubt das schrittweise Vorgehen nach dem gleichen Prinzip aller nachfolgenden Schlüssel. Im Unterschied zu den gezeichneten Illustrationen im Übersichtsschlüssel, welche die resultierenden Gattungen repräsentieren, findet man hier zum Einstieg in die Schlüsselarbeit eine Reihe von Abbildungen, welche die beschriebenen Merkmale illustrieren. Der kurze Hauptschlüssel davor weist den Weg in die vier Doppelseiten A1, A2, B1 und B2.

- ·Fruchtkörper mit Röhren oder Lamellen
  - ·Fruchtkörper mit Röhren (A1)
  - ·Fruchtkörper mit Lamellen
    - ·Sporenpulver weiß, rosa-, violett-, dunkelbraun bis schwarz (A1)
    - ·Sporenpulver hellbraun bis braun (A2)
- ·Fruchtkörper ohne Röhren oder Lamellen
  - ·Fruchtkörper in Hut und Stiel gegliedert (B1)
  - ·Fruchtkörper nicht in Hut und Stiel gegliedert (B2)

Auf den linken Seiten stehen jeweils die Schlüsselfragen, die entschieden werden sollen, und auf den rechten Seite gibt es 80 Abbildungen mit Beispielen zu den verschiedenen Kriterien, welche beurteilt werden sollen.

Der weitere Weg der Bestimmung führt in die Unterkapitel und dann zur Art, Unterart, Varietät oder Form. Er wird hier nur kurz erwähnt und auf der folgenden Seite anhand eines konkreten Beispiels genauer erläutert.

46 Einstiegsschlüssel

Schlüssel zu den Kapiteln und Unterkapiteln

(A1) Fruchtkörper mit Röhren oder Lamellen; Lamellen mit weißem, rosa-, violett- oder dunkelbraunem bis schwarzem Sporenpulver

Hutunterseite mit Röhren und Poren		
Fleisch zäh bis korkig, Fruchtschicht nicht ablösbar, oft auf Holz (1a)	2	*Polyporales* p. p., Stielporlingsartige u. Ä.
Fleisch weich, Röhrenschicht vom Hutfleisch ablösbar (1b)	3	*Boletales,* Dickröhrlingsartige
Hutunterseite mit Lamellen		
Lamellenschneiden gesägt, zähfleischig, oft seitlich gestielt (1c)	2.3	*Lentinellus,* Sägeblättlinge
Lamellen gelbbraun, vom weichen Hutfleisch leicht abschiebbar (1d)	3.9	*Paxillus,* Kremplinge u. Ä.
Lamellen schwarzbraun, wachsartig, herablaufend, Stielbasis meist gelb (2a, 2b)	3.7	*Gomphidius,* Gelbfüße u. Ä.
Fruchtkörper mit anderen Merkmalskombinationen		
Fleisch sehr brüchig, ganz ohne Fasern (2c)	15	*Russulales,* Täublingsartige
Fleisch weich, knorpelig oder brüchig jedoch stets faserig		
Lamellen dicklich, wachsartig (2d, 3a)	4	*Hygrophoraceae,* Schnecklingsverwandte
Lamellen nicht wachsartig (3b)		
Lamellen frei		
Sporenpulver rosabraun (3c)	7	*Pluteaceae,* Dachpilzverwandte
Sporenpulver weiß bis blass grünlich		
Stielbasis bescheidet, meist knollig (3d, 4a)	8	*Amanitaceae,* Wulstlingsverwandte
Stielbasis nicht bescheidet		
Fruchtkörper mit starkem Mehlgeruch und schleimig	8.2	*Limacella,* Schleimschirmlinge
Fruchtkörper nicht mit starkem Mehlgeruch	9	*Agaricaceae,* Champignonsverwandte
Sporenpulver (u. reife Lamellen) braun, purpurbraun bis schwarz (4b)	9	*Agaricaceae,* Champignonsverwandte
Lamellen nicht frei		
Sporenpulver weiß (4c) bis cremefarben, oder ganz blass rosa	5	*Tricholomataceae* s. l., Ritterlingsähnliche
Sporenpulver (und reife Lamellen) rosa bis rosabraun (4d)	6	*Entolomataceae,* Rötlingsverwandte
Sporenpulver lila- bis violettbraun (5a), violettschwarz	11	*Strophariaceae* s. l., Träuschlingsähnliche
Sporenpulver dunkel- bis schwarzbraun (5b)		
Hutrand meist tief gerieft, Lamellen alt oft zerfließend (5c)	10	*Psathyrellaceae,* Faserlingsverwandte
Hutrand nicht oder wenig gerieft, Lamellen nicht zerfließend		
Hutoberfläche faserig-filzig bis schuppig	10	*Psathyrellaceae,* Faserlingsverwandte
Hutoberfläche glatt		
Lamellen reif scheckig gefleckt (5d)	13.3	*Panaeolus,* Düngerlinge
Lamellen auch reif nicht scheckig gefleckt	10	*Psathyrellaceae,* Faserlingsverwandte
Sporenpulver hellbraun bis braun (6b, 6c, 6d)	→	**siehe nächste Seite**

Einstiegsschlüssel 47

1a Hutunterseite mit haftenden zähen Röhren
1b Hutunterseite mit abschiebbaren Röhren
1c Lamellenschneiden gesägt
1d Lamellen gelbbraun, leicht abschiebbar
2a Lamellen wachsartig, braun, später schwärzlich
2b Lamellen wachsartig, zunehmend schwärzlich
2c Fleisch sehr brüchig, ganz ohne Fasern
2d Lamellen wachsartig, Sporenpulver weiß
3a Lamellen wachsartig, Sporenpulver weiß
3b Lamellen nicht wachsartig
3c Lamellen frei, Sporenpulver rosabraun
3d Stielbasis bescheidet, lappig
4a Stielbasis bescheidet, eingepfropft
4b Lamellen frei, Sporenpulver purpurbraun
4c Sporenpulver weiß (auf Nachbarshut sichtbar)
4d Lamellen nicht frei, Sporenpulver rosabraun
5a Sporenpulver lilabraun
5b Sporenpulver schwarzbraun
5c Lamellen alt zerfließend
5d Sporenpulver schwarzbraun, fleckig
6a Sporenpulver schwarzbraun, fleckig
6b Sporenpulver hellbraun
6c Sporenpulver hellbraun (dattelbraun)
6d Sporenpulver hellbraun bis braun (graubraun)

Schritt 2: Gattungsschlüssel

Zu Beginn des Kapitels, das man mittels Übersichts- oder Einstiegsschlüssel gefunden hat, wird die Gruppe von Pilzen des betreffenden Kapitels beschrieben. Es folgt ein Gattungsschlüssel, der in ein Unterkapitel führt, das eine Gattung oder eine ganze Gruppe von Gattungen beinhaltet.

Schritt 3: Artenschlüssel

In jedem Unterkapitel wiederum folgt eine Stufe tiefer die Beschreibung der Gattung oder Gattungsgruppe und danach ein graubraun hinterlegter Artenschlüssel, der zur nummerierten Art oder Varietät führt. Im Anschluss an den Schlüssel sind die Arten des Unterkapitel beschrieben und zumindest die mittelhäufigen und häufigen Arten mittels Fotografie abgebildet.

Bestimmungsablauf am Beispiel eines Dachpilzes

Bestimmung in 3 Schritten

Nach den allgemeinen Erläuterungen zum Übersichts- und Einstiegsschlüssel folgt nun anhand des nebenstehend abgebildeten Pilzes (Abb. 12) ein konkretes Beispiel einer Bestimmung über alle 3 Schritte, welche detailliert erklärt werden.

1. a. Übersichtsschlüssel oder b. Einstiegsschlüssel zur Einordnung ins passende Kapitel 1–16.
2. Gattungsschlüssel zur Bestimmung der Gattung oder einer Gruppe ähnlicher Gattungen.
3. Artenschlüssel zur Bestimmung der passenden Art oder Varietät.

Abb. 12: Die Fruchtkörper einer Art, deren Bestimmung detailliert aufgezeigt wird.

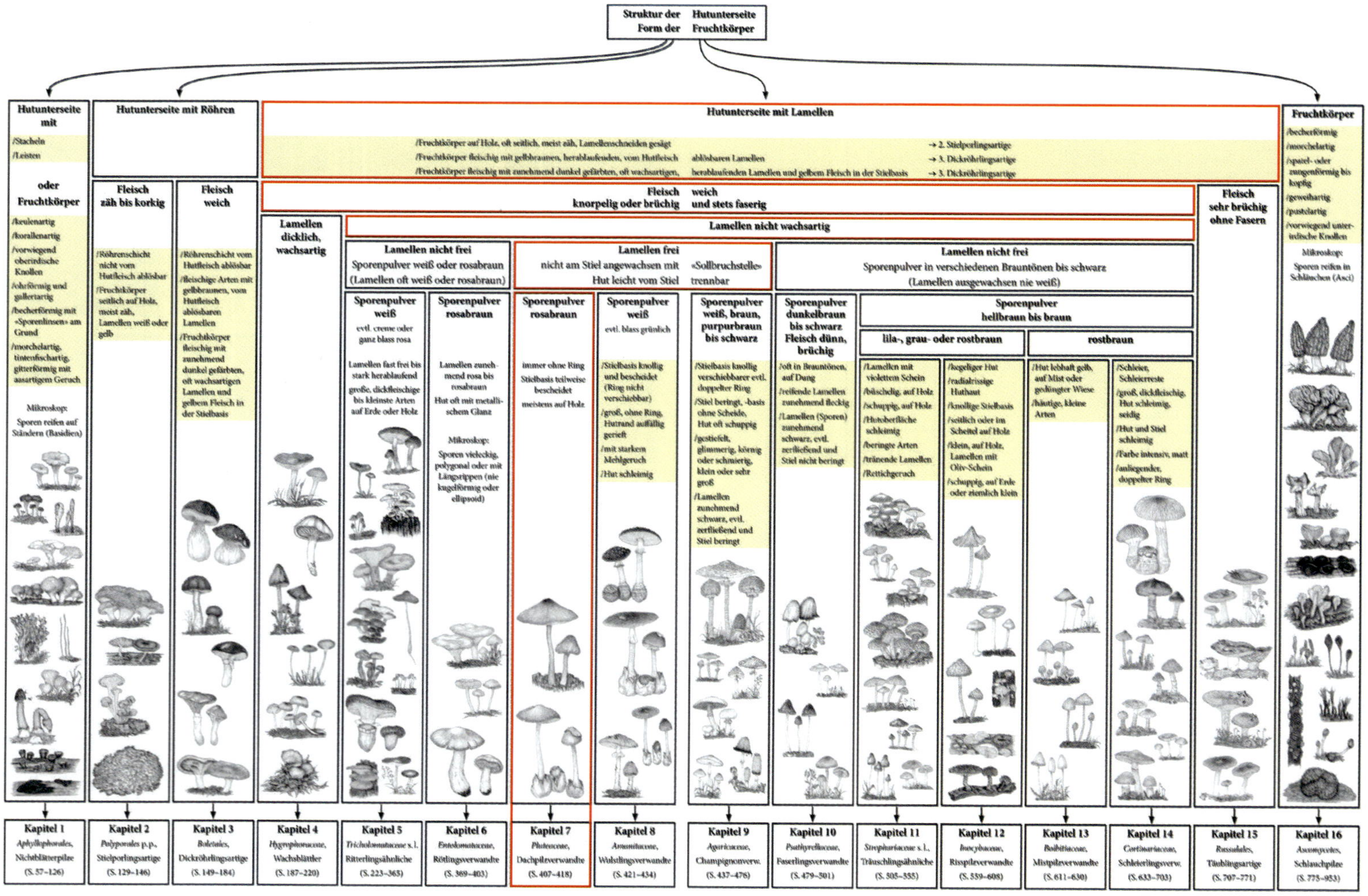

Schritt 1a: Übersichtsschlüssel

Der abgebildete Pilz hat Lamellen. Das führt in den Kasten «Hutunterseite mit Lamellen» oberhalb der Spalten 4–15. Von den gelb hinterlegten Kriterien (Ausnahmen) trifft keines zu, deshalb gibt es keinen Wechsel zu Kapitel 2 oder 3. Die nachfolgende Frage nach faserigem oder nach brüchigem, nicht faserigem Fleisch lässt sich aus dem Bild nur erahnen. Am frischen Pilz bricht man den Stiel und schaut, ob die Bruchstellen Fasern zeigen oder nicht. Der abgebildete Pilz ist zwar brüchig aber auch deutlich faserig. Deshalb gelangt man nicht zu den Täublingsartigen sondern zum Kasten über den Spalten 4–14. Auch die nächste Frage nach dicklichen, wachsartigen Lamellen, die zu den Schnecklingsverwandten führen würde, ist zu verneinen. Die Lamellen des abgebildeten Pilzes sind dünn und nicht wachsartig. Es folgen die Fragen nach der Anhaftung der Lamellen. Man erkennt auf dem Bild gut den kleinen Rand um den Stiel, wo man das Hutfleisch sehen kann, was ein klarer Hinweis auf freie Lamellen ist. Damit bleiben noch die Spalten 7–9 mit den drei Sporenpulverkategorien «rosabraun», «weiß» sowie «weiß, purpurbraun bis schwarz». Auf dem Foto sieht man deutlich rosabraune Stellen auf den blassen Lamellen und kann das rosabraune Sporenpulver erahnen. Ließe man den Pilz eine Weile auf einer hellen Unterlage liegen, so würde sich aufgrund der herunterfallenden Sporen ein «Sporenabdruck» bilden, und die Farbe des Sporenpulvers wäre gut erkennbar. Damit ist das Kapitel 7 festgelegt. Zur Kontrolle überprüft man noch die Angaben auf weißem Grund. «Ohne Ring» muss zutreffen und tut dies auch; eine Volva an der Stielbasis findet sich nicht, was aber nicht stört, da «teilweise» steht; «auf Holz» trifft zu, da dies «meistens» zutrifft, wäre ein anderes Substrat kein Hinderungsgrund um hier weiterzufahren. Damit ist das Resultat klar – der Weg führt zum Kapitel 7 *Pluteaceae*, Dachpilzverwandte, welches auf der nächsten Seite erläutert wird.

Schritt 1b: Einstiegsschlüssel

Der erste Abschnitt mit wenigen Zeilen weist den Weg zu einem der vier Einstiegsschlüssel A1, A2, B1 oder B2.

1 ·Fruchtkörper mit Röhren oder Lamellen
- 2 ·Fruchtkörper mit Röhren (A1)
- 2* ·Fruchtkörper mit Lamellen
  - 3 ·Sporenpulver weiß, rosa-, violett-, dunkelbraun bis schwarz (A1)
  - 3* ·Sporenpulver helbraun bis braun (A2)

1*·Fruchtkörper ohne Röhren oder Lamellen
- ·Fruchtkörper in Hut und Stiel gegliedert (B1)
- ·Fruchtkörper nicht in Hut und Stiel gegliedert (B2)

Der abgebildete Fruchtkörper hat zweifellos Lamellen auf der Hutunterseite. Es gilt deshalb 1 mit Röhren oder Lamellen zu wählen und nicht 1* Es sind Lamellen, deshalb führt der zweite Schritt zu 2* Fruchtkörper mit Lamellen. Die deutlich rosa gefärbten Lamellen weisen auf 3 Sporenpulver rosabraun und damit zum Einstiegsschlüssel A1.

46 Einstiegsschlüssel

Schlüssel zu den Kapiteln und Unterkapiteln

(A1) Fruchtkörper mit Röhren oder Lamellen; Lamellen mit weißem, rosa-, violett- oder dunkelbraunem bis schwarzem Sporenpulver

1 Hutunterseite mit Röhren und Poren
- Fleisch zäh bis korkig, Fruchtschicht nicht ablösbar, oft auf Holz (1a) — 2 *Polyporales* p. p., Stielporlingsartige u. Ä.
- Fleisch weich, Röhrenschicht vom Hutfleisch ablösbar (1b) — 3 *Boletales*, Dickröhrlingsartige

1* Hutunterseite mit Lamellen
- 2 Lamellenschneiden gesägt, zähfleischig, oft seitlich gestielt (1c) — 2.3 *Lentinellus*, Sägeblättlinge
- 2* Lamellen gelbbraun, vom weichen Hutfleisch leicht abschiebbar (1d) — 3.9 *Paxillus*, Kremplinge u. Ä.
- 2** Lamellen schwarzbraun, wachsartig, herablaufend, Stielbasis meist gelb (2a, 2b) — 3.7 *Gomphidius*, Gelbfüße u. Ä.
- 2*** Fruchtkörper mit anderen Merkmalskombinationen
  - 3 Fleisch sehr brüchig, ganz ohne Fasern (2c) — 15 *Russulales*, Täublingsartige
  - 3* Fleisch weich, knorpelig oder brüchig jedoch stets faserig
    - 4 Lamellen dicklich, wachsartig (2d, 3a) — 4 *Hygrophoraceae*, Schnecklingsverwandte
    - 4* Lamellen nicht wachsartig (3b)
      - 5 Lamellen frei
        - 6 Sporenpulver rosabraun (3c) — 7 *Pluteaceae*, Dachpilzverwandte
        - 6* Sporenpulver weiß bis blass grünlich
          - Stielbasis bescheidet, meist knollig (3d, 4a) — 8 *Amanitaceae*, Wulstlingsverwandte
          - Stielbasis nicht bescheidet
            - Fruchtkörper mit starkem Mehlgeruch und schleimig — 8.2 *Limacella*, Schleimschirmlinge
            - Fruchtkörper nicht mit starkem Mehlgeruch — 9 *Agaricaceae*, Champignonsverwandte
        - 6** Sporenpulver (u. reife Lamellen) braun, purpurbraun bis schwarz (4b) — 9 *Agaricaceae*, Champignonsverwandte
      - 5* Lamellen nicht frei
        - Sporenpulver weiß (4c) bis cremefarben, oder ganz blass rosa — 5 *Tricholomataceae* s. l., Ritterlingsähnliche
        - Sporenpulver (und reife Lamellen) rosa bis rosabraun (4d) — 6 *Entolomataceae*, Rötlingsverwandte
        - Sporenpulver lila- bis violettbraun (5a), violettschwarz — 11 *Strophariaceae* s. l., Träuschlingsähnliche
        - Sporenpulver dunkel- bis schwarzbraun (5b)
          - Hutrand meist tief gerieft, Lamellen alt oft zerfließend (5c) — 10 *Psathyrellaceae*, Faserlingsverwandte
          - Hutrand nicht oder wenig gerieft, Lamellen nicht zerfließend
            - Hutoberfläche faserig-filzig bis schuppig — 10 *Psathyrellaceae*, Faserlingsverwandte
            - Hutoberfläche glatt
              - Lamellen reif scheckig gefleckt (5d) — 13.3 *Panaeolus*, Düngerlinge
              - Lamellen auch reif nicht scheckig gefleckt — 10 *Psathyrellaceae*, Faserlingsverwandte
        - Sporenpulver hellbraun bis braun (6b, 6c, 6d) — → **siehe nächste Seite**

In diesen Schlüsseln werden jeweils die Kriterien mit derselben Einrückung vom linken Rand verglichen. Die senkrechten Linien unterstützen dies grafisch, damit man die Aussagen auf gleicher Ebene findet. Die Frage nach Röhren oder Lamellen wurde schon vorher entschieden. Trotzdem kommt diese Frage nochmals, damit nicht ein separater Schlüssel mit nur wenigen Zeilen notwendig ist. Solche Wiederholungen können in der Abfolge der Schlüssel vorkommen.

Hutunterseite mit Lamellen führt zu 1*. Es folgen drei Kriterien, die nicht zutreffen: 2 «Lamellenschneiden gesägt und zähfleischig», 2* «Lamellen gelbbraun und leicht abschiebbar», 2** «Lamellen schwarzbraun und wachsartig». Deshalb geht es weiter mit 2*** «Fruchtkörper mit anderen Merkmalen». Das Fleisch der abgebildeten Art ist brüchig, jedoch faserig.

Darum gilt 3*. «Dickliche, wachsartige Lamellen» trifft nicht zu, deshalb 4* «Lamellen nicht wachsartig». Es folgt die Frage nach freien oder nicht freien Lamellen. Dazu und auch zu den vorhergehenden Fragen gibt es ein kleines Bild auf der gegenüberliegenden Seite des Schlüssels. Ein Vergleich damit zeigt, dass der freie Rand um den Stiel zu 5 «Die Lamellen sind frei», und die Farbe zu 6 «Sporenpulver rosabraun» passen. Die waagrechte Linie führt schließlich zum Kapitel 7 *Pluteaceae*, Dachpilzverwandte, dem gleichen Resultat wie beim Einstieg über den Übersichtsschlüssel.

Das Kapitel

Gemeinsamkeiten der Pilzgruppe

Jedes der 16 Kapitel beginnt mit einem Foto einer für das Kapitel typischen Art. Im Kapitel 7 mit den Dachpilzverwandten ist ein Exemplar der Gattung *Volvariella,* Scheidlinge abgebildet, bei dem man die rosa gefärbten Lamellen, eine feine Schicht rosafarbenen Sporenstaub im unteren Stielteil und die für die Scheidlinge typische Volva erkennen kann. Die Bildlegende findet sich auf der gegenüberliegenden Seite ganz unten.

Es folgt eine Beschreibung dieser Familie in drei Abschnitten. Der erste Abschnitt enthält eine makroskopische Beschreibung (**1a**), Angaben zum Vorkommen (Habitat) (**1b**) und zu mikroskopischen Eigenschaften (**1b**). Der zweite Abschnitt enthält Hinweise zur weiteren Bestimmung (**2**) und der dritte Abschnitt Angaben zu Speisezwecken (**3**).

Falls sinnvoll, gibt es Hinweise auf weitere Familien, Ordnungen oder Klassen. Bei größeren Kapiteln folgt auch eine Liste mit dem Bezug der Unterkapitel zu den enthaltenen Ordnungen oder Familien und Gattungen.

Der Schlüssel zu den Gattungen folgt meistens auf einer neuen Seite. In diesem Fall mit nur vier Zeilen ist er auf der gleichen Seite abgedruckt.

7 *Pluteaceae,* Dachpilzverwandte 407

7 *Pluteaceae,* Dachpilzverwandte

Basidiomycota, Ständerpilze > *Agaricomycetes* > *Agaricales,* Blätterpilze

Familie *Pluteaceae,* Dachpilzverwandte **1a**

Die Familie bildet kleine bis mittelgroße Fruchtkörper mit deutlich freien Lamellen und rosabraunem Sporenpulver aus. Der Stiel bricht an einer Art Sollbruchstelle leicht vom Hut. Dazu sind alle Dachpilzverwandten mit Ausnahme des sehr seltenen *Pluteus fenzlii,* Beringter Dachpilz ohne Ring. Von den hier betrachteten Gattungen dieser Familie sind es vor allem *Pluteus,* Dachpilze, die man häufig findet. Einige Arten bilden auffällige Adern auf der Hutoberfläche. Die selteneren *Volvariella,* Scheidlinge unterscheiden sich durch die Entwicklung aus einer Gesamthülle, deren Reste auch später als Scheide an der Stielbasis meistens sichtbar bleiben. *V. gloiocephalus,* Großer Scheidling hat ebenfalls diese Eigenschaften und zählte lange zur gleichen Gattung. Er fällt durch die Größe der Fruchtkörper und der Sporen aus dem Rahmen und wurde aufgrund molekularbiologischer Untersuchungen in die separate Gattung *Volvopluteus* eingeteilt. Umgekehrt wird der bereits erwähnte, sehr seltene *Pluteus fenzlii* trotz des außergewöhnlichen Ringes wieder zu den Dachpilzen gezählt, nachdem die Art aufgrund dieser Eigenschaft lange in der Gattung *Annularia* und später in *Chamaeota* beheimatet war.

1b

Dachpilzverwandte wachsen vorwiegend auf moderndem Holz, teilweise auch auf Erde oder anderen Pilzen und sind mehrheitlich Saprobionten. *Volvariella surrecta,* Parasitischer Scheidling, der auf anderen Pilzen wächst, gilt als Parasit.

1c

Alle Arten der Familie haben glatte, mehrheitlich breit ellipsoide, teils kugelige Sporen, seltener sind sie zylindrisch bis etwas eingeschnürt. Vor allem bei den Dachpilzen gibt es auffällige Zystidenformen und unterschiedliche Strukturen und Formen in der Hutdeckschicht (HDS).

Bestimmung **2**

Die Unterscheidung von Dachpilzen und der Scheidlingen erfolgt anhand der vorhandenen oder fehlenden Volva oder Resten davon an der Stielbasis.

Speisezwecke **3**

Für die Küche sind vor allem die gezüchteten *Volvariella,* Scheidlinge von Bedeutung. Auch weitere Scheidlinge sind essbar, ebenso einige *Pluteus,* Dachpilze, die aber wegen Verwechslungsgefahr und aufgrund minderer Qualität nicht zu empfehlen sind. *Pluteus salicinus,* Grünlichgrauer Dachpilz ist giftig.

Schlüssel zu den Gattungen

Stiel ohne Volva oder Volvareste, Hutoberfläche teilweise aderig	
Hutfarbe in verschiedenen Brauntönen, braun, rotbraun, umbra	7.1 *Pluteus,* Dachpilze (A)
Hutfarben weiß, weißlich, grau, graugrünlich, gelb oder orange	7.1 *Pluteus,* Dachpilze (B)
Stiel mit Volva oder Volvaresten, Hutoberfläche nicht aderig	7.2 *Volvariella,* Scheidlinge u. Ä.

7.2.05 *Volvariella murinella,* Mausgrauer Scheidling
Nur *Volvariella,* Scheidlinge und *Pluteus,* Dachpilze haben freie Lamellen, die vom reifenden Sporenpulver zunehmend rosabraun gefärbt werden. Zeigen sich an der Stielbasis dazu Reste einer Scheide muss es sich um einen Scheidling handeln. *Volvopluteus gloiocephalus,* Großer Scheidling mit glänzendem, klebrigen Hut zählt zu einer eigenen Gattungen. Der trockene, radialfaserige, graue Hut führt in die Gattung *Volvariella* und die blassbraune, in der Erde eingesenkte Scheide und möglicherweise ein Geruch nach Pelargonien (geriebene «Geranienblätter») zu *Volvariella murinella,* Mausgrauer Scheidling.

Schritt 2: Der Gattungsschlüssel, der Weg zum Unterkapitel

In allen Bestimmungsschlüsseln werden die Kriterien mit derselben Einrückung vom linken Rand verglichen.

Geht ein Gattungsschlüssel über mehrere Seiten, so sind alle ersten Kriterien, welche es zu vergleichen gilt, graubraun hinterlegt.

Der Gattungsschlüssel im Kapitel 7 enthält nur zwei Stufen. An der Stielbasis des Pilzbeispiels (Abb. 12) finden sich keine Volvareste, was bedeutet, dass **1** zutrifft (grün markiert) und **1*** nicht (rot markiert). Allerdings hat es in **1** mit «Hutoberfläche teilweise aderig» noch einen zweiten Satzteil. Der Hut unseres Pilzes ist nicht aderig, da hier jedoch «teilweise» steht, stört dies nicht. **1** ist bestätigt, und wir gelangen zur zweiten Stufe, welche unter **1** eingereiht ist.

Bei **2** und **2*** werden die Hutfarben verglichen. Auf dem Bild sehen wir einen deutlich braunen Hut, was zur Zeile **2** passt (grün markiert). Zur Zeile **2*** würden Farbtöne in Weiß, Grau, Gelb oder Orange gehören, was nicht auf unseren Pilz zutrifft (rot markiert).

Damit gelangt man zum Unterkapitel 7.1 *Pluteus,* Dachpilze. Der Zusatz (A) zeigt, dass es in diesem Unterkapitel mehrere Schlüssel gibt und mit welchem Schlüssel die Bestimmung zu erfolgen hat. In diesem Fall ist es der Schlüssel A, der auf der nächsten Seite erläutert wird.

Schlüssel zu den Gattungen

1	Stiel ohne Volva oder Volvareste, Hutoberfläche teilweise aderig	
2	Hutfarbe in verschiedenen Brauntönen, braun, rotbraun, umbra	7.1 *Pluteus,* Dachpilze (A)
2*	Hutfarben weiß, weißlich, grau, graugrünlich, gelb oder orange	7.1 *Pluteus,* Dachpilze (B)
1*	Stiel mit Volva oder Volvaresten, Hutoberfläche nicht aderig	7.2 *Volvariella,* Scheidlinge u. Ä.

Das Unterkapitel

Gemeinsamkeiten der Gattungen

Nach dem gleichen Aufbau wie die Kapitel enthält jedes Unterkapitel eine Beschreibung und ist mit einer oder mehreren makroskopischen wie auch mikroskopischen Zeichnungen illustriert, welche typische Vertreter der entsprechenden Gattung oder der Gruppe von Gattungen zeigen.

In diesem Fall umfasst die Beschreibung nur die Gattung *Pluteus*, Dachpilze. Wenn im Unterkapitel eine Gruppe von ähnlichen Gattungen enthalten ist, steht im Titel nur ein Gattungsname mit einer möglichst typischen und häufigen Art und dahinter folgt der Hinweis «und Ähnliche». Alle weiteren Gattungen sind dann aber im erläuternden Text erwähnt und bei der ersten Nennung fett markiert, damit man sie rasch im Überblick erfassen kann.

Die mikroskopischen Angaben beschränken sich in der Regel auf Zeichnungen der Sporen. Wenn es für die Bestimmung wichtige weitere Merkmale gibt, wie in diesem Fall die auffälligen Zystiden oder Unterschiede in der Struktur der Huthaut, und wenn der Platz es zulässt, sind auch Illustrationen zu diesen Strukturen vorhanden.

408 7 *Pluteaceae,* Dachpilzverwandte

7.1 *Pluteus,* Dachpilze

Basidiomycota, Ständerpilze > *Agaricomycetes* > *Agaricales,* Blätterpilze > *Pluteaceae,* Dachpilzverwandte

Beschreibung

Teils häufig vorkommende, mittelgroße wie auch eher seltene, ziemlich kleine Arten mit erst glockigem oder kegelig-gewölbtem, später mehr oder weniger flach ausgebreitetem Hut, meistens mit einem breiten, flachen Buckel. Die Oberfläche kann kahl, samtig bis faserig-schuppig und glatt bis auffällig runzelig-aderig sein. Die meisten ***Pluteus,*** Dachpilze erscheinen in verschiedenen Brauntönen bisweilen mit etwas olivgrünem Schein. Wenige sind ganz blass bis weiß; eine seltene Art ist lebhaft orange und weitere Arten sind teilweise bis mehrheitlich gelb. Typisch sind die freien, z. T. auffällig vom Stiel entfernt angewachsenen, engstehenden Lamellen, anfänglich blass gefärbt, dann mit dem reifenden, rosa bis rosabraunen Sporenpulver zunehmend in diesen Farbtönen. Der Stiel ist kahl bis fein schuppig-flockig, meist mit verdickter bis etwas knolliger Basis, mit Ausnahme einer sehr seltenen Art ohne Ring und im Gegensatz zu den nah verwandten *Volvariella,* Scheidlinge auch ohne Volva oder Volvareste an der Stielbasis.

Dachpilze wachsen meist auf moderndem Holz, auf Holzschnitzeln, selten auf Erde und schon ab Frühjahr, meistens jedoch im Herbst. Sie sind alle Saprobionten.

Die Sporen sind ellipsoid bis kugelig, glatt, hell rosabraun gefärbt, ohne Keimporus und nicht amyloid. Weitere mikroskopische Merkmale sind zur Bestimmung in dieser Gruppe oft wichtig und im nächsten Abschnitt erläutert.

7.1.06 *Pluteus cervinus,*
Rehbrauner Dachpilz

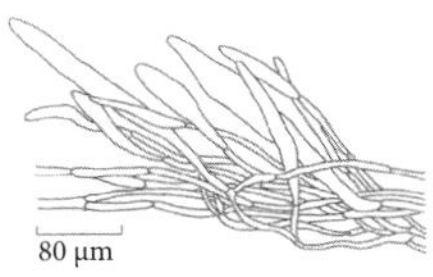

Hutdeckschicht (HDS)

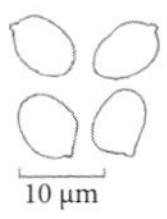

Sporen

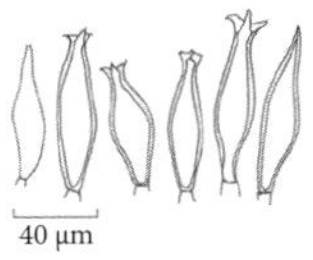

Pleurozystiden (PlZ)

Bestimmung

Eher seltene Exemplare der Gattung *Pluteus,* Dachpilze zeigen gelbliche bis lebhaft gelbe oder orange Farbtöne, einige sind grau bis grauoliv und eine Gruppe ist blass graubeige bis fast weiß. Sie sind im Schlüssel B aufgeführt. Die Mehrheit der Dachpilze weist Hutfarben mit vorwiegend braunen Tönen auf und findet sich im Schlüssel A. Darunter gibt es Gruppen mit kahler, aderig-runzeliger, auffällig rissiger oder samtig-filziger bis körniger oder schuppiger Huthaut. Von den häufigeren, kahlhütigen Arten findet man oft schon früh im Jahr *Pluteus cervinus,* Rehbrauner Dachpilz. Der ähnliche, etwas dunkler gefärbte *Pluteus atromarginatus,* Schwarzschneidiger Dachpilz lässt sich von Auge oder mit der Lupe gut anhand der schwarzen Lamellenschneiden unterscheiden. Für die weitere Unterscheidung innerhalb der verschiedenen Gruppen hilft in einzelnen Fällen auch die Hutgröße. Meistens braucht es aber einen Blick ins Mikroskop. Bei den kahlhütigen Arten gibt es einige mit auffällig hakenförmigen Hymenialzystiden. Diese Gruppe lässt sich anhand des Vorkommens von Schnallen weiter aufteilen. In den anderen Gruppen trennen vor allem die Lage und die Form der Elemente in der Hutdeckschicht, die Formen und das Vorkommen von Zystiden sowie teilweise auch die Größe und die Form der ellipsoiden oder kugeligen Sporen.

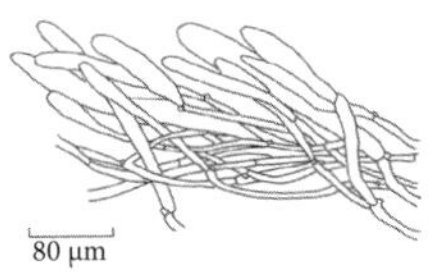

Hutdeckschicht (HDS)
vereinzelt mit Basalschnallen

7.1.07 *Pluteus pouzarianus,*
Schnallentragender Nadelholz-Dachpilz

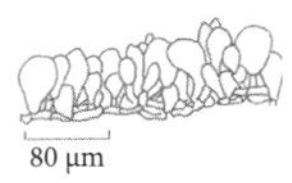

Hutdeckschicht (HDS)
ohne Schnallen

7.1.13 *Pluteus phlebophorus,*
Runzeliger Dachpilz

Speisewerte

In vielen Büchern gelten die Dachpilze als essbar. Es ist aber bekannt, dass *Pluteus salicinus,* Grünlichgrauer Dachpilz giftig wirkt; er enthält Psilocybin. Da dieser Pilz vereinzelt und eher selten auftritt, wurde er aber wohl kaum je in größeren, giftig wirkenden Mengen verspeist. Die häufigen Arten, insbesondere *Pluteus cervinus,* Rehbrauner Dachpilz und Ähnliche, können gegessen werden, sind aber ohne besonderen Wert. Personen mit wenig Erfahrung wird wegen der Verwechslungsgefahr mit teils giftigen Rötlingen vom Verzehr von Dachpilzen abgeraten.

Schritt 3: Artenschlüssel, der Weg zur Art oder Varietät

7.1 *Pluteus*, Dachpilze
(A) Hutfarbe in verschiedenen Brauntönen, braun, rotbraun, umbra

1	Stiel weißlich, graubräunlich bis dunkelbraun, kahl, faserig oder flockig	
2	Hut kahl (jung evtl. feinfaserig oder höckerig-runzelig, jedoch nicht aderig)	
3	Lamellenschneiden gleichfarbig	
	Hut meist > 10 cm breit, Pleurozystiden dickwandig, hakenförmig	
	vorwiegend an Laubholz, Schnallen in Hyphen selten oder fehlend	**06 *Pluteus cervinus*, Rehbrauner Dachpilz**
	nur an Nadelholz, Schnallen in Hutdeckschicht oder Lamellen häufig	
	Geruch meist unauffällig, Schnallen in Lamellen-Trama häufig	07 *Pluteus pouzarianus*, Schnallentragender Nadelholz-Dachpilz
	Geruch rettichartig, Schnallen in Hutdeckschicht häufig	08 *Pluteus primus*, Frühjahrs-Dachpilz
	Hut < 5 cm breit, Pleurozystiden dünnwandig, ohne Haken	
	vorwiegend liegende Huthauthyphen, spindelig-längliche Endzellen	04 *Pluteus plautus*, Verschiedenfarbiger Dachpilz
	vorwiegend aufgerichtete Huthauthyphen, breit-blasige Endzellen	
	Pleurozystiden keulig bis spindelig	09 *Pluteus nanus*, Flockigbereifter Dachpilz
	Pleurozystiden geschnäbelt	10 *Pluteus insidiosus*, Trügerischer Dachpilz
3*	Lamellenschneiden dunkel- bis schwarzbraun	
4	Hut meist > 5 cm, kaum runzelig, Pleurozystiden dickwandig, hakenförmig	**11 *Pluteus atromarginatus*, Schwarzschneidiger Dachpilz**
4*	Hut kaum > 5 cm, runzelig, Pleurozystiden dünnwandig, ohne Haken	12 *Pluteus luctuosus*, Düsterer Dachpilz
2*	Hut aderig-runzelig	
	Lamellenschneiden gleichfarbig oder heller	
	Rand nicht gerieft	
	Hut deutlich aderig-runzelig	
	Stiel zunehmend cremegelblich, Endhyphen der HDS blasig breit	13 *Pluteus phlebophorus*, Runzeliger Dachpilz
	Stiel zunehmend grau, Endhyphen der HDS spindelig schlank	16 *Pluteus thomsonii*, Graustieliger Adern-Dachpilz
	Hut höchstens leicht aderig-runzelig	09 *Pluteus nanus*, Flockigbereifter Dachpilz
	Rand gerieft	15 *Pluteus pallescens*, Blassstieliger Dachpilz
	Lamellenschneiden dunkel- bis schwarzbraun	
	Hut meist über 5 cm breit, Endhyphen der HDS spindelig-länglich	17 *Pluteus umbrosus*, Schwarzflockiger Dachpilz
	Hut kaum über 5 cm breit, Endhyphen der Hutdeckschicht (HDS) keulig	12 *Pluteus luctuosus*, Düsterer Dachpilz
2**	Hut oder Hutrand rissig oder gekerbt	
	Stiel über die gesamte Länge graubraun flockig-faserig, Geschmack später seifig	18 *Pluteus ephebeus*, Flaumiger Dachpilz
	Stiel im oberen Bereich kahl, Geschmack fehlend	
	Stiel auf der ganzen Länge kahl (keine Kaulozystiden)	19 *Pluteus diettrichii*, Rissiger Dachpilz
	Stiel im unteren Bereich körnig-flockig (Kaulozystiden mit braunem Inhalt)	20 *Pluteus poliocnemis*, Graurissiger Dachpilz
2***	Hut samtig, körnig, punktiert, filzig, faserig-schuppig	
	Hut 1–3 cm breit	
	Hutmitte oft runzelig, Huthauthyphen aufgerichtet (Hymeniderm)	
	Hutmitte deutlich runzelig-aderig	16 *Pluteus thomsonii*, Graustieliger Adern-Dachpilz
	Hutmitte höchstens leicht runzelig	21 *Pluteus podospileus*, Samtiger Dachpilz
	Hut körnig bis borstig schuppig, nicht runzelig	
	Hut borstig-schuppig, Rand bewimpert, Huthauthyphen liegend (Cutis)	22 *Pluteus hispidulus*, Haariger Dachpilz
	Hut dicht körnig schuppig, Rand glatt, Huthauth. liegend bis aufsteigend	23 *Pluteus exiguus*, Borstiger Zwerg-Dachpilz
	Hut meist > 3 cm breit	
	Lamellenschneiden gleichfarbig oder heller	
	Stiel mit Kaulozystiden, Hut samtig-faserig	
	Hut kaum rissig, Kaulozystiden büschelig am ganzen Stiel	04 *Pluteus plautus*, Verschiedenfarbiger Dachpilz
	Hut außen rissig, Stiel etwas körnig, jung mit Kaulozystiden	20 *Pluteus poliocnemis*, Graurissiger Dachpilz
	Stiel ohne Kaulozystiden	
	Hut fein und dicht anliegend faserschuppig (Lupe!)	18 *Pluteus ephebeus*, Flaumiger Dachpilz
	Hut samtig-filzig, weißlich bereift, hirschlederig, Stiel oft mit Rosa	26 *Pluteus roseipes*, Rosastieliger Dachpilz
	Hut samtig-glimmerig, gegen außen felderig rissig	19 *Pluteus diettrichii*, Rissiger Dachpilz
	Lamellenschneiden dunkel- bis schwarzbraun, evtl. flockig	
	Pleurozystiden dickwandig und hakenförmig	**11 *Pluteus atromarginatus*, Schwarzschneidiger Dachpilz**
	Pleurozystiden dünnwandig, ohne Haken	17 *Pluteus umbrosus*, Schwarzflockiger Dachpilz
1*	Stiel gelblich, gelb	
	Stiel ausgeprägt gelb	**24 *Pluteus romellii*, Gelbstieliger Dachpilz**
	Stiel zunehmend gelbbraun	13 *Pluteus phlebophorus*, Runzeliger Dachpilz
1**	Stiel mit rosa Schein	26 *Pluteus roseipes*, Rosastieliger Dachpilz
1***	Stiel bläulich, blaugrün	28 *Pluteus cyanopus*, Blaufüßiger Dachpilz

Die erste Ebene enthält vier Fragen zur Beurteilung der Farbe des Stiels (**1**, **1***, **1**** und **1*****). Bei unserem Pilz (Abb. 12) ist der Stiel hell- bis dunkelbraun, was zu **1** passt (grün markiert). Ein Blick auf die Alternativen **1*** bis **1***** zeigt, dass der Stil weder gelb noch rosa ist, noch blaue Farbanteile hat (rot markiert). Damit gelangt man in die zweite Stufe zwischen dem zutreffenden **1** und dem nicht zutreffenen **1***. Es folgt die Beurteilung des Hutes. Die weiße Linie soll helfen, alle Alternativen (**2** bis **2*****) zu finden. Die Hutoberfläche des Pilzes ist kahl und glatt, was wiederum in den ersten Abschnitt (**2**, grün markiert) führt; **2***, **2**** und **2***** treffen nicht zu (rot markiert). Für die nächste Stufe wird wieder eine Linie eingerückt und man vergleicht die Lamellenschneiden (**3**, **3***). Jetzt trifft Aussage **3*** zu, dass die Lamellenschneiden auffällig dunkler gefärbt sind (grün markiert). Durch das Vorrücken zur nächsten weißen Linie gelangt man zur vierten Entscheidung, bei der es um die Größe des Hutes, die Hutoberfläche und im hinteren Satzteil um mikroskopische Eigenschaften geht (**4** versus **4***). Ist der Hut deutlich über 5 cm breit und kaum runzelig, so führt das zu «**11 *Pluteus atromarginatus*, Schwarzschneidiger Dachpilz**». Im Zweifelsfall, z. B. bei unklarer Größenkategorie, kann ein Blick ins Mikroskop klären, ob es sich um *Pluteus luctuosus*, Düsterer Dachpilz handelt.

- **Fett gedruckte** Arten sind **häufig**
- Normal gedruckte Arten sind mittelhäufig
- Klein gedruckte Arten sind selten

Artenbeschreibung und Abbildungen

Überprüfen der Bestimmung

Nach den Schritten durch die 3 Schlüsselstufen erreicht man mit der Nummer 7.1.11 (7.1 vom Unterkapitel, 11 vom Artenschüssel) den Vorschlag für die passende Art. Nun gilt es zu überprüfen, ob die Beschreibung dieser Art oder Varietät und eine allfällige Abbildung zu den Fruchtkörpern passen. Grobe Widersprüche sollten keine zu finden sein.

Falls vorhanden, sollten auch die Beschreibungen unverschlüsselter Arten überprüft werden, wie gleich anschließend erläutert wird.

7.1.11 *Pluteus atromarginatus* (Konrad) Kühner 🍴
Pluteus nigrofloccosus (R. Schulz) J. Favre
Schwarzschneidiger Dachpilz

H: 3–12 cm, im Scheitel dunkelbraun und bisweilen feinschuppig, gegen außen blasser, fein eingewachsen-faserig. **L:** frei, weißlich, blassrosa bis rosa, Schneiden dunkel- bis schwarzbraun. **St:** fest, schwärzlich faserig, gegen die Basis verdickt. **F:** weiß bis cremeweiß. **Ger:** etwas pilzartig, evtl. schwach süßlich. **Ges:** pilzartig. **Spp:** bräunlichrosa. **V:** auf moderndem Nadelholz; Frühjahr bis Herbst. **Mik:** Sporen ellipsoid, 5,5–7,5 × 5–6 µm, PlZ mit 1–4 Haken, etwas dickwandig, Schnallen in der HDS häufig sonst spärlich. (Kr 4.270, BK 4.113, Lu 2.97.2, 🖼).

7.1.12 *Pluteus luctuosus* Boud., *Pluteus marginatus* (Quél.) Bres.
Düsterer Dachpilz, Braunschneidiger Dachpilz

H: 2–6 cm, kahl oder in der Mitte etwas runzelig, braun, Rand evtl. etwas durchscheinend gerieft. **L:** frei, blassrosa, später rosa bis rosabraun, Schneiden feinflockig braun, zumindest gegen den Hutrand. **St:** weißlich bis blassgrau, evtl. vereinzelt braun eingewachsene Fasern. **F:** feucht blassgrau, trocken weiß. **Ger:** unauffällig. **Ges:** unauffällig. **V:** auf moderndem Laubholz; Frühsommer bis Herbst. **Mik:** Sporen ellipsoid bis kugelig, HymZ kugelig, birnen- bis flaschenförmig, HDS mit kugeligen, aufrechten Elementen. Ludwig 2007 zählt die Art zum nachfolgenden *P. phlebophorus.* (Kr 4.252).

Arten mit und ohne Titelbalken

Die meisten Pilzarten sind mit einem graubraun hinterlegten Titelbalken markiert. Bei Arten, Varietäten oder Formen ohne einen solchen Balken werden nur Merkmale erwähnt, welche von der vorangehenden Art mit Balken abweichen. Alles, was mit der Beschreibung der Art mit Balken übereinstimmt, ist nicht mehr erwähnt.

Speisezweck

Handelt es sich bei einer Art mit Balken um einen Speise- oder Giftpilz, ist sie im Balken oben rechts mit den Symbolen 🍴 und ☠ gekennzeichnet. Steht das Symbol in einer Klammer, so findet sich am Ende der Beschreibung ein ergänzender Kommentar.

Nummerierung verschlüsselter Varietäten

Alle verschlüsselten Arten sind nummeriert, damit man vom Schlüssel zur Beschreibung finden kann. Varietäten haben die Nummer der Stammart, ergänzt durch einen Kleinbuchstaben. Z. B. 1.1.10 *Craterellus cornucopioides* (L.) Pers., Herbst-Trompete und 1.1.10a *C. cornucopioides* var. *flavicans* Sacc., Gelbe Herbst-Trompete.

Unverschlüsselte Arten, Varietäten und Formen

Nach nummerierten Arten mit Balken folgen oft nicht nummerierte Arten. Sie sind der nummerierten Art ähnlich und deshalb nicht separat verschlüsselt. So kann oft in einem vierten Schritt zur nummerierten Art noch eine präziser passende, meist seltenere Art, eine Varietät oder Form identifiziert werden.

Häufigkeit und Aussprache

Wie im Schlüssel sind auch in der Beschreibung die häufigen Arten durch eine große, fette Schrift gekennzeichnet. Die Arten mit mittlerer Verteilung sind in großer Schrift, jedoch nicht fett und die seltenen Arten in einer kleineren Schrift dargestellt. Die unterstrichenen Silben der wissenschaftlichen Namen zeigen die Betonungen.

Abkürzungen und Darstellung der Beschreibungen

Um die Beschreibungen kurz zu halten, sind wiederkehrende Schlüsselwörter abgekürzt.

- **H:** Hut
- **L:** Lamellen, **R:** Röhren, **S:** Stacheln
- **Frkp:** Fruchtkörper
- **St:** Stiel
- **F:** Fleisch
- **Ger:** Geruch
- **Ges:** Geschmack
- **Spp:** Sporenpulver
- **V:** Vorkommen
- **Ch:** makrochemische Reaktionen
- **Mik:** mikroskopische Merkmale

Es gibt nicht immer zu allen Merkmalen Angaben. Das Sporenpulver ist oft in einer ganzen Gattung gleich gefärbt und wird dann nicht mehr erwähnt. Chemische Reaktionen und mikroskopische Merkmale werden nur erwähnt, wenn sie für die Abgrenzung eine Rolle spielen. Vor allem im Kapitel 1, *Aphyllophorales*, Nichtblätterpilze und im Kapitel 16 *Ascomycota*, Schlauchpilze finden sich Fruchtkörper, die nicht in Hut und Stiel gegliedert sind. Anstelle von **H:**, **L:/R:/S:** und **St:** steht hier die Abkürzung **Frkp:**.

Hinweise auf Abbildungen in Standardwerken

Am Ende der Texte folgen in einer Klammer Hinweise zu Abbildungen in den folgenden Büchern:

- D Dähncke R.M.: 1200 Pilze
- Kr Krieglsteiner G.J.: Die Großpilze Baden-Württembergs, Bd. 1–5
- BK Breitenbach J. / Kränzlin F.: Pilze der Schweiz, Bd. 1–6
- Lu Ludwig E.: Pilzkompendium, Bd. 1–4
- CH Senn-Irlet et al.: Cryptogamica Helvetica

Fotografien

Mittel bis sehr häufig vorkommende Arten werden stets mit einem Foto gezeigt. Ab und zu hat es auch zu seltenen Arten ein Foto. Beschreibungen mit Foto sind durch das Symbol (🖼) am Ende des Textes gekennzeichnet.

Weitere Erläuterungen

Wichtige Titelzeilen nicht übersehen

Es gibt sowohl Gattungsschlüssel als auch Artenschlüssel, die über mehrere Seiten führen. In diesen Fällen ist es wichtig, auf die Titelzeilen am Kopf der Schlüsselseiten zu achten.

Im Kapitel 5 beginnt der Gattungsschlüssel auf Seite 226 mit dem Kriterium «stark herablaufende Lamellen» (schwarz markiert). Auf Seite 227 folgt «Lamellen gerade angewachsen oder leicht herablaufend» und auf Seite 228 sind «ausgebuchtet angewachsene bis schmal angeheftete Lamellen» eingeordnet (ebenfalls schwarz markiert). Die Arten mit diesem Kriterien fanden nicht auf einer Seite Platz, weshalb unten auf Seite 228 der Hinweise zur Fortsetzung auf Seite 229 zu finden ist, wo es dann entsprechend eingerückt weitergeht (grün markiert).

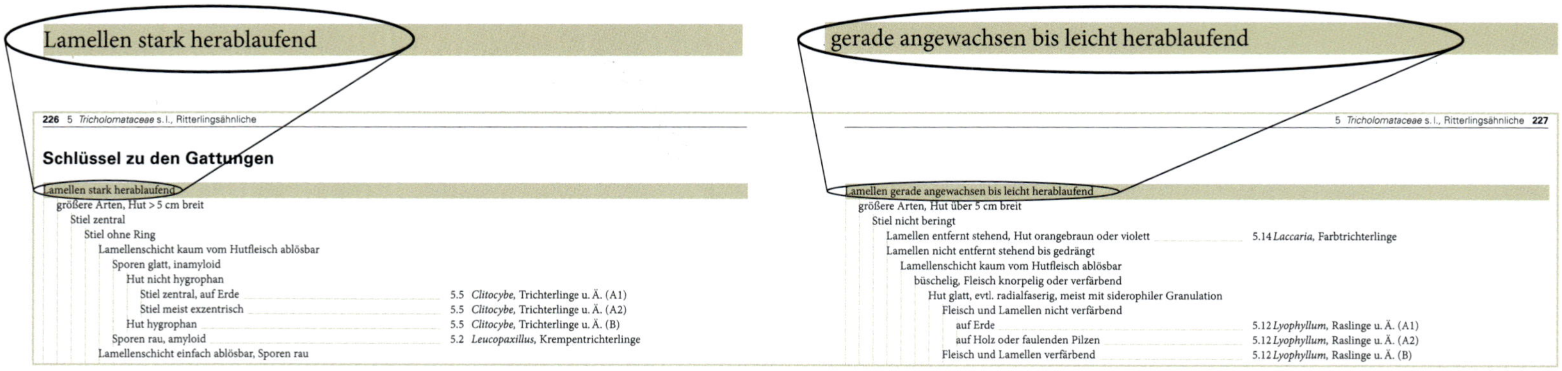

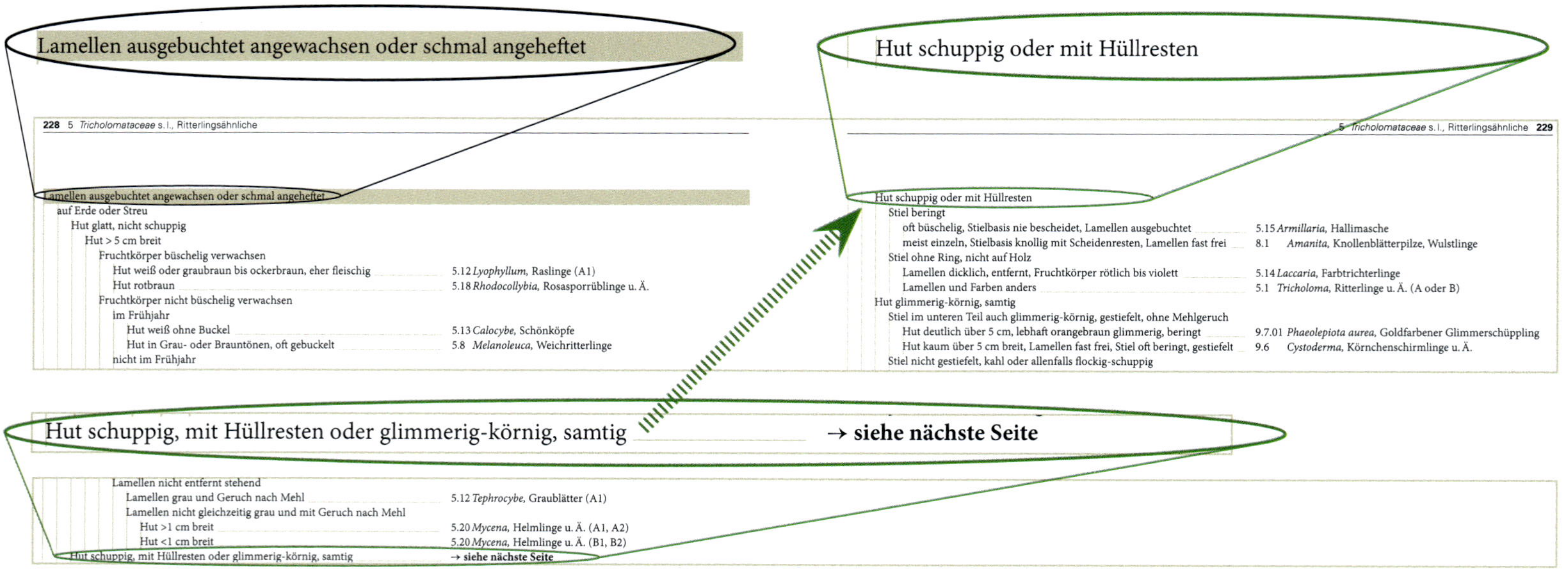

In der Gattung *Russula*, Täublinge im Kapitel 15 gibt es 4 Doppelseiten mit Schlüsselfragen. Auf jeder Doppelseite sind Arten mit einer Farbe des Sporenpulvers aus vier Kategorien verschlüsselt. Das Sporenpulver ist links und rechts jeweils identisch (blau markiert). Auf der ersten Doppelseite ist es weiß bis weißlich (Ia–b) und auf der zweiten Doppelseite blass-creme bis creme (IIa–d) etc. Die Farbkategorien I–IV folgen der Einteilung von Romagnesi 1967. Auf der linken Seite finden sich stets die mild schmeckenden Arten (grün markiert), auf der rechten Seite jene mit mäßig bis deutlich scharfem Geschmack (rot markiert).

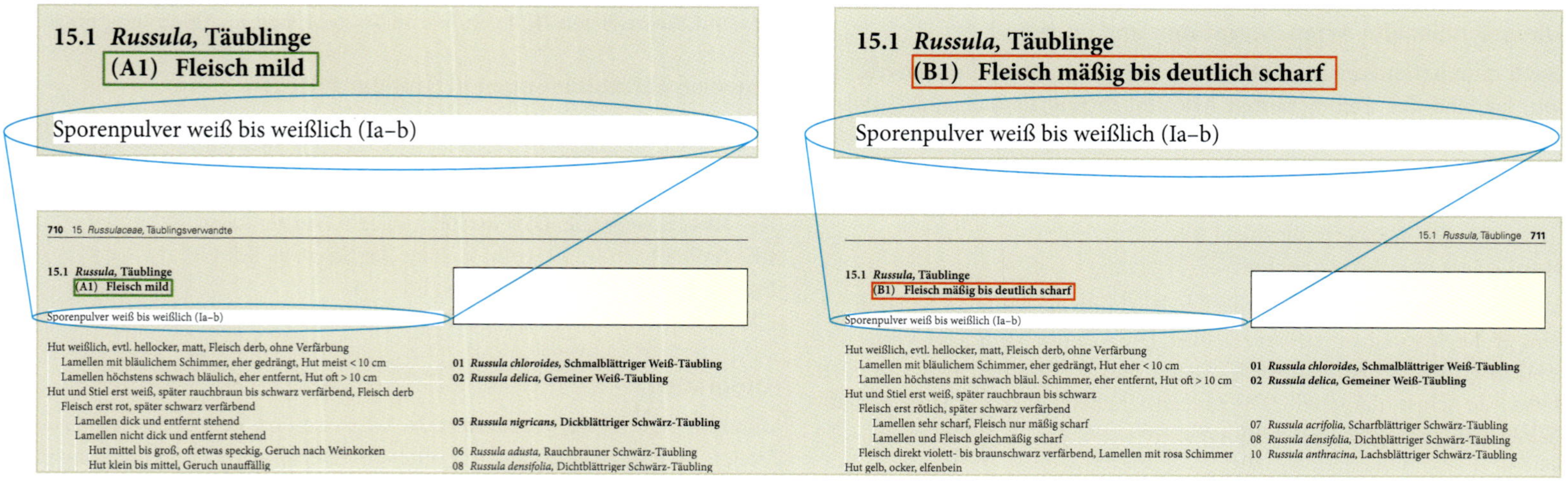

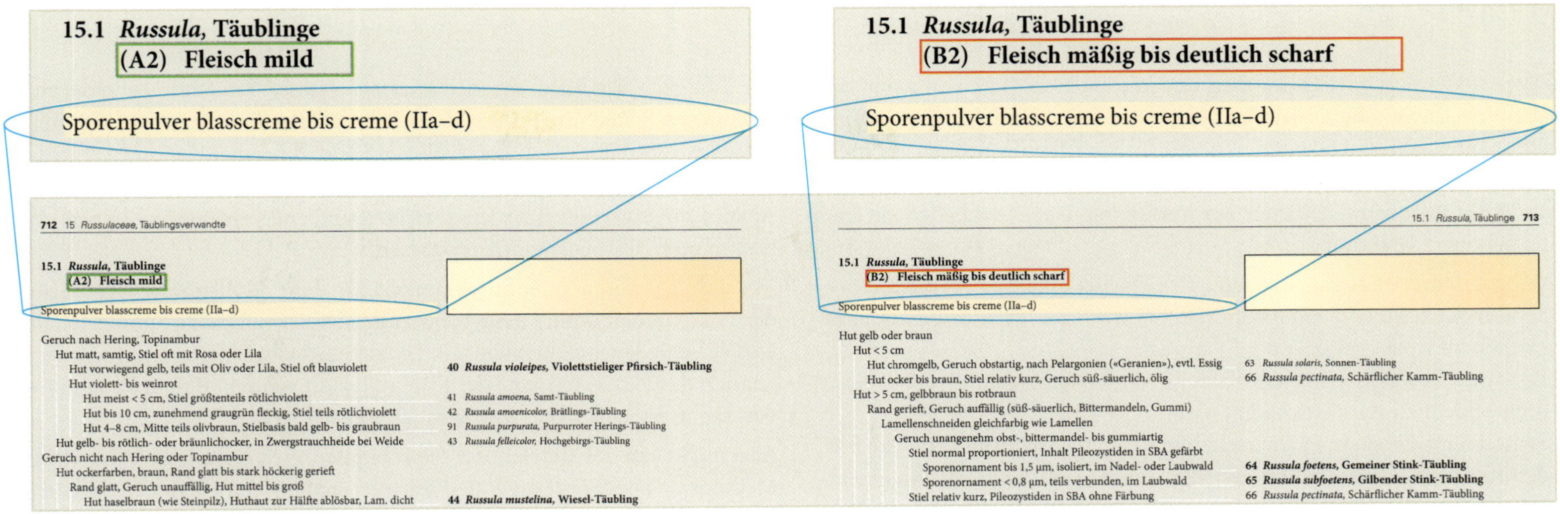

Es gibt weitere spezielle Schlüssel, bei denen zwei Merkmale in Tabellenform miteinander verbunden sind. Die Artenschlüssel in Unterkapitel 4.1, *Hygrocybe*, Saftlinge und Ähnliche sind wiederum doppelseitig; auf der linken Seite sind die Arten mit trockenem Hut und Stiel, auf der rechten Seite jene mit schleimigem Hut oder Stiel. Untereinander folgt dann die Auftrennung in die Farbgruppen. So kann bei Unsicherheit in Bezug auf als klebrig oder nicht klebrig zu beurteilende Arten sehr rasch die Bestimmung in beiden Kategorien durchlaufen und verglichen werden.

Mehrfachverschlüsselungen

Aufgrund von Variabilität und Ähnlichkeiten oder bei überlappenden Merkmalen sind gewisse Arten und Gattungen mehrfach verschlüsselt. Bei Arten im gleichen Unterkapitel ist im Schlüssel nur die Artennummer angegeben. Bei Hinweisen auf Arten in anderen Unterkapiteln ist der Artennummer die Nummer des Unterkapitels vorangestellt, in welchem die betreffende Art beschrieben und zu finden ist.

Aufbau und Benutzung der Schlüssel

Die Gattungsschlüssel in Schritt 2 wie auch die Artenschlüssel in Schritt 3 gruppieren die Pilze, wenn immer möglich, zuerst nach einfach und zuverlässig zu beurteilenden Merkmalen. Größe, Form, Farbe und Beschaffenheit von Hut- und Stieloberfläche, Lamellen, Röhren, Stielspitze und -basis, Geruch, Geschmack, Standort usw. sind bevorzugte Kriterien. Wenn nötig, sollen erst gegen Ende der Bestimmung auch Merkmale dazukommen, die schwerer zu erkennen oder nicht immer sichtbar sind oder die eine aufwendigere mikroskopische Untersuchung erfordern. Im Gegensatz zum Aufbau des Buches orientieren sich die Schlüssel damit nicht an der biologischen Systematik. Sie fassen die Arten nach gut erkennbaren Kriterien zusammen und weisen dann auf die im phylogenetischen Baum platzierten Arten hin. Es handelt sich damit eigentlich um eine Brücke der konstanten und lange gewachsenen Struktur aufgrund der äußerlich sichtbaren Merkmale zu der dynamischen Struktur der biologischen Einteilung, die laufend Änderungen erfahren hat und das aufgrund weiterer Forschungen und der Entdeckungen von vielen weiteren Arten auch weiterhin tun dürfte. Oft kommen Arten auch an verschiedenen Orten vor. Teilt der Schlüssel z. B. nach kleinen Arten bis 5 cm Größe und größeren auf, so erscheinen Fruchtkörper, die zwischen 3 und 7 cm groß sind, in beiden Schlüsseln, weil sie in beiden Kategorien zu erwarten sind. Solche Mehrfachwege kommen auch oft vor bei Hutoberflächen, die glatt oder schuppig sein können, oder bei Farben, die bei der gleichen Art sehr unterschiedlich sind – natürlich auch beim Standort. Gibt es eine Gruppe von Arten, die nur im Nadelwald und eine, die nur im Laubwald vorkommt, so ist dann eine Art, die in allen Waldtypen vorkommt, eben an beiden Orten verschlüsselt. Wenn ein Kriterium im Schlüssel vorkommt, so heißt das also, dass dieses Kriterium beim betreffenden Pilz zwar zutreffen kann, aber nicht immer erfüllt sein muss. Z. B. kann er im Nadelwald wachsen, muss es aber nicht; er kann einen schuppigen Hut haben, das muss aber nicht sein.

Zusammenhang mit gängigen Einteilungen

Umfang und Reihenfolge der Kapitel entsprechen weitgehend der üblichen Einteilung von Pilzen in den meisten Pilzbüchern. Aufgrund der Forschung ergaben sich einzelne Verschiebungen von Arten und Gattungen. Die grobe Ordnung blieb aber erhalten, wie z. B. ein weitgehender Zusammenhang der Buchkapitel mit den Bänden «Pilze der Schweiz» von J. Breitenbach/F. Kränzlin.

- Kapitel 1–2 — Band 2 Nichtblätterpilze
- Kapitel 3–5 — Band 3 Röhrlinge und Blätterpilze, 1. Teil
- Kapitel 4–11, 13 — Band 4 Blätterpilze, 2. Teil
- Kapitel 12, 14 — Band 5 Blätterpilze, 3. Teil
- Kapitel 15 — Band 6 Russulaceae
- Kapitel 16 — Band 1 Ascomyceten

Wie liest man die Schlüssel?

In der linken Spalte finden sich die Merkmale und in der rechten Spalte die Hinweise auf das Resultat. Bei den hell hinterlegten Gattungsschlüsseln ist das Resultat normalerweise eine Gattung oder eine Gattungsgruppe mit einem weiteren Schlüssel, ausnahmsweise aber auch ein direkter Hinweis auf eine Art. Bei den Artenschlüsseln auf graubraunem Hintergrund ergibt sich normalerweise eine Art und ausnahmsweise ein Hinweis auf einen anderen Schlüssel als Resultat.

Man beginnt immer auf der ersten Ebene und vergleicht alle Aussagen, die senkrecht untereinander in der gleichen Ebene stehen. Bei der zutreffenden Aussage rückt man einen Ebene nach rechts und vergleicht im betreffenden Abschnitt wieder alle Aussagen auf dieser Ebene. So fährt man fort, bis bei der am besten zutreffenden Aussage auf der rechten Seite eine Artennummer mit Artnamen erscheint. Eine einfache Artennummer verweist auf einen Beschrieb im gleichen Unterkapitel. Bei Verweisen in andere Kapitel folgt die kombinierte Nummer von Unterkapitel und Art.

Ernährungsweisen der Pilze

Pilze ernähren sich wie Menschen und alle anderen Tiere von totem oder lebendem organischem Material. Sie können keine Fotosynthese betreiben wie grüne Pflanzen. Die nötige Energie für ihr Leben gewinnen sie, indem sie organisches Material zerlegen. Die entstehenden Mineralstoffe stehen somit der Pflanzenwelt wieder zur Verfügung. Damit schließen sie einen umfassenden Kreislauf.

Aufgrund ihrer Nahrungsquellen unterscheidet man drei Formen:
- Saprobionten: Abbau von totem Material wie Streu, Pflanzenteilen, abgestorbenem Holz.
- Parasiten: Leben in «Partnerschaft» mit einem Organismus, wobei dieser unterschiedlich stark geschädigt wird.
- Symbionten: Leben in Partnerschaft mit einem Organismus, welche beiden Partnern Vorteile bringt und damit zu einer stabilen Lebensgemeinschaft führen kann. Die Symbiose von Pilzen und Pflanzen wird Mykorrhiza genannt, weil der Pilz (griechisch «mykes») sich mit der Wurzel (griechisch «rhiza») einer Pflanze verbindet. Dabei unterstützt der Pilz die Pflanze in der Aufnahme von Mineralstoffen und Wasser und erhält von der Pflanze Kohlenhydrate.

Die Fähigkeit der Pilze, die vielfältigsten organischen Stoffe zu zerlegen, gewinnt an Bedeutung für die Menschen. Auf der Erde sammeln sich immer mehr Produkte an, die wertvolle und schwindende Ressourcen enthalten, aber nicht mehr innert nützlicher Frist zerlegt werden können. Dieser Abfall kann einerseits Schaden anrichten und andererseits den Mangel an bestimmten Ressoucen noch verstärken.

Mit der gewachsenen Aufmerksamkeit für diese Problematik werden in der Wissenschaft immer neue Wege zum Abbau von Plastik, Sprengstoffen und verschiedenen Giften wie z. B. Dioxin entdeckt. Belastungen in Böden können durch die Aufname der Pilze reduziert werden, indem sie zumindest separiert, teils sogar umgewandelt werden.

Aber nicht nur im Bereich der Saprobionten erschließen die Pilze neue Methoden. Die Förderung der Partnerschaften mit Mykorrhizapilzen ermöglicht es dem Menschen z. B. in der Landwirtschaft, für das Pflanzenwachstum weniger Wasser und Dünger einzusetzen. Da die Pflanzen zudem weniger von Schädlingen befallen werden, reduziert sich auch der Einsatz von Pflanzenschutzmitteln.

Artenkenntnisse und weiterführende Fragen

Die Bestimmung von Pilzen nach morphologischen Merkmalen kann immer stärker durch molekulargenetische Abklärungen unterstützt und dadurch abgesichert werden. Publikationen zur Systematik in der Mykologie, welche nicht durch genetische Analysen belegt werden, sind kaum mehr denkbar.

Aufgrund molekulargenetischer Untersuchungen können sich ähnliche Pilze, die bisher als eine Art betrachtet wurden, plötzlich als Gruppe von Arten offenbaren, die feiner unterschieden werden können. Weiß man erst mal dank solcher Analysen, welche Fruchtkörper-Kollektionen zusammengehören, kann in der Folge gezielt nach makroskopischen und mikroskopischen Unterschieden zwischen diesen Arten gesucht werden, sodass diese im Optimalfall auch nach äußerlichen Kriterien getrennt werden können. Auch der umgekehrte Fall, in dem sich bisher getrennte Arten plötzlich nicht mehr als verschieden rechtfertigen lassen und deren Namen synonymisiert werden kommt vor.

Sollten Pilzarten in Zukunft tatsächlich immer rascher, günstiger und zuverlässiger ohne die Beurteilung äußerer Merkmale bestimmt werden können, wird dies kein Grund sein, sich nicht mehr mit Pilzen zu befassen. Im Gegenteil – man kann sich differenzierteren oder umfassenderen Fragestellungen widmen. Bisher nicht beschriebene Arten können einfacher identifiziert und seriös beschrieben werden. Man kann sich vermehrt darauf konzentrieren, welche ökologischen Nischen durch welche Arten besiedelt werden, und man kann sich den verschiedenen Lebensgemeinschaften zwischen Pilzarten und anderen Lebewesen und deren Bedeutung widmen. Bei all diesen Projekten wird ein Eingrenzen der Art bereits im Feld nötig oder zumindest sehr hilfreich bleiben, um zielgerichtet und effizient arbeiten zu können.

Den meisten Menschen, die sich vertieft mit Pilzen oder auch mit anderen Lebewesen auseinandersetzen, eröffnen sich mit dem persönlichen Wissensfortschritt von selbst neue Themen und sie werden kaum Mangel an weiterführenden Fragen empfinden. Sollte sich jemand dennoch Sorgen machen, dass mit dem vorhandenen und gewachsenen Wissen und vor allem den enorm verbesserten technischen Möglichkeiten weitere Themen versiegen könnten, so finden sich vielfältigste Fragen in der Literatur. Dazu einige Aspekte aus zwei Beispielen von Büchern aus den Jahren 2019 und 2021.

In «Der Pilz am Ende der Welt» zeigt die Anthropologin Anna Lowenhaupt (Lowenhaupt Tsing 2019) eine Reihe interessanter Fragen am Beispiel von *Tricholoma matsutake,* Starkriechender Krokodil-Ritterling auf. Dieser vor allem in Japan äußerst geschätzte Pilz kommt auf der ganzen nördlichen Hemisphäre vor. Angeregt durch die Forschenden Koji Iwase aus Japan und Shiho Satsuka, denkt sie in Diskussion mit dem europäischen Mykologen Henning Knudsen und Jean Marc Montcalvo vom nordamerikanischen Kontinent über die Geschichte der Ausbreitung dieses Pilzes nach. Wie weit verbreiten sich Sporen? Überleben sie einen Flug durch die Stratosphäre, allenfalls sogar durchs All, und besteht die Chance, dass sie danach in zur Fortpflanzung ausreichender Konzentration wieder landen können? Konnten sich Sporen oder Bestandteile von Pilzen über außerordentliche «Jahrhundertausend-Riesenwellen» über die Grenzen von Kontinenten hinweg durchs Meer ausbreiten? Oder war es allenfalls erst der Mensch, der sie über die Grenzen der Kontinente brachte? Welche Umstände treiben die Pilze an, ihre genetische Vielfalt zu variieren; was macht sie in dieser Hinsicht eher träge? Was hat es für eine Bedeutung, dass die Sporen von *Tricholoma matsutake* gesondert nicht zum Keimen gebracht werden konnten, jedoch im Kontakt mit bestehenden Fruchtkörpern? Und wie ist denn eine Art wie z. B. dieser *Tricholoma matsutake* überhaupt definiert? Die Mykologie orientiert sich an dem sogenannten Holotypus, dem Erstbeschrieb einer Art anhand von einem dokumentierten Fund. Aber was ist, wenn sich dieser Holotypus am Rande des Spektrums einer Art befindet?

Müsste man nach einem Idealtypus fahnden, der quasi im Zentrum eines Artenkomplexes sitzt, einem Idealtypus, der im platonischen Sinne die Idee dieser Art verkörpert? Wie viel genetische Varietät ist innerhalb einer Art möglich und wann muss eine Art aufgespalten werden? Was bedeutet es, dass innerhalb eines bestehenden Pilzes mit gewachsenem Mycel durch Verschmelzung mit frischen Sporen genetische Varianten entstehen können, die wieder verschwinden, nebeneinander bestehen bleiben oder mit der Zeit im weiterlebenden Pilzgebilde überhandnehmen können? Wer sich noch mehr zu Gedanken anregen oder verwirren lassen will, möchte sich einmal überlegen, wie man den Fall behandeln soll, dass Lebewesen A zur gleichen Art gehört wie Lebewesen B, die miteinander fruchtbare Nachkommen zeugen können. Die gleiche Relation gilt für Lebewesen B und C. Eine Fortpflanzung mit fruchtbaren Nachkommen zwischen Lebewesen A und C zeigt sich jedoch als nicht möglich. Wie soll man damit umgehen? Gehören nun A, B und C zur selben Art, die man durch ein «durchschnittliches» Individuum definiert (das würde wieder den Bedarf einer eingemitteten, «platonischen» Definition einer Art bestärken) oder soll man irgendwie anders aufteilen? Auch wenn also einmal alle Arten ganz einfach mit einem kleinen Gerät aus der Hosentasche zu analysieren sind, können sich die Pilzbegeisterten unzähligen weitergehenden Fragen widmen.

Wer immer noch befürchtet, dass es an Themen fehlen könnte, findet weitere Anregungen im Buch «Verwobenes Leben. Wie Pilze unsere Welt formen und unsere Zukunft beeinflussen» des Biologen und Wissenschaftsphilosophen Merlin Sheldrake (Sheldrake 2021). Wie schaffen es Schleimpilze wie auch Mycelien von Waldpilzen (z. B. *Hypholoma*, Schwefelköpfe) sich so zu koordinieren, dass sie gemeinsam in Richtung einer Futterquelle wachsen, und dies auf dem kürzesten Weg, sei es direkt, durch ein Labyrinth oder eine nachgestellte Landschaft mit Hügeln und Hindernissen? Ist es das gleiche Phänomen wie das koordinierte Verhalten von Vogel- oder Fischschwärmen? Bei Versuchen konnte man beobachten, dass Pilze Gegenständen ausweichen können, bevor sie diese berührt haben, als ob sie diese sehen, riechen oder sonstwie spüren könnten. Wie kann ein derart gezieltes Wachstum gesteuert werden? Ist eine parallele Verarbeitung von Informationen ohne Zentrum, an den Enden der Hyphen denkbar? Läuft die Koordination über Druckwellen, chemische Botenstoffe oder elektrische Signale? Fragen über Fragen, denen man nachgehen kann.

Große Teile der Erdoberfläche, es sollen 7–8 % der Landflächen sein, sind mit Flechten bedeckt, einem Zusammenleben von Pilz und Alge. Ist das ein einheitlicher Organismus mit zwei verschiedenen Abstammungen, ist es eine Gemeinschaft aus freiem Willen oder hat der eine Partner den anderen in die Partnerschaft gezwungen? Nach den bereits vorgängig angedeuteten Zweifeln, ob Arten letzlich überhaupt befriedigend zu definieren sind, wird damit auch die noch weiterführende Frage gestellt, ob und wie denn Individuen abzugrenzen sind. Sheldrake 2021 nennt die Zahl von 40 Billionen Mikroorganismen, welche im und mit dem menschlichen Körper leben. Ist nun dieses riesige Mikrobiom, also diese riesige Gemeinschaft von Mikroorganismen, Teil eines menschlichen Individuums oder nicht?

In seinem Buch werden zahlreiche Beispiele von weiteren Lebensgemeinschaften (Symbiosen) beleuchtet. So züchten Blattschneiderameisen Pilze und ernähren sich davon. Man kann sich fragen, ob tatsächlich die Ameisen die Beziehung steuern und nicht die Pilze die Blattschneiderameisen dazu bringen, ihnen optimale Lebensbedingungen zu schaffen. Dass diese Frage gar nicht so abwägig ist, belegen weitere Beispiele dazu, wie Pilze auf Ameisen wirken können. *Ophiocordyceps unilateralis* infiziert lebende Rossameisen und bringt sie dazu, an Grashalmen emporzuklettern, sich in sonst gemiedenen Höhen von ca. 25 cm fest zu beißen und dann zu sterben. Der Pilz entwickelt darauf aus dem toten Ameisenkörper seine Fruchtkörper und nutzt den Vorteil der passenden Wärme und Feuchtigkeit und der Höhe zur Verbreitung seiner Sporen auf weitere Ameisen. Es wurde festgestellt, dass praktisch die ganze Ameise außer dem Gehirn durch den Pilz befallen wird. Da stellt sich die Frage, wie der Pilz die Ameisen in dieser Art steuern kann.

In diesem Zusammenhang erfolgt auch ein Vergleich mit der Wirkung von Mutterkorn und jener von Psilocybin, bei denen auch der Mensch unter eine Art Fernsteuerung gelangen könnte. Der Autor berichtet über Erfahrungen und Berichte aus klinischen Versuchen mit Psilocybin, die den Verlust eines eindeutig abgegrenzten Ich-Gefühls rapportieren.

Bedeutung der Artenvielfalt

Beitrag von Andrin Gross

Während einer Mittagspause an einem regnerischen Frühlingstag schlenderte ich durch das Arboretum an der Forschungsanstalt für Wald, Schnee und Landschaft WSL. Ich war auf der Suche nach einem kleinen Schlauchpilz namens *Ostreola formosa* (Abb. 13), welcher bisher in der Schweiz nur an den männlichen Blütenzäpfchen der Weißtanne *Abies alba* bekannt war. Ich wollte herausfinden, ob dieser Pilz auch nicht einheimische Koniferenarten besiedelt. Auf den männlichen Blütenzäpfchen der Himalaya-Fichte *Picea smithiana* fand ich stattdessen unerwartet einen auffälligen Becherling, welcher das gesamte Blütenzäpfchen mit seinen Fruchtkörpern einhüllte (Abb. 18). Der ganze Baum war voll davon und ich musste mir eingestehen, dass ich diese Pilzart noch nie gesehen hatte. Was hatte ich da gefunden? Vielleicht etwas Seltenes, gar etwas Unbekanntes? – Und da war es: Dieses Gefühl, das mich immer wieder hinaus in die Natur treibt: die Faszination Artenvielfalt.

Diese Artenvielfalt ist bekanntlich immer stärker bedroht. Der Mensch nutzt immer mehr Fläche sehr einseitig für seine Zwecke – sei dies für Infrastrukturanlagen oder sei dies für die Landwirtschaft. Diese Flächennutzung geht zulasten von intakten, vielfältigen Lebensräumen. Die starke Erderwärmung der letzten Jahrzehnte setzt den Ökosystemen zusätzlich zu. Es ist zu befürchten, dass die natürliche Anpassungsfähigkeit der Arten mit der Geschwindigkeit des Klimawandels nicht Schritt halten kann.

Abb. 13: *Ostreola formosa* – ein winziger Schlauchpilz (schwarze Punkte), der auf Überresten der männlichen Blütenzäpfchen der Weißtanne vorkommt (links).

Abb. 14: Die Asci von *Ostreola formosa* enthalten je 8 muriforme (mauerförmige) Sporen (rechts).

Das Datenzentrum SwissFungi und die Entwicklung des Pilzschutzes in der Schweiz

Das nationale Daten- und Informationszentrum der Schweizer Pilze SwissFungi dokumentiert die Funga (die Gesamtheit der Pilze) der Schweiz und versucht, Veränderungen nachzuweisen. Vom Bundesamt für Umwelt (BAFU) Anfang der Nullerjahre ins Leben gerufen, berät es Bund und Kantone in Bezug auf die Förderung und den Schutz von Pilzen. Seit seinem Bestehen arbeitet SwissFungi eng mit dem Verband Schweizerischer Vereine für Pilzkunde (VSVP) und der Vereinigung amtlicher Pilzkontrollorgane der Schweiz (VAPKO) zusammen. Die Gründung des Datenzentrums wurde gestützt durch die Biodiversitätkonvention von Rio. Der Bund hatte sich mit dessen Unterzeichnung 1992 verpflichtet, die Arten und deren Lebensräume besser zu schützen. Konkret verfolgt diese Konvention drei Ziele: (i) Schutz der biologischen Vielfalt, (ii) nachhaltige Nutzung ihrer Bestandteile sowie (iii) gerechter Ausgleich von Vorteilen, welche aus der Nutzung genetischer Ressourcen entstehen. Die Konvention setzte international neue Maßstäbe und war auch in der Schweiz ein wichtiger Wegbereiter für die Verbesserung des Arten- und Lebensraumschutzes. Im Bundesgesetz über den Natur- und Heimatschutz und in diversen Verordnungen wurden in dieser Zeit wichtige Grundlagen für den Schutz der einheimischen Arten und Lebensräume gelegt. So wurden beispielsweise nach und nach die Biotope von nationaler Bedeutung definiert und somit die wertvollsten Hoch- und Übergangsmoore (1991), Auenlandschaften (1992), Flachmoore (1994), Amphibienlaichgebiete (2001) sowie Trockenwiesen und -weiden (2010) unter Schutz gestellt. Parallel zu diesen auf der Lebensraumebene definierten Maßnahmen hat das BAFU konsequent damit begonnen, Grundlagen für einzelne Artengruppen zu schaffen. Standen zuvor Pflanzen, Vögel und einzelne Säugetiere im Fokus der Schutzbemühungen, wurden nun auch weniger bekannte Artengruppen wie z. B. die Flechten, Moose, Insekten oder eben auch die Pilze miteinbezogen. Im Jahr 2016 wurde InfoSpecies gegründet, die Dachorganisation der Daten- und Informationszentren und der Koordinationsstellen Artenförderung. Der vom BAFU unterstützte Verein hat die Zusammenarbeit und Koordination auf Bundesebene noch einmal stark verbessert.

Dieser klaren Strategie des Bundes ist es zu verdanken, dass SwissFungi in Sachen Pilzschutz einiges erreichen konnte. Ein wichtiger Meilenstein war die Publikation der Roten Liste der Großpilze der Schweiz (Senn-Irlet et al. 2007). Darin wurden 934 Pilzarten für die Schweiz als gefährdet ausgewiesen und ein erster, wichtiger Grundstein für deren besseren Schutz gelegt. Heute wird diese Liste bereits als selbstverständlich angesehen, doch deren Erarbeitung war ein Wendepunkt. Zu dieser Zeit gab es noch keinen Verbreitungsatlas der Schweizer Pilze und es existierte erst eine rudimentäre Datenbank mit einigen Pilzfunden aus der Schweiz. Flächendeckende Daten zu Pilzarten und deren Verbreitung existierten noch nicht. Der ersten Roten Liste gingen deshalb verschiedene grundlegende Arbeiten voraus. Eine professionelle Datenbank wurde aufgebaut und ein Netzwerk an Amateur-Mykologen wurde gebildet. Danach wurden während insgesamt 5 Jahren in der ganzen Schweiz auf definierten Probeflächen die Pilze erhoben. Weitere 2 Jahre dauerte die Einstufung der Arten aufgrund der Kriterien der International Union for Conservation of Nature (IUCN).

Deutschland und Österreich waren der Schweiz diesbezüglich weit voraus. Erste landesweite Rote Listen wurden in Deutschland bereits 1992 (Benkert et al. 1992) und in Österreich 1986 (Krisai 1986) erarbeitet und in den frühen 1990er-Jahren publizierte German Krieglsteiner über 3700 Verbreitungskarten von in Deutschland heimischen Großpilzarten (Krieglsteiner 1991). Beide Länder haben 2016 (Matzke-Hajek et al. 2016) sowie 2017 (Dämon & Krisai-Greilhuber 2017) bereits die 2. Revision der nationalen Roten Listen der Großpilze herausgegeben. SwissFungi arbeitet derzeit an der ersten Revision.

Box 1: Leit- und Zielartenkonzept

Der Naturschutz kann nicht gleichzeitig für Tausende von Arten spezifische Schutzmaßnahmen entwickeln. Es braucht einzelne Arten, die als Zeiger für ganze Artengemeinschaften oder die Qualität eines Lebensraums dienen können. Während die Liste der prioritären Arten eine allgemeine Priorisierung der Arten darstellt, werden Leit- und Zielarten auf Lebensraumebene definiert. Es existieren unterschiedliche Definitionen von Leit- und Zielarten. Das BAFU arbeitet mit folgender Definition: **«Zielarten sind lokal bis regional vorkommende, aber national gefährdete Arten, die erhalten und gefördert werden sollen und für welche die Schweiz in Europa eine besondere Verantwortung hat. Leitarten sind charakteristisch für eine Region und repräsentativ für ein bestimmtes Habitat und dienen damit als ‹Messgröße› für die Qualität des Lebensraums, den sie besiedeln (BAFU & BLW 2008)».**

Mit Leitarten lässt sich also die Qualität eines Lebensraums bewerten. Zielarten sind spezifisch zu fördernde, seltene Arten eines bestimmten Lebensraums. Leit- und Zielarten gibt es nur wenige pro Lebensraum, und dies ermöglicht es dem Naturschutz, sich auf eine überschaubare Anzahl von Arten zu fokussieren.

Nichtsdestotrotz war die erste Rote Liste der Großpilze der Schweiz ein Türöffner, um weitere Umsetzungsinstrumente für die Kantone erarbeiten zu können. Als Erstes wurden die Arten priorisiert (BAFU 2011). Diese Liste der prioritären Arten der Schweiz bezieht neben dem Rote-Liste-Status auch die Verantwortung der Schweiz für den Schutz einer Art mit ein. Hat eine Art beispielsweise ein beschränktes Verbreitungsgebiet und liegt dieses zu einem großen Teil in der Schweiz, ist die Verantwortung der Schweiz groß, was in einer hohen Priorität resultiert. Dieses Instrument gab den Kantonen die Möglichkeit, ihre Schutzbemühungen zu konzentrieren – denn über 900 gefährdete Arten gleichzeitig ins Auge zu fassen ist unmöglich. Weitere Instrumente fokussierten sich auf die Schaffung besserer Grundlagen zum Wissen, in welchen Lebensräumen welche Arten geschützt werden müssen. Der Bericht «Umweltziele Landwirtschaft» fokussierte sich beispielsweise auf die Landwirtschaftsflächen und wies für jede Artengruppe Ziel- und Leitarten (Box 1) für die unterschiedlichen landwirtschaftlichen Lebensräume aus (BAFU & BLW 2008). Es folgte ein ähnliches Konzept für die Biodiversität im Wald, welches Zielarten für den Wald festlegte (Imesch et al. 2015). Zuletzt wurden für die ökologische Infrastruktur (Box 2) Leit- und Zielarten für die verschiedenen Lebensräume der Schweiz definiert (ÖI-Publikation InfoSpecies). Parallel dazu erarbeitete SwissFungi gezielt Grundlagen für den Pilzschutz und charakterisierte die Funga der Schweiz mithilfe von Amateur-Mykologen immer besser. In den letzten 20 Jahren kamen jährlich zwischen 20 000 und 40 000 Fundmeldungen und durchschnittlich 150 Erstnachweise von Pilzarten für die Schweiz zusammen. Letztere Zahl ist seit Jahren stabil, was darauf hindeutet, dass die tatsächliche Anzahl von Arten in der Schweiz viel höher liegt als die bisher bekannten knapp 10 000 Pilzarten (Senn-Irlet et al. 2021).

Box 2: Die ökologische Infrastruktur der Schweiz

Die ökologische Infrastruktur der Schweiz soll den anhaltenden Biodiversitätsverlust aufhalten, indem sie den heimischen Arten ausreichend qualitativ hochwertige Lebensräume zur Verfügung stellt. Mindestens ein Drittel der Landesfläche wird benötigt, um dieses Ziel zu erreichen, wie verschiedene wissenschaftliche Studien gezeigt haben. Hauptelemente der ökologischen Infrastruktur werden Kern- und Vernetzungsgebiete darstellen. Kerngebiete umfassen beispielsweise nationale, kantonale, oder regionale Naturschutzgebiete sowie Waldreservate, Jagdbanngebiete oder qualitativ hochwertige landwirtschaftliche Biodiversitätsförderflächen. Vernetzungsgebiete sind ökologisch wertvolle Flächen, die die Kerngebiete miteinander verbinden sollen und dadurch Wanderungen zwischen Gebieten sowie die Wieder- und Neubesiedlung von Lebensräumen ermöglichen. Die ökologische Infrastruktur befindet sich erst im Aufbau. Zurzeit werden die benötigten Flächen von den Kantonen definiert.

Förderung der Pilze auf europäischer und globaler Ebene

Auf europäischer Ebene setzt sich das «European Council for the Conservation of Fungi» (ECCF) für den Schutz und die Förderung von Pilzen ein. Diese Gruppe arbeitet zurzeit an der ersten europäischen Roten Liste der Pilze und versucht auch politisch Einfluss zu nehmen. In vielen europäischen Ländern kommt der Pilzschutz jedoch nur schleppend voran. Die Gründe hierfür sind vielschichtig. Fehlende Grundlagen, wie die soeben erwähnte europäische Rote Liste, spielen sicherlich eine Rolle. Ein Hauptfaktor dürfte aber die fehlende Erwähnung von Pilzen in der Berner Konvention (1979) darstellen – einem internationalen Übereinkommen über die Erhaltung der europäischen wild lebenden Pflanzen und Tiere und ihrer natürlichen Lebensräume. Dies hatte zur Folge, dass die Pilze in die Naturschutzbestrebungen der Europäischen Union (EU) lange nicht spezifisch einbezogen wurden (Dahlberg et al. 2010). Die von der EU geschaffenen «Natura 2000»-Schutzgebiete – das größte Netzwerk an Schutzgebieten der Welt – berücksichtigt die Pilze darum leider kaum. Natürlich steht außer Frage, dass durch die Schutzgebiete auch Pilze gefördert werden. Doch wird das Netzwerk, welches aufgrund von anderen Organismengruppen definiert wurde, den Pilzen weniger gerecht. In den einzelnen europäischen Ländern ist der Pilzschutz sehr unterschiedlich weit fortgeschritten. Während es in den nordischen Ländern (z. B. Schweden, Finnland, Norwegen) selbstverständlich ist, die Pilze in allerlei Schutzbemühungen und -überlegungen mit einzubeziehen, existieren in anderen Ländern noch nicht einmal nationale Rote Listen. Deutschland, Österreich und die Schweiz befinden sich momentan irgendwo dazwischen. Dafür wird zurzeit intensiv an einer globalen Roten Liste der Pilze gearbeitet. Bisher wurden 625 Pilzarten evaluiert und bis Ende 2023 sollen es bereits mindestens 1000 Arten sein. Eine globale Liste wäre ein Meilenstein, um die Förderung von Pilzen weltweit voranzutreiben.

Umsetzung des Pilzschutzes in der Schweiz

Die Umsetzung der von der Schweiz geschaffenen Grundlagen liegt bei den Kantonen. Leider sind diese allesamt individuell organisiert, haben unterschiedliche Budgets, unterschiedliche Prioritären, unterschiedliches Personal und deshalb nicht zuletzt auch unterschiedliche Vorstellungen, wie und ob überhaupt etwas umgesetzt werden soll. Obwohl der Bund seit Jahren konsequent Grundlagen für alle Artengruppen schafft, kommt der ganzheitliche Artenschutzgedanke in den Kantonen nur schleppend voran. Nach wie vor konzentrieren sich viele auf die üblichen Artengruppen wie Pflanzen, Vögel und einige Säugetiere.

Zugegeben, das Umdenken ist eine Herausforderung. Spezialisten für Pilze, Moose, Flechten und Co. sind rar und den meisten Ökobüros fehlen die Exptertinnen und Experten dafür. Etwas Neues aufzubauen ist deshalb sicher keine einfache Aufgabe und erfordert neben Geld auch Pioniergeist, Durchhaltewille, Mut und keine Angst vor möglichen Rückschlägen. Doch in den letzten Jahren ist eine neue Dynamik in den Kantonen spürbar geworden. Ein erster kantonaler Aktionsplan für den gefährdeten *Porpolomopsis calyptriformis, (Hygrocybe calyptriformis),* Rosenroter Saftling (Abb. 15) wurde vom Kanton Bern lanciert. In verschiedenen Kantonen werden Pilze im Rahmen von Erfolgskontrollen für Waldreservate erhoben, um deren Wirkung auf die Biodiversität im Vergleich zum Wirtschaftswald besser abschätzen zu können. Weitere Kantone arbeiten mit lokalen Vereinen für Pilzkunde zusammen, um bestimmte Gebiete oder Standorte von besonders schützenswerten Pilzen zu überwachen.

Der Gedanke, auch Pilze in Schutzbemühungen miteinzubeziehen, ist bei den Kantonen also angekommen. Stellt sich die Frage, ob der Gedanke auch in der Bevölkerung und nicht zuletzt in den Vereinen für Pilzkunde angekommen ist. Dank neuer Entdeckungen rund um das Wood Wide Web (WWW) des Waldes, interessanten neuen Anwendungsbereichen von Pilzen als umweltschonender Ersatz für diverse Materialien wie Leder, Karton und sogar Ziegelsteine und dank der steigenden Popularität von Pilzen als Fleischersatzprodukt sind sie zumindest verstärkt in das Bewusstsein der Menschen gelangt. Ob dies auch auf den Wert der Vielfalt der Pilzarten zutrifft? Die aktuelle Popularität der Pilze könnte helfen, den Menschen die Wichtigkeit der Förderung von Pilzarten und deren Lebensräumen näherzubringen und zu erklären. Hier steht auch das Datenzentrum SwissFungi in der Pflicht! Dieses muss die Bedeutung der Pilzvielfalt und die Notwendigkeit einer möglichst flächendeckenden Kartierung in die Bevölkerung tragen. Dies ist wichtig, um solidere Grundlagen zu schaffen und gefährdete Pilze und Lebensräume gezielter zu schützen. Auch die Vereine sollten mehr Verantwortung für den Pilzschutz übernehmen. Wie wäre es mit einem Verantwortlichen/einer Verantwortlichen für wertvolle Pilzlebensräume pro Verein? Diese könnten Ansprechpersonen für Kantone oder Gemeinden sein, wenn es um Schutzfragen geht, und an öffentlichen Anlässen wie Pilzausstellungen den Wert der Pilzvielfalt einer breiteren Öffentlichkeit vermitteln. Sie könnten ein wachsames Auge auf die wertvollen Lebensräume in ihrem Gebiet haben und bei Infrastrukturprojekten oder anderen Gefährdungsursachen mit Informationen intervenieren. Dieses Modell ist nicht neu. Es wird von Natur- und Vogelschutzvereinen seit Jahrzehnten erfolgreich angewendet. Wäre es nicht an der Zeit, dass auch vermehrt Vereine für Pilzkunde diesen Weg einschlagen?

Die Förderung der Vielfalt von Pilzen bedeutet nicht immer, dass Flächen nicht mehr angetastet und Prozesse der Natur überlassen werden sollen. Jede Pilzart hat eine eigene Lebensweise oder – etwas wissenschaftlicher ausgedrückt – eine eigene ökologische Nische. Ist diese Nische z. B. durch den Verlust an Lebensraum bedroht, wird auch die Art seltener und im Extremfall stirbt sie aus. Dies gilt sowohl für Pilze als auch für andere Arten. Kennen wir jedoch die Lebensweise und die ökologische Nische einer Art, lässt sich diese auch gezielt schützen. Es gilt dabei, zwischen Lebensraum- und Artenschutz zu unterscheiden. Beim Lebensraumschutz versucht man den Lebensraum einer Art oder einer Artengemeinschaft zu erhalten und besser zu schützen. Viele Arten, darunter auch Pilze, sind Kulturfolger, und deshalb bedingt der Schutz der Art eine Weiterführung oder Sicherstellung der bisherigen Bewirtschaftungsform. Alles beim Alten zu belassen kann oft eine erfolgreiche Schutzmaßnahme sein! Die farbenfrohe Gruppe der *Hygrocybe*, Saftlinge ist ein typisches Beispiel dafür (Abb. 15). Diese Pilze sind oft auf offenen, nährstoffarmen und extensiv bewirtschafteten Weiden zu finden. Würde die Bewirtschaftung aufgegeben oder intensiviert werden, könnte das gleichermaßen zum Verlust der Saftlinge führen, Ersteres durch Verbuschung, Letzteres durch Überdüngung. Beim Artenschutz dagegen werden einzelne, oft stark gefährdete Arten mit spezifischen Fördermaßnahmen aktiv unterstützt.

Während für den Artenschutz sehr spezifisches Wissen über die Lebensweise einer Art nötig ist, reicht beim Lebensraumschutz im Extremfall auch schon die Kenntnis des genauen Standorts von einzelnen Populationen aus. Die Pilzkartierung leistet einen wertvollen Beitrag für den Arten- und Lebensraumschutz der Pilze, indem sie uns die einzelnen Standorte der Populationen und wertvolle Daten über die ökologischen Bedürfnisse der Arten liefern. Viele europäische Länder, darunter auch Österreich und Deutschland, pflegen eine nationale Datenbank mit Pilzfunddaten. Die Kartierung ist dabei meist ähnlich organisiert wie in der Schweiz. Immer mehr Länder speisen ihre Daten auch in das weltweite Artinformations-Portal GBIF (Global Biodiversity Information Facility) ein. Dies ist sehr nützlich, denn es wird dadurch einfacher, eine Pilzart bezüglich ihrer Verbreitung, Seltenheit und Gefährdung einzuschätzen. Was man aus den Daten der Kartierung herauslesen kann, zeigt das Beispiel des global als «stark gefährdet» eingestuften *Calocybe favrei (Lyophyllum favrei)*, Favres Schwärzling (Abb. 16). Diese Art ist außerhalb der Schweiz kaum bekannt und ist deshalb eine hochprioritäre Art. Auf dem Portal von GBIF sind gerade einmal 144 Funde aufgeführt, wovon 132 aus der Schweiz und die meisten anderen aus der näheren Nachbarschaft stammen (GBIF.org 2023). Die Art ist auch in der Schweiz selten und es existiert neben der Erstbeschreibung und der Erwähnung in wenigen Pilzbüchern praktisch keine Literatur darüber. Die Daten aus der Pilzkartierung der Schweiz zeigen, dass die Pilzart ein enges Zeitfenster im Herbst für die Fruchtkörperbildung nutzt, alle Funde unterhalb von 1000 m. ü. M. liegen, der Pilz eine deutliche Präferenz für Auenlebensräume aufweist und innerhalb dieses Lebensraums sehr oft neben Fichten *Picea*, Eschen *Fraxinus* und Buchen *Fagus* zu finden ist (Abb. 17). Diese Daten sagen uns wirklich eine ganze Menge über die Bedürfnisse dieser Art!

Trotz der Daten aus der Pilzkartierung ist es immer noch sehr schwierig, einen effektiven Populationsrückgang einzelner Pilzarten nachzuweisen. Dazu bräuchte es entweder sehr genaue populationsgenetische Daten, welche den Verlust der genetischen Vielfalt innerhalb einer Art zeigen, oder ein gezieltes Monitoring einer Art über längere Zeit. Beides ist aufwendig und teuer und höchstens für wenige Arten realisierbar. Doch wir können einen Populationsrückgang auch indirekt über den Lebensraumverlust in der Vergangenheit nachweisen. Wichtige Pilzlebensräume wie Auen, Trockenwiesen und Weiden sowie Moore sind in den letzten 200 Jahren in der Schweiz allesamt um über 90 % zurückgegangen (Lachat et al. 2010). Die massiven Verluste gingen gleichzeitig mit einer erhöhten Fragmentierung der Lebensräume einher. Es ist deshalb nicht vermessen anzunehmen, dass auch die Pilze, die in diesen Lebensräumen vorkommen, seltener geworden sind. Daher ist es wichtig, die spezifischen Pilze in diesen Lebensräumen genauer zu überwachen, einen weiteren Lebensraumverlust zu vermeiden und, wenn möglich, durch Renaturierungen oder Aufwertungen wieder mehr Lebensraum für diese Arten bereitzustellen.

Abb. 15: *Porpolomopsis calyptriformis*, Rosenroter Saftling ist eine typische Schirmart.

Abb. 16: *Calocybe favrei*, Favres Schönkopf (*Lyophyllum favrei*, Favres Schwärzling).

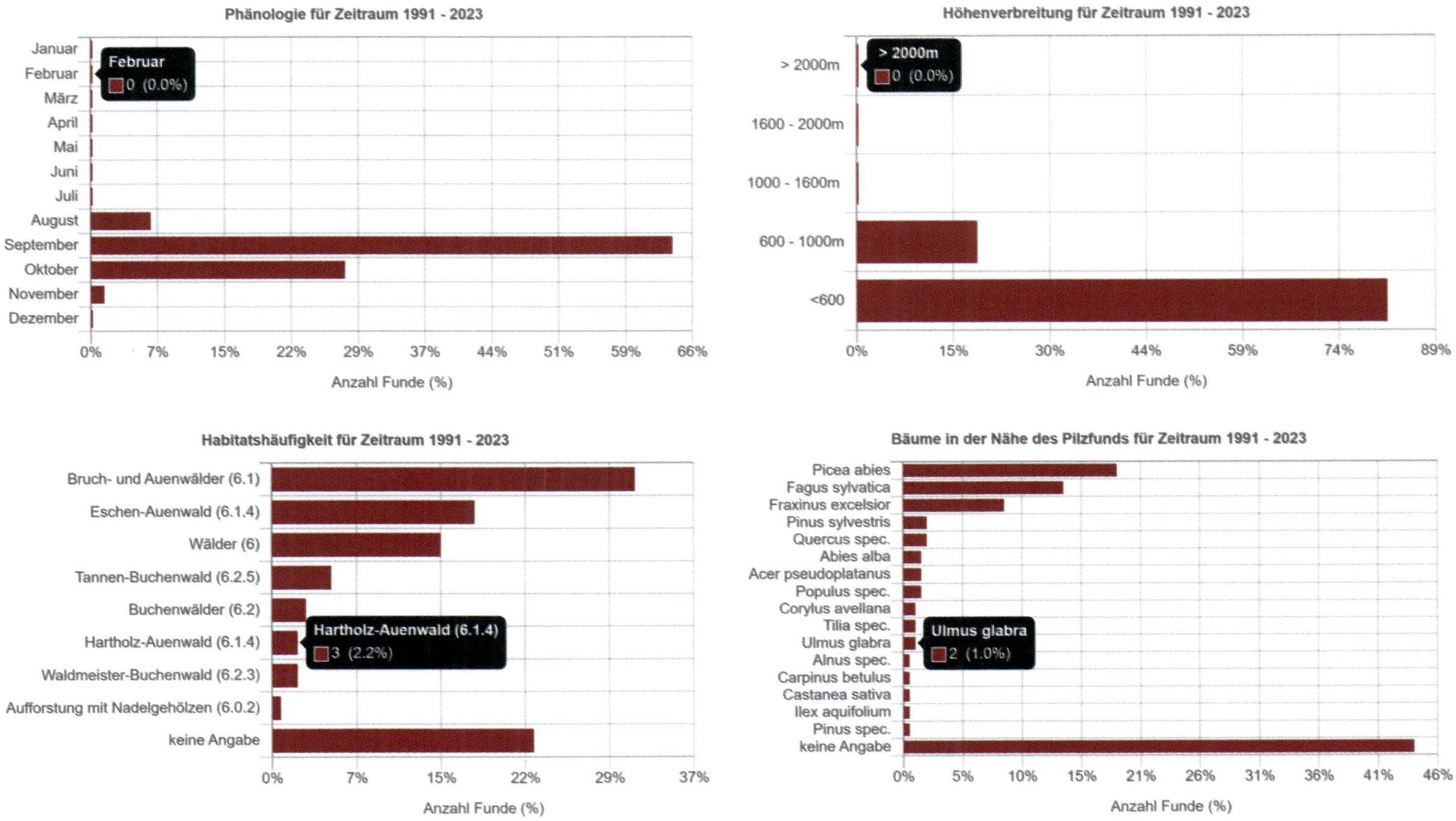

Abb. 17: Ökologische Daten von *Lyophyllum favrei,* Favres Schönkopf zusammengefasst für die Daten aus der Periode 1991–April 2023.

Zurück zum eingangs erwähnten Becherling, den ich auf der Himalaya-Fichte *Picea smithiana* entdeckt hatte (Abb. 18). Die Art und die dazugehörige Gattung stellten sich als neu für die Wissenschaft heraus. Was für ein Glück! Den Pilz tauften wir *Microstrobilinia castrans*, weil er die männlichen Blütenzäpfchen der Fichte befällt und sich anschließend von den Pollen im Inneren der Zäpfchen ernährt (Beenken et al. 2023). Somit «kastriert» der Pilz die befallenen Blütenzäpfchen, was ihm seinen etwas sonderbaren Namen eingebracht hat. Viele Fragen über diese Art sind noch offen: Ist sie eingeschleppt oder einheimisch? Wie stark schwächt sie wohl die einheimische Fichte *Picea abies,* an der die Pilzart ebenfalls regelmäßig zu finden ist? Gibt es andere Arten, die von der Art profitieren oder sogar von ihr abhängig sind?

Nur über weitere Beobachtungen dieser Art wird es möglich sein, mehr über sie und ihre Lebensweise zu erfahren. Personen mit guten Artenkenntnissen sind dazu eine Voraussetzung. Dieses Buch soll ganz allgemein zum Beobachten und Bestimmen von Pilzen anregen und zum Aufbau einer soliden Artenkenntnis im Bereich Pilze beitragen. Damit soll neben den gut entwickelten Bestimmungswerken wie z. B. für Pflanzen, Säugetieren und Vögel ein fundiertes Bestimmungswerk für die heimischen Pilze hinzukommen.

Über die QR-Codes kann man direkt auf die Verbreitungskarten aus der Schweiz, Deutschland und Österreich gelangen, um Informationen abzurufen oder einzuspeisen. Die weiteren Links verweisen auf die globale Rote Liste für Pilze und das weltweite Artinformations-Portal GBIF.

Abb. 18: *Microstrobilinia castrans,* Fichten-Zäpfchenbecherling an männlichen Blütenzäpfchen der Himalaya-Fichte *Picea smithiana.*

Verbreitungskarten CH
Pilze in der Schweiz

Verbreitungskarten DE
Pilze in Deutschland

Verbreitungskarten AU
Pilze in Österreich

IUCN Global Red List
Bedrohte Arten weltweit

GBIF – Global Biodiversity
Information Facility

Identifizierung einer neuen Art: *Amanita intermedia*

Der Weg zur Publikation eines neuen Artnamens für *Amanita citrina* var. *intermedia*

Beitrag von Artemis Treindl

Funddokumentation und Literaturrecherche

Nicht nur während der jährlichen Ausbildungswoche für angehende Fachpersonen zur Pilzkontrolle (VAPKO-Kurswoche) im Herbst 2019 sorgte er wiederholt für Aufregung: Ein keinesfalls seltener Wulstling (Abb. 19), der einerseits Merkmale von *Amanita porphyria,* Porphyrbrauner Wulstling mit seiner porphyrbraunen Hutmitte und teils grauviolettlichem Ring zeigt, andererseits auch *Amanita citrina,* Gelber Knollenblätterpilz mit einer zitronengelben Hutrandzone ähnelt. Zum Schrecken aller angehenden Pilzkontrolleurinnen und -kontrolleure riecht der Pilz auch noch etwas nach Honig wie ein Grüner Knollenblätterpilz, also was tun, wenn der an der Prüfung auftauchen sollte?!

Nicht nur in der Schweiz ist dieser Pilz aufgefallen. Auch in Frankreich und Italien gab es wiederholt Beschreibungen von ähnlichen Funden. Handelte es sich hier um denselben Pilz? Auch in Amerika wurden *Amanita citrina*-ähnliche Pilze gefunden und als Unterarten oder Varietäten beschrieben. Eine ausgiebige Literaturrecherche sollte Aufschluss geben, doch ganz so einig waren sich die Mykologen dabei nicht.

Erstmals beschrieben wurde ein Pilz mit ähnlichen Merkmalen 1888 von dem aus Nizza stammenden Naturalisten J.B. Barla als *Amanita recutita* (Barla 1888). Der dänische Mykologe J.E. Lange ordnete denselben Pilz dann 1935 als Varietät von *Amanita porphyria* ein: *Amanita porphyria* var. *recutita* (Lange 1935). 1940 taucht in der Monografie zur Gattung *Amanita* des französischen Mykologen E.J. Gilbert auch noch der Name *Amanita porphyria* f. *annulocitrina* auf (Gilbert 1940, Gilbert 1941), welcher wohl ebenfalls denselben Pilz bezeichnet, jedoch mangels lateinischer Beschreibung heute ungültig ist. Schließlich beschreiben die französischen Mykologen Neville, Poumarat und Hermitte 2004 den Pilz neu als Varietät von *Amanita citrina*, welcher morphologische Merkmale zwischen *Amanita citrina* und *Amanita porphyria* zeigt, und nennen ihn deshalb *Amanita citrina* var. *intermedia* (Neville 2004).

Die Literaturrecherche stiftete eher Verwirrung, als für Klarheit zu sorgen, und wie so oft sind gewisse morphologische Merkmale Interpretationssache. Ist der Hut nun porphyrbraun? Gelbbraun? Oder doch eher grauviolett? Um der Verunsicherung um diesen Wulstling ein Ende zu setzen und seiner Identität und taxonomischen Stellung auf den Grund zu gehen, kam ein Pilz-Fruchtkörper von Landquart (Rudolf Winkler, Landquart, GR, 2019, frisch) an der ETH Zürich ins Labor. Ein zweiter Fruchtkörper zur molekularbiologischen Untersuchung stammte aus dem persönlichen Herbar von Beatrice Senn-Irlet, gesammelt im Wallis (Lens VS, 2007).

Die ITS-Sequenz – der Barcode der Pilze

Um Pilze genetisch auf Gattungs- und Artebene zu unterscheiden, analysieren Mykologen eine ca. 500–600 Basenpaare lange Nukleotidsequenz, die das 5,8S-rRNA-Gen und die beiden benachbarten ITS-Sequenzen (Internal Transcribed Spacer) enthält (Hibbett et al. 2011). Neben hoch konservierten Bereichen, in denen die Basenabfolge für alle Pilze identisch ist, enthält diese Region des Genoms auch hoch variable Bereiche, die man wie einen Strichcode von Einkaufsgegenständen an der Supermarktkasse als Signatur für eine Gruppe von Pilzen verwenden kann. Man nennt eine solche Sequenz auch molekularen Marker.

Bei den Hutpilzen bestehen das überdauernde Myzel sowie die Fruchtkörper aus sogenannten dikaryotischen Hyphen, wobei jede Zelle zwei Zellkerne enthält, jeweils einen von jedem Elternpilz. Erst wenn der Fruchtkörper reif ist und die Sporen gebildet werden, verschmelzen die Zellkerne miteinander (Karyogamie), kombinieren ihr genetisches Material neu und teilen sich dann wieder. Es entsteht eine große Anzahl genetisch unterschiedlicher Sporen, jede mit einem einzelnen Zellkern, welche keimen und ein kurzlebiges Mycel ausbilden. Treffen sich zwei dieser einkernigen Mycelien, können sie verschmelzen und erneut ein dikaryotisches Mycel ausbilden.

Abb. 19: *Amanita intermedia*, Intermediärer Wulstling.

Bei unserem Pilz mit seinen durchmischten Merkmalen wollten wir ausschließen, dass er durch die Kreuzung zweier Pilzarten entstanden ist (Hybridisierung). Deshalb war es wichtig, die genetischen Informationen der beiden Eltern, die im dikaryotischen Pilzfruchtkörper in je einem Zellkern vorhanden sind, getrennt zu analysieren. Die ITS-Sequenz ist innerhalb einer Art konserviert, also müssten sich die Sequenzen der beiden Zellkerne unterscheiden, falls es sich um einen Hybriden handelt. Enthalten alle Zellkerne hingegen dieselbe Sequenz, bedeutet dies, dass beide Eltern zur selben Art gehören und keine Hybridisierung vorliegt. Um die DNA-Sequenzen der beiden Zellkerne getrennt sequenzieren zu können, benutzen wir die Methode des «Klonierens».

Klonieren

Im Gegensatz zum Klonen, dessen Ziel in der Herstellung genetisch identischer Organismen besteht, geht es beim Klonieren um die Herstellung und Vermehrung identischer Moleküle der DNA (Abb. 20). Dazu wird zuerst die gesamte genomische DNA des Pilzes extrahiert und in kurze Fragmente zerstückelt. Anschließend werden die Fragmente, welche die ITS-Sequenz enthalten, mittels PCR (Polymerase-Kettenreaktion) immer wieder kopiert und vermehrt.

Diese ITS-DNA-Fragmente werden in einen sogenannten Klonierungsvektor eingebaut, ein ringförmiges DNA-Molekül, welches neben unserer Pilz-Sequenz auch ein Antibiotikaresistenz-Gen enthält. Dieses Molekül, auch Plasmid genannt, wird dann mit Bakterienzellen *(E. coli)* gemischt und die Bakterien werden mittels Hitze und Strom dazu veranlasst, das Plasmid aufzunehmen (Transformation). Nicht alle Bakterien nehmen das Plasmid auf, doch bei einer anschließenden Behandlung mit Antibiotikum überleben nur jene Bakterien, die das Plasmid und damit auch das Antibiotikaresistenz-Gen in sich tragen. In den resistenten Bakterienzellen kommt es zur Vervielfältigung dieser Plasmide. Durch Zellteilung entstehen Bakterienkolonien, die aus Zellen mit identischem genetischem Inhalt bestehen, sogenannte Klone. Alle Klone enthalten die ITS-Sequenz unseres Pilzes, einige enthalten die Kopie des einen Zellkerninhaltes und einige jene des anderen. Wenn es sich also wirklich um einen Hybriden handeln würde, könnten wir als Resultat der Sequenzierung zwei Varianten von Sequenzen von Sequenzen erwarten, wenn wir eine Auswahl dieser Klone getrennt sequenzieren.

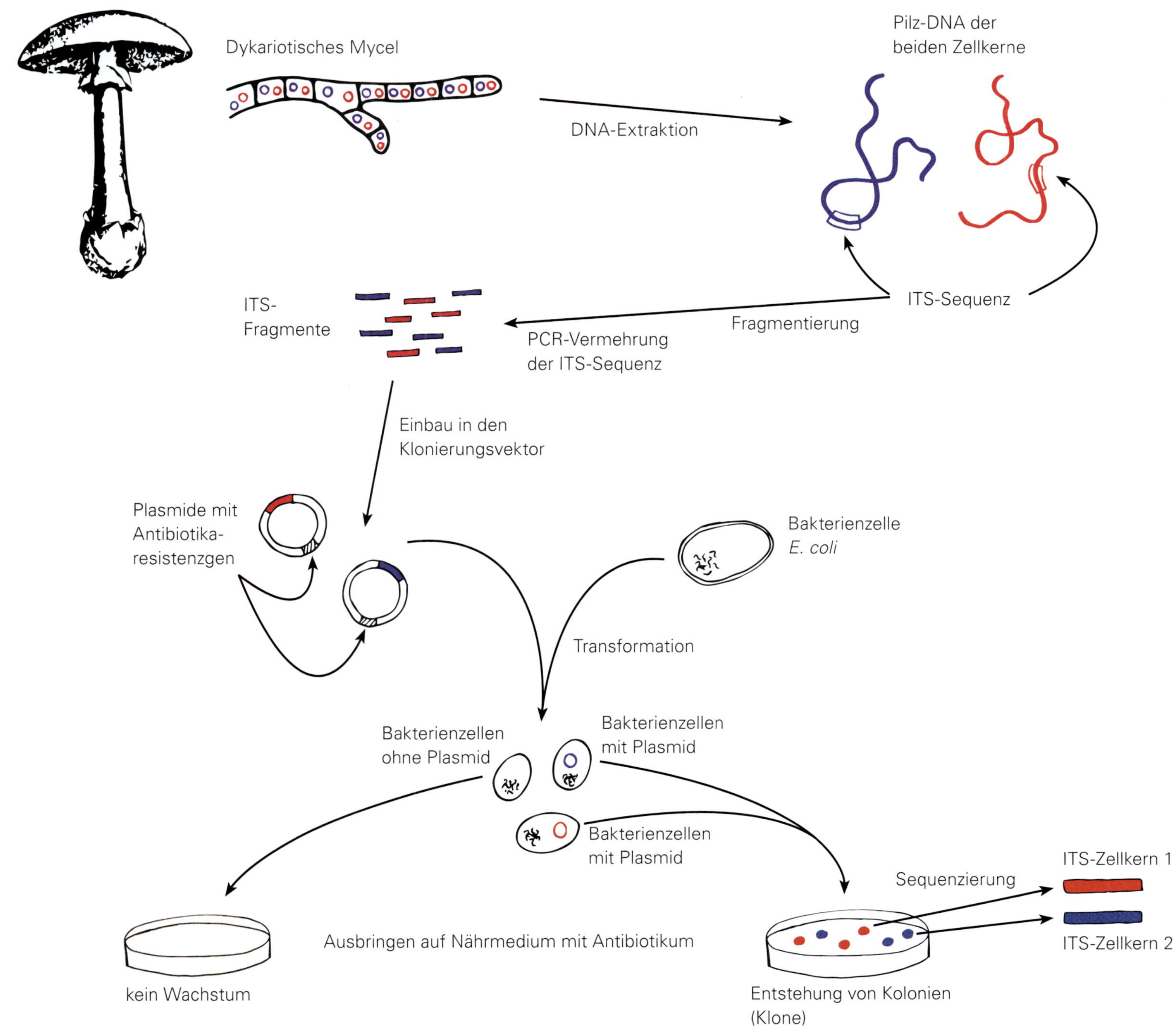

Abb. 20: Vom Pilzfruchtkörper zur ITS-Sequenz: DNA Vermehrung und Klonieren

Sanger-Sequenzierung oder Kettenabbruchmethode

Erneut wird die DNA extrahiert, diesmal von den unterschiedlichen Bakterienkolonien, und nach der Vermehrung der gewünschten ITS-Sequenz durch PCR wird die DNA-Doppelhelix zunächst durch Erwärmung in Einzelstränge aufgespalten (Abb. 21). An jeden Einzelstrang wird eine kurze komplementäre Sequenz (Primer) gebunden, von welcher aus die DNA-Polymerase die Basen wieder einbaut, um die komplementäre Sequenz zu verlängern und den Doppelstrang wiederherzustellen. Der Reaktionsansatz enthält dabei die mit Primern markierten Ausgangssequenzen sowie ein Gemisch aller Nukleotide (NTPs). Zusätzlich werden die vier Basen auch noch in modifizierter Form zugegeben, sogenannte Abbruchnukleotide oder ddNTPs, wobei jedes ddNTP mit einem unterschiedlichen Fluoressenz-Farbstoff markiert ist: grün für A, rot für T, gelb für G und blau für C. Der neue DNA-Strang wird so lange weiter synthetisiert, bis statt des entsprechenden normalen NTPs ein ddNTP eingebaut wird. Dieses bewirkt einen Abbruch der Synthese, da kein neues Nukleotid mehr daran verknüpft werden kann. Da der Einbau der Abbruchnukleotide immer an anderen Positionen erfolgt, entstehen unterschiedlich lange DNA-Moleküle, an deren Ende sich jedoch stets eine fluoreszenz-markierte Base befindet. Das Gemisch aus unterschiedlich langen Sequenzen wird mittels Kapillarelektrophorese nach Länge aufgetrennt, wobei kleine Moleküle schneller durch eine dünne Kapillare wandern als große Moleküle und so Längenunterschiede von einer Base erkennbar werden. Mithilfe eines Lasers zur jeweiligen Fluoreszenz werden Farbstoffe der Abbruchnukleotide dann angeregt, wobei die Abfolge der Fluoreszenz-Farbsignale, die am Detektor erscheinen, die Sequenz der Basen des DNA-Stranges wiedergibt. Dadurch erhalten wir die ca. 600bp lange Basenabfolge der ITS-Sequenz unseres Pilzes, jeweils eine Sequenz von jeder Bakterienkolonie.

Aus dem Vergleich der Sequenzen von 20 Klonen zeigte sich, dass alle ITS-Sequenzen fast identisch sind, mit einer durchschnittlichen Sequenzidentität von 99,7 % in allen paarweisen Vergleichen. Vereinzelte Unterschiede traten auf, vor allem am Anfang und am Ende der Sequenzen, was aber im Rahmen der Fehlerrate der Sequenzierungsmethode zu erwarten ist. Daraus können wir also schließen, dass es sich bei unserem Pilz nicht um einen Hybriden handelt.

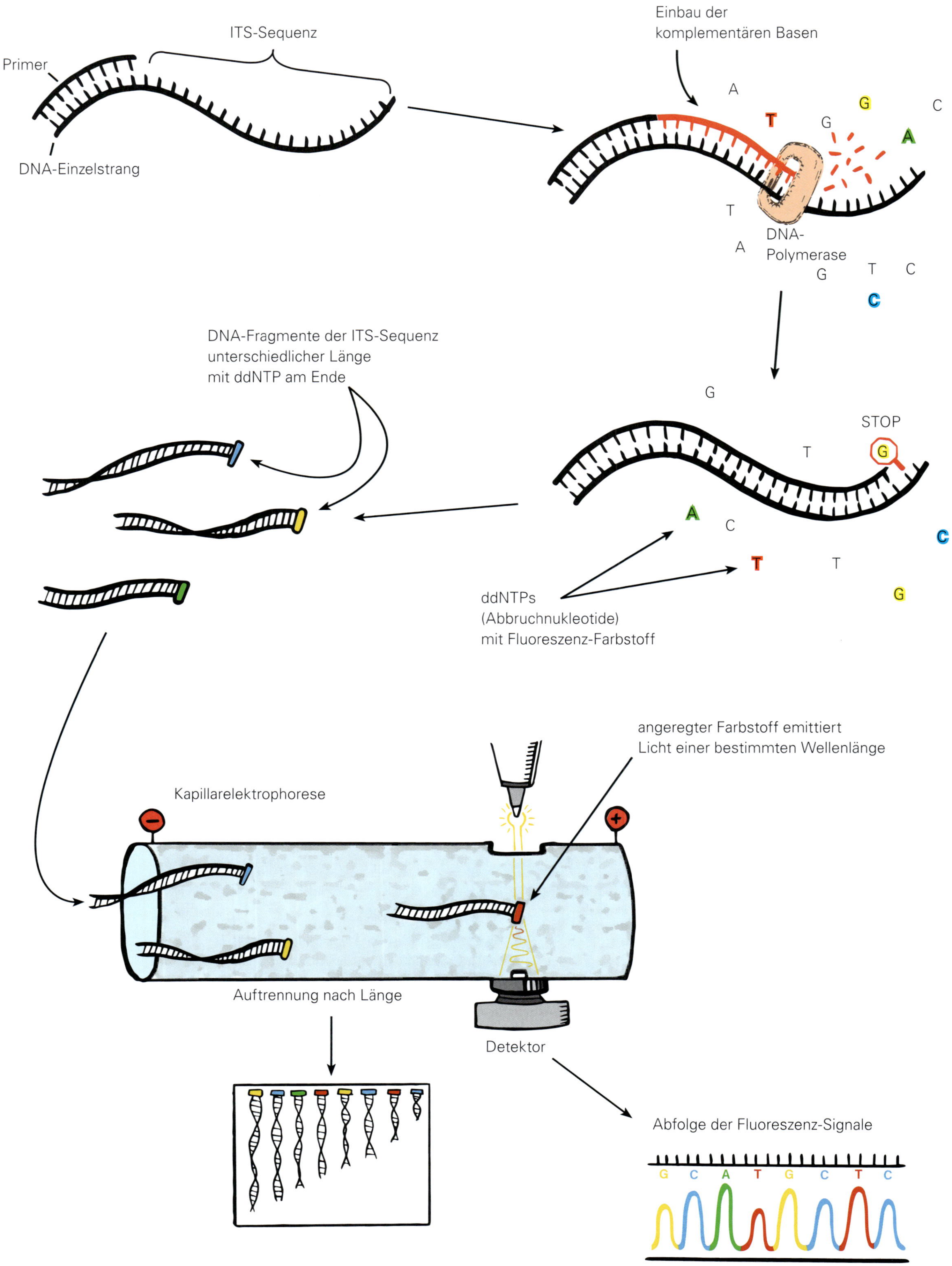

Abb. 21: Schritte zur Sequenzierung der DNA

Vergleich mit anderen Pilzen – der phylogenetische Baum

Ein phylogenetischer Baum soll die evolutionären Verwandtschaftsbeziehungen verschiedener Arten oder anderer biologischen Gruppen darstellen. Früher wurden diese Bäume aufgrund von morphologischen Merkmalen aufgestellt, doch im Zeitalter der Genomik sind sequenzbasierte Methoden zum Standard geworden. Durch den Vergleich der DNA-Sequenzen lässt sich die verwandtschaftliche Entfernung direkt quantifizieren und diese Methoden sind sensitiver, da sich DNA-Sequenzen üblicherweise schneller verändern als die äußere Erscheinung (Morphologie).

Wir vergleichen nun die Sequenz unseres Pilzes mit Sequenzen verschiedener anderer *Amanita*-Arten, speziell mit *Amanita citrina* und *Amanita porphyria*, um herauszufinden, mit wem der Pilz am nächsten verwandt ist. Dazu bedienen wir uns an schon publizierten ITS-Sequenzen von öffentlichen Datenbanken und generieren gemeinsam mit unserer Sequenz ein sogenanntes Alignment, einen Abgleich der Nukleotidsequenzen. Aufgrund des Alignments lässt sich ein phylogenetischer Baum berechnen. Die Berechnung solcher Bäume basiert, vereinfacht gesagt, auf der Anzahl der Unterschiede zwischen den einzelnen Sequenzen. Die Länge der horizontalen Linien im Baum repräsentiert diese Unterschiede zwischen den Sequenzen, während die Knotenpunkte uns die Auftrennung der Sequenzen zeigen.

Aus dem phylogenetischen Baum (Abb. 22) geht klar hervor, dass *Amanita citrina* var. *intermedia* sich sowohl von *Amanita citrina* als auch von *Amanita porphyria* unterscheidet und eine eigenständige Gruppe bildet. Aufgrund der Sequenzanalyse sind *Amanita citrina* und *Amanita porphyria* sogar näher miteinander verwandt als jeder der beiden mit dem morphologisch intermediären Pilz. Der Baum zeigt zudem, dass sich innerhalb der Gruppe um *Amanita citrina* wohl noch weitere Arten verbergen. Um diese Gruppe aufzulösen, bräuchte es aber zusätzliche Sequenzen und weitere Analysen.

Mit einem Vergleich der Unterschiede innerhalb und zwischen bereits existierenden Arten in der Gattung *Amanita* lässt sich abschätzen, ob eine Abgrenzung sinnvoll ist. Im Normalfall sind sich Sequenzen von verschiedenen Individuen innerhalb einer Art immer ähnlicher im Vergleich zu anderen Arten. In diesem Fall können wir unsere neue Art mit zwei bereits existierenden Arten vergleichen und stellen fest, dass die Sequenzidentität zwischen den Pilzarten ähnlich tief liegt, um die 90 %, und sich Pilze innerhalb der Arten deutlich ähnlicher sind. Zusammen mit der eindeutigen Kombination von morphologischen Merkmalen ist es also berechtigt, diesem Pilz neu den taxonomischen Rang einer eigenen Art zuzuschreiben.

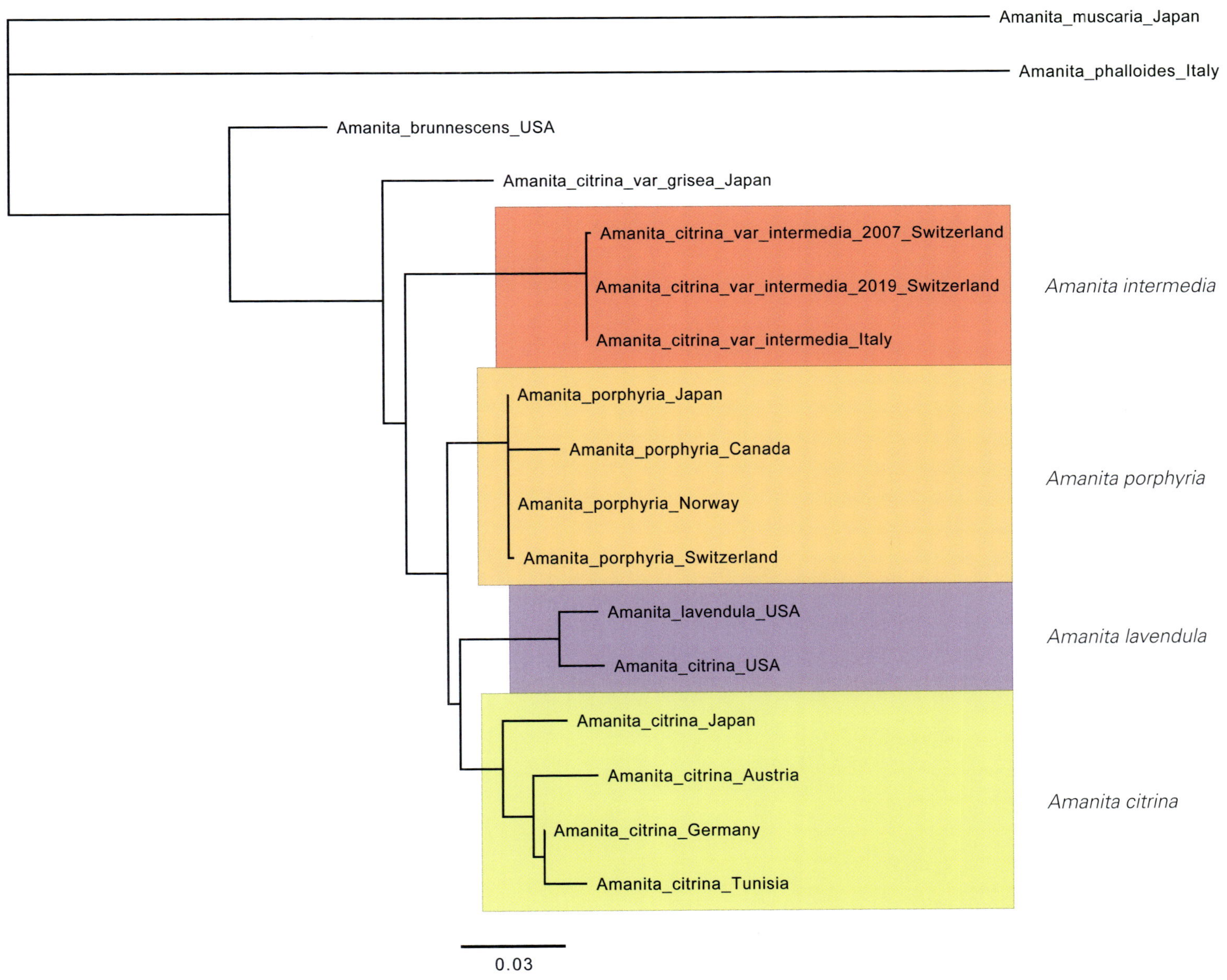

Abb. 22: Phylogenetischer Baum aus ITS-Sequenzen von *Amanita intermedia* und den nächsten bekannten Verwandten.

Nomenklatur-Regeln und Beschreibung der neuen Art

Entsprechend dem internationalen Code der Nomenklatur für Algen, Pilze und Pflanzen (ICN) bekommt der Pilz nun einen neuen Namen: *Amanita intermedia* (Neville, Poumarat & Hermitte) Cingarlini, Sartori, Maraia, Setti & Vizzini, stat. et comb. nov.

Basierend auf dem früher veröffentlichten legitimen Namen *Amanita citrina* var. *intermedia* Neville, Poumarat & Hermitte, dem sogenannten Basionym, erhält der Pilz einen «status novus», da er vom Rang der Varietät zum Artrang aufsteigt, und gleichzeitig ist er eine «combinatio nova», da der neue Name eine Kombination auf Basis des bestehenden Namens darstellt. Die Autorinnen und Autoren des Basionyms folgen in Klammern hinter dem neuen Namen, gefolgt von den neuen Autoren, welche die Namensänderung publizieren.

Neben der Veröffentlichung der Gensequenzen und der neuen Taxonomie darf in der Publikation der Art auch der morphologische Vergleich nicht fehlen: Sowohl makroskopische als auch mikroskopische Merkmale werden beschrieben und dokumentiert, sodass die Resultate nachvollziehbar und neue Funde einfach zuzuordnen sind.

Die Resultate zur wissenschaftlichen Publikation liegen vor und das Rätsel um die Identität des Wulstlings ist gelöst, doch zu guter Letzt war eine Gruppe aus Italien schneller (Vizzini et al. 2020b). Ein bisschen Glück (oder Pech) gehört eben auch dazu in der Wissenschaft. Erfreulich ist, dass ein unabhängiges Forschungsteam in einem anderen Land mit ähnlichen Methoden zu denselben Resultaten gekommen ist und wir das Vorkommen der neuen *Amanita*-Art in der Schweiz bestätigen können.

Einstiegsschlüssel zu den 16 Kapiteln

Einstiegsschlüssel

- Fruchtkörper mit Röhren oder Lamellen
  - Fruchtkörper mit Röhren (A1)
  - Fruchtkörper mit Lamellen
    - Sporenpulver weiß, rosa-, violett-, dunkelbraun bis schwarz (A1)
    - Sporenpulver hellbraun bis braun (A2)
- Fruchtkörper ohne Röhren oder Lamellen
  - Fruchtkörper in Hut und Stiel gegliedert (B1)
  - Fruchtkörper nicht in Hut und Stiel gegliedert (B2)

Schlüssel zu den Kapiteln und Unterkapiteln

(A1) Fruchtkörper mit Röhren oder Lamellen; Lamellen mit weißem, rosa-, violett- oder dunkelbraunem bis schwarzem Sporenpulver

- Hutunterseite mit Röhren und Poren
  - Fleisch zäh bis korkig, Fruchtschicht nicht ablösbar, oft auf Holz (1a) — 2 *Polyporales* p. p., Stielporlingsartige u. Ä.
  - Fleisch weich, Röhrenschicht vom Hutfleisch ablösbar (1b) — 3 *Boletales,* Dickröhrlingsartige
- Hutunterseite mit Lamellen
  - Lamellenschneiden gesägt, zähfleischig, oft seitlich gestielt (1c) — 2.3 *Lentinellus,* Sägeblättlinge
  - Lamellen gelbbraun, vom weichen Hutfleisch leicht abschiebbar (1d) — 3.9 *Paxillus,* Kremplinge u. Ä.
  - Lamellen schwarzbraun, wachsartig, herablaufend, Stielbasis meist gelb (2a, 2b) — 3.7 *Gomphidius,* Gelbfüße u. Ä.
  - Fruchtkörper mit anderen Merkmalskombinationen
    - Fleisch sehr brüchig, ganz ohne Fasern (2c) — 15 *Russulales,* Täublingsartige
    - Fleisch weich, knorpelig oder brüchig jedoch stets faserig
      - Lamellen dicklich, wachsartig (2d, 3a) — 4 *Hygrophoraceae,* Schnecklingsverwandte
      - Lamellen nicht wachsartig (3b)
        - Lamellen frei
          - Sporenpulver rosabraun (3c) — 7 *Pluteaceae,* Dachpilzverwandte
          - Sporenpulver weiß bis blass grünlich
            - Stielbasis bescheidet, meist knollig (3d, 4a) — 8 *Amanitaceae,* Wulstlingsverwandte
            - Stielbasis nicht bescheidet
              - Fruchtkörper mit starkem Mehlgeruch und schleimig — 8.2 *Limacella,* Schleimschirmlinge
              - Fruchtkörper nicht mit starkem Mehlgeruch — 9 *Agaricaceae,* Champignonsverwandte
          - Sporenpulver (u. reife Lamellen) braun, purpurbraun bis schwarz (4b) — 9 *Agaricaceae,* Champignonsverwandte
        - Lamellen nicht frei
          - Sporenpulver weiß (4c) bis cremefarben, oder ganz blass rosa — 5 *Tricholomataceae* s. l., Ritterlingsähnliche
          - Sporenpulver (und reife Lamellen) rosa bis rosabraun (4d) — 6 *Entolomataceae,* Rötlingsverwandte
          - Sporenpulver lila- bis violettbraun (5a), violettschwarz — 11 *Strophariaceae* s. l., Träuschlingsähnliche
          - Sporenpulver dunkel- bis schwarzbraun (5b)
            - Hutrand meist tief gerieft, Lamellen alt oft zerfließend (5c) — 10 *Psathyrellaceae,* Faserlingsverwandte
            - Hutrand nicht oder wenig gerieft, Lamellen nicht zerfließend
              - Hutoberfläche faserig-filzig bis schuppig — 10 *Psathyrellaceae,* Faserlingsverwandte
              - Hutoberfläche glatt
                - Lamellen reif scheckig gefleckt (5d) — 13.3 *Panaeolus,* Düngerlinge
                - Lamellen auch reif nicht scheckig gefleckt — 10 *Psathyrellaceae,* Faserlingsverwandte
          - Sporenpulver hellbraun bis braun (6b, 6c, 6d) — → **siehe nächste Seite**

1a Hutunterseite mit haftenden zähen Röhren

1b Hutunterseite mit abschiebbaren Röhren

1c Lamellenschneiden gesägt

1d Lamellen gelbbraun, leicht abschiebbar

2a Lamellen wachsartig, braun, später schwärzlich

2b Lamellen wachsartig, zunehmend schwärzlich

2c Fleisch sehr brüchig, ganz ohne Fasern

2d Lamellen wachsartig, Sporenpulver weiß

3a Lamellen wachsartig, Sporenpulver weiß

3b Lamellen nicht wachsartig

3c Lamellen frei, Sporenpulver rosabraun

3d Stielbasis bescheidet, lappig

4a Stielbasis bescheidet, eingepfropft

4b Lamellen frei, Sporenpulver purpurbraun

4c Sporenpulver weiß (auf Nachbarshut sichtbar)

4d Lamellen nicht frei, Sporenpulver rosabraun

5a Sporenpulver lilabraun

5b Sporenpulver schwarzbraun

5c Lamellen alt zerfließend

5d Sporenpulver schwarzbraun, fleckig

6a Sporenpulver schwarzbraun, fleckig

6b Sporenpulver hellbraun

6c Sporenpulver hellbraun (dattelbraun)

6d Sporenpulver hellbraun bis braun (graubraun)

(A2) Fruchtkörper mit Lamellen; Lamellen mit hellbraunem bis braunem Sporenpulver

- auf Holz oder Holzresten
  - Stiel zentral angewachsen
    - Hut und Stiel schuppig
      - Sporen glatt (8d, 9a)
        - Hut > 2 cm breit (7a) … 11 *Strophariaceae* s. l., Träuschlingsähnliche
        - Hut < 2 cm breit (7b) … 12.2 *Phaeomarasmius,* Schüppchenschnitzlinge
      - Sporen höckerig (7c) … 12.5 *Inocybe,* Risspilze u. Ä.
    - Hut und Stiel nicht zugleich schuppig
      - Hut gelb, gerieft oder aderig (7d) … 13 *Bolbitiaceae,* Mistpilzverwandte
      - Hut blassbraun bis rötlichbraun, 1–4 cm, glatt
        - Lamellen breit angewachsen, auf Holzresten (8a) … 12.3 *Tubaria,* Trompetenschnitzlinge
        - Hutrand evtl. behangen (8b), Sporen glatt, Keimporus deutlich (8d, 9a)
          - Stiel mit gerieftem Ring (8c) … 13.2 *Pholiotina,* Glockenschüpplinge
          - Stiel ohne Ring, Cheilozystiden (ChZ) kopfig (9b) … 13.2 *Conocybe,* Samthäubchen
      - Hut matt, samtig, Fruchtkörper mit Olivstich (9c), Sporen glatt … 12.4 *Simocybe,* Olivschnitzlinge
      - nicht mit diesen Merkmalskombinationen … 11 *Strophariaceae* s. l., Träuschlingsähnliche
  - seitlich oder im Scheitel angewachsen
    - Huthaut gelatinös, gummiartig (9d) … 12.1 *Crepidotus,* Stummelfüßchen u. Ä.
    - Huthaut nicht gelatinös
      - Sporen feinwarzig (10a) … 12.1 *Crepidotus,* Stummelfüßchen u. Ä.
      - Sporen glatt, ellipsoid bis allantoid (bohnenförmig) (10b) … 12.4 *Simocybe,* Olivschnitzlinge
- auf Erde, Mist etc.
  - Sporenpulver lila- bis violettbraun (10c) … 11 *Strophariaceae* s. l., Träuschlingsähnliche
  - Sporenpulver graubraun (12b), umbra
    - Stiel beringt … 11 *Strophariaceae* s. l., Träuschlingsähnliche
    - Stiel nicht beringt
      - Huthaut radialrissig (10d) oder Hut kegelig, Sporen glatt oder höckerig … 12 *Inocybaceae,* Risspilzverwandte
      - Hut samtig, braunoliv, Sporen glatt … 12.4 *Simocybe,* Olivschnitzlinge
      - Hut weißlich bis blass orangegelb, Sporen warzig-stachelig … 5.7 *Ripartites,* Filzkremplinge
      - nicht mit diesen Merkmalskombinationen … 11 *Strophariaceae* s. l., Träuschlingsähnliche
  - Sporenpulver rostbraun (11a, 11b)
    - Hutrand und Stielspitze mit fädigem Schleier/Schleierresten (11c, 11d)
      - ohne Cheilozystiden … 14 *Cortinariaceae,* Schleierlingsverwandte
      - mit Cheiloystiden (12a)
        - mittelgroße Arten … 14 *Cortinariaceae,* Schleierlingsverwandte
        - kleine Arten
          - bei Erle, Sporen warzig … 11.8 *Naucoria,* Sumpfschnitzlinge u. Ä.
          - auf Wiesen, in nährstoffreicher Erde, bei Pflanzenresten, Sporen glatt … 13.2 *Conocybe,* Samthäubchen u. Ä.
    - Hutrand und Stielspitze ohne fädige Schleierresten
      - Geruch deutlich nach Rettich
        - Hut gewölbt (12b) bis gebuckelt, kaum kegelig … 11.8 *Hebeloma,* Fälblinge u. Ä.
        - Hut kegelförmig (12c), Lamellen ocker, Stiel wurzelnd … 11.8 *Phaeocollybia,* Wurzelschnitzlinge
      - Geruch nicht nach Rettich
        - Ring doppelrandig (12d), Hut braun, weiß bereift, fleischig, Lam. gekerbt … 14.4.01 *Cortinarius caperatus,* Reifpilz
        - Ring nicht doppelt oder fehlend
          - Fruchtkörper häutig, gelb bis braun, Hut oft gerieft oder aderig … 13 *Bolbitiaceae,* Mistpilzverwandte
          - nicht mit diesen Merkmalskombinationen … 11 *Strophariaceae* s. l., Träuschlingsähnliche

7a Hut und Stiel schuppig, Hut > 2 cm breit

7b Hut und Stiel schuppig, Hut < 2 cm breit

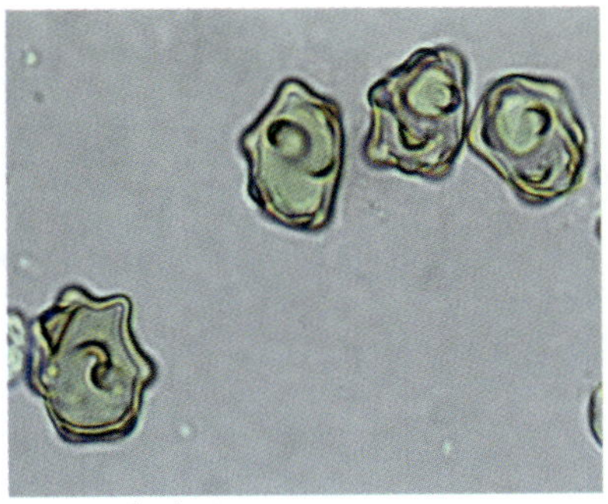
7c Sporen höckerig

7d Hut gelb, häutig, gerieft

8a Lamellen breit angewachsen, auf Holzresten

8b Hutrand behangen

8c Stiel mit gerieftem Ring

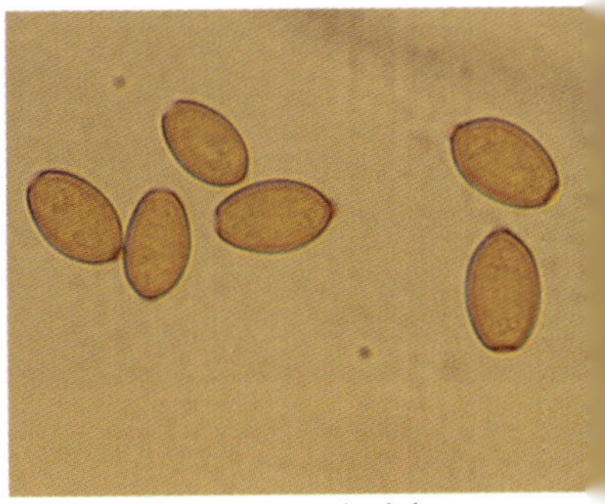
8d Sporen glatt, Keimporus deutlich

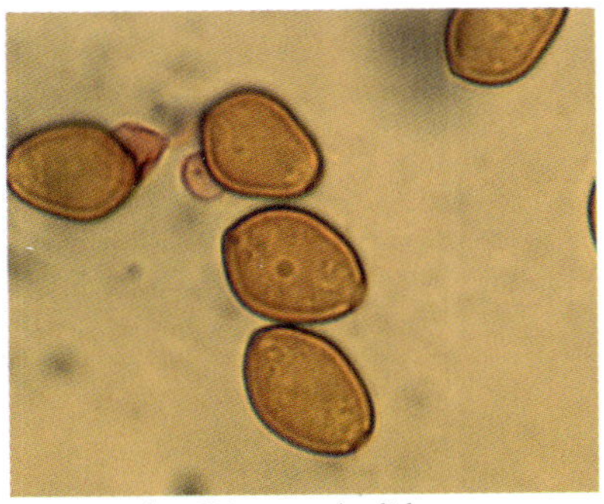
9a Sporen glatt, Keimporus deutlich

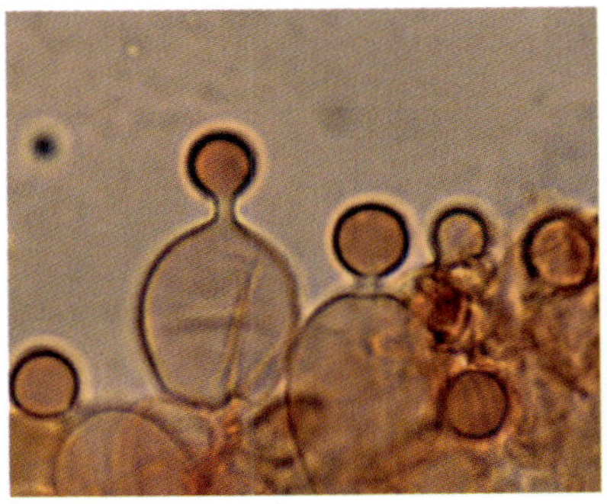
9b Cheilozystiden kopfig

9c Hut samtig, mit Olivstich

9d Huthaut dehnbar, gummiartig

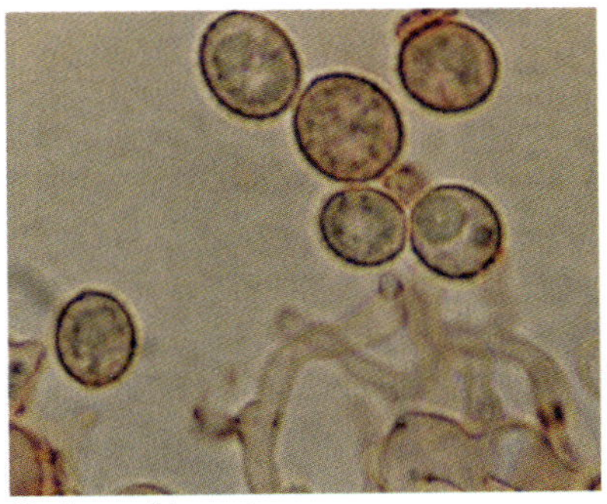
10a Sporen feinwarzig

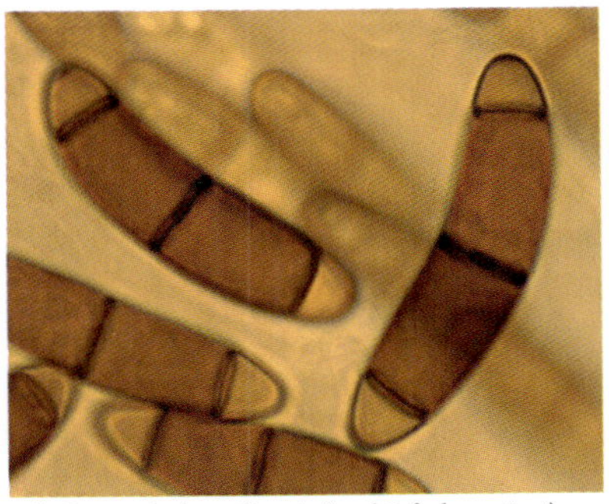
10b Sporen bohnenförmig (und 3-fach septiert)

10c Lamellen (Sporenpulver) lila- bis violettbraun

10d Huthaut faserig und radialrissig

11a Sporenpulver rostbraun

11b Lamellen (Sporenpulver) rostbraun

11c Schleierreste an Stielspitze und Hutrand

11d Haarschleier (Cortina)

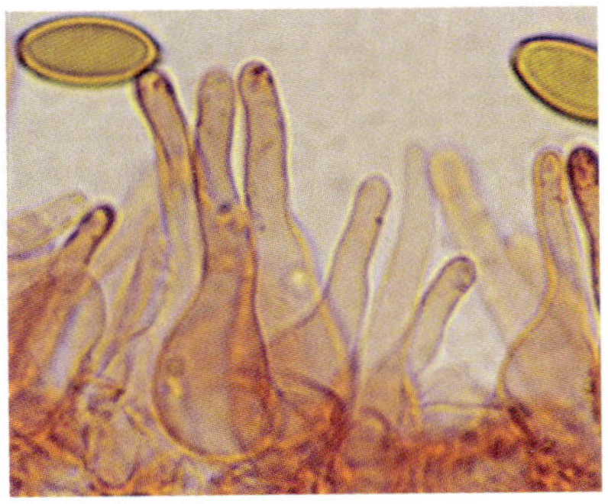
12a Cheilozystiden

12b Hut gewölbt, Lam. (Sporenpulver) graubraun

12c Hut kegelförmig

12d Ring doppelrandig

(B1) Fruchtkörper ohne Lamellen oder Röhren; Fruchtkörper in Hut und Stiel gegliedert

Hut pilzartig gewölbt oder trichterförmig		
Hutunterseite mit schmalen, oft gegabelten Leisten (13a), aderig od. fast glatt (13b)	1.1	*Cantharellus,* Pfifferlinge u. Ä.
Hutunterseite mit Stacheln (13c), Hut anfangs gewölbt	1.2	*Sarcodon,* Braunsporstachelinge u. Ä.
Hut kugelförmig, Stiel deutlich abgesetzt (13d)		
Hutoberfläche glatt, alt stäubend (14a, 14b)	1.5	*Lycoperdon,* Stäublinge u. Ä.
Hutoberfläche wabenartig (morchelartig) gerippt (14c, 14d)	16.1	*Morchella,* Morcheln u. Ä.
Hut tintenfisch- (15a) oder gitterförmig, aasartig übelriechend	1.5	*Phallus,* Stinkmorcheln u. Ä.
Hut konisch, walzenförmig, wabenartig (morchelartig) gerippt (14c, 14d)		
Geruch angenehm	16.1	*Morchella,* Morcheln u. Ä.
Geruch aasartig übelriechend	1.5	*Phallus,* Stinkmorcheln u. Ä.
Hut hirnartig gewunden (15b)	16.2	*Gyromitra,* Giftlorcheln u. Ä.
Hut unregelmäßig wellig, sattelförmig (15c)	16.3	*Helvella,* Lorcheln u. Ä.
Hut becherförmig (15d)		
Hut > 1 cm breit	16.4	*Tarzetta,* Napfbecherlinge u. Ä.
Hut 0,2–1 cm breit	16.9	*Sclerotinia,* Sklerotienbecherlinge u. Ä.
Hut < 0,2 cm breit	16.10	*Lachnellula,* Nadelholzrauhaarbecherchen u. Ä.
Hut käppchen- (16a) oder kreiselförmig (nicht becherförmig)		
auf Erde oder Holz, leicht bis deutlich gallertartig	16.8	*Leotia,* Gallertkäppchen u. Ä.
parasitisch auf unterirdischen Pilzen (16b) oder Insekten (16c), nicht gallertartig	16.13	*Cordyceps,* Kernkeulen u. Ä.
Hutteil spatel- oder fächerförmig (16d)		
auf Erde, gelb bis braun, Fleisch weich	16.8	*Spathularia,* Spatelinge u. Ä.
auf Holz, fleisch zäh, vorwiegend braunschwarz	16.12	*Xylaria,* Holzkeulen u. Ä.
Hutteil zungen- oder keulenförmig (17a)	16.11	*Geoglossum,* Erdzungen u. Ä.
Hutteil am Ende geweihförmig verzweigt (17b)		
weich, auf Erde oder Holz, Sporen auf Ständern (Basidien) (17c, 17d)	1.3	*Clavaria,* Keulen u. Ä.
zäh, auf Holz, Sporen in Schläuchen (Asci) (18a, 18b)	16.12	*Xylaria,* Holzkeulen u. Ä.
Hut und Stiel fadenförmig (18c)		
weich, auf Holz oder Erde, Sporen auf Ständern (Basidien) (17c, 17d)	1.3	*Typhula,* Fadenkeulchen u. Ä.
zäh, auf Holz, Sporen in Schläuchen (Asci) (18a, 18b)	16.12	*Xylaria,* Holzkeulen u. Ä.
Fruchtkörper asymmetrisch, ohrförmig (18d)	16.5	*Otidea,* Öhrlinge u. Ä.

13a Leisten schmal und gegabelt

13b Hutunterseite mit Leisten bis fast glatt

13c Hutunterseite mit Stacheln, Hut niedergedrückt

13d Hut kugelförmig mit Stiel

14a alt stäubend

14b alt stäubend

14c morchelartig, Geruch nach Aas

14d konisch bis walzenförmig, morchelartig,

15a tintenfischartig, Geruch nach Aas

15b Hutoberfläche hirnartig

15c Hut sattelförmig

15d becherförmig, gestielt

16a käppchenförmig

16b parasitisch auf Pilzen

16c parasitisch auf Insekten

16d Hut spatel- oder fächerförmig

17a zungenförmig

17b geweihförmig

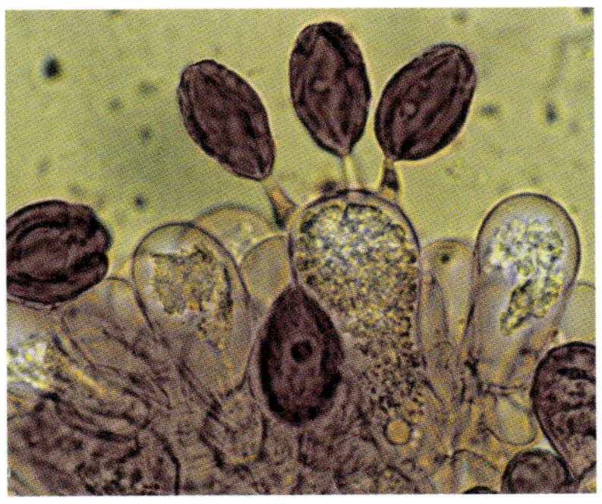
17c Sporen auf Ständern (Basidien)

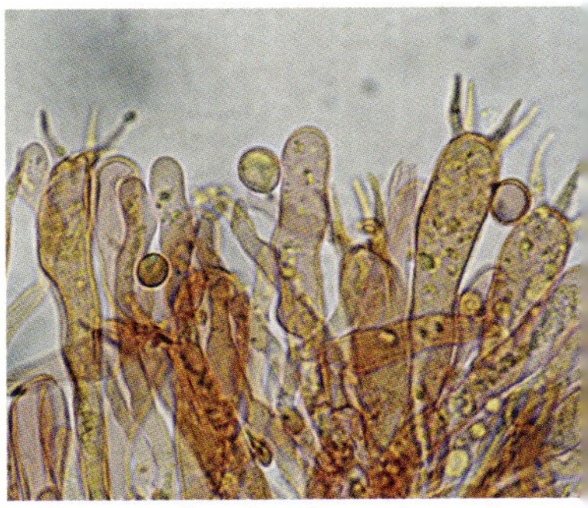
17d Sporen auf Basidien, Sporen abgeworfen

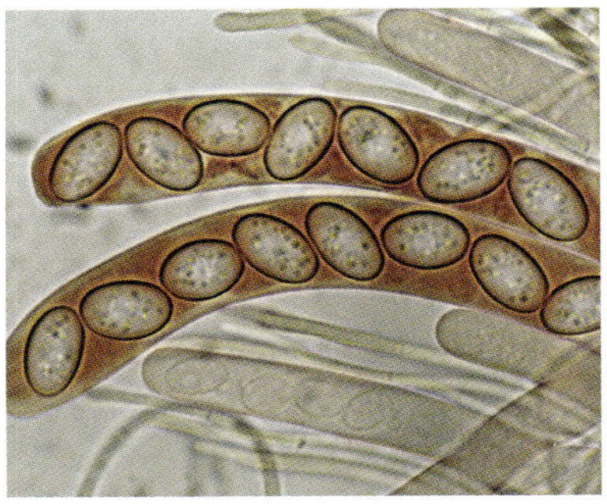
18a Sporen in Schläuchen (Asci)

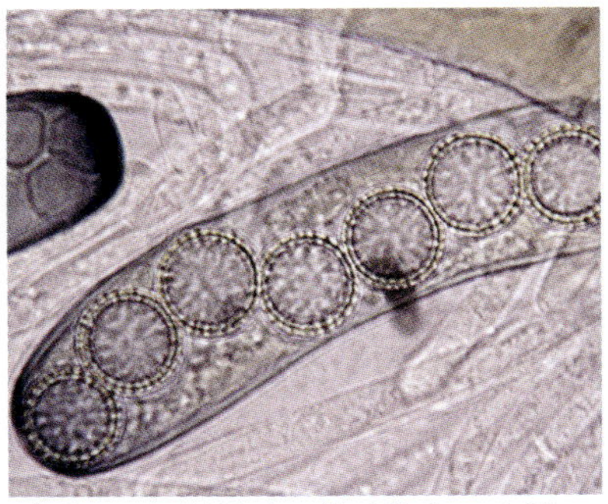
18b Sporen in Schläuchen (Asci, Ende amyloid)

18c fadenförmig

18d ohrförmig

(B2) Fruchtkörper ohne Lamellen oder Röhren; Fruchtkörper nicht oder undeutlich in Hut und Stiel gegliedert

- Frkp. trompetenförmig, schmale, oft gegabelte Leisten (19a, 19b), aderig oder glatt … 1.1 *Cantharellus,* Pfifferlinge u. Ä.
- Fruchtkörper keulenförmig oder fadenförmig, im Querschnitt rundlich
  - Fleisch weich, auf Erde oder Holz (19c), Sporen auf Basidien … 1.3 *Clavaria,* Keulen u. Ä.
  - Fleisch zäh, Sporen in Schläuchen (Asci)
    - in Wiesen auf Erde (19d) … 16.11 *Geoglossum,* Erdzungen u. Ä.
    - auf Holz … 16.12 *Xylaria,* Holzkeulen u. Ä.
    - parasitisch auf eingegrabenen Hirschtrüffeln oder toten Insekten (20a) … 16.13 *Cordyceps,* Kernkeulen u. Ä.
- Fruchtkörper zungenförmig, Hutteil etwas abgesetzt, Querschnitt abgeflacht … 16.11 *Geoglossum,* Erdzungen u. Ä.
- Fruchtkörper auf Pflanzenteilen wuchernd (20b), teils wurm- bis pfefferschotenartig … 16.14 *Taphrina,* Wucherlinge u. Ä.
- Fruchtkörper korallenförmig
  - Fleisch weich
    - auf Erde (20c, 20d), seltener auch auf Holz … 1.4 *Ramaria,* Korallen u. Ä.
    - auf Holz (21a), seltener auch Erde, oft klebrig … 1.3 *Clavaria,* Keulen u. Ä.
  - Fleisch zäh, vorwiegend auf Holz … 16.12 *Xylaria,* Holzkeulen u. Ä.
- Fruchtkörper blumenkohlartig, strauchartig (21b), vielhütig … 2.2 *Sparassis,* Glucken u. Ä.
- Fruchtkörper kugelförmig, knollig (größere, einzelne Knollen)
  - zumindest reif oberirdisch (21c), teils mit sternartig aufreißender Außenhülle
    - Fruchtkörper weich bis fest, aber nicht steinhart, Sporen auf Basidien … 1.5 *Lycoperdon,* Stäublinge u. Ä.
    - Fruchtkörper steinhart, Sporen in Schläuchen (Asci) … 16.13 *Nectria,* Pustelpilze u. Ä. (A1)
  - unterirdisch wachsend, knollig (21d) … 16.15 *Tuber,* Trüffel u. Ä.
- Fruchtkörper pustelförmig, krustenförmig, geschwürartig, kugelig (klein, rasig)
  - nicht gallertartig (22a) … 16.13 *Nectria,* Pustelpilze u. Ä.
  - gallertartig
    - Sporen in Schläuchen (Asci) (22b) … 16.10 *Ombrophila,* Gallertkreislinge u. Ä. (D)
    - Sporen auf Ständern (Basidien) (22c) … 1.7 *Exidia,* Drüslinge u. Ä.
- Fruchtkörper ohrförmig, seitlich, asymmetrisch
  - gallert- oder gummiartig (22d)
    - Hutunterseite glatt … 1.7 *Guepinia,* Gallerttrichter u. Ä.
    - Hutunterseite aderig … 4.4 *Arrhenia,* Adermooslinge u. Ä.
  - nicht gallertartig (23a) … 16.5 *Otidea,* Öhrlinge u. Ä.
- Fruchtkörper becher-, schüssel-, pokal- oder tellerförmig bis gewölbt, symmetrisch
  - Becherboden mit linsenförmigen Sporenträgern (Peridiolen) am Grund (23b) … 1.6 *Cyathus,* Teuerlinge u. Ä.
  - Becherboden ohne linsenförmige Sporenträger
    - Becher gegen oben geöffnet
      - Rand und Außenseite ohne Haare
        - nicht gallertartig
          - Durchmesser > 1 cm (23c) … 16.7 *Peziza,* Becherlinge u. Ä.
          - Durchmesser < 1 cm (23d) … 16.8 *Bisporella,* Reisigbecherchen u. Ä. (C1)
        - gallertartig (24a) … 16.10 *Ombrophila,* Gallertkreislinge u. Ä. (D)
      - Rand oder Außenseite haarig, fransig
        - Durchmesser > 1 cm (24b) … 16.6 *Scutellinia,* Schildborstlinge u. Ä.
        - Durchmesser < 1 cm (24c) … 16.10 *Lachnum,* Rauhaarbecherchen u. Ä.
    - Becher hängend, nach unten geöffnet … 1.6 *Cyathus,* Teuerlinge u. Ä.
- Fruchtkörper tintenfisch- oder gitterförmig, aasartig übelriechend (24d) … 1.5 *Phallus,* Stinkmorcheln u. Ä.

19a Leisten schmal und gegabelt

19b Hutunterseite mit Leisten bis fast glatt

19c keulenförmig, weichfleischig

19d keulenförmig, zähfleischig

20a keulenartig, auf vergrabenen Insekten

20b Pflanzenteile mit Wucherungen

20c korallenförmig, weichfleischig, auf Erde

20d korallenförmig, weichfleischig, auf Erde

21a korallenförmig, auf Holz, klebrig

21b blumenkohlartig, strauchartig

21c kugelförmig, knollig, oberirdisch

21d kugelförmig, knollig, unterirdisch

22a pustelförmig, nicht gallertartig

22b pustelförmig, geschwür-, gallertartig, Asci

22c pustelförmig, geschwür-, gallertartig, Basidien

22d ohrförmig, gallert-, gummiartig

23a ohrförmig, nicht gallertartig

23b becherförmig mit Peridiolen am Grund

23c becherförmig, Rand ohne Haare, > 1cm

23d becher- bis tellerförmig, < 1cm

24a becher- bis tellerförmig, gallerartig

24b becherförmig, Rand behaart, > 1 cm

24c becherförmig, Rand behaart, < 1cm

24d gitterförmig, aasartig riechend

1 *Aphyllophorales,* Nichtblätterpilze

Basidiomycota, Ständerpilze

Familiengruppe *Aphyllophorales,* Nichtblätterpilze

Die Bezeichnung ***Aphyllophorales*** dient als Sammelgefäß für verschiedene Klassen, Ordnungen und Teile von Ordnungen aus der Abteilung *Basidiomycota.* Es ist eine veraltete, unscharfe, aber aus vielen Büchern eingebürgerte Bezeichnung für Ständerpilze (Basidiomyceten) ohne «Blätter». Blätterpilze bezeichnen Pilze mit Lamellen oder Röhren. Die Nichtblätterpilze umfassen, grob skizziert, Ständerpilze, die weder Lamellen noch Röhren oder Poren haben.

Bestimmung

Die Einteilung dieser Pilze in die Unterkapitel 1.1–1.7 erfolgt mehrheitlich aufgrund ihrer äußeren Merkmale im Hinblick auf Vergleichsmöglichkeiten zur Bestimmung und erst in zweiter Linie nach der geltenden Systematik. Die Unterkapitel umfassen deshalb ähnliche Arten, die zwar alle zur Abteilung *Basidiomycota* gehören, aber aus verschiedenen Klassen und Ordnungen stammen. Auf die systematische Zugehörigkeit wird jedoch jeweils hingewiesen.

Die nachfolgende Zusammenstellung basiert auf der äußeren Unterscheidung der Arten und führt zur systematischen Einordnung in die Unterkapitel der *Aphyllophorales.* Sie verweist auch auf ähnliche Arten in anderen Kapiteln und Unterkapiteln.

Fruchtkörper mit Hut und Stiel (Hut gewölbt oder trichterförmig)

Hutunterseite mit schmalen, meist stark gegabelten Leisten oder fast glatt

1.1 mehrheitlich *Cantharellales*, einzelne aus *Gomphales, Hymenochaetales, Polyporales*

Hutunterseite mit Stacheln

1.2 mehrheitlich *Thelephorales,*
einzelne aus *Cantharellales* sowie *Russulales*

Fruchtkörper nicht oder unklar in Hut und Stiel gegliedert (falls mit Hut, dann kugelig, morchel-, tintenfisch-, gitterartig)

keulen- oder korallenförmig mit weichem Fleisch, nicht zungenförmig

1.3 & 1.4 *Agaricales, Auriculariales, Cantharellales, Dacrymycetales, Gomphales, Hymenochaetales, Polyporales, Russulales* und *Ustilaginales*
zähe, keulen- oder geweihförmige Arten auf Holz: → siehe Kapitel 16 *Ascomycota* (16.12 *Xylariales*)
zungenförmige Gebilde mit Stielteil, flacher Zunge oder kopfigem Aufsatz: → Kapitel 16 *Ascomycota* (16.11 *Geoglossales*)

blumenkohlartig, strauchartig, vielhütig

→ siehe Kapitel 2 *Polyporales (Grifola, Sparassis)*

kugelförmig, ohne oder mit sternartig aufreißender Außenhülle und zumindest reif oberirdisch (Bauchpilze)

1.5 *Agaricales, Geastrales, Hysterangiales,* Einzelne aus *Atractiellales, Boletales* und *Russulales*
unterirdisch wachsende Knollen → siehe auch Kapitel 16 *Ascomycota* (mehrheitlich 16.15 *Pezizales*)

ohrförmig, seitlich, geschwürartig und gallert- oder gummiartig, ohne Stiel

1.7 *Auriculariales, Dacrymycetales, Tremellales*
gallertartig, mit Stiel und Käppchen sowie verschiedenste Fruchtkörperformen mit Sporen in Schläuchen (Mikroskop!) → siehe Kapitel 16 *Ascomycota*

becherförmig mit linsenförmigen Sporenträgern (Peridiolen) am Grund

1.6 *Agaricales*
becherförmig, jedoch ohne linsenförmige Sporenträger → siehe Kapitel 16 *Ascomycota*

morchelartig, tintenfisch- oder gitterförmig mit aasartigem Geruch

1.5 *Phallales*

Speisewerte

Der Pfifferling und die nahe verwandten Kraterellen, Herbst-Trompete und Gemeiner Semmel-Stoppelpilz, sind ausgezeichnete und geschätzte Speisepilze, ebenfalls das seltenere Schweinsohr. Auch bei den Stäublingen und Ähnlichen gibt es essbare, teils beliebte Arten.

Unter den Korallenpilzen findet man in älteren Büchern viele Hinweise auf essbare Arten. Aufgrund der großen Ähnlichkeit von genießbaren und schlecht bekömmlichen Arten sind heutige Angaben zurückhaltender, und die meisten Autoren raten generell vom Konsum dieser Arten ab, allenfalls mit Ausnahme der gut erkennbaren Hahnenkamm-Koralle.

1.3.10 *Clavaria zollingeri*, Amethystfarbige Keule
Diese attraktive Keule mit intensivem, amethystviolettem Farbton bildet aufgrund der äußerlichen Merkmale einen Übergang von den nicht oder kaum verzweigten *Clavaria*, Keulen zu den häufig und teils mehrfach verästelten *Ramaria*, Korallen. Zum Verwechseln ähnliche Fruchtkörper bildet *Clavulina amethystina*, Amethyst-Keulenpilz. In der Schweiz zählt *Clavaria zollingeri*, Amethystfarbige Keule zu den zwölf geschützten Arten und gilt als einer der Vertreter der schützenswerten artenreichen mageren Wiesen und Weiden.

Schlüssel zu den Gattungen

- Fruchtkörper in Hut und Stiel gegliedert oder trompetenförmig
  - Hutunterseite mit schmalen, meist stark gegabelten Leisten, aderig oder fast glatt … 1.1 *Cantharellus,* Pfifferlinge u. Ä.
  - Hutunterseite mit Stacheln … 1.2 *Sarcodon,* Braunsporstachelinge u. Ä.
  - Hut kugelförmig, Stiel deutlich abgesetzt … 1.5 *Tulostoma,* Stielboviste u. Ä.
  - Hut morchelartig, tintenfisch- oder gitterförmig, aasartig übelriechend … 1.5 *Phallus,* Stinkmorcheln u. Ä.
  - Hut morchelartig, sattelförmig, becherförmig, nicht aasartig übelriechend … 16 *Ascomycota,* Schlauchpilze (16.1–16.3)
- Fruchtkörper mit verschiedensten Formen, nicht klar in Hut und Stiel gegliedert
  - keulen- oder wurmförmig (einzeln bis büschelig, ohne Verzweigung)
    - ohne oder nahtloser Übergang vom Stiel zum Hut
      - auf Erde, Holz, Blättern, Weidenkätzchen … 1.3 *Clavaria,* Keulen u. Ä.
      - auf Erlenzapfen, Früchten von *Prunus*-Arten, Pappelkätzchen … 16.14 *Taphrina,* Wucherlinge
      - auf Maispflanzenteilen, vor allem Maiskolben … 1.3.43 *Ustilago maydis,* Maisbeulenbrand
    - sichtbarer Übergang vom Stiel zum Hut (in Richtung zungenförmig) … 16.11 *Geoglossum,* Erdzungen u. Ä.
  - korallenförmig (verzweigte Äste entspringen einem Strunk)
    - auf Erde
      - Frkp. cremeweiß bis blassbeige oder -ocker, teils mit fleischrosa Reflex … 1.4 *Ramaria,* Korallen u. Ä. (A1)
      - Frkp. gelb bis bräunlichocker, höchstens Äste mit lachsrosa Schimmer … 1.4 *Ramaria,* Korallen u. Ä. (A2)
      - Fruchtkörper orangegelb, rosa, violett, rot, braun oder mit Grünanteil … 1.4 *Ramaria,* Korallen u. Ä. (A3)
    - auf Holz … 1.4 *Ramaria,* Korallen u. Ä. (B)
  - kugelig oder knollig
    - Fruchtkörper von Anfang an oberirdisch wachsend (epigäisch)
      - Fruchtkörper weich bis fest, aber nicht hart, reif stäubend, Sp. auf Basidien … 1.5 *Lycoperdon,* Stäublinge u. Ä. (A)
      - Fruchtkörper steinhart, Sporen in Schläuchen (Asci) … 16.13 *Nectria,* Pustelpilze u. Ä. (A1)
    - Fruchtkörper jung oder bleibend unterirdisch (hypogäisch)
      - jung unterirdisch, später hervorbrechend … 1.5 *Phallus,* Stinkmorcheln u. Ä. (B)
      - auch reif mehrheitlich unterirdisch
        - im Schnitt (Gleba) mit Hohlräumen
          - Hohlräume klein, porenartig bis labyrinthisch gekammert
            - Gleba schleimig, milchend oder mit Stiel oder pulverig zerfallend … 1.5 *Melanogaster,* Schleimtrüffel u. Ä. (C)
            - Gleba weder schleimig noch milchend, ohne Stiel
              - Sporen warzig bis stachelig … 1.5 *Hymenogaster,* Erdnüsse u. Ä. (D1)
              - Sporen glatt bis rippig … 1.5 *Rhizopogon,* Wurzeltrüffel u. Ä. (D2)
          - Hohlräume groß oder hirnartig gewunden *(Ascomycota)* … 16.15 *Tuber,* Trüffel u. Ä.
        - im Schnitt (Gleba) ohne Hohlräume
          - Fleisch fest, leicht bis deutlich marmoriert, nie pulverig *(Ascomycota)* … 16.15 *Tuber,* Trüffel u. Ä.
          - Fleisch weich, grauweiß, reif pulverig, Frkp. weiß, Wurzelstränge … 1.5.107 *Gastrosporium simplex,* Gemeine Steppentrüffel
  - geschwürartig (krustig, lappig, pustelig)
    - gallertartig
      - verschiedene Formen mit Basidien (Mikroskop) … 1.7 *Guepinia,* Gallerttrichter u. Ä.
      - verschiedene Formen mit Asci (Mikroskop) … 16.10 *Ombrophila,* Gallertkreislinge
    - nicht gallertartig … 16.13 *Nectria,* Pustelpilze u. Ä.
  - becherförmig
    - Becher enthält linsenartige Sporenträger (Peridiolen) … 1.6 *Cyathus,* Teuerlinge u. Ä.
    - Becher ohne linsenartige Sporenträger … 16 *Ascomycota,* Schlauchpilze
  - ohrförmig
    - gallertartig … 1.7 *Guepinia,* Gallerttrichter u. Ä.
    - nicht gallertartig … 16.5 *Otidea,* Öhrlinge
  - mit käppchen- oder kreiselförmigem Hut (nicht becherförmig) … 16.8 *Leotia,* Gallertkäppchen (A)
  - mit spatel- oder fächerförmigem Hutkamm, beidseits den Stiel umfassend … 16.8 *Spathularia,* Spatelinge (A)
  - vorwiegend zungenförmig, oft eingedellt, unverzweigt … 16.11 *Geoglossum,* Erdzungen u. Ä.
  - geweih- oder fadenförmig … 16.12 *Xylaria,* Holzkeulen
  - blumenkohlartig, strauchartig, vielhütig … 2.2 *Sparassis,* Glucken
  - mit breitem, oft konsolenförmig am Substrat haftendem Fruchtkörper … nicht enthalten
  - mehrheitlich oder ganz am Substrat anhaftend (resupinat) … nicht enthalten

1.1 *Cantharellus,* Pfifferlinge und Ähnliche

Basidiomycota, Ständerpilze > *Aphyllophorales,* Nichtblätterpilze

Sammelordnung *Aphyllophorales,* Nichtblätterpilze mit Leisten und ähnlichen Formen

Arten mit Leisten oder leistenähnlicher Hutunterseite gibt es aus mehreren Ordnungen, Familien und Gattungen, die hier zur Übersicht auch systematisch aufgeführt sind.

Cantharellales, Pfifferlingsartige
> ***Cantharellaceae***, Pfifferlingsverwandte
> > *Cantharellus, Craterellus, Muscinupta, Pseudocraterellus*

Gomphales, Schweinsohrartige
> ***Gomphaceae***, Schweinsohrverwandte > *Gomphus*

Hymenochaetales, Borstenscheiblingsartige
> ***Rickenellaceae***, Heftelnabelingsverwandte > *Cotylidia*

Polyporales, Stielporlingsartige
> ***Meruliaceae***, Fältlingsverwandte > *Podoscypha*

Bei *Muscinupta* und *Cotylidia* ist die Zuordnung noch unsicher.

Cantharellus, Pfifferlinge und Ähnliche

Beschreibung

Pilze mittlerer Größe, oft mit unregelmäßigen, wellig verbogenen Hutformen und glatter, feinschuppiger oder samtiger Oberfläche in den Farben Weißlich, Gelb, Orange, Violett, Braun, Graubraun und Schwarz. Grüne, blaue oder ganz rote Töne fehlen. Sehr typisch sind die schmalen, häufig gegabelten Leisten aller ***Cantharellus***, Pfifferlinge, von ***Craterellus*** *tubaeformis,* Trompeten-Pfifferling und teilweise bei ***Gomphus*** *clavatus,* Violettes Schweinsohr. ***Pseudocraterellus*** *undulatus,* Krauser Leistling und andere *Craterellus*-Arten wie z. B. *Craterellus cornucopioides,* Herbst-Trompete haben nur verkümmerte Leisten; die Hutunterseite ist fast oder ganz flach. ***Cotylidia***, Kreiselpilze und auch ***Podoscypha***, Büschelwärzlinge können jung, wenn das Fleisch weich ist, mit dem Schweinsohr verwechselt werden. Weitere Arten, die ebenfalls ähnliche Formen entwickeln, aber in anderen Kapiteln oder Unterkapiteln beschrieben sind, werden in diesem Schlüssel als «Gäste» ebenfalls erwähnt. Dies sind z. B. *Hygrophoropsis aurantiaca,* Falscher Pfifferling, der mit *Cantharellus cibarius,* Echter Pfifferling verwechselt werden kann oder *Panus conchatus,* Veränderlicher Knäueling, der jung dem Schweinsohr ähnlich sieht. *Faerberia carbonaria,* Gemeiner Kohlenleistling oder *Arrhenia,* Adermooslinge und ***Muscinupta***, Becherschichtpilze mit ihrer aderigen Fruchtschicht könnten ebenfalls für Leistlinge gehalten werden, mit der glatten, weißlich bereiften Unterseite allenfalls sogar für *Guepinia helvelloides,* Fleischroter Gallerttrichter.

Die hier beschriebenen Pfifferlinge oder Leistlinge und Ähnliche wachsen alle auf Erde, vom Sommer bis zum späten Herbst und sind mehrheitlich Mykorrhizapilze.

Die Sporen sind überwiegend glatt und ellipsoid, teils mit körnigem Inhalt. Eine Ausnahme bildet *Gomphus clavatus,* Violettes Schweinsohr mit warzigen Sporen. Bei einigen Arten, wie z. B. *Cantharellus cibarius,* Echter Pfifferling können die Basidien bisweilen bis sechs oder mehr Sporen haben.

Bestimmung

Die erste Unterscheidung gilt dickem, dünnem, zähem oder gallertartigem Fleisch. Es folgen Farben, Verfärbungen, die Größen und der Geruch, welche schließlich zu den einzelnen Arten führen. Die mikroskopischen Merkmale sind zur Bestimmung dieser Arten kaum nötig, können aber zur Überprüfung oder zur sicheren Abgrenzung anderer Arten dienen.

1.1.01 *Cantharellus cibarius,*
Echter Pfifferling

1.1.09 *Craterellus tubaeformis,*
Trompeten-Pfifferling

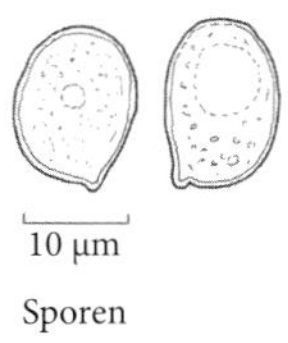

1.1.10 *Craterellus cornucopioides,*
Herbst-Trompete

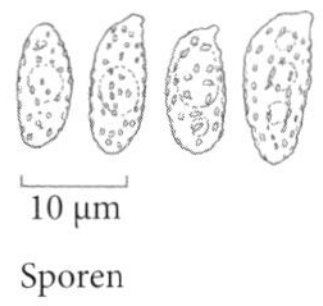

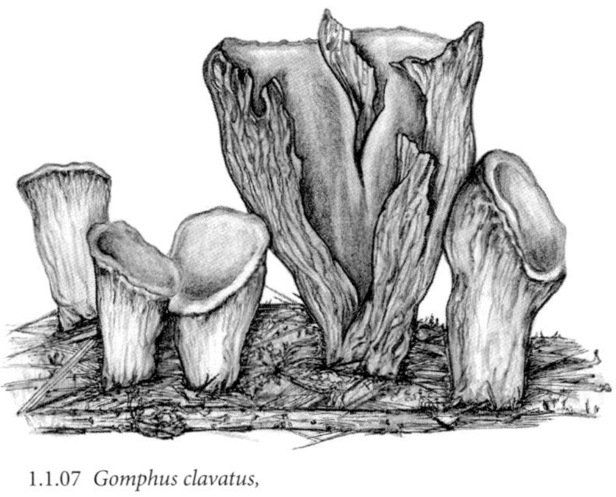

1.1.07 *Gomphus clavatus,*
Violettes Schweinsohr

Speisewerte

Die Gruppe enthält ausgezeichnete Speisepilze. Der Echte Pfifferling ist wohl der bekannteste und braucht nicht besonders empfohlen zu werden. Aber auch *Craterellus lutescens,* Starkriechender Pfifferling, *Craterellus tubaeformis,* Trompeten-Pfifferling und *Craterellus cornucopioides,* Herbst-Trompete sind schmackhaft. Alle genannten Pilze eignen sich für die frische Zubereitung. Herbst-Trompeten und Trompeten-Pfifferlinge lassen sich auch sehr gut trocknen.

1.1 *Cantharellus,* Pfifferlinge und Ähnliche

- Fleisch nicht gallertartig und nicht lederig-zäh
  - Fleisch dick
    - Hut und Leisten vorwiegend gelb, goldgelb, ohne Lilaviolett — **01 *Cantharellus cibarius,* Echter Pfifferling**
    - Hut oder Leisten gelblich mit lila Farbanteil
      - Hut mit lila Schüppchen, Leisten gelb — 02 *Cantharellus amethysteus,* Amethyst-Pfifferling
      - Hut gelb, lilagelb, Leisten lilagrau
        - Fleisch nicht schwärzend, Habitus ähnlich *C. cibarius* — 03 *Cantharellus ianthinoxanthus,* Violettgelber Pfifferling
        - Fleisch alt oder auf Druck schwärzend, Habitus ähnlich *C. tubaeformis* — 04 *Cantharellus melanoxeros,* Schwärzender Pfifferling
    - Hut und Leisten violettocker, ohne Gelb
      - auf Erde, Fleisch nicht zäh — 07 *Gomphus clavatus,* Violettes Schweinsohr
      - auf Laubholz, Fleisch ziemlich zäh — 2.3.01 *Panus conchatus,* Veränderlicher Knäueling
  - Fleisch dünn, häutig
    - Hut braun, schwarzbraun
      - Stiel gelb oder gelblich
        - Stiel lebhaft gelb, Leistenschicht gelblich-orange — **08 *Craterellus lutescens,* Starkriechender Pfifferling**
        - Stiel gelb, Leistenschicht graugelblich — **09 *Craterellus tubaeformis,* Trompeten-Pfifferling**
        - Stiel gelblichgrau, Leistenschicht graubeige — 11 *Pseudocraterellus undulatus,* Krauser Leistling
      - Stiel ohne Gelb
        - Hut über 2 cm breit, schwärzlich
          - Hutunterseite mit praktisch flacher Leistenschicht — **10 *Craterellus cornucopioides,* Herbst-Trompete**
          - Hutunterseite mit deutlichen, oft verzweigten Leisten — 05 *Cantharellus cinereus,* Grauer Pfifferling
          - Hutunterseite mit gegabelten schmalen Lamellen — 2.3.14 *Faerberia carbonaria,* Gemeiner Kohlenleistling
        - Hut klein, weniger als 2 cm breit
          - Stiel seitlich, Hut spatelförmig, graubraun — 4.4.12 *Arrhenia auriscalpium,* Düsterer Adermoosling
          - Stiel zentral
            - Hutunterseite mit entfernten, aderigen Lamellen — 4.4.05 *Arrhenia rickenii,* Rickens Adermoosling
            - Hutunterseite schwach faltig — 13 *Cotylidia undulata,* Welliger Kreiselpilz
    - Hut gelb bis orangegelb, feinsamtig, kleiig, wellig verbogen
      - auf Erde, schmale Leisten weißlich
        - Hut orange, ziemlich fleischig, schmale Leisten weißlich — 06 *Cantharellus friesii,* Aprikosen-Pfifferling
        - Hut jung gelb, häutig, Leistenschicht praktisch glatt — 10a *Craterellus cornucopioides* var. *flavicans,* Gelbe Herbst-Trompete
      - auf Holz, Lamellen gelborange wie der Hut — **3.10.01 *Hygrophoropsis aurantiaca,* Falscher Pfifferling**
    - Hut weißlich, graubräunlich
      - Sporen 6–9 µm lang — 4.4.13 *Arrhenia spathulata,* Gezonter Adermoosling
      - Sporen 3,5–4,5 µm lang — 15 *Muscinupta laevis,* Glatter Becherschichtpilz
- Fleisch gallertartig
  - Hut olivbraun — 4.4.14 *Arrhenia lobata,* Gelappter Adermoosling
  - Hut leuchtend orange-rot — 1.7.01 *Guepinia helvelloides,* Fleischroter Gallerttrichter
- Fleisch lederig zäh bis korkig
  - blütenähnliche Rosetten, mehrere Zentimeter groß
    - Randzone oft orangerot, ohne Geruch, Sporen > 7 µm — 12 *Cotylidia pannosa,* Striegeliger Kreiselpilz
    - Randzone heller oder braun, Geruch nach Hefe, Sporen < 7 µm — 14 *Podoscypha multizonata,* Gezonter Büschelwärzling
  - einzelne, dünne, gelbbraune, trichterige Hüte bis 1,5 cm groß — 13 *Cotylidia undulata,* Welliger Kreiselpilz

1.1.01 *Cantharellus cibarius* Fr.
Echter Pfifferling, Eierschwamm

H: 2–10 cm, dottergelb, später etwas blasser, wellig verbogen, im Alter trichterförmig, Rand lappig. **L:** stark herablaufende Leisten, relativ breit, 2–3 mm dick, mehrfach gegabelt, queradrig, dottergelb. **St:** voll, fest, wie der Hut gefärbt, gegen die Basis etwas verjüngt. **F:** blassgelb bis weiß, fest. **Ger:** fruchtartig (Aprikosen). **Ges:** etwas scharf. **Spp:** gelblich. **V:** gesellig, im Laub- und Nadelwald; Sommer bis Herbst. **Mik:** Sporen glatt, ellipsoid, mit körnigem Inhalt, 8–9 × 5–5,5 µm. (D 1008, Kr 2.10, BK 2.481, 🖼).

C. cibarius var. *pallidus* R. Schulz: blassgelb, eher größere Fruchtkörper; im Buchenwald *Fagus*. (D 1009).

1.1.02 *Cantharellus amethysteus* (Quél.) Sacc., *C. cibarius* var. *amethysteus* Quél., Amethyst-Pfifferling: Hutoberseite etwas filzig, lila überhaucht, oft mit konzentrischen lila Schüppchen. (D 1007, 🖼).

1.1.03 *Cantharellus ianthinoxanthus* (Maire) Kühner, Violettgelber Pfifferling: Hutunterseite blass rosa-lila, Fleisch nicht schwärzend; im warmen Buchenwald *Fagus*. Sporen glatt, mit körnigem Inhalt, 8–10 × 6–7,5 µm. (BK 2.484, 🖼).

1.1.04 *Cantharellus melanoxeros* Desm., Schwärzender Pfifferling: Hutunterseite blass rosa-lila, Fleisch alt, auf Druck oder bei Trockenheit schwärzend, Geschmack etwas scharf; im warmen Buchenwald *Fagus*. Sporen glatt, mit körnigem Inhalt, 9,5–12 × 6,5–7,5 µm. (Kr 2.16, 🖼).

C. melanoxeros und *C. ianthinoxanthus* gelten bei vielen Autoren als Synonyme.

1.1.05 *Cantharellus cinereus* (Pers.) Fr.
Grauer Pfifferling, Graue Kraterelle

H: 2–6 cm, trompeten-, trichterförmig, wellig verbogen, grau-, schwarzbraun, Rand lappig. **L:** lamellenartige, deutliche Leisten, grauweißlich. **St:** Hut und Stiel fließend ineinander übergehend, Stiel etwas dunkler als die Hutunterseite. **F:** häutig dünn. **Ger:** unauffällig. **Ges:** mild. **Spp:** weißlich. **V:** büschelig, im Laubwald, vor allem bei Eiche *Quercus* und Buche *Fagus;* Sommer bis Spätherbst. **Mik:** Sporen glatt, ellipsoid, 7–9,5 × 5–5,5 µm, Schnallen fehlend. (Kr 2.13, BK 2.486, 🖼).

Cantharellus atrofuscus Contu, Vizzini, M. Carbone & Setti: Hut niedergedrückt bis trichterförmig, aber nicht trompetenförmig durchbohrt, Geruch fruchtartig. Sporen annähernd kugelig, 9,5–10,5 × 8,5–9,5 µm, Schnallen vorhanden.

1.1.06 *Cantharellus friesii* Quél.
Aprikosen-Pfifferling

H: 2–4 cm, feinsamtig, kleiig, orangegelb, wellig verbogen, im Alter trichterförmig, Rand lappig. **L:** stark herablaufende Leisten, relativ breit, dick (2–3 mm), mehrfach gegabelt, queradrig, dottergelb. **St:** voll, fest, wie der Hut gefärbt, gegen die Basis etwas verjüngt. **F:** blassgelb bis weiß, fest. **Ger:** fruchtartig (Aprikosen). **Ges:** etwas scharf. **Spp:** gelblich. **V:** gesellig, im Laub- und Nadelwald; Sommer bis Herbst. **Mik:** Sporen glatt, ellipsoid, mit körnigem Inhalt, 8,5–10,5 × 4–5 µm. (D 1010, Kr 2.15, BK 2.482, 🖼).

Cantharellus romagnesianus Eyssart. & Buyck, Olivgelber Pfifferling: Hut gelb, Leisten auffällig entfernt und cremefarben, Geruch unauffällig bis etwas fruchtartig.

1.1.07 *Gomphus clavatus* (Pers.) Gray
Violettes Schweinsohr

H: 3–6 cm, trichterförmig, abgestutzt keulig, lila bis violett bis ockerlich. **L:** herablaufende, deutliche Leisten, dick, gegabelt, queradrig. **St:** Hut und Stiel fließend ineinander übergehend. **F:** dick, weißlich. **Ger:** unauffällig. **Ges:** bitterlich, auch süßlich. **V:** einzeln bis büschelig, evtl. im Hexenring, vor allem höher gelegener Nadelwald. **Mik:** Sporen warzig, ellipsoid, 10–14 × 4,5–5,5 µm. (D 1025, Kr 2.62, BK 2.480, 🖼).

1.1.08 *Craterellus lutescens* (Fr.) Fr.,
***Cantharellus aurora* (Batsch) Kuyper**
Starkriechender Pfifferling, Gelbe Kraterelle

H: 2–6 cm, genabelt bis trompetenförmig, wellig verbogen, gelb- bis orangebraun, fein radialfaserig, evtl. schuppig. **L:** herablaufende, entfernte, schmale, unregelmäßig aderig-runzelige Leisten, gegabelt, gelborange. **St:** satt gelborange, oft flach, tief gefurcht und hohl, gegen die Basis verjüngt. **F:** dünn, blass. **Ger:** angenehm fruchtartig. **Ges:** mild. **Spp:** gelblich. **V:** oft büschelig, im Laub- und Nadelwald, an feuchten Stellen; Sommer bis Herbst. **Mik:** Sporen glatt, breit ellipsoid, 10–12 × 7–8,5 µm. (D 1011, BK 2.483, 🖼).

1.1.09 *Craterellus tubaeformis* (Fr.) Quél.
Trompeten-Pfifferling, Durchbohrter Leistling

H: 3–6 cm, genabelt bis trompetenförmig, wellig verbogen, gelbbraun, schwach faserig bis schuppig. **L:** herablaufende, gegabelte Leisten,

1.1.01 *Cantharellus cibarius,* Echter Pfifferling

1.1.02 *C. amethysteus,* Amethyst-Pfifferling

1.1.03 *Cantharellus ianthinoxanthus,* Violettgelber Pf.

1.1.04 *C. melanoxeros,* Schwärzender Pfifferling

1.1.05 *Cantharellus cinereus,* Grauer Pfifferling

1.1.06 *Cantharellus friesii,* Aprikosen-Pfifferling

1.1.07 *Gomphus clavatus,* Violettes Schweinsohr

1.1.08 *Craterellus lutescens,* Starkriechender Pfifferling

1.1.09 *C. tubaeformis,* Trompeten-Pfifferling

schmal, grau-gelborange, evtl. mit violettem Beiton. **St:** hohl, graugelb. **F:** sehr dünn, weißlich. **Ger:** unauffällig. **Ges:** mild. **Spp:** blassocker. **V:** gesellig bis büschelig, im Laub- und Nadelwald, eher auf saurem, moorigem Boden; Sommer bis Herbst. **Mik:** Sporen glatt, breit ellipsoid, mit körnigem Inhalt, 9–11 × 6–7,5 µm. (D 1012f, Kr 2.18, BK 2.485, 🖼).

1.1.10 *Craterellus cornucopioides* (L.) Pers. 🍴
Herbst-Trompete, Toten-Trompete

H: 2–6 cm breit, trompeten-, trichterförmig, wellig verbogen, Rand lappig, grau-, schwarzbraun. **L:** schmal, runzelig-aderig bis glatt, mehr grauweißlich als der Hut. **St:** Hut und Stiel fließend ineinander übergehend. **F:** häutig dünn. **Ger:** unauffällig. **Ges:** mild. **Spp:** weißlich. **V:** büschelig, im Laubwald, vor allem bei Eiche *Quercus* und Buche *Fagus;* Sommer bis Spätherbst. **Mik:** Sporen glatt, breit ellipsoid, mit körnigem Inhalt, 12–17 × 9–11 µm. (D 1014, Kr 2.18, BK 2.487, 🖼).

1.1.10a *C. cornucopioides* var. *flavicans* Sacc., Gelbe Herbst-Trompete: Fruchtkörper vorwiegend gelb. (🖼).

1.1.11 *Pseudocraterellus undulatus* (Pers.) Rauschert, *Pseudocraterellus sinuosus* (Fr.) Corner 🍴
Krauser Leistling, Krause Kraterelle

H: 1–5 cm, trichterförmig, stark wellig verbogen, kraus, braun. **L:** schmal, aderig-runzelig bis glatt, graubeige. **St:** voll oder mit dünner, hohler Röhre, etwas gelblich. **F:** dünn. **Ger:** angenehm. **Ges:** mild. **Spp:** ockerlich. **V:** oft büschelig, im Laubwald; Sommer bis Spätherbst. **Mik:** Sporen glatt, breit ellipsoid mit körnigem Inhalt, 9,5–12 × 7–8 µm. (Kr 2.20, BK 2.488, 🖼).

1.1.12 *Cotylidia pannosa* (Sowerby) D.A. Reid, *Thelephora pannosa* (Sowerby) Fr.
Striegeliger Kreiselpilz

H: 3–10 cm breite und bis ca. 5 cm hohe, blütenähnlich verwachsene Gebilde aus mehrschichtigen Rosetten, die dünn sind, wellig, haarig-zottig, radial gefurcht, orangebräunlich bis braun, Randzone oft orangerötlich. **L:** längsaderige Falten, jung weiß, später bis cremebräunlich. **St:** die Rosetten sind an der Basis zu einem Stielansatz zusammengezogen. **F:** korkig, zäh. **Ger:** unauffällig. **Ges:** säuerlich. **V:** gesellig, im Laub- oder Nadelwald; Herbst. **Mik:** Sporen glatt, ellipsoid, mit prägnantem Apikulus, 7–9 × 4–5,5 µm. (Kr 1.186, BK 2.184, 🖼).

1.1.13 *Cotylidia undulata* (Fr.) P. Karst.
Welliger Kreiselpilz

H: 0,5–1,5 cm, stark trichterförmig, wellig, glatt bis fein faserig, gelbbraun, Rand oft etwas ausgefranst. **L:** Hutunterseite leicht faltig bis fast glatt und mit einer fein borstigen Struktur. **St:** dünn, weich aber zäh, gelblich. **F:** dünn, zäh, weich. **V:** auf Erde, bei Moos oder auf Brandstellen; Herbst. **Mik:** Sporen glatt, ellipsoid, 3,5–4,5 × 2–2,5 µm. (BK 2.185).

1.1.14 *Podoscypha multizonata* (Berk. & Broome) Pat.
Gezonter Büschelwärzling

H: 5–20 cm breit und bis ca. 10 cm hoch, aus büschelig verwachsenen, mehrschichtigen «Blütenschalen», ockerbraun bis braun, mehrfach zoniert, Rand jung hell, später dunkelbraun. **L:** fein höckerige bis aderig-rippige Schicht, hellgrau bis fleischrosa-grau. **St:** die rosettenartigen Schalen entspringen an der Basis einem gemeinsamen Stielansatz. **F:** korkig, zäh. **Ger:** nach Hefe. **V:** im Laubwald; Herbst bis Winter. **Mik:** Sporen glatt, breit ellipsoid bis kugelig, farblos mit Öltropfen, 4,5–6,5 × 4–5 µm.

1.1.15 *Muscinupta laevis* (Fr.) Redhead, Lücking & Lawrey, *Cyphellostereum laeve* (Fr.) D.A. Reid
Glatter Becherschichtpilz

H: 0,3–1 cm, spatel-, fächerförmig, wellig-runzelig, glatt bis fein faserig, cremeweiß bis graubräunlich, Rand rissig oder etwas ausgefranst. **L:** glatt bis etwas wellig, matt, cremeockerlich. **St:** wattig. **F:** faserig-zäh, dünn, weich. **Ger:** angenehm. **Ges:** mild. **Spp:** ockerlich. **V:** auf Erde, bei Moos oder auf Brandstellen; Herbst. **Mik:** Sporen glatt, farblos, ellipsoid, farblos, 3,5–4,5 × 2–2,5 µm. (Kr 1.192, BK 2.233, 🖼).

1.1.10 *Craterellus cornucopioides,* Herbst-Trompete

1.1.10a *Craterellus cornucopioides* var. *flavicans,* Gelbe Herbst-Trompete

1.1.11 *Pseudocraterellus undulatus,* Krauser Leistling

1.1.12 *Cotylidia pannosa,* Striegeliger Kreiselpilz

1.1.15 *Muscinupta laevis,* Glatter Becherschichtpilz

1.2 *Sarcodon,* Braunsporstachelinge und Ähnliche

Basidiomycota, Ständerpilze > *Aphyllophorales,* Nichtblätterpilze

Sammelordnung *Aphyllophorales,* Nichtblätterpilze mit stachelförmiger Fruchtschicht und mehrheitlich in Hut und Stiel gegliedert

Die hier zusammengefassten Pilze mit stachelförmiger oder zumindest warzig ausgeprägter Fruchtschicht auf der Hutunterseite gehören zu einem großen Teil zur Ordnung ***Thelephorales****,* Warzenpilzartige. Einige Arten zählen zu den Ordnungen ***Cantharellales****,* Pfifferlingsartige und ***Russulales****,* Täublingsartige, die in verschiedenen Kapiteln vorkommen.

Cantharellales, Pfifferlingsartige

> ***Cantharellaceae***, Pfifferlingsverwandte
  > *Hydnum, Sistotrema*

Russulales*,* Täublingsartige

> ***Auriscalpiaceae***, Ohrlöffelstachelingsverwandte
  > *Auriscalpium*

> ***Hericiaceae***, Stachelbartverwandte > *Hericium*

Thelephorales*,* Warzenpilzartige

> ***Bankeraceae***, Weißsporstachelingsverwandte
  > *Hydnellum, Phellodon, Sarcodon*

> ***Thelephoraceae***, Warzenpilzverwandte > *Thelephora*

1.2.02 *Hydnum repandum,*
Gemeiner Semmel-Stoppelpilz

1.2.06 *Sarcodon imbricatus,*
Habichtspilz

1.2.01 *Auriscalpium vulgare,*
Gemeiner Ohrlöffelstacheling

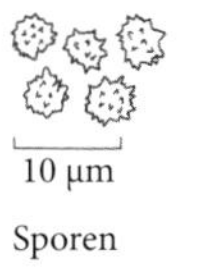

1.2.27 *Phellodon tomentosus,*
Becherförmiger Duftstacheling

1.2.36 *Hericium flagellum,*
Tannen-Stachelbart

Sarcodon, Braunsporstachelinge und Ähnliche

Beschreibung

Die Gattungen ***Sarcodon,*** Braunsporstachelinge mit braunem, und ***Hydnum,*** Stoppelpilze mit weißem Sporenpulver enthalten beide mittelgroße, dick- und festfleischige, aber nicht zähe Arten. Die braunsporige Gattung ***Hydnellum*** enthält sowohl zähe Arten (Korkstachelinge) als auch festfleischige, nicht zähe Arten, die früher zu ***Sarcodon,*** Braunsporstachelinge zählten. *Hydnellum*-Arten haben durchschnittliche Sporenlängen von 4,5–7 µm; bei *Sarcodon* liegen sie bei 7,5–9 µm (LARSSON et al. 2019). ***Sistotrema*** *confluens,* Kreiselförmiger Schütterzahn, eine seltene, kleinere Art mit auffälligem Geruch, ist ebenfalls in Hut und Stiel gegliedert und wird deshalb hier erwähnt. Die anderen *Sistotrema*-Arten haften ganz am Substrat und sind nicht aufgeführt. Auch ***Hericium,*** Stachelbärte liegen mehrheitlich dem Substrat an. Als besonders auffällige Pilze, die für Speisezwecke gezüchtet werden, sind sie hier als Ausnahmen verschlüsselt und beschrieben. Die korkig-zähen Arten mit weißem Sporenpulver und oft gezonten, runzeligen Hutoberflächen zählen zur Gattung ***Phellodon,*** Duftstachelinge. ***Auriscalpium*** *vulgare,* Gemeiner Ohrlöffelstacheling mit der auffälligen Form auf Kiefernzapfen gehört ebenfalls zu den zähen Stachelingen mit weißem Sporenpulver. ***Thelephora,*** Warzenpilze haben keine Stacheln, nur eine warzige Fruchtschicht. Sie werden aufgrund ihrer Familienzugehörigkeit hier aufgeführt, auch wenn man sie äußerlich eher bei den *Clavariaceae* erwarten würde, wo es auch entsprechende Hinweise gibt.

Die verschiedenen Stachelinge wachsen vorwiegend auf Erde und zählen zu den Mykorrhizapilzen. *Auriscalpium* und *Hericium* auf Kiefernzapfen oder Holz sind Saprobionten.

Die Sporen der beschriebenen Arten aus der Ordnung *Thelephorales* sind mehrheitlich warzig, stachelig oder höckerig. Jene aus der Ordnung *Russulales* sind warzig und zugleich amyloid. Die Gattungen *Hydnum* und *Sistotrema* aus der Familie *Cantharellaceae* haben glatte, ellipsoide Sporen.

Bestimmung

Die erste Unterteilung trennt die wenigen erwähnten, am Substrat haftenden Fruchtkörper von jenen, die in Hut und Stiel gegliedert sind. Es folgen Standort, Substrat, evtl. zähes, korkiges Fleisch, Farbe, Zonierung und Oberfläche des Hutes, Länge der Stacheln, Geruch und Geschmack.

Speisewerte

Hydnum repandum, Gemeiner Semmel-Stoppelpilz ist ein beliebter Speisepilz; *Sarcodon imbricatus,* Habichtspilz wird zumindest in kleinen Mengen oder getrocknet als schmackhafter Gewürzpilz verwendet. *Hericium erinaceus,* Igel-Stachelbart ist als essbarer Zuchtpilz im Handel. Die verschiedenen zähfleischigen Arten in diesem Umfeld kommen für die Küche nicht infrage.

1.2 *Sarcodon,* Braunsporstachelinge und Ähnliche

- Fruchtkörper in Hut und Stiel gegliedert
  - auf Nadelholz-Zapfen, klein — 01 *Auriscalpium vulgare,* Gemeiner Ohrlöffelstacheling
  - auf Erde
    - Fleisch weich bis fest, nicht korkartig-zäh, nicht gezont
      - Hut mit aufgerichteten Schuppen
        - Fleisch durchgehend weiß, mild — **06 *Sarcodon imbricatus,* Habichtspilz**
        - Fleisch in der Stielbasis blaugrün, bitter
          - im Laubwald oder bei Kiefer, Geruch mehlig, mit KOH blaugrün — 08 *Hydnellum scabrosum,* Gallen-Korkstacheling
          - montaner Nadelwald, Geruch n. Bittermandeln, mit KOH bis orange — 09 *Hydnellum fennicum,* Bitterer Korkstacheling
      - Hut filzig, glatt oder angedrückt schuppig
        - Fleisch ganz weiß
          - Fruchtkörper weiß bis cremefarben, Stacheln eng stehend — 03 *Hydnum pallidum,* Weißer Stoppelpilz
          - Hut blass cremeorange, eher groß, Stiel kurz, dick, S. herablaufend — **02 *Hydnum repandum,* Gemeiner Semmel-Stoppelpilz**
          - Hut kräftig orange, Stiel lang u. schlank, Stacheln nicht herablaufend
            - Hut meist 5–8 cm breit, Sporen kugelig, < 9 µm — **04 *Hydnum rufescens,* Rötlicher Semmel-Stoppelpilz**
            - Hut meist 3–5 cm breit, Sporen ellipsoid, > 9 µm lang — 05 *Hydnum ellipsosporum,* Ellipsoidsporiger Stoppelpilz
        - Fleisch ± auf der ganzen Schnittfläche verfärbend
          - Fleisch stark lila-violett verfärbend — 11 *Hydnellum ioeides,* Violettfleischiger Korkstacheling
          - Fleisch graulila, bitterlich, Geruch nach Maggi — 07 *Sarcodon leucopus,* Weißstieliger Braunsporstacheling
          - Fl. rosabräunlich, Stacheln grau- bis purpurbraun, Stielbasis orange — 12 *Hydnellum martioflavum,* Orangefüßiger Korkstacheling
        - Fleisch weiß, nur in der Stielbasis verfärbend
          - Fleisch in der Stielbasis oft graugrünlich, Stacheln bald graubraun — 13 *Hydnellum versipelle,* Orangebrauner Korkstacheling
          - Fleisch in der Stielbasis blaugrün, Stacheln weiß bis cremeocker — 10 *Hydnellum glaucopus,* Blaufüßiger Korkstacheling
    - Fleisch weich bis korkartig-zäh, Hut oft mit weißem Rand
      - Geruch nach Maggi (vor allem in trockenem Zustand)
        - Fleisch gezont
          - hell-, grau- bis rotbraun, KOH (Stielfleisch) ohne grüne Verfärbung — 27 *Phellodon tomentosus,* Becherförmiger Duftstacheling
          - weißlich, später grau- bis schwarzbraun, KOH (Stielfleisch) nicht grün — 28 *Phellodon confluens,* Verwachsener Duftstacheling
          - blauschwarz, schwarz, Stielbasis filzig, KOH (Stielfleisch) grün — 29 *Phellodon niger,* Schwarzer Duftstacheling
        - Fleisch nicht gezont, Hutoberfläche samtig braun, Rand weißlich
          - bei Kiefer — 30 *Phellodon fuligineoalbus,* Rauchfarbener Duftstacheling
          - bei Fichte — 31 *Phellodon violascens,* Violettlicher Weißsporstacheling
      - Geruch jod- oder apothekenartig, Hut weißlich bis ocker, Fleisch alt hart — 26 *Sistotrema confluens,* Kreiselförmiger Schütterzahn
      - Geruch nicht nach Maggi, Jod oder Apotheke, evtl. würzig oder mehlartig
        - Fruchtkörper mit blauem Farbanteil
          - Geruch nach Anis oder Heu — 14 *Hydnellum suaveolens,* Wohlriechender Korkstacheling
          - Geruch unauffällig bis mehlartig — 15 *Hydnellum caeruleum,* Bläulicher Korkstacheling
        - Fruchtkörper gelb, grüngelb — 16 *Hydnellum geogenium,* Grüngelber Korkstacheling
        - Fruchtkörper vorwiegend orangerot bis -braun
          - Fleisch im Hut weiß bis hellorange, Hut teils gezont — 17 *Hydnellum aurantiacum,* Orangegelber Korkstacheling
          - Fleisch überall dunkel orangebraun, Hut gezont — 18 *Hydnellum auratile,* Goldbrauner Korkstacheling
        - Fruchtkörper rotbraun oder braun, ohne Orange
          - Fleisch scharf, mit roten Guttationstropfen — 19 *Hydnellum peckii,* Scharfer Korkstacheling
          - Fleisch mild
            - bei Kiefer, mit roten Guttationstropfen — 20 *Hydnellum ferrugineum,* Rostbrauner Korkstacheling
            - im Laubwald
              - Fleisch im Stiel gelbbraun, ohne Flecken — 21 *Hydnellum compactum,* Derber Korkstacheling
              - Fleisch im Stiel rotbraun mit weißen Flecken — 22 *Hydnellum spongiosipes,* Schwammstieliger Korkstacheling
            - im Nadel- oder Mischwald
              - nicht entlang Ästchen, Wurzeln kriechend, Hutunters. stachelig
                - Hutoberfläche frisch konzentrisch gezont — 23 *Hydnellum concrescens,* Gezonter Korkstacheling
                - Hutoberfläche grob schuppig, frisch kaum gezont
                  - Sporen ≥ 5,5 µm lang, Sporenornamente stumpf — 24 *Hydnellum scrobiculatum,* Grubiger Korkstacheling
                  - Sporen ≤ 5 µm lang, Sporenornamente spitz — 25 *Hydnellum cumulatum,* Stachelsporiger Korkstacheling
              - kriechend, Hutunterseite warzig, Oberfläche radial-striegelig — **32 *Thelephora terrestris,* Fächerförmiger Erd-Warzenpilz**
- Fruchtkörper nicht in Hut und Stiel gegliedert
  - Stacheln weiß, cremeweiß bis gelblich
    - Stacheln 2–5 cm lang, Frkp. kugelig, herzförmig, auf meist lebendem Laubholz — 39 *Hericium erinaceus,* Igel-Stachelbart
    - Stacheln bis 2 cm lang, aus einem Strunk, auf abgestorbener Weißtanne — 36 *Hericium flagellum,* Tannen-Stachelbart
    - Stacheln bis 1 cm lang, aus einem Strunk, auf morschem Laubholz — 37 *Hericium coralloides,* Ästiger Stachelbart
    - Stacheln 2-5 mm lang, ohne Strunk, rasig auf morschem Nadelholz — 1.3.39 *Mucronella bresadolae,* Weißes Stachelspitzchen
    - Stacheln < 1 mm lang, ohne Strunk, rasig auf morschem Nadelholz — 1.3.40 *Mucronella calva,* Rasiges Stachelspitzchen
  - Stacheln cremerosa, Hüte konsolenartig — 38 *Hericium cirrhatum,* Dorniger Stachelbart
  - Stacheln gelblich bis gelb, an Faulstellen von Apfelbäumen — 1.3.42 *Sarcodontia crocea,* Safrangelber Apfelbaum-Fleischzahn

1.2.01 *Auriscalpium vulgare* Gray
Gemeiner Ohrlöffelstacheling

H: 0,5–2 cm, halbkreis- bis nierenförmig, filzig bis striegelig (vor allem gegen den Stiel) gelbocker- bis rotbraun, verdeckte Fruchtkörper, blass grauocker, horngrau. **S:** gerade am Stiel angewachsen bis herablaufend, konisch und spitz, 2–3 mm lang, rosa- bis graubraun. **St:** filzig bis striegelig, dunkelbraun, Basis oft leicht verdickt. **F:** weißlich, zäh. **Spp:** weißlich. **V:** vorwiegend von Kiefernzapfen *Pinus*, seltener auf Fichtenzapfen *Picea*. **Mik:** Sporen feinwarzig, breit ellipsoid, 4,5–5,5 × 3,5–4,5 µm, amyloid. (D 1038, Kr 2.92, BK 2.283, 🖼).

1.2.02 *Hydnum repandum* L.
Gemeiner Semmel-Stoppelpilz, Semmel-Stoppelpilz

H: 5–10 cm, ± gewölbt, meist unregelmäßig verbogen, glatt bis feinfilzig, cremeockerlich bis semmelfarben, Rand bisweilen etwas gekerbt. **S:** am Stiel herablaufend, brüchig, bis ca. 6 mm lang, weiß bis cremeockerfarben. **St:** wie der Hut gefärbt, kurz. **F:** weiß, dick. **Ger:** angenehm. **Ges:** mild bis etwas scharf. **Spp:** weiß. **V:** im Laub- und Nadelwald bis in höhere Lagen; Sommer bis Herbst. **Mik:** Sporen glatt, kugelig bis breit ellipsoid, 6,5–9 × 5,5–7 µm. (D 1036, Kr 2.94, BK 2.282, 🖼).

Hydnum vesterholtii Olariaga, Grebenc, Salcedo & M.P. Martín: Hut bis 5 cm, ocker, Rand heller, dünnfleischig, Stacheln nicht oder leicht herablaufend, Stiel schlank, weiß, auf Druck ocker verfärbend. Sporen eiförmig bis breit ellipsoid, 7–9,5 × 6–8 µm.

1.2.03 *Hydnum pallidum* Raddi, *Hydnum reginae* Kibby, Liimat. & Niskanen, *Hydnum album* Fr., *Hydnum heimii* Maas Geest., Weißer Stoppelpilz: Fruchtkörper weiß bis cremefarben, Stacheln eng stehend, erst gelblich, dann blass lachsfarben, oft mit mehreren Spitzen. Sporen ellipsoid bis breit ellipsoid 4,5–7 × 3–4,5 µm. (🖼).

Kibby & Liimatainen 2022 zeigten, dass sich die mitteleuropäische helle *Hydnum*-Art genetisch von der nordamerikanischen Art *Hydnum albidum* Peck unterscheidet und schlugen den Namen *H. reginae* vor. Gemäß Márquez-Sanz et al. 2023 sollte die Art jedoch als *H. pallidum* Raddi bezeichnet werden, da dies der ältere Name ist.

1.2.04 *Hydnum rufescens* Pers.,
H. repandum* var. *rufescens (Pers.) Barla
Rötlicher Semmel-Stoppelpilz, Rotgelber Stoppelpilz

H: 2–7 cm, ± gewölbt, meist unregelmäßig verbogen, Mitte teilweise etwas vertieft, glatt bis feinfilzig, orangebraun bis ziegelrötlich, Rand bisweilen etwas gekerbt. **S:** meist nicht herablaufend, brüchig, bis ca. 6 mm lang, in Stielnähe unregelmäßiger geformt, weißlich bis blass orangeocker. **St:** weiß bis blassocker, auf Druck blass orangebraun werdend, lang und schlank, Basis oft verjüngt. **F:** weiß, dick. **Ger:** angenehm. **Ges:** mild bis etwas scharf. **Spp:** weiß. **V:** im Laub- und Nadelwald bis in höhere Lagen; Sommer bis Herbst. **Mik:** Sporen glatt, kugelig bis breit ellipsoid, 7–9 × 6–7,5 µm. (D 1037, 🖼).

1.2.05 *Hydnum ellipsosporum* Ostrow & Beenken, Ellipsoidsporiger Stoppelpilz: Fruchtkörper meist kleiner als 5 cm, dünnfleischig. Sporen ellipsoid bis etwas zylindrisch, 9–11 × 6–7,5 µm.

Hydnum ovoideisporum Olariaga, Grebenc, Salcedo & M.P. Martín: Hut satt orangebraun, manchmal zoniert, Rand weiß; zuerst in Spanien gefunden, bei mediterranen Eichenarten, z. B. *Quercus cerris, Q. ilex, Q. suber,* inzwischen auch in der Südschweiz nachgewiesen. Sporen 7–10,5 × 6–7,5 µm.

Hydnum umbilicatum Peck, Großsporiger Nabel-Stoppelpilz, Genabelter Stoppelpilz: Fruchtkörper 2–4 cm, schlank, Hut deutlich genabelt; aus Amerika, nun aber auch aus Skandinavien bekannt. Sporen kugelförmig, 7,5–9,5 × 7–9 µm.

1.2.06 *Sarcodon imbricatus* (L.) P. Karst.
Habichtspilz, Rehpilz

H: 10–25 cm, ± gewölbt, meist unregelmäßig verbogen, mit großen, aufstehenden dunkelbraunen Schuppen auf hellerem filzigem Grund, Mitte oft trichterig bis durchbohrt, Rand heller, weißlich. **S:** leicht herablaufend, brüchig, bis ca. 6 mm lang, jung weißlich, später grau- bis etwas purpurbraun. **St:** jung und an der Basis weißlich, später im oberen Teil wie der Hut. **F:** weiß, dick. **Ger:** angenehm, würzig. **Ges:** mild bis etwas bitter. **Spp:** braun. **V:** im Fichtenwald *Picea*, häufig subalpin; Sommer bis Herbst. **Mik:** Sporen abgestutzt grobhöckerig, kugelig bis breitoval, 6–8 × 5–6,5 µm. (D 1045, Kr 1.390, BK 2.275, 🖼).

1.2.07 *Sarcodon leucopus* (Pers.) Maas Geest. & Nannf.
Weißstieliger Braunsporstacheling

H: 5–20 cm, unregelmäßig polsterförmig, alt oft etwas niedergedrückt, trichterig, jung matt filzig, später fein schuppig bis felderig rissig, hell graubraun bis dunkel rötlichbraun,

1.2.01 *Auriscalpium vulgare*, Gemeiner Ohrlöffelstacheling

1.2.02 *Hydnum repandum*, Gemeiner Semmel-Stoppelpilz

1.2.03 *Hydnum pallidum*, Weißer Stoppelpilz

1.2.04 *H. rufescens*, Rötlicher Semmel-Stoppelpilz

1.2.06 *Sarcodon imbricatus*, Habichtspilz

Rand wellig. **S:** jung weißlich, später grau- bis purpurbraun, gerade angewachsen oder leicht herablaufend. **St:** zylindrisch, manchmal exzentrisch, glatt, weißlich bis braun, Basis bisweilen etwas verdickt und graugrünlich fleckend. **F:** weiß, in der Stielbasis lilagrau verfärbend. **Ger:** beim Eintrocknen nach Maggi. **Ges:** leicht bitter. **Spp:** braun. **V:** im Nadelwald, vorwiegend in höheren Lagen; Sommer bis Herbst. **Mik:** Sporen grob höckerig, fast kugelig, 7–9 × 5–6 µm. (BK 2.277).

1.2.08 *Hydnellum scabrosum* (Fr.) E. Larss., K.H. Larss. & Kõljalg,
Sarcodon scabrosus (Fr.) P. Karst.
Gallen-Korkstacheling, Gallen-Braunsporstacheling

H: 5–15 cm, ± gewölbt, meist unregelmäßig verbogen, mit großen, aufstehenden dunkelbraunen Schuppen auf hellerem, filzigem Grund, allenfalls schwach rosa. **S:** gerade angewachsen bis leicht herablaufend, brüchig, bis ca. 10 mm lang, graurosa bis purpurbräunlich. **St:** rosabräunlich bis dunkelbraun, längsfaserig mit kleinen dunklen Schüppchen, gegen die Basis verjüngt und grau- bis blaugrünlich. **F:** weißlich bis rosaweiß, in der Stielbasis graugrün. **Ger:** mehlartig. **Ges:** mehlartig, stark bitter. **Spp:** braun. **V:** im Nadelwald oft bei Kiefer *Pinus,* auf saurem Boden; Sommer bis Herbst. **Mik:** Sporen stumpf höckerig, kugelig, 6–7,5 × 4–5 µm. **Ch:** KOH auf Fleisch blaugrün. (🖼).

Hydnellum fagiscabrosum A.M. Ainsw. & Nitare: Hut unregelmäßig gewölbt, später niedergedrückt, anfangs radialfaserig, rosabraun, später schuppig, rötlich- bis schwarzbraun, Rand oft heller, Stacheln graubraun mit hellen Spitzen, später braun, Stiel wie der Hut gefärbt, Basis deutlich blaugrün, Fleisch grauweiß mit blaugrünen Stellen; im Laubwald bei Buche *Fagus,* Eiche *Quercus* oder Edelkastanie *Castanea.* Sporen 4,5–6,5× 3,5–5,5 µm. Gemäß Nitare et al. 2021 gehört deshalb die Abbildung (BK 2.279) eher zu dieser Art.

Hydnellum illudens (Maas Geest.) Nitare, *Sarcodon pseudoglaucopus* Nitare: Hut 5–12 cm mandel-, gelb- bis milchkaffeebraun, ohne Kupferrosa, anfangs filzig, später grobschuppig aufreißend; bei Fichte *Picea,* Kiefer *Pinus* oder Eiche *Quercus,* auf basischem Boden. Sporen 4,5–6 × 3,5–4,5 µm.

Nitare et al. 2021 grenzen weitere, bisher wenig bekannte Arten ab:

Hydnellum nemorosum A.M. Ainsw. & E. Larss.: Hut 4–10 cm, rosa- bis weinbraun, faserig und kaum schuppig. Sporen mit eher niedrigen Höckern, 3,5–5 × 3–4 µm.

Hydnellum lepidum (Maas Geest.) E. Larss., K.H. Larss. & Kõljalg: Hut mit kleinen, mehrheitlich angedrückten Schuppen.

1.2.09 *Hydnellum fennicum* (P. Karst.) E. Larss, K.H. Larss. & Kõljalg, *Sarcodon fennicus* (P. Karst.) P. Karst., Bitterer Korkstacheling, Finnischer Braunsporstacheling: Hut 4–9 cm, hell ocker- bis gelbbraun, Mitte oft dunkler, Fleisch anhaltend sehr bitter, Geruch frisch oft nach Gurken, später nach Bittermandeln, evtl. auch geruchlos oder mehlartig (Hahn et al. 2018); im Nadelwald mit Fichte *Picea,* Lärche *Larix,* Kiefer *Picea* und wenigen Buchen *Fagus.* Sporen mit großen, manchmal fast gegabelten Höckern, 5–7,5 × 4–5,5 µm. Mit KOH erst gelb, dann ocker, zuletzt orange.

1.2.10 *Hydnellum glaucopus* (Maas Geest. & Nannf.) E. Larss., K.H. Larss. & Kõljalg,
Sarcodon glaucopus Maas Geest. & Nannf.
Blaufüßiger Korkstacheling, Blaufüßiger Braunsporstacheling

H: 4–12 cm, ± gewölbt, meist unregelmäßig verbogen, matt, braun, von der Mitte aus zunehmend felderig rissig, graubraun bis braun mit lila Beiton. **S:** weiß bis cremeocker, später braun, brüchig, bis ca. 6 mm lang, am Stiel leicht herablaufend. **St:** blass rosabräunlich, gegen die Basis graugrün. **F:** weiß, dick. **Ger:** angenehm fruchtartig, allenfalls mehlartig. **Ges:** mild bis kratzend. **Spp:** braun. **V:** im Nadelwald, vorwiegend unter Fichte *Picea,* allenfalls auch Kiefer *Pinus;* Sommer bis Herbst. **Mik:** Sporen höckerig, breit ellipsoid bis kugelig, 5,5–6 × 4,5–5 µm. **Ch:** KOH auf Fleisch blaugrün. (BK 2.274, 🖼).

1.2.11 *Hydnellum ioeides* (Pass.) E. Larss., K.H. Larss. & Kõljalg, *Sarcodon ioeides* (Pass.) Bataille
Violettfleischiger Korkstacheling, Violettfleischiger Braunsporstacheling

H: 3–11 cm, ± gewölbt, meist unregelmäßig verbogen, filzig bis faserschuppig, ocker, rosa- bis rotbraun. **S:** hell rosabraun, später purpurbraun, am Stiel weit herablaufend. **St:** blass rosabräunlich, gegen die Basis graugrün. **F:** im Schnitt sofort hellrosa bis lila, später dunkelviolett, dick. **Ger:** mehlartig. **Ges:** leicht scharf, kratzend. **Spp:** braun. **V:** im Nadelwald, vorwiegend unter Fichte *Picea,* allenfalls auch Kiefer *Pinus;* Sommer bis Herbst. **Mik:** Sporen höckerig (teils doppelt), fast kugelig, 5,5–6 × 3,5–5 µm. (BK 2.276).

Hydnellum fuligineoviolaceum (Kalchbr.) E. Larss., K.H. Larss. & Kõljalg, *Sarcodon fuligineoviolaceus* (Kalchbr.) Pat., Brennender Korkstacheling, Brennender Braunsporstacheling: Hut 4–12 cm, samtig-filzig, lilabraun bis violettgrau, Fleisch rosa- bis grauviolett, Stacheln und Stiel grau bis violettbraun, Geschmack scharf und kratzend; vorwiegend bei Kiefer *Pinus.* Sporen höckerig, 5,5–6,5 × 4–5 µm.

Hydnellum roseoviolaceum Nitare: Hut 4–8 cm, samtig-filzig, ocker- bis rötlichbraun mit zunehmend schwarzen Flecken, Fleisch ohne Zonen, anfangs und gegen außen rosa und später im Innern lilaviolett verfärbend; vermutlich nur bei Waldkiefer *Pinus sylvestris,* bisher nur in Schweden. Sporen höckerig, 4–5,5 × 3–4,5 µm.

Mu et al. 2021 zählen *H. glaucopus, H. ioeides, H. roseoviolaceum* und *H. fuligineoviolaceum* mit mehr oder weniger violetten Farben gemeinsam zur Untergattung *Violaceum.*

1.2.12 *Hydnellum martioflavum* (Snell, K.A. Harrison & H.A.C. Jacks.) E. Larss., K.H. Larss. & Kõljalg,
Sarcodon martioflavus (Snell, K.A. Harrison & H.A.C. Jacks.) Maas Geest.
Orangefüßiger Korkstacheling, Orangefüßiger Braunsporstacheling

H: 4–10 cm, ± gewölbt, meist unregelmäßig verbogen, samtig bis feinschuppig, kastanienbraun. **S:** weißlich, später grau- bis purpurbraun, am Stiel herablaufend. **St:** bisweilen exzentrisch, purpurbraun, gegen die Basis orange. **F:** blass rosabraun, im Stiel intensi-

1.2.08 *Hydnellum scabrosum,* Gallen-Korkstacheling

1.2.10 *Hydnellum glaucopus,* Blaufüßiger Korkstacheling

ver bräunlich. **Ger:** schwach mehlartig, beim Trocknen zunehmend maggiartig, würzig. **Ges:** mehlartig. **Spp:** braun. **V:** vorwiegend im Nadelwald, in höheren Lagen; Sommer bis Herbst. **Mik:** Sporen höckerig, breit ellipsoid bis kugelig, 5–6 × 3,5–4,5 µm. (BK 2.278).

1.2.13 *Hydnellum versipelle* (Fr.) E. Larss., K.H. Larss. & Kõljalg, *Sarcodon versipellis* (Fr.) Nikol. Orangebrauner Korkstacheling, Orangebrauner Braunsporstacheling

H: 8–15 cm, ± gewölbt, meist unregelmäßig verbogen, lappig, flatterig, fein filzig, später fein schuppig, orangebraun. **S:** erst weißlich, später grau- bis purpurbraun, brüchig, bis ca. 6 mm lang, am Stiel herablaufend. **St:** hell- bis dunkelbraun. **F:** weiß, dick. **Ger:** angenehm pilzartig, würzig. **Ges:** mild bis etwas scharf, mit mehliger Komponente. **Spp:** braun. **V:** im Fichtenwald *Picea*, vorwiegend in höheren Lagen; Sommer bis Herbst. **Mik:** Sporen stumpf höckerig, ellipsoid, 4,5–6 × 3–4,5 µm. (Kr 1.393, BK 2.280,).

1.2.13 *H. versipelle*, Orangebrauner Korkstacheling

1.2.14 *Hydnellum suaveolens* (Scop.) P. Karst. Wohlriechender Korkstacheling

H: 3–10 cm, oft kreiselförmig und mit anderen Fruchtkörpern und umwachsenem Substrat zu größeren, unförmigen Gebilden vereint, Oberfläche unregelmäßig höckerig, runzelig, jung gewölbt, samtig, weißlich bis blaugrau, später eher flach, kahl, ockerlich bis braun, gezont, Rand heller und unregelmäßig lappig oder gekerbt. **S:** stark herablaufend, teils verzweigt, jung bläulich, später braun mit helleren Spitzen. **St:** graublau bis braunschwärzlich. **F:** korkig, zäh, blau und bräunlich gezont. **Ger:** nach Anis und Heu. **Ges:** mild bis etwas bitter. **Spp:** braun. **V:** im Bergnadelwald oder auf Weiden, vorwiegend bei Fichte *Picea*; Sommer bis Herbst. **Mik:** Sporen unregelmäßig höckerig-eckig, 3,5–5 × 2–3,5 µm. (Kr 1.381, BK 2.267,).

1.2.14 *Hydnellum suaveolens*, Wohlriechender Korkst.

1.2.15 *H. caeruleum*, Bläulicher Korkstacheling

1.2.15 *Hydnellum caeruleum* (Hornem.) P. Karst. Bläulicher Korkstacheling

H: 3–7 cm, unregelmäßig kreiselförmig, oft verwachsen, höckerig-uneben, jung samtig graublau, später kahl und im Innern bräunlich, gegen außen mit graublauer Zone und Rand weißlich und unregelmäßig gekerbt. **S:** blau-grauockerlich, später braun, am Stiel stark herablaufend. **St:** filzig, braun, rötlichbraun, meist mit Substratresten verwachsen. **F:** korkig, zäh, zweischichtig, braun bis graublau, im Hut dunkler. **Ger:** undeutlich mehlartig. **Ges:** mild. **Spp:** braun. **V:** im Nadel- oder Mischwald, im Streu, vorwiegend bei Kiefer *Pinus* oder Fichte *Picea;* im Sommer. **Mik:** Sporen unregelmäßig höckerig, 5–6 × 4–4,5 µm. (Kr 1.374, BK 2.259,).

1.2.16 *Hydnellum geogenium* (Fr.) Banker Grüngelber Korkstacheling

H: 3–10 cm, unregelmäßig kreiselförmig, oft verwachsen, höckerig-uneben, runzelig, samtig-filzig, schwefel- bis blassgelb, Rand heller, wellig-gekerbt. **S:** jung schwefel-, später braungelb, am Stiel herablaufend. **St:** kurz, undeutlich abgegrenzt und oft mit Substratresten behaftet. **F:** korkig, zäh, jung gelb, später gelbbraun. **Ger:** angenehm, würzig. **Ges:** mehlartig, mild. **Spp:** braun. **V:** im Bergfichtenwald *Picea;* Sommer bis Herbst. **Mik:** Sporen unregelmäßig höckerig, 4–5 × 3–3,5 µm. (Kr 1.378, BK 2.263,).

1.2.16 *Hydnellum geogenium*, Grüngelber Korkstacheling

1.2.17 *Hydnellum aurantiacum* (Batsch) P. Karst. Orangegelber Korkstacheling

H: 2–8 cm, unregelmäßig kreiselförmig, jung filzig weißlich, später höckerig-radialrunzlig und orangebraun, leicht gezont, Rand hell, wellig. **S:** weißlich, später gelb- oder orangebraun, am Stiel herablaufend. **St:** kurz, gelbbraun bis braunorange, Basis bisweilen keulig. **F:** korkig, zweischichtig, orangebraun, im Hut heller weißlich. **Ger:** unauffällig. **Ges:** mild. **Spp:** braun. **V:** im Nadel- oder Mischwald, vorwiegend in höheren Lagen; Sommer bis Herbst. **Mik:** Sporen ± kugelig höckerig, 5,5–6,5 × 4,5–5 µm. **Ch:** KOH auf Stielfleisch-Dünnschnitt nicht violett. (Kr 1.373, BK 2.257,).

1.2.17 *Hydnellum aurantiacum*, Orangegelber Korkstacheling

1.2.18 *Hydnellum auratile* (Britzelm.) Maas Geest., Goldbrauner Korkstacheling: Hut deutlich gezont, Hutfleisch schon jung orange. Sporen etwas kleiner, 5–5,5 × 3,5–4,5 µm. (BK 2.258,).

1.2.19 *Hydnellum peckii* Banker Scharfer Korkstacheling

H: 3–7 cm, unregelmäßig kreiselförmig, jung gewölbt, matt-filzig weiß mit hell blutroten Tropfen überdeckt, Druckstellen rötend, später trichterig, oft Pflanzenteile umwachsend, höckerig und radial-rillig und in der Mitte mit groben dunklen Schuppen, ocker- bis weinbraun, gezont, Rand bleibend weißlich und gekerbt. **S:** jung bläulich, später braun mit helleren Spitzen, teils verzweigt, am Stiel herablaufend. **St:** konisch. **F:** korkig, zäh, blau und bräunlich gezont, rosabraun mit schwärzlichen Punkten. **Ger:** angenehm, würzig. **Ges:** sehr scharf. **Spp:** braun. **V:** im Bergnadelwald, auf Nadelstreu, oft bei Moos; Sommer bis Herbst.

1.2.18 *Hydnellum auratile*, Goldbrauner Korkstach.

1.2.19 *Hydnellum peckii*, Scharfer Korkstacheling

Mik: Sporen höckerig, 5–6 × 4–4,5 µm, Septen teilweise mit Schnallen. **Ch:** KOH auf Stielfleisch-Dünnschnitt ohne dunkelviolette Reaktion. (D 1044, Kr 1.379, BK 2.264, 🖼).

1.2.20 *Hydnellum ferrugineum* (Fr.) P. Karst., Rostbrauner Korkstacheling: Stielfleisch purpur- bis dunkelbraun, Geruch etwas mehlartig, Geschmack mild; vorwiegend bei Kiefer *Pinus.* Hyphen ohne Schnallen, KOH auf Stielfleisch-Dünnschnitt zuerst dunkelviolett. (BK 2.262, 🖼).

1.2.20 *Hydnellum ferrugineum,* Rostbrauner Korkstacheling

1.2.21 *Hydnellum compactum* (Pers.) P. Karst.
Derber Korkstacheling

H: 5–15 cm, jung unregelmäßig klumpen- bis kreiselförmig, samtig-striegelig, grubig, weißlich, nicht oder etwas violettlich gezont mit wulstigem Rand, später gelb bis schwarzbraun, Druckstellen etwas rötlich, nicht gezont, Rand heller, gekerbt, mit weißem Filz. **S:** weißlich, später ocker bis violettbraun, am Stiel herablaufend. **St:** kurz oder fast fehlend, konisch in den Hut übergehend, braun. **F:** undeutlich zweischichtig, innen eher korkig, außen weich, gelbbraun bis braun, bisweilen etwas violett gezont. **Ger:** würzig und etwas mehlartig. **Ges:** leicht scharf. **Spp:** braun. **V:** im Laub- oder Mischwald, vorwiegend bei Buche *Fagus;* Sommer bis Herbst. **Mik:** Sporen höckerig, teils sogar doppelt, d. h. mit kleinen Höckern auf den Höckern, 5,5–6 × 3,5–5 µm. (BK 2.260, 🖼).

1.2.21 *Hydnellum compactum,* Derber Korkstacheling

1.2.22 *Hydnellum spongiosipes* (Peck) Pouzar
Schwammstieliger Korkstacheling, Samtiger Korkstacheling

H: 3–9 cm, unregelmäßig kreiselförmig, oft verwachsen und Pflanzenteile einschließend, jung polsterförmig gewölbt, weißlich mit roten Guttationströpfchen, später etwas niedergedrückt, matt hell- bis dunkelbraun, im Randbereich heller, radial runzelig und gekerbt. **S:** leicht am Stiel herablaufend, weißlich, später rötlichbraun. **St:** meistens konisch, kurz, jung weißlich, später filzig braun. **F:** zweischichtig, korkig, konzentrisch gezont, purpurbraun, im Stiel mit weißen Flecken. **Ger:** pilz- bis etwas mehlartig. **Ges:** mild. **Spp:** braun. **V:** im Laubwald; Sommer bis Herbst. **Mik:** Sporen höckerig, teils sogar mit kleinen Höckern auf den Höckern, 5,5–6,5 × 4,5–5,5 µm. **Ch:** KOH auf Stielfleisch-Dünnschnitt zuerst dunkelviolett. (BK 2.266).

1.2.23 *Hydnellum concrescens* (Pers.) Banker
Gezonter Korkstacheling

H: 2–6 cm, unregelmäßig kreisel- bis trichterförmig, jung gewölbt, weißlich, später niedergedrückt, ocker- bis weinbraun gezont, radial rippig, Mitte schuppig, Randzone lange weißlich. **S:** rosa- bis rost- oder weinbraun, am Stiel herablaufend. **St:** filzig, rostbraun, Druckstellen schwärzend, Basis oft verdickt bis knollig. **F:** korkig, zäh, weinrot bis weinbraun, im Stiel fast schwarz. **Ger:** unauffällig bis leicht mehlartig. **Ges:** etwas bitter. **Spp:** braun. **V:** vorwiegend im Laubwald, oft bei Moos; Sommer bis Herbst. **Mik:** Sporen höckerig, teils sogar mit doppelt höckerigen Höckern, 4,5–6 × 3,5–4,5 µm, Hyphen ohne Schnallen. **Ch:** KOH auf Stielfleisch-Dünnschnitt ohne dunkelviolette Verfärbung. (Kr 1.376, BK 2.261, 🖼).

1.2.23 *Hydnellum concrescens,* Gezonter Korkstacheling

1.2.24 *Hydnellum scrobiculatum* (Fr.) P. Karst., Grubiger Korkstacheling: Hutmitte deutlich sparrig-schuppig, nur schwach gezont, eher im Nadelwald, in höheren Lagen, Fleisch bisweilen mit weißen Punkten, im Stiel purpur- bis dunkelbraun, Geruch trocken etwas nach Maggi. Sporen 5,5–7 × 4,5–5,5 µm, Stielfleisch-Dünnschnitt mit KOH zuerst dunkelviolett. (BK 2.265, 🖼).

1.2.24 *Hydnellum scrobiculatum,* Grubiger Korkstacheling

1.2.25 *Hydnellum cumulatum* K.A. Harrison, Stachelsporiger Korkstacheling: Sporen mit spitzstacheligen Ornamenten, 3,5–5 × 3–4,5 µm.

1.2.26 *Sistotrema confluens* Pers.
Kreiselförmiger Schütterzahn

H: 1–6 cm, unregelmäßig trichterig bis kreiselförmig, oft miteinander verwachsen und Ästchen aus dem Streu einschließend, weißlich, später von der Mitte her gelbocker bis ockerbraun. **S:** weiß, am Stiel herablaufend, jung netzartig-porig, labyrinthisch, zunehmend mit stacheligem Charakter. **St:** dünn, glatt bis etwas mehlig. **F:** weiß, frisch weich und brüchig, trocken hart. **Ger:** undeutlich bis seltsam süßlich, jod- oder apothekenartig. **Ges:** mild bis kratzend. **Spp:** weiß. **V:** auf Nadel- oder Laubstreu; Frühsommer bis Herbst. **Mik:** Sporen glatt, ellipsoid bis etwas abgeplattet oder allantoid, 4,5–6 × 2–2,5 µm. (D 1041, Kr 1.321).

1.2.27 *Phellodon tomentosus* (L.) Banker
Becherförmiger Duftstacheling

H: 2–6 cm, oft mehrere Hüte miteinander verwachsen, niedergedrückt, radial runzelig, fein filzig, grau- bis rötlichbraun gezont, Rand glatt und weißlich. **S:** erst weißlich, später grauweiß, gerade angewachsen bis leicht herablaufend. **St:** glatt bis leicht faserig, hell- bis dunkelbraun. **F:** korkig, zäh, gezont, hellbraun, im Stiel rötlich bis schwarzbraun. **Ger:** würzig, beim Eintrocknen nach Maggi. **Ges:** mild bis etwas bitter. **Spp:** weiß. **V:** oft rasig, vorwiegend im Nadelwald, auf Streu, häufig bei

1.2.27 *Phellodon tomentosus,* Becherförmiger Duftstacheling

Heidelbeere *Vaccinium;* Sommer bis Herbst. **Mik:** Sporen stachelig, fast kugelig, 3,5–4,5 × 3–4 µm. **Ch:** KOH auf Fleisch im Stiel ohne grüne Verfärbung. (D 1046, Kr 1.386, BK 2.271, 🖼).

1.2.28 *Phellodon confluens* (Pers.) Pouzar
Verwachsener Duftstacheling

H: 3–10 cm, unregelmäßig ausgebreitet bis niedergedrückt, höckerig, filzig, erst weißlich, später grau- bis schwarzbraun, Rand gekerbt und heller oder weiß bleibend. **S:** grauweiß, später rosagrau bis graubräunlich, am Stiel leicht herablaufend. **St:** filzig, weißlich bis dunkelbraun. **F:** weich und korkig, cremeweiß bis rosabraun, braun, im Stiel zweischichtig, außen weich, innen etwas härter. **Ger:** undeutlich, beim Eintrocknen zunehmend und bleibend nach Maggi. **Ges:** mild. **Spp:** weiß. **V:** vorwiegend im Laubwald bei Buche *Fagus* oder Eiche *Quercus;* Sommer bis Herbst. **Mik:** Sporen stachelig, fast kugelig, 3,5–4,5 × 3–4 µm. **Ch:** KOH auf Fleisch im Stiel ohne grüne Verfärbung. (BK 2.268, 🖼).

1.2.29 *Phellodon niger* (Fr.) P. Karst.
Schwarzer Duftstacheling

H: 3–8 cm, unregelmäßig ausgebreitet bis niedergedrückt, höckerig, filzig, erst blauschwarz, später schwarz, Rand gekerbt und heller, jung blaugrau. **S:** grauweiß, später rosagrau bis graubräunlich, am Stiel herablaufend. **St:** filzig, weißlich bis dunkelbraun. **F:** gezont und deutlich zweischichtig im Hut und Stiel, innen hart, schwarz, außen schwammig-filzig weich. **Ger:** undeutlich, beim Eintrocknen zunehmend und bleibend nach Maggi. **Ges:** mild. **Spp:** weiß. **V:** gesellig bis büschelig, vorwiegend im Nadelwald, seltener im Laubwald; Sommer bis Herbst. **Mik:** Sporen stachelig, breit ellipsoid bis kugelig, 3–4 × 2,5–3,5 µm. **Ch:** KOH auf Fleisch im Stiel deutlich grün. (Kr 1.385, BK 2.270, 🖼).

Phellodon melaleucus (Sw. ex Fr.) P. Karst., *Phellodon connatus* (Schultz) P. Karst., Schwarzweißer Duftstacheling: Hut filzig, matt, radialrunzelig, gelb- bis graubraun, kaum gezont, Stiel glatt, nicht filzig. (BK 2.269).

1.2.30 *Phellodon fuligineoalbus* (J.C. Schmidt) R.E. Baird,
Bankera fuligineoalba J.C. Schmidt) Coker & Beers
Rauchfarbener Duftstacheling, Rauchfarbener Weißsporstacheling

H: 5–10 cm, jung halbkugelig, polsterförmig, glatt und weiß, später ausgebreitet bis niedergedrückt, im inneren Teil gelb- bis rosa- oder rotbräunlich, feinschuppig, Rand heller und unregelmäßig lappig. **S:** weiß, später rosagrau bis rötlichbraun, am Stiel herablaufend. **St:** ± zylindrisch, evtl. auch mit verjüngter oder verdickter Basis, oft etwas exzentrisch, Spitze weißlich, im unteren Teil rötlichbraun. **F:** ziemlich weich, weiß und etwas Rosa verfärbend. **Ger:** undeutlich, beim Eintrocknen nach Maggi. **Ges:** mild. **Spp:** weiß. **V:** einzeln bis büschelig, bei Kiefer *Pinus;* Sommer bis Herbst. **Mik:** Sporen stachelig, breit ellipsoid, 4,5–5,5 × 2,5–3,5 µm. (BK 2.272, 🖼).

1.2.31 *Phellodon violascens* (Alb. & Schwein.) A.M. Ainsw.,
Bankera violascens (Alb. & Schwein.) Pouzar
Violettlicher Weißsporstacheling

H: 5–12 cm, jung unregelmäßig halbkugelig, feinfilzig, weißlich, später ausgebreitet bis niedergedrückt, Mitte fein faserig-schuppig und zunehmend grau- bis violettbräunlich, Rand heller und unregelmäßig wellig-lappig. **S:** weiß, später rosagrau bis purpurbraun, Druckstellen etwas dunkler, leicht am Stiel herablaufend. **St:** ± zylindrisch, oft etwas exzentrisch, auch verzweigt, Spitze weißlich, im unteren Teil wie der Hut oder dunkler. **F:** weich, violettgrau, im Stiel purpurbraun. **Ger:** undeutlich, beim Eintrocknen nach Maggi. **Ges:** mild. **Spp:** weiß. **V:** einzeln oder in Gruppen im feuchten Nadelwald, vorwiegend bei Fichte *Picea* in höheren Lagen; Sommer bis Herbst. **Mik:** Sporen stachelig, annähernd kugelig, 4,5–5,5 × 4–4,5 µm. (Kr 1.370, BK 2.273).

1.2.32 *Thelephora terrestris* Ehrh.
Fächerförmiger Erd-Warzenpilz

Frkp: 4–12 cm, verwachsene Rosetten oder fächerförmig bis dachziegelig verbundene, seitliche Lappen, radial striegelig-filzig, grau- bis schwarzbraun gezont, Rand weiß striegelig-fransig, Unterseite unregelmäßig warzig, runzelig, grau- bis dunkel zimtbraun, ohne Stielteil. **F:** lederig, zäh, radialfaserig, graubraun. **Ger:** unauffällig bis leicht erdartig. **Ges:** mild. **Spp:** purpurbraun. **V:** vorwiegend im Nadelwald bei Fichte *Picea* oder Kiefer *Pinus;* ganzjährig. **Mik:** Sporen mit kleinen Höckern oder stumpfen Stacheln, 8–9 × 5–6,5 µm, Hyphen mit Schnallen. (Kr 1.398, BK 2.256, 🖼).

1.2.33 *Thelephora caryophyllea* (Schaeff.) Pers., Nelkenförmiger Warzenpilz, Trichter-Warzenpilz: Fruchtkörper kleiner, in Hut und Stiel gegliedert, Hut bis ca. 5 cm und oft bis zur Mitte eingerissen, bisweilen blütenartig ineinander verwachsen, Hutunterseite violettgrau, längsfaltig und feinwarzig. (Kr 1.395, 🖼).

1.2.28 *Phellodon confluens,* Verwachsener Duftstacheling

1.2.29 *Phellodon niger,* Schwarzer Duftstacheling

1.2.30 *Phellodon fuligineoalbus,* Rauchfarbener Duftstacheling

1.2.32 *Thelephora terrestris,* Fächerförmiger Erd-Warzenpilz

1.2.33 *Thelephora caryophyllea,* Nelkenförmiger Warzenpilz

1.2.34 *Thelephora palmata* (Scop.) Fr.
Stinkender Warzenpilz

Frkp: 4–8 cm, büschelig-korallenförmige Zweige mit spatelförmig abgeflachten, rilligen und etwas gefransten Enden, die 1- bis 2-fach verzweigt aus einem gemeinsamen, rundlichen Stiel entspringen, jung weißlich, später grau- bis lila- und schließlich schwarzbraun mit hell weißlichen Enden. **F:** korkig, zäh, braun. **Ger:** auffällig unangenehm faulig stinkend. **Spp:** braun. **V:** vorwiegend im Nadelwald bei Fichte *Picea* oder Kiefer *Pinus;* Sommer bis Herbst. **Mik:** Sporen stumpfstachelig, 9–10 × 6–9 µm, Hyphen mit Schnallen. **Ch:** KOH auf Stielfleisch-Dünnschnitt intensiv blau. (D 1043, Kr 1.397, BK 2.255,).

1.2.35 *Thelephora anthocephala* (Bull.) Fr., Blumenartiger Warzenpilz: Zweige teils mit stark fransigen, weißlichen Enden und ohne Geruch. (BK 2.254,).

1.2.36 *Hericium flagellum* (Scop.) Pers., *Hericium alpestre* Pers., Tannen-Stachelbart, Alpen-Stachelbart

Frkp: 2–4 cm dicker Basisstrunk und daraus sich mehrfach verzweigende, korallenartig hängende Äste, die schließlich in reihig angeordneten Büscheln von feinen, bis ca. 2 cm langen Stacheln enden, cremeweiß. **F:** weich bis leicht zäh. **Ger:** unauffällig bis etwas unangenehm. **Spp:** weiß. **V:** auf abgestorbener Weißtanne *Abies;* Sommer bis Herbst. **Mik:** Sporen glatt bis fein punktiert, breit ellipsoid bis kugelig, etwas dickwandig, 5,5–6,5 × 4,5–5,5 µm, amyloid. (Kr 2.99, BK 2.286,).

1.2.37 *Hericium coralloides* (Scop.) Pers., Ästiger Stachelbart: Stacheln nur bis 1 cm lang, Fleisch erst brüchig, später zäh, Geruch unauffällig bis etwas rettichartig; auf morschen Laubholzstämmen, Sommer bis Winter. Sporen 3,5–5 × 3–4 µm, amyloid. ( ).

1.2.38 *Hericium cirrhatum* (Pers.) Nikol., *Creolophus cirrhatus* (Pers.) P. Karst. Dorniger Stachelbart, Dorniger Stachelseitling

Frkp: 20–30 cm große, klumpige Gebilde aus einzelnen, unregelmäßig muschelförmigen, seitlich angewachsenen und dachziegelig angeordneten Hüten, cremeweiß bis blassocker, Hutoberfläche filzig, oft höckerig warzig oder teils auch mit sterilen Stacheln, Hutunterseite dicht mit 1–1,5 cm langen Stacheln besetzt. **F:** dick, weißlich. **Ger:** angenehm. **Ges:** mild. **Spp:** weiß. **V:** vorwiegend auf totem Laubholz, auch als Wundparasit an lebenden Gehölzen; Sommer bis Herbst. **Mik:** Sporen glatt, kugelig, 3,5–4,5 × 2,5–3,5 µm, amyloid. (D 1039, Kr 2.96, BK 2.284,).

1.2.39 *Hericium erinaceus* (Bull.) Pers.
Igel-Stachelbart

Frkp: 10–25 cm im Durchmesser, igelartig, kugelig bis herzförmig, meist mit undeutlichem Strunk, Unterseite ganz und gleichmäßig mit 2–5 cm langen, fallenden, Oberseite mit kurzen, unregelmäßigen Stacheln besetzt, erst weiß, später cremeweiß bis gelblich. **F:** weiß, zäh. **Ger:** angenehm. **Ges:** mild. **Spp:** weiß. **V:** vorwiegend an Wundstellen von lebenden Laubbäumen, meist Buche *Fagus,* oft hoch am Stamm, aber auch an morschen, liegenden Stämmen; Herbst. **Mik:** Sporen feinwarzig, breit ellipsoid bis kugelig, 5–6,5 × 4–5,5 µm, amyloid. (D 1040, Kr 2.98,).

Der Igel-Stachelbart wird für Speisezwecke unter den Bezeichnungen Pom-pom, Affenkopfpilz, Löwenmähne oder Yamabusitake gezüchtet.

1.2.34 *Thelephora palmata,* Stinkender Warzenpilz

1.2.35 *Thelephora anthocephala,* Blumenartiger Warzenpilz

1.2.36 *Hericium flagellum,* Tannen-Stachelbart

1.2.37 *Hericium coralloides,* Ästiger Stachelbart

1.2.38 *Hericium cirrhatum,* Dorniger Stachelbart

1.2.39 *Hericium erinaceus,* Igel-Stachelbart

1.3 *Clavaria,* Keulen und Ähnliche

Basidiomycota, Ständerpilze > *Aphyllophorales*, Nichtblätterpilze

Sammelordnung *Aphyllophorales,* Nichtblätterpilze mit unverzweigten keulenförmigen, teils auch wurm- oder fadenförmigen Fruchtkörpern

Die hier aufgeführten Arten stammen mehrheitlich aus der großen Klasse ***Agaricomycetes*** aus mehreren Ordnungen, Familien und Gattungen. Die ähnlichen *Calocera*, Hörnlinge gehören zu ***Dacrymycetes*** und *Ustilago maydis*, Maisbeulenbrand zur Klasse ***Ustilaginomycetes***. Mit ihrer Zugehörigkeit zu anderen Klassen stehen diese Arten systematisch ein Stück abseits.

Agaricomycetes

- > ***Agaricales***, Champignonartige
  - > ***Clavariaceae***, Keulchenverwandte
    - > *Clavaria, Clavulinopsis, Mucronella*
  - > ***Typhulaceae***, Fadenkeulchenverwandte
    - > *Macrotyphula, Typhula*
- > ***Auriculariales***, Ohrlappenpilzartige
  - > ***Exidiaceae***, Drüslingsverwandte > *Protodontia*
- > ***Cantharellales***, Pfifferlingsartige
  - > ***Clavulinaceae***, Keulenpilzverwandte > *Multiclavula*
- > ***Gomphales***, Schweinsohrartige
  - > ***Gomphaceae***, Schweinsohrverwandte
    - > *Ceratellopsis, Clavariadelphus*
- > ***Hymenochaetales***, Borstenscheiblingsartige
  - > ***Rickenellaceae***, Heftelnabelingsverwandte > *Alloclavaria*
- > ***Polyporales***, Stielporlingsartige
  - > ***Meruliaceae***, Fältlingsverwandte > *Sarcodontia*

Dacrymycetes

- > ***Dacrymycetales***, Gallerttränenartige
  - > ***Dacrymycetaceae***, Gallerttränenverwandte > *Calocera*

Ustilaginomycetes

- > ***Ustilaginales***, Brandpilzartige
  - > ***Ustilaginaceae***, Brandpilzverwandte > *Ustilago*

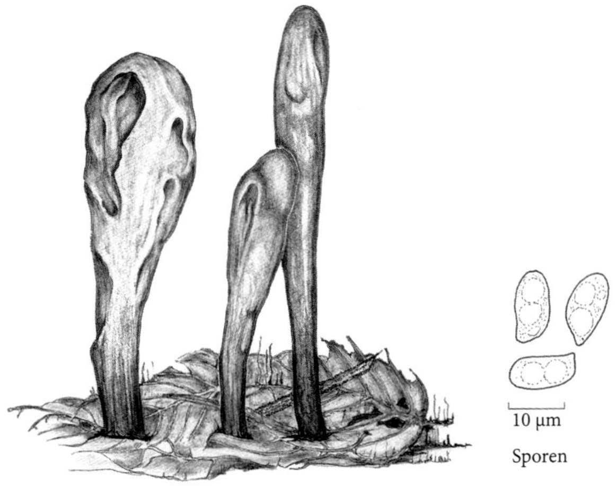

1.3.01 *Clavariadelphus pistillaris*, Herkules-Riesenkeule

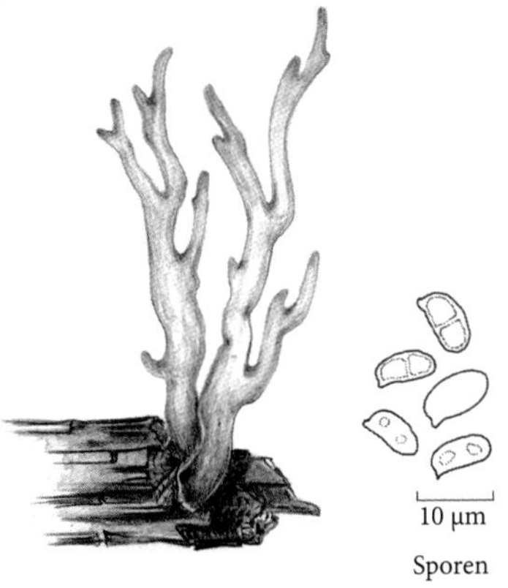

1.3.22 *Calocera viscosa*, Klebriger Hörnling

1.3.27 *Typhula juncea*, Binsenartige Keule

Clavaria, Keulen und Ähnliche

Beschreibung

Einzelne, oft gesellig wachsende und seltener auch verwachsene, faden- bis keulenförmige Gebilde in den verschiedensten Farben, mehrheitlich klein bis mittelgroß. Das Fleisch ist weich bis fest und brüchig. Korkige und zähe Fruchtkörper weisen auf die Holzkeulen in Kapitel 16, *Ascomycota*, Schlauchpilze hin. Die Abgrenzung geselliger oder verwachsener Gruppen von den *Ramaria*, Korallen und ähnlichen Arten in Unterkapitel 1.4 ist aufgrund der äußeren Form nicht immer klar; gewisse Arten erscheinen deshalb in beiden Schlüsseln. Äußerlich unerwartet, gehören auch die zwei Gattungen mit kleinen Arten und dicklichen, wachsartigen Lamellen ***Lamelloclavaria***, Scheinsaftlinge und ***Hodophilus***, Scheinsamtschnecklinge zur Familie *Clavariaceae*, Keulchenverwandte. Sie sind in diesem Unterkapitel im Bereich ihrer näheren Verwandtschaft beschrieben, jedoch bei den ähnlichen Saftlingen oder Schnecklingen verschlüsselt.

Die hier aufgeführten Fruchtkörper erscheinen vorwiegend vom Sommer bis zum Herbst. ***Alloclavaria***, Zystidenkeulchen, ***Clavaria***, Keulen, ***Clavariadelphus***, Riesenkeulen, ***Clavulinopsis***, Wiesenkeulen und ***Mucronella***, Stachelspitzchen findet man auf Erde, ***Calocera***, Hörnlinge, ***Ceratellopsis***, Zwergkeulchen, ***Macrotyphula***, Fadenkeule, ***Multiclavula***, Flechtenkeulen, ***Protodontia***, Gallertzähne, ***Sarcodontia***, Fleischzähne und ***Typhula***, Fadenkeulchen auf Holz oder Pflanzenresten, ***Ustilago***, Brandpilze auf Mais. Sie sind überwiegend Saprobionten. Bei einigen *Clavaria*-Arten ist eine Mykorrhiza mit *Ericaceen* möglich; *Ustilago maydis* ist ein Parasit.

Die Sporen sind mehrheitlich glatt, vorwiegend ellipsoid, teilweise zylindrisch bis etwas allantoid (bohnenförmig), vereinzelt mit Tropfen oder querseptiert.

Bestimmung

Von der großen Mehrheit an aufwärts wachsenden Keulen unterscheidet sich eine kleinere Gruppe von gegen die Erde wachsenden, kleinen, fast schon stachelig wirkenden Arten im Umfeld von *Mucronella*, Stachelspitzchen. Weitere Aufteilungen ergeben sich aus dem Standort auf Erde, Holz oder kleineren Pflanzenresten wie Blättern, Zäpfchen und Streu; schließlich gibt es Farb- und Größenunterschiede.

Speisewerte

Die Herkules-Riesenkeule gilt in einzelnen Beschreibungen als essbar, mehrheitlich wird aber vom Verzehr abgeraten. Der Maisbeulenbrand wird für Speisezwecke gezüchtet und ist in der Schweiz ein marktfähiger Speisepilz. Alle anderen Arten dieses Unterkapitels sind keine Speisepilze.

1.3 *Clavaria,* Keulen und Ähnliche

- Fruchtkörper aufwärts wachsend
  - auf Erde
    - groß, bis > 10 cm hoch und 1–2 cm dick, deutlich keulenförmig
      - Scheitel rund, abgerundet, Geschmack mild bis bitter, KOH auf Fleisch gelb
        - im Laubwald, bis 15 cm hoch — **01 *Clavariadelphus pistillaris,* Herkules-Riesenkeule**
        - im Nadelwald, meist nur bis 8 cm hoch
          - Sporen 8–16 µm lang — 02 *Clavariadelphus ligula,* Zungen-Riesenkeule
          - Sporen 16–24 µm lang — 03 *Clavariadelphus sachalinensis,* Sibirische Riesenkeule
      - Scheitel flach, abgestutzt, Geschmack süß, KOH auf Fleisch (hell-)rot — 04 *Clavariadelphus truncatus,* Abgestutzte Riesenkeule
    - mittelgroß, 2–10 cm hoch, < 1 cm breit, faden- bis leicht keulenförmig
      - fadenförmig dünn, < 1 mm dick, gelbbraun — 26 *Macrotyphula phacorrhiza,* Linsen-Fadenkeule
      - wurm- bis leicht keulenförmig, 2–10 mm dick
        - weiß bis cremefarben
          - einzeln bis gesellig, kaum über 5 mm breit, Sporen glatt — 05 *Clavaria falcata,* Sichelförmige Keule
          - einzeln bis gesellig, kaum über 5 mm breit, Sporen stachelig — 06 *Clavulinopsis candida,* Weiße Wiesenkeule
          - meistens büschelig, bis über 5 mm breit — 07 *Clavaria fragilis,* Wurmförmige Keule
        - gelb, einzeln bis gesellig
          - dottergelb, Geruch unauffällig, Sporen höckerig-sternförmig — 13 *Clavulinopsis helvola,* Honiggelbliche Wiesenkeule
          - gelb, aprikosenfarben, Geruch modrig, Sporen glatt, apfelkernförmig — 14 *Clavulinopsis luteoalba,* Gelbweiße Wiesenkeule
        - gelb, büschelig, spindelförmig
          - in dichten Büscheln, Fleisch bitter — 15 *Clavulinopsis fusiformis,* Spindelförmige Wiesenkeule
          - einzeln bis schwach büschelig, Fleisch mild — 16 *Clavulinopsis laeticolor,* Schöne Wiesenkeule
        - hellgrau bis grünlichgelb — 08 *Clavaria argillacea,* Gelbstielige Keule
        - ockerbräunlich bis rauchgrau — 09 *Clavaria fumosa,* Rauchgraue Keule
        - rosa, purpurgrau, violett
          - mit Strunk, Äste selten einzeln, meistens verzweigt
            - Bas. 4-sporig, Hyphen ohne Schnallen, Sporen 5,5–7 × 4,5–5,5 µm — 10 *Clavaria zollingeri,* Amethystfarbige Keule
            - Bas. 2-sporig, Hyphen mit Schnallen, Sporen 7–12 × 5,5–8 µm — 1.4.02 *Clavulina amethystina,* Amethyst-Keulenpilz
          - ohne Strunk, Äste unverzweigt
            - purpurgrau, -braun oder purpur, büschelig — 12 *Alloclavaria purpurea,* Purpurfarbiges Zystidenkeulchen
            - rosa bis rot, zylindrisch bis stumpf keulenförmig — 11 *Clavaria rosea,* Lachsrosa Keule
    - sehr klein, 1 bis wenige Millimeter hoch — 21 *Ceratellopsis acuminata,* Zugespitzter Scheinhörnling
  - auf Holz
    - sattgelb, Enden stachelförmig, klebrig, auf Laubholz — 23 *Calocera cornea,* Pfriemförmiger Laubholz-Hörnling
    - sattgelb, Enden stachelförmig, klebrig, auf Nadelholz — 24 *Calocera furcata,* Gegabelter Nadelholz-Hörnling
    - ockergelb bis rötlichbraun, matt, auf Grünerlen-Holz — 28 *Typhula fistulosa,* Hohe Röhrenkeule
    - gelblich bis hellocker, auf Nadelholz-Zweigen — 29 *Typhula abietina,* Gelbes Nadelholz-Fadenkeulchen
    - weißlich bis ockerlich, auf morschem Holz
      - < 1 cm hoch, < 1 mm dick — 25 *Multiclavula mucida,* Schmierige Holz-Flechtenkeule
      - 1–4 cm hoch und bis ca. 2 cm dick, keulen- bis geweihförmig — 16.13.44 *Trichoderma alutaceum,* Keulenförmiger Krustenpustelpilz
    - weiß bis leicht cremefarben, mit braunem Sklerotium, meist auf Eschen-Ästen — 30 *Typhula spathulata,* Schneeweißes Fadenkeulchen
    - schwarz, zäh, Sporen in Schläuchen (Asci) — 16.12 *Xylaria,* Holzkeulen
  - auf Blättern, Blattstielen, Weidenkätzchen, Nadelstreu, Pflanzenstängeln
    - Fruchtkörper 3–12 cm, fadenförmig, creme- bis gelbocker
      - mit graubraunen, linsenförmigen Sklerotien — 26 *Macrotyphula phacorrhiza,* Linsen-Fadenkeule
      - ohne Sklerotium — 27 *Typhula juncea,* Binsenartige Keule
    - Fruchtkörper 1–3 cm hoch, Kopfteil weißlich, verdickt, Stiel evtl. rotbraun — **31 *Typhula erythropus,* Rotstieliges Fadenkeulchen**
    - Fruchtkörper ≤1 cm hoch, weiß bis gelblich oder rosa
      - spindelförmig, oben zugespitzt — 21 *Ceratellopsis acuminata,* Zugespitzter Scheinhörnling
      - ± keulenförmig, oben abgerundet bis abgeflacht
        - auf modernden Blättern von Laubbäumen, bis 3 mm — 37 *Typhula setipes,* Zottiges Fadenkeulchen
        - auf modernden Zweigen, bis 3 mm, keulen- bis flach spatelförmig — 38 *Typhula sphaeroidea,* Weißes Flachkopf-Fadenkeulchen
        - auf modernden alpinen Kräutern, dem Substrat aufliegendes Sklerotium — 32 *Typhula sclerotioides,* Kraut-Sklerotien-Fadenkeulchen
        - auf modernden Kräutern, ohne Sklerotium
          - oft (zuerst) rosa, Form variabel, bis 3 mm hoch, Sporen ≥ 8 µm — 33 *Typhula micans,* Schimmerndes Fadenkeulchen
          - weiß, später gelblich, keulenförmig, auch auf Farn, Sporen ≤ 8 µm — 34 *Typhula uncialis,* Kolbenförmiges Fadenkeulchen
        - auf moderndem Adlerfarn, Sklerotium im Stängelmark, Sporen ≥ 9 µm — 35 *Typhula quisquiliaris,* Adlerfarn-Fadenkeulchen
        - auf Grasresten, Rohrkolben, weiß < 3 mm, Sporen herzförmig — 36 *Typhula culmigena,* Herzsporiges Fadenkeulchen
  - auf Erlenzapfen, Früchten von *Prunus*-Arten, Pappelkätzchen — 16.14 *Taphrina,* Wucherlinge
- Fruchtkörper nach unten wachsend (geotrop)
  - Stacheln weiß, auf morschem Nadelholz
    - Stacheln 2–5 mm lang, Basidien ungeteilt — 39 *Mucronella bresadolae,* Weißes Stachelspitzchen
    - Stacheln 1–2 mm lang, Basidien längs geteilt — 41 *Protodontia piceicola,* Resupinater Gallertzahn
    - Stacheln < 1 mm lang, Basidien ungeteilt — 40 *Mucronella calva,* Rasiges Stachelspitzchen
  - Stacheln gelblich, an Faulstellen von Apfelbäumen — 42 *Sarcodontia setosa,* Safrangelber Apfelbaum-Fleischzahn

1.3.01 *Clavariadelphus pistillaris* (L.) Donk
Herkules-Riesenkeule

Frkp: 10–20 cm hoch, 1–5 cm dick, keulenförmig mit rundlichem Ende, Oberfläche matt, längsrunzelig, erst hell ockergelb, später orange- bis lilabraun. **F:** weiß, lila-bräunlich verfärbend, faserig, weich. **Ger:** unauffällig **Ges:** bitterlich. **V:** im Laubwald, vorwiegend bei Buche *Fagus*; Sommer bis Herbst. **Mik:** Sporen glatt, ellipsoid, hyalin, 11–12 × 6–7 µm. **Ch:** KOH auf Fruchtschicht safrangelb. (D 1018, Kr 2.38, BK 2.453, 🖼).

1.3.02 *Clavariadelphus ligula* (Schaeff.) Donk, Zungen-Riesenkeule: Fruchtkörper kleiner; im Nadelwald. Sporen 8–16 × 5–6 µm. (D 1016, Kr 2.37, BK 2.452, 🖼).

1.3.03 *Clavariadelphus sachalinensis* (S. Imai) Corner, Sibirische Riesenkeule: wie *C. ligula*, aber Sporen 16–24 × 4–6 µm.

1.3.04 *Clavariadelphus truncatus* Donk, Abgestutzte Riesenkeule: Fruchtkörper abgestutzt, Rand stark runzelig, Geschmack mild, süßlich; vorwiegend im Nadel- oder Mischwald. Sporen 10–13 × 6–7,5 µm. KOH auf Fruchtschicht rot. (D 1017, Kr 2.40, BK 2.454, 🖼).

1.3.05 *Clavaria falcata* Pers., *Clavaria acuta* Sowerby
Sichelförmige Keule, Weiße Keule

Frkp: 1–6 cm hoch, 0,1–0,5 cm dick, wurm- bis leicht keulenförmig, mit verjüngtem, aber stumpfem Ende und selten etwas verzweigt, im Querschnitt etwas abgeflacht, matt, weiß bis ockergrau, Stielbasis etwas durchscheinend und fein flockig. **F:** weiß bis creme, weich, brüchig. **Ger:** unauffällig **Ges:** mild. **V:** einzeln bis gesellig, im Laubwald, an Wegrändern; Sommer bis Herbst. **Mik:** Sporen glatt, breit ellipsoid, 7–10 × 5,5–7 µm. (Kr 2.23, 🖼).

1.3.06 *Clavulinopsis candida* (Weinm.) Corner, *Clavaria candida* Weinm., Weiße Wiesenkeule, Sternsporige Wiesenkeule, Sternsporige Keule: Sporen stark stachelig, 8–9 × 7–8 µm. (BK 2.442).

1.3.07 *Clavaria fragilis* Holmsk., *Clavaria vermicularis* Sw.
Wurmförmige Keule

Frkp: 3–10 cm hoch, 0,3–1 cm dick, wurm- bis leicht keulenförmig oder spindelförmig, Spitze höchstens vereinzelt gegabelt, meist stumpf im Querschnitt etwas abgeflacht, glatt bis leicht rillig, weiß, Spitzen alt gelblich. **F:** weiß bis creme, weich, brüchig. **Ger:** erdartig bis leicht spermatisch. **Ges:** mild. **V:** im Wald, auf Wiesen, Erde; Sommer bis Herbst. **Mik:** Sporen glatt, ellipsoid, mit körnigem Inhalt, 5–9 × 3,5–5 µm. (D 1155, Kr 2.24, BK 2.444, 🖼).

1.3.08 *Clavaria argillacea* Pers.
Gelbstielige Keule

Frkp: 2–5 cm hoch, 0,3–1 cm breit, wurmförmig bis etwas abgeplattet schmal spatelförmig, oft mit mittlerer Längsrille, cremeweiß, von der Stielbasis blassgelb bis gelbgrünlich. **V:** bei Nadelbäumen, auf Heideboden; Sommer bis Herbst. **Mik:** Sporen glatt, 9–13 × 4–6 µm. (D 1015, 🖼).

1.3.09 *Clavaria fumosa* Pers.
Rauchgraue Keule

Frkp: 2–8 cm hoch, 0,2–0,8 cm breit, keulen- bis wurmförmig oder etwas spindelig, teilweise leicht flachgedrückt, oft mit Längsrille, weißlich bis grau, grauockerlich, rosagrau, Spitze alt dunkler bräunlich. **F:** weißlich, brüchig. **Ger:** unauffällig. **Ges:** mild. **V:** rasig bis büschelig, im Wald, auf Wiesen oder Erde; Sommer bis Herbst. **Mik:** Sporen glatt, ellipsoid, 5–7 × 3–4 µm. (D 1156, Kr 2.25, BK 2.443, 🖼).

1.3.10 *Clavaria zollingeri* Lév.
Amethystfarbige Keule

Frkp: 4–8 cm hoch, korallenförmige, rundliche bis etwas abgeflachte Äste aus einem Strunk, die sich mehrfach v- bis u-förmig zweiteilen, Äste amethystfarben, rosaviolett, Spitzen und Stielbasis heller, weißlich. **F:** blassviolett, brüchig. **Ger:** unauffällig, angenehm. **Ges:** mild. **V:** einzeln bis gesellig, auf Erde, vorwiegend in Magerwiesen und -weiden; Sommer bis Herbst. **Mik:** Sporen glatt, ellipsoid, 5,5–7 × 4,5–5,5 µm, 4-sporig, Hyphen ohne Schnallen. Diese Art ist von *Clavulina amethystina*, Amethyst-Keulenpilz nur mikroskopisch zu unterscheiden. (BK 2.445, 🖼; Kapitel-🖼).

1.3.11 *Clavaria rosea* Fr., Lachsrosa Keule: Fruchtkörper gesellig, jedoch einzeln, 0,3–1 cm dick, wurmförmig bis etwas keulig oder abgeplattet keulig, lachsrosa, Basis heller, Fleisch rosa. Sporen glatt, ellipsoid, 7–10 × 2–3 µm, Hyphen ohne Schnallen.

1.3.12 *Alloclavaria purpurea* (Fr.) Dentinger & D.J. McLaughlin, *Clavaria purpurea* Fr., Purpurfarbiges Zystidenkeulchen, Purpurfarbige Keule: Fruchtkörper 2–12 cm hoch, meistens in einzelnen Ästen, kaum verzweigt, zylindrisch bis schlank spindelig, oft deutlich abgeplattet, rosaocker, violett bis purpurbraun, Fleisch blass lila, Geruch unauffällig, Geschmack mild; gesellig, vereinzelt auch büschelig verwachsen, auf Erde, bei Gras, unter

1.3.02 *Clavariadelphus ligula,* Zungen-Riesenkeule

1.3.01 *C. pistillaris,* Herkules-Riesenkeule

1.3.04 *C. truncatus,* Abgestutzte Riesenkeule

1.3.05 *Clavaria falcata,* Sichelförmige Keule

1.3.08 *Clavaria argillacea,* Gelbstielige Keule

1.3.07 *Clavaria fragilis,* Wurmförmige Keule

1.3.09 *Clavaria fumosa,* Rauchgraue Keule

1.3.10 *Clavaria zollingeri,* Amethystfarbige Keule

Nadelbäumen, Sommer bis Herbst. Sporen glatt, ellipsoid, 6–12 × 3–5 µm, Hyphen ohne Schnallen.

1.3.13 *Clavulinopsis helvola* (Pers.) Corner
Honiggelbliche Wiesenkeule, Goldgelbe Wiesenkeule

Frkp: 1–6 cm hoch, 0,1–0,5 cm breit, faden- oder wurmförmig bis schwach spindelig oder keulig, teilweise leicht flachgedrückt, verdreht, lebhaft gold- bis dottergelb. **F:** blassgelb, faserig, elastisch. **Ger:** unauffällig. **Ges:** bitterlich. **V:** gesellig bis büschelig, auf Wiesen, in Lichtungen, bei Moos; Sommer bis Herbst. **Mik:** Sporen höckerig, 4–7 × 4–5,5 µm, Hyphen mit Schnallen. (D 1019, Kr 2.31, BK 2.448, 🖼).

1.3.14 *Clavulinopsis luteoalba* (Rea) Corner
Gelbweiße Wiesenkeule

Frkp: 2–8 cm hoch, 0,1–0,5 cm breit, faden- oder wurmförmig bis leicht flachgedrückt spatelförmig, glatt bis etwas rillig, gelb bis orangegelb, Spitze weißlich. **F:** gelblich, sehr brüchig. **Ger:** unauffällig. **Ges:** mild. **V:** bei Kiefer *Pinus,* bei Wacholder *Juniperus,* in Wiesen und Parks; Sommer bis Herbst. **Mik:** Sporen glatt, ellipsoid, 4,5–7 × 2,5–4,5 µm. (🖼).

1.3.15 *Clavulinopsis fusiformis* (Sowerby) Corner
Spindelförmige Wiesenkeule

Frkp: 5–12 cm hoch, 0,2–0,8 cm breit, schlank spindelförmig, längsrillig, hell chrom- bis dottergelb, Basis und Spitzen oft bräunlich. **F:** faserig berindet. **Ger:** unauffällig. **Ges:** etwas bitter. **V:** gesellig, in Magerwiesen, bei Farn oder Moos; Spätsommer bis Herbst. **Mik:** Sporen glatt, ± kugelig, mit deutlichem Apikulus, 5–6,5 × 4,5–6 µm, Hyphen mit Schnallen. (D 1020, Kr 2.30, BK 2.447, 🖼).

1.3.16 *Clavulinopsis laeticolor* (Berk. & M.A. Curtis) R.H. Petersen
Schöne Wiesenkeule

Frkp: 2–6 cm hoch, 0,1–0,6 cm breit, schlank keulig, Enden ohne Verzweigungen, bisweilen etwas abgeplattet, gelb bis orangegelb, Stielbasis im untersten Teil blasser. **F:** weich, hellgelb. **Ger:** unauffällig. **Ges:** mild. **V:** im Wald, auf Erde; Sommer bis Herbst. **Mik:** Sporen glatt, breit ellipsoid, mit deutlichem Apikulus, 4,5–6 × 3,5–5 µm, Hyphen mit Schnallen. (Kr 2.32, BK 2.449).

1.3.17 *Clavulinopsis corniculata* (Schaeff.) Corner
Geweihförmige Wiesenkeule

Frkp: 2–5 cm hoch, 0,1–0,5 cm breit, einzelne, teils stark abstehend gegabelte Stämme mit mehrfach geteilten, geweihförmigen Enden, jung etwas klebrig, dotter- bis orangegelb, später ockergelb. **F:** zäh, brüchig, hellgelb. **Ger:** etwas ranzig. **Ges:** leicht bitter. **V:** im Wald, auf Erde, moosiger Wiese; Herbst. **Mik:** Sporen glatt, fast kugelig, mit deutlichem Apikulus, 5,5–7 × 4,5–5,5 µm, Hyphen mit Schnallen. (Kr 2.29, BK 2.446, 🖼).

1.3.18 *Lamelloclavaria petersenii* Adamčík & Birkebak
Graubrauner Scheinsaftling

H: 1–2 cm, gewölbt bis etwas niedergedrückt, feucht speckig glänzend, trocken fein faserig, filzig, graubraun, im Zentrum dunkler schokoladenbraun, Rand bisweilen etwas eingerollt. **L:** gerade angewachsen bis leicht herablaufend, etwas bauchig, entfernt und teils gegabelt, weißgrau bis grau. **St:** glatt, Spitze evtl. etwas flockig, Basis teils etwas weißlich filzig, graubraun, etwas heller als der Hut. **Ger:** unauffällig. **Spp:** weiß. **V:** in Wiesen. **Mik:** Sporen glatt, zylindrisch bis etwas allantoid, 5–6,5 × 2,5–3,5 µm, Lamellentrama subregulär verwoben, Zellen bis ca. 120 µm lang, Schnallen überall fehlend.

Aufgrund von Habitus und Lamellen ist man geneigt, den Scheinsaftling zu den Saftlingen in der Familie Schnecklingsverwandte zu zählen. Deshalb ist die Art in jenem Umfeld verschlüsselt. Systematisch gehört *Lamelloclavaria* aber zu *Clavariaceae,* Keulchenverwandte und ist deshalb hier beschrieben.

1.3.19 *Hodophilus atropunctus* (Pers.) Birkebak & Adamčík, *Camarophyllopsis atropuncta* (Pers.) Arnolds
Punktiertstieliger Scheinsamtschneckling, Punktiertstieliger Samtschneckling

H: 1–3 cm, hygrophan, frisch gelblich grau bis olivbräunlich, vom Rand her gelbbraun bis orangegrau verfärbend, evtl. runzelig. **L:** herablaufend, dick, entfernt, grau-, gelblich- bis hellbraun. **St:** schwarz punktiert auf hellem Grund, Spitze hellbraun, abwärts zunehmend dunkelbraun und verjüngt. **F:** blass. **Ger:** schwach mehlig bis spermatisch (getrocknet unangenehm stinkend). **V:** im Laubwald, bis in höhere Lagen. **Mik:** Sporen glatt, ellipsoid bis breit ellipsoid, 4,5–5,5 × 3,5–4 µm. (🖼).

Hodophilus variabilipes Jančovič., Adamčík & Looney: Hut jung und frisch braun, später vom Zentrum her graugelblich, orange- bis olivbräunlich verfärbend, Lamellen braun bis dunkelbraun, Stiel einheitlich graugelblich, gelb-, orange- bis dunkelbraun flockig bis punktiert, Sporen 5–5,5 × 4–4,5 µm. Der Unterschied der beiden Arten konnte genetisch bestätigt werden, morphologisch ist die Abgrenzung schwierig.

1.3.20 *Hodophilus foetens* (W. Phillips) Birkebak & Adamčík, *Camarophyllopsis foetens* (W. Philips) Arnolds, Stinkender Scheinsamtschneckling, Stinkender Samtschneckling: Hut 0,5–2,5 cm, feucht grau-, gelblich- bis dunkelbraun und gerieft, trocken blasser, Rand heller, Oberfläche matt, feinfilzig, Lamellen dicklich, bogig herablaufend, nicht auffällig weit entfernt, jung beige, später dunkel graubraun, Stiel glatt, glänzend, wie der Hut gefärbt, Spitze bisweilen mit dunkel gefärbten Fasern oder Punkten, Geruch auffällig stinkend (Leuchtgas, Mottenpulver). Sporen 5–6 × 4–5 µm, Kaulozystiden 7–10 µm breit. (🖼).

1.3.13 *Clavulinopsis helvola,* Honiggelbliche Wiesenk.

1.3.14 *Clavulinopsis luteoalba,* Gelbweiße Wiesenkeule

1.3.15 *Clavulinopsis fusiformis,* Spindelförmige W.

1.3.17 *Clavulinopsis corniculata,* Geweihförmige Wiesenkeule

1.3.19 *Hodophilus atropunctus,* Punktiertstieliger Scheinsamtschneckling

1.3.20 *Hodophilus foetens,* Stinkender Scheinsamtschneckling

Hodophilus alboflloccipes (Kovalenko, E.F. Malysheva & O.V. Morozova) Looney & Adamčík, *Camarophyllopsis albofloccipes* Kovalenko, E.F. Malysheva & O.V. Morozova: Hut gelb- bis ockerbraun, Lamellen gelbbräunlich, gegen außen heller, Stiel mit weißen Körnchen oder Schüppchen auf gelblichem Hintergrund.

Hodophilus tenuicystidiatus Jančovič., Adamčík & Looney: Hut 0,5–1,5 cm, jung braunorange, Lamellen nicht auffällig weit entfernt, braunorange bis graubraun, Stiel glatt, glänzend, an der Spitze mit blassen Flöckchen. Kaulozystiden 4–7 µm breit.

Hodophilus subfoetens Adamčík, Jančovič. & Looney: Hut 0,5–2 cm, feuchtbraun bis graubräunlich, trocken schwarzbraun, Lamellen entfernt, grau- bis schokoladenbraun, Stiel glatt und glänzend, Spitze etwas bereift. Kaulozystiden 7–7,5 µm breit.

Hodophilus pallidus Adamčík, Jančovič. & Looney: Hut 0,5–2 cm, feucht orangegrau, trocken braunorange, Lamellen entfernt, in den gleichen Farben, Stiel glatt, Spitze mit feinen, blassen Körnchen. Kaulozystiden 7,5–9 µm breit.

Die Gruppe dieser unangenehm riechenden Arten im Umfeld von *H. foetens,* Stinkender Scheinsamtschneckling sind sich sehr ähnlich. Aufgrund von Habitus und Lamellen vermutet man sie wie *Lamelloclavaria* in der Familie Schnecklingsverwandte, wo die Arten verschlüsselt sind. Systematisch gehört die Gattung *Hodophilus* aber zu *Clavariaceae,* Keulchenverwandte und ist deshalb hier beschrieben.

1.3.21 *Ceratellopsis acuminata* (Fuckel) Corner, *Pistillaria pusilla* sensu Breitenbach & Kränzlin
Zugespitzter Scheinhörnling, Stumpfes Zwergkeulchen

Frkp: sehr klein, bis ca. 1 mm hoch und 0,1 mm im Durchmesser, einzelne, zylindrische, spitz auslaufende, durchscheinend weiße bis gelbliche Zähnchen, unverzweigt. **F:** zart, weich. **V:** auf modernden Pflanzenresten (Weidenkätzchen *Salix,* Laubblättern, Waldkiefernnadeln *Pinus sylvestris*); Sommer bis Herbst. **Mik:** Sporen glatt, breit ellipsoid, 4,5–5,5 × 2,5–3,5 µm, Hyphen ohne Schnallen. (BK 2.430).

1.3.22 *Calocera viscosa* (Pers.) Fr.
Klebriger Hörnling

Frkp: mit einem 0,2–0,5 cm dicken Stamm und 2–6 cm langen, gabelig verzweigten Ästen, feucht klebrig-schmierig, lebhaft dotter- bis orangegelb. **Ger:** unauffällig. **Ges:** unauffällig. **V:** auf morschem Nadelholz; Sommer bis Herbst. **Mik:** Sporen glatt, ellipsoid, reif einfach septiert, 8–10 × 3,5–4,5 µm, Hyphen ohne Schnallen. (D 1072, Kr 1.73, BK 2.2, 🖾).

1.3.23 *Calocera cornea* (Batsch) Fr.
Pfriemförmiger Laubholz-Hörnling

Frkp: aus vorwiegend einzelnen, nach oben verjüngten, unverzweigten Ästen, 2–10 mm lang, 1–2 mm dick, glatt und schmierig, lebhaft dotter- bis orangegelb. **Ger:** unauffällig. **Ges:** unauffällig. **V:** vorwiegend auf entrindetem Laubholz, vor allem Eiche *Quercus* und Buche *Fagus*; Sommer bis Herbst. **Mik:** Sporen glatt, ellipsoid, einfach septiert, 7–10 × 2,5–4 µm, Hyphen ohne Schnallen. (Kr 1.70, BK 2.1, 🖾).

1.3.24 *Calocera furcata* (Fr.) Fr., Gegabelter Nadelholz-Hörnling: auf Nadelholz. Sporen reif mit bis zu drei Septen. (Kr 1.71, 🖾).

1.3.25 *Multiclavula mucida* (Pers.) R.H. Petersen, *Lentaria mucida* (Pers.) Corner
Schmierige Holz-Flechtenkeule, Holz-Flechtenkeule, Schmierige Byssuskeule

Frkp: 0,3–1,5 cm hoch, zylindrisch bis etwas spindelig oder keulenförmig, weich, teils einfach oder mehrfach gegabelt, glatt, matt, weißlich bis gelbockerlich, alt auch braun, Enden zugespitzt und oft schon früher dunkler gefärbt, Stielbasis teils etwas verdickt und mit weißem Mycelfilz umgeben. **V:** auf morschem, mit Algen oder Moos bewachsenem Totholz; Frühling bis Herbst. **Mik:** Sporen glatt, zylindrisch bis etwas ellipsoid, 5,5–7,5 × 2,5–3 µm, Hyphen mit Schnallen. (BK 2.440, 🖾).

Multiclavula vernalis (Schwein.) R.H. Petersen, Frühlings-Flechtenkeule, Erd-Flechtenkeule: Fruchtkörper vorwiegend keulenförmig, creme, gelb bis strohorange; auf torfigem, moorigem Boden, bei Algen. Sporen 8–12 × 2,5–3,5 µm.

1.3.26 *Macrotyphula phacorrhiza* (Reichard) Olariaga, Huhtinen, Læssøe, J.H. Petersen & K. Hansen, *Typhula phacorrhiza* (Reichard) Fr.
Linsen-Fadenkeule, Linsen-Fadenkeulchen

Frkp: fadenförmig, zylindrisch, gegen oben minimal keulig verdickt, 2–7 cm hoch, 0,3–1 mm dick, Oberfläche glatt, im oberen, fruchtbaren Teil creme bis gelbbraun, Stielteil im unteren Drittel etwas dunkler gefärbt und schwach filzig, Fruchtkörper wachsen aus einem graubraunen, unregelmäßigen bis linsenförmigen Sklerotium von 2–4 mm Länge. **Ger:** unauffällig. **V:** gesellig bis rasig, auf moderndem Laubstreu; im

1.3.22 *Calocera viscosa,* Klebriger Hörnling

1.3.23 *Calocera cornea,* Pfriemförmiger Laubholz-Hörnling

1.3.24 *Calocera furcata,* Gegabelter Nadelholz-Hörnl.

1.3.25 *M. mucida,* Schmierige Holz-Flechtenkeule

1.3.26 *Macrotyphula phacorrhiza,* Linsen-Fadenk.

Herbst. **Mik:** Sporen glatt, zylindrisch bis ellipsoid, 11–15 × 4,5–5,5 µm, Hyphen mit Schnallen. (BK 2.432, 🖼).

Gemäß Olariaga et al. 2020 ist *Macrotyphula* nahe mit den Gattungen *Phyllotopsis* und *Pleurocybella* verwandt. Sie schlagen die neue Familie *Phyllotopsidaceae* vor.

1.3.27 *Typhula juncea* (Alb. & Schwein.) P. Karst., *Macrotyphula juncea* (Bull.) Fr., *Typhula filiformis* (Bull.) Fr., *Macrotyphula filiformis* (Bull.) Paechn., Binsenartige Keule, Fadenförmige Röhrenkeule, Fadenförmiges Fadenkeulchen: Fruchtkörper bis 1,5 mm dick, oberer Teil ocker bis orangeockerlich, Stielteil manchmal mit feinen dornartigen Auswüchsen, kein Sklerotium, Geruch und Geschmack säuerlich; auf Pflanzenresten, Kräuterstängeln. Sporen eher mandelförmig, 7–12 × 3,5–5,5 µm. (D 1021, Kr 2.41, BK 2.437, 🖼).

Ob es sich bei *T. filiformis* tatsächlich um ein Synonym von *T. juncea* handelt, ist unklar.

1.3.28 *Typhula fistulosa* (Holmsk.) Olariaga, *Macrotyphula fistulosa* (Holmsk.) R.H. Hohe Röhrenkeule, Röhriges Fadenkeulchen, Röhrige Keule

Frkp: fadenförmig, steif, 3–15 cm hoch, 5–10 mm dick, Oberfläche glatt, im oberen, fruchtbaren Teil wie auch im Stielteil des unteren Drittels ocker bis rötlich gelb, kein Sklerotium. **Ger:** unauffällig **Ges:** unauffällig **V:** auf abgestorbenen Ästchen, vorwiegend von Grünerle *Alnus alnobetula*. **Mik:** Sporen glatt, ellipsoid, 10–15 × 5,5–8 µm, Hyphen mit Schnallen. (Kr 2.42, BK 2.438, 🖼).

1.3.29 *Typhula abietina* (Fuckel) Corner, *Pistillaria abietina* Fuckel Gelbes Nadelholz-Fadenkeulchen

Frkp: keulenförmig bis umgekehrt eiformig, oft abgeplattet, nur wenige Millimeter hoch und breit, glatt, blass gelblich bis braun mit sichtbar abgesetztem etwas durchscheinendem Stiel. **V:** aus 2–5 mm großen, braun glänzenden Sklerotien unter der Rinde abgestorbener Fichtenzweige *Picea*. (🖼).

1.3.30 *Typhula spathulata* (Corner) Berthier Schneeweißes Fadenkeulchen

Frkp: keulen- bis spatelförmig, abgeplattet, nur wenige Millimeter hoch und breit, glatt, blass gelblich, mit sichtbar abgesetztem, fein faserschuppigem Stiel. **V:** auf abgestorbenen Zweigen von Esche *Fraxinus* oder Linde *Tilia*. **Mik:** Sporen 5,5–10,5 × 3–5 µm. (Kr 2.52, 🖼).

1.3.31 *Typhula erythropus* (Pers.) Fr. Rotstieliges Fadenkeulchen

Frkp: fadenförmig mit verdicktem Kopfteil, 1–3 cm lang, Stiel fädig, bis gut zur Hälfte reichend, 0,1–0,3 mm dick, Kopf walzen- bis etwas keulenförmig, 0,5–1 mm dick, weich, glatt, weiß, Stiel rot- bis dunkelbraun, knorpelig auf einem gleichfarbigen, im Substrat eingesenkten Sklerotium. **V:** gesellig, auf Blattstielen und -nerven von abgefallenen Laubblättern; im Herbst. **Mik:** Sporen glatt, ellipsoid, 5–7 × 2,5–3 µm, leicht amyloid. (Kr 2.47, BK 2.431, 🖼).

Typhula tremula (Berthier) Olariaga, *Macrotyphula tremula* Berthier: Fruchtkörper cremeweiß bis blass ockerbraun, fädig, an der Spitze leicht verdickt; im Wald bis alpin auf modernden Stängeln von Frauenfarn *Athyrium*. Sporen ellipsoid bis etwas allantoid, 12–14 × 4–5 µm.

1.3.32 *Typhula sclerotioides* (Pers.) Fr. Kraut-Sklerotien-Fadenkeulchen, Pestwurz-Fadenkeulchen

Frkp: 0,2–1 cm hoch, fadenförmig bis schwach keulig, auf der ganzen Länge matt, weiß, im unteren, etwas dünneren Stielteil fein flaumig, etwas knorpelig und aus einem linsenförmigen, 1–2 mm langen, schwarzbraunen Sklerotium entspringend. **V:** vorwiegend subalpin oder alpin, z. B. auf Pflanzenresten von Milch- oder Alpenlattich *Cicerbita*, Weißer Pestwurz *Petasites*, Gelbem Enzian *Gentiana*; Sommer bis Herbst. **Mik:** Sporen glatt, zylindrisch bis etwas allantoid, 8,5–11 × 3,5–4 µm, nicht amyloid. (BK 2.434, 🖼).

1.3.33 *Typhula micans* (Pers.) Berthier Schimmerndes Fadenkeulchen

Frkp: 0,2–0,5 cm hoch, keulenförmig bis etwas kopfig, verdickter Kopfteil matt feinst filzig, rosaweißlich bis orangerötlich, Stielteil fadenförmig, glatt, etwas heller und durchscheinend. **V:** auf abgefallenen Laubblättern oder modernden Pflanzenstängeln. **Mik:** Sporen 8–10,5 × 4,5–5,5 µm. (Kr 2.48).

1.3.34 *Typhula uncialis* (Grev.) Berthier Kolbenförmiges Fadenkeulchen

Frkp: 0,3–0,5 cm hoch, schlank bis deutlich keulenförmig, Kopfteil matt, glatt, weiß bis gelblich, bis ca. 0,1 cm breit, Stielteil dünner, fein kleiig und etwas durchscheinend. **V:** einzeln bis gesellig, auf liegenden, modernden Pflanzenstängeln; Sommer bis Herbst. **Mik:** Sporen glatt, ellipsoid, 5,5–8 × 3–3,5 µm, Hyphen mit Schnallen. (Kr 2.52, BK 2.436, 🖼).

1.3.27 *Typhula juncea*, Binsenartige Keule

1.3.28 *Typhula fistulosa*, Hohe Röhrenkeule

1.3.29 *T. abietina*, Gelbes Nadelholz-Fadenkeulchen

1.3.30 *Typhula spathulata*, Schneeweißes Fadenkeulch.

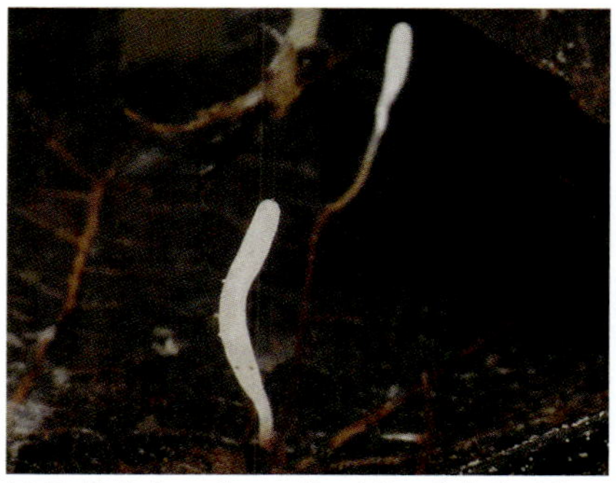

1.3.31 *Typhula erythropus*, Rotstieliges Fadenkeulchen

1.3.32 *T. sclerotioides*, Kraut-Sklerotien-Fadenkeul.

1.3.34 *Typhula uncialis*, Kolbenförmiges Fadenkeulchen

1.3.35 *Typhula quisquiliaris* (Fr.) Henn.
Adlerfarn-Fadenkeulchen

Frkp: 0,3–1 cm hoch, zylindrisch, keulen- oder zungenförmig bis etwas kopfig, Kopfteil glatt, weiß bis ca. 0,3 cm breit, Stielteil deutlich abgesetzt, dünner, fein flaumig, durchscheinend weißlich und aus einem gelblichen, 2–3 mm langen und weniger als 1 mm breiten Sklerotium im Stängelmark entspringend. **V:** gesellig, auf abgestorbenen Stängeln von Adlerfarn *Pteridium*; im Herbst. **Mik:** Sporen glatt, schmal ellipsoid bis etwas allantoid, 9–11,5 × 3,5–5 µm, amyloid, Hyphen mit Schnallen. (Kr 2.50, BK 2.433).

1.3.36 *Typhula culmigena* (Mont. & Fr.) Berthier
Herzsporiges Fadenkeulchen

Frkp: 0,1–0,3 cm, leicht keulenförmig, weiß bis cremefarben, Stielteil cremeweiß, ohne Sklerotium. **F:** dünn, weißlich. **V:** auf Grasresten oder an Rohrkolben *Typha*. **Mik:** Sporen glatt, dreieckig-herzförmig, 5–6,5 × 4,5–5,5 µm. ( ).

1.3.37 *Typhula setipes* (Grev.) Berthier
Zottiges Fadenkeulchen, Borstenfüßiges Fadenkeulchen

Frkp: 0,1–0,3 cm hoch, keulenförmig bis etwas kopfig, teils abgeplattet, verbreiterter, kurzer Kopfteil cremeweiß, zylindrisch-fädiger Stielteil etwas dunkler, fein flaumig, an der Basis bisweilen etwas verdickt und mit feinen Borsten im Substrat verwachsen. **V:** auf abgefallenen Laubblättern; Herbst bis Winter. **Mik:** Sporen glatt, schmal ellipsoid, 7–8 × 3–3,5 µm, amyloid. (Kr 2.51, BK 2.435).

1.3.38 *Typhula sphaeroidea* Remsberg
Weißes Flachkopf-Fadenkeulchen

Frkp: 0,1–0,3 cm, keulen- bis spatelförmig und seitlich abgeplattet, weiß bis cremefarben, Stielteil abgesetzt, etwa gleich lang wie das Köpfchen, Basis bräunlich und meistens einem eingesenkten Sklerotium entspringend. **F:** dünn, weißlich, leicht gallertartig. **V:** im Laubmischwald auf vermodernden Zweigen verschiedener Gehölze oder Brombeeren *Rubus*. **Mik:** Sporen glatt, ellipsoid, 10,5–12 × 4,5–6 µm, amyloid. ( ).

1.3.39 *Mucronella bresadolae* (Quél.) Corner
Weißes Stachelspitzchen

Frkp: gegen den Boden wachsend, aus weißen, dünnen Stacheln von 2–5 mm Länge, weniger als 1 mm breit, an der Ansatzstelle bisweilen gelblich. **V:** meist gruppenweise gedrängt, auf der Unterseite von morschem Nadelholz oder alten Porlingen wie *Gloeophyllum odoratum,* Fenchel-Tramete; Frühling bis Herbst. **Mik:** Sporen glatt, annähernd kugelig, 5–8 × 4,5–6,5 µm, Hyphen mit Schnallen. (Kr 2.101, BK 2.287,).

1.3.40 *Mucronella calva* (Alb. & Schwein.) Fr., Rasiges Stachelspitzchen: Fruchtkörper mit Stacheln von weniger als 1 mm Länge, dicht rasig wachsend; Herbst bis Frühling. Sporen glatt, ellipsoid, 4,5–6 × 3–4 µm, Septen vereinzelt mit Schnallen. (BK 2.288,).

1.3.41 *Protodontia piceicola* (Kühner ex Bourdot) G.W. Martin
Resupinater Gallertzahn

Frkp: feiner Überzug des Substrates mit gegen den Boden wachsenden, weißen, dünnen, wachsartigen Stacheln von 1–3 mm Länge, weniger als 0,5 mm breit, grauweiß bis -ockerlich **V:** gruppenweise verbunden, auf der Unterseite morscher Bretter; im Winter. **Mik:** Sporen glatt, kugelig, 3–4 × 2,5–4 µm. (BK 2.18,).

1.3.42 *Sarcodontia crocea* (Schwein.) Kotl., *Sarcodontia setosa* (Pers.) Donk
Safrangelber Apfelbaum-Fleischzahn, Krustiger Stachelbart

Frkp: vollständig am Holz des befallenen Baumes anliegend (resupinat), mehrere Quadratzentimeter groß, oft in Höhlungen oder Rissen, nach unten wachsende gelbliche bis gelbe Stacheln, knapp 1 mm dick und 5–15 mm lang. **F:** wachsartig, gelblich, oft weinrötlich verfärbend. **Ger:** stark süßlich, nach Anis, Ananas. **Ges:** mild, fruchtartig. **V:** vorwiegend in Astlöchern oder an Faulstellen von Apfelbäumen *Malus*; Sommer bis Herbst. **Mik:** Sporen glatt, annähernd kugelig, 4,5–6 × 3,5–4,5 µm, Hyphen mit Schnallen. (Kr 1.310, BK 2.179,).

1.3.43 *Ustilago maydis* (DC.) Corda, *Ustilago zeae* (Link) Unger
Maisbeulenbrand, Huitlacoche, Maisbrand, Maispilz

Frkp: 1–15 cm, knollig bis unförmig wuchernde, erst gelbgrünliche und geschlossene und später zunehmend graue bis schwärzliche Gebilde, die tumorartig oder ähnlich Gallen vorwiegend aus Maiskörnern an Maiskolben, aber auch aus anderen Teilen der Maispflanze wachsen, später öffnen sich die Fruchtkörper im Scheitel und geben schwarzes Sporenpulver in großen Mengen frei, im Schnitt anfangs weißlich-grünlich mit einer schwarzen Sporenschicht, später grauschwarz vom Sporenpulver. **Ger:** maisartig, leicht süßlich **V:** in dichten Büscheln auf verschiedenen Pflanzenteilen von Mais *Zea*. **Mik:** Sporen stachelig, kugelig, grauschwarz, 8–12 × 8–10 µm. (D 1158,).

U. maydis ist essbar. Vor allem in Mexiko ist der Pilz eine beliebte Zutat zu gehobenen Gerichten unter dem Namen Huitlacoche. Er wird auch Mexikanische Trüffel genannt. In Deutschland und Österreich ist der Maisbeulenbrand nicht als Speisepilz aufgeführt; er gilt aber in der Schweiz sogar als marktfähiger Speisepilz und wird in verschiedenen Ländern für Speisezwecke gezüchtet. Es sind Spuren von Ergotamin (Hauptwirkstoff des Mutterkorns) festgestellt worden. Deshalb soll der Maisbeulenbrand – wie alle Pilze – nicht in großen Mengen verzehrt werden. Schwangere Frauen sollten ihn meiden.

1.3.36 *Typhula culmigena,* Herzsporiges Fadenkeulch.

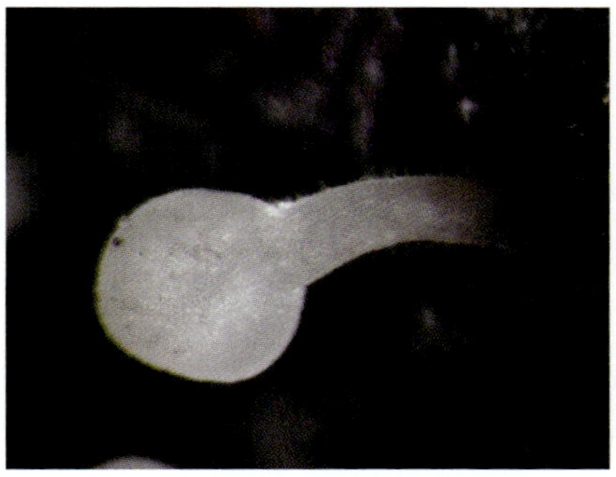

1.3.38 *Typhula sphaeroidea,* Weißes Flachkopf-Fadenk.

1.3.39 *Mucronella bresadolae,* Weißes Stachelspitz.

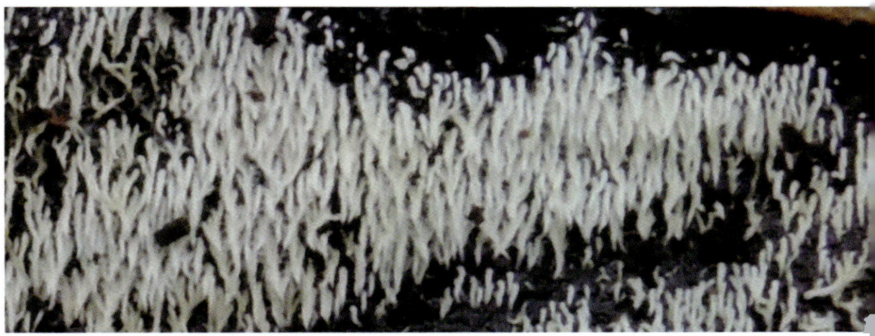

1.3.40 *Mucronella calva,* Rasiges Stachelspitzchen

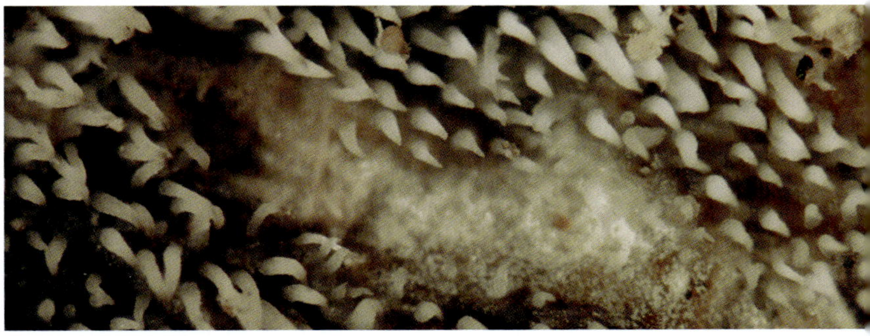

1.3.41 *Protodontia piceicola,* Resupinater Gallertzahn

1.3.42 *Sarcodontia crocea,* Safrangelber Apfelbaum-Fleischzahn

1.3.43 *Ustilago maydis,* Maisbeulenbrand

1.4 *Ramaria,* Korallen und Ähnliche

Basidiomycota, Ständerpilze > *Aphyllophorales,* Nichtblätterpilze

Sammelordnung *Aphyllophorales,* Nichtblätterpilze mit korallenartigen Fruchtkörpern

Diese große Gruppe zeichnet sich durch verzweigte, verästelte, korallenförmige Gebilde aus, die mehrheitlich zur Ordnung ***Gomphales***, Schweinsohrartige zählen. Es gibt aber auch eine Reihe von Gattungen und Arten aus anderen Ordnungen, welche diese Formen entwickelt haben.

Agaricales, Champignonartige
> ***Pterulaceae***, Borstenkorallenverwandte > *Pterula*
> ***Clavariaceae***, Keulchenverwandte > *Ramariopsis*

Cantharellales, Pfifferlingsartige
> ***Hydnaceae***, Stoppelpilzverwandte > *Clavulina*

Gomphales, Schweinsohrartige
> ***Gomphaceae***, Schweinsohrverwandte
> *Ramaria, Phaeoclavulina, Lentaria*

Russulales, Täublingsartige
> ***Auriscalpiaceae***, Ohrlöffelstachelingsverwandte
> *Artomyces*

1.4.03 *Clavulina coralloides*, Kammförmiger Keulenpilz

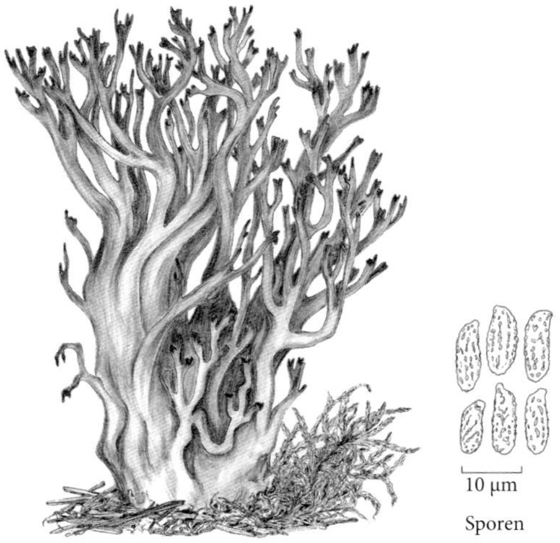

1.4.39 *Ramaria flavescens*, Gelbliche Koralle

Ramaria, Korallen und Ähnliche

Beschreibung

Der größte Teil der mehrfach verzweigten, teils groß bis sehr groß werdenden Arten auf Erde mit dickem Strunk und weichem Fleisch gehören zur Gattung ***Ramaria***, Korallen, einige wenige zu den äußerlich kaum unterscheidbaren ***Phaeoclavulina***, Braunkorallen. Sie erscheinen vorwiegend in verschiedenen Gelbtönen, teils grau, rosa oder violett oder zumindest mit Anteilen dieser Farbtöne. Die weißlichen ***Lentaria***, Holzkeulchen wachsen auf Holz und sind ebenfalls weichfleischig. Damit unterscheiden sie sich von den zähen *Xylaria*, Holzkeulen, welche zu den *Ascomycota* zählen und in Kapitel 16 beschrieben sind. Zu den korallenartigen Pilzen aus der Ordnung *Agaricales* gehören die weißlichen, blass gefärbten ***Pterula***, Borstenkorallen, ***Clavulina***, Keulenpilze mit dünnen, fein borstigen Ästen oder nur wenigen, gegen außen feinen Verzweigungen und die ockerlichen bis violetten ***Ramariopsis***, Wiesenkorallen, die den übrigen Korallen sehr ähnlich sind, jedoch klein bleiben und nie große Strünke bilden.

Die genannten Arten wachsen auf Erde, zu einem kleineren Teil auf Holz und sind vorwiegend Saprobionten. Bei einigen wenigen *Ramaria*- und *Clavulina*-Arten ist allerdings auch eine symbiotische Lebensweise als Mykorrhizapilze nicht auszuschließen.

Unter dem Mikroskop findet man fein differenzierte Strukturen der Sporenoberflächen. Die zu *Gomphales* zählenden Arten haben mehrheitlich warzig-wulstige, streifige, isoliert grob warzige bis fein punktierte Sporenoberflächen, jene aus *Agaricales* sind glatt. ***Artomyces pyxidatus***, Verzweigte Becherkoralle mit etwas becherförmigen Vezweigungen zählt zur Ordnung *Russulales* und hat feinwarzige, amyloide Sporen. Ein Teil der Korallen hat Schnallen und verschieden geformte Kristallgebilde an der Stielbasis wie auch an den wurzelähnlichen Rhizomorphen.

Bestimmung

Eine erste Abgrenzung kann über Farben, Formen und Standorte erfolgen. In den meisten Fällen sind danach mikroskopische Abklärungen nötig. Dafür gibt es im Schlüssel eine Reihe von Abkürzungen, die Auskunft über die wichtigen Kriterien geben:

- Sporenornamente:
  Sgl: glatt, **Sge**: gestreift, **Sw**: warzig, **Sww**: warzig-wulstig, **Ss**: stachelig.
- Schnallen:
  mS: Hyphen mit Schnallen, **oS**: Hyphen ohne Schnallen.
- Rhizomorphen:
  pKr: mit polymorphen Kristallen, **nKr**: mit nadelförmigen Kristallen, **sKr**: mit sternförmigen Kristallen, **rKr**: mit rosettenförmigen Kristallen, **gKr**: mit granulären Kristallen, **Kr**: mit irgendwelchen Kristallen, **g**: gelifiziert.

Speisewerte

Ramaria formosa, Dreifarbige Koralle und *Ramaria pallida,* Bauchweh-Koralle gelten als Giftpilze, welche erhebliche Beschwerden verursachen können. *Ramaria botrytis,* Hahnenkamm-Koralle sowie einige der sattgelb gefärbten Korallen, die auf Erde wachsen, können gegessen werden, sind jedoch aufgrund der enthaltenen Oxalate schwer verdaulich. *R. botrytis, R. flava* und *R. largentii* sind hier als essbar markiert. Die Trennung in essbare und nicht essbare Arten ist jedoch uneinheitlich. Auch *R. aurea, R. flavescens, R. lutea* und *R. obtusissima* erscheinen teilweise als Speisepilze (Breitenbach & Kränzlin 1986).

1.4 *Ramaria*, Korallen und Ähnliche

(A1) auf Erde

▹ Fruchtkörper cremeweiß bis blassbeige oder -ocker, teils mit fleischrosa Reflex

Frkp. mit gemeinsamem, kräftigem Strunk, Sporen warzig, stachelig oder gestreift	
Fleisch rotbraun verfärbend, Strunk u. Äste zunehmend rotbraun (Sw, mS, nKr)	09 *Ramaria bataillei*, Weinbraunverfärbende Koralle
Fleisch nicht verfärbend	
Astende beigerosa bis blassrosa, Geruch würzig	
Fruchtkörper ohne Gelb, Geruch nach Maggi (Sww, oS, pKr, g)	10 *Ramaria pallida*, Bauchweh-Koralle
Äste und Astende jung gelb, Strunk schuppig aufreißend (Sww, oS, pKr)	11 *Ramaria rufescens*, Rotzähnige Koralle
Astende jung teils kräftig weinviolett, später blass rosaviol., Ger. evtl. süßlich	
im Laubwald bei Buche	
Sp. 11–18 µm lang, Stielfleisch m. Melzer langsam blassviolett (Sge, mS)	12 *Ramaria botrytis*, Hahnenkamm-Koralle
Sporen 9–13,5 µm, Stielfleisch mit Melzer blauviolett (Sge, mS, g)	13 *Ramaria rubripermanens*, Rosaspitzige Koralle
im Nadelwald bei Fichte	
Sp. 9–16 × 4–7 µm, Stielfleisch m. Melzer schnell blauviolett (Sge, mS, g)	14 *Ramaria rubrievanescens*, Verblassende Fichten-Koralle
Sporen 9–13,5 × 3,5–5 µm, Stielfleisch mit Melzer blauviolett (Sge, mS, g)	13 *Ramaria rubripermanens*, Rosaspitzige Koralle
Astende ohne Rosa oder Violett	
Geruch nach Anis oder Honig, Ges. bitter (zumindest in den Spitzen)	
bis 12 cm hoch, Äste mehrfach verzweigt, oft verbogen (Sww, mS, rKr)	15 *Ramaria gracilis*, Zierliche Koralle
bis 8 cm hoch, alt ockergelb, Strunkhöhe bis ca. 3 cm (Ss, mS, sKr)	16 *Ramaria helodes*, Moor-Koralle
Geruch würzig, Maggi, bis 15 cm (Sww, mS, pKr, g)	10 *Ramaria pallida*, Bauchweh-Koralle
Geruch fruchtig, bis 6 cm, Äste schwach fleischrosa, Nadelstreu (Sw, mS, rKr)	17 *Ramaria suecica*, Schwedische Koralle
Geruch unauffällig, 2–6 cm, Äste weiß, später gelblich, Laubwald, Wiese	07 *Ramariopsis kunzei*, Weißliche Wiesenkoralle
Frkp. aus einzelnen, vorw. schlanken, teils büschelig verwachsenen Ästen, Sp. glatt	
haarig-borstige Büschel, ocker, später creme oder lilacreme	05 *Pterula multifida*, Starkriechende Borstenkoralle
Äste geweihförmig verzweigt aus gemeinsamem Stamm, 2–4 cm hoch	06 *Ramariopsis subtilis*, Zarte Wiesenkoralle
Äste büschelig, zum Teil strunkartig verwachsene, rundliche Äste	01 *Clavulina cinerea*, Grauer Keulenpilz
Äste keulig bis flachgedrückt, 0,5–1,5 cm dick, einzeln oder büschelig	
Astende fein verzweigt, teils mit bürstenartigen Enden	**03 *Clavulina coralloides*, Kammförmiger Keulenpilz**
Astende nicht oder nur teilweise verzweigt	04 *Clavulina rugosa*, Runzliger Keulenpilz

1.4 *Ramaria,* Korallen und Ähnliche

(A2) auf Erde

▹ Fruchtkörper einheitlich oder vorwiegend gelb bis bräunlichocker, höchstens Äste mit lachsrosa Schimmer

- Fruchtkörper einheitlich hell- bis zitronengelb ohne Rosa oder Braun
  - Fruchtkörper korallenförmig mit gemeinsamem, kräftigem Strunk
    - Fleisch seifig-gelatinös, Geruch säuerlich, bei Buche (Sww, oS, g) — 18 *Ramaria pallidosaponaria,* Seifigfleischige Koralle
    - Fleisch nicht seifig-gelatinös
      - Fruchtkörper einheitlich blassgelb, ohne Schnallen
        - Fruchtkörper groß, bis gegen 30 cm hoch und breit (Sww, oS, gKr) — 19 *Ramaria albidoflava,* Weißlichgelbe Koralle
        - Fruchtkörper klein bis mittel, bis 12 cm hoch und 10 cm breit (Sww, oS)
          - Sporenlänge 9–15,5 µm — 20 *Ramaria subtilis,* Hellgelbliche Koralle
          - Sporenlänge 5,5–10,5 µm — 21 *Ramaria lutea,* Hellgelbe Koralle
      - Fruchtkörper einheitlich und lebhaft gelb, mit Schnallen
        - Fruchtkörper groß, bis 20 cm hoch und größer
          - Sporenlänge durchschnittlich 12,6 µm
            - Sporen fast 3-mal so lang wie breit (Sww, mS, pKr) — **22 *Ramaria flava,* Schwefelgelbe Koralle**
            - Sporen ca. 2,5-mal so lang wie breit (Sww, mS) — 23 *Ramaria brunneicontusa,* Weinbraunfleckende Koralle
          - Sporenlänge durchschnittlich 10,3 µm, Geruch rettichartig (Sww, mS, g) — 24 *Ramaria flavoides,* Schöngelbe Koralle
        - Frkp. klein, bis 8 cm, alt und an Druckstellen etwas bräunend (Sww, mS) — 25 *Ramaria flavobrunnescens,* Gelbbräunende Koralle
  - Fruchtkörper aus einzelnen bis büscheligen Ästen
    - 2–5 cm hoch, Äste bis 0,5 cm dick, geweihförmig verzweigt — 1.3.17 *Clavulinopsis corniculata,* Geweihförmige Wiesenkeule
    - bis ca. 10 cm hoch, Äste bis 1 cm dick, unverzweigt, längsgrubig — 1.3.15 *Clavulinopsis fusiformis,* Spindelförmige Wiesenkeule
- Fruchtkörper gelb- bis bräunlichocker, klein bis mittelgroß, Sporen stachelig
  - Spitzen graublau, Äste ockergelb, wenig ausladend, bis 5 cm hoch (Ss, mS, sKr) — 26 *Ramaria subdecurrens,* Lavendel-Koralle
  - Spitzen ohne Graublau
    - bis 12 cm, Astgabelungen breit abgerundet, in Laubwaldstreu (Ss, mS, sKr) — 27 *Ramaria decurrens,* Sparrige Koralle
    - bis 8 cm hoch, Äste vorwiegend parallel aufwärts gerichtet (Ss, mS, rKr) — 28 *Ramaria eumorpha,* Nichtverfärbende Fichten-Koralle
    - bis 5 cm hoch, Äste aufwärtsstrebend, oft verbogen (Ss, mS, sKr) — **29 *Phaeoclavulina flaccida,* Flattrige Fichten-Braunkoralle**
- Fruchtkörper vorwiegend gelb, Äste mit lachsrosa Schimmer (teils erst reif sichtbar)
  - Fleisch rot oder bräunlich fleckend
    - Fruchtkörper vorwiegend schon jung gelb, kaum hell- oder schwefelgelb
      - büschelig verwachsen, leicht bräunlich fleckig, Sporen glatt! (Sgl, mS) — 34 *Ramaria schildii,* Glattsporige Koralle
      - breite, massive Grundäste, reif deutlich lachsrosa Spitzen, bei Buche
        - Hyphen zumindest vereinzelt mit Schnallen (Sww, mS, g) — 35 *Ramaria formosa,* Dreifarbige Koralle
        - Hyphen ohne Schnallen (Sww, oS, g) — 36 *Ramaria neoformosa,* Schnallenlose Dreifarben-Koralle
    - Fruchtkörper jung vorwiegend hell-, schwefelgelb, später auch fleischbräunlich
      - hellgelb, schwefelgelb mit schmutzig roten Flecken (Sww, oS, g) — 37 *Ramaria sanguinea,* Blutrotfleckende Koralle
      - hellgelb, später fleischbräunlich, Strunk schuppig aufreißend (Sww, oS, pKr) — 11 *Ramaria rufescens,* Rotzähnige Koralle
  - Fleisch nicht fleckend
    - Geruch nach Safran, Grundfarbe Sattgelb (Sww, sS, pKr) — 38 *Ramaria safraniolens,* Safran-Koralle
    - Geruch nicht nach Safran (unauffällig bis säuerlich, herb)
      - bis 25 cm hoch, Grundfarbe Blass- bis Orangegelb (Sww, mS) — **39 *Ramaria flavescens,* Gelbliche Koralle**
      - höchstens 10–15 cm hoch
        - bei Buche
          - Grundfarbe Goldgelb, Geruch angenehm (Sww, oS, Kr) — 40 *Ramaria aurea,* Goldgelbe Koralle
          - Grundfarbe Gelb, Geruch säuerlich (Sww, oS, pKr) — 41 *Ramaria fagetorum,* Rosagelbe Koralle
        - bei Fichte, Grundfarbe Gelborange (Sww, mS) — 25a *Ramaria flavobrunnescens* var. *aurea,* Goldgelbbräunende Koralle

1.4 *Ramaria,* Korallen und Ähnliche

(A3) auf Erde

▹ Fruchtkörper vorwiegend orangegelb, rosaorange, lachsrosa, violett, rot oder braun oder mit wenig bis starkem Grünanteil

Fruchtkörper vorwiegend orange, orangegelb, rosaorange	
Fleisch rotbraun verfärbend, mit roter Zone am Strunk (Sw, mS, nKr)	09 *Ramaria bataillei,* Weinbraunverfärbende Koralle
Fruchtkörper mit rosa Farbanteil, rosaorange	
Hyphen ohne Schnallen	
Sporenlänge im Durchschnitt 10–11 µm	
Äste anfangs gelb, erst später orange bis rosaorange (Sww, oS, Kr)	40 *Ramaria aurea,* Goldgelbe Koralle
Äste nur beim Strunk unten gelb, oben stets rosaorange (Sww, oS, Kr)	43 *Ramaria dolomitica,* Dolomiten-Koralle
Sporenlänge um 15 µm, gleichmäßig orange, höchstens zartrosa (Sww, oS, Kr)	44 *Ramaria longispora,* Langsporige Gebirgs-Koralle
Hyphen mit Schnallen, Sp. 6–10 × 3–4,5 µm, deutlich lachsrosa (Sww, mS, Kr)	45 *Ramaria flavosalmonicolor,* Gelbliche Lachs-Koralle
Fruchtkörper ohne Rosa	
im Gras oder Moos	
Fleisch schwärzend, Äste braunorange (Ss, mS, nKr)	46 *Phaeoclavulina macrospora,* Großsporige Braunkoralle
Fleisch nicht schwärzend, Basalmycel striegelig (Ss, mS)	47 *Ramaria murrillii,* Murrills Koralle
im Nadelwald	
Fruchtkörper mittel bis groß, meist über 10 cm hoch	
groß, bis 20 cm hoch und breit, im Bergfichtenwald (Sww, mS, pKr)	**48 *Ramaria largentii,* Orangefarbene Gebirgs-Koralle**
mittel, bis 12 cm hoch, Äste teils fleischrosa, im Fichtenwald (Sww, mS)	25a *Ramaria flavobrunnescens* var. *aurea,* Goldgelbbräunende Koralle
Fruchtkörper klein, kaum über 5 cm hoch	
olivbraun, später braun, Verzweigungen schon an der Basis (Ss, mS, sKr)	49 *Phaeoclavulina mutabilis,* Veränderliche Braunkoralle
cremegelb bis orangeocker, evtl. oliv (Ss, mS, sKr)	50 *Ramaria myceliosa,* Myzel-Koralle
Fruchtkörper vorwiegend lachsrosa, violett oder rot	
Fleisch im Schnitt rotbraun verfärbend (Sw, mS, nKr)	09 *Ramaria bataillei,* Weinbraunverfärbende Koralle
Fleisch nicht verfärbend	
Fruchtkörper korallenförmig mit gemeinsamem, kräftigem Strunk	
ganzer Fruchtkörper vorwiegend korallenrot (Sww, oS)	30 *Ramaria subbotrytis,* Rosenrote Koralle
Äste lebhaft lachsrosa, Enden grünlichgelb, bei Fichte (Sww, oS, g)	31 *Ramaria ignicolor,* Feuerfarbene Koralle
Äste lebhaft lilaviolett (Sww, mS, pKr)	32 *Ramaria fumigata,* Violettgraue Koralle
Fruchtkörper aus einzelnen bis büscheligen Ästen	
4–8 cm hoch, verzweigte violette, rundliche bis abgeflachte Äste	
Basidien 4-sporig, Hyphen ohne Schnallen, Sporen 5,5–7 × 4,5–5,5 µm	1.3.10 *Clavaria zollingeri,* Amethystfarbige Keule
Basidien 2-sporig, Hyphen mit Schnallen, Sporen 7–12 × 5,5–8 µm	02 *Clavulina amethystina,* Amethyst-Keulenpilz
1–3 cm hoch, 1–2 mm dick, geweihförmig gegabelte Äste, Enden lila	08 *Ramariopsis pulchella,* Lilafarbene Wiesenkoralle
Fruchtkörper mit wenig bis starkem Grünanteil	
Äste lebhaft lachsrosa, Enden blassgelb bis grünlichgelb, bei Fichte (Sww, oS, g)	31 *Ramaria ignicolor,* Feuerfarbene Koralle
Äste olivlila, schmutzig lila, gelbbraun, Enden ± gleich, bei Buche (Sww, mS, pKr)	33 *Ramaria fennica,* Gelbrußige Koralle
Äste ohne Rosa, Lila, höchstens Astende etwas purpurn	
bis > 20 cm, gelb, grünlicher Schein, Astenden teils purpurn (Sww, mS, pKr)	**22 *Ramaria flava,* Schwefelgelbe Koralle**
klein oder mittelgroß, < 12 cm	
olivgelb bis olivgrün, Astende gelb oder grün, Druckstellen grün (Sw, mS, Kr)	42 *Phaeoclavulina abietina,* Grünfleckende Fichten-Braunkor.
vorwiegend gelb- bis bräunlichocker, bisweilen etwas oliv (Ss, mS, sKr)	27 *Ramaria decurrens,* Sparrige Koralle
Frkp. olivlila, schmutzig lila, gelbbraun, Astende ± gleich, bei Buche (Sww, mS, pKr)	33 *Ramaria fennica,* Gelbrußige Koralle
Fruchtkörper vorwiegend braun oder mit erheblichem braunen Farbanteil	
Fleisch weich, brüchig	
rötlichbraun, Spitzen gleichfarbig (Sww, oS)	51 *Ramaria spinulosa,* Feinstachelige Koralle
erst gelb, dann von unten hell- bis schokoladenbraun, Spitzen gelb (Sw, mS, nKr)	52 *Ramaria testaceoflava,* Ziegelgelbe Koralle
olivbraun, später braun, Verzweigungen schon an der Basis (Ss, mS, sKr)	49 *Phaeoclavulina mutabilis,* Veränderliche Braunkoralle
Fleisch lederig, zäh	
rosettenartig-runzelig, kaum korallenartig, Geruch unauffällig bis erdartig	
4–12 cm, Unterseite grau, Rand fransig-rissig	**1.2.32 *Thelephora terrestris,* Fächerförmiger Erd-Warzenpilz**
2–5 cm, Unterseite grauviolett, Rand oft tief rissig	1.2.33 *Thelephora caryophyllea,* Nelkenförmiger Warzenpilz
korallenartig, Geruch unauffällig bis faulig stinkend	
Astende abgeflacht, spatelförmig, braun- bis lilgrau, faulig stinkend	1.2.34 *Thelephora palmata,* Stinkender Warzenpilz
Astende stark ausgefranst, braun, Spitzen weißlich, Geruch unauffällig	1.2.35 *Thelephora anthocephala,* Blumenartiger Warzenpilz

1.4 *Ramaria*, Korallen und Ähnliche
(B) auf Holz

- Fruchtkörper mit gemeinsamem Strunk
  - aufwärts wachsend
    - Fruchtkörper vorwiegend ockergelb bis rötlichbraun, Astende gelb oder grün
      - Fruchtkörper bis ca. 10 cm hoch, Sporen stumpf warzig
        - Astende gelb, Äste ocker bis zimtfarben (Sww, mS, rKr) — 53 *Ramaria stricta*, Steife Koralle
        - Astende grün, Äste strohgelb bis rötlichbraun (Sw, mS, rKr) — 54 *Ramaria apiculata*, Türkisspitzige Koralle
      - Fruchtkörper klein, bis ca. 3 cm hoch, ocker, Strunk schlank (Ss, mS, sKr) — 55 *Phaeoclavulina ochracea*, Ockergelbe Braunkoralle
    - Frkp. vorw. blassrosa-rötlich-violettbraun, Astende weißlich (Sww, mS, rKr) — 56 *Ramaria rubella*, Rotbraune Koralle
    - Fruchtkörper weiß, später etwas gelblich, 2–6 cm, Fleisch weich — 07 *Ramariopsis kunzei*, Weißliche Wiesenkoralle
    - Fruchtkörper weiß- bis ockerlich, 1–4 cm, keulig bis stumpf geweihförmig — 16.13.44 *Trichoderma alutaceum*, Keulenförmiger Krustenpustelpilz
    - Fruchtkörper vorwiegend grauweiß, geweihförmig, zäh — **16.12.01 *Xylaria hypoxylon*, Geweihförmige Holzkeule**
  - abwärts wachsend
    - weiße Dornen korallenartig aus einem Strunk wachsend
      - Stacheln bis 2 cm lang, auf abgestorbener Weißtanne — 1.2.36 *Hericium flagellum*, Tannen-Stachelbart
      - Stacheln bis 1 cm lang, auf morschem Laubholz — 1.2.37 *Hericium coralloides*, Ästiger Stachelbart
    - dachziegelige Hüte, konsolenartig, mit cremerosa Stacheln auf Unterseite — 1.2.38 *Hericium cirrhatum*, Dorniger Stachelbart
    - Frkp. kugelig bis herzförmig, Stacheln weiß bis creme, auf U'seite 2–5 cm lang — 1.2.39 *Hericium erinaceus*, Igel-Stachelbart
- Fruchtkörper einzeln bis dicht büschelig
  - Fleisch elastisch, weich
    - lebhaft gelb, klebrig
      - Äste meistens gegabelt, Sporen reif mit 1 Septe — **1.3.22 *Calocera viscosa*, Klebriger Hörnling**
      - Äste selten gegabelt, Sporen reif mit bis zu 3 Septen — 1.3.24 *Calocera furcata*, Gegabelter Nadelholz-Hörnling
    - cremeweiß bis ockerlich, Fleisch elastisch, weich
      - mehrfach u-förmig gegabelte Einzeläste (dichotom) — 57 *Lentaria albovinacea*, Lilaweißes Holzkeulchen
      - becherförmige Spitzen mit mehrfachen Auswüchsen — 58 *Artomyces pyxidatus*, Verzweigte Becherkoralle
  - Fleisch zäh, auf Holz oder Buchenfruchtschalen, Sporen in Schläuchen *(Ascom.)*
    - geweihförmig, 2–5 mm dick, Enden, Basis schwarz — **16.12.01 *Xylaria hypoxylon*, Geweihförmige Holzkeule**
    - höchstens einfach verzweigt, bis 1 mm dick, braunschwarz, Enden hell — **16.12.04 *Xylaria carpophila*, Buchenfruchtschalen-Holzk.**

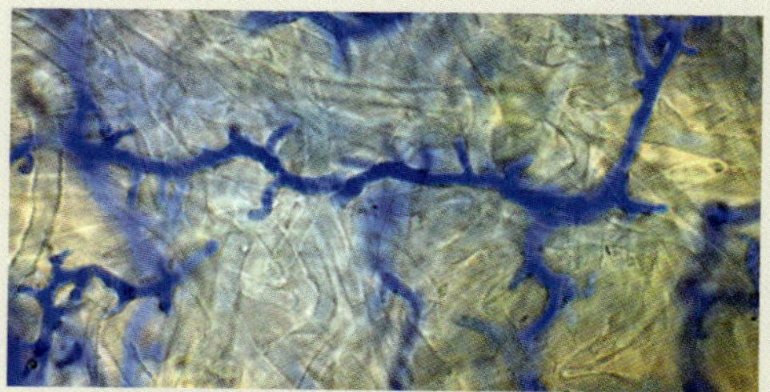

pKr: Rhizomorphen stellenweise mit polymorphen Kristallen (1.4.39 *Ramaria flavescens*)

Abkürzungen

Sporenornamente:
Sgl: glatt; Sge: gestreift; Sw: warzig; Sww: warzig-wulstig; Ss: stachelig.

Schnallen:
mS: Hyphen mit Schnallen; oS: Hyphen ohne Schnallen.

Rhizomorphen:
pKr: mit polymorphen Kristallen; nKr: mit nadelförmigen Kristallen;
sKr: mit sternförmigen Kristallen; rKr: mit rosettenförmigen Kristallen;
gKr: mit granulären Kristallen; Kr: mit irgendwelchen Kristallen; g: gelifiziert.

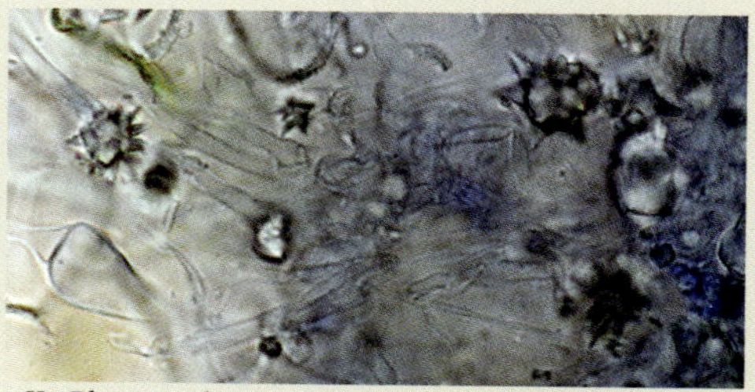

sKr: Rhizomorphen mit sternförmigen, großen Kristallen (1.4.42 *Phaeoclavulina abietina*)

1.4.01 *Clavulina cinerea* (Bull.) J. Schröt.
Grauer Keulenpilz

Frkp: 2–10 cm hoch, korallenförmig, einzelne oder büschelig verwachsene, teils flachgedrückte, verzweigte Äste, Basis schlank, cremeweiß bis ockerlich, Äste jung mit lila Farbtönen, später lila-grau, Enden gegabelt oder gar nicht verzweigt, jedenfalls nicht bürstenartig verzweigt. **Ger:** eher unangenehm, muffig. **Ges:** mild. **V:** im Laub- oder Mischwald, auf Erde, teilweise auch auf morschem Holz; im Herbst. **Mik:** Sporen glatt, annähernd kugelig, mit Tropfen, 8–10 × 7–8 µm, 1- bis 4-sporig, Hyphen mit Schnallen. (Kr 2.54, BK 2.455, 🖼).

1.4.01 *Clavulina cinerea,* Grauer Keulenpilz

1.4.02 *Clavulina amethystina* (Bull.) Donk, *Clavaria amethystina* Bull.
Amethyst-Keulenpilz

Frkp: 2–8 cm hoch und 4 cm breit, korallenförmig, mit einem Strunk, geweihförmigen Verzweigungen und kurzen Ästen, purpurviolett. **F:** brüchig, wässrig, rosa bis violett. **V:** grasig-moosiger Boden im Laubwald, bewaldete Lichtungen, Bachufer. **Mik:** Sporen glatt, hyalin, 7–12 × 5,5–8 µm, 2-sporig, Hyphen mit Schnallen. Diese Art ist von *Clavaria zollingeri,* Amethystfarbige Keule nur mikroskopisch zu unterscheiden.

1.4.03 *Clavulina coralloides* (L.) J. Schröt., *Clavulina cristata* (Holmsk.) J. Schröt.
Kammförmiger Keulenpilz

Frkp: 2–8 cm hoch, korallenförmig, einzelne oder büschelig verwachsene, oft keulige oder flachgedrückte, verzweigte Äste, cremeweiß bis ockerlich, Enden fein verzweigt, manchmal bürstenartig. **Ger:** unauffällig. **Ges:** mild. **V:** im Laub- oder Nadelwald, vorwiegend im Fichtenwald *Picea,* teilweise auch außerhalb des Waldes; Sommer bis Herbst. **Mik:** Sporen glatt, annähernd kugelig, mit einem großen Tropfen, 7–9 × 6–7,5 µm, 1- bis 2-sporig, Hyphen mit Schnallen. (D 1022, Kr 2.55, BK 2.456, 🖼).

1.4.03 *Clavulina coralloides,* Kammförmiger Keulenpilz

1.4.04 *Clavulina rugosa* (Bull.) J. Schröt.
Runzliger Keulenpilz

Frkp: 4–8 cm hoch, korallenförmig, einzelne oder büschelige, keulige bis flachgedrückte, spärlich verzweigte Äste, Oberfläche längsrillig, schmutzig weiß bis ockerlich, Enden stumpf, oft flachgedrückt, selten mit Auswüchsen oder Verzweigungen. **Ger:** unauffällig. **Ges:** mild. **V:** im Nadel- oder Mischwald, auf Erde; Sommer bis Herbst. **Mik:** Sporen glatt, annähernd kugelig, mit großem Tropfen, 9–13,5 × 7,5–10 µm, 2-sporig, Hyphen mit kleinen Schnallen. (Kr 2.56, BK 2.457, 🖼).

1.4.04 *Clavulina rugosa,* Runzliger Keulenpilz

1.4.05 *Pterula multifida* (Chevall.) Fr.
Starkriechende Borstenkoralle

Frkp: 2–6 cm hoch, korallenförmig, dichte, aus einem gemeinsamen Strunk wachsende, aufrechte, borstig-haarige Büschel feiner, bis ca. 1 mm dicker, fadenförmiger, elastischer Ästchen, die sich gegen oben mehrfach hintereinander verzweigen können, jung ockerbraun mit hellen Enden, später lilabräunlich. **Ger:** medizinisch, jodartig. **V:** vorwiegend auf Nadelstreu oder -holz. **Mik:** Sporen glatt, ellipsoid, 5–6 × 2,5–3,5 µm, Hyphen mit Schnallen. (Kr 2.60, BK 2.477, 🖼).

Viele Autoren betrachten *Pterula subulata* Fr. als Synonym. Gemäß Ellis & Ellis 1990 besitzt die Art jedoch breitere Sporen (3,5–5 µm) und wächst auf Erde.

1.4.05 *Pterula multifida,* Starkriechende Borstenkoralle

1.4.06 *Ramariopsis subtilis* (Pers.) R.H. Petersen, *Clavulinopsis subtilis* (Pers.) Corner
Zarte Wiesenkoralle, Zarte Wiesenkeule

Frkp: 1–4 cm hoch, korallenförmig aus einem gemeinsamen Strunk aufsteigende, ca. 1 mm dicke, gegabelte, brüchige Äste, am Ende bis vierfach geweihartig verzweigt, schmutzig weiß bis ockerbeige, Spitzen dunkler. **Ger:** unauffällig. **Ges:** mild. **V:** im Wald, auf Erde sowie bei Gras oder Moos. **Mik:** Sporen glatt, breit ellipsoid, 4,5–6 × 3,5–5 µm, Hyphen mit Schnallen. (BK 2.450).

1.4.07 *Ramariopsis kunzei* (Fr.) Corner, *Clavulinopsis kunzei* (Fr.) Jülich
Weißliche Wiesenkoralle

Frkp: 2–6 cm hoch, korallenförmig, mehrfach gegabelte, 1–2 mm dicke, jung rein weiße, später schwach cremegelbliche Äste, die einem gemeinsamen kurzen Strunk entspringen. **Ger:** unauffällig. **Ges:** mild. **V:** vorwiegend im Laubwald auf Wiesen, gelegentlich auch auf morschem Holz; im Herbst. **Mik:** Sporen glatt, kugelig, 3–5 × 3–4,5 µm, Hyphen mit Schnallen. (🖼).

1.4.07 *Ramariopsis kunzei,* Weißliche Wiesenkoralle

1.4.08 *Ramariopsis pulchella* (Boud.) Corner
Lilafarbene Wiesenkoralle

Frkp: 1–3 cm hoch, korallenförmig, mehrere 1–3 mm dicke Hauptäste aus einer verbundenen, weißlichen bis ockerlichen Basis, gegen oben teils mehrfach verzweigt und vor allem an den geweihförmigen Enden zunehmend rosa-lila bis blauviolett. **Ger:** un-

1.4.08 *Ramariopsis pulchella,* Lilafarbene Wiesenk.

auffällig. **Ges:** mild. **V:** im Wald, in Gärten, vorwiegend auf offener Erde; im Herbst. **Mik:** Sporen warzig, annähernd kugelig, 3,5–4 × 2,5–3,5 µm, Hyphen mit Schnallen. (Kr 2.35, BK 2.451, 🖼).

1.4.09 *Ramaria bataillei* (Maire) Corner
Weinbraunverfärbende Koralle

Frkp: 5–15 cm hoch und breit, korallenförmig, Strunk breit, unten weiß, darüber teilweise rotbraun mit einer lachsrosa bis roten Zone, alt zunehmend rot- bis lila-graubraun, Äste mehrfach verzweigt, gerade aufwärtsstrebend und wenig ausladend, erst cremegelb, später ockergelb bis rötlichbraun, Gabelungen abgerundet, Astende mit mehrfachen Spitzen, goldocker, blassgelb und schließlich wie die Äste gefärbt. **F:** cremeweiß, an der Luft rasch braun bis rötlichbraun verfärbend und später purpurschwarz. **Ger:** unauffällig. **Ges:** stark bitter **V:** im Laub- und Nadelwald, bei Buche *Fagus* und Fichte *Picea*; Sommer bis Herbst. **Mik:** Sporen warzig, ellipsoid, 9,5–16,5 × 4–6 µm, Hyphen mit Schnallen, Rhizomorphen mit nadelförmigen Kristallen. (BK 2.460, 🖼).

1.4.10 *Ramaria pallida* (Schaeff.) Ricken, *Ramaria mairei* Donk ☠
Bauchweh-Koralle, Blasse Koralle

Frkp: bis ca. 15 cm hoch und breit, korallenförmig, vorwiegend beige, Strunk kräftig, unterschiedlich, breit oder konisch, Äste erst gedrungen, bald gerade aufwärtsstrebend, später geschwungen und ausladend, beige bis rosabeige, Gabelungen spitz, Astende meistens heller rosa- bis violettbeige. **F:** weißlich. **Ger:** würzig, erdartig, nach Maggi. **Ges:** säuerlich-mild, Astende bitter. **V:** im Laub- und Nadelwald; Sommer bis Herbst. **Mik:** Sporen warzig-wulstig, länglich ellipsoid, 8–13 × 4,5–6,5 µm, Hyphen ohne Schnallen, Rhizomorphen teilweise mit gelifizierten Hyphen und stellenweise mit Kristallen. (D 1029, Kr 2.83, BK 2.473, 🖼).

1.4.11 *Ramaria rufescens* (Schaeff.) Corner
Rotzähnige Koralle

Frkp: bis ca. 20 cm hoch und breit, korallenförmig, Strunk kräftig, bis gegen 10 cm hoch und breit, konisch bis etwas knollig, vorwiegend weiß, teils mit rötlichbraunen Stellen, Äste verbogen aufwärtsstrebend und bald ausladend, jung hellgelb, später milchkaffeebraun bis bräunlich-fleischfarben, Gabelungen unten spitz und rissig, oben rundlich, Astende erst hellgelb, später rötlichbraun. **F:** weiß, im Strunk mit einer rosa Zone. **Ger:** würzig. **Ges:** mild. **V:** im Bergnadelwald, bei Fichte *Picea*. **Mik:** Sporen warzig und leicht wulstig, zylindrisch-ellipsoid, 7–10,5 × 3–4,5 µm, Hyphen ohne Schnallen, Rhizomorphen stellenweise mit Kristallen.

1.4.12 *Ramaria botrytis* (Pers.) Bourdot (🍴!)
Hahnenkamm-Koralle

Frkp: 6–15 cm hoch und breit, korallenförmig, Strunk und Äste cremeweiß bis gelblichocker, Strunk kräftig, 2–5 cm dick, gegen unten verjüngt, Äste unregelmäßig gebogen bis gerade aufwärtsstrebend mit 2–4 relativ kurzen, stachelartigen, rosa bis weinroten Astenden. **F:** weiß. **Ger:** angenehm pilzartig. **Ges:** mild. **Spp:** cremegelb. **V:** vorwiegend im kalkreichen Buchenwald *Fagus*, seltener auch auf saurem, nährstoffarmem Boden; Sommer bis Spätsommer. **Mik:** Sporen fein längsgestreift, ellipsoid, 11–18 × 4–6,5 µm, Hyphen mit Schnallen, Rhizomorphen mit vielgestaltigen Kristallen. (D 1026, Kr 2.69, BK 2.461, 🖼).

Die Hahnenkamm-Koralle ist essbar, jedoch schwer verdaulich und nur bedingt empfehlenswert. Zudem darf sie nicht mit der mehrheitlich rosarot gefärbten und unbekömmlichen *R. subbotrytis*, Rosenrote Koralle verwechselt werden.

1.4.13 *Ramaria rubripermanens* Marr & D.E. Stuntz
Rosaspitzige Koralle

Frkp: bis ca. 12 cm hoch und breit, korallenförmig, Strunk und Äste cremeweiß bis cremeorange, Strunk kräftig, Äste dicht und mehrfach verzweigt, am Rande ausladend bis abwärts gebogen, Gabelungen eng abgerundet, Astende mehrfach zugespitzt, rosaorange bis weinrötlich. **F:** fest, weiß. **Ger:** unauffällig bis süßlich. **Ges:** mild bis säuerlich, Astende bitter. **V:** vorwiegend im Laubwald bei Buche *Fagus*, seltener im Nadelwald bei Fichte *Picea*. **Mik:** Sporen fein längsgestreift, ellipsoid, 9–13 × 3,5–5 µm, Hyphen mit Schnallen, Rhizomorphen ohne Kristalle. (Kr 2.85).

1.4.14 *Ramaria rubrievanescens* Marr & D.E. Stuntz
Verblassende Fichten-Koralle, Entfärbende Trauben-Koralle

Frkp: bis 13 cm hoch und 18 cm breit, korallenförmig, Strunk und Äste cremeweiß bis gelbocker, Strunk kräftig-fleischig, aufwärts verdickt, Äste unregelmäßig gebogen, cremeweiß bis gelbocker, Gabelungen abgerundet, Astende weinrot bis purpurbraun. **F:** weiß. **Ger:** angenehm. **Ges:** mild. **V:** im Bergnadelwald, unter Fichte *Picea*. **Mik:** Sporen fein längsgestreift, ellipsoid, 9–15,5 × 4–7 µm, Hyphen mit Schnallen, Rhizomorphen ohne Kristalle.

1.4.09 *Ramaria bataillei*, Weinbraunverfärbende Koralle

1.4.10 *Ramaria pallida*, Bauchweh-Koralle

1.4.12 *Ramaria botrytis*, Hahnenkamm-Koralle

1.4.15 *Ramaria gracilis* (Pers.) Quél.
Zierliche Koralle

Frkp: bis ca. 12 cm hoch und halb so breit, korallenförmig, vorwiegend cremeocker, Strunk oft mit anderen Strünken verwachsen, erst weiß, später cremeocker, Äste mehrfach verzweigt, verbogen und wenig aufwärtsstrebend, weiß bis cremefarben, selten mit einem fleischfarbenen Hauch, Gabelungen abgerundet, Astende spitz dornig bis fast kammartig, gleich wie die Äste gefärbt. **F:** elastisch, weiß. **Ger:** nach Anis. **Ges:** bitterlich. **V:** vorwiegend auf Nadelstreu, seltener auch im Laubwald. **Mik:** Sporen teils isoliert warzig, teils wulstig, ellipsoid, 4,5–7,5 × 2,5–4,5 µm, Hyphen mit Schnallen, Rhizomorphen mit rosettenförmigen Kristallen. (Kr 2.80, BK 2.476, 🖼).

1.4.16 *Ramaria helodes* Christan & Bauer, *R. eumorpha* var. *helodes* Christan & Bauer
Moor-Koralle

Frkp: bis ca. 8 cm hoch und 5 cm breit, korallenförmig, vorwiegend cremebeige, Strunk relativ hoch, zylindrisch gerade oder verbogen, Basis mit weißem und stellenweise gelblichem Mycelfilz, Äste teils gerade, teils verbogen, erst hell- bis graubeige, später gelb- bis orangeocker, Gabelungen meist abgerundet, seltener spitz, Astende weißlich. **F:** elastisch-fest, weißlich bis hell isabellfarben. **Ger:** nach Anis. **Ges:** etwas scharf, Astende bitter. **V:** gesellig, auf moorig-moosigem Boden oder auf Nadelstreu, bei Fichte *Picea*. **Mik:** Sporen stachelig, tropfenförmig-ellipsoid, 5,5–8 × 3–4,5 µm, Hyphen mit Schnallen, Rhizomorphen mit sternförmigen Kristallen.

1.4.17 *Ramaria suecica* (Fr.) Donk
Schwedische Koralle

Frkp: bis ca. 6 cm hoch und breit, korallenförmig, vorwiegend cremerosa bis beige, Strunk wenig ausgebildet, Äste verbogen oder gerade aufwärtsstrebend, teils rund, teils abgeflacht, cremeweiß bis rosabeige, Druckstellen etwas bräunend, Astende heller oder gleich wie die Äste gefärbt. **F:** elastisch-zäh, blass beige. **Ger:** fruchtartig, ähnlich *Craterellus lutescens*, Starkriechender Pfifferling. **Ges:** mild, Astende bitter. **V:** oft büschelig, auf Nadelstreu. **Mik:** Sporen isoliert warzig, ellipsoid, Hyphen mit Schnallen, Rhizomorphen mit rosettenförmigen Kristallen.

1.4.18 *Ramaria pallidosaponaria* R.H. Petersen
Seifigfleischige Koralle

Frkp: bis ca. 15 cm hoch und breit, korallenförmig, vorwiegend gelb, Strunk kurz, Äste geschwungen aufwärtsstrebend und ziemlich ausladend, lebhaft hell- bis zitronengelb, Druckstellen nach langer Zeit etwas weinbräunlich, Gabelungen erst spitz, später abgerundet, Astende mehrfach verzweigt und gezähnt-spitzig, gleichfarbig zitronengelb. **F:** stellenweise seifig-gelatinös, weiß. **Ger:** säuerlich. **Ges:** säuerlich, Astende bitter. **V:** im Laub- oder Mischwald, bei Buche *Fagus*, Kiefer *Pinus*, Fichte *Picea*. **Mik:** Sporen warzig und teilweise wulstig, zylindrisch-ellipsoid, 6,5–10 × 3–5 µm, Hyphen ohne Schnallen, Rhizomorphen gelifiziert.

1.4.19 *Ramaria albidoflava* Schild
Weißlichgelbe Koralle

Frkp: bis 30 cm hoch und breit, korallenförmig, Grundfarbe cremegelb bis gelb, Strunk jung kräftig, teils etwas knollig verwachsen, Äste mehrfach geteilt, im Alter unten ausladend mit ziemlich gerade aufwärtsstrebenden Verästelungen, cremeweiß bis gelb, Gabelungen abgerundet, Astende deutlich gelb, alt stellenweise mit rotbraunen Flecken. **F:** fest, weiß. **Ger:** unauffällig bis moosartig. **Ges:** mild, alt etwas bitter. **V:** im Laubwald, bei Hainbuche *Carpinus*. **Mik:** Sporen warzig-wulstig, ellipsoid, 10–15,5 × 4,5–6,5 µm, Hyphen ohne Schnallen.

1.4.20 *Ramaria subtilis* (Coker) Schild
Hellgelbliche Koralle, Feine Koralle

Frkp: bis ca. 12 cm hoch und weniger breit, korallenförmig, gelb, Strunk konisch bis knollig, unten weiß, 0,3–1,5 cm dicke Äste leicht verbogen aufwärtsstrebend, außen ausladend, hellgelb bis primelgelb, später eher dottergelb, Verzweigungen teils spitz, teils abgerundet, Astende ebenfalls gelb. **F:** feucht schmutzig weiß, im Strunk marmoriert. **Ger:** unauffällig, etwas nach Moos, Gras oder Holz. **V:** im Laub- und Nadelwald, bei Buche *Fagus*, Eiche *Quercus*, Linde *Tilia* oder Fichte *Picea*. **Mik:** Sporen stark warzig-wulstig, zylindrisch-ellipsoid, 9–15 × 3,5–6 µm, Hyphen ohne Schnallen.

1.4.21 *Ramaria lutea* Schild
Hellgelbe Koralle

Frkp: bis ca. 10 cm hoch und breit, korallenförmig, Strunk 3–4 cm dick und kurz, weiß, Äste stark verbogen, mehrfach verzweigt, dottergelb, Endgabelung oft mit relativ langen, etwas heller gefärbten Spitzen. **F:** weiß, etwas marmoriert, weich und brüchig. **Ger:** unauffällig. **Ges:** mild. **V:** im Laubwald auf Erde, vorwiegend bei Buche *Fagus*. **Mik:** Sporen feinwarzig, zylindrisch-ellipsoid, 6,5–10 × 3,5–5,5 µm, Hyphen ohne Schnallen. (BK 2.470, 🖼).

1.4.22 *Ramaria flava* (Schaeff.) Quél.
Schwefelgelbe Koralle

Frkp: bis ca. 25 cm hoch und breit, korallenförmig, vorwiegend gelb, Strunk teils konisch zugespitzt, teils breit aufsitzend, unten weiß, gegen oben gelb, Äste vorwiegend geschwungen und verbogen aufwärtsstrebend, seltener parallel, alt ausladend bis teils abwärts gebogen, Gabelungen u-förmig oder spitz, erst hellgelb, später lebhaft schwefel- bis dottergelb, teilweise mit grünlichem Schein, Astende meist mit zwei

1.4.15 *Ramaria gracilis*, Zierliche Koralle

1.4.21 *Ramaria lutea*, Hellgelbe Koralle

1.4.22 *Ramaria flava*, Schwefelgelbe Koralle

kurzen, erst fein gezahnten, später stumpfen Spitzen, gleichfarbig wie die Äste. **F:** weiß, fest. **Ger:** unauffällig bis säuerlich, leicht nach Rettich oder ähnlich wie *Hypholoma fasciculare,* Grünblättriger Schwefelkopf. **Ges:** mild, Astende bitter. **V:** vorwiegend im Laubwald bei Buche *Fagus*; Sommer bis Herbst. **Mik:** Sporen warzig-runzelig, zylindrisch-ellipsoid, 10–15 × 4–6 µm, Hyphen mit Schnallen, Rhizomorphen mit polymorphen Kristallen besetzt. (D 1033, Kr 2.76, BK 2.464, 🖼).

Fruchtkörper aus dem Bergfichtenwald *Picea* werden auch als *R. flava* var. *scandinavica* (Petersen) Christan oder *R. flava* var. *pinicola* Schild abgegrenzt. Die Hauptart unter Buche *Fagus* wird mit *R. flava* var. *flava* (Schaeff.: Fr.) Quél. bezeichnet, ist essbar, aber schwer verdaulich.

1.4.23 *Ramaria brunneicontusa* R.H. Petersen
Weinbraunfleckende Koralle

Frkp: bis 20 cm hoch und 15 cm breit, korallenförmig, vorwiegend in lebhaftem Gelb, Strunk breit angewachsen, unten weiß, gegen die Äste zunehmend gelb, Äste mehrfach verzweigt, gelb, gebogen aufwärtsstrebend, reif ziemlich ausladend, Gabelungen rund, Astende gleich wie die Äste. **F:** weiß und fest. **Ger:** unauffällig. **Ges:** mild. **V:** vorwiegend im Laub- oder Mischwald, unter Buche *Fagus.* **Mik:** Sporen warzig-wulstig, ellipsoid, 5,5–8 × 3–4,5 µm, Hyphen mit Schnallen.

1.4.24 *Ramaria flavoides* Schild
Schöngelbe Koralle, Rettichgeruch-Koralle

Frkp: bis ca. 8 cm hoch und breit, korallenförmig, vorwiegend gelb, Strunk zylindrisch, breit aufsitzend und oben erweitert, unten weiß, gegen oben gelb, Äste gebogen aufwärtsstrebend, alt ausladend, gelb, Gabelungen spitz, Astende gleich gefärbt wie die Äste. **F:** weiß, fest und etwas gelatinös. **Ger:** etwas säuerlich und schwach nach Radieschen oder Rettich. **Ges:** mild, Astende bitter. **V:** im Laub- oder Nadelwald, vorwiegend bei Buche *Fagus* oder Fichte *Picea.* **Mik:** Sporen warzig-wulstig, ellipsoid, 7,5–13 × 3,5–6 µm, Hyphen mit Schnallen, Rhizomorphen teilweise gelifiziert.

1.4.25 *Ramaria flavobrunnescens* (G.F. Atk.) Corner
Gelbbräunende Koralle

Frkp: klein, kaum über 8 cm hoch und breit, korallenförmig, vorwiegend gelb, Strunk zylindrisch und abwärts verjüngt, unten weiß, gegen oben gelb, Äste vorwiegend gerade bis leicht gebogen aufwärtsstrebend, alt auch etwas ausladender, erst hellgelb, später sattgelb, Gabelungen abgerundet, seltener auch spitz, Astende mit 1–3 Spitzen, teils dornartig, später stumpfer, ± gleichfarbig wie die Äste, alt und an Druckstellen etwas bräunend. **F:** weiß, weich. **Ger:** unauffällig. **Ges:** mild, evtl. nussartig. **V:** im Misch- oder Laubwald, vorwiegend bei Buche *Fagus*; Sommer bis Herbst. **Mik:** Sporen warzig-wulstig, ellipsoid, 6,5–10,5 × 3–4,5 µm, Hyphen mit Schnallen, Rhizomorphen ohne Kristalle. (Kr 2.78, BK 2.466).

1.4.25a *R. flavobrunnescens* var. *aurea* (Coker) Corner, Goldgelbbräunende Koralle: Fruchtkörper bis ca. 12 cm hoch, Astfarben gelb bis gelborange oder lachsorange; im Nadelwald bei Fichte *Picea.*

1.4.26 *Ramaria subdecurrens* (Coker) Corner
Lavendel-Koralle

Frkp: bis ca. 5 cm hoch und breit, korallenförmig, Strunk schmal bis fast fehlend, Druckstellen meist zunächst rötlich und später grau verfärbend, Äste vorwiegend aufrecht aufwärtsstrebend, teils auch ausladend, ockergelb bis -braun, Gabelungen abgerundet, Astende einfach spitz, mehrfach bis kammartig, oft grauviolett von den Ästen abgesetzt mit grauschwarz verfärbenden Druckstellen. **F:** schmutzig weiß, leicht grauend. **Ger:** unauffällig. **Ges:** unauffällig. **V:** vorwiegend auf Streu im Nadelwald. **Mik:** Sporen stumpfstachelig, tropfenförmig-ellipsoid, 5,5–9,5 × 2,5–5,5 µm, Hyphen mit Schnallen, Rhizomorphen mit sternförmigen, großen Kristallen. (🖼).

1.4.27 *Ramaria decurrens* (Pers.) R.H. Petersen
Sparrige Koralle, Olivgelbe Koralle

Frkp: bis ca. 12 cm hoch, korallenförmig, eher weniger breit, Strunk wenig ausgebildet, gelbocker bis ockeroliv, Äste dünn, reich verzweigt und recht ausladend geschwungen, hellgelb, gelbocker bis ockeroliv, alte teils auch olivbräunlich, Gabelungen abgerundet, Astende fein verzweigt, gleichfarbig oder etwas heller. **F:** schmutzig weiß. **Ger:** unauffällig. **V:** gesellig, auf Laubstreu. **Mik:** Sporen stumpfstachelig, ellipsoid, 4,5–7,5 × 2,5–4 µm, Hyphen mit Schnallen, Rhizomorphen mit sternförmigen, großen Kristallen.

1.4.28 *Ramaria eumorpha* (P. Karst.) Corner
Nichtverfärbende Fichten-Koralle

Frkp: bis ca. 8 cm hoch, korallenförmig, eher weniger breit, vorwiegend ockergelb, Strunk wenig ausgebildet, cremeocker bis grau- oder rötlichbraun, teils mit einem olivgrünlichen Schein, Äste dünn, mehrheitlich parallel aufwärtsstrebend, vereinzelt auch verbogen, creme- bis ockergelb, Astende gleichfarbig oder etwas heller. **F:** fest, schmutzig weiß. **Ger:** unauffällig bis säuerlich. **Ges:** leicht bitter. **V:** im Nadel- oder Mischwald, auf Nadel- oder Laubstreu. **Mik:** Sporen stachelig, tropfenförmig-ellipsoid, 6–10 × 3–5 µm, Hyphen mit Schnallen, Rhizomorphen vereinzelt mit rosettenförmigen Kristallen. (🖼).

1.4.26 *Ramaria subdecurrens,* Lavendel-Koralle

1.4.28 *Ramaria eumorpha,* Nichtverfärbende Fichten-Koralle

1.4.29 *Phaeoclavulina flaccida* (Fr.) Giachini, *Ramaria flaccida* (Fr.) Bourdot
Flattrige Fichten-Braunkoralle, Flattrige Fichten-Koralle

Frkp: weniger als 5 cm hoch und breit, korallenförmig, vorwiegend ockergelb, Strunk wenig ausgebildet, Äste mehrheitlich verbogen aufwärtsstrebend, gelbocker, später ocker- bis teils rötlichbraun, Astende etwas heller. **F:** weiß. **Ger:** unauffällig bis säuerlich. **Ges:** mild. **V:** im Nadel- oder Laubwald, auf Nadel- oder Laubstreu. **Mik:** Sporen stachelig, tropfenförmig-ellipsoid, 5–9 × 2,5–4,5 µm, Hyphen mit Schnallen, Rhizomorphen mit sternförmigen Kristallen. (Kr 2.75, BK 2.463, 🖼).

1.4.29 *Phaeoclavulina flaccida*, Flattrige Fichten-Braunkoralle

1.4.30 *Ramaria subbotrytis* (Coker) Corner
Rosenrote Koralle, Rosa Koralle

Frkp: bis ca. 10 cm hoch und breit, korallenförmig, Strunk unten weiß, im oberen Teil rötlich wie die Äste, alt orangeockerlich, kräftige, ausladende Hauptäste, die sich in gedrängt aufwärtsstrebende Astteile verzweigen, jung lebhaft korallenrot, später heller korallenrosa, Astende jung noch mit gelbem Farbanteil, später gleichfarbig wie die Äste. **F:** weiß, im Strunk leicht rosa. **Ger:** unauffällig. **Ges:** mild, Astende bitter. **V:** im Laubwald. **Mik:** Sporen warzig-wulstig, ellipsoid, 7,5–10 × 3–5 µm, Hyphen ohne Schnallen, Rhizomorphen ohne Kristalle. (D 1032, Kr 2.90, 🖼).

1.4.30 *Ramaria subbotrytis*, Rosenrote Koralle

1.4.31 *Ramaria ignicolor* Corner
Feuerfarbene Koralle

Frkp: bis ca. 11 cm hoch und etwas weniger breit, korallenförmig, Strunk büschelig verwachsen, Äste gerade und gebogen aufwärtsstrebend, alt teils ausladend, lachsfarben bis lebhaft lachsrosa, Gabelungen spitz bis etwas abgerundet, Astende gelb bis grünlichgelb. **F:** festelastisch bis leicht gelatinös, hellorange bis lachsorange. **Ger:** säuerlich, alt unangenehm. **Ges:** unauffällig. **V:** im Bergnadelwald, bei Fichte *Picea*. **Mik:** Sporen warzig-wulstig, breit ellipsoid bis fast kugelig, 6–10 × 4–6,5 µm, Hyphen ohne Schnallen, Rhizomorphen ohne Kristalle und nicht gelifiziert. (Kr 2.81, 🖼).

1.4.31 *Ramaria ignicolor*, Feuerfarbene Koralle

1.4.32 *Ramaria fumigata* (Peck) Corner, *R. fennica* var. *fumigata* (Peck) Schild
Violettgraue Koralle

Frkp: bis ca. 12 cm hoch und etwas weniger breit, korallenförmig, Strunk unten abgerundet, weiß, oben meist breiter, am Übergang zu den Ästen violettgrau oder -braun, Äste erst gerade aufwärtsstrebend, rundlich, später geschwungen, ausladend und teils abgeflacht, violettbraun, -grau oder nur violett, alt eher purpurbraun, Gabelungen abgerundet, Astende jung heller, später ± gleichfarbig wie die Äste. **F:** fest, weiß. **Ger:** unauffällig. **Ges:** mild bis bitterlich. **V:** im Laubwald, bei Buche *Fagus*. **Mik:** Sporen warzig und teils wulstig, ellipsoid, 8–12 × 3,5–5,5 µm, Hyphen mit Schnallen, Rhizomorphen teils mit vielgestaltigen Kristallen. (D 1028, BK 2.468, 🖼).

1.4.32 *Ramaria fumigata*, Violettgraue Koralle

1.4.33 *Ramaria fennica* (P. Karst.) Ricken
Gelbrußige Koralle

Frkp: bis ca. 12 cm hoch und etwas weniger breit, korallenförmig, Strunk unten abgerundet, weiß, oben meist breiter, am Übergang zu den Ästen zumindest stellenweise mit einer violettbraunen Zone, Äste erst gerade aufwärtsstrebend, später geschwungen und ausladend, unten lilabraun oben graulilia bis zimt- oder olivbraun, alt manchmal auch mit rotbraunen Farbtönen, Gabelungen abgerundet, Astende etwas heller und mit mehr gelbem Farbanteil als die Äste. **F:** fest, weiß. **Ger:** unauffällig. **Ges:** mild bis bitterlich. **V:** im Laubwald, bei Buche *Fagus*. **Mik:** Sporen warzig und teils wulstig, ellipsoid, 7,5–11 × 3,5–5,5 µm, Hyphen mit Schnallen, Rhizomorphen teils mit vielgestaltigen Kristallen. (D 1027, BK 2.462).

R. fennica var. *griseolilacina* Schild: ohne gelbe Astenden während der ganzen Lebensdauer. Ist gemäß Krieglsteiner 2000b häufiger als die Hauptart. (Kr 2.74).

1.4.34 *Ramaria schildii* R.H. Petersen
Glattsporige Koralle, Schilds Koralle

Frkp: bis ca. 15 cm hoch und 10 cm breit, vorwiegend gelb, korallenförmig, Strunk abwärts konisch bis wurzelnd, schmutzig weiß, Äste parallel bis geschwungen aufwärtsstrebend, gelb, alt von unten her zunehmend fleischbräunlich überhaucht, Gabelungen spitz oder abgerundet, Astende lebhaft gelb bis grünlichgelb, alt mehr ockerlich. **F:** schmutzig weiß und leicht bräunend. **Ger:** würzig. **Ges:** mild, Astende bitter. **V:** im Bergnadelwald, bei Fichte *Picea*. **Mik:** Sporen glatt, zylindrisch-ellipsoid, teilweise schwach eingedellt, 10–15 × 3,5–5 µm, Hyphen mit Schnallen, Rhizomorphen mit vielgestaltigen Kristallen. (🖼).

Ramaria obtusissima (Peck) Corner, Abgestutzte Koralle: Äste creme-, lederfarben bis lachsockerlich, Spitzen chrom-, zitronen- bis orangegelb. Sporen feinst warzig bis scheinbar glatt, 9,5–16,5 × 3–6 µm. (BK 2.472).

1.4.34 *Ramaria schildii*, Glattsporige Koralle

1.4.35 *Ramaria formosa* (Pers.) Quél. ☠
Dreifarbige Koralle

Frkp: bis ca. 15 cm hoch und breit, korallenförmig, Strunk massiv, bis 5 cm dick, Äste unten dick, mehrfach geteilt und gerade bis etwas verbogen aufwärtsstrebend, lachsfarben bis lachsorange, Gabelungen rund, Astende mehrfach spitzig und später abgestumpft, hellgelb bis sattgelb, alt manchmal bräunend. **F:** brüchig, weich bis fest, weiß und manchmal leicht rosabräunlich verfärbend. **Ger:** unauffällig bis säuerlich. **Ges:** säuerlich bis bitter. **V:** vorwiegend im Laubwald, bei Buche *Fagus* und anderen Laubbäumen, seltener bei Fichte *Picea*. **Mik:** Sporen warzig-wulstig, ellipsoid, 8,5–13 × 4–6,5 µm, Hyphen mehrheitlich mit Schnallen, Rhizomorphen teilweise gelifiziert. (D 1031, Kr 2.78, BK 2.467, 🖼).

1.4.36 *Ramaria neoformosa* R.H. Petersen, Schnallenlose Dreifarben-Koralle, Formosa-ähnliche Koralle: bis 12 cm hoch, Astgabelungen spitz bis etwas abgerundet, Fleisch weiß, ohne rosabräunliche Verfärbung. Sporen 8–12 × 4–6 µm, Hyphen ohne Schnallen, Rhizomorphen gelifiziert. (BK 2.471, 🖼).

1.4.37 *Ramaria sanguinea* (Pers.) Quél.
Blutrotfleckende Koralle

Frkp: bis ca. 10 cm hoch und breit, korallenförmig, Strunk weiß, im oberen Teil bald von schmutzig weinroten Flecken überzogen, Äste gedrängt aufwärtsstrebend, später verbogen und teilweise ausladend, unten blassgelb, gegen oben lebhaft schwefelgelb, im Alter zunehmend mit blut- bis weinroten Flecken oder ganzen Zonen bedeckt, Gabelungen jung spitz, alt bisweilen auch abgerundet, Astende intensiv schwefelgelb und schließlich auch mit weinroten Flecken oder Zonen. **F:** weiß. **Ger:** unauffällig bis etwas süßlich. **Ges:** mild, Astende bitter. **V:** im Laub- und Nadelwald, bei Buche *Fagus* oder Fichte *Picea*. **Mik:** Sporen flach warzig-wulstig, zylindrisch-ellipsoid, 7,5–12 × 3,5–5,5 µm, Hyphen ohne Schnallen, Rhizomorphen stark gelifiziert. (Kr 2.87, BK 2.474, 🖼).

1.4.38 *Ramaria safraniolens* Christan
Safran-Koralle

Frkp: bis ca. 18 cm hoch und etwas weniger breit, korallenförmig, Strunk meistens konisch, Äste aufwärtsstrebend, mehrfach verzweigt, geschwungen und teilweise auch gerade, höchstens alt ausladend, jung cremegelb, bald sattgelb und schließlich rosagelb, Gabelungen jung spitz, später etwas abgerundet, Astende gelb ohne Rosa. **F:** weiß, zwischen Strunk und Ästen stellenweise rosa. **Ger:** nach Safran oder Schuhleder. **Ges:** mild bis etwas bitter. **V:** im Nadel- oder Mischwald bei Fichte *Picea* und Buche *Fagus*. **Mik:** Sporen flach warzig-wulstig, zylindrisch-ellipsoid, 8,5–13 × 3,5–5 µm, Hyphen meistens mit Schnallen, Rhizomorphen mit vielgestaltigen Kristallen. (🖼).

1.4.39 *Ramaria flavescens* (Schaeff.) R.H. Petersen
Gelbliche Koralle

Frkp: bis 25 cm hoch und breit, korallenförmig, Grundfarbe gelb, Strunk kräftig-fleischig, relativ hoch, konisch verbreitert bis zylindrisch und bis ca. 5 cm dick, im unteren Teil weiß, Äste bis 1,5 cm dick, mehrfach gerade oder verbogen verzweigt, ausgereift ziemlich ausladend, Gabelungen abgerundet oder spitz, erst blassgelb, später gelb bis orangegelb und lachsrosa, Astende gelb. **F:** weißlich. **Ger:** säuerlich. **Ges:** mild bis süßlich, nussartig. **V:** vor allem im Laubwald, bei Buche *Fagus*, auch im Mischwald bei Fichte *Picea;* Sommer bis Herbst. **Mik:** Sporen warzig-wulstig, ellipsoid, 8–13 × 3,5–5 µm, mit Schnallen, Rhizomorphen stellenweise mit polymorphen Kristallen besetzt. (Kr 2.77, BK 2.465, 🖼).

1.4.40 *Ramaria aurea* (Schaeff.) Quél.
Goldgelbe Koralle

Frkp: 5–15 cm hoch und breit, korallenförmig, Strunk kräftig, ca. 2–5 cm dick, breit aufsitzend, unten weiß, oben gelb, Äste 1–2 cm dick, mehrfach verzweigt bis in meist zwei Endstücke, Gabelungen abgerundet, Astende zitronen- bis safrangelb, gleichfarbig wie die Äste oder etwas satter gefärbt. **F:** fest, weiß, nicht verfärbend. **Ger:** angenehm. **Ges:** mild. **Spp:** gelb. **V:** bei Buche *Fagus* oder Eiche *Quercus* auf kalkreichem Boden; Sommer bis Herbst. **Mik:** Sporen warzig-wulstig (Warzen in länglichen Reihen angeordnet), ellipsoid, 8,5–13 × 4–6 µm, Hyphen ohne Schnallen, Rhizomorphen teilweise mit vielgestaltigen Kristallen besetzt. (Kr 2.67, Kr 2.459).

1.4.41 *Ramaria fagetorum* Maas Geest. ex Schild
Rosagelbe Koralle, Buchen-Koralle

Frkp: bis 8 cm hoch und breit, vorwiegend gelb, korallenförmig, Strunk früh in die Äste verzweigend, erst aufwärtsstrebend, später ausladend und mehrfach verzweigt, jung hellgelb, später zart lachsrosa, Gabelungen teils abgerundet, teils spitz, Astende gelb, erst

1.4.35 *Ramaria formosa*, Dreifarbige Koralle

1.4.36 *R. neoformosa*, Schnallenlose Dreifarben-Koralle

1.4.37 *Ramaria sanguinea*, Blutrotfleckende Korall

1.4.38 *Ramaria safraniolens*, Safran-Koralle

1.4.39 *Ramaria flavescens*, Gelbliche Koralle

1.4.41 *Ramaria fagetorum*, Rosagelbe Koralle

spitz, später stumpf, backenzahnähnlich. **F:** im Strunk weiß, in den Ästen rosa, fest, Basis manchmal leicht gelatinös. **Ger:** unauffällig bis säuerlich. **Ges:** mild und süßlich, Astende bitter. **V:** vorwiegend im Laubwald, bei Buche *Fagus*. **Mik:** Sporen warzig-wulstig, ellipsoid, 6,5–11,5 × 3–5 µm, Hyphen ohne Schnallen, Rhizomorphen mit polymorphen Kristallen besetzt. (🖼).

1.4.42 *Phaeoclavulina abietina* (Pers.) Giachini, *Ramaria abietina* (Pers.) Quél.
Grünfleckende Fichten-Braunkoralle, Grünfleckende Fichten-Koralle

Frkp: bis ca. 5 cm hoch und breit, korallenförmig, Strunk wenig ausgebildet, Äste ausladend gebogen, oft abgeflacht, schmutzig gelb bis olivgelb, Druckstellen intensiver oliv- bis blaugrün, Astende meistens heller gelb oder grün abgesetzt. **F:** schmutzig weiß, gegen außen oliv- oder blaugrün. **Ger:** unauffällig. **Ges:** mild bis bitter. **V:** auf Nadelstreu unter Fichte *Picea* und Kiefer *Pinus*. **Mik:** Sporen isoliert warzig-höckerig, tropfenförmig-ellipsoid, 5,5–9,5 × 3–5 µm, Hyphen mit Schnallen, Rhizomorphen mit sternförmigen, großen Kristallen. (Kr. 2.65, BK 2.458, 🖼).

1.4.42 *Phaeoclavulina abietina*, Grünfleckende Fichten-Braunkoralle

1.4.43 *Ramaria dolomitica* Franchi & M. Marchetti
Dolomiten-Koralle

Frkp: bis 10 cm hoch und 5 cm breit, korallenförmig, vorwiegend rosaorange, Strunk breit aufsitzend, unten weiß, gegen die Äste zunehmend gelb bis gelborange, Äste mehrfach verzweigt, unten gelb und gegen die Enden rosa-orange, gebogen aufwärtsstrebend, reif recht ausladend, Gabelungen rund, Astende gelborange. **F:** weiß, fest. **Ger:** unauffällig. **Ges:** mild. **V:** im Bergnadelwald oder Mischwald bei Buche *Fagus* und Fichte *Picea*. **Mik:** Sporen stark warzig-wulstig, ellipsoid, 7,5–12 × 3,5–5,5 µm, Hyphen ohne Schnallen, Rhizomorphen teilweise mit Kristallen besetzt.

1.4.44 *Ramaria longispora* Marr & D.E. Stuntz
Langsporige Gebirgs-Koralle, Langsporige Koralle

Frkp: bis ca. 10 cm hoch und breit, korallenförmig, vorwiegend gelborange, Strunk oft knollig breit, Äste anfangs gerade aufwärtsstrebend, später etwas geschwungen bis ausladend, orangegelb mit blassem lachsrosa Reflex, Gabelungen erst spitz, später rund, Astende gleichfarbig oder etwas mehr gelb. **F:** weiß. **Ger:** unauffällig. **Ges:** unauffällig. **V:** im Bergnadelwald, bei Fichte *Picea*; Sommer bis Herbst. **Mik:** Sporen mehrheitlich isoliert warzig, vereinzelt wulstig, länglich ellipsoid, 11–18 × 4–5,5 µm, Hyphen ohne Schnallen, Rhizomorphen mit Kristallen ummantelt.

1.4.45 *Ramaria flavosalmonicolor* Schild
Gelbliche Lachs-Koralle

Frkp: bis ca. 10 cm hoch und breit, korallenförmig, Strunk unterschiedlich ausgeprägt, Äste geschwungen aufwärtsstrebend, alt ausladend, Gabelungen spitz, teils auch rundlich, erst cremegelb, später mit zunehmendem fleischrosa Farbanteil, Astende mehrfach verzweigt und stets gelb ohne Rosa. **F:** brüchig bis fest, weiß, bisweilen etwas rosa. **Ger:** unauffällig bis säuerlich. **Ges:** mild bis süßlich, Astende bitter. **V:** im Laub- oder Mischwald, vorwiegend bei Buche *Fagus* oder Kiefer *Pinus;* im Sommer. **Mik:** Sporen warzig-wulstig, ellipsoid, 6–9,5 × 3–4,5 µm, Hyphen mit Schnallen, Rhizomorphen teilweise mit Kristallen.

1.4.46 *Phaeoclavulina macrospora* Brinkmann, *Ramaria broomei* (Cotton & Wakef.) R.H. Petersen
Großsporige Braunkoralle, Broomes Bitter-Koralle

Frkp: bis ca. 15 cm hoch und 10 cm breit, korallenförmig, Strunk unten jung weiß mit weinroten Flecken, aufwärts ockergelb, Druckstellen bräunend und schließlich grauschwarz, Äste gedrungen nach oben strebend, wenig verzweigt, dichotom, erst ocker- bis goldgelb, später von unten grau- bis olivgelb, Druckstellen grau bis grauschwarz, Gabelungen eng abgerundet, Astende stärker goldgelb. **F:** schmutzig weiß bis bräunlich, grauschwarz verfärbend. **Ger:** unauffällig. **Ges:** bitter. **V:** bei Gras und Moos in Heidewiesen. **Mik:** Sporen vorwiegend stachelig, spindelförmig-ellipsoid, 10,5–19 × 4,5–7 µm, 2-sporig, Hyphen mit Schnallen, Rhizomorphen mit nadelförmigen Kristallen. (Kr. 2.70).

1.4.47 *Ramaria murrillii* (Coker) Corner
Murrills Koralle

Frkp: bis ca. 8 cm hoch und 4 cm breit, korallenförmig, Strunk schmal und zart, gegen unten verjüngt und wurzelnd, gelbbraun, Druckstellen graubraun. Äste mehrheitlich gebogen, außen ausladend und weit gegabelt, unten bräunlichgelb, gegen oben zunehmend orangegelb, Gabelungen abgerundet. Astende lebhaft gold- bis orangegelb, alt blasser. **F:** elastisch, hell bräunlich, im Schnitt dunkler graubraun verfärbend. **Ger:** fruchtartig. **Ges:** leicht bitter. **V:** gesellig, auf moorig-moosigem Boden, oft bei Wacholder *Juniperus* oder Kiefer *Pinus*. **Mik:** Sporen stachelig, länglich tropfenförmig-ellipsoid, 6–9 × 3–4 µm, Hyphen mit Schnallen. Rhizomorphen mit sternförmigen Kristallen.

1.4.48 *Ramaria largentii* Marr & D.E. Stuntz (🍴)
Orangefarbene Gebirgs-Koralle

Frkp: bis ca. 20 cm hoch und breit, korallenförmig, vorwiegend gelb, Strunk kräftig bis knorrig, Äste eher kurz geschwungen-gebogen aufwärtsstrebend, unten gelb, gegen oben zunehmend gold- bis orangegelb,

1.4.48 *Ramaria largentii*, Orangefarbene Gebirgs-Koralle

selten mit lachsrosa Reflex, Gabelungen eher spitz, Astende mit 1–2 kurzen Spitzen, vorwiegend satt orangegelb. **F:** fest, weiß. **Ger:** nach Pneugummi oder Zahnarztpraxis. **Ges:** süßlich-mild, Astende bitter. **V:** im Bergnadelwald, bei Fichte *Picea*; Sommer bis Herbst. **Mik:** Sporen aufgelockert warzig-wulstig, ellipsoid, 10–15 × 3,5–6 µm, Hyphen teilweise mit Schnallen, Rhizomorphen vereinzelt mit polymorphen Kristallen. (D 1030, Kr 2.81, BK 2.469, 🖾).

Die Orangefarbene Gebirgs-Koralle ist essbar, aber schwer verdaulich.

R. largentii var. *citrina* Schild: durchgehend zitronengelb gefärbt.

1.4.49 *Phaeoclavulina mutabilis* (Schild & R.H. Petersen) Giachini,
Ramaria mutabilis Schild & R.H. Petersen
Veränderliche Braunkoralle, Veränderliche Koralle

Frkp: bis ca. 6 cm hoch und 3 cm breit, korallenförmig, Strunk kaum ausgebildet, gelb- bis olivbraun, Äste schlank, mehrheitlich gerade aufwärtsstrebend, teils gebogen und gegen außen auch ausladend, olivbraun bis rostbraun, alt ohne Grüntöne, Gabelungen abgerundet, Astende gleichfarbig oder etwas heller. **F:** faserig, weißlich bis hell bräunlich, unten graubraun und teils auch olivgrün. **Ger:** unauffällig. **Ges:** mild. **V:** auf moorig-moosiger Nadelstreu, im Fichtenwald *Picea*. **Mik:** Sporen feinstachelig, ellipsoid, 5–9 × 2,5–4,5 µm, Hyphen mit Schnallen, Rhizomorphen mit großen sternförmigen Kristallen.

1.4.50 *Ramaria myceliosa* (Peck) Corner
Myzel-Koralle

Frkp: bis ca. 5 cm hoch und breit, korallenförmig, Strunk kaum ausgebildet, creme- bis ockergelb, Druckstellen weinrötlich verfärbend, Äste zart, mehrheitlich gebogen aufwärtsstrebend, gegen außen ausladend, unterhalb der Verzweigungen oft abgeflacht, creme- bis ockergelb, später orangeocker bis schmutzig gelbbraun und teilweise mit etwas Oliv, Druckstellen weinrotbräunlich, Gabelungen abgerundet. Astende gleichfarbig, teils auch heller oder intensiver orangeocker. **F:** elastisch, weiß. **Ger:** unauffällig. **Ges:** mild bis bitterlich. **V:** oft gesellig, auf Nadelstreu, bei Fichte *Picea* oder Kiefer *Pinus*. **Mik:** Sporen feinstachelig, zylindrisch-ellipsoid, 3,5–6,5 × 2–3,5 µm, Hyphen mit Schnallen, Rhizomorphen mit sternförmigen Kristallen. (Kr 2.82, 🖾).

1.4.51 *Ramaria spinulosa* (Pers.) Quél.
Feinstachelige Koralle

Frkp: bis ca. 10 cm hoch und breit, korallenförmig, vorwiegend milchkaffee- bis rötlichbraun, Strunk cremebräunlich. Äste aufwärtsstrebend geschwungen, umbra- bis rötlichbraun, gelegentlich grau-lilabraun oder mit violettem Schein, Gabelungen abgerundet bis fast spitz, Astende gleichfarbig oder etwas heller. **F:** fest, schmutzig weiß, teilweise schwach bräunlich verfärbend. **Ger:** säuerlich bis muffig. **Ges:** mild, Astende etwas bitter. **V:** im Laub- oder Nadelwald, bei Buche *Fagus* oder Fichte *Picea*. **Mik:** Sporen warzig-wulstig, ellipsoid, 7,5–11,5 × 4–6,5 µm, Hyphen ohne Schnallen, Rhizomorphen höchstens stellenweise mit Kristallen. (Kr 2.88).

1.4.52 *Ramaria testaceoflava* (Bres.) Corner
Ziegelgelbe Koralle

Frkp: bis ca. 10 cm hoch und weniger breit, korallenförmig, Strunk breit, unten weiß, beim Übergang zu den Ästen erst gelb, später von unten hell- bis dunkel schokoladenbraun, alt mit violettgrauem Schein, mehrere Hauptäste verzweigen sich knorrig, am Ende meist nur noch zweiteilig (dichotom) und oft flachgedrückt, anfangs einheitlich gelb, bald von unten her hell bis dunkel rötlichbraun und schließlich violettgraubraun, Druckstellen rotbraun, Gabelungen abgerundet, Astende lange gelb bleibend und erst am Schluss teilweise oder ganz violett-graubraun wie die Äste. **F:** weiß, rasch rötlich-grau verfärbend. **Ger:** säuerlich. **Ges:** bitter. **V:** im Bergnadelwald, bei Fichte *Picea*. **Mik:** Sporen isoliert warzig, ellipsoid, 8,5–13 × 3,5–6 µm, Hyphen mit Schnallen, Rhizomorphen mit nadelförmigen Kristallen ummantelt. (D 1034, Kr 2.91, 🖾).

1.4.53 *Ramaria stricta* (Pers.) Quél.
Steife Koralle

Frkp: bis ca. 10 cm hoch und breit, korallenförmig, vorwiegend ocker, Strunk wenig ausgebildet, ocker- oder zimtbraun mit rot- bis violettbraunen Druckstellen, Äste stark und vorwiegend parallel aufwärtsstrebend, weißlich bis ocker oder zimtbraun, manchmal mit rosa Schein, Druckstellen ebenfalls schmutzig rotbraun verfärbend, Gabelungen abgerundet, Astende cremegelb bis gelb, teils auch deutlich grünlichgelb. **F:** teilweise fest, teilweise elastisch, schmutzig weiß

1.4.50 *Ramaria myceliosa*, Myzel-Koralle

1.4.52 *Ramaria testaceoflava*, Ziegelgelbe Koralle

1.4.53 *Ramaria stricta*, Steife Koralle

und rotbraun verfärbend. **Ger:** säuerlich, evtl. nach Anis. **Ges:** bitter. **V:** auf toten Holzstrünken und -ästen, vorwiegend auf Laubholz. **Mik:** Sporen teils isoliert und flach warzig, teils etwas wulstig, ellipsoid, 6,5–10 × 3,5–5,5 µm, Hyphen mit Schnallen, Rhizomorphen mit rosettenförmigen Kristallen. (D 1035, Kr 2.89, BK 2.475, 🖼).

1.4.54 *Ramaria apiculata* (Fr.) Donk
Türkisspitzige Koralle

Frkp: bis ca. 10 cm hoch und etwas weniger breit, korallenförmig, Strunk wenig ausgebildet, unten weiß, oberhalb erst grauockerlich, bisweilen mit etwas Grün und später purpurbraun, Äste mehrheitlich gerade, aber auch verbogen und teilweise queradrig verbunden, aufwärtsstrebend, erst schmutzig creme- bis strohgelb, später rosa- bis rötlichbraun, Gabelungen abgerundet, Astende cremegelb bis gelb, teils deutlich grünlichgelb. **F:** zäh, schmutzig weiß und rotbraun verfärbend. **Ger:** unauffällig. **Ges:** bitterlich. **V:** auf toten Holzstrünken und -ästen, vorwiegend auf Nadelholz. **Mik:** Sporen teils isoliert warzig, teils etwas wulstig, ellipsoid, 6,5–11 × 3,5–5,5 µm, Hyphen mit Schnallen, Rhizomorphen mit rosettenförmigen Kristallen. (Kr 2.66).

1.4.55 *Phaeoclavulina ochracea* (Bres.) Giachini, *Ramaria ochracea* (Bres.) Corner
Ockergelbe Braunkoralle, Ockergelbe Koralle

Frkp: 3–4 cm hoch und breit, korallenförmig, Strunk kaum ausgebildet, Äste zart, mehrfach verzweigt, gebogen bis ausladend, gelbocker, Gabelungen abgerundet, Astende fein und spitz, meist weißlich. **F:** elastisch, **V:** vorwiegend auf Laubholzstücken (Robinie *Robinia* und Buche *Fagus*), teils auch auf Laubstreu. **Mik:** Sporen stachelig, ellipsoid, 4–6,5 × 2,5–3,5 µm, Hyphen mit Schnallen, Rhizomorphen mit sternförmigen Kristallen. (🖼).

1.4.55 *Phaeoclavulina ochracea*, Ockergelbe Braunkoralle

1.4.56 *Ramaria rubella* (Schaeff.) R.H. Petersen
Rotbraune Koralle

Frkp: bis ca. 10 cm hoch und breit, korallenförmig, Strunk wenig ausgebildet, Äste meist verbogen bis verschlungen aufwärtsstrebend, teilweise quer verbunden, rund oder abgeflacht, hell rosa- bis rötlich- oder violettbraun, später violettgraubraun, Druckstellen dunkler, Astende mit mehreren feinen, hell weißlichen Spitzen oder Haken. **F:** elastisch zäh, cremeweiß, stellenweise rötlichbraun. **Ger:** säuerlich-süßlich **Ges:** mild, Astende bitter. **V:** auf totem Nadelholz. **Mik:** Sporen warzig und kurz wulstig, breit ellipsoid, 5–8 × 3,5–5,5 µm, Hyphen mit Schnallen, Rhizomorphen mit rosettenförmigen Kristallen. (Kr 2.85, 🖼).

1.4.56 *Ramaria rubella*, Rotbraune Koralle

1.4.57 *Lentaria albovinacea* (Pilát) Pilát
Lilaweißes Holzkeulchen

Frkp: 2–5 cm hoch und breit, korallenförmig, 2–4 mm dicker Stiel, der sich u-förmig in zwei Äste gabelt (dichotom), welche sich mehrfach wieder gabeln, erst weiß, später cremeocker bis bräunlich, bei Berührung oder beim Eintrocknen rosa-violett verfärbend. **F:** elastisch, weiß. **V:** auf morschen Baumstämmen von Laub- oder Nadelholz. **Mik:** Sporen glatt, schmal ellipsoid bis zylindrisch, 5,5–7,5 × 2,5–3 µm, evtl. schwach amyloid. (BK 2.439).

1.4.58 *Artomyces pyxidatus* (Pers.) Jülich
Verzweigte Becherkoralle

Frkp: 3–13 cm hoch, korallenförmig, schmutzig weiß bis cremegelb oder -ocker, alt manchmal mit einem Hauch Rosa, aufwärtsstrebende 1–5 mm dicke Hauptäste, die sich mehrfach verzweigen, am Astende becherförmig mit 3–6 kleinen Auswüchsen, welche wiederum in kleinsten Becherchen mit mehreren oft bräunlichen Spitzen enden. **F:** weißlich. **Ger:** unauffällig, evtl. nach frischen Kartoffeln. **Ges:** mild bis leicht pfefferig scharf. **Spp:** weiß. **V:** auf morschem Laub- oder Nadelholz. **Mik:** Sporen feinwarzig, ellipsoid, 4–5 × 2–3 µm, amyloid, Hyphen mit Schnallen. (🖼).

1.4.58 *Artomyces pyxidatus*, Verzweigte Becherkoralle

1.5 *Lycoperdon,* Stäublinge und Ähnliche

Basidiomycota, Ständerpilze > *Aphyllophorales,* Nichtblätterpilze

Sammelordnung *Aphyllophorales,* Nichtblätterpilze mit regelmäßigen oder unregelmäßig knollig-kugeligen Formen

In diesem Unterkapitel finden sich *Basidiomycota,* Ständerpilze aus verschiedensten Ordnungen, Familien und Gattungen der zwei Klassen ***Agaricomycetes*** und ***Atractiellomycetes***. Einige wenige ähnliche Arten stammen aus der Abteilung ***Mucoromycota*** außerhalb der sonst betrachteten *Basidiomycota* und *Ascomycota*.

Agaricomycetes

- > ***Agaricales***, Champignonartige
  - > ***Agaricaceae***, Champignonsverwandte
    - > *Apioperdon, Battarrea, Bovista, Calvatia, Chlorophyllum Disciseda, Lycoperdon, Sphaerobolus, Tulostoma*
  - > ***Bolbitiaceae***, Mistpilzverwandte
    - > *Descolea, Setchelliogaster*
  - > ***Cortinariaceae***, Schleierlingsverwandte > *Protoglossum*
    - > *Cortinarius*
  - > ***Entolomataceae***, Rötlingsverwandte > *Entoloma*
  - > ***Hydnangiaceae***, Heidetrüffelverwandte > *Hydnangium*
  - > ***Hymenogastraceae***, Erdnussverwandte > *Hymenogaster*
  - > ***Stephanosporaceae***, Karottentrüffelverwandte
    - > *Stephanospora*
- > ***Boletales***, Dickröhrlingsartige
  - > ***Boletaceae***, Dickröhrlingsverwandte
    - > *Chamonixia, Octaviania, Wakefieldia*
  - > ***Gastrosporiaceae***, Steppentrüffelverwandte
    - > *Gastrosporium*
  - > ***Melanogastraceae***, Schleimtrüffelverwandte
    - > *Melanogaster*
  - > ***Paxillaceae***, Kremplingsverwandte > *Alpova, Neoalpova*
  - > ***Rhizopogonaceae***, Wurzeltrüffelverwandte > *Rhizopogon*
  - > ***Sclerodermataceae***, Hartbovistverwandte
    - > *Astraeus, Scleroderma*
- > ***Geastrales***, Erdsternartige
  - > ***Geastraceae***, Erdsternverwandte > *Geastrum, Schenella*
  - > ***Sclerogastraceae***, Harttrüffelverwandte > *Sclerogaster*
- > ***Gomphales***, Schweinsohrartige
  - > ***Gomphaceae***, Schweinsohrverwandte > *Gautieria*
- > ***Hysterangiales***, Schwanztrüffelartige
  - > ***Hysterangiaceae***, Schwanztrüffelverwandte
    - > *Hysterangium, Phallogaster*
  - > ***Trappeaceae***, Kleinsporschwanztrüffelverwandte
    - > *Trappea*
- > ***Phallales***, Stinkmorchelartige
  - > ***Phallaceae***, Stinkmorchelverwandte
    - > *Clathrus, Mutinus, Phallus*
- > ***Russulales***, Täublingsartige
  - > ***Albatrellaceae***, Schafporlingsverwandte
    - > *Leucogaster, Leucophleps*
  - > ***Russulaceae***, Täublingsverwandte > *Lactarius, Russula*

Atractiellomycetes

- > ***Atractiellales***
  - > ***Phleogenaceae***, Köpfchenträgerverwandte > *Phleogena*

Endogonomycetes (Mucoromycota)

- > ***Endogonales***
  - > ***Endogonaceae*** > *Endogone* u. Ä.

Auf der Ebene von Ordnungen und Familien folgt hier eine erste Aufteilung in die Formenkreise der ursprünglich unter der Sammelbezeichnung *Gasteromycetes,* Bauchpilze zusammengefassten Arten. Einerseits gibt es die Knollen aus der Ordnung ***Geastrales*** und einem Teil der Familie ***Agaricaceae***, die sich im Scheitel öffnen und Sporenpulverwolken freigeben. Im Weiteren gibt es die trüffelartigen, zumindest jung unterirdischen oder eingesenkten Knollen aus den Ordnungen ***Boletales, Hysterangiales, Russulales*** und der Familie ***Stephanosporaceae***. In der Ordnung ***Phallales*** strecken sich aus dem knolligen, trüffelähnlichen Hexenei später morchel-, tintenfisch- oder gitterartige Fruchtkörper. Ein Teil dieser Arten sowie schließlich die zahlreichen, ganz unterirdisch wachsenden Knollen mit gekammerter Gleba (Fleisch im Schnitt mit kleinen Hohlräumen) aus der Ordnung ***Agaricales*** müssten aufgrund der Systematik in den verschiedensten Familien im Umfeld ihrer oberirdischen, meist bekannteren Arten mit Hut und Stiel beschrieben sein. Damit die trüffelartigen Knollen aus den verschiedensten Familien vergleichbar bleiben, sind jedoch zumindest all jene, die zu den ***Basidiomycota***, Ständerpilze zählen, hier beschrieben. Die ebenfalls ganz unterirdisch bleibenden Arten mit festem, teils marmoriertem Fleisch oder dann mit größeren Hohlräumen (Hohltrüffel) zählen zur Abteilung ***Ascomycota***, Schlauchpilze. Sie sind gesamthaft in Kapitel 16 im Umkreis der «echten» Trüffel zu finden und dort auch vollständig verschlüsselt. Auf der nächsten Seite folgt eine Einordnung der verschiedenen Gattungen und danach folgen die entsprechenden, detaillierten Schlüssel.

Lycoperdon, Stäublinge und Ähnliche

Beschreibung

Die knolligen ***Bovista,*** Boviste, ***Bovistella,*** Hasenbovist und ***Calvatia,*** Großstäublinge mit jung weißem Fleisch, ***Disciseda,*** Scheibenboviste mit gelbbraunem Fleisch sowie die eingesenkt wachsenden ***Schenella,*** Erdkugeln und ***Scleroderma,*** Hartboviste mit schon früh dunkel violettschwarzem Fleisch tragen den reifenden, sporentragenden, knolligen Kopfteil direkt auf dem Substrat. Bei den häufigen ***Apioperdon,*** Birnenstäublinge sowie ***Lycoperdon,*** Stäublinge sitzt dieser Kopfteil auf einem sterilen Stielteil. ***Phleogena,*** Köpfchenträger, ***Tulostoma,*** Stielboviste und reife ***Battarea,*** Stelzenstäublinge haben sogar einen ausgeprägten, deutlich abgesetzten und teils sehr langen Stielteil. Am Anfang unterirdisch wachsen hingegen die kugeligen ***Gastrosporium,*** Steppentrüffel, außen weißlich mit anhängenden Wurzelsträngen und im Schnitt mit einer bald pulverig zerfallenden, jener der Stäublinge ähnlichen Gleba. ***Astraeus,*** Wettersterne und ***Geastrum,*** Erdsterne erkennt man an einer zweiten, teils dickfleischigen Hülle, die im Verlauf des Wachstums sternförmig aufreißt und dann den «Stäubling» darin erst freilegt. Auch bei den kleinen ***Sphaerobolus,*** Kugelschneller öffnen sich die kugeligen, äußeren Hüllen oft sternförmig. Sie geben jedoch im Innern gallertartige Kugeln frei, die bei Reife hinausgeschleudert werden. ***Clathrus,*** Gitterlinge, ***Mutinus,*** Hundsruten und ***Phallus,*** Stinkmorcheln bilden erst unterirdische «Hexeneier» mit der von einer Außenhaut umgebenen gallertartigen Schicht. Im Laufe des Wachstums platzt die Hülle im Scheitel, und daraus strecken sich morchelartige, tintenfisch- oder gitterartige Gebilde mit übel riechender Fruchtschicht hervor. Schließlich gibt es eine Reihe von trüffelartigen Fruchtkörpern, die teils auch reif im Boden bleiben, teils zumindest alt ein wenig daraus hervorbrechen. Obwohl sie alle ähnliche Formen aufweisen, zählen sie, wie bereits in der Einleitung erwähnt, zu den verschiedensten Ordnungen und Familien. Stets unterirdisch bleibende Arten mit festem, oft marmoriertem Fleisch und ebenso Knollen mit großen, breiten oder hirnartigen, länglichen Hohlräumen zählen sogar zu einer anderen Abteilung, zu *Ascomycota,* Schlauchpilze, und sind in Kapitel 16 platziert. Die trüffelähnlichen, hier beschriebenen Arten mit Basidien aus der Abteilung *Basidiomycota,* Ständerpilze zeigen im Schnitt durchwegs eine gekammerte Gleba mit zumindest feinen, mit der Lupe sichtbaren, bis zu deutlichen, mehrere Millimeter großen, teils etwas labyrinthischen Poren. In der Gruppe Schleimtrüffel wird diese gekammerte Schnittfläche bei Reife schleimig. Das betrifft die Gattungen ***Alpova*** und ***Neoalpova,*** Hellsporschleimtrüffel, ***Leucogaster,*** Wabentrüffel, ***Leucophleps,*** Weißvenentrüffel, ***Melanogaster,*** Schleimtrüffel, teilweise ***Hymenogaster,*** Erdnüsse und die weißen, gestielten ***Phallogaster,*** Sackboviste mit olivgrüner Gleba. Die Milch- oder Milchlingstrüffel sondern beim Aufschneiden – vor allem jung – einen Milchsaft ab. Dabei kann es sich um Arten in der Gattung ***Lactarius,*** Milchtrüffel handeln. Es sind Milchlinge, welche Fruchtkörper entwickeln, die sich nicht öffnen und als Knollen unterirdisch bleiben. Erwähnt sind auch ***Endogone, Glomus*** und ***Jimgerdemannia*** mit ähnlichen, leicht milchenden Knollen, die jedoch zur Abteilung *Mucoromycota* gehören, auf die hier der Vollständigkeit halber kurz verwiesen, aber nicht näher eingegangen wird. Wie bei den bereits erwähnten Milchlingen gibt es weitere Gattungen, die aus anderen Kapiteln mit oberirdischen Pilzen bekannt sind, aber eine Reihe von unterirdisch bleibenden Arten bilden, die sich nicht oder nur teilweise öffnen. Eine Verwandtschaft zu den Riesenschirmlingen zeigt sich z. B. beim geschlossen bleibenden ***Chlorophyllum*** *agaricoides,* Geschlossener Safranschirmling mit dem in der bleibenden Knolle sichtbaren Stiel, den Lamellen und dem rötenden Fleisch. Bei den trüffelähnlichen, weitgehend unterirdisch wachsenden Arten werden die zur Abgrenzung notwendigen mikroskopischen Unterschiede erwähnt.

Die hier zusammengefassten Artengruppen wachsen vor allem auf oder in der Erde, einige wenige auf totem Holz oder Pflanzenresten. Zu den Ordnungen *Boletales, Geastrales, Hysterangiales* und *Russulales* gehörende Arten sind vorwiegend Ektomykorrhizapilze; die übrigen zählen zu den Saprobionten.

Unter dem Mikroskop zeigen die in diesem Unterkapitel beschriebenen, trüffelartigen Pilze Basidien (außer den am Rande erwähnten *Endogonales,* die weder zu den *Basidiomycota* noch zu den *Ascomycota* gehören). Die Sporen der oberirdischen «Bauchpilze» sind teils warzig, teils glatt, mehrheitlich kugelig und klein. Wenige sind dickwandig oder haben typische Fortsätze. Bei den anfangs unterirdisch wachsenden Kartoffelbovisten gibt es warzige und netzartig verbundene Sporenornamente. Die trüffelähnlich wachsenden Arten zeigen je nach Ordnungszugehörigkeit länglich ellipsoide bis kugelige Sporenformen mit glattem, längsrippigem, warzigem bis stark spitzstacheligem Ornament. Bei den knolligen ***Entoloma,*** Zärtlingstrüffel/Rötlingstrüffel lassen sich unter dem Mikroskop die typisch eckigen Sporenformen dieser Gattung erkennen. Stachelige Sporen haben die Gattungen ***Hydnangium,*** Heidetrüffel, ***Octaviania,*** Laubtrüffel und ***Stephanospora,*** Möhrentrüffel. ***Descolea,*** Erdnüsse/Schleimschüpplinge, ***Hymenogaster,*** Erdnüsse, ***Protoglossum,*** Urerdnüsse und ***Setchelliogaster,*** Mistpilzstäublinge sowie einige seltene, zur Gattung ***Cortinarius*** gehörende Arten haben warzige, zitronenförmige Sporen. Warzige und kugelige Sporen haben die Gattungen ***Hydnangium,*** Heidetrüffel, ***Sclerogaster,*** Hartrüffel, ***Wakefieldia,*** Steintrüffel und einige ***Russula,*** Täublingstrüffel. ***Gautieria,*** Morcheltrüffel, mit relativ großen, labyrinthischen Poren im Schnitt und ***Chamonixia,*** Bergtrüffel, mit rundlichen Poren und auffällig verfärbendem Fleisch haben beide Sporen mit längsrippigem Ornament. Schließlich bleiben mit glatten Sporen und kleinen Poren in der Gleba die Gattungen ***Hysterangium,*** Schwanztrüffel, ***Rhizopogon,*** Wurzeltrüffel und ***Trappea,*** Kleinsporschwanztrüffel mit ganz feinen, teils kaum sichtbaren Poren und Fruchtkörpern, die oft von wurzelartigen Mycelsträngen umwickelt sind.

Bestimmung

Damit die ähnlichen, knolligen Fruchtkörper zur Abgrenzung miteinander verglichen werden können, sind sie hier trotz der teilweise verwandtschaftlichen Ferne nebeneinander aufgeführt und in vier Schlüssel aufgeteilt. Auf der ersten Doppelseite von Schlüssel A folgen oberirdische, reif aufplatzende Arten im Umfeld der Stäublinge. Schlüssel B betrifft jung unterirdische, später hervorbrechende, reif oft morchel-, tintenfisch- oder gitterartige, übel riechende Gebilde. Von den mehrheitlich unterirdischen Knollen sind jene, die im Schnitt (Gleba) schleimig werden oder eine Milch absondern, abgetrennt (Schlüssel C). Alle anderen mit gekammerter (poriger) Gleba folgen auf der letzten Doppelseite in Schlüssel D und sind getrennt in Arten mit warzig stacheligen Sporen (D1) und solche mit glatten bis rippigen Sporen (D2). Während die auffälligeren Formen in den Schlüsseln A und B oft makroskopisch erkannt werden können, sind bei den Schlüsseln C und D mehrheitlich mikroskopische Untersuchungen nötig.

Speisewerte

Weißfleischige Stäublinge und Boviste sind jung essbar, solange das Fleisch fest und weiß ist. Wenn die Sporen reifen und das Fleisch gelb bis braun verfärben, sind die Pilze nicht mehr bekömmlich. Von den Hexeneiern kann jenes der Stinkmorchel in geschlossenem Zustand roh gegessen werden. Die erwähnten Erdsterne und die hier aufgeführten trüffelähnlichen Arten zählen alle nicht zu den Speisepilzen. Die im Schnitt dunkel gefärbten Hart- oder Kartoffelboviste sind giftig und können neben Übelkeit neurologische Symptome wie vorübergehende Sehstörungen hervorrufen.

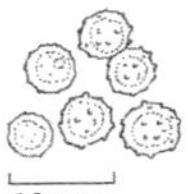

10 µm

Sporen

1.5.01 *Calvatia gigantea,*
Riesen-Großstäubling

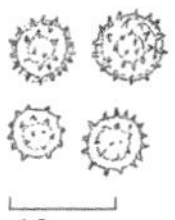

10 µm

Sporen

1.5.08 *Lycoperdon mammiforme,*
Flocken-Stäubling

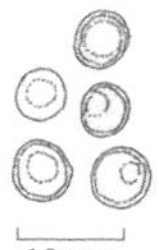

10 µm

Sporen

1.5.03 *Apioperdon pyriforme,*
Gemeiner Birnenstäubling

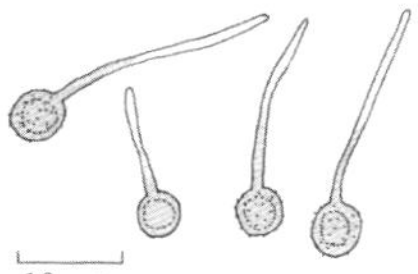

10 µm

Sporen

1.5.14 *Lycoperdon caudatum,*
Geschwänztsporiger Stäubling

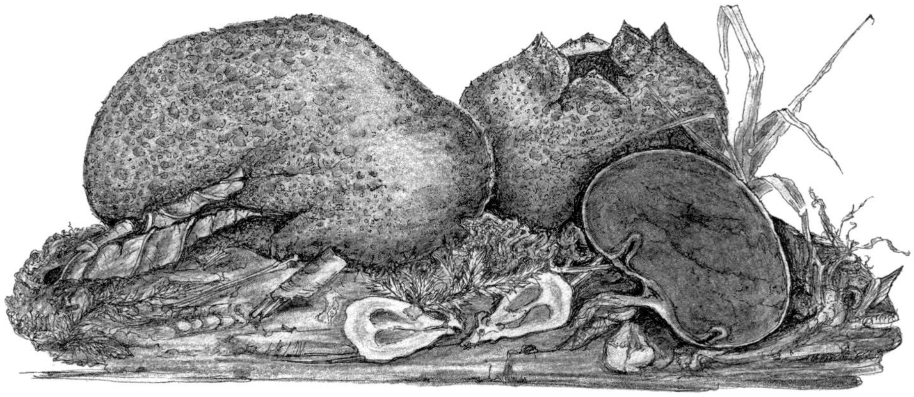

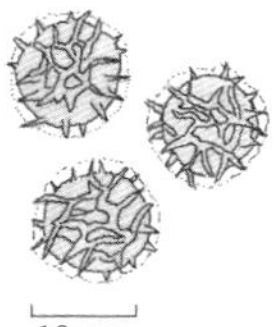

10 µm

Sporen

1.5.19 *Scleroderma citrinum,*
Dickschaliger Hartbovist

1.5.25 *Sphaerobolus stellatus,*
Sternförmigaufreißender Kugelschneller

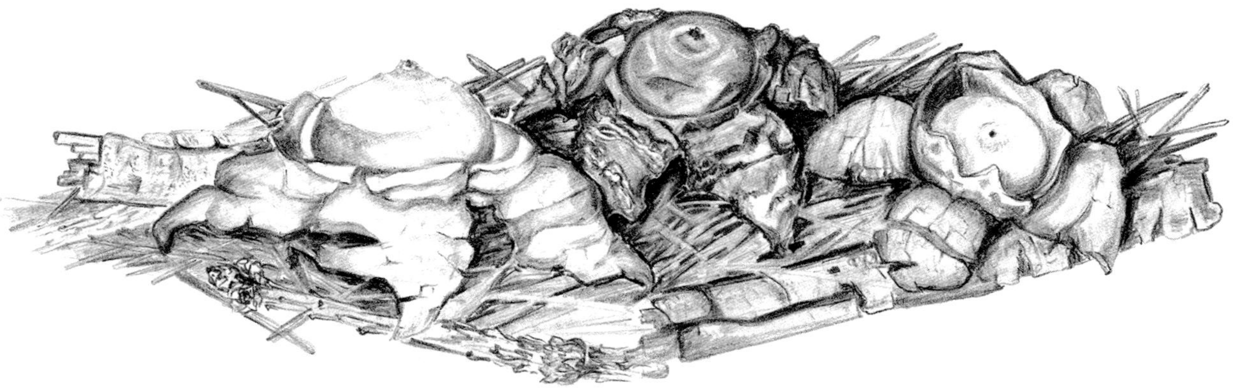

1.5.28 *Geastrum fimbriatum,*
Gewimperter Erdstern

1.5.37 *Tulostoma brumale,*
Winter-Stielbovist

1.5.42 *Phallus impudicus,*
Gemeine Stinkmorchel

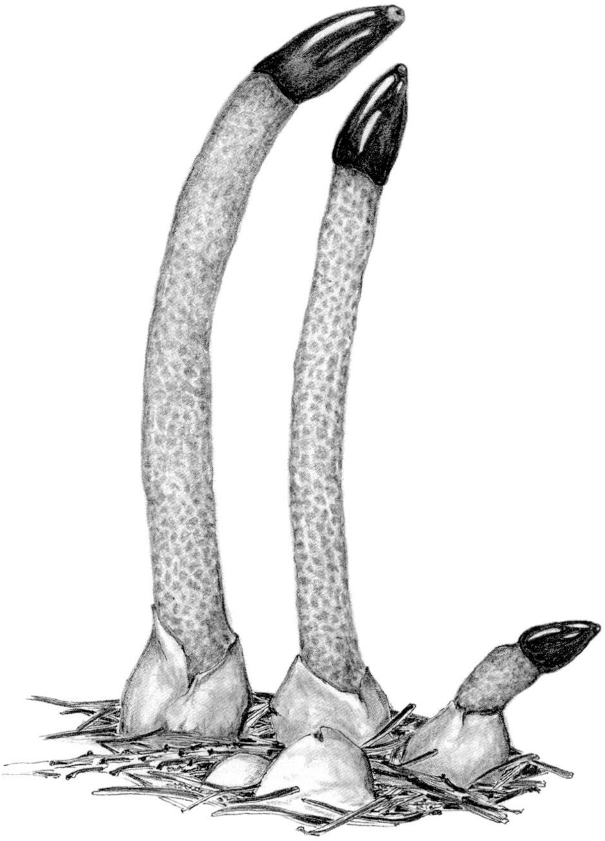

1.5.44 *Mutinus caninus,*
Gemeine Hundsrute

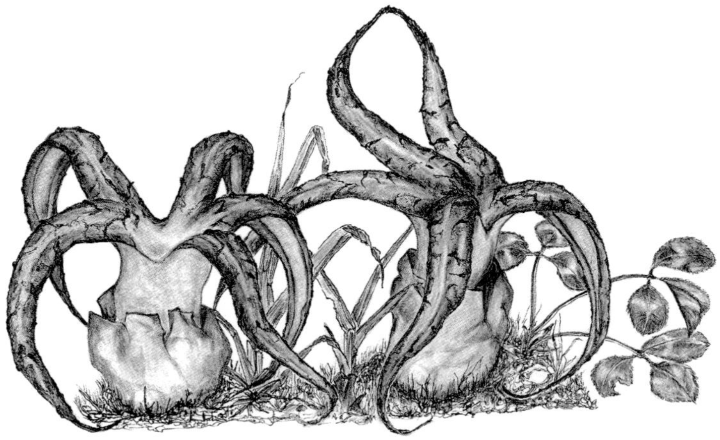

1.5.47 *Clathrus archeri,*
Tintenfisch-Gitterling

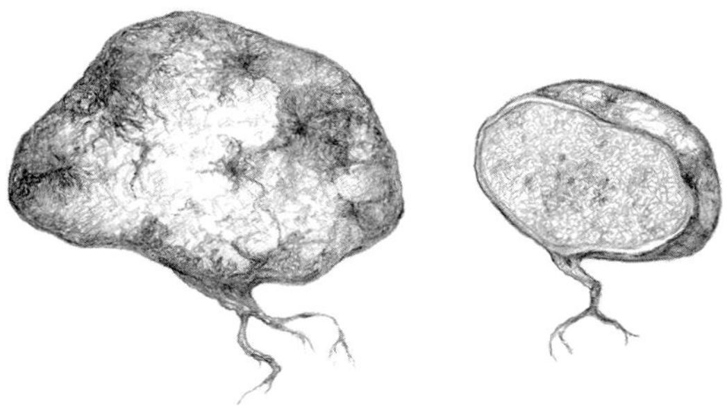

1.5.63 *Chamonixia caespitosa,*
Blauende Bergtrüffel

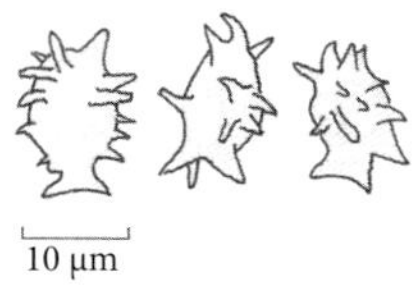

Sporen

1.5.56 *Stephanospora caroticolor,*
Gemeine Möhrentrüffel

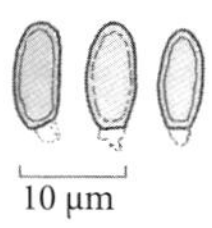

Sporen

1.5.72 *Melanogaster broomeanus,*
Gelbbraune Schleimtrüffel

1.5 *Lycoperdon,* Stäublinge und Ähnliche
(A) Fruchtkörper von Anfang an vollständig oberirdisch wachsend (epigäisch)

- Knolle ohne oder mit undeutlich abgetrenntem Stiel (Knolle und Stiel birnenförmig)
  - Fruchtkörper ohne sternförmig aufreißende Außenhülle (Exoperidie)
    - Knollen > 1 cm
      - Fleisch (Gleba) im Schnitt jung weiß und fest, später gelb bis oliv und weich
        - auf Holz, birnenförmig, weißlich bis ockerbraun, oft dicht büschelig — **03 *Apioperdon pyriforme,* Gemeiner Birnenstäubling**
        - auf Erde
          - Oberfläche glatt
            - Fruchtkörper 10–50 cm und mehr, sehr groß, weiß — 01 *Calvatia gigantea,* Riesenbovist
            - Fruchtkörper kaum über 10 cm groß
              - mit Stielteil (Subgleba), Oberfläche jung körnig-warzig — 05 *Lycoperdon pratense,* Wiesen-Stäubling
              - ohne Stiel (Subgleba), Oberfläche nie körnig
                - in Wiesen oder Trockenrasen
                  - Fruchtkörper 2–7 cm, glatt bis kleiig, nicht eingesenkt
                    - Innenhaut (Endoperidie) dunkelrotbraun, alpin — 15 *Bovista nigrescens,* Schwärzender Bovist
                    - Innenhaut hell gelblich, auf Wiesen, Weiden — 16 *Bovista plumbea,* Bleigrauer Bovist
                  - Frkp. 1–2 cm, oft im Boden eingesenkt, samtig filzig — 17 *Bovista tomentosa,* Filziger Bovist
                - im Moor — 18 *Bovista paludosa,* Moor-Bovist
          - Oberfläche körnig, warzig, flockig oder felderig rissig, nicht stachelig
            - weiß bis creme
              - Fruchtkörper oft über 10 cm
                - ohne deutlichen Stielteil, Oberfläche grob höckerig-warzig
                  - Oberfläche schollig warzig, mitteleuropäisch — 04 *Bovistella utriformis,* Getäfelter Hasenbovist
                  - Oberfläche stachelig warzig, im Gebirge oder arktisch — 02 *Calvatia cretacea,* Kreideweißer Großstäubling
                - mit deutlichem Stielteil, Oberfläche flüchtig körnig — 06 *Lycoperdon excipuliforme,* Beutel-Stäubling
              - Fruchtkörper kaum über 10 cm
                - Oberfläche körnig-warzig (zumindest jung)
                  - mit Kopf- und Stielteil, auch jung oberirdisch
                    - ohne Membran zwischen Gleba u. Stielteil (Subgleba)
                      - Körnchen gut haftend, reif porige Scheitelöffnung — **07 *Lycoperdon perlatum,* Flaschen-Stäubling**
                      - Körnchen flüchtig, reif im Scheitel aufreißend — 06 *Lycoperdon excipuliforme,* Beutel-Stäubling
                    - mit Membran zwischen Gleba und Stielteil — 05 *Lycoperdon pratense,* Wiesen-Stäubling
                  - ohne Stielteil, oft eingesenkt — 17 *Bovista tomentosa,* Filziger Bovist
                - Oberfläche schollig flockig, im Scheitel flüchtig — 08 *Lycoperdon mammiforme,* Flocken-Stäubling
            - grau- bis ockerbraun oder braun
              - jung deutlich oder zumindest im Scheitel mit Stacheln
                - Stacheln graubraun, Sporenpulver rotbraun — 09 *Lycoperdon molle,* Weicher Stäubling
                - Stacheln dunkelbraun, Sporenpulver gelbbraun — 10 *Lycoperdon umbrinum,* Umberbrauner Stäubling
              - jung fein körnig, kaum mit Stacheln — 11 *Lycoperdon lividum,* Graubrauner Grasland-Stäubling
          - Oberfläche stachelig, braun
            - Stacheln bis 5 mm lang — **12 *Lycoperdon echinatum,* Igel-Stäubling**
            - Stacheln kaum über 2 mm lang
              - Innenhaut nach Abfallen d. Stacheln netzartig, Geruch gasartig — 13 *Lycoperdon nigrescens,* Schwärzender Stäubling
              - Innenhaut nach Abfallen der Stacheln glatt
                - vor allem in Feuchtwiese, Sp. punktiert, mit langem Fortsatz — 14 *Lycoperdon caudatum,* Geschwänztsporiger Stäubling
                - vor allem im Wald, Sporen feinwarzig, mit kurzem Fortsatz — 10 *Lycoperdon umbrinum,* Umberbrauner Stäubling
      - Fleisch (Gleba) jung grau, grauviolett und bald schwärzlich, Sporen kugelig
        - Hülle (Peridie) 2–10 mm dick (Schnitt!)
          - mehrheitlich oberirdisch wachsend, Sporen ca. 10 µm
            - Hülle bis 5 mm dick, reif zu großem Loch einreißend — **19 *Scleroderma citrinum,* Dickschaliger Hartbovist**
            - Hülle bis 1 cm dick, reif sternförmig aufreißend, wie Erdstern — 20 *Scleroderma polyrhizum,* Starkwurzelnder Hartbovist
          - unterirdisch wachsend, Sporen 3–5 µm — 24 *Schenella simplex,* Schwarzgleba-Erdkugel
        - Hülle (Peridie) dünn, weniger als 2 mm dick
          - Sporen mit isolierten Warzen
            - unregelmäßige Schuppen, Sporen mehrheitlich < 11 µm — 21 *Scleroderma verrucosum,* Braunwarziger Hartbovist
            - rundliche Schuppen auf gelbem Grund, Sp. mehrheitlich > 11 µm — 22 *Scleroderma areolatum,* Leopardenfell-Hartbovist
          - Sporen mit netzartig verbundenen Warzen — 23 *Scleroderma bovista,* Netzsporiger Hartbovist
    - Knollen < 1 cm breit
      - 1–2 mm, innen feucht gallertartig mit 1 Peridiole, Außenhülle sternförmig — 25 *Sphaerobolus stellatus,* Sternförmigaufreißender Kugelschneller
      - 0,5–1 cm, innen gallertartig mit vielen ca. 1 mm großen Peridiolen — 1.6.05 *Nidularia deformis,* Vollgestopfter Nestling
  - Fruchtkörper mit meist sternförmig aufreißender Außenhülle (Exoperidie) — **→ siehe nächste Seite**
- Knolle auf einem deutlich abgesetzten Stiel — **→ siehe nächste Seite**

1.5 *Lycoperdon,* Stäublinge und Ähnliche
(A) Fruchtkörper von Anfang an vollständig oberirdisch wachsend (epigäisch) **(Fortsetzung)**

Fruchtkörper mit sternförmig aufreißender Außenhülle
Fruchtkörper ausgebreitet meist über 7 cm
4–5 Lappen, rötlichbraun, hoch aufstelzend, Sporenöffnung gestreift — 30 *Geastrum fornicatum,* Großer Nest-Erdstern
5–7 Lappen
beige bis blass rosabraun, glatt
sternförmig aufgerissene Außenhaut zweischichtig, bildet Kragen — 26 *Geastrum triplex,* Halskrausen-Erdstern
sternförmig aufgerissene Außenhaut einschichtig, ohne Kragen — 27 *Geastrum rufescens,* Rötender Erdstern
sternförmig aufgerissene, einfache Haut (keine Innenhaut) — 20 *Scleroderma polyrhizum,* Starkwurzelnder Hartbovist
dunkelbraun bis schwarz körnig (Innenhülle öffnet mit) — 32 *Geastrum melanocephalum,* Riesen-Erdstern
7–15 Lappen mit ocker- bis dunkelbraun marmorierter Oberfläche — 36 *Astraeus hygrometricus,* Gemeiner Wetterstern
Fruchtkörper ausgebreitet meist unter 7 cm bleibend
Knolle ohne Stiel auf sternförmiger Außenhülle aufsitzend, 7–15 Lappen
7–10 Lappen, Oberfläche einfarbig cremebeige — **28 *Geastrum fimbriatum,* Gewimperter Erdstern**
7–15 Lappen, Oberfläche ocker- bis dunkelbraun marmoriert — 36 *Astraeus hygrometricus,* Gemeiner Wetterstern
Knolle gestielt auf sternförmiger Außenhülle aufsitzend, 4–8 Lappen
4–5 Lappen, Stiel ungerieft, Scheitelöffnung mit Hof, Sporen kugelförmig
Lappen ockerbraun, Nadelwald, Sporen 5–6 µm — 29 *Geastrum quadrifidum,* Kleiner Nest-Erdstern
Lappen rötlichbraun, Laubwald, Sporen 3–4,5 µm — 30 *Geastrum fornicatum,* Großer Nest-Erdstern
5–8 Lappen
Stiel unterhalb des Rings gerieft, Peristom rillig, ohne Hof — 31 *Geastrum pectinatum,* Kamm-Erdstern
Stiel mit Kragen, Innenhaut (Endoperidie) weißlich flockig, 2–6 cm — 33 *Geastrum striatum,* Kragen-Erdstern
Stiel ungerieft, ohne Kragen, Scheitelöffnung kegelig, rillig mit Hof
Knolle glatt, bereift oder mit weißen Kristallen — 34 *Geastrum schmidelii,* Heide-Erdstern
Knolle körnig — 35 *Geastrum pouzarii,* Tschechischer Erdstern
Fruchtkörper mit abblätternder Außenhülle, kugelig flachgedrückt, 1–2 cm
Sporen feinwarzig (Warzen bis 0,5 µm), kugelförmig, mehrheitlich < 5,5 µm — 61 *Disciseda candida,* Kleiner Scheibenbovist
Sporen grobwarzig (Warzen bis 1 µm), kugelförmig, mehrheitlich > 5,5 µm — 62 *Disciseda bovista,* Großer Scheibenbovist
Fruchtkörper mit sternförmig aufreißender, einfacher Hülle — 20 *Scleroderma polyrhizum,* Starkwurzelnder Hartbovist
Knolle auf einem deutlich abgesetzten Stiel
Stiel > 1 cm lang, auf Erde
Stiel bis max. 6 cm lang, glatt bis fein schuppig, Knolle weiß bis ockergelb
Stiel glatt oder hell schuppig auf hellem Grund
Scheitelöffnung mit glattem Rand — 37 *Tulostoma brumale,* Winter-Stielbovist
Scheitelöffnung mit fransigem oder rissigem Rand — 38 *Tulostoma fimbriatum,* Bewimperter Stielbovist
Stiel mit braunen, dichten, oft quadratförmigen Schuppen auf hellem Grund — 39 *Tulostoma melanocyclum,* Schwarzgehöfter Stielbovist
Stiel > 10 cm lang, hängend-zottig, entspringt einer innen gallertartigen Volva — 40 *Battarrea phalloides,* Gallert-Stelzenstäubling
Stiel < 1 cm lang, auf Laubholz, vorwiegend Buche *Fagus* — 41 *Phleogena faginea,* Buchen-Köpfchenträger

1.5 *Lycoperdon,* Stäublinge und Ähnliche (*Phallus,* Stinkmorcheln, *Mutinus,* Hundsruten, *Scleroderma,* Hartboviste, ...)
(B) Fruchtkörper zumindest jung unterirdisch wachsend, reif aus dem Boden hervorbrechend (semihypogäisch) Fleisch im Schnitt mit sichtbarem Stiel, fest und später pulverig oder gekammert

- reif Hut mit morchelartig, mit gitter- oder tintenfischartigen Auswüchsen, Aasgeruch
  - Knolle unter Haut gallertartig, Fruchtschicht olivgrün, innen weiß, gelb bis rötlich
    - Knolle 4–6 cm, Stiel 10–20 cm, Hut 2–4 cm dick, ohne Rot
      - Knolle kalk- bis cremeweiß, an der Luft nicht verfärbend — **42 *Phallus impudicus,* Gemeine Stinkmorchel**
      - Knolle im Boden weiß, an der Luft zunehmend rosaviolett — 43 *Phallus hadriani,* Dünen-Stinkmorchel
    - Knolle 1–4 cm, Stiel 5–15 cm, Hut weniger als 2 cm dick
      - Stiel bis 1 cm dick, zylindrisch, Hut abgesetzt und relativ kurz
        - Geruch schwach, Auswuchs weiß, blass ocker oder blass rosa — 44 *Mutinus caninus,* Gemeine Hundsrute
        - Geruch stark aasartig, Auswuchs himbeerrot, evtl. weiß überzogen — 45 *Mutinus ravenelii,* Himbeerrote Hundsrute
      - Stiel 1–2 cm dick, gegen oben verjüngt, Hut mind. ⅓ des Fruchtkörpers — 46 *Mutinus elegans,* Vornehme Hundsrute
  - Knolle teils gallertartig, weiß bis rötlich, olivbraune Fruchtschicht innen
    - beim Öffnen mit 4–6 tintenfischartigen, leuchtend roten Armen — 47 *Clathrus archeri,* Tintenfisch-Gitterling
    - beim Öffnen mit bis ca. 10 cm großem, leuchtend rotem Gitter — 48 *Clathrus ruber,* Roter Gitterling
- reif mit brauner sporenhaltiger Knolle auf einem deutlich abgesetzten Stiel — 40 *Battarrea phalloides,* Gallert-Stelzenstäubling
- reif teils am Scheitel aus Boden ragend (weder stiel-, gitter- noch armartige Ausw.)
  - außen weiß, 1–3 cm, weiße Mycelstränge, Gleba graugrün gekammert
    - Fruchtkörper ± kugelig ohne Stiel, Sporen ca. 25 µm lang — 49 *Hysterangium stoloniferum,* Rissige Schwanztrüffel
    - Fruchtkörper ± kugelig mit deutlichem Stiel, Sporen ca. 4,5 µm lang — 55 *Phallogaster saccatus,* Stinkender Sackbovist
  - außen und im Schnitt (Gleba) gelborange, karottenrot — 56 *Stephanospora caroticolor,* Gemeine Möhrentrüffel
  - außen grau, nur jung unterirdisch
    - Sporen kugelig, feinwarzig (Warzen bis 0,5 µm), mehrheitlich < 5,5 µm — 61 *Disciseda candida,* Kleiner Scheibenbovist
    - Sporen kugelig, grobwarzig (Warzen bis 1 µm), mehrheitlich > 5,5 µm — 62 *Disciseda bovista,* Großer Scheibenbovist
  - außen gelb-, oliv-, bis rötlich- oder schwarzbraun
    - im Schnitt (und außen) schwarzblau verfärbend, im Bergnadelwald — 63 *Chamonixia caespitosa,* Blauende Bergtrüffel
    - nicht verfärbend
      - Oberfläche mit feinen Gräben (Fibrillen), gelbbraun, blassoliv gekammert — 65 *Rhizopogon luteolus,* Gelbbräunliche Wurzeltrüffel
      - Oberfläche filzig, höckerig-runzelig, dunkelbraun, Geruch bald lauchartig — 71 *Melanogaster ambiguus,* Weißgekammerte Schleimtrüffel
      - Oberfläche ziemlich glatt, kaum höckerig
        - im Längsschnitt ohne Stiel, Geruch obstartig bis Juchtenleder — 72 *Melanogaster broomeanus,* Gelbbraune Schleimtrüffel
        - im Schnitt mit zentralem Stiel und lamellenartiger Gleba, hellocker — 78 *Russula candida,* Nördliche Täublingstrüffel
- reif ganz auf dem Boden aufsitzend, Sporen kugelig
  - Hülle (Peridie) 2–10 mm dick (Schnitt!)
    - mehrheitlich oberirdisch wachsend, Sporen ca. 10 µm
      - Hülle bis 5 mm dick, reif zu großem Loch einreißend — **19 *Scleroderma citrinum,* Dickschaliger Hartbovist**
      - Hülle bis 1 cm dick, reif sternförmig aufreißend, wie Erdstern — 20 *Scleroderma polyrhizum,* Starkwurzelnder Hartbovist
    - unterirdisch wachsend, Sporen 3–5 µm — 24 *Schenella simplex,* Schwarzgleba-Erdkugel
  - Hülle (Peridie) dünn, weniger als 2 mm dick
    - Sporen mit isolierten Warzen
      - unregelmäßige Schuppen, Sporen mehrheitlich < 11 µm — 21 *Scleroderma verrucosum,* Dünnschaliger Hartbovist
      - rundliche Schuppen auf gelbem Grund, Sporen mehrheitlich > 11 µm — 22 *Scleroderma areolatum,* Leopardenfell-Hartbovist
    - Sporen mit netzartig verbundenen Warzen — 23 *Scleroderma bovista,* Netzsporiger Hartbovist

1.5 *Lycoperdon*, Stäublinge und Ähnliche (*Melanogaster*, Schleimtrüffel, *Chlorophyllum*, Safranschirmlinge, ...)
(C) Fruchtkörper auch reif mehrheitlich oder ganz unterirdisch
Fleisch im Schnitt (Gleba) fein bis deutlich gekammert, schleimig oder milchend oder mit Stiel

im Schnitt sichtbar gekammert, alt dunkel schleimig, ohne Columella	
Poren bis > 2 mm, Sp. glatt, Frkp. olivocker bis rotbräunlich, Geruch lauchartig	71 *Melanogaster ambiguus*, Weißgekammerte Schleimtrüffel
Poren 0,5–2 mm	
Fruchtkörper gelbocker, braunrötlich fleckig	
Sporen < 10 µm lang	
Geruch obst-, leder- bis moschusartig, im warmen Laubwald	72 *Melanogaster broomeanus*, Gelbbraune Schleimtrüffel
Geruch unauffällig, bei Grünerlen, subalpin	76 *Alpova diplophloeus*, Erlen-Hellsporschleimtrüffel
Sporen > 10 µm lang, Schleim blass bis rötlichbraun	77 *Neoalpova rubescens*, Rötlichgekammerte Hellsporschleimtrüffel
Frkp. olivocker, Gleba jung gelblich, Ger. süßlich, Sporen kugelig 7–11 µm	73 *Melanogaster umbriniglebus*, Mexikanische Schleimtrüffel
Fruchtkörper kastanienbraun, Sporen 10–15 µm lang	
Sporen schmal spindelig, Geruch unauffällig	75 *Melanogaster macrosporus*, Großsporige Schleimtrüffel
Sporen ellipsoid, Geruch auffällig, stechend teerartig	74 *Melanogaster tuberiformis*, Kupferbraune Schleimtrüffel
im Schnitt feinporig (Lupe), reif gallertartig, Peridie meist ablösbar, mit Columella	
Fruchtkörper umgeben von Mycelfilz, Basis undeutlich, Peridie erst blaugrün	50 *Hysterangium calcareum*, Kalkweiße Schwanztrüffel
Fruchtkörper mit Mycelfilz resp. Wurzelstrang nur an der Basis	
Sporen länglich, > 20 µm, Fruchtkörper gelbfleckig	49 *Hysterangium stoloniferum*, Rissige Schwanztrüffel
Sporen 18–22 µm, Gleba weinbraun mit ästigen Strukturen	98 *Hymenogaster bulliardii*, Wanzen-Erdnuss
Sporen länglich, 8–20 µm lang	
Hyphen der Peridie blasig, Columella undeutlich, Ger. nach Fruchtkompott	51 *Hysterangium separabile*, Gelbe Schwanztrüffel
Hyphen der Peridie außen fädig, innen blasig, gut ablösbar, glatt-filzig	52 *Hysterangium nephriticum*, Blasse Schwanztrüffel
Hyphen der Peridie fädig, Peridie im Schnitt weinbraun, gut ablösbar	53 *Hysterangium clathroides*, Stinkende Schwanztrüffel
Sporen länglich, < 8 µm lang, Columella deutlich, ästig auslaufend	54 *Trappea darkeri*, Weißberindete Kleinsporschwanztrüffel
im Schnitt pulverig zerfallend, oliv, Fruchtkörper weißlich, Geruch nach Honig	107 *Gastrosporium simplex*, Gemeine Steppentrüffel
im Schnitt gekammert, jung milchend, alt trocken, Sporenpulver hell	
Milch weißlich, teilweise etwas gilbend	
Fruchtkörper 1–5 cm im Durchmesser, Sporen breit ellipsoid bis kugelig	
Gleba gekammert, feinporig, Sporen grobwarzig bis netzartig	
Sporen amyloid	
Fruchtkörper weißlich, später rötlichbraun, Gleba weiß, später braun	84 *Lactarius stephensii*, Fastgestielte Milchtrüffel
Fruchtkörper orange bis rotbraun	
Gleba rötlich-ocker, mit Columella, Sporen isoliert warzig	85 *Lactarius borzianus*, Braunrote Milchtrüffel
Gleba gelblich-rötlich gekammert, Sporen deutlich netzartig	83 *Lactarius josserandii*, Spanische Milchtrüffel
Sporen nicht amyloid	
Sporen netzartig, Gleba weiß milchend, Kern oft gallertartig	59 *Leucogaster nudus*, Nackte Wabentrüffel
Sporen fein isoliert warzig, Fruchtkörper gelblich bis rötlich olivbraun	60 *Leucophleps aculeatispora*, Europäische Weißvenentrüffel
Gleba kompakt, punktiert, Sporen glatt, kugelig, riesig	
Fruchtkörper rostbraun, Gleba rötlichocker, Sporen 100–150 µm	111 *Glomus melanosporum*, Schwarzsporige Jochtrüffel
Fruchtkörper grauweiß, Gleba gelblich, Sporen 130–250 µm	112 *Glomus macrocarpum*, Großfrüchtige Jochtrüffel
Fruchtkörper 0,5–1 cm, weißlich, knollig, faltig, Gleba fest, orangegelblich	109 *Jimgerdemannia lactiflua*, Milchender Jochpilz
Milch rotbraun, Frkp. gelbbraun, faltig, Gleba orangebraun, Geruch konfektartig	110 *Jimgerdemannia flammicorona*, Rotfleischiger Jochpilz
im Schnitt mit deutlichem, weißem Stiel, evtl. mit Hut und Fruchtschicht	
mit Stiel und Lamellen, rötend, nirgends gekammert	108 *Chlorophyllum agaricoides*, Geschlossener Safranschirmling
mit Stiel, außerhalb gekammert	
Sporen amyloid, warzig	
Frkp. weiß bis gelbbräunlich, Gleba gekammert, Stiel nur ansatzweise	78 *Russula candida*, Nördliche Täublingstrüffel
Fruchtkörper gelbocker, Gleba nicht gekammert, Stiel deutlich	79 *Russula mattiroloana*, Südliche Täublingtrüffel
Sporen nicht amyloid	
Sporen rau, ellipsoid bis zitronenförmig, gelbocker, Gleba fein gekammert	
Fruchtkörper 1–4 cm, bei Eukalyptus, in Italien	101 *Setchelliogaster tenuipes*, Schlankstieliger Mistpilzstäubling
Fruchtkörper 2–5 cm, bei Weißtanne, in Nordamerika, Kanada	100 *Cortinarius pinguis*, Breiter Thaxterstäubling
Sporen glatt, klein, Stiel weiß, außen olivgrün, Geruch aasartig	55 *Phallogaster saccatus*, Stinkender Sackbovist
Sporen eckig	
Fruchtkörper 1–2 cm, gelblich, Stiel kaum sichtbar oder fehlend	105 *Entoloma leptoniisporum*, Gemeine Zärtlingstrüffel
Fruchtkörper 2–3 cm, braungrau, Stielansatz deutlich	106 *Entoloma calongei*, Gestielte Rötlingstrüffel

1.5 *Lycoperdon,* Stäublinge und Ähnliche (*Hymenogaster,* Erdnüsse, *Hydnangium,* Heidetrüffel, *Sclerogaster,* Harttrüffel, ...)

(D1) Fruchtkörper auch reif mehrheitlich oder ganz unterirdisch

▷ Gleba gekammert oder mit langen, hirnartig gewundenen bis großen, breiten Hohlräumen, weder schleimig noch milchend

▷ Sporen warzig bis stachelig

- Gleba fein gekammert (Fruchtkörper im Schnitt)
  - Sporen stachelig
    - Fruchtkörper satt orangeocker, Gleba karottenorange
      - Sporen ellipsoid, Stacheln bis 3 µm lang, im Laub- oder Mischwald — 56 *Stephanospora caroticolor,* Gemeine Möhrentrüffel
      - Sporen breit ellipsoid bis kugelig, Stacheln bis 1 µm, eher mediterran — 57 *Hydnangium aurantiacum,* Orangegelbe Heidetrüffel
    - Fruchtkörper und Gleba graurosa, mediterran, bei Eukalyptus — 58 *Hydnangium carneum,* Fleischfarbene Heidetrüffel
    - Frkp. blass bis braunschwarz, rötend, grob gekammert, Geruch fruchtartig — 64 *Octaviania asterosperma,* Sternsporige Laubtrüffel
  - Sporen warzig, nicht stachelig, Gleba wattig weich
    - Sporen nicht amyloid
      - Sporen spindelig bis zitronenförmig
        - Frkp. weiß, ± so bleibend, Poren 0,5–1 mm, länglich, labyrinthisch
          - Sporen ellipsoid bis zitronenförmig, Ger. mehl-, rettichartig, ranzig — 90 *Protoglossum niveum,* Schneeweiße Urerdnuss
          - Sporen spindelig-zitronenförmig, sandig, bei Eukalyptus — 91 *Descolea alba,* Weiße Erdnuss
        - Fruchtkörper gelbocker bis dunkelbraun
          - anfangs lebhaft gelb, Glebakammern eng, kugelig bis flachgedrückt
            - Fruchtkörper gelb bis rötlich- oder schwarzbraun, Sporen fast glatt — 92 *Hymenogaster citrinus,* Zitronengelbe Erdnuss
            - Fruchtkörper weißgelb bis beigegelb, Sporen warzig — 94 *Hymenogaster calosporus,* Schönsporige Erdnuss
          - ohne lebhafte Gelbtöne
            - Geruch angenehm nach Maiglöckchen, Sporen spindelig, warzig — 95 *Hymenogaster griseus,* Graue Erdnuss
            - Geruch ranzig, Sporen spindelig-zitronenförmig — 97 *Hymenogaster lycoperdineus,* Wanzen-Erdnuss
            - Geruch nach Früchtekompott, fruchtartig
              - Fruchtkörper evtl. mit Olivton — 93 *Hymenogaster olivaceus,* Olivbraune Erdnuss
              - Fruchtkörper silbergrau bis schmutzig ocker — 99 *Cortinarius olens,* Aromatische Erdnuss
            - Geruch angenehm pilzartig, später rettichartig — 96 *Hymenogaster vulgaris,* Rissige Erdnuss
      - Sporen kugelig
        - Gleba ohne Columella (im Schnitt ohne sterile Teile)
          - Geruch nach Kartoffeln, Fruchtkörper gelbockerlich, Gleba graubraun — 104 *Wakefieldia macrospora,* Großsporige Steintrüffel
          - Geruch unauffällig, Frkp. gelb, Peridie im Schnitt weiß, Frkp. alt hart — 102 *Sclerogaster compactus,* Einschichtige Harttrüffel
        - Gleba mit Columella (im Schnitt sterile Teile), Sporen klein < 5 µm — 103 *Sclerogaster hysterangioides,* Schwanztrüffelartige Harttrüffel
    - Sporen amyloid
      - Stiel kurz, rudimentär
        - Frkp. glatt, weißlich bis orangegelblich, Peridie mit KOH nicht rot — 78 *Russula candida,* Nördliche Täublingstrüffel
        - Fruchtkörper körnig orangeockerlich, süßlich, Peridie mit KOH blutrot — 80 *Russula messapicoides,* Helle Täublingstrüffel
      - Stiel fehlend, höchstens mit einer basalen Einbuchtung
        - Fruchtkörper weiß bis rötlichbraun, Sporen klein — 81 *Russula mistiformis,* Kleinsporige Täublingstrüffel
        - Frkp. weiß, orangeocker-fleckig, fruchtartig, bei Steineiche, im Frühling — 82 *Russula vidalii,* Stechpalmen-Täublingstrüffel
        - Fruchtkörper weißlich bis gelbbräunlich, jung milchend — 84 *Lactarius stephensii,* Fastgestielte Milchtrüffel
        - Fruchtkörper orange bis rotbraun, Gleba rosacreme, jung milchend — 83 *Lactarius josserandii,* Spanische Milchtrüffel
        - Fruchtkörper rötlich, gelbbraun, radial gekammert, jung milchend — 85 *Lactarius borzianus,* Braunrote Milchtrüffel
- Gleba mit langen, hirnartigen, gewundenen Hohlräumen
  - mit labyrinthischen Poren, Sporen längsrippig, auf Basidien — **→ siehe 1.5 *Gautieria,* Morcheltrüffel (D2)**
  - mit länglichen, hirnartig geformten Lücken, Sporen in Schläuchen — 16.15 *Hydnotrya,* Rasentrüffel u. Ä. (C)
- Gleba mit breiten, großen Hohlräumen, Sporen in Schläuchen — 16.15 *Genea,* Blasentrüffel u. Ä. (C)

1.5 *Lycoperdon,* Stäublinge und Ähnliche (*Gautieria,* Morcheltrüffel, *Rhizopogon,* Wurzeltrüffel, *Hysterangium,* Schwanztrüffel, ...)

(D2) Fruchtkörper auch reif mehrheitlich oder ganz unterirdisch

▹ Gleba gekammert, weder schleimig noch milchend

▹ Sporen glatt bis längsrippig

Gleba gekammert, Frkp. blau fleckend, lederfarben, kurz gestielt, Sporen längsrippig	63 *Chamonixia caespitosa,* Blauende Bergtrüffel
Gleba fein gekammert, Sporen glatt	
ohne Columella, Peridie kaum ablösbar, Sporen schmal ellipsoid < 12 µm lang	
Rhizomorphen rundum, Glebaporen < 0,5 mm, Frkp. gelb- bis ockerbraun	
Druckstellen nicht rötend, Gleba gelblich bis dunkel olivocker	65 *Rhizopogon luteolus,* Gelbbräunliche Wurzeltrüffel
Druckstellen rötend, Peridie orangerosa, Gleba weißlich bis olivocker	66 *Rhizopogon occidentalis,* Abendland-Wurzeltrüffel
Rhizomorphen nur basal, Gleba gelblich, olivocker bis schwarzbraun	
nur bei Douglasien, schwarzbraun, Gleba mit Poren bis 1,5 mm	67 *Rhizopogon villosulus,* Douglasien-Wurzeltrüffel
im alpinen Nadelwald, Südeuropa, Poren der Gleba < 0,5 mm	
zunehmend rötlichbraun, rissig-schuppig, jung glatt rosa, gelblich	68 *Rhizopogon roseolus,* Rötliche Wurzeltrüffel
orangeocker, fein körnig-schuppig, Gleba weißlich, tabakfarben	69 *Rhizopogon rocabrunae,* Katalonische Wurzeltrüffel
gelbbraun, rotbraun fleckig, glatt, Gleba gelb- bis rotbraun	70 *Rhizopogon marchii,* Gilbende Wurzeltrüffel
weiß, gelbfleckig, mit Wurzelsträngen, Sporen > 20 µm	49 *Hysterangium stoloniferum,* Rissige Schwanztrüffel
mit farbloser, knorpeliger Columella, Peridie meist gut ablösbar	
Fruchtkörper umgeben von Mycelfilz, Basis undeutlich, Peridie erst blaugrün	50 *Hysterangium calcareum,* Kalkweiße Schwanztrüffel
Fruchtkörper mit Mycelfilz resp. Wurzelstrang nur an der Basis	
Sporen länglich, > 20 µm, Fruchtkörper gelbfleckig	49 *Hysterangium stoloniferum,* Rissige Schwanztrüffel
Sporen 18–22 µm, Gleba weinbraun mit ästigen Strukturen	98 *Hymenogaster bulliardii,* Wanzen-Erdnuss
Sporen länglich, 8–20 µm lang	
Hyphen der Peridie blasig, Columella undeutlich, Geruch fruchtartig	51 *Hysterangium separabile,* Gelbe Schwanztrüffel
Hyphen der Peridie außen fädig, innen blasig, gut ablösbar, glatt-filzig	52 *Hysterangium nephriticum,* Blasse Schwanztrüffel
Hyphen der Peridie fädig, Peridie im Schnitt weinbraun, gut ablösbar	53 *Hysterangium clathroides,* Stinkende Schwanztrüffel
Sporen länglich, < 8 µm lang, Columella deutlich, ästig auslaufend	54 *Trappea darkeri,* Weißberindete Kleinsporschwanztrüffel
Gleba labyrinthisch, mit morchelartig gewundenen Hohlräumen, Sporen längsrippig	
ocker bis rötlichbraun, labyrinthisch gefurcht, Gleba mit Columella	
Geruch fruchtartig	86 *Gautieria morchelliformis,* Großsporige Morcheltrüffel
Geruch stark, nach Tomaten, Diesel	87 *Gautieria graveolens,* Starkriechende Morcheltrüffel
Geruch stechend unangenehm, Fruchtkörper von weißem Filz umgeben	88 *Gautieria otthii,* Stinkende Morcheltrüffel
jung weißlich, Gleba mit Columella, Geruch süßlich, mediterran	89 *Gautieria trabutii,* Höckersporige Morcheltrüffel
Gleba hirnartig gewunden oder mit langen Hohlräumen, Sporen in Schläuchen	
Fruchtkörper im Schnitt mit größeren, teils gewunden Hohlräumen	16.15 *Genea,* Blasentrüffel u. Ä. (C)
Fruchtkörper im Schnitt mit eher kleinen, porigen bis länglichen Zellen	16.15 *Hymenogaster,* Urerdnüsse u. Ä. (D2)

1.5.01 *Calvatia gigantea* (Batsch) Lloyd,
Langermannia gigantea (Batsch) Rostk.
Riesen-Großstäubling, Riesenbovist

Frkp: 15–60 cm hoch und breit, unregelmäßig kugelförmig, oft mit Dellen oder Einbuchtungen, Haut rindenartig, dünn, glatt bis hirschlederartig oder fein flockig, jung weiß, alt abblätternd und grüngelblich bis -braun. **F:** jung fest und weiß, später weich, gelb und olivgelb bis -braun, schließlich pulverig-wattig. **Ger:** pilzartig bis etwas unangenehm. **Ges:** mild. **V:** einzeln oder in Gruppen (Hexenring) vorwiegend auf nährstoffreichen Wiesen und Weiden. **Mik:** Sporen feinwarzig bis fast glatt, kugelig, 3,5–5 µm. (D 1085, Kr 2.133, BK 2.511, 🖼).

1.5.01 *Calvatia gigantea*, Riesen-Großstäubling

1.5.02 *Calvatia cretacea* (Berk.) Lloyd
Kreideweißer Großstäubling

Frkp: 4–12 cm breit, kugelig, teils länglich oder abgeflacht und seltener birnenförmig, Außenhaut (Exoperidie) feinstachelig oder kantig warzig, weiß, Innenhaut (Endoperidie) glatt und grau, jedoch gleichzeitig mit der Außenhaut ablösend, danach olivbräunlich bis braun (Gleba), Stielteil (Subgleba) kaum ausgebildet. **F:** erst oliv-, später dunkelbraun (Gleba). **V:** arktisch oder alpin, auf Wiesen oder in der Zwergstrauchheide. **Mik:** Sporen warzig, kugelig, 5,5–7 µm.

1.5.03 ***Apioperdon pyriforme*** (Schaeff.) Vizzini,
Lycoperdon pyriforme Schaeff.
Gemeiner Birnenstäubling, Birnen-Stäubling

Frkp: 2–6 cm hoch und etwas weniger breit, birnenförmig, im Scheitel meistens leicht gebuckelt, jung körnig und weißlich, bald glatt und ockerlich bis braun, im Scheitel etwas dunkler. **F:** erst im ganzen Fruchtkörper fest und weiß (Gleba und Subgleba), später im Kopfteil (Gleba) olivgrün schmierig und schließlich wattig-pulverig braun, im Stielteil weiß bleibend (Subgleba). **Ger:** stark pilzartig. **Ges:** mild. **Spp:** rostbraun. **V:** meistens dicht büschelig auf morschem Holz; Sommer bis Herbst. **Mik:** Sporen glatt, kugelig, etwas dickwandig, 3,5–4,5 µm. (D 1086, Kr 2.152, BK 2.519, 🖼).

1.5.03 *A. pyriforme*, Gemeiner Birnenstäubling

1.5.04 *Bovistella utriformis* (Bull.) Demoulin & Rebriev,
Calvatia utriformis (Bull.) Jaap, *Lycoperdon utriforme* Bull.,
Handkea utriformis (Bull.) Kreisel
Getäfelter Hasenbovist, Hasen-Stäubling

Frkp: 5–15 cm hoch und breit, kugelig bis birnenförmig, Außenhaut (Exoperidie) erst weich, schollig-warzig, weiß, später felderig-rissig ablösend, Innenhaut (Endoperidie) darunter glatt, grau bis bräunlich, alt vom Scheitel her bis auf die ganze Breite aufreißend, nach der Sporenfreigabe bleibt ein Becher mit brauner Trennhaut (Pseudodiaphragma). **F:** jung weiß und fest, später im oberen Teil (Gleba) gelbgrün bis braun, unterhalb des Pseudodiaphragmas im Stielteil (Subgleba) bräunlich bis violettgrau. **V:** vorwiegend auf trockenen, mageren, montanen oder alpinen Wiesen und Weiden. **Mik:** Sporen glatt, kugelig, etwas dickwandig, 4–5 µm. (D 1083, Kr 2.138, BK 2.509, 🖼).

1.5.04 *Bovistella utriformis*, Getäfelter Hasenbovi[st]

1.5.05 *Lycoperdon pratense* Pers., *Vascellum pratense* (Pers.) Kreisel
Wiesen-Stäubling, Wiesen-Staubbecher

Frkp: 2–6 cm, birnenförmig mit Stielteil und ± kugeligem, meist abgeflachtem Scheitel, erst flüchtig körnig-warzig und weiß, später oft glatt und beige bis olivbräunlich, schließlich erst porig und dann bis zur ganzen Breite aufreißend, Stielteil oft etwas faltig mit zusammengeschnürt wirkender Basis. **F:** ziemlich weich, jung einheitlich weiß, später im Kopfteil (Gleba) gelboliv bis olivbraun, durch eine Haut (Diaphragma) vom unteren, großzelligen und weiß bleibenden Stielteil (Subgleba) getrennt. **Ger:** unauffällig. **Ges:** mild. **V:** vorwiegend auf nährstoffreichen Wiesen und Weiden; Sommer bis Herbst. **Mik:** Sporen feinwarzig bis fast glatt, kugelig, 3,5–4,5 × 3,5–4 µm. (D 1090, Kr 2.154, BK 2.521, 🖼).

1.5.05 *Lycoperdon pratense*, Wiesen-Stäubling

1.5.06 *Lycoperdon excipuliforme* (Scop.) Pers.,
Handkea excipuliformis (Scop.) Kreisel
Beutel-Stäubling

Frkp: 8–15 cm hoch und bis ca. 10 cm breit, birnenförmig oder mit kugeligem Kopf- und ausgeprägtem, runzeligem, teils keuligem Stielteil, Außenhaut (Exoperidie) jung körnig bis feinstachelig, weißlich bis hellocker, später lösen sich die Körnchen ab und darunter zeigt sich die

1.5.06 *Lycoperdon excipuliforme*, Beutel-Stäubling

zunehmend ockerbraune Innenhaut (Endoperidie), welche bei Reife im Scheitel groß aufreißt. **F:** jung fest und weiß, später oliv- bis rötlichbraun, Stielteil (Subgleba) bleibt lange erhalten, auch nach Zerfall des Kopfteils durch die Sporenabgabe. **V:** im Wald oder in Parks. **Mik:** Sporen glatt, kugelig, 4,5–5 µm. (D 1084, Kr 2.136, BK 2.510, 🖼).

1.5.07 *Lycoperdon perlatum* Pers.
Flaschen-Stäubling

Frkp: 3–8 cm hoch und etwas weniger breit, birnenförmig, im Scheitel meistens gebuckelt, Kopfteil kugelig bis leicht abgeflacht, jung mit weißlichen, abwischbaren Körnchen bedeckt, später hell ockerbräunlich, kahl, mit Öffnung im Buckel des Scheitels. **F:** erst im ganzen Fruchtkörper fest und weiß, bei Reife ausgehend vom Kopfteil schließlich überall erst oliv dann olivbraun. **Ger:** stark pilzartig. **Ges:** mild. **Spp:** olivbraun. **V:** einzeln bis gesellig, im Mischwald, oft auf Nadelstreu, auch auf Wiesen; Sommer bis Herbst. **Mik:** Sporen feinwarzig, kugelig, 3,5–4,5 × 3,5–4,5 µm. (D 1089, Kr 2.151, BK 2.518, 🖼).

1.5.08 *Lycoperdon mammiforme* Pers.
Flockiger Stäubling, Flocken-Stäubling

Frkp: 3–5 cm hoch und breit, kugelig bis birnenförmig-gebuckelt, jung mit wollig-flockiger Außenhaut (Exoperidie), welche bald schollig aufreißt und vom Zentrum her abfällt, darunter fein körnig-stachelig, erst rosaweiß und später rosabräunlich. **F:** jung weiß, später gelbbraun. **V:** im Laubwald auf Streu; Sommer bis Herbst. **Mik:** Sporen stachelig, kugelig, 4,5–5,5 µm. (D 1088, Kr 2.148, BK 2.515, 🖼).

1.5.09 *Lycoperdon molle* Pers.
Weicher Stäubling

Frkp: 3–8 cm hoch und etwas weniger breit, birnenförmig bis fast kugelig, Außenhaut (Exoperidie) körnig, im Scheitel mit feinen graubraunen Stachelbüscheln, darunter creme- bis gelbbraun und alt glatt. **F:** jung ganz weiß, später im Kopfteil olivbraun (Gleba) und im unteren Stielteil (Subgleba) braunviolett. **Spp:** rotbraun. **V:** im Laub- und Nadelwald; Sommer bis Herbst. **Mik:** Sporen warzig, kugelig, 4–5,5 µm. (Kr 2.150, BK 2.516, 🖼).

1.5.10 *Lycoperdon umbrinum* Pers.
Umberbrauner Stäubling

Frkp: 2–5 cm hoch und etwas weniger breit, birnenförmig bis fast kugelig, Außenhaut (Exoperidie) jung dicht mit dunkelbraunen, bis 1 mm langen Stacheln, teils dicht beieinander, dazwischen stellenweise glatt bis feinwarzig, darunter cremeweiß, alt zunehmend ohne Stacheln und Warzen, mit glatter, brauner Innenhaut (Endoperidie). **F:** erst ganz weiß, dann im Kopfteil gelboliv bis olivbraun, darunter im Stielteil (Subgleba) länger weiß und schließlich graubraun bis grauviolett. **Spp:** gelbbraun. **V:** vorwiegend im höher gelegenen Nadelwald bei Fichte *Picea*; Sommer bis Herbst. **Mik:** Sporen feinwarzig, kugelig, mit kurzen Fortsätzen, 4,5–5,5 µm. (Kr 2.153, BK 2.520, 🖼).

1.5.11 *Lycoperdon lividum* Pers.
Graubrauner Grasland-Stäubling

Frkp: 2–4 cm hoch und breit, birnenförmig bis flachgedrückt kugelig, Außenhaut (Exoperidie) fein sandig-körnig, trocken oft felderig-rissig, gelblich- bis graubraun, Stielteil heller, die Innenhaut (Endoperidie) unter der sich ablösenden Außenhaut ist glatt. **F:** jung ganz weiß, im Stielteil (Subgleba) etwas grobzelliger, später im Kopfteil (Gleba) oliv bis olivbraun. **Ger:** unauffällig. **Ges:** unauffällig. **V:** auf Wiesen, Weiden und Dünen; im Sommer. **Mik:** Sporen feinwarzig, kugelig, dickwandig, 3,5–4,5 × 3,5–4 µm. (Kr 2.147, BK 2.514).

1.5.12 *Lycoperdon echinatum* Pers.
Igel-Stäubling

Frkp: 2–6 cm hoch und breit, kugelig bis birnenförmig, Außenhaut (Exoperidie) mit groben, dichten, bis 5 mm langen, kantigen, braunen Stacheln mit helleren Spitzen. **F:** jung weiß, später olivgelb bis braun. **V:** vorwiegend im Laubwald bei Buche *Fagus*, selten im Nadelwald; Sommer bis Herbst. **Mik:** Sporen stachelig-warzig, kugelig, 4–5 µm. (D 1087, Kr 2.143, BK 2.512, 🖼).

1.5.07 *Lycoperdon perlatum*, Flaschen-Stäubling

1.5.08 *Lycoperdon mammiforme*, Flockiger Stäubling

1.5.09 *Lycoperdon molle*, Weicher Stäubling

1.5.10 *L. umbrinum*, Umberbrauner Stäubling

1.5.12 *Lycoperdon echinatum*, Igel-Stäubling

1.5.13 *Lycoperdon nigrescens* Pers., *Lycoperdon foetidum* Bonord. Schwärzender Stäubling, Stinkender Stäubling

Frkp: 2–6 cm hoch und breit, kugelig bis birnenförmig, Außenhaut (Exoperidie) mit schwärzlich braunen, kurzen Stacheln, im Scheitel zu Büscheln vereinigt, darunter zeigt sich die cremebraune, netzartig gemusterte Innenhaut (Endoperidie), reif mit poriger Sporenöffnung im Scheitel. **F:** jung weiß, später gelb- bis olivbraun. **Ger:** unangenehm gasartig. **V:** im Laub- oder Nadelwald, auch alpin. **Mik:** Sporen feinwarzig bis fast glatt, kugelig, 4–4,5 µm. (Kr 2.145, BK 2.513).

1.5.13 *Lycoperdon nigrescens*, Schwärzender Stäubling

1.5.14 *Lycoperdon caudatum* J. Schröt., *Lycoperdon pedicellatum* Peck Geschwänztsporiger Stäubling

Frkp: 2–6 cm hoch und breit, kugelig bis birnenförmig, Außenhaut (Exoperidie) mit deutlichen, ziemlich dichten, 1–2 mm langen, starren, kantigen, erst cremeweißen, später bräunlichen Stacheln auf jeweils 2–4 Haarbüscheln, darunter zeigt sich die graubraune, glatte Innenhaut (Endoperidie), reif reißt im Scheitel die Sporenöffnung mit rundlich-lappigem Rand auf. **F:** erst weiß, später gelboliv bis zimtbraun, im unteren Stielteil (Subgleba) ohne Olivtöne. **V:** im Moor, auf feuchten Wiesen, oft bei Moos, Sumpfgras, Seggen *Carex*. **Mik:** Sporen feinwarzig bis fast glatt, kugelig, 4–5 µm, mit 20–25 µm langen Fortsätzen (Pedizellen), Fortsätze ganz glatt. (Kr 2.141, BK 2.517).

1.5.15 *Bovista nigrescens* Pers. Schwärzender Bovist

Frkp: 2–7 cm, kugelförmig, jung mit fein kleiiger, weißer Außenhaut, die später abblättert und glatt-glänzende, zunehmend rot- bis schwarzbraune Fruchtkörper hinterlässt, bei Reife mit unregelmäßig aufreißender, relativ großer Sporenöffnung im Scheitel. **F:** jung fest und weiß, später oliv- bis dunkel purpurbraun. **Ger:** unauffällig. **Ges:** mild. **V:** vorwiegend auf trockenen Alpwiesen; Sommer bis Herbst. **Mik:** Sporen punktiert bis feinwarzig, kugelig, 6–6,5 µm, mit ca. 10 µm langen, glatten Fortsätzen (Pedizellen). (Kr 2.127, BK 2.507).

1.5.15 *Bovista nigrescens*, Schwärzender Bovist

1.5.16 *Bovista plumbea* Pers. Bleigrauer Bovist

Frkp: 2–4 cm, kugelförmig, jung glatt und weiß, Außenhaut später schalenartig aufreißend, darunter silber- bis schwärzlichgrau, schließlich mit rundlich-lappiger Sporenöffnung im Scheitel. **F:** jung weiß, später oliv- bis rötlichbraun. **Ger:** unauffällig. **Ges:** mild. **V:** vorwiegend auf Wiesen und Weiden; Sommer bis Herbst. **Mik:** Sporen glatt, kugelig bis ellipsoid, 4–6 × 3,5–5,5 µm, mit ca. 20 µm langen Fortsätzen (Pedizellen). (D 1081, Kr 2.129, BK 2.508).

Bovista aestivalis (Bonord.) Demoulin, Heide-Bovist: 1–3 cm, kugelförmig bis etwas flachgedrückt, mit Mycelsträngen an der Basis. Sporen feinwarzig bis fast glatt, kugelig, 3,5–4,5 µm, ohne Fortsätze (Pedizellen). (Kr 2.124).

Bovista limosa Rostr., Kleinster Bovist: 0,5–1 cm, jung eiförmig, weiß, isoliert warzig-flockig, später kugelig, gelb bis braun; Trockenrasen, Sandwiesen, alpin, arktisch, Sommer bis Herbst. Sporen warzig, kugelig, 3,5–6,5 µm, mit 3–8 µm langen Fortsätzen (Pedizellen). (Kr 2.126).

Bovista pusilla (Batsch) Pers., Zwerg-Bovist: 1–2 cm, jung eiförmig, grauweiß, fein körnig, später kugelig, Basis etwas wurzelnd; in Wiesen, bei Moos, an sandigen Dünen, alpin, Frühsommer bis Winter. Sporen feinwarzig, kugelig, 4,5–5,5 µm, mit 3–9 µm langen Fortsätzen (Pedizellen). (D 1082, Kr 2.130).

1.5.17 *Bovista tomentosa* (Vittad.) De Toni Filziger Bovist

Frkp: 1–2 cm, kugelförmig, ohne Stielteil, oft eingesenkt, Außenhaut fein samtig-filzig bis glatt, jung weißlich, darunter dunkel rötlichbraun. **F:** braun bis rotbraun, ohne Stielteil (Subgleba). **V:** vorwiegend im trockenen Rasen. **Mik:** Sporen feinwarzig, breit ellipsoid, 4–5,5 × 3–4,5 µm.

1.5.16 *Bovista plumbea*, Bleigrauer Bovist

1.5.18 *Bovista paludosa*, Moor-Bovist

1.5.18 *Bovista paludosa* Lév. Moor-Bovist

Frkp: 1–6 cm hoch und etwas weniger breit, birnenförmig mit Stielteil, Außenhaut erst wattig-weiß, später gelblich und ablösend, darunter glatt rot- bis schwarzbraun, Stielbasis mit Wurzelfortsätzen. **F:** jung weiß, später olivbraun, im Stiel hell bleibend (Subgleba). **V:** auf moorigem Boden zwischen Moosen. **Mik:** Sporen rau, annähernd kugelig, 4,5–6,5 × 4–5,5 µm, mit ca. 10 µm langen Fortsätzen (Pedizellen). (Kr 2.128).

1.5.19 *Scleroderma citrinum* Pers. Dickschaliger Hartbovist, Dickschaliger Kartoffelbovist

Frkp: 3–12 cm hoch und breit, kugelig-knollig, unten zusammengezogen zu einem kurzen, fast verkümmerten Stiel, grob schuppig-warzig mit dunklen Punkten in den Zentren der Schuppen, strohgelb bis gelbbraun, bisweilen etwas grünlich. **F:** jung grau bis violettgrau, bald fast schwarz mit feiner, weißlicher Marmorierung, Haut (Peridie) bis 4 oder 5 mm dick und im Schnitt weiß. **V:** auf sandigem, saurem Boden, im

1.5.19 *Scleroderma citrinum*, Dickschaliger Hartbovist

Wald, Grasland oder am Wegrand; Sommer bis Herbst. **Mik:** Sporen stachelig und netzartig-gratig, kugelig, 9–11 µm. **Ch:** Oberfläche mit KOH dunkelrötlich. (D 1094f, BK 2.506, 🖼).

1.5.20 *Scleroderma polyrhizum* (J.F. Gmel.) Pers.
Starkwurzelnder Hartbovist, Starkwurzelnder Kartoffelbovist

Frkp: 5–15 cm, knollig, kugelig bis etwas flachgedrückt, jung teilweise oder ganz unterirdisch, glatt braun, teils mit weißem Baumwollmycel bedeckt, später rissig bis grob schollig aus dem meist sandigen Boden hervorbrechend und schließlich sternförmig aufreißend und die dunkelbraune Sporenmasse freigebend, Hülle sehr dick, bis 10 mm, weißlich bis etwas rosa, Basis teils mit gelblichen Wurzelfortsätzen (Rhizomorphen). **F:** jung weiß, später gelblich, beim Reiben gelb bis rötlich verfärbend, später braun bis schwarzbraun, trüffelartig marmoriert. **Spp:** schwarzbraun. **V:** auf sandigem Boden im Wald, Wärme liebend. **Mik:** Sporen feinstachelig, teilweise netzartig, kugelig, 7–10 µm. **Ch:** Oberfläche mit KOH rot. (🖼).

1.5.21 *Scleroderma verrucosum* (Bull.) Pers. ☠
Braunwarziger Hartbovist,
Dünnschaliger Hartbovist, Dünnschaliger Kartoffelbovist

Frkp: 3–7 cm hoch und breit, kugelig, flach knollig, unten zu einem Stiel zusammengezogen, jung fast glatt, braun, später mit feinen, unregelmäßigen, dunkelbraunen Schüppchen auf braungelbem Grund. **F:** jung blass weißlich, später schwarzbraun und weißlich marmoriert, Haut dünn und brüchig. **V:** auf Erde, im Wald, Grasland, Parks. **Mik:** Sporen kräftig stachelig ohne netzartige Verbindungen, kugelig, 8–11,5 µm. (Kr 2.178, 🖼).

1.5.22 *Scleroderma areolatum* Ehrenb. ☠
Leopardenfell-Hartbovist, Getupfter Kartoffelbovist

Frkp: 3–7 cm hoch und breit, kugelig, flach knollig, unten zu einem kräftigen Stiel zusammengezogen, schon jung mit rundlichen, dunkel gefärbten Schüppchen, die von einem hellen Hof (Areolen) umgeben sind. **F:** jung blass weißlich, später schwarzbraun und weißlich marmoriert, Haut dünn und brüchig. **V:** auf Erde, im Wald, an Waldrändern, Grasland, Parks. **Mik:** Sporen kräftig stachelig ohne netzartige Verbindungen, kugelig, 11–13 µm. (BK 2.504, 🖼).

1.5.23 *Scleroderma bovista* Fr. ☠
Netzsporiger Hartbovist, Netzsporiger Kartoffelbovist

Frkp: 3–6 cm hoch und breit, kugelig, knollig, unten zusammengezogen zu einem teils verkümmerten, gefurchten, manchmal etwas rötlich-violetten Stiel, Knolle außen glatt oder zunehmend fein rotbräunlich schuppig auf hellerem, gelblichem Grund. **F:** jung weißlich, später dunkelbraun mit gelblicher Marmorierung, Haut (Peridie) bis 1 mm dick, im Schnitt weißgelblich. **V:** auf sandiger Erde, im Wald, an Waldrändern, Grasland, Parks. **Mik:** Sporen kräftig stachelig, mit netzartigen Verbindungen, kugelig, 10–12,5 µm. (D 1092, Kr 2.175, BK 2.505, 🖼).

1.5.24 *Schenella simplex* T. Macbr., *Radiigera atrogleba* Zeller
Schwarzgleba-Erdkugel

Frkp: 1–3 cm, unterirdisch, knollig-kugelig bis etwas flachgedrückt, außen haselnussbraun, allenfalls mit einem Stich ins Rosa, glatt bis fein körnig oder warzig, teils mit fleckigen Resten eines Mycelfilzes. **F:** Rinde (Peridie) 2–3 mm dick, dreilagig, weißlich, Gleba erst rosa-weiß, bald pulverig schwarz, radialfaserig. **V:** im Laub- oder Nadelwald, äußerst selten. **Mik:** Sporen warzig, braun, kugelig, mit Sterigmaresten, 3–5 µm.

1.5.25 *Sphaerobolus stellatus* Tode
Sternförmigaufreißender Kugelschneller

Frkp: 1–2 mm im Durchmesser, jung geschlossen kugelförmig, Außenhaut (Exoperidie) weißlich bis strohgelb, später im Scheitel zackig aufreißend, Innenhaut (Endoperidie) gelborange, im Zentrum gelartig, eingebettet ist eine kleine braune Kugel (Periodiole), welche die Sporen enthält und bei Reife herausgeschleudert wird (teils mehrere Meter). **F:** gelartig-elastisch, milchig-weiß, Haut dünn. **V:** auf morschem Holz, Pflanzenresten, Mist. **Mik:** Sporen glatt, ellipsoid. (Kr 2.162, BK 2.498, 🖼).

1.5.26 *Geastrum triplex* Jungh.
Halskrausen-Erdstern

Frkp: 3–5 cm im Durchmesser (später geöffnet bis ca. 10 cm), jung kugelig-zwiebelförmig, oft etwas eingesenkt, rosaocker bis braun, bald mit senkrechten Streifen, Außenhülle (Exoperidie) bis 5 mm dick, zweischichtig, bald sternförmig in 5–8 beige- bis graubraune Lappen aufreißend, die äußeren Lappen wölben sich bis ganz nach unten zur

1.5.20 *Scleroderma polyrhizum,* Starkwurzelnder Hartbovist

1.5.21 *Scleroderma verrucosum,* Braunwarziger Hartbovist

1.5.22 *Scleroderma areolatum,* Leopardenfell-Hartbov.

1.5.23 *Scleroderma bovista,* Netzsporiger Hartbovist

1.5.25 *Sphaerobolus stellatus,* Sternförmigaufreißender Kugelschneller

1.5.26 *Geastrum triplex,* Halskrausen-Erdstern

Erde, die innere Schicht bildet einen Kragen um die freigelegte, 2–4 cm breite, ebenfalls beige- bis graubraune, ungestielte, innere Knolle mit den darin reifenden Sporen, Sporenöffnung (Peristom) im Scheitel der inneren Knolle von einem Hof umgeben. **V:** meistens gesellig, vorwiegend im Laubwald, in Gärten oder Parks, seltener im Nadelwald; Sommer bis Herbst. **Mik:** Sporen grob warzig, kugelig, 4–5 µm. (D 1080, Kr 2.121, BK 2.502, 🖼).

1.5.27 *Geastrum rufescens* Pers., *Geastrum vulgatum* Vittad.
Rötender Erdstern

Frkp: 3–5 cm im Durchmesser (später geöffnet bis ca. 10 cm), jung kugelig, meistens eingesenkt, fleischrosa bis rosabraun, manchmal etwas rötend, Außenhülle (Exoperidie) einschichtig, bis 5 mm dick, bald sternförmig in 5–9 rosabeige bis graubraune Lappen aufreißend, die sich bis ganz nach unten zur Erde wölben und die 2–4 cm breite, ebenfalls beige- bis graubraune, kurz gestielte innere Knolle mit den darin reifenden Sporen freilegen, Sporenöffnung (Peristom) im Scheitel der inneren Knolle ohne Hof. **V:** im Laub- oder Nadelwald; Sommer bis Herbst. **Mik:** Sporen warzig, kugelig, 4–5,5 µm. (D 1079, Kr 2.117, BK 2.503, 🖼).

1.5.28 *Geastrum fimbriatum* Fr., ***Geastrum sessile*** (Sowerby) Pouzar
Gewimperter Erdstern

Frkp: 1–4 cm im Durchmesser, geöffnet später 2–7 cm, jung kugelig, unterirdisch oder eingesenkt, Außenhülle (Exoperidie) einschichtig, bald sternförmig aufreißend in 7–10 hell cremebeigefarbene Lappen, die sich nach unten zur Erde wölben, die innere, ca. 1–2,5 cm breite ockerbraune, ungestielte Knolle mit den darin reifenden Sporen wird angehoben, Sporenöffnung (Peristom) im Scheitel der inneren Knolle ohne Hof, jedoch mit einem faserigen, bewimperten Rand (Lupe). **V:** vorwiegend im Nadelwald auf Nadelstreu, seltener auch im Laubwald oder in Parks; Sommer bis Herbst. **Mik:** Sporen feinwarzig, kugelig, 3–4 µm. (Kr 2.110, BK 2.501, 🖼).

1.5.29 *Geastrum quadrifidum* DC. ex Pers.
Kleiner Nest-Erdstern

Frkp: ca. 2 cm im Durchmesser, jung kugelig, eingesenkt, später geöffnet 3–4 cm, ockerbräunlich, Außenhülle (Exoperidie) eher dünn, einschichtig, bald sternförmig aufreißend in 4–5 cremefarbene bis ockerbräunliche Lappen, die sich stelzenförmig nach unten zur Erde wölben, die ca. 1 cm breite, erst lilagraue und später ockerbraune, kurz gestielte, innere Knolle mit den darin reifenden Sporen in die Höhe bringend, Sporenöffnung (Peristom) im Scheitel der inneren Knolle von einem scharf begrenzten Hof umgeben, an der Stielbasis mit wulstigem Kragen. **V:** im Nadelwald bei Fichte *Picea*, oft in höheren Lagen; Sommer bis Herbst. **Mik:** Sporen warzig, kugelförmig, 4,5–6 µm. (Kr 2.117, BK 2.500, 🖼).

1.5.30 *Geastrum fornicatum* (Huds.) Hook., Großer Nest-Erdstern: Fruchtkörper 4–10 cm hoch, geöffnet mit 4–5 rötlichbraunen, ebenfalls deutlich aufstelzenden Lappen, innere Kugel kurz gestielt, Sporenöffnung (Peristom) gestreift und etwas gewimpert; vorwiegend im Park, Laubwald. Sporen warzig, kugelförmig 3–4,5 µm.

1.5.31 *Geastrum pectinatum* Pers.
Kamm-Erdstern

Frkp: ca. 2–3 cm im Durchmesser, jung kugelig, unterirdisch oder eingesenkt, später geöffnet 3–7 cm, ockerbräunlich, Außenhülle (Exoperidie) einschichtig, bald sternförmig aufreißend, 6–8 sich nach unten zur Erde wölbende, ockerbraune Lappen bringen die ca. 1,5–2,5 cm breite, grau- bis ockerbraune, deutlich gestielte innere Knolle mit den darin reifenden Sporen in die Höhe, Stiel im Übergang zur Knolle gerieft, Sporenöffnung (Peristom) im Scheitel der inneren Knolle ohne Hof, jedoch kegelig nach oben gestülpt und kammartig gerieft. **Ger:** frisch geschnitten nach Senf. **V:** vorwiegend im Nadelwald auf Nadelstreu, bei Fichte *Picea*, seltener auch im Laubwald oder in Parks. **Mik:** Sporen grob, stumpf zahnradartig-warzig, kugelig, 4–6 µm. (Kr 2.115, BK 2.499, 🖼).

1.5.27 *Geastrum rufescens*, Rötender Erdstern

1.5.28 *Geastrum fimbriatum*, Gewimperter Erdstern

1.5.29 *Geastrum quadrifidum*, Kleiner Nest-Erdstern

1.5.31 *Geastrum pectinatum*, Kamm-Erdstern

1.5.32 *Geastrum melanocephalum* (Czern.) V.J. Staněk
Riesen-Erdstern

Frkp: ca. 3–5 cm im Durchmesser, jung kugelig, unterirdisch oder eingesenkt, ockerbraun und oft felderig rissig, in der Mitte mit einer Papille, später aufreißend und stelzenartig auf den 5–7 sternförmig geöffneten, braunschwarz körnigen Lappen in die Höhe steigend, 5–8 cm hoch und 8–12 cm breit, innen bleibt nur der offene, körnige Sporenkörper, der sich schwarz verfärbt, Fleisch in den äußeren Hüllen cremeweiß. **V:** in trockenen wie auch feuchten Wäldern, Hecken; Sommer bis Herbst. **Mik:** Sporen kurz stachelig, kugelig, 3,5–6,5 µm. (Kr 2.113).

1.5.33 *Geastrum striatum* DC., Kragen-Erdstern: Fruchtkörper insgesamt 2–6 cm, beigebraun, innere Kugel flachgedrückt, im Scheitel mit einer deutlichen kegelförmigen, zitzenartigen, radial gerillten Öffnung (Peristom), gestielt und am oberen Ende des Stiels mit einem hängenden Kragen, außen öffnen sich 6–8 braune Lappen; in Parks, im Laubwald, seltener Nadelwald. Sporen kugelig, 4–4,5 µm. (Kr 2.119).

1.5.34 *Geastrum schmidelii* Vittad., *Geastrum nanum* Pers., Heide-Erdstern: Fruchtkörper insgesamt 1,5–3,5 cm, innere Kugel glatt, weißlich bereift, ca. 1 cm kurz gestielt, alt oft etwas eingedellt, mit kegeliger, zitzenartiger, auffällig radial gerillten Öffnung und einem helleren Hof darum herum; in sandigen Wiesen, Dünen, Trockenrasen. Sporen feinstachelig, kugelig, 4,5–5 µm. (Kr 2.118).

Geastrum minimum Schwein., Zwerg-Erdstern: Fruchtkörper 1–3 cm, innere Haut (Endoperidie) mit feinen weißen Kristallen besetzt. (Kr 2.113).

1.5.35 *Geastrum pouzarii* V.J. Staněk, Tschechischer Erdstern, Böhmischer Erdstern: Fruchtkörper insgesamt 2–3,5 cm, Außenhülle samtig braun mit radialen Furchen, in 6 Lappen aufreißend, innere Kugelhaut (Endoperidie) 1–1,5 cm, körnig, rau, kurz gestielt, Sporenöffnung (Peristom) radial gerillt; auf sandigem Boden, vorwiegend in Böhmen, vereinzelt auch in der Schweiz, im Winter und Frühjahr. Sporen grob warzig, kugelig, 5–6 µm.

Geastrum campestre Morgan, Feld-Erdstern, Rauer Erdstern: Außenhülle ohne radiale Furchen; trockener, sandiger Boden, Wald oder Wiese.

1.5.36 *Astraeus hygrometricus* (Pers.) Morgan
Gemeiner Wetterstern

Frkp: 1–3 cm, geöffnet 2–4 cm hoch und 3–8 cm breit, jung mehrheitlich unterirdisch, kugelig, äußere Hülle mit 7–15 ocker- bis dunkelbraunen, marmorierten und 2–3 mm dicken Lappen, die innere, blass lederbraune Kugel öffnet sich unregelmäßig und entlässt den Sporenstaub. **V:** an trockenen, sandigen Waldstellen; Sommer bis Herbst, teils überdauernd bis ins nächste Jahr. **Mik:** Sporen kugelig, 8–11 µm. (D 1091, Kr 2.171).

Der Wetterstern öffnet sich bei Feuchtigkeit, und die äußere Hülle (Exoperidie) schließt sich bei Trockenheit wieder; er ist ein Mykorrhizapilz.

1.5.37 *Tulostoma brumale* Pers., *Tulostoma mammosum* P. Micheli ex Fr.
Winter-Stielbovist, Zitzen-Stielbovist

H: 0,5–1,5 cm im Durchmesser, kugelig, unten meist abgeflacht, ockerbräunlich, grauockerlich bis fast weiß, im Scheitel öffnet sich eine wulstig vorstehende, braun umrandete und glattrandige Mündung (Peristom) mit ca. 1 mm Durchmesser für den Austritt der Sporen. **St:** 2–6 cm hoch, bis ca. 5 mm dick, zäh, weißlich bis ockerbräunlich, glatt oder mit hellen Schüppchen. **Spp:** rostbraun. **V:** auf sandigen Trockenrasen, zwischen Schotter; Herbst bis Frühling. **Mik:** Sporen feinwarzig, kugelig, 3,5–5 µm. (Kr 2.180, BK 2.522,).

1.5.38 *Tulostoma fimbriatum* Fr., Bewimperter Stielbovist: Stiel glatt bis bräunlich schuppig auf vorwiegend weißlichem Grund. (D 1096, Kr 2.181).

1.5.39 *Tulostoma melanocyclum* Bres.
Schwarzgehöfter Stielbovist

H: 0,5–1 cm im Durchmesser, meist kugelig, außen braunflockig darunter grauockerlich bis fast weiß, Öffnung im Scheitel für den Austritt der Sporen (Peristom) ca. 1 mm im Durchmesser, wulstig vorstehend, braun umrandet und glattrandig. **St:** 1–4 cm hoch, bis 5 mm dick, zäh, mit dichten, oft quadratförmigen, schwarzbräunlichen Schuppen auf hellerem Grund. **Spp:** rostbraun. **V:** auf sandigen Trockenrasen, Weiden oder Lichtungen; Frühling bis Herbst. (Kr 2.183).

1.5.40 *Battarrea phalloides* (Dicks.) Pers.
Gallert-Stelzenstäubling

H: 2–4 cm im Durchmesser, jung kugelig-eiförmig (ähnlich einem Hexenei), später halbkugelig, unten abgeflacht, erst mit weißlicher, dünner Außenhaut bedeckt, bald nur noch mit weicher, pulveriger, hell- bis zimtbrauner Gleba ohne Haut. **St:** 15–20 cm hoch, ocker- bis zimtbraun, meist mit langen hängend-abstehenden Fasern bedeckt, Basis mit innen gallertartiger Volva. **Spp:** rostbraun. **V:** auf sandigem Boden; Sommer bis Herbst. **Mik:** Sporen feinwarzig und netzartig, kugelig 4–5 µm. ( ).

1.5.41 *Phleogena faginea* (Fr.) Link
Buchen-Köpfchenträger

H: 1–3 mm im Durchmesser, kugelig, körnig-flockig, milchkaffeebraun. **St:** 3–7 mm, etwas heller als der Hut, ebenfalls matt bis feinst körnig-flockig. **Ger:** nach Maggi. **Spp:** blassbraun. **V:** aus Rindenspalten von Laubbäumen, oft Buche *Fagus;* Spätherbst und Winter. **Mik:** Sporen glatt, kugelig, dickwandig, bräunlich, 4,5–7,5 × 5–8 µm, Basidien meist dreimal querseptiert, Sporen ohne Sterigmen aufsitzend, Hyphen mit Schnallen. (Kr 1.68,).

1.5.37 *Tulostoma brumale*, Winter-Stielbovist

1.5.40 *Battarrea phalloides*, Gallert-Stelzenstäubling

1.5.41 *Phleogena faginea*, Buchen-Köpfchenträger

1.5.42 *Phallus impudicus* L.
Gemeine Stinkmorchel

Frkp: 3–6 cm im Durchmesser, jung kugeliges, glattes Hexenei, unterirdisch, weiß bis cremeockerlich, mit weißen, wurzelnden Fortsätzen (Rhizomorphen), im Schnitt in der Mitte mit weißem, komprimiertem, späterem Stiel, die Fruchtschicht (Gleba) darum herum olivgrün, umschlossen von gallertartiger, mehrere Millimeter dicker, sülzefarbener Hülle, geschlossenes Ei wird mit der Reife länglich, teils runzelig-grubig, bis die Spitze der «Morchel» durch die Hülle bricht und sich der komprimierte Stiel in kurzer Zeit aus der verbleibenden Scheide 10–20 cm in die Höhe streckt, Gleba schmierig, olivgrün, oft mit weißlichem Ring an der Spitze, wird von Fliegen besucht, verschwindet mit der Zeit und lässt eine netzartige, morchelartige blasse Struktur übrig. **Ger:** jung erdartig, rettichartig, reif stark aasartig. **V:** vorwiegend gesellig, im Nadelwald auf Nadelstreu, seltener auch im Laubwald oder in Parks; Sommer bis Herbst. **Mik:** Sporen glatt, ellipsoid, 4–4,5 × 1,5–2 µm, Hyphen mit Schnallen. (D 1076, Kr 2.169, BK 2.528,).

Geschlossene Hexeneier der Stinkmorchel, wie sie abgebildet sind, können geschält, geschnitten und roh gegessen werden. Sie schmecken rettichartig und können mit etwas Salz einen Salat als extravagante Dekoration bereichern. Wenn man beim Herausschälen das Innere nicht berührt und das Hexenei zur Sicherheit vorher außen wäscht, lässt sich die Gefahr einer Übertragung des Fuchsbandwurms praktisch eliminieren.

1.5.43 *Phallus hadriani* Vent., Dünen-Stinkmorchel: Hexenei beim Hervorwachsen aus dem Boden rosa-violett verfärbend, ausgewachsen bis 15 cm hoch, Geruch nicht unangenehm; Wärme liebend. Sporen 3–4 × 1,5–2 µm, Hyphen mit Schnallen. (Kr 2.168, BK 2.527,).

1.5.44 *Mutinus caninus* (Huds.) Fr., Gemeine Hundsrute: Hexenei 2–4 cm, länglich, im Schnitt ist der komprimierte Stielteil orange, später wird er bis 10 cm hoch, im Scheitelpunkt von Anfang an orangerot, nach dem Verschwinden der dunkel olivgrünen, leicht süßlich-aasartig riechenden Gleba bleibt der schlank zugespitzte Kopfteil in oranger Farbe. Sporen glatt, ellipsoid, 4–5 × 1,5–2,5 µm, Hyphen ohne Schnallen. (D 1075, Kr 2.167, BK 2.526,).

1.5.45 *Mutinus ravenelii* (Berk. & M.A. Curtis) E. Fisch., Himbeerrote Hundsrute: 5–8 cm hoch, Stiel und vor allem Hut nach dem Verschwinden der Gleba himbeerrot, Geruch sehr stark aasartig. Sporen glatt, ellipsoid, 3,5–5 × 1,5–2 µm, Hyphen ohne Schnallen.

1.5.46 *Mutinus elegans* (Mont.) E. Fisch., Vornehme Hundsrute: Stiel und vor allem Hut nach dem Verschwinden der Gleba orangerot bis rot, Geruch widerlich aasartig bis angenehm süßlich (uneinheitliche Angaben in der Literatur). Sporen glatt, ellipsoid, 4–7 × 2–3 µm, Hyphen ohne Schnallen. ( ).

1.5.47 *Clathrus archeri* (Berk.) Dring, *Anthurus archeri* (Berk.) E. Fisch.
Tintenfisch-Gitterling, Tintenfischpilz

Frkp: Hexenei 2–4 cm im Durchmesser, jung kugelig, glatt, weiß, lilaweiß bis ockerlich, im Schnitt im Zentrum die grünliche Gleba, umgeben von den eingefalteten «Tintenfischarmen» und einer dünnen Außenhülle, mit der Reife öffnen sich 4–6 lebhaft und sattrot gefärbte, 3–7 cm lange «Arme» aus dem aufgerissenen Scheitel des Eis. Sie sind auf der nach außen gestülpten Innenseite über die ganze Länge mit der dunkel olivbraunen Gleba bedeckt, welche einen stark aasartigen Geruch ausströmt. **V:** vorwiegend auf Weiden, Feuchtwiesen, im Laubwald; Sommer bis Herbst. **Mik:** Sporen glatt, zylindrisch bis ellipsoid, 5–6,5 × 2–2,5 µm, keine Basalschnallen. (D 1073, Kr 2.164, BK 2.523,).

1.5.48 *Clathrus ruber* P. Micheli ex Pers., Roter Gitterling, Scharlachroter Gitterling: Hexenei bis 4 cm und mit fußballähnlicher Felderung, anstelle der «Tintenfischarme» der vorhergehend beschriebenen Art entfaltet sich ein lebhaft rotes, 5–10 cm hohes, unverwechselbares Gitter. Sporen zylindrisch, 5–6 × 1,5–2, µm. (D 1074, Kr 2.165, BK 2.524,).

1.5.49 *Hysterangium stoloniferum* Tul. & C. Tul.
Rissige Schwanztrüffel

Frkp: 1–3 cm, kugelig, unterirdisch (hypogäisch), weiß, gelblich gefleckt, mit auffälligem, langem, weißem Mycelstrang an der Basis, oft verbunden mit anderen Fruchtkörpern. **F:** Peridie knorpelig, dünn, teilweise bis 1 mm dick, reif gut ablösbar, Gleba knorpelig, oliv- bis graubraun, fein gekammert mit von der Basis ausgehenden, radialen, farblosen Trennwänden. **Ger:** unauffällig. **V:** im Laubwald, vor allem bei Buche *Fagus* oder Hainbuche *Carpinus*. **Mik:** Sporen glatt bis schwach längsrunzelig, schmal spindelförmig bis zylindrisch, mit einem Fortsatz (Sterigmarest), 19–26 × 6–7 µm. ( ).

1.5.50 *Hysterangium calcareum* R. Hesse
Kalkweiße Schwanztrüffel, Umsponnene Schwanztrüffel

Frkp: 1–3 cm, kugelig, unterirdisch (hypogäisch), kalkweiß mit weißen Mycelsträngen an der Basis, oft verbunden mit anderen Fruchtkörpern. **F:** Peridie dünn, weiß, ± ablösbar, Gleba oliv- bis graubraun, fein radial gekammert. **Ger:** unauffällig. **V:** bei Laubbäumen, z. B. Hasel *Corylus*, Buche *Fagus*, Eiche *Quercus*. **Mik:** Sporen glatt, schmal spindelförmig, mit gut sichtbarem Sterigmarest, 12–16 × 5–7 µm.

1.5.42 *Phallus impudicus*, Gemeine Stinkmorchel

1.5.43 *Phallus hadriani*, Dünen-Stinkmorchel

1.5.44 *Mutinus caninus*, Gemeine Hundsrute

1.5.46 *Mutinus elegans*, Vornehme Hundsrute

1.5.47 *Clathrus archeri*, Tintenfisch-Gitterling

1.5.48 *Clathrus ruber*, Roter Gitterling

1.5.49 *H. stoloniferum*, Rissige Schwanztrüffel

1.5.51 *Hysterangium separabile* Zeller
Gelbe Schwanztrüffel

Frkp: 1–2 cm im Durchmesser, kugelig, mit einer Einbuchtung an der kurz wurzelnden Basis, glatt oder gefurcht, weißlich bis beigebraun, Schnitt- und Druckstellen etwas bräunend. **F:** Peridie dünn, lederig, ca. 0,5 mm, schwer ablösbar, im Schnitt rosa, Gleba olivgrün, fest, gummiartig, feinst gekammert (Lupe). **Ger:** schwach, evtl. etwas säuerlich. **V:** im Laub- oder Mischwald. **Mik:** Sporen längsrunzelig bis geflügelt, spindelförmig, 10–16 × 5–9 µm, Peridienzellen blasig.

Hysterangium coriaceum R. Hesse, Doppelschichtige Schwanztrüffel: Peridie nur schwer ablösbar. Sporen glatt bis etwas runzelig, 10–16 × 5–9 µm, etwas grünlich. Gilt teilweise als Synonym von *H. separabile.*

1.5.52 *Hysterangium nephriticum* Berk., Blasse Schwanztrüffel: Peridie außen glatt bis filzig mit fädigen Mycelsträngen, innen blasig, gut ablösbar. Sporen glatt, farblos bis gelblich, 16–19 × 4–6 µm.

1.5.53 *Hysterangium clathroides* Vittad., Stinkende Schwanztrüffel: Gleba mit einer gut ablösbaren Peridie (Hülle) umgeben, mit fädigen Mycelsträngen, im Schnitt weinbraun. Sporen glatt bis etwas runzelig, länglich ellipsoid, 16–20 × 5–7 µm.

1.5.54 *Trappea darkeri* (Zeller) Castellano, Weißberindete Kleinsporschwanztrüffel: Peridie nicht ablösbar, Zentrum (Columella) mit auslaufenden Ästen deutlich, farblos und gelatinös. Sporen glatt, ellipsoid, farblos, 4–7 × 2–4 µm.

1.5.55 *Phallogaster saccatus* Morgan
Stinkender Sackbovist

Frkp: 1–2 cm, ganz oder teilweise unterirdisch, kugelig, mit deutlichem Stiel und Rhizomorphen an der Stielbasis, Oberfläche oft etwas schrumpelig, kahl, weißlich bis schmutzig strohgelb. **F:** Peridie weiß, ca. 1 mm dick, umhüllt den ganzen Fruchtkörper inklusive Stiel, Gleba im Stiel und Columella (Zentrum) farblos gelatinös, darum herum in radial unterteilten Kammern olivgrün. **Ger:** unauffällig bis aasartig. **V:** auf stark vermoderten Holzresten, im schattigen Wald. **Mik:** Sporen glatt, schmal ellipsoid bis zylindrisch, farblos, 4–5,5 × 1,5–2,5 µm. (Kr 2.193, BK 2.525, 🖾).

1.5.56 *Stephanospora caroticolor* (Berk.) Pat., *Hydnangium caroticolor* Berk.
Gemeine Möhrentrüffel, Karottentrüffel

Frkp: 3–5 cm im Durchmesser, unregelmäßig knollig, erst ganz unterirdisch (hypogäisch), später teilweise etwas hervorragend, grob höckerig, orangegelb, Druckstellen dunkler. **F:** orangegelb, mit länglichen, labyrinthischen Wabenzellen. **Ger:** stark fruchtartig bis unangenehm. **V:** im Laub- oder Mischwald, an Böschungen eher sichtbar. **Mik:** Sporen spitzstachelig, mit starken, 2–3 µm hohen Dornen, gelblich, 8–14 × 7–8 µm. (Kr 2.190, BK 2.491, 🖾).

1.5.57 *Hydnangium aurantiacum* R. Heim & Malençon
Orangegelbe Heidetrüffel

Frkp: 1–3 cm, unterirdisch (hypogäisch), unregelmäßig knollig, mit Grübchen, Höckern, Runzeln, rostgelb, rostockerlich, Oberfläche etwas wattig, Basis mit Rhizomorphen. **F:** orangegelb bis rostocker, mit länglichen, labyrinthischen Kammern. **V:** mediterran; im Herbst. **Mik:** Sporen stachelig, Ornamenthöhe bis ca. 1 µm, breit ellipsoid bis kugelig, farblos bis gelblich, 9,5–15 µm.

1.5.58 *Hydnangium carneum* Wallr., Fleischfarbene Heidetrüffel: Fruchtkörper fleischfarben; bei Eukalyptus *Eucalyptus.* Sporen stachelig, Ornamenthöhe bis ca. 1–2 µm, kugelig, 8–15 µm.

1.5.59 *Leucogaster nudus* (Hazsl.) Hollós, ***Hydnangium nudum*** Hazsl.
Nackte Wabentrüffel

Frkp: 1–3 cm, unterirdisch (hypogäisch), unregelmäßig knollig, glatt bis etwas bereift, weißlich mit gelblichen und später ocker- bis rotbraunen Flecken, Basis mit weißockerlichen Rhizomorphen. **F:** weißlich, später gelblich oder gelbgrünlich, knorpelig, mit kleinen bis mittelgroßen, 0,5–2 mm großen, wabenartigen Kammern, gelatinös und im Schnitt milchend. **V:** vorwiegend im Laubwald, bei Buche *Fagus* oder Eiche *Quercus*, seltener auch im Mischwald bei Weißtanne *Abies*; Frühling bis Herbst. **Mik:** Sporen mit höckerigem, netz- bis wabenartigem Ornament, kugelig, farblos (hyalin), 10–14 µm.

1.5.60 *Leucophleps aculeatispora* Fogel, Europäische Weißvenentrüffel: Knollen 1–3 cm, weißlich bis gelblich, Gleba weiß, fein gekammert, Poren kaum größer als 0,5 mm und mit bloßem Auge nur schwer zu erkennen, Rinde (Peridie) gelb, sehr dünn; im Nadelwald in Berglagen (Pyrenäen), im Sommer. Sporen stachelig, ohne netzartige Verbindungen, 10–14 µm.

1.5.61 *Disciseda candida* (Schwein.) Lloyd
Kleiner Scheibenbovist

Frkp: 1–2 cm im Durchmesser, kugelig und zunehmend abgeplattet bis linsen- oder scheibenförmig, grau- bis rötlichbraun, erst unterirdisch (hypogäisch), später aus dem Boden hervorbrechend, die rundliche Sporenöffnung, die sich erst unten am Pilz bildet,

1.5.55 *Phallogaster saccatus*, Stinkender Sackbovist

1.5.56 *Stephanospora caroticolor*, Gemeine Möhrentrüffel

1.5.61 *Disciseda candida*, Kleiner Scheibenbovist

ist bei Reife nach oben gedreht. **F:** gelbbraun. **V:** in Trockenrasen, auf sandigen Böden; im Herbst. **Mik:** Sporen stumpf warzig, Warzen bis 0,5 µm hoch, kugelig, mit kleinem, durchscheinendem Fortsatz (Sterigmarest), 2,5–4 µm. (Kr 2.135, 🖼).

1.5.62 *Disciseda bovista* (Klotzsch) Henn., Großer Scheibenbovist: im Durchmesser bis 3 cm. Sporen mit bis zu 1 µm hohen Warzen, 6–7 µm. (Kr 2.135).

1.5.63 *Chamonixia caespitosa* Rolland
Blauende Bergtrüffel, Blaunuss

Frkp: 1,5–3 cm im Durchmesser, kugelig, runzelig, teils mit einem kurzen, fast verkümmerten Stiel, Knolle erst weißlich, unterirdisch, später braun und zum Teil am Scheitel aus der Erde hervorbrechend, Druckstellen schwarzblau. **F:** erst weißlich, später braunschwarz. **Ger:** unauffällig. **V:** im Bergnadelwald bei Fichte *Picea*; Sommer bis Herbst. **Mik:** Sporen mit Längsrippen, ellipsoid, Apikulus deutlich ausgeprägt, gegenüber im Scheitel etwas höckerig, rotbraun, 18–22 × 13–15 µm. (BK 2.492, 🖼).

1.5.64 *Octaviania asterosperma* Vittad.
Sternsporige Laubtrüffel

Frkp: 1–3 cm im Durchmesser, unterirdisch wachsend, knollig, glatt bis filzig, erst weißlich mit rötlich verfärbenden Druckstellen, zunehmend braun werdend, teils mit grünlichem Anteil. **F:** weich, elastisch, gekammert mit einer Weite bis ca. 2 mm, weißlichgrau, teils mit blaulila Flecken, zunehmend rosaocker, orangebraun und schließlich braunschwarz. **Ger:** frucht- bis caramelartig. **V:** im Laubwald; Frühling bis Herbst. **Mik:** Sporen stachelig-warzig, morgensternartig, kugelig, gelbocker bis rotbraun, 10–16 µm. (🖼).

1.5.65 *Rhizopogon luteolus* Fr.
Gelbbräunliche Wurzeltrüffel

Frkp: 1–6 cm, teilweise eingesenkt bis vorwiegend unterirdisch (hypogäisch), teilweise am Scheitel aus dem Boden ragend, unregelmäßig knollig und die Oberfläche mehrheitlich mit zahlreichen feinen, dunkler gefärbten Rhizomorphen bedeckt, gelb- bis olivbraun, Druckstellen dunkler, ohne rötliche Flecken. **F:** jung weißgelblich, fein rundlich bis etwas labyrinthisch gekammert, teilweise gelatinös, später olivocker bis olivschwärzlich. **Ger:** unangenehm. **Ges:** mild. **Spp:** oliv. **V:** auf sandigem Boden, vorwiegend im Nadelwald bei Kiefer *Pinus*; Sommer bis Herbst. **Mik:** Sporen glatt, schmal ellipsoid bis zylindrisch, blass gelbgrünlich, 6–9 × 2–4 µm. (🖼).

KRIEGLSTEINER 2000B erachtet *Rhizopogon obtextus* (Spreng.) R. Rauschert, Gelbliche Wurzeltrüffel als Synonym von *R. luteolus*. (D 1097, Kr 2.199).

1.5.66 *Rhizopogon occidentalis* Zeller & C.W. Dodge, Abendland-Wurzeltrüffel: Druckstellen deutlich rötend.

1.5.67 *Rhizopogon villosulus* Zeller
Douglasien-Wurzeltrüffel

Frkp: 1–5 cm, kugelig, teilweise eingesenkt, weich, schmutzig weiß, stark mit dem Substrat verwachsen. **F:** Gleba jung gelblich, bald oliv bis olivbraun, im Schnitt mit länglichen, teilweise labyrinthisch verzweigten Poren. **Ger:** säuerlich, würstchenartig. **V:** bei Douglasie *Pseudotsuga*. **Mik:** Sporen glatt, länglich zylindrisch-ellipsoid, 6–8 × 2,5–4 µm, ohne Sterigmarest, Peridie außen mit verwobenen braunen Haaren, darunter mit hyalinen Hyphen.

1.5.68 *Rhizopogon roseolus* (Corda) Th. Fr., *Rhizopogon vulgaris* (Vittad.) M. Lange
Rötliche Wurzeltrüffel, Gemeine Wurzeltrüffel

Frkp: 1–4 cm, vorwiegend unterirdisch (hypogäisch), teilweise am Scheitel aus dem Boden ragend, ellipsoid bis unregelmäßig knollig, an der Basis mit einigen Rhizomorphen bedeckt, gelblich bis rötlichbraun mit dunkleren, weinbraunen Flecken, erst glatt, Oberfläche jedoch meistens schuppig aufreißend mit helleren Reißzonen. **F:** jung weißgelblich, fein rundlich bis etwas labyrinthisch gekammert, teilweise gelatinös, später olivocker. **Ger:** unauffällig. **V:** vorwiegend im Nadelwald bei Kiefer *Pinus,* auf lehmigem Boden. **Mik:** Sporen glatt, schmal ellipsoid bis zylindrisch, blass gelbgrünlich, 7,5–10 × 3,5–4,5 µm. (Kr 2.200, 🖼).

1.5.69 *Rhizopogon rocabrunae* M.P. Martín
Katalonische Wurzeltrüffel

Frkp: 1–3,5 cm, vorwiegend unterirdisch (hypogäisch), an der Basis mit Rhizomorphen, fein körnig-schuppig, ocker bis orangeocker, trocken mit schwarzen Flecken, im Schnitt leicht rötend. **F:** weißlich bis tabakbraun, feinporig gekammert **V:** vorwiegend im Nadelwald bei Kiefer *Pinus,* auf lehmigem Boden. **Mik:** Sporen glatt, schmal ellipsoid bis zylindrisch, blass gelbgrünlich, 6,5–8 × 2,5–3,5 µm.

1.5.63 *Chamonixia caespitosa,* Blauende Bergtrüffel

1.5.64 *Octaviania asterosperma,* Sternsporige Laubtrüffel

1.5.65 *Rhizopogon luteolus,* Gelbbräunliche Wurzeltrüffel

1.5.68 *Rhizopogon roseolus,* Rötliche Wurzeltrüffel

1.5.70 *Rhizopogon marchii* (Bres.) Zeller & C.W. Dodge, *Hysterangium marchii* Bres., Gilbende Wurzeltrüffel: außen gelblich bis ockergelb mit rosa Flecken, Fleisch gelblich-weiß, später rotbräunlich, fein gekammert; im Bergnadelwald. Sporen 8–12 × 3–4,5 µm.

1.5.71 *Melanogaster ambiguus* (Vittad.) Tul. & C. Tul. Weißgekammerte Schleimtrüffel

Frkp: 1–4 cm im Durchmesser, knollig, unterirdisch wachsend, reif teilweise mit dem Scheitel aus dem Boden ragend, matt, etwas höckerig, olivbraun bis braunviolett, schwarzbraun. **F:** cremefarben und zunehmend schwarzbraun und schmierig, grob gekammert mit einer Weite bis ca. 5 mm, Trennwände und Hülle weißlich bis gelblich. **Ger:** unangenehm nach Lauch. **V:** im Laub- oder Nadelwald, unterirdisch; Sommer bis Herbst. **Mik:** Sporen glatt, breit ellipsoid bis rhombenförmig, Abbruchstelle beim Sterigma mit zwei Spitzen, 12–20 × 8–11 µm. (BK 2.489,).

1.5.72 *Melanogaster broomeanus* Berk. Gelbbraune Schleimtrüffel

Frkp: 2–6 cm im Durchmesser, knollig, unterirdisch wachsend, reif teilweise mit dem Scheitel aus dem Boden ragend, erst hell gelbbraun, später ockergelb und schließlich matt dunkel rotbraun. **F:** weißlich, gelbbräunlich und zunehmend schwarzbraun und schmierig, gekammert mit Durchmesser bis ca. 2 mm, Trennwände und Hülle gelb und gallertartig. **Ger:** obstartig, auch nach Juchtenleder, nach Moschus und alt bisweilen etwas zwiebelartig. **V:** auf sandigem Boden im Laubwald; Sommer bis Herbst. **Mik:** Sporen zylindrisch bis ellipsoid, dickwandig, braun, Sterigmarest farblos, 8–10,5 × 3–4,5 µm. (Kr 2.197, BK 2.490,).

Melanogaster variegatus (Vittad.) Tul. & C. Tul., Bunte Schleimtrüffel: Sporen ellipsoid, nicht zylindrisch. Krieglsteiner 2000b weist auf zwei Untersuchungen der Sporenform dieser Arten hin, bei denen kontinuierliche Zwischenformen gefunden wurden, wodurch eine Trennung aufgrund dieses Merkmals als ungerechtfertigt gilt. Auch DNA-Untersuchungen (Halász 2008 und Moreau et al. 2013) zeigen keinen Unterschied zwischen den Arten.

1.5.73 *Melanogaster umbriniglebus* Trappe & Guzmán Mexikanische Schleimtrüffel

Frkp: 2–4 cm im Durchmesser, kugelig bis nierenförmig, elastisch-zäh, basal und teils auch seitlich oder um den ganzen Fruchtkörper herum mit Rhizomorphen, oft aus der Erde hervorbrechend und nur bedeckt von Laub, olivocker, ohne rötliche Töne, Druckstellen schwärzend. **F:** gelblich mit kleinen eckigen bis rundlichen Poren, zunehmend schleimig schwarzbraun bis ganz schwarz. **Ger:** süßlich bis etwas säuerlich. **V:** auf sandigem Boden, mediterran, bei Steineiche *Quercus agrifolia*. **Mik:** Sporen breit ellipsoid bis fast kugelig, dickwandig, hellbraun bis braun mit farblosem Sterigmarest, 7–11 × 8–10 µm.

1.5.74 *Melanogaster tuberiformis* Cordaa Kupferbraune Schleimtrüffel

Frkp: 2–6 cm im Durchmesser, kugelig bis ellipsoid oder nierenförmig, etwas filzig, kastanien- bis rötlichbraun, basal mit dunkel rötlichbraunen Rhizomorphen bedeckt. **F:** mit der Reife bald schwarzbraun bis schwarz schleimig, mit kleinen eckigen bis rundlichen Poren von 0,5–1,5 mm Durchmesser. **Ger:** beim Eintrocknen zunehmend phenolartig. **V:** im Laubwald, vorwiegend bei Buche *Fagus*. **Mik:** Sporen glatt, ellipsoid bis leicht spindelig, Basis etwas verjüngt, dickwandig, hellbraun bis braun mit farblosem Sterigmarest, 10–15 × 5–8 µm.

1.5.75 *Melanogaster macrosporus* Velen., Großsporige Schleimtrüffel: Sporen etwas länglicher, eher spindelig als ellipsoid, 12–16 × 6–7 µm.

1.5.76 *Alpova alpestris* P.-A. Moreau & F. Rich. Grünerlen-Hellsporschleimtrüffel

Frkp: 1–2,5 cm, vorwiegend unterirdisch (hypogäisch), teilweise am Scheitel aus dem Boden ragend, kugelig, eiförmig, erst strohweisslich, später olivocker mit rost- bis kupferbraunen Flecken. **F:** erst weißlich, später rosa, rotbraun bis violettschwarz, im Schnitt rosa- bis rötlichbraun verfärbend, mit kugeligen bis etwas flachgedrückt-porigen Kammern bis ca. 1,5 mm Durchmesser, mit olivockerlichem bis dunkelbraunem Schleim. **Ger:** unauffällig, alt säuerlich. **Ges:** unauffällig. **V:** bei Grünerle *Alnus alnobetula*; Sommer bis Herbst. **Mik:** Sporen glatt, schmal ellipsoid bis zylindrisch oder schwach bohnenförmig, farblos bis etwas grün-gelblich, 4,5–5,5 × 2–3 µm. ().

Alpova diplophloeus (Zeller & C.W. Dodge) Trappe & A.H. Sm., Erlen-Hellsporschleimtrüffel, Kleinsporige Hellsporschleimtrüffel: nordamerikanische Art. Gemäß Moreau et al. 2011 handelt es sich bei den Funden aus Mitteleuropa bei Grünerle *Alnus alnobetula*, die bisher dieser Art zugeschrieben wurden, stets um *A. alpestris*, bei Funden bei Grau- und Schwarzerle *Alnus incana* bzw. *Alnus glutinosa* um *M. luteus*, Gelbe Schleimtrüffel.

1.5.71 *Melanogaster ambiguus,* Weißgekammerte Schleimtrüffel

1.5.72 *Melanogaster broomeanus,* Gelbbraune Schleimtrüffel

1.5.76 *Alpova alpestris,* Grünerlen-Hellsporschleimtrüffel

Melanogaster luteus Zeller, *Alpova luteus* (Zeller) Trappe, Gelbe Schleimtrüffel: Fruchtkörper ca. 1 cm, goldgelb auf rötlichbraunem Grund; bei Grau- und Schwarzerle *Alnus incana* bzw. *Alnus glutinosa*. Sporen 5,5–6,5 × 2,5–3,5 µm.

Alpova corsicus P.-A. Moreau & F. Rich., Korsische Hellsporschleimtrüffel: auf Korsika, bei verschiedenen Erlenarten. Sporen 4,5–5,5 × 5–2,5 µm.

1.5.77 *Neoalpova rubescens* (Vittad.) Vizzini, *Alpova rubescens* (Vittad.) Trappe, Rötlichgekammerte Hellsporschleimtrüffel: Schleim in den Poren rotbräunlich, ohne Grün. Sporen 8–15 × 4–4,5 µm. (🖼).

1.5.78 *Russula candida* (Tul. & C. Tul.) J.M. Vidal, *Macowanites krjukowensis* (Bucholtz) Singer & A.H. Sm., *Elasmomyces krjukowensis* (Bucholtz) Sacc. & D. Sacc.
Nördliche Täublingstrüffel,
Nördliche Secotioidtrüffel, Täublings-Scheintrüffel, Krjukowo-Heidetrüffel

Frkp: 1–4 cm, kugelig, abgeplattet, unter- bis oberirdisch, teilweise am Scheitel aus dem Boden ragend, oft mit kurzem Stiel wie bei einem Lamellenpilz, bevor er sich öffnet, glatt, etwas bereift, weiß, gelblich, gelbbräunlich bis orange. **F:** im Schnitt mit zentralem, ganz kurzem, weißem Stiel und gelblichem bis orangegelblichem, lamellenartigem Fleisch (Gleba). **Spp:** orangegelb. **V:** vorwiegend im Laubwald, seltener auch im Nadelwald. **Mik:** Sporen isoliert warzig, kugelig bis breit ellipsoid, 8,5–11 × 7–9 µm, Stacheln bis ca. 1,5 µm, amyloid.

1.5.79 *Russula mattiroloana* (Cavara) T. Lebel,
Macowanites mattiroloanus (Cavara) T. Lebel & Trappe, *Elasmomyces mattiroloanus* Cavara
Südliche Täublingtrüffel, Südliche Secotioidtrüffel

Frkp: 1–3 cm, kugelig, abgeplattet, unter- bis oberirdisch, teilweise am Scheitel aus dem Boden ragend, meist mit kurzem, dünnem bis recht robustem Stiel, erst weiß, später gelbbräunlich. **F:** im Schnitt mit zentralem, weißem Stiel, weißlich bis orangegelblich mit länglichen Kammern bis faltigen Lamellen. **V:** im Laubwald oder Nadelwald. **Mik:** Sporen unregelmäßig warzig, kugelig bis etwas ellipsoid, mit deutlichem Apikulus, 10–13 × 8–12 µm, amyloid.

1.5.80 *Russula messapicoides* (Llistos. & J.M. Vidal) Trappe & T.F. Elliott,
Macowanites messapicoides Llistos. & J.M. Vidal
Helle Täublingstrüffel, Helle Secotioidtrüffel

Frkp: 0,5–2 cm, kugelig, abgeplattet, unter- oder oberirdisch, Oberfläche körnig bis orangeocker flockig auf lebhaft gelbem Grund, anfangs rundum geschlossen, später an der Basis sich öffnend, Stiel rudimentär. **F:** labyrinthisch gekammert mit 1–2 mm Weite, hellgelb. **Ger:** süßlich. **Ges:** mild. **V:** bei Steineiche *Quercus ilex*, mediterran. **Mik:** Sporen warzig, breit ellipsoid mit Apikulus, 8–10 × 7,5–9,5 µm, amyloid. **Ch:** KOH auf Peridie-Schnitt lebhaft blutrot.

Russula ellipsospora (Zeller) Trappe & T.F. Elliott, *Gymnomyces ellipsosporus* (Zeller) Trappe, T. Lebel & Castellano, *Martellia ellipsospora* (Zeller) Singer & A.H. Sm., Ellipsensporige Täublingstrüffel, Ellipsensporige Pseudohirschtrüffel, Ellipsensporige Martellitrüffel: kaum gestielt, Gleba mit länglichen Kammern, creme- bis ockergelb; amerikanische Art. Sporen warzig, ellipsoid, 15–20 × 12–15 µm, amyloid.

1.5.81 *Russula mistiformis* (Mattir.) Trappe & T.F. Elliott, *Gymnomyces mistiformis* (Mattir.) T. Lebel & Trappe, *Martellia mistiformis* Mattir., Kleinsporige Täublingstrüffel, Kleinsporige Pseudohirschtrüffel, Kleinsporige Martellitrüffel: 1–2 cm, kugelig, mit Einbuchtung an der Basis, erst fein flaumig, elfenbeinweiß, später rötlichbraun, fleckig, im Schnitt weiß bis rötlich ockerbraun, fein gekammert; mediterrane Art. Sporen warzig, kugelig bis breit ellipsoid, 9–11 × 8–10 µm, amyloid.

1.5.82 *Russula vidalii* Trappe & T.F. Elliott, *Gymnomyces ilicis* J.M. Vidal & Llistos., Stechpalmen-Täublingstrüffel, Stechpalmen-Pseudohirschtrüffel: 0,5–2,5 cm hoch und etwas breiter, kugelig, etwas flachgedrückt, jung weiß, bereift, später gelblich bis orangeockerlich, Fleisch labyrinthisch gekammert, weiß, Geruch schwach, leicht fruchtartig; vorwiegend bei Steineiche *Quercus*, im Frühling, seltener auch im Herbst. Sporen isoliert warzig, kugelig, 9–11 µm, amyloid.

1.5.83 *Lactarius josserandii* (Malençon) J.M. Vidal & P. Alvarado, *Zelleromyces hispanicus* Calonge & Pegler, Spanische Milchtrüffel, Spanischer Milchstäubling: 2–5 cm, orange bis rotbraun, trüffelförmig mit etwas eingebuchteter Basis, Gleba unregelmäßig gekammert, ohne oder nur mit angedeuteter Columella, cremefarben bis rosagelblich, Geruch aromatisch, süßlich. Sporen netzartig-gratig, breit ellipsoid, 9–14 × 8–10 µm, amyloid.

Calonge & Martin 2003 haben molekulargenetisch nachgewiesen, dass *L. josserandii* eine gasteroide Phase von *Lactarius aurantiacus* (Pers.) Gray, Orange-Milchling ist.

1.5.84 *Lactarius stephensii* (Berk.) Verbeken & Walleyn, *Arcangeliella stephensii* (Berk.) Zeller & C.W. Dodge, *Zelleromyces stephensii* (Berk.) A.H. Sm., Fastgestielte Milchtrüffel, Rosiges Milchblatt: 1–3 cm, kugelig, weich, elastisch, jung weißlich mit braunen Flecken, später gelbbräunlich, Gleba weiß mit feinen Poren, später gelbbräunlich, spärlich weiß milchend und leicht gilbend, Geruch leicht süßlich; im Laubwald. Sporen stumpfstachelig, annähernd kugelig, 7–9 × 5–8 µm, amyloid. (🖼).

1.5.85 *Lactarius borzianus* (Cavara) Verbeken & Nuytinck, *Arcangeliella borziana* Cavara
Braunrote Milchtrüffel

Frkp: 1–4 cm, unregelmäßig kugelige Knollen, teilweise mit angedeutetem Stiel, glatt, rötlichgelb bis rotbraun. **F:** brüchig, fein radial gekammert von der Stielbasis ausgehend, erst rötlichgelb, später ocker, vor allem jung weiß milchend und an der Luft gilbend. **V:** im Laub- oder Nadelwald; im Herbst. **Mik:** Sporen isoliert warzig, ellipsoid, mit Apikulus, gelblich, 10–12 × 8–10 µm, amyloid. (🖼).

1.5.77 *Neoalpova rubescens,* Rötlichgekammerte Hellsporschleimtrüffel

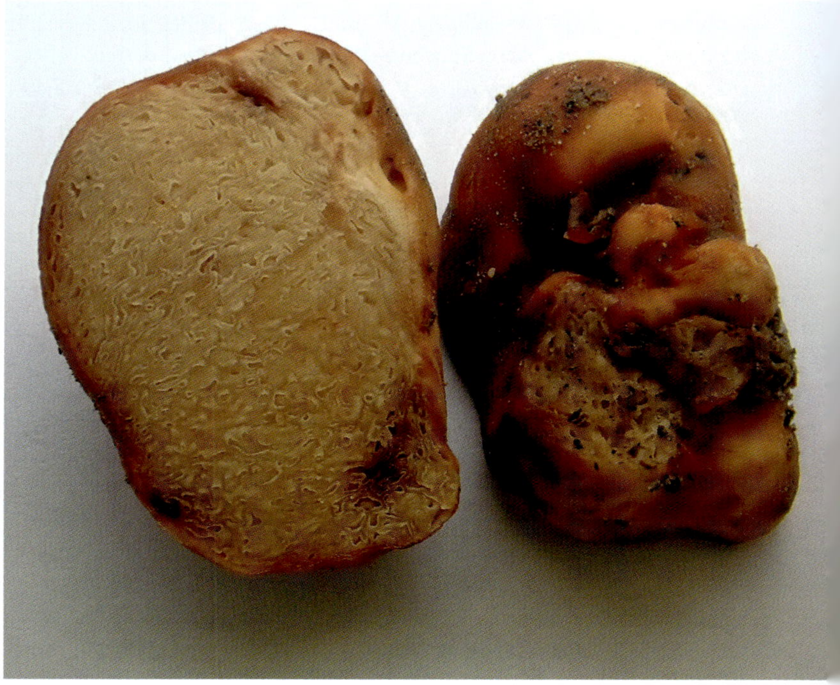
1.5.84 *Lactarius stephensii,* Fastgestielte Milchtrüffel

1.5.85 *Lactarius borzianus,* Braunrote Milchtrüffel

1.5.86 *Gautieria morchelliformis* Vittad.
Großsporige Morcheltrüffel

Frkp: 2–8 cm im Durchmesser, unterirdisch wachsend, unregelmäßig knollig, ockerfarben bis rötlichbraun, labyrinthisch gefurcht, ähnlich einer eng morchelartigen Struktur. **F:** zimtocker, labyrinthisch gewunden, mit Kammern bis ca. 5 mm Durchmesser. **Ger:** nach exotischen Früchten, erst angenehm, später unangenehm. **Spp:** gelblich **V:** im Laubwald oder auch im Bergnadelwald; Spätsommer bis Herbst. **Mik:** Sporen längsrippig, gelblich, ellipsoid, ca. doppelt so lang wie breit, 15–28 × 7–13 µm. (🖼).

1.5.87 *Gautieria graveolens* Vittad., Starkriechende Morcheltrüffel: Fruchtkörper bis 5 cm, Geruch intensiv, mit Komponenten von Tomaten bis Dieselöl, zunehmend unangenehm. Sporen etwas kleiner und breiter, weniger als doppelt so lang wie breit, 11–22 × 7–13 µm. (🖼).

1.5.88 *Gautieria otthii* Trog, *G. graveolens* var. *otthii* (Trog) Zeller & C.W. Dodge, Stinkende Morcheltrüffel: Fruchtkörper von weißem Filz umgeben, welcher die labyrinthischen Furchen in großen Teilen zudeckt, Fleisch weißgelblich bis tabakbraun, labyrinthisch mit feineren Kammern bis ca. 2 mm, Geruch stark, stechend, eher unangenehm. Sporen 13–15 × 6,5–8,5 µm. (🖼).

1.5.89 *Gautieria trabutii* (Chatin) Pat., Höckersporige Morcheltrüffel: jung weißlich mit rostockerlichen Flecken, Fleisch im Schnitt mit farblosem, auslaufendem Zentrum (Columella) und darum unregelmäßig labyrinthisch gekammert mit einer Weite bis ca. 2 mm, Geruch eher unangenehm süßlich. Sporen längsrippig und warzig, ellipsoid mit deutlichem Apikulus, 13–20 × 7–10 µm.

1.5.90 *Protoglossum niveum* (Vittad.) T.W. May, *Hymenogaster niveus* Vittad.
Schneeweiße Urerdnuss, Schneeweiße Urzunge

Frkp: 0,5–2 cm, kugelig bis abgeflacht, unregelmäßig mit Dellen, glatt, seidig weiß, unterirdisch bis hervorbrechend. **F:** Peridie weniger als 1 mm dick, nicht ablösbar, weiß, Gleba bisweilen mit kleiner steriler, weißer Basis, sonst mit feinen Poren bis ca. 1 mm, weißlich bis rosagrau, später braun. **Ger:** mehlig bis ranzig, rettichartig. **V:** im Laub- oder Mischwald. **Mik:** Sporen warzig, ellipsoid bis zitronenförmig, gelbocker, 13–18 × 8–11 µm.

1.5.91 *Descolea alba* (Klotzsch) Kuhar, Nouhra & M.E. Sm., *Hymenogaster albus* (Klotzsch) Berk., *Descomyces albus* (Klotzsch) Bougher & Castellano, Weiße Erdnuss, Weißer Schleimschüppling, Helle Myrthentrüffel: Fruchtkörper oft flockig, cremegelblich bis gelborange, Fleisch ohne sterile Stellen (Columella) grauweißlich, später zimtbraun; im sandigen Boden bei Eukalyptus *Eucalyptus*. Sporen warzig, zitronenförmig, gelbocker, 13–17 × 8–9 µm.

1.5.92 *Hymenogaster citrinus* Vittad., *Gautieria citrina* (Vittad.) Bougher & Castellano
Zitronengelbe Erdnuss

Frkp: 1–5 cm im Durchmesser, unregelmäßig höckerig bis kugelig, erst goldgelb, später ocker- bis rötlich- oder schwarzbraun, mit Mycelsträngen, vorwiegend unterirdisch. **F:** Rinde (Peridie) dünn, gelb, nicht ablösbar, im Innern fest, hell ockerlich, später rötlich- bis schwarzbraun, mit kleinen kugeligen bis etwas flachgedrückten Kammern. **Ger:** auffällig, angenehm blüten-, fruchtartig bis etwas ranzig, nussartig. **V:** im Laub- oder Nadelwald. **Mik:** Sporen erst glatt, später längsrunzelig, zitronen- bis spindelförmig, Spitze mit einer Papille, 24–32 × 12–18 µm.

1.5.93 *Hymenogaster olivaceus* Vittad., Olivbraune Erdnuss: Fruchtkörper erst ockerweißlich, später olivbraun, Fleisch eher weich. Sporen etwas schlanker.

1.5.94 *Hymenogaster calosporus* Tul. & C. Tul.
Schönsporige Erdnuss

Frkp: 1–5 cm, unregelmäßig kugelig, faltig, weißlich, später beigegelb mit rotbraunen Flecken an Druckstellen. **F:** gelblichbraun mit kleinen Poren und ästigen, gelben Trennwänden. **Ger:** unauffällig. **V:** im Nadel- oder Mischwald. **Mik:** Sporen mit warziger Außenhülle, ellipsoid bis spindelig, gelbbraun, 20–40 × 12–18 µm.

1.5.95 *Hymenogaster griseus* Vittad.
Graue Erdnuss

Frkp: 1–2 cm im Durchmesser, kugelig bis nierenförmig, schwach unregelmäßig höckerig, Basis oft etwas eingezogen, jung grauweißlich, später ockergrau bis beigeocker bis am Ende fast schwarz. **F:** erst weißlich, später dunkel kastanienbraun, unregelmäßig bis labyrinthisch gekammert. **Ger:** auffällig, angenehm blütenartig, wie Maiglöckchen. **V:** im Mischwald, auf kalkreichen Böden in tieferen Lagen; vom Herbst bis im Frühling. **Mik:** Sporen längsrunzelig bis etwas netzartig, spindelförmig, Spitze mit angedeuteter Papille, Basis mit farblosem Appendix, ocker bis kastanienbraun, 25–35 × 12–15 µm.

1.5.96 *Hymenogaster vulgaris* Tul. & C. Tul., Rissige Erdnuss: Hut oft unregelmäßig höckerig, Geruch pilzartig, später erd- bis rettichartig; im Laub- oder Nadelwald, bis in höhere Lagen von 1600 m. Sporen schlank spindelig bis etwas gebogen, 18–27 × 9–12 µm.

1.5.97 *Hymenogaster lycoperdineus* Vittad.
Stäublings-Erdnuss

Frkp: 1–6 cm im Durchmesser, kugelig, höckerig, schmutzig weißlich und ockerbraun fleckend. **F:** erst weißlich, fest, später blassocker bis zimtbraun, unregelmäßig bis labyrinthisch gekammert. **Ger:** auffällig, knoblauch- bis kohlartig oder etwas ranzig. **V:** im Mischwald, auf lehmigem Boden, in eher höheren Lagen; im Spätherbst. **Mik:** Sporen

1.5.86 *Gautieria morchelliformis*, Großsporige Morcheltrüffel

1.5.87 *Gautieria graveolens*, Starkriechende Morcheltrüffel

1.5.88 *Gautieria otthii*, Stinkende Morcheltrüffel

runzelig bis höckerig-warzig, länglich ellipsoid bis spindelig, Spitze mit angedeuteter Papille, Basis mit ausblassendem Appendix, beige bis braun, 18–24 × 11–14 µm.

1.5.98 *Hymenogaster bulliardii* Vittad.
Wanzen-Erdnuss

Frkp: 2–4 cm, kugelig, teils etwas uneben, glatt, weißlich bis ockerbraun und alt auch dunkel schwarzbraun. **F:** kompakt mit kleinen Poren, ästigen Strukturen, weinbraun. **Ger:** blütenartig bis deutlich unangenehm. **V:** im kalkreichen Laubwald; im Winterhalbjahr. **Mik:** Sporen mehrheitlich glatt, ellipsoid bis zitronenförmig, rostockerlich, 18–22 × 12,5–15 µm.

1.5.99 *Cortinarius olens* Gasparini,
Hymenogaster aromaticus Velen., *Protoglossum aromaticum* (Velen.) J.M. Vidal
Aromatische Erdnuss, Aromatische Urzunge

Frkp: 2–6 cm, kugelig bis nierenförmig, glatt, silberweißlich glänzend, bisweilen mit einem Lila-Schein, später ocker bis braun. **F:** Rinde (Peridie) dünn, weißlich, erst beige, später rötlichocker, ohne sterile Stellen, rundlich bis labyrinthisch gekammert. **Ger:** angenehm und stark fruchtartig. **V:** im Nadelwald, unter Nadelstreu. **Mik:** Sporen fein bräunlich warzig, ellipsoid bis etwas apfelkernförmig, schmutzig gelblich, 9–12 × 6–8 µm.

1.5.100 *Cortinarius pinguis* (Zeller) Peintner & M.M. Moser,
Thaxterogaster pinguis (Zeller) Singer & A.H. Sm.
Breiter Thaxterstäubling

Frkp: 2–5 cm, unterirdisch, erst kugelig, flachgedrückt, später mit Hut und Stiel, glatt, glänzend, olivbraun bis etwas lila- oder rötlichbraun, Hut und Stiel mit einem kräftigen, schleimigen Velum verbunden. **F:** mit durchgehendem, hell gefärbtem Stiel, fruchtbare Zonen seitlich, jung cremefarben, später rostocker, mit länglichen Kammern, lamellenartig mit starken Queradern. **St:** jung in der Umhüllung, später ausgestreckt, etwas schleimig und mit Velumresten. **V:** im Nadelwald der Rocky Mountains in Amerika. **Mik:** Sporen rau, feinst warzig, ellipsoid, gelbockerlich, 14–16 × 8–9,5 µm. (🖼).

1.5.101 *Setchelliogaster tenuipes* (Setch.) Pouzar, *Descolea tenuipes* (Setch.) Neville & Poumarat
Schlankstieliger Mistpilzstäubling

Frkp: 1–4 cm, jung eingesenkt bis unterirdisch, kugelig bis flachgedrückt, unebenrunzelig, später mit teilweise öffnendem Hut und Stiel, braunrötlich. **F:** mit deutlichem, hellem Stielteil, fast durch den ganzen Fruchtkörper, seitlich und oben eine fruchtbare Zone, rostocker, länglich und grob gekammert bis queradrig-lamellenartig. **St:** jung in der Umhüllung, später ausgestreckt mit weißen Velumresten. **Ger:** unauffällig. **V:** in der Streu von Eukalyptusbäumen *Eucalyptus*, vorwiegend mediterran; im Winterhalbjahr. **Mik:** Sporen rau, feinwarzig, ellipsoid bis zitronenförmig, gelbocker, 13–15 × 8–10 µm. (🖼).

Ebenfalls bei Eukalyptus wächst die vorwiegend weiß bis blassocker gefärbte, anfangs unterirdisch und ganz geschlossen bleibende *Descolea alba*, die auch in diesem Unterkapitel beschrieben ist. Während *Setchelliogaster tenuipes* sich teilweise öffnet, findet sich *Descolea maculata* in Kapitel 13 bei den ähnlichen *Pholiotina*-Arten, die oberirdisch wachsen und sich ganz öffnen.

1.5.102 *Sclerogaster compactus* (Tul. & C. Tul.) Sacc.
Einschichtige Harttrüffel, Wollnüsschen

Frkp: 0,5–1 cm, kugelig, elastisch, weich, glatt, weißlich bis schmutzig gelbocker. **F:** Peridie lederig-elastisch, weiß, nicht ablösbar, Gleba erst gummig, sehr fein gekammert (Lupe), erst gelb, später gelborange und hart, ohne Columella. **V:** im Laubstreu, oft bei Moos; im Herbst. **Mik:** Sporen stumpf warzig, kugelig bis etwas ellipsoid, gelbgrünlich, 4–6 µm, cyanophil. (🖼).

Sclerogaster gastrosporioides Pilát & Svrček, Gras-Harttrüffel: auf sandigem Boden in Verbindung mit Graswürzelchen. Sporen breit ellipsoid und 8–13 µm lang.

1.5.103 *Sclerogaster hysterangioides* (Tul. & C. Tul.) Zeller & C.W. Dodge, *Hydnangium hysterangioides* Tul. & C. Tul., Schwanztrüffelartige Harttrüffel: Fruchtkörper umgeben von feinen Fäden in Verbindung mit Streuresten, Gleba graublau, mit Columella; in höheren Lagen, im Herbst. Sporen kugelig bis birnenförmig, klein, bis ca. 5 µm.

1.5.104 *Wakefieldia macrospora* (Hawker) Hawker, Großsporige Steintrüffel: Fruchtkörper bis 2 cm, mit feinen basalen Mycelfaserbüscheln, Gleba grau bis rosabraun, ohne Columella, Geruch nach Kartoffeln. Sporen warzig, kugelig, mit langem Apikulus, 15–20 µm.

1.5.105 *Entoloma leptoniisporum* (Richon) J.M. Vidal & P.-A. Moreau, *Richoniella leptoniispora* (Richon) Costantin & L.M. Dufour, *Hymenogaster leptoniisporus* Richon
Gemeine Zärtlingstrüffel

Frkp: 1–2 cm, kugelig bis abgeflacht, mit einer leichten Vertiefung an der Basis, glatt, schmutzig gelbweißlich mit ockerfarbenen Flecken. **F:** rosa- bis zimtocker, kugelig bis labyrinthförmig gekammert mit einer Weite bis 0,5 mm, maximal 1 mm. **Ger:** deutlich knoblauchartig. **V:** im Laubwald; im Herbst. **Mik:** Sporen glatt, rötlingsartig eckig, gelblich bis leicht rosa, 11–15 × 7,5–10,5 µm.

1.5.106 *Entoloma calongei* (E. Horak & G. Moreno) Noordel. & Co-David,
Rhodogaster calongei E. Horak & G. Moreno
Gestielte Rötlingstrüffel

Frkp: 2–3 cm hoch, ganz oder teilweise unterirdisch, kugelig bis eiförmig, graubraun, faserig. **F:** mit weißer, steriler Columella/Stielteil, sonst im Schnitt rosa mit labyrinthischen, weißlichen Kammern marmoriert. **V:** im Mischwald; im Herbst. **Mik:** Sporen glatt, rhombenförmig, eckig, rosa, 9–12 × 6–8 µm.

1.5.100 *Cortinarius pinguis,* Breiter Thaxterstäubling

1.5.101 *Setchelliogaster tenuipes,* Schlankstieliger Mistpilzstäubling

1.5.102 *Sclerogaster compactus,* Einschichtige Harttrüffel

1.5.107 *Gastrosporium simplex* Mattir.
Gemeine Steppentrüffel

Frkp: 0,5–3 cm, anfangs unterirdisch wachsend, bei Reife teils an die Oberfläche hervorbrechend, kugelig, gipsweiß, mehlig-pulverig, mit weißem Wurzelstrang (Rhizomorphe). **F:** Peridie zweischichtig, 1–2 mm dick, innere Schicht etwas dunkler und gelifiziert, außen weiß. Gleba erst trocken grauweiß, später feucht olivocker, senfocker und schließlich pulverig zerfallend. **Ger:** honigartig, vor allem in der feuchten Phase. **V:** in Trockenrasen, an Wurzeln von Gräsern (z. B. Federgras *Stipa*, Schwingel *Festuca*, Trespen *Bromus*, Seggen *Carex*), bei Korkeichen *Quercus suber*, Rosmarin *Rosmarinus*. **Mik:** Sporen fast glatt, kugelig bis breit ellipsoid, farblos bis etwas grünlich, 3,5–4,5 µm. (🖼).

1.5.108 *Chlorophyllum agaricoides* (Czern.) Vellinga, *Endoptychum agaricoides* Czern.
Geschlossener Safranschirmling, Lamelliger Säulenstäubling

Frkp: 5–8 cm hoch, ganz oder teilweise unterirdisch, erst kugelig, zunehmend birnenförmig, schmutzig weißlich bis ocker- oder graubraun, schuppig. **F:** mit durchgehendem, sterilem, weißlichem Stielteil, fertile Teile beidseitig des Stiels rostockerlich, erst queraderig-lamellig, später pulverig. **V:** auf trockenen, warmen Böden, vorwiegend mediterran. **Mik:** Sporen glatt, ellipsoid bis kugelig, gelbocker, 6,5–9,5 × 6–7,5 µm. (🖼).

1.5.109 *Jimgerdemannia lactiflua* (Berk. & Broome) Trappe, Desirò, M.E. Sm., Bonito & Bidartondo, *Endogone lactiflua* Berk.
Milchender Jochpilz

Frkp: 0,5–1 cm, unterirdisch, wenig unter der Oberfläche wachsend, höckerig-kugelig, oft mit dem Substrat verknotet, jung wollig, weißlich, mit gelblichen Flecken, später kahl und mit rosafarbenen Flecken, deutliche Basis mit weißem Wurzelstrang (Rhizomorphe). **F:** Peridie nicht abtrennbar, dünn und flüchtig, Gleba kompakt, körnig, gelblich, lachsockerlich bis gelborange mit spärlich weißlicher Milch. **Ger:** leicht süßlich **V:** vorwiegend im Nadelwald bei Kiefer *Pinus*, Fichte *Picea*, Douglasie *Pseudotsuga* auf moosigem, saurem, sandigem Boden. **Mik:** Sporen kugelig, nicht von Hyphen umwickelt, 100–140 µm. **Ch:** ohne Verfärbung mit Melzer.

1.5.110 *Jimgerdemannia flammicorona* (Trappe & Gerd.) Trappe, Desirò, M.E. Sm., Bonito & Bidartondo, *Endogone flammicorona* Trappe & Gerd.
Rotfleischiger Jochpilz

Frkp: 0,5–1 cm, unterirdisch, wenig unter der Oberfläche wachsend, höckerig-kugelig, jung wollig, schmutzig weißlich mit gelblichen Flecken, später kahl und mit rosafarbenen Flecken, deutliche Basis mit weißem Wurzelstrang (Rhizomorphe). **F:** Peridie nicht abtrennbar, dünn und flüchtig, Gleba kompakt, fest, körnig, dunkel rötlich mit blassorangefarbener Milch. **Ger:** stark obstartig, nach gärendem Obst. **V:** vorwiegend im Laubwald, auf moosigem, saurem, sandigem Boden; vorwiegend im Frühling. **Mik:** Sporen kugelig, wie eine flammende Krone von Hyphen umwickelt, ca. 100 µm. **Ch:** rote Verfärbung mit Melzer.

Endogone multiplex Thaxt., *Youngiomyces multiplex* (Thaxt.) Y.J. Yao, Zusammengesetzte Jochtrüffel: Fruchtkörper 0,5–1,5 cm, unterirdisch, höckerig-kugelige bis ellipsoid geformte Ansammlung von kleinen, mit dem Substrat verwachsenen Kügelchen, erst weißlich, später gelborange bis rötlichbraun, Peridie fehlend, körnig aus voneinander trennbaren Kügelchen von knapp 1 mm Durchmesser, Geruch leicht süßlich bis caramelartig; vorwiegend im Nadelwald, bei Kiefer *Pinus*, Fichte *Picea*, Douglasie *Pseudotsuga*, auf moosigem, saurem, sandigem Boden. Sporen ellipsoid bis kugelig, dickwandig, gelblich, 50–120 × 40–100 µm.

1.5.111 *Glomus melanosporum* Gerd. & Trappe
Schwarzsporige Jochtrüffel

Frkp: 1–3 cm, unterirdisch, kugelig, körnig, matt, rötlichocker. **F:** ohne Peridie, rötlichocker, durchgehend körnig mit rötlichen und schwärzlichen Flecken, jung weißlich milchend. **Ger:** trüffelartig. **V:** in sandigen, vorwiegend mediterranen Wäldern; im Winterhalbjahr. **Mik:** Sporen kugelig, dickwandig, dunkelbraun mit heller, orangerötlicher Zone im äußeren Bereich, 100–150 µm.

Glomus flavisporum (M. Lange & E.M. Lund) Trappe & Gerd., *Endogone flavispora* M. Lange & E.M. Lund, Gelbsporige Jochtrüffel: Fruchtkörper 0,5–1,5 cm, unterirdisch bis teilweise hervorbrechend, unregelmäßig höckerig-kugelig bis nierenförmig, Geruch unauffällig. Sporen ellipsoid bis zylindrisch, dickwandig, reif goldgelb, 150–200 × 120–150 µm.

1.5.112 *Glomus macrocarpum* Tul. & C. Tul., *Endogone macrocarpa* (Tul. & C. Tul.) Tul. & C. Tul., Großfrüchtige Jochtrüffel, Großsporige Jochtrüffel: Fruchtkörper 1–1,5 cm, unregelmäßig höckerig-kugelig, anfangs wollig, schmutzig grauweiß, später krustig braun, oft mit dem Substrat verwachsen, Fleisch kompakt, gelblich. Sporen annähernd kugelig, 130–250 µm.

Glomus microcarpum Tul. & C. Tul., *Endogone microcarpa* (Tul. & C. Tul.) Tul. & C. Tul., Kleinfrüchtige Jochtrüffel, Kleinsporige Jochtrüffel: Sporen annähernd kugelig, 30–40 µm.

1.5.107 *Gastrosporium simplex*, Gemeine Steppentrüffel

1.5.108 *Chlorophyllum agaricoides*, Geschlossener Safranschirmling

1.6 *Cyathus,* Teuerlinge und Ähnliche

Basidiomycota, Ständerpilze > *Aphyllophorales,* Nichtblätterpilze > *Agaricales,* Champignonartige

Sammelordnung *Aphyllophorales,* Nichtblätterpilze mit becherförmigen Fruchtkörperchen, teilweise linsenförmige Periodolen am Bechergrund oder hängend

Die hier aufgeführten Familien und Gattungen mit becherförmigen Formen zählen alle zur Ordnung ***Agaricales,*** Champignonartige. Die große Mehrheit der Becherlinge gehört jedoch zur Abteilung der *Ascomycota,* Schlauchpilze, die in Kapitel 16 aufgeschlüsselt und beschrieben sind. Für die Teuerlinge mit den linsenförmigen Peridiolen am Bechergrund ist die Zugehörigkeit zu diesem Unterkapitel einfach zu erkennen. Auch hängende Becherchen weisen hierher. Um die einzelnen, sich nach oben öffnenden haarigen Becherchen mit Basidien zu erkennen, dürfte ein Blick ins Mikroskop unerlässlich sein.

Agaricaceae, Champignonsverwandte
> *Crucibulum, Cyathus, Nidularia*

Cyphellaceae, Fingerhutverwandte > *Cyphella*

Marasmiaceae, Schwindlingsverwandte
> *Calyptella, Henningsomyces, Rectipilus*

Niaceae, Haarbecherchenverwandte
> *Flagelloscypha, Lachnella, Merismodes*

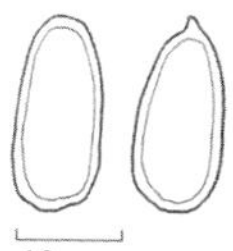

1.6.02 *Cyathus striatus,*
Gestreifter Teuerling

1.6.01 *Crucibulum laeve,*
Glatter Tiegelteuerling

Cyathus, Teuerlinge und Ähnliche

Beschreibung

Vor dem Öffnen sind die umschlossenen, knopfförmigen oder zylindrischen ***Crucibulum,*** Tiegelteuerlinge, ***Cyathus,*** Teuerlinge oder ***Nidularia,*** Nestlinge nicht einfach zu erkennen. Erst mit der Reife öffnen sich die typischen, kaum über 2 cm großen, becherförmigen Fruchtkörper und man sieht die unverkennbaren linsen- oder pillenförmigen Sporenträger am Bechergrund. Die Oberflächen außen und am Rand sind oft kleiig-schorfig bis haarig-striegelig. Kleine, ebenfalls gegen oben geöffnete, am Rand stark behaarte Becherchen, jedoch ohne Inhalt, gehören zu den Gattungen ***Flagelloscypha,*** Geißelhaarbecherchen, ***Lachnella,*** Schüsselseitlinge und ***Merismodes,*** Haarschüsselrasen. Die Gruppe der sich gegen unten öffnenden, hängenden Becherchen umfasst die Gattungen ***Calyptella,*** Schüsselschwindlinge, ***Cyphella,*** Fingerhüte, ***Henningsomyces,*** Hängeröhrchen und ***Rectipilus,*** Filzröhrchen.

Die verschiedenen becherförmigen Arten wachsen auf moderndem Holz, auf Pflanzenresten, teils auch bei Brandstellen und sind Saprobionten.

Die Sporen sind glatt, mehrheitlich ellipsoid und teils dickwandig.

Bestimmung

Zur Bestimmung der wenigen Arten ist auf die Form der Becher, angeheftete oder freie Peridiolen, die Öffnung gegen oben oder unten, die Farben, Behaarung, eine gefurchte oder glatte Innenseite des geöffneten Bechers und den Standort zu achten. Die glatten, ellipsoiden bis kugelförmigen Sporen weisen markante Unterschiede in der Größe auf, was gut zur Sicherung einer Bestimmung herbeigezogen werden kann.

Speisewerte

Es gibt keine essbaren Pilze aus der Gruppe der Teuerlinge und Ähnliche.

1.6 *Cyathus,* Teuerlinge und Ähnliche

Becher mit kugeligen, linsenförmigen Peridiolen am Grund, nach oben geöffnet
- von jung an Becher mit geraden Seitenwänden, Peridiolen am Grund angeheftet
  - Becher jung außen gelbocker und striegelig — **01 *Crucibulum laeve,* Glatter Tiegelteuerling**
  - Becher außen grau, braun
    - innen radial gefurcht, außen striegelig — **02 *Cyathus striatus,* Gestreifter Teuerling**
    - innen glatt
      - Peridiolen weißlich bis graubraun — 03 *Cyathus olla,* Topf-Teuerling
      - Peridiolen schwarz — 04 *Cyathus stercoreus,* Dung-Teuerling
- jung kugelig, reif schüsselförmig mit weiter Öffnung, Peridiolen nicht angeheftet — 05 *Nidularia deformis,* Vollgestopfter Nestling

Becher ohne Peridiolen am Grund, nach oben oder nach unten geöffnet
- becherförmig, nach oben geöffnet
  - 2–5 mm hoch und breit, cremeweiß — 13 *Calyptella capula,* Schalenförmiger Schüsselschwindling
  - < 2 mm hoch und breit
    - ockerbraun
      - rasig wachsend, an Laubbäumen oder Fichte, Sporen > 3,5 µm breit — 06 *Merismodes anomala,* Gelbbrauner Haarschüsselrasen
      - büschelig wachsend, meist an Erle, Sporen < 3,5 µm breit — 07 *Merismodes fasciculata,* Büscheliger Haarschüsselrasen
    - grauweißlich bis graublau
      - Sporen 12,5–15 × 10–11 µm, vorwiegend auf Holz — 08 *Lachnella alboviolascens,* Weißviolettlicher Schüsselseitling
      - Sporen 7–12 × 5–9 µm, vorwiegend auf Kräuterstängeln — 09 *Lachnella villosa,* Filziger Schüsselseitling
    - weißlich, außen dicht, weiß behaart, auf Holz, Sporen 7–10 × 3,5–4,5 µm — 10 *Flagelloscypha minutissima,* Kleinstes Geißelhaarbecherchen
- becherförmig, nach unten geöffnet, glockenförmig
  - 5–20 mm hoch und breit
    - außen braun, innen weißlich, auf Weißtanne — 11 *Cyphella digitalis,* Weißtannen-Fingerhut
    - außen cremeweiß, innen beige, auf Holunder — 5.21.15 *Resupinatus taxi*
  - 1–5 mm hoch und breit, auf Pflanzenresten oder Totholz
    - 2–5 mm, cremeweiß — 13 *Calyptella capula,* Schalenförmiger Schüsselschwindling
    - 1–2 mm, gelb bis grünlich — 12 *Calyptella campanula,* Glockiger Schüsselschwindling
  - < 1 mm hoch und halb so breit, weiß, fein filzig auf Totholz
    - Sporen annähernd kugelig — 14 *Henningsomyces candidus,* Reinweißes Hängeröhrchen
    - Sporen ellipsoid bis tropfenförmig — 15 *Rectipilus fasciculatus,* Büscheliges Filzröhrchen

1.6.01 *Crucibulum laeve* (Huds.) Kambly
Glatter Tiegelteuerling, Gemeiner Tiegelteuerling

Frkp: 0,5–1 cm hoch und breit, tiegelförmig, erst flach abgedeckt, Deckel kleiig, gelbocker, Außenseite anfangs gleichfarbig, später dunkel braun und filzig, Becherinnenseite cremeockerlich, bei Reife mit 10–15 linsenförmigen, cremefarbenen, ca. 1 mm breiten Peridiolen. **V:** dicht gesellig, auf moderndem Holz oder Pflanzenresten. **Mik:** Sporen glatt, ellipsoid, 7–10 × 3,5–5 µm. (D 1077, Kr 2.156, BK 2.493, 🖼).

1.6.02 *Cyathus striatus* (Huds.) Willd.
Gestreifter Teuerling

Frkp: 5–15 mm hoch und ca. 5–10 mm breit, gestielt trichterförmig, kreiselförmig, jung geschlossen, zottig-striegelig, braun, später im Scheitel mit flachem, weißlichem Deckel und schließlich aufreißend, innen graubraun und deutlich radial gestreift, am Grunde mit 12–16 linsenförmigen, 1–2 mm großen, grauweißen Peridiolen, welche an einem Faden hängen. **V:** gesellig, auf verrotteten Pflanzenresten, morschen Ästchen; Sommer bis Herbst. **Mik:** Sporen glatt, ellipsoid, dickwandig, 17–18 × 7–8,5 µm, inamyloid, 4-sporig. (D 1078, Kr 2.159, BK 2.496, 🖼).

1.6.03 *Cyathus olla* (Batsch) Pers.
Topf-Teuerling

Frkp: 10–15 mm hoch und 5–10 mm breit, walzen-, kreisel- bis trichterförmig, jung geschlossen, fein filzig, ockergrau, später im Scheitel mit flachem, weißlichem Deckel und schließlich aufreißend, innen grauweiß mit mehreren linsenförmigen, 2–3 mm großen, graubraunen Peridiolen, welche an einem Faden hängen. **V:** gesellig, auf Erde, sandigem Boden, bisweilen auch auf Pflanzenresten oder morschem Holz; Sommer bis Herbst. **Mik:** Sporen glatt, ellipsoid, dickwandig, hyalin, 11–12 × 7–8 µm, inamyloid, 2- bis 4-sporig. (Kr 2.157, BK 2.494, 🖼).

1.6.04 *Cyathus stercoreus* (Schwein.) De Toni
Dung-Teuerling

Frkp: 5–15 mm hoch und ca. 5 mm breit, gestielt bauchig-trichterförmig, kreiselförmig, jung geschlossen und ganz mit cremeockerlichem, zottigem Filz überzogen, später im Scheitel sternförmig aufreißend, außen zunehmend dunkelbraun und verkahlend, innen schwärzlich mit mehreren linsenförmigen, 1–2 mm großen schwarzen Peridiolen, welche ca. zur Hälfte an einem Faden hängen. **V:** gesellig, auf verrottetem Holz, nährstoffreichem Boden, auch auf Brandstellen; Sommer bis Herbst. **Mik:** Sporen glatt, ± kugelig, dickwandig, hyalin, 18–23 × 15–20 µm, abgefallene Sporen können nachreifen und sich deutlich vergrößern, inamyloid, 4- bis 8-sporig. (BK 2.495).

1.6.05 *Nidularia deformis* (Willd.) Fr., *Nidularia farcta* (Roth) Fr.
Vollgestopfter Nestling

Frkp: 5–10 mm im Durchmesser, jung kugelig, geschlossen, kleiig-schorfig, creme bis gelbbraun, bei Reife öffnet sich die relativ dickwandige Hülle und gibt die zahlreichen, 1–2 mm großen, ockerfarbenen bis bräunlichen, in einer gallertartigen Masse liegenden, linsenförmigen Peridiolen frei. **V:** auf Totholz; Sommer bis Herbst. **Mik:** Sporen glatt, ellipsoid, etwas dickwandig, hyalin, 6–11 × 5–6 µm. (Kr 2.161, BK 2.497).

1.6.06 *Merismodes anomala* (Pers.) Singer, *Merismodes anomalus* (Pers.) Singer
Gelbbrauner Haarschüsselrasen, Rasiges Hängebecherchen

Frkp: ca. 0,5 mm hoch und breit, becher- bis schüsselförmig, ungestielt auf einem braunen Grundgewebe (Subikulum) aufsitzend, innen glatt, cremeockerlich, außen hellbraun filzig, fein haarig mit etwas fransigem, cremefarbenen Rand. **F:** frisch weich, trocken hart. **V:** rasig gedrängt, auf totem Laubholz; ganzjährig. **Mik:** Sporen glatt, ellipsoid-zylindrisch bis schwach allantoid, hyalin, 8–9,5 × 3,5–4,5 µm, Hyphen mit Schnallen. (Kr 3.602, BK 2.224, 🖼).

1.6.07 *Merismodes fasciculata* (Schwein.) Donk, Büscheliger Haarschüsselrasen: büschelig, in kleineren Gruppen, meist auf Erle *Alnus* oder Weide *Salix*. Sporen schlanker, 7,5–9,5 × 2–3 µm, allantoid. (🖼).

1.6.08 *Lachnella alboviolascens* (Alb. & Schwein.) Fr.
Weißviolettlicher Schüsselseitling, Weißviolettliches Haarbecherchen

Frkp: bis ca. 1 mm hoch und etwas breiter, breit becher- bis tellerförmig, direkt und auf kleiner Fläche auf dem Substrat aufsitzend, innen glatt, grauweißlich, oft mit etwas blauviolett, außen und am eingerollten Rand dicht haarig, weiß. **V:** rasig, oft gedrängt, vorwiegend auf abgestorbenen Ästen von Laubbäumen; Frühling bis Herbst. **Mik:** Sporen glatt, unregelmäßig ellipsoid, 12,5–15 × 10–11 µm, Hyphen mit Schnallen. (BK 2.230, 🖼).

1.6.09 *Lachnella villosa* (Pers.) Donk, Filziger Schüsselseitling, Filziges Haarbecherchen: vorwiegend auf Kräuterstängeln. Sporen 7–12 × 5–9 µm. (🖼).

1.6.01 *Crucibulum laeve,* Glatter Tiegelteuerling

1.6.02 *Cyathus striatus,* Gestreifter Teuerling

1.6.03 *Cyathus olla,* Topf-Teuerling

1.6.06 *Merismodes anomala,* Gelbbrauner Haarschüsselrasen

1.6.07 *M. fasciculata,* Büscheliger Haarschüsselrasen

1.6.08 *L. alboviolascens,* Weißviolettl. Schüsselseitl.

1.6.09 *Lachnella villosa,* Filziger Schüsselseitling

1.6.10 *Flagelloscypha minutissima* (Burt) Donk
Kleinstes Geißelhaarbecherchen

Frkp: bis 1 mm hoch und breit, becher- bis schüsselförmig, kaum gestielt, innen glatt, grauockerlich, außen dicht haarig, weiß. **V:** oft gesellig bis gedrängt, vorwiegend auf abgestorbenen Zweigen; Sommer bis Herbst. **Mik:** Sporen glatt, zitronenförmig, teils etwas verbogen, 7–10 × 3,5–4,5 µm, Hyphen mit Schnallen. (BK 2.228,).

1.6.11 *Cyphella digitalis* (Alb. & Schwein.) Fr.
Weißtannen-Fingerhut

Frkp: 5–20 mm hoch und breit, glockenförmig, d. h. becher- bis schüsselförmig gegen unten geöffnet, ohne Stiel, direkt im Scheitel angewachsen, innen glatt, cremeweiß, außen fein haarig, gelbbraun, grau- bis schwarzbraun. **V:** oft gesellig bis gedrängt, auf abgestorbenem Holz von Weißtanne *Abies;* im Winterhalbjahr. **Mik:** Sporen glatt, kugelig, etwas dickwandig, hyalin, 16–19 µm, Hyphen mit Schnallen. (Kr 3.590, BK 2.227,).

1.6.12 *Calyptella campanula* (Nees) W.B. Cooke
Glockiger Schüsselschwindling

Frkp: 1–2 mm hoch und breit, glockenförmig, d. h. becherförmig gegen unten geöffnet, kurz gestielt, glatt, gelb bis etwas grünlich. **V:** auf modernden, liegenden Resten von Kräutern; im Herbst. **Mik:** Sporen glatt, ellipsoid, bis tropfenförmig, hyalin, mit körnigem Inhalt, 8,5–9,5 × 4,5–5,5 µm, Hyphen mit Schnallen. (BK 2.225,).

1.6.13 *Calyptella capula* (Holmsk.) Quél, Schalenförmiger Schüsselschwindling, Mützenförmiger Schüsselschwindling: ca. 5 mm hoch und breit, Becher teils aufwärts, teils gegen unten, cremeweiß und kurz gestielt; auf modernden Pflanzenresten oder totem Holz. Sporen 6–9 × 3,5–4,5 µm. (Kr 3.592, BK 2.226).

1.6.14 *Henningsomyces candidus* (Pers.) Kuntze
Reinweißes Hängeröhrchen

Frkp: bis 1 mm hoch und etwa halb so breit, becherförmig gegen unten wachsend und meistens dicht beieinander und damit röhrenartig wirkend, Außenseite etwas kleiig, weiß bis cremeweiß, direkt auf dem Holz, bisweilen leicht stielartig verjüngt angewachsen. **F:** weich. **V:** gesellig bis gedrängt, auf der Unterseite von morschem Nadelholz; Frühling bis Spätherbst. **Mik:** Sporen glatt, hyalin, 4–6 × 4–5 µm, Hyphen mit Schnallen. (BK 2.229,).

1.6.15 *Rectipilus fasciculatus* (Pers.) Agerer
Büscheliges Filzröhrchen, Büscheliges Hängeröhrchen

Frkp: bis ca. 1 mm hoch und etwa halb so breit, länglich becherförmig gegen unten geöffnet, ohne Stiel, direkt im Scheitel angewachsen, innen cremeweiß, außen feinfilzig, weiß, später ockerlich, Rand etwas fransig. **F:** weich. **V:** rasig und teils gedrängt, auf der Unterseite von totem Laub- oder Nadelholz; im Frühling oder Herbst. **Mik:** Sporen glatt, ellipsoid bis etwas tropfenförmig, hyalin, 5–6,5 × 3,5–4,5 µm, Hyphen mit Schnallen. (BK 2.231,).

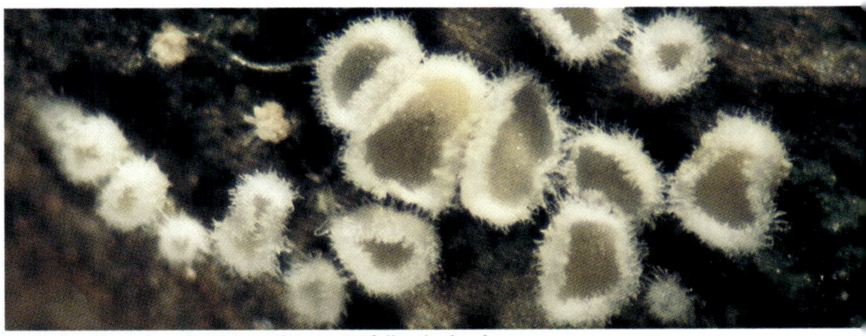
1.6.10 *Flagelloscypha minutissima*, Kleinstes Geißelhaarbecherchen

1.6.11 *Cyphella digitalis*, Weißtannen-Fingerhut

1.6.12 *Calyptella campanula*, Glockiger Schüsselschw.

1.6.14 *H. candidus*, Reinweißes Hängeröhrchen

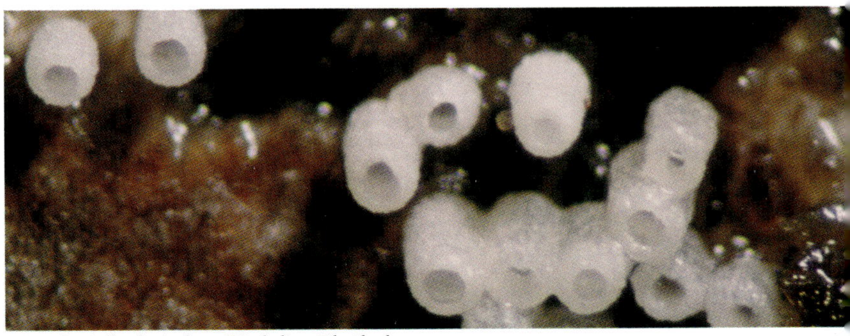
1.6.15 *Rectipilus fasciculatus*, Büscheliges Filzröhrchen

1.7 *Guepinia*, Gallerttrichter und Ähnliche

Basidiomycota, Ständerpilze > *Aphyllophorales*, Nichtblätterpilze

Sammelordnung *Aphyllophorales*, Nichtblätterpilze mit gallertfleischigen Pilzen verschiedenster Formen

Die Eigenschaft von gallertartigem Fleisch der hier zusammengefassten Pilze ist in verschiedenen Klassen, Ordnungen und Familien entstanden. Im Schlüssel und bei den Beschreibungen gibt es zusätzlich Hinweise auf weitere, ähnliche und ebenfalls gallertfleischige Pilze, welche jedoch in der Verwandtschaft noch weiter entfernt sind, zur Abteilung *Ascomycota*, Schlauchpilze gehören und deshalb in Kapitel 16 beschrieben sind.

Agaricomycetes
- > ***Auriculariales***, Ohrlappenpilzartige
  - > ***Auriculariaceae***, Ohrlappenpilzverwandte
    - > *Auricularia, Craterocolla, Exidia, Guepinia, Myxarium, Pseudohydnum*

Tremellomycetes
- > ***Tremellales***, Zitterlingsartige
  - > ***Naemateliaceae***, Zitterpilzverwandte
    - > *Naematelia*
  - > ***Phaeotremellaceae***, Braunzitterlingsverwandte
    - > *Phaeotremella*
  - > ***Tremellaceae***, Zitterlingsverwandte
    - > *Tremella*

Dacrymycetes
- > ***Dacrymycetales***, Gallerttränenartige
  - > ***Dacrymycetaceae***, Gallerttränenverwandte
    - > *Dacrymyces, Ditiola, Guepiniopsis*

1.7.01 *Guepinia helvelloides*, Fleischroter Gallerttrichter

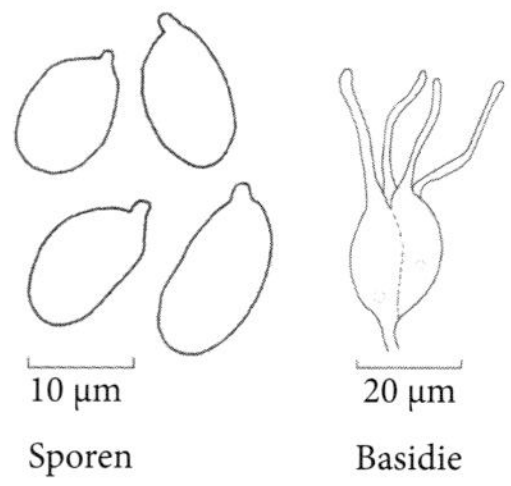

1.7.07 *Tremella mesenterica*, Goldgelber Zitterling

Guepinia, Gallerttrichter und Ähnliche

Beschreibung

Die gallertartigen Arten aus der Ordnung *Auriculariales* enthalten die grau- bis violettbräunlichen, oft lappigen und aderigen ***Auricularia***, Ohrlappenpilze, die aufliegenden, orangefarbenen oder orangebraunen, mit einer kraterförmigen Vertiefung versehenen ***Craterocolla***, Kratergallertpilze sowie die feucht als gallertartige Schichten (Hexenbutter) und trocken als höckerige Krusten anhaftenden schwarzen, kandisbraunen bis weißlichen ***Exidia***, Drüslinge. Zur gleichen Ordnung zählen auch die unverkennbaren, lebhaft orangefarbenen, halbtrichterförmigen ***Guepinia***, Gallerttrichter, die weißlichen bis bräunlichen, durchsichtigen ***Myxarium***, Drüsenpilze mit einem sichtbaren Kern und schließlich ***Pseudohydnum***, Zitterzähne mit gallertartigen Stacheln auf der Unterseite. Die Zuordnungen der genannten Gattungen *Auricularia, Craterocolla* und *Exidia* zu den Familien sind noch nicht einheitlich gefestigt. ***Naematelia***, Zitterpilze, ***Phaeotremella***, Braunzitterlinge und ***Tremella***, Zitterlinge aus der Ordnung *Tremellales* bilden gelbe oder weißliche bis schwärzliche, blattähnliche, gallertartige Gebilde. *Phaeotremella simplex*, Breitsporiger Mehlscheiben-Braunzitterling wächst auf ***Aleurodiscus*** *amorphus*, Orangefarbene Mehlscheibe. Trotz ihrer Zugehörigkeit zu den *Russulales* ist diese Art deshalb ebenfalls hier beschrieben. Aus der Ordnung *Dacrymycetales* sind die vorwiegend gelben oder orangefarbenen bis orangebräunlichen, mehrheitlich ungestielten ***Dacrymyces***, Gallerttränen, die oft leicht gestielten ***Ditiola***, Gallertkissen und die innen etwas aderigen ***Guepiniopsis***, Haargallertpilze aufgeführt.

Die hier beschriebenen, gallertartigen Pilze wachsen vor allem saprob auf abgestorbenem Holz, teils auf Erde und vereinzelt parasitisch auf anderen Pilzen. Es gibt saisonal wie auch ganzjährig vorkommende Arten.

Die Sporen sind alle glatt, kugelig, ellipsoid bis etwas allantoid (bohnenförmig) und teils querseptiert. Die Basidien sind teilweise längs-, seltener auch querseptiert oder schmal und gegabelt.

Bestimmung

Zur Bestimmung dienen vor allem Formen, Farben, Substrat und Größen. Die Basidien der *Auriculariales* und *Tremellales* sind septiert, bei *Auricularia* querseptiert, bei den anderen längs- oder zumindest schrägseptiert. In den Gattungen der *Dacrymycetales* sind die Basidien schmal und ohne Septen, jedoch auffällig stimmgabelförmig gegabelt.

Speisewerte

Nahe verwandte Arten um *Auricularia auricula-judae*, Judasohr sind in der asiatischen Küche unter der Bezeichnung «Mu-Err» häufig verwendete Speisepilze. *Guepinia helvelloides*, Fleischroter Gallerttrichter und *Pseudohydnum gelatinosum*, Gallertiger Zitterzahn können roh gegessen werden. Sie haben kaum Geschmack, können aber dekorativ wirken. Bei roh genossenen Pilzen, Früchten wie auch Gemüse aus dem Wald oder von Feldern ist immer Vorsicht geboten. Es besteht die Möglichkeit einer Übertragung des Fuchsbandwurmes auf den Menschen. Diese Gefahr, die durch Kochen ganz eliminiert wird, kann bei rohen Produkten jedoch mit gutem Waschen stark reduziert werden.

1.7.09a *Phaeotremella foliacea,*
Nadelholz-Braunzitterling

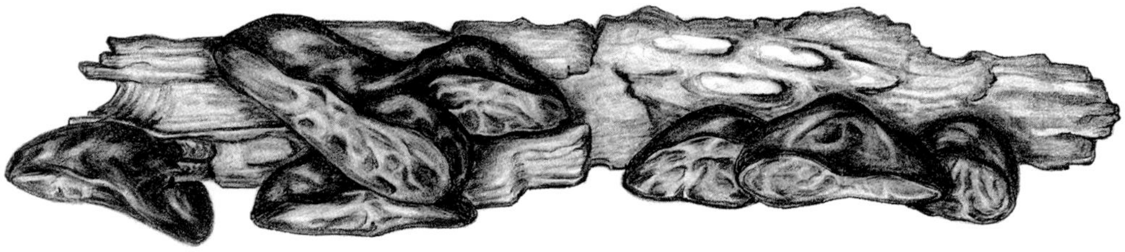

1.7.04 *Auricularia auricula-judae,*
Judasohr

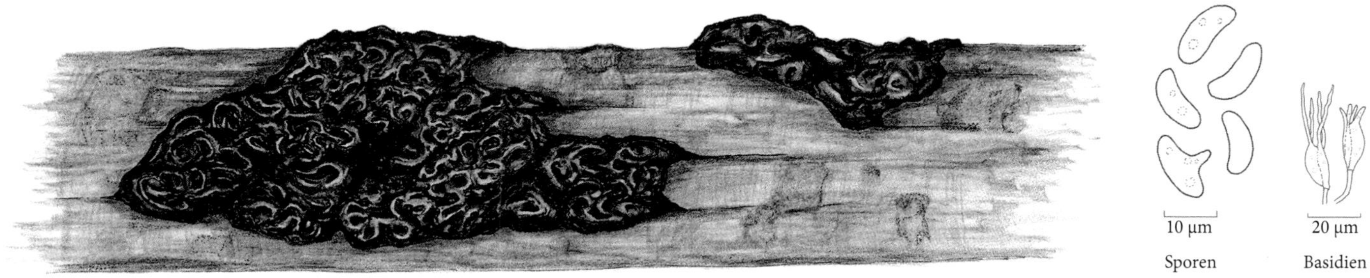

1.7.18 *Exidia nigricans,*
Warziger Drüsling

1.7.21 *Dacrymyces stillatus,*
Zerfließende Gallertträne

1.7 *Guepinia,* Gallerttrichter und Ähnliche

Frkp. halbtrichterförmig, ohrförmig, lebhaft orangerosa, glatt, gallertartig-fest	01 *Guepinia helvelloides,* Fleischroter Gallerttrichter
Frkp. spatelförmig, Unterseite weich stachelig, weiß, oben blassgrau bis graubraun	02 *Pseudohydnum gelatinosum,* Gallertiger Zitterzahn
Frkp. lappig, mind. unten glatt od. aderig-runzelig, gallertartig-weich bis -knorpelig	
weiß, blattartig dünn und gelappt, asiatische Art (Zuchtpilz)	05 *Tremella fuciformis,* Spindelförmiger Zitterling
gelb bis gelborange, seltener blassgelb	**07 *Tremella mesenterica,* Goldgelber Zitterling**
braun bis rötlichbraun	
Unterseite aderig-runzelig, gallertartig-knorpelig	
Oberseite gezont, striegelig, größtenteils am Holz anliegend	03 *Auricularia mesenterica,* Gezonter Ohrlappenpilz
Oberseite cremefarben, feinfilzig, Unterseite braun, glatt bis gefurcht	5.21.02 *Schizophyllum amplum,* Pappel-Judasöhrchen
Oberseite glatt bis runzelig, oft haubenförmig, Sporen ± bohnenförmig	
Fruchtkörper dünn, oft auf Holunder, Sporen 15–17,5 × 6–8 µm	04 *Auricularia auricula-judae,* Judasohr
Fruchtkörper eher dicklich, oft auf Weide, Sporen 12–15 × 3–4 µm	17 *Exidia recisa,* Kreiselförmiger Weiden-Drüsling
beidseitig glatt, blattartig, wellig verbogen	
auf Laubholz	09 *Phaeotremella frondosa,* Laubholz-Braunzitterling
auf Nadelholz	09a *Phaeotremella foliacea,* Nadelholz-Braunzitterling
Fruchtkörper linsen-, knopf-, kreiselförmig, halbkugelig, einzeln bis dicht gedrängt	
mehr als 1 cm hoch oder breit	
weiß bis hellockerlich, rosaockerlich, halbkugelig, höckerig bis fein hirnartig	
gallertartige Hülle mit weißem Kern	
auf Nadelholz, oft hirnartig gewunden, Kern fest, weiß, fingerförmig	08 *Naematelia encephala,* Alabaster-Weißkern-Zitterpilz
auf Laubholz, uneben bis kissenförmig, weiße Einschlüsse kugelig	12 *Myxarium nucleatum,* Körnchen-Drüsenpilz
gallertartige Hülle ohne weißen Kern, auf Laubholz	
anfangs farblos, bald grau- bis rosaockerlich, meist auf Kirschbaum	13 *Craterocolla cerasi,* Kirschbaum-Kratergallertpilz
vorwiegend weiß, evtl. blass bläulich, rosa oder bräunlich	
im Alter höchstens schmutzig hellbraun, Rand ohne Wimpern	14 *Exidia thuretiana,* Weißlicher Drüsling
Rand weiß, teils bewimpert, Mitte bräunlich, rötlich, blaugrau	15 *Exidia cartilaginea,* Knorpeliger Drüsling
blassgelb bis orange	
ungestielt, 1–5 mm, bald verwachsene, gelbe bis gelborange Fruchtkörper	
Sporen 4–5 µm breit, 3 Quersepten, ohne Schnallen	**21 *Dacrymyces stillatus,* Zerfließende Gallertträne**
Sporen 8–9 µm, 2–9 Quersepten, evtl. längsseptiert, mit Schnallen	23 *Dacrymyces variisporus,* Verschiedensporige Gallertträne
gestielt	
blassgelb, Einzelfruchtkörper ca. 1 mm, gestielt, Sporen 10–13 µm	22 *Dacrymyces capitatus,* Bewurzelte Gallertträne
sattgelb, Einzelfruchtkörper 5–10 mm, etwas gestielt, Sporen > 20 µm	24 *Ditiola peziziformis,* Gelbweißes Gallertkissen
braun, violettbraun bis schwarz	
einzeln bleibende, teils kurz gestielte, gedrängte Fruchtkörper	
vorwiegend auf Eiche, seltener auf anderem Laubholz	
beim Überstreichen ohne schwarze Färbung	16 *Exidia glandulosa,* Becherförmiger Drüsling
beim Überstreichen schwarz färbend, Sporen in Schläuchen (Asci)	**16.9.43 *Bulgaria inquinans,* Gemeiner Schmutzbecherling**
vorwiegend auf Weide oder Pappel	17 *Exidia recisa,* Kreiselförmiger Weiden-Drüsling
einheitlich verwachsende Fruchtkörper	
Fruchtkörper vorwiegend schwarz	
auf Laubholz, feucht, über 5 mm dick, hirnartig-faltig	**18 *Exidia nigricans,* Warziger Drüsling**
auf Nadelholz, weniger als 5 mm dick	19 *Exidia pithya,* Teerflecken-Drüsling
Fruchtkörper vorwiegend braun	20 *Exidia saccharina,* Kandisbrauner Drüsling
weniger als 1 cm hoch und breit	
hell ocker bis gelbbraun, linsenförmig, parasitisch auf *Aleurodiscus amorphus*	10 *Phaeotremella simplex,* Breitsporiger Mehlscheiben-Braunz.
weißlich bis blass ockerlich	06 *Tremella globispora,* Buckeliger Rundspor-Zitterling
Fruchtkörper gestielt becherförmig, blütenkelchartig, gelborange	25 *Guepiniopsis buccina,* Becherförmiger Haargallertpilz

1.7.01 *Guepinia helvelloides* (DC.) Fr.,
Tremiscus helvelloides (DC.) Donk
Fleischroter Gallerttrichter

H: 3–6 cm breit, halbtrichter-, ohr- oder trompetenförmig, orangerosa, orangerot, Unter- oder Außenseite glatt, im Alter evtl. etwas runzelig-aderig. **St:** unklare Trennung zwischen Stiel und Hut. **F:** gallertartig, elastisch, gummibärchenartig, blassorange. **Ger:** unauffällig. **Ges:** unbedeutend. **V:** an feuchten Stellen, auf Erde oder stark verrottetem Holz; Sommer bis Herbst. **Mik:** Sporen glatt, ellipsoid, teils etwas abgeflacht, 9,5–11 × 5,5–6 µm, Basidien längsseptiert. (D 1071, Kr 1.129, BK 2.31, ▨).

1.7.02 *Pseudohydnum gelatinosum* (Scop.) P. Karst.
Gallertiger Zitterzahn, Eispilz

H: 2–3 cm breit und ca. 1 cm dick, gallertartig, halbkreis-, spatel- bis muschelförmig, Oberseite kleiig bis samtig, weiß, beige, alt bis dunkel graubraun. **S:** weiß bis grauweiß, dicht, gallertartig, 2–5 mm lang. **St:** blassbeige, meist kurz und seitlich, seltener auch zentral. **F:** durchscheinend, gallertartig. **Ger:** unauffällig. **Ges:** unauffällig. **V:** vorwiegend auf stark vermodertem Nadelholz; Sommer bis Herbst. **Mik:** Sporen glatt, ± kugelig, teils mit körnigem Inhalt, 5–6 × 4,5–5,5 µm, Basidien längsseptiert. (D 1070, Kr 1.114, BK 2.19, ▨).

1.7.03 *Auricularia mesenterica* (Dicks.) Pers.
Gezonter Ohrlappenpilz

Frkp: zu größeren Gebilden verwachsend, am Holz anhaftend und am oberen Rand teilweise 2–3 cm vom Holz abstehend (resupinat bis semipileat), Oberseite graubräunlich gezont, oft grünlich von Algen, striegelig, Unterseite purpurbraun, teils weißlich bereift, aderig-runzelig. **F:** 2–5 mm dick, knorpelig-gallertartig. **Ger:** unauffällig. **Ges:** mild. **V:** vorwiegend auf absterbendem Laubholz; ganzjährig. **Mik:** Sporen glatt, zylindrisch bis schwach allantoid, 15–17,5 × 6–7 µm, Basidien querseptiert mit Auswüchsen (Epibasidien). (Kr 1.63, BK 2.8, ▨).

1.7.04 *Auricularia auricula-judae* (Bull.) Quél.
Judasohr, Judas-Ohrlappenpilz

Frkp: 2–10 cm, haubenförmig nach unten gewölbt, ohrförmig, braun bis rotbraun, Oberseite fein flaumig, evtl. schwach runzelig, Unterseite aderig-runzelig, ohne Flaum und teils matt, weißlich bereift. **F:** zäh, gallertartig-knorpelig. **Ger:** unauffällig. **Ges:** mild. **V:** vorwiegend auf absterbenden Ästen von Schwarzem Holunder *Sambucus niger*, seltener auf anderen Laubhölzern; ganzjährig. **Mik:** Sporen glatt, zylindrisch bis schwach allantoid, 17–19 × 6–8 µm, Basidien dreifach querseptiert mit Auswüchsen (Epibasidien). (D 1069, Kr 1.61, BK 2.7, ▨).

Das Judasohr kann auch als weiße Varietät vorkommen.

Looney et al. 2013 unterscheiden weltweit 10–15 Arten der Gattung *Auricularia*. Beim aus der chinesischen Küche bekannten Mu-Err dürfte es sich um den dunkel gefärbten, auf der Außenseite striegelig behaarten *Auricularia nigricans* (Sw.) Birkebak, Looney & Sánchez-García, *Auricularia polytricha* (Mont.) Sacc., *A. auricula-judae* var. *polytricha* (Mont.) Rick, Borstiger Ohrlappenpilz handelt.

1.7.05 *Tremella fuciformis* Berk.
Spindelförmiger Zitterling, Silberohr

Frkp: 5–12 cm lang und breit, weniger als 1 mm dick, in dünnen, blattartigen Lappen, feucht gallertartig, trocken spröde, weißlich und halb durchsichtig. **F:** dünn, feucht gallertartig. **Ger:** unauffällig. **Ges:** leicht süßlich. **Spp:** weiß. **V:** vorwiegend tropisch und subtropisch auf Mangoholz *Mangifera*. **Mik:** Sporen glatt, eiförmig, 7–14 × 5–8,5 µm, mit abgestutztem Appendix, Basidien längsseptiert, Hyphen mit Schnallen. (▨).

Wird in asiatischen Ländern für die Küche gezüchtet und gelangt meist getrocknet in den Handel; gilt auch als Heilpilz.

1.7.06 *Tremella globispora* D.A. Reid
Buckeliger Rundspor-Zitterling, Buckeliger Zitterling

Frkp: 2–5 mm hoch und breit, unregelmäßig halbkugelig, glatt, weißlich bis blass ockerlich oder durch Algen grünlich. **F:** weich, gelatinös, alt schleimig zerfließend. **Ger:** unauffällig. **Ges:** unauffällig. **V:** auf abgestorbenen Pyrenomyceten (Kernpilze), auf toten Ästchen von Eiche *Quercus* oder Edelkastanie *Castanea*. **Mik:** Sporen glatt ± kugelig, 6–7,5 × 5–7 µm, Basidien mehrheitlich längsseptiert, Hyphen teils mit körnigem Inhalt und mit Schnallen, teils ohne Struktur, kettenförmig und ohne Schnallen. (BK 2.28).

1.7.01 *Guepinia helvelloides,* Fleischroter Gallerttrichter

1.7.02 *P. gelatinosum,* Gallertiger Zitterzahn

1.7.03 *A. mesenterica,* Gezonter Ohrlappenpilz

1.7.04 *Auricularia auricula-judae,* Judasohr

1.7.05 *Tremella fuciformis,* Spindelförmiger Zitterling

1.7.07 *Tremella mesenterica* Retz.
Goldgelber Zitterling

Frkp: 2–5 cm hoch und breit, ausnahmsweise bis doppelt so groß, faltig-gelappt bis fast hirnartig gewunden, glatt, feucht, gallertartig, lebhaft gelb bis orange. **F:** gallertartig weich. **Ger:** unauffällig. **Ges:** unauffällig. **V:** auf totem Laubholz, parasitisch auf Arten der Gattung *Peniophora,* Zystidenrindenpilze; ganzjährig. **Mik:** Sporen glatt, ellipsoid, teils etwas abgeplattet, 10–16 × 7–8 µm, Basidien längsseptiert, Hyphen mit Schnallen. (Kr 1.125, BK 2.29).

Holzstücke mit *T. mesenterica* entwickeln im Winter bisweilen eindrückliches Haareis. Durch den Stoffwechsel des Pilzes entweichen den Holzporen feine Ströme von Kohlendioxid und Wasser, die bei tiefen Temperaturen zu feinsten Eisfäden gefrieren.

Naematelia aurantia (Schwein.) Burt, *Tremella aurantia* Schwein., Gelber Schichtpilz-Zitterpilz: Fruchtkörper eher orangegelb; parasitisch auf *Stereum hirsutum,* Striegeliger Schichtpilz. Sporen 5,5–9 × 4,5–7 µm.

1.7.08 *Naematelia encephala,* (Pers.) Fr., *Tremella encephala* Pers.
Alabaster-Weißkern-Zitterpilz, Weißkerniger Zitterling

Frkp: 1–4 cm breit, halbkugelig-polsterförmig, Oberfläche gefurcht mit feinen hirnartigen Windungen, weiß bis gelblich, ton- oder hautfarben. **F:** im Kern weiß und etwas härter, außen gallertartig. **Ger:** unauffällig. **Ges:** unauffällig. **V:** auf Nadelholz, parasitisch auf *Stereum sanguinolentum,* Blutender Schichtpilz, vorwiegend auf Weißtanne *Abies;* Frühling bis Herbst. **Mik:** Sporen glatt, ellipsoid, 9,5–11 × 7,5–9 µm, Basidien längsseptiert, Kernhyphen ohne Schnallen, Hyphen der äußeren Gallertschicht mit Schnallen. (Kr 1.120, BK 2.26).

1.7.09 *Phaeotremella frondosa* (Fr.) Spirin & Malysheva, *Tremella frondosa* Fr., *Phaeotremella pseudofoliacea* Rea, *Tremella nigrescens* Fr.
Laubholz-Braunzitterling

Frkp: 1–5 cm hoch und 1–7 cm breit, oft groß und kräftig, blattartig, wellig gelappt, glatt, feucht, gallertartig, meist hellbraun, auch dunkelbraun, seltener schwärzend. **F:** gallertartig weich. **Ger:** unauffällig. **Ges:** unauffällig. **V:** vorwiegend auf totem Laubholz, in Verbindung mit verschiedenen Arten der Gattung *Stereum,* Schichtpilze; ganzjährig. **Mik:** Sporen glatt, breit ellipsoid, 6,5–11 × 5–9 µm, Basidien 4-zellig längsseptiert, Hyphen mit Schnallen. (Kr 1.122, BK 2.27).

1.7.09a *Phaeotremella foliacea* (Pers.) Wedin, J.C. Zamora & Millanes, *Tremella foliacea* Pers., Nadelholz-Braunzitterling, Rotbrauner Zitterling, Blattartiger Zitterling: Fruchtkörper 1–3 cm hoch und 1–5 cm breit, ocker- bis dunkelbraun; auf Nadelholz, parasitiert *Stereum sanguinolentum,* Blutender Nadelholz-Schichtpilz. Sporen 5,5–9 × 5–8,5 µm.

Phaeotremella fimbriata (Pers.) Spirin & Malysheva, *Tremella fimbriata* Pers., *T. foliacea* var. *fimbriata* (Pers.) S. Lundell: Fruchtkörper 1,5–2,5 cm hoch, 1–4 cm breit, blattartig, braunschwarz, bald schwarz; auf Laubholzästen, oft Erle *Alnus,* parasitiert im Holz die Hyphen von *Stereum rugosum,* Runzeliger Schichtpilz, an feuchten Standorten. Sporen 5,5–8 × 4,5–6,5 µm.

1.7.10 *Phaeotremella simplex* (H.S. Jacks. & G.W. Martin) Millanes & Wedin, *Tremella simplex* H.S. Jacks. & G.W. Martin
Breitsporiger Mehlscheiben-Braunzitterling

Frkp: 1–5 mm breit, kugelig bis linsenförmig, glatt bis fein höckerig, weißlich, ockerlich oder gelbbraun. **F:** weich, gelatinös, alt schleimig zerfließend. **Ger:** unauffällig. **Ges:** unauffällig. **V:** parasitisch auf *Aleurodiscus amorphus,* Orangefarbene Mehlscheibe (nachfolgend beschrieben), vorwiegend auf Tanne *Abies,* seltener Fichte *Picea.* **Mik:** Sporen glatt, kugelig, 5–7 µm, Apikulus undeutlich, Basidien längsseptiert, Hyphen ohne Schnallen, ganz fein genattert inkrustiert. (BK 2.30).

Phaeotremella mycophaga (G.W. Martin) Millanes & Wedin, Schmalsporiger Mehlscheiben-Braunzitterling: Hyphen mit Schnallen.

1.7.11 *Aleurodiscus amorphus* (Pers.) J. Schröt.
Orangefarbene Mehlscheibe

Frkp: bis ca. 1 cm groß, glatt bis etwas mehlig, orange bis orangerosa, mehrheitlich am Substrat anhaftende Kruste, oft ineinander verwachsen, Rand sich ablösend und aufstehend zu fast becherförmigen Gebilden, Außenseite und Rand weißlich, feinfilzig. **F:** fest, nicht gallertartig. **V:** auf abgestorbenen, berindeten Ästen von Weißtanne *Abies,* seltener Fichte *Picea.* **Mik:** Sporen stachelig, ± kugelig, 25–30 × 20–25 µm, amyloid, Basidien lang und schmal, nicht septiert, Hyphen ohne Schnallen. (Kr 1.145, BK 2.45).

Dieser Pilz aus der Ordnung der *Russulales* ist als Substrat der vorhergehenden Art hier beschrieben. Ganz oder mehrheitlich am Substrat haftende Schichten oder Krusten sind normalerweise nicht erwähnt.

1.7.07 *Tremella mesenterica,* Goldgelber Zitterling

1.7.08 *Naematelia encephala,* Alabaster-Weißkern-Zitterpilz

1.7.09 *Phaeotremella frondosa,* Laubholz-Braunzitterl.

1.7.09a *P. foliacea,* Nadelholz-Braunzitterling

1.7.10 *P. simplex,* Breitsporiger Mehlscheiben-Braunz. auf 1.7.11 *A. amorphus,* Orangefarbene Mehlscheibe

1.7.12 *Myxarium nucleatum* Wallr.
Körnchen-Drüsenpilz, Kern-Drüsling

Frkp: erst einzeln linsenförmig, dann zu 1–4 cm breiten, bis 5 mm hohen, unregelmäßig klumpenförmigen, durchscheinenden, erst weiß- dann bräunlichen, gallertartigen Gebilden verbunden, oft mit weißem, nicht durchscheinendem Kern (Calciumoxalat). **V:** gesellig und zusammenfließend auf totem Laubholz, oft im Auenwald. **Mik:** Sporen glatt, zylindrisch bis allantoid, 12–13,5 × 3,5–4,5 µm, Basidien längsseptiert, Hyphen mit Schnallen. **Ch:** Orangefärbung mit Jod. (Kr 1.112).

1.7.13 *Craterocolla cerasi* (Schumach.) Sacc.
Kirschbaum-Kratergallertpilz, Kirschbaum-Kraterpilz

Frkp: meist dicht verwachsen, ganz jung teils becherförmig, später lappig, faltig, hirnartig, gelatinös-klebrig, grau- bis rosaockerlich, orangebräunlich, punktartig angewachsen. **F:** gallertartig. **Ger:** unauffällig. **V:** vorwiegend auf abgestorbenem Holz von Kirsche *Prunus*, Weide *Salix*; Herbst bis Frühling. **Mik:** Sporen glatt, allantoid, 8–11 × 3,5–4,5 µm, Basidien längsseptiert mit vier Auswüchsen (Epibasidien). (Kr 1.93, BK 2.20, 🖾).

1.7.14 *Exidia thuretiana* (Lév.) Fr.Phall
Weißlicher Drüsling

Frkp: erst einzeln knopfförmig, später 1–4 cm breit und bis 10 cm lang verbunden, gefurcht, weiß bis blass rosaockerlich. **F:** zäh-gallertartig. **Ger:** unauffällig. **Ges:** unauffällig. **V:** auf abgestorbenen Laubholzästen; ganzjährig. **Mik:** Sporen zylindrisch bis allantoid, 13–18 × 5,5–7 µm, Basidien blasig, birnenförmig, längsseptiert mit Auswüchsen (Epibasidien). (BK 2.24, 🖾).

1.7.15 *Exidia cartilaginea* S. Lundell & Neuhoff, Knorpeliger Drüsling: Fruchtkörper weniger abgeflacht, Hymenium-Mitte ocker- bis rotbraun, Hymenium-Rand weißlich und oft weißlich bewimpert. Sporen ≤ 14 µm lang. (Kr 1.96).

1.7.16 *Exidia glandulosa* (Bull.) Fr., *Exidia truncata* Fr.
Becherförmiger Drüsling, Stoppeliger Drüsling

Frkp: 2–6 cm hoch und breit, jung knopfförmig, später kreiselförmig und kurz gestielt auf liegendem Holz aufsitzend, teilweise auch stiellos an stehendem Holz und hängend, Oberfläche glatt bis runzelig-warzig, matt glänzend, braunschwarz, Außenseite fein filzig, beim Überstreichen mit dem Finger nicht färbend. **F:** feucht gallertartig, weich und zäh, trocken eine knorpelige Kruste. **Ger:** unauffällig. **Ges:** unauffällig. **V:** vorwiegend auf totem oder absterbendem Eichenholz *Quercus*; ganzjährig. **Mik:** Sporen glatt, länglich zylindrisch bis allantoid, 14–19 × 4,5–5,5 µm, Basidien längsseptiert, Hyphen gelatinisiert, mit Schnallen. (Kr 1.98, BK 2.25, 🖾).

Der ähnliche *Bulgaria inquinans*, Gemeiner Schmutzbecherling ist ein Schlauchpilz aus Kapitel 16 *(Ascomycota)* mit schwarz färbendem Sporenpulver (schmutzend).

1.7.17 *Exidia recisa* (Ditmar) Fr.
Kreiselförmiger Weiden-Drüsling, Kreisel-Drüsling

Frkp: 1–3 cm breit und etwas weniger hoch, jung gewölbt, später kreisel- bis tellerförmig auf Ästchen aufsitzend oder auch seitlich muschelförmig, Oberfläche glatt, leicht glänzend, etwas runzelig, Unterseite matt, rau, braun bis dunkel rötlichbraun. **F:** gallertartig, trocken nur eine dünne Kruste. **Ger:** unauffällig. **Ges:** unauffällig. **V:** einzeln bis gesellig, auf totem Laubholz, vorwiegend Weide *Salix;* ganzjährig, vor allem im Winterhalbjahr. **Mik:** Sporen glatt, allantoid, 12–15 × 3–4 µm, Basidien längsseptiert, Hyphen gelatinisiert, mit Schnallen. (Kr 1.101, BK 2.23, 🖾).

1.7.18 *Exidia nigricans* (With.) P. Roberts, ***Exidia plana*** Donk
Warziger Drüsling, Gemeiner Drüsling

Frkp: erst in einzelnen kugeligen Grüppchen und schließlich flächig über ganze Aststücke am Substrat anliegend mit Ausdehnungen bis 20 oder 30 cm Länge, dunkel sepia bis schwarz, feucht 0,5–1,5 cm dick, wellig, hirnartig gefaltet und mit feinen Wärzchen punktiert, oft matt und etwas weißlich bereift wirkend. **F:** gallertartig, trocken nur eine dünne Kruste. **Ger:** unauffällig. **Ges:** unauffällig. **Spp:** weiß. **V:** auf totem Laubholz, auf Rinde oder an Schnittstellen; ganzjährig. **Mik:** Sporen glatt, leicht allantoid, 12–14 × 4,5–5 µm, Basidien längsseptiert, Hyphen gelatinisiert, mit Schnallen. (Kr 1.99, BK 2.21, 🖾).

1.7.13 *Craterocolla cerasi*, Kirschbaum-Kratergallertpilz

1.7.14 *Exidia thuretiana*, Weißlicher Drüsling

1.7.16 *Exidia glandulosa*, Becherförmiger Drüsling

1.7.17 *E. recisa*, Kreiselförmiger Weiden-Drüsling

1.7.18 *Exidia nigricans*, Warziger Drüsling

1.7.19 *Exidia pithya* (Alb. & Schwein.) Fr., Teerflecken-Drüsling: Oberfläche höckerig, dunkel olivgrau, blaugrau oder schwarz, Wärzchen auf dem feuchten Fruchtkörper kaum sichtbar, trocken papierartig dünn, glänzend schwarz, wie Teerflecken, Vorkommen auf totem Nadelholz, vorwiegend auf Fichte *Picea*. (BK 2.22, 🖼).

Einige Autoren sehen *E. pithya* nur als Nadelwaldform von *E. nigricans*, Warziger Drüsling und betrachten die beiden Arten als Synonyme.

1.7.20 *Exidia saccharina* Fr.
Kandisbrauner Drüsling

Frkp: 0,5–2,5 cm hoch, jung einzeln und knopfartig beginnend, später wulstig, gewunden, gefaltet zusammenwachsend, gelb bis rötlichbraun, oberseits praktisch glatt, außen etwas heller gefärbt und rau, trocken eine dünne, rippige, hornartige Kruste. **F:** wässerig, rötlichgelb. **Spp:** weiß. **V:** vorwiegend auf totem Nadelholz; ganzjährig. **Mik:** Sporen glatt, zylindrisch bis leicht allantoid, 9–15 × 3,5–5 µm, Basidien längsseptiert, Hyphen mit Schnallen. (Kr 1.104, 🖼).

1.7.21 *Dacrymyces stillatus* Nees
Zerfließende Gallertträne

Frkp: vielfältig in Form und Farbe, einzeln knopfförmig, 1–3 mm oder etwas größer pyramiden- oder tellerförmig, glatt bis höckerig oder aderig und teils zu größeren Gruppen zusammenfließend, gelb bis orangerötlich. **F:** gallertartig, elastisch und etwas durchscheinend, alt schleimig. **Spp:** weißlich. **V:** auf totem Laub- oder Nadelholz, auf Rinde oder an Schnittstellen; ganzjährig. **Mik:** Sporen glatt, dickwandig, ellipsoid bis etwas allantoid, reif mit drei Quersepten, 12–17 × 4–6 µm, Basidien schmal, gegabelt, nicht septiert, Hyphen ohne Schnallen. (Kr 1.75, BK 2.4, 🖼).

1.7.22 *Dacrymyces capitatus* Schwein., Bewurzelte Gallertträne: Einzelfruchtkörper ca. 1 mm, polster- bis tellerförmig, blassgelb, mit kurzem, festem Stiel, später verwachsen; auf totem Holz, vorwiegend Laubholz. Sporen glatt, dickwandig, mit drei Quersepten, 10–13 × 4–5,5 µm, Hyphen ohne Schnallen. (Kr 1.78, BK 2.3, 🖼).

1.7.23 *Dacrymyces variisporus* McNabb, Verschiedensporige Gallertträne: Einzelfruchtkörper 3–5 mm, kugelig, kissenförmig, ungestielt, gesellig und bald flächig verwachsen, gelborange bis orange, trocken gelbbraun; auf Nadelholz, vorwiegend auf Weißtanne *Abies*. Sporen glatt, mit 3–9 Quersepten, vereinzelt 1- bis 2-mal längsseptiert, 14–17 × 8–9 µm, Hyphen mit Schnallen. (BK 2.5, 🖼).

Dacrymyces chrysospermus Berk. & M.A. Curtis, Riesen-Gallterträne: Einzelfruchtkörper 0,2–1 cm, gewunden, goldorange, auf Nadelholz, vorwiegend Kiefer *Pinus*. Sporen 7- bis 9-fach querseptiert, 17–23 × 4–8 µm, Hyphen ohne Schnallen (je nach Literatur auch mit Schnallen). (Kr 1.76).

Dacrymyces enatus (Berk. & M.A. Curtis) Massee, Bräunliche Gallertträne: Einzelfruchtkörper jung kugelig, bald flächig und uneben verwachsen, blassbraun, vorwiegend auf Eichenstümpfen *Quercus*. Sporen glatt, mit drei Quersepten, 9–14 × 3–4,5 µm, Hyphen mit Schnallen.

1.7.24 *Ditiola peziziformis* (Lév.) D.A. Reid,
Femsjonia peziziformis (Lév.) P. Karst.
Gelbweißes Gallertkissen, Gelbweißer Gallertkreisel

Frkp: 0,5–1 cm hoch und breit, anfangs zylindrisch, bald kreisel- bis becherförmig und leicht gestielt, oben glatt bis leicht runzelig, gelb bis dottergelb, außen fein flaumig und weißlich-gelb. **F:** gallertartig, durchscheinend, innen weißlich, außen gelb. **Spp:** weißlich. **V:** auf totem Laub- oder Nadelholz, vorwiegend Weißtanne *Abies*; Sommer bis Herbst. **Mik:** Sporen glatt, zylindrisch bis leicht allantoid, ganz reif mit mehreren Quersepten, 22–25 × 8–9 µm, Basidien schmal, gegabelt, nicht septiert. (Kr 1.82, BK 2.6, 🖼).

1.7.25 *Guepiniopsis buccina* (Pers.) L.L. Kenn., *Guepiniopsis merulina* (Pers.) Pat.
Becherförmiger Haargallertpilz

Frkp: ca. 1 cm hoch und breit, jung zylinderförmig, bald mit Stielteil, der in eine becherförmige, außen und teils auch innen aderige Öffnung übergeht, rundum gelb bis orange, an der Stielbasis mit wurzelndem Mycelfilz. **F:** gelatinös, aber fest. **V:** auf absterbenden Zweigen von Laubgehölzen; Frühling bis Sommer. **Mik:** Sporen glatt, kugelig bis etwas nierenförmig, 10–16 × 5–7 µm, Basidien schmal, teils gegabelt, nicht septiert, Hyphen ohne Schnallen. (🖼).

1.7.19 *Exidia pithya,* Teerflecken-Drüsling

1.7.20 *Exidia saccharina,* Kandisbrauner Drüsling

1.7.21 *Dacrymyces stillatus,* Zerfließende Gallertträne

1.7.22 *Dacrymyces capitatus,* Bewurzelte Gallertträne

1.7.23 *Dacrymyces variisporus,* Verschiedensporige Gallertträne

1.7.24 *Ditiola peziziformis,* Gelbweißes Gallertkissen

1.7.25 *Guepiniopsis buccina,* Becherförmiger Haargallertpilz

2 *Polyporales* p. p., Stielporlingsartige u. Ä.

Basidiomycota, Ständerpilze > *Agaricomycetes*

Familiengruppe *Polyporales* p. p., Stielporlingsartige u. Ä.

Die hier zusammengefasste Gruppe vereint Arten mit zähfleischigen bis korkigen Fruchtkörpern mit verwachsener und im Unterschied zu den weichfleischigen *Boletales* nicht ablösbarer Fruchtschicht. Sie enthält jene Arten der Ordnung *Polyporales*, Stielporlingsartige, die in Hut und Stiel gegliedert sind, deshalb der Zusatz *Polyporales* p. p. (per parte). Auch zähe, gestielte Arten mit Lamellen gehören dazu sowie die blumenkohlartig verzweigten *Sparassis*, Glucken mit glatter Fruchtschicht.

Weitere Arten mit den genannten Eigenschaften stammen aus den Ordnungen ***Hymenochaetales***, Borstenscheiblingsartige, ***Thelephorales***, Warzenpilzartige, ***Amylocorticiales***, Amylogewebehautartige, ***Gloeophyllales***, Blättlingsartige, ***Russulales***, Täublingsartige. Deshalb der Zusatz Stielporlingsartige u. Ä. (und Ähnliche). Nachfolgend sind diese Ordnungen mit den hier vorkommenden Familien und Gattungen aufgelistet.

Es mag erstaunen, dass auch Arten aus der Ordnung *Russulales* hier beschrieben sind. Für sie gäbe es das Kapitel 15; die zugehörigen Arten sollten systematisch eigentlich dort aufgeführt sein. Diese Ordnung ist bezüglich ihrer Fruchtkörperformen jedoch sehr heterogen. Neben den klassischen Täublingen und Milchlingen enthalten die *Russulales* auch Arten mit Poren (*Albatrellus*), trüffelartige Knollen oder seitlingsartige Pilze auf moderndem Holz (*Lentinellus*). In diesem Buch mit der Aufschlüsselung nach vorrangig morphologischen Kriterien erscheinen solche *Russulales* deshalb mit Hinweis auf ihre systematische Zugehörigkeit in den entsprechenden Kapiteln. Unter dem Mikroskop zeichnen sich die Arten, welche zu den *Russulales* gehören, durch warzige, amyloide Sporen aus.

Bestimmung

Die Unterteilung in die drei Unterkapitel erfolgt aufgrund der Hutunterseiten mit Röhren und Poren, mit Lamellen oder mit einer mehr oder weniger glatten Struktur.

Speisewerte

Beliebte Speisepilze gibt es in der Gattung *Albatrellus*, z. B. Schaf- und Semmelporlinge, die Glucken, insbesondere *Sparassis crispa*, Krause Glucke. Verschiedene Porlingsarten sind jung essbar, bevor sie mit zunehmendem Alter zäh werden. Die Mehrheit der hier erwähnten Arten mit zähem bis korkig-hartem Fleisch sind keine Speisepilze. Gefährlich giftige Arten aus den beschriebenen Gruppen sind nicht bekannt.

Übersicht zur Zugehörigkeit der zahlreichen Gattungen dieser Gruppe in die Ordnungen und Familien

Fruchtkörper mit Röhren und Poren und in Hut und Stiel gegliedert

Polyporales	*Polyporaceae*	2.1	*Cerioporus, Ganoderma, Lentinus, Neofavolus, Picipes, Podofomes, Polyporus*
	Dacryobolaceae	2.1	*Jahnoporus, Osteina*
	Grifolaceae	2.1	*Grifola*
	Laetiporaceae	2.1	*Phaeolus*
	Meripilaceae	2.1	*Meripilus*
	Podoscyphaceae	2.1	*Abortiporus*
Russulales	*Albatrellaceae*	2.1	*Albatrellus, Laeticutis, Scutiger*
	Bondarzewiaceae	2.1	*Bondarzewia*
Hymenochaetales	*Hymenochaetaceae*	2.1	*Coltricia, Onnia*
Thelephorales	*Bankeraceae*	2.1	*Boletopsis*

Fruchtkörper mit Lamellen und in Hut und Stiel gegliedert

Polyporales	*Polyporaceae*	2.3	*Daedaleopsis, Faerberia, Lentinus, Lenzites, Neofavolus*
	Panaceae	2.3	*Panus*
Russulales	*Auriscalpiaceae*	2.3	*Lentinellus*
Amylocorticiales	*Amylocorticiaceae*	2.3	*Plicaturopsis*
Gloeophyllales	*Gloeophyllaceae*	2.3	*Gloeophyllum, Heliocybe, Neolentinus*

Fruchtkörper mit glatter Fruchtschicht, blumenkohl-, schwamm-, blattartig

Polyporales	*Sparassidaceae*	2.2	*Sparassis*

2.1.06 *Polyporus tuberaster*, Sklerotien-Stielporling
Die freigelegte Knolle an der Basis der abgebildeten Sklerotien-Stielporlinge ist das Sklerotium, dem die Fruchtkörper dieser Art entspringen. Die langen Stiele der jungen Porlinge illustrieren sehr deutlich die Gruppe von in Hut und Stiel gegliederten Stielporlingsarten, die in diesem Kapitel dargestellt ist. Auch zähfleischige bis korkige Arten mit Hut, Stiel und Lamellen sind in diesem Kapitel beschrieben, ebenso die schwamm- oder blumenkohlartigen Glucken. Ganz oder teilweise am Substrat anliegende Fruchtkörper ohne Stiel fehlen jedoch in diesem Buch; sie würden den bereits weit gesetzten Rahmen sprengen.

Schlüssel zu den Gattungen

Hutunterseite mit Röhren	2.1 *Polyporus,* Stielporlinge u. Ä.
Hutunterseite mit Lamellen	
Lamellenschneiden glatt, Fruchtkörper nicht korkig-zäh	
Hut und Lamellen orangebraun (oder fleischrosa und mit süßlichem Duft)	3.10 *Hygrophoropsis,* Afterleistlinge
Hut in anderen Farben	
Hut > 5 cm	5.22 *Pleurotus,* Seitlinge u. Ä.
Hut < 5 cm breit	5.21 *Resupinatus,* Liliputseitlinge u. Ä.
Lamellenschneiden gesägt oder Fruchtkörper korkig-zäh	2.3 *Lentinellus,* Sägeblättlinge u. Ä.
Hutunterseite glatt, blatt-/strauchartige Gebilde	2.2 *Sparassis,* Glucken

2.1 *Polyporus,* Stielporlinge und Ähnliche

Basidiomycota, Ständerpilze > *Agaricomycetes*

Ordnungen und Familien

Dieses Unterkapitel enthält zwar hauptsächlich Pilze der Ordnung ***Polyporales***, Stielporlingsartige. Zum Vergleich aller äußerlich ähnlichen, stielporlingsartigen Fruchtkörper sind aber auch die Arten mit Röhren und Stiel aus verschiedenen Familien der Ordnung ***Russulales***, Täublingsartige sowie die entsprechenden Pilze aus ***Hymenochaetales***, Borstenscheiblingsartige und ***Thelephorales***, Warzenpilzartige hier beschrieben und zur besseren Übersicht mit den betreffenden Familien nachfolgend aufgelistet.

Polyporales, Stielporlingsartige
- > ***Polyporaceae***, Stielporlingsverwandte
- > ***Dacryobolaceae***, Höckerrindenpilzverwandte
- > ***Grifolaceae***, Klapperschwammverwandte
- > ***Laetiporaceae***, Schwefelporlingsverwandte
- > ***Meripilaceae***, Riesenporlingsverwandte
- > ***Podoscyphaceae***, Büschelwärzlingsverwandte

Russulales, Täublingsartige
- > ***Albatrellaceae***, Schafporlingsverwandte
- > ***Bondarzewiaceae***, Bergporlingsverwandte

Hymenochaetales, Borstenscheiblingsartige
- > ***Hymenochaetaceae***, Borstenscheiblingsverwandte

Thelephorales, Warzenpilzartige
- > ***Bankeraceae***, Weißsporstachelingsverwandte

Polyporus, Stielporlinge und Ähnliche

Beschreibung

In der Familie *Polyporaceae,* Stielporlingsverwandte sind zahlreiche Arten der ursprünglichen ***Polyporus***, Stielporlinge auf andere Gattungen verteilt worden. Zu ihr zählen noch der mittelgroße, schuppige *Polyporus tuberaster,* Sklerotien-Stielporling und der große, blumenkohlartig verästelte *Polyporus umbellatus,* Gemeiner Eichhase. Die kleinen Stielporlinge mit weißem Stiel gehören zu ***Lentinus*** oder ***Neofavolus***, beides Gattungen, die Pilze mit Poren wie auch Lamellen enthalten. Die mittelgroßen Arten mit braunem bis schwarzem Stiel zählen zu ***Picipes***, Schwarzfußporlinge, jene mit lediglich brauner oder schwarzer Stielbasis inklusive dem großen Schuppigen Stielporling heißen ***Cerioporus***. Schließlich zählen auch die gestielten ***Ganoderma***, Lackporlinge und ***Podofomes***, Harzporlinge zur Familie *Polyporaceae,* Stielporlingsverwandte. Aus der Familie *Dacryobolaceae,* Höckerrindenpilzverwandte ist ***Jahnoporus*** *hirtus,* Brauner Haarstielporling deutlich gestielt. Auch ***Osteina*** *obducta,* Weißer Knochenporling aus *Laetiporaceae,* Schwefelporlingsverwandte und ***Phaeolus*** *schweinitzii,* Kiefern-Braunporling können Stiele entwickeln und sind deshalb hier erwähnt. ***Meripilus*** *giganteus,* Gemeiner Riesenporling ist der Vertreter der Familie *Meripilaceae,* Riesenporlingsverwandte, ***Grifola*** *frondosa,* Gemeiner Klapperschwamm jener der *Grifolaceae,* Klapperschwammverwandte. Schließlich zählt auch der zähfleischige, rötende ***Abortiporus*** *biennis,* Rötender Saftwirrling aus der Familie *Podoscyphaceae,* Büschelwärzlingsverwandte zur Ordnung *Polyporales,* Stielporlingsartige. Zur Ordnung *Russulales,* Täublingsartige in der Familie *Albatrellaceae,* Schafporlingsverwandte gehören die verschiedenen Schafeuter-Porlinge der Gattung ***Albatrellus*** mit weißlichen, gelbgrünlichen bis rosabraunen Farben. Ebenso ***Laeticutis*** *cristata,* Gelbgrüner Kammporling, der seltene ***Scutiger*** *pes-caprae,* Gemeiner Ziegenfußporling und ***Bondarzewia*** *montana,* Gemeiner Bergporling aus der Familie *Bondarzewiaceae,* Bergporlingsverwandte. Die beiden korkigen, orangebraun gezonten Porlinge der Gattungen ***Coltricia***, Dauerporlinge und ***Onnia***, Schillerporlinge gehören zu *Hymenochaetaceae,* Borstenscheiblingsverwandte, die dunkel gefärbten Rußporlinge mit weißlichen Poren schließlich zur Gattung ***Boletopsis*** aus der Familie *Bankeraceae,* Weißsporstachelingsverwandte.

Viele Porlinge wachsen als Saprobionten auf totem Holz, einige wenige erscheinen auch parasitisch auf lebendem Holz. Sie sprießen mehrheitlich im Herbst, teils auch ganzjährig. Die meisten Arten der Ordnung *Russulales* und der Gattung *Boletopsis* sind Mykorrhizapilze und wachsen auf Erde.

Polyporaceae, Stielporlingsverwandte haben ellipsoide, kugelige oder bohnenförmige, nicht amyloide, die Porlinge aus der Ordnung *Russulales* hingegen rau bis warzige und amyloide Sporen. Jene der Lackporlingsarten sind dickwandig und warzig, jedoch inamyloid.

Bestimmung

Für die Bestimmung der Art sind neben den Farben vor allem der Standort, die Form und der Durchmesser (Ø) der Poren ausschlaggebend.

Speisewerte

Die korkig-fleischigen, auf Holz wachsenden Porlinge sind nicht essbar. *Grifola frondosa,* Gemeiner Klapperschwamm und *Polyporus umbellatus,* Gemeiner Eichhase sind jung essbar; allerdings sollte man diese seltenen Arten schonen, es sei denn, man hat gezüchtete Fruchtkörper. *Meripilus giganteus,* Gemeiner Riesenporling und *Cerioporus squamosus,* Schuppiger Stielporling sind nur jung, d. h. bevor sie zäh werden, essbar. Von den Porlingen auf Erde sind Semmel- und Schafeuter-Porlinge beliebte Speisepilze. Sie dürfen jedoch nicht mit dem ungenießbaren, ähnlichen und auf Lärchenholz wachsenden *Osteina obducta,* Weißer Knochenporling oder dem bitteren *Laeticutis cristata,* Gelbgrüner Kammporling verwechselt werden.

2.1.18 *Albatrellus ovinus*,
Gemeiner Schafporling

2.1.01 *Lentinus brumalis*,
Winter-Stielporling

2.1.29 *Polyporus umbellatus*,
Gemeiner Eichhase

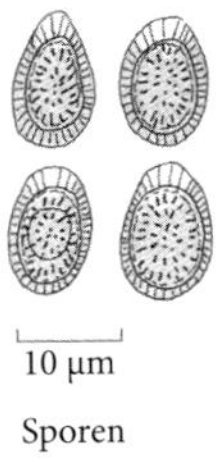

2.1.17 *Ganoderma carnosum*,
Dunkler Tannen-Lackporling

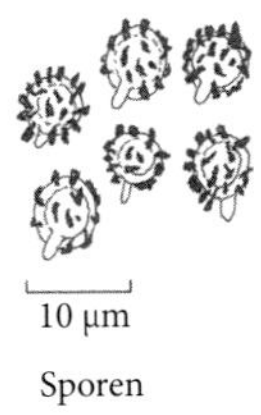

2.1.13 *Bondarzewia mesenterica*,
Gemeiner Bergporling

2.1 *Polyporus*, Stielporlinge und Ähnliche

- auf Holz
  - Stiel weißlich bis cremebräunlich, bisweilen genattert, Basis nicht schwarzbraun
    - Poren eckig (polygonal), schon ab Frühjahr
      - Poren eng (weniger als 1 mm lang)
        - Druckstellen nicht rötend
          - Hut 2–6 cm, einzeln, nicht runzelig, auf totem Laubholz — **01 *Lentinus brumalis*, Winter-Stielporling**
          - Hut 10–20 cm, verwachsen, radialrunzelig, meist auf Weißtanne — 13 *Bondarzewia mesenterica*, Gemeiner Bergporling
        - Druckstellen rötend, kreiselförmig verwachsen bis 15 cm, rötlichocker — 15 *Abortiporus biennis*, Rötender Saftwirrling
      - Porenweite mittel (ca. 1–2 mm lang) — 03 *Lentinus arcularius*, Weitlöcheriger Stielporling
      - Poren sehr weit (2–5 mm lang) — 02 *Neofavolus alveolaris*, Waben-Stielporling
    - Poren rundlich bis länglich
      - Poren sehr fein (Ø < 0,5 mm), Hut glatt bis feinfilzig, ab Frühsommer
        - Hut gelb-, oliv- bis graubraun, Stiel bräunlich genattert — **04 *Lentinus substrictus*, Sommer-Stielporling**
        - Hut weißlich, cremefarben, oft verwachsen, Stiel weißlich, rudimentär — 05 *Osteina obducta*, Weißer Knochenporling
      - Poren eng (Ø < 1 mm), Hut glatt, Winter bis Frühjahr, Stiel nicht genattert — **01 *Lentinus brumalis*, Winter-Stielporling**
      - Poren Ø 1–2 mm, Hut schuppig — 06 *Polyporus tuberaster*, Sklerotien-Stielporling
  - Stiel zumindest an der Basis schwarz, dunkelbraun oder schwärzend
    - Druckstellen oder alte Pilze schwarz verfärbend, 30–70 cm große Gebilde — 12 *Meripilus giganteus*, Gemeiner Riesenporling
    - Druckstellen nicht verfärbend, Stiel teils braun oder schwarz
      - Porenweite kaum über 0,5 mm
        - Stiel nur an der Basis schwarz, Hut cremefarben bis satt ocker — 07 *Cerioporus varius*, Löwengelber Stielporling
        - Stiel ganz braun bis schwärzlich, Hut meistens dunkelbraun
          - Hutoberfläche matt, glatt, ohne Kruste, oft trichterig
            - Stiel kaum runzelig, generative Hyphen ohne Schnallen — 08 *Picipes badius*, Schwarzroter Schwarzfußporling
            - Stiel oft längsrunzelig, generative Hyphen mit Schnallen — 09 *Picipes melanopus*, Gemeiner Schwarzfußporling
          - Hutoberfläche krustig, höckerig-uneben, gewölbt
            - Hutoberfläche nicht glänzend, Sporen glatt, dünnwandig — 16 *Podofomes trogii*, Gestielter Tannen-Harzporling
            - Hutoberfläche glänzend, Sporen warzig, dickwandig — 17 *Ganoderma lucidum*, Glänzender Lackporling
      - Porenweite 0,5–1 mm und mehr
        - Hut sehr groß, 10–60 cm, Stiel seitlich, exzentrisch — 10 *Cerioporus squamosus*, Schuppiger Stielporling
        - Hut groß, 10–15 cm, Stiel meist zentral, seltener exzentrisch — 06 *Polyporus tuberaster*, Sklerotien-Stielporling
        - Hut nicht über 10 cm, Stiel ± zentral — 11 *Cerioporus rhizophilus*, Steppengras-Stielporling
  - Stiel und Hut orange, weich, < 2 cm, bald wabenartig, Röhren bis 2,5mm weit — 5.21.109 *Favolaschia calocera*, Orangeroter Porenhelmling
- auf Erde
  - Stiel einzeln, nicht verästelt (allenfalls büschelig)
    - Hut weißlich, gelblich, bräunlich, Geruch angenehm
      - Sporen nicht amyloid, Hut weiß bis olivgelblich, im Nadelwald — 18 *Albatrellus ovinus*, Gemeiner Schafporling
      - Sporen schwach amyloid, Hut weiß bis zitronengelb, rosabräunlich
        - Hut weiß bis rosabräunlich, bei Kiefer — 19 *Albatrellus subrubescens*, Rötender Schafporling
        - Hut weiß und zitronengelb, bei Fichte — 20 *Albatrellus citrinus*, Zitronengelber Schafporling
    - Hut olivbraun, gelboliv, Geruch unangenehm — 21 *Laeticutis cristata*, Gelbgrüner Kammporling
    - Hut semmelorange bis braun, Geruch unauffällig, angenehm oder nach Curry
      - Poren fein, Ø weniger als 1 mm, Hut ± glatt bis filzig
        - Poren weißlich bis cremefarben, Geruch angenehm
          - Stiel weißlich, Poren Ø < 0,5 mm, Hut semmelbräunlich — 22 *Albatrellus confluens*, Semmel-Porling
          - Stielbasis braun, Poren Ø > 0,5 mm, Hut zunehmend braun — 14 *Jahnoporus hirtus*, Brauner Haarstielporling
        - Poren gelbbraun, braunbeige, Fleisch bald zäh, korkig, Hut oft gezont
          - Druckstellen nicht verfärbend, Hut kaum > 10 cm
            - Hut deutlich gezont, meist wellig, Geruch unauffällig — 23 *Coltricia perennis*, Gebänderter Dauerporling
            - Hut undeutlich gezont, wellig-höckerig, Geruch nach Curry — 24 *Onnia tomentosa*, Gestielter Schillerporling
          - Druckstellen rasch braun verfärbend, Hut oft > 10 cm — 25 *Phaeolus schweinitzii*, Kiefern-Braunporling
      - Poren relativ weit, Ø mehr als 1 mm
        - Hut braun, angedrückt schuppig, Stiel auf Sklerotium, im Laubwald — 06 *Polyporus tuberaster*, Sklerotien-Stielporling
        - Hut dunkel rot- bis schwarzbraun, feinschuppig, im Nadelwald — 26 *Scutiger pes-caprae*, Gemeiner Ziegenfußporling
    - Hut und Stiel vorwiegend grau bis grauschwarz, Poren weiß oder weißlich
      - Hut dunkel grau bis schwärzlich — 27 *Boletopsis leucomelaena*, Schwarzweißer Rußporling
      - Hut blass graubräunlich, oft radial rissig, Poren rosabraun nach Druck — 28 *Boletopsis grisea*, Bitterer Rußporling
  - Stiel verästelt, Gebilde mit vielen Einzelhütchen
    - Einzelhüte mit ± zentralem Stiel — 29 *Polyporus umbellatus*, Gemeiner Eichhase
    - Einzelhüte mit seitlichem Stiel — 30 *Grifola frondosa*, Gemeiner Klapperschwamm

2.1.01 *Lentinus brumalis* (Pers.) Zmitr., *Polyporus brumalis* (Pers.) Fr. Winter-Stielporling, Winter-Lederzähling

H: 2–6 cm, ± flach gewölbt bis etwas genabelt, fein filzig-schuppig, in verschiedenen Brauntönen (gelb, grau, rot- bis schwarzbraun). **R:** schwach herablaufend, weißlich bis blass ockerfarben, Poren länglich-rundlich bis etwas eckig, Ø bis ca. 1 mm. **St:** zentral bis exzentrisch, ± braun, fein filzig-schuppig. **F:** weiß, zäh, elastisch. **Ger:** pilzartig. **Ges:** mild. **V:** auf totem Laubholz; Herbst bis Winter. (D 1059, Kr 1.607, BK 2.416, 🖾).

2.1.02 *Neofavolus alveolaris* (DC.) Sotome & T. Hatt., *Polyporus mori* (Pollini) Fr. Waben-Stielporling, Bienenwaben-Porling, Bienenwaben-Kleinzähling

H: 2–10 cm, rund bis nierenförmig, ± flach, bald etwas trichterig, angedrückt orangebraun schuppig auf orangegelbem Grund, Rand lange eingerollt. **R:** ± gerade angewachsen bis leicht herablaufend, cremegelb, Poren eckig und länglich (1–5 mm lang, 1–2 mm breit), bienenwabenartig. **St:** kurz, exzentrisch, weißlich bis cremefarben. **F:** creme, weich und zäh. **Ger:** schwach. **Ges:** mild. **V:** auf totem Laubholz; vor allem im Frühjahr. (Kr 1.603, BK 2.419, 🖾).

2.1.03 *Lentinus arcularius* (Batsch) Zmitr., *Polyporus arcularius* (Batsch) Fr., Weitlöcheriger Stielporling, Weitlöcheriger Lederzähling: Hut 2–6 cm breit, hellbraun, feinschuppig, Poren bis 2,5 mm lang und bis 1 mm breit, Stiel zentral bis etwas exzentrisch, braun, feinschuppig, nicht ausgesprochen kurz. (BK 2.414, 🖾).

2.1.04 *Lentinus substrictus* (Bolton) Zmitr. & Kovalenko, *Polyporus ciliatus* Fr. Sommer-Stielporling, Mai-Porling, Sommer-Lederzähling

H: 3–8 cm, flach gewölbt bis etwas trichterförmig, glatt bis feinfilzig, gelb-, oliv- bis graubraun, Rand lange eingerollt, filzig bis feinst bewimpert. **R:** schwach herablaufend, cremeweiß, Poren sehr fein, rundlich, Ø < 0,5 mm. **St:** matt bis feinfilzig, exzentrisch bis zentral, bräunlich genattert. **F:** weiß, zäh, frisch elastisch. **V:** auf totem Laubholz; Frühjahr bis Frühsommer. (D 1058, Kr 1.610, BK 2.417, 🖾).

2.1.05 *Osteina obducta* (Berk.) Donk, Weißer Knochenporling

H: 2–8 cm, gewölbt bis niedergedrückt, glatt, weiß, grau bis cremebräunlich, Rand wellig, lange heruntergebogen. **R:** herablaufend, weißlich, Poren eng, rundlich. **St:** Spitze meist stark erweitert, kreiselförmig, direkt in den Hut übergehend, weißlich, Basis verjüngt und oft büschelig verwachsen. **F:** dick, weiß, zäh, korkig und trocken sehr hart (knochenartig). **Ger:** unauffällig. **V:** auf toten Nadelholzstrünken, vorwiegend auf Lärche *Larix*, selten auch auf totem Laubholz, z. B. Birke *Betula*; im Sommer. (BK 2.413, 🖾).

2.1.06 *Polyporus tuberaster* (Jacq. ex Pers.) Fr. Sklerotien-Stielporling

H: 4–12 cm, flach gewölbt bis etwas trichterförmig, angedrückt bräunlich haarig-schuppig auf ockerlichem Grund, Rand bewimpert. **R:** weit herablaufend, cremeweiß bis gelblich, rundlich bis länglich, 1–2 mm lang, bis 1 mm breit. **St:** zentral, seltener exzentrisch, weiß bis bräunlich, fein haarig-schuppig. **F:** weiß, elastisch. **Ger:** pilzartig. **Ges:** mild. **V:** aus im Boden eingesenkten, dunkel gefärbten, kleineren bis fußballgroßen Knollen (Sklerotien) entspringend oder auf totem Laubholz; Frühjahr bis Sommer. (D 1057, Kr 1.616, BK 2.422, 🖾; Kapitel-🖾).

2.1.07 *Cerioporus leptocephalus* (Jacq.) Zmitr., *Polyporus leptocephalus* (Jacq.) Fr. Löwengelber Stielporling, Kleinhütiger Wechselgestaltporling

H: 2–10 cm, gewölbt bis schwach trichterig, kahl, oft radial gestreift, hellocker bis braungelblich, Rand etwas runzelig, meist wellig. **R:** herablaufend, cremeweiß bis grauockerlich, Poren rundlich bis eckig, sehr fein (Ø < 0,5 mm). **St:** zentral bis exzentrisch, bräunlich, Basis matt, schwarz, oft etwas verjüngt. **F:** weiß, zäh. **Ger:** schwach. **Ges:** mild. **V:** auf Laubholz; ganzjährig. (D 1060, Kr 1.611, BK 2.423, 🖾).

Cerioporus varius (Pers.) Zmitr. & Kovalenko, *Polyporus varius* (Pers.) Fr. gilt für die meisten Autoren als Synonym von *C. leptocephalus*. Gemäß Zmitrovich et al. 2016 unterscheiden sich die Arten jedoch in ihrer Ökologie. Während *C. varius* an alte Laubholzbestände gebunden ist und dort in Kerben lebender oder frisch gefällter Bäume wächst, findet man *C. leptocephalus* im Unterwuchs von Laubwäldern an kleinen Strünken und abgefallenen Ästen von Büschen und Bäumen.

2.1.01 *Lentinus brumalis*, Winter-Stielporling

2.1.02 *Neofavolus alveolaris*, Waben-Stielporling

2.1.03 *Lentinus arcularius*, Weitlöcheriger Stielporl.

2.1.04 *Lentinus substrictus*, Sommer-Stielporling

2.1.05 *Osteina obducta*, Weißer Knochenporling

2.1.06 *Polyporus tuberaster*, Sklerotien-Stielporling

2.1.07 *Cerioporus leptocephalus*, Löwengelber Stielporling

2.1.08 *Picipes badius* (Pers.) Zmitr. & Kovalenko, *Polyporus badius* (Pers.) Schwein., Schwarzroter Schwarzfußporling, Schwarzroter Stielporling: Hut 2–20 cm breit, rotbraun bis dunkel rotbraun, Stiel im unteren Teil schwarz. (D 1061, Kr 1.605, BK 2.415, 🖼).

2.1.09 *Picipes melanopus* (Pers.) Zmitr. & Kovalenko, *Polyporus melanopus* (Pers.) Fr., Gemeiner Schwarzfußporling, Schwarzfuß-Stielporling: Hut gelbbraun bis braun, Stiel im unteren Teil schwarz, direkt an die cremeweißen Poren anschließend. (BK 2.418, 🖼).

2.1.10 *Cerioporus squamosus* (Huds.) Quél., *Polyporus squamosus* (Huds.) Fr. Schuppiger Stielporling, Schuppiger Wechselgestaltporling (🍴)

H: 10–80 cm, gewölbt bis ± flach, nierenförmig, mit großen, angedrückten, braunen Schuppen auf gelbbräunlichem Grund. **R:** herablaufend, cremeweiß, Poren eckig bis oval, Ø ca. 1–2 mm. **St:** exzentrisch bis seitlich, kurz, Spitze in der Fortsetzung der Röhren netzartig, Basis verjüngt und dunkelbraun bis schwarzfilzig. **F:** cremeweiß, zäh. **Ger:** schwach, mehlartig, honigartig. **Ges:** mehlartig. **V:** auf Laubholzstümpfen oder an Wunden lebender Bäume; Frühjahr bis Sommer. (D 1056, Kr 1.614, BK 2.421, 🖼).

Ganz junge, noch nicht zähe Exemplare können gegessen werden.

2.1.11 *Cerioporus rhizophilus* (Pat.) Zmitr. & Kovalenko, *Polyporus rhizophilus* Pat. Steppengras-Stielporling, Steppengras-Wechselgestaltporling

H: 1–4 cm, halbkugelig, flach gewölbt bis etwas trichterig, glatt bis fein filzig-runzelig, graugelb bis gelbbraun. **R:** stark herablaufend, cremeweiß, Poren länglich, rundlich, 0,5–1 mm lang, bis 0,5 mm breit. **St:** zentral oder exzentrisch, grauweißlich, Spitze in Fortsetzung der Röhren etwas netzartig, Basis verjüngt und dunkel graubraun. **F:** weißlich, zäh. **Ger:** unauffällig. **Ges:** mild. **V:** auf Wurzelballen von Steppengräsern, z. B. Pfriemgras *Stipa capillata*; Frühjahr bis Herbst. (BK 2.420).

2.1.12 *Meripilus giganteus* (Pers.) P. Karst. Gemeiner Riesenporling (🍴)

H: 30–70 cm, halb- bis fast kreisrunde und lappig trichterige Teilhüte, die fächerförmig und dachziegelig aus einer gemeinsamen Basis sprießen, matt gelb- bis rotbraun mit radialer, rippig-runzeliger Struktur, konzentrisch gezont, Rand hell. **R:** cremeweiß bis cremegelblich, Poren rundlich und sehr fein (deutlich < 1 mm), Druckstellen schwärzend. **St:** knollige, kurze Ansatzstelle. **F:** weiß, zäh-elastisch, an Druckstellen und alt schwärzend. **Ger:** pilzartig. **Ges:** jung mild, später bitter. **V:** vorwiegend auf Buche *Fagus,* erzeugt Weißfäule; Sommer bis Herbst. **Mik:** Sporen glatt und kugelig. (D 1065, Kr 1.547, BK 2.402, 🖼).

Ganz jung essbar.

2.1.13 *Bondarzewia mesenterica* (Schaeff.) Kreisel, *Bondarzewia montana* (Quél.) Singer Gemeiner Bergporling

H: 30–40 cm, halbrunde bis lappig trichterige Teilhüte, die fächerförmig aus einem gemeinsamen Strunk sprießen, matt ockerbraun mit radialer, rippig-runzeliger Struktur, oft konzentrisch gezont. **R:** weit am Stiel herablaufend, cremeweiß bis cremegelblich, vieleckig, Porenweite ca. 1 mm. **St:** strunkartig verzweigt, meist kurz und ca. 5 cm dick. **F:** weiß, zäh-elastisch, nicht verfärbend. **Ger:** angenehm würzig. **Ges:** frisch scharf, trocken mild bis bitterlich. **V:** vorwiegend auf Weißtanne *Abies,* erzeugt Weißfäule; Sommer bis Herbst. **Mik:** Sporen kugelig mit deutlichen, amyloiden Warzen. (D 1052, Kr 1.492, BK 2.429, 🖼).

2.1.14 *Jahnoporus hirtus* (Cooke) Nuss, *Albatrellus hirtus* (Cooke) Donk Brauner Haarstielporling

H: 5–15 cm, gewölbt bis niedergedrückt, rundlich kreisel- bis nierenförmig, uneben, teils etwas aufgerissen, samtig-filzig bis fein schuppig, mit verklebten Haarbüscheln (Lupe!), nicht gezont, graugelb, rosaocker bis kastanienbraun, Rand leicht heruntergebogen, kerbig-wellig. **R:** weit am Stiel herablaufend, cremeweiß, Porenweite ca. 1 mm. **St:** zentral, weißlich, filzig, nach unten verjüngt, Basis bräunlich. **F:** weiß, zäh, im Stiel härter, nicht gezont. **Ger:** schwach, süßlich mit unangenehmer Komponente. **Ges:** Fleisch mild, Röhren lange anhaltend bitter. **V:** meist Nadelwald, gern auf totem Holz von Fichte *Picea* oder Weißtanne *Abies.* **Mik:** Sporen glatt, schmal spindelig bis ellipsoid, 12–17 × 4–6 µm, inamyloid.

2.1.15 *Abortiporus biennis* (Bull.) Singer Rötender Saftwirrling

H: 8–20 cm, rosettenförmige Gebilde aus knolligen, trichterigen, fächer- bis kreiselförmigen Fruchtkörpern, oft Pflanzenteile umwachsend, samtig filzig, weißlich bis ocker- oder rötlichbraun, Rand wellig. **R:** leicht am Stiel herablaufend, weiß bis ockerlich, Poren fein, labyrinthisch-eckig, Druckstellen rötlich verfärbend. **St:** zentral bis seitlich, Basis teils verjüngt, oft eingesenkt. **F:** weiß, zweischichtig, innen hart, außen eher weich. **Ger:** eher unangenehm, pilzartig. **Ges:** mild. **V:** auf Erde, in Wäldern, vorwiegend Laubwald, Parks und Gärten, oft in Verbindung mit moderndem Holz. **Mik:** Sporen glatt, breit ellipsoid, 4,5–6 × 3,5–4,5 µm. (D 1066, Kr 1.469, BK 2.393, 🖼).

2.1.08 *Picipes badius,* Schwarzroter Stielporling

2.1.09 *Picipes melanopus,* Schwarzfuß-Stielporling

2.1.10 *Cerioporus squamosus,* Schuppiger Stielporling

2.1.12 *Meripilus giganteus,* Gemeiner Riesenporling

2.1.13 *Bondarzewia mesenterica,* Gemeiner Bergporl.

2.1.15 *Abortiporus biennis,* Rötender Saftwirrling

2.1.16 *Podofomes trogii* (Fr.) Pouzar, *Ischnoderma trogii* (Fr.) Teixeira
Gestielter Tannen-Harzporling

H: 2–8 cm, rundlich bis nierenförmig, gewölbt bis niedergedrückt, jung filzig-behaart, gelbocker bis zimtbraun, konzentrisch gezont, oft mit eingewachsenen Pflanzenteilen, später mit glatter oder runzeliger Kruste und zunehmend schwarzbraun, Rand heller und jung mit Guttationströpfchen. **R:** leicht am Stiel herablaufend, erst weiß, später bräunlich, Poren fein, rundlich bis etwas eckig. **St:** zentral bis seitlich, gelegentlich verzweigt, unregelmäßig zylindrisch, Basis teils verjüngt, dunkelbraun. **F:** ockerweiß, zäh bis korkig, alt bräunlich. **V:** im Laub- oder Nadelwald, auf Erde oder Holz, stets in Verbindung mit moderndem Holz. **Mik:** Sporen glatt, ellipsoid, 5–6 × 2,5–3,5 µm. (Kr 1.572, BK 2.399).

2.1.17 *Ganoderma lucidum* (Curtis) P. Karst.
Glänzender Lackporling

H: 5–20 cm, elliptisch bis nierenförmig, seltener rundlich, gewölbt, höckerig-runzelig, oft konzentrisch gezont, glatt, lackartig glänzend, rötlichocker, gegen den Rand gelb und ganz außen weiß, teils mit Randwulst. **R:** erst weißlich, später cremebräunlich, Poren fein, rundlich. **St:** seitlich abgewinkelt am Hut angewachsen, meistens lang, zylindrisch, oft wellig-knotig, lackartig rot- bis schwärzlichbraun mit purpurfarbenem Schimmer. **F:** zäh, eher weich, hell- bis dunkelbräunlich. **V:** auf totem Laubholz, vorwiegend Eiche *Quercus* und Buche *Fagus*, seltener auf Laubholz. **Mik:** Sporen warzig, dickwandig, ellipsoid, 9–12 × 5,5–8 µm. (D 1051, Kr 1.425, BK 2.426, 🖼).

Ganoderma valesiacum Boud., Walliser Lackporling: auf Lärchenholz *Larix*.

Ganoderma resinaceum Boud., Harziger Lackporling: vorwiegend auf Eiche *Quercus*, oft ohne Stiel direkt seitlich am Substrat angewachsen.

Gemäß Krieglsteiner 2000a handelt es sich bei *G. valesiacum* und *G. resinaceum* möglicherweise um Synonyme, die nur durch den Standort unterschieden werden können.

Ganoderma carnosum Pat., Dunkler Tannen-Lackporling: Hut dunkel gold- bis rot- oder schwarzbraun, Stiel rot- bis schwarzbraun, ohne purpurfarbenen Schimmer, auf abgestorbenem Nadelholz, vorwiegend Weißtanne *Abies*, seltener auf Laubholz. Sporen 11–13,5 × 7,5–8,5 µm. (D 1050, Kr 1.422, BK 2.426).

2.1.18 *Albatrellus ovinus* (Schaeff.) Kotl. & Pouzar, 🍴
***Scutiger ovinus* (Schaeff.) Murrill**
Gemeiner Schafporling, Gemeiner Schafeuter-Porling

H: 3–15 cm, gewölbt bis schwach trichterig, meist unregelmäßig verbogen, jung kalkweiß und feinfilzig, später gelblich und oft felderig rissig. **R:** herablaufend, weiß, später gelblich, Poren rundlich bis eckig, Ø ca. 0,5 mm. **St:** zentral bis exzentrisch, weißlich, teilweise rotbraun fleckend, Basis verjüngt. **F:** weiß, fest, kernig, brüchig. **Ger:** angenehm. **Ges:** mild. **V:** meist büschelig, vor allem im Nadelwald in höheren Lagen, oft bei Fichte *Picea*; Sommer bis Herbst. **Mik:** Sporen inamyloid. **CH:** KOH auf dem Fleisch erst gelb, dann olivgrün bis olivbraun, keine Orangetöne. (D 1055, Kr 1.474, 🖼).

2.1.19 *Albatrellus subrubescens* (Murrill) Pouzar, *Scutiger subrubescens* (Murrill) Murrill, Rötender Schafporling, Rötender Schafeuter-Porling: Hut jung weiß, später rosabräunlich; vorwiegend bei Kiefer *Pinus* auf basischem Boden. Sporen zumindest schwach amyloid. (🖼).

2.1.20 *Albatrellus citrinus* Ryman, Zitronengelber Schafporling, Zitronengelber Schafeuter-Porling: Hut bald zitronengelblich, orange fleckend, ohne Olivtöne, Stiel beim Eintrocknen schwärzend; vorwiegend bei Fichte *Picea*. Sporen zumindest schwach amyloid. KOH auf dem Fleisch erst gelb, dann orangerötlich bis orangebraun. (BK 2.409?).

Albatrellus syringae (Parmasto) Pouzar, *Xanthoporus syringae* (Parmasto) Audet, Flieder-Schafporling, Flieder-Schafeuter-Porling: Hut 3–10 cm, jung gelblich braun, später braun und gezont, Poren gelblich bis gelbbräunlich, fein; bei Laubgehölzen, vorwiegend in Parks und Gärten.

2.1.21 *Laeticutis cristata* (Schaeff.) Audet, *Albatrellus cristatus* (Schaeff.) Kotl. & Pouzar,
***Scutiger cristatus* (Schaeff.) Bondartsev & Singer**
Gelbgrüner Kammporling

H: 3–12 cm, ± gewölbt, meist unregelmäßig verbogen oder verwachsen, samtig-filzig, später felderig-rissig, blass olivgrün bis braunoliv. **R:** herablaufend, weißlich bis gelblich, Poren rundlich bis eckig, Ø ca. 0,5 mm. **St:** zentral bis exzentrisch, weißlich, meist kurz. **F:** weißlich, brüchig. **Ger:** unangenehm. **Ges:** mild, unangenehm. **V:** im Laub- oder Nadelwald, vor allem in höheren Lagen; Sommer bis Herbst. (D 1053, Kr 1.473, BK 2.407, 🖼).

2.1.22 *Albatrellus confluens* (Alb. & Schwein.) Kotl. & Pouzar, 🍴
***Albatrellopsis confluens* (Alb. & Schwein.) Teixeira,**
***Scutiger confluens* (Alb. & Schwein.) Bondartsev & Singer**
Semmel-Porling, Semmel-Schafporling

H: 3–10 cm, ± gewölbt, meist unregelmäßig verbogen und verwachsen, glatt, feinfilzig bis felderig-rissig, semmelfarben bis orangebraun. **R:** herablaufend, cremeweiß, Poren rundlich, Ø bis ca. 0,5 mm. **St:** weißlich,

2.1.17 *Ganoderma lucidum*, Glänzender Lackporling

2.1.18 *Albatrellus ovinus*, Gemeiner Schafporling

2.1.19 *Albatrellus subrubescens*, Rötender Schafporling

2.1.21 *Laeticutis cristata*, Gelbgrüner Kammporling

2.1.22 *Albatrellopsis confluens*, Semmel-Porling

dick und kurz. **F:** dick, fest bis korkig, cremeweiß. **Ger:** angenehm. **Ges:** bitterlich. **V:** bei Fichte *Picea*, vorwiegend in höheren Lagen; Sommer bis Herbst. **CH:** auf dem Hut mit KOH kirschrot. (BK 2.406,).

2.1.23 *Coltricia perennis* (L.) Murrill, Gebänderter Dauerporling

H: 1,5–5 cm, flach genabelt bis trichterig, meist wellig verbogen, filzig bis etwas runzelig, gelb, rost- bis graubraun gezont. **R:** etwas herablaufend, gelbbraun bis graubeige, Poren rundlich bis eckig, Ø 0,3 mm bis gegen 1 mm. **St:** ± zentral, filzig, zäh, braun, Basis oft erweitert. **F:** dünn, dunkelbraun, zäh bis korkig-hart. **Ger:** unauffällig. **Ges:** mild. **Spp:** goldbraun. **V:** im Nadelwald, auf sandigem, moosigem Boden, seltener im Laubwald; Sommer bis Herbst. (D 1048, Kr 1.430, BK 2.298,).

2.1.24 *Onnia tomentosa* (Fr.) P. Karst., *Inonotus tomentosus* (Fr.) Quél., Gestielter Schillerporling: Hut bis 10 cm breit, meist höckerig-wellig, schwach gezont, Geruch nach Curry; im Nadelwald, ganzjährig. (Kr 1.444, BK 2.299,).

2.1.25 *Phaeolus schweinitzii* (Fr.) Pat. Kiefern-Braunporling

H: 10–30 cm breit, unregelmäßig kreiselförmig, oft in Rosetten, auch seitlich konsolenartig angewachsen und oder mit anderen Fruchtkörpern verwachsen und Pflanzenteile umwachsend, Hutoberfläche grob hügelig-höckerig, filzig, safrangelb bis braun, rotbraun, teils gezont, Rand weiß bis schwefelgelb, alt überall zunehmend rot- bis schwarzbraun. **R:** herablaufend, orangegelb bis grünlichbraun, Poren eher groß, eckig-labyrinthisch, Druckstellen rasch braun. **St:** eher kurz, zentral, nach oben hin fließend in den Hut übergehend, auch fehlend und Fruchtkörper direkt aufsitzend oder seitlich angewachsen. **F:** dick, jung saftig, weich, schwammartig, später zäh, gelb- bis rostbraun. **Ger:** unauffällig. **Ges:** säuerlich. **Spp:** goldbraun. **V:** vorwiegend auf oder in Verbindung mit moderndem Nadelholz, auf Kiefer *Pinus*, Fichte *Picea*, Lärche *Larix*, seltener auch auf Holz von Laubbäumen, verursacht am toten Holz eine Braunfäule; Frühling bis Herbst. Die Fruchtkörper können zum Färben verwendet werden und liefern eine gelbe bis gelbbraune Farbe. (BK 2.403,).

2.1.26 *Scutiger pes-caprae* (Pers.) Bondartsev & Singer, *Albatrellus pes-caprae* (Pers.) Pouzar Gemeiner Ziegenfußporling, Ziegenfußporling

H: 5–15 cm, ± gewölbt, meist unregelmäßig verbogen, feinschuppig bis rissig, dunkel rot- bis schwarzbraun. **R:** kurz herablaufend, cremegelblich, Poren rundlich-eckig, Ø ca. 1–2 mm. **St:** meistens exzentrisch, weißlich bis gelbbräunlich, Spitze fein netzaderig. **F:** weißlich, brüchig. **Ger:** angenehm. **Ges:** mild. **V:** vorwiegend in höher gelegenem Nadelwald; Sommer bis Herbst. (D 1054, Kr 1.476, BK 2.408,).

2.1.27 *Boletopsis leucomelaena* (Pers.) Fayod Schwarzweißer Rußporling

H: 4–10 cm, ± gewölbt, oft buckelig oder grubig, meist unregelmäßig verbogen und verwachsen, glatt, braun- bis grauschwarz, allenfalls mit olivgrünem Beiton, Rand ein- oder aufgebogen. **R:** herablaufend, weiß bis grauweißlich, manchmal mit einem Hauch von Rosa, Poren unregelmäßig vieleckig, fein (1–3/mm). **St:** zentral oder exzentrisch, zylindrisch bis bauchig, glatt oder feinschuppig und braun- bis grauschwarz. **F:** sehr dick, fest bis korkig, weiß. **Ger:** schwach. **Ges:** mild bis bitterlich. **V:** im Nadelwald, auf kalkigen Böden, vorwiegend in höheren Lagen; Sommer bis Herbst. **Mik:** Sporen eckig bis unregelmäßig höckerig, farblos bis blass gelbbräunlich, Septen mit Schnallen. (D 1047, BK 2.281,).

2.1.28 *Boletopsis grisea* (Peck) Bondartsev & Singer Bitterer Rußporling

H: 5–13 cm, ± gewölbt, jung glatt, hellgrau bis graubräunlich, glatt, später etwas schuppig, oft radial rissig, Rand ein- oder aufgebogen. **R:** herablaufend, weiß bis grauweißlich, Poren rundlich bis unregelmäßig vieleckig, fein (1–3/mm), Druckstellen rosabraun verfärbend. **St:** zentral oder exzentrisch, zylindrisch bis bauchig, glatt, später feinschuppig und gefärbt wie der Hut. **F:** sehr dick, fest bis korkig, weiß, radialrissig. **Ger:** schwach. **Ges:** mild bis bitterlich. **V:** im Nadelwald, bei Kiefer *Pinus*, auf trockenem, magerem, eher saurem Boden; Sommer bis Herbst. **Mik:** Sporen eckig bis höckerig, farblos bis hell gelbbräunlich.

2.1.29 *Polyporus umbellatus* (Pers.) Fr., *Dendropolyporus umbellatus* (Pers.) Jülich Gemeiner Eichhase

H: halbkugelige, bis ca. 0,5 m große Gebilde, zusammengesetzt aus vielen, ca. 2–5 cm breiten, gewölbten bis genabelten Einzelhütchen, eingewachsen-faserig bis faserschuppig, ocker- bis graubraun. **R:** herablaufend, weißlich, Poren Ø ca. 0,5 mm. **St:** am Boden bis 5 cm dicker Stamm, blumenkohlartig verästelt bis zu den einzelnen Hütchen, dort zentral bis etwas exzentrisch angewachsen, cremeweiß. **Ger:** angenehm. **Ges:** mild

2.1.23 *Coltricia perennis*, Gebänderter Dauerporling

2.1.24 *Onnia tomentosa*, Gestielter Schillerporling

2.1.25 *Phaeolus schweinitzii*, Kiefern-Braunporling

2.1.26 *Scutiger pes-caprae*, Gemeiner Ziegenfußporling

2.1.27 *B. leucomelaena*, Schwarzweißer Rußporling

2.1.29 *Polyporus umbellatus*, Gemeiner Eichhase

bis etwas bitter. **V:** im Laubwald, bei Strünken oder am Fuße von lebenden Bäumen. (D 1062, Kr 1.617, BK 2.405, 🖼).

2.1.30 *Grifola frondosa* (Dicks.) Gray, Gemeiner Klapperschwamm: Einzelhütchen fächer- bis muschelförmig mit seitlichen Stielen, Geruch erst angenehm pilzartig, später nach Käse. (D 1064, Kr 1.531, BK 2.394, 🖼).

2.1.30 *Grifola frondosa,* Gemeiner Klapperschwamm

2.2 *Sparassis*, Glucken

Basidiomycota, Ständerpilze > *Agaricomycetes* > *Polyporales*, Stielporlingsartige > *Sparassidaceae*, Gluckenverwandte

Familie *Sparassidaceae*, Gluckenverwandte

Diese Familie mit den einzigartigen, schwammartig-kugeligen Formen enthält nur wenige Gattungen und Arten.

Sparassis, Glucken

Beschreibung

Sparassis, Glucken fallen als sonderbare Gebilde am Fuß von Baumstämmen auf.

In Mitteleuropa sind es zwei verschiedene Arten, die als Parasiten an lebenden Bäumen auftreten und später als Saprobionten Braunfäule erzeugen.

Die Sporen sind glatt, breit ellipsoid und eher klein.

Bestimmung

Nebeneinander, im gleichen Alter und an ihrem jeweiligen Standort sind die beiden Glucken gut zu unterscheiden. *Sparassis crispa*, Krause Glucke, die fast ausschließlich am Fuß von Kiefer *Pinus* vorkommt, hat wellig-krause Enden, während *Sparassis brevipes*, Breitblättrige Glucke zwar etwas wellige, aber nicht krause Enden entwickelt und vorwiegend am Stammfuß von Laubbäumen zu finden ist. Unabhängig vom Standort können junge Exemplare jedoch sehr ähnlich aussehen.

Speisewerte

Die Krause Glucke gilt als ausgezeichneter Speisepilz, die Breitblättrige Glucke ist essbar, aber weniger geschätzt.

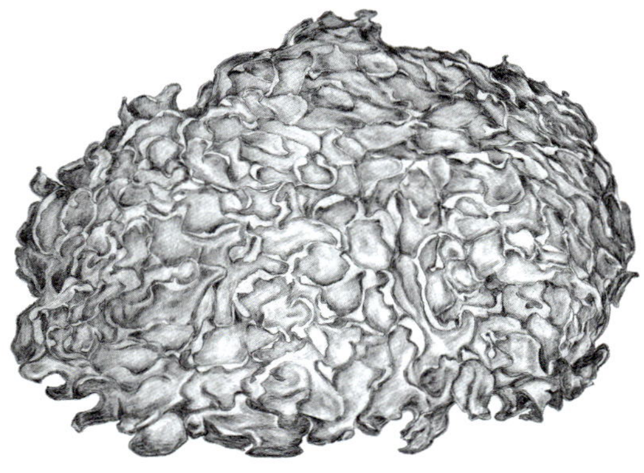

2.2.01 *Sparassis crispa*,
Krause Glucke

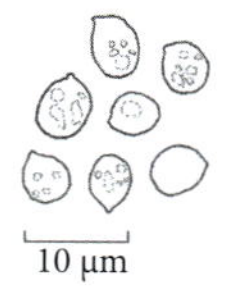

Sporen

2.2 *Sparassis*, Glucken

strauchartig, stark verzweigte Pilzgebilde mit abgeflachten bis blattartigen Enden
- bei Nadelbäumen, vorwiegend Kiefer, Ende der Verzweigungen kraus-wellig — 01 *Sparassis crispa*, Krause Glucke
- bei Laubbäumen, vorwiegend Eiche, Ende der Verzweigungen nicht kraus-wellig — 02 *Sparassis brevipes*, Breitblättrige Glucke

büschelig-blumenkohlartiges Gebilde aus einz. Pilzhüten mit Poren auf Unterseite
- Stiele der Einzelhüte ± im Zentrum angewachsen — 2.1.29 *Polyporus umbellatus*, Gemeiner Eichhase
- Stiele der Einzelhüte seitlich angewachsen — 2.1.30 *Grifola frondosa*, Gemeiner Klapperschwamm

2.2.01 *Sparassis crispa* (Wulfen) Fr.
Krause Glucke

Frkp: strauch- oder naturschwammartig, abgeflachte, blattartige und gekrauste Enden, die stark verzweigt einem gemeinsamen Strunk entspringen, im Durchmesser 10–30 cm, selten bis 40 cm, Oberfläche glatt, erst creme- bis hellocker, später braun gerandet und schließlich ganz braun. **F:** elastisch-zäh. **Ger:** angenehm. **Ges:** mild. **V:** auf Erde, bei Nadelbäumen, vorwiegend am Stammfuß von Kiefer *Pinus*; Sommer bis Herbst. (D 1023, BK 2.478,).

2.2.02 *Sparassis brevipes* Krombh., *Sparassis laminosa* Fr.
Breitblättrige Glucke

Frkp: strauch- oder naturschwammartig, abgeflachte, blattartige, wellige, aber nicht eng gekrauste Enden, die stark verzweigt einem gemeinsamen, fleischigen Strunk entspringen, im Durchmesser 10–30 cm, selten bis 40 cm, Oberfläche glatt, hell creme bis cremeocker, teilweise leicht gezont. **F:** elastisch-zäh. **Ger:** angenehm. **Ges:** mild. **V:** auf Erde, bei Laubbäumen, vorwiegend am Fuß von Eiche *Quercus*; Sommer bis Herbst. (D 1024, Kr 2.57, BK 2.479,).

2.2.01 *Sparassis crispa,* Krause Glucke

2.2.02 *Sparassis brevipes,* Breitblättrige Glucke

2.3 *Neolentinus,* Sägeblättlinge und Ähnliche

Basidiomycota, Ständerpilze > *Agaricomycetes*

Ordnungen und Familien

Zäh- bis korkigfleischige Arten mit Lamellen auf Holz gibt es aus fünf Familien und Gattungen, die aus vier verschiedenen Ordnungen stammen.

Polyporales, Stielporlingsartige
> ***Panaceae,*** Knäuelingsverwandte > *Panus*
> ***Polyporaceae,*** Stielporlingsverwandte
> > *Daedaleopsis, Faerberia, Lentinus, Lenzites, Neofavolus*

Russulales, Täublingsartige
> ***Auriscalpiaceae,*** Ohrlöffelstachelingsverwandte
> > *Lentinellus*

Amylocorticiales, Amylogewebehautartige
> ***Amylocorticiaceae,*** Amylogewebehautverwandte
> > *Plicaturopsis*

Gloeophyllales, Blättlingsartige
> ***Gloeophyllaceae,*** Blättlingsverwandte
> > *Gloeophyllum, Heliocybe, Neolentinus*

2.3.07 *Neolentinus adhaerens,*
Harziger Sägeblättling

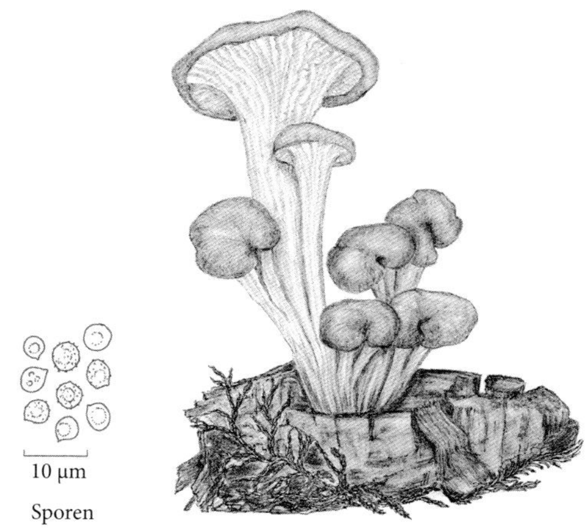

2.3.09 *Lentinellus cochleatus,*
Anis-Zähling

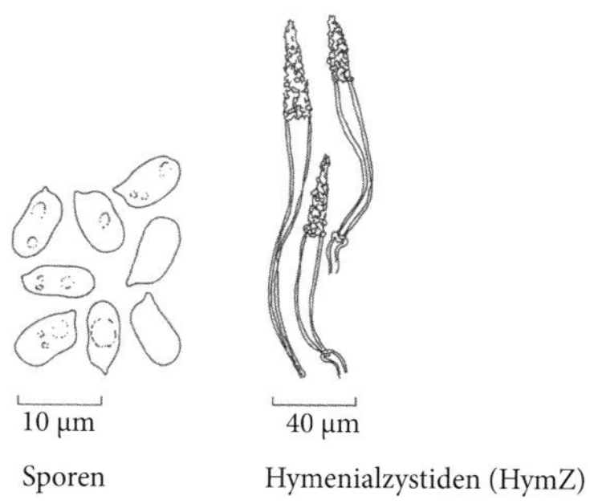

2.3.14 *Faerberia carbonaria,*
Gemeiner Kohlenleistling

Neolentinus, Sägeblättlinge und Ähnliche

Beschreibung

Aus der Familie *Polyporaceae* gibt es neben den im Unterkapitel 2.1 erwähnten Fruchtkörpern mit Röhren und Poren in den Gattungen ***Lentinus*** und ***Neofavolus*** auch Arten mit Lamellen und gesägten Schneiden, die in diesem Fall auf Deutsch «Sägeblättlinge» heißen. Auf Brandstellen kann man ***Faerberia*** *carbonaria,* Gemeiner Kohlenleistling finden, mit dunkelbrauner Hutoberfläche und heller, leistlingsartiger Unterseite. Nur am Rande erwähnt werden hier ***Lenzites,*** Blätterporlinge und ***Daedaleopsis,*** Blätterwirrlinge. Die beschriebenen Fruchtkörper mit hell grau- bis dunkel rotbraunem, gezontem Hut, korkig-zähem Fleisch und lamelliger Hutunterseite können zwar seitlich und stielartig aus dem Holz wachsen, oft haften sie aber breit am Holz. So erfüllen sie die Bedingung der Gliederung in Hut und Stiel für die in diesem Buch behandelten Arten zumindest teilweise. Viele andere Arten dieser Gattungen erfüllen sie gar nicht und bleiben dementsprechend unerwähnt. ***Panus*** *conchatus,* Veränderlicher Knäueling wächst auch auf Holz, hat aber praktisch glatte Lamellenschneiden und steht inzwischen etwas abseits in der Familie *Panaceae.* ***Lentinellus,*** Zählinge haben hingegen deutlich schartige Lamellenschneiden, stammen aber aus der Familie *Auriscalpiaceae* der Ordnung *Russulales.* Untersuchungen von Zmitrovich & Kovalenko 2016 und Justo et al. 2017 führten zu erheblichen systematischen Veränderungen. ***Neolentinus*** und ***Heliocybe,*** Sägeblättlinge gehören seither zusammen mit ***Gloeophyllum,*** Blättlinge zur Familie *Gloeophyllaceae.* Beim Abbau von Holz verursachen diese Arten Braunfäule. Schließlich gibt es einen Hinweis auf ***Plicaturopsis crispa,*** Krauser Adernzähling aus der Familie *Amylocorticiaceae,* eine häufige Art mit lamellenartiger Fruchtschicht, die zumindest teilweise in Hut und Stiel gegliedert ist.

Der Gemeine Kohlenleistling wächst auf Erde alter Brandstellen, die anderen Arten wachsen auf totem Holz und sind alle Saprobionten.

Die beschriebenen Pilzarten entwickeln vorwiegend glatte und ellipsoide Sporen. ***Lentinellus,*** Zählinge aus den *Russulales* haben raue bis warzige und zudem deutlich amyloide Sporen und in der Gattung *Faerberia* finden sich dickwandige, beschopfte Zystiden. Solche Zystiden sind auch typisch für *Hohenbuehelia,* für die es im Schlüssel einen Hinweis zu Kapitel 5 in die dort beschriebene Familie *Pleurotaceae* gibt. Bei den beiden Arten der Gattung *Panus* finden sich dickwandige Zystiden in der Huthaut.

Bestimmung

Nach der Unterscheidung von korkig hartem oder höchstens zähem Fleisch weisen Hutfarbe, glatte, schuppige oder klebrige Hutoberflächen, Anisgeruch, der mehr oder weniger klar abgegrenzte Stiel, Größe, Standort und die Dichte der Lamellen den weiteren Weg zu den einzelnen Arten.

Speisewerte

Es gibt keine Speisepilze in dieser Gruppe, aber auch keine Hinweise auf gefährlich giftige Pilze.

2.3 *Neolentinus,* Sägeblättlinge und Ähnliche

- Fleisch nicht korkig, zäh, Hut nicht gezont
  - Hut mit lila oder rosa Beiton
    - Hut jung glatt, kahl — 01 *Panus conchatus,* Veränderlicher Knäueling
    - Hut schon jung filzig bis borstig — 02 *Panus neostrigosus,* Borstiger Knäueling
  - Hut creme, ockergelb, grau- bis schwarzbraun
    - Hut und Stiel mit fließendem Übergang, trichter-, tütenförmig, halbtrichterig
      - Stiel meistens seitlich, nicht auf Brandstellen
        - Geruch nach Anis, ohne Zystiden, Sporen warzig, amyloid — **09 *Lentinellus cochleatus,* Anis-Zähling**
        - Geruch mehlartig, auffällig beschopfte Zystiden — 5.22.10 *Hohenbuehelia petaloides,* Spatelförmiger Muscheling
        - Geruch unauffällig, ohne Zystiden, Sporen warzig, amyloid — 09a *Lentinellus cochleatus* var. *inolens,* Geruchloser Anis-Zähling
      - Stiel meistens zentral, Lamellen gegabelt, auf Brandstellen — 14 *Faerberia carbonaria,* Gemeiner Kohlenleistling
    - Hut und Stiel klar abgegrenzt, Stiel zentral bis exzentrisch
      - Hut schuppig
        - Hut braun bis schwarzbraun schuppig auf hellem Grund
          - Geruch nach Anis, braune Schuppen auf ganzem Hut — 03 *Neolentinus lepideus,* Schuppiger Sägeblättling
          - Geruch eigenartig, zentral schwarzbraune faserige Schuppen — 04 *Lentinus tigrinus,* Getigerter Sägeblättling
        - Hut außen hell, Mitte dunkler, Schuppen braun, Lam. schmal angeheftet — 06 *Heliocybe sulcata,* Zaun-Sägeblättling
        - Hut mit brauner Grundfarbe
          - Lamellen weiß, cremeweiß
            - Schuppen weiß, vor allem am Rand — 5.18.33 *Lentinula edodes,* Kultur-Shiitake
            - Schuppen fuchsig braun, Hut trichterförmig — 05 *Neolentinus cyathiformis,* Becherförmiger Sägeblättling
          - Lamellen lila- bis ockerbraun — 01 *Panus conchatus,* Veränderlicher Knäueling
      - Hut haarig-borstig — 02 *Panus neostrigosus,* Borstiger Knäueling
      - Hut harzig-klebrig — **07 *Neolentinus adhaerens,* Harziger Sägeblättling**
      - Hut glatt, allenfalls gerieft oder gerippt
        - Hut meist > 5 cm breit, Lamellenschneiden glatt — 01 *Panus conchatus,* Veränderlicher Knäueling
        - Hut < 5 cm breit
          - Lam. u. Stiel gleichfarbig, oft gelblich, Anisger., Schneiden fein gesägt — 08 *Neofavolus suavissimus,* Anis-Sägeblättling
          - Lam. heller als St., beige bis rosabraun, hygrophan, Schn. stark gesägt
            - Hut meist > 1 cm breit, Lamellen eng stehend — 10 *Lentinellus micheneri,* Genabelter Zähling
            - Hut meist < 1 cm breit, Lamellen entfernt stehend — 11 *Lentinellus flabelliformis,* Fächerförmiger Zähling
    - Stiel seitlich, kurz bis fehlend
      - Hut fein filzig — 12 *Lentinellus ursinus,* Geschichteter Zähling
      - Hut aderig-rippig — 13 *Lentinellus vulpinus,* Runzelhütiger Zähling
- Fleisch bald korkig, zäh, Hut gezont
  - Hutfarbe grauocker, hellbraun — 15 *Lenzites betulinus,* Birken-Blätterporling
  - Hutfarbe rot- bis dunkelbraun, Rand evtl. heller
    - auf totem Laubholz
      - Hut > 4 cm breit, meist seitlich angewachsen
        - stark queradrig, Stielansatz > 1–2 cm dick, Hut ocker bis braun gezont — 16 *Daedaleopsis confragosa,* Rötender Blätterwirrling
        - kaum queradrig, Stielansatz < 1 cm dick, Hut wein-/schwarzrot gezont — 17 *Daedaleopsis tricolor,* Dreifarbige Tramete
      - Hut < 4 cm breit, seitlich oder im Scheitel angewachsen, teils anliegend — **20 *Plicaturopsis crispa,* Krauser Adernzähling**
    - auf totem Nadelholz
      - am Hutrand 15–20 Lamellen pro cm — **18 *Gloeophyllum sepiarium,* Zaun-Blättling**
      - am Hutrand 8–15 Lamellen pro cm — **19 *Gloeophyllum abietinum,* Tannen-Blättling**

2.3.01 *Panus conchatus* (Bull.) Fr., *Lentinus torulosus* (Pers.) Lloyd Veränderlicher Knäueling, Laubholz-Knäueling, Birken-Knäueling, Glatter Knäueling

H: 4–10 cm, oft muschelförmig, trichterförmig, feinflaumig, faserig bis schuppig, erst meist lila, später rot- oder gelbbräunlich. **L:** herablaufend, einzelne gegabelt, erst weißlichlila, später gelbbräunlich, Schneiden glatt. **St:** exzentrisch, filzig bis striegelig, wie der Hut gefärbt, zäh. **F:** weißlich, lederig-zäh. **Ger:** unterschiedlich, bisweilen auffällig pilzartig bis etwas unangenehm. **Ges:** etwas säuerlich, bitterlich. **Spp:** weißcreme. **V:** meist büschelig, auf Laubholz; Sommer bis Herbst. **Mik:** Sporen glatt, ellipsoid, 5–6,5 × 2,5–3 µm, nicht amyloid. (D 998, Kr 3.21, BK 3.241, Lu 1.39.2, 🖼).

2.3.01 *Panus conchatus*, Veränderlicher Knäueling

2.3.02 *Panus neostrigosus* Drechsler-Santos & Wartchow, *Lentinus strigosus* Fr.
Borstiger Knäueling, Striegeliger Knäueling

H: 3–8 cm, niedergedrückt bis flach trichterförmig, filzig behaart bis auffällig borstig, jung rosa- bis purpurviolett, später rötlichbraun bis ockergelb. **L:** herablaufend, creme bis ockergelb, Schneiden glatt. **St:** kurz, behaart bis borstig, grau oder hellocker, zentral bis exzentrisch. **F:** weißlich, dünn, zäh. **Ges:** mehlartig, bitter, scharf. **Spp:** weiß. **V:** auf Laubholz, vor allem Eiche *Quercus*, Buche *Fagus*, Birke *Betula*; Frühling bis Herbst. **Mik:** Sporen glatt, ellipsoid, 4–6,5 × 3–3,5 µm, nicht amyloid. (Lu 1.39.8, 🖼).

2.3.02 *Panus neostrigosus*, Borstiger Knäueling

2.3.03 *Neolentinus lepideus*, Schuppiger Sägeblättl.

2.3.03 *Neolentinus lepideus* (Fr.) Redhead & Ginns, *Lentinus lepideus* (Fr.) Fr. Schuppiger Sägeblättling

H: 5–15 cm, braune Schuppen (in der Mitte grob, außen feiner) auf cremeweißlichem Grund, Rand lang eingerollt. **L:** breit angewachsen bis etwas herablaufend, weißlich, Schneiden grob gesägt. **St:** hart, zentral bis exzentrisch, weißlich, unterhalb flüchtiger Ringzone schuppig und gegen die Basis bald zunehmend braun. **F:** weißlich, bald zäh, vor allem im Stiel. **Ger:** nach Anis, süßlich, porlingsartig. **Ges:** mild, süßlich, porlingsartig. **Spp:** weiß. **V:** auf Nadelholz, vor allem Lärche *Larix*, erzeugt Braunfäule; Sommer bis Herbst. **Mik:** Sporen glatt, zylindrisch, 8–12 × 3–5 µm, nicht amyloid. (D 1001, Kr 3.17, BK 3.238, Lu 1.39.7, 🖼).

2.3.04 *Lentinus tigrinus*, Getigerter Sägeblättling

2.3.04 *Lentinus tigrinus* (Bull.) Fr.
Getigerter Sägeblättling, Getigerter Lederzähling

H: 3–10 cm, genabelt bis trichterförmig, schwarzbraune, faserige Schüppchen auf cremeweißem Grund, vor allem in der Mitte. **L:** herablaufend, creme bis ockergelb, Schneiden fein gesägt. **St:** Spitze weiß, nach unten hin fein faserig-schuppig auf hellem Grund, zentral bis exzentrisch. **F:** weißlich, dünn, zäh. **Ger:** eigenartig (nach Obst, ranziger Butter). **Ges:** mild, bald etwas kratzend. **Spp:** weiß. **V:** oft büschelig bis verästelt, auf Laubholz, vor allem Weide *Salix*; Frühling bis Herbst. **Mik:** Sporen glatt, schmal ellipsoid bis zylindrisch, 5,5–8,5 × 2,5–3,5 µm. (D 999, Kr 3.20, BK 3.240, Lu 1.39.5, 🖼).

2.3.05 *Neolentinus cyathiformis* (Schaeff.) Della Maggiora & Trassinelli,
Lentinus cyathiformis (Schaeff.) Bres., *Lentinus degener* Kalchbr.
Becherförmiger Sägeblättling

H: 5–15 cm, braun mit fuchsigbraunen Schüppchen, bald trichterförmig. **L:** herablaufend, erst schmal und aderig, später breit, creme, Schneiden leicht gesägt. **St:** braun, feinschuppig, zentral bis exzentrisch. **F:** weißlich. **Ges:** bitter. **V:** auf Holz. **Mik:** Sporen glatt, zylindrisch, 10–14 × 4–5 µm. (Kr 3.15, Lu 1.39.1).

2.3.06 *Heliocybe sulcata* (Berk.) Redhead & Ginns, *Lentinus sulcatus* Berk., Zaun-Sägeblättling: Hut 1,5–5 cm, Hutrand stark gefurcht, Lamellen fast frei, Stiel weiß, bereift; auf Nadelholz. Sporen glatt, zylindrisch, 12–18 × 6–9 µm. (Lu 1.39.4).

2.3.07 *Neolentinus adhaerens*, Harziger Sägeblättling

2.3.07 *Neolentinus adhaerens* (Alb. & Schwein.) Redhead & Ginns, *Lentinus adhaerens* (Alb. & Schwein.) Fr. Harziger Sägeblättling

H: 2–7 cm, gewölbt bis genabelt, samtig-filzig, auffällig harzig, klebrig, ocker- bis rotbraun. **L:** fast gerade angewachsen, mit Strich herablaufend, creme, später ocker, Schneiden gesägt. **St:** wie die Hutoberfläche, zentral bis exzentrisch. **F:** beige, zäh, dünn. **Ger:** pilzartig. **Ges:** mild, später etwas kratzend. **Spp:** weiß. **V:** auf Nadelholz; Herbst bis Frühjahr. **Mik:** Sporen glatt, zylindrisch, 6–9,5 × 2,5–3,5 µm, nicht amyloid. (Kr 3.14, BK 3.237, Lu 1.39.6, 🖼).

2.3.08 *Neofavolus suavissimus*, Anis-Sägeblättling

2.3.08 *Neofavolus suavissimus* (Fr.) J.S. Seelan, Justo & Hibbett, *Lentinus suavissimus* Fr.
Anis-Sägeblättling, Anis-Kleinzähling

H: 2–5 cm, glatt, gelb, später blass, Rand evtl. etwas rillig gerieft und eingerollt. **L:** stark herablaufend, weißlich, später ockergelb, Schneiden fein gesägt. **St:** kurz, zentral oder exzentrisch, weißlich bis gelb, filzig, durch die herablaufenden Lamellen rillig bis netzartig. **F:** weiß, zäh. **Ger:** nach Anis. **Ges:** mild. **Spp:** weiß. **V:** vor allem auf Ästen und Strünken von Weide *Salix.* **Mik:** Sporen glatt, zylindrisch, 6–8 × 2,5–3,5 µm, nicht amyloid. (D 995, BK 3.239, Lu 1.39.3, 🖼).

2.3.09 *Lentinellus cochleatus* (Pers.) P. Karst. Anis-Zähling

H: 4–7 cm, halbtrichterförmig, trompetenförmig, wellig, glatt, ledergelb bis braunrot, Rand eingerollt. **L:** stark herablaufend, weißlich bis blass bräunlich, Schneiden auffallend gesägt. **St:** dünn, zäh, längsrillig, gegen die Basis dunkler werdend, büschelig miteinander verwachsen. **F:** blass, zäh. **Ger:** nach Anis. **Ges:** mild, nach Anis. **Spp:** hellcreme. **V:** auf morschem Holz; Sommer bis Herbst. **Mik:** Sporen feinwarzig, kugelig, 4–5 × 3,5–4 µm, stark amyloid. (D 1002, Kr 3.7, BK 3.234, Lu 1.37.1, 🖼).

2.3.09a *L. cochleatus* var. *inolens* Konrad & Maubl., Geruchloser Anis-Zähling: ohne Anisgeruch. (D 1003).

2.3.10 *Lentinellus micheneri* (Berk. & M.A. Curtis) Pegler, *Lentinellus omphalodes* (Fr.) P. Karst. Genabelter Zähling

H: 1–4 cm, meist wellig verbogen, glatt, hygrophan, beige bis rosabräunlich. **L:** etwas herablaufend, stark untermischt, hellbeige, Schneiden auffallend gesägt. **St:** meist exzentrisch bis seitlich, evtl. etwas rillig, wie der Hut gefärbt. **F:** weißlich, zäh. **Ger:** pilzartig. **Ges:** scharf. **Spp:** weiß. **V:** auf Holz, oft auf vergrabenen Stücken; Sommer bis Herbst. **Mik:** Sporen feinwarzig, breit ellipsoid bis kugelig, 4,5–7 × 3,5–5,5 µm, stark amyloid. (D 1004, BK 3.235, Lu 1.37.4, 🖼).

2.3.11 *Lentinellus flabelliformis* (Bolton) S. Ito, Fächerförmiger Zähling: Hut kleiner, Lamellen dicklich und deutlich entfernt. (Lu 1.37.5).

2.3.12 *Lentinellus ursinus* (Fr.) Kühner Geschichteter Zähling

H: 1–6 cm, zungenförmig, beige bis rotbraun, glatt, gegen den Stiel etwas filzig, schwach radialfaserig, hygrophan. **L:** herablaufend, creme bis fleischfarben, Schneiden grob gezähnt. **St:** seitlich, kurz bis fehlend. **F:** dünn, zäh, ockerlich. **Ger:** angenehm aromatisch. **Ges:** scharf, kratzend. **Spp:** weiß. **V:** auf morschem Laubholz, vorwiegend Buche *Fagus*; Sommer bis Herbst. **Mik:** Sporen feinwarzig, breit ellipsoid bis kugelig, 3–4 × 2,5–3,5 µm, Sporenornament amyloid, Lamellentrama mit dickwandigen, amyloiden Hyphen. (Kr 3.10, BK 3.236, Lu 1.37.3, 🖼).

Lentinellus castoreus (Fr.) Kühner & Maire, Filziger Zähling: Hut bis 12 cm, vorwiegend auf Fichte *Picea.* Lamellentrama mit dickwandigen, stark amyloiden Hyphen. Die Beschreibung dieser Arten in der Literatur ist uneinheitlich. Bei einigen Autoren sind die Namen umgekehrt zugeordnet.

2.3.13 *Lentinellus vulpinus* (Sowerby) Kühner & Maire Runzelhütiger Zähling

H: 3–10 cm, meist muschelförmig, rau, etwas aderig-rippig, ocker bis fuchsrot. **L:** herablaufend, weißlich bis rötlich, Schneiden rissig. **St:** meist seitlich, kurz. **F:** weiß bis gelblich. **Ger:** unbedeutend. **Ges:** scharf. **Spp:** weißlich. **V:** auf Holz. **Mik:** Sporen feinwarzig, breit ellipsoid bis kugelig, 3,5–5 × 2,5–4,5 µm, leicht amyloid, Lamellentrama teilweise mit amyloiden Hyphen. (Kr 3.11, Lu 1.37.6, 🖼).

2.3.14 *Faerberia carbonaria* (Alb. & Schwein.) Pouzar Gemeiner Kohlenleistling

H: 1–5 cm, genabelt, trichter- bis tütenförmig, schwärzlich, schiefergrau, graubraun, radialfaserig, Rand wellig, oft rissig. **L:** herablaufend, schmal, gegabelt, eher entfernt, grauweiß. **St:** zentral bis exzentrisch, zäh. **F:** zäh, grauweißlich. **Ger:** unauffällig. **Ges:** mild. **Spp:** weiß. **V:** auf alten Brandstellen; Sommer bis Herbst. **Mik:** Sporen glatt, zylindrisch, etwas eingeschnürt, teils bohnenförmig, 8–10 × 4–5 µm, nicht amyloid, PlZ beschopft und dickwandig. (Kr 3.12, BK 3.207, Lu 1.23.1, 🖼).

2.3.15 *Lenzites betulinus* (L.) Fr. Birken-Blätterporling

H: 2–8 cm, fächerförmig, halbkreisförmig, feinfilzig, gezont bis konzentrisch gefurcht, blass grauockerlich bis hellbraun, oft durch Algenbelag grünlich gefärbt. **L:** creme- bis grauocker. **St:** Die Hüte sind seitlich oder im Scheitel stielartig zusammengezogen und dort angewachsen, z. T. haften sie auch breit, ohne Stiel, am Holz. **F:** zäh, mitteldick, weißlich. **V:** auf totem Laubholz; ganzjährig. **Mik:** Sporen glatt, ellipsoid bis etwas tropfenförmig, 4,5–6,5 × 2–3 µm, nicht amyloid. (Kr 1.543, BK 2.352, 🖼).

2.3.16 *Daedaleopsis confragosa* (Bolton) J. Schröt. Rötender Blätterwirrling

H: 4–15 cm breit, 15–40 mm hoch, halbkreis- bis fächerförmig, seltener auch kreisrund, fein radial runzelig, jung ockerlich, dann dunkler bis braun gezont, Mitte rotbraun, Rand wellig, im Wachstum hellbraun. **L:** anastomisierend, jung hellgrau, auf Druck rosabräunlich, alt dunkler.

2.3.09 *Lentinellus cochleatus,* Anis-Zähling

2.3.10 *Lentinellus micheneri,* Genabelter Zähling

2.3.13 *Lentinellus vulpinus,* Runzelhütiger Zähling

2.3.12 *Lentinellus ursinus,* Geschichteter Zähling

2.3.14 *Faerberia carbonaria,* Gemeiner Kohlenleistl.

2.3.15 *Lenzites betulinus,* Birken-Blätterporling

2.3.16 *Daedaleopsis confragosa,* Rötender Blätterwirrling

St: verkümmert, meist seitlich angewachsen. **F:** korkig zäh. **Ger:** unauffällig. **Ges:** mild. **V:** auf totem Laubholz, vor allem Erle *Alnus,* Weide *Salix* und Buche *Fagus;* ganzjährig. **Mik:** Sporen glatt, schmal ellipsoid bis bohnenförmig, 6,5–8 × 2–2,5 µm, nicht amyloid. (BK 2.384, 🖼).

2.3.17 *Daedaleopsis tricolor* (Bull.) Bondartsev & Singer, *D. confragosa* var. *tricolor* (Bull.) Bondartsev & Singer, Dreifarbige Tramete, Braunroter Blätterwirrling: Ansatzstelle nur 5–10 mm hoch, schon jung rot- bis schwarzbraun gezont, Lamellen gegabelt und untermischt, nicht anastomisierend; vor allem auf Süßkirsche *Prunus avium* und Buche *Fagus.* (Kr 1.510, BK 2.385, 🖼).

2.3.18 *Gloeophyllum sepiarium* (Wulfen) P. Karst. Zaun-Blättling

H: Einzelhüte 2–5 cm, fächerförmig, muschelförmig, meist bandartig verwachsen, striegelig-filzig, später verkahlend, furchig gezont, tabak-, rot- bis dunkelbraun, Rand jung weißlich, die Hüte verwachsen oft zu langen Bändern. **L:** wellig und oft queradrig, relativ dicht (am Hutrand 15–20 Lamellen pro cm), ocker- bis grauocker. **St:** verkümmert, meist seitlich und breit angewachsen. **F:** dünn, zäh, korkig. **Ger:** unauffällig. **Ges:** mild bis bitterlich. **V:** auf totem Nadelholz, oft an morschem Bauholz; ganzjährig. **Mik:** Sporen glatt, zylindrisch bis etwas bohnenförmig, 8,5–11,5 × 3,5–4,5 µm, nicht amyloid, Zystiden dünnwandig, hyalin. (Kr 1.525, BK 2.390, 🖼).

2.3.19 *Gloeophyllum abietinum* (Bull.) P. Karst., Tannen-Blättling: am Hutrand mit nur 8–15 Lamellen pro cm. Sporen 10–13 × 3–4 µm, Zystiden dickwandig, bräunlich, selten mit inkrustierter Spitze. (🖼).

2.3.20 *Plicaturopsis crispa* (Pers.) D.A. Reid, *Plicatura crispa* (Pers.) Rea Krauser Adernzähling

H: 1–3 cm, halbkreis- bis fächerförmig mit seitlichem Stiel, teils auch rundlich und im Scheitel angewachsen, wellig, Oberfläche filzig und konzentrisch gezont, ocker- bis rotbraun, Rand heller, gekerbt, oft etwas nach unten gebogen. **L:** rippig, oft gegabelt und anastomisierend, schmal, jung weich, später hart und spröde, weiß bis grauockerlich. **St:** meist seitlich und kurz mit etwas hängenden Fruchtkörperchen, oft auch mit kurzem oder verkümmertem Stiel im Scheitel. **F:** jung und frisch weich, trocken spröde und hart. **Ger:** unauffällig. **Ges:** mild. **V:** reihenweise oder dachziegelig auf totem Laubholz, vor allem Buche *Fagus;* ganzjährig. **Mik:** Sporen glatt, bohnenförmig, 3,5–4 × 1–1,5 µm, leicht amyloid. (Kr 1.306, BK 2.183, 🖼).

2.3.17 *Daedaleopsis tricolor,* Dreifarbige Tramete

2.3.18 *Gloeophyllum sepiarium,* Zaun-Blättling

2.3.19 *Gloeophyllum abietinum,* Tannen-Blättling

2.3.20 *Plicaturopsis crispa,* Krauser Adernzähling

3 *Boletales,* Dickröhrlingsartige

Basidiomycota, Ständerpilze > *Agaricomycetes*

Ordnung *Boletales,* Dickröhrlingsartige

Drei der sechs aufgeführten Familien dieser Ordnung, ***Boletaceae,*** Dickröhrlingsverwandte, ***Gyroporaceae,*** Blasssporröhrlingsverwandte und ***Suillaceae,*** Schmierröhrlingsverwandte, haben eine vom Hutfleisch leicht ablösbare Röhrenschicht auf der Hutunterseite. Sie bilden vorwiegend fleischige bis sehr dickfleischige Fruchtkörper und wachsen fast ausnahmslos auf Erde. Die meisten dieser Röhrlingsarten zählen zur umfangreichen Familie *Boletaceae.* Auch innerhalb dieser Röhrlingsfamilie hat eine Art jedoch eine lamellenartig wirkende Fruchtschicht auf der Hutunterseite. Mit diesen durch ausgeprägte Queradern verbundenen Lamellen entsteht eine Position zwischen den Lamellen- und den Röhrenpilzen. Die Mischform macht deutlich, dass die Ausbildung von Röhren oder Lamellen verwandtschaftlich nahe beieinander möglich ist. So haben ***Gomphidiaceae,*** Schmierlingsverwandte, ***Paxillaceae,*** Kremplingsverwandte und ***Hygrophoropsidaceae,*** Afterleistlingsverwandte vorwiegend Lamellen, gehören aber ebenfalls zur Ordnung *Boletales. Gyrodon lividus,* Erlen-Grübling zählt zur Familie *Paxillaceae,* weist aber enge Röhren mit feinen Poren auf. Die Vielfalt an Formen in dieser Ordnung geht noch viel weiter. Neben Fruchtkörpern, die in Hut und Stiel getrennt sind und Lamellen wie auch Röhren aufweisen können, enthält die Ordnung *Boletales* auch den in alten Häusern gefürchteten *Serpula lacrymans,* Gemeiner Hausschwamm, der labyrinthisch-porige Fruchtkörperschichten auf Holz bildet. Auch unter der Erde wachsende Knollen, die sich niemals öffnen, wie *Chamonixia,* Bergtrüffel und *Octaviania,* Laubtrüffel, gehören zur Familie *Boletaceae* und *Rhizopogon,* Wurzeltrüffel zu *Rhizopogonaceae,* Wurzeltrüffelverwandte. Grundsätzlich sind Arten der gleichen Familien in diesem Buch nebeneinander beschrieben. Um den direkten Vergleich mit anderen bauchig-knolligen Ständerpilzen zu ermöglichen, sind jedoch trüffelartige *Boletales* im Umfeld der unterirdischen Knollen aus anderen Familien in Kapitel 1 aufgeführt.

Die hier behandelten *Boletales,* Dickröhrlingsartige wachsen mehrheitlich auf Erde in Mykorrhizapartnerschaft. Die Gattungen *Buchwaldoboletus,* Holzröhrlinge und *Tapinella,* Muschelkremplinge gedeihen als Saprobionten auf Holz, und einige wenige Arten leben parasitisch auf anderen Pilzen, wie z. B. *Pseudoboletus parasiticus,* Schmarotzer-Röhrling.

Mikroskopische Untersuchungen spielen zur Bestimmung der *Boletales* eine untergeordnete Rolle. Außer den kugeligen Sporen mit netzartigem Ornament bei *Strobilomyces,* Strubbelkopfröhrlinge sind die Sporen der Dickröhrlingsartigen fast oder ganz glatt, hell bräunlich und mehrheitlich spindelförmig, ellipsoid bis zylindrisch. Wenige *Xerocomellus,* Rotfußröhrlinge grenzen sich durch etwas abgestutzte Sporenformen oder fein längsrippige Ornamente ab. Einige Arten fallen durch inkrustierte Hymenialzystiden auf.

Bestimmung

Für den Schlüssel steht der leicht zu beurteilende Unterschied von Lamellen und Röhren an erster Stelle. Es folgen die Beschaffenheit und Farben der Hutoberfläche, der Röhren oder Lamellen, Form und Oberfläche des Stiels sowie verfärbendes oder unveränderliches Fleisch. Auch wenn die Arten im Schlüssel nach ihren auffälligen Merkmalen zusammengefasst sind, findet sich ihre Beschreibung schließlich dort, wo sie systematisch hingehören – mit Ausnahme der erwähnten trüffelartigen Fruchtkörper.

Speisewerte

Neben den bekannten und für Speisezwecke äußerst beliebten Steinpilzen ist auch die Mehrheit der anderen aufgeführten Röhrlinge essbar. Die beiden dunkel gefärbten Porphyr- und Strubbelkopfröhrlinge sind nicht giftig, gelten aber als ungenießbar. Bei *Suillus,* Schmierröhrlinge empfiehlt es sich, die Huthaut abzuziehen und ältere Röhren zu entfernen. So erhalten sie eine etwas bessere Konsistenz beim Essen. Röhrlinge mit roten Poren (*Rubroboletus satanas,* Satansröhrling und Ähnliche) oder mit bitterem Geschmack (Schönfußröhrling, Wurzelnder Bitterröhrling, Gallenröhrling) müssen unbedingt erkannt und als Giftpilze gemieden werden. Sie können zu schwerwiegenden Beschwerden führen und eine Behandlung im Spital erfordern.

Übersicht über die Zugehörigkeiten der Gattungen zu den verschiedenen Familien in der Ordnung *Boletales*

Boletaceae	3.1	*Leccinellum, Leccinum,* (*Chamonixia, Octaviania* in Unterkapitel 1.5)
	3.2	*Boletus, Butyriboletus, Caloboletus, Cyanoboletus, Hemileccinum, Imperator, Lanmaoa, Neoboletus, Porphyrellus, Rubroboletus, Strobilomyces, Suillellus, Tylopilus*
	3.3	*Aureoboletus, Buchwaldoboletus, Hortiboletus, Imleria, Phylloporus, Pseudoboletus, Rheubarbariboletus, Xerocomellus, Xerocomus*
	3.4	*Chalciporus*
Gyroporaceae	3.5	*Gyroporus*
Suillaceae	3.6	*Boletinus, Suillus*
Gomphidiaceae	3.7	*Chroogomphus, Gomphidius*
Paxillaceae	3.8	*Gyrodon*
	3.9	*Paxillus, Tapinella,* (*Alpova* in Unterkapitel 1.5)
Hygrophoropsidaceae	3.10	*Hygrophoropsis*

3.2.02 *Boletus edulis,* Fichten-Steinpilz
Der äußerst beliebte Waldpilz wächst stets in Verbindung mit Bäumen. Eine Zucht müsste zusammen mit passenden Bäumen erfolgen und wäre sehr aufwendig. Steinpilze sind deshalb stets gesammelte Wildpilze. Aufgrund ihrer Beliebtheit werden sie von Orten, wo sie häufig vorkommen und zu niedrigen Preisen gesammelt werden, um die ganze Welt geschickt. Es gibt verschiedene Steinpilzarten. Der bekannteste ist der abgebildete Fichten-Steinpilz. Sein typisches, bereits in kleinen Mengen starkes Aroma erhält der Pilz erst getrocknet. Wie alle Pilze ist er schwer verdaulich und soll nur maßvoll verzehrt werden.

Schlüssel zu den Gattungen

- Hutunterseite mit Röhren
  - Hut mittel bis groß, ausgewachsen meist > 6 cm breit
    - Stiel dick, bauchig, Oberfläche netzartig, flockig, glatt, keine Wärzchen
      - Röhrenwände zerreißen nicht beim Trennen — 3.2 *Boletus,* Dickröhrlinge u. Ä.
      - Röhrenwände zerreißen beim Trennen — 3.3 *Xerocomellus,* Filzröhrlinge u. Ä.
    - Stiel ± zylindrisch
      - Stiel mit meist dunklen Wärzchen besetzt — 3.1 *Leccinum,* Raufüße u. Ä.
      - Stiel nicht mit dunklen Wärzchen besetzt
        - Hut sehr grob schuppig, grau bis grauschwarz — 3.2.07 *Strobilomyces strobilaceus,* Gemeiner Strubbelkopfr.
        - Hut gleichmäßig schuppig, braun oder gelb — 3.6 *Suillus,* Schuppenröhrlinge u. Ä.
        - Hut glatt bis filzig, evtl. felderig rissig
          - Hut nicht schleimig
            - Hut, Stiel und Poren dunkelbraun — 3.2.06 *Porphyrellus porphyrosporus,* Düsterer Porphyrröhrl.
            - Hut braun oder blass (nicht dunkel schwarzbraun)
              - Poren (Röhrenmündungen) weiß, Geschmack mild — 3.5 *Gyroporus,* Blasssporröhrlinge
              - Poren weißlich bis rosa, Geschmack bitter — 3.2.05 *Tylopilus felleus,* Gemeiner Gallenröhrling
              - Poren gelb, Geschmack mild
                - Röhren ausgebuchtet angewachsen
                  - auf Erde (evtl. auf Kartoffelbovisten) — 3.3 *Xerocomellus,* Filzröhrlinge u. Ä.
                  - auf Holz — 3.4 *Buchwaldoboletus,* Holzröhrlinge
                - Röhren herablaufend — 3.8 *Gyrodon,* Grüblinge
          - Hut feucht schleimig und trocken klebrig
            - Druckstellen und Fleisch nicht oder kaum verfärbend — 3.6 *Suillus,* Schmierröhrlinge u. Ä.
            - Druckstellen und Fleisch deutlich blau verfärbend — 3.3.01 *Imleria badia,* Maronenröhrling
  - Hut klein, meist < 6 cm breit
    - Hut trocken, filzig
      - Poren orangebraun oder rosa, auf Erde — 3.4 *Chalciporus,* Zwergröhrlinge
      - Poren gelb, auf *Scleroderma citrinum,* Dickschaliger Hartbovist aufsitzend — 3.3.12 *Pseudoboletus parasiticus,* Schmarotzer-Röhrling
    - Hut schleimig, Poren lebhaft gelb — 3.3.13 *Aureoboletus gentilis,* Goldpor-Röhrling
  - Hut sehr klein, < 2 cm, orange, Röhren weit, auf Holz — 5.20.109 *Favolaschia calocera,* Orangeroter Porenhelmling
- Hutunterseite mit Lamellen
  - Lamellen entfernt stehend, zunehmend schwärzlich, wachsartig, Stielbasis gelb — 3.7 *Gomphidius,* Schmierlinge u. Ä.
  - Lamellen eher dicht, ockergelb bis gelborange ohne grauschwarz, nicht wachsartig
    - Lamellen an Druckstellen verfärbend, vom Hutfleisch ablösbar — 3.9 *Paxillus,* Kremplinge u. Ä.
    - Lamellen nicht verfärbend, nicht vom Hutfleisch ablösbar — 3.10 *Hygrophoropsis,* Afterleistlinge

3.1 *Leccinum,* Raufüße und Ähnliche

Basidiomycota, Ständerpilze > *Agaricomycetes* > *Boletales,* Dickröhrlingsartige > *Boletaceae,* Dickröhrlingsverwandte

Familie *Boletaceae,* Dickröhrlingsverwandte

Fleischige, wenige kleine und mehrheitlich große bis sehr große Arten mit gut vom Hutfleisch ablösbarer Röhrenschicht und stets ohne Ring. Unterkapitel 3.1 zeigt die Arten mit warzig-schuppigem Stiel und blass gefärbten Röhren in den Gattungen *Leccinum* und *Leccinellum,* Raufüße. Die verschiedenen Gattungen in der Verwandtschaft von *Boletus,* Dickröhrlinge mit mehrheitlich dickbauchigem und netzartigem, flockigem oder glattem Stiel finden sich in Unterkapitel 3.2. *Xerocomellus, Xerocomus* und weitere ähnliche Filzröhrlinge mit zylindrischem oder leicht bauchigem Stiel und oft ausgeprägt filziger Hutoberfläche sowie vorwiegend gelben Poren sind in Unterkapitel 3.3 aufgeführt. Unterkapitel 3.4 umfasst schließlich die kleinen, parasitischen *Chalciporus,* Zwergröhrlinge. Wie so oft gibt es Ausnahmen von Pilzarten mit schleimiger Hutoberfläche in der Verwandtschaft der filzigen Arten und umgekehrt, ebenso bei den dicken oder schlanken Stielformen. Auf die häufigen «Querschläger» wird jeweils in beiden Schlüsselgruppen hingewiesen.

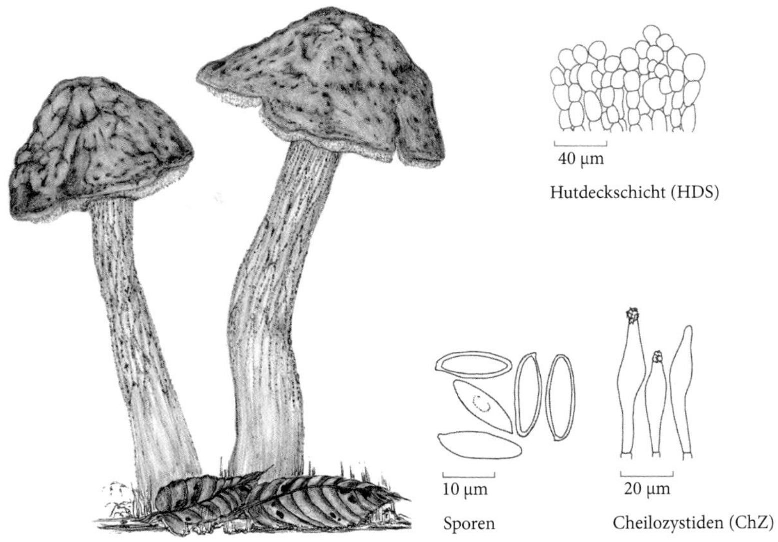

3.1.07 *Leccinum pseudoscabrum,*
Hainbuchen-Raufuß

Leccinum, Raufüße und Ähnliche

Beschreibung

Mittlere bis große Röhrlinge, meist mit lange halbkugelig bleibender Hutform, überstehender Huthaut und rauem, schuppig-warzigem oder -flockigem Stiel. Die Hüte sind hauptsächlich orange bis orangebraun oder grau bis graubraun getönt, oft mit feinfilziger Oberfläche. Auch weißliche und gelbliche Hutfarben kommen vor. Die Röhren sind mindestens leicht, in der Regel aber tief ausgebuchtet bis aufsteigend am Stiel angewachsen oder fast frei. Die Gattung ***Leccinum,*** Raufüße enthält Arten mit weißen bis graubraunen, allenfalls mit einem Stich ins Rosa gefärbten Poren. ***Leccinellum,*** Raufüße hat gelbe Poren und eine gelbe Stielspitze und wird teils als eigene Gattung, teils auch nur als Sektion *(Luteoscabra)* von *Leccinum* geführt. Junge Exemplare haben bisweilen etwas bauchige Stiele, später herrschen relativ lange, zylindrische bis leicht keulige Formen vor. Der Geruch ist unauffällig, bisweilen schwach pilzig, der Geschmack mild, höchstens leicht säuerlich.

Die Fruchtkörper wachsen vom Sommer bis Herbst, als Mykorrhizapilze im Wald oder in Parks und meistens spezifisch an einzelne Baumarten gebunden.

Die Sporen sind glatt, stets spindelig, länglich und weisen nur kleine Größenunterschiede auf. Deutlichere Unterschiede zwischen den Arten findet man in der Huthaut und bei den verschiedenen Zystiden.

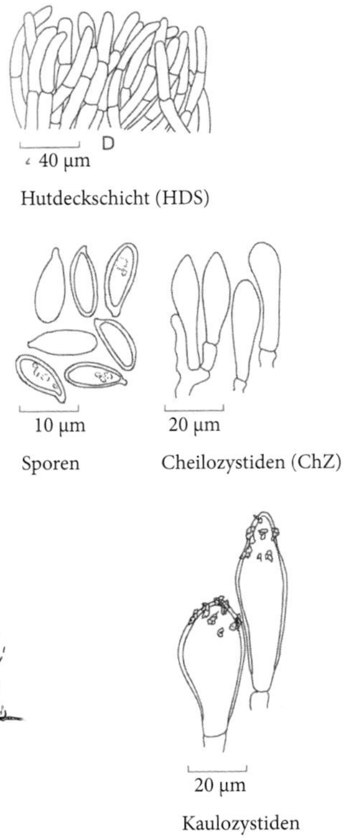

3.1.11 *Leccinum versipelle,*
Birken-Rotkappe

Bestimmung

Verschiedene Raufuß-Arten sind schwierig auseinanderzuhalten. Die Grenzen zwischen blass graubraunen bis schwarzbraunen sowie zwischen eher orange- bis rotbraunen Farben sind fließend. Ein zuverlässiges Kriterium sind fehlende oder verschiedene Verfärbungen im Fleisch, vor allem an der Stielbasis. Da viele Raufüße streng an einzelne Baumarten gebunden sind, ist schließlich oft der Standort das entscheidende Merkmal.

Speisewerte

Zur Verwendung als Speisepilze genügt das Erkennen der Gattung. Alle Raufüße gelten als essbar, sind aber zum Teil selten oder ohne besonderen Wert. Empfehlenswert sind die beiden Rotkappen *Leccinum versipelle,* Birken-Rotkappe und *Leccinum aurantiacum,* Laubwald-Rotkappe.

3.1 *Leccinum,* Raufüße und Ähnliche

Poren und Stielspitze weiß bis grauweißlich	
Hut vorwiegend weißlich, graubraun, schwarzbraun	
Fleisch kaum verfärbend, höchstens leicht blaugrünlich	
bei Birke, feinfilzig bis kahl	
Hut grau-, gelb- bis dunkelbraun, Fleisch unveränderlich	**01 *Leccinum scabrum,* Birkenpilz**
Hut mit blassen Farben, im Alter oliv an Hutrand, Stielbasis und -rinde	02 *Leccinum holopus,* Moor-Birkenpilz
Hut zigarren- bis graubraun, Stielbasis meist mit blaugrünen Stellen	03 *Leccinum cyaneobasileucum,* Blaufüßiger Raufuß
Hut dunkel- bis schwarzbraun, Stielschuppen dicht, unten schwarz	04 *Leccinum melaneum,* Dunkler Raufuß
Hut und Stiel rötlich- bis ockerbraun, Stielschuppen dicht, unten schwarz	05 *Leccinum cinnamomeum,* Zimtfarbener Raufuß
bei Fichte, Hut mattbraun mit helleren Flecken, glänzend	06 *Leccinum onychinum,* Gefleckthütiger Birkenpilz
Fleisch verfärbend	
Fleisch erst rosarötlich dann schwärzlich, violettschwärzlich	
Hut oft runzelig, Stielbasis ohne Grünblau (Schnitt), bei Hainbuche	**07 *Leccinum pseudoscabrum,* Hainbuchen-Raufuß**
Hut nicht runzelig, Stielbasis oft grünbläulich (Schnitt), bei Zitterpappel	08 *Leccinum duriusculum,* Pappel-Raufuß
Fleisch rosa bis rot, höchstens grauend, Stielbasis blaugrün oder gelb, Birke	
Kaulozystiden lang und septiert	09 *Leccinum variicolor,* Gefleckter Raufuß
Kaulozystiden nicht septiert	10 *Leccinum schistophilum,* Schiefer-Birkenpilz
Hut vorwiegend orangebraun, rotbraun, gelbbraun, Huthaut überstehend	
bei Birke, Hut orange bis rotbraun	
Poren grau, -bräunlich, Hut vorwiegend orange, Stielschuppen grauschwarz	**11 *Leccinum versipelle,* Birken-Rotkappe**
Poren weißlich, Hut vorwiegend braun, Stielschuppen grauschwarz	**01 *Leccinum scabrum,* Birkenpilz**
Poren weißlich bis graugelblich, Hut ziegelrotbraun, Schuppen rötlichbraun	12 *Leccinum aurantiacum,* Laubwald-Rotkappe
bei Zitterpappel, Hut orangebraun, Stielschuppen weißlich bis rötlichbraun	
Stielschuppen jung rötlichbraun dann dunkler, Stiel dunkel wirkend	12 *Leccinum aurantiacum,* Laubwald-Rotkappe
Stielschuppen jung weißlich, erst spät dunkel, Stiel hell wirkend	13 *Leccinum albostipitatum,* Hellstielige Rotkappe
bei Eiche, Hut ziegelrotbraun, Stielschuppen rötlichbraun	12 *Leccinum aurantiacum,* Laubwald-Rotkappe
bei Kiefer, Hut fuchs- bis rotbraun, Stielschuppen grauschwarz	14 *Leccinum vulpinum,* Nadelwald-Rotkappe
bei Fichte, Hut orangebraun, Stielschuppen grauschwarz	15 *Leccinum piceinum,* Fichten-Rotkappe
Poren und Stielspitze gelb (schon jung)	
im warmen Laubwald	16 *Leccinellum crocipodium,* Gelbporiger Raufuß
im Mittelmeerraum	
bei Zistrose	17 *Leccinellum corsicum,* Zistrosen-Raufuß
bei Steineiche	18 *Leccinellum lepidum,* Grüneichen-Raufuß

3.1.01 *Leccinum scabrum* (Bull.) Gray 🍴
Birkenpilz, Gemeiner Raufuß

H: 5–12 cm, graubraun, gelb- bis rötlichbraun oder dunkelbraun, feinfilzig bis kahl, oft wirkt der hohe halbkugelige Hut im Verhältnis zum Stiel zu groß, Huthaut am Rand etwas überstehend. **R:** ausgebuchtet angewachsen, weißlich, später hellgrau, Druckstellen bräunlich. **St:** weißlich, creme mit grau- bis schwarzbraunen Schüppchen dicht besetzt, ± zylindrisch bis konisch (Spitze schlank, Basis dicker). **F:** weißlich, grauweißlich, meistens nicht verfärbend, selten rötlich, erst fest, später weich. **Ger:** schwach. **Ges:** mild. **Spp:** rostolivbraun. **V:** bei Birke *Betula* in Wald, Heide, Moor. (D 100, Kr 2.263, BK 3.37, 🖼).

Leccinum roseofractum Watling, Zigarrenbrauner Raufuß: Exemplare mit rötlich verfärbendem Fleisch im Schnitt wurden bisweilen unterschieden, zählen inzwischen aber zu *L. scabrum.*

Leccinum niveum (Fr.) Rauschert, *L. scabrum* subsp. *niveum* (Fr.) Singer, Weißer Birkenpilz: wird nicht mehr abgegrenzt und zählt je nach Interpretation zu *L. scabrum* oder *L. holopus.*

3.1.02 *Leccinum holopus* (Rostk.) Watling, *Leccinum nucatum* Lannoy & Estadès, Moor-Birkenpilz, Grobschuppiger Raufuß: Hut und Stiel blass hellbraun bis weißlich, Hutrand evtl. etwas olivfarben, Stiel im oberen Teil mit rötlichem oder grünlichem Ton, an der Basis bläulich, eher kleiner, Hut schon jung weich, Fleisch weißlich, in der Stielbasis bisweilen schwach blaugrünlich verfärbend. (D 99, Kr 2.267, BK 3.33, 🖼).

Krieglsteiner 2000b unterscheidet *L. nucatum* mit wärmerer Hutfarbe und gröberen Stielschuppen von *L. holopus.* Zudem soll *L. nucatum* im Moor eher die trockeneren Bulten (Erhebungen) oder Nadelstreu besiedeln, während *L. holopus* stets mitten in geschlossenen *Sphagnum*-Polstern wachse. Gemäß Noordeloos et al. 2018 gehören die beiden Arten zusammen.

3.1.03 *Leccinum cyaneobasileucum* Lannoy & Estadès, *Leccinum brunneogriseolum* Lannoy & Estadès, Blaufüßiger Raufuß, Wollstieliger Raufuß: Hut zigarren- bis graubraun, Stiel oben locker, unten dicht mit aschgrauen und später dunkelgrauen (nie ganz schwarzen) Schüppchen bedeckt, insgesamt wollig wirkend, Stielbasis innen oder außen mit blaugrünen Stellen. Je nach Literatur gelten Formen mit weißlichem Hut als *L. cyaneobasileucum* und solche mit graubraunem Hut als *L. brunneogriseolum.* (Kr 2.269).

3.1.04 *Leccinum melaneum* (Smotl.) Pilát & Dermek, *L. scabrum* var. *melaneum* (Smotl.) Dermek, Dunkler Raufuß: Hut dunkel- bis schwarzbraun, Stiel dicht mit grauen und gegen die Basis zunehmend schwärzlichen Schüppchen bedeckt. (D 98, 🖼).

3.1.05 *Leccinum cinnamomeum* A.H. Sm., Thiers & Watling, Zimtfarbener Raufuß: Hut rötlichbraun, ockerbraun, auch weinbräunlich, Hintergrund des Stiels ähnlich gefärbt mit braunen Schüppchen. Seit der Publikation 1966 nur wenig erwähnte Art. (D 92f).

3.1.06 *Leccinum onychinum* Watling, Gefleckthütiger Birkenpilz: Hut mattbraun mit helleren Flecken, glänzend, feucht etwas schmierig, Stiel jung weiß, später wie der Hut, Fleisch weiß mit rosa Anflug; bei Birke *Betula* und eingemischter Fichte *Picea.* (D 101).

L. onychinum wird von Lannoy & Estades 1995 zusammen mit *Leccinum oxydabile* (Singer) Singer, Rötender Birkenpilz und *Leccinum rigidipes* P.D. Orton zum Formenkreis von *L. scabrum* gezählt.

3.1.07 *Leccinum pseudoscabrum* (Kallenb.) Šutara, *Leccinum carpini* (R. Schulz) M.M. Moser ex D.A. Reid 🍴
Hainbuchen-Raufuß

H: 4–12 cm, hell- bis porphyrbraun, glatt, anfangs evtl. runzelig, später bisweilen felderig rissig, Rand nicht überstehend. **R:** weißlich, später blass grauocker, Druckstellen schwärzend. **St:** creme, später dunkler braun bis graubraun, längsrippig mit grauschwärzlichen Schuppen, meist zylindrisch, jung evtl. leicht bauchig. **F:** weißlich, kurz rötend dann schwärzend, violett-schwärzlich. **Ger:** unauffällig. **Ges:** mild. **Spp:** schmutzig braun. **V:** im Laubwald, vor allem bei Hainbuche *Carpinus;* Frühsommer bis Herbst. (D 96, Kr 2.276, BK 3.31, 🖼).

3.1.08 *Leccinum duriusculum* (Schulzer ex Kalchbr.) Singer 🍴
Pappel-Raufuß

H: 7–15 cm, graubraun bis rötlichbraun, dunkelbraun, nicht runzelig, Huthaut evtl. leicht überstehend. **R:** breit aufsteigend angewachsen, weiß, später etwas grau, Druckstellen bräunend. **St:** zylindrisch bis bauchig, braune Schüppchen auf hellem Grund, evtl. teilweise netzartig. **F:** fest, hart, weiß, erst kupferrötlich, anschließend grauschwarz verfärbend, in der Stielbasis evtl. grünblau. **Ger:** schwach. **Ges:** mild. **Spp:** gelbbraun. **V:** bei Pappel, vor allem Zitterpappel (Espe) *Populus tremula.* (D 94, Kr 2.278, BK 3.32, 🖼).

3.1.09 *Leccinum variicolor* Watling 🍴
Gefleckter Raufuß, Vielverfärbender Birkenpilz

H: 6–12 cm, graubraun bis schwarzbraun, hellocker marmoriert-gefleckt, Huthaut kaum überstehend. **R:** ausgebuchtet angewachsen, weißlich bis creme. **St:** zylindrisch bis bauchig, braune Schüppchen

3.1.01 *Leccinum scabrum,* Birkenpilz

3.1.02 *Leccinum holopus,* Moor-Birkenpilz

3.1.04 *Leccinum melaneum,* Dunkler Raufuß

3.1.07 *Leccinum pseudoscabrum,* Hainbuchen-Raufuß

3.1.08 *Leccinum duriusculum,* Pappel-Raufuß

3.1.09 *Leccinum variicolor,* Gefleckter Raufuß

auf hellem Grund, evtl. teilweise netzartig. **F:** weißlich, teils lebhaft rot verfärbend, in der Stielbasis blaugrün. **Ger:** unbedeutend. **Ges:** mild. **Spp:** ockerbraun. **V:** bei Birke *Betula*, auf saurem, sumpfigem Boden. **Mik:** Kaulozystiden oft septiert und lang. (D 97, Kr 2.271,).

3.1.10 *Leccinum schistophilum* Bon, Schiefer-Birkenpilz: Hut feinfilzig, hell gelbbraun, grau bis dunkelbraun, bisweilen mit hellen Flecken, Röhren erst gelblich-weiß, später grau bis etwas rosagrau, Druckstellen braun verfärbend, Stiel grauweiß bis -braun mit feinen, gleichmäßig grau- bis dunkelbraunen Schüppchen, Fleisch weiß, im oberen Stielteil und Hut etwas rosa, in der Stielbasis bisweilen blaugrün, Geruch unauffällig, Kaulozystiden nicht septiert.

Leccinum thalassinum Pilát & Dermek, *Boletus thalassinus* (Pilát & Dermek) Hlaváček, Grau-grüner Birkenpilz: Hut weißlichgrau, grau, grünlichgrau, Fleisch weiß, in der Stielrinde evtl. mit grünen Stellen. Gemäß Gröger 2006 handelt es sich um ein Synonym von *L. variicolor*, Gefleckter Raufuß oder *L. schistophilum*. (D 95).

3.1.11 *Leccinum versipelle* (Fr. & Hök) Snell
Birken-Rotkappe

H: 6–20 cm, orangegelb bis -bräunlich, filzig bis ganz fein schuppig, Huthaut vor allem jung deutlich überstehend. **R:** ausgebuchtet angewachsen, grauweiß, später graubräunlich. **St:** bauchig, später keulig, schwarze Schüppchen auf hellem Grund. **F:** blassgrau, evtl. etwas rötend oder blauend, im Stiel blaugrünlich. **Ger:** unbedeutend. **Ges:** mild. **Spp:** ockerbraun. **V:** bei Birke *Betula*. (D 90f, Kr 2.279, BK 3.38,).

3.1.12 *Leccinum aurantiacum* (Bull.) Gray, *Leccinum quercinum* Pilát, *Leccinum populinum* M. Korhonen
Laubwald-Rotkappe, Eichen-Rotkappe, Braunschuppige Rotkappe

H: 8–20 cm, ziegelrot, orangebraun bis kastanienbraun, trocken hirschlederartig, feucht etwas schmierig, Huthaut überstehend. **R:** stark ausgebuchtet angewachsen, Poren fein, weißlich, später grau bis graugelblich, Druckstellen bräunend. **St:** creme, oben mit kleinen verstreuten, unten mit großen, erst rötlichen, später braunrötlichen bis schwarzbraunen Schüppchen, Basis (an Druckstellen) oft blau verfärbend. **F:** weiß, schwach rötlich, später gegen Grau, in der Stielbasis oft blaugrün, verfärbend. **Ger:** schwach pilzartig. **Ges:** mild. **Spp:** gelbbraun. **V:** bei Laubbäumen, vor allem bei Zitterpappel (Espe) *Populus tremula*, Eiche *Quercus* und Birke *Betula*. (D 88, Kr 2.283, BK 3.35f,).

Ein morphologischer und molekulargenetischer Vergleich sämtlicher Merkmale von *L. quercinum* und *L. populinum* bei Eiche *Quercus*, Pappel *Populus* und Birke *Betula* durch Den Bakker & Noordeloos 2005 und verschiedene andere Autoren erbrachte keine Rechtfertigung, die Arten zu unterscheiden, worauf sie zu *L. aurantiacum* zusammengefasst wurden.

3.1.13 *Leccinum albostipitatum* Bakker & Noordel
Hellstielige Rotkappe, Espen-Rotkappe, Weißschuppige Rotkappe

H: 6–20 cm, orange bis ziegelrotbraun, feinfilzig, Huthaut bis 4 mm überstehend (fransig behangen). **R:** Poren fein, weißlich, später graugelb, gelboliv, mit feinen Rostflecken. **St:** blass, mit großen, jung blassen, später orangebräunlichen Schüppchen bedeckt, Stielbasis auf Druck blauend. **F:** weiß, leicht rosa bis grauviolettlich, in der Stielbasis bläulich, verfärbend, später grauschwärzlich. **Ger:** unauffällig. **Ges:** mild. **Spp:** bräunlich. **V:** im Mischwald, vor allem bei Zitterpappel (Espe) *Populus tremula*. (D 89, Kr 2.281,).

3.1.14 *Leccinum vulpinum* Watling
Nadelwald-Rotkappe, Kiefern-Rotkappe

H: 6–10 cm, fuchsrot bis dunkel rötlichbraun, feinsamtig bis glatt, matt, Huthaut überstehend. **R:** ausgebuchtet angewachsen, weißlich, später graubräunlich. **St:** erst blasse, später dunkelbraune Schüppchen, rillig angeordnet auf hellem Grund. **F:** weißlich, vor allem in der Stielspitze rosa bis bräunlich, in der Basis blaugrün verfärbend. **Ger:** unauffällig. **Ges:** mild. **Spp:** gelbbraun. **V:** bei zweinadeliger Kiefer *Pinus*. (D 87, Kr 2.285).

3.1.15 *Leccinum piceinum* Pilát & Dermek, *Boletus piceinus* (Pilát & Dermek) Hlaváček, Fichten-Rotkappe: Fleisch schnell braun bis violettschwarz verfärbend, bei Fichte *Picea*.

3.1.16 *Leccinellum crocipodium* (Letell.) Della Maggiora & Trassin., *Leccinum crocipodium* (Letell.) Watling, *Leccinum nigrescens* Singer
Gelbporiger Raufuß

H: 5–15 cm, erst gelb, später gelbbraun bis braun, feinsamtig, oft felderig aufgerissen, Huthaut kaum überstehend. **R:** ausgebuchtet angewachsen, gelb, Druckstellen lilabräunlich. **St:** weißgelb mit erst gleichfarbigen, später rotbräunlichen Schüppchen bedeckt, längsrillig. **F:** gelblich, erst rötlich, später bräunlich bis schwärzlich verfärbend. **Ger:** unauffällig. **Ges:** mild. **Spp:** olivbraun. **V:** im Laubwald, vor allem bei Eiche *Quercus*, Wärme liebend. (D 85, Kr 2.274, BK 3.34,).

3.1.17 *Leccinellum corsicum* (Rolland) Bresinsky & Manfr. Binder, *Leccinum corsicum* (Rolland) Singer, Zistrosen-Raufuß: Geschmack mild bis leicht bitter; unter Zistrosen *Cistus*, im Mittelmeerraum. ().

3.1.11 *Leccinum versipelle*, Birken-Rotkappe

3.1.12 *Leccinum aurantiacum*, Laubwald-Rotkappe

3.1.13 *L. albostipitatum*, Hellstielige Rotkappe

3.1.16 *Leccinellum crocipodium*, Gelbporiger Raufuß

3.1.17 *Leccinellum corsicum*, Zistrosen-Raufuß

3.1.18 *Leccinellum lepidum* (H. Bouchet ex Essette) Bresinsky & Manfr. Binder, *Leccinum lepidum* (H. Bouchet ex Essette) Bon & Contu, Grüneichen-Raufuß: Hut mit eher rotbraunen Tönen, feucht etwas schmierig; unter Steineiche *Quercus ilex,* im Mittelmeerraum. (D 86, 🖼).

3.1.18 *Leccinellum lepidum,* Grüneichen-Raufuß

3.2 *Boletus,* Dickröhrlinge und Ähnliche

Basidiomycota, Ständerpilze > *Agaricomycetes* > *Boletales,* Dickröhrlingsartige > *Boletaceae,* Dickröhrlingsverwandte

Beschreibung

Ihrem deutschen Namen entsprechend, bilden mehrere Gattungen in dieser Pilzfamilie dicke, bauchige Stiele, die bisweilen imposante Hüte tragen. Die einst umfangreiche Gattung ***Boletus,*** Dickröhrlinge enthält hier nur noch die Gruppe der verschiedenen Steinpilze mit weißen bis gelben oder gelbgrünlichen Poren und einer Netzzeichnung auf dem Stiel. Alle weiteren, früheren *Boletus*-Arten sind nun in verschiedensten Gattungen zu finden. Röhrlinge mit bereits jung gelben Poren, gelber Stielfarbe, einem Netz und mildem Fleisch gehören zu ***Butyriboletus,*** die ebenfalls gelbporigen aber bitteren und giftigen Arten zu ***Caloboletus,*** Schönfußröhrlinge. Häufig vorkommende, gelb- bis orangeporige Röhrlinge mit netzartigem oder glattem Stiel heißen ***Suillellus,*** Hexenröhrlinge. Die sehr festfleischigen, schwer wirkenden und seltenen Arten werden ***Imperator,*** Ochsenröhrlinge genannt, jene mit flockigem Stiel ***Neoboletus,*** Flockenstielröhrlinge oder ebenfalls Hexenröhrlinge, und die verschiedenen orange- bis rotporigen Arten bilden die Gattung ***Rubroboletus,*** Satansröhrlinge. Der sehr schnell blau und später schwarz verfärbende ***Cyanoboletus*** *pulverulentus,* Schwarzblauender Röhrling und der ebenfalls deutlich blauende, Wärme liebende, dem Maronenröhling gleichende, filzighütige ***Lanmaoa*** *fragrans,* Starkriechender Röhrling zählten früher ebenfalls zu *Boletus,* ebenso ***Hemileccinum,*** Jodoformröhrlinge mit zwei kaum verfärbenden Arten mit glattem bis fein punktiertem, zylindrischem bis etwas bauchigem Stiel und Jodgeruch. ***Tylopilus*** *felleus,* Gemeiner Gallenröhrling war nie in der gleichen Gattung wie die Steinpilze, kann diesen aber sehr ähnlich sehen und gehört zur gleichen Familie. Sein Geschmack ist bitter; die erst weißen Poren werden zunehmend rosa, und das weitmaschige Netz auf dem Stiel ist dunkelbraun. Schließlich zählen auch der grob schwarzschuppige und beringte ***Strobilomyces*** *strobilaceus,* Gemeiner Strubbelkopfröhrling und der rundum dunkelbraune, jedoch glatthütige ***Porphyrellus*** *porphyrosporus,* Düsterer Porphyrröhrling zu den *Boletaceae.*

Als Mykorrhizabildner sind alle erwähnten Arten an die Nähe von geeigneten Bäumen gebunden. Sie bilden ihre Fruchtkörper vereinzelt ab Frühsommer und meistens im Herbst. Wenn die Nächte frostig werden, geht die Zeit der Röhrlinge zu Ende.

Die Sporen der Dickröhrlinge sind mehrheitlich glatt und spindelförmig. *Strobilomyces strobilaceus* ist die Ausnahme mit kugeliger Sporenform und einem netzartig-gratigen Ornament.

Bestimmung

Auf die Unterscheidung der Farbe der Poren und einer allfälligen Netzzeichnung am Stiel folgt die Beurteilung von Hut- und Stielfarbe, Stieloberfläche, Standort, Geschmack und allfälliger Verfärbung des Fleisches.

Speisewerte

Steinpilze müssen kaum empfohlen werden. Sie eignen sich frisch, getrocknet sowie in Essig oder Öl eingelegt für den Konsum. Ihr Fleisch ist fest und bleibt appetitlich weiß. Das auffällig verfärbende Fleisch einiger Arten muss kein Hinweis auf giftige Stoffe sein. *Neoboletus erythropus,* Flockenstieliger Hexenröhrling ist ein beliebter Speisepilz und verfärbt sich im Schnitt an der Luft bläulich bis unappetitlich schwärzlich. Beim Anbraten in heißem Öl verwandelt sich die Fleischfarbe sofort in leuchtendes Gelb zurück. Die giftigen Arten *Rubroboletus satanas,* Satansröhrling und die beiden *Caloboletus,* Schönfußröhrlinge verursachen ernsthafte Beschwerden. *Imperator torosus,* Ochsenröhrling, eine selten vorkommende Art, soll zusammen mit Alkoholgenuss giftig wirken. Der Gallenröhrling ist bitter und der Strubbelkopf- wie auch der Porphyrröhrling gelten als ungenießbar. Als grobe Faustregel gilt: Röhrlingsarten ohne bitteren Geschmack und ohne jegliche Orange- bis Rotfärbung an den Poren sind nicht giftig.

3.2.02 *Boletus edulis,* Fichten-Steinpilz

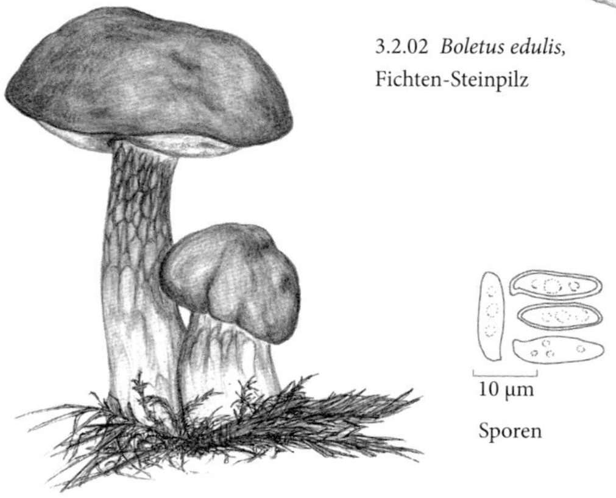

3.2.05 *Tylopilus felleus,* Gemeiner Gallenröhrling

3.2.06 *Porphyrellus porphyrosporus,* Düsterer Porphyrröhrling

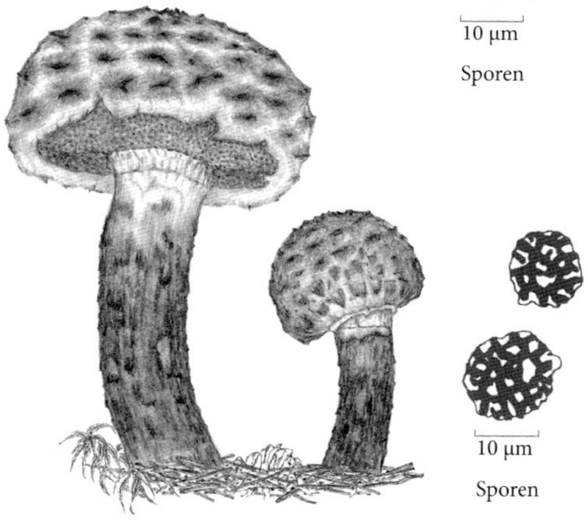

3.2.07 *Strobilomyces strobilaceus,* Gemeiner Strubbelkopfröhrling

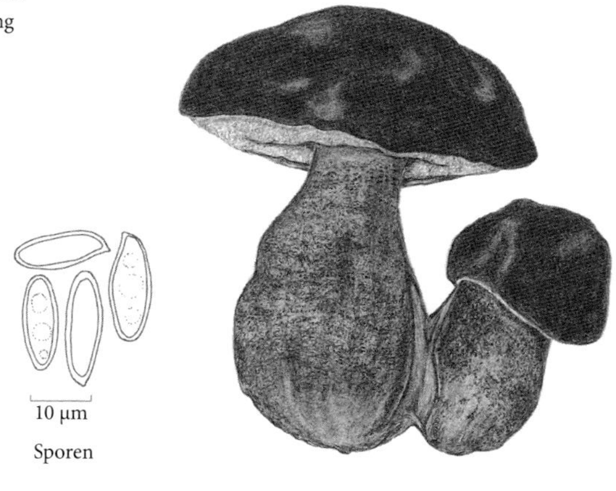

3.2.22 *Neoboletus erythropus,* Flockenstieliger Hexenröhrling

3.2 *Boletus,* Dickröhrlinge und Ähnliche

- Poren (Röhrenmündungen) erst weißlich
  - Stiel mit weißlicher Netzzeichnung, Fleisch mild
    - Hut blassbraun bis nussbraun, bereits im Frühsommer, im Laubwald — **01 *Boletus reticulatus,* Sommer-Steinpilz**
    - Hut haselnussbraun, vorwiegend bei Fichte oder im Laubwald — **02 *Boletus edulis,* Fichten-Steinpilz**
    - Hut zunehmend rotbraun, stets bei Kiefer — 03 *Boletus pinophilus,* Kiefern-Steinpilz
    - Hut schwarzbraun, im Laubwald — 04 *Boletus aereus,* Schwarzhütiger Steinpilz
  - Stiel mit braunschwarzer Netzzeichnung auf hellerem Grund, Fleisch bitter — 05 *Tylopilus felleus,* Gemeiner Gallenröhrling
  - Stiel ohne Netzzeichnung, rötlichbraun, Hut braun, feinsamtig bis schmierig — **3.3.01 *Imleria badia,* Maronenröhrling**
- Poren grau, graubräunlich oder dunkelbraun
  - Hut feinsamtig bis glatt, grau- bis schwarzbraun — 06 *Porphyrellus porphyrosporus,* Düsterer Porphyrröhrling
  - Hut mit groben, schwarzbraunen, filzigen, abstehenden Schuppen — 07 *Strobilomyces strobilaceus,* Gemeiner Strubbelkopfröhrling
- Poren von jung auf gelblich (Netz gelb bis rötlich, falls vorhanden)
  - Stiel mit Netzzeichnung
    - Geschmack bitter, Hut grau, graubraun
      - Stiel im unteren Teil rot, ohne Wurzelfortsatz, Geruch unauffällig — **08 *Caloboletus calopus,* Schönfußröhrling**
      - Stiel ohne Rot, oft mit Wurzelfortsatz, Geruch nach Tinte — 09 *Caloboletus radicans,* Wurzelnder Bitterröhrling
    - Geschmack mild
      - Hut gelbocker bis braun, rotbraun, ohne Rosa
        - im Laubwald, Netz deutlich, höchstens leicht blauend, Stiel oft wurzelnd — 11 *Butyriboletus appendiculatus,* Anhängselröhrling
        - im Laubwald, Netz undeutlich, stark blauend, Stielbasis purpurbraun — 29 *Imperator torosus,* Ochsenröhrling
        - im Nadelwald, Fleisch nicht oder schwach blauend — 12 *Butyriboletus subappendiculatus,* Nadelwald-Anhängselröhrling
        - im Nadelwald, Fleisch stark blauend, Hut vorwiegend gelbbraun — 13 *Suillellus gabretae,* Böhmerwald-Röhrling
      - Hut vorwiegend rosa, rosabraun, -grau
        - Fleisch ohne Blauverfärbung, im Laubwald — 14 *Butyriboletus regius,* Echter Königsröhrling
        - Fleisch blauend, Stiel mit roter Zone, im Laubwald — 15 *Butyriboletus fuscoroseus,* Blauender Laubwald-Königsröhrling
        - Fleisch blauend, Stiel ohne rote Zone, im Nadelwald — 16 *Butyriboletus roseogriseus,* Blauender Nadelwald-Königsröhrling
      - Hut vorwiegend grau, graubraun, Stiel oft mit rotem Gürtel — 17 *Butyriboletus fechtneri,* Silber-Röhrling
  - Stiel ohne Netzzeichnung
    - Poren und Röhren auf Druck blauend
      - Fleisch auffallend stark dunkelblau verfärbend, Stiel schlank — **18 *Cyanoboletus pulverulentus,* Schwarzblauender Röhrling**
      - Fleisch leicht grünblau oder blau verfärbend
        - Geschmack bitter, Stiel und -basis mit purpurroten Stellen — 10 *Boletus sanguineipes,* Blutfüßiger Bitterröhrling
        - Geschmack mild
          - Hut kastanienbraun, feinsamtig bis schmierig-klebrig — **3.3.01 *Imleria badia,* Maronenröhrling**
          - Hut blass umbra- bis dunkelbraun, Wärme liebend, Geruch auffällig — 19 *Lanmaoa fragrans,* Starkriechender Röhrling
          - Hut schwefelgelb, Stiel fein körnig-flockig — 26 *Neoboletus junquilleus,* Gelber Hexenröhrling
    - Poren und Röhren auf Druck nicht blauend
      - Stiel glatt bis fein punktiert, Geruch nach Jod (Stielbasis!)
        - Hut nicht eingedellt, häufig bei Eiche, südlich der Alpen — 20 *Hemileccinum impolitum,* Fahler Jodoformröhrling
        - Hut eingedellt, wie behämmert, häufig bei Hainbuche — 21 *Hemileccinum depilatum,* Gefleckthütiger Jodoformröhrling
      - Stiel schuppig, Geruch unauffällig, im warmen Laubwald — 3.1.16 *Leccinellum crocipodium,* Gelbporiger Raufuß
- Poren bald orange oder rot
  - Stielspitze flockig oder glatt, ohne Netzzeichnung
    - Hut kastanien- bis dunkel olivbraun, Stiel deutlich flockig — **22 *Neoboletus erythropus,* Flockenstieliger Hexenröhrling**
    - Hut schwefelgelb, später bräunlich, Röhren gelb bis schwach orangebräunlich — 26 *Neoboletus junquilleus,* Gelber Hexenröhrling
    - Hut orangebraun, Stiel glatt — 23 *Suillellus queletii,* Glattstieliger Hexenröhrling
    - Hut purpur- bis blutrot, Oberfläche glatt, wie lackiert — 24 *Rubroboletus dupainii,* Blutroter Hexenröhrling
    - Hut grauweiß bis ockerlich, teils mit rotem und gelbem Farbanteil — 25 *Rubroboletus lupinus,* Wolfs-Röhrling
  - Stielspitze mit Netzzeichnung
    - Hut gelb, ledergelb, orangebraun, olivocker, ohne rosa
      - Poren erst olivgelblich, bald orangerot
        - Stiel ganz mit einem Netz überzogen, Sporen 5,5–7 µm breit — **27 *Suillellus luridus,* Netzstieliger Hexenröhrling**
        - Stielspitze mit Netz, darunter flockig, Sporen 4,5–5,5 µm breit — 28 *Suillellus mendax,* Kurznetziger Hexenröhrling
      - Poren lange gelb, später orangeocker, Röhrenboden gelb — 29 *Imperator torosus,* Ochsenröhrling
      - Poren rot, höchstens gegen den Stiel orangerot — 30 *Imperator luteocupreus,* Gelbhütiger Purpurröhrling
    - Hut schon jung rosa oder gold-, orange-, bis rostgelb mit einem Rosaton
      - Hut meist mit deutlichem Gelbton, rotes Netz deutlich — 30 *Imperator luteocupreus,* Gelbhütiger Purpurröhrling
      - Hut rosa, rotes, nicht sehr deutliches Netz nur am oberen Stielteil — 33 *Imperator rhodopurpureus,* Blaufleckender Purpurröhrling
      - Hut leuchtend rot, kupfer- oder rosarot, blutrotes weitmaschiges Netz — 27a *S. luridus* var. *rubriceps,* Rothütiger Netzstieliger Hexenröhrling
    - Hut weißlich, silber- bis olivgrau, höchstens Rand mit Rosa — 31 *Rubroboletus satanas,* Satansröhrling
    - Hut erst grauweiß, später rosagrau bis weinrot
      - Fleisch nur im Hut blauend, im Stiel gelb, im Laubwald — 32 *Rubroboletus rhodoxanthus,* Blasshütiger Purpurröhrling
      - Fleisch überall blauend
        - im Laubwald, oft bei Eiche oder Buche — 34 *Rubroboletus legaliae,* Le Gals Purpurröhrling
        - bei Fichte, Weißtanne, evtl. Buche, in höheren Lagen — 35 *Suillellus rubrosanguineus,* Weinroter Purpurröhrling

3.2.01 *Boletus reticulatus* Schaeff., ***Boletus aestivalis*** (Paulet) Fr.
Sommer-Steinpilz

H: 8–25 cm, einheitlich blass bräunlich, matt, nussbraun, bei Trockenheit bald felderig rissig. **R:** ausgebuchtet angewachsen, weißlich, später gelb bis grüngelb. **St:** etwas bauchig bis zylindrisch, einheitlich bräunlich außer der weißlichen Basis, schwaches, weißliches Netz am ganzen Stiel. **F:** weißlich, bald weich. **Ger:** frisch schwach, angenehm pilzartig. **Ges:** mild, etwas nussartig. **Spp:** olivbraun. **V:** im Laubwald; Früh- bis Spätsommer. (D 82, Kr 2.249, BK 3.17,).

3.2.02 *Boletus edulis* Bull.
Fichten-Steinpilz

H: 8–25 cm, hell- bis dunkelbraun, auch etwas rotbraun, glatt, evtl. leicht glänzend, Rand meist heller. **R:** weißlich, später gelb bis oliv, Druckstellen leicht grünblau. **St:** bauchig, später evtl. keulig oder zylindrisch, weiß bis hellbräunlich, Spitze immer mit weißlicher Netzzeichnung, abwärts verblassend. **F:** fest, weiß. **Ger:** frisch schwach, angenehm, beim Trocknen sehr würzig. **Ges:** mild, nussartig. **Spp:** olivbraun. **V:** im Laub- und Nadelwald, vor allem unter Fichte *Picea.* (D 80, Kr 2.247, BK 3.8, ; Kapitel-).

3.2.03 *Boletus pinophilus* Pilát & Dermek, Kiefern-Steinpilz: Hut und Stiel mehr rotbraun, festfleischig; bei Kiefer *Pinus*, Frühsommer bis Herbst. (D 79, Kr 2.245, BK 3.13,).

3.2.04 *Boletus aereus* Bull., Schwarzhütiger Steinpilz: Hut schwarzbraun, schokoladenbraun, Röhren lange weiß; vor allem bei Eiche *Quercus* und Edelkastanie *Castanea*, Wärme liebend. (D 78, Kr 2.242,).

Es werden viele Steinpilzformen beschrieben. Die als separate Arten publizierten weißen Formen wie z. B. *Boletus persoonii* Bon, Weißer Steinpilz oder solche mit auffällig gelben Farben *Boletus venturii* Bon, Zitronenhütiger Steinpilz werden heute aber zu *B. edulis* gezählt. Weißliche Formen finden sich oft bei Birke *Betula*, eher graue bei Hainbuche *Carpinus*. Auffällig ist auch, dass Fruchtkörper, die im Dunkeln (z. B. mit Laub bedeckt) wachsen, blassere Farben haben als solche an hellen Standorten.

3.2.05 *Tylopilus felleus* (Bull.) P. Karst.
Gemeiner Gallenröhrling

H: 6–15 cm, hellbraun, graubraun, olivbraun, matt, feinfilzig bis kahl, feucht schwach schmierig. **R:** ausgebuchtet angewachsen, weiß, später etwas rosa bis bräunlich und bauchig hervorquellend. **St:** gelbbraun, Spitze heller, abwärts mit braunem, weitmaschigem Netz, meist etwas keulig bis bauchig. **F:** weiß, ohne Verfärbung. **Ger:** unauffällig. **Ges:** bitter. **Spp:** rosabraun. **V:** vor allem im Nadelwald. (D 84, Kr 2.314, BK 3.54,).

3.2.06 *Porphyrellus porphyrosporus* (Fr. & Hök) E.-J. Gilbert,
Tylopilus porphyrosporus (Fr. & Hök) A.H. Sm. & Thiers,
Porphyrellus pseudoscaber Secr. ex Singer
Düsterer Porphyrröhrling

H: 5–12 cm, fein samtig bis glatt, grau- bis schwarzbraun, evtl. mit etwas Oliv, Druckstellen dunkler. **R:** breit und etwas ausgebuchtet angewachsen, Poren rundlich bis leicht eckig, jung graubräunlich, später wie der Hut gefärbt, Druckstellen schwarzbraun. **St:** gleichfarbig wie der Hut, Basis etwas heller. **F:** dick, fest, später weich, grauweißlich bis leicht gelblich, etwas blau oder grünlich, bisweilen auch leicht rosabräunlich verfärbend. **Ger:** säuerlich. **Ges:** eigenartig erdig, metallisch. **Spp:** dunkelbraun mit weinrötlichem Schein. **V:** im Laub- und Nadelwald; Sommer bis Herbst. (D 18f, Kr 2.315, BK 3.1,).

3.2.07 *Strobilomyces strobilaceus* (Scop.) Berk.
Gemeiner Strubbelkopfröhrling

H: 5–10 cm, mit groben, schwarzbraunen, filzigen, abstehenden Schuppen auf hellem Grund, Rand fransig-flockig behangen. **R:** breit angewachsen bis etwas herablaufend, Poren eckig, grau, später graubräunlich mit Olivton, Druckstellen braunschwarz. **St:** stark graubraun, längsfaserig-flockig, mit dickem, aufsteigendem faserigem Ring, Spitze heller grau, Basis dunkler schwarzbraun. **F:** graulich, erst bräunlich bis rosa, dann schwärzlich verfärbend. **Ger:** erdartig. **Ges:** mild. **Spp:** schwarzbraun. **V:** im Laub- und Nadelwald; Sommer bis Herbst. (D 17, Kr 2.293, BK 3.2,).

3.2.01 *Boletus reticulatus*, Sommer-Steinpilz

3.2.02 *Boletus edulis*, Fichten-Steinpilz

3.2.03 *Boletus pinophilus*, Kiefern-Steinpilz

3.2.04 *Boletus aereus*, Schwarzhütiger Steinpilz

3.2.05 *Tylopilus felleus*, Gemeiner Gallenröhrling

3.2.06 *Porphyrellus porphyrosporus*, Düsterer Porphyrr.

3.2.07 *S. strobilaceus*, Gem. Strubbelkopfröhrling

3.2.08 *Caloboletus calopus* (Pers.) Vizzini, ***Boletus calopus*** Pers.
Schönfußröhrling, Gemeiner Schönfußröhrling

H: 5–20 cm, grau, cremegrau, ockerbräunlich, matt, feinsamtig, oft unregelmäßig wellig, buckelig, Huthaut am Rand erst leicht überstehend, später eher etwas zurückgezogen. **R:** ausgebuchtet angewachsen, Poren fein, rundlich, gelb, alt etwas olivlich, Druckstellen sofort blaugrün. **St:** meist keulig bis bauchig, an der Spitze gelbes Netz auf gelbem Grund, gegen die Basis meist zunehmend karmin- bis weinrot (mit gleichfarbiger Netzzeichnung), Basis gelbbraun, die rote Zone kann ausgeprägt oder nur angedeutet sein. **F:** weißlich, gelblich, leicht blau verfärbend. **Ger:** unauffällig, leicht säuerlich. **Ges:** bitter. **Spp:** ockeroliv. **V:** im Laub- und Nadelwald. (D 69, Kr 2.232, BK 3.5, 🖼).

3.2.09 *Caloboletus radicans* (Pers.) Vizzini, *Boletus radicans* Pers.
Wurzelnder Bitterröhrling,
Wurzelnder Schönfußröhrling, Bitterschwamm

H: 10–25 cm, grauweißlich, blass braungrau. **R:** gelb, Druckstellen blauend. **St:** erst knollig, später bauchig bis keulig mit Wurzelfortsatz, gelb, dann bräunlichgelb mit gleichfarbiger, teils undeutlicher Netzzeichnung. **F:** blass, etwas blauend. **Ger:** etwas nach Maggi oder Zichorie und nach Tinte. **Ges:** bitter. **Spp:** olivbraun. **V:** vorwiegend in Parks, Gärten, unter Laubbäumen, Laubwald. (D 72, Kr 2.230, BK 3.16, 🖼).

3.2.10 *Boletus sanguineipes* Panzera, Blutfüßiger Bitterröhrling: Stiel ohne Netz, mit roten Punkten oder Zonen, Stielfleisch im unteren Teil rötlich. Falls es sich bei diesem, dem Wurzelnden Bitterröhrling nahestehenden, Pilz wirklich um eine eigene Art handelt, sollte diese wohl ebenfalls in die Gattung *Caloboletus* verschoben werden. Bislang fehlt jedoch eine entsprechende Publikation. (🖼).

3.2.11 *Butyriboletus appendiculatus* (Schaeff.) D. Arora & J.L. Frank,
Boletus appendiculatus Schaeff.
Anhängselröhrling

H: 6–18 cm, hell orangebraun bis dunkelbraun, kastanienbraun. **R:** ausgebuchtet angewachsen, Poren fein, hellgelb, leuchtend zitronengelb, später etwas gelboliv, Druckstellen schwach blauend. **St:** zylindrisch bis bauchig mit Wurzelfortsatz (Anhängsel), Spitze gelb bis zitronengelb, abwärts zunehmend ockergelb, gelbe bis bräunliche Netzzeichnung. **F:** fest, kompakt, weißlich bis hellgelb, schwach blauend. **Ger:** schwach pilzartig. **Ges:** mild, nussartig. **Spp:** olivbraun. **V:** im Laub- oder Mischwald bei Buche *Fagus*, Eiche *Quercus*, Linde *Tilia*, Hainbuche *Carpinus*. **Ch:** Hutoberfläche mit KOH schwach rötlichbraun. (D 77, Kr 2.236, BK 3.4, 🖼).

3.2.12 *Butyriboletus subappendiculatus* (Dermek, Lazebn. & J. Veselský) Arora & J.L. Frank, *Boletus subappendiculatus* Dermek, Lazebn. & J. Veselský, Nadelwald-Anhängselröhrling: Fleisch ohne oder mit höchstens schwacher Blauverfärbung, Poren evtl. mit etwas Rötlichbraun, Stielbasis weniger wurzelnd, eher verdickt; im höher gelegenen Nadelwald. Hut- und Stieloberfläche mit KOH intensiv rot. (D 76, BK 3.24, 🖼).

3.2.13 *Suillellus gabretae* (Pilát) Blanco-Dios, *Boletus gabretae* Pilát, Böhmerwald-Röhrling: kleine Art (5–6 cm), primel- oder schwefelgelb, stellenweise bräunlich, samtig, Druckstellen schwärzend, Fleisch gelb, grünblau verfärbend; im Nadelwald.

3.2.14 *Butyriboletus regius* (Krombh.) Arora & J.L. Frank, *Boletus regius* Krombh., Echter Königsröhrling: Hut mit Rosa- bis Rottönen, Fleisch in der Regel nicht blauend, Stiel und Netzzeichnung vorwiegend gelb; im Laubwald. (D 73, Kr 2.233, 🖼).

3.2.15 *Butyriboletus fuscoroseus* (Smotl.) Vizzini & Gelardi, *Butyriboletus pseudoregius* (Heinr. Huber) D. Arora & J.L. Frank, *Boletus pseudoregius* (Heinr. Huber) Estadès, Blauender Laubwald-Königsröhrling: Hut braun- bis kupferrot, Stielspitze gelb mit gelbem Netz, gegen die Basis rosa, rot oder rotbraun mit bräunlichem, verblassendem Netz, Fleisch blauend (vor allem im Hut); im Laubwald. (Kr 2.240, BK 3.21, 🖼).

3.2.16 *Butyriboletus roseogriseus* (Šutara, M. Graca, M. Kolařík, Janda & Kříž) Vizzini & Gelardi, Blauender Nadelwald-Königsröhrling: Hut jung deutlich mit rosa Farbanteil, später von der Mitte her zunehmend rosagrau bis grauockerlich, Fleisch hellgelb, blauend (vor allem im Hut), Stiel ohne rosa oder rötliche Zone, Fleisch in der Stielbasis braun; bei Weißtanne *Abies* und Fichte *Picea,* in höheren Lagen. (🖼).

3.2.17 *Butyriboletus fechtneri* (Velen.) Arora & J.L. Frank, *Boletus fechtneri* Velen., Silber-Röhrling: Hut grauweiß, graubräunlich ohne Rosa oder Rot, Huthaut am Rand erst überstehend, später zurückgezogen, Stielspitze gelb, gegen die Basis blasser, oft mit einer rötlichen Zone, Netzzeichnung gleichfarbig, oft undeutlich, Fleisch etwas blauend, vor allem im Hut über den Röhren; im Laubwald, im Sommer. (Kr 2.239, BK 3.10, 🖼).

Die Abgrenzungen der verschiedenen *Butyriboletus* sind von Šutara et al. 2014 detailliert beschrieben und durch genetische Abklärungen gut belegt worden, dürften aber in der Praxis nicht immer einfach nachzuvollziehen sein.

3.2.08 *Caloboletus calopus,* Schönfußröhrling

3.2.09 *Caloboletus radicans,* Wurzelnder Bitterröhrling

3.2.10 *Boletus sanguineipes,* Blutfüßiger Bitterröhrling

3.2.11 *Butyriboletus appendiculatus,* Anhängselr.

3.2.12 *Butyriboletus subappendiculatus,* Nadelwald-Anhängselröhrling

3.2.14 *Butyriboletus regius,* Echter Königsröhrling

3.2.15 *B. fuscoroseus,* Blauender Laubwald-Königsr.

3.2.16 *B. roseogriseus,* Blauender Nadelwald-Königsr.

3.2.17 *Butyriboletus fechtneri,* Silber-Röhrling

3.2.18 *Cyanoboletus pulverulentus* (Opat.) Gelardi, Vizzini & Simonini, *Boletus pulverulentus* Opat.
Schwarzblauender Röhrling

H: 4–10 cm, dunkel rötlichbraun bis haselbraun, feinsamtig, später kahl, Druckstellen schwarzblau. **R:** schwach ausgebuchtet bis etwas herablaufend, Poren eher weit, eckig, leuchtend gelb, später olivgelb, Druckstellen sofort dunkelblau. **St:** zylindrisch, auffallend schlank für die Gattung, Spitze gelb, gegen die Basis zunehmend rotbraun oder rot und verjüngt. **F:** gelb, sofort dunkelblau verfärbend. **Ger:** angenehm, schwach obstartig. **Ges:** mild. **Spp:** braunoliv. **V:** im Laub- und Nadelwald. (D 66, Kr 2.225, BK 3.14, 🖾).

C. pulverulentus kann aus dem Boden Arsen anreichern, vor allem in der Röhrenschicht. Er soll deshalb nur in kleinen Mengen und ohne Röhrenschicht gekocht werden.

3.2.19 *Lanmaoa fragrans* (Vittad.) Vizzini, Gelardi & Simonini, *Boletus fragrans* Vittad.
Starkriechender Röhrling

H: 6–13 cm, blass umbra- bis oliv-, dunkelbraun. **R:** ausgebuchtet angewachsen, Poren rundlich, leuchtend gelb, später grünlich, Druckstellen blauend. **St:** gelb, abwärts rötlichbraun, evtl. mit rosa Beiton, bauchig, Basis oft zugespitzt, wurzelnd. **F:** gelb, schwach grünlichblau verfärbend. **Ger:** jung fruchtartig, stark pilzartig, würzig, evtl. nach Zichorie, Maggi, auch mit Karbolkomponente. **Ges:** mild. **Spp:** olivbraun. **V:** im Laubwald, vor allem bei Eiche *Quercus* und Edelkastanie *Castanea,* mediterran, atlantisch, Wärme liebend. (D 70f, 🖾).

3.2.20 *Hemileccinum impolitum* (Fr.) Šutara, *Boletus impolitus* Fr.
Fahler Jodoformröhrling

H: 5–15 cm, ockergrau bis blass gelbbraun, feinfilzig bis kahl. **R:** zitronen- bis goldgelb, später evtl. schwach rötlich. **St:** Spitze gelb, abwärts gelbbraun, evtl. braun punktiert (fast wie ein Raufußröhrling). **F:** fest, blassgelb, nicht oder kaum blauend. **Ger:** etwas nach Jod oder Karbol, besonders in der Stielbasis. **Ges:** mild. **Spp:** olivbraun. **V:** im Laubwald, in Parks, südlich der Alpen; Sommer bis Spätsommer. (D 68, Kr 2.226, BK 3.11, 🖾).

3.2.21 *Hemileccinum depilatum* (Redeuilh) Šutara, *Boletus depilatus* Redeuilh
Gefleckthütiger Jodoformröhrling

H: 5–15 cm, gewölbt und meist deutlich eingedellt (gehämmert), sattbraun, ockergrau bis blass gelbbraun, feinfilzig bis kahl. **R:** zitronen- bis goldgelb, später evtl. schwach rötlich. **St:** Spitze gelb, abwärts gelbbraun, bis rötlich braun, bisweilen wurzelnd. **F:** fest, weiß bis blassgelb, Fraßstellen rotbraun, nicht oder kaum blauend. **Ger:** etwas nach Jod oder Karbol, besonders in der Stielbasis. **Ges:** mild. **Spp:** olivbraun. **V:** im Laubwald, vorwiegend bei Hainbuche *Carpinus,* in Parks; Sommer bis Spätsommer. (Kr 2.228, BK 3.6, 🖾).

3.2.22 *Neoboletus erythropus* (Pers.) C. Hahn, *Boletus erythropus* Pers.
Flockenstieliger Hexenröhrling, Schusterpilz

H: 5–20 cm, dunkelbraun, samtig, später kahl. **R:** ausgebuchtet angewachsen, Poren fein, rundlich, bald sattrot, Druckstellen sofort dunkelblau verfärbend, Röhrenboden gelb. **St:** karminrot flockig auf gelbem Grund, zylindrisch bis keulig. **F:** fest, zitronengelblich, sofort blauend, später graugelblich (beim Braten in Öl sofort wieder gelb). **Ger:** unauffällig. **Ges:** mild. **Spp:** olivbraun. **V:** im Laub- und Nadelwald, auf saurem Boden; Frühsommer bis Herbst. (D 58f, Kr 2.210, BK 3.9, 🖾).

Gemäß Kibby 2013 gibt es auch Formen von *N. erythropus* mit unveränderlichem Fleisch und intensiven roten Farben.

3.2.23 *Suillellus queletii* (Schulzer) Vizzini, Simonini & Gelardi, *Boletus queletii* Schulzer, Glattstieliger Hexenröhrling: Hut orangebraun, braunrot, Poren lange gelb und später etwas orange, alt olivlich, Stielspitze glatt, ohne Flocken und ohne Netz, der untere Stielteil kann trotzdem mit feinen Flocken oder Punkten versehen sein; im Laubwald (lichte Stellen), Sommer bis Herbst. Kein Speisepilz. (D 57, Kr 2.212, BK 3.15, 🖾).

3.2.24 *Rubroboletus dupainii* (Boud.) Kuan Zhao & Zhu L. Yang, *Suillellus dupainii* (Boud.) Blanco-Dios, *Boletus dupainii* Boud., Blutroter Hexenröhrling: Hut ganz oder teilweise purpurrot, feucht schmierig, trocken glänzend, Stielspitze feinflockig, Fleisch langsamer und weniger intensiv blauend. Kein Speisepilz. (D 54ff, BK 3.7, 🖾).

3.2.25 *Rubroboletus lupinus* (Fr.) Costanzo, Gelardi, Simonini & Vizzini, *Boletus lupinus* Fr., Wolfs-Röhrling: Hut grauweißlich, grauockerlich, dann rot oder purpurn gefleckt, Rand evtl. sattgelb, Stiel glatt, erst später bräunlich flockig-punktiert, Fleisch langsamer und weniger intensiv blauend. Kein Speisepilz. (🖾).

3.2.26 *Neoboletus junquilleus* (Quél.) Gelardi, Simonini & Vizzini, *Sutorius junquilleus* (Quél.) G. Wu & Zhu L. Yang, *Boletus junquilleus* (Quél.) Boud., *B. luridiformis* var. *junquilleus* (Quél.) Krieglst.
Gelber Hexenröhrling

H: 5–12 cm, feinfilzig, schwefelgelb, später bräunlich. **R:** schwefelgelb, dann etwas grünlich bis orangebräunlich. **St:** gelb, evtl. rau bis körnig. **F:** blauend, lebhaft zitronengelb, gegen die Stielbasis weinrot. **Ger:** unauffällig. **Ges:** mild, evtl. leicht säuerlich. **V:** im Laubwald. (D 67, Kr 2.210, 🖾).

3.2.18 *C. pulverulentus,* Schwarzblauender Röhrling

3.2.19 *Lanmaoa fragrans,* Starkriechender Röhrlin

3.2.20 *Hemileccinum impolitum,* Fahler Jodoformröhrl.

3.2.21 *H. depilatum,* Gefleckthütiger Jodoformröhr

3.2.22 *Neoboletus erythropus,* Flockenstieliger Hexenröhrling

3.2.23 *Suillellus queletii,* Glattstieliger Hexenröhrling

3.2.24 *Rubroboletus dupainii,* Blutroter Hexenröhrl.

3.2.25 *Rubroboletus lupinus,* Wolfs-Röhrling

3.2.26 *Neoboletus junquilleus,* Gelber Hexenröhrling

Neoboletus luridiformis (Rostk.) Gelardi, Simonini & Vizzini, *Sutorius luridiformis* (Rostk.) G. Wu & Zhu L. Yang, *Boletus luridiformis* Rostk., *Boletus discolor* (Quél.) Boud., Zweifarbiger Hexenröhrling: Hut gelborange, Poren gegen den Hutrand gelblich. (D 60).

Gemäß Klofac 2011a sollte aufgrund der vielen Fehlbeschreibungen und -interpretationen für *N. junquilleus* der Name *Neoboletus pseudosulphureus* (Kallenb.) Klofac, Falscher Schwefelröhrling verwendet werden. Genetische Untersuchungen verschiedener gelber Formen *(N. junquilleus)* oder eher oranger Farbvarianten *(N. luridiformis)* aus Holland haben ergeben, dass diese Farbvarianten alle mit *N. erythropus*, Flockenstieliger Hexenröhrling identisch sind. Deshalb werden von Noordeloos 2018a eigene Namen für die Farbvarianten abgelehnt.

3.2.27 *Suillellus luridus* (Schaeff.) Murrill, *Boletus luridus* Schaeff. Netzstieliger Hexenröhrling

H: 6–20 cm, ledergelb, olivbräunlich bis orangebraun, matt, Oberfläche hirschlederartig. **R:** ausgebuchtet angewachsen, bald orangerot, Druckstellen blaugrün, Röhrenboden orangerot. **St:** gelbrötlich, Spitze gelblich mit länglichem Netz, gegen die Basis dunkler orange bis weinrötlich und Netzzeichnung verschwindend, zylindrisch bis bauchig. **F:** blassgelb, sofort blauend und später wieder verblassend, orangeroter Röhrenboden im Schnitt als Linie sichtbar. **Ger:** unauffällig pilzartig. **Ges:** mild. **Spp:** olivbraun. **V:** im Laub- und Nadelwald, in Parks; Sommer bis Herbst. **Mik:** Sporen glatt, spindelig, 11–14 × 5,5–7 µm. (Kr 2.214, BK 3.12,).

Diese Art ist variabel. Muñoz 2005 beschreibt sechs Formen und Varietäten, welche sich in der Pigmentierung unterscheiden. Das Fleisch von *S. luridus* var. *erythrentheron* (Bezděk) Blanco-Dios wird in Kontakt mit Luft dunkel weinrot. Bei *S. luridus* var. *queletiformis* (J. Blum) Blanco-Dios ist die Stielbasis außen wie innen weinrot und der Hut orangeocker. Drei Formen sind weniger stark pigmentiert mit gelblichem Röhrenboden. Die sechste Varietät ist kleiner.

3.2.27a *S. luridus* var. *rubriceps* (Maire) Blanco-Dios, *B. luridus* var. *rubriceps* (Maire) Dermek, Rothütiger Netzstieliger Hexenröhrling: Hut maximal 14 cm, leuchtend rot, kupferrot oder rosarot. ( ).

3.2.28 *Suillellus mendax* (Simonini & Vizzini) Vizzini, Simonini & Gelardi, Kurznetziger Hexenröhrling: Hut 4–12 cm, fein filzig, dunkel rötlich mit olivfarbenem Schein, Stiel im oberen Teil mit einem roten Netz und im unteren Teil mit roten Flocken. Sporen im Vergleich zu *S. luridus* schmaler, 12,5–15 × 4,5–5,5 µm.

Sehr ähnliche Beschreibungen mit gelbem Röhrenboden existieren von *Suillellus caucasicus* (Singer ex Alessio) Blanco-Dios, *Boletus caucasicus* Singer ex Alessio, Kaukasischer Hexenröhrling. Gemäß Recherchen von Vizzini et al. 2013b handelt es sich dabei um einen Namen ohne gültige Beschreibung, ein «nomen nudum», der deshalb nicht verwendet werden soll. Ihre Untersuchungen haben zudem gezeigt, dass die Farbe des Röhrenbodens («linea di bataille») kein zuverlässiges Merkmal ist. Zum Speisewert dieser Arten und Formen gibt es wenig Informationen. Lange Zeit zählte die ganze Gruppe zu den nicht bekömmlichen Pilzen. Der Verdacht, dass *S. luridus* zusammen mit Alkoholgenuss Beschwerden verursachen soll, hat sich nicht bestätigt. Bei entsprechenden Meldungen scheint es sich um Verwechslungen zu handeln. Inzwischen gilt der verbreitete Netzstielige Hexenröhrling deshalb zunehmend wieder als Speisepilz.

3.2.29 *Imperator torosus* (Fr.) Assyov, Bellanger, Bertéa, Courtec., G. Koller, Loizides, G. Marques, J.A. Muñoz, N. Oppicelli, D. Puddu, F. Rich. & P.-A. Moreau, *Boletus torosus* Fr. Ochsenröhrling, Kupfergelber Ochsenröhrling

H: 6–15 cm, graugelb, olivgelb, später rotbraun, graubraun und schließlich wein- bis braunrot, Druckstellen sofort schwarzblau, Huthaut am Rand etwas überhängend. **R:** ausgebuchtet angewachsen, jung gelb und lange so bleibend, alt bisweilen vom Rand her orange bis rot, Druckstellen sofort und stark blau. **St:** breit bis sehr breit keulig oder bauchig, Spitze gelb, im unteren Teil rotbraun mit einem feinen, gleichfarbigen Netz. **F:** sehr kompakt, blassgelb und im Schnitt sofort stark blau verfärbend. **Ger:** eher unangenehm pilzartig. **Ges:** mild. **V:** im Laubwald; Sommer bis Herbst. ( ).

3.2.30 *Imperator luteocupreus* (Bertéa & Estadès) Assyov, Bellanger, Bertéa, Courtec., G. Koller, Loizides, G. Marques, J.A. Muñoz, N. Oppicelli, D. Puddu, F. Rich. & P.-A. Moreau, *Boletus luteocupreus* Bertéa & Estadès Gelbhütiger Purpurröhrling

H: 6–20 cm, gold-, orange-, bis rostgelb, Druckstellen schwarzblau. **R:** ausgebuchtet angewachsen, blutrot, Druckstellen blaugrün. **St:** gelbrötlich, Spitze gelblich mit länglichem Netz, gegen die Basis dunkler orange bis weinrötlich und Netzzeichnung verschwindend, zylindrisch bis bauchig. **F:** sattgelb, schwarzblau verfärbend. **Ger:** unauffällig pilzartig. **Ges:** mild. **Spp:** olivbraun. **V:** im Laubwald; Sommer bis Herbst. (BK 3.25,).

3.2.31 *Rubroboletus satanas* (Lenz) Kuan Zhao & Zhu L. Yang, *Boletus satanas* Lenz Satansröhrling

H: 10–25 cm, schmutzig weißlich, silbergrau bis creme, evtl. mit etwas Olivbraun, Rand deutlich überstehend und unregelmäßig wellig. **R:** ausgebuchtet angewachsen, ganz jung gelb, dann vom Stiel her orange bis rot werdend, Röhrenboden gelb. **St:** mit hellgelbem bis rötlichem,

3.2.27 *Suillellus luridus*, Netzstieliger Hexenröhrling

3.2.27a *S. luridus* var. *rubriceps*, Rothüt. Netzst. H.

3.2.29 *Imperator torosus*, Ochsenröhrling

3.2.30 *I. luteocupreus*, Gelbhütiger Purpurröhrling

3.2.31 *Rubroboletus satanas*, Satansröhrling

reliefartig erhöhtem Netz, Spitze gelb, gegen die Basis zunehmend karmin- bis himbeerrot, meist sehr dick und bauchig bis knollig. **F:** weißlich, gelblich, rasch leicht blau verfärbend, bald schwammig. **Ger:** unangenehm, aasartig. **Ges:** mild. **Spp:** olivbräunlich. **V:** im Laubwald, auf kalkreichem Boden. (D 62, Kr 2.217, BK 3.20, 🖼).

3.2.32 *Rubroboletus rhodoxanthus* (Krombh.) Kuan Zhao & Zhu L. Yang, *Suillellus rhodoxanthus* (Krombh.) Blanco-Dios, *Boletus rhodoxanthus* (Krombh.) Kallenb., Blasshütiger Purpurröhrling, Rosahütiger Hexenröhrling: Hut erst wie beim Satansröhrling, bald mit mehr Beige, Gelbbraun und Rosa (Rand), Poren bis satt blutrot werdend, Fleisch satter zitronen- bis goldgelb und nur im Hut und in der Stielspitze blauend, Geruch etwas säuerlich, nicht unangenehm aasartig. (D 65, Kr 2.223, BK 3.19, 🖼).

3.2.33 *Imperator rhodopurpureus* (Smotl.) Assyov, Bellanger, Bertéa, Courtec., G. Koller, Loizides, G. Marques, J.A. Muñoz, N. Oppicelli, D. Puddu, F. Rich. & P.-A. Moreau, *Boletus rhodopurpureus* Smotl., Blaufleckender Purpurröhrling, Dunkler Purpurröhrling: Hut etwas kleiner (6–15 cm), rosabraun, bald purpur- bis weinrot, Poren jung orangerot, bald blutrot, Fleisch gelb und im Schnitt rasch tiefblau verfärbend. (D 64, BK 3.18, 🖼).

3.2.34 *Rubroboletus legaliae* (Pilát & Dermek) Della Maggiora & Trassin., *Boletus legaliae* Pilát & Dermek, Le Gals Purpurröhrling: Hut 6–20 cm, weiß oder grauweißlich, zunehmend mit rosaroten Flecken, Poren von jung auf orange, dann orangerot, Geruch steinpilzartig, würzig, Hutoberfläche nach Chicorée; auf neutralem bis saurem Boden. (D 63, BK 3.22, 🖼).

3.2.35 *Suillellus rubrosanguineus* (Cheype) Blanco-Dios, *Boletus rubrosanguineus* Cheype, *B. splendidus* subsp. *moseri* Singer & Kuthan, Weinroter Purpurröhrling: Hut 6–15 cm, zunächst graubeige, dann blutrot, nach Reibung dunkelbraun fleckend, Mitte schorfig; im montanen Nadel- und Mischwald, häufig bei Weißtanne *Abies*, Fichte *Picea* oder Buche *Fagus*. (Kr 2.221, BK 3.23, 🖼).

Ob die ursprüngliche Beschreibung von *Boletus splendidus* C. Martin mit *R. legaliae*, mit *S. rubrosanguineus* oder sogar mit *I. torosus*, Ochsenröhrling übereinstimmt, ist unklar. Der Name soll gemäß Muñoz 2005 vermieden werden, ebenso wie die Bezeichnung *Boletus satanoides* Smotl., da die Originalbeschreibung keine eindeutige Zuteilung zulässt.

Der deutsche Name Falscher Satansröhrling wird sowohl für *R. legaliae* wie auch für *S. rubrosanguineus* verwendet und ist somit nicht eindeutig.

3.2.32 *Rubroboletus rhodoxanthus,* Blasshütiger Purpurröhrling

3.2.33 *Imperator rhodopurpureus,* Blaufleckender Purpurröhrling

3.2.34 *Rubroboletus legaliae,* Le Gals Purpurröhrling

3.2.35 *Suillellus rubrosanguineus,* Weinroter Purpurröhrling

3.3 *Xerocomus,* Filzröhrlinge und Ähnliche

Basidiomycota, Ständerpilze > *Agaricomycetes* > *Boletales,* Dickröhrlingsartige > *Boletaceae,* Dickröhrlingsverwandte

Beschreibung

Die trockene, filzige Huthaut gibt dieser Gruppe von Pilzen ihren Namen. Das griechische Wort «xeròs» heißt übersetzt trocken, «kòme» Haarschopf, also bedeutet der Name etwa «Trockenschopf». ***Xerocomus,*** Filzröhrlinge bilden vorwiegend braun gefärbte Fruchtkörper mit gelben Poren. ***Xerocomellus,*** Rotfußröhrlinge und ähnliche Arten zeichnen sich durch rote Farbanteile im Stiel sowie auf oder unter der oft rissigen Huthaut aus. Die Gruppe mit diesen Eigenschaften ist weiter aufgeteilt in die Gattungen ***Hortiboletus,*** Blutfilzröhrlinge mit lebhaft roter Hautfarbe und ***Rheubarbariboletus,*** Aprikosenröhrlinge mit orange- oder orangerosafarbenen Huttönen. Es gibt allerdings Autoren, welche die Abspaltung dieser beiden Gattungen von *Xerocomellus* unnötig finden, so Kuyper et al. 2018. Der bekannte und verbreitete ***Imleria*** *badia,* Maronenröhrling ist inzwischen in einer separaten Gattung. Ursprünglich zählte auch er zu den filzigen Arten, was beim Bestimmen oft Schwierigkeiten bereitete, da die Huthaut zwar filzig, aber auch glatt bis schmierig sein kann. Uneinheitlich in Bezug auf die Hutoberfläche ist die Gattung ***Aureoboletus,*** Goldporröhrlinge. Die lebhaft gelbporigen Arten haben teils filzige und teils schmierige Hüte. ***Phylloporus,*** Goldblätter gleichen von oben Filzröhrlingen. Auf der Hutunterseite zeigt sich aber eine Fruchtschicht, deren Struktur eher Lamellen mit Querverbindungen als Röhren gleicht.

3.3.01 *Imleria badia,*
Maronenröhrling

Alle oben genannten Filzröhrlinge wachsen auf Erde und bilden Mykorrhizapartnerschaften mit verschiedenen Baumarten. ***Pseudoboletus*** *parasiticus,* Schmarotzer-Röhrling, parasitiert ausschließlich *Scleroderma,* Kartoffel-Hartbovist-Arten. Aufgrund des ähnlichen Aussehens zählte er lange Zeit zur Gattung *Xerocomus.*

Unter dem Mikroskop findet man bei den Arten aus der Gruppe der Filzröhrlinge mehrheitlich glatte, spindelige Sporen. In einigen Fällen ist die Form einseitig abgestutzt und das Ornament kann fein längsrippig sein.

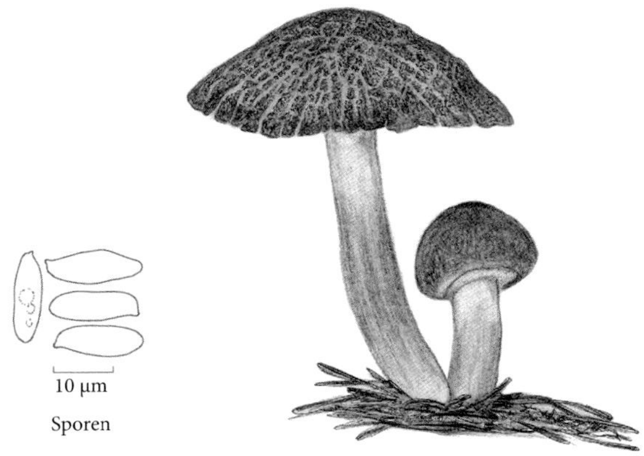

3.3.02 *Xerocomellus chrysenteron,*
Echter Rotfußröhrling

Bestimmung

Die Bestimmung von Filzröhrlingen orientiert sich in erster Linie an den Farben von Hut, Stiel, Poren und Fleisch sowie am Standort auf Erde bei verschiedenen Bäumen, seltener auf Holz oder anderen Pilzen. Unter den mehrheitlich filzig trockenen Hüten zeichnet sich der bereits erwähnte *Aureoboletus gentilis,* Goldpor-Röhrling mit einer schmierig-schleimigen Huthaut aus. Umgekehrt gehört *Suillus variegatus,* Sand-Röhrling zwar in die Gattung der Schmierröhrlinge, seine trockene, filzige bis feinkörnige Huthaut führt aber beim Bestimmen eher in diese Gruppe. In der Gattung *Xerocomellus,* Rotfußröhrlinge ist der bisherige *Xerocomellus chrysenteron,* Echter Rotfußröhrling als Sammelart erkannt und in mehrere Arten unterteilt worden. Zur detaillierten Unterscheidung dienen vor allem die Farben oder Verfärbungen im Fleisch und in einigen Fällen die Form der Sporen oder das fein längsrippige Ornament der Sporenoberflächen.

3.3.13 *Aureoboletus gentilis,*
Goldpor-Röhrling

Speisewerte

Die häufigen Filzröhrlinge sind als Speisepilze markiert. Nach der Katastrophe von Tschernobyl ist der sehr geschätzte *Imleria badia,* Maronenröhrling wegen seiner Anreicherung von Cäsium aufgefallen. Es hat sich gezeigt, dass einzelne Pilzarten dieses Element stark aufnehmen und dann Grenzwerte bezüglich Radioaktivität deutlich überschreiten können, während es in anderen Arten kaum vorkommt. *Pseudoboletus parasiticus,* Schmarotzer-Röhrling wird sowohl als ungenießbar wie auch als essbar taxiert. Vielleicht lässt ihn das Wachstum auf giftigen *Scleroderma,* Kartoffel-Hartboviste für Speisezwecke suspekt erscheinen. Zu den selteneren, teils neu definierten Arten finden sich nur wenige Angaben. Aufgrund der weniger detaillierten, bisherigen Einteilung wurden sie bislang gegessen. So kann man davon ausgehen, dass sie keine Beschwerden verursachen.

3.3 *Xerocomus,* Filzröhrlinge und Ähnliche

- Hut filzig trocken
  - Hut graubraun, gelb bis olivbraun, kastanienbraun
    - Stiel rot oder mit roten Zonen
      - Stielfleisch kaum blauend
        - Stielfleisch oder -rinde mit roten oder rotbraunen Farbanteilen
          - Stiel mehrheitlich rot, Fraßstellen rot, Sporen mit rundem Ende — **02 *Xerocomellus chrysenteron,* Echter Rotfußröhrling**
          - Stiel nur mit roter Zone unter der Stielspitze, Sporen abgestutzt — 03 *Xerocomellus porosporus,* Falscher Rotfußröhrling
        - Stielfleisch oder -rinde ohne Rot (höchstens orangerot an der Basis)
          - Stielfleisch lebhaft gelb, leicht blauend — 04 *Xerocomellus pruinatus,* Bereifter Rotfußröhrling
          - Stielfleisch gelblich
            - Stielfleisch an der Basis lebhaft orange — 08 *Hortiboletus engelii,* Eichen-Filzröhrling
            - Stielfleisch an der Basis leicht orangebraun — 09 *Hortiboletus bubalinus,* Blassgelbbrauner Filzröhrling
      - Stielfleisch deutlich blauend — 05 *Xerocomellus cisalpinus,* Südlicher Rotfußröhrling
    - Stiel ohne Rot
      - auf Erde wachsend
        - Fruchtschicht röhrenförmig
          - Poren ± weit, vorwiegend gelb, höchstens alt mit Olivton
            - Hut kastanienbraun, eher glatt — **01 *Imleria badia,* Maronenröhrling**
            - Hutfarbe gelb- bis dunkelbraun
              - Poren alt eckig, Stiel teils mit Netzzeichnung, Geruch unauffällig
                - Fleisch hellgelb, im Hut langsam blauend, Hut eher gelbbraun — **10 *Xerocomus subtomentosus,* Ziegenlippe**
                - Fleisch weiß, kaum verfärbend, Hut oft dunkelbraun — 11 *Xerocomus ferrugineus,* Braunhütiger Filzröhrling
              - Poren rund, Stiel stets ohne Netz, Geruch eigenartig kokosartig — 14 *Aureoboletus moravicus,* Mährischer Filzröhrling
            - Hutfarbe dunkel olivbraun, weinbraun, Stiel ohne Netz — 04 *Xerocomellus pruinatus,* Bereifter Rotfußröhrling
          - Poren sehr eng, von Anfang an olivbräunlich, sandfarben — 3.6.02 *Suillus variegatus,* Sand-Röhrling
        - Fruchtschicht lamellig, lebhaft gelbe Lamellen, mit starken Queradern — 16 *Phylloporus pelletieri,* Europäisches Goldblatt
      - auf Kartoffel-Hartbovist (parasitierend) — 12 *Pseudoboletus parasiticus,* Schmarotzer-Röhrling
      - auf Holz, Poren oft auffällig goldgelb
        - Hut kastanienbraun, Poren gelb — **01 *Imleria badia,* Maronenröhrling**
        - Hut orangegelb bis -braun, Fleisch weißlich, leicht grünblau verfärbend — 3.4.04 *Buchwaldoboletus lignicola,* Nadel-Holzröhrling
        - Hut schwefelgelb bis orange, Fleisch gelb, blauend — 3.4.05 *Buchwaldoboletus hemichrysus,* Schwefelgelber Holzröhrling
  - Hut rosabraun, orangebraun, aprikosenfarben, nur unter Laubbäumen
    - Fleisch und Poren ohne Verfärbung, teils lebhaft gelb, Stiel oft etwas bauchig
      - Hutoberfläche schmierig, Hut rosabraun, Geruch unauffällig — 13 *Aureoboletus gentilis,* Goldpor-Röhrling
      - Hutoberfläche fein filzig, Hut rosa- bis olivbraun, Geruch evtl. kokosartig — 14 *Aureoboletus moravicus,* Mährischer Filzröhrling
    - Fleisch und Poren blauend, Hut aprikosenfarben, Stielbasis orangeocker — 15 *Rheubarbariboletus armeniacus,* Aprikosenfarbiger Röhrling
  - Hut rot
    - Stielfleisch nicht blauend, trockene Standorte, Hut blutrot, Sporen glatt — 07 *Hortiboletus rubellus,* Blutroter Filzröhrling
    - Stielfleisch blauend, sumpfige Standorte, Hut karminrot, Sporen längsstreifig — 06 *Xerocomellus ripariellus,* Rothütiger Streifspor-Filzröhrling
- Hut schmierig bis schleimig
  - Hut kastanienbraun, 4–15 cm, Poren gelb, blauend — **01 *Imleria badia,* Maronenröhrling**
  - Hut rosabraun, 2–6 cm Poren lebhaft gelb, nicht blauend — 13 *Aureoboletus gentilis,* Goldpor-Röhrling

3.3.01 *Imleria badia* (Fr.) Vizzini, ***Xerocomus badius*** (Fr.) Fr.
Maronenröhrling

H: 4–15 cm, kastanienbraun, erst fein filzig-samtig, später kahl und feucht schmierig, Rand etwas überstehend. **R:** ausgebuchtet angewachsen bis leicht herablaufend, Poren eher eng, blassgelb, gelb, später grünlichgelb, Druckstellen blauend. **St:** bräunlich, Spitze und Basis meist heller, feinfaserig. **F:** weißlich, blauend. **Ger:** angenehm, pilzartig. **Ges:** mild. **Spp:** olivbraun. **V:** im Nadelwald, selten im Laubwald. (D 39, Kr 2.320, BK 3.55,).

3.3.01 *Imleria badia,* Maronenröhrling

3.3.02 *Xerocomellus chrysenteron* (Bull.) Šutara,
Xerocomus chrysenteron (Bull.) Quél.
Echter Rotfußröhrling

H: 3–10 cm, hell- bis dunkelbraun mit grauen bis oliven Beitönen, erst feinsamtig, später kahl, meist felderig rissig, Fraßstellen und Risse rötlich. **R:** ausgebuchtet angewachsen, Poren eher weit und etwas eckig, blassgelb, später gelboliv, Druckstellen blaugrün. **St:** ockergelb, immer etwas rötlich bis fast ganz rot. **F:** gelb-weißlich, unter der Huthaut rötlich, meist nur schwach blauend. **Ger:** schwach säuerlich, obstartig. **Ges:** mild. **Spp:** olivbraun. **V:** im Laub- und Nadelwald. (D 46f, Kr 2.322, BK 3.56,).

3.3.03 *Xerocomellus porosporus* (Imler ex Bon) Šutara, *Xerocomellus truncatus* (Singer, Snell & E.A. Dick) Klofac, *Xerocomus porosporus* (Imler ex Bon) Contu, *Xerocomus truncatus* Singer, Snell & E.A. Dick, Falscher Rotfußröhrling, Dünnstieliger Rotfußröhrling, Düsterer Rotfußröhrling: Hut vorwiegend mit Olivtönen, oft ohne Rot, Druckstellen grünblau verfärbend und Verletzungen blauend bis bräunend, Stiel strohgelb mit braunen Fasern, unter der Stielspitze oft mit einer roten Zone, Fleisch schmutzig gelblich-weiß, ohne Verfärbung; unter Laubbäumen, vor allem Eiche *Quercus.* Sporen einseitig abgestutzt. (D 50,).

3.3.02 *X. chrysenteron,* Echter Rotfußröhrling

3.3.03 *X. porosporus,* Falscher Rotfußröhrling

3.3.04 *Xerocomellus pruinatus* (Fr. & Hök) Šutara,
Xerocomus pruinatus (Fr. & Hök) Quél.
Bereifter Rotfußröhrling, Bereifter Filzröhrling, Herbst-Rotfuß

H: 3–10 cm, sattbraun, rotbraun bis gelb- oder olivbraun, matt samtig, bereift, ohne Risse oder nur mit Längsrissen am Hutrand. **R:** ausgebuchtet angewachsen, Poren eher weit und etwas eckig, blassgelb, später gelboliv, Druckstellen blaugrün. **St:** ockergelb, immer etwas rötlich bis fast ganz rot. **F:** gelb-weißlich, unter der Huthaut weinrötlich, im Schnitt als rötliche Linie sichtbar, meist schwach blauend. **Ger:** schwach säuerlich, obstartig. **Ges:** mild. **Spp:** olivbraun. **V:** im Laub- und Nadelwald. (D 20f, Kr 2.333,).

3.3.04 *Xerocomellus pruinatus,* Bereifter Rotfußröhrling

3.3.05 *Xerocomellus cisalpinus* (Simonini, H. Ladurner & Peintner) Klofac,
Xerocomus cisalpinus Simonini, H. Ladurner & Peintner
Südlicher Rotfußröhrling, Starkblauender Rotfußröhrling

H: 5–6 cm, fein filzig, rotbraun, braun oder gelb- bis graubraun, bald felderig rissig und dadurch mit sichtbarem, blassem, evtl. etwas rosa oder gelblich gefärbtem Fleisch. **R:** ausgebuchtet, gelblich grün, Druckstellen blau oder blaugrün. **St:** Stielspitze blassgelb, im unteren Teil rosa bis rot oder dunkelrot, längsfaserig, bei Berührung blauend, Basis verjüngt. **F:** weißlich mit angedeuteter bis deutlich roter Linie unter der Huthaut. **Ger:** unauffällig. **Ges:** mild. **V:** im Laubwald, bei Eiche *Quercus,* Buche *Fagus,* vorwiegend an sandigen Stellen; Sommer bis Herbst. **Mik:** Sporen fein längs gestreift, unter dem Lichtmikroskop aber kaum wahrnehmbar.

3.3.06 *Xerocomellus ripariellus* (Redeuilh) Šutara, *Xerocomus ripariellus* Redeuilh
Rothütiger Streifspor-Filzröhrling

H: 3–7 cm, filzig, teils etwas höckerig oder warzig, einheitlich rot bis karminrot, später in der Mitte etwas gegen braun ausblassend, zunehmend rissig und das gelbe Hutfleisch zeigend. **R:** ausgebuchtet, evtl. mit Zahn etwas herablaufend, gelb bis goldgelb, Druckstellen stark blauend. **St:** Stielspitze gelb, im unteren Teil rot, längsfaserig, bei Berührung stark blauend, Basis zugespitzt. **F:** blassgelb, rötlich unter der Haut und blau verfärbend, besonders in der Stielbasis und am Hutrand. **Ger:** unauffällig. **Ges:** mild. **V:** im Laubwald oder in Parks, bei Eiche *Quercus,* Birke *Betula,* Pappel *Populus,* vorwiegend an feuchten Stellen; Sommer bis Herbst. **Mik:** Sporen fein längs gestreift.

3.3.07 *Hortiboletus rubellus* (Krombh.) Simonini, Vizzini & Gelardi,
Xerocomellus rubellus (Krombh.) Šutara, *Xerocomus rubellus* (Krombh.) Quél.
Blutroter Filzröhrling

H: 3–7 cm, anfangs blutrot, feinfilzig, später braunrot und kahl. **R:** ausgebuchtet angewachsen, Poren leicht eckig, zitronengelb, später gelb bis gelboliv, Druckstellen etwas blauend. **St:** Spitze und Basis mit Mycelfilz zitronen- bis chromgelb, dazwischen rötlich faserig bis satt blutrot. **F:** gelblich, unter der Huthaut rötlich, meist schwach blauend. **Ger:** schwach säuerlich, obstartig. **Ges:** mild, säuerlich. **Spp:** gelbbraun. **V:** im Laubwald, in Gärten und Parks. (D 37, Kr 2.324, BK 3.59,).

3.3.07 *Hortiboletus rubellus,* Blutroter Filzröhrling

3.3.08 *Hortiboletus engelii* (Hlaváček) Biketova & Wasser,
Xerocomellus engelii (Hlaváček) Šutara, *Xerocomus quercinus* H. Engel & T. Brückn.
Eichen-Filzröhrling

H: 3–7 cm, fein filzig, nicht oder nur leicht rissig, oliv-, orange- bis rötlichbraun. **R:** ausgebuchtet, evtl. mit Zahn etwas herablaufend, alt zunehmend eckig, gelbgrün, Druckstellen langsam blauend. **St:** gelb, im oberen Teil mit roten Fasern, Basis zugespitzt und mit gelbem Mycelfilz, Druckstellen möglicherweise etwas blauend. **F:** gelb, über den Röhren und im Stiel höchstens schwach blauend, in der Stielbasis auffällig orangefleckig oder mit einer orangefarbenen Linie unter der Stielrinde. **Ger:** unauffällig. **Ges:** mild. **Spp:** gelbbraun. **V:** im Laubwald, vorwiegend bei Eiche *Quercus*; Sommer bis Herbst. (🖼).

3.3.09 *Hortiboletus bubalinus* (Oolbekk. & Duin) L. Albert & Dima, *Xerocomellus bubalinus* (Oolbekk. & Duin) Mikšík, *Xerocomus bubalinus* (Oolbekk. & Duin) Redeuilh, Blassgelbbrauner Filzröhrling: Hut 3–12 cm, jung dunkel- bis rötlichbraun, Rand heller und Mitte evtl. orangebräunlich, Hutfleisch rosa in der Zone unter der Huthaut und blau verfärbend über den Röhren, im Stiel weiß bis blass gelblich, in der Basis bräunlich, jedoch ohne die lebhaften Orangetöne wie bei *H. engelii.*

3.3.10 *Xerocomus subtomentosus* (L.) Quél., *Boletus subtomentosus* L. Ziegenlippe

H: 3–10 cm, gelboliv bis olivbraun, feinfilzig, alt und trocken bisweilen felderig rissig, Rand etwas überstehend. **R:** etwas ausgebuchtet angewachsen, Poren besonders in Stielnähe auffallend weit und eckig, goldgelb, später olivgelb, Druckstellen nicht oder höchstens schwach blauend. **St:** gelb bis gelbbräunlich, etwas längsfaserig, teils mit einem Netz, gegen die Basis meist verjüngt, Stielrinde zerreißt bei Trockenheit, Basalmycel weißlich. **F:** hellgelb bis lebhaft gelb, Stielbasis fleischfarben bis rötlichbraun, langsam blauend vor allem im Hut. **Ger:** schwach fruchtig. **Ges:** mild. **Spp:** braun, etwas olivbraun. **V:** im Laubwald. **Ch:** Ammoniak (NH_3) soll auf der Huthaut gemäß Rastetter 1967 zu einer wolkigen, blaugrünen Verfärbung führen, im Unterschied zu einer rötlichen Reaktion bei *X. chrysenteron,* Echter Rotfußröhrling. (D 44f, Kr 2.328, BK 3.60, 🖼).

3.3.11 *Xerocomus ferrugineus* (Schaeff.) Alessio, *X. subtomentosus* var. *ferrugineus* (Schaeff.) Krieglst., *Boletus ferrugineus* Schaeff., Braunhütiger Filzröhrling, Brauner Filzröhrling: Stiel oft mit relativ weitem, längsmaschigem Netz und gelbem Basalmycel, Hut etwas dunkler braun, Fleisch gleichmäßig weißlich, nicht oder kaum blauend, verfärbt höchstens in der Stielbasis gelblich; im Misch- und Nadelwald, oft bei Buche *Fagus* und Birke *Betula.* Gemäß Taylor et al. 2006 zeigen molekulare Untersuchungen eine berechtigte Trennung von *X. subtomentosus,* die anhand morphologischer Untersuchungen leider nicht immer klar ist. (D 40, Kr 2.330, 🖼).

Xerocomus silwoodensis A.E. Hills, U. Eberh. & A.F.S. Taylor, Purpurbrauner Filzröhrling: Stiel mit relativ weitem, längsmaschigem Netz und blassgelbem Basalmycel, oft tief wurzelnd, Hut gelbrötlich bis dunkelbraun, Fleisch gleichmäßig weißlich, nur im Hut gelb verfärbend; unter Pappel *Populus.*

Xerocomus chrysonemus A.E. Hills & A.F.S. Taylor, Gelbliche Ziegenlippe: Hut etwas kleiner, Stielspitze gelb mit einem ins Rot übergehenden Netz, Basalmycel goldgelb, auch wenn trocken, Fleisch im Stiel hellgelb, im unteren Stieldrittel goldgelb; bei Eiche *Quercus.*

3.3.12 *Pseudoboletus parasiticus* (Bull.) Šutara, *Xerocomus parasiticus* (Bull.) Quél.
Schmarotzer-Röhrling

H: 2–6 cm, graugelb, olivgelb bis olivbraun, feinfilzig, evtl. felderig rissig, Rand etwas überstehend. **R:** etwas herablaufend, zitronengelb, später gold- bis schmutzig braungelb. **St:** orangebraun, längsfaserig. **F:** hellgelb, evtl. schwach rötend. **Ger:** schwach. **Ges:** mild. **Spp:** braunrot mit Olivton. **V:** stets als Parasit auf *Scleroderma citrinum,* Dickschaliger Hartbovist wachsend. (D 38, Kr 2.318, BK 3.58, 🖼).

3.3.13 *Aureoboletus gentilis* (Quél.) Pouzar, *Pulveroboletus gentilis* (Quél.) Singer
Goldpor-Röhrling

H: 2–7 cm, creme, beigerosa, rosabräunlich, feucht schleimig. **R:** leicht ausgebuchtet angewachsen, zitronen- bis goldgelb, jung mit Guttationstropfen, alt rostfleckig. **St:** gelb, gegen die Basis bräunlich, klebrig bis schmierig. **F:** weiß, unter der Haut etwas bräunlich, nicht blauend. **Ger:** schwach fruchtartig. **Ges:** leicht säuerlich, Hutschleim etwas salzig. **Spp:** olivgelb. **V:** im Laubwald, Wärme liebend. (D 52, Kr 2.288, BK 3.40, 🖼).

3.3.14 *Aureoboletus moravicus* (Vacek) Klofac, *Xerocomus moravicus* (Vacek) Herink
Mährischer Filzröhrling

H: 3–6 cm, ocker, gelb- bis orangebraun, evtl. mit etwas Rosa, feinfilzig, matt, Rand etwas überstehend. **R:** leicht herablaufend, hellgelb, später gelbolivlich, Druckstellen unveränderlich, höchstens schwach bräunend. **St:** braun längsfaserig auf cremefarbenem Grund. **F:** hellgelb, unveränderlich. **Ger:** schwach. **Ges:** mild. **Spp:** olivgelb. **V:** vor allem bei Eiche *Quercus* oder Edelkastanie *Castanea.* (D 42, BK 3.57, 🖼).

Xerocomus leonis (D.A. Reid) Alessio, Löwengelber Filzröhrling: mit mehr Gelb im Hut, feiner filzig, mit längerem Stiel und etwas größeren Sporen. Wird von vielen Autoren nicht mehr von *A. moravicus* abgetrennt.

3.3.08 *Hortiboletus engelii,* Eichen-Filzröhrling

3.3.10 *Xerocomus subtomentosus,* Ziegenlippe

3.3.11 *Boletus ferrugineus,* Braunhütiger Filzröhrling

3.3.12 *Pseudoboletus parasiticus,* Schmarotzer-Röhrling

3.3.13 *Aureoboletus gentilis,* Goldpor-Röhrling

3.3.14 *Aureoboletus moravicus,* Mährischer Filzröhrling

3.3.15 *Rheubarbariboletus armeniacus* (Quél.) Vizzini, Simonini & Gelardi,
Xerocomus armeniacus (Quél.) Quél.
Aprikosenfarbiger Röhrling

H: 3–9 cm, rosabraun, aprikosenbraun, karminorange, alt mit gelben Flecken und rissiger Huthaut, wodurch das weißliche Fleisch sichtbar wird. **R:** etwas herablaufend, gelb bis gelbgrünlich, Druckstellen blauend. **St:** schlank, zylindrisch, längsfaserig, Spitze gelb, im unteren Teil rötlich, ockerlich bis rötlichgelb, Basis zugespitzt. **F:** im Hut weiß und leicht blauend, im oberen Stielteil gelblich und gegen die Basis orange bis orange-rötlich. **Ger:** unauffällig. **Ges:** mild. **V:** im Laub- oder Nadelwald, vorwiegend südlich. (D 43, 🖼).

3.3.16 *Phylloporus pelletieri* (Lév.) Quél.,
Paxillus paradoxus (Kalchbr.) Cooke, *Xerocomus pelletieri* (Lév.) Bresinsky & Manfr. Binder
Europäisches Goldblatt

H: 3–8 cm, rot-, purpurbräunlich, braun, ganz fein filzig, später kahl. **L:** leuchtend gelb, lamellig, aber auffällig stark queradrig, gut vom Hutfleisch ablösbar. **St:** rot- bis purpurbräunlich. **F:** blassgelb, unter der Huthaut etwas rötlich, weich, dick. **Ger:** pilzartig. **Ges:** mild, schwach nussartig. **Spp:** ockergelb. **V:** vor allem im Nadelwald, Mischwald, seltener im Laubwald; auf saurem Boden. (D 36, Kr 2.286, BK 3.39, 🖼).

3.3.15 *Rheubarbariboletus armeniacus*, Aprikosenfarbiger Röhrling

3.3.16 *Phylloporus pelletieri*, Europäisches Goldblatt

3.4 *Chalciporus,* Zwergröhrlinge und Ähnliche

Basidiomycota, Ständerpilze > *Agaricomycetes* > *Boletales,* Dickröhrlingsartige > *Boletaceae,* Dickröhrlingsverwandte

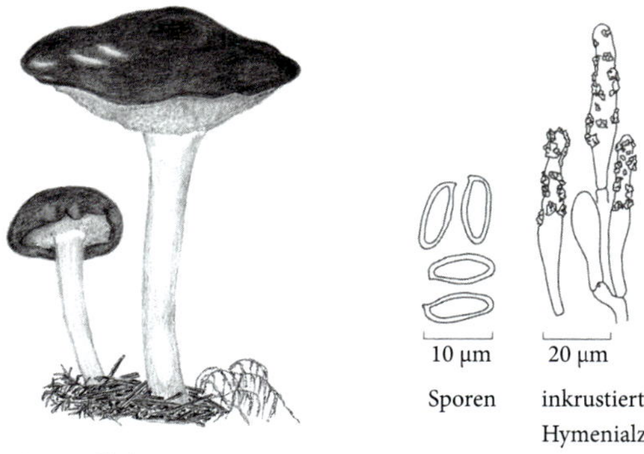

3.4.01 *Chalciporus piperatus,* Pfeffer-Röhrling

Beschreibung

Vorwiegend kleine, höchstens mittelgroße Röhrlinge mit lederfarbenem, gelb-, orange- bis rostbraunem Hut und feinsamtiger bis glatter, feucht leicht schmieriger Oberfläche. Die Poren sind kupferrötlich, seltener erst gelblich und später überraschend rosa, himbeer- bis braunrot. Das zuverlässigste Merkmal der Gattung ist das zitronengelbe Fleisch in der Stielbasis, das beim Ankratzen oder Schneiden der Stielbasis sichtbar wird.

Chalciporus, Zwergröhrlinge wachsen auf Erde, ***Buchwaldoboletus,*** Holzröhrlinge auf totem Holz und beide vorwiegend im Sommer oder Herbst. Nuhn et al. 2013 äußern die Vermutung, dass sowohl *Buchwaldoboletus lignicola,* Nadel-Holzröhrling wie auch *Chalciporus piperatus,* Pfeffer-Röhrling parasitisch auf anderen Pilzen wachsen. Im Unterschied zu *Pseudoboletus parasiticus,* Schmarotzer-Röhrling, der sichtbar auf anderen Pilzen gedeiht, erwartet man das aufgrund der Standorte dieser beiden Arten nicht.

Die Sporen sind glatt, ellipsoid bis etwas spindelig und unterscheiden sich kaum von jenen der meisten anderen Röhrlinge. *Chalciporus piperatus* hat im Unterschied zu den anderen *Chalciporus*-Arten inkrustierte Hymenialzystiden.

Bestimmung

Nur *Chalciporus piperatus,* Pfeffer-Röhrling tritt häufig auf. Er ist ohne rosa Farbtöne und sein Geschmack ist pfefferig scharf. Die selteneren Verwandten sind mild und nur leicht scharf oder bitterlich. Die Unterschiede sind bisweilen fließend.

Speisewerte

Der Pfeffer-Röhrling kann Mischpilzgerichten beigegeben werden. Entgegen seinem Namen verliert er beim Kochen jedoch seine Schärfe.

3.4.04 *Buchwaldoboletus lignicola,* Nadel-Holzröhrling

3.4 *Chalciporus,* Zwergröhrlinge

- auf Erde
  - Poren kupferrötlich bis orangebraun, Geschmack deutlich scharf ..... **01 *Chalciporus piperatus,* Pfeffer-Röhrling**
  - Poren gelbrosa, rosa, weinbräunlich, schwach ausgebuchtet
    - Sporen teils > 10 µm ..... 02 *Chalciporus amarellus,* Bitterlicher Zwergröhrling
    - Sporen < 8 µm lang ..... 03 *Chalciporus rubinus,* Kurzsporiger Zwergröhrling
- auf Holz, Poren auffällig goldgelb
  - Hut orangegelb bis -braun, Fleisch weißlich, leicht grünblau verfärbend ..... 04 *Buchwaldoboletus lignicola,* Nadel-Holzröhrling
  - Hut schwefelgelb bis orange, Fleisch gelb, blauend ..... 05 *Buchwaldoboletus hemichrysus,* Schwefelgelber Holzröhrling

3.4.01 *Chalciporus piperatus* (Bull.) Bataille 🍴
Pfeffer-Röhrling, Pfeffer-Zwergröhrling

H: 2–8 cm, orangeocker bis rostbraun, matt, glatt, feucht etwas schmierig. **R:** breit angewachsen bis leicht herablaufend, Poren rundlich, in Stielnähe vieleckig, kupferrot. **St:** orangebraun, Basis lebhaft zitronengelb (evtl. Oberfläche etwas ankratzen). **F:** erst fest, bald schwammig weich, blassgelb, in der Stielbasis intensiv gelb. **Ger:** unauffällig. **Ges:** pfefferig scharf. **Spp:** rötlichbraun. **V:** vor allem in höher gelegenem Nadelwald, seltener im Laubwald. (D 51, Kr 2.251, BK 3.27, 🖼).

C. piperatus wird oft als Gewürzpilz beschrieben, doch beim Kochen geht die Schärfe weitgehend verloren. Untersuchungen von Klofac & Krisai-Greilhuber 2020 weisen darauf hin, dass es sich bei *C. piperatus* um einen Artenkomplex handelt, und sie haben im Rahmen ihrer Untersuchungen die nachfolgende Art neu beschrieben.

Chalciporus pseudopiperatus Klofac & Krisai-Greilhuber: Poren können gelb bis ockerfarben sein, vor allem bei jüngeren Exemplaren, und blauen gelegentlich auf Druck oder Verletzung.

3.4.02 *Chalciporus amarellus* (Quél.) Bataille, *Chalciporus pierrhuguesii* (Boud.) Bon
Bitterlicher Zwergröhrling

H: 1,5–5 cm, gelbbraun, fein samtig-filzig, feucht etwas schmierig, gegen den Rand schwach rosa. **R:** erst gelb, bald rosarot bis braunrot. **St:** Spitze rötlich, gegen die Basis zunehmend zitronengelb. **F:** weißlich, Stielbasis zitronengelb. **Ger:** unauffällig. **Ges:** mild, evtl. schärflich oder bitterlich. **Spp:** braunoliv. **V:** im Nadelwald, vor allem in höheren Lagen. (BK 3.26, 🖼).

Gemäß Einschätzung von Klofac & Krisai-Greilhuber 2006 erweist sich die Art *C. amarellus* im Sinne der Originalbeschreibung als nicht existent. Die Beschreibungen und Abbildungen beziehen sich größtenteils auf *C. pierrhuguesii,* eine später und nicht in ihrer typischen Erscheinungsform beschriebene Art.

Chalciporus pseudorubinus (A.H. Sm. & Thiers) L.D. Gómez, Kleinster Zwergröhrling: bei Schwarzkiefer *Pinus nigra.* Klofac & Krisai-Greilhuber 2006 betrachten die Art als Synonym von *C. pierrhuguesii.*

3.4.03 *Chalciporus rubinus* (W.G. Sm.) Singer, *Rubinoboletus rubinus* (W.G. Sm.) Pilát & Dermek, Kurzsporiger Zwergröhrling: Hut 5–8 cm, filzig bis feinst schuppig, ockerbraun bis ocker, gegen den Rand etwas rötlich, Poren rosarötlich, himbeerrot, satt karminrot, Stiel rosa bis purpur, Spitze fein filzig, im unteren Teil glatt, Basis oft verjüngt und gelb, Fleisch unter der Huthaut und über der Röhrenschicht etwas rosa, in der Stielbasis chromgelb, Geschmack mild, leicht säuerlich; im Laubwald, vor allem bei Eiche *Quercus.*

3.4.04 *Buchwaldoboletus lignicola* (Kallenb.) Pilát,
Pulveroboletus lignicola (Kallenb.) E.A. Dick & Snell
Nadel-Holzröhrling

H: 4–10 cm, orangegelb bis orangebraun, feinfilzig, evtl. felderig. **R:** leicht herablaufend, hell- bis goldgelb, Druckstellen etwas blauend. **St:** ockergelb bis rotbraun, feinfilzig, Basis oft verjüngt. **F:** weißlich, leicht grünblau verfärbend. **Ger:** etwas harzig. **Ges:** leicht säuerlich. **Spp:** oliv. **V:** auf modrigem Nadelholz, Sägemehl, auch an vergrabenen Holzstücken. (D 53, Kr 2.290, BK 3.41, 🖼).

3.4.05 *Buchwaldoboletus hemichrysus*
Pulveroboletus hemichrysus (Berk. & M.A. Curtis) Singer
Schwefelgelber Holzröhrling, Schwefel-Röhrling

H: 3–20 cm, schwefelgelb, strohgelb bis etwas orange, feinfilzig. **R:** gelb. **St:** wie der Hut gefärbt, gegen die Basis bräunend. **F:** gelb, blauend. **V:** auf modrigem Nadelholz, abgefallenen Kiefernnadeln *Pinus,* Sägemehl. (🖼).

3.4.01 *Chalciporus piperatus,* Pfeffer-Röhrling

3.4.02 *Chalciporus amarellus,* Bitterlicher Zwergröhrling

3.4.04 *Buchwaldoboletus lignicola,* Nadel-Holzröhrling

3.4.05 *B. hemichrysus,* Schwefelgelber Holzröhrling

3.5 *Gyroporus*, Blasssporröhrlinge

Basidiomycota, Ständerpilze > *Agaricomycetes* > *Boletales*, Dickröhrlingsartige > *Gyroporaceae*, Blasssporröhrlingsverwandte

Familie *Gyroporaceae*, Blasssporröhrlingsverwandte

Die «Kleinfamilie» enthält nur eine Gattung mit wenigen Arten. Diese haben einen auffällig gekammerten Stiel und blass strohgelbes Sporenpulver.

Gyroporus, Blasssporröhrlinge

Beschreibung

Mittelgroße Arten mit auffällig hellen, weißlichen bis blassgelben runden Röhren. ***Gyroporus*** bedeutet «Rundporer» (griech. «gyros» = Kreis, Windung). Die Hutoberfläche ist glatt, feinfilzig bis faserig-filzig, in blassgelber bis kastanienbrauner Farbe.

Die Arten mögen sandige Böden und erscheinen vom Sommer bis zum Herbst in Mykorrhizapartnerschaft, vorwiegend mit Laubbäumen.

Die Sporen sind glatt, ellipsoid und dünn bis etwas dickwandig. Die Hutdeckschicht besteht bei *Gyroporus cyanescens*, Kornblumen-Blasssporröhrling aus liegenden, bei *Gyroporus castaneus*, Hasen-Blasssporröhrling aus aufrechten Hyphen.

Bestimmung

Gyroporus cyanescens verfärbt sich bei Verletzung oder an Druckstellen sofort tiefblau; *Gyroporus castaneus* hingegen bleibt unverändert.

Speisewerte

Da die Arten in der Regel selten vorkommen, sollen sie geschont werden. Bon 1988a bewertete *Gyroporus castaneus*, Hasen-Blasssporröhrling mit «verdächtig». Bei den meisten Autoren gelten jedoch Blasssporröhrlinge als essbar.

3.5.02 *Gyroporus cyanescens*, Kornblumen-Blasssporröhrling

3.5.01 *Gyroporus castaneus*, Hasen-Blasssporröhrling

3.5 *Gyroporus*, Blasssporröhrlinge

Hut kastanienbraun, Fleisch nicht verfärbend .... 01 *Gyroporus castaneus*, Hasen-Blasssporröhrling
Hut blass, Fleisch im Schnitt intensiv blau verfärbend .... 02 *Gyroporus cyanescens*, Kornblumen-Blasssporröhrling

3.5.01 *Gyroporus castaneus* (Bull.) Quél.
Hasen-Blasssporröhrling, Hasen-Röhrling

H: 5–10 cm, feinsamtig bis glatt, kastanienbraun, später blasser zimtbraun. **R:** ausgebuchtet bis fast frei, Poren rund, eng, weiß bis strohgelb. **St:** wie der Hut gefärbt oder etwas blasser, innen markig ausgestopft, bald gekammert bis ganz hohl, brüchig. **F:** weiß, brüchig. **Ger:** angenehm. **Ges:** mild, nussartig. **Spp:** blass ockergelb. **V:** im Nadel- und vor allem im Laubwald. (D 22, Kr 2.257, BK 3.29, 🖼).

3.5.02 *Gyroporus cyanescens* (Bull.) Quél.
Kornblumen-Blasssporröhrling, Kornblumen-Röhrling

H: 5–12 cm, blass strohgelb bis ockerlich, faserfilzig bis fein faserschuppig. **R:** ausgebuchtet angewachsen, Poren rund, eng, weiß bis blass ockergelb, Druckstellen sofort tiefblau. **St:** wie der Hut gefärbt, Spitze etwas eingeschnürt und heller, teils mit einer Pseudoringzone abgegrenzt, innen markig, bald gekammert hohl, brüchig. **F:** weiß, verfärbt sofort tiefblau, brüchig. **Ger:** schwach. **Ges:** angenehm. **Spp:** blass ockergelb. **V:** im Laub- und Nadelwald, auf saurem Boden. (D 23, Kr 2.259, BK 3.30, 🖼).

Gyroporus lacteus Quél.: Hut und Stiel milchweiß und höchstens schwach ockerlich.

3.5.01 *Gyroporus castaneus,* Hasen-Blasssporröhrling

3.5.02 *Gyroporus cyanescens,* Kornblumen-Blasssporröhrling

3.6 *Suillus,* Schmierröhrlinge und Ähnliche

Basidiomycota, Ständerpilze > *Agaricomycetes* > *Boletales,* Dickröhrlingsartige > *Suillaceae,* Schmierröhrlingsverwandte

Familie *Suillaceae,* Schmierröhrlingsverwandte

Röhrlinge mit mehrheitlich auffällig schmierig-schleimigen Hutoberflächen und etwas ausgebuchteter bis leicht herablaufender Röhrenschicht bilden eine eigene Familie, die in Europa nur eine Gattung enthält. Im Westen Nordamerikas gibt es mit *Truncocolumella* eine weitere Gattung in den ***Suillaceae,*** welche bei Weymouthskiefer *Pinus strobus* knollige Fruchtkörper bildet. Anfangs unterirdisch, gelangen sie bei Reife an die Oberfläche, ähnlich *Rhizopogon,* Wurzeltrüffel.

3.6.03 *Suillus granulatus,* Körnchen-Röhrling

Suillus, Schmierröhrlinge und Ähnliche

Beschreibung

Mittlere bis große Arten mit mehrheitlich schmierigem bis schleimigem Hut und abziehbarer Haut. Im trockenen Zustand bleibt die Haut klebrig. Die Gattung enthält aber auch trockene, weder schleimige noch klebrige Arten. ***Suillus*** *variegatus,* Sand-Röhrling mit filzig-feinkörniger Hutoberfläche zählt schon lange zu dieser Gattung. Erst später kamen die ehemals zur Gattung ***Boletinus,*** Schuppenröhrlinge zählenden *Suillus cavipes,* Hohlfuß-Röhrling und ähnliche Arten mit schuppiger Hutoberfläche, eckigen, in der Tiefe abgestuften Röhren und hohlem Stiel dazu. Die Hutfarben sind weißlich, gelb, hellbraun, graubraun bis satt rot- oder schokoladenbraun; die Röhren weißlich, creme, gelb, gelborange oder olivbräunlich. Ein Teil der Schmierröhrlinge ist beringt und einige Arten bilden jung auffällige Tropfen an den Röhrenmündungen und an der Stielspitze, die später zu körnigen Drüsenpunkten eintrocknen.

Die Fruchtkörper erscheinen von Sommer bis Herbst, stets auf Erde und in Mykorrhizapartnerschaft mit Nadelbäumen.

Die Sporen sind glatt, ellipsoid bis zylindrisch.

3.6.12 *Suillus luteus,* Butterpilz

Bestimmung

Zuerst soll beurteilt werden, ob ein Ring oder mindestens Ringreste vorhanden sind. Bei den unberingten Arten bestimmen vorhandene oder fehlende Drüsenpunkte an der Stielspitze oder am ganzen Stiel die weitere Zuteilung. Bei den Arten mit Ring ist es die Hutoberfläche. Danach folgen in beiden Gruppen Unterschiede in der Farbe des Hutes oder der Röhren sowie der begleitenden Baumarten.

3.6.15 *Suillus cavipes,* Hohlfuß-Röhrling

Speisewerte

Die häufigen *Suillus,* Schmierröhrlinge gelten als essbar, es gibt aber zahlreiche Meldungen zu individuellen Unverträglichkeiten. Die Röhrlinge mit schmierigem Hut scheinen allgemein eine abführende Wirkung zu haben. Beim Butterpilz gibt es zudem Berichte, dass nach mehrmaligem Genuss allergische Reaktionen auftreten können. Die Qualität dieser weichfleischigen Pilze mag nicht alle überzeugen. Dennoch spielen für Sammler:innen *Suillus grevillei,* Goldgelber Lärchenröhrling, *Suillus granulatus,* Körnchen-Röhrling, *Suillus luteus,* Butterpilz, *Suillus bovinus,* Kuh-Röhrling und allenfalls *Suillus cavipes,* Hohlfuß-Röhrling eine Rolle. Sie sollen umgehend verarbeitet werden, da das Fleisch schnell unappetitlich wird. Bei den schleimigen Arten empfiehlt es sich, vor der Zubereitung die Huthaut abzuziehen. Der Kuh-Röhrling verfärbt sich beim Kochen violett; dies hat aber keine negativen Auswirkungen auf seine Bekömmlichkeit.

3.6 *Suillus,* Schmierröhrlinge und Ähnliche

- Stiel unberingt
  - Stiel ohne Drüsenpunkte
    - Hut glatt
      - Hut orangebräunlich, feucht schmierig, mittelgroß, Poren olivgelb — **01 *Suillus bovinus,* Kuh-Röhrling**
      - Hut schleimig, rosabräunlich, eher klein, Poren goldgelb — 3.3.13 *Aureoboletus gentilis,* Goldpor-Röhrling
    - Hut feinfilzig, kaum schmierig, ockergelblich bis olivbraun — 02 *Suillus variegatus,* Sand-Röhrling
  - Stiel mit Drüsenpunkten, mindestens an der Stielspitze
    - bei zweinadeliger Kiefer
      - Hut gleichmäßig gelbbraun, Stielbasis ohne rosa — **03 *Suillus granulatus,* Körnchen-Röhrling**
      - Hut braun bis dunkelbraun, eingewachsen faserig, Stielbasis teils rosa — 04 *Suillus collinitus,* Ringloser Butterpilz
      - Hut jung weißlich, später braun, vorwiegend mediterran — 07 *Suillus bellinii,* Kleinsporiger Kiefern-Röhrling
    - bei fünfnadeliger Kiefer (eventuell bei mediterraner Kiefer)
      - Hut und Stiel cremegelb bis dunkelbraun — 05 *Suillus plorans,* Zirbenröhrling
      - Hut und Stiel weiß bis hell gelbbräunlich — 06 *Suillus placidus,* Elfenbein-Röhrling
      - Hut und Stiel weiß bis bräunlich, olivbräunlich, vorwiegend mediterran — 07 *Suillus bellinii,* Kleinsporiger Kiefern-Röhrling
- Stiel beringt
  - Hut feucht schleimig und trocken klebrig
    - Stiel ohne Drüsenpunkte, bei Lärche
      - Hut und Röhren in Gelb- bis Orangetönen
        - Röhren jung gelb, später goldbraun, Hut glatt — **08 *Suillus grevillei,* Goldgelber Lärchenröhrling**
        - Röhren gelb- bis graubräunlich, Hut glatt — 11a *Suillus bresadolae* var. *flavogriseus,* Graugelber Lärchenröhrling
        - Röhren orange später orangebraun, Hut eingewachsen faserig-schuppig — 09 *Suillus tridentinus,* Rostroter Lärchenröhrling
      - Hut und Röhren vorwiegend grau — **10 *Suillus viscidus,* Grauer Lärchenröhrling**
      - Hut in Brauntönen, Röhren grauweißlich bis -bräunlich, Fleisch gelblich
        - Hut graubraun bis schokoladenbraun — 11 *Suillus bresadolae,* Gelbfleischiger Lärchenröhrling
        - Hut goldbraun, evtl. mit Grauton — 11a *Suillus bresadolae* var. *flavogriseus,* Graugelber Lärchenröhrling
    - Stiel mit Drüsenpunkten
      - bei zweinadeliger Kiefer
        - Ring häutig, unterseitig violett, Poren klein — **12 *Suillus luteus,* Butterpilz**
        - Ring schleimig, Poren auffällig groß — 13 *Suillus flavidus,* Moor-Röhrling
      - bei fünfnadeliger Kiefer (z. B. Arve, Weymouthskiefer), Poren groß — 14 *Suillus americanus,* Beringter Zirbenröhrling
  - Hut gleichmäßig schuppig, weder schleimig noch klebrig
    - Hut gelb- bis kastanienbraun
      - Stiel hohl, bei Lärche
        - Hut gelbbraun bis kastanienbraun — 15 *Suillus cavipes,* Hohlfuß-Röhrling
        - Hut zitronen- bis goldgelb — 15a *Suillus cavipes* var. *aureus,* Hohlfuß-Röhrling, gelbe Varietät
      - Stiel voll, nicht hohl
        - bei Douglasie — 16 *Suillus lakei,* Douglasien-Röhrling
        - bei Fichte — 17 *Suillus amabilis,* Lieblicher Röhrling
    - Hut karmin-, weinrot
      - bei Weymouthskiefer (Strobe) — 18 *Suillus spraguei,* Geschmückter Röhrling
      - bei Lärche — 19 *Boletinus asiaticus,* Asiatischer Schuppenröhrling
    - Hut sehr grob schuppig, grau bis grauschwarz — 3.2.07 *Strobilomyces strobilaceus,* Gemeiner Strubbelkopfröhrling

3.6.01 ***Suillus bovinus*** (L.) Roussel
Kuh-Röhrling

H: 3–10 cm, orangebraun (kuhbraun), lederartig kahl, klebrig, feucht schmierig, Rand oft heller. **R:** leicht herablaufend, Poren bald groß, länglich-eckig und in der Tiefe etwas abgestuft, gelb- bis etwas olivbräunlich, Röhrenschicht nur schwer vom Hutfleisch trennbar. **St:** wie der Hut gefärbt, Basalmycel weiß bis rosa. **F:** cremebraun, evtl. etwas rosa, relativ zäh. **Ger:** schwach. **Ges:** mild-säuerlich, bitterlich. **Spp:** olivbraun. **V:** oft etwas büschelig, bei Kiefer *Pinus*, gern auf sandigem Boden, am Waldrand; Sommer bis Herbst. (D 34, Kr 2.310/335, BK 3.42,).

3.6.02 *Suillus variegatus* (Sw.) Richon & Roze
Sand-Röhrling

H: 6–15 cm, filzig-feinkörnig, nicht klebrig, nur nass etwas schmierig, gelb- bis olivbraun, Huthaut nicht abziehbar. **R:** etwas herablaufend, Poren eng (jung sehr eng), anfangs olivbräunlich, später schmutzig oliv. **St:** gleich wie der Hut gefärbt. **F:** blass gelblich bis orange-gelblich, evtl. etwas blauend. **Ger:** schwach säuerlich. **Ges:** mild bis leicht säuerlich. **Spp:** olivbräunlich. **V:** vor allem in höheren Lagen und bei Kiefer *Pinus*; Sommer bis Herbst. (D 35, Kr 2.312, BK 3.52,).

3.6.03 ***Suillus granulatus*** (L.) Roussel
Körnchen-Röhrling, Schmerling

H: 4–10 cm, gelbbraun bis rötlichbraun, feucht stark schmierig. **R:** breit angewachsen, Poren eher fein, rundlich bis leicht eckig, erst creme, später gelb bis olivgelb, jung und bei Feuchtigkeit milchig tränend. **St:** creme bis hellgelb, Spitze mit milchigen Tröpfchen, später mit bräunlichen Punkten besetzt. **F:** blass gelblich. **Ger:** schwach. **Ges:** mild bis etwas säuerlich. **Spp:** (oliv-)orangebraun. **V:** unter zweinadeliger Kiefer *Pinus*; Sommer bis Herbst. (D 32f, Kr 2.299, BK 3.45,).

3.6.04 *Suillus collinitus* (Fr.) Kuntze, *Suillus fluryi* Huijsman
Ringloser Butterpilz

H: 7–13 cm, rehbraun bis kastanienbraun, eingewachsen faserig oder geflammt, feucht schmierig, Huthaut abziehbar. **R:** breit angewachsen, evtl. etwas ausgebuchtet, hellgelb bis olivgelb. **St:** blass bräunlichgelb, Spitze zitronengelb, evtl. fein punktiert, ohne Ring, Basis rötlich mit rosafarbenem Mycelfilz. **F:** blass gelblich. **Ger:** schwach säuerlich. **Ges:** mild. **Spp:** orangeocker. **V:** unter zweinadeliger Kiefer *Pinus;* Sommer bis Herbst. (Kr 2.301, BK 3.43,).

3.6.05 *Suillus plorans* (Rolland) Kuntze
Zirbenröhrling

H: 3–15 cm, strohgelb, gelbbraun bis schokoladenbraun, eingewachsen faserig. **R:** breit bis etwas ausgebuchtet angewachsen, Poren rundlich, blassgelb bis olivbraun. **St:** gelb bis braungelb, mit rotbraunen Drüsenpunkten bedeckt. **F:** gelbbraun, braunorange. **Ger:** schwach säuerlich-obstartig. **Ges:** mild. **Spp:** braunoliv. **V:** unter Arve (Zirbelkiefer, Strobe) *Pinus cembra*; Sommer bis Herbst. (BK 3.49,).

3.6.06 *Suillus placidus* (Bonord.) Singer
Elfenbein-Röhrling

H: 4–10 cm, elfenbeinweiß, gelblich, Druckstellen violettbraun, feucht schmierig. **R:** breit angewachsen bis leicht herablaufend, weiß, bisweilen mit feinen Guttationströpfchen, später gelb bis orangegelb, eingetrocknete Tröpfchen rostgelb. **St:** weißlich, gegen die Basis gelblich und oft verjüngt, ganzer Stiel auffällig mit braunen Drüsenpunkten übersät. **F:** weiß, bald weich. **Ger:** schwach, etwas fruchtartig. **Ges:** mild. **Spp:** ockerlich. **V:** unter fünfnadeliger Kiefer (Arve *Pinus cembra*, Weymouthskiefer *Pinus strobus*); Sommer bis Herbst. (D 30, Kr 2.302, BK 3.48,).

3.6.07 *Suillus bellinii* (Inzenga) Kuntze, *Suillus boudieri* (Quél.) Kuntze, Kleinsporiger Kiefern-Röhrling, Weißbrauner Schmierröhrling: Hut jung weißlich, bald dunkler, nuss- bis schokoladen- oder etwas olivbraun, Rand hell und leicht überstehend, Stiel mit violettrötlichen, später braunen Drüsenpunkten, Geruch fruchtartig, Geschmack etwas süßlich; unter 2- bis 5-nadeligen Kieferarten *Pinus,* vorwiegend mediterran. (D 31,).

3.6.08 ***Suillus grevillei*** (Klotzsch) Singer
Goldgelber Lärchenröhrling, Goldröhrling

H: 3–12 cm, zitronengelb bis goldbraun, klebrig, feucht stark schleimig, mit ganz abziehbarer Huthaut. **R:** gerade angewachsen bis leicht herablaufend, Poren eher fein, rundlich, goldgelb bis schmutzig gelbbräunlich, Druckstellen rostbraun. **St:** gelbbraun marmoriert bis etwas netzartig, erst mit schleimig-häutigem Ring, später Ringzone.

3.6.01 *Suillus bovinus,* Kuh-Röhrling

3.6.02 *Suillus variegatus,* Sand-Röhrling

3.6.03 *Suillus granulatus,* Körnchen-Röhrling

3.6.04 *Suillus collinitus,* Ringloser Butterpilz

3.6.05 *Suillus plorans,* Zirbenröhrling

3.6.06 *Suillus placidus,* Elfenbein-Röhrling

3.6.07 *S. bellinii,* Kleinsporiger Kiefern-Röhrling

3.6.08 *Suillus grevillei,* Goldgelber Lärchenröhrling

F: zitronengelblich, bald weich. **Ger:** schwach evtl. etwas würzig. **Ges:** mild-säuerlich. **Spp:** gelbbräunlich. **V:** bei Lärche *Larix*; Sommer bis Herbst. (D 26, Kr 2.305, BK 3.46, 🖼).

3.6.09 *Suillus tridentinus* Boletinus
Rostroter Lärchenröhrling

H: 5–12 cm, rostorange, eingewachsen faserig-schuppig, feucht schmierig. **R:** etwas herablaufend, Poren leicht eckig, orange bis bräunlichorange. **St:** orange, rostocker, marmoriert, jung mit häutig-faserigem Velum, rasch vergänglich. **F:** gelblich bis rostockerlich. **Ger:** schwach, evtl. etwas fruchtartig. **Ges:** mild. **Spp:** (oliv-)honigbraun. **V:** bei Lärche *Larix*; Sommer bis Herbst. (Kr 2.309, BK 3.51, 🖼).

3.6.10 *Suillus viscidus* (L.) Roussel
Grauer Lärchenröhrling

H: 4–12 cm, ziemlich hell graubraun bis olivgrau, feucht schmierig, Rand oft mit Velumresten behangen. **R:** breit angewachsen bis leicht herablaufend, Poren etwas eckig, eher weit, grauweißlich bis graubräunlich. **St:** graubräunlich marmoriert bis leicht netzartig (Spitze), feucht schleimig, erst mit weißlichem, häutigem Velum, später mit grauer Ringzone. **F:** grauweißlich, evtl. etwas graublau. **Ger:** schwach, evtl. etwas obstartig. **Ges:** mild-säuerlich. **Spp:** (oliv-)bräunlich. **V:** bei Lärche *Larix*; Sommer bis Herbst. (D 27, Kr 2.307, BK 3.53, 🖼).

3.6.11 *Suillus bresadolae* (Quél.) Gerhold, *Suillus nueschii* Singer, Gelbfleischiger Lärchenröhrling: Hut graubraun bis schokoladenbraun, Fleisch gelblich (vor allem im Stiel) und evtl. rosa-violett anlaufend, Ringzone gelblich. (🖼).

3.6.11a *S. bresadolae* var. *flavogriseus* Cazzoli & Consiglio, Graugelber Lärchenröhrling: Hut zitronengelb bis goldbraun, evtl. mit graulichem Beiton, klebrig, feucht stark schleimig, Poren eher fein, rundlich, goldgelb, schmutzig gelb- bis graubräunlich, Druckstellen rostbraun, Fleisch zitronengelblich und blau oder rosa-violettlich anlaufend. (🖼).

3.6.12 *Suillus luteus* (L.) Roussel
Butterpilz, Butterröhrling

H: 5–12 cm, kastanienbraun, schokoladenbraun, evtl. auch gelbbraun, eingewachsen faserig oder geflammt, feucht schmierig, Huthaut abziehbar. **R:** gerade angewachsen bis etwas herablaufend, Poren fein, rundlich, lebhaft hellgelb, später olivgelb. **St:** weißlich mit häutigem, aufsteigendem Ring, Ringreste später violett, vor allem Stielspitze drüsig. **F:** blass gelblich. **Ger:** schwach. **Ges:** mild bis etwas säuerlich. **Spp:** zimtbraun. **V:** unter zweinadeliger Kiefer *Pinus*; Sommer bis Herbst. (D 29, Kr 2.297, BK 3.47, 🖼).

S. luteus f. *albus* Wasser & Soldatova: Hut blass, weißlich.

3.6.13 *Suillus flavidus* (Fr.) J. Presl
Moor-Röhrling

H: 3–8 cm, graugelblich bis bräunlichgelb, glatt bis etwas runzelig, feucht schleimig, Huthaut abziehbar. **R:** etwas herablaufend, Poren weit, eckig, goldgelb, später schmutzig gelb. **St:** blass gelbbräunlich, schleimig beringt, oberhalb evtl. etwas punktiert. **F:** gelblich. **Ger:** schwach. **Ges:** mild-säuerlich. **Spp:** zimtbraun. **V:** unter zweinadeliger Kiefer *Pinus*, auf moorigen, moosigen Böden; Sommer bis Herbst. (D 28, Kr 2.295, BK 3.44, 🖼).

3.6.14 *Suillus americanus* (Peck) Snell, *Suillus sibiricus* (Singer) Singer
Beringter Zirbenröhrling

H: 3–10 cm, strohgelb bis gelbbraun mit rotbraunen Flecken, Huthaut abziehbar, Rand lange mit wolligen Velumresten behangen. **R:** etwas ausgebuchtet bis leicht herablaufend, Poren eher weit, etwas länglich, oval bis eckig, senfgelb. **St:** oberhalb des flüchtigen Rings gelb mit braunen Drüsenpunkten, Basis bräunlich-rosa. **F:** blassgelb, im Stiel etwas bräunlich, rosa. **Ger:** schwach. **Spp:** braunoliv. **V:** bei Arve (Zirbelkiefer) *Pinus cembra*; Sommer bis Herbst. (BK 3.50, 🖼).

3.6.15 *Suillus cavipes* (Klotzsch) A.H. Sm. & Thiers,
Boletinus cavipes (Klotzsch) Kalchbr.
Hohlfuß-Röhrling, Hohlfuß-Schuppenröhrling

H: 5–12 cm, gelbbraun bis kastanienbraun, filzig, faserig-schuppig, Rand evtl. mit Velumresten behangen. **R:** leicht herablaufend, Poren groß, eckig und in der Tiefe abgestuft, gelb bis oliv. **St:** wie der Hut, jung mit faserigem Velum, später mit Ringzone und zusammengeschnürter Spitze, immer hohl. **F:** gelblich, schwammig. **Ger:** unbedeutend. **Ges:** mild. **Spp:** hell olivbraun. **V:** immer bei Lärche *Larix*, vorwiegend in höheren Lagen; Sommer bis Herbst. (D 25, Kr 2.207, BK 3.3, 🖼).

3.6.15a *S. cavipes* var. *aureus* (Rolland) Bellù, Hohlfuß-Röhrling, gelbe Varietät: Hutfarbe zitronen- bis goldgelb. (Kr 2.207, 🖼).

3.6.09 *Suillus tridentinus*, Rostroter Lärchenröhrling

3.6.10 *Suillus viscidus*, Grauer Lärchenröhrling

3.6.11 *S. bresadolae*, Gelbfleischiger Lärchenröhrling

3.6.11a *S. bresadolae* var. *flavogriseus*, Graugelber L.

3.6.12 *Suillus luteus*, Butterpilz

3.6.13 *Suillus flavidus*, Moor-Röhrling

3.6.14 *Suillus americanus*, Beringter Zirbenröhrling

3.6.15 *Suillus cavipes*, Hohlfuß-Röhrling

3.6.15a *Suillus cavipes* var. *aureus*, Hohlfuß-Schuppenröhrling, gelbe Varietät

3.6.16 *Suillus lakei* (Murrill) A.H. Sm. & Thiers, *Boletinus landkammeri* (Pilát & Svrček) Bon, Douglasien-Röhrling: Stiel voll; bei Douglasie *Pseudotsuga*. Kein Speisepilz. (🖼).

3.6.17 *Suillus amabilis* (Peck) Singer, Lieblicher Röhrling: Stiel voll; bei Fichte *Picea*. Kein Speisepilz.

3.6.18 *Suillus spraguei* (Berk. & M.A. Curtis) Kuntze, *Boletinus pictus* Peck, Geschmückter Röhrling, Geschmückter Schuppenröhrling: Hut und Stiel weinrot, filzig auf gelbem Grund; bei Weymouthskiefer *Pinus strobus*. Kein Speisepilz.

3.6.19 *Boletinus asiaticus* Singer, *Suillus asiaticus* (Singer) Kretzer & T.D. Bruns, Asiatischer Schuppenröhrling: Hut und Stiel karminrot, Sporenpulver dunkler braun; bei Lärche *Larix*. Kein Speisepilz.

3.6.16 *Suillus lakei*, Douglasien-Röhrling

3.7 *Gomphidius,* Schmierlinge und Ähnliche

Basidiomycota, Ständerpilze > *Agaricomycetes* > *Boletales,* Dickröhrlingsartige > *Gomphidiaceae,* Schmierlingsverwandte

Familie *Gomphidiaceae,* Schmierlingsverwandte

Die beiden Gattungen der Familie ***Gomphidiaceae,*** Schmierlingsverwandte zeichnen sich durch fleischige Pilze mit feinfilzigen bis stark schleimigen Hutoberflächen, dicklichen, eher entfernt stehenden, wachsartigen Lamellen und lebhaft gelbem Fleisch in der Stielbasis aus.

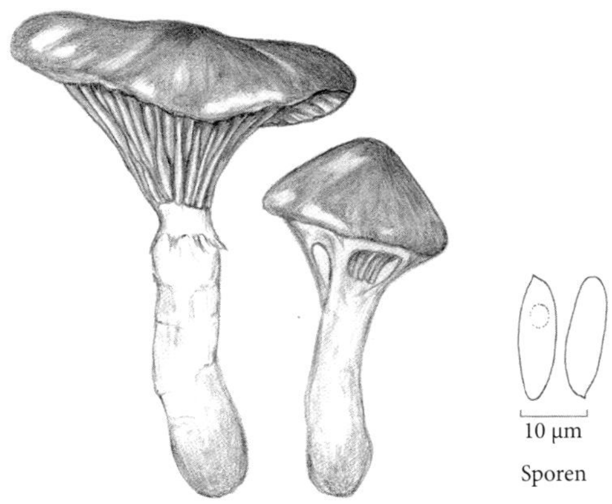

3.7.01 *Gomphidius glutinosus,*
Kuhmaul

Gomphidius, Schmierlinge und Ähnliche

Beschreibung

Gomphidius, Schmierlinge bilden stark schleimige Arten mit kleineren, rosaroten, mittelgroßen fleischbraunen oder ziemlich großen graulila bis graubraun gefärbten Hüten. Der Stiel ist mit einem mehr oder weniger deutlichen Velum mit bleibender, schleimiger Ringzone versehen. ***Chroogomphus,*** Gelbfüße haben hingegen filzige bis glatte Hutoberflächen, orangebräunliche bis kupferrote Farben, oft einen spitzen Buckel und faserige, nicht schleimige Ringreste. Beide Gattungen entwickeln herablaufende, jung weißliche und später vom dunkel- bis schwärzlichbraunen Sporenstaub gefärbte Lamellen und haben die typische gelbe Stielbasis.

Alle Arten der Familie erscheinen vom Sommer bis zum Herbst, vorwiegend in Mykorrhizapartnerschaft bei verschiedenen Nadelbäumen. Bei *Gomphidius* gibt es starke Hinweise auf eine mykoparasitische Verbindung mit verschiedenen *Suillus*-Arten, am besten sichtbar bei *Gomphidius roseus,* Rosenroter Schmierling, dessen Fruchtkörper häufig zusammen mit *Suillus bovinus,* Kuh-Röhrling zu finden sind.

Die Sporen sind glatt, bräunlich, ellipsoid-spindelig, die Cheilozystiden leicht bis deutlich inkrustiert.

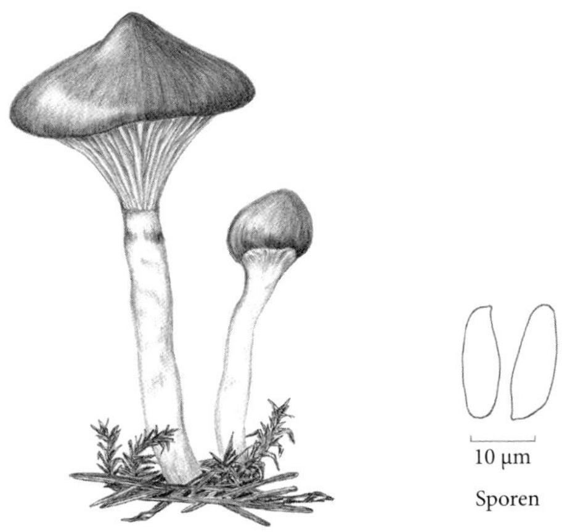

3.7.04 *Chroogomphus rutilus,*
Kupferroter Gelbfuß

Bestimmung

Die Gattungen sind am bereits erwähnten Unterschied von trockener und schleimiger Hutoberfläche gut zu trennen. Die beiden Arten von *Chroogomphus,* Gelbfüße sind ohne Angaben zum Standort bei Fichte *Picea* oder Kiefer *Pinus* nicht immer leicht zu unterscheiden.

Speisewerte

Chroogomphus, Gelbfüße, *Gomphidius glutinosus,* Kuhmaul und *Gomphidius maculatus,* Fleckender Lärchen-Schmierling sind essbar; bei *Gomphidius roseus,* Rosenroter Schmierling ist dies unklar. Die violette Verfärbung, die z. B. bei *Chroogomphus rutilus,* Kupferroter Gelbfuß beim Kochen auftritt, mag unappetitlich wirken, bedeutet aber keine Schädlichkeit. Wie bei den Schmierröhrlingen ist es ratsam, den schleimigen Exemplaren gleich beim Sammeln die Huthaut abzulösen. Die Pilze verschmutzen weniger, und man erspart sich Arbeit bei der Zubereitung.

3.7 *Gomphidius,* Schmierlinge und Ähnliche

Hut stark schleimig, Haut abziehbar, Stiel ± schleimig	
Hut graulila, graubraun, gelbbraun	
Stiel ohne oder mit wenig Flecken, bei Fichte	**01 *Gomphidius glutinosus,* Kuhmaul**
Stiel rot- oder schwarzbräunlich fleckig, jung Guttationstropfen, bei Lärche	02 *Gomphidius maculatus,* Fleckender Lärchen-Schmierling
Hut rosa- bis karminrot	03 *Gomphidius roseus,* Rosenroter Schmierling
Hut nur feucht schmierig, oft mit Buckel, Stiel trocken, mit kupferrotem Farbton	**04 *Chroogomphus rutilus,* Kupferroter Gelbfuß**
Hut und Stiel trocken, fein faserig-schuppig, orangebräunlich (ohne Kupferrot)	**05 *Chroogomphus helveticus,* Filziger Gelbfuß**

3.7.01 *Gomphidius glutinosus* (Schaeff.) Fr.
Kuhmaul, Großer Schmierling

H: 5–12 cm, graulila, graubraun, Druckstellen schwarzbraun, Huthaut schmierig-schleimig und ganz abziehbar. **L:** stark herablaufend, eher entfernt, blassgrau, später dunkelgrau mit violettem Ton, wachsartig, teils gegabelt. **St:** erst ganz schleimig mit schleimigem Velum, später mit schleimiger Ringzone, weißlich, graubräunlich, gegen die Basis gelb. **F:** blass, dick, in der Stielbasis gelb. **Ger:** unauffällig. **Ges:** mild. **Spp:** schwarzbraun. **V:** bei Fichte *Picea*, im Nadel- oder Mischwald bis in höhere Lagen. (D 112, Kr 2.337, BK 3.71, Lu 1.30.4,).

3.7.02 *Gomphidius maculatus* (Scop.) Fr., Fleckender Lärchen-Schmierling, Fleckender Gelbfuß: Hut eher ockergrau bis fleischbräunlich mit dunkler Mitte, schwarzfleckig, Lamellen an Druckstellen und Fleisch rötend, später rostbraun bis schwarz, Stiel weißlich punktiert, bald rotbraun bis schwarzbraun fleckig und trocken, an der Stielspitze jung tränend, schleimiges Velum schnell vergänglich; bei Lärche *Larix*. (D 111, Kr 2.339, BK 3.73, Lu 1.30.6,).

Breitenbach & Kränzlin 1991 und Ludwig 2001 unterscheiden *Gomphidius gracilis* Berk., Weinbrauner Lärchen-Schmierling, Weinbrauner Gelbfuß: Hut kleiner (bis 6 cm), semmelgelb, ocker- bis rotbraun und weniger fleckend, Stiel weiß. Nicht alle Autoren erkennen für eine Artabgrenzung ausreichende Unterschiede zu *G. maculatus* an. (D 111, BK 3.72, Lu 1.30.1).

3.7.03 *Gomphidius roseus* (Fr.) Fr.
Rosenroter Schmierling, Rosenroter Gelbfuß

H: 3–6 cm, rosarot, karminrot, später schmutzig braunrot, schmierig. **L:** stark herablaufend, wachsartig, weißlich bis grau. **St:** erst ganz schleimig mit schleimigem Velum, später schleimige Ringzone, weißlich, etwas bräunlich überfasert. **F:** weiß, unter der Huthaut rötlich. **Ger:** unauffällig. **Ges:** mild. **Spp:** dunkelbraun. **V:** bei Kiefer *Pinus*, oft mit *Suillus bovinus*, Kuh-Röhrling vergesellschaftet. (D 111, Kr 2.335, BK 3.74, Lu 1.30.2,).

3.7.04 *Chroogomphus rutilus* (Schaeff.) O.K. Mill.
Kupferroter Gelbfuß

H: 4–10 cm, braunorange, kupferrötlich, graubraun, fein eingewachsen faserig, feucht schmierig, Mitte oft mit Buckel. **L:** herablaufend, ähnlich wie der Hut gefärbt, mit reifenden Sporen zunehmend schwärzlich. **St:** orangeocker, safrangelb, etwas längsfaserig, mit flüchtigem, faserigem Velum, Basis gelblich. **F:** blass karottengelb, dick. **Ger:** unauffällig. **Ges:** mild. **Spp:** dunkel olivbraun. **V:** bei zweinadeliger Kiefer *Pinus*. (D 111, Kr 2.341, BK 3.70, Lu 1.30.3,).

3.7.05 *Chroogomphus helveticus* (Singer) M.M. Moser
Filziger Gelbfuß

H: 4–10 cm, orangebräunlich, ohne Kupferrot, fein filzig-faserig bis feinschuppig, nicht schmierig, Mitte teils mit Buckel. **L:** herablaufend, ähnlich wie der Hut gefärbt, mit reifenden Sporen zunehmend schwärzlich. **St:** orangeocker, safrangelb, etwas längsfaserig, mit flüchtigem, faserigem Velum, Basis gelblich. **F:** blass karottengelb, dick. **Ger:** unauffällig. **Ges:** mild. **Spp:** dunkel olivbraun. **V:** bei Tanne *Abies* sowie zwei- und fünfnadeliger Kiefer *Pinus*. (D 113, Kr 2.340, BK 3.69, Lu 1.30.5,).

3.7.01 *Gomphidius glutinosus*, Kuhmaul

3.7.02 *Gomphidius maculatus*, Fleckender Gelbfuß

3.7.03 *Gomphidius roseus*, Rosenroter Gelbfuß

3.7.04 *Chroogomphus rutilus*, Kupferroter Gelbfuß

3.7.05 *Chroogomphus helveticus*, Filziger Gelbfuß

3.8 *Gyrodon,* Grüblinge

Basidiomycota, Ständerpilze > *Agaricomycetes* > *Boletales,* Dickröhrlingsartige > *Paxillaceae,* Kremplingsverwandte

Familie *Paxillaceae,* Kremplingsverwandte und Ähnliche

Die Familie ***Paxillaceae*** ist nach der Gattung *Paxillus,* Kremplinge mit lamellenartigen Pilzen benannt, enthält aber auch die Gattung *Gyrodon,* Grüblinge mit Röhren. Mit den knolligen *Melanogaster,* Schleimtrüffel und *Alpova,* Hellsporschleimtrüffel beherbergt sie auch ganz andere Formen, die in Kapitel 1 zu finden sind.

3.8.01 *Gyrodon lividus,* Erlen-Grübling

Gyrodon, Grüblinge

Beschreibung

In diesem Buch wird aus dieser Gattung nur der ziemlich seltene ***Gyrodon lividus,*** Erlen-Grübling erwähnt. Sein Hut ist braun, feinsamtig bis glatt. Die stark herablaufende Röhrenschicht ist gelb, schmal und lässt sich nur schwer vom Hutfleisch trennen. Auch untereinander sind die Röhren nur schwer zu lösen. Damit trägt der Pilz ansatzweise Eigenschaften der zähen Porlinge aus der Familie *Polyporaceae* und Ähnlichen. *Gyrodon* (griech. «gyros» = Kreis, Windung; «odontos» = Zahn) bedeutet etwa «gewunden-gezähnt»; die ältere Gattungsbezeichnung *Uloporus* (griech. «ulos» = kraus) bedeutet «krausporig».

Gyrodon, Grüblinge wachsen im Sommer bis Herbst in Mykorrhizapartnerschaft mit Erle *Alnus.*

Die Sporen sind glatt, ellipsoid und eher klein.

Speisewerte

Der Erlen-Grübling ist essbar, wird aber wegen des seltenen Vorkommens kaum gesammelt.

3.8.01 *Gyrodon lividus* (Bull.) Sacc., *Uloporus lividus* (Bull.) Quél.
Erlen-Grübling

H: 5–15 cm, strohgelb bis rotbraun, Druckstellen dunkler, feinsamtig, leicht klebrig, feucht etwas schmierig, eingewachsen faserig, Rand oft wellig, Huthaut überstehend. **R:** stark herablaufend, kurz, ungleich lang, etwas ausgefranst und später gewunden-labyrinthartig, Poren sehr eng, gelb, später etwas olivlich, bräunlich. **St:** wie der Hut gefärbt, gegen die Basis verjüngt, voll, brüchig, oft etwas exzentrisch. **F:** gelblich, schwach blauend, im Stiel gelb. **Ger:** säuerlich. **Ges:** säuerlich. **Spp:** ockerbräunlich. **V:** bei Schwarz- oder Grauerle *Alnus;* Sommer bis Herbst. (D 24, Kr 2.255, BK 3.28,).

3.8.01 *Gyrodon lividus,* Erlen-Grübling

3.9 *Paxillus*, Kremplinge und Ähnliche

Basidiomycota, Ständerpilze > *Agaricomycetes* > *Boletales*, Dickröhrlingsartige > *Paxillaceae*, Kremplingsverwandte

Familie *Paxillaceae*, Kremplingsverwandte und Ähnliche

Die Arten der Gattungen *Paxillus*, Kremplinge und *Tapinella*, Muschelkremplinge haben beide Lamellen und sind sich sehr ähnlich. Trotzdem sind in der Familie ***Paxillaceae***, Kremplingsverwandte die Gattungen *Paxillus*, Kremplinge mit Lamellen und *Gyrodon*, Grüblinge mit Röhren vereint, während *Tapinella*, Muschelkremplinge zur separaten Familie ***Tapinellaceae***, Muschelkremplingsverwandte zählen. Für die wenigen Arten gibt es der Einfachheit halber kein eigenes Unterkapitel; sie sind nachfolgend zusammen mit der Gattung *Paxillus* aus der Familie *Paxillaceae* beschrieben.

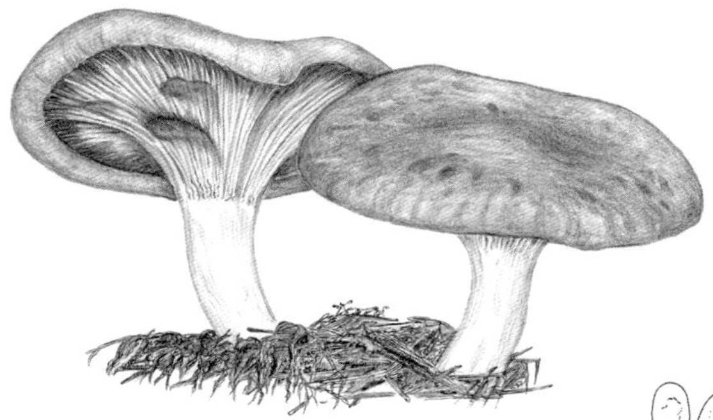

3.9.01 *Paxillus involutus*, Kahler Krempling

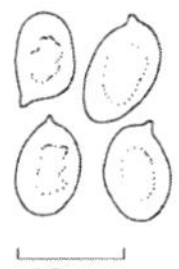

10 µm

Sporen

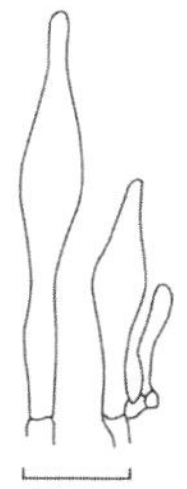

20 µm

Hymenialzstiden (HymZ)

Beschreibung

Paxillus, Kremplinge sind vor allem mittlere bis sehr große und selten kleine Pilze, mit zentralem, exzentrischem oder seitlichem Stiel. Die Hutoberfläche ist etwas filzig bis kahl, in gelber, olivbrauner bis brauner Farbe. Typisch ist der meist lang eingerollt bleibende Rand. Die Lamellenschicht ist ähnlich gefärbt wie die Hutoberseite und leicht vom Hutfleisch ablösbar. Unter anderem zeigt dies die Verwandtschaft zu den Röhrlingen. Dies gilt auch für die ähnlichen ***Tapinella*** aus der Familie der *Tapinellaceae* mit dem großen und fleischigen *Tapinella atrotomentosa*, Samtfuß-Krempling und dem kleinen bis mittelgroßen, eher seltenen *Tapinella panuoides*, Gemeiner Muschelkrempling. Die Farbe des Sporenpulvers ist braun.

Die Fruchtkörper erscheinen vom Sommer bis in den Herbst. *Paxillus*, Kremplinge wachsen auf Erde und gelten als Mykorrhizapartner verschiedener Laub- und vereinzelt auch Nadelbäume. *Tapinella* wachsen auf totem Holz und sind Saprobionten.

Die Sporen sind glatt, ellipsoid, gelbbraun und teilweise dextrinoid. *Paxillus*, Kremplinge haben Hymenialzystiden, die *Tapinella*-Arten keine.

Bestimmung

Der Standort auf Erde oder Holz trennt die Gattungen *Paxillus* und *Tapinella* voneinander. *Paxillus involutus*, Kahler Krempling war lange eine Sammelart, die inzwischen in mehrere Arten aufgeteilt ist. Die Unterschiede liegen in der Hutgröße, im Standort und in einer allfällig grünen Verfärbung der Huthaut mit Ammoniak.

Speisewerte

Paxillus involutus, Kahler Krempling oder Empfindlicher Krempling (empfindlich, weil er sich bei Druck sofort verfärbt) und die ähnlichen Arten sind heimtückisch giftig. Diese Erkenntnis ist nicht alt; in der Literatur lässt sich die entsprechende Wandlung verfolgen. Im «Taschenbuch der Pilze» von Cleff 1909 steht: «... und zählt mit zu den wohlschmeckendsten und wertvollsten Pilzen». Im «Handbuch für Pilzfreunde» (Michael & Hennig 1958) erscheint eine Warnung: «essbar, aber roh genossen giftig», und im Text ist mit fetter Schrift angefügt: «längeres Kochen (25 Min.) ist unbedingt erforderlich». In Engel 1965 heißt es wieder etwas weniger streng: «... ein schmackhafter Speisepilz, wenn auch der Magen des einen oder anderen Pilzfreundes allergisch reagiert, dann vor allem, wenn der Pilz roh oder unzureichend gekocht genossen wird». Heute wird vom Verzehr dieses Pilzes dringend abgeraten, da sich herausgestellt hat, dass eine Antigen-Antikörper-Reaktion bei mehrmaligem Genuss zu gefährlicher bis tödlicher Blutzersetzung führen kann (Winkelmann et al. 1986). Von *Paxillus rubicundulus*, Erlen-Krempling ist nichts Derartiges bekannt. Die Verwechslungsgefahr ist aber so groß, dass man diesen Pilz auch meiden soll. Die auf Holz wachsenden *Tapinella*-Arten gelten als ungenießbar oder jedenfalls minderwertig.

3.9 *Paxillus,* Kremplinge und Ähnliche

- auf Erde
  - Lamellen gelbbraun, Druckstellen dunkler, nur leicht queradrig
    - im Wald, an schattigen Plätzen, Hut bis 15 cm, Sporen 7,5–11,5 µm … **01 *Paxillus involutus,* Kahler Krempling**
    - außerhalb des Waldes Sporen 6–10,5 µm
      - grüne Verfärbung mit Ammoniak (NH_3) auf dem Hut, bis 30 cm breit … 03 *Paxillus ammoniavirescens,* Großer Krempling
      - ohne grüne Verfärbung mit Ammoniak (NH_3) auf dem Hut
        - Hut bis 15 cm, gesellig, aber meist einzeln, Sporenpulver rostbraun … 02 *Paxillus cuprinus,* Kupferfarbener Krempling
        - Hut bis 30 cm, oft büschelig, Sporenpulver wein- bis dunkelbraun … 04 *Paxillus obscurisporus,* Dunkelsporiger Krempling
    - bei Erle, Hut mit eingewachsenen od. angedrückten Schuppen, Sporen 5–8 µm … 05 *Paxillus rubicundulus,* Erlen-Krempling
  - Lamellen leuchtend gelb, stark queradrig, Druckstellen ± unveränderlich … 3.3.16 *Phylloporus pelletieri,* Europäisches Goldblatt
- auf Holz
  - Stiel mit schwarzbraunem Filz, groß, dickfleischig … **06 *Tapinella atrotomentosa,* Samtfuß-Krempling**
  - meist ungestielt (seitlich), klein bis mittelgroß, dünnfleischig
    - Hut einfarbig, Stiel, wenn vorhanden, hutfarben
      - Hut olivgelb, olivocker, gelbbraun, Geruch unauffällig, angenehm … 07 *Tapinella panuoides,* Gemeiner Muschelkrempling
      - Hut weißgelb bis sattorange, Geruch unangenehm kohlartig … 5.22.17 *Phyllotopsis nidulans,* Gemeiner Orangeseitling
    - Hut am Stielansatz und Stiel, wenn vorhanden, lila … 08 *Paxillus ionipus,* Lilastieliger Muschelkrempling

3.9.01 *Paxillus involutus* (Batsch) Fr. ☠
Kahler Krempling, Empfindlicher Krempling

H: 5–15 cm, trocken feinsamtig, feucht schmierig, jung oft mit Buckel, ocker- bis olivbraun, graubraun, auch rostbraun, Druckstellen dunkler, Rand lange eingerollt, anfangs filzig und evtl. gerippt. **L:** etwas herablaufend, oft gegabelt, ockergelb, Druckstellen bald dunkelbraun, später fast schwarz, leicht vom Hutfleisch abtrennbar. **St:** wie der Hut gefärbt, etwas längsfaserig, Basis verjüngt. **F:** gelblich bis braungelb, braun verfärbend. **Ger:** auffällig obstartig. **Ges:** leicht säuerlich, im Rachen zusammenziehend (adstringierend). **Spp:** rostbraun. **V:** im Laub- und Nadelwald, vorwiegend bei Birke *Betula* und Fichte *Picea*. **Mik:** Sporen glatt, ellipsoid, selten mit eingeschnürter Spitze, 7,5–11,5 × 4,5–6 µm, schwach dextrinoid und cyanophil. **Ch:** Ammoniak (NH_3) auf Huthaut ohne grüne Verfärbung. (D 102, Kr 2.344, BK 3.64, Lu 1.61.2, 🖾).

3.9.02 *Paxillus cuprinus* Jargeat, Gryta, J.-P. Chaumeton & Vizzini, Kupferfarbener Krempling: Hut jung nie gebuckelt, mit zunehmendem Alter oft kupferbraun, vor allem bei Trockenheit, Fleisch bei Verletzung sehr rasch bräunend; an lichten Stellen in Parks, an Waldrändern, bei Birke *Betula*, Hasel *Corylus*, Erle *Alnus* oder Hainbuche *Carpinus*. Sporen 7–10 × 5–6 µm, Sporenspitze häufig eingeschnürt.

3.9.03 *Paxillus ammoniavirescens* Contu & Dessì, in Dessì & Contu, *Paxillus validus* C. Hahn, Großer Krempling: Hut 8–28 cm, schmierig-schleimig, gelbbraun bis orangebraun, ganzer Fruchtkörper mit gelbem Farbton, Stiel meist kurz, Geruch stark fruchtartig bis etwas erdartig; oft büschelig und außerhalb des Waldes, vorwiegend bei Pappel *Populus*, Linde *Tilia*, evtl. Weide *Salix*. Sporen 7–10,5 × 5–6 µm. Mit Ammoniak (NH_3) ergibt sich auf der Huthaut eine grüne Verfärbung, vor allem wenn schleimig.

3.9.04 *Paxillus obscurisporus* C. Hahn, *Paxillus obscurosporus* C. Hahn, Dunkelsporiger Krempling: Hut 6–25 cm, dunkel gelb- bis rotbraun, Stiel kurz, Sporenpulver wein- bis dunkelbraun; oft büschelig, außerhalb des Waldes, bei Pappel *Populus*, Linde *Tilia*, evtl. Eiche *Quercus*. Sporen 6–9,5 × 4–6 µm.

3.9.05 *Paxillus rubicundulus* P.D. Orton, *Paxillus filamentosus* (Scop.) Fr.
Erlen-Krempling

H: 5–15 cm, trocken feinsamtig, feucht schmierig, mit feinen, eingewachsenen oder angedrückten Schuppen, ocker- bis olivbraun, auch rostbraun, Druckstellen dunkler, Rand bald nicht mehr eingerollt und rippig. **L:** etwas herablaufend und leicht vom Hutfleisch abtrennbar, oft gegabelt, ockergelb, Druckstellen rötlich-braun verfärbend. **St:** wie der Hut gefärbt, etwas längsfaserig, Basis verjüngt. **F:** gelblich bis braungelb, braun verfärbend. **Ger:** auffällig obstartig. **Ges:** leicht säuerlich, im Rachen zusammenziehend (adstringierend). **Spp:** rostbraun. **V:** bei Erle *Alnus*. **Mik:** Sporen glatt, ellipsoid, 5,5–8,5 × 3,5–5,5 µm, schwach dextrinoid und cyanophil. (D 103, Kr 2.345, BK 3.65, Lu 1.61.3, 🖾).

Molekulargenetische Untersuchungen von Gelardi et al. 2014 haben aufgezeigt, dass es sich bei *P. rubicundulus* um einen Komplex mit drei in Europa vorkommenden Arten handelt.

3.9.06 *Tapinella atrotomentosa* (Batsch) Šutara,
Paxillus atrotomentosus (Batsch) Fr.
Samtfuß-Krempling

H: 6–20 cm, olivbraun, rotbraun, feinsamtig bis kahl. **L:** am Stiel herablaufend, gegabelt, creme bis ockergelb, Druckstellen violettbräunlich verfärbend. **St:** dick und kurz, derb, auffällig schwarzbraun, samtig, oft exzentrisch bis seitlich angewachsen. **F:** creme bis gelblich, weich, beim Schneiden fleckenweise violettbraun. **Ger:** unauffällig, säuerlich. **Ges:** etwas bitterlich, tintenartig, zusammenziehend. **Spp:** gelb-, olivbraun. **V:** auf morschen Strünken, vor allem auf Nadelholz. **Mik:** Sporen glatt, breit ellipsoid, 4–6,5 × 3–4,5 µm, dextrinoid und leicht cyanophil. (D 104, Kr 2.346, BK 3.63, Lu 1.61.4, 🖾).

3.9.07 *Tapinella panuoides* (Fr.) E.-J. Gilbert, *Paxillus panuoides* (Fr.) Fr.
Gemeiner Muschelkrempling

H: 2–10 cm, muschelförmig, olivgelb, olivocker, gelbbraun, erst feinfilzig später kahl, Rand eingerollt. **L:** blassocker, olivgelblich, zimtfarben bis orange, vom Hutfleisch ablösbar. **St:** seitlich, meist fehlend. **F:** cremefarben, dünn. **Ger:** unauffällig, angenehm. **Ges:** mild. **Spp:** braun. **V:** meist büschelig, auf totem Holz, Strünken, vor allem auf Nadelholz. **Mik:** Sporen glatt, ellipsoid, 4–6,5 × 3–4,5 µm, stark dextrinoid, cyanophil. (D 105, Kr 2.348, BK 3.68, Lu 1.61.1, 🖾).

3.9.08 *Paxillus ionipus* Quél., *P. panuoides* var. *ionipus* (Quél.) Tkalčec & Mešić, Lilastieliger Muschelkrempling: Stiel und Hut beim Stielansatz (vor allem jung) lila und filzig.

3.9.01 *Paxillus involutus*, Kahler Krempling

3.9.05 *Paxillus rubicundulus*, Erlen-Krempling

3.9.06 *Tapinella atrotomentosa*, Samtfuß-Krempling

3.9.07 *Tapinella panuoides*, Gemeiner Muschelkrempling

3.10 *Hygrophoropsis,* Afterleistlinge

Basidiomycota, Ständerpilze > *Agaricomycetes* > *Boletales,* Dickröhrlingsartige > *Hygrophoropsidaceae,* Afterleistlingsverwandte

Familie *Hygrophoropsidaceae,* Afterleistlingsverwandte

Mit den schmalen, herablaufenden Lamellen gleicht *Hygrophoropsis aurantiaca,* Falscher Pfifferling, die häufigste Art aus der Familie ***Hygrophoropsidaceae,*** den echten Leistlingen in der Verwandtschaft des Pfifferlings, zählt aber, wie weitere Gattungen, trotz Lamellen zur Verwandtschaft der *Boletales,* Dickröhrlingsartige.

10 µm

Sporen

3.10.01 *Hygrophoropsis aurantiaca,* Falscher Pfifferling

Hygrophoropsis, Afterleistlinge

Beschreibung

Kleine bis mittelgroße Pilze mit seitlichem, exzentrischem oder auch zentralem Stiel, herablaufenden Lamellen und weißlichem bis blassgelbem Sporenpulver. Die Farbe ist vorwiegend gelborange bis orangebraun, seltener orangerosa.

Hygrophoropsis-Arten erscheinen vom Sommer bis Herbst als Saprobionten auf Erde oder morschem Holz.

Die Sporen sind glatt, ellipsoid und leicht bis deutlich dextrinoid, Zystiden fehlen.

Bestimmung

Hygrophoropsis aurantiaca, Falscher Pfifferling kann durchaus mit *Cantharellus cibarius,* Echter Pfifferling verwechselt werden, besonders wenn er an ähnlichen Standorten vorkommt. Er ist jedoch weniger fleischig, im Farbton mehr orange, und es fehlt ihm der typische, fruchtartige Geruch des Echten Pfifferlings. Es gibt ähnliche Arten aus anderen Familien, auf die hier ebenfalls verwiesen wird. Der auffällig süßlich duftende, kleine und weißliche *Aphroditeola olida,* Duftender Afterleistling wurde lange Zeit auch zu dieser Gattung gezählt, gehört jetzt aber zur Familie *Hygrophoraceae,* Wachsblättler.

Speisewerte

Es gibt keine Speisepilze in dieser Gruppe. Die Angaben zum Wert des Falschen Pfifferlings sind unterschiedlich. Sie reichen von «essbar» über «ungenießbar» bis zu «der Genuss führt zu ernsthaften Verdauungsstörungen». Als Delikatesse wird er jedenfalls nirgends angepriesen.

3.10 *Hygrophoropsis,* Afterleistlinge

- Hut und Lamellen gelb bis orange, rotbraun
  - Stiel exzentrisch oder zentral
    - Lamellen vielfach gegabelt, meist auf Erde …… **01 *Hygrophoropsis aurantiaca,* Falscher Pfifferling**
    - Lamellen höchstens vereinzelt gegabelt, büschelig auf Holz
      - Hut dunkelrot bis kastanienbraun, Fleisch mit Ammoniak leicht grün …… 5.18.32 *Omphalotus olearius,* Dunkler Ölbaumtrichterling
      - Hut gelborange, fuchsig, Fleisch mit Ammoniak intensiv grün-schwarz …… 5.18.31 *Omphalotus illudens,* Orangefarbener Ölbaumtrichterling
  - Stiel seitlich, meist in Gruppen auf Holz (dachziegelartig) …… 5.22.17 *Phyllotopsis nidulans,* Gemeiner Orangeseitling
- Hut und Lamellen cremeweißlich bis blassockerlich
  - Geruch unauffällig, relativ dickfleischig, Stiel exzentrisch oder zentral
    - Sporen 6–8 µm …… 02 *Hygrophoropsis fuscosquamula,* Blasser Afterleistling
    - Sporen 7–11 µm …… 03 *Hygrophoropsis macrospora,* Großsporiger Afterleistling
  - Geruch mehlartig, dünnfleischig, Stiel exzentrisch oder seitlich …… 5.22.10 *Hohenbuehelia petaloides,* Spatelförmiger Muscheling
- Hut fleischrosa, ockerrosa, süßlicher Duft …… 4.2.45 *Aphroditeola olida,* Duftender Afterleistling

3.10.01 *Hygrophoropsis aurantiaca* (Wulfen) Maire
Falscher Pfifferling, Falscher Eierschwamm

H: 2–7 cm, gelb, orangegelb bis bräunlichorange, feinsamtig, filzig bis kahl, im Alter meist trichterig und wellig, flatterig verbogen. **L:** etwas herablaufend, oft gegabelt, schmal, gelborange. **St:** oft exzentrisch, braunorange, knorpelig, zäh. **F:** cremeocker, mitteldick und weich. **Ger:** unauffällig (etwas krautig). **Ges:** mild. **Spp:** weißlich, blassgelb. **V:** im Nadelwald, seltener im Laubwald, auf Erde, Moos oder Holzstrünken; Sommer bis Herbst. **Mik:** Sporen glatt, ellipsoid, 5–7 × 3,5–4,5 µm, stark dextrinoid. (D 106, Kr 3.274, BK 3.61, Lu 1.34.1, 🖼).

Hygrophoropsis rufa (D.A. Reid) Knudsen: Hut 3–10 cm, orange- bis dunkelbraun, Lamellen stark herablaufend, orange bis dunkelorange, Stiel in den gleichen Farben wie der Hut. Sporen glatt, ellipsoid, dickwandig, 5–7 × 3–4 µm.

Sehr ähnlich werden kann *Haasiella venustissima*, Zweisporiger Prachtnabeling, der allerdings im Winter wächst und gelboranges Sporenpulver hat.

3.10.02 *Hygrophoropsis fuscosquamula* P.D. Orton, Blasser Afterleistling, Braunschuppiger Afterleistling: Hut 1,5–5 cm, cremeweiß bis blassocker, angedrückt schorfig oder mit braunen Härchen, Lamellen dickfleischig, sehr schmal, erst weißlich, später creme; bei Binsen *Juncus*. Sporen glatt, ellipsoid, dickwandig, 6–8 × 3,5–4,5 µm. (D 108).

3.10.03 *Hygrophoropsis macrospora* (D.A. Reid) Kuyper, *H. aurantiaca* var. *macrospora* D.A. Reid, Großsporiger Afterleistling: Hut ockergelb, Lamellen und Fleisch weiß, Stiel erst weißlich, später wie der Hut gefärbt; bei Binsen Juncus, Torfmoos *Sphagnum* oder im Fichtenwald *Picea*, Sporen 7–11 × 3–4,5 µm.

Hygrophoropsis pallida (Peck) Kreisel: gemäß Kuyper 1996 und Kibby 2012b handelt es sich um eine ungültige und ungeklärte Art, ein «nomen confusum» aus dem Umfeld der beiden ähnlichen Arten *H. fuscosquamula* und *H. macrospora*.

3.10.01 *Hygrophoropsis aurantiaca*, Falscher Pfifferling

4 *Hygrophoraceae,* Wachsblättler

Basidiomycota, Ständerpilze > *Agaricomycetes* > *Agaricales,* Blätterpilze

Familie *Hygrophoraceae,* Wachsblättler

Die wachsartigen, dicklichen und oft entfernt stehenden Lamellen mit scharfen Schneiden sind das verbindende und gemeinsame Erkennungsmerkmal dieser Familie. Für Einsteigende ist die Eigenschaft dieser weichen, etwas fettig wirkenden Lamellen oder Blätter jedoch kaum ausreichend zu beschreiben. Es führt kein Weg daran vorbei, diese Unterscheidung an frischen Pilzen unter Mithilfe von erfahrenen Leuten einzuüben. Mit einiger Erfahrung lässt sich diese Abgrenzung schließlich erstaunlich gut treffen. Viele Arten sind zudem klebrig oder schmierig – jedoch nicht alle. Auch die beiden Gattungen *Hodophilus,* Scheinsamtschnecklinge und *Lamelloclavaria,* Scheinsaftlinge haben dickliche, wachsartige Lamellen. Trotzdem gehören sie nicht zu den Wachsblättlern, sondern zur Familie *Clavariaceae,* Keulchenverwandte – ein Hinweis, dass sich Lamellen im Laufe der Evolution über verschiedene Wege entwickelt haben.

Hygrophorus, Schnecklinge sind Mykorrhizapilze und wachsen deshalb stets in Partnerschaft mit Bäumen. *Hygrocybe,* Saftlinge, *Chrysomphalina,* Goldnabelinge, *Arrhenia,* Adermooslinge und die beiden Gattungen aus der Familie *Clavariaceae,* Keulchenverwandte können unabhängig von lebenden Bäumen wachsen und gelten als Saprobionten. Bei *Hygrocybe* gibt es Untersuchungen und Vermutungen, dass allenfalls fakultative Mykorrhiza möglich ist.

Unter dem Mikroskop zeigen ***Hygrophoraceae***, Wachsblättler oder Schnecklingsverwandte auffällige lange und schlanke Basidien und glatte Sporen ohne Jodreaktionen.

Bestimmung

Der Standort, an dem die Pilze gefunden werden, ist für die Bestimmung von Wachsblättlern besonders hilfreich. Die etwas robusteren *Hygrophorus,* Schnecklinge sind mehrheitlich in Wäldern zu finden. Dies unterscheidet sie von den eher kleinen, meist lebhaft gefärbten *Hygrocybe,* Saftlinge mit fragilem, glasig wirkendem Fleisch und mehrheitlich nicht herablaufenden Lamellen sowie den etwas dickfleischigeren *Cuphophyllus,* Ellerlinge mit zugleich herablaufenden Lamellen. Diese beiden Gruppen wachsen mehrheitlich auf nährstoffarmen Wiesen außerhalb von Wäldern. Vorwiegend bei Moosen, Brandstellen oder auf nackter Erde wachsen die dünnfleischigen, nabelingsartigen *Arrhenia,* Adermooslinge. An den mehrheitlich kleinen Arten sind wachsartige Lamellen nicht immer klar zu erkennen. Viele dieser Arten haben denn auch lange Zeit zu den *Omphalina* im Umfeld der Ritterlinge *Tricholomataceae* s. l., Ritterlingsähnliche gezählt und sind dort deshalb ebenfalls verschlüsselt. Die kleine Gruppe *Chrysomphalina,* Goldnabelinge und *Lichenomphalia,* Flechtennabelinge bildet ihre Fruchtkörper vorwiegend auf morschem Holz oder torfigem Boden.

Speisezwecke

Für Speisezwecke gibt es einige wenige geeignete Schnecklingsarten, die in den entsprechenden Abschnitten genannt werden. Die Mehrheit der Wachsblättler sind aber für die Küche ungeeignet; einige Arten sind giftig.

4.1.31a *Hygrocybe glutinipes* var. *rubra,* Roter Schleimfuß-Saftling
Diese Pilze zeigen sehr deutlich das Merkmal der wachsartigen, dicklichen und entfernten Lamellen, welche die Arten dieser Familie teilen. Die zahlreichen Saftlinge zeichnen sich besonders durch die lebhaften, glasig wirkenden Farben aus. Ein Teil dieser farbenfrohen Fruchtkörper hat trockene Stiele und Hutoberflächen, andere haben eine schmierige oder schleimige Haut. An diesen Roten Schleimfuß-Saftlingen sieht man sehr schön den schleimigen Stiel. Sind die Pilze älter oder schon länger gepflückt worden, trocknet der Schleim ein, bleibt aber als klebrige Schicht auch dann erkennbar.

Schlüssel zu den Gattungen

- auf Erde
  - Fleisch glasig, fragil, dünn
    - Hutfarbe rot oder orange
      - Hut und Stiel trocken … 4.1 *Hygrocybe,* Saftlinge u. Ä. (A1)
      - Hut oder Stiel klebrig bis schleimig … 4.1 *Hygrocybe,* Saftlinge u. Ä. (B1)
    - Hutfarbe gelb, gelbgrün, rosaviolett, grau, braun oder schwarz
      - Hut und Stiel trocken … 4.1 *Hygrocybe,* Saftlinge u. Ä. (A2)
      - Hut oder Stiel klebrig bis schleimig … 4.1 *Hygrocybe,* Saftlinge u. Ä. (B2)
  - Fleisch nicht glasig, dünn bis dick
    - in Wiesen
      - Hut 4–10 cm, grau-braun, Geruch stark nach Mehl … 5.1 *Tricholoma,* Ritterlinge u. Ä.(A1)
      - ohne diese Merkmale
        - Hut und Stiel trocken
          - Hut > 1 cm … 4.1 *Hygrocybe,* Saftlinge u. Ä. (A)
          - Hut < 1 cm … 4.4 *Arrhenia,* Adermooslinge u. Ä.
        - Hut oder Stiel klebrig bis schleimig … 4.1 *Hygrocybe,* Saftlinge u. Ä. (B)
    - im Wald (evtl. Waldwiesen)
      - Frkp. > 4 cm, eher fleischig, kaum genabelt oder trichterförmig
        - Hut weiß, cremegelb, gelb, orangerot, gelb- bis orangebraun oder braun … 4.2 *Hygrophorus,* Schnecklinge u. Ä. (A)
        - Hut rosa, weinrot, grau, graubraun, olivbraun, schwärzlich … 4.2 *Hygrophorus,* Schnecklinge u. Ä. (B)
      - Frkp. < 4 cm, dünnfleischig, genabelt oder trichterförmig … 4.4 *Arrhenia,* Adermooslinge u. Ä.
    - bei Moos, Frkp. < 4 cm, dünnfleischig, genabelt bis trichterförmig … 4.4 *Arrhenia,* Adermooslinge u. Ä.
    - auf Brandstellen, Frkp. < 4 cm, dünnfleischig, genabelt bis trichterförmig … 4.4 *Arrhenia,* Adermooslinge u. Ä.
- auf morschem Holz … 4.3 *Chrysomphalina,* Goldnabelinge u. Ä.

4.1 *Hygrocybe,* Saftlinge und Ähnliche

Basidiomycota, Ständerpilze > *Agaricomycetes* > *Agaricales,* Blätterpilze > *Hygrophoraceae,* Wachsblättler

Beschreibung

Kleine bis mittelgroße, teilweise wunderschön intensiv gefärbte Pilze. Die Farben wirken eigenartig glasig oder wie eingefettet, und ihre Palette reicht von leuchtendem Rot, Rosa, Orange, Gelb, Grün oder Violett bis zu mattem, trübem Braun, Grau, Schwarzbraun oder auch Creme bis Reinweiß. Die Oberfläche ist selten trocken und meistens leicht klebrig, schmierig bis stark schleimig. Kegelige Hüte oder spitze Buckel sind häufig. Wie bei den verwandten *Hygrophorus,* Schnecklinge sind die Lamellen eigenartig wächsern, meist dicklich und entfernt stehend, mit schmalen, scharfen Schneiden und teils ebenfalls intensiven Farben. Trotzdem ist das Sporenpulver immer weiß oder höchstens cremefarben. ***Hygrocybe,*** Saftlinge und ***Cuphophyllus,*** Ellerlinge wurden in den letzten Jahren nicht nur in verschiedene Gattungen aufgeteilt. Man hat sie auch in unterschiedlichen Familien untergebracht. Während sie Fries 1821 ursprünglich zu *Clitocybe,* Trichterlinge zählte, wurden sie später zusammen mit *Hygrophorus,* Schnecklinge ein Teil der Familie *Hygrophoraceae,* Wachsblättler. Bas 1990 schlug vor, *Hygrocybe* wieder daraus zu entfernen und in die *Tricholomataceae,* Ritterlingsverwandte einzuordnen. Aufgrund ihres einzigartigen Charakters schlug Bon 1992 sogar eine Ordnung vor, die *Hygrophorales.* Diese Abgrenzung wurde jedoch wieder verworfen. Nach einer umfassenden phylogenetischen Analyse von Lodge et al. 2014 gibt es nun eine Aufteilung der Saftlinge in die Gattungen ***Chromosera, Gliophorus, Gloioxanthomyces,*** *Hygrocybe,* ***Neohygrocybe*** und ***Porpolomopsis*** welche wieder zur Ordnung *Agaricales,* Blätterpilze und darin zur Familie *Hygrophoraceae,* Wachsblättler gehören. Die eher fleischigen Arten mit herablaufenden oder zumindest gerade angewachsenen Lamellen waren einst in der separaten Gattung *Camarophyllus* mit der deutschen Bezeichnung Ellerlinge untergebracht. Nachdem diese Artengruppe vorübergehend zu *Hygrocybe* gezählt wurde, trägt sie hier die Bezeichnung *Cuphophyllus.* Erst vor wenigen Jahren ist eine den Saftlingen ähnliche, hier ebenfalls verschlüsselte Art der Gattung *Lamelloclavaria,* Scheinsaftlinge beschrieben worden, die jedoch zur Familie *Clavariaceae,* Keulchenverwandte gehört. Diese komplizierten Entwicklungswege mögen dem Einsteiger beispielhaft verständlich machen, weshalb in dieser Gattung die verwirrende Vielfalt verwendeter Namen für einzelne Pilzarten besonders zahlreich sind.

Man findet die Arten dieser Gattungen vor allem auf ungedüngten Wiesen, auch in Mooren und häufig in höheren Lagen. Sie sind Saprobionten.

Die Sporen sind glatt, ellipsoid, teilweise etwas eingeschnürt und nicht amyloid. Die Basidien sind lang und schmal.

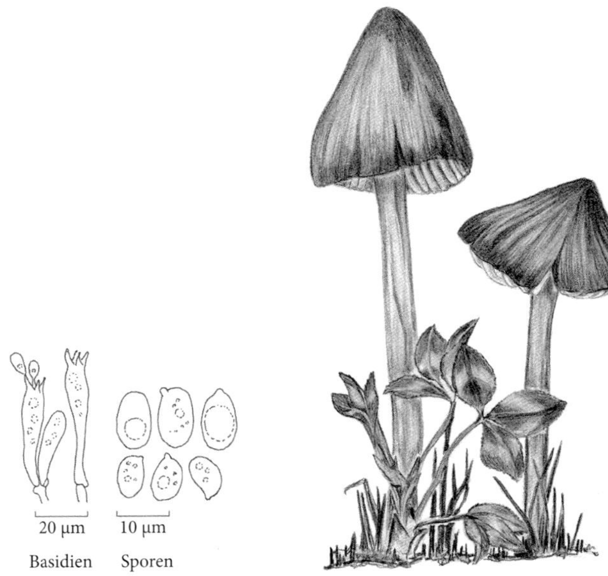

4.1.01 *Hygrocybe conica,*
Kegeliger Saftling

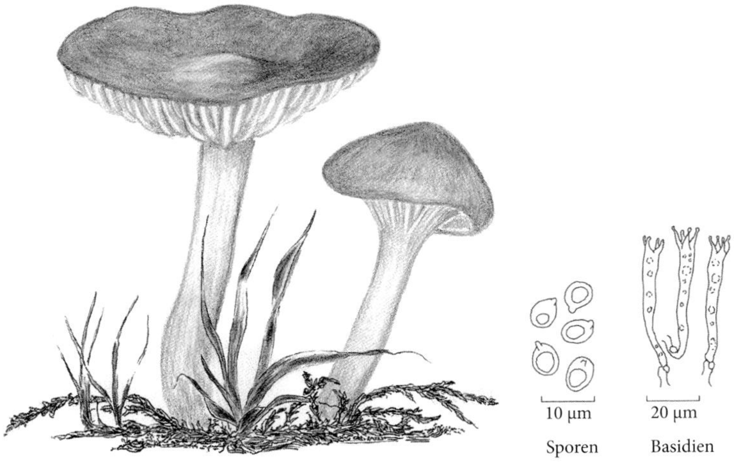

4.1.46 *Cuphophyllus pratensis,*
Orangefarbener Wiesen-Ellerling

Bestimmung

Die hier beschriebenen Arten sind in sieben Farbgruppen eingeteilt. Auf der ersten Doppelseite finden sich Saftlinge mit vorwiegend roten und orangen Hutfarben, links (Schlüssel A1) die mehrheitlich trockenen und auf der rechten Seite (Schlüssel B1) die klebrig-schmierigen bis schleimigen Arten. Auf der nachfolgenden Doppelseite folgen alle anderen Hutfarben, wiederum aufgeteilt in eher trockene bis klebrig-schmierige (Schlüssel A2) und schleimige Arten (Schlüssel B2). In einzelnen Fällen ist der Übergang von trocken zu klebrig fließend. So kann es vorkommen, dass junge Pilze schmierig sind und später trocken werden. Solche Arten sind auf beiden Seiten aufgeführt. Bei den trockenen finden sich neben glatten auch feinfaserige und feinschuppige Hüte. Man achte auch auf den Lamellenansatz: Von herablaufend bis fast oder ganz frei ist alles möglich. Die Bestimmung vieler Arten bleibt auch für Fortgeschrittene schwierig und erfordert oft mikroskopische Untersuchungen. Bei mikroskopischer Betrachtung trennt eine irreguläre Lamellentrama die Ellerlinge von den Saftlingen mit regulärer oder zumindest fast regulärer Trama. Die Form der glatten Sporen ist bei einzelnen Arten etwas eingeschnürt, was auch zur Unterscheidung dienen kann.

Speisewerte

Saftlinge sind wahre Schmuckstücke der Natur. Nur herzlose Sammler:innen werden damit ihren Korb für die Küche füllen wollen. Der größte Teil der Arten kommt selten vor und ist eher dünnfleischig. Schließlich gelten einige Arten auch als giftig und da Saftlinge nur mit viel Übung sicher auseinanderzuhalten sind, liegt damit eine ganze Reihe von Gründen vor, auf den Genuss dieser Arten zu verzichten.

4.1 *Hygrocybe,* Saftlinge und Ähnliche
(A1) Hut und Stiel trocken, nicht schleimig, Hutfarbe rot oder orange

Hutfarbe rot

- Fleisch schwärzend
  - in Magerwiesen, Sporen weniger als doppelt so lang wie breit — **01 *Hygrocybe conica,* Kegeliger Saftling**
  - bei Weide, in Gewässernähe — 02 *Hygrocybe riparia,* Teichufer-Saftling
  - bei Birke, auf Schutt oder Zechenhalde — 03 *Hygrocybe veselskyi,* Abweichender Saftling
  - vorwiegend in Dünen, Sporen doppelt so lang oder noch länger als breit — 04 *Hygrocybe conicoides,* Rotblättriger Dünen-Saftling
- Fleisch nicht verfärbend
  - Hutoberfläche glatt bis feinfaserig
    - Hut meist > 3 cm
      - Lamellen schmal oder eher schmal angeheftet, Fleisch blassgelb
        - Stiel faserig, rund, ± voll, Hut vorwiegend rot, ohne Honiggeruch — 05 *Hygrocybe punicea,* Granatroter Saftling
        - Stiel glatt, flach, ± hohl, Hut vorwiegend orange, ohne Honiggeruch — 07 *Hygrocybe aurantiosplendens,* Glänzender Orange-Saftling
        - St. glatt, verbogen, hohl, innen gelb ohne weiß, trocken Honiggeruch — 06 *Hygrocybe splendidissima,* Prächtiger Saftling
      - Lam. breit angewachsen, teils herablaufend (Zahn), Hutfleisch rötlich
        - Hutrand glatt, Hut ockergelblich ausblassend — 08 *Hygrocybe coccinea,* Kirschroter Saftling
        - Rand gerieft oder wellig gekerbt, Hut orange (ockerfleckig) ausblassend — 09 *Hygrocybe marchii,* Kerbrandiger Orange-Saftling
    - Hut meist < 3 cm, Lamellen breit angewachsen
      - Sporen meist < 9 µm lang, Hut ganz glatt — 10 *Hygrocybe subpapillata,* Trockenfuß-Saftling
      - Sporen meist > 9 µm lang, Hut glatt bis feinschuppig — 11 *Hygrocybe substrangulata,* Fasteingeschnürter Moor-Saftling
  - Hutoberfläche feinschuppig
    - Lamellen herablaufend, Hut oft etwas trichterig
      - Schüppchen dunkler als die Hutgrundfarbe
        - Hutrand gekerbt, zwischen Torfmoos, in moorigen Wiesen — 12 *Hygrocybe coccineocrenata,* Feinschuppiger Moor-Saftling
        - Hutrand nicht gekerbt, auf feuchter Wiese oder in moosigem Wald — 13 *Hygrocybe turunda,* Nordischer Filz-Saftling
      - Schüppchen gleichfarbig oder heller als die Hutgrundfarbe — 14 *Hygrocybe cantharellus,* Trichterförmiger Saftling
    - Lam. breit angewachsen, evtl. mit Zahn herablaufend, Hut kaum trichterig
      - Lamellentrama-Hyphen < 100 µm, Sporen < 9 µm, oft eingeschnürt — 15 *Hygrocybe miniata,* Mennigroter Saftling
      - Lamellentrama-Hyphen < 100 µm, Sporen < 9 µm, nicht eingeschnürt — 17 *Hygrocybe calciphila,* Kalkliebender Filz-Saftling
      - Lamellentrama-Hyphen < 100 µm, Sporen teils > 9 µm — 11 *Hygrocybe substrangulata,* Fasteingeschnürter Moor-Saftling
      - Lamellentrama-Hyphen > 100 µm lang — 18 *Hygrocybe helobia,* Knoblauch-Saftling

Hutfarbe orange

- Fleisch schwärzend
  - in Magerwiesen, Sporen weniger als doppelt so lang wie breit — **01 *Hygrocybe conica,* Kegeliger Saftling**
  - vorwiegend in Dünen, Sporen doppelt so lang oder noch länger als breit — 04 *Hygrocybe conicoides,* Rotblättriger Dünen-Saftling
  - in Feuchtwiesen, Sümpfen, Hut < 2 cm, Hutrand gelb, gerieft — 01a *Hygrocybe conicopalustris,* Sumpfbewohnender Kegel-Saftling
- Fleisch nicht verfärbend
  - Hut feinsamtig bis feinschuppig
    - Lamellen herablaufend, Hut oft etwas trichterig
      - Schüppchen dunkler als die Hutgrundfarbe
        - Hutrand gekerbt, zwischen Torfmoos, in moorigen Wiesen — 12 *Hygrocybe coccineocrenata,* Feinschuppiger Moor-Saftling
        - Hutrand nicht gekerbt, auf feuchter Wiese oder in moosigem Wald — 13 *Hygrocybe turunda,* Nordischer Filz-Saftling
      - Schüppchen gleichfarbig oder heller als die Hutgrundfarbe — 14 *Hygrocybe cantharellus,* Trichterförmiger Saftling
    - Lam. breit angewachsen, evtl. mit Zahn herablaufend, Hut kaum trichterig
      - Geruch unauffällig
        - Lamellentrama-Hyphen < 100 µm lang
          - Sporen oft eingeschnürt — 15 *Hygrocybe miniata,* Mennigroter Saftling
          - Sporen nicht eingeschnürt — 17 *Hygrocybe calciphila,* Kalkliebender Filz-Saftling
        - Lamellentrama-Hyphen > 100 µm lang — 18 *Hygrocybe helobia,* Knoblauch-Saftling
      - Geruch auffällig süßlich, honigartig — 19 *Hygrocybe reidii,* Honig-Saftling
    - Lamellen schmal angeheftet, Stiel grob faserig — 20 *Hygrocybe intermedia,* Feuerschuppiger Saftling
  - Hut glatt bis feinfaserig, nicht schuppig
    - Lamellen schmal angeheftet oder ausgebuchtet angewachsen
      - Stiel glatt
        - Hut kegelig, später spitz gebuckelt, Sporen > 10 µm lang — **21 *Hygrocybe acutoconica,* Spitzgebuckelter Saftling**
        - Hut kegelig, später breit gebuckelt, Sporen < 10 µm lang — 07 *Hygrocybe aurantiosplendens,* Glänzender Orange-Saftling
      - Stiel faserig oder zusammengedrückt rillig, Geruch nach Blattwanzen — 22 *Hygrocybe obrussea,* Schnürsporiger Saftling
      - Stiel grob faserig — 20 *Hygrocybe intermedia,* Feuerschuppiger Saftling
    - Lamellen breit angewachsen
      - Geruch unauffällig, Fleisch rötlich — 08 *Hygrocybe coccinea,* Kirschroter Saftling
      - Geruch nach Blattwanzen, Fleisch gelb bis orange — 22 *Hygrocybe obrussea,* Schnürsporiger Saftling
      - Geruch süßlich, honigartig, Fleisch gelb, orange bis ocker — 19 *Hygrocybe reidii,* Honig-Saftling
    - Lamellen deutlich herablaufend, dickfleischig — 46 *Cuphophyllus pratensis,* Orangefarbener Wiesen-Ellerling

4.1 *Hygrocybe,* Saftlinge und Ähnliche
(B1) Hut oder Stiel schleimig, Hutfarbe orange oder rot

Hutfarbe rot

- Fleisch schwärzend — **01 *Hygrocybe conica,* Kegeliger Saftling**
- Fleisch nicht verfärbend
  - Hut meist > 3 cm
    - Lamellen schmal angeheftet, Fleisch blassgelb
      - Stiel faserig, Hut vorwiegend rot — 05 *Hygrocybe punicea,* Granatroter Saftling
      - Stiel glatt, Hut vorwiegend orange — 07 *Hygrocybe aurantiosplendens,* Glänzender Orange-Saftling
    - Lamellen breit angewachsen, teils mit Zahn herablaufend, Hutfleisch rötlich — 08 *Hygrocybe coccinea,* Kirschroter Saftling
  - Hut meist < 3 cm
    - Lamellen schmal angeheftet — 05 *Hygrocybe punicea,* Granatroter Saftling
    - Lamellen breit angewachsen
      - Stiel trocken
        - Sporen meist < 9 µm lang, Hut ganz glatt — 10 *Hygrocybe subpapillata,* Trockenfuß-Saftling
        - Sporen meist > 9 µm lang, Hut glatt bis feinschuppig — 11 *Hygrocybe substrangulata,* Fasteingeschnürter Moor-Saftling
      - Stiel schleimig, Sporen < 9 µm — 31a *Hygrocybe glutinipes* var. *rubra,* Roter Schleimfuß-Saftling
    - Lamellen leicht herablaufend, Stiel oft schleimig
      - Geschmack mild
        - leicht schleimig oder schmierig, Stiel orange bis rötlich, Basis hell — 28 *Hygrocybe insipida,* Gelbrandiger Saftling
        - stark schleimig, Stielspitze rot, gegen Basis blasser — 29 *Hygrocybe subminutula,* Schmalsporiger Saftling
      - Geschmack bitter — 30 *Hygrocybe mucronella,* Bitterer Saftling

Hutfarbe orange

- Fleisch schwärzend — **01 *Hygrocybe conica,* Kegeliger Saftling**
- Fleisch nicht verfärbend
  - Stiel und Hut schleimig
    - Lamellen schmal angeheftet bis fast frei
      - Fruchtkörper vorwiegend gelborange
        - Hut konisch, Hut u. Stiel faserig — **21 *Hygrocybe acutoconica,* Spitzgebuckelter Saftling**
        - Hut ± flach, Hut und Stiel glatt — 34 *Hygrocybe chlorophana,* Stumpfer Saftling
      - Frkp. vielfarbig gelb, orange, grün, blau, ziegelrot, Lam. ohne Orange — 42 *Gliophorus psittacinus,* Papageigrüner Saftling
      - Fruchtkörper vorwiegend ziegelbraun, Lamellen orange — 42a *Gliophorus psittacinus* var. *perplexus,* Ziegelbrauner Saftling
    - Lamellen breit angewachsen bis leicht herablaufend
      - Fruchtkörper vielfarbig, oft auch grünlich, orange, lila, Fleisch zäh — 43 *Gliophorus laetus,* Zäher Saftling
      - Fruchtkörper vorwiegend gelb bis orange, Fleisch brüchig
        - Geschmack mild
          - Stiel stets sehr klebrig, schleimig, Hutrand wie der Hut gefärbt — 31 *Hygrocybe glutinipes,* Schleimfuß-Saftling
          - Stiel erst klebrig, dann trocken, Hutrand oft heller gelb gefärbt — 28 *Hygrocybe insipida,* Gelbrandiger Saftling
        - Geschmack bitter — 30 *Hygrocybe mucronella,* Bitterer Saftling
  - Stiel trocken, Hut leicht schmierig, evtl. faserig
    - Hut > 2 cm
      - Lamellen fast frei
        - Sporen > 10 µm
          - Tramahyphen wurstförmig — **21 *Hygrocybe acutoconica,* Spitzgebuckelter Saftling**
          - Tramahyphen spaghettiförmig — 34 *Hygrocybe chlorophana,* Stumpfer Saftling
        - Sporen < 10 µm — 07 *Hygrocybe aurantiosplendens,* Glänzender Orange-Saftling
      - Lamellen breit angewachsen, ausgerandet, teils mit Zahn herablaufend
        - Fleisch rötlich — 08 *Hygrocybe coccinea,* Kirschroter Saftling
        - Fleisch blass gelborange — 10 *Hygrocybe subpapillata,* Trockenfuß-Saftling
      - Lamellen breit angewachsen und leicht herablaufend
        - Stiel stets trocken — 32 *Hygrocybe ceracea,* Zerbrechlicher Gold-Saftling
        - Stiel jung klebrig, schleimig — 28 *Hygrocybe insipida,* Gelbrandiger Saftling
    - Hut < 2 cm
      - Geschmack mild
        - Hut und Stiel gelborange bis orangerot
          - Lamellen angeheftet bis breit angewachsen, gelb bis orange — 28 *Hygrocybe insipida,* Gelbrandiger Saftling
          - Lamellen herablaufend, weiß bis gelblich, am Grund dunkler — 33 *Hygrocybe parvula,* Schmächtiger Saftling
        - Hut und Stielspitze lilaviolett — 39 *Chromosera lilacina,* Lilastiel-Saftling
      - Geschmack bitter — 30 *Hygrocybe mucronella,* Bitterer Saftling

4.1 *Hygrocybe*, Saftlinge und Ähnliche
(A2) Hut und Stiel trocken, nicht schleimig, Hutfarbe gelb, gelbgrün, grün, rosaviolett, grau, olivbraun, braun, schwarz oder weiß

Hutfarbe gelb, gelbgrün bis grün

- Hut gelb ohne Grün
  - Fleisch schwärzend — **01 *Hygrocybe conica*, Kegeliger Saftling**
  - Fleisch nicht verfärbend
    - Geruch unauffällig
      - Hut schmierig
        - Hut kegelig, später spitz gebuckelt, Sporen > 10 µm lang — **21 *Hygrocybe acutoconica*, Spitzgebuckelter Saftling**
        - Hut kegelig, später breit gebuckelt, Sporen < 10 µm lang — 07 *Hygrocybe aurantiosplendens*, Glänzender Orange-Saftling
      - Hut trocken mit feinen Schüppchen — 16 *Hygrocybe mollis*, Weicher Saftling
    - Geruch nach Blattwanzen — 22 *Hygrocybe obrussea*, Schnürsporiger Saftling
- Hut gelbgrün bis grün, Fleisch unveränderlich
  - Lamellen schmal angeheftet, Hut konisch — 23 *Hygrocybe citrinovirens*, Grünlichgelber Saftling
  - Lamellen herablaufend, Hut oft trichterig, meist auf morschem Holz — 4.3.01 *Chrysomphalina grossula*, Grüngelber Goldnabeling

Hutfarbe rosa, lila, violettlich

- Lamellen ausgebuchtet bis aufsteigend — 45 *Porpolomopsis calyptriformis*, Rosenroter Saftling
- Lamellen breit angewachsen bis herablaufend
  - Stiel nur an Spitze violett, Hut vorwiegend aprikosenfarben, Sporen < 8 µm — 38 *Chromosera xanthochroa*, Mehrfarbiger Saftling
  - Stiel oft ganz lilaviolett, Hut vorwiegend orangebraun, Sporen > 8 µm — 39 *Chromosera lilacina*, Lilastiel-Saftling
  - Stiel und Hut ganz lilaviolett bis purpurn — 40 *Chromosera viola*, Veilchen-Saftling
  - Stiel weiß mit gelber Basis, Hut grauviolett — 48 *Cuphophyllus flavipes*, Gelbfüßiger Ellerling
  - Stiel weiß, evtl. blass violettlich, ohne gelbe Basis, Hut grauviolett — 47 *Cuphophyllus lacmus*, Violettgrauer Ellerling

Hutfarbe braun, grau, olivbraun, schwarz

- Fleisch schwärzend, Hut olivbraun — **01 *Hygrocybe conica*, Kegeliger Saftling**
- Fleisch und v. a. Lamellen rötend, Geruch leicht bis deutlich nach Ammoniak
  - Hut schwärzlich, graubraun, ganzer Stiel wie der Hut gefärbt — 24 *Neohygrocybe ovina*, Rötender Saftling
  - Hut orange- bis rötlichbraun, Stielbasis cremeweiß — 25 *Neohygrocybe ingrata*, Rötender Nitrat-Saftling
- Fleisch erst rötend, dann schwärzend, Geruch nach Mehl — 5.1.64 *Pseudotricholoma metapodium*, Schwärzender Wiesenritterling
- Fleisch nicht verfärbend
  - Lamellen aufsteigend
    - Hut glatt, hellgrau bis grau, Geruch unangenehm gas- oder staubartig — 51 *Cuphophyllus fornicatus*, Blassgrauer Ellerling
    - Hut fein faserig-schuppig, graubraun, Geruch deutlich nach Ammoniak — 26 *Neohygrocybe nitrata*, Nichtrötender Nitrat-Saftling
    - Hut glatt, matt, eingewachsen radialfaserig, Geruch mehlartig — 5.1.65 *Porpoloma pes-caprae*, Spitzhütiger Wiesenritterling
  - Lamellen leicht bis deutlich herablaufend
    - Geruch unauffällig, schwach
      - Hut in Brauntönen, Lamellen ohne Gelb- oder Blauanteil
        - Lamellen weiß bis blass graubräunlich
          - Lamellen herablaufend, Rand gerieft
            - Hut vorwiegend dattelbraun — 52 *Cuphophyllus colemannianus*, Dattelbrauner Ellerling
            - Hutmitte braun, graubraun, Randbereich heller — 53a *Hygrocybe virginea* var. *fuscescens*, Mittelbrauner Jungfern-Ellerling
          - Lamellen gerade bis leicht herablaufend, Rand nicht gerieft — 1.3.18 *Lamelloclavaria petersenii*, Graubrauner Scheinsaftling
        - Lamellen und Hut feldhasenbraun, Rand nicht gerieft — 37 *Hygrocybe leporina*, Hasen-Saftling
      - Hut graubraun, Lamellen zunehmend gelb — 4.3.03 *Gerronema xanthophyllum*, Gelbblättriges Nabeltrichterchen
      - Hut in Grautönen, Lamellen hell graublau bis violettbräunlich
        - Sporen > 6 µm lang — 47 *Cuphophyllus lacmus*, Violettgrauer Ellerling
        - Sporen < 6 µm lang — 49 *Cuphophyllus canescens*, Graufilziger Ellerling
    - Geruch unangenehm gasartig oder nach Mottenpulver — 1.3.20 *Hodophilus foetens*, Stinkender Scheinsamtschneckling

Hutfarbe weißlich, creme – Lamellen herablaufend

- Geruch unauffällig
  - Hut elfenbeinweiß — **53 *Cuphophyllus virgineus*, Jungfern-Ellerling**
  - Hut blass fleischfarben — 46a *Cuphophyllus pratensis* var. *pallidus*, Blasser Wiesen-Ellerling
- Geruch nach Juchtenleder, Hut hell lederfarben bis gelbbräunlich — 27 *Cuphophyllus russocoriaceus*, Juchten-Ellerling

4.1 *Hygrocybe,* Saftlinge und Ähnliche
(B2) Hut oder Stiel schleimig, Hutfarbe gelb, gelbgrün, grün, rosaviolett, grau, olivbraun, braun, schwarz oder weiß

Hutfarbe gelb, gelbgrün bis grün

- Fleisch schwärzend — **01 *Hygrocybe conica,* Kegeliger Saftling**
- Fleisch nicht verfärbend
  - Stiel schleimig
    - Lamellen schmal angeheftet bis fast frei
      - Fruchtkörper vorwiegend gelb ohne grünen Farbanteil
        - Hut meist konisch, oft etwas radialfaserig — **21 *Hygrocybe acutoconica,* Spitzgebuckelter Saftling**
        - Hut kaum konisch, höchstens etwas gebuckelt, nicht faserig — 34 *Hygrocybe chlorophana,* Stumpfer Saftling
      - Fruchtkörper mit grünem oder lila Farbanteil — 42 *Gliophorus psittacinus,* Papageigrüner Saftling
    - Lamellen breit angewachsen bis leicht herablaufend
      - Hut und Stiel vielfarbig grünlich, orange, lila — 43 *Gliophorus laetus,* Zäher Saftling
      - Hut und Stiel vorwiegend gelb bis orange
        - Lamellen weiß-gelb, ausgerandet, höchstens mit Zahn herablaufend — 31 *Hygrocybe glutinipes,* Schleimfuß-Saftling
        - Lamellen gelb, bogig herablaufend
          - Hut zitronen- bis dottergelb, Sporen 5,5–8,5 × 4–6 µm — 41 *Gloioxanthomyces vitellinus,* Dottergelber Saftling
          - Hut gelb mit etwas orange, lila, grünlich, Sporen 5–7,5 × 4–5 µm — 43a *Gliophorus laetus* var. *flava,* Gelber Zäher Saftling
      - Hut vorwiegend aprikosenfarben, Stielspitze oft graulila — 38 *Chromosera xanthochroa,* Mehrfarbiger Saftling
  - Stiel trocken
    - Lamellen schmal angeheftet
      - Hut meist konisch, oft etwas radialfaserig — **21 *Hygrocybe acutoconica,* Spitzgebuckelter Saftling**
      - Hut kaum konisch, höchstens etwas gebuckelt, Oberfläche nicht faserig — 35 *Hygrocybe flavescens,* Trockenstieliger Saftling
    - Lamellen breit angewachsen bis leicht herablaufend — 32 *Hygrocybe ceracea,* Zerbrechlicher Gold-Saftling

Hutfarbe rosa, lila, violettlich

- Lamellen ausgebuchtet bis aufsteigend — 45 *Porpolomopsis calyptriformis,* Rosenroter Saftling
- Lamellen breit angewachsen bis herablaufend
  - Stiel nur an Spitze violett, Hut vorwiegend aprikosenfarben, Sporen < 8 µm — 38 *Chromosera xanthochroa,* Mehrfarbiger Saftling
  - Stiel oft ganz lilaviolett, Hut vorwiegend orangebraun, Sporen > 8 µm — 39 *Chromosera lilacina,* Lilastiel-Saftling
  - Stiel und Hut ganz lilaviolett bis purpurn — 40 *Chromosera viola,* Veilchen-Saftling
  - Stiel weiß mit gelber Basis, Hut grauviolett — 48 *Cuphophyllus flavipes,* Gelbfüßiger Ellerling
  - Stiel weiß, evtl. blass violettlich, ohne gelbe Basis, Hut grauviolett — 47 *Cuphophyllus lacmus,* Violettgrauer Ellerling

Hutfarbe braun, grau, olivbraun, schwarz

- Lamellen ausgebuchtet bis aufsteigend
  - Geruch unauffällig, Hut vorwiegend braun, Lamellen gelblich bis gelb — 36 *Hygrocybe spadicea,* Braungelber Saftling
  - Geruch nitrös, Hut vorwiegend grau, Lamellen grauweiß — 26 *Neohygrocybe nitrata,* Nichtrötender Nitrat-Saftling
- Lam. ausgebuchtet, mit Zahn herablaufend, Geruch unauffällig, Hut & Stiel grau — 44 *Gliophorus irrigatus,* Grauer Saftling
- Lamellen leicht bis deutlich herablaufend
  - Hut nur jung olivbraun — 43 *Gliophorus laetus,* Zäher Saftling
  - Hut bleibend braun, Stiel weißlich, Lamellen auffällig queradrig — 52 *Cuphophyllus colemannianus,* Dattelbrauner Ellerling
  - Hut grau bis graubraun, Stiel ebenfalls grau — 44 *Gliophorus irrigatus,* Grauer Saftling
  - Hut grau bis grauviolett, Stiel weiß mit gelber Basis — 48 *Cuphophyllus flavipes,* Gelbfüßiger Ellerling

Hutfarbe weißlich, creme – Lamellen herablaufend

- Geruch unauffällig, Hut elfenbeinweiß — **53 *Cuphophyllus virgineus,* Jungfern-Ellerling**
- Geruch auffällig nach Juchtenleder, Hut hell lederfarben bis gelbbräunlich — 27 *Cuphophyllus russocoriaceus,* Juchten-Ellerling

4.1.01 *Hygrocybe conica* (Schaeff.) P. Kumm. ☠
Kegeliger Saftling, Schwärzender Saftling

H: 2–5 cm, spitzkegelig, glockig, glatt, etwas glänzend bis feucht leicht schmierig, orangegelb bis rot, auch mit Spuren von Grün, allmählich schwärzend, insbesondere an Druckstellen, Rand unregelmäßig, alt rissig. **L:** fast frei, gelb bis orange. **St:** anfangs oft gelb, orangerot, längsfaserig, schwärzend. **F:** weißlich, Huthaut etwas durchfärbend, schwärzend. **Ger:** unauffällig. **Ges:** mild bis etwas bitterlich. **Spp:** weiß. **V:** in Magerwiesen, vorwiegend in höheren Lagen. **Mik:** Sporen glatt, ellipsoid bis zylindrisch, teils etwas eingeschnürt, 7,5–10,5 × 6–7,5 µm, Lamellentrama regulär, Zellen bis 1000 µm lang. (D 158–163, Kr 3.46, BK 3.85, Lu 3.108.1A–C, 🖼).

4.1.01a *H. conica* var. *conicopalustris* R. Haller Aar. ex Heinem., *Hygrocybe conicopalustris* R. Haller Aar., Sumpfbewohnender Kegel-Saftling: Hut < 2 cm, orangerot bis rot, kaum schwärzend, bis zu ⅔ durchscheinend gestreift, Rand gelb; in feuchten Wiesen und Sümpfen. Sporen glatt, mehrheitlich zylindrisch und etwas eingeschnürt, 8–11 × 5–6 µm. (D 161, Lu 3.108.1.D, 🖼).

4.1.02 *Hygrocybe riparia* Kreisel, Teichufer-Saftling: Hut 1–3 cm, kegelig, feinfaserig, rot, orangerot, schmutzig rot, Lamellen gelblich, gelbgrünlich, selten rötlich, Stiel weißlich bis orangegelblich, Fleisch blass, schwärzend; bei Weiden *Salix* in Gewässernähe, Meeresküste. Sporen 10–17 × 5–7,5 µm. (Lu 3.108.1.O).

4.1.03 *Hygrocybe veselskyi* Singer & Kuthan, Abweichender Saftling: Hut 2–3 cm, kegelig bis ausgebreitet und gebuckelt, orange, orangerot, Lamellen gelb, Stiel orange, Basis weißlich und schwärzend, Fleisch blass, mindestens stellenweise schwärzend; auf Zechenhalden, Schutt, bei Birke *Betula*.

H. conica f. *pseudoconica* (J.E. Lange) Arnolds, Großer Schwärzender Saftling: Hut bis gegen 10 cm breit und Stiel kräftig bis 10 cm lang oder mehr. (Lu 3.108.1I–M).

Boertmann 2010 sieht in den aufgeführten Arten nur Farb- und Standortvarianten. Er zählt sie deshalb zu *H. conica*.

Hygrocybe olivaceonigra (P.D. Orton) M.M. Moser, Olivschwarzer Saftling: Stiel anfangs weiß; ausschließlich im Sand von Meeresdünen, Sporen größer, bis 12,5 µm oder sogar bis 15 µm, ChZ vorhanden, spindelig bis keulig. (D 160, Lu 3.108.2).

4.1.04 *Hygrocybe conicoides* (P.D. Orton) P.D. Orton & Watling
Rotblättriger Dünen-Saftling

H: 2–4 cm, kegelig, blutrot, tomatenrot, evtl. mit etwas orangerotem oder rosa Farbanteil, schwärzend oder bräunend. **L:** orangegelb bis rot. **St:** gelb, Spitze orangerot, gegen die Basis blasser, zugespitzt. **F:** blass, leicht grauend. **V:** in Dünen der Ost- und Nordseeküste. Sporen glatt, zylindrisch und etwas eingeschnürt, teils einseitig, 10–12,5 × 5–6 µm, Lamellentrama regulär, Zellen bis 1000 µm lang. (🖼).

4.1.05 *Hygrocybe punicea* (Fr.) P. Kumm. (🍴)
Granatroter Saftling, Purpurroter Pracht-Saftling

H: 5–12 cm, kegelig bis ausgebreitet und gebuckelt, glatt, feucht etwas schmierig, lebhaft granatapfelrot bis braunrot. **L:** schmal angeheftet bis fast frei, gelb, orangegelb. **St:** orangerot, längsfaserig, gegen die Basis zunehmend gelb. **F:** Hut orangerötlich, Huthaut durchfärbend, Stielrinde gelb, innen und vor allem gegen die Basis weiß. **Ger:** schwach pilzartig. **Ges:** mild. **Spp:** weiß. **V:** in Wiesen, Weiden, am Waldrand, oft in hohen Lagen. **Mik:** Sporen glatt, ellipsoid bis zylindrisch, teils etwas eingeschnürt, 7,5–10 × 4,5–5,5 µm, Lamellentrama subregulär, Zellen 100–200 µm. (D 167, Kr 3.74, BK 3.99, Lu 3.108.48f, 🖼).

Gemäß Ludwig 2012 werden kleine Exemplare mit spitzem Buckel und trockenen, zu orangegelb ausblassenden Hüten teilweise als *Hygrocybe acutopunicea* R. Haller Aar & F.H. Møller, Rotkegeliger Saftling betrachtet, meist jedoch als zu *H. punicea*, teils auch als zu *H. coccinea* gehörend angesehen. (BK 3.78).

4.1.06 *Hygrocybe splendidissima* (P.D. Orton) M.M. Moser
Prächtiger Saftling

H: 2–7 cm, oft kegelig, trocken und glatt, scharlachrot. **L:** schmal angeheftet, bauchig, orange bis rötlich, Schneiden heller. **St:** meist zusammengedrückt und unregelmäßig verdreht, glatt und trocken, gleichfarbig wie der Hut. **F:** rötlich im Hut, gelb bis orange im Stiel, nirgends weiß. **Ger:** frisch unauffällig, beim Eintrocknen nach Honig. **Ges:** mild. **Spp:** weiß. **V:** in Magerwiesen; im Herbst. **Mik:** Sporen glatt, ellipsoid bis mandelförmig, kaum eingeschnürt, 6,5–9 × 4,5–5,5 µm, Lamellentrama subregulär, Zellen < 100 µm. (Lu 3.108.50, 🖼).

4.1.07 *Hygrocybe aurantiosplendens* R. Haller Aar.
Glänzender Orange-Saftling

H: 2–8 cm, glatt, etwas schmierig, rot, orangerot, evtl. gegen dottergelb ausblassend, stark hygrophan. **L:** aufsteigend bis fast frei, zitronengelb, Schneiden weiß. **St:** lebhaft gelb mit orangen Fasern. **F:** blassgelb. **Ger:** evtl. schwach seifig, nach Blattwanzen. **Ges:** mild. **Spp:** weiß. **V:** in

4.1.01 *Hygrocybe conica*, Kegeliger Saftling

4.1.01a *Hygrocybe conica* var. *conicopalustris*

4.1.04 *Hygrocybe conicoides*, Rotblättriger Dünen-Saftling

4.1.05 *Hygrocybe punicea*, Granatroter Saftling

4.1.06 *Hygrocybe splendidissima*, Prächtiger Saftling

4.1.07 *Hygrocybe aurantiosplendens*, Glänzender Orange-Saftling

Wiesen, bis in höhere Lagen. **Mik:** Sporen glatt, meistens zylindrisch und eingeschnürt, 7–8,5 × 4–5 µm, Lamellentrama subregulär, Zellen < 200 µm lang. (Kr 3.55, Lu 3.108.45, 🖼).

4.1.08 *Hygrocybe coccinea* (Schaeff.) P. Kumm.
Kirschroter Saftling

H: 2–6 cm, lebhaft kirschrot, gewölbt, später abgeflacht, manchmal mit ausgeprägter Papille oder kleinem Buckel, fein eingewachsen-faserig, feucht glänzend, später ockergelblich ausblassend und trocken. **L:** ausgebuchtet und breit angewachsen, evtl. mit Zahn herablaufend, rotorange, später gelborange, Schneiden gelb. **St:** trocken, wie der Hut gefärbt, Basis gelblich. **F:** rot bis orange. **Ger:** unauffällig. **Ges:** mild. **Spp:** weiß. **V:** am Waldrand, in Wiesen, an feuchten Stellen. **Mik:** Sporen glatt, mandelförmig, seltener zylindrisch und etwas eingeschnürt, 7,5–11 × 4,5–7 µm, Lamellentrama subregulär, Zellen oft aufgeblasen bis 130 µm.(D 170ff, Kr 3.59, BK 3.83, Lu 3.108.47, 🖼).

4.1.09 *Hygrocybe marchii* (Bres.) Singer, Kerbrandiger Orange-Saftling: Hut bald orange ausblassend, auch ockerfleckig, eher etwas kleiner, Rand gerieft oder wellig gekerbt. Sporen glatt, zylindrisch bis ellipsoid und teilweise einseitig eingeschnürt, 7,5–9 × 4–5 µm, Lamellentrama subregulär, Zellen 40–120 µm lang. (D 169, BK 3.91).

Hygrocybe phaeococcinea (Arnolds) Bon, Schwarzroter Saftling: Hut matt, frisch teils fettig wirkend, lebhaft rot, in der Mitte mit der Zeit stets schwarzrot und gegen den Rand oft gelb, selten ganz gelb, Lamellen breit angewachsen bis leicht herablaufend. Sporen glatt, ellipsoid, selten zylindrisch und etwas eingeschnürt, 7,5–10 × 4–5,5 µm, Lamellentrama subregulär, Zellen nicht aufgeblasen, bis 120 µm lang. (Lu 3.108.38).

4.1.10 *Hygrocybe subpapillata* Kühner
Trockenfuß-Saftling, Papillen-Saftling

H: 1–2 cm, rot bis schmutzig orange mit dunkelrotem spitzem Buckel, evtl. etwas schmierig. **L:** aufsteigend, orange bis gelb, Schneiden evtl. etwas rosa. **St:** rot, orange, trocken bis etwas schmierig. **V:** bei Grasplätzen. **Mik:** Sporen glatt, ellipsoid, seltener leicht kugelig oder angedeutet zylindrisch und etwas eingeschnürt, 7–10 × 4–6 µm, Lamellentrama regulär, Zellen bis 800 µm lang, zylindrisch und am Ende verjüngt. (Lu 3.108.42).

4.1.11 *Hygrocybe substrangulata* (Peck) P.D. Orton & Watling
Fasteingeschnürter Moor-Saftling, Großsporiger Filz-Saftling

H: 1–2,5 cm, lebhaft rot, Rand evtl. blasser, gelblich. **L:** breit angewachsen, evtl. leicht ausgebuchtet und am Stiel leicht herablaufend, erst weißlich, später gelb, mit rötlichem Grund. **St:** trocken, orangerot. **F:** gelborange. **Ger:** unauffällig. **Ges:** unauffällig. **V:** in Wiesen, auf sandigem Boden. **Mik:** Sporen glatt, meistens ellipsoid bis etwas kugelig, seltener zylindrisch und etwas eingeschnürt, 7–8,5 × 4–5 µm, Lamellentrama regulär, Zellen bis 500 µm lang, ausnahmsweise auch mehr, zylindrisch und teils etwas verjüngt. (Lu 3.108.44).

4.1.12 *Hygrocybe coccineocrenata* (P.D. Orton) M.M. Moser, *H. turunda* var. *sphagnophila* (Peck) Bon
Feinschuppiger Moor-Saftling, Schuppiger Torfmoos-Saftling

H: 1–3 cm, trocken, rot mit braunen bis schwärzlichen Schuppen, später von der Mitte her orange bis orangegelb ausblassend, Rand gekerbt. **L:** herablaufend, anfangs weiß, dann blassgelb bis chromgelb. **St:** hohl, wie der Hut gefärbt, Basis gelblich. **F:** dünn, gelblich. **Ger:** unauffällig. **Ges:** mild. **Spp:** weiß. **V:** zwischen Torfmoos *Sphagnum*, in moorigen Wiesen. **Mik:** Sporen glatt, vorwiegend ellipsoid, teils etwas zylindrisch und eingeschnürt, 8,5–12 × 5,5–7,5 µm, Lamellentrama regulär bis subregulär, mit eher kurzen, aufgeblasenen Zellen bis 100 µm, ausnahmsweise 150 µm lang. (D 174, Kr 3.60, BK 3.101, Lu 3.108.35, 🖼).

4.1.13 *Hygrocybe turunda* (Fr.) P. Karst., Nordischer Filz-Saftling, Grobschuppiger Moor-Saftling: Hutfarbe gelb bis schmutzig orange, Rand nicht gekerbt, Lamellen breit angewachsen bis etwas herablaufend, schon anfangs blassgelb; auf feuchter Weide oder in moosigem Wald. Sporen glatt, ellipsoid bis zylindrisch, seltener etwas eingeschnürt, 9,5–11,5 × 5,5–7 µm, Lamellentrama subregulär, Zellen aufgeblasen bis 130 µm lang. (Lu 3.108.37, 🖼).

4.1.14 *Hygrocybe cantharellus* (Schwein.) Murill, *Hygrocybe lepida* Arnolds
Trichterförmiger Saftling, Pfifferlings-Saftling

H: 1–4 cm, trocken, fein orange-schuppig auf gelbem bis rotem Grund, Rand meist gekerbt. **L:** herablaufend, weißlich, später gelblich. **St:** trocken, etwa wie der Hut gefärbt, Basis heller, gelb. **F:** dünn, wässerig-orange. **Ger:** unauffällig. **Ges:** mild. **Spp:** weiß. **V:** auf feuchten Wiesen, am Moorrand, Waldrand. **Mik:** Sporen glatt, vorwiegend ellipsoid, selten zylindrisch und leicht eingeschnürt, 7–10 × 4,5–6 µm, Lamellentrama subregulär, mit aufgeblasenen Zellen bis 60, ausnahmsweise 150 µm Länge. (Kr 3.57, BK 3.90, Lu 3.108.36, 🖼).

4.1.08 *Hygrocybe coccinea*, Kirschroter Saftling

4.1.12 *Hygrocybe coccineocrenata*, Feinschuppiger Moor-Saftling

4.1.13 *Hygrocybe turunda*, Grobschuppiger Moor-Saftling

4.1.14 *Hygrocybe cantharellus*, Trichterförmiger Saftling

4.1.15 *Hygrocybe miniata* (Fr.) P. Kumm. Mennigroter Saftling, Mennigroter Filz-Saftling

H: 1–3 cm, trocken (jung evtl. etwas klebrig), feinschuppig, lebhaft zinnoberrot bis orangerot, Rand evtl. wellig, gekerbt. **L:** breit angewachsen, ausgebuchtet bis leicht herablaufend, orangerot, Schneiden glatt. **St:** trocken, glatt, wie der Hut gefärbt, Basis orangegelb bis weißlich. **F:** gelb. **Ger:** unauffällig. **Ges:** mild. **Spp:** weiß. **V:** in Wiesen, Weiden, am Waldrand, vor allem in höheren Lagen. **Mik:** Sporen glatt, ellipsoid bis birnenförmig oder zylindrisch, mehrheitlich eingeschnürt, 6–9,5 × 4,5–6,5 µm, Lamellentrama regulär bis subregulär, mit zylindrischen, gegen Ende verjüngten Zellen bis 150 µm, ausnahmsweise 200 µm lang. (D 173, Kr 3.67, Lu 3.108.30,).

4.1.16 *Hygrocybe mollis* (Berk. & Broome) M.M. Moser, *H. miniata* var. *mollis* (Berk. & Broome) Arnolds, Weicher Saftling, Zarter Saftling: Hut in Orangetönen, kleiner als 2 cm breit, Lamellen etwas herablaufend; bei Grünerle *Alnus alnobetula,* in höheren Lagen. Sporen glatt, ellipsoid bis birnenförmig und teils ein- oder allseitig eingeschnürt, 7–9 × 4,5–5,5 µm, Lamellentrama regulär mit zylindrischen, kaum aufgeblasenen Zellen, bis ca. 150 µm lang. (BK 3.93).

4.1.17 *Hygrocybe calciphila* Arnolds, Kalkliebender Filz-Saftling: Hut 1–3 cm, in Trockenrasen, in hohen Lagen, auf Kalk. Sporen glatt, ellipsoid bis etwas kugelig, 6–10 × 4,5–7,5 µm, Lamellentrama regulär mit zylindrischen Zellen, bis ca. 150 µm, ausnahmsweise 250 µm lang. (Kr 3.56, BK 3.79, Lu 3.108.34,).

Hygrocybe fulgens Fuljer, Kautmanová & Boertm.: Hut 1,5–6 cm, Sporen etwas schmaler, 7–10 × 4,5–6,5 µm, auf gemähten Wiesen, bisher bekannt aus der Slowakei.

4.1.18 *Hygrocybe helobia* (Arnolds) Bon, Knoblauch-Saftling, Gelbschülferiger Saftling: Hut 1–2 cm, orange mit zunehmend gelben Schüppchen, Lamellen jung weißlich, Schneiden etwas gekerbt, Geruch bisweilen nach Knoblauch (vor allem beim Aufbewahren in einem geschlossenen Gefäß); in Sumpfwiesen, auf saurem Boden. Sporen glatt, ellipsoid bis tropfenförmig, teils etwas eingedellt, aber nicht eingeschnürt, 7,5–10,5 × 5–6 µm, Lamellentrama ± regulär mit zylindrischen, an den Enden verjüngten, bis über 500 µm langen Zellen. (D 176, Kr 3.49, BK 3.87, Lu 3.108.33,).

4.1.19 *Hygrocybe reidii* Kühner Honig-Saftling

H: 2–5 cm, rotorange, glatt, bald flach und etwas filzig, vom lappig-krausen Rand her gelblich ausblassend. **L:** breit angewachsen bis etwas herablaufend, bogig, orange, blassorange. **St:** blassorange, Basis gelblich, weißlich. **F:** gelblich. **Ger:** auffällig nach Honig (auch nach nassen Federn, Erde, Jod). **Ges:** bitterlich. **V:** auf Wiesen, Weiden, am Waldrand, bis in höhere Lagen. **Mik:** Sporen glatt, ellipsoid bis zylindrisch, teilweise leicht eingeschnürt, 7–9 × 4,5–5,5 µm, Lamellentrama regulär bis subregulär, mit aufgeblasenen Zellen von 35 µm bis maximal 150 µm Länge. (Lu 3.108.41,).

4.1.20 *Hygrocybe intermedia* (Pass.) Fayod Feuerschuppiger Saftling

H: 5–7 cm, gelborange, rot geflammt oder streifig, faserig bis etwas schuppig. **L:** aufsteigend, schmal angeheftet, gelblich bis orange. **St:** längsfaserig, wie der Hut gefärbt. **F:** weißlich, Huthaut etwas durchfärbend. **V:** in Wiesen, Weiden. **Mik:** Sporen glatt, ellipsoid bis etwas zylindrisch, teilweise leicht eingeschnürt, 7,5–10,5 × 5,5–7 µm, Lamellentrama regulär, mit beidseitig verjüngten, bis 700 µm langen Zellen. (Kr 3.50, Lu 3.108.39,).

4.1.21 *Hygrocybe acutoconica* (Clem.) Singer, *Hygrocybe persistens* (Britzelm.) Singer Spitzgebuckelter Saftling, Großsporiger Saftling, Safrangelber Saftling ☠

H: 2–8 cm, orange, dottergelb, bisweilen geflammt, feinfaserig, etwas schmierig, mit spitzem Buckel, Rand feucht schwach gerieft, oft rissig. **L:** schmal angeheftet bis fast frei, bauchig, entfernt, gelb bis orangegelb. **St:** trocken bis schwach schmierig, gelb bis orangegelb. **F:** gelblich. **Ger:** unauffällig. **Ges:** mild. **Spp:** weiß. **V:** auf Wiesen. **Mik:** Sporen glatt, ellipsoid bis etwas zylindrisch, teils leicht eingeschnürt, 10–12,5 × 5–6,5 µm, auf zweisporigen Basidien 11–14 × 5,5–7,5 µm, Lamellentrama regulär mit beidseitig verjüngten Zellen bis über 1000 µm lang. (Kr 3.52, BK 3.97, Lu 3.108.4,).

Die Art scheint sehr variabel zu sein, insbesondere in der Sporengröße und -form, was gemäß Ludwig 2012 mit der Sterigmenzahl der Basidien zusammenhängen könnte. Aktuell zählen die Arten, Varietäten oder Formen *H. acutoconica* var. *konradii* (R. Haller Aar.) Boertm., *Hygrocybe konradii* R. Haller Aar., Breitsporiger Saftling und *Hygrocybe subglobispora* (P.D. Orton) M.M. Moser, Kugelsporiger Saftling ebenfalls zu *H. acutoconica.* (D 168, Lu 3.108.5).

4.1.15 *Hygrocybe miniata,* Mennigroter Saftling

4.1.17 *Hygrocybe calciphila,* Kalkliebender Filz-Saftling

4.1.18 *Hygrocybe helobia,* Knoblauch-Saftling

4.1.19 *Hygrocybe reidii,* Honig-Saftling

4.1.20 *H. intermedia,* Feuerschuppiger Saftling

4.1.21 *Hygrocybe acutoconica,* Spitzgebuckelter Saftling

4.1.22 *Hygrocybe obrussea* (Fr.) Wünsche
Schnürsporiger Saftling

H: 2–6 cm, fasrig-seidig, feucht etwas fettig anzufühlen, orange, gelb, grünlich bis olivbräunlich, Rand oft rissig. **L:** aufsteigend bis fast frei, gelblich mit weißer Schneide. **St:** trocken, fein längsfaserig, evtl. abgeflacht, hohl, gelborange mit weißer Basis. **F:** blass oder grünlich. **Ger:** krautig oder an Efeu erinnernd. **Ges:** mild. **Spp:** weiß. **V:** auf Wiesen, Weiden, in grasigem, lichtem Laubwald. **Mik:** Sporen glatt, zylindrisch bis ellipsoid, stets eingeschnürt, 7–11 × 5–5,5 µm, Lamellentrama regulär mit zylindrischen, bis aufgeblasenen, 50–150 µm, ausnahmsweise 250 µm langen Zellen.(D 164, Kr 3.70, BK 3.95, Lu 3.108.40, 🖾).

Hygrocybe quieta (Kühner) Singer, Blattwanzen-Saftling: teilweise als eigene Art aufgeführt. Gröger 2006, Candusso 1997, Krieglsteiner 2001 wie auch Ludwig 2012 betrachten *H. obrussea* und *H. quieta* als Synonyme.

4.1.22 *Hygrocybe obrussea*, Schnürsporiger Saftling

4.1.23 *Hygrocybe citrinovirens* (J.E. Lange) Jul. Schaeff.
Grünlichgelber Saftling

H: 2–5 cm, spitzkegelig, zitronengelb bis gelbgrün, trocken, Rand oft rissig. **L:** aufsteigend angewachsen, weißlich, blass gelbgrünlich. **St:** trocken, faserig, wie der Hut gefärbt, relativ lang (6–10 cm). **F:** dünn, gelb. **V:** in moorigen Wiesen, Weiden und im Wald. **Mik:** Sporen glatt, ellipsoid bis etwas kugelig, kaum eingeschnürt, 6–8,5 × 4,5–6 µm, Lamellentrama regulär mit bis zu 600 µm langen Zellen. (Lu 3.108.46, 🖾).

4.1.23 *Hygrocybe citrinovirens*, Grünlichgelber Saftling

4.1.24 *Neohygrocybe ovina* (Bull.) Herink,
Hygrocybe ovina (Bull.) Kühner, *Hygrocybe nitiosa* (A. Blytt) M.M. Moser
Rötender Saftling, Schwarzer Saftling

H: 3–7 cm, schwarzbraun, olivschwärzlich, trocken, faserig bis fein angedrückt-schuppig oder etwas runzelig. **L:** ausgebuchtet bis frei, bauchig, entfernt, schwarzbraun. **St:** wie der Hut gefärbt, faserig, rötend. **F:** schwärzlich, rötend. **Ger:** evtl. etwas nach Ammoniak. **Spp:** weiß. **V:** bei Weiden, in lichtem Nadelwald. **Mik:** Sporen glatt, ellipsoid bis etwas kugelig, nicht eingeschnürt, 7–9,5 × 5–6,5 µm, Lamellentrama subregulär, mit leicht aufgeblasenen Zellen von bis zu ca. 200 µm Länge. (D 147, Kr 3.71, BK 3.96, Lu 3.108.19, 🖾).

4.1.24 *Neohygrocybe ovina*, Rötender Saftling

4.1.25 *Neohygrocybe ingrata* (J.P. Jensen & F.H. Møller) Herink,
Hygrocybe ingrata J.P. Jensen & F.H. Møller
Rötender Nitrat-Saftling

H: 2–8 cm, graubraun, rötlichbraun, trocken, faserig bis feinschuppig, Druckstellen rötend. **L:** aufsteigend angewachsen, entfernt, blassocker, später rötlichbraun, Druckstellen rötend. **St:** etwas blasser als der Hut gefärbt. **F:** blassocker, evtl. mit rosa Schein und erst rötlich, später schwärzlich verfärbend. **Ger:** deutlich nitrös (nach Ammoniak). **Ges:** salzig, säuerlich. **V:** in feuchten Wiesen, grasigen Waldlichtungen, bei Weiden. **Mik:** Sporen glatt, breit ellipsoid bis etwas kugelig, 6,5–8,5 × 5–7 µm, Lamellentrama subregulär, mit aufgeblasenen Zellen von bis zu ca. 200 µm Länge. (Kr 3.63, Lu 3.108.17, 🖾).

Neohygrocybe pseudoingrata Fuljer, Zajac, Boertm. & Kautman.: Hut blass braun bis braungrau, Fleisch nicht verfärbend. Sporen 7–10,5 × 4,5–6,5 µm.

4.1.25 *N. ingrata*, Rötender Nitrat-Saftling

4.1.26 *Neohygrocybe nitrata* (Pers.) Kovalenko,
Hygrocybe nitrata (Pers.) Wünsche, *Hygrocybe murinacea* (Bull.) M.M. Moser
Nichtrötender Nitrat-Saftling

H: 2–7 cm, braun, dunkel braungrau, glatt, eingewachsen-faserig, trocken, feucht leicht schmierig, Rand etwas gekerbt. **L:** aufsteigend, queraderig, graulich, blass. **St:** blass gelbbraun bis weißlich. **F:** blass graubräunlich, weißlich. **Ger:** nitrös (nach Ammoniak). **Ges:** mild. **Spp:** creme. **V:** bei Weiden, in grasigen Lichtungen in Laub- und Nadelwald, auch subalpin, Kalk meidend. **Mik:** Sporen glatt, ellipsoid, 7–9,5 × 4,5–6 µm, Lamellentrama subregulär, mit zylindrischen bis etwas aufgeblasenen Zellen von bis gut 200 µm Länge. (BK 3.94, Lu 3.108.18, 🖾).

4.1.26 *Neohygrocybe nitrata*, Nichtrötender Nitrat-Saftling

4.1.27 *Cuphophyllus russocoriaceus* (Berk. & T.K. Mill.) Bon,
Hygrocybe russocoriacea (Berk. & Jos.K. Mill.) P.D. Orton & Watling,
Camarophyllus russocoriaceus (Berk. & T.K. Mill.) J.E. Lange
Juchten-Ellerling

H: 1–3 cm, cremeweiß bis cremeockerlich, trocken oder leicht klebrig, Rand heller, später etwas gerieft. **L:** herablaufend, sehr entfernt, cremeweiß. **St:** dünn, wie der Hut gefärbt. **F:** dünn, weiß. **Ger:** nach Zedernholz, Juchtenleder. **Ges:** mild, evtl. Zedernholz. **Spp:** weiß. **V:** in (Feucht-)Wiesen, Weiden, am Waldrand. **Mik:** Sporen glatt, ellipsoid, teils leicht kugelig, teils auch etwas zylindrisch, kaum eingeschnürt, 8–9,5 × 4–6,5 µm, Lamellentrama irregulär verwoben mit bis zu ca. 100 µm langen Zellen. (D 143, BK 3.77, Lu 3.108.29, 🖾).

4.1.27 *Cuphophyllus russocoriaceus*, Juchten-Ellerling

4.1.28 *Hygrocybe insipida* (J.E. Lange) M.M. Moser
Gelbrandiger Saftling

H: 1–4 cm, rot, orange, etwas schmierig, Rand gelb mit schwach durchscheinenden Lamellen. **L:** angeheftet bis breit angewachsen, gelb bis orangerot. **St:** orange bis rötlich, Basis hell, hohl, leicht schmierig. **F:** gelblich, dünn. **V:** in Wiesen, auf Weiden. **Mik:** Sporen glatt, zylindrisch bis ellipsoid, 5–7,5 × 3–4 µm, teils mittig eingeschnürt, Lamellentrama subregulär, Zellen bis ca. 150 µm Länge. (D 155, Kr 3.64, Lu 3.108.7).

4.1.29 *Hygrocybe subminutula* Murrill, Schmalsporiger Saftling: Hut gelb, stärker schleimig, eher kleiner, Stielspitze rot. Sporen etwas schmaler und kleiner, weniger als 7 µm lang. Die meisten Autoren betrachten *H. subminutula* als Synonym von *H. insipida*.

4.1.30 *Hygrocybe mucronella* (Fr.) P. Karst., ***Hygrocybe reae*** (Maire) J.E. Lange
Bitterer Saftling

H: 0,5–2,5 cm, orange bis lebhaft scharlachrot, jung klebrig bis schleimig, bald trocken und matt, Rand gerieft, oft gelb. **L:** breit angewachsen bis etwas herablaufend, gelborange bis rot. **St:** orangerot, Basis blasser, schleimig. **F:** im Hut gelb, im Stiel gelb bis gelborange. **Ger:** unauffällig. **Ges:** bitter. **Spp:** weiß. **V:** auf Weiden, in Wiesen, Sumpf und Wald. **Mik:** Sporen glatt, ellipsoid bis zylindrisch, 7–9,5 × 4–6 µm, meistens eingeschnürt, teils stark, Lamellentrama subregulär, Zellen etwas aufgeblasen und bis ca. 200 µm lang. (D 156f., BK 3.100, Lu 3.108.32, 🖼).

4.1.31 *Hygrocybe glutinipes* (J.E. Lange) R. Haller Aar.
Schleimfuß-Saftling, Starkschleimiger Saftling

H: 0,5–3 cm, orangegelb, bald zitronengelb, selten granat- bis mennigrot, schleimig, nie gebuckelt, Rand gerieft. **L:** breit angewachsen, dünn, ziemlich eng, blassgelb. **St:** wie der Hut gefärbt, hohl, oft uneben, schleimig. **Ger:** unauffällig. **Ges:** mild bis bitterlich. **V:** in Wiesen, auf Waldlichtungen. **Mik:** Sporen glatt, ellipsoid bis etwas zylindrisch, 5,5–8,5 × 3,5–5,5 µm, manchmal etwas eingeschnürt, Lamellentrama regulär mit mehr als 200 µm und teils bis 500 µm langen Zellen. (Kr 3.49, Lu 3.108.14A–D, 🖼).

4.1.31a *H. glutinipes* var. *rubra* Bon, Roter Schleimfuß-Saftling: Rote Exemplare dieser Art werden teilweise als Varietät abgegrenzt. (Lu 3.108.14E–G; Kapitel-🖼).

4.1.32 *Hygrocybe ceracea* (Sowerby) P. Kumm.
Zerbrechlicher Gold-Saftling

H: 2–4 cm, orangegelb, später strohgelb, glatt, feucht schmierig, Rand gerieft. **L:** breit angewachsen, evtl. schwach herablaufend, blassgelb. **St:** zitronengelb, trocken. **F:** gelblich, sehr brüchig. **Ger:** krautartig. **Spp:** weiß. **V:** in Rasenflächen, an moosigen Stellen. **Mik:** Sporen glatt, zylindrisch bis leicht ellipsoid, 6–8 × 3–4 µm, oft eingeschnürt, Lamellentrama subregulär, Zellen bis ca. 100 µm lang. (D 153, BK 3.82, Lu 3.108.43, 🖼).

H. ceracea f. *rubella* (Bon) Bon: Hut und Stiel in Orange bis Rotorange.

Hygrocybe citrina (Rea) J.E. Lange, Zitronengelber Saftling: Hut kleiner, nur 1–2 cm, Geruch unauffällig und Geschmack mild.

4.1.33 *Hygrocybe parvula* (Peck) Murrill, Schmächtiger Saftling: Hut 0,5–2 cm, chromgelb bis lebhaft orange, orangerot, durchscheinend gerieft, Lamellen herablaufend, weiß bis gelblich, am Grund dunkler, Stiel dünn, fast fadenförmig, orange bis chromgelb; in feuchten Wiesen, auf saurem Boden.

Boertmann 2010 zweifelt am Artrang der beiden kleineren Formen *H. citrina* sowie *H. parvula* und zählt sie zu *H. ceracea*.

4.1.34 *Hygrocybe chlorophana* (Fr.) Wünsche ☠
Stumpfer Saftling

H: 2–5 cm, schleimig, zitronen- bis dottergelb, Rand evtl. ganz leicht grünlich, evtl. etwas durchscheinend gerieft. **L:** ausgebuchtet angewachsen, mit Zahn herablaufend, hellgelb. **St:** leicht schleimig, wie der Hut gefärbt. **F:** wässerig gelblich. **Ger:** unauffällig. **Ges:** mild. **Spp:** weiß. **V:** in Wiesen, auf Weiden oder in grasigem Wald. **Mik:** Sporen glatt, ellipsoid bis zylindrisch, vereinzelt leicht eingeschnürt, 7–9,5 × 4–5,5 µm, Lamellentrama regulär mit bis zu 1000 µm langen und vereinzelt noch längeren Zellen. (D 149, Kr 3.44, BK 3.81/3.86, Lu 3.108.6, 🖼).

4.1.35 *Hygrocybe flavescens* (Kauffmann) Singer, Trockenstieliger Saftling: Stiel trocken, glatt, wie der Hut gefärbt; in Wiesen, auch in hohen Lagen in Zwergstrauchheide. (🖼).

Boertmann 2010 zählt *H. flavescens* zu *H. chlorophana*.

4.1.36 *Hygrocybe spadicea* (Scop.) P. Karst.
Braungelber Saftling

H: 3–7 cm, braun, braunschwarz, stark schleimig (olivbraun), faserig. **L:** schmal angeheftet bis fast frei, blassgelb, lebhaft gelb. **St:** gelblich bis gelb, fein braunfaserig. **F:** weiß bis gelblich. **Ger:** unauffällig. **Ges:** mild. **V:** in feuchten Wiesen, vor allem in hohen Lagen. **Mik:** Sporen glatt, ellipsoid, teils etwas zylindrisch oder birnenförmig, 7,5–13 × 5–7,5 µm, manchmal etwas eingeschnürt, Lamellentrama regulär mit ca. 1000 µm langen, etwas verjüngten Zellen. (D 165, Lu 3.108.20, 🖼).

4.1.37 *Hygrocybe leporina* (Fr.) P.D. Orton & Watling, ***Hygrophorus leporinus*** Fr.
Hasen-Saftling, Hasen-Schneckling

H: 3–7 cm, hellbraun, feldhasenfarben, fein marmoriert bis fleckig, Rand etwas faserig. **L:** herablaufend, hellbraun bis fleischrosa. **St:** gleichfarbig wie Hut, faserig. **F:** weiß.

4.1.30 *Hygrocybe mucronella*, Bitterer Saftling

4.1.31 *Hygrocybe glutinipes*, Schleimfuß-Saftling

4.1.32 *H. ceracea*, Zerbrechlicher Gold-Saftling

4.1.34 *Hygrocybe chlorophana*, Stumpfer Saftling

4.1.35 *Hygrocybe flavescens*, Trockenstieliger Saftling

4.1.36 *Hygrocybe spadicea*, Braungelber Saftling

Ger: unbedeutend. **Spp:** weiß. **V:** im Laubwald, auf Waldwiesen. **Mik:** Sporen 7,5–10,5 × 4,5–5,5 µm.

4.1.38 *Chromosera xanthochroa* (P.D. Orton) Vizzini & Ercole,
Hygrocybe xanthochroa (P.D. Orton) M.M. Moser
Mehrfarbiger Saftling, Lilagelber Ellerling

H: 1–3 cm, schleimig, teils zitronen- bis goldgelb, teils lila, grauviolett, Rand eingerollt. **L:** herablaufend, entfernt, blasslila bis ockergelblich. **St:** schleimig, Spitze lila, gegen die Basis grauweißlich. **F:** graulich. **Ger:** unauffällig. **Ges:** mild. **V:** auf moosigem Heideboden; Herbst. **Mik:** Sporen glatt, ellipsoid bis etwas mandelförmig, 6–7,5 × 4–5 µm, manchmal etwas eingeschnürt, Lamellentrama irregulär verwoben, Zellen bis ca. 140 µm lang. (Lu 3.108.8).

4.1.39 *Chromosera lilacina* (P. Karst.) Vizzini & Ercole, *Hygrocybe lilacina* (C. Laest.) M.M. Moser, Lilastiel-Saftling: Hut vorwiegend orange und lilabraun, Stiel lilaviolett, schmierig; im Moor oder auf feuchtem Geröll bis in hohe Lagen. Sporen glatt, ellipsoid bis etwas mandelförmig, 6,5–10 × 3,5–6,5 µm, vereinzelt etwas eingeschnürt, Lamellentrama irregulär verwoben, Zellen bis ca. 200 µm lang. (Lu 3.108.52).

4.1.40 *Chromosera viola* (J. Geesink & Bas) Vizzini & Ercole, *Hygrocybe viola* J. Geesink & Bas, Veilchen-Saftling: Hut und Stiel lilaviolett, nabelingsartig klein, Lamellen weißlich. (Lu 3.108.51).

4.1.41 *Gloioxanthomyces vitellinus* (Fr.) Lodge, Vizzini, Ercole & Boertm.,
Hygrocybe vitellina (Fr.) P. Karst.
Dottergelber Saftling

H: 1–3 cm, zitronen- bis dottergelb, später ausblassend, schleimig, Rand gerieft. **L:** herablaufend, entfernt, hellgelb, später dunkler (evtl. mit lachsfarbenem Schein). **St:** wie der Hut gefärbt, schleimig. **F:** wässerig gelblich. **Ger:** unauffällig. **Ges:** mild. **Spp:** weiß. **V:** vorwiegend in Küstennähe, bei Wacholder *Juniperus*. **Mik:** Sporen glatt, breit ellipsoid, 5,5–8,5 × 4–6 µm, vereinzelt etwas eingeschnürt, Lamellentrama subregulär, Zellen bis über 200 µm lang. (D 154, Lu 3.108.9,).

Chromosera citrinopallida (A.H. Sm. & Hesler) Vizzini & Ercole, *Hygrocybe citrinopallida* (A.H. Sm. & Hesler) Kobayasi, Blassgelber Saftling: sehr ähnlich, jedoch in alpinen Lagen, in Zwergstrauchheide. Sporen glatt, ellipsoid, mandelförmig bis etwas kugelig, 7,5–10 × 4,5–6,5 µm, vereinzelt etwas eingeschnürt, Lamellentrama irregulär verwoben, Zellen bis ca. 150 µm lang. (Lu 3.108.10).

4.1.42 *Gliophorus psittacinus* (Schaeff.) Herink,
Hygrocybe psittacina (Schaeff.) P. Kumm.
Papageigrüner Saftling, Papageigrüner Schleimsaftling

H: 1–4 cm, anfangs mit dickem grünlichem Schleim, gelbgrün, grün, später auch mit orangefarbenem, rosa oder rötlichem Beiton, oft mit verschiedenfarbigen Stellen, Rand durchscheinend gerieft. **L:** schmal angeheftet bis ausgebuchtet angewachsen, dick, ziemlich entfernt, gelb, gelbgrün bis orange, auch zweifarbig. **St:** wie der Hut gefärbt. **F:** dünn, wie der Hut gefärbt. **Ger:** unauffällig. **Ges:** mild. **Spp:** weiß. **V:** in Wiesen, auf Weiden, bis in höhere Lagen. **Mik:** Sporen glatt, ellipsoid oder mandelförmig, 7–9,5 × 5–6 µm, Lamellentrama subregulär mit zylindrischen bis aufgeblasenen, gegen 200 µm langen Zellen. (D 148, Kr 3.72, BK 3.98, Lu 3.108.12,).

4.1.42a *G. psittacinus* var. *perplexus* (A.H. Sm. & Hesler) Boertm. & N.O. Nilsson, *Gliophorus perplexus* (A.H. Sm. & Hesler) Kovalenko, *H. psittacina* var. *perplexa* (A.H. Sm. & Hesler) Boertm., Ziegelbrauner Saftling, Ziegelroter Schleimsaftling: Hut rosabraun, orangebraun, ziegelbraun, schleimig-klebrig, Rand gerieft, alt evtl. olivlich, Lamellen ausgebuchtet angewachsen und mit Zahn herablaufend, ziegelrotbraun, rosarot, Stiel wie der Hut gefärbt, schmierig, Spitze evtl. etwas olivlich, Basis blasser, Fleisch dünn, wässerig orange, in der Stielspitze evtl. olivlich. Sporen 7–8,5 × 4,5–6 µm. (D 152, Lu 3.108.13).

Je nach Einschätzung gilt *G. psittacinus* var. *perplexus* als Varietät oder zählt zum Formenkreis der Hauptart.

4.1.43 *Gliophorus laetus* (Pers.) Herink, *Hygrocybe laeta* (Pers.) P. Kumm
Zäher Saftling, Zäher Schleimsaftling

H: 2–4 cm, stark schleimig, klebrig, trüb rosa bis gelb, orange, auch mit ocker oder olivgrüner Beimischung. **L:** herablaufend, entfernt, grauweißlich bis gleichfarbig wie der Hut. **St:** stark schleimig-klebrig, ockergelblich, evtl. mit rosa oder olivfarbenem Beiton. **F:** ockergelblich. **Ger:** angenehm schwach krautartig bis etwas ranzig, gummiartig. **Ges:** mild. **Spp:** weiß. **V:** in Wiesen, grasigen Waldlichtungen, an Moorrändern, auch alpin. **Mik:** Sporen glatt, ellipsoid, 5–7,5 × 4–5 µm, Lamellentrama subregulär mit zylindrischen bis etwas aufgeblasenen, ca. 150 µm langen Zellen. (D 151, Kr 3.65, BK 3.89, Lu 3.108.11AB,).

G. laetus erscheint in sehr verschiedenen Farben. So werden Varietäten mit ganz gelbem, etwas grünlichem, weißlichem bis lachsrosa oder graulichem Hut beschrieben, z. B. 4.1.43a *G. laetus* var. *flava* Boertm. & N.O. Nilsson., *H. laeta* var. *flava* Boertm., Gelber Zäher Saftling. (Lu 3.108.11C,).

4.1.41 *Gloioxanthomyces vitellinus*, Dottergelber Saftling

4.1.42 *Gliophorus psittacinus*, Papageigrüner Saftling

4.1.43 *Gliophorus laetus*, Zäher Saftling

4.1.43a *Gliophorus laetus* var. *flava*, Gelber Zäher Saftling

4.1.44 *Gliophorus irrigatus* (Pers.) A.M. Ainsw. & P.M. Kirk, ***Hygrocybe irrigata*** (Pers.) Bon, ***Hygrocybe unguinosa*** (Fr.) P. Karst.
Grauer Saftling, Grauer Schleimsaftling

H: 3–6 cm, schleimig, braun, graubraun bis dunkel rußgrau, Lamellen etwas durchscheinend. **L:** leicht ausgebuchtet, breit angewachsen und mit Zahn herablaufend, breit und entfernt, weißlich. **St:** schleimig, hellgrau bis graubraun, brüchig, oft verdreht und zusammengedrückt. **F:** blassgrau, brüchig. **Ger:** unauffällig. **Ges:** mild. **Spp:** weiß. **V:** in Wiesen, auf Weiden, grasiger Waldlichtung, im Moor; Spätsommer bis Herbst. (D 150, BK 3.102, Lu 3.108.3, 🖼).

4.1.45 *Porpolomopsis calyptriformis* (Berk.) Bresinsky, ***Humidicutis calyptriformis*** (Berk.) Vizzini & Ercole, ***Hygrocybe calyptriformis*** (Berk.) Fayod
Rosenroter Saftling

H: 3–5 cm, auffallend spitzkegelig (kapuzenförmig), rosa, lila, glatt bis feinfaserig, verfärbt sich beim Trocknen orange. **L:** schmal angeheftet, rosarot, später weißlich, Schneiden fein gekerbt. **St:** weißlich bis rosa, feinfaserig, oft verdreht. **F:** weiß, Huthaut etwas durchfärbend. **Ger:** unauffällig. **Ges:** mild. **Spp:** weiß. **V:** in Magerwiesen, auf Weiden, vor allem in hohen Lagen. **Mik:** Sporen glatt, breit ellipsoid bis etwas kugelig, 6,5–8 × 4,5–5,5 µm, Lamellentrama regulär, Zellen bis über 1000 µm lang. (D 166, Kr 3.43, BK 3.80, Lu 3.108.53, 🖼).

4.1.46 *Cuphophyllus pratensis* (Fr.) Bon, *Hygrocybe pratensis* (Fr.) Murill, *Camarophyllus pratensis* (Fr.) P. Kumm.
Orangefarbener Wiesen-Ellerling

H: 2–8 cm, trocken, glatt, trüborange. **L:** herablaufend mit Queradern, cremeorange. **St:** cremeweiß bis cremeorange. **F:** cremeorange, in der Mitte recht dickfleischig. **Ger:** schwach, angenehm. **Ges:** mild, z.T. etwas efeuartig. **Spp:** weiß. **V:** auf Weiden, in Wiesen. **Mik:** Sporen glatt, breit ellipsoid bis etwas kugelig, 5–7 × 3,5–5 µm, Lamellentrama irregulär verwoben mit bis ca. 110 µm langen Zellen. (D 146, Kr 3.39, BK 3.76, Lu 3.108.28A–C, 🖼).

Cuphophyllus hygrocyboides (Kühner) Bon, *Hygrocybe hygrocyboides* (Kühner) Arnolds: Hut 1–3 cm, hell bis dunkel orangebraun, evtl. leicht hygrophan, Rand etwas durchscheinend gerieft, Lamellen blass orangebraun; alpin, bei Moos und Zwergweiden *Salix*. Sporen 7–9 × 4,5–6 µm.

4.1.46a *C. pratensis* var. *pallidus* (Cooke) Bon, *Cuphophyllus berkeleyi* P.D. Orton & Watling, Blasser Wiesen-Ellerling: Hut blasser, milchweiß. Gemäß Ludwig 2012 sind diese weißen Varietäten ausgesprochen Kalk liebend. (D 145, Lu 3.108.28D, 🖼).

4.1.47 *Cuphophyllus lacmus* (Schumach.) Bon, ***Hygrocybe lacmus*** (Schumach.) P.D. Orton & Watling
Violettgrauer Ellerling

H: 2–4 cm, glatt, fettig anzufühlen, evtl. leicht schmierig, violettgrau, violettbraun, Mitte heller, Rand gerieft. **St:** glatt, weiß, evtl. blass violettlich. **F:** wässerig, weißlich-violett. **L:** herablaufend, in der Grundfarbe violettblau, Schneide blasser. **Ger:** unauffällig. **Ges:** mild. **Spp:** weiß. **V:** in Wiesen, auf Weiden, an moosigen Stellen; Herbst. **Mik:** Sporen glatt, breit ellipsoid bis etwas kugelig, 6–10 × 5–7,5 µm, Lamellentrama irregulär verwoben, Zellen bis ca. 90 µm lang. (Kr 3.37, BK 3.88, Lu 3.108.27, 🖼).

4.1.48 *Cuphophyllus flavipes* (Britzelm.) Bon, *Hygrocybe flavipes* (Britzelm.) Arnolds, Gelbfüßiger Ellerling: Hut etwas schleimig, Stielbasis lebhaft gelb. Sporen 5–7,5 × 4–6 µm. (Lu 3.108.26, 🖼).

4.1.49 *Cuphophyllus canescens* (A.H. Sm. & Hesler) Bon, *Hygrocybe canescens* (A.H. Sm. & Hesler) P.D. Orton, Graufilziger Ellerling: Hut feinfilzig, oft mit hygrophanen Flecken; in Nordeuropa. Sporen glatt, breit ellipsoid bis etwas kugelig, 5–6,5 × 4–5,5 µm, Lamellentrama irregulär verwoben, Zellen bis ca. 90 µm lang. (Lu 3.108.31, 🖼).

4.1.50 *Hygrocybe cinerea* (Pers.) P.D. Orton & Watling, *Hygrophorus cinereus* (Pers.) Quél., Aschgrauer Saftling, Aschgrauer Schneckling: Hut 2–4 cm, grau, glatt bis fast samtig, Lamellen herablaufend, blassgrau, Stiel blassgrau, Fleisch weißlich; in Wiesen, auf Weiden, bis in höhere Lagen.

Boertmann 2010 bezeichnet *H. cinerea* als unklaren Namen und vermutet bei dieser von Lange 1940 beschriebenen Art alte und trockene Exemplare von *C. lacmus*.

4.1.51 *Cuphophyllus fornicatus* (Fr.) Lodge, Padamsee & Vizzini, ***Hygrocybe fornicata*** (Fr.) Singer
Blassgrauer Ellerling, Elfenbein-Saftling

H: 3–7 cm, grau, olivgrau, ockerbräunlich, kegelig, Rand heller, fast weißlich, oft rissig. **L:** aufsteigend, bauchig, weiß. **St:** weiß, Basis etwas rußbraun und evtl. verjüngt. **F:** weiß. **Ger:** erdartig. **V:** in Wiesen, Mooren, auf Kalkboden, im Tiefland bis subalpin. **Mik:** Sporen glatt, ellipsoid bis etwas birnenförmig, mittig deutlich eingeschnürt, 6,5–8,5 × 4–5,5 µm, Lamellentrama subregulär, mit kurzen, zylindrischen bis etwas aufgeblasenen eher kurzen Zellen. (Kr 3.62, Lu 3.108.15, 🖼).

H. fornicata var. *streptopus* (Fr.) Arnolds: Hut 2–5 cm, jung etwas schmierig, bald trocken, glatt bis eingewachsen faserig. Sporen ellipsoid, nicht eingeschnürt, 6–7,5 × 4–5,5 µm, Lamellentrama mit bis ca. 150 µm langen, wurmförmigen Zellen.

4.1.44 *Gliophorus irrigatus*, Grauer Saftling

4.1.45 *P. calyptriformis*, Rosenroter Saftling

4.1.46 *Cuphophyllus pratensis*, Orangefarbener Wiesen-Ellerling

4.1.46a *C. pratensis* var. *pallidus*, Blasser Wiesen-Ellerl.

4.1.47 *Cuphophyllus lacmus*, Violettgrauer Ellerling

4.1.48 *Cuphophyllus flavipes*, Gelbfüßiger Ellerling

4.1.49 *Cuphophyllus canescens*, Graufilziger Ellerling

4.1.51 *Cuphophyllus fornicatus*, Blassgrauer Ellerling

Cuphophyllus lepidopus (Rea) A.M. Ainsw., *H. fornicata* var. *lepidopus* (Rea) Boertm. & N. Barden: Hut und Stiel mit abwischbaren, rostbraunen Schüppchen, Sporen breit ellipsoid, 5–7 × 4–5,5 µm.

4.1.52 *Cuphophyllus colemannianus* (A. Bloxam) Bon,
Hygrocybe colemanniana (A. Bloxam) P.D. Orton & Watling
Dattelbrauner Ellerling

H: 2–6 cm, feucht klebrig-schmierig, trocken seidenmatt, rötlichbraun bis graubraun. **L:** herablaufend, entfernt und stark queradrig, weißlich bis blass graubräunlich. **St:** weißlich. **F:** dünn, graubräunlich. **Ger:** unauffällig. **Ges:** mild. **Spp:** weiß. **V:** in Wiesen, Weiden, am Waldrand, auch subalpin; Herbst bis Spätherbst. **Mik:** Sporen glatt, breit ellipsoid, nicht eingeschnürt, 6–9,5 × 4,5–5,5 µm, Lamellentrama irregulär verwoben mit bis ca. 100 µm langen Zellen. (Kr 3.36, BK 3.84, Lu 3.108.24, 🖼).

Hygrocybe roseascens E. Ludw. & J.G. Svensson, Errötender Ellerling: kleinerer, kaum über 2 cm großer Hut, grau- oder braunrosa, in der Mitte fein angedrückt schuppig; in Schweden und Dänemark. Sporen glatt, breit ellipsoid bis etwas kugelig, 5–7,5 × 4–6 µm, Lamellentrama irregulär verwoben mit zylindrischen bis aufgeblasenen, teils gegabelten und bis ca. 130 µm langen Zellen. (Lu 3.108.25).

4.1.53 *Cuphophyllus virgineus* (Wulfen) Kovalenko, *Hygrocybe virginea* (Wulfen) P.D. Orton & Watling
Jungfern-Ellerling, Glasigweißer Ellerling

H: 2–6 cm, fettig anzufühlen, trocken bis leicht schmierig, weißlich bis gelblichweiß, oft mit rötlichen Flecken, Rand schwach durchscheinend gerieft. **L:** herablaufend, breit, etwas queradrig, cremeweiß. **St:** längsfaserig, cremeweiß, ± trocken, Basis evtl. rosa. **F:** wässerig. **Ger:** unauffällig. **Ges:** mild. **Spp:** weiß. **V:** in Wiesen, auf Weiden, bis in höhere, alpine Lagen. **Mik:** Sporen glatt, breit ellipsoid bis etwas tropfenförmig, selten etwas eingeschnürt, 6,5–9,5 × 4–7 µm, Lamellentrama irregulär verwoben mit bis ca. 140 µm langen Zellen. (Kr 3.41, BK 3.103, Lu 3.108.22AB, 🖼).

4.1.53a *H. virginea* var. *fuscescens* (Bres.) Arnolds, *Hygrocybe fuscescens* (Bres.) P.D. Orton & Watling, Mittelbrauner Jungfern-Ellerling: Hut vor allem im Zentrum kräftig braun bis graubraun, stärker durchscheinend gerieft und bald mit deutlich queradrigen Lamellen. (Kr 3.42, BK 3.104, Lu 3.108.22F).

Fruchtkörper mit einheitlich milchkaffeefarbenem Hut, allenfalls mit einem Stich ins Rosa, gelten als *H. virginea* var. *ochraceopallida* (P.D. Orton) Boertm. (Lu 3.108.22C).

Gemäß Boertmann 2010 gehört *C. virgineus* zusammen mit *H. conica*, Kegeliger Saftling oft zu den ersten Saftlingsarten, welche aus intensiver Nutzung entlassene Grasflächen besiedeln.

4.1.52 *Cuphophyllus colemannianus*, Dattelbrauner Ellerling

4.1.53 *Cuphophyllus virgineus*, Jungfern-Ellerling

4.2 *Hygrophorus,* Schnecklinge und Ähnliche

Basidiomycota, Ständerpilze > *Agaricomycetes* > *Agaricales,* Blätterpilze > *Hygrophoraceae,* Wachsblättler

Beschreibung

Fleischige Pilze meist mittlerer Größe. Die Farben sind vorwiegend matt und trüb, mit Ausnahme von reinem, glänzendem Weiß oder leuchtendem Gelb. Hut und Stiel sind oft schleimig oder zumindest klebrig, in Ausnahmefällen aber auch – der Bezeichnung «Schneckling» zum Trotz – ganz trocken. Die Stielspitze ist nie schleimig. Typisch sind dickliche Lamellen mit wachsartiger Konsistenz, die breit angewachsen oder herablaufend sind und meist mehr oder weniger entfernt stehend. Das Sporenpulver ist stets weiß. Der Stiel ist glatt, etwas rillig, evtl. genattert oder punktiert und teilweise mit einer Ringzone versehen. Noch nicht lange zur Familie *Hygrophoraceae* zählt der häufige ***Ampulloclitocybe** clavipes,* Keulenfuß-Trichterling, welcher mit den zwar wachsartigen, aber auch schmalen und stark herablaufenden Lamellen bisher zur Familie *Tricholomataceae,* Ritterlingsverwandte zählte. Auch ***Aphroditeola** olida,* Duftender Afterleistling ist neu in dieser Familie und zählte früher zu den äußerlich ähnlichen *Hygrophoropsis* aus der Ordnung *Boletales. Hodophilus,* Scheinsamtschnecklinge sind seltene, kleine, meist graubraune Pilze mit samtiger Haut. Trotz ihrer Ähnlichkeit zu den Schnecklingen mit den dicklichen Lamellen gehören die Scheinsamtschnecklinge jedoch zur Familie *Clavariaceae,* Keulchenverwandte. Bei passender Witterung können zu allen Jahreszeiten Schnecklingsarten und Ähnliche vorkommen. Im Spätherbst und Winter, wenn es vielen anderen Arten zu kalt wird, werden sie oft zur dominierenden Gattung in unseren Wäldern.

Alle Schnecklinge der Gattung ***Hygrophorus*** sind Mykorrhizapilze und wachsen auf Erde in Partnerschaft mit verschiedenen Baumarten; *Hodophilus,* Scheinsamtschnecklinge hingegen sind Saprobionten.

Die Sporen sind glatt, unterschiedlich groß, ellipsoid, nicht amyloid. Die Basidien sind lang und schmal.

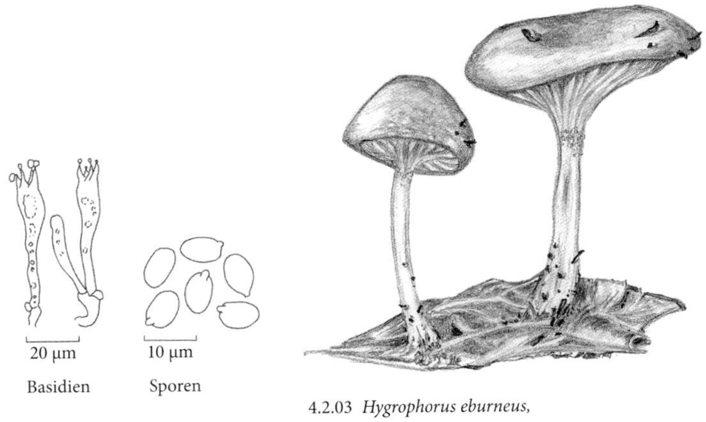

4.2.03 *Hygrophorus eburneus,*
Elfenbein-Schneckling

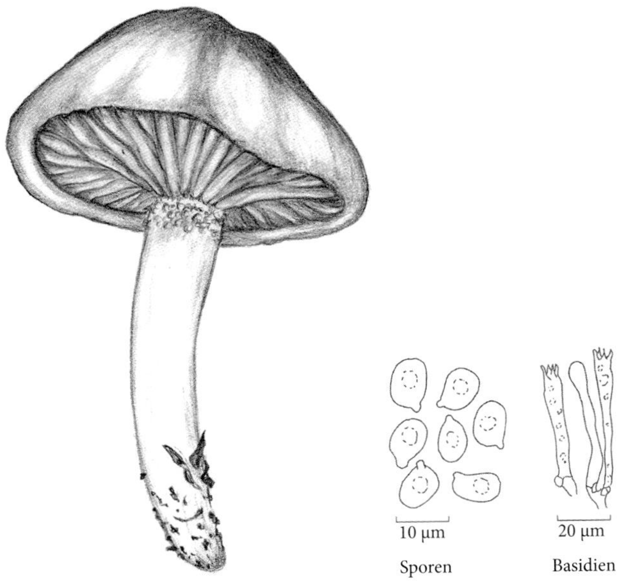

4.2.22 *Hygrophorus poetarum,*
Isabellrötlicher Schneckling

Bestimmung

Nach ihrer Hutfarbe sind die rund 45 Schnecklinge in 5 Gruppen aufgeteilt. Schlüssel A enthält die weißen, gelben bis orangeroten oder -braunen Arten, Schlüssel B jene mit rosa- bis weinroten oder grauen bis dunkelbraunen und schwärzlichen Farben. Die Grenze «gelb bis orange» (Schlüssel A, Gruppe 2) und «rosa oder rötliche Töne» (Schlüssel B, Gruppe 4) ist oft verschwommen. Im Zweifelsfall ist die Bestimmung über beide Farbgruppen zu versuchen. Ähnliche Probleme bestehen in der Abgrenzung zwischen «braun» (Schlüssel A, Gruppe 3) und «olivbraun» (Schlüssel B, Gruppe 2). Für den nächsten Schritt stellt sich meist die Frage «schleimig» oder «trocken» in Bezug auf Hut und Stiel. Es lohnt sich, schon beim Pflücken der frischen Pilze darauf zu achten.

Speisewerte

Der neu zur Familie zählende *Ampulloclitocybe clavipes,* Keulenfuß-Trichterling ist etwas giftig. Alle anderen Schnecklingsarten sind ungenießbar oder essbar. Je nach Literatur werden mehr oder weniger Arten der einen oder anderen Gruppe zugewiesen. Als gute Speisepilze gelten *Hygrophorus hypothejus,* Frost-Schneckling und *Hygrophorus marzuolus,* März-Schneckling, die aber nicht häufig zu finden sind. Ludwig 2012 weist darauf hin, dass der Frost-Schneckling in belasteten Gebieten erhöhte Werte an Radionukliden aufweisen kann.

4.2 *Hygrophorus*, Schnecklinge und Ähnliche
(A) Hut weiß, cremegelb, gelb, orangerot, gelb- bis orangebraun oder braun

Hut weiß, tonblass bis cremegelb (Hutrand goldgelb)

- Hutoberfläche feucht schleimig
  - Stiel schleimig oder klebrig, ohne Ring
    - Hutrand und Stielspitze goldgelb — **01 *Hygrophorus chrysodon*, Goldzahn-Schneckling**
    - Hutrand und Stielspitze nicht goldgelb
      - vor allem bei Buche
        - Hutrand rostgelb verfärbend, mit KOH alle Teile ocker- bis rotbraun — **02 *Hygrophorus discoxanthus*, Verfärbender Schneckling**
        - Hutrand nicht verfärbend, mit KOH Stielbasis fleisch-orangerot — **03 *Hygrophorus eburneus*, Elfenbein-Schneckling**
      - vor allem bei Eiche oder Buche, leicht gilbend, keine KOH-Reaktion — 04 *Hygrophorus cossus*, Nichtverfärbender Schneckling
      - vor allem bei Birke, leicht fleischfarben, mit KOH Stielbasis blassocker — 05 *Hygrophorus hedrychii*, Dickschleimiger Birken-Schneckling
      - im Nadelwald, weiß, Hutoberfläche bald matt, Geruch unauffällig — 06 *Hygrophorus piceae*, Weißer Fichten-Schneckling
  - Stiel schleimig, mit schleimigem oder faserig-häutigem Ring
    - Ring schleimig-wulstig, Hut stark schleimig, Lamellen jung weiß-creme
      - Hut weißlich, in der Mitte creme bis ockerlich werdend, 3–10 cm — 07 *Hygrophorus gliocyclus*, Schleimigberingter Schneckling
      - Hut überall weiß bis creme, 8–12 cm — 08 *Hygrophorus ponderatus*, Gewichtiger Schneckling
    - Ring faserig-häutig, Hut etwas schleimig, Lamellen jung lachsfarben-rosa — 09 *Hygrophorus flavodiscus*, Gelblichscheibiger Schneckling
  - Stiel trocken, höchstens feucht etwas klebrig-schmierig
    - Geruch nach Bittermandeln, Marzipan, Hut meist grau, selten weiß — **38 *Hygrophorus agathosmus*, Wohlriechender Schneckling**
    - Geruch nach Hyazinthen (Bonbon anglais), Hut meist weißlich — 38a *Hygrophorus hyacinthinus*, Hyazinthen-Schneckling
    - Geruch anders oder unauffällig
      - Lamellen graubraun, Stiel weißlich bis graulich — 10 *Hygrophorus subviscifer*, Fälblings-Schneckling
      - Lamellen weiß, evtl. leicht rosa, Stiel weiß — 06 *Hygrophorus piceae*, Weißer Fichten-Schneckling
- Hutoberfläche nicht schleimig, höchstens etwas klebrig
  - Lamellen weiß bis creme
    - Hut glatt (auch jung), evtl. klebrig
      - Hut cremeweiß bis ockerlich, braunfleckig, 4–15 cm, Stiel creme — 11 *Hygrophorus penarius*, Trockener Schneckling
      - Hut cremegelblich, Mitte rosa, 4–15 cm, Stiel leicht gefleckt — 13 *Hygrophorus fagi*, Langstieliger Buchen-Schneckling
      - Hut lachscreme, cremeorange, 5–20 cm, Stiel cremeweiß oder wie Hut — 22 *Hygrophorus poetarum*, Isabellrötlicher Schneckling
      - Hut und Stiel weiß, Hut 2–6 cm — 06 *Hygrophorus piceae*, Weißer Fichten-Schneckling
    - Hut feinschuppig, orangeockerlich — 12 *Hygrophorus barbatulus*, Feinschuppiger Schneckling
  - Lamellen aprikosenfarben — 14 *Hygrophorus melizeus*, Aprikosenblättriger Schneckling

Hut lebhaft gelb bis orange

- bei Lärche
  - Hut zitronen- bis goldgelb — **15 *Hygrophorus lucorum*, Gelber Lärchen-Schneckling**
  - Hut lebhaft orangegelb mit orangeroter Mitte — 16 *Hygrophorus speciosus*, Orangegelber Lärchen-Schneckling
- bei Kiefer, im Spätherbst, Hut meist mit olivem Farbanteil, z. T. ganz orange — 17a *H. hypothejus* var. *aureus*, Goldgelber Frost-Schneckling

Hut orangeocker bis braun, rötlichbraun

- Stiel schleimig
  - Hut vorwiegend in gelbbraunen bis orangeockerlichen Farbtönen
    - Mitte gelb- bis ockerorange, Rand heller, Geruch harzig, terpentinartig — **18 *Hygrophorus abieticola*, Terpentin-Schneckling**
    - Mitte ockerorange, gelbbraun, Randbereich heller, Geruch unauffällig
      - im Nadelwald (bei Kiefer, im Spätherbst) — 17 *Hygrophorus hypothejus*, Frost-Schneckling
      - im Laubwald — 19 *Hygrophorus lindtneri*, Hellrandiger Schneckling
    - ganzer Hut orangeocker bis rötlichbraun — 17 *Hygrophorus hypothejus*, Frost-Schneckling
  - Hut in der Mitte braun, Rand heller, gelbbraun — 20 *Hygrophorus discoideus*, Braunscheibiger Schneckling
- Stiel trocken
  - im Laubwald
    - Hut meist > 5 cm breit
      - Geruch mehlartig — 21 *Hygrophorus nemoreus*, Hain-Schneckling
      - Geruch nach Perubalsam, Stielspitze oft mit Saum — 22 *Hygrophorus poetarum*, Isabellrötlicher Schneckling
      - Geruch unangenehm harzig, nach Terpentin — **18 *Hygrophorus abieticola*, Terpentin-Schneckling**
      - Geruch unauffällig, kaum schleimig, eingewachsen-faserig, rötlichbraun — 23 *Hygrophorus arbustivus*, Mehlstiel-Schneckling
      - Geruch unauffällig, Hut schleimig, kaum faserig, orangebraun — 24 *Hygrophorus roseodiscoideus*, Rosabrauner Schneckling
    - Hut kaum > 5 cm breit
      - Hutrand, Lamellen u. Stiel hell fleischfarben, Hutmitte orangebräunlich — 25 *Hygrophorus unicolor*, Orangefalber Schneckling
      - Hut und Stiel feldhasenfarben, fein marmoriert, Lamellen fleischrosa — 4.1.37 *Hygrocybe leporina*, Hasen-Saftling
  - im Nadelwald, bei Torfmoos, in Nordeuropa, Hutmitte bräunlich — 26 *Hygrophorus secretanii*, Wachsgelber Schneckling
  - auf morschem Holz, Stiel evtl. exzentrisch, Hutmitte rotbraun — 5.11.06 *Cleistocybe pleurotoides*, Seitlingsartiger Schleiertrichterling

4.2 *Hygrophorus,* Schnecklinge und Ähnliche
(B) Hut rosa, weinrot, grau, graubraun, olivbraun, dunkelbraun, schwärzlich

Hut mit rosa, weinroten oder purpurrötlichen Farbtönen	
Stiel ohne Velumreste	
Geruch nicht auffällig süßlich	
im Nadelwald, vorwiegend bei Fichte	
Hut blass, zunehmend weinrosa, Lamellen kaum fleckend	
Fleisch gilbend, Geschmack bitterlich	**27 *Hygrophorus erubescens,* Rasiger Purpur-Schneckling**
Fleisch nicht gilbend, Geschmack mild	28 *Hygrophorus persicolor,* Flamingo-Schneckling
Hut von Anfang an vorwiegend weinrosa, weinbraun	30 *Hygrophorus capreolarius,* Weinroter Schneckling
im Nadelwald bei Lärche, Hut blass mit roströtlichen Schüppchen	31 *Hygrophorus queletii,* Rotschuppiger Schneckling
im Laubwald	
Hut vorwiegend weinrosa bis weinbraun gefärbt	30 *Hygrophorus capreolarius,* Weinroter Schneckling
Hut erst weißlich, zunehmend weinrötlich, Lamellen alt stark fleckend	32 *Hygrophorus russula,* Geflecktblättriger Purpur-Schneckling
Hutmitte orangerosa, Rand blass, Stielspitze oft mit Saum	22 *Hygrophorus poetarum,* Isabellrötlicher Schneckling
Hutmitte rost-graubraun, Rand rosabräunlich, vorwiegend mediterran	24 *Hygrophorus roseodiscoideus,* Rosabrauner Schneckling
Geruch süßlich-aromatisch, Fruchtbonbon, Lamellen schmal, eng	45 *Aphroditeola olida,* Duftender Afterleistling
Stiel mit faserigen Velumresten, Hut weißlich, Mitte mit feinen rosa Schüppchen	29 *Hygrophorus purpurascens,* Beschleierter Schneckling
Hut grau, graubraun, olivbraun, schwarzgrau	
Stiel schleimig	
Stiel genattert	
im Nadelwald	
bei Fichte, Hut 2–6 cm, mit KOH ohne Reaktion	**33 *Hygrophorus olivaceoalbus,* Natternstieliger Fichten-S.**
bei Kiefer, Stiel mit KOH gelb	
Hut 5–15 cm breit, bronzebraun, kaum radialfaserig	34 *Hygrophorus latitabundus,* Großer Kiefern-Schneckling
Hut 3–7 cm, schwarzbraun, radialfaserig	35 *Hygrophorus fuscoalbus,* Dunkler Kiefern-Schneckling
im Laubwald, vor allem bei Eiche, Hut olivbraun, Stiel mit KOH orange	36 *Hygrophorus persoonii,* Olivbraungestiefelter Schneckling
Stiel nicht genattert	
im Laubwald, Hut graubraun bis olivbräunlich	37 *Hygrophorus mesotephrus,* Graubrauner Schleimstiel-Schneckling
im Nadelwald, vor allem bei Kiefer	
Hut 3–7 cm, braunoliv, Mitte dunkler, Lamellen bald orangeockerlich	17 *Hygrophorus hypothejus,* Frost-Schneckling
Hut 5–15 cm, graubraun, Lamellen bleibend weiß	34 *Hygrophorus latitabundus,* Großer Kiefern-Schneckling
Stiel trocken	
Geruch nach Bittermandeln, Marzipan, Hut meist grau, selten weiß	
Hut 4–8 cm, eher dickfleischig, Stiel glatt, Geruch deutlich	**38 *Hygrophorus agathosmus,* Wohlriechender Schneckling**
Hut 1–2 cm, oft gebuckelt, Stielbasis feinwarzig, Geruch schwach	38b *Hygrophorus exiguus,* Kleiner Duft-Schneckling
Geruch nach Hyazinthen (Bonbon anglais), Hut meist weißlich	38a *Hygrophorus hyacinthinus,* Hyazinthen-Schneckling
ohne süßlichen Geruch, evtl. mehlig (selten unangenehm leuchtgasartig)	
Stiel punktiert	
Geruch unauffällig, Hut 2–6 cm, nicht hygrophan	**39 *Hygrophorus pustulatus,* Schwarzpunktierter Schneckl.**
Geruch mehlig-spermatisch, Hut 1–3 cm, hygrophan	1.3.19 *Hodophilus atropunctus,* Punktiertstieliger Scheinsamtschneckl.
Stiel schuppig, faserflockig, genattert	
im Laubwald, Lamellen ockergelb, Stiel kaum genattert, Sporen < 10 µm	40 *Hygrophorus velutinus,* Samtiger Schneckling
im Nadelwald, Lamellen blass, Stiel genattert, Sporen > 10 µm	41 *Hygrophorus inocybiformis,* Risspilzartiger Schneckling
Stiel glatt oder faserig	
im Frühjahr, Hut klebrig, fleckig, weiß bis grauschwarz, 4–15 cm	42 *Hygrophorus marzuolus,* März-Schneckling
im Herbst	
Geruch unauffällig	
Hut ocker-, graubraun, Stiel keulig, Lamellen blass gelblich	**46 *Ampulloclitocybe clavipes,* Keulenfuß-Trichterling**
Hut grauschwarz, rußigbraun, 4–15 cm	
Lamellen weißlich	
Hut rußig graubraun, 6–15 cm	43 *Hygrophorus camarophyllus,* Graubrauner Schneckling
Hut schwärzlich mit Blauschimmer, 4–10 cm	44 *Hygrophorus atramentosus,* Schwarzfaseriger Schneckling
Lamellen rosa, lachsfarben, 5–11 cm	43a *H. camarophyllus* var. *calophyllus,* Schönblättriger Schneckling
Hut grau, 2–4 cm, in Wiese, Weide	4.1.50 *Hygrocybe cinerea,* Aschgrauer Saftling
Geruch stark, unangenehm, leuchtgasartig, Hut 0,5–2,5 cm	1.3.20 *Hodophilus foetens,* Stinkender Scheinsamtschneckling

4.2.01 *Hygrophorus chrysodon* (Batsch) Fr.
Goldzahn-Schneckling

H: 3–7 cm, weiß, feucht schleimig, evtl. etwas faserig, am Rand bald gelbe Flöckchen. **L:** breit angewachsen bis herablaufend, dicklich, weiß, Schneiden evtl. gelb gezähnelt. **St:** weißlich, gegen die Spitze zunehmend mit gelben Flöckchen (gelber Kragen). **F:** weiß, am Rand evtl. gelb verfärbend. **Ger:** schwach (Topinambur, harzig). **Ges:** mild. **Spp:** weiß. **V:** vor allem im Laubwald, evtl. im Nadelwald; Sommer bis Herbst. **Mik:** Sporen glatt, ellipsoid bis mandelförmig, 7–9,5 × 3,5–5 µm, 1- bis 4-sporig, vorwiegend 4-sporig. **Ch:** Lamellen mit KOH gelb, Fleisch gelb bis orangebraun (D 114, Kr 3.80, BK 3.108, Lu 3.109.7, 🖾).

4.2.01 *Hygrophorus chrysodon*, Goldzahn-Schneckling

4.2.02 *Hygrophorus discoxanthus* (Fr.) Rea
Verfärbender Schneckling, Rostender Schneckling

H: 3–8 cm, schleimig, anfangs meist reinweiß, später gelblich bis ockerlich verfärbend (beim Trocknen). **L:** breit angewachsen bis etwas herablaufend, dicklich, weiß, später rotbräunlich. **St:** weiß, später verfärbend, glatt, etwas schleimig, bald trocken, Spitze kleiig. **F:** weiß. **Ger:** mittelstark, unangenehm nach Seife oder Wacholderschnaps. **Ges:** mild, eher unangenehm. **Spp:** weiß. **V:** im Laubwald, besonders bei Buche *Fagus*; Spätsommer bis Herbst. **Mik:** Sporen glatt, ellipsoid, 7–9 × 4,5–6 µm, vorwiegend 4-sporig. **Ch:** alle Teile mit KOH ocker- bis rotbraun. (D 119, BK 3.110, Lu 3.109.10, 🖾).

4.2.02 *Hygrophorus discoxanthus*, Verfärbender Schn.

4.2.03 *Hygrophorus eburneus* (Bull.) Fr.
Elfenbein-Schneckling

H: 3–8 cm, reinweiß, feucht stark schleimig. **L:** etwas herablaufend, weiß, dicklich. **St:** weiß, feucht stark schleimig, Spitze kleiig, gegen die Basis oft etwas zugespitzt. **F:** weiß. **Ger:** etwas obstartig, angenehm. **Ges:** mild. **Spp:** weiß. **V:** im Laubwald, vor allem bei Buche *Fagus*; Herbst bis Spätherbst. **Mik:** Sporen glatt, ellipsoid, 7–8,5 × 4–5 µm, vorwiegend 4-sporig, seltener 1- bis 2-sporig und etwas größer. **Ch:** Stielbasis mit KOH fleischrosa bis orange. (D 117, Kr 3.81, BK 3.111, Lu 3.109.11, 🖾).

4.2.03 *H. eburneus*, Elfenbein-Schneckling

4.2.04 *Hygrophorus cossus* (Sowerby) Fr.,
H. eburneus var. *quercetorum* (P.D. Orton) Arnolds
Nichtverfärbender Schneckling, Weißer Eichen-Schneckling

H: 2–8 cm, weiß bis elfenbeinfarben, Mitte mit einem Hauch Ocker, schleimig. **L:** breit angewachsen, bogig, weiß bis grauweiß mit gelblichem Schein. **St:** weiß, untere Hälfte ocker oder rötlichocker, feucht stark schleimig, Spitze kleiig, gegen die Basis oft etwas zugespitzt. **F:** weiß, gegen die Stielbasis ockergelb, leicht gilbend. **Ger:** stark, nach Weidenbohrer-Raupe *Cossus cossus*, Topinambur, harzig. **Ges:** mild. **Spp:** weiß. **V:** im Laubwald, vor allem bei Eiche *Quercus*; Herbst bis Spätherbst. **Mik:** Sporen glatt, ellipsoid bis etwas zylindrisch, 7–9,5 × 4–5,5 µm, 4-sporig **Ch:** keine Verfärbung mit KOH an Stielbasis oder Hut. (Lu 3.109.9, 🖾).

4.2.04 *H. cossus*, Nichtverfärbender Schneckling

4.2.05 *Hygrophorus hedrychii* (Velen.) K. Kult
Dickschleimiger Birken-Schneckling

H: 3–8 cm, feucht stark schleimig, jung cremeweiß, allmählich, vor allem in Hutmitte fleischrötlich, Rand jung filzig, eingerollt. **L:** etwas herablaufend, dicklich, cremeweiß, fleischrosa Reflex. **St:** feucht schleimig, Spitze kleiig, cremeweiß, gegen die Basis fleischrötlich. **F:** creme. **Ger:** leicht nach Weidenbohrer-Raupe. Ges: mild. **Spp:** weiß. **V:** vor allem bei Birke *Betula*; Herbst bis Spätherbst. **Mik:** Sporen glatt, ellipsoid 6–9 × 3,5–5,5 µm, 4-sporig. (Kr 3.83, BK 3.113, Lu 3.109.8, 🖾).

4.2.05 *H. hedrychii*, Dickschleim. Birken-Schneckl.

4.2.06 *Hygrophorus piceae* Kühner
Weißer Fichten-Schneckling

H: 2–6 cm, weiß, feucht leicht schmierig, bald trocken und matt. **L:** herablaufend, dicklich, weiß, evtl. leicht rosa Schimmer. **St:** weiß, etwas klebrig, Spitze kleiig. **F:** weiß. **Ger:** unbedeutend. **Ges:** mild. **Spp:** weiß. **V:** bei Fichte *Picea*, in Berglage; Sommer bis Herbst. **Mik:** Sporen glatt, ellipsoid 6,5–8,5 × 4,5–6 µm, vorwiegend 4-sporig, seltener 2-sporig. (D 116, BK 3.124, Lu 3.109.5).

4.2.07 *Hygrophorus gliocyclus* Fr., *Hygrophorus ligatus* (Fr.) Fr.
Schleimigberingter Schneckling

H: 3–10 cm, weißlich, später vor allem in der Mitte creme bis ockerlich, feucht stark schleimig. **L:** breit angewachsen bis etwas herablaufend, entfernt, elfenbeinfarben, manchmal mit rosa Beiton. **St:** elfenbeinfarben, stark schleimig, anfangs mit schleimiger Ringzone, darüber trocken, feinflockig. **F:** wässerig, weiß bis creme. **Ger:** schwach

4.2.07 *Hygrophorus gliocyclus*, Schleimigberingter Schneckling

süßlich. **Ges:** mild. **Spp:** weiß. **V:** vor allem bei Kiefer *Pinus*; Herbst. **Mik:** Sporen glatt, ellipsoid bis etwas zylindrisch, 7,5–9,5 × 4,5–6,5 µm, 4-sporig. (D 118, Kr 3.85, BK 3.117, Lu 3.109.47, 🖼).

4.2.08 *Hygrophorus ponderatus* Britzelm., Gewichtiger Schneckling: Hut kräftig, 8–12 cm, weiß bis creme, Druckstellen cremerosa fleckend, das Fleisch verfärbt mit KOH langsam gelboliv mit weinrötlichem Hof, in der Stielbasis intensiver chromgelb; im Mischwald bei Buche *Fagus* oder Kiefer *Pinus*. Eine wenig erwähnte und unklar abgegrenzte Art.

4.2.09 *Hygrophorus flavodiscus* Frost, Gelblichscheibiger Schneckling: Hut von Anfang an mit Gelb- bis Ockertönen, Lamellen mit rosa Reflex. Die selten beschriebene Art wird auch als Synonym von *H. gliocyclus* oder *H. hedrychii* betrachtet. (🖼).

4.2.10 *Hygrophorus subviscifer* (P. Karst.) Harmaja
Fälblings-Schneckling

H: 2–7 cm, erst creme, bald graulich, Scheitel hell ockerbraun, Rand hell, feucht schleimig. **L:** herablaufend, gegabelt, entfernt, graubraun, Schneiden heller. **St:** weißlich bis graulich, mehlig, kleiig. **F:** graulich. **Ger:** unbedeutend. **Ges:** unbedeutend. **Spp:** weiß. **V:** im Nadelwald. **Mik:** Sporen glatt, ellipsoid bis etwas zylindrisch, 6,5–9 × 4,5–6,5 µm, 4-sporig.

Ludwig 2012 bevorzugt für diese Art die Bezeichnung *Hygrophorus spodoleucus* M.M. Moser. (Lu 3.109.39).

4.2.11 *Hygrophorus penarius* Fr. 🍴
Trockener Schneckling, Kurzstieliger Buchen-Schneckling

H: 4–15 cm, weiß, elfenbein bis ockerlich, evtl. braunfleckig oder etwas rissig, matt, nie schleimig, höchstens jung etwas klebrig. **L:** breit angewachsen bis herablaufend, creme, evtl. mit rosa Reflex. **St:** creme, vor allem an der Spitze kleiig, gegen die Basis zugespitzt, nie schleimig, höchstens klebrig. **F:** weiß. **Ger:** schwach, evtl. etwas ölig. **Ges:** mild bis schwach bitterlich. **Spp:** weiß. **V:** im Laubwald, bei Buche *Fagus*; Sommer bis Herbst. **Mik:** Sporen glatt, ellipsoid bis etwas mandelförmig oder zylindrisch, 6–8 × 3,5–4,5 µm, 4-sporig. (D 115, Kr 3.86, BK 3.123, Lu 3.109.4, 🖼).

Hygrophorus penarioides Jacobsson & E. Larss., Trockener Eichen-Schneckling: Geruch nach gekochter Milch; bei Eiche *Quercus*. Sporen 5,5–6,5 × 3,5–4,5 µm, 4-sporig.

4.2.12 *Hygrophorus barbatulus* G. Becker, *H. penarius* var. *barbatulus* (G. Becker) Bon, Feinschuppiger Schneckling: Hut blass orangeocker mit feinen, helleren Schüppchen bedeckt. Sporen 6–7,5 × 3,5–5 µm. (Lu 3.109.2).

4.2.13 *Hygrophorus fagi* G. Becker & Bon, *H. penarius* var. *fagi* (G. Becker & Bon) Krieglst., Langstieliger Buchen-Schneckling: Hut oft gebuckelt, weiß bis cremeorange, Stielspitze oft flockig, Stiel längsstreifig. Sporen 6–8 × 4–5 µm. (Lu 3.109.3).

Krieglsteiner 2001 beschreibt *H. fagi* als Varietät von *H. penarius*. Gemäß Gröger 2006 halten manche Autoren *H. fagi* für ein Synonym von *H. barbatulus*, andere von *H. poetarum*.

4.2.14 *Hygrophorus melizeus* (Fr.) Fr., *Hygrophorus karstenii* Sacc. & Cub. *Hygrophorus bicolor* P. Karst.
Aprikosenblättriger Schneckling

H: 2–10 cm, erst kreideweiß, später etwas ockerlich, trocken, nicht schleimig, matt, Rand etwas filzig. **L:** herablaufend, entfernt, queradrig, aprikosen- bis ockerfarben. **St:** weiß, später ockerlich, längsfaserig, Spitze feinflockig. **F:** weiß bis cremeockerlich. **Ger:** schwach. **Ges:** mild. **Spp:** weiß. **V:** vor allem im Bergnadelwald; Sommer bis Herbst. **Mik:** Sporen glatt, ellipsoid, 7,5–11 × 5–7 µm, 4-sporig. (BK 3.120?, Lu 3.109.1, 🖼).

Gröger 2006 verwendete die Bezeichnung *H. melizeus*. Dieser Name wurde jedoch für verschiedene Arten angewendet und die ursprüngliche Beschreibung von Fries scheint nicht eindeutig. *H. karstenii* und *H. bicolor* werden je nach Autor unterschiedlich als gültige Namen oder Synonyme verwendet.

4.2.15 *Hygrophorus lucorum* Kalchbr. 🍴
Gelber Lärchen-Schneckling

H: 2–6 cm, zitronen- bis goldgelb, Mitte dunkler, jung etwas schleimig, später klebrig bis trocken, etwas radialfaserig. **L:** breit angewachsen bis etwas herablaufend, creme bis gelblich. **St:** längsfaserig, gelblich, vor allem jung schleimig, Spitze bereift. **F:** weißlich bis gelblich. **Ger:** schwach pilzartig oder fruchtig. **Ges:** mild. **Spp:** weiß. **V:** nur bei Lärche *Larix*; Herbst. **Mik:** Sporen glatt, ellipsoid, 7–9,5 × 4,5–6 µm, 4-sporig, selten 2-sporig. (D 132, Kr 3.103, BK 3.118, Lu 3.109.35, 🖼).

4.2.16 *Hygrophorus speciosus* Peck 🍴
Orangegelber Lärchen-Schneckling

H: 2–7 cm, lebhaft, Mitte orangerötlich, radialfaserig, feucht schleimig, jung evtl. spitzbuckelig. **L:** bogig angewachsen, weißlich bis gelblich. **St:** gelb, oft etwas genattert, schleimig, besonders Ringzone, Spitze weiß. **F:** weiß. **Ger:** unbedeutend. **Ges:** mild. **Spp:** weiß. **V:** in höheren

4.2.09 *H. flavodiscus*, Gelblichscheibiger Schneckling

4.2.11 *Hygrophorus penarius*, Trockener Schneckling

4.2.14 *H. melizeus*, Aprikosenblättriger Schneckling

4.2.15 *Hygrophorus lucorum*, Gelber Lärchen-Schneckling

4.2.16 *Hygrophorus speciosus*, Orangegelber Lärchen-Schneckling

Lagen bei Lärche *Larix;* Sommer bis Herbst. Sporen glatt, ellipsoid, 8–10 × 5–6 µm, 4-sporig, selten 1- bis 2-sporig. (BK 3.130, Lu 3.109.34, 🖼).

4.2.17 *Hygrophorus hypothejus* (Fr.) Fr.
Frost-Schneckling

H: 3–7 cm, gelb- bis olivbraun, feucht stark schleimig, etwas radialfaserig, Rand oft etwas heller. **L:** breit angewachsen bis herablaufend, bogig, erst blass, später gelb bis orangeocker. **St:** blass bis gelblich, schleimig, gegen die Basis etwas zugespitzt und evtl. leicht genattert, Spitze faserflockig, jung mit schleimigem Ringwulst. **F:** blassgelb, unter der Huthaut orangerötlich. **Ger:** schwach. **Ges:** angenehm. **Spp:** weiß. **V:** im Nadelwald, auf Waldwiesen, vor allem bei Kiefer *Pinus*; Herbst bis Winter, oft nach ersten Frösten. **Mik:** Sporen glatt, ellipsoid, 7–9,5 × 4–5,5 µm, 4-sporig. (D 130, Kr 3.101, BK 3.115, Lu 3.109.36A–C, 🖼).

4.2.17a *H. hypothejus* var. *aureus* (Arrh.) Imler, *Hygrophorus aureus* Arrh., Goldgelber Frost-Schneckling: Hut in lebhaften Orangetönen, Lamellen blasser, gelbweißlich. (D 131, Lu 3.109.36D, 🖼).

Der Rang einer Varietät wird von Krieglsteiner 2001, Gröger 2006 und Ludwig 2012 vertreten. Candusso 1997 und Breitenbach & Kränzlin 1991 sehen in den Pilzen die eigene Art *H. aureus*.

4.2.18 *Hygrophorus abieticola* Krieglst. ex Gröger & Bresinsky, *Hygrophorus pudorinus* (Fr.) Fr.
Terpentin-Schneckling, Orange-Schneckling

H: 5–15 cm, blass bis sattorange, Rand evtl. heller und leicht gekerbt, feucht schleimig. **L:** breit angewachsen bis leicht herablaufend, zunächst blass, später ähnlich wie der Hut. **St:** feucht etwas schleimig, mit leichtem Orangeton, Spitze blass, mehlig-schuppig, Basis gilbend orange. **F:** Stielbasis gelb, im Stiel weiß, Hut etwas orange. **Ger:** harzig, terpentinartig. **Ges:** unangenehm. **Spp:** weißlich. **V:** im Nadelwald, bei Weißtanne *Abies*; Herbst. **Mik:** Sporen glatt, ellipsoid, 8–10,5 × 5–6 µm, 2- bis 4-sporig, Basidien bis 55 µm lang. (D 124, Kr 3.100, BK 3.126, Lu 3.109.23, 🖼).

Krieglsteiner 1991 schlägt für den Terpentin-Schneckling den neuen Namen *H. abieticola* vor, der von Gröger 2006 aufgenommen und von Bresinsky 2008 publiziert wurde. Lodge et al. 2014 bestätigen zudem, dass es sich bei *H. pudorinus* aus Nordamerika um eine andere Art handelt. Gemäß Gröger 2006 passt die *H. pudorinus*-Beschreibung von Fries 1836 zu *H. persicolor,* Flamingo-Schneckling. Zur Vergleichbarkeit mit früheren Publikationen wird hier der bisher gebräuchliche Name *H. pudorinus* als Synonym erwähnt.

4.2.19 *Hygrophorus lindtneri* M.M. Moser, *Hygrophorus carpini* M.M. Moser
Hellrandiger Schneckling

H: 2–6 cm, Rand hell, creme, Mitte ocker bis orange, feucht stark schleimig. **L:** herablaufend, creme mit rosa oder orangem Reflex. **St:** weißlich bis blass orangebräunlich, feucht schleimig, Spitze weißflockig. **F:** weißlich. **Ger:** schwach. **Ges:** mild. **V:** vor allem unter Haselstrauch *Corylus* und Hainbuche *Carpinus;* im Herbst. **Mik:** Sporen glatt, ellipsoid, 7,5–9,5 × 5–6 µm, 4-sporig, Basidien bis 40 µm lang. (Lu 3.109.30).

4.2.20 *Hygrophorus discoideus* (Pers.) Fr.
Braunscheibiger Schneckling

H: 2–6 cm, braunbeige, Mitte dunkler braun, feucht schleimig. **L:** breit angewachsen bis etwas herablaufend, creme bis beige. **St:** blassbräunlich, silberfaserig, jung schleimig, besonders die Ringzone. **F:** beige. **Ger:** unbedeutend. **Ges:** mild. **Spp:** weiß. **V:** vor allem im Nadelwald, in höheren Lagen; Herbst. **Mik:** Sporen glatt, ellipsoid bis etwas mandel- oder zylinderförmig, 6–8 × 3–5 µm, 4-sporig, Basidien bis 55 µm lang. (D 128, Kr 3.94, BK 3.109, Lu 3.109.25, 🖼).

4.2.21 *Hygrophorus nemoreus* (Pers.) Fr.
Hain-Schneckling

H: 5–12 cm, bräunlichorange, eingewachsen radialfaserig, jung etwas schmierig, später fettig wirkend. **L:** breit angewachsen bis leicht herablaufend, blass bis rötlichocker. **St:** bereift, erst blass, später wie der Hut gefärbt, Spitze weißlich, kleiig-körnig, Basis oft verjüngt. **F:** weiß, Huthaut färbt etwas durch. **Ger:** schwach mehlartig. **Ges:** mild. **Spp:** weiß. **V:** im Laubwald, speziell bei Eiche *Quercus* und Kastanie *Castanea* auf kalkreichem Boden; Sommer bis Herbst. **Mik:** Sporen glatt, ellipsoid bis etwas zylinderförmig, 6–8 × 3,5–5 µm, 4-sporig, Basidien bis 50 µm lang. (D 126f, Kr 3.97, BK 3.121, Lu 3.109.26, 🖼).

4.2.17 *Hygrophorus hypothejus*, Frost-Schneckling

4.2.17a *Hygrophorus hypothejus* var. *aureus*, Goldgelber Frost-Schneckling

4.2.18 *Hygrophorus abieticola*, Terpentin-Schneckling

4.2.20 *Hygrophorus discoideus*, Braunscheibiger Schn.

4.2.21 *Hygrophorus nemoreus*, Hain-Schneckling

4.2.22 *Hygrophorus poetarum* R. Heim
Isabellrötlicher Schneckling, Morgenrötlicher Buchen-Schneckling

H: 5–20 cm, lachscreme, cremeorange, Mitte etwas satter gefärbt, feucht etwas klebrig, trocken seidenmatt und z. T. mit rostbraunen Schüppchen. **L:** breit angewachsen bis herablaufend, bilden dank Regelmäßigkeit oft einen Kragen, entfernt, weißlich bis creme. **St:** längsfaserig, cremeweißlich oder wie der Hut gefärbt, trocken, Spitze weißlich, kleiig, evtl. mit Guttationströpfchen, Basis evtl. etwas verjüngt. **F:** weiß, außen etwas orange. **Ger:** angenehm (obstartig, Zimt, Perubalsam). **Ges:** mild. **Spp:** weiß. **V:** im Laubwald, vor allem unter Buche *Fagus*; Sommer bis Herbst. **Mik:** Sporen glatt, ellipsoid, 6,5–9,5 × 4–6 µm, 4-sporig, Basidien bis 60 µm lang. (D 123, Kr 3.99, BK 3.125, Lu 3.109.27,).

4.2.23 *Hygrophorus arbustivus* Fr.
Mehlstiel-Schneckling

H: 3–7 cm, deutlich eingewachsen radialfaserig, kaum schmierig, orangebraun, auch beige, rosa, Rand heller. **L:** leicht herablaufend, weiß. **St:** weiß, trocken, Spitze mehlig. **F:** weiß. **Spp:** weiß. **V:** bei Laubbäumen, vor allem bei Buche *Fagus* oder Eiche *Quercus*. **Mik:** Sporen glatt, ellipsoid, 7–8,5 × 4–5,5 µm, 4-sporig, Basidien bis 55 µm lang. (Kr 3.93, Lu 3.109.33,).

4.2.24 *Hygrophorus roseodiscoideus* Bon & Chevassut
Rosabrauner Schneckling

H: 4–12 cm, oft breit gebuckelt, feucht stark schleimig, trocken fettig glänzend, Zentrum rost- bis orangebraun mit einem Graustich, außen blasser braunbeige evtl. mit etwas Rosa oder Lila, alt bisweilen gelborange fleckig. **L:** leicht herablaufend, weißlich, später creme, cremerosa. **St:** weißlich bis creme oder cremerosa, jung schleimig, Spitze samtigflockig, alt oder an Druckstellen mit rostgelben Flecken. **F:** weißlich bis ockergelblich. **Ger:** unauffällig. **Ges:** mild. **V:** vorwiegend bei Steineiche, Zerreiche *Quercus*, Hainbuche *Carpinus*, an warmen Standorten oder mediterran. **Mik:** Sporen glatt, ellipsoid, 7,5–11,5 × 5–7,5 µm, 4-sporig, Basidien bis 65 µm lang.

4.2.25 *Hygrophorus unicolor* Gröger
Orangefalber Schneckling

H: 3–6 cm, Mitte orangebräunlich, Rand weißlich, feucht schleimig, fein radialfaserig. **L:** bogig bis leicht herablaufend, blass mit fleischfarbenem Reflex. **St:** trocken, grauockerlich, ganzer Stiel weißlich überfasert, Spitze kleiig. **F:** weiß. **Ger:** unbedeutend. **Ges:** mild. **Spp:** weiß. **V:** bei Buche *Fagus*, Hainbuche *Carpinus*; Herbst. **Mik:** Sporen glatt, ellipsoid bis etwas mandel- oder zylinderförmig, 6–8 × 3,5–4,5 µm, 4-sporig, Basidien bis 40 µm lang. (D 129, Kr 3.97, BK 3.131, Lu 3.109.29,).

Die Abgrenzung der ähnlichen Arten *H. unicolor* bei Buche *Fagus*, *H. lindtneri* bei Hasel *Corylus* und *H. carpini* bei Hainbuche *Carpinus* aufgrund der Standorte, eines schleimigen oder trockenen Stieles und gleichfarbigem oder hellerem Rand ist umstritten.

4.2.26 *Hygrophorus secretanii* Henning
Wachsgelber Schneckling

H: 2–7 cm, Mitte bräunlich, Rand heller, weißlich, trocken, etwas radialfaserig. **L:** herablaufend, cremefarben. **St:** weißlich bis cremefarben, trocken, glatt, Spitze rau. **F:** weiß. **Ger:** auffällig, Kirschlorbeer, staub-, erdartig, Marzipan. **Spp:** weiß. **V:** in Nordeuropa, im Nadelwald, bei Torfmoos *Sphagnum*. **Mik:** Sporen glatt, ellipsoid bis zylindrisch, 10–15 × 5,5–7,5 µm, 4-sporig, Basidien bis 75 µm lang. (Lu 3.109.24,).

4.2.27 *Hygrophorus erubescens* (Fr.) Fr.
Rasiger Purpur-Schneckling, Gilbender Purpur-Schneckling

H: 4–10 cm, weißlich, vor allem gegen die Mitte mit feinen rosa Schüppchen, auch stärker weinrot, evtl. mit gelben Flecken, feucht etwas schleimig. **L:** leicht bis deutlich herablaufend, weiß, bald etwas rosa, Schneiden alt bisweilen rotfleckig. **St:** weiß, rosa punktiert, Spitze bereift und evtl. tränend, Basis gilbend. **F:** blass, evtl. etwas gilbend. **Ger:** schwach, evtl. etwas nach Rettich. **Ges:** bald etwas bitter. **Spp:** weiß. **V:** im Nadelwald; Sommer bis Herbst. **Mik:** Sporen glatt, ellipsoid bis etwas mandel- oder zylinderförmig, 7,5–10,5 × 4,5–6 µm, 4-sporig, Basidien bis 65 µm lang. (D 120, Kr 3.90, BK 3.112, Lu 3.109.19,).

4.2.28 *Hygrophorus persicolor* Ricek, *H. erubescens* var. *persicolor* (Ricek) Bon, Flamingo-Schneckling: nirgends gilbend, milder Geschmack, Lamellen nicht rot- oder gelbfleckig. (Lu 3.109.21,).

Ludwig 2012 erwähnt, dass es sich bei *H. persicolor* gemäß Larsson (mündl.) aufgrund von DNA-Vergleichen um eine eigenständige Art und nicht nur um eine Varietät von *H. erubescens* handeln soll. Gemäß Larsson & Jacobson 2014 müsste aufgrund der bei *H. abieticola*, Terpentin-Schneckling bereits erwähnten Verwechslung *H. persicolor* nun *H. pudorinus* heißen und die bisher als *H. pudorinus* bezeichnete Art erhält – wie von Gröger 2006 vorgeschlagen und hier übernommen – den Namen *H. abieticola*.

4.2.22 *Hygrophorus poetarum*, Isabellrötlicher Schneckling

4.2.23 *Hygrophorus arbustivus*, Mehlstiel-Schneckling

4.2.25 *H. unicolor*, Orangefalber Schneckling

4.2.26 *Hygrophorus secretanii*, Wachsgelber Schneckling

4.2.27 *Hygrophorus erubescens*, Rasiger Purpur-Schneckling

4.2.28 *Hygrophorus persicolor*, Flamingo-Schneckling

4.2.29 *Hygrophorus purpurascens* (Alb. & Schwein.) Fr.
Beschleierter Schneckling, Blasser Purpur-Schneckling

H: 5–10 cm, nur jung schleimig, bald trocken, weißlich, später gegen die Mitte purpurrötlich, faserig. **L:** leicht herablaufend. weiß, rötlich gefleckt, Schneiden rötlich. **St:** blass, gegen die Basis rötlich, feinschuppig, aufsteigender, schleierartiger, flüchtiger Ring. **F:** weiß. **Ger:** unbedeutend. **Ges:** mild. **Spp:** weiß. **V:** im Nadelwald. **Mik:** Sporen glatt, ellipsoid bis leicht zylindrisch, 7,5–9,5 × 4,5–7 µm, 4-sporig, seltener 2-sporig, Basidien bis 50 µm lang. (Lu 3.109.22).

4.2.30 *Hygrophorus capreolarius* (Kalchbr.) Sacc.
Weinroter Schneckling

H: 4–8 cm, purpur- bis braunrot, fleckig, trocken, höchstens etwas klebrig, evtl. feinschuppig oder faserig. **L:** breit angewachsen bis herablaufend, schon jung weinrot fleckig, ± gleichfarbig wie der Hut. **St:** wie der Hut, evtl. etwas heller, faserig, Spitze weißlich, feinflockig. **F:** weinrötlich. **Ger:** unbedeutend. **Ges:** mild. **Spp:** weiß. **V:** vor allem in höher gelegenem Nadelwald, Laubwald; Spätsommer bis Herbst. **Mik:** Sporen glatt, ellipsoid bis etwas mandel- oder zylinderförmig, 6–8 × 4–5 µm, 4-sporig, Basidien bis 55 µm lang. (D 122, BK 3.107, Lu 3.109.18, 🖼).

Einzelne Autoren zählen diese Ausprägung zum Formenkreis von *H. erubescens* oder als Varietät *H. erubescens* var. *capreolarius* Kalchbr.

4.2.31 *Hygrophorus queletii* Bres.
Rotschuppiger Schneckling, Schnallenloser Lärchen-Schneckling

H: 2–6 cm, cremeweißlich, Mitte etwas rosa, punktiert oder feinschuppig, faserig, trocken, Rand oft rissig und zunehmend bräunlich. **L:** ± herablaufend, weiß bis cremegelb. **St:** weißlich, längsfaserig, trocken. **F:** hellcreme. **Ger:** unbedeutend. **Ges:** mild. **Spp:** weiß. **V:** bei Lärche *Larix*, in höheren Lagen; Sommer bis Herbst. **Mik:** Sporen glatt, ellipsoid bis zylindrisch, 7,5–12,5 × 5–7 µm, 4-sporig, seltener 2-sporig, Basidien bis 60 µm lang, im Unterschied zu anderen Schnecklingen fehlen Schnallen. (BK 3.128, Lu 3.109.38, 🖼).

4.2.32 *Hygrophorus russula* (Schaeff.) Kauffman 🍴
Geflecktblättriger Purpur-Schneckling

H: 5–15 cm, rosa bis weinrot fleckig oder geflammt auf blassem Grund, feucht klebrig, nicht schleimig, Rand lange heruntergebogen. **L:** breit angewachsen, kaum herablaufend, evtl. ausgebuchtet, weiß, bald stark rotfleckig. **St:** faserig, rotfleckig auf weißlichem Grund, nicht punktiert, trocken, Spitze feinkörnig. **F:** dick, weißlich, etwas rötend. **Ger:** schwach, evtl. obstartig oder krautig. **Ges:** mild, evtl. bitter. **Spp:** weiß. **V:** Laubwald, vor allem bei Eiche *Quercus*; Sommer bis Herbst. **Mik:** Sporen glatt, ellipsoid, 7,5–10,5 × 5–7 µm, 4-sporig, Basidien bis 55 µm. (D 121, Kr 3.92, BK 3.129, Lu 3.109.20, 🖼).

4.2.33 *Hygrophorus olivaceoalbus* (Fr.) Fr. 🍴
Natternstieliger Fichten-Schneckling

H: 2–6 cm, graubraun, braunoliv, Mitte dunkel, fast schwarzbraun, jung schleimig, später klebrig, glänzend, evtl. etwas eingewachsen-faserig. **L:** herablaufend, weiß. **St:** olivbraun genattert auf weißem Grund, feucht schleimig, Spitze weiß, Ringzone schleimig. **F:** weiß, außen gelblich. **Ger:** unbedeutend. **Ges:** mild. **Spp:** weiß. **V:** im Nadelwald, auf saurem Boden; Sommer bis Herbst. **Ch:** Stielfleisch mit KOH ohne Veränderung. **Mik:** Sporen glatt, ellipsoid, 11–16 × 7–8,5 µm, 4-sporig, selten 2-sporig, Basidien bis 60 µm lang. (D 134, Kr 3.106, BK 3.122, Lu 3.109.15, 🖼).

H. olivaceoalbus var. *gracilis* Maire: schmächtigere, langstielige Form, Fleisch mit grünlichem Reflex, vor allem an dunkeln, moosigen Stellen im Laubwald. (D 135).

Hygrophorus korhonenii Harmaja, Finnischer Schneckling, Kleinsporiger Fichten-Schneckling: Hut eingewachsen radialfaserig, vorwiegend in skandinavischen Ländern. Sporen 8–11 × 4,5–6 µm, Basidien bis 50 µm lang. (Lu 3.109.13).

4.2.34 *Hygrophorus latitabundus* Britzelm. 🍴
Großer Kiefern-Schneckling

H: 5–15 cm, bronzebraun, Mitte dunkler, feucht schleimig. **L:** etwas herablaufend, weiß. **St:** klebrige, braune Flocken und Natterung auf weißem Grund, Reste einer aufreißenden, schmierigen, braunen Hülle, Spitze feinflockig und lange weiß. **F:** weiß. **Ger:** schwach, evtl. etwas süßlich, Marzipan. **Ges:** mild. **Spp:** weiß. **V:** bei Kiefer *Pinus*, am Waldrand; Herbst. **Ch:** Stielfleisch mit KOH gelb. **Mik:** Sporen glatt, ellipsoid, 9–12 × 5–7 µm, 4-sporig, selten 2- oder 3-sporig, Basidien bis 70 µm lang. (D 136, Kr 3.104, BK 3.116, Lu 3.109.14, 🖼).

4.2.35 *Hygrophorus fuscoalbus* (Lasch) Fr., Dunkler Kiefern-Schneckling: Hut nur 3–7 cm, Mitte grauschwarz, eingewachsen radialfaserig, Stiel trocken und ohne Flecken. Wird jedoch von den meisten Autoren nicht mehr als eigene Art anerkannt. (🖼).

4.2.36 *Hygrophorus persoonii* Arnolds, *Hygrophorus glutinifer* Fr. 🍴
Olivbraungestiefelter Schneckling

H: 3–8 cm, olivbraun, rotbraun, Mitte dunkler, feucht schleimig. **L:** bogig angewachsen bis leicht herablaufend, weiß, später grüngelblich,

4.2.30 *H. capreolarius*, Weinroter Schneckling

4.2.31 *H. queletii*, Rotschuppiger Schneckl.

4.2.33 *H. olivaceoalbus*, Natternstieliger Fichten-Schn.

4.2.32 *H. russula*, Geflecktblättriger Purpur-Schn

4.2.34 *H. latitabundus*, Großer Kiefern-Schneckling

4.2.35 *H. fuscoalbus*, Dunkler Kiefern-Schneckling

4.2.36 *Hygrophorus persoonii*, Olivbraungestiefelter Schneckling

meergrünlich. **St:** olivbraun genattert, feucht schleimig, Spitze hell. **F:** weiß bis gelbgrünlich. **Ger:** unbedeutend. **Ges:** angenehm. **Spp:** weiß. **V:** im Laubwald, vor allem bei Eiche *Quercus*. **Ch:** Stielfleisch mit KOH orange bis orangebraun. **Mik:** Sporen glatt, ellipsoid, 8–12 × 5–7 µm, 4-sporig, selten 2-sporig, Basidien bis 65 µm lang. (D 133, Kr 3.108, Lu 3.109.17, 🖼).

Laut Bellanger et al. 2021 wäre *H. glutinifer* der ältere und somit korrekte Name für diese Art.

4.2.37 *Hygrophorus mesotephrus* Berk. & Broome
Graubrauner Schleimstiel-Schneckling

H: 2–5 cm, Mitte graubraun, Rand hell, weißlich, feucht schleimig, vor allem jung. **L:** breit angewachsen bis leicht herablaufend, weiß. **St:** Spitze weiß, feinflockig, darunter graubraun, schleimig, Basis evtl. verjüngt. **F:** weiß. **Ger:** schwach, evtl. etwas süßlich. **Ges:** mild. **Spp:** weiß. **V:** im Laubwald. **Mik:** Sporen glatt, ellipsoid bis schwach mandelförmig, 7,5–11 × 5–7,5 µm, 4-sporig, seltener 1- bis 2-sporig, Basidien bis 55 µm lang. (D 137, Kr 3.105, Lu 3.109.37, 🖼).

4.2.38 *Hygrophorus agathosmus* (Fr.) Fr.
Wohlriechender Schneckling

H: 4–8 cm, meist grau, aber auch bräunlich, gelblich oder mit violettem Reflex, glatt, feucht schleimig. **L:** herablaufend, weißlich. **St:** weiß, evtl. etwas bräunlich, kleiig, feinflockig, trocken. **F:** weißlich. **Ger:** auffällig nach Bittermandeln. **Ges:** mild. **Spp:** weiß. **V:** im Nadelwald, vorwiegend bei Fichte *Picea* auf Waldwiesen; Sommer bis Herbst. **Mik:** Sporen glatt, ellipsoid, 7–10,5 × 4,5–6 µm, 4-sporig, selten 2-sporig, Basidien bis 55 µm lang. (D 138, Kr 3.109, BK 3.105, Lu 3.109.46, 🖼).

H. agathosmus f. *albus* Candusso: Hut weiß.

H. agathosmus f. *aureofloccosus* Bres.: Stielspitze mit lebhaft gelben Flöckchen.

4.2.38a *Hygrophorus hyacinthinus* Quél., *H. agathosmus* var. *hyacinthinus* (Quél.) Krieglst., Hyazinthen-Schneckling: Hutoberfläche weißlichgrau bis weiß, Stielspitze weißlich faserig, nicht flockig, Geruch süßlich nach Hyazinthenblüten oder Fruchtbonbons; vorwiegend bei Weißtanne *Abies*. Sporen 8,5–11 × 5–6 µm. (BK 3.114, Lu 3.109.6, 🖼).

4.2.38b *Hygrophorus exiguus* E. Larss., E. Campo & M. Carbone, Kleiner Duft-Schneckling: Hut 1–2 cm, glockig bis gewölbt, oft gebuckelt und lange mit etwas eingerolltem Hutrand, blassgrau bis graubeige, Lamellen breit angewachsen bis leicht herablaufend, Stiel weißlich, oben kahl, im unteren Teil etwas faserig bis feinwarzig, Geruch schwach nach Marzipan; im Nadelwald, bei Fichte *Picea*, oft vergesellschaftet mit *Tricholoma inamoenum*, Lästiger Ritterling.

Hygrophorus suaveolens Kleine & E. Larss.: Hut 2–4 cm, Hutmitte olivbraun, vorwiegend bei Kiefer *Pinus*.

4.2.39 *Hygrophorus pustulatus* (Pers.) Fr.
Schwarzpunktierter Schneckling

H: 2–6 cm, grau, graubraun, radialfaserig bis etwas schuppig, Mitte dunkler und evtl. feinschuppig, etwas klebrig oder gefurcht. **L:** etwas herablaufend, weißlich, aschgrau. **St:** weißlich bis gelblich, ganzer Stiel braunschwärzlich punktiert. **F:** weiß. **Ger:** unbedeutend. **Ges:** mild. **Spp:** weiß. **V:** im Nadelwald; Herbst. **Mik:** Sporen glatt, ellipsoid, 7–9,5 × 4,5–6 µm, 4-sporig, selten 2-sporig, Basidien bis 55 µm lang. (D 139, Kr 3.115, BK 3.127, Lu 3.109.12, 🖼).

4.2.40 *Hygrophorus velutinus* I.G. Borshch.
Samtiger Schneckling

H: 3–5 cm, samtig bis feinschuppig, rußbräunlich auf hellem Grund, Mitte dunkler, Rand oft eingerollt, evtl. gekerbt. **L:** weit herablaufend, queraderig, blassocker bis orange. **St:** rußbräunlich schuppig auf hellerem Grund, trocken, Basis lange mit weißlichem Filz. **F:** weiß. **Ger:** unbedeutend. **Spp:** weiß. **V:** im Laubwald, bei Buche *Fagus*. Sporen < 10 µm.

4.2.41 *Hygrophorus inocybiformis* A.H. Sm.
Risspilzartiger Schneckling

H: 2–5 cm, anfangs kegelig (risspilzförmig), kahl bis anliegend schwärzlich faserschuppig, dunkelgrau. **L:** blass, später graulich. **St:** weiß, gegen die Basis grau, graubraun, faserig, evtl. genattert, trocken. **F:** weiß. **Ger:** unbedeutend. **Spp:** weiß. **V:** im Nadelwald, in Nordeuropa (Finnland, Norwegen). **Mik:** Sporen glatt, schlank ellipsoid, 10–14 × 5–7 µm, 4-sporig, seltener 2-sporig, Basidien bis 95 µm lang. (Lu 3.109.16).

4.2.42 *Hygrophorus marzuolus* (Fr.) Bres.
März-Schneckling

H: 4–15 cm, weiß bis grauschwarz, evtl. fleckig, klebrig, feucht schmierig, Rand wellig verbogen, gekerbt. **L:** breit angewachsen bis etwas herablaufend, weiß, später graulich. **St:** grauweißlich, Spitze leicht schuppig, oft verbogen. **F:** fest, dick, weißlich, Huthaut etwas durchfärbend.

4.2.37 *Hygrophorus mesotephrus*, Graubrauner Schleimstiel-Schneckling

4.2.38 *Hygrophorus agathosmus*, Wohlriechender Schneckling

4.2.38a *Hygrophorus hyacinthinus*, Hyazinthen-Schn.

4.2.39 *H. pustulatus*, Schwarzpunktierter Schneckling

4.2.42 *Hygrophorus marzuolus*, März-Schneckling

Ger: angenehm pilzartig, würzig. **Ges:** mild. **Spp:** weiß. **V:** im Laub- und Nadelwald; Frühjahr. Die Fruchtkörper können sich schon unter der Erdoberfläche öffnen (subhypogäisch). **Mik:** Sporen glatt, breit ellipsoid, 6–8,5 × 4,5–6 µm, 4-sporig, Basidien bis 70 µm lang. (D 142, Kr 3.114, BK 3.119, Lu 3.109.43, 🖼).

4.2.43 *Hygrophorus camarophyllus* (Alb. & Schwein.) Dumée, Grandjean & Maire
Graubrauner Schneckling, Rußbrauner Schneckling

H: 6–15 cm, rußbraun, grau- bis schwarzbraun, trocken, meist eingewachsen radialfaserig. **L:** breit angewachsen bis etwas herablaufend, weißlich. **St:** etwas heller als der Hut, längsfaserig bis teilweise schuppig, trocken. **F:** weiß. **Ger:** angenehm (honigartig). **Ges:** schwach nussartig. **Spp:** weiß. **V:** bei Moos im Nadelwald; Sommer bis Herbst. **Mik:** Sporen glatt, ellipsoid, 7–8,5 × 4–5,5 µm, 4-sporig, selten 2-sporig, Basidien bis 55 µm lang. (D 140, Kr 3.111, BK 3.106, Lu 3.109.44, 🖼).

4.2.43a *H. camarophyllus* var. *calophyllus* (P. Karst.) Konrad & Maubl., *Hygrophorus calophyllus* P. Karst., Schönblättriger Schneckling: Hut 5–11 cm, schmierig, klebrig, Lamellen auffällig rosa oder lachsfarben. Sporen 5,5–8 × 4–5 µm. (Lu 3.109.45).

4.2.44 *Hygrophorus atramentosus* (Alb. & Schwein.) H. Haas & R. Haller Aar. ex Bon, Schwarzfaseriger Schneckling: Hut eher kleiner, 4–10 cm, dunkler graubraun bis schwärzlich mit Blauschimmer, Geruch schwach. Sporen 7–8.5 × 4–5,5 µm. (D 141, Lu 3.109.41, 🖼).

4.2.45 *Aphroditeola olida* (Quél.) Redhead & Manfr. Binder, *Hygrophoropsis morganii* (Peck) H.E. Bigelow
Duftender Afterleistling

H: 1–3 cm, fleischrosa bis ockerlich, feinfilzig bis kahl, Rand lange heruntergebogen und wellig, evtl. rissig. **L:** stark herablaufend, gegabelt, eng stehend, sehr schmal, vom Hutfleisch ablösbar, creme evtl. mit rosa- oder orangefarbenem Beiton. **St:** oft exzentrisch, kurz, Farbe wie der Hut, gegen die Basis verjüngt. **F:** weißlich, dünn. **Ger:** süßlich (Früchtebonbons). **Ges:** mild. **Spp:** weißlich. **V:** vor allem im Nadelwald, Mischwald, in höheren Lagen. **Mik:** Sporen glatt, breit ellipsoid bis kugelig, 3,5–4,5 × 2,5–4 µm, schwach dextrinoid. (D 107, Kr 3.276, BK 3.62, Lu 1.34.2, 🖼).

4.2.46 *Ampulloclitocybe clavipes* (Pers.) Redhead, Lutzoni, Moncalvo & Vilgalys, *Clitocybe clavipes* (Pers.) Harmaja
Keulenfuß-Trichterling

H: 3–8 cm, grau- bis ockerbraun, beigebraun bis dunkelbraun, oft gebuckelt, Rand heller. **L:** herablaufend, weich, etwas wachsartig, weißlich, bald hell gelblich, ockerlich. **St:** ockerbräunlich, faserig, stark keulig aufgeblasen. **F:** weißlich, nur in der Mitte dick. **Ger:** ± aromatisch, evtl. schwach obstartig. **Ges:** mild. **Spp:** weiß. **V:** vor allem im Nadelwald, auf saurem Boden; Sommer bis Herbst. **Mik:** Sporen glatt, ellipsoid, 6–8,5 × 4–6 µm, 1- bis 4-sporig. (D 190, Kr 3.161, BK 3.154, Lu 3.100.1, 🖼).

4.2.43 *Hygrophorus camarophyllus*, Graubrauner Schneckling

4.2.44 *Hygrophorus atramentosus*, Schwarzfaseriger Schneckling

4.2.45 *Aphroditeola olida*, Duftender Afterleistling

4.2.46 *Ampulloclitocybe clavipes*, Keulenfuß-Trichterling

4.3 *Chrysomphalina,* Goldnabelinge und Ähnliche

Basidiomycota, Ständerpilze > *Agaricomycetes* > *Agaricales,* Blätterpilze > *Hygrophoraceae,* Wachsblättler

Beschreibung

Chrysomphalina, Goldnabelinge und ähnliche Arten bilden eine Gruppe von kleinen, nabelingsartigen Fruchtkörpern in vorwiegend gelben Farbtönen. Eine besondere Stellung nehmen ***Lichenomphalia,*** Flechtennabelinge ein, die mit Grünalgen vergesellschaftet als Flechten leben. Die Abgrenzungen der ähnlichen Gattungen ***Gerronema,*** Nabeltrichterchen und *Chrysomphalina,* Goldnabelinge wurden von Clémençon 1982a aufgrund von Unterschieden bezüglich Lamellentrama und Pigmenten vorgenommen. Während *Gerronema* zur Familie *Marasmiaceae,* Schwindlingsverwandte zählt, haben *Chrysomphalina* und ***Haasiella,*** Prachtnabelinge in die Familie *Hygrophoraceae,* Wachsblättler gewechselt. Umgekehrt hat der sehr seltene *Cleistocybe pleurotoides,* Seitlingsartiger Schleiertrichterling mit der Zuteilung in die neue Gattung *Cleistocybe* zu den *Tricholomataceae,* Ritterlingsverwandte gewechselt.

Alle diese Arten dürften zu den Saprobionten zählen, welche auf morschem Holz oder torfigem Moorboden wachsen.

Die Sporen sind glatt, zylindrisch, ellipsoid bis breit ellipsoid und nicht amyloid. Die Basidien sind schlank.

4.3.01 *Chrysomphalina grossula,* Grüngelber Goldnabeling

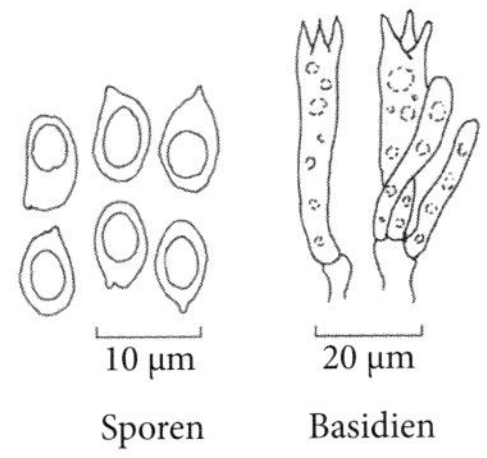

Bestimmung

Die kleinen, seltenen Arten unterscheiden sich in Farbnuancen und durch den Standort. Auffällig und etwas häufiger ist *Chrysomphalina grossula,* Grüngelber Goldnabeling mit olivgelbem Farbton, entfernten Lamellen und auf Holz. *Chrysomphalina chrysophylla,* Goldblättriger Goldnabeling wächst büschelig mit etwas größeren Hüten und lebhaft gelben Lamellen ebenfalls auf Holz.

Speisewerte

Unter diesen kleinen, mehrheitlich seltenen Arten gibt es keine Speisepilze.

4.3 *Chrysomphalina*, Goldnabelinge und Ähnliche

- vorwiegend büschelig vorkommende Arten
  - Hut gelb- bis dunkelbraun, 2–6 cm Lamellen lebhaft gelb → 02 *Chrysomphalina chrysophylla*, Goldblättriger Goldnabeling
  - Hut grau- bis gelbbraun, 1,5–5 cm, radialfaserig, Lamellen weißlich, cremegelb → 03 *Gerronema xanthophyllum*, Gelbblättriges Nabeltrichterchen
  - Hut graubraun, 0,5–2,5 cm, auf Schilfstängeln → 5.20.10 *Mycena belliarum*, Schilf-Helmling
- vorwiegend einzeln bis gesellig vorkommende Arten
  - Hut gelblich, olivbraun, gelbbraun bis gelborange, ohne Ringzone
    - Hut olivgelb, 1–3 cm, einzeln, Lamellen hellgelb → 01 *Chrysomphalina grossula*, Grüngelber Goldnabeling
    - Hut ohne oliv, Rand teilweise etwas gerieft
      - Hut gelbbraun bis cremeockerlich, Stiel hellbräunlich → 04 *Lichenomphalia umbellifera*, Gefalteter Flechtennabeling
      - Hut blass- bis zitronengelb, hygrophan, Stiel weißlich mit lila Schein → 05 *Lichenomphalia hudsoniana*, Lilastieliger Flechtennabeling
      - Hut gold- bis orangegelb, Stiel weißlich → 06 *Lichenomphalia alpina*, Ganzgelber Flechtennabeling
      - Hut lebhaft orange, in milden (Spät-)Wintern → 07 *Haasiella venustissima*, Zweisporiger Prachtnabeling
  - Hut ockerrötlich geflammt, 5–6 cm, Lam. weißlich, Stiel ± exzentr., mit Ringzone → 5.11.06 *Cleistocybe pleurotoides*, Seitlingsartiger Schleiertrichterling
  - Hut graubraun, rußbraun
    - Lamellen weißlich, höchstens Schneiden braun
      - Hut kaum über 1 cm breit, Lamellen teilweise gegabelt, queradrig → **5.19.36 *Phloeomana speirea*, Bogenblättriger Rindenhelml.**
      - Hut auch über 1 cm breit, Lamellen ohne Gabeln oder Queradern
        - Sporen stachelig, kugelig, nicht amyloid
          - Hut 1–2 cm bei Moos → 5.9.02 *Omphaliaster asterosporus*, Starkgeriefter Sternsporling
          - Hut 2–5 cm, in Zwergstrauchheide → 5.9.03 *Omphaliaster borealis*, Nördlicher Sternsporling
        - Sporen glatt, ellipsoid, amyloid, Hut 0,5–2,5 cm, graubraun, gerieft
          - auf Strünken von Weißtannen, Huthaut matt → 5.19.26 *Hydropus marginellus*, Braunschneidiger Wasserfuß
          - auf Schilfstängeln, Huthaut gummiartig abziehbar → 5.20.10 *Mycena belliarum*, Schilf-Helmling
    - Lamellen grau, graubraun, Hut 1–3 cm, grau- bis dunkelbraun, feinschuppig → 4.4.03 *Arrhenia epichysium*, Holz-Admoosling

4.3.01 *Chrysomphalina grossula* (Pers.) Norvell, Redhead & Ammirati, *Camarophyllus grossulus* (Pers.) Clémençon, *Gerronema grossulum* (Pers.) Singer
Grüngelber Goldnabeling

H: 1–3 cm, erst ausgewachsen genabelt, olivgelb, grüngelb, feinfaserig, Rand heller und durchscheinend gerieft. **L:** herablaufend, dicklich, hellgelb. **St:** glatt bis fein längsstreifig, gelblich, grüngelb. **F:** dünn, graugelblich. **Ger:** schwach krautig. **Ges:** mild. **Spp:** weiß. **V:** auf morschem Nadelholz, Rindenstücken; Herbst bis Winter. **Mik:** Sporen glatt, ellipsoid, 6,5–9 × 4,5–6,5 µm, 2- bis 4-sporig, inamyloid, Basidiolen vereinzelt querseptiert, Septen ohne Schnallen. (D 179, Kr 3.483, BK 3.75, Lu 1.55.14, 🖼).

4.3.02 *Chrysomphalina chrysophylla* (Fr.) Clémençon
Goldblättriger Goldnabeling

H: 2–5 cm, genabelt bis trichterig, hygrophan, gelb- bis dunkelbraun, Mitte mit feinen braunschwarzen Schüppchen. **L:** herablaufend, entfernt, am Grunde teils queradrig, lebhaft gelb, goldgelb. **St:** olivocker bis lebhaft gelb, vor allem an der Stielspitze. **F:** gelb, etwas fleischig. **Spp:** gelblich. **V:** oft büschelig, auf modrigem Nadelholz, seltener Laubholz; Sommer bis Herbst. **Mik:** Sporen glatt, ellipsoid bis mandelförmig, 9,5–12,5 × 4,5–6,5 µm, 4-sporig, inamyloid, ohne Schnallen. (Kr 3.150, Lu 1.55.9, 🖼).

4.3.03 *Gerronema xanthophyllum* (Bres.) Norvell, Redhead & Ammirati, *Chrysomphalina strombodes* (Berk. & Mont.) Clémençon
Gelbblättriges Nabeltrichterchen

H: 1,5–5 cm, graubraun bis rötlichbraun, später cremebraun, in der Mitte eingewachsen-faserig gestreift, Rand oft rissig. **L:** herablaufend, teils gegabelt, entfernt, weißlich, cremegelblich bis gelb. **St:** weißlich bis graubraun, hohl. **F:** dünn, cremeweißlich. **Ger:** krautartig. **Ges:** schwach bitterlich. **Spp:** weiß. **V:** auf morschem Holz, seltener auf Erde, meist büschelig; im Frühsommer. **Mik:** Sporen glatt, ellipsoid bis tropfenförmig, 7,5–9 × 3,5–5,5 µm, mehrheitlich 4-sporig, inamyloid, Schnallen vorhanden. (BK 3.148, Lu 1.55.8, 🖼).

Aufgrund der früheren Zugehörigkeit und Ähnlichkeit mit den Goldnabelingen ist die Art ebenfalls hier aufgeführt, obschon sie als *Gerronema* nicht mehr zur Familie *Hygrophoraceae* zählt.

4.3.04 *Lichenomphalia umbellifera* (L.) Redhead, Lutzoni, Moncalvo & Vilgalys, *Phytoconis ericetorum* (Pers.) Redhead & Kuyper
Gefalteter Flechtennabeling

H: 0,5–2 cm, gelbbraun bis cremeocker, evtl. olivgrünlich, gerieft, Rand gekerbt. **L:** herablaufend, teils gegabelt, entfernt, breit, blassgelb. **St:** wie der Hut gefärbt, Spitze etwas dunkler. **F:** wässerig braungelblich. **Ger:** unauffällig. **Ges:** mild. **Spp:** weißlich. **V:** am Moorrand, Wegrand, in Torf, auf saurem Boden, auch auf morschem Holz; Frühjahr bis Herbst. **Mik:** Sporen glatt, breit ellipsoid oder tropfenförmig bis kugelig, 7,5–10,5 × 5,5–7,5 µm, mehrheitlich 2-sporig, inamyloid, ohne Schnallen. (BK 3.212, Lu 1.55.13, 🖼).

4.3.05 *Lichenomphalia hudsoniana* (H.S. Jenn.) Redhead, Lutzoni, Moncalvo & Vilgalys, *Phytoconis viridis* (Ach.) Redhead & Kuyper
Lilastieliger Flechtennabeling

H: 0,5–1,5 cm, hygrophan, trocken blass gelblich, feucht intensiv zitronengelb bis blass orangegelb, Rand feucht gerieft und gekerbt. **L:** breit angewachsen bis herablaufend, teils gegabelt, gelb. **St:** feinsamtig, weißlich, feucht eventuell lila. **F:** dünn, hellgelb. **Ger:** unauffällig. **Ges:** mild. **Spp:** weiß. **V:** in torfiger Erde, zwischen Flechten und Moos, auf morschem Holz, in höheren bis hohen Lagen. **Mik:** Sporen glatt, zylindrisch, tropfenförmig bis fast kugelig, 7–10 × 4–6 µm, mehrheitlich 4-sporig, inamyloid, ohne Schnallen.(BK 3.213, Lu 1.55.12, 🖼).

4.3.06 *Lichenomphalia alpina* (Britzelm.) Redhead, Lutzoni, Moncalvo & Vilgalys, Ganzgelber Flechtennabeling: Hut goldgelb bis orangegelb und weißlich bereift, Stiel weißlich bis blassgelb. Sporen eher schlank und zylindrisch ellipsoid, 7–9 × 4–4,5 µm, 2- bis 4-sporig. (BK 3.211, Lu 1.55.11).

4.3.07 *Haasiella venustissima* (Fr.) Kotl. & Pouzar ex Chiaffi & Surault
Zweisporiger Prachtnabeling, Orangeroter Goldnabeling

H: 2–4 cm, glatt und kahl, evtl. etwas klebrig und eingewachsen faserig, orange, später ausblassend, Rand fein haarig-borstig, gerieft bis gerippt. **L:** oft kraus, gegabelt oder etwas aderig, orange. **St:** gelb. **Ger:** mehlartig, seifig. **Spp:** ockergelb. **V:** in Parks, auf totem Holz oder auf Erde bei Holz; Winter, Spätwinter. **Mik:** Sporen glatt, breit ellipsoid, 6–8 × 4–5,5 µm, inamyloid, 1- bis 2-sporig, ohne Schnallen. (Lu 1.55.1).

4.3.01 *Chrysomphalina grossula,* Grüngelber Goldnabeling

4.3.02 *C. chrysophylla,* Goldblättriger Goldnabeling

4.3.03 *G. xanthophyllum,* Gelbblättriges Nabeltricht.

4.3.04 *Lichenomphalia umbellifera,* Gefalteter Flechtennabeling

4.3.05 *Lichenomphalia hudsoniana,* Lilastieliger Flechtennabeling

4.4 *Arrhenia,* Adermooslinge und Ähnliche

Basidiomycota, Ständerpilze > *Agaricomycetes* > *Agaricales,* Blätterpilze > *Hygrophoraceae,* Wachsblättler

Beschreibung

Die Gattung der kleinen, nabelingsartigen oder muschel- bis spatelförmigen Fruchtkörper mit teils entfernten, eher dicklichen bis wachsartigen, herablaufenden oder verkümmerten Lamellen, vorwiegend beige, grau- bis schwarzbraunen, vereinzelt auch lila bis grauvioletten Hutfarben, heißt ***Arrhenia,*** Adermooslinge. Aufgrund der Ähnlichkeit mit *Omphalina,* Nabelinge gehörten viele *Arrhenia* lange zu *Omphalina* und in die Familie *Tricholomataceae,* Ritterlingsverwandte. Sie wechselten erst vor Kurzem hierher in die Familie *Hygrophoraceae,* Wachsblättler. Das Fleisch ist eher dünn und vereinzelt auch gallertartig. Eine Art mit grau- bis lilabraunem, bis ca. 5 cm großem Hut und herablaufenden, leicht rötenden Lamellen gehört zur Gattung ***Cantharellula,*** Gabelblättlinge.

Arrhenia, Adermooslinge wachsen vorwiegend bei Moosen oder Torfmoosen, *Cantharellula,* Gabelblättlinge auf Brandstellen. Es dürfte sich mehrheitlich um Saprobionten handeln. Gemäß Gröger 2006 wachsen einige *Arrhenia*-Arten und vermutlich auch *Cantharellula,* Gabelblättlinge jedoch parasitisch auf Moosen.

Die Sporen sind glatt und ellipsoid bis tropfenförmig. Jene von *Cantharellula,* Gabelblättlinge sind amyloid, jene von *Arrhenia,* Adermooslinge hingegen nicht.

4.4.11 *Arrhenia sphagnicola,*
Schuppiger Torfmoos-Adermoosling

4.4.13 *Arrhenia spathulata,*
Gezonter Adermoosling

Bestimmung

Arrhenia, Adermooslinge und ähnliche Arten unterscheiden sich in erster Linie durch die Farben. Weitere Merkmale zur Bestimmung sind die Beschaffenheit und Farbe von Lamellen und Fleisch, die Hutgröße, der Standort und der Geruch. In einzelnen Fällen braucht es mikroskopische Untersuchungen bezüglich der Form und Größe von Sporen oder Zystiden.

Speisewerte

Es gibt keine Speisepilze in dieser Artengruppe.

4.4 *Arrhenia,* Adermooslinge und Ähnliche

- Hut weiß bis weißlich, < 1 cm breit, Lamellen weiß bis weißlich
  - Lamellen fehlend bis ganz schmal — 5.20.100 *Hemimycena hirsuta,* Haariger Scheinhelmling
  - Lamellen relativ breit und mäßig bis deutlich entfernt stehend
    - auf Streu
      - vorwiegend auf Nadelstreu, Sporen bis ca. 2,5 µm breit — 5.20.99 *Hemimycena gracilis,* Schmalspor. Nadel-Scheinhelml.
      - auf Laub oder Nadelstreu oder alpin, Sporen > 2,5 µm breit — 5.20.103 *Hemimycena crispata,* Breitsporiger Scheinhelmling
      - auf Stängeln oder Blättern, Hut kaum > 0,5 cm breit — 5.20.101 *Hemimycena pseudocrispula,* Stängel-Scheinhelmling
    - auf grasiger Erde
      - Hut gebuckelt, helmlingsartig, 0,5–1,5 cm, Stiel schlank — 5.20.102 *Hemimycena mairei,* Rasen-Scheinhelmling
      - Hut genabelt, trichterlingsartig, 0,5–4 cm, Stiel kurz, evtl. exzentrisch — 5.9.13 *Omphalina mutila,* Kurzstieliger Nabeling
- Hut rosa, lila, lilabraun, samtig bis feinschuppig, bei Moos, Gras
  - Geruch unauffällig
    - Lamellen rosa, Sporen schmal ellipsoid, Hut 0,5–1,5 cm breit — 5.9.15 *Contumyces rosellus,* Rosa Zystidennabeling
    - Lamellen blassocker, Sporen kugelig, Hut 1–3 cm breit — 02 *Arrhenia lilacinicolor,* Lilaschuppiger Adermoosling
  - Geruch auffällig süßlich, nach Fruchtbonbon — 4.2.45 *Aphroditeola olida,* Duftender Afterleistling
- Hut beige, haselnussbraun, graubraun bis schwarzbraun, grauviolett
  - Lamellen weiß, weißlich
    - Hut > 1,5 cm breit
      - Geruch leicht bis stark mehlartig oder süßlich
        - auf Brandstellen, Hut 2–5 cm breit, Sporen glatt — 5.9.04 *Myxomphalia maura,* Dunkler Kohlennabeling
        - in Wiesen, Sporen fein körnig-stachelig — 5.9.06 *Gamundia striatula,* Winter-Rußnabeling
        - im Nadelwald bei Moos
          - Sporen fein stachelig-netzig, amyloid — 5.9.07 *Fayodia bisphaerigera,* Abgeflachter Rußhelmling
          - Sporen grob stachelig, morgensternartig, inamyloid — 5.9.02 *Omphaliaster asterosporus,* Starkgeriefter Sternsporling
        - alpin, in Zwergstrauchheide, Sporen stachelig, morgensternartig — 5.9.03 *Omphaliaster borealis,* Nördlicher Sternsporling
      - Geruch unauffällig, alle Lamellen gegabelt, evtl. mit rosa Schimmer — 01 *Cantharellula umbonata,* Rötender Gabelblättling
    - Hut < 1,5 cm breit
      - auf Brandstellen, Sporen stachelig-gratig — 5.9.05 *Fayodia anthracobia,* Brandplatz-Rußhelmling
      - subalpin bis alpin
        - Hut oft genabelt, ockergelb, -braun, Sporen zitronenförmig — 5.20.108 *Hemimycena ochrogaleata,* Ockerhütiger Scheinhelmling
        - Hut oft gebuckelt, dunkelbraun, Rand goldbraun, Sporen breit ellipsoid — 5.19.27 *Hydropus dryadicola,* Dryas-Wasserfuß
      - in Wald, Heide oder Wiese, evtl. bei Moos
        - Stielspitze ohne Violett, Sporen bis > 6 µm lang
          - mit Cheilozystiden (ChZ), Sporen schmal ellipsoid, > 6 µm
            - Hut graubräunlich, Mitte dunkler, ChZ glatt — **5.19.36 *Phloeomana speirea,* Bogenblättriger Rindenhelml.**
            - Hut grau, ChZ mit warzigen bis korallenartigen Auswüchsen — 5.20.55 *Mycena cinerella,* Aschgrauer Helmling
          - ohne Cheilozystiden, Sporen kugelig, 5–7 µm lang
            - Sporen glatt, vorwiegend bei Moos, Flechten — 04 *Arrhenia rustica,* Feld-Adermoosling
            - Sporen stachelig, sternförmig, vorwiegend im Wald auf Streu — 5.9.02 *Omphaliaster asterosporus,* Starkgeriefter Sternsporling
        - Stielspitze mit Violett, Sporen schmal ellipsoid, meistens < 6 µm lang — 5.9.17 *Rickenella swartzii,* Blaustieliger Heftelnabeling
  - Lamellen grau, beige, braun
    - Lamellen stark queradrig oder verkümmert, bei Moos
      - Hut trichterig, genabelt, Stiel zentral bis etwas exzentrisch — 05 *Arrhenia rickenii,* Rickens Adermoosling
      - Hut spatelförmig mit seitlichem bis verkümmertem Stiel
        - Fleisch nicht gallertartig, durchscheinend
          - Hut weißlich, sehr klein, < 1 cm — 16 *Arrhenia retiruga,* Blasser Adermoosling
          - Hut blass graubraun filzig, gezont, 1–2 cm, Stiel später zentral — 13 *Arrhenia spathulata,* Gezonter Adermoosling
          - Hut dunkel graubraun, 0,5–1,5 cm, alpin — 12 *Arrhenia auriscalpium,* Düsterer Adermoosling
        - Fleisch gallertartig, durchscheinend aderig, Stiel oft verkümmert — 14 *Arrhenia lobata,* Gelappter Adermoosling
    - Lamellen kaum queradrig
      - vor allem in höheren Lagen
        - Geruch nach Pelargonien, Stiel samtig — 06 *Arrhenia velutipes,* Samtfuß-Adermoosling
        - Geruch unauffällig — 07 *Arrhenia obatra,* Graziler Adermoosling
      - in tieferen Lagen, Sumpf, Moosen, Böschungen, evtl. auf Fichtennadeln
        - Geruch nach Mehl — 5.20.56 *Mycena aleuriosma,* Schlanksporiger Helmling
        - Geruch unauffällig
          - bei Torfmoos *Sphagnum*
            - Hut 2–4 cm, nabelförmig, Sporen < 10 µm lang, J- — 08 *Arrhenia onisca,* Rußiger Sumpf-Adermoosling
            - Hut 1–3 cm, bald nabelförmig, schuppig, Sporen > 10 µm, J- — 11 *Arrhenia sphagnicola,* Schuppiger Torfmoos-Adermoosling
            - Hut 0,5–2 cm, glockig bis gewölbt, glatt, Sporen 7,5–13 µm, J+ — 5.20.57 *Mycena concolor,* Sumpf-Helmling
          - nicht bei Torfmoos, Hut 0,5–2 cm
            - Stiel seitlich, Lamellen und Hut graubraun — 15 *Arrhenia acerosa,* Muschelartiger Adermoosling
            - Stiel ± exzentrisch, Hut filzig, feinschuppig, 2-sporig — 09 *Arrhenia griseopallida,* Filziger Adermoosling
            - Stiel glatt, Hut glatt, mehrheitlich 4-sporig — 10 *Arrhenia obscurata,* Sepiabrauner Adermoosling

4.4.01 *Cantharellula umbonata* (J.F. Gmel.) Singer
Rötender Gabelblättling

H: 2–5 cm, trichterig, Mitte meistens gebuckelt, graubeige, graubraun, evtl. mit lila Beiton. **L:** herablaufend, schmal, eher dichtstehend, gegabelt, teils mehrfach, wachsartig, weiß mit rosa Schimmer. **St:** graubraun, weißlich überfasert. **F:** dünn, weißlich, verletzt schwach rosa bis rötlich verfärbend. **Ger:** schwach. **Ges:** mild. **Spp:** weiß. **V:** gesellig, parasitisch bei Moosen, in moosigem Wald, am Moorrand; Herbst bis Spätherbst. **Mik:** Sporen glatt, breit ellipsoid, 7–9 × 5,5–7 µm, deutlich amyloid, ohne Schnallen. (D 288, Kr 3.146, BK 3.146, Lu 1.9.1, 🖼).

4.4.02 *Arrhenia lilacinicolor* (Bon) P.-A. Moreau & Courtec.,
Omphalina lilacinicolor Bon, *Omphalina galericolor* (Romagn.) Bon
Lilaschuppiger Adermoosling, Lilaschuppiger Nabeling, Häublings-Nabeling

H: 0,5–2,5 cm, erst gewölbt und evtl. gebuckelt, später flach, niedergedrückt bis genabelt, bereift bis feinschuppig, erst deutlich amethystfarben, später rosabeige bis schmutzig ockerbraun. **L:** bogig herablaufend, weißlich bis cremeocker oder beigerosa. **St:** rosalila, Spitze heller, Basis weißlich filzig. **Ger:** unauffällig. **Ges:** mild. **V:** auf moosreichen Dünen oder bei Holunder *Sambucus*, im Spätherbst. **Mik:** Sporen glatt, breit ellipsoid bis kugelig, 5,5–8,5 × 5–7 µm, nicht amyloid, Schnallen vorhanden. Je nach Farbton wurde *A. lilacinicolor* von *O. galericolor* unterschieden; aktuell gelten sie als eine Art mit breiter Farbpalette. (Lu 1.55.18/24).

4.4.03 *Arrhenia epichysium* (Pers.) Redhead, Lutzoni, Moncalvo & Vilgalys,
Omphalina epichysium (Pers.) Quél.
Holz-Adermoosling, Holz-Nabeling

H: 1–3 cm, graubraun bis dunkelbraun, jung feinschuppig, später kahl, feucht durchscheinend gerieft, Rand gekerbt. **L:** breit angewachsen bis etwas herablaufend, blass graubraun. **St:** wie der Hut gefärbt, Spitze heller, Basis evtl. mit weißem Filz. **F:** wässerig graubraun. **Ger:** unauffällig. **Ges:** mild. **Spp:** weiß. **V:** auf stark modrigem Nadelholz, vor allem in höheren Lagen; Sommer bis Herbst. **Mik:** Sporen glatt, ellipsoid bis fast zylindrisch, 8–9 × 4,5–5 µm, inamyloid, Schnallen vorhanden. (Kr 3.480, BK 3.378 Lu, 1.55.40, 🖼).

4.4.04 *Arrhenia rustica* (Fr.) Redhead, Lutzoni, Moncalvo & Vilgalys,
Omphalina rustica (Fr.) Quél.
Feld-Adermoosling, Feld-Nabeling

H: 0,5–1,5 cm, dunkel graubraun, stark durchscheinend gerieft. **L:** stark herablaufend, entfernt, schmutziggrau. **St:** dunkel graubraun. **V:** sandiger Heideboden; Sommer bis Herbst. **Mik:** Sporen glatt, breit ellipsoid, 5–7 × 4–6 µm, inamyloid, Schnallen vorhanden. (Lu 1.55.28).

4.4.05 *Arrhenia rickenii* (Hora) Watling, *Omphalina rickenii* Hora
Rickens Adermoosling, Geröll-Nabeling

H: 0,5–2 cm, feinkleiig bis kahl, hygrophan, gelbbraun bis graubraun. **L:** herablaufend, stark queradrig, entfernt, beige, graubraun. **St:** zentral bis exzentrisch, wie der Hut gefärbt. **F:** dünn, wässerig, graubraun. **Spp:** weiß. **V:** auf nacktem, steinigem Boden, überwachsener Geröllhalde, moosbewachsener Mauer; Spätherbst, Winter. **Mik:** Sporen glatt, ellipsoid bis etwas tropfenförmig, 6–9 × 3–5 µm, inamyloid, ohne Schnallen. (BK 3.384, Lu 1.55.25, 🖼).

4.4.06 *Arrhenia velutipes* (P.D. Orton) Redhead, Lutzoni, Moncalvo & Vilgalys,
Omphalina velutipes P.D. Orton
Samtfuß-Adermoosling, Samtfuß-Nabeling

H: 0,5–1,5 cm, anfangs gewöbt, später flach bis genabelt, graubeige, feucht dunkelbraun bis schwarzbraun, glatt bis etwas faserig, Mitte kleiig, Rand gerieft und gekerbt. **L:** herablaufend, teils gegabelt, entfernt, ockerbraun. **St:** dunkelbraun bis graubraun, feinfaserig oder samtig-flaumig. **F:** dünn, braun. **Ger:** fehlend oder leicht nach Pelargonienblättern. **Ges:** mild. **Spp:** weiß. **V:** an kahlen Stellen, bei Moos und Gras, evtl. alten Brandstellen, vor allem in höheren Lagen; Frühsommer bis Sommer. **Mik:** Sporen glatt, ellipsoid bis etwas tropfenförmig, 7–10 × 4–7 µm, inamyloid, Schnallen vorhanden. (Kr 3.387, Lu 1.55.37, 🖼).

4.4.07 *Arrhenia obatra* (J. Favre) Redhead, Lutzoni, Moncalvo & Vilgalys,
Omphalina obatra (J. Favre) P.D. Orton
Graziler Adermoosling, Graziler Nabeling

H: 0,5–1,5 cm, feinfaserig bis flockig, hygrophan, trocken beigebraun, feucht dunkelbraun, Rand gerieft und etwas wellig. **L:** anfangs fast waagrecht, später herablaufend, teilweise gegabelt, braun, dunkelbraun. **St:** dunkelbraun, weißlich bereift, Spitze meistens erweitert, Basis grau, fein filzig-striegelig. **F:** dünn, blass weißlich. **Ger:** unauffällig. **Ges:** mild. **Spp:** weiß. **V:** vor allem in Zwergstrauchheide in hohen Lagen. **Mik:** Sporen glatt, ellipsoid, 7–9,5 × 5–6 µm, inamyloid, teils 2-sporig, Schnallen vorhanden. (BK 3.381, Lu 1.55.29, 🖼).

4.4.01 *Cantharellula umbonata*, Rötender Gabelblättling

4.4.03 *Arrhenia epichysium*, Holz-Adermoosling

4.4.05 *Arrhenia rickenii*, Rickens Adermoosling

4.4.06 *Arrhenia velutipes*, Samtfuß-Nabeling

4.4.07 *Arrhenia obatra*, Graziler Adermoosling

4.4.08 *Arrhenia onisca* (Fr.) Redhead, Lutzoni, Moncalvo & Vilgalys,
Omphalina oniscus (Fr.) Quél., *O. oniscus* var. *olivaceofolia* E. Ludw.
Rußiger Sumpf-Adermoosling, Rußiger Sumpfnabeling, Olivblättriger Sumpfnabeling

H: 2–4 cm, glatt bis seidig glänzend, eingewachsen faserig, dunkel- bis rußigbraun, durchscheinend gerieft (besonders feucht). **L:** stark herablaufend, teilweise gegabelt, breit, entfernt, beige bis graubräunlich. **St:** glatt, dunkel- bis schwarzbraun, Basis mit weißem Mycelfilz. **F:** dünn, wässerig braun. **Ger:** schwach aromatisch-fruchtig. **Ges:** mild. **Spp:** weißlich. **V:** in Sumpfwiese, im Moor, zwischen Moos, auch Torfmoos *Sphagnum*; im Herbst. **Mik:** Sporen glatt, ellipsoid, 6,5–9 × 4,5–5,5 µm, inamyloid, Schnallen vorhanden. (D 179, BK 3.382, Lu 1.55.33f).

Arrhenia philonotis (Lasch) Redhead, Lutzoni, Moncalvo & Vilgalys, *Omphalina philonotis* (Lasch) Quél., Heller Sumpf-Adermoosling, Heller Sumpfnabeling: Hut beige bis hellbraun mit feinsten Flöckchen. Sporen glatt, ellipsoid, 7,5–12 × 4,5–8 µm, inamyloid, Schnallen vorhanden. (Lu 1.55.32).

4.4.09 *Arrhenia griseopallida* (Desm.) Watling, *Omphalina griseopallida* (Desm.) Sacc.
Filziger Adermoosling, Filziger Nabeling

H: 0,5–1,5 cm, Mitte schuppig, hygrophan, trocken beige, feucht dunkelbraun, radialfaserig, Rand gerieft und wellig. **L:** herablaufend, entfernt, braun. **St:** dunkelbraun, weißlich bereift, Spitze heller, Basis etwas verjüngt. **F:** dünn, wässerig braun. **Ger:** süßlich, pelargonienartig bis unauffällig. **Ges:** mild. **Spp:** weiß. **V:** zwischen Moos, Flechten, auf sandigem Boden, in mageren Trockenrasen, auch alpin; im Frühjahr. **Mik:** Sporen glatt, schlank tropfenförmig bis ellipsoid, 8–12 × 4,5–6 µm, inamyloid, Schnallen vorhanden. (BK 3.379, Lu 1.55.30f, 🖼).

4.4.10 *Arrhenia obscurata* (D.A. Reid) Redhead, Lutzoni, Moncalvo & Vilgalys,
Omphalina obscurata D.A. Reid
Sepiabrauner Adermoosling, Sepiabrauner Nabeling

H: 1–2,5 cm, trocken graubraun, feucht dunkel graubraun, schwärzlich. **L:** meist herablaufend, entfernt, graubraun. **St:** glatt, graubraun. **V:** auf nacktem Boden, moosigem Rasen, auch Äcker oder Dünen; Frühjahr bis Herbst. **Mik:** Sporen glatt, schmal ellipsoid, 9–12 × 5,5–7 µm, inamyloid, Schnallen vorhanden. (D 180, Kr 3.484, Lu 1.55.36, 🖼).

4.4.11 *Arrhenia sphagnicola* (Berk.) Redhead, Lutzoni, Moncalvo & Vilgalys,
Omphalina gerardiana (Peck) Singer
Schuppiger Torfmoos-Adermoosling, Schuppiger Torfmoos-Nabeling

H: 1–3 cm, dunkelbraune Schüppchen auf blassocker bis rötlichbraunem Grund, Rand breit gerieft und lange eingerollt. **L:** bogig herablaufend, breit, hellbräunlich. **St:** glatt, wie der Hut gefärbt. **F:** dünn, wässerig braun. **Ger:** unauffällig. **Ges:** mild. **Spp:** weißlich. **V:** im Moor, bei Torfmoos *Sphagnum*; Frühsommer bis Herbst. **Mik:** Sporen glatt, schlank spindelig bis etwas ellipsoid, 9–13 × 4–5 µm, inamyloid, Schnallen vorhanden. (BK 3.386, Lu 1.55.35).

4.4.12 *Arrhenia auriscalpium* (Fr.) Fr.
Düsterer Adermoosling

H: 0,5–1,5 cm, spatelförmig mit heruntergebogenem Rand (umgekehrter Schöpflöffel), glatt (fein gestreift), graubraun. **L:** leistenförmig bis aderig, schmal, entfernt, gleichfarbig wie der Hut. **St:** seitlich, gleichfarbig wie der Hut, gegen die Basis weißlich. **F:** häutig dünn, bräunlich. **Ger:** unbedeutend. **Ges:** unbedeutend. **Spp:** weiß. **V:** in höheren Lagen, auf nackter Erde bei Moos. **Mik:** Sporen glatt, ellipsoid bis etwas mandelförmig, 7,5–10 × 4–6,5 µm, inamyloid, Schnallen vorhanden. (BK 3.137, Lu 1.3.3).

4.4.13 *Arrhenia spathulata* (Fr.) Redhead
Gezonter Adermoosling

H: 1–2 cm, muschelförmig, spatelförmig, feinfilzig, graubraun bis grauweiß, hygrophan, feucht konzentrisch gezont. **L:** kaum ausgebildet, nur aderig bis fast glatt, grauweiß. **St:** seitlich, kurz bis fast fehlend, wie der Hut gefärbt. **F:** häutig dünn. **Ger:** unbedeutend. **Ges:** mild. **Spp:** weiß. **V:** auf Moos (Laubmoos); Frühsommer bis Winter. **Mik:** Sporen glatt, ellipsoid bis tropfenförmig, 6–10 × 3,5–6 µm, inamyloid, ohne Schnallen. (Kr 3.131, BK 3.139, Lu 1.3.7, 🖼).

4.4.14 *Arrhenia lobata* (Pers.) Kühner & Lamoure ex Redhead
Gelappter Adermoosling

H: 2–5 cm, wellig verbogen, glatt, etwas glänzend, grau- bis olivbraun. **L:** ganz schmal, nur aderig auf der Hutunterseite, gleichfarbig wie der Hut. **St:** Hut direkt am Boden oder am Moos haftend. **F:** häutig dünn, gallertartig weich. **Ger:** unbedeutend. **Ges:** mild bis etwas bitterlich. **Spp:** weiß. **V:** auf ganz nassem Boden, bei Moos; Frühsommer bis Herbst. **Mik:** Sporen glatt, ellipsoid bis tropfenförmig, 7,5–10 × 5,5–7 µm, inamyloid, Schnallen vorhanden. (Kr 3.129, BK 3.138, Lu 1.3.6, 🖼).

4.4.15 *Arrhenia acerosa* (Fr.) Kühner, *Omphalina acerosa* (Fr.) M. Lange
Muschelartiger Adermoosling, Muschelartiger Nabeling

H: 0,5–3 cm, spatel-, bis trichterförmig, grau, in der Mitte anfangs weißfilzig. **L:** grau. **St:** grauweißlich, meist seitlich angewachsen. **F:** wässerig grau. **Ger:** unbedeutend. **Ges:** mild. **Spp:** weiß. **V:** auf Erde (Wegrand, Kuhtritte); Sommer bis Herbst. **Mik:** Sporen glatt, ellipsoid bis tropfenförmig, vorwiegend 2-sporig, 8–10,5 × 4–6 µm, inamyloid, Schnallen vorhanden. (D 270, BK 3.136, Lu 1.3.1, 🖼).

4.4.09 *Arrhenia griseopallida*, Filziger Adermoosling

4.4.10 *Arrhenia obscurata*, Sepiabrauner Adermoosl.

4.4.13 *Arrhenia spathulata*, Gezonter Adermoosling

4.4.14 *Arrhenia lobata*, Gelappter Adermoosling

4.4.15 *Arrhenia acerosa*, Muschelartiger Adermoosling

4.4.16 *Arrhenia retiruga* (Bull.) Redhead
Blasser Adermoosling

H: 0,1–1 cm, spatel-, bis fächerförmig, weißlich-grau. **L:** erst praktisch glatt, später wulstig bis gegabelt aderig, aber nicht netzartig. **St:** verkümmert, Ansatz seitlich oder im Scheitel. **F:** häutig, dünn. **V:** auf Moosen und pflanzlichen Resten, auch alpin; ganzjährig. **Mik:** Sporen glatt, ellipsoid bis tropfenförmig, 6–9,5 × 3–6 µm, inamyloid, ohne Schnallen. (Lu 1.3.5, 🖼).

4.4.16 *Arrhenia retiruga*, Blasser Adermoosling

5 *Tricholomataceae* s. l., Ritterlingsähnliche

Basidiomycota, Ständerpilze > *Agaricomycetes* > *Agaricales,* Blätterpilze

Familiengruppe *Tricholomataceae* s. l., Ritterlingsähnliche

Dieses große Kapitel enthält ritterlingsartige Pilze im weiteren Sinne (i. w. S.), deshalb die Bezeichnung *Tricholomataceae* s. l. (sensu lato). Es umfasst die Arten mit Lamellen, heller Sporenpulverfarbe und herablaufenden, gerade oder aufsteigend angewachsenen, jedoch nie ganz freien Lamellen. In früheren mykologischen Standardwerken wie z. B. Moser 1983 zählten diese Pilze mehrheitlich zur Familie *Tricholomataceae,* die inzwischen jedoch mehrfach aufgeteilt wurde. Nur noch ein kleiner Teil der Gattungen gehört heute im engeren Sinne zur Familie der *Tricholomataceae* s. str. (sensu stricto). Zahlreiche Arbeiten der letzten Jahre zeigen, dass die Einteilungen in der ganzen Ordnung *Agaricales* stark in Bewegung ist. Montcalvo et al. 2002 haben eine breite, neue Basis geschaffen. Mit ca. 700 sequenzierten Arten schätzen sie, ca. 10% der Lamellenpilze bearbeitet zu haben und sie erkannten 117 monophyletische Gruppen (Kladen). Die Arbeit konnte auch die bereits von Clemençon 1997 vermutete Nähe von *Tricholoma, Lyophyllum* und *Entoloma* untermauern. Matheny et al. 2006 folgten mit weiteren Präzisierungen der Ordnung *Agaricales.* Eine Sicht auf die weitere Ordnungen umfassenden *Agaricomycetes* findet sich in Binder et al. 2010. Sie propagieren neben den bekannten *Agaricales, Boletales, Russulales, Polyporales* etc. neu die beiden Ordnungen *Jaapiales* und *Amylocorticiales.* Eine Klärung der verzettelten Gattung *Lyophyllum* folgt durch Hofstetter et al. 2014 mit der Einführung von *Myochromella* und *Sagaranella.* Sánchez-Garcia et al. 2014 teilen die verbliebene Familie *Tricholomataceae* weiter auf und definieren unter anderem *Pseudotricholoma* für einen Teil der bisherigen *Porpoloma*-Arten und führen *Pogonoloma* ein. Zwei Jahre später spalten Vizzini et al. 2016 *Pseudoporpoloma* ab. In der Untersuchung von Dentinger & McLaughlin 2016 wird eine Reihe von neuen Unterordnungen der Ordnung *Agaricales* publiziert. Bedeutung für dieses Kapitel hier haben vor allem die Arten aus den drei Unterordnungen *Tricholomatineae, Marasmiineae* und *Pleurotineae* sowie einigen Arten aus *Hygrophorinae.* Alvarado et al. 2018a führen die Familie *Pseudoclitocybaceae* ein mit *Pseudoclitocybe, Pogonoloma* und der neuen Gattung *Clitopaxillus,* die um den ehemaligen *Clitocybe alexandri,* Buchsblättriger Trichterling gebaut ist. Die dadurch entlastete Sammelgattung *Clitocybe* konnte noch keiner Familie zugeordnet, jedoch teilweise in einer Unterordnung *Clitocybeae* skizziert werden. Vizzini et al. 2020b haben unter anderem die neue Familie *Biannulariaceae* präzisiert, welche nun die Gattungen *Bonomyces, Cleistocybe* und *Catathelasma* umfasst. Ebenso haben sie die Familie *Callistosporiaceae* in der Unterordnung *Tricholomatineae* eingeführt. Sie enthält die Gattungen *Callistosporium* und davon abgetrennt *Xerophorus.* Olariaga et al. 2020 definieren die neue Familie *Phyllotopsidaceae* mit *Phyllotopsis*-Arten, *Pleurocybella porrigens,* Ohrförmiger Seitling und *Macrotyphula. Sarcomyxa serotina,* Gelbstieliger Muschelseitling zählt zur neuen Familie *Sarcomyxaceae. Clavaria zollingeri,* Amethystfarbige Keule, *Mucronella calva,* Rasiges Stachelspitzchen, *Plicaturopsis crispa,* Krauser Adernzähling und weitere Arten und Gattungen zählen zur neu definierten Unterordnung *Clavariineae.* Schließlich belegt eine Untersuchung von Liu et al. 2021 die Konstruktion der Familie *Squamanitaceae* mit den Gattungen *Squamanita, Floccularia, Cystoderma* und *Phaeolepiota* in der Unterordnung *Agaricineae.* Die Beschreibung der Arten dieser Gattungen finden sich deshalb in Kapitel 9 im Umfeld der Familie *Agaricaceae,* Champignonsverwandte. Aus den ursprünglich weit gefassten weißsporigen Arten mit nicht freien Lamellen wie sie damals z. B. bei Moser 1983 zu finden waren, der Familienzugehörigkeit in Knudsen & Vesterholt 2018 und weiteren Verfeinerungen aus den genannten Publikationen ergibt sich die Ordnung dieses Kapitels, wie sie auf der nachfolgenden Seite aufgelistet ist. Neben einigen Arten aus sonst nicht erwähnten Familien, die der Einfachheit halber gleich an Ort und Stelle beschrieben sind, enthalten die Schlüssel in diesem Fall Hinweise auf Gattungen und Arten, welche gemäß ihrer Familienzugehörigkeit in anderen Kapiteln beschrieben sind.

Bestimmung

Die Übersicht zu den zahlreichen Arten, Familien und Gattungen folgt auf vier Seiten. Auf der ersten Doppelseite sind Pilze mit herablaufenden bis gerade angewachsenen Lamellen aufgeführt, auf der nachfolgenden Doppelseite finden sich jene mit aufsteigend angewachsenen Lamellen. Neben der Hutgröße spielt es auf der ersten Doppelseite eine Rolle, wie der Stiel angewachsen ist, ob die Lamellen entfernt stehen oder eher gedrängt sind und ob die Lamellenschicht einfach vom Hut ablösbar ist. Bei einer ablösbaren Lamellenschicht, die typisch ist für z. B. *Lepista,* Rötelritterlinge, lassen sich die Lamellen mit dem Fingernagel wie auf einer seifigen Schicht vom Hutfleisch wegschieben, während sie sonst damit verwachsen sind und nur ungleich oder gar nicht nachgeben. Bei den Arten mit aufsteigend angewachsenen Lamellen auf der zweiten Doppelseite finden sich links und oben rechts Pilze auf Erde und im unteren Teil rechts jene Ritterlingsartigen, welche auf Holz oder Zapfen wachsen.

Speisewerte

Für die Küche gibt es verschiedenste Speisepilze, welche in den entsprechenden Abschnitten erwähnt werden. Neben vielen ungenießbaren Arten gilt es, auch gefährliche Giftpilze zu beachten. Insbesondere in der Gattung *Tricholoma,* Ritterlinge darf der giftige *Tricholoma pardinum,* Tiger-Ritterling nicht mit nahe stehenden, essbaren Arten verwechselt werden.

5.4.01 *Lepista nuda,* Violetter Rötelritterling
In der Abbildung kann man die ausgebuchteten aber dennoch an der Stielspitze angewachsenen Lamellen erkennen, das typische Merkmal vieler Arten mit der Bezeichnung «Ritterling». Das Sporenpulver der Ritterlingsähnlichen ist stets hell, weiß bis cremebeige oder ganz schwach rosa, in diesem Fall hell beigerosa. Trotzdem zählen auch Rötelritterlinge zu den «Weißsporern» oder besser «Hellsporern» und gehören in diese Familiengruppe. Erst bei einem deutlicher rosabraunen Farbton gehören Pilze mit angewachsenen Lamellen zu den «Rosasporern» im Kapitel 6.

Zum Überblick sind die zahlreichen Familien, die enthaltenen Gattungen und eine andere Ordnung des Kapitels 5 hier aufgeführt. Die Einordnung einer Reihe von Gattungen ist in Diskussion (incertae sedis). Weitere Unterteilungen oder Verschiebungen sind überall möglich. Bei diesen Gattungen ist die Wahrscheinlichkeit dafür besonders groß.

Tricholomataceae	5.1 – 5.9	*Aspropaxillus, Dermoloma, Leucopaxillus, Pogonoloma, Pseudoporpoloma, Pseudotricholoma, Tricholoma* in Diskussion (incertae sedis): *Atractosporocybe, Clitocybe, Collybia, Delicatula, Dendrocollybia, Fayodia, Gamundia, Giacomia, Infundibulicybe, Lepista, Leucocortinarius, Melanoleuca, Myxomphalia, Omphaliaster, Omphalina, Paralepista, Paralepistopsis, Pseudoclitopilus, Pseudoomphalina, Rhizocybe, Ripartites, Trichocybe, Tricholomopsis, Tricholosporum* darin eingebettet: ***Callistosporiaceae***: *Callistosporium, Xerophorus* ***Hymenochaetales*** > ***Rickenellaceae***: *Blasiphalia, Cantharellopsis, Contumyces, Loreleia, Rickenella*
Biannulariaceae	5.10	*Catathelasma*
Pseudoclitocybaceae	5.11	*Bonomyces, Cleistocybe, Clitopaxillus, Pseudoclitocybe*
Lyophyllaceae	5.12 – 5.13	*Asterophora, Calocybe, Gerhardtia, Hypsizygus, Lyophyllum, Myochromella, Ossicaulis, Rugosomyces, Sagaranella, Sphagnurus, Tephrocybe, Tricholomella* in Diskussion (incertae sedis): *Leucocybe, Neoclitocybe*
Hydnangiaceae	5.14	*Laccaria*
Physalacriaceae	5.15 – 5.17	*Armillaria, Cibaomyces, Cryptomarasmius, Desarmillaria, Flammulina, Hymenopellis, Laccariopsis, Mucidula, Oudemansiella, Paraxerula, Rhizomarasmius, Rhodotus, Strobilurus, Xerula*
Omphalotaceae	5.18	*Connopus, Gymnopus, Lentinula, Marasmiellus, Mycetinis, Omphalotus, Paragymnopus, Rhodocollybia*
Marasmiaceae	5.19	*Crinipellis, Marasmius* in Diskussion (incertae sedis): *Atheniella, Baeospora* darin eingebettet: ***Macrocystidiaceae***: *Macrocystidia* ***Porotheleaceae***: *Clitocybula, Megacollybia, Hydropus, Phloeomana*
Mycenaceae	5.20 – 5.21	*Favolaschia, Hemimycena, Mycena, Panellus, Resinomycena, Roridomyces, Tectella, Xeromphalina* in Diskussion (incertae sedis): *Mycenella, Resupinatus* darin eingebettet: ***Sarcomyxaceae***: *Sarcomyxa* ***Schizophyllaceae***: *Schizophyllum*
Pleurotaceae	5.22	*Hohenbuehelia, Pleurotus* darin eingebettet: ***Phyllotopsidaceae***: *Phyllotopsis, Pleurocybella*

Schlüssel zu den Gattungen

- **Lamellen stark herablaufend**
  - größere Arten, Hut > 5 cm breit
    - Stiel zentral
      - Stiel ohne Ring
        - Lamellenschicht kaum vom Hutfleisch ablösbar
          - Sporen glatt, inamyloid
            - Hut nicht hygrophan
              - Stiel zentral, auf Erde .... 5.5 *Clitocybe,* Trichterlinge u. Ä. (A1)
              - Stiel meist exzentrisch .... 5.5 *Clitocybe,* Trichterlinge u. Ä. (A2)
            - Hut hygrophan .... 5.5 *Clitocybe,* Trichterlinge u. Ä. (B)
          - Sporen rau, amyloid .... 5.2 *Leucopaxillus,* Krempentrichterlinge
        - Lamellenschicht einfach ablösbar, Sporen rau
          - Hut in verschiedenen Farben, Sporen inamyloid
            - Fruchtkörper mit violettem Farbanteil .... 5.4 *Lepista,* Rötelritterlinge (A)
            - Fruchtkörper ohne violette Farbtöne .... 5.4 *Lepista,* Rötelritterlinge u. Ä. (B)
          - Hut weiß, Sporen amyloid .... 5.2 *Leucopaxillus,* Krempentrichterlinge
      - Stiel mit Ring .... 5.10.01 *Catathelasma imperiale,* Wurzelmöhrling
    - Stiel exzentrisch oder seitlich
      - Lamellenschneiden glatt und Fruchtkörper nicht korkig-zäh .... 5.22 *Pleurotus,* Seitlinge u. Ä.
      - Lamellenschneiden gesägt oder Schneiden glatt u. Fruchtkörper korkig-zäh .... 2.3 *Neolentinus,* Sägeblättlinge u. Ä.
  - kleinere Arten, Hut < 5 cm breit
    - Stiel zentral
      - Lamellenschicht kaum vom Hutfleisch ablösbar
        - Lamellen (Leisten) schmal bis fast flach und auffällig gegabelt
          - Hutfarbe weißlich bis gelb, braun bis schwarzbraun, evtl. gallertartig .... 1.1 *Cantharellus,* Pfifferlinge u. Ä.
          - Hut gelborange, ockerbräunlich oder fleischrosa .... 3.10 *Hygrophoropsis,* Afterleistlinge
        - Lamellen kaum gegabelt
          - Lamellen hell himbeerrot .... 5.2 *Leucopaxillus,* Krempentrichterlinge
          - Lamellen anders
            - Lamellen gelb .... 5.9 *Omphalina,* Nabelinge u. Ä.
            - Lamellen anders gefärbt
              - Hut > 2 cm breit
                - Hut grau- bis dunkelbraun, Rand lange eingerollt .... 5.11 *Pseudoclitocybe,* Scheintrichterlinge
                - Hut nicht mit dieser Merkmalskombination
                  - Hut nicht hygrophan .... 5.5 *Clitocybe,* Trichterlinge u. Ä. (A1)
                  - Hut hygrophan .... 5.5 *Clitocybe,* Trichterlinge u. Ä. (B)
              - Hut < 2 cm breit .... 5.9 *Omphalina,* Nabelinge u. Ä.
      - Lamellenschicht einfach ablösbar .... 5.4 *Lepista,* Rötelritterlinge
    - Stiel exzentrisch oder seitlich
      - Lamellenschneiden glatt (u. Fruchtkörper nicht korkig zäh) oder gespalten .... 5.21 *Panellus,* Zwergknäuelinge u. Ä.
      - Lamellenschneiden gesägt oder Schneiden glatt u. Fruchtkörper korkig zäh .... 2.3 *Neolentinus,* Sägeblättlinge u. Ä.

Lamellen gerade angewachsen bis leicht herablaufend

- größere Arten, Hut über 5 cm breit
  - Stiel nicht beringt
    - Lamellen entfernt stehend, Hut orangebraun oder violett — 5.14 *Laccaria*, Farbtrichterlinge
    - Lamellen nicht entfernt stehend bis gedrängt
      - Lamellenschicht kaum vom Hutfleisch ablösbar
        - büschelig, Fleisch knorpelig oder verfärbend
          - Hut glatt, evtl. radialfaserig, meist mit siderophiler Granulation
            - Fleisch und Lamellen nicht verfärbend
              - auf Erde — 5.12 *Lyophyllum*, Raslinge u. Ä. (A1)
              - auf Holz oder faulenden Pilzen — 5.12 *Lyophyllum*, Raslinge u. Ä. (A2)
            - Fleisch und Lamellen verfärbend — 5.12 *Lyophyllum*, Raslinge u. Ä. (B)
          - Hut marmoriert fleckig, auf Ulme, ohne siderophile Granulation — 5.12.21 *Hypsizygus ulmarius*, Ulmen-Holzrasling
          - Hut schuppig, auf Eichenstrünken, ohne siderophile Granulation — 5.15.05 *Desarmillaria tabescens*, Ringloser Scheinhallimasch
        - weder büschelig, knorpelig noch verfärbend, ohne siderophile Gran.
          - Stiel tief wurzelnd, Hut oft schleimig, evtl. grubig oder samtig — 5.17 *Hymenopellis*, Runzelrüblinge
          - Stiel nicht tief wurzelnd
            - Hut gebuckelt, Lamellen sehr gedrängt, Sporen rau und amyloid
              - Hut elastisch, im Verhältnis zum Stiel breit — 5.8 *Melanoleuca*, Weichritterlinge
              - Hut eher festfleischig — 5.2 *Leucopaxillus*, Krempentrichterlinge
            - Hut ohne Buckel oder gleichzeitig trichterig, Sp. glatt, inamyloid
              - auf Erde
                - Hut nicht hygrophan
                  - Stiel zentral — 5.5 *Clitocybe*, Trichterlinge u. Ä. (A1)
                  - Stiel meist exzentrisch — 5.5 *Clitocybe*, Trichterlinge u. Ä. (A2)
                - Hut hygrophan — 5.5 *Clitocybe*, Trichterlinge u. Ä. (B)
              - auf Holz, Lamellenschneiden gesägt — 2.3 *Neolentinus*, Sägeblättlinge u. Ä.
      - Lamellenschicht einfach ablösbar, Sporen rau
        - Hut in verschiedenen Farben, Sporen inamyloid
          - Fruchtkörper mit violettem Farbanteil — 5.4 *Lepista*, Rötelritterlinge (A)
          - Fruchtkörper ohne violette Farbtöne — 5.4 *Lepista*, Rötelritterlinge u. Ä. (B)
        - Hut weiß, Sporen amyloid — 5.2 *Leucopaxillus*, Krempentrichterlinge
  - Stiel beringt, oft auf Holz — 5.15 *Armillaria*, Hallimasche
- kleinere Arten, Hut < 5 cm breit
  - Lamellen nicht leicht ablösbar, Sporenpulver weiß
    - Lamellen gedrängt, Hut oft gebuckelt — 5.8 *Melanoleuca*, Weichritterlinge
    - Lamellen nicht gedrängt
      - verfärbend oder büschelig oder auf Pilzen, siderophile Granulation
        - Fleisch und Lamellen nicht verfärbend
          - auf Erde — 5.12 *Lyophyllum*, Raslinge u. Ä. (A1)
          - auf Holz oder faulenden Pilzen — 5.12 *Lyophyllum*, Raslinge u. Ä. (A2)
        - Fleisch und Lamellen verfärbend — 5.12 *Lyophyllum*, Raslinge u. Ä. (B)
      - nicht verfärbend, kaum büschelig, keine siderophile Granulation
        - Stiel wurzelnd, Hut schleimig — 5.17 *Hymenopellis*, Runzelrüblinge
        - Stiel nicht wurzelnd
          - auf Holz oder Schilf — 5.9 *Omphalina*, Nabelinge u. Ä. (A)
          - nicht auf Holz oder Schilf
            - Hut rötlichbraun, violett, filzig-feinschuppig, Sporen stachelig — 5.14 *Laccaria*, Farbtrichterlinge
            - nicht mit dieser Merkmalskombination
              - Hut weiß, rosa, beige, lila-, hasel-, grau- bis schwarzbraun — 5.9 *Omphalina*, Nabelinge u. Ä. (B1)
              - Hut gelblich, gelb- bis rötlichbraun, orange — 5.9 *Omphalina*, Nabelinge u. Ä. (B2)
              - Hut gelb- bis rötlichbraun, leicht schuppig, bei Torfmoos — 5.15 *Desarmillaria*, Scheinhallimasche
  - Lamellenschicht leicht vom Hutfleisch ablösbar, Sporenpulver hellbraun — 5.7 *Ripartites*, Filzkremplinge

Lamellen ausgebuchtet angewachsen oder schmal angeheftet

- auf Erde oder Streu
  - Hut glatt, nicht schuppig
    - Hut > 5 cm breit
      - Fruchtkörper büschelig verwachsen
        - Hut weiß oder graubraun bis ockerbraun, eher fleischig … 5.12 *Lyophyllum*, Raslinge (A1)
        - Hut rotbraun … 5.18 *Rhodocollybia*, Rosasporrüblinge u. Ä.
      - Fruchtkörper nicht büschelig verwachsen
        - im Frühjahr
          - Hut weiß ohne Buckel … 5.13 *Calocybe*, Schönköpfe
          - Hut in Grau- oder Brauntönen, oft gebuckelt … 5.8 *Melanoleuca*, Weichritterlinge
        - nicht im Frühjahr
          - Lamellen an Druckstellen verfärbend
            - blau, schwarz oder erst rot und dann schwarz verfärbend … 5.12 *Lyophyllum*, Raslinge (B)
            - langsam rot oder gelb verfärbend … 5.1 *Tricholoma*, Ritterlinge u. Ä. (B2)
          - Lamellen an Druckstellen nicht verfärbend
            - Fleisch fest und faserig brüchig, wenig elastisch
              - Lamellen auffällig gedrängt … 5.2 *Leucopaxillus*, Krempentrichterlinge
              - Lamellen nicht besonders gedrängt … 5.1 *Tricholoma*, Ritterlinge u. Ä. (A oder B)
            - Fleisch elastisch oder knorpelig
              - Lamellenschicht leicht vom Hutfleisch ablösbar … 5.4 *Lepista*, Rötelritterlinge
              - Lamellenschicht kaum vom Hutfleisch ablösbar
                - Lamellen gedrängt
                  - Stiel nicht verdreht, Hut gebuckelt … 5.8 *Melanoleuca*, Weichritterlinge
                  - Stiel verdreht … 5.18 *Rhodocollybia*, Rosasporrüblinge u. Ä.
                - Lamellen nicht besonders gedrängt bis entfernt
                  - Lamellen sehr breit, Huthaut oft radialrissig … 5.19.23 *Megacollybia platyphylla*, Gemeines Breitblatt
                  - Lamellen nicht übermäßig breit
                    - Stiel deutlich wurzelnd … 5.17 *Hymenopellis*, Runzelrüblinge
                    - Stiel kaum wurzelnd … 5.18 *Rhodocollybia*, Rosasporrüblinge u. Ä.
    - Hut 2–5 cm breit
      - Lamellen an Druckstellen verfärbend … 5.12 *Lyophyllum*, Raslinge (B)
      - Lamellen an Druckstellen nicht verfärbend
        - Geruch gasartig oder nach Waschlauge … 5.1 *Tricholoma*, Ritterlinge u. Ä. (A oder B)
        - Geruch süßlich (Lerchensporn), Fruchtkörper weiß, oft büschelig … 5.12.01 *Leucocybe connata*, Büscheliger Weißtrichterling
        - Geruch nach Gurken … 5.19.19 *Macrocystidia cucumis*, Gemeiner Gurkenschnitzling
        - Geruch mehlartig
          - Hut weiß, Stiel oft wurzelnd und flüchtig beringt … 5.13.03 *Tricholomella constricta*, Gegürtelter Kleinritterling
          - Hut gelb, fleischrosa, blau od. Lam. ockergelb, Fleisch nicht dünn … 5.13 *Calocybe*, Schönköpfe
          - Hut nicht in diesen Farben, Lam. grau (evtl. gelb), Fleisch dünn … 5.12 *Tephrocybe*, Graublätter (A1, evtl. B)
        - Geruch anders oder unauffällig
          - Lamellen entfernt stehend
            - Lamellen breit, dicklich, Frkp. vorwiegend rötlich bis violett … 5.14 *Laccaria*, Farbtrichterlinge
            - Lamellen nicht dicklich … 5.19 *Marasmius*, Schwindlinge
          - Lamellen in mittlerem Abstand, weder entfernt noch gedrängt
            - Hut feinkörnig, meist beringt … 9.6 *Cystoderma*, Körnchenschirmlinge
            - Hut glatt, Stiel ohne Ring
              - Stiel und Fleisch zerbrechlich, dünn, Hut jung kegelig … 5.20 *Mycena*, Helmlinge u. Ä. (A1)
              - Stiel elastisch-zäh, Hut gewölbt bis flach
                - Lamellenschicht leicht vom Hutfleisch ablösbar … 5.4 *Lepista*, Rötelritterlinge
                - Lamellenschicht kaum vom Hutfleisch ablösbar … 5.18 *Gymnopus*, Blasssporrüblinge u. Ä.
          - Lamellen gedrängt … 5.8 *Melanoleuca*, Weichritterlinge
    - Hut < 2 cm breit
      - auf faulenden Pilzen … 5.6 *Collybia*, Sklerotienrüblinge
      - nicht auf faulenden Pilzen
        - Lamellen eher entfernt stehend … 5.19 *Marasmius*, Schwindlinge
        - Lamellen nicht entfernt stehend
          - Lamellen grau und Geruch nach Mehl … 5.12 *Tephrocybe*, Graublätter (A1)
          - Lamellen nicht gleichzeitig grau und mit Geruch nach Mehl
            - Hut >1 cm breit … 5.20 *Mycena*, Helmlinge u. Ä. (A1, A2)
            - Hut <1 cm breit … 5.20 *Mycena*, Helmlinge u. Ä. (B1, B2)
  - Hut schuppig, mit Hüllresten oder glimmerig-körnig, samtig … → **siehe nächste Seite**
- auf Holz oder Zapfen … → **siehe nächste Seite**

- Hut schuppig oder mit Hüllresten
  - Stiel beringt
    - oft büschelig, Stielbasis nie bescheidet, Lamellen ausgebuchtet …… 5.15 *Armillaria,* Hallimasche
    - meist einzeln, Stielbasis knollig mit Scheidenresten, Lamellen fast frei …… 8.1 *Amanita,* Knollenblätterpilze, Wulstlinge
  - Stiel ohne Ring, nicht auf Holz
    - Lamellen dicklich, entfernt, Fruchtkörper rötlich bis violett …… 5.14 *Laccaria,* Farbtrichterlinge
    - Lamellen und Farben anders …… 5.1 *Tricholoma,* Ritterlinge u. Ä. (A oder B)
- Hut glimmerig-körnig, samtig
  - Stiel im unteren Teil auch glimmerig-körnig, gestiefelt, ohne Mehlgeruch
    - Hut deutlich über 5 cm, lebhaft orangebraun glimmerig, beringt …… 9.7.01 *Phaeolepiota aurea,* Goldfarbener Glimmerschüppling
    - Hut kaum über 5 cm breit, Lamellen fast frei, Stiel oft beringt, gestiefelt …… 9.6 *Cystoderma,* Körnchenschirmlinge u. Ä.
  - Stiel nicht gestiefelt, kahl oder allenfalls flockig-schuppig
    - Lamellen dicklich, entfernt, Fruchtkörper rötlich bis violett …… 5.14 *Laccaria,* Farbtrichterlinge
    - Lamellen und Farben anders …… 5.1 *Tricholoma,* Ritterlinge u. Ä. (A2)

auf Holz oder Zapfen

- Hutoberfläche glatt bis schuppig, nicht aderig, Stiel zentral
  - größere Arten, Hut > 5 cm breit
    - Lamellen gelb, Stiel faserig-brüchig …… 5.3 *Tricholomopsis,* Holzritterlinge
    - Lamellen weiß bis bräunlich
      - Stiel beringt
        - Hut gelbbraun bis braun, meist schuppig …… 5.15 *Armillaria,* Hallimasche
        - Hut weiß oder grau, schleimig …… 5.17 *Oudemansiella,* Schleimrüblinge
      - Stiel nicht beringt
        - Stiel büschelig, Hutfarbe vorwiegend gelb …… 5.16 *Flammulina,* Samtfußrüblinge
        - Stiel einzeln, lang, knorpelig und wurzelnd …… 5.17 *Hymenopellis,* Runzelrüblinge
  - kleinere Arten, Hut < 5 cm breit
    - Lamellen entfernt stehend
      - Lamellen breit, dicklich, Fruchtkörper vorwiegend rötlich bis violett …… 5.14 *Laccaria,* Farbtrichterlinge
      - Lamellen nicht dicklich …… 5.19 *Marasmius,* Schwindlinge
    - Lamellen weder entfernt noch besonders dicht
      - Hut >1 cm breit …… 5.20 *Mycena,* Helmlinge u. Ä. (A1, A2)
      - Hut <1 cm breit …… 5.20 *Mycena,* Helmlinge u. Ä. (B1, B2)
    - Lamellen dicht
      - Lamellen weiß
        - auf Holz …… 5.17 *Hymenopellis,* Runzelrüblinge
        - auf Fichten- oder Kiefernzapfen …… 5.16 *Strobilurus,* Zapfenrüblinge
      - Lamellen schmutzigweiß, beige oder lila, auf Holz oder Zapfen …… 5.19 *Baeospora,* Amyloidsporrüblinge
      - Lamellen gelb, auf morschem Nadelholz …… 5.3 *Callistosporium,* Goldrüblinge
- Hutoberfläche auffällig netzig-aderig, orangerosa, Stiel oft exzentrisch …… 5.16 *Rhodotus,* Adernseitlinge

5.1 *Tricholoma,* Ritterlinge und Ähnliche

Basidiomycota, Ständerpilze > *Agaricomycetes* > *Agaricales,* Blätterpilze > *Tricholomataceae* s. l., Ritterlingsähnliche > *Tricholomataceae,* Ritterlingsverwandte

Familie *Tricholomataceae,* Ritterlingsverwandte

Die hier nun enger gefasste Familie ***Tricholomataceae,*** Ritterlingsverwandte sensu stricto umspannt immer noch eine sehr breite Palette von festfleischigen bis elastischen Arten mit mehrheitlich weißem Sporenpulver. Sie werden in den elf Unterkapiteln 5.1–5.11 der Gattungsgruppen um *Tricholoma,* Ritterlinge, *Leucopaxillus,* Krempenritterlinge, *Tricholomopsis,* Holzritterlinge, *Lepista,* Rötelritterlinge, *Clitocybe,* Trichterlinge, *Collybia,* Sklerotienrüblinge, *Catathelasma,* Möhrlinge, *Pseudoclitocybe,* Scheintrichterlinge, *Ripartites,* Filzkremplinge, *Melanoleuca,* Weichritterlinge, *Omphalina,* Nabelinge, und den jeweils erwähnten ähnlichen Gattungen beschrieben.

Tricholoma, Ritterlinge und Ähnliche

Beschreibung

Die Gattung ***Tricholoma*** enthält vorwiegend mittelgroße, fleischige Arten, mit erst halbkugeligem, auch kegeligem und später gewölbtem, oft gebuckeltem Hut. Die Hutoberfläche ist glatt, faserig bis schuppig, schmierig oder trocken, in den Farben Weiß, Creme, Ocker bis Braun sowie Gelb, Gelbgrün und Grau bis Grauschwarz. Typisch sind die ausgebuchtet angewachsenen Lamellen, die wie ein kleiner Burggraben um den Stiel wirken, was sich als Gedankenbrücke für den deutschen Gattungsnamen eignet. Das Fleisch ist fest und brüchig, im Unterschied zu *Russulaceae,* Täublingsverwandte aber immer faserig. *Tricholoma,* Ritterlinge haben weißes, ausnahmsweise auch blass cremefarbenes Sporenpulver. ***Leucocortinarius,*** Schleierritterlinge eine Gattung mit einem einzigen, mittelgroßen Pilz mit braunem Hut und ausgebuchtet angewachsenen, weißlichen Lamellen, hat eine abrupt verdickte Basisknolle und einen weißen Haarschleier (Cortina), unterscheidet sich aber von sonst ähnlichen *Cortinarius,* Schleierlinge durch weißes Sporenpulver. Arten von ***Pogonoloma, Pseudoporpoloma*** und ***Pseudotricholoma,*** Wiesenritterlinge teilen oft mit *Hygrocybe,* Saftlinge das Vorkommen in offenen Wiesen. Ihr Habitus erstreckt sich von schmächtigeren, saftlingsartigen bis zu stämmigeren, ritterlingsartigen Fruchtkörpern. Typisch sind der Mehlgeruch und teilweise verfärbendes Fleisch. Nicht leicht zu erkennen sind die seltenen ***Dermoloma,*** Samtritterlinge mit etwas samtiger, oft rissiger Huthaut, mehlartigem Geruch und in einem Fall verfärbendem Fleisch. Es gibt eine Reihe weiterer, seltener Gattungen. ***Tricholosporum,*** Kreuzsporritterlinge enthält eine stämmige Art mit braunem Hut, etwas rosa gefärbten Lamellen und Mehlgeruch. *Squamanita,* Schuppenwulstlinge und *Floccularia,* Schuppenritterlinge wurden lange zu den *Tricholomataceae* gezählt und sind hier in den Schlüsseln weiterhin erwähnt. Inzwischen zählen sie jedoch zusammen mit *Cystoderma,* Körnchenschirmlinge zur Familie *Squamanitaceae.*

Einzelne Arten, wie z. B. *Tricholoma scalpturatum,* Gilbender Erd-Ritterling, zeigen sich bereits im Frühling. In der Regel erscheinen *Tricholoma,* Ritterlinge und nahestehende Gattungen jedoch ab Sommer, vor allem im Herbst bis Spätherbst, auf Erde und mehrheitlich als Mykorrhizapilze in Partnerschaft mit Bäumen. Die hier beschriebenen *Pseudoporpoloma-* und *Pseudotricholoma*-Arten sind Saprobionten; *Pogonoloma macrorhizum,* Wurzelnder Wiesenritterling ist möglicherweise ein Parasit an Eichen.

Die Sporen sind vorwiegend ellipsoid bis kugelig, seltener spindelig oder zylindrisch, glatt, inamyloid und ohne Keimporus. Diejenigen von *Pseudoporpoloma, Pogonoloma* und *Pseudotricholoma* sind alle amyloid, die von *Dermoloma,* Samtritterlinge teilweise. Die seltene *Tricholosporum*-Art fällt mit kreuzförmig höckerigen Sporen auf. Zystiden fehlen mehrheitlich, die Hyphen der Arten sind teils mit, teils ohne Schnallen an den Septen.

Bestimmung

Zur Bestimmung sind die Ritterlinge auf den folgenden Seiten in vier Farbgruppen eingeteilt. Zu Arten mit Zwischentönen oder wechselnden Farben findet man Hinweise auf zwei oder mehr Seiten. Innerhalb der Farbgruppen sind dann wiederum differenziertere Hutfarben und glatte oder schuppige Hutoberflächen zu beachten. Einige Ritterlinge haben Ringe oder Pseudoringzonen. Das sind teils deutlich sichtbare, teils auch nur angedeutet abgesetzte Zonen an der Stielspitze; es finden sich dann zwar keine Ringreste, aber der Übergang von der blassen Stielspitze zum gefärbten unteren Stielteil ist scharf, abrupt und nicht fließend. Halbkugelige oder gewölbte Hutformen werden in der Artbeschreibung nicht erwähnt, hingegen wird auf einen allfälligen Buckel hingewiesen. Die mikroskopischen Merkmale haben meistens wenig Bedeutung zur Unterscheidung verschiedener Ritterlinge. Bei glatten, ellipsoiden, nicht amyloiden Sporen gibt es deshalb nur Hinweise darauf, wenn sie eine besondere Rolle zur Abgrenzung spielen.

Speisewerte

Die Gattungen enthalten vor allem ungenießbare bis giftige Arten und nur wenige Speisepilze. Die häufigen Arten mit braunem Hut sind alle ungenießbar. Als Speisepilz beliebt ist *Tricholoma portentosum,* Schwarzfaseriger Ritterling. Er ist gebietsweise häufig und sollte nur da gesammelt werden. Die sehr häufigen grauschuppigen Erd-Ritterlinge gelten in der Regel als essbar, allerdings gibt es eine gewisse Verunsicherung, ob sie eine ähnliche Wirkung wie der giftige *Tricholoma equestre,* Gelbfleischiger Grünling entfalten können. Wer zudem den sehr giftigen *Tricholoma pardinum,* Tiger-Ritterling nicht sicher kennt, sollte wegen der Verwechslungsgefahr die Finger von allen grauen Ritterlingen lassen. Von den blassen, weißlichen Arten bleibt der essbare, weiße *Tricholoma columbetta,* Seidiger Ritterling zu erwähnen, der aber selten vorkommt. Damit bleiben – zumindest für Unerfahrene – für die Verwendung in der Küche aus dieser Gattungsgruppe kaum empfehlenswerte Arten übrig.

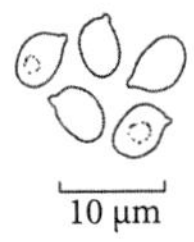

Sporen

5.1.19 *Tricholoma vaccinum*,
Zottiger Ritterling

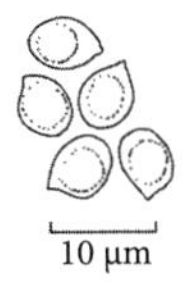

Sporen

5.1.17 *Tricholoma fulvum*,
Gelbblättriger Ritterling

Sporen

5.1.68 *Leucocortinarius bulbiger*,
Knolliger Schleierritterling

5.1 *Tricholoma*, Ritterlinge und Ähnliche

(A1) Hut weiß bis ocker- oder graubräunlich, ockerrosa, oliv- oder kupferbräunlich

- Hut reinweiß, seidig, Geruch unauffällig, höchstens schwach mehlig
  - Fleisch nicht verfärbend, Stielbasis oft blaugrün — 01 *Tricholoma columbetta*, Seidiger Ritterling
  - Fleisch gilbend — 02 *Tricholoma albidum*, Weißer Erd-Ritterling
- Hut cremeweiß bis ockerlich
  - Geruch auffällig (erd-, gas-, mehlartig)
    - Lamellen ziemlich entfernt stehend, im Nadelwald, Geruch stark gasartig — **03 *Tricholoma inamoenum*, Lästiger Ritterling**
    - Lam. mittel entfernt, Lamelletten gleich hoch, Laubwald, Ger. erd- bis gasartig — 04 *Tricholoma lascivum*, Strohblasser Gas-Ritterling
    - Lam. ziemlich dicht, Lamelletten weniger hoch, Geruch erd- bis leicht gasartig
      - Hut bis 12 cm, bei Birke, Geruch stark unangenehm gasartig — 05 *Tricholoma stiparophyllum*, Gerippter Gas-Ritterling
      - Hut bis 7 cm, vorwiegende Eiche, Geruch leicht gasartig — 06 *Tricholoma album*, Sauerboden-Weiß-Ritterling
    - Lamellen gedrängt, Druckstellen gelb, Geruch gasartig — 07 *Tricholoma sulphurescens*, Gilbender Weiß-Ritterling
  - Geruch mehlartig, Hut meist kegelig, faserig, höher gelegene Wiesen, Weiden — 65 *Pseudoporpoloma pes-caprae*, Spitzhütiger Wiesenritterling
  - Geruch fruchtartig-faulig, Hut gewölbt, ± borstig, Fleisch gilbend, im Laubwald — 66 *Pogonoloma spinulosum*, Borstiger Wiesenritterling
- Hut ocker, gelbbraun (allenfalls rosabraun)
  - Hut glatt, Rand lange eingerollt, rippig
    - Geruch unauffällig, evtl. schwach mehlartig, ranzig
      - Lamellen weißlich bis gelb, Druckstellen nicht bräunend, Sporen glatt
        - bei Eiche und Buche, Hut ohne rosa Beiton — 09 *Tricholoma acerbum*, Gerippter Ritterling
        - bei Nadelbäumen, Hut mit rosa Beiton — 10 *Tricholoma roseoacerbum*, Gerippter Rosa-Ritterling
      - Lamellen weißlich bis rosagrau, Druckstellen bräunend, Sporen höckerig — 69 *Tricholosporum goniospermum*, Rosablättriger Kreuzsporritterling
    - Geruch stark würzig, im Nadelwald — 11 *Tricholoma apium*, Sellerie-Ritterling
  - Hut und Rand glatt, haselbraun bis fleischockerlich, Geruch mehlartig — 5.13.07 *Gerhardtia incarnatobrunnea*, Fleischbräunlicher Schönkopf
  - Hut filzig, feinschuppig bis körnig
    - Hut 2–10 cm, im Scheitel feinschuppig oder körnig, Rand glatt, bei Lärche — 08 *Tricholoma psammopus*, Lärchen-Ritterling
    - Hut 10–20 cm, filzig, samtig, Rand gerippt, im Laubwald — 67 *Pogonoloma macrorhizum*, Wurzelnder Wiesenritterling
  - Hut und Stielbasis schuppig — 9.6.15 *Floccularia luteovirens*, Schwefelgelber Schuppenritterling
- Hut grau-, oliv- oder kupferbräunlich
  - Geruch seifig, nach altem Waschlappen, Lamellen ziemlich entfernt, rötend
    - Hut blass grauocker bis olivbraun, teils kupferrötlich — **29 *Tricholoma saponaceum*, Seifen-Ritterling**
    - Hut vorwiegend kupferbraun, Lamellen bei Verletzung rasch kupferbraun — 30 *Tricholoma boudieri*, Bunter Seifen-Ritterling
  - Geruch mehlartig
    - Stiel nicht wurzelnd
      - Hut mit deutlich spitzem Buckel, grau- bis gelboliv, eingewachsen faserig — 32 *Tricholoma umbonatum*, Seidiggrauer Buckel-Ritterling
      - Hut ohne deutlich spitzen Buckel
        - Lamellen weißlich, Fleisch nicht verfärbend
          - Stiel glatt, faserig
            - Hut olivbraun, olivgelb
              - im Laubwald, Lamellenschneiden glatt — **33 *Tricholoma sejunctum*, Grüngelber Ritterling**
              - im Nadelwald, Lamellenschneiden gesägt — 34 *Tricholoma viridilutescens*, Sägeblättriger Ritterling
            - Hut orangebräunlich, olivocker — 35 *Tricholoma arvernense*, Orangebrauner Ritterling
          - Stiel schwach feinschuppig, Basidien ohne Basalschnalle — 37 *Tricholoma fucatum*, Dunkelolivbrauner Ritterling
          - Stiel und Hutmitte deutlich schuppig, Basidien mit Basalschnalle — 38 *Tricholoma joachimii*, Olivgrüner Ritterling
        - Lamellen grau, Hut grau- bis olivbraun, nicht verfärbend — 40 *Tricholoma luridum*, Graublättriger Ritterling
        - Lamellen rosa-graubräunlich, Fleisch rötend und schwärzend
          - Hut graubraun, dattelbraun, Hutdeckschicht (HDS) hyphig — 64 *Pseudotricholoma metapodium*, Schwärzender Wiesenritterling
          - Hut ocker- bis graubraun, HDS ein Hymeniderm, keulige Zellen — 72 *Dermoloma magicum*, Magischer Samtritterling
    - Stiel leicht wurzelnd, Hut graubräunlich — 31 *Tricholoma sudum*, Falbgrauer Ritterling
  - Geruch pilzartig, Hut braungrau bis olivbraun — 5.12.18 *Lyophyllum rhopalopodium*, Derbknolliger Rasling

5.1 *Tricholoma*, Ritterlinge und Ähnliche
(A2) Hut in verschiedenen satteren Brauntönen (hasel-, kastanien-, ocker-, orange-, rotbraun)

- Stiel ohne Ring und ohne angedeutete Ringzone oder Cortina
  - Hut glatt, evtl. eingewachsen faserig, feucht etwas schmierig
    - Lamellen und Fleisch weißlich, evtl. etwas bräunend, jedoch ohne Gelb
      - im Laubwald
        - Geruch unauffällig, vorwiegend bei Buche — **12 *Tricholoma ustale,* Brandiger Ritterling**
        - Geruch mehlartig, bei Pappel — 13 *Tricholoma populinum,* Pappel-Ritterling
      - im Nadelwald
        - Hut braun, rotbraun, bei Kiefer
          - Hut ohne dunklere Flecken
            - Hut kaum faserig, Geruch erst beim Verletzen mehlartig — 14 *Tricholoma stans,* Rotfleckender Kiefern-Ritterling
            - Hut deutlich feinfaserig eingewachsen, Geruch stark mehlartig — 15 *Tricholoma albobrunneum,* Weißbrauner Ritterling
          - Hut mit dunkleren Flecken, vor allem gegen den Rand — 16 *Tricholoma pessundatum,* Getropfter Kiefern-Ritterling
        - Hut orangebraun
          - Stielbasis ohne Rosa, Sporen ellipsoid, Schnallen fehlend — 35 *Tricholoma arvernense,* Orangebrauner Ritterling
          - Stielbasis oft mit Rosa, Sporen fast kugelig, Schnallen vorhanden — 33a *Tricholoma sejunctum* var. *coniferarum*
    - Lamellen und Fleisch gelblich bis gelb
      - Geruch unauffällig
        - bei Birke, Hut glatt bis feinst schuppig, Stielfleisch gelb — **17 *Tricholoma fulvum,* Gelbblättriger Ritterling**
        - nicht bei Birke, im Nadel- oder Laubwald, Fleisch nur in Stielrinde gelb — 18 *Tricholoma pseudonictitans,* Blassfleischiger Fichten-Ritterling
      - Geruch aufdringlich, stechend gasartig — 42 *Tricholoma bufonium,* Violettbrauner Schwefel-Ritterling
  - Hut samtig, feinschuppig bis faserig-schuppig, wollig
    - Hut vorwiegend rotbraun, Rand jung fransig behangen, vor allem bei Fichte — **19 *Tricholoma vaccinum,* Zottiger Ritterling**
    - Hut haselbraun, Hutrand allenfalls überstehend aber nicht fransig behangen
      - Lamellen ohne gelb
        - vorwiegend bei Kiefer
          - Hut 4–10 cm, eher auf saurem, sandigem Boden — 20 *Tricholoma imbricatum,* Feinschuppiger Ritterling
          - Hut 3–6 cm, auf kalkreichem Boden — 21 *Tricholoma inodermeum,* Radialstreifiger Ritterling
        - vorwiegend bei Lärche — 08 *Tricholoma psammopus,* Lärchen-Ritterling
        - vorwiegend Laubwald, Hut samtig, runzelig, Lam. graubeige, Mehlgeruch — 71 *Dermoloma josserandii,* Heller Samtritterling
      - Lamellen gelblich — **17 *Tricholoma fulvum,* Gelbblättriger Ritterling**
    - Hut umbrabraun, samtig, oft unregelmäßig runzelig, rissig, Mehlgeruch — 70 *Dermoloma cuneifolium,* Runzeliger Samtritterling
- Stiel mit Ring oder angedeuteter Ringzone oder Cortina, Hut feucht schmierig
  - Stielbasis ohne Knolle
    - im Laubwald, Hut rotbraun, Stielspitze weiß, Geruch nach Mehl — 22 *Tricholoma ustaloides,* Bitterer Eichen-Ritterling
    - vorwiegend im Nadelwald
      - Hut orange bis orangebraun, Stiel im unteren Teil genattert, Mehlgeruch — 23 *Tricholoma aurantium,* Orangeroter Ritterling
      - Hut hellbraun bis rotbraun, Stiel nicht genattert
        - vorwiegend bei Kiefer, selten bei Lärche
          - Ringzone ausgeprägt, teils gestiefelt, Hut nicht faserig — 24 *Tricholoma batschii,* Fastberingter Ritterling
          - Ringzone flüchtig, Hut eingewachsen faserig — 15 *Tricholoma albobrunneum,* Weißbrauner Ritterling
        - vorwiegend bei Lärche — 08 *Tricholoma psammopus,* Lärchen-Ritterling
  - Stielbasis mit dicker Knolle, mit Cortina — 68 *Leucocortinarius bulbiger,* Knolliger Schleierritterling
- Stiel mit Ring, Ringresten
  - Hut schuppig
    - bei Waldkiefer, auch nördlich der Alpen, oft groß — 25 *Tricholoma matsutake,* Starkriechender Krokodil-Ritterling
    - bei mediterranen Kiefern- und Eichenarten, mittelgroß — 26 *Tricholoma caligatum,* Bitterer Krokodil-Ritterling
  - Hut nicht schuppig, faserig
    - Stiel gestiefelt, unterer Teil schuppig, Ringzone deutlich, Hut mittelgroß — 27 *Tricholoma focale,* Halsband-Ritterling
    - Stiel nicht gestiefelt, Ringzone flüchtig, Hut groß bis sehr groß — 28 *Tricholoma colossus,* Riesen-Ritterling

5.1 *Tricholoma*, Ritterlinge und Ähnliche
(B1) Hut gelb, ockergelb, gelbgrün, grauoliv, gelbrötlich

- Hut glatt (feucht teils schmierig), eingewachsen faserig bis feinschuppig
  - Lamellen weißlich bis grau
    - Geruch unangenehm (seifig, alter Waschlappen), Lamellen ± entfernt
      - Stiel kahl bis längsfaserig .... **29 *Tricholoma saponaceum*, Seifen-Ritterling**
      - Stiel schuppig-genattert, Hut dunkel grauoliv bis olivbraun .... 29a *T. saponaceum* var. *squamosum*, Schuppiger Seifen-Ritterling
    - Geruch anders, evtl. mehlartig
      - Hut mit deutlich spitzem Buckel .... 32 *Tricholoma umbonatum*, Seidiggrauer Buckel-Ritterling
      - Hut ohne deutlich spitzen Buckel
        - Stiel glatt bis feinfaserig
          - Lamellen weißlich
            - Hut vorwiegend olivgelb bis olivbräunlich
              - im Laubwald, Lamellenschneiden glatt .... **33 *Tricholoma sejunctum*, Grüngelber Ritterling**
              - im Nadelwald, Lamellenschneiden gesägt .... 34 *Tricholoma viridilutescens*, Sägeblättriger Ritterling
            - Hut vorwiegend orangebraun .... 35 *Tricholoma arvernense*, Orangebrauner Ritterling
          - Lamellen grau .... 40 *Tricholoma luridum*, Graublättriger Ritterling
        - Stiel leicht bis deutlich schuppig
          - Stiel deutlich schuppig, Hut feinschuppig .... 38 *Tricholoma joachimii*, Olivgrüner Ritterling
          - Stiel nur schwach schuppig, Hut glatt
            - im Nadelwald .... 37 *Tricholoma fucatum*, Dunkelolivbrauner Ritterling
            - im Laubwald .... 39 *Tricholoma viridifucatum*, Grünfarbiger Ritterling
  - Lamellen gelb
    - Geruch unangenehm gasartig, Fleisch gelb, Hut trocken .... **41 *Tricholoma sulphureum*, Schwefel-Ritterling**
    - Geruch mehlartig
      - Lamellen nicht gedrängt, Geschmack mild, Hut 5–12 cm
        - Lamellen gelb, Fleisch vorwiegend weiß, Hut feucht ± schmierig
          - bei Kiefer, Hutmitte oft honigbraun, feinst schuppig .... 43 *Tricholoma equestre*, Gelbfleischiger Grünling
          - bei Pappel, Fichte, Hut mehrheitlich gelboliv, fein braunschuppig .... 44 *Tricholoma frondosae*, Pappel-Grünling
        - Lamellen blassgelb, Hut löwengelb, trocken, faserig bis feinschuppig .... 36 *Tricholoma coryphaeum*, Goldgelber Ritterling
      - Lamellen gedrängt, Geschmack bitterlich, Hut 2–6 cm .... 5.13.10 *Calocybe chrysenteron*, Dottergelber Schönkopf
    - Geruch unauffällig, Geschmack bitter .... 45 *Tricholoma aestuans*, Galliger Ritterling
- Hut deutlich schuppig
  - Hut mit Olivtönen und dunkelgrauen, in der Mitte dichten Schuppen .... 63 *Tricholoma olivaceotinctum*, Olivlicher Schuppen-Ritterling
  - Hut gelb
    - Stielbasis mit dicker, schuppiger Knolle .... 10 *Squamanita schreieri*, Gelber Schuppenwulstling
    - Stielbasis ohne Knolle, Stiel unterhalb wolliger Ringzone stark schuppig .... 9.6.15 *Floccularia luteovirens*, Schwefelgelber Schuppenritterling

5.1 *Tricholoma*, Ritterlinge und Ähnliche
(B2) Hut grau bis grau-schwärzlich, grauviolett

- Hut grau bis schwärzlich, eingewachsen faserig
  - Geschmack scharf, Hut trocken, ohne Mehlgeruch
    - rasch scharf, Lamellenschneiden hell, vor allem im Nadelwald oder bei Birke … **46 *Tricholoma virgatum*, Brennendscharfer Ritterling**
    - langsam scharf werdend, Lamellenschneiden oft schwarzbraun, im Laubwald
      - bei Buche, Hut kegelig bis gebuckelt, Stiel weißlich-grau, abwärts braun … **47 *Tricholoma sciodes*, Schärflicher Ritterling**
      - bei Eiche und Kastanie, Hut gewölbt, Stiel graubraun mit Schüppchen … 48 *Tricholoma bresadolanum*, Gebändertstieliger Ritterling
  - Geschmack mild, Geruch mehlartig, Hut eingewachsen faserig, alt gilbend
    - Lamellen anfangs weiß, Hut schwarzbraun … 49 *Tricholoma portentosum*, Schwarzfaseriger Ritterling
    - Lamellen auffällig grau, Hut olivbraun … 40 *Tricholoma luridum*, Graublättriger Ritterling
- Hut grau (-violett) bis schwärzlich, fein-, grob-, faserig-schuppig, selten kahl, trocken
  - Geruch seifig (alter Waschlappen), überall leicht rötend, Lamellen eher entfernt
    - Stiel kahl bis längsfaserig … **29 *Tricholoma saponaceum*, Seifen-Ritterling**
    - Stiel schuppig-genattert, Hut dunkel grauoliv bis olivbraun … 29a *T. saponaceum* var. *squamosum*, Schuppiger Seifen-Ritterling
  - Geruch nicht seifig
    - Geschmack bitter bis scharf … **47 *Tricholoma sciodes*, Schärflicher Ritterling**
    - Geschmack mild bis bitterlich
      - Lamellen bei Trockenheit gilbend, Geruch mehlartig
        - ohne Ring
          - Hut graubräunlich, schuppig, Rand oft rissig … **50 *Tricholoma scalpturatum*, Gilbender Erd-Ritterling**
          - Hut weißlich bis hellgrau
            - Hut 2–6 cm, gebuckelt, radialfaserig, kaum schuppig … 51 *Tricholoma argyraceum*, Silbergrauer Erd-Ritterling
            - Hut 1–2 cm, spitz gebuckelt … 52 *Tricholoma inocybeoides*, Spitzgebuckelter Erd-Ritterling
        - mit Ring … 53 *Tricholoma cingulatum*, Beringter Erd-Ritterling
      - Lamellen rötend (beim Trocknen), Geruch mehlartig
        - Hut grauschwarz-faserig, Rand oft heller, alt rötlich, oft bei Buche … 61 *Tricholoma orirubens*, Rötender Erd-Ritterling
        - Hut braungrau, Rand lange eingerollt, auf Wiesen und Weiden … 64 *Pseudotricholoma metapodium*, Schwärzender Wiesenritterling
      - Lamellen nicht verfärbend, Schneiden evtl. schwärzend
        - Stiel ohne Ring und ganz ohne Velumreste
          - Stiel weißlich
            - Stiel kahl, Spitze oft mit Tröpfchen, Frkp. stämmig, Ger. mehlartig
              - ganzer Hut mit groben, dunkelgrauen Schuppen … 54 *Tricholoma pardinum*, Tiger-Ritterling
              - Hut nicht oder nur stellenweise hellgrau schuppig … 55 *Tricholoma filamentosum*, Faseriger Tiger-Ritterling
            - Stiel faserig, Geruch nicht mehlartig … **56 *Tricholoma terreum*, Gemeiner Erd-Ritterling**
          - Stiel mit schwärzlichgrauen Schüppchen
            - Stiel mit vereinzelten Schüppchen, Lamellenschneiden schwärzend … 59 *Tricholoma atrosquamosum*, Schwarzschuppiger Erd-Ritterling
            - Stiel mit ± dichten dunklen Schüppchen, Basis dumpf rot verfärb.
              - Fleisch in Stielbasis nur schwach rötend … 60 *Tricholoma squarrulosum*, Schuppenstieliger Erd-Ritterling
              - Fl. in Stielbasis (auf Druck teils auch anderswo) stark rötend … 62 *Tricholoma basirubens*, Rosafüßiger Erd-Ritterling
          - Stiel oben weiß, Mitte grobschuppig braun, unten evtl. knollig, gelb … 9.6.11 *Squamanita odorata*, Duftender Schuppenwulstling
        - Stiel ohne Ring, aber mit feinen Velumresten (jung mit fädigem Velum)
          - Stiel mit rußigen Schüppchen … 57 *Tricholoma triste*, Rußstieliger Erd-Ritterling
          - Stiel ohne Schüppchen … 58 *Tricholoma gausapatum*, Großer Erd-Ritterling
        - Stiel mit Ring, Geruch mehlartig … 53 *Tricholoma cingulatum*, Beringter Erd-Ritterling
        - Stiel gestiefelt oder knollig mit schuppiger oder ringartiger Grenze
          - Geruch bonbonartig, Hut und Stiel abwärts mit Schüppchen
            - parasit. z. B. Fälblinge, Schuppen braunschwarz auf graulila Grund … 9.6.11 *Squamanita odorata*, Duftender Schuppenwulstling
            - parasitiert Stockschwämmchen, Schuppen u. Grund lila-grauocker … 9.6.12 *Squamanita fimbriata*, Gefranster Schuppenwulstling
          - Geruch unauffällig, Stielbasis ocker, parasitiert z. B. Körnchenschirml.
            - Hut und Stiel schwarzbraun sparrig schuppig, nur Basis ockergelb … 9.6.13 *Squamanita pearsonii*, Lilabrauner Schuppenwulstling
            - H. lila, violettgrau ohne Schuppen, St. schuppig, ab Mitte ockergelb … 9.6.14 *Squamanita paradoxa*, Goldstiel-Schuppenwulstling

5.1.01 *Tricholoma columbetta* (Fr.) P. Kumm.
Seidiger Ritterling

H: 6–12 cm, stumpf gebuckelt, seidig glänzend, feucht etwas schmierig, eingewachsen faserig, reinweiß, bisweilen mit rötlichen Flecken, Mitte evtl. blassocker. **L:** weiß. **St:** weiß, faserig, Basis evtl. bläulich oder rötlich gefleckt. **F:** weiß. **Ger:** schwach, mehlartig. **Ges:** etwas mehlig. **Spp:** weiß. **V:** vor allem im Laubwald (bei Eiche *Quercus,* Kastanie *Castanea),* seltener im Nadelwald; Spätsommer bis Herbst. (D 254, BK 3.417, Lu 3.123.20, ⊠).

5.1.02 *Tricholoma albidum* Bon, Weißer Erd-Ritterling: Hut kleiner, filzig-faserig bis filzig-fransig am Hutrand, 3–7 cm, Geruch mehlartig, schwach gilbend; weitere Unterschiede nur mikroskopisch. Kein Speisepilz. (Lu 3.123.56).

T. albidum wird von einigen Autoren lediglich als weiße Form von *T. argyraceum,* Silbergrauer Erd-Ritterling oder *T. columbetta* betrachtet.

5.1.03 *Tricholoma inamoenum* (Fr.) Gillet
Lästiger Ritterling

H: 3–7 cm, glatt, matt, weißlich bis beigebräunlich, Rand z. T. gerippt. **L:** entfernt, 30–40 Lamellen, 3–5 Zwischenlamellen, weißlich, Schneiden alt schwärzend. **St:** weißlich, feinfaserig, Basis etwas bräunend. **F:** für die Gattung eher dünnfleischig, cremeweiß. **Ger:** auffällig gasartig, unangenehm. **Ges:** mild, unangenehm kohlartig. **Spp:** weiß. **V:** vor allem im Nadelwald, bei Fichte *Picea;* Spätsommer bis Herbst. (D 251?, BK 3.422, Lu 3.123.21, ⊠).

5.1.04 *Tricholoma lascivum* (Fr.) Gillet
Strohblasser Gas-Ritterling

H: 3–7 cm, schon jung creme bis ockerlich, schwach gebuckelt. **L:** eher entfernt, 40–80 Lamellen, weißlich, Zwischenlamellen (Lamelletten) weniger hoch (schmaler). **St:** feinfaserig, schmutzigweiß, Druckstellen etwas bräunend. **F:** weißlich. **Ger:** auffällig (in der Literatur findet man: süßlich-widerlich, gasartig, nicht unangenehm, bald nach Erde usw.). **Ges:** mild bis scharf oder bitter. **Spp:** weißlich. **V:** im Laubwald (vorwiegend bei Buche *Fagus*, seltener *Quercus*), auf saurem Boden; Spätsommer bis Herbst. Schnallen überall häufig. (D 252, Kr 3.569, BK 3.423?, Lu 3.123.16, ⊠).

Die Art wird nicht einheitlich beschrieben; insbesondere Geruch und Geschmack. Christensen & Heilmann-Clausen 2013 halten die Abbildung in BK 3.423 für *T. album.*

5.1.05 *Tricholoma stiparophyllum* (S. Lundell) P. Karst.,
***Tricholoma pseudoalbum* Bon**
Gerippter Gas-Ritterling

H: 5–12 cm, evtl. stumpf gebuckelt, glatt, matt, milchweiß bis strohfarben, ockerlich, Rand oft gerippt. **L:** ziemlich dicht, 60–120 Lamellen, weiß bis creme, Zwischenlamellen (Lamelletten) gleich hoch (breit) wie die Lamellen. **St:** weißlich, feinfaserig, Druckstellen bräunend. **F:** weiß. **Ger:** erdartig bis etwas süßlich. **Ges:** langsam bitter bis scharf. **Spp:** cremeweiß. **V:** im Laubwald, am Waldrand, bei Birke *Betula,* Gebüsch; Spätsommer bis Herbst. Schnallen überall häufig. (D 253, BK 3.435, Lu 3.123.15, ⊠).

5.1.06 *Tricholoma album* (Schaeff.) P. Kumm., Sauerboden-Weiß-Ritterling: Hut nur bis 7 cm, Geruch etwas mehlartig, ranzig, bisweilen auch mit Honig-Komponenten; nebst Birke *Betula* auch bei Buche *Fagus* und vor allem bei Eiche *Quercus.* Schnallen überall fehlend oder selten. (Kr 3.567, Lu 3.13.17).

5.1.07 *Tricholoma sulphurescens* Bres.
Gilbender Weiß-Ritterling

H: 5–10 cm, feinseidig glatt, matt bis etwas schmierig, weiß, später creme, Druckstellen gelb, später orangegelblich. **L:** gedrängt, cremeweiß, Schneiden schartig, Druckstellen gelb. **St:** weiß, Druckstellen gilbend. **F:** weiß, etwas gilbend. **Ger:** erdartig bis gasartig. **Spp:** weiß. **V:** im Laubwald, Park; Sommer bis Herbst. Schnallen überall vorhanden. (Kr 3.573, BK 3.436, Lu 3.123.18, ⊠).

Gemäß Breitenbach & Kränzlin 1991 104–110 Lamellen und jeweils 5–11 Zwischenlamellen.

Die Angaben zum Geruch reichen von fruchtig, kokosartig über mehlig, gurkenartig bis zu stinkend ähnlich wie der Schwefelritterling. Beim Geschmack finden sich bitter, herbsauer, nussartig und schärflich.

5.1.01 *Tricholoma columbetta,* Seidiger Ritterling

5.1.03 *Tricholoma inamoenum,* Lästiger Ritterling

5.1.04 *Tricholoma lascivum,* Strohblasser Gas-Ritterling

5.1.05 *T. stiparophyllum,* Gerippter Gas-Ritterling

5.1.07 *Tricholoma sulphurescens,* Gilbender Weiß-Ritterling

5.1.08 *Tricholoma psammopus* (Kalchbr.) Quél.
Lärchen-Ritterling

H: 3–8 cm, ockerbraun, feinkörnig-faserig, später rehbraun bis etwas rötlichbraun und feinschuppig. **L:** cremeweiß, blassocker, rötlichbraun fleckend. **St:** hellocker, körnig oder mit feinen, rotbraunen Schüppchen bedeckt. **F:** weißlich bis etwas rosa. **Ger:** unauffällig. **Ges:** bitter. **Spp:** weiß. **V:** bei Lärche *Larix*, vor allem in höheren Lagen; Sommer bis Herbst. (Kr 3.537, BK 3.429, Lu 3.123.41, 🖼).

5.1.08 *Tricholoma psammopus*, Lärchen-Ritterling

5.1.09 *Tricholoma acerbum* (Bull.) Vent.
Gerippter Ritterling

H: 6–15 cm, matt bis samtartig, strohgelb über gelbbraun bis isabellfarben, Mitte etwas rötlichbraun, Rand stark und lange eingerollt, gerippt. **L:** dicht, cremeweiß, leicht vom Hutfleisch ablösbar. **St:** wie der Hut gefärbt, Spitze blass, feinschorfig-körnig, gegen die Basis feinfaserig, evtl. verjüngt. **F:** dick, fest, weiß. **Ger:** unauffällig. **Ges:** etwas bitterlich, schärflich. **Spp:** weiß. **V:** bei Eiche *Quercus*, Buche *Fagus* und Kastanie *Castanea* auf Kalkboden; Sommer bis Herbst. (D 231, Kr 3.524, BK 3.408, Lu 3.123.19, 🖼).

5.1.10 *Tricholoma roseoacerbum* A. Riva, Gerippter Rosa-Ritterling: Hut mit rosa Beiton, Geschmack mehlartig und bitterlich; nebst den Laubbäumen auch bei Kiefer *Pinus*. (Lu 3.123.37).

5.1.09 *Tricholoma acerbum*, Gerippter Ritterling

5.1.11 *Tricholoma apium*, Sellerie-Ritterling

5.1.11 *Tricholoma apium* Jul. Schäff.
Sellerie-Ritterling

H: 5–10 cm, matt, ganz jung weißlich, bald ockerbräunlich, auch etwas olivlich, alt oft felderig rissig. **L:** dicht, cremeweiß. **St:** cremeweiß mit feinen bräunlichen Schüppchen oder glatt. **F:** weiß. **Ger:** stark nach Sellerie, Maggiwürze. **Ges:** würzig, süßlich. **Spp:** weiß. **V:** im Nadelwald, vorwiegend bei Kiefer *Pinus*; Sommer bis Herbst. (D 250, Kr 3.570, BK 3.409, Lu 3.123.1, 🖼).

5.1.12 *Tricholoma ustale* (Fr.) P. Kumm.
Brandiger Ritterling

H: 4–10 cm, glatt, eingewachsen faserig, schmierig, kastanienbraun, rötlichbraun, dunkelbraun, bisweilen mit etwas Oliv, Rand blasser. **L:** cremeweiß, später blassocker, Druckstellen rötlichbraun. **St:** Spitze weiß, abwärts zunehmend braun, faserig. **F:** weiß, etwas bräunend. **Ger:** schwach mehlartig. **Ges:** schwach mehlig, bitterlich. **Spp:** hellcreme. **V:** im Laubwald (vorwiegend bei Buche *Fagus*); Sommer bis Herbst. (D 236, Kr 3.540, BK 3.439, Lu 3.123.31, 🖼).

Tricholoma ligusticum M. Carbone, Boccardo & Calledda: Hut 3–7 cm, Fruchtkörper schlanker, ohne Oliv, eher etwas rosabraun, Geruch leicht mehlartig; mediterran, vorwiegend bei Stein- und Flaumeiche, *Quercus ilex, Q. pubescens.*

5.1.12 *Tricholoma ustale*, Brandiger Ritterling

5.1.13 *Tricholoma populinum* J.E. Lange
Pappel-Ritterling

H: 6–14 cm, blassbraun, braun, fleischbraun, glatt, leicht schmierig, Huthaut abziehbar, Rand lange nach unten gebogen, blasser. **L:** dicht, weiß, Druckstellen rötlichbraun. **St:** weißlich, kahl bis fein faserig-schuppig, von der Basis her zunehmend bräunend. **F:** fest, weiß. **Ger:** mehlartig. **Ges:** mehlig, mild bis etwas bitter. **Spp:** weiß. **V:** bei Pappel *Populus*; Herbst. (D 235, Kr 3.538, BK 3.427, Lu 3.123.30, 🖼).

T. populinum f. *campestre* Bon: Hut kleiner und rosabraun; bei Laubbäumen, nicht strikt an Pappel *Populus* gebunden. Die Form wird mehrheitlich zum Typus gezählt. (D 234).

5.1.14 *Tricholoma stans* (Fr.) Sacc.
Rotfleckender Kiefern-Ritterling

H: 4–9 cm, stumpf gebuckelt, höchstens fein eingewachsen faserig, schwach schmierig, rosabraun bis rötlichbraun, evtl. etwas fleckig, Rand blasser. **L:** weißlich, später rotbraun fleckend. **St:** Spitze weißlich, gegen die Basis zunehmend bräunlich überfasert und verjüngt, bräunend bei Berührung. **F:** weißlich, evtl. schwach rosa verfärbend. **Ger:** unauffällig, bei Verletzung mehlartig. **Ges:** etwas mehlig und bitterlich. **Spp:** weiß. **V:** im Nadelwald, vor allem bei Kiefer *Pinus*; Herbst. (D 237?, BK 3.434?, Christensen & Heilmann-Clausen 2013 halten die Abbildung BK 3.434 für *T. albobrunneum* und zweifeln auch an D 237. 🖼).

5.1.13 *Tricholoma populinum*, Pappel-Ritterling

5.1.14 *T. stans*, Rotfleckender Kiefern-Ritterling

5.1.15 *Tricholoma albobrunneum* (Pers.) P. Kumm. ? ☠
Weißbrauner Ritterling

H: 5–10 cm, deutlich feinfaserig, leicht schmierig, braun bis rötlichbraun, Rand heller, rötlich. **L:** weiß, später rostfleckig. **St:** Spitze meist weiß, gegen die Basis zunehmend rotbraun. **F:** fest, weiß. **Ger:** mehlartig. **Ges:** mehlig und etwas bitter. **V:** im Nadelwald, vor allem bei Kiefer *Pinus*; Herbst. (D 235, Lu 3.123.32, 🖼).

Riva 1988 beschreibt diesen (?) Pilz mit einer deutlichen Pseudoringzone und gurkenartigem, mehligem Geruch mit dem Namen *Tricholoma striatum* (Schaeff.) Sacc. Gemäß Christensen & Heilmann-Clausen 2013 ist dieser Name ungültig.

5.1.16 *Tricholoma pessundatum* (Fr.) Quél. ? ☠
Getropfter Kiefern-Ritterling

H: 5–12 cm, stark schmierig, glatt, kastanienbraun, typisch mit dunkelbraunen Flecken, besonders gegen den Rand. **L:** weißlich, creme, später rötlichbraun fleckend. **St:** weißlich,

5.1.15 *T. albobrunneum*, Weißbrauner Ritterling

5.1.16 *T. pessundatum*, Getropfter Kiefern-Ritterling

abwärts bräunlich, vor allem bei Berührung, oft kurz. **F:** fest, weiß bis schwach rosabräunlich. **Ger:** mehlartig. **Ges:** mehlig, bitterlich. **Spp:** weiß. **V:** im Nadelwald, bei Kiefer *Pinus*. (D 233, Lu 3.123.35, 🖼).

Ludwig 2012 weist darauf hin, dass es aufgrund der Verwechslungsmöglichkeiten noch unklar ist, welche Arten aus dem Formenkreis von *T. albobrunneum*, Weißbrauner Ritterling und *T. pessundatum*, Getropfter Kiefern-Ritterling wirklich giftig sind.

5.1.17 *Tricholoma fulvum* (Fr.) Bigeard & H. Guill.
Gelbblättriger Ritterling

H: 5–10 cm, breit gebuckelt, glatt, schmierig-schleimig, gelbbraun bis kastanienbraun, Rand heller, evtl. gerieft bis gerippt. **L:** hellgelb bis bräunlichgelb, alt rostfleckig. **St:** anfangs schmierig, gelblich, rotbraun überfasert. **F:** ziemlich dick, gelblich. **Ger:** etwas mehlig. **Ges:** mehlig, bitterlich. **Spp:** weiß. **V:** im Laub- und Nadelwald, vorwiegend bei Birke *Betula*; Sommer bis Herbst. (D 232, Kr 3.532, BK 3.420, Lu 3.123.39, 🖼).

5.1.17 *Tricholoma fulvum*, Gelbblättriger Ritterling

5.1.18 *Tricholoma pseudonictitans* Bon
Blassfleischiger Fichten-Ritterling

H: 4–9 cm, stumpf gebuckelt, fein eingewachsen faserig, schwach schmierig, rosabraun bis rötlichbraun, evtl. etwas fleckig, Rand blasser, glatt. **L:** schwach schmutziggelb, später rotbraun fleckend. **St:** Spitze weißlich, gegen die Basis zunehmend bräunlich überfasert und verjüngt. **F:** weißlich, außen gelb, evtl. schwach rosa verfärbend. **Ger:** mehlartig. **Ges:** etwas mehlig und bitterlich. **Spp:** weiß. **V:** vor allem im Nadelwald. (Kr 3.533, Lu 3.123.40, 🖼).

5.1.18 *T. pseudonictitans*, Blassfleischiger Fichten-

5.1.19 *Tricholoma vaccinum* (Schaeff.) P. Kumm.
Zottiger Ritterling

H: 3–8 cm, rotbraun, faserig-schuppig, Rand lange eingerollt, überstehend wollig-zottig. **L:** creme, Schneiden bald rostbräunlich. **St:** Spitze weißlich, abwärts zunehmend rötlichbraun faserig-schuppig. **F:** weißlich, Huthaut etwas durchfärbend. **Ger:** erdartig, evtl. etwas nach Gras. **Ges:** säuerlich, bitterlich. **Spp:** weiß. **V:** im Nadelwald, vorwiegend bei Fichte *Picea*; Spätsommer bis Herbst. (D 238, Kr 3.543, BK 3.441, Lu 3.123.29, 🖼).

5.1.19 *Tricholoma vaccinum*, Zottiger Ritterling

5.1.20 *Tricholoma imbricatum* (Fr.) P. Kumm.
Feinschuppiger Ritterling

H: 4–10 cm, glatt eingewachsen faserig bis feinschuppig, rotbraun, Rand etwas überstehend, aber nicht zottig. **L:** creme, später blassbräunlich. **St:** Spitze weiß, abwärts rötlichbraun, faserig. **F:** weiß, Huthaut etwas durchfärbend. **Ger:** etwas nach Gras und Mehl. **Ges:** bitterlich. **Spp:** weiß. **V:** im Nadelwald, vorwiegend bei Kiefer *Pinus*, eher auf saurem, sandigem Boden; Spätsommer bis Herbst. (D 239, Kr 3.534, BK 3.421, Lu 3.123.38?, 🖼).

Christensen & Heilmann-Clausen 2013 zweifeln an der Illustration von Lu 3.123.38 zu *T. imbricatum*.

5.1.20 *Tricholoma imbricatum*, Feinschuppiger Ritterling

5.1.21 *Tricholoma inodermeum* (Fr.) Sacc., Radialstreifiger Ritterling: Hut 3–6 cm, faserig, feinschuppig, rehbraun, Geruch evtl. erdig-süßlich; Nadelwald, kalkreicher Boden.

Diese Art wird sehr unterschiedlich interpretiert, oft mit dem Autorenzitat von Gillet 1878. Im Werk «Les champignons qui croissent en France» (Gillet 1878) wird dieser Artname jedoch nicht erwähnt. Auch Ludwig 2012 zweifelt an dieser Art, ebenso Christensen & Heilmann-Clausen 2013, welche auch die Abbildungen bei Breitenbach & Kränzlin 1991, Galli 1999 sowie Riva 2003 anders interpretieren.

5.1.22 *Tricholoma ustaloides* Romagn.
Bitterer Eichen-Ritterling

H: 5–10 cm, rotbraun bis kastanienbraun, stark schmierig, Rand erst eingerollt, später gerieft bis gefurcht. **L:** weiß, Druckstellen bräunend. **St:** angedeutete Ringzone mit weißer Spitze (3–5 mm), unterhalb wie der Hut gefärbt. **F:** dick, fest, weiß. **Ger:** stark mehlig bis gurkenartig. **Ges:** mehlig, bitter (auch der Schleim auf dem Hut schmeckt bitter). **Spp:** weiß. **V:** im Laubwald, vor allem bei Eiche *Quercus*; Spätsommer bis Herbst. (D 229, Kr 3.541, BK 3.440, Lu 3.123.33, 🖼).

Tricholoma quercetorum Contu: Stielspitze weißlich aber nicht deutlich abgesetzt; mediterran bei Eiche *Quercus*, vorwiegend Korkeiche *Quercus suber*.

5.1.22 *Tricholoma ustaloides*, Bitterer Eichen-Ritterling

5.1.23 *Tricholoma aurantium* (Schaeff.) Ricken
Orangeroter Ritterling

H: 5–10 cm, lebhaft orange, gelborange bis orangebraun, klebrig bis schmierig, fein angedrückt schuppig, Rand lange nach unten gebogen. **L:** weiß bis creme, Schneiden etwas gezähnt, braunrot verfärbend.

5.1.23 *Tricholoma aurantium*, Orangeroter Ritterling

St: unterhalb der angedeuteten Ringzone auf blassem Grund orange genattert bis feinschuppig, Spitze weißlich. **F:** weiß. **Ger:** mehlig bis gurkenartig. **Ges:** bitter. **Spp:** weiß. **V:** vorwiegend im Nadelwald, auf Kalkboden; Spätsommer bis Herbst. (D 228, Kr 3.526, BK 3.412, Lu 3.123.3, 🖼).

5.1.24 *Tricholoma batschii* Gulden ex Mort. Chr. & Noordel. Fastberingter Ritterling

H: 5–15 cm, glatt, fein eingewachsen faserig, schmierig, hellbraun, kastanienbraun bis rotbraun, Rand lange eingerollt. **L:** weiß, später rotbraun-fleckig. **St:** feine häutige Ringreste oder angedeutete Ringzone, unterhalb rotbraun, faserig, Basis verjüngt, Spitze weiß (1–2 cm), fein kleiig. **F:** weißlich. **Ger:** mehlartig. **Ges:** mehlartig, bitter. **Spp:** weiß. **V:** im Nadelwald, vor allem bei Kiefer *Pinus*, in höheren Lagen auf kalkhaltigem Boden; Herbst. (D 230, Kr 3.531, BK 3.419, Lu 3.123.34, 🖼).

Tricholoma fracticum (Britzelm.) Kreisel: die meisten Autoren betrachten diese Art als Synonym von *Tricholoma batschii.* Ludwig 2012 taxiert die bisherige Verwendung dieses Namens als unklar.

5.1.25 *Tricholoma matsutake* (S.Ito & S. Imai) Singer, *Tricholoma nauseosum* (A. Blytt) Kytöv. Starkriechender Krokodil-Ritterling, Matsutake-Ritterling

H: 8–20 cm, mit groben, faserigen rotbraunen Schuppen auf cremeweißem Grund, Rand lange eingerollt. **L:** gedrängt, weiß, später etwas creme. **St:** gestiefelt, unterhalb des aufsteigenden, häutigen Ringes braun schuppig bis genattert, Spitze weiß. **F:** dick, weißlich bis creme. **Ger:** auffällig süßlich, parfümiert-fruchtig (nach Birnen-, Weißdornblüten, ähnlich wie *Inocybe corydalina,* Grüngebuckelter Risspilz oder *Inocybe fraudans,* Birnen-Risspilz). **Ges:** mild, aromatisch, manchmal etwas säuerlich, bitterlich. **Spp:** weiß. **V:** im Nadelwald, auch nördlich der Alpen, bei Kiefer *Pinus;* im Sommer, Spätsommer. **Mik:** Sporengröße im Durchschnitt ca. 7,5 × 6 µm. (Lu 3.123.12, 🖼).

Insbesondere in Japan und Korea ist der Matsutake als Speisepilz sehr beliebt und wird zu hohen Preisen aus aller Welt importiert. Der einzigartige Geruch erscheint den Liebhaberinnen und Liebhabern unvergleichlich attraktiv. Für ungewohnte Nasen ist er oft unangenehm, was sich in der synonym verwendeten Bezeichnung *nauseosum* (ekelerregend, widerlich) zeigt. Gemäß Lowenhaupt Tsing 2019, welche umfassend Zusammenhänge und Bedeutung dieser Artengruppe behandelt, finden sich ergiebige Vorkommen oft in Wäldern, die starken Eingriffen durch Stürme, oder z. B. mit Holzschlägen, unterlagen.

5.1.26 *Tricholoma caligatum* (Viv.) Ricken, Bitterer Krokodil-Ritterling: Hut 5–15 cm, Stiel relativ lang und schlank, Geschmack eher bitter; vorwiegend mediterran, bei verschiedenen Kiefernarten *Pinus.* Sporengröße im Durchschnitt ca. 6,5 × 5,5 µm. (D 225, Kr 3.527, BK 3.415?, Lu 3.123.11. Christensen & Heilmann-Clausen 2013 halten die Abb. BK 3.415 für *T. matsutake.* 🖼).

Tricholoma dulciolens Kytöv., Kleinsporiger Krokodil-Ritterling: Hut 5–10 cm, Stiel relativ lang und schlank; bei Fichte *Picea.* Sporengröße ca. 6 × 5 µm. (Lu 3.123.14).

5.1.27 *Tricholoma focale* (Fr.) Ricken ☠ Halsband-Ritterling

H: 5–12 cm, orangebraun bis kupferbraun, trocken bis leicht schmierig, eingewachsen faserig, Rand lange nach unten gebogen und faserig. **L:** dicht, blasscreme, später fleckig, rostbräunlich. **St:** gestiefelt, unterhalb des aufsteigenden, wollig-häutigen Ringes orange- bis kupferbraun, evtl. gegürtelt oder genattert, Basis verjüngt, Spitze weiß. **F:** dick, weißlich. **Ger:** mehlig, gurkenartig. **Ges:** ± mild. **V:** im Nadelwald, auf trockenem, sandigem Boden, vor allem bei Kiefer *Pinus;* im Herbst. (D 226, Kr 3.529, Lu 3.123.10, 🖼).

Tricholoma robustum (Alb. & Schwein.) Ricken, Kupferroter Halsband-Ritterling: Hut und Stiel kupferbraun, bis 15 cm breit. Sporen >6 µm lang. Bon 1988a sowie Christensen & Heilmann-Clausen 2013 unterscheiden diese Art, andere sehen darin ein Synonym.

5.1.28 *Tricholoma colossus* (Fr.) Quél. 🍴 Riesen-Ritterling

H: 10–25 cm, Farbe unterschiedlich, fleischrötlich, bräunlichrot, fein eingewachsen faserig, evtl. marmoriert und mit schwarzbraunen Flecken, Rand lange eingerollt. **L:** ziemlich dicht, weißlichcreme, später bräunlich. **St:** angedeutete Ringzone, darunter rötlichbraun, evtl. genattert, gezont, Spitze blasser, Basis verjüngt. **F:** fest, derb, weißlich, schwach rötlich verfärbend. **Ger:** schwach. **Ges:** mild bis bitterlich. **Spp:** weiß. **V:** im Nadel- und Mischwald, bei Kiefer *Pinus.* (D 227, Kr 3.528, Lu 3.123.9, 🖼).

5.1.29 *Tricholoma saponaceum* (Fr.) P. Kumm. Seifen-Ritterling, Echter Seifen-Ritterling

H: 4–12 cm, evtl. etwas schmierig, glatt, eingewachsen faserschuppig, Farbe sehr unterschiedlich, olivgrau, graubraun, aber auch weiß oder kupferrötlich, Rand lange nach unten gebogen. **L:** ziemlich entfernt, creme bis olivcreme, bisweilen etwas rötlich fleckend. **St:** Spitze weiß, abwärts graugrünlich, faserig- bis feinschuppig. **F:** weiß, langsam rötend. **Ger:** auffällig (nach altem Waschlappen mit Kernseife). **Ges:** mild

5.1.24 *Tricholoma batschii,* Fastberingter Ritterling

5.1.25 *T. matsutake,* Starkriechender Krokodil-R.

5.1.26 *Tricholoma caligatum,* Bitterer Krokodil-R.

5.1.27 *Tricholoma focale,* Halsband-Ritterling

5.1.28 *Tricholoma colossus,* Riesen-Ritterling

5.1.29 *Tricholoma saponaceum,* Seifen-Ritterling

bis bitterlich. **Spp:** weiß. **V:** im Laubwald; Sommer bis Herbst. (D 255?, Kr 3.571, BK 3.430, Lu 3.123.2AB, 🖼).

5.1.29a *T. saponaceum* var. *squamosum* (Cooke) Rea, Schuppiger Seifen-Ritterling: Stiel deutlich geschuppt, Hut intensiv gefärbt und im Scheitel etwas schuppig. (Lu 3.123.2D).

T. saponaceum, Seifen-Ritterling ist sehr variabel. Es sind viele weitere Varietäten beschrieben worden (Riva 1988 erwähnt zwölf Namen).

5.1.30 *Tricholoma boudieri* Barla, *T. saponaceum* var. *lavedanum* Rolland, Bunter Seifen-Ritterling, Boudiers Ritterling: Hut kupferbraun bis braunrötlich, Hutmitte felderig rissig, Lamellen bei Verletzung rötend; im Laubwald. Die Untersuchungen von Heilmann-Clausen et al. 2017 zeigen, dass es sich bei diesen rötenden Seifenritterlingen um eine eigene Art handelt. Der Artname hat sich noch nicht etabliert, möglicherweise aufgrund der schwierig zu interpretierenden Beschreibung von Barla 1887. (Lu 3.123.2E, 🖼).

Tricholoma rapipes (Krombh.) Heilm.-Claus. & Mort. Chr., *T. saponaceum* var. *rapipes* (Krombh.) J.E. Lange, Orangegelbverfärbender Seifen-Ritterling: Hut mit gelbgrünem Farbanteil, Stiel wurzelnd, im Nadelwald.

5.1.31 *Tricholoma sudum* (Fr.) Quél., Falbgrauer Ritterling: Hut 5–7 cm, grau, graubraun, ohne gelbgrüne Töne, alt ganzer Fruchtkörper etwas fleischfarben, Stiel etwas wurzelnd, Geruch etwas mehlartig, spermatisch, ranzig; im Nadelwald. (Lu 3.123.57).

5.1.32 *Tricholoma umbonatum* Clémençon & Bon
Seidiggrauer Buckel-Ritterling

H: 4–6 cm, kegelig, später ausgebreitet, mit deutlichem, spitzem Buckel, seidig, feucht etwas schmierig, eingewachsen faserig, olivgrau bis olivgelb, Rand lange heruntergebogen und blasser. **L:** weißlich, creme, Druckstellen etwas gilbend, Schneiden glatt. **St:** weiß bis gelblich, feinfaserig. **F:** weiß. **Ger:** mehlartig. **Ges:** bitterlich. **Spp:** weiß. **V:** im Laubwald; Sommer bis Herbst. (Lu 3.123.55, 🖼).

5.1.33 *Tricholoma sejunctum* (Sowerby) Quél. ☠
Grüngelber Ritterling

H: 4–10 cm, stumpf gebuckelt, seidig, feucht etwas schmierig, eingewachsen dunkelbraun faserig, olivgrau bis olivgelb, Mitte dunkler olivbraun (ähnlich *Amanita phalloides,* Grüner Knollenblätterpilz), evtl. feinschuppig, Rand lange heruntergebogen und blasser. **L:** weißlich, creme, Schneiden glatt. **St:** weiß bis gelblich, feinfaserig. **F:** weiß. **Ger:** mehlartig. **Ges:** bitterlich. **Spp:** weiß. **V:** im Laubwald; Sommer bis Herbst. **Mik:** Sporen glatt, breit ellipsoid, 6–7,5 × 4,5–6 µm, Schnallen fehlend. (D 245f, Kr 3.565, BK 3.433, Lu 3.123.44A–C, 🖼).

5.1.33a *T. sejunctum* var. *coniferarum* Bon: Hut dunkler braun bis schwarzbraun faserig, besonders im Scheitel, gegen den Rand bisweilen mit gelbem oder rötlichem Beiton, Lamellen etwas gilbend; im Nadelwald, vorwiegend bei Fichte *Picea.* (🖼).

5.1.34 *Tricholoma viridilutescens* M.M. Moser, Sägeblättriger Ritterling: Lamellenschneiden gesägt, vom Rand her gilbend; vor allem im Nadel-, evtl. Mischwald. (D 244, 🖼).

5.1.35 *Tricholoma arvernense* Bon, Orangebrauner Ritterling: Hut erst hellbraun mit dotter- bis orangegelben, später mit graugrünlichen Farbtönen, besonders gegen den Rand, Lamellenschneiden unregelmäßig; im Nadelwald, südlich der Alpen. Sporen breit ellipsoid bis kugelig, 5–6 × 3,5–5 µm, Schnallen vorhanden. (BK 3.410, Lu 3.123.42, 🖼).

5.1.36 *Tricholoma coryphaeum* (Fr.) Gillet, Goldgelber Ritterling: Hut löwengelb ohne Grün, Lamellenschneiden gelb.

T. coryphaeum gilt teils als Varietät von *T. sejunctum* oder wird zum Formenkreis dieser Art gezählt. (Lu 3.123.44E).

5.1.37 *Tricholoma fucatum* (Fr.) P. Kumm.
Dunkelolivbrauner Ritterling

H: 3–7 cm, matt, filzig, Scheitel feinschuppig, olivgrün, olivbraun oder bronzebraun. **L:** weißlich, Schneide ± glatt, bräunlich. **St:** cremeweiß, gegen die Basis verjüngt mit olivbraunen Schüppchen. **F:** weich, weiß. **Ger:** süßlich, mehlig bis gurkenartig. **Ges:** etwas mehlartig, mild. **V:** im Nadelwald, in höheren Lagen. (Kr 3.561, Lu 3.123.43, 🖼).

5.1.38 *Tricholoma joachimii* Bon & A. Riva, Olivgrüner Ritterling: Hut 6–10 cm, gelboliv, Mitte fein braunschuppig; bei Kiefer *Pinus* auf Kalkboden. (Lu 3.123.46, 🖼).

5.1.39 *Tricholoma viridifucatum* Bon, Grünfarbiger Ritterling: Hut 4–8 cm, seidig glatt bis schwach faserig, intensiv gelbgrün, Lamellen weiß bis blassgrünlich; im Laubwald auf Kalkboden. (BK 3.443? Christensen & Heilmann-Clausen 2013 halten die Abbildung BK 3.443 für *T. sejunctum.* 🖼).

5.1.40 *Tricholoma luridum* (Schaeff.) P. Kumm.
Graublättriger Ritterling

H: 5–10 cm, glatt, olivbraun, graubraun, evtl. schwärzlich faserig. **L:** wellig, aschgrau, graubeige. **St:** Spitze weiß, feinflockig, abwärts feinfaserig, Druckstellen dunkler. **F:** weißlich. **Ger:** mehlartig bis gurkenartig. **Ges:** süßlich-mild bis etwas bitter. **Spp:** weißlich. **V:** im Nadelwald; Sommer bis Herbst. (BK 3.424, Lu 3.123.45, 🖼).

5.1.30 *Tricholoma boudieri,* Bunter Seifen-Ritterling

5.1.32 *T. umbonatum,* Seidiggrauer Buckel-Ritterl

5.1.33 *Tricholoma sejunctum,* Grüngelber Ritterling

5.1.33a *Tricholoma sejunctum* var. *coniferarum*

5.1.34 *T. viridilutescens,* Sägeblättriger Ritterling

5.1.35 *T. arvernense,* Orangebrauner Ritterling

5.1.37 *T. fucatum,* Dunkelolivbrauner Ritterling

5.1.38 *Tricholoma joachimii,* Olivgrüner Ritterling

5.1.39 *T. viridifucatum,* Grünfarbiger Ritterling

5.1.40 *Tricholoma luridum,* Graublättriger Ritterling

5.1.41 *Tricholoma sulphureum* (Bull.) P. Kumm.
Schwefel-Ritterling

H: 2–8 cm, glatt, matt, schwefelgelb bis etwas rotbräunlich. **L:** schwefelgelb. **St:** schwefelgelb, fein bräunlich überfasert. **F:** schwefelgelb. **Ger:** auffällig, unangenehm gasartig. **Ges:** mild, unangenehm. **Spp:** weiß. **V:** im Laub- und Nadelwald; Sommer bis Herbst. (D 248, Kr 3.574, BK 3.437, Lu 3.123.6, 🖼).

5.1.42 *Tricholoma bufonium* (Pers.) Gillet, Violettbrauner Schwefel-Ritterling: Hut weinrot bis purpurbraun, höchstens am Rand etwas gelb. (D 249, BK 3.414, 🖼).

Molekulargenetisch lassen sich *T. bufonium* und *T. sulphureum* nicht unterscheiden (Comandini et al. 2004), was angesichts beliebiger Übergangsformen wenig erstaunt.

Tricholoma hemisulphureum (Kühner) A. Riva, *T. sulphureum* var. *hemisulphureum* Kühner, Alpiner Schwefel-Ritterling: alpine Art bei Kriechweide *Salix repens*, Silberwurzen *Dryas* oder Sonnenröschen *Helianthemum* mit weißlichem und dann von der Mitte aus milchkaffeefarbenem bis kupferrötlichem Hut, höchstens mit schwach gelb bis etwas rosagelblichen Lamellen und vorwiegend hellem Fleisch.

5.1.43 *Tricholoma equestre* (L.) P. Kumm., *Tricholoma flavovirens* (Pers.) S. Lundell, *Tricholoma auratum* Gillet
Gelbfleischiger Grünling

H: 5–12 cm, gelb, grüngelb bis bräunlicholiv, Mitte bisweilen mit feinen rotbräunlichen Schüppchen bedeckt. **L:** schwefelgelb bis goldgelb. **St:** etwas blasser als der Hut, Spitze weißlich. **F:** weißlich, unter der Haut gelb. **Ger:** mehlartig. **Ges:** mild, mehlartig. **Spp:** weiß. **V:** im Nadelwald bei Kiefer *Pinus*, seltener bei Tanne *Abies*; Herbst. (D 242f, Kr 3.560, BK 3.418?, Lu 3.123.4, 🖼).

Christensen & Heilmann-Clausen 2013 ordnen die Abbildung von BK 3.418 der nachfolgenden Art zu.

5.1.44 *Tricholoma frondosae* Kalamees & Shchukin, Pappel-Grünling: Hut intensiv gelb bis oliv mit deutlichen Schüppchen, Fruchtkörper etwas schlanker; bei Pappel *Populus* oder Fichte *Picea* (Lu 3.123.5, 🖼).

Tricholoma chrysophyllum A. Riva, C.E. Hermos. & Jul. Sánchez, Goldblättriger Ritterling: Hut trocken zottig-filzig mit deutlich olivgrünem Farbanteil, Lamellen lebhaft gelb, Stiel grünbraun schuppig.

5.1.45 *Tricholoma aestuans* (Fr.) Gillet
Galliger Ritterling

H: 5–8 cm, gebuckelt bis kegelig, leicht schmierig und faserig bis feinstschuppig (Mitte), goldgelb, gelbgrünlich, Mitte oft dunkler bräunlich. **L:** gelblich, grüngelblich, alt etwas bräunend, Schneiden evtl. gesägt. **St:** wie der Hut gefärbt. **F:** weißlich bis etwas gelblich. **Ger:** unauffällig. **Ges:** erst mild, bald bitter und scharf. **V:** vorwiegend im Nadelwald; im Herbst. (D 241, Kr 3.558, Lu 3.123.8).

5.1.46 *Tricholoma virgatum* (Fr.) P. Kumm.
Brennendscharfer Ritterling

H: 3–7 cm, lange glockig und spitz gebuckelt, seidig, grau, eingewachsen grauschwarz-faserig. **L:** weiß bis grauweißlich, Schneiden ebenso. **St:** weißlich, graulich, faserig, Basis bisweilen etwas knollig. **F:** grauweißlich. **Ger:** unauffällig. **Ges:** nach 10–15 Sek. scharf, oft zusätzlich etwas bitter. **Spp:** weiß. **V:** vor allem im Nadelwald, seltener bei Birke *Betula*, auf saurem Boden; Sommer bis Herbst. (D 258, Kr 3.557, BK 3.442, Lu 3.123.51, 🖼).

5.1.47 *Tricholoma sciodes* (Fr.) P. Kumm.
Schärflicher Ritterling

H: 3–7 cm, gebuckelt, grau bis grünlichgrau, bisweilen etwas lila, ± glatt, eingewachsen faserig bis fein angedrückt schuppig. **L:** blass graulich, evtl. rosa Schein, Schneiden schwärzlich. **St:** weiß bis grauweißlich, abwärts etwas bräunlich faserig. **F:** grauweißlich, evtl. etwas rosa. **Ger:** schwach erdartig (Gras). **Ges:** rasch bitterlich, nach 1–2 Min. scharf. **Spp:** weiß. **V:** bei Buche *Fagus*, auf kalkreichem Boden; Sommer bis Herbst. (D 257, Kr 3.553, BK 3.432, Lu 3.123.52, 🖼).

5.1.48 *Tricholoma bresadolanum* Clémençon, Gebändertstieliger Ritterling: Hut eher bräunlichgrau, ohne Lila, bis 10 cm breit, Stiel graubraun mit gebändert angeordneten Schüppchen; bei Eiche *Quercus* und Kastanien *Castanea*. (D 256, Lu 3.123.24, 🖼).

5.1.49 *Tricholoma portentosum* (Fr.) Quél.
Schwarzfaseriger Ritterling

H: 5–12 cm, meist gebuckelt, glatt, glänzend bis etwas schmierig, stark eingewachsen faserig, teils mit abstehenden Fasern, schiefergrau, schwärzlich, auch mit gelblichen, grünlichen, lila, ockerlichen Tönen.

5.1.41 *Tricholoma sulphureum*, Schwefel-Ritterling

5.1.42 *T. bufonium*, Violettbrauner Schwefel-Ritterl.

5.1.43 *Tricholoma equestre*, Gelbfleischiger Grünling

5.1.44 *Tricholoma frondosae*, Pappel-Grünling

5.1.46 *Tricholoma virgatum*, Brennendscharfer Ritterling

5.1.47 *Tricholoma sciodes*, Schärflicher Ritterling

5.1.48 *T. bresadolanum*, Gebändertstieliger Ritterl.

5.1.49 *Tricholoma portentosum*, Schwarzfaseriger Ritterling

L: weißlich mit gelbem Schein, evtl. gilbend. **St:** weißlich, gelblich bis olivbräunlich fleckend. **F:** weißlich, evtl. etwas gilbend. **Ger:** mehlartig. **Ges:** mehlartig. **Spp:** weiß. **V:** im Nadelwald, seltener im Buchenwald *Fagus*; Spätherbst. (D 240, Kr 3.563, BK 3.428, Lu 3.123.50, 🖼).

5.1.50 *Tricholoma scalpturatum* (Fr.) Quél. 🍴
Gilbender Erd-Ritterling

H: 3–8 cm, graubräunlich faserig-schuppig auf blassgrauem Grund, Rand lange heruntergebogen, bald eingerissen. **L:** weiß bis grauweißlich, bei trockenem Wind oder nach langem Liegenlassen gilbend. **St:** weißlich bis grauockerlich, feinfaserig. **F:** weißlich, langsam gilbend. **Ger:** mehlartig. **Ges:** mild, mehlig, ranzig. **Spp:** weiß. **V:** im Laub- und Nadelwald, Park, oft bei Kiefer *Pinus*, am Wegrand; Sommer bis Herbst, bisweilen schon im Frühling. (D 260, BK 3.431, Lu 3.123.27, 🖼).

5.1.51 *Tricholoma argyraceum* (Bull.) Gillet, Silbergrauer Erd-Ritterling: Hut kegelig bis spitz gebuckelt, kaum schuppig, leicht radialfaserig bis kahl, schmutzigweiß bis cremeweißlich, Rand heller, nicht lange heruntergebogen, jung mit spinnwebartigem Schleier. (D 261?, Kr 3.545).

T. albidum, Weißer Erd-Ritterling wird von einigen Autoren als weiße Form von *T. argyraceum* oder von *T. columbetta*, Seidiger Ritterling betrachtet.

5.1.52 *Tricholoma inocybeoides* A. Pearson, Spitzgebuckelter Erd-Ritterling: Hut spitz gebuckelt, kaum sichtbare Schleierreste. (D 266, 🖼).

Gubitz 2002 findet keine überzeugende Grenze zwischen *T. scalpturatum*, Gilbender Erd-Ritterling und *T. argyraceum*, Silbergrauer Erd-Ritterling. Einige Autoren sehen *T. argyraceum* näher bei *T. cingulatum*, Beringter Erd-Ritterling. *T. inocybeoides*, Spitzgebuckelter Erd-Ritterling wird teils zu *T. argyraceum* und teils zu *T. cingulatum* gezählt und ist unklar definiert.

5.1.53 *Tricholoma cingulatum* (Almfelt ex Fr.) Jacobasch
Beringter Erd-Ritterling

H: 3–6 cm, seidig, feinfaserig, gegen die Mitte schuppig, blassgrau, graubraun, Rand etwas fransig. **L:** grauweiß. **St:** weißlich, unter dem wolligen, aufsteigenden Ring faserschuppig, im Alter bräunlich. **F:** weiß, zart. **Ger:** mehlartig. **Spp:** weiß. **V:** im Auenwald, bei Weiden *Salix*; Spätsommer bis Herbst. (D 262, Kr 3.547, BK 3.416, Lu 3.123.25, 🖼).

5.1.54 *Tricholoma pardinum* (Pers.) Quél. ☠
Tiger-Ritterling

H: 5–12 cm, stumpf gebuckelt, meist unregelmäßig verbogen, braun oder grau, dachziegelartig schuppig, deutlich abgesetzt auf hellem Grund, Randzone oft nur faserig, Rand lange nach unten gebogen, eingebogen. **L:** weißlich, später cremeockerlich, jung tränend, alt bräunend. **St:** weißlich, bräunlich überfasert, Spitze bisweilen tränend (Guttationströpfchen). **F:** weißlich. **Ger:** stark nach Mehl. **Ges:** mild, mehlartig. **Spp:** weißlich. **V:** im Laub- oder Nadelwald, vorwiegend bei Buche *Fagus* oder Tanne *Abies*, auf kalkreichem Boden; Sommer bis Herbst. (D 265, Kr 3.556, BK 3.426, Lu 3.123.23A–C, 🖼).

Die lateinischen Namen für den Tiger-Ritterling haben häufig gewechselt. Es existieren auch *Tricholoma pardalotum* Herink & Kotl. und *Tricholoma tigrinum* (Schaeff.) Gillet.

5.1.55 *Tricholoma filamentosum* (Alessio) Alessio, *T. pardinum* var. *filamentosum* Alessio, Faseriger Tiger-Ritterling: Hut blasser, filzig-faserig, oft nur stellenweise schuppig. (Lu 3.123.23D, 🖼).

5.1.56 *Tricholoma terreum* (Schaeff.) P. Kumm., 🍴
Tricholoma myomyces (Pers.) J.E. Lange
Gemeiner Erd-Ritterling, Mausgrauer Erd-Ritterling

H: 4–8 cm, meist gebuckelt, matt, faserig bis feinschuppig, schiefergrau, bräunlichgrau bis schwarzgrau. **L:** grauweiß. **St:** weiß, grauweiß, seidig, keine Velumreste, auch jung ohne fädiges Velum. **F:** weiß. **Ger:** unauffällig. **Ges:** mild. **Spp:** weißlich. **V:** vor allem im Nadelwald, Park mit Nadelbäumen (Kiefer *Pinus*); Spätsommer bis Herbst. (D 263, Kr 3.550/554, BK 3.438, Lu 3.123.53, 🖼).

Tricholoma hordum (Fr.) Quél., Schwarzschneidiger Ritterling: Hut 3–8 cm, dunkel schiefergrau filzig, faserig, Rand bläulich, Lamellen graubräunlich mit dunkler Schneide. Christensen & Heilmann-Clausen 2013 betrachten *T. hordum* mit etwas bitterem Geschmack als Synonym von *T. sciodes*, Schärflicher Ritterling.

5.1.57 *Tricholoma triste* (Scop.) Quél., Rußstieliger Erd-Ritterling: Hut 2–5 cm, braun bis dunkelgrau faserig-schuppig auf ockerlichem Grund, Lamellen grau, Stiel im mittleren Abschnitt graubraun überhaucht, mit feinsten Faserschüppchen punktiert.

5.1.58 *Tricholoma gausapatum* (Fr.) Quél., Großer Erd-Ritterling: Hut 4–9 cm, graubraun, stärker faserig bis wollig-filzig, Stiel bisweilen mit Velumresten. (D 267, 🖼).

5.1.50 *Tricholoma scalpturatum*, Gilbender Erd-Ritterling

5.1.52 *T. inocybeoides*, Spitzgebuckelter Erd-Ritterling

5.1.53 *T. cingulatum*, Beringter Erd-Ritterling

5.1.54 *Tricholoma pardinum*, Tiger-Ritterling

5.1.56 *Tricholoma terreum*, Gemeiner Erd-Ritterling

5.1.55 *T. filamentosum*, Faseriger Tiger-Ritterling

5.1.58 *T. gausapatum*, Großer Erd-Ritterling

Tricholoma distantifoliaceum E. Ludw. & H. Willer, Weitblättriger Schuppen-Ritterling: Lamellen dicklich, entfernt, kräftig grau, Stiel kurz, einzelne Faserschüppchen. (Lu 3.123.48).

Yin et al. 2014 vermuteten für *T. terreum* die gleiche Giftwirkung wie bei *T. equestre*, Gelbfleischiger Grünling und forderten weitere Studien. Davoli et al. 2016 konnten in einer Nachuntersuchung zeigen, dass die Spuren von problematischen Stoffen für eine erwachsene Person erst bei einer Konsumation von mehr als 150 kg Frischpilzen relevant werden könnten. *T. terreum* kann deshalb ohne Bedenken wie bisher gekocht und konsumiert werden.

5.1.59 *Tricholoma atrosquamosum* Sacc.
Schwarzschuppiger Erd-Ritterling

H: 4–10 cm, schwach gebuckelt, faserig, flockig, graubeige, gegen die Mitte dunkler grau und schuppig, Rand evtl. etwas fransig. **L:** schmutzigweiß, cremegraulich, Schneiden schwärzlich punktiert. **St:** weiß, glänzend, oft mit kleinen, vereinzelten schwärzlichen Flöckchen, manchmal mit kleinen, blaugrünen oder roten Flecken an der Basis, Basalmycel weißlich. **F:** weißlich. **Ger:** nach Pfeffer. **Ges:** mild, mehlig. **Spp:** cremeweißlich. **V:** vorwiegend im Nadelwald, auf kalkreichem Boden; Sommer bis Herbst. (D 264, Kr 3.546, BK 3.411?, Lu 3.123.28AB. Christensen & Heilmann-Clausen 2013 halten die Abbildung von BK 3.411 für *T. squarrulosum*. 🖼).

5.1.60 *Tricholoma squarrulosum* Bres., *T. atrosquamosum* var. *squarrulosum* (Bres.) Mort. Chr. & Noordel., Schuppenstieliger Erd-Ritterling: Hut kleiner, kaum über 6 cm breit, Stiel blassgrau, dicht mit bräunlichen bis schwärzlichen Schuppen oder Fasern bedeckt, Lamellenschneiden teil schwärzlich; bei Laubbäumen. (Lu 3.123.28C, 🖼).

Einige Autoren betrachten *T. squarrulosum* als Synonym von *T. atrosquamosum*. Molekulargenetische Untersuchungen von Heilmann-Clausen et al. 2017 bestätigten jedoch die Unterscheidung der Arten.

5.1.61 *Tricholoma orirubens* Quél.
Rötender Erd-Ritterling

H: 4–10 cm, grauschwarz faserschuppig auf blassgrauem Grund, Rand oft heller und alt mit rötlichem Ton. **L:** grauweißlich, nach längerem Liegenlassen rötend, bei trockenem Wind manchmal schon am Standort rötlich. **St:** weiß, glänzend, manchmal mit einzelnen schwarzen Schuppen, Basis mit gelben Mycelfäden und beim Liegenlassen oft mit blaugrünen oder rötlichen Flecken. **F:** weißlich, langsam rötlich anlaufend, Basis oft bläulich oder grünlich. **Ger:** schwach mehlig, aromatisch, evtl. süßlich. **Ges:** mild, etwas mehlig, süßlich. **Spp:** weiß. **V:** vorwiegend im Laubwald, bei Buche *Fagus*, vor allem auf kalkreichem Boden; Sommer bis Herbst. (D 259, BK 3.425, Lu 3.123.26AB, 🖼).

5.1.62 *Tricholoma basirubens* (Bon) A. Riva & Bon, *T. orirubens* var. *basirubens* Bon, Rosafüßiger Erd-Ritterling: Hutrand fast glatt, Stiel weiß bis hellgrau, dicht graubraun bis mausgrau schuppig oder faserig, stärkeres Röten v.a. an der Stielbasis, diese oft mit großen, blassroten bis dunkelgrauen, selten graublauen Flecken, Basalmycel weiß. (BK 3.413, Lu 3.123.26C, 🖼).

5.1.63 *Tricholoma olivaceotinctum* Heilm.-Claus. & Mort. Chr., Olivlicher Schuppen-Ritterling: Hutfarbe unter den dunkelbraunen Schuppen olivgrün; im moosigen Fichtenwald *Picea*, in Nordeuropa; im Herbst. (Lu 3.123.22).

5.1.64 *Pseudotricholoma metapodium* (Fr.) Sánchez-García & Matheny, *Porpoloma metapodium* (Fr.) Singer
Schwärzender Wiesenritterling

H: 5–10 cm, erst glockig, später ausgebreitet gewölbt, sehr feinschuppig, braungrau, Rand lange eingerollt. **L:** ausgebuchtet angewachsen, stark queradrig, dicklich, rosagraubräunlich, verletzt rötend und später schwärzend, leicht vom Hutfleisch trennbar. **St:** zylindrisch, Basis verjüngt, blass rötlichgrau, längsfaserig. **F:** grauweißlich, verletzt rötend, dann schwärzend. **Ger:** mehlartig. **Ges:** unauffällig. **V:** einzeln bis gesellig auf hoch gelegenen Wiesen und Weiden; Sommer bis Herbst. **Mik:** Sporen glatt, ellipsoid, 6–8 × 3–4 µm, amyloid, Schnallen vorhanden. (Lu 3.117.2, 🖼).

5.1.65 *Pseudoporpoloma pes-caprae* (Fr.) Vizzini & Consiglio, *Porpoloma pes-caprae* (Fr.) Singer
Spitzhütiger Wiesenritterling

H: 4–8 cm, kegelig, später ausgebreitet und meist spitz gebuckelt, matt, eingewachsen radialfaserig, hell ockerbraun, gegen den Rand weißlich. **L:** ausgebuchtet angewachsen, oft queradrig, weiß. **St:** zylindrisch, oft verbogen, weißlich glatt bis leicht längsfaserig. **F:** dünn, wässerig-weiß. **Ger:** mehlartig. **Ges:** mehlartig. **Spp:** weiß, amyloid. **V:** einzeln bis gesellig auf hoch gelegenen Wiesen und Weiden; Sommer bis Herbst. **Mik:** Sporen glatt, ellipsoid, 6,5–8,5 × 4,5–5,5 µm, amyloid, Schnallen vorhanden. (BK 3.398, Lu 3.117.3, 🖼).

5.1.66 *Pogonoloma spinulosum* (Kühner & Romagn.) Sánchez-García, *Porpoloma spinulosum* (Kühner & Romagn.) Singer
Borstiger Wiesenritterling

H: 5–10 cm, kegelig-glockig, später gewölbt, teils schwach gebuckelt filzig bis schollig-schuppig, grau- isabell- bis etwas sepiabraun, Rand borstig und heller. **L:** ausgebuchtet bis fast frei, eher dicht, creme- bis lachsfarben, Schneiden alt braun punktiert. **St:** kahl

5.1.59 *Tricholoma atrosquamosum*, Schwarzschuppiger Erd-Ritterling

5.1.60 *T. squarrulosum*, Schuppenstieliger Erd-Ritterl.

5.1.61 *Tricholoma orirubens*, Rötender Erd-Ritterling

5.1.62 *T. basirubens*, Rosafüßiger Erd-Ritterling

5.1.64 *P. metapodium*, Schwärzender Wiesenritterling

5.1.65 *P. pes-caprae*, Spitzhütiger Wiesenritterling

bis längsfaserig oder leicht schuppig, cremefarben bis bräunlich, Druckstellen orangebraun, vor allem in der Stielbasis. **F:** fest, weiß unter der Huthaut etwas bräunlich, im Stiel hell orange und im Schnitt leicht gilbend. **Ger:** stark, fruchtig aber gleichzeitig etwas faulig. **Ges:** mild bis bitterlich. **Spp:** weißlich, amyloid. **V:** im Laubwald; Sommer bis Herbst. **Mik:** Sporen glatt, breitellipsoid, 3,5–5 × 3–4 µm, amyloid, Schnallen vorhanden. (Lu 3.117.1).

5.1.67 *Pogonoloma macrorhizum* (Quél.) Dima & P.-A. Moreau, *Porpoloma macrorhizum* (Quél.) Bon, *Pogonoloma macrocephalum* (Huijsman) Sánchez-García, *Leucopaxillus macrocephalus* (Huijsman) Bohus, Wurzelnder Wiesenritterling, Wurzelnder Krempenritterling: Hut filzig, erst braun, später blasser, ockerbräunlich, Geruch sonderbar gebäck-, mais-, seifenartig, Stiel spindelig, wurzelnd; an grasigen Stellen im Laubwald, vor allem bei Eiche *Quercus,* Wärme liebend. Sporen glatt, deutlich amyloid, 5,5–6,5 × 3–4 µm. (Lu 1.42.11, 🖼).

5.1.68 *Leucocortinarius bulbiger* (Alb. & Schwein.) Singer
Knolliger Schleierritterling

H: 5–12 cm, gewölbt, jung etwas schmierig, rotbraun bis fleischrötlich, Rand mit seidig-weißen Velumresten bedeckt und lange eingerollt. **L:** ausgebuchtet, weißlich bis blassocker. **St:** weißlich bis schmutzigbraun, Cortina weiß, Stielbasis mit großer, abrupt abgesetzter und gerandeter Knolle. **F:** weißlich. **Ger:** unauffällig. **Spp:** weißlich. **V:** vorwiegend im Nadelwald, auf kalkreichem Boden in höheren Lagen. **Mik:** Sporen glatt, ellipsoid bis mandelförmig, 7–8,5 × 4–5 µm, nicht amyloid, Schnallen vorhanden. (D 828, Kr 5.95, BK 5.382, Lu 1.41.1, 🖼).

5.1.69 *Tricholosporum goniospermum* (Bres.) Guzmán ex T.J. Baroni,
Tricholoma goniospermum Bres.
Rosablättriger Kreuzsporritterling

H: 5–20 cm, halbkugelig, später ausgebreitet und schwach gebuckelt, glatt, weißlich, rosabraun, braun, Druckstellen gelbbräunlich, Rand lange eingerollt, alt gerippt. **L:** ausgebuchtet, gedrängt, grauweißlich, creme oder lilarosa, an Druckstellen bräunend. **St:** weißlich, längsfaserig bis etwas längsstreifig, Spitze bereift, abwärts etwas verjüngt, Basis evtl. etwas lila, lilabräunlich. **F:** weiß, dick. **Ger:** schwach mehlig-ranzig. **Ges:** unauffällig. **V:** gesellig, teils in Hexenringen, bei Laubbäumen, Obstbäumen; Frühsommer bis Herbst. **Mik:** Sporen höckerig und kreuzförmig, eine Besonderheit unter den ritterlingsartigen Pilzen, 6–9 × 5–7 µm, nicht amyloid. (Lu 3.124.2, 🖼).

5.1.70 *Dermoloma cuneifolium* (Fr.) Singer ex Bon, *Dermoloma atrocinereum* (Pers.) P.D. Orton
Runzeliger Samtritterling, Schwarzgrauer Samtritterling

H: 2–6 cm, gewölbt bis etwas gebuckelt und später niedergedrückt, samtig, oft etwas runzelig-uneben oder unregelmäßig rissig, im Zentrum braun, gegen den Rand beigebis hellbraun, ungerieft. **L:** ausgebuchtet, mit Zahn angewachsen, dick, eher entfernt, grauweiß bis beigegrau. **St:** hellgrau bis graubräunlich, anfangs feinstflockig-bereift, später kahl, gegen die Basis etwas dunkler gefärbt und meistens verjüngt. **F:** graubeige. **Ger:** mehlartig. **Ges:** mehlartig. **V:** vorwiegend auf Wiesen, bis in höhere Lagen, seltener im Laubwald; Sommer bis Herbst. **Mik:** Sporen glatt, ellipsoid, ca. 5–8 µm lang, nicht amyloi, Schnallen vorhanden. (Lu 1.22.5, 🖼).

D. cuneifolium var. *punctipes* Arnolds, Flockenstieliger Samtritterling: Stiel deutlich mit grau- bis schwarzbraunen Faserschüppchen bedeckt. Sporen inamyloid.

Dermoloma pseudocuneifolium Herink ex Bon, Hygrophaner Samtritterling: Hut meist < 2 cm, hygrophan. Sporen amyloid. (Lu 1.22.4).

Dermoloma emiliae-dlouhyi Svrček, Großsporiger Samtritterling: einzelne Funde aus Frankreich und Tschechien (Gröger 2006) mit deutlich größeren, ca. 9–12 µm langen, inamyloiden Sporen.

5.1.71 *Dermoloma josserandii* Dennis & P.D. Orton,
Heller Samtritterling, Kurzsporiger Samtritterling

H: 1–4 cm, unregelmäßig gewölbt, ohne oder nur mit stumpfem Buckel, matt bis feinsamtig, oft rissig in konzentrischen Kreisteilen, blass bis satt ockergrau, kaum hygrophan. **L:** deutlich ausgebuchtet, eher entfernt, hell grauweiß bis beigegrau. **St:** hellgrau bis graubräunlich, gegen die Basis verjüngt und evtl. etwas längsstreifig. **F:** hellbeige, brüchig. **Ger:** mehlartig. **Ges:** mehlartig, evtl. etwas bitter. **V:** vorwiegend auf Magerwiesen, seltener im Laubwald; Sommer bis Herbst. **Mik:** Sporen amyloid. (Lu 1.22.3).

5.1.72 *Dermoloma magicum* Arnolds, Magischer Samtritterling: Hut ocker- bis graubraun und Fleisch erst rötlich und später schwarz verfärbend. Sporen amyloid, HDS ein Hymeniderm aus kugeligen bis keuligen Zellen. (🖼).

Die Amyloidität der Sporen der Gattung *Dermoloma,* Samtritterlinge war lange uneinheitlich beschrieben worden. Sánchez-Garcia et al. 2021 konnten die Gattung in einen Subgenus *Amylospora* mit amyloiden Sporen *(D. josserandii, D. pseudocuneifolium, D. magicum)* und einen Subgenus *Dermoloma* mit nicht amlyoiden Sporen *(D. cuneifolium)* teilen. Sie schildern in ihrer Arbeit auch die Entwicklung der Typusart *D. cuneifolium*: Josserand 1958 und Svrcek 1966 bezeichneten die Sporen als amyloid. Orton 1980 hielt sie jedoch für nicht amyloid. Bon 1986 trennte darauf *D. pseudocuneifolium* mit kleinen Fruchtkörpern und amyloiden Sporen ab und Arnolds 1992 hinterlegte einen Neotypen für *D. cuneifolium* mit nicht amyloiden Sporen. Die Sequenzierung des hier ebenfalls erwähnten *D. emiliae-dlouhyi* ist nicht gelungen.

5.1.67 *Pogonoloma macrorhizum,* Wurzelnder Wiesenritterling

5.1.68 *Leucocortinarius bulbiger,* Knolliger Schleierritterling

5.1.69 *Tricholosporum goniospermum,* Rosablättriger Kreuzsporritterling

5.1.70 *Dermoloma cuneifolium,* Schwarzgrauer Samtritterling

5.1.72 *Dermoloma magicum,* Magischer Samtritterling

5.2 *Leucopaxillus,* Krempentrichterlinge und Ähnliche

Basidiomycota, Ständerpilze > *Agaricomycetes* > *Agaricales,* Blätterpilze > *Tricholomataceae* s.l., Ritterlingsähnliche > *Tricholomataceae,* Ritterlingsverwandte

Beschreibung

Große bis sehr große sowie mittlere Pilze mit gewölbtem bis trichterigem Hut, glatt bis feinfilzig, weiß, creme, ockerbraun, rotbraun bis dunkel schwarzbraun und meist lange eingerolltem, evtl. geripptem Rand und mit elastischem bis vorwiegend festem, derbem Fleisch. Die Lamellen sind weiß, gelb bis gelbbraun, selten rosa und mehr oder weniger gerade angewachsen, schwach ausgebuchtet bis herablaufend, oft gedrängt. In den deutschen Namen der verschiedenen Arten weist die unterschiedliche Bezeichnung «Krempenritterling» und «Krempentrichterling» auf den jeweiligen Charakter der Lamellenhaltung hin. Untersuchungen von Vizzini et al. 2012 zeigen, dass nicht alle ***Leucopaxillus*** zur selben Gattung gehören können. Seither zählen die großen weißen und glattsporigen Arten wieder zur bereits früher verwendeten Gattung ***Aspropaxillus***. Die bisherigen *Leucopaxillus rhodoleucus,* Rosablättriger Krempentrichterling und *Leucopaxillus mirabilis,* Schöner Krempentrichterling sind den neu kreierten Gattungen ***Pseudoclitopilus*** und ***Giacomia*** zugewiesen worden. Das Sporenpulver aller Arten ist weiß bis cremeweiß, bei *Pseudoclitopilus* mit einem Hauch von Rosa.

Die Sporen sind mehrheitlich warzig und amyloid. *Aspropaxillus*-Arten haben praktisch glatte und nur schwach amyloide Sporen.

Alle Arten wachsen auf Erde und dürften Saprobionten sein. Bei *Leucopaxillus albissimus,* Cremeweißer Krempenritterling gibt es Hinweise auf die Bildung einer möglichen Mykorrhizapartnerschaft mit Kiefer *Pinus* (Bryan & Zak 1961).

Bestimmung

Die meisten hier aufgeführten Arten sind selten bis sehr selten oder höchstens örtlich häufig. Hat man sie einmal als zu dieser Gattung gehörig erkannt, lassen sie sich anhand von Farbe, Lamellenhaltung, Geruch oder Geschmack und allenfalls der Sporen recht gut einteilen.

Speisewerte

Für die Küche kommt allenfalls der ergiebige *Aspropaxillus giganteus,* Riesen-Krempentrichterling infrage. Es gibt jedoch Meldungen über Unverträglichkeitsreaktionen. Zu weiteren Arten der Gattung gibt es ebenfalls widersprüchliche Angaben bezüglich Speisewert. Grundsätzlich sind die seltenen und teilweise bitter schmeckenden Arten deshalb nicht als Speisepilze zu empfehlen.

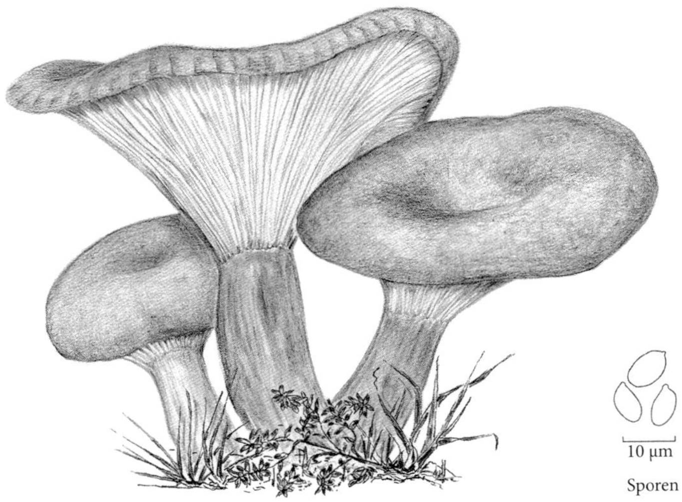

5.2.01 *Aspropaxillus giganteus,*
Riesen-Krempentrichterling,

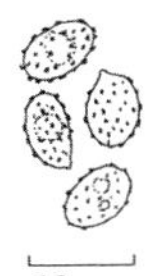

5.2.06 *Leucopaxillus compactus,*
Dreifarbiger Krempenritterling

5.2.07 *Leucopaxillus gentianeus,*
Bitterer Krempenritterling

5.2 *Leucopaxillus*, Krempentrichterlinge und Ähnliche

- Hut weiß, weißlich
  - groß bis sehr groß, meist > 10 cm breit, kaum gebuckelt
    - trichterförmig, Geruch schwach mehlartig — 01 *Aspropaxillus giganteus*, Riesen-Krempentrichterling
    - gewölbt bis flach, dickfleischig, mehl-, anisartig, südlich der Alpen, Ungarn — 02 *Aspropaxillus lepistoides*, Fleischiger Krempenritterling
  - mittelgroß, oft gebuckelt, kaum trichterförmig
    - Lamellen weiß bis gelblich, allenfalls alt schwach rosa
      - vor allem bei Laubbäumen, Geruch süßlich (Orangenblüten) — 03 *Leucopaxillus albissimus*, Cremeweißer Krempenritterling
      - vor allem im Fichtenwald, Geruch mehlartig bis aromatisch — 04 *Leucopaxillus alboalutaceus*, Lederfarbener Krempenritterling
    - Lamellen deutlich rosa — 05 *Pseudoclitopilus rhodoleucus*, Rosablättriger Krempentrichterling
- Hut braun (gelbbraun, braun, rötlichbraun, dunkelbraun)
  - Lamellen schwefelgelb bis ockergelb — 06 *Leucopaxillus compactus*, Dreifarbiger Krempenritterling
  - Lamellen weißlich
    - Stiel nicht wurzelnd, mittelgroße Arten bis 12 cm oder kleiner, Sporen warzig
      - auf Erde
        - Stiel weiß — 07 *Leucopaxillus gentianeus*, Bitterer Krempenritterling
        - Stiel dunkler gefärbt als der Hut — 08 *Giacomia mirabilis*, Schöner Krempentrichterling
      - auf morschem Kiefernholz — 09 *Leucopaxillus pinicola*, Kiefern-Krempenritterling
    - Stiel wurzelnd, sehr große Art, vorwiegende südlich der Alpen, Sporen glatt — 5.1.67 *Pogonoloma macrorhizum*, Wurzelnder Wiesenritterling

5.2.01 *Aspropaxillus giganteus* (Sowerby) Kühner & Maire, *Leucopaxillus giganteus* (Sowerby) Kühner & Maire Riesen-Krempentrichterling ?

H: 3–40 cm, bald trichterig, feinfilzig, weißlich bis blassocker, Rand lange eingerollt und ± rillig. **L:** schwach herablaufend, dicht, dünn, cremefarben, leicht vom Hutfleisch ablösbar. **St:** wie der Hut gefärbt, faserig. **F:** weißlich. **Ger:** schwach, mehlartig, eher unangenehm. **Ges:** mild, nussartig bis etwas bitterlich. **Spp:** cremefarben. **V:** im Nadelwald, auf Waldwiesen, Weiden, vor allem in höheren Lagen, oft im Hexenring; Sommer bis Herbst. **Mik:** Sporen glatt, ellipsoid, 6–8,5 × 4–4,5 µm, schwach amyloid. (D 292, Lu 1.42.1,).

Teilweise werden weiß bleibende Formen aus höheren Lagen als *Aspropaxillus candidus* (Bres.) M.M. Moser, *Leucopaxillus candidus* (Bres.) Singer, Weißer Krempentrichterling unterschieden. Mit den glatten und höchstens schwach amyloiden Sporen wird diese Art auch als *Clitocybe candida* Bres. bezeichnet und zu den Trichterlingen gezählt. (BK 3.251).

5.2.02 *Aspropaxillus lepistoides* (Maire) Kühner & Maire, *Leucopaxillus lepistoides* (Maire) Singer, Fleischiger Krempenritterling: Hut gewölbt bis ausgebreitet flach, nicht trichterförmig, weiß, dickfleischig bis an den Rand, Stiel und Fleisch weiß bis etwas grünlich; Wärme liebend, vorwiegend südlich und häufiger in Ungarn und Österreich vorkommend. Sporen glatt, ellipsoid, 7–9 × 5–5,5 µm, amyloid. (Lu 1.42.6,).

A. lepistoides gilt nicht als Speisepilz. Gemäß Ludwig 2001 gibt es auch bei *A. giganteus*, Riesen-Krempentrichterling Meldungen zu individuellen Unverträglichkeiten.

5.2.03 *Leucopaxillus albissimus* (Peck) Singer, *Leucopaxillus paradoxus* (Costantin & L.M. Dufour) Boursier Cremeweißer Krempenritterling

H: 4–10 cm, glatt bis feinsamtig, später oft fein felderig aufreißend, cremeweiß bis hellocker, Rand bisweilen rippig, gekerbt, jung eingerollt. **L:** etwas ausgebuchtet bis leicht herablaufend, weiß mit schwach rosa Beiton, Schneiden anfangs wellig, später schartig. **St:** relativ kurz, wie der Hut gefärbt, Spitze bereift und in Fortsetzung der Lamellen rillig. **F:** weiß, fest. **Ger:** etwas mehlig, angenehm süßlich (Orangenblüten, Moschus), später auch etwas unangenehm. **Ges:** mild, mehlartig. **V:** vor allem unter Laubbäumen; Herbst. **Mik:** Sporen warzig, breit ellipsoid, 6,5–8 × 4,5–6 µm, stark amyloid. (Lu 1.42.2f,).

Leucopaxillus cutefractus Noordel., *L. albissimus* var. *cutefractus* (Noordel.) E. Ludw.: mit aufreißender Huthaut und strohgelber Färbung. Diese Form wird teilweise dem oben beschriebenen *L. albissimus*, teilweise auch der nachfolgenden Art *L. alboalutaceus* als Synonym zugeordnet.

Leucopaxillus lentus (H. Post) Singer, Nadelholz-Krempenritterling, Zäher Krempenritterling: gilt je nach Interpretation als Synonym der einen oder anderen Art.

In einer Untersuchung von Vizzini et al. 2012 erscheinen *L. paradoxus* und *L. albissimus* als getrennte Arten. Verschiedene Autoren betrachten sie jedoch als Synonyme.

5.2.04 *Leucopaxillus alboalutaceus* (F.H. Møller) F.H. Møller Lederfarbener Krempenritterling

H: 5–15 cm, ± gewölbt, oft etwas gebuckelt, kreideweiß, später in der Mitte und schließlich ganz rosagelblich bis ockergelb, Rand lange eingerollt. **L:** ausgebuchtet bis schwach und mit Zahn herablaufend, dicht, dünn, weiß. **St:** weiß. **F:** fest, weiß. **Ger:** schwach, mehlartig. **V:** vorwiegend im höher gelegenen Fichtenwald *Picea*, seltener Laubwald; Herbst. **Mik:** Sporen warzig, breit ellipsoid bis kugelig, 3,5–5 × 3–4 µm, amyloid. (D 295, Lu 1.42.4).

5.2.05 *Pseudoclitopilus rhodoleucus* (Sacc.) Vizzini & Contu, *Leucopaxillus rhodoleucus* (Romell) Kühner Rosablättriger Krempentrichterling

H: 2–8 cm, gewölbt bis ausgebreitet, kaum trichterig, weiß, feucht etwas rosa oder rosafleckig: **L:** herablaufend, gedrängt, weißlichrosa bis blass himbeerrötlich. **St:** wie der Hut gefärbt. **F:** weißlich bis rosa. **Ger:** erd- bis scheunenstaubartig (evtl. etwas mehlig). **Ges:** mild. **V:** im Laub- und Nadelwald; Spätsommer bis Herbst. **Mik:** Sporen warzig, ellipsoid, 6,5–7,5 × 4,5–5,5 µm, stark amyloid. (D 294, Kr 3.304, Lu 1.42.5,).

Mit filzigem, weißlichem Hut ohne Rosa, schwachem Geruch und grob warzigen Sporen wird teilweise *Pseudoclitopilus salmonifolius* (M.M. Moser & Lamoure) Vizzini & Contu, *Leucopaxillus salmonifolius* M.M. Moser & Lamoure, Lachsblättriger Krempentrichterling von dieser Art unterschieden.

5.2.06 *Leucopaxillus compactus* (P. Karst.) Neuhoff, *Leucopaxillus tricolor* (Peck) Kühner Dreifarbiger Krempenritterling

H: 8–30 cm, fein hirschlederartig-filzig, ockergelb, orangeocker, Rand evtl. heruntergebogen, gerippt. **L:** gerade angewachsen, dicht, schwefelgelb bis gelbbraun. **St:** weißlich, Basis oft verdickt bis zwiebelig knollig. **F:** dick, brüchig, weißlich. **Ger:** schwach (säuerlich, würzig, mehlig). **Ges:** mild, eher unangenehm. **Spp:** weiß. **V:** im Laubwald; Sommer bis Herbst. **Mik:** Sporen warzig, ellipsoid, 5,5–7,5 × 4–5,5 µm, stark amyloid. (D 296, BK 3.252, Lu 1.42.10,).

5.2.07 *Leucopaxillus gentianeus* (Quél.) Kotl. Bitterer Krempenritterling

H: 6–12 cm, meist gewölbt, matt, ockerbraun bis rötlichbraun, Rand heller und angedeutet rippig. **L:** gerade angewachsen, etwas ausgerandet, schmal, dicht, weißlich bis

5.2.01 *Aspropaxillus giganteus*, Riesen-Krempentrichterling

5.2.02 *Aspropaxillus lepistoides*, Fleischiger Krempenr.

5.2.05 *P. rhodoleucus*, Rosablättriger Krempentricht.

5.2.03 *L. albissimus*, Cremeweißer Krempenritterling

5.2.06 *L. compactus*, Dreifarbiger Krempenritterling

5.2.07 *L. gentianeus*, Bitterer Krempenritterling

cremefarben. **St:** weißlich, Spitze fein gestreift. **F:** weiß. **Ger:** mehlartig. **Ges:** bitter. **V:** im Laub- und Nadelwald; Herbst. **Mik:** Sporen warzig, ellipsoid bis kugelig, 4–6 × 3,5–5 µm, amyloid. (D 297, Kr 3.302, Lu 1.42.7, 🖼).

5.2.08 *Giacomia mirabilis* (Bres.) Vizzini & Contu,
Leucopaxillus mirabilis (Bres.) Konrad & Maubl.
Schöner Krempentrichterling, Braunstieliger Krempenritterling

H: 3–12 cm, flach gewölbt bis etwas trichterig, dunkelrotbraun bis schwarzbraun, Rand lange eingerollt, fein gerieft. **L:** etwas herablaufend, weißlich bis cremefarben. **St:** rotbraun, etwas faserig, Spitze rillig. **F:** nicht dick, weißlich bis gelbbräunlich. **Ger:** schwach, evtl. etwas mehlartig. **Ges:** mild bis etwas bitterlich. **Spp:** weiß. **V:** vor allem im Nadelwald, auf kalkreichem Boden, in höheren Lagen; Sommer bis Herbst. **Mik:** Sporen fast glatt bis warzig, ellipsoid bis kugelig, 4,5–9 × 4–6 µm, amyloid. (BK 3.253, Lu 1.42.9, 🖼).

5.2.09 *Leucopaxillus pinicola* J. Favre Kiefern-Krempenritterling: Hut bis 4 cm, beigebraun, Stiel weißlich, blassbraun; unter Kiefer *Pinus* (z. B. Bergkiefer *Pinus mugo*), evtl. auch auf morschen Wurzeln oder Ästen. Sporen warzig, kugelig, 5–7 × 5–6 µm, amyloid. (Lu 1.42.8).

5.2.08 *Giacomia mirabilis,* Schöner Krempentrichterling

5.3 *Tricholomopsis,* Holzritterlinge und Ähnliche

Basidiomycota, Ständerpilze > *Agaricomycetes* > *Agaricales,* Blätterpilze > *Tricholomataceae* s. l., Ritterlingsähnliche > *Tricholomataceae,* Ritterlingsverwandte

Beschreibung

Tricholomopsis, Holzritterlinge sind ritterlingsartige, mehrheitlich mittelgroße und selten kleinere Arten auf morschem Nadelholz in lebhaft rötlichen, gelben oder olivgelben Farbtönen mit feinschuppiger Hutoberfläche. Die Fruchtkörper sprießen vom Sommer bis zum Herbst, einzeln bis büschelig. Trotz der deutlich gelben Lamellen ist das Sporenpulver weiß, höchstens cremefarben. Kleinere, eher rüblingsartige Pilze mit vorwiegend olivgelben oder olivbraunen Farben und kahlem oder höchstens flaumigem Hut zählen zur seltenen Gattung ***Callistosporium*** oder ***Xerophorus,*** Goldrüblinge in der Familie *Callistosporiaceae.* Der äußerst seltene ***Trichocybe*** *puberula,* Flaumiger Haartrichterling ist ebenfalls hier aufgeführt. Er zählte ursprünglich zur Gattung *Clitocybe,* Trichterlinge, wurde jedoch von Vizzini et al. 2010 als einzelne Art in die neue Gattung *Trichocybe* verschoben.

Alle Arten sind Saprobionten und wachsen auf totem, meistens morschem Holz.

Die Sporen bei allen erwähnten Arten sind glatt, dünnwandig und nicht amyloid. Bei *Tricholomopsis,* Holzritterlinge und *Callistosporium,* Goldrüblinge sind sie schmal bis ziemlich breit ellipsoid und bei *Trichocybe* schmal tropfenförmig. Die Arten der Gattung *Callistosporium* sind ohne Schnallen, die der anderen beiden Gattungen haben welche. Während die Huthauthyphen von *Tricholomopsis* und *Callistosporium* vorwiegend liegend sind oder höchstens einzelne aufstehende Büschel haben, sind sie bei der Gattung *Trichocybe* durchgehend aufrecht.

5.3.01 *Tricholomopsis rutilans,*
Purpurfilziger Holzritterling

Bestimmung

Die verschiedenen Arten können vor allem aufgrund von Farbtönen, der Größe sowie von glatten, schuppigen oder haarigen Hüten und Stielen unterschieden werden.

Speisewerte

Nur *Tricholomopsis rutilans,* Purpurfilziger Holzritterling ist häufig und könnte jung für Speisezwecke gesammelt werden. Meistens wird er als ungenießbar bewertet, kann aber gegessen werden, wenn man ihn wie *Armillaria mellea,* Honiggelber Hallimasch behandelt: Einige Minuten abbrühen, das Wasser wegschütten und den Pilz anschließend gut kochen oder braten. Allerdings darf er nicht mit dem giftigen *Gymnopilus purpuratus,* Purpurschuppiger Flämmling verwechselt werden. *Callistosporium,* Goldrüblinge sind keine Speisepilze.

5.3 *Tricholomopsis,* Holzritterlinge und Ähnliche

- Hut und Stiel mit purpurrötlichem Farbanteil, Stiel zentral
  - Stiel wie der Hut, weinrot feinschuppig auf gelbem Grund — **01 *Tricholomopsis rutilans,* Purpurfilziger Holzritterling**
  - Stiel gelb, ohne Schüppchen
    - Hut 4–15 cm, Schüppchen auf Hut rot bis rostbraun — 02 *Tricholomopsis ornata,* Rostschuppiger Holzritterling
    - Hut 1–3 cm, Schüppchen auf Hut rot bis violettrot — 03 *Tricholomopsis flammula,* Kleiner Holzritterling
  - Stiel ocker, abwärts purpurbraun, längsstreifig, Hut 2–4 cm — 11.6.02 *Gymnopilus purpuratus,* Purpurschuppiger Flämmling
- Hut und Stiel vorwiegend mit olivgelben, -braunen Farben
  - Hut mit Schüppchen, Lamellen gelb, Stiel teils exzentrisch — 04 *Tricholomopsis decora,* Olivgelber Holzritterling
  - Hut glatt, büschelig, oft hygrophan, Lamellen gelbocker bis olivocker
    - Fleisch und Lamellen nicht schwärzend, Geruch unauffällig
      - auf morschem Holz auch nördlich der Alpen
        - auf Nadelholz Hut 2–5 cm, umbra- bis olivbraun, Lam. dicht, schartig
          - auf frischem Nadelholz, Sporen 4–6 µm lang, mit Cheilozystiden — 05 *Callistosporium luteo-olivaceum,* Gelbblättriger Goldrübling
          - bei oder neben Strünken, Sporen 3–4 µm lang, ohne Cheilozystiden — 06 *Callistosporium pinicola,* Kiefern-Goldrübling
        - auf Laubholz, Hut 1–3 cm, Lamellen entfernt, dick — 07 *Callistosporium elaeodes,* Weitblättriger Goldrübling
      - mediterran, Sporen > 6 µm lang
        - Hut olivbraun, Lamellen eher entfernt — 10 *Xerophorus olivascens,* Olivbrauner Goldrübling
        - Hut rötlich bis weinbraun, Lamellen dicht — 11 *Xerophorus donadinii,* Purpurfarbener Goldrübling
    - Fleisch und Lamellen mindestens im Exsikkat schwärzend, Geruch evtl. stark
      - Geruch auffällig, Biermaische, süßlich-ranzig, auf Erde im Nadelwald — 08 *Callistosporium foetens,* Stinkender Goldrübling
      - Geruch unauffällig, Hut grau, Fleisch rasch schwärzend — 09 *Callistosporium nigrescens,* Schwärzender Goldrübling
- Hut weiß haarig-filzig auf braunem Grund, Stielbasis wattig-filzig — 12 *Trichocybe puberula,* Flaumiger Haartrichterling

5.3.01 *Tricholomopsis rutilans* (Schaeff.) Singer Purpurfilziger Holzritterling

H: 4–15 cm, anfangs oft ganz weinrot, später weinrot feinschuppig auf gelbem Grund. **L:** ausgebuchtet und breit angewachsen, gelb, Schneiden gelb bis bräunlich zottig bewimpert. **St:** wie der Hut, weinrot feinschuppig auf gelbem Grund, Spitze evtl. heller, Basis teils nur gelb. **F:** blassgelb. **Ger:** säuerlich, nach feuchtem Holz. **Ges:** etwas bitter. **Spp:** cremeweiß. **V:** einzeln bis büschelig, auf oder bei totem Nadelholz; Sommer bis Herbst. **Mik:** Sporen glatt, ellipsoid bis kugelig, 5–8 × 4,5–6,5 µm, ChZ keulenförmig, bis 120 µm, PlZ fehlend. (D 224, Kr 3.579, BK 3.445, Lu 1.85.3, 🖼).

Für Speisezwecke sollten die Pilze erst abgekocht werden. Zudem sind höchstens junge Exemplare in kleinen Mengen zu empfehlen.

5.3.02 *Tricholomopsis ornata* (Fr.) Singer, Rostschuppiger Holzritterling: rot- bis rostbraune Schüppchen auf gelbem Grund, Stiel gelb ohne Schüppchen.

5.3.03 *Tricholomopsis flammula* Métrod ex Holec, Kleiner Holzritterling: Hut 1–3 cm breit, rote bis violettrote Schüppchen auf gelbem Grund, Stiel schwefelgelb ohne Schüppchen. Sporen schlank ellipsoid, 6,5–8 × 3,5–5 µm, ChZ bis 60 µm. Obwohl nur die Größenunterschiede deutlich sind, kann die Art genetisch von *T. rutilans* abgetrennt werden. (Lu 1.85.2, 🖼).

Verschiedene Autoren erwähnen *T. ornata* und *T. flammula*, zweifeln aber daran, dass es klare Abgrenzungen zu *T. rutilans* oder *T. decora* gibt.

5.3.01 *Tricholomopsis rutilans*, Purpurfilziger Holzritterling

5.3.04 *Tricholomopsis decora* (Fr.) Singer Olivgelber Holzritterling

H: 3–8 cm, olivbraune Schüppchen auf goldgelbem Grund. **L:** ausgebuchtet und breit angewachsen, goldgelb. **St:** gelb, faserig, zentral, ausnahmsweise exzentrisch angewachsen. **F:** gelb. **Ger:** schwach. **Ges:** mild bis etwas bitter. **Spp:** weiß. **V:** auf morschem Nadelholz. **Mik:** Sporen glatt, ellipsoid bis kugelig, 6–7,5 × 4–5 µm, ChZ keulenförmig, bis 50 µm, PlZ vereinzelt. (D 223, Kr 3.577, BK 3.444, Lu 1.85.1, 🖼).

5.3.03 *Tricholomopsis flammula*, Kleiner Holzritterling

5.3.04 *T. decora*, Olivgelber Holzritterling

5.3.05 *Callistosporium luteo-olivaceum* (Berk. & M.A. Curtis) Singer Gelbblättriger Goldrübling

H: 2–5 cm, glatt, hygrophan, gelb, gelboliv bis braunoliv. **L:** gerade angewachsen bis etwas herablaufend, ziemlich dicht, gelbocker. **St:** umbrabraun, gelblich bereift. **Ger:** schwach aromatisch, evtl. etwas mehlig. **Ges:** etwas bitter. **Spp:** weiß. **V:** auf morschem Nadelholz oder Erde. **Mik:** Sporen glatt, ellipsoid, 4–6 × 3–4 µm, 4-sporig, ChZ spindelig bis keulig, teils wellig verbogen. (D 269, Lu 1.6.1f, 🖼).

Verschiedene Autoren grenzen spezifische Farben und Formen der Goldrüblinge als eigene Gattungen, Arten oder Varietäten ab, während andere zusammenfassen.

5.3.06 *Callistosporium pinicola* Arnolds, Kiefern-Goldrübling: Fruchtkörper auf frischem Nadelholz, vorwiegend Kiefer *Pinus*. Sporen 3–4 × 2,5–3 µm, ChZ fehlend.

5.3.07 *Callistosporium elaeodes* (Romagn.) Bon, Weitblättriger Goldrübling: Fruchtkörper vorwiegend in gelbgrünen bis olivgrünen oder -braunen Farbtönen, Lamellen dicklich und entfernt; auf modernden Laubholzresten. Sporen ellipsoid, 6–8 × 3,5–4,5 µm, ChZ fehlend. (Lu 1.6.5).

5.3.08 *Callistosporium foetens* E. Ludw., Stinkender Goldrübling: Hut hygrophan, rundum vorwiegend in olivgrauen, -braunen oder schwarzen Farbtönen, Fleisch beim Trocknen schwärzend, Geruch auffällig süßlich-ranzig (Biermaische); auf Nadelstreu. Sporen ellipsoid bis etwas tropfen- oder mandelförmig, 6–8 × 4–4,5 µm, HymZ fehlend.(Lu 1.6.6).

5.3.09 *Callistosporium nigrescens* M. Wilhelm, Schwärzender Goldrübling: Wilhelm 2015 schlägt diesen Namen für eine weitere kleine Art mit ca. 1 cm breitem, vorwiegend grauem, nicht hygrophanem Hut und gelblichen Lamellen, welche an Druckstellen und im Schnitt auffällig schwärzen, vor. Zum Geruch macht er keine Angaben.

5.3.10 *Xerophorus olivascens* (Boud.) Vizzini, Consiglio & M. Marchetti, *Callistosporium olivascens* (Boud.) Bon, Olivbrauner Goldrübling: mit braunoliver Hutmitte und hellerem Rand; mediterran unter Zeder *Cedrus*. Sporen ellipsoid, 7,5–11 × 5–6 µm, 2- oder 4-sporig, zylindrische Pseudozystiden. (Lu 1.6.3).

5.3.11 *Xerophorus donadinii* (Bon) Vizzini, Consiglio & M. Marchetti, *Callistosporium donadinii* (Bon) Contu, Purpurfarbener Goldrübling: Hut mit kupferrötlichen bis purpurbraunen Farben, Lamellen erst weiß, gelblich bis grünlich, später mit rosa Farbanteil; mediterran, im Küstenbereich. Sporen ellipsoid bis mandelförmig, 6–8,5 × 4–5 µm, 1- bis 4-sporig, schlauchförmige Pseudozystiden. (Lu 1.6.4).

5.3.05 *Callistosporium luteo-olivaceum*, Gelbblättriger Goldrübling

5.3.12 *Trichocybe puberula* (Kuyper) Vizzini, *Clitocybe puberula* Kuyper Flaumiger Haartrichterling, Flaumhaar-Trichterling

H: 1–5 cm, glatt, hygrophan, weiß haarig-filzig auf jung sattbraunem, später blasser graubraunem Grund. **L:** ziemlich breit und ausgebuchtet bis gerade angewachsen, schmal, eher entfernt, jung cremeweißlich mit Lilaschein, später gelblich ocker. **St:** wie die Lamellen gefärbt. **Ger:** mehlartig bis etwas ranzig. **Ges:** etwas mild. **Spp:** weiß. **V:** auf morschem Laub- oder Nadelholz, Sägemehlhaufen; Frühling bis Herbst. **Mik:** Sporen glatt, ellipsoid bis etwas zylindrisch oder tropfenförmig, 6–9 × 3,5–5 µm, 4-sporig, ChZ zylindrisch, teils etwas wellig, PlZ fehlend. (Lu 3.122.1).

5.4 *Lepista,* Rötelritterlinge und Ähnliche

Basidiomycota, Ständerpilze > *Agaricomycetes* > *Agaricales,* Blätterpilze > *Tricholomataceae* s. l., Ritterlingsähnliche > *Tricholomataceae,* Ritterlingsverwandte

Beschreibung

Meist mittlere bis große, fleischige Arten in lila bis violetter oder weiß bis cremeweißer, ockerbrauner sowie grau- bis rötlichbrauner Farbe. Ein typisches Merkmal ist die leicht vom Hutfleisch trennbare Lamellenschicht. Wie auf einer seifigen Zwischenschicht lassen sich die Lamellen von Arten der Gattung ***Lepista,*** Rötelritterlinge beiseiteschieben. Ihr Ansatz am Stiel kann ausgebuchtet bis deutlich herablaufend sein. Erstere nennt man demnach auf Deutsch Rötelritterlinge, letztere Röteltrichterlinge. Das Sporenpulver ist creme- bis etwas rosafarben. Die Fruchtkörper erscheinen ab dem Sommer und vor allem im Herbst, oft in Hexenringen angeordnet, seltener auch büschelig. Bei den *Rhodocybe,* Tellerlinge lässt sich die Lamellenschicht zumindest teilweise ebenfalls leicht vom Hutfleisch trennen. Sie haben rosa bis rötliches, ausnahmsweise graubraunes Sporenpulver und häufig einen mehlartigen Geruch und bitteren Geschmack. Die Gattung gehört in die Familie *Entolomataceae,* Rötlingsverwandte und wird im Unterkapitel 6.2 beschrieben. *Lepista flaccida,* Fuchsiger Röteltrichterling, der ursprünglich zu den Trichterlingen gehörte, zählt neu zur Gattung ***Paralepista.*** Sehr ähnlich ist der etwas fleischigere und stark süßlich duftende *Paralepistopsis amoenolens,* Giftiger Dufttrichterling.

Die Rötelritterlinge und die genannten ähnlichen Gattungen wachsen auf Erde und sind Saprobionten.

Die Sporen der Arten aus den Gattungen *Lepista,* Rötelritterlinge und *Paralepista,* die man z. B. Falsche Rötelritterlinge nennen könnte sind ellipsoid und etwas rau bis feinstachelig, seltener auch fast glatt und nie amyloid.

Bestimmung

Hutfarbe, Haltung der Lamellen, Geruch und Geschmack sind bestimmend für die Erkennung der *Lepista*-Arten. In der Übersicht finden sich auch einige *Clitocybe,* Trichterlinge. Sie haben entweder ebenfalls leicht ablösbare, ausgebuchtet angewachsene Lamellen oder schwach rosafarbenes Sporenpulver und sind im Unterkapitel 5.5 beschrieben.

Speisewerte

Es sind keine giftigen Pilze aus der Gattung *Lepista* und *Paralepista* bekannt, aber die Verwechslungsgefahr mit giftigen Arten anderer Gattungen gilt es zu beachten. Seit den Erstfunden des Wärme liebenden *Paralepistopsis amoenolens,* Giftiger Dufttrichterling im Südwesten der Schweiz wird aufgrund der großen Ähnlichkeit vom Verzehr von *Paralepista flaccida,* Fuchsiger Röteltrichterling abgeraten. Zum essbaren *Lepista irina,* Veilchenwurz-Rötelritterling gibt es Meldungen über individuelle Unverträglichkeiten (Ludwig 2001), zudem erscheint er in einer großen Formenbreite, was zu Verwechslungen mit jungen Exemplaren von *Entoloma sinuatum,* Riesen-Rötling führen kann. Auch der als Speisepilz geschätzte *Lepista nuda,* Violetter Rötelritterling wird nach eigenen Erfahrungen und gemäß Bon 1988a nicht von allen Leuten vertragen. Zudem muss er sorgfältig von unbekömmlichen ähnlichen, violetten Arten von *Cortinarius,* Schleierlinge unterschieden werden.

5.4.01 *Lepista nuda,*
Violetter Rötelritterling

5.4.09 *Paralepista flaccida,*
Fuchsiger Röteltrichterling

5.4 *Lepista*, Rötelritterlinge
(A) Fruchtkörper mit violettem Farbanteil

Hut und Stiel mit blauvioletten Tönen, Fruchtkörper kräftig	
Farben ausgeprägt, Geruch angenehm	**01 *Lepista nuda,* Violetter Rötelritterling**
Farben blass, Geruch dumpf aromatisch	**02 *Lepista glaucocana,* Lavendelfarbener Rötelritterling**
Hut vorwiegend beigebräunlich (höchstens Rand violettlich), Stiel blauviolett	
Hut 5–15 cm breit, Stiel längs lila-violett gestreift auf weißem Grund	03 *Lepista personata,* Lilastiel-Rötelritterling
Hut 3–5 cm breit	04 *Lepista sordida,* Schmutziger Rötelritterling

5.4 *Lepista*, Rötelritterlinge und Ähnliche
(B) Fruchtkörper ohne violette Farbtöne

- Hut weiß, creme, beige
  - Lamellen ausgebuchtet, Geruch auffällig süßlich — **05 *Lepista irina*, Veilchenwurz-Rötelritterling**
  - Lamellen gerade angewachsen oder schwach herablaufend
    - Geschmack scharf, unangenehm
      - Sporen breit ellipsoid — 07 *Lepista ricekii*, Scharfer Rötelritterling
      - Sporen länglich, zylindrisch, teils mit stumpfen Höckern — 5.13.02 *Gerhardtia piperata*, Scharfer Scheinrasling
    - Geschmack mild
      - oft stark büschelig verwachsen, Hut cremeweiß, Mitte ockerlich — 08 *Lepista caespitosa*, Büscheliger Rötelritterling
      - kaum büschelig
        - nicht alpin
          - Geruch aromatisch bis süßlich
            - Hut nicht hygrophan — 5.5.12 *Clitocybe phyllophila*, Streuliebender Trichterling
            - Hut hygrophan — 5.5.33 *Clitocybe houghtonii*, Rosa Trichterling
          - Geruch stark mehlartig — 5.5.27 *Clitocybe foetens*, Stinkender Trichterling
        - alpin, Geruch unauffällig — 5.12.03 *Clitocybe dryadicola*, Dryas-Trichterling
  - Lamellen herablaufend, dicht
    - Geschmack mild, Hut nicht fleckig verfärbend
      - Hut vorwiegend weiß, kaum büschelig wachsend — 06 *Lepista densifolia*, Dichtblättriger Röteltrichterling
      - Hut beigeockerlich, oft büschelig wachsend — 08 *Lepista caespitosa*, Büscheliger Rötelritterling
    - Geschmack bitter, Sporen nicht glatt, sondern polygonal (grob höckerig)
      - Hut (-rand) evtl. fleckig schwärzlich verfärbend — 6.1.12 *Clitocella mundula*, Fleckender Tellerling
      - Hut und Fleisch ohne Verfärbung — 6.1.10 *Clitocella fallax*, Weißer Tellerling
- Hut ocker-, gelb- oder orange- bis rötlichbraun
  - Lamellen herablaufend, Hut bald deutlich trichterig
    - Lamellenschicht vom Hutfleisch ablösbar, Hut teils mit Wasserflecken
      - Geruch unauffällig pilzartig
        - Hutoberfläche ohne Wasserflecken — **09 *Paralepista flaccida*, Fuchsiger Röteltrichterling**
        - Hutoberfläche mit konzentrisch angeordneten Wasserflecken — **10 *Paralepista gilva*, Wasserfleckiger Röteltrichterling**
      - Geruch auffällig süßlich (Orangenblüte, birnenartig, wie *Inocybe bongardii*) — 5.5.10 *Paralepistopsis amoenolens*, Giftiger Dufttrichterling
    - Lamellenschicht nicht vom Hutfleisch ablösbar, dünnfleischig
      - Lamellen cremebeige, Geruch unauffällig — 5.5.35 *Clitocybe diatreta*, Fleischfalber Trichterling
      - Lamellen lachsrosa, Geruch nach Tomatenblättern — 5.5.33 *Clitocybe houghtonii*, Rosa Trichterling
  - Lamellen ausgebuchtet, Hut gewölbt, kaum trichterig
    - Geruch aromatisch bis schwach, Hut meist > 5 cm breit, ziemlich dickfleischig — 6.1.17 *Rhodocybe gemina*, Würziger Tellerling
    - Geruch mehlartig bis ranzig, Hut kaum über 5 cm breit, dünnfleischig
      - Hutfarbe orangebraun — 6.1.15 *Rhodophana nitellina*, Gelbfuchsiger Tellerling
      - Hutfarbe gelb-, beige- oder olivbräunlich — 5.5.27 *Clitocybe foetens*, Stinkender Trichterling
    - Geruch nicht mehlartig
      - Rand nicht eingerollt
        - Hut > 4 cm breit — 14 *Lepista rickenii*, Rickens Rötelritterling
        - Hut < 4 cm breit — 6.1.14 *Rhodophana stangliana*, Knollfüßiger Tellerling
      - Rand eingerollt und gerippt, Hut groß, Fleisch fest und dick — 5.1.09 *Tricholoma acerbum*, Gerippter Ritterling
- Hut grau, graubraun
  - Geschmack mild
    - büschelig wachsend
      - nicht alpin, Geruch fehlend, Hutrand jung weißlich-filzig — 11 *Lepista ovispora*, Raslings-Rötelritterling
      - alpin oder subalpin, Geruch aromatisch (Cumarin) — 12 *Lepista multiformis*, Alpiner Rötelritterling
    - nicht büschelig wachsend
      - Hut meist > 5 cm breit
        - Geruch aufdringlich
          - Lamellen weißlich — **5.5.17 *Clitocybe nebularis*, Nebelgrauer Trichterling**
          - Lamellen grau — 5.5.18 *Atractosporocybe inornata*, Graublättriger Trichterling
        - Geruch schwach, Lamellen cremeocker, Hut oft wasserfleckig und bereift
          - auf Wiese, außerhalb des Waldes, Sporen ellipsoid, warzig — 13 *Lepista panaeolus*, Marmorierter Rötelritterling
          - im Wald auf Streu, Sporen schmal ellipsoid, glatt — 5.5.55 *Clitocybe martiorum*, Fälblings-Trichterling
      - Hut meist < 5 cm breit
        - Geruch mehlartig, Hut < 3 cm breit
          - Cheilozystiden quer septiert — 6.1.13 *Clitopilopsis hirneola*, Glänzender Tellerling
          - Cheilo- oder Pleurozystiden nicht quer septiert — 6.1.16 *Rhodocybe caelata*, Rissiger Tellerling
        - Geruch unauffällig — 6.1.18 *Rhodocybe parilis*, Flockiger Tellerling
  - Geschmack bitter, Geruch mehlartig
    - Lamellen schwärzend, vor allem auf Wiesen, an Straßenrändern — 6.1.11 *Clitocella popinalis*, Bereifter Tellerling
    - Lamellen nicht schwärzend (höchstens etwas grau), im Nadelwald — 6.1.09 *Clitocella obscura*, Dunkelgrauer Tellerling

5.4.01 *Lepista nuda* (Bull.) Cooke
Violetter Rötelritterling

H: 5–15 cm, matt bis etwas glänzend, braunlila bis sattviolett. **L:** ausgebuchtet angewachsen, violett bis braunlila. **St:** ± violett, weißlich überfasert, evtl. keulig bis knollig. **F:** dick, blasslila bis weißlich. **Ger:** auffällig, schwierig zu beschreiben (etwas parfümiert, fruchtig und rettichartig). **Ges:** mild, etwas pilz- bis nussartig. **Spp:** blassrosa. **V:** im Laub- und Nadelwald, Garten (Kompost), am Wegrand, oft im Hexenring; Spätsommer bis Spätherbst. **Mik:** Sporen feinwarzig, ellipsoid, 6–8,5 × 4–5 µm. (D 212f, Kr 3.294, BK 3.247, Lu 1.40.10A–C, 🖼; Kapitel-🖼).

5.4.02 *Lepista glaucocana* (Bres.) Singer, ***L. nuda* var. *glaucocana*** (Bres.) Krieglst., **Lavendelfarbener Rötelritterling**: ganzer Fruchtkörper blass blauviolett, fleischblass, Geruch mehlig, evtl. etwas mentholartig. Sporen praktisch glatt, schmal ellipsoid, 4,5–5,5 × 2–3 µm. (D 211, BK 3.243, Lu 1.40.11, 🖼).

5.4.03 *Lepista personata* (Fr.) Cooke, *Lepista saeva* (Fr.) P.D. Orton, Lilastiel-Rötelritterling: Hut ockergrau, graubraun, Lamellen blassocker, Stiel zumindest oben lilaviolett gestreift auf weißem Grund. Sporen feinst warzig, ellipsoid, 7–8 × 4–5 µm. (D 214, Kr 3.299, BK 3.248, Lu 1.40.15, 🖼).

5.4.04 *Lepista sordida* (Schumach.) Singer, Schmutziger Rötelritterling: Hut kaum > 5 cm breit, hygrophan, lilagrau bis fleischbraun, Lamellen blasser fleischlila bis lilabraun, Geruch eher süßlich. Sporen feinwarzig, ellipsoid, 6–8 × 4–5 µm. (Kr 3.299, BK 3.250, Lu 1.40.14, 🖼).

Die Übergänge zwischen diesen Arten und Varietäten sind fließend. Es werden noch weitere Arten und Formen beschrieben wie z. B. *Lepista graveolens* (Peck) Dermek, Starkriechender Rötelritterling mit muffigem, heuartigem Geruch und lavendelgrauem Basalfilz (Lu 1.40.5) oder *L. nuda* f. *gracilis* Noordel. & Kuyper, Zierlicher Rötelritterling, eine kleine Form von *L. nuda* mit intensiv hellvioletten Farben. (Lu 1.40.10D).

5.4.05 *Lepista irina* (Fr.) H.E. Bigelow
Veilchenwurz-Rötelritterling

H: 4–10 cm, glatt, bisweilen hygrophan, creme bis beigebräunlich, Rand heller. **L:** etwas ausgebuchtet und schmal angewachsen, creme, cremerosa. **St:** wie der Hut gefärbt, längsfaserig, gegen die Stielbasis fast etwas netzartig. **F:** weißlich, dick. **Ger:** aromatisch (süßlich, parfümiert, Veilchenwurzel). **Ges:** mild. **Spp:** cremegelb. **V:** im Laub- und Nadelwald, Garten, Park, oft im Hexenring; Herbst. **Mik:** Sporen feinst warzig bis fast glatt, ellipsoid, 6,5–8,5 × 3,5–4,5 µm. (D 215, BK 3.245, Lu 1.40.4, 🖼).

Gefährliche Verwechslungen mit *Entoloma sinuatum*, Riesen-Rötling oder *Clitocybe phyllophila*, Streuliebender Trichterling sind möglich (beide Arten sind giftig)! Eine sehr seltene, ähnliche Art mit aromatisch-fruchtigem Geruch, eher unangenehmem, scharfem Geschmack und länglichen, zylindrischen Sporen mit rhodocybeartigen Höckern ist *Gerhardtia piperata*, Scharfer Scheinrasling.

5.4.06 *Lepista densifolia* (J. Favre) Singer & Clémençon
Dichtblättriger Röteltrichterling

H: 3–8 cm, jung weißlich, bereift, beige, lederbräunlich, Rand lange eingerollt. **L:** weit herablaufend, dicht, beige bis braunrosa. **St:** wie der Hut gefärbt oder blasser, Basis oft etwas angeschwollen. **F:** weißlich. **Ger:** unauffällig. **Ges:** mild bis bitterlich. **Spp:** cremerosa. **V:** im Nadelwald, seltener im Laubwald; Sommer bis Herbst. **Mik:** Sporen deutlich warzig, breit ellipsoid bis kugelig, 4,5–5 × 3,5–4 µm. (BK 3.242, Lu 1.40.6, 🖼).

5.4.07 *Lepista ricekii* Bon, Scharfer Rötelritterling: Geruch schwach mehlig, Geschmack nach einiger Zeit anhaltend pfefferig scharf, Lamellen leicht herablaufend. Sporen mit wenig feinen bis etwas scholligen Warzen, breit ellipsoid, 4–5,5 × 3–4 µm. (BK 3.249, Lu 1.40.3, 🖼).

5.4.08 *Lepista caespitosa* (Bres.) Singer
Büscheliger Rötelritterling

H: 4–8 cm, weiß bis hellbeige, Mitte oft gelbockerlich, Rand lange eingebogen. **L:** gerade angewachsen bis etwas herablaufend, weißlich bis cremeorange. **St:** weißlich bis ockerlich, faserig bis faserschuppig. **Ger:** unauffällig, je nach Literatur auch käseartig oder mehlartig bis spermatisch. **Ges:** mild. **V:** büschelig, auf Wiesen bis in hohe Lagen; im Herbst. **Mik:** Sporen feinwarzig, ellipsoid, 5–6,5 × 3–4 µm. (Kr 3.288, Lu 1.40.13, 🖼).

5.4.09 *Paralepista flaccida* (Sowerby) Vizzini,
Lepista flaccida (Sowerby) Pat.
Fuchsiger Röteltrichterling

H: 3–8 cm, etwas hygrophan, feucht ockerfuchsig bis rotbraun, trocken ockerbräunlich. **L:** herablaufend, creme bis beigerötlich. **St:** wie der

5.4.01 *Lepista nuda*, Violetter Rötelritterling

5.4.02 *L. glaucocana*, Lavendelfarbener Rötelritterling

5.4.03 *Lepista personata*, Lilastiel-Rötelritterling

5.4.04 *Lepista sordida*, Schmutziger Rötelritterling

5.4.05 *Lepista irina*, Veilchenwurz-Rötelritterling

5.4.06 *L. densifolia*, Dichtblättriger Röteltrichterling

5.4.07 *Lepista ricekii*, Scharfer Rötelritterling

5.4.08 *Lepista caespitosa*, Büscheliger Rötelritterling

5.4.09 *Paralepista flaccida*, Fuchsiger Röteltrichterling

Hut gefärbt, evtl. etwas weißlich überfasert. **F:** dünn, creme. **Ger:** pilzartig (holzartig, säuerlich). **Ges:** mild. **Spp:** weißlichcreme. **V:** im Laub- und vor allem Nadelwald; Sommer bis Herbst. **Mik:** Sporen feinwarzig bis etwas stachelig, breit ellipsoid bis kugelig, 4–5,5 × 3,5–4 µm. (D 219, Kr 3.289, BK 3.244, Lu 1.40.8, 🖼).

Der Fuchsige Röteltrichterling mit feinwarzigen, kugeligen Sporen darf nicht mit dem ähnlichen *Paralepistopsis amoenolens*, Giftiger Dufttrichterling mit glatten, ellipsoiden Sporen verwechselt werden.

5.4.10 *Paralepista gilva* (Pers.) Vizzini, *L. flaccida* f. *gilva* (Pers.) Krieglst., Wasserfleckiger Röteltrichterling: fleischigere Exemplare mit einer auffällig wasserfleckigen Hutoberfläche werden teilweise als Art oder Form unterschieden. (Lu 1.40.9, 🖼).

Paralepista abdita (Dörfelt) Vizzini, Trockenrasen-Rötelritterling: sehr seltene Art auf Trockenrasen in Osteuropa mit kleinem Hut, 1–2 cm breit, lebhaft goldgelb bis rötlichbraun, schmale, blasse, deutlich herablaufende Lamellen. Sporen feinwarzig, ellipsoid bis birnenförmig, 5,5–7 × 3–4 µm. (Lu 1.40.2).

5.4.11 *Lepista ovispora* (J.E. Lange) Gulden
Raslings-Rötelritterling

H: 2–9 cm, bräunlich, graubraun, Rand heller und anfänglich weißlich filzig. **L:** ausgebuchtet bis etwas herablaufend, weißcreme bis creme. **St:** cremefarben, faserig. **F:** fest, creme. **Ger:** unauffällig. **Ges:** mild. **Spp:** schmutzig fleischfarben. **V:** büschelig, an grasigen Stellen. **Mik:** Sporen feinwarzig bis glatt, ellipsoid, 6,5–8 × 4–5 µm. (D 276, Lu 1.40.7).

5.4.12 *Lepista multiformis* (Romell) Gulden, Alpiner Rötelritterling: eine alpine Art aus der Wiese, feucht leberbraun, trocken heller gelbbraun, Hutrand nicht heller und filzig, Geruch auffällig aromatisch, cumarinartig. Sporen feinwarzig bis glatt, ellipsoid, 6–7,5 × 3,5–5 µm. (🖼).

5.4.13 *Lepista panaeolus* (Fr.) P. Karst. 🍴
Marmorierter Rötelritterling

H: 5–12 cm, glatt, evtl. eingewachsen faserig, beigegrau bis graubraun, oft mit konzentrisch angeordneten Wasserflecken. **L:** schwach ausgebuchtet bis etwas herablaufend, cremeweißlich, später graurosa. **St:** weißlich, faserig. **F:** dick, weißlich. **Ger:** schwach mehlartig. **Ges:** mild. **Spp:** rosabraun. **V:** am Waldrand, in Lichtungen, Wiesen, oft im Hexenring; Sommer bis Herbst. **Mik:** Sporen fein bis vereinzelt gröber halbkugelig warzig, ellipsoid, 4,5–6,5 × 3,5–4,5 µm. (D 216f, Kr 3.296, BK 3.246, Lu 1.40.16, 🖼).

5.4.14 *Lepista rickenii* Singer, Rickens Rötelritterling: Hut ockerbräunlich bis rötlichbraun, meist wasserfleckig, Lamellen creme- bis fleischfarben. Verschiedene Autoren (z. B. Ludwig 2001, Gröger 2006) zählen die Art zu *L. panaeolus*. (D 218).

Lepista tomentosa M.M. Moser, Filziger Rötelritterling: Hutoberfläche anfangs filzig, später vom Zentrum her schuppig werdend, graubraun bis grauviolettlich, subalpin, in Wiesen. Sporen feinwarzig, breit ellipsoid, 4–5,5 × 3–4 µm. (Lu 1.40.1).

Ganz ähnlich sind *Clitocybe martiorum*, Fälblings-Trichterling mit praktisch glatten Sporen sowie *Clitocybe paxillus*, Kremplings-Trichterling.

5.4.10 *Paralepista gilva*, Wasserfleckiger Röteltrichterling

5.4.12 *Lepista multiformis*, Alpiner Rötelritterling

5.4.13 *Lepista panaeolus*, Marmorierter Rötelritterling

5.5 *Clitocybe,* Trichterlinge und Ähnliche

Basidiomycota, Ständerpilze > *Agaricomycetes* > *Agaricales,* Blätterpilze > *Tricholomataceae* s.l., Ritterlingsähnliche > *Tricholomataceae,* Ritterlingsverwandte

Beschreibung

Die artenreiche Gattungsgruppe enthält ganz kleine bis sehr große Fruchtkörper. Typisch sind herablaufende Lamellen und trichterförmige Hüte. Darauf ist aber kein Verlass. Es gibt auch Trichterlinge mit gewölbter Hutform und gerade oder sogar schwach ausgebuchtet angewachsenen Lamellen. Die Farben liegen vorwiegend im Bereich von Weiß, Creme, Ocker, Grau, Graubraun und Rötlichbraun. Einige Trichterlinge sind olivbraun, wenige auch dunkel- bis schwarzbraun. Eine häufige und auffallende Ausnahme in dieser Farbskala bildet der hell blaugrün gefärbte ***Clitocybe** odora,* Grüner Anis-Trichterling. Wohl mehr als die Hälfte der Trichterlingsarten zeichnet sich durch einen charakteristischen Geruch aus, wie z. B. mehlartig bis ranzig, anisartig, süßlich, fruchtartig, grasartig-krautig usw. Oft herrscht Not an treffenden Ausdrücken. Der Geruch von *Clitocybe nebularis,* Nebelgrauer Trichterling ist kaum beschreibbar, und der treffende, aber ausgefallene Vergleich des Geruchs von *Clitocybe phaeophthalma,* Bitterlicher Trichterling mit jenem von im Stall lebenden Hühnern kann nicht von allen nachempfunden werden. Für zahlreiche, bisher zur Gattung *Clitocybe,* Trichterlinge gezählte Arten gibt es neu publizierte Gattungszugehörigkeiten. *C. geotropa,* Mönchskopf und Ähnliche gehören zur Gattung ***Infundibulicybe**,* Filztrichterlinge, *C. sinopica,* Kohlen-Trichterling zu *Bonomyces* in der Familie *Pseudoclitocybaceae,* zwei Arten mit auffälligen Würzelchen zu ***Rhizocybe**, C. amoenolens,* Giftiger Dufttrichterling zu ***Paralepistopsis**, C. inornata* zu ***Atractosporocybe**. C. clavipes,* Keulenfuß-Trichterling gehört neu zur Gattung *Ampulloclitocybe* und damit zur Familie *Hygrophoraceae,* Wachsblättler. Das Sporenpulver der hier aufgeführten Artengruppen ist weiß, cremefarben bis höchstens leicht rosa.

Trichterlinge wachsen vorwiegend im Wald, teils auch in offenem Gelände, auf Wiesen und bis in alpine Lagen. Wenige Arten erscheinen schon im Frühjahr, hauptsächlich findet man sie aber im Herbst und teils bis in den Winter. Sie sind alle Saprobionten.

Die Sporen sind unscheinbar glatt, ellipsoid bis kugelig, nicht amyloid, ohne Keimporus und spielen zur Bestimmung meistens keine Rolle.

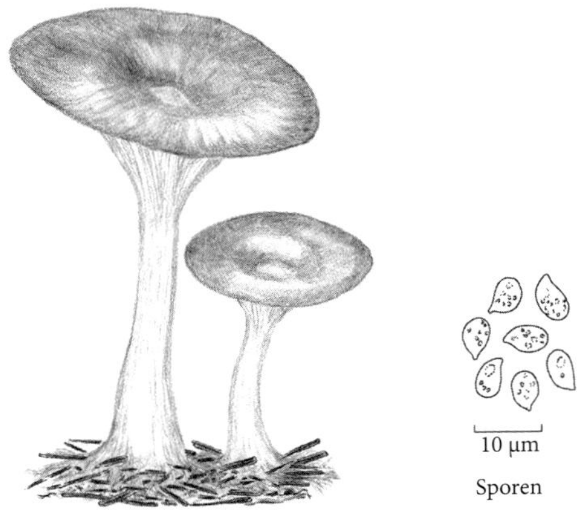

5.5.03 *Infundibulicybe gibba,*
Ockerbrauner Filztrichterling

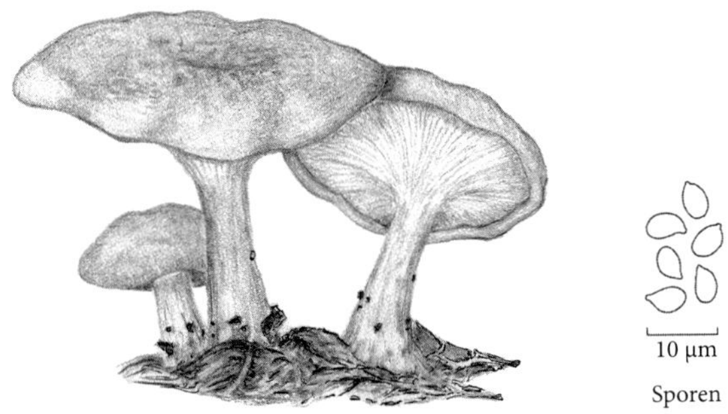

5.5.12 *Clitocybe phyllophila,*
Streuliebender Trichterling

5.5.17 *Clitocybe nebularis,*
Nebelgrauer Trichterling

Bestimmung

Im folgenden Schlüssel muss als Erstes entschieden werden, ob der Hut hygrophan ist. Das ist nicht immer klar zu beurteilen. Im Zweifelsfall wird empfohlen, in beiden Gruppen zu suchen. Der Geruch und die Haltung der Lamellen helfen oft weiter. Die Farbunterschiede sind meistens undeutlich und kaum eine zuverlässige Hilfe. Der überwiegende Teil der über hundert Trichterlingsarten ist schwer zu bestimmen und noch nicht zufriedenstellend beschrieben. In diesem Unterkapitel finden sich rund 60 Beschreibungen, oft ergänzt mit Hinweisen auf ähnliche Arten.

Speisewerte

Nur wenige Trichterlinge sind für Speisezwecke zu empfehlen. Geschätzt, ergiebig und gut verträglich ist nur *Infundibulicybe geotropa,* Mönchskopf-Filztrichterling. Der häufige *Clitocybe nebularis,* Nebelgrauer Trichterling wurde lange Zeit nach Abbrühen und Wegschütten des Kochwassers gegessen. Inzwischen gibt es dokumentierte Fälle von ernsthaften Beschwerden. Bei Nebularin, einem der Inhaltsstoffe wurden antimikrobielle und tumorhemmende Wirkungen nachgewiesen aber auch gefährliche Nebenwirkungen beobachtet und vermutet (Dizeci et al. 2021). Vom Genuss des Pilzes wird deshalb abgeraten. Achtung: Alle kleinen, weißen und weißlichen Arten einschließlich des mittelgroßen *Clitocybe phyllophila,* Streuliebender Trichterling gelten als stark giftig. Entweder enthalten sie Muskarin, welches zu heftigen Reaktionen führen kann, oder sie können von muskarinhaltigen Arten kaum unterschieden werden. Auch einige graubräunliche Trichterlinge sind leicht giftig. Wegen Verwechslungsgefahr mit *Paralepistopsis amoenolens,* Giftiger Dufttrichterling ist im Zweifelsfall auf den Verzehr von essbaren Arten im Formenkreis von *Infundibulicybe gibba,* Ockerbrauner Filztrichterling und *Infundibulicybe costata,* Kerbrandiger Filztrichterling zu verzichten.

5.5 *Clitocybe*, Trichterlinge und Ähnliche
(A1) Hut nicht hygrophan
▹ Stiel zentral, auf Erde

- Sommer bis Herbst (nicht im Frühling)
  - Hut weißlich, creme, ockerlich bis fleischockerlich, nicht firnisartig bereift
    - Hut groß bis sehr groß, meist > 8 cm
      - Geruch süßlich, Hut meist gebuckelt, Stiel zylindrisch bis keulig
        - im Laub- oder Nadelwald — **01 *Infundibulicybe geotropa*, Mönchskopf-Filztrichterling**
        - alpin, bei Silberwurz — 02 *Infundibulicybe subsalmonea*, Rosabrauner Silberwurz-Filztrichterl.
      - Geruch eher ranzig, Hut ohne Buckel, Stiel knollig — 04 *Clitocybe catinus*, Schüsselförmiger Trichterling
      - Geruch unauffällig, Stiel oft kurz, Hut ohne Buckel, jung matt-samtig — 5.2.01 *Aspropaxillus giganteus*, Riesen-Krempentrichterling
    - Hut kaum > 8 cm, kahl
      - Geruch nicht nach Anis, Lamellen herablaufend
        - Hutmitte meist mit kleinem Buckel
          - Hutrand und Hutoberfläche glatt — **03 *Infundibulicybe gibba*, Ockerbrauner Filztrichterling**
          - Hutrand auffällig gekerbt, Hutoberfläche feinsamtig — 05 *Infundibulicybe costata*, Kerbrandiger Filztrichterling
        - Hutmitte ohne Buckel
          - Hut weiß, später graulich — 14 *Clitocybe dealbata*, Feld-Trichterling
          - Hut cremerosa, Lamellen nicht ablösbar, Geruch kaum süßlich — 04 *Clitocybe catinus*, Schüsselförmiger Trichterling
          - Hut cremerosa, fuchsig, Lamellen ablösbar, Geruch stark süßlich — 10 *Paralepistopsis amoenolens*, Giftiger Dufttrichterling
      - Geruch anisartig, Lamellen nur schwach herablaufend — 11 *Clitocybe ornamentalis*, Dünnstieliger Trichterling
  - Hut weißlich, später ockerlich, firnisartig bereift, Lamellen kaum herablaufend
    - Hut bis 10 cm breit, vor allem im Laubwald, selten im Nadelwald
      - Geruch auffallend, aber nicht nach Anis
        - Sporenpulver rosa — 12 *Clitocybe phyllophila*, Streuliebender Trichterling
        - Sporenpulver weiß — 13 *Clitocybe krizii-josephi*, Großer Reif-Trichterling
      - Geruch nach Anis, Lamellen und Hut bald ockerfarben — 11 *Clitocybe ornamentalis*, Dünnstieliger Trichterling
    - Hut kaum > 4 cm
      - im Wald, vor allem auf Laubstreu — 5.12.02 *Leucocybe candicans*, Wachsstieliger Weißtrichterling
      - außerhalb des Waldes, grasige Stellen — 15 *Clitocybe rivulosa*, Rinnigbereifter Gift-Trichterling
      - nur bei Grünerle, eher in höheren Lagen — 5.12.04 *Neoclitocybe alnetorum*, Grünerlen-Schleimtrichterling
      - auf altem Mist in Champignonkulturen, Geruch deutlich mehlig — 16 *Clitocybe augeana*, Bleiweißer Mehl-Trichterling
  - Hut grau, beige, braun
    - ohne Mehlgeruch, Hut > 5 cm, gewölbt bis flach, schwach trichterig
      - Lamellen cremeweiß, Geruch aufdringlich, stark — **17 *Clitocybe nebularis*, Nebelgrauer Trichterling**
      - Lamellen gelblich
        - Hut < 10 cm breit, Lamellen wachsartig, Stiel aufgeblasen — **4.2.46 *Ampulloclitocybe clavipes*, Keulenfuß-Trichterling**
        - Hut > 10 cm breit, Lamellen nicht wachsartig, Geruch aromatisch — 5.11.05 *Clitopaxillus alexandri*, Buchsblättriger Trichterling
      - Lamellen grauweiß bis graubraun, Geruch nach Mäuse-Urin, ranzig — 18 *Atractosporocybe inornata*, Graublättriger Trichterling
    - starker Mehlgeruch, Hut < 2 cm, trichterig, dünn — 50 *Clitocybe collina*, Sandfeld-Mehl-Trichterling
  - Hut blaugrün, Geruch auffällig nach Anis — **19 *Clitocybe odora*, Grüner Anis-Trichterling**
  - Hut und Lamellen gelborange bis orangerot, Hut trocken bis filzig — **3.10.01 *Hygrophoropsis aurantiaca*, Falscher Pfifferling**
  - Hut fuchsigbraun, rotbraun, grau- bis schwarzbraun, Stiel wie der Hut gefärbt
    - Hut kahl oder feinfilzig, fuchsigbraun bis rotbraun
      - Geruch nach Mehl
        - Hut oft > 4 cm breit, Rand nicht weißflockig — 5.11.04 *Bonomyces sinopicus*, Rotbrauner Kohlentrichterling
        - Hut < 4 cm breit, Rand weißflockig — 06 *Clitocybe incilis*, Weißflockiger Trichterling
      - Geruch nicht nach Mehl, vorwiegend subalpin bis alpin
        - Hut ockerrosa bis rötlichbraun — 20 *Clitocybe bresadolana*, Rotbrauner Alpen-Trichterling
        - Hut rot- bis dunkelbraun
          - Geruch unauffällig — 21 *Clitocybe lateritia*, Ziegelroter Trichterling
          - Geruch unangenehm bittermandelartig — 22 *Clitocybe paropsis*, Großsporiger Laubwald-Trichterling
    - Hut filzig bis feinschuppig, haselbraun, graubraun bis schwarzbraun
      - im Nadelwald, Geruch schwach mehlig, Hut fein schuppig aufreißend
        - Hut 3–8 cm — 07 *Infundibulicybe squamulosa*, Schuppiger Filztrichterling
        - Hut 1–2,5 cm — 08 *Clitocybe fuscosquamula*, Dunkelschuppiger Trichterling
      - im Laubwald, Geruch mehlig, Hut filzig, nicht schuppig aufreißend — 09 *Infundibulicybe trulliformis*, Grauer Filztrichterling
      - im Wald oder Gebüsch, Geruch unangenehm, Hut schokoladenbraun — 25 *Clitocybe cacabus*, Schokoladenbrauner Trichterling
- schon ab Frühling, meist mit wurzelartigen Fortsätzen (Rhizomorphen)
  - Geruch mehlartig — 5.11.04 *Bonomyces sinopicus*, Rotbrauner Kohlentrichterling
  - Geruch grasartig, apfelartig oder unauffällig bis etwas süßlich
    - Stiel mit auffälligen Wurzelfortsätzen
      - Hut fleischrötlich bis -bräunlich, ohne Bereifung, bei Lärche — 23 *Rhizocybe vermicularis*, Lärchen-Trichterling
      - Hut graubraun, gelbbraun, evtl. bereift scheinend, bei Fichte — 24 *Rhizocybe pruinosa*, Würzelchen-Trichterling
    - Stiel ohne Wurzelfortsätze — 20 *Clitocybe bresadolana*, Rotbrauner Alpen-Trichterling

5.5 *Clitocybe*, Trichterlinge und Ähnliche
(A2) Hut nicht hygrophan
▹ Stiel meist exzentrisch

Hut weißlich
- auf Holz
  - Geruch schwach, staubartig, Hut bis 6 cm, Huthauthyphen unverzweigt — 56 *Clitocybe truncicola*, Weißer Holz-Trichterling
  - Geruch stark nach Mehl oder Gurke, Hut bis 3 cm, Huthauthyphen verzweigt — 5.12.22 *Ossicaulis lignatilis*, Bepuderter Weinfass-Holztrichterling
- auf saurem Boden, Hut < 3,5 cm — 5.9.13 *Omphalina mutila*, Kurzstieliger Nabeling

Hut rotbraun, Mitte dunkler, außen geflammt — 06 *Cleistocybe pleurotoides*, Seitlingsartiger Schleiertrichterling

5.5 *Clitocybe*, Trichterlinge und Ähnliche
(B) Hut hygrophan

- Lamellen weiß, weißlich, hellbeige, blasscreme, lachsrosa
  - Geruch stark, erdartig, ranzig, fischartig
    - Lamellen herablaufend, Huthaut mit blasigen Zellen (Mikroskop) — **26 *Clitocybe phaeophthalma*, Bitterlicher Trichterling**
    - Lamellen leicht ausgebuchtet bis herablaufend, ohne blasige Zellen — 27 *Clitocybe foetens*, Stinkender Trichterling
  - Geruch anisartig
    - Hut weißlich rinnig bereift — 29 *Clitocybe albofragrans*, Weißer Duft-Trichterling
    - Hut ohne Bereifung
      - Hut graubeige im Zentrum dunkler — **28 *Clitocybe fragrans*, Langstieliger Duft-Trichterling**
      - Hut graubeige im Zentrum nicht dunkler — 30 *Clitocybe obsoleta*, Fleischbräunlicher Anis-Trichterling
  - Geruch süßlich oder nach Tomatenblättern oder mehlartig
    - Lamellen lachsrosa, Fleisch weiß, Sporen > 6 µm lang — 33 *Clitocybe houghtonii*, Rosa Trichterling
    - Lamellen weiß, grauweiß, Sporen < 6 µm
      - an grasigen Stellen, Hut ocker bis weißlich, Geruch schwach süßlich — 31 *Clitocybe agrestis*, Wiesen-Trichterling
      - vorwiegend im Wald
        - Hutrand nicht gerieft, Geruch unangenehm, süßlich und mehlartig — 34 *Clitocybe diosma*, Doppelgeruch-Trichterling
        - Hutrand gerieft, Hutmitte im Nabel dunkel, Geruch etwas süßlich — 39 *Clitocybe marginella*, Niedlicher Trichterling
  - Geruch apfelartig, grasartig, im Frühjahr, mit auffällig wurzelartigen Fortsätzen — 24 *Rhizocybe pruinosa*, Würzelchen-Trichterling
  - Geruch ± unauffällig, schwach
    - Hut weißlich, cremeocker bis fleischbräunlich, graubräunlich
      - schwach hygrophan
        - meist mit Buckel — **03 *Infundibulicybe gibba*, Ockerbrauner Filztrichterling**
        - ohne Buckel — 32 *Clitocybe angustissima*, Gedrängtblättriger Trichterling
      - stark hygrophan, sehr schwer zu unterscheidende Arten
        - im Nadelwald
          - im Winter und Frühjahr — 38 *Clitocybe brumalis*, Winter-Trichterling
          - im Herbst
            - Hut reinweiß bis schmutzig weißlich, Sporenpulver weiß — 5.12.02 *Leucocybe candicans*, Wachsstieliger Weißtrichterling
            - Fruchtkörper mit rosa bis rötlichem Farbton, Sporenpulver rosa — 35 *Clitocybe diatreta*, Fleischfalber Trichterling
            - Hut bräunlich, Stiel brüchig, in höheren Lagen, Sporenpulver weiß
              - Hut > 2,5 cm — 41 *Clitocybe fragilipes*, Bruchstiel-Trichterling
              - Hut < 2,5 cm, bei Bergkiefer — 42 *Clitocybe elegantula*, Eleganter Trichterling
        - im Laubwald an morschen Laubholzstücken, auch im Boden — 36 *Clitocybe subbulbipes*, Fleischroter Holz-Trichterling
        - an stark gedüngten Standorten (Weiden, Komposthaufen) — 40 *Clitocybe amarescens*, Erdigriechender Trichterling
        - an sandigen, mineralreichen Standorten, Dünen — 37 *Clitocybe leucodiatreta*, Hellrosabrauner Trichterling
    - Hut dunkelbraun bis schwarzbraun (feucht) — 46 *Clitocybe metachroa*, Staubfüßiger Trichterling
- Lamellen grau bis bräunlich
  - Hut tief genabelt, Lamellen meist stark herablaufend
    - Geruch ± mehlartig, ranzig — 43 *Clitocybe vibecina*, Geriefter Mehl-Trichterling
    - Geruch obst-, scheunenstaubartig, vorwiegend alpin — 44 *Clitocybe concava*, Düsterer Gebirgs-Trichterling
    - Geruch ± unauffällig
      - vorwiegend in tieferen Lagen, im Wald, Basidien 4-sporig
        - Hut grau- bis dunkelbraun, Lamellen teils gegabelt, Sporen amyloid — **5.11.01 *Pseudoclitocybe cyathiformis*, Kaffeebrauner Scheintr.**
        - Hut oft mit olivem Beiton, Sporen nicht amyloid — 45 *Clitocybe subspadicea*, Hygrophaner Trichterling
        - Hut graubraun, Stielbasis dunkler, Sporen nicht amyloid — 46 *Clitocybe metachroa*, Staubfüßiger Trichterling
      - vorwiegend montan, Basidien 1- bis 2-sporig — 48 *Clitocybe lituus*, Faserstieliger Trichterling
  - Hut höchstens trichterig niedergedrückt, Lamellen gerade/schwach herablaufend
    - Geruch stark mehlartig, ranzig, oft auf Holzstücken
      - Sporen < 5 µm, Hut vorwiegend graubraun, ohne Oliv — **49 *Clitocybe ditopa*, Kleinsporiger Mehl-Trichterling**
      - Sporen > 5 µm, Hut oft mit olivem Farbanteil — 27 *Clitocybe foetens*, Stinkender Trichterling
    - Geruch modrig, staubartig — 51 *Clitocybe fuligineipes*, Modrigriechender Trichterling
    - Geruch mehlartig, auf Eichenblättern — 52 *Clitocybe quercina*, Eichenblätter-Trichterling
    - Geruch unauffällig, pilzartig (evtl. jung ± mehlig, alt ± kampferartig)
      - Stielbasis filzig, faserig oder glatt
        - im Wald
          - Stielbasis dunkel gefärbt, Sporen bis 7 µm — 46 *Clitocybe metachroa*, Staubfüßiger Trichterling
          - Stielbasis hellbraun, Sporen kaum > 5,5 µm — 53 *Clitocybe subcordispora*, Brauner Tompeten-Trichterling
        - alpin, Stielbasis hell, weißlich faserig — 47 *Clitocybe festiva*, Bereifter Alpen-Trichterling
      - Stielbasis striegelig — 54 *Clitocybe lohjaensis*, Striegelstieliger Trichterling

5.5.01 ***Infundibulicybe geotropa*** (Bull.) Harmaja, ***Clitocybe geotropa*** (Bull.) Quél. **Mönchskopf-Filztrichterling, Mönchskopf, Kuttelpilz**

H: 5–25 cm, anfangs gebuckelt, bald trichterig mit Buckel, creme, cremebeige, Rand etwas eingerollt, lange heruntergebogen und etwas rippig. **L:** stark herablaufend, einzelne gegabelt, creme, cremebeige. **St:** cremefarben, faserig, voll, fest, gegen die Basis dicker. **F:** recht dick, besonders in der Hutmitte, weiß. **Ger:** eigenartig süßlich, parfümiert, auch etwas nach Heu. **Ges:** mild. **Spp:** weiß. **V:** meist gesellig in Hexenringen, im Laub- und Nadelwald; Sommer bis Herbst. (D 191, Kr 3.170, BK 3.162, Lu 3.102.2, 🖼).

5.5.02 *Infundibulicybe subsalmonea* (Lamoure) N. Schwab, *Clitocybe subsalmonea* Lamoure, Rosabrauner Silberwurz-Filztrichterling, Rosabrauner Gebirgs-Trichterling: Hut 5–12 cm breit, bräunlich bis fleischfarben, Stiel beige, braun, Geruch süßlich-pilzartig; in alpiner Zwergstrauchheide bei Silberwurz *Dryas*. Im Gegensatz zu *I. costata* keine Farbänderung der Huthaut mit Kalilauge (KOH). (Lu 3.102.4).

Clitocybe maxima (P. Gaertn., G. Mey. & Scherb.) P. Kumm., Riesen-Trichterling: Formen ohne Buckel, mit kurzem Stiel und mit schwächerem Geruch wurden von einigen Autoren als eigene Art oder Varietät abgegrenzt. Diese Unterschiede überzeugen nicht und gemäß Kuyper 1995 soll der Name nicht mehr verwendet werden. Da er auch für andere Arten verwendet wurde, gilt er als «nomen dubium».

Ähnliche oder möglicherweise synonyme Arten aus der nördlichen oder alpinen Zone: *Infundibulicybe lapponica* (Harmaja) Harmaja, *Infundibulicybe montana* (Harmaja) Harmaja und *Infundibulicybe altaica* (Singer) Harmaja.

5.5.03 ***Infundibulicybe gibba*** (Pers.) Harmaja, ***Clitocybe gibba*** (Pers.) P. Kumm. **Ockerbrauner Filztrichterling, Ockerbrauner Trichterling**

H: 3–8 cm, cremeocker, selten rötlichocker, meistens mit Buckel in der Mitte, schwach hygrophan. **L:** herablaufend, weißlich. **St:** blassocker, in der Regel heller als der Hut, fein weißlich-faserig. **F:** dünn, weiß. **Ger:** schwach wie *I. geotropa*. **Ges:** mild. **Spp:** cremeweiß. **V:** im Laub- und Nadelwald; Sommer bis Herbst. **Ch:** Kalilauge (KOH) auf der frischen oder getrockneten Huthaut ergibt keine Verfärbung. (D 195, Kr 3.172, BK 3.163, Lu 3.102.11, 🖼).

5.5.04 *Clitocybe catinus* (Fr.) Quél., Schüsselförmiger Trichterling, Klumpfuß-Trichterling: Hut blasser, weißlich, evtl. mit Rosaton, trichterförmig und ohne Buckel, Stielbasis mit keuligem bis knolligem, weißen Mycelfilzmantel, Geruch eher unangenehm (etwas wie *C. nebularis*, Nebelgrauer Trichterling oder *C. phaeophthalma*, Ranziger Trichterling); vor allem in montanen Lagen. (Lu 3.102.1, 🖼).

C. catinus darf nicht mit *Paralepistopsis amoenolens*, Giftiger Dufttrichterling mit auffälig süßlichem Geruch verwechselt werden.

5.5.05 *Infundibulicybe costata* (Kühner & Romagn.) Harmaja *Clitocybe costata* Kühner & Romagn. Kerbrandiger Filztrichterling, Kerbrandiger Trichterling

H: 3–6 cm, ockerbraun, rehbraun, schwach hygrophan, kahl bis fein hirschlederartig, feinschuppig, Rand höckerig gerippt, lappig. **L:** etwas herablaufend, in Stielnähe gegabelt, weißlich bis schmutzig gelblich, Schneiden teils leicht gekerbt. **St:** wie der Hut gefärbt, ockerbräunlich, fein weißlich-faserig, berindet (Rinde ca. 1,5 mm dick). **F:** dünn, weiß. **Ger:** ziemlich stark, bisweilen fruchtartig, nicht säuerlich. **Ges:** mild. **Spp:** cremeweißlich. **V:** im Nadelwald; Frühsommer bis Herbst. **Ch:** Huthaut (vor allem getrocknet) verfärbt sich mit KOH dunkelbraun. (D 194, Kr 3.162, BK 3.155, Lu 3.102.10, 🖼).

Infundibulicybe alkaliviolascens (Bellù) Bellù, Violettreagierender Filztrichterling, Violettreagierender Trichterling: Hut matt, feinfilzig, Fleisch mit Lauge wein-violettlich verfärbend; mediterran. (Lu 3.102.12).

Clitocybe glareosa Röllin & Monthoux, Kiesliebender Trichterling: eher gedrungen, etwas dunkler orange- bis rötlichocker gefärbt; auf sonnigen Ruderalflächen zwischen Kräutern (Artemisia *Artemisia,* Trespe *Bromus,* Fetthenne *Sedum,* Thymian *Thymus*). (Lu 3.102.14).

5.5.06 *Clitocybe incilis* (Fr.) Gillet, Weißflockiger Trichterling: Hut < 4 cm breit, rotbraun, Rand faserig und anfangs mit weißlichen, spinnwebeartigen Flöckchen besetzt, Stiel gleichfarbig, Lamellen blass rostbräunlich, Geruch stark mehlartig; im Nadelwald, auch in höheren Lagen.

Bon 1983 zählt *C. incilis* mit deutlichem Mehlgeruch zur Untersektion *Sinopicae*. Nach der Interpretation von Ricken 1915 und weiterer Autoren gehört *C. incilis* jedoch zu *I. costata* und wird in der neueren Literatur kaum mehr erwähnt.

5.5.01 *Infundibulicybe geotropa*, Mönchskopf-Filztrichterling

5.5.03 *Infundibulicybe gibba*, Ockerbrauner Filztrichterling

5.5.04 *Clitocybe catinus*, Schüsselförmiger Trichterling

5.5.05 *Infundibulicybe costata*, Kerbrandiger Filztrichterling

5.5.07 *Infundibulicybe squamulosa* (Pers.) Harmaja, *Clitocybe squamulosa* (Pers.) P. Kumm.
Schuppiger Filztrichterling, Schuppiger Trichterling

H: 3–8 cm, haselbraun bis rostocker, Mitte feinschuppig. **L:** herablaufend, blassocker. **St:** wie der Hut gefärbt oder etwas blasser, faserig. **F:** blass. **Ger:** schwach nach Mehl. **Ges:** mild. **V:** vor allem Nadelwald, auch alpine Lagen. (Lu 3.102.24,).

5.5.08 *Clitocybe fuscosquamula* J.E. Lange, Dunkelschuppiger Trichterling: Hut nur etwa bis 2,5 cm, dunkle Schüppchen auf hellem Grund; im Nadelwald. (Lu 3.102.27).

5.5.09 *Infundibulicybe trulliformis* (Fr.) Gminder, *Clitocybe trulliformis* (Fr.) P. Karst.
Grauer Filztrichterling, Graufilziger Trichterling

H: 2–5 cm, dunkelgrau bis -graubräunlich, feinfilzig, feinwarzig. **L:** etwas herablaufend, eher eng, weißlich. **St:** wie der Hut gefärbt. **F:** cremeweiß. **Ger:** nach Mehl. **V:** vor allem im Laubwald. (D 197, Lu 3.102.26).

Infundibulicybe font-queri (R. Heim) Bañares, *Clitocybe font-queri* R. Heim: schlanker, nabelingsartig; im Mittelmeerraum. Gilt jedoch bei vielen Autoren als Synonym von *I. trulliformis*.

5.5.10 *Paralepistopsis amoenolens* (Malençon) Vizzini, *Clitocybe amoenolens* Malençon ☠
Giftiger Dufttrichterling, Parfümierter Trichterling

H: 3–6 cm, gelb- bis ockerbraun, in der Mitte roströtlich, glatt bis feinfilzig, im Randbereich mit konzentrisch angeordneten Wasserflecken. **L:** herablaufend, dicht, weißlichcreme bis blass fleischocker, leicht ablösbar. **St:** wie der Hut gefärbt. **F:** fest, relativ dick, cremeweiß, im Stiel faserig. **Ger:** auffällig süßlich, nach Orangenblüten und ähnlich *Inosperma bongardii*, Duftender Risspilz später unangenehm. **Ges:** süßlich **Spp:** weißlichcreme. **V:** vorwiegend in warmen Nadelwäldern, seltener auch bei Flaumeiche *Quercus*; Sommer bis Herbst. (Lu 3.102.3,).

Gemäß Auf der Maur et al. 2021b kann der Konsum von *P. amoenolens* nach einem oder mehreren Tagen Missempfindungen in den Händen und Füßen verursachen und später zu geröteten, schmerzhaften Schwellungen, dem sogenannten Acromelalga-Syndrom führen.

5.5.11 *Clitocybe ornamentalis* Velen., *C. phyllophila* var. *ornamentalis* (Velen.) Raithelh. ☠
Dünnstieliger Trichterling

H: 5–15 cm, glatt, weiß bis creme, beige, feucht ockerbräunlich, evtl. hygrophan, Rand hell, lappig, wellig. **L:** etwas herablaufend, sehr gedrängt, weißlich bis beigebraun. **St:** weißlich bis bräunlich, faserig, Spitze etwas heller, Basis mit weißem Mycelfilz, meist mit Laub verwachsen. **F:** dünn, wässerig-weißlich bis bräunlich. **Ger:** stark nach Anis. **Ges:** mild, anisartig. **Spp:** weißlich. **V:** im Laubwald, auf Laubstreu; Herbst. (BK 3.174).

Clitocybe subalutacea (Batsch) P. Kumm., Brauner Duft-Trichterling: Hut 3–7 cm, blass ledergelb, später bräunlich, Lamellen eher entfernt, weißlich bis schmutziggelblich, Stiel wie der Hut oder blasser, Geruch nur schwach nach Anis, eher süßlich cyanidisch.

Clitocybe rufuloalutacea Métrod ex Bon, Nadelkompost-Trichterling: Hut mäßig hygrophan, hell ocker bis satt rotbraun, Stiel wie der Hut gefärbt, hell faserig, Geruch moosartig bis staubig, modrig, nach unreifem Mais, Sporenpulver blasscreme; im Nadelwald, vor allem bei Lärche *Larix*. Gemäß Kuyper 1996 handelt es sich um einen ungültig publizierten Namen und möglicherweise ein Synonym von *C. subalutacea*.

Clitocybe anisata Velen., Wohlriechender Trichterling: Hut 1–4 cm, bräunlich, weiß bereift, Lamellen etwas herablaufend, eher entfernt, bräunlichweiß, Stiel wie der Hut, zunehmend bräunlich, Geruch erdbeer- bis anisartig; auf Weiden, in lichtem Wald. (Lu 3.102.36).

Clitocybe erubescens Velen., Rosablättriger Trichterling: Hut weiß bis creme, Lamellen mit rosa Schein, Geruch erdbeer- bis anisartig; im Nadelwald.

Gröger 2006 synonymisiert *C. ornamentalis* und *C. albofragrans*, Weißer Duft-Trichterling. Auch *C. subalutacea* und *C. anisata* werden je nach Autor zu *C. ornamentalis* oder *C. albofragrans* gezählt. Die ganze Sippe von größeren und kleineren Trichterlingen mit Anisgeruch, ± bereiftem Hut und fehlender oder schwacher Hygrophaneität scheint nicht geklärt.

5.5.12 *Clitocybe phyllophila* (Pers.) P. Kumm. ? ☠
Streuliebender Trichterling, Bleiweißer Firnis-Trichterling, Laubfreund-Trichterling

H: 4–10 cm, schwach buckelig bis schwach trichterig, weiß bereift, weiß, später (unter dem weißen Belag) ockerbräunlich oder rötlichbraun fleckig. **L:** schwach herablaufend, weiß, später creme. **St:** wie der Hut gefärbt, faserig, Basis mit weißem Filz. **F:** weiß, dünn, fest. **Ger:** aromatisch, evtl. auch etwas parfümiert. **Ges:** mild. **Spp:** cremerosa. **V:** gesellig, oft im Hexenring, im Laubwald und seltener im Nadelwald; Sommer bis Herbst. (D 187, Kr 3.185, BK 3.176, Lu 3.102.64,).

Exemplare auf Nadelstreu wurden in der Vergangenheit als *Clitocybe pithyophila* (Fr.) Gillet unterschieden.

5.5.13 *Clitocybe krizii-josephi* Svrcek, Großer Reif-Trichterling: Hut oft zunehmend isabellfarben fleckig und konzentrisch aufreißend, Geruch süßlich-staubartig, Sporenpulver milchweiß. (Lu 3.102.63).

Die Informationen, ob einer dieser mittelgroßen, weißen Trichterlinge giftiges Muskarin enthält sind widersprüchlich. Laut Kuyper 1996 enthält *C. phyllophila* kein Muskarin Anderslautende Meldungen sollen auf Verwechslungen mit *C. rivulosa*, Rinnigbereifter

5.5.07 *Infundibulicybe squamulosa*, Schuppiger Filztrichterling

5.5.10 *Paralepistopsis amoenolens*, Giftiger Dufttrichterling

5.5.12 *Clitocybe phyllophila*, Streuliebender Trichterling

Gift-Trichterling basieren. Ludwig 2012 bezeichnet den seltenen *C. krizii-josephi* als giftig und *C. phyllophila* ebenfalls nicht.

5.5.14 *Clitocybe dealbata* (Sowerby) P. Kumm. ☠
Feld-Trichterling

H: 2–4 cm, schwach trichterförmig, mattweiß und weiß bereift, fleischockerlich gefleckt, Rand lange nach unten gebogen. **L:** gerade angewachsen bis schwach herablaufend, weißlich bis fleischockerlich. **St:** weißlich, später ocker- bis rosabräunlich. **F:** blass ockerbräunlich. **Ger:** krautig, muffig, leicht mehlartig (je nach Literatur). **Ges:** mild, schwach mehlig. **Spp:** cremeweiß. **V:** in Wiesen, Äckern, am Wegrand; Sommer bis Herbst. (D 200, BK 3.156, Lu 3.102.67, 🖼).

5.5.15 *Clitocybe rivulosa* (Pers.) P. Kumm, Rinnigbereifter Gift-Trichterling: Hut firnisartig bereift und zunehmend mit konzentrisch angeordneten, ockerlichen Flecken, Geruch und Geschmack nicht mehlig; an grasigen und moosigen Stellen innerhalb und außerhalb des Waldes. Bei verschiedenen Autoren gilt die Art als Synonym von *C. dealbata*. (Kr 3.188, Lu 3.102.69).

5.5.16 *Clitocybe augeana* (Mont.) Sacc., Bleiweißer Mehl-Trichterling: mit deutlichem Mehlgeruch; auf altem Mist in Champignonkulturen, Gewächshäusern, gedüngten Wiesen. (Lu 3.102.61).

5.5.17 ***Clitocybe nebularis*** (Batsch) P. Kumm.,
Lepista nebularis (Batsch) Harmaja
Nebelgrauer Trichterling, Nebelkappe

H: 8–20 cm, aschgrau, graubräunlich, Mitte weißlich bereift, lange gewölbt, Rand blass, Huthaut abziehbar. **L:** etwas herablaufend, ziemlich eng, blasscreme, leicht vom Hutfleisch trennbar. **St:** graubräunlich, faserig, keulig bis fast knollig. **F:** dick, weißlich. **Ger:** aufdringlich, eigenartig süßlich. **Ges:** mild bis etwas säuerlich. **Spp:** cremegelblich. **V:** im Laub- und Nadelwald, oft im Hexenring; Herbst bis Spätherbst. (D 210, Kr 3.292, BK 3.170, Lu 3.102.9A, 🖼).

5.5.17a *C. nebularis* f. *alba* S. Imai, *C. nebularis* var. *alba* J.E. Lange, *Clitocybe alba* (Bataille) Singer: Hut und Lamellen weiß, Stiel blass, abwärts etwas fleischbräunlich. Die Angaben zu dieser weißen Form sind unterschiedlich. (Lu 3.102.09B, 🖼).

Bisher wurden Nebelgraue Trichterlinge abgekocht und nach dem Wegschütten des Kochwasser gegart. Wichtig war, sie nicht mit dem giftigen *Entoloma sinuatum*, Riesen-Rötling zu verwechseln. Inzwischen wird aber vom Genuss grundsätzlich abgeraten.

5.5.18 *Atractosporocybe inornata* (Sowerby) P. Alvarado, G. Moreno & Vizzini,
Clitocybe inornata (Sowerby) Gillet
Graublättriger Trichterling

H: 5–10 cm, graubeige, milchkaffeefarben, fein samtig-filzig, matt, bereift, Rand jung eingerollt, später runzelig, rippig, blasser. **L:** schwach ausgebuchtet bis schwach herablaufend, grauweiß bis graubräunlich, vom Hutfleisch leicht ablösbar. **St:** hellgraulich, Basis mit weißlichem Filz. **F:** in der Mitte dick, weißlich. **Ger:** auffällig, teils süßlich, obstartig, auch rettichartig, später ranzig bis fischartig (auch nach Mäusekäfig, d. h. einer Mischung von Mäuse-Urin und Sägespänen). **Ges:** mild, ranzig. **Spp:** weiß. **V:** im Nadel- oder Mischwald, nur auf Kalkboden; Sommer bis Herbst. (D 192f, Kr 3.175, BK 3.165, Lu 3.102.21, 🖼).

5.5.19 *Clitocybe odora* (Bull.) P. Kumm. 🍴
Grüner Anis-Trichterling

H: 3–8 cm, blaugrün, später graugrünlich, grauockerlich verblassend. **L:** schwach herablaufend, creme bis etwas blaugrün. **St:** weißlich, glatt, später blaugrünlich und etwas faserig. **F:** weiß bis blassgrünlich. **Ger:** stark nach Anis, Fenchel. **Ges:** mild, anisartig. **Spp:** rosacreme. **V:** im Laub- und Nadelwald; Sommer bis Herbst. (D 188f, Kr 3.181, BK 3.172, Lu 3.102.20A–C, 🖼).

C. odora var. *alba* J.E. Lange: ganzer Pilz weiß, weißlich, Druckstellen etwas rosabräunlich fleckend. (Lu 3.102.20E).

C. odora ist roh giftig. Beim Kochen in Mischgerichten kann der Anisgeschmack stören.

5.5.20 *Clitocybe bresadolana* Singer
Rotbrauner Alpen-Trichterling

H: 2–5 cm, matt, feinfilzig, feucht hell rosabräunlich, trocken ockerbräunlich. **L:** herablaufend, weißlich bis creme. **St:** ockerbraun mit etwas Rosa, hellfaserig. **F:** ziemlich dick, blasscreme bis blassocker. **Ger:** schwach wie *Infundibulicybe geotropa*, Mönchskopf-Filztrichterling. **Ges:** mild. **Spp:** weiß. **V:** vor allem in höheren Lagen auf Kalkboden bei Silberwurz *Dryas*, Polster-Segge *Carex firma*, Netz-Weide *Salix reticulata*; vorwiegend im Herbst. (BK 3.150, Lu 3.102.17, 🖼).

5.5.14 *Clitocybe dealbata*, Feld-Trichterling

5.5.17 *Clitocybe nebularis*, Nebelgrauer Trichterling

5.5.17a *Clitocybe nebularis f. alba*, Nebelkappe, weiße F.

5.5.18 *A. inornata*, Graublättriger Trichterling

5.5.19 *Clitocybe odora*, Grüner Anis-Trichterling

5.5.20 *Clitocybe bresadolana*, Rotbrauner Alpen-Trichterling

5.5.21 *Clitocybe lateritia* J. Favre, Ziegelroter Trichterling: dunkel rotbraun, Rand etwas filzig, Lamellen blassrötlich, grau- bis braunocker; vor allem alpine Lagen. (BK 3.166, Lu 3.102.19, 🖼).

5.5.22 *Clitocybe paropsis* (Fr.) Quél. ss. Bres., Großsporiger Laubwald-Trichterling: 3–6 cm, rostbraun, Lamellen graugelblich, Geruch unangenehm nach Blausäure; vor allem in alpinen Lagen. Die Bezeichnung ist problematisch, weil mit *C. paropsis* ss. Ricken eine andere, kleinsporige Art aus der Verwandtschaft von *R. vermicularis* bezeichnet wird (Krieglsteiner 2001).

5.5.23 *Rhizocybe vermicularis* (Fr.) Vizzini, P. Alvarado, G. Moreno & Consiglio, *Clitocybe vermicularis* (Fr.) Quél. Lärchen-Trichterling

H: 2–6 cm, glatt, trocken seidenmatt, hellbraun, feucht leicht klebrig, fleischfarben bis blass rotbraun, Rand lange heruntergebogen. **L:** schwach ausgerandet bis etwas herablaufend, weißlich bis blass rotbräunlich. **St:** blassbraun bis etwas fleischrötlich, faserig bis etwas gefurcht, Basis mit auffälligen weißen Wurzelfortsätzen. **F:** ziemlich dick, elastisch, weißlich bis braunbeige. **Ger:** etwas krautig. **Ges:** mild. **Spp:** weiß. **V:** im Nadelwald, vor allem bei Lärche *Larix;* Frühling bis Frühsommer. (D 199, BK 3.179, Lu 3.102.42, 🖼).

5.5.24 *Rhizocybe pruinosa* (P. Kumm.) Vizzini, G. Moreno, P. Alvarado & Consiglio, *Clitocybe pruinosa* (Lasch) P. Kumm., *Clitocybe radicellata* Godey in Gillet, Würzelchen-Trichterling: 2–5 cm, graubraun, gelbgrau, bisweilen gezont bis konzentrisch rissig, evtl. bereift scheinend, Geruch apfelartig, grasartig; erscheint gleich nach der Schneeschmelze. (Kr 3.186, Lu 3.102.25, 🖼).

5.5.25 *Clitocybe cacabus* (Fr.) Sacc., Schokoladenbrauner Trichterling: Hut schokoladenbraun, Lamellen weit herablaufend, gedrängt und blass rostbraun, unangenehmer Geruch; in Wald oder Gebüsch.

5.5.26 *Clitocybe phaeophthalma* (Pers.) Kuyper, *Singerocybe phaeophthalma* (Pers.) Harmaja ☠ Bitterlicher Trichterling, Ranziger Trichterling

H: 4–7 cm, matt bis speckig glänzend, hygrophan, feucht graubeige bis graubräunlich, trocken weißlich bis graulich-creme, Rand lange heruntergebogen. **L:** herablaufend, blasscreme bis ockerbräunlich. **St:** hellbräunlich, evtl. feinfaserig. **F:** dünn, weißlich. **Ger:** auffällig (z. B. erdartig, ranzig, säuerlich, nach Hühnerstall). **Ges:** etwas bitter. **Spp:** weiß. **V:** im Laub- und Nadelwald; Sommer bis Herbst. (Kr 3.183, BK 3.175, Lu 3.102.40, 🖼).

5.5.27 *Clitocybe foetens* Melot Stinkender Trichterling

H: 1,5–5 cm, stark hygrophan, feucht speckig glänzend, olivlich beigebraun, graubraun bis braun, trocken creme bis beige, Rand lange eingerollt. **L:** schwach ausgebuchtet bis leicht herablaufend, cremeockerlich, cremebeige. **St:** wie der Hut gefärbt. **F:** feucht beigebraun, trocken weißlich. **Ger:** mehlartig bis eher unangenehm käseartig. **Ges:** mild, mehlartig. **Spp:** weiß. **V:** im Nadelwald, Moor, auch subalpin (bei Grünerle *Alnus alnobetula*); Frühjahr bis Herbst. (Kr 3.167, BK 3.159, Lu 3.102.46, 🖼).

Clitocybe menthiodora Harmaja, Menthol-Trichterling: Lamellen schmutzigbraun, Geruch erst mehlig, später mentholartig und schließlich fischartig, bisher nur in Skandinavien.

Clitocybe festivoides Lamoure, Fischmarkt-Trichterling: Hut lange gewölbt, bereift, feucht braun, trocken beigebräunlich, Geruch stark fischartig; alpine Lagen; im Sommer.

5.5.28 *Clitocybe fragrans* (With.) P. Kumm. ☠ Langstieliger Duft-Trichterling

H: 2–6 cm, glatt, hygrophan, feucht speckig-beigegrau, trocken creme, Mitte immer dunkler gefärbt, Rand blass, feucht gerieft. **L:** schwach herablaufend, creme, hellbeige. **St:** wie der Hut gefärbt, evtl. weißlich faserig. **F:** dünn, weißlich. **Ger:** stark nach Anis. **Ges:** mild, süßlich. **Spp:** creme. **V:** im Laub- und Nadelwald; Herbst, evtl. Frühjahr. (D 202f, Kr 3.169, BK 3.160, Lu 3.102.38, 🖼).

5.5.29 *Clitocybe albofragrans* (Harmaja) Kuyper, Weißer Duft-Trichterling, Bereifter Anis-Trichterling: Hut weißlich rinnig bereift, Hutrand höchstens alt schwach gerieft, Lamellen blassbeige, evtl. mit schwachem Rosaton. (Lu 3.102.58).

Sehr ähnlich beschriebene Arten: *Clitocybe suaveolens* (Schumach.) P. Kumm., Weißer Anis-Trichterling, *Clitocybe acicola* Singer, Ockerbrauner Anis-Trichterling (Lu 3.102.39) und *Clitocybe harmajae* Lamoure, vorwiegend alpin, mit bittermandelartigem oder gemäß Moser 1983 fruchtigem bis cumarinartigem Geruch.

5.5.21 *Clitocybe lateritia*, Ziegelroter Trichterling

5.5.23 *Rhizocybe vermicularis*, Lärchen-Trichterling

5.5.24 *Rhizocybe pruinosa*, Würzelchen-Trichterli

5.5.26 *Clitocybe phaeophthalma*, Bitterlicher Trichterling

5.5.27 *Clitocybe foetens*, Stinkender Trichterling

5.5.28 *C. fragrans*, Langstieliger Duft-Trichterl.

5.5.30 *Clitocybe obsoleta* (Batsch) Quél. ?☠
Fleischbräunlicher Anis-Trichterling

H: 3–7 cm, glatt, etwas fettig wirkend, hygrophan, feucht graubeige bis fleischbräunlich, trocken blasscreme, Rand lange heruntergebogen, feucht schwach gerieft, Mitte nicht dunkler. **L:** schwach herablaufend, cremeweiß bis schmutzigcreme. **St:** graubeige, schwach weißlich-faserig. **F:** dünn, graubeige. **Ger:** nach Anis. **Ges:** mild, anisartig. **Spp:** hell creme. **V:** im Nadelwald, Mischwald; Herbst. (D 201, BK 3.171, Lu 3.102.37, 🖼).

Enthält möglicherweise Muskarin und ist deshalb als giftig bezeichnet.

5.5.31 *Clitocybe agrestis* Harmaja, *Clitocybe graminicola* Bon ☠
Wiesen-Trichterling

H: 1–5 cm, hygrophan, glatt, feucht beige bis fleischbraun, trocken weißlich. **L:** gerade angewachsen bis schwach herablaufend, weißlich bis creme. **St:** wie der Hut gefärbt. **Ger:** süßlich, später erd- oder staubartig. **Ges:** mild. **Spp:** creme. **V:** in Wiese, offenem Gelände; Sommer bis Herbst. (Kr 3.156, Lu 3.102.68).

5.5.32 *Clitocybe angustissima* (Lasch) P. Kumm., Gedrängtblättriger Trichterling: Lamellen schwach bis deutlich herablaufend und gedrängt, Geruch unauffällig. Die Art wird von verschiedenen Autoren zu *C. agrestis* gezählt.

5.5.33 *Clitocybe houghtonii* (W. Phillips) Dennis
Rosa Trichterling

H: 3–9 cm, hygrophan, feucht blassrosa bis lederfarben, trocken weißlich, Rand flatterig. **L:** lachsrosa. **St:** wie der Hut gefärbt. **F:** weiß, zäh. **Ger:** nach Tomatenblättern, auch etwas süßlich, fruchtig. **Spp:** weiß. **V:** im Laubwald, Park. (Kr 3.174, Lu 3.102.35).

5.5.34 *Clitocybe diosma* Einhell.
Doppelgeruch-Trichterling

H: 1,5–7 cm, stark hygrophan, feucht bräunlichgrau, evtl. mit etwas Oliv, Mitte rötlich- bis erdbraun, trocken gelblichweiß. **L:** herablaufend, gedrängt, weißlich bis grauweißlich. **St:** bräunlichgrau, Spitze etwas gelblichweiß überfasert, Basis striegelig. **F:** grau bis blass ockerlich. **Ger:** unangenehm nach Sauerkraut und Verbranntem, süßlich und mehlartig. **Ges:** mehlartig. **V:** im Laub- und Nadelwald. (Lu 3.102.43).

5.5.35 *Clitocybe diatreta* (Fr.) P. Kumm. ☠
Fleischfalber Trichterling

H: 2–5 cm, glatt, hygrophan, feucht rötlichbraun bis blass fleischbraun, trocken blass rötlichocker, Rand glimmerig bereift, nicht gerieft. **L:** kurz herablaufend, weißlich bis rosabeige. **St:** blass fleischbräunlich, Basis etwas wollig. **F:** dünn, cremebeige. **Ger:** schwach (pilz-, evtl. etwas obstartig). **Ges:** mild. **Spp:** cremerosa. **V:** vorwiegend im Nadelwald; Herbst. (D 204, Kr 3.164, Lu 3.102.30, 🖼).

5.5.36 *Clitocybe subbulbipes* Murrill, Fleischroter Holz-Trichterling: auf Laubholz. (Lu 3.102.34).

5.5.37 *Clitocybe leucodiatreta* Bon, Hellrosabrauner Trichterling: Hut feucht rosabraun, ockerrosa, Rand glatt; auf sandigem, mineralreichem Boden, Dünen. (BK 3.167, Lu 3.102.31).

5.5.38 *Clitocybe brumalis* (Fr.) Quél.
Winter-Trichterling

H: 2–5 cm, hygrophan, feucht ockerbraun und Rand schwach gerieft, trocken cremebeige bis fast weißlich. **L:** herablaufend, weißlich bis blass grauockerlich. **St:** wie der Hut gefärbt. **F:** dünn, creme. **Ger:** schwach pilzartig, evtl. schwach mehlig-ranzig. **Ges:** mild bis leicht bitterlich. **Spp:** hellcreme. **V:** vorwiegend im Nadelwald; Winter, Frühjahr. (D 205, BK 3.151).

Clitocybe straminea Cleland: Hut trocken stroh- bis goldgelb, Geruch und Geschmack etwas mehlig.

5.5.39 *Clitocybe marginella* Harmaja, Niedlicher Trichterling: Hut blass fleischfarben mit dunklerer Mitte, Rand bereift, gerieft und weißlich, Geruch etwas süßlich; im Wald und bis in alpine Zwergstrauchheide; Herbst.

C. brumalis wird in der Literatur sehr unterschiedlich beschrieben. Kuyper 1996, wie auch Krieglsteiner 2001 halten die Art für nicht deutbar und zählen sie zum Formenkreis von *C. marginella*.

5.5.40 *Clitocybe amarescens* Harmaja, *Clitocybe nitrophila* Bon
Erdigriechender Trichterling, Starkriechender Trichterling

H: 2–6 cm, hygrophan, blass grauocker, weißlich, feucht ockerbeige, evtl. fleischrötlich, Mitte etwas dunkler, Rand etwas gerieft. **L:** schwach herablaufend, gedrängt, weißlich bis blassocker, Schneide evtl. leicht rötlich. **St:** wie der Hut gefärbt. **F:** blass. **Ger:** variabel, im Alter oft erdartig. **Spp:** blassrosa. **V:** im Garten (Kompost), Park, auf Halden. (Lu 3.102.55, 🖼).

5.5.30 *Clitocybe obsoleta*, Fleischbräunlicher Anis-Trichterling

5.5.35 *Clitocybe diatreta*, Fleischfalber Trichterling

5.5.40 *Clitocybe amarescens*, Erdigriechender Trichterling

5.5.41 *Clitocybe fragilipes* J. Favre
Bruchstiel-Trichterling

H: 2–5 cm, hygrophan, feucht fleischbräunlich bis dunkelbraun, Mitte evtl. graubräunlich, Rand schwach gerieft, trocken blasser, weißlich. **L:** gerade angewachsen bis herablaufend, gedrängt, creme. **St:** relativ dick, brüchig. **F:** weißlich, blass. **Ger:** unauffällig. **Spp:** weiß. **V:** im Nadelwald; Herbst.

C. fragilipes zählt je nach Interpretation zu verschiedenen Arten wie z. B. zu *C. amarescens*, Erdigriechender Trichterling.

5.5.42 *Clitocybe elegantula* J. Favre, Eleganter Trichterling: Hut nur bis 2,5 cm, Lamellen herablaufend, gemäß Angaben von Ludwig 2012 kräftig braun; im Nadelwald, in subalpiner Zone bei Bergkiefer *Pinus mugo*. (Lu 3.102.33).

5.5.43 *Clitocybe vibecina* (Fr.) Quél.
Geriefter Mehl-Trichterling, Weicher Trichterling

H: 1–5 cm, hygrophan, feucht graubraun bis beigebraun, fettig bis speckig wirkend, trocken, weißlich bis beige, Rand erst eingerollt und etwas feinfilzig, gerieft. **L:** meist stark herablaufend, gedrängt, graubeige, graubräunlich. **St:** wie der Hut gefärbt, weißlich bereift bis überfasert, Basis etwas striegelig. **F:** dünn, wässerig graubräunlich. **Ger:** schwach bis leicht mehlig, ranzig. **Ges:** mild, mehlartig. **Spp:** weiß. **V:** vor allem im Nadelwald; ab Sommer, meistens im Herbst. (D 207, BK 3.180, Lu 3.102.56, 🖼).

Clitocybe barbularum (Romagn.) P.D. Orton, Dünen-Trichterling: Hut schmierig; in Trockenrasen und maritimen Dünen, im Herbst oder Winter.

Clitocybe legaliae E. Ludw., Kastanienbrauner Mehl-Trichterling: wie *C. barbularum*, aber Hut nicht durchscheinend gerieft. (Lu 3.102.41).

5.5.44 *Clitocybe concava* (Scop.) Gillet
Düsterer Gebirgs-Trichterling, Konkaver Trichterling

H: 1,5–4 cm, genabelt bis deutlich trichterig, stark hygrophan, fettig glänzend, feucht dunkel graubraun, trocken gelbbraun, Rand erst eingerollt, fein gerieft. **L:** stark herablaufend, satt grau. **St:** wie der Hut gefärbt, längsfaserig, Basis etwas erweitert, hohl. **F:** dünn, wässerig graubräunlich. **Ger:** obst- bis scheunenstaubartig. **Ges:** mild, unauffällig. **Spp:** weiß. **V:** alpin, allenfalls auch im Gebirgsnadelwald. (Lu 3.102.47).

5.5.45 *Clitocybe subspadicea* (J.E. Lange) Bon & Chevassut
Hygrophaner Trichterling

H: 3–8 cm, stark hygrophan, feucht olivbraun, trocken beige bis olivbeige, Rand lange eingerollt. **L:** weit herablaufend, graubeige, graubräunlich. **St:** blass graubräunlich, weiß überfasert, Spitze mit weißlicher Zone. **F:** weißlich. **Ger:** unauffällig. **Ges:** mild. **Spp:** weißlich. **V:** im Laubwald, vorwiegend auf Kalkboden; Herbst. (BK 3.178, Lu 3.102.53, 🖼).

5.5.46 *Clitocybe metachroa* (Fr.) P. Kumm., *Clitocybe mortuosa* (Fr.) Gillet
Staubfüßiger Trichterling, Braunstieliger Trichterling

H: 1–5 cm, hygrophan, feucht graubraun bis grau, etwas fettig wirkend, trocken beige bis weißlich, Rand meist gerieft. **L:** herablaufend, gedrängt, graubraun bis hell beigebraun. **St:** wie der Hut gefärbt, Spitze weißlich bereift, Basis dunkler. **F:** blass graubraun. **Ger:** unauffällig (selten schwach mehlig). **Ges:** mild. **Spp:** weißlich. **V:** im Laub- und Nadelwald; Herbst bis Winter. (D 208f, Kr 3.178, BK 3.169, Lu 3.102.54, 🖼).

5.5.47 *Clitocybe festiva* J. Favre
Bereifter Alpen-Trichterling, Hübscher Trichterling

H: 1–6 cm, gewölbt, oft etwas gebuckelt und später niedergedrückt, weißlich bereift, hygrophan, feucht braun, trocken ocker- bis graubeige. **L:** gerade angewachsen bis leicht herablaufend, schmutzig cremeweiß bis graubräunlich. **St:** etwas heller als der Hut gefärbt, Basis heller, weißlich überfasert. **Ger:** unauffällig, alt bisweilen etwas erdig, würzig. **Spp:** blass ockerlich. **V:** alpin, bei Silberwurz *Dryas*, Netzweide *Salix reticulata*; Sommer bis Herbst. (Lu 3.102.45).

5.5.48 *Clitocybe lituus* (Fr.) Métrod
Faserstieliger Trichterling

H: 1–5 cm, hygrophan, feucht graubraun bis grau, etwas fettig wirkend, trocken beige bis weißlich, Rand meist gerieft. **L:** herablaufend, gedrängt, graubraun bis hell beigebraun. **St:** wie der Hut gefärbt, Spitze weißlich bereift, Basis dunkler. **F:** blass graubraun. **Ger:** unauffällig (selten schwach mehlig). **Ges:** mild. **Spp:** weißlich. **V:** im Laub- und Nadelwald; Herbst bis Winter. (Lu 3.102.51, 🖼).

5.5.43 *Clitocybe vibecina*, Geriefter Mehl-Trichterling

5.5.45 *Clitocybe subspadicea*, Hygrophaner Trichterling

5.5.46 *Clitocybe metachroa*, Staubfüßiger Trichterling

5.5.48 *Clitocybe lituus*, Faserstieliger Trichterling

5.5.49 *Clitocybe ditopa* (Fr.) Gillet
Kleinsporiger Mehl-Trichterling

H: 2–6 cm, glatt, hygrophan, feucht graubraun, trocken graubeige, Rand weißlich bereift. **L:** breit angewachsen bis etwas herablaufend, graubräunlich, dunkelgrau, gedrängt. **St:** graubraun, weiß überfasert, oft etwas flachgedrückt, Basis weiß filzig. **F:** wässerig graubraun. **Ger:** stark mehlartig, ranzig. **Ges:** mild, mehlartig, ranzig. **Spp:** weiß. **V:** im Nadelwald; Herbst bis Winter. **Mik:** Sporen kugelig. (D 206, Kr 3.165, BK 3.157, Lu 3.102.57, 🖼).

Clitocybe longispora (Métrod) Singer, Rissiger Mehl-Trichterling: Hut zunehmend mit konzentrischen Rissen. Sporen ellipsoid. (Lu 3.102.22).

Ludwig 2012 beschreibt auch eine zweisporige Art: *Clitocybe bisporigera* E. Ludw., Zweisporiger Mehl-Trichterling (Lu 3.102.23).

5.5.50 *Clitocybe collina* (Velen.) Klán, Sandfeld-Mehl-Trichterling: Hut 1–2 cm, grau bis grauockerlich, nicht hygrophan, schwach filzig und alt zunehmend zoniert bis konzentrisch rissig; auf sonnenexponierten Trockenrasen. Sporen schmal ellipsoid. (Lu 3.102.29).

5.5.51 *Clitocybe fuligineipes* Métrod
Modrigriechender Trichterling

H: 2–6 cm, trocken weißlich, feucht olivbräunlich mit gerieftem Rand, evtl. etwas rosa. **L:** ziemlich herablaufend, blass gelblichgrau. **St:** graubraun, weißlich überfasert, Spitze heller, Basis dunkler. **F:** graulich. **Ger:** mehlig. **Ges:** mehlig, etwas bitter. **Spp:** weiß. **V:** vorwiegend auf vermodernden Eichenblättern *Quercus*; Herbst. (BK 3.161).

5.5.52 *Clitocybe quercina* A. Pearson ex Hora, Eichenblätter-Trichterling: Hut stark hygrophan, trocken blassbeige, feucht graubraun, horngrau, tongrau, Rand schwach gerieft, Mitte dunkler, Lamellen blassbeige bis graubräunlich, Geruch modrig, unangenehm erdartig, Geschmack eher unangenehm, etwas kratzend; gesellig, im Nadelwald, Herbst bis Winter. Gröger 2006 rät von der Verwendung dieser beiden Artnamen ab, bevor die ganze Gruppe um *C. metachroa*, Staubfüßiger Trichterling besser geklärt ist. Ludwig 2012 zählt *C. quercina* als Synonym zu *C. metachroa*.

5.5.53 *Clitocybe subcordispora* Harmaja, *Clitocybe pseudo-obbata* (J.E. Lange) Kuyper
Brauner Tompeten-Trichterling

H: 1–4 cm, feucht rotbraun mit dunklerer Mitte, trocken blass cremegelb. **L:** schwach herablaufend, gedrängt, hellbraun bis beige. **St:** beigebraun, Spitze bereift, Basis dunkler. **Ger:** unauffällig. **Ges:** mild. **V:** im Wald, Moos (Südfinnland); Herbst. (Lu 3.102.49).

5.5.54 *Clitocybe lohjaensis* Harmaja
Striegelstieliger Trichterling

H: 1,5–6 cm, glatt, hygrophan, feucht blassbraun, graubraun, trocken blass lederbraun, Rand schwach gerieft. **L:** schwach herablaufend, blass graubräunlich. **St:** wie der Hut gefärbt, Basis striegelig. **F:** blass braungrau. **Ger:** pilzartig, jung etwas mehlig. **Ges:** mild. **Spp:** weiß. **V:** im Nadel- und Laubwald; Sommer bis Herbst.

5.5.55 *Clitocybe martiorum* J. Favre, *Lepista martiorum* (J. Favre) Bon, Fälblings-Trichterling, Fälblings-Rötelritterling: Hut beige bis rötlich-ocker, oft fleckig und perlmuttartig bereift, Lamellen gedrängt, alt oft mit Anastomosen, ockercreme bis ockerrosa, ablösbar. Die Sporen sind glatt, dennoch gehört die Art bei verschiedenen Autoren zur Gattung *Lepista*. (Lu 1.40.12/3.102.5, 🖼).

Clitocybe paxillus Gulden, Kremplings-Trichterling: Hut fleischbraun, beige, ohne Flecken, hygrophan, Rand lange eingebogen und bereift; subarktisch oder alpin, bisher nur aus Norwegen bekannt. (Lu 3.102.32).

5.5.56 *Clitocybe truncicola* (Peck) Sacc., Weißer Holz-Trichterling: Hut 1–6 cm, jung weiß und matt bereift, später isabellbräunlich, Lamellen leicht herablaufend, dicht und schmal, Geruch unauffällig bis scheunenstaubartig; vorwiegend auf liegendem, morschem Laubholz. Huthauthyphen unverzweigt. (Lu 3.102.60, 🖼).

5.5.49 *Clitocybe ditopa*, Kleinsporiger Mehl-Trichterling

5.5.55 *Clitocybe martiorum*, Fälblings-Trichterling

5.5.56 *Clitocybe truncicola*, Weißer Holz-Trichterling

5.6 *Collybia,* Sklerotienrüblinge und Ähnliche

Basidiomycota, Ständerpilze > *Agaricomycetes* > *Agaricales,* Blätterpilze > *Tricholomataceae* s. l., Ritterlingsähnliche > *Tricholomataceae,* Ritterlingsverwandte

Beschreibung

Sehr kleine, weißliche bis blass ockerfarbene, ockergraue Pilze, die vorübergehend auch *Microcollybia,* Zwergrüblinge genannt wurden. Inzwischen bezeichnet die Gattung ***Collybia*** die kleinen Sklerotienrüblinge, und die größeren, in vielen älteren Büchern mit *Collybia,* Rüblinge bezeichneten Arten sind nun den Gattungen *Gymnopus,* Blasssporrüblinge und *Rhodocollybia,* Rosasporrüblinge zugeteilt. Die Lamellen der Sklerotienrüblinge sind ausgebuchtet oder mehr oder weniger gerade angewachsen.

Die verschiedenen Arten wachsen teils auf Resten verfaulender *Lactarius,* Milchlinge oder *Russula,* Täublinge. Etwas vergraben im Substrat findet man bei einem weiteren Teil die namensgebende kleine Knolle (Sklerotium), welche mit dem Fruchtkörper verbunden ist. Alle Arten sind Saprobionten und erscheinen vom Sommer bis in den Herbst.

Die Sporen sind glatt, ellipsoid, farblos und ca. 4,5–6,5 µm lang.

5.6.01 *Collybia tuberosa,*
Braunknolliger Sklerotienrübling

Sporen

Bestimmung

Dendrocollybia *racemosa,* Gemeiner Traubenstielrübling fällt durch seinen außergewöhnlich verzweigten Stiel auf. Bei den anderen Arten hilft, falls vorhanden, die Farbe des Sklerotiums.

Speisewerte

Die kleinen Arten kommen für Speisezwecke nicht in Betracht.

5.6 *Collybia*, Sklerotienrüblinge und Ähnliche

Stiel nicht verästelt	
Stiel verbunden mit einem Sklerotium (Knöllchen)	
Sklerotium braun	01 *Collybia tuberosa,* Braunknolliger Sklerotienrübling
Sklerotium gelborange	02 *Collybia cookei,* Gelbknolliger Sklerotienrübling
ohne Sklerotium	
Hut weißlich bis hell cremefarben, feucht graulich, meist < 10 mm	03 *Collybia cirrhata,* Seidiger Sklerotienrübling
Hut graubraun bis olivbraun, > 10 mm	5.12.19 *Lyophyllum ozes,* Faserstieliger Graublattrübling
Stiel verästelt	04 *Dendrocollybia racemosa,* Traubenstieliger Sklerotienrübling

5.6.01 *Collybia tuberosa* (Bull.) P. Kumm
Braunknolliger Sklerotienrübling

H: 0,5–1,5 cm, weißlich, Mitte ockerlich. **L:** etwas ausgebuchtet angewachsen, weißlich. **St:** blassbräunlich, jung etwas kleiig, flaumig, wurzelnd und mit braunem, glänzendem Sklerotium (haselnussartige, bis ca. 0,5 cm dicke Knolle, etwas unter der Erdoberfläche) verbunden. **F:** häutig. **Ger:** unauffällig. **Spp:** weiß. **V:** im Wald, auf Weiden, auf verfaulenden Pilzen (*Lactarius,* Milchlinge oder *Russula,* Täublinge). (D 312, BK 3.203, Lu 3.103.2, 🖼).

5.6.02 *Collybia cookei* (Bres.) J.D. Arnold, Gelbknolliger Sklerotienrübling: Hut kaum > 1 cm breit, Lamellen gerade angewachsen bis schwach herablaufend, Sklerotium ockergelb und unregelmäßig geformt. (Kr 3.200, BK 3.202, Lu 3.103.3, 🖼).

5.6.03 *Collybia cirrhata* (Schumach.) Quél., Seidiger Sklerotienrübling: Hutoberfläche bisweilen feinglimmerig, Stielbasis fein weiß-striegelig, ohne Sklerotium. (BK 3.201, Lu 3.103.1, 🖼).

Das lateinische Wort «cirratus» mit der Bedeutung «haarig, kraushaarig» wird ohne h geschrieben. Die ursprüngliche Schreibweise mit h, *Agaricus cirrhatus* Schumach. wurde jedoch später immer wieder übernommen, und die Nomenklaturregeln sprechen in diesem Fall für die Beibehaltung der ursprünglichen Schreibweise. Jetzt gibt es die beiden Varianten *C. cirrhata* und *C. cirrata*.

5.6.04 *Dendrocollybia racemosa* (Pers.) R.H. Petersen & Redhead, *Collybia racemosa* (Pers.) Quél.
Gemeiner Traubenstielrübling, Traubenstieliger Sklerotienrübling

H: 0,5–1 cm, grau bis ockergrau. **L:** graulich. **St:** graulich mit Seitenzweigen, die kleine Köpfchen tragen. **F:** häutig. **V:** auf verrottendem Laub, oft bei Moos, mit Sklerotium. (Lu 3.103.4, 🖼).

5.6.01 *Collybia tuberosa*, Braunknolliger Sklerotienrübling

5.6.02 *Collybia cookei*, Gelbknolliger Sklerotienrübling

5.6.03 *Collybia cirrhata*, Seidiger Sklerotienrübling

5.6.04 *Dendrocollybia racemosa*, Gemeiner Traubenstielrübling

5.7 *Ripartites,* Filzkremplinge

Basidiomycota, Ständerpilze > *Agaricomycetes* > *Agaricales,* Blätterpilze > *Tricholomataceae* s. l., Ritterlingsähnliche > *Tricholomataceae,* Ritterlingsverwandte

Beschreibung

Kleine Pilzarten mit den Farbtönen Creme bis Ocker, seltener auch Orangegelb bis Fleischrosa. Der Hutrand ist oft filzig bis bewimpert und lange eingerollt. Die Lamellenschicht ist gut vom Hutfleisch ablösbar. In den blassen bis bräunlichen Lamellen reift hellbraunes Sporenpulver.

Ripartites, Filzkremplinge wachsen auf Streu im Wald, allenfalls auch auf moderndem Holz und sind Saprobionten.

Die Sporen sind breit ellipsoid bis kugelig, warzig-stachelig und nicht amyloid.

Bestimmung

Die Unterschiede der aufgeführten Arten sind teils sehr gering und ohne Mikroskop oft kaum feststellbar.

Speisewerte

Alle Arten sind ungenießbar.

5.7.01 *Ripartites tricholoma,* Bewimperter Filzkrempling

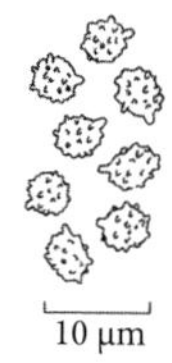

Sporen

5.7 *Ripartites,* Filzkremplinge

Hut meist > 2 cm breit	
Hutrand bewimpert (jung deutlich), Hut weißlich bis fleischfarben, filzig	
Hut kaum > 5 cm, Lamellen dicht, einzeln wachsend, Sporen < 6 µm	01 *Ripartites tricholoma,* Bewimperter Filzkrempling
Hut 3–8 cm, Lamellen weniger dicht, büschelig wachsend Sporen > 6 µm	03 *Ripartites krieglsteineri,* Großsporiger Filzkrempling
Hutrand nicht bewimpert (auch jung nicht)	
Hut weißlich bis fleischfarben	02 *Ripartites metrodii,* Métrods Filzkrempling
Hut orangegelblich bis rötlichbraun	04 *Ripartites albidoincarnata,* Fleischrosa Filzkrempling
Hut meist < 2 cm breit, kaum bewimpert, blassbeige	05 *Ripartites serotinus,* Später Filzkrempling

5.7.01 *Ripartites tricholoma* (Alb. & Schwein.) P. Karst. Bewimperter Filzkrempling, Gemeiner Filzkrempling

H: 2–5 cm, creme bis ocker, Mitte dunkler, evtl. mit kleinem Buckel, Rand heller cremeweiß, weiß bewimpert oder gefranst, lange nach unten gebogen, später etwas wellig, rippig. **L:** etwas herablaufend, dicht stehend, creme, später fleisch-ockerlich, vom Hutfleisch gut ablösbar. **St:** blassbräunlich, etwas knorpelig, längsfaserig, Spitze fein weißflockig, Basis weißfilzig. **F:** cremefarben, dünn. **Ger:** unauffällig. **Ges:** mild. **Spp:** braun (erdfarben). **V:** im Laub- und Nadelwald, auf Streu, allenfalls auch auf modernden Holzresten; Spätsommer bis Herbst. **Mik:** Sporen warzig-stachelig, kugelig, 4–5,5 × 3–4,5 µm. (Kr 3.513, BK 3.67, Lu 1.77.2, 🖼).

Dickfleischige Exemplare mit stumpf gebuckeltem Hut werden teilweise abgegrenzt als *Ripartites helomorpha* (Fr.) P. Karst., Gebuckelter Filzkrempling (D 221).

5.7.02 *Ripartites metrodii* Huijsman, Métrods Filzkrempling: Hut kaum gebuckelt, Hutrand nicht bewimpert, lange eingerollt, später etwas rippig; im Nadel- oder Mischwald, im Herbst. (D 222, BK 3.66, 🖼).

Ludwig 2001 betrachtet die Wimpern als witterungsabhängig und unterscheidet nur *R. tricholoma* und *R. albidoincarnata*. Er zählt *R. helomorpha* und *R. metrodii* zu *R. tricholoma* und bezeichnet *R. serotinus* und *R. kriegIsteineri* als Form bzw. Varietät.

5.7.03 *Ripartites krieglsteineri* Enderle & Bon, *R. tricholoma* var. *macrosporus* Bon & Enderle, Großsporiger Filzkrempling: 3–8 cm, Lamellen weniger dicht stehend; büschelig wachsend. Sporen warzig-stachelig, breit ellipsoid bis kugelig, 6–8 × 5–7 µm. (Kr 3.512, Lu 1.77.4).

5.7.04 *Ripartites albidoincarnata* (Britzelm.) Konrad & Maubl. Fleischrosa Filzkrempling

H: 2–4 cm, orangegelb bis blass fleischrosa. **L:** breit angewachsen, kaum herablaufend, fleisch- bis tonbraun. **St:** gleichfarbig wie der Hut, oft spindelig. **F:** weißlich bis blass orangegelblich, relativ dickfleischig. **Ger:** unauffällig. **Spp:** braun. **Mik:** Sporen warzig-stachelig, kugelig, 3,5–4 × 2,5–3,5 µm. (Lu 1.77.3).

5.7.05 *Ripartites serotinus* Einhell., *R. tricholoma* f. *serotinus* (Einhell.) E. Ludw., Später Filzkrempling: Hut bis 2 cm, meist mit kleinem Buckel, jung fast scherbenrötlich, später blasser, Rand etwas gekerbt, gerieft, Stiel dünn (< 2 mm). Sporen warzig-stachelig, breit ellipsoid, 4–5,5 × 3,5–5 µm. (Lu 1.77.1).

5.7.01 *Ripartites tricholoma,* Bewimperter Filzkrempling

5.7.02 *Ripartites metrodii,* Métrods Filzkrempling

5.8 *Melanoleuca*, Weichritterlinge

Basidiomycota, Ständerpilze > *Agaricomycetes* > *Agaricales*, Blätterpilze > *Tricholomataceae* s. l., Ritterlingsähnliche > *Tricholomataceae*, Ritterlingsverwandte

Beschreibung

Meist mittelgroße, elastische Pilze mit gewölbtem und mehr oder weniger gebuckeltem Hut in weißlicher, grauer, graubrauner bis dunkelbrauner Hutfarbe. Der Hutrand bleibt oft lange heruntergebogen. Die Lamellen sind in der Regel gedrängt, ausgebuchtet angewachsen (ähnlich den Ritterlingen) und häufig mit Zahn an der Stielspitze schwach herablaufend. Ihre Farbe ist weißlich, cremefarben bis ockergelblich, manchmal mit einem fleischrosa Schein. Weiß bis satt cremefarben ist auch das Sporenpulver. Die Amyloidität der Sporen wird mit einem Tropfen Jodlösung an einem Sporenabwurf oder auch direkt auf den Lamellen durch die dunkelgraue Färbung von Auge erkennbar. An der Basis des feinfaserigen bis etwas rilligen, bisweilen verdrehten Stiels findet sich oft eine leichte bis zwiebeligknollige Verdickung.

Melanoleuca, Weichritterlinge sind Saprobionten. Sie wachsen teils schon im Frühjahr und bis zum Herbst vorwiegend an grasigen Stellen im Wald, auf Weiden, an Wegrändern, oft auch bei alten Holzlagerplätzen.

Die Sporen sind warzig und deutlich amyloid. Vereinzelt sind angedeutet Rippen zwischen den Warzen zu erkennen. Hymenialzystiden (HymZ) sind mehrheitlich vorhanden und es können verschiedene Typen unterschieden werden. Die eine Gruppe gleicht in der Form den Brennhaaren von Brennnesseln *Urtica* mit einer mehr oder weniger angeschwollenen Basis, darüber einer Septe und einem dünneren, oft verjüngten Fortsatz. Sie sind dünnwandig und werden als brennhaarförmig oder urticoid bezeichnet, wie im Bild nebenan bei *Melanoleuca brevipes*, Kurzstieliger Weichritterling. Die Formen der brennhaarförmigen Zystiden können noch feiner unterteilt werden. Beim skizzierten Brevipes-Typ ist die Basis nur leicht verdickt, während sie beim Exscissa-Typ deutlicher spindelig bis bauchig geformt ist. Die andere Gruppe hat größere, spindelige bis flaschenförmige, kaum septierte und manchmal an der Spitze etwas dickwandige Zystiden. Die hier abgebildeten Skizzen der Hymenialzystiden von *Melanoleuca cognata*, Falber Weichritterling gehören zu diesem Typ. Sie sind relativ groß und werden oft als Makrozystiden bezeichnet. Bei beiden Gruppen sind die Zystiden an der Spitze teilweise beschopft.

Bestimmung

Auffällige Merkmale, wie z. B. der warzige Stiel von *Melanoleuca verrucipes*, Raustiel-Weichritterling oder die ockergelben Lamellen zusammen mit großen Hüten bei *Melanoleuca cognata*, Falber Weichritterling ermöglichen bei einigen Arten eine eindeutige Zuordnung. Die Bestimmung der meisten *Melanoleuca*, Weichritterlinge ist jedoch schwierig und die Zuordnung verschiedener Arten ist seit langem einem starken Wandel unterworfen. Das zeigt sich insbesondere bei *Melanoleuca melaleuca*, Gemeiner Weichritterling, der nebenan skizzierten Typus-Art, die teils explizit als zystidenlos, teils aber auch als Art mit deutlichen Hymenialzystiden beschrieben wird. Wir folgen hier der Interpretation von Antonín et al. 2021, welche die Neutypisierung der Art mit gut entwickelten Hymenialzystiden von Fontenla et al. 2003 anerkennen. Auch die zweite skizzierte Art *Melanoleuca brevipes*, Kurzstieliger Weichritterling ist umstritten. Große Fruchtkörper mit auffällig kurzem Stiel und brennhaarförmigen Hymenialzystiden wurden gerne mit diesem Namen benannt. Nachuntersuchungen von Antonín et al. 2015 haben aber gezeigt, dass zahlreiche, als *M. brevipes* bezeichnete Arten, genetisch mit *M. humilis*, *M. grammopodia* oder *M. malenconii* übereinstimmten. Da *M. brevipes*, wie hier skizziert aber sogar den Namen für einen Typ von Brennhaarzystiden gab, wird der Artname hier mit entsprechendem Kommentar aufrecht erhalten. Die Bestimmung erfolgt aufgrund der Hutfarben und -größen, der Farben von Lamellen und Stielfleisch, Rillen am Stiel und schließlich aufgrund des Vorhandenseins und allfälliger Formen von Hymenialzystiden. Es hat sich gezeigt, dass die Ausbildung oder das Fehlen von Hymenialzystiden innerhalb einiger Arten nicht zuverlässig ist. Auch dieser Umstand dürfte zur entstandenen Unordnung in dieser Gattung beigetragen haben. Oft findet man in den Beschreibungen deshalb die diffuse Angabe «HymZ teilweise vorhanden». Wie bei den beiden auf der gegenüberliegenden Seite gezeichneten Arten, sind auch die Fotos weiterer, im Wandel begriffener Artdefinitionen, mit Unsicherheiten behaftet. Die Bilder wurden nach früherer Literatur sorgfältig bestimmt. Es konnte aber nicht überprüft werden, ob sie den aktuell angepassten Beschreibungen in allen Details entsprechen. Bis sich das Artenkonzept gefestigt und die Merkmale entsprechend herausgearbeitet werden konnten, sind für eine sichere Bestimmung wohl genetischen Analysen unerläßlich. Die Abbildungen können trotzdem als Illustrationen der verschiedenen Typen und deren Herleitung dienen. Für die zukünftige Entwicklung sollten sie jedoch nicht als Referenzen verwendet werden.

Speisewerte

In vielen Büchern gelten alle Weichritterlinge als essbar. Bon 1988a deutete Zweifel an: «Die meisten Arten scheinen essbar zu sein, doch sind zahlreiche Weichritterlinge nur unzureichend bekannt.» Ryman & Holmåsen 1992 vermerkten bei *Melanoleuca strictipes*, Steifstieliger Weichritterling: «möglicherweise schwach giftig». Damit könnte man folgendermaßen zusammenfassen: Die braunen, grauen oder graubraunen Weichritterlinge sind essbar, wenn auch ohne besonderen Wert. Am ehesten könnte *Melanoleuca cognata*, Falber Weichritterling empfohlen werden. Er wächst vor allem in der pilzärmeren Frühlingszeit, ist fleischig, recht häufig und kann an den ockergelblichen Lamellen gut erkannt werden.

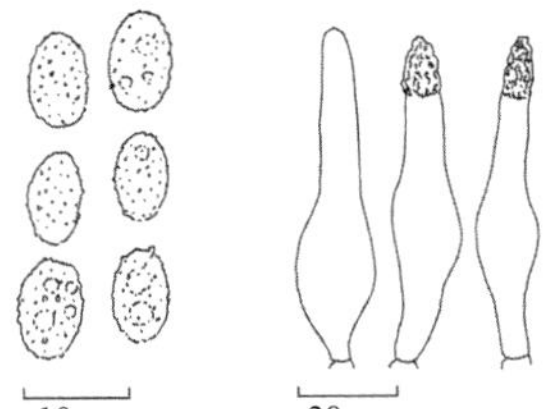

10 µm 20 µm

Sporen Hymenialzystiden (HymZ), beschopft

5.8.03 *Melanoleuca cognata*,
Falber Weichritterling

5.8.06 *Melanoleuca melaleuca*,
Gemeiner Weichritterling

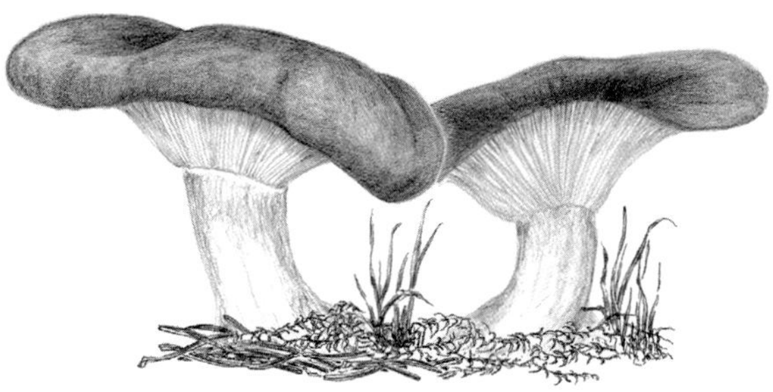

5.8.08 *Melanoleuca brevipes*,
Kurzstieliger Weichritterling

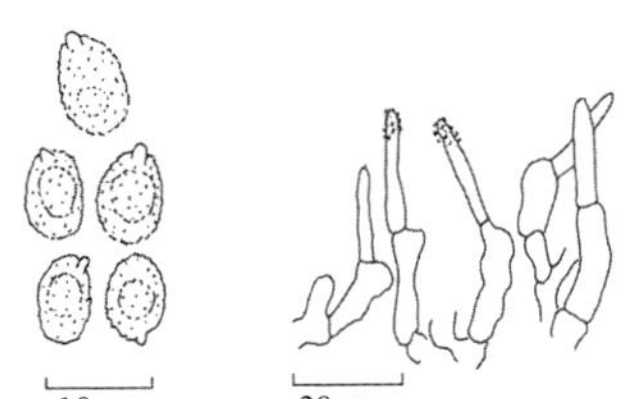

10 µm 20 µm

Sporen Cheilozystiden (ChZ)

5.8 *Melanoleuca*, Weichritterlinge

- Hut weiß, weißlich, blassgrau oder blassbraun
  - Hut ohne Flecken, elastisch, Sporen amyloid, HymZ beschopft
    - Stiel weißlich, kahl bis faserig, nicht schuppig, vorwiegend auf Bergwiesen — 01 *Melanoleuca strictipes*, Steifstieliger Weichritterling
    - Stiel auf ganzer Länge warzig-schuppig — 02 *Melanoleuca verrucipes*, Raustiel-Weichritterling
  - Hut mit rostfarbenen Flecken, eher brüchig, Sporen nicht amyloid, keine HymZ — **5.18.01 *Rhodocollybia maculata*, Gefleckter Rosasporrübling**
- Hut vorwiegend in Grautönen, wenig oder kein Braunanteil
  - Hut meist > 4 cm
    - Stiel deutlich gerillt, Hut jung vorwiegend grau, später graubraun — 07 *Melanoleuca grammopodia*, Rillstieliger Weichritterling
    - Stiel ohne Rillen oder nur schwach gerillt, Hut oft bereift, filzig — 09 *Melanoleuca exscissa*, Ausgefranster Weichritterling
  - Hut meist < 4 cm
    - vorwiegend alpin oder in höheren Lagen
      - HymZ fehlend
        - Stielfleisch ganz safranbraun, Hut nicht hygrophan — 19 *Melanoleuca stridula*, Wegrand-Weichritterling
        - Stielfleisch blass, nur in der Stielbasis schwärzlich, Hut hygrophan — 15 *Melanoleuca microcephala*, Kleinhütiger Weichritterling
      - HymZ vorhanden
        - Fleisch der Stielbasis schwärzlich, Hut hygrophan — 13 *Melanoleuca bataillei*, Batailles Weichritterling
        - Fleisch der Stielbasis nur graubräunlich, Hut nicht hygrophan — 16 *Melanoleuca galbuserae*, Galbuseras Weichritterling
    - im Laub- oder Nadelwald, ChZ brennhaarförmig, PlZ fehlend — 18 *Melanoleuca luteolosperma*, Gelbsporiger Weichritterling
- Hut vorwiegend in Brauntönen, beige, graubraun, nicht dunkel- oder schwarzbraun
  - Lamellen bald gelblich, ockergelb, ockerrosa
    - Hut 5–12 cm, Geruch unauffällig bis schwach säuerlich, mehlig — **03 *Melanoleuca cognata*, Falber Weichritterling**
    - Hut 3–6 cm, Geruch auffällig, unangenehm (nach Schierling) — 05 *Melanoleuca adstringens*, Starkriechender Weichritterling
  - Lamellen weißlich bleibend, evtl. graulich, fleisch- oder cremefarben
    - Hut meist > 4 cm
      - Stiel relativ kurz
        - Hut nicht hygrophan, oft im Grasland, HymZ brennhaarförmig — 08 *Melanoleuca brevipes*, Kurzstieliger Weichritterling
        - Hut hygrophan, oft bei Holzresten, HymZ spindelig, oft mit Fortsatz — 10 *Melanoleuca friesii*, Friesens Weichritterling
      - Stiel länger
        - Stiel glatt bis faserig
          - Hut meist > 5 cm, graubraun, ockerbraun — **06 *Melanoleuca melaleuca*, Gemeiner Weichritterling**
          - Hut meist < 5 cm
            - Fleisch in der Stielbasis hell bräunlich, HymZ brennhaarförmig — 17 *Melanoleuca paedida*, Gestreifter Weichritterling
            - Fleisch in Stielbasis dunkelbraun
              - HymZ septiert, brennhaarförmig mit Septen
                - Hut nicht hygrophan, PlZ fehlend, eher bei Laubbäumen — 18 *Melanoleuca luteolosperma*, Gelbsporiger Weichritterling
                - Hut leicht hygrophan, PlZ teilweise, eher bei Nadelbäumen — 12 *Melanoleuca malenconii*, Malençons Weichritterling
              - HymZ groß, ohne Septen, Hut hygrophan — 13 *Melanoleuca bataillei*, Batailles Weichritterling
        - Stiel gerillt, Hut 6–16 cm, graubraun, haselbraun — 07 *Melanoleuca grammopodia*, Rillstieliger Weichritterling
    - Hut meist < 4 cm
      - auf sandigem, grasigem Boden, kaum alpin
        - Fleisch in der Stielbasis dunkelbraun — 18 *Melanoleuca luteolosperma*, Gelbsporiger Weichritterling
        - Fleisch in der Stielbasis höchstens bräunlich
          - Hut dunkelbraun, Sporen 8–9,5 × 5–6 µm — 14 *Melanoleuca rasilis*, Glatter Weichritterling
          - Hut graubraun, Sporen 6,5–8,5 × 4–5,5 µm — 17 *Melanoleuca paedida*, Gestreifter Weichritterling
      - vorwiegend alpin
        - HymZ fehlend
          - Stielfleisch ganz safranbraun, Hut nicht hygrophan — 19 *Melanoleuca stridula*, Wegrand-Weichritterling
          - Fleisch nur in der Stielbasis schwärzlich, Hut hygrophan — 15 *Melanoleuca microcephala*, Kleinhütiger Weichritterling
        - HymZ vorhanden
          - Fleisch der Stielbasis schwärzlich, Hut hygrophan — 13 *Melanoleuca bataillei*, Batailles Weichritterling
          - Fleisch der Stielbasis nur graubräunlich, Hut nicht hygrophan — 16 *Melanoleuca galbuserae*, Galbuseras Weichritterling
- Hut dunkelbraun, rotbraun bis schwarzbraun
  - Lamellen weißlich bis blass cremeocker
    - Stiel glatt bis faserig
      - Hut 5–12 cm, HymZ groß, spindelig bis bauchig, kaum septiert — 04 *Melanoleuca arcuata*, Dunkelbrauner Weichritterling
      - Hut 4–10 cm, HymZ flaschenförmig, oft mit Fortsatz — 10 *Melanoleuca friesii*, Friesens Weichritterling
      - Hut 3–9 cm, HymZ brennhaarförmig, septiert — **06 *Melanoleuca melaleuca*, Gemeiner Weichritterling**
      - Hut 2–5 cm, HymZ fehlend — 19 *Melanoleuca stridula*, Wegrand-Weichritterling
    - Stiel leicht bis deutlich gerillt, HymZ brennhaarförmig, septiert — 07 *Melanoleuca grammopodia*, Rillstieliger Weichritterling
  - Lamellen graulich, beige, graubraun, ChZ brennhaarförmig, septiert
    - Stielfleisch braun, in der Basis dunkelbraun — 11 *Melanoleuca humilis*, Behaarter Weichritterling
    - Stielfleisch weißlich, nur unter der Stielrinde bräunlich — 14 *Melanoleuca rasilis*, Glatter Weichritterling
  - Lamellen zunehmend gelblich bis ockerlich, ChZ brennhaarförmig — 18 *Melanoleuca luteolosperma*, Gelbsporiger Weichritterling

5.8.01 *Melanoleuca strictipes* (P. Karst.) Jul. Schäff. Steifstieliger Weichritterling

H: 4–10 cm, gebuckelt, weiß, creme, evtl. blass graubräunlich, seidig-glatt, bisweilen felderig-rissig, Buckel im Zentrum manchmal dunkler. **L:** schwach ausgebuchtet bis leicht herablaufend, ziemlich dicht, weiß bis creme. **St:** weißlich, faserig, Basis schwach verdickt, bisweilen auffällig lang, länger als die Hutbreite. **F:** weiß, in der Mitte dickfleischig. **Ger:** schwach bis mehlartig, grasartig (auch Hefe- oder süßlicher Geruch wird beschrieben). **Ges:** mild, evtl. etwas unangenehm. **Spp:** cremeweiß. **V:** vor allem auf Bergwiesen, Weiden; Sommer bis Herbst (evtl. Frühling). **Mik:** Sporen warzig, ellipsoid, 7,5–10 × 4,5–6 µm, amyloid, ChZ mehrheitlich mit spitzen Enden, kaum quer septiert. (D 298, BK 3.305f, 🖾).

Melanoleuca subalpina (Britzelm.) Bresinsky & Stangl, Ockerlicher Almen-Weichritterling, Almen-Weichritterling: gemäß Bresinsky & Stangl 1977 ist der Stiel weniger lang als die Hutbreite. Die ChZ haben überwiegend gerundete Enden. Vizzini et al. 2011a und Antonín et al. 2021 erachten eine Trennung unter anderem aufgrund der molekulargenetischen Untersuchungen als nicht gerechtfertigt. (D 299).

Melanoleuca substrictipes Kühner, Weißer Almen-Weichritterling: Hut jung elfenbeinweiß, später beigebräunlich, Lamellen und Stiel bisweilen lachsbräunlich verfärbend. ChZ mit spitzen Enden und häufig quer septiert. (BK 3.306).

Melanoleuca candida (Velen.) Singer, Blasser Weichritterling: Hut hygrophan, trocken weiß, feucht semmelfarben, Stiel relativ lang; im Buchenwald *Fagus*.

Melanoleuca schumacheri (Fr.) Singer, *M. strictipes* var. *schumacheri* (Fr.) Bon, Grauer Weichritterling: Hut 7–11 cm, grau, ähnlich einer Nebelkappe, evtl. schwach gebuckelt, Lamellen schwach ausgebuchtet bis herablaufend, breit, erst weißlich, später graucreme, evtl. mit rosa Reflex, Stiel grau, eingewachsen faserig bis etwas rillig, oft flachgedrückt, Basis verdickt, weißfilzig, Fleisch weißlich, Geruch unauffällig, Geschmack mild, süßlich; im Laubwald, am Wegrand. (D 304, Kr 3.376).

Antonín et al. 2021 halten *M. strictipes, M. subalpina* und *M. substrictipes* aufgrund ihrer Untersuchungen für Synonyme. Nach Ďuriška et al. 2017 gehört auch *M. candida* zu *M. strictipes*. *M. schumacheri* kann gemäß Antonín et al. 2021 nicht mehr identifiziert werden. Die Grundlagen sind so schwach, dass es sich dabei auch um eine Art aus einer anderen Gattung, z.B. *Clitocybe* handeln könnte. Die Einordnung von *M. schumacheri* als Varietät von *M. strictipes* war ungültig. Der Name ist deshalb zu meiden und ist hier nur aufgeführt, um ältere Beschreibungen einordnen zu können.

5.8.02 *Melanoleuca verrucipes* (Fr.) Singer Raustiel-Weichritterling

H: 4–11 cm, glatt, weißlich, Mitte evtl. bräunlich. **L:** schwach ausgebuchtet bis etwas herablaufend, weiß bis creme. **St:** weißlich, auf der ganzen Länge mit schwarzbraunen warzigen Schüppchen bedeckt, Basis evtl. etwas verdickt. **F:** weiß, weich. **Ger:** nach Anis, Bittermandeln, fruchtig, später zusätzlich unangenehm faulig, käsig bis kohlartig. **Ges:** mild. **Spp:** weißlich creme. **V:** in Wald, auf Weiden, bei Holzabfällen; Frühsommer bis Herbst. **Mik:** Sporen warzig, ellipsoid, 7,5–9 × 4–5 µm, amyloid, ChZ fehlend, PlZ brennhaarartig, an der Spitze beschopft. (Kr 3.380, BK 3.307, 🖾).

5.8.03 *Melanoleuca cognata* (Fr.) Konrad & Maubl. 🍴 Falber Weichritterling

H: 5–12 cm, glatt, hellbraun, braun, Huthaut zur Hälfte abziehbar. **L:** ausgebuchtet, gelblich bis ockergelb. **St:** cremebeige, faserig bis etwas rillig, Spitze heller, Basis evtl. verdickt. **F:** dick, weich, im Hut wie auch im Stiel blassbeige. **Ger:** schwach, säuerlich, pilzartig. **Ges:** mild. **Spp:** cremefarben. **V:** im Laub- und Nadelwald, am Wegrand; vorwiegend im Frühjahr, weniger häufig im Herbst. **Mik:** Sporen warzig, ellipsoid, 8–10 × 4,5–6,5 µm, amyloid, HymZ spindelig bis bauchig, Spitze inkrustiert. (D 308, Kr 3.365, BK 3.298f, 🖾).

5.8.04 *Melanoleuca arcuata* (Bull.) Singer, Dunkelbrauner Weichritterling: Hut dunkelbraun bis schwarzbraun, rotbraun, Lamellen erst bei Reife ockergelblich. (🖾).

Gemäß Antonín et al. 2021 steht *M. arcuata M. cognata* nahe, unterscheidet sich jedoch klar genetisch, wie auch von außen durch den dunkel gefärbten Hut.

5.8.05 *Melanoleuca adstringens* (Pers.) Konrad, *M. cognata* var. *nauseosa* Boekhout, Starkriechender Weichritterling: Hut 3–6 cm, braun bis grauoliv, Lamellen weiß, später gelblich, ockerrosa, Geruch auffällig, unangenehm nach Schierling *Conium* oder ähnlich *Tricholoma sulphureum*, Schwefel-Ritterling.

Boekhout 1999 bezeichnete *M. adstringens* als ungültigen Namen und hat ihn mit *M. cognata* var. *nauseosa* ersetzt, was dessen Nähe zu *M. cognata* zeigt.

5.8.01 *Melanoleuca strictipes*, Steifstieliger Weichritterling

5.8.02 *Melanoleuca verrucipes*, Raustiel-Weichritterling

5.8.03 *Melanoleuca cognata*, Falber Weichritterling

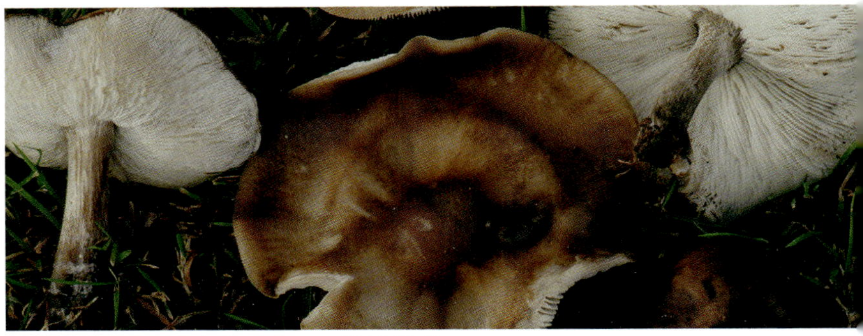

5.8.04 *Melanoleuca arcuata*, Dunkelbrauner Weichritterling

5.8.06 *Melanoleuca melaleuca* (Pers.) Murrill, *Melanoleuca vulgaris* (Pers.) Pat
Gemeiner Weichritterling

H: 3–10 cm, flach gewölbt, breit und deutlich gebuckelt, nicht oder nur ganz leicht hygrophan, fein bereift, graubraun, dattel-, dunkel ocker- bis schwarzbraun. **L:** weißlich bis cremefarben. **St:** blassbräunlich, faserig bis feinschuppig, Spitze fein bereift, Basis dunkler und mit weißem Mycelfilz. **F:** weißlich, im Stiel ockerlich. **Ger:** unauffällig bis etwas erdig-grasig. **Ges:** mild. **Spp:** weiß. **V:** bei Gras und Moos, vorwiegend bei Fichte *Picea* oder Birke *Betula*. **Mik:** Sporen warzig, teils etwas rippig, ellipsoid, 7,5–9,5 × 5–6 µm, HymZ spindelig bis flaschenförmig, kaum septiert, dünnwandig, an der Spitze leicht dickwandig und teilweise beschopft. (D 306, Kr 3.374,).

Im Sinne von Kühner 1978 handelt es sich bei *M. melaleuca* um eine Art mit kahlem Stiel und ohne Zystiden. Antonín et al. 2021 würdigen die Neotypisierung von Fontenla et al. 2003, welche *M. melaleuca* als eine Art mit großen Hymenialzystiden definiert. Die Beschreibung hier folgt dieser Interpretation.

5.8.07 *Melanoleuca grammopodia* (Bull.) Murrill
Rillstieliger Weichritterling

H: 6–15 cm, meist gebuckelt, haselnussbraun, graubraun, Rand oft heller, grau, bräunlich, weißlich, lange heruntergebogen. **L:** etwas ausgebuchtet bis schwach herablaufend, gedrängt, manchmal gegabelt in Stielnähe, cremeweiß, blass ockerbraun bis braun, Druckstellen bisweilen etwas bräunlich. **St:** graubraun, grobfaserig bis rillig, Spitze etwas flockig, Basis mit weißem Mycelfilz. **F:** schmutzig weißlich unter der Huthaut und im Stiel graubräunlich. **Ger:** mehlartig, etwas spermatisch, später eigenartig. **Ges:** mild. **Spp:** creme. **V:** in grasigem Wald; Frühsommer bis Herbst. **Mik:** Sporen warzig, teils etwas rippig, ellipsoid, 7–10 × 4,5–6 µm, HymZ septiert, brennhaarförmig, teils mit Kristallschopf. (Kr 3.370,).

Verschiedene Autoren verwenden die Schreibweise *Melanoleuca grammopus.*

Melanoleuca subbrevipes Métrod: Stiel im Verhältnis zur Hutbreite kurz. Gemäß Antonín et al. 2015 handelt es sich dabei um ein Synonym von *M. grammopodia*.

5.8.08 *Melanoleuca brevipes* (Bull.) Pat.
Kurzstieliger Weichritterling

H: 4–10 cm, evtl. etwas gebuckelt, graubraun, Mitte dunkler. **L:** schwach ausgebuchtet bis etwas herablaufend, cremeweiß, blassbeige. **St:** kurz, kaum > 5 cm lang, braun, ockerlich überfasert, Basis verdickt. **F:** cremefarben. **Ger:** unauffällig, pilzartig. **Ges:** mild, evtl. schwach bitter. **Spp:** hellcreme. **V:** auf Wiese, Weide, am Wegrand; Frühjahr bis Herbst. **Mik:** Sporen warzig, ellipsoid, 7–9,5 × 4,5–7 µm, HymZ septiert, brennhaarförmig mit nur wenig verdicktem unteren Teil, teils mit Kristallschopf (D 302, BK 3.297,).

Antonín et al. 2015 haben verschiedenste Publikationen zu *M. brevipes* untersucht und festgestellt, dass es sich jeweils um *M. humilis,* Behaarter Weichritterling, *M. grammopodia* oder *M. malenconii,* Malençons Weichritterling handelte. Sie konnten *M. brevipes* wie ursprünglich beschrieben nicht identifizieren und schlagen vor, diese Bezeichnung als sogenanntes «nomen dubium» nicht mehr zu verwenden. Der Artname wurde in der Literatur sehr häufig verwendet. Die bisherige Beschreibung wird hier deshalb für die Kontinuität und zum Vergleich weiter aufgeführt.

5.8.09 *Melanoleuca exscissa* (Fr.) Singer, *Melanoleuca cinerascens* D.A. Reid
Ausgefranster Weichritterling

H: 4–8 cm, matt bis bereift, junge Exemplare mit «positivem Fingertest» (der Abdruck bleibt sichtbar, wenn der Finger auf die Hutoberfläche gedrückt wurde), stumpf gebuckelt, grau, graubräunlich. **L:** weißlich, creme, evtl. mit orangerosa Reflex. **St:** bräunlich, längsfaserig, Spitze weißlich bereift. **F:** weißlich bis cremefarben, in der Stielbasis graubräunlich. **Ger:** unauffällig bis schwach mehlig-spermatisch oder grasartig. **Ges:** mild bis etwas mehlig. **Spp:** creme. **V:** auf Weide, an grasigen oft sandigen Stellen und häufig bei Kiefer *Pinus* oder Eiche *Quercus*; Frühjahr bis Herbst. **Mik:** Sporen warzig, ellipsoid, 8–11 × 5,5–6,5 µm, amyloid, ChZ im unteren Teil spindelig bis bauchig, meist septiert, darüber mit dünner, teilweise beschopfter Spitze (Exscissa-Typ), PlZ gleich aber selten. (BK 3.300).

Bei *M. cinerascens* handelt es sich um einen ungültig publizierten Namen. Eine weitere, ähnliche Arten mit matt bereifter Hutoberfläche, die teilweise abgegrenzt wird, teils als Synonyme gilt, ist *Melanoleuca spegazzinii* (Sacc. & D. Sacc.) Singer, Blassgrauer Weichritterling.

5.8.06 *Melanoleuca melaleuca,* Gemeiner Weichritterling

5.8.07 *Melanoleuca grammopodia,* Rillstieliger Weichritterling

5.8.08 *Melanoleuca brevipes,* Kurzstieliger Weichritterling

5.8.10 ***Melanoleuca friesii*** (Bres.) Bon, ***Melanoleuca subpulverulenta*** (Pers.) Singer, ***Melanoleuca robusta*** (Bres.) Fontenla, Gottardi & Para, ***M. humilis* f. *robusta*** (Bres.) Bon
Friesens Weichritterling, Bereifter Weichritterling, Robuster Weichritterling

H: 4–10 cm, stumpf gebuckelt, samtig matt bis seidig, hygrophan, dunkel rötlich- bis schwarzbraun, graubraun, Mitte etwas dunkler, Rand heller, ockerbraun, gerieft bis gerippt, lange heruntergebogen. **L:** cremeweiß, Druckstellen mit einem Hauch rötlichbraun. **St:** längs gestreift, weißlich behaart bis feinflockig, Spitze weißlich, abwärts zunehmend braun und faserig, Basis verdickt mit weißem Basalfilz. **F:** cremeweiß im Hut, dunkelbraun im Stiel. **Ger:** schwach, etwas säuerlich, pilzartig. **Ges:** mild. **Spp:** sattcreme. **V:** vorwiegend bei Holzabfällen, allenfalls auch auf Wiese oder am Wegrand; Frühsommer bis Herbst. **Mik:** Sporen warzig, ellipsoid, 7,5–9 × 4,5–5,5 µm, HymZ spindelig bis flaschenförmig oder mit Fortsatz, vereinzelt auch inkrustiert. (D 303, Kr 3.368,).

Als weiteres Synonym von *M. friesii* gilt teilweise *Melanoleuca phaeopodia* (Bull.) Murrill.

5.8.11 ***Melanoleuca humilis*** (Pers.) Pat., ***Melanoleuca decembris*** Métrod ex Bon
Behaarter Weichritterling, Dezember-Weichritterling

H: 3–7 cm, gewölbt, später flach und oft gebuckelt, kahl, grau- bis schwärzlichbraun, Rand heller und oft heruntergebogen. **L:** ausgebuchtet und mit Zahn leicht herablaufend, graulich bis beige mit gleichfarbener, flaumiger Schneide. **St:** fein längsfaserig, Spitze bereift, Basis etwas keulig. **F:** im Hut weißlich, im Stiel braun und in der Basis dunkelbraun. **Ger:** pilzartig. **Ges:** mild bis etwas adstringierend. **V:** vorwiegend bei Laubbäumen. **Mik:** Sporen warzig, vereinzelt etwas rippig, breit ellipsoid, amyloid, 7–10 × 5–6,5 µm, ChZ brennhaarförmig, dünnwandig, vereinzelt beschopft. (BK 3.302,).

5.8.12 ***Melanoleuca malenconii*** Bon, ***Melanoleuca sublanipes*** Fontenla, Para & Vizzini
Malençons Weichritterling

H: 2–7 cm, gewölbt bis flach und oft gebuckelt, jung fein flaumig, vor allem am Rand, später kahl, bisweilen hygrophan, ocker bis schmutzig gelb, Mitte teils schwarzbraun filzig. **L:** weiß, creme bis graugelblich, Schneiden fein flaumig. **St:** längsfaserig, Spitze und Basis oft flockig bis haarig und erweitert. **F:** im Hut weißlich, in der Stielbasis grau- bis dunkelbraun. **Ges:** mild bis etwas bitter. **V:** vorwiegend bei Nadelbäumen. **Mik:** Sporen warzig, ellipsoid, 7,5–10 × 5–6 µm, amyloid, ChZ brennhaarförmig bis etwas spindelig, dünn- bis leicht dickwandig, Spitze teilweise beschopft, PlZ teilweise vorhanden.

5.8.13 ***Melanoleuca bataillei*** Malençon,
Melanoleuca intervenosa Métrod ex Bon, ***Melanoleuca cinereifolia*** (Bon) Bon,
Melanoleuca atripes Boekhout, ***Melanoleuca heterocystidiosa*** (Beller & Bon) Bon
Batailles Weichritterling, Graublättriger Weichritterling,
Schwarzfüßiger Weichritterling, Heterozystiden-Weichritterling

H: 2–6 cm, gewölbt bis flach und gebuckelt, hygrophan, kahl bis etwas bereift, graubraun, Mitte dunkelbraun. **L:** creme bis cremegelblich, evtl. mit Queradern, Schneiden gleichfarbig und fein flaumig. **St:** wie der Hut, im oberen Teil etwas flaumig und gegen die Basis schwarzbraun. **F:** im Hut weißlich, in der Basis dunkelbraun. **Ger:** unauffällig bis etwas pilzartig, süßlich. **Ges:** mild. **V:** bei Laub- und Nadelbäumen, oft an Wegrändern; Frühling bis Spätherbst. **Mik:** Sporen warzig, vereinzelt gratig verbunden, 7–9,5 × 4,5–6 µm, HymZ groß, spindelig bis flaschenförmig oder mit Fortsatz, vereinzelt septiert, dünnwandig, ohne oder mit Kristallschopf. ().

Melanoleuca polioleuca (Fr.) Kühner & Maire, Schwarzweißer Weichritterling: ist sehr ähnlich und unterscheidet sich auch genetisch nur wenig von *M. bataillei*.

5.8.14 ***Melanoleuca rasilis*** (Fr.) Singer
Glatter Weichritterling

H: 2–10 cm, grau- bis schwarzbraun, fein samtig, nie durchscheinend gerieft. **L:** grauweiß bis graubeige. **St:** relativ schmal, graubraun, evtl. etwas rötlich. **Ger:** unauffällig bis etwas erdartig oder spermatisch. **F:** weißlich, unter der Huthaut und unter der Stielrinde braun. **Ger:** schwach erdig, spermatisch. **Ges:** mild. **V:** im Gebüsch, auf sandigem Boden. **Mik:** Sporen warzig, ellipsoid, 8–9,5 × 5–6 µm, amyloid, ChZ dünnwandig, septiert, brennhaarartig, Spitze teils beschopft, PlZ nur vereinzelt vorkommen. (Kr 3.376).

5.8.15 ***Melanoleuca microcephala*** (P. Karst.) Singer
Kleinhütiger Weichritterling

H: 1–4 cm, gebuckelt, hygrophan, feinfilzig, grau bis graubräunlich. **L:** weiß bis hellbeige, Schneiden fein flaumig. **St:** längsfaserig, Spitze weißlich, Basis dunkel graubraun. **F:** weiß, in der Stielbasis schwärzlich. **V:** vorwiegend alpin oder in grasigem Nadelwald, evtl. bei Moos. **Mik:** Sporen warzig, ellipsoid, 7–9 × 5–6,5 µm, amyloid, HymZ fehlend. Xu et al. 2019 nennen einen Hutdurchmesser bis maximal 2,5 cm, Antonín et al. 2021 hingegen beobachten Hutgrößen bis 6 cm.

5.8.16 ***Melanoleuca galbuserae*** Antonín, Ševčíková, Para & Tomšovský
Galbuseras Weichritterling

H: 1,5–4 cm, gewölbt bis flach und oft gebuckelt, kahl oder weiß bereift, weißlich bis beige oder ockerbraun, Mitte dunkler gelb-, grau- bis schwarzbraun. **L:** weiß bis schmutzig weiß, ausgebuchtet und mit Zahn leicht herablaufend, Schneiden uneben. **St:** längsfaserig, ocker- bis graubraun, Spitze bereift und etwas heller, Basis oft flockig bis haarig und erweitert. **F:** überall weißlich, in der Stielbasis leicht graubraun. **Ger:** unauffällig bis etwas erdartig **V:** auf alpinen Grasflächen. **Mik:** Sporen warzig, ellipsoid, 7,5–9,5 × 5–6,5 µm, amyloid, ChZ brennhaarförmig, Spitze vereinzelt beschopft, PlZ fehlend.

5.8.10 *Melanoleuca friesii*, Friesens Weichritterling

5.8.11 *Melanoleuca humilis*, Behaarter Weichritterling

5.8.13 *Melanoleuca bataillei*, Batailles Weichritterling

5.8.17 *Melanoleuca paedida* (Fr.) Kühner & Maire
Gestreifter Weichritterling

H: 3–6 cm, meist spitz gebuckelt, feinfilzig, nach Druck auf die Hutoberfläche bleibt ein Fingerabdruck sichtbar, graubraun. **L:** ausgebuchtet angewachsen, weißlich, später grau. **St:** blassgrau bis graubräunlich, faserig, Basis evtl. knollig. **F:** mehrheitlich weißlich, in der Stielbasis nur leicht bräunlich. **Ger:** schwach, krautartig. **Ges:** mild. **Spp:** cremefarben. **V:** in grasigem Wald oder auf Weiden; Frühjahr bis Herbst. **Mik:** Sporen warzig, ellipsoid, 6,5–8,5 × 4–5,5 µm, amyloid, HymZ teils häufig, brennhaarförmig, teils auch fehlend. Antonín et al. 2021 erwähnen Funde aus Süditalien bei Zeder *Cedrus* und Kiefer *Pinus*. (BK 3.303).

5.8.18 *Melanoleuca luteolosperma* (Britzelm.) Singer,
Melanoleuca pseudopaedida Bon, *Melanoleuca pseudoluscina* Bon
Gelbsporiger Weichritterling, Schlankstieliger Weichritterling

H: 2–6 cm, matt bis bereift, stumpf gebuckelt, grau, graubräunlich. **L:** weißlich, creme, evtl. mit rosa Reflex. **St:** bräunlich, längsfaserig, Spitze weißlich bereift. **F:** weißlich bis cremefarben im Hut und in der Stielspitze, in der Stielbasis dunkelbraun. **Ger:** unauffällig bis grasartig. **Ges:** mild bis bitterlich. **Spp:** cremeweiß bis cremegelblich. **V:** auf Weiden, an grasigen Stellen, vorwiegend bei Laubbäumen, seltener bei Fichte *Picea*. **Mik:** Sporen warzig, ellipsoid, 7–9 × 4–5,5 µm, amyloid, ChZ brennhaarförmig, Basis spindelig, keulig bis leicht blasig, Spitze etwas dickwandig und teilweise inkrustiert, PlZ fehlend. (D 307).

5.8.19 *Melanoleuca stridula* (Fr.) Singer
Wegrand-Weichritterling

H: 2–5 cm, evtl. stumpf gebuckelt, gelb-, grau- bis dunkelbraun. **L:** weiß bis creme. **St:** bräunlich, Spitze etwas rillig, Basis knollig. **F:** im Hut cremeweiß, im Stiel safranbraun. **Ger:** unauffällig bis schwach fruchtig. **Ges:** mild. **Spp:** weiß. **V:** an grasigen Stellen bei Nadelbäumen, am Wegrand, in höheren Lagen bis alpin; Sommer bis Herbst. **Mik:** Sporen warzig, ellipsoid, 6,5–8,5 × 5–6 µm, amyloid, HymZ nicht vorhanden. (D 301, BK 3.304, 🖼).

Melanoleuca acystidiata Para, Antonín, Ševčíková, Ďuriška & Tomšovský: Hut glatt, braun bis dunkel- oder schwarzbraun, Stiel weißlich bis hellbraun, längsfaserig, Geruch pilz- bis etwas grasartig. Sporen 7–10 × 5–7 µm.

Melanoleuca graminicola (Velen.) Kühner & Maire, Kleiner Gras-Weichritterling: Hut 2–4 cm, braun bis dunkel graubraun.

In den neuen Arbeiten zu *Melanoleuca* wird *M. graminicola* nur am Rande erwähnt und gilt als Synonym von *M. stridula* oder zumindest als eine sehr ähnliche Art.

5.8.19 *Melanoleuca stridula*, Wegrand-Weichritterling

5.9 *Omphalina*, Nabelinge und Ähnliche

Basidiomycota, Ständerpilze > *Agaricomycetes* > *Agaricales*, Blätterpilze > *Tricholomataceae* s. l., Ritterlingsähnliche > *Tricholomataceae*, Ritterlingsverwandte

Beschreibung

Kleine bis sehr kleine Arten mit herablaufenden, teils wachsartigen Lamellen und genabeltem, trichterigem, seltener auch gewölbtem Hut: Diese Beschreibung trifft nicht nur auf die Nabelinge im engeren Sinne zu. Deshalb sind in dieser Gruppe die mehr oder weniger häufigen, nabelingsartigen Pilze in einer breiteren und über die einzelnen Gattungen und Familien hinausgehenden Zusammenstellung aufgeführt. Satte Rottöne wie bei einigen Saftlingen mit herablaufenden Lamellen kommen nicht vor. Sonst ist die ganze Farbpalette möglich. Außer einigen lebhaften Gelb- bis Orangetönen sind die Farben mehrheitlich gebrochen, trüb. Das Sporenpulver der erwähnten Arten ist meist weiß, weißlich, ausnahmsweise auch cremefarben bis etwas gelblich oder blassrosa. Die Gattungen ***Delicatula***, Schleierhelmlinge, ***Myxomphalia***, Kohlennabelinge, ***Pseudoomphalina***, Scheinnabelinge, ***Fayodia***, Rußhelmlinge, ***Gamundia***, Rußnabelinge, ***Omphalina***, Nabelinge und *Omphaliaster*, Sternsporlinge gehören zur Familie der *Tricholomataceae* oder in deren Umfeld, ***Blasiphalia***, Flaschenmoosnabelinge, ***Contumyces***, Zystidennabelinge, ***Loreleia***, Orangenabelinge, ***Rickenella***, Heftelnabelinge sowie ***Cantharellopsis***, Nabeltrichterchen zur Familie *Rickenellaceae* in der Ordnung *Hymenochaetales*, *Arrhenia*, Adermooslinge, *Cantharellula*, Gabelblättlinge, *Haasiella*, Prachtnabelinge zu den *Hygrophoraceae* in Kapitel 4. Viele Arten, die einst zu den *Omphalina* gehörten, finden sich inzwischen in einer neuen Gattung, wie z. B. *Loreleia*, Orangenabelinge oder sind zu anderen, bestehenden Gattungen verschoben worden. Bei einigen bereits erwähnten Gattungen wechselte in kurzen Zeitabständen die Zuordnung und es ist anzunehmen, dass die Verschiebungen in dieser heterogenen Gruppe weiter anhalten. Für den Überblick bleiben die nabelingsartigen Pilze trotz dieser Bewegungen in den Schlüsseln nebeneinander aufgeführt. Zum Vergleich sind auch ähnliche Arten, die in anderen Kapiteln oder Unterkapiteln beschrieben sind, ebenfalls in den nachfolgenden Schlüsseln aufgeführt, wie z. B. *Phloeomana*, Rindenhelmlinge, *Hydropus*, Wasserfüße, *Gymnopus*, Blasssporrüblinge einige *Mycena*, Helmlinge, *Hemimycena*, Scheinhelmlinge, *Lichenomphalia*, Flechtennabelinge oder *Chrysomphalina*, Goldnabelinge.

Die Mehrheit der hier beschriebenen Gattungen enthalten Saprobionten, die auf Erde, auf Brandstellen oder auf Holz wachsen. Die Arten der Gattung *Rickenella*, Heftelnabelinge treten in Verbindung mit Moosen auf und gelten als deren Parasiten.

Mikroskopische Eigenschaften sind in dieser Gruppe oft unerlässlich und teils markant. Deshalb steht auf der nächsten Seite eine zusätzliche Übersicht aus diesem Blickwinkel zur Verfügung. Auf der ersten Ebene steht die Unterteilung von amyloiden und inamyloiden Sporen, eine Unterscheidung, die auch makroskopisch am Sporenabwurf möglich ist. Danach folgen jeweils Gruppen von Gattungen und Arten mit glatter sowie mit warziger oder netzartiger Sporenoberfläche.

Bestimmung

Im Schlüssel A erscheinen die auf Holz wachsenden Arten. In den Schlüsseln B folgen die Arten auf Erde, aufgeteilt in die Farbtöne Weiß, Beige, Grau- bis Schwarzbraun, allenfalls mit Lila oder Rosa (B1) und die wärmeren Farbtöne Gelb, Gelbbraun oder Orange- bis Rötlichbraun (B2). Wenn die makroskopischen Unterschiede auch über diesen Weg nicht für eine Bestimmung ausreichen, können die Amyloidität der Sporen und die Beschaffenheit der Sporenoberfläche weiterhelfen (Gattungsschlüssel M).

Speisewerte

Für Speisezwecke kommen diese kleinen und oft seltenen Arten nicht infrage.

5.9.16 *Rickenella fibula*,
Orangeroter Heftelnabeling

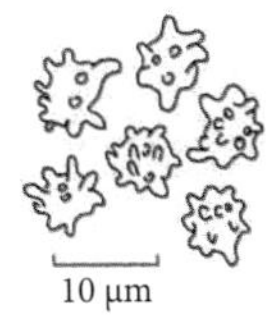

5.9.02 *Omphaliaster asterosporus*,
Starkgeriefter Sternsporling

5.9.07 *Fayodia pseudoclusilis*,
Abgeflachter Rußhelmling

5.9 *Omphalina*, Nabelinge und Ähnliche (A) auf Holz oder Schilf

- Hut weiß bis cremefarben, klein, < 2 cm
  - Stiel eher kurz, Lamellen eher entfernt, Hut niedergedrückt
    - Stiel feinflockig, Lamellen eher entfernt, am Grunde queradrig — **5.18.29 *Collybiopsis ramealis*, Ästchen-Scheinrübling**
    - Stiel glatt, Lamellen entfernt, aderig und stark queradrig — 5.18.34 *Marasmiellus candidus*, Weißer Zwergschwindling
  - Stiel eher lang, Lamellen dicht, Hut glockig bis gebuckelt
    - Hut weiß, genabelt, feucht durchscheinend gerieft, Lamellen aderig — 01 *Delicatula integrella*, Genabelter Schleierhelmling
    - Hut weiß bis cremefarben, gewölbt bis schwach gebuckelt
      - Stiel höchstens schwach bereift, auf morschem Holz, faulenden Blättern — 5.20.104 *Hemimycena cucullata*, Gipsweißer Scheinhelmling
      - Stiel weiß überpudert, auf Streu oder Rindenstückchen — 5.20.105 *Hemimycena lactea*, Milchweißer Scheinhelmling
- Hut gelb, gelbocker, gelborange, gelbgrün, orangebraun, rotbraun
  - Fruchtkörper lederig zäh, meist in Scharen, Frühjahr bis Herbst — 5.20.93 *Xeromphalina campanella*, Geselliger Glöckchennabel.
  - Fruchtkörper nicht zäh
    - Geruch unangenehm nach fauligem Kohl, beige- bis rötlichbraun, gerieft — **5.18.17 *Gymnopus foetidus*, Stink-Blasssporrübling**
    - Geruch unauffällig
      - Lamellen weißlich bis blassgelblich, gelbgrün
        - Hut grüngelb, vorwiegend auf morschem Holz — 4.3.01 *Chrysomphalina grossula*, Grüngelber Goldnabeling
        - Hut graubraun bis gelblichocker, radialfaserig — 4.3.03 *Gerronema xanthophyllum*, Gelbblättriges Nabeltrichterchen
        - Hut gelbbraun bis gelboliv — 4.3.04 *Lichenomphalia umbellifera*, Gefalteter Flechtennabeling
        - Hut ockergelb bis ockerbraun, alpin, auf Kratzdistelwurzel — 5.20.108 *Hemimycena ochrogaleata*, Ockerhütiger Scheinhelmling
      - Lamellen lebhaft gelb bis gelborange
        - meist im Sommer bis Herbst
          - Hut meist über 2 cm breit, braunschuppig, auf morschem Holz — 4.3.02 *Chrysomphalina chrysophylla*, Goldblättriger Goldnabeling
          - Hut kaum über 2 cm breit, vorwiegend gelb, auch auf Torf — 4.3.06 *Lichenomphalia alpina*, Ganzgelber Flechtennabeling
        - meist im Winter, in milden Phasen — 4.3.07 *Haasiella venustissima*, Zweisporiger Prachtnabeling
- Hut graubraun, rußbraun
  - Lamellen weißlich, höchstens Schneiden braun
    - Hut kaum über 1 cm breit, Lamellen teilweise gegabelt, queradrig — **5.19.36 *Phloeomana speirea*, Bogenblättriger Rindenhelml.**
    - Hut auch über 1 cm breit, Lamellen ohne Gabeln oder Queradern
      - Sporen stachelig, kugelig
        - Hut 1–2 cm bei Moos — 02 *Omphaliaster asterosporus*, Starkgeriefter Sternsporling
        - Hut 2–5 cm, in Zwergstrauchheide — 03 *Omphaliaster borealis*, Nördlicher Sternsporling
      - Sporen glatt, ellipsoid
        - auf Strünken von Weißtannen — 5.19.26 *Hydropus marginellus*, Braunschneidiger Wasserfuß
        - auf Schilfstängeln — 5.20.10 *Mycena belliarum*, Schilf-Helmling
  - Lamellen grau, graubraun — 4.4.03 *Arrhenia epichysium*, Holz-Adermoosling

5.9 *Omphalina*, Nabelinge und Ähnliche
(B1) nicht auf Holz
▹ Hut weiß, rosa, lilabraun, beige, hasel-, grau- bis schwarzbraun

- Hut weiß bis weißlich, < 1 cm breit, Lamellen weiß bis weißlich
  - Lamellen fehlend bis ganz schmal — 5.20.100 *Hemimycena hirsuta,* Haariger Scheinhelmling
  - Lamellen relativ breit und mäßig bis deutlich entfernt stehend
    - auf Streu
      - vorwiegend auf Nadelstreu, Sporen bis ca. 2,5 µm breit — 5.20.99 *Hemimycena gracilis,* Schmalspor. Nadel-Scheinhelml.
      - auf Laub oder Nadelstreu oder alpin, Sporen > 2,5 µm breit — 5.20.103 *Hemimycena crispata,* Breitsporiger Scheinhelmling
      - auf Stängeln oder Blättern, Hut kaum > 0,5 cm breit — 5.20.101 *Hemimycena pseudocrispula,* Stängel-Scheinhelmling
    - auf grasiger Erde
      - Hut gebuckelt, helmlingsartig, 0,5–1,5 cm, Stiel schlank — 5.20.102 *Hemimycena mairei,* Rasen-Scheinhelmling
      - Hut genabelt, trichterlingsartig, 0,5–4 cm, Stiel kurz, evtl. exzentrisch — 13 *Omphalina mutila,* Kurzstieliger Nabeling
- Hut rosa, lila, lilabraun, samtig bis feinschuppig, bei Moos, Gras
  - Lamellen rosa, Sporen schmal ellipsoid bis tropfenförmig, Hut 0,5–1,5 cm breit
    - Sporen 8,5–10,5 µm, ChZ flaschenförmig, glatt — 15 *Contumyces rosellus,* Rosa Zystidennabeling
    - Sporen 9,5–13,5 µm, ChZ unregelmäßig mit fingerförmigen Auswüchsen — 5.18.35 *Marasmiellus tricolor,* Dreifarbiger Zwergschwindling
  - Lamellen blassocker, Sporen kugelig, Hut 1–3 cm breit — 4.4.02 *Arrhenia lilacinicolor,* Lilaschuppiger Adermoosling
- Hut beige, haselnussbraun, graubraun bis schwarzbraun, grauviolett
  - Lamellen weiß, weißlich
    - Hut > 1,5 cm breit
      - Geruch leicht bis stark mehlartig oder süßlich
        - auf Brandstellen, Hut 2–5 cm breit, Sporen glatt — 04 *Myxomphalia maura,* Dunkler Kohlennabeling
        - in Wiesen, Sporen fein körnig-stachelig — 06 *Gamundia striatula,* Winter-Rußnabeling
        - im Nadelwald bei Moos
          - Sporen fein stachelig-netzartig, amyloid — 07 *Fayodia bisphaerigera,* Abgeflachter Rußhelmling
          - Sporen grob stachelig, morgensternartig, inamyloid — 02 *Omphaliaster asterosporus,* Starkgeriefter Sternsporling
        - alpin, in Zwergstrauchheide, Sporen stachelig, morgensternartig — 03 *Omphaliaster borealis,* Nördlicher Sternsporling
      - Geruch unauffällig, alle Lamellen gegabelt, evtl. mit rosa Schimmer — 4.4.01 *Cantharellula umbonata,* Rötender Gabelblättling
    - Hut < 1,5 cm breit
      - auf Brandstellen, Sporen stachelig-gratig — 05 *Fayodia anthracobia,* Brandplatz-Rußhelmling
      - subalpin bis alpin
        - Hut oft genabelt, ockergelb, -braun, Sporen zitronenförmig — 5.20.108 *Hemimycena ochrogaleata,* Ockerhütiger Scheinhelmling
        - Hut oft gebuckelt, dunkelbraun, Rand goldbraun, Sporen breit ellipsoid — 5.19.27 *Hydropus dryadicola,* Dryas-Wasserfuß
      - in Wald, Heide oder Wiese, evtl. bei Moos
        - Stielspitze ohne Violett, Sporen bis über 6 µm lang
          - mit Cheilozystiden (ChZ), Sporen schmal ellipsoid, > 6 µm
            - Hut graubräunlich, Mitte dunkler, ChZ glatt — **5.19.36 *Phloeomana speirea,* Bogenblättriger Rindenhelml.**
            - Hut grau, ChZ mit warzigen bis korallenartigen Auswüchsen — 5.20.55 *Mycena cinerella,* Aschgrauer Helmling
          - ohne Cheilozystiden, Sporen kugelig, 5–7 µm lang
            - Sporen glatt, vorwiegend bei Moos, Flechten — 4.4.04 *Arrhenia rustica,* Feld-Adermoosling
            - Sporen stachelig, sternförmig, vorwiegend im Wald auf Streu — 02 *Omphaliaster asterosporus,* Starkgeriefter Sternsporling
        - Stielspitze mit Violett, Sporen schmal ellipsoid, meistens < 6 µm lang — 17 *Rickenella swartzii,* Blaustieliger Heftelnabeling
  - Lamellen grau, beige, braun
    - Lamellen stark queradrig, bei Moos
      - Hut trichterig, genabelt, Stiel zentral bis etwas exzentrisch — 4.4.05 *Arrhenia rickenii,* Rickens Adermoosling
      - Hut spatelförmig mit Stiel
        - Hut dunkel graubraun, Stiel meist seitlich, alpin — 4.4.12 *Arrhenia auriscalpium,* Düsterer Adermoosling
        - Hut blass graubraun filzig, Stiel erst seitlich, später zentral, nicht alpin — 4.4.13 *Arrhenia spathulata,* Gezonter Adermoosling
      - Hut fächerförmig, durchscheinend aderig, Stiel oft seitlich, verkümmert — 4.4.14 *Arrhenia lobata,* Gelappter Adermoosling
    - Lamellen kaum queradrig
      - vor allem in höheren Lagen
        - Geruch nach Pelargonien, Stiel samtig — 4.4.06 *Arrhenia velutipes,* Samtfuß-Adermoosling
        - Geruch unauffällig — 4.4.07 *Arrhenia obatra,* Graziler Adermoosling
      - in tieferen Lagen, Sumpf, Moosen, Böschungen, evtl. auf Fichtennadeln
        - Geruch nach Mehl — 5.20.56 *Mycena aleuriosma,* Schlanksporiger Helmling
        - Geruch unauffällig
          - bei Torfmoos *Sphagnum*
            - Hut 2–4 cm breit — 4.4.08 *Arrhenia onisca,* Rußiger Sumpf-Adermoosling
            - Hut 0,5–1,5 cm breit — 5.20.57 *Mycena concolor,* Sumpf-Helmling
          - nicht bei Torfmoos
            - Hut filzig bis feinschuppig (Zentrum), 2-sporig, Stiel ± exzentrisch — 4.4.09 *Arrhenia griseopallida,* Filziger Adermoosling
            - Hut glatt, kaum filzig-schuppig, mehrheitlich 4-sporig, auch alpin — 4.4.10 *Arrhenia obscurata,* Sepiabrauner Adermoosling

5.9 *Omphalina*, Nabelinge und Ähnliche
(B2) nicht auf Holz
▹ Hut gelblich, gelb- bis rötlichbraun, orange

- Hut gelblich, gelbbraun, orangebraun, rötlichbraun, rostbraun, glatt bis feinfilzig
  - Geruch unauffällig
    - Geschmack mild
      - Hut bis 2 cm breit
        - vorwiegend alpin oder subalpin
          - an Wasserläufen, rötlichbeige bis -braun, Sp. kugelig, mit Schnallen — 08 *Omphalina rivulicola*, Bach-Nabeling
          - bei stehendem Wasser, Hut ockerbraun, Sp. ellipsoid, mit Schnallen — 09 *Omphalina kuehneri*, Kühners Nabeling
          - boreal, Hut filzig, gelbbraun, Lamellen eng, Sp. ellipsoid, ohne Schn. — 12 *Cantharellopsis prescotii*, Bräunendes Nabeltrichterchen
        - vorwiegend auf sandigem Boden
          - Hut deutlich durchscheinend gerieft, schwach hygrophan
            - Hut orangebräunlich, Sporen länglich-ellipsoid — 10 *Omphalina pyxidata*, Rotbrauner Nabeling
            - Hut fleischfarben mit Lila, Sporen kugelig bis breit ellipsoid — 4.4.02 *Arrhenia lilacinicolor*, Lilaschuppiger Adermoosling
          - Hut schwach gerieft, stark hygrophan — 11 *Omphalina subhepatica*, Leberbrauner Nabeling
        - auf saurem torfigem Boden, Lamellen entfernt — 4.3.04 *Lichenomphalia umbellifera*, Gefalteter Flechtennabeling
        - im Nadelwald
          - Hut weiß filzig, später ocker, Lamellen dicht, gegabelt — 12 *Cantharellopsis prescotii*, Bräunendes Nabeltrichterchen
          - Hut orangebraun, Lamellen entfernt, etwas dicklich — 5.20.95 *Xeromphalina cornui*, Hornstieliger Glöckchennabeling
        - im Laubwald, Hut orangebraun, Lamellen entfernt, etwas dicklich — 5.20.96 *Xeromphalina fraxinophila*, Laubwald-Glöckchennabeling
      - Hut kaum über 1 cm breit, honigbraun, bei Moos, auch alpin — 18 *Rickenella mellea*, Honigbrauner Heftelnabeling
    - Geschmack bitter, Hut honigbraun, Stiel dunkelbraun, bereift — 5.20.94 *Xeromphalina cauticinalis*, Bitterer Bunt-Glöckchennabeling
  - Geruch nach Mehl
    - Hut ohne Schüppchen
      - Lamellen weiß bis blassbräunlich, im Nadelwald auf Erde — 14 *Pseudoomphalina compressipes*, Ranziger Scheinnabeling
      - Lamellen orange, bei moderndem Holz — 4.3.07 *Haasiella venustissima*, Zweisporiger Prachtnabeling
    - Hut mit Schüppchen, im Moor — 4.4.11 *Arrhenia sphagnicola*, Schuppiger Torfmoos-Adermoosling
  - Geruch unangenehm faulig bis knoblauchartig, auf Nadelstreu — 5.18.30 *Paragymnopus perforans*, Nadel-Scheinblasssporrübling
- Hut lebhaft gelb bis orange
  - in moosigen Wiesen, im Wald
    - Hut kaum über 1 cm breit
      - Hut flach gewölbt, Lamellen herablaufend, wachsartig, Sporen < 7 µm — **16 *Rickenella fibula*, Orangeroter Heftelnabeling**
      - Hut glockig mit Papille, Lamellen schmal angeheftet, Sporen > 7 µm — 5.20.72 *Mycena oregonensis*, Apfelsinenfarbiger Helmling
    - Hut 1–3 cm breit, mit Nabel, Lamellen herablaufend, nicht wachsartig — 19 *Loreleia postii*, Großer Orangenabeling
  - vorwiegend höhere bis hohe Lagen
    - Hut orangebraun, Lamellen dicklich, entfernt, auf Lebermoos — 20 *Loreleia marchantiae*, Kleiner Orangenabeling
    - Hut gelblich bis gelb, orangegelb, Stiel bisweilen mit Lila — 4.3.05 *Lichenomphalia hudsoniana*, Lilastieliger Flechtennabeling
    - Hut goldgelb bis orangegelb, weißlich bereift, Stiel ohne Lila — 4.3.06 *Lichenomphalia alpina*, Ganzgelber Flechtennabeling

(M) Gattungsschlüssel der hier verschlüsselten, nabelingsartigen Pilzarten nach vorrangig mikroskopischen Eigenschaften

Da in dieser Gruppe oft das Mikroskop zum Einsatz kommen muss, dient diese einfache Gattungsübersicht als Hilfe zum Einstieg, wenn Ornament und Amyloidität der Sporen festgestellt werden konnten.

- Sporenpulver amyloid
  - Sporen glatt
    - auf Holz
      - weiß, sehr klein, entfernte, schmale, gegabelte bis queradrige Lamellen — *Delicatula,* Schleierhelmlinge
      - gelbbraun, klein, zäh, oft gesellig auf Holz oder Streu — *Xeromphalina,* Glöckchennabelinge (beschrieben in 5.20)
      - graubraun, auf Weißtannenholz — *Hydropus,* Wasserfüße (beschrieben in 5.19)
    - auf Brandstellen, graubraun — *Myxomphalia,* Kohlennabelinge
    - auf moosigem, moorigem Boden, grau, Lamellen wächsern, mit rosa Schein — *Cantharellula,* Gabelblättlinge (beschrieben in 4.4)
    - auf Wiese, im Nadelwald, mittelgroß, braun, Lamellen blass, Mehlgeruch — *Pseudoomphalina,* Scheinnabelinge
  - Sporen netzartig-warzig, klein, graubraun, auf Brandstellen oder im Nadelwald — *Fayodia,* Rußhelmlinge
- Sporenpulver inamyloid
  - Sporen glatt
    - Stiel seitlich, spatelförmig, teils gallertartig — *Arrhenia,* Adermooslinge (beschrieben in 4.4)
    - Stiel zentral
      - auf Holz
        - Geruch auffällig kohlartig — *Gymnopus,* Blasssporrüblinge (beschrieben in 5.18)
        - Geruch nicht kohlartig
          - weiß bis ockergelblich, Lamellen fast gerade, ab Frühling — *Hemimycena,* Scheinhelmlinge (beschrieben in 5.20)
          - gelblich bis gelb
            - Lamellen wachsartig — *Chrysomphalina,* Flechtennabelinge (beschrieben in 4.3)
            - Lamellen nicht wachsartig — *Lichenomphalia,* Goldnabelinge (beschrieben in 4.3)
          - orange, in milden (Spät-)Wintern — 4.3.07 *Haasiella venustissima,* Zweisporiger Prachtnabeling
          - blassockerlich bis ockerbraun
            - sehr klein, Hut < 1 cm — *Phloeomana,* Rindenhelmlinge (beschrieben in 5.19)
            - klein, Hut 1–2 cm, Stiel matt — *Cantharellopsis,* Nabeltrichterchen
          - braun, 1–3 cm — 4.4.03 *Arrhenia epichysium,* Holz-Adermoosling
      - auf Erde, Moos, Gras
        - alpin oder arktisch
          - orange bis orangebraun, Brandstellen, Moos, alpin — *Loreleia,* Orangenabelinge
          - braun, in Zwergstrauchheide, alpin — *Hydropus,* Wasserfüße (beschrieben in 5.19)
          - olivocker, Lamellen weiß, arktisch — *Blasiphalia,* Flaschenmoosnabelinge
        - nicht alpin
          - weiß, auf Heideboden — *Omphalina,* Nabelinge
          - rosa, bei Moos, Gras — *Contumyces,* Zystidennabelinge
          - violett, wächsern, bei oder auf Moos — *Rickenella,* Heftelnabelinge
          - orange
            - Hut < 1 cm wächsern, Hutrand glatt, bei oder auf Moos — *Rickenella,* Heftelnabelinge
            - Hut > 1 cm eingewachsen faserig, Hutrand feinborstig — 4.3.07 *Haasiella venustissima,* Zweisporiger Prachtnabeling
          - ockerbraun, Hut 1–2 cm, im Nadelwald — *Cantharellopsis,* Nabeltrichterchen
  - Sporen körnig-stachelig bis stark sternförmig
    - Lamellen sehr breit, Huthaut oft radialrissig — *Gamundia,* Rußnabelinge
    - Lamellen nicht übermäßig breit — *Omphaliaster,* Sternsporlinge

5.9.01 *Delicatula integrella* (Pers.) Fayod
Genabelter Schleierhelmling

H: 0,5–1,5 cm, mattweiß, glatt, feucht durchscheinend gerieft. **L:** etwas ausgebuchtet bis schwach herablaufend, aderig, teils gegabelt, weiß. **St:** weiß, glatt, feinfaserig, Basis mit Knöllchen. **F:** weiß, weich, dünn. **Ger:** unauffällig. **Ges:** mild. **Spp:** weiß. **V:** auf morschem Holz, evtl. auch auf Erde. **Mik:** Sporen glatt, spindel- bis mandelförmig, 6–9 × 4–5 µm, schwach amyloid. (Kr 3.329, BK 3.205, Lu 1.20.1, ⊠).

Delicatula cuspidata (Quél.) Cejp, Spitzgebuckelter Schleierhelmling: eine sehr seltene, ungeklärte Art mit weniger als 0,5 cm breitem, spitz gebuckeltem Hut, erst weiß, später bräunlich, feinflaumig, schwach gerieft und mit deutlich herablaufenden Lamellen. Sporen glatt, ellipsoid, 9 × 3 µm, amyloid. (Lu 1.20.2).

5.9.02 *Omphaliaster asterosporus* (J.E. Lange) Lamoure, *Hygroaster asterosporus* (J.E. Lange) Singer
Starkgeriefter Sternsporling

H: 1–2 cm, gewölbt, bald flach bis trichterig, matt, hygrophan, feucht dunkel graubraun und durchscheinend gerieft, trocken blasser grauweißlich. **L:** breit und etwas herablaufend angewachsen, weißlich bis cremefarben. **St:** hellbraun, fein weißlich faserig, Basis schwach verdickt, weißfilzig. **F:** dünn, graubräunlich. **Ger:** schwach nach Mehl. **Ges:** mild, mehlartig. **Spp:** weiß. **V:** im Nadelwald, am Waldrand, auf moosigen Grasflächen, auch an morschen, vermoosten Baumstrünken; Frühsommer bis Winter. **Mik:** Sporen stumpf stachelig, morgensternförmig, kugelig, 5–6,5 µm, ohne Schnallen. (Kr 3.272, BK 3.377, Lu 3.107.1).

5.9.03 *Omphaliaster borealis* (M. Lange & Skifte) Lamoure, Nördlicher Sternsporling: Hut 2–5 cm breit, dunkler olivgrau bis braunschwärzlich, Lamellen deutlich herablaufend; alpin, in Zwergstrauchheide. Sporen stumpf stachelig, morgensternartig, ellipsoid, 6–8 × 4,5–6,5 µm, ohne Schnallen. (Lu 3.107.2).

5.9.04 *Myxomphalia maura* (Fr.) Hora
Dunkler Kohlennabeling

H: 2–5 cm, hygrophan, trocken graubeige, feucht dunkelbraun bis schwarzbraun, durchscheinend gerieft und mit dehnbarer, abziehbarer Huthaut. **L:** breit angewachsen bis etwas herablaufend, weiß, später bräunlichweiß. **St:** starr, brüchig, dunkelbraun bis schwarzbraun, Spitze hellbraun und weißlich bereift. **F:** dünn, weißlich. **Ger:** mehlartig, ranzig. **Ges:** mild bis schwach bitterlich. **Spp:** weiß. **V:** vor allem auf älteren Brandstellen, bei Moos *Funaria*. **Mik:** Sporen glatt, ellipsoid, 5–6 × 3,5–5,5 µm, amyloid, ohne Schnallen. (D 384, Kr 3.473, BK 3.374, Lu 1.52.1, ⊠).

5.9.05 *Fayodia anthracobia* (Favre) Knudsen, Brandplatz-Rußhelmling: Hut nur bis ca. 1 cm breit, Geruch etwas süßlich, porlingsartig. Sporen kugelförmig, stachelig-gratig, 6–8 µm, amyloid, 1- bis2-sporig, ohne Schnallen. (Lu 1.24.2).

5.9.06 *Gamundia striatula* (Kühner) Raithelh., *Fayodia pseudoclusilis* (Joss. & Konrad) Singer
Winter-Rußnabeling, Honigbrauner Rußnabeling

H: 1–3 cm, beige bis graubraun, hygrophan, Rand feucht durchscheinend gerieft. **L:** breit angewachsen bis etwas herablaufend, weißlich bis blassgraubraun. **St:** graubraun, weißlich überfasert. **F:** blass graubraun. **Ger:** schwach mehlartig, krautig. **Ges:** schwach mehlartig. **V:** in Wiesen, grasigem Laub- und Nadelwald; Herbst und vorwiegend nach Frost, im Winter. **Mik:** Sporen fein körnig-stachelig, ellipsoid, 5,5–7,5 × 3,5–5 µm, inamyloid, Schnallen vorhanden. (BK 3.209, Lu 1.28.2, ⊠).

Die zahlreichen Synonyme deuten auf eine große Formenbreite hin. Einige Autoren haben z. B. Fruchtkörper mit weißen Lamellen als eigene Art betrachtet: *Gamundia leucophylla* (Gillet) H.E. Bigelow, *Fayodia leucophylla*, Weißblättriger Rußnabeling, Weißblättriger Rußhelmling: Lamellen weiß und Stiel blasser als der Hut; vor allem im Bergnadelwald, Sommer bis Herbst.

5.9.07 *Fayodia bisphaerigera* (J.E. Lange) Singer
Abgeflachter Rußhelmling

H: 1,5–3 cm, anfangs evtl. schwach gebuckelt, später genabelt, hygrophan, graubraun bis haselnussbraun, gerieft. **L:** breit angewachsen bis schwach herablaufend, grauweißlich, cremeweißlich. **St:** blassgrau, blasscreme. **F:** dünn, wässerig weißlich. **Ger:** schwach mehlartig. **Ges:** mild. **Spp:** weiß. **V:** im Nadelwald, evtl. bei Torfmoos *Sphagnum*. **Mik:** Sporen stachelig-gratig, kugelig, 8,5–10,5 × 8–10 µm, amyloid, 1- bis 2-sporig, Schnallen vorhanden. (BK 3.208, Lu 1.24.1).

Es ist ungeklärt, ob *Fayodia gracilipes* (Britzelm.) Bresinsky & Stangl, *Clitocybe gracilipes* (Britzelm.) Sacc., Dünnstieliger Rußhelmling, Schlankstieliger Trichterling eine eigene Art mit kleineren, kugeligen Sporen von ca. 6–8 µm ist.

5.9.08 *Omphalina rivulicola* (J. Favre) Lamoure
Bach-Nabeling

H: 0,5–2,5 cm, rötlichbraun, rostbraun, feinfilzig bis kahl, Rand erst schwach, später deutlich durchscheinend gerieft. **L:** herablaufend, etwas queradrig, blassbräunlich. **St:** wie der Hut gefärbt, eingewachsen faserig. **F:** dünn. **Ger:** unauffällig. **Ges:** mild. **Spp:** weißlich. **V:** bei Laubmoos an Rinnsalen, in höheren Lagen; Sommer bis Herbst.

5.9.01 *Delicatula integrella*, Genabelter Schleierhelmling

5.9.04 *Myxomphalia maura*, Dunkler Kohlennabeling

5.9.06 *Gamundia striatula*, Winter-Rußnabeling

5.9.08 *Omphalina rivulicola*, Bach-Nabeling

Spp: Sporen kugelig. **Mik:** Sporen glatt, kugelig, 6,5–8,5 × 5–7,5 µm, inamyloid, Schnallen vorhanden. (Kr 3.385, Lu 1.55.23, 🖼).

5.9.09 *Omphalina kuehneri* Lamoure, Kühners Nabeling: Hut vorwiegend ockerbraun, kaum rötlich, vorwiegend bei stehenden Gewässern. Sporen ellipsoid.

5.9.10 *Omphalina pyxidata* (Bull.) Quél.
Rotbrauner Nabeling

H: 0,5–2,5 cm, glatt, fleischbraun bis rostbraun, stark durchscheinend gerieft, schwach hygrophan, Rand evtl. gekerbt. **L:** bogig herablaufend, teilweise gegabelt, entfernt, beigebräunlich, evtl. leicht rötlich. **St:** glatt, wie der Hut gefärbt, schwach weißlich überfasert. **F:** blass. **Ger:** unauffällig, schwach pilzartig. **Ges:** mild. **Spp:** weiß. **V:** am Wegrand, bei verwitterten Steinblöcken, zwischen Moos, bis in hohe Lagen; Sommer bis Herbst. **Mik:** Sporen glatt, ellipsoid bis vorwiegend mandelförmig, 8–9 × 4,5–5 µm, inamyloid, Schnallen vorhanden. (D 179, Kr 3.486, BK 3.383, Lu 1.55.21, 🖼).

5.9.11 *Omphalina subhepatica* (Batsch) Murrill, *Omphalina hepatica* (Batsch) P.D. Orton, Leberbrauner Nabeling: Hut schwach gerieft, stark hygrophan. Sporen glatt, ellipsoid, 6–8,5 × 5–6,5 µm, inamyloid, Schnallen vorhanden. (Lu 1.55.22).

Omphalina chionophila Lamoure, Schnee-Nabeling, Schneetälchen-Nabeling: Hut erst flach, bald genabelt, dunkelbraun, Rand allenfalls etwas gerieft, Lamellen erst weißlich, später beige bis beige-gelblich, Stiel braun, feinstfaserig; gesellig, alpin, bei Moosen, Krautweide *Salix herbaceae*, am Rand von Schneefeldern (Schneetälchen). Sporen glatt, ellipsoid, 8–11 × 5–5,5 µm, inamyloid. (Lu 1.55.39).

5.9.12 *Cantharellopsis prescotii* (Weinm.) Kuyper,
Gerronema prescotii (Weinm.) Redhead, *Gerronema albidum* (Fr.) Singer
Bräunendes Nabeltrichterchen, Weißes Nabeltrichterchen

H: 0,5–3 cm, genabelt bis trichterig, jung weißlich filzig, später ocker. **L:** deutlich herablaufend, schmal, dünn und ziemlich gedrängt, oft gegabelt, cremeweiß. **St:** schlank, matt, weiß. **V:** im Nadelwald bis in subalpine Lagen; Sommer bis Herbst. **Mik:** Sporen glatt, ellipsoid bis tropfenförmig, 4,5–6,5 × 2,5–4 µm, inamyloid, 2- bis 4-sporig, ohne Schnallen. (Lu 1.55.7).

5.9.13 *Omphalina mutila* (Fr.) P.D. Orton, *Clitocybe josserandii* (Singer) Singer
Kurzstieliger Nabeling, Exzentrischer Trichterling

H: 0,3–3,5 cm, weiß, feucht elfenbeinweiß, oft unregelmäßig, wellig verbogen. **L:** teils gegabelt oder kraus, eher gedrängt. **St:** meist seitlich. **V:** auf Erde, auf saurem Boden. **Mik:** Sporen glatt, ellipsoid bis tropfenförmig, 6,5–10 × 4–6 µm, inamyloid, Schnallen vorhanden. (Lu 1.55.3).

5.9.14 *Pseudoomphalina compressipes* (Peck) Singer
Ranziger Scheinnabeling

H: 2–5 cm, erst halbkugelig, später niedergedrückt und schließlich tief genabelt, hygrophan, trocken blassocker, feucht ocker bis rötlichbraun, Rand lange eingebogen, allenfalls angedeutet gerieft. **L:** herablaufend, ziemlich entfernt, schmal, jung weiß, später blassbräunlich, Schneiden feinst weiß bewimpert. **St:** steif, ockerbräunlich, rötlichbraun, feinfaserig, alt hohl, Basis weißfilzig, oft verdickt. **F:** dünn, blasscreme. **Ger:** mehlig, ranzig. **Ges:** stark nach Mehl, mild. **Spp:** weiß. **V:** im Nadelwald, auf Wiese. **Mik:** Sporen glatt, ellipsoid, 6,5–7,5 × 3,5–4 µm, schwach amyloid, Schnallen vorhanden. (D 289, Lu 3.188.2, 🖼).

Pseudoomphalina kalchbrenneri (Bres.) Singer, Großsporiger Scheinnabeling: Lamellen deutlich herablaufend, weiß, Geschmack bitterlich. Sporen glatt, ellipsoid, 8–9,5 × 4–5 µm, amyloid, Schnallen vorhanden. Einige Autoren zählen die Art zu *P. compressipes*. (Lu 3.188.1).

5.9.15 *Contumyces rosellus* (M.M. Moser) Redhead, Moncalvo, Vilgalys & Lutzoni,
Marasmiellus rosellus (M.M. Moser) Kuyper & Noordel.
Rosa Zystidennabeling, Rosa Zwergschwindling

H: 0,5–1,5 cm, bald genabelt bis trichterförmig, glatt, rosa, beige-rosa, fleischrosa, Rand evtl. gerieft bis etwas gerippt. **L:** bogig herablaufend, dicklich, entfernt, creme bis rosa. **St:** wie der Hut gefärbt. **F:** dünn, wässerig blassrosa. **Ger:** schwach. **Spp:** weiß. **V:** zwischen Moos, Gras. **Mik:** Sporen glatt, schmal ellipsoid bis tropfenförmig, 8,5–10,5 × 4–6 µm, inamyloid, 2- bis 4-sporig. (D 177, Lu 1.46.6).

5.9.16 *Rickenella fibula* (Bull.) Raithelh.
Orangeroter Heftelnabeling

H: 0,5–1,5 cm, lebhaft gelborange bis dunkelorange, Mitte etwas dunkler, Rand schwach gerieft und gekerbt. **L:** herablaufend, weiß bis blassorange. **St:** glatt, lang, orange, schwach eingewachsen gebändert. **F:** dünn, blassorange. **Ger:** unbedeutend. **Ges:** mild. **Spp:** weißlich. **V:** im Park, Wald, Gebüsch, in moosiger Wiese; Sommer bis Herbst. **Mik:** Sporen glatt, zylindrisch bis etwas spindelförmig, 5–6 × 2–2,5 µm, inamyloid, Schnallen vorhanden. (Kr 3.509, BK 3.401, Lu 1.76.3, 🖼).

5.9.10 *Omphalina pyxidata*, Rotbrauner Nabeling

5.9.14 *Pseudoomphalina compressipes*, Ranziger Scheinnabeling

5.9.16 *Rickenella fibula*, Orangeroter Heftelnabeling

5.9.17 *Rickenella swartzii* (Fr.) Kuyper, *Omphalina setipes* (Fr.) Quél., Blaustieliger Heftelnabeling: Hut graubraun, evtl. mit rötlichem oder violettlichem Beiton, Rand blass, Stielspitze violettlich, alt verblassend. Sporen glatt, ellipsoid bis zylindrisch, 4–6 × 2–3 µm, inamyloid. (Kr 3.510, BK 3.402, Lu 1.76.4).

Blasiphalia pseudogrisella (A.H. Sm.) Redhead, *Rickenella pseudogrisella* (A.H. Sm.) Gulden, Lebermoos-Heftelnabeling: auf dem Lebermoos *Blasia pusilla* erscheint in Nordeuropa eine weitere, arktische Art im Umfeld der *Rickenella*, Heftelnabelinge mit olivockerfarbenen Tönen und weißen, kaum herablaufenden Lamellen. Sporen glatt, ellipsoid, 6–10 × 3–6,5 µm, inamyloid. (Lu 1.76.2).

5.9.18 *Rickenella mellea* (Fr.) Kuyper, Honigbrauner Heftelnabeling: Hut < 1 cm breit, beige bis gelbbraun, Lamellen entfernt, weiß bis hellbeige; bei Moos, vorwiegend in Quellfluren in arktisch-alpinen Lagen. Sporen glatt, zylindrisch bis etwas spindelig, 5,5–8 × 2,5–3 µm, inamyloid. (Lu 1.76.1).

5.9.19 *Loreleia postii* (Fr.) Redhead, Moncalvo, Vilgalys & Lutzoni, *Gerronema postii* (Fr.) Singer Großer Orangenabeling, Orangerotes Nabeltrichterchen: Hut 1–5 cm breit, jung lebhaft orangebraun, später gelborange, Lamellen blassgelb mit helleren Schneiden; im Wald, bei Moos, an Brandstellen, auch alpine Lagen. Sporen glatt, ellipsoid, 6–10 × 3,5–6,5 µm, inamyloid, 2- bis 4-sporig, ohne Schnallen. (Kr 3.485, Lu 1.55.6).

5.9.20 *Loreleia marchantiae* (Singer & Clémençon) Redhead, Moncalvo, Vilgalys & Lutzoni, *Gerronema marchantiae* Singer & Clémençon
Kleiner Orangenabeling, Brunnenlebermoos-Nabeltrichterchen

H: 0,3–1 cm, orange, rostorange bis orangebraun, Rand gerieft, gezähnt. **L:** herablaufend, weiß bis blassorange. **St:** cremeorange, blass orangebraun, Basis evtl. etwas aufgeblasen und heller. **F:** dünn, orangebraun. **Ger:** unauffällig. **Ges:** mild. **Spp:** weiß. **V:** an feuchten Stellen, bei Brunnenlebermoos *Marchantia,* vor allem in Quellfluren, in hohen Lagen auf saurem Boden. **Mik:** Sporen glatt, ellipsoid, 7,5–11 × 5–6 µm, inamyloid, ohne Schnallen. (BK 3.214, Lu 1.55.4).

5.9.17 *Rickenella swartzii,* Blaustieliger Heftelnabeling

5.9.18 *Rickenella mellea,* Honigbrauner Heftelnabeling

5.9.19 *Loreleia postii,* Orangerotes Nabeltrichterchen

5.9.20 *L. marchantiae,* Kleiner Orangenabeling

5.10 *Catathelasma*, Möhrlinge

Basidiomycota, Ständerpilze > *Agaricomycetes* > *Agaricales*, Blätterpilze > *Tricholomataceae* s. l., Ritterlingsähnliche > *Biannulariaceae*

Beschreibung

Die Gattung ***Catathelasma*** enthält nur eine Art und zählt zu *Biannulariaceae*, der kleinen Familie von Doppelringarten, die mit weißem Sporenpulver und nicht freien Lamellen zu den *Tricholomataceae* s. l., Ritterlingsähnliche (im weiteren Sinne) im Umfeld der *Tricholomataceae* zählen. Sie enthält in unseren Breiten nur eine mittelgroße bis große Art mit braunem Hut. Typisch ist der lange geschlossen bleibende Hut mit stark eingerolltem Hutrand. Die ziemlich dichten, cremefarbenen Lamellen laufen am Stiel herab. Dieser ist an der Spitze sehr dick, doppelt beringt, abwärts verjüngt und meist tief im Boden eingesenkt. Das weiße Fleisch ist fest und kompakt, der Pilz ist auffällig schwer.

Catathelasma imperiale, Wurzelmöhrling ist ein Mykorrhizapartner von Kiefer *Pinus* und allenfalls Fichte *Picea*.

Die Sporen sind länglich ellipsoid, glatt und amyloid.

Speisewert

Der Pilz ist essbar, aber als Seltenheit zu schonen.

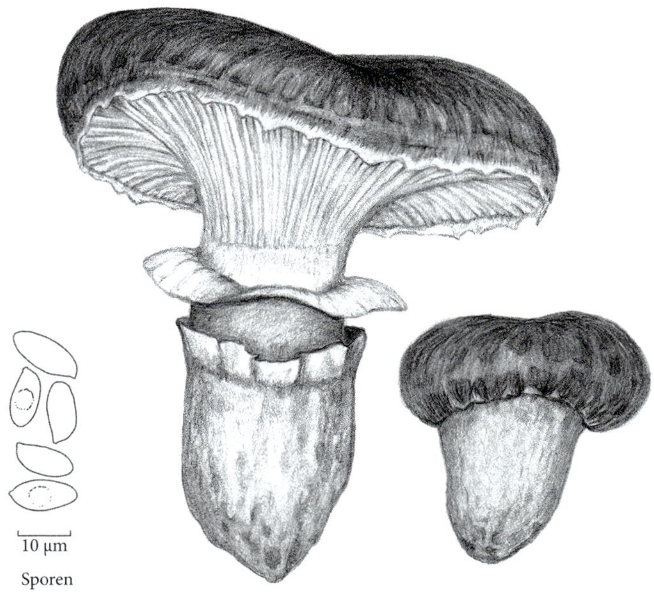

5.10.01 *Catathelasma imperiale*, Wurzelmöhrling

5.10.01 *Catathelasma imperiale* (Quél.) Singer
Wurzelmöhrling, Doppelringmöhrling, Melkstuhl

H: 8–16 cm, haselnuss- bis rötlichbraun, faserig, bald schuppig aufreißend, Rand lange eingerollt und fetzig behangen. **L:** herablaufend, teilweise gegabelt, dicht, cremefarben. **St:** doppelt beringt, abwärts verjüngt bis wurzelnd, ockerlich, oft schuppig quer-gebändert. **F:** dick, fest und hart, weiß. **Ger:** mehlig bis etwas melonen- oder gurkenartig. **Ges:** mehlig, mild, später evtl. bitterlich. **Spp:** weiß. **V:** in grasigem Nadelwald, vorwiegend auf kalkreichem Boden in höheren Lagen. **Mik:** Sporen glatt, ellipsoid bis spindelig, 11–13 × 5–6 µm, amyloid, Schnallen vorhanden. (D 310, Kr 3.148, BK 3.147, Lu 1.10.1, 🖼).

5.10.01 *Catathelasma imperiale*, Wurzelmöhrling

5.11 *Pseudoclitocybe,* Scheintrichterlinge

Basidiomycota, Ständerpilze > *Agaricomycetes* > *Agaricales,* Blätterpilze > *Tricholomataceae* s. l., Ritterlingsähnliche > *Pseudoclitocybaceae,* Scheintrichterlingsverwandte

Beschreibung

Die trichterlingsähnlichen Gattungen ***Bonomyces, Cleistocybe, Clitopaxillus, Pseudoclitocybe,*** Scheintrichterlinge sind in der jungen Familie *Pseudoclitocybaceae,* Scheintrichterlingsverwandte vereinigt. Im Habitus unterscheiden sie sich voneinander aber stark. Sie sind hier zur Übersicht in der gemeinsamen Familie zusammengefasst ebenfalls verschlüsselt, man dürfte sie aber beim Schlüsseln mehrheitlich bei den ähnlichen *Clitocybe,* Trichterlinge, *Pleurotus* Seitlinge oder *Hygrophorus* Schnecklinge finden. *Pseudoclitocybe* bilden im Spätherbst hygrophane, grau- bis dunkelbraune, dünnfleischige und schlanke Arten. *Bonomyces* zeichnen sich durch feinschuppige, nicht hygrophane, orangebraun bis ziegelrötliche, ab dem Frühjahr erscheinende, festere Fruchtkörper mit Mehlgeruch aus. *Cleistocybe pleurotoides,* Seitlingsartiger Schleiertrichterling zeigt sowohl Ähnlichkeiten mit Schnecklingen als auch mit Seitlingen, mit fleischigen, braun geflammten Hüten, ebenfalls starkem Mehlgeruch und dem Standort auf morschem Holz. *Clitopaxillus* ist eine ebenfalls fleischige Art, im Habitus in der Nähe der Nebelkappe. Einige zu *Clitopaxillus* und *Bonomyces* sehr ähnliche Arten heißen (noch) *Clitocybe* sind aufgrund ihrer Nähe zu den umgeteilten Arten aber dennoch hier beschrieben.

Die Fruchtkörper aus dieser heterogenen Familie sprießen teils im Frühjahr, teils im Herbst oder Spätherbst, auf Humus im Wald, an Weg- oder Waldrändern, in Parks, auf Brandstellen oder morschem Holz. Sie sind Saprobionten.

Pseudoclitocybaceae haben glatte, ellipsoide bis breit ellipsoide Sporen, jene der *Pseudoclitocybe,* Scheintrichterlinge sind deutlich amyloid, *Bonomyces, Cleistocybe* und *Clitopaxillus* sind nicht amyloid. Schnallen sind teils gar nicht, teils spärlich und teils häufig vorhanden.

10 µm

Sporen

5.11.01 *Pseudoclitocybe cyathiformis,* Kaffeebrauner Scheintrichterling

Bestimmung

Die Unterscheidung der Arten erfolgt aufgrund von Größe, Farbnuancen und Geruch.

Speisewerte

Pseudoclitocybe cyathiformis, Kaffeebrauner Scheintrichterling ist essbar und durchaus lohnend. Allerdings darf er nicht mit ähnlich aussehenden und möglicherweise giftigen Rötlingen verwechselt werden. Er wächst spät im Jahr, zu einer Zeit, in der viele andere Speisepilze rar werden. Der Geschmack ist würzig, ähnlich dem von *Craterellus cornucopioides,* Herbst-Trompete. Die beiden weiteren, seltenen Scheintrichterlingsarten gelten nicht als Speisepilze.

5.11 *Pseudoclitocybe,* Scheintrichterlinge

auf Erde	
Hut hygrophan, dünnfleischig, Sporen amyloid, Geruch unauffällig	
Hut feucht dunkelbraun, Rand kaum gerieft, meist über 4 cm breit	**01 *Pseudoclitocybe cyathiformis,* Kaffeebrauner Scheintr.**
Hut graubraun, bläulichbraun, Rand durchscheinend gerieft, kaum > 4 cm breit	
Hut blaugrau, Lamellen mit rosa Schein, Geruch nach Bittermandeln	02 *Pseudoclitocybe obbata,* Blaugrauer Scheintrichterling
Hut braungrau, Lamellen ohne rosa Schein, Geruch unauffällig	03 *Pseudoclitocybe expallens,* Ausblassender Scheintrichterling
Hut nicht hygrophan, leicht bis deutlich dickfleischig, Sporen nicht amyloid	
Hut orangebraun, feinschuppig, Geruch nach Mehl, ab Frühjahr	04 *Bonomyces sinopicus,* Rotbrauner Kohlentrichterling
Hut graubraun, fleischig, Rand eingerollt, Geruch schwach, Lamellen gelblich	05 *Clitopaxillus alexandri,* Buchsblättriger Trichterling
auf morschem Holz, angedeutet beringt, Hut braun geflammt	06 *Cleistocybe pleurotoides,* Seitlingsartiger Schleiertrichterling

5.11.01 *Pseudoclitocybe cyathiformis* (Bull.) Singer
Kaffeebrauner Scheintrichterling

H: 3–12 cm, hygrophan, trocken milchkaffeebraun, feucht dunkel schokoladen- oder kaffeebraun, Rand lange nach unten gebogen bis eingerollt, im Alter bisweilen schwach gerieft. **L:** herablaufend, nahe dem Rand teilweise gegabelt, beige bis hellbraun. **St:** wie der Hut gefärbt, etwas weißlich-faserig, brüchig. **F:** dünn, beige. **Ger:** schwach. **Ges:** mild. **Spp:** weiß. **V:** im Laub- und Nadelwald, am Wegrand, auf alten Holzlagerplätzen, selten auch auf Holz; Spätherbst. **Mik:** Sporen glatt, ellipsoid, 7,5–11 × 5–6 µm, amyloid, Schnallen fehlend. (D 290, Kr 3.502, BK 3.399, Lu 1.71.1,).

5.11.02 *Pseudoclitocybe obbata* (Fr.) Singer, Blaugrauer Scheintrichterling: Hut etwas kleiner, 3–6 cm, rußbraun, durchscheinend gerieft, Lamellen graulich bis graubraun mit rosa Schein, Geruch schwach nach Bittermandeln. (D 291).

5.11.03 *Pseudoclitocybe expallens* (Pers.) M.M. Moser, Ausblassender Scheintrichterling: Hut 2–4 cm, feucht graubraun, trocken blass, deutlich gerieft, Lamellen blassgrau, Geruch schwach; oft in magerem sandigem Rasen. Sporen 7–9 × 5,5–7 µm. (Lu 1.71.2,).

Der graduelle Unterschied in Farbe, gerieftem Hutrand und Geruch zwischen *P. obbata* und *P. expallens* ist undeutlich. Die beiden Arten werden deshalb teilweise zusammengelegt (z. B. Krieglsteiner 2001).

5.11.04 *Bonomyces sinopicus* (Fr.) Vizzini,
Clitocybe sinopica (Fr.) P. Kumm.
Rotbrauner Kohlentrichterling, Kohlen-Trichterling

H: 4–10 cm, nicht hygrophan, matt, glatt (später Mitte evtl. etwas schuppig), braunorange bis ziegelrötlich, Rand jung leicht eingerollt. **L:** ± herablaufend, gedrängt, weißlich, später gelbocker. **St:** wie der Hut gefärbt, fein längsfaserig, Spitze rillig, Basis weiß filzig, oft mit weißen Würzelchen (Rhizomorphen). **F:** in der Mitte dick, eher brüchig, weißlich, Rand rötlich. **Ger:** stark nach Mehl, auch etwas ranzig. **Ges:** mild, mehlartig. **Spp:** weißlich. **V:** im Nadelwald, an Brandstellen, Wegrändern; ab Frühjahr. **Mik:** Sporen glatt, ellipsoid, 6,5–8,5 × 4–5,5 µm, mehrheitlich 4-sporig, nicht amyloid, Schnallen überall häufig. (D 196, Kr 3.190, BK 3.177, Lu 3.102.16,).

Bonomyces arnoldii (Boud.) P.-A. Moreau, Vizzini & P. Alvarado: Hut 2–6 cm, Stielspitze fein flockig-körnig, mit einem feinen Saum (Pseudoringzone). Sporen 8–9,5 × 4,5–6 µm.

Clitocybe subsinopica Harmaja, Schlankstieliger Mehl-Trichterling: die schmächtiger beschriebenen Fruchtkörper gelten gemäß Alvarado et al. 2018b als Synonym für *B. sinopicus* (Lu 3.102.18).

Ähnliche Arten mit unklarer Abgrenzung: *Clitocybe sinopicoides* Peck, *Clitocybe gracilis* (H.E. Bigelow & A.H. Sm.) Harmaja und *Clitocybe gilvaoides* Kauffman.

5.11.05 *Clitopaxillus alexandri* (Gillet) G. Moreno, Vizzini, Consiglio & P. Alvarado,
Clitocybe alexandri (Gillet) Gillet
Buchsblättriger Trichterling

H: 10–15 cm, graubraun, rußigbraun, Rand erst eingerollt, glatt, evtl. etwas wellig. **L:** herablaufend, etwas queradrig, creme bis grau (graugelblich, ähnlich der Farbe von Buchsbaumholz *Buxus*). **St:** wie der Hut gefärbt oder blasser, etwas keulig. **F:** milchkaffeebraun. **Ger:** schwach pilzartig, holzartig. **Ges:** mild. **Spp:** weiß. **V:** im Nadelwald, lichte, grasige Stellen, auf Kalkboden, in verschiedenen Lagen und Zonen; Sommer bis Herbst. **Mik:** Sporen glatt, breit ellipsoid, 5–7 × 4–5 µm, 4-sporig, nicht amyloid, Schnallen überall häufig. (Lu 3.102.6,).

Ludwig 2012 beschreibt die zwei nachfolgenden Arten aus diesem Formenkreis.

Clitocybe subalexandri Kuyp. ined., Spärlichbeschnallter Trichterling: unterscheidet sich mikroskopisch durch grob inkrustierendes Pigment, cyanophile Sporen und nur spärlich vorkommende Schnallen. (Lu 3.102.7).

Clitocybe murinoalba E. Ludw., Mausgrauer Trichterling: Hut 3–6 cm, schmächtig, flach bis trichterförmig, mausgrau, Lamellen graubeige, schmal und dicklich, teilweise anastomisierend, Stiel weißlich, Schnallen im Hymenium vorhanden, Pigment nicht inkrustiert. (Lu 3.102.8).

5.11.06 *Cleistocybe pleurotoides* J. Favre ex Vizzini, *Hygrophorus pleurotoides* J. Favre
Seitlingsartiger Schleiertrichterling, Seitenstieliger Schneckling

H: 5–9 cm, Mitte dunkel rotbraun, gegen außen geflammt, filzig bis leicht schmierig, Rand eingerollt. **L:** stark herablaufend, blass rotbräunlich, leicht vom Hutfleisch ablösbar. **St:** evtl. exzentrisch, weiß, später etwas rotbräunlich, faseriger, flüchtiger Ring. **F:** weißlich, in der Basis dunkler. **Ger:** stark mehlartig. **Ges:** mehlartig. **Spp:** weiß. **V:** auf morschem Holz, in höheren Lagen. **Mik:** Sporen glatt, ellipsoid, 9–12 × 4,5–7 µm, nicht amyloid, 1- bis 2-, mehrheitlich 4-sporig, (Lu 3.109.42).

5.11.01 *Pseudoclitocybe cyathiformis*, Kaffeebrauner Scheintrichterling

5.11.03 *Pseudoclitocybe expallens*, Ausblassender Scheintrichterling

5.11.04 *Bonomyces sinopicus*, Rotbrauner Kohlentrichterling

5.11.05 *Clitopaxillus alexandri*, Buchsblättriger Trichterling

5.12 *Lyophyllum,* Raslinge und Ähnliche

Basidiomycota, Ständerpilze > *Agaricomycetes* > *Agaricales,* Blätterpilze > *Tricholomataceae* s. l., Ritterlingsähnliche > *Lyophyllaceae,* Raslingsverwandte

Familie *Lyophyllaceae,* Raslingsverwandte

Die Familie umfasst eine Reihe von Gattungen mit zahlreichen rüblings- bis helmlingsartigen und einigen seitlings-, trichterlings- oder ritterlingsartigen Formen. Sie sind hier in zwei Unterkapiteln in den Gruppen rund um *Lyophyllum,* Raslinge sowie *Calocybe,* Schönköpfe repräsentiert.

Das gemeinsame Merkmal der breit gefächerten Artengruppe ist die im mikroskopischen Bereich sichtbare siderophile Granulation. Kleine Körnchen in den Basidien lassen sich bei geeigneter Behandlung mit Eisenbeize und Karminessigssäure als schwarze Punkte sichtbar machen.

5.12.29 *Tephrocybe rancida,* Wurzel-Graublatt

Lyophyllum, Raslinge und Ähnliche

Beschreibung

Lyophyllum, Raslinge sind meist mittelgroße, rasig (nahe beieinander) oder büschelig wachsende Pilze in weißen, braunen oder graubraunen Farben mit weißlichen, ausgebuchteten bis leicht herablaufenden Lamellen, festem, elastischem bis ausgesprochen knorpeligem Fleisch und halbkugeligem oder gewölbtem Hut. Einige eher seltene, aber auffällige Arten haben verfärbendes Fleisch. Hut und Lamellen sind dabei weißlich bis grau, graubraun und ausnahmsweise auch grüngelb bis lebhaft goldgelb. Die Gattung ***Tephrocybe,*** Graublätter umfasst vorwiegend kleine Arten mit unveränderlichem Fleisch, mehrheitlich starkem Mehlgeruch und vorwiegend weißlicher, grauer und graubrauner, evtl. rötlichbrauner Farbe. Sie wurden vorübergehend zu *Lyophyllum* gezählt, stehen inzwischen aber wieder als eigene Gattung da. Aufgrund genetischer Untersuchungen sowie morphologischer und ökologischer Eigenschaften schlugen HOFSTETTER et al. 2014 vor, die bisherigen Graublätter *T. boudieri,* Dunkelstieliges Scheingraublatt und *T. inolens,* Geruchloses Scheingraublatt in die Gattung ***Myochromella,*** Scheingraublätter, *T. tylicolor,* Stachelsporiger Graublattrübling, *T. erosa,* Geriefter Graublattrübling und *T. tesquorum,* Heide-Graublattrübling in die Gattung ***Sagaranella,*** Graublattrüblinge sowie *T. palustris,* Gemeines Sumpfgraublatt, welches parasitisch auf Torfmoosen gedeiht, in die dafür passend bezeichnete Gattung ***Sphagnurus,*** Sumpfgraublätter zu verschieben. Zur Gattung ***Hypsizygus,*** Holzraslinge zählen *H. ulmarius,* Ulmen-Holzrasling und der teilweise davon unterschiedene *H. tessulatus,* Buchen-Holzrasling, ein im Handel erhältlicher Zuchtpilz aus Asien. ***Ossicaulis*** *lignatilis,* Bepuderter Weinfass-Holztrichterling ist in einer kleinen, separaten Gattung. Der unter dem Namen *Clitocybe candicans* bekannte Wachsstielige Weißtrichterling ist zusammen mit dem ehemaligen *Lyophyllum connatum,* Büscheliger Weißtrichterling neu der Gattung ***Leucocybe,*** Weißtrichterlinge zugeteilt. *C. alnetorum,* Grünerlen-Schleimtrichterling hat in die Gattung ***Neoclitocybe,*** Schleimtrichterlinge gewechselt. Büschelig, milchweiß auf Laubholz in Südeuropa können ***Lactocollybia,*** Milchrüblinge vorkommen. Nur auf faulenden *Lactarius,* Milchlinge oder *Russula,* Täublinge wachsen zwei kleine Arten der Gattung ***Asterophora,*** Zwitterlinge mit erst glockig-halbkugelig, später flach gewölbtem evtl. gebuckeltem Hut. Die erst weißliche Oberfläche von *Asterophora lycoperdoides,* Stäubender Zwitterling zerfällt in bräunlichen Puder, die Chlamydosporen, welche der ungeschlechtlichen Vermehrung dienen. Die dicklichen Lamellen werden oft kaum ausgebildet.

Alle genannten Arten sind mehrheitlich Saprobionten. Sie wachsen im Wald, auf Sumpf- und Bergwiesen sowie auf Holz oder faulenden Pilzen, im Sommer, vor allem im Herbst, teilweise im Winter. Die häufigen Raslinge wachsen mit Vorliebe an Weg- und Waldrändern sowie in Parks.

Die Sporen sind mehrheitlich kugelförmig oder ellipsoid. Einzelne Arten fallen aber durch auffällig spindelförmige, dreieckige, stumpf-höckerige oder stachelige Sporen auf. Auch die erwähnten Chlamydosporen von *Asterophora lycoperdoides,* Stäubender Zwitterling sind stark stachel- bis sternförmig.

Bestimmung

Verfärbendes Fleisch an Druck- oder Schnittstellen grenzt im Schlüssel die eher selteneren Arten ab. Farben von Hut und Lamellen sowie Geruch und Standort sind die weiteren Merkmale zur Unterteilung. *Leucocybe connata,* Weißer Rasling kann weißen Trichterlings- und Ritterlingsarten nahe stehen. Die braunen oder graubraunen Arten mit ähnlichem Habitus aus dem Formenkreis von *Lyophyllum decastes,* Büscheliger Rasling können mit Rötelritterlings- oder Rötlings-Arten verwechselt werden. Zur Unterscheidung der mehrheitlich kleinen Arten der Gattung *Tephrocybe,* Graublätter, häufig mit Mehlgeruch, kahlem oder weißflockigem Stiel, braucht es oft ein Mikroskop.

Speisewerte

Der fleischige, sehr variable *Lyophyllum decastes,* Büscheliger Rasling ist ein Speisepilz. Wie bereits erwähnt, darf er nicht mit den möglicherweise giftigen Rötlingen verwechselt werden. *Leucocybe connata,* Weißer Rasling galt lange Zeit als essbar, inzwischen ist er aber unter Giftverdacht und so erübrigt sich eine Verwechslungsgefahr. Alle anderen Arten sind selten oder ungenießbar und deshalb keine Speisepilze.

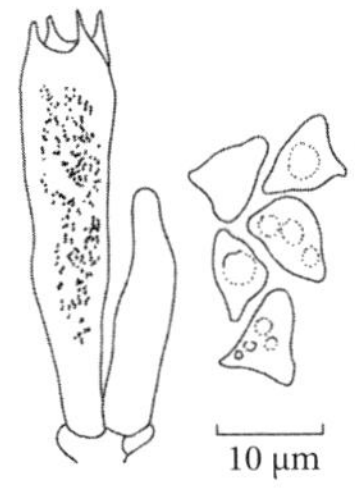

5.12.10 *Lyophyllum transforme*,
Dreiecksporiger Rasling

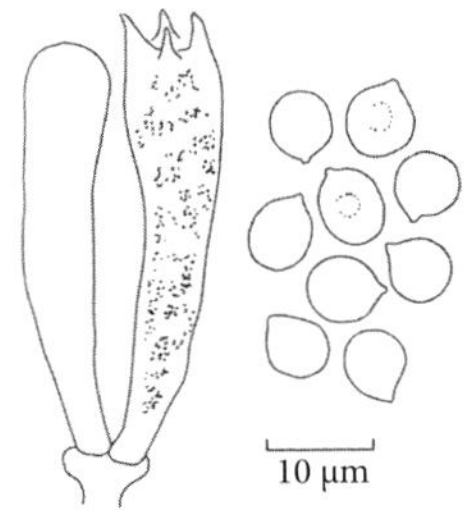

5.12.05 *Lyophyllum decastes*,
Büscheliger Rasling

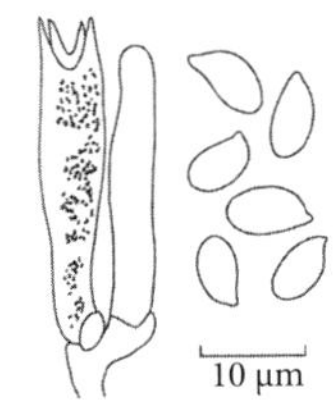

5.12.36 *Sphagnurus paluster*,
Gemeines Sumpfgraublatt

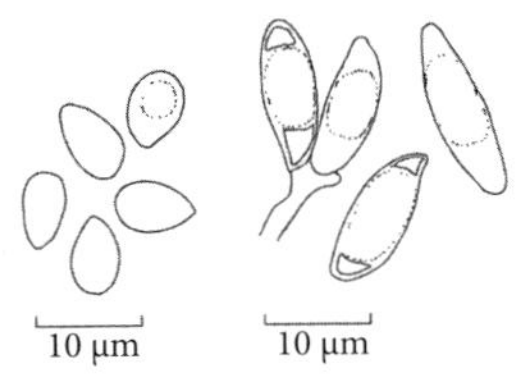

5.12.42 *Asterophora parasitica*,
Beschleierter Zwitterling

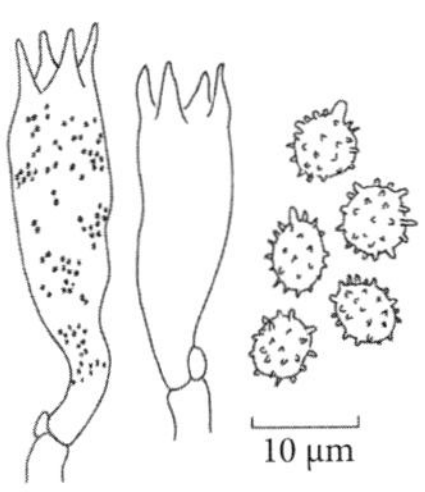

5.12.30 *Sagaranella tylicolor*,
Stachelsporiger Graublattrübling

5.12.27 *Tephrocybe ambusta*,
Höckersporiges Graublatt

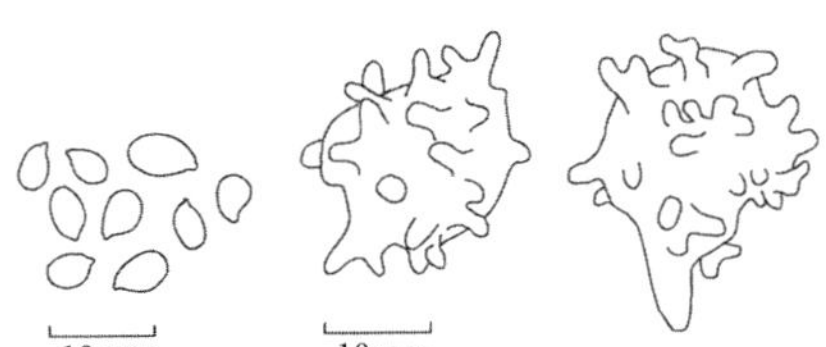

5.12.41 *Asterophora lycoperdoides*,
Stäubender Zwitterling

5.12 *Lyophyllum*, Raslinge und Ähnliche
(A1) Fleisch und Lamellen nicht verfärbend
▹ auf Erde

- auf Erde wachsend
  - Hut weiß
    - Hut ohne Flecken
      - Geruch stark parfümiert (Lerchensporn, grüne Erbsen), büschelig …… **01 *Leucocybe connata*, Büscheliger Weißtrichterling**
      - Geruch pilzartig, evtl. säuerlich
        - im Laub- oder Nadelwald …… 5.5.12 *Clitocybe phyllophila*, Streuliebender Trichterling
        - bei Grünerlen, Geschmack pilz- bis rettichartig …… 04 *Neoclitocybe alnetorum*, Grünerlen-Schleimtrichterling
      - Geruch grasartig, Mais, Tomatenblätter …… 02 *Leucocybe candicans*, Wachsstieliger Weißtrichterling
      - Geruch ranzig, Hut gebuckelt, eher klein (1–3 cm) …… 20 *Lyophyllum conocephalum*, Kegelhütiger Rasling
    - Hut mit rostfarbenen Flecken, Geruch holzartig, säuerlich …… **5.18.01 *Rhodocollybia maculata*, Gefleckter Rosasporrübling**
  - Hut blassbraun, grau, graubraun, ockerbraun bis schwarzbraun
    - Geruch unauffällig oder grasartig, säuerlich, schwach rettichartig
      - Hut > 3 cm breit
        - meist büschelig
          - Hut jung cremeweiß, später ocker, Hutfleisch elastisch …… **05 *Lyophyllum decastes*, Büscheliger Rasling**
          - Hut jung grau, später grauocker, Hutfleisch elastisch …… 06 *Lyophyllum fumosum*, Frost-Rasling
          - Hut graubraun, Hutfleisch stark knorpelig …… 07 *Lyophyllum loricatum*, Gepanzerter Rasling
        - kaum büschelig
          - Hut fleischockerlich, Lamellen cremeweiß bis cremerosa, Sporen rau …… 5.13.07 *Gerhardtia incarnatobrunnea*, Fleischbräunlicher Schönkopf
          - Hut haselbraun, Lamellen weißgrau, Sp. glatt, spindelförmig, > 9 µm …… 23 *Tephrocybe fusispora*, Spindelsporiges Graublatt
          - Hut ockerbräunlich, Lamellen weißgrau, Sp. glatt, oval, < 9 µm lang …… 32 *Myochromella inolens*, Geruchloses Scheingraublatt
      - Hut < 3 cm breit, Geruch unauffällig bis schwach aromatisch
        - Sporen < 6 µm lang,
          - Hut blass graulich, Rand feucht gerieft …… 25 *Tephrocybe cessans*, Tannen-Graublatt
          - Hut weißlich, alpin bei Silberwurz *Dryas* …… 03 *Clitocybe dryadicola*, Dryas-Trichterling
        - Sporen > 6 µm lang
          - Hut grau- bis dunkelbraun, Stielspitze weißflockig …… 24 *Tephrocybe murina*, Braunes Graublatt
          - Hut hellbraun, allenfalls mit olivem Schein, Stiel weißflockig …… 32 *Myochromella inolens*, Geruchloses Scheingraublatt
    - Geruch mehlartig, ranzig (auch unangenehm käseartig)
      - auf Brandstellen, Hut < 2,5 cm breit
        - Hutrand gerieft
          - Hut ohne Papille, Hutmitte oft etwas eingedellt …… 26 *Tephrocybe anthracophila*, Kohlen-Graublatt
          - Hut oft mit Papille, Hutmitte kaum eingedellt …… 27 *Tephrocybe ambusta*, Höckersporiges Graublatt
        - Hutrand nicht gerieft
          - Hut feucht dunkel- bis schwarzbraun, Sporen > 5 µm lang …… 28 *Tephrocybe atrata*, Traniges Kohlen-Graublatt
          - Hut blassgrau, Sporen < 5 µm lang …… 34 *Tephrocybe mephitica*, Kleinsporiges Graublatt
      - in Wald, Wiese, Sumpf
        - Stiel auffällig wurzelnd, lang, Hut grau, stumpf gebuckelt, hygrophan …… 29 *Tephrocybe rancida*, Wurzel-Graublatt
        - Stiel höchstens leicht wurzelnd
          - Sporen stachelig, Hut feucht braun, trocken beige bis ockerlich …… 30 *Sagaranella tylicolor*, Stachelsporiger Graublattrübling
          - Sporen glatt
            - Stiel oder Stielspitze faserig-flockig
              - Geruch stark nach Mehl, Gurke
                - Hut feucht grau- bis olivbraun …… 19 *Lyophyllum ozes*, Faserstieliger Graublattrübling
                - Hut feucht ocker- bis rötlichbraun …… 31 *Myochromella boudieri*, Dunkelstieliges Scheingraublatt
                - Hut gebuckelt, blassbeige, dickfleischig …… 20 *Lyophyllum conocephalum*, Kegelhütiger Rasling
              - Geruch höchstens schwach mehlartig …… 32 *Myochromella inolens*, Geruchloses Scheingraublatt
            - Stiel glatt oder bereift bis faserig, jedoch nicht flockig
              - Hut blass graubraun
                - Hutrand nicht gerieft, im Auenwald, im Winterhalbjahr …… 33 *Tephrocybe platypus*, Winter-Graublatt
                - Hut bis fast zur Mitte gerieft …… 35 *Tephrocybe striipilea*, Starkgerieftes Graublatt
              - Hut graubraun, ocker, beige, olivbraun, dunkelbraun
                - bei Torfmoos …… 36 *Sphagnurus paluster*, Gemeines Sumpfgraublatt
                - vorwiegend an grasigen Stellen, auf Weiden, bei Wacholder …… 37 *Tephrocybe putida*, Dickfleischiges Graublatt
                - vorwiegend im Laubwald …… 38 *Tephrocybe baeosperma*, Kleinsporiges Mehl-Graublatt
                - vorwiegend im Nadelwald, bis subalpin
                  - Lamellen grauweiß, ausgebuchtet angewachsen
                    - im Nadelwald, oft bei Wacholder, Sporen < 6,5 µm …… 39 *Tephrocybe confusa*, Dickstieliges Graublatt
                    - im Nadel-/Mischwald, Sporen teilweise > 6,5 µm lang …… 40 *Tephrocybe coracina*, Flachstieliges Graublatt
                  - Lamellen cremebeige, leicht herablaufend …… 5.5.27 *Clitocybe foetens*, Stinkender Trichterling
  - Hut orangebraun, hygrophan, Geruch mehlartig-ranzig …… 6.1.15 *Rhodophana nitellina*, Gelbfuchsiger Tellerling

5.12 *Lyophyllum*, Raslinge und Ähnliche
(A2) Fleisch und Lamellen nicht verfärbend
▹ auf Holz oder faulenden Pilzen

auf Holz wachsend, Stiel oft exzentrisch
- Lamellen weißlich, Hut weißlich, cremeockerlich, Mehlgeruch, auf Laubholz
  - Hut cremeocker, oft marmoriert und deutlich > 10 cm breit — 21 *Hypsizygus ulmarius*, Ulmen-Holzrasling
  - Hut weißlich grau, matt bereift, Scheitel evtl. rosaockerlich eher < 10 cm breit — 22 *Ossicaulis lignatilis*, Bepuderter Weinfass-Holztrichterling
- Lamellen gelb, Hut ockerlich, olivbräunlich, Geruch unauffällig, auf Nadelholz — 5.3.05 *Callistosporium luteo-olivaceum*, Gelbblättriger Goldrübling

auf faulenden Pilzen wachsend, kleine, weißliche Arten bis ca. 2 cm breit
- Hutoberfläche glatt, bald braun pulverig, Lamellen kaum ausgebildet — 41 *Asterophora lycoperdoides*, Stäubender Zwitterling
- Hutoberfläche schleierartig überfasert, Lamellen deutlich, ockerbräunlich — 42 *Asterophora parasitica*, Beschleierter Zwitterling

5.12 *Lyophyllum*, Raslinge und Ähnliche (B) Fleisch und Lamellen verfärbend

- Lamellen gelblichweiß, gelb bis grünlichocker
  - erst rötend, dann schwärzend, vorwiegend in der Schweiz
    - Hut violettgrau — 5.13.14 *Calocybe favrei*, Favres Schönkopf
    - Hut grüngelb, bald olivocker — 5.13.13 *Calocybe ochracea*, Ockerfarbener Schönkopf
  - direkt grauend, schwärzend, Hut weißlich, blasslila, im Mittelmeerraum
    - bei Eukalyptus, Lamellen buchsgelb, Geruch mehlartig — 08 *Lyophyllum eucalypticum*, Eukalyptus-Rasling
    - bei Zypresse, Lamellen lebhaft gelb, Geruch schwach, etwas süßlich — 5.13.15 *Calocybe hypoxantha*, Schmutziger Schönkopf
- Lamellen und Hut weißlich bis grau, graubraun, braun
  - erst blauend (graublau), dann schwärzend
    - Geruch mehlartig, ranzig, Lamellen entfernt stehend, Sporen kugelförmig — 09 *Lyophyllum caerulescens*, Dickblättriger Rasling
    - Geruch nicht oder schwach mehlartig
      - Sporen ellipsoid, warzig — 5.13.04 *Calocybe gangraenosa*, Gerberei-Schönkopf
      - Sporen dreieckig (von der Seite) — 10 *Lyophyllum transforme*, Dreiecksporiger Rasling
      - Sporen rautenförmig (von allen Seiten) — 11 *Lyophyllum deliberatum*, Rautensporiger Rasling
  - direkt schwärzend (ohne Blau oder Rot)
    - Hut durchscheinend gerieft (feucht), 2–6 cm, Sporen ellipsoid-spindelig — 12 *Lyophyllum semitale*, Spindelsporiger Rasling
    - Hut nicht durchscheinend gerieft
      - Hut gelbbraun, 6–10 cm, alpin, Sporen > 9 µm lang, ellipsoid-rhomboid — 13 *Lyophyllum macrosporum*, Großsporiger Rasling
      - Hut weißlich, grau, graubraun, dunkelbraun
        - Hut > 3 cm breit, Sporen glatt
          - Hut weißlich bis hell graubraun, Sporen kugelig — 14 *Lyophyllum paelochroum*, Lehmfarbener Rasling
          - Hut grauweiß bis graubraun, Sporen oval — 15 *Lyophyllum konradianum*, Mausgrauer Rasling
          - Hut dunkelrot- bis schwarzbraun, Sporen oval — 16 *Lyophyllum tenebrosum*, Dunkler Rasling
          - Hut braungrau, bis 20 cm, Stielbasis keulig verdickt, Sporen dreieckig — 18 *Lyophyllum rhopalopodium*, Derbknolliger Rasling
        - Hut < 3 cm breit
          - Sporen stachelig, Hut glatt, braun — 17 *Lyophyllum oldae*, Waldfreund-Graublatt
          - Sporen glatt, Hut feinflaumig, schwarzbraun — 5.19.29 *Hydropus atramentosus*, Schwärzender Wasserfuß
  - rötend, dann schwärzend, Hut graubraun, 2–5 cm, Sporen amyloid, Mehlgeruch — 5.1.72 *Dermoloma magicum*, Magischer Samttritterling

5.12.01 *Leucocybe connata* (Schumach.) Vizzini, P. Alvarado, G. Moreno & Consiglio, ***Lyophyllum connatum*** (Schumach.) Singer ? ☠
Büscheliger Weißtrichterling, Weißer Rasling

H: 3–10 cm, firnisartig weiß, darunter teilweise ockerliche Töne sichtbar. **L:** schwach herablaufend, einzelne gegabelt, ziemlich dicht, weiß bis creme. **St:** weiß, Basis meist verjüngt. **F:** weiß, knorpelig. **Ger:** aufdringlich, stechend-parfümiert (ähnlich wie Lerchensporn *Corydalis*). **Ges:** mild. **Spp:** weiß. **V:** meist dicht büschelig, im Laub- und Nadelwald, Park, am Wegrand; Sommer bis Herbst. **Mik:** Basidien nicht siderophil (höchstens bei jungen Pilzen), Sporen glatt, ellipsoid, 5,5–6,5 × 3,5–4 µm. (D 273, Kr 3.305, BK 3.256, Lu 1.44.3, 🖼).

Gemäß FLAMMER & HORAK 2003 wird vom Genuss dieses Pilzes abgeraten, weil die nachgewiesenen mutagenen Substanzen Lyophillin und Connatin bei wiederholtem Verzehr Krebs auslösen könnten. Gut 10 Jahre später weist FLAMMER 2014 jedoch darauf hin, dass es sich um einen Hinweis auf mögliche Gefahren, nicht um gesicherte Ergebnisse handelt.

5.12.02 *Leucocybe candicans* (Pers.) Vizzini, P. Alvarado, G. Moreno & Consiglio, *Clitocybe candicans* (Pers.) P. Kumm. ☠
Wachsstieliger Weißtrichterling, Wachsstieliger Trichterling

H: 2–4 cm, gewölbt, später etwas trichterig, reinweiß bis schmutzig weißlich, evtl. schwach hygrophan, Rand nach unten gebogen bis etwas eingerollt. **L:** gerade bis schwach herablaufend, weiß bis creme. **St:** weißlich, faserig, Spitze flockig. **F:** dünn, weißlich. **Ger:** schwach aromatisch (grasartig, nach Mais, zerdrückten Tomatenblättern). **Ges:** mild. **Spp:** weiß. **V:** im Laubwald, vor allem auf Laubstreu, selten im Nadelwald. **Mik:** Basidien nicht siderophil, Sporen glatt, ellipsoid bis etwas zylindrisch, 5–6,5 × 3–3,5 µm. **Ch:** mit Eisensulfat $FeSO_4$ violett. (BK 3.152, Lu 3.102.66A, 🖼).

5.12.03 *Clitocybe dryadicola* (J. Favre) Harmaja, *C. candicans* var. *dryadicola* Lamoure, Dryas-Trichterling: Lamellen etwas ausgebuchtet bis leicht herablaufend, gedrängt, cremegelblich werdend, Sporenpulver evtl. ockerlich; in der alpinen Zone bei Silberwurz *Dryas octopetala*. Die alpine Varietät wird von einigen Autoren ebenfalls zur Hauptart *L. candicans* und damit auch zur Gattung *Leucocybe* gezählt. (BK 3.158, Lu 3.102.66B, 🖼).

Clitocybe tuba (Fr.) Gillet, Weißer Trompeten-Trichterling: wurde mit stark herablaufenden Lamellen, seidiger Hutoberfläche und wellig-verbogenem Hut lange als eigene Art behandelt, gilt inzwischen jedoch mehrheitlich als Synonym von *L. candicans*.

Clitocybe gallinacea (Scop.: Fr.) J. E. Lange: Hut kleiner als 2 cm, Geruch unangenehm, Geschmack bitter, ranzig. Gilt gemäß LUDWIG 2012 ebenfalls als Synonym von *L. candicans*.

5.12.04 *Neoclitocybe alnetorum* (J. Favre) Singer, *Clitocybe alnetorum* J. Favre, Grünerlen-Schleimtrichterling, Bleiweißer Grünerlen-Trichterling: Lamellen ziemlich gedrängt und bald creme bis beige; bei Grünerle *Alnus alnobetula*, lokal zum Teil häufig; Spätsommer bis Herbst. (BK 3.149, Lu 3.102.62).

5.12.05 *Lyophyllum decastes* (Fr.) Singer 🍴
Büscheliger Rasling

H: 5–12 cm, graubraun, haselbraun, tonbraun, glatt. **L:** schwach ausgebuchtet bis schwach herablaufend. **St:** cremebeige. **F:** weiß, elastisch. **Ger:** unauffällig. **Ges:** mild. **Spp:** weiß. **V:** Laub- und Nadelwald, Park, Wegrand; Spätsommer bis Herbst. **Mik:** Basidien siderophil, Sporen, glatt, kugelig, 5–7 × 5–6,5 µm. (D 275, Kr 3.307, BK 3.257, Lu 1.44.2, 🖼).

5.12.06 *Lyophyllum fumosum* (Pers.) P.D. Orton, Frost-Rasling: Hut dunkler braun, eingewachsen faserig, Rand lange eingerollt, Geruch mehlartig. (BK 3.260, 🖼).

5.12.07 *Lyophyllum loricatum* (Fr.) Kühner ex Kalamees, Gepanzerter Rasling: Hut umbrabraun, olivschwärzlich, anfangs höckerig-runzelig, Fleisch knorpelig, fest. (D 274, BK 3.262, 🖼).

Die meisten Autoren betrachten *L. fumosum* und *L. loricatum* als Varietäten: *L. decastes* var. *fumosum* (Pers.) Gminder bzw. *L. decastes* var. *loricatum* (Fr.) Kühner oder vereinen sie im breiteren Formenkreis der Hauptart.

5.12.08 *Lyophyllum eucalypticum* (A. Pearson) M.M. Moser, Eukalyptus-Rasling: Hut 5–9 cm, weiß, später blassbräunlich, Lamellen buchsbaumgelb, Stiel weiß, Fleisch grauend, schwärzend, Geruch und Geschmack mehlartig; unter Eukalyptus *Eucalyptus*, im Mittelmeerraum.

5.12.09 *Lyophyllum caerulescens* Clémençon ex Kibby
Dickblättriger Rasling

H: 5–10 cm, graubraun, olivgrau, schwarzbraun, oft dunkel wasserfleckig. **L:** breit angewachsen bis schwach herablaufend, dicklich, weißgrau, Druckstellen auffällig himmelblau, später grauschwarz verfärbend. **St:** weiß, Basis verjüngt. **F:** blassbraun, erst blauend, dann schwärzend. **Ger:** mehlartig. **V:** im Laub- und Nadelwald, in Parks. **Mik:** Basidien siderophil, Sporen glatt, kugelförmig, 6–7 µm. (Lu 1.44.19, 🖼).

5.12.01 *Leucocybe connata*, Büscheliger Weißtrichterl.

5.12.02 *Leucocybe candicans*, Wachsstieliger Weißtr.

5.12.03 *Clitocybe dryadicola*, Dryas-Trichterling

5.12.05 *Lyophyllum decastes*, Büscheliger Rasling

5.12.06 *Lyophyllum fumosum*, Frost-Rasling

5.12.07 *Lyophyllum loricatum*, Gepanzerter Rasling

5.12.09 *Lyophyllum caerulescens*, Dickblättriger Rasling

Gröger 2006 bezweifelt die Abgrenzung zwischen *L. caerulescens* und *L. paelochroum*, da Clémençon 1982c bei *L. paelochroum*, ebenfalls eine blaue Verfärbung erwähnt. Bellanger et al. 2015 belegen mittels DNA-Analyse die Übereinstimmung.

5.12.10 *Lyophyllum transforme* (Sacc.) Singer
Dreiecksporiger Rasling, Blauender Rasling

H: 4–7 cm, glatt, matt, ockerbraun bis dunkelbraun, Mitte dunkler, Rand heller, feucht evtl. schwach gerieft. **L:** ausgebuchtet angewachsen, oft gegabelt, weißlich, Druckstellen erst blauend, dann schwärzend. **St:** Spitze weißlich, abwärts zunehmend braun bis braunschwarz, eingewachsen faserig, Basis verdickt. **F:** weißlich, grauend, in der Stielbasis schwärzend. **Ger:** schwach aromatisch. **Ges:** mild. **Spp:** weiß. **V:** im Nadelwald, seltener im Laubwald; Sommer bis Herbst. **Mik:** Basidien siderophil, Sporen glatt, dreieckig bis rhomboid, 8–9,5 × 4,5–7,5 µm. (D 271, BK 3.270, Lu 1.44.14,).

5.12.11 *Lyophyllum deliberatum* (Britzelm.) Kreisel
Rautensporiger Rasling

H: 4–8 cm, kahl, eingewachsen faserig, erst blassbräunlich, bald dunkelbraun. **L:** ausgebuchtet bis gerade angewachsen, weißlich, später grau, Druckstellen blau, bald schwarz verfärbend. **St:** weißlich, Druckstellen und im Alter bräunlich, Basis oft etwas verdickt. **F:** grauweißlich, schwärzend. **Ger:** erdartig. **V:** im Laub- und Nadelwald; ab Sommer, vor allem im Herbst. **Mik:** Basidien siderophil, Sporen mandel- oder zitronenförmig bis etwas rhomboid, 8,5–11,5 × 5,5–6,5 µm. (Kr 3.310, Lu 1.44.13).

5.12.12 *Lyophyllum semitale* (Fr.) Kühner ex Kalamees
Spindelsporiger Rasling, Hygrophaner Rasling

H: 2–5 cm, glatt, fettig wirkend, hygrophan, feucht beigebraun, evtl. mit durchscheinenden Lamellen, trocken blass graubeige, Rand lange heruntergebogen. **L:** breit angewachsen bis etwas herablaufend, cremefarben, nach Stunden schwärzend. **St:** blassocker, faserig, im Alter schwärzend. **F:** dünn, wässerig graubraun, schwärzend. **Ger:** ranzig. **Ges:** mild, ranzig. **Spp:** weiß. **V:** im Nadelwald, in Erlengebieten *Alnus*, vorwiegend in höheren Lagen. **Mik:** Basidien siderophil, Sporen glatt, ellipsoid bis etwas mandelförmig spindelig, 7–9 × 4–4,5 µm. (BK 3.268, Lu 1.44.20,).

5.12.13 *Lyophyllum macrosporum* Singer
Großsporiger Rasling

H: 6–10 cm, lebhaft honiggelb, gelbbraun. **L:** gerade angewachsen bis etwas herablaufend, entfernt, dick, weiß. **St:** blass gelbbräunlich. **V:** in feuchter Bergwiese, alpine Lagen. **Mik:** Basidien siderophil, Sporen glatt, rhomboid bis fast dreieckig, 9–12 × 5–7 µm. (Lu 1.44.23).

5.12.14 *Lyophyllum paelochroum* Clémençon
Lehmfarbener Rasling, Rauchgrauer Rasling

H: 4–8 cm, blass graubraun, haselnussbraun, schwach sepiabraun, Rand erst eingerollt, evtl. etwas gerippt. **L:** schwach ausgebuchtet bis etwas herablaufend, dicklich, nicht entfernt, cremefarben und zunehmend bräunlich, Druckstellen grauend, schwärzend. **St:** blass graubraun, faserig. **F:** blassbraun, grauend, schwärzend. **Ger:** erdig bis mehlartig. **Ges:** mehlartig. **V:** einzeln bis büschelig, im Nadelwald, an grasigen Stellen; Spätsommer bis Herbst. **Mik:** Basidien siderophil, Sporen glatt, kugelig, 4–7 × 4–6,5 µm. (Lu 1.44.21).

Gemäß Gröger 2006 und nun auch mittels DNA-Analysen (Bellanger et al. 2015) gilt *L. caerulescens,* Dickblättriger Rasling als Synonym. Das würde bedeuten, dass vor dem Schwärzen ein Blauen auftreten kann oder eben nicht.

5.12.15 *Lyophyllum konradianum* (Maire) Kühner & Romagn., Mausgrauer Rasling: Hut 3–5 cm, weißlich bis mausgrau, Lamellen dicklich. Sporen glatt, schmal ellipsoid, 3,5–6 × 2–3 µm. (Lu 1.44.22).

5.12.16 *Lyophyllum tenebrosum* Clémençon, Dunkler Rasling: Hut 4–7 cm, dunkel kastanienbraun, bald schwarzfleckig, Lamellen weißlichgrau, Stiel blass, abwärts bräunlich, Geruch unangenehm. Sporen glatt, ellipsoid, 4–5,5 × 1,5–3 µm. (Lu 1.44.18).

5.12.17 *Lyophyllum oldae* (Svrček) Clémençon, Waldfreund-Graublatt: Hut 1,5–2,5 cm, hellgrau, graubraun bis rötlichbraun, vom Rand her schwärzend. Sporen stachelig-warzig, 6–8 × 4,5–6,5 µm.

Nur durch schwärzendes Fleisch unterscheidet sich *Sagaranella tylicolor,* Stachelsporiger Graublattrübling von *L. oldae* und gilt bei Horak 2005 und Ludwig 2001 als Synonym.

5.12.18 *Lyophyllum rhopalopodium* Clémençon
Derbknolliger Rasling

H: 8–20 cm, matt, stellenweise mit winzigen spitzen Schüppchen (Lupe!), braungrau bis dunkelbraun, oft mit Olivton. **L:** gedrängt, weiß bis blass graubraun, Schneiden unregelmäßig schartig. **St:** dick, oft keulig bis knollig verdickt, teilweise wurzelnd, Spitze kleiig. **F:** weiß, erst grauend dann schwärzend. **Ger:** pilzartig, unauffällig. **Ges:** mild. **V:** einzeln bis büschelig, im Laubwald, vorwiegend bei Buche *Fagus*; Spätsommer bis Herbst. **Mik:** Basidien siderophil, Sporen glatt, dreieckig bis rautenförmig, 7,5–9 × 5,5–75 µm. (Lu 1.44.12,).

5.12.19 *Lyophyllum ozes* (Fr.) Singer, *Collybia ozes* (Fr.) Sacc.
Faserstieliger Graublattrübling

H: 1–4 cm, glatt, hygrophan, feucht grau- bis olivbraun, trocken graubeige, Rand heller, durchscheinend gerieft. **L:** fast frei bis ausgebuchtet und etwas am Stiel herabgezogen, beige. **St:** weiß faserig auf graubraunem Grund, Spitze weiß flockig. **F:** dünn, wässerig graubraun. **Ger:** mehlartig, ranzig. **Ges:** mild. **Spp:** weiß. **V:** im Nadelwald; Herbst bis Spätherbst. (Kr 3.323, BK 3.264).

5.12.10 *Lyophyllum transforme,* Dreiecksporiger Rasling

5.12.12 *Lyophyllum semitale,* Spindelsporiger Rasling

5.12.18 *Lyophyllum rhopalopodium,* Derbknolliger Rasling

5.12.20 *Lyophyllum conocephalum* (P. Karst.) Clémençon
Kegelhütiger Rasling

H: 1–3 cm, kegelig und später gewölbt und deutlich gebuckelt, hygrophan, glatt, beige. **St:** beige, fein faserig-flockig, Spitze glatt. **F:** fest, dick, blassbeige. **Ger:** ranzig. **Spp:** weiß. **V:** im Mischwald; Sommer bis Herbst. **Mik:** Basidien siderophil, Sporen glatt, ellipsoid bis etwas asymmetrisch rhomboid, 7–9 × 4–5 µm. (Lu 1.44.29).

5.12.21 *Hypsizygus ulmarius* (Bull.) Redhead, *Lyophyllum ulmarium* (Bull.) Kühner
Ulmen-Holzrasling, Ulmen-Rasling, Shirotamogitake

H: 7–25 cm, ockerweißlich bis graubraun, glatt, oft marmoriert fleckig, Rand lange heruntergebogen. **L:** ± gerade angewachsen (evtl. etwas ausgerandet), ziemlich dicht, weißlich bis creme. **St:** meist exzentrisch angewachsen, wie der Hut gefärbt, längsfaserig. **F:** dick, zäh, weiß. **Ger:** säuerlich. **Ges:** mild. **Spp:** weißlich. **V:** meist büschelig, an absterbendem Laubholz, vorwiegend Ulme *Ulmus*; Spätsommer bis Herbst. **Mik:** Basidien nicht siderophil, Sporen glatt, kugelig, 5,5–6 × 5–5,5 µm. (D 272, Kr 3.277, BK 3.272, Lu 1.44.1, 🖼).

Hypsizygus tessulatus (Bull.) Singer, Buchen-Holzrasling, Buchen-Rasling, Buna-Shimeji, Shimeji: vorwiegend büschelig, ebenfalls auf Laubholz, häufig Buche *Fagus*, Hut eher kleiner. Sporen ebenfalls kleiner und praktisch kugelförmig 4–5 µm. Zunehmend als Zuchtpilz im Handel erhältlich. Gemäß Bellanger et al. 2015 ist die Art jedoch mit *H. ulmarius* identisch.

Lactocollybia epia (Berk. & Broome) Pegler, Büscheliger Milchrübling, Mandelsporiger Milchrübling: Hut 1–5 cm breit, milchweiß bis etwas gelblich, hygrophan, Lamellen etwas herablaufend, nicht gedrängt, weiß; büschelig, auf Laubholz, in Südeuropa (Sardinien, Spanien). Basidien nicht siderophil, Sporen glatt, schmal ellipsoid bis etwas spindelig, mandelförmig, 7–11 × 4–5,5 µm. (Lu 3.110.1).

5.12.22 *Ossicaulis lignatilis* (Pers.) Redhead & Ginns, *Clitocybe lignatilis* (Pers.) P. Karst.
Bepuderter Weinfass-Holztrichterling

H: 3–9 cm, selten auch größer, fast rund bis elliptisch, weißlich bis blassgrau, im Scheitel bisweilen rosaockerlich, schwach hygrophan, glatt bis feinsamtig, Rand durchscheinend gerieft, evtl. rippig. **L:** gerade angewachsen und mit Zahn leicht herablaufend, Flächen oft runzelig, milchweiß bis blassrosa, creme. **St:** leicht exzentrisch bis fast seitlich, weißlich, creme, fein längsfaserig. **F:** weiß, dünn, eher zäh. **Ger:** mehlartig. **Ges:** leicht mehlig. **Spp:** weiß. **V:** auf Laubholz; Sommer bis Herbst. **Mik:** Basidien nicht siderophil, Sporen glatt, ellipsoid, 4–6 × 2,5–3,5 µm. (BK 3.168, Lu 1.58.1, 🖼).

Ossicaulis lachnopus (Fr.) Contu: Hut eher graubeige. Sporen 2,5–4 × 2–2,5 µm.

5.12.23 *Tephrocybe fusispora* (Hora) M.M. Moser, *Lyophyllum fusisporum* (Hora) Gulden
Spindelsporiges Graublatt

H: 3–7 cm, trocken schmutzigweißlich, feucht haselnuss- bis olivbraun, evtl. gerieft. **L:** breit angewachsen bis herablaufend, grauweißlich. **St:** schmutzig, blass, fein bräunlich überfasert. **V:** im Laubwald, vorwiegend zwischen Buchenlaub *Fagus*. **Mik:** Basidien siderophil, Sporen glatt, spindelig, 9,5–11 × 3,5–4 µm. (Lu 1.44.35).

5.12.24 *Tephrocybe murina* (Batsch) M.M. Moser, *Lyophyllum murinum* (Batsch) M.M. Moser
Braunes Graublatt

H: 1–3 cm, ausgebreitet und oft gebuckelt, graubraun, dunkelbraun, feucht durchscheinend gerieft. **L:** ausgebuchtet und schmal angeheftet, graulich. **St:** etwas blasser als der Hut, Spitze weißflockig. **Ger:** unauffällig. **Ges:** mild **V:** im Laub- und Mischwald. **Mik:** Basidien siderophil, Sporen glatt, ellipsoid, 6,5–8 × 4–5 µm.

Tephrocybe misera (Fr.) M.M. Moser ex Contu & Vizzini, *Lyophyllum miserum* (Fr.) Singer, Wechselfarbiges Graublatt: nur im Nadelwald. Sporen 5–7 × 2,5–3,5 µm. Die Abgrenzung ist unklar.

5.12.25 *Tephrocybe cessans* (P. Karst.) M.M. Moser, *Lyophyllum cessans* (P. Karst.) M.M. Moser
Tannen-Graublatt

H: 1–3 cm, blass graulich, feucht durchscheinend gerieft. **L:** breit angewachsen, entfernt, queradrig, weißlich. **St:** wie der Hut gefärbt, Spitze weißlich bestäubt. **Ger:** unauffällig. **V:** im Nadelwald. **Mik:** Basidien siderophil, Sporen glatt, breit ellipsoid bis kugelig, 5,5–6,5 × 4–4,5 µm. (Kr 3.320, Lu 1.44.37).

5.12.26 *Tephrocybe anthracophila* (Lasch) P.D. Orton,
Lyophyllum anthracophilum (Lasch) M. Lange & Sivertsen
Kohlen-Graublatt

H: 1–3 cm, gewölbt, Mitte evtl. etwas eingedellt, ohne Papille, hygrophan, trocken beigebraun, feucht dunkelbraun bis schwarzbraun mit gerieftem, fein gekerbtem Rand. **L:** breit angewachsen, schwach ausgebuchtet bis etwas herablaufend, weißlich bis graubeige. **St:** dunkel- bis schwarzbraun, etwas faserig, Spitze bereift. **F:** dünn, beige. **Ger:** stark mehlig-ranzig. **Ges:** mehlig. **Spp:** weiß. **V:** auf alten Brandstellen; Herbst bis Winter. **Mik:** Basidien siderophil, Sporen glatt, kugelförmig 4,5–6,5 µm. (D 277, Kr 3.318, BK 3.255, Lu 1.44.32, 🖼).

5.12.27 *Tephrocybe ambusta* (Fr.) Donk, *Lyophyllum ambustum* (Fr.) Singer, Höckersporiges Graublatt: Hut kaum > 2 cm breit, oft mit kleiner Papille, nicht eingedellt, Rand gerieft, Stiel weiß flockig. Basidien siderophil, Sporen grob höckerig mit stumpfen, halbkugeligen Auswüchsen, 5–8 × 4–6,5 µm. (BK 3.254, Lu 1.44.27).

5.12.28 *Tephrocybe atrata* (Fr.) Donk, *Lyophyllum atratum* (Fr.) Singer, Traniges Kohlen-Graublatt: Hut bis 5 cm breit, evtl. genabelt, Rand nicht gerieft, Stiel kahl, Basis etwas zottig; oft büschelig. Sporen glatt, ellipsoid, 4,5–8 × 3–6 µm.

5.12.21 *Hypsizygus ulmarius*, Ulmen-Holzrasling

5.12.22 *Ossicaulis lignatilis*, Bepuderter Weinfass-Holztrichterling

5.12.26 *Tephrocybe anthracophila*, Kohlen-Graublatt

5.12.29 *Tephrocybe rancida* (Fr.) Donk, *Lyophyllum rancidum* (Fr.) Singer Wurzel-Graublatt

H: 2–5 cm, meist gebuckelt, glatt, eingewachsen faserig, graubraun. **L:** ausgebuchtet und schmal angeheftet, graubräunlich. **St:** graubräunlich, grau, Spitze heller, Basis stark wurzelnd, teils mehrere Zentimeter im Boden. **F:** dünn, graulich. **Ger:** stark mehlig, ranzig. **Ges:** mehlartig, mild. **Spp:** weiß. **V:** im Laub- und Nadelwald; Spätsommer bis Spätherbst. **Mik:** Basidien siderophil, Sporen, glatt, schmal ellipsoid bis etwas spindelig, 6–8,5 × 3,5–4,5 µm. (D 279, BK 3.267, Lu 1.44.26).

5.12.30 *Sagaranella tylicolor* (Fr.) V. Hofst., Clémençon, Moncalvo & Redhead, *Tephrocybe tylicolor* (Fr.) M.M. Moser, *Lyophyllum tylicolor* (Fr.) M. Lange & Sivertsen Stachelsporiger Graublattrübling, Stachelsporiges Graublatt

H: 0,5–3 cm, hygrophan, feucht dunkelgraubraun, rötlichbraun, trocken beige bis ockerlich, oft gebuckelt, bisweilen gerieft. **L:** schmal angeheftet, hellgrau. **St:** graulich. **F:** dünn, wässerig graubraun, nicht schwärzend. **Ger:** schwach, mehlig bis etwas rettichartig. **Ges:** mild. **Spp:** weiß. **V:** im Laub- oder Mischwald; Sommer bis Herbst. **Mik:** Basidien siderophil, Sporen stachelig-warzig, 6–8 × 4–6,5 µm. (Kr 3.328, BK 3.271, Lu 1.44.30).

Sagaranella erosa (Fr.) V. Hofst., Clémençon, Moncalvo & Redhead, *Tephrocybe erosa* (Fr.) Bon, *Collybia erosa* (Fr.) Sacc., Geriefter Graublattrübling, Gerieftes Graublatt: auf feuchten Wiesen. Sporen 6–7,5 × 4,5–5,5 µm. (BK 3.258).

Sagaranella tesquorum (Fr.) V. Hofst., Clémençon, Moncalvo & Redhead, *Tephrocybe tesquorum* (Fr.) M.M. Moser ex Contu & Vizzini, *Lyophyllum tesquorum* (Fr.) Singer, Heide-Graublattrübling, Heide-Graublatt: auf trockenen Wiesen, an Waldrändern. Sporen 5,5–7 × 4,5–5,5 µm. (BK 3.269).

Lyophyllum graminicola (Bon) Ballero & Contu, *Tephrocybe graminicola* Bon, Wiesen-Graublatt: Hut silbrig-graulich, Rand nicht gerieft, Geruch schwach ranzig; auf Wiese.

Tephrocybe impexa (P. Karst.) M.M. Moser, *Lyophyllum impexum* (P. Karst.) Singer, Olivbraunes Graublatt: Hut trocken grau, feucht dunkel olivbraun bis olivschwarz und durchscheinend gerieft, Lamellen breit angeheftet, weißgrau, Stiel grau, knorpelig, Spitze weißmehlig; an grasigen Stellen. Verschiedene Autoren zählen diese ähnlichen Arten mit stachelig-warzigen Sporen alle zu *S. tylicolor*.

5.12.31 *Myochromella boudieri* (Kühner & Romagn.) V. Hofst., Clémençon, Moncalvo & Redhead, *Tephrocybe boudieri* (Kühner & Romagn.) Derbsch, *Lyophyllum boudieri* Kühner & Romagn. Dunkelstieliges Scheingraublatt, Flockenstieliges Graublatt

H: 1–4 cm, oft gebuckelt, hygrophan, feucht ocker- bis rötlichbraun, trocken blassocker mit radialen, blassen Streifen, Rand gerieft. **L:** stark ausgebuchtet angewachsen, cremebeige. **St:** graubraun, auf ganzer Länge silbrig übersponnen bis weißlich flockig-schuppig. **F:** dünn, bräunlich. **Ger:** mehlartig, stark ranzig. **Spp:** weiß. **V:** im Laub- und Nadelwald, auf kalkreichem Boden. **Mik:** Basidien siderophil, Sporen glatt, schmal ellipsoid, 6–8,5 × 3–4,5 µm. (D 280, Kr 3.319, Lu 1.44.40).

5.12.32 *Myochromella inolens* (Fr.) V. Hofst., Clémençon, Moncalvo & Redhead, *Tephrocybe inolens* (Fr.) M.M. Moser, *Lyophyllum inolens* (Fr.) Kühner & Romagn., Geruchloses Scheingraublatt, Geruchloses Graublatt: Hut etwas blasser, Stiel im oberen Teil weißlich flockig bis leicht sparrig-schuppig, fast geruchlos, höchstens schwach mehlartig; im Nadelwald. Sporen glatt, ellipsoid, 6,5–8 × 4–5 µm. (D 281, Kr 3.321, Lu 1.44.31).

5.12.33 *Tephrocybe platypus* (Kühner) M.M. Moser, *Lyophyllum platypum* Kühner Winter-Graublatt

H: 1–3 cm, hygrophan, feucht graubraun, trocken cremebeige, weißlich überfasert, Mitte oft etwas dunkler. **L:** breit angewachsen, ausgebuchtet bis schwach herablaufend, weißlich bis graubeige. **St:** graubraun, oft flach mit Mittelfurche, Spitze meist etwas heller. **F:** dünn, graubraun. **Ger:** mehlartig, stark ranzig. **Ges:** ranzig, mehlig, mild. **Spp:** weiß. **V:** im Wald, Auenwald, oft auf Laubstreu; vorwiegend im Winter. **Mik:** Basidien siderophil, Sporen glatt, ellipsoid, 4–6,5 × 3–4 µm. (BK 3.266, Lu 1.44.25).

5.12.34 *Tephrocybe mephitica* (Fr.) M.M. Moser, *Lyophyllum mephitica* (Fr.) Singer Kleinsporiges Graublatt

H: 1–3 cm, schmutzig weißgrau, ockergraulich, Rand blasser, nicht hygrophan und nicht gerieft. **L:** dicht, leicht abgerundet bis fast waagrecht angewachsen, graulich bis rosagraulich. **St:** aschgrau, bereift mehlig. **F:** dünn. **Ger:** stark mehlartig bis ranzig. **Ges:** mehlartig. **V:** im Wald, in Wiesen, auf Brandstellen; im Herbst. **Mik:** Basidien siderophil, Sporen glatt, ellipsoid, 3,5–4,5 × 2,5–3 µm. (Lu 1.44.36).

5.12.35 *Tephrocybe striipilea* (Fr.) Donk, *Lyophyllum striipileum* (Fr.) Donk Starkgerieftes Graublatt

H: 1–3 cm, schmutzig weißgrau, ockergraulich bis ockergelb, hygrophan, Rand blasser, bis fast zur Mitte gerieft. **L:** gerade angewachsen bis leicht herablaufend, cremeweiß, grauweiß **St:** graubraun, braun, kahl, Spitze höchstens ganz jung mehlig bereift. **F:** zart, ockerbräunlich, in der Stielbasis schwärzend. **Ger:** mehlartig. **Ges:** mehlartig. **V:** im Nadelwald, allenfalls auch im Laubwald oder auf Rasen. **Mik:** Basidien siderophil, Sporen glatt, breit ellipsoid, 6–7,5 × 4,5–6 µm.

5.12.29 *Tephrocybe rancida*, Wurzel-Graublatt

5.12.30 *S. tylicolor*, Stachelsporiger Graublattrübling

5.12.31 *M. boudieri*, Dunkelstieliges Scheingraubla

5.12.32 *Myochromella inolens*, Geruchloses Scheingr.

5.12.33 *Tephrocybe platypus*, Winter-Graublatt

5.12.36 *Sphagnurus paluster* (Peck) Redhead & V. Hofst., *Tephrocybe palustris* (Peck) Donk, *Lyophyllum palustre* (Peck) Singer Gemeines Sumpfgraublatt

H: 1–3 cm, glatt, schwach hygrophan, blassbraun, ockerbräunlich, feucht fast bis zur Mitte durchscheinend gerieft. **L:** ausgebuchtet und schmal angewachsen, weißlich bis cremebeige. **St:** graubraun, jung weißlich bereift. **F:** dünn, wässerig braun. **Ger:** mehlartig. **Ges:** mehlartig, mild. **Spp:** weiß. **V:** im Moor, an feuchten Stellen, bei Torfmoos *Sphagnum;* ab Frühsommer. **Mik:** Basidien siderophil, Sporen, glatt, schmal ellipsoid, 5,5–8,5 × 3–5 µm. (D 278, Kr 3.325, BK 3.265, Lu 1.44.41, 🖾).

5.12.37 *Tephrocybe putida* (P. Karst.) M.M. Moser, *Lyophyllum putidum* (P. Karst.) Singer Dickfleischiges Graublatt

H: 2–7 cm, hygrophan, graubraun, Rand fein gerieft. **L:** ausgebuchtet angewachsen, grau. **St:** blassgrau, streifig überfasert. **F:** blassgrau. **Ger:** stark mehlartig, ranzig oder nach Mäuse-Urin. **Ges:** mehlartig. **V:** in Waldwiesen, auf Weiden, oft bei Wacholder *Juniperus* oder Fichte *Picea;* Herbst. **Mik:** Basidien siderophil, Sporen glatt, ellipsoid, 5–6 × 3–3,5 µm.

5.12.38 *Tephrocybe baeosperma* (Romagn.) M.M. Moser, *Lyophyllum baeospermum* Romagn. Kleinsporiges Mehl-Graublatt

H: 1,5–4,5 cm, hygrophan, graubraun, Rand blasser und gerieft. **L:** schmal angeheftet, blassgrau. **St:** steif, blassbraun bis graubraun, Spitze bereift, Basis zunehmend schwärzlich. **Ger:** mehlartig. **V:** im Laubwald, an feuchten Stellen. **Mik:** Basidien siderophil, Sporen glatt, ellipsoid, 4–5 × 2–3 µm.

5.12.39 *Tephrocybe confusa* (P.D. Orton) P.D. Orton, *Lyophyllum confusum* (P.D. Orton) Gulden Dickstieliges Graublatt

H: 1,5–3,5 cm, glatt bis etwas gefurcht, trocken blass schmutzig cremefarben, feucht graubraun bis dunkler braun, höchstens am blasseren Rand schwach gerieft. **L:** weißlich bis schmutzig cremefarben. **St:** Spitze erst weiß, abwärts wie der Hut gefärbt. **Ger:** ranzig-mehlartig. **V:** vorwiegend im Nadelwald. **Mik:** Basidien siderophil, Sporen glatt, breit ellipsoid, 4,5–6,5 × 3–3,5 µm.

5.12.40 *Tephrocybe coracina* (Fr.) M.M. Moser, *Lyophyllum coracinum* (Fr.) Singer Flachstieliges Graublatt

H: 1–3 cm, trocken isabellocker, feucht braun, dunkelbraun, Rand gerieft. **L:** ausgebuchtet angewachsen, dicklich, weißlich bis grau. **St:** wie der Hut gefärbt, Spitze weiß bereift. **V:** im Nadelwald. **Mik:** Basidien siderophil, Sporen glatt, ellipsoid, 5,5–7 × 3,5–4,5 µm. (Lu 1.44.38).

5.12.41 *Asterophora lycoperdoides* (Bull.) Ditmar, *Nyctalis asterophora* Fr. Stäubender Zwitterling

H: 0,5–2,5 cm, halbkugelig, erst glatt, weißlich, später in braunes Pulver zerfallend (Chlamydosporen), Rand lange eingerollt mit flüchtigen Cortinaresten. **L:** etwas herablaufend, dicklich, oft schwach ausgebildet bis völlig reduziert, weißlich, blass graubraun. **St:** weißlich, später braun bis dunkel grau. **F:** weißlich. **Ger:** mehlartig bis ranzig oder fischartig. **Ges:** mehlartig, unangenehm. **V:** auf faulenden Täublingen oder Milchlingen, z. B. *Russula nigricans,* Dickblättriger Schwärz-Täubling oder ähnlichen Arten; Spätsommer bis Herbst. **Mik:** Basidiosporen, glatt, ellipsoid, 3–6 × 2–4 µm, Chlamydosporen stachelig, dickwandig, ellipsoid-kugelig, 10–20 µm lang. (D 286, Kr 3.474, BK 3.375, Lu 1.54.1, 🖾).

5.12.42 *Asterophora parasitica* (Bull.) Singer, *Nyctalis parasitica* (Bull.) Fr. Beschleierter Zwitterling

H: 0,5–2,5 cm, jung seidig-schleierartig überfasert, glockig, später schmutzigweißlich, oft etwas gebuckelt, im Alter vom Rand her bräunend. **L:** etwas herablaufend, weißlich, bald ockerbräunlich. **St:** dick weiß überfasert auf graubraunem Grund. **F:** dünn, weißlich. **Ger:** mehlartig, unangenehm. **Ges:** mild. **V:** auf faulenden Täublingen oder Milchlingen. **Mik:** Basidiosporen, glatt, ellipsoid, 5–6 × 3–4 µm, Chlamydosporen glatt, dickwandig, schmal ellipsoid, 20–30 µm lang. (D 287, Kr 3.476, BK 3.376, Lu 1.54.2, 🖾).

5.12.36 *Sphagnurus paluster,* Gemeines Sumpfgraublatt

5.12.41 *Asterophora lycoperdoides,* Stäubender Zwitterling

5.12.42 *Asterophora parasitica,* Beschleierter Zwitterling

5.13 *Calocybe,* Schönköpfe und Ähnliche

Basidiomycota, Ständerpilze > *Agaricomycetes* > *Agaricales,* Blätterpilze > *Tricholomataceae* s. l., Ritterlingsähnliche > *Lyophyllaceae,* Raslingsverwandte

Beschreibung

Zu den ***Calocybe,*** Schönköpfe gehören eine recht häufige, mittelgroße, weiße und fleischige Art mit sehr dichten, schmalen Lamellen und Mehlgeruch, die im Frühling wächst, sowie einige seltenere, meist kleinere Arten in gelben bis braunen Tönen oder in lieblichem Rosa, Lila, Violett, was der Gattung wohl ihren Namen verliehen hat. Die Hutform ist halbkugelig bis gewölbt, selten etwas gebuckelt. Die Lamellen sind gerade, schwach ausgebuchtet bis aufsteigend angewachsen, teilweise auch mit Zahn kurz herablaufend. Aufgrund der nahen Verwandtschaft zählen einige Arten je nach Literatur zu *Lyophyllum,* Raslinge oder zu *Calocybe,* Schönköpfe. Mehrere der bisherigen Schönkopfarten sind aktuell in der Gattung ***Rugosomyces,*** Dünnfleischschönköpfe. *C. incarnatobrunnea,* Fleischbräunlicher Schönkopf ist in einer neuen Gattung ***Gerhardtia,*** Scheinraslinge, *C. constricta,* Wurzelnder Schönkopf mit warzigen Sporen in der Gattung ***Tricholomella,*** Kleinritterlinge und *C. juncicola,* Binsen-Schönköpfchen mit jung rauen und reif glatten Sporen sowie sehr häufigen Schnallen in der Gattung ***Calocybella,*** Schönköpfchen.

Schönköpfe und die ähnlichen Arten wachsen auf Erde, in Wäldern, Wiesen und eine Art an Binsenstrünken. Sie sind alle Saprobionten.

Unter dem Mikroskop zeichnen sich *Calocybe*-Arten zusammen mit *Lyophyllum* durch siderophile Granulation aus. Dies bedeutet, dass auffällige Körnchen in den Basidien sich bei geeigneter Behandlung mit Eisenbeize und Karminessigsäure als schwarze Punkte sichtbar machen lassen. Die Sporen der Artengruppen sind mehrheitlich glatt, vereinzelt rau bis stachelig und ellipsoid-spindelig bis breit ellipsoid.

5.13.01 *Calocybe gambosa,* Maipilz

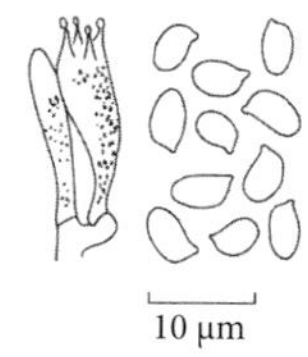

Basidie mit siderophiler Granulation   Sporen

Bestimmung

Die Bestimmung der Art oder Artengruppe ist nach den Farben von Hut und Lamellen und aufgrund der Wachstumszeit gut möglich, wenn man sich nicht auf die Abtrennung von Varietäten oder nah beieinanderliegenden Arten einlassen will.

Speisewerte

Calocybe gambosa, Maipilz ist essbar und eignet sich gut zum Sammeln. Er ist fleischig, schmeckt gut und wächst im eher speisepilzarmen Frühjahr. Die anderen Schönköpfe sind keine Speisepilze; sie sind selten, und man findet auch kaum Angaben über ihren Speisewert.

5.13 *Calocybe*, Schönköpfe und Ähnliche

- Lamellen weißlich, cremeockerlich
  - Hut weißlich, creme
    - Geruch und Geschmack mehlartig
      - im Frühjahr, dickfleischig, Hut > 5 cm — **01 *Calocybe gambosa*, Maipilz**
      - im Herbst, Stiel oft wurzelnd, flüchtige Ringreste, Sporen stachelig-warzig — 03 *Tricholomella constricta,* Gegürtelter Kleinritterling
    - Geruch fruchtig, Geschmack schärflich — 02 *Gerhardtia piperata,* Scharfer Scheinrasling
    - Geruch unangenehm säuerlich, Geschmack mild — 04 *Calocybe gangraenosa,* Gerberei-Schönkopf
  - Hut rosa, schmutzigrosa, fleischfarben, Lamellen weiß
    - auf Weiden, in Parks, am Waldrand, Farben rosa, lilarosa bis gelblich — 05 *Calocybe carnea,* Fleischrötlicher Schönkopf
    - im Wald
      - Hut < 3 cm, im Fichtenwald, auch in höheren Lagen — 06 *Calocybe alpestris,* Alpen-Schönkopf
      - Hut > 3 cm, im Laub- und Nadelwald — 07 *Gerhardtia incarnatobrunnea,* Fleischbräunlicher Scheinrasling
  - Hut oder Stiel lila, violettlich, graubraun, Lamellen weißlich bis creme — 08 *Calocybe ionides,* Veilchenblauer Schönkopf
  - Hut braun
    - Stiel braun
      - Hut < 4 cm, Hut und Stiel dunkel graubraun, Lamellen unveränderlich — 09 *Calocybe obscurissima,* Düsterer Schönkopf
      - Hut > 4 cm breit
        - Hut/Stiel faserig, Lamellen ockergrau, Druckstellen verfärbend, ± mild — 04 *Calocybe gangraenosa,* Gerberei-Schönkopf
        - Hut/Stiel faserig-schuppig, Lamellen stets weiß, Geschmack bitter — 5.2.08 *Giacomia mirabilis,* Schöner Krempentrichterling
    - Stiel weiß, Hut 6–12 cm, kastanienbraun, Rand rippig, Geschmack bitter — 5.2.07 *Leucopaxillus gentianeus,* Bitterer Krempenritterling
- Lamellen gelblich, gelb bis grünlichocker
  - Hut goldgelb, orangegelb bis braungelb
    - Hut 2–6 cm, Stiel wie der Hut gefärbt, faserig — 10 *Calocybe chrysenteron,* Dottergelber Schönkopf
    - Hut 1–2 cm, Stiel heller als der Hut, Basis rotbräunlich, etwas striegelig — 11 *Calocybe naucoria,* Trügerischer Schönkopf
    - Hut 1–2 cm, an Binsenstrünken — 12 *Calocybella juncicola,* Binsen-Schönköpfchen
  - Hut grüngelb, bald olivocker — 13 *Calocybe ochracea,* Ockerfarbener Schönkopf
  - Hut weißlich bis blasslila, bei Zypresse im Mittelmeerraum — 15 *Calocybe hypoxantha,* Schmutziger Schönkopf
  - Hut violettgrau bis schieferbraun — 14 *Calocybe favrei,* Favres Schönkopf
  - Hut rotbräunlich, im Bergnadelwald — 16 *Calocybe onychina,* Onyx-Schönkopf

5.13.01 *Calocybe gambosa* (Fr.) Donk
Maipilz, Mairitterling

H: 5–12 cm, seidig matt, weißlich creme bis ockerlich, Rand lange nach unten gebogen. **L:** ausgebuchtet, dicht, sehr schmal, weißlich bis cremefarben. **St:** weißlich, faserig. **F:** sehr dick, fest, weiß. **Ger:** stark mehlartig. **Ges:** stark mehlartig. **Spp:** weißlich. **V:** oft im Hexenring, im Laub- und Nadelwald, Park, an grasigen Stellen; Frühjahr. **Mik:** Sporen glatt, ellipsoid, 4–7 × 2–3,5 µm. (D 282, Kr 3.142, BK 3.144, Lu 1.7.6, 🖼).

Es bestehen Verwechslungsmöglichkeiten mit weißen *Melanoleuca,* Weichritterlinge, die vor allem in höheren Lagen wachsen und warzige, amyloide Sporen aufweisen, sowie mit dem giftigen *Inosperma erubescens,* Ziegelroter Risspilz mit hellbraunen, ellipsoiden, dickwandigen, mehr als 10 µm langen Sporen.

5.13.02 *Gerhardtia piperata* (A. H. Sm.) Bon, *Lyophyllum piperatum* (A.H. Sm.) Harmaja, *Rhodocybe smithii* Harmaja, Scharfer Scheinrasling, Scharfer Rasling: ähnlicher Habitus wie *C. gambosa* mit aromatisch-fruchtigem Geruch, eher unangenehmem, scharfem Geschmack. Sporen länglich, ellipsoid bis etwas zylindrisch, mit wellig-höckeriger Oberfläche wie bei *Rhodocybe*-Arten, Tellerlinge, 6–7 × 2–2,5 µm. Kein Speisepilz.

5.13.03 *Tricholomella constricta* (Fr.) Zerova ex Kalamees, *Calocybe constricta* (Fr.) Kühner, *Calocybe leucocephala* (Bull.) Singer
Gegürtelter Kleinritterling, Wurzelnder Schönkopf

H: 2–5 cm, weiß, später etwas graulich. **L:** ausgebuchtet, sehr dicht, weiß. **St:** weiß, mit flüchtigen Ringresten, oft wurzelnd. **F:** weiß. **Ger:** mehlartig. **Ges:** mehlartig. **V:** in Wiese, Weide und Park; Herbst. **Mik:** Sporen stachelig-warzig, ellipsoid, 6,5–8,5 × 4–6 µm. (Lu 1.7.3, 🖼).

5.13.04 *Calocybe gangraenosa* (Fr.) V. Hofst., Moncalvo, Redhead & Vilgalys, *Lyophyllum leucophaeatum* (P. Karst.) P. Karst., *Lyophyllum gangraenosum* (Fr.) Gulden
Gerberei-Schönkopf, Gerberei-Schwärzling

H: 4–8 cm, schmutzigweißlich bis graubräunlich, eingewachsen dunkler faserig, Rand jung eingerollt, flaumig. **L:** Druckstellen erst bläulich, dann blauschwarz verfärbend. **St:** ockerbraun, braun faserig. **F:** schmutzigweißlich, erst blauend, dann schwärzend. **Ger:** etwas säuerlich. **Ges:** mild bis leicht bitter. **Spp:** blasscreme. **V:** im Laub- und Nadelwald, auf kalkreichem Boden; Sommer bis Herbst. **Mik:** Basidien siderophil, Sporen warzig, schmal ellipsoid bis etwas mandelförmig, 5,5–7,5 × 3–4 µm. (Kr 3.311, BK 3.261, Lu 1.44.6, 🖼).

5.13.05 *Calocybe carnea* (Bull.) Kühner, *Rugosomyces carneus* (Bull.) Bon
Fleischrötlicher Schönkopf, Fleischrötlicher Dünnfleischschönkopf

H: 1,5–4 cm, glatt, ungetrübt fleischrosa, Rand lange eingebogen, Haut etwas überstehend. **L:** gerade bis etwas ausgebuchtet angewachsen, mit Zahn kurz herablaufend, weiß, creme. **St:** blassrosa, Stielspitze weiß pustelig oder bepudert, zuoberst weiß. **F:** dünn, weißlich. **Ger:** schwach, evtl. etwas mehlartig. **Ges:** mild. **Spp:** weißlich. **V:** auf Weiden, in Parks, am Waldrand oder im lichten Wald; Sommer bis Herbst. **Mik:** Sporen glatt, schmal ellipsoid bis etwas mandelförmig, 5–7 × 2,5–3,5 µm. (D 285, Kr 3.138, BK 3.142, Lu 1.7.1, 🖼).

Rugosomyces persicolor (Fr.) Bon, *Calocybe persicolor* (Fr.) Singer, Rosaroter Dünnfleischschönkopf, Rosenroter Schönkopf, Rosabrauner Schönkopf: Hut größer, 3–5 cm breit, schmutzig rosarot, rosabraun, Geruch schwach, evtl. etwas obstartig; meist büschelig.

Gröger 1992 konnte anhand eines Massenfundes von *C. carnea,* zeigen, dass in allen Merkmalen Übergänge vorkommen und betrachtet die Art *R. persicolor* somit als nicht gerechtfertigt. Ludwig 2001 schließt sich dieser Meinung an. Gröger 2006 weist jedoch darauf hin, dass Consiglio & Contu 2002 wieder für eine Auftrennung der Arten plädieren. Aufgrund molekularbiologischer Abklärungen von Bellanger et al. 2015 gelten die Arten als identisch.

5.13.06 *Calocybe alpestris* (Britzelm.) Singer, Alpen-Schönkopf: Hut 1,5–3 cm breit, schmutzigrosa; im Fichtenwald *Picea.* Sporen ± kugelig.

5.13.07 *Gerhardtia incarnatobrunnea* (Ew. Gerhardt) Bon, *Lyophyllum incarnatobrunneum* Ew. Gerhardt, *Calocybe incarnatobrunnea* (Ew. Gerhardt) Krieglst.
Fleischbräunlicher Scheinrasling,
Fleischbräunlicher Rasling, Fleischbräunlicher Schönkopf

H: 3–8 cm, glatt, haselbraun bis fleischockerlich. **L:** ausgebuchtet, weiß bis creme. **St:** weiß, faserig, Basis bräunlich. **F:** weiß. **Ger:** grasartig, mehlig. **Ges:** mehlig-bitterlich. **Spp:** weiß. **V:** im Laub- und Nadelwald. **Mik:** Sporen fein punktiert bis fast glatt, ellipsoid, 4–6 × 2–3 µm. (D 390, Lu 1.7.8, 🖼).

5.13.08 *Calocybe ionides* (Bull.) Kühner, *Rugosomyces ionides* (Bull.) Bon
Veilchenblauer Schönkopf, Veilchenblauer Dünnfleischschönkopf

H: 2–5 cm, glatt, lila, lilabraun, violettbraun, Rand heller, bereift bis schwach flaumig. **L:** schwach ausgebuchtet, mit Zahn kurz herablaufend, weiß bis cremefarben. **St:** violettbraun, faserig, Spitze weiß. **F:** dünn, blass. **Ger:** schwach mehlartig. **Ges:** mild. **V:** im Wald, Auenwald; Sommer bis Herbst. **Mik:** Sporen glatt, ellipsoid, 4–6,5 × 2–3 µm. (D 284, Kr 3.144, BK 3.145, Lu 1.7.2, 🖼).

5.13.09 *Calocybe obscurissima* (A. Pearson) M.M. Moser, *Rugosomyces obscurissimus* (A. Pearson) Bon, *C. ionides* var. *obscurissima* (A. Pearson) Krieglst., Düsterer Schönkopf, Düsterer Dünnfleischschönkopf: Hut und Stiel bald vorherrschend dunkel graubraun,

5.13.01 *Calocybe gambosa,* Maipilz

5.13.03 *Tricholomella constricta,* Gegürtelter Kleinritt.

5.13.04 *Calocybe gangraenosa,* Gerberei-Schönkopf

5.13.05 *Calocybe carnea,* Fleischrötlicher Schönkopf

5.13.07 *G. incarnatobrunnea,* Fleischbräunlicher Sch.

5.13.08 *Calocybe ionides,* Veilchenblauer Schönkopf

5.13.09 *Calocybe obscurissima,* Düsterer Schönkopf

umbrabraun. Sporen glatt, schmal ellipsoid bis etwas mandelförmig, 5–6,5 × 2,5–3 µm. (Lu 1.7.10, 🖼).

5.13.10 *Calocybe chrysenteron* (Bull.) Singer,
Rugosomyces chrysenteron (Bull.) Bon, *Calocybe cerina* (Pers.) Kühner
Dottergelber Schönkopf, Dottergelber Dünnfleischschönkopf

H: 2–6 cm, erst matt, später glänzend, goldgelb bis dottergelb, Mitte bisweilen gelbbraun. **L:** ausgebuchtet angewachsen, goldgelb. **St:** wie der Hut gefärbt, faserig. **F:** dünn, hellgelb. **Ger:** mehlartig. **Ges:** bitterlich, mehlig. **Spp:** weiß. **V:** im Laub- und Nadelwald; Sommer bis Herbst. **Mik:** Sporen glatt, ellipsoid, 3,5–4,5 × 2–3 µm, Schnallen fehlend. (Kr 3.139, BK 3.143, Lu 1.7.4, 🖼).

5.13.11 *Calocybe naucoria* (Murrill) Singer, *Rugosomyces naucoria* (Murrill) Boffelli, *Calocybe fallax*, Trügerischer Schönkopf, Trügerischer Dünnfleischschönkopf: Hut klein, bis 2 cm, gelb bis orangegelbbraun, Stiel heller als der Hut, Basis rotbräunlich, etwas striegelig. Sporen glatt, ellipsoid, 3–4 × 2–2,5 µm. (Kr 3.141, BK 3.140, Lu 1.7.5).

5.13.12 *Calocybella juncicola* (R. Heim) P.-A. Moreau, Bellanger & Corriol, *Calocybe juncicola* (R. Heim) Singer, Binsen-Schönköpfchen, Binsen-Schönkopf: Hut klein, bis 2 cm breit; Fleisch im Schnitt rötlich verfärbend, an Binsenstrünken *Juncus*. Sporen jung rau, später glatt, ellipsoid, 5–6,5 × 3–3,5 µm, Schnallen an allen Septen. (Lu 1.7.9).

5.13.13 *Calocybe ochracea* (R. Haller Aar.) Bon,
Lyophyllum ochraceum (R. Haller Aar.) Schwöbel & Reutter, *L. favrei* f. *ochraceum* R. Haller Aar.
Ockerfarbener Schönkopf, Ockerfarbener Rasling

H: 3–10 cm, mit Lupe flockig-filzig, zur Mitte hin mit feinen bräunlichen Schüppchen, jung lebhaft grünlichgelb, später olivocker, vom Rand her rotbraun bis schwarz verfärbend, Rand oft lange eingebogen, wellig bis lappig eingeschnitten. **L:** gedrängt, schmutzig gelblichweiß bis grünlichocker, bei Verletzung rötend, dann schwärzend, Schneiden bei Trockenheit wellig-schartig. **St:** wie der Hut gefärbt, Spitze stark kleiig, Basis verjüngt. **F:** gelblichweiß, rötend, dann schwärzend. **Ger:** schwach. **Ges:** mild. **Spp:** weiß. **V:** im Laub- und Nadelwald (häufig bei Fichte *Picea*), an Wegböschungen; Sommer bis Herbst. **Mik:** Basidien siderophil, Sporen glatt, breit ellipsoid, 2–5 × 2–3,5 µm. (BK 3.263, Lu 1.44.9, 🖼).

5.13.14 *Calocybe favrei* (R. Haller Aar. & R. Haller Suhr) Bon,
Lyophyllum favrei R. Haller Aar. & R. Haller Suhr
Favres Schönkopf, Favres Schwärzling, Karmin-Schwärzling

H: 5–10 cm, feinfilzig bis matt, violettgrau, schiefergrau(-braun). **L:** ausgebuchtet angewachsen, goldgelb, grüngelb, Druckstellen rötlich, dann dunkelbraun. **St:** Spitze blasscreme, abwärts braunschwarz faserig, Druckstellen erst rötend, dann schwärzend. **F:** cremefarben, erst rötlich, bald schwärzlich verfärbend. **Ger:** muffig. **Ges:** mild. **Spp:** blasscreme. **V:** im Laub- und Nadelwald, oft im Auenwald; Sommer bis Herbst. **Mik:** Basidien siderophil, Sporen glatt, breit ellipsoid, 2,5–5 × 2,5–3,5 µm. (BK 3.259, Lu 1.44.7, 🖼).

5.13.15 *Calocybe hypoxantha* (Joss. & Riousset) Bon, *Lyophyllum hypoxanthum* Joss. & Riousset, Schmutziger Schönkopf, Schmutziger Rasling: Hut 5–12 cm, weißlich bis blasslila, Lamellen gedrängt und lebhaft gelb, Stielspitze weiß, abwärts wie der Hut gefärbt, Fleisch sehr langsam grauend, Geruch schwach, etwas süßlich; bei Zypresse *Cupressus* im Mittelmeerraum. Sporen kugelig, 4,5–5,5 × 3,5–4 µm. (Lu 1.44.10).

5.13.16 *Calocybe onychina* (Fr.) Kühner,
Lyophyllum onychinum (Fr.) Kühner & Romagn. ex Contu, *Rugosomyces onychinus* (Fr.) Raithelh.
Onyx-Schönkopf, Onyx-Rasling

H: 2–7 cm, kahl, purpurbraun, feucht umbrabraun. **L:** goldgelb bis etwas olivgelb. **St:** Spitze lilarosa, abwärts graugelblich, faserig. **F:** gelblichweiß. **Ger:** pilzartig. **Spp:** hell creme. **V:** im subalpinen Nadelwald. **Mik:** Sporen glatt, breit ellipsoid, 4–4,5 × 2,5–3 µm. (D 283, Lu 1.7.7, 🖼).

5.13.10 *Calocybe chrysenteron*, Dottergelber Schönkopf

5.13.13 *C. ochracea*, Ockerfarbener Schönkopf

5.13.14 *Calocybe favrei*, Favres Schönkopf

5.13.16 *Calocybe onychina*, Onyx-Schönkopf

5.14 *Laccaria,* Farbtrichterlinge

Basidiomycota, Ständerpilze > *Agaricomycetes* > *Agaricales,* Blätterpilze > *Tricholomataceae* s. l., Ritterlingsähnliche > *Hydnangiaceae,* Heidetrüffelverwandte

Familie *Hydnangiaceae,* Heidetrüffelverwandte

Der Name der Familie verrät, dass in dieser Familie auch unterirdische Fruchtkörper eine Rolle spielen, vorrangig jene der Gattung *Hydnangium,* Heidetrüffel, die in Unterkapitel 1.5 beschrieben sind. Auch die oberirdisch wachsenden *Laccaria,* Farbtrichterlinge gehören jedoch zu dieser Familie.

5.14.01 *Laccaria amethystina,*
Violetter Farbtrichterling

Laccaria, Farbtrichterlinge

Beschreibung

Laccaria, Farb- oder Lacktrichterlinge sind oberirdisch wachsende, kleine bis mittelgroße Arten mit meist genabeltem, seltener gewölbtem Hut und zunehmend welligem, oft gekerbtem und schließlich aufgeworfenem Rand. Sie sind leicht bis stark hygrophan und erscheinen in den Farbtönen Lila bis Violett und Rosabraun, Rötlichbraun. Im trockenen Zustand verblassen die Farben, feucht werden sie intensiver und dunkler. Die relativ wenigen Lamellen sind breit, dicklich, wachsartig, entfernt und herablaufend sowie breit bis schwach ausgebuchtet angewachsen. Trotz der gefärbten Lamellen ist das Sporenpulver weiß oder höchstens blass cremefarben bis lila. Das Fleisch ist dünn und zäh. Der Stiel ist in der Regel etwas faserig und an der Basis mit einem Mycelfilz überzogen. Sie wachsen in Wäldern, aber auch in Sümpfen, auf Brandstellen oder in alpinen Zwergstrauchheiden.

Farbtrichterlinge gelten als Mykorrhizabildner, welche Symbiosen mit verschiedenen Bäumen und Sträuchern eingehen. Cope et al. 2019 haben z. B. für *Laccaria bicolor,* Zweifarbiger Farbtrichterling die Bildung von Ektomykorrhiza mit Pappel *Populus* nachgewiesen.

Im mikroskopischen Bereich fallen die stark stacheligen Sporen auf, die sie mit *Hydnangium,* Heidetrüffel gemeinsam auszeichnen. Im Unterschied zu den ebenso stachelsporigen *Russulales,* Täublingsartige sind aber die Stacheln der *Laccaria* nicht amyloid.

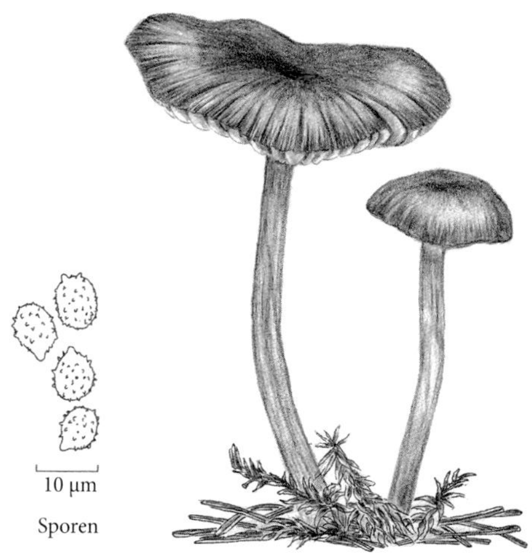

5.14.05 *Laccaria laccata,*
Rötlicher Farbtrichterling

Bestimmung

Auffällig und leicht zu erkennen sind sattviolette Exemplare von *Laccaria amethystina,* Violetter Farbtrichterling. Auch *Laccaria bicolor,* Zweifarbiger Farbtrichterling, mit rötlichem Hut, lila Schein in den Lamellen und violettem Fuß, ist gut gekennzeichnet. Die verschiedenen rötlichen Farbtrichterlinge in der Nähe von *Laccaria laccata,* Rötlicher Farbtrichterling sind hingegen schwer voneinander abzugrenzen. In der Literatur findet man verschiedenste Einteilungen.

Speisewerte

Alle Farbtrichterlinge gelten als essbar. Allerdings wird darauf hingewiesen, dass nach der Katastrophe von Tschernobyl 1986 in entsprechend belasteten Gebieten hohe Cäsiumwerte gemessen wurden und *Laccaria amethystina* Arsen speichern kann. Sie gehören damit zu jenen Pilzen, die abhängig vom Standort unbedenklich sind oder eine unerwünschte Belastung mit Schadstoffen aufweisen können.

5.14 *Laccaria*, Farbtrichterlinge

- Hut, Lamellen und Stiel violett, lilaviolett — **01 *Laccaria amethystina,* Violetter Farbtrichterling**
- Hut purpurbraun, rötlichbraun, Lamellen oder Stiel mit Rosa oder Lilaviolett
  - Hut rötlichbraun, Stiel rosabraun, Stielbasis und Lamellen meist violettlich — 02 *Laccaria bicolor,* Zweifarbiger Farbtrichterling
  - Hut und Stiel purpur- bis schwarzbraun, Lamellen lila, auf sumpfigem Boden — 04 *Laccaria purpureobadia,* Dunkler Farbtrichterling
  - Hut orangerot-braun, Lamellen rosa, rosalila, in Sanddünen — 03 *Laccaria maritima,* Dünen-Farbtrichterling
- Hut, Lamellen und Stiel rötlichbraun ohne Lila oder Violett
  - vorwiegend in Wald, Moor, Kahlschlag, an Wegrand, Böschungen usw.
    - Hut > 1 cm breit
      - 4-sporig
        - Hut mehrheitlich glatt, Rand teilweise gerieft
          - Sporen schlank stachelig, bis ca. 2 µm hoch, breit ellipsoid — **05 *Laccaria laccata,* Rötlicher Farbtrichterling**
          - Sporen breit stachelig, oft mehr als 2 µm hoch, fast kugelig — **05a *L. laccata* var. *pallidifolia,* Blassblättriger Farbtrichterling**
        - Hut feinschuppig, Rand kaum gerieft, bei Torfmoos, Sporen teils > 9 µm — 06 *Laccaria proxima,* Braunstieliger Farbtrichterling
      - 2-sporig
        - Sporen kaum über 11 µm lang, Sporenornament > 1 µm — 07 *Laccaria fraterna,* Ziegelroter Farbtrichterling
        - Sporen bis 14 µm lang, Sporenornament < 1 µm — 08 *Laccaria pumila,* Zwerg-Farbtrichterling
    - Hut kaum über 1 cm breit, Sporen kugelförmig, 2-sporig — 09 *Laccaria tortilis,* Verbogener Farbtrichterling
  - oberhalb der Waldgrenze, alpin, Hut 1–3 cm — 10 *Laccaria montana,* Berg-Farbtrichterling

5.14.01 *Laccaria amethystina* Cooke
Violetter Farbtrichterling

H: 2–5 cm, matt, filzig bis feinschuppig, hygrophan, trocken blass lilaocker, feucht violett, Rand wellig und gekerbt. **L:** breit angewachsen bis leicht herablaufend, dick, entfernt, violett, breit. **St:** violett, weiß überfasert, Basis weißlich. **F:** dünn, blassviolett, im Stiel weißlich. **Ger:** pilzartig. **Ges:** mild. **Spp:** weiß. **V:** im Laub- und Nadelwald; Sommer bis Herbst. **Mik:** Sporen breit und grob stachelig bis gegen 2 µm hoch, kugelig bis breit ellipsoid, 7–10 × 7–9,5 µm. (D 181, Kr 3.279, BK 3.228, Lu 1.36.2, 🖼).

5.14.02 *Laccaria bicolor* (Maire) P.D. Orton
Zweifarbiger Farbtrichterling

H: 1–5 cm, feinschuppig, hygrophan, zimtbraun bis rötlichbraun, evtl. mit rosa oder lila Beitönen. **L:** breit angewachsen bis leicht herablaufend, breit, dick, entfernt, rosa, lila. **St:** faserig, rosabraun, Basis mit lila bis violettem Filz. **F:** dünn, wässerig weißlich bis rosabräunlich. **Ger:** unauffällig. **Ges:** mild. **Spp:** hellcreme. **V:** im Laub- oder Nadelwald, auf Wiese; Sommer bis Herbst. **Mik:** Sporen spitz stachelig, 0,5–1,5 µm hoch, breit ellipsoid bis fast kugelig, 6–8,5 × 5–7,5 µm, 4-sporig. (D 183, Kr 3.281, Lu 1.36.9, 🖼).

5.14.03 *Laccaria maritima* (Theodor.) Singer ex Huhtinen, Dünen-Farbtrichterling: Hut hell ziegelrot, fleischfarben, Lamellen violettlich, später weiß; in Sanddünen, an Nord- und Ostsee. Sporen feinwarzig punktiert bis fast glatt, schmal ellipsoid bis zylindrisch, vereinzelt etwas eingeschnürt, 12–17 × 7–11,5 µm, mehrheitlich 4-, seltener 2-sporig. (Lu 1.36.7).

5.14.04 *Laccaria purpureobadia* D.A. Reid
Dunkler Farbtrichterling

H: 2–5 cm, matt, hell bis dunkel purpurbraun, Rand wellig und gekerbt. **L:** breit angewachsen bis leicht herablaufend, breit, dick, entfernt, purpurrosa bis purpurbraun. **St:** purpurrosa bis purpurbraun, weiß überfasert, Basis weißlich. **F:** dünn, blassviolett, im Stiel weißlich. **Ger:** pilzartig. **Ges:** mild. **Spp:** weiß. **V:** bei Erle *Alnus,* Birke *Betula,* auf sumpfigem Boden; Sommer bis Herbst. **Mik:** Sporen feinstachelig, ca. 0,5 µm hoch, breit ellipsoid, 8,5–10 × 6,5–7 µm. (D 182, Lu 1.36.10, 🖼).

5.14.05 *Laccaria laccata* (Scop.) Cooke
Rötlicher Farbtrichterling

H: 1,5–5 cm, hygrophan, trocken fleischocker, feucht orangebraun, fleischrötlich, Mitte evtl. schwach feinschuppig, Rand durchscheinend gerieft. **L:** fleischrötlich, rosabräunlich. **St:** rotbraun bis schmutzigbraun, weißlich überfasert, Basisfilz weiß. **F:** dünn, wässerig fleischrötlich, graubräunlich. **Ger:** schwach (laut Literatur würzig, krautig oder nach Kuchengewürz). **Ges:** mild. **Spp:** weiß. **V:** im Laub- und Nadelwald; Sommer bis Herbst. **Mik:** Sporen stachelig mit eher schlanken, bis ca. 2 µm hohen Stacheln, breit ellipsoid, 6,5–8,5 × 5,5–7,5 µm, 4-sporig. (D 184, Kr 3.283, BK 3.231, Lu 1.36.5, 🖼).

5.14.05a *L. laccata* var. *pallidifolia* (Peck) Peck, ***Laccaria affinis*** (Singer) Bon, **Blassblättriger Farbtrichterling:** Basisfilz grauweiß, Lamellen fleischrosa bis fleischocker, eher blaß gefärbt. Sporen stachelig mit deutlichen, eher breiten, oft mehr als 2 µm hohen Stacheln, kugelig bis kugelförmig, 6,5–9 µm, mehrheitlich 4-sporig. (Lu 1.36.6, 🖼).

Gemäß Ludwig 2001 ist diese Varietät viel häufiger als die seltenere Hauptart *L. laccata.* Für Contu 2003 ist es kaum vorstellbar, dass Pilze mit kugelförmigen Sporen als Varietät einer Art mit ellipsoiden Sporen gelten sollen und betrachtet *L. affinis* als den korrekten Namen. *L. affinis* habe zudem weniger intensive braunrote Hut- und Lamellenfarben und häufiger eine durchscheinende Riefung am Hutrand als *L. laccata,* was die Trennung der Taxa auf Artniveau unterstütze.

5.14.06 *Laccaria proxima* (Boud.) Pat., Braunstieliger Farbtrichterling: Hut bis 8 cm breit, Oberfläche deutlich feinschuppig, Rand kaum gerieft. Sporen dicht stachelig, mehrheitlich bis ca. 1 µm hoch, breit ellipsoid, 7–10,5 × 6,5–8,5 µm, 4-sporig. (Lu 1.36.8, 🖼).

5.14.07 *Laccaria fraterna* (Sacc.) Pegler, *Laccaria impolita* Vellinga & G.M. Muell.
Ziegelroter Farbtrichterling

H: 1–2,5 cm, hygrophan, trocken ockerbeige, feucht orangebraun, durchscheinend gerieft. **L:** blass fleischrötlich bis orangebraun. **St:** dünn, rotbraun, weißlich überfasert. **F:** dünn, wässerig bräunlich. **Ger:** schwach, angenehm **Ges:** mild. **Spp:** weiß. **V:** im Wald, Moor, in Gewässernähe; Spätsommer bis Herbst. **Mik:** Sporen eher grob stachelig, mehrheitlich ca. 1 µm hoch, breit ellipsoid bis fast kugelig, 9,5–11 × 7,5–10,5 µm, 2-sporig. (Kr 3.282, BK 3.230, Lu 1.36.1).

5.14.01 *Laccaria amethystina,* Violetter Farbtrichterling

5.14.02 *Laccaria bicolor,* Zweifarbiger Farbtrichterling

5.14.04 *L. purpureobadia,* Dunkler Farbtrichterling

5.14.05 *Laccaria laccata,* Rötlicher Farbtrichterling

5.14.05a *L. laccata* var. *pallidifolia,* Blassblättriger Farb.

5.14.06 *L. proxima,* Braunstieliger Farbtrichterling

Synonym oder mit unklaren Abgrenzungen existieren auch die Bezeichnungen *Laccaria bisporigera* Contu & Ballero, Zweisporiger Farbtrichterling und *Laccaria lateritia* Malençon.

5.14.08 *Laccaria pumila* Fayod
Zwerg-Farbtrichterling

H: 1–3 cm, feinfilzig, hygrophan, trocken orangeocker, feucht rosabraun, Rand gerieft. **L:** rosabraun, evtl. schwach lila. **St:** orangebraun, weißlich überfasert. **F:** dünn, weißlich, rosa. **Ger:** schwach, angenehm. **Ges:** mild. **Spp:** weiß. **V:** im Nadelwald, bei Moos, auf feuchtem Boden, auch alpin; Herbst. **Mik:** Sporen eher fein, dicht stachelig, tropfenförmig bis fast kugelig, 10–14,5 × 9–13,5 µm, 2-sporig. (D 186, BK 3.227, Lu 1.36.4).

5.14.09 *Laccaria tortilis* (Bolton) Cooke
Verbogener Farbtrichterling, Stachelsporiger Farbtrichterling

H: 0,5–1,5 cm, hell rosa bis rosabraun. **L:** hell rosabräunlich. **St:** wie der Hut gefärbt, evtl. schwach faserig. **F:** dünn, häutig. **Ger:** unauffällig. **Ges:** mild. **Spp:** weiß. **V:** am Straßenrand, auf nacktem Boden; Sommer bis Herbst. **Mik:** Sporen breit und deutlich stachelig, vorwiegend kugelig, 8,5–12 µm, mehrheitlich 2-sporig. (Kr 3.286, BK 3.233, Lu 1.36.3, 🖼).

5.14.10 *Laccaria montana* Singer
Berg-Farbtrichterling

H: 0,5–3,5 cm, rosabraun, trocken ocker, gerieft-gerippt, oft schuppig aufreißend. **L:** anfangs fleischrosa. **Spp:** weiß. **V:** in höheren bis hohen Lagen, sumpfige Gebiete oberhalb der Waldgrenze, alpin oder subarktisch. **Mik:** Sporen feinstachelig, ca. 0,5–1 µm hoch, breit ellipsoid bis kugelig, 9–12,5 × 8–11 µm. (🖼).

5.14.09 *Laccaria tortilis*, Verbogener Farbtrichterling

5.14.10 *Laccaria montana*, Berg-Farbtrichterling

5.15 *Armillaria,* Hallimasche und Ähnliche

Basidiomycota, Ständerpilze > *Agaricomycetes* > *Agaricales,* Blätterpilze > *Tricholomataceae* s. l., Ritterlingsähnliche > *Physalacriaceae,* Rindenschwammverwandte

Familie *Physalacriaceae,* Rindenschwammverwandte

Die sehr verbreiteten *Armillaria,* Hallimasche zählen zur Familie *Physalacriaceae,* Rindenschwammverwandte. Deren hervorstehende Eigenschaft ist die Bildung von Fruchtkörpern auf Holz mit weißem Sporenstaub. Neben *Armillaria,* Hallimasche folgen in den beiden nachfolgenden Unterkapiteln 5.16 und 5.17 in den Gruppen *Flammulina,* Samtfußrüblinge sowie *Hymenopellis,* Runzelrüblinge mehrere kleine Gattungen mit jeweils wenigen, aber teils häufig und auch im Winter oder Frühling vorkommenden Arten, die zu dieser Familie zählen.

Auch einige kleine Arten der Gattung *Rhizomarasmius,* Wurzelschwindlinge zählen dazu, während die zahlreichen *Marasmius,* Schwindlinge etwas weiter hinten in der Familie *Marasmiaceae,* Schwindlingsverwandte folgen. Schließlich gehört auch der sehr seltene *Rhodotus palmatus,* Orangerötlicher Adernseitling zur Familie. Aufgrund der Ähnlichkeit mit den Runzelrüblingen sind weitere Arten, wie z. B. der äußerst häufige *Megacollybia platyphylla,* Breitblatt sowie auch der seltene *Hydropus subalpinus,* Buchenwald-Wasserfuß, im Schlüssel als Gäste aus der bereits erwähnten und teils nahestehenden Familie der *Marasmiaceae* aufgeführt. Die auf totem Holz wachsenden *Physalacriaceae,* Rindenschwammverwandte gelten als Saprobionten oder Parasiten.

5.15.02 *Armillaria mellea,*
Honiggelber Hallimasch

Armillaria, Hallimasche und Ähnliche

Beschreibung

Armillaria, Hallimasche sind mittlere bis große, mehrheitlich beringte Pilze in gelb- bis rötlichbraunen Farben, meist in riesigen Büscheln auf oder in der Nähe von totem oder lebendem Holz. Hut und Stiel sind glatt bis deutlich faserig-schuppig. Das Sporenpulver ist weiß; man sieht es häufig als weißen Belag auf dem Hut eines darunter aufschirmenden Pilzes im gleichen Büschel. Unter der Rinde der befallenen Bäume findet man die typischen schwarzbraunen netzartigen Mycelstränge (Rhizomorphen). ***Desarmillaria,*** Scheinhallimasche werden nur mittelgroß, haben keinen Ring und wachsen auf Holz oder im Moor. Bei geeigneten Bedingungen können von Hallimasch durchwachsene Hölzer in der Dunkelheit schwach leuchten (Biolumineszenz). Ist das Klima im Herbst günstig, erscheint dieser Pilz buchstäblich tonnenweise.

Hallimasche ernähren sich oft parasitisch von lebendem Holz, entwickeln sich aber später auch auf dem abgestorbenen Substrat als Saprobionten weiter.

Die Sporen sind glatt, ellipsoid bis etwas tropfenförmig.

Bestimmung

Die Unterscheidung einzelner *Armillaria*-Arten ist nicht einfach, da die Fruchtkörper innerhalb der Arten große Unterschiede zeigen können. Die Übergänge zwischen den Arten scheinen fließend; klare Grenzen sind schwer zu ziehen. Die Sporen der verschiedenen Arten sind alle ähnlich und dienen kaum zur Unterscheidung.

Speisewerte

Von den wild wachsenden Pilzen gehören *Armillaria,* Hallimasche wohl zu den am meisten verzehrten Arten und dies, obwohl sie als nur bedingt essbar gelten und eine spezielle Zubereitung erfordern. Hallimasche sollen entweder getrocknet oder vor dem Verarbeiten gut gekocht und das Wasser weggeschüttet werden. Anschließend werden die Pilze gut gekocht oder gebraten. Es wird empfohlen, nur *Armillaria ostoyae,* Dunkler Hallimasch, der auf Nadelholz wächst, für Speisezwecke zu verwenden. Die Arten auf Laubholz, im Umfeld von *A. mellea,* Honiggelber Hallimasch welche unangenehm kohlartig riechen, scheinen eher Beschwerden zu verursachen. Unerfahrene Sammler:innen müssen auch auf die Verwechslungsgefahr mit dem ungenießbaren *Pholiota squarrosa,* Sparriger Schüppling achten, welcher ebenfalls büschelig an Holz wächst, jedoch sehr deutliche, stärker ausgebildete Schuppen und in den Lamellen und insgesamt stärkere Gelbtöne ausweist. Mit ähnlich gelben Farbtönen kann der seltene, jedoch giftige *Cortinarius humicola,* Kegeliger Raukopf ebenfalls sehr ähnlich sein. Er unterscheidet sich durch braunes Sporenpulver und weniger büscheliges Vorkommen auf Erde.

5.15 *Armillaria*, Hallimasche und Ähnliche

Stiel beringt	
Stielbasis nicht auffällig zwiebelig-knollig	
auf Nadelholz, Hut dunkelbraun, Schuppen auf dem Hut dunkelbraun	**01 *Armillaria ostoyae,* Dunkler Hallimasch**
auf Laubholz, Hut rot- bis gelbbraun, gelbe Schüppchen, keine Schnallen	**02 *Armillaria mellea,* Honiggelber Hallimasch**
Stielbasis zwiebelig-knollig, Hutmitte dunkel schuppig, Schnallen vorhanden	03 *Armillaria cepistipes,* Zwiebelfüßiger Hallimasch
Stiel nicht beringt	
im Moor, Hut feucht gerieft	04 *Desarmillaria ectypa,* Moor-Scheinhallimasch
auf Laubholz, dicht büschelig, Hut kaum gerieft, vor allem in Südeuropa	05 *Desarmillaria tabescens,* Ringloser Scheinhallimasch

5.15.01 *Armillaria ostoyae* (Romagn.) Herink (🍴)
Dunkler Hallimasch

H: 4–15 cm, hygrophan, trocken rötlich-dunkelbraun, deutlich schuppig auf fleischbraunem Grund, feucht auf rotbraunem Grund, Rand heller und leicht gerieft. **L:** strichförmig am Stiel herablaufend, weiß bis cremeweiß, rotbraun fleckend. **St:** Spitze weißlich mit feinen Rillen, Ring wattig, darunter zunehmend braun und schuppig. **F:** weißlich. **Ger:** pilzartig. **Ges:** mild, nach einiger Zeit etwas kratzend. **Spp:** weißlich. **V:** büschelig, auf Nadelholz, vor allem auf Fichtenstrünken *Picea*; Spätsommer bis Spätherbst. (D 268, Kr 3.127 BK 3.135, Lu 1.2.4, 🖼).

Dunkle Hallimasche müssen erst getrocknet oder mindestens fünf Minuten in siedendem Wasser gekocht werden. Um Beschwerden zu vermeiden, muss dieses Kochwasser weggeschüttet werden, bevor die Pilze normal weiterverarbeitet oder gebraten werden können.

5.15.02 *Armillaria mellea* (Vahl) P. Kumm. ?(🍴)
Honiggelber Hallimasch

H: 4–12 cm, olivgelb bis olivbraun, Mitte dunkler mit gelbbraunen Schüppchen, Rand blasser, etwas gerieft. **L:** strichförmig am Stiel herablaufend, weiß bis cremeweiß, rotbraun fleckend. **St:** Spitze weißlich, mit feinen Rillen, Ring häutig, weiß oder gelb mit gelber Außenseite; meist trichterförmig verlängert; Unterseite gelblich, abwärts bräunlich faserig, Basis evtl. etwas gelblich. **F:** weißlich. **Ger:** pilzartig bis etwas muffig kohlartig. **Ges:** mild, nach einiger Zeit etwas kratzend. **Spp:** weißlich. **V:** büschelig, vorwiegend auf totem Laubholz; Spätsommer bis Spätherbst. (Kr 3.125 BK 3.134, Lu 1.2.8, 🖼).

Für die Zubereitung dieser und der folgenden Arten gilt dasselbe wie bei *A. ostoyae*. Vom Verzehr von gelblichen, kohlartig riechenden Hallimasch wird abgeraten.

5.15.03 *Armillaria cepistipes* Velen., Zwiebelfüßiger Hallimasch: Hut vorwiegend blass- oder haselnuss- bis rotbraun, glatt, Mitte etwas dunkler schuppig, Fleisch weiß, jedoch etwas gilbend und bald braunschwarz verfärbend, Stiel mit vergänglichem, schleierartigem, weißem bis gelblichem Ring, Unterseite teils weiß bis gelb, seltener mit grauen Schüppchen am Rand, abwärts schmutzig gelblich, faserig, Basis zwiebelig verdickt. (BK 3.133, Lu 1.2.5, 🖼).

A. cepistipes wurde bisher oft verkannt und scheint sehr häufig vorzukommen.

Armillaria gallica Marxm. & Romagn., *Armillaria lutea* Gillet, Fleischfarbener Hallimasch: Hut eher blass honig- bis fleischbraun, Mitte dunkelbraun, Stiel kräftig, zylindrisch, teils knollig, mit ockerfarbenen, gelben oder grauen Flocken, meist mehrmals gebändert, Ring schleierartig, flüchtig, weiß, Rand und Unterseite oft lebhaft gelb mit gelben bis ockerfarbenen, seltener grauen Schuppen, Schleier sternförmig aufreißend. (Lu 1.2.6).

Armillaria borealis Marxm. & Korhonen, Nördlicher Hallimasch: Hut ebenfalls klein, 3–5 cm, hellbraun, gelbockerlich, Stiel zylindrisch oder zur Basis hin leicht verjüngt, selten schwach keulig, Ring vergänglich, ockerfarben, gelb, seltener braun oder weiß flockig; vor allem in Skandinavien sehr verbreitet, an Laub- oder Nadelholz, erscheint oft bereits von Juli bis September. (Lu 1.2.3).

5.15.04 *Desarmillaria ectypa* R.A. Koch & Aime, *Armillaria ectypa* (Fr.) Lamoure
Moor-Scheinhallimasch, Moor-Hallimasch

H: 3–5 cm, leicht schuppig, gelbbraun bis etwas rosa- oder rötlichbraun, Rand gereift und alt zunehmend rippig. **L:** etwas herablaufend und ziemlich entfernt, cremeweiß, bisweilen etwas weinrötlich. **St:** wie der Hut gefärbt, ohne Ring, Basis bisweilen knollig. **Spp:** weißlich. **V:** vor allem im Moor, zwischen Torfmoos *Sphagnum*. (Kr 3.123, Lu 1.2.2, 🖼).

5.15.05 *Desarmillaria tabescens* (Scop.) R.A. Koch & Aime, *Armillaria tabescens* (Scop.) Emel, Ringloser Scheinhallimasch, Ringloser Hallimasch: Hut 4–8 cm, schuppig, im Zentrum oft schollig aufgerissen mit schwarzen, kurzen, samtigen Haarbüscheln, Stiel zylindrisch bis spindelig, ohne Ring, Fleisch in der Stielbasis bisweilen etwas ockergrünlich; büschelig, vor allem auf Strünken von Eiche *Quercus* oder Edelkastanie *Castanea*. (Kr 3.128, Lu 1.2.1, 🖼).

5.15.01 *Armillaria ostoyae*, Dunkler Hallimasch

5.15.02 *Armillaria mellea*, Honiggelber Hallimasch

5.15.03 *A. cepistipes*, Zwiebelfüßiger Hallimasch

5.15.04 *Desarmillaria ectypa*, Moor-Scheinhallimasch

5.15.05 *Desarmillaria tabescens*, Ringloser Scheinhallimasch

5.16 *Flammulina,* Samtfußrüblinge und Ähnliche

Basidiomycota, Ständerpilze > *Agaricomycetes* > *Agaricales,* Blätterpilze > *Tricholomataceae* s. l., Ritterlingsähnliche > *Physalacriaceae,* Rindenschwammverwandte

Beschreibung

Flammulina, Samtfußrüblinge sind kleine bis mittlere, knorpelig-elastische Pilze mit gelb- bis orangebraunem, schleimigem Hut und typisch samtigem, bald schwarzbraunem Stiel. *Flammulina velutipes,* Gemeiner Samtfußrübling wächst vor allem im Spätherbst, Winter und Frühjahr, auch unter dem Schnee, meist büschelig auf totem Laubholz. ***Strobilurus,*** Zapfenrüblinge besitzen kleine, blass graubraune bis satt dunkelbraune Fruchtkörper mit weißen, schmal angehefteten Lamellen. Der häufige *Strobilurus esculentus,* Fichten-Zapfenrübling wächst, seinem Namen entsprechend, immer auf Fichtenzapfen, die beiden anderen Arten ausschließlich auf Kiefernzapfen. Sind die Zapfen vergraben, wachsen die Pilze scheinbar auf der Erde. Wer den wurzelartigen Fortsätzen nachgräbt, findet aber sofort den erwarteten Zapfen. Das Sporenpulver und die Lamellen sind weißlich. Alle drei Zapfenrüblinge wachsen vorwiegend im Frühling, selten im Spätherbst. ***Rhodotus** palmatus,* Orangerötlicher Adernseitling mit seiner auffällig netzig-aderigen Hutoberfläche zählt trotz des gelbrosafarbenen Sporenpulvers in die hier beschriebene Familie *Physalacriaceae,* Rindenschwammverwandte. Er wächst auf totem Laubholz.

Alle Arten in dieser Gattungsgruppe wachsen auf abgestorbenem Holz oder alten Fichten- oder Kieferzapfen und gehören zu den Saprobionten.

Die Sporen dieser Gattungsgruppe sind mehrheitlich glatt und schmal ellipsoid bis zylindrisch. ***Rhodotus** palmatus,* Orangerötlicher Adernseitling hat fast kugelige, warzig-stachelige Sporen. In der Gattung *Strobilurus,* Zapfenrüblinge weisen die Arten Hymenialzystiden mit auffälligen Kristallschöpfen oder Hauben mit körnigem Inhalt auf.

Bestimmung

Für die detaillierte Bestimmung ist der Standort wichtig und das genaue Substrat, auf dem der Fruchtkörper gedeiht. In weiteren Schritten gilt es, Unterschiede am Stiel oder im Geruch zu beachten.

Speisewerte

Flammulina velutipes, Gemeiner Samtfußrübling ist essbar. Findet man mitten im Winter eine Schale voll von diesen Pilzen, kann man manchen Gast damit überraschen. Der Stiel muss allerdings weggeschnitten werden, er ist zäh. Auch *Strobilurus esculentus,* Fichten-Zapfenrübling ist bekömmlich. Er kann sehr häufig auftreten und ist erstaunlich schmackhaft, was Sammelnde etwas dafür entschädigt, dass er so klein ist. Er wächst vorwiegend in der speisepilzarmen Frühjahrszeit. Das ist wohl der Grund, warum diese kleine Art überhaupt als Speisepilz bekannt wurde. Die anderen beschriebenen Arten sind keine Speisepilze. Beim seltenen *Rhodotus palmatus,* Orangerötlicher Adernseitling ist der Speisewert unbekannt.

5.16.01 *Flammulina velutipes,*
Gemeiner Samtfußrübling

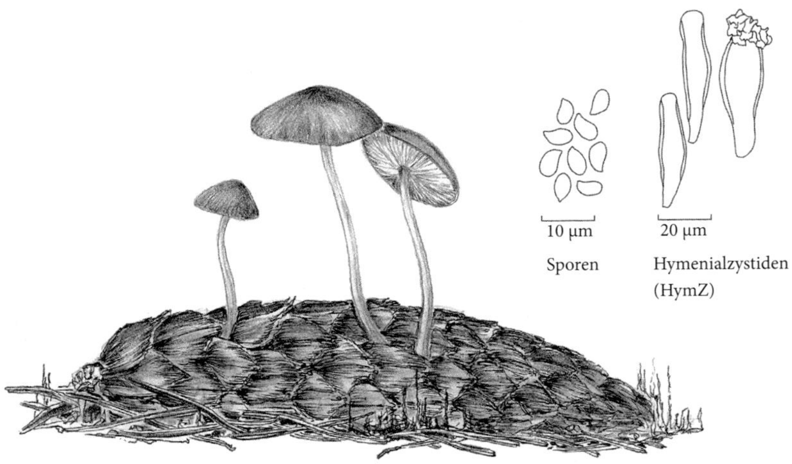

5.16.04 *Strobilurus esculentus,*
Fichten-Zapfenrübling

5.16 *Flammulina*, Samtfußrüblinge und Ähnliche

- auf Laubholz
  - Stiel gelb, im unteren Teil zunehmend bräunlichschwarz
    - Stiel kaum wurzelnd … **01 *Flammulina velutipes*, Gemeiner Samtfußrübling**
    - Stiel oft spindelig und leicht wurzelnd … 02 *Flammulina fennae*, Wurzelnder Samtfußrübling
  - Stiel weißlich bis bräunlich, z. T. mit rötlichen Guttationströpfchen … 07 *Rhodotus palmatus*, Orangerötlicher Adernseitling
- bei Hauhechel … 03 *Flammulina ononidis*, Hauhechel-Samtfußrübling
- auf Fichtenzapfen
  - Geruch angenehm, schwach … **04 *Strobilurus esculentus*, Fichten-Zapfenrübling**
  - Geruch nach Chlor … 5.20.37 *Mycena plumipes*, Fichtenzapfen-Helmling
- auf Kiefernzapfen
  - Geschmack bitter … 05 *Strobilurus tenacellus*, Bitterer Kiefern-Zapfenrübling
  - Geschmack mild, in höheren Lagen … 06 *Strobilurus stephanocystis*, Milder Kiefern-Zapfenrübling

5.16.01 *Flammulina velutipes* (Curtis) Singer
Gemeiner Samtfußrübling

H: 2–10 cm, klebrig bis schleimig, gelb- bis orangebraun. **L:** ausgebuchtet, relativ breit angewachsen, weißlich, später ockergelb. **St:** fest, samtig, gelb, später zunehmend bräunlichschwarz, Spitze etwas erweitert und gelb bleibend. **F:** dünn, cremefarben. **Ger:** schwach, angenehm. **Ges:** mild, säuerlich. **Spp:** weiß. **V:** büschelig oder gesellig, auf totem Laubholz, oft an stehenden Stämmen oder Ästen; Herbst bis Frühling. **Mik:** Sporen glatt, schlank ellipsoid, 6–10 × 3–4,5 µm. HymZ flaschenförmig bis utriform. (D 389, Kr 3.246, BK 3.210, Lu 1.26.1/3, 🖼).

Der Samtfußrübling wird auch als Zuchtpilz in dichten Büscheln (Sträußchen) mit kleinen, ca. 1 cm breiten, weißen Hüten und langen, ebenfalls weißen Stielen im Handel angeboten.

5.16.02 *Flammulina fennae* Bas, Wurzelnder Samtfußrübling: Stiel oft etwas wurzelnd, Vorkommen auf vergrabenen Laubholzteilen; auch im Sommerhalbjahr. Sporen 6–8,5 × 3–4,5 µm. (Kr 3.244, Lu 1.26.4, 🖼).

5.16.03 *Flammulina ononidis* Arnolds, Hauhechel-Samtfußrübling: Hut eher kleiner, Stiel etwas wurzelnd; auf abgestorbenen Wurzelsträngen von Hauhechel *Ononis spinosa* wachsend. Sporen schlank ellipsoid bis etwas zylindrisch, 8,5–12,5 × 4,5–5,5 µm. (Lu 1.26.2).

5.16.04 *Strobilurus esculentus* (Wulfen) Singer
Fichten-Zapfenrübling, Fichten-Nagelschwamm

H: 0,5–2,5 cm, ocker- bis rötlichbraun, kastanienbraun, verdeckte Fruchtkörper blass grauocker, horngrau. **L:** schmal angeheftet bis fast frei, weiß. **St:** knorpelig, elastisch, ockerbraun, etwas bereift, Basis mit wurzelartigen Mycelsträngen zum Fichtenzapfen *Picea*. **F:** dünn, weiß. **Ger:** schwach, angenehm. **Ges:** mild, pilzartig. **Spp:** weißlich. **V:** immer auf modernden, bisweilen vergrabenen Fichtenzapfen; Frühjahr, selten im Spätherbst. **Mik:** Sporen glatt, schlank ellipsoid, 5,5–7,5 × 3–4 µm. HymZ flaschenförmig, teils etwas kopfig, keulig, dickwandig, oft mit Kristallschopf. (D 339, Kr 3.517, BK 3.405, Lu 1.83.2, 🖼).

5.16.05 *Strobilurus tenacellus* (Pers.) Singer, Bitterer Kiefern-Zapfenrübling, Bitterer Nagelschwamm: Geschmack etwas bitter; immer auf Kiefernzapfen wachsend, vorwiegend von Waldkiefer *Pinus sylvestris*, Schwarzkiefer *Pinus nigra*, seltener Bergkiefer *Pinus mugo*. Sporen ellipsoid bis etwas tropfenförmig, mit seitlichem Apikel, 5–7,5 × 2,5–3 µm, HymZ spindelig, leicht dickwandig, Spitze teils mit Kristallschopf. (D 338, Kr 3.519, BK 3.407, Lu 1.83.3, 🖼).

5.16.06 *Strobilurus stephanocystis* (Kühner & Romagn. ex Hora) Singer, Milder Kiefern-Zapfenrübling, Milder Nagelschwamm: Geschmack mild; auf Kiefernzapfen *Pinus*, vorwiegend von Bergkiefer *Pinus mugo*. Sporen ellipsoid bis etwas tropfenförmig, 5,5–8 × 3–4 µm, HymZ utriform, keulig, oft mit schaumig-körniger Kappe. (BK 3.406, Lu 1.83.1, 🖼).

5.16.07 *Rhodotus palmatus* (Bull.) Maire
Orangerötlicher Adernseitling

H: 3–10 cm, Oberfläche erhaben netzig-aderig, orangerosa, Rand eingerollt. **L:** ausgebuchtet angewachsen bis ±frei, blassrosa bis orangerötlich. **St:** meist exzentrisch, rosagrau bis orangerötlich, Spitze blasser, oft mit (vom Sporenpulver) rötlichen Guttationströpfchen. **F:** relativ dick, blassrötlich. **Ger:** obstartig. **Ges:** bitterlich. **Spp:** rosa. **V:** oft büschelig, auf Laubholz. **Mik:** Sporen stachelig, mehrheitlich kurgelig, 5–7 µm, cyanophil, HymZ spindelig bis kurzstielig flaschenförmig, teils etwas kopfig. (Kr 3.508, Lu 1.75.1, 🖼).

5.16.01 *Flammulina velutipes*, Gemeiner Samtfußrübling

5.16.02 *Flammulina fennae*, Wurzelnder Samtfußrübling

5.16.04 *Strobilurus esculentus*, Fichten-Zapfenrübling

5.16.05 *S. tenacellus*, Bitterer Kiefern-Zapfenrübling

5.16.06 *S. stephanocystis*, Milder Kiefern-Zapfenrübl.

5.16.07 *Rhodotus palmatus*, Orangerötl. Adernseitl.

5.17 *Hymenopellis,* Runzelrüblinge und Ähnliche

Basidiomycota, Ständerpilze > *Agaricomycetes* > *Agaricales,* Blätterpilze > *Tricholomataceae* s. l., Ritterlingsähnliche > *Physalacriaceae,* Rindenschwammverwandte

Beschreibung

Die ehemaligen Wurzelrüblinge sind in die Gattungen ***Hymenopellis, Laccariopsis, Oudemansiella, Paraxerula*** und ***Xerula*** aufgeteilt worden. Ihre deutschen Bezeichnungen Runzelrüblinge, Scheinhaarrüblinge und Wurzelrüblinge weisen auf die kennzeichnenden teils runzeligen Hutoberflächen, die teils behaarten Stieloberflächen und die typischen Wurzelfortsätze hin, die tief ins Substrat hinein versenkt bzw. tief aus dem morschen Holz herausgewachsen sind. Der Hut ist mittelgroß, selten klein, schleimig oder samtig bis feinborstig, ockerbraun, braun bis dunkel rotbraun. 2014 wurde die nah verwandte Gattung ***Cibaomyces,*** Stachelsporrüblinge publiziert, äußerlich kleinen Wurzelrüblingen sehr ähnlich, unter dem Mikroskop jedoch mit auffällig sternförmig-stacheligen Sporen, welche zum Gattungsnamen führten (chin. «cibao» = «igelborstig»). ***Mucidula*** *mucida,* Beringter Schleimrübling zählte lange zur Gattung *Oudemansiella.* Deshalb findet man auch für *Oudemansiella* noch die deutsche Bezeichnung Schleimrüblinge. ***Mucidula*** *mucida* ist eine wunderschöne, mittelgroße und dünnfleischige Art. Sie ist feucht stark schleimig, beringt und meist büschelig auf Buchenholz wachsend, ihr Hut ist anfangs graulich, halbkugelig, später gewölbt bis flach und schneeweiß. Einige ehemalige *Marasmius,* Schwindlinge sind neu der Gattung ***Rhizomarasmius,*** Wurzelschwindlinge zugeteilt worden, kleinen Arten auf sehr spezifischen Substraten wie Sanddünen oder -küsten, auf Silberwurz *Dryas,* Farnresten oder Blattadern von Laubbäumen, ebenso ***Cryptomarasmius,*** Zwergschwindlinge.

Die genannten Arten sind Saprobionten, wobei einzelne Arten zeitweise auch als Parasiten auftreten können (Gröger 2006).

Die Sporen sind glatt und ausnahmsweise stachelig, recht groß und vorwiegend breit ellipsoid bis kugelig. Sie sind bei allen Arten ähnlich und helfen wenig zu deren Unterscheidung außer zur Abgrenzung der Gattung *Cibaomyces,* Stachelsporrüblinge mit den stark stacheligen Sporen. Einige Wurzelrüblinge enthalten auffällige Haare in der Hutdeckschicht.

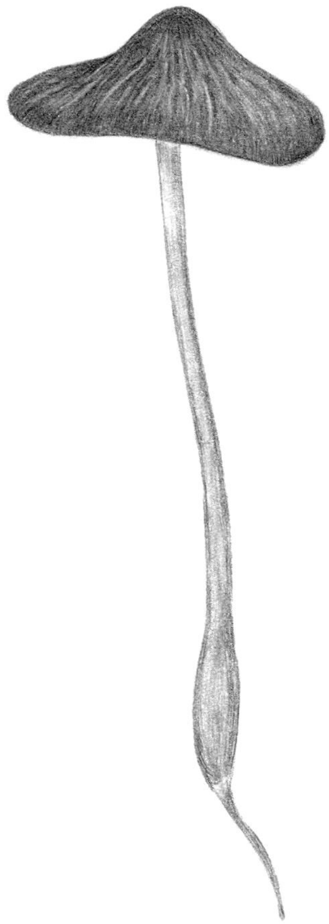

5.17.01 *Hymenopellis radicata,*
Schleimiger Wurzelrübling

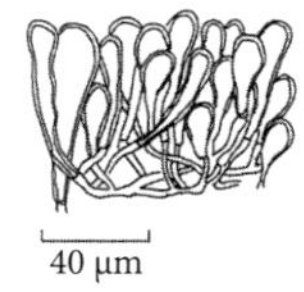

Hutdeckschicht (HDS)

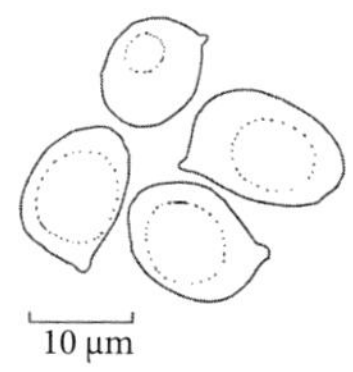

Sporen

Bestimmung

Die Bestimmung der häufigen Arten ist durch deutliche Merkmale wie einem beringten oder unberingten Stiel, der Größe, einem schleimiggrubigen oder matten bis filzig-borstigen Hut sowie durch spezifische Standorte möglich.

Speisewerte

Diese Gattungen enthalten keine Giftpilze, aber auch keine empfehlenswerten Speisepilze. *Hymenopellis radicata,* Schleimiger Wurzelrübling wird manchmal gegessen. Er kann notfalls helfen, einen kargen Pilzfund etwas zu strecken.

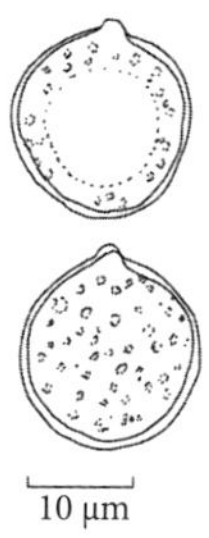

Sporen

5.17.07 *Mucidula mucida,*
Beringter Schleimrübling

5.17 *Hymenopellis,* Runzelrüblinge und Ähnliche

Hut glatt, feucht schleimig	
Hut haselnussbraun, bald grubig, Stiel tief wurzelnd	**01 *Hymenopellis radicata,* Wurzelnder Runzelrübling**
Hut bald weiß (erst grau), Stiel beringt, abwärts schleimig	07 *Mucidula mucida,* Beringter Schleimrübling
Hut leicht bis deutlich faserig (später evtl. radialrissig), Stiel nicht wurzelnd	
Hut > 5 cm, Basis mit auffälligen Mycelsträngen	**5.19.23 *Megacollybia platyphylla,* Gemeines Breitblatt**
Hut < 5 cm breit, Basis ohne Mycelstränge	5.19.28 *Hydropus subalpinus,* Buchenwald-Wasserfuß
Hut matt, samtig-filzig oder fein behaart, Stiel wurzelnd	
Hut > 3 cm, auf oder bei moderndem Holz	
Hut und Stiel filzig bis borstig, mit braunen, schwarzbraunen Haaren	
Hut graubraun, braun, evtl. etwas oliv, Hutrand kahl	04 *Xerula pudens,* Braunhaariger Wurzelrübling
Hut braun, dunkel rotbraun, Hutrand behaart (Haare bis 3 mm lang)	06 *Oudemansiella melanotricha,* Schwarzhaariger Schleimrübling
Hut und Stiel mit durchsichtigen Haaren	05 *Paraxerula caussei,* Weißhaariger Scheinhaarrübling
Hut < 3 cm, an sehr spezifischen Standorten	
auf Dünen, Hut ockergrau, blass ockerbräunlich, Stiel weißlich	02 *Hymenopellis xeruloides,* Dünen-Wurzelrübling
Sandküsten, Hut kupferbräunlich, Rand wellig, Stiel beige, abwärts rotbraun	03 *Laccariopsis mediterranea,* Ziegelroter Wurzelrübling
auf Silberwurz, Hutmitte rötlichbraun, Rand gelbockerlich	08 *Rhizomarasmius epidryas,* Silberwurz-Wurzelschwindling
auf Farnresten (Adlerfarn), Hut grauocker, oliv, Mitte braun, braunrot fleckig	09 *Rhizomarasmius undatus,* Rotfleckiger Wurzelschwindling
auf Blattstielen oder -adern (Buche), Hut > 5 mm, weißlich, Mitte gelblich	10 *Rhizomarasmius setosus,* Niederliegender Wurzelschwindling
auf Pappelblättern, Hut creme-, grau-, rotbraun, < 0,5 cm, Lam. sehr entfernt	11 *Cryptomarasmius minutus,* Winziger Schwindling

5.17.01 ***Hymenopellis radicata*** (Relhan) R.H. Petersen, ***Xerula radicata*** (Relhan) Dörfelt **Wurzelnder Runzelrübling, Schleimiger Wurzelrübling**

H: 3–10 cm, feucht schmierig, erst glatt, bald runzelig, grubig, haselnussbraun, ockerbraun. **L:** ausgebuchtet angewachsen und strichförmig herablaufend, breit, weiß, Schneiden evtl. dunkel. **St:** lang, starr, Spitze hell, abwärts ockergrau, rillig, oft verdreht, Basis verdickt, darunter tief wurzelnd. **F:** dünn, weiß. **Ger:** schwach. **Ges:** mild. **Spp:** weiß. **V:** bei oder auf morschem Laubholz; Sommer bis Herbst. (D 337, Kr 3.587, BK 3.450, Lu 1.89.2,).

Hymenopellis raphanipes (Berk.) R.H. Petersen, *Oudemansiella raphanipes* (Berk.) Pegler & T.W.K. Young, Heipijizong, Black Termite Mushroom: Zuchtpilz aus China, Hut und Stiel grau- bis dunkelbraun, Stielbasis stark verdickt.

5.17.02 *Hymenopellis xeruloides* (Bon) R.H. Petersen, *Xerula xeruloides* (Bon) Dörfelt, Dünen-Runzelrübling, Dünen-Wurzelrübling: Hut 2–3 cm, matt, samtig, ockergrau, blass ockerbräunlich, Stiel weißlich, Spitze etwas verdickt, tief wurzelnd; auf sandigem Boden, an Meeresküsten.

5.17.03 *Laccariopsis mediterranea* (Pacioni & Lalli) Vizzini, *Xerula mediterranea* (Pacioni & Lalli) Quadr. & Lunghini, *Flammulina mediterranea* (Pacioni & Lalli) Bas & Robich, Ziegelroter Wurzelrübling, Dünen-Samtfußrübling: Hut kupferbräunlich, Rand wellig verbogen, Stiel beige, abwärts rotbraun. (Lu 1.89.3,).

Cibaomyces glutinis Zhu L. Yang, Y.J. Hao & J. Qin, Schleimiger Stachelsporrübling: Hut 1–3 cm, halbkugelig-gewölbt bis flach, schleimig, schmutzig weiß, später ockergelblich bis orangebraun, Lamellen entfernt, dicklich, zäh, bogig, leicht herablaufend, oft queraderig, weiß, vor allem an den Schneiden mit orangebraunen Tröpfchen, Stiel dünn, feinst bräunlich schuppig, schmutzig weiß bis gelbgrau, schleimig, Spitze hell mit orangebraunen Tröpfchen, Basis verdickt, oft wurzelnd und zunehmend braun; auf oder bei morschem Holz, Sommer bis Herbst. Sporen sternartig-stachelig, kugelig, 9,5–14 × 9–12 µm, ChZ zylindrisch, oft büschelig, PlZ fehlend.

5.17.04 *Xerula pudens* (Pers.) Singer, *Xerula longipes* (P. Kumm.) Maire Braunhaariger Wurzelrübling

H: 3–10 cm, filzig, fein behaart (Haare bis 1 mm), graubraun bis dunkelbraun, evtl. etwas oliv, Rand ± glatt. **L:** ausgebuchtet angewachsen, weiß bis creme. **St:** lang, starr, fein braun behaart, wie der Hut gefärbt, rillig, wurzelnd. **F:** dünn, zäh, weiß. **Ger:** unauffällig. **Ges:** mild. **Spp:** weiß. **V:** vorwiegend auf oder in der Nähe von vermoderndem Eichenholz *Quercus*, seltener auf anderem Laubholz (Buche *Fagus*, Edelkastanie *Castanea sativa*); Sommer bis Herbst. (D 335, Kr 3.585, BK 3.449, Lu 1.89.4,).

5.17.05 *Paraxerula caussei* (Maire) R.H. Petersen, *Xerula caussei* Maire, Weißhaariger Scheinhaarrübling, Schwarzbrauner Wurzelrübling: Hut 2–5 cm, grau, graubraun, Stielhaare durchsichtig. (BK 3.583, Lu 1.89.5).

5.17.06 *Oudemansiella melanotricha* (Dörfelt) M.M. Moser, *Xerula melanotricha* Dörfelt, Schwarzhaariger Wurzelrübling, Schwarzhaariger Schleimrübling: Hut und Stiel braun bis dunkel rotbraun, schwarzbraun, Haare bis 3 mm lang, Hutrand behaart; im Nadelwald, auf oder bei vermoderndem Tannenholz *Abies*. (D 336, Kr 3.585, BK 3.448, Lu 1.89.1).

5.17.07 *Mucidula mucida* (Schrad.) Pat., *Oudemansiella mucida* (Schrad.) Höhn. Beringter Buchen-Schleimrübling, Beringter Schleimrübling, Buchen-Schleimrübling

H: 3–10 cm, feucht stark schleimig, grauweiß, halbkugelig, später reinweiß, gewölbt bis ausgebreitet, Rand gerieft, oft runzelig. **L:** ausgebuchtet, ziemlich breit angewachsen, entfernt, weiß. **St:** Spitze trocken, weiß gerieft, auffälliger, häutiger Ring mit weißer Oberseite und grauer Unterseite, abwärts schmierig und zunehmend graubräunlich, Basis zwiebelig-knollig. **F:** dünn, weiß. **Ger:** schwach. **Ges:** mild. **Spp:** cremeweiß. **V:** meist büschelig, vorwiegend auf totem Buchenholz *Fagus*, seltener auf Eiche *Quercus*; Sommer bis Herbst. (Kr 3.491, BK 3.388, Lu 1.57.1,).

5.17.08 *Rhizomarasmius epidryas* (Kühner ex A. Ronikier) A. Ronikier & Ronikier, *Marasmius epidryas* Kühner Silberwurz-Wurzelschwindling

H: 0,5–1,3 cm, gewölbt, Mitte oft etwas eingedellt, matt ockergelb, im Scheitel dunkler, Rand heller, runzelig. **L:** breit angewachsen, cremeocker. **St:** elastisch, zäh, dunkelbraun bis braunschwarz, feinflaumig, gegen die Basis verjüngt, wurzelnd. **F:** dünn, weiß. **Ger:** unauffällig. **Ges:** mild. **Spp:** weiß. **V:** am Holz von Silberwurz *Dryas*, in höheren Lagen; Sommer. (BK 3.283, Lu 1.47.10,).

5.17.01 *Hymenopellis radicata*, Schleimiger Wurzelrübling

5.17.03 *Laccariopsis mediterranea*, Ziegelroter Wurzelr.

5.17.04 *X. pudens*, Braunhaariger Wurzelrübling

5.17.07 *Mucidula mucida*, Beringter Buchen-Schleimr.

5.17.08 *R. epidryas*, Silberwurz-Wurzelschwindlin

5.17.09 *Rhizomarasmius undatus* (Berk.) R.H. Petersen, *Marasmius undatus* (Berk.) Fr.
Rotfleckiger Wurzelschwindling

H: 1–2,5 cm, gewölbt bis flach und etwas genabelt, matt, fein weiß bepudert, cremefarben, cremeoliv, später bräunlich bis rötlich fleckend und bisweilen etwas runzelig werdend. **L:** breit und gerade angewachsen bis etwas herablaufend, weißlich, bald rötlich fleckend. **St:** lang, steif, starr, Spitze weißlich, abwärts jung bräunlich, später schwarzbraun, auf der ganzen Länge blassgrau bepudert, Basis wurzelnd. **F:** dünn, weiß. **Ger:** schwach, würzig. **Ges:** mild. **Spp:** weiß. **V:** in Verbindung mit Adlerfarn *Pteridium aquilinum*; Herbst. (BK 3.281, Lu 1.47.2).

5.17.10 *Rhizomarasmius setosus* (Sowerby) Antonin & A. Urb.,
Marasmius setosus (Sowerby) Noordel.
Niederliegender Wurzelschwindling

H: 0,1–0,5 cm breit, kahl, weiß, Mitte etwas gelblich. **St:** Spitze weiß, abwärts rotbraun bis fast schwarz, feinflaumig, Basis striegelig. **Ger:** unauffällig. **Ges:** unauffällig. **Spp:** weiß. **V:** auf modernden Laubblättern, vor allem Buche *Fagus*. (BK 3.290, Lu 1.47.25,).

5.17.11 *Cryptomarasmius minutus* (Peck) T.S. Jenkinson & Desjardin
Marasmius minutus Peck
Winziger Pappelblatt-Zwergschwindling, Winziger Schwindling

H: 0,1–0,2 cm, gewölbt bis flach, runzelig, rotbraun bis graubraun. **L:** breit angewachsen, sehr entfernt, evtl. nur rudimentär ausgebildet, weißlich. **St:** fadenförmig, dunkelbraun, Spitze heller. **V:** auf modernden Blättern von Pappel *Populus*, Weide *Salix*, Erle *Alnus*; Sommer bis Herbst. **Mik:** Sporen ellipsoid, bis schmal tropfenförmig, 6–9,5 × 2,5–4 µm, ChZ teils keulig mit bürstenartigen Noppen, teils glatt und spindelig bis flaschenförmig. (BK 3.280, Lu 1.47.21).

Cryptomarasmius und *Rhizomarasmius* gehören verwandtschaftlich hierher in Familie *Physalacriaceae,* auch wenn sie äußerlich den *Marasmius* aus der Familie *Marasmiaceae* sehr ähnlich sind.

5.17.10 *Rhizomarasmius setosus,* Niederliegender Wurzelschwindling

5.18 *Gymnopus,* Blasssporrüblinge und Ähnliche

Basidiomycota, Ständerpilze > *Agaricomycetes* > *Agaricales,* Blätterpilze > *Tricholomataceae* s. l., Ritterlingsähnliche > *Omphalotaceae,* Ölbaumpilzverwandte

Familie *Omphalotaceae,* Ölbaumpilzverwandte

Die Familie enthält kleine bis mittelgroße Pilze mit bald flach gewölbtem, kahlem Hut, in weißlicher, gelbbrauner und rötlich- bis dunkelbrauner Farbe. Typisch ist ein knorpeliger, zäher Stiel, glatt bis rillig, kahl oder feinfilzig, oft mit striegeliger Basis. Die Lamellen sind ausgebuchtet bis aufsteigend angewachsen, teilweise auch fast frei. Das Sporenpulver ist weiß, creme bis ockergelb.

5.18.03a *Rhodocollybia butyracea* var. *asema,* Horngrauer Rosasporrübling

5.18.13 *Gymnopus fusipes,* Spindeliger Blasssporrübling

5.18.17 *Gymnopus foetidus,* Stink-Blasssporrübling

5.18.33 *Lentinula edodes,* Kultur-Shiitake

5.18.26 *Collybiopsis peronata,* Brennender Scheinrübling

Gymnopus, Blasssporrüblinge und Ähnliche

Beschreibung

Gymnopus, Blasssporrüblinge bilden die größte Gruppe der ehemals umfassenderen Gattung *Collybia,* deren Name jetzt für die kleinen Sklerotienrüblinge (Unterkapitel 5.6) zur Verfügung steht. Eher größere und zähere Arten zählen zu ***Rhodocollybia,*** Rosasporrüblinge (Großrüblinge). *Rhodocollybia butyracea,* Butter-Rosasporrübling zeichnet sich durch den fettig wirkenden Hut und die aufgeblasene Stielbasis aus, während die anderen Arten sich rillige, oft wurzelnde Stiele und gedrängte Lamellen mit gezähnten Schneiden teilen. Sehr kleine Arten mit entfernt stehenden Lamellen auf Holz zählen zu ***Marasmiellus,*** Zwergschwindlinge. Der ebenfalls einst dazu zählende *P. perforans,* Nadel-Scheinblasssporrübling gehört in die 2019 beschriebene Gattung ***Paragymnopus.*** Seit 2021 zählen einige häufige Arten wie z. B. *C. peronata,* Brennender Scheinrübling, *C. confluens,* Knopfstieliger Scheinrübling und *C. ramealis,* Ästchen-Scheinrübling zur Gattung ***Collybiopsis,*** Scheinrüblinge. Die ehemals zu *Marasmius,* Schwindlinge gehörenden Knoblauchschwindlinge sind jetzt in der kleinen Gattung ***Mycetinis,*** Knoblauchschwindlinge. Namensgebend für die Familie ist die Wärme liebende, bei uns seltene Gattung ***Omphalotus,*** Ölbaumtrichterlinge. ***Lentinula*** *edodes,* Kultur-Shiitake ist in der Natur kaum zu finden, wird aber gezüchtet. ***Connopus*** *acervatus,* Büscheliger Nadelholzrübling ist eine eher kleine, büschelige Art mit gedrängten Lamellen und röhrigem, dünnem, meist rotbraunem Stiel. Er wächst auf morschem Nadelholz, das Sporenpulver ist weiß bis ganz hell rosabeige.

Einige Arten erscheinen schon im Frühling, die Mehrheit vom Sommer bis zum Herbst, oft gesellig oder büschelig, vorwiegend auf Erde, zum Teil auch auf Holz. Die *Omphalotaceae,* Ölbaumpilzverwandte sind mehrheitlich Saprobionten, wobei einige Arten auch parasitisch als sogenannte Schwächeparasiten an noch lebenden Bäumen auftreten können, wie z. B. *Omphalotus illudens,* Orangefarbener Ölbaumtrichterling.

Die Sporen sind stets glatt, spindelig, tropfenförmig bis ellipsoid und dienen kaum einer weiteren Unterscheidung. In der Hutdeckschicht finden sich z. T. auffällige, knorrige Elemente.

Bestimmung

Für die Artbestimmung in der Übersicht zählen in erster Linie Hut- und Lamellenfarbe, sowie der Geruch und Eigenheiten am Stiel.

Speisewerte

Wenige Rüblinge sind essbar, und eignen sich höchstens als Mischpilze, um ein eher knappes Pilzgericht zu strecken. Die Mehrheit der beschriebenen Arten ist ungenießbar. Der unangenehm riechende *Gymnopus hariolorum,* Stinkender Frühlings-Blasssporrübling, *Gymnopus fusipes,* Spindeliger Blasssporrübling, *Rhodocollybia maculata,* Gefleckter Rosasporrübling und der scharf schmeckende *Collybiopsis peronata,* Brennender Scheinrübling werden von einigen Autoren auch als schwach giftig oder giftverdächtig bewertet. Die giftigen Ölbaumtrichterlinge enthalten Illudin und Muskarin und verursachen rasch oder bis spätestens vier Stunden nach dem Verzehr heftige Brechdurchfälle. Für die Küche ist *Lentinula edodes,* Kultur-Shiitake erwähnenswert. Dieser ausgezeichnete Pilz wird im Fernen Osten seit langer Zeit gezüchtet. Im Handel findet man ihn getrocknet, immer häufiger auch frisch aus europäischer Zucht. Er lässt sich einfach züchten und soll gesundheitsfördernde Wirkungen haben.

5.18 *Gymnopus*, Blasssporrüblinge und Ähnliche

- Hut weiß, creme, blassbeige
  - Lamellen ziemlich gedrängt bis sehr gedrängt
    - Fruchtkörper fleischig mit Rostflecken, Stiel dick, rillig, nicht filzig — **01 *Rhodocollybia maculata*, Gefleckter Rosasporrübling**
    - Fruchtkörper klein, dünnfleischig, Stiel dünn, filzig, stark büschelig — **27 *Collybiopsis confluens*, Knopfstieliger Scheinrübling**
  - Lamellen eher entfernt stehend, Hut weiß bis fleischocker, alt fleckig — 02 *Gymnopus oreadoides*, Nelkenschwindlings-Blasssporrübling
- Hut grau-, gelb-, ocker-, rötlich-, kastanien- bis schwarzbraun
  - Lamellen weißlich bis blass cremegelb
    - Geruch unauffällig oder schwach
      - Stiel relativ dünn (meist < 0,5 cm), ± glatt
        - Stiel ockergelb bis ockerbraun, orangebraun
          - Hut ockergelb, Lamellen weiß bis creme
            - ohne Basisknolle oder Wurzelfortsätze, Sporen ellipsoid — **06 *Gymnopus dryophilus*, Waldfreund-Blasssporrübling**
            - mit verdickter und oft wurzelnder Basis, Sporen ellipsoid — 07 *Gymnopus aquosus*, Klumpfüßiger Waldfreund-Blasssporr.
            - schwach verdickte oder wurzelnde Basis, Sporen bohnenförmig — 5.19.28 *Hydropus subalpinus*, Buchenwald-Wasserfuß
          - Hut purpur- bis schwarzbraun, Lamellen weiß, später creme, alpin — 09 *Gymnopus alpinus*, Dunkelhütiger Gebirgs-Blasssporrübling
        - Stiel ± rotbraun
          - Hutrand nicht gerieft, Stiel glatt
            - montaner Nadelwald, auf/bei Holz, Huthauthyphen liegend (Cutis) — 10 *Connopus acervatus*, Büscheliger Nadelholzrübling
            - Laubwald, Huthaut teils knorrige, korallenartige Elemente — 11 *Gymnopus erythropus*, Rotbraunstieliger Blasssporrübling
          - Hut gerieft, Stielspitze bereift, Stielbasis filzig — 12 *Gymnopus terginus*, Geriefter Blasssporrübling
        - Stiel grauweiß, Hut oft genabelt
          - Hut grau bis ockergrau, im Zentrum schuppig — 5.19.24 *Clitocybula lacerata*, Fransiger Faserrübling
          - Hut rußiggrau, später braun- bis schwarzgrau — 5.19.25 *Clitocybula abundans*, Üppiger Faserrübling
      - Stiel relativ dick (meist > 0,5 cm), faserig-rillig, evtl. verdreht, wurzelnd
        - Lamellen mäßig dicht, Stielbasis keulig aufgeblasen, Hut rotbraun — **03 *Rhodocollybia butyracea*, Butter-Rosasporrübling**
        - Lamellen mäßig dicht, Stielbasis keulig aufgeblasen, Hut horngrau — 03a *R. butyracea* var. *asema*, Horngrauer Rosasporrübling
        - Lamellen ziemlich entfernt, alt rostfleckig
          - Hut rotbraun, Stiel spindelig, wurzelnd — 13 *Gymnopus fusipes*, Spindeliger Blasssporrübling
          - Hut weißlich bis fleischocker, alt rostfleckig, Stiel nicht wurzelnd — 02 *Gymnopus oreadoides*, Nelkenschwindlings-Blasssporrübling
        - Lamellen gedrängt bis sehr gedrängt, Schneiden oft gekerbt
          - Hut nicht eingewachsen faserig
            - Sporen kugelig bis ca. 6 µm, Lamellenschneiden gekerbt
              - Lamellen alt gelblich, teils rostfleckig, gekerbt, mild — 04 *Rhodocollybia prolixa*, Kerbblättriger Rosasporrübling
              - Lamellen alt rostfleckig, stark gekerbt, etwas bitter — 04a *Rhodocollybia prolixa* var. *distorta*, Drehstieliger Rosasporrübling
            - Sporen ellipsoid bis 9,5 µm, Lam. cremeocker, oft gekerbt, bitter — 05 *Rhodocollybia fodiens*, Durchbohrter Rosasporrübling
          - Hut rotbraun, eingewachsen radialfaserig, oft auf Holzresten — 28 *Collybiopsis luxurians*, Üppiger Scheinrübling
    - Geruch nach Kohl, Knoblauch
      - Lamellen ziemlich dicht
        - Stiel blass, im unteren Teil allenfalls gelbbraun — 14 *Gymnopus hariolorum*, Stinkender Frühlings-Blasssporr.
        - Stiel purpurbraun
          - Hut höchstens am Rand durchscheinend gerieft, trocken fast filzig — 15 *Gymnopus impudicus*, Unverschämter Blasssporrübling
          - Hut mindestens bis zu Mitte durchscheinend gerieft, glatt — 18 *Gymnopus brassicolens*, Stinkkohl-Blasssporrübling
      - Lamellen leicht bis deutlich entfernt stehend, Hut < 3–4 cm
        - Stiel rötlich-schwarz, feinsamtig, kurz und steif, auf Holz, Geruch stark — **17 *Gymnopus foetidus*, Gemeiner Stinkschwindling**
        - Stiel rötlichbraun, bereift, Geruch stark knoblauchartig — 16 *Gymnopus herinkii*, Lauch-Blasssporrübling
        - Stiel rotbraun, glatt oder rötlich bereift, Geruch evtl. leicht kohlartig — 11 *Gymnopus erythropus*, Rotbraunstieliger Blasssporrübling
    - Geruch stark mehlartig-ranzig, Hut orangebräunlich, hygrophan — 6.1.15 *Rhodophana nitellina*, Gelbfuchsiger Tellerling
  - Lamellen gelblich bis gelb, nicht entfernt stehend
    - Hut ockergelb, ab Frühling oder Frühsommer
      - Stiel ohne Basisknolle oder Wurzelfortsätze, Cheilozystiden koralloid — **06 *Gymnopus dryophilus*, Waldfreund-Blasssporrübling**
      - Stiel mit Basisknolle und Wurzelfortsätzen, Cheilozystiden (irregulär) keulig — 07 *Gymnopus aquosus*, Klumpfüßiger Waldfreund-Blasssporr.
    - Hut kastanienbraun, Lamellen und Stiel oft gelblich bis intensiv gelb — 08 *Gymnopus ocior*, Gelbblättriger Blasssporrübling
  - Lamellen gelb, später gelb- bis olivbräunlich, entfernt, Geschmack scharf — **26 *Collybiopsis peronata*, Brennender Scheinrübling**
  - Lamellen ocker- bis fleischbraun
    - Stiel und Hut mit Lilatönen, ziemlich dickfleischig, Stiel längsfaserig — 5.4.04 *Lepista sordida*, Schmutziger Rötelritterling
    - Stiel und Hut dunkelbraun, Stiel bereift, Hutfleisch grün mit KOH — 19 *Gymnopus fuscopurpureus*, Purpurbrauner Blasssporrübling
    - Stiel gelb- bis rötlichbraun, unterer Teil filzig, Hut heller, ohne Grün mit KOH — 21 *Gymnopus fagiphilus*, Buchenblatt-Blasssporrübling
    - Stiel ocker- bis rötlichbraun, kahl, Lamellen zimtbraun, ohne Grün mit KOH — 22 *Gymnopus hybridus*, Zimtlamellen-Blasssporrübling
  - Lamellen beige bis orangeocker, subalpin, auf Holzresten, nach Schneeschmelze — 23 *Gymnopus vernus*, Holzbewohnender Blasssporrübling
  - Lamellen, Hut und Stiel orange, orangerötlich, Stiel oft seitlich, auf Holz
    - Hut gelborange, fuchsig, Fleisch mit Ammoniak intensiv grünschwarz — 31 *Omphalotus illudens*, Orangefarbener Ölbaumtrichterling
    - Hut dunkelrot bis kastanienbraun, Fl. mit Ammoniak leicht grün, mediterran — 32 *Omphalotus olearius*, Dunkler Ölbaumtrichterling
  - Lamellen lila, lilabraun nicht gedrängt, Hut meist 3–5 cm, mit Lilatönen — 5.4.04 *Lepista sordida*, Schmutziger Rötelritterling
  - Lamellen lila, sehr gedrängt, Hut < 3 cm breit, im Winterhalbjahr — 5.19.20 *Baeospora myriadophylla*, Tausendblatt-Amyloidsporrübling

5.18.01 *Rhodocollybia maculata* (Alb. & Schwein.) Singer,
Collybia maculata (Alb. & Schwein.) P. Kumm.
Gefleckter Rosasporrübling

H: 4–12 cm, weiß mit rostbraunen Flecken, Rand lange heruntergebogen. **L:** sehr dicht, weißlich bis creme, mit fein gekerbter Schneide. **St:** weiß, fest ca. 1–2 cm dick, bald rostbraun fleckig, faserig bis rillig, bisweilen drehwüchsig, Basis oft etwas wurzelnd. **F:** recht dick, fest, zäh, weiß. **Ger:** nach frischem Holz. **Ges:** bald sehr bitter. **Spp:** cremegelb. **V:** oft gesellig bis büschelig oder in Reihen im Nadel- und Mischwald, auf saurem Boden; Sommer bis Herbst. (D 326, Kr 3.226, BK 3.195, Lu 3.120.3, 🖼).

5.18.02 *Gymnopus oreadoides* (Pass.) Antonín & Noordel., *Collybia oreadoides* (Pass.) P.D. Orton, Nelkenschwindlings-Blasssporrübling, Gefleckter Büschel-Blasssporrübling, Heller Büschel-Rübling: Hut 2–5 cm, relativ dünnfleischig, weißlich bis fleischocker, alt rotbraun fleckig, Lamellen eher entfernt, cremeweiß, Stiel bis 1 cm dick, bereift, faserig, nicht wurzelnd. (Lu 3.105.16, 🖼).

5.18.03 *Rhodocollybia butyracea* (Bull.) Lennox, 🍴
Collybia butyracea (Bull.) P. Kumm.
Butter-Rosasporrübling

H: 3–7 cm, fettig glänzend, hygrophan, feucht rotbraun, trocken beige, Mitte meist dunkler. **L:** aufsteigend, fast frei, weißlich bis creme. **St:** wie der Hut gefärbt, glatt bis feinfaserig oder rillig, Basis verdickt, aufgeblasen. **F:** wässerig. **Ger:** pilzartig (nach frischem Holz). **Ges:** mild. **Spp:** weißlich. **V:** im Laub- und Nadelwald auf saurem Boden. (D 324, Kr 3.224, BK 3.186, Lu 3.120.5AB, 🖼).

5.18.03a *R. butyracea* var. *asema* (Fr.) Antonín, Halling & Noordel., *Collybia asema* (Fr.) Gillet, Horngrauer Rosasporrübling: Hut und Stiel horngrau. (D 325, BK 3.185, Lu 3.120.5C, 🖼).

Gemäß Krieglsteiner 2001 treten verschiedene Übergangsformen im selben Trupp oder Hexenring auf.

Rhodocollybia filamentosa (Velen.) Antonín, Faserhütiger Rosasporrübling: Hut nicht oder kaum hygrophan, eingewachsen faserig, kastanienbraun, außen heller, Lamellenschneiden schartig, Stielspitze feinflockig, im unteren Teil längs gerillt bis gefurcht. (Lu 3.120.6).

5.18.04 *Rhodocollybia prolixa* (Hornem.) Antonín & Noordel.,
Collybia prolixa (Fr.) Gillet
Kerbblättriger Rosasporrübling

H: 3–8 cm, braunrot bis kastanienbraun, Rand lange heruntergebogen, später wellig. **L:** gedrängt, gelblich, bisweilen rostfleckig, Schneiden stark gesägt. **St:** blassbräunlich, gefurcht, jedoch kaum verdreht und oft wurzelnd. **F:** blasscreme. **Ger:** schwach. **Ges:** mild. **Spp:** weiß. **V:** im Nadelwald, gerne in höheren Lagen; Sommer bis Herbst. **Mik:** Sporen kugelig. (D 328, BK 3.199, Lu 3.120.4A, 🖼).

5.18.04a *R. prolixa* var. *distorta* (Fr.) Antonín, Halling & Noordel., *Rhodocollybia distorta* (Fr.) Singer, Drehstieliger Rosasporrübling: Hut feucht glänzend rötlichbraun, trocken matt ockerbraun, Lamellen sehr gedrängt, weiß, weißlich, bisweilen rostfleckig, Schneiden glatt, Stiel faserig bis rillig, meist drehwüchsig. Die Abgrenzung ist nicht klar, wird jedoch von diversen Autoren wie Breitenbach & Kränzlin 1991 oder Ludwig 2012 gestützt. (D 327, Kr 3.228, BK 3.188, Lu 3.120.4B–D, 🖼).

5.18.05 *Rhodocollybia fodiens* (Kalchbr.) Antonín & Noordel., *Collybia fodiens* (Kalchbr.) Sacc., Durchbohrter Rosasporrübling: Hutmitte deutlich dunkler, Stiel tief wurzelnd, Geschmack bitter. Sporen länglich bis annähernd doppelt so lang wie breit. (Lu 3.120.2, 🖼).

5.18.06 *Gymnopus dryophilus* (Bull.) Murrill, 🍴
Collybia dryophilus (Bull.) P. Kumm.
Waldfreund-Blasssporrübling

H: 3–7 cm, bald flach, hygrophan, feucht ockergelb bis ocker-, orangebraun, allenfalls durchscheinend gerieft, trocken blasser. **L:** aufsteigend, fast frei, ziemlich dicht, cremeweiß. **St:** kahl, knorpelig, wie der Hut gefärbt, Spitze heller. **F:** wässerig cremefarben. **Ger:** säuerlich (nach frisch gesägtem Holz, grasartig). **Ges:** mild. **Spp:** weiß. **V:** oft büschelig, im Laub- und Nadelwald, auch auf Holzresten, bis in höhere Lagen; Frühsommer bis Herbst. **Mik:** ChZ häufig mit korallenförmigen, seitlichen Auswüchsen. (D 320f, Kr 3.207, BK 3.189, Lu 3.105.14, 🖼).

5.18.07 *Gymnopus aquosus* (Pers.) Antonín & Noordel., *C. dryophila* var. *aquosa* (Bull.) Quél., Klumpfüßiger Waldfreund-BlasssporrüblingKlumpfüßiger Waldfreund-Blasssporrübling: Hut blasser gelbocker, Stielbasis verdickt, oft mit Wurzelfortsätzen; erscheint

5.18.01 *Rhodocollybia maculata*, Gefleckter Rosasporr.

5.18.02 *G. oreadoides*, Nelkenschwindlings-Blass

5.18.03 *Rhodocollybia butyracea*, Butter-Rosasporrübl.

5.18.03a *R. butyracea* var. *asema*, Horngrauer Rosasp.

5.18.04 *R. prolixa*, Kerbblättriger Rosasporrüblin

5.18.04a *R. prolixa* var. *distorta*, Drehstieliger Rosasp.

5.18.05 *R. fodiens*, Durchbohrter Rosasporrübling

5.18.06 *Gymnopus dryophilus*, Waldfreund-Blasssporr.

5.18.07 *G. aquosus*, Klumpfüßiger Waldfreund-Bl

vorwiegend früh im Jahr, ab April. ChZ vereinzelt mit kugeligen seitlichen Auswüchsen. (D 322, Lu 3.105.17,).

5.18.08 *Gymnopus ocior* (Pers.) Antonín & Noordel., *Collybia ocior* (Pers.) Vilgalys & O.K. Mill., Gelbblättriger Blasssporrübling: Hut 1–4 cm, rötlichocker bis dunkel kastanienbraun, Lamellen eher gedrängt, weißlich, Stiel matt bis feinfilzig, cremeocker bis gelb, gegen die Basis und im Alter zunehmend orangebräunlich; meist büschelig, auf modrigem Holz, auch an Wundstellen von lebenden Bäumen. (BK 3.194, Lu 3.105.11,).

5.18.09 *Gymnopus alpinus* (Vilgalys & O.K. Mill.) Antonín & Noordel., *Collybia alpina* Vilgalys & O.K. Mill., Dunkelhütiger Gebirgs-Blasssporrübling: Hut 1–3 cm, fettig glänzend kastanienbraun, nicht oder schwach hygrophan, Rand alt heller, Stiel orangebraun; in höheren Lagen. (Lu 3.105.13,).

5.18.10 *Connopus acervatus* (Fr.) K.W. Hughes, Mather & R.H. Petersen, *Gymnopus acervatus* (Fr.) Murrill, *Collybia acervata* (Fr.) P. Kumm., Büscheliger Nadelholzrübling, Büscheliger Blasssporrübling: Hut 2–4 cm breit, Lamellen ziemlich gedrängt, Stiel rotbraun, Geruch etwas bittermandelartig; dicht büschelig verwachsen (wie *C. confluens*, Knopfstieliger Scheinrübling), auf oder bei vermodernden Nadelholzstrünken in höheren Lagen. (Kr 3.204, Lu 3.105.19).

5.18.11 *Gymnopus erythropus* (Pers.) Antonín, Halling & Noordel., *Collybia erythropus* (Pers.) P. Kumm., Rotbraunstieliger Blasssporrübling: Hut 2–4 cm breit, Lamellen mäßig dicht, weiß, später gelblich, Schneiden bewimpert, Stiel rotbraun, Geruch schwach kohlartig; büschelig, auf oder bei vermodernden Laubholzstrünken. (D 319, Kr 3.213, BK 3.196, Lu 3.105.18,).

Die beschriebenen, *G. dryophilus*, Waldfreund-Blasssporrübling ähnlichen Arten gelten nicht als Speisepilze. Es gibt jedoch auch keine Hinweise auf Giftwirkungen.

5.18.12 *Gymnopus terginus* (Fr.) Antonín & Noordel., *Collybia tergina* (Fr.) S. Lundell
Geriefter Blasssporrübling

H: 1–3 cm, hygrophan, beigebräunlich, später fleischbraun, bisweilen etwas runzelig, Rand auch gerieft. **L:** breit am Stiel angewachsen, weißlich bis beige. **St:** rotbräunlich bis dunkelbraun, weißlich bereift (besonders Spitze), Basis filzig. **F:** cremebeige. **Ger:** unauffällig. **V:** zwischen Moos, auf modernden Laubresten. (D 315, Lu 3.105.25).

Gymnopus putillus (Fr.) Antonín, Halling & Noordel., Zimtbrauner Rübling: Lamellen braun, auf Streu von Nadelhölzern.

5.18.13 *Gymnopus fusipes* (Bull.) Gray, *Collybia fusipes* (Bull.) Quél.
Spindeliger Blasssporrübling

H: 4–8 cm, unregelmäßig geformt, rotbraun, fleischbraun, bald rostrot gefleckt. **L:** ausgebuchtet, weißlich bis rötlichbraun, bald rostfleckig. **St:** wie der Hut gefärbt oder blasser, rillig, oft verdreht, tief spindelig wurzelnd. **F:** weißlich, zäh. **Ger:** unauffällig. **Ges:** mild. **Spp:** weiß. **V:** bei oder auf vermodernden Strünken, im Laubwald, vorwiegend bei Eiche *Quercus*. (D 323, Kr 3.216, BK 3.192, Lu 3.105.9,).

5.18.14 *Gymnopus hariolorum* (Bull.) Antonín, Halling & Noordel., *Collybia hariolorum* (Bull.) Quél.
Stinkender Frühlings-Blasssporrübling

H: 2–5 cm, cremebräunlich, Mitte dunkler, teils mit purpurbraunen Flecken, Rand evtl. kurz durchscheinend gerieft. **L:** ausgebuchtet angewachsen, weißlich bis creme. **St:** Spitze weißlich, gegen die Basis zunehmend rotbräunlich und striegelig. **F:** blass. **Ger:** unangenehm nach gekochtem, fauligem Kohl. **Spp:** weißlich-creme. **V:** im Laubwald; Frühsommer bis Herbst. (Kr 3.218, BK 3.193, Lu 3.105.3,).

5.18.15 *Gymnopus impudicus* (Fr.) Antonín, Halling & Noordel., *Collybia impudica* (Fr.) Singer, Unverschämter Blasssporrübling: Hut hygrophan, feucht rötlichbraun, trocken gelbbraun, Rand alt evtl. gerieft und faltig, Lamellen cremerosa bis fleischfarben, Stiel rotbraun, violettbraun, trocken weißsamtig, Geruch stark kohlartig; im Nadelwald. (Lu 3.105.1).

Gymnopus inodorus (Pat.) Antonín & Noordel., Grobrunzeliger Blasssporrübling: wie *G. impudicus*, jedoch Rand deutlich runzelig, Stiel oft platt, mit Längsfurche, Geruch unauffällig bis etwas süßlich; vorwiegend auf Laubholzresten. (Lu 3.105.28).

5.18.16 *Gymnopus herinkii* Antonín & Noordel., *Collybia herinkii* (Antonín & Noordel.) Bon, Lauch-Blasssporrübling, Lauchrübling: Hut 1–2,5 cm, schmutzig gelblich, flatterig, Lamellen blassgelb, alt zunehmend entfernt, Stiel rötlichbraun, bereift, Basis weißlich filzig, Geruch knoblauchartig, Geschmack bitter; auf Laubresten, Herbst. (Lu 3.105.6).

5.18.17 *Gymnopus foetidus* (Sowerby) P.M. Kirk, *Marasmiellus foetidus* (Sowerby) Antonín, Halling & Noordel., *Micromphale foetidum* (Sowerby) Singer
Stink-Blasssporrübling, Gemeiner Stinkschwindling, Stinkender Zwergschwindling

H: 1,5–3,5 cm, gewölbt bis flach, evtl. etwas genabelt, faltig gefurcht, feinsamtig, feucht rotbraun, trocken beige, Rand durchscheinend gerieft. **L:** schwach ausgebuchtet bis leicht herablaufend angewachsen,

5.18.08 *Gymnopus ocior*, Gelbblättriger Blasssporrübling

5.18.09 *Gymnopus alpinus*, Dunkelhütiger Gebirgs-Blasssporrübling

5.18.11 *Gymnopus erythropus*, Rotbraunstieliger Bl.

5.18.13 *G. fusipes*, Spindeliger Blasssporrübling

5.18.14 *Gymnopus hariolorum*, Stinkender Frühlings-Blasssporrübling

5.18.17 *Gymnopus foetidus*, Stink-Blasssporrübling

schmutzig rötlichbraun. **St:** feinsamtig, Spitze erweitert und rötlichbraun, abwärts zunehmend dunkler bis fast schwarz. **F:** rötlichbraun, häutig dünn. **Ger:** unangenehm, stark nach fauligem Kohl. **Ges:** unangenehm faulig, fischartig, knoblauchartig. **Spp:** weißlich. **V:** meist gesellig, vorwiegend auf morschen Laubholzästen; Frühsommer bis Herbst. (D 331, Kr 3.333, BK 3.309, Lu 1.46.9, 🖼).

5.18.18 *Gymnopus brassicolens* (Sowerby) Antonín, Halling & Noordel., *Collybia brassicolens* (Romagn.) Bon, *Micromphale brassicolens* (Romagn.) P.D. Orton, Stinkkohl-Blasssporrübling: Lamellen ausgebuchtet bis fast frei; vorwiegend auf moderndem Buchenlaub *Fagus*, evtl. auch auf moderndem Holz. (Kr 3.209, BK 3.308, Lu 3.105.5, 🖼).

5.18.19 *Gymnopus fuscopurpureus* (Pers.) Antonín, Halling & Noordel.
Collybia fuscopurpurea (Pers.) P. Kumm., *Collybia alkalivirens* (Singer) Halling
Purpurbrauner Blasssporrübling

H: 1,5–4 cm, hygrophan, trocken rötlichbeige, feucht rot- bis schwarzbraun, Rand feucht durchscheinend gerieft oder gefurcht. **L:** aufsteigend und schmal, evtl. mit Zahn angewachsen, fleischbräunlich. **St:** braun bis dunkel rötlichbraun, Spitze etwas heller, Basis striegelig. **F:** blassbräunlich. **Ger:** unauffällig bis schwach krautartig. **Ges:** mild. **Spp:** weiß. **V:** im Laubwald, auf kalkreichem Boden, vorwiegend auf Buchenlaub *Fagus*; Spätsommer bis Herbst. **Ch:** grüngelbe Verfärbung des Hutfleisches mit Lauge (KOH). (D 314, Kr 3.215, BK 3.184, Lu 3.105.22, 🖼).

5.18.20 *Gymnopus loiseleurietorum* (M.M. Moser, Gerhold & Tobies) Antonín & Noordel., *Collybia loiseleurietorum* M.M. Moser, Gerhold & Tobies, Grünhyphen-Blasssporrübling: Hut nur ca. 0,5–2,5 cm breit, stark hygrophan, feucht dunkel rotbraun mit helleren Zonen, Rand durchscheinend gerieft, Lamellen eher entfernt, bräunlich, später graubraun, Geruch schwach, unauffällig, allenfalls etwas nach Kakao; alpin, bei Gämsheide, Alpenazalee *Loiseleuria procumbens*. Der deutsche Name gründet auf der charakteristischen, grüngelblichen Verfärbung der Hyphen in Lauge, z. B. KOH. (Lu 3.105.21, 🖼).

5.18.21 *Gymnopus fagiphilus* (Velen.) Antonín, Halling & Noordel., Buchenblatt-Blasssporrübling: Hut 1–3 cm breit, ocker bis rötlichbraun, Rand gerieft, Lamellen eher entfernt, ocker- bis fleischbräunlich, Stielspitze kahl, orange- bis rötlichocker, im unteren Teil dunkelbraun, alt mit gelben oder weißen Haaren, Basis oft verdickt, vorwiegend auf Buchenlaub *Fagus* aufsitzend oder kniend. Keine grüne Verfärbung des Hutfleisches mit Lauge. (Lu 3.105.23).

5.18.22 *Gymnopus hybridus* (Kühner & Romagn.) Antonín & Noordel., *Collybia hybrida* (Kühner & Romagn.) Svrček & Kubička, Zimtlamellen-Blasssporrübling: Hut 1–3 cm breit, braunocker bis braunrötlichgelb, Rand gerieft, Lamellen eher entfernt, zimtbraun, Stiel weißlich mit brauner Basis; vorwiegend auf Eichenlaub *Quercus*. Keine grüne Verfärbung des Hutfleisches mit Lauge. (Lu 3.105.15).

5.18.23 *Gymnopus vernus* (Ryman) Antonín & Noordel., *Collybia verna* Ryman,
Gymnopus nivalis (Luthi & Plomb) Antonín & Noordel., *Collybia nivalis* (Luthi & Plomb) M.M. Moser
Holzbewohnender Blasssporrübling

H: 1–5 cm, rotbraun, feinfilzig bis etwas fettig glänzend. **L:** eher entfernt, schmutzigbraun. **St:** rotbraun, Spitze blasser, Basis verdickt, etwas striegelig. **F:** hellbräunlich. **Ger:** unauffällig. **Ges:** mild. **Spp:** weißlich. **V:** auf abgefallenen Laubholzzweigen (Hasel *Corylus*, Erle *Alnus*, Ahorn *Acer*), in höheren Lagen; im Frühjahr, unmittelbar nach der Schneeschmelze. (BK 3.197, Lu 3.105.12).

5.18.24 *Gymnopus androsaceus* (L.) Della Maggiora & Trassinelli, *Marasmius androsaceus* (L.) Fr.
Rosshaar-Blasssporrübling, Rosshaar-Schwindling

H: 0,5–1 cm, gewölbt bis flach, Mitte evtl. etwas eingedellt, fleischbräunlich bis rotbraun, runzelig-gerieft. **L:** breit angewachsen bis etwas herablaufend, ziemlich entfernt, fleischbräunlich. **St:** steif, rosshaarartig dünn, schwarzbraun bis schwarz. **F:** häutig. **Ger:** unauffällig. **Ges:** mild. **Spp:** weiß. **V:** auf Pflanzenresten (Zweigen, Rinde, Nadeln); Sommer bis Herbst. (D 343, BK 3.277, Lu 1.47.19, 🖼).

5.18.25 *Collybiopsis quercophila* (Pouzar) R.H. Petersen, *Gymnopus quercophilus* (Pouzar) Antonín & Noordel., *Marasmius quercophilus*, Braunscheibiger Scheinrübling, Braunscheibiger Blasssporrübling, Braunscheibiger Schwindling: Lamellen relativ gedrängt und weiß, Stiel braun, kaum schwarz; vorwiegend auf modernden Eichenblättern *Quercus* wachsend. (Lu 1.47.22).

5.18.26 *Collybiopsis peronata* (Bolton) R.H. Petersen, *Gymnopus peronatus* (Bolton) Gray, *Collybia peronata* (Bolton) P. Kumm.
Brennender Scheinrübling, Brennender Blasssporrübling

H: 2–5 cm, bisweilen flach gebuckelt, feinfaserig, ockerbraun, rötlichbraun, auch gelb. **L:** ausgebuchtet bis fast frei, ziemlich entfernt, gelblich bis gelbbraun, auch mit olivfarbenem oder lila Beiton, Schneiden heller. **St:** gelbockerlich, faserig bis feinrillig, gegen die Basis striegelig, mit gelblichem Mycelfilz. **F:** blass gelblich. **Ger:** unauffällig. **Ges:** langsam brennend scharf werdend. **Spp:** weiß. **V:** im Laub- und Nadelwald, auf Streu; Sommer bis Herbst. (D 313, Kr 3.221, BK 3.198, Lu 3.105.7, 🖼).

5.18.18 *Gymnopus brassicolens*, Stinkkohl-Blasssporrübling

5.18.19 *Gymnopus fuscopurpureus*, Purpurbrauner B.

5.18.20 *Gymnopus loiseleurietorum*, Grünhyphe

5.18.24 *Gymnopus androsaceus*, Rosshaar-Blasssporrübling

5.18.26 *Collybiopsis peronata*, Brennender Scheinrübling

5.18.27 *Collybiopsis confluens* (Pers.) R.H. Petersen, *Gymnopus confluens* (Pers.) Antonín, Halling & Noordel., *Collybia confluens* (Pers.) P. Kumm.
Knopfstieliger Scheinrübling, Knopfstiel-Blasssporrübling

H: 2–4 cm, blass rötlichbraun, hellbeige, Rand schwach gerieft. **L:** etwas aufsteigend, schmal angeheftet, weißlich-beige, gedrängt. **St:** ockerlich-rötlich, knorpelig, oft flachgedrückt oder rillig, grauweiß bereift, Spitze knopfartig erweitert (sichtbar, wenn man den Hut abzieht). **F:** dünn, zäh, bräunlich. **Ger:** angenehm, schwach nach Heu. **Ges:** mild. **Spp:** hellcreme. **V:** meist büschelig, im Laub- und Nadelwald; Sommer bis Herbst. (D 316, Kr 3.211, BK 3.187, Lu 3.105.10, 🖼).

5.18.28 *Collybiopsis luxurians* (Peck) R.H. Petersen, *Gymnopus luxurians* (Peck) Murrill
Üppiger Scheinrübling, Üppiger Blasssporrübling

H: 3–11 cm, bald flach bis niedergedrückt, eingewachsen radialfaserig, braun bis dunkel rötlichbraun, vom Rand her verblassend, Rand oft eingebogen, erst nach unten, später nach oben. **L:** aufsteigend, fast frei, schmal und gedrängt, erst weißlich, später schmutzig rosa, creme bis cremebräunlich, Schneiden etwas uneben. **St:** etwas blasser als der Hut, bereift, deutlich längsstreifig, manchmal verdreht, Basis verjüngt, büschelig verwachsen. **F:** dünn, bräunlich bis rosabräunlich. **Ger:** angenehm, pilzartig. **Ges:** mild bis etwas bitterlich oder schärflich. **Spp:** blass cremefarben. **V:** büschelig, auf Holzresten, Komposthaufen, auch in Gewächshäusern, eingeschleppte Art aus Nordamerika. **Ch:** olivgrüne Verfärbung der HDS mit Kalilauge (KOH). (Lu 3.105.26, 🖼).

5.18.29 *Collybiopsis ramealis* (Bull.) Millsp., *Marasmiellus ramealis* (Bull.) Singer
Ästchen-Scheinrübling, Ästchen-Schwindling

H: 0,4–2 cm, halbkugelig, später ausgebreitet gewölbt bis flach, cremeweißlich bis fleischockerlich, Mitte etwas dunkler. **L:** gerade angewachsen, weißlich bis creme, Schneiden unter der Lupe fein gesägt. **St:** braun, Spitze weißlich, im unteren Teil unter der Lupe feinflockig und oft gegen die Basis etwas verjüngt. **F:** weiß, häutig. **Ger:** unauffällig. **Ges:** etwas scharf, bitterlich. **V:** auf toten Zweigen und Ästchen; Sommer bis Herbst. (Kr 3.335, BK 3.274, Lu 1.46.12, 🖼).

Collybiopsis vaillantii (Pers.) R.H. Petersen, *Marasmiellus vaillantii* (Pers.) Singer, Matter Zwergschwindling: Stiel glatt oder höchstens feinstflockig, Basis oft etwas verdickt bis leicht knollig; Vorkommen auf feinen Pflanzenresten, Gräsern, Kräuterstängeln oder feinen Ästchen an moorigen Stellen. (Kr 3.338, Lu 1.46.14).

5.18.30 *Paragymnopus perforans* (Hoffm.) J.S. Oliveira, *Gymnopus perforans* (Hoffm.) Antonín & Noordel., *Marasmiellus perforans* (Hoffm.) Antonín, Halling & Noordel., *Micromphale perforans* (Hoffm.) Gray
Nadel-Scheinblasssporrübling, Nadel-Blasssporrübling, Nadel-Zwergschwindling

H: 0,5–1,5 cm, gewölbt bis flach, meist etwas genabelt, faltig gefurcht, feucht fleischbräunlich, trocken beige. **L:** breit angewachsen, entfernt, beigebräunlich. **St:** feinsamtig, Spitze ockerlich, abwärts dunkler braun bis schwarzbräunlich. **F:** weißlich, häutig dünn. **Ger:** unangenehm, kohl- oder knoblauchartig. **Ges:** mild, unangenehm knoblauchartig. **Spp:** weiß. **V:** im Nadelwald, auf feuchter Nadelstreu, meist auf einzelnen Nadeln aufsitzend; Sommer bis Herbst. (D 330, Kr 3.334, BK 3.310, Lu 1.46.10, 🖼).

5.18.31 *Omphalotus illudens* (Schwein.) Bresinsky & Besl ☠
Orangefarbener Ölbaumtrichterling

H: 6–12 cm, glatt bis feinfaserig, lebhaft orange, später rotbraun. **L:** stark und weit herablaufend, höchstens vereinzelt gegabelt, dicht, orange, später rotbraun. **St:** oft exzentrisch, gegen die Basis verjüngt. **F:** blassgelb, zäh, mit Ammoniak intensiv grün(-schwärzlich). **Ger:** angenehm. **Ges:** mild. **Spp:** gelblichweiß. **V:** büschelig, vor allem auf Ölbaumholz *Olea*, auch auf Laubholz (Edelkastanie *Castanea sativa*). (D 109, Lu 1.56.1).

5.18.32 *Omphalotus olearius* (DC.) Singer, Dunkler Ölbaumtrichterling: Hut dunkelrot(-braun) bis kastanienbraun. Fleisch mit Ammoniak schwach grünlich. (Kr 3.489, Lu 1.56.2, 🖼).

Bisher ist *O. olearius* in der Schweiz noch nicht nachgewiesen worden (Senn-Irlet 2019, mündl.). Bei beiden *Omphalotus*-Arten leuchten die Lamellen frischer, reifer Fruchtkörper im Dunkeln (Biolumineszenz), deshalb das Synonym Leuchtender Ölbaumpilz.

5.18.33 *Lentinula edodes* (Berk.) Pegler 🍴
Kultur-Shiitake

H: 6–15 cm, braun, Rand lange eingerollt, besonders am Rand weiß faserig-schuppig. **L:** ± gerade angewachsen, weißlich, Schneiden gezähnt. **St:** kurz, braun, heller überfasert, zentral bis exzentrisch, jung mit wollig faserigem Velum, später Ringzone. **F:** weiß, fest, im Stiel zäh.

5.18.27 *Collybiopsis confluens*, Knopfstieliger Scheinrübling

5.18.28 *Collybiopsis luxurians*, Üppiger Scheinrübling

5.18.29 *Collybiopsis ramealis*, Ästchen-Scheinrübling

5.18.30 *P. perforans*, Nadel-Scheinblasssporrübling

5.18.32 *Omphalotus olearius*, Dunkler Ölbaumtrichterl.

5.18.33 *Lentinula edodes*, Kultur-Shiitake

Ger: deutlich pilzartig. **Ges:** würzig. **Spp:** weiß. **V:** gezüchtet auf Laubholz, ursprünglich aus dem Fernen Osten. (D 1005, Lu 1.38.1, 🖼).

5.18.34 *Marasmiellus candidus* (Fr.) Singer
Weißer Zwergschwindling

H: 0,3–2,5 cm, halbkugelig, später ausgebreitet gewölbt bis flach, oft gebuckelt, auffällig radial gefurcht mit Querverbindungen, feinstflaumig, schmutzigweiß, in der Mitte oft etwas ockerbräunlich. **L:** schmal angewachsen, sehr entfernt, aderförmig und stark queradrig, weiß bis hell beigeocker. **St:** kurz, weißlich bereift, oben weiß, Basis zunehmend braunschwarz, oft etwas knollig. **F:** weiß, dünn. **Ger:** unauffällig. **Ges:** unspezifisch. **V:** auf toten Zweigen und Ästchen von Laubbäumen; Sommer bis Herbst. (Kr 3.332, Lu 1.46.2, 🖼).

5.18.35 *Marasmiellus tricolor* (Alb. & Schwein.) Singer
Dreifarbiger Zwergschwindling

H: 0,3–1,2 cm, halbkugelig, später ausgebreitet bis niedergedrückt, seltener etwas gebuckelt, matt bis fein samtig-filzig, alt kahl, cremeweiß bis isabellerosa, Rand oft gekerbt, nicht durchscheinend gerieft. **L:** leicht bis deutlich herablaufend, entfernt, weiß bis rosa, Schneiden glatt und gleichfarben. **St:** zylindrisch, samtig-filzig, cremeweiß, Basis haarig und zunehmend braunschwarz, oft etwas verjüngt. **F:** elastisch-zäh, relativ dick, cremeweiss bissschwach rosa. **Ger:** unauffällig. **Ges:** unspezifisch. **V:** auf magerem Boden, in Wiesen bei Gräsern, im Kleinseggenried, bei Pfeifengras *Molinia*; Sommer bis Herbst. (Lu 1.46.11).

5.18.36 *Mycetinis scorodonius* (Fr.) A.W. Wilson & Desjardin, (🍴)
Marasmius scorodonius (Fr.) Fr.
Kleiner Knoblauchschwindling, Mousseron

H: 1–3 cm, glatt bis etwas runzelig, fleischbräunlich. **L:** ausgebuchtet angewachsen, teilweise gegabelt, queradrig, weißlich bis creme. **St:** zäh, kahl, rotbraun, Basis dunkler. **F:** dünn bis häutig, weißlich. **Ger:** nach Knoblauch. **Ges:** knoblauchartig, mild. **Spp:** weiß. **V:** vorwiegend im Nadelwald, auf Waldwiese; Sommer bis Herbst. (D 346, Kr 3.344, BK 3.292, Lu 1.47.7, 🖼).

Kann als Gewürzpilz verwendet werden, wofür er unter der Bezeichnung Echter Mousseron sogar geschätzt wird.

5.18.37 *Mycetinis alliaceus* (Jacq.) Earle ex A.W. Wilson & Desjardin,
Marasmius alliaceus (Jacq.) Fr.
Langstieliger Knoblauchschwindling,
Saitenstieliger Knoblauchschwindling

H: 2–4 cm, oft runzelig, creme, fleischbräunlich, ocker (ganz jung evtl. schwarzbraun), Rand bisweilen fein gerieft. **L:** schmal am Stiel angeheftet, weißlich bis creme. **St:** starr, lang, dunkelbraun bis schwarz, matt bereift, oft mit Wurzelfortsatz im modernden Holz. **F:** dünn, graubeige. **Ger:** stark nach Knoblauch. **Ges:** knoblauchartig, scharf. **Spp:** weißlich. **V:** auf totem Buchenholz *Fagus*, vorwiegend auf kalkreichem Boden; Frühsommer bis Herbst. (D 343, Kr 3.342, BK 3.276, Lu 1.47.9, 🖼).

5.18.38 *Mycetinis querceus* (Britzelm.) Antonín & Noordel., *Marasmius querceus* Britzelm., Scharfer Knoblauchschwindling: Hut blass rotbraun bis lederfarben, Lamellen gleichfarbig wie der Hut, nicht weiß, der knoblauchartige Geschmack wird nach einiger Zeit scharf; im Spätherbst auf moderndem Laub wachsend. (Kr 3.344, Lu 1.47.30).

5.18.34 *Marasmiellus candidus*, Weißer Zwergschwindling

5.18.36 *Mycetinis scorodonius*, Kleiner Knoblauchschwindling

5.18.37 *Mycetinis alliaceus*, Langstieliger Knoblauchschwindling

5.19 *Marasmius,* Schwindlinge und Ähnliche

Basidiomycota, Ständerpilze > *Agaricomycetes* > *Agaricales,* Blätterpilze > *Tricholomataceae* s. l., Ritterlingsähnliche > *Marasmiaceae,* Schwindlingsverwandte

Familie *Marasmiaceae,* Schwindlingsverwandte

Neben häufigen und typischen *Marasmius* aus der Familie ***Marasmiaceae*** enthält dieses Unterkapitel auch ähnliche Arten aus den Familien ***Cyphellaceae,*** Fingerhutverwandte, ***Porotheleaceae*** und ***Macrocystidiaceae,*** Gurkenschnitzlingsverwandte.

5.19.01 *Marasmius rotula,* Halsband-Schwindling

5.19.14 *Marasmius oreades,* Nelken-Schwindling

5.19.19 *Macrocystidia cucumis,* Gemeiner Gurkenschnitzling

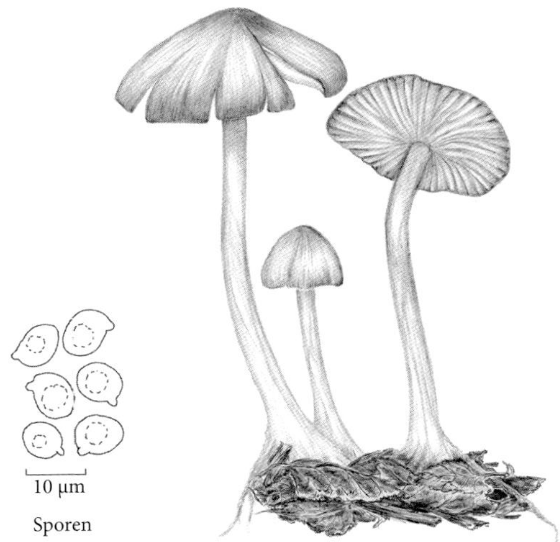

5.19.23 *Megacollybia platyphylla,* Gemeines Breitblatt

Marasmius, Schwindlinge und Ähnliche

Beschreibung

Marasmius, Schwindlinge sind vorwiegend kleine bis kleinste Arten mit gewölbtem, leicht gebuckeltem, auch genabeltem Hut in weißlichen und braunen, bisweilen auch lila Farbtönen. Die oft entfernt stehenden Lamellen sind größtenteils schmal angeheftet, teils etwas vor dem Stiel halsbandartig verwachsen und frei, seltener auch breit angewachsen bis etwas herablaufend. Typisch ist ein zäher, manchmal fadenförmig dünner Stiel. Das Sporenpulver ist immer mehr oder weniger weiß. Es ist eine Besonderheit dieser Gattung, dass bereits vertrocknete Fruchtkörper nach einem Regenguss wieder aufleben. Die ähnlichen *Marasmiellus,* Zwergschwindlinge (Unterkapitel 5.18) gehören zur Familie *Omphalotaceae,* Ölbaumpilzverwandte und besitzen diese Eigenschaft zum Beispiel nicht. Zu *Marasmiaceae* gezählt werden aktuell auch ***Crinipellis,*** Haarschwindlinge, sehr kleine Arten mit haarig faserigem Hut. Bei ***Megacollybia** platyphylla,* Gemeines Breitblatt und den Gattungen ***Clitocybula,*** Faserrüblinge, ***Phloeomana,*** Rindenhelmlinge sowie ***Hydropus,*** Wasserfüße, zeichnet sich eine Zuteilung zur Familie *Porotheleaceae* ab. In der Gattung ***Baeospora,*** Amyloidsporrüblinge, Familie *Cyphellaceae,* Fingerhutverwandte, erscheint *Baeospora myriadophylla,* Tausendblatt-Amyloidsporrübling mit den typischen sehr gedrängten, lilafarbenen Lamellen. *Baeospora myosura,* Mäuseschwanz-Amyloidsporrübling bildet ähnliche Fruchtkörper wie *Strobilurus,* Zapfenrüblinge (Unterkapitel 5.16) am selben Standort, jedoch im Herbst. ***Macrocystidia** cucumis,* Gemeiner Gurkenschnitzling mit dunkelbraunem, feinsamtigem Hut sowie Gurken- oder Fischgeruch war mit ockerbräunlichem Sporenpulver in den hellsporigen *Marasmiaceae* eine Ausnahme und wird inzwischen zur separaten Familie *Macrocystidiaceae,* Gurkenschnitzlingsverwandte gezählt. Die hier zu *Marasmiaceae* zählenden ***Atheniella***-Arten gehörten früher zur Gattung *Mycena,* Helmlinge, woran die deutschen Namen immer noch erinnern. Man findet deshalb im Unterkapitel 5.20 die passenden Hinweise im Schlüssel.

Die Arten der erwähnten Gattungen aus der Familie *Marasmiaceae* wachsen auf Erde, Holz oder Pflanzenresten, auch auf Grasstängeln oder auf Wiese oder Weide bis in höhere Lagen und sind Saprobionten.

Neben den glatten, spindeligen, tropfen- bis mandelförmigen, ellipsoiden oder kugeligen Sporen fallen einige Arten mit bürstenförmigen Cheilozystiden oder Seten in der Huthaut auf. *Baeospora,* Amyloidsporrüblinge sowie ***Mycopan*** und teilweise *Hydropus* Wasserfüße haben amyloide Sporen.

Bestimmung

Die Übersicht teilt größere (Hut > 1 cm) und kleinere (Hut < 1 cm) Arten. Es wird unterschieden, ob die Lamellen am Stiel angewachsen oder kurz vor dem Stiel halsbandartig (Kollar) verwachsen sind. Neben den weniger deutlichen Farbunterschieden ist oft der Standort der wichtigste Hinweis für die Bestimmung. Bei den größeren Arten zeichnet sich eine kleine Gruppe deutlich durch ihren Knoblauchgeruch aus.

Speisewerte

Für die Küche ist nur *Marasmius oreades,* Nelken-Schwindling von Bedeutung. Mit einem Hutdurchmesser von 2–6 cm bildet er nur kleine Fruchtkörper. Diese treten aber sehr gesellig auf und sind äußerst schmackhaft. *Megacollybia platyphylla,* Gemeines Breitblatt wird manchmal gegessen. Die häufig vorkommende Art kann notfalls helfen, einen kargen Pilzfund zu strecken. Bon 1988a erwähnt allerdings, dass die Art nicht immer bekömmlich sei und es sind Fälle von Unverträglichkeit gemeldet worden.

5.19 *Marasmius*, Schwindlinge und Ähnliche
(A) Hut weniger als 1 cm breit

- Lamellen um den Stiel halsbandartig zusammengewachsen (Kollar)
  - Hut weißlich bis blass beigebraun
    - auf modernden Pflanzenresten, Zweigen, Nadelstreu usw.
      - Hut meist 0,5–1,5 cm breit, 16 oder mehr Lamellen → **01 *Marasmius rotula*, Halsband-Schwindling**
      - Hut meist < 0,5 cm breit, Lamellen eher entfernt (< 16)
        - auf vermodertem Laub (häufig Buche), teilweise mit verästeltem Stiel → 02 *Marasmius bulliardii*, Laubstreu-Käsepilzchen
        - auf Nadelstreu (häufig Fichte), ohne verästelten Stiel → 03 *Marasmius wettsteinii*, Nadelstreu-Käsepilzchen
        - auf abgestorbenen Schilfblättern → 04 *Marasmius limosus*, Schilf-Schwindling
    - auf Schilf, Grashalmen, Seggen, Hut < 0,3 cm breit → 04 *Marasmius limosus*, Schilf-Schwindling
    - auf Blättern von Grünerlen, subalpin → 06 *Marasmius alniphilus*, Grünerlenblatt-Schwindling
  - Hut braunrötlich → 07 *Marasmius curreyi*, Orangerötlicher Schwindling
- Lamellen direkt am Stiel angewachsen
  - Hut weiß, weißlich
    - Hut > 0,5 cm breit
      - auf toten Ästchen, Lamellen voll ausgebildet (> 10 Lamellen) → **5.18.29 *Collybiopsis ramealis*, Ästchen-Scheinrübling**
      - auf moderndem Laub, Lamellen teils rudimentär, aderig, entfernt (< 10 L.) → 08 *Marasmius epiphyllus*, Aderblättriger Schwindling
    - Hut < 0,5 cm breit
      - auf modernden Efeublättern → 09 *Marasmius epiphylloides*, Efeu-Schwindling
      - auf modernden Zitterpappelblättern → 10 *Marasmius tremulae*, Zitterpappel-Schwindling
      - auf Stechpalmenblättern, Hut behaart, im Winter → 12 *Marasmius hudsonii*, Stechpalmen-Schwindling
      - auf verschiedenen Laubblättern
        - Sporen 5,5–7,5 µm lang → 11 *Marasmius saccharinus*, Netzaderiger Schwindling
        - Sporen 9–14,5 µm lang → 5.17.10 *Rhizomarasmius setosus*, Niederliegender Wurzelschwindling
  - Hut cremebraun, graubraun, rotbraun
    - Hut kaum über 0,5 cm breit
      - auf Pappelblättern → 5.17.11 *Cryptomarasmius minutus*, Winziger Pappelblatt-Zwergschw.
      - auf Stechpalmenblättern, Hut behaart, im Winter → 12 *Marasmius hudsonii*, Stechpalmen-Schwindling
      - auf Buchsbaumblättern → 13 *Marasmius buxi*, Buchsblatt-Schwindling
    - Hut ca. 0,5–1 cm breit, auf Pflanzenresten
      - Hut kahl
        - Lamellen ziemlich entfernt, fleischbräunlich, im Nadelwald
          - Geruch unauffällig, Stiel rot- bis schwarzbraun, Spitze heller
            - Stielbasis ohne Filz, Stiel rosshaarartig dünn, steif, Sporen < 10 µm → **5.18.24 *Gymnopus androsaceus*, Rosshaar-Blasssporrübling**
            - Stielbasis filzig, etwas erweitert, Sporen 16–22 µm lang → 05 *Marasmius epodius*, Trockenrasen-Schwindling
          - Geruch unangenehm knoblauchartig, kohlartig → 5.18.30 *Paragymnopus perforans*, Nadel-Scheinblasssporrübl.
        - Lamellen eher gedrängt
          - Lamellen weiß, vorwiegend auf Eichenblättern → 5.18.25 *Collybiopsis quercophila*, Braunscheibiger Scheinrübling
          - Lamellen schmutzig weißlich bis beigebraun, auf Nadelholzzapfen → 21 *Baeospora myosura*, Mäuseschwanz-Amyloidsporrübling
      - Hut und Stiel rötlichbraun faserig-schuppig, Hut mit Papille → 22 *Crinipellis scabella*, Zitzen-Haarschwindling

5.19 *Marasmius*, Schwindlinge und Ähnliche (B) Hut mehr als 1 cm breit

- Lamellen um den Stiel halsbandartig zusammengewachsen (Kollar) — **01 *Marasmius rotula,* Halsband-Schwindling**
- Lamellen direkt am Stiel angewachsen
  - Geruch auffällig nach Gurken
    - Hut bis 6 cm, nicht gerieft, Sporenpulver rostocker — 19 *Macrocystidia cucumis,* Gemeiner Gurkenschnitzling
    - Hut bis 2,5 cm, fast bis zur Mitte gerieft, Sporenpulver rostocker — 19a *M. cucumis* var. *latifolia,* Breitblättriger Gurkenschnitzling
    - Hut bis 1,5 cm, Rand leicht gerieft, Sporenpulver blassrosa — 19b *M. cucumis* var. *leucospora,* Weißsporiger Gurkenschnitzling
  - Geruch nach Knoblauch oder faulig kohlartig
    - im Nadelwald, auf Waldwiese — 5.18.36 *Mycetinis scorodonius,* Kleiner Knoblauchschwindling
    - auf Holz
      - Stiel relativ kurz — **5.18.17 *Gymnopus foetidus,* Stink-Blasssporrübling**
      - Stiel lang — 5.18.37 *Mycetinis alliaceus,* Langstieliger Knoblauchschwindl.
    - auf moderndem Laub — 5.18.38 *Mycetinis querceus,* Scharfer Knoblauchschwindling
  - Geruch muffig, pilzartig, auf modernden Fichten- oder Kiefernzapfen — 21 *Baeospora myosura,* Mäuseschwanz-Amyloidsporrübling
  - Geruch unauffällig bis angenehm aromatisch
    - Hut kahl
      - Stiel creme bis ocker-, grau- oder lilabraun
        - Lamellen ziemlich entfernt
          - Stiel knorpelig, hart, Geruch angenehm
            - Hut ocker- bis fuchsigbraun, Stiel glatt, in Wiese, Weide — **14 *Marasmius oreades,* Nelken-Schwindling**
            - Hut graubraun, gerieft, Stielspitze flockig, auf Laubstreu bis alpin — 30 *Mycopan scabripes,* Knorpelstieliger Wasserfuß
          - Stiel zusammendrückbar, bald hohl, Geruch unangenehm — 15 *Marasmius collinus,* Hügel-Schwindling
        - Lamellen gedrängt, auf totem Holz — 20 *Baeospora myriadophylla,* Tausendblatt-Amyloidsporrübling
      - Stiel zumindest im unteren Teil dunkel rot- bis schwarzbraun
        - Stielspitze bereift, Hut und Lamellen oft mit lila Farbton — **16 *Marasmius wynneae,* Violettlicher Schwindling**
        - ganzer Stiel bereift, mehlig, Hut weißlich bis gelbbräunlich
          - Hut > 1,5 cm, im Wald, Lamellen entfernt — **17 *Marasmius torquescens,* Filzstieliger Schwindling**
          - Hut < 1,5 cm breit
            - auf toten Zweigen und Ästchen — **5.18.29 *Collybiopsis ramealis,* Ästchen-Scheinrübling**
            - bei Silberwurz, subalpin bis alpin — 5.17.08 *Rhizomarasmius epidryas,* Silberwurz-Wurzelschwindling
          - Hut weißlich mit braunroten Flecken, sehr selten — 5.17.09 *Rhizomarasmius undatus,* Rotfleckiger Wurzelschwindling
        - Stiel kahl
          - auf Erde, Stiel ca. 2 mm dick, Sporen < 11 µm — 18 *Marasmius cohaerens,* Hornstieliger Schwindling
          - auf Pflanzenresten (Gräsern), Stiel ca. 1 mm dick, Sporen > 12 µm — 05 *Marasmius epodius,* Trockenrasen-Schwindling
    - Hut und Stiel rötlichbraun faserig-schuppig, Hut mit Papille — 22 *Crinipellis scabella,* Zitzen-Haarschwindling

5.19.01 ***Marasmius rotula*** (Scop.) Fr.
Halsband-Schwindling

H: 0,5–1,5 cm, genabelt, faltig-gefurcht, weißlich bis beige. **L:** frei, nahe beim Stiel halsbandartig zusammengewachsen (Kollar), entfernt, jedoch insgesamt mehr als 16 Lamellen ohne Zwischenlamellen, weiß bis beige. **St:** dünn, schwarzbraun, Spitze weißlich. **F:** häutig. **Ger:** unauffällig. **Spp:** weißlich. **V:** auf dürren Zweigen, evtl. anderen Pflanzenresten; Sommer bis Herbst. **Mik:** Sporen glatt, ellipsoid bis schlank tropfenförmig, 8–10 × 4–5 µm, ChZ keulig bis blasig mit bürstenförmigen Noppen, PlZ fehlend. (D 343, Kr 3.356, BK 3.291, Lu 1.47.26, 🖼).

5.19.02 *Marasmius bulliardii* Quél., Laubstreu-Käsepilzchen: Hut 0,1–0,6 cm breit, Hut schon jung graubräunlich, meistens weniger als 15 Lamellen, Stiel teilweise mit Verästelungen; auf modrigem Laub (vorwiegend Buche *Fagus*). Sporen glatt, schlank ellipsoid bis tropfenförmig, 8–10,5 × 3,5–5 µm, ChZ keulig bis blasig mit bürstenförmigen Noppen. (Kr 3.353, BK 3.278, Lu 1.47.16).

5.19.03 *Marasmius wettsteinii* (Kuntze) Sacc. & P. Syd., Nadelstreu-Käsepilzchen: Hut 0,2–0,6 cm breit, erst weißlich, später grau- oder ockerbraun, meist weniger als 17 Lamellen; auf Nadelstreu (vorwiegend Fichte *Pinus*). Sporen glatt, schlank ellipsoid bis tropfenförmig, 8–10 × 3,5–4,5 µm, ChZ keulig mit bürstenförmigen Noppen. (Lu 1.47.18).

5.19.04 *Marasmius limosus* Quél., Schilf-Schwindling: Lamellen z. T. nur rudimentär ausgebildet, sehr entfernt, weniger als 10 Lamellen; auf Halmen von Schilfrohr *Phragmites australis*, Seggen *Carex* und abgestorbenen Schilfrohrblättern. Sporen glatt, schlank ellipsoid bis mandelförmig, 8–12 × 4,5–6 µm, ChZ keulig bis blasig mit bürstenförmigen Noppen. (BK 3.288, Lu 1.47.29).

5.19.05 *Marasmius epodius* Bres., *Marasmius anomalus* Lasch, Trockenrasen-Schwindling: Hut 0,5–1,5 cm, ockerbeige bis fleischockerlich, Lamellen fast frei oder mit angedeutetem Kollar (Pseudokollar); auf Resten von Gräsern oder Kaninchendung. Sporen schlank zylindrisch bis tropfen- oder ahlenförmig, 16–24 × 4–5 µm, ChZ keulig mit bürstenförmigen Noppen, teils auch kurzen Auswüchsen, PlZ glatt, spindelig bis flaschenförmig mit Einschlüssen.

M. anomalus var. *microsporus* (Maire) Antonín, Kleinsporiger Trockenrasen-Schwindling: Sporen etwas kürzer, 12,5–18,5 × 3,5–5 µm. (Lu 1.47.17).

5.19.06 *Marasmius alniphilus* J. Favre
Grünerlenblatt-Schwindling

H: 0,1–0,6 cm, halbkugelig, blass graubraun, Papille in der Mitte dunkler. **L:** frei, nahe beim Stiel halsbandartig zusammengewachsen, entfernt (weniger als 10 Lamellen), weißlich. **St:** dünn, dunkelbraun, Spitze hell. **V:** auf modernden Blättern von Grünerlen *Alnus alnobetula* (höhere Lagen). **Mik:** Sporen glatt, ellipsoid bis schlank tropfenförmig, 11,5–15 × 4–6,5 µm, mehrheitlich 4-sporig, ChZ keulig mit Auswüchsen, PlZ fehlend. (Lu 1.47.28).

5.19.07 *Marasmius curreyi* Berk. & Broome
Orangerötlicher Schwindling

H: 0,2–0,7 cm, gewölbt, später oft genabelt, etwas faltig-gefurcht, braunrot, bald ausblassend. **L:** frei, nahe beim Stiel halsbandartig zusammengewachsen, sehr entfernt, weißlich. **St:** steif, rosshaarartig, schwarzbraun, Spitze weißlich. **F:** häutig. **Ger:** unauffällig. **V:** auf dürren Grashalmen, Wurzeln; Sommer bis Herbst. **Mik:** Sporen ellipsoid, 7,5–11 × 4–5 µm, ChZ keulig mit bürstenartigen, kurzen fingerförmigen Auswüchsen, Tramahyphen teils dextrinoid. (Kr 3.354, Lu 1.47.20).

Marasmius graminum (Lib.) Berk. & Broome, Gras-Schwindling: Hut rotbraun mit dunklerem Zentrum. Sporen mehrheitlich 10–16 µm lang (Antonín & Noordeloos 2010).

5.19.08 *Marasmius epiphyllus* (Pers.) Fr.
Aderblättriger Schwindling

H: 0,5–1 cm, gewölbt bis flach, weiß bis cremeweiß, runzelig. **L:** ziemlich breit angewachsen, teilweise nur rudimentär ausgebildet, gegabelt und queradrig, entfernt, weiß. **St:** fadenförmig dünn, Spitze weißlich, abwärts rotbraun, bereift. **F:** häutig. **Spp:** weiß. **V:** auf moderndem Laub, Brombeerranken *Rubus*, Pflanzenresten; Herbst. **Mik:** Sporen glatt, ellipsoid bis schlank tropfenförmig, 8,5–11 × 3–5 µm, 2- bis 4-sporig, HymZ spindelig bis etwas flaschenförmig, vereinzelt mit Schleimkappe. (BK 3.285, Lu 1.47.23, 🖼).

5.19.09 *Marasmius epiphylloides* (Rea) Sacc. & Trotter, Efeu-Schwindling: Hut bis 0,5 cm breit, weiß, Lamellen kaum gegabelt; vorwiegend auf modernden Efeublättern *Hedera*. Sporen 11–16 × 2–4 µm, HymZ spindelig bis etwas kopfig. (Kr 3.345, BK 3.284, Lu 1.47.24).

5.19.10 *Marasmius tremulae* Velen., Zitterpappel-Schwindling: Hut bis 0,4 cm breit, weiß, sehr feinflaumig; auf Blättern von Zitterpappeln *Populus tremula*. Sporen schlank tropfenförmig, 10–14 × 3–4,5 µm, mehrheitlich 2-sporig, HymZ spindelig bis flaschenförmig. (🖼).

5.19.11 *Marasmius saccharinus* (Batsch) Fr., Netzaderiger Schwindling: Hut bis 0,5 cm, weiß, Stielspitze weißlich bereift-flockig; auf moderndem Laub (z. B. Buche *Fagus*). Sporen ellipsoid, 5,5–7,5 × 3–4 µm, ChZ keulig, vereinzelt mit Auswüchsen.

5.19.01 *Marasmius rotula*, Halsband-Schwindling

5.19.08 *Marasmius epiphyllus*, Aderblättriger Schwindling

5.19.10 *Marasmius tremulae*, Zitterpappel-Schwindling

5.19.12 *Marasmius hudsonii* (Pers.) Fr.
Stechpalmen-Schwindling

H: 0,2–0,6 cm, gewölbt, creme bis fleischbräunlich mit knapp 1 mm langen Härchen, evtl. etwas runzelig. **L:** teilweise nur rudimentär ausgebildet, evtl. gegabelt, entfernt, weiß. **St:** steif, rosshaarartig dünn, rotbraun, Spitze weißlich. **V:** auf toten Stechpalmenblättern *Ilex*; Winter. **Mik:** Sporen ellipsoid, bis tropfenförmig, 7,5–13,5 × 4–6,5 µm, ChZ flaschenförmig, teils etwas kopfig und vereinzelt mit bürstenartigen Noppen im Mittelteil. (D 341, BK 3.287, Lu 1.47.31).

5.19.13 *Marasmius buxi* Fr.
Buchsblatt-Schwindling

H: 0,2–0,5 cm, gewölbt bis flach, Mitte evtl. eingedellt, gelb- bis rötlichbraun, Rand gelblich bis weiß, etwas weißflaumig, runzelig (Lupe). **L:** breit angewachsen bis herablaufend, eher entfernt, fleischbräunlich. **St:** steif, rosshaarartig dünn, schwarz-rotbraun mit feinen weißen Haaren. **F:** häutig. **Ger:** unauffällig. **Ges:** mild. **Spp:** weiß. **V:** auf Blättern von Buchsbaum *Buxus*; Sommer bis Herbst. **Mik:** Sporen ellipsoid bis tropfenförmig, 8,5–12,5 × 3,5–4,5 µm, ChZ spindelig, teils etwas kopfig, PlZ fehlend. (BK 3.279, Lu 1.47.15).

5.19.14 *Marasmius oreades* (Bolton) Fr.
Nelken-Schwindling

H: 2–6 cm, halbkugelig-glockig bis flach gewölbt und breit gebuckelt, glatt, hygrophan, feucht fleischocker bis fuchsig bräunlich, trocken creme- bis lederfarben, Rand glatt bis etwas gekerbt und kurz gefurcht. **L:** ausgebuchtet angewachsen, etwas queradrig, ziemlich entfernt, weißlich bis cremebeige. **St:** knorpelig hart, creme bis beigebräunlich, feinflaumig, Basis striegelig. **F:** dünn, weißlich. **Ger:** angenehm aromatisch bis schwach süßlich (nach frischen Sägespänen). **Ges:** mild. **Spp:** weißlich. **V:** oft gesellig im Hexenring, in Wiese, Weide, auch in höheren Lagen; Frühsommer bis Herbst. **Mik:** Sporen glatt, zitronen- bis mandelförmig, fast etwas eckig, 7,5–10,5 × 4,5–6 µm, HymZ fehlend. (D 344, Kr 3.350, BK 3.289, Lu 1.47.1, 🖼).

An ähnlichen Standorten und zur selben Jahreszeit kann auch der ähnliche, jedoch giftige *Inocybe aeruginascens*, Grünender Risspilz auftreten, eine Art, deren Beschreibung erst von Babos 1968 publiziert wurde. Seither scheint sie sich auszubreiten. In Deutschland sind über 20 Vergiftungsfälle bekannt geworden, die stets auf Verwechslungen mit dem Nelkenschwindling zurückzuführen sind.

5.19.15 *Marasmius collinus* (Scop.) Singer, Hügel-Schwindling: Stiel nicht knorpelig hart, zusammendrückbar, im oberen Teil kahl, Geruch eher unangenehm, ranzig, ähnlich *Lepiota cristata*, Stink-Schirmling oder säuerlich. Sporen ellipsoid, höchstens leicht mandelförmig, 8–11 × 4–5,5 µm. Gemäß Antonín & Noordeloos 2010 handelt es sich um eine immer wieder erwähnte, jedoch selten bestimmte und uneinheitlich abgegrenzte Art. Kein Speisepilz, möglicherweise leicht giftig. (Lu 1.47.3).

5.19.16 *Marasmius wynneae* Berk. & Broome
Violettlicher Schwindling

H: 2–6 cm, glockig bis flach, evtl. runzelig, hygrophan, feucht graubraun bis grauviolett, trocken graubeige, graulila. **L:** graubeige bis grauviolettlich, Schneiden evtl. dunkler. **St:** Spitze weißlich und etwas bereift, abwärts zunehmend gelb-, rot-, violett- bis schwarzbraun. **F:** dünn, weiß. **Ger:** schwach, eher unangenehm, erdig. **Ges:** mild. **Spp:** weiß. **V:** vorwiegend im Laubwald auf Streu, seltener auf morschem Holz oder im Nadelwald; Sommer bis Herbst. **Mik:** Sporen glatt, schlank ellipsoid bis leicht mandelförmig, 6–8 × 3,5–4,5 µm, ChZ unregelmäßig, knorrig, teils auch keulig oder spindelig. (Kr 3.351, BK 3.295, Lu 1.47.4, 🖼).

5.19.17 *Marasmius torquescens* Quél.
Filzstieliger Schwindling

H: 1–4 cm, halbkugelig bis flach mit schwachem Buckel, hygrophan, gelbbraun, Mitte braun, Rand heller, gerieft bis runzelig. **L:** schmal angeheftet, entfernt, cremeockerlich. **St:** steif, Spitze cremeweiß, abwärts zunehmend rot- bis schwarzbraun, auf der ganzen Länge fein bestäubt. **F:** zäh, dünn, weiß. **Ger:** schwach, eher unangenehm. **Ges:** mild. **Spp:** weißlich. **V:** im Laub- und Nadelwald, auf kalkreichem Boden; Sommer bis Herbst. **Mik:** Sporen glatt, ellipsoid, 7–10 × 4–5,5 µm, mehrheitlich 4-sporig, ChZ keulig bis spindelig, PlZ zylindrisch, keulig bis etwas kopfig, Huthaut mit bis ca. 120 µm langen, auffälligen, gelbwandigen Seten. (BK 3.294, Lu 1.47.6, 🖼).

5.19.14 *Marasmius oreades*, Nelken-Schwindling

5.19.16 *Marasmius wynneae*, Violettlicher Schwindling

5.19.17 *Marasmius torquescens*, Filzstieliger Schwindling

5.19.18 *Marasmius cohaerens* (Pers.) Cooke & Quél. Hornstieliger Schwindling

H: 1–4 cm, halbkugelig bis flach gewölbt, glatt bis etwas runzelig, beigebräunlich bis gelbbraun, Rand heller, evtl. schwach durchscheinend gerieft. **L:** ausgebuchtet, schmal angeheftet, alt queradrig, schmutzig weißlich, Lamellenschneiden braun. **St:** steif und brüchig, glatt, Spitze erweitert und weißlich, abwärts rotbraun bis schwarzbraun, Basis striegelig-filzig. **F:** dünn, weißlich. **Ger:** unauffällig. **Ges:** mild bis etwas unangenehm säuerlich. **Spp:** weiß. **V:** vorwiegend im Laubwald; Sommer bis Herbst. **Mik:** Sporen glatt, ellipsoid, 7–10,5 × 4–5 µm, mehrheitlich 4-sporig, ChZ teils keulig mit länglichen, verjüngenden Auswüchsen, dazwischen mit braunwandigen Seten, PlZ fehlend, Huthaut mit bis 80 µm langen Seten. (Kr 3.358, BK 3.282, Lu 1.47.8, 🖼).

5.19.19 *Macrocystidia cucumis* (Pers.) Joss. Gemeiner Gurkenschnitzling

H: 2–6 cm, kegelig-glockig, später flach gewölbt und etwas gebuckelt, matt bis etwas samtig, dunkel rotbraun bis schwarzbraun, Rand heller. **L:** schmal angeheftet, weißlich, später ockerlich. **St:** feinsamtig, knorpelig zäh, oft flachgedrückt, rot- bis schwarzbraun, Spitze heller. **F:** dünn, dunkelbraun. **Ger:** nach Gurke oder fischartig, tranartig. **Ges:** mild, fischartig. **Spp:** rostocker. **V:** im Laub- und Nadelwald, am Wegrand; Sommer bis Herbst. **Mik:** Sporen glatt, ellipsoid, 8–9,5 × 3–4,5 µm, HymZ groß, bauchig spindelig, teils mit spitz auslaufendem Fortsatz bis ca. 100 µm. (D 348f, Kr 3.330, BK 3.273, Lu 1.45.1, 🖼).

5.19.19a *M. cucumis* var. *latifolia* (J.E. Lange) Imazeki & Hongo, Breitblättriger Gurkenschnitzling: Hut kaum über 2,5 cm breit, trocken gelblich, Rand gelb und bis fast zur Mitte gerieft; bei Ahorn *Acer*. (🖼).

5.19.19b *M. cucumis* var. *leucospora* (J.E. Lange) Imazeki & Hongo, Weißsporiger Gurkenschnitzling: Hut 1–1,5 cm, Rand leicht gerieft, Sporenpulver weißlich bis blassrosa; im Gras und Moos bei Lärche *Larix*. (🖼).

5.19.20 *Baeospora myriadophylla* (Peck) Singer Tausendblatt-Amyloidsporrübling

H: 1–3 cm, gewölbt bis flach, hygrophan, matt, feucht grau- bis dunkelbraun, trocken heller beigeocker, Rand evtl. schwach durchscheinend gerieft. **L:** ausgebuchtet bis fast frei, gedrängt, helllila, später lilabräunlich. **St:** grau- bis lilabraun, fein mehlig, bisweilen etwas exzentrisch angewachsen. **F:** dünn, wässerig lilafarben. **Ger:** unauffällig. **Ges:** mild. **Spp:** weiß. **V:** auf totem Holz, vorwiegend auf Nadelholz; im Winterhalbjahr. **Mik:** Sporen ellipsoid, 3,5–4,5 × 2–2,5 µm, amyloid, ChZ zylindrisch bis schlank utriform, PlZ spärlich oder fehlend. (D 388, Kr 3.135, BK 3.141, Lu 1.4.1, 🖼).

5.19.21 *Baeospora myosura* (Fr.) Singer Mäuseschwanz-Amyloidsporrübling

H: 0,5–2,5 cm, hellbraun bis haselnussbraun, Rand heller. **L:** schmal angeheftet, gedrängt, schmutzig weißlich bis beigebräunlich. **St:** graubräunlich, weißlich bepudert, Basis mit weißen Wurzelfortsätzen. **F:** dünn, blassbeige. **Ger:** muffig, pilzartig. **Ges:** mild. **Spp:** weiß. **V:** auf modernden Fichten- *Picea* oder Kiefernzapfen *Pinus*; Herbst. **Mik:** Sporen schlank ellipsoid, 3–4 × 1,5–2 µm, amyloid, HymZ spindelig bis utriform. (Kr 3.134, BK 3.140, Lu 1.4.2, 🖼).

5.19.22 *Crinipellis scabella* (Alb. & Schwein.) Murrill, *Crinipellis stipitaria* (Fr.) Pat. Zitzen-Haarschwindling

H: 0,5–1,5 cm, halbkugelig, später ausgebreitet und teils eingedellt, teils auch mit Papille, trocken, matt, cremebeige, mit orange- bis rotbräunlichen Haaren oder Faserschüppchen, im Zentrum dunkler, Rand fein gezähnelt. **L:** ausgebuchtet angewachsen bis fast frei, cremeweiß. **St:** elastisch, zäh, voll oder hohl, dicht filzig-haarig, vorwiegend rost- bis rotbraun, teilweise auch graubraun, Haare gelbbräunlich. **F:** häutig dünn, cremeweiß. **Ger:** schwach, etwas würzig. **Ges:** mild. **Spp:** weiß. **V:** gesellig bis büschelig, auf Pflanzenresten, toten oder lebenden Gräsern, Stängeln, Baumrinden; Spätsommer bis Herbst. **Mik:** Sporen glatt, ellipsoid, 7,5–10,5 × 5,5–6,5 µm, inamyloid, HymZ zylindrisch bis spindelig, teils stumpf verzweigt, Haare in der Huthaut bis 600 µm lang. (Kr 3.230, BK 3.204, Lu 1.17.1, 🖼).

Crinipellis tomentosa (Quél.) Singer, Knollenloser Haarschwindling: Hut ohne Papille, erst grau- bis ockerbraun, praktisch kahl, später verblassend und mit Lilaschein, Rand heller, Stiel in ähnlichen Farben mit weißlichen Haaren; sehr selten, aus Frankreich und Österreich bekannt. Sporen ellipsoid, 8–11 × 4–6,5 µm, nicht dextrinoid, ChZ unregelmäßig keulig bis utriform mit 1–2 stumpfen Auswüchsen, PlZ fehlend., Haare in der Huthaut bis ca. 200 µm lang. (Lu 1.17.4).

5.19.18 *Marasmius cohaerens*, Hornstieliger Schwindling

5.19.19 *Macrocystidia cucumis*, Gemeiner Gurkenschnitzling

5.19.19a *M. cucumis* var. *latifolia*, Breitblättriger G.

5.19.19b *M. cucumis* var. *leucospora*, Weißspor. G.

5.19.20 *Baeospora myriadophylla*, Tausendblatt-Amyloidsporrübling

5.19.21 *Baeospora myosura*, Mäuseschwanz-A.

5.19.22 *Crinipellis scabella*, Zitzen-Haarschwindling

Weitere ähnliche, vorwiegend mediterrane Arten:

Crinipellis subtomentosa (Peck) Singer, Knollenstieliger Haarschwindling: Hut 2–3 cm und Stiel bis 3 mm dick, Stiel oft mit Basalknöllchen. Sporen ellipsoid, 7,5–10,5 × 4–6 µm, inamyloid, nicht dextrinoid, ChZ unregelmäßig keulig bis spindelig mit 1–2 stumpfen Auswüchsen, PlZ fehlend, Haare in der Huthaut bis ca. 180 µm lang. (Lu 1.17.3).

Crinipellis sardoa Candusso, Dickstiel-Haarschwindling: Stiel relativ robust, Basis verdickt bis knollig. Sporen durchgehend dextrinoid, im Unterschied zu den anderen Arten mit mehrheitlich nicht dextrinoiden Sporen. Sporen ellipsoid, 8–9 × 5–5,5 µm, dextrinoid, ChZ unregelmäßig keulig, teils stumpf gegabelt, PlZ fehlend, Haare in der Huthaut bis ca. 250 µm lang. (Lu 1.17.2).

Crinipellis zonata (Peck) Sacc., *Collybia zonata* (Peck) Sacc.: Hut gezont; verbreiteter in Nordamerika. Sporen mehrheitlich dünn-, teils auch dickwandig sowie dextrinoid.

Crinipellis pedemontana Vizzini, Antonín & Noordel.: Hut mit rosaviolettem Schein. Huthaut mit Chlamydosporen.

5.19.23 *Megacollybia platyphylla* (Pers.) Kotl. & Pouzar
Clitocybula platyphylla (Pers.) E. Ludw.
Gemeines Breitblatt

H: 5–12 cm, evtl. schwach gebuckelt, graubraun, ockerbraun, seltener olivlich oder schmutzig weißlich, Huthaut faserig bis rissig. **L:** ausgebuchtet angewachsen, sehr breit, weißlich bis evtl. cremeockerlich, Schneiden schartig, alt oft braun. **St:** blass grauockerlich, faserig bis rillig, oft verdreht, Spitze weißlich. **F:** weiß, nur in der Mitte etwas dicker, sonst häutig dünn. **Ger:** etwas muffig. **Ges:** mild. **Spp:** cremeweiß. **V:** auf totem Holz oder scheinbar auf Erde (auf vergrabenen Holzresten), vorwiegend im Laubwald, seltener im Nadelwald; Frühsommer bis Herbst. **Mik:** Sporen glatt, breit ellipsoid, 7–10 × 7–8,5 µm, inamyloid, ChZ keulig, PlZ fehlend. (D 334, Kr 3.361, BK 3.296, Lu 1.14.3, 🖼).

5.19.24 *Clitocybula lacerata* (Scop.) Métrod
Fransiger Faserrübling

H: 1,5–4 cm, genabelt bis gewölbt, später flach bis genabelt, im Zentrum schuppig, radialfaserig bis rissig, grau bis ockergrau, Mitte dunkler, Rand blasser, bewimpert, rissig. **L:** angeheftet bis breit angewachsen, weißlich. **St:** grauweiß, fein überfasert, starr, elastisch, hohl. **F:** dünn, weißlich. **Ger:** krautartig, auch nach Lerchensporn. **Ges:** mild. **Spp:** weiß. **V:** büschelig, auf Fichtenstrünken *Picea*, seltener auf Laubholz; Sommer bis Herbst. **Mik:** Sporen kugelig, 4–6 × 4–5 µm, amyloid, HymZ fehlend oder höchstens spärlich. (Kr 3.197, BK 3.183, Lu 1.14.4, 🖼).

5.19.25 *Clitocybula abundans* (Peck) Singer
Üppiger Faserrübling

H: 2–4 cm, gewölbt, später flach bis genabelt, radialfaserig bis rissig, rußig grau, später braun- bis schwarzgrau, Rand blasser. **L:** angeheftet bis breit angewachsen, weißlich. **St:** grauweiß, kleiig bereift, starr, elastisch, hohl. **F:** dünn, weißlich. **Ger:** unauffällig. **Ges:** mild. **Spp:** weiß. **V:** büschelig, auf Fichtenstrünken *Picea*, seltener auf Laubholz; Sommer bis Herbst. **Mik:** Sporen kugelig, 4–7,5 × 4–6,5 µm, amyloid, ChZ zylindrisch, Spitze verjüngt und etwas dickwandig. (BK 3.181, 🖼).

5.19.26 *Hydropus marginellus* (Pers.) Singer
Braunschneidiger Wasserfuß

H: 0,5–2 cm, gewölbt bis etwas trichterig, glatt, matt, durchscheinend gerieft, rußbraun, graubraun. **L:** etwas herablaufend, weißlich, Schneiden teilweise braun. **St:** glatt, fein bereift, graubraun. **F:** häutig dünn. **Ger:** unauffällig. **Ges:** mild. **Spp:** weiß. **V:** auf Strünken von Weißtannen *Abies*. **Mik:** Sporen kugelig, 6–9 × 3,5–5 µm, amyloid, 2- oder 4-sporig, ChZ utriform bis flaschenförmig, teils lang-, teils dickhalsig. (Kr 3.268, BK 3.226, Lu 1.33.4, 🖼).

5.19.27 *Hydropus dryadicola* (Kühner) E. Horak, *Clitocybula dryadicola* Kühner
Dryas-Wasserfuß

H: 0,5–1,5 cm, dunkelbraun, sepiabraun, Rand blasser gelbbraun und gerieft. **L:** stark herablaufend, graulich weiß. **St:** blassbeige bis gelblichbraun. **F:** dünn, weiß. **Spp:** weiß. **V:** subalpine bis alpine Lagen, in Zwergstrauchheide auf saurem Boden; Sommer. **Mik:** Sporen breit ellipsoid, 5,5–10 × 4,–7,5 µm, inamyloid, 1- bis 4-sporig, HymZ fehlend. (BK 3.182, Lu 1.14.5).

5.19.28 *Hydropus subalpinus* (Höhn.) Singer
Buchenwald-Wasserfuß

H: 1–4 cm, gewölbt bis flach und etwas gebuckelt, fein seidig-faserig, gelb- bis ockerbraun, nie grubig. **L:** ausgebuchtet angewachsen, weich, aber zäh (es ist schwierig, mit einer Pinzette ein Stück Lamelle abzulösen, ohne alles abzureißen), weiß. **St:** ziemlich steif, weiß, Spitze etwas flockig, Basis striegelig an moderndem Holz haftend. **F:** wässerig weiß. **Ger:** unauffällig. **Ges:** mild. **Spp:** weiß. **V:** auf modernden Holzstückchen, vorwiegend im Buchenwald *Fagus*; Frühjahr bis Herbst. **Mik:** Sporen glatt, zylindrisch bis bohnenförmig, 7–10 × 2,5–4 µm,

5.19.23 *Megacollybia platyphylla*, Gemeines Breitblatt

5.19.24 *Clitocybula lacerata*, Fransiger Faserrübling

5.19.25 *Clitocybula abundans*, Üppiger Faserrübling

5.19.26 *Hydropus marginellus*, Braunschneidiger W.

5.19.28 *Hydropus subalpinus*, Buchenwald-Wasserfuß

inamyloid, ChZ flaschenförmig bis utriform, PlZ fehlend. (Kr 3.271, Lu 1.33.1, 🖼).

5.19.29 *Hydropus atramentosus* (Kalchbr.) Kotl. & Pouzar
Schwärzender Wasserfuß

H: 1–3 cm, gewölbt bis etwas gebuckelt, glatt, matt bis feinflaumig, hygrophan, erst grauschwarz, später beigebraun. **L:** ausgebuchtet angewachsen, erst weißlich, zunehmend schwärzend (Druckstellen). **St:** matt bis flaumig, weißlich, später zunehmend schwarz. **F:** dünn, jung weiß, schwarz verfärbend. **Ger:** unauffällig. **Ges:** mild. **Spp:** weiß. **V:** auf morschen Nadelholzstrünken oder liegenden Stämmen; Sommer bis Herbst. **Mik:** Sporen kugelig, 3,5–6,5 × 3,5–6 µm, amyloid, ChZ zylindrisch bis etwas spindelig oder flaschenförmig, PlZ fehlend. (Kr 3.267, BK 3.225, Lu 1.33.10, 🖼).

5.19.30 *Mycopan scabripes* (Murrill) Redhead, Moncalvo & Vilgalys, *Hydropus scabripes* (Murrill) Singer
Knorpelstieliger Wasserfuß, Raustieliger Wasserfuß

H: 1–3 cm, erst glockig-kegelig, später gewölbt bis flach und teilweise gebuckelt, glatt, grau- bis olivlichbraun, Rand oft heller, gerieft. **L:** schmal angewachsen, ziemlich entfernt, grau. **St:** schlank graubraun, an der Spitze jung weißlich faserig-flockig, später kahl. **F:** weißlich bis graubraun. **Ger:** leicht süßlich (evtl. rettichartig). **Ges:** mild, unauffällig. **Spp:** weiß. **V:** im Laubwald auf Streu oder kleinen Holzstückchen, bis in hohe Lagen; im Herbst. **Mik:** Sporen tropfenförmig, 7,5–10 × 5–6 µm, amyloid, ChZ zylindrisch bis flaschenförmig, vereinzelt mit Schleimkappe, PlZ fehlend, Lamellentrama leicht dextrinoid. (Lu 1.33.2).

5.19.31 *Atheniella flavoalba* (Fr.) Redhead, Moncalvo, Vilgalys, Desjardin & B.A. Perry, *Mycena flavoalba* Fr.) Quél.
Gelbweißer Zierhelmling, Weißgelber Helmling

H: 0,5–2 cm, glockig-kegelig, später flach, evtl. mit spitzem Buckel, weißlichgelb bis gelb, Rand heller, bis gegen die Mitte durchscheinend gerieft. **L:** schmal angeheftet und mit Zahn etwas herablaufend, weiß bis blassgelb. **St:** weißlich bis blass gelblich, Spitze fein bereift, Basis mit weißem Mycelfilz. **Ger:** schwach rettichartig. **V:** auf Pflanzenresten in- oder außerhalb des Waldes; Sommer bis Herbst. **Mik:** Sporen glatt, ellipsoid bis etwas zylindrisch, 6–9 × 3,5–5 µm, inamyloid, mehrheitlich 4-sporig, HymZ flaschenförmig bis spindelig, vereinzelt mit Schleimkappe. (D 363, Kr 3.388, BK 3.336, Lu 3.116.57, 🖼).

5.19.32 *Atheniella adonis* (Bull.) Redhead, Moncalvo, Vilgalys, Desjardin & B.A. Perry, *Mycena adonis* (Bull.) Gray
Korallenroter Zierhelmling, Korallenroter Helmling

H: 0,5–2 cm, kegelig-glockig, später abflachend mit breitem Buckel, lange korallenrot, später orangerot, Rand heller, gerieft. **L:** schmal angewachsen, entfernt, weiß bis blassrosa, Schneiden immer hell. **St:** glasig weiß bis etwas rosa. **F:** wässerig weiß, unter der Hutoberfläche rosa, orange. **Ger:** unauffällig. **Ges:** mild. **V:** im Nadelwald, Moor, am Waldrand; Sommer bis Herbst. **Mik:** Sporen ellipsoid bis zylindrisch, 7,5–9 × 3,5–4 µm, inamyloid, 4-sporig, HymZ zylindrisch bis langhalsig flaschenförmig, vereinzelt mit Schleimkappe, Lamellentrama nicht dextrinoid. (D 364, Kr 3.386, BK 3.313, Lu 3.116.50, 🖼).

Mycena floridula (Fr.) Quél., Glasstiel-Helmling: Lamellen weniger entfernt, blassrosa bis rosa, Schneiden gleichfarbig. Sporen 7,5–9 × 3,5–4 µm. Aufgrund der engen Verwandtschaft betrachten Ge et al. 2021 *M. floridula* vorläufig als rosa Form von *A. flavoalba*, mit dem Hinweis, dass weitere Untersuchungen notwendig sind. (Lu 3.116.49).

5.19.33 *Atheniella leptophylla* (Peck) Gminder & T. Böhning, *Marasmiellus leptophyllus* (Peck) Singer, *Mycena leptophylla* (Peck) Sacc.
Aprikosenfarbener Zierhelmling,
Aprikosenfarbener Zwergschwindling, Aprikosenfarbener Helmling

H: 1–4 cm, kegelig-glockig, aprikosenfarben, orangerosa. **L:** aufsteigend angewachsen bis fast frei, weißlich, cremeocker bis etwas fleischfarben. **St:** farblos bis weißlich, von der Basis her sattbraun verfärbend. **V:** im Laub-, Mischwald, auch auf moosiger Rinde, auf Strünken. **Mik:** Sporen breit ellipsoid bis kugelig, teils etwas eckig, 6–8,5 × 5–7 µm, inamyloid, HymZ keulig bis flaschenförmig, vereinzelt mit verjüngtem Fortsatz. (Lu 3.116.52, 🖼).

5.19.34 *Phloeomana minutula* (Sacc.) Redhead, *Mycena minutula* Sacc., *Mycena olida* Bres.
Ranziger Rindenhelmling, Ranziger Rinden-Helmling, Cremegelber Laubholz-Helmling

H: 0,3–2 cm, kegelig-glockig, Mitte cremefarben, Rand weißlich, fein gekerbt. **L:** aufsteigend, ausgerandet angewachsen, weiß. **St:** weiß, fein bestäubt. **Ger:** ± ranzig. **V:** auf bemooster Rinde lebender Laubbäume; Herbst. **Mik:** Sporen glatt, breit ellipsoid, 6–9 × 4,5–6 µm, inamyloid, 2- oder 4-sporig, ChZ glatt, zylindrisch, leicht spindelig bis bis utriform, PlZ spärlich oder fehlend, Lamellentrama nicht dextrinoid. (BK 3.351, Lu 3.116.54).

5.19.35 *Phloeomana alba* (Bres.) Redhead, *Mycena alba* (Bres.) Kühner
Weißer Rindenhelmling, Weißer Rinden-Helmling

H: 0,3–1 cm, halbkugelig bis flach, glatt, matt, cremeweißlich, bräunlich gerieft. **L:** schwach bogig herablaufend, entfernt, cremeweiß. **St:** cremeweiß, fein bepudert, Basis

5.19.29 *Hydropus atramentosus*, Schwärzender Wasserfuß

5.19.31 *Atheniella flavoalba*, Gelbweißer Zierhelmling

5.19.32 *Atheniella adonis*, Korallenroter Zierhelmling

5.19.33 *Atheniella leptophylla*, Aprikosenfarbener Z

5.19.35 *Phloeomana alba*, Weißer Rindenhelmling

weißlich wollig. **V:** auf moosiger Rinde von Laubbäumen; Winter. **Mik:** Sporen glatt, breit ellipsoid bis kugelig, 6,5–9 × 5,5–8 µm, inamyloid, mehrheitlich 4-sporig, ChZ keulig bis flaschenförmig, mit groben, stumpfen Auswüchsen, Lamellentrama nicht dextrinoid. (BK 3.316, Lu 3.116.34, 🖾).

5.19.36 *Phloeomana speirea* (Fr.) Redhead, *Mycena speirea* (Fr.) Redhead
Bogenblättriger Rindenhelmling, Bogenblättriger Helmling

H: 0,5–1 cm, gewölbt mit feiner Papille, später flach bis etwas genabelt, feucht etwas schmierig, ocker, graubräunlich, Rand heller, bis gegen die Mitte gerieft-gefurcht. **L:** blass, gerade angewachsen bis bogig herablaufend, alt queradrig, weißlich. **St:** fädig, blass graubraun, evtl. gelblich, Spitze heller. **Ger:** unauffällig. **V:** auf modernden Holzresten, an feuchten Stellen; Frühjahr bis Spätherbst. **Mik:** Sporen glatt, schlank ellipsoid bis mandelförmig, 7–9,5 × 4–6 µm, inamyloid, mehrheitlich 2-sporig, ChZ wellig-zylindrisch, flaschenförmig bis keulig, teils mit breiten, stumpfen Auswüchsen, Lamellentrama schwach oder nicht dextrinoid. (BK 3.366, Lu 3.116.40, 🖾).

5.19.36 *Phloeomana speirea*, Bogenblättriger Rindenhelmling

5.19.37 *Phloeomana clavata* (Peck) Redhead, *Mycena phaeophylla* Kühner, *Marasmiellus phaeophyllus* (Kühner) Singer, *Mycena clavata* (Peck) Redhead
Dunkelblättriger Rindenhelmling, Dunkelblättriger Helmling, Tubariaähnlicher Helmling

H: 0,5–1 cm, gewölbt mit feiner Papille, später flach bis etwas genabelt, feucht etwas schmierig, dunkelbraun, bereift, später ausblassend, evtl. etwas gelblich, bis gegen die Mitte gerieft-gefurcht. **L:** gerade angewachsen bis bogig herablaufend, alt queradrig, schmutzigbraun. **St:** fädig, blass graubraun, evtl. gelblich, Spitze heller. **Ger:** unauffällig. **V:** auf modernden Holzresten, an feuchten Stellen; Frühjahr bis Spätherbst. **Mik:** Sporen glatt bis feinst punktiert, breit ellipsoid bis kugelig, 7–9 × 6–8 µm, inamyloid, 2-sporig, ChZ unregelmäßig flaschenförmig, teils verzweigt oder etwas kopfig und oft mit einer Schleimkappe. (Lu 3.116.35).

5.19.38 *Phloeomana hiemalis* (Osbeck) Redhead, *Mycena hiemalis* (Osbeck) Quél.
Winter-Rindenhelmling, Winter-Rinden-Helmling, Zarter Winter-Helmling

H: 0,4–1 cm, erst halbkugelig, später kegelig-glockig, selten ausgebreitet und genabelt, graubraun, Rand weißlich, braun gerieft. **L:** aufsteigend, schmal angeheftet mit Zahn etwas herablaufend, weißlich. **St:** fädig, jung bepudert, weiß, später gegen unten etwas bräunlich, Basis mit weißem Mycelfilz, im Moos wurzelnd. **V:** auf moosiger Rinde lebender oder toter Bäume; vorwiegend Herbst, Winter, Frühling. **Mik:** Sporen glatt, breit ellipsoid bis kugelig, 6,5–9,5 × 5–7 µm, inamyloid, mehrheitlich 2-sporig, ChZ glatt, zylindrisch, keulig, flaschenförmig oder utriform, PlZ fehlend, Lamellentrama schwach oder nicht dextrinoid. (BK 3.341, Lu 3.116.46, 🖾).

5.19.38 *Phloeomana hiemalis*, Winter-Rindenhelmling

5.20 *Mycena,* Helmlinge und Ähnliche

Basidiomycota, Ständerpilze > *Agaricomycetes* > *Agaricales,* Blätterpilze > *Tricholomataceae* s. l., Ritterlingsähnliche > *Mycenaceae,* Helmlingsverwandte

Familie *Mycenaceae,* Helmlingsverwandte

Die große Gattung *Mycena,* Helmlinge steht im Vordergrund dieser Familie. Zahlreiche weitere Gattungen mit wenigen Arten zählen auch dazu. Sie haben vorwiegend sehr kleine bis kleine Fruchtkörper mit glockig-kegeligem, später auch gewölbtem und gebuckeltem, meist glattem, teils schmierigem oder bereiftem Hut. Einige wenige Arten sind am Scheitel eingedellt. Der Stiel ist dünn bis sehr dünn, verhältnismäßig lang, teils steif und starr, teils zerbrechlich.

5.20.12 *Mycena pura,*
Gemeiner Rettich-Helmling

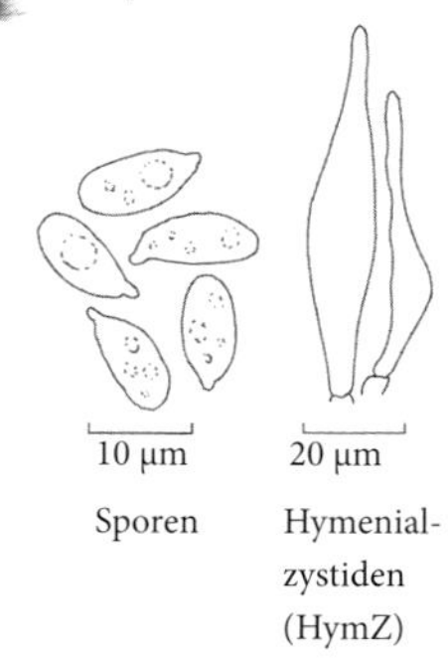

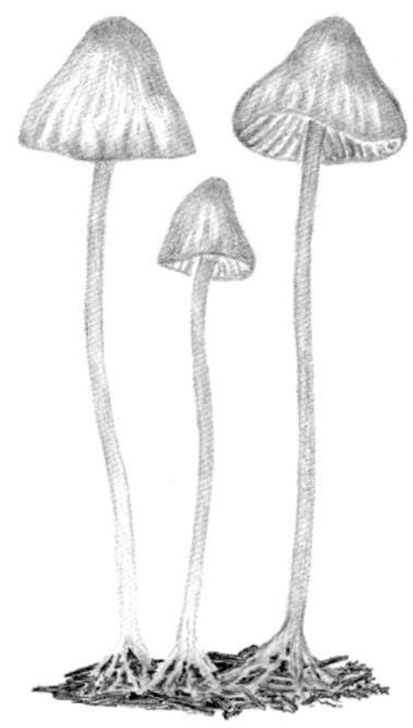

5.20.03 *Mycena galopus,*
Weißmilchender Helmling

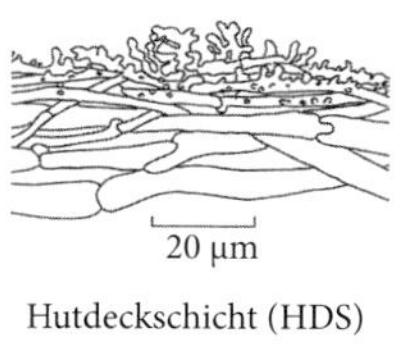

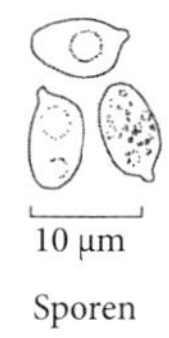

5.20.33 *Mycena stipata,*
Viersporiger Nitrat-Helmling

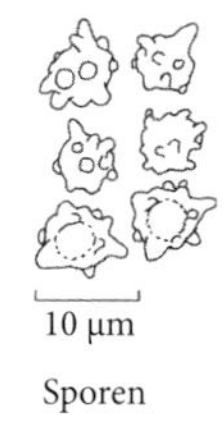

5.20.87 *Mycenella bryophila,*
Wurzelnder Reifhelmling

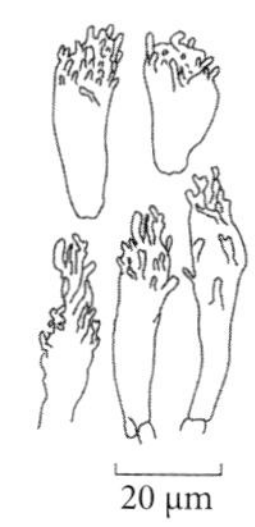

5.20.30 *Mycena aurantiomarginata,*
Orangeschneidiger Helmling

5.20.93 *Xeromphalina campanella,*
Geselliger Glöckchennabeling

Mycena, Helmlinge und Ähnliche

Beschreibung

Mycena, Helmlinge finden sich in vielen Farben. Vorwiegend sind es blasse bis intensive Braun- und Graubrauntöne; Grün kommt nur andeutungsweise vor. Eine kleine Art ist mehr oder weniger blau, einige Arten sind gelblich, lebhaft orange oder rot und die häufigen Rettichhelmlinge sind rosa bis violett. Typisch sind dünne, durchscheinend geriefte Hüte, bauchige, schmal angeheftete, evtl. mit Zahn herablaufende Lamellen. Es gibt Ausnahmen mit gerade angewachsenen oder sogar herablaufenden Lamellen. Neben vielen geruchlosen Arten treten Helmlinge mit deutlichem Rettich-, Chlor- oder Nitrat- sowie auch Mehlgeruch auf. Ähnliche kleine Fruchtkörperchen mit samtig-bereiftem Hut und Stiel gehören zur Gattung ***Resinomycena,*** Harzhelmlinge in dieser Familie oder zu ***Mycenella,*** Reifhelmlinge aus der Familie *Tricholomataceae,* Ritterlingsverwandte, die anhand ihrer höckrigen Sporen unterschieden werden können. Einige Gattungen mit herablaufenden Lamellen vermitteln den Eindruck von nabelingsartigen Pilzen, gehören aber dennoch in die Familie *Mycenaceae,* Helmlingsverwandte, so z. B. ***Roridomyces,*** Schleimstielhelmlinge, bei uns vertreten durch eine sehr kleine Art mit schleimigem Stiel. ***Hemimycena,*** Scheinhelmlinge sind ebenfalls klein, jedoch nicht schleimig, teils mit fast verkümmerten Lamellen und vorwiegend in weißen Farben. Einige erscheinen schon im Frühling. Die Arten mit herablaufenden Lamellen sind in Unterkapitel 5.9 bei *Omphalina,* Nabelinge verschlüsselt. Bei ***Xeromphalina,*** Glöckchennabelinge erinnert nicht nur der Habitus, sondern auch der Name an *Omphalina.* Einige kleine Arten mit teils herablaufenden Lamellen, wie z. B. der häufige ***Phloeomana*** *speirea,* Bogenblättriger Rindenhelmling sind hier auch verschlüsselt, gehören jedoch zur Familie *Porotheleaceae.* Mit weiten, wabenartigen Poren und auffällig orange breitet sich neu ***Favolaschia,*** Porenhelmling aus der Familie *Marasmiaceae,* Schwindlingsverwandte von den Tropen nach Mitteleuropa aus.

Helmlingsverwandte wachsen einzeln, gesellig oder büschelig auf Erde, Pflanzenresten, Holzresten, Tannzapfen und auch an bemoosten, lebenden Baumstämmen und sind Saprobionten, inklusive der erwähnten Arten aus der Familie der *Porotheleaceae.* Ihre Haupterscheinungszeit ist im Herbst. Einzelne Arten finden sich im Winter und im Frühjahr.

Die Sporen sind mehrheitlich glatt, vorwiegend ± ellipsoid bis kugelig. *Mycenella* haben höckerige, *Xeromphalina* amyloide Sporen. Bei *Mycena* gibt es mehrheitlich amyloide, aber auch inamyloide und dextrinoide Sporen; viele Arten haben Hymenialzystiden mit bürstenartigen kurzen Noppen bis längeren fingerigen oder verzweigten Auswüchsen.

Bestimmung

Viele Helmlinge und Helmlingsverwandte sind kaum ohne weitere Hilfsmittel bestimmbar. Möglich ist dies z. B. bei den (im frischen Zustand) milchenden Arten, jenen mit Scheibchen an der Basis, weiter bei oranger, roter oder mehr oder weniger blauer Hutfarbe sowie bei den größeren Arten mit starkem Rettichgeruch, rilligem Stiel oder bald rosafarbenen Lamellen. Für einen großen Teil der Arten braucht es aber ein Mikroskop. Da finden sich auffällige Formen wie z. B. bürstenförmige Hymenialzystiden, teils amyloide Sporen oder dextrinoide Hyphen sowie auch Sporen.

Speisewerte

Es finden sich keine Speisepilze in dieser Gruppe, die vor allem aus kleinen und kleinsten, rasch vertrocknenden Pilzchen besteht. Unter den etwas größeren Arten sind einige giftig oder giftverdächtig.

5.20 *Mycena*, Helmlinge und Ähnliche
(A1) Hut breiter als 1 cm
▹ Stiel oder Hut milchend oder schleimig oder Stiel auffällig bereift

- Stiel und Hut verletzt milchend (braunrot, gelborange, weiß)
  - Milch braunrot
    - Hut meist ca. 1 cm breit, Lamellenschneiden braunrot … **01 *Mycena sanguinolenta*, Purpurschneidiger Blut-Helmling**
    - Hut meist ca. 2 cm breit, Schneiden gleichfarbig wie die Lamellen … **02 *Mycena haematopus*, Laubholz-Blut-Helmling**
  - Milch weiß … **03 *Mycena galopus*, Weißmilchender Helmling**
  - Milch orange … 04 *Mycena crocata*, Gelbmilchender Helmling
- Stiel und Hut nicht milchend, Stiel oder Hut schleimig oder Stiel auffällig bereift
  - Stiel und Hut klebrig mit Gelbton, Hut glockig-kegelig
    - Huthaut abziehbar und gummiartig dehnbar … **05 *Mycena epipterygia*, Dehnbarer Helmling**
    - Huthaut nicht abziehbar … 06 *Mycena laevigata*, Schlüpfriger Helmling
  - Stiel und Hut klebrig, blass graubraun, Lamellen ± herablaufend
    - auf Nadelstreu, seltener auf Laubresten
      - vorwiegend auf Fichtennadeln, Sporen 6–8,5 µm … **07 *Mycena vulgaris*, Klebriger Helmling**
      - vorwiegend auf Kiefernnadeln, Sporen 8–10 µm … 08 *Mycena clavicularis*, Großer Schleimfuß-Helmling
    - auf Pflanzenresten (Gräsern, Moos), Sporen 9–12 µm, 2-sporig … 09 *Mycena pseudopicta*, Graubrauner Wiesen-Helmling
    - an Schilfstängeln, Lamellen deutlich herablaufend, Sporen bis 15 µm … 10 *Mycena belliarum*, Schilf-Helmling
  - Stiel auffällig auf ganzer Länge bereift
    - Huthaut gummiartig abziehbar, kaum auf Moos … 11 *Mycena amicta*, Geschmückter Helmling
    - Huthaut nicht gummiartig abziehbar, oft auf Moos, Streu, morschem Holz
      - Stiel zumindest teils wurzelnd, Sporen warzig
        - Geruch säuerlich, Stielbasis nicht striegelig
          - Hut ockerbraun, graubraun bis schwärzlich, Steil teils wurzelnd … 87 *Mycenella bryophila*, Wurzelnder Reifhelmling
          - Hut weißlich, cremefarben, Stiel stark wurzelnd … 88 *Mycenella rubropunctata*, Rotfleckender Reifhelmling
        - Geruch nach ranzigem Mehl, Stielbasis striegelig … 90 *Mycenella lasiosperma*, Geweihzystiden-Reifhelmling
      - Stiel nicht wurzelnd, Sporen glatt
        - Hut gelb- bis honigbraun, Lamellen herablaufend
          - auf morschem Nadelholz … 93 *Xeromphalina campanella*, Geselliger Glöckchennabeling
          - auf Nadel- oder Laubstreu, evtl. bitter … 94 *Xeromphalina cauticinalis*, Bitterer Bunt-Glöckchennabeling
        - Hut ockerbraun, graubraun bis schwärzlich, oft zwischen Moosen … 89 *Mycenella salicina*, Glattsporiger Reifhelmling
        - Hut weiß bis cremefarben (im Zentrum), im Nadelwald auf Streu … 106 *Hemimycena pseudolactea*, Weißlicher Scheinhelmling

5.20 *Mycena*, Helmlinge und Ähnliche
(A2) Hut breiter als 1 cm
▹ weder milchend noch schleimig und nicht mit auffällig bereiftem Stiel

- Hut mit Violett-, Rosatönen
  - Geruch nach Rettich
    - Hut meist > 2,5 cm breit
      - Lamellenschneiden gleichfarbig
        - Hut mit Violetttönen — **12 *Mycena pura*, Gemeiner Rettich-Helmling**
        - Hut anfangs sepiabraun, bald rosapurpurbraun, zuletzt ockergrau, fest — 13 *Mycena dura*, Hartstieliger Rettich-Helmling
        - Hut mit Rosatönen — **14 *Mycena rosea*, Rosa Rettich-Helmling**
      - Lamellenschneiden schwarzviolett — **15 *Mycena pelianthina*, Schwarzgezähnelter Rettich-Helml.**
    - Hut meist < 2,5 cm breit, Lamellen gerade bis herablaufend — 16 *Mycena pearsoniana*, Fleischfarbener Rettich-Helmling
  - Geruch süßlich nach Tabak oder Weihrauch — 17 *Mycena diosma*, Duftender Rettich-Helmling
  - Geruch nitrös oder nach Chlor
    - Stiel goldgelb, orangegelb bis gelbbraun, auf Holz, oft büschelig — **18 *Mycena renati*, Gelbstieliger Nitrat-Helmling**
    - Stiel weißlich, evtl. schwach rosa, lila — 19 *Mycena albidolilacea*, Weißrosa Nitrat-Helmling
  - Ger. unauffällig, Lam. breit angewachsen/herablaufend, Schneiden rötlich(-braun)
    - auf Nadelstreu, Hut < 2 cm breit
      - Geruch unauffällig, Hut vorwiegend rosa, gesellig — **20 *Mycena rosella*, Rosaschneidiger Helmling**
      - Geruch nitrös bis rettichartig, Stiel rotbraun — 21 *Mycena capillaripes*, Haarstieliger Helmling
    - auf morschem Nadelholz, vorwiegend beige, beige-lila, bis 3 cm breit — 22 *Mycena rubromarginata*, Rotschneidiger Helmling
    - auf Kiefernzapfen, im Mittelmeerraum, an Meeresküsten — 23 *Mycena seynii*, Kiefernzapfen-Helmling
- Hut lebhaft gelb, orangebraun bis rot
  - Hut gelb, gelbweiß, auf Pflanzenresten — 5.19.31 *Atheniella flavoalba*, Gelbweißer Zierhelmling
  - Hut orangebraun, nabelig, oft radialstreifig, büschelig auf morschem Holz — 93 *Xeromphalina campanella*, Geselliger Glöckchennabeling
  - Hut aprikosenfarben, gesellig auf Holz oder Rinde — 5.19.33 *Atheniella leptophylla*, Aprikosenfarbener Zierhelmling
  - Hut lebhaft korallenrot, auf Erde, Streu, Grasland, im Nadelwald — 5.19.32 *Atheniella adonis*, Korallenroter Zierhelmling
- Hut weiß, weißlich, cremefarben oder mit blassgelbem, gelbgrünem Anteil
  - Lamellenschneiden gelb, gelbgrünlich, gelbbraun (anders als Lamellen)
    - Geruch rettichartig bis nitrös — 24 *Mycena flavescens*, Gilbender Helmling
    - Geruch beim Trocknen jodartig — 25 *Mycena chlorantha*, Papageien-Helmling
  - Lamellenschneiden (und Hutmitte) evtl. rosa, Geruch schwach nitrös — 19 *Mycena albidolilacea*, Weißrosa Nitrat-Helmling
  - Lamellenschneiden ± gleich gefärbt wie Lamellen
    - Geruch beim Eintrocknen nach Jod
      - Hut gelb bis gelbgrünlich — 26 *Mycena arcangeliana*, Olivgrauer Helmling
      - Hut cremeweiß bis gelblich-beige — 27 *Mycena xantholeuca*, Cremeweißer Holz-Helmling
    - Geruch ranzig — 5.19.34 *Phloeomana minutula*, Ranziger Rindenhelmling
    - Geruch leicht nitrös — 40 *Mycena niveipes*, Großer Frühlings-Helmling
    - Geruch schwach rettichartig — 5.19.31 *Atheniella flavoalba*, Gelbweißer Zierhelmling
    - Geruch unauffällig bis etwas mehlartig
      - Hut matt, weiß (selten gelbockerlich), Lamellen schmal und gedrängt — 104 *Hemimycena cucullata*, Gipsweißer Scheinhelmling
      - Hut wachsartig bis schmierig, vorwiegend cremeockerlich — 06 *Mycena laevigata*, Schlüpfriger Helmling
- Hut gelb, orange- bis olivbraun, Lamellen z. T. anders gefärbt als Schneiden
  - Geruch rettichartig bis nitrös
    - Hut ohne Oliv, Lamellen weiß bis blassgelb, Schneiden gleichfarbig — 5.19.31 *Atheniella flavoalba*, Gelbweißer Zierhelmling
    - Hut mit olivem Farbanteil
      - Lamellenschneiden und Hutrand graugrünlich, Hut radial gefurcht — 28 *Mycena viridimarginata*, Grünschneidiger Helmling
      - Lamellenschneiden rosa bis rotbräunlich (Lupe) — 29 *Mycena olivaceomarginata*, Braunschneidiger Wiesen-Helmling
  - Geruch säuerlich, Hut orangebraun, büschelig auf morschem Holz — 93 *Xeromphalina campanella*, Geselliger Glöckchennabeling
  - Geruch unauffällig
    - Lamellenschneiden und Hutrand orangegelb — 30 *Mycena aurantiomarginata*, Orangeschneidiger Helmling
    - Lamellenschneiden gelblich (Lupe), Hutmitte/Riefung oft bräunlich, graulich — 31 *Mycena citrinomarginata*, Gelbschneidiger Helmling
    - Lamellenschneiden weiß wie die Lamellen, Hut feinseidig, faserig — 5.19.28 *Hydropus subalpinus*, Buchenwald-Wasserfuß
  - Geruch beim Trocknen jodartig — 25 *Mycena chlorantha*, Papageien-Helmling
- Hut beige, braun, graubraun, grau, fleischbraun, rotbraun, braunviolett
  - Lamellen bauchig
    - Lamellenschneiden anders gefärbt als Lamellen
      - Lamellenschneiden orange — 30 *Mycena aurantiomarginata*, Orangeschneidiger Helmling
      - Lamellenschneiden gelb — 24 *Mycena flavescens*, Gilbender Helmling
      - Lamellenschneiden rotbraun
        - Geruch nitrös, meist auf Nadeln/Laubresten, Lam. rotbraun punktiert — 21 *Mycena capillaripes*, Haarstieliger Helmling
        - Geruch unauffällig, meist auf Holz, L.-schneiden rot- bis weinbraun — 22 *Mycena rubromarginata*, Rotschneidiger Helmling
      - Lamellenschneiden braun, auf Kiefernzapfen — 23 *Mycena seynii*, Kiefernzapfen-Helmling
      - Lamellenschneiden lilaviolett bis violettschwarz — 32 *Mycena purpureofusca*, Lilaschneidiger Helmling
    - Lamellenschneiden ± gleich gefärbt wie Lamellen — → **siehe nächste Seite**

5.20 *Mycena,* Helmlinge und Ähnliche

(A2) Hut breiter als 1 cm

▹ weder milchend noch schleimig und nicht mit auffällig bereiftem Stiel **(Fortsetzung)**

- Lamellenschneiden ± gleich gefärbt wie Lamellen
  - Geruch nach Chlor, nitrös
    - Stiel auffällig gelb, büschelig, Hut braun bis auffällig rosa — **18 *Mycena renati,* Gelbstieliger Nitrat-Helmling**
    - Stiel ohne Gelb
      - auf moderndem Nadelholz, oft büschelig
        - Hyphen mit Schnallen, 4-sporig, Sporen bis 6,5 µm breit — **33 *Mycena stipata,* Viersporiger Nitrat-Helmling**
        - Hyphen ohne Schnallen, 2-sporig, Sporen > 7 µm breit — 34 *Mycena silvae-nigrae,* Zweisporiger Nitrat-Helmling
      - auf Erde, selten Holz, kaum büschelig, Stielrinde-Hyphen glatt — 35 *Mycena leptocephala,* Grauer Nitrat-Helmling
      - auf Laubresten, Laubholz, Hyphen der Stielrinde verzweigt — 36 *Mycena abramsii,* Voreilender Helmling
      - auf Fichtenzapfen, im Frühjahr — 37 *Mycena plumipes,* Fichtenzapfen-Helmling
  - Geruch schwach mehlartig bis deutlich ranzig, evtl. nach Gurken
    - Stielspitze gelb, abwärts orange bis braun — **38 *Mycena inclinata,* Buntstieliger Helmling**
    - Stiel ohne gelb oder orange
      - auf Holzstrünken, Lamellen, wenn alt, rosa — **39 *Mycena galericulata,* Rosablättriger Helmling**
      - auf faulenden Buchenblättern im Schatten — 42 *Mycena fagetorum,* Großer Buchenblatt-Helmling
      - auf feuchter, moosiger Erde, Magerwiese — 43 *Mycena latifolia,* Breitblättriger Helmling
  - Geruch schwach bis deutlich rettichartig, oft auf moderndem Holz
    - Stiel auffällig gelb, auffällig büschelig wachsend — **18 *Mycena renati,* Gelbstieliger Nitrat-Helmling**
    - Stiel ohne Gelb
      - Stiel auffällig gerillt — **44 *Mycena polygramma,* Rillstieliger Helmling**
      - Stiel kaum gerillt
        - Hut und Lamellen zunehmend fleckig
          - Hut beige, Flecken rostfarben — **45 *Mycena zephirus,* Rostfleckiger Helmling**
          - Hut graubraun, Flecken dunkel graubraun — 46 *Mycena maculata,* Gefleckter Helmling
        - Hut und Lamellen nicht fleckig
          - in tiefen und mittleren Lagen
            - Hut meist über 2 cm breit
              - auf Strünken, Cheilozystiden keulig, warzige Auswüchse — **39 *Mycena galericulata,* Rosablättriger Helmling**
              - auf Strünken, Laub, ChZ spindelig, teils gegabelt — 36 *Mycena abramsii,* Voreilender Helmling
              - bei Torfmoos *Sphagnum,* Lamellen grau — 41 *Mycena megaspora,* Rußbrauner Graublatt-Helmling
              - im Grasland, Lamellen grau — 47 *Mycena aetites,* Rußfarbener Wiesen-Helmling
            - Hut kaum über 2 cm breit
              - Geruch nur schwach rettichartig, unauffällig — 48 *Mycena vitilis,* Zäher Faden-Helmling
              - Geruch auffällig rettichartig
                - Hut erst blassgrau, bald mit Gelbtönen — 24 *Mycena flavescens,* Gilbender Helmling
                - Hut graubraun, stark hygrophan — 49 *Mycena rapiolens,* Rübengeruchs-Helmling
          - in höheren Lagen, gerieft, graubeige, -braun bis olivbraun
            - bei Grünerle — 50 *Mycena alnetorum,* Grünerlen-Helmling
            - im Nadelwald — 51 *Mycena flos-nivium,* Schneeblumen-Helmling
            - bei Zwergweide, Stielspitze flockig — 5.19.30 *Mycopan scabripes,* Knorpelstieliger Wasserfuß
  - Geruch schwach bis jodartig (evtl. erst beim Eintrocknen)
    - Hutfarbe hell ohne gelben Farbanteil
      - Cheilozystiden keulig, meistens gestielt und bis 70 µm lang — **52 *Mycena metata,* Kegeliger Helmling**
      - Cheilozystiden keulig, meistens ungestielt und bis 30 µm lang — 53 *Mycena filopes,* Zerbrechlicher Faden-Helmling
    - Hutfarbe hell mit etwas gelbem Farbanteil — 27 *Mycena xantholeuca,* Cremeweißer Holz-Helmling
  - Geruch unauffällig
    - Lamellen unveränderlich
      - auf oder bei moderndem Holz, Stiel oft wurzelnd — 5.17 *Hymenopellis,* Runzelrüblinge
      - auf Pflanzenresten
        - Stiel feinst behaart, mit Basalscheibchen, ohne Scheinwurzel — 61 *Mycena stylobates,* Postament-Helmling
        - Stiel glasig weißlich, mit bis zu 3 cm langer Scheinwurzel — 54 *Mycena radicifera,* Hauhechel-Helmling
    - Lamellen auf Druck schwärzend — 5.19.29 *Hydropus atramentosus,* Schwärzender Wasserfuß
- Lamellen bogig bis herablaufend, Hut < 2 cm breit
  - Geruch auffällig mehlartig, im Nadelwald
    - Hut grau — 55 *Mycena cinerella,* Aschgrauer Helmling
    - Hut dunkelbraun — 56 *Mycena aleuriosma,* Schlanksporiger Helmling
  - Geruch nicht mehlartig (evtl. schwach rettichartig oder nitrös)
    - im Grasland, Hut braun, graubraun — 09 *Mycena pseudopicta,* Graubrauner Wiesen-Helmling
    - bei Torfmoos *Sphagnum* — 57 *Mycena concolor,* Sumpf-Helmling
    - auf Rinde, nacktem Holz von Laubbäumen, v. a. bei Buche (Hut bis 3 cm) — 58 *Mycena tintinnabulum,* Winter-Helmling

5.20 *Mycena*, Helmlinge und Ähnliche
(B1) Hut < 1 cm breit
▹ Stiel und Hut milchend oder schleimig oder bereift, feinhaarig, feinflockig oder Stiel mit Basalscheibchen

- Stiel und Hut verletzt milchend (rot oder weiß)
  - Milch rot, Lamellenschneiden rotbraun — **01 *Mycena sanguinolenta*, Purpurschneidiger Blut-Helmling**
  - Milch wässerig-weiß
    - Hut ohne rosa Farbanteil, Geschmack mild — **03 *Mycena galopus*, Weißmilchender Helmling**
    - Hut mit rosa Farbanteil, Geschmack bitter — 59 *Mycena erubescens*, Gallenbitterer Rinden-Helmling
- Stiel oder Hut (evtl. beides) schleimig, Mitte oft etwas eingedellt
  - im Nadelwald, auf Pflanzenresten, Brombeerranken, Lamellen bogig
    - Hut und Stiel klebrig bis schleimig — **07 *Mycena vulgaris*, Klebriger Helmling**
    - Hut samtig, Stiel sehr schleimig — 92 *Roridomyces roridus*, Kleiner Schleimstielhelmling
    - Hut und Stiel höchstens glänzend — 09 *Mycena pseudopicta*, Graubrauner Wiesen-Helmling
  - auf Seggen, Simsen, Binsen, Schilfstängeln
    - Lamellen schmal angeheftet, Stielbasis mit Knöllchen — 60 *Mycena bulbosa*, Knolliger Sauergras-Helmling
    - Lamellen stark herablaufend — 10 *Mycena belliarum*, Schilf-Helmling
  - auf Holzstrünken, Hut jung graubläulich, Lamellen entfernt, breit angewachsen — 68 *Mycena pachyderma*, Klebhaut-Rinden-Helmling
- Stiel mit Basalscheibchen
  - Hut bis 1,5 cm breit, mit Lupe wenige Härchen sichtbar, Stiel bis 6 cm lang — 61 *Mycena stylobates*, Postament-Helmling
  - Hut kaum über 0,7 cm breit
    - Stielbasis ohne blau
      - auf Gräsern, Binsen, Simsen — 60 *Mycena bulbosa*, Knolliger Sauergras-Helmling
      - auf Holz, Rinde oder Streu
        - Hutoberfläche unauffällig, Stiel < 1,2 cm lang, Sporen kugelig — 62 *Mycena clavularis*, Kugelsporiger Scheibchen-Helmling
        - Hutoberfläche sehr fein bereift, Stiel bis 4 cm lang, Sporen nicht kugelig — 63 *Mycena nucicola*, Haselnuss-Scheibchen-Helmling
        - Hutrand mit feinen Wimpern, Stiel bis 2 cm lang, Sporen nicht kugelig — 64 *Mycena rhenana*, Flockenstiel-Helmling
        - Hut mit feinen Nöppchen, Stiel bis 2 cm lang, Sporen nicht kugelig — 65 *Mycena adscendens*, Zarter Helmling
        - Hut mit Härchen, Haarzellen bis 200 µm lang, Sporen nicht kugelig — 69 *Mycena longiseta*, Borsten-Helmling
        - Hut mit feinen deutlichen Stacheln, Lam.-Schneiden gelatinös abziehbar — 66 *Mycena tenuispinosa*, Stacheliger Scheibchen-Helmling
    - Stielbasis blau und striegelig — 67 *Mycena cyanorhiza*, Blaufüßiger Helmling
- Stiel und/oder Hut bereift, feinhaarig, feinflockig (meist weiß-graugelblich)
  - Stiel mit Blautönen, flaumig bereift — 11 *Mycena amicta*, Geschmückter Helmling
  - Stiel lebhaft gelborange, fein bereift — 72 *Mycena oregonensis*, Apfelsinenfarbiger Helmling
  - Stiel rot- bis schwarzbraun, feinst bereift
    - auf Nadelholzresten — 95 *Xeromphalina cornui*, Hornstieliger Glöckchennabeling
    - auf Laubholzresten — 96 *Xeromphalina fraxinophila*, Laubwald-Glöckchennabeling
  - Stiel ohne Blautöne oder lebhaftes Gelborange
    - Hut und Stiel haarig, rundum weiß, Lamellen reduziert, entfernt — 100 *Hemimycena hirsuta*, Haariger Scheinhelmling
    - Huthaut ohne einzellige Haare
      - auf toten Gräsern, Brombeeren — 98 *Resinomycena saccharifera*, Ölzystiden-Harzhelmling
      - auf moosigen Strünken oder Laubresten, 2-sporig, mit Schnallen — 65 *Mycena adscendens*, Zarter Helmling
      - auf moosiger Rinde lebender Bäume, 4-sporig, Sporen glatt — 70 *Mycena corynephora*, Flockiger Rinden-Helmling
      - an Holz und Früchten von Schwarz-Erle, Kastanie und Haselnuss, 4-sporig — 64 *Mycena rhenana*, Flockenstiel-Helmling
      - auf Erde, oft zwischen Moosen, 2-sporig, Sporen feinwarzig — 91 *Mycenella margaritispora*, Perlsporiger Reifhelmling
      - auf modernden Holzresten — 5.19.37 *Phloeomana clavata*, Dunkelblättriger Rindenhelmling
      - an der Basis lebender Beinwell-Pflanzen — 107 *Hemimycena candida*, Beinwell-Scheinhelmling

5.20 *Mycena*, Helmlinge und Ähnliche

(B2) Hut < 1 cm breit

Stiel und Hut weder milchend noch schleimig oder bereift, feinhaarig, feinflockig, Stiel ohne Basalscheibchen

- Hut rosa, Lamellen gerade bis etwas herablaufend, Schneiden dunkler → **20 *Mycena rosella*, Rosaschneidiger Helmling**
- Hut lebhaft rot, orange, Lamellen aufsteigend
  - Hut orange, Stiel gelb oder gelborange, kaum über 5 mm breit → 71 *Mycena acicula*, Orangeroter Helmling
  - Hut rot, korallenrot, Stiel weiß oder rosa, mehrheitlich über 5 mm → 5.19.32 *Atheniella adonis*, Korallenroter Zierhelmling
- Hutfarbe mit gelbem oder gelbgrünem Anteil
  - Lamellenschneiden intensiver gelb
    - Geruch rettichartig
      - Zystiden und Huthauthyphen feinwarzig → 24 *Mycena flavescens*, Gilbender Helmling
      - Zystiden spindelig/keulig, teils verzweigte Auswüchse, Huthaut divertikulat → 31 *Mycena citrinomarginata*, Gelbschneidiger Helmling
    - Geruch beim Eintrocknen nach Jod → 25 *Mycena chlorantha*, Papageien-Helmling
  - Lamellen weißlich, Schneiden gleichfarbig
    - auf Erde, Hut gelblich, Sp. inamyloid, ChZ spindelig, z. T. mit Ausscheidungen → 5.19.31 *Atheniella flavoalba*, Gelbweißer Zierhelmling
    - auf Holz, Hut olivlich, Sporen amyloid, ChZ keulig, mit warzigen Auswüchsen → 26 *Mycena arcangeliana*, Olivgrauer Helmling
- Hut blau, blaugrau → 73 *Mycena pseudocorticola*, Falscher Rinden-Helmling
- Hut weißlich bis blassockerlich, graubraun, braun, rosabräunlich, dunkelbraun
  - Lamellen relativ breit bis gerade angewachsen oder etwas herablaufend
    - auf bemooster Rinde lebender Laubbäume
      - Hut gewölbt bis flach
        - Hut cremegelblich, Geruch nach Rettich → 24 *Mycena flavescens*, Gilbender Helmling
        - Hut ocker- bis violettbräunlich, Geruch unauffällig → 75 *Mycena meliigena*, Rotbrauner Rinden-Helmling
        - Hut grau- bis blass rötlichbraun, Geruch unauffällig → 74 *Mycena supina*, Verbogenstieliger Helmling
        - Hut cremeweiß, Lamellen entfernt, Geruch unauffällig → 5.19.35 *Phloeomana alba*, Weißer Rindenhelmling
      - Hut genabelt, kaum über 0,5 cm breit
        - Hut graubraun, Lamellenschneiden leicht rosabraun → 76 *Mycena venustula*, Lieblicher Rinden-Helmling
        - Hut dunkelbraun, Lamellenschneiden nicht andersfarbig → 97 *Xeromphalina picta*, Walzenförmiger Glöckchennabeling
    - auf Pflanzenresten, in Wald, Rasen, Moor
      - Hut weißlich, graubräunlich bis grau
        - auf Holzresten oder Streu
          - Hut > 0,5 cm breit
            - Cheilozystiden ohne warzige Auswüchse
              - vorwiegend auf morschem Laubholz → **5.19.36 *Phloeomana speirea*, Bogenblättriger Rindenhelml.**
              - vorwiegend auf Nadelstreu → 99 *Hemimycena gracilis*, Schmalspor. Nadel-Scheinhelmling
            - Cheilozystiden mit warzigen, korallenartigen Auswüchsen → 55 *Mycena cinerella*, Aschgrauer Helmling
          - Hut < 0,5 cm breit
            - Stielbasis bläulich, Huthaut abziehbar, etwas gelatinös → 68 *Mycena pachyderma*, Klebhaut-Rinden-Helmling
            - Stiel und ganzer Pilz weiß → 103 *Hemimycena crispata*, Breitsporiger Scheinhelmling
        - auf abgestorbenen Gräsern, Brombeeren → 98 *Resinomycena saccharifera*, Ölzystiden-Harzhelmling
        - auf oder bei Gräsern, Lamellen ellerlingsartig herablaufend → 102 *Hemimycena mairei*, Ellerlings-Scheinhelmling
        - auf feuchten, abgestorbenen Farnstängeln → 78 *Mycena lohwagii*, Entfernblättriger Faden-Helmling
        - auf modernden Eichenblättern → 84 *Mycena polyadelpha*, Winziger Eichenblatt-Helmling
        - auf Wurzeln von Alpen-Kratzdistel, alpin → 108 *Hemimycena ochrogaleata*, Ockerhütiger Scheinhelmling
      - Hut orange, orangebraun
        - Lamellen orange, aufsteigend angewachsen, Stiel orange → 72 *Mycena oregonensis*, Apfelsinenfarbiger Helmling
        - Lamellen ockergelb, gerade bis herablaufend, Stiel rot- bis schwarzbraun → 95 *Xeromphalina cornui*, Hornstieliger Glöckchennabeling
      - Hut rosa, rosa-weiß
        - Lamellenschneiden rosa, auf moderndem Farn oder auf Blattnerven → 77 *Mycena pterigena*, Farn-Helmling
        - Schneiden gleichfarbig wie Lamellen, auf modernden Sumpfpflanzen
          - Sporen bis maximal 9 µm → 79 *Mycena juncicola*, Binsen-Helmling
          - Sporen größer als 9 µm → 80 *Mycena tubarioides*, Rosaweißer Helmling
      - Hut dunkel graubraun, dunkelbraun
        - Hut gewölbt, meist genabelt oder mit spitzem Buckel → 09 *Mycena pseudopicta*, Graubrauner Wiesen-Helmling
        - Hut walzenförmig
          - Hut graubraun, Lamellenschneiden leicht rosabraun → 76 *Mycena venustula*, Lieblicher Rinden-Helmling
          - Hut dunkelbraun, Lamellenschneiden nicht andersfarbig → 90 *Xeromphalina picta*, Walzenförmiger Glöckchennabeling
        - Hut kegelig-glockig
          - Geruch mehl- bis rettichartig → 56 *Mycena aleuriosma*, Schlanksporiger Helmling
          - Geruch unauffällig → 57 *Mycena concolor*, Sumpf-Helmling
  - Lamellen aufsteigend, schmal angeheftet → **→ siehe nächste Seite**

5.20 *Mycena,* Helmlinge und Ähnliche

(B2) Hut < 1 cm breit

Stiel und Hut weder milchend noch schleimig oder bereift, feinhaarig, feinflockig, Stiel ohne Basalscheibchen **(Fortsetzung)**

Lamellen aufsteigend, schmal angeheftet
- auf bemooster Rinde lebender Laubbäume, Herbst, Winter, Frühling
  - 2-sporig
    - ChZ warzig-keulig, Sp. schmal ellipsoid bis > 10 µm, Ger. unauffällig — 81 *Mycena mirata,* Geriefter Rinden-Helmling
    - ChZ (Cheilozystiden) glatt
      - ChZ spindel-/flaschenförmig, Sp. ellipsoid bis 9 µm, Ger. unauffällig — 5.19.38 *Phloeomana hiemalis,* Winter-Rindenhelmling
      - ChZ keulig, Sporen breit ellipsoid bis 7 µm lang, Ger. etwas ranzig — 5.19.34 *Phloeomana minutula,* Ranziger Rindenhelmling
  - 4-sporig, kugelig, 7–9 µm, Cheilozystiden warzig, keulig — 75 *Mycena supina,* Verbogenstieliger Helmling
- auf Laubholz oder Erde, vorwiegend weiß, Lamellen gedrängt, schmal — 104 *Hemimycena cucullata,* Gipsweißer Scheinhelmling
- auf modernden Blättern, Nadeln
  - auf Nadelstreu, weiß — 105 *Hemimycena lactea,* Milchweißer Scheinhelmling
  - auf Buchenblättern — 82 *Mycena capillaris,* Winziger Buchenblatt-Helmling
  - auf Erlenkätzchen und -holzresten — 86 *Mycena grisellina,* Grauer Grünerlen-Helmling
  - vorwiegend auf Eichenblättern
    - Hut und Stiel mit rosa Schein — 83 *Mycena smithiana,* Leichtvergänglicher Eichenblatt-Helmling
    - Hut und Stiel weiß — 84 *Mycena polyadelpha,* Winziger Eichenblatt-Helmling
  - vorwiegend auf Steineichenblättern — 85 *Mycena quercus-ilicis,* Steineichen-Helmling
- auf Farnstängeln
  - Hut rosa-weiß, Lamellenschneiden rosa, 7–11 Lamellen — 77 *Mycena pterigena,* Farn-Helmling
  - Hut und Lamellenschneiden weiß, 14–17 Lamellen — 78 *Mycena lohwagii,* Entferntblättriger Faden-Helmling
- auf Simsen, Binsen, Seggen, Rohrkolben usw.
  - Sporen bis maximal 9 µm — 79 *Mycena juncicola,* Binsen-Helmling
  - Sporen > 9 µm — 80 *Mycena tubarioides,* Rosaweißer Helmling

5.20.01 *Mycena sanguinolenta* (Alb. & Schwein.) P. Kumm.
Purpurschneidiger Blut-Helmling

H: 0,5–1,5 cm, ±kegelig-glockig, glatt, ockerrosa bis rötlichbraun, bis zur Mitte gerieft, Rand fein gezähnt. **L:** schmal angeheftet, weiß, Schneiden braunrot. **St:** graubraun, braunrot, teilweise feinflaumig, verletzt rot bis weinrot milchend. **F:** dünn, graurosa. **Ger:** rettichartig. **Ges:** mild. **Spp:** weißlich. **V:** auf modernden Zweigen, vor allem im Nadel-, seltener im Laubwald; Frühsommer bis Herbst. **Mik:** Sporen glatt, ellipsoid bis etwas zylindrisch, 7,5–11 × 4–6 µm, schwach amyloid, mehrheitlich 4-sporig, HymZ spindelig, langhalsig flaschenförmig, teils gegabelt. (D 355, Kr 3.440, BK 3.364, Lu 3.116.12, 🖼).

5.20.02 *Mycena haematopus* (Pers.) P. Kumm.
Laubholz-Blut-Helmling, Großer Blut-Helmling

H: 1–3 cm, halbkugelig, kegelig-glockig, rotbräunlich, Rand heller, gerieft und fein gezähnt. **L:** schwach ausgebuchtet bis gerade angewachsen, mit Zahn etwas herablaufend, weißlich, rosacreme, verletzt rotbraun fleckend. **St:** wie der Hut gefärbt, verletzt dunkel braunrot milchend. **F:** wässerig rötlichbraun. **Ger:** schwach, modrig. **Ges:** mild, rettichartig. **Spp:** weiß. **V:** gesellig bis büschelig, vorwiegend auf totem Laubholz; Frühjahr bis Herbst. **Mik:** Sporen glatt, ellipsoid bis zylindrisch, teils leicht eingeschnürt, 7,5–10,5 × 5–7 µm, amyloid, 4-sporig, HymZ flaschenförmig, teils gegabelt, Lamellentrama dextrinoid. (D 356, Kr 3.439, BK 3.340, Lu 3.116.11, 🖼).

5.20.03 *Mycena galopus* (Pers.) P. Kumm.
Weißmilchender Helmling

H: 0,5–2 cm, kegelig-glockig oder gebuckelt, beigegrau, oft zentral dunkler, seltener einheitlich weiß, Rand fein gekerbt, bis gegen die Mitte fein gerieft. **L:** aufsteigend angewachsen, weißlich. **St:** graubraun, rötlichbraun, Spitze heller, verletzt weiß milchend. **Ger:** schwach rettichartig. **Ges:** mild. **Spp:** hellcreme. **V:** im Laub- und Nadelwald, auf modernden Zweigen, Moos, Laubstreu; Frühsommer bis Herbst. **Mik:** Sporen glatt, ellipsoid bis zylindrisch, teils leicht eingeschnürt, 7,5–11 × 4–6 µm, amyloid, mehrheitlich 4-sporig, HymZ spindelig bis flaschenförmig, teils mit kleinen Auswüchsen, Lamellentrama dextrinoid. (D 358f, Kr 3.437, BK 3.339, Lu 3.116.14, 🖼).

Ganz helle Exemplare werden z. T. als Varietät *M. galopus* var. *candida* J.E. Lange abgegrenzt, dunkel rußschwarz gefärbte Exemplare als *Mycena leucogala* (Cooke) Sacc., Schwarzer Weißmilch-Helmling. (Lu 3.116.15).

5.20.04 *Mycena crocata* (Schrad.) P. Kumm.
Gelbmilchender Helmling, Safran-Helmling

H: 1–2 cm, kegelig-glockig, graubraun, Rand heller, später oft orangerot fleckig. **L:** ausgebuchtet angewachsen, weiß, verletzt oder im Alter orangerot fleckig. **St:** orangeocker, gegen die Basis zunehmend orange, weiß striegelig, oft mit langem striegeligem Wurzelfortsatz, verletzt gelborange milchend. **Ger:** unauffällig. **V:** auf modernden Zweigen; Sommer bis Herbst. **Mik:** Sporen glatt, ellipsoid, 8,5–10,5 × 5–6,5 µm, amyloid, mehrheitlich 4-sporig, HymZ keulenförmig, ChZ mit bürstenartigen Auswüchsen, PlZ bürstenartig genoppt, Lamellentrama schwach dextrinoid. (D 354, Kr 3.434, BK 3.326, Lu 3.116.13, 🖼).

5.20.05 *Mycena epipterygia* (Scop.) Gray
Dehnbarer Helmling, Überhäuteter Helmling

H: 1–2 cm, glatt, durchscheinend gerieft bis feinrillig, klebrig, feucht schleimig, cremeweiß, Mitte gelblich, bräunlich, Huthaut abziehbar, gummiartig dehnbar. **L:** ±breit angewachsen und mit Zahn etwas herablaufend, weiß, Schneiden gummiartig dehnbar. **St:** klebrig, feucht schleimig, erst zitronengelb und fein bereift, später ausblassend, Stielrinde sowie Huthaut und Lamellenschneiden sind gummiartig dehnbar und abziehbar. **F:** dünn, weiß. **Ger:** ranzig bis mehlartig. **Ges:** mild bis schärflich. **Spp:** cremeweiß. **V:** im Laub- und Nadelwald, auch auf Holzresten; Sommer und vor allem im Herbst. **Mik:** Sporen glatt, schlank ellipsoid bis tropfenförmig, 7,5–10 × 4–5,5 µm, amyloid, 4-sporig, ChZ keulenförmig mit bürstenartig fingerförmigen Auswüchsen, PlZ fehlend, Lamellentrama dextrinoid. (D 351, Kr 3.432, BK 3.329, Lu 3.116.44AB, 🖼).

5.20.01 *Mycena sanguinolenta*, Purpurschneidiger Blut-Helmling

5.20.02 *Mycena haematopus*, Laubholz-Blut-Helmling

5.20.03 *Mycena galopus*, Weißmilchender Helmling

5.20.04 *Mycena crocata*, Gelbmilchender Helmling

5.20.05 *Mycena epipterygia*, Dehnbarer Helmling

Verschiedene Autoren grenzen die folgenden Varietäten ab:

M. epipterygia var. *viscosa* (Secr. ex Maire) Ricken, Schleimiger Helmling, Dunkelnder Helmling: Hut 2–4 cm, grau, graubraun, später rotbraun fleckend, gerieft, Stiel klebrig, gelb, abwärts rotbraun, Geruch ranzig, mehlartig, auch nach Gurke. Sporen ellipsoid, 7–10,5 × 5–7 µm. (D 350, Kr 3.433, Lu 3.116.44CD).

M. epipterygia var. *lignicola* A.H. Sm., Schmieriger Nadelholz-Helmling: Hut und Stiel olivgelb, grüngelb; auf moderndem, oft bemoostem Nadelholz. Sporen ellipsoid, 7,5–10,5 × 6–7,5 µm. (Lu 3.116.44E).

M. epipterygia var. *pelliculosa* (Quél.) Maas Geest., Grauer Schmier-Helmling: Hut olivbraun, dunkel graubraun bis schwarzbraun, Geruch wie *M. epipterygia*, Dehnbarer Helmling, evtl. auch etwas fisch- oder jodartig. Sporen ellipsoid bis tropfenförmig, 7,5–9,5 × 4,5–5,5 µm. (Lu 3.116.44GH).

5.20.06 *Mycena laevigata* Gillet
Schlüpfriger Helmling

H: 1–2 cm, halbkugelig, Mitte evtl. etwas eingedellt, wachsartig glatt bis leicht schmierig, elfenbeinweiß bis cremeocker, Rand leicht gezähnt, feucht etwas gerieft. **L:** ausgebuchtet angewachsen und mit Zahn etwas herablaufend, weiß, cremeweiß. **St:** brüchig, wie der Hut gefärbt, Basis grau- bis rötlichbraun. **F:** dünn, blasscreme. **Ger:** unauffällig. **Ges:** mild. **Spp:** weißlich. **V:** auf modernden, oft bemoosten Nadelbaumstrünken, vorwiegend in höheren Lagen; Sommer bis Herbst. **Mik:** Sporen glatt, ellipsoid, 6,5–8 × 3,5–4,5 µm, amyloid, 4-sporig, ChZ spindelig bis langhalsig flaschenförmig, teils gegabelt, PlZ fehlend, Lamellentrama dextrinoid. (BK 3.343, Lu 3.116.56,).

5.20.06 *Mycena laevigata*, Schlüpfriger Helmling

5.20.07 *Mycena vulgaris* (Pers.) P. Kumm.
Klebriger Helmling, Klebriger Nadel-Helmling

H: 0,5–1,5 cm, klebrig, feucht schleimig und in einem Stück gummiartig abziehbar, Mitte mit Papille oder auch etwas eingedellt, braun, graubraun, gegen den Rand streifig ausblassend, gerieft. **L:** gerade bis etwas bogig herablaufend, entfernt, weiß, die Lamellenschneide lässt sich als zäher Faden ablösen. **St:** klebrig bis schleimig, blass graubraun, Basis zottig-striegelig. **Ger:** fehlend. **Spp:** weiß. **V:** vor allem im Nadelwald; Herbst, Spätherbst. **Mik:** Sporen glatt, tropfenförmig, 6,5–8,5 × 3,5–5 µm, leicht amyloid, 4-sporig, ChZ gestrüppartig verzweigt, PlZ fehlend, Lamellentrama dextrinoid. (D 352, Lu 3.116.45,).

5.20.07 *Mycena vulgaris*, Klebriger Helmling

5.20.08 *Mycena clavicularis* (Fr.) Gillet
Großer Schleimfuß-Helmling, Brauner Klebstiel-Helmling

H: 1–2 cm, halbkugelig, Mitte ± eingedellt, matt, samtig, graubraun, Rand heller, wellig gerieft. **L:** nur schwach herablaufend, graubraun mit hellen Schneiden. **St:** stark schleimig, elastisch, wie der Hut gefärbt oder blasser, besonders Spitze, Basis striegelig, mit Knöllchen. **Ger:** evtl. schwach nach Mehl. **Spp:** weiß. **V:** auf Streu, kleinen Zweigen, im Nadelwald, vorwiegend bei Kiefer *Pinus* in höheren Lagen; Frühsommer bis Herbst. **Mik:** Sporen glatt, ellipsoid bis tropfenförmig, 7–12 × 4–6 µm, amyloid, 4-sporig, HymZ keulenförmig und bürstenartigen Noppen, teils auch kurzen Auswüchsen, Lamellentrama stark dextrinoid. (Lu 3.116.43).

5.20.09 *Mycena pseudopicta* (J.E. Lange) Kühner
Graubrauner Wiesen-Helmling, Fastgeschmückter Helmling, Hellrandiger Breitblatt-Helmling

H: 0,5–1,5 cm, gewölbt, evtl. mit schwacher Papille, nass etwas schmierig, graubraun, Rand heller, bis gegen die Mitte gerieft, oft etwas gekerbt. **L:** deutlich herablaufend, entfernt, grau, Schneiden weißlich. **St:** schwach bereift, bald kahl, rötlichbraun, ± trocken. **Ger:** schwach, unangenehm, etwas nitrös oder rettichartig. **V:** in Magerrasen, zwischen Moos, auf Schotterdämmen, an Brandstellen; Herbst. **Mik:** Sporen glatt, ellipsoid bis tropfenförmig, teils etwas eingeschnürt, 8,5–11,5 × 4,5–7 µm, amyloid, 1- bis 2-sporig, ChZ keulenförmig, mit bürstenartigen Auswüchsen, Lamellentrama dextrinoid. (Kr 3.403, Lu 3.116.41).

5.20.10 *Mycena belliarum* (Johnst.) P.D. Orton, *Mycena belliae* (Johnst.) P.D. Orton
Schilf-Helmling

H: 0,5–2,5 cm, schmierig, mit gummiartig abziehbarer Huthaut, gewölbt, später genabelt, hygrophan, feucht grau- bis dattel- oder etwas rosabraun, Rand durchscheinend gerieft. **L:** stark herablaufend, entfernt, weißlich. **St:** weißlich, jung feinseidig. **Ger:** stechend säuerlich. **Ges:** unauffällig bis etwas schärflich und bitter. **V:** einzeln oder büschelig, an Schilfstängeln *Phragmites australis*. **Mik:** Sporen glatt, zylindrisch bis leicht ellipsoid oder tropfenförmig, 9–14 × 5–7 µm, amyloid, 4-sporig, ChZ spindelig bis flaschenförmig, teils mit gegabelten Auswüchsen, Lamellentrama dextrinoid. (Lu 3.116.37).

5.20.11 *Mycena amicta* (Fr.) Gillet
Geschmückter Helmling

H: 0,5–2 cm, halbkugelig bis kegelig-glockig, selten ausgebreitet, jung bereift, später verkahlend, klebrig, bleigrau bis blass graugelb, Mitte dunkler, Rand evtl. blaugrün überhaucht, bis gegen die Mitte gerieft, Huthaut gummiartig, abziehbar. **L:** aufsteigend und schmal angeheftet,

5.20.11 *Mycena amicta*, Geschmückter Helmling

weißlich, später graulich, Schneiden oft heller. **St:** graubraun bis weißlich, flaumig bereift, Basis evtl. bläulich, oft wurzelnd. **Ger:** unauffällig. **V:** im Nadel-, seltener im Laubwald, auf Pflanzenresten, totem Holz; Frühsommer bis Herbst. **Mik:** Sporen glatt, ellipsoid bis tropfenförmig, 7–10 × 4–5,5 µm, leicht amyloid, 4-sporig, ChZ zylindrisch bis etwas keulig, PlZ fehlend, Lamellentrama stark dextrinoid. (D 362, Lu 3.116.75, 🖼).

5.20.12 *Mycena pura* (Pers.) P. Kumm. ☠
Gemeiner Rettich-Helmling

H: 2–5 cm, bald flach gewölbt, Mitte evtl. breit gebuckelt mit anschließender kleiner, konzentrischer Vertiefung, hygrophan, rosaviolett, braunviolett, selten weiß, Rand ausblassend, gerieft. **L:** ausgebuchtet angewachsen, weißlich. **St:** grau- bis braunviolett, bisweilen Basis striegelig. **F:** dünn, wässerig weißlich bis graulila. **Ger:** nach Rettich. **Ges:** rettichartig. **Spp:** weiß. **V:** im Laub- und Nadelwald; Sommer bis Herbst. **Mik:** Sporen glatt, ellipsoid bis etwas zylindrisch, 7–8 × 3,5–5 µm, amyloid, 4-sporig, HymZ stumpf spindelig bis utriform, Lamellentrama dextrinoid. (D 366f, Kr 3.398, BK 3.358, Lu 3.116.77, 🖼).

5.20.13 *Mycena dura* Maas Geest. & Hauskn., Hartstieliger Rettich-Helmling: Hut jung mit wenig Rosa oder Purpur, bald vorwiegend graubraun, Fleisch fest, Stiel auffällig fest, oft verdreht und silbrig längsfaserig. (Lu 3.116.62).

5.20.14 *Mycena rosea* Gramberg, ☠
M. pura* var. *rosea (Gramberg) J.E. Lange
Rosa Rettich-Helmling

H: 2–5 cm, lange kegelig bleibend, hygrophan, rosa, Rand ausblassend, gerieft. **L:** ausgebuchtet angewachsen, weißlich bis blass graulila. **St:** weißlich bis grauviolett, bisweilen Basis striegelig. **F:** wässerig weißlich bis graulila. **Ger:** nach Rettich. **Ges:** rettichartig. **Spp:** weiß. **V:** im Laub- und Nadelwald; Sommer bis Herbst. **Mik:** Sporen glatt, ellipsoid bis etwas tropfen- oder bohnenförmig, 7–9,5 × 3–4,5 µm, amyloid, 4-sporig, HymZ stumpf spindelig bis utriform, Lamellentrama dextrinoid. (D 368, Kr 3.401, BK 3.361, Lu 3.116.80, 🖼).

5.20.15 *Mycena pelianthina* (Fr.) Quél. ☠
Schwarzgezähnelter Rettich-Helmling

H: 3–5 cm, gewölbt, bald flach, evtl. schwach gebuckelt, hygrophan, trocken blassbeige, lilabeige, feucht violettlich-graubraun. **L:** ausgebuchtet angewachsen, ± grauviolett mit schwarzvioletten, gezähnten Schneiden. **St:** wie der Hut gefärbt. **F:** dünn, weißlich. **Ger:** nach Rettich. **Ges:** rettichartig. **Spp:** weiß. **V:** im Laubwald, auf kalkreichem Boden; Sommer bis Herbst. **Mik:** Sporen glatt, ellipsoid bis etwas zylindrisch oder tropfenförmig, 6–9 × 3–4 µm, amyloid, mehrheitlich 4-sporig, HymZ flaschenförmig bis utriform, teils mukronat, Lamellentrama dextrinoid. (D 369, Kr 3.397, BK 3.352, Lu 3.116.23, 🖼).

5.20.16 *Mycena pearsoniana* Dennis ex Singer
Fleischfarbener Rettich-Helmling, Bogenblättriger Rettich-Helmling

H: 1–2,5 cm, gewölbt, bräunlichviolett bis beigerosa. **L:** gerade angewachsen bis etwas herablaufend, violettlich-, rosagrau. **St:** blass graurosa, graulila. **Ger:** schwach nach Rettich. **Mik:** Sporen glatt, ellipsoid bis tropfenförmig, 7–9 × 4–5 µm, inamyloid, 4-sporig, ChZ keulig, flaschenförmig bis utriform, PlZ fehlend, Lamellentrama stark dextrinoid. (Lu 3.116.39).

5.20.17 *Mycena diosma* Krieglst. & Schwöbel
Duftender Rettich-Helmling

H: 2–4 cm, gewölbt mit flachem Buckel, hygrophan, trocken rosabeige, lilagrau, feucht violett, grau-, braunviolett, Rand gerieft. **L:** ausgebuchtet angewachsen, graulila bis violett, Schneiden heller, schwach gezähnt. **St:** ± wie der Hut gefärbt. **F:** dünn, wässerig schmutziglila. **Ger:** süßlich, weihrauch-, tabakartig, später auch etwas nach Rettich. **Ges:** rettichartig. **Spp:** weiß. **V:** vor allem im Buchenwald *Fagus;* Herbst. **Mik:** Sporen glatt, ellipsoid bis tropfenförmig, teils etwas eingeschnürt, 6–9 × 3–5 µm, amyloid, 4-sporig, ChZ spindelig, flaschenförmig bis utriform, PlZ fehlend, Lamellentrama dextrinoid. (D 370f, Kr 3.395, BK 3.328, Lu 3.116.78).

5.20.18 *Mycena renati* Quél.
Gelbstieliger Nitrat-Helmling, Gelbstieliger Büschel-Helmling

H: 1–3 cm, kegelig-glockig, rosabräunlich bis gelbockerlich, äußerster Rand heller, evtl. etwas gerieft-gestreift. **L:** schmal angeheftet und mit Zahn etwas herablaufend, weißlich, später leicht rosa. **St:** goldgelb, orangegelb bis gelbbraun. **F:** dünn, weißlich. **Ger:** nitrös, chlorartig,

5.20.12 *Mycena pura*, Gemeiner Rettich-Helmling

5.20.14 *Mycena rosea*, Rosa Rettich-Helmling

5.20.15 *Mycena pelianthina*, Schwarzgezähnelter Rettich-Helmling

5.20.18 *Mycena renati*, Gelbstieliger Nitrat-Helmling

später auch nach Rettich. **Spp:** weißlich. **V:** büschelig, auf moderndem Laubholz; Frühling bis Herbst. **Mik:** Sporen glatt, ellipsoid bis breit ellipsoid, 7–10,5 × 4–6,5 µm, amyloid, 4-sporig, HymZ spindelig bis flaschenförmig, teils mukronat, Lamellentrama dextrinoid. (D 374, Kr 3.461, BK 3.359, Lu 3.116.81, 🖼).

5.20.19 *Mycena albidolilacea* Kühner & Maire
Weißrosa Nitrat-Helmling, Violettfarbiger Helmling, Lilarosa Helmling

H: 1–2 cm, glockig-kegelig, weißlich, Mitte oft rosa, lila. **L:** weiß, Schneiden evtl. rosa. **St:** weißlich, evtl. schwach rosa, lila. **Ger:** schwach nitrös. **V:** in grasigem Laubwald. **Mik:** Sporen glatt, tropfenförmig, 9–12 × 4,5–6 µm, leicht amyloid, 4-sporig, ChZ keulenförmig, mit kürzeren und längeren Auswüchsen, PlZ fehlend, Lamellentrama stark dextrinoid. (Lu 3.116.24).

5.20.20 *Mycena rosella* (Fr.) P. Kumm.
Rosaschneidiger Helmling, Rosenroter Helmling

H: 0,5–2 cm, stumpf glockig, bald gewölbt mit kleinem Buckel, rosarot, lachsbräunlich, Rand heller, bis gegen die Mitte gerieft. **L:** relativ breit angewachsen bis etwas herablaufend, ziemlich entfernt, blassrosa mit dunkleren Schneiden. **St:** blass rosabräunlich, Basis mit weißem Mycelfilz. **F:** dünn, wässerig weißlich. **Ger:** unauffällig. **Ges:** mild. **Spp:** weiß. **V:** im Nadelwald auf Nadelstreu, auch in höheren Lagen; Sommer bis Spätherbst. **Mik:** Sporen glatt, schlank ellipsoid bis tropfenförmig, 7–9,5 × 4–4,5 µm, deutlich amyloid, mehrheitlich 4-sporig, ChZ keulenförmig, bürstenartig noppig oder mit kurzen Auswüchsen, PlZ flaschenförmig und glatt, Lamellentrama leicht dextrinoid. (D 372, Kr 3.443, BK 3.362, Lu 3.116.28, 🖼).

5.20.21 *Mycena capillaripes* Peck
Haarstieliger Helmling, Filzstieliger Helmling, Punktiertblättriger Helmling

H: 1–2,5 cm, glockig, stark hygrophan, graubräunlich, rosabräunlich, Rand heller, dunkel gerieft bis gestreift. **L:** breit angewachsen und mit Zahn etwas herablaufend, cremefarben, teils mit kleinen rotbraunen Punkten (Lupe), Schneiden rotbraun. **St:** kahl, zerbrechlich, rötlichbraun. **Ger:** ± nitrös, später auch rettichartig. **Ges:** leicht bitterlich. **Spp:** weißlich. **V:** im Nadelwald auf Nadelstreu; Frühling bis Herbst. **Mik:** Sporen glatt, ellipsoid, 8–10,5 × 4,5–5,5 µm, amyloid, mehrheitlich 4-sporig, HymZ flaschenförmig bis keulig oder spindelig, Lamellentrama dextrinoid. (D 375, BK 3.322, Lu 3.116.22).

5.20.22 *Mycena rubromarginata* (Fr.) P. Kumm.
Rotschneidiger Helmling

H: 1–3 cm, stumpf glockig, halbkugelig, rosabräunlich, beigebraun, gegen den Rand heller, evtl. dunkler gerieft oder gefurcht. **L:** breit angewachsen und am Stiel etwas herablaufend, ziemlich entfernt, weißlich bis etwas rosa, Schneiden rot, rotbraun. **St:** blass graubraun, evtl. etwas lilabraun, Spitze hell, Basis etwas weiß striegelig. **Ger:** unauffällig. **Ges:** mild. **Spp:** weißlich. **V:** auf morschem Nadelholz, Zapfen, Streu, seltener auch auf Laubholzresten; Frühjahr bis Herbst. **Mik:** Sporen glatt, ellipsoid, 8–11 × 6–8 µm, amyloid, mehrheitlich 4-sporig, ChZ spindelig bis flaschenförmig, mit einzelnen Auswüchsen, PlZ fehlend, Lamellentrama dextrinoid. (Kr 3.463, BK 3.363, Lu 3.116.21, 🖼).

5.20.23 *Mycena seynesi* Quél., *Mycena seynii* Quél.
Kiefernzapfen-Helmling

H: 2–4 cm, kegelig-glockig bis gewölbt, graubraun bis rosabräunlich, lilabräunlich, gerieft. **L:** schmutzig weißlich, später auch etwas rosa oder lila, Schneiden bräunlich. **St:** Spitze weißlich, lila, abwärts graubräunlich. **V:** auf Kiefernzapfen *Pinus*, im Mittelmeerraum. **Mik:** Sporen glatt, ellipsoid bis zylindrisch, 9–12 × 5–7 µm, amyloid, 4-sporig, ChZ keulig bis etwas kopfig, teils mit stumpfen, breiten Auswüchsen. (Lu 3.116.25, 🖼).

5.20.24 *Mycena flavescens* Velen.
Gilbender Helmling, Graugelber Helmling

H: 0,5–2 cm, kegelig-glockig, später auch gewölbt mit stumpfem Buckel, weißlich cremefarben, evtl. etwas gelbgrünlich, olivgelblich bis gelb, alt auch bräunlich, Rand heller, fein gezähnt, bis gegen die Mitte gerieft. **L:** breit angewachsen und mit Zahn etwas herablaufend, cremefarben, Schneiden schwach schwefelgelb. **St:** graubraun, evtl. mit lila Hauch, Spitze heller, Basis dunkler mit weißlichem Mycelfilz. **Ger:** rettichartig. **Spp:** weiß. **V:** im Laub- und Nadelwald, auf moosiger Waldwiese, bemoosten Baumstrünken; Herbst. **Mik:** Sporen glatt, ellipsoid, 6,5–9 × 4–5,5 µm, stark amyloid, 4-sporig, HymZ keulig, birnen- bis ballonförmig, bürstenartig dicht genoppt, Lamellentrama dextrinoid. (BK 3.335, Lu 3.116.26, 🖼).

5.20.20 *Mycena rosella*, Rosaschneidiger Helmling

5.20.22 *Mycena rubromarginata*, Rotschneidiger

5.20.23 *Mycena seynii*, Kiefernzapfen-Helmling

5.20.24 *Mycena flavescens*, Gilbender Helmling

5.20.25 *Mycena chlorantha* (Fr.) P. Kumm.
Papageien-Helmling, Olivgrüner Dünen-Helmling

H: 0,5–2,5 cm, blass braunoliv bis gelbbräunlich. **L:** blass gelbgrünlich, Schneiden intensiver gefärbt. **St:** grauoliv. **Ger:** unauffällig, getrocknet nach Jod. **V:** im Nadelwald, in grasigen Dünen, auf Grashalmen. **Mik:** Sporen glatt, ellipsoid, 7–10 × 4,5–6 µm, amyloid, 4-sporig, HymZ keulenförmig und bürstenartig genoppt, teils mit längeren, auch verzweigten Auswüchsen, Lamellentrama dextrinoid. (Lu 3.116.92).

5.20.26 *Mycena arcangeliana* Bres.
Olivgrauer Helmling, Olivgelber Helmling, Olivgelber Holz-Helmling

H: 0,5–2,5 cm, glockig-kegelig bis gewölbt mit Buckel, hygrophan, weißlichgelb, grünlichgelb, blass grauoliv, Scheitel gelb bis olivbräunlich, meist bis gegen die Mitte gerieft. **L:** ausgebuchtet angewachsen, mit Zahn schwach herablaufend, weißlich. **St:** starr, grauoliv, jung lila bereift, Spitze weißlich, Basis weiß striegelig. **F:** dünn, gelb. **Ger:** schwach, etwas nach Gras oder Rettich, beim Eintrocknen evtl. nach Jod. **Spp:** weißlich. **V:** auf moderndem Laubholz; Sommer bis Herbst. **Mik:** Sporen glatt, ellipsoid bis breit ellipsoid, 6–9,5 × 4–6 µm, amyloid, 4-sporig, HymZ keulig bis blasig und bürstenartig genoppt, Lamellentrama stark dextrinoid. (D 376f, BK 3.319, Lu 3.116.91).

5.20.27 *Mycena xantholeuca* Kühner
Cremeweißer Holz-Helmling, Gelbweißer Helmling, Engblättriger Jodoform-Helmling

H: 0,8–2,5 cm, glockig, cremeweiß bis gelblich beige, Mitte bräunlich, Rand heller, gerieft und etwas wellig. **L:** schmal angeheftet, cremeweiß, evtl. etwas rosa. **St:** brüchig, weißlich, Spitze bepudert, Basis etwas striegelig. **F:** dünn, weiß. **Ger:** erst unauffällig, beim Eintrocknen nach Jod. **Ges:** mild. **Spp:** weiß. **V:** im Laub- und Nadelwald, auf morschem Holz oder zwischen Gras und Moos; Sommer bis Herbst. **Mik:** Sporen glatt, ellipsoid, 7,5–10,5 × 5–7 µm, amyloid, 2- bis 4-sporig, ChZ keulig bis blasig, mit kurzen bis länglichen und teils etwas kopfigen Auswüchsen, PlZ fehlend, Lamellentrama stark dextrinoid. (BK 3.372, Lu 3.116.97).

5.20.28 *Mycena viridimarginata* P. Karst.
Grünschneidiger Helmling

H: 1–3 cm, kegelig-glockig, später auch gebuckelt, Mitte dunkel olivbraun, gegen den Rand heller olivgelb, gelb, bis gegen die Mitte runzelig gerieft. **L:** weißlich bis blass graubräunlich, Schneiden bisweilen graugrünlich. **St:** gelbbraun, olivbraun bis etwas rötlichbraun, Basis fein weiß-filzig. **F:** dünn, schmutzig weißlich. **Ger:** nitrös. **Spp:** hellcreme. **V:** auf moderndem Nadelholz; Frühsommer bis Herbst. **Mik:** Sporen glatt, ellipsoid bis breit ellipsoid, 7,5–12,5 × 5,5–8 µm, amyloid, 4-sporig, ChZ flaschenförmig bis utriform, teilweise mit stumpfen, vereinzelten Auswüchsen, PlZ fehlend, Lamellentrama dextrinoid. (Kr 3.424, BK 3.370, Lu 3.116.19,).

5.20.29 *Mycena olivaceomarginata* (Massee) Massee
Braunschneidiger Wiesen-Helmling, Veränderlicher Wiesen-Helmling

H: 1–3 cm, kegelig-glockig, später gewölbt bis flach, hygrophan, feucht olivbräunlich, olivgelblich, trocken gelbbräunlich, Rand wellig, Huthaut leicht überstehend, bis gegen die Mitte gerieft-gefurcht. **L:** aufsteigend, schmal angeheftet, am Grund evtl. etwas queradrig, dicklich, blassgrau, Schneiden gleichfarbig oder gelblich bis rötlichbraun. **St:** gelblich, abwärts zunehmend gelbbräunlich, Basis jung etwas weiß-filzig. **F:** sehr dünn. **Ger:** schwach, etwas rettichartig bis nitrös. **V:** vorwiegend in Wiesen, außerhalb des Waldes; Herbst. **Mik:** Sporen glatt, ellipsoid bis etwas tropfenförmig, mehrheitlich 9–12,5 × 5,5–7 µm, stark amyloid, 4-sporig, ChZ flaschenförmig, mit teilweise mehrfachen Auswüchsen, Lamellentrama dextrinoid. (Lu 3.116.16A–C).

5.20.30 *Mycena aurantiomarginata* (Fr.) Quél.
Orangeschneidiger Helmling, Feuriger Helmling

H: 1–2,5 cm, halbkugelig, glockig bis gewölbt, graubraun, olivbraun, Rand heller mit Orangeton, braun gerieft oder gestreift. **L:** graubraun, Schneiden orange, orangegelb. **St:** graubraun, evtl. etwas gelblich oder olivlich, Basis ockergelb striegelig. **F:** dünn, blass. **Ger:** unauffällig bis süßlich. **Ges:** mild. **Spp:** weißlich cremefarben. **V:** im Nadelwald, Bergnadelwald; Sommer bis Herbst. **Mik:** Sporen glatt, ellipsoid bis etwas zylindrisch, 7–9 × 4,5–5 µm, amyloid, 4-sporig, HymZ keulenförmig, mit bürstenartigen Noppen bis teilweise verzweigten Auswüchsen, Lamellentrama dextrinoid. (D 373, Kr 3.441, BK 3.320, Lu 3.116.20,).

5.20.31 *Mycena citrinomarginata* Gillet, *M. olivaceomarginata* f. *citrinomarginata* (Gillet) E. Ludw., Gelbschneidiger Helmling: Hut ± gelb, Mitte und Riefung oft bräunlich, graulich, Lamellen weiß bis gelblich, Schneiden bisweilen stärker gelb, Stiel gelblich bis bräunlich, Geruch unauffällig; im Laub- und Nadelwald. (Lu 3.116.16D–F,).

5.20.32 *Mycena purpureofusca* (Peck) Sacc., *Mycena atromarginata* (Fr. ex Lasch) P. Kumm.
Lilaschneidiger Helmling, Violettschneidiger Helmling

H: 1–4 cm, kegelig-glockig, erst dunkel violettbraun, später braun- bis graulila mit dunklerer Mitte, gerieft. **L:** gerade angewachsen bis etwas herablaufend, grau bis graugelb, Schneiden lilaviolett bis schwarzviolett. **St:** wie der Hut gefärbt, evtl. wurzelnd. **V:** auf

5.20.28 *Mycena viridimarginata*, Grünschneidiger Helmling

5.20.30 *Mycena aurantiomarginata*, Orangeschneidiger Helmling

5.20.31 *Mycena citrinomarginata*, Gelbschneidiger Helmling

moderndem Nadelholz, Nadelstreu, Zapfen, bei Moos; Sommer bis Herbst. **Mik:** Sporen glatt, ellipsoid, 8–11,5 × 5,5–7 µm, amyloid, 3- bis 4-sporig, ChZ dickhalsig flaschenförmig, vereinzelt gegabelt oder mit stumpfen Auswüchsen, PlZ fehlend, Lamellentrama leicht dextrinoid. (Lu 3.116.17).

5.20.33 *Mycena stipata* Maas Geest. & Schwöbel
Viersporiger Nitrat-Helmling

H: 1–3 cm, kegelig-glockig, hygrophan, dunkelbraun, später graubraun bis gelbbraun, evtl. auch olivlich, bis zur Hälfte gerieft. **L:** relativ breit angewachsen und mit Zahn etwas herablaufend, weißlich. **St:** steif, brüchig, Spitze weißlich, kleiig, abwärts zunehmend graubraun, Basis bisweilen etwas weißlich filzig. **F:** dünn, weiß. **Ger:** nitrös, chlorartig. **Ges:** mild. **Spp:** creme. **V:** oft büschelig, vorwiegend auf moderndem Nadelholz; Frühjahr bis Herbst. **Mik:** Sporen glatt, ellipsoid bis tropfenförmig, 7–12 × 5–7 µm, amyloid, 4-sporig, ChZ spindelig, flaschenförmig bis keulig, vereinzelt mit Auswüchsen, Lamellentrama dextrinoid, Hyphen mit Schnallen. (D 383, Kr 3.421, BK 3.367, Lu 3.116.69, 🖼).

5.20.34 *Mycena silvae-nigrae* Maas Geest. & Schwöbel, Zweisporiger Nitrat-Helmling: Basidien mehrheitlich 2-sporig, Sporen 8–15 × 6–10 µm, Hyphen ohne Schnallen. (BK 3.365, Lu 3.116.98, 🖼).

5.20.35 *Mycena leptocephala* (Pers.) Gillet
Grauer Nitrat-Helmling

H: 1–2 cm, kegelig-glockig, hygrophan, graubraun bis grau, bis zur Hälfte gerieft. **L:** relativ breit angewachsen und mit Zahn etwas herablaufend, weißlich. **St:** steif, brüchig, Spitze weißlich, kleiig, abwärts zunehmend graubraun, Basis bisweilen etwas weißlich filzig. **F:** dünn, weiß. **Ger:** nitrös, chlorartig. **Ges:** mild. **Spp:** creme. **V:** kaum büschelig, auf Walderde; Frühjahr bis Herbst. **Mik:** Sporen glatt, zylindrisch bis schlank ellipsoid, 6,5–13 × 3–6 µm, amyloid, mehrheitlich 4-sporig, HymZ spindelig, flaschenförmig bis keulig, vereinzelt gegabelt oder mit Auswüchsen. (Kr 3.417, BK 3.345, Lu 3.116.66, 🖼).

5.20.36 *Mycena abramsii* (Murrill) Murrill
Voreilender Helmling

H: 1–3,5 cm, glockig-kegelig, graubraun, graubeige, feucht bis gegen die Mitte gerieft. **L:** ausgebuchtet angewachsen, grauweißlich. **St:** Spitze hell, abwärts zunehmend graubraun, durchscheinend gebändert-genattert, Basis mit weißem Mycelfilz. **F:** dünn, weißlich. **Ger:** schwach, nach Rettich oder nitrös. **Ges:** mild. **Spp:** weiß. **V:** im Laubwald, auf Laubresten oder moderndem Holz; Frühjahr bis Herbst. **Mik:** Sporen glatt, zylindrisch bis leicht tropfenförmig, oft etwas eingeschnürt, 9–12 × 4,5–6 µm, amyloid, mehrheitlich 4-sporig, HymZ spindelig, bauchig bis keulig, vereinzelt gegabelt, Lamellentrama stark dextrinoid. (Kr 3.413, BK 3.311, Lu 3.116.67AB, 🖼).

5.20.37 *Mycena plumipes* (Kalchbr.) P.-A. Moreau, *Mycena strobilicola* J. Favre & Kühner
Fichtenzapfen-Helmling

H: 1–3 cm, glockig-kegelig, später gewölbt bis flach und gebuckelt, dunkel bräunlich, graubraun, Rand überhängend, feucht etwas gerieft. **L:** aufsteigend, ± breit angewachsen und mit Zahn etwas herablaufend, grauweißlich, später etwas rosa. **St:** brüchig, graubraun, evtl. etwas rillig, Spitze heller und weißlich bepudert, Basis weiß filzig bis striegelig. **F:** dünn, weißlich. **Ger:** stark nach Chlor. **Ges:** mild, etwas rettichartig. **Spp:** weiß. **V:** auf modernden vergrabenen Fichtenzapfen *Picea;* Frühjahr. **Mik:** Sporen glatt, leicht tropfenförmig, 6–8,5 × 3,5–5,5 µm, mäßig amyloid, 4-sporig, HymZ spindelig bis flaschenförmig oder mukronat, glatt oder vereinzelt mit braunen Auflagerungen, Lamellentrama dextrinoid. (Kr 3.423, BK 3.368, Lu 3.116.65, 🖼).

5.20.38 *Mycena inclinata* (Fr.) Quél.
Buntstieliger Büschel-Helmling, Buntstieliger Helmling

H: 1–4 cm, kegelig-glockig, bisweilen gewölbt und gebuckelt, etwas hygrophan, beige- bis orangebraun, Mitte dunkler, Rand heller, gerieft-gefurcht. **L:** ausgebuchtet angewachsen und mit Zahn etwas herablaufend, weißlich. **St:** Spitze weißlich, abwärts gelb- bis orangebraun, Basis dunkelbraun mit weißlichem Filz (bisweilen ist der Stiel praktisch über die ganze Länge lebhaft gelb). **F:** dünn, wässerig cremefarben, im Stiel

5.20.33 *Mycena stipata*, Viersporiger Nitrat-Helmling

5.20.34 *Mycena silvae-nigrae*, Zweisporiger Nitrat-H

5.20.35 *Mycena leptocephala*, Grauer Nitrat-Helmling

5.20.36 *Mycena abramsii*, Voreilender Helmling

5.20.37 *Mycena plumipes*, Fichtenzapfen-Helmling

5.20.38 *M. inclinata*, Buntstieliger Büschel-Helmling

bräunlich. **Ger:** nach Mehl, ranzig, auch nach Gurke. **Ges:** mild, mehl- bis gurkenartig. **Spp:** creme. **V:** vorwiegend an Laubholzstrünken; Herbst. **Mik:** Sporen glatt, breit ellipsoid, 5–9 × 5–7,5 µm, amyloid, 4-sporig, ChZ keulig mit fingerförmigen Auswüchsen, PlZ fehlend, Lamellentrama dextrinoid. (D 378f, Kr 3.449, BK 3.342, Lu 3.116.107, 🖼).

5.20.39 *Mycena galericulata* (Scop.) Gray
Rosablättriger Helmling

H: 2–6 cm, glockig, später flach gewölbt und gebuckelt, cremebräunlich, graubraun, rosabräunlich, bis zur Hälfte gerieft-gefurcht. **L:** ausgebuchtet und schmal angeheftet, älter oft queradrig, weißlich, später rosa. **St:** steif, fest, oft flachgedrückt, blassbeige bis graubräunlich, Basis weiß striegelig, bisweilen etwas wurzelnd. **F:** dünn, weiß. **Ger:** unauffällig bis schwach mehlig-ranzig, gurkenartig. **Ges:** mild, bisweilen etwas mehlartig. **Spp:** hellcreme. **V:** auf Laub- oder Nadelholzstrünken; Sommer bis Herbst. **Mik:** Sporen glatt, ellipsoid bis breit ellipsoid, 9–12,5 × 6,5–8,5 µm, amyloid, mehrheitlich 2-sporig, ChZ keulig, mit fingerförmigen bis baumartig verzweigten Auswüchsen, Lamellentrama dextrinoid. (D 380, Kr 3.447, BK 3.338, Lu 3.116.101, 🖼).

5.20.40 *Mycena niveipes* (Murrill) Murrill, Großer Frühlings-Helmling, Frühlings-Helmling, Großer Weißstiel-Helmling: Hut blass graubraun bis fast weiß, Lamellen weiß, nicht rosa werdend, Stiel blass blaugrau, später weißlich, Geruch schwach nitrös; auf totem Laubholz, schon im Frühjahr. Sporen glatt, ellipsoid bis etwas zylindrisch, 7,5–10 × 4,5–6,5 µm, amyloid, mehrheitlich 4-sporig, HymZ utriform, flaschenförmig, mit teils langem, welligem oder spitz auslaufendem Hals, Lamellentrama dextrinoid. (Kr 3.418, Lu 3.116.61, 🖼).

5.20.41 *Mycena megaspora* Kauffman, Großsporiger Helmling, Rußbrauner Graublatt-Helmling: Hut 1–3 cm, feucht schwärzlichbraun, trocken graubraun, Lamellen eher entfernt bis etwas dicklich, asch- bis dunkler grau, auch mit Rostflecken, Stiel knorpelig, oft wurzelnd, Geruch fehlend oder schwach rettichartig bis alkalisch; auf Erde oder am Torfmoos *Sphagnum*. Sporen glatt, ellipsoid bis etwas zylindrisch, 10–16 × 7–10 µm, amyloid, mehrheitlich 2-sporig, HymZ keulig, teils mehrfach-kopfig mit fingerförmigen bis baumartig verzweigten Auswüchsen, Lamellentrama stark dextrinoid. (Lu 3.116.83).

5.20.42 *Mycena fagetorum* (Fr.) Gillet
Großer Buchenblatt-Helmling, Buchen-Helmling

H: 1–2 cm, glockig-kegelig, später gewölbt bis flach und ± gebuckelt, graubraun, Rand heller gerieft bis etwas radialrunzelig. **L:** schmal mit Zahn angeheftet, weißlich bis hell graubraun, allenfalls etwas rosa. **St:** kahl, horngrau, oft im unteren Teil abgeknickt (geknlet), Basis weiß striegelig. **Ger:** leicht mehlartig. **Ges:** leicht mehlartig. **Spp:** weiß. **V:** auf faulenden Buchenblättern *Fagus*, im Schatten; Herbst. **Mik:** Sporen glatt, schmal tropfenförmig, 8–11 × 3,5–4,5 µm, leicht amyloid, 4-sporig, HymZ unregelmäßig keulig, mit fingerförmigen, teils etwas verzweigten Auswüchsen, Lamellentrama stark dextrinoid. (Lu 3.116.103).

5.20.43 *Mycena latifolia* (Peck) A.H. Sm.
Breitblättriger Helmling

H: 1–2 cm, halbkugelig-glockig bis gewölbt und gebuckelt, feucht etwas schmierig, in der Mitte dunkel graubraun bis fast schwarzbraun, am äußersten Rand heller, gezähnt, bis gegen den Scheitel gerieft. **L:** recht breit angewachsen und mit Zahn etwas herablaufend, grauweiß. **St:** steif, Spitze weißlich, fein bereift, abwärts graubraun, Basis mit weißem Mycelfilz. **F:** häutig dünn. **Ger:** mehlartig. **Ges:** mild, mehlartig. **Spp:** weiß. **V:** vorwiegend im Nadelwald, evtl. in moosiger Wiese; Herbst. **Mik:** Sporen glatt, ellipsoid bis etwas zylindrisch oder tropfenförmig, 6,5–9,5 × 3,5–5 µm, stark amyloid, mehrheitlich 4-sporig, HymZ keulig, flaschenförmig bis utriform, mit kurzen, bürstenartig-noppigen Auswüchsen im mittleren, teils verdickten Teil, Lamellentrama dextrinoid. (BK 3.344, Lu 3.116.84, 🖼).

5.20.44 *Mycena polygramma* (Bull.) Gray
Rillstieliger Helmling

H: 2–5 cm, kegelig-glockig, später oft gebuckelt, graubraun, grau, bis gegen die Mitte gerieft bis gefurcht. **L:** ausgebuchtet, schmal angeheftet, weiß bis blassgrau. **St:** steif, silbergrau bis graubraun, evtl. teilweise weiß bepudert, oft mit feinen Rillen. **F:** dünn, weiß bis blass graubraun. **Ger:** schwach. **Ges:** mild. **Spp:** weiß. **V:** im Laub- und Nadelwald, auf oder in der Nähe von moderndem Holz. **Mik:** Sporen glatt, breit ellipsoid, 7,5–10 × 6–7,5 µm, leicht amyloid, mehrheitlich 4-sporig, ChZ spindelig bis flaschenförmig, teils verzweigt oder mit unregelmäßig fingerörmigen Auswüchsen, PlZ fehlend, Lamellentrama dextrinoid. (D 382, Kr 3.419, BK 3.355, Lu 3.116.74, 🖼).

5.20.39 *Mycena galericulata*, Rosablättriger Helmling

5.20.40 *Mycena niveipes*, Großer Frühlings-Helmling

5.20.43 *Mycena latifolia*, Breitblättriger Helmling

5.20.44 *Mycena polygramma*, Rillstieliger Helmling

5.20.45 *Mycena zephirus* (Fr.) P. Kumm.
Rostfleckiger Helmling

H: 2–4 cm, glockig, bald flach gewölbt und gebuckelt, cremeweißlich bis beigebräunlich, später rostfleckig, Mitte dunkler, Rand bis fast gegen die Mitte furchig gerieft. **L:** ausgebuchtet angewachsen und mit Zahn etwas herablaufend, dicklich, schmutzigweiß, später rostfleckig. **St:** Spitze blass, abwärts bräunlich, Basis mit weißem Mycelfilz. **F:** dünn, weißlich. **Ger:** unauffällig. **Spp:** weiß. **V:** im Nadelwald, auf Nadelstreu; Herbst. **Mik:** Sporen glatt, zylindrisch bis etwas tropfenförmig oder ellipsoid, 7,5–12 × 4–5 µm, amyloid, mehrheitlich 4-sporig, ChZ spindelig, utriform bis keulig, teils mit wenigen groben Auswüchsen, PlZ fehlend oder spärlich, Lamellentrama dextrinoid. (D 381, Kr 3.426, Lu 3.116.60, 🖼).

5.20.46 *Mycena maculata* P. Karst.
Gefleckter Helmling

H: 1–4 cm, glockig-halbkugelig bis flach gewölbt und gebuckelt, rotbraun, graubraun, später mit dunkleren Flecken, Rand heller und feucht bis gegen den Scheitel gerieft. **L:** ausgebuchtet angewachsen, strichförmig herablaufend, graulich, später etwas rötlichbraun. **St:** wie der Hut gefärbt, Spitze heller, Basis weinrötlich, evtl. etwas lila, filzig striegelig. **F:** dünn, wässerig weiß. **Ger:** unauffällig. **Ges:** mild, etwas rettichartig. **Spp:** cremeweißlich. **V:** auf moderndem Laub- und Nadelholz; Frühling bis Herbst. **Mik:** Sporen glatt, ellipsoid, 8–10 × 5,5–7,5 µm, stark amyloid, 4-sporig, ChZ keulig, mit unregelmäßigen, teils baumartig verzweigten Auswüchsen, PlZ fehlend, Lamellentrama dextrinoid. (Kr 3.450, BK 3.347, Lu 3.116.104, 🖼).

5.20.47 *Mycena aetites* (Fr.) Quél.
Rußfarbener Wiesen-Helmling, Graublättriger Ruß-Helmling

H: 1–2 cm, glockig-kegelig bis flach gewölbt und gebuckelt, hygrophan, trocken beige, feucht graubraun, rußbraun, Rand heller und etwas rippig, durchscheinend gerieft-gestreift. **L:** schmal angeheftet, grau, Schneiden etwas heller. **St:** brüchig, Spitze hell, abwärts graubraun, Basis etwas weißlich filzig. **F:** dünn, graubräunlich. **Ger:** schwach, etwas nach Rettich. **Ges:** mild bis etwas bitterlich. **Spp:** weiß. **V:** in Wiese, Weide; Sommer bis Herbst. **Mik:** Sporen glatt, ellipsoid, 7–10,5 × 4,5–6,5 µm, amyloid, mehrheitlich 4-sporig, HymZ flaschenförmig bis keulig, vereinzelt mit teils mehrfachen, längeren Auswüchsen. (Kr 3.414, BK 3.315, Lu 3.116.73, 🖼).

5.20.48 *Mycena vitilis* (Fr.) Quél.
Zäher Faden-Helmling

H: 1–3,5 cm, glockig-kegelig, graubraun, graubeige, feucht bis gegen die Mitte gerieft. **L:** ausgebuchtet angewachsen, grauweißlich. **St:** Spitze hell, abwärts zunehmend graubraun, durchscheinend gebändert-genattert, Basis mit weißem Mycelfilz. **F:** dünn, weißlich. **Ger:** schwach, nach Rettich oder nitrös. **Ges:** mild. **Spp:** weiß. **V:** im Laubwald, auf Laubresten oder moderndem Holz; Frühjahr bis Herbst. **Mik:** Sporen glatt, ellipsoid, 10–12 × 6,5–8,5 µm, leicht amyloid, mehrheitlich 4-sporig, ChZ keulig, teils mit einzelnen bis mehrfachen, fingerförmigen bis baumartig verzweigten Auswüchsen, PlZ fehlend. (BK 3.371, Lu 3.116.96, 🖼).

5.20.49 *Mycena rapiolens* J. Favre, Rübengeruchs-Helmling: Hut kleiner, später abflachend und breit gebuckelt, feucht umbrabraun, dunkel graubraun, nach außen heller, stark hygrophan und, wenn trocken, bis fast weißlich. Sporen glatt, ellipsoid, 7,5–10,5 × 4,5–6,5 µm, stark amyloid, 4-sporig, HymZ keulenförmig, mit bürstenartigen, mehrheitlich kurzen Noppen, Lamellentrama schwach dextrinoid. (Lu 3.116.87).

5.20.50 *Mycena alnetorum* J. Favre
Grünerlen-Helmling

H: 1–3 cm, halbkugelig bis glockig-kegelig, später auch gewölbt und gebuckelt, graubeige, Rand heller, bis gegen die Mitte gerieft. **L:** schmal angeheftet, weiß. **St:** Spitze weißlich, bepudert, abwärts zunehmend graubraun, Basis weiß striegelig. **F:** dünn, weiß. **Ger:** schwach, etwas nach Rettich. **Ges:** mild. **Spp:** weiß. **V:** auf moderndem Holz der Grünerle *Alnus alnobetula* (alpin). **Mik:** Sporen glatt, ellipsoid bis etwas zylindrisch, 9,5–13 × 6–7 µm, amyloid, 4-sporig, ChZ langhalsig flaschenförmig, mit einfach bis mehrfach oder baumartig verzweigten Auswüchsen, PlZ fehlend oder spärlich, Lamellentrama dextrinoid. (BK 3.317, Lu 3.116.67C).

5.20.51 *Mycena flos-nivium* Kühner
Schneeblumen-Helmling

H: 1,5–3 cm, kegelig-glockig, graubraun bis braun, durchscheinend gerieft. **L:** ausgebuchtet angewachsen und mit Zahn etwas herablaufend, weißlich grau. **St:** brüchig, graubraun, Spitze hell, Basis auffällig weiß striegelig. **F:** dünn, wässerig. **Ger:** unauffällig.

5.20.45 *Mycena zephirus*, Rostfleckiger Helmling

5.20.46 *Mycena maculata*, Gefleckter Helmling

5.20.47 *M. aetites*, Rußfarbener Wiesen-Helmling

5.20.48 *Mycena vitilis*, Zäher Faden-Helmling

5.20.51 *M. flos-nivium*, Schneeblumen-Helmling

Ges: mild. **Spp:** weiß. **V:** im Nadelwald, auf Streu, modernden Holzresten, Zapfen, in höheren Lagen; Frühjahr. **Mik:** Sporen glatt, ellipsoid bis zylindrisch, teils leicht eingeschnürt, 9–11 × 4,5–5 µm, amyloid, 2- bis 4-sporig, ChZ keulig und mit fingerförmigen Auswüchsen, Lamellentrama stark dextrinoid. (Kr 3.446, BK 3.337, Lu 3.116.106, 🖼).

5.20.52 *Mycena metata* (Secr. ex Fr.) P. Kumm.
Kegeliger Helmling, Milder Jodoform-Helmling

H: 1–2 cm, kegelig-glockig, ± hygrophan, fleischbräunlich, gelbbräunlich, Rand blasser, bis gegen die Mitte gerieft. **L:** schmal angeheftet, älter evtl. leicht aderig, eher entfernt, beige, später bisweilen rosa-fleischfarben. **St:** brüchig, dünn bis fädig, Spitze hell, abwärts wie der Hut gefärbt. **Ger:** schwach, evtl. etwas muffig, beim Eintrocknen jodartig. **Ges:** mild. **Spp:** weißlich. **V:** im Laub- und Nadelwald, auf Pflanzenresten; Herbst. **Mik:** Sporen glatt, schlank ellipsoid bis etwas zylindrisch oder tropfenförmig, 8–12,5 × 4,5–6,5 µm, amyloid, mehrheitlich 2-sporig, HymZ keulig bis birnenförmig oder blasig, mit bürstenartig noppigen bis etwas fingerförmigen, vereinzelt verzweigten Auswüchsen, Lamellentrama stark dextrinoid. (D 364f, BK 3.349, Lu 3.116.93, 🖼).

5.20.53 *Mycena filopes* (Bull.) P. Kumm.
Zerbrechlicher Faden-Helmling, Schärflicher Jodoform-Helmling

H: 1–2 cm, glockig, später flach gewölbt und gebuckelt, hellbraun, graubraun, Rand heller, feucht etwas schmierig, bis gegen die Mitte gerieft bis etwas gefurcht. **L:** schmal angeheftet und mit Zahn etwas herablaufend, weißlich, später hellgrau. **St:** brüchig, Spitze hell, abwärts graubräunlich, evtl. schwach bläulich. **F:** dünn, weißlich. **Ger:** unauffällig, mit etwas Jodgeruch. **Ges:** mild bis etwas scharf auf der Zungenspitze. **Spp:** weiß. **V:** im Laubwald, auf modernden Holzstückchen; im Herbst. **Mik:** Sporen glatt, ellipsoid, 7,5–10,5 × 5–7 µm, amyloid, mehrheitlich 2-sporig, ChZ keulig bis blasig, mit teils kurzen Noppen bis länger fingerförmigen oder auch verzweigten Auswüchsen, PlZ fehlend, Lamellentrama dextrinoid. (Kr 3.334, Lu 3.116.94, 🖼).

5.20.54 *Mycena radicifera* J. Favre
Hauhechel-Helmling

H: 1–2,5 cm, halbkugelig bis glockig, oft mit kleiner Papille, matt, leicht hygrophan, rußbraun, Rand heller und durchscheinend gerieft. **L:** ± gerade angewachsen, auch etwas ausgebuchtet oder leicht herablaufend, entfernt, hell graubraun. **St:** weißlich, im unteren Teil bräunlich mit weiß striegeliger Basis. **F:** im Stiel zäh. **Ger:** unauffällig. **Ges:** mild. **Spp:** weiß. **V:** auf Trockenwiesen an der Basis verschiedener Pflanzenarten wie z. B. Hauhechel *Ononis*; im Herbst und Winter. **Mik:** Sporen glatt, ellipsoid, 7–10 × 5–6,5 µm, inamyloid, mehrheitlich 4-sporig, ChZ glatt, zylindrisch bis etwas flaschenförmig, PlZ fehlend. (Lu 3.116.70, 🖼).

5.20.55 *Mycena cinerella* (P. Karst.) P. Karst.
Aschgrauer Helmling, Aschgrauer Mehl-Helmling

H: 0,5–1,5 cm, halbkugelig bis flach ausgebreitet, Mitte bisweilen etwas eingedellt, jung leicht bereift, später verkahlend, grau, graubraun, bis gegen die Mitte gerieft. **L:** jung etwas aufsteigend, später gerade angewachsen bis leicht herablaufend, entfernt, teilweise gegabelt und am Grund queradrig, weißlichgrau, Schneide etwas heller. **St:** wie der Hut gefärbt, Spitze blasser, Basis weißlich striegelig. **Ger:** stark nach Mehl. **Ges:** mild, mehlartig. **Spp:** weißlich. **V:** vorwiegend im Nadel- und Mischwald, meist auf Nadelstreu; Herbst, Spätherbst. **Mik:** Sporen glatt, schlank ellipsoid bis tropfenförmig, 7–10 × 3,5–6 µm, amyloid, mehrheitlich 4-sporig, ChZ keulig, mit bürstenartig noppigen bis länglich fingerförmigen, vereinzelt verzweigten Auswüchsen, PlZ fehlend, Lamellentrama dextrinoid. (Kr 3.401, BK 3.324, Lu 3.116.42, 🖼).

5.20.56 *Mycena aleuriosma* J. Favre, Schlanksporiger Helmling: Hut 0,5–1,5 cm, kegelig bis gewölbt und gebuckelt, dunkelbraun, feucht gerieft, Lamellen bogig, leicht herablaufend, graubraun, Geruch mehl- bis rettichartig; auf Fichtennadeln *Picea*. Sporen zylindrisch bis schmal ellipsoid, 7–10 × 3–4 µm, ChZ glatt, zylindrisch bis etwas flaschenförmig, PlZ fehlend.

5.20.57 *Mycena concolor* (J.E. Lange) Kühner
Sumpf-Helmling, Einfarbiger Helmling, Torfmoosbreitblatt-Helmling

H: 0,5–1,5 cm, stumpf glockig bis halbkugelig, sepia- bis dunkel schwarzbraun, Rand heller und gerieft. **L:** bogig, erst aufsteigend, später mit Zahn herablaufend, grau, Schneiden heller. **St:** rußig graubraun. **F:** wässerig graubraun. **Ger:** unauffällig. **Ges:** unauffällig. **V:** im Moor, bei Torfmoos *Sphagnum*. **Mik:** Sporen glatt, zylindrisch bis tropfenförmig, teilweise etwas eingeschnürt, 7,5–13 × 4–6 µm, amyloid, 4-sporig, ChZ keulig, mit bürstenartig warzigen bis fingerförmigen, vereinzelt verzweigten Auswüchsen, PlZ fehlend, Lamellentrama dextrinoid. (Lu 3.116.36).

5.20.52 *Mycena metata*, Kegeliger Helmling

5.20.53 *Mycena filopes*, Zerbrechlicher Faden-Helmling

5.20.54 *Mycena radicifera*, Hauhechel-Helmling

5.20.55 *Mycena cinerella*, Aschgrauer Helmling

5.20.58 *Mycena tintinnabulum* (Paulet) Quél.
Winter-Helmling

H: 0,5–3 cm, halbkugelig-glockig, oft gebuckelt, glatt, klebrig, braun bis schwarzbraun, trocken im Zentrum bisweilen etwas olivgrau, Rand gerieft, **L:** bogig, breit angewachsen, eher dicht, grauweiß, bisweilen mit etwas rosabraun. **St:** grau- bis gelbbraun, Spitze und Basis weiß oder gelblich, Basis striegelig. **Ger:** säuerlich, rettichartig. **Ges:** kratzend bis bitter. **Spp:** weiß. **V:** auf Rinde oder Holz, vorwiegend Buche *Fagus*; Herbst und Winter. **Mik:** Sporen glatt, ellipsoid, 4–5,5 × 2–3 µm, amyloid, 4-sporig, ChZ keulig mit fingerförmigen, oft verzweigten Auswüchsen, PlZ fehlend, Lamellentrama stark dextrinoid. (Lu 3.116.102, 🖼).

5.20.59 *Mycena erubescens* Höhn.
Gallenbitterer Rinden-Helmling, Bitterer Helmling

H: 0,3–1 cm, halbkugelig, meist mit feiner Papille, blass graubraun, rosabräunlich, bis gegen die Mitte fein gerieft. **L:** ± gerade angewachsen, weißlich, Druckstellen rötlichbraun. **St:** graubraun, verletzt wässerig-weißlich milchend. **Ger:** unauffällig. **Ges:** sehr bitter. **Spp:** weiß. **V:** an moosbewachsenen lebenden Laubholzstämmen; Herbst bis Winter. **Mik:** Sporen glatt, breit ellipsoid, 8–12 × 5,5–7,5 µm, leicht amyloid, mehrheitlich 4-sporig, ChZ spindelig bis keulig oder ballonförmig, teils mukronat, teils mit einzelnen fingerförmigen oder auch verzweigten Auswüchsen, PlZ spindelig bis lanzettlich, Lamellentrama dextrinoid. (D 357, Kr 3.436, BK 3.333, Lu 3.116.76, 🖼).

5.20.60 *Mycena bulbosa* (Cejp) Kühner
Knolliger Sauergras-Helmling,
Knöllchengras-Helmling, Knolliger Scheibchen-Helmling

H: 0,2–0,5 cm, halbkugelig bis gewölbt, Mitte evtl. eingedellt, graubräunlich, Huthaut gelatinös und abziehbar. **L:** schmal angeheftet bis fast frei, weißlich, Schneiden gelatinös. **St:** weißlich mit Basalscheibchen. **Ger:** unauffällig. **V:** auf Binsen *Juncus* und Seggen *Carex*, an feuchten Stellen; Sommer bis Herbst. **Mik:** Sporen glatt, tropfenförmig, 8,5–11 × 4–5,5 µm, inamyloid, mehrheitlich 4-sporig, ChZ zylindrisch bis schmal flaschenförmig, teilweise mit fingerförmigen bis verzweigten Auswüchsen, PlZ fehlend, Lamellentrama deutlich dextrinoid. (Kr 3.393, BK 3.321, Lu 3.116.6).

5.20.61 *Mycena stylobates* (Pers.) P. Kumm.
Postament-Helmling

H: 0,3–1,5 cm, kegelig-glockig, klebrig, glatt, unter der Lupe mit feinsten «Dornen», weiß, bis gegen die Mitte gerieft oder feinrillig. **L:** fast frei, weiß. **St:** glatt, durchsichtig bis weiß, Basis mit weiß-fransigem Scheibchen. **V:** auf Pflanzenresten; Sommer bis Herbst. **Mik:** Sporen glatt, schlank ellipsoid bis etwas zylindrisch, 8–9 × 3,5–4,5 µm, stark amyloid, mehrheitlich 4-sporig, ChZ keulig bis flaschenförmig, mit teils dick fingerförmigen bis leicht keuligen Auswüchsen, PlZ fehlend, Lamellentrama dextrinoid, mit großen, aufgeblasenen Zellen. (Kr 3.391, BK 3.369, Lu 3.116.3, 🖼).

5.20.62 *Mycena clavularis* (Batsch) Sacc., Kugelsporiger Scheibchen-Helmling, Scheibchen-Helmling: Hut 0,4–0,7 cm, jung bereift, später verkahlend, Huthaut klebrig und abziehbar. Sporen glatt, breit ellipsoid, 10–12 × 7–9 µm, deutlich amyloid, 2- bis 4-sporig, ChZ keulig, mit kurzen noppenartigen bis länglich fingerförmigen Auswüchsen, PlZ fehlend. (D 361, Lu 3.116.9).

5.20.63 *Mycena nucicola* Huijsman, Haselnuss-Scheibchen-Helmling, Nuss-Helmling: Hut kaum 0,5 cm breit, halbkugelig bis konvex, sehr fein bereift, schneeweiß, Basalscheibchen glatt, ohne Fransen; auf Haselnüssen oder anderen Pflanzenresten des Haselstrauches *Corylus*. Sporen glatt, tropfenförmig bis ellipsoid, 7,5–9,5 × 4–5,5 µm, 4-sporig, ChZ keulenförmig, mit dicht bürstenartigen, kurzen Noppen, teils auch flaschenförmig mit glattem Hals, PlZ fehlend, Lamellentrama dextrinoid. (Lu 3.116.2).

Mycena mucor Huijsman, Gefalteter Scheibchen-Helmling: Hut < 0,5 cm, jung graubraun, später weiß, gelatinös und praktisch glatt, Lamellen lösen sich kollarartig vom Stiel ab (Pseudokollar). Sporen glatt, schlank ellipsoid-tropfenförmig bis zylindrisch und vereinzelt etwas eingeschnürt, 8,5–11 × 3–4,5 µm, amyloid, 4-sporig, ChZ keulig, mit wenigen fingerförmigen, vereinzelt verzweigten Auswüchsen, PlZ fehlend. (Lu 3.116.7).

5.20.64 *Mycena rhenana* Maas Geest. & Winterh.
Flockenstiel-Helmling, Zystidenloser Scheibchen-Helmling

H: 0,3–0,7 cm, glockig, später ausgebreitet und Mitte etwas vertieft, weißlich, cremefarben bis grau, fein bereift, Rand bewimpert, bis gegen die Mitte gerieft. **L:** schmal angeheftet bis frei, weißlich. **St:** fädig, farblos bis weißlich, fein bereift-behaart, mit Basalscheibchen oder nur verdickt. **Ger:** schwach nitrös. **Spp:** weiß. **V:** an Holz, Blättern und Früchten vor allem von Schwarzerle *Alnus glutinosa*; Sommer bis Herbst. **Mik:** Sporen glatt, ellipsoid bis breit ellipsoid, 6–8,5 × 3,5–6 µm, amyloid, 1- bis 4-sporig, HymZ fehlend, Huthaut mit verschieden geformten, teilweise auffällig bürstenartig genoppten Elementen. (Lu 3.116.1).

5.20.65 *Mycena adscendens* Maas Geest.
Zarter Helmling, Beflockter Scheibchen-Helmling

H: 0,2–0,5 cm, halbkugelig bis etwas glockig, bereift bis feinflockig, weiß, Rand gerieft. **L:** fast frei bis frei, weiß. **St:** farblos bis weiß, fein behaart, Basis meistens knollig, wulstartig verdickt. **Ger:** unauffällig **V:** auf Pflanzenresten; Herbst. **Mik:** Sporen glatt, tropfenförmig, zylindrisch bis ellipsoid, 6–9,5 × 3–6 µm, leicht amyloid, mehrheitlich 2-sporig,

5.20.58 *Mycena tintinnabulum*, Winter-Helmling

5.20.59 *Mycena erubescens*, Gallenbitterer Rinden-Helmling

5.20.61 *Mycena stylobates*, Postament-Helmling

5.20.65 *Mycena adscendens*, Zarter Helmling

seltener 1- oder 4-sporig, ChZ flaschenförmig, mit teils einfachen, teils verzweigten Auswüchsen, PlZ fehlend, Lamellentrama mäßig dextrinoid, Huthaut mit keulig aufgeblasenen, bürstenartig genoppten Endhyphen. (BK 3.314, Lu 3.116.8, 🖼).

5.20.66 *Mycena tenuispinosa* J. Favre
Stacheliger Scheibchen-Helmling, Gelatinösstacheliger Helmling

H: 0,2–0,4 cm, halbkugelig bis gewölbt, mit feinen Stacheln, weiß, gerieft. **L:** aufsteigend, nahe beim Stiel halsbandartig zusammengewachsen, etwas dicklich, weiß, Schneiden gelatinös, abziehbar. **St:** bis 2 cm lang, weiß, bereift, Basis mit runder, feinst behaarter Scheibe. **F:** glasig. **Ger:** unauffällig **V:** auf Holzresten (Erle *Alnus* und Weide *Salix*) und auf Erde unter Lärche *Larix* und Linde *Tilia*; Sommer. **Mik:** Sporen glatt, ellipsoid, 8–10 × 5–6 µm, leicht amyloid, 4-sporig, ChZ keulig, mit oberseits bürstenartigen, noppen- bis etwas fingerförmigen Auswüchsen, PlZ fehlend, Lamellentrama dextrinoid. (Lu 3.116.5, 🖼).

5.20.67 *Mycena cyanorhiza* Quél.
Blaufüßiger Helmling

H: 0,3–1 cm, glockig bis halbkugelig, Mitte evtl. etwas eingedellt, weißlich bis blassgraubräunlich, bis gegen die Mitte gerieft. **L:** aufsteigend angeheftet bis fast frei, entfernt, weißlich. **St:** durchscheinend grauweißlich, Basis blau, evtl. etwas knollig verdickt. **V:** auf totem Nadelholz; Frühjahr bis Herbst. **Mik:** Sporen glatt, schlank ellipsoid bis etwas zylindrisch oder tropfenförmig, 6–9 × 3,5–5 µm, amyloid, mehrheitlich 4-sporig, ChZ keulig, mit eher dicken, fingerförmigen Auswüchsen, PlZ fehlend, Lamellentrama stark dextrinoid. (BK 3.327, Lu 3.116.100, 🖼).

5.20.68 *Mycena pachyderma* Kühner, Klebhaut-Rinden-Helmling: Hut 0,2–0,4 cm, Huthaut gelatinös und abziehbar, graubläulich, später weißlich, Lamellen breit angewachsen, Stiel kurz, weißlich, Basis bläulich; auf Laubholzstrünken (Ulme *Ulmus*, Weide *Salix*). Sporen breit ellipsoid, 7,5–9,5 × 6,5–8,5 µm, 4-sporig, ChZ keulig, mit fingerförmigen bis etwas verzweigten Auswüchsen.

5.20.69 *Mycena longiseta* Höhn., *Mycena aciculata* (A.H. Sm.) Desjardin & E. Horak
Borsten-Helmling, Haariger Helmling

H: 0,2–0,7 cm, glockig-kegelig, fein behaart, grau. **L:** fast frei, entfernt, dunkelgrau mit weißer Schneide. **St:** farblos, fädig, behaart, Basis mit geriefter Basalscheibe. **V:** auf Pflanzenresten. Sporen 7,5–10,5 × 3,5–5 µm, inamyloid, ChZ keulig, mit wenigen fingerförmig-fädigen Auswüchsen, Huthaare bis ca. 200 µm.

5.20.70 *Mycena corynephora* Maas Geest.
Flockiger Rinden-Helmling

H: 0,1–0,4 cm, glockig-kegelig, später gewölbt, nicht genabelt, weißlich, creme, matt bis feinflockig, evtl. etwas runzelig, Rand wellig, bis gegen die Mitte gerieft. **L:** breit angewachsen, entfernt, weiß. **St:** fädig, farblos bis grauweiß, weißflockig. **Ger:** unauffällig. **Spp:** weiß. **V:** auf bemooster (oder mit Flechten bewachsener) Rinde lebender Laubbäume; Herbst. **Mik:** Sporen glatt, breit ellipsoid bis kugelförmig, 7,5–9 × 6,5–8 µm, amyloid, 4-sporig, ChZ keulig bis ballonförmig und rundum fein bürstenartig genoppt. (Kr 3.465, BK 3.325, Lu 3.116.4, 🖼).

5.20.71 *Mycena acicula* (Schaeff.) P. Kumm.
Orangeroter Helmling

H: 0,4–1 cm, halbkugelig bis etwas glockig, lebhaft orange. **L:** aufsteigend, schmal angeheftet, fast frei, weiß bis gelb. **St:** gelb, Basis heller. **F:** dünn, orange, im Stiel gelb. **V:** in moosigem Wald, Wiese; Frühsommer bis Herbst. **Mik:** Sporen glatt, schlank tropfenförmig bis etwas spindelig, 8,5–12 × 3–4 µm, inamyloid, 4-sporig, HymZ spindelig bis flaschenförmig, vereinzelt mit einer Schleimkappe, Lamellentrama nicht dextrinoid. (Kr 3.385, BK 3.312, Lu 3.116.51, 🖼).

5.20.72 *Mycena oregonensis* A.H. Sm., Apfelsinenfarbiger Helmling, Oregon-Helmling: Hut auffällig glockig mit Papille, Lamellen aufsteigend und mit Zahn herablaufend, ganzer Fruchtkörper orange. Sporen glatt, ellipsoid bis etwas mandel- oder tropfenförmig, 8–10 × 3,5–4 µm, inamyloid, 2- bis 4-sporig, ChZ unregelmäßig wellig bis flaschenförmig, vereinzelt mit Auswüchsen, PlZ etwas kürzer und breiter. (Lu 3.116.53).

5.20.73 *Mycena pseudocorticola* Kühner
Falscher Rinden-Helmling, Schieferfarbener Rinden-Helmling

H: 0,3–1 cm, halbkugelig bis glockig, blau- bis aschgrau, anfangs fein weißlich bereift, gerieft. **L:** ± gerade angewachsen, entfernt, weißlich bis blass blaugrau. **St:** graublau, weiß bereift, Basis mit weißem Mycelfilz. **Ger:** unauffällig. **Ges:** mild. **Spp:** hellcreme. **V:** auf bemooster Rinde lebender oder toter Laubbäume; Herbst bis Winter. **Mik:** Sporen glatt, breit ellipsoid bis kugelig, 8,5–10,5 × 7–10 µm, amyloid, mehrheitlich 4-sporig, ChZ unregelmäßig keulig bis ballonförmig, im oberen Teil mit bürstenartigen Noppen bis fingerförmigen Auswüchsen, Lamellentrama dextrinoid. (BK 3.356, Lu 3.116.29, 🖼).

5.20.66 *M. tenuispinosa*, Stacheliger Scheibchen-H.

5.20.67 *Mycena cyanorhiza*, Blaufüßiger Helmling

5.20.70 *Mycena corynephora*, Flockiger Rinden-Helmling

5.20.71 *Mycena acicula*, Orangeroter Helmling

5.20.73 *Mycena pseudocorticola*, Falscher Rinden-H.

5.20.74 *Mycena supina* (Fr.) Quél., Verbogenstieliger Helmling, Bräunlicher Rinden-Helmling: Hut 0,4–1 cm, lebhaft braun, dunkelbraun, später ausblassend, Lamellen graulich oder bräunlich, Stiel farblos bis etwas weißlich, graulich. Sporen glatt, kugelig, 6–11 × 5–10 µm, mäßig amyloid, mehrheitlich 4-sporig, ChZ keulig, oberseits bürstenartig genoppt oder mit kurzen Auswüchsen, Lamellentrama dextrinoid. (Lu 3.116.33).

5.20.75 *Mycena meliigena* (Berk. & Cooke) Sacc.
Rotbrauner Rinden-Helmling, Rötlicher Rinden-Helmling, Rinden-Helmling

H: 0,2–1 cm, glatt bis etwas körnig, ocker- bis rotbraun, **L:** breit angewachsen und mit Zahn leicht herablaufend, entfernt, schmutzig weißlich bis rosa. **St:** rotbraun, Spitze heller. **V:** auf nackter oder bemooster Rinde lebender Laubbäume; Herbst bis Winter. **Mik:** Sporen glatt, breit ellipsoid bis kugelig, 8,5–12 × 9,5–11 µm, amyloid, mehrheitlich 4-sporig, ChZ keulig, mit teils bürstenartigen Noppen und fingerförmigen, teils baumartig verästelten Auswüchsen, Lamellentrama dextrinoid. (BK 3.348, Lu 3.116.30, 🖼).

5.20.76 *Mycena venustula* Quél.
Lieblicher Rinden-Helmling

H: 0,3–0,6 cm, walzenförmig, halbkugelig und genabelt, graubraun gerieft oder gestreift auf weißlichem Grund. **L:** Schneide fleischrosa, deutlich anders gefärbt als die Lamellenfläche. **St:** knorpelig, dunkelbraun. **F:** häutig dünn. **Ger:** unauffällig. **Ges:** mild. **V:** Laub- oder Nadelwald, auf Pflanzenresten, auch auf bemoosten Stämmen lebender Laubbäume; Sommer bis Herbst. **Mik:** Sporen kugelig bis kugelförmig, 7–9 µm, amyloid, ChZ keulenförmig mit einfachen kurzen bis längeren, verzweigten Auswüchsen, PlZ fehlend.

5.20.77 *Mycena pterigena* (Fr.) P. Kumm.
Farn-Helmling, Rotschneidiger Farn-Helmling

H: 0,2–0,5 mm, halbkugelig bis glockig, jung rosa bis orangerot, später blass graulich mit rosa Rand. **L:** breit angewachsen, zart, weißlich, Schneiden deutlich rosarot. **St:** fadenförmig, jung graubräunlich, später weißlich mit rosa Schein. **V:** auf moderndem Farn, vorwiegend in höheren Lagen; Herbst bis Spätherbst. **Mik:** Sporen glatt, ellipsoid, 7–11,5 × 4–5,5 µm, amyloid, 4-sporig, ChZ keulig bis blasig, mit bürstenartigen Noppen und teils fingerigen Auswüchsen, PlZ fehlend, Lamellentrama dextrinoid. (Kr 3.457, BK 3.357, Lu 3.116.18, 🖼).

5.20.78 *Mycena lohwagii* Singer
Entferntblättriger Faden-Helmling, Kahler Faden-Helmling

H: 0,3–0,6 cm, glockig bis gewölbt, weißlich, Mitte bräunlich. **L:** gerade angewachsen bis etwas herablaufend, entfernt, weiß. **St:** fädig, Spitze weißlich, abwärts gelbbräunlich. **V:** an Farnstängeln. **Mik:** Sporen glatt, ellipsoid bis tropfenförmig, 5,5–8,5 × 3,5–5 µm, leicht amyloid, 4-sporig, ChZ keulig bis blasig, ziemlich dicht bürstenartig genoppt, PlZ fehlend, Lamellentrama dextrinoid. (Lu 3.116.47).

5.20.79 *Mycena juncicola* (Fr.) Gillet
Binsen-Helmling

H: 0,1–0,3 cm, kegelig bis gewölbt, weingrau, Rand weißlich und gerieft. **L:** weinbraun, Schneiden weißlich. **St:** weinbraun. **V:** auf Binsen *Juncus*. **Mik:** Sporen glatt, schlank tropfenförmig, 8,5–9,5 × 3,5–4,5 µm, leicht amyloid, 4-sporig, ChZ unregelmäßig keulig, mit fingerförmigen, teils verzweigten Auswüchsen.

5.20.80 *Mycena tubarioides* (Maire) Kühner
Rosaweißer Helmling, Geriefter Rinden-Helmling

H: 0,2–0,6 cm, halbkugelig gewölbt, Rand oft etwas nach außen gebogen, rosa-weißlich bis rosa, Mitte rötlichbraun, radial gefurcht. **L:** entfernt, rosa bis rötlichbraun, Schneiden gelatinös, aber nicht abziehbar. **St:** wie der Hut gefärbt, bereift. **Ger:** unauffällig. **Ges:** unauffällig. **V:** an gewissen Simsen *Scirpus*, Rohrkolben *Typha* oder Seggen *Carex*. **Mik:** Sporen glatt, schlank tropfenförmig, 10–15,5 × 3–5 µm (gemäß Ludwig 2012 deutlich kürzer), amyloid, 4-sporig, ChZ keulig, mit wenig dichten, fingerförmigen und vereinzelt verzweigten Auswüchsen, PlZ fehlend, Lamellentrama dextrinoid. (Lu 3.116.38).

5.20.81 *Mycena mirata* (Peck) Sacc.
Geriefter Rinden-Helmling

H: 0,5–1 cm, kegelig-glockig, ockerbräunlich, Rand weißlich, bis gegen die Mitte bräunlich gerieft und fein gekerbt. **L:** schmal angeheftet, weiß. **St:** graubraun, weißlich bereift, Spitze heller. **V:** auf bemooster Rinde lebender Laubbäume; Herbst bis Winter. **Mik:** Sporen glatt, schlank ellipsoid, 8–10 × 5–6,5 µm, amyloid, mehrheitlich 2-sporig, ChZ keulig, mit bürstenartigen Noppen und teils etwas fingerigen Auswüchsen, Lamellentrama dextrinoid. (BK 3.350, 🖼).

5.20.75 *Mycena meliigena*, Rotbrauner Rinden-Helmling

5.20.77 *Mycena pterigena*, Farn-Helmling

5.20.81 *Mycena mirata*, Geriefter Rinden-Helmling

5.20.82 *Mycena capillaris* (Schumach.) P. Kumm.
Winziger Buchenblatt-Helmling, Buchenblatt-Helmling, Buchenblatt-Faden-Helmling

H: 0,1–0,3 cm, halbkugelig bis glockig, Mitte evtl. etwas eingedellt, weißlich, bis gegen die Mitte gerieft-gefurcht, Rand fein gezähnt. **L:** schmal angeheftet, weißlich. **St:** fädig, weißlich. **Ger:** unauffällig. **V:** auf moderndem Buchenlaub *Fagus;* Herbst. **Mik:** Sporen glatt, sehr schlankellipsoid bis etwas zylindrisch, 8–11 × 3–4 µm, leicht amyloid, 4-sporig, ChZ keulig, mit bürstenartigen Noppen und teils etwas fingerigen Auswüchsen, Lamellentrama dextrinoid. (BK 3.323, Lu 3.116.48, 🖼).

5.20.83 *Mycena smithiana* Kühner, Leichtvergänglicher Eichenblatt-Helmling, Zartrosa Blatt-Helmling: Hut hell schmutzig rosabräunlich, fleischockerlich, rosa, lila; vorwiegend auf moderndem Eichenlaub *Quercus.* Sporen glatt, schlank ellipsoid bis etwas zylindrisch, 9–12 × 4–6 µm, leicht amyloid, mehrheitlich 2-sporig, ChZ keulig, mit bürstenartigen, kurzen Noppen, PlZ fehlend, Lamellentrama dextrinoid. (Lu 3.166.89).

5.20.84 *Mycena polyadelpha* (Lasch) Kühner, Winziger Eichenblatt-Helmling: Fruchtkörper weiß, Lamellen breit angewachsen, entfernt, bei kleinen Fruchtkörpern evtl. kaum ausgebildet; vorwiegend auf moderndem Eichenlaub *Quercus.* Sporen glatt, ellipsoid bis etwas tropfenförmig oder zylindrisch, 6–10 × 3,5–5 µm, amyloid, mehrheitlich 2- oder 4-sporig, ChZ keulig, mit bürstenartigen, kurzen Noppen, Lamellentrama dextrinoid. (Kr 3.455, BK 3.354).

5.20.85 *Mycena quercus-ilicis* Kühner, Steineichen-Helmling: Fruchtkörper weiß bis etwas graulich, gelblich, Lamellen meist gut entwickelt; vorwiegend auf moderndem Eichenlaub *Quercus,* auch mediterran. Sporen glatt, breit ellipsoid, 6,5–9,5 × 5–7 µm, 4-sporig.

5.20.86 *Mycena grisellina* J. Favre
Grauer Grünerlen-Helmling, Zartgrauer Erlen-Helmling

H: 0,3–0,6 cm, gewölbt bis flach, kahl, dunkelgrau vom Rand her zunehmend weißlich verblassend, gerieft. **L:** schmal angeheftet, entfernt und schmal, grauweiß. **St:** fädig, blass graubraun, bereift bis feinflockig. **F:** weißlich bis graubräunlich. **Ger:** unauffällig. **Spp:** weiß. **V:** auf Resten von Erle *Alnus;* Sommer bis Herbst. **Mik:** Sporen glatt, ellipsoid bis etwas tropfenförmig, 7–8 × 4–4,5 µm, inamyloid, 4-sporig, ChZ keulig, mit 1–4 fingerförmigen Auswüchsen, Lamellentrama nicht dextrinoid. (Lu 3.116.99).

5.20.87 *Mycenella bryophila* (Voglino) Singer, *Mycena bryophila* Voglino
Wurzelnder Reifhelmling

H: 1–2,5 cm, kegelig-glockig, später gebuckelt, matt, ockerbraun, graubraun bis schwärzlich. **L:** schmal angeheftet, weiß. **St:** fein weiß bereift auf lilabraunem bis lilagrauem Grund, teils wurzelnd. **F:** weißlich bis graubräunlich. **Ger:** unauffällig bis etwas säuerlich, wie *Heterobasidion annosum,* Wurzelschwamm. **Ges:** mild. **Spp:** weiß. **V:** im Wald, in Parks, oft zwischen Moosen; Sommer bis Herbst. **Mik:** Sporen stumpf höckerig, breit ellipsoid bis kugelig, 6–9 × 5–8 µm, inamyloid, 2-sporig, HymZ flaschenförmig, teils mit langem, etwas welligem Hals. (Kr 3.471, BK 3.373, Lu 1.50.2, 🖼).

5.20.88 *Mycenella rubropunctata* Boekhout, Rotfleckender Reifhelmling: Hut weißlich cremefarben, Stiel stark wurzelnd. Sporen stumpf höckerig, kugelig, 4,5–6 µm (2-sporig bis 8 µm), inamyloid, 2- oder 4-sporig, HymZ flaschenförmig, teils mit längerem Hals und kurzem, spitzem Auswuchs (mukronat). (Lu 1.50.1).

5.20.89 *Mycenella salicina* (Velen.) Singer, *Mycena salicina* Velen., Glattsporiger Reifhelmling: kaum wurzelnd. Sporen glatt, breit ellipsoid bis kugelig, 5–6 × 4–5,5 µm, mehrheitlich 4-sporig, HymZ flaschenförmig, teils mit etwas geschwollenem Halsteil. (Lu 1.50.3).

5.20.90 *Mycenella lasiosperma* (Bres.) Locq., *Mycena lasiosperma* Bres., Geweihzystiden-Reifhelmling: Stielbasis striegelig, wurzelnd, Geruch stark nach ranzigem Mehl. Sporen stumpf höckerig, breit ellipsoid bis kugelig, 6–8 × 5,5–7,5 µm, 2- oder 4-sporig, HymZ spindelig bis flaschenförmig, oft mit kurzen Auswüchsen an der obersten Spitze. (Lu 1.50.4).

5.20.91 *Mycenella margaritispora* (J.E. Lange) Singer, *Mycena margaritispora* J.E. Lange, Perlsporiger Reifhelmling: Hut kaum über 1 cm breit, Stiel nicht wurzelnd. Sporen stumpf höckerig, breit ellipsoid bis kugelig, 6–8 × 5,5–7,5 µm, 2- oder 4-sporig, HymZ spindelig bis flaschenförmig, oft mit kurzen Auswüchsen an der obersten Spitze. *M. margaritispora* gilt trotz der genannten Unterschiede teilweise als Synonym von *M. lasiosperma.*

5.20.92 *Roridomyces roridus* (Fr.) Rexer, *Mycena rorida* (Fr.) Quél.
Kleiner Schleimstielhelmling, Gemeiner Schleimstielhelmling, Kleiner Schleimfußhelmling

H: 0,3–1 cm, halbkugelig, Mitte ± eingedellt, matt, samtig, graubraun, Rand heller, wellig gerieft. **L:** bogig herablaufend, entfernt, weiß, Schneiden evtl. flockig. **St:** stark schleimig, wie der Hut gefärbt oder blasser, besonders Spitze. **Spp:** weiß. **V:** auf Streu, kleinen Zweigen, im Nadelwald, vorwiegend in höheren Lagen; Frühsommer bis Herbst. **Mik:** Sporen glatt, ellipsoid bis länglich tropfenförmig, mehrheitlich 8–12 × 3,5–5 µm, amyloid, 4-sporig, ChZ mehrheitlich utriform, teils mit etwas schleimiger Kappe, PlZ fehlend. (D 353, Kr 3.405, BK 3.360, Lu 3.121.1, 🖼).

5.20.82 *Mycena capillaris*, Winziger Buchenblatt-Helmling

5.20.87 *Mycenella bryophila*, Wurzelnder Reifhelmling

5.20.92 *Roridomyces roridus*, Kleiner Schleimstielhelmling

5.20.93 *Xeromphalina campanella* (Batsch) Kühner & Maire
Geselliger Glöckchennabeling

H: 1–2 cm, gelbbraun bis orangebräunlich, Rand heller, gerieft bis radialstreifig. **L:** herablaufend, teils gegabelt und queradrig, ziemlich entfernt, creme bis ockerbräunlich. **St:** knorpelig, zäh, orangebraun, gegen die Basis zunehmend rotbraun. **F:** dünn, zäh, wässerig bräunlich. **Ger:** schwach säuerlich. **Spp:** creme-weißlich. **V:** rasig bis büschelig, auf morschem Nadelholz; Frühling bis Herbst. **Mik:** Sporen glatt, schmal ellipsoid bis etwas zylindrisch, 5,5–7,5 × 3–3,5 µm, amyloid, 4-sporig, HymZ flaschenförmig bis utriform, PlZ nur spärlich. (D 386, Kr 3.581, BK 3.446, Lu 1.88.3, 🖼).

5.20.94 *Xeromphalina cauticinalis* (With.) Kühner & Maire, *Xeromphalina caulicinalis* (With.) Kühner & Maire, *Xeromphalina fellea* Maire & Malençon
Bitterer Bunt-Glöckchennabeling

H: 1–2 cm, gelbbraun bis orangebräunlich, Rand heller, gerieft bis radialstreifig. **L:** herablaufend, teils gegabelt und queradrig, ziemlich entfernt, ockergelb. **St:** knorpelig, zäh, vorwiegend schwarzbraun, gegen die Basis zunehmend rotbraun. **F:** dünn, zäh, wässerig bräunlich. **Ger:** schwach säuerlich. **Ges:** mild bis bitter. **Spp:** creme-weißlich. **V:** gesellig, im Nadelwald auf Nadelstreu; Frühling bis Herbst. **Mik:** Sporen glatt, ellipsoid, 5,5–7,5 × 3–5,5 µm, amyloid, 4-sporig, ChZ spärlich, unregelmäßig zylindrisch, fädig verbogen, teils gegabelt oder mit stumpfem Auswuchs. (D 387, BK 3.447, Lu 1.88.4f).

Gemäß Ludwig 2007 schmeckt *X. cauticinalis* mild und es handelt sich um eine andere Art als *X. fellea* mit bitterem Geschmack und kleineren, stark amyloiden Sporen.

5.20.95 *Xeromphalina cornui* (Quél.) J. Favre, Hornstieliger Glöckchennabeling: Geschmack mild, Stiel oft auffällig lang, feinsamtig, an feuchten Stellen zwischen Torfmoos *Sphagnum* auf Nadelholzresten. Sporen glatt, ellipsoid, 5,5–7 × 3–4 µm, ChZ unregelmäßig spindelig, spärlich oder fehlend. (Lu 1.88.2).

5.20.96 *Xeromphalina fraxinophila* A.H. Sm., Laubwald-Glöckchennabeling: Geschmack mild, Stiel bereift; auf Streu und Holzresten, im Laubwald.

5.20.97 *Xeromphalina picta* (Fr.) A.H. Sm., *Mycena picta* (Fr.) Harmaja
Walzenförmiger Glöckchennabeling, Walzenförmiger Helmling

H: 0,3–0,6 cm, walzenförmig, halbkugelig und genabelt, dunkelbraun, gerieft. **L:** breit und gerade angewachsen, hell- bis dunkelbraun. **St:** knorpelig, im oberen Teil gelbbraun, gegen unten dunkel rotbraun. **F:** häutig dünn. **Ger:** unauffällig. **Ges:** mild. **V:** Laub- oder Nadelwald, auf Pflanzenresten, auch auf bemoosten Stämmen lebender Laubbäume; Sommer bis Herbst. **Mik:** Sporen glatt, ellipsoid, 6,5–8 × 3,5–4,5 µm, leicht amyloid, mehrheitlich 4-sporig, ChZ keulig bis blasig, mit fingerförmigen teils verzweigten Auswüchsen, PlZ fehlend. (BK 3.353, Lu 1.88.1).

5.20.98 *Resinomycena saccharifera* (Berk. & Broome) Redhead, *Mycena saccharifera* (Berk. & Broome) Gillet
Ölzystiden-Harzhelmling, Ölzystiden-Helmling, Weitblättriger Harz-Helmling

H: 0,1–1 cm, weißlich, fein behaart. **L:** ± gerade angewachsen bis etwas herablaufend, stark entfernt, nur 4–8 durchgehende Lamellen, Schneiden bewimpert. **St:** oft krumm, Basis leicht verdickt, weißlich, fein behaart. **Ger:** unauffällig **Ges:** unauffällig **V:** auf toten Gräsern, Seggen *Carex,* Brombeeren *Rubus* usw. **Mik:** Sporen glatt, schlank ellipsoid bis tropfenförmig, 9–14 × 4,5–6,5 µm, amyloid, mehrheitlich 4-sporig, ChZ zylindrisch bis flaschenförmig und teils etwas kopfig oder mit stumpfen, rundlichen Auswüchsen, PlZ fehlend, Lamellentrama dextrinoid. (Lu 3.119.1).

5.20.99 *Hemimycena gracilis* (Quel.) Singer, *Hemimycena pithya* (Fr.) Dörfelt
Schmalsporiger Nadel-Scheinhelmling, Nadel-Scheinhelmling, Schmalsporiger Scheinhelmling

H: bis ca. 1 cm, Mitte ockerlich, gegen den Rand weiß und gerieft. **L:** angeheftet oder mit Zahn ± breit angewachsen, bogig herablaufend, etwas aderig, weiß. **St:** weißlich, fadenförmig, brüchig, fein bereift, Basis striegelig. **F:** sehr dünn. **Ger:** unauffällig. **Ges:** mild. **Spp:** weißlich. **V:** im Fichtenwald *Picea,* vor allem auf Nadelstreu; Frühling bis Herbst. **Mik:** Sporen glatt, lang zylindrisch und einseitig verjüngt, 7,5–13 × 2,5–3 µm, inamyloid, mehrheitlich 4-sporig, ChZ zylindrisch bis schlank flaschenförmig, vereinzelt etwas wellig oder mit stumpfem Auswuchs, PlZ fehlend. (BK 3.219, Lu 3.106.8, 🖼).

5.20.100 *Hemimycena hirsuta* (Tode) Singer, *Hemimycena crispula* (Quél.) Singer, Haariger Scheinhelmling, Krauser Scheinhelmling: Hut nur etwa 5 mm breit, Rand wellig, kraus, Lamellen fehlend oder sehr schmal, Stiel < 1 cm lang; auf faulenden Stängeln, Blättern, Nadeln. Sporen glatt, ellipsoid bis etwas tropfenförmig, 6,5–11 × 3–5 µm, inamyloid, 2-sporig, HymZ fehlend. (BK 3.215, Lu 3.106.16).

5.20.101 *Hemimycena pseudocrispula* (Kühner) Singer, Stängel-Scheinhelmling: Hut nur etwa 5 mm breit, Rand wellig, Lamellen relativ breit, Stiel 2–5 cm lang; vorwiegend auf faulenden Blättern oder Stängeln von Pestwurz *Petasites*. Sporen glatt, ellipsoid, spinde-

5.20.93 *Xeromphalina campanella*, Geselliger Glöckchennabeling

5.20.99 *Hemimycena gracilis*, Schmalsporiger Nadel-Scheinhelmling

5.20.101 *Hemimycena pseudocrispula*, Stängel-Scheinhelmling

lig-tropfenförmig bis ganz leicht bohnenförmig, 7–12 × 3–4 µm, inamyloid, mehrheitlich 4-sporig, HymZ fehlend. (BK 3.220, 🖼).

5.20.102 *Hemimycena mairei* (E.-J. Gilbert) Singer, Rasen-Scheinhelmling, Ellerlings-Scheinhelmling: Hut 0,5–1,5 cm breit, Mitte evtl. graulich, sonst ganzer Pilz weiß; auf Magerwiesen. Sporen glatt, spindelig-tropfenförmig, teils mit etwas abgesetzt verjüngten Enden, 6–10 × 3,5–4,5 µm, inamyloid, 4-sporig, ChZ spärlich, keulig bis flaschenförmig oder utriform, vereinzelt mit länglichem Auswuchs an der Spitze. (Kr 3.258, Lu 3.106.17, 🖼).

5.20.103 *Hemimycena crispata* (Kühner) Singer, Breitsporiger Scheinhelmling: Hut kaum über 0,5 cm breit, weiß bis blassbeige, Lamellen und Stiel weiß; auf Nadeln, Laub, auch in alpinen Lagen bei Silberwurz *Dryas octopetala*. Sporen glatt, tropfenförmig, 7,5–10 × 3–4 µm, inamyloid, mehrheitlich 4-sporig, ChZ spärlich, zylindrisch bis flaschenförmig, teils verbogen, vereinzelt mit stumpfen Auswüchsen. (Lu 3.106.9).

5.20.104 *Hemimycena cucullata* (Pers.) Singer, *Mycena cucullata* (Pers.) Bon & Chevassut
Gipsweißer Scheinhelmling, Engblättriger Scheinhelmling

H: 0,5–2,5 cm, gewölbt bis schwach gebuckelt, matt, weiß bis cremefarben, Rand evtl. schwach gerieft. **L:** angeheftet oder mit Zahn breit angewachsen, bogig, meist schwach herablaufend, gedrängt und schmal, weiß. **St:** dünn, weißlich, glatt bis schwach bereift, Basis mit weißlichem Mycelfilz. **F:** sehr dünn, weiß. **Ger:** schwach, würzig bis mehlartig. **Ges:** etwas krautartig, auch süßlich, evtl. mit bitterem Nachgeschmack. **Spp:** weiß. **V:** im Laub- und Mischwald, auf morschem Holz oder faulenden Blättern; Sommer bis Herbst. **Mik:** Sporen glatt, mandel- oder tropfenförmig bis ellipsoid, 7,5–11 × 3,5–5 µm, inamyloid, 4-sporig, ChZ spindelig bis flaschenförmig, PlZ fehlend. (Kr 3.253, BK 3.216, Lu 3.106.1, 🖼).

5.20.105 *Hemimycena lactea* (Pers.) Singer, *Mycena lactea* (Pers.) P. Kumm., *Hemimycena delicatella* (Peck) Singer, Milchweißer Scheinhelmling: Hut vor allem im Zentrum cremefarben, Stiel weiß überpudert, Basis striegelig, Lamellen fast frei oder mit Zahn etwas breiter angewachsen, kaum gedrängt, Fleisch in der Mitte etwas dicker, wässrig-weiß, Geruch schwach, evtl. etwas fruchtig bis unangenehm; auf Streu, Holz- oder Rindenstückchen. Sporen glatt, tropfenförmig, 7,5–12 × 3–5 µm, inamyloid, mehrheitlich 2-sporig, ChZ utriform bis flaschenförmig und teils angedeutet kopfig, PlZ fehlend, Lamellentrama nicht dextrinoid. (D 364, Lu 3.106.5, 🖼).

5.20.106 *Hemimycena pseudolactea* (Kühner) Singer, Weißlicher Scheinhelmling: Fruchtkörper etwas klebrig; in höheren Lagen. Sporen glatt, ellipsoid bis tropfenförmig, 5,5–6,5 × 2,5–3,5 µm, inamyloid, 4-sporig, HymZ spindelig bis utriform, teils dickwandig, oft mit einer Schleimkappe, Lamellentrama nicht dextrinoid, Huthaut mit knorrig-warzigen Elementen. (BK 3.221).

Weitere seltene weiße Scheinhelmlinge sind:

5.20.107 *Hemimycena candida* (Bres.) Singer, Beinwell-Scheinhelmling, Beinwurz-Scheinhelmling: Lamellen deutlich herablaufend, eher entfernt und teils gegabelt, queradrig; auf Wurzelstöcken oder Blättern von Beinwell *Symphytum officinale*. Sporen glatt, schlank tropfenförmig, 8–11 × 3–5 µm, inamyloid, 2- bis 4-sporig, ChZ schlank zylindrisch bis ahlenförmig verjüngt. (Lu 3.106.6).

Hemimycena cephalotricha (Joss. ex Redhead) Singer, Kopfighaariger Scheinhelmling: Stiel kurz, Lamellen horizontal bis leicht herablaufend; auf morschem Eichenholz *Quercus*. Sporen glatt, zitronen- bis rhombusförmig, 6,5–8 × 4–5 µm, inamyloid, mehrheitlich 4-sporig, ChZ unregelmäßig zylindrisch bis etwas wellig und oft kopfig, Huthaut mit deutlich kopfigen Elementen. (Lu 3.106.7).

Hemimycena tortuosa (P.D. Orton) Redhead, Spiralhaariger Scheinhelmling, Gekrümmthaariger Scheinhelmling: Hut und Stiel behaart; auf Rinde oder morschem Holz. Sporen glatt, zylindrisch bis schlank spindelig, tropfenförmig, 7–11 × 2,5–4 µm, inamyloid, 1- bis 4-sporig, ChZ spindelig bis flaschenförmig mit spitzem Hals, Huthaut mit auffälligen, spiralförmig verdrehten und am Ende kopfigen Elementen. (Lu 3.106.2).

Hemimycena epichloë (Kühner) Singer, Genabelter Gras-Scheinhelmling, Genabelter Scheinhelmling: Lamellen entfernt, aderig herablaufend; auf faulenden Blättern oder Gräserstängeln. Sporen glatt, schlank tropfenförmig, 8–12,5 × 3–4,5 µm, inamyloid, teils 2-, mehrheitlich 4-sporig, ChZ fehlend oder spärlich, Huthaut mit fingerförmigen, teil gegabelten Auswüchsen. (Lu 3.106.10).

Hemimycena subglobispora Aronsen, Kugelsporiger Scheinhelmling: Lamellen aderig, sichelförmig herablaufend; auf abgestorbenem Schilfrohr. Sporen glatt, kugelig, 6–7,5 × 5–6,5 µm, inamyloid, 4-sporig, HymZ spärlich, flaschenförmig, teils mit langem und vereinzelt gegabeltem Hals, Huthaut mit unregelmäßig fingerförmigen, dicklichen Auswüchsen. (Lu 3.106.11).

Hemimycena ignobilis Joss. ex Bon, Glatthyphiger Scheinhelmling: Lamellen gut ausgebildet, stark herablaufend; bei Gras, Moos, auf Erde. Sporen glatt, ellipsoid bis tropfenförmig, 8,5–11,5 × 4,5–6 µm, inamyloid, 4-sporig, HymZ fehlend, Huthaut mit liegenden Hyphen, selten mit kleinen Auswüchsen. (Lu 3.106.12).

5.20.108 *Hemimycena ochrogaleata* (J. Favre) M.M. Moser
Ockerhütiger Scheinhelmling

H: 0,5–1 cm, glatt, creme bis ocker, Rand feucht schwach gerieft. **L:** herablaufend, breit, weiß. **St:** weißlich, creme. **F:** dünn, weißlich. **Ger:** schwach krautig. **Ges:** mild. **Spp:** weiß. **V:** oft büschelig, auf Wurzeln oder Resten von Alpen-Kratzdistel *Cirsium spinosissimum*, alpin, auf saurem Boden; im Sommer. **Mik:** Sporen glatt, rhombus- bis zitronen- oder mandelförmig, 8–11 × 4,5–5,5 µm, inamyloid, mehrheitlich 4-sporig, ChZ langhalsig flaschenförmig mit welligem, verjüngtem, evtl. gegabeltem Hals, PlZ spärlich, Lamellentrama nicht dextrinoid. (BK 3.218, Lu 3.106.15, 🖼).

5.20.102 *Hemimycena mairei*, Rasen-Scheinhelmling

5.20.104 *H. cucullata*, Gipsweißer Scheinhelmling

5.20.105 *H. lactea*, Weißlicher Scheinhelmling

5.20.108 *Hemimycena ochrogaleata*, Ockerhütiger Scheinhelmling

5.20.109 *Favolaschia calocera* R. Heim
Orangeroter Porenhelmling

H: 0,5–2 cm, rundlich bis nierenförmig, gewölbt, jung glatt, später reliefartig-felderig, ähnlich verdeckelten Bienenwaben, entsprechend den Röhren auf der Unterseite, lebhaft orange, später braunorange. **R:** breit angewachsen, leicht ausgebuchtet bis etwas herablaufend, Röhren bis ca. 2,5 mm weit, nah am Stiel länglich elliptisch bis tropfenförmig, gegen außen kleiner und zunehmend eckig, Rand gezähnt. **St:** bis 2 cm lang, glatt bis feinfilzig, exzentrisch bis ganz seitlich (lateral) und dann teils rudimentär bis ganz verkümmert. **Ger:** unauffällig. **Spp:** weiß. **V:** gesellig auf abgestorbenem Holz, vorwiegend von Laubbäumen, oft auf Robinie *Robinia*. **Mik:** Sporen glatt, ellipsoid, 9–12,5 × 6,5–8,5 µm, schwach amyloid, mehrheitlich 2-sporig. (🖼).

Nach dem Erstfund 1933 im tropischen Madagaskar (Heim 1945) verbreitete sich die Art Mitte des letzten Jahrhunderts in Neuseeland auf verschiedensten abgestorbenem Gehölzen von toten Bäumen bis Zaunpfosten und Bauholz. Teilweise wird der Pilz als invasiver Neomycet, d. h. eine ursprünglich in der Gegend nicht vorkommende Pilzart, die sich stark ausbreitet, beobachtet oder gefürchtet. Um die Jahrtausendwende erschien er in Norditalien und seither gibt es über ganz Europa verstreute Meldungen. Möglicherweise enthält der Orangerote Porenhelmling fungizid und zudem gegen Malaria wirkende Inhaltsstoffe, was ihn für medizinische Zwecke interessant machen könnte.

5.20.109 *Favolaschia calocera*, Orangeroter Porenhelmling

5.21 *Panellus,* Zwergknäuelinge und Ähnliche

Basidiomycota, Ständerpilze > *Agaricomycetes* > *Agaricales,* Blätterpilze > *Tricholomataceae* s. l., Ritterlingsähnliche > *Mycenaceae,* Helmlingsverwandte

Beschreibung

Panellus, Zwergknäuelinge aus der Familie der *Mycenaceae,* Helmlingsverwandte sind meist seitlich gestielt, ausnahmsweise auch im Scheitel angewachsen. Der häufig feinfilzige Hut ist weiß, gelb- bis zimtbraun oder fleischrötlich bis braunviolett, meist mit lange eingerolltem Rand. Das Sporenpulver ist weiß oder blass cremefarben. Die kleinen bis mittelgroßen Arten wachsen auf Holz. Ebenfalls auf Holz findet sich der seltene bräunliche ***Tectella*** *patellaris,* Klebriger Schleierseitling mit üppig weißlich behangenem Hutrand. Die weniger seltenen, gelbgrünen, mittelgroßen ***Sarcomyxa*** *serotina,* Gelbstieliger Muschelseitling gehören zur Familie *Sarcomyxaceae,* Muschelseitlingsverwandte. Sehr häufig und übers ganze Jahr erscheint ***Schizophyllum*** *commune,* Gemeiner Spaltblättling, eine kleine, grauweiße Art mit sehr auffällig gespaltenen, rötlich- bis violettgrauen Lamellen. Er zählt zur Familie der *Schizophyllaceae,* Spaltblättlingsverwandte ist der Einfachheit halber aber wie *Sarcomyxa,* Muschelseitling auch hier beschrieben. Die Arten der Gattung ***Resupinatus,*** Liliputseitlinge gehören zur Familie *Tricholomataceae,* Ritterlingsverwandte und müssten dort erläutert sein. Zum einfacheren Vergleich mit anderen, sehr ähnlichen, kleinen, seitlich gestielten Arten sind sie jedoch in diesem Unterkapitel beschrieben. Verschiedenste Arten aus anderen Familien, die ebenfalls einen seitlichen Stiel entwickelt haben, sind hier als Gäste im Schlüssel aufgeführt und – wie üblich – in den entsprechenden Familien beschrieben, wie z. B. Arten aus den Gattungen *Omphalina,* Nabelinge *(Tricholomataceae), Arrhenia,* Adermooslinge *(Hygrophoraceae), Ossicaulis,* Holztrichterlinge *(Lyophyllaceae), Pleurocybella,* Seitlinge *(Phyllotopsidaceae), Clitopilus,* Räslinge *(Entolomataceae), Crepidotus,* Stummelfüßchen, *Pleuroflammula,* Muschelflämmlinge, *Simocybe,* Olivschnitzlinge *(Inocybaceae)* und *Deconica,* Muschelfüßchen *(Strophariaceae).* Das Sporenpulver der in diesem Unterkapitel beschriebenen Arten aus der Familie *Mycenaceae,* Helmlingsverwandte ist weiß bis schmutzigweiß. Das Pulver von *Schizophyllum,* Spaltblättlinge aus der Familie *Schizophyllaceae,* Spaltblättlingsverwandte kann leicht rosa sein. *Clitopilus* aus der Familie *Entolomataceae,* Rötlingsverwandte hat deutlicher rosafarbenen Sporenstaub, während die Arten der Gattung *Crepidotus,* Stummelfüßchen der Familie *Inocybaceae,* Risspilzverwandte sowie *Deconica,* Muschelfüßchen aus der Familie *Strophariaceae,* Träuschlingsverwandte braunes Sporenpulver haben.

Die mehrheitlich auf Holz- und Pflanzenresten wachsenden Arten, welche zur Familie der *Mycenaceae* gehören, sind Saprobionten. Einige der anderen Arten, wie z. B. *Ossicaulis,* können auch parasitisch auftreten.

Die farblosen Sporen (weißes Sporenpulver) sind alle glatt, jene von *Schizophyllum* schmal und bohnenförmig; *Panellus* hat ellipsoide bis ebenfalls schmal bohnenförmige Sporen, jene von *Resupinatus* sind kugelig klein.

Bestimmung

Die hier verschlüsselten Arten lassen sich anhand von Hutfarbe, Hutgröße, Stielansatz, Eigenschaften der Lamellen und Vorkommen unterscheiden. Es gibt aber viele weitere, eher seltene Pilze aus den genannten Gattungen, die für eine Abgrenzung mikroskopischer Untersuchungen bedürfen.

Speisewerte

Für die Küche sind diese mehrheitlich kleinen Arten nicht geeignet. *Sarcomyxa serotina,* Gelbstieliger Muschelseitling kann zwar als Speisepilz gelten, wird aber nicht in allen Büchern so beschrieben.

5.21.09 *Resupinatus applicatus,*
Lockerblättriger Liliputseitling

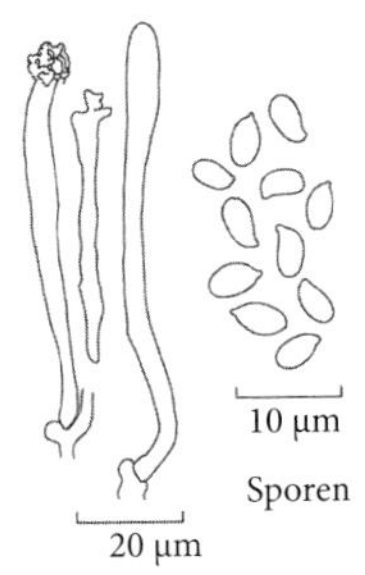

Cheilozystiden (ChZ) teils mit Ausscheidungen

5.21.04 *Panellus stipticus,*
Bitterscharfer Zwergknäueling

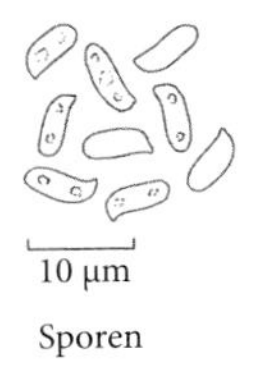

5.21.01 *Schizophyllum commune,*
Gemeiner Spaltblättling

5.21 *Panellus*, Zwergknäuelinge und Ähnliche

- Hut weiß, weißlich, grauweiß, evtl. mit schwach rosa Schein
  - Vorkommen auf Holz
    - Lamellen gespalten … **01 *Schizophyllum commune*, Gemeiner Spaltblättling**
    - Lamellen fehlend oder nur reduziert, aderig … 02 *Schizophyllum amplum*, Pappel-Judasöhrchen
    - Lamellen vorhanden, nicht gespalten
      - Hut meist < 2,5 cm breit
        - Hut im Scheitel angewachsen … **12.1.02 *Crepidotus variabilis*, Gemeines Stummelfüßchen**
        - Hut seitlich angewachsen
          - auf Nadelholz; Herbst bis Frühling … 03 *Panellus mitis*, Milder Zwergknäueling
          - auf morschem Laubholz, Ästchen, Rinde; Frühling bis Herbst
            - meist > 1,5 cm breit, auffällig beschopfte Cheilozystiden … 5.22.12 *Hohenbuehelia myxotricha*, Behaarter Muscheling
            - meist < 1,5 cm breit, ohne Cheilozystiden … 6.1.06 *Clitopilus hobsonii*, Blassblättriger Räsling
          - auf abgestorbenen Seggen, Straußgräsern usw. … 11.5.15 *Deconica phillipsii*, Seggen-Muschel-Klebkopf
        - Hut becherförmig, dicht gedrängt
          - auf Weißtanne, mit kurzem Stiel … 13 *Resupinatus conspersus*, Weißtannen-Stroma-Liliputseitling
          - auf Laubbäumen und Sträuchern, ohne Stiel … 14 *Resupinatus urceolatus*, Napfförmiges Stromabecherchen
      - Hut meist > 2,5 cm
        - Huthaut gelatinös-gummiartig … **12.1.01 *Crepidotus mollis*, Gallertfleischiges Stummelfüßchen**
        - Huthaut nicht gelatinös-gummiartig
          - auf Laubholz
            - Stiel exzentrisch bis fast seitlich, Geruch schwach anisartig … 5.22.03 *Pleurotus pulmonarius*, Lungen-Seitling
            - Stiel seitlich, Geruch mehlartig, fruchtig … 5.12.22 *Ossicaulis lignatilis*, Bepuderter Weinfass-Holztrichterling
          - auf Nadelholz … 5.22.18 *Pleurocybella porrigens*, Ohrförmiger Seitling
  - Vorkommen auf Erde, Pflanzenresten, Moos
    - Hut muschel-, spatelförmig, Stiel seitlich, im Scheitel, verkümmert
      - Stiel seitlich, Lamellen grau, meist > 1 cm … 4.4.15 *Arrhenia acerosa*, Muschelartiger Adermoosling
      - Stiel und Lamellen ± verkümmert, meist < 1 cm … 4.4.16 *Arrhenia retiruga*, Blasser Adermoosling
    - Hut genabelt, trichterig, Lamellen weiß, Stiel zentral oder exzentrisch … 5.9.13 *Omphalina mutila*, Kurzstieliger Nabeling
- Hut gelb bis orange
  - Stiel oft exzentrisch, Geruch unauffällig, meist auf Erde, seltener auf Holz … **3.10.01 *Hygrophoropsis aurantiaca*, Falscher Pfifferling**
  - Stiel seitlich, Geruch kohlartig, auf morschem Holz … 5.22.17 *Phyllotopsis nidulans*, Gemeiner Orangeseitling
- Hut gelbbraun, ockerbraun, haselbraun
  - Hut seitlich gestielt
    - Hutrand ohne Velumreste, Hut glatt bis filzig
      - Lamellenansatz an der Stielspitze auffällig halbkreisförmig … **04 *Panellus stipticus*, Bitterscharfer Zwergknäueling**
      - Lamellen weit am Stiel herablaufend … 5.22.06 *Pleurotus eryngii*, Brauner Kräuter-Seitling
    - Hutrand mit weißen Velumschuppen gezähnt, Hut faserig bis schuppig … 12.1.15 *Pleuroflammula ragazziana*, Ragazzis Muschelflämmling
  - Hut im Scheitel angewachsen, Hutrand stark weißlich-zottig behangen … 08 *Tectella patellaris*, Klebriger Schleierseitling
- Hut gelbgrün bis bräunlich, olivbräunlich
  - Hut konzentrisch gezont, zäh … **04 *Panellus stipticus*, Bitterscharfer Zwergknäueling**
  - Hut nicht gezont
    - Hut > 2 cm breit, Lamellen gedrängt, gummiartig … 05 *Sarcomyxa serotina*, Gelbstieliger Muschelseitling
    - Hut < 2 cm breit, Lamellen entfernt, brüchig … 12.4.01 *Simocybe haustellaris*, Kurzstieliger Olivschnitzling
- Hut grau, grau-, lila-, violett- bis dunkelbraun, blauschwarz
  - Hut meist breiter als 2 cm … 5.22.11 *Hohenbuehelia atrocoerulea*, Blaugrauer Muscheling
  - Hut kaum über 2 cm breit
    - Lamellen grau, grau- bis schwarzbraun, Hut im Scheitel angewachsen
      - Hut meist > 0,5 cm
        - Sporen ± kugelig, Lamellen grau, graubraun
          - Hut grau, grauviolett, filzig bis kahl … 09 *Resupinatus applicatus*, Lockerblättriger Liliputseitling
          - Hut schwarzbraun, filzig, striegelig … 10 *Resupinatus trichotis*, Flaumiger Liliputseitling
        - Sporen ellipsoid bis allantoid, Lamellen dunkel grau- bis schwarzbraun … 12 *Resupinatus alboniger*, Dunkler Zwergseitling
      - Hut deutlich < 0,5 cm, Lamellen schmal, dicklich, entfernt … 11 *Resupinatus kavinii*, Dickblättriger Liliputseitling
    - Lamellen weißlich bis blassgrau, Hut eher seitlich angewachsen … 5.22.13 *Hohenbuehelia grisea*, Graufilziger Muscheling
    - Lamellen lilabraun
      - auf Nadelholz, Sporen bis gegen 10 µm lang … 06 *Panellus violaceofulvus*, Violettbrauner Zwergknäueling
      - auf Laubholz, Sporen < 7 µm lang … 07 *Panellus ringens*, Rachenförmiger Zwergknäueling
- Hut scharlachrot, zinnoberrot … 12.1.03 *Crepidotus cinnabarinus*, Zinnoberrotes Stummelfüßchen

5.21.01 *Schizophyllum commune* Fr.
Gemeiner Spaltblättling

H: 1–4 cm, muschelförmig, filzig, trocken weißgrau, feucht graubraun. **L:** relativ entfernt, rötlichgrau, gegabelt, Schneiden gespalten. **St:** fehlend, einfach seitlich angewachsen. **F:** grau, lederig-zäh. **Ges:** mild. **Spp:** weiß bis rosa. **V:** auf Laub- und Nadelholz; ganzjährig. (D 1006, Kr 1.412, BK 3.404, Lu 1.79.1, 🖼).

5.21.02 *Schizophyllum amplum* (Lév.) Nakasone, *Auriculariopsis ampla* (Lév.) Maire, Pappel-Judasöhrchen, Pappel-Becherrindenschwamm, Becher-Spaltblättling: Hut becherförmig, wachsartig, innen glatt bis etwas aderig, ockerbraun, Rand und Außenseite weißlich, haarig. Stiel verkümmert; im Auenwald, auf abgestorbenen, oft noch hängenden Ästen, auf Laubholz, vorwiegend Weide *Salix* und Pappel *Populus*. (Kr 1.162, 🖼).

5.21.03 *Panellus mitis* (Pers.) Singer
Milder Zwergknäueling

H: 0,5–3 cm, muschelförmig, feinsamtig und weißlich mit etwas Rosa, später glatt und hellocker, Haut gummiartig, abziehbar. **L:** halbkreisförmiger Ansatz an der Stielspitze (falls Stiel vorhanden), weißlich, später leicht graurosa oder ockerrosa. **St:** seitlich, kurz bis fehlend. **F:** wässrig weißlich, unter der Huthaut gelatinös. **Ger:** pilzartig. **Ges:** unbedeutend. **Spp:** weiß. **V:** auf Nadelholz; Herbst bis Frühling. **Mik:** Sporen glatt, schlank zylindrisch bis allantoid, 3,5–6 × 1–1,5 µm, nicht oder schwach amyloid. (Kr 3.492, BK 3.389, Lu 1.60.4, 🖼).

5.21.04 *Panellus stipticus* (Bull.) P. Karst.
Bitterscharfer Zwergknäueling

H: 1–4 cm, muschelförmig, matt bis fein kleiig-schuppig, zimtgelb bis ockerbraun. **L:** Ansatz auffällig halbkreisförmig an der Stielspitze, breit, wie der Hut gefärbt. **St:** seitlich, etwas heller gefärbt. **F:** creme bis hellocker, weich, aber zäh. **Ger:** etwas fruchtig. **Ges:** bald etwas kratzend, bitter. **Spp:** weißlich. **V:** büschelig, dachziegelig, auf Laubholz, vor allem auf Eiche *Quercus*; ganzjährig. **Mik:** Sporen glatt, ellipsoid, 3–4,5 × 1,5–2,5 µm, amyloid, ChZ oft beschopft (Ausscheidung). (Kr 3.494, BK 3.391, Lu 1.60.2, 🖼).

5.21.05 *Sarcomyxa serotina* (Pers.) V. Papp, 🍴
Panellus serotinus (Pers.) Kühner, *Sarcomyxa serotina* (Pers.) P. Karst.
Gelbstieliger Muschelseitling, Gelbstieliger Zwergknäueling

H: 3–10 cm, gelbgrün, auch bräunlich, muschelförmig, zungenförmig, feinsamtig, gegen den Stiel feinschuppig, feucht schmierig, Rand lange heruntergebogen. **L:** dicht, creme bis ocker. **St:** seitlich, kurz. **F:** blass, zäh. **Ger:** schwach pilzartig. **Ges:** bald bitter. **Spp:** weiß. **V:** vor allem auf Laubholz; Herbst bis Frühling. **Mik:** Sporen glatt, allantoid, 4–6 × 1–1,5 µm, nicht amyloid, ChZ teils beschopft (Ausscheidung). (Kr 3.515, BK 3.403, Lu 1.60.6, 🖼).

5.21.06 *Panellus violaceofulvus* (Batsch) Singer
Violettbrauner Zwergknäueling, Violettblättriger Zwergknäueling

H: 0,5–2,5 cm, konisch, haubenförmig, matt braun- bis schwarzviolett mit weißem Filz, Rand kahl. **L:** breit, ziemlich entfernt, creme, später violettbräunlich. **St:** kurz, weiß, filzig oder ganz fehlend, seitlich, teils auch im Scheitel angewachsen. **F:** cremefarben, später violettbräunlich. **Ger:** unauffällig. **Ges:** mild. **Spp:** weiß. **V:** auf Weißtannenholz *Abies*; Spätwinter bis Frühjahr. **Mik:** Sporen glatt, zylindrisch, 8–9,5 × 2–3,5 µm, amyloid. (Kr 3.496, BK 3.392, Lu 1.60.1, 🖼).

5.21.07 *Panellus ringens* (Fr.) Romagn.
Rachenförmiger Zwergknäueling

H: 0,5–2,5 cm, muschelförmig, matt, lilabraun, fleischrötlich bis rötlich. **L:** breit, wie der Hut gefärbt. **St:** kurz, seitlich bis fehlend. **F:** weißlich, elastisch, dünn. **Ger:** unauffällig. **Ges:** mild. **Spp:** weiß. **V:** auf Laubholz, vor allem Weide *Salix* und Erle *Alnus*; Winter bis Frühling. **Mik:** Sporen glatt, zylindrisch bis allantoid, 5–7 × 1–2 µm, amyloid (BK 3.390, Lu 1.60.5, 🖼).

5.21.08 *Tectella patellaris* (Fr.) Murrill
Klebriger Schleierseitling

H: 1–2 cm, kreisrund, glockenförmig, im Scheitel angewachsen und stielartig ausgezogen, kleiig-zottig, etwas klebrig, blassocker, haselbraun, Rand jung mit geschlossenem Velum, später weiß und stark zottig behangen. **L:** dunkel gelbocker bis bräunlich. **St:** ohne Stiel. **F:** ockerlich. **Ges:** grasartig. **Spp:** weiß bis graulich. **V:** auf toten Ästen, Grünerle *Alnus alnobetula*, Hasel *Corylus*, Buche *Fagus*; Herbst bis Frühling. **Mik:** Sporen glatt, schank kommaförmig, 3–5 × 1–1,5 µm, schwach amyloid. (Kr 3.520, Lu 1.60.3, 🖼).

5.21.01 *Schizophyllum commune*, Gem. Spaltblättling

5.21.02 *S. amplum*, Pappel-Judasöhrchen

5.21.03 *Panellus mitis*, Milder Zwergknäueling

5.21.04 *P. stipticus*, Bitterscharfer Zwergknäueling

5.21.05 *S. serotina*, Gelbstieliger Muschelseitling

5.21.06 *P. violaceofulvus*, Violettbrauner Zwergkn.

5.21.07 *Panellus ringens*, Rachenförmiger Zwergknäueling

5.21.08 *Tectella patellaris*, Klebriger Schleierseitling

5.21.09 *Resupinatus applicatus* (Batsch) Gray
Lockerblättriger Liliputseitling, Dichtblättriger Liliputseitling, Hellbrauner Gallertblättling

H: 0,5–1 cm, konisch, meist am Scheitel angewachsen, hellbraun, später grau bis braunviolettlich, etwas filzig, gegen den Rand puderig bis kahl, teils etwas gerieft. **L:** an der Ansatzstelle zusammenlaufend, jung entfernt und hellgrau, später braungrau und ziemlich eng stehend. **F:** etwas gelatinös. **Ger:** unauffällig, schwach pilzartig. **Ges:** mild. **Spp:** weiß. **V:** auf modrigem Laub- und Nadelholz. **Mik:** Sporen glatt, kugelförmig, 4–6 × 3,5–5 µm. (Kr 3.506, Lu 1.73.1, 🖼).

Es gibt verschiedene ähnliche Arten, die aber teils nur als Formen von *R. applicatus* betrachtet werden, so z. B.:

5.21.10 *Resupinatus trichotis* (Pers.) Singer, *R. applicatus* f. *trichotis* (Pers.) Krieglst., Flaumiger Liliputseitling: Hut dunkelbraun bis schwarz, striegelig filzig; auf Laubholz. Sporen 4,5–6 × 4–5,5 µm. (BK 3.400).

5.21.11 *Resupinatus kavinii* (Pilát) M.M. Moser, *R. applicatus* f. *kavinii* Pilát, Dickblättriger Liliputseitling: Hut graubraun, weniger als 0,5 cm breit, kahl bis feinfilzig, Lamellen schmal, dicklich, deutlich entfernt. (🖼).

5.21.12 *Resupinatus alboniger* (Pat.) Singer, Dunkler Zwergseitling: Hutoberfläche, Fleisch und Lamellen dunkel graubraun bis schwarz. Sporen ellipsoid bis leicht allantoid, 5,5–8 × 2,5–5 µm. (🖼).

5.21.13 *Resupinatus conspersus* (Pers.) Thorn, Moncalvo & Redhead, *Stigmatolemma conspersum* (Pers.) Donk, Weißtannen-Stroma-Liliputseitling, Tannen-Liliputseitling, Tannen-Stromabecherchen: sehr kleine, < 0,5 mm große Becherchen, außen weißlichgrau, innen dunkler, gedrängt auf einem grauen, bis ca. 1 cm breiten Hyphengeflecht (Stroma) aufsitzend; in den Wipfeln von Weißtannen *Abies*. Eine seltene, jedoch eindeutig abgegrenzte Art. Sporen ellipsoid, 7–9 × 2,5–4 µm. (BK 2.234).

5.21.14 *Resupinatus urceolatus* (Wallr. ex Fr.) Thorn, Moncalvo & Redhead, *Stigmatolemma urceolatum* (Wallr. ex Fr.) Donk, Napfförmiger Liliputseitling, Napfförmiges Stromabecherchen: sehr kleine, ca. 0,3 mm große kugelige Becherchen, außen glatt graubraun, leicht weißlich bepudert, innen grau, ± gedrängt; auf totem Holz von Laubbäumen oder Sträuchern. Sporen 4–5,5 µm. (BK 2.235, 🖼).

5.21.15 *Resupinatus taxi* (Lév.) Thorn, Moncalvo & Redhead, *Stigmatolemma taxi* (Lév.) Donk: Fruchtkörper 0,5–1,5 mm, hängend, unregelmäßig becherförmig, außen cremeweiß, innen hellbeige, stiellos, dünnfleischig; auf abgestorbenen Holunderästen. Sporen ellipsoid bis kugelig, 4,5–6 × 4,5–5,5 µm. (🖼).

5.21.09 *Resupinatus applicatus*, Lockerblättriger Liliputseitling

5.21.11 *Resupinatus kavinii*, Dickblättriger Liliputseitling

5.21.12 *Resupinatus alboniger*, Dunkler Zwergseitling

5.21.14 *Resupinatus urceolatus*, Napfförmiges Stromabecherchen

5.21.15 *Resupinatus taxi*

5.22 *Pleurotus,* Seitlinge und Ähnliche

Basidiomycota, Ständerpilze > *Agaricomycetes* > *Agaricales,* Blätterpilze > *Tricholomataceae* s. l., Ritterlingsähnliche > *Pleurotaceae,* Seitlingsverwandte

Familie *Pleurotaceae,* Seitlingsverwandte und Ähnliche

Die zähen Seitlinge gehörten früher zur Familie *Polyporaceae,* Stielporlingsverwandte in der Ordnung *Polyporales,* Stielporlingsartige. Inzwischen sind sie Teil der separaten Familie ***Pleurotaceae***, Seitlingsverwandte in der Ordnung *Agaricales,* Blätterpilze. Die Gattungen *Phyllotopsis,* Orangeseitlinge und *Pleurocybella,* Seitlinge mit ähnlichen, seitlich gestielten Fruchtkörpern sind in der neu geschaffenen Familie ***Phyllotopsidaceae***, Orangeseitlingsverwandte.

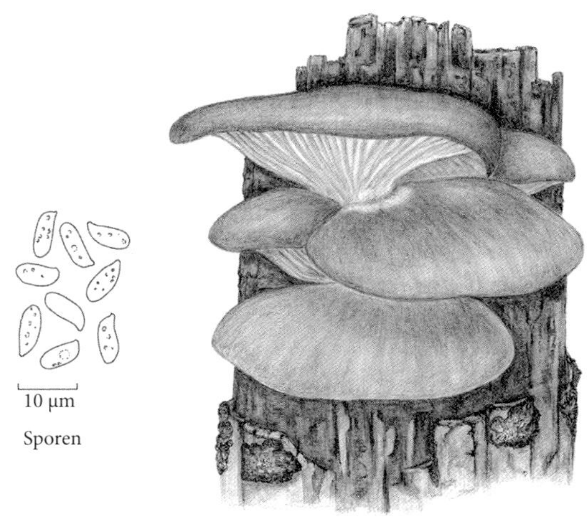

5.22.04 *Pleurotus ostreatus,*
Austern-Seitling

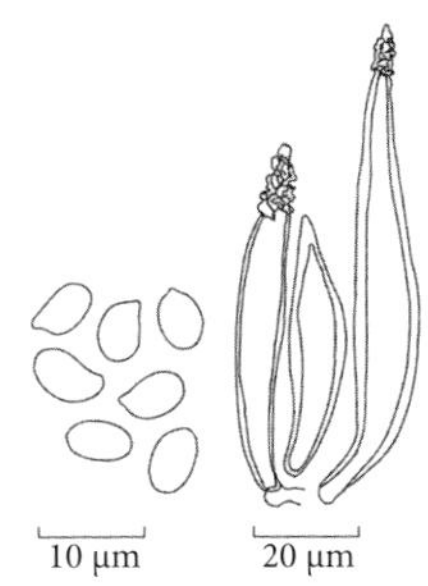

5.22.10 *Hohenbuehelia petaloides,*
Spatelförmiger Muscheling

Pleurotus, Seitlinge und Ähnliche

Beschreibung

Bei der Gattung ***Pleurotus***, Seitlinge handelt es sich meist um fleischige, mittelgroße und exzentrisch bis seitlich gestielte Fruchtkörper. Die Hutoberseite ist weißlich, ockerlich bis grau, graublau, grünlichgrau und glatt. Die weißen bis cremefarbenen Lamellen laufen dem Stiel entlang herab. Das Sporenpulver ist weiß, selten etwas lila. Seitlinge wachsen auf Holz, vom Sommer bis zum Herbst, teils auch im Winter. Die Gattung ***Hohenbuehelia***, Muschelinge enthält ähnliche, ebenfalls seitlich gestielte Fruchtkörper. Sie sind ockerbraun, mit mehr oder weniger gelatinöser Huthaut (Unterhaut) und wachsen auf Holz, Brandstellen oder Erde. Auch die überwiegend weißen ***Pleurocybella*** *porrigens,* Ohrförmiger Seitling und die auffällig orangefarbenen ***Phyllotopsis*** *nidulans,* Gemeiner Orangeseitling sind ihrem Aussehen nach den Seitlingen sehr ähnlich, zählen aber zur Familie *Phyllotopsidaceae.* Weitere ähnliche, mittelgroße Arten mit seitlichem Stiel und entsprechenden Hinweisen im Schlüssel finden sich bei *Panellus (Mycenaceae), Ossicaulis* sowie *Hypsizygus (Lyophyllaceae).* Einige weitere kleinere Muschelingsarten sind in Unterkapitel 5.21 verschlüsselt, wo sich die vergleichbaren kleinen Arten mit seitlichem Stiel finden.

Pleurotus, Seitlinge, *Hohenbuehelia,* Muschelinge, *Pleurocybella,* Seitlinge und *Phyllotopsis,* Orangeseitlinge sind mehrheitlich Sapropionten, selten schwache Parasiten (z. B. die Wildformen der Gruppe rund um *Pleurotus eryngii,* Brauner Kräuter-Seitling).

Die farblosen Sporen der Seitlinge sind schmal zylindrisch bis etwas ellipsoid oder angedeutet mandelförmig. Die *Hohenbuehelia*-Arten sind unter dem Mikroskop an auffällig dickwandigen, teils beschopften Pleuroystiden zu erkennen.

Bestimmung

Neben den Hutfarben hilft bei der Bestimmung der Arten das Fehlen oder Vorhandensein eines Stiels, das Aussehen seiner Oberfläche, die Beschaffenheit des Fleisches und das Vorkommen der Fruchtkörper.

Speisewerte

Für die Küche spielen vor allem die verschiedenen Seitlingsarten, die gezüchtet werden, eine Rolle. Wild findet man sie nur vereinzelt. *Pleurotus ostreatus,* Austern-Seitling wächst in der Natur vom Herbst bis zum Frühjahr. Als Winterpilz ist er äußerst frosthart und kann bei minus 10 Grad gefrieren und nach dem Auftauen ohne Weiteres wieder weiterwachsen. So kann sich das Heranreifen über mehrere Wochen hinziehen. Beim Sammeln von Wildpilzen dürfen keine Verwechslungen mit den giftigen *Pleurocybella porrigens,* Ohrförmiger Seitling, die ebenfalls auf Holz wachsen, geschehen.

5.22 *Pleurotus*, Seitlinge und Ähnliche

- Hut weiß, weißlich, auf Holz
  - Fleisch elastisch bis zäh, nicht gallertartig
    - Stiel vorhanden
      - Stiel mit flüchtigem Ring
        - Lamellen eng, aber nicht gedrängt, Hut trocken schuppig aufreißend — 01 *Pleurotus dryinus*, Beringter Seitling
        - Lamellen gedrängt, Hut nicht schuppig, nur auf Pappelholz — 02 *Pleurotus calyptratus*, Beschleierter Pappel-Seitling
      - Stiel ohne Ring
        - Stiel teils seitlich, teils exzentrisch, auf Laubbäumen (vorw. aus Zucht) — 03 *Pleurotus pulmonarius*, Lungen-Seitling
        - Stiel exzentrisch, nicht seitlich
          - Geruch unauffällig, säuerlich, vorwiegend auf Ulme — 5.12.21 *Hypsizygus ulmarius*, Ulmen-Holzrasling
          - Geruch mehlartig — 5.12.22 *Ossicaulis lignatilis*, Bepuderter Weinfass-Holztrichterling
    - Stiel verkümmert, Fruchtkörper direkt seitlich angewachsen — 18 *Pleurocybella porrigens*, Ohrförmiger Seitling
  - Fleisch gallertartig, gummiartig dehnbar — **12.1.01 *Crepidotus mollis*, Gallertfleischiges Stummelfüßchen**
- Hut creme, gelblichocker, graubraun bis dunkelgrau, rötlichbraun, evtl. mit lila Ton
  - Stiel beringt oder flüchtig beringt
    - Hut braun, meist mit deutlich abstehenden weißen Schuppen — 5.18.33 *Lentinula edodes*, Kultur-Shiitake
    - Hutmitte dunkel rotbraun, gegen außen geflammt, filzig bis leicht schmierig — 5.11.06 *Cleistocybe pleurotoides*, Seitlingsartiger Schleiertrichterling
    - Hut weißlich bis blass graubraun oder graublau
      - Lamellen eng, aber nicht gedrängt, Hut trocken schuppig aufreißend — 01 *Pleurotus dryinus*, Beringter Seitling
      - Lamellen gedrängt, Hut nicht schuppig, nur auf Pappelholz — 02 *Pleurotus calyptratus*, Beschleierter Pappel-Seitling
  - Stiel nicht beringt
    - Fleisch elastisch bis zäh, aber nicht korkig, Hut nicht gezont
      - Stiel ohne netzartige Struktur, kaum rillig
        - vorwiegend im Winterhalbjahr, auf Holz
          - Hut hellbraun, grau bis dunkel blaugrau, auf Laubholz — 04 *Pleurotus ostreatus*, Austern-Seitling
          - Hut grünlichgrau, auf Laub- oder Nadelholz — 05 *Pleurotus columbinus*, Taubenblasser Seitling
        - vorwiegend im Sommerhalbjahr
          - auf Erde, Hut leicht schmierig, in Brauntönen — 10 *Hohenbuehelia petaloides*, Spatelförmiger Muscheling
          - auf Holz oder Holzspänen
            - Hut glatt, cremegelb bis hell graubraun, vor allem aus Zucht — 03 *Pleurotus pulmonarius*, Lungen-Seitling
            - Hut im Zentrum filzig, gegen außen glatt, teils speckig
              - Hut sepia- bis schwarzbraun, auf Laubholz — 11 *Hohenbuehelia atrocoerulea*, Blaugrauer Muscheling
              - Hut jung weißlich, später ockerbraun, auf Laubholz — 16 *Hohenbuehelia auriscalpium*, Späne-Muscheling
            - Hut matt bis feinschuppig, jung lila, später bräunlich — 2.3.01 *Panus conchatus*, Veränderlicher Knäueling
            - Hut vollständig samtig-filzig, auf Laubholz
              - Hut weiß bis cremefarben, Geruch krautartig — 12 *Hohenbuehelia myxotricha*, Behaarter Muscheling
              - Hut grau bis sepiagrau, Geruch mehlartig — 13 *Hohenbuehelia grisea*, Graufilziger Muscheling
          - auf absterbenden Wurzeln von Kräutern, in Magerwiesen, Dünen
            - Hut braun bis ockerbraun, vorwiegend mediterran — 06 *Pleurotus eryngii*, Brauner Kräuter-Seitling
            - Hut schmutzigweiß bis grauocker, vorwiegend montan bis alpin — 07 *Pleurotus nebrodensis*, Blasser Kräuter-Seitling
      - Stiel stark rillig bis etwas netzartig
        - Hut ockerbraun, graubraun — 08 *Pleurotus cornucopiae*, Rillstieliger Seitling
        - Hut jung lebhaft zitronengelb (Zuchtpilz) — 09 *Pleurotus citrinopileatus*, Zitronengelber Seitling
    - Fleisch korkig, zäh, Hut gezont
      - Hutfarbe grauocker, hellbraun — 2.3.15 *Lenzites betulinus*, Birken-Blätterporling
      - Hutfarbe rot- bis dunkelbraun, Rand evtl. heller
        - auf totem Laubholz
          - Ansatzstelle 15–40 mm dick, Oberseite jung ockerlich, dann dunkler — 2.3.16 *Daedaleopsis confragosa*, Rötender Blätterwirrling
          - Ansatzstelle 5–10 mm dick, Oberseite stets wein- bis schwarzrot — 2.3.17 *Daedaleopsis tricolor*, Dreifarbige Tramete
        - auf totem Nadelholz — **2.3.18 *Gloeophyllum sepiarium*, Zaun-Blättling**
  - Stiel fast oder ganz fehlend, im Scheitel angewachsen, Hut dunkel-, schwarzbraun
    - auf Nadelholz, vorwiegend Tanne — 14 *Hohenbuehelia cyphelliformis*, Hellblättriger Zwerg-Muscheling
    - auf Laubholz — 15 *Hohenbuehelia unguicularis*, Gestielter Zwerg-Muscheling
- Hut gelb bis orange
  - Stiel oft exzentrisch, Geruch unauffällig, meist auf Erde, seltener auf Holz — **3.10.01 *Hygrophoropsis aurantiaca*, Falscher Pfifferling**
  - Stiel seitlich, Geruch kohlartig, auf morschem Holz — 17 *Phyllotopsis nidulans*, Gemeiner Orangeseitling
- Hut gelbgrün bis bräunlich — 5.21.05 *Sarcomyxa serotina*, Gelbstieliger Muschelseitling

5.22.01 *Pleurotus dryinus* (Pers.) P. Kumm.
Beringter Seitling, Berindeter Eichen-Seitling

H: 5–15 cm, meist muschelförmig, fein faserig-filzig bis leicht schuppig, weißlich bis blass graubraun, Rand jung flüchtig behangen. **L:** weiß, später creme. **St:** wie der Hut gefärbt, flüchtig beringt, im oberen Teil durch die herablaufenden, bisweilen queradrigen Lamellen rillig bis netzartig. **F:** dick, zäh, weißlich. **Ger:** schwach pilzartig, porlingsartig. **Ges:** mild (nussartig). **Spp:** weiß. **V:** an Wundstellen von lebenden Bäumen; Herbst. **Mik:** Sporen glatt, zylindrisch bis schlank ellipsoid, 8,5–14 × 3–4 µm, ChZ fehlend. (D 994, Kr 3.24, BK 3.395, Lu 1.69.5, 🖼).

5.22.02 *Pleurotus calyptratus* (Lindblad ex Fr.) Sacc., Beschleierter Pappel-Seitling: gedrängte Lamellen, nicht schuppig; nur auf Pappelholz *Populus*. Sporen 10,5–15 × 4–5 µm. (Lu 1.69.1).

5.22.03 *Pleurotus pulmonarius* (Fr.) Quél. 🍴
Lungen-Seitling, Cremeweißer Seitling

H: 2–10 cm, milch- bis elfenbeinweiß, später hell graubräunlich. **L:** weiß. **St:** weiß, striegelig, seitlich, kurz bis ganz fehlend. **F:** blass. **Ger:** etwas nach Anis. **Ges:** mild. **Spp:** weiß. **V:** auf Laubbäumen; Frühling bis Herbst. **Mik:** Sporen glatt, zylindrisch bis schlank ellipsoid, 7,5–11 × 3–4,5 µm, ChZ fehlend. (D 1000, Lu 1.69.6).

P. pulmonarius ist wild selten, wird aber in großen Mengen gezüchtet und im Handel angeboten.

5.22.04 *Pleurotus ostreatus* (Jacq.) P. Kumm., 🍴
Pleurotus salignus (Pers.) P. Kumm.
Austern-Seitling

H: 4–15 cm, meist muschelförmig, glatt, hellbraun, grau bis dunkel schwarz oder blaugrau. **L:** am Stiel etwas herablaufend, weißlich. **St:** seitlich, zäh elastisch, weißlich, Basis striegelig. **F:** weißlich, vor allem gegen den Stiel zäh. **Ger:** deutlich pilzartig, porlingsartig. **Ges:** mild. **Spp:** weißlich (mit einem Hauch Graulila). **V:** büschelig, dachziegelig, vor allem an Laubholz; Herbst bis Frühjahr. **Mik:** Sporen glatt, zylindrisch, 8–12,5 × 3–4,5 µm, ChZ fehlend. (D 996f, Kr 3.28, BK 3.397, Lu 1.69.3AB, 🖼).

P. ostreatus wird verbreitet und ganzjährig gezüchtet.

5.22.05 *Pleurotus columbinus* Quél., *P. ostreatus* var. *columbinus* (Quél.) Quél., Taubenblasser Seitling: Hut grünlichgrau; evtl. vor allem auf Nadelholz. (1.69.3C).

5.22.06 *Pleurotus eryngii* (DC.) Quél. 🍴
Brauner Kräuter-Seitling

H: 5–12 cm, glatt, hirschlederartig bis feinfilzig, jung braun, später ockerbräunlich. **L:** stark herablaufend, weißlich, später evtl. orangegelblich. **St:** exzentrisch (auch seitlich oder zentral), blassbeige. **F:** dick, fest, weißlich. **Ger:** pilzartig. **Ges:** angenehm. **Spp:** weißlich. **V:** in Magerwiesen, an absterbenden Wurzeln (z. B. Mannstreu *Eryngium*); Sommer bis Herbst. **Mik:** Sporen 9–13,5 × 4,5–6,5 µm. (Lu 1.69.8).

P. eryngii var. *elaeoselini* (Inzenga) Quél.: auf Laserkraut *Laserpitium* und Ölsilge *Elaeoselinum;* auch im Frühling. Sporen 8–14 × 4–7 µm.

5.22.07 *Pleurotus nebrodensis* (Inzenga) Quél., *P. eryngii* var. *nebrodensis* (Inzenga) Sacc., Blasser Kräuter-Seitling: Hut schmutzigweiß bis blass graubraun; auf Allgemeinem Basilisk *Cachrys ferulacea*. Sporen 12–17,5 × 5,5–8,5 µm. (🖼).

In der Natur sind Kräuter-Seitlinge selten, sie werden jedoch gezüchtet im Handel mit meistens kleinen Hüten und sehr großem, dickem und bauchigem Stiel angeboten.

5.22.08 *Pleurotus cornucopiae* (Paulet) Rolland, *P. ostreatus* f. *cornucopiae* (Paulet) Quél. 🍴
Rillstieliger Seitling

H: 5–12 cm, glatt, creme, gelblich (vor allem in der Mitte) bis bräunlich. **L:** stark herablaufend, schmutzig weißlich bis gelblich. **St:** exzentrisch, aber nicht seitlich, von den weit herablaufenden, queradrigen Lamellen rillig bis netzig. **F:** weiß. **Ger:** auffällig mit Komponenten von Mehl, Anis, Sperma. **Spp:** lila. **V:** auf Laubholz, vor allem im Auenwald; Sommer bis Herbst. **Mik:** Sporen schlank ellipsoid, 8–11 × 3,5–5 µm, 4-sporig. (Lu 1.69.2).

5.22.09 *Pleurotus citrinopileatus* Singer, Zitronengelber Seitling: Hut jung filzig und weiß flockig, bald glatt und lebhaft zitronen- bis ockergelb, später verblassend, büschelig bis verzweigt, Zuchtpilz. (🖼).

5.22.10 *Hohenbuehelia petaloides* (Bull.) Schulzer 🍴
Spatelförmiger Muscheling

H: 4–12 cm, zungen-, muschel-, trichterförmig, etwas gelatinös, beigebraun bis schokoladenbraun, filzig bis matt, speckig, Rand oft etwas eingerollt. **L:** weit herablaufend, weißlich, Schneiden etwas gekerbt. **St:** seitlich, Spitze von den herablaufenden, teils queradrigen Lamellen rillig-aderig, darunter glatt. **F:** weiß, dünn, unter der Huthaut gelatinös.

5.22.01 *Pleurotus dryinus*, Beringter Seitling

5.22.04 *Pleurotus ostreatus*, Austern-Seitling

5.22.07 *P. nebrodensis*, Blasser Kräuter-Seitling

5.22.09 *Pleurotus citrinopileatus*, Zitronengelber Seitling

5.22.10 *Hohenbuehelia petaloides*, Spatelförmiger Muscheling

Ger: mehlartig. **Ges:** mehlartig. **Spp:** weißlich. **V:** auf Erde, stark verrottetem Holz; Sommer bis Herbst. **Mik:** Sporen glatt, breit ellipsoid, 5,5–6,5 × 4–4,5 µm, HymZ teils schlank spindelig, sehr dickwandig und beschopft, selten unregelmäßig geformt, dünnwandig mit Auswüchsen und möglicherweise Tropfen an der Spitze. (D 332, Kr 3.264, Lu 1.32.13f, 🖼).

Ludwig 2001 grenzt die erdbewohnenden Pilze mit kräftigerem Habitus, größeren Sporen und reichlich vorhandenen dünnwandigen ChZ als *Hohenbuehelia geogenia* (DC.) Singer, Erd-Muscheling ab. Damit schließt er sich der Meinung von Watling & Gregory 1989 an. (BK 3.223, Lu 1.32.1).

5.22.11 *Hohenbuehelia atrocoerulea* (Fr.) Singer
Blaugrauer Muscheling

H: 1–5 cm, muschelförmig, braun bis schwarzbraun mit oliv oder bläulichen Beimischungen, Rand etwas heller und lange heruntergebogen. **L:** zur Anwachsstelle zusammenlaufend, blassgelblich. **St:** praktisch bis ganz fehlend. **F:** weißlich, unter der Huthaut gelatinös, bei Feuchtigkeit aufgequollen. **Ger:** mehlartig. **Ges:** mehlartig. **Spp:** weiß. **V:** dachziegelig, vorwiegend auf Laubholz; Sommer bis Herbst. **Mik:** Sporen glatt, ellipsoid, zylindrisch bis etwas bohnenförmig, 5,5–8,5 × 3–4,5 µm, mehrheitlich 4-sporig, HymZ teils spindelig, sehr dickwandig und beschopft, teils unregelmäßig geformt, dünnwandig mit 1–3 Auswüchsen und Tropfen an der Spitze. (D 333, BK 3.222, Lu 1.32.7, 🖼).

5.22.12 *Hohenbuehelia myxotricha* (Lév.) Singer
Behaarter Muscheling

H: 1–2,5 cm, zungenförmig, samtig bis glatt, mattweiß bis hellcreme. **L:** dem Stiel entlanglaufend bis fast zur Ansatzstelle, weißlich bis creme. **St:** seitlich, kurz, weiß, samtig-filzig. **F:** weißlich, weich, aber etwas zäh, unter der Huthaut gelatinös. **Ger:** schwach krautartig. **Ges:** mild. **Spp:** hell creme. **V:** gesellig, aber nicht büschelig oder dachziegelig, auf morschem Laubholz, oft in höheren Lagen; Sommer bis Herbst. **Mik:** Sporen glatt, ellipsoid, 6,5–8,5 × 3,5–4,5 µm, 4-sporig, HymZ teils spindelig, groß, dickwandig und beschopft, teils unregelmäßig geformt und kleiner, mit Tropfen an der Spitze. (BK 3.224, 🖼).

5.22.13 *Hohenbuehelia grisea* (Peck) Singer, Graufilziger Muscheling: Hut 2–5 cm, ganz samtig-filzig, Lamellen weißlich, später hellocker, Geruch und Geschmack mehlartig. Sporen ellipsoid, zylindrisch bis etwas bohnenförmig, 7–8,5 × 3,5–4 µm (Lu 1.32.2, 🖼).

Hohenbuehelia fluxilis (Fr.) P.D. Orton, Zweisporiger Muscheling: Hut 0,5–2 cm, vorwiegend grau, graubraun, Geruch mehlartig. Sporen schlank ellipsoid bis zylindrisch, 8–10 × 3,5–5 µm, 2-sporig. (Lu 1.32.5).

Hohenbuehelia mastrucata (Fr.) Singer, Gelatinöser Muscheling, Pelziger Muscheling: Hut 2–6 cm, jung filzig-schuppig bis striegelig, weiß bis blass grauockerlich, mit dicker (bis ca. 1 mm) gelatinöser Schicht, Geruch mehlig-ranzig. Sporen zylindrisch-ellipsoid bis tropfenförmig, 6–8 × 4–4,5 µm. (Lu 1.32.11).

Gemäß Ludwig 2001 ist *H. grisea* die häufigste Art der Gruppe und unterscheidet sich klar von der 2-sporigen *H. fluxilis*, welche bei anderen Autoren als Synonym taxiert ist. Consiglio et al. 2018 erachten *H. myxotricha* als Synonym von *H. grisea* und erachten *H. fluxilis* ebenfalls als eine eigene nicht nah verwandte Art.

Hohenbuehelia reniformis (G. Mey.) Singer, Nierenförmiger Muscheling, Nierenförmiger Muscheling erscheint zwar in verschiedenen Büchern, ist aber eine unklare Art und scheint mit *H. grisea* und *H. fluxilis* vermischt worden zu sein.

5.22.14 *Hohenbuehelia cyphelliformis* (Berk.) O.K. Mill., *Resupinatus silvanus* (Sacc.) Singer
Hellblättriger Zwerg-Muscheling, Becherförmiger Muscheling

H: 0,5–1,5 cm, konisch, meist am Scheitel angewachsen, braun, olivlich bis schwarzgrau, striegelig filzig, gegen den Rand kahl, oft etwas gerieft. **L:** zur Ansatzstelle zusammenlaufend, grau. **V:** vor allem auf Tannenästen *Abies*; im Winter. **Mik:** Sporen glatt, bohnenförmig, 7,5–10 × 3–4,5 µm, HymZ teils spindelig, praktisch dünnwandig und beschopft, teils unregelmäßig flaschenförmig, mit Tropfen an der teils verzweigten Spitze. (Lu 1.32.12).

Hohenbuehelia pinacearum Thorn, Dunkler Muscheling: Hut 1–1,5 cm, kahl; graublau- bis braunschwarz, Lamellen grau und beim Trocknen zunehmend schwarz; auf Nadelholz. Sporen glatt, 6–11 × 3–3,5 µm, 2- bis 4-sporig, HymZ teils mäßig dickwandig und beschopft.

5.22.15 *Hohenbuehelia unguicularis* (Fr.) O.K. Mill, *Resupinatus unguicularis* (Fr.) Singer, Gestielter Zwerg-Muscheling, Schwarzbrauner Muscheling: bis 2,5 cm, dunkel sepiabraun, Stiel nur angedeutet im Scheitel; auf morschem Laubholz. Sporen ellipsoid bis bohnenförmig, 6,5–9 × 3–5 µm, HymZ teils dickwandig und beschopft, teils unregelmäßig keulig und vereinzelt mit Auswüchsen. (Lu 1.32.10).

5.22.16 *Hohenbuehelia auriscalpium* (Maire) Singer
Späne-Muscheling

H: 1–7 cm, zungen- bis spatelförmig, etwas schmierig-fettig, in Stielnähe filzig-flaumig, jung weißlich, später zunehmend ocker bis braun. **L:** weit herablaufend, gedrängt, schmal, weiß bis grauockerlich, Schneiden bisweilen etwas schartig. **St:** seitlich, weiß filzig bis striegelig. **F:** weiß. **Ger:** mehlartig. **Ges:** mild. **V:** teils büschelig, vorwiegend auf

5.22.11 *Hohenbuehelia atrocoerulea*, Blaugrauer Muscheling

5.22.12 *Hohenbuehelia myxotricha*, Behaarter Muscheling

5.22.13 *Hohenbuehelia grisea*, Graufilziger Muscheling

5.22.16 *Hohenbuehelia auriscalpium*, Späne-Muscheling

Rinden- oder Häckselhaufen von Laubholz, z. B. Buche *Fagus.* **Mik:** Sporen glatt, breit ellipsoid, 6–7,5 × 4–5 µm, HymZ spindelig, sehr dickwandig und beschopft, teils unregelmäßig geformt, dünnwandig mit 1–3 Auswüchsen und Tropfen an der Spitze. (Lu 1.32.3, 🖼).

5.22.17 *Phyllotopsis nidulans* (Pers.) Singer
Gemeiner Orangeseitling

H: 2–8 cm, muschel-, zungenförmig, samtig, filzig, weißgelb bis sattorange. **L:** bis zur Ansatzstelle laufend, orange. **St:** seitlich, ganz kurz oder fehlend. **F:** gelblich, zäh. **Ger:** unangenehm kohlartig. **Ges:** mild. **Spp:** erst fleischfarben, später creme bis weißlich. **V:** vor allem auf Nadelholz; Herbst bis Frühling. **Mik:** Sporen glatt, zylindrisch bis bohnenförmig mit seitlichem Apikel, 4–8 × 2–4 µm, inamyloid, HymZ fehlend. (Kr 3.23, BK 3.393, Lu 1.66.1, 🖼).

Eine ähnliche Art ohne kohlartigen Geruch und mit braunem Sporenpulver ist *Tapinella panuoides*, Gemeiner Muschelkrempling.

5.22.18 *Pleurocybella porrigens* (Pers.) Singer, *Phyllotus porrigens* ☠
Ohrförmiger Seitling, Ohrförmiger Weißseitling

H: 2–8 cm, muschel-, zungen-, ohrförmig, glatt, weiß, Rand etwas filzig. **L:** bis zur Ansatzstelle am Holz laufend, creme. **St:** seitlich, praktisch fehlend. **F:** weiß, weich, später zäh. **Ger:** etwas pilzartig. **Ges:** mild. **Spp:** weißlich. **V:** oft büschelig, dachziegelig, auf Nadelholz in höheren Lagen; Sommer bis Herbst. **Mik:** Sporen glatt, breit ellipsoid bis kugelig, 5–7,5 × 4–6 µm, inamyloid, ChZ jung fehlend, später unregelmäßig flaschenförmig mit welligem Hals, teils auch knorrig und mit stumpfem Auswuchs. (D 311, Kr 3.498, BK 3.394, Lu 1.67.1, 🖼)

5.22.17 *Phyllotopsis nidulans*, Gemeiner Orangeseitling

5.22.18 *Pleurocybella porrigens*, Ohrförmiger Seitling

6 *Entolomataceae,* Rötlingsverwandte

Basidiomycota, Ständerpilze > *Agaricomycetes* > *Agaricales,* Blätterpilze

Die Familie *Entolomataceae,* Rötlingsverwandte

Das gemeinsame Hauptmerkmal der äußerst vielfältig geformten Pilze in der Familie ***Entolomataceae,*** Rötlingsverwandte ist das rosabraune Sporenpulver, das bei reifen Pilzen zumindest als Schein in den Lamellen, an der Stielspitze oder auch auf Nachbarshüten zu erkennen ist. Die Lamellen der kleinen bis großen rötlingsartigen Pilze sind fast frei bis herablaufend. Sie sind jedoch nie ganz frei und haben auch nicht die für *Pluteus,* Dachpilze und *Volvariella,* Scheidlinge typische Bruchstelle zwischen Stiel und Hut. Der Stiel ist stets ohne Ring, meistens zentral und in wenigen Fällen auch exzentrisch oder fehlend. Die Hutoberflächen sind weder schmierig noch grob schuppig. Einige Arten mit undeutlich rosafarbenem Sporenstaub sind schwierig der Familie zuzuordnen, wie z. B. der fleischige *Rhodocybe gemina,* Würziger Tellerling, welcher auf den ersten Blick eher in der Umgebung von *Lepista,* Rötelritterlinge vermutet werden dürfte, oder auch *Rhodophana nitellina,* Gelbfuchsiger Tellerling, dessen Habitus eher zu den rüblingsartigen Pilzen führt. In den Schlüsseln gibt es dort entsprechende Hinweise.

Die große Mehrheit der Rötlingsverwandten sind Saprobionten. Es gibt aber auch einige Parasiten und mykorrhizabildende Arten.

Im Mikroskop gibt sich die Familie klarer zu erkennen. Alle *Entolomataceae* zeigen besondere Sporenformen. Bei der großen Gattung *Entoloma,* Rötlinge und bei *Entocybe,* Scheinrötlinge sind es die unverkennbaren eckigen Sporen, während die verschiedenen kleinen Gattungen *Clitopilus, Clitopilopsis, Clitocella, Rhodocybe,* und *Rhodophana* Sporen mit Längsrillen oder unregelmäßig stumpfen Höckern aufweisen.

Bestimmung

Zur weiteren Bestimmung ist ein exzentrischer oder seitlicher Stiel der erste Hinweis auf eine spezielle Artengruppe. Mit dickem Fleisch und herablaufenden Lamellen gelangt man zu den häufigen Arten der Gattung *Clitopilus,* Räslinge und mit dünnem Fleisch zur Untergruppe der krüppelfußartigen Rötlinge. Bei den Arten mit vornehmlich zentralem Stiel folgen die Kriterien für die verschiedenen Untergruppen der äußerst heterogenen Gattung *Entoloma,* Rötlinge. Einerseits sind es gewölbt-gebuckelte bis kegelig-glockige Hutformen, welche mit dickem Fleisch zur Untergruppe der ritterlingsartigen (A1) führen und mit dünnem Fleisch zu jener der helmlingsartigen Rötlinge (A2). Andererseits sind es niedergedrückte oder genabelte bis trichtertige Hutformen mit leicht bis deutlich herablaufenden Lamellen, welche zu den trichterlings- oder nabelingsartigen Rötlingen (B) führen. Natürlich gibt es Zwischenformen, die z. B. jung gewölbt sind und später eher trichterige Hüte und aufsteigend angewachsene Lamellen zeigen. Wie immer sollen Mehrfachverschlüsselungen helfen, vor allem dann, wenn es sich um häufige Arten handelt. Hie und da kommt man aber sicher nicht darum herum, verschiedene Wege zu probieren, bis einer zu einem überzeugenden Ziel führt.

Speisewerte

Für Speisezwecke eignen sich nur *Clitopilus,* Räslinge. *Entoloma,* Rötlinge sind für die Küche nicht zum empfehlen. Sie sind schwer voneinander zu unterscheiden und es gibt darunter giftige Arten.

6.2.98 *Entoloma incanum,* Braungrüner Zärtling
Entoloma, Rötlinge bilden die größte Gattung in der Familie der Rötlingsverwandten. Sie umfasst fleischig-ritterlingsartige, feinere trichterlings- oder nabelingsartige Fruchtkörper mit herablaufenden Lamellen bis zarte, oft spitzgebuckelte, helmlingsartige sowie ein paar wenige krüppelfußartige Arten. *Entoloma incanum,* Braungrüner Zärtling zählt zur größten Untergruppe *Leptonia,* Zärtlinge mit dünnfleischigen, rüblingsartigen Fruchtkörpern und aufsteigend angewachsenen Lamellen. Auf dem Bild sieht man die typische rosabraune Färbung der Lamellen von Rötlingen und die lebhaften Stielfarben dieser Art.

Schlüssel zu den Gattungen

- Stiel exzentrisch oder seitlich
  - Hut weiß, Fleisch relativ dick bis sehr dick …… 6.1 *Clitopilus,* Räslinge u. Ä.
  - Hut nicht weiß, Fleisch nicht dick …… 6.2 *Entoloma,* Rötlinge (C)
- Stiel zentral
  - Hutoberfläche stark netzartig-aderig …… 5.16.07 *Rhodotus palmatus,* Orangerötlicher Adernseitling
  - Hutoberfläche nicht netzartig-aderig
    - Lamellen deutlich herablaufend, oft dickfleischig, Hut weiß bis fleischockerlich …… 6.1 *Clitopilus,* Räslinge u. Ä.
    - Lamellen ± gerade angewachsen, leicht abschiebbar, Hut fleischig, ockerrosa …… 6.1.17 *Rhodocybe gemina,* Würziger Tellerling
    - Lam. ausgebuchtet, blassocker, Hut gelbfuchsig, Geruch stark mehlig, ranzig …… 6.1.15 *Rhodophana nitellina,* Gelbfuchsiger Tellerling
    - Lam. ausgebuchtet, bald rosa, Hut ockerrosa, Geruch mehlig, Stiel mit Volva …… 6.1.14 *Rhodophana stangliana,* Knollfüßiger Tellerling
    - nicht mit diesen Merkmalen
      - Hut kegelig-glockig, gewölbt-gebuckelt
        - eher fleischig bis dickfleischig
          - Hut weißlich, graubräunlich, blau, nicht dunkelbraun oder schwarz …… 6.2 *Entoloma,* Rötlinge u. Ä. (A1a)
          - Hut dunkel- bis schwarzbraun …… 6.2 *Entoloma,* Rötlinge (A1b)
        - eher dünnfleischig
          - Hut meist mehr als 3 cm breit …… 6.2 *Entoloma,* Rötlinge u. Ä. (A2a)
          - Hut 1–3 cm breit …… 6.2 *Entoloma,* Rötlinge u. Ä. (A2b)
      - Hut niedergedrückt bis genabelt, oft filzig, feinschuppig, eher dünnfleischig
        - nicht auf Holz oder auf faulenden Pilzen
          - Lamellen herablaufend …… 6.2 *Entoloma,* Rötlinge (B1)
          - Lamellen breit angewachsen bis fast frei (evtl. m. Zahn herablaufend)
            - Stiel ohne Grün, Blau oder Violett …… 6.2 *Entoloma,* Rötlinge (B2a)
            - Stiel mit grünen, bläulichen, blaugrünlichen oder violetten Tönen …… 6.2 *Entoloma,* Rötlinge (B2b)
        - auf Holz oder faulenden Pilzen (Stiel oft seitlich oder fehlend) …… 6.2 *Entoloma,* Rötlinge (C)

6.1 *Clitopilus,* Räslinge und Ähnliche

Basidiomycota, Ständerpilze > *Agaricomycetes* > *Agaricales,* Blätterpilze > *Entolomataceae,* Rötlingsverwandte

Beschreibung

Die Gattung ***Clitopilus,*** Räslinge wird hauptsächlich durch den häufigen mittelgroßen, kreide- bis grauweißen, oft etwas exzentrisch und kurz gestielten *Clitopilus prunulus,* Großer Mehl-Räsling repräsentiert. Er ist dickfleischig, hat stark herablaufende, erst weißliche, später rosabräunliche ablösbare Lamellen, wächst auf Erde, im Wald oder auf Wiesen. Typisch ist der starke Mehlgeruch. Die weiteren weißlichen bis graubraunen Arten der Gattung sind eher klein, dünnfleischig und selten. In der erst kürzlich eingeführten Gattung ***Clitocella,*** Tellerlinge finden sich weitere mittelgroße seltene Arten, die im Habitus zwischen *Lepista,* Rötelritterlinge und *Clitocybe,* Trichterlinge anzusiedeln sind. An den verbliebenen deutschen Namen erkennt man, dass sie vorher, wie die tricherlingsartigen ***Clitopilopsis*** und die rüblingsartigen, stark nach Mehl riechenden ***Rhodophana*** zur Gattung ***Rhodocybe,*** Tellerlinge zählten. Einige Arten haben einen bitteren Geschmack, weshalb es auch die Bezeichnung Bitterlinge gibt. Von der geschrumpften Gattung *Rhodocybe* bleiben vor allem der fleischige, ockerrosa bis fleischbraun gefärbte, mit nur leicht herablaufenden, ablösbaren Lamellen versehene *Rhodocybe gemina,* Würziger Tellerling und der seltene *Rhodocybe parilis,* Flockiger Tellerling. Nach Angaben verschiedener Autoren soll dieser allerdings den beschriebenen, größeren *Clitocella*-Arten sehr nahe stehen. Das mehrheitlich rosabräunliche Sporenpulver ist neben anderen Eigenschaften ein wichtiger Hinweis, dass die Gattungen zur Familie der Rötlingsverwandten zählen.

Die Arten wachsen auf Erde, Holz oder Mist und sind alle Saprobionten. *Rhodophana stangliana,* Knollfüßiger Tellerling ist vermutlich ein Parasit, da er in Verbindung mit anderen Blätterpilzen wächst. Aufgrund dieser Sonderstellung ist auch seine Gattungszugehörigkeit noch nicht gesichert.

Unter dem Mikroskop findet man bei einigen Arten Sporen mit Längsrippen, welche bei entsprechender Lage eine zahnradartige Silhouette ergeben. Andere zeigen ein stumpf höckeriges Ornament, welches als Aufsicht auf die räumlich stumpfeckigen (polygonalen) Vielecke entsteht. Einige Sporen weisen nur eine schwach strukturierte, etwas runzelige Sporenoberfläche auf oder erscheinen praktisch glatt.

Sporen

6.1.01 *Clitopilus prunulus,*
Großer Mehl-Räsling

Sporen

6.1.15 *Rhodophana nitellina,*
Knollfüßiger Tellerling

Bestimmung

Die fleischigen Räslingsarten lassen sich anhand von Standort, Größe, Farbe, Lamellenhaltung und Geruch gut erkennen. Für die anderen, mehrheitlich seltenen Arten dürfte für eine klare Zuordnung der Einbezug mikroskopischer Merkmale notwendig sein.

Speisewerte

Clitopilus prunulus, Großer Mehl-Räsling eignet sich als Speisepilz, allerdings nur für jene Sammler:innen, welche ihn sicher von ähnlichen, jedoch giftigen Trichterlingsarten unterscheiden können. *Rhodocybe gemina,* Würziger Tellerling ist ebenfalls essbar, als Rarität jedoch zu schonen. Die anderen, teils bitteren Arten sind ungenießbar.

6.1 *Clitopilus*, Räslinge und Ähnliche

- auf Erde wachsend
  - Lamellen gerade angewachsen bis herablaufend
    - Hut > 3 cm breit
      - Hut kreide- bis grauweiß, Lamellen weißlich bis fleischrosa
        - Geruch mehlartig, Fleisch mild ……… **01 *Clitopilus prunulus*, Großer Mehl-Räsling**
        - Geruch unauffällig bis obstartig, Fleisch bitter ……… 10 *Clitocella fallax*, Weißer Tellerling
      - Hut ockerrosa, Rand heller, Lamellen aufsteigend, Stielbasis knollig ……… 14 *Rhodophana stangliana*, Knollfüßiger Tellerling
      - Hut fleischbraun, orangeocker, Lam. leicht herablaufend, Stiel ohne Knolle ……… 17 *Rhodocybe gemina*, Würziger Tellerling
      - Hut graubraun
        - Geschmack bitter, Geruch mehlartig, Hut oft mit Wasserflecken
          - Fleisch und Lamellen schwärzend (evtl. vorher rötend)
            - Hut satt graubraun ……… 11 *Clitocella popinalis*, Bereifter Tellerling
            - Hut blass graubraun bis fast weißlich ……… 12 *Clitocella mundula*, Fleckender Tellerling
          - Lamellen nicht schwärzend (höchstens etwas grau), im Nadelwald ……… 09 *Clitocella obscura*, Dunkelgrauer Tellerling
        - Geschmack mild, Huthaut oft konzentrisch rissig
          - Geruch schwach bis deutlich mehlartig
            - Hut > 4 cm, eher dickfleischig, Sporen längsrippig ……… 02 *Clitopilus paxilloides*, Kremplings-Räsling
            - Hut < 4 cm, eher dünnfleischig
              - Sporen feinhöckerig, Cheilozystiden quer septiert ……… 13 *Clitopilopsis hirneola*, Glänzender Tellerling
              - Sporen runzelig (fast glatt), Cheilozystiden nicht quer septiert ……… 16 *Clitopilus caelatus*, Rissiger Räsling
          - Geruch unauffällig bis leicht rettichartig ……… 18 *Rhodocybe parilis*, Flockiger Tellerling
    - Hut < 3 cm breit
      - Hut vorwiegend weiß
        - Hut 1–3 cm breit, Lamellen nicht entfernt stehend ……… 03 *Clitopilus scyphoides*, Trichterförmiger Räsling
        - Hut < 1 cm breit, Lamellen weit entfernt bis aderig-reduziert ……… 6.2.87 *Entoloma albotomentosum*, Weißfilziger Nabelrötling
      - Hut grau bis graubraun
        - Hutrand nicht gerieft, Sporen deutlich höckerig
          - Geruch stark mehlartig, Hut hygrophan, Rand gerieft, Stiel violett ……… 08 *Clitopilus ardosiacus*, Violettstieliger Räsling
          - Geruch unauffällig bis leicht rettichartig ……… 18 *Rhodocybe parilis*, Flockiger Tellerling
        - Hutrand gerieft, nabelingsartig, Sporen glatt bis leicht uneben ……… 04 *Clitopilus giovanellae*, Braunvioletter Räsling
  - Lamellen aufsteigend angewachsen, Geruch mehlartig
    - Hut ockerrosa, Rand heller, Stielbasis knollig, volvaartig ……… 14 *Rhodophana stangliana*, Knollfüßiger Tellerling
    - Hut orangebraun, Geruch stark mehlartig Stiel ohne Knolle ……… 15 *Rhodophana nitellina*, Gelbfuchsiger Tellerling
- auf Mist (Pferdemist in Champignonkulturen) ……… 05 *Clitopilus passeckerianus*, Katzenohr-Räsling
- auf Holz wachsend
  - Stiel seitlich, Hut 1–4 cm, halbkreis- bis nierenförmig, Hut faserig-filzig
    - Hut weiß, rosaweiß
      - Lamellen entfernt, 5–10 Lamellen, Sporen deutlich längsrippig ……… 06 *Clitopilus hobsonii*, Blassblättriger Räsling
      - Lamellen dicht, > 25 Lamellen, teils gegabelt, Sporen fast glatt, netzartig ……… 07 *Clitopilus reticulosporus*, Netzsporiger Räsling
    - Hut grau, ca. 1–3 cm breit, 15–25 Lamellen
      - ohne Cheilozystiden ……… 6.2.140 *Entoloma byssisedum*, Stummelfuß-Rötling
      - mit Cheilozystiden ……… 6.2.141 *Entoloma depluens*, Schwindlings-Nabelrötling
  - Stiel exzentrisch, Hut ca. 3–10 cm, rund und Oberseite stark netzartig-aderig ……… 5.16.07 *Rhodotus palmatus*, Orangerötlicher Adernseitling
- auf anderen Pilzen, Moos oder Rinde, Hut klein, < 1 cm breit
  - Hut > 1 cm, ockerrosa, Rand heller, Lamellen aufsteigend, Stielbasis knollig ……… 14 *Rhodophana stangliana*, Knollfüßiger Tellerling
  - Hut < 1 cm, Lamellen herablaufend
    - Hut weiß, runzelig-filzig, auf Moos oder alten Pilzen wachsend ……… 6.2.142 *Entoloma parasiticum*, Parasitischer Nabelrötling
    - Hut blassbraun, filzig, auf alten Pfifferlingsarten wachsend ……… 6.2.143 *Entoloma pseudoparasiticum*, Pfifferlings-Stummelfuß-Rötling

6.1.01 *Clitopilus prunulus* (Scop.) P. Kumm.
Großer Mehl-Räsling

H: 3–12 cm, gewölbt und evtl. gebuckelt, später etwas trichterig, matt bis feinsamtig, kreideweiß bis grauweiß, gelblichweiß, Rand eingerollt oder eingebogen und wellig-lappig. **L:** stark herablaufend, weiß bis ockerlich, im Alter zunehmend rosa. **St:** weiß, kurz, gegen die Basis verjüngt, bisweilen exzentrisch. **F:** im Scheitel dick, fest, weiß. **Ger:** stark nach Mehl. **Ges:** mehlartig. **Spp:** rosa. **V:** im Wald, auf Waldwiesen, im Park; Sommer bis Herbst. **Mik:** Sporen mit 6–8 Längsrippen (im Querschnitt zahnradartig), ellipsoid bis mandelförmig, 10–12 × 5–6 µm, ohne ChZ, Huthauthyphen nicht inkrustiert. (D 391, Kr 4.140, BK 4.2, Lu 1.15.10,).

6.1.02 *Clitopilus paxilloides* Noordel., Kremplings-Räsling, Kremplings-Mehlpilz: Hut graubraun bis beigegrau, Rand lange eingerollt. Ohne ChZ, Huthauthyphen deutlich inkrustiert, 2- bis 4-sporig, ellipsoid bis mandelförmig mit Längsrippen, 9,5–13,5 × 5,5–7,5 µm. Kein Speisepilz. (Lu 1.15.6).

Clitopilus cystidiatus (Paulet) Noordel. & Co-David, Zystiden-Räsling, Zystiden-Trichterling: Hut 2–7 cm weiß bis etwas grau mit graubläulichen, wolkigen Flecken, Rand lange eingerollt, Lamellen grauweiß und nur schwach rosa werdend. Sporen mit Längsrippen, ellipsoid bis zitronenförmig, 9,5–13,5 × 5–6,5 µm, Huthauthyphen inkrustiert, ChZ quer septiert, zylindrisch bis leicht keulig-kopfig. Kein Speisepilz.

6.1.03 *Clitopilus scyphoides* (Fr.) Singer
Trichterförmiger Räsling

H: 0,5–3 cm breit, exzentrisch bis fächerförmig, genabelt, seidig weiß, Rand lange eingerollt, flatterig, **L:** herablaufend, schmal, untermischt, weiß, erst alt leicht ockerrosa. **F:** relativ dünn, brüchig, **Ger:** leicht mehlartig. **Ges:** leicht mehlartig. **Spp:** rosa. **V:** einzeln bis gesellig, auf Erde. **Mik:** Sporen mit 8–10 schwachen Längsrippen, ellipsoid, 6,5–8,5 × 4–4,5 µm. (Kr 4.142, BK 4.3ff, Lu 1.15.5,).

6.1.04 *Clitopilus giovanellae* (Bres.) Joss., *Omphalia giovanellae* Bres., *Omphalina farinolens* G. Moreno & Esteve-Rav.
Braunvioletter Räsling

H: 0,5–1,5 cm, gewölbt, oft genabelt, nicht gebuckelt, leicht seidig-filzig, grau, graubraun, Rand gerieft. **L:** blassgrau. **St:** relativ kurz, grau, Basis mit weißem Filz, evtl. etwas knollig. **Ger:** mehlartig. **V:** auf sandigem Boden, an sonnigen Stellen, bisher aus Spanien und Italien bekannt. **Mik:** Sporen glatt, ellipsoid bis etwas mandelförmig zugespitzt, 5–8 × 3–4 µm. Die kleine, nabelingsähnliche Art wird in der gängigen Literatur nur wenig erwähnt, wurde aber von Moreno et al. 2007 ausführlich bearbeitet und beschrieben.

6.1.05 *Clitopilus passeckerianus* (Pilát) Singer
Katzenohr-Räsling

H: 1–4 cm, weiß, meist seitlich ausgezogen (nicht rund). **L:** gerade angewachsen bis schwach herablaufend, weiß. **St:** kurz oder ganz verkümmert, weiß. **F:** weiß. **Ger:** mehlartig. **Spp:** rosa. **V:** auf altem Pferdemist (Champignonkulturen). **Mik:** Sporen mit 5–8 schwachen Längsrippen, ellipsoid bis tropfenförmig, 7,5–9 × 4–5 µm. (Lu 1.15.9).

6.1.06 *Clitopilus hobsonii* (Berk.) P.D. Orton
Blassblättriger Räsling

H: 1–2 cm, muschel-, spatelförmig, feinfilzig, weißlich bis rosa, Rand lange eingebogen und alt etwas gekerbt. **L:** ziemlich entfernt, bauchig, blass, später rosa, Schneiden fransig. **St:** seitlich, kurz oder fehlend, weißlich. **Ger:** unauffällig bis mehlartig. **Ger:** schwach mehlartig, nach einiger Zeit bitterlich. **Spp:** rosa. **V:** auf Holz, Pflanzenresten; Frühling bis Herbst. **Mik:** Sporen mit 6–12 deutlichen Längsrippen, ellipsoid, 7–9 × 5–5,5 µm. (BK 4.1, Lu 1.15.1,).

6.1.07 *Clitopilus reticulosporus* Morgado, Hauskn. & Noordel.
Netzsporiger Räsling

H: 1,5–4 cm, halbkreisförmig, muschelförmig mit seitlichem Stiel, weiß, filzig, Rand wellig und lange eingerollt, ungerieft. **L:** angeheftet, teilweise gegabelt, dicht, anfangs blassgelblich, später grauorange bis graurosa. **St:** seitlich ± verkümmert, ebenfalls weiß filzig. **F:** brüchig, weiß. **Ger:** stark mehlartig-ranzig. **Ges:** mehlartig. **Spp:** orangerosa. **V:** auf verrottetem Holz von Laubbäumen; Sommer bis Herbst. **Mik:** Sporen schwach längsrippig mit 12–14 Rippen, im Elektronenmikroskop deutlich netzartig, ellipsoid, 6–8,5 × 4–5,5 µm.

6.1.08 *Clitopilus ardosiacus* (E. Horak & Griesser) Noordel. & Co-David, *Rhodocybe ardosiaca* E. Horak & Griesser
Violettstieliger Räsling, Violettstieliger Tellerling

H: Hut 0,5–2 cm feinfilzig, nie rissig, hygrophan, ocker-, orange- bis dunkelbraun, hygrophan, Rand deutlich gerieft. **L:** angeheftet bis herablaufend, eher dicht, teils mit Queradern, jung weißlich, später grau- bis etwas rosaocker, Schneiden leicht rötlich

6.1.01 *Clitopilus prunulus*, Großer Mehl-Räsling

6.1.03 *Clitopilus scyphoides*, Trichterförmiger Räsling

6.1.06 *Clitopilus hobsonii*, Blassblättriger Räsling

verfärbend. **St:** violettbraun bis blau, vor allem gegen die Spitze. **Ger:** stark mehl- bis gurkenartig. **Mik:** Sporen deutlich höckerig, ellipsoid bis mandelförmig, 7–9,5 × 4,5–5,5 µm. (Lu 1.74.9).

6.1.09 *Clitocella obscura* (Pilát) Vizzini, Sesli, T.J. Baroni, Antonin & I. Saar,
Clitopilus obscurus (Pilát) Noordel. & Co-David, *Rhodocybe obscura* (Pilát) M.M. Moser
Dunkelgrauer Tellerling, Dunkelgrauer Räsling

H: 4–10 cm, ± rauchgrau, hell graubraun, evtl. mit konzentrisch angeordneten Wasserflecken, etwas bereift, im Alter oft rissig. **L:** herablaufend, gedrängt, graubräunlich bis rosagrau. **St:** wie der Hut gefärbt. **F:** dick, weißlich. **Ger:** mehlartig, ranzig. **Ges:** bitter. **Spp:** rosa. **V:** im Nadelwald auf Kalkboden, sehr selten. **Mik:** Sporen höckerig, breit ellipsoid bis kugelig, 6,5–8,5 × 6,5–7,5 µm. (Lu 1.74.1, 🖼).

6.1.09 *Clitocella obscura,* Dunkelgrauer Tellerling

6.1.10 *Clitocella fallax* (Quél.) K.L. Kluting, T.J. Baroni & S.E. Bergemann,
Rhodocybe fallax (Quél.) Singer
Weißer Tellerling, Weißlicher Bitterling

H: 1–5 cm, weißlich, feinfilzig, Rand lange eingerollt. **L:** deutlich herablaufend, dicht und schmal, jung weiß, später cremegelblich und schließlich ockerrosa. **St:** weißlich. **F:** dünn, weiß. **Ger:** etwas mehlartig, fruchtartig. **Ges:** bitter. **Spp:** rosagelblich. **V:** im Laub- oder Nadelwald, auf Wiesen, in Parks. **Mik:** Sporen schwach höckerig, ellipsoid bis mandelförmig, 5,5–8,5 × 4–5 µm. (BK 4.98, Lu 1.74.11).

6.1.11 *Clitocella popinalis* (Fr.) K.L. Kluting, T.J. Baroni & S.E. Bergemann,
Rhodocybe popinalis (Fr.) Singer
Bereifter Tellerling

H: 3–7 cm, grau, graubraun, evtl. mit konzentrisch angeordneten Wasserflecken, etwas bereift, im Alter oft rissig. **L:** herablaufend, gedrängt, graubräunlich bis rosagrau, schwärzend und vorher manchmal rötend. **St:** wie der Hut gefärbt. **F:** dick, weißlich. **Ger:** mehlartig, ranzig. **Ges:** bitter. **Spp:** rosa. **V:** in Wiese, Weide, Dünen. **Mik:** Sporen deutlich höckerig, kugelig, 4,5–7 × 3,5–6 µm. (Kr 4.243, Lu 1.74.15, 🖼).

6.1.11 *Clitocella popinalis,* Bereifter Tellerling

6.1.12 *Clitocella mundula,* Fleckender Tellerling

6.1.12 *Clitocella mundula* (Lasch) K.L. Kluting, T.J. Baroni & S.E. Bergemann, *Rhodocybe mundula* (Lasch) Singer, Fleckender Tellerling: Hut blasser rauchgrau; im Laubwald, seltener im Nadelwald. (BK 4.100, 🖼).

Die Abgrenzung der beiden Arten ist uneinheitlich. Gemäß Noordeloos 2018c verfärbt das Fleisch bei *C. mundula,* Bereifter Tellerling im Unterschied zu *C. popinalis,* Fleckender Tellerling nicht, während andere Autoren das Gegenteil beschreiben. Krieglsteiner 2003 und weitere Autoren zählen *C. mundula* zum Formenkreis von *C. popinalis.*

6.1.13 *Clitopilopsis hirneola* (Fr.) Kühner, *Rhodocybe hirneola* (Fr.) P.D. Orton
Glänzender Tellerling

H: 1–3 cm, grau, graubräunlich, **L:** herablaufend, weißgrau. **St:** grau bis graubraun, gegen die Basis zunehmend weiß überfasert. **F:** weißgrau. **Ger:** mehlartig. **Ges:** mehlartig. **Spp:** graubraun. **V:** in sandigem Nadelwald, Mischwald, am Wegrand, im Moor. **Mik:** Sporen glatt bis etwas runzelig-uneben, breit ellipsoid bis kugelig, dickwandig, 5,5–9 × 4–7 µm. (Lu 1.74.10, 🖼).

6.1.13 *Clitopilopsis hirneola,* Glänzender Tellerling

6.1.14 *Rhodophana stangliana* (Bresinsky & Pfaff) Vizzini,
Rhodocybe stangliana (Bresinsky & Pfaff) Riousset & Joss
Knollfüßiger Tellerling

H: 1,5–3 cm, hell fleischrosa, ockerlich, eingewachsen-faserig. **L:** ausgebuchtet bis fast frei, eher entfernt, erst weiß, später rosa. **St:** fleischockerlich, gegen die knollige Basis zunehmend weißlich. **F:** weiß, in der Stielknolle etwas grau. **Ger:** mehlartig. **Ges:** mehlartig bis etwas scharf. **Spp:** schmutzig rosa. **V:** im Fichtenwald *Picea,* evtl. auch an anderen Standorten und vermutlich parasitisch an anderen Blätterpilzen. **Mik:** Sporen leicht höckerig, breit ellipsoid bis kugelig, 5–7 × 3,5–5 µm. (BK 4.102, Lu 1.74.4).

6.1.15 *Rhodophana nitellina* (Fr.) Papetti, *Rhodocybe nitellina* (Fr.) Singer
Gelbfuchsiger Tellerling

H: 2–5 cm, gelbbraun, orangebraun, etwas hygrophan, Rand heller, bisweilen schwach gerieft. **L:** ausgerandet bis etwas herablaufend, blassocker bis fleischrötlich. **St:** weiß bis fleischrötlich. **F:** blass. **Ger:** stark nach Mehl. **Ges:** mild (ölig, nussartig). **Spp:** rosa. **V:** im Laub- und Nadelwald. **Mik:** Sporen wellig-höckerig, ellipsoid, 6,5–8 × 4–5 µm. (Kr 4.240, BK 4.101, Lu 1.74.6, 🖼).

6.1.15 *Rhodophana nitellina,* Gelbfuchsiger Tellerling

Rhodocybe cuprea J. Favre ex E. Horak, Kupferfarbener Tellerling: Fruchtkörper eher kleiner, braun- bis kupferrot, Geruch fehlend; aus höheren bis alpinen Lagen. Es ist nicht klar, ob sich diese Art wirklich abgrenzen lässt.

6.1.16 *Rhodocybe caelata* (Fr.) Maire, *Clitopilus caelatus* (Fr.) Vila & Contu
Rissiger Tellerling, Rissiger Räsling

H: 1–3 cm, graubraun, trocken blassgrau, grau, feucht graubraun, alt meist mit konzentrisch rissiger Huthaut. **L:** leicht ausgebuchtet bis etwas herablaufend, graugelblich, graubräunlich. **St:** wie der Hut gefärbt, weißlich überfasert. **F:** graulich. **Ger:** mehlartig. **Ges:** mehlartig, evtl. etwas bitterlich. **V:** auf sandigem Boden, in Heide, Nadelwald. **Mik:** Sporen fein warzig-höckerig, ellipsoid bis etwas mandelförmig, 5–7 × 4–5 µm. (Kr 4.237, BK 4.97, Lu 1.74.8, 🖼).

6.1.16 *Rhodocybe caelata,* Rissiger Tellerling

6.1.17 *Rhodocybe gemina* (Paulet) Kuyper & Noordel., *Clitopilus geminus* (Paulet) Noordel. & Co-David, *Rhodocybe truncata* (Schaeff.) Singer
Würziger Tellerling, Würziger Räsling

H: 4–12 cm, ockerrosa bis fleischbräunlich, Rand etwas eingerollt. **L:** ausgerandet bis etwas herablaufend, blassocker bis fleischrötlich. **St:** weiß bis fleischrötlich. **F:** blass. **Ger:** aromatisch (etwas mehlartig, ranzig bis leicht süßlich). **Ges:** mild (ölig, nussartig). **Spp:** rosa. **V:** im Laub- und Nadelwald. **Mik:** Sporen höckerig, ellipsoid, 5–7 × 3,5–5 µm. (Kr 4.238, BK 4.99, Lu 1.74.3, 🖼).

6.1.18 *Rhodocybe parilis* (Fr.) Singer
Flockiger Tellerling, Flockiger Bitterling

H: 2–5 cm, graubraun bis bräunlichgrau, rau, alt oft gezont-runzelig. **L:** graubräunlich. **St:** wie der Hut gefärbt. **F:** nicht verfärbend. **Ger:** schwach. **Ges:** etwas rettichartig. **V:** zwischen Gras. **Mik:** Sporen warzig-höckerig, kugelig, 5–6,5 × 4,5–5,5 µm. (Lu 1.74.13, 🖼).

Verschiedene Autoren (Gröger 2006, Ludwig 2012) vermuten, dass es sich um eine kleine Form von *Clitocella popinalis,* Bereifter Tellerling handelt.

6.1.17 *Rhodocybe gemina,* Würziger Tellerling

6.2 *Entoloma,* Rötlinge und Ähnliche

Basidiomycota, Ständerpilze > *Agaricomycetes* > *Agaricales,* Blätterpilze > *Entolomataceae,* Rötlingsverwandte

Beschreibung

Die Hutformen der ***Entoloma,*** Rötlinge reichen von glockig-kegelig über breit gebuckelt, gewölbt, mit oder ohne Papille bis zu genabelt oder trichterig. Die meisten Fruchtkörper erscheinen in verschiedenen grauen bis graubraunen Tönen von blass bis ganz dunkel. Ein beachtlicher Teil der Gattung bildet mehr oder weniger intensive Blautöne aus; selten findet man auch Grün- oder Rosatöne. Einzelne Arten zeichnen sich durch auffällige Gerüche aus, so z. B. nach Früchtebonbon oder verbranntem Gummi. Die Hutoberfläche ist mehrheitlich glatt und typisch metallisch glänzend, manchmal aber auch filzig, faserig bis etwas schuppig. Das stets rosa bis rosabraune Sporenpulver verleiht den Lamellen reifer Fruchtkörper die entsprechende typische Farbe. Jung können die Lamellen jedoch praktisch weiß sein. Zahlreiche Untergattungen teilen die große Gattung auf. Die deutschen Namen weisen oft auf die entsprechende Sektion hin. Die teils großen Arten mit ritterlingsähnlichem Habitus und breitkegelig-gewölbtem Hut, relativ dickem Fleisch und teilweise mit Mehlgeruch zählen zur Untergattung *Entoloma,* Rötlinge. Die dünnfleischigen Exemplare mit gewölbtem bis glockigem, oft spitz gebuckeltem Hut heißen *Nolanea,* Glöcklinge; die ebenfalls zartfleischigen Arten mit niedergedrückter bis etwas genabelter Hutform jedoch nicht herablaufenden Lamellen bilden *Leptonia,* Zärtlinge. Zarte und zugleich genabelte Exemplare mit herablaufenden Lamellen gehören zur Untergattung *Omphaliopsis,* Nabelrötlinge. Eine weitere Untergattung bilden *Claudopus,* Stummelfußrötlinge mit kurzem, exzentrischem bis seitlichem Stiel, herablaufenden Lamellen und wiederum eher etwas dickerem Fleisch. Rötlinge mit filziger, schuppiger oder faserschuppiger Hutoberfläche bilden die Untergattungen *Inocephalus, Trichopilus, Pouzarella,* Filzrötlinge. Die zarten, weißen Fruchtkörper zählten vorübergehend zur separaten Gattung *Alboleptonia,* Weiß-Zärtlinge. Einige Arten bilden aufgrund leicht stumpf-höckriger, kugeliger Sporen und schließlich molekularbiologischer Untersuchungen die Gattung ***Entocybe,*** Scheinrötlinge.

Die große Mehrheit der *Entoloma,* Rötlinge sind Saprobionten, die auf Erde ausnahmsweise auch auf Holz wachsen. Vereinzelt ist die Bildung von Mykorrhiza, vorwiegend mit *Rosaceae,* Rosengewächsen möglich, allenfalls auch mit Nadel- oder Laubbäumen. Eine kleine Gruppe tritt als Parasiten anderer Pilzarten auf.

Die Sporen sind immer mehr oder weniger ausgeprägt eckig, teils schmal (heterodiametrisch), teils breiter oder gleich breit wie lang (isodiametrisch), ausnahmsweise auch kreuzförmig.

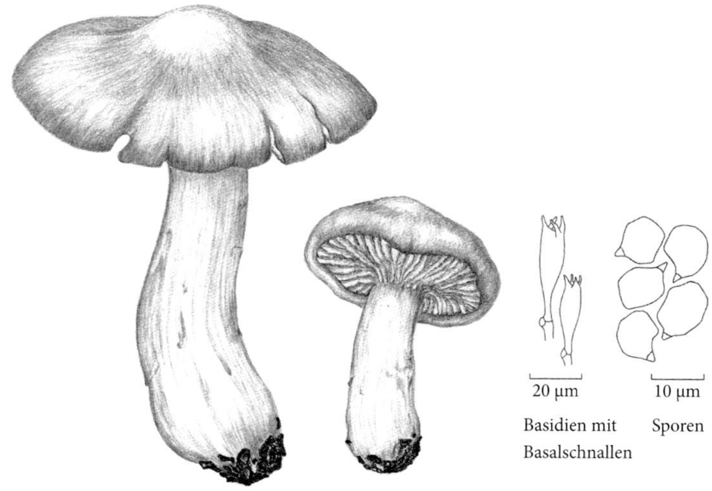

6.2.13 *Entoloma sinuatum,*
Riesen-Rötling

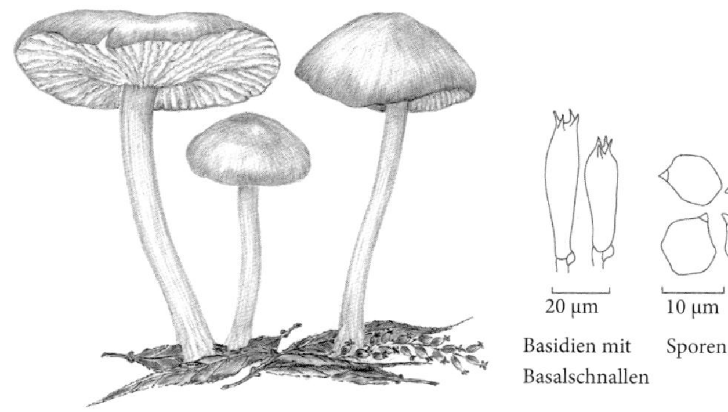

6.2.19a *Entoloma rhodopolium* f. *nidorosum,*
Alkalischer Rötling

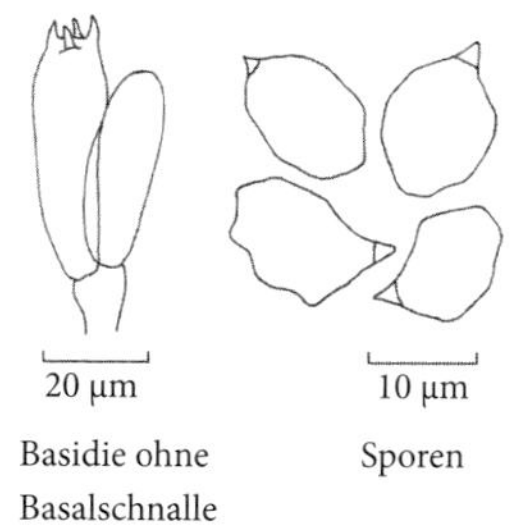

6.2.98 *Entoloma incanum,*
Braungrüner Zärtling

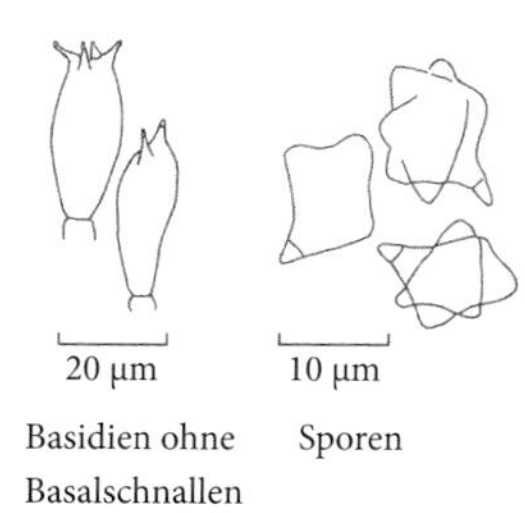

6.2.44 *Entoloma conferendum,*
Kreuzsporiger Glöckling

Bestimmung

Die Arten sind unterteilt in kegelig-glockige und genabelte bis trichterige Hutformen. Leider ist die Hutform nicht immer zuverlässig. Es gibt Fruchtkörper, die kegelig-glockig sprießen und bald niedergedrückte bis trichterige Formen zeigen. Sie sind, wo möglich, in beiden Gruppen verschlüsselt. Die vornehmlich kegelig-glockigen Formen sind getrennt nach eher dickfleischigen Arten (Schlüssel A1), hell (A1a) oder dunkel (A1b) gefärbten und dünnfleischigen (Schlüssel A2), mittelgroßen über 3 cm breiten (A2a) oder kleinen (A2b) Fruchtkörpern unter 3 cm Hutbreite aufgeführt. Die niedergedrückten, genabelten oder trichterigen Formen sind unterteilt in zentral (Schlüssel B) oder exzentrisch (Schlüssel C) gestielte Arten. Bei zentralem Stiel stellt sich zuerst die Frage nach herablaufenden Lamellen, welche im zutreffenden Fall zum Schlüssel B1 führt. Die Formen mit nicht herablaufenden Lamellen unterscheiden sich schließlich nach mehr (B2b) oder weniger (B2a) blauen oder grünen Farbanteilen. Weitere Merkmale zur Unterscheidung sind teilweise anders gefärbte Lamellenschneiden, der Geruch und im mikroskopischen Bereich sind es vorhandene oder fehlende Schnallen, die Struktur der Huthaut und das Vorhandensein verschiedener Zystiden und deren Formen.

Speisewerte

Es gibt eine Reihe von giftigen Rötlingen. Da viele Arten der Gattung äußerst schwierig auseinanderzuhalten sind, ist vom Genuss aller Rötlinge abzuraten, obwohl einzelne Arten als essbar gelten. Besonders gefürchtet ist der giftige *Entoloma sinuatum,* Riesen-Rötling. Der fleischige Pilz kann bei flüchtiger Betrachtung auch mit Pilzen aus anderen Gattungen verwechselt werden, z. B. mit *Clitocybe nebularis,* Nebelgrauer Trichterling.

6.2 *Entoloma*, Rötlinge und Ähnliche

(A1a) Hut kegelig-glockig, gewölbt-gebuckelt, Lamellen ausgebuchtet, breit angewachsen bis fast frei, evtl. mit Zahn herablaufend eher fleischig bis dickfleischig, auf Erde

▹ Hut weißlich, bräunlich, graubraun, blau, aber nicht dunkelbraun oder schwarz

Hut (ganzer Fruchtkörper) blau oder violettlich, bräunlichviolett	
Hut vorwiegend blau, blaugrau	
vorwiegend Nadel- oder Mischwald, rüblingsartig, dünnfleischig, Hut < 5 cm	01 *Entocybe nitida*, Stahlblauer Scheinrötling
auf Wiesen, Weiden, auch alpin, eher fleischig, ritterlingsartig, Hut 3–8 cm	
Hut graubraun bis grauviolett und später verblassend, Sporen > 8 µm lang	02 *Entoloma bloxamii*, Lilablauer Rötling
Hut blau bis violett und so bleibend, Sporen < 8 µm lang	03 *Entoloma madidum*, Blauer Rötling
Hut bräunlich, graubraun, mit lilaviolettem Farbanteil	
auf Wiesen, Weiden, jung mit lilaviolettem Farbanteil	04 *Entoloma porphyrophaeum*, Porphyrbrauner Rötling
bei Torfmoos, Cheilozystiden flaschenförmig, teils kopfig	
Lamellenschneiden dunkelbraun	06 *Entoloma fuscomarginatum*, Braungerandeter Rötling
Lamellenschneiden gleichfarbig wie die Lamellen	05 *Entoloma elodes*, Glimmeriger Filz-Rötling
Hut weiß, weißlich	
sehr groß, bis 20 cm, cremeweiß, bis cremegelb, silberockerlich, im Herbst	**13 *Entoloma sinuatum*, Riesen-Rötling**
mittel bis groß, 3–15 cm, oft schon ab dem Frühjahr	
bei verschiedenen Rosengewächsen	
Fleisch im Schnitt rötend (Fraßstellen)	
bei Schlehe, Zwetschge, Pflaume, vorwiegend im Frühjahr	07 *Entoloma sepium*, Blassbrauner Schlehen-Rötling
im Laubwald, bis im Herbst	08 *Entoloma moserianum*, Rotfleckender Rötling
Fleisch im Schnitt nicht rötend, vorwiegend bei Weißdorn	
Hut silbrig überzogen, oft fleckig, matt, Sporen meist > 10 µm lang	09 *Entoloma saundersii*, Silbergrauer Rötling
Hut vorwiegend weiß, ohne Flecken, seidig, Sporen meist < 10 µm	10 *Entoloma niphoides*, Elfenbeinweißer Frühlings-Rötling
auf Magerwiesen	
Geruch mehlartig, Stiel zentral, Sporenlänge < 9 µm	11 *Entoloma prunuloides*, Mehl-Rötling
Geruch unauffällig, Stiel oft exzentrisch, Sporenlänge > 9 µm	12 *Entoloma excentricum*, Marmorierter Rötling
klein, Hut kaum mehr als 3 cm breit, im Herbst	
Stielbasis knollig, fast volvaartig, Hut gebuckelt, Mitte orangebräunlich	6.1.14 *Rhodophana stangliana*, Knollfüßiger Tellerling
Stielbasis kaum knollig, Geruch mehlartig	20 *Entoloma speculum*, Blasser Rötling
Hut blass bräunlichgrau bis graubraun	
Hut meist > 3 cm breit	
Geruch oder Geschmack mehlartig, ranzig	
im Frühjahr wachsend	
Geruch und Geschmack mehlartig	
Fleisch rötend (Fraßstellen), meist bei Schlehen, Pflaumen	07 *Entoloma sepium*, Blassbrauner Schlehen-Rötling
Fleisch nicht rötend, bei Weißdorn oder im Laubwald	
vorwiegend bei Weißdorn, Rand nicht gerieft	**22 *Entoloma clypeatum*, Schild-Rötling**
im Laubwald, vorwiegend Ulme, Hainbuche, seltener Weißdorn	
kaum büschelig, kaum über 8 cm, hygrophan, Rand gerieft	25 *Entoloma aprile*, April-Rötling
vorwiegend büschelig, Hut silbrig überzogen, nicht gerieft	09 *Entoloma saundersii*, Silbergrauer Rötling
Geruch unauffällig, Geschmack mehlartig	24 *Entoloma bahusiense*, Geruchloser Schild-Rötling
nicht im Frühjahr wachsend	
Fruchtkörper groß, dickfleischig, Lamellen eher entfernt, erst gelblich	**13 *Entoloma sinuatum*, Riesen-Rötling**
Fruchtkörper mittelgroß, nicht dickfleischig, Lam. nicht entfernt stehend	
Hut in Brauntönen mit Grauanteil, nicht vorwiegend gelbbraun	
im moorigen Laubwald	14 *Entoloma sericatum*, Weiden-Rötling
vorwiegend bei Pappeln	15 *Entoloma pseudoexcentricum*, Weißstieliger Pappel-Rötling
bei Laubbäumen	
Stiel weiß	17 *Entoloma lividoalbum*, Weißstieliger Rötling
Stiel und Hut graubraun	18 *Entoloma griseoluridum*, Graustieliger Rötling
Hut gelbbraun mit deutlichem Gelbanteil, ohne grau	16 *Entoloma majaloides*, Gelbbrauner Rötling
Geruch unauffällig bis nitrös, vorwiegend im Laubwald bei Buchen	
Hutform oft niedergedrückt, seltener gebuckelt, nicht gerieft	**19 *Entoloma rhodopolium*, Niedergedrückter Rötling**
Hutform gebuckelt, kaum niedergedrückt, Rand gerieft	
Hut glatt	
Hut in Brauntönen mit Grauanteil, nicht vorwiegend gelbbraun	14 *Entoloma sericatum*, Weiden-Rötling
Hut gelbbraun mit deutlichem Gelbanteil, ohne grau	16 *Entoloma majaloides*, Gelbbrauner Rötling
Hut samtig bis faserig-filzig	
Hut faserig-filzig porphyrbraun, Hut und Stiel jung lilapurpurn	04 *Entoloma porphyrophaeum*, Porphyrbrauner Rötling
Hut samtig blass- bis rußbraun, Mitte evtl. runzelig, Frkp. ohne Lila	38 *Entoloma henrici*, Samthütiger Filz-Rötling
Hut meist < 3 cm breit, Geruch mehlartig	
Stielbasis kaum knollig, ohne Cheilozystiden	20 *Entoloma speculum*, Blasser Rötling
Stielbasis knollig, mit Cheilozystiden	21 *Entoloma leucocarpum*, Hellfleischiger Rötling

6.2 *Entoloma*, Rötlinge

(A1b) Hut kegelig-glockig, gewölbt-gebuckelt, Lamellen ausgebuchtet, breit angewachsen bis fast frei, evtl. mit Zahn herablaufend eher fleischig bis dickfleischig, auf Erde

▹ Hut dunkelbraun oder schwarz

- Hut kahl
  - Hut breiter als 3 cm
    - ab Frühjahr
      - an grasigen Stellen bei Rosengewächsen, vorwiegend Weißdorn — **22 *Entoloma clypeatum*, Schild-Rötling**
      - in lichtem Laubwald, vorwiegend bei Ulme oder Hainbuche — 25 *Entoloma aprile*, April-Rötling
    - ab Sommer bis Herbst
      - im sumpfigen Laubwald
        - bei Weide, Erle, Birke, Geruch nitrös (frisch, später geruchlos) — 26 *Entoloma politum*, Glänzender Rötling
        - bei Torfmoos, Geruch unauffällig bis schwach mehlartig — 30 *Entoloma sphagneti*, Torfmoos-Rötling
      - vorwiegend im Laubwald, Hut grau bis dunkel rußbraun
        - kaum hygrophan, Geruch stark mehlig, Pigment in Huthaut intrazellulär — 18 *Entoloma griseoluridum*, Graustieliger Rötling
        - hygrophan, Ger. schwach mehlig, Pigment in Huthauthyphen inkrustiert — 14 *Entoloma sericatum*, Weiden-Rötling
      - vorwiegend im Nadelwald, Geruch stark mehlartig
        - Stielbasis ohne Rot — 31 *Entoloma venosum*, Starkpigmentierter Rötling
        - Stielbasis rot — 32 *Entoloma rubrobasis*, Rotfüßiger Rötling
      - alpin, in Zwergstrauchheide — 23 *Entoloma alpicola*, Alpen-Rötling
  - Hut kaum über 3–4 cm breit
    - Geruch nitrös (frisch gepflückt, später geruchlos) — 26 *Entoloma politum*, Glänzender Rötling
    - Geruch mehlartig
      - im Laubwald, Auenwald
        - Hut deutlich durchscheinend gerieft, Pigment nicht inkrustiert — 33 *Entoloma subradiatum*, Schwachgeriefter Rötling
        - Hut kaum gerieft, Pigment inkrustiert — 34 *Entoloma sordidulum*, Falber Rötling
      - alpin, bei Weide — 28 *Entoloma anthracinum*, Anthrazit-Rötling
- Hutoberfläche faserig, samtig bis feinschuppig
  - Geruch mehlartig, evtl. kokosartig
    - Frühling bis Sommer, brüchig, Geruch mehlartig, Hut 2–5 cm breit — 35 *Entoloma plebejum*, Voreilender Rötling
    - Sommer und Herbst
      - bei Torfmoos, Hut 2–7 cm, Cheilozystiden flaschenförmig, teils kopfig
        - Lamellenschneiden gleichfarbig wie die Lamellen — 05 *Entoloma elodes*, Glimmeriger Filz-Rötling
        - Lamellenschneiden dunkelbraun — 06 *Entoloma fuscomarginatum*, Braungerandeter Rötling
      - in Wiesen, teils auch alpin
        - in Trocken- und Waldwiesen, Hut hygrophan, < 3 cm breit, Rand gerieft — 39 *Entoloma fernandae*, Rauscheiteliger Glöckling
        - auf Weiden, Dünen, Hut zunehmend sparrig-schuppig, bis ca. 6 cm breit — 41 *Entoloma fuscotomentosum*, Braunfilziger Rötling
  - Geruch nicht mehlartig
    - Frühling bis Sommer, brüchig, Geruch evtl. grasartig, Hut 2–5 cm breit — 35 *Entoloma plebejum*, Voreilender Rötling
    - Sommer und Herbst
      - Hut vorwiegend radialfaserig, in der Mitte bisweilen etwas schuppig
        - Hut und Stiel ohne lilapurpur
          - Stiel schlank, meist deutlich länger als Hutbreite
            - Lam. jung lila-graubraun, später braun, mit kegelig-kopfigen ChZ — 40 *Entoloma jubatum*, Rußblättriger Rötling
            - Lam. jung graulich, dann rosa, ohne Cheilozystiden — 36 *Entoloma plebeioides*, Aufgerauter Filz-Rötling
          - Stiel dick, etwa so lang wie Hut breit — 37 *Entoloma opacum*, Opaker Rötling
        - Hut und Stiel jung deutlich lilapurpur, kegelig-kopfige Cheilozystiden — 04 *Entoloma porphyrophaeum*, Porphyrbrauner Rötling
      - Hut matt, samtig, Mitte evtl. runzelig, blass- bis rußbraun — 38 *Entoloma henrici*, Samthütiger Filz-Rötling
      - Hut schon jung deutlich sparrig-schuppig — 41 *Entoloma fuscotomentosum*, Braunfilziger Rötling

6.2 *Entoloma,* Rötlinge und Ähnliche

(A2a) Hut kegelig-glockig, gewölbt-gebuckelt, evtl. mit Papille,
Lamellen ausgebuchtet, breit angewachsen bis fast frei, evtl. mit Zahn herablaufend
eher dünnfleischig, auf Erde
▹ Hut meist > 3 cm breit

Hut auffällig grau- bis stahlblau	01 *Entocybe nitida,* Stahlblauer Scheinrötling
Hut ohne Blautöne	
Geruch nach Mehl oder Gurken mit Fischkomponente, braun, im Frühjahr	**42 *Entoloma hirtipes,* Traniger Glöckling**
Geruch nach Mehl ohne Fisch- oder Trankomponente, Sommer bis Herbst	
Sporen auffällig kreuzförmig	**44 *Entoloma conferendum,* Kreuzsporiger Glöckling**
Sporen auffällig kubisch 4-eckig, seltener 5-eckig, mit Cheilozystiden	45 *Entoloma rhombisporum,* Rhombensporiger Rötling
Sporen weder kreuzförmig noch kubisch	
Sporen bis über 10 µm lang	
Sporen nur wenig länger als breit (subisodiametrisch)	
ganzjährig, oft im Winter, Pigment inkrustiert	**46 *Entoloma sericeum,* Seidiger Glöckling**
im Herbst, Pigment nicht inkrustiert	48 *Entoloma occultipigmentatum,* Dunkler Glöckling
Sporen länglich (Q > 1,2)	
mit Cheilozystiden	43 *Entoloma hebes,* Schlankstieliger Zitzen-Glöckling
ohne Cheilozystiden	
in Wiesen, grasigen Lichtungen, Sporen deutlich eckig	50 *Entoloma lucidum,* Glänzender Glöckling
im Wald	55 *Entoloma testaceum,* Gelbfleischiger Glöckling
Sporen höchstens 9,5 µm lang	
Hut < 2 cm, in Wiesen, grasigen Lichtungen, Sporen kugelig	49 *Entoloma ortonii,* Mehligriechender Glöckling
Hut > 2 cm	
Fruchtkörper dunkelgrau bis sepiabraun, mit Buckel, Laubwald	51 *Entocybe pseudoturbida,* Sepiabrauner Scheinrötling
Fruchtkörper trocken beigebraun, genabelt, Weide, Magerwiese	47 *Entoloma sericeoides,* Trichter-Glöckling
Geruch auffällig süßlich	52 *Entoloma ameides,* Fruchtbonbon-Glöckling
Geruch unauffällig	
Hutoberfläche glatt, kahl	
Hut blassocker, gelb- bis kastanienbraun	
Sporen mehrheitlich > 10 µm lang, deutlich hygrophan, teils 2-sporig	**54 *Entoloma cetratum,* Ockerblättriger Glöckling**
Sporen mehrheitlich < 10 µm lang, leicht hygrophan, 4-sporig	57 *Entoloma infula,* Bischofsmützen-Glöckling
Hut dunkel umbra-, grau- bis rußbraun, Buckel evtl. gelb	
im Frühling bis Frühsommer	
Buckel von Anfang an braun, im Frühling, Sporen bis 11 µm lang	58 *Entoloma vernum,* Frühlings-Glöckling
Buckel jung gelb, Frühling bis Herbst, Sporen 10–13 µm lang	56 *Entoloma cuneatum,* Keilförmiger Glöckling
Sommer bis Herbst	
Sporen < 9 µm lang	
Fruchtkörper eher kräftig, Hut bis 8 cm, Stiel > 4 mm dick	59 *Entocybe turbida,* Ganzrandiger Scheinrötling
Fruchtkörper eher schmächtig, Hut bis 4 cm, Stiel < 4 mm dick	60 *Entocybe vinacea,* Weinroter Scheinrötling
Sporen > 10 µm, vorwiegend im Nadelwald	56 *Entoloma cuneatum,* Keilförmiger Glöckling
Hutoberfläche faserig bis feinschuppig oder samtig	**→ siehe 6.2 *Entoloma,* Rötlinge (A1b)**

6.2 *Entoloma*, Rötlinge und Ähnliche

(A2b) Hut kegelig-glockig, gewölbt-gebuckelt, evtl. mit Papille (seltener später genabelt), Lamellen ausgebuchtet, breit angewachsen bis fast frei, evtl. mit Zahn herablaufend eher dünnfleischig, auf Erde

▹ Hut ca. 1–3 cm breit

- Hut kahl
  - Hut (evtl. auch Stiel) ockerlich bis gelb, gelboliv, Geruch nach Fruchtbonbons
    - Hut olivgelb bis gelbgrün — 61 *Entoloma pleopodium,* Zitronengelber Glöckling
    - Hut grau bis graubeige — 52 *Entoloma ameides,* Fruchtbonbon-Glöckling
  - Hut grau, braun, dunkelbraun, meist mit spitzem Buckel
    - Hut gewölbt-glockig und meist mit spitzem Buckel (Papille)
      - Lamellen jung weißlich bis rosa
        - Sporen auffällig kreuzförmig höckerig — **44 *Entoloma conferendum,* Kreuzsporiger Glöckling**
        - Sporen nicht kreuzförmig höckerig
          - Pigment in oberster Schicht der Huthauthyphen fein inkrustiert
            - auf Trockenrasen — 57 *Entoloma infula,* Bischofsmützen-Glöckling
            - an feuchten Stellen, mit Kaulozystiden
              - mit Cheilozystiden, Sporen < 11 µm — 67 *Entoloma tenellum,* Dunkler Zwerg-Glöckling
              - ohne Cheilozystiden, Sporen teils > 11 µm — 68 *Entoloma favrei,* Dunkler Sumpf-Glöckling
          - Pigment in Huthauthyphen intrazellulär, Stiel dunkelbraun — 62 *Entoloma solstitiale,* Hochsommer-Glöckling
      - Lamellen jung grau oder braun
        - Geruch oder Geschmack mehl- oder rettichartig
          - Hutfarbe mit olivbraun — 63 *Entoloma papillatum,* Warzen-Glöckling
          - Hutfarbe ohne oliv
            - im Torfmoos, kopfige Kaulozystiden — 65 *Entoloma cuspidiferum,* Konischhütiger Glöckling
            - im nährstoffreichen Laubwald, keine Kaulozystiden — 66 *Entoloma minutum,* Bräunlicher Erlen-Glöckling
        - Geruch und Geschmack unauffällig
          - Lamellen dicklich, in Lichtungen, Weiden, Hut schwarzbraun — 64 *Entoloma clandestinum,* Dickblättriger Glöckling
          - Lamellen nicht dicklich
            - im nährstoffreichen lehmigen Laubwald, am Wegrand — 69 *Entoloma nitens,* Seidigschimmernder Glöckling
            - auf saurem Boden, in Trockenwiese und Nadelwald
              - Sporen kugelig, 6–9 µm lang, Hut graubraun — 39 *Entoloma fernandae,* Rauscheiteliger Glöckling
              - Sporen länglich, 9–11,5 µm, Hut (schwarz-)braun — 70 *Entoloma inutile,* Nutzloser Glöckling
    - Hut gewölbt und bald flach, genabelt, niedergedrückt
      - auf Trockenrasen, oft bei Rosengewächsen, Geruch stark mehlartig — 47 *Entoloma sericeoides,* Trichter-Glöckling
      - auf feuchtem Boden, Geruch unauffällig, höchstens schwach mehlig
        - Hut kaum über 2 cm breit, blassbraun, Sporen bis gut 10 µm lang — 66 *Entoloma minutum,* Bräunlicher Erlen-Glöckling
        - Hut 2–4 cm breit, grau- bis rötlichbraun, Sporen < 9 µm lang — 60 *Entocybe vinacea,* Weinroter Scheinrötling
- Hut faserig bis faserschuppig, meist weniger als 1,5 cm breit
  - Geruch unauffällig
    - Sporen bis über 15 µm lang
      - Huthaare fein inkrustiert — 71 *Entoloma dysthales,* Dunkelblättriger Haar-Glöckling
      - Huthaare nicht inkrustiert — 74 *Entoloma strigosissimum,* Borstiger Haar-Glöckling
    - Sporen < 15 µm lang
      - Stielhaare deutlich braun inkrustiert — 72 *Entoloma dysthaloides,* Erlen-Haar-Rötling
      - Stielhaare mehrheitlich nicht inkrustiert — 75 *Entoloma hirtum,* Striegeliger Rötling
  - Geruch mehlartig
    - weiß, jung gebuckelt, später niedergedrückt, HDS u. Stiel mit kopfigen Haaren — 79 *Entoloma cephalotrichum,* Kopfighaariger Glöckling
    - graubraun, Hutdeckschicht (HDS) grob inkrustiert — 39 *Entoloma fernandae,* Rauscheiteliger Glöckling
  - Geruch stark, knoblauchartig oder nach faulem Kohl, Sp. groß, 12–16 µm breit — 73 *Entoloma pseudodysthales,* Düsterer Haar-Glöckling
- Hut angedrückt faserig, seltener schuppig oder kleiig-körnig
  - Lamellen graubräunlich, später rosabraun
    - Hut mit Olivtönen — 76 *Entoloma versatile,* Grünschillernder Rötling
    - Hut grau mit silbrig-faserigem Überzug — 77 *Entoloma araneosum,* Spinnweb-Rötling
    - Hut graublau mit rötlicher Mitte — 78 *Entoloma indutum,* Violettschillernder Rötling
  - Lamellen rosarot, später blutrot — 9.2.41 *Melanophyllum haematospermum,* Blutblättriger Buntschirmling

6.2 *Entoloma*, Rötlinge

(B1) Fruchtkörper mehr oder weniger dünnfleischig, Hut niedergedrückt bis genabelt, oft filzig bis feinschuppig, Stiel zentral ▹ Lamellen herablaufend

Stiel weiß, weißlich, Hut weiß, weißlich, creme, isabell, blassockerlich	
Geruch mehlartig	
Lamellen ± herablaufend, Hut weiß, < 2 cm, kopfige Haare in HDS u. Stiel	79 *Entoloma cephalotrichum*, Kopfighaariger Glöckling
Lamellen deutlich herablaufend, Stiel eher kurz, Huthaut ohne kopfige Haare	
Hut nicht runzelig, Hut 1–4 cm breit	
Sporen knotig und bis über 12 µm lang	80 *Entoloma neglectum*, Isabellfarbener Nabelrötling
Sporen kaum knotig, höchstens 11 µm lang	81 *Entoloma pallens*, Fahler Nabelrötling
Hut faserig-runzelig, Hut < 2 cm	82 *Entoloma rugosum*, Runzeliger Nabelrötling
Geruch nicht mehlartig	
Hut bis 4 cm groß, Lam. nur leicht herablaufend, auf Wiesen, im Laubwald	
Hut ungerieft, mit Cheilozystiden	**83 *Entoloma sericellum*, Mattweißer Zärtling**
Hut gerieft, ohne Cheilozystiden	85 *Entoloma olorinum*, Gelbweißer Zärtling
Hut kaum über 1–1,5 cm, Zystiden fehlend	
auf Pflanzenresten (Gräsern) im Moor, Stiel kurz, teils exzentrisch	87 *Entoloma albotomentosum*, Weißfilziger Nabelrötling
in nährstoffreichen Wiesen, im Laubwald, Stielspitze bereift	86 *Entoloma percandidum*, Glasiger Zärtling
Stiel grau, graubraun	
Hut meist > 2 cm breit	
Geruch unauffällig bis mehlig, Hut faserig, Huthauthyphen inkrustiert	
Lamellen eng stehend, Schnallen vorhanden	88 *Entoloma undatum*, Dunkelblättriger Nabelrötling
Lamellen entfernt, Schnallen fehlend	96 *Entoloma parkensis*, Geruchloser Nabelrötling
Geruch stark mehlig-ranzig, Hut glatt, Huthauthyphen nicht inkrustiert	27 *Entoloma caccabus*, Caccabus-Rötling
Geruch stark, mit Komponenten von verbranntem Fleisch oder Gummi	29 *Entoloma nausiosme*, Starkriechender Rötling
Hut kaum über 2 cm breit	
Geruch unauffällig	
Hut hell bräunlich, mit Schnallen und Cheilozystiden	91 *Entoloma rhodocylix*, Moor-Nabelrötling
Hut dunkelbraun, ohne Schnallen und ohne Zystiden	92 *Entoloma rusticoides*, Braunblättriger Nabelrötling
Geruch mehl- oder krautartig	
Geruch krautartig, Hut grau bis gelbbraun, radial-filzig	89 *Entoloma lanicum*, Wolliger Nabelrötling
Geruch mehlig-ranzig, Hut glatt, Mitte ± filzig-schuppig	90 *Entoloma farinasprellum*, Ranziger Zärtling
Stiel mit bläulichem oder violettem Ton, schwarzbraun	
Stiel jung intensiv blau, später bläulich	
Geruch schwach würzig, pilzartig-mehlig, Hutmitte oft schuppig	
Hut leicht radialfaserig, auf nacktem Waldboden	93 *Entoloma incarnatofuscescens*, Lilagrauer Nabelrötling
Hut stark faserig, in mageren Wiesen	94 *Entoloma pseudocoelestinum*, Braunentfärbender Zärtling
Geruch nach Bittermandeln	95 *Entoloma amygdalinum*, Mandelduft-Nabelrötling
Stiel metallisch schwarzbraun	97 *Entoloma nigellum*, Schwärzlicher Rötling

6.2 *Entoloma*, Rötlinge

(B2a) Fruchtkörper mehr oder weniger dünnfleischig, Hut niedergedrückt bis genabelt, oft filzig bis feinschuppig, Stiel zentral Lamellen breit angewachsen bis fast frei, evtl. mit Zahn herablaufend,
▹ Stiel ohne Grün, Blau oder Violett

- Hut weiß, weißlich-gelblich oder hellrosa
  - Hut weiß bis gelbockerlich
    - Fruchtschicht mit Cheilozystiden
      - Basidien mit Basalschnallen — **83 *Entoloma sericellum*, Mattweißer Zärtling**
      - Basidien ohne Basalschnallen
        - Sporen bis 13 µm, Hut jung mit Rosatönen — 99 *Entoloma queletii*, Rosaflockiger Zärtling
        - Sporen nur bis 11 µm, Hut jung cremegelb — 84 *Entoloma kervernii*, Hellbraunschuppiger Rötling
    - Fruchtschicht ohne Zystiden — 85 *Entoloma olorinum*, Gelbweißer Zärtling
  - Hut mit rosa, rötlichem oder lila Farbanteil
    - Hut gegen den Rand rosaviolett — 100 *Entoloma ianthinum*, Schillernder Zärtling
    - Hut rosabraun, purpurbraun, kupferrötlich, vorwiegend alpin
      - Stiel ohne Blau — 101 *Entoloma roseum*, Rosa Zärtling
      - Stiel graubläulich im unteren Bereich — 102 *Entoloma catalaunicum*, Amethyst-Rötling
- Hut hellocker, gelbbraun, fleischbraun
  - Hut 4–12 cm breit
    - Geruch unauffällig — **19 *Entoloma rhodopolium*, Niedergedrückter Rötling**
    - Geruch nach Chlor — **19a *E. rhodopolium* f. *nidorosum*, Alkalischer Rötling**
  - Hut meist < 4 cm breit
    - Geruch mehlartig-ranzig bis tranig
      - Hut 2–4 cm breit, orangebräunlich, Laub- und Nadelwald — 6.1.15 *Rhodophana nitellina*, Gelbfuchsiger Tellerling
      - Hut 1–2 cm, fleischockerlich, dunkelbraun genabelt, meist bei Moosen — 53 *Entoloma farinogustus*, Lebertran-Glöckling
    - Geruch nicht mehlartig
      - Basidien 2-sporig, Kaulozystiden vorhanden — **54 *Entoloma cetratum*, Ockerblättriger Glöckling**
      - Basidien vorwiegend 4-sporig
        - Fruchtschicht ohne Zystiden, ohne Kaulozystiden — 66 *Entoloma minutum*, Bräunlicher Erlen-Glöckling
        - Fruchtschicht mit Cheilozystiden
          - Hut und Stielspitze deutlich gelbbraun
            - Lamellen cremeweiß, später rosa, Schneiden gleichfarbig — 103 *Entoloma formosum*, Rosthütiger Zärtling
            - Lamellen blassgelb, später rosaockerlich, Schneiden braun — 104 *Entoloma xanthochroum*, Goldstiel-Zärtling
          - Hut und Stiel rötlich- bis ockerbraun — 106 *Entoloma longistriatum*, Gestreifter Zärtling
- Hut grau- bis rötlich- oder schwarzbraun
  - Lamellenschneiden dunkler als Lamellen, Hut samtig-filzig bis feinschuppig
    - Stielbasis und Fleisch an Druckstellen leicht rötend, Hut graubraun — 107 *Entoloma turci*, Breitstieliger Zärtling
    - Stielbasis und Fleisch nicht rötend
      - vorwiegend im moorigen Umfeld
        - Hut nicht durchscheinend gerieft, Hut lebhaft rötlichbraun — 105 *Entoloma sphagnorum*, Rotbrauner Moor-Rötling
        - Hut durchscheinend gerieft, Hut graubraun — 109 *Entoloma atromarginatum*, Schwarzschneidiger Zärtling
      - vorwiegend in Magerwiesen, Trockenrasen, alpin, Hut graubraun — 108 *Entoloma pseudoturci*, Schuppiger Nabelrötling
  - Lamellenschneiden gleichfarbig wie die Lamellen
    - Hutmitte feinschuppig
      - Hut rötlich graubraun, meist > 2 cm breit — 110 *Entoloma huijsmanii*, Rötlichgrauer Zärtling
      - Hut schwarzblau bis schwarzbraun, kaum über 2 cm breit — 113 *Entoloma melanochroum*, Dunkelgrauer Rötling
    - Hut glatt
      - Hut meist > 2 cm breit
        - Huthauthyphen praktisch farblos
          - Huthauthyphen lang und schmal ohne blasige Elemente
            - Geruch unauffällig — **19 *Entoloma rhodopolium*, Niedergedrückter Rötling**
            - Geruch nach Chlor — **19a *E. rhodopolium* f. *nidorosum*, Alkalischer Rötling**
          - Huthauthyphen mit blasigen Elementen — 106 *Entoloma longistriatum*, Gestreifter Zärtling
        - Huthauthyphen pigmentiert
          - intrazellulär, nicht inkrustiert — 111 *Entoloma costatum*, Geripptblättriger Rötling
          - fein inkrustiert, Stiel stark faserig gestreift — 34 *Entoloma sordidulum*, Falber Rötling
      - Hut kaum über 2 cm breit
        - Geruch unauffällig, Sporen > 10 µm lang — 112 *Entoloma cocles*, Buntgestreifter Zärtling
        - Geruch leicht grasig-mehlig, Sporen < 10 µm lang — 113 *Entoloma melanochroum*, Dunkelgrauer Rötling

6.2 *Entoloma*, Rötlinge

(B2b) Fruchtkörper mehr oder weniger dünnfleischig, Hut niedergedrückt bis genabelt, oft filzig bis feinschuppig, Stiel zentral, Lamellen breit angewachsen bis fast frei, evtl. mit Zahn herablaufend,
▹ Stiel mit grünen, bläulichen, blaugrünlichen oder violetten Tönen

- Stiel und Hut mit grünen Farben
  - Stiel lebhaft grün oder grüngelb … 98 *Entoloma incanum,* Braungrüner Zärtling
  - Stiel mit grünlichem Farbanteil, nicht lebhaft grün … 115 *Entoloma chloropolium,* Grünstieliger Zärtling
- Stiel bläulich, blaugrünlich oder violettlich
  - Hut ohne Blau oder Violett
    - Stielbasis rot verfärbend, Stiel mit blaugrünlichem Schein
      - Geruch unauffällig … 114 *Entoloma exile,* Schmächtiger Zärtling
      - Geruch und Geschmack mehlig-ranzig … 118 *Entoloma viaregale,* Königlicher Zärtling
    - Stielbasis nicht rot verfärbend
      - Hut auch feucht nicht durchscheinend gerieft
        - ohne Schnallen, Sporen länglich ca. 12 × 7,5 µm … 116 *Entoloma anatinum,* Enten-Zärtling
        - ohne Schnallen, Sporen etwas breiter, ca. 11 × 8 µm
          - ohne Zystiden … 119 *Entoloma griseocyaneum,* Flockenschuppiger Zärtling
          - mit keuligen Cheilozystiden … 120 *Entoloma poliopus,* Dreifarbiger Zärtling
        - mit Schnallen
          - Geruch leicht pilzartig, Pigment in der Huthaut inkrustiert … 122 *Entoloma lampropus,* Braunblauer Zärtling
          - Geruch spermatisch-mehlartig, Pigment nicht inkrustiert, bei Buche … 123 *Entoloma placidum,* Buchenwald-Zärtling
      - Hut zumindest feucht durchscheinend gerieft (evtl. nur am Rand)
        - mit Cheilozystiden
          - Stiel glatt, poliert glänzend, Cheilozystiden weniger als 15 µm breit … 120 *Entoloma poliopus,* Dreifarbiger Zärtling
          - Stiel matt, nicht glänzend, Cheilozystiden bis 25 µm breit … 121 *Entoloma sodale,* Montaner Blaustiel-Zärtling
        - ohne Zystiden
          - Huthaut in der Mitte mit aufgerichteten Hyphen (Trichoderm)
            - Sporen höchstens 11 µm, Endzellen der HDS max. 80 µm … 124 *Entoloma lividocyanulum,* Graublaustieliger Zärtling
            - Sporen länglich bis 13,5 µm, Endzellen der HDS ca. 130 µm … 125 *Entoloma asprellum,* Stahlblaustieliger Zärtling
          - Huthaut mit liegenden Hyphen (Cutis)
            - Sporen maximal 11 µm lang … 93 *Entoloma incarnatofuscescens,* Lilagrauer Nabelrötling
            - Sporen bis über 13 µm lang
              - St. dünn, kaum über 3 mm breit, Hutmitte fein körnig-schuppig … 110 *Entoloma huijsmanii,* Rötlichgrauer Zärtling
              - Stiel meist über 3 mm breit, Hutmitte sparrig-schuppig … 117 *Entoloma scabrosum,* Graublättriger Zärtling
  - Hut ebenfalls mit bläulichen oder violetten Farben
    - Stielbasis nicht rot verfärbend
      - auf moderndem Holz
        - Lamellen vorwiegend violett, Hut jung violett, später bräunlich … 126 *Entoloma euchroum,* Violetter Zärtling
        - Lamellen weißlich bis schmutzig rosa
          - Hut kaum violett, bald deutliche, kleine Schuppen, dunkelbraun … 127 *Entoloma tjallingiorum,* Violettstieliger Rötling
          - Hut wollig-filzig, nicht schuppig, hellbraun, bei Erle … 128 *Entoloma alnetorum,* Erlen-Zärtling
      - nicht auf Holz
        - Lamellen jung violettlich, bläulich, Schneiden gleichfarbig
          - Hut graublau, Septen ohne Schnallen … 129 *Entoloma chalybaeum,* Blaublättriger Zärtling
          - Hut schwarzblau, Septen mit Schnallen … 130 *Entoloma lepidissimum,* Braunschuppiger Glöckling
        - Lamellen jung blau, grau, Schneiden oft braun- bis schwarzflockig
          - Hut meist über 1 cm breit
            - Lamellenschneiden gleichfarbig wie Lamellen … 131 *Entoloma mougeotii,* Schiefergrauer Zärtling
            - Lamellenschneiden dunkler und gesägt
              - Hut und Stiel vorwiegend, blauviolett, blauschwarz … 133 *Entoloma serrulatum,* Gesägtblättriger Zärtling
              - Hut und Stiel mit olivgrünem Schein … 134 *Entoloma querquedula,* Blaugrüner Zärtling
              - Hut vorwiegend bräunlich, Blautöne nur am Rand und jung … 135 *Entoloma caesiocinctum,* Blaugesäumter Zärtling
          - Hut klein, kaum über 1 cm breit, Lamellenschneiden kaum dunkler … 136 *Entoloma cyanulum,* Bläulicher Zwerg-Zärtling
        - Lamellen jung weißlich bis graulich, Schneiden gleichfarbig
          - Hut meist über 1 cm breit, Sporen kaum über 12 µm
            - mit Cheilozystiden, ohne Schnallen
              - Hut und Stiel vorwiegend violett- bis blaugrau … 131 *Entoloma mougeotii,* Schiefergrauer Zärtling
              - Hut sehr dunkel bis schwarz
                - Hutfarbe mit deutlichem Blauanteil, Lamellen erst weiß … 132 *Entoloma corvinum,* Rabenschwarzer Zärtling
                - Hut mehrheitlich schwarz, Lamellen jung grau … 113 *Entoloma melanochroum,* Dunkelgrauer Rötling
            - mit Cheilozystiden, mit Schnallen
              - Hut bis 2 cm, Stiel glatt … 137 *Entoloma dichroum,* Blaustieliger Zärtling
              - Hut bis 8 cm, Stiel mit dunkelblauen Schüppchen … 127 *Entoloma tjallingiorum,* Violettstieliger Rötling
            - ohne Zystiden, blau bis schwarzblau, dunkelbraun, schuppig … 138 *Entoloma atrocoeruleum,* Schwarzblauer Rötling
          - Hut kaum über 1 cm, Sporen teilweise bis 15 µm lang … 136 *Entoloma cyanulum,* Bläulicher Zwerg-Zärtling
    - Stielbasis rot verfärbend … 139 *Entoloma cruentatum,* Gelbfüßiger Zärtling

6.2 *Entoloma*, Rötlinge

(C) Fruchtkörper mehr oder weniger dünnfleischig, Lamellen herablaufend oder ausgebuchtet bis fast frei, Hut niedergedrückt bis genabelt, oft filzig bis feinschuppig, ▹ auf Holz oder faulenden Pilzen und/oder Stiel seitlich oder fehlend

- Hut ockergrau, bis 7 cm breit, meistens gebuckelt, Stiel oft exzentrisch — 12 *Entoloma excentricum,* Marmorierter Rötling
- Hut graubraun, bis 3 cm breit, graubraun, anfangs weißlich überzogen
  - ohne Cheilozystiden, Stiel exzentrisch bis seitlich, auf Holz, Erde, Pilzen — 140 *Entoloma byssisedum,* Stummelfuß-Rötling
  - mit Cheilozystiden, Stiel exzentrisch bis seitlich, auf Holz, Erde, Pilzen — 141 *Entoloma depluens,* Schwindlings-Nabelrötling
- Hut blass rosabraun oder -grau, kaum über 1–2 cm
  - Geruch stark mehlig bis lebertranartig, Lamellen mäßig entfernt — 53 *Entoloma farinogustus,* Lebertran-Glöckling
  - Geruch unauffällig, Lamellen entfernt, auf moderndem Laubholz — 91 *Entoloma rhodocylix,* Moor-Nabelrötling
- Hut vorwiegend weiß, kaum über 1 cm
  - Lamellen nicht weit entfernt oder reduziert, Hyphen mit Schnallen
    - auf verrottetem Holz, anderen Pilzen, Sporen meist über 10 µm, breit — 142 *Entoloma parasiticum,* Parasitischer Nabelrötling
    - auf Fruchtkörpern von Pfifferlingsarten, Sporen kaum über 10 µm, länglich — 143 *Entoloma pseudoparasiticum,* Pfifferlings-Stummelfuß-Rötling
  - Lamellen weit entfernt bis aderig-reduziert, Hyphen ohne Schnallen, Sp. länglich — 87 *Entoloma albotomentosum,* Weißfilziger Nabelrötling
- Hut und Stiel mit violettem Farbanteil, auf moderndem Holz
  - Lamellen vorwiegend violett, Hut jung violett, später bräunlich, 1–4 cm breit — 126 *Entoloma euchroum,* Violetter Zärtling
  - Lamellen weißlich bis schmutzig rosa, Hut 2–8 cm breit
    - Geruch mehlartig, Hut 1–3 cm, graubraun filzig-schuppig, Lamellen bogig — 122 *Entoloma placidum,* Buchenwald-Zärtling
    - Geruch unauffällig, Hut dunkelbraun, bald mit deutlichen kleinen Schuppen — 127 *Entoloma tjallingiorum,* Violettstieliger Rötling
    - Geruch grasartig bis süßlich, Hut hellbraun, wollig-filzig, bei Erle — 128 *Entoloma alnetorum,* Erlen-Zärtling

6.2.01 *Entocybe nitida* (Quél.) T.J. Baroni, Largent & V. Hofst., *Entoloma nitidum* Quél.
Stahlblauer Scheinrötling, Stahlblauer Rötling

H: 2–5 cm, kegelig-glockig, später gewölbt, evtl. gebuckelt, seidig kahl bis etwas faserig, graublau, stahlblau. **L:** ausgebuchtet bis fast frei, mit Zahn angewachsen, weiß, später rosa. **St:** relativ schlank, wie der Hut oder etwas blasser gefärbt, längsstreifig, Basis bisweilen verjüngt bis etwas wurzelnd. **F:** ziemlich dünn, weiß, außen bläulich. **Ger:** schwach, evtl. etwas mehl- oder rettichartig. **Ges:** mild. **V:** vor allem im Nadelwald, evtl. Mischwald, vorwiegend auf saurem Boden; Sommer bis Herbst. **Mik:** Sporen 6- bis8-eckig, 6–8 × 5,5–8 µm, 4-sporig, ChZ und Schnallen fehlend. (D 392, Kr 4.165, BK 4.56, Lu 2.94.91, ▨).

6.2.02 *Entoloma bloxamii* (Berk. & Broome) Sacc., Lilablauer Rötling: Hut 3–8 cm, anfangs evtl. etwas schmierig, graublau, später zunehmend braunviolett, bis blass graubraun, oft etwas runzelig, nicht hygrophan, fleischig bis dickfleischig, Lamellen gedrängt, Stiel etwas keulig, weißlich bis blass graublau, Fleisch ziemlich dick, weiß, Geruch schwach mehlartig; auf kalkreichem, basischem Boden, auf Wiesen, subalpin bis alpin. Sporen 5- bis 7-eckig, 8,5–10,5 × 7,5–9 µm, meist 4-sporig, ohne ChZ, Schnallen häufig. (D 393, Kr 4.152, BK 4.12, Lu 2.94.92, ▨).

6.2.03 *Entoloma madidum* Gillet, Blauer Rötling: Hut 3–8 cm, tief blau bis violett und so bleibend, nicht hygrophan, eingewachsen radialfaserig, nicht gerieft, Fleisch weiß, dick, Stiel zylindrisch, im oberen Teil blau-violett, Basis weißlich bis etwas gelblich, Geruch mehlartig; auf lehmigem Boden, in Wiesen mit vereinzelten Laubbäumen (Eichen *Quercus*). Sporen 5- bis 7-eckig, 6–7,5 × 6–7,5 µm, 2- bis 4-sporig, HymZ fehlend, Schnallen überall vorhanden.

6.2.04 *Entoloma porphyrophaeum* (Fr.) P. Karst.
Porphyrbrauner Rötling, Porphyrbrauner Filz-Rötling

H: 3–14 cm, kegelig-glockig, später ausgebreitet und gebuckelt, faserig bis etwas filzig oder undeutlich schuppig, grauviolettlich, porphyrbraun. **L:** aufsteigend und schmal angeheftet, eher entfernt, cremeweiß, später rosabraun. **St:** zylindrisch bis etwas spindelig, wie der Hut gefärbt, längsfaserig, Spitze und Basis heller. **F:** ziemlich dick, schmutzig weiß, außen bräunlich. **Ger:** unauffällig. **Ges:** unauffällig. **V:** in Magerwiesen, Waldlichtungen, auch in höheren Lagen; Sommer bis Herbst. **Mik:** Sporen 6- bis vieleckig, 8,5–12 × 6–8 µm, 2- bis 4-sporig, ChZ flaschenförmig, teils kopfig mit welligem Hals, Schnallen häufig. (D 395, Kr 4.229, Lu 2.94.147).

6.2.05 *Entoloma elodes* (Fr.) P. Kumm.
Glimmeriger Filz-Rötling, Heide-Rötling

H: 2–7 cm, kegelig, später ausgebreitet mit flachem Buckel, bisweilen etwas eingedellt, angedrückt faserig-filzig mit glimmerigen Stellen, später verkahlend, hygrophan, feucht dunkel graubraun, rötlichbraun, trocken blasser. **L:** aufsteigend, ± breit angewachsen, weiß, später graurosa bis rötlichbraun, violettlichgrau, Schneiden gleichfarbig. **St:** blass graubraun, etwas faserig, bisweilen verdreht, Basis weißfilzig. **F:** brüchig, blass graubraun. **Ger:** mehlig. **Ges:** mehlig-ranzig. **V:** zwischen Torfmoos *Sphagnum*; Sommer bis Herbst. **Mik:** Sporen 6- bis vieleckig, 8,5–12 × 6–8 µm, 2- bis 4-sporig, ChZ flaschenförmig, selten kopfig, Schnallen häufig. (Kr 4.184, BK 4.28, Lu 2.94.161, ▨).

6.2.06 *Entoloma fuscomarginatum* P.D. Orton, Braungerandeter Rötling: Lamellenschneiden dunkler braun, fransig, Geruch mehlig bis etwas kokosartig. Verschiedene Autoren betrachten die wenigen Unterschiede nicht als Grund, dies als eigene Art zu klassieren.

6.2.07 *Entoloma sepium* (Noulet & Dass.) Richon & Roze
Blassbrauner Schlehen-Rötling, Blasser Frühlings-Rötling

H: 3–12 cm, kegelig gewölbt, später ausgebreitet, oft leicht gebuckelt, weißlich bis cremebräunlich, feinseidig, radialfaserig bis etwas rissig, Rand lange eingerollt. **L:** breit angewachsen, etwas ausgebuchtet und bisweilen mit Zahn schwach herablaufend, ziemlich dicht, weiß, später rosa. **St:** weißlich-creme, fein längsfaserig, Basis evtl. verdickt. **F:** fest, ziemlich dick, weiß, karottenrot verfärbend (Madengänge). **Ger:** mehlartig. **Ges:** nach Mehl, süßlich. **Spp:** braunrötlich. **V:** bei Rosengewächsen *Rosaceae* (Weißdorn *Crataegus*, Schlehe *Prunus spinosa* usw.); Frühling bis Sommer. **Mik:** Sporen 5- bis 7-eckig, 7,5–10,5 × 7–9 µm, 4-sporig, ohne ChZ, Schnallen häufig. (D 401, Kr 4.195, BK 4.73, Lu 2.94.22, ▨).

6.2.08 *Entoloma moserianum* Noordel., Rotfleckender Rötling: Hut 2–12 cm, Stielspitze bereift; im Laubwald (Eiche *Quercus*), sehr selten; Funde in Norditalien (Battistin & Righetto 2009), Sommer bis Herbst. Sporen 9–12 × 8–9,5 µm.

6.2.09 *Entoloma saundersii* (Fr.) Sacc.
Silbergrauer Rötling

H: 3–13 cm, kegelig bis unregelmäßig gewölbt, oft mit breitem Buckel, schmutzig weiß, später blass graubraun mit glimmerig glänzenden Stellen, häufig mit anhaftenden Humusresten. **L:** ausgebuchtet angewachsen, evtl. mit Zahn etwas herablaufend, weißlichgrau, später schmutzig graurosa. **St:** solide, weiß, später grau oder graubraun, Spitze bisweilen bereift, abwärts faserig, oft verbogen oder verdreht, Basis meist verdickt. **F:** fest,

6.2.01 *Entocybe nitida*, Stahlblauer Scheinrötling

6.2.02 *Entoloma bloxamii*, Lilablauer Rötling

6.2.05 *Entoloma elodes*, Glimmeriger Filz-Rötling

6.2.07 *Entoloma sepium*, Blassbrauner Schlehen-R.

weiß bis graubräunlich. **Ger:** mehlig-ranzig. **Ges:** mehlig-ranzig. **V:** teilweise büschelig, auf lehmigem Boden unter Ulme *Ulmus*, evtl. auch bei Rosengewächsen *Rosaceae*; in milden Wintern, bis im Frühjahr. **Mik:** Sporen vieleckig, 9,5–12 × 9–11 µm, ohne ChZ und Schnallen. (Kr 4.193, BK 4.74).

6.2.10 *Entoloma niphoides* Romagn. ex Noordel.
Elfenbeinweißer Frühlings-Rötling, Schneeweißer Frühlings-Rötling

H: 2–14 cm, erst kegelig, bald ausgebreitet, evtl. gebuckelt, etwas hygrophan, schneeweiß bis etwas gelblich (im Scheitel). **L:** breit angewachsen bis etwas ausgerandet oder mit Zahn schwach herablaufend, weiß, später rosa. **St:** weiß, faserig, Spitze bereift, Basis bisweilen verdickt und abgebogen. **F:** weiß. **Ger:** mehlartig. **Ges:** mehlartig. **V:** am Waldrand bei Weißdorn *Crataegus*, Kirsche *Prunus avium* usw. (Rosengewächse *Rosaceae*); Frühling bis Sommer. **Mik:** Sporen 5- bis 8-eckig, 8–10 × 7,5–10 µm, 4-sporig, ohne ChZ, Schnallen häufig. (Lu 2.94.24).

6.2.11 *Entoloma prunuloides* (Fr.) Quél.
Mehl-Rötling

H: 2–8 cm, kegelig-gewölbt bis ausgebreitet und ± spitz gebuckelt, feucht etwas fettig wirkend, trocken kahl bis feinfaserig, weißlichcreme bis ockergraulich. **L:** breit bis ausgebuchtet angewachsen, weiß, später rosa, Schneiden gesägt. **St:** weiß, etwas faserig bis kahl. **F:** fest, weiß. **Ger:** mehlartig. **Ges:** mehlartig. **V:** in Magerwiesen, Waldwiesen, vorwiegend in höheren Lagen; Sommer bis Herbst. **Mik:** Sporen 5- bis 7-eckig, 6–8 × 6–7,5 µm, 4-sporig, ohne ChZ, Schnallen häufig. (Kr 4.190, Lu 2.94.23, 🖼).

6.2.12 *Entoloma excentricum* Bres.
Marmorierter Rötling, Exzentrischer Rötling

H: 2–6 cm, gewölbt bis flach ausgebreitet, Mitte evtl. gebuckelt oder etwas eingedellt, feinfilzig, bald kahl, nicht hygrophan, weißlich bis blass lederbraun, Rand jung etwas eingerollt. **L:** ausgebuchtet angewachsen, weiß, später rosa bis rosabräunlich. **St:** wie der Hut gefärbt, bisweilen exzentrisch, Basis leicht verdickt bis etwas knollig. **F:** weiß. **Ger:** unauffällig bis schwach obst- oder mehlartig. **Ges:** unauffällig bis mehlartig. **V:** in Magerwiesen, Laubwald, Auenwald; Sommer bis Herbst. **Mik:** Sporen 5- bis 7-eckig, 10,5–13 × 7–9 µm, 4-sporig, ChZ spindelig bis flaschenförmig, teils mit welligem Hals, Schnallen nur im Hymenium. (Kr 4.185, BK 4.30, Lu 2.94.25, 🖼).

6.2.13 *Entoloma sinuatum* (Bull.) P. Kumm.
Riesen-Rötling

H: 5–20 cm, breitkegelig bis ausgebreitet und flach gebuckelt, oft unregelmäßig verbogen, etwas eingewachsen-faserig, blass cremegelb, bleigrau, silberockerlich, Rand eingebogen. **L:** ausgebuchtet angewachsen, jung typisch gelblich (selten weißlich), später lachsgelblich bis rosaocker. **St:** stämmig, längsfaserig bis feinstrillig, creme- bis ockerbräunlich, Spitze heller, bereift, Basis evtl. etwas verdickt. **F:** fest, dick, weiß. **Ger:** unangenehm säuerlich-mehlartig. **Ges:** unangenehm. **Spp:** fleischrötlich. **V:** im Laubwald, auf lehmigem Boden; Spätsommer bis Herbst. **Mik:** Sporen 5- bis 7-eckig, 8–11 × 7–9 µm, 4-sporig, ohne ChZ, Schnallen häufig. (D 404f, Kr 4.197, BK 4.83, Lu 2.94.30, 🖼).

6.2.14 *Entoloma sericatum* (Britzelm.) Sacc., *Entoloma myrmecophilum* (Romagn.) M.M. Moser
Weiden-Rötling, Ameisen-Rötling, Keulenfüßiger Rötling

H: 2–9 cm, halbkugelig-kegelig, später ausgebreitet mit breitem, fleischigem Buckel, selten leicht eingedellt, hygrophan, feucht etwas durchscheinend gerieft, gelb-, ocker-, graubraun, trocken blass bräunlich, fein seidig-faserig. **L:** breit angewachsen, leicht ausgebuchtet bis schwach mit Zahn herablaufend, weißlich, später rosa, Schneiden unregelmäßig schartig. **St:** blassbraun, silbergrau faserig. **F:** weiß, unter der Huthaut bräunlich. **Ger:** oft erst etwas nitrös, im Schnitt eher mehlartig. **Spp:** rosa. **V:** in sumpfigem Laubwald, bei Moos, Torfmoos *Sphagnum;* Spätsommer bis Herbst. **Mik:** Sporen 5- bis 7-eckig, 7,5–10,5 × 7–9 µm, 4-sporig, ohne ChZ, Schnallen häufig. (D 410, Kr 4.196, BK 4.54/77, Lu 2.94.45/49, 🖼).

Kokkonen 2015 hat gezeigt, dass *E. sericatum* und *E. myrmecophilum* zur gleichen Art zählen und das Spektrum der Hutfarben sehr variabel von dunkel schwärzlichbraun bis blass gelb- ockerbräunlich reicht. Auch der mehlartige Geruch kann auftreten oder fehlen. Fruchtkörper mit dunkel gefärbtem Hut wurden früher als *E. myrmecophilum* abgegrenzt. (BK 4.54, Lu 2.94.45).

6.2.15 *Entoloma pseudoexcentricum* (Romagn.) Zschiesch., Weißstieliger Pappel-Rötling: Hut faserig, blass ockerbräunlich, trocken cremeweißlich, Geruch und Geschmack mehlig-ranzig. (D 412, Lu 2.94.48).

6.2.16 *Entoloma majaloides* P.D. Orton, Gelbbrauner Rötling, Mai-Rötling: Hut lebhaft gelbbraun. Die Art wird von verschiedenen Autoren zu *E. sericatum* gezählt. (BK 4.51).

Entoloma luteobasis Ebert & E. Ludw., Gelbfuß-Rötling: Hut nicht hygrophan, schokoladenbraun, Rand heller, im Zentrum mit velumartigem Belag bedeckt, Stielbasis gelblich. (Lu 2.94.38).

6.2.11 *Entoloma prunuloides*, Mehl-Rötling

6.2.12 *Entoloma excentricum*, Marmorierter Rötling

6.2.13 *Entoloma sinuatum*, Riesen-Rötling

6.2.14 *Entoloma sericatum*, Weiden-Rötling

6.2.17 *Entoloma lividoalbum* (Kühner & Romagn.) Kubička
Weißstieliger Rötling

H: 4–10 cm, kegelig, später gewölbt mit deutlichem Buckel, jung schwach bereift, später kahl, evtl. etwas runzelig, hygrophan, feucht ziemlich dunkel gelb- oder sepiabraun, trocken blasser. **L:** ausgebuchtet angewachsen, weiß, später rosa, Schneiden bisweilen etwas gekerbt. **St:** recht dick und voll bis ausgestopft, weiß, feinstfaserig. **F:** dick, weiß. **Ger:** nach Mehl. **Ges:** mild, mehlartig. **V:** im Laubwald, vorwiegend bei Eiche *Quercus*, seltener auch im Nadelwald; Sommer bis Herbst. **Mik:** Sporen 4- bis 7-eckig, 8–10 × 8–9 µm, 4-sporig, ohne ChZ, Schnallen häufig. (D 413, Kr 4.186, BK 4.48, Lu 2.94.46,).

6.2.18 *Entoloma griseoluridum* (Kühner) M.M. Moser, Graustieliger Rötling: Hut 2–8 cm, ziemlich dunkel graubraun, Stiel ebenfalls graubraun, Lamellen graulich, später graurosa, Geruch und Geschmack stark mehlartig-ranzig. Sporen 8,5–11 × 6,5–8 µm. (Kr 4.185, Lu 2.94.44,).

6.2.19 *Entoloma rhodopolium* (Fr.) P. Kumm. ☠
Niedergedrückter Rötling

H: 4–12 cm, gewölbt bis flach und leicht gebuckelt bis etwas trichterig, kahl, hygrophan, feucht durchscheinend gerieft, graubraun bis gelblichbraun, beim Trocknen streifig verblassend, Rand oft wellig verbogen. **L:** breit angewachsen, etwas ausgebuchtet bis leicht mit Zahn herablaufend, schmutzig weiß, später schmutzig rosa, Schneiden unregelmäßig gekerbt. **St:** weiß bis blass graubräunlich, Spitze bisweilen bereift, abwärts eingewachsen-faserig. **F:** dünn, weißlich, brüchig. **Ger:** unauffällig bis schwach mehlig, seifig. **Ges:** unangenehm, auch petroleumartig bis etwas mehlig. **Spp:** rosa. **V:** in feuchtem Laubwald; Sommer bis Herbst. **Mik:** Sporen 5- bis 7-eckig, 7,5–10,5 × 7–8,5 µm, 4-sporig, ohne ChZ, Schnallen häufig. (D 407, BK 4.70, Lu 2.94.47A–E,).

6.2.19a *E. rhodopolium* f. *nidorosum* (Fr.) Noordel. **Alkalischer Rötling, Nitröser Rötling**: Hut kaum über 8 cm breit, Geruch leicht bis stark alkalisch, nitrös. (D 408, BK 4.69,).

Gemäß Ludwig 2007 gibt es auch Formen mit deutlich süßlichem Geruch nach Früchtebonbons: *E. rhodopolium* var. *fragrans* E. Ludw. (Lu 2.94F).

6.2.20 *Entoloma speculum* (Fr.) Quél., Blasser Rötling: Hut 1,5–4 cm, leicht hygrophan, feucht weiß, evtl. mit blassgrauen oder gelblichen Flecken, Rand evtl. gerieft, alt oft etwas rippig, Fleisch dünn und brüchig, mit mehligem Geruch und Geschmack. Sporen 9–12 × 7,5–9,5 µm. (Lu 2.94.53).

6.2.21 *Entoloma leucocarpum* Noordel., Graustieliger Rötling: Hut ganz weiß, Stielbasis knollig. ChZ groß und zylindrisch-kopfig.

Entoloma inusitatum Noordel., Enderle & H. Lammers, Doppelgänger-Rötling: Hut 2–5 cm, braun mit grauoliv, Mitte dunkler. Sporen 7–10,5 × 6–9 µm, 2- oder 4-sporig, ChZ eher kurz, breit, keulig-blasig bis utriform, Huthaut mit inkrustierendem und intrazellulärem Pigment. (Lu 2.94.35).

6.2.22 *Entoloma clypeatum* (Fr.) P. Kumm. 🍴
Schild-Rötling, Fleischiger Frühlings-Rötling

H: 4–10 cm, kegelig-gewölbt bis ausgebreitet und gebuckelt, eingewachsen-faserig, mäßig hygrophan, feucht ziemlich dunkelbraun, teils mit rötlichem oder auch olivem Beiton, trocken blasser, bisweilen etwas rissig, Rand lange eingebogen. **L:** ausgebuchtet und breit angewachsen, weißlich bis blassgrau, später rosa bis rosabräunlich. **St:** weißlich, schwach feinfaserig. **F:** fest, im Scheitel dick, weiß bis graulich. **Ger:** mehlartig bis ranzig. **Ges:** mild, mehlig-ranzig. **Spp:** rosa. **V:** oft büschelig, an grasigen Stellen bei Rosengewächsen *Rosaceae* (Weißdorn *Crataegus*, Kultur-Birne *Pyrus communis* usw.); Frühjahr, Frühsommer. **Mik:** Sporen 5- bis 7-eckig, 7,5–11 × 7–10 µm, 4-sporig, ohne ChZ, Schnallen häufig. (D 402, Kr 4.181, BK 4.22, Lu 2.94.32,).

6.2.23 *Entoloma alpicola* (J. Favre) Bon & Jamoni, Alpen-Rötling: Hut 3–5 cm, dunkelbraun bis fast schwarz, Rand kurz gerieft; alpine Lagen, in Schneetälchen, in Zwergstrauchheide (z. B. bei Kraut-Weide *Salix herbacea*). Kein Speisepilz. (BK 4.7,).

6.2.24 *Entoloma bahusiense* S. Lundell, Geruchloser Schild-Rötling: Hut blasser graubraun mit olivfarbenem Beiton, ohne Mehlgeruch. Kein Speisepilz. (D 403).

6.2.25 *Entoloma aprile* (Britzelm.) Sacc.
April-Rötling, Gestreifter Frühlings-Rötling

H: 2–8 cm, kegelig-gewölbt, mit deutlichem Buckel, hygrophan, feucht dunkelbraun, grau- bis rötlichbraun, bisweilen etwas olivlich, mit deutlich gerieftem Rand, trocken blasser, schmutzig hellocker, Rand jung

6.2.17 *Entoloma lividoalbum*, Weißstieliger Rötling

6.2.18 *E. griseoluridum*, Graustieliger Rötling

6.2.19 *Entoloma rhodopolium*, Niedergedrückter R.

6.2.19a *E. rhodopolium* f. *nidorosum*, Alkalischer R.

6.2.22 *Entoloma clypeatum*, Schild-Rötling

6.2.23 *Entoloma alpicola*, Alpen-Rötling

6.2.25 *Entoloma aprile*, April-Rötling

eingerollt, später lange heruntergebogen. **L:** ausgebuchtet und breit angewachsen, lange blass graubräunlich, später braunrötlich. **St:** graubraun, faserig. **F:** weißlich, im Scheitel relativ dick. **Ger:** mehlartig (frisch evtl. seifig). **Ges:** mehlig. **V:** kaum büschelig, in lichtem Laubwald, vorwiegend bei Ulme *Ulmus;* Frühjahr. **Mik:** Sporen vieleckig, 9–11 × 7,5–9,5 µm, 4-sporig, seltener 2-sporig, ohne ChZ, Schnallen spärlich. (D 397, Kr 4.182, BK 4.9, Lu 2.94.33, ⊠).

6.2.26 *Entoloma politum* (Pers.) Noordel.
Glänzender Rötling, Glänzender Nitrose-Rötling

H: 1–5 cm, halbkugelig bis gewölbt, bald genabelt bis trichterig, selten mit kleinem Buckel, hygrophan, feucht durchscheinend gerieft, dunkel, graubraun, hornbraun bis gelbbraun, trocken blasser, glänzend. **L:** breit angewachsen, ausgebuchtet bis schwach mit Zahn herablaufend, bisweilen etwas quergerippt, ziemlich entfernt, weißlichcreme, später rosa bis rosabräunlich. **St:** hornbraun bis blass graubraun, glatt oder schwach faserig, Basis evtl. etwas verjüngt. **F:** relativ fest, graubraun. **Ger:** nitrös oder unauffällig. **Ges:** meist unangenehm, petroleumartig. **V:** in sumpfigem Laubwald, auch in höheren bis alpinen Lagen; Sommer bis Herbst. **Mik:** Sporen 5- bis 7-eckig, 8–10,5 × 7–8,5 µm, 4-sporig, ohne ChZ, Schnallen häufig. (Kr 4.189, BK 4.64, Lu 2.94.37, ⊠).

Ludwig 2007 grenzt die Art *Entoloma pernitrosum* (P.D. Orton) P.D. Orton, Starknitröser Rötling ab, die sich durch das nicht inkrustierte Pigment mikroskopisch von *E. politum*, Glänzender Rötling unterscheiden lässt. (Lu 2.94.41).

6.2.27 *Entoloma caccabus* (Kühner) Noordel., Caccabus-Rötling, Ranziger Feuchtstellen-Rötling: Hut kaum über 3 cm breit, bald trichterig-genabelt ohne Buckel, Geruch und Geschmack stark mehlartig bis ranzig. Sporen 8–12 × 7–8,5 µm, 4-sporig, vereinzelt 1- bis 2-sporig, ohne ChZ. (D 409, Lu 2.94.88f, ⊠).

6.2.28 *Entoloma anthracinum* (J. Favre) Noordel., Anthrazit-Rötling: Hut 1,5–3 cm breit, gewölbt bis trichterig, mit kleinem oder ohne Buckel, dunkel braungrau, Geruch und Geschmack mehlartig; in alpinen Regionen, bei Weide *Salix*, auf feuchtem Boden, Sommer bis Herbst. Sporen 8,5–12 × 6,5–10 µm, 4-sporig, ohne ChZ.

6.2.29 *Entoloma nausiosme* Noordel., Starkriechender Rötling: Hut 1–4 cm breit, genabelt-trichterig, dunkel graubraun bis schwarzbraun, Lamellen bogig herablaufend, Geruch stark und auffällig mit Komponenten von angebranntem Fleisch, verbranntem Gummi und Maggi. Mit keuligen bis rundlichen ChZ.

6.2.30 *Entoloma sphagneti* Naveau
Torfmoos-Rötling, Torf-Rötling

H: 2–12 cm, kegelig-glockig, stark hygrophan, feucht dunkel schokolade- bis schwarzbraun, beim Trocknen streifig rötlich- bis gelbbraun ausblassend. **L:** aufsteigend und schmal angeheftet bis fast frei, blasscreme, später fleischfarben bis rötlichbraun. **St:** brüchig, grau- bis rötlichbraun, faserig. **F:** innen weißlich, außen wie die Oberfläche. **Ger:** unauffällig bis etwas mehlig. **Ges:** mild. **V:** in sumpfigem Laubwald, oft bei Torfmoos *Sphagnum;* Sommer bis Herbst. **Mik:** Sporen eckig-höckerig, 9,5–12 × 6,5–8 µm, 4-sporig, ohne ChZ, Schnallen häufig. (Kr 4.200, Lu 2.94.43).

6.2.31 *Entoloma venosum* Gillet
Starkpigmentierter Rötling, Nadelwald-Rötling

H: 3–12 cm, kegelig-glockig, halbkugelig bis ausgebreitet mit breitem, flachem Buckel, eingewachsen-faserig, hygrophan, feucht dunkel umbrabraun bis schwarzbraun, trocken blasser, Mitte bisweilen etwas glimmerig, samtig, Rand lange eingebogen. **L:** breit angewachsen, cremegrau, später rosagrau bis ziemlich dunkel bräunlichrosa. **St:** graubraun, Spitze bereift-flockig, abwärts faserig. **F:** weißlich, außen graubraun. **Ger:** stark mehlig-ranzig. **Ges:** mehlig-ranzig. **V:** im Nadelwald. **Mik:** Sporen 5- bis 7-eckig-höckerig, 7,5–10,5 × 6–7,5 µm, 4-sporig, ohne ChZ, Schnallen häufig. (D 411, Kr 4.202, BK 4.92, Lu 2.94.40, ⊠).

6.2.32 *Entoloma rubrobasis* Noordel., Rotfüßiger Rötling: Hut 2–8 cm, graubraun bis dunkel graubraun, Stielbasis mit rötlichen Flecken, vorwiegend bei Birke *Betula* oder Fichte *Picea*.

6.2.33 *Entoloma subradiatum* (Kühner & Romagn.) M.M. Moser
Schwachgeriefter Rötling, Strahligtrocknender Rötling

H: 1–3 cm, kegelig, bald gewölbt bis trichterig ausgebreitet, evtl. leicht gebuckelt, kahl, bisweilen runzelig, hygrophan, feucht durchscheinend gerieft, dunkelbraun mit etwas Rot oder Grau, Mitte dunkler, beim Trocknen streifig verblassend. **L:** breit angewachsen und leicht ausgerandet bis schwach mit Zahn herablaufend, ziemlich entfernt. **St:** weiß bis blass graubraun, feinfaserig, Spitze etwas bereift, abwärts kahl, Basis etwas filzig. **F:** dünn, brüchig, wässerig graubraun. **Ger:** mehlig. **Ges:** mehlig. **V:** im Laubwald, Auenwald, Park; Sommer bis Herbst. **Mik:** Sporen 5- bis 7-eckig, 8–10,5 × 7–8,5 µm, 4-sporig, ohne ChZ, Schnallen häufig. (BK 4.87, Lu 2.94.36).

6.2.34 *Entoloma sordidulum* (Kühner & Romagn.) P.D. Orton, Falber Rötling, Schmutziger Rötling: Hut bis 5 cm breit, kaum durchscheinend gerieft, höchstens am Rand. (Kr 4.199, Lu 2.94.34).

6.2.26 *Entoloma politum*, Glänzender Rötling

6.2.27 *Entoloma caccabus*, Caccabus-Rötling

6.2.31 *Entoloma venosum*, Starkpigmentierter Rötling

6.2.35 *Entoloma plebejum* (Kalchbr.) Noordel.
Voreilender Rötling, Voreilender Filz-Rötling

H: 1–4 cm, kegelig, später ausgebreitet mit ± deutlichem Buckel, filzig-faserig, besonders in der Mitte, teilweise glimmerig, graubraun bis dunkel graubraun. **L:** aufsteigend und schmal angeheftet bis fast frei, ziemlich entfernt, graubraun, später rosagrau. **St:** blassgrau bis graubraun, faserig, oft verdreht, Basis weißlich filzig. **F:** brüchig, weißlich, außen dunkelbraun. **Ger:** schwach, evtl. etwas grasartig bis mehlig. **Ges:** mehlartig und süßlich. **V:** im Wald und auf offenem Gelände; Frühjahr bis Sommer, seltener im Herbst. **Mik:** Sporen 6- bis 10-eckig-höckerig, 10,5–14,5 × 7–11 µm, 4-sporig, selten 2-sporig, ChZ schmal flaschenförmig, Schnallen häufig, vor allem im Hymenium. (Kr 4.228, BK 4.60, Lu 2.94.167, 🖼).

6.2.36 *Entoloma plebeioides* (Schulzer) Noordel., Aufgerauter Filz-Rötling: Hut 2–8 cm, ± hygrophan, dunkel graubraun bis schwarzbraun, auf der ganzen Oberfläche faserig bis feinschuppig, Lamellen breit angewachsen bis etwas ausgerandet, Geruch unauffällig, Geschmack eher unangenehm; Sommer bis Herbst. Sporen 8–10,5 × 6–8 µm, ohne ChZ, Schnallen häufig. (Lu 2.94.162).

6.2.37 *Entoloma opacum* Noordel., Opaker Rötling: Hut 1–4 cm, dunkel- bis schwarzbraun, kaum gebuckelt, Lamellen entfernt, Geruch unauffällig, Geschmack evtl. leicht bitter; Sommer bis Herbst.

6.2.38 *Entoloma henrici* E. Horak & Aeberh., Samthütiger Filz-Rötling: Hut 3–6 cm, halbkugelig bis gewölbt, blassbraun bis rußbraun, ganz samtig bereift, im Scheitel bisweilen etwas runzelig (ähnlich *Dermoloma*, Samtritterlinge), Lamellen ausgebuchtet angewachsen, weiß, später rosa, Stiel ziemlich dick, weiß, silbergrau faserig, Spitze bereift, Basis verjüngt, weißfilzig, Geruch und Geschmack unauffällig; auf Magerwiesen, Alpweiden, Herbst. Sporen 5- bis 6-eckig, 8,5–11 × 7–8 µm, 1- bis 2-, seltener 4-sporig, ohne ChZ und Schnallen, HDS im Zentrum mit aufstehenden, keulig-kugeligen Elementen. (BK 4.38, Lu 2.94.157).

6.2.39 *Entoloma fernandae* (Romagn.) Noordel.
Rauscheiteliger Glöckling, Nacktfüßiger Rötling

H: 1–3,5 cm, halbkugelig-kegelig, später ausgebreitet mit feiner Papille oder etwas eingedellt, feinfilzig, faserschuppig und kaum hygrophan oder aber kahl und hygrophan, feucht durchscheinend gerieft, dunkel, graubraun, umbrabraun, trocken etwas blasser. **L:** ausgebuchtet bis fast frei, selten mit Zahn etwas herablaufend, bräunlichweiß, später schmutzig rosa. **St:** wie der Hut gefärbt oder etwas blasser, Basis evtl. weißlich filzig. **F:** blass, unter der Huthaut graubräunlich. **Ger:** mehlartig. **Ges:** mehlartig. **V:** in Trockenwiesen, am Wegrand, im Nadelwald, auf saurem Boden, bis in höhere, alpine Lagen; Sommer bis Herbst. **Mik:** Sporen 5- bis 7-eckig, 6–9 × 5,5–7,5 µm, 4-, seltener 1- bis 2-sporig, ohne ChZ und Schnallen, HDS mit grob inkrustierenden Hyphen. (D 431, Lu 2.94.70).

6.2.40 *Entoloma jubatum* (Fr.) P. Karst.
Rußblättriger Rötling, Braunblättriger Filz-Rötling

H: 2–6 cm, kegelig, bald ausgebreitet mit flachem Buckel, jung samtig-filzig, später fein faserig-schuppig, dunkel, graubraun, schwarzbraun, sepiabraun. **L:** aufsteigend, schmal angeheftet bis fast frei, graubräunlich bis purpurbräunlich, Schneiden oft schartig. **St:** wie der Hut gefärbt, Spitze evtl. graulich flockig, abwärts grau- bis rotbraun überfasert, Basis heller, bisweilen verdickt. **F:** blass, außen graubraun. **Ger:** unauffällig. **Ges:** mild bis etwas scharf. **V:** auf offenem Grasland, Weiden, auch auf Dünen und in höheren Lagen; Sommer bis Herbst. **Mik:** Sporen 6- bis 8-eckig-höckerig, 8–10,5 × 6–7 µm, 4-sporig, ChZ bauchig bis flaschenförmig, teils auch mit welligem Hals und etwas kopfig, Schnallen nur im Hymenium. (Kr 4.227, Lu 2.94.154A–C, 🖼).

6.2.41 *Entoloma fuscotomentosum* F.H. Møller, *E. jubatum* var. *fuscotomentosum* (F.H. Møller) E. Ludw., Schorfiger Filz-Rötling: ganze Hutoberfläche im Alter zunehmend schuppig, graubraun, nicht schwarzbraun, Stiel schlank, kaum mehr als 0,5 cm dick; vorwiegend auf Heideböden, bei Torfmoos *Sphagnum*. Sporen 8–10 × 6–8 µm. (Lu 2.94.154D).

Entoloma scabiosum (Fr.) Quél., Braunfilziger Rötling: Hut vollständig bedeckt von schwärzlichen Schuppen auf blassem Hintergrund, Stielbasis weißfilzig; im Laub- oder Nadelwald. Sporen 7–8 × 5,5–7 µm. Es könnte sich auch lediglich um eine Varietät einer der beiden vorgängig genannten Arten handeln.

6.2.42 *Entoloma hirtipes* M.M. Moser
Traniger Glöckling, Gebrechlicher Glöckling

H: 3–9 cm, jung glockig-kegelig, später gebuckelt, hygrophan, feucht dunkelbraun und gerieft, trocken blasser graubraun. **L:** cremegrau, graubräunlich, zuletzt rosabräunlich. **St:** wie der Hut gefärbt, relativ lang, gebrechlich, Basis weißfilzig. **F:** blass, brüchig. **Ger:** frisch mehlartig, bald tranig, fischartig, gurkenartig. **Spp:** rosa. **V:** im Nadelwald, seltener im Laubwald, oft in höheren Lagen; Frühjahr, seltener im Spätherbst. **Mik:** Sporen 5- bis 7-eckig-höckerig, 10–14 × 8–10 µm, 4-sporig, ChZ zylindrisch bis flaschenförmig, teils etwas kopfig, Schnallen vorhanden. (D 432, Kr 4.211, BK 4.39, 🖼).

6.2.35 *Entoloma plebejum*, Voreilender Rötling

6.2.40 *Entoloma jubatum*, Rußblättriger Rötling

6.2.42 *Entoloma hirtipes*, Traniger Glöckling

6.2.43 *Entoloma hebes* (Romagn.) Trimbach, Schlankstieliger Zitzen-Glöckling, Flaumstieliger Zystiden-Glöckling: Hut kleiner, kaum über 4–5 cm breit, Stiel weniger als 0,5 cm dick, Geruch schwach bis mehlartig, kaum tranig oder fischartig; vorwiegend in feuchtem Laubwald, Auenwald, seltener im Nadelwald oder feuchten Gras, Frühsommer bis Herbst. Sporen 8–12 × 5,5–8 µm. (D 434, BK 4.37, Lu 2.94.57, 🖼).

6.2.44 *Entoloma conferendum* (Britzelm.) Noordel.
Kreuzsporiger Glöckling, Kreuzsporiger Filz-Rötling

H: 2–6 cm, kegelig, halbkugelig-glockig, später bis ausgebreitet, evtl. mit flachem Buckel, hygrophan, feucht durchscheinend gerieft, dunkel, grau-, horn- bis rötlichbraun, trocken blassbraun, im Scheitel oft etwas runzelig. **L:** schmal angeheftet bis fast frei, blass, später rosa bis bräunlich, Schneiden oft schartig. **St:** wie der Hut gefärbt, silbrig faserstreifig, Basis weißlich filzig. **F:** dünn, brüchig, innen schmutzig weißlich, außen braun- bis gelbgrau. **Ger:** unauffällig bis deutlich mehlartig. **Ges:** leicht bis deutlich ranzig. **V:** in Wiesen, Sumpf, feuchtem Wald, am Wegrand, bis in höhere Lagen; Frühling bis Herbst. **Mik:** Sporen auffällig kreuzsporig mit 3–7 Ecken, 8–13 × 8–13 µm, 4-sporig, ohne ChZ und Schnallen. (D 435, Kr 4.207, BK 4.23f, Lu 2.94.55, 🖼).

Entoloma pseudoconferendum Noordel. & Wölfel, *Entoloma dolosum* Noordel. & Wölfel: Hut 1,5–5 cm, bei Torfmoos *Sphagnum*. Sporen vieleckig-knotig, 9,5–13 × 6,5–9 µm.

6.2.43 *Entoloma hebes,* Schlankstieliger Zitzen-Glöckl.

6.2.44 *E. conferendum,* Kreuzsporiger Glöckling

6.2.45 *Entoloma rhombisporum* (Kühner & Boursier) E. Horak
Rhombensporiger Rötling, Rhombensporiger Filz-Rötling

H: 2–5 cm, abgestutzt kegelig, halbkugelig-glockig, evtl. mit Papille oder leicht genabelt, stark hygrophan, feucht stark durchscheinend gerieft, dunkel, gelbbraun, trocken faserig, außen stark verblassend, im Scheitel dunkel bleibend. **L:** fast frei, ziemlich entfernt, rosa, evtl. gelblichrosa. **St:** kahl, gelb oder gelbbraun, Spitze und Basis heller, Basis weißfilzig. **F:** blass. **Ger:** unauffällig bis schwach aromatisch oder mehlig. **Ges:** ranzig-mehlig. **V:** im Sumpf, bei Torfmoos *Sphagnum*; Sommer bis Herbst. **Mik:** Sporen rautenförmig, 4- bis 5-eckig, 8–10,5 × 7–10,5 µm, 4-sporig, ChZ spindelig bis schmal flaschenförmig und vereinzelt kopfig, Schnallen häufig, vor allem im Hymenium. (Lu 2.94.82).

6.2.46 *Entoloma sericeum* Quél. ☠
Seidiger Glöckling

H: 2–7 cm, kegelig-halbkugelig, später ausgebreitet, Mitte schwach gebuckelt oder etwas eingedellt, hygrophan, feucht durchscheinend gerieft, dunkelbraun, graubraun, streifig trocknend, dann seidig. **L:** relativ breit angewachsen bis aufsteigend und schmal angeheftet, cremebeige, bräunlich, später rosabeige. **St:** wie der Hut oder etwas blasser gefärbt, silbergrau überfasert, Basis weißfilzig. **F:** dünn, weißlich. **Ger:** stark mehlartig. **Ges:** mehlig-ranzig. **Spp:** rosa. **V:** in grasigem Wald, Wiesen; Sommer bis Herbst. **Mik:** Sporen 5- bis 6-eckig, 7,5–10,5 × 6,5–8,5 µm, 4-sporig, vereinzelt 2-sporig, ohne ChZ, Schnallen vor allem im Hymenium, HDS mit inkrustiertem Pigment. (D 400, Kr 4.219, BK 4.80f, Lu 2.94.75, 🖼).

6.2.46 *Entoloma sericeum,* Seidiger Glöckling

6.2.47 *Entoloma sericeoides* (J.E. Lange) Noordel., Trichter-Glöckling, Trichterlings-Rötling: Hut kaum über 4 cm breit, genabelt-verbogen mit eingebogenem Rand, feucht nicht oder nur leicht durchscheinend gerieft, Lamellen braun, später mit rosa Schein; Frühjahr und Herbst, auf kalkhaltigen, trockenen Böden, oft bei Rosengewächsen *Rosaceae*. Sporen 7–9 × 6–8 µm, 4-sporig, selten 1- bis 2-sporig, weder ChZ noch Schnallen, Pigment der HDS fein inkrustiert. (D 439, Kr 4.219, BK 4.79, Lu 2.94.77, 🖼).

6.2.48 *Entoloma occultipigmentatum* Arnolds & Noordel., Dunkler Glöckling: Hut ebenfalls kaum über 4 cm breit. Sporen 5- bis 6-eckig-kugelig, 7–9,5 × 7–9,5 µm, ohne ChZ, Schnallen höchstens an der Basis der Basidien, Pigment der HDS nicht inkrustiert. (Kr 4.215, BK 4.57, Lu 2.94.65).

6.2.49 *Entoloma ortonii* Arnolds & Noordel.
Mehligriechender Glöckling, Kleinsporiger Glöckling

H: 2–4 cm, gewölbt bis ausgebreitet, evtl. mit kleiner Papille oder leicht genabelt, Huthaut knorpelig und zäh, hygrophan, feucht durchscheinend gerieft, im Scheitel dunkel graubraun, außen blasser, trocken blasser graubraun bis ockergrau. **L:** aufsteigend, schmal angewachsen, ziemlich entfernt, braungrau, später mit rosa Beiton. **St:** graubraun, Spitze bereift, abwärts braunsilbrig-faserig, bisweilen verdreht, Basis weißfilzig. **F:** dünn, fest. **Ger:** mehlig-ranzig. **Ges:** mehlig-ranzig. **V:** auf grasigen Waldlichtungen, Wiesen; Sommer bis Herbst. **Mik:** Sporen 5- bis 6-eckig, 7–8,5 × 6–7,5 µm, 4-sporig, seltener 1- bis 2-sporig, ohne ChZ, Schnallen höchstens an der Basis der Basidien. (D 436, Lu 2.94.66).

6.2.50 *Entoloma lucidum* (Fr.) P. Karst.
Glänzender Glöckling

H: 1–5 cm, kegelig-gewölbt, später ausgebreitet, evtl. mit kleiner Papille oder leicht genabelt, stark hygrophan, feucht durchscheinend gerieft, hornbraun, braun, grau- bis rötlichbraun, trocken blassbraun, faserig-glänzend. **L:** ausgebuchtet und schmal angewachsen

6.2.47 *Entoloma sericeoides,* Trichter-Glöckling

bis fast frei, blassbraun, später schmutzig rosa, rosabraun. **St:** braun, meist blasser als der Hut, Spitze etwas bereift, abwärts silbrig-faserig. **F:** brüchig, blass, außen braun. **Ger:** mehlig-ranzig. **Ges:** mehlig-ranzig. **V:** in Wiesen, relativ trockenen Laubwaldwiesen; Sommer bis Herbst. **Mik:** Sporen 5- bis 6-eckig-kugelig, 7,5–10,5 × 6–8,5 µm, meistens 4-sporig, ohne ChZ, Schnallen höchstens an der Basis der Basidien, HDS stellenweise mit inkrustierendem Pigment. (Lu 2.94.76).

6.2.51 *Entocybe pseudoturbida* (Romagn.) T.J. Baroni, V. Hofst. & Largent, *Entoloma pseudoturbidum* (Romagn.) M.M. Moser
Sepiabrauner Scheinrötling, Sepiabrauner Rötling

H: 3–9 cm, kegelig-halbkugelig, später ausgebreitet, evtl. mit flachem Buckel, hygrophan, feucht höchstens am Rand etwas durchscheinend gerieft, dunkel umbra- oder sepiabraun, trocken ockerlich, eingewachsen-faserig. **L:** aufsteigend, schmal angeheftet bis fast frei, creme, graubraun, später rosabraun. **St:** graubräunlich, silberfaserig, oft verdreht. **F:** blass graubräunlich. **Ger:** stark mehlig bis gurkenartig. **Ges:** mehlartig. **Spp:** rosa. **V:** im Laubwald; Sommer bis Herbst. **Mik:** Sporen 5- bis 7-eckig, 7,5–9,5 × 6,5–8 µm, 4-sporig, ohne ChZ, Schnallen vereinzelt. (D 399, BK 4.66,).

6.2.52 *Entoloma ameides* (Berk. & Broome) Sacc.
Fruchtbonbon-Glöckling

H: 1,5–5 cm, gewölbt-glockig, später ausgebreitet, bisweilen gebuckelt, kahl, hygrophan, feucht durchscheinend gerieft, grauockerlich, trocken eingewachsen-faserig und blasser, weißlich. **L:** aufsteigend, schmal angewachsen bis fast frei, blassgrau, später rosa, Schneiden gekerbt. **St:** blass isabellocker, weißlich faserig, Basis oft verdickt. **F:** weißlich, außen ockerlich. **Ger:** stark süßlich, nach Fruchtbonbons (Amylacetat), Orangenblüten. **Ges:** unangenehm, ranzig, seifig. **V:** in Waldwiesen, Weiden; Sommer bis Herbst. **Mik:** Sporen 5- bis 6-eckig, 8–11,5 × 7–8,5 µm, 4-sporig, vereinzelt 2-sporig, ChZ vorwiegend zylindrisch und mehrfach septiert, Schnallen vereinzelt im Hymenium. (Kr 4.204, BK 4.8, Lu 2.94.81,).

Entoloma sacchariolens (Romagn.) Noordel., Süßlicher Glöckling, Süßlicher Rötling: Hutoberfläche glänzend, graubraun. Die Art wird teilweise zu *E. ameides* gezählt oder gilt nur als Varietät.

6.2.53 *Entoloma farinogustus* Arnolds & Noordel.
Lebertran-Glöckling, Winziger Mehlrötling

H: 1–2 cm, schmutzig rosa bis fleischbraun, Mitte mit dunkler braunem Nabel, glatt, Rand durchscheinend gerieft. **L:** ausgerandet, mäßig entfernt, erst weißlich, später blassrosa. **St:** ähnlich wie der Hut gefärbt, Spitze blasser. **F:** dünn, schmutzig weißlich. **Ger:** stark mehlartig-ranzig bis tranig. **Ges:** mehlartig, nach Lebertran. **V:** bei verschiedenen Moosen, trocken oder feucht, im oder außerhalb der Waldes; im Herbst. **Mik:** Sporen 6- bis 8-eckig, stumpf, 8–12 × 6–9 µm, 1-, 2- oder 4-sporig, ohne ChZ und Schnallen. (BK 4.33, Lu 2.94.85).

6.2.54 *Entoloma cetratum* (Fr.) M.M. Moser
Ockerblättriger Glöckling, Lederschild-Glöckling

H: 1–4 cm, halbkugelig bis abgestutzt kegelig, später ausgebreitet, evtl. mit kleiner Papille oder leicht genabelt, feucht durchscheinend gerieft, blassocker, gelbbraun oder blass rötlichbraun, trocken blasser, kahl glänzend. **L:** fast frei, schmal angeheftet, ziemlich entfernt, ockergelblich, später rosa. **St:** wie der Hut gefärbt, Spitze flockig bereift, abwärts stark silbrig-faserig, bisweilen verdreht, Basis evtl. verdickt. **F:** dünn, innen blass, außen ockerlich. **Ger:** unauffällig, höchstens ganz schwach mehlartig. **Ges:** mild bis etwas ranzig-mehlig. **V:** in Nadelwald, Heide, auf Wiesen, auf saurem Boden, bis in höhere Lagen; im Früh- bis Spätsommer. **Mik:** Sporen 5- bis 7-eckig, 8,5–13,5 × 6,5–9,5 µm, 4-sporig, vereinzelt auch 1- bis 2-sporig, ChZ vereinzelt, zylindrisch bis schlank keulig oder kopfig, ohne Schnallen. (D 437, Kr 4.205, BK 4.18, Lu 2.94.54,).

6.2.55 *Entoloma testaceum* (Bres.) Noordel., Gelbfleischiger Glöckling: Hut 2–6 cm, kegelig, später ausgebreitet und spitz gebuckelt, hygrophan, feucht durchscheinend gerieft, gelbbraun, Mitte rotbraun, trocken blass gelbbraun, Lamellen aufsteigend, schmal angeheftet bis fast frei, blass gelbbraun, später rosabraun, Stiel gelbbraun, etwas blasser als der Hut, silbrigweiß überfasert, Basis verdickt, weißfilzig, Fleisch brüchig, dünn, Geruch mehlig bis ranzig-faulig. Sporen 9–12 × 7–8,5 µm, ChZ zylindrisch bis leicht keulig, Schnallen vorhanden. (D 396).

6.2.56 *Entoloma cuneatum* (Bres.) M.M. Moser, Keilförmiger Glöckling: Hut 2–6 cm, stark kegelig, später gewölbt bis ausgebreitet mit deutlicher Papille, hygrophan, feucht durchscheinend gerieft, dunkel rot- oder sepiabraun mit gelber Papille, trocken blasser grau- bis gelbbraun, Lamellen ausgebuchtet angewachsen, schmutzig ockerrosa, später braunrosa, Stiel gelb, gelbbraun oder rötlichbraun, Spitze deutlich bereift, abwärts faserig, Basis weißfilzig, Fleisch dünn, innen weißlich, außen wie der Hut, Geruch unauffällig, Geschmack mild. Sporen 5- bis 7-eckig, 10–13 × 7,5–9 µm, ohne ChZ, Schnallen vorhanden.

Ludwig 2007 beobachtet fließende Übergänge zwischen dem dunkelhütigen *E. cuneatum* und den helleren *E. testaceum* und *E. cetratum*. Er findet bei *E. cetratum* 1- bis 4-sporige Basidien, teilweise mit und teilweise ohne Schnallen, sodass auch diese Merkmale keine klaren Abgrenzungen ermöglichen.

6.2.51 *Entocybe pseudoturbida*, Sepiabrauner Scheinrötling

6.2.52 *Entoloma ameides*, Fruchtbonbon-Glöckling

6.2.54 *Entoloma cetratum*, Ockerblättriger Glöckling

6.2.57 *Entoloma infula* (Fr.) Noordel.
Bischofsmützen-Glöckling, Stufenhütiger Glöckling, Zitzen-Glöckling

H: 1–5 cm, kegelig-glockig bis gewölbt, meist mit deutlichem Buckel, hygrophan, feucht durchscheinend gerieft, gelb- bis graubraun, trocken blasser ockergrau. **L:** fast frei, relativ entfernt, weiß, später rosa. **St:** knorpelig, kahl, ocker- bis graubraun. **F:** dünn, knorpelig-brüchig. **Ger:** unauffällig. **Ges:** mild. **V:** auf Magerwiesen, Weiden, am Wegrand, auch in höheren Lagen; Sommer bis Herbst. **Mik:** Sporen 5- bis 7-eckig, 7,5–9,5 × 6–7 µm, 4-sporig, ohne ChZ, Schnallen im Hymenium vorhanden. (Kr 4.213, BK 4.44, Lu 2.94.56).

6.2.58 *Entoloma vernum* S. Lundell ☠
Frühlings-Glöckling, Gefurchtstieliger Frühlings-Glöckling

H: 2–5 cm, meist gebuckelt, faserig, hygrophan, feucht kastanienbraun, porphyrbraun, olivlich, trocken heller ockerbraun, Rand im Alter evtl. fein gerieft. **L:** deutlich ausgebuchtet, ziemlich entfernt, blassgrau, später rosagrau, rosabräunlich. **St:** bräunlich, faserig, oft abgeplattet und gefurcht. **F:** weißlich bis blass bräunlich. **Ger:** unauffällig. **Spp:** rosa. **V:** in grasigem Wald; Frühjahr. **Mik:** Sporen mit 5–7 Ecken, 7,5–11 × 6,5–9 µm, 4-sporig, ohne ChZ, Schnallen vor allem im Hymenium. (D 397, Kr 4.222, BK 4.93, Lu 2.94.78, 🖼).

6.2.59 *Entocybe turbida* (Fr.) T.J. Baroni, V. Hofst. & Largent,
Entoloma turbidum (Fr.) Quél.
Ganzrandiger Scheinrötling, Ganzrandiger Rötling, Drehstiel-Rötling

H: 2–7 cm, kegelig-glockig, später gewölbt, oft flach gebuckelt, hygrophan, feucht durchscheinend gerieft, kastanien- bis graubraun, sepiabraun, trocken blasser, kahl, höchstens im Scheitel etwas filzig. **L:** aufsteigend, schmal angeheftet bis fast frei, graulich, später rosa, graurosa. **St:** gebrechlich, blass graubraun, kahl, Basis oft zugespitzt und gelblich. **F:** blass, außen bräunlich, in der Stielbasis gelblich. **Ger:** unauffällig, evtl. schwach mehlig. **Ges:** mild, evtl. etwas ranzig. **V:** in moorigem Wald, bei Birke *Betula*, Nadelbäumen, Heidepflanzen *Erica*, *Calluna*; Sommer bis Herbst. **Mik:** Sporen vieleckig-höckerig, 7–8,5 × 6–7 µm, 4-sporig, ohne ChZ, Schnallen vorhanden. (D 398, Kr 4.201, BK 4.89, Lu 2.94.42, 🖼).

6.2.60 *Entocybe vinacea* (Scop.) T.J. Baroni, V. Hofst. & Largent, *Entoloma vinaceum* (Scop.) Arnolds & Noordel., Weinroter Scheinrötling, Weinroter Rötling, Winter-Rötling: Hut kleiner, 2–4 cm, hornbraun, graubraun, rötlichbraun, Zentrum dunkler, Lamellen ziemlich entfernt, Stiel dünn, kaum über 0,3 cm dick. Sporen undeutlich stumpf eckig, 6,5–8,5 × 5,5–7 µm, 4-sporig, vereinzelt auch 2-sporig, ohne ChZ, Schnallen häufig. (Lu 2.94.79).

6.2.61 *Entoloma pleopodium* (Bull.) Noordel.
Zitronengelber Glöckling

H: 1–3,5 cm, halbkugelig-kegelig bis gewölbt und leicht gebuckelt oder etwas genabelt, hygrophan, feucht durchscheinend gerieft, gelboliv, Mitte eher olivbräunlich, Rand zitronengelblich, trocken blasser. **L:** breit angewachsen und mit Zahn etwas herablaufend oder ausgebuchtet und relativ schmal angewachsen, weiß oder blassgelb, später rosa bis rosabräunlich. **St:** gelb oder graubraun, Spitze etwas gerieft, abwärts silbrig faserig. **F:** im Hut gelbolivlich, brüchig. **Ger:** meist süßlich, bonbonartig (Amylacetat), Orangenblüten, selten unauffällig. **Ges:** schwach bis deutlich unangenehm. **V:** im Wald, Park, am Wegrand, auf nährstoffreichem Boden, oft bei Brennnessel *Urtica*; Sommer bis Herbst. **Mik:** Sporen 5- bis 6-eckig, 8–11 × 6,5–8 µm, 4-sporig, vereinzelt auch 1- bis 2-sporig, ohne ChZ, Schnallen vorhanden, vor allem im Hymenium. (Kr 4.217, BK 4.61, Lu 2.94.141, 🖼).

6.2.62 *Entoloma solstitiale* (Fr.) Noordel.
Hochsommer-Glöckling, Kontraststieliger Glöckling

H: 1–3 cm, kegelig, später etwas ausgebreitet mit deutlichem kleinem Buckel, hygrophan, feucht durchscheinend gerieft, ziemlich dunkelbraun, ockerbraun, trocken blasser graubraun oder graugelb und faserig. **L:** schmal angeheftet bis fast frei, weißlich, später lachsrosa. **St:** rußgrau bis schwärzlichbraun, Spitze heller, Basis weißlich filzig. **F:** dünn, steif. **Ger:** unauffällig. **V:** auf Wiesen. **Mik:** Sporen 4- bis 6-eckig, 7–9 × 5,5–7 µm, 4-sporig, ohne ChZ, Schnallen nur an der Basis der Basidien vorhanden. (Lu 2.94.58).

Entoloma tibiicystidiatum Arnolds & Noordel., Kopfzystiden-Glöckling: Stiel nur im unteren Teil dunkler als der Hut, Geruch mehlartig, ranzig. Sporen 5- bis 6-eckig, 8–11 × 7–9 µm, 4-sporig, seltener 2-sporig, ChZ zylindrisch, flaschenförmig bis etwas kopfig, vereinzelt mit Schleimkappen, Schnallen häufig. (BK 4.88, Lu 2.94.59).

6.2.58 *Entoloma vernum,* Frühlings-Glöckling

6.2.59 *Entocybe turbida,* Ganzrandiger Scheinrötling

6.2.61 *Entoloma pleopodium,* Zitronengelber Glöckling

6.2.63 *Entoloma papillatum* (Bres.) Dennis
Warzen-Glöckling

H: 1–4 cm, kegelig, später leicht ausgebreitet mit deutlichem spitzem Buckel, hygrophan, feucht durchscheinend gerieft, dunkel, rötlich-, oliv- bis schwärzlichbraun mit etwas hellerem Rand, beim Trocknen streifig verblassend. **L:** ausgebuchtet angewachsen bis fast frei, blassgrau, graubraun, später rosa bis braunrosa. **St:** knorpelig, wie der Hut gefärbt oder etwas blasser, Spitze heller und bereift, darunter poliert. **F:** dünn, wie der Hut gefärbt. **Ger:** meist mehlig. **Ges:** meist mehlig-ranzig. **V:** in Waldlichtungen, Weiden, am Wegrand, bis in höhere Lagen; Sommer bis Herbst. **Mik:** Sporen 5- bis 8-eckig, 9–13 × 6,5–8,5 µm, ohne ChZ, Schnallen vorhanden. (D 430, BK 4.59?, 🖼).

6.2.64 *Entoloma clandestinum* (Fr.) Noordel., Dickblättriger Glöckling: Hut dunkler schwärzlichbraun, Rand kaum heller, Lamellen eher entfernt, dicklich. Sporen 8–11 × 5,5–7,5 µm. Ludwig 2007 zweifelt an konstanten Unterschieden der beiden Arten und schlägt stattdessen vor, sie als Varietäten zu betrachten. (Lu 2.94.60f).

6.2.65 *Entoloma cuspidiferum* (Kühner & Romagn.) Noordel.
Konischhütiger Glöckling, Zipfelmützen-Glöckling

H: 1,5–4 cm, spitz kegelig-glockig, stark hygrophan, feucht durchscheinend gerieft, rußig- bis dunkel sepiabraun, trocken blass graubraun, eingewachsen-faserig. **L:** fast frei, grau, später grau- bis braunrosa, Schneiden glatt bis etwas schartig. **St:** steif, gelbbraun, graubraun, Spitze flaumig, abwärts faserig, Basis weißlich filzig. **F:** ziemlich fest. **Ger:** rettichartig. **Ges:** rettichartig-ranzig. **V:** bei Torfmoos *Sphagnum*; Sommer bis Herbst. **Mik:** Sporen 5- bis 6-eckig, 9–13 × 8–11 µm, vorwiegend 2-sporig, ChZ vereinzelt, kopfig endende Kaulozystiden, Schnallen vorhanden. (Kr 4.209, BK 4.26, Lu 2.94.74).

6.2.66 *Entoloma minutum* (P. Karst.) Noordel.,
Entoloma juncinum (Kühner & Romagn.) Noordel.
Bräunlicher Erlen-Glöckling,
Zarter Zwerg-Glöckling, Rundlichsporiger Glöckling

H: 0,5–3 cm, halbkugelig-kegelig, später gewölbt-ausgebreitet bis flach, oft genabelt, selten mit kleiner Papille, hygrophan, feucht stark durchscheinend gerieft, blassbraun bis ziemlich dunkel, rosa-, grau- oder gelbbraun, trocken stark verblassend, bisweilen fast weißlich und Mitte etwas runzelig. **L:** fast frei bis relativ breit angewachsen oder gar etwas herablaufend, entfernt, weißlich, später blassrosa. **St:** glatt, durchscheinend gelblich oder bräunlich, Spitze etwas bereift. **F:** sehr dünn, brüchig. **Ger:** schwach mehlig. **Ges:** etwas mehlig-ranzig. **V:** in feuchtem Laubwald, Wiesen, bei Brennnessel *Urtica* auf nährstoffreichem Boden, bis in höhere Lagen; Sommer bis Herbst. **Mik:** Sporen 5- bis 7-eckig, 8–11 × 7–9 µm, 4-sporig, ohne ChZ, Schnallen im Hymenium vorhanden. (D 429, BK 4.45?, Lu 2.94.64/69, 🖼).

Vila et al. 2013 und Reschke et al. 2022 zeigen, dass *E. juncinum* zu *E. minutum* gezählt werden soll.

Entoloma pygmaeopapillatum Arnolds & Winterh., Dickblättriger Zwerg-Glöckling: Hut bis ca. 1 cm breit, bald flach, evtl. mit Papille, Lamellen entfernt und etwas dicklich, in Mooren. (Lu 2.94.86).

Entoloma insolitum Noordel., Pleurozystiden-Nabelrötling: Hut 0,5–1,5 cm breit. Fruchtschicht mit auffälligen und in dieser Gruppe einzigartigen, spindeligen und vereinzelt kopfigen PlZ, Sporen 9,5–14 × 7–10 µm, 1- bis 4-sporig. (Lu 2.94.87).

6.2.67 *Entoloma tenellum* (J. Favre) Noordel, Dunkler Zwerg-Glöckling: Hut bis 1,5 cm breit, mit Papille, kaum genabelt, graubraun mit etwas rötlichem Schein. Sporen 6- bis 8-eckig, 8,5–11 × 6–7,5 µm, ChZ zylindrisch bis schlank flaschenförmig und bisweilen etwas kopfig, ohne Schnallen. (Lu 2.94.62).

6.2.68 *Entoloma favrei* Noordel., Dunkler Sumpf-Glöckling, Großsporiger Zwerg-Glöckling: Hut kaum genabelt, meist mit Papille, ziemlich dunkel, braun. Sporen 6- bis 8-eckig, 9–13 × 7–8 µm, ChZ fehlend, Schnallen im Hymenium vorhanden. (BK 4.34, Lu 2.94.63).

6.2.69 *Entoloma nitens* (Velen.) Noordel., Seidigschimmernder Glöckling: Hut braun, graubraun, umbrabraun, trocken hellbraun, faserig, glänzend, Lamellen fast frei, ziemlich entfernt, graubraun, später rosabraun, Stielspitze bereift, abwärts silbergrau faserig, Basis oft etwas verdickt und weißlich filzig, Geruch schwach, etwas erd- oder rettichartig, Geschmack schwach rettichartig. Sporen 5-eckig, 8–10 × 7,5–10 µm, keine ChZ. Gemäß Angaben von Ludwig 2007 ist die Art kaum von *E. juncinum* und somit *E. minutum* zu unterscheiden. (BK 4.55, 🖼).

6.2.70 *Entoloma inutile* (Britzelm.) Noordel.
Nutzloser Glöckling

H: 0,5–3,5 cm, gewölbt, bald ausgebreitet, meist mit Papille, selten etwas genabelt, in der Mitte oft etwas runzelig, hygrophan, feucht dunkelbraun bis schwarz, höchstens am Rand etwas durchscheinend gerieft, trocken braun, faserig. **L:** schmal angeheftet, grau, graubraun, später mit rosa Schein. **St:** wie der Hut gefärbt, feinfaserig, Basis weißfilzig. **F:** dünn, im Hut wie die Oberfläche gefärbt, im Stiel blass. **Ger:** unauffällig. **Ges:** mild.

6.2.63 *Entoloma papillatum,* Warzen-Glöckling

6.2.66 *Entoloma minutum,* Bräunlicher Erlen-Glöckling

6.2.69 *Entoloma nitens,* Seidigschimmernder Glöckling

V: in Trockenrasen, Waldlichtungen, Heide, auf saurem Boden; Sommer bis Herbst. **Mik:** Sporen vieleckig-höckerig, 9–11,5 × 7–8 µm, ChZ keulig mit aufgesetztem Köpfchen (lecythiform), Schnallen vorhanden. (D 438).

6.2.71 *Entoloma dysthales* (Peck) Sacc.
Dunkelblättriger Haar-Glöckling, Dunkelblättriger Haar-Rötling

H: 0,5–2 cm, kegelig-glockig, später gewölbt bis ausgebreitet, oft mit kleinem Buckel, weißlich wollig-faserig bis bräunlich fein faserschuppig, kaum hygrophan, feucht durchscheinend gerieft, schwärzlichgrau, sepiabraun, trocken blasser graubraun. **L:** schmal angewachsen, eher entfernt, ziemlich dunkel, grau bis graubraun, schließlich mit rosa Schein. **St:** wie der Hut gefärbt, weißlich bis bräunlich behaart. **F:** dünn, wie die Oberfläche gefärbt. **Ger:** unauffällig. **Ges:** mild. **V:** in feuchtem Wald, auf nacktem Boden; Sommer bis Herbst. **Mik:** Sporen vieleckig, 13–20 × 8–10,5 µm, 4-sporig (gemäß Ludwig 2007 auch 2-sporig), ChZ keulenförmig, Schnallen vorhanden. (Kr 4.224, Lu 2.94.175).

6.2.72 *Entoloma dysthaloides* Noordel., Erlen-Haar-Rötling: vorwiegend an feuchten, schattigen Orten, oft bei Erle *Alnus*. Sporen 10,5–13,5 × 7–8 µm, ChZ keulenförmig, ohne Schnallen. Gemäß Krieglsteiner 2003 handelt sich nur um eine Varietät von *E. hirtum*. (BK 4.27, Lu 2.94.176).

6.2.73 *Entoloma pseudodysthales* Noordel., Tabarés & Rocabruna, Düsterer Haar-Glöckling: Geruch stark, knoblauchartig oder nach faulem Kohl. Sporen 12–16 µm breit.

6.2.74 *Entoloma strigosissimum* (Rea) Noordel.
Borstiger Haar-Glöckling, Borstiger Haar-Rötling

H: 0,5–2 cm, kegelig-glockig, im Alter leicht ausgebreitet, dunkel rötlich- oder graubraun, rötlich behaart, manchmal zu feinen Schüppchen verklebt. **L:** fast frei, ziemlich entfernt, dicklich, ziemlich dunkel graubraun, später rötlichbraun. **St:** dunkelbraun, graubraun, mit rötlichen, steifen Haaren bedeckt. **F:** braun. **Ger:** unauffällig. **Ges:** unauffällig. **V:** bei Gras, im Wald, auf sandigem oder lehmigem Boden, auch auf verrottetem Holz; Sommer bis Herbst. **Mik:** Sporen vieleckig-höckerig, 10,5–15 × 7–8,5 µm, 4-sporig, ChZ schmal bis breit keulig oder flaschenförmig, ohne Schnallen. (BK 4.86?, Lu 2.94.173, 🖼).

6.2.75 *Entoloma hirtum* (Velen.) Noordel.
Striegeliger Rötling

H: 0,5–2 cm, kegelig, abgestutzt kegelig, evtl. mit kleiner Papille oder etwas eingedellt, aschgrau, graubraun, im Scheitel schwärzlich, dicht faserig-schuppig. **L:** erst etwas herablaufend, später ausgebuchtet bis fast frei, ziemlich dunkel graubraun, später mit rosa Schein. **St:** weißlich bis bräunlich haarig-faserig, Basis striegelig. **F:** häutig dünn. **Ger:** unauffällig. **Ges:** mild bis bitter. **V:** an grasigen, sonnigen, vorwiegend trockenen Stellen, auf kalkreichem Boden; Sommer bis Spätsommer. **Mik:** Sporen vieleckig-höckerig, 10,5–15 × 7–8 µm, ChZ keulig, ohne Schnallen. (Kr 4.225, BK 4.40, 🖼).

6.2.76 *Entoloma versatile* (Quél.) M.M. Moser
Grünschillernder Rötling, Grünschillernder Filz-Rötling

H: 1,5–3 cm, kegelig-glockig, später ausgebreitet, meist mit Papille, schwach hygrophan, feucht höchstens am Rand durchscheinend gerieft, olivbraun bis olivgrau, trocken blasser, metallisch glänzend, faserig, im Scheitel manchmal fein faserig-schuppig. **L:** schmal angeheftet, ziemlich entfernt, grau, blass graubraun, später mit rosa Schein, Schneiden flockig. **St:** Spitze blass, abwärts ziemlich dunkel, grau mit olivfarbenem Schein, silbrig faserig bis feinschuppig, Basis weißlich bis rötlich striegelig. **F:** braungrau, in der Stielbasis schwärzlich. **Ger:** unauffällig bis schwach säuerlich-spermatisch. **V:** auf nackter Erde, im Wald, an Wegrändern. **Mik:** Sporen 5- bis 8-eckig, 9,5–12 × 7–8 µm, 4-sporig, ChZ breit spindelig mit spitzem Fortsatz, ohne Schnallen. (Kr 4.226, BK 4.94, Lu 2.94.146).

6.2.77 *Entoloma araneosum* M.M. Moser
Silbrigfaseriger Filz-Rötling, Spinnweb-Rötling

H: 1–4 cm, kegelig-glockig, später ausgebreitet, meist mit deutlicher Papille, mausgrau bis graubräunlich, dicht silbrig faserig bis faserig-schuppig, später etwas verkahlend. **L:** ausgebuchtet angewachsen, grau, später graurosa. **St:** Spitze weißlich flockig bereift, abwärts grau, graubraun, blasser als der Hut, Basis bisweilen leicht rötlich. **F:** graubräunlich. **Ger:** unauffällig bis schwach mehlig oder grasartig. **V:** unter Laubbäumen, auf nacktem Boden; Sommer bis Herbst. **Mik:** Sporen 6- bis 8-eckig, 9,5–12 × 7–8 µm, vorwiegend 4-sporig, vereinzelt 1- bis 3-sporig, ChZ breit spindelig mit spitzem oder abgerundetem Fortsatz, ohne Schnallen. (BK 4.10, Lu 2.94.148, 🖼).

6.2.78 *Entoloma indutum* Boud., Violettschillernder Rötling: Hut graubläulich, Scheitel rötlichbraun mit grobfaserigem Überzug.

6.2.79 *Entoloma cephalotrichum* (P.D. Orton) Noordel.
Kopfighaariger Glöckling, Kopfighaariger Zärtling

H: 0,5–1,5 cm, gewölbt, später in der Mitte etwas eingedellt, auch mit ganz kleinem Buckel, weiß, evtl. eingewachsen-faserig, schwach hygrophan, feucht durchscheinend gerieft, trocken matt und nicht durchscheinend, weiß, Rand nach unten gebogen. **L:** breit angewachsen, ausgerandet bis etwas herablaufend, ziemlich entfernt, evtl. etwas queradrig, weiß, später rosa. **St:** farblos bis weiß, Spitze evtl. etwas bereift, Basis bisweilen leicht verdickt. **F:** häutig, farblos bis weiß. **Ger:** stark mehlartig. **Ges:** ranzig. **V:** auf nackter Erde, im Laubwald; Sommer bis Herbst. **Mik:** Sporen 5- bis 7-eckig, 7–10 × 5,5–7 µm, 4-sporig, ohne ChZ und Schnallen, HDS mit auffällig kopfig endenden Haaren. (Kr 4.172, BK 4.17, Lu 2.94.52).

6.2.74 *Entoloma strigosissimum*, Borstiger Haar-Rötling

6.2.75 *Entoloma hirtum*, Striegeliger Rötling

6.2.77 *Entoloma araneosum*, Spinnweb-Rötling

6.2.80 *Entoloma neglectum* (Lasch) Arnolds
Isabellfarbener Nabelrötling

H: 1–4 cm, gewölbt, später ausgebreitet mit eingedellter Mitte, feinfilzig, blasscreme, fleischfarben, isabellbraun bis graurosa, fein gezont. **L:** herablaufend, evtl. teilweise gegabelt, ziemlich entfernt, weißlich, später rosa mit gleichfarbigen Schneiden. **St:** farblos bis weiß, evtl. blass graugelb, Basis oft verdickt, weißfilzig. **F:** dünn, wie der Hut gefärbt. **Ger:** stark mehlartig. **Ges:** stark ranzig-mehlartig. **V:** in moosiger Wiese; Sommer bis Herbst. **Mik:** Sporen vieleckig-höckerig, 9–13,5 × 6,5–9 µm, vorwiegend 4-sporig, teils auch 2-sporig, ohne ChZ, Schnallen vorhanden. (Kr 4.174, Lu 2.94.12,).

6.2.81 *Entoloma pallens* (Maire) Arnolds
Fahler Nabelrötling, Blasser Rötling

H: 1,5–3,5 cm, gewölbt, später ausgebreitet mit eingedellter evtl. feinschuppiger Mitte, blassgelb bis graurosa, fein gezont. **L:** herablaufend, evtl. etwas queradrig, ziemlich entfernt, weißlich, später rosa mit gleichfarbigen Schneiden. **St:** weiß bis blassocker, Basis weißfilzig. **F:** dünn, wie der Hut gefärbt. **Ger:** stark mehlartig. **Ges:** stark mehlartig. **V:** in Magerwiesen; Sommer bis Herbst. **Mik:** Sporen vieleckig-höckerig, 10,5–15 × 7–8,5 µm, mehrheitlich 4-sporig, ohne ChZ, Schnallen höchstens an der Basis der Basidien. (Lu 2.94.13).

6.2.82 *Entoloma rugosum* (Malençon) Bon
Runzeliger Nabelrötling

H: 0,5–1,5 cm, unregelmäßig glockig bis gewölbt mit kleinem Buckel, weiß, später schmutzig weiß und fein faserig-runzelig, Rand verbogen. **L:** bogig herablaufend, entfernt, weiß, später rosa mit glatten, gleichfarbigen Schneiden. **St:** weiß, feinflaumig, gegen die Basis etwas verjüngt. **F:** dünn, brüchig, schmutzig weiß. **Ger:** unauffällig bis mehlig. **Ges:** schwach mehlig. **V:** an grasigen Stellen bei Steineiche *Quercus ilex;* Sommer bis Herbst. **Mik:** Sporen 9–12 × 7,5–9 µm, vereinzelte zylindrische bis etwas flaschenförmige ChZ, Schnallen vorhanden.

6.2.83 *Entoloma sericellum* (Fr.) P. Kumm., *Alboleptonia sericella* (Fr.) Largent & R.G. Benedict
Mattweißer Zärtling, Milchweißer Zärtling

H: 0,5–4 cm, gewölbt, evtl. stumpf gebuckelt bis genabelt, feinfilzig bis glatt, weiß bis blass gelbockerlich (zumindest im Scheitel). **L:** breit angewachsen, ausgerandet bis etwas herablaufend, weiß bis blassgelb, später rosa. **St:** weiß bis blassgelb. **F:** dünn, weiß bis gelb. **Ger:** unauffällig, evtl. schwach grasartig bis mehlartig. **Ges:** unauffällig. **V:** in Magerwiesen, bei Moos, im Laubwald, bis in höhere Lagen; Sommer bis Herbst. **Mik:** Sporen 5- bis 8-eckig, 7,5–11,5 × 6–8,5 µm, mehrheitlich 4-sporig, ChZ spindelig bis flaschenförmig, evtl. etwas kopfig, Schnallen häufig. (D 414, Kr 4.177, BK 4.78, Lu 2.94.51,).

6.2.84 *Entoloma kervernii* (De Guern.) M.M. Moser, Hellbraunschuppiger Rötling, Goldschuppiger Zärtling: Hut ockergelb, filzig bis etwas schuppig. Sporen 8,5–12 × 7–9 µm, ChZ zylindrisch bis leicht keulig, septiert. (BK 4.46, Lu 2.94.140).

6.2.85 *Entoloma olorinum* (Romagn. & J. Favre) Noordel.
Gelbweißer Zärtling

H: 1,5–3 cm, gewölbt bis genabelt, hygrophan, feucht weiß bis blasscreme, isabellfarben, bis gegen die Mitte durchscheinend gerieft, trocken blasser, matt, nicht durchscheinend. **L:** breit angewachsen, etwas ausgerandet oder schwach und mit Zahn herablaufend, weißlich, später rosa. **St:** weiß bis creme, Spitze oft weiß bereift, Basis bisweilen verjüngt und etwas rosa. **F:** dünn, ± farblos. **Ger:** unauffällig. **Ges:** unauffällig. **V:** in Fettwiesen, bei Moos, im Laubwald, auf saurem Boden. **Mik:** Sporen 6- bis 10-eckig, 8,5–11 × 6–8 µm, ohne ChZ, Schnallen vorhanden.

6.2.86 *Entoloma percandidum* Noordel., Glasiger Zärtling: Hut weniger als 1,5 cm breit, Lamellen entfernt. Sporen 7–10 × 5,5–7 µm, ohne ChZ, Schnallen vorhanden.

6.2.87 *Entoloma albotomentosum* Noordel. & Hauskn.
Weißfilziger Nabelrötling, Feuchtstellen-Stummelfuß-Rötling

H: 0,2–1 cm, kegelig-gewölbt bis flach und gebuckelt, weiß, im Alter etwas durchscheinend gestreift. **L:** breit angewachsen bis etwas herablaufend, gegabelt und teilweise queradrig, sehr entfernt. **St:** weiß, schwach bis deutlich exzentrisch. **F:** sehr dünn. **Ger:** unauffällig. **V:** auf modernden Laub- und Pflanzenresten; Sommer bis Herbst. **Mik:** Sporen 9,5–12 × 7,5–9,5 µm, 4-sporig, ohne ChZ und Schnallen. (Lu 2.94.5).

6.2.88 *Entoloma undatum* (Gillet) M.M. Moser
Dunkelblättriger Nabelrötling

H: 1–4 cm, gewölbt bis trichterig, dunkel graubraun, später blasser, meist etwas gezont, Mitte dunkler, Rand jung etwas eingerollt. **L:** bogig herablaufend, graubraun, später schmutzig rosa. **St:** wie der Hut gefärbt, aber blasser, Basis weißfilzig, bisweilen etwas verdickt. **Ger:** unauffällig bis etwas mehlartig. **Ges:** evtl. etwas ranzig-mehlig. **V:** auf grasigem oder kahlem, sandigem Boden; Sommer bis Herbst. **Mik:** Sporen 6- bis 8-eckig, 7,5–10 × 6–7 µm, mehrheitlich 4-sporig, ohne ChZ, Schnallen vorhanden. (D 440f, Kr 4.178, BK 4.90, Lu 2.94.15,).

6.2.80 *Entoloma neglectum*, Isabellfarbener Nabelrötling

6.2.83 *Entoloma sericellum*, Mattweißer Zärtling

6.2.88 *Entoloma undatum*, Dunkelblättriger Nabelrötling

6.2.89 *Entoloma lanicum* (Romagn.) Noordel., Wolliger Nabelrötling: Hut kleiner, kaum über 2 cm breit, blass grau- bis gelbbraun, radialfilzig, kaum gezont, Geruch und Geschmack krautig, kaum mehlartig. Sporen 7–9 × 5,5–7 µm. (Kr 4.173, Lu 2.94.14).

6.2.90 *Entoloma farinasprellum* Arnolds, Ranziger Zärtling: Hut kaum über 2 cm breit, bald flach bis etwas niedergedrückt, genabelt, graubraun, glatt, Mitte leicht filzig-schuppig, Lamellen breit angewachsen, nicht herablaufend, ziemlich entfernt, vorwiegend grau, Stiel wie der Hut gefärbt, kahl, Fleisch dünn, sehr brüchig, Geruch und Geschmack stark mehlartig, ranzig; auf sandigem, eher kahlem bis etwas grasigem Boden, Sommer bis Herbst. Sporen 5- bis 8-eckig, 7–8,5 × 5,5–6,5 µm, 4-sporig, ohne ChZ, Schnallen häufig. (BK 4.32, Lu 2.94.149).

6.2.91 *Entoloma rhodocylix* (Lasch) M.M. Moser
Erlen-Nabelrötling, Moor-Nabelrötling

H: 0,3–1 cm, gewölbt, später etwas genabelt bis trichterig, hygrophan, feucht rosa- oder gelbbraun, bis gegen die Mitte durchscheinend gerieft, trocken blassgrau, graubraun, Rand unregelmäßig wellig. **L:** dreieckig bis bogig herablaufend, entfernt, weiß, später rosa. **St:** kahl oder fein silbrig-faserig, farblos bis gelblich, graulich. **Ger:** unauffällig. **V:** bei Moos, auf modernden Laubholzstrünken (Erle *Alnus*); Sommer bis Herbst. **Mik:** Sporen 5- bis 6-eckig, 7,5–10 × 6,5–9 µm, 4-sporig, ChZ zylindrisch gekrümmt bis schlank flaschenförmig, Schnallen vorhanden. (Kr 4.176, Lu 2.94.11).

6.2.92 *Entoloma rusticoides* (Gillet) Noordel.
Braunblättriger Nabelrötling

H: 0,5–2 cm, gewölbt bis deutlich genabelt, eingewachsen-faserig, graubraun, bisweilen recht dunkel, Rand anfangs eingerollt. **L:** herablaufend, ziemlich entfernt, graubraun. **St:** wie der Hut gefärbt oder etwas blasser, Basis weißfilzig. **Ger:** unauffällig. **V:** auf nährstoffreichem Boden, im Garten, Park, Laubwald; Sommer bis Herbst (evtl. schon ab Frühjahr). **Mik:** Sporen 5- bis 6-eckig, 8–10 × 7–9 µm, 4-sporig, teils 2-sporig, ohne ChZ und Schnallen. (Kr 4.176, BK 4.72, Lu 2.94.18, 🖼).

Entoloma sarcitum (Fr.) Noordel., Fettigglänzender Nabelrötling, Nichtinkrustierter Nabelrötling: Hut mit flachem Nabel, fettig glänzend, schokoladenbraun, im Zentrum feinschuppig, Rand lange eingebogen, evtl. etwas gerieft, Lamellen breit angewachsen bis etwas mit Zahn herablaufend, Geruch fehlend oder mehlartig. Sporen vieleckig, 9,5–11,5 × 6,5–8 µm, 4-sporig, ohne ChZ, Schnallen häufig. (Lu 2.94.21).

Entoloma flocculosum (Bres.) Pacioni, Flockiger Nabelrötling: Hut feucht schokoladenbraun, trocken heller ockergraubraun, Geruch fehlend oder mehlartig. Sporen 5- bis 9-eckig, 7–10 × 6,5–9,5 µm, ChZ keulig bis flaschenförmig oder kugelig, ohne Schnallen. (Lu 2.94.16).

6.2.93 *Entoloma incarnatofuscescens* (Britzelm.) Noordel.
Lilagrauer Nabelrötling, Langstieliger Nabelrötling

H: 0,5–4 cm, glockig bis gewölbt, bald stark genabelt, im Scheitel feinschuppig, leicht hygrophan, feucht rosa- bis rotbraun und durchscheinend gestreift, trocken graubraun, Mitte dunkler, Rand erst eingerollt, etwas faserig. **L:** breit angewachsen, im Alter zunehmend herablaufend, graurosa bis rosabräunlich. **St:** relativ lang, graublau, stahlblau oder violettlichgrau, seidig bis glatt, Spitze bisweilen bereift, Basis etwas weißlich filzig. **F:** weißlich, in der Stielrinde bläulich, unter der Huthaut bräunlich. **Ger:** unauffällig bis schwach mehlartig. **Ges:** mild oder mehlig-ranzig. **V:** im Laubwald, Park, oft auf nacktem, lehmigem Boden, (gemäß Moser 1983 meist auf sandigem Boden, in Auen, am Wegrand); Frühling bis Herbst. **Mik:** Sporen 5- bis 7-eckig, 8–12 × 7–9 µm, 4-, teils 2-sporig, ohne ChZ und Schnallen. (Kr 4.161, BK 4.43, Lu 2.94.121, 🖼).

6.2.94 *Entoloma pseudocoelestinum* Arnolds, Braunentfärbender Zärtling: Hut 1,5–2,5 cm, deutlich radialfaserig, in der Mitte schuppig, jung schwarzviolett bis schwarzblau, von der Mitte her zunehmend umbrabraun, Rand länger blau, oft etwas überhängend, Lamellen weiß, später fleischbräunlich, Schneiden gleichfarbig und fertil; auf mageren Wiesen bis in höhere Lagen. Sporen 5- bis 7-eckig, 8–11 × 5,5–8,5 µm, ohne ChZ und Schnallen. (Lu 2.94.122, 🖼).

Entoloma caesiellum Noordel. & Wölfel, Blaugestreifter Zärtling: Hut jung abgestützt kegelig, vorwiegend blau, kaum braun, Rand jung lilablau, Mitte dunkel schwarzblau, später genabelt; auf moorigem Boden, bei Birke *Betula*, Grünerle *Alnus*. Sporen 5- bis 6-eckig, 8–11 × 6,5–7,5 µm, ChZ zylindrisch bis keulig.

6.2.95 *Entoloma amygdalinum* Noordel., Mandelduft-Nabelrötling: Geruch stark nach Bittermandeln.

6.2.96 *Entoloma parkensis* (Fr.) Noordel., Geruchloser Nabelrötling, Schwärzender Nabelrötling: Hut und Stiel braun (ohne Violett oder Blau), Lamellen ziemlich entfernt, Geruch unauffällig; auf grasigem, kalkreichem Boden bei Esche *Fraxinus*, Sommer bis Herbst. Sporen 5- bis 6-eckig, 9–11 × 7–8 µm, ohne ChZ, Schnallen vorhanden.

6.2.92 *Entoloma rusticoides*, Braunblättriger Nabelrötling

6.2.93 *Entoloma incarnatofuscescens*, Lilagrauer Nabelrötling

6.2.94 *Entoloma pseudocoelestinum*, Braunentfärbender Zärtling

6.2.97 *Entoloma nigellum* (Quél.) Noordel.
Schwärzlicher Rötling

H: 0,5–2 cm, gewölbt bis genabelt, hygrophan, feucht dunkel- bis schwarzbraun und durchscheinend gerieft, Rand nach unten gebogen. **L:** gerade angewachsen bis herablaufend, teilweise gegabelt und queradrig, dicklich, entfernt, dunkel graubraun, später rötlichbraun. **St:** wie der Hut gefärbt, gegen die Basis evtl. etwas schwarzblau und filzig. **Ger:** mehlartig. **Ges:** mehlartig. **V:** auf Sanddünen und stark vermodertem Holz; Sommer bis Herbst. **Mik:** Sporen 5- bis 8-eckig, 9–12 × 7–9 µm, ohne ChZ und Schnallen.

6.2.98 *Entoloma incanum* (Fr.) Hesler
Braungrüner Zärtling

H: 1–4 cm, kegelig-halbkugelig, bald ausgebreitet und genabelt, schwach hygrophan, feucht durchscheinend gerieft, oliv, gelbgrün oder braun, Mitte dunkler, trocken etwas blasser, eingewachsen-faserig, in der Mitte bisweilen faserig-schuppig. **L:** breit angewachsen, leicht ausgebuchtet bis herablaufend, weißlich bis blassgrün, später rosa bis braunrosa. **St:** lebhaft grün, gelb- bis blaugrün, Druckstellen dunkler. **F:** wie die Oberfläche gefärbt. **Ger:** unauffällig bis unangenehm (käseartig, nach verbranntem Horn, Schweiß, Mäusen, Mäusekot). **Ges:** mild bis unangenehm. **V:** in Magerwiesen, am Wegrand, vorwiegend auf kalkreichem Boden bis in höhere Lagen; Sommer bis Herbst. **Mik:** Sporen 6- bis 9-eckig, 10–13 × 7–8,5 µm, 2- bis 4-sporig, ohne ChZ und Schnallen. (Kr 4.232, BK 4.42, Lu 2.94.145, 🖼; Kapitel-🖼).

6.2.98 *Entoloma incanum*, Braungrüner Zärtling

6.2.99 *Entoloma queletii* (Boud.) Noordel.
Rosaflockiger Zärtling, Hellfarbener Rötling

H: 1–5 cm, kegelig-gewölbt, später genabelt, filzig bis fein faserig-schuppig, ganz jung schwach lila, bald ockerfarben. **L:** breit angewachsen, ausgebuchtet oder schwach und mit Zahn herablaufend, weiß, später rosa. **St:** weiß bis gelbockerlich, stark silbrig gestreift, Basis weißfilzig. **F:** weißlich, unter der Huthaut etwas rosa. **Ger:** unauffällig bis schwach fruchtartig. **Ges:** mild. **V:** in Sümpfen, feuchtem Laubwald; Sommer bis Herbst. **Mik:** Sporen 5- bis 7-eckig, 9,5–13 × 6,5–8,5 µm, 4-sporig, ChZ zylindrisch und teils wellig verbogen oder abgewinkelt, ohne Schnallen. (Kr 4.235, BK 4.68, Lu 2.94.139).

6.2.100 *Entoloma ianthinum* (Romagn. & J. Favre) Noordel.
Schillernder Zärtling, Veilchenfarbener Zärtling

H: 1–3 cm, halbkugelig bis abgestutzt kegelig, bald etwas genabelt, kahl, Mitte evtl. feinschuppig, schwach hygrophan, feucht durchscheinend gerieft, lilarosa, später bräunlich. **L:** breit angewachsen, ausgebuchtet oder schwach und mit Zahn herablaufend, rosa, Schneiden braun. **St:** Spitze lila, abwärts rosa und kahl, Basis weißfilzig. **F:** ± wie die Hutoberfläche gefärbt. **Ger:** unauffällig. **Ges:** schwach rettichartig. **V:** im Sumpf, bei Torfmoos *Sphagnum*; Sommer bis Herbst. **Mik:** Sporen 5- bis 8-eckig, 8,5–11 × 6,5–7 µm, 4-sporig, ohne ChZ und Schnallen. (Lu 2.94.137).

6.2.101 *Entoloma roseum* (Longyear) Hesler, Rosa Zärtling: Hut und Stiel rosa, ohne Lila-Violett oder Blau, Lamellen gleichfarbig; auf Wiese, im feuchten Laub- oder Nadelwald, an Küstendünen, bis alpin in Zwergstrauchheide. Sporen 6- bis 9-eckig, 8,5–10,5 × 7–8 µm, ChZ zylindrisch bis keulig oder flaschenförmig, ohne Schnallen. (BK 4.71, Lu 2.94.134).

6.2.102 *Entoloma catalaunicum* (Singer) Noordel., *E. roseum* var. *catalaunicum* (Singer) Noordel.
Amethyst-Rötling

H: 1–4 cm, stumpf kegelig bis ausgebreitet und gebuckelt oder leicht genabelt, matt, im Scheitel bräunlich, fein körnig-schuppig, Rand lila-fleischfarben. **L:** rosa, Schneiden schartig, bisweilen dunkler. **F:** dünn, rosabraun. **St:** zumindest teilweise rosagrau, lila, graubläulich. **Ger:** unauffällig bis leicht süßlich. **Ges:** unauffällig, mild. **V:** in Wiesen, Wäldern oder alpin bei Silberwurz *Dryas*; Sommer bis Herbst. **Mik:** Sporen 5- bis 7-eckig, 8,5–10,5 × 7–8 µm, ChZ zylindrisch, keulig oder spindelig bis flaschenförmig, ohne Schnallen. (BK 4.16, Lu 2.94.135, 🖼).

6.2.102 *Entoloma catalaunicum*, Amethyst-Rötling

6.2.103 *Entoloma formosum* (Fr.) Noordel.
Rosthütiger Zärtling, Wachsgelber Rötling

H: 1–5 cm, kegelig oder halbkugelig gewölbt, leicht bis deutlich genabelt, filzig bis faserig-schuppig, durchscheinend gerieft, gelb bis kupferrötlich, gelbbraun, Mitte dunkler, oft dicht schuppig. **L:** breit angewachsen, ausgebuchtet oder schwach und mit Zahn herablaufend, ziemlich entfernt, cremeweiß, später rosa. **St:** gelb, gelbbraun, kahl, Basis weißfilzig. **F:** weißlich, unter der Huthaut gelbbraun. **Ger:** unauffällig. **Ges:** mild. **V:** auf Wiese, am Wegrand, in Waldlichtungen, bis in höhere Lagen; Sommer bis Herbst. **Mik:** Sporen 5- bis 8-eckig, 10–14 × 7–9,5 µm, 4-sporig, ChZ wellig zylindrisch mit angedeutetem Kopf bis keulig, Schnallen fehlend. (Kr 4.231, BK 4.35, Lu 2.94.171, 🖼).

6.2.104 *Entoloma xanthochroum* (P.D. Orton) Noordel., Goldstiel-Zärtling: Lamellen blassgelb, später rosaockerlich mit braunen, bewimperten Schneiden, Geschmack bisweilen unangenehm säuerlich, ranzig. (BK 4.96).

6.2.105 *Entoloma sphagnorum* (Romagn. & J. Favre) Bon & Courtec., Rotbrauner Moor-Rötling: Hut rehbraun, rötlichbraun; bei Torfmoos *Sphagnum*, im feuchten Laubwald, Moor. (BK 4.85).

6.2.103 *Entoloma formosum*, Rosthütiger Zärtling

6.2.106 *Entoloma longistriatum* (Peck) Noordel.
Gestreifter Zärtling, Glöcklingsähnlicher Zärtling

H: 1,5–5 cm, halbkugelig, abgestutzt kegelig, ± genabelt, hygrophan, feucht durchscheinend gerieft, dunkel schmutzig gelbbraun bis kastanienbraun, Mitte dunkler und fein faserig-schuppig. **L:** breit angewachsen, etwas ausgebuchtet oder schwach und mit Zahn herablaufend, braun, später rosabraun. **St:** grau- bis dunkelbraun, kahl. **F:** dünn. **Ger:** unauffällig. **Ges:** unauffällig. **V:** auf Waldwiesen, Wiesen, bis in höhere Lagen; Sommer bis Herbst. **Mik:** Sporen 5- bis 9-eckig, 10–14,5 × 6–9 µm, 4-sporig, ChZ zylindrisch bis keulig, ohne Schnallen. (D 415, Kr 4.233, BK 4.50, Lu 2.94.168f, 🖼).

Entoloma ochromicaceum Noordel. & Liiv, Ockerglimmriger Zärtling: Hut blassbraun, körnig-glimmerig, kaum gerieft, Lamellen weiß, später rosa, Schneiden stellenweise braun. Sporen 4- bis 7-eckig, 8–12 × 6,5–8,5 µm, 4-sporig, ChZ keulig bis blasig, teils septiert, ohne Schnallen. (BK 4.58).

Entoloma caliginosum (Romagn. & J. Favre) Bon & Courtec., *Rhodophyllus caliginosus* Romagn. & J. Favre, Düsterer Zärtling: Hut dunkler braun, kahl bis etwas körnig, gestreift, Lamellen braun, Stiel grau. Sporen 6- bis 9-eckig, 11–13 × 7–8 µm, ChZ vorhanden, ohne Schnallen.

6.2.107 *Entoloma turci* (Bres.) M.M. Moser
Breitstieliger Zärtling, Rötender Zärtling

H: 1–5 cm, halbkugelig-glockig bis ausgebreitet und genabelt, jung bereift, flockig, dunkel graubraun. **L:** breit angewachsen, etwas ausgebuchtet oder schwach und mit Zahn herablaufend, braun, später rosabraun, Schneiden teilweise braun. **St:** relativ dick, wie der Hut gefärbt oder etwas blasser, Spitze heller, Basis weißlich filzig, Druckstellen etwas rötend. **F:** braun, evtl. schwach rötend. **Ger:** unauffällig bis mehlartig. **Ges:** mild, evtl. leicht mehlig-ranzig. **V:** in Magerwiesen, Trockenrasen; Sommer bis Herbst. **Mik:** Sporen 5- bis 7-eckig, 9–12,5 × 6–9 µm, 4-sporig, ChZ zylindrisch-schlauchförmig bis keulig, ohne Schnallen. (D 416, Lu 2.94.153, 🖼).

6.2.108 *Entoloma pseudoturci* Noordel., Schuppiger Nabelrötling, Schuppiger Nabel-Zärtling: Stiel blass gelb- bis graubraun, Druckstellen nicht rötlich verfärbend. Sporen 8–10,5 × 6,5–8,5 µm. (Kr 4.235, BK 4.67, 🖼).

6.2.109 *Entoloma atromarginatum* (Romagn. & J. Favre) Zschiesch.
Schwarzschneidiger Zärtling

H: 1–3 cm, kegelig bis gewölbt, genabelt, feinschuppig, etwas durchscheinend gerieft, dunkelbraun. **L:** breit angewachsen, etwas ausgebuchtet oder schwach und mit Zahn herablaufend, gelbbraun mit rosa Schein, Schneiden dunkel- bis schwarzbraun und ausgefranst. **St:** gelb- bis graubraun, Basis weißfilzig. **F:** dünn, innen weißlich, unter der Huthaut braun. **Ger:** unauffällig. **Ges:** unauffällig. **V:** im Moor, bei Torfmoos *Sphagnum*, bis in höhere Lagen; Sommer bis Herbst. **Mik:** Sporen 9–12,5 × 6–9 µm, ChZ zylindrisch bis etwas keulig, gegliedert, Schnallen fehlend. Gemäß Gröger 2006 sind die Abgrenzungen dieser Art zu *E. caliginosum* und *E. sphagnorum*, Rotbrauner Moor-Rötling nicht klar, Ludwig 2007 zählt sie zu *E. longistriatum*.

6.2.110 *Entoloma huijsmanii* Noordel.
Rötlichgrauer Zärtling

H: 1,5–6 cm, kegelig bis gewölbt und genabelt, deutlich durchscheinend gerieft, rötlich hornbraun bis dunkel graubraun, Rand etwas faserig, Mitte fein körnig-schuppig. **L:** breit angewachsen, etwas ausgebuchtet oder schwach und mit Zahn herablaufend, weißlich, später rosa, rosagrau. **St:** grau- bis blauviolett, Spitze bereift, abwärts kahl, Basis weißfilzig. **F:** dünn **Ger:** unauffällig. **Ges:** unauffällig. **V:** in Trockenwiesen, Laubwaldlichtungen, auf kalkreichem Boden; Sommer bis Herbst. **Mik:** Sporen 6- bis 9-eckig, 9–14 × 6–9 µm, 2- bis 4-sporig, ohne Zystiden und Schnallen, HDS mit großen, aufgeblasenen Endhyphen. (BK 4.41).

6.2.111 *Entoloma costatum* (Fr.) P. Kumm.
Geripptblättriger Rötling

H: 2–7 cm, gewölbt, bald ausgebreitet und etwas genabelt bis trichterig, hygrophan, feucht dunkel, graubraun, sepiabraun, beim Trocknen streifig verblassend. **L:** breit angewachsen, etwas ausgebuchtet oder mit Zahn schwach herablaufend, quer gerippt, blassbraun, später rosabraun. **St:** braungrau, rötlichbraun, faserig, Basis oft etwas zugespitzt. **F:** weißlich, außen bräunlich. **Ger:** unauffällig. **Ges:** mild bis etwas ranzig. **V:** in Magerwiesen, am Wegrand, im lichten Laubwald; Spätsommer bis Herbst. **Mik:** Sporen 5- bis 6-eckig, 7,5–9,5 × 7–8 µm, ohne Zystiden und Schnallen. (D 406).

6.2.112 *Entoloma cocles* (Fr.) Noordel.
Buntgestreifter Zärtling

H: 1–2 cm, abgestutzt kegelig bis ausgebreitet gewölbt, ± genabelt, eingewachsen-faserig, hygrophan, feucht durchscheinend gerieft, graubraun bis fast schwärzlich, trocken etwas blasser, Mitte dunkler, rau-schuppig. **L:** breit angewachsen bis schmal angeheftet, blassgrau, später grau- bis braunrosa, selten mit bläulichem Schein. **St:** graubraun, blasser als der Hut. **F:** sehr dünn. **Ger:** schwach bis etwas grasig oder mehlig. **Ges:** mild, evtl. etwas mehlig. **V:** im feuchten Wald, Moor; Sommer bis Herbst. **Mik:** Sporen 5- bis 7-eckig, 9,5–14 × 8–10,5 µm, ChZ flaschenförmig bis abgesetzt kopfig (lecythiform), Schnallen vorhanden.

6.2.106 *Entoloma longistriatum*, Gestreifter Zärtling

6.2.107 *Entoloma turci*, Breitstieliger Zärtling

6.2.108 *Entoloma pseudoturci*, Schuppiger Nabelrötling

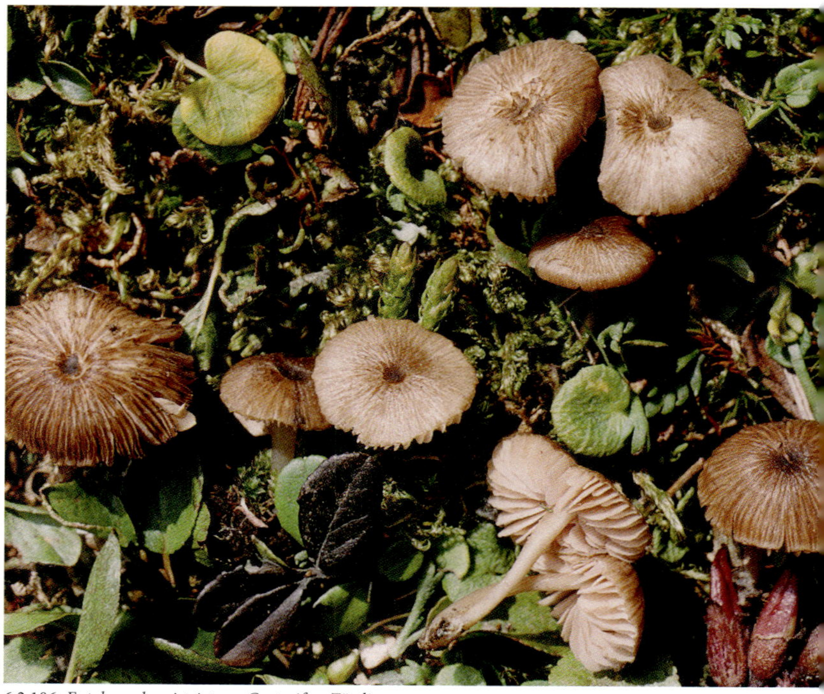

6.2.113 *Entoloma melanochroum* Noordel.
Dunkelgrauer Rötling, Sepiaschwarzer Zärtling

H: 0,5–2,5 cm, kegelig bis halbkugelig, genabelt, faserig bis filzig, Mitte zunehmend schuppig, schwarzblau, später schwarzbraun. **L:** breit angewachsen bis schmal angeheftet, schmutzig grau, später graurosa. **St:** graublau bis stahlgrau, Spitze bereift, abwärts kahl, Basis weißfilzig. **F:** dünn. **Ger:** unauffällig. **Ges:** unauffällig. **V:** auf Wiese, am Waldrand, vorwiegend auf kalkhaltigem Boden bis in höhere Lagen; Sommer bis Herbst. **Mik:** Sporen 5- bis 7-eckig, 8,5–11 × 6–7 µm, 4-sporig, ChZ schlauchförmig bis keulig, teils septiert, ohne Schnallen. (Lu 2.94.165, 🖼).

Entoloma aethiops (Scop.) G. Stev., Großsporiger Zärtling: Hut bis 4 cm breit, bald schwärzlich, glatt bis schwach schuppig-filzig, Stiel graubraun, höchstens mit einem Hauch von Violettblau, glatt, Spitze dunkler, Basis heller. Sporen 10–13 × 7–9 µm, ChZ schlauchförmig bis keulig, teils septiert, ohne Schnallen, HDS mit liegenden, aufgeblasenen Endhyphen. (BK 4.6).

6.2.114 *Entoloma exile* (Fr.) Hesler
Schmächtiger Zärtling, Dünnstieliger Zärtling

H: 0,5–2 cm, kegelig-glockig, halbkugelig bis gewölbt mit feiner Papille oder etwas genabelt, hygrophan, durchscheinend gerieft, blass gelb- bis graubraun, oft mit blau- bis olivgrünem Schein, Mitte dunkler. **L:** breit angewachsen, etwas ausgebuchtet oder schwach, mit Zahn herablaufend, blassgrau bis blaugrün, später mit rosa Schein, Schneiden fransig, evtl. braun. **St:** blass ockerlich bis beige mit ± blaugrünem Schein, Basis weißfilzig, verletzt rötend. **F:** dünn, brüchig, blass. **Ger:** unauffällig. **Ges:** unauffällig. **V:** auf Wiesen, Waldwiesen, bis in höhere Lagen. **Mik:** Sporen 5- bis 7-eckig, 8,5–12 × 6,5–8 µm, 4-sporig, ChZ schlank keulig, teils septiert, Schnallen fehlend. (D 417, Kr 4.230, BK 4.31?, Lu 2.94.118, 🖼).

6.2.115 *Entoloma chloropolium* (Fr.) M.M. Moser, Grünstieliger Zärtling, Olivstieliger Zärtling: Hut bis 3 cm breit, bald schwärzlich, glatt bis schwach schuppig-filzig, Hut und Stiel bisweilen mit oliv-violettlichem Schein. Sporen 5- bis 7-eckig, 9–11 × 6,5–7,5 µm, ohne ChZ und Schnallen. (Lu 2.94.152).

6.2.116 *Entoloma anatinum* (Lasch) Donk
Enten-Zärtling

H: 0,5–2,5 cm, kegelig bis halbkugelig, genabelt, faserig bis filzig, Mitte zunehmend schuppig, schwarzblau, später schwarzbraun. **L:** breit angewachsen bis schmal angeheftet, schmutzig grau, später graurosa. **St:** graublau bis stahlgrau, Spitze bereift, abwärts kahl, Basis weißfilzig. **F:** dünn. **Ger:** unauffällig. **Ges:** unauffällig. **V:** auf Wiese, am Waldrand, vorwiegend auf kalkhaltigem Boden bis in höhere Lagen; Sommer bis Herbst. **Mik:** Sporen 6- bis 9-eckig-höckerig, 9–13,5 × 7–8 µm, 4-sporig, ohne ChZ und Schnallen. (Lu 2.94.116).

6.2.117 *Entoloma scabrosum* (Fr.) Noordel., Graublättriger Zärtling, Grobschuppiger Zärtling: Hut etwas hygrophan, Hutrand schwach durchscheinend gerieft, Stiel graubraun mit blauem oder violettem Ton, eingewachsen-faserig. Sporen 5- bis 7-eckig-höckerig, 9,5–12,5 × 7–9 µm. (BK 4.76, Lu 2.94.125f).

6.2.118 *Entoloma viaregale* Noordel., Königlicher Zärtling: Hut 1–3 cm breit, dunkel schwärzlichbraun, Stiel dunkel graubraun, ganz streifig bereift, Basis weißfilzig, verletzt rötend, Geruch und Geschmack unauffällig bis mehlig-ranzig. Sporen 9–12 × 6,5–8 µm.

6.2.119 *Entoloma griseocyaneum* (Fr.) P. Kumm.
Flockenschuppiger Zärtling, Graulilastieliger Zärtling

H: 1,5–5 cm, kegelig, halbkugelig bis ausgebreitet, evtl. stumpf gebuckelt oder etwas genabelt, faserig, in der Mitte runzelig-narbig, später auch schuppig, blass gelbbraun bis ziemlich dunkel sepia- oder rötlichbraun. **L:** aufsteigend angewachsen bis fast frei, weiß, später rosa. **St:** hellblau, graublau, violett, dicht, feinfaserig gestreift. **F:** dünn, weißlich. **Ger:** unauffällig. **Ges:** unauffällig. **V:** in Magerwiesen, Waldwiesen, am Wegrand; Sommer bis Herbst. **Mik:** Sporen 5- bis 9-eckig-höckerig, 8,5–13 × 6–8 µm, 4-sporig, seltener auch 1- bis 2-sporig, ohne ChZ und Schnallen. (D 418, Kr 4.159, BK 4.36, Lu 2.94.115).

6.2.120 *Entoloma poliopus* (Romagn.) Noordel.
Dreifarbiger Zärtling, Poliertstieliger Zärtling

H: 1–5 cm, kegelig-glockig oder halbkugelig, später gewölbt und genabelt, kaum hygrophan und höchstens am Rande etwa durchscheinend gerieft, dunkel sepia-, rußbraun bis schwärzlich, Mitte schwarz, anfangs filzig bis samtig, später faserig bis feinschuppig. **L:** breit angewachsen, etwas ausgebuchtet oder mit Zahn schwach herablaufend, ziemlich entfernt, blassgrau, später schmutzig rosa, Schneiden braun. **St:** glatt und kahl (poliert) glänzend, blaugrau, Basis weißfilzig. **F:** innen blass, unter der Huthaut graubraun. **Ger:** unauffällig bis schwach mehlartig. **V:** in Magerwiesen, im Moor, zwischen Torfmoos *Sphagnum* bis in höhere Lagen; Sommer bis Herbst. **Mik:** Sporen 6- bis 8-eckig-höckerig, 9,5–13,5 × 6–10 µm, 1- bis 4-sporig, ChZ zylindrisch bis keulig, septiert, ohne Schnallen. (BK 4.62, Lu 2.94.109, 🖼).

Entoloma glaucobasis Huijsman ex Noordel., Buntstieliger Zärtling: Hut hygrophan und deutlich durchscheinend gestreift, Stiel anfangs lilaviolett, bald im oberen Teil grauockerlich, nicht wie poliert wirkend, ohne Mehlgeruch; auch auf Viehweiden. Sporen 6- bis vieleckig, 10,5–13,5 × 7,5–10 µm, 4-sporig, ChZ keulig bis blasenförmig, teils septiert, ohne Schnallen. (Kr 4.159, Lu 2.94.117).

6.2.113 *Entoloma melanochroum*, Dunkelgrauer Rötling

6.2.114 *Entoloma exile*, Schmächtiger Zärtling

6.2.120 *Entoloma poliopus*, Dreifarbiger Zärtling

6.2.121 *Entoloma sodale* Kühner & Romagn. ex Noordel.
Montaner Blaustiel-Zärtling

H: 1–4 cm, kegelig, gewölbt bis ausgebreitet, Mitte ± genabelt und feinschuppig, gegen außen kahl bis leicht faserig, deutlich durchscheinend gerieft, braun bis gelbbraun, Rand blasser. **L:** meist tief ausgebuchtet, weiß, später rosa bis braunrosa. **St:** kahl, matt, nicht glänzend, blass blaugrau bis blau, bräunlich oder beige. **F:** dünn. **Ger:** unauffällig. **Ges:** unauffällig. **V:** in trockenen bis moorigen Magerwiesen; Sommer bis Herbst. **Mik:** Sporen 5- bis 7-eckig, 9,5–14 × 7–9 µm, 4-sporig, ChZ keulig bis kugelig, teils septiert, ohne Schnallen. (Kr 4.171, BK 4.84, Lu 2.94.112).

6.2.122 *Entoloma lampropus* (Fr.) Hesler
Braunblauer Zärtling, Blaubrauner Rötling

H: 1–4 cm, kegelig, halbkugelig bis gewölbt, evtl. etwas gebuckelt oder genabelt, fein faserig-schuppig, dunkelbraun bis schwärzlich. **L:** ausgebuchtet angewachsen, ziemlich entfernt, weiß, später graulich bis bräunlich rosa. **St:** Spitze weißlich bis blau bereift, abwärts dunkelblau faserig auf stahlblauem Grund, Basis weißlich filzig. **Ger:** unauffällig. **Ges:** unauffällig. **V:** in Magerwiesen, Waldwiesen, am Wegrand, vorwiegend auf kalkreichem Boden; Sommer bis Herbst. **Mik:** Sporen 6- bis 9-eckig-höckerig, 8–10,5 × 6–7,5 µm, mehrheitlich 4-, teils 2-sporig, ohne ChZ, Schnallen vorhanden. (Lu 2.94.111).

6.2.123 *Entoloma placidum* (Fr.) Noordel., Buchenwald-Zärtling, Buchenholz-Zärtling: Hut grau bis graubraun, feinschuppig, Geruch nach Mehl; bei Buche *Fagus* auf kalkreichem Boden oder auf verrottetem Buchenholz. Sporen 6- bis 8-eckig, 8,5–10,5 × 6,5–7,5 µm, mehrheitlich 4-, teils 2-sporig, ohne ChZ, Schnallen vorhanden. (BK 4.167, Lu 2.94.108, 🖼).

6.2.123 *Entoloma placidum,* Buchenwald-Zärtling

6.2.124 *Entoloma lividocyanulum* (Kühner) M.M. Moser
Graublaustieliger Zärtling

H: 1–3,5 cm, halbkugelig bis gewölbt, später ausgebreitet, Mitte genabelt und fein flockig-schuppig, Rand kahl, etwas hygrophan, feucht deutlich durchscheinend gerieft, sepiabraun, später gelbbraun. **L:** breit angewachsen und schwach herablaufend bis deutlich ausgebuchtet, weiß, später rosa. **St:** hell- bis dunkelblau, später zunehmend bräunlich, Spitze bisweilen etwas bereift. **F:** dünn. **Ger:** unauffällig. **Ges:** mild. **V:** in Magerwiesen, bis in höhere Lagen. **Mik:** Sporen 5- bis 7-eckig, 7,5–10,5 × 6–7 µm, 4-sporig, ohne ChZ und Schnallen. (D 419, Kr 4.163, BK 4.49, Lu 2.94.123f, 🖼).

6.2.124 *Entoloma lividocyanulum,* Graublaustieliger Zärtling

6.2.125 *Entoloma asprellum* (Fr.) Fayod
Stahlblaustieliger Zärtling, Stahlblaustieliger Rötling

H: 1–3 cm, kegelig, glockig-gewölbt bis ausgebreitet, Mitte ± genabelt und feinschuppig, etwas hygrophan, durchscheinend gerieft, ziemlich dunkel, braun bis rötlichbraun, Rand blasser und faserig bis etwas schuppig. **L:** ± schmal angeheftet, schmutzig grau, später graurosa mit etwas schartigen, gleichfarbigen Schneiden. **St:** Spitze bereift, abwärts kahl, stahl- oder blaugrau, Basis weißfilzig. **F:** im Hut bräunlich, im Stiel graublau. **Ger:** unauffällig bis etwas mehlig. **Ges:** mild, evtl. leicht ranzig. **V:** auf Wiesen, am Wegrand, bis in höhere Lagen; Sommer bis Herbst. **Mik:** Sporen 5- bis 8-eckig, 9–14 × 6–9,5 µm, 4-sporig, ohne ChZ und Schnallen. (D 420, BK 4.11, Lu 2.94.110).

6.2.126 *Entoloma euchroum* (Pers.) Donk
Violetter Zärtling, Veilchen-Zärtling

H: 1–4 cm, kegelig oder halbkugelig bis gewölbt, evtl. etwas genabelt oder mit kleiner Papille, filzig bis fein faserig-schuppig, blauviolett, bräunlich. **L:** ausgebuchtet und mit Zahn etwas herablaufend, relativ weit, violett, später rosa- bis grauviolett, Schneiden dunkel braunviolett. **St:** faserig-streifig, wie der Hut gefärbt, abwärts oft bräunlich, Basis verdickt und etwas weißfilzig. **F:** innen blass, gegen außen wie an der Oberfläche. **Ger:** süßlich parfümiert, aromatisch. **Ges:** unangenehm seifig, ranzig. **V:** vorwiegend auf lebendem oder totem Laubholz; Sommer bis Herbst. **Mik:** Sporen 5- bis 8-eckig, 8,5–10,5 × 6–7,5 µm, 4-sporig, ChZ unregelmäßig schlauchförmig, teils etwas verdickt, Schnallen vorhanden. (D 421, Kr 4.158, BK 4.29, Lu 2.94.90, 🖼).

6.2.126 *Entoloma euchroum,* Violetter Zärtling

6.2.127 *Entoloma tjallingiorum* Noordel.
Violettstieliger Rötling

H: 2–8 cm, kegelig oder halbkugelig, später gewölbt bis ausgebreitet, meist mit breitem, flachem Buckel, selten mit etwas eingedellter Mitte, faserig-filzig bis schuppig, dunkelbraun bis dunkel graubraun, jung am Rand evtl. blauviolettlich. **L:** schmal angeheftet bis breit angewachsen und schwach ausgebuchtet, jung weißlich, evtl. mit leicht bläulichem Schein, später schmutzig rosa, Schneiden unregelmäßig gesägt. **St:** dunkelblau bis blaulila, besonders im oberen Teil dunkelblau faserig-schuppig, Basis weißlich filzig, oft verdickt. **F:** innen blass, außen wie an der Oberfläche gefärbt. **Ger:** unauffällig. **Ges:** mild bis etwas bitter. **V:** im Laubwald, auf Erde oder moderndem Laubholz; Sommer bis Herbst. **Mik:** Sporen 6- bis 9-eckig, 9–11 × 6–7 µm, 4-sporig, ChZ zylindrisch, keulig bis schmal flaschenförmig, unten teils quer septiert und am Ende etwas verdickt, Schnallen häufig. (Lu 2.94.133).

6.2.128 *Entoloma alnetorum* Monthoux & Röllin, Erlen-Zärtling: Hutfarbe blass bis schmutzig ocker, Geruch aromatisch, fruchtartig oder grasartig; bei Grauerle *Alnus incana*, im Frühjahr. Sporen 6- bis 8-eckig, 10–12 × 6–7 µm, 4-sporig, ChZ unregelmäßig keulig, Schnallen vorhanden. (Lu 2.94.131).

6.2.129 *Entoloma chalybaeum* (Pers.) Donk
Blaublättriger Zärtling

H: 1–5 cm, kegelig, halbkugelig bis gewölbt, Mitte evtl. etwas eingedellt, selten mit kleiner Papille, filzig, samtig, alt feinschuppig bis verkahlend, nicht (oder kaum) durchscheinend gerieft, blauschwarz, später violettbraun. **L:** ausgebuchtet bis fast frei, blau bis blaugrau, höchstens mit schwachem rosa Schein, Schneiden gleichfarbig oder teilweise braun. **St:** dunkelblau, graublau, Spitze bereift, abwärts kahl, Basis weißfilzig. **F:** innen blass graubläulich, außen blau. **Ger:** unauffällig. **Ges:** mild bis etwas bitter. **V:** in Magerwiesen, auch im Wald oder bei Torfmoos *Sphagnum*, bis in höhere Lagen; Sommer bis Herbst. **Mik:** Sporen 5- bis 8-eckig, 8,5–12 × 6–9 µm, 4-sporig, teils auch 2-sporig, ChZ zylindrisch bis schlank keulig, ohne Schnallen. (D 424/428, Kr 4.155, BK 4.19f, Lu 2.94.101, 🖼).

6.2.130 *Entoloma lepidissimum* (Svrček) Noordel.
Braunschuppiger Glöckling, Blauschwarzer Zärtling

H: 0,5–2,5 cm, kegelig-glockig, halbkugelig bis gewölbt, evtl. mit kleiner Papille, kaum genabelt, faserig, schwarzblau. **L:** ausgebuchtet bis fast frei, ziemlich entfernt, blass graublau, später rosa, Schneiden gleichfarbig oder etwas heller. **St:** dunkelblau, kahl, etwas silbrig gestreift. **Ger:** unauffällig. **Ges:** unauffällig. **V:** im Wald, auf Erde oder seltener auch auf stark verrottetem Laubholz; Sommer bis Herbst. **Mik:** Sporen 6- bis 8-eckig, 8,5–11 × 6–7,5 µm, 4-sporig, ChZ spärlich, zylindrisch, Schnallen häufig. (D 425, BK 4.47, Lu 2.94.102, 🖼).

6.2.131 *Entoloma mougeotii* (Fr.) Hesler
Schiefergrauer Zärtling

H: 1–5 cm, gewölbt mit lange eingerolltem Rand, später ausgebreitet und genabelt, erst filzig-samtig, später feinschuppig, violettschwarz oder violettgrau. **L:** breit angewachsen, etwas ausgebuchtet bis leicht herablaufend, weißlich bis blasscreme, später rosa. **St:** grauviolett oder stahlgrau, faserig bis filzig. **F:** innen blass, außen wie an der Oberfläche gefärbt. **Ger:** unauffällig oder etwas süßlich, blütenartig. **Ges:** mild, evtl. etwas unangenehm ranzig. **V:** auf Wiesen, im Laubwald, auf feuchtem Boden, bis in höhere Lagen. **Mik:** Sporen 5- bis 8-eckig, 9–12 × 6–8,5 µm, 4-sporig, ChZ zylindrisch bis keulig, septiert, ohne Schnallen. (D 427, Kr 4.164, BK 4.52, Lu 2.94.98, 🖼).

Entoloma violaceozonatum Noordel. & Liiv, Violettgezonter Zärtling: Hut eher kleiner, bis ca. 3 cm breit, mit typischer Zonierung. Mit Schnallen und ungeteilten ChZ. (Lu 2.94.99).

6.2.132 *Entoloma corvinum* (Kühner) Noordel., Rabenschwarzer Zärtling: Hut dunkel schwarzblau, bis ca. 3 cm breit, Lamellen erst reinweiß, später rosa mit gleichfarbigen Schneiden. Sporen 5- bis 7-eckig, 8,5–11 × 6–8 µm, 4-sporig, ChZ zylindrisch bis keulig oder etwas utriform, vereinzelt septiert, ohne Schnallen. (D 426, Kr 4.156, BK 4.25, Lu 2.94.163, 🖼).

6.2.133 *Entoloma serrulatum* (Fr.) Hesler
Gesägtblättriger Zärtling

H: 0,5–4 cm, halbkugelig bis ausgebreitet, genabelt bis trichterig, erst filzig, später besonders in der Mitte feinschuppig, dunkel schwarzblau, blaugrau oder violettblau, alt violettbraun. **L:** breit angewachsen, etwas ausgebuchtet bis leicht herablaufend, bläulich, später mit graurosa Schein, Schneiden blauschwarz, gesägt. **St:** dunkelblau oder violettblau, Spitze bereift bis flockig, abwärts feinfaserig, seltener kahl, Basis weißlich oder blassblau filzig. **F:** innen blass blaugrau, außen wie an der Oberfläche gefärbt. **Ger:** schwach bis deutlich süßlich parfümiert. **Ges:** mild, evtl. etwas ranzig. **V:** in Magerwiesen, seltener auch Viehweiden, Laubwaldlichtungen, bis in höhere Lagen; Sommer bis Herbst. **Mik:** Sporen 5- bis 7-eckig, 8,5–12 × 6–8 µm, 4-sporig, ChZ zylindrisch bis etwas keulig, septiert, ohne Schnallen. (D 422, Kr 4.170, BK 4.82, Lu 2.94.104, 🖼).

6.2.134 *Entoloma querquedula* (Romagn.) Noordel., Blaugrüner Zärtling, Blaugrüner Rötling: Hut und Stiel mit olivgrünem Schein, Stiel kahl; in Wiesen, Waldlichtungen, auf feuchtem, moosigem Boden, im Sommer. Sporen 6- bis 8-eckig, 8,5–12 × 6–8,5 µm, 4-sporig, ChZ zylindrisch bis keulig, nicht septiert, ohne Schnallen. (D 423, Kr 4.168, Lu 2.94.93).

6.2.129 *Entoloma chalybaeum*, Blaublättriger Zärtling

6.2.130 *Entoloma lepidissimum*, Braunschuppiger Glöckling

6.2.131 *Entoloma mougeotii*, Schiefergrauer Zärtling

6.2.132 *Entoloma corvinum*, Rabenschwarzer Zärtling

6.2.133 *Entoloma serrulatum*, Gesägtblättriger Zärtling

6.2.135 *Entoloma caesiocinctum* (Kühner) Noordel.
Blaugesäumter Zärtling, Schwarzschneidiger Rötling

H: 0,5–4 cm, kegelig-halbkugelig bis gewölbt und genabelt, faserig, kaum hygrophan, durchscheinend gerieft, braun, gelbbraun oder rötlichbraun, Rand mit bläulichem Schein. **L:** breit angewachsen, ausgebuchtet, jung mit bläulichem Schein, dann graurosa, Schneiden schwarzblau, fein gesägt. **St:** erst bläulich, später grau- oder gelbbraun. **F:** graulich, unter der Huthaut braun, in der Stielrinde blaugrau. **Ger:** unauffällig. **Ges:** unauffällig. **V:** im Moor, bei Torfmoos *Sphagnum*, in feuchtem Wald, bis in höhere Lagen; Herbst. **Mik:** Sporen 5- bis 7-eckig, 8–12 × 6,5–8 µm, 4-sporig, ChZ zylindrisch bis keulig, septiert, Schnallen fehlend. (Kr 4.154, BK 4.14, Lu 2.94.113, 🖼).

Entoloma carneogriseum (Berk. & Broome) Noordel., Lilagrauer Rötling, Fleischgrauer Rötling: Hut kaum über 2 cm, deutlich genabelt, fleischfarben bis beige, Rand nur jung bläulich; in Magerwiesen. (BK 4.15, Lu 2.94.113).

Ludwig 2007 zweifelt, ob die Unterschiede bezüglich Farbtönen, mehr oder weniger gerieftem Hut, Hutgröße und Standorten für eine klare Trennung von *E. serrulatum*, Gesägtblättriger Zärtling, *E. querquedula*, Blaugrüner Rötling, *E. caesiocinctum* und *E. carneogriseum* ausreichen.

6.2.136 *Entoloma cyanulum* (Lasch) Noordel.
Bläulicher Zwerg-Zärtling, Bläulicher Zwerg-Rötling

H: 0,5–1 cm, halbkugelig-kegelig, später abgestumpft gewölbt, evtl. mit kleiner Papille, selten genabelt, kahl und eingewachsen-faserig, Mitte bisweilen körnig bis feinschuppig, schwach hygrophan, feucht gerieft, graublau, violettblau oder violettbraun. **L:** schmal angewachsen bis fast frei, weiß, später rosa mit gleichfarbigen oder teilweise braunen Schneiden. **St:** sattblau oder graublau, kahl, Basis weißfilzig und oft etwas knollig. **F:** unter der Huthaut und in der Rinde blau. **Ger:** unauffällig. **Ges:** unauffällig. **V:** auf Wiese, im Laubwald, bei Torfmoos *Sphagnum* auf feuchtem Boden; Sommer bis Herbst. **Mik:** Sporen 6- bis 9-eckig, mehrheitlich 11–15,5 × 6,5–11 µm, 4-sporig, vereinzelt 2-sporig, ChZ zylindrisch bis keulig, teils septiert, Schnallen fehlend. (Kr 4.157, Lu 2.94.107).

6.2.137 *Entoloma dichroum* (Pers.) P. Kumm.
Blaustieliger Zärtling, Zweifarbiger Zärtling

H: 1–2 cm, kegelig, später gewölbt bis etwas ausgebreitet, Mitte stumpf, evtl. mit kleiner Papille, glänzend faserig-filzig, später auch etwas schuppig, violettblau bis blaubräunlich. **L:** ausgebuchtet, weiß, später rosa bis bräunlichrosa. **St:** Spitze evtl. dunkelblau körnig-flockig, abwärts dunkel lilablau bis graublau, angedrückt faserig gestreift, Basis weißfilzig und evtl. etwas verdickt. **F:** innen blass graublau, außen wie an der Oberfläche. **Ger:** unauffällig, evtl. schwach spermatisch oder mehlartig. **Ges:** eher unangenehm. **V:** im Laubwald, auf kalkreichem, lehmigem Boden, auch auf moderndem Laubholz; Sommer bis Herbst. **Mik:** Sporen 6- bis 10-eckig, 9–12 × 7–10 µm, mehrheitlich 4-sporig, ChZ zylindrisch, oft septiert, Schnallen häufig. (Lu 2.94.106).

Entoloma callichroum E. Horak & Noordel., Zystidenloser Blaustiel-Zärtling: Hut lila-rosa, faserig, Stiel stahlblau, faserig-gerieft; bei Grauerle *Alnus incana*. Sporen 5- bis 9-eckig, 10–12,5 × 7–9 µm, ohne ChZ, Schnallen vorhanden.

6.2.138 *Entoloma atrocoeruleum* Noordel.
Schwarzblauer Rötling

H: 1–4 cm, halbkugelig, genabelt, feinfilzig, faserig-schuppig, schwarzblau, später ausblassend schiefergrau-blau, violettlich, graubraun, Rand erst eingerollt, später nach unten gebogen. **L:** breit angewachsen, etwas ausgebuchtet oder mit Zahn schwach herablaufend, weiß, später schmutzig rosa. **St:** wie der Hut gefärbt oder blasser, etwas faserig, später kahl, Spitze evtl. bereift und etwas heller, Basis weißfilzig. **F:** schmutzig weißlich, außen etwas graublau. **Ger:** unauffällig bis schwach ranzig. **V:** in Wiesen, Magerwiesen, Lichtungen, auch in höheren Lagen; Sommer bis Herbst. **Mik:** Sporen 4- bis 7-eckig, 8–12 × 6–8 µm, ohne ChZ und Schnallen. (D 394, Kr 4.152, 🖼).

6.2.139 *Entoloma cruentatum* (Quél.) Noordel.
Gelbfüßiger Zärtling

H: 0,5–3 cm, glockig bis ausgebreitet gewölbt, jung ganzer Hut etwas körnig, später in der Mitte feinschuppig, feucht durchscheinend gerieft, schwarzblau bis violettgrau. **L:** ausgebuchtet, bläulich, später rosagrau. **St:** blau, Spitze evtl. etwas bereift, abwärts kahl, bisweilen blaugrünlich, Basis ockergelblich filzig, verletzt orangerot verfärbend. **F:** innen blass, außen wie an der Oberfläche gefärbt. **Ger:** unauffällig. **Ges:** mild. **V:** in Magerwiesen, Heide; Sommer bis Herbst. **Mik:** Sporen 5- bis 7-eckig, 8–11 × 6,5–8 µm, ohne ChZ und Schnallen.

6.2.140 *Entoloma byssisedum* (Pers.) Donk
Stummelfuß-Rötling, Grauer Stummelfuß-Rötling, Sumpf-Rötling

H: 0,5–3,5 cm, rund, später muschelförmig, nierenförmig, faserig bis etwas borstig, graulich, graubraun, weißfilzig überzogen, Rand unregelmäßig wellig, nach unten gebogen. **L:** breit angewachsen bis herablaufend, blassgrau, später braunrosa. **St:** exzentrisch bis seitlich, kurz, grau. **F:** dünn, graubraun. **Ger:** mehlig. **Ges:** mehlig-ranzig. **Spp:** rosa.

6.2.135 *Entoloma caesiocinctum*, Blaugesäumter Zärtling

6.2.138 *Entoloma atrocoeruleum*, Schwarzblauer Rötling

6.2.140 *Entoloma byssisedum*, Stummelfuß-Rötling

V: auf moderndem Holz, Grasresten, Erde, vermoosten Steinen, seltener auch auf absterbenden Pilzen; Sommer bis Herbst. **Mik:** Sporen 5- bis 8-eckig, 8–11 × 6–8 µm, 4-sporig, ohne ChZ, Schnallen nur an der Basis der Basidien. (BK 4.13, Lu 2.94.2, 🖼).

6.2.141 *Entoloma depluens* (Batsch) Hesler, Schwindlings-Nabelrötling: Hut kaum über 2 cm breit, blass graubraun, rosagrau. Im Unterschied zu *E. byssisedum*, Stummelfuß-Rötling findet man zylindrisch verbogene ChZ, jedoch keine Schnallen, 🖼).

6.2.142 *Entoloma parasiticum* (Quél.) Kreisel
Parasitischer Nabelrötling, Großsporiger Stummelfuß-Rötling

H: 0,3–0,9 cm, halbkugelig bis gebuckelt, später genabelt, oft etwas nierenförmig, weiß, runzelig-filzig, darunter blass rosabräunlich, Rand etwas eingebogen. **L:** entfernt, dicklich, blass, später rosa. **St:** kurz oder fehlend, zentral bis seitlich, weiß, bereift. **Ger:** unauffällig. **V:** auf stark verrottetem Nadelholz, bei Moos, auf verschiedenen anderen Pilzen; Sommer bis Herbst. **Mik:** Sporen 5- bis 7-eckig, 9,5–13,5 × 8–12 µm, 4-sporig, ohne ChZ, Schnallen vorhanden. (Lu 2.94.7, 🖼).

6.2.143 *Entoloma pseudoparasiticum* Noordel., Pfifferlings-Stummelfuß-Rötling: Hut blassbraun, filzig, auf Fruchtkörpern von Pfifferlingen, bisher nur Funde aus Schweden. Sporen 5- bis 6-eckig, 7,5–10 × 6–7,5 µm, ChZ keulig bis bauchig-flaschenförmig. (Lu 2.94.6).

6.2.141 *Entoloma depluens*, Schwindlings-Nabelrötling

6.2.142 *E. parasiticum*, Parasitischer Nabelrötling

7 *Pluteaceae,* Dachpilzverwandte

Basidiomycota, Ständerpilze > *Agaricomycetes* > *Agaricales,* Blätterpilze

Familie *Pluteaceae,* Dachpilzverwandte

Die Familie bildet kleine bis mittelgroße Fruchtkörper mit deutlich freien Lamellen und rosabraunem Sporenpulver aus. Der Stiel bricht an einer Art Sollbruchstelle leicht vom Hut. Dazu sind alle Dachpilzverwandten mit Ausnahme des sehr seltenen *Pluteus fenzlii,* Beringter Dachpilz ohne Ring. Von den hier betrachteten Gattungen dieser Familie sind es vor allem *Pluteus,* Dachpilze, die man häufig findet. Einige Arten bilden auffällige Adern auf der Hutoberfläche. Die selteneren *Volvariella,* Scheidlinge unterscheiden sich durch die Entwicklung aus einer Gesamthülle, deren Reste auch später als Scheide an der Stielbasis meistens sichtbar bleiben. *V. gloiocephalus,* Großer Scheidling hat ebenfalls diese Eigenschaften und zählte lange zur gleichen Gattung. Er fällt durch die Größe der Fruchtkörper und der Sporen aus dem Rahmen und wurde aufgrund molekularbiologischer Untersuchungen in die separate Gattung *Volvopluteus* eingeteilt. Umgekehrt wird der bereits erwähnte, sehr seltene *Pluteus fenzlii* trotz des außergewöhnlichen Ringes wieder zu den Dachpilzen gezählt, nachdem die Art aufgrund dieser Eigenschaft lange in der Gattung *Annularia* und später in *Chamaeota* beheimatet war.

Dachpilzverwandte wachsen vorwiegend auf moderndem Holz, teilweise auch auf Erde oder anderen Pilzen und sind mehrheitlich Saprobionten. *Volvariella surrecta,* Parasitischer Scheidling, der auf anderen Pilzen wächst, gilt als Parasit.

Alle Arten der Familie haben glatte, mehrheitlich breit ellipsoide, teils kugelige Sporen, seltener sind sie zylindrisch bis etwas eingeschnürt. Vor allem bei den Dachpilzen gibt es auffällige Zystidenformen und unterschiedliche Strukturen und Formen in der Hutdeckschicht (HDS).

Bestimmung

Die Unterscheidung von Dachpilzen und der Scheidlingen erfolgt anhand der vorhandenen oder fehlenden Volva oder Resten davon an der Stielbasis.

Speisezwecke

Für die Küche sind vor allem die gezüchteten *Volvariella,* Scheidlinge von Bedeutung. Auch weitere Scheidlinge sind essbar, ebenso einige *Pluteus,* Dachpilze, die aber wegen Verwechslungsgefahr und aufgrund minderer Qualität nicht zu empfehlen sind. *Pluteus salicinus,* Grünlichgrauer Dachpilz ist giftig.

Schlüssel zu den Gattungen

Stiel ohne Volva oder Volvareste, Hutoberfläche teilweise aderig
- Hutfarbe in verschiedenen Brauntönen, braun, rotbraun, umbra .... 7.1 *Pluteus,* Dachpilze (A)
- Hutfarben weiß, weißlich, grau, graugrünlich, gelb oder orange .... 7.1 *Pluteus,* Dachpilze (B)

Stiel mit Volva oder Volvaresten, Hutoberfläche nicht aderig .... 7.2 *Volvariella,* Scheidlinge u. Ä.

7.2.05 *Volvariella murinella,* Mausgrauer Scheidling
Nur *Volvariella,* Scheidlinge und *Pluteus,* Dachpilze haben freie Lamellen, die vom reifenden Sporenpulver zunehmend rosabraun gefärbt werden. Zeigen sich an der Stielbasis dazu Reste einer Scheide muss es sich um einen Scheidling handeln. *Volvopluteus gloiocephalus,* Großer Scheidling mit glänzendem, klebrigen Hut zählt zu einer eigenen Gattung. Der trockene, radialfaserige, graue Hut führt zur Gattung *Volvariella,* die blassbraune, in der Erde eingesenkte Scheide und möglicherweise ein Geruch nach Pelargonien (geriebene «Geranienblätter») weisen schließlich zu *Volvariella murinella,* Mausgrauer Scheidling.

7.1 *Pluteus*, Dachpilze

Basidiomycota, Ständerpilze > *Agaricomycetes* > *Agaricales*, Blätterpilze > *Pluteaceae*, Dachpilzverwandte

Beschreibung

Teils häufig vorkommende, mittelgroße wie auch eher seltene, ziemlich kleine Arten mit erst glockigem oder kegelig-gewölbtem, später mehr oder weniger flach ausgebreitetem Hut, meistens mit einem breiten, flachen Buckel. Die Oberfläche kann kahl, samtig bis faserig-schuppig und glatt bis auffällig runzelig-aderig sein. Die meisten ***Pluteus***, Dachpilze erscheinen in verschiedenen Brauntönen bisweilen mit etwas olivgrünem Schein. Wenige sind ganz blass bis weiß; eine seltene Art ist lebhaft orange und weitere Arten sind teilweise bis mehrheitlich gelb. Typisch sind die freien, z. T. auffällig vom Stiel entfernt angewachsenen, engstehenden Lamellen, anfänglich blass gefärbt, dann mit dem reifenden, rosa bis rosabraunen Sporenpulver zunehmend in diesen Farbtönen. Der Stiel ist kahl bis fein schuppig-flockig, meist mit verdickter bis etwas knolliger Basis, mit Ausnahme einer sehr seltenen Art ohne Ring und im Gegensatz zu den nah verwandten *Volvariella*, Scheidlinge auch ohne Volva oder Volvareste an der Stielbasis.

Dachpilze wachsen meist auf moderndem Holz, auf Holzschnitzeln, selten auf Erde und schon ab Frühjahr, meistens jedoch im Herbst. Sie sind alle Saprobionten.

Die Sporen sind ellipsoid bis kugelig, glatt, hell rosabraun gefärbt, ohne Keimporus und nicht amyloid. Weitere mikroskopische Merkmale sind zur Bestimmung in dieser Gruppe oft wichtig und im nächsten Abschnitt erläutert.

7.1.06 *Pluteus cervinus*,
Rehbrauner Dachpilz

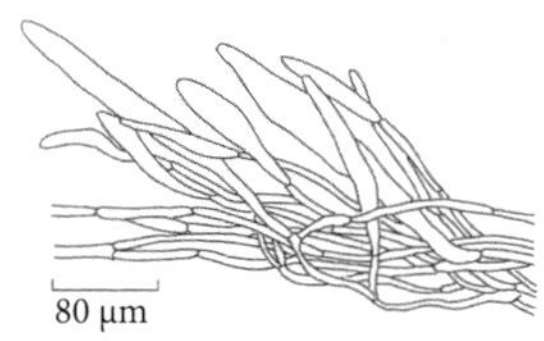

Hutdeckschicht (HDS)

Sporen

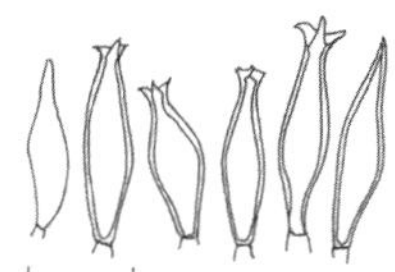

Pleurozystiden (PlZ)

Bestimmung

Eher seltene Exemplare der Gattung *Pluteus*, Dachpilze zeigen gelbliche bis lebhaft gelbe oder orange Farbtöne, einige sind grau bis grauoliv und eine Gruppe ist blass graubeige bis fast weiß. Sie sind im Schlüssel B aufgeführt. Die Mehrheit der Dachpilze weist Hutfarben mit vorwiegend braunen Tönen auf und findet sich im Schlüssel A. Darunter gibt es Gruppen mit kahler, aderig-runzeliger, auffällig rissiger oder samtig-filziger bis körniger oder schuppiger Huthaut. Von den häufigeren, kahlhütigen Arten findet man oft schon früh im Jahr *Pluteus cervinus*, Rehbrauner Dachpilz. Der ähnliche, etwas dunkler gefärbte *Pluteus atromarginatus*, Schwarzschneidiger Dachpilz lässt sich von Auge oder mit der Lupe gut anhand der schwarzen Lamellenschneiden unterscheiden. Für die weitere Unterscheidung innerhalb der verschiedenen Gruppen hilft in einzelnen Fällen auch die Hutgröße. Meistens braucht es aber einen Blick ins Mikroskop. Bei den kahlhütigen Arten gibt es einige mit auffällig hakenförmigen Hymenialzystiden. Diese Gruppe lässt sich anhand des Vorkommens von Schnallen weiter aufteilen. In den anderen Gruppen trennen vor allem die Lage und die Form der Elemente in der Hutdeckschicht, die Formen und das Vorkommen von Zystiden sowie teilweise auch die Größe und die Form der ellipsoiden oder kugeligen Sporen.

Hutdeckschicht (HDS)
vereinzelt mit Basalschnallen

7.1.07 *Pluteus pouzarianus*,
Schnallentragender Nadelholz-Dachpilz

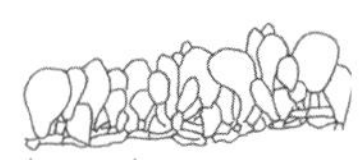

Hutdeckschicht (HDS)
ohne Schnallen

7.1.13 *Pluteus phlebophorus*,
Runzeliger Dachpilz

Speisewerte

In vielen Büchern gelten die Dachpilze als essbar. Es ist aber bekannt, dass *Pluteus salicinus*, Grünlichgrauer Dachpilz giftig wirkt; er enthält Psilocybin. Da dieser Pilz vereinzelt und eher selten auftritt, wurde er aber wohl kaum je in größeren, giftig wirkenden Mengen verspeist. Die häufigen Arten, insbesondere *Pluteus cervinus*, Rehbrauner Dachpilz und Ähnliche, können gegessen werden, sind aber ohne besonderen Wert. Personen mit wenig Erfahrung wird wegen der Verwechslungsgefahr mit teils giftigen Rötlingen vom Verzehr von Dachpilzen abgeraten.

7.1 *Pluteus*, Dachpilze
(A) Hutfarbe in verschiedenen Brauntönen, braun, rotbraun, umbra

- Stiel weißlich, graubräunlich bis dunkelbraun, kahl, faserig oder flockig
  - Hut kahl (jung evtl. feinfaserig oder höckerig-runzelig, jedoch nicht aderig)
    - Lamellenschneiden gleichfarbig
      - Hut meist > 10 cm breit, Pleurozystiden dickwandig, hakenförmig
        - vorwiegend an Laubholz, Schnallen in Hyphen selten oder fehlend — **06 *Pluteus cervinus*, Rehbrauner Dachpilz**
        - nur an Nadelholz, Schnallen in Hutdeckschicht oder Lamellen häufig
          - Geruch meist unauffällig, Schnallen in Lamellen-Trama häufig — 07 *Pluteus pouzarianus*, Schnallentragender Nadelholz-Dachpilz
          - Geruch rettichartig, Schnallen in Hutdeckschicht häufig — 08 *Pluteus primus*, Frühjahrs-Dachpilz
      - Hut < 5 cm breit, Pleurozystiden dünnwandig, ohne Haken
        - vorwiegend liegende Huthauthyphen, spindelig-längliche Endzellen — 04 *Pluteus plautus*, Verschiedenfarbiger Dachpilz
        - vorwiegend aufgerichtete Huthauthyphen, breit-blasige Endzellen
          - Pleurozystiden keulig bis spindelig — 09 *Pluteus nanus*, Flockigbereifter Dachpilz
          - Pleurozystiden geschnäbelt — 10 *Pluteus insidiosus*, Trügerischer Dachpilz
    - Lamellenschneiden dunkel- bis schwarzbraun
      - Hut meist > 5 cm, kaum runzelig, Pleurozystiden dickwandig, hakenförmig — **11 *Pluteus atromarginatus*, Schwarzschneidiger Dachpilz**
      - Hut kaum > 5 cm, runzelig, Pleurozystiden dünnwandig, ohne Haken — 12 *Pluteus luctuosus*, Düsterer Dachpilz
  - Hut aderig-runzelig
    - Lamellenschneiden gleichfarbig oder heller
      - Rand nicht gerieft
        - Hut deutlich aderig-runzelig
          - Stiel zunehmend cremegelblich, Endhyphen der HDS blasig breit — 13 *Pluteus phlebophorus*, Runzeliger Dachpilz
          - Stiel zunehmend grau, Endhyphen der HDS spindelig schlank — 16 *Pluteus thomsonii*, Graustieliger Adern-Dachpilz
        - Hut höchstens leicht aderig-runzelig — 09 *Pluteus nanus*, Flockigbereifter Dachpilz
      - Rand gerieft — 15 *Pluteus pallescens*, Blassstieliger Dachpilz
    - Lamellenschneiden dunkel- bis schwarzbraun
      - Hut meist über 5 cm breit, Endhyphen der HDS spindelig-länglich — 17 *Pluteus umbrosus*, Schwarzflockiger Dachpilz
      - Hut kaum über 5 cm breit, Endhyphen der Hutdeckschicht (HDS) keulig — 12 *Pluteus luctuosus*, Düsterer Dachpilz
  - Hut oder Hutrand rissig oder gekerbt
    - Stiel auf ganzer Länge graubraun flockig-faserig, Geschmack später seifig — 18 *Pluteus ephebeus*, Flaumiger Dachpilz
    - Stiel im oberen Bereich kahl, Geschmack fehlend
      - Stiel auf ganzer Länge kahl (keine Kaulozystiden) — 19 *Pluteus diettrichii*, Rissiger Dachpilz
      - Stiel im unteren Teil körnig-flockig (Kaulozystiden mit braunem Inhalt) — 20 *Pluteus poliocnemis*, Graurissiger Dachpilz
  - Hut samtig, körnig, punktiert, filzig, faserig-schuppig
    - Hut 1–3 cm breit
      - Hutmitte oft runzelig, Huthauthyphen aufgerichtet (Hymeniderm)
        - Hutmitte deutlich runzelig-aderig — 16 *Pluteus thomsonii*, Graustieliger Adern-Dachpilz
        - Hutmitte höchstens leicht runzelig — 21 *Pluteus podospileus*, Samtiger Dachpilz
      - Hut körnig bis borstig schuppig, nicht runzelig
        - Hut borstig-schuppig, Rand bewimpert, Huthauthyphen liegend (Cutis) — 22 *Pluteus hispidulus*, Haariger Dachpilz
        - Hut dicht körnig schuppig, Rand glatt, Huthauth. liegend bis aufsteigend — 23 *Pluteus exiguus*, Borstiger Zwerg-Dachpilz
    - Hut meist > 3 cm breit
      - Lamellenschneiden gleichfarbig oder heller
        - Stiel mit Kaulozystiden, Hut samtig-faserig
          - Hut kaum rissig, Kaulozystiden büschelig am ganzen Stiel — 04 *Pluteus plautus*, Verschiedenfarbiger Dachpilz
          - Hut außen rissig, Stiel etwas körnig, jung mit Kaulozystiden — 20 *Pluteus poliocnemis*, Graurissiger Dachpilz
        - Stiel ohne Kaulozystiden
          - Hut fein und dicht anliegend faserschuppig (Lupe!) — 18 *Pluteus ephebeus*, Flaumiger Dachpilz
          - Hut samtig-filzig, weißlich bereift, hirschlederig, Stiel oft mit Rosa — 26 *Pluteus roseipes*, Rosastieliger Dachpilz
          - Hut samtig-glimmerig, gegen außen felderig rissig — 19 *Pluteus diettrichii*, Rissiger Dachpilz
      - Lamellenschneiden dunkel- bis schwarzbraun, evtl. flockig
        - Pleurozystiden dickwandig und hakenförmig — **11 *Pluteus atromarginatus*, Schwarzschneidiger Dachpilz**
        - Pleurozystiden dünnwandig, ohne Haken — 17 *Pluteus umbrosus*, Schwarzflockiger Dachpilz
- Stiel gelblich, gelb
  - Stiel ausgeprägt gelb — **24 *Pluteus romellii*, Gelbstieliger Dachpilz**
  - Stiel zunehmend gelbbraun — 13 *Pluteus phlebophorus*, Runzeliger Dachpilz
- Stiel mit rosa Schein — 26 *Pluteus roseipes*, Rosastieliger Dachpilz
- Stiel bläulich, blaugrün — 28 *Pluteus cyanopus*, Blaufüßiger Dachpilz

7.1 *Pluteus*, Dachpilze
(B) Hutfarben weiß, weißlich, grau, graugrünlich, gelb oder orange

Hutfarbe weiß, weißlich	
Hut meist > 5 cm breit	01 *Pluteus petasatus*, Schuppigseidiger Dachpilz
Hut kaum > 5 cm breit	
Hut glatt	
Pleurozystiden dickwandig und hakenförmig	02 *Pluteus pellitus*, Weißer Dachpilz
Pleurozystiden dünnwandig, ohne Haken	04 *Pluteus plautus*, Verschiedenfarbiger Dachpilz
Hut runzelig-aderig	03 *Pluteus inquilinus*, Knolliger Dachpilz
Hut grau, graugrünlich	
Stielbasis bisweilen graublau verfärbend, Pleurozystiden dickwandig mit Haken	05 *Pluteus salicinus*, Grünlichgrauer Dachpilz
Stielbasis nicht verfärbend, Pleurozystiden dünnwandig	14 *Pluteus cinereofuscus*, Graubrauner Dachpilz
Hut ganz oder teilweise gelb oder orange	
Hut ganz oder teilweise gelb	
Stiel ohne Ring	
Endhyphen der Hutdeckschicht länglich spindelig	25 *Pluteus leoninus*, Löwengelber Dachpilz
Endhyphen der Hutdeckschicht kugelig-keulig	27 *Pluteus chrysophaeus*, Goldbrauner Dachpilz
Stiel mit Ring	30 *Pluteus fenzlii*, Beringter Dachpilz
Hut lebhaft orange (evtl. orangerosa und auffällig aderig)	
Hut lebhaft gelborange, orangerot ohne rosa, dünnfleischig	29 *Pluteus aurantiorugosus*, Orangeroter Dachpilz
Hut orangerosa, stark aderig und dickfleischig	5.16.07 *Rhodotus palmatus*, Orangerötlicher Adernseitling

7.1.01 *Pluteus petasatus* (Fr.) Gillet 🍴
Schuppigseidiger Dachpilz, Braunschuppiger Dachpilz

H: 4–13 cm, gewölbt bis flach, jung etwas klebrig, glänzend, eingewachsen-faserig, weiß bis grauweiß, im Scheitel blass ockerbräunlich und evtl. mit spitzen, angedrückten Schüppchen. **L:** frei, gedrängt, weiß, später blassrosa bis rosa. **St:** fest, weiß, gegen die verdickte Basis eingewachsen braunfaserig. **F:** weiß. **Ger:** rettichartig, erdig, mit süßlicher Komponente. **Ges:** pilzartig. **Spp:** rostrosa, bräunlichrosa. **V:** meist büschelig, auf moderndem Laubholz; Frühsommer bis Herbst. **Mik:** Sporen breit ellipsoid, 5–7,5 × 3,5–5 µm, PlZ hakenförmig mit 1–4 Haken, oben verdickt, nirgends Schnallen, HDS mit liegenden, länglichen Hyphen. (D 445, BK 4.115, Lu 2.97.6, 🖼).

7.1.02 *Pluteus pellitus* (Pers.) P. Kumm., Weißer Dachpilz, Schneeweißer Buchen-Dachpilz: Hut 3–6 cm breit, weiß, bisweilen mit rosa Schein, alt im Scheitel etwas cremegelblich; einzeln auf moderndem Buchenholz *Fagus*. PlZ auf ganzer Länge verdickt. Kein Speisepilz. (Kr 4.271, Lu 2.97.5, 🖼).

7.1.03 *Pluteus inquilinus* Romagn., Knolliger Dachpilz, Weißer Adern-Dachpilz: Hut 1–3 cm breit, weiß, samtig, vom Scheitel ausgehend runzelig-aderig und etwas cremegelblich. Sporen ellipsoid bis kugelig, 6–7,5 × 5–6,5 µm, HDS mit aufstehenden, ballonförmigen Elementen. Kein Speisepilz. (Kr 4.251, Lu 2.97.16, 🖼).

7.1.04 *Pluteus plautus* (Weinm.) Gillet
Verschiedenfarbiger Dachpilz

H: 2–5 cm, halbkugelig, später ± flach und gebuckelt, erst kahl, später samtig-schuppig oder auch aderig, hygrophan, feucht durchscheinend gerieft, in der Mitte mit Farben, die von weißlich mit schwach oliv bis dunkel schwärzlich-braun auch alle Zwischentöne umfassen können, Rand blasser, bisweilen etwas rosa. **L:** frei, schmutzig weißlich, später schmutzig rosa, Schneiden weißlich oder gleichfarbig. **St:** cremeweiß, abwärts evtl. bräunlich punktiert-schuppig, Basis meist deutlich knollig. **F:** feucht weiß, trocken graubräunlich. **Ger:** unauffällig bis etwas staubig. **Ges:** unauffällig. **Spp:** rötlichbraun. **V:** auf moderndem Holz; Frühsommer bis Herbst. **Mik:** Sporen ellipsoid bis kugelförmig, 5–8,5 × 4,5–7,5 µm. HymZ keulen-, flaschenförmig bis spindelig, HDS mit aufrechten, langen, spindeligen Elementen, Hyphen ohne Schnallen. (D 450, Kr 4.261, BK 4.117, Lu 2.97.22, 🖼).

Pluteus granulatus Bres., Körniger Dachpilz: Hut schwarzbraun körnig-schuppig, Lamellenschneiden gleichfarbig wie die Lamellen, Stiel gerieft und weißflockig. Sporengröße am unteren Rand des Spektrums. Einige Autoren zählen die Art zu *P. plautus*.

7.1.05 *Pluteus salicinus* P. Kumm. ☠
Grünlichgrauer Dachpilz

H: 2–6 cm, glockig, später ausgebreitet, meist mit breitem, fein angedrückt-schuppigem Buckel, eingewachsen-faserig, hygrophan, feucht grau bis braungrau, im Scheitel dunkler mit blauem oder grünlichem Schein, graugrünlich, blaugrau, trocken blasser graulich. **L:** frei, cremeweiß, später rosa bis rosabraun. **St:** weiß mit grünlichem oder bläulichem Schein. **F:** weißlich bis graulich. **Ger:** unauffällig. **Ges:** mild. **Spp:** rötlichbraun. **V:** auf Laubholz; Frühsommer bis Herbst. **Mik:** Sporen ellipsoid, 6,5–8,5 × 5–6,5 µm, PlZ mit 1–6 Haken, Schnallen überall zahlreich. (D 446, Kr 4.273, BK 4.125, Lu 2.97.7, 🖼).

7.1.06 *Pluteus cervinus* (Schaeff.) P. Kumm., 🍴
***Pluteus atricapillus* (Batsch) Fayod**
Rehbrauner Dachpilz

H: 4–15 cm, halbkugelig-glockig, später mehr oder weniger flach, oft mit breitem Buckel, fein eingewachsen-faserig, im Scheitel dunkelbraun und bisweilen feinschuppig, gegen außen blasser. **L:** frei, weißlich, später blassrosa bis rosa, Schneiden heller oder gleichfarbig. **St:** fest, weißlich, graubraun faserig bis feinrillig, gegen die Basis bräunlich und verdickt. **F:** weiß bis cremeweiß. **Ger:** etwas modrig, schwach nach Rettich oder rohen Kartoffeln. **Ges:** dumpf erdartig. **Spp:** bräunlichrosa. **V:** meist einzeln, seltener auch büschelig, vorwiegend auf moderndem Laubholz; Frühjahr bis Herbst. **Mik:** Sporen breit ellipsoid, 6–7,5 × 5–6 µm. PlZ mit 1–6 Haken, dickwandig, im ganzen Fruchtkörper kaum Schnallen. (D 447, Kr 4.268, BK 4.104, Lu 2.97.1, 🖼).

7.1.07 *Pluteus pouzarianus* Singer, Schnallentragender Nadelholz-Dachpilz: Hut 4–9 cm breit, graubraun, Lamellen weißlich bis rosa mit gleichfarbigen Schneiden, Geruch unauffällig; auf moderndem Nadelholz. Sporen ellipsoid bis etwas zylindrisch oder leicht eingeschnürt, 6–8 × 4,5–5,5 µm, Schnallen im Hymenium häufig und vereinzelt in der HDS. (BK 4.120, Lu 2.97.4, 🖼).

7.1.01 *Pluteus petasatus*, Schuppigseidiger Dachpilz

7.1.02 *Pluteus pellitus*, Weißer Dachpilz

7.1.03 *Pluteus inquilinus*, Knolliger Dachpilz

7.1.04 *Pluteus plautus*, Verschiedenfarbiger Dachpilz

7.1.05 *Pluteus salicinus*, Grünlichgrauer Dachpilz

7.1.06 *Pluteus cervinus*, Rehbrauner Dachpilz

7.1.07 *Pluteus pouzarianus*, Schnallentragender Nadelholz-Dachpilz

7.1.08 *Pluteus primus* Bonnard, Frühjahrs-Dachpilz, Voreilender Dachpilz: auf moderndem Nadelholz, ab April. Sporen breit ellipsoid, 7–9,5 × 5,5–6,5 µm, Schnallen an allen Hyphen der HDS und vereinzelt im Hymenium. (BK 4.122, 🖼).

Pluteus brunneoradiatus Bonnard, Braunstrahliger Dachpilz: Hut klein bis mittel, radialfaserig bis etwas aderig, Stielbasis braun körnig, Geruch unangenehm ranzig; auf moderndem Laubholz, ab Sommer bis Herbst. Sporen ellipsoid bis leicht zylindrisch oder bohnenförmig, 6–8 × 5–6 µm. Schnallen häufig im Hymenium, vereinzelt in der HDS. (Lu 2.97.3).

7.1.09 *Pluteus nanus* (Pers.) P. Kumm.
Flockigbereifter Dachpilz, Erglänzender Dachpilz

H: 1,5–6 cm, Mitte kahl, bereift oder feinaderig, dunkelbraun, dunkel graubraun, bisweilen mit grünlichem Schein, gegen den Rand blasser grünlich-graubraun, evtl. etwas durchscheinend gerieft. **L:** frei, weißlich bis graurosa, später rosa bis rosabraun, Schneiden gleichfarbig, selten heller oder dunkler. **St:** weißlich, fein eingewachsen-faserig, Basis graulich. **F:** feucht grau, trocken weißlich. **Ger:** unauffällig, etwas pilzartig. **Ges:** unauffällig. **Spp:** rosabraun. **V:** auf moderndem Laubholz; Frühjahr bis Herbst. **Mik:** Sporen breit ellipsoid, 6,5–8,5 × 5–7 µm, ChZ keulen-, flaschenförmig bis spindelig, PlZ spärlich, keine Schnallen, HDS mit aufrechten, ballonförmigen Elementen. (BK 4.111f, Lu 2.97.11).

Pluteus mammifer Romagn., Steilgebuckelter Dachpilz: Hut anfangs kegelig, später abflachend mit auffällig bleibendem, oft etwas runzeligem Buckel, hygrophan, Rand durchscheinend gestreift. (Lu 2.97.12).

7.1.10 *Pluteus insidiosus* Vellinga & Schreurs, Trügerischer Dachpilz: Stiel weißlich bis silbergrau, eingewachsen-faserig, kahl, glänzend. Sporen breit ellipsoid bis kugelig, 5–8,5 × 5–7,5 µm, HymZ breit, oft geschnäbelt (mit dünnem, teils längerem Fortsatz). (BK 4.109, Lu 2.97.14).

7.1.11 *Pluteus atromarginatus* (Konrad) Kühner
Pluteus nigrofloccosus (R. Schulz) J. Favre
Schwarzschneidiger Dachpilz

H: 3–12 cm, im Scheitel dunkelbraun und bisweilen feinschuppig, gegen außen blasser, fein eingewachsen-faserig. **L:** frei, weißlich, blassrosa bis rosa, Schneiden dunkel- bis schwarzbraun. **St:** fest, schwärzlich faserig, gegen die Basis verdickt. **F:** weiß bis cremeweiß. **Ger:** etwas pilzartig, evtl. schwach süßlich. **Ges:** pilzartig. **Spp:** bräunlichrosa. **V:** auf moderndem Nadelholz; Frühjahr bis Herbst. **Mik:** Sporen ellipsoid, 5,5–7,5 × 5–6 µm, PlZ mit 1–4 Haken, etwas dickwandig, Schnallen in der HDS häufig sonst spärlich. (Kr 4.270, BK 4.113, Lu 2.97.2, 🖼).

7.1.12 *Pluteus luctuosus* Boud., *Pluteus marginatus* (Quél.) Bres.
Düsterer Dachpilz, Braunschneidiger Dachpilz

H: 2–6 cm, kahl oder in der Mitte etwas runzelig, braun, Rand evtl. etwas durchscheinend gerieft. **L:** frei, blassrosa, später rosa bis rosabraun, Schneiden feinflockig braun, zumindest gegen den Hutrand. **St:** weißlich bis blassgrau, evtl. vereinzelt braun eingewachsene Fasern. **F:** feucht blassgrau, trocken weiß. **Ger:** unauffällig. **Ges:** unauffällig. **V:** auf moderndem Laubholz; Frühsommer bis Herbst. **Mik:** Sporen ellipsoid bis kugelig, HymZ kugelig, birnen- bis flaschenförmig, HDS mit kugeligen, aufrechten Elementen. Ludwig 2007 zählt die Art zum nachfolgenden *P. phlebophorus.* (Kr 4.252).

7.1.13 *Pluteus phlebophorus* (Ditmar) P. Kumm.
Runzeliger Dachpilz

H: 1–5 cm, halbkugelig-kegelig, später flach und ± gebuckelt, in der Mitte deutlich aderig, oft bis gegen den Rand, schwach hygrophan, feucht dunkelbraun, trocken blassbraun, Rand bisweilen etwas durchscheinend gerieft. **L:** frei, blassrosa, später schmutzig rosa, mit heller, feinflockiger Schneide. **St:** weißlich bis blass graulich, Basis und Druckstellen bisweilen gelblich. **F:** weißlich bis blass graubräunlich. **Ger:** unauffällig, evtl. etwas rettichartig. **Ges:** unauffällig. **V:** auf moderndem Laubholz (Strünke); Frühjahr bis Herbst. **Mik:** Sporen breit ellipsoid bis annähernd kugelig, 6,5–7,5 × 5–6 µm, HymZ ballon- bis flaschenförmig und bisweilen etwas kopfig, nirgends Schnallen, HDS mit kugeligen, aufrechten Elementen mit bräunlichem Inhalt. (D 453, Kr 4.255, BK 4.116, Lu 2.97.9, 🖼).

Die mikroskopischen Merkmale stimmen weitgehend mit *P. chrysophaeus,* Goldbrauner Dachpilz überein, der Unterschied besteht in der braunen oder eher gelblichen Hutfarbe.

7.1.14 *Pluteus cinereofuscus* J.E. Lange, Graubrauner Dachpilz: Hut jung braun, später olivbraun, grünlichgrau bis blassgrau, kahl, um den Scheitel bisweilen etwas aderig, Rand etwas gerieft, Lamellen weißlich, später rosa bis rosabraun mit heller, fein gesägter Schneide. Sporen ellipsoid bis breit ellipsoid, mit 6,5–9 × 5–7,5 µm etwas größer. (Kr 4.248, BK 4.105, Lu 2.97.8).

7.1.15 *Pluteus pallescens* P.D. Orton, *Pluteus satur* Kühner & Romagn., Blassstieliger Dachpilz: Hut 2–3 cm breit, feucht bis gegen die Mitte gerieft, dattelbraun, trocken blass graubraun, Lamellen rosa bis bräunlichrosa, Schneiden heller oder gleichfarbig, Stiel weiß bis weißlich, faserig. Sporen eher kugelig, klein, 5–7 × 5–6,5 µm. (BK 4.114, Lu 2.97.13, 🖼).

7.1.08 *Pluteus primus,* Frühjahrs-Dachpilz

7.1.11 *Pluteus atromarginatus,* Schwarzschneidiger Dachpilz

7.1.13 *Pluteus phlebophorus,* Runzeliger Dachpilz

7.1.15 *Pluteus pallescens,* Blassstieliger Dachpilz

7.1.16 *Pluteus thomsonii* (Berk. & Broome) Dennis
Graustieliger Adern-Dachpilz

H: 1–3 cm, halbkugelig-gewölbt, später flach und ± gebuckelt, ± samtig, im Scheitel bald deutlich aderig, hygrophan, feucht dunkelbraun, dunkel rotbraun, gegen den Rand blasser, trocken graubraun. **L:** frei, weiß, später rosa, rosabräunlich. **St:** weißlichgrau bis grau, teilweise oder ganz weißflockig bis faserig. **F:** feucht graulich, trocken weißlich. **Ger:** unauffällig. **Ges:** unauffällig. **V:** auf moderndem Laubholz; Frühjahr bis Herbst. **Mik:** Sporen breit ellipsoid bis kugelig, 6–8,5 × 5–7,5 µm, Zystiden keulen-, flaschenförmig bis spindelig, oft geschnäbelt mit dünnem längerem Fortsatz, nirgends Schnallen, HDS mit aufrechten kugeligen und spindelig bis keulig-geschnäbelten Elementen. (D 452, Kr 4.266, BK 4.126, Lu 2.97.27,).

7.1.17 *Pluteus umbrosus* (Pers.) P. Kumm.
Schwarzflockiger Dachpilz

H: 3–12 cm, in der Mitte samtig bis dicht schwarzbraun schuppig-flockig, breitaderig, gegen den Rand schmaler und heller, Rand feinfransig. **L:** frei, weißlich, später rosa bis rosabraun, Schneiden schwärzlich flockig. **St:** weißlich bis blassbraun, abwärts dunkelbraun faserig-schuppig und verdickt bis etwas knollig. **F:** trocken weiß, feucht graubraun. **Ger:** unangenehm, rettichartig. **Ges:** unauffällig bis etwas rettichartig. **Spp:** rosabraun. **V:** auf moderndem Laubholz; Herbst. **Mik:** Sporen ellipsoid bis fast kugelig oder breit zylindrisch, 5–7,5 × 4,5–6 µm, HymZ keulen-, flaschenförmig bis spindelig, nirgends Schnallen, HDS mit aufrechten, länglich spindeligen bis keuligen Elementen. (Kr 4.263, BK 4.127, Lu 2.97.21,).

7.1.18 *Pluteus ephebeus* (Fr.) Gillet, ***Pluteus murinus*** Bres.
Flaumiger Dachpilz, Herber Dachpilz

H: 3–9 cm, braun, graubraun, Mitte samtig-filzig bis feinschuppig, gegen außen faserig-schuppig, oft rissig, dazwischen ist das helle Fleisch sichtbar. **L:** frei, blassgrau, später rosa bis bräunlichrosa, Schneiden heller oder gleichfarbig (selten braun), feinflockig oder glatt. **St:** schmutzig weiß, gegen die knollige Basis zunehmend dunkel eingewachsen-faserig. **F:** ziemlich dick, weiß. **Ger:** unauffällig. **Ges:** erst unauffällig, nach einiger Zeit im Rachen zusammenziehend. **Spp:** rötlichbraun. **V:** auf moderndem Laubholz oder auf Erde; Frühsommer bis Herbst. **Mik:** Sporen ellipsoid bis breit ellipsoid, 6,5–7,5 × 5–6,5 µm, HymZ ballon- bis flaschenförmig, seltener etwas kopfig oder kurz geschnäbelt, keine Schnallen, HDS mit schlanken, liegenden Hyphen. (Kr 4.274, BK 4.107, Lu 2.97.26,).

7.1.19 *Pluteus diettrichii* Bres.
Rissiger Dachpilz

H: 3–5 cm, glatt bis feinrunzelig, matt, dunkelbraun, Huthaut besonders gegen den Rand felderig rissig, darunter ist das weiße Fleisch sichtbar. **L:** frei, blass bis rosa. **St:** ± kahl, weiß, Basis keulig evtl. bräunlich. **F:** beige bis weiß. **V:** auf feuchter Erde um Strünke, seltener auf Holzresten; Frühsommer bis Herbst. **Mik:** Sporen ellipsoid bis angedeutet bohnenförmig, 7,5–10,5 × 5,5–6,5 µm, HymZ vorwiegend keulenförmig, keine oder nur ganz spärliche Kaulozystiden, HDS hymeniform mit kugelig-birnenförmigen, aufrechten Zellen. (Kr 4.250, BK 4.106, Lu 2.97.19,).

7.1.20 *Pluteus poliocnemis* Kühner, Graurissiger Dachpilz: Hut 3–9 cm, nur rissig und nicht felderig-schuppig aufreißend, Stiel im unteren Teil körnig-flockig. Kaulozystiden mit braunem Inhalt. ( ).

7.1.21 *Pluteus podospileus* Sacc. & Cub., ***Pluteus minutissimus*** Maire
Samtiger Dachpilz

H: 1–3 cm, Mitte dunkelbraun filzig bis schuppig, selten etwas aderig, Rand etwas heller, schwach durchscheinend gerieft. **L:** frei, blassrosa, später rosa bis bräunlichrosa, Schneiden feinflockig, heller oder gleichfarbig. **St:** dicht braunflockig auf schmutzig weißlichem Grund. **F:** weißlich. **Ger:** unauffällig. **Spp:** rötlichbraun. **V:** auf moderndem Laubholz, evtl. auch auf Erde; Frühsommer bis Herbst. **Mik:** Sporen annähernd kugelig, 5,5–7,5 × 5–6,5 µm, HDS mit aufrechten keuligen und spindeligen Elementen, ohne Schnallen. (Kr 4.265, BK 4.118f, Lu 2.97.28,).

7.1.22 *Pluteus hispidulus* (Fr.) Gillet
Haariger Dachpilz, Borstiger Zwerg-Dachpilz

H: 0,5–2 cm, halbkugelig-kegelig, später ausgebreitet flach, etwas gebuckelt, dunkel braungrau, Mitte dunkler und faserig-haarig bis schuppig, Rand blasser und angedrückt faserig (Fasern am Rand teils überstehend). **L:** frei, blassgrau, schließlich rosa, Schneiden gleichfarbig oder heller. **St:** silberweißlich, gegen die Basis leicht verdickt und etwas behaart. **F:** dünn, weiß. **Ger:** unauffällig. **Spp:** zimtrosa. **V:** auf moderndem Holz (evtl. auch auf Erde); Sommer bis Herbst. **Mik:** Sporen kugelig bis breit ellipsoid, 6–7,5 × 5–6,5 µm, ChZ ballon- bis etwas flaschenförmig, HDS mit schlanken, liegenden Hyphen, ohne Schnallen. (Kr 4.275, Lu 2.97.29,).

7.1.23 *Pluteus exiguus* (Pat.) Sacc.
Dichtschuppiger Zwerg-Dachpilz

H: 0,5–1,5 cm, halbkugelig-kegelig, später ausgebreitet flach, etwas gebuckelt, dicht schwarzbraun körnig-schuppig, Rand nicht bewimpert. **L:** frei, blassgrau, schließlich rosa, Schneiden gleichfarbig oder heller. **St:** weißlich, kahl. **F:** dünn, weiß. **Ger:** unauffällig. **Spp:** zimtrosa. **V:** auf morschem Holz; Sommer bis Herbst. **Mik:** Sporen breit ellipsoid, 6–7,5 × 5–6,5 µm, ChZ flaschenförmig bis leicht kopfig, farblos, HDS mit schlanken, liegenden und teils aufgerichteten, kurzgliederigen Hyphen, ohne Schnallen. (Kr 4.275, Lu 2.97.30,).

7.1.16 *Pluteus thomsonii*, Graustieliger Adern-Dachpilz

7.1.17 *Pluteus umbrosus*, Schwarzflockiger Dachpilz

7.1.18 *Pluteus ephebeus*, Flaumiger Dachpilz

7.1.19 *Pluteus diettrichii*, Rissiger Dachpilz

7.1.20 *Pluteus poliocnemis*, Graurissiger Dachpilz

7.1.22 *Pluteus hispidulus*, Haariger Dachpilz

7.1.21 *Pluteus podospileus*, Samtiger Dachpilz

7.1.23 *Pluteus exiguus*, Haariger Dachpilz

Pluteus pusillulus Romagn., Kleinster Zwerg-Dachpilz: ChZ mit teilweise braunem Inhalt, HDS mit schlanken, liegenden und teils aufgerichteten Hyphen, Sporen kugelig, 4,5–7 × 5–6,5 µm.

7.1.24 *Pluteus romellii* (Britzelm.) Sacc.
Gelbstieliger Dachpilz

H: 2–6 cm, halbkugelig-kegelig, später flach und ± gebuckelt, zunehmend rippig-runzelig, dunkel gelbbraun, dunkelbraun, Rand evtl. etwas durchscheinend gerieft. **L:** frei, jung gelb, später rosa. **St:** gelblich bis chromgelb, Spitze blasser, kahl, evtl. etwas eingewachsen-faserig. **F:** weißlich bis braungelblich. **Ger:** unauffällig. **Ges:** unauffällig. **V:** auf moderndem Laubholz; Frühjahr bis Herbst. **Mik:** Sporen kugelig, 5–7 × 4,5–7 µm, HymZ breit ballon- bis paddelförmig, HDS mit breit kugeligen, aufstehenden Elementen. (D 451, Kr 4.257, BK 4.123, Lu 2.97.18, 🖼).

7.1.25 *Pluteus leoninus* (Schaeff.) P. Kumm.
Löwengelber Dachpilz

H: 2–7 cm, glockig, später ausgebreitet bis flach, ± gebuckelt, samtig bis kahl, hygrophan, feucht gelb, gelbbraun, trocken blasser gelbbraun, Rand etwas durchscheinend gerieft. **L:** frei, weiß, später blass bis bräunlichrosa, Schneiden am Hutrand oft gelb, vor allem jung. **St:** weißlich bis gelb, gegen die Basis verdickt. **F:** weißlich bis blass gelblich oder graulich. **Ger:** unauffällig bis etwas süßlich oder rettichartig. **Ges:** schwach, evtl. leicht säuerlich. **Spp:** bräunlichrosa bis gelblichbraun. **V:** vorwiegend auf moderndem Laubholz; Frühsommer bis Herbst. **Mik:** Sporen ellipsoid bis breit ellipsoid, 6–7,5 × 5–6,5 µm, ChZ spindelig, teils mit schmal verlängerten, schnabelförmigen Auswüchsen, PlZ mit breiten Hälsen, vereinzelt mit knospenartigen Auswüchsen, HDS am Rand mit liegenden und zur Mitte mit aufsteigenden, vorwiegend spindelig verdickten Elementen. (D 449, Kr 4.259, BK 4.120, Lu 2.97.24, 🖼).

Pluteus variabilicolor Babos, Wechselfarbiger Dachpilz: Hut teils größer, bis über 10 cm, Hutmitte runzelig, Lamellenschneiden ohne Gelb, Stiel schwarzbraun punktiert, auf Häcksel. (Lu 2.97.23).

7.1.26 *Pluteus roseipes* Höhn., *P. leoninus* var. *roseipes* (Höhn.) E. Ludw., Rosastieliger Dachpilz: Hutfarbe graubraun bis olivbräunlich, samtig, Stiel weiß mit etwas Rosa an der Basis. HDS mit schlanken, liegenden bis etwas aufrechten Elementen. (D 448, Kr 4.262, BK 4.124, Lu 2.97.25, 🖼).

Pluteus favrei Antonín & Škubla, Gelbschneidiger Dachpilz: Hutfarbe vorwiegend braun, samtig, Rand gelb; auf moderndem Nadelholz, bis in höhere Lagen.

7.1.27 *Pluteus chrysophaeus* (Schaeff.) Quél.
Goldbrauner Dachpilz

H: 1–5 cm, glatt bis runzelig-aderig um die Mitte, hygrophan, feucht olivgelb bis gelbockerlich-braun und durchscheinend gerieft, trocken goldgelb mit olivem Schein in der Mitte. **L:** frei, blass gelblichrosa, später rosa bis schmutzig ockerrosa, Schneiden feinflockig, weiß. **St:** blasscreme bis lederfarben, eingewachsen-faserig, kahl, glänzend, Basis weißlich filzig. **F:** weißlich bis graugelblich, Huthaut etwas durchfärbend. **Ger:** unauffällig bis leicht süßlich. **Ges:** pilzartig und etwas säuerlich oder bitterlich. **Spp:** rosa. **V:** auf moderndem Laubholz; Frühsommer bis Herbst. **Mik:** Sporen kugelig bis ellipsoid, 6–7,5 × 5–6,5 µm, HymZ vorwiegend flaschenförmig, HDS mit aufrechten, ballonförmigen Elementen, nirgends Schnallen. (Kr 4.247, Lu 2.97.17).

7.1.28 *Pluteus cyanopus* Quél., *P. chrysophaeus* var. *cyanopus* (Quel.) Quel., Blaufüßiger Dachpilz, Graugrünstieliger Dachpilz: Hut etwas runzelig-aderig oder glatt, Rand nicht gerieft, Lamellen rosa bis schmutzig rosa, Schneiden weißlich, feinflockig, Stielbasis schwach verdickt, blau- bis grüngrau. Sporen ellipsoid, 7–9 × 5–7 µm. Giftig. (Lu 2.97.10).

7.1.29 *Pluteus aurantiorugosus* (Trog) Sacc.
Orangeroter Dachpilz

H: 2–6 cm, lebhaft orange bis orangerot, glatt oder etwas aderig-runzelig. **L:** frei, weiß, später blassrosa bis rosa, Schneiden feinflockig weiß. **St:** weißlich bis blassgelb, Basis sattgelb und verdickt. **F:** im Hut weiß, im Stiel gelblich glänzend. **Ger:** unauffällig. **Ges:** bitterlich. **Spp:** zimtrosa. **V:** auf totem oder lebendem Laubholz; Herbst. **Mik:** Sporen ellipsoid, 5–7,5 × 4–5,5 µm, HymZ keulig, teils mit kurzen, breiten Auswüchsen, HDS mit aufrechten, ballonförmigen Elementen, keine Schnallen. (Kr 4.246, Lu 2.97.20, 🖼).

7.1.30 *Pluteus fenzlii* (Schulzer) Corriol & P.-A. Moreau, *Chamaeota fenzlii* (Schulzer) Singer, *Annularia fenzlii* (Schulzer) Schulzer
Beringter Dachpilz

H: 1–6 cm, glockig bis gebuckelt-gewölbt, samtig, zitronen- bis goldgelb, Mitte feinschuppig, teils auch etwas rissig, Rand glatt, alt leicht gerieft und heller. **L:** frei, gedrängt, weiß, später fleischrosa, Schneiden gelb. **St:** gelb und häutig beringt. **F:** weiß, unter der Haut gelblich. **Ger:** angenehm pilzartig. **Ges:** mild. **Spp:** rosa. **V:** auf morschem Laubholz; Sommer. **Mik:** Sporen glatt, ellipsoid bis etwas rhomboid, 5,5–6,5 × 4,5–5 µm.

7.1.24 *Pluteus romellii*, Gelbstieliger Dachpilz

7.1.25 *Pluteus leoninus*, Löwengelber Dachpilz

7.1.26 *Pluteus roseipes*, Rosastieliger Dachpilz

7.1.29 *P. aurantiorugosus*, Orangeroter Dachpilz

7.2 *Volvariella,* Scheidlinge und Ähnliche

Basidiomycota, Ständerpilze > *Agaricomycetes* > *Agaricales,* Blätterpilze > *Pluteaceae,* Dachpilzverwandte

Beschreibung

Kleine bis große, eher selten vorkommende Pilzarten mit glockig-kegeligem, später ausgebreitetem, meist flach gebuckeltem, glattem bis faserig-schuppigem Hut. Die Lamellen sind gedrängt bis sehr gedrängt, frei, erst blass gefärbt und später durch das reifende, rosafarbene Sporenpulver schmutzig rosa bis rosabraun. Der Stiel ist immer ohne Ring, an der verdickten bis knolligen Basis findet sich hingegen die typische und jung auffällige Scheide. Später findet man oft nur noch Reste.

Volvariella, Scheidlinge wachsen auf totem organischem Material, auf Erde, Holz, Kompost oder faulenden Pilzen und sind mehrheitlich Saprobionten. *Volvariella surrecta,* Parasitischer Scheidling, der zumindest in der Anfangsphase von lebenden Fruchtkörpern der Wirtspilze zehrt, zählt zu den Parasiten.

Die Sporen sind hell rosabraun, glatt, vorwiegend ellipsoid, dickwandig und nicht amyloid. Verschiedene Formen von z. B. flaschenförmigen, keuligen und teils geschnäbelten, großen, dünnwandigen Hymenialzystiden kommen vor; Schnallen fehlen bei allen Arten. *Volvopluteus gloiocephalus,* Großer Scheidling, der bis vor Kurzem auch zu *Volvariella* gehörte, zählt als einzige mitteleuropäische Art zur separaten Gattung ***Volvopluteus***.

Sporen

7.2.01 *Volvopluteus gloiocephalus,* Großer Scheidling

Bestimmung

Mit seinem klebrigen, von Anfang an kahlen Hut ist *Volvopluteus gloiocephalus,* Großer Scheidling gut erkennbar, ebenso *Volvariella bombycina,* Wolliger Scheidling mit stark faserig-schuppiger Hutoberfläche sowie *Volvariella surrecta,* Parasitischer Scheidling, welcher stets auf faulenden *Clitocybe nebularis,* Nebelgrauer Trichterling wächst. Die seltenen kleineren Arten erfordern mikroskopische Untersuchungen zur Bestimmung der Größe ihrer Sporen und der Form der Zystiden.

Speisewerte

Unter den Scheidlingen werden keine giftigen Arten erwähnt. Von den wild wachsenden Arten kommt höchstens *Volvopluteus gloiocephalus,* Großer Scheidling als Speisepilz infrage. Die anderen Arten sind selten und deshalb für die Küche auch kaum von Bedeutung – es sei denn, sie werden gezüchtet, wie z. B. der aus der asiatischen Küche bekannte und verbreitet verwendete *Volvariella volvacea,* Dunkelstreifiger Scheidling oder Reisstrohpilz.

7.2 *Volvariella*, Scheidlinge und Ähnliche

- Hut ganz klebrig, feucht schmierig, groß, Sporen > 11 µm — 01 *Volvopluteus gloiocephalus,* Großer Scheidling
- Hut trocken, radialfaserig, höchstens im Scheitel etwas klebrig, Sporen < 10 µm
  - Vorkommen auf Holz
    - Hut wollig-faserig bis faserig-schuppig, groß — 02 *Volvariella bombycina,* Wolliger Scheidling
    - Hut im Scheitel runzelig, haarig
      - Hutmitte evtl. bläulich, Rand evtl. gezähnelt, Geraniengeruch, auf Laubholz — 03 *Volvariella caesiotincta,* Blaugraugetönter Scheidling
      - Hutmitte graubraun, Rand feinfaserig, Geruch unauffällig, auf Nadelholz — 07 *Volvariella taylorii,* Braunscheidiger Scheidling
  - Vorkommen stets auf verfaulenden Pilzen (Nebelgrauer Trichterling) — 04 *Volvariella surrecta,* Parasitischer Scheidling
  - Vorkommen auf Erde, Kompost, Häcksel, klein, kaum > 5 cm breit
    - Hut und Scheide weißlich bis blass gelbgrau
      - Hut meist weißgrau oder hellbeige, selten ganz weiß — 05 *Volvariella murinella,* Mausgrauer Scheidling
      - Hut vorwiegend weiß
        - Stiel glatt, Hut jung klebrig, Rand bisweilen gerieft — 06 *Volvariella pusilla,* Kleinster Scheidling
        - Stiel haarig, flaumig, Hut filzig bis haarig-schuppig — 08 *Volvariella hypopithys,* Flaumstieliger Scheidling
    - Hut und Scheide blass bis dunkel graubraun, braun
      - im Wald, auf Wiesen
        - Hut weißgrau, hellbeige, seltener weiß, seidig-faserig, Rand nicht gerieft — 05 *Volvariella murinella,* Mausgrauer Scheidling
        - Hut vorwiegend weiß, jung klebrig, Rand oft gerieft — 06 *Volvariella pusilla,* Kleinster Scheidling
      - auf Asche, Schuttplätzen, Ruderalstellen, an Wegrändern, Hut seidig-faserig — 07 *Volvariella taylorii,* Braunscheidiger Scheidling
      - auf Kompost, Stroh, Hut dunkel eingewachsen radialfaserig — 09 *Volvariella volvacea,* Dunkelstreifiger Scheidling

7.2.01 *Volvopluteus gloiocephalus* (DC.) Vizzini, Contu & Justo, *Volvariella gloiocephala* (DC.) Boekhout & Enderle Großer Scheidling 🍴

H: 6–14 cm, kegelig-glockig, später ausgebreitet, evtl. mit breitem Buckel, kahl, klebrig, feucht schmierig, eingewachsen-faserig, elfenbeinweiß bis graubraun, bisweilen mit leicht olivlichem Schein. **L:** frei, dicht, weißlich, später zunehmend rosabraun. **St:** weißlich, später schmutzig gelblich, Basis verdickt bis etwas knollig mit weißer häutiger Scheide, oft tief im Boden steckend. **F:** weich, ziemlich dick, weiß. **Ger:** schwach bis deutlich nach Rettich. **Ges:** schwach pilzartig oder etwas nach Rettich. **Spp:** rosa. **V:** in Parks, Wiesen, im Laubwald, auf nährstoffreichem Boden, Häcksel; Frühjahr bis Herbst. **Mik:** Sporen ellipsoid, dickwandig, 12–17 × 7–10 µm, ChZ spindelig bis keulig, oft geschnäbelt (mit fingerförmigem Fortsatz). (D 442, BK 4.130, Lu 1.87.1, 🖼).

7.2.01 *Volvopluteus gloiocephalus*, Großer Scheidling

7.2.02 *Volvariella bombycina* (Schaeff.) Singer Wolliger Scheidling

H: 7–20 cm, kegelig-glockig, später gewölbt bis ausgebreitet, seidig-wollig, später faserig-schuppig, weiß bis cremefarben. **L:** frei, dicht, blassrosa, später rosabraun. **St:** fest, weißlich, später blassocker, Basis verdickt mit relativ dicker, großer, schmutzig gelblicher bis dunkelbrauner Scheide. **F:** weiß. **Ger:** unauffällig bis etwas rettichartig. **Ges:** schwach, angenehm, evtl. etwas rettichartig. **Spp:** bräunlichrosa. **V:** auf lebendem oder totem Laubholz, oft hoch am Stamm; Frühsommer bis Herbst. **Mik:** Sporen ellipsoid bis etwas zylindrisch, dickwandig, 6,5–9 × 4,5–6,5 µm, ChZ spindelig bis keulig, oft geschnäbelt (fingerförmig verlängert). (Kr 4.277, BK 4.128, Lu 1.87.3, 🖼).

7.2.02 *Volvariella bombycina*, Wolliger Scheidling

7.2.03 *Volvariella caesiotincta* P.D. Orton Blaugraugetönter Scheidling

H: 3–9 cm, halbkugelig bis ausgebreitet, oft mit flachem, breitem Buckel, blass graubraun, haselbraun, Mitte dunkler, bisweilen grünlich oder bläulich, etwas behaart, gegen außen angedrückt faserig. **L:** frei, dicht, weißlich, später fleischrosa, Schneiden heller und feinflockig. **St:** fest, flaumig, später kahl und eingewachsen-faserig, weißlich, bald gelbbräunlich, Basis verdickt mit graubrauner Scheide. **F:** weißlich bis strohgelblich. **Ger:** ± nach Geranien. **Ges:** unangenehm, adstringierend. **Spp:** bräunlichrosa. **V:** auf morschem Laubholz (Buche *Fagus*); Sommer bis Herbst. **Mik:** Sporen ellipsoid, dickwandig, 5–7,5 × 3–5 µm, ChZ flaschenförmig mit teils fingerförmig verlängertem, oft gegabeltem Fortsatz. (BK 4.129, 🖼).

Ludwig 2001 zählt die Art zu *V. murinella*, Mausgrauer Scheidling, welcher gemäß seiner Interpretation auch auf Holz vorkommen kann.

7.2.03 *V. caesiotincta*, Blaugraugetönter Scheidling

7.2.04 *Volvariella surrecta* (Knapp) Singer Parasitischer Scheidling

H: 3–8 cm, halbkugelig bis ausgebreitet, angedrückt faserig-filzig, trocken (höchstens im Scheitel etwas klebrig), cremeweiß, später blass isabellfarben. **L:** fast frei bis frei, dicht, blass cremerosa, bald rosabraun, Schneiden etwas blasser. **St:** faserig, weiß, später blass lederfarben, Basis verdickt mit weißlicher Scheide. **F:** weich, weißlich, in der Stielbasis gelbbräunlich. **Ger:** unauffällig bis schwach süßlich. **Ges:** unauffällig. **Spp:** rosa. **V:** auf faulenden *Clitocybe nebularis*, Nebelgrauer Trichterling; Herbst. **Mik:** Sporen ellipsoid bis etwas eingeschnürt, leicht dickwandig, 6–7,5 × 3,5–4,5 µm, ChZ flaschenförmig, teils etwas fingerförmig verlängert. (D 443, Kr 4.285, BK 4.134, Lu 1.87.2, 🖼).

7.2.04 *Volvariella surrecta*, Parasitischer Scheidling

7.2.05 *Volvariella murinella* (Knapp) Singer Mausgrauer Scheidling

H: 1–6 cm, kegelig-glockig, später gewölbt bis ausgebreitet, meist mit flachem, breitem, etwas behaartem graubraunem Buckel, gegen außen blassgrau bis grau, selten weißlich, feinseidig, nicht klebrig. **L:** frei, ziemlich entfernt vom Stiel angewachsen, weißlich, später fleischrosa. **St:** fest, anfangs flaumig, später kahl, eingewachsen-faserig, weißlich glänzend, Basis etwas verdickt mit weißlicher, bald schmutzig graubrauner Scheide. **F:** dünn, weiß bis blass graulich, im Stiel etwas ockergelblich. **Ger:** schwach, etwas nach Geranien oder grasartig. **Ges:** unangenehm säuerlich. **Spp:** rosa. **V:** in Wald, Wiesen, auf Weiden, auf nährstoffreichem Boden. Gemäß Ludwig 2001 auch auf morschem Holz. **Mik:** Sporen ellipsoid bis zylindrisch oder auch leicht eingeschnürt, 6–7,5 × 4–4,5 µm, ChZ flaschenförmig mit teils fingerförmig verlängertem, welligem Hals. (Kr 4.282, BK 4.132, Lu 1.87.6, 🖼; Kapitel-🖼).

7.2.05 *Volvariella murinella*, Mausgrauer Scheidling

7.2.06 *Volvariella pusilla* (Pers.) Singer Kleinster Scheidling

H: 1–3 cm, glockig, bald gewölbt bis ausgebreitet, evtl. schwach gebuckelt, seidig faserig, weiß bis silbergrau, jung etwas schmierig, im Randbereich bisweilen gerieft. **L:** frei, dicht, blass schmutzig rosa, später braunrosa, mit gleichfarbigen, leicht gefransten Schneiden. **St:** fest, ganz jung flaumig-haarig, bald kahl, weiß, Basis keulig verdickt mit weißer Scheide. **F:** im Scheitel dick, weich, weiß. **Ger:** unauffällig, evtl. schwach süßlich. **Ges:** unauffällig. **Spp:** rosa. **V:** im Laubwald, am Wegrand, auf lehmigem Boden, in Gewächshäusern. **Mik:** Sporen 5,5–8 × 3,5–5,5 µm, ChZ ohne längliche Auswüchse. (Kr 4.283, BK 4.133, Lu 1.87.7).

7.2.07 *Volvariella taylorii* (Berk. & Broome) Singer, *V. pusilla* var. *taylorii* (Berk. & Broome) Boekhout, Braunscheidiger Scheidling, Asche-Scheidling: Hut 2–6 cm, schmutzig grau bis weißlich mit graubräunlicher Scheibe, Scheide grau- bis dattelbraun, außen schwach filzig; auch auf Asche, Schuttplätzen und Ruderalstellen. Sporen 5,5–7,5 × 3,5–5,5 µm. (Kr 4.284).

7.2.08 *Volvariella hypopithys* (Fr.) Shaffer, Flaumstieliger Scheidling: Hut 1–6 cm, weiß bis etwas lederrosa, Stiel auf ganzer Länge flaumig, später eingewachsen-faserig. Sporen 6–8,5 × 3,5–6 µm. (D 444, Kr 4.280, BK 4.131, Lu 1.87.4, ▣).

Volvariella cinerescens (Bres.) M.M. Moser, Aschgrauer Scheidling: Hut 2,5–3,5 cm, Hut und Hülle erst weiß, später aschgrau, wenig geklärte Art. Sporen schlank, 6,5–7 × 3–3,5 µm.

Volvariella fuscidula (Bres.) M.M. Moser ex Shaffer, Dunkler Scheidling: Hut 3–4 cm, von Anfang an rußiggrau, Mitte dunkler, schwarz gestreift, Stiel erst weiß, später schmutzig rußgrau, flaumig. Sporen länger, 7–9 × 4–5 µm.

Die Beschreibungen der Arten *V. cinerescens,* Aschgrauer Scheidling und *V. fuscidula,* Dunkler Scheidling beziehen sich auf Bresadola 1929 und sind seither wenig präzisiert oder geklärt worden. Die Abgrenzungen dieser Arten von *V. pusilla,* Kleinster Scheidling sind undeutlich.

7.2.09 *Volvariella volvacea* (Bull.) Singer
Dunkelstreifiger Scheidling, Reisstrohpilz

H: 3–10 cm, kegelig-gewölbt, später ausgebreitet flach, meist mit flachem, breitem Buckel, angedrückt faserig-filzig, schwärzlichbraun, graubraun, gegen außen heller. **L:** frei, weit vom Stiel entfernt angewachsen, dicht, blasscreme, später fleischrosa. **St:** fest, flaumig bis eingewachsen-faserig, weißlich bis blass lederfarben, Spitze etwas verjüngt, Basis knollig verdickt mit blasser bis dunkelbrauner Scheide. **F:** cremeweiß, im Hut weich, im Stiel etwas fester. **Ger:** unangenehm, pilzartig. **Ges:** pilzartig, evtl. etwas adstringierend. **Spp:** bräunlichrosa. **V:** auf Kompost, Müllhaufen; Sommer bis Herbst. **Mik:** Sporen ellipsoid bis etwas eingeschnürt, leicht dickwandig, 6–8 × 4,5–5,5 µm, ChZ groß, ballonförmig mit kürzeren und längeren Auswüchsen. (Kr 4.286, Lu 1.87.5, ▣).

7.2.08 *Volvariella hypopithys,* Flaumstieliger Scheidling

7.2.09 *Volvariella volvacea,* Dunkelstreifiger Scheidling

8 *Amanitaceae,* Wulstlingsverwandte

Basidiomycota, Ständerpilze > *Agaricomycetes* > *Agaricales,* Blätterpilze

Familie *Amanitaceae,* Wulstlingsverwandte

Die Familie bildet mittlere bis große Fruchtkörper und beherbergt mit dem Fliegenpilz eine der wohl bekanntesten Pilzarten überhaupt. Die Lamellen sind frei oder zumindest fast frei, der Stiel ist teilweise beringt; er lässt sich oft an einer Art Sollbruchstelle leicht vom Hut trennen. Das Sporenpulver ist hell, mehrheitlich weiß.

Es gibt wenige saprob gedeihende Arten, die vorübergehend sogar in der entsprechend bezeichneten Gattung *Saproamanita* abgetrennt wurden. Die anderen Arten der Familie sind vorwiegend Mykorrhizapilze und wachsen auf Erde in Partnerschaft mit entsprechenden Baumarten, als Ausnahme erscheint eine Art der Gattung *Limacella,* Schleimschirmlinge auch auf morschem Holz.

Im Mikroskop sind alle Sporen der Gattung *Amanita,* Wulstlinge dünnwandig und glatt, während sich bei den verschiedenen Gattungen der Schleimschirmlinge nebst fast glatten auch fein warzige Sporenoberflächen zeigen.

Bestimmung

Die verschiedenen Schleimschirmlinge *Limacella, Limacellopsis* und *Zhuliangomyces* erkennt man am mehlartigen Geruch und dem teils stark schleimigen Hut und Stiel. In der Gattung *Amanita* gibt es zwei Untergruppen, welche in der deutschen Bezeichnung auch entsprechend unterschieden werden. Die beringten Knollenblätterpilze oder Wulstlinge haben oft eine auffällig knollige Stielbasis mit einer deutlichen Scheide (Volva) und teilweise amyloide Sporen, während die Streiflinge stets ohne Ring, am Hutrand auffällig gerieft und die Sporen nie amyloid sind.

Speisezwecke

Für die Küche bietet diese Familie und insbesondere die Gattung *Amanita* die ganze Bandbreite von exzellentesten Speisepilzen bis zu den gefährlichsten und tödlich giftigen Arten. Es gibt auch gekocht bekömmliche Arten, welche jedoch roh erheblich giftig wirken.

Schlüssel zu den Gattungen

Stielbasis knollig und/oder bescheidet	
ohne Mehlgeruch	
Stiel mit Ring, Hutrand nicht oder nur leicht gerieft	8.1 *Amanita,* Knollenblätterpilze, Wulstlinge (A)
Stiel ohne Ring, Hutrand deutlich gerieft	8.1 *Amanita,* Streiflinge (B)
mit Geruch nach Mehl	8.2.01 *Limacellopsis guttata,* Getropfter Scheinschleimschirmling
Stielbasis weder knollig noch bescheidet, Geruch nach Mehl	8.2 *Limacella,* Schleimschirmlinge u. Ä.

8.1.01 *Amanita phalloides,* Grüner Knollenblätterpilz
Stattliche Pilze mit grüner, grünbrauner oder grüngelber bis weißer Hutfarbe in Kombination mit knolliger Stielbasis, daran unregelmäßig lappige Reste der Scheide, brüchigem Stiel, einem Ring und freien weißen Lamellen müssen allen Sammelnden von Pilzen ein Warnsignal sein. Junge Knollenblätterpilze stecken in einer umfassenden, weißen Hülle und können wie Stäublinge aussehen. Solche Pilze dürfen nie gegessen werden; bei Verdacht auf entsprechenden Konsum müssen die enthaltenen Amanitine möglichst rasch aus dem Körper gebracht werden, damit sie nicht die Leber zerstören können.

8.1 *Amanita,* Wulstlinge

Basidiomycota, Ständerpilze > *Agaricomycetes* > *Agaricales,* Blätterpilze > *Amanitaceae,* Wulstlingsverwandte

Beschreibung

Mittlere bis große Pilze mit auffälligen Eigenschaften. Jung kugelig bis eiförmig, aus einem Gesamtvelum hervorbrechend, später ausgebreitet gewölbt bis flach, hie und da etwas gebuckelt. Auf der glatten, teils am Rand gerieften Hutoberfläche in verschiedenen, bisweilen intensiven Farben, finden sich oft Hüllreste. Sie sind konzentrisch oder unregelmäßig angeordnet, klein, warzig, kegelig-warzig oder auch groß, fransig-wollig, meist weiß, weißlich oder graubraun, seltener gelblich. Die Lamellen sind mehrheitlich frei und wie das Sporenpulver meistens weiß. Ausnahmen bilden ***Amanita caesarea,*** Kaiserling mit sattgelben Lamellen und trotzdem weißem Sporenpulver sowie z. B. *Amanita echinocephala,* Igel-Wulstling mit angehefteten, leicht grünlichen Lamellen und ebenso getöntem Sporenpulver; eine Art, die auch schon in der separaten Gattung *Aspidella* geführt wurde. Bei allen Arten der Gattung bleiben an der Stielbasis mehr oder weniger deutliche Reste des Gesamtvelums zurück, sei es als häutige, auffällige Scheide (Volva), als gerade abgestutzter Randwulst oder als warzige oder flockige Zone. Nur bei der Gruppe der Wulstlinge oder Knollenblätterpilze findet sich am Stiel ein häutiger, hängender Ring. Alle Streiflinge aus der Gruppe *Amanitopsis* sind stets ohne Ring.

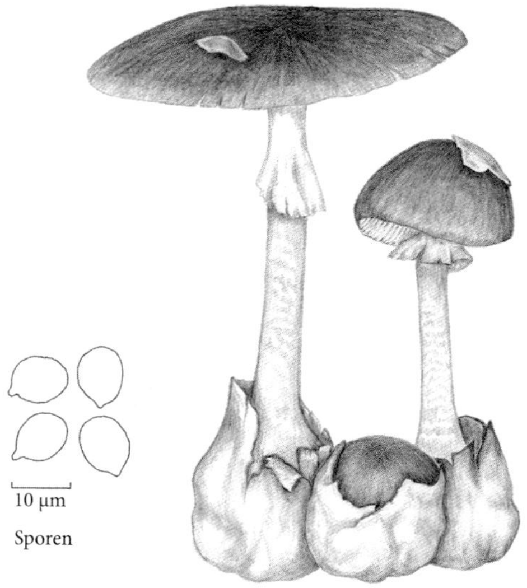

8.1.01 *Amanita phalloides,*
Grüner Knollenblätterpilz

Alle Arten der Gattung *Amanita* sind Mykorrhizapilze, welche in Gemeinschaft mit verschiedenen Bäumen wachsen. Einige vorwiegend mediterran vorkommende, saprobe Arten gedeihen auch in baumlosen Gebieten. Sie wurden deshalb vorübergehend in der separaten Gattung *Saproamanita* eingeordnet. Inzwischen gilt aber wieder die Bezeichnung *Amanita.*

Die Sporen sind glatt, groß, ellipsoid bis kugelförmig und teilweise amyloid. In der Huthaut findet man kaum Schnallen; das Pigment ist stets intrazellulär.

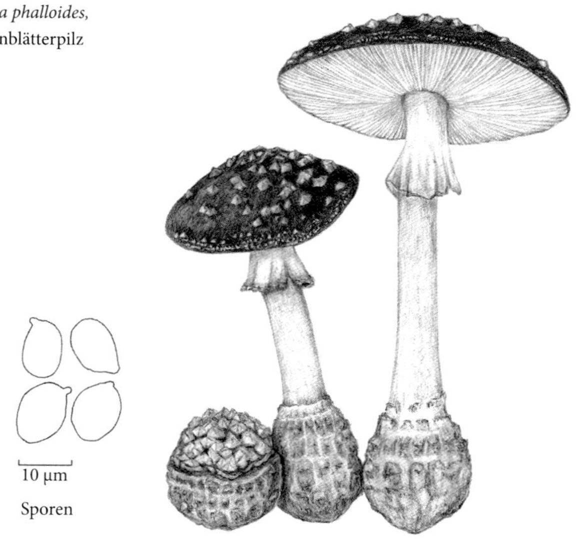

8.1.02 *Amanita muscaria,*
Fliegenpilz

Bestimmung

Als Erstes stellt sich die Frage nach einem Ring oder nach Ringresten. Findet man welche, sucht man die Art im Schlüssel A. Findet man keine, gilt es im Schlüssel B nachzusehen – allerdings bleibt in diesem Fall immer eine gewisse Unsicherheit; vielleicht war anfangs ein Ring da, aber es finden sich keinerlei Reste mehr davon. Im Zweifelsfall bearbeite man beide Schlüssel. Weitere Kriterien sind die Hutfarbe, die Beschaffenheit der Volva sowie ein geriefter oder ungeriefter Hutrand oder Ring. Ein Teil der beringten Arten, insbesondere die sehr gefährlichen, giftigen grünen und weißen Knollenblätterpilze *Amanita phalloides,* Grüner Knollenblätterpilz, *Amanita virosa,* Kegelhütiger Knollenblätterpilz, und *Amanita verna,* Frühlings-Knollenblätterpilz, haben amyloide Sporen. Das hilft zur Auswertung untersuchter Pilzfragmente bei Verdacht auf Vergiftungen. Kugelige, nicht amyloide Sporen weisen auf die unberingten Streiflinge hin.

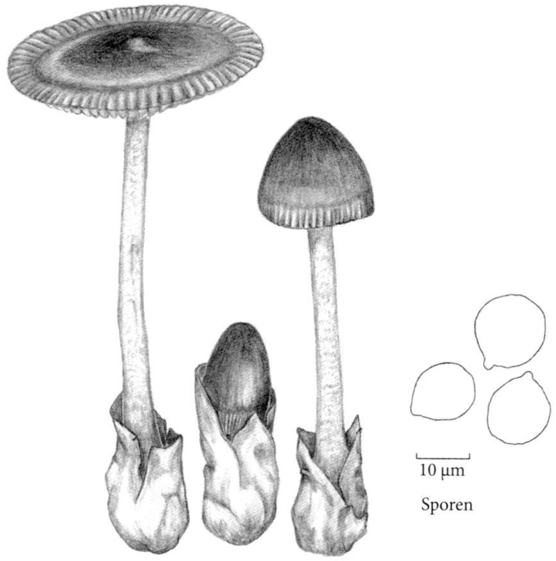

8.1.30 *Amanita battarrae,*
Zweifarbiger Streifling

Speisewerte

Die Gattung enthält sowohl tödlich giftige Arten als auch ausgezeichnete Speisepilze. Es ist für Pilzsammler:innen unbedingt nötig, *Amanita phalloides,* Grüner Knollenblätterpilz und die weißen Knollenblätterpilze *Amanita verna* und *Amanita virosa,* die allesamt tödlich giftig sind, den sehr giftigen *Amanita pantherina,* Pantherpilz und nicht zuletzt den bekannten *Amanita muscaria,* Fliegenpilz zu kennen. Erst das sichere Erkennen einer essbaren Art, gekoppelt mit dem ebenso sicheren Ausschluss einer ähnlichen, gefährlich giftigen Art, gewährleistet die nötige Sicherheit zum Konsumieren von Pilzen. Es wird deshalb auch empfohlen, alle Arten, die leicht mit den genannten, gefährlichen Pilzen zu verwechseln sind, ebenfalls zu meiden (z. B. *Amanita excelsa,* Grauer Wulstling). Bei vielen essbaren Pilzen in dieser Gattung ist es besonders wichtig, dass sie gut gekocht werden, da sie roh stark giftig wirken wie z. B. *Amanita rubescens,* Perlpilz sowie einige Streiflinge.

8.1 *Amanita,* Wulstlinge
(A) Stiel mit Ring (Knollenblätterpilze und Wulstlinge)

- Hut gelbgrün, graugrün, grün — **01 *Amanita phalloides,* Grüner Knollenblätterpilz**
- Hut gelborange, orange bis rot
  - Lamellen weiß, Hut mit weißen konzentrischen Hüllresten — **02 *Amanita muscaria,* Fliegenpilz**
  - Lamellen und Stiel gelb — 04 *Amanita caesarea,* Kaiserling
- Hut blassgelb, gelb
  - Hutrand nicht gerieft, Basis gerandet knollig, Ring deutlich
    - Hut einheitlich gelb, Geruch nach rohen Kartoffeln — **05 *Amanita citrina,* Gelber Knollenblätterpilz**
    - Hutrand u. Buckel gelb, sonst porphyrbraun, Geruch kartoffel- bis honigartig — 06 *Amanita intermedia,* Intermediärer Wulstling
  - Hutrand gerieft, Basisknolle nicht oder nur leicht gerandet, Ring flüchtig
    - Hutfarbe vorwiegend gelb, Sporen kaum > 11 µm lang — 07 *Amanita gemmata,* Narzissengelber Wulstling
    - Hutfarbe vorwiegend ockerbräunlich, Sporen bis 13 µm lang — 08 *Amanita eliae,* Isabellfarbener Wulstling
- Hut weiß, ockerlich, isabellfarben, blassbraun, blass graubraun
  - Hut mit kegelig-warzigen (selten dachziegelartigen) Schuppen
    - im Laubwald — 09 *Amanita echinocephala,* Igel-Wulstling
    - im Mittelmeergebiet
      - Hüllreste vorwiegend weiß, vorwiegend auf Wiesen — 10 *Amanita vittadinii,* Breitschuppiger Wulstling
      - Hüllreste braun (unterhalb der Ringzone), bei Steineiche — 11 *Amanita codinae,* Braunschuppiger Wulstling
  - Hut mit großen, felderigen, weichen und fransigen Schuppen, oft sehr groß — 12 *Amanita strobiliformis,* Fransiger Wulstling
  - Hut mit anliegenden, scholligen Velumresten, Stielbasis gerandet knollig — 05a *Amanita citrina* var. *alba,* Gelber Knollenblätterpilz, weiße Form
  - Hut ohne oder mit andersartigen Hüllresten
    - Hutrand nicht gerieft (höchstens ganz alt), Volva häutig, Sporen amyloid
      - Volva weiß, Hutoberfläche glatt (unter allfälligen Hüllresten)
        - Stielbasis mit lappiger, sackartiger Scheide, nicht gerandet knollig
          - Stiel ± glatt, evtl. genattert, Hut halbkugelig bis flach gewölbt
            - Hut graubräunlich — **01 *Amanita phalloides,* Grüner Knollenblätterpilz**
            - Hut vorwiegend weiß, im Zentrum evtl. ockerlich
              - Sommer bis Herbst, ohne Reaktion mit KOH — 01a *Amanita phalloides* var. *alba,* Weißer Knollenblätterpilz
              - Frühling bis Sommer, ohne Reaktion mit KOH — 13 *Amanita verna,* Frühlings-Knollenblätterpilz
          - Stiel faserig, Hut meist spitzkegelig, kegelig, gelb mit KOH — 14 *Amanita virosa,* Kegelhütiger Knollenblätterpilz
        - Stielbasis gerandet knollig — 05a *Amanita citrina* var. *alba,* Gelber Knollenblätterpilz, weiße Form
      - Volva weiß bis satt ockerfarben, Hut groß, Hutoberfläche mehlig
        - Volva vorwiegend weiß, alt am Rand ockerlich — 15 *Amanita ovoidea,* Eier-Wulstling
        - Volva schon jung sattocker, orangeocker — 16 *Amanita proxima,* Ockerscheidiger Eier-Wulstling
    - Hutrand gerieft, Volva nicht häutig, flüchtig, Sporen nicht (kaum) amyloid — 08 *Amanita eliae,* Isabellfarbener Wulstling
- Hut braun, gelbbraun, graubraun, porphyrbraun, rosabraun, rotbraun
  - Fleisch rötend — **17 *Amanita rubescens,* Perlpilz**
  - Fleisch nicht rötend
    - Ring nicht gerieft
      - Basisknolle glatt gerandet
        - Ring weiß, meist tiefsitzend, Hut oft mit weißen Hüllresten
          - Hut grau- bis gelbbraun, im Laub oder Nadelwald — **18 *Amanita pantherina,* Pantherpilz**
          - Hut dunkelbraun, im Berg-Nadelwald — 19 *Amanita abietum,* Tannen-Pantherpilz
        - Ring grauviolett oder gelblich, zumindest am Rand
          - Hut einheitlich grauviolett, Geruch nach rohen Kartoffeln — **20 *Amanita porphyria,* Porphyrbrauner Wulstling**
          - Hut grauviolett, Buckel u. Rand gelb, Geruch kartoffel-/honigartig — 06 *Amanita intermedia,* Intermediärer Wulstling
      - Basisknolle flaumig-warzig gegürtelt, nicht glatt gerandet — 03 *Amanita regalis,* Brauner Fliegenpilz
    - Ring gerieft, Basisknolle nicht gerandet
      - Hüllreste (Hut, Stielbasis) weißlich bis grau — **21 *Amanita excelsa,* Grauer Wulstling**
      - Hüllreste (Hut, Stielbasis) gelblich — 22 *Amanita franchetii,* Rauer Wulstling

8.1 *Amanita,* Wulstlinge
(B) Stiel ohne Ring (*Amanitopsis,* Streiflinge)

- Hut meist über 6 cm breit
  - Volva häutig, nicht sehr brüchig
    - Hut grau, graubraun (weiß), Volva ganz weißlich, Stiel kaum genattert
      - Hut vorwiegend graubräunlich, oft gebuckelt, Sporen kugelförmig — **23 *Amanita vaginata,* Grauer Streifling**
      - Hut silbergrau, ohne Buckel, Sporen länglich, vorwiegend südlich
        - Hutrand trocken rissig, auf basischem Boden — 24 *Amanita argentea,* Silbergrauer Streifling
        - Hutrand kaum rissig, auf saurem Boden — 25 *Amanita mairei,* Schärflicher Streifling
      - Hut dunkel-, dattel- bis kastanienbraun — 26 *Amanita badia,* Brauner Streifling
    - Hut orangebraun, rotbraun, Volva am Rand bräunlich, Stiel kaum genattert — **27 *Amanita fulva,* Rotbräunlicher Streifling**
    - Hut gelborange, orange, Volva innen ockerlich
      - Stiel deutlich genattert — 28 *Amanita crocea,* Orangegelber Streifling
      - Stiel nicht genattert — 29 *Amanita subnudipes,* Weißstieliger Safran-Streifling
    - Hut wachs- bis ockergelb, Stiel weiß faserig, nicht genattert, Ring flüchtig — 07 *Amanita gemmata,* Narzissengelber Wulstling
    - Hut blass ocker-, olivgrau, olivbraun, Volva meist ockerlich, Stiel genattert
      - Hut gezont, zweifarbig
        - im Laubwald, Hyphen zwischen Hut und Stiel nicht amyloid — **30 *Amanita battarrae,* Zweifarbiger Streifling**
        - im Nadelwald, Hyphen zwischen Hut und Stiel amyloid — 31 *Amanita umbrinolutea,* Gezonter Nadelwald-Streifling
      - Hut nicht gezont
        - Volva markant, aber nicht riesig, dicklich bis ca. 1 mm
          - Hut grauoliv, Hüllreste cremegrau, Volva graubräunlich, rostfleckig — 32 *Amanita submembranacea,* Grauhäutiger Streifling
          - Hut grau, grauocker, ohne Oliv, Volva weiß, innen ockerlich — 35 *Amanita lividopallescens,* Ockergrauer Streifling
        - Volva sehr ausgeprägt groß oder 2–5 mm dick
          - Hut grau- bis bronzebraun, im Nadelwald, Sporen kugelförmig — 33 *Amanita pachyvolvata,* Dickscheidiger Streifling
          - Hut grau- bis olivocker, im Laubwald, Sporen ellipsoid — 34 *Amanita magnivolvata,* Großscheidiger Streifling
  - Volva brüchig, flüchtig
    - Hut weißlich, alpine Lage — 36 *Amanita nivalis,* Schnee-Streifling
    - Hut grau- bis rötlichbraun, haselnussbraun, Volva teils doppelt berandet
      - Volvareste graubraun, deutlich doppelrandig, Hut meist > 12 cm — 37 *Amanita ceciliae,* Riesen-Streifling
      - Volvareste weiß bis cremebraun, ohne Grau, Hut kaum > 12 cm breit
        - Hüllreste auf dem Hut kleinfleckig, vorwiegend im Laubwald — 38 *Amanita beckeri,* Hellflockiger Streifling
        - Hüllreste oft großflächig haftend, Hut teils mit Dellen, bei Pappel — 39 *Amanita simulans,* Grauer Pappel-Streifling
- Hut kaum über 6 cm breit
  - alpin, in Zwergstrauchheide, Hut anfangs weiß, später ocker- bis silbergrau — 36 *Amanita nivalis,* Schnee-Streifling
  - bei Erle, Hut braungrau, ohne Oliv, oft mit grobem Velumgürtel statt Volva — 41 *Amanita friabilis,* Erlen-Streifling
  - bei Fichte, Hut blass bis kräftig milchkaffeefarben, grau, Volva rostfleckig — 40 *Amanita ochraceomaculata,* Ockerfleckender Streifling

8.1.01 *Amanita phalloides* (Vaill. ex Fr.) Link ☠ ☠
Grüner Knollenblätterpilz

H: 5–15 cm, eiförmig-halbkugelig mit weißer Gesamthülle, später ausgebreitet gewölbt bis flach, glatt, aber eingewachsen-faserig, feucht etwas schmierig, olivgrün, grüngelblich, graugrün, selten weißlich bis ganz weiß. **L:** frei, gedrängt, weiß. **St:** seidig weißlich mit grünlichen Zonen genattert, Ring häutig, oberseits etwas gerieft, weiß bis etwas gelblich, Basis knollig mit häutiger, meist lappiger Volva. **F:** weißlich, unter der Huthaut schwach graugrünlich. **Ger:** süßlich honigartig, eher unangenehm, später auch etwas ammoniakartig. **Ges:** mild. **Spp:** weiß. **V:** vor allem im Laubwald (bei Eiche *Quercus*), selten bei Nadelbäumen; Sommer bis Herbst. **Mik:** Sporen breit ellipsoid, 7–9 × 6–7,5 µm, amyloid. (D 470, Kr 4.39, BK 4.154, Lu 3.99.49A–C, 🖼; Kapitel-🖼).

8.1.01a *A. phalloides* var. *alba* Costantin & L.M. Dufour, Weißer Knollenblätterpilz: Formen mit ganz weißem Hut und Stiel werden teils als Varietät abgegrenzt. Im Unterschied zu *A. virosa*, Kegelhütiger Knollenblätterpilz zeigen sie mit KOH auf der Huthaut keine Verfärbung. (D 471, Kr 4.15, Lu 3.99.49D, 🖼).

Die Art enthält giftige Amanitine, welche in der Regel 6–12 Stunden nach Einnahme zu Brechdurchfällen führen und so schnell wie möglich ärztliche Behandlung erfordern. Trotz vorübergehender Besserung nach etwa 24 Stunden kann sonst in einer nachfolgenden zweiten Phase die Schädigung der Leber innerhalb weniger Tage zum Tod führen. Auch Exemplare mit vorwiegend gelblichen, olivbraunen oder weißen Farbtönen und vor allem auch die, wegen möglicher Verwechslungen gefährlichen jungen, weiß umhüllten Knollen, die den Stäublingen und Bovisten gleichen, sind giftig und dürfen niemals in ein Pilzgericht gelangen. Gemäß Flammer 2014 können je nach Toxingehalt bereits 5–50 g Frischpilz eine für einen erwachsenen Menschen tödliche Menge Toxin enthalten.

8.1.02 *Amanita muscaria* (L.) Lam. ☠
Fliegenpilz

H: 8–16 cm, jung kugelig mit weißer, würfelig eingerissener Hülle, später ausgebreitet gewölbt, orange bis rot, meist mit konzentrischen, weißen Hüllresten, Rand gerieft. **L:** frei, weiß. **St:** weiß, flockig, später glatt, Ring häutig, hängend, mit warzigem und oft gelblichem Rand, Basis knollig verdickt mit charakteristischen warzigen Gürteln. **F:** weiß, unter der Huthaut stets gelb (auch schon bei ganz jungen Exemplaren). **Ger:** unauffällig. **Ges:** unauffällig. **Spp:** weiß. **V:** im Laub- und Nadelwald; Sommer bis Spätherbst. **Mik:** Sporen breit ellipsoid, 9–11,5 × 6–8 µm, nicht amyloid. (D 464, BK 4.152, Lu 3.99.37, 🖼).

8.1.03 *Amanita regalis* (Fr.) Michael, Brauner Fliegenpilz, Königs-Fliegenpilz: Hutgrund braun, ocker bis rotbraun, Fleisch unter der Huthaut orangegelb, Stielbasis eher keulig als knollig mit flaumig-flockigen bis etwas warzigen Gürteln. (D 465, Kr 4.19. Lu 3.99.34, 🖼).

Amanita pseudoregalis Pluvinage, Bräunender Fliegenpilz: im Unterschied zu *A. regalis* ist das Fleisch unter der Huthaut nicht orangegelb. (Lu 3.99.33).

Es werden verschiedene Varietäten und Formen mit mehr gelber, blasser oder oranger Farbe oder kleinerem Wuchs beschrieben.

8.1.04 *Amanita caesarea* (Scop.) Pers. 🍴
Kaiserling

H: 6–15 cm, rund bis eiförmig in weißer Gesamthülle, halbkugelig, später ausgebreitet gewölbt, glatt, leuchtend orange, Rand gerieft. **L:** frei, gedrängt, gelb. **St:** gelblich, mit häutigem, hängendem, oberseits gerieftem Ring, Volva weiß, häutig. **F:** weiß, unter der Huthaut und in der Stielrinde gelb. **Ger:** angenehm. **Ges:** angenehm. **Spp:** weiß. **V:** in trockenem Laubwald, vorwiegend bei Eiche *Quercus* oder Edelkastanie *Castanea* in warmen Gegenden. **Mik:** Sporen ellipsoid, 8,5–12 × 6,5–7,5 µm, nicht amyloid. (D 463, Kr 4.11, BK 4.145, Lu 3.99.52, 🖼).

Der Kaiserling gilt seit der Römerzeit als Delikatesse. Nördlich der Alpen ist der Pilz aber eine Rarität und soll deshalb geschont werden.

8.1.05 *Amanita citrina* Pers.
Gelber Knollenblätterpilz

H: 5–10 cm, halbkugelig, später ausgebreitet gewölbt, weißlichgelb bis gelbgrünlich, meist mit weißlichen bis blassgelben, eckigen Hüllresten. **L:** frei, weiß. **St:** weiß, Ring weiß bis blassgelb, Basis knollig mit stark gerandeter Knolle. **F:** weiß. **Ger:** nach rohen Kartoffeln. **Ges:** schwach, eher unangenehm. **Spp:** weiß. **V:** im Laub- und Nadelwald, auf saurem Boden; Sommer bis Herbst. Keine Verfärbung mit Lauge oder

8.1.01 *Amanita phalloides*, Grüner Knollenblätterpilz

8.1.01a *A. phalloides* var. *alba*, Weißer Knollenblätterp.

8.1.02 *Amanita muscaria*, Fliegenpilz

8.1.03 *Amanita regalis*, Brauner Fliegenpilz

8.1.04 *Amanita caesarea*, Kaiserling

8.1.05 *Amanita citrina*, Gelber Knollenblätterpilz

Säure. **Mik:** Sporen kugelig, 7–11 × 7–10 µm, amyloid. (D 474, Kr 4.32, BK 4.146, Lu 3.99.50, 🖼).

8.1.05a *A. citrina* var. *alba* (Gillet) Rea, Gelber Knollenblätterpilz, weiße Form: Formen mit ganz weißem Hut und Stiel werden teils als Form oder Varietät abgegrenzt. (D 475, BK 4.147, 🖼).

8.1.06 *Amanita intermedia* (Neville, Poumarat & Hermitte) Cingarlini, Sartori, Maraia, Setti & Vizzini, *Amanita recutita* (Fr.) Gillet ss. Barla, *A. citrina* var. *intermedia* Neville, Poumarat & Hermitte, *A. porphyria* f. *recutita* (Fr.) Veselý, Intermediärer Wulstling: Hut porphyrbraun, Scheibe oder Buckel ganz in der Mitte und Randzone zitronengelb, Ring weiß, teils gelblich oder grauviolettlich, Geruch teilweise nach Honig oder nach rohen Kartoffeln. (🖼).

Amanita asteropus Sabo ex Romagn., Sternfüßiger Wulstling: Stielknolle auffällig sternförmig aufreißend, Druckstellen und Velumreste bräunend, vorwiegend in Westfrankreich. Fleisch mit starker Lauge gelb und Lamellen mit Säure rosa verfärbend. (Lu 3.99.51).

8.1.07 *Amanita gemmata* (Fr.) Bertill., *Amanita junquillea* Quél. ☠
Narzissengelber Wulstling

H: 3–10 cm, halbkugelig, bald ausgebreitet gewölbt, wachs- oder ockergelb, evtl. mit einigen weißen Hüllresten, Rand gerieft. **L:** frei, weiß. **St:** weiß, Ring flüchtig, Basis meist mit etwas gerandeter Knolle. **F:** weiß, brüchig. **Ger:** unauffällig. **Ges:** unauffällig, mild. **Spp:** weiß. **V:** im Laub- und Nadelwald, vorwiegend in wärmeren Gebieten; Frühjahr und Herbst bis Spätherbst. **Mik:** Sporen ellipsoid, 8,5–11 × 7–8 µm, nicht amyloid. (D 467, Kr 4.13, BK 4.151, Lu 3.99.48, 🖼).

8.1.08 *Amanita eliae* Quél.
Isabellfarbener Wulstling

H: 4–9 cm, halbkugelig, später ausgebreitet gewölbt, bisweilen etwas gebuckelt, weißlich, gelblich, blass nussbraun, evtl. mit lachsrosa Schein, Mitte etwas dunkler, Rand gerieft. **L:** frei, weiß. **St:** weißlich, anfangs auf ganzer Länge bräunlich schuppig-flockig, Ring weiß, häutig, flüchtig, Basis knollig gerandet, oft im Boden eingesenkt. **F:** weiß, unter der Huthaut etwas rosa. **Ger:** unauffällig. **Ges:** unauffällig. **Spp:** weiß. **V:** im Laubwald, vorwiegend auf saurem Boden; Sommer. **Mik:** Sporen ellipsoid bis etwas zylindrisch, 9–12 × 6,5–7,5 µm, nicht amyloid. (D 468, Kr 4.12, BK 4.148, Lu 3.99.45, 🖼).

8.1.09 *Amanita echinocephala* (Vittad.) Quél., ?☠
Aspidella echinocephala (Vittad.) E.-J. Gilbert
Igel-Wulstling, Grünblättriger Kegelwarzen-Wulstling, Meergrüner Wulstling

H: 6–15 cm, halbkugelig, bald ausgebreitet und ± flach, grauweißliche, kegelig-warzige Hüllreste auf graugelblichem Grund, Rand behangen. **L:** frei oder fast frei, cremeweiß mit grünlichem Schein. **St:** weiß, etwas flockig, Ring dünn, häutig, Basis verdickt bis knollig, flockig gegürtelt und oft leicht wurzelnd. **F:** schmutzig weiß. **Ger:** unauffällig, eher unangenehm. **Ges:** unauffällig, eher unangenehm. **Spp:** weiß bis blass grünlich. **V:** im Laubwald, in Parks, selten im Nadelwald; Frühjahr bis Herbst. **Mik:** Sporen ellipsoid, 9,5–12,5 × 7–8 µm, amyloid. (D 480, Kr 4.45, BK 4.158, Lu 3.99.25, 🖼).

Aspidella solitaria (Bull.) E.-J. Gilbert, *Amanita solitaria* Bull. wird von den meisten Autoren als Synonym von *A. echinocephala* betrachtet. Die teilweise dafür verwendete deutsche Bezeichnung Einsiedler-Wulstling ist unklar, da der Name sowohl als Synonym für den Igel-Wulstling als auch für *A. strobiliformis*, Fransiger Wulstling verwendet wird.

Amanita boudieri Barla, Strandkiefer-Wulstling: kegelige Warzen auf der Hutoberfläche vorwiegend weiß, Lamellen cremefarben, ohne Grüntöne, Sporenpulver weißlich-creme; mediterran auf sandigem Boden, bei Edelkastanie *Castanea* oder subtropischen Kiefer-*Pinus* oder Eichenarten *Quercus*.

Amanita beillei (Beauseign.) Bon & Contu: wie *A. boudieri*, Lamellen jung jedoch ockerrosa, später lehmfarben, Sporenpulver ockerrosa.

8.1.10 *Amanita vittadinii* (Moretti) Vittad., *Saproamanita vittadinii* (Moretti) Redhead, Vizzini, Drehmel & Contu, Breitschuppiger Wulstling, Schuppenstieliger Wulstling: Hut mit ± angedrückten weißlichen bis blassbraunen Schuppen (nicht Hüllresten), Lamellenschneiden gesägt, Stiel unterhalb des aufsteigenden Ringes schuppig; im Mittelmeerraum. Sporen ellipsoid, 10–13,5 × 7,5–9,5 µm, amyloid. (Lu 3.99.29A, 🖼).

8.1.11 *Amanita codinae* (Maire) Bertault, *Saproamanita codinae* (Maire) Redhead, Vizzini, Drehmel & Contu, Braunschuppiger Wulstling: Hut und Stiel mit braunen Schuppen bedeckt; im Mittelmeerraum. Sporen ellipsoid, 10–13 × 7–9,5 µm, amyloid. (Lu 3.99.29BC).

Amanita singeri Bas, *Saproamanita singeri* (Bas) Redhead, Vizzini, Drehmel & Contu, Gelbblättriger Wulstling: Hut etwas kleiner, Lamellen dicklich und auffällig gelb, Stiel meist kurz; im Mittelmeerraum. Sporen breit ellipsoid, 7–10,5 × 6–8 µm, amyloid. (Lu 3.99.24).

Wie man aus dem lateinischen Gattungsnamen lesen kann, wachsen die drei vorübergehend *Saproamanita* genannten Arten als Saprobionten z. B. auch in baumlosen Küstengebieten und nicht in Gemeinschaft mit Mykorrhizapartnern, wie dies bei den anderen *Amanita*-Arten der Fall ist. Die Abspaltung von *Amanita* blieb jedoch umstritten. Tulloss et al. 2016 plädieren dafür, *Saproamanita* weiterhin zur Gattung *Amanita* zu zählen. Sie erachten die Aufteilung als unnötig und nicht den Regeln zur Veröffentlichung neuer Gattungen folgend.

8.1.05a *A. citrina* var. *alba*, Gelber Knbl., weiße Form

8.1.06 *Amanita intermedia*, Intermediärer Wulstling

8.1.07 *Amanita gemmata*, Narzissengelber Wulstling

8.1.08 *Amanita eliae*, Isabellfarbener Wulstling

8.1.09 *Amanita echinocephala*, Igel-Wulstling

8.1.10 *Amanita vittadinii*, Breitschuppiger Wulstl.

8.1.12 *Amanita strobiliformis* (Paulet ex Vittad.) Bertill. 🍴
Fransiger Wulstling

H: 10–25 cm, halbkugelig bis ausgebreitet gewölbt, dicke und große, schmutzig weißliche, felderige, weiche (cremige) Hüllreste auf blass grauockerlichem Grund, Rand fransig-flockig behangen. **L:** frei, weiß. **St:** dick, weiß, flockig, Ring flockig, flüchtig, Basis verdickt, oft tief im Boden eingesenkt, Volva vergänglich, evtl. einige mehlige Flocken. **F:** weiß. **Ger:** unauffällig. **Ges:** unauffällig, angenehm. **Spp:** weiß. **V:** vorwiegend im Laubwald, auf kalkreichem Boden; Spätsommer bis Herbst. **Mik:** Sporen ellipsoid bis etwas zylindrisch, 9,5–13,5 × 7–8,5 µm, amyloid. (D 479, Kr 4.46, BK 4.159, Lu 3.99.28, 🖼).

8.1.13 *Amanita verna* (Bull.) Lam. ☠ ☠
Frühlings-Knollenblätterpilz

H: 4–10 cm, halbkugelig mit spärlichen weißen Velumresten, später ausgebreitet gewölbt bis flach, glatt, weißlich bis ganz weiß. **L:** frei, gedrängt, weiß. **St:** seidig weißlich eingewachsen-faserig oder genattert, Ring häutig, oberseits schwach gerieft, weiß, Basis knollig mit häutiger, meist lappiger Volva. **F:** weißlich, mit Lauge weiß bleibend. **Ger:** süßlich, eher unangenehm, später auch etwas ammoniakartig. **Ges:** mild. **Spp:** weiß. **V:** vor allem im Laubwald, vor allem bei Eiche *Quercus* und Edelkastanie *Castanea*; Frühling bis Sommer. **Mik:** Sporen breit ellipsoid, 8,5–11 × 6,5–9 µm, amyloid. **Ch:** Keine Verfärbung mit KOH. (BK 4.155, 🖼).

Enthält tödliche giftige Amanitine wie *A. phalloides*, Grüner Knollenblätterpilz.

8.1.14 *Amanita virosa* Bertill. ☠ ☠
Kegelhütiger Knollenblätterpilz, Spitzhütiger Knollenblätterpilz

H: 4–10 cm, glockig, spitzkegelig, kegelig, im Alter evtl. flacher gewölbt und etwas gebuckelt, feucht etwas klebrig, weiß, Mitte evtl. etwas gelbbräunlich, Rand oft unregelmäßig gewellt. **L:** frei, weiß. **St:** weiß, flockig-faserig, Ring flüchtig, oft schief, Basis verdickt bis knollig mit häutiger Volva. **F:** weiß. **Ger:** schwach, etwas unangenehm süßlich, muffig. **Ges:** mild. **Spp:** weiß. **V:** vorwiegend im Nadelwald auf saurem Boden, seltener im Laubwald. **Ch:** KOH auf der Huthaut (oder auch in anderen Teilen) verfärbt in kurzer Zeit lebhaft gelb. (D 472, Kr 4.47, BK 4.160, Lu 3.99.42, 🖼).

Enthält tödliche giftige Amanitine wie *A. phalloides*, Grüner Knollenblätterpilz.

8.1.15 *Amanita ovoidea* (Bull.) Link
Eier-Wulstling

H: 10–20 cm, halbkugelig, später gewölbt, etwas mehlig, weiß, später schmutzig gelbockerlich, Rand nicht gerieft, etwas fransig-mehlig. **L:** frei, cremeweiß, evtl. mit rosa Schein. **St:** weiß, etwas flockig, dick und robust, Ring flüchtig, Basis oft tief im Boden eingesenkt mit häutiger, weißlicher bis etwas ockerfarbener Volva. **F:** dick, weiß. **Ger:** erst angenehm, evtl. schwach süßlich, später unangenehm, fischartig. **Ges:** unauffällig. **Spp:** weiß. **V:** im Laub- und Nadelwald, auf kalkreichem, sandigem Boden, in warmen Gegenden; Sommer bis Herbst. **Mik:** Sporen ellipsoid 8–11 × 5,5–7,5 µm, amyloid. (D 469, Lu 3.99.39, 🖼).

8.1.16 *Amanita proxima* Dumée, Ockerscheidiger Eier-Wulstling: Volva schon jung außen ocker bis rostbraun, Ring fest, beständig. Giftig. (Lu 3.99.41, 🖼).

Amanita gilbertii Beauseign., Mediterraner Sand-Wulstling: Geruch unauffällig, direkt im Sand, vor allem in Küstennähe, oft tief eingesenkt. Sporen schmal ellipsoid. (Lu 3.99.40).

8.1.17 *Amanita rubescens* Pers. 🍴
Perlpilz

H: 5–15 cm, halbkugelig-glockig, später ausgebreitet gewölbt bis flach, fleischrötlich, rötlichbraun mit schmutzig weißlichen bis rosabräunlichen, feinen Hüllresten. **L:** frei, weiß, alt rötlich fleckend. **St:** weißlich bis rosabräunlich, verletzt rötend, Ring gerieft, weiß, Basis keulig bis knollig und mit warzigen Zonen. **F:** weiß, fleischrötlich anlaufend. **Ger:** unauffällig. **Ges:** mild, evtl. schwach säuerlich. **Spp:** weiß. **V:** im Laub- und Nadelwald, Park; Frühsommer bis Herbst. **Mik:** Sporen ellipsoid bis etwas zylindrisch, 7–9,5 × 5–6,5 µm, amyloid. (D 478, Kr 4.43, BK 4.157, Lu 3.99.31, 🖼).

Kann roh oder ungenügend erhitzt Brechdurchfälle verursachen und muss deshalb gut gekocht werden.

A. rubescens var. *annulosulphurea* Gillet: vorwiegend kleinere Fruchtkörper mit gelber Manschette.

8.1.18 *Amanita pantherina* (DC.) Krombh. ☠
Pantherpilz

H: 5–10 cm, halbkugelig, später ausgebreitet gewölbt, graubraun, graugelb, meist mit weißen Hüllresten, Rand erst glatt, später etwas

8.1.12 *Amanita strobiliformis*, Fransiger Wulstling

8.1.14 *Amanita virosa*, Kegelhütiger Knollenblätterpilz

8.1.13 *Amanita verna*, Frühlings-Knollenblätterpilz

8.1.15 *Amanita ovoidea*, Eier-Wulstling

8.1.17 *Amanita rubescens*, Perlpilz

8.1.16 *Amanita proxima*, Ockerscheidiger Eier-W.

8.1.18 *Amanita pantherina*, Pantherpilz

gerieft. **L:** frei, weiß. **St:** weiß, Ring weiß, nicht gerieft und oft relativ weit unten, Basis mit auffällig gerandeter Knolle, der Stiel wirkt wie eingepfropft. **F:** weiß (auch unter der Huthaut). **Ger:** etwas nach Rettich. **Ges:** unauffällig, mild. **Spp:** weiß. **V:** im Laub- und Nadelwald, vorwiegend auf saurem Boden; Sommer bis Herbst. **Mik:** Sporen ellipsoid, 8–12,5 × 6–8 µm, nicht amyloid. (D 466, Kr 4.17, BK 4.153, Lu 3.99.46A–D, 🖾).

8.1.19 *Amanita abietum* E.-J. Gilbert, *A. pantherina* var. *abietum* (E.-J. Gilbert) Veselý, Tannen-Pantherpilz: Hut braun bis dunkelbraun, kastanienbraun, Rand höchstens alt gerieft; relativ robuste Art aus dem Nadel-, vor allem Bergnadelwald. (Kr 4.18, Lu 3.99.46E, 🖾).

8.1.20 *Amanita porphyria* Alb. & Schwein.
Porphyrbrauner Wulstling

H: 4–8 cm, glockig, später flach gewölbt, evtl. gebuckelt, glatt, etwas klebrig, graubraun, porphyrbraun, evtl. mit grauen Hüllresten. **L:** frei, weiß. **St:** weiß bis graulila, Ring flüchtig, zumindest am Rand grauviolettlich, Basis knollig und gerandet. **F:** weiß. **Ger:** nach rohen Kartoffeln oder Rettich. **Ges:** schwach, eher unangenehm. **Spp:** weiß. **V:** im Nadelwald, auf saurem Boden; Sommer bis Herbst. **Mik:** Sporen kugelförmig, 7–9,5 µm, amyloid. (D 473, Kr 4.41, BK 4.156, Lu 3.99.47, 🖾).

8.1.21 *Amanita excelsa* (Fr.) Bertill.
Grauer Wulstling, Eingesenkter Wulstling

H: 5–15 cm, halbkugelig, später ausgebreitet gewölbt, graubraun, honigbraun bis dunkelbraun, meist mit weißlichen bis grauen Hüllresten. **L:** frei, weiß. **St:** Spitze und Ring oberseits weißlich und gerieft, abwärts grau, marmoriert, Basis knollig und flockig gegürtelt, evtl. im Boden eingesenkt. **F:** weiß, evtl. etwas bräunlich fleckend. **Ger:** schwach, leicht rettichartig, dumpf. **Ges:** mild, evtl. rübenartig. **Spp:** weiß. **V:** im Laub- und Nadelwald, Park; Sommer bis Herbst. **Mik:** Sporen ellipsoid bis etwas zylindrisch, 7,5–10,5 × 6–7,5 µm, amyloid. (D 476f, Kr 4.35, BK 4.149, Lu 3.99.30AB, 🖾).

Der Pilz ist essbar, aber wegen der Verwechslungsgefahr mit *A. pantherina*, Pantherpilz zu meiden. Die Art ist sehr variabel. Fruchtkörper mit am Hut anhaftenden Hüllresten, stark eingesenktem Stiel und kartoffelartigem bis fruchtigem Geruch werden als *A. excelsa* var. *spissa* (Fr.) Neville & Poumarat und Pilze mit leicht abwischbaren Hüllresten, bräunendem, wurzelndem Stiel, honigbraunem Hut und gerieftem Rand als *A. excelsa* var. *valida* (Fr.) Wasser abgetrennt. (Lu 3.99.30C–E).

8.1.22 *Amanita franchetii* (Boud.) Fayod, *Amanita aspera* (Fr.) Gray ? ☠
Rauer Wulstling, Gelbflockiger Wulstling

H: 4–8 cm, halbkugelig, später ausgebreitet gewölbt bis flach, strohgelb bis bräunlich mit gelblichen, kleinen Schüppchen. **L:** frei, weiß. **St:** weißlich bis gelblich, Ring gerieft, weiß mit gelbem Saum, Basis verdickt bis knollig, gelblich flockig gegürtelt. **F:** weiß. **Ger:** unauffällig. **Ges:** unauffällig, eher unangenehm. **Spp:** weiß. **V:** im Laubwald, vorwiegend in wärmeren Gegenden; Sommer bis Herbst. **Mik:** Sporen breit ellipsoid, 7–8,5 × 5–7 µm, amyloid. (Kr 4.37, BK 4.150, Lu 3.99.35, 🖾).

2005 wurden in China zehn Vergiftungen mit Todesfolge dokumentiert. Zwei bis fünf Stunden nach Einnahme von Gerichten mit *Amanita franchetii* und *Ramaria rufescens*, Rotzähnige Koralle litten betroffene Personen an gastrointestinalen Beschwerden. Nach vorübergehender Besserung starben sie im Zeitraum von sieben Tagen. Bis zur genauen Klärung der Ursachen empfehlen Huang et al. 2009, diese Pilze als giftig zu betrachten.

8.1.23 *Amanita vaginata* (Bull.) Lam. 🍴
Grauer Streifling

H: 4–12 cm, glockig, später abgeflacht, schwach gebuckelt, evtl. Hüllresten, darunter glatt, mehr oder weniger intensiv grau, graubraun, Rand deutlich gerieft bis rippig. **L:** frei, weiß, Schneiden flaumig bewimpert. **St:** weiß, schmutzig weißlich, glatt bis etwas flockig, selten mit blass ockerlichen Zonen, Volva weiß, häutig, oft bis hoch hinauf. **F:** weiß, brüchig, dünn. **Ger:** unauffällig. **Ges:** unauffällig. **Spp:** weiß. **V:** im Laub- und Nadelwald; Frühsommer bis Herbst. **Mik:** Sporen kugelförmig, 9–12 µm, nicht amyloid. (D 456, Kr 4.31, BK 4.144, Lu 3.99.11, 🖾).

Amanita coryli Neville & Poumarat, Hasel-Streifling: Hut 3,5–7 cm, Farbe blassbeige bis graubräunlich, variabel, meistens deutlich gebuckelt, bei Hasel *Corylus*. Sporen kugelförmig bis kugelig.

8.1.24 *Amanita argentea* Huijsman, Silbergrauer Streifling: Hut halbkugelig und ohne Buckel, grausilbrig, Hutrand bei Trockenheit rissig, ganzer Fruchtkörper fleischig, robust, Fleisch nach längerem Kauen etwas scharf; Wärme liebend, im Laubwald, vorwiegend auf basischem, kalkhaltigem Boden. Sporen breit ellipsoid, 9–12 × 7–9,5 µm. (🖾).

8.1.19 *Amanita abietum*, Tannen-Pantherpilz

8.1.20 *Amanita porphyria*, Porphyrbrauner Wulstling

8.1.21 *Amanita excelsa*, Grauer Wulstling

8.1.22 *Amanita franchetii*, Rauer Wulstling

8.1.23 *Amanita vaginata*, Grauer Streifling

8.1.24 *Amanita argentea*, Silbergrauer Streifling

8.1.25 *Amanita mairei* Foley, Schärflicher Streifling, Maires Streifling: gemäß MARTINELLI 2017 (mündl.) eine südliche Art (Toskana), deren Hut mehr Velumreste aufweist und bei Trockenheit kaum einreißt; im Laub- oder Nadelwald, vorwiegend auf saurem Boden. Die Angaben in der Literatur sind dazu uneinheitlich. Sowohl LUDWIG 2012, KRIEGLSTEINER 2003 als auch BREITENBACH & KRÄNZLIN 1995 erachten *A. mairei* und *A. argentea* als Synonyme. (D 455, Kr 4.27, BK 4.141, Lu 3.99.7,).

8.1.26 *Amanita badia* (Schaeff.) Bon & Contu, *A. vaginata* var. *badia* (Schaeff.) L. Maire, Brauner Streifling: Hut kastanienbraun, ohne rötliche, gelbliche oder olive Farbtöne, im Scheitel dunkler, Volva weiß, braun bis gelbbraun gefleckt, tief im Boden eingesenkt, im sauren Bergfichtenwald *Picea*. Sporen kugelförmig, 10–13 µm. ().

Amanita lactea Malençon, Romagn. & D.A. Reid, Milchweißer Streifling: vorwiegend mediterrane, Wärme liebende Art aus dem Eichenwald *Quercus*, Hut weiß bis grauweiß, ohne Buckel, mit grob gefurchtem Hutrand, mit gut ausgebildeter, weißer, bisweilen etwas bräunender Volva. Sporen breit ellipsoid. (Lu 3.99.12).

8.1.27 *Amanita fulva* Fr.
Rotbräunlicher Streifling, Fuchsiger Streifling

H: 5–8 cm, rotbraun, orangebraun, Rand heller und dicht gerieft. **L:** frei, cremeweiß, Schneiden evtl. schwach gezähnelt. **St:** weiß bis blass rotbräunlich, nicht genattert, Volva häutig, weiß mit braunem Rand und Flecken. **F:** weißlich, brüchig. **Ger:** unauffällig. **Ges:** unauffällig. **Spp:** weiß. **V:** im Laub- und Nadelwald. **Mik:** Sporen kugelförmig, 9–11,5 µm, nicht amyloid. (D 458, Kr 4.23, BK 4.139, Lu 3.99.23,).

8.1.28 *Amanita crocea* (Quél.) Singer
Orangegelber Streifling, Safranfarbener Streifling

H: 6–12 cm, glockig, später ausgebreitet gewölbt, safrangelb, orange, Rand gerieft. **L:** frei, weiß bis cremefarben. **St:** orange genattert auf weißlichem Grund, Volva außen weiß, innen orangeockerlich. **F:** weiß. **Ger:** unauffällig. **Ges:** unauffällig. **Spp:** weiß. **V:** im Laub- und Nadelwald; Frühsommer bis Herbst. **Mik:** Sporen kugelig bis kugelförmig, 9,5–12,5 × 9,5–12 µm, nicht amyloid. (D 460f, Kr 4.21, BK 4.137, Lu 3.99.21,).

8.1.29 *Amanita subnudipes* (Romagn.) Tulloss, *A. crocea* var. *subnudipes* Romagn., Weißstieliger Safran-Streifling: Hut blasser, Stiel weiß oder sehr blass, nicht genattert. (Lu 3.99.22).

8.1.30 *Amanita battarrae* (Boud.) Bon
Zweifarbiger Streifling

H: 6–12 cm, eiförmig-glockig, später ausgebreitet mit flachem Buckel bis etwas niedergedrückt, olivgrau, olivbraun, meist mit heller Zone und blassem, evtl. gelblichem Rand, gerieft. **L:** frei, weiß, Schneiden dunkel. **St:** graubraun genattert auf blassem Grund, Volva häutig, weißlich bis ockerlich fleckig. **F:** weiß, zart. **Ger:** unauffällig. **Ges:** unauffällig. **Spp:** weiß. **V:** vor allem in höher gelegenem Nadelwald, seltener im Laubwald; Sommer bis Herbst. **Mik:** Sporen kugelförmig, 9–15 µm, nicht amyloid. (D 462, Kr 4.19, Lu 3.99.4,).

8.1.31 *Amanita umbrinolutea* (Secr. ex Gillet) Bataille, Gezonter Nadelwald-Streifling: im Nadelwald bis in höhere Lagen, Volva an der Basis eng anliegend und eher dünn. Sporen kugelig, 10–12,5 × 9,5–11,5 µm, amyloide Hyphen an der Grenze von Hut und Stiel. (Lu 3.99.17).

Während einige Autoren *A. umbrinolutea* zu *A. battarrae* zählen, unterscheiden z. B. LUDWIG 2012 und GRÖGER 2014 *A. umbrinolutea* als Art aus dem Nadelwald und sonst wie oben beschrieben. Die enger gefasste Beschreibung von *A. battarrae* unterscheidet sich dann durch nicht amyloide Hyphen an der Bruchstelle von Hut und Stiel, eher horngraue Hutfarben, eine dicke, bis zur Mitte des Stiels reichende, ockerfleckige Volva und das Vorkommen im Laubwald.

8.1.32 *Amanita submembranacea* (Bon) Gröger
Grauhäutiger Streifling, Gemeiner Grauvelum-Streifling

H: 8–10 cm, eiförmig-glockig, später ausgebreitet mit flachem Buckel bis etwas niedergedrückt, grauocker, ockeroliv, ohne Zonierung, Volva und Hüllreste cremegrau bis grau, meist in größeren Stücken lange anhaftend, Rand gerieft. **L:** frei, weiß. **St:** graubraun genattert auf blassem Grund, Volva häutig, an der Stielbasis anliegend, hoch hinaufreichend und lappig aufreißend, weißlich bis grau, später graubräunlich und teils rostfleckig. **F:** weiß, zart. **Ger:** unauffällig. **Ges:** unauffällig. **Spp:** weiß. **V:** in höher gelegenem Nadelwald, oft bei Heidelbeeren *Vaccinium*; Sommer bis Herbst. **Mik:** Sporen kugelig, 9,5–13 × 8,5–13 µm, nicht amyloid. (Kr 4.30, BK 4.143, Lu 3.99.16,).

8.1.25 *Amanita mairei*, Schärflicher Streifling

8.1.26 *Amanita badia*, Brauner Streifling

8.1.27 *Amanita fulva*, Rotbräunlicher Streifling

8.1.28 *Amanita crocea*, Orangegelber Streifling

8.1.30 *Amanita battarrae*, Zweifarbiger Streifling

8.1.32 *Amanita submembranacea*, Grauhäutiger Streifling

8.1.33 *Amanita pachyvolvata* (Bon) Krieglst.
Dickscheidiger Streifling, Dickscheidiger Nadelwald-Streifling

H: 5–12 cm, glockenförmig, grau- bis bronzebraun, trocken, glänzend, ohne Velumreste, Rand ca. 3 cm gerieft. **L:** frei, weiß, mäßig gedrängt. **St:** hell, gelblich, graulich, an der Basis schwach genattert, Volva groß und bis 0,5 cm dick, nicht brüchig, weiß bis cremefarben mit rötlichem Schein und zunehmend rostfleckig. **F:** weiß. **Ger:** unauffällig. **Ges:** mild. **Spp:** weiß. **V:** im Nadelwald; Sommer bis Herbst. **Mik:** Sporen kugelförmig, 10–12 µm, nicht amyloid. (Kr 4.27, Lu 3.99.1).

Die Beschreibung von Kriegelsteiner 1984 nach einem Fund bei einem Waldrand mit Hain- und Rotbuchen *(Carpinus, Fagus)* im Vergleich zur Interpretation durch Gröger 2014 und Ludwig 2012 lässt Fragen offen. Es gilt zu beobachten, ob die Eigenschaften grau- bis bronzebrauner Hut, kugelförmige Sporen und Vorkommen im Nadelwald für *A. pachyvolvata* zuverlässig zusammen auftreten und sich von grau- bis olivockerlichem Hut, Vorkommen im Laubwald und ellipsoiden Sporen für die nachfolgende Art *A. magnivolvata* abgrenzen lassen. Die Information von Ludwig 2012 bezüglich rostockerlicher Flecken auf der Volva dieser Arten widersprechen seinen zugehörigen Abbildungen.

8.1.33 *Amanita pachyvolvata*, Dickscheidiger Streifling

8.1.34 *Amanita magnivolvata* Aalto
Großscheidiger Streifling

H: 8–12 cm, eiförmig-glockig, später ausgebreitet und gebuckelt, glatt, ohne Hüllreste, oliv-graubraun, Rand gerieft. **L:** frei, weiß, Schneiden dunkler. **St:** weißlich, evtl. fein faserig-natterig, Volva groß, dick, häutig, außen weißlich, innen graulich. **F:** weiß. **Ger:** unauffällig. **Ges:** unauffällig. **Spp:** weiß. **V:** in lichtem, grasigem Wald. **Mik:** Sporen ellipsoid, 10–14 × 7–10,5 µm, nicht amyloid. (D 459, Lu 3.99.2).

8.1.35 *Amanita lividopallescens* (Secr. ex Boud.) Kühner & Romagn.
Ockergrauer Streifling, Blasser Riesen-Streifling

H: 8–15 cm, halbkugelig, später flach ausgebreitet bis etwas niedergedrückt, weißlich bis blass ockergrau, Rand gerieft. **L:** frei, cremeweiß, Schneiden fein gesägt und alt bräunend oder vergrauend. **St:** im unteren Teil grob genattert auf weißem Grund, oberhalb der Volva teils fast manschettenartig, Volva weißlich, vor allem innen zunehmend bräunlich. **F:** weiß. **Ger:** unauffällig. **Ges:** unauffällig. **Spp:** weiß. **V:** bei Laubbäumen, vor allem Buche *Fagus* und Eiche *Quercus*, auf Waldwiesen, am Wegrand, auf kalkreichem Boden; Sommer bis Herbst. **Mik:** Sporen ellipsoid bis kugelig, 9–14 × 7–13 µm, nicht amyloid. (Kr 4.25, BK 4.140, Lu 3.99.6).

8.1.35 *Amanita lividopallescens*, Ockergrauer Streifling

8.1.36 *Amanita nivalis* Grev.
Schnee-Streifling, Alpiner Streifling

H: 3–8 cm, halbkugelig, später ausgebreitet, weiß bis blass graugelblich, Rand gerieft. **L:** frei, weiß, ziemlich gedrängt. **St:** weiß bis blassgrau, puderig, Volva groß, weiß, alt außen bräunlich. **Spp:** weiß. **V:** im subalpinen Nadelwald, in alpiner Zwergstrauchheide bei kleinwüchsigen Weidenarten *Salix;* Spätsommer. **Mik:** Sporen kugelig bis kugelförmig, 9,5–12 × 8,5–11,5 µm, nicht amyloid. (BK 4.142, Lu 3.99.10).

8.1.36 *Amanita nivalis*, Schnee-Streifling

8.1.37 *Amanita ceciliae* (Berk. & Broome) Bas
Riesen-Streifling, Doppeltbescheideter Streifling

H: 10–18 cm, erst eiförmig-glockig, später ausgebreitet gewölbt mit breitem Buckel, glatt, grau- bis gelbbraun, meist mit flockigen, grauen bis dunkelgrauen Velumresten bedeckt, Rand stark gerieft. **L:** frei, cremeweißlich, Schneiden evtl. etwas braungrau. **St:** weißlich bis graubräunlich, alt zunehmend grau, flockig bis genattert, Basis verdickt, mit mehreren grauen Ringzonen gegürtelt. **F:** weiß. **Ger:** unauffällig. **Ges:** unauffällig. **Spp:** weiß. **V:** im Laub- und Nadelwald; Frühsommer bis Spätherbst. **Mik:** Sporen kugelförmig, 10–14 µm, nicht amyloid. (D 454, Kr 4.28, BK 4.136, Lu 3.99.5).

8.1.37 *Amanita ceciliae*, Riesen-Streifling

8.1.38 *Amanita beckeri* Huijsman
Hellflockiger Streifling

H: 6–12 cm, halbkugelig, später ausgebreitet gewölbt, ocker-nussbraun, tabakbraun, mit vielen kleinen, weißen Flocken bedeckt, Rand gerieft. **L:** frei, weißlich. **St:** weißlich, blass bräunlich genattert, flockig, Volva sehr brüchig, weiß, später bräunend. **F:** weißlich. **Ger:** unauffällig. **Ges:** unauffällig. **Spp:** weiß. **V:** im Laubwald, vorwiegend bei Eiche *Quercus*, auf kalkreichem Boden; Sommer bis Herbst. **Mik:** Sporen kugelig bis kugelförmig, 10–12 × 9–11 µm, nicht amyloid. (Lu 3.99.18).

8.1.38 *Amanita beckeri*, Hellflockiger Streifling

Amanita brunneoconulus Bas & Gröger, Braunwarziger Streifling, Braunflockiger Wulstling: Hut schon jung mit spitzkegeligen Velumresten, Stielbasis ohne Volva, nur bröckelnde, gürtelartige Velumreste.

Die Unterschiede von *A. ceciliae* zu *A. beckeri* und *A. brunneoconulus* sind fließend.

8.1.39 *Amanita simulans* Contu, *Amanita malleata* (Piane ex Bon) Contu, Grauer Pappel-Streifling, Pappel-Streifling: Hut 6–12 cm breit, halbkugelig, später ausgebreitet, vorwiegend grau, meistens mit fest haftenden Velumresten auf dem Hut, teils auch mit unregelmäßigen Dellen (Galli 2007), Volva weißlich, teils ockerfleckig, brüchig; bei Laubbäumen, vorwiegend Pappel *Populus*. Sporen ellipsoid bis kugelig, 10–13 × 8–12 µm, nicht amyloid. (Lu 3.99.8).

8.1.40 *Amanita ochraceomaculata* Neville, Poumarat & Fraiture
Ockerfleckender Streifling, Milchkaffeefarbener Streifling

H: 2,5–5 cm, anfangs kegelig, dann flach gewölbt, teils mit Buckel, blass bis kräftig milchkaffeebraun, im Alter grau, Velumreste fehlend oder als dicke, schmutzig weißliche Flocken mit rostfarbenen Flecken, Rand gerieft. **L:** frei, weißlich. **St:** weißlich, fein und dicht längsfaserig-filzig, höchstens sehr feine Natterung, Volva ziemlich fest, teils rostig gefleckt. **F:** weiß. **Ger:** unauffällig. **Ges:** unauffällig. **Spp:** weiß. **V:** unter Fichte *Picea*; Sommer bis Herbst. **Mik:** Sporen kugelig bis kugelförmig, 9,5–14 × 8,5–13 µm, nicht amyloid. (Lu 3.99.20).

8.1.41 *Amanita friabilis* (P. Karst.) Bas
Erlen-Streifling, Erlen-Wulstling

H: 2–6 cm, halbkugelig, später ausgebreitet flach bis etwas niedergedrückt, graubraun, aschgrau, sepiafarben, mit filzigen Velumresten, evtl. mit fleischrosa Schein, Rand gerieft. **L:** frei, weißlich. **St:** weißlich, grau- bis rosabräunlich genattert, Basis mit Ringzonen gegürtelt. **F:** weiß. **Ger:** unauffällig. **Ges:** unauffällig. **Spp:** weiß. **V:** bei Erle *Alnus*; Herbst. **Mik:** Sporen ellipsoid bis kugelig, 7,5–13,5 × 7–10 µm, nicht amyloid. (BK 4.138, Lu 3.99.15, 🖼).

Amanita basiana Tulloss & M. Traverso, Sternkiefern-Streifling: sehr ähnliche, jedoch robustere Art mit Hut bis gegen 10 cm; bei Sternkiefer *Pinus pinaster*. (Lu 3.99.14).

8.1.41 *Amanita friabilis*, Erlen-Streifling

8.2 *Limacella,* Schleimschirmlinge und Ähnliche

Basidiomycota, Ständerpilze > *Agaricomycetes* > *Agaricales,* Blätterpilze > *Amanitaceae,* Wulstlingsverwandte

Beschreibung

Kleine bis große Pilze in weißlicher, gelber, grau- bis ockerbrauner oder rötlicher Farbe, meist mit schleimigem Hut und Stiel. Die Lamellen sind gedrängt, weißlich und fast oder ganz frei. Das Sporenpulver ist weiß. Der Stiel ist häutig, wollig und flüchtig oder gar nicht beringt. Das Fleisch ist weißlich, oft mit Mehlgeruch. Seit Kurzem zählen nur noch die trockenen bis klebrigen Arten mit wolligem Ring zur Gattung ***Limacella***. ***Limacellopsis*** *guttata,* Getropfter Scheinschleimschirmling, mit dem häutigen Ring und dem klebrigen, kaum schleimigen Hut bildet zusammen mit einer asiatischen Art eine eigene Gattung. Die beiden hier erwähnten, rundum schleimigen Arten zählen seit 2019 zur neuen Gattung ***Zhuliangomyces***.

Alle Arten wachsen vom Sommer bis zum Herbst saprob auf Erde, die sehr seltene Art *Limacella furnacea,* Langstieliger Schleimschirmling auch auf stark morschem Holz.

Die Sporen sind eher klein, kugelig bis ellipsoid und glatt bis feinwarzig. In der Regel zeigen die Sporen keine Reaktion mit Jod, jedenfalls sind sie inamyloid. Gemäß Ludwig 2001 kann es in der Gattung *Limacella* einen Anteil von dextrinoiden Sporen (rotbraune Verfärbung mit Jod) geben.

8.2.01 *Limacellopsis guttata,*
Getropfter Scheinschleimschirmling

Bestimmung

Die einzelnen Arten sind vor allem anhand des Rings, der Farbe und Beschaffenheit von Hut und Stiel sowie des Geruches unterscheidbar. Etwas ungewöhnlich ist die Situation mit den beiden orangebraunen bis weinroten Varietäten von *Limacella delicata,* Zierlicher Schleimschirmling. Es ist einfacher, Informationen, Abbildungen und Fundmeldungen zu den Varietäten zu finden als zur äußerst seltenen Hauptart.

Speisewerte

Limacellopsis guttata, Getropfter Scheinschleimschirmling ist ein Speisepilz. Allerdings sind erhöhte Cadmiumwerte festgestellt worden; ein Schwermetall, das der Pilz an entsprechend exponierten Lagen aufnehmen kann. Der mehlige Geruch und Geschmack ist nicht jedermanns Sache. Bei den selteneren Arten ist der Speisewert unbekannt.

8.2.02 *Zhuliangomyces illinitus,*
Ganzschleimiger Schleimschirmling

8.2 *Limacella*, Schleimschirmlinge und Ähnliche

Stiel mit häutigem Ring, Hut isabellfarben bis blassocker	
Hut meist um 10 cm breit, Geruch stark nach Mehl	01 *Limacellopsis guttata*, Getropfter Scheinschleimschirmling
Hut meist um 5 cm breit, Stiel unter dem Ring körnig, Geruch etwas säuerlich	9.2.40 *Chamaemyces fracidus*, Fleckender Schmierschirmling
Stiel mit wolligem Ring oder ohne Ring	
Hut schleimig, Stiel schmierig bis stark schleimig	
Hut vorwiegend weiß, Mitte gelbockerlich, Hut und Stiel stark schleimig	02 *Zhuliangomyces illinitus*, Ganzschleimiger Schleimschirmling
Hut vorwiegend gelbockerlich, schleimig, Stiel schmierig bis schleimig	03 *Zhuliangomyces ochraceoluteus*, Ockergelber Schleimschirmling
Hut schleimig bis trocken, Stiel nicht schleimig	
Hut creme bis rosa, gelblichrosa, zierlich < 4 cm	04 *Limacella delicata*, Zierlicher Schleimschirmling
Hut vorwiegend orange- bis rötlichbraun, schmierig bis schleimig bis 10 cm	04a *Limacella delicata* var. *glioderma*, Schmieriger Schleimschirmling
Hut vorwiegend weinrötlich, bald trocken, alt teils schuppig, Hut ca. 4–8 cm	04b *L. delicata* var. *vinosorubescens*, Weinrötlicher Schleimschirmling
Hut graubraun, bald trocken, Stiel unterhalb braun gesäumtem Ring genattert	05 *Limacella furnacea*, Langstieliger Schleimschirmling

8.2.01 *Limacellopsis guttata* (Pers.) Zhu L. Yang, Q. Cai & Y.Y. Cui, *Limacella guttata* (Pers.) Konrad & Maubl.
Getropfter Scheinschleimschirmling, Getropfter Schleimschirmling

H: 5–12 cm, kugelig, bald ausgebreitet gewölbt, klebrig bis schmierig, oft etwas runzelig, isabellfarben, ockerbraun. **L:** frei, weißlich, gedrängt. **St:** weißlich, Ring häutig, oft mit gelblichen Tröpfchen, die beim Trocknen braun werden. **F:** weiß, dick. **Ger:** deutlich nach Mehl. **Spp:** weiß. **V:** im Nadel-, evtl. Mischwald, vorwiegend auf kalkreichem Boden. **Mik:** Sporen fein warzig, breit ellipsoid bis kugelig, 4–7 × 4–6 µm. (D 482, Kr 4.118, BK 4.162, Lu 1.43.1,).

8.2.02 *Zhuliangomyces illinitus* (Fr.) Redhead, *Limacella illinita* (Fr.) Maire
Ganzschleimiger Schleimschirmling, Elfenbein-Schleimschirmling

H: 3–7 cm, halbkugelig, bald ausgebreitet gewölbt, schleimig, weiß, gelblich oder schwach grau. **L:** frei, weiß. **St:** schmierig-schleimig, ohne Ring, weißlich bis graulich, von der Basis her bisweilen etwas rosa. **F:** cremeweiß, weich. **Ger:** mehlig bis ranzig. **Ger:** mehlartig. **Spp:** weiß. **V:** im Nadelwald. **Mik:** Sporen fein warzig, kugelig bis kugelförmig, 5–5,5 × 4–5,5 µm. (D 481, BK 4.163, Lu 1.43.7A).

Formen von gleichen Standorten mit purpurrotem Farbanteil in der Hutmitte und deutlich purpurvioletter Stielbasis werden von einigen Autoren als *L. illinita* var. *rubescens* H.V. Sm., Rötlicher Elfenbeinschirmling unterschieden (Lu 1.43.7B). Ebenso *L. illinita* var. *ochraceorosea* Béguet & Bon, eine mediterrane Art an Küsten mit cremerosafarbenem Hut und einem ringartig flockigen Stiel.

8.2.03 *Zhuliangomyces ochraceoluteus* (P.D. Orton) Redhead, *Limacella ochraceolutea* P.D. Orton, Ockergelber Schleimschirmling: Hut 4–5 cm breit, etwas schmierig, blassgelb bis zitronengelblich, Mitte rötlichgelb, Stiel leicht schmierig, Spitze weiß, abwärts bräunlichfaserig auf gelblichem Grund, Geruch mehlartig; im Laubwald. Sporen fein warzig, breit ellipsoid bis kugelförmig, 3–4,5 × 3–4 µm. (BK 4.164, Lu 1.43.5,).

8.2.04 *Limacella delicata* (Fr.) H.V. Sm.
Zierlicher Schleimschirmling, Schmächtiger Schleimschirmling

H: 1,5–4 cm, halbkugelig-glockig, bald ausgebreitet und flach gebuckelt, feucht klebrig, trocken matt bis fein schuppig-rissig, blassrosa bis gelblich- oder bräunlichrosa. **L:** schmal angeheftet bis frei, mäßig gedrängt, weißlich. **St:** holzgelblich bis fleischrosa, Basis weißlich, Ring flüchtig, wollig-faserige cremefarbene Zonen. **F:** vorwiegend weißlich oder farblos. **Ger:** leicht nach frischem Holz, nicht oder nur flüchtig nach Mehl. **Spp:** weiß. **V:** kaum eindeutige Fundmeldungen, bei Buche *Fagus*, Kiefer *Pinus*, evtl. auch in Warmhäusern. **Mik:** Sporen glatt bis feinst warzig, kugelförmig 4–5 µm mit deutlichem Apikel, Lamellenschneiden mit keuligen, 8–9 µm langen haarartigen Gebilden, Hyphen mit Schnallen. (Lu 1.43.3C).

8.2.04a *L. delicata* var. *glioderma* (Fr.) Gminder, *Limacella glioderma* (Fr.) Maire, Schmieriger Schleimschirmling, Rotbrauner Schleimschirmling: Hut 3–10 cm, halbkugelig-glockig, später gewölbt, schleimig, rotbraun, orangebraun, später verblassend, Schleim gelblich, Rand faserig-schleimig behangen, Lamellen fast frei bis frei, cremeweiß. Stiel blass fleischrosa, Spitze glatt, Ring wollig und flüchtig, abwärts flockig, teils mit gelbem Schleim bedeckt, Fleisch brüchig, weißlich, Geruch nach Mehl; im Laub- und Nadelwald, Spätsommer bis Herbst. Sporen kugelig bis kugelförmig, 3,5–5 × 3–5 µm. (D 483, Kr 4.115, BK 4.161, Lu 1.43.3AB,).

8.2.04b *L. delicata* var. *vinosorubescens* (Furrer-Ziogas) Gminder, *Limacella vinosorubescens* Furrer-Ziogas, Weinrötlicher Schleimschirmling: Hut 4–7 cm, jung halbkugelig, schmierig, glatt, später ausgebreitet mit häufig aufgeworfenem Rand, bald trocken und später teils schuppig aufreißend, rosa- bis weinrot, Lamellen schmal angeheftet, cremerosa, später weinrötlich Stiel weißlich, fein rosa-faserig, Ring wollig, sehr flüchtig, Fleisch weißlich, evtl. blassrosa, Geruch unauffällig bis mehl- oder gurkenartig; im Mischwald. Sporen vorwiegend glatt, selten feinst warzig, kugelig bis kugelförmig, 3,5–5,5 × 3,5–5 µm. (Kr 4.116, BK 4.165, Lu 1.43.2,).

8.2.05 *Limacella furnacea* (Letell.) E.-J. Gilbert
Langstieliger Schleimschirmling

H: 4–8 cm, glatt, erst schleimig, später trocken bis matt, kastanienbraun bis graubraun. **L:** fast frei bis frei, weiß bis gelblich. **St:** weißlich mit braun gesäumtem Ring und darunter braun genattert, oft etwas wurzelnd. **F:** blass isabellfarben. **Ger:** mehlig-ranzig bis rettichartig. **V:** auf morschem Nadelholz, teils auch altem, verbautem Holz, Kompost; im Herbst. **Mik:** Sporen glatt bis feinst warzig, kugelförmig, 4–5 × 4–5 µm. (Lu 1.43.6).

8.2.01 *Limacellopsis guttata*, Getropfter Scheinschleimschirmling

8.2.03 *Zhuliangomyces ochraceoluteus*, Ockergelber Schleimschirmling

8.2.04a *L. delicata* var. *glioderma*, Schmieriger Schl.

8.2.04b *L. delicata* var. *vinosorubescens*, Weinrötl. S.

9 *Agaricaceae,* Champignonsverwandte u. Ä.

Basidiomycota, Ständerpilze > *Agaricomycetes* > *Agaricales,* Blätterpilze

Familie *Agaricaceae,* Champignonsverwandte u.Ä.

Dieses Kapitel enthält die bekannten ***Agaricaceae,*** Champignonsverwandte und die erst kürzlich deklarierte Familie ***Squamanitaceae,*** Schuppenwulstlingsverwandte. Die nur am Hut angewachsenen, freien Lamellen sind ein gemeinsames Merkmal der kleinen bis sehr großen *Agaricaceae,* Champignonsverwandte. Sie haben keine Verbindung zum Stiel und dieser lässt sich leicht, wie an einer Sollbruchstelle, ohne zu fasern, vom Hut lösen. Die Gattungen *Macrolepiota,* Riesenschirmlinge und *Leucoagaricus,* Egerlingsschirmlinge entwickeln an der Stielbasis Knollen. Diese stecken jedoch nie in einer Scheide aus Hüllresten des Gesamtvelums wie etwa bei den Knollenblätterpilzen. Jung sind die Lamellen mehrheitlich weiß oder etwas rosa. Bei *Agaricus,* Egerlinge färben die reifenden Sporen die Lamellen zunehmend schwarzbraun, und die beiden Arten der Gattung *Coprinus,* Ringtintlinge färben sich vom Rand her kurz rosa und zerfließen dann in schwarzen Tropfen. Die Fruchtkörper der Familie *Squamanitaceae,* Schuppenwulstlingsverwandte sind jung von einem ausgeprägten Gesamtvelum umfasst. Wenn der Hut sich öffnet, bleibt auch danach die gleiche Struktur und Farbe von Hutoberfläche und unterem Stielteil gut sichtbar. Der Stiel ist vom körnigen bis schuppigen Überzug umhüllt, der auch die Unterseite des aufsteigenden Rings bedeckt. Solche Fruchtkörper nennt man gestiefelt, weil es so aussieht, als würde der Stiel in einem nach oben geöffneten Stiefel stecken. Im Unterschied zu *Agaricaceae,* Champignonsverwandte sind die Lamellen in der Familie *Squamanitaceae,* Schuppenwulstlingsverwandte nicht ganz frei, sondern schmal an der Stielspitze angeheftet – ein feiner, aber mit etwas Erfahrung sichtbarer Unterschied. Zu dieser Familie gehören die mittelgroßen, äußerst seltenen *Squamanita,* Schuppenwulstlinge mit verschiedenfarbigem, schuppigem Hut und wulstiger Stielknolle sowie die lebhaft gelben *Floccularia,* Schuppenritterlinge mit ebenfalls stark schuppigem Hut und Stiel, jedoch kaum verdickter Stielbasis; ebenso die teils häufigen, kleinen *Cystoderma,* Körnchenschirmlinge mit der typisch feinkörnigen Oberfläche des Hutes wie auch der Stielbasis unterhalb des Ringes. Wegen des weißen Sporenstaubs und der schmal angehefteten Lamellen findet man die drei Gattungen auch in Kapitel 5 *Tricholomataceae,* Ritterlingsverwandte verschlüsselt. Der viel größere, goldockerfarbene und ebenfalls rundum körnig-glimmerige *Phaeolepiota aurea,* Goldfarbener Glimmerschüppling mit lange ganz geschlossenem, glimmerigem Velum zählt auch mit dem abweichenden, braunen Sporenpulver zur Familie *Squamanitaceae.* Die Zusammenfassung von *Squamanita, Floccularia, Cystoderma* und *Phaeolepiota* in die neue Familie *Squamanitaceae* aufgrund genetischer Untersuchungen von Liu et al. 2021 löst eine lange Phase der Unsicherheit über die passende Einordnung dieser Gattungen. Von der äußeren Form her unerwartet, zählt eine Reihe von früher als Bauchpilze bezeichneter Arten nun zur Familie *Agaricaceae.* Sie bilden trüffelartige Knollen, welche sich nicht öffnen, zeigen aber bei den Sporenformen und insbesondere bei genetischen Analysen ihre Verwandtschaft zu den Champignonsverwandten. Für den direkten Vergleich mit ähnlich aussehenden Fruchtkörpern sind die trüffelähnlichen *Agaricaceae* in Kapitel 1 beschrieben und verschlüsselt.

Agaricaceae und mehrheitlich auch *Squamanitaceae* wachsen auf Erde oder Kompost, allenfalls auf modernden Holzresten, aber nie auf frischem oder lebendem Holz. An diesen Standorten sind es allesamt Saprobionten. Arten der Gattung *Squamanita* wachsen als Parasiten auf verschiedenen anderen Pilzen z. B. der Gattungen *Amanita, Cystoderma, Kuehneromyces* oder *Hebeloma.*

Die Mehrheit der Arten in diesen Familien Gattungen hat glatte, im Mikroskop farblose bis braune Sporen. *Melanophyllum,* Buntschirmlinge mit auffällig roten oder grünlichen Lamellen haben leicht und *Phaeolepiota,* Glimmerschüpplinge deutlich raue Sporen. Die Gattungen *Macrolepiota,* Riesenschirmlinge und *Leucoagaricus,* Egerlingsschirmlinge weisen dickwandige, metachromatische Sporen auf. Das bedeutet, dass sich die Innenwand der Sporen beim Einfärben mit Kresylblau rot verfärbt. *Lepiota,* Schirmlinge zeigen teilweise auffällig projektilförmige oder mit einem seitlichen Sporn versehene Sporenformen.

Bestimmung

Die Farbe des Sporenpulvers, welches mit der Reife auf den hellen Lamellen sichtbar wird, trennt im Wesentlichen die verschiedenen mit dem deutschen Namensteil «Schirmling» benannten Arten mit weißem, cremefarbenem oder etwas rosa gefärbtem Sporenpulver *wie Macrolepiota, Leucoagaricus, Echinoderma, Lepiota, Cystolepiota* von *Agaricus,* Egerlinge oder Champignons mit schwarzbraunem Sporenpulver. Etwas exotisch in Bezug auf die Farbe der Sporen sind die beiden seltenen *Melanophyllum,* Buntschirmlinge mit rotem und grünlichem Sporenstaub sowie der auffällige, bereits erwähnte *Phaeolepiota aurea,* Goldfarbener Glimmerschüppling mit rostockerlich gefärbten Sporen. Die große Mehrheit aller Champignonsverwandten ist beringt, wobei sich Riesenschirmlinge mit verschiebbaren, teils großen, wattigen, doppelten Ringen von den meist kleineren Schirmlingen unterscheiden. Ein körnig bis schuppig gestiefelter Stiel führt zu den Gattungen der Familie *Squamanitaceae,* Schuppenwulstlingsverwandte.

Speisezwecke

Ausgezeichnete Speisepilze finden sich bei *Agaricus,* Egerlinge und in der Gattung *Macrolepiota,* Riesenschirmlinge. Mit Ausnahme dieser Riesenschirmlinge sind alle anderen Schirmlingsarten ungenießbar oder giftig, teils sogar mit tödlich wirkenden Amanitinen.

9.1.07 *Agaricus campestris,* Wiesen-Champignon
Die delikaten Speisepilze können in einzelnen Jahren massenhaft auftreten. Neben dem Vorkommen auf Wiesen ist die am Rand überstehende Huthaut typisch. Ebenso die seidige bis etwas schuppige Hutoberfläche und der flockig-schuppige Stiel unterhalb des schwach ausgeprägten Ringes. Ungefährlich ist eine Verwechslung mit dem ähnlichen *Agaricus moellerianus,* Kleinsporiger Wiesen-Champignon mit flockigen Schuppen an der Stielspitze und kleineren Sporen. Karbol-Egerlinge verursachen hingegen Beschwerden, und tödlich gefährlich wäre eine Verwechslung mit weißen Knollenblätterpilzen.

Schlüssel zu den Gattungen

- Fruchtkörper nicht gestiefelt, mit oder ohne Ring
  - Lamellen weiß, später creme bis blassrosa, nicht schwarz werdend, Sporen glatt
    - Stiel mit ± verschiebbarem Ring, Sporen metachromatisch und dickwandig
      - Hut grobschuppig, große bis sehr große Arten
        - Stiel nicht büschelig verwachsen — 9.3 *Macrolepiota,* Riesenschirmlinge u. Ä.
        - Stiel büschelig verwachsen — 9.4 *Leucocoprinus,* Faltenschirmlinge
      - Hut glatt bis fein körnig-schuppig — 9.4 *Leucoagaricus,* Egerlingsschirmlinge
    - Stiel mit oder ohne Ring, Ring nicht verschiebbar, Sp. fast nie metachromatisch
      - Lamellen frei
        - Stiel flüchtig oder nicht beringt, Hut klein, kleiig — 9.2 *Cystolepiota,* Mehlschirmlinge (B)
        - Stiel fädig beringt, Hut kegelig-spitzschuppig — 9.2 *Lepiota,* Schirmlinge u. Ä. (A)
        - Stiel häutig beringt
          - Hut groß bis sehr groß, grobschuppig, Stielbasis knollig, Sp. dickw. — 9.3 *Macrolepiota,* Riesenschirmlinge u. Ä.
          - Hut mittel b. groß, glatt b. feinschuppig, St.bas. aufgeblasen, Sp. dickw. — 9.4 *Leucoagaricus,* Egerlingsschirmlinge
          - Hut kegelig-spitzschuppig, mittelgroß, Sporen dünnwandig — 9.2 *Lepiota,* Schirmlinge u. Ä. (A)
          - Hut feinschuppig bis fast glatt, klein bis mittel, Sporen dünnwandig — 9.2 *Lepiota,* Schirmlinge u. Ä. (B)
      - Lamellen fast frei, Stiel oft körnig oder schuppig gestiefelt, Sp. dünnwandig — 9.6 *Cystoderma,* Körnchenschirmlinge
  - Lamellen nie ganz weiß, erst rosa und bald dunkelbraun bis schwarz, Sporen glatt
    - Fruchtkörper im Schnitt zumindest leicht rötend — 9.1 *Agaricus,* Egerlinge u. Ä. (A)
    - Frkp. in Stielbasis und am Hutrand stark gilbend (Schnitt oder Ankratzen) — 9.1 *Agaricus,* Egerlinge u. Ä. (B)
    - Fruchtkörper außen (langsam) gilbend, Stielbasis nach Schaben nicht gilbend — 9.1 *Agaricus,* Egerlinge (C)
  - Lamellen erst weiß, zunehmend schwarz zerfließend
    - Stiel beringt, Hut grob schuppig, Sporen glatt, ellipsoid — 9.5 *Coprinus,* Ringtintlinge
    - Stiel ohne Ring, Sporen in verschiedenen Formen — 10 *Psathyrellaceae,* Faserlingsverwandte
  - Lamellen auffällig rot oder grün, kleine Arten, Sporen etwas rau — 9.2 *Melanophyllum,* Buntschirmlinge (B)
  - Lamellen gelb bis rostgelb
    - Hut und Stielbasis glimmerig bis feinkörnig
      - Hut 8–15 cm, gelbocker, lange ganz, glimmerig umhüllt, Sporen rau — 9.7 *Phaeolepiota,* Glimmerschüpplinge
      - Hut 2–7 cm, Hut und Stiel körnig — 9.6 *Cystoderma,* Körnchenschirmlinge
    - Hut schuppig
      - Lamellen gelb — 9.2.31 *Lepiota xanthophylla,* Gelbblättriger Schirmling
      - Lamellen gelblich — 9.2 *Lepiota,* Schirmlinge u. Ä. (A)
- Fruchtkörper gestiefelt (Stielbasis und Ringunterseite körnig bis schuppig)
  - Stielbasis schuppig, teils knollig, Hut schuppig oder körnig
    - Stielbasis knollig, bescheidet — 9.6 *Squamanita,* Schuppenwulstlinge
    - Stielbasis nicht knollig, Hut und Stiel lebhaft gelb — 9.6 *Floccularia,* Schuppenritterlinge
  - Stielbasis und Hut glimmerig-körnig, Stielbasis nicht knollig
    - Hut 8–15 cm, gelbocker, lange ganz, glimmerig umhüllt, Sporen rau — 9.7 *Phaeolepiota,* Glimmerschüpplinge
    - Hut 2–7 cm, Hut und Stiel körnig — 9.6 *Cystoderma,* Körnchenschirmlinge
  - Stielbasis und Hut schmierig, fleckend — 9.2.40 *Chamaemyces fracidus,* Fleckender Schmierschirmling

9.1 *Agaricus*, Egerlinge und Ähnliche

Basidiomycota, Ständerpilze > *Agaricomycetes* > *Agaricales*, Blätterpilze > *Agaricaceae*, Champignonsverwandte

Beschreibung

«Egerlinge» wie auch «Champignons» sind verbreitete, deutsche Namen für die Gattung ***Agaricus***. Es ist verwirrend, für Arten der gleichen Gattung nebeneinander zwei verschiedene deutsche Namen zu verwenden, aber die Bezeichnungen einzelner Arten haben sich teilweise so stark eingebürgert, dass eine konsequente Vereinheitlichung mehr Unsicherheit als Klarheit bringen würde. Die Gattung umfasst kleine bis riesige Fruchtkörper mit weißer, gelber bis brauner, selten etwas rötlicher Farbe. Die Hutoberfläche kann glatt, seidig, faserig oder fein- bis grobschuppig sein. Der Stiel ist beringt, teilweise auffällig doppelt. Die Lamellen sind frei oder zumindest fast frei und jung blassrosa bis rosagrau. Im Verlaufe des Reifens verfärben sich die Lamellen durch die Sporenfarbe zunehmend purpur-, schokoladen- bis schwarzbraun. Oft sind die Schneiden steril und bleiben heller, weil darauf keine der dunkel gefärbten Sporen wachsen. Eine seltene, braunschuppige Art mit erst stark gilbendem und nachher deutlich rötendem Fleisch gehört zur separaten Gattung ***Micropsalliota***, Natternstielegerlinge.

Agaricus, Egerlinge u. Ä. wachsen auf Erde, in Wiesen und Wäldern, bisweilen auch auf Dünen, Salzwiesen oder auch mitten in der Stadt auf Humusinseln. Mehrheitlich bevorzugen sie nährstoffreiche Orte bis zu Kompost oder Mist. Vereinzelte Fruchtkörper treten im Frühling auf, hauptsächlich erscheinen sie aber vom Sommer bis zum Herbst, stets als Saprobionten.

Im Mikroskop finden sich bei einigen Arten Basidien mit vorwiegend ein bis zwei, bei anderen Arten mit jeweils vier braun gefärbten Sporen. Diese sind stets glatt, ellipsoid bis kugelig, ohne oder mit kaum sichtbarem Keimporus. Es gibt Arten mit eingliedrigen oder mehrgliedrigen Cheilozystiden (ChZ) wie auch solche ohne. Pleurozystiden (PlZ) und Schnallen findet man bei den hier beschriebenen Arten keine.

9.1.07 *Agaricus campestris*,
Wiesen-Champignon

Bestimmung

Zur ersten Einteilung in die Hauptgruppen dient die gelbe oder rötliche Verfärbung der Fruchtkörper. Die Unterscheidung ist oft eindeutig, in Einzelfällen aber leider undeutlich. Die Verfärbung gegen Rot findet im Fleisch statt, der Pilz muss dafür aufgeschnitten oder mindestens angekratzt werden. Gelbverfärbungen finden hingegen im Fleisch oder außen statt. Wenige Arten können gleichzeitig leicht gilben wie auch röten. Sie werden deshalb in der Übersicht in beiden Gruppen aufgeführt. Ein weiteres Merkmal ist der Ring. Ist er aufsteigend oder hängend? Im Zweifelsfalle hilft es, wenn der Ring oder Ringrest vorsichtig abgelöst wird. Nach oben abziehbar ist gleichbedeutend mit einem hängenden Ring, nach unten abziehbar mit einem aufsteigenden.

9.1.24 *Agaricus langei*,
Großer Blut-Egerling

Speisewerte

Die Gattung enthält sehr gute und lohnende Speisepilze. Bekannt ist *Agaricus bisporus*, Zucht-Champignon, der übers ganze Jahr im Handel erhältlich ist. Zur Unterscheidung der giftigen von den bekömmlichen, wild wachsenden Arten gibt es Hilfsregeln: Zwergchampignons sind alle ungenießbar oder giftig. Bei den größeren Champignons verraten eine chromgelbe Verfärbung beim Kratzen an der Stielbasis oder am Hutrand sowie Karbolgeruch die Zugehörigkeit zur Gruppe der giftigen Karbol-Egerlinge. Ist der Geruch nur schwach, wird er deutlich erkennbar, wenn ein Stück des Pilzes auf dem Handrücken zerrieben wird. Sogar aufdringlich wird er beim allfälligen Kochen und sendet damit ein letztes Warnsignal für seine Unbekömmlichkeit! Wenige weitere, unangenehm riechende Arten sind ebenfalls ungenießbar wie z. B. *Agaricus maleolens*, Übelriechender Egerling. Die übrigen, angenehm riechenden Arten schmecken gut bis ausgezeichnet. Leider reichern vor allem gilbende Egerlinge Schwermetalle an. An entsprechend exponierten Stellen, wie z. B. an Straßenrändern oder bei Bahngleisen, sollte man sie deshalb meiden.

9.1 *Agaricus*, Egerlinge und Ähnliche
(A) Fleisch im Schnitt zumindest leicht rötend

Fruchtkörper im Schnitt mindestens leicht rötend	
Ring aufsteigend, meist deutlich	
Geruch angenehm bis würzig	
am Straßenrand, Wegrand	**01 *Agaricus bitorquis*, Stadt-Champignon**
aus Zucht, allenfalls im Garten	
erst weißlich, später braun radialfaserig und schuppig	**02 *Agaricus bisporus*, Zucht-Champignon**
weiß bleibend	02a *Agaricus bisporus* var. *albidus*, Weißer Zucht-Champignon
im Nadelwald (vor allem höhere Lagen)	03 *Agaricus subfloccosus*, Flockiggesäumter Egerling
Geruch unangenehm	
in Parks, Gärten	04 *Agaricus maleolens*, Übelriechender Egerling
auf Salzwiesen (in Küstennähe)	
Hut bald grobfelderig schuppig, Geruch unangenehm, bald fischartig	05 *Agaricus bernardii*, Großer Salzwiesen-Egerling
Hut weniger schuppig, eher faserig, Geruch schwach	06 *Agaricus bernardiiformis*, Bohus-Egerling
Ring hängend, evtl. flüchtig	
Hut vorwiegend weiß, lederbraun, ockerlich	
Fleisch schwach rötend (wenn außen gilbend, siehe auch gilbende Arten)	
auf Wiesen, Weiden, Waldwiesen	
Hut bis über 20 cm breit, Ring stark ausgeprägt	**36 *Agaricus urinascens*, Großsporiger Riesen-Champignon**
Hut kaum über 10 cm breit, Ring schwach ausgeprägt	
auf nährstoffreichen Wiesen, Weiden	
Sporen bis 9 µm, Keimporus schwach, Stielspitze glatt	**07 *Agaricus campestris*, Wiesen-Champignon**
Sporen bis 11 µm, Keimporus deutlich	08 *Agaricus pampeanus*, Großsporiger Wiesen-Champignon
Sporen < 7,5 µm, ohne Keimporus, Stielspitze schuppig	09 *Agaricus moellerianus*, Kleinsporiger Wiesen-Champignon
auf Salzwiesen (Küstennähe)	10 *Agaricus litoralis*, Steppen-Egerling
im Nadelwald	
vorwiegend im Frühjahr	12 *Agaricus heimii*, Venus-Egerling
vorwiegend im Sommer und Herbst	11 *Agaricus altipes*, Sommer-Egerling
Fleisch deutlich rötend	
Hut weißlich schuppig oder kahl	
im Laubwald	14 *Agaricus depauperatus*, Ledergelber Egerling
im Nadelwald	16 *Agaricus benesii*, Weißlichschuppiger Blut-Egerling
Hut ocker- oder (rötlich-)braun schuppig, im Fichtenwald	
dickfleischig, Hut meist über 6 cm breit	17 *Agaricus squamulifer*, Feinschuppiger Egerling
dünnfleischig, Hut kaum über 6 cm breit	15 *Agaricus annae*, Schmalstieliger Blut-Egerling
Hut braun oder mit braunen Schuppen	
Fleisch schwach rötend, meist außerhalb oder in beweidetem Wald	
Hut groß, meist über 10 cm	
Ring dick, aber nur einfach, Geruch angenehm	18 *Agaricus cappellianus*, Kompost-Champignon
mit angedeutetem zweitem Ring, Geruch obstartig, süßlich	19 *Agaricus subperonatus*, Gegürtelter Egerling
Hut mittel, weniger als 10 cm breit	
dunkelbraun schuppig auf kupferbraunem, faserigem Grund	
Sporen über 7 µm lang	20 *Agaricus cupreobrunneus*, Kupferbrauner Egerling
Sporen weniger als 7 µm lang	21 *Agaricus porphyrocephalus*, Rotbrauner Egerling
braune Schuppen auf hellem Grund, wurzelnd	22 *Agaricus bresadolanus*, Schlaffberingter Wurzel-Egerling
Fleisch deutlich rötend, im Wald	
Stiel glatt	
vorwiegend im Nadelwald, Hut nicht faserig	
Stielbasis verdickt, Sporen weniger als 5,5 µm lang	**23 *Agaricus sylvaticus*, Wald-Champignon**
Stielbasis ohne Verdickung, Sporen länger als 5,5 µm	24 *Agaricus langei*, Großsporiger Blut-Egerling
vorwiegend im Laubwald, Hut und vor allem Hutrand faserig	25 *Agaricus fuscofibrillosus*, Dunkelfaseriger Egerling
Stiel schuppig oder gegürtelt (nur im unteren Teil)	
Geruch unauffällig	26 *Agaricus lanipes*, Wollfuß-Egerling
Geruch unangenehm	27 *Agaricus impudicus*, Braunscheckiger Stink-Egerling
Fleisch stark gilbend, dann weinbraun, Frkp. lange unterirdisch, Hut schuppig	53 *Micropsalliota geesterani*, Maulwurf-Natternstielegerling

9.1 *Agaricus*, Egerlinge und Ähnliche
(B) Fleisch im Schnitt oder beim Ankratzen vor allem in der Stielbasis und am Hutrand stark gilbend

- Geruch nach Karbol (Fleisch zerreiben)
  - Stielbasis knollig, Stiel relativ dünn
    - Hut vorwiegend weiß — **28 *Agaricus xanthodermus,* Karbol-Champignon**
    - Hut vorwiegend grau oder graubraun
      - Hut jung glatt, alt evtl. schuppig aufreißend — 28a *Agaricus xanthodermus* var. *griseus,* Grauer Karbol-Champignon
      - Hut schon jung schuppig oder faserig-schuppig
        - graubraune Schüppchen auf weißlichem Grund — 29 *Agaricus moelleri,* Perlhuhn-Egerling
        - rostbraune, faserige Schüppchen auf gleichfarbigem Grund — 30 *Agaricus phaeolepidotus,* Rebhuhn-Egerling
    - Hut dunkel- bis schwarzbraun, radialfaserig, Rand schuppig — 31 *Agaricus rotalis,* Windrädchen-Karbol-Champignon
  - Stielbasis nicht knollig, Stiel fest (in CH selten oder nicht vorkommend)
    - Ring auffällig geformt, Stiel dick, zugespitzt
      - Hut weiß, später rosa-graubraun, Ringrand gespalten — 32 *Agaricus pilatianus,* Gefaltetberingter Karbol-Egerling
      - Hut graubraun, große schwarze Schuppen, in Südeuropa — 33 *Agaricus iodosmus,* Breitschuppiger Jodoform-Egerling
      - Hut vorwiegend graurosa, in Sanddünen, Sporen > 7 µm — 34 *Agaricus menieri,* Großsporiger Sand-Egerling
    - Ring einfach, Stiel nicht dick
      - Stielbasis ohne Wurzelfortsätze — 35 *Agaricus pseudopratensis,* Falscher Wiesen-Champignon
      - Stielbasis mit Wurzelfortsätzen — 22 *Agaricus bresadolanus,* Wurzelnder Egerling
- ohne Karbolgeruch, Fleisch erst gilbend, dann weinbraun, jung unterirdisch — 53 *Micropsalliota geesterani,* Maulwurf-Natternstielegerling

9.1 *Agaricus*, Egerlinge
(C) Fruchtkörper (bisweilen langsam) außen gilbend. Fleisch nicht rötend. Stielbasis nach Schaben nicht auffällig gilbend

- Hut bis > 20 cm breit, weiß, später gilbend … **36 *Agaricus urinascens*, Großsporiger Riesen-Champignon**
- Hut 5–20 cm breit
  - Hut schon jung gelbocker, strohgelb, deutlich schuppig
    - Hut über 10 cm breit, im Wald … **37 *Agaricus augustus*, Braunschuppiger Riesen-Champign.**
    - Hut weniger als 10 cm breit, in Küstennähe … 40 *Agaricus fissuratus*, Rissigschuppiger Anis-Champignon
  - Hut jung weiß, später gilbend
    - vorwiegend außerhalb des Waldes
      - Geruch unauffällig, schwach, Stiel verhältnismäßig kurz
        - Sporen < 9 µm, Keimporus schwach oder fehlend, Stielspitze glatt … **07 *Agaricus campestris*, Wiesen-Champignon**
        - Sporen bis 11 µm, Keimporus deutlich … 08 *Agaricus pampeanus*, Großsporiger Wiesen-Champignon
        - Sporen < 7,5 µm, ohne Keimporus, Stielspitze schuppig-flockig … 09 *Agaricus moellerianus*, Kleinsporiger Wiesen-Champignon
      - Geruch nach Anis, Stiel länger
        - Hut ca. 8–15 cm breit
          - Basis nicht knollig oder verdickt … **38 *Agaricus arvensis*, Gemeiner Anis-Champignon**
          - Basis knollig oder deutlich verdickt
            - Sporen mehr als 7 µm lang, ellipsoid … 39 *Agaricus macrocarpus*, Großer Anis-Champignon
            - Sporen unter 7 µm, kugelig … 42 *Agaricus osecanus*, Kurzsporiger Anis-Champignon
        - Hut 2–6 cm breit, Anisgeruch erst beim Trocknen … 43 *Agaricus amanitiformis*, Wulstlingsartiger Egerling
    - vorwiegend im Wald
      - Stielbasis mit Knolle
        - dünnfleischig, Hut bis 10 oder 12 cm, Ring groß, dünnhäutig, flüchtig
          - Basisknolle meist gerade, Sporen < 6,5 µm … **44 *Agaricus sylvicola*, Dünnfleischiger Anis-Champignon**
          - Basisknolle meist schief, Sporen > 6,5 µm … 45 *Agaricus essettei*, Schiefknolliger Anis-Champignon
        - dickfleischig, Hut 10–20 cm groß
          - Sporen weniger als 8,5 µm lang … 39 *Agaricus macrocarpus*, Großer Anis-Champignon
          - Sporen über 8,5 µm lang … 36a *Agaricus urinascens* var. *excellens*, Schneeweißer Egerling
      - Stielbasis ohne Knolle, höchstens bauchig-keulig
        - Geruch nach Anis, gilbend
          - Hut kahl, feinfaserig bis angedrückt schuppig … **38 *Agaricus arvensis*, Gemeiner Anis-Champignon**
          - Hut mit abstehenden, faserigen Schüppchen … 41 *Agaricus leucotrichus*, Haarigschuppiger Anis-Champignon
        - Geruch unauffällig, kaum gilbend
          - im Frühsommer bis Sommer … 11 *Agaricus altipes*, Sommer-Egerling
          - im Spätsommer bis Herbst … 13 *Agaricus chionodermus*, Schneehäutiger Egerling
  - Hut jung kupferrötlich bis weinbraun, < 10 cm … 46 *Agaricus porphyrizon*, Purpurfaseriger Wurzel-Egerling
- Hut < 5 cm breit
  - vorwiegend außerhalb des Waldes, auf Wiesen
    - Hut weiß bis cremeocker
      - Stielbasis nicht knollig … 47 *Agaricus comtulus*, Wiesen-Zwerg-Champignon
      - Stielbasis knollig, warzig … 43 *Agaricus amanitiformis*, Wulstlingsartiger Egerling
    - Hut ocker bis purpurbräunlich, schuppig … 49 *Agaricus lutosus*, Ockerfarbener Zwerg-Champignon
  - vorwiegend im Wald
    - Hut jung weiß
      - Hut zunehmend lila- bis rötlichocker faserig-schuppig … 52 *Agaricus dulcidulus*, Lilascheiteliger Zwerg-Champignon
      - Hut zunehmend cremegelb, nicht schuppig … 48 *Agaricus niveolutescens*, Weißgelblicher Zwerg-Champignon
      - Hut zunehmend gelbbraun und schuppig … 50 *Agaricus xantholepis*, Gelbschuppiger Zwerg-Champignon
    - Hut schon jung stroh- bis goldgelb … 51 *Agaricus luteomaculatus*, Gelbfleckender Zwerg-Champignon
    - Hut jung kupferrötlich bis weinbraun … 46 *Agaricus porphyrizon*, Purpurfaseriger Wurzel-Egerling

9.1.01 *Agaricus bitorquis* (Quél.) Sacc. 🍴
Stadt-Champignon, Stadt-Egerling

H: 5–12 cm, weiß, bald ockerfleckig, Oberfläche ± glatt, etwas stoffartig. **L:** frei, fleischrosa, später schwarzbraun. **St:** Spitze seidig weiß, doppelt beringt, oberer Ring oben gerieft, unterer Ring oft nur andeutungsweise als Rand einer stiefeligen Hülle um die Basis. **F:** fest, weißlich, bisweilen etwas weinrot verfärbend. **Ger:** wird als säuerlich, mandel- und holzartig beschrieben, beim Trocknen würzig, nach Maggi. **Ges:** nussartig. **Spp:** purpurbraun. **V:** am Weg- und Straßenrand, gelegentlich sogar aus Asphaltrissen, in Parks. **Mik:** Sporen glatt, breit ellipsoid bis kugelig, Keimporus fehlend, 5–7 × 4–5,5 µm, mehrheitlich 4-sporig, ChZ keulig. **Ch:** KOH auf Huthaut ohne Reaktion. (D 486, Kr 5.503, BK 4.173, Lu 2.90.2, 🖼).

9.1.02 *Agaricus bisporus* (J.E. Lange) Imbach 🍴
Zucht-Champignon, Brauner Zweispor-Egerling, Zweisporiger Egerling

H: 5–10 cm, erst weißlich, später braun radialfaserig und schuppig, Rand jung eingerollt, heller und faserig. **L:** frei, fleischrosa, später schwarzbraun. **St:** weißlich, unter dem Ring flockig, Ring einfach, wattig. **F:** fest, weißlich und evtl. leicht rötend. **Ger:** evtl. etwas nach frischem Holz. **Ges:** angenehm. **Spp:** purpurbraun. **V:** in Garten, Komposthaufen, vor allem aus der Zucht. **Mik:** Sporen glatt, ellipsoid bis leicht eingeschnürt oder bohnenförmig, Keimporus fehlend, 7–9 × 5–6,5 µm, mehrheitlich 2-sporig, ChZ keulig bis blasig. **Ch:** KOH auf Huthaut ohne Reaktion. (D 485, Kr 5.502, BK 4.172, Lu 2.90.18, 🖼).

9.1.02a *A. bisporus* var. *albidus* (J.E. Lange) Singer, Weißer Zucht-Champignon, Weißer Zweispor-Egerling: weiß bleibende Zucht-Champignons werden z. T. als eigene Varietät beschrieben. (D 485, Kr 4.171, 🖼).

9.1.03 *Agaricus subfloccosus* (J.E. Lange) Hlaváček
Flockiggesäumter Egerling, Flockiger Egerling

H: 5–9 cm, weißlich, bald bräunlich, gegen den Rand eingewachsen-faserig und evtl. schuppig aufreißend, am Rand teils mit hellen Schüppchen. **L:** frei, fleischrosa, später schwarzbraun, Schneiden etwas hell gefranst. **St:** weiß, rötlichgrau, unterhalb vom Ring flockig, Ring mit doppeltem Rand, erst fest, später ausgestopft. **F:** fest, weiß, nur im Stielmark rötend. **Ger:** evtl. säuerlich. **Ges:** etwas süßlich. **Spp:** purpurbraun. **V:** im Nadelwald, vor allem in höheren Lagen. **Mik:** Sporen glatt, ellipsoid, 6–7,5 × 4,5–5,5 µm, 4-sporig, ChZ schmal keulig bis etwas blasig. **Ch:** KOH auf Huthaut ohne Reaktion. (BK 4.195, Lu 2.90.23, 🖼).

9.1.04 *Agaricus maleolens* F.H. Møller
Übelriechender Egerling

H: 6–10 cm, ton- bis lederfarben, erst glatt, dann faserschuppig, Rand lange eingerollt, später Huthaut überstehend. **L:** frei, graulich, später purpurbraun mit unfruchtbaren, hellen Flecken. **St:** oft etwas spindelförmig, weißlich, Ring aufsteigend, einfach, selten doppelt. **F:** weißlich, deutlich rosa anlaufend. **Ger:** unangenehm, leicht fischartig. **Ges:** unangenehm. **Spp:** purpurbraun. **V:** im Garten, Park, meist auf nacktem Boden; Sommer bis Herbst. **Mik:** Sporen glatt, breit ellipsoid bis kugelig, Keimporus fehlend, 5–7 × 4,5–5,5 µm, 4-sporig, ChZ keulig bis bauchig. **Ch:** KOH auf Huthaut ohne Reaktion. (BK 4.184).

Die Art gilt als Synonym von *A. bernardii.* Gemäß Krieglsteiner & Gminder 2010 unterscheidet sich *A. maleolens* jedoch durch eine mehr faserig statt grobschuppig werdende, von jung an ockerliche Huthaut, eine verjüngte Stielbasis und kleinere Sporen. Neuhoff 1963 betrachtete den unterschiedlichen Standort als wesentlich.

9.1.05 *Agaricus bernardii* Quél.
Großer Salzwiesen-Egerling, Grobschuppiger Salzwiesen-Egerling

H: 5–20 cm, weiß, bald graubräunlich, grobfelderig schuppig, Druckstellen langsam rotbraun, Rand anfangs eingerollt, später Huthaut überstehend. **L:** frei, graulich, später purpurbraun mit unfruchtbaren, hellen Flecken. **St:** oft etwas spindelförmig, im Vergleich zum Hut kurz, jung mit häutigem Velum, später mit dickem, einfachem, selten doppeltem Ring. **F:** weiß, später gelblich, rötend. **Ger:** stark, unangenehm, bald fischartig. **Ges:** etwas unangenehm. **Spp:** purpurbraun. **V:** auf Salzwiesen in Küstennähe, am Straßenrand mit Streusalzeinfluß. **Mik:** Sporen glatt, breit ellipsoid bis kugelig, Keimporus fehlend, 6–8,5 × 5,5–7 µm, mehrheitlich 4-sporig, ChZ keulig bis unregelmäßig, teils mit Auswüchsen. **Ch:** KOH auf Huthaut ohne Reaktion. (Kr 5.501, Lu 2.90.5).

9.1.06 *Agaricus bernardiiformis* Bohus, Bohus-Egerling: eine weniger schuppige Form (eher faserig) mit schwachem Geruch, kaum rötendem Fleisch und wolligem Velum.

9.1.07 *Agaricus campestris* L. 🍴
Wiesen-Champignon, Wiesen-Egerling

H: 5–10 cm, weiß, später bräunlich, evtl. auch etwas gilbend, oft mit rosa Schimmer, glatt, seidig bis feinschuppig, dicke, abziehbare

9.1.01 *Agaricus bitorquis,* Stadt-Champignon

9.1.02 *Agaricus bisporus,* Zucht-Champignon

9.1.02a *A. bisporus* var. *albidus,* Weißer Zucht-Ch.

9.1.03 *Agaricus subfloccosus,* Flockiggesäumter Egerling

9.1.07 *Agaricus campestris,* Wiesen-Champignon

Huthaut, am Rand auffällig überstehend. **L:** frei, rosa, später schwarz, Schneiden gleichfarbig. **St:** weißlich, mit wattigem, flüchtigem Ring, darunter flockig-schuppig, gegen die Basis bräunlich. **F:** weiß, höchstens schwach rötlich anlaufend. **Ger:** angenehm. **Ges:** angenehm. **Spp:** purpurbraun. **V:** auf Wiesen, Weiden (gedüngt); Frühling bis Herbst, besonders in trockenen Sommern. **Mik:** Sporen glatt, ovoid bis etwas mandelförmig, Keimporus undeutlich, 7–9 × 4–6 µm, 4-sporig, ChZ fehlend. **Ch:** KOH auf Huthaut ohne Reaktion. (D 493, Kr 5.505, BK 4.174, Lu 2.90.11, ⊠; Kapitel-⊠).

Deutlich schuppige Exemplare werden teilweise als *A. campestris* var. *squamulosus* (Rea) Pilát bezeichnet.

9.1.08 *Agaricus pampeanus* Speg., Großsporiger Wiesen-Champignon, Großsporiger Wiesen-Egerling: Hut bis 15 cm. Sporen ellipsoid, 8,5–11 × 5–6,5 µm und mit einem für *Agaricus*-Arten ungewöhnlich ausgeprägten Keimporus. (BK 4.186).

9.1.09 *Agaricus moellerianus* Bon, Kleinsporiger Wiesen-Champignon, Kleinsporiger Wiesen-Egerling: lange kugelig, birnenförmig wie ein Bovist, Hut leicht gelblich und in große Schuppen aufbrechend, Stiel schuppig-flockig, auch an der Stielspitze, Geruch schwach süßlich, mandel- oder anisartig; auf Wiesen, Äckern, Weiden, bis in alpine Lagen. Sporen ovoid, ellipsoid bis schwach mandelförmig, Keimporus fehlend, 6–7,5 × 4,5–5,5 µm, ChZ spärlich, keulig. (Lu 2.90.13, ⊠).

9.1.10 *Agaricus litoralis* (Wakef. & A. Pearson) Pilát, *Agaricus spissicaulis* F.H. Møller
Steppen-Egerling, Strand-Egerling, Gedrungener Egerling

H: 5–8 cm, grauweißlich, evtl. leicht rosa und etwas gilbend, später breite Schuppen oder auch nur etwas rissig, Hutmitte abgeflacht. **L:** frei, cremerosa, später dunkelbraun. **St:** relativ kurz, weiß bis gleichfarbig wie der Hut, pulverig-flaumig, Ring häutig, oben weiß, unten wie der Stiel gefärbt, bisweilen mit wurzelnden Mycelsträngen. **F:** weiß, schwach rötend. **Ger:** unauffällig bis angenehm pilzartig, gelegentlich nach Bittermandeln, alt auch lakritzenartig, unangenehm. **Ges:** unauffällig bis leicht nussartig. **Spp:** purpurbraun. **V:** auf Wiesen, vor allem in Küstennähe; Sommer bis Herbst. **Mik:** Sporen glatt, breit ellipsoid, ovoid, Keimporus fehlend, 5,5–8,5 × 4–6 µm, 4-sporig, ChZ zylindrisch bis keulig, 1- bis 2-gliedrig. **Ch:** KOH auf Huthaut ohne Reaktion. (D 492, Kr 5.514, Lu 2.90.27).

9.1.11 *Agaricus altipes* (F.H. Møller) F.H. Møller, *Agaricus aestivalis* (F.H. Møller) Pilát
Sommer-Egerling, Langstieliger Egerling, Flüchtigberingter Egerling

H: 5–10 cm, weiß mit seidigen, angedrückten Fasern, strohgelblich, Rand bisweilen rosa durchschimmernd, bei Berührung gilbend. **L:** frei, bereits jung rosa, später dunkelbraun, Schneiden gleichfarbig. **St:** weißlich, gegen die Spitze etwas rötlich, gilbend wie der Hut, Ring einfach und dünn. **F:** relativ dünn, weiß, evtl. leicht rötlich im Schnitt. **Ger:** schwach mandel- oder anisartig, auch etwas nach Pelargonien oder ähnlich *Lepiota cristata*, Stink-Schirmling. **Ges:** etwas nussartig. **Spp:** purpurbraun. **V:** in lichtem Nadelwald; Sommer. **Mik:** Sporen glatt, breit ellipsoid, ovoid, Keimporus fehlend, 6,5–9 × 4,5–5 µm, 4-sporig, ChZ fehlend. **Ch:** KOH auf Huthaut ohne Reaktion. (BK 4.166, Lu 2.90.15, ⊠).

Unterschiedliche Gerüche haben zur Auftrennung in verschiedene Arten geführt.

9.1.12 *Agaricus heimii* Bon, *A. aestivalis* var. *veneris* (R. Heim & G. Becker) Wasser, Venus-Egerling, Frühlings-Egerling: Hutmitte mit braunen bis violettbraunen, angedrückten Schuppen, Stielbasis innen wie außen orangebraun verfärbend, Ring fehlend (Velumreste am Hutrand), Geruch medikamentös, zeitiges Erscheinen im Frühjahr. Sporen breit ellipsoid, 7–10 × 4,5–6 µm. (BK 4.167, ⊠).

9.1.13 *Agaricus chionodermus* Pilát, *Agaricus chionoderma* Pilát
Schneehäutiger Egerling

H: 5–15 cm, schneeweiß, nur langsam gilbend, weiß faserig-schuppig. **L:** frei, weiß, lebhaft rosa. **St:** wie der Hut gefärbt, relativ lang und tief im Boden steckend, Ring mit doppeltem Rand, unterseits schuppig. **F:** weiß, höchstens in der Stielbasis leicht gelblich. **Ger:** nicht nach Anis, evtl. leicht karbolartig. **Spp:** purpurbraun. **V:** am Waldrand, meist im Nadelwald; Sommer. **Mik:** Sporen glatt, Keimporus fehlend, 8,5–10 × 5–6 µm, ChZ fehlend. **Ch:** KOH auf Huthaut ohne Reaktion.

9.1.14 *Agaricus depauperatus* (F.H. Møller) Pilát
Ledergelber Egerling

H: 6–10 cm, weiß, evtl. feinfaserig, kaum ausgebreitet. **L:** frei, schon ganz jung rosa. **St:** weiß, gegen die Basis etwas erweitert und feinschuppig, Ring mit doppeltem Rand. **F:** weiß, im Stiel rötend mit Stich ins Orange. **Ger:** unauffällig. **Ges:** mild. **Spp:** purpurbraun. **V:** vor allem im Laubwald; im Herbst. **Mik:** Sporen glatt, ellipsoid bis ovoid, Keimporus fehlend, 6,5–9,5 × 4,5–6 µm, mehrheitlich 4-sporig, ChZ keulig bis kugelig, 1- bis 2-gliedrig. **Ch:** KOH auf Huthaut ohne Reaktion oder höchstens schwach gelborange. (Lu 2.90.26).

9.1.15 *Agaricus annae* Pilát, Schmalstieliger Blut-Egerling: Hut im Scheitel gelbbräunlich, gegen den Rand weißlich, Lamellen rosa, später schokoladenbraun, Stiel lang (über 10 cm) und relativ dünn, oft verbogen, schmutzig weißlich, gegen die Basis etwas schuppig. Sporen 7,5–9,5 × 4,5–5,5 µm, 4-sporig, ChZ keulig. Gilt bei einigen Autoren als Synonym von *A. depauperatus*.

9.1.09 *Agaricus moellerianus*, Kleinsporiger Wiesen-Champignon

9.1.11 *Agaricus altipes*, Langstieliger Egerling

9.1.12 *Agaricus heimii*, Frühlings-Egerling

9.1.16 *Agaricus benesii* (Pilát) Pilát
Weißlichschuppiger Blut-Egerling

H: 5–15 cm, weiß, ± kahl und matt, später fein bräunlich schuppig. **L:** frei, rosa, später schwarzbraun. **St:** relativ lang, weiß, gegen die Basis etwas schuppig, Basis verdickt, Ring unterseits mit flockig-sternförmigem, doppeltem Rand, Oberseite gestreift. **F:** fest, weiß und stark rötend. **Ger:** schwach, angenehm pilzig. **Ges:** aromatisch, süßlich. **Spp:** purpurbraun. **V:** im Laub- und Nadelwald; vom späten Frühling bis Ende Herbst. **Mik:** Sporen glatt, ellipsoid, Keimporus fehlend, 5–7 × 3,5–4,5 µm, mehrheitlich 4-sporig, ChZ keulig. **Ch:** KOH auf Huthaut ohne Reaktion. Der Ring wird in der Literatur uneinheitlich beschrieben. (BK 4.170, Lu 2.90.31,).

9.1.17 *Agaricus squamulifer* (F.H. Møller) Pilát
Feinschuppiger Egerling, Duftender Egerling

H: 6–20 cm, weißlich, mit dichten, gelblichen oder bräunlichen Schuppen, vor allem gegen den Rand. **L:** frei, fast weiß, rosa, später schwarzbraun. **St:** eher dick und kurz, gegen die Basis erweitert und gelbbräunlich schuppig, dauerhafter Ring mit doppeltem und unterseits zahnradartigem Rand. **F:** dick, weiß, stark rötend, vor allem in der Stielspitze. **Ger:** parfümiert, blütenartig, evtl. säuerlich. **Ges:** etwas süßlich. **Spp:** purpurbraun. **V:** in Hexenringen in Wald und Wiese; Sommer bis Herbst. **Mik:** Sporen glatt, kugelig bis breit ellipsoid, Keimporus fehlend, 5–7 × 3,5–4,5 µm, mehrheitlich 4-sporig, ChZ keulig, 1- bis mehrgliedrig. **Ch:** KOH auf Huthaut ohne Reaktion. Die Art wird von einigen Autoren als Synonym von *A. benesii* betrachtet. (Lu 2.90.22).

9.1.18 *Agaricus cappellianus* Hlaváček, *Agaricus vaporarius* (Pers.) Imbach
Kompost-Champignon

H: 5–20 cm, schmutzig- bis rotbraun, bald breitschuppig auf hellerem Grund, Rand fransig behangen. **L:** frei, fleischrosa, schnell schwarzbraun werdend. **St:** weißlich bis rötlich oder bräunlich, gegen die Basis evtl. braunfleckig oder gegürtelt und zugespitzt, Ring mit doppelter Kante. **F:** kompakt, dick, weiß, bald schmutzig und vor allem im Übergang vom Hut zum Stiel deutlich rotbraun verfärbend. **Ger:** nach Holz, Zichorien, Bratensauce, im Alter unangenehm. **Ges:** etwas süßlich, nussartig, später unangenehm. **Spp:** purpurbraun. **V:** im Park, Garten, auf Kompost; Sommer bis Herbst. **Mik:** Sporen glatt, ovoid bis etwas mandelförmig, Keimporus undeutlich, 5,5–7,5 × 4,5–6,5 µm, mehrheitlich 4-sporig, ChZ keulig bis zylindrisch, mehrheitlich 1-gliedrig, vereinzelt bis 4-gliedrig. **Ch:** KOH auf Huthaut gelb. (D 489, BK 4.196,).

Die Art scheint sehr variabel zu sein. Gemäß Ludwig 2007 sowie Kibby 2012a bezeichnet auch *A. subperonatus* die gleiche Art.

9.1.19 *Agaricus subperonatus* (J.E. Lange) Singer
Gegürtelter Egerling

H: 6–12 cm, angedrückt faserig-schuppig, ocker- bis rötlichbraun, auf hellerem Grund, Rand fransig behangen. **L:** frei, fleischrosa, später lebhafter rosa bis schmutzig rotbraun. **St:** weiß, bei Berührung bräunend, Ring mit doppelter Kante, gegen die Basis mehr oder weniger deutlich gegürtelt. **F:** weißlich, sofort rotbraun verfärbend. **Ger:** etwas fruchtig, süßlich bis sellerieartig. **Ges:** pilzig. **Spp:** purpurbraun. **V:** im Garten, auf Kompost, auf Schuttplätzen; Frühjahr bis Sommer. **Mik:** Sporen glatt, ovoid bis etwas mandelförmig, Keimporus undeutlich, 6–7,5 × 5–6,5 µm, 4-sporig, ChZ keulig bis zylindrisch, mehrheitlich 1-gliedrig, vereinzelt bis 4-gliedrig. **Ch:** KOH auf Huthaut gelb. (D 490, Kr 5.527, Lu 2.90.25,).

9.1.20 *Agaricus cupreobrunneus* (Jul. Schäff. & Steer) Pilát
Kupferbrauner Egerling

H: 4–7 cm, rosa- bis kupferbraun, erst feinschuppig-faserig, später eher glatt bis leicht glänzend. **L:** frei, lebhaft rosa, später dunkelbraun, Schneiden gleichfarbig. **St:** weiß, unter dem schmalen Ring oft schuppig und mit unvollständigen Gürteln, gegen die Basis meist zugespitzt. **F:** fest, weiß, rötend. **Ger:** angenehm pilzigartig, evtl. schwach säuerlich. **Spp:** purpurbraun. **V:** auf Wiesen; im Herbst. **Mik:** Sporen glatt, ovoid bis ellipsoid, Keimporus undeutlich, 7–9,5 × 5–6,5 µm, 4-sporig, ChZ in der Regel fehlend. **Ch:** KOH auf Huthaut ohne Reaktion. (D 491, Kr 5.508, BK 4.176, Lu 2.90.16).

9.1.21 *Agaricus porphyrocephalus* F.H. Møller, Rotbrauner Egerling, Porphyr-Egerling: Hut nur faserig, nicht schuppig und Stielbasis verdickt. Sporen 6–7,5 × 4–5 µm.

9.1.22 *Agaricus bresadolanus* Bohus, *Agaricus romagnesii* Wasser
Schlaffberingter Wurzel-Egerling, Wurzelnder Egerling

H: 5–10 cm graubräunlich, später in Schuppen aufreißend mit hellerem Hintergrund, Rand heller, lange eingerollt, nach Liegenlassen gilbend. **L:** frei, cremerosa, später dunkelbraun, Schneiden gleichfarbig. **St:** weiß, mit zarthäutigem Ring, unter dem Ring flockig, oberhalb glatt, evtl. fein gestreift, Basis keulig bis etwas knollig, mit gilbenden Mycelsträngen (wurzelnd). **F:** weiß, evtl. leicht rötend und Stielbasis rostgelb verfärbend. **Ger:** angenehm anis- bis etwas jodartig. **Ges:** unauffällig. **Spp:** purpurbraun. **V:** vor allem bei Robinien *Robinia,* im Laubwald, Parks; bis in den späten Herbst. **Mik:** Sporen glatt, ovoid bis ellipsoid, Keimporus fehlend, 5,5–7,5 × 4–5 µm, 4-sporig, ChZ keulig, 1- bis 3-gliedrig. **Ch:** KOH auf Huthaut gelb. (D 494, BK 4.190, Lu 2.90.39,).

9.1.16 *Agaricus benesii,* Weißlichschuppiger Blut-Egerling

9.1.18 *Agaricus cappellianus,* Kompost-Champignon

9.1.19 *Agaricus subperonatus,* Gegürtelter Egerling

9.1.22 *Agaricus bresadolanus,* Wurzelnder Egerling

9.1.23 *Agaricus sylvaticus* Schaeff. Wald-Champignon, Kleinsporiger Blut-Egerling

H: 5–10 cm, rot- bis dunkelbraun, fast glatt bis faserig-schuppig auf hellem Hintergrund. **L:** frei, rosa, später rot- bis dunkelbraun. **St:** weißlich, evtl. bräunlich schuppig, vergänglicher, dünnhäutiger Ring. **F:** relativ dünn, weiß, deutlich orangerot bis blutrot anlaufend. **Ger:** angenehm würzig, etwas säuerlich. **Ges:** aromatisch, etwas nussartig. **Spp:** purpurbraun. **V:** im Nadelwald. **Mik:** Sporen glatt, ellipsoid, ovoid, Keimporus fehlend, 4,5–7 × 3,5–5 µm, mehrheitlich 4-sporig, ChZ keulig bis zylindrisch, 1-gliedrig, vereinzelt bis 4-gliedrig. **Ch:** KOH auf Huthaut ohne Reaktion. (D 485, Kr 5.524, BK 4.192, Lu 2.90.29).

Einige Autoren bezeichnen Exemplare mit einem fast weißen Hut mit ockerlichen Schüppchen und einem weißen Stiel als *A. sylvaticus* var. *pallidus* (F.H. Møller) F.H. Møller, Heller Wald-Champignon, Weißer Kleinspor-Blut-Egerling. (BK 4.193).

Größere, stark rötende Arten mit bis zu 15 cm breitem Hut und aus dem Laubwald werden bisweilen als *Agaricus haemorrhoidarius,* Schulzer, Großer Wald-Champignon, Großer Wald-Egerling abgetrennt.

Agaricus collegarum, L.A. Parra, Wisman, Guinb., Weholt, Musumeci & Geml, Geselliger Champignon: Hut mit rotbraunen, oft sternförmig aufreißenden Schuppen auf weißlichem Grund, Stiel oberhalb des flüchtigen Ringes glatt bis fein längsriefig, unterhalb faserig-wollig bis feinschuppig, vorwiegend gesellig bis büschelig, in Gewächshäusern, auf Rindenmulch, sandigem Boden, Nadelstreu von Weißtannen *Abies*, bei Zypressen *Cupressus* oder Kirsche *Prunus*; Frühling bis Herbst, bisher aus Holland, Frankreich, Norwegen.

9.1.23 *Agaricus sylvaticus*, Wald-Champignon

9.1.24 *Agaricus langei* (F.H. Møller) F.H. Møller, *Agaricus mediofuscus* (F.H. Møller) Pilát Großsporiger Blut-Egerling, Großer Blut-Egerling, Dunkelscheibiger Egerling

H: 5–15 cm, ocker- bis dunkelbraun, bald faserig-schuppig mit kaum sichtbarem hellem Hintergrund. **L:** frei, bald lebhaft rosa. **St:** glatt, zylindrisch, Ring doppelrandig. **F:** weiß, sofort rot anlaufend. **Ger:** schwach, angenehm. **Ges:** schwach, pilzig, nussartig. **Spp:** purpurbraun. **V:** im Nadelwald; Sommer bis Herbst. **Mik:** Sporen glatt, ellipsoid, Keimporus fehlend, 6,5–8,5 × 4–5 µm, mehrheitlich 4-sporig, ChZ keulig bis kugelig, 1- bis 2-gliedrig. **Ch:** KOH auf Huthaut ohne Reaktion. (D 487, Kr 5.512, BK 4.179, Lu 2.90.30).

9.1.24 *Agaricus langei*, Großer Blut-Egerling

9.1.25 *Agaricus fuscofibrillosus* (F.H. Møller) Pilát Dunkelfaseriger Egerling, Braunstieliger Blut-Egerling

H: 4–8 cm, haselnussbraun, Mitte glatt, oft dunkler, gegen außen mit radialen, haarigen Fasern, alt bisweilen auch schuppig. **L:** frei, rosa, später schokoladenbraun. **St:** weiß bis hellbraun, Ring einfach und schmal. **F:** weiß, rasch rosa- bis weinrot anlaufend. **Ger:** schwach. **Spp:** purpurbraun. **V:** im Laubwald; Herbst. **Mik:** Sporen glatt, ovoid bis ellipsoid, Keimporus fehlend, 7,5–10 × 5–6 µm, 4-sporig, ChZ ballonförmig, groß, 1-, selten 2-gliedrig. **Ch:** KOH auf Huthaut ohne Reaktion. Die Art gilt bei verschiedenen Autoren als Synonym von *A. langei.* (Lu 2.90.20).

9.1.26 *Agaricus lanipes* (F.H. Møller & Jul. Schäff.) Hlaváček Wollfuß-Egerling

H: 5–10 cm, schokoladenbraun, später in breite Schuppen aufreißend mit hellem Hintergrund, oft niedergedrückt. **L:** frei, blassrosa, später braunrötlich. **St:** oberhalb des Ringes weißlich, unterhalb braunfilzig, Ring oft hoch sitzend, oberseits grob faltig, unterseits braun schuppig, gegen die verdickte Basis gegürtelt, Basis evtl. gilbend und oft mit dicken, gelblichen Mycelsträngen. **F:** schmutzig weißlich, unterschiedlich rötlich (Stielspitze) oder aprikosengelb (Stielbasis) anlaufend. **Ger:** evtl. etwas nach Schokolade. **Ges:** mild. **Spp:** purpurbraun. **V:** im Laub- und Nadelwald; Sommer bis Herbst. **Mik:** Sporen glatt, ellipsoid bis kugelig, Keimporus fehlend, 6–7 × 4,5–5,5 µm, mehrheitlich 4-sporig, ChZ keulig, 1- bis 5-gliedrig. **Ch:** KOH auf Huthaut ohne Reaktion. (D 485, Lu 2.90.24).

Wird oft als Speisepilz bezeichnet. Gemäß Ludwig 2007 gibt es allerdings Meldungen über Unverträglichkeiten aus Südfrankreich.

9.1.27 *Agaricus impudicus* (Rea) Pilát, *Agaricus koelerionis* (Bon) Bon Braunscheckiger Stink-Egerling, Dunkelschuppiger Sand-Egerling

H: 5–10 cm, ± dunkel rotbraun, bald in angedrückte Schuppen aufbrechend, Huthaut überstehend. **L:** frei, hellrosa bis dunkelbraun. **St:** weiß, seidig, lang und dünn, Ring häutig, dünn, gegen die Basis evtl. mit etwas angedrückten braunen Schuppen, etwas knollig, bisweilen mit wurzelnden Mycelsträngen. **F:** weiß, in der Stielspitze etwas rötend, Basis etwas bräunend. **Ger:** angedeutet fruchtig oder kakaoartig, im Schnitt eher unangenehm, ähnlich *Lepiota cristata*, Stink-Schirmling. **Ges:** mild, eher unangenehm. **Spp:** purpurbraun. **V:** im Wald, in Küstennähe, vor allem auf nackten Böden; Sommer bis Herbst. **Mik:** Sporen glatt, schmal ellipsoid bis ellipsoid, Keimporus fehlend, 5–6,5 × 3,5–4 µm, 4-sporig, ChZ keulig bis ballonförmig. **Ch:** KOH auf Huthaut ohne Reaktion. (D 488, Kr 5.511, Lu 2.90.19).

9.1.27 *Agaricus impudicus*, Braunscheckiger Stink-Egerling

9.1.28 *Agaricus xanthodermus* Genev., *Agaricus xanthoderma* Genev. ☠
Karbol-Champignon, Veränderlicher Karbol-Champignon, Veränderlicher Karbol-Egerling

H: 5–15 cm, kalkweiß, im Scheitel meist abgeflacht, vor allem am Rand bei Verletzung sofort chromgelb verfärbend. **L:** frei, blass, lange rosa, dunkelbraun. **St:** wie der Hut gefärbt, schlank, Basis knollig und bei Verletzung sofort chromgelb verfärbend, bald wieder verblassend, Ring zweischichtig, unterseits oft zahnradartig, Rand gilbend. **F:** weiß, in der Stielbasis rasch chromgelb verfärbend. **Ger:** tinten-, karbolartig (an frisch verletzten Stellen). **Ges:** widerlich. **Spp:** purpurbraun. **V:** im Wald, Park, auf Wiesen. **Mik:** Sporen glatt, ellipsoid, Keimporus fehlend, 5–7,5 × 4–6 µm, mehrheitlich 4-sporig, teils auch 1- bis 2-sporig, ChZ keulig bis ballonförmig, 1- bis 2-gliedrig. **Ch:** KOH auf Huthaut gelb. (D 505, Kr 5.530, BK 4.197, Lu 2.90.32, 🖼).

9.1.28a *A. xanthodermus* var. *griseus* (A. Pearson) Bon & Cappelli, Grauer Karbol-Champignon, Grauhütiger Karbol-Champignon, Grauer Karbol-Egerling: Hut mit graubraunen Fasern bis feinen Schuppen. (BK 4.198, 🖼).

Der Name „Veränderlicher" Karbol-Champignon weist darauf hin, dass verschiedene Autoren „var. *griseus*" und weitere Varietäten zum Spektrum der Hauptart zählen. Der Geruch ist im Zweifelsfall gut wahrnehmbar, wenn man ein Stück Fleisch vom Hutrand auf dem Handrücken verreibt und sich unter die Nase hält.

9.1.29 *Agaricus moelleri* Wasser, *Agaricus meleagris* (Jul. Schäff.) Imbach, *Agaricus praeclaresquamosus* A.E. Freeman ☠
Perlhuhn-Egerling

H: 5–15 cm, gewölbt, im Zentrum oft abgeplattet, rauchschwärzlich bis dunkelbraun, im Scheitel dunkler, vor allem gegen den Rand fein schuppig, faserig oder punktiert auf hellem Hintergrund, Rand bei Verletzung chromgelb. **L:** frei, blass, rosa, dunkelbraun bis schwarz, Schneiden evtl. punktiert, gezähnelt. **St:** schlank, weißlich, braunfleckig, Basis knollig und bei Verletzung rasch chromgelb, später braunrot, Ring abstehend, Unterseite mit einer zweiten, kleineren, sternförmigen Schicht. **F:** weiß, teils im Hut und in der Stielbasis chromgelb und später rosabraun bis braunrot. **Ger:** schwach nach Karbol, Tinte, faulem Stroh. **Ges:** unauffällig. **Spp:** purpurbraun. **V:** unter Laubbäumen, in Parks. **Mik:** Sporen glatt, ellipsoid, Keimporus fehlend, 5–7 × 3–4,5 µm, mehrheitlich 4-sporig, ChZ keulig bis ballonförmig, 1- bis 3-gliedrig. **Ch:** KOH auf Huthaut gelb. (D 506, Kr 5.518, BK 4.188, Lu 2.90.33, 🖼).

9.1.30 *Agaricus phaeolepidotus* F.H. Møller, Rebhuhn-Egerling: Hutscheitel und Schüppchen etwas größer, mit vorwiegend braunen Farbtönen, untere Ringschicht in einzelne Stücke aufreißend. Sporen 5–6 × 3,5–4 µm. (D 507, Lu 2.90.35, 🖼).

9.1.31 *Agaricus rotalis* K.R. Peterson, Desjardin & Hemmes, Windrädchen-Karbol-Champignon: Hut 6–10 cm, gewölbt bis etwas gebuckelt, im Scheitel jung körnig, gegen außen auffällig braun bis schwarzbraun radialfaserig auf hellem Grund, am Rand teils schuppig, Stielspitze cremerosa, Basis braun und knollig, oft gerandet, Fleisch cremeweiß, in der Basis chromgelb verfärbend, sonst im Schnitt ganz schwach rötend, Geruch karbolartig. Sporen glatt, oval, 4,5–6,5 × 2,5–4 µm, 4-sporig, ChZ keulig bis kugelig. (🖼).

9.1.32 *Agaricus pilatianus* (Bohus) Bohus ☠
Gefaltetberingter Karbol-Egerling, Halskragen-Karbol-Champignon

H: 6–15 cm, graubräunlich, fleckig, gegen den Rand breit faserig-schuppig. **L:** frei, blass, rosa, dunkelbraun. **St:** robust, Basis verjüngt, bei Verletzung chromgelb, Ring dreifach gefaltet. **F:** weiß, Stielbasis stark chromgelb. **Ger:** karbolartig. **Ges:** unangenehm, karbolartig. **Spp:** purpurbraun. **V:** im Park, Garten; im Herbst. **Mik:** Sporen glatt, ellipsoid, Keimporus fehlend, 5,5–7,5 × 4–5,5 µm, mehrheitlich 4-sporig, ChZ keulig bis etwas kugelig, groß, 1- bis 3-gliedrig. **Ch:** KOH auf Huthaut gelb. (D 508, Lu 2.90.36).

9.1.33 *Agaricus iodosmus* Heinem., Breitschuppiger Jodoform-Egerling, Mediterraner Jodoform-Egerling: Hut bis 20 cm breit, sehr breitschuppig, Ring einfach, mit braunem Rand. Sporen 6–7 × 4,5–5 µm, 4-sporig, ChZ 1- bis mehrgliedrig. Verschiedene Autoren betrachten die Art als Synonym von *A. pilatianus*. (Lu 2.90.34).

9.1.34 *Agaricus menieri* Bon, Großsporiger Sand-Egerling: Hut kahl, weißlich, graurosa, ansatzweise mit zweitem Ring unter dem hoch sitzenden und oft anliegenden Hauptring; auf Sandböden, Wärme liebend, in Küstennähe. Sporen ovoid bis breit ellipsoid, 6–9 × 5–6 µm, 4-sporig, teils auch 2-sporig, ChZ ellipsoid bis birnenförmig, 1- bis mehrgliedrig. (Lu 2.90.40, 🖼).

9.1.35 *Agaricus pseudopratensis* (Bohus) Wasser ☠
Falscher Wiesen-Champignon, Schmalberinger Karbol-Egerling

H: 2,5–7 cm, graubräunlich, gegen den Rand schuppig auf hellem Grund. **L:** frei, lebhaft rosa, braunschwarz. **St:** oberhalb des Rings etwas rosa, Ring schmal, mit doppeltem, bräunlichem Rand, alt nur noch als Saum. **F:** weiß, in der Basis erst gilbend, dann wie in der Stielspitze rötlich anlaufend. **Ger:** schwach karbolartig. **Ges:** unangenehm, karbol-

9.1.28 *Agaricus xanthodermus*, Karbol-Champignon

9.1.28a *Agaricus xanthodermus* var. *griseus*, Grauer Karbol-Champignon

9.1.29 *Agaricus moelleri*, Perlhuhn-Egerling

9.1.30 *Agaricus phaeolepidotus*, Rebhuhn-Egerling

9.1.31 *A. rotalis*, Windrädchen-Karbol-Champignon

9.1.34 *A. menieri*, Großsporiger Sand-Egerling

artig. **Spp:** purpurbraun. **V:** auf Wiese, sandigem Boden, im Fichtenwald *Picea;* Herbst. **Mik:** Sporen glatt, ellipsoid bis ovoid, Keimporus fehlend, 5,5–7 × 4–5 µm, 4-sporig, ChZ zylindrisch bis keulig, vereinzelt etwas kopfig, 1-gliedrig, selten 2- bis 3-gliedrig. **Ch:** KOH auf Huthaut gelb. (Lu 2.90.37).

Exemplare mit weißem, glattem, nur in der Mitte etwas cremefarbenem Hut werden vereinzelt auch als *A. pseudopratensis* var. *niveus* Bohus, Pseudo-Karbol-Champignon abgegrenzt. (BK 4.189).

9.1.36 *Agaricus urinascens* (Jul. Schäff. & F.H. Møller) Singer, *Agaricus macrosporus* (F.H. Møller & Jul. Schäff.) Pilát, *Agaricus stramineus* (Jul. Schäff. & F.H. Møller) Singer
Großsporiger Riesen-Champignon, Strohgelber Egerling, Großsporiger Riesen-Egerling

H: 10–30 cm, weißlich bis rehbraun, etwas gilbend, seidig, evtl. leicht faserig oder schuppig, Rand überstehend. **L:** frei, blass, kurz rosa, bald schwarzbraun. **St:** eher kurz, mit dickem, zahnradartigem Ring, gegen die Basis schuppig und bisweilen etwas zugespitzt. **F:** weiß, gilbend, im Stiel teils etwas rötend. **Ger:** eigenartig, jung und frisch leicht anisartig, später eher unangenehm. **Ges:** anis- bis nussartig. **Spp:** purpurbraun. **V:** auf Weiden, Waldwiesen; Sommer bis Herbst. **Mik:** Sporen glatt, ellipsoid, eher schmal, teils etwas mandelförmig, Keimporus fehlend, 9,5–12 × 6–7,5 µm, 4-sporig, ChZ zylindrisch bis keulig, 1- bis 3-gliedrig. **Ch:** KOH auf Huthaut gelb. (D 500, Kr 5.529, BK 4.183, Lu 2.90.44, 🖼).

9.1.36a *A. urinascens* var. *excellens* F.H. Møller, Schneeweißer Egerling, Seidenweißer Egerling: Hut bis 20 cm, anfangs schneeweiß, später schwefelgelblich bis ocker verfärbend, Stiel lang, unterhalb des Ringes längsfaserig und erst gegen die Basis schuppig; im Wald. Die Abgrenzung dieser Varietät ist umstritten. (BK 4.178).

9.1.37 *Agaricus augustus* Fr., *A. augustus* var. *perrarus* (Schulzer) Bon & Cappelli
Braunschuppiger Riesen-Champignon, Braunschuppiger Riesen-Egerling

H: 12–30 cm, gelb- bis dunkelbraun, faserig-schuppig auf gelblichem Hintergrund, Rand von Velumresten oft etwas fransig. **L:** frei, blass, rosa, später schwarzbraun. **St:** lang, weißlich, meist hellbraun flockig-schuppig, Ring dünn, Unterseite mit weißen bis ockerbraunen Flocken. **F:** weiß, leicht gelbbräunlich verfärbend, im Alter etwas braunrötlich. **Ger:** mandelartig. **Spp:** purpurbraun. **V:** im Nadel- oder Laubwald; Frühling bis Herbst. **Mik:** Sporen glatt, ellipsoid, eher schmal, teils etwas mandelförmig, Keimporus fehlend, 8–10,5 × 5,5–7 µm, 4-sporig, ChZ zylindrisch, mehrgliedrig, Endzellen unregelmäßig geformt. **Ch:** KOH auf Huthaut gelb. (D 495, Kr 5.500, BK 4.169, Lu 2.90.41, 🖼).

Agaricus subrufescens Peck, Blatthaufen-Champignon, Blatthaufen-Egerling: Hut weniger als 12 cm breit, Schuppen eher rötlichbraun, Stiel mit flüchtigem Ring, im unteren Teil mehlig bis feinst schuppig, Fleisch in der Stielbasis gilbend, möglicherweise auch etwas rötend. Sporen breit ellipsoid, 5–7 × 3,5–5 µm, Ring und Stieloberfläche gleich unterhalb des Ringes teils mit breit ellipsoiden bis kugeligen Zellen. (Lu 2.90.42).

9.1.38 *Agaricus arvensis* Schaeff.
Gemeiner Anis-Champignon, Schaf-Champignon, Gemeiner Anis-Egerling

H: 8–15 cm, seidig weiß, bei Berührung und im Alter gilbend, glattfaserig bis angedrückt schuppig. **L:** frei, blass graurosa, später dunkelbraun. **St:** gleichfarbig wie der Hut, gegen die Basis verdickt, Ring zweischichtig, untere Schicht bald mit zahnradartigem Rand. **Ger:** nach Anis. **Ges:** nussartig. **Spp:** purpurbraun. **V:** in Wiesen, Parks, seltener auch im Nadelwald; Frühling bis Herbst. **Mik:** Sporen glatt, ellipsoid bis ovoid, teils etwas mandelförmig, Keimporus fehlend, 6,5–8,5 × 4,5–5,5 µm, 4-sporig, ChZ mehrgliedrig, Endglieder ellipsoid bis keulig. **Ch:** KOH auf Huthaut gelb. (D 499, Kr 5.498, BK 4.168, Lu 2.90.46, 🖼).

9.1.39 *Agaricus macrocarpus* F.H. Møller, *A. arvensis* var. *macrocarpus* (F.H. Møller) E. Ludw., Großer Anis-Champignon, Großer Anis-Egerling: größere (bis 20 cm), stämmige Art mit dickem Stiel und knolliger Basis; in lichtem Nadelwald, auch außerhalb. Sporen ovoid bis schmal mandelförmig, 7–9 × 4,5–6 µm, mehrheitlich 4-sporig, teils auch 2-sporig, ChZ mehrgliedrig, Endglieder groß, ellipsoid, keulig bis ballonförmig. (Kr 5.516, BK 4.182, Lu 2.90.47, 🖼).

9.1.36 *Agaricus urinascens*, Großsporiger Riesen-Champignon

9.1.37 *Agaricus augustus*, Braunschuppiger Riesen-Champignon

9.1.38 *Agaricus arvensis*, Gemeiner Anis-Champignon

9.1.39 *Agaricus macrocarpus*, Großer Anis-Champignon

9.1.40 *Agaricus fissuratus* F.H. Møller
Rissigschuppiger Anis-Champignon, Rissigschuppiger Egerling

H: 5–10 cm, strohgelblich, bald ockerlich faserig, Rand rissig. **L:** frei, fleischrosa. **St:** eher kurz, etwas knollige Basis, jung Stielmitte grob weißflockig, -körnig, Ring dünn mit ockerlich schuppiger Unterseite. **F:** ± weiß. **Ger:** etwas nach Bittermandeln. **Spp:** purpurbraun. **V:** im Grasland in Küstennähe; Sommer bis Herbst. **Mik:** Sporen glatt, ellipsoid bis ovoid, teils etwas mandelförmig, Keimporus fehlend, 7,5–9,5 × 5,5–6,5 µm, 4-sporig, ChZ mehrgliedrig, Endglieder teils mit kleinem Fortsatz. **Ch:** KOH auf Huthaut gelb. Krieglsteiner & Gminder 2010, Kibby 2012a wie auch Ludwig 2007 erachten dies als eigene Art. Andere Autoren zählen die Art zu *A. arvensis.* (D 498, Lu 2.90.45, 🖼).

9.1.41 *Agaricus leucotrichus* F.H. Møller
Haarigschuppiger Anis-Champignon, Weißhaariger Anis-Egerling

H: 8–12 cm, weißlich, dicht weiß faserig-schuppig, gelb fleckend, schließlich strohgelb. **L:** frei, lange blass, graurosa. **St:** wie der Hut gefärbt, Ring dünn mit runden Schuppen am Rand der Unterseite. **F:** weiß, später ockerlich. **Ger:** nach Anis oder Sägemehl. **Ges:** nussartig. **Spp:** purpurbraun. **V:** im Nadelwald; Sommer bis Herbst. **Mik:** Sporen glatt, ellipsoid bis ovoid, Keimporus fehlend, 7–9,5 × 5–6,5 µm, 4-sporig, ChZ 1-gliedrig, keulig bis ballonförmig. **Ch:** KOH auf Huthaut gelb. Auch diese Abgrenzung wird angezweifelt. Krieglsteiner & Gminder 2010 wie auch Ludwig 2007 erachten sie als gerechtfertigt. Andere Autoren zählen diese Art ebenfalls zu *A. arvensis.* (BK 1.180, Lu 2.90.43).

9.1.42 *Agaricus osecanus* Pilát, *Agaricus nivescens* F.H. Møller
Kurzsporiger Anis-Champignon, Rundsporiger Egerling, Kurzsporiger Anis-Egerling

H: 10–15 cm, lange schneeweiß, leicht gilbend. **L:** frei, lange blass, fleischrosa. **St:** weiß, eher kurz und dick, jung etwas kleiig, Ring zweischichtig, untere Schicht bald mit zahnradartigem Rand. **F:** dick, kaum verfärbend. **Ger:** stark nach Anis. **Ges:** nussartig. **Spp:** purpurbraun. **V:** in Wiesen, Parks, unter Laubbäumen; Frühling bis Herbst. **Mik:** Sporen glatt, breit ellipsoid bis annähernd kugelig, Keimporus fehlend, 6–7,5 × 4,5–5,5 µm, 4-sporig, ChZ mehrheitlich mehrgliedrig, Endglieder keulig bis ballonförmig. **Ch:** KOH auf Huthaut gelb. (Lu 2.90.50, 🖼).

9.1.43 *Agaricus amanitiformis* Wasser
Wulstlingsartiger Egerling, Warziggegürtelter Egerling

H: 2–6 cm, seidig weiß, später etwas lederfarben, gegen den Rand bisweilen leicht schuppig. **L:** frei, lange weiß, später leicht rosa. **St:** wie Hut, Stielbasis knollig und warzig wie bei einem Fliegenpilz, Ring einfach, dünnhäutig. **F:** weißlich, kaum verfärbend. **Ger:** schwach, beim Trocknen etwas anisartig. **Spp:** purpurbraun. **V:** in Parks, auf Wiesen, auf nacktem Boden unter Bäumen; Herbst. **Mik:** Sporen glatt, Keimporus fehlend, 5,5–7 × 3,5–4,5 µm, ChZ fehlend. **Ch:** KOH auf Huthaut gelb.

9.1.44 *Agaricus sylvicola* (Vittad.) Peck
Dünnfleischiger Anis-Champignon, Dünnfleischiger Anis-Egerling

H: 5–10 cm, seidig matt, weißlich, dünnfleischig, langsam, anhaltend und stark gilbend, bei Nässe evtl. durchscheinend rosa. **L:** frei, rosagrau bis schwarzbraun. **St:** gleichfarbig wie der Hut, Ring groß, dünnhäutig und flüchtig, Basis knollig. **F:** weiß, später ockerlich. **Ger:** deutlich nach Anis. **Ges:** pilz- bis nussartig. **Spp:** purpurbraun. **V:** im Wald; Sommer bis Herbst. **Mik:** Sporen glatt, ellipsoid bis ovoid, Keimporus fehlend, 5,5–7 × 3–5 µm, 4-sporig, ChZ 1-gliedrig, keulig bis ballonförmig. **Ch:** KOH auf Huthaut gelb. (D 496, Kr 5.526, BK 4.194, Lu 2.90.48f, 🖼).

9.1.45 *Agaricus essettei* Bon, *Agaricus abruptibulbus* Peck, Schiefknolliger Anis-Champignon, Schiefknolliger Anis-Egerling: Stielbasis mit gerandeter, schiefer Knolle; meist im Nadelwald. (D 497, Kr 5.509, BK 4.177, 🖼).

Verschiedene Autoren interpretieren die Abgrenzung zwischen *A. sylvicola*, *A. abruptibulbus* sowie *A. essettei* unterschiedlich, sei es als Synonym, Varietät oder eigene Art.

Agaricus tenuivolvatus F.H. Møller, Schwefelgelber Anis-Champignon: ganz jung weiß, früh gelb bis schwefelgelb, fester, mitteldicker Ring mit Schüppchen an der Unterseite; im Nadelwald. Sporen 5–6,5 × 4–4,5 µm.

9.1.46 *Agaricus porphyrizon* P.D. Orton
Purpurfaseriger Wurzel-Egerling

H: 3–9 cm, braunviolette, angedrückte, faserige Schuppen; Hintergrund in der Mitte weinrötlich, gegen den Rand weißlich, Verletzungen lebhaft gilbend, Rand mit Velumresten behangen. **L:** frei, breit, lange blass, graurötlich bis braun, Schneiden gezähnt. **St:** weiß, glatt, gegen die gilbende Basis verdickt, mit schmalem gilbendem Ring. **F:** weiß, in der Stielbasis gilbend. **Ger:** deutlich nach Bittermandeln. **Ges:** nussartig. **Spp:** purpurbraun. **V:** im Laub- oder Mischwald; Sommer bis Herbst. **Mik:** Sporen glatt, ellipsoid bis ovoid, Keimporus fehlend, 5–6 × 4–4,5 µm, mehrheitlich 4-sporig, ChZ keulig bis ballonförmig, vereinzelt 2- bis 3-gliedrig. **Ch:** KOH auf Huthaut gelb. (D 502, Kr 5.521, BK 4.187, Lu 2.90.51, 🖼).

9.1.40 *Agaricus fissuratus*, Rissigschuppiger Anis-Ch.

9.1.42 *A. osecanus*, Kurzsporiger Anis-Champignon

9.1.44 *Agaricus sylvicola*, Dünnfleischiger Anis-Champignon

9.1.45 *Agaricus essettei*, Schiefknolliger Anis-Champ.

9.1.46 *Agaricus porphyrizon*, Purpurfaseriger Wurzel-Egerling

9.1.47 *Agaricus comtulus* Fr.
Wiesen-Zwerg-Champignon, Blasser Zwerg-Champignon

H: 2–4 cm, seidig weiß, Mitte leicht rosa oder gelb, später ocker, gegen den Rand etwas faserig und bei Verletzung gilbend. **L:** frei, schon jung lebhaft rosa. **St:** weiß, Ring dünn, flüchtig. **F:** weiß, leicht gilbend, in der Stielbasis meist deutlich. **Ger:** schwach nach Bittermandeln. **Ges:** nussartig. **Spp:** purpurbraun. **V:** auf Wiesen; Herbst. **Mik:** Sporen glatt, ellipsoid, ovoid bis etwas mandelförmig, Keimporus fehlend, 4,5–6 × 3–4 µm, mehrheitlich 4-sporig, ChZ keulig bis ballonförmig, vereinzelt 2- bis 3-gliedrig. **Ch:** KOH auf Huthaut gelb. (D 501, Kr 5.507, BK 4.175, Lu 2.90.8,).

9.1.48 *Agaricus niveolutescens* Huijsman
Weißgelblicher Zwerg-Champignon

H: 2–4 cm, erst ganz weiß, faserig, später strohgelblich, bei Berührung gilbend. **L:** frei, blass, graurosa. **St:** wie der Hut, Basis leicht knollig, Ring dünn, leicht gilbend. **F:** weiß, gilbend. **Ger:** säuerlich bis schwach nach Bittermandeln. **Ges:** unauffällig. **Spp:** purpurbraun. **V:** im Laubwald, am Nadelwaldrand. **Mik:** Sporen glatt, breit ellipsoid, Keimporus fehlend, 4,5–5,5 × 3–4 µm, 4-sporig, ChZ keulig. Verschiedene Autoren wie z. B. Ludwig 2007 zählen die Art zu *A. comtulus*, während z. B. Krieglsteiner & Gminder 2010 die Abgrenzung beibehält. (Kr 5.519, BK 4.185).

9.1.49 *Agaricus lutosus* F.H. Møller
Ockerfarbener Zwerg-Champignon, Ockerfarbener Zwerg-Egerling

H: 2,5–5 cm, ocker bis purpurbräunlich, gegen den Rand gelb bis bräunlich schuppig. **L:** frei, jung graurosa. **St:** kurz, Spitze weißlich, Ring flüchtig, im unteren Teil etwas schuppig bis leicht gegürtelt, gelblich und an der Basis teils mit weißen Rhizoiden. **F:** weiß, in der Basis gilbend. **Ger:** nach Bittermandeln oder Anis. **Spp:** purpurbraun. **V:** auf Wiesen; Herbst. **Mik:** Sporen glatt, ellipsoid bis ovoid, Keimporus fehlend, 4,5–6 × 3–4 µm, mehrheitlich 4-sporig, ChZ keulig bis ballonförmig, vereinzelt 2-gliedrig. **Ch:** KOH auf Huthaut gelb. (Kr 5.515, Lu 2.90.7).

9.1.50 *Agaricus xantholepis* F.H. Møller, Gelbschuppiger Zwerg-Champignon, Gelbschuppiger Satin-Egerling: Hut 4–7 cm, weißlich bis ockergelb, später faserig-schuppig aufreißend und dahinter weiß, Lamellen relativ breit, fast weiß, graurosa, Stiel weiß, gegen die Basis gelblich und verdickt, Basisknolle ausgeprägt, Fleisch weiß, in der Basis gilbend, relativ dick; vorwiegend im Nadelwald, Sommer bis Herbst.

9.1.51 *Agaricus luteomaculatus* F.H. Møller, Gelbfleckender Zwerg-Champignon, Ockerbrauner Zwerg-Champignon, Ockerbrauner Zwerg-Egerling: Hut 3–4 cm, strohgelb, vor allem in der Mitte Stich ins Weinrote, Rotbraune, ± faserig-schuppig, dunkel gilbend, Lamellen blass, graurosa, Stiel seidig, weiß, bei Berührung dunkelgelb, Basis knollig, Fleisch weißlich, bald rostockerlich, unter dem Scheitel dick, im Laub- und Nadelwald; Sommer bis Herbst. (BK 4.181).

A. xantholepis und *A. luteomaculatus* gelten teilweise als Synonym von *A. lutosus*.

9.1.52 *Agaricus dulcidulus* Schulzer, *Agaricus purpurellus* F.H. Møller
Lilascheiteliger Zwerg-Champignon, Purpurhütiger Zwerg-Champignon, Keulenfüßiger Zwerg-Champignon, Lilascheiteliger Zwerg-Egerling

H: 2–6 cm, schmutzig weiß, Mitte ± weinrötlich oder ockerlich, faserig-schuppig. **L:** frei, graurosa. **St:** weißlich, gegen die knollige Basis gelblich, Ring flüchtig. **F:** weiß, Stielbasis gelb. **Ger:** leicht nach Anis und Bittermandeln. **Ges:** unauffällig. **Spp:** purpurbraun. **V:** im Laub- oder Nadelwald, vorwiegend Nadelwald; Sommer bis Herbst. **Mik:** Sporen glatt, ellipsoid bis ovoid, Keimporus fehlend, 4–5 × 3–4 µm, 4-sporig, ChZ keulig bis ballonförmig, 1-gliedrig, vereinzelt 2-gliedrig. **Ch:** KOH auf Huthaut gelb. (D 504, Lu 2.90.9f,).

Agaricus semotus Fr., Weinrötlicher Zwerg-Champignon, Weinrötlicher Zwerg-Egerling: Hut ziegelrot mit dunklerer Mitte. Gilt meistens als Synonym von *A. dulcidulus*. (D 503, Kr 5.523, BK 4.191, Lu 2.90.10).

9.1.53 *Micropsalliota geesterani* (Bas & Heinem.) R.L. Zhao & L.A. Parra, *Allopsalliota geesterani* (Bas & Heinem.) Nauta & Bas, *Agaricus geesterani* Bas & Heinem.
Maulwurf-Natternstielegerling, Maulwurf-Egerling, Maulwurf-Buntchampignon

H: 6–15 cm, erst gewölbt, weißlich und lange im Boden versenkt, später im Zentrum abgeflacht bis etwas vertieft, am Licht und an Druckstellen zunehmend weinbraun, haarig schuppig, Rand eingebogen **L:** frei, jung gelblich braun, später rosa- bis rotbraun. **St:** erst weißlich, gestiefelt mit teils mehrfachen, filzigen Ringzonen als Resten eines Gesamtvelums, zunehmend rot- bis weinbraun und vor allem gegen die Basis schuppig. **F:** kompakt, dick, weiß, im Schnitt oder an Druckstellen rasch chromgelb anlaufend, nach einigen Minuten weinrot und schließlich weinbraun verfärbend. **Ger:** leicht säuerlich-obstartig bis etwas nach Anis. **Ges:** etwas süßlich, nussartig, später unangenehm. **Spp:** lila-graubraun **V:** im Laubwald, am Wegrand, wächst unterirdisch und hebt beim Hervorbrechen mit bereits ausgebreitetem Hut maulwurfartige Erdhügel auf; im Sommer. **Ch:** Fleisch mit Ammoniak grün verfärbend. **Mik:** Sporen glatt, breit ellipsoid, ovoid bis ganz leicht eingeschnürt, Keimporus fehlend, teilweise stattdessen mit Wandverdickung, 7–9 × 4,5–6,5 µm, 4-sporig, ChZ fadenförmig, wellig, teils etwas kopfig. (Lu 2.91.1).

9.1.47 *Agaricus comtulus*, Wiesen-Zwerg-Champignon

9.1.52 *Agaricus dulcidulus*, Lilascheiteliger Zwerg-Champignon

9.2 *Lepiota*, Schirmlinge und Ähnliche

Basidiomycota, Ständerpilze > *Agaricomycetes* > *Agaricales*, Blätterpilze > *Agaricaceae*, Champignonsverwandte

Beschreibung

Kleine bis mittelgroße Pilze, erst glockig, kegelig, später ausgebreitet gewölbt und meist gebuckelt, mit feinschuppigem oder schuppigem bis grob kegelig-warzigem Hut, seltener auch glatt oder faserig-filzig. Die Hutfarbe ist weiß, ocker, rosa bis fleischrötlich, ausnahmsweise gelb. Die Schuppen sind meist dunkler, bräunlich, rostbraun, weinrot, grün oder dunkelbraun bis fast schwarz. ***Lepiota***, Schirmlinge sind in der Mehrzahl häutig, flockig, teils auch schleierartig oder gestiefelt beringt; am Stiel finden sich entsprechende, nicht verschiebbare Ringreste. Die weißlichen bis blass ockerfarbenen, selten auch gelben Lamellen sind frei und oft gedrängt; das Sporenpulver ist weiß bis cremefarben. Zahlreiche Arten, wie z. B. *Lepiota cristata*, Stink-Schirmling, verströmen einen auffälligen, unangenehmen, schwer zu beschreibenden Geruch. Die meist größeren Fruchtkörper mit auffällig aufstehenden, faserigen bis warzigen Schuppen zählen zur Gattung ***Echinoderma***, Stachelschirmlinge. Unter den kleineren Schirmlingsarten mit mehlig-kleiiger Hutoberfläche und flüchtigem oder fehlendem Ring findet sich ***Cystolepiota***, Mehlschirmlinge mit vorwiegend weißem, evtl. rosa bis rötlichbraunem, selten gelbem oder violettem Hut und gleichzeitig auffällig gasartigem Geruch. Die zwei seltenen, kleinen Arten mit auffällig blutroten oder grünen Lamellen und entsprechend rotbraunem bis grünlichem Sporenpulver gehören zur Gattung ***Melanophyllum***, Buntschirmlinge. Eine ebenfalls kleine Art, jedoch mit schmierigem Hut, gestiefeltem Stiel und tropfenförmigen Ausscheidungen, die beim Eintrocknen fleckig sichtbar bleiben, zählt zur Gattung ***Chamaemyces***, Schmierschirmlinge.

Die verschiedenen schirmlingsähnlichen Arten erscheinen vom Sommer bis in den Herbst an diversen Standorten auf Erdboden und zählen – wie die ganze Familie *Agaricaceae* – zu den Saprobionten.

Die Sporen der schirmlingsartigen Pilze sind glatt, mehrheitlich schmal ellipsoid, teilweise projektilförmig oder mit einem seitlichen Sporn versehen, meist dextrinoid und im Unterschied zu *Macrolepiota* und *Leucoagaricus* nicht oder kaum metachromatisch. In der Hutdeckschicht (HDS) der *Echinoderma*, Stachelschirmlinge findet man kettenartige Gebilde aus aneinandergereihten kugeligen bis länglichen Elementen.

Bestimmung

Kegelwarzige oder pyramidale Schuppen grenzen *Echinoderma*, Stachelschirmlinge von den anderen Gattungen mit eher anliegenden, kaum abstehenden Schüppchen, mehlig-kleiigen oder glatten Hutoberflächen ab. Diese lassen sich anhand von Farbe, Größe, Stieloberfläche oder Geruch weiter unterscheiden. In vielen Fällen sind für die präzise Zuordnung mikroskopische Untersuchungen notwendig.

Speisewerte

Unter den *Lepiota*, Schirmlinge gibt es stark giftige, amanitinhaltige Arten, die nicht leicht erkennbar sind. Da es in der ganzen Gattung keine Speisepilze gibt, genügt es für Sammler:innen, die Gattungszugehörigkeit zu erkennen und alle *Lepiota*-Arten zu meiden. Die giftigen, mittelgroßen bis großen *Echinoderma*, Stachelschirmlinge, die zusammen mit Alkohol noch eine zusätzliche schädliche Wirkung entfalten können, müssen sicher und eindeutig von den essbaren und beliebten *Macrolepiota*, Riesenschirmlinge unterschieden werden können.

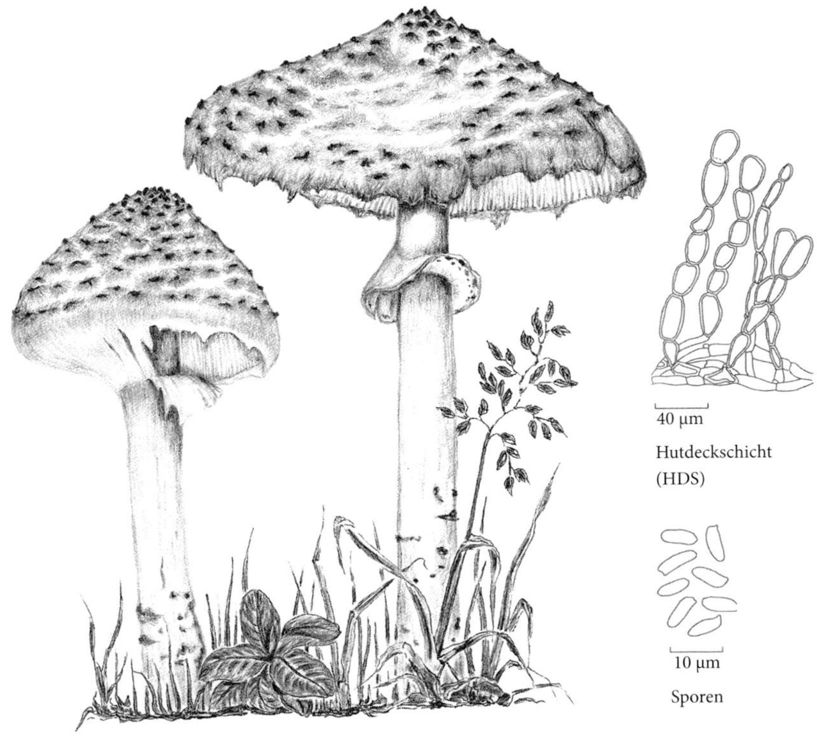

9.2.01 *Echinoderma asperum*,
Spitzschuppiger Stachelschirmling

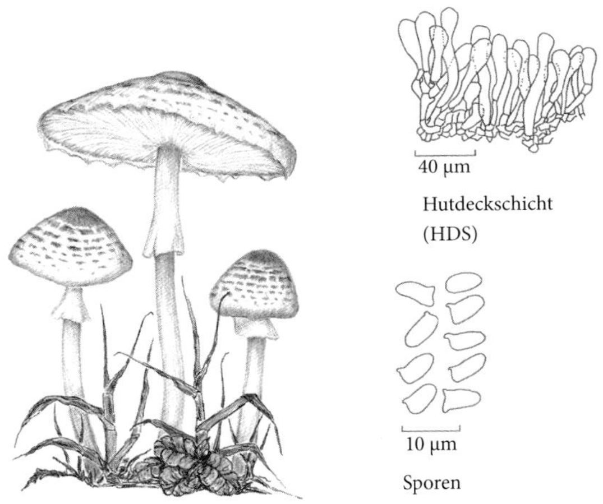

9.2.17 *Lepiota cristata*,
Stink-Schirmling

9.2.40 *Chamaemyces fracidus*,
Fleckender Schmierschirmling

9.2 *Lepiota*, Schirmlinge und Ähnliche
(A) Hutoberfläche deutlich warzig oder schuppig

Hut mit kegelwarzigen oder pyramidalen Schuppen, orange- bis kastanienbraun	
Lamellenschneiden weiß	
Stachelschuppen bis 2 (4) mm lang, Ring fädig-häutig, Sporen > 6 µm	**01 *Echinoderma asperum*, Spitzschuppiger Stachelschirml.**
Stachelschuppen kaum über 1 mm lang	
Sporen 5–6,5 µm, ellipsoid bis projektilförmig (ansatzweise mit Sporn)	02 *Echinoderma perplexum*, Ringloser Stachelschirmling
Sporen mehrheitlich < 5 µm lang, ellipsoid ohne Sporn	
Hut meist über 4 cm breit, dornig-schuppig	06 *Echinoderma echinaceum*, Igel-Stachelschirmling
Hut kaum über 4 cm breit	
Hut deutlich kegelig-warzig, Stiel schuppig warzig	07 *Echinoderma carinii*, Feinwarziger Stachelschirmling
Hut kegelig-warzig abwischbar, Stiel feinwarzig	08 *Echinoderma pseudoasperulum*, Kleinster Stachelschirmling
Hut schuppig bis warzig-schuppig, nicht kegelig-warzig	
Hut braun warzig-schuppig auf hellem Grund	03 *Echinoderma jacobi*, Langes Stachelschirmling
Hut orangeockerlich schuppig, kaum warzig	43 *Cystolepiota sinopica*, Ziegelrötlicher Mehlschirmling
Stachelschuppen bis 3 oder 4 mm lang	04 *Echinoderma calcicola*, Kakaobrauner Stachelschirmling
Lamellenschneiden schwärzlich, Hut auf Druck orange verfärbend	05 *Echinoderma hystrix*, Kegelschuppiger Stachelschirmling
Hut schuppig, Mitte oft mit glatter Kappe oder dichten Schüppchen	
Hut weiß schuppig auf cremeweißem Grund (Scheitel evtl. cremeockerlich)	
Hut 3–8 cm, Stiel > 5mm dick, weißlich, Fleisch fest, fast etwas zäh	09 *Lepiota erminea*, Weißer Rettich-Schirmling
Hut 1–3,5 cm, Stiel < 5 mm dick, Basis zunehmend fleischockerlich	10 *Lepiota subalba*, Fastweißer Schirmling
Hut mit grünlichen bis olivgrauen Schüppchen	
Schuppen deutlich, im Zentrum vorwiegend olivgrün, Sporen mit Sporn	11 *Lepiota grangei*, Grünspan-Schirmling
Schuppen erst graubraun bis graugrün oder olivbraun	
Hut deutlich warzig-schuppig, Sporen mit Sporn	12 *Lepiota griseovirens*, Graugrüner Schirmling
Hut sehr fein schuppig, Sporen ohne Sporn	13 *Lepiota forquignonii*, Olivgrauer Schirmling
Hut ocker- bis dunkelbraun schuppig, Grund weißlich, orange- bis kastanienbraun	
Lamellen weißlich bis ockerlich, blassrosa	
Hut kaum über 2 cm breit	
Hut ockerbraun, orangebraun bis lebhaft rostorange	
im Laubwald, Hut lebhaft rostorange, Sporen mit Sporn	20 *Lepiota ignicolor*, Feuerfarbener Schirmling
im Nadelwald, Hut orangebraun, Sporen ohne Sporn	14 *Lepiota cristatoides*, Falscher Stink-Schirmling
mediterran, Hut ockerfarben, Sporen ohne Sporn	15 *Lepiota cystophoroides*, Ockerscheibiger Schirmling
Hut graubraun, Stiel ohne Ring, fein faserig	16 *Lepiota hymenoderma*, Unberingter Schirmling
Hut meist 2–4 cm breit, Grundfarbe weißlich	
Schuppen ockerlich bis braun, Sporen mit Sporn	
Hutmitte braun, gegen außen vorwiegend hell	**17 *Lepiota cristata*, Stink-Schirmling**
Hut bis außen vorwiegend orange- bis kastanienbraun	
Schuppen dunkel kastanienbraun, Zwischenräume deutlich	18 *Lepiota castanea*, Kastanienbrauner Schirmling
Schuppen fuchsbraun, dicht, Hut 2–6 cm, Stiel ohne Wurzelfäden	19 *Lepiota boudieri*, Fuchsbrauner Schirmling
Schuppen grau, braun, sehr dicht, Hut 1–2 cm, Wurzelfäden	21 *Lepiota tomentella*, Schwachfilziger Schirmling
Schuppen ockerlich bis braun, Sporen ohne Sporn	
im Nadelwald, Hut orangebraun, Sporen ohne Sporn	14 *Lepiota cristatoides*, Falscher Stink-Schirmling
im Laubwald, Stiel im unteren Teil gegürtelt	
Hut 2–4 cm, Stielspitze weißlich, Sporen über 9 µm lang	22 *Lepiota subgracilis*, Körnigschuppiger Schirmling
Hut 1–1,5 cm, Stielspitze rosa, Sporen höchstens 7 µm lang	23 *Lepiota echinella*, Kleiner Borsten-Schirmling
vorwiegend im Gewächshaus, evtl. Laubwald	44 *Cystolepiota fumosifolia*, Rauchblättriger Mehlschirmling
mediterran	15 *Lepiota cystophoroides*, Ockerscheibiger Schirmling
Schuppen purpurbraun bis schwärzlich	
Hutmitte dunkelbraun bis schwarz	24 *Lepiota felina*, Schwarzschuppiger Schirmling
Hutmitte purpurbraun	25 *Lepiota lilacea*, Lila Schirmling
Hut meist breiter als 4 cm, Grundfarbe weißlich	
Stiel wollig, weiß gestiefelt, Sporen höchstens 18 µm lang	26 *Lepiota clypeolaria*, Wolliggestiefelter Schirmling
Stiel wollig, gelb gestiefelt, Sporen bis über 20 µm lang	27 *Lepiota magnispora*, Gelbflockiger Wollstiel-Schirmling
Stiel mit braun gerandeter, evtl. doppelter Ringzone, Basis orangerot	28 *Lepiota ignivolvata*, Braunberingter Schirmling
Stiel mit schleierartigem, nicht wolligem Velum	29 *Lepiota cortinarius*, Schleier-Schirmling
Hut ca. 3–8 cm breit, Grundfarbe ockergelb, Geruch auffällig süßlich	30 *Lepiota ochraceofulva*, Ockerbrauner Schirmling
Lamellen gelb, teils im Gewächshaus oder Blumentopf	31 *Lepiota xanthophylla*, Gelbblättriger Schirmling
Hut fleischrosa bis rosabraun, Stiel weißlich bis rosa	
Sporen < 5 µm lang, Hut stark schuppig, vorwiegend Gewächshäuser	32 *Echinoderma rubellum*, Rötlicher Schirmling
Sporen 5–10 µm lang	
Huthautelemente maximal bis 150 µm lang	33 *Lepiota helveola*, Fleischrötlicher Schirmling
Huthautelemente bis 250 µm, Hut und Velum rosa- bis ockerbraun	34 *Lepiota subincarnata*, Fleischrosa Schirmling
Huthautelemente bis 350 µm lang, Hut und Velum grau- bis dunkelbraun	35 *Lepiota brunneoincarnata*, Fleischbräunlicher Schirmling
Sporen bis ca. 12 µm lang, Huthautelemente bis 500 µm lang	36 *Lepiota kuehneri*, Rosabrauner Schirmling
Hut und Stiel violettbraun, weinbraun, wollig filzig	37 *Lepiota fuscovinacea*, Weinbrauner Schirmling

9.2 *Lepiota*, Schirmlinge und Ähnliche
(B) Hutoberfläche glatt, faserig-feinschuppig oder körnig

- Hut glatt bis faserig-filzig, alt am Rand bisweilen feinschuppig
  - Hutoberfläche schmierig, Stiel gestiefelt beringt — 40 *Chamaemyces fracidus,* Fleckender Schmierschirmling
  - Hutoberfläche nicht schmierig
    - Hut weiß bis blassocker
      - Stiel unterhalb des Ringes weißflockig, gegen die Basis evtl. bräunend — 09 *Lepiota erminea,* Weißer Rettich-Schirmling
      - Stiel glatt, weiß mit knolliger, fast berandeter Basis — 38 *Lepiota subvolvata,* Fastbescheideter Schirmling
    - Hut hell graubraun bis tonbraun, Sporen schmal ellipsoid, gespornt — 21 *Lepiota tomentella,* Schwachfilziger Schirmling
    - Hutmitte fleisch- bis lederockerlich, ohne Grau, Sporen spindelig, ohne Sporn — 39 *Lepiota oreadiformis,* Ockerblasser Schirmling
    - Hut rosabräunlich bis weinrot, Sporen kugelig, glatt bis feinstwarzig — 8.2.04 *Limacella delicata,* Zierlicher Schleimschirmling
- Hut kleiig, mehlig-körnig bis flockig, weniger als 4 cm Hutdurchmesser
  - Lamellen frei
    - Lamellen rot — 41 *Melanophyllum haematospermum,* Blutblättriger Buntschirmling
    - Lamellen blaugrün — 42 *Melanophyllum eyrei,* Grünblättriger Buntschirmling
    - Lamellen weiß bis gelb, gelbockerlich
      - Geruch aufdringlich leuchtgasartig, Hutrand und Stielbasis violettlich — 45 *Cystolepiota bucknallii,* Violettlicher Mehlschirmling
      - Geruch unauffällig bis unangenehm, aber nicht leuchtgasartig
        - Hut weiß bis cremeweiß oder schwach rosa, bis 2 cm breit — 47 *Cystolepiota seminuda,* Weißhütiger Mehlschirmling
        - Hut erst weiß, später rosabräunlich bis rötlichbraun, 2–5 cm breit — 46 *Cystolepiota pulverulenta,* Bräunender Mehlschirmling
        - Hut graubeige bis ocker
          - Fleisch höchstens im Stiel etwas rötend — 48 *Cystolepiota adulterina,* Fastberingter Mehlschirmling
          - Fleisch überall rötend — 49 *Cystolepiota hetieri,* Rotfleckender Mehlschirmling
        - Hut schwefelgelb — 50 *Cystolepiota icterina,* Schwefelgelber Mehlschirmling
  - Lamellen schmal angeheftet, fast frei, Stiel oft gestiefelt — 9.6 *Cystoderma,* Körnchenschirmlinge

9.2.01 *Echinoderma asperum* (Pers.) Bon, *Lepiota aspera* (Pers.) Quél. ☠ Spitzschuppiger Stachelschirmling

H: 5–12 cm, jung faserig, bald in konzentrischen Kreisen gelb- bis dunkelbraun kegelig-schuppig auf blassem Grund, Hutrand etwas überhängend. **L:** frei, in Randnähe oft gegabelt, sehr gedrängt, weiß, später creme bis ockerlich, Schneiden fein flockig-gesägt. **St:** Spitze weißlich, unterhalb des spinnwebenartigen, später häutigen Ringes blass ockerlich bis braun, erst wollig faserig-schuppig, später auch kahl, Basis verdickt bis knollig. **F:** weiß. **Ger:** widerlich, säuerlich-scharf. **Ges:** unangenehm. **Spp:** weiß. **V:** im Wald, Park; Herbst. **Mik:** Sporen glatt, schmal ellipsoid bis etwas projektilförmig, 6,5–8,5 × 2,5–3,5 µm, dextrinoid, HDS mit Ketten ellipsoider bis kugeliger Elemente. (D 514f, Kr 4.58, BK 4.214, Lu 3.111.4, 🖼).

9.2.02 *Echinoderma perplexum* (Knudsen) Bon, *Lepiota perplexa* Knudsen, Ringloser Stachelschirmling: Hut 2,5–5 cm, gelbbraun, Schuppen dunkler, bis etwa 1 mm lang. Sporen ellipsoid bis projektilförmig, 5–6,5 × 2,5–3 µm. (BK 4.233, Lu 3.111.3, 🖼).

9.2.03 *Echinoderma jacobi* (Vellinga & Knudsen) Gminder, *Lepiota langei* Knudsen, Langes Stachelschirmling: Hut 2–5 cm breit, Schuppen dauerhaft, kaum über 1 mm lang, im Scheitel spitz, gegen außen stumpfer, Ring nicht häutig, stets fädig, schleierartig; vorwiegend bei Laubbäumen. Sporen ellipsoid bis etwas zylindrisch, 3,5–5 × 2–3 µm. (Kr 4.62, BK 4.231, Lu 3.111.5, 🖼).

9.2.04 *Echinoderma calcicola* (Knudsen) Bon, *Lepiota calcicola* Knudsen, Kakaobrauner Stachelschirmling: Hut 2–7 cm breit, Schuppen auf Hut und Stiel ziemlich lang (1–4 mm) und gekrümmt, Hutrand bisweilen mit orangebraunen Tönen; im Wald, Park, vorwiegend auf kalkreichen Böden. Sporen ellipsoid bis etwas zylindrisch 4–6 × 2–3,5 µm. (Kr 4.60, BK 4.217, Lu 3.111.1, 🖼).

9.2.05 *Echinoderma hystrix* (F.H. Møller & J.E. Lange) Bon, *Lepiota hystrix* F.H. Møller & J.E. Lange, Kegelschuppiger Stachelschirmling: Hut 4–6 cm breit, Schuppen auf Hut und Stiel breit und dick, schwarzbraun, Lamellen nicht gegabelt, weiß, Schneiden bisweilen schwärzlich (Lupe!), Stielspitze weiß, oft mit dunkelbraunen Tröpfchen. Sporen projektilförmig, ansatzweise gespornt, 5,5–7,5 × 2,5–3 µm. (Kr 4.61, BK 4.227, Lu 3.111.6).

9.2.06 *Echinoderma echinaceum* (J.E. Lange) Bon, *Lepiota echinacea* J.E. Lange, Igel-Stachelschirmling: Hut 2,5–5 cm (je nach Literatur auch bis 10 cm oder größer), Schuppen dicht, dornig, 0,5–1,5 mm lang, oft von der Mitte her verkahlend, Lamellen weniger gedrängt; bei Eschen *Fraxinus.* Sporen schmal ellipsoid, 4,5–6 × 2,5–3 µm, dextrinoid. (BK 4.223, Lu 3.111.7, 🖼).

9.2.07 *Echinoderma carinii* (Bres.) Bon, Feinwarziger Stachelschirmling, Kleiner Stachelschirmling: Hut 1,5–4 cm, fleisch- bis gelbbraun, Schüppchen kaum länger als 0,5 mm, lose haftend, Stiel mit wolligem, bald verschwindendem Ring, Schüppchen wie auf dem Hut; Funde bei Schwarzkiefer *Pinus nigra.* Sporen klein, ellipsoid bis fast etwas kugelig, 3,5–4,5 × 2,5–3 µm. (BK 4.218, Lu 3.111.9).

9.2.08 *Echinoderma pseudoasperulum* (Knudsen) Bon, Kleinster Stachelschirmling: Hut 1–2,5 cm, cremefarben bis schmutzig orange mit flüchtigen, eher körnig-flockigen Schuppen, Stiel relativ lang, braunkörnig ohne deutliche Schuppen, Ring nicht häutig, stets fädig, schleierartig und flüchtig; im Laubwald. Sporen ellipsoid bis breit ellipsoid, 3,5–4,5 × 2–3 µm. (BK 4.234, Lu 3.111.8).

Die Abgrenzung der hier aufgeführten kleineren, nah verwandten Arten des häufigen *E. asperum,* Spitzschuppiger Stachelschirmling erfordert meistens mikroskopische Untersuchungen.

9.2.09 *Lepiota erminea* (Fr.) P. Kumm., *Lepiota alba* (Bres.) Sacc. Weißer Rettich-Schirmling, Weißer Schirmling

H: 3–8 cm, erst einheitlich weißlich oder ockerlich, Mitte zunehmend dunkler, gegen außen fein schuppig-faserig, heller, Rand flockig, lange eingebogen. **L:** frei, gedrängt, weißlich. **St:** Spitze weiß, glatt bis gerieft, unterhalb des Ringes meistens auffällig gegürtelt, gegen die Basis evtl. etwas bräunend. **F:** weißlich, fest, fast etwas zäh. **Ger:** schwach. **Ges:** rettichartig. **Spp:** weiß. **V:** auf Wiesen, in der Nähe von Laubbäumen. **Mik:** Sporen glatt, schmal ellipsoid bis spindelig, ohne Sporn, 9,5–16,5 × 5–7 µm, dextrinoid, Haare der Huthaut ohne Septen. (Kr 4.67, BK 4.213, Lu 3.111.31, 🖼).

9.2.10 *Lepiota subalba* Kühner ex P.D. Orton, Fastweißer Schirmling: Hut 1–3,5 cm breit, Mitte schmutzig cremefarben, gegen den Rand weiß, schuppig, fransig, Stiel beringt, unterhalb fransig, übersponnen oder mit abstehenden Schuppenkränzen, kaum gegürtelt, später kahl, weißlich, von der Basis her ockerlich fleischfarben werdend, Geruch deutlich, unangenehm wie *Lepiota cristata,* Stink-Schirmling. Sporen schmal ellipsoid, projektilförmig mit seitlichem Sporn, 6–11 × 2,5–5 µm, Haare der Huthaut vereinzelt mit einer Septe. (Kr 4.95, Lu 3.111.21).

Lepiota parvannulata (Lasch) Gillet, Kleinberingter Schirmling: Hut 0,5–2,5 cm breit. Sporen breit ellipsoid, ohne Sporn, etwas dickwandig, 3,5–4,5 × 2–3 µm, nicht dextrinoid, Haare der Huthaut schmal mit 1–2 Septen. (Lu 3.111.41).

Lepiota rufipes Morgan, Dunkelblättriger Schirmling: Hut 0,5–2 cm breit, kahl, am Rand evtl. runzelig oder etwas schorfig, weiß bis cremefarben, Stiel glatt, von der Basis zunehmend purpurrötlich, ohne Ring (oder mit sehr flüchtigem Ring); vorwiegend im Moor, bei Torfmoos *Sphagnum,* in Parks. Sporen breit ellipsoid bis kugelig, 3–5 × 2–4 µm, nicht dextrinoid, HDS mit keuligen, blasigen Elementen. (Lu 3.111.13).

9.2.01 *Echinoderma asperum,* Spitzschuppiger Stachelschirmling

9.2.02 *E. perplexum,* Ringloser Stachelschirmling

9.2.03 *E. jacobi,* Langes Stachelschirmling

9.2.04 *Echinoderma calcicola,* Kakaobrauner Stachelschirmling

9.2.06 *Echinoderma echinaceum,* Igel-Stachelschirmling

9.2.09 *Lepiota erminea,* Weißer Rettich-Schirmling

9.2.11 ***Lepiota grangei*** (Eyre) Kühner
Grünspan-Schirmling

H: 2–4 cm, dunkelgrün, gegen außen in faserige, dunkelgrüne oder grau- bis braungrüne Schüppchen aufbrechend, Hintergrund weiß. **L:** frei, nicht gedrängt, weiß, später cremefarben, wenn alt, bisweilen stellenweise orange (Schneide). **St:** Spitze weißlich, ohne Ring, abwärts ocker bis orangeocker mit grünlichen Schüppchen bedeckt (z. T. wie gegürtelt). **F:** im Hut weißlich, in der Stielbasis rotbräunlich. **Ger:** unangenehm. **Spp:** weiß. **V:** im Laubwald. **Mik:** Sporen glatt, ellipsoid bis projektilförmig mit seitlichem Sporn, 8–13 × 3,5–5 µm, dextrinoid, Endhyphen der Hutschüppchen teils mit mehreren Septen. (Kr 4.83, BK 4.225, Lu 3.111.24, 🖼).

9.2.12 ***Lepiota griseovirens*** Maire
Graugrüner Schirmling

H: 1,5–3 cm, Mitte dunkel graubraun, gegen außen graugrünliche Schüppchen auf cremeockerlichem Grund. **L:** frei, dicht, cremeweißlich bis blass ockerlich. **St:** Spitze weißlich, Ringzone undeutlich, abwärts grauockerlich, mit graugrünlichen, faserigen Schüppchen, Basis alt bisweilen rötlich. **F:** im Hut weißlich, im Stiel grauockerlich, in der Basis rötlich. **Ger:** unangenehm. **Spp:** weiß. **V:** vorwiegend im Auenwald. **Mik:** Sporen glatt, ellipsoid, projektilförmig mit wenig ausgeprägtem, seitlichem Sporn, 6–9,5 × 3–5 µm, dextrinoid, Haare der Huthaut meist ohne Septen. (BK 4.226, Lu 3.111.25, 🖼).

Lepiota obscura (Locq. ex Bon) Bon, Falscher Graugrüner Schirmling: Hutfarbe dunkelgrün, Stielbasis bei Berührung orangerötlich.

9.2.13 ***Lepiota forquignonii*** Quél. ☠
Olivgrauer Schirmling

H: 1,5–4 cm, olivgrau bis olivbraun, gegen außen in feine Schüppchen aufbrechend, Hintergrund weiß. **L:** frei, weißlich, später creme, bisweilen mit einem Hauch Rosa, Schneiden ganz fein flockig. **St:** Spitze weißlich, bereift, mit angedeuteter Ringzone, gegen die verdickte Basis fleischockerlich und mit weißen Flocken. **F:** weißlich, in der Stielbasis ± fleischrosa. **Ger:** unangenehm. **Spp:** weiß. **V:** vor allem im Laubwald. **Mik:** Sporen glatt, breit ellipsoid, 6–7,5 × 3,5–4,5 µm, dextrinoid, Huthaut mit langen Elementen, Endhyphen meist ohne Septen. (Lu 3.111.47).

9.2.14 ***Lepiota cristatoides*** Einhell. ☠
Falscher Stink-Schirmling

H: 1–3 cm, Mitte ockerbraun, glatt, gegen außen ockerlich, feinschuppig bis fast glatt. **L:** frei, dicht, weiß bis rosacreme. **St:** mit flüchtigem Ring, braun, gegen die Basis dunkler. **F:** weißlich im Hut, rötlichbraun im Stiel. **Ger:** schwach bis etwas widerlich. **Spp:** weiß. **V:** im Nadelwald, evtl. auch im Laubwald. **Mik:** Sporen glatt, breit ellipsoid, ohne Sporn, 3,5–5 × 2,5–3 µm, kaum dextrinoid, jedoch metachromatisch, Huthaut mit Ketten ellipsoider bis kugeliger Elemente, ChZ fehlend.

9.2.15 ***Lepiota cystophoroides*** Joss. & Riousset ☠
Ockerscheibiger Schirmling

H: 1–3 cm, Mitte ocker, gegen außen auf blass ockerlichem Grund in Schuppen aufbrechend. **L:** frei, creme bis schmutzig creme. **St:** weiß faserig auf rötlichbraunem Grund, Ringzone undeutlich. **F:** weiß im Hut, im Stiel rötlichbraun. **Spp:** weiß. **V:** im Mittelmeerraum, unter Steineichen *Quercus ilex*, Zedern *Cedrus* usw. **Mik:** Sporen glatt, ellipsoid, 6–8,5 × 4–4,5 µm, schwach dextrinoid, ChZ vorhanden.

9.2.16 ***Lepiota hymenoderma*** D.A. Reid ☠
Unberingter Schirmling

H: 1–2,5 cm, Mitte grau- bis fleischbraun, glatt, gegen außen schuppig auf weißlichem bis blass rosafarbenem Grund. **L:** frei, blassrosa. **St:** silbrig-faserig, später fleischbraun, stets ohne Ring, mit rötlichen Mycelsträngen. **F:** rötlich. **Ger:** widerlich. **Spp:** weiß. **V:** unter Laubbäumen, Gebüsch. **Mik:** Sporen glatt, ellipsoid, 4–6 × 2,5–3,5 µm, schwach dextrinoid, ChZ fehlend.

9.2.17 *Lepiota cristata* (Bolton) P. Kumm.
Stink-Schirmling

H: 2–4 cm, Mitte rotbraun, glatt, gegen außen rotbraune, zum Rand hin kleiner werdende Schuppen auf weißlichem Grund. **L:** frei, weiß, später cremegelblich. **St:** Spitze blass, unterhalb des häutigen Ringes weiß bis fleischbraun, jung schuppig, später kahl. **F:** im Hut cremeweißlich, in der Stielrinde braun. **Ger:** stark widerlich. **Spp:** weiß. **V:** in Grasland, Parks, am Wegrand; Sommer bis Herbst. **Mik:** Sporen glatt, projektilförmig bis fast dreieckig, mit seitlichem Sporn, 5–6,5 × 2–3,5 µm, leicht dextrinoid, Huthaut mit keuligen und länglichen, vereinzelt septierten Elementen. (D 511, Kr 4.76, BK 4.221, Lu 3.111.14, 🖼).

Lepiota apatelia Vellinga & Huijser, Ringloser Stink-Schirmling: Geruch schwach obstartig bis widerlich, ähnlich dem Stink-Schirmling, Stiel ohne oder mit unvollständigem Ring. Sporen glatt, ellipsoid, ohne Sporn, 4,5–6 × 3–3,5 µm, schwach dextrinoid und allenfalls etwas metachromatisch, Huthaut mit Ketten ellipsoider bis kugeliger Elemente. (Lu 3.111.16).

9.2.11 *Lepiota grangei*, Grünspan-Schirmling

9.2.12 *Lepiota griseovirens*, Graugrüner Schirmling

9.2.17 *Lepiota cristata*, Stink-Schirmling

9.2.18 *Lepiota castanea* Quél., ***Lepiota ignipes*** Locq. ☠
Kastanienbrauner Schirmling

H: 2–4 cm, kastanienbraun, bald in kleine Schüppchen aufreißend. **L:** frei, weißlich, später etwas bräunend. **St:** blass cremebraun, unter der undeutlichen Ringzone braun faserig-schuppig. **F:** weißlich, Stielrinde bräunlich. **Ger:** unangenehm. **Spp:** weiß. **V:** im Laub- und Nadelwald. **Mik:** Sporen glatt, schmal ellipsoid mit seitlichem Sporn, 7–14 × 3–5,5 µm, dextrinoid, Hutdeckschicht mit 1- bis 3-fach septierten «Huthauthaaren». (D 511, Kr 4.71, BK 4.219/228, Lu 3.111.26, 🖼).

9.2.19 *Lepiota boudieri* Bres., *Lepiota fulvella* Rea, Fuchsbrauner Schirmling, Fuchsbräunlicher Schirmling: Hut mit dunkelbraunen Faserschüppchen auf orange- bis gelbbraunem Grund; an feuchten Stellen, im Laubwald, bei Hasel *Corylus*. Sporen schmal ellipsoid bis projektilförmig und seitlich gespornt, 6–10 × 3–4,5 µm, Haare der Huthaut eher kurz, mit braunem Pigment, ohne Septen. (Kr 4.68, BK 4.216, Lu 3.111.19, 🖼).

9.2.20 *Lepiota ignicolor* Bres., Feuerfarbener Schirmling, Feuerfuchsiger Schirmling: Hut 1–1,5 cm, lebhaft feuerfarben, orangebraun, faserig-schuppig, später evtl. verkahlend, Lamellen weiß, später gelblich, Stiel faserig, wie der Hut gefärbt, Ring faserig, schleierartig, sehr flüchtig, Fleisch im Hut schmutzig gelb, im Stiel orangebraun, Geruch leicht unangenehm; an grasigen Stellen. Sporen ellipsoid, mit seitlichem Sporn, 7–9 × 3,5–4,5 µm, Haare der Huthaut eher kurz, ohne Septen. (Lu 3.111.18).

9.2.21 *Lepiota tomentella* J.E. Lange, Schwachfilziger Schirmling: Hut ocker- bis tonbraun, filzig-haarig, später feinschuppig, Mitte dunkler, Geruch süßlich. Sporen schmal ellipsoid, projektilförmig, mit seitlichem Sporn, 7–9,5 × 3–4 µm, Haare der Huthaut mit Septen. (Kr 4.100, Lu 3.111.23).

Lepiota pilodes Vellinga & Huijser, Orangeverfärbender Schirmling, Filzhut-Schirmling: Hut feinschuppig, Hut und Fleisch bei Verletzung orange verfärbend. Sporen ellipsoid, mit seitlichem Sporn, 7–10 × 3–4 µm, Haare in der Huthaut ohne Septen. (Lu 3.111.22).

Die Abgrenzung der nahestehenden, giftigen Arten ist nicht einheitlich. So betrachten z.B. einige Autoren *L. ignicolor* lediglich als kleine Form von *L. castanea* mit eher rötlicher Hutfarbe.

9.2.22 *Lepiota subgracilis* Kühner
Körnigschuppiger Schirmling

H: 2–4 cm, Mitte dunkel rotbraun, glatt, gegen außen schuppig auf fleischbräunlichem Grund, Schuppen gegen den Rand spärlicher werdend. **L:** frei, nicht gedrängt, weiß bis schwach rosa. **St:** Spitze weißlich, Ring faserig-häutig mit braunem Rand, gegen die verdickte Basis gegürtelt und braun schuppig. **F:** weich. **Ger:** pilzartig. **Spp:** weiß. **V:** im Laub- und Nadelwald. **Mik:** Sporen glatt, ellipsoid bis mandelförmig, 9–13,5 × 4–6 µm, dextrinoid, Haare in der Huthaut teils mit einer Septe. (Kr 4.96, BK 4.230, Lu 3.111.28).

Lepiota sublaevigata Bon & Boiffard, Feinschuppiger Schirmling: Hut 1,5–3 cm breit, ohne klaren Übergang von der glatten Kappe zum schuppigen äußeren Teil wie bei den meisten anderen Schirmlingen, Ring sehr flüchtig, ohne braun gerandete Velumgürtel, Stielbasis weinrosa; Wärme liebend. Sporen etwas größer, 10–16 × 5–6 µm. (D 518).

Lepiota wasseri Bon, *Lepiota kuehneriana* Locq., Risspilzähnlicher Schirmling: Ringzonen flüchtig. Sporen teils etwas eingeschnürt, Pigment der Huthauthyphen inkrustiert. (Lu 3.111.29).

Die Abgrenzung der ähnlichen *L. subgracilis*, *L. sublaevigata* und *L. wasseri* ist in der Literatur uneinheitlich.

9.2.23 *Lepiota echinella* Quél. & G.E. Bernard, ***Lepiota setulosa*** J.E. Lange ☠
Kleiner Borsten-Schirmling, Borstiger Schirmling

H: 1–2,5 cm, jung glockig, faserig, bald flach, evtl. gebuckelt bis niedergedrückt, in der Mitte mit kegeligen, braunen Schüppchen bedeckt, nach außen in konzentrischen Kreisen schuppig bis felderig-schuppig auf creme- bis leicht rosafarbenem Untergrund. **L:** frei, in Randnähe oft gegabelt, sehr gedrängt, weiß, später creme bis ockerlich, Schneiden fein flockig-gesägt. **St:** Spitze rosa, unterhalb des Ringes rötlich-ockerlich gebändert, gegen die Basis dunkelbraun filzig bis schuppig. **F:** weiß. **Ger:** verschiedene Angaben ergeben eine Palette von rettichartig bis leicht süßlich, frucht- oder etwas fischartig (gemäß Bon 1996). **Ges:** unangenehm. **Spp:** weiß. **V:** im Wald, Park; Herbst. **Mik:** Sporen glatt, breit ellipsoid bis etwas mandelförmig, 5–7,5 × 3–5 µm, dextrinoid, Huthaut mit langen Haaren, die aus einer Unterschicht mit keuligen Elementen herausragen. (Kr 4.78, Lu 3.111.38).

9.2.23a *L. echinella* var. *rhodorhiza* (P.D. Orton) Legon & A. Henrici, *Lepiota rhodorhiza* Romagn. & Locq. ex Locq., Feinborstiger Schirmling: Hut 1–4 cm, ocker- bis rotbräunliche Schuppen auf blassem Grund, Rand weißlich mit teils sternförmig auslaufenden Schuppen, Lamellen weiß bleibend, Stiel an der Basis mit rötlichen Wurzelfasern und im Fleisch rosaviolettlich bis rötlich. (🖼).

9.2.24 *Lepiota felina* (Pers.) P. Karst. ☠
Schwarzschuppiger Schirmling

H: 2–4 cm, schwarzbraun, gegen außen in feine schwarz- bis braungraue Schüppchen aufreißend, Hintergrund weißlich. **L:** frei, weiß bis blass ockerlich. **St:** Spitze weiß, Ring dauerhaft, weißlich, mit schwarz punktiertem Rand, abwärts mit dunkelbraunen Schuppen gesprenkelt, Basis verdickt. **F:** weiß. **Ger:** unauffällig. **Spp:** weiß. **V:** in lichtem Wald, Parks. **Mik:** Sporen glatt, ellipsoid bis etwas mandelförmig, 6–8,5 × 3,5–4,5 µm, dextrinoid, Huthaut mit langen Haaren, die aus einer Unterschicht mit keuligen Elementen herausragen. (Kr 4.80, Lu 3.111.42, 🖼).

9.2.18 *Lepiota castanea*, Kastanienbrauner Schirmling

9.2.19 *Lepiota boudieri*, Fuchsbrauner Schirmling

9.2.23a *L. echinella* var. *rhodorhiza*, Feinborstiger Sch.

9.2.24 *Lepiota felina*, Schwarzschuppiger Schirmlin

Lepiota pseudofelina J.E. Lange, Falscher Schwarzschuppigen-Schirmling: Hut 1–2,5 cm breit, Stiel ohne Ring, Geruch fruchtig. Gemäß Ludwig 2012 handelt es sich dabei je nach Interpretation um *L. grangei* oder *L. griseovirens*.

9.2.25 *Lepiota lilacea* Bres.
Lila Schirmling

H: 2–4 cm, Mitte purpurbraun, gegen außen mit gleichfarbigen oder graubraunen bis schwärzlichen Schüppchen. **L:** frei, weißlich bis blasscreme. **St:** weißlich bereift, später etwas rosa, gegen die Basis weinrötlich, Ring häutig, weiß und mit rosagrauem Rand. **F:** im Hut weiß, in der Stielbasis rötlich. **Ger:** schwach, evtl. etwas fruchtig. **Spp:** weiß. **V:** in Wiesen, Parks, auf nährstoffreichem Boden. **Mik:** Sporen glatt, breit ellipsoid, 4–6,5 × 2,5–4 µm, nicht dextrinoid, Huthaut mit keuligen Elementen. (Kr 4.88, Lu 3.111.15,).

Lepiota pseudolilacea Huijsman, *Lepiota pseudohelveola* Kühner, Falscher Lila Schirmling, Rosastieliger Schirmling: Hut bis 2 cm breit, braunviolett, glatt, lediglich gegen den Rand mit feinen Schüppchen. Huthaut mit schlauchförmigen Elementen, Sporen 6–10 × 4–5 µm, dextrinoid. (Lu 3.111.37).

9.2.26 *Lepiota clypeolaria* (Bull.) P. Kumm.
Wolliggestiefelter Schirmling, Wollstiel-Schirmling

H: 4–8 cm, Mitte ocker bis ockerbraun (begrenzte, glatte Kappe), gegen außen blass ockerliche bis braune, fast wollige Schüppchen auf cremeweißlichem Grund, Rand flaumig behangen. **L:** frei, weißlich, Schneiden feinst gezähnt. **St:** weißlich bis weiß, Spitze glatt, unterhalb des weißlichen, wollig-faserigen, flüchtigen Ringes auffällig flockig-wollig. **F:** weiß, in der Stielrinde cremegelblich. **Ger:** unangenehm. **Ges:** unangenehm. **Spp:** weiß. **V:** im Laub- und Nadelwald. **Mik:** Sporen glatt, spindelförmig bis zylindrisch, 12–20 × 4,5–7 µm, dextrinoid, Huthaut mit schlauchförmigen, meist unseptierten Endhyphen, die aus einer Unterschicht mit blasigen Elementen hervorragen. (D 511, Kr 4.73, BK 4.220, Lu 3.111.32,).

9.2.27 *Lepiota magnispora* Murrill, *Lepiota ventriosospora* D.A. Reid
Gelbflockiger Wollstiel-Schirmling, Gelbwolliger Schirmling

H: 4–8 cm, Mitte glatt, ockerbraun, gegen außen gelbbraune, flockige Schuppen auf blass ockerlichem Grund, Rand behangen. **L:** frei, gedrängt, weiß, später creme. **St:** Spitze cremefarben, faserig, Ring gelblich und im unteren Teil wollig-schuppig, ebenfalls gelblich. **F:** weißlich bis gelblich. **Ger:** unauffällig. **Spp:** weiß. **V:** im Laub- und Nadelwald. **Mik:** Sporen glatt, schlank spindelförmig bis zylindrisch, 12–25 × 4,5–6,5 µm, dextrinoid, Huthaut mit schlauchförmigen Elementen, aus einer Unterschicht mit blasigen Zellen ragend. (D 516, Kr 4.90, BK 4.235, Lu 3.111.34,).

9.2.28 *Lepiota ignivolvata* Bousset & Joss. ex Joss.
Braunberingter Schirmling,
Beschuhter Schirmling, Feuerfüßiger Schirmling

H: 4–12 cm, Mitte kastanienbraun, gegen außen ockerlich bis weißlich schuppig auf hellem Grund, Rand faserig behangen. **L:** frei, weiß, später creme bis etwas graulich. **St:** Spitze weißlich faserig bis gerieft, Ring häutig-faserig, flüchtig, darunter eine weitere, beständige, braun gerandete Ringzone, gegen die Basis weißlich-wollig und nach einiger Zeit rötlich werdend. **F:** weiß. **Ger:** unangenehm. **Ges:** unangenehm **Spp:** weiß. **V:** im Laub- und Nadelwald. **Mik:** Sporen glatt, ellipsoid, 8,5–13 × 5–7 µm, stark dextrinoid, Huthaut mit schlauchförmigen Elementen, die aus einer Unterschicht mit blasigen Zellen hervorragen. (D 513, Kr 4.86, BK 4.229, Lu 3.111.33,).

9.2.29 *Lepiota cortinarius* J.E. Lange, *Lepiota audreae* (D.A. Reid) Bon
Schleier-Schirmling, Seltener Schirmling

H: 5–8 cm, rötlichbraun, rasch in kleine Schüppchen aufreißend, mit ockergelblichem Hintergrund. **L:** frei, weiß, später leicht gelblich. **St:** weißlich bis bräunlich, mit flüchtigem, schleierartigem Velum, Basis etwas verdickt, schwach schuppig. **F:** weiß mit etwas Orange. **Ger:** schwach. **Spp:** weiß. **V:** im Nadelwald. **Mik:** Sporen glatt, schlank spindelig bis zylindrisch, teilweise mit undeutlichem Sporn, 6,5–8,5 × 2,5–4 µm, dextrinoid, Huthaut mit Haaren, mehrheitlich ohne Septen. (Kr 4.75, Lu 3.111.20,).

9.2.30 *Lepiota ochraceofulva* P.D. Orton
Ockerbrauner Schirmling

H: 3–6 cm, Mitte rostbraun, gegen außen rötlich-braun schuppig auf ockergelbem Grund. **L:** frei, gedrängt, blass cremeocker. **St:** Spitze blass, unterhalb der bald undeutlichen Ringzone gelblichbraun und weiß gebändert, Basis etwas verdickt und rostbräunlich. **F:** weißlich, im Stiel ockerlich. **Ger:** fruchtartig, jasminartig-süßlich bis eklig-süß nach

9.2.25 *Lepiota lilacea*, Lila Schirmling

9.2.26 *L. clypeolaria*, Wolliggestiefelter Schirml.

9.2.27 *Lepiota magnispora*, Gelbflockiger Wollstiel-Schirmling

9.2.28 *Lepiota ignivolvata*, Braunberingter Schirmling

9.2.29 *Lepiota cortinarius*, Schleier-Schirmling

gärendem Honig. **Spp:** weiß. **V:** im Laub- und Nadelwald. **Mik:** Sporen glatt, breit ellipsoid, 7–8 × 4–5 µm, dextrinoid, möglicherweise etwas metachromatisch. (Lu 3.111.17).

9.2.31 *Lepiota xanthophylla* P.D. Orton ☠
Gelbblättriger Schirmling

H: 1–5 cm, Mitte filzig bis feinschuppig, braungelb, gegen außen gelb mit rostbraunen Schüppchen. **L:** frei, nicht gedrängt, gelb, evtl. etwas olivlich. **St:** gelb, gegen die verdickte bis etwas knollige, bräunliche Basis wollig-faserig. **F:** weißlich bis blassgelb im Hut, gelblich im Stiel. **Ger:** schwach bis etwas fruchtig oder ähnlich *L. cristata*, Stink-Schirmling. **Ges:** bitterlich. **Spp:** weiß. **V:** auf sandigem, kalkreichem Waldboden. **Mik:** Sporen glatt, breit ellipsoid bis etwas mandelförmig, 6,5–8,5 × 4–5 µm, dextrinoid, Huthauthaare bis 500 µm lang. (BK 4.236, Lu 3.111.12, 🖼).

9.2.32 *Echinoderma rubellum* (Bres.) Migl., *Lepiota rubella* Bres., *Lepiota bettinae* Dörfelt, *Echinoderma bettinae* (Dörfelt) Bon, Rötlicher Stachelschirmling, Rötlicher Schirmling, Weinroter Gewächshaus-Schirmling, Purpurschuppiger Gewächshaus-Schirmling: Hut 0,5–1,5 cm, purpur- bis rostbräunlich filzig-schuppig auf hellem Grund, Stielbasis mit langen, weißen Rhizoiden, Geruch unauffällig, vorwiegend in Gewächshäusern, teils auf moderndem Holz. Sporen 3,5–4,5 × 2–2,5 µm, Haare in der Huthaut teils inkrustiert, verbogen, gegabelt. (BK Lu 3.111.11, 🖼).

Lepiota elaiophylla Vellinga & Huijser, Olivblättriger Schirmling, Olivblättriger Gewächshaus-Schirmling: Hut 0,5–2 cm, Lamellen alt zunehmend mit Olivton, Geruch eher etwas ranzig. Sporen ellipsoid, 6,5–8,5 × 3,5–4,5 µm, Haare in der Huthaut < 250 µm. (Lu 3.111.10).

9.2.33 *Lepiota helveola* Bres. ☠
Fleischrötlicher Schirmling

H: 1–6 cm, Mitte faserig-filzig, dunkelbraun, gegen außen fleischfarben bis braun schuppig auf weißlichem Grund. **L:** frei, weiß, später creme. **St:** Spitze weißlich, Ring häutig, am Stiel angedrückt, unterhalb faserig-schuppig, in der Hutfarbe angedeutet gegürtelt, Basis leicht knollig. **F:** im Hut weiß, im unteren Stielteil rötlichbraun. **Ger:** schwach mehlartig. **Ges:** unauffällig. **Spp:** weiß. **V:** auf sandigem Boden, Wiesen, am Waldrand. **Mik:** Sporen glatt, ellipsoid, 7,5–10 × 5–5,5 µm, dextrinoid, Huthaut mit kurzen, unseptierten Haaren bis ca. 120 µm Länge. (Lu 3.111.46).

9.2.34 *Lepiota subincarnata* J.E. Lange, *Lepiota josserandii* Bon & Boiffard, Fleischrosa Schirmling, Rosaroter Stink-Schirmling, Fleischbräunlicher Schirmling: Hut rosa bis fleischockerlich, gegen außen feinschuppig entfärbend bis zum weißlichen Rand, Stiel oberhalb der undeutlichen Ringzone rosa oder weißlich, unterhalb rosa gegürtelt, Geruch schwach mehlartig oder angenehm süßlich, besonders beim Eintrocknen. Sporen ellipsoid bis etwas abgeplattet, 6–7,5 × 3–4,5 µm, Huthaut mit schlauchförmigen, teils septierten Elementen bis ca. 200 µm Länge. (D 517, Kr 4.99, Lu 3.111.43, 🖼).

9.2.35 *Lepiota brunneoincarnata* Chodat & C. Martín, Fleischbräunlicher Schirmling: Hut 2–4 cm breit, weinbraun bis purpurbraun, Geruch säuerlich bis fruchtig, Stiel mit schuppiger Zone in der gleichen Farbe wie der Hut. Sporen ellipsoid, 7–10 × 4,5–5,5 µm, etwas dickwandig und stark dextrinoid, Haare der Huthaut bis ca. 300 µm Länge, nicht septiert. (Kr 4.70, Lu 3.111.44, 🖼).

9.2.36 *Lepiota kuehneri* Huijsman ex Hora, Rosabrauner Schirmling: Hut 2–6 cm, rosabraun, feinsamtig-schuppig ohne deutlich abgegrenzte Kappe in der Mitte, Geruch widerlich bis fruchtartig. LUDWIG 2012 betrachtet *L. kuehneri* als uneinheitlich interpretierte und deshalb zweifelhafte Art.

9.2.37 *Lepiota fuscovinacea* F.H. Møller & J.E. Lange ☠
Weinbrauner Schirmling

H: 3–5 cm, weinbraun, dicht angedrückt filzig-schuppig, auf cremebraunem Grund, später verkahlend. **L:** frei, gedrängt, weiß, Schneiden alt etwas bräunend. **St:** Spitze blass rosa-lila, Ring faserig, weiß, gegen die Basis wie der Hut gefärbt, angedrückt wollig-filzig. **F:** weiß, evtl. schwach rötend. **Ger:** schwach, etwas nach *Scleroderma*, Hartboviste. **Spp:** weiß. **V:** an grasigen Waldrändern. **Mik:** Sporen glatt, ellipsoid bis zylindrisch, 4–6 × 2–3 µm, dextrinoid, Huthaut mit schlauchförmigen, mehrfach septierten Elementen. (Kr 4.81, BK 4.224, Lu 3.111.45, 🖼).

9.2.38 *Lepiota subvolvata* Malençon & Bertault, *Leucoagaricus subvolvatus* (Malençon & Bertault) Bon ☠
Fastbescheideter Schirmling

H: 3–6 cm, halbkugelig, ausgebreitet gewölbt bis flach, evtl. schwach gebuckelt, kahl, weiß, Mitte evtl. dunkler. **L:** frei, cremeweiß, später schwach rosa. **St:** weiß, mit häutigem, sehr flüchtigem, verschiebbarem Ring, Basis knollig bis fast berandet. **F:** unveränderlich weiß. **Ger:** unauffällig, angenehm. **Ges:** unauffällig, angenehm. **Spp:** weiß. **V:** in Wiesen, Parks, grasigem Wald; Sommer bis Herbst. **Mik:** Sporen glatt, breit ellipsoid, 6,5–8,5 × 4–6 µm, dickwandig, kaum dextrinoid, schwach metachromatisch, ChZ keulig bis spindelig und auffällig beschopft mit kristallartig körnigen Elementen. (Lu 3.112.26).

9.2.39 *Lepiota oreadiformis* Velen.
Ockerblasser Schirmling, Glatter Schirmling

H: 2–5 cm, lederockerlich bis gelbbraun, lange glatt, später im äußeren Randbereich in feine Schüppchen aufreißend, Rand faserig-flockig behangen. **L:** frei, weißlich. **St:** Spitze weiß, Ringzone undeutlich, darunter weiß bis blass lederfarben, evtl. leicht faserig-flockig. **F:** weiß. **Ger:** schwach bis etwas süßlich. **Spp:** weiß. **V:** auf Wiesen, am Waldrand; Sommer bis Herbst. **Mik:** Sporen glatt, länglich spindelig bis schlank mandelförmig, 10–16 × 4,5–6,5 µm, dextrinoid, Huthaut mit schlauchförmigen, unseptierten Elementen. (Kr 4.92, BK 4.232?, Lu 3.111.30, 🖼).

9.2.31 *Lepiota xanthophylla*, Gelbblättriger Schirmling

9.2.32 *E. rubellum*, Weinroter Gewächshaus-S.

9.2.34 *Lepiota subincarnata*, Fleischrosa Schirmling

9.2.35 *L. brunneoincarnata*, Fleischbräunlicher Sch.

9.2.37 *L. fuscovinacea*, Weinbrauner Schirmling

9.2.39 *Lepiota oreadiformis*, Ockerblasser Schirmling

Lepiota pallida Locq. ex Bon & Candusso, Blasser Wollstiel-Schirmling: Hut 1,5–3 cm breit, blass ockerlich, feinschuppig, Stiel unterhalb der angedeuteten Ringzone wollig-schuppig; im Laubwald, vorwiegend bei Eiche *Quercus*. Sporen ellipsoid, 4–6 × 2–3,5 µm, Huthaut mit schlauchförmigen, septierten Elementen. Wirkt wie eine kleine Form von *L. clypeolaria*.

9.2.40 *Chamaemyces fracidus* (Fr.) Donk
Fleckender Schmierschirmling

H: 2–8 cm, halbkugelig bis gewölbt, schmierig, oft etwas runzelig, elfenbeinweiß mit ockerfaserigen Flecken. **L:** frei, ziemlich gedrängt, weiß. **St:** Spitze weißlich, Ring häutig, unterhalb des Ringes ockerfarben gesprenkelt, jung mit bernsteinfarbenen Tröpfchen. **F:** blass, in der Stielbasis dunkler. **Ger:** etwas säuerlich. **Spp:** creme-ockerlich. **V:** an grasigen Stellen, im Wald. **Mik:** Sporen glatt, ellipsoid, 4–5 × 2,5–3,5 µm, nicht dextrinoid. (D 509, Kr 4.50, BK 4.200, Lu 1.12.1, 🖼).

9.2.40 *Chamaemyces fracidus*, Fleckender Schmierschirmling

9.2.41 *Melanophyllum haematospermum* (Bull.) Kreisel
Blutblättriger Buntschirmling,
Blutblättriger Buntkörnchenschirmling, Blutblättriger Zwergschirmling

H: 1–3 cm, körnig-mehlig, graubraun bis dunkel kastanienbraun, anfangs mit rosa-, später mit olivfarbenem Schein, Rand behangen. **L:** frei, rosarot, später dunkel blutrot bis weinbraun. **St:** körnig-mehlig, hell graubraun bis braunrötlich. **F:** schmutzig weißlich, in der Stielrinde rotbraun. **Ger:** unauffällig bis schwach unangenehm. **Spp:** rötlich. **V:** im Wald, Gewächshaus, auf feuchtem, nährstoffreichem Boden. **Mik:** Sporen glatt bis punktiert, feinwarzig, länglich ellipsoid, etwas dickwandig, 6–7,5 × 3–3,5 µm, nicht dextrinoid, Sphaerozysten groß, kugelig. (D 511, Kr 5.533, BK 4.258, Lu 1.49.2, 🖼).

9.2.41 *Melanophyllum haematospermum*, Blutblättriger Buntschirmling

9.2.42 *Melanophyllum eyrei* (Massee) Singer
Grünblättriger Buntschirmling,
Grünblättriger Buntkörnchenschirmling, Grünblättriger Zwergschirmling

H: 1–3 cm, ockerlich körnig-mehlig, auf weißlichem bis fleischrosa Grund, Mitte etwas dunkler, Rand teils behangen. **L:** frei, grünlich, blaugrün. **St:** wie der Hut gefärbt, jung mit flüchtigem, faserig-häutigem Velum. **F:** im Hut weißlich, im Stiel bräunlich, braunrötlich in der Basis. **Ger:** unauffällig. **Spp:** blassgrün. **V:** im Laubwald, Mischwald, auf feuchtem Boden. **Mik:** Sporen glatt bis punktiert, feinwarzig, länglich ellipsoid, 4–6 × 2,5–3,5 µm, nicht dextrinoid, Sphaerozysten groß, kugelig. (Kr 5.532, Lu 1.49.1, 🖼).

9.2.42 *Melanophyllum eyrei*, Grünblättriger Buntschirmling

9.2.43 *Cystolepiota sinopica* (Romagn.) Bon, *Echinoderma sinopicum* (Romagn.) Bon, *Lepiota sinopica* Romagn.
Ziegelrötlicher Mehlschirmling

H: 3–4 cm, jung faserig, erst ziegelorange, später schokoladenbraun mit spitzen, flüchtigen Schuppen. **L:** frei, sehr gedrängt, cremeweiß, später creme bis ockerlich. **St:** obere Hälfte weißlich, Mitte mit rötlich-orangen Schleierresten, darunter wie der Hut gefärbt, Basis etwas verdickt. **F:** cremeweiß. **Ger:** erdig, etwas meerrettichartig. **Spp:** weiß. **V:** im Nadelwald; Herbst. **Mik:** Sporen glatt, ellipsoid 3,5–4 × 2–3 µm, dextrinoid.

9.2.44 *Cystolepiota fumosifolia* (Murrill) Vellinga, *Cystolepiota luteicystidiata* (D.A. Reid) Bon
Rauchblättriger Mehlschirmling, Grobwarziger Mehlschirmling

H: 1,5–3,5 cm, erst faserig, später mit isabellfarbenen bis braunen, weichen, kegeligen und abwischbaren Schuppen auf weißlichem Grund. **L:** frei, weißlich bis rauchgrau, mit gelben Punkten (Lupe!), alt mit braunen Flecken. **St:** weißlich mit isabellfarbenen bis gelbbraunen Flocken, bei Berührung braun verfärbend, ohne Ring. **F:** weiß. **Ger:** unauffällig bis metallisch. **Ges:** mild. **Spp:** weiß. **V:** in Gewächshäusern, Laubwäldern, auf nährstoffreichem Boden. **Mik:** Sporen glatt, ellipsoid bis zylindrisch und teils eingeschnürt, 3,5–4 × 2–2,5 µm, nicht dextrinoid. (Lu 1.19.2, 🖼).

9.2.44 *Cystolepiota fumosifolia*, Rauchblättriger Mehlschirmling

Cystolepiota cystidiosa (A.H. Sm.) Bon, Verkahlender Mehlschirmling: Hut 3–9 cm. Sporen 4–4,5 × 2,5 µm. Gemäß Ludwig 2001 eine Art aus Amerika, die in Europa vereinzelt in Gewächshäusern gefunden wurde. Bei anderen Autoren gilt *C. cystidiosa* als Synonym von *C. fumosifolia*.

9.2.45 *Cystolepiota bucknallii* (Berk. & Broome) Singer & Clémençon
Violettlicher Mehlschirmling, Lila Mehlschirmling

H: 1–5 cm, halbkugelig, später ausgebreitet gewölbt und oft etwas gebuckelt, mehlig-körnig, weißlichgrau, gegen den Rand violettlich. **L:** frei, cremeweiß bis cremegelb. **St:** Spitze weißlich, kaum mit Resten des sehr flüchtigen Ringes, abwärts purpurviolett. **F:** weiß, in der Stielrinde lilabräunlich. **Ger:** stark und unangenehm gasartig. **V:** im Laubwald. **Mik:** Sporen glatt, schmal ellipsoid bis etwas projektilförmig, 7–9,5 × 3–4 µm, leicht dextrinoid. (Kr 4.52, BK 4.209, Lu 1.19.3, 🖼).

9.2.45 *Cystolepiota bucknallii*, Violettlicher Mehlschirmling

9.2.46 *Cystolepiota pulverulenta* (Huijsman) Vellinga, *Leucoagaricus pulverulentus* (Huijsman) Bon
Bräunender Mehlschirmling

H: 2–5 cm, stark mehlig, weiß, später rosabräunlich bis rötlichbraun mit mehligen Schuppen, Rand behangen. **L:** frei, gedrängt, weiß. **St:** Spitze glatt, unterhalb der Ringzone wie der Hut. **F:** weiß, später fleisch- bis orangerosa. **Ger:** schwach fruchtig bis etwas unangenehm. **V:** unter Gebüsch, bei Laubbäumen. **Mik:** Sporen glatt, teilweise etwas punktiert, ellipsoid, 4–5,5 × 2–3,5 µm, nicht dextrinoid. (Lu 1.19.10).

9.2.47 *Cystolepiota seminuda* (Lasch) Bon, Weißhütiger Mehlschirmling, Weißer Mehlschirmling

H: 0,5–2 cm, glockig, später gewölbt bis ausgebreitet und oft etwas gebuckelt, fein mehlig-körnig, weiß bis blassgelb, Mitte bisweilen gelbbräunlich bis graulila, Rand jung faserig behangen. **L:** frei, weißlich. **St:** mehlig weiß, später von der Basis her zunehmend lilabräunlich. **F:** sehr dünn. **Ger:** unauffällig. **Spp:** weiß. **V:** im Park, an Wald- und Wegrändern, auf humusreichem Boden; Sommer bis Herbst. **Mik:** Sporen glatt, ellipsoid bis zylindrisch, 5–6 × 2,5–3 µm, nicht dextrinoid. (D 512, Kr 4.57, BK 4.211, Lu 1.19.4, 🖼).

Ludwig 2001 erachtet die Art als variabel und mit *Cystolepiota sistrata* (Fr.) Singer ex Bon & Bellù zusammengehörend. Bon 1996 unterscheidet die Arten wie folgt: *C. seminuda*: Hut ca. 1 cm breit, Stielbasis graulila, *C. sistrata*: Hut 2–3 cm breit, Stielbasis ockerrosa.

9.2.48 *Cystolepiota adulterina* (F.H. Møller) Bon Fastberingter Mehlschirmling

H: 2–5 cm, halbkugelig, später gewölbt bis ausgebreitet, evtl. gebuckelt, mehlig-flockig, erst weiß, weißlichgrau bis graugelblich, später bisweilen rotbräunlich, Rand jung beschleiert, faserig behangen. **L:** frei, weiß bis blassgrau, im Alter bisweilen mit rötlichen Flecken. **St:** weiß, Spitze bereift, unterhalb der faserigen Ringzone mehlig-flockig. **F:** weiß, im Stiel graulila und leicht rötend. **Ger:** unauffällig. **V:** im Laubwald, auf feuchtem, humus- und nährstoffreichem Boden; Sommer bis Herbst. **Mik:** Sporen glatt, schmal ellipsoid und etwas eingeschnürt, nicht dextrinoid. (Lu 1.19.7, 🖼).

9.2.49 *Cystolepiota hetieri* (Boud.) Singer, Rotfleckender Mehlschirmling: Hut 1–3 cm breit, Hut und Stiel bald rosa bis fleischrötlich fleckend und schließlich vorwiegend ziegelrot, Fleisch überall rötend, Geruch unangenehm bis etwas fruchtig. Sporen ellipsoid. Ryman & Holmåsen 1992 fassen diese Art mit *C. adulterina* zusammen. (Kr 4.54, Lu 1.19.9, 🖼).

Cystolepiota cystophora (Malençon) Bon, Steineichen-Mehlschirmling, Ockerblättriger Mehlschirmling: Hut 2–4 cm breit, weiß, Lamellen creme, später ockerlich mit weißlicher Schneide; mediterran, vorwiegend bei Steineichen *Quercus ilex*. Sporen ellipsoid. (Lu 1.19.1).

Cystolepiota moelleri Knudsen, Rötlicher Mehlschirmling: Hut 2–3 cm breit, Hut und Stiel erst rosa, später purpurrosa bis rostrosa, Hutmitte dunkler. Sporen ellipsoid bis etwas eingeschnürt, nicht oder schwach dextrinoid. (Kr 4.55, Lu 1.19.6).

9.2.50 *Cystolepiota icterina* F.H. Møller ex Knudsen, Schwefelgelber Mehlschirmling: Hut 1,5–3 cm breit, Hut und Stiel schwefelgelb, später gelbbräunlich; unter Buchen *Fagus*, Lorbeer *Laurus*. Sporen breit ellipsoid, dextrinoid. (Lu 1.19.5).

9.2.47 *Cystolepiota seminuda*, Weißhütiger Mehlschirmling

9.2.48 *Cystolepiota adulterina*, Fastberingter Mehlschirmling

9.2.49 *Cystolepiota hetieri*, Rotfleckender Mehlschirmling

9.3 *Macrolepiota,* Riesenschirmlinge und Ähnliche

Basidiomycota, Ständerpilze > *Agaricomycetes* > *Agaricales,* Blätterpilze > *Agaricaceae,* Champignonsverwandte

Beschreibung

Große bis sehr große, auffällige Pilze mit mehrheitlich braunschuppiger Hutoberfläche. Die Lamellen sind frei und weiß. Bei einigen Arten verfärbt sich das Fleisch rötlich, ganz selten auch etwas grünlich, oft bleibt es weiß. Am Stiel findet sich ein beweglicher, z. T. zweischichtiger Ring; die Stieloberfläche ist blass bis braun, rotbraun und teilweise genattert, die Basis zumindest leicht, meist deutlich knollig verdickt. Das Sporenpulver ist weiß, selten etwas rosa und bei *Chlorophyllum molybdites,* Grünsporiger Safranschirmling olivgrün.

Sowohl ***Macrolepiota,*** Riesenschirmlinge wie auch ***Chlorophyllum,*** Safranschirmlinge wachsen vom Sommer bis zum Herbst auf Erde, im Wald oder auf Wiesen. Sie zählen wie alle *Agaricaceae* zu den Saprobionten.

Bei mikroskopischer Betrachtung fallen die glatten, großen, dickwandigen und metachromatischen Sporen auf.

9.3.01 *Macrolepiota procera,* Parasol

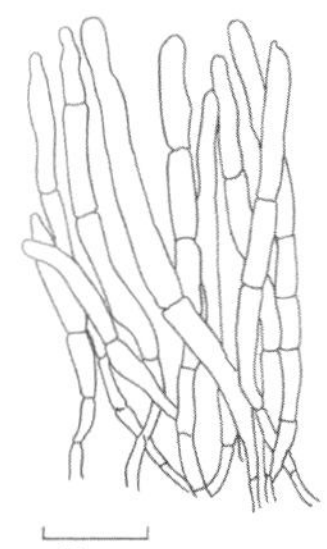

40 µm

Hutdeckschicht (HDS)

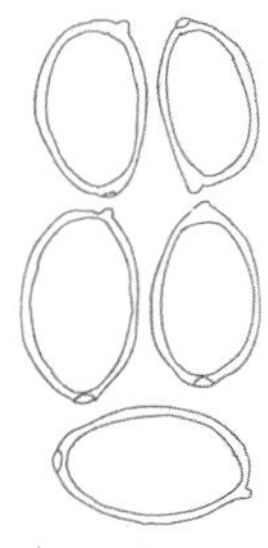

10 µm

Sporen

Bestimmung

Die Fruchtkörper der Gattung *Macrolepiota,* Riesenschirmlinge haben größtenteils unveränderliches, *Chlorophyllum* hingegen verfärbendes Fleisch. Im Weiteren wird unterschieden, ob ein allfälliger Buckel zitzenförmig ist, ob der Ring dick oder dünn ist und wie groß die Hutschuppen sind bzw. ob die Huthaut jung sternförmig (radial) oder konzentrisch in Schuppen aufreißt. Die Größe und Gestalt der Fruchtkörper sowie ein genatterter oder glatter Stiel führen schließlich zu den Arten. Bei den Arten mit weißem Sporenpulver ist die Form der Stielbasis (keulig verdickt oder mit großer, gerandeter Knolle) für die Einteilung wichtig. Für die Gattung *Chlorophyllum,* Safranschirmlinge gab *Chlorophyllum molybdites,* Grünsporiger Safranschirmling mit deutlich olivgrünem Sporenpulver den Ausschlag für den Namen.

Speisewerte

Die Gattungen enthalten ausgezeichnete und ergiebige Speisepilze. Dazu gehören alle Arten mit unveränderlich weißem Fleisch. Unter den rötenden Arten finden sich neben dem essbaren *Chlorophyllum olivieri,* Gemeiner Safranschirmling leider drei Spielverderber – *Chlorophyllum molybdites,* Grünsporiger Safranschirmling, welcher bisher allerdings nur in südlichen Regionen zu finden ist, *Chlorophyllum brunneum,* Gerandetknolliger Garten-Safranschirmling sowie *Chlorophyllum venenatum,* Gift-Garten-Safranschirmling mit einer gerandeten Knolle an der Stielbasis sind giftig. Die essbaren Riesenschirmlinge dürfen zudem nicht mit ähnlichen, giftigen *Echinoderma,* Stachelschirmlinge verwechselt werden.

9.3 *Macrolepiota*, Riesenschirmlinge und Ähnliche

- Fleisch im Schnitt weder rötend noch grünend
  - Hut ohne oder mit eher flachem Buckel
    - Ring dick, teils doppelt, oft wattig
      - Hutschuppen relativ dick, schlecht entfernbar, Hut meist > 12 cm
        - Stiel intensiv gefärbt und deutlich genattert
          - Fleisch nicht verfärbend — **01 *Macrolepiota procera*, Parasol**
          - Fleisch bräunend, Hut eher düster — 01a *Macrolepiota procera* f. *fuliginosa*, Düsterer Riesenschirmling
        - Stiel weißlich, glatt oder schwach genattert, Sporenpulver leicht rosa — 03 *Macrolepiota nordica*, Weißstieliger Riesenschirmling
        - Stiel weißlich, glatt, Sporenpulver olivgrün — 16 *Chlorophyllum molybdites*, Grünsporiger Safranschirmling
      - Hutschuppen dünn, leicht entfernbar, Hut oft < 12 cm, Stiel leicht genattert — 04 *Macrolepiota fuliginosa*, Dunkler Riesenschirmling
      - Hut mit sparrigen Schüppchen und brauner Mittelscheibe, Hut < 12 cm — 9.4.01 *Leucoagaricus nympharum*, Jungfern-Egerlingsschirml.
    - Ring einfach, dünn und häutig, Hut meist < 12 cm
      - Hutoberfläche oft sternförmig aufbrechend
        - Schuppen deutlich, braun — 07 *Macrolepiota excoriata*, Acker-Riesenschirmling
        - Schuppen undeutlich, blass — 07a *Macrolepiota excoriata* var. *heimii*, Schuppenloser Riesenschirmling
      - Hut mit vielen kleinen Schuppen, Stiel teils genattert — 02 *Macrolepiota fuligineosquarrosa*, Rußigbeschuppter Riesenschirml.
  - Hut mit deutlich vorstehendem, zitzenförmigem Buckel
    - Hutschuppen nicht auffällig groß
      - Fruchtkörper eher gedrungen, Stiellänge maximal doppelte Hutbreite — 09 *Macrolepiota mastoidea*, Zitzen-Riesenschirmling
      - Fruchtkörper schlank, Stiellänge mindestens doppelte Hutbreite — 10 *Macrolepiota prominens*, Verkannter Zitzen-Riesenschirmling
    - Hutschuppen relativ grobschollig und dunkelbraun — 11 *Macrolepiota konradii*, Grobschuppiger Zitzen-Riesenschirmling
- Fleisch im Schnitt schwach bis deutlich rosa, orangerot, rot oder grünlich verfärbend
  - Stiel genattert
    - Hut ohne Grünfärbung
      - Fleisch nur an Stieloberfläche schwach rötend, ganzer Stiel leicht genattert — 04 *Macrolepiota fuliginosa*, Dunkler Riesenschirmling
      - Stielfleisch deutlich orangerot verfärbend, Stiel über Ring blass gebändert — 05 *Macrolepiota permixta*, Rötender Riesenschirmling
    - Hut auf Druck grünlich verfärbend, Stielrinde leicht rötend, Stielspitze glatt — 06 *Macrolepiota olivascens*, Grünfleckender Riesenschirmling
  - Stiel nicht genattert
    - Lamellen im Alter ohne Grün
      - Stielbasis keulig verdickt, nicht gerandet
        - Fleisch verfärbt deutlich orangerot, Ring meist doppelt
          - Hutschuppen kontrastieren jung wenig mit hellerem Untergrund — **12 *Chlorophyllum olivieri*, Gemeiner Safranschirmling**
          - Hutschuppen kontrastieren jung deutlich mit Untergrund — 13 *Chlorophyllum rhacodes*, Keulenstieliger Garten-Safranschirmling
        - Fleisch rötend, Ring einfach, auf Wiesen, Äckern — 08 *Macrolepiota rubescens*, Rötender Acker-Riesenschirmling
        - Fleisch nur in Stielbasis rosa verfärbend, Ring wattig, Wiesen, Nadelwald — 9.4.01 *Leucoagaricus nympharum*, Jungfern-Egerlingsschirml.
      - Stielbasis mit gerandeter Knolle (oft in Erde), Ring einfach, in Gärten etc.
        - Basidien und Cheilozystiden mit Basalschnallen, Hut bis 18 cm — 14 *Chlorophyllum brunneum*, Gerandetknolliger Garten-Safranschirml.
        - Basidien und Cheilozystiden ohne Basalschnallen, Hut bis 8 cm — 15 *Chlorophyllum venenatum*, Gift-Garten-Safranschirmling
    - Lamellen (Sporenpulver) zunehmend grün — 16 *Chlorophyllum molybdites*, Grünsporiger Safranschirmling

9.3.01 *Macrolepiota procera* (Scop.) Singer
Parasol, Gemeiner Riesenschirmling

H: 10–30 cm, kugelig, später ausgebreitet gewölbt bis flach, evtl. schwach gebuckelt, braun, bald in ziemlich große, konzentrisch angeordnete Schuppen auf blassem Grund aufbrechend, Rand oft fransig behangen. **L:** frei, weiß. **St:** braun genattert auf blassem Grund, Ring zweischichtig, flockig und verschiebbar, Basis knollig verdickt. **F:** weiß, nicht rötend. **Ger:** angenehm pilzartig. **Ges:** etwas nussartig. **Spp:** weiß. **V:** im Wald, Park, auf Wiesen. (D 521, Kr 4.128, BK 4.254, Lu 3.115.3).

9.3.01a *M. procera* f. *fuliginosa* (Barla) Vizzini & Contu, Düsterer Riesenschirmling: Hut dunkler, Stiel schwächer genattert, Fleisch braun verfärbend.

9.3.02 *Macrolepiota fuligineosquarrosa* Malençon, Rußigbeschuppter Riesenschirmling: Hut nur bis 12 cm, mit vielen kleinen Schuppen, Stiel mit Schüppchen, teils auch genattert, Ring einfach. (Lu 3.115.9).

9.3.03 *Macrolepiota nordica* Bellù & Lanzoni, Weißstieliger Riesenschirmling, Nordischer Riesenschirmling: Hutschuppen eher kleiner, Stiel weiß, glatt oder gegen die Basis schwach entfernt genattert, Lamellenschneiden oft grau-schwärzlich.

9.3.04 *Macrolepiota fuliginosa* (Barla) Bon, *Macrolepiota rhodosperma* (P.D. Orton) Migl., *Macrolepiota konradii* sensu Breitenbach & Kränzlin, Dunkler Riesenschirmling, Sternschuppiger Riesenschirmling: Hut nur bis 12 cm breit, mit dünnen, lose aufliegenden, leicht entfernbaren Schuppen auf längsfaserigem Grund, Stielnatterung schwächer und später ausgebildet, Stielrinde teils verfärbend. (Kr 4.129, BK 4.250, Lu 3.115.4).

9.3.05 *Macrolepiota permixta* (Barla) Pacioni, Rötender Riesenschirmling: Hut kleiner, eher düster und mit rötlichen Farbtönen, Fleisch im Schnitt ± rötend. (Kr 4.130, BK 4.253, Lu 3.115.11).

9.3.06 *Macrolepiota olivascens* Singer & M.M. Moser, Grünfleckender Riesenschirmling: Hut und Lamellen an Druckstellen grünlich verfärbend, Stiel über Ring glatt, Sporenpulver rosa. (BK 4.252, Lu 3.115.2).

9.3.07 *Macrolepiota excoriata* (Schaeff.) Wasser
Acker-Riesenschirmling

H: 6–12 cm, glockig-kugelig, später kegelig bis gewölbt und etwas gebuckelt, blassbraun, sternförmig in angedrückte Schüppchen aufbrechend. **L:** frei, weiß. **St:** gleichmäßig weiß bis blassocker, Ring einfach, weißlich, relativ dünn, Basis höchstens leicht keulig verdickt. **F:** unveränderlich weiß. **Ger:** unauffällig, angenehm. **Ges:** unauffällig. **Spp:** weiß. **V:** in Wiesen, Äckern, am Waldrand. (D 523, Kr 4.122, BK 4.248, Lu 3.115.7A–C).

9.3.07a *M. excoriata* var. *heimii* (Locq. ex Bon) E. Ludw., *Macrolepiota heimii* Locq. ex Bon, Schuppenloser Riesenschirmling, Schwachschuppiger Riesenschirmling, Heims Riesenschirmling: Fruchtkörper sehr hell und beinahe ungeschuppt. Ludwig 2012 erachtet diesen Pilz z. B. als Varietät, während ihn Breitenbach & Kränzlin 1995 auf Artrang einordnen. (BK 4.249, Lu 3.115.7D).

9.3.08 *Macrolepiota rubescens* (L.M. Dufour) Pázmány, *M. excoriata* var. *rubescens* (L.M. Dufour) Bon, Rötender Acker-Riesenschirmling: Lamellen und Fleisch rötend, besonders deutlich in der keuligen bis kugeligen Stielbasis.

9.3.09 *Macrolepiota mastoidea* (Fr.) Singer
Zitzen-Riesenschirmling

H: 5–15 cm, kegelig-glockig, später gewölbt bis flach und stets mit spitzem Buckel, blassocker bis hellbraun, gegen außen bald in feine, zunehmend gröbere Schuppen aufreißend, Rand fransig. **L:** frei, weiß. **St:** feinschuppig bis schwach genattert, Ring einfach oder nur undeutlich doppelt, Basis knollig verdickt. **F:** unveränderlich weiß. **Ger:** unauffällig. **Ges:** unauffällig bis etwas säuerlich. **Spp:** weiß. **V:** auf Wiesen, am Waldrand. (D 525, Kr 4.123, BK 4.251, Lu 3.115.6A–D).

Macrolepiota affinis (Velen.) Bon, Schillernder Zitzen-Riesenschirmling: Hutschuppen braunrot schillernd, Farbstoff der HDS größtenteils in Vakuolen eingelagert. (Kr 4.125).

M. affinis wird von einigen Autoren wie z. B. Friebes 2013a als Art abgegrenzt. Ludwig 2012 bezeichnet Exemplare mit auf der ganzen Länge fein zebriert-schuppigem Stiel als *M. mastoidea* var. *affinis* (Velen.) E. Ludw., Feinstschuppiger Riesenschirmling (Lu 3.115.6E).

M. mastoidea var. *atrobrunnea* Dermek: Hut und Stiel braun bis schwärzlichbraun. Gemäß Ludwig 2012 mit feinen cremeockerlichen Schüppchen am Stiel.

M. mastoidea var. *coccineobasalis* Locq. ex Bon: Lamellen fleckig, Stielbasis kantig gerandet, wein- bis karminrötlich.

9.3.10 *Macrolepiota prominens* (Sacc.) M.M. Moser, Verkannter Zitzen-Riesenschirmling, Besonderer Riesenschirmling: Fruchtkörper schlanker.

Friebes 2013a trennt die schlanken Arten in *M. prominens* mit ockerbräunlichen Hutschuppen und *Macrolepiota rickenii* (Velen.) Bellù & Lanzoni, Spitzwarziger Riesenschirmling

9.3.01 *Macrolepiota procera*, Parasol

9.3.02 *M. fuligineosquarrosa*, Rußigbeschuppter R.

9.3.06 *M. olivascens*, Grünfleckender Riesenschirml.

9.3.07 *Macrolepiota excoriata*, Acker-Riesenschirmling

9.3.07a *M. excoriata* var. *heimii*, Schuppenloser R.

9.3.09 *Macrolepiota mastoidea*, Zitzen-Riesenschirmling

mit dunkelbraunen Hutschuppen. Unter dem Namen *M. prominens* wurde zwischenzeitlich eine dem Parasol ähnliche Art beschrieben, welche von Bellù & Lanzoni 1986 als *M. nordica,* Weißstieliger Riesenschirmling bezeichnet wurde.

9.3.11 *Macrolepiota konradii* (Huijsman ex P.D. Orton) M.M. Moser, Grobschuppiger Zitzen-Riesenschirmling: Hut mit Buckel und großer, brauner bis dunkelbrauner Scheibe, gegen außen sternförmig und grobschollig in Schuppen aufbrechend, Grund weißlich, Stiel fein genattert mit zwiebeliger, dicker Knolle, Fleisch weiß, in der Stielrinde schwach rötend. (Lu 3.115.5, 🖼).

9.3.12 *Chlorophyllum olivieri* (Barla) Vellinga, *M. rhacodes* var. *olivieri* (Barla) Barla 🍴
Gemeiner Safranschirmling, Olivbrauner Safranschirmling

H: 10–18 cm, kugelig, später gewölbt bis flach, selten gebuckelt, olivbraun, gegen den Rand bald in ockerbraune, faserige, breite und konzentrisch angeordnete Schuppen aufbrechend, Untergrund nur wenig heller, Mitte mit glatter Kappe, Rand fetzig behangen. **L:** frei, weiß, Druckstellen rötend. **St:** cremeweiß, glatt, Druckstellen rötend, Basis mit ungerandeter Knolle. **F:** weißlich, an der Luft sofort safranrötlich verfärbend. **Ger:** unauffällig, angenehm pilzartig. **Ges:** unauffällig bis etwas nussartig. **Spp:** weiß. **V:** im Nadelwald, auf Wiesen. (D 522, Kr 4.132, BK 4.256, Lu 3.115.13BC, 🖼).

Die Namensänderung für den häufigsten Safranschirmling von *M. rhacodes* zu *C. rhacodes* erfolgte, da *Agaricus rachodes* (Vittad.) Singer den Keulenstieligen Garten-Safranschirmling beschrieb und somit *Lepiota olivieri* Barla die älteste Beschreibung für den Gemeinen Safranschirmling ist. Beide Arten gehören heute der Gattung *Chlorophyllum* an (Friebes 2013a).

9.3.13 *Chlorophyllum rhacodes* (Vittad.) Vellinga, *Macrolepiota rhacodes* (Vittad.) Singer, Keulenstieliger Garten-Safranschirmling: Schuppen auf dem Hut stärker kontrastierend; auf Komposthaufen, in Gärten, im Wald, in Gewächshäusern. (Lu 3.115.13A).

Vittadini 1835 verwendete die Schreibweise *Agaricus rachodes,* während Fries 1849 die Schreibweise «rhacodes» eingeführt hatte. In der Folge wurden beide Schreibweisen verwendet. Zur Klärung stellten Vellinga & Pennycook 2010 einen Antrag, Vittadinis Schreibweise «rachodes» zu konservieren, und lösten damit eine große Auseinandersetzung aus (Demoulin & Demoulin 2013). Nach der Diskussion im Nomenclature Committee for Fungi (NCFungi) hat sich das General Committee (GC) definitiv für die Schreibweise «rhacodes» entschieden (Wilson & McNeill 2017). Aufgrund der breiten, exemplarischen Diskussion zur Anwendung der Nomenklaturregeln wurde das Beispiel schließlich explizit in den Shenzhen Code 2018, Chapter VIII, Article 60.1. Ex. 2 (Turland et al. 2018) mit folgendem Wortlaut aufgenommen: «The epithet of *Agaricus rhacodes* Vittad. (Descr. Fung. Mang.: 158. 1833) is to be so spelled, even though it was originally spelled ‹rachodes› (see Wilson in Taxon 66: 189. 2017).»

9.3.14 *Chlorophyllum brunneum* (Farl. & Burt) Vellinga, *M. rhacodes* var. *hortensis* Pilát ex Wasser, *M. rhacodes* var. *bohemica* (Wichanský) Bellù & Lanzoni ☠
Gerandetknolliger Garten-Safranschirmling, Großknolliger Garten-Safranschirmling

H: 10–18 cm, kugelig, später gewölbt bis flach, selten gebuckelt, braun, gegen den Rand bald meist sternförmig in ockerbraune, große und konzentrisch angeordnete Schuppen aufbrechend, Mitte mit glatter Kappe, gegen außen ohne Schuppen, Grund weiß bis bräunlich. **L:** frei, weiß, Druckstellen rötend. **St:** cremeweiß, glatt, Druckstellen rötend, Ring einfach, Basisknolle groß, gerandet und meist vergraben. **F:** weißlich, an der Luft sofort safranrötlich verfärbend. **Ger:** unauffällig, angenehm pilzartig. **Ges:** unauffällig bis etwas nussartig. **Spp:** weiß. **V:** auf Komposthaufen, in Gärten, Parks. Basidien und ChZ vereinzelt mit Schnallen. (Kr 4.132, BK 4.257, Lu 3.115.12, 🖼).

9.3.15 *Chlorophyllum venenatum* (Bon) C. Lange & Vellinga, *Macrolepiota venenata* Bon, Gift-Garten-Safranschirmling, Giftiger Riesenschirmling: Hut nur bis ca. 8 cm breit, ganzer Fruchtkörper mit rotbrauner Grundfarbe. Basidien und ChZ ohne Schnallen. (🖼).

Ludwig 2012 und andere Autoren weisen darauf hin, dass die Häufigkeit von Schnallen in den Gattungen *Chlorophyllum* und *Macrolepiota* sehr variabel sei und erachten *C. venenatum* deshalb als Synonym von *C. brunneum.* Da Schnallen gemäß Friebes 2013a bei älteren Fruchtkörpern bisweilen schwieriger zu finden sind als bei jungen, könnte bei der Variabilität auch das Alter der untersuchten Pilze eine Rolle spielen.

9.3.16 *Chlorophyllum molybdites* (G. Mey.) Massee, *Macrolepiota molybdites* (G. Mey.) G. Moreno, Bañares & Heykoop ☠
Grünsporiger Safranschirmling

H: 10–22 cm, kugelig, später gewölbt bis kegelig, evtl. schwach gebuckelt, braun, bald in konzentrisch angeordnete Schuppen auf weißlichem bis bräunlichem Grund aufbrechend. **L:** frei, creme, älter bräunlich und grün verfärbend. **St:** cremeweiß, glatt, bei Reife oft kürzer, als der Hut breit ist, Druckstellen und im Alter bräunend, Ring doppelt, untere Kante grünlich bis bräunlich, Basis nur leicht verdickt. **F:** weiß, im Stiel leicht rötend. **Ger:** unauffällig. **Ges:** unauffällig. **Spp:** olivgrün. **V:** in Gewächshäusern, Blumentöpfen und Wiesen, oft in Hexenringen. (D 520, Lu 3.115.1, 🖼).

9.3.11 *M. konradii,* Grobschuppiger Zitzen-Riesensch.

9.3.12 *C. olivieri,* Gemeiner Safranschirml.

9.3.14 *C. brunneum,* Gerandetknolliger Garten-Safran.

9.3.15 *C. venenatum,* Gift-Garten-Safranschirmling

9.3.16 *Chlorophyllum molybdites,* Grünsporiger Safranschirmling

9.4 *Leucoagaricus,* Egerlingsschirmlinge und Ähnliche

Basidiomycota, Ständerpilze > *Agaricomycetes* > *Agaricales,* Blätterpilze > *Agaricaceae,* Champignonsverwandte

Beschreibung

Leucoagaricus, Egerlingsschirmlinge beinhalten eine Spanne von kleinen bis recht großen, fleischigen Arten mit glatten, seidigen bis deutlich geschuppten Hutoberflächen. Die Hutfarben sind weiß, ockerbräunlich, fleisch- bis rotbraun oder dunkelbraun. Die freien Lamellen sind anfangs stets weiß, später verfärben sie sich teilweise rosa. Der Stiel lässt sich besonders leicht vom Hut trennen, in seinem oberen Teil findet sich ein Ring, oft etwas verschiebbar. Die Stielbasis ist meistens keulig bis knollig verdickt. *Leucoagaricus leucothites,* Rosablättriger Egerlingsschirmling hat sich in den letzten Jahren zu einem recht häufigen Pilz auf Wiesen in Parks und Gärten ausgebreitet. Die übrigen Arten sind wenig häufig bis selten. Im Unterschied zu den ähnlichen *Agaricus,* Egerlinge ist das Sporenpulver weiß oder höchstens creme bis etwas rosafarben, jedoch niemals schwarzbraun. Deshalb der Name *Leucoagaricus,* was übersetzt Weiß-Egerling oder Weiß-Champignon bedeutet. ***Leucocoprinus,*** Faltenschirmlinge (übersetzt Weiß-Tintlinge) mit dünnem Fleisch und gerieftem Hutrand gleichen den ursprünglichen Tintlingen, *Coprinus,* behalten aber im Unterschied zu diesen durch das blasse Sporenpulver auch stets helle Lamellen. Neben weißer, rosa bis bräunlicher Farbe findet sich auch intensives Gelb, z. B. bei einer Art, die bei uns in Gewächshäusern oder Blumentöpfen wächst.

Die Arten der beiden Gattungen *Leucoagaricus* und *Leucocoprinus* wachsen auf Erde, in lichten Wäldern, auf Wiesen, Komposthaufen, sandigen Böden sowie in Gewächshäusern oder Blumentöpfen und seltener auch auf Holzresten. Sie alle zählen zu den Saprobionten.

Die Sporen sind glatt, ellipsoid, mandelförmig bis kugelig, teils dextrinoid (rotbraune Verfärbung der Sporen in Melzers Reagenz), dickwandig und metachromatisch (karminrote Verfärbung der Innenwand der Sporen mit Kresylblau). Die Septen sind ohne Schnallen.

Bestimmung

Die weitere Unterscheidung erfolgt aufgrund von unveränderlichem oder leicht bis auffällig stark verfärbendem Fleisch. Es folgt die Beurteilung der Huthaut mit Schuppen, Fasern oder körnigen Strukturen und schließlich der Farben, Größen und Stielformen. Im mikroskopischen Bereich fallen die dickwandigen, metachromatischen und mehrheitlich dextrinoiden Sporen auf.

Speisewerte

Es gibt keine Speisepilze in diesen Gattungen. Teilweise wurden zwar *Leucoagaricus nympharum,* Jungfern-Egerlingsschirmling, der früher zu den Riesenschirmlingen zählte, und *Leucoagaricus leucothites,* Rosablättriger Egerlingsschirmling als essbar bezeichnet. Bei beiden gibt es aber klare Hinweise auf Beschwerden nach dem Konsum, weshalb sie in jedem Fall gemieden werden sollen (Ludwig 2012). Wegen der zusätzlichen Gefahr der Verwechslung mit den äußerst gefährlichen Weißen Knollenblätterpilzen ist insbesondere beim Rosablättrigen Egerlingsschirmling Vorsicht geboten. Auch zu *Leucoagaricus badhamii,* Anlaufender Egerlingsschirmling oder *Leucoagaricus americanus,* Büscheliger Egerlingsschirmling gibt es Hinweise auf toxische Wirkungen, zumindest in rohem Zustand.

9.4.02 *Leucoagaricus leucothites,*
Rosablättriger Egerlingsschirmling

9.4.23 *Leucocoprinus flos-sulphuris,*
Gelber Faltenschirmling

9.4 *Leucoagaricus*, Egerlingsschirmlinge und Ähnliche

- Fleisch kaum verfärbend, Hut kahl, samtig bis feinfaserig, feinschuppig
  - Hut weiß bis blass graubräunlich
    - Hut kahl, seidig, Rand nicht gerieft
      - Hut meist über 5 cm breit — 02 *Leucoagaricus leucothites*, Rosablättriger Egerlingsschirml.
      - Hut meist weniger als 5 cm breit
        - Stiel deutlich länger als die Hutbreite, ChZ mehrheitlich glatt — 03 *Leucoagaricus serenus*, Seidiger Egerlingsschirmling
        - Stiel etwa gleich lang wie die Hutbreite, ChZ häufig mit Kristallen — 9.2.38 *Lepiota subvolvata*, Fastbescheideter Schirmling
    - Hut (fein-)körnig bis (fein-)schuppig
      - Hut breiter als 7 cm, samtig bis feinschuppig
        - Hut samtig bis feinschuppig, älter grobschuppig, grauweiß bis bräunlich — 04 *Leucoagaricus subcretaceus*, Grobschuppiger Egerlingsschirmling
        - Hut mit abstehenden (körnigen), abwischbaren Schuppen, ganz weiß — 20 *Leucocoprinus cretaceus*, Kreideweißer Faltenschirmling
      - Hut weniger als 7 cm breit, deutlich schuppig
        - Lamellen weiß bleibend, Hut ohne rosa — 19 *Leucocoprinus cepistipes*, Zwiebelfüßiger Faltenschirmling
        - Lamellen und Hut zunehmend mit Rosatönen — 05 *Leucoagaricus carneifolius*, Fleischblättriger Egerlingsschirmling
    - Hut ± faserig-schuppig
      - Stiel deutlich wurzelnd — 06 *Leucoagaricus barssii*, Wurzelnder Egerlingsschirmling
      - Stiel kaum wurzelnd — 07 *Leucoagaricus cinerascens*, Grauhütiger Egerlingsschirmling
  - Hut zumindest im Scheitel fein schwarzbraun schuppig, Rand gerieft
    - Hut 2–5 cm, Stielbasis im Alter rosabraun — 21 *Leucocoprinus brebissonii*, Schwarzschuppiger Faltenschirmling
    - Hut bis 2,5 cm, Stielbasis im Alter creme — 22 *Leucocoprinus heinemannii*, Purpurschwarzer Faltenschirmling
  - Hut zumindest im Scheitel fleisch- oder orangerötlich, rosa- oder weinbraun
    - Hut meist über 3 cm breit
      - Hut ganz gefärbt
        - Hut 5–12 cm, eher dünnfleischig — 08 *Leucoagaricus littoralis*, Strand-Egerlingsschirmling
        - Hut 3–8 cm, dickfleischig — 09 *Leucoagaricus wichanskyi*, Robuster Egerlingsschirmling
      - Hut nur im Scheitel gefärbt, gegen außen stark verblassend
        - Schuppen auf Hut sparrig abstehend, hellbraun, gegen den Rand weiß — 01 *Leucoagaricus nympharum*, Jungfern-Egerlingsschirmling
        - Schüppchen auf Hut weinbraun, Stielbasis verdickt, aber nicht knollig — 11 *Leucoagaricus purpureolilacinus*, Purpuriger Egerlingsschirmling
        - Schüppchen auf Hut orangerot bis orangebraun, Stielbasis knollig — 12 *Leucoagaricus rubrotinctus*, Rothütiger Egerlingsschirmling
    - Hut kaum über 3 cm breit
      - rosa bis purpurbraun, Ringrand violett, mit Ammoniak grünlich — 13 *Leucoagaricus roseilividus*, Punktierthütiger Egerlingsschirmling
      - wein- bis schwarzbraun, haarig-schuppig, Ringrand braunschwarz — 18 *Leucoagaricus melanotrichus*, Schwarzhaariger Egerlingsschirmling
  - Hut lebhaft gelb, mehlig-körnig, in Gewächshäusern, Blumentöpfen — 23 *Leucocoprinus flos-sulphuris*, Gelber Faltenschirmling
- Fleisch rötlich, gelb oder braun verfärbend, Hut feinfaserig bis deutlich schuppig
  - Fleisch erst gelb, später braun verfärbend, Wachstum meist büschelig — 14 *Leucoagaricus americanus*, Gilbendrötender Egerlingsschirmling
  - Fleisch orange- bis rotbraun verfärbend
    - Hut weißlich bis rötlichocker, samtig bis mehlig-körnig
      - Hut meist breiter als 5 cm — 10 *Leucoagaricus gaillardii*, Rosaschuppiger Egerlingsschirmling
      - Hut kaum über 5 cm breit — 9.2.46 *Cystolepiota pulverulenta*, Bräunender Mehlschirmling
    - Hut mit braunen Schuppen auf blassem Grund
      - Stiel auf ganzer Länge mit Schüppchen in der Hutfarbe — 15 *Leucoagaricus meleagris*, Perlhuhn-Egerlingsschirmling
      - Stiel unverletzt weiß, fast kahl
        - Lamellen durch NH_3-Dampf grün verfärbend — 16 *Leucoagaricus badhamii*, Anlaufender Egerlingsschirmling
        - Lamellen durch NH_3-Dampf orangerot verfärbend — 17 *Leucoagaricus croceovelutinus*, Safranbeschleierter Egerlingsschirml.

9.4.01 *Leucoagaricus nympharum* (Kalchbr.) Bon, *Macrolepiota nympharum* (Kalchbr.) Wasser ? ☠
Jungfern-Egerlingsschirmling, Fichten-Egerlingsschirmling

H: 4–9 cm, eiförmig, halbkugelig, später gewölbt mit flachem Buckel, Mitte blassbraun, gegen außen in relativ große, abstehende und dichte Schuppen mit braunem Rand aufbrechend (Grund weiß). **L:** frei, weiß bis schwach rosa. **St:** schmutzig weiß, faserig, Ring wattig, beweglich, Basis knollig verdickt. **F:** weiß bis schwach rosa (Stielbasis). **Ger:** schwach, etwas nach Radieschen. **Ges:** unauffällig. **Spp:** weiß. **V:** auf Wiesen, im Nadelwald; Spätsommer bis Herbst. **Mik:** Sporen glatt, breit ellipsoid, dickwandig, Keimporus vorhanden, vorgewölbt, 8–10,5 × 6–7 µm, 4-sporig, ChZ flaschenförmig, teils mit abgesetztem, längerem Hals und kopfig. (Kr 4.126, BK 4.255, Lu 3.112.1, 🖼).

Die Art zählte früher zur Gattung *Macrolepiota* und galt als essbar. Ludwig 2012 erwähnt jedoch Publikationen von 1986 und 1993, in denen 1–2 Stunden nach dem Verzehr Erbrechen und Durchfälle rapportiert wurden.

9.4.02 *Leucoagaricus leucothites* (Vittad.) Wasser ☠
Rosablättriger Egerlingsschirmling

H: 3–10 cm, halbkugelig, ausgebreitet gewölbt bis flach, evtl. schwach gebuckelt, kahl, weiß, im Scheitel bisweilen etwas ockerlich. **L:** frei, cremeweiß, später schwach rosa. **St:** weiß, mit häutigem, erst aufsteigendem und erst später zunehmend verschiebbarem Ring, gegen die Basis keulig bis knollig verdickt. **F:** unveränderlich weiß. **Ger:** unauffällig, angenehm. **Ges:** unauffällig, angenehm. **Spp:** weiß. **V:** in Wiesen, Parks, grasigem Wald; Sommer bis Herbst. **Mik:** Sporen glatt, ellipsoid, dickwandig, Keimporus vorhanden, vorgewölbt, 6–10 × 4,5–7 µm, 4-sporig, ChZ flaschenförmig, utriform, teils etwas kopfig oder mit unförmigen Auswüchsen. (D 526, Kr 4.107, BK 4.240, Lu 3.112.32, 🖼).

Leucoagaricus holosericeus (Gillet) M.M. Moser, Ganzseidiger Egerlingsschirmling, Gilbender Egerlingsschirmling: Druckstellen rasch chromgelb verfärbend, später bräunlich. (Lu 3.112.34).

Aufgrund einzelner Meldungen über Verdauungsbeschwerden nach kurzer Latenzzeit von ca. 1 Std. und erheblicher Verwechslungsgefahr mit weißen Knollenblätterpilzen zählen die beiden Arten zu den Giftpilzen.

9.4.03 *Leucoagaricus serenus* (Fr.) Bon & Boiffard, *Sericeomyces serenus* (Fr.) Heinem., Seidiger Egerlingsschirmling, Weißseidiger Egerlingsschirmling, Heller Seidenschirmling: Hut 3–5 cm, gewölbt und meist etwas gebuckelt, seidig-faserig, weiß, Mitte evtl. etwas ockerlich, Lamellen frei, weiß, später creme, Stiel weiß bis blassocker, Ring aufsteigend, Basis keulig bis knollig, im Park, Gebüsch. Sporen 7–10,5 × 5–7 µm. (D 529, BK 4.260, Lu 3.112.28).

9.4.04 *Leucoagaricus subcretaceus* Bon, Grobschuppiger Egerlingsschirmling: Hut 8–15 cm, halbkugelig, später gewölbt, glatt, samtig, gegen den Rand auch feinschuppig und im Alter felderig aufreißend, grauweiß bis bräunlich, Rand behangen, Lamellen weiß, schmutzig weiß bis graurosa, Stiel weiß, mit häutigem, beweglichem Ring, gegen die Basis verdickt, gilbend bis bräunend, bisweilen etwas wurzelnd, Fleisch weiß, schwach gilbend bis bräunend, Sporenpulver etwas rosa, auf Wiesen, an Weg- oder Waldrändern; Sommer bis Herbst. Sporen 7–10 × 5–6,5 µm. (BK 4.243, Lu 3.112.29, 🖼).

9.4.05 *Leucoagaricus carneifolius* (Gillet) Wasser
Fleischblättriger Egerlingsschirmling

H: 4–6 cm, halbkugelig bis flach gewölbt, Mitte ockerlich, gegen außen körnig bis feinschuppig auf blassem Grund. **L:** frei, gedrängt, weiß bis blassrosa. **St:** weiß, mit verschiebbarem, häutigem Ring, gegen die Basis bräunlich, verdickt. **F:** weiß, evtl. etwas gilbend. **Ger:** unauffällig. **Ges:** unauffällig. **V:** auf Wiese, Äckern, an schattigen, humusreichen Stellen. **Mik:** Sporen glatt, ellipsoid, dickwandig, Keimporus klein, etwas vorgewölbt, 6,5–9,5 × 4,5–6,5 µm, 4-sporig, ChZ keulig, flaschenförmig, utriform, teils etwas kopfig. (Lu 3.112.33).

9.4.06 *Leucoagaricus barssii* (Zeller) Vellinga, *Leucoagaricus macrorhizus* Locq. ex E. Horak
Wurzelnder Egerlingsschirmling

H: 4–10 cm, halbkugelig bis ausgebreitet gewölbt, alt bisweilen auch etwas niedergedrückt, graubraun, angedrückt faserig-schuppig, Rand blasser und behangen. **L:** frei, gedrängt, weiß, Schneiden feinflockig. **St:** Spitze weiß, Ring häutig, gegen die Basis braun und tief im Boden wurzelnd. **F:** weißlich, im Stiel und Scheitel etwas rotbräunlich. **Ger:** unauffällig. **Ges:** etwas säuerlich **V:** auf Trockenwiesen, Äckern, am Waldrand, in warmen Regionen; im Herbst. **Mik:** Sporen glatt, ellipsoid, dickwandig, Keimporus fehlend oder undeutlich, 7–9 × 4–5,5 µm, mehrheitlich 4-sporig, ChZ keulig bis utriform. (BK 4.241, Lu 3.112.2, 🖼).

9.4.07 *Leucoagaricus cinerascens* (Quél.) Bon & Boiffard
Grauhütiger Egerlingsschirmling

H: 4–10 cm, halbkugelig, gewölbt bis flach, evtl. gebuckelt, graubräunlich faserig-schuppig auf weißlichem Grund. **L:** frei, weiß, später graurosa. **St:** grauweißlich mit

9.4.01 *Leucoagaricus nympharum*, Jungfern-Egerlingsschirmling

9.4.02 *Leucoagaricus leucothites*, Rosablättriger Egerlingsschirmling

9.4.04 *Leucoagaricus subcretaceus*, Grobschuppiger Egerlingsschirmling

9.4.06 *Leucoagaricus barssii*, Wurzelnder Egerlingsschirmling

häutigem Ring, gegen die Basis verdickt, Druckstellen gelbbraun. **F:** weißlich, evtl. schwach rötend oder gilbend. **Ger:** unauffällig. **Ges:** unauffällig. **V:** auf Wiese, im Wald. **Mik:** Sporen glatt, ellipsoid, dickwandig, Keimporus deutlich, 8–10 × 5,5–7 µm, 4-sporig, ChZ flaschenförmig, teils länglich oder etwas kopfig. (D 530, BK 4.239, Lu 3.112.35).

9.4.08 *Leucoagaricus littoralis* (Menier) Bon & Boiffard
Strand-Egerlingsschirmling

H: 5–12 cm, abgestutzt glockig, später ausgebreitet gewölbt bis flach, evtl. mit flachem Buckel, fleischrosa bis ockerrosa faserig auf weißem Grund. **L:** frei, weiß. **St:** seidig, unveränderlich weiß, Ring häutig mit bräunlichem Rand, Stielbasis knollig verdickt. **F:** fest, weiß, in der Stielbasis schwach rötlichocker. **Ger:** unauffällig. **Ges:** unauffällig. **V:** auf sandigem Boden, an Küsten, bei Laubbäumen. **Mik:** Sporen glatt, ovoid, 6–7 × 4–5 µm. (🖼).

9.4.09 *Leucoagaricus wichanskyi* (Pilát) Bon & Boiffard, Robuster Egerlingsschirmling: Hut 3–8 cm breit, samtig-seidig, blassrosa bis fleischockerlich, Rand heller; im Gebüsch, Wald, auf sandigem Boden. Sporen ovoid bis zitronenförmig, dickwandig, Keimporus fehlend oder undeutlich, 7–10,5 × 4,5–6 µm, mehrheitlich 4-sporig, ChZ lanzettlich bis flaschenförmig und teils mit kleinem Kristallschopf. (Lu 3.112.18).

Die Abgrenzung zwischen *L. littoralis* und *L. wichanskyi* sowie allenfalls *Leucoagaricus sublittoralis* (Kühner ex Hora) Singer, Blassrosa Egerlingsschirmling, Fleischrosa Egerlingsschirmling ist verschwommen. (Lu 3.112.17).

Leucoagaricus roseolanatus (Huijsman) Bon, Kleinsporiger Egerlingsschirmling: Hut kaum über 3 cm breit, filzig-wollig, ziegelfarben oder schmutzig rosa, gegen den Rand in flockige Schuppen aufreißend, Stiel blassrosa, im unteren Teil flockig, auf moderndem Laub.

9.4.10 *Leucoagaricus gaillardii* Bon & Boiffard, Rosaschuppiger Egerlingsschirmling: Hut 5–8 cm, samtig, blass rötlichocker, später rosa bis weinbraun, insbesondere im Scheitel, Lamellen frei, weiß, Schneiden bräunend, Stiel weiß, Druckstellen rötlichbraun, Basis knollig verdickt, Fleisch weiß, an grasigen Standorten auf sandigem Boden. Sporen 7,5–10 × 5–6 µm.

9.4.11 *Leucoagaricus purpureolilacinus* Huijsman
Purpuriger Egerlingsschirmling

H: 2–3,5 cm, halbkugelig, später gewölbt bis flach, meist etwas gebuckelt, im Scheitel glatt, wein- bis purpurbraun, gegen außen verblassend, feinschuppig. **L:** frei, weiß. **St:** weiß, seidig-faserig, Basis etwas gilbend, verdickt, Ring häutig. **F:** weiß, in der Stielbasis etwas gilbend. **Ger:** unauffällig. **Ges:** unauffällig. **V:** auf sandigem Boden, z. B. bei Pinie *Pinus pinea.* **Mik:** Sporen glatt, spindelig bis mandel- oder zitronenförmig, dickwandig, Keimporus fehlend, 6–10,5 × 3–4 µm, mehrheitlich 4-sporig, ChZ verschiedenförmig, utriform bis keulig, teilweise mit vereinzelten Kriställchen bedeckt. (D 528, Lu 3.112.19).

9.4.12 *Leucoagaricus rubrotinctus* (Peck) Singer
Rothütiger Egerlingsschirmling

H: 2–7 cm, jung halbkugelig bis walzenförmig, später ausgebreitet und leicht gebuckelt, Mitte dunkel rotbraun, etwas schmierig, gegen außen heller und in braunorange gefärbte Faserschüppchen auf weißgelblichem Grund aufreißend. **L:** frei, weiß, gedrängt. **St:** weiß, Ring aufsteigend, ungerieft, oft mit rotbraunem Rand, Basis deutlich knollig. **F:** weiß. **Ger:** schwach nach rohen Kartoffeln. **Ges:** mild. **V:** in Gewächshäusern oder Blumentöpfen. **Mik:** Sporen glatt, spindelig bis mandelförmig oder leicht eingeschnürt, etwas dickwandig, Keimporus fehlend, 6,5–9,5 × 3,5–5,5 µm, 4-sporig, ChZ keulig bis ballonförmig, teils mit feinen Kriställchen zuoberst. (BK 4.242, Lu 3.112.15, 🖼).

9.4.13 *Leucoagaricus roseilividus* (Murrill) E. Ludw., *Leucoagaricus marriageae* (D.A. Reid) Bon
Punktierthütiger Egerlingsschirmling

H: 1–3 cm, Mitte purpurbraun, gegen außen rosa, später rosabraun schuppig auf blass rosafarbenem Grund. **L:** frei, dicht, weißlich bis creme. **St:** über dem häutigen, braunrandigen Ring weißlich bis lila, unterhalb faserig, wie der Hut gefärbt. **F:** weißlich. **Ger:** unauffällig. **Spp:** weiß. **V:** im Mischwald, in mediterraner Buschlandschaft. **Mik:** Sporen glatt, ovoid bis mandelförmig, etwas dickwandig, Keimporus fehlend, 7–9,5 × 4–5 µm, 4-sporig, ChZ spindelig bis utriform.

9.4.14 *Leucoagaricus americanus* (Peck) Vellinga,
Leucoagaricus bresadolae (Schulzer) Bon & Boiffard
Gilbendrötender Egerlingsschirmling, Büscheliger Egerlingsschirmling

H: 5–10 cm, glockig, später gewölbt, graubraun, bald in Schuppen auf weißlichem Grund aufreißend. **L:** frei, weiß, Schneiden und Druckstellen safranrötlich. **St:** spindelig, weißlich, fein flockig-schuppig, im Alter und an Druckstellen gelbbraun bis braun verfärbend, Ring häutig, weiß mit braunem Rand. **F:** weiß, erst gelb, bald braun, weinbraun verfärbend. **Ger:** unauffällig, angenehm. **Ges:** unauffällig, angenehm. **Spp:** cremeweiß. **V:** meist in Büscheln, auf Wiesen, Rindenkompost, am Waldrand. **Mik:** Sporen glatt, breit ellipsoid, dickwandig, Keimporus deutlich, klein, 7–12,5 × 6–8 µm, mehrheitlich 4-sporig, ChZ spindelig, keulig, langhalsig flaschenförmig. (D 533, BK 4.238, Lu 3.112.3, 🖼).

9.4.15 *Leucoagaricus meleagris* (Gray) Singer, Perlhuhn-Egerlingsschirmling: Hut kaum über 5–6 cm breit, grauocker bis schwärzlich, feinschuppig, verletzte Stellen sofort safran- bis weinrot, Geruch etwas nach Zedernholz. Sporen ellipsoid bis fast kugelig, dickwandig, Keimporus undeutlich, 8–12 × 7–9,5 µm, mehrheitlich 4-sporig, ChZ keulig bis ballonförmig, teils mit kleinem Auswuchs. (Lu 3.112.7).

9.4.08 *Leucoagaricus littoralis,* Strand-Egerlingsschirmling

9.4.12 *Leucoagaricus rubrotinctus,* Rothütiger Egerlingsschirmling

9.4.14 *Leucoagaricus americanus,* Gilbendrötender Egerlingsschirmling

9.4.16 ***Leucoagaricus badhamii*** **(Berk. & Broome) Singer,**
Leucocoprinus badhamii **(Berk. & Broome) Locq.**
Anlaufender Egerlingsschirmling

H: 5–10 cm, kugelig, später gewölbt und evtl. gebuckelt, dunkelbraun faserig-schuppig auf hellbraunem, bald rötlichbraunem Grund, verletzt sofort orangerot anlaufend und später dunkel verfärbend. **L:** frei, weiß, Schneiden und Druckstellen orangerot verfärbend. **St:** keulig, leicht vom Hut zu trennen, faserig weißlich, Druckstellen sofort orangerot, später dunkel, Ring häutig. **F:** weiß, im Schnitt sofort orangerot, später braun verfärbend. **Ger:** fruchtig-säuerlich. **Ges:** unauffällig. **V:** in Laub- und Nadelwald, Gewächshäusern, einzeln wachsend. **Mik:** Sporen glatt, mandelförmig, dickwandig, Keimporus fehlend, 5,5–10,5 × 3,5–6 µm, mehrheitlich 4-sporig, ChZ keulig bis flaschenförmig, teils mit verlängerem Hals. **Ch:** NH_3-Dämpfe auf Lamellen grün. (Kr 4.103, BK 4.237, Lu 3.112.4, 🖼).

9.4.17 *Leucoagaricus croceovelutinus* (Bon & Boiffard) Bon, Safranbeschleierter Egerlingsschirmling, Safranfleischiger Egerlingsschirmling: Hut kaum über 5 cm breit. Sporen mandel- bis zitronenförmig, leicht dickwandig, 6,5–7,5 × 4–5 µm. NH_3-Dämpfe auf Lamellen orangerot. (Lu 3.112.5).

Leucoagaricus pilatianus (Demoulin) Bon & Boiffard, Rosabrauner Egerlingsschirmling: Hut und Stiel von Anfang an rosa- bis rotbraun, Fleisch nur schwach rötend. Sporen ellipsoid bis mandelförmig, leicht dickwandig, Keimporus fehlend, 5,5–10,5 × 3,5–6 µm, 4-sporig, ChZ keulig bis etwas utriform. (Lu 3.112.11).

9.4.18 ***Leucoagaricus melanotrichus*** **(Malençon & Bertault) Trimbach**
Schwarzhaariger Egerlingsschirmling

H: 1–4 cm, kegelig-glockig, später gewölbt, evtl. gebuckelt, Mitte dunkelgrau, dicht filzig, gegen außen mit grauen bis schwarzen faserigen Schüppchen auf hellem Grund, Rand alt gerippt. **St:** weiß, unterhalb des Rings mit grauen bis schwarzen faserigen Schüppchen bedeckt, Ring weiß mit schwärzlichem Rand. **F:** weiß, zerbrechlich. **Ger:** unauffällig, evtl. etwas pilzig. **Ges:** unauffällig. **V:** im Mittelmeergebiet. **Mik:** Sporen glatt, ellipsoid bis etwas mandelförmig, leicht dickwandig, Keimporus fehlend, 5–7 × 3,5–4,5 µm, 4-sporig, ChZ keulig. (D 519, Lu 3.112.23).

9.4.19 ***Leucocoprinus cepistipes*** **(Sowerby) Pat.**
Zwiebelfüßiger Faltenschirmling, Zwiebelstieliger Faltenschirmling

H: 2–6 cm, glockig, später gewölbt, braun bis graubraun schuppig auf weißlichem Grund. **L:** frei, weiß, Schneiden alt etwas bräunend. **St:** weiß, bereift, später gilbend bis bräunend, Ring flüchtig, Basis mit weißen Wurzelfortsätzen (Rhizoiden). **F:** cremeweiß. **Ger:** unauffällig. **Ges:** unauffällig. **V:** auf modernden Pflanzenresten. **Mik:** Sporen glatt, breit ellipsoid, leicht mandelförmig bis fast kugelig, dickwandig, Keimporus klein, 7–11 × 5,5–7,5 µm, 4-sporig, ChZ keulig bis langhalsig flaschenförmig, möglicherweise vereinzelt etwas inkrustiert. (D 532, Kr 4.113, BK 4.246, Lu 3.113.12, 🖼).

9.4.20 *Leucocoprinus cretaceus* (Bull.) Locq., Kreideweißer Faltenschirmling: Hut bis 11 cm breit, meist ganz weiß, mit abstehenden (körnigen) leicht abwischbaren Schuppen, Stiel spindelig, Geruch eher unangenehm käsig bis süßlich, pelargoniumartig. Sporen breit ellipsoid, sehr dickwandig, Keimporus vorgewölbt, 7,5–12 × 5,5–7,5 µm, 4-sporig, ChZ verschiedenförmig, keulig bis flaschenförmig, wellig, teils mit Auswüchsen und möglicherweise vereinzelt mit käppchenartiger Aussonderung. (Lu 3.113.18, 🖼).

9.4.21 ***Leucocoprinus brebissonii*** **(Godey) Locq.**
Schwarzschuppiger Faltenschirmling

H: 2–5 cm, kegelig-glockig, später gewölbt, evtl. gebuckelt, Mitte schwarzbraun, gegen außen weiß mit vereinzelten Schüppchen, Rand gerieft. **L:** frei, gedrängt, weiß, später creme. **St:** weiß, Ring fein, flüchtig, Basis meist verdickt und im Alter etwas rosabraun. **F:** weiß. **Ger:** unauffällig, evtl. etwas spermatisch. **Ges:** unauffällig. **V:** unter Laubbäumen, in Gewächshäusern. **Mik:** Sporen glatt, ovoid bis fast spindelig, sehr dickwandig, Keimporus deutlich und vorgewölbt, 7,5–10,5 × 5,5–7,5 µm, mehrheitlich 4-sporig, ChZ utriform bis flaschenförmig, möglicherweise vereinzelt mit Kriställchen beschopft. (BK 4.245, Lu 3.113.7, 🖼).

9.4.22 *Leucocoprinus heinemannii* Migl., Purpurschwarzer Faltenschirmling: Hut kaum über 2,5 cm breit, Stielbasis im Alter cremefarben. Sporen ellipsoid bis etwas mandelförmig, leicht dickwandig, Keimporus fehlend, 6–8 × 3,5–5 µm, ChZ utriform, flaschenförmig bis spindelig. (Lu 3.113.9, 🖼).

9.4.23 ***Leucocoprinus flos-sulphuris*** **(Schnizl.) Cejp,** ***Leucocoprinus birnbaumii*** **(Corda) Singer**
Gelber Faltenschirmling

H: 2–8 cm, eiförmig, später gewölbt und evtl. gebuckelt, fein und lebhaft gelb schuppig auf gleichfarbigem Grund. **L:** frei, gelb. **St:** wie der Hut gefärbt, gegen die Basis meist verdickt und schuppig, Ring häutig, flüchtig und etwas bräunend. **F:** gelblich. **Ger:** unauffällig. **Ges:** unauffällig. **V:** in Gewächshäusern, Blumentöpfen. **Mik:** Sporen glatt, ellipsoid bis etwas mandel- oder zitronenförmig, leicht dickwandig, Keimporus vorgewölbt, 7,5–10,5 × 6–7 µm, mehrheitlich 4-sporig, ChZ keulig bis flaschenförmig. (D 531, Kr 4.111, BK 4.244, Lu 3.113.6, 🖼).

9.4.16 *L. badhamii*, Anlaufender Egerlingsschirmling

9.4.19 *L. cepistipes*, Zwiebelfüßiger Faltenschirmling

9.4.20 *Leucocoprinus cretaceus*, Kreideweißer Faltenschirmling

9.4.21 *Leucocoprinus brebissonii*, Schwarzschuppiger Faltenschirmling

9.4.22 *L. heinemannii*, Purpurschwarzer Faltenschirml.

9.4.23 *L. flos-sulphuris*, Gelber Faltenschirmling

9.5 *Coprinus*, Ringtintlinge

Basidiomycota, Ständerpilze > *Agaricomycetes* > *Agaricales*, Blätterpilze > *Agaricaceae*, Champignonsverwandte

Beschreibung

Die Gattung ***Coprinus*** ist aufgeteilt worden, und die Familie *Coprinaceae*, Tintlingsverwandte existiert nicht mehr. Die Gruppe der Tintlinge mit der Typusart *Coprinus comatus*, Schopf-Tintling ist nur noch ganz klein und gehört nun zur Familie der *Agaricaceae*. Der Hut ist anfangs hoch, walzenförmig und auffällig faserig-schuppig, die Lamellen sind ganz frei und sehr stark gedrängt. Jung sind sie rein weiß, werden dann rosa und darauf bald schwarz, bis sie schließlich von außen her zerfließen. Der Stiel ist hohl und beringt, die Basis oft etwas verdickt.

Tintlinge wachsen auf Erde oder Dung, oft an Wegrändern und auf Schuttplätzen und sind Saprobionten.

Die Sporen sind schwarzbraun, glatt, ellipsoid, mit deutlichem Keimporus, die Hyphen haben Schnallen.

Bestimmung

Die beiden *Coprinus*-Arten unterscheiden sich durch die Größe, den Standort und die Sporengröße.

Speisewerte

Der Schopf-Tintling ist ein ausgezeichneter Speisepilz, solange die Hüte keine Verfärbung durch die reifenden Sporen aufweisen. Wie praktisch alle Pilze soll er jedoch nicht roh gegessen werden.

Sporen

9.5.01 *Coprinus comatus*, Schopf-Tintling

9.5 *Coprinus*, Ringtintlinge

Hut bis 20 cm hoch, Sporen bis 13 µm lang und 9 µm breit	**01 *Coprinus comatus*, Schopf-Tintling**
Hut nur bis 6 cm hoch, Sporen > 13 µm lang und 10 µm breit	02 *Coprinus sterquilinus*, Kleiner Schopf-Tintling

9.5.01 *Coprinus comatus* (O.F. Müll.) Pers.
Schopf-Tintling, Schopf-Ringtintling

H: 5–12 cm, erst walzenförmig, spargelförmig, später sich kegelig ausbreitend, filzig-schuppig, weiß bis blass ockerlich, Rand bei Reife zunehmend schwarz und gegen außen aufrollend. **L:** frei, sehr gedrängt, weiß, später von unten her schwarz verfärbend und schließlich zerfließend. **St:** weiß, hohl, Ring tief sitzend und verschiebbar, Basis etwas verdickt. **F:** zart, weiß, später schwarz zerfließend. **Ger:** unauffällig, angenehm. **Ges:** mild. **Spp:** schwarzbraun. **V:** an nährstoffreichen Stellen, an Wegrändern, Schuttplätzen, im Park; Spätsommer, Herbst. **Mik:** Sporen glatt, ellipsoid, ca. 9–13 µm lang. (D 542f, Kr 5.545, BK 4.270, Lu 2.93.5, 🖻).

C. comatus var. *ovatus* (Schaeff.) Quél., Eier-Tintling: Hut kaum über 6 cm hoch, eiförmig, stark schuppig.

Die Abgrenzung nur durch die Hutform ist nicht befriedigend. Es gibt viele weitere Varietäten dieser Art, die hier nicht weiter erwähnt werden. LUDWIG 2007 weist darauf hin, dass stark divergierende Angaben zu den Sporengrößen darauf hinweisen, dass es sich insgesamt um eine Sammelart handeln könnte.

9.5.02 *Coprinus sterquilinus* (Fr.) Fr.
Kleiner Schopf-Tintling, Großsporiger Ringtintling

H: 3–5 cm, erst walzenförmig, spargelförmig, später sich kegelig ausbreitend, dicht flockig-faserig, weiß bis blass ockerlich, Rand bei Reife zunehmend schwarz aufgerollt und zerfließend. **L:** frei, sehr gedrängt, weiß, später von unten her schwarz verfärbend und schließlich zerfließend. **St:** weiß, hohl, Ring sehr tief sitzend und verschiebbar, Basis etwas verdickt. **F:** zart, weiß, später schwarz zerfließend. **Ger:** unauffällig, angenehm. **Ges:** mild. **Spp:** schwarzbraun. **V:** auf altem Dung. **Mik:** Sporen glatt, ellipsoid, 13–22 µm lang. (Kr 5.581, Lu 2.93.3, 🖻).

9.5.01 *Coprinus comatus*, Schopf-Tintling

9.5.02 *Coprinus sterquilinus*, Kleiner Schopf-Tintling

9.6 *Cystoderma*, Körnchenschirmlinge und Ähnliche

Basidiomycota, Ständerpilze > *Agaricomycetes* > *Agaricales*, Blätterpilze > *Squamanitaceae*, Schuppenwulstlingsverwandte

Beschreibung

Cystoderma, Körnchenschirmlinge bilden kleine bis mittelgroße Pilze mit meist körniger, teils auch mehliger oder feinschuppig-warziger Hutoberfläche in weißer, rosa, gelbockerlicher, orangebrauner oder weinrötlicher Farbe. Die weißlichen bis gelben Lamellen sind nie ganz frei, sondern schmal angeheftet bis ausgebuchtet angewachsen. Typisch ist der gestiefelte Stiel mit glatter Spitze und körnig-schuppiger Oberfläche unterhalb des Rings oder der Ringzone. Das Sporenpulver ist weiß bis blasscreme. Nach molekularbiologischen Untersuchungen von Harmaja 2002 ließ sich eine kleine Gruppe unter dem separaten Gattungsnamen ***Cystodermella***, Scheinkörnchenschirmlinge abgrenzen. Aufgrund ihrer nahen Verwandtschaft sind auch die seltenen ***Squamanita***, Schuppenwulstlinge mit fein- bis sparrig-schuppiger Hutoberfläche und auffällig knolliger Stielbasis sowie ***Floccularia** luteovirens*, Schwefelgelber Schuppenritterling mit lebhaft gelbschuppiger Hutobfläche und Stielbasis ebenfalls hier beschrieben und verschlüsselt.

9.6.01 *Cystoderma carcharias*,
Starkriechender Körnchenschirmling

Körnchenschirmlinge wachsen oft an moorigen Stellen im Wald, auf Wiesen oder Heideflächen und seltener auch auf modrigem Holz. *Floccularia*, Schuppenritterlinge findet man in Wiesen. Sie sind alle Saprobionten. *Squamanita*, Schuppenwulstlinge hingegen ernähren sich als Parasiten und wachsen auf verschiedenen anderen Pilzen.

Die Sporen aller beschriebenen Arten sind glatt, ellipsoid bis etwas mandelförmig, ohne Keimporus und mit Ausnahme einiger *Squamanita* nicht metachromatisch (keine rötliche Verfärbung an der Innenwand der Sporen mit Kresylblau). An den Septen der Hyphen zeigen sich vorwiegend Schnallen. *Cystoderma* und *Floccularia* haben amyloide Sporen – zumindest in der Nähe des Apikulus – und sind alle ohne Zystiden. *Cystodermella*-Sporen sind hingegen nicht amyloid und *Cystodermella terryi*, Zinnoberbrauner Scheinkörnchenschirmling hat auffällige, dickwandige, teils beschopfte Cheilozystiden. Schwach amyloide Sporen sind schwierig zu erkennen. Ludwig 2001 empfiehlt, im Zweifelsfalle die Untersuchung makroskopisch vorzunehmen, indem man einen Tropfen Melzer auf ein Häufchen Sporen aus einem Sporenabwurf gibt. *Squamanita* haben vereinzelt kristallbeschopfte Cheilozystiden.

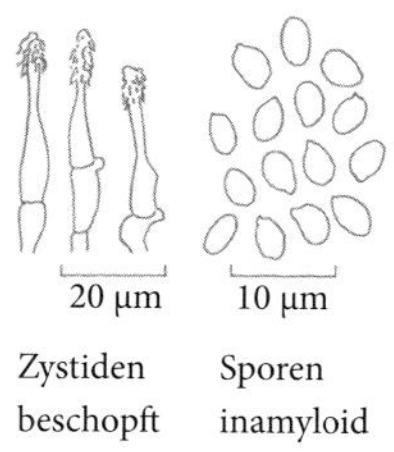

9.6.08 *Cystodermella terryi*,
Zinnoberbrauner Scheinkörnchenschirmling

Bestimmung

Zur Unterscheidung der Körnchenschirmlinge dient der vorhandene oder fehlende Ring und die Hutfarbe. Oft braucht es zusätzlich einen Vergleich der Sporenformen und -größen. Die beschopften Zystiden von *Cystodermella terryi* sind mit der Lupe als Bewimperung der Lamellenschneiden zu erkennen. Die seltenen *Squamanita* erkennt man an der knolligen und schuppigen Stielbasis, *Floccularia* an den lebhaft gelben Schuppen am Hut und einem kaum verdickten unteren Stielteil.

Speisewerte

Es gibt keine Speisepilze in diesen beiden Gattungen.

9.6 *Cystoderma,* Körnchenschirmlinge und Ähnliche

- Hutoberfläche körnig
  - Stiel mit häutigem Ring
    - Hut weißlich bis blass fleischocker — **01 *Cystoderma carcharias,* Starkriechender Körnchensch.**
    - Hut ockerbraun bis rostocker — 02 *Cystoderma fallax,* Trügerischer Körnchenschirmling
  - Stiel mit flockiger, flüchtiger Ringzone
    - Hut weiß — 07 *Cystodermella ambrosii,* Weißer Scheinkörnchenschirmling
    - Hut weinrötlich-purpurn — 03 *Cystoderma superbum,* Weinroter Körnchenschirmling
    - Hut ockergelb, ockerbraun bis rotbraun
      - Hut ockergelb, rostgelb, ca. 2–4 cm breit, eher dünnfleischig
        - Geruch unangenehm, modrig, Sp. < 7 µm lang, Länge < doppelte Breite — **04 *Cystoderma amianthinum,* Amiant-Körnchenschirmling**
        - Geruch schwach, angenehm, Sporen bis > 7 µm, doppelt so lang wie breit — 05 *Cystoderma jasonis,* Langsporiger Körnchenschirmling
      - Hut ocker- bis rötlichbraun, < 3 cm breit, dünnfleischig, Sporen < 5 µm — 06 *Cystoderma simulatum,* Winter-Körnchenschirmling
      - Hut orangebraun, rotbraun, ca. 3–7 cm breit, ziemlich fleischig
        - orangebraun, fleischig, Lam.-Schneiden bewimpert (Lupe), mit Zystiden — 08 *Cystodermella terryi,* Zinnoberbrauner Scheinkörnchenschirmling
        - rotbraun, Lam.-Schneiden nicht bewimpert (Lupe), ohne Zystiden — 09 *Cystodermella granulosa,* Rostroter Scheinkörnchenschirmling
- Hutoberfläche und Stielbasis schuppig
  - Stielbasis wulstig knollig
    - Hut und Stiel gelbbraun schuppig auf gelbem Grund, 5–10 cm — 10 *Squamanita schreieri,* Gelber Schuppenwulstling
    - Hut und Stiel grau-, lila- bis dunkelbraun, 1–5 cm, auf alten Pilzen
      - Hut sparrig schuppig
        - Hut schwarzbraun schuppig, Grund graubraun, -lila, Geruch süßlich — 11 *Squamanita odorata,* Duftender Schuppenwulstling
        - Hut grob, dunkel schuppig, auf alten Körnchenschirmlingen, geruchlos — 13 *Squamanita pearsonii,* Lilabrauner Schuppenwulstling
      - Hut feinschuppig, grauocker, graulila
        - Hut grauocker, graulila, auf alten Stockschwämmchen — 12 *Squamanita fimbriata,* Gefranster Schuppenwulstling
        - Hut lilagrau, Stiel mit Gelb, auf alten Körnchenschirmlingen — 14 *Squamanita paradoxa,* Goldstiel-Schuppenwulstling
  - Stielbasis nicht knollig, Hut und Stiel lebhaft gelb, 4–12 cm — 15 *Floccularia luteovirens,* Schwefelgelber Schuppenritterling

9.6.01 *Cystoderma carcharias* (Pers.) Fayod
Starkriechender Körnchenschirmling

H: 2–6 cm, gewölbt und gebuckelt, cremefarben bis blass fleischockerlich, **L:** fast frei, erst weiß, dann creme. **St:** Spitze weißlich, Ringunterseite und Stiel im unteren Teil körnig-schuppig, wie der Hut gefärbt. **F:** weißlich. **Ger:** unangenehm, staubartig (Scheunenstaub). **Ges:** widerlich. **Spp:** weiß. **V:** im Nadelwald; Herbst. **Mik:** Sporen glatt, ellipsoid, 4,5–5,5 × 3,5–4 µm, amyloid, ohne Zystiden. (D 535, Kr 3.233, BK 4.203, Lu 1.18.3, 🖼).

9.6.02 *Cystoderma fallax* A.H. Sm. & Singer
Trügerischer Körnchenschirmling

H: 3–5 cm, körnig bis kleiig-schuppig, ocker-rostfarben. **L:** stark ausgebuchtet angewachsen oder schmal angeheftet, weißlich bis blass fleischrosa. **St:** Spitze glatt, blass, Ring dauerhaft, häutig, Unterseite und unterer Stielteil körnig, wie der Hut gefärbt. **F:** weiß, im Stiel gelbbraun. **Ger:** unauffällig. **Ges:** unauffällig. **V:** im Nadelwald, vorwiegend in höheren Lagen. **Mik:** Sporen glatt, ellipsoid, 4–5,5 × 2,5–4 µm, schwach amyloid, Zystiden fehlend. (D 538, Lu 1.18.12, 🖼).

9.6.03 *Cystoderma superbum* Huijsman
Weinroter Körnchenschirmling

H: 2–6 cm, halbkugelig bis flach ausgebreitet, feinkörnig, später kahl, satt weinrötlich. **L:** schmal angeheftet, cremeweiß bis blass fleischrötlich, Schneiden etwas heller. **St:** Spitze glatt, unterhalb der ringartigen Zone körnig-flockig, wie der Hut gefärbt. **F:** weißlich, relativ dick. **Ger:** unauffällig. **V:** im Nadelwald; Herbst. **Mik:** Sporen glatt, ellipsoid, 4–5 × 3–3,5 µm, inamyloid außer in der Nähe des Apikulus, Zystiden fehlend. **Ch:** keine Verfärbung mit KOH auf der Huthaut. (BK 4.207, Lu 1.18.13, 🖼).

Cystoderma subvinaceum A.H. Sm., Purpurbrauner Körnchenschirmling: Schüppchen purpurbräunlich, etwas sparrig bis spitzkegelig, Geruch leicht modrig. Sporen ellipsoid, 4–4,5 × 2,5–3 µm, deutlich amyloid, ohne Zystiden. Mit KOH auf der Huthaut grauoliv verfärbend. (Lu 1.18.2).

9.6.04 *Cystoderma amianthinum* (Scop.) Fayod
Amiant-Körnchenschirmling

H: 2–5 cm, gewölbt bis gebuckelt, oft runzelig, ockergelb, ockerbraun, selten auch weiß, Rand behangen. **L:** fast frei, weiß bis creme. **St:** Spitze glatt, blassbraun, Ringunterseite und Stiel im unteren Teil körnig-schuppig, ockerbraun. **F:** weißlich. **Ger:** unangenehm, modrig. **Spp:** cremefarben. **V:** in lichtem Nadelwald, oft bei Moos. **Mik:** Sporen glatt, schmal ellipsoid, 4–6,5 × 2,5–3,5 µm, amyloid, Zystiden fehlend. (D 534, BK 4.202, Lu 1.18.6, 🖼).

9.6.05 *Cystoderma jasonis* (Cooke & Massee) Harmaja
Langsporiger Körnchenschirmling

H: 2–4 cm, gewölbt bis ausgebreitet flach, feinkörnig, oft mit spitzem Buckel, gelb- bis rotbraun, Rand behangen. **L:** schmal angeheftet, blassgelb bis holzgelb. **St:** Spitze glatt, rotbraun, unterhalb des flüchtigen Rings rostgelb flockig. **F:** weißlich bis gelbbraun, unter der Huthaut leuchtend gelb. **Ger:** unauffällig. **V:** vorwiegend im Nadelwald; Herbst. **Mik:** Sporen glatt, schmal ellipsoid, 6–8 × 3–4,5 µm, amyloid, Zystiden fehlend. (Kr 3.235, BK 4.205, Lu 1.18.5, 🖼).

9.6.06 *Cystoderma simulatum* P.D. Orton
Winter-Körnchenschirmling, Fleischroter Körnchenschirmling

H: 1,5–3 cm, glockig bis abgeflacht, jung feinkörnig, dann verkahlend bis etwas radial runzlig, ockerbraun bis rötlichbraun, Rand blasser, lange eingebogen und mit weißen Velumresten behangen. **L:** schmal angeheftet, weiß, dann cremegelb, Schneiden schwach gekerbt. **St:** Spitze weiß, bepudert, unterhalb der braunen, flockigen Ringzone rotbraun körnig-schuppig. **F:** weißlich. **Ger:** unauffällig oder pilzig. **V:** bei stark vermorschtem Holunder *Sambucus*; Winter. **Mik:** Sporen glatt, ellipsoid bis kugelig, 3,5–5 × 2,5–3,5 µm, schwach amyloid, ohne Zystiden. (BK 4.206, Lu 1.18.8, 🖼).

9.6.07 *Cystodermella ambrosii* (Bres.) Harmaja, *Cystoderma ambrosii* (Bres.) Singer
Weißer Scheinkörnchenschirmling, Weißer Körnchenschirmling

H: 3–5 cm, halbkugelig, gewölbt bis flach, körnig, weiß, später verkahlend und im Scheitel bisweilen etwas gilbend, Rand behangen. **L:** relativ breit angewachsen bis fast frei, weiß. **St:** Spitze kahl, unterhalb des flüchtigen, häutigen Ringes körnig wie der Hut gefärbt. **F:** weiß, relativ dünn. **Ger:** unauffällig. **V:** auf moosigem Boden, vorwiegend bei Lärchen *Larix*. **Mik:** Sporen glatt, ellipsoid, 3,5–5,5 × 2–3 µm, nicht amyloid, ohne Zystiden. (BK 4.201, Lu 1.18.4).

9.6.08 *Cystodermella terryi* (Berk. & Broome) Bellù,
Cystoderma terryi (Berk. & Broome) Harmaja, *Cystoderma terrei* (Berk. & Broome) Harmaja
Zinnoberbrauner Scheinkörnchenschirmling, Zinnoberbrauner Körnchenschirmling

H: 3–7 cm, halbkugelig, später gewölbt und evtl. gebuckelt, körnig bis feinschuppig, orangebraun bis fuchsig-rotbraun, Rand behangen. **L:** ausgebuchtet angewachsen, weißlich, Schneiden aufgrund der brennhaarförmig beschopften ChZ, die sich im Mikroskop deutlich zeigen, fein bewimpert (Lupe). **St:** Spitze kahl, Ring flüchtig, unterhalb der Ringzone mit orange- bis rotbraunen Flocken oder Schüppchen auf blassem Grund. **F:** dick,

9.6.01 *Cystoderma carcharias*, Starkriechender Körnchenschirmling

9.6.02 *Cystoderma fallax*, Trügerischer Körnchensch.

9.6.03 *C. superbum*, Weinroter Körnchenschirml.

9.6.04 *Cystoderma amianthinum*, Amiant-Körnchenschirmling

9.6.05 *Cystoderma jasonis*, Langsporiger Körnchensch.

9.6.06 *C. simulatum*, Winter-Körnchenschirml.

9.6.08 *Cystodermella terryi*, Zinnoberbrauner Scheinkörnchenschirmling

cremeweiß. **V:** vor allem im Nadelwald, seltener auch im Laubwald, Moor. **Mik:** Sporen glatt, ellipsoid, 4–5 × 2,5–3 µm, nicht amyloid, Zystiden dickwandig und teils beschopft. (D 539, Kr 3.237, BK 4.208, Lu 1.18.1, 🖼).

Verschiedene Autoren (z.B. Ludwig 2001, Breitenbach & Kränzlin 1995, Krieglsteiner 2001) betrachten *Cystodermella cinnabarina* (Alb. & Schwein.) Harmaja, *Cystoderma cinnabarinum* (Alb. & Schwein.) Fayod, Zinnoberroter Scheinkörnchenschirmling, Zinnoberroter Körnchenschirmling als Synonym.

Cystodermella adnatifolia (Peck) Harmaja, *Cystoderma adnatifolia* (Peck) Harmaja, Angewachsenblättriger Scheinkörnchenschirmling, Angewachsenblättriger Körnchenschirmling: Lamellen breit angewachsen bis etwas herablaufend.

9.6.09 *Cystodermella granulosa* (Batsch) Harmaja, *Cystoderma granulosum* (Batsch) Fayod
Rostroter Scheinkörnchenschirmling, Rostroter Körnchenschirmling

H: 3–7 cm, gewölbt, flach, kaum gebuckelt, körnig bis feinschuppig, rotbraun bis graurot, zu schmutzig braun verblassend, selten weißlich, Rand behangen. **L:** ausgebuchtet angewachsen, weißlich. **St:** Spitze glatt, unterhalb der flüchtigen Ringzone faserig-flockig und wie der Hut gefärbt, Basis weißlich. **F:** cremeweiß, relativ dick. **V:** im Nadelwald, seltener im Laubwald; Sommer bis Herbst. **Mik:** Sporen glatt, ellipsoid, 3,5–5 × 2,5–3 µm, nicht amyloid, ohne Zystiden. (D 536f, BK 4.204, Lu 1.18.11, 🖼).

9.6.10 *Squamanita schreieri* Imbach
Gelber Schuppenwulstling

H: 5–10 cm, halbkugelig, breitkegelig bis flach ausgebreitet und schwach gebuckelt, gelbbraune Schuppen mit dunkelbraunen Spitzen auf gelbem Grund, Rand lange faserigschuppig behangen. **L:** ausgebuchtet, weiß, Schneiden gekerbt. **St:** Spitze weiß und gelblich überfasert, unterhalb der flüchtigen, faserigen Ringzone zunehmend braunschuppig, Basis mit schuppiger, wulstiger, rübenartiger Knolle. **F:** weiß, dick. **Ger:** unauffällig, angenehm. **Ges:** mild. **Spp:** weißlich. **V:** meist büschelig, im Auenwald, parasitisch auf anderen Pilzen, möglicherweise *Amanita*-Arten wie z.B. *A. echinocephala* oder *A. strobiliformis;* Sommer. **Mik:** Sporen glatt, ellipsoid, 5–7 × 4–5 µm, nicht amyloid, 2- bis 4-sporig, ChZ teils mit vereinzelten Kristallen, Chlamydosporen an der Stielbasis feinstachelig, kugelförmig, 7–10 µm. (Kr 3.516, BK 4.263, Lu 1.81.1, 🖼).

9.6.11 *Squamanita odorata* (Cool) Imbach
Duftender Schuppenwulstling

H: 1–4 cm, kegelig-glockig, später gewölbt bis ausgebreitet flach, mit braunschwarzen, teils sparrigen Schuppen auf graubraunem bis graulila Grund, Rand jung faserig behangen. **L:** ausgebuchtet, ziemlich entfernt, weißlich bis dunkelgrau-bräunlich. **St:** weißlich bis graubraun, längsfaserig, Basis knollig verdickt, schuppig und gelblich bis ocker, Übergang mit dunklen Schuppen. **F:** relativ dünn, weißlich bis graubräunlich. **Ger:** süßlich, bonbonartig (ähnlich *Hebeloma sacchariolens,* Süßriechender Fälbling). **Ges:** mild. **Spp:** blass bis rosagelblich, weder amyloid noch dextrinoid. **V:** vorwiegend bei Laubbäumen, in Parks, an Wegrändern, parasitisch auf anderen Pilzen, z.B. *Hebeloma mesophaeum,* Dunkelscheibiger Fälbling; Herbst. **Mik:** Sporen glatt, ellipsoid, 6–9 × 4–6 µm, mehrheitlich 4-sporig, nicht amyloid, ohne Zystiden, Schnallen vorhanden. (BK 4.261, Lu 1.81.4, 🖼).

9.6.12 *Squamanita fimbriata* Bas, Gefranster Schuppenwulstling: Hut 1–1,5 cm, zunächst kugelig, dann halbkugelig, feinschuppig-filzig, grauocker mit lila Stich, Stiel sparrigschuppig, wie der Hut gefärbt, Spitze glatt; parasitiert *Kuehneromyces mutabilis,* Gemeines Stockschwämmchen.

9.6.13 *Squamanita pearsonii* Bas, Lilabrauner Schuppenwulstling: Hut mit dunklen, sparrigen Schüppchen, z.T. mit ockerfarbenen Velumresten, Stielspitze glatt, abwärts wie der Hut gefärbt, Stielbasis ockergelb, Geruch unauffällig; parasitiert z.B. *Cystoderma,* Körnchenschirmlinge. (BK 4.262, Lu 1.81.6).

9.6.14 *Squamanita paradoxa* (A.H. Sm. & Singer) Bas, Goldstiel-Schuppenwulstling: Hut bald lila bis violettgrau ohne sparrige Schüppchen, Fruchtkörper jung mit körnigem ockerbräunlichem Velum, Stiel schuppig, untere Hälfte gelbocker, obere lila-weißlich, Übergang mit ockerbraunen Velumresten, Geruch unauffällig; parasitiert z.B. *Cystoderma,* Körnchenschirmlinge. (Lu 1.81.2).

9.6.15 *Floccularia luteovirens* (Alb. & Schwein.) Pouzar, *Floccularia straminea* (P. Kumm.) Pouzar
Schwefelgelber Schuppenritterling

H: 4–12 cm, erst halbkugelig, später ausgebreitet, zitronen- bis strohgelb, alt auch schmutzig grünlich-gelb, fein und dicht bis grob sparrig-schuppig, vor allem gegen den überhängenden fransigen Hutrand. Schuppen weiß oder gelb. Rand jung eingerollt **L:** ausgebuchtet angewachsen, eher gedrängt stehend, schmal, weiß bis gelblich. **St:** Spitze weiß, unterhalb der wolligen Ringzone sparrig-schuppig, weiß oder gelb, Basis verjüngt. **F:** fest und dick, weiß bis teilweise gelblich. **Ger:** schwach, etwas nach verbranntem Gummi. **Ges:** unauffällig, mild bis etwas bitterlich. **Spp:** weißlich **V:** einzeln bis gesellig auf warmen Trockenrasen; im Herbst. **Mik:** Sporen glatt, 6–7,5 × 5–6 µm, amyloid, HymZ fehlend, Schnallen vorhanden. (Kr 3.247, Lu 3.104.2, 🖼).

Einige Autoren erkennen im ursprünglichen Beschrieb von von Albertini & von Schweinitz 1805 den heutigen *Tricholoma apium,* Sellerie-Ritterling, was zur Unklarheit führte, ob *F. straminea* oder *F. luteovirens* der gültige Name sein soll. Inzwischen zählt *Floccularia* systematisch zur Familie *Agaricaceae,* Champignonsverwandte.

9.6 09 *Cystodermella granulosa,* Rostroter Scheinkörnchenschirmling

9.6.10 *Squamanita schreieri,* Gelber Schuppenwulstling

9.6.11 *Squamanita odorata,* Duftender Schuppenwulstling

9.6.15 *Floccularia luteovirens,* Schwefelgelber Schuppenritterling

9.7 *Phaeolepiota,* Glimmerschüpplinge

Basidiomycota, Ständerpilze > *Agaricomycetes* > *Agaricales,* Blätterpilze > *Squamanitaceae,* Schuppenwulstlingsverwandte

Beschreibung

Die Gattung enthält nur eine Art. Sie ist mittel- bis sehr groß, unverkennbar mit rundum glimmeriger, lebhaft löwengelber Farbe, auffällig dauerhaftem, häutigem Ring und bald rostgelben, fast freien Lamellen. Sie gehört, wie die kleinen *Cystoderma,* Körnchenschirmlinge, zur Familie *Squamanitaceae,* Schuppenwulstlingsverwandte. Das Sporenpulver ist rostocker.

***Phaeolepiota** aurea,* Goldfarbener Glimmerschüppling wächst gerne auf nährstoffreichen Böden und ist ein Saprobiont.

Die Sporen sind spindelig, etwas rau bis fast glatt, ohne Keimporus, die Hyphen haben Schnallen.

Speisewert

Der Pilz wurde früher in vielen Büchern als ergiebiger Speisepilz bewertet. Es wurde jedoch ein hoher Gehalt von Blausäure nachgewiesen, welche beim Kochen allenfalls nicht vollständig verdampft. Mehrere Vergiftungsfälle mit Brechdurchfällen nach längeren Latenzzeiten von 4–16 Stunden konnten dokumentiert werden (Flammer 2007, 2008 und 2009).

9.7.01 *Phaeolepiota aurea,*
Goldfarbener Glimmerschüppling

9.7.01 *Phaeolepiota aurea* (Matt.) Maire ☠
Goldfarbener Glimmerschüppling

H: 8–25 cm, halbkugelig bis ausgebreitet gewölbt, feinkörnig-glimmerig, lebhaft gold- bis orangebraun, oft mit kleinen dunkleren Flecken, Rand behangen. **L:** fast frei bis frei, dicht, gelb bis rostgelb. **St:** wie der Hut gefärbt, Spitze glatt, Ring aufsteigend, häutig, lange mit dem Hutrand verbunden, Ringunterseite und Stiel abwärts feinkörnig-glimmerig, oft runzelig. **F:** fest, dick, weißlich, evtl. etwas gilbend. **Ger:** unauffällig. **Spp:** rostockerlich. **V:** Wegrand, Park, Waldrand, auf nährstoffreichem Boden (oft bei Brennnesseln *Urtica*); Herbst. (D 540, BK 4.259, Lu 1.63.1,).

9.7.01 *Phaeolepiota aurea,* Goldfarbener Glimmerschüppling

10 *Psathyrellaceae,* Faserlingsverwandte

Basidiomycota, Ständerpilze > *Agaricomycetes* > *Agaricales,* Blätterpilze

Familie *Psathyrellaceae,* Faserlingsverwandte

Die mehrheitlich kleinen bis mittelgroßen Pilzarten dieser Familie haben dunkelbraunes bis schwarzbraunes Sporenpulver und dementsprechend mit der Reife zunehmend dunkle Lamellen. Diese sind fast frei, seltener auch ganz frei und an einem Scheibchen angewachsen wie bei einigen *Parasola,* Scheibchentintlinge. Verschiedene *Psathyrella,* Faserlinge sowie *Parasola conopilea,* Behaarter Kegelhut-Mürbling, der einst auch zu *Psathyrella* gehörte, haben breiter angeheftete bis leicht herablaufende Lamellen. *Panaeolus,* Düngerlinge gehörten bisher zur Familie ***Psathyrellaceae*** und werden oft weiterhin dazu gezählt. Nach neueren Untersuchungen stehen sie aber genetisch den *Bolbitiaceae,* Mistpilzverwandte näher und werden teilweise dort eingegliedert. Es gibt Vorschläge, dafür eine neue Familie zu schaffen (Silva-Filho et al. 2019).

Die Faserlingsverwandten wachsen auf Erde, Holz und oft auch auf nährstoffreichem Boden oder direkt auf Dung. Sie sind mehrheitlich Saprobionten. *H. spadiceum,* Rötelblättriger Mürbling und *H. cernuum,* Kahlhütiger Mürbling, die beiden Arten der von den *Psathyrella* abgespaltenen Gattung *Homophron,* gelten als mögliche Schwächeparasiten, wenn sie auf lebendem Holz auftreten.

Eine mikroskopische Untersuchung ermöglicht die Unterscheidung von mehrheitlich flach liegenden oder aufstehenden Hyphen in der Huthaut. In den Unterkapiteln gibt es Hinweise auf weitere Trennmöglichkeiten aufgrund der Beschaffenheit der Sporen, Hymenialzystiden und vereinzelt auch der Zellen in den Velumresten.

Bestimmung

Die Familie umfasst einerseits *Psathyrella,* Faserlinge und ähnliche Gattungen der Gruppe mit kaum gerieftem Hutrand und nie zerfließenden Lamellen (bei den glatthütigen Arten gibt es einen Hinweis auf die ähnlichen *Panaeolus,* Düngerlinge mit oft fleckigen Lamellen), andererseits die verschiedenen Tintlinge mit meist gerieftem Hutrand und alt oft zerfließenden Lamellen. Die ehemals umfassendere Gattung *Coprinus,* Tintlinge wurde aufgeteilt. Der bekannte *Coprinus comatus,* Schopf-Tintling gehört nun zur Familie *Agaricaceae,* Champignonsverwandte. Zur Abgrenzung von den ursprünglichen Tintlingen wird die nun klein gewordene Gattung *Coprinus* auf Deutsch als Ringtintlinge bezeichnet. Die anderen ehemaligen Tintlinge gehören zur Familie *Psathyrellaceae* und sind unterteilt in die Gattungen *Coprinopsis,* Faltentintlinge, *Coprinellus,* Glimmertintlinge und *Parasola,* Scheibchentintlinge. Letztere, die kleinste dieser Gattungen, hat auf der Hutoberfäche keine Velumreste. Sie wirkt deshalb kahl oder, durch in der Huthaut eingelagerte feine Haare, feinst bereift bis etwas borstig. Die Mehrheit dieser Arten ist stark gerieft-gefurcht und eher klein. Oft ist eine mikroskopische Untersuchung unumgänglich. Fruchtkörper mit liegenden Huthauthyphen und vorwiegend faserigen oder mehligabwischbaren Velumresten gehören zur Gattung *Coprinopsis,* jene mit aufrechten Hyphen in der Huthaut und mehrheitlich glimmerigkleiigen Velumresten zur Gattung *Coprinellus.* Die Velumzellen bei *Coprinellus* sind stets blasig und meistens warzig, während jene der Gattung *Coprinopsis* sowohl blasig und warzig als auch länglichhyphig und glatt sein können.

Speisezwecke

Seit der als Speisepilz geschätzte Schopf-Tintling zu den *Agaricaceae* gehört, gibt es in der Familie *Psathyrellaceae* keine Speisepilze mehr. Alle Arten gelten als ungenießbar.

Schlüssel zu den Gattungen

- Hutrand meist tief gerieft, Lamellen alt oft zerfließend
  - Hut mit Velumresten
    - Huthauthyphen liegend (Trichoderm)
      - Velumreste ± faserig, Velumzellen länglich, glatt, teils knorrig — 10.1 *Coprinopsis,* Faltentintlinge (A)
      - Velumreste ± mehlig/abwischbar, Velumzellen blasig, warzig — 10.1 *Coprinopsis,* Faltentintlinge (B)
    - Huthauthyphen aufrecht (Hymeniderm) Velumreste glimmerig-kleiig — 10.2 *Coprinellus,* Glimmertintlinge
  - Hut ohne Velumreste, kahl, höchstens bereift, behaart, Rand oft stark gefurcht — 10.2 *Parasola,* Scheibchentintlinge
- Hutrand nicht oder wenig gerieft, Lamellen nicht zerfließend
  - Hutoberfläche faserig-filzig bis schuppig
    - Hut mit Velumresten auf der ganzen Oberfläche, zumindest jung — 10.3 *Psathyrella,* Faserlinge (A)
    - Hut im zentralen Teil ohne Velumreste, höchstens am Rand, evtl. runzelig — 10.3 *Psathyrella,* Faserlinge (B)
  - Hutoberfläche glatt
    - Lamellen nicht gefleckt
      - Hut mit Velumresten auf der ganzen Oberfläche, zumindest jung — 10.3 *Psathyrella,* Faserlinge (A)
      - Hut im zentralen Teil ohne Velumreste, höchstens am Rand, evtl. runzelig — 10.3 *Psathyrella,* Faserlinge (B)
    - Lamellen seitlich gefleckt — 13.3 *Panaeolus,* Düngerlinge

10.2.20 *Parasola conopilea,* Behaarter Kegelhut-Mürbling
Die gesellig bis rasig auftretenden Pilze mit braunen, hygrophanen, kegelig-glockigen Hüten und langen, starren, aber brüchigen, fein bereiften, an der Basis etwas verdickten und striegeligen Stielen sind mit etwas Erfahrung sehr gut zu erkennen. Im Zweifelsfall finden sich unter dem Mikroskop in der Huthaut feine dickwandige, bis zu einem halben Millimeter lange Haare. Dies lässt, zusammen mit großen Sporen mit exzentrischem Keimporus, kaum Zweifel an der Bestimmung, was in dieser Gattung eher die Ausnahme ist. Viele Arten sind auch nach intensiver Untersuchung schwierig zu identifizieren.

10.1 *Coprinopsis,* Faltentintlinge

Basidiomycota, Ständerpilze > *Agaricomycetes* > *Agaricales,* Blätterpilze > *Psathyrellaceae,* Faserlingsverwandte

Beschreibung

Aufgrund von genetischen Untersuchungen wurden die Tintlinge in unterschiedliche Gattungen aufgetrennt. Der bekannteste aller Tintlinge, *Coprinus comatus,* Schopf-Tintling, ist mit wenigen ähnlichen, beringten Arten in der geschrumpften Gattung *Coprinus* verblieben, jedoch in die Familie *Agaricaceae,* Champignonsverwandte verschoben worden. Zur besseren Unterscheidung wird diese Gattung nun Ringtintlinge genannt. Die zahlreichen ***Coprinopsis***-Arten, die zusammen mit *Coprinellus* und *Parasola* bei den *Psathyrellaceae* bleiben, werden auf Deutsch teilweise als Faltentintlinge bezeichnet. Sie haben im Unterschied zu Arten der anderen Gruppen keine Kaulozystiden. Meistens blieb bis jetzt jedoch der deutsche Name Tintlinge für die ursprünglich umfassendere Tintlingsgruppe bestehen. *Coprinopsis,* Faltentintlinge bilden kleine bis mittelgroße zerbrechliche Fruchtkörper mit anfangs walzenförmigem bis glockigem Hut und mehr oder weniger ausgeprägtem faserig-filzigem, flockigem oder glimmerigem Velumüberzug. Der reifende Hut öffnet sich, wird kegelförmig oder gewölbt bis flach, die Velumreste werden spärlicher oder verschwinden ganz. Die anfangs weißen bis blassfarbenen Lamellen verfärben sich dunkel und zerfließen in den meisten Fällen mitsamt dem Hutfleisch. Sie sind fast bis ganz frei am Hut angeheftet, wenige auch leicht herablaufend. Tintlinge gibt es in weißen, grau- und rotbraunen bis rötlichen Farbtönen. Das Sporenpulver ist dunkelbraun bis schwarz.

Coprinopsis, Faltentintlinge wachsen ab dem Frühjahr, mehrheitlich aber im Herbst, auf Erde, Holz, Brandstellen oder Mist, oft in Büscheln oder großen Gesellschaften (rasig) und sind alle Saprobionten.

Die mehrheitlich glatten Sporen sind schmal bis breit ellipsoid, teils auch mandel- oder mitraförmig (bischofsmützenförmig) bis etwas eckig. Sie haben einen sichtbaren Keimporus, wenige Arten haben eine warzige Sporenoberfläche und einige zeichnen sich durch eine ablösende Außenhülle aus. Die Sporen sind teilweise flachgedrückt. Je nach Ansicht erscheinen sie dann im Mikroskop schmaler oder breiter. In der Literatur findet man in diesen Fällen nicht nur die üblichen Angaben zu Länge und Breite sondern drei Wertebereiche: die Länge, die schmale Breite von der Seite und die breitere Aufsicht auf die abgeplattete Form. Hier beschränken sich die Angaben auf die minimal sichtbare Breite bis zur maximal möglichen Breitansicht. Die Hyphen der Huthaut sind ein Trichoderm, das heißt, sie liegen ± waagrecht. Die Velumhyphen weisen teils kugelige, teils knorrig verzweigte Elemente auf.

10.1.01 *Coprinopsis atramentaria,*
Grauer Faltentintling

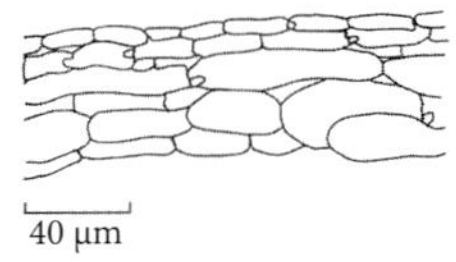

Hutdeckschicht (HDS)

Sporen

Bestimmung

Hüte mit ± faserigen Velumresten (im Mikroskop mit Ketten aus länglichen, glatten, teils knorrigen Velumzellen) werden von jenen mit mehligkörnigem, oft abwischbarem Belag (mit kugeligen, meist warzigen Velumzellen) unterschieden. Neben dem Hinweis auf beringte Arten folgen weitere Unterscheidungen aufgrund der Hutoberfläche, von Standorten und oft auch von Eigenschaften aus dem mikroskopischen Bereich, welche zur Identifizierung in dieser Gruppe oft unumgänglich sind.

Speisewerte

Coprinopsis atramentaria, Grauer Faltentintling könnte unter Einschränkungen gegessen werden. Er darf jedoch niemals gleichzeitig mit Alkohol konsumiert werden, auch nicht im Zeitraum von 1–2 Tagen davor oder danach. In der Interaktion von Alkohol und Coprin wird er zum Giftpilz. Für Personen, die gelegentlich Alkohol konsumieren, ist die Art deshalb nicht zu empfehlen. Die meisten übrigen Faltentintlinge sind sehr dünnfleischig, sodass sich die Frage nach dem Nutzen für die Küche erübrigt.

10.1 *Coprinopsis,* Faltentintlinge u. Ä.

(A) Hut mit ± faserigem Velum oder Velumresten, Velumzellen länglich, glatt, teils knorrig

- Stiel mit Ring
  - Hut bis 20 cm hoch, Sporen bis 13 µm lang und 9 µm breit — **9.5.01 *Coprinus comatus,* Schopf-Tintling**
  - Hut nur bis 6 cm hoch, Sporen über 13 µm lang und 10 µm breit — 9.5.02 *Coprinus sterquilinus,* Kleiner Schopf-Tintling
- Stiel ohne Ring, höchstens mit Ringzone gleich über der Stielbasis
  - Hut jung mit feinen Schüppchen bedeckt, später kahl
    - Hut graubraun
      - Stiel glatt, oft mit tief sitzender Ringzone, Sporen glatt — **01 *Coprinopsis atramentaria,* Grauer Faltentintling**
      - Stiel überall fein weißflockig, ohne Ringzone, Sporen warzig — 02 *Coprinopsis alopecia,* Fuchsräude-Tintling
    - Hut oliv-rotbraun, Stiel unterhalb Ringzone schuppig, Sporen glatt — 03 *Coprinopsis romagnesiana,* Braunschuppiger Faltentintling
  - Hut jung durch das Velum filzig-wollig, später evtl. grobschollig aufreißend
    - auf Erde, Hut vorwiegend grau bis ockerbraun
      - Hut und Stiel bedeckt mit weißlichen Faserbüschelchen
        - Hut gerieft, Lamellen alt schwarz
          - Sporen glatt, Velumzellen nicht knorrig
            - Sporen ellipsoid, 10–14 µm lang — 04 *Coprinopsis lagopus,* Hasenpfote
            - Sporen breit ellipsoid, < 10 µm lang — 05 *Coprinopsis jonesii,* Breitsporiger Kohlen-Tintling
          - Sporen warzig, Velumzellen knorrig — 07 *Coprinopsis phlyctidospora,* Pustelsporiger Tintling
        - Hut kaum gerieft, Lamellen nicht schwarz werdend
          - Hut jung ganz faserig bedeckt, Cheilozystiden flaschenförmig — 08 *Coprinopsis canoceps,* Grauhaariger Tintling
          - Hut nur am Rand fransig, Cheilozystiden kopfig — 09 *Coprinopsis marcescibilis,* Grauweißer Mürblings-Tintling
      - Hut weißfilzig bedeckt und bald gebändert oder schollig aufreißend
        - Stielbasis ohne Rhizomorphen, auf Erde, Mist, Holz
          - Sporen ellipsoid, bis 19 µm, Velumzellen glatt — 10 *Coprinopsis picacea,* Specht-Tintling
          - Sporen < 12 µm, Velumhyphen knorrig
            - Sporen ellipsoid, fetzige Velumschollen weiß — 11 *Coprinopsis stangliana,* Kleinsporiger Specht-Tintling
            - Sporen mitraförmig, Velumschollen innen ocker — 12 *Coprinopsis episcopalis,* Mitrasporiger Tintling
        - Stielbasis mit auffälligen Rhizomorphen, auf morschem Holz — 13 *Coprinopsis strossmayeri,* Rhizomorphen-Tintling
      - Hut mit orangerötlichen Fasern: Velumzellen inkrustiert — 06 *Coprinopsis erythrocephala,* Rotbestäubter Tintling
    - auf Brandstellen
      - Hut grau mit weißlichen Velumfaserbüscheln, Velumhyphen glatt — 05 *Coprinopsis jonesii,* Breitsporiger Kohlen-Tintling
      - Hut weißbräunlich, Velum weiß, bald aufreißend, Velumzellen knorrig — 14 *Coprinopsis gonophylla,* Kleiner Kohlen-Tintling
    - auf Polsterfüllung, Kokosmatten, Velumzellen knorrig — 15 *Coprinopsis kimurae,* Zwiebelsporiger Specht-Tintling
    - auf Dung, rottenden Pflanzenabfällen
      - Stiel wurzelnd, Sporen ellipsoid, 9–12 µm, Hut jung weiß faserig
        - Hut faserig-flockig, ohne Sklerotium, Velumzellen glatt — 17 *Coprinopsis cinerea,* Aschgrauer Mist-Tintling
        - Hut gebändert, fetzig, mit Sklerotium, Velumzellen knorrig — 16 *Coprinopsis sclerotiorum,* Sklerotien-Specht-Tintling
      - Stiel kaum wurzelnd, Velumhyphen nicht knorrig
        - Hut 2–6 cm, weiß faserig-flockig, Sporen 12–18 µm lang
          - Sporen ellipsoid, Hut bald grau- bis schwarzbraun — 18 *Coprinopsis macrocephala,* Großsporiger Mist-Tintling
          - Sporen zylindrisch, Hut bald ocker- bis graubraun — 19 *Coprinopsis subcylindrosporus,* Walzensporiger Mist-Tintling
        - Hut bis 1 cm, jung weiß, später grauockerlich, Sporen, 11–15 µm lang — 22 *Coprinopsis radiata,* Kleiner Dung-Tintling
    - auf toten Grashalmen, Velumflöckchen weißlich, Velumhyphen knorrig
      - Velumzellen dickwandig, Sporen braun — 23 *Coprinopsis friesii,* Weißer Gras-Tintling
      - Velumzellen dünnwandig, Sporen hellocker — 24 *Coprinopsis urticicola,* Blasssporiger Kräuter-Tintling
    - auf Holz, ca. 2 cm, weiß, Velumflöckchen ockerbraun, Velumhyphen knorrig — 25 *Coprinopsis pseudofriesii,* Braunscheiteliger Ästchen-Tintling

10.1 *Coprinopsis,* Faltentintlinge

(B) Hut mit ± mehligen, ± abwischbaren Velumresten, Velumzellen kugelig, warzig

- Stiel beringt, Hut < 1,5 cm breit, ockergrau, Rand heller, faltig gefurcht — 26 *Coprinopsis ephemeroides,* Kleiner Ring-Tintling
- Stiel nicht beringt
  - auf Mist
    - ohne Sklerotium
      - Hut und Velumreste weiß, Hut bis ca. 4 cm, ohne Geruch
        - Stielbasis weiß, Sporen breit ellipsoid, ± eckig, bis 16 µm breit — 31 *Coprinopsis nivea,* Schneeweißer Tintling
        - Stielbasis rosarot, Sporen ellipsoid, ± eckig, < 10 µm breit — 32 *Coprinopsis cothurnata,* Rotfüßiger Mist-Tintling
      - Hut und Velumreste blass graubräunlich
        - Geruch narkotisch, Hut < 1,5 cm, Hut und Stiel stark flockig — 33 *Coprinopsis stercorea,* Starkbeflockter Mist-Tintling
        - Geruch gasartig, Hut < 3 cm, Stiel wurzelnd, Sporenhülle aufreißend — 20 *Coprinopsis radicans,* Wurzelnder Stink-Tintling
      - Hut und Velumreste rostockerlich, Sporen breit, fast eckig — 34 *Coprinopsis patouillardii,* Eintags-Tintling
    - mit oder auf Sklerotium, Hut < 3 cm breit
      - Hut blassgrau, mehlig-staubig, oft wurzelnd — 21 *Coprinopsis tuberosa,* Haariger Tintling
      - Hut weiß filzig, bald gebändert aufreißend, dahinter graubraun — 16 *Coprinopsis sclerotiorum,* Sklerotien-Specht-Tintling
  - auf Erde, oft bei Gras oder Torfmoos, Hut blassgrau, Sporenhülle aufreißend
    - Geruch unauffällig
      - Stiel wurzelnd, Basidien 2- bis 3-sporig — 27 *Coprinopsis cinereofloccosa,* Graumehliger Erd-Tintling
      - Stiel nicht wurzelnd, auf Sumpfgras, Basidien 4-sporig — 28 *Coprinopsis martinii,* Viersporiger Kalyptrat-Tintling
    - Geruch nach Hefe, Bier, auf Erde bei Gras, aufreißende Sporenhülle — 29 *Coprinopsis saccharomyces,* Hefe-Tintling
  - auf Holz, Hut und Velumreste vorwiegend hellgrau — 30 *Coprinopsis laanii,* Graumehliger Holz-Tintling

10.1.01 *Coprinopsis atramentaria* (Bull.) Redhead, Vilgalys & Moncalvo, *Coprinus atramentarius* (Bull.) Fr.
Grauer Faltentintling

H: 4–8 cm, Mitte glatt oder mit feinen, abwischbaren Schüppchen bereift, graubraun, gegen außen runzelig (faltig), grau. **L:** frei, sehr gedrängt, breit, weiß, später von außen her schwarz verfärbend und zerfließend. **St:** weißlich, feinfaserig, mit angedeuteter Ringzone gegen die Basis. **F:** weiß, bald schwärzend und zerfließend. **Ger:** unauffällig bis nach Kartoffelkeller. **Ges:** mild. **Spp:** schwarzbraun. **V:** büschelig, am Wegrand, im Park, auf Erde oder morschem Holz; Spätsommer, Herbst. **Mik:** Sporen glatt, ellipsoid, Keimporus deutlich, zentral, 7–10,5 × 4,5–6,5 µm, HymZ keulig bis spindelig, teils mit Auswüchsen, PlZ größer, Schnallen vorhanden. (D 541, Kr 5.539, BK 4.265, Lu 2.93.1, 🖼).

Der Graue Falten-Tintling wirkt zusammen mit Alkohol giftig. Da sowohl Alkohol als auch der Wirkstoff dieses Pilzes (Coprin) erst nach einer gewissen Zeit im Körper wieder abgebaut werden, können auch Vergiftungserscheinungen auftreten, wenn Alkohol vom letzten Tag noch nicht abgebaut ist. Nach einem Gericht mit *C. atramentaria* kann es bis zu vier Tage dauern, bis das Coprin ganz abgebaut und eine Interaktion mit Alkohol nicht mehr zu erwarten ist.

Coprinopsis acuminata (Romagn.) Redhead, Vilgalys & Moncalvo, Schmalsporiger Faltentintling: Fruchtkörper eher kleiner. Sporen ellipsoid bis mandelförmig, 7–10,5 × 4–6 µm. (Lu 2.93.2)

10.1.02 *Coprinopsis alopecia* (Lasch) La Chiusa & Boffelli, *Coprinus alopecia* Lasch, *Coprinopsis insignis* (Peck) Redhead, Vilgalys & Moncalvo, *Coprinus insignis* Peck, Fuchsräude-Tintling, Großer Rauspor-Tintling: Hut bräunlich- bis violettgrau; am Fuß von Laubholzstämmen wachsend. Sporen grob warzig, mandel- bis zitronenförmig, 10–14,5 × 6,5–8,5 µm. (Kr 5.559, Lu 2.93.8).

10.1.03 *Coprinopsis romagnesiana* (Singer) Redhead, Vilgalys & Moncalvo, *C. atramentarius* var. *romagnesianus* (Singer) Krieglst., *Coprinus squamosus* (Bres.) Romagn., *C. atramentarius* var. *squamosus* Bres., Braunschuppiger Faltentintling: Hut sowie Stiel (unterhalb der Ringzone) mit oliv-rotbraunen Schüppchen bedeckt. Sporen 8–12 × 5–6 µm. (🖼).

10.1.04 *Coprinopsis lagopus* (Fr.) Redhead, Vilgalys & Moncalvo, *Coprinus lagopus* (Fr.) Fr.
Hasenpfote

H: 2–4 cm, walzen- bis eiförmig, später breit kegelig, erst dicht filzig-faserflockig (fast pelzartig), weißlich, später verkahlend und radialstreifig, bräunlich. **L:** frei, grau, später schwarz. **St:** weißlich, flaumig-haarig, hohl. **F:** weißlich, später grau, nicht zerfließend. **Ger:** unauffällig. **Spp:** schwarz. **V:** in Wäldern, Waldlichtungen, Gärten. **Mik:** Sporen glatt, ellipsoid bis etwas mandelförmig, Keimporus deutlich, zentral, 10,5–13,5 × 6–7 µm, HymZ keulig, utriform bis kugelig, Schnallen vorhanden. (D 545, Kr 5.562, BK 4.288, Lu 2.93.52, 🖼).

10.1.05 *Coprinopsis jonesii* (Peck) Redhead, Vilgalys & Moncalvo, *Coprinus jonesii* Peck, *Coprinopsis lagopides* (P. Karst.) Redhead, Vilgalys & Moncalvo, *Coprinus lagopides* P. Karst., Breitsporiger Kohlen-Tintling, Rundsporiger Hasenpfoten-Tintling: Hut wollig-filzig, cremefarben auf graubraunem bis grauschwärzlichem Grund; vorwiegend auf alten Brandstellen, evtl. auf Holz oder Erde. Sporen mitraförmig, leicht eckig bis etwas kugelig, 6,5–8,5 × 5,5–7 µm, HymZ keulen- bis breit flaschenförmig oder etwas kugelig. (Kr 5.561, BK 4.287, Lu 2.93.51, 🖼).

10.1.06 *Coprinopsis erythrocephala* (Lév.) Redhead, Vilgalys & Moncalvo, *Coprinus erythrocephalus* (Lév.) Fr., Rotbestäubter Tintling, Rotbefaserter Tintling: Hut 1–3 cm breit, mit auffälligem, safranrötlichem Velum überzogen; auf Holzresten. Sporen ellipsoid mit verjüngter Basis, 10–11,5 × 6–7 µm, HymZ breit ellipsoid, stumpf spindelig bis utriform. (Kr 5.553, Lu 2.93.53).

10.1.07 *Coprinopsis phlyctidospora* (Romagn.) Redhead, Vilgalys & Moncalvo, Pustelsporiger Tintling: Hut 1–3 cm breit, graubraun, Hut und Stiel weißlich faserig-flockig; auf Brandstellen. Sporen grob warzig, breit ellipsoid, 8–10,5 × 6–7,5 µm, HymZ breit ellipsoid bis keulenförmig oder utriform. (Lu 2.93.9).

Coprinopsis echinospora (Buller) Redhead, Vilgalys & Moncalvo, *Coprinus echinosporus* Buller, Warzigsporige Hasenpfote: Hut 1–3 cm, graubraun; auf Holz oder Holzresten. Sporen grob warzig, breit zitronenförmig, 8,5–11 × 6–7,5 µm, HymZ breit ellipsoid, kugelig bis utriform. (Kr 5.551, BK 4.274, Lu 2.93.10).

10.1.08 *Coprinopsis canoceps* (Kauffman) Örstadius & E. Larss., *Psathyrella canoceps* (Kauffman) A.H. Sm.
Grauhaariger Tintling, Grauhaariger Mürbling

H: 1–3 cm, glockig bis kegelig, Hutoberfläche stark weißlich faserig auf ockergrauem Grund, nicht durchscheinend gerieft. **L:** dicht, blassgrau bis rötlichbraun, nicht schwarz werdend. **St:** weißlich, im unteren Teil braun und deutlich faserflockig. **V:** auf Erde oder morschem Holz. **Mik:** Sporen glatt, ellipsoid, dickwandig, Keimporus deutlich, zentral,

10.1.01 *Coprinopsis atramentaria*, Grauer Faltentintl.

10.1.03 *C. romagnesiana*, Braunschuppiger Faltent.

10.1.04 *Coprinopsis lagopus*, Hasenpfote

10.1.05 *Coprinopsis jonesii*, Breitsporiger Kohlen-Tintling

8,5–11 × 4,5–6 µm, HymZ spindelig bis flaschenförmig, teils mit langem Hals. (Kr 5.608, BK 4.323, Lu 2.98.30).

10.1.09 *Coprinopsis marcescibilis* (Britzelm.) Örstadius & E. Larss.,
Psathyrella marcescibilis (Britzelm.) Singer
Grauweißer Mürblings-Tintling, Zahnrandiger Mürbling, Grauweißer Faserling

H: 1,5–4 cm, halbkugelig bis kegelig-glockig, glatt, hygrophan, feucht ocker- bis graubraun, trocken tonweiß, bis zur Mitte hin gerieft, Rand behangen. **L:** schmal angewachsen, evtl. mit Zahn herablaufend, graubraun, Schneiden weißlich. **St:** sehr brüchig, weiß, feinflockig bis kahl. **V:** Wiese, Weide, Park. **Mik:** Sporen glatt, ellipsoid bis etwas mandelförmig, Keimporus deutlich, zentral, 10,5–14 × 6–8 µm, ChZ breit flaschenförmig, teils kopfig, PlZ fehlend oder spärlich. (Kr 5.624, BK 4.335, Lu 2.98.31, 🖼).

10.1.10 *Coprinopsis picacea* (Bull.) Redhead, Vilgalys & Moncalvo, *Coprinus picaceus* (Bull.) Gray Specht-Tintling

H: 5–8 cm, walzen- bis eiförmig, jung weißlich, bald in große, flockige Schuppen auf hellbraunem, später schwarzbraunem Grund gebändert oder fetzig aufbrechend, vom Rand her stark faltig gerieft. **L:** frei, sehr gedrängt, graubraun, später schwarz zerfließend. **St:** hohl, weiß, anfangs flaumig-schuppig, mit tief sitzender, angedeuteter Ringzone, Basis struppig, etwas verdickt. **F:** weißlich. **Ger:** im Alter zunehmend unangenehm, stark teerartig oder nach Mottenkugeln. **Ges:** unangenehm. **Spp:** schwarz. **V:** im Wald, auf kalkreichem Boden; Sommer bis Herbst. **Mik:** Sporen glatt, ellipsoid bis mandelförmig, Keimporus deutlich, zentral, 13–20 × 9,5–13 µm, HymZ breit ellipsoid bis utriform, ChZ eher kürzer in Richtung kugelig, Schnallen vorhanden, Velumhyphen teils verzweigt, ohne knorrige Auswüchse. (D 544, Kr 5.571, BK 4.297, Lu 2.93.50, 🖼).

10.1.11 *Coprinopsis stangliana* (Enderle, Bender & Gröger) Redhead, Vilgalys & Moncalvo, *Coprinus stanglianus* Enderle, Bender & Gröger, Kleinsporiger Specht-Tintling: weißer Filz auf dem Hut schollig aufbrechend, Hintergrund beigeocker, auf Erde, Frühsommer bis Herbst. Sporen breit ellipsoid 9–11,5 × 7–8 µm, Velumhyphen mit knorrig verzweigten Elementen. (Lu 2.93.85).

Coprinopsis filamentifera (Kühner) Redhead, Vilgalys & Moncalvo, *Coprinus filamentifer* Kühner, Fädigbehaarter Mist-Tintling: Hut 1–2 cm breit; auf Dung von Pflanzenfressern. Sporen zylindrisch, ellipsoid bis mitraförmig 7–8 × 4–5 µm, Velumhyphen mit knorrig verzweigten Elementen, möglicherweise mit Schnallen. (Lu 2.93.84).

10.1.12 *Coprinopsis episcopalis* (P.D. Orton) Redhead, Vilgalys & Moncalvo, *Coprinus episcopalis* P.D. Orton, Mitrasporiger Tintling: Hut 2–6 cm breit, weißer Filz fetzig-schollig aufbrechend, ockerfarben mit weißem Rand, Hintergrund zunehmend ockerbraun bis grauockerlich, auf Laubstreu oder Holz. Sporen glatt, ellipsoid bis mitraförmig, 8–10,5 × 5–9 µm, HymZ kugelig, zylindrisch bis utriform, teils mit einfachen oder gegabelten Auswüchsen, Velumhyphen mit Schnallen. (BK 4.276, Lu 2.93.87).

10.1.13 *Coprinopsis strossmayeri* (Schulzer) Redhead, Vilgalys & Moncalvo, *Coprinus strossmayeri* Schulzer, Rhizomorphen-Tintling: Hut 2–8 cm, walzenförmig bis kegelig, oft büschelig auf morschem Laubholz mit auffälligen Rhizomorphen an der Stielbasis. Sporen 7–8 × 4,5–5,5 µm, Velumhyphen verzweigt mit Auswüchsen, mit Schnallen. (Lu 2.93.86, 🖼).

Coprinopsis spilospora (Romagn.) Redhead, Vilgalys & Moncalvo, *Coprinus spilosporus* Romagn., Flecksporiger Tintling: Hut erst weiß, später strohockerlich, mit weißen bis ockerlichen, scholligen Velumresten, Stielbasis mit auffälligen Rhizomorphen; auf moosiger Erde, Brandstellen. Sporen breit ellipsoid bis kugelig, leicht abgeplattet, blassbraun, an der Basis mit aufgehelltem Fleck, 7,5–9 × 6,5–8,5 µm, Velumhyphen verzweigt mit knorrigen Auswüchsen, mit Schnallen.

10.1.14 *Coprinopsis gonophylla* (Quél.) Redhead, Vilgalys & Moncalvo, *Coprinus gonophyllus* Quél., Kleiner Kohlen-Tintling, Winkelblättriger Kohlen-Tintling: Hut 1–1,5 cm breit, weißliche Flocken auf glänzend grauem Grund; auf Brandstellen. Sporen breit ellipsoid und abgeplattet, Keimporus sehr deutlich, 6–9 × 4,5–8 µm, HymZ keulig bis breit flaschenförmig, PlZ länger als ChZ, Velumhyphen mit knorrig verzweigten Elementen, mit Schnallen. (Kr 5.556, BK 4.278, Lu 2.93.92).

10.1.15 *Coprinopsis kimurae* (Hongo & Aoki) Redhead, Vilgalys & Moncalvo, *Coprinus kimurae* Hongo & Aoki, Zwiebelsporiger Specht-Tintling: Hut 2–5 cm breit, weißliche Flocken auf ockerlichem Grund; auf alten Polsterfüllungen, Kokosmatten. Sporen glatt, breit ellipsoid bis zwiebelförmig-kugelig, 8,5–13,5 × 7–12 µm, HymZ keulig bis flaschenförmig, PlZ länger, Velumhyphen teils mit Auswüchsen, ohne Schnallen. (BK 4.284, Lu 2.93.93).

10.1.16 *Coprinopsis sclerotiorum* (Horvers & de Cock) Redhead, Vilgalys & Moncalvo, *Coprinus sclerotiorum* Horvers & de Cock, Sklerotien-Specht-Tintling: Hut 2–3 cm breit, jung weiß filzig-flockig überzogen, später gebändert oder fetzig aufreißend auf graubraunem, zunehmend dunklerem Hintergrund. Sporen glatt, breit abgeflacht ellipsoid bis etwas eckig, 13,5–17,5 × 9–12,5 µm, HymZ ellipsoid bis utriform, PlZ etwas länger, Velumhyphen mit knorrigen Elementen, mit Schnallen. (Lu 2.93.94).

10.1.09 *Coprinopsis marcescibilis*, Grauweißer Mürblings-Tintling

10.1.10 *Coprinopsis picacea*, Specht-Tintling

10.1.13 *Coprinopsis strossmayeri*, Rhizomorphen-Tintling

10.1.17 *Coprinopsis cinerea* (Schaeff.) Redhead, Vilgalys & Moncalvo,
Coprinus cinereus (Schaeff.) Gray
Aschgrauer Mist-Tintling, Struppiger Mist-Tintling

H: 1,5–4 cm, weiße struppig-filzige Velumreste auf schmutzig weißem, später grauem Grund. **L:** schmal angeheftet, grau, später schwärzlich. **St:** weiß, jung flockig, Stielbasis verdickt und wurzelnd. **F:** weißlich, grau verfärbend. **Ger:** unauffällig. **Spp:** schwarz. **V:** auf Dung. **Mik:** Sporen glatt, ellipsoid, Keimporus deutlich, zentral, 9–12 × 6–7,5 µm, HymZ kugelig-keulig bis spindelig-zylindrisch, PlZ länger als ChZ, Schnallen vorhanden. (Kr 5.544, BK 4.269, Lu 2.93.57, 🖼).

10.1.17 *Coprinopsis cinerea,* Aschgrauer Mist-Tintling

10.1.18 *Coprinopsis macrocephala* (Berk.) Redhead, Vilgalys & Moncalvo, *Coprinus macrocephalus* Berk., Großsporiger Mist-Tintling: Hut 2,5–6 cm, Stielbasis höchstens mit kurzer Wurzel. Sporen länglich ellipsoid, teils mit aufreißender, ablösender Außenhülle, 12,5–17 × 7,5–9,5 µm, HymZ breit ellipsoid bis utriform. (Kr 5.564, BK 4.291, Lu 2.93.55, 🖼).

10.1.18 *C. macrocephala,* Großsporiger Mist-Tintling

10.1.19 *Coprinopsis subcylindrosporus* (E. Ludw.) U. Täglich, *Coprinus subcylindrosporus* E. Ludw., Walzensporiger Mist-Tintling: Hut 2–5 cm, Stiel ziemlich dick. Sporen schmal ellipsoid bis zylindrisch, 12–19 × 6–9 µm, ChZ kugelig bis ellipsoid, PlZ etwas länglicher. (Lu 2.93.59).

10.1.20 *Coprinopsis radicans* (Romagn.) Redhead, Vilgalys & Moncalvo, *Coprinus radicans* Romagn., Wurzelnder Stink-Tintling: Stiel an der Spitze etwas bereift, im unteren Teil fein haarig, Geruch auffällig gasartig. Sporen runzelig gemustert und mit aufreißender Außenhülle, 11,5–17,5 × 5,5–10,5 µm, HymZ breit ellipsoid, utriform bis etwas zylindrisch, Schnallen fehlend. (Lu 2.93.60).

Coprinopsis narcotica (Batsch) Redhead, Vilgalys & Moncalvo, *Coprinus narcoticus* (Batsch) Fr., Narkotischer Tintling: Hut 1–2,5 cm, dicht graubräunlich flockig auf blass grauockerlichem Grund, bis gegen die Mitte radialstreifig, Geruch unangenehm, asphalt-, mist- bis gasartig; auf Erde oder Dung, am Wegrand, in Gärten. Ludwig 2007 zweifelt an der Abgrenzung von *C. radicans* und *C. narcotica.* (D 551, Kr 5.568).

10.1.21 *Coprinopsis tuberosa* (Quél.) Doveri, Granito & Lunghini, *Coprinus tuberosus* Quél., Haariger Tintling, Kleiner Sklerotien-Tintling: Hut 1–2 cm, Stiel fein flockig, wurzelnd und aus einem schwarzen, knapp 1 cm großen, im Substrat vergrabenen Sklerotium entspringend, Geruch unauffällig. Sporen ellipsoid bis zylindrisch, 9–11 × 5,5–6,5 µm, teilweise mit ablösender Außenhülle, HymZ kugelig, breit ellipsoid bis etwas utriform, Schnallen fehlend. (Kr 5.584, Lu 2.93.61, 🖼).

10.1.21 *Coprinopsis tuberosa,* Haariger Tintling

10.1.22 *Coprinopsis radiata* (Bolton) Redhead, Vilgalys & Moncalvo, *Coprinus radiatus* (Bolton) Gray, Kleiner Dung-Tintling, Kleine Mist-Hasenpfote: Hut 0,3–1,5 cm; vor allem auf Mist vorkommend, Geruch unauffällig. Sporen ellipsoid bis zylindrisch, etwas dickwandig, 11–14 × 7–8 µm, HymZ ellipsoid bis etwas utriform, Schnallen vorhanden. (BK 4.299, Lu 2.93.56, 🖼).

10.1.22 *Coprinopsis radiata,* Kleiner Dung-Tintling

10.1.23 *Coprinopsis friesii* (Quél.) P. Karst.,
Coprinus friesii Quél., *Coprinus rhombisporus* P.D. Orton
Weißer Gras-Tintling, Rhombussporiger Tintling

H: 0,3–1,5 cm, glockig, weißlich flockige Velumreste auf blassem, später graubraunem Grund, Rand gerieft. **L:** weißlich, später purpur- bis violettbraun. **St:** weiß, flockig, später verkahlend, Basis verdickt. **Spp:** dunkelbraun. **V:** auf toten Grashalmen. **Mik:** Sporen glatt, rotbraun, breit ellipsoid bis rhomboid, Keimporus deutlich, zentral, 6,5–8,5 × 5,5–6 µm, HymZ länglich, zylindrisch, Velumhyphen knorrig und dickwandig, Schnallen vorhanden. (Kr 5.556, Lu 2.93.100).

10.1.24 *Coprinopsis urticicola* (Berk. & Broome) Redhead, Vilgalys & Moncalvo, *Coprinus urticicola* (Berk. & Broome) Buller, Blasssporiger Kräuter-Tintling: auf toten Gräsern, Kräutern, seltener auch auf Zweigen. Sporen breit ellipsoid bis etwas kugelig, hellocker, 5,5–8,5 × 4–6 µm, HymZ zylindrisch, ellipsoid bis utriform, Velumhyphen knorrig, dünnwandig, Schnallen fehlend. (BK 4.306, Lu 2.93.95).

10.1.25 *Coprinopsis pseudofriesii* (Pilát & Svrček) Redhead, Vilgalys & Moncalvo, *Coprinus pseudofriesii* Pilát & Svrček, Braunscheiteliger Ästchen-Tintling: Velumreste auf dem Hut ockerbraun; auf totem Holz, seltener auf Pflanzenresten. Sporen breit ellipsoid bis angedeutet rhomboid, rotbraun, 6–9,5 × 4,5–7 µm, HymZ länglich, zylindrisch, teils mit 1–2 kurzen Auswüchsen, Velumhyphen knorrig, gelblich und dickwandig. (Lu 2.93.98).

10.1.26 *Coprinopsis ephemeroides* (DC.) G. Moreno, *Coprinus ephemeroides* (DC.) Fr.
Kleiner Ring-Tintling

H: 0,1–1,5 cm, glockig, kegelig bis gewölbt, glimmerig-körnig, ockergrau, Rand heller grau und faltig gefurcht. **St:** lang, dünn, farblos, mit dauerhaftem Ring. **V:** auf Mist. **Mik:** Sporen glatt, ellipsoid bis gerundet-eckig, Keimporus deutlich, zentral, 7–9,5 × 5–8 µm, HymZ kugelig bis breit flaschenförmig, utriform, Velumzellen kugelig, fein gekörnt, Schnallen fehlend. (D 549, Kr 5.552, Lu 2.93.69).

10.1.27 *Coprinopsis cinereofloccosa* (P.D. Orton) Redhead, Vilgalys & Moncalvo,
Coprinus cinereofloccosus P.D. Orton
Graumehliger Erd-Tintling, Grauflockiger Tintling

H: 1–2,5 cm, walzenförmig, dann hochkegelig, weißlich, blass- bis dunkelgrau, fein körnig bepudert, Rand bei Reife aufgerollt und zerfließend. **L:** grau, dann schwarz, schmal angeheftet, Schneiden weißlich flockig, langsam zerfließend. **St:** glasig-weißlich, unauffällig weißlich bis graulich bepudert, oft etwas wurzelnd, hohl. **Ger:** fehlend. **V:** Zwischen

10.1.27 *Coprinopsis cinereofloccosa,* Graumehliger Erd-Tintling

Gras, Laub, Torfmoos *Sphagnum* auf nackter Erde, bis in höhere Lagen. **Mik:** Sporen glatt, ohne Musterung, projektilförmig mit aufreißender Außenhülle, Keimporus deutlich, zentral, 11,5–14 × 5,5–7,5 µm, HymZ ellipsoid, Velumzellen kugelig, gekörnt, Schnallen vorhanden. (BK 4.268, Lu 2.93.62, 🖼).

10.1.28 *Coprinopsis martinii* (P.D. Orton) Redhead, Vilgalys & Moncalvo, *Coprinus martinii* P.D. Orton, Viersporiger Kalyptrat-Tintling, Großsporiger Sumpf-Tintling: Hut ca. 1 cm, Geruch unauffällig, auf rottenden Resten von Sumpfpflanzen. Sporen ohne Musterung, mit aufreißender Außenhülle, ellipsoid, 11,5–16 × 6,5–8,5 µm, HymZ spindelig bis ellipsoid, Velumzellen warzig, teils kugelig, Schnallen vorhanden. (Kr 5.565, BK 4.293, Lu 2.93.65, 🖼).

10.1.29 *Coprinopsis saccharomyces* (P.D. Orton) P. Roux & Guy García, *Coprinus saccharomyces* P.D. Orton, Hefe-Tintling: Geruch nach Hefe oder Bier; auf Erde, Sporen eher ellipsoid, Außenhülle nur leicht ablösend, 11,5–20 × 7,5–10 µm. (BK 4.300, Lu 2.93.64).

10.1.30 *Coprinopsis laanii* (Kits van Wav.) Redhead, Vilgalys & Moncalvo, *Coprinus laanii* Kits van Wav., Graumehliger Holz-Tintling: Hut nur ca. 1 cm, Geruch unauffällig; auf moosigen Laubholzresten. Sporen ellipsoid bis etwas mitraförmig, mit Musterung und aufreißender Außenhülle, 9,5–12 × 6,5–7,5 µm, HymZ keulig, kugelig bis utriform, Velumzellen warzig, kugelig, Schnallen fehlend. (Kr 5.561, BK 4.286, Lu 2.93.68).

Coprinopsis cortinata (J.E. Lange) Gminder, *Coprinus cortinatus* J.E. Lange, Beschleierter Zwerg-Tintling: Hut bis ca. 1,5 cm, weißlich-grauer, mehliger Belag auf cremeockerlichem Grund, Geruch unauffällig, auf Erde oder Holzresten. Sporen ohne Musterung, ellipsoid bis mandelförmig, 7–9,5 × 4,5–6 µm, HymZ fehlend, Velumzellen teils gekörnt, kugelig, Schnallen vorhanden. (Kr 5.547, BK 4.271, Lu 2.93.82).

10.1.31 *Coprinopsis nivea* (Pers.) Redhead, Vilgalys & Moncalvo, *Coprinus niveus* (Pers.) Fr.
Schneeweißer Tintling, Schneeweißer Mist-Tintling

H: 2–5 cm, eiförmig, später glockig-kegelig, mehlig bis kleiig, weiß. **L:** bald grau, später schwarz und zerfließend. **St:** mehlig-flockig, weiß. **F:** weiß. **Ger:** unauffällig. **V:** auf Mist, oft Kuhmist; im Herbst. **Mik:** Sporen glatt, ellipsoid bis breit zitronenförmig und etwas eckig, stark abgeplattet, Keimporus vorhanden, klein, 11–17,5 × 7–12 µm, HymZ ellipsoid bis utriform, PlZ länger als ChZ, Velumhyphen mit glatten bis feinkörnigen kugeligen Elementen, Schnallen vorhanden. (D 550, Kr 5.569, BK 4.295, Lu 2.93.78, 🖼).

Coprinopsis pseudonivea (Bender & Uljé) Redhead, Vilgalys & Moncalvo, *Coprinus pseudoniveus* Bender & Uljé, Isabellfarbener Mist-Tintling: Hut bald cremebräunlich, Geruch teils auffällig süßlich, zimtartig, nach Fruchtbonbons; vom frühen Frühling bis in den späten Herbst. Sporen 9,5–14,5 × 6–11,5 µm. (Lu 2.93.79).

10.1.32 *Coprinopsis cothurnata* (Godey) Redhead, Vilgalys & Moncalvo, *Coprinus cothurnatus* Godey, Rotfüßiger Mist-Tintling, Hochstieliger Tintling: Hut und Stiel erst weißflockig, später leicht graulich bis grauockerlich, Stielbasis rosarot; Frühling bis Herbst. Sporen ellipsoid, teils leicht eckig, Keimporus deutlich, 9,5–15,5 × 6,5–8,5 µm, HymZ kugelig, vereinzelt mit kurzen Auswüchsen, Velumzellen leicht körnig, kugelig und teils dickwandig. (Kr 5.547, Lu 2.93.80).

10.1.33 *Coprinopsis stercorea* (Fr.) Redhead, Vilgalys & Moncalvo, *Coprinus stercoreus* Fr., Starkbeflockter Mist-Tintling: Hut ca. 1 cm, Hut und Stiel deutlich mehlig-flockig, Geruch narkotisch; ganzjährig. Sporen mit aufreißender Außenhülle, ellipsoid, zylindrisch bis leicht bohnenförmig, Keimporus deutlich, 6,5–7 × 3,5–4 µm, ChZ breit ellipsoid bis utriform, PlZ schlanker, Velumzellen warzig, kugelig, dickwandig, Schnallen fehlend. (Kr 5.580, BK 4.303, Lu 2.93.67, 🖼).

10.1.34 *Coprinopsis patouillardii* (Quél.) G. Moreno, *Coprinus patouillardii* Quél., Eintags-Tintling: Hut ca. 1,5 cm, rostockerlich körnig-flockig, vom Rand her stark gerieft; ganzjährig. Sporen je nach Ansicht schmal bis breit ellipsoid, fast eckig, Keimporus deutlich, 6,5–9 × 4,5–7,5 µm, HymZ breit ellipsoid bis kugelig, Velumzellen vereinzelt körnig, ellipsoid bis kugelig, Schnallen fehlend. (Kr 5.569, BK 4.296?, Lu 2.93.70).

Coprinopsis rugosomagnispora Gierczyk, Pietras, Piątek, Gryc, Czerniawski & Rodr.-Flakus: Hut ca. 1,5 cm, weißlich bis grau, später schwärzlich zerfließend; im Wald auf Erde, Sommer bis Herbst. Sporen runzelig-zellig, zitronenförmig, Keimporus deutlich, 19,5–24 × 12–15 µm, ChZ breit keulenförmig, Velumhyphen aus breit ellipsoiden bis kugeligen Zellen.

10.1.28 *Coprinopsis martinii*, Viersporiger Kalyptrat-Tintling

10.1.31 *Coprinopsis nivea*, Schneeweißer Tintling

10.1.33 *Coprinopsis stercorea*, Starkbeflockter Mist-Tintling

10.2 *Coprinellus,* Glimmertintlinge und Ähnliche

Basidiomycota, Ständerpilze > *Agaricomycetes* > *Agaricales,* Blätterpilze > *Psathyrellaceae,* Faserlingsverwandte

Beschreibung

Bei den kleinen bis mittelgroßen, gebrechlichen und jung eiförmigen bis glockigen ***Coprinellus,*** Glimmertintlinge ist die Huthaut von einem glimmerig-körnigen Velum bedeckt. Die Lamellen sind meistens fast frei, gedrängt, jung weiß und werden bald graubraun, bis sie am Ende schwarz zerfließen. Die Hutfarben sind weiß bis ockerbraun, vom Rande her oft zunehmend graubraun. Die Pilzarten der Gattung ***Parasola,*** Scheibchentintlinge haben kein Velum über der Huthaut. Sie sind deshalb kahl oder mit ganz feinen und kurzen Haaren versehen, welche Bruchteile von Millimetern direkt aus der Huthaut ragen oder teils auch darin integriert bleiben. Weil die meisten, eher kleinen Arten schnell aufschirmen und einen stark radial gefurchten Hut zeigen heißt die Gattung auch Rädchentintlinge. Die Lamellen sind teils ganz schmal angeheftet. Bei den Arten mit entfernt stehenden Lamellen und rädchenartig gefurchtem Hut reichen die Lamellen jedoch nicht bis an den Stiel. Sie enden an einem kleinen Scheibchen. Das Sporenpulver ist dunkelbraun bis schwarz.

Alle Arten wachsen ab Frühjahr, vor allem aber im Herbst auf Erde, Holz, Brandstellen, Mist, einzeln, in Büscheln oder rasig in großen Gesellschaften. Sie sind Saprobionten.

Die Sporen sind glatt, ellipsoid bis mandel- oder mitraförmig (bischofsmützenförmig), teils auch etwas eckig und stets mit einem angedeuteten bis gut sichtbaren Keimporus, der in diesem Unterkapitel bei einigen Arten exzentrisch ist. Bei *Coprinellus* finden sich kugelige, warzige Zellen im Velum oder in dessen Resten und aufrechte, senkrechte Hyphen in der Huthaut (Hymeniderm). Die Huthaut bei *Parasola* enthält ebenfalls aufrechtstehende, blasige Zellen und dazwischen teils 50–400 µm lange Huthaare.

Bestimmung

Zur Abgrenzung der einzelnen Arten muss die teils schwierige Beurteilung der Hutoberfläche vorgenommen werden. Danach folgen Unterschiede bezüglich Standort, Größe und Geruch. Am Ende wie auch zur sicheren Unterscheidung der Huthautstrukturen ist oft eine mikroskopische Untersuchung nötig.

Speisewerte

Es gibt keine Speisepilze in den beiden Gattungen.

10.2.01 *Coprinellus micaceus,*
Gemeiner Glimmertintling

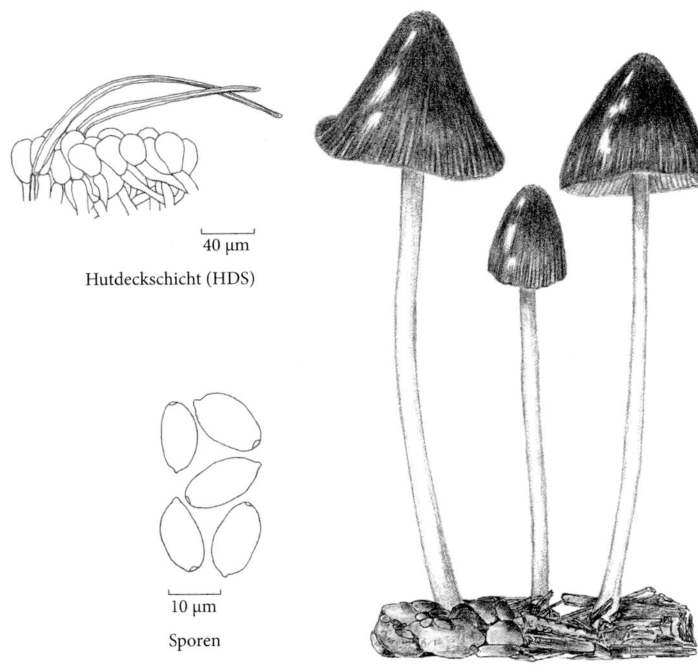

10.2.20 *Parasola conopilea,*
Behaarter Kegelhut-Mürbling

10.2 *Coprinellus,* Glimmertintlinge und Ähnliche

- Hut glimmerig-kleiig, feinflockig, Haut ein Hymeniderm, Velumzellen warzig, kugelig
  - auf modrigem Holz (oder in der Nähe davon) wachsend
    - Sporen glatt
      - Stielbasis nicht von rostbraunem Filz umgeben
        - Stielbasis nicht knollig, höchstens etwas verdickt
          - Stiel fein bereift (Kaulozystiden), Körnchen auf Huthaut bräunlich → **01 *Coprinellus micaceus,* Gemeiner Glimmertintling**
          - Stiel kahl
            - Körnchen der Huthaut weiß, Sporen satt schwarzbraun → 02 *Coprinellus saccharinus,* Zucker-Glimmertintling
            - Körnchen der Huthaut bräunlich, Sp. durchscheinend rotbraun → 03 *Coprinellus truncorum,* Weiden-Glimmertintling
        - Stielbasis etwas knollig bis gerandet knollig
          - Sporen ellipsoid → 04 *Coprinellus xanthothrix,* Gelbschuppiger Glimmertintling
          - Sporen etwas bohnenförmig → 05 *Coprinellus ellisii,* Bescheideter Holz-Glimmertintling
      - Stielbasis mit rostbraunem Filz umgeben
        - Sporen < 10 µm lang → 06 *Coprinellus domesticus,* Großer Holz-Glimmertintling
        - Sporen teils mehr als 10 µm lang → 07 *Coprinellus radians,* Großsporiger Holz-Glimmertintling
    - Sporen warzig, Hut nur fein bereift, wenige Glimmerkörnchen → 08 *Coprinellus silvaticus,* Rausporiger Glimmertintling
  - auf Dung, pflanzlichen Abfällen, teils mit wurzelndem Stiel
    - Geruch unauffällig
      - ohne Sklerotium
        - wurzelnd, Hut 1–2,5 cm, Sporen geflügelt, Velumzellen warzig → 10.1.27 *Coprinopsis cinereofloccosa,* Graumehliger Erd-Tintling
        - nicht wurzelnd, Hut 2–5 cm, Velumzellen glatt → 09 *Coprinellus flocculosus,* Großsporiger Flocken-Glimmertintling
      - mit Sklerotium → 10.1.21 *Coprinopsis tuberosa,* Haariger Tintling
    - Geruch stark gasartig → 10.1.20 *Coprinopsis radicans,* Wurzelnder Stink-Tintling
    - Geruch nach Hefe, Bier → 10.1.29 *Coprinopsis saccharomyces,* Hefe-Tintling
- Hutoberfläche fein bereift (Lupe!), teils mit Härchen, Huthaut mit blasigen Zellen
  - Hut meist höher/breiter als 3 cm
    - meist büschelig, Hut mit Grautönen, jung bereift, Lamellen sehr dicht → **10.1.01 *Coprinopsis atramentaria,* Grauer Faltentintling**
    - meist einzeln, Hut in Brauntönen, braune Haare (Lupe!), Lamellen entfernt → 18 *Parasola auricoma,* Braunhaariger Scheibchentintling
  - Hut kaum über 3 cm breit/hoch, Lamellen relativ entfernt
    - rasig in großen Kolonien an Baumstrünken → **10 *Coprinellus disseminatus,* Gesäter Glimmertintling**
    - einzeln, gesellig, büschelig
      - 2-sporig, auf Mist, Pflanzenresten → 11 *Coprinellus bisporus,* Zweisporiger Büschel-Glimmertintling
      - 4-sporig
        - auf Brandstellen, Hut fein bereift, ohne Haare → 12 *Coprinellus angulatus,* Brauner Kohlen-Glimmertintling
        - auf Dung, Mist, Hut ca. 1 cm, mit feinen Haaren (ca. 0,1 mm) → 14 *Coprinellus heptemerus,* Borstiger Zwerg-Glimmertintling
        - auf Erde oder Holz
          - Hut 1–6 cm, mit feinen Haaren (ca. 0,5 mm) → 18 *Parasola auricoma,* Braunhaariger Scheibchentintling
          - Hut 1–3 cm, vorwiegend bei Buchen, Hut 1–3 cm, gerieft-gefurcht → 13 *Coprinellus impatiens,* Graublättriger Glimmertintling
- Hutoberfl. kahl oder behaart, ohne Velum, Huthaut mit aufrechten, blasigen Zellen
  - Hut stark gerieft bis radial gefurcht
    - Hut 2–6 cm, beim Öffnen kegelig, feine Huthaare (ca. 0,5 mm, Lupe) → 18 *Parasola auricoma,* Braunhaariger Scheibchentintling
    - Hut 1–4 cm, radial gefurcht, nicht auf Mist wachsend
      - Sporen bis 15 µm, länglich, etwas eckig → **15 *Parasola plicatilis,* Glimmeriger Scheibchentintling**
      - Sporen bis 12 µm, breit, etwas eckig → 16 *Parasola leiocephala,* Breitsporiger Scheibchentintling
      - Sporen mehrheitlich < 10 µm, ellipsoid, nicht eckig → 17 *Parasola kuehneri,* Kleinsporiger Scheibchentintling
    - Hut 0,1–0,3 cm breit, auf Kuhmist wachsend → 19 *Parasola misera,* Zarter Scheibchentintling
  - Hut glatt, kegelig, 2–6 cm, nicht gefurcht oder gerieft, rasig, Stiel lang → **20 *Parasola conopilea,* Behaarter Kegelhut-Mürbling**

10.2.01 ***Coprinellus micaceus*** (Bull.) Vilgalys, Hopple & Jacq. Johnson, ***Coprinus micaceus*** (Bull.) Fr. **Gemeiner Glimmertintling, Glimmer-Tintling**

H: 3–5 cm, eiförmig, später glockig bis kegelig, Mitte mit weißlichen bis blass ockerlichen, abwischbaren Körnchen bedeckt, auf rostgelbem bis gelbbraunem Grund, Rand runzelig, faltig, später oft rissig. **L:** fast frei bis frei, weißlich, später graubraun mit hell bewimperten Schneiden, schließlich schwarz. **St:** hohl, weißlich, Basis evtl. schwach verdickt, ganz fein bereift (Lupe). **F:** weißlich. **Ger:** unauffällig. **Spp:** schwarzbraun. **V:** vorwiegend auf moderndem Laubholz oder in der Nähe davon, in Wäldern, Parks. **Mik:** Sporen glatt, ellipsoid bis mitraförmig, schwarzbraun, Keimporus deutlich, zentral, 6,5–9,5 × 4,5–7 µm, ChZ ellipsoid bis kugelig, PlZ mehr länglich, Velumzellen fein inkrustiert, teils kugelig, dünn- bis dickwandig, Kaulozystiden langhalsig flaschenförmig, Schnallen vorhanden. (D 546f, Kr 5.566, BK 4.294, Lu 2.93.75, 🖼).

10.2.02 *Coprinellus saccharinus* (Romagn.) P. Roux, Guy García & Duma, *Coprinus saccharinus* Romagn., Zucker-Glimmertintling, Überzuckerter Tintling: Hut mit reinweißen Körnchen überzuckert, Stiel ganz kahl; vorwiegend auf Holz. Sporen schwarzbraun, nicht durchscheinend, 7–9,5 × 5–7 µm, ChZ teils körnig, vorwiegend kugelig, PlZ breit ellipsoid, Velumzellen körnig, teils ellipsoid bis kugelig, Schnallen spärlich oder fehlend. (D 548, Kr 5.576, Lu 2.93.74).

10.2.03 *Coprinellus truncorum* (Scop.) Redhead, Vilgalys & Moncalvo, *Coprinus truncorum* (Scop.) Fr., Weiden-Glimmertintling, Weiden-Tintling: Hut mit bräunlichen Körnchen besetzt, Stiel kahl, Stielbasis mit angedeuteter Ringzone; vorwiegend auf Holz. Sporen 6–8,5 × 4,5–6 µm, Velumzellen mehrheitlich glatt, Kaulozystiden und Schnallen fehlend. (Kr 5.583, Lu 2.93.76).

10.2.04 *Coprinellus xanthothrix* (Romagn.) Vilgalys, Hopple & Jacq. Johnson, *Coprinus xanthothrix* Romagn., Gelbschuppiger Glimmertintling, Gelbschuppiger Tintling: Stielbasis evtl. knollig bis leicht gerandet; auf Zweigen. Sporen ellipsoid bis mandelförmig, kaum bohnenförmig, blass rotbraun, 7,5–10 × 5–6 µm, HymZ breit flaschenförmig, evtl. verzweigt, Velum mit teilweise etwas körnigen, kugeligen Zellen, Schnallen fehlend. (Kr 5.583, BK 4.307, Lu 2.93.107).

10.2.05 *Coprinellus ellisii* (P.D. Orton) Redhead, Vilgalys & Moncalvo, *Coprinus ellisii* P.D. Orton, Bescheideter Holz-Glimmertintling, Bescheideter Holz-Tintling: Stielbasis knollig bis leicht gerandet; auf Zweigen. Sporen schmal ellipsoid bis zylindrisch, oft leicht bohnenförmig, hell umbrabraun, 6,5–8,5 × 3,5–4,5 µm, ChZ breit ellipsoid bis kugelig, PlZ ellipsoid bis etwas zylindrisch, flaschenförmig, Velum mit evtl. körnigen, kugeligen Zellen, Schnallen fehlend. (Lu 2.93.105).

10.2.06 *Coprinellus domesticus* (Bolton) Vilgalys, Hopple & Jacq. Johnson, *Coprinus domesticus* (Bolton) Gray, Großer Holz-Glimmertintling, Großer Holz-Tintling, Haus-Tintling: Hut größer, 3–7 cm, in der Mitte rostbraun mit etwas größeren, weißlichen Schüppchen gesprenkelt, jung ganz bedeckt, aus einem faserigen, rostbraunen Filz (Ozonium) wachsend; auf oder bei modrigem Holz. Sporen ellipsoid bis zylindrisch oder leicht bohnenförmig, durchscheinend rotbraun, 7,5–10 × 4,5–6 µm, HymZ kugelig bis zylindrisch, Velum mit breit ellipsoiden bis kugeligen Zellen, Schnallen fehlend. (Kr 5.550, BK 4.273, Lu 2.93.103, 🖼).

10.2.07 *Coprinellus radians* (Desm.) Vilgalys, Hopple & Jacq. Johnson, *Coprinus radians* (Desm.) Fr., Großsporiger Holz-Glimmertintling, Großsporiger Holz-Tintling, Strahlfüßiger Tintling: Hut grauschwärzlich, im Scheitel gelblich, sonst sehr ähnlich wie *C. domesticus*. Sporen ellipsoid bis zylindrisch oder leicht bohnenförmig, durchscheinend rotbraun, 8,5–11,5 × 5,5–7 µm, HymZ breit ellipsoid, utriform bis zylindrisch, Velum mit breit ellipsoiden bis kugeligen Zellen, Schnallen fehlend. (Kr 5.574, Lu 2.93.104, 🖼).

Coprinellus bipellis (Romagn.) P. Roux, Guy García & Borgarino, *Coprinus bipellis* Romagn., Wulstlings-Glimmertintling, Wulstlings-Tintling: Hutmitte ocker- bis orangebraun mit fetzigen Velumresten, Stielbasis knollig bis leicht gerandet; auf Holz oder Brandstellen. Sporen schmal ellipsoid bis leicht bohnenförmig, hell umbra- bis schwarzbraun, 7–9 × 5–6 µm, HymZ breit ellipsoid, Velumhyphen aus braun inkrustierten, blasigen und vereinzelt kugeligen Zellen, Schnallen fehlend. (Lu 2.93.106).

10.2.08 *Coprinellus silvaticus* (Peck) Gminder, *Coprinus silvaticus* Peck, Rausporiger Glimmertintling, Rausporiger Tintling, Rausporiger Büschel-Tintling: Hut fast glatt, höchstens spärlich körnig; auf Holz oder Erde. Sporen warzig, mit ablösender Außenhülle, schwarzbraun, 11–16,5 × 8–11 µm, ChZ spindelig bis flaschenförmig, PlZ fehlend, Pileo- und Kaulozystiden langhalsig flaschenförmig, Velum mit körnigen, kugeligen Zellen, Schnallen fehlend. (Kr 5.577, BK 4.302, Lu 2.93.6, 🖼).

10.2.09 *Coprinellus flocculosus* (DC.) Vilgalys, Hopple & Jacq. Johnson, *Coprinus flocculosus* (DC.) Fr. Großsporiger Flocken-Glimmertintling, Großsporiger Flocken-Tintling

H: 2–4 cm, eiförmig, später glockig-kegelig, dicht weißlich flockig auf ockerbräunlichem Grund. **L:** weißlich, später dunkelbraun bis schwarz. **St:** weißlich, Basis oft verdickt. **Spp:** schwarz. **V:** am Wegrand, auf nährstoffreichem Boden; Frühsommer bis Herbst. **Mik:** Sporen glatt, ellipsoid, schwarzbraun, Keimporus exzentrisch, 12–17,5 × 7–9 µm, HymZ ellipsoid bis utriform, Velumhyphen aus vorwiegend glatten, blasigen Elementen mit kugeligen Endzellen, Schnallen fehlend. (D 549, Kr 5.555, BK 4.277, Lu 2.93.58, 🖼).

10.2.01 *Coprinellus micaceus,* Gemeiner Glimmertintling

10.2.06 *C. domesticus,* Großer Holz-Glimmertintling

10.2.07 *C. radians,* Großspor. Holz-Glimmertintl.

10.2.08 *Coprinellus silvaticus,* Rausporiger Glimmertintling

10.2.09 *Coprinellus flocculosus,* Großsporiger Flocken-Glimmertintling

10.2.10 *Coprinellus disseminatus* (Pers.) J.E. Lange, *Coprinus disseminatus* (Pers.) Gray Gesäter Glimmertintling, Gesäter Tintling

H: 1–2 cm, stumpf glockig, später glockig-kegelig, feinflaumig, gefurcht, blassocker bis graulich. **L:** relativ entfernt, lilagrau bis purpurschwarz, nicht zerfließend. **St:** feinflaumig, weißlich, evtl. etwas weinrötlich. **F:** sehr gebrechlich. **Spp:** schwarzbraun. **V:** in großen Gesellschaften (wie dicht gesät) an Baumstämmen oder Strünken. **Mik:** Sporen glatt, schmal ellipsoid, blassbraun, Keimporus zentral, 6,5–9,5 × 4–6 µm, HymZ fehlend, Pileozystiden langhalsig flaschenförmig, Velumzellen körnig, teils kugelig, Schnallen fehlend. (D 552, Kr 5.548, BK 4.272, Lu 2.93.42, 🖼).

10.2.11 *Coprinellus bisporus* (J.E. Lange) Vilgalys, Hopple & Jacq. Johnson, *Coprinus bisporus* J.E. Lange Zweisporiger Büschel-Glimmertintling, Zweisporiger Büschel-Tintling

H: 1–3 cm, eiförmig, später glockig-kegelig, fein bereift jedoch eher kahl wirkend, ockerbraun, am Rand eher grau und faltig gerieft. **L:** erst blass, später braun bis schwarz, zerfließend. **St:** weißlich, fein bereift, evtl. etwas wurzelnd. **Ger:** unauffällig bis etwas fischartig. **Spp:** schwarz. **V:** auf Mist oder verrottendem Stroh; Frühling bis Herbst. **Mik:** Sporen glatt, ellipsoid bis leicht mandelförmig, rotbraun, Keimporus deutlich exzentrisch, 10,5–15 × 7–8,5 µm, 2-sporig, ChZ blasig, kugelig, PlZ fehlend, Pileozystiden langhalsig flaschenförmig, Schnallen fehlend. (Kr 5.542, BK 4.267, Lu 2.93.33).

Coprinellus bisporiger (Buller ex P.D. Orton) Redhead, Vilgalys & Moncalvo, *Coprinus bisporiger* Buller ex P.D. Orton, Zweisporiger Holz-Glimmertintling, Zweisporiger Holz-Tintling: auf Holzresten. Keimporus zentral bis leicht exzentrisch. (Lu 2.93.34).

Coprinellus sassii (M. Lange & A.H. Sm.) Redhead, Vilgalys & Moncalvo, *Coprinus sassii* M. Lange & A.H. Sm., Zweisporiger Mist-Glimmertintling, Zweisporiger Mist-Tintling: auf Mist oder stark gedüngtem Grund. Sporen 13–20 × 8–11 µm, Keimporus exzentrisch, HymZ kugelig bis breit ellipsoid, Pileozystiden teils dickwandig, langhalsig flaschenförmig, Schnallen vorhanden. (Lu 2.93.32).

10.2.12 *Coprinellus angulatus* (Peck) Redhead, Vilgalys & Moncalvo, *Coprinus angulatus* Quél. Brauner Kohlen-Glimmertintling, Brauner Kohlen-Tintling, Mitrasporiger Kohlen-Tintling

H: 1–3 cm hoch, eiförmig bis glockig, hygrophan, feinflaumig, gefurcht, kastanienbraun bis blass ockerbraun, Rand oft rissig. **L:** blassgrau mit heller Schneide, später schwarz zerfließend. **St:** feinflaumig, weißlich, bis etwa 6 cm lang. **F:** blass, später zerfließend. **Spp:** schwarzbraun. **V:** auf Brandstellen. **Mik:** Sporen glatt, ellipsoid bis mitraförmig, schwärzlich, Keimporus breit, zentral, 8,5–10,5 × 5,5–8 µm, HymZ breit ellipsoid bis utriform, Pileozystiden langhalsig flaschenförmig, teils dickwandig, Schnallen spärlich. (D 553, Kr 5.538, BK 4.264, Lu 2.93.20, 🖼).

10.2.13 *Coprinellus impatiens* (Fr.) J.E. Lange, *Coprinus impatiens* (Fr.) Quél. Graublättriger Glimmertintling, Graublättriger Tintling, Grobgefurchter Tintling

H: 1–3 cm, glockig, später ausgebreitet gewölbt, bis gegen die Mitte faltig-rippig, lederfarben, im Scheitel ockerlich, Rand eher grau. **L:** relativ entfernt, blass, später braun, nicht zerfließend. **St:** weißlich. **Ger:** unauffällig. **V:** bei moderndem Laub, vorwiegend unter Buchen *Fagus*. **Mik:** Sporen glatt, ellipsoid, Keimporus leicht exzentrisch, 8,5–11,5 × 6–7 µm, ChZ und Pileozystiden langhalsig flaschenförmig, PlZ fehlend. (Kr 5.559, BK 4.283, Lu 2.93.21, 🖼).

Coprinellus callinus (M. Lange & A.H. Sm.) Vilgalys, Hopple & Jacq. Johnson, *Coprinus callinus* M. Lange & A.H. Sm., Dickscheiteliger Glimmertintling, Dickscheiteliger Tintling: Hut meist mit abgesetztem, deutlichem Buckel; auf Erde oder Holzresten. Sporen 10–13 × 6–7 µm, Keimporus undeutlich, zentral bis leicht exzentrisch. (Kr 5.543, Lu 2.93.22).

Coprinellus hiascens (Fr.) Redhead, Vilgalys & Moncalvo, *Coprinus hiascens* (Fr.) J.E. Lange, Steifstieliger Glimmertintling, Steifstieliger Tintling: oft büschelig, auf Erde oder Holzresten. Sporen schmal ellipsoid, Keimporus zentral, 7,5–11,5 × 4,5–5,5 µm. (Kr 5.557, Lu 2.93.28).

Coprinellus marculentus (Britzelm.) Redhead, Vilgalys & Moncalvo, *Coprinus marculentus* Britzelm., Kantigsporiger Glimmertintling, Kantigsporiger Tintling: Hut meist kegelig aufschirmend, dünnhäutig; auf Mist. Sporen auffällig sechseckig, Keimporus teils exzentrisch, 9,5–13 × 6–8 µm, Velumzellen körnig, kugelig. (BK 4.292, Lu 2.93.43).

10.2.14 *Coprinellus heptemerus* (M. Lange & A.H. Sm.) Vilgalys, Hopple & Jacq. Johnson, *Coprinus heptemerus* M. Lange & A.H. Sm., Borstiger Zwerg-Glimmertintling, Borstiger Zwerg-Tintling: Hut ca. 1 cm, fein behaart (Lupe: 0,1 mm lange Haare); oft büschelig, auf Mist.

10.2.10 *Coprinellus disseminatus*, Gesäter Glimmertintling

10.2.12 *Coprinellus angulatus*, Brauner Kohlen-Glimmertintling

10.2.13 *Coprinellus impatiens*, Graublättriger Glimmertintling

Sporen 11,5–15 × 6–8 µm, Keimporus deutlich exzentrisch, HymZ breit ellipsoid, Kaulo- und Pileozystiden langhalsig flaschenförmig, Velumzellen körnig, kugelig. (BK 4.280, Lu 2.93.45).

Coprinellus pusillulus (Svrček) Házi, L. Nagy, Papp & Vágvölgyi, *C. heptemerus* var. *pusillulus* (Svrček) E. Ludw., *C. heptemerus* f. *parvisporus* J. Breitenb. & F. Kränzl., Kleinsporiger Dung-Glimmertintling, Kleinsporiger Dung-Tintling: auf Dung von Wildtieren, z. B. Fuchskot. Sporen 6,5–11,5 × 3,5–5,5 µm. (Lu 2.93.46).

Coprinellus heterosetulosus (Locq. ex Watling) Vilgalys, Hopple & Jacq. Johnson, *Coprinus heterosetulosus* Locq. ex Watling, Winziger Sklerozystiden-Glimmertintling, Winziger Sklerozystiden-Tintling: Hut weniger als 1 cm, fein behaart (Lupe: 0,1 mm lange Haare); auf Mist. Sporen 8–11,5 × 5–6,5 µm, Keimporus deutlich exzentrisch, ChZ breit ellipsoid bis kugelig, Pileozystiden langhalsig flaschenförmig, teils dickwandig. (Kr 5.557, BK 4.281, Lu 2.93.35).

10.2.15 *Parasola plicatilis* (Curtis) Redhead, Vilgalys & Hopple, *Coprinus plicatilis* (Curtis) Fr.
Glimmeriger Scheibchentintling, Gemeiner Scheibchentintling

H: 1–3 cm, walzenförmig, glockig, später ausgebreitet flach, erst ganz gelb- bis rötlichbraun, später gegen außen graulich, beige und faltigrippig. **L:** frei, in einem Halsband (Kollar) zusammengewachsen, relativ entfernt, weiß, später schwärzlichgrau. **St:** weißlich, Basis verdickt bis etwas knollig. **V:** am Wegrand, auf Wiesen. **Mik:** Sporen ellipsoid bis eckig, Keimporus teils exzentrisch, 13–15 × 8–12 µm, HymZ breit ellipsoid, flaschenförmig bis utriform, Schnallen vorhanden. (D 555, Kr 5.572, BK 4.298, Lu 2.93.11, 🖼).

10.2.15 *Parasola plicatilis*, Glimmeriger Scheibchentintling

10.2.16 *Parasola leiocephala* (P.D. Orton) Redhead, Vilgalys & Hopple, *Coprinus leiocephalus* P.D. Orton, Breitsporiger Scheibchentintling: Sporen ellipsoid bis mitraförmig, fünfeckig, schwärzlich, 8–11,5 × 5–6,5 µm, HymZ ellipsoid bis flaschenförmig. (Kr 5.564, BK 4.290, Lu 2.93.12, 🖼).

10.2.17 *Parasola kuehneri* (Uljé & Bas) Redhead, Vilgalys & Hopple, *Coprinus kuehneri* Uljé & Bas, Kleinsporiger Scheibchentintling: Sporen ellipsoid bis mitraförmig, ohne Ecken, 7,5–10,5 × 5–8 µm, HymZ breit ellipsoid bis utriform. (Kr 5.560, BK 4.285, Lu 2.93.13).

Zwei weitere Arten mit eckigen und größeren, bis 18 µm langen Sporen:

Parasola hercules (Uljé & Bas) Redhead, Vilgalys & Hopple, *Coprinus hercules* Uljé & Bas, Eckigsporiger Scheibchentintling, Eckigsporiger Rädchentintling: Hut 1–1,5 cm, bis zur Mitte stark faltig, Lamellen frei, aber nicht abgesetzt, nicht zerfließend; auf Wiesen, nährstoffreichem Boden, Kompost. Sporen 13–18 × 8,5–17 µm. (Lu 2.93.14).

Parasola megasperma (P.D. Orton) Redhead, Vilgalys & Hopple, *Coprinus megaspermus* P.D. Orton, Diffussporiger Scheibchentintling, Diffussporiger Rädchentintling: Hut 1,5–3 cm, Lamellen frei, aber nicht abgesetzt, nur am Rand leicht zerfließend; auf Erde, Holzmulch, Pferdemist. Sporen 12,5–17 × 7,5–11 µm. (Lu 2.93.15).

10.2.18 *Parasola auricoma* (Pat.) Redhead, Vilgalys & Hopple, *Coprinus auricomus* Pat., Braunhaariger Scheibchentintling, Braunhaariger Tintling: Hut 1–6 cm, anfangs walzenförmig, beim Aufschirmen kegelig, im Scheitel mit feinen, ca. 0,5 mm langen Haaren (Lupe), Furchen im Hut bisweilen gegabelt, Lamellen nicht in einem Kollar zusammengewachsen, Schneiden hell; auf Humus, evtl. auch auf Brandstellen. Sporen ellipsoid, Keimporus zentral bis leicht exzentrisch, 10–13 × 6–7,5 µm, HymZ breit ellipsoid bis utriform, HDS mit dickwandigen Haaren. (D 554, Kr 5.540, BK 4.266, Lu 2.93.19, 🖼).

10.2.16 *Parasola leiocephala*, Breitsporiger Scheibchent.

10.2.18 *P. auricoma*, Braunhaariger Scheibchentintl.

10.2.19 *Parasola misera* (P. Karst.) Redhead, Vilgalys & Hopple, *Coprinus miser* P. Karst., Zarter Scheibchentintling, Zarter Tintling, Kahler Mist-Tintling: Hut 0,3–1 cm breit, lange walzenförmig, Lamellen schmal angeheftet; auf Mist wachsend. Sporen ellipsoid bis kugelig-eckig, Keimporus exzentrisch, 7–10,5 × 5–9 µm, HymZ breit ellipsoid, blasig. (Lu 2.93.18).

10.2.20 *Parasola conopilea* (Fr.) Örstadius & E. Larss., *Psathyrella conopilus* (Fr.) A. Pearson & Dennis, *Psathyrella subatrata* (Batsch) Gille
Behaarter Kegelhut-Mürbling, Steifstieliger Mürbling

H: 3–6 cm, kegelig-glockig, hygrophan, glatt, dunkelbraun, Mitte ocker und ganz fein behaart (Lupe), Rand bis gegen die Mitte fein gerieft. **L:** aufsteigend schmal angewachsen, cremebraun, später purpurbraun. **St:** sehr gebrechlich, weißlich, fein bereift, evtl. mit feinen Tröpfchen. **F:** blass. **V:** in Gärten, Wäldern, auf Erde oder Holz. **Mik:** Sporen glatt, schlank ellipsoid, rotbraun, Keimporus teils exzentrisch, 13,5–17,5 × 6,5–9,5 µm, ChZ stumpf spindelig bis flaschenförmig, PlZ fehlend, HDS mit langen, dickwandigen Haaren, Schnallen häufig. (D 566f, Kr 5.612, BK 4.326, Lu 2.98.32, 🖼; Kapitel-🖼).

10.2.20 *Parasola conopilea*, Behaarter Kegelhut-Mürbling

10.3 *Psathyrella,* Mürblinge und Ähnliche

Basidiomycota, Ständerpilze > *Agaricomycetes* > *Agaricales,* Blätterpilze > *Psathyrellaceae,* Faserlingsverwandte

Beschreibung

Kleine bis mittelgroße gebrechliche Pilze mit glockig-kegeligem bis flach gewölbtem, bisweilen etwas gebuckeltem Hut. Die Hutoberfläche ist teils faserig bis schuppig, teils auch glatt und hygrophan, mehrheitlich in verschiedenen Brauntönen, seltener in weiß- bis hellockerlichen Farben. Typisch sind lange, gebrechliche Stiele, teilweise beringt oder mit faserigen Ringresten. Die Lamellen sind fast frei, ausgebuchtet oder breit und gerade angewachsen, anfangs zum Teil tränend, blass oder braun, später aber vom reifenden schwarzbraunen Sporenpulver zunehmend in dunklen Tönen gefärbt. Im Unterschied zu *Panaeolus,* Düngerlinge sind die Lamellen einheitlich gefärbt und nicht scheckig. Zwei vorwiegend büschelig wachsende, ehemalige ***Psathyrella***-Arten ohne Velumreste und mit kristallbeschopften Zystiden zählen inzwischen zur neuen, kleinen Gattung ***Homophron***. Schon länger in einer anderen Gattung sind die beiden ***Lacrymaria***-Arten *L. lacrymabunda,* Tränender Saumpilz und der ihm nahestehende *L. pyrotricha,* Feuerfarbener Saumpilz. Aufgrund phylogenetischer Untersuchungen musste *Psathyrella gossypina,* Baumwoll-Mürbling der neu geschaffenen Gattung ***Typhrasa*** zugeteilt werden (Örstadius et al. 2015). Andernfalls hätten die Gensequenzen von *Psathyrella* so breit gestreut, dass Arten anderer Gattungen wie z. B. *Coprinellus* in die Gattung *Psathyrella* geraten wären. Sie hätte damit die Bedingung der Einheitlichkeit nicht mehr erfüllt, wäre nicht mehr monophyletisch gewesen. Der ehemalige *Psathyrella populina,* Sternschuppiger Mürbling hat ebenfalls die Gattung gewechselt und heißt neu ***Cystoagaricus*** *silvestris.*

10.3.01 *Lacrymaria lacrymabunda,* Tränender Saumpilz

Psathyrella, Mürblinge oder Faserlinge und die Arten der genannten, ähnlichen Gattungen wachsen einzeln, gesellig oder teils büschelig auf Erde, Holz, Brandstellen, auf Dung und wenige auch parasitisch auf anderen Pilzen. Mehrheitlich sind sie aber Saprobionten. Einige Arten erscheinen schon im Frühling, die Mehrheit sprießt im Herbst.

Die Sporen von *Lacrymaria* sind warzig, *Psathyrella* und ähnliche Arten haben glatte, vorwiegend mehr oder weniger ellipsoide Sporen, teils mit, teils ohne sichtbaren Keimporus. Die Huthaut ist typischerweise ein Hymeniderm mit aufrechten, blasigen Zellen. Mehrheitlich findet man an den Lamellen Cheilo- und Pleurozystiden, vereinzelt nur Cheilozystiden. Schnallen sind mehrheitlich vorhanden. Einige Arten zeigen schleimige Auflagerungen auf den Zystiden, einzelne einen Kristallschopf.

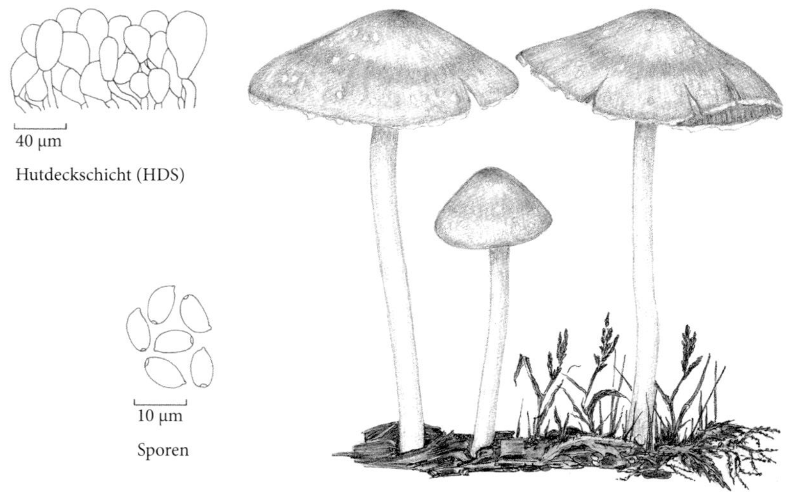

10.3.10 *Candolleomyces candolleanus,* Behangener Faserling

Bestimmung

Im ersten Schritt wird unterschieden zwischen Arten mit Velumresten auf dem Hut und solchen ohne oder mit Resten nur am Hutrand. Die Hüte mit Velumresten teilen sich in solche mit schmalen Faserbüscheln, breiten, schuppig wirkenden Fasern oder selten mit einer körnigen Oberfläche. Nach der Unterscheidung von Farbe, Größe, Geruch und Wuchsform braucht es am Ende häufig einen Blick ins Mikroskop. Grundsätzlich besteht die Huthaut aus aufsteigenden, bauchigen Zellen (Hymeniderm), teilweise überdeckt von Velumhyphen. Die Sporenfarbe im Mikroskop schwankt zwischen durchsichtigem, hellem Braun und sattem, nicht durchscheinendem (opakem) Dunkelbraun, teilweise auch mit rötlichem Farbanteil. Die Unterscheidung im nachfolgenden Schlüssel erfolgt anhand der Größe und Form von Sporen oder Zystiden im Hymenium.

Speisewerte

Für die Küche spielen diese Pilze keine Rolle. Es werden zwar keine speziell giftigen Arten genannt, allerdings ist an den meisten Pilzen kaum etwas dran. Je nach Literatur gelten *Lacrymaria lacrymabunda,* Tränender Saumpilz, *Candolleomyces candolleanus,* Behangener Faserling und *Psathyrella piluliformis,* Wässriger Mürbling als essbar.

10.3 *Psathyrella,* Mürblinge und Ähnliche
(A) Hut mit Velumresten auf der ganzen Oberfläche, zumindest jung

- Hut mit faserig-filzigen Velumresten (nicht breitschuppig, nicht nur am Rand)
  - Hut dicht haarig-filzig, ocker bis orange, oft > 5 cm breit
    - Stiel faserig-genattert
      - Hutfarbe trübe ocker- bis gelbbraun, auf Erde — **01 *Lacrymaria lacrymabunda,* Tränender Saumpilz**
      - Hutfarbe lebhaft fuchsig- bis orangebraun, auf Erde, oft bei Fichtenholz — 02 *Lacrymaria pyrotricha,* Feuerfarbener Saumpilz
    - Stiel nicht genattert, Hut runzelig, nur scheinbar faserig, auf Holz — 29 *Psathyrella pertinax,* Knorpelfleischiger Mürbling
  - Hut jung faserig-schuppig, von der Mitte her verkahlend, kaum > 5 cm breit
    - Stiel kaum wurzelnd
      - Geruch auffällig süßlich — 04 *Psathyrella sacchariolens,* Süßriechender Mürbling
      - Geruch nicht süßlich
        - auf Erde oder Holz
          - Hut reif gewölbt ausgebreitet, oft > 3 cm breit
            - Hut weißlich, ockerlich, bald kahl, oft rissig, Zystiden dünnwandig — **10 *Candolleomyces candolleanus,* Behangener Faserling**
            - Hut braun, länger faserig, Zystiden etwas dickwandig
              - auf Erde oder Holzresten, Cheilozystiden ohne Kristallschopf — 05 *Psathyrella fibrillosa,* Raspelstieliger Mürbling
              - vorwiegend auf Holz, Cheilozystiden mit Kristallschopf — 22 *Psathyrella olympiana,* Kristallzystiden-Mürbling
          - Hut meist kegelig-glockig bleibend, < 3 cm, Zystiden dünnwandig
            - Hut meist > 1 cm, Lamellen nicht entfernt, Schneiden ohne Rot
              - Hut ocker-, umbrabraun, Lamellen jung blass, Sporen 8–11 µm — 10.1.08 *Coprinopsis canoceps,* Grauhaariger Tintling
              - Hut blassbraun, Lamellen stets braun, Sporen 10–13 µm — 06 *Psathyrella badiophylla,* Dunkelblättriger Mürbling
              - Hut weinbraun, Sporen 11–14 µm lang — 07 *Psathyrella vinosofulva,* Weinbrauner Mürbling
            - Hut < 1 cm, Lamellen entfernt, Schneiden oft rötlich — 37 *Psathyrella orbitarum,* Wagenspur-Mürbling
        - auf Mist, Hut 1–3 cm breit — 08 *Psathyrella hirta,* Struppiger Mist-Mürbling
        - auf Brandstellen, Hut 1–6 cm, Sporen ohne Keimporus — 09 *Psathyrella pennata,* Kohlen-Mürbling
        - auf Wasserpflanzen (Rohrkolben, Schilf)
          - Hut ca. 1 cm, Sporen ohne Keimporus — 11 *Candolleomyces typhae,* Sumpfpflanzen-Mürbling
          - Hut 1–3 cm, St. oft beringt oder mit Gürtelresten, Sp. mit Keimporus
            - mit Gürtelresten, auf Schilfpflanzen, auch auf Disteln — 12 *Psathyrella almerensis,* Teich-Mürbling
            - häutig beringt, oberseits gerieft, bei Sumpfgras oder Torfmoos — 14 *Psathyrella sphagnicola,* Torfmoos-Mürbling
        - auf abgestorbenen Teilen von Yucca-Pflanzen — 13 *Psathyrella lacuum,* Stearin-Mürbling
    - Stiel wurzelnd, auf Erde, Brandstellen, Holz, Lamellenschneiden evtl. rötlich — 38 *Psathyrella microrhiza,* Wurzelnder Mürbling
- Hut mit faserig-breitschuppigen Velumresten (nicht nur am Rand)
  - Stielbasis gelb — 15 *Psathyrella cotonea,* Pinsel-Mürbling
  - Stielbasis nicht gelb
    - Schuppen auf Hut jung weiß, Geruch evtl. süß
      - Hut zunehmend runzelig, Stielschuppen schwärzlich — 16 *Psathyrella caput-medusae,* Medusenhaupt
      - Hut nicht runzelig, Stielschuppen weißlich bleibend, Geruch süß — 04 *Psathyrella sacchariolens,* Süßriechender Mürbling
    - Schuppen auf Hut braun bis schwärzlich, Geruch unauffällig
      - Hut weißlich bis braun, Stiel unterhalb Ring braun, oft auf Buche — 17 *Psathyrella maculata,* Rußbraunschuppiger Mürbling
      - Hut ockerbraun bis olivgrau, Stiel weißlich, ohne Ring, oft auf Pappel — 18 *Cystoagaricus silvestris,* Sternschuppiger Mürbling
    - Schuppen auf Hut graubraun, Hut mausgrau, ohne Ring, mediterran — 03 *Psathyrella melanthina,* Ritterlings-Mürbling
- Hut mit körnigen Velumresten, parasitisch auf anderen Pilzen — 19 *Psathyrella globosivelata,* Körniger Mürbling

10.3 *Psathyrella,* Mürblinge und Ähnliche
(B) Hut im inneren Teil ohne Velumreste, höchstens am Rand, evtl. runzelig

- Lamellenschneiden weißlich oder gleichfarbig wie die Lamellen (ohne Rot)
  - Hut stets weißlich bis blassocker, Rand jung behangen
    - Hut meist breiter als 3 cm, alt oft rissig, Cheilozystiden utriform — **10 *Candolleomyces candolleanus,* Behangener Faserling**
    - Hut weniger als 3 cm breit, Cheilozystiden mit Kristallschopf — 20 *Psathyrella pygmaea,* Büscheliger Zwerg-Mürbling
    - Hut 1–5 cm, Cheilozystiden kopfig — 10.1.09 *Coprinopsis marcescibilis,* Grauweißer Mürblings-Tintling
  - Hut zumindest jung oder feucht braun bis dunkelbraun
    - Hut meist breiter als 3 cm
      - vorwiegend büschelig wachsend
        - Cheilozystiden mit Kristallschopf
          - Hut 3–12 cm, auf Laub- oder Nadelholz, Sporen 6–11 µm lang — 21 *Homophron spadiceum,* Rötelblättriger Mürbling
          - Hut 2–7 cm, nur auf Laubholz, Sporen 6–8 µm lang — 23 *Homophron cernuum,* Kahlhütiger Mürbling
        - Cheilozystiden ohne Kristallschopf
          - Hut glatt, stark hygrophan, Sporen bis 6,5 µm lang — 24 *Psathyrella piluliformis,* Wässriger Mürbling
          - Hut oft runzelig, nicht hygrophan, Sporen 7–10,5 µm lang — 13.2.19 *Pholiotina pygmaeoaffinis,* Honiggelber Glockenschüppling
      - vorwiegend einzeln oder gesellig, kaum büschelig wachsend
        - Hut unter Lupe (oder Mikroskop) mit feinen Haaren, dünnfleischig — **10.2.20 *Parasola conopilea,* Behaarter Kegelhut-Mürbling**
        - Hut ohne Haare
          - vorwiegend im Frühjahr, Zystiden ohne Kristallschopf oder Tropfen
            - Hut durchscheinend gestreift, Stiel kaum wurzelnd — **25 *Psathyrella spadiceogrisea,* Graubrauner Mürbling**
            - Hut nicht durchscheinend gestreift, Stiel oft wurzelnd — 26 *Psathyrella niveobadia,* Gelbrandiger Mürbling
          - im Sommer bis Herbst
            - Hut glatt, nicht runzelig, ocker- bis rötlichbraun
              - Lamellen hell- bis rötlichbraun, Zystiden mit Kristallschopf — 21 *Homophron spadiceum,* Rötelblättriger Mürbling
              - Lamellen grau bis dunkel graubraun, Zystiden oft mit Tropfen
                - Stiel flockig, Sporen 9–13,5 µm lang — 27 *Psathyrella tephrophylla,* Aschgraublättriger Mürbling
                - Stiel kahl, Lamellenschneide evtl. rosa, Sporen 8,5–12 µm — 28 *Psathyrella fagetophila,* Großer Buchenlaub-Mürbling
            - Hut runzelig, orangebraun, Sporen 6,5–8 µm lang — 29 *Psathyrella pertinax,* Knorpelfleischiger Mürbling
    - Hut kaum über 3 cm breit
      - büschelig wachsend, Zystiden oft mit Tropfen
        - stark büschelig, Sporen 7–8 µm lang — 30 *Psathyrella multipedata,* Kahler Büschel-Mürbling
        - oft büschelig, Sporen 7–11 µm lang
          - hygrophan, glatt, Sporen 8–11 µm, Zystiden mit grünlichen Tropfen — 31 *Psathyrella lutensis,* Rotbrauner Feuchtstellen-Mürbling
          - nicht hygrophan, oft runzelig, Sp. 7–10,5 µm, Zystiden ohne Tropfen — 13.2.19 *Pholiotina pygmaeoaffinis,* Honiggelber Glockenschüppling
      - einzeln oder gesellig, kaum stark büschelig wachsend
        - Hut in Brauntönen, ohne Purpur oder Weinrot
          - Sporen ellipsoid
            - Sporen 8–11 µm, mit Keimporus, Zystiden mit grünlichen Tropfen — 31 *Psathyrella lutensis,* Rotbrauner Feuchtstellen-Mürbling
            - Sporen 7–10 µm, ellipsoid, unten verbreitert, ohne Keimporus — 32 *Psathyrella panaeoloides,* Düngerlings-Mürbling
          - Sporen etwas bohnenförmig
            - Sporen 6,5–8,5 µm, Keimporus deutlich, Zystiden flaschenförmig — 33 *Psathyrella noli-tangere,* Zarter Mürbling
            - Sp. 7–10 µm, Keimporus undeutlich, Zystiden bauchig mit Papille — 34 *Psathyrella obtusata,* Papillenzystiden-Mürbling
        - Hut m. Purpurtönen, Sp. 11–14 µm, ellipsoid, Zystideninhalt schaumig — 35 *Psathyrella bipellis,* Purpurner Mürbling
- Lamellenschneiden rötlich unterlegt
  - Stiel nicht wurzelnd
    - Hut 1–3 cm breit, Sporen 12–18 µm lang — 36 *Psathyrella prona,* Rotschneidiger Wegrand-Mürbling
    - Hut 1–7 cm breit, Sporen 8–12 µm lang — 28 *Psathyrella fagetophila,* Großer Buchenlaub-Mürbling
  - Stiel oft wurzelnd, auf Erde, Holzresten, evtl. Brandstellen
    - Cheilozystiden schlank flaschenförmig
      - Hut hellbraun, höchstens am Rand faserig, Lamellenschneiden lückig rot — 39 *Psathyrella corrugis,* Rotschneidiger Wurzel-Mürbling
      - Hut dunkelbraun, Rand flüchtig befasert, Lamellenschn. durchgehend rot — 38 *Psathyrella microrhiza,* Wurzelnder Mürbling
    - Cheilozystiden breit utriform — 40 *Psathyrella pseudogracilis,* Dunkelsporiger Wurzel-Mürbling

10.3.01 *Lacrymaria lacrymabunda* (Bull.) Pat.
Tränender Saumpilz

H: 3–10 cm, kegelig gewölbt bis gebuckelt, samtig-faserig bis etwas schuppig, trüb ocker- bis gelbbraun, Rand wollig-filzig. **L:** ausgebuchtet angewachsen, erst bräunlich mit feinen Tröpfchen (tränend), später schwärzlich, Schneiden heller. **St:** weißlich mit flüchtigem Haarschleier (später Kragen vom dunklen Sporenpulver), abwärts ockerlich faserig. **F:** relativ fest und dick, blass bräunlich. **Ger:** unauffällig. **V:** an Wegrändern, in Parks. **Mik:** Sporen grob warzig, ellipsoid bis zitronenförmig mit ausgezogenen Enden, dickwandig, mit deutlichem, vorgewölbtem Keimporus, 8–12 × 6–7,5 µm, ChZ zylindrisch bis kopfig, Schnallen vorhanden. (D 574, Kr 5.587, BK 4.308, Lu 2.95.1,).

10.3.02 *Lacrymaria pyrotricha* (Holmsk.) Konrad & Maubl., Feuerfarbener Saumpilz: Hut lebhaft fuchsig- bis orangebraun; vorwiegend bei Nadelholz, z. B. auf modernden Fichtenstrünken *Picea*. Die Abgrenzung von *L. lacrymabunda* ist in der Literatur umstritten. Ein passender Fund der Autoren aus dem Jahr 2017 ließ sich jedoch genetisch unterscheiden und anderen *L. pyrotricha*-Funden zuordnen. (Kr 5.566,).

10.3.03 *Psathyrella melanthina* (Fr.) Kits van Wav.
Ritterlings-Mürbling, Rosagrauer Faserling

H: 3–5 cm, glockig, später ausgebreitet gewölbt, evtl. flach gebuckelt, faserig-schuppig, mausgrau bis graubraun, Rand behangen. **L:** ausgebuchtet, beigerosa, später blassbraun, Schneiden gesägt. **St:** weiß, mit kleinen ruß- bis graubraunen Flöckchen. **F:** cremeweiß. **Ger:** unauffällig. **Spp:** graubraun. **V:** an totem Laubholz, z. B. von Pappel *Populus*, auch an Agave *Agave*, vorwiegend im Mittelmeerraum. **Mik:** Sporen glatt, ellipsoid, ohne Keimporus, 9–12 × 5,5–7 µm, ChZ utriform bis breit spindelig, Schnallen vorhanden. (D 575, Kr 5.625, Lu 2.98.5).

10.3.04 *Psathyrella sacchariolens* Enderle, *Psathyrella suavissima* Ayer
Süßriechender Mürbling

H: 1–4 cm, halbkugelig bis gewölbt, bisweilen etwas gebuckelt, jung dicht mit weißen, abstehenden, faserigen Flocken auf rötlichbraunem Grund, von der Mitte her zunehmend kahl und heller grauockerlich. **L:** breit angewachsen, grau bis graubräunlich, Schneiden weiß. **St:** weißlich, im unteren Teil deutlich sparrig-schuppig, bisweilen mit einer Ringzone. **Ger:** auffällig süßlich. **V:** auf Nadelholzresten, vorwiegend Fichte *Picea*, seltener auf Laubholz oder auf Erde; Frühling bis Herbst. **Mik:** Sporen glatt, ellipsoid bis etwas mandel- oder bohnenförmig, mit deutlichem Keimporus, 7–9 × 4–4,5 µm, ChZ flaschenförmig, vereinzelt mit Schleimtropfen oder etwas kopfig, Schnallen vorhanden. (Kr 5.645, BK 4.355, Lu 2.98.17,).

10.3.05 *Psathyrella fibrillosa* (Pers.) Maire,
Psathyrella artemisiae (Pass.) Konrad & Maubl., *Psathyrella squamosa* (P. Karst.) M.M. Moser
Raspelstieliger Mürbling, Wolliger Mürbling, Seidenstieliger Mürbling

H: 1–5 cm, halbkugelig bis gewölbt, selten etwas gebuckelt, jung braun bis leicht rötlichbraun, weiß faserig-flockig, später in der Mitte zunehmend kahl und vom Rand her grauockerlich bis schmutzig weiß aufhellend, Rand lange fransig behangen und selten leicht gerieft oder rippig. **L:** breit angewachsen, jung blass, später satt graubraun, Schneiden weiß. **St:** weißlich, mit flüchtiger Ringzone, im unteren Teil dicht abstehend schuppig und etwas bräunlich. **F:** brüchig, weißlich bis blass ockerlich. **Ger:** unauffällig. **Ges:** mild bis leicht bitterlich. **V:** auf Erde oder Pflanzenresten, im Wald, auch bis in höhere Lagen vorkommend; Sommer bis Herbst. **Mik:** Sporen glatt, ellipsoid bis etwas mandel- oder bohnenförmig, Keimporus deutlich, 8–10 × 4–5,5 µm, HymZ teils mit im unteren Teil verdickten Wänden, spindel- bis flaschenförmig, Schnallen häufig. (Kr 5.604, BK 4.319, Lu 2.98.43).

Psathyrella squamosa (P. Karst.) A.H. Sm., Skandinavischer Mürbling: Hut 1–3 cm, dunkler rotbraun, bis zur Mitte hin weiß faserig bedeckt; bisher nur in Skandinavien gefunden. Sporen 6,5–7,5 × 4–5 µm, Keimporus schwach ausgebildet, ChZ dünnwandig, Schnallen vorhanden. (Lu 2.98.65).

Psathyrella cortinarioides P.D. Orton, Wasserkopf-Mürbling: Hut 1–4 cm, rotbraun mit konzentrisch helleren Zonen, Rand bisweilen kurz gestreift bis etwas rippig; auf Erde, Pflanzenresten oder morschem Holz. Sporen glatt, etwas bohnenförmig, Keimporus nicht wahrnehmbar, 7–8,5 × 4–5 µm, ChZ dünnwandig, flaschenförmig bis spindelig, Schnallen häufig. (Lu 2.98.56).

Psathyrella spintrigeroides P.D. Orton, Reichbeschleierter Mürbling: Hut 1–4 cm, gelb-, rötlich- bis dunkelbraun, jung stark überfasert, Stiel im unteren Teil faserig-schuppig, teils mit ringartiger Zone; vorwiegend auf Holz, bisher vor allem aus Südschweden. Sporen glatt, ellipsoid bis etwas bohnenförmig, 7–8,5 × 4–5 µm, HymZ spindelig im oberen, oft spitzen Teil dickwandig, vereinzelt mit Schleimtropfen, Schnallen vorhanden. (Lu 2.98.46).

Typhrasa gossypina (Bull.) Örstadius & E. Larss., *Psathyrella gossypina* (Bull.) A. Pearson & Dennis, Baumwoll-Mürbling: Hut 1–7 cm, jung dunkel- bis rötlichbraun, hygrophan, Rand gerieft, Geruch unauffällig bis etwas säuerlich, kakaoartig. Sporen 7–9 × 4,5–6 µm, HymZ flaschenförmig bis bauchig mit auffälligen, ölartigen, lichtbrechenden Einschlüssen, ähnlich Chrysozystiden, teilweise mit schnabelartigem Fortsatz, Schnallen häufig. (Lu 2.98.49).

10.3.01 *Lacrymaria lacrymabunda*, Tränender Saumpilz

10.3.02 *Lacrymaria pyrotricha*, Feuerfarbener Saumpilz

10.3.04 *Psathyrella sacchariolens*, Süßriechender Mürbling

Psathyrella gordonii (Berk. & Broome) A. Pearson & Dennis, *Psathyrella pervelata* Kits van Wav., *Psathyrella vestita* (Peck) A.H. Sm., Milchblasser Mürbling, Starkflockiger Mürbling, Bekleideter Mürbling: Hut 1–3,5 cm, blass, weißlich, stark faserig-schuppig, hygrophan; gesellig bis büschelig auf nährstoffreichen Böden, oft auch bei Gräsern, außerhalb von Wäldern. Sporen glatt, ellipsoid, 8–11,5 × 4,5–6 µm, ChZ breithalsig flaschenförmig bis etwas kopfig, Schnallen selten oder fehlend. (Kr 5.649, Kr 4.345, Lu 2.98.69).

Psathyrella pseudocasca (Romagn.) Kits van Wav., Weißflockiger Rauspor-Mürbling: Hut 1,5–7 cm, feucht dunkel rotbraun, trocken orangeocker; auf Erde, Pflanzenresten oder morschem Holz, schon ab Frühjahr. Sporen glatt bis fein warzig, ellipsoid bis mandelförmig, 7–8,5 × 3,5–4,5 µm, ChZ stumpf spindelig, dünnwandig, an den stumpfen Enden etwas verdickt, vereinzelt mit Schleimauflagerung, Schnallen häufig. (Lu 2.98.29).

10.3.06 *Psathyrella badiophylla* (Romagn.) Park.-Rhodes, Dunkelblättriger Mürbling: Hut 0,5–2,5 cm, jung glockig und weißfaserig bedeckt, hygrophan, feucht rötlichocker, braun, trocken blass bräunlich bis weißlich, Lamellen stets braun; auf grasigem Boden. Sporen glatt, schmal ellipsoid, 10–13,5 × 5–6,5 µm, ChZ flaschenförmig mit dickem Hals, PlZ fehlend, Schnallen vorhanden. (D 570).

10.3.07 *Psathyrella vinosofulva* P.D. Orton
Weinbrauner Mürbling

H: 1,5–2,5 cm, kegelig-gewölbt, kaum gebuckelt, anfangs mit weißen Flocken, alt nur noch am Rand, hygrophan, feucht dunkel rötlichbraun bis schwärzlich-purpurn, Rand durchscheinend gerieft, trocken rötlichocker bis weinrötlich, Rand eher rippig. **L:** angeheftet bis etwas breiter angewachsen und mit Zahn herablaufend, ton- bis sepiabraun, Schneiden weiß. **St:** Spitze weißlich, im unteren Teil bräunlich, weiß flockig-bereift, vor allem oben. **F:** blass. **Ger:** unauffällig. **Ges:** mild. **V:** auf Erde oder vergrabenem Holz, im Laub- oder Nadelwald. **Mik:** Sporen glatt, schlank ellipsoid bis etwas zylindrisch, Keimporus deutlich, zentral, 11–14 × 6–7,5 µm, HymZ stumpf spindelig bis breit flaschenförmig, vereinzelt etwas kopfig, Schnallen fehlend. (Lu 2.98.81, 🖼).

10.3.08 *Psathyrella hirta* Peck
Struppiger Mist-Mürbling

H: 1–3 cm, halbkugelig bis gewölbt, kaum gebuckelt, weißlich wollig-filzig auf graubraunem Grund, später von der Mitte her verkahlend. **L:** relativ breit angewachsen, blass, später dunkelbraun, Schneiden weiß. **St:** Spitze gerieft, abwärts weißlich faserig-flockig. **F:** blass. **Ger:** unauffällig. **Ges:** mild. **V:** auf verschiedenem Dung (Rind, Pferd, Wild); Frühling bis Herbst. **Mik:** Sporen glatt, schlank ellipsoid bis etwas mandelförmig, Keimporus deutlich, zentral, 10–12 × 5,5–7 µm, HymZ flaschenförmig, selten etwas kopfig, Schnallen vorhanden. (Kr 5.619, BK 4.331, Lu 2.98.16).

10.3.09 *Psathyrella pennata* (Fr.) A. Pearson & Dennis
Kohlen-Mürbling

H: 1,5–4,5 cm, kegelig bis gewölbt, weiß faserig-flockig auf rötlichbraunem bis ockerbraunem Grund, Mitte später kahl, Rand mit bleibenden Fäserchen. **L:** ziemlich gedrängt, ausgebuchtet breit angewachsen, graubraun bis dunkel purpurbraun, Schneiden heller. **St:** weiß seidig bis fein faserig-schuppig, gegen die Basis etwas ockerlich. **V:** auf Brandstellen. **Mik:** Sporen glatt, schlank ellipsoid bis etwas mandelförmig, Keimporus nicht wahrnehmbar, 7–9 × 3,5–4,5 µm, HymZ spindelig flaschenförmig, meist spitz, selten etwas kopfig, Wände im unteren Teil leicht verdickt, Schnallen vorhanden. (D 571, Kr 5.633, BK 4.344, Lu 2.98.45, 🖼).

10.3.10 *Candolleomyces candolleanus* (Fr.) D. Wächt. & A. Melzer, *Psathyrella candolleana* (Fr.) Maire
Behangener Faserling, Schmalblättriger Mürbling

H: 3–6 cm, kugelig-gewölbt, bald ausgebreitet flach gewölbt, hygrophan, matt, gelbockerlich bis weißlich, Rand oft fetzig behangen, alt oft rissig. **L:** schmal angeheftet, schmal, ziemlich gedrängt, blass, bald lilabräunlich, später dunkelbraun. **St:** brüchig, weiß, bisweilen mit flüchtigen Ringresten. **F:** zart und brüchig, weiß. **Ger:** unauffällig. **Spp:** rötlich-schwarzbraun. **V:** büschelig, bei oder an modernden Laubholzstrünken. **Mik:** Sporen glatt, breit ellipsoid bis angedeutet bohnenförmig, Keimporus deutlich, zentral, 7–9 × 4–5 µm, ChZ utriform, PlZ fehlend, Schnallen vorhanden. (D 573, Kr 5.607, BK 4.322, Lu 2.98.27, 🖼).

Candolleomyces leucotephrus (Berk. & Broome) D. Wächt. & A. Melzer, *Psathyrella leucotephra* (Berk. & Broome) P.D. Orton, Beringter Mürbling: Stiel mit deutlicheren, oberseits gerieften Ringresten. Sporen glatt, breit ellipsoid bis angedeutet bohnenförmig, ohne Keimporus, 8–10 × 5–6,5 µm, ChZ dickhalsig flaschenförmig bis utriform. (Kr 5.622, BK 4.332, Lu 2.98.28).

10.3.11 *Candolleomyces typhae* (Kalchbr.) D. Wächt. & A. Melzer,
Psathyrella typhae (Kalchbr.) A. Pearson & Dennis
Sumpfpflanzen-Mürbling, Halm-Faserling

H: 0,5–1,5 cm, jung halbkugelig, kastanienbraun mit weißen Fäserchen, später ausgebreitet und evtl. etwas gebuckelt, hygrophan, trocken blass graubraun, Rand durchscheinend gerieft. **L:** schmal angeheftet, ziemlich dicht, erst hellbraun, später sattbraun, rötlichbraun, Schneiden weiß. St: Spitze etwas bereift, abwärts fein faserig und Basis bisweilen etwas knollig. **Ger:** unauffällig **V:** auf abgestorbenen Sumpfpflanzen, vor allem Rohrkolben *Typhae* und Schilf *Phragmites*, Frühsommer bis Herbst. **Mik:** Sporen glatt, ellipsoid bis leicht mandelförmig, Keimporus kaum wahrnehmbar, 10–12,5 × 6,5–8,5 µm,

10.3.07 *Psathyrella vinosofulva*, Weinbrauner Mürbling

10.3.09 *Psathyrella pennata*, Kohlen-Mürbling

10.3.10 *Candolleomyces candolleanus*, Behangener Faserling

ChZ keulig bis breit flaschenförmig, utriform, PlZ fehlend, Schnallen häufig. (Kr 5.648, BK 4.360, Lu 2.98.11).

10.3.12 *Psathyrella almerensis* Kits van Wav., Teich-Mürbling: Hut 1–3 cm, bald stumpf gebuckelt, jung sepiabraun und ganz mit weißen Flocken bedeckt, trocken heller beigeocker, Rand radialrunzelig, nicht durchscheinend. Sporen glatt, ellipsoid bis leicht bohnenförmig, Keimporus gut sichtbar, zentral, 8–10,5 × 4,5–6 µm, HymZ keulig bis breit flaschenförmig, utriform, dünnwandig, Schnallen vorhanden. (Lu 2.98.12).

10.3.13 *Psathyrella lacuum* Huijsman, Stearin-Mürbling: Hut 1–3 cm, graubraun bis graupurpur, Oberfläche runzelig und wachsartig, wie von Stearin übergossen und mit weißen Flöckchen bedeckt; auf abgestorbenen Teilen von Yucca-Palmen *Yucca*. Sporen glatt, ellipsoid, Keimporus undeutlich, 7–8 × 4,5–5,5 µm, ChZ keulig, PlZ fehlend, Schnallen vorhanden. (Lu 2.98.8, 🖼).

10.3.13 *Psathyrella lacuum*, Stearin-Mürbling

10.3.14 *Psathyrella sphagnicola* (Maire) J. Favre
Torfmoos-Mürbling, Moor-Zärtling

H: 1–3 cm, halbkugelig, später flach gewölbt, hygrophan, feucht dunkel rötlich- bis haselnussbraun, trocken beige, Rand durchscheinend gerieft, oft gekerbt. **L:** jung hellgrau, später grau- bis rotbraun, Schneiden weißlich, fein flockig. **St:** Spitze weißlich bepudert, oft deutlich aufsteigend beringt mit geriefter Oberseite, Basis weiß faserig **F:** dünn, graubraun. **Ger:** unauffällig **V:** vorwiegend bei Torfmoos *Sphagnum*; Sommer bis Herbst. **Mik:** Sporen glatt, ellipsoid, Keimporus, zentral, 8–10 × 4,5–5,5 µm, ChZ breit spindelig bis utriform, Schnallen vorhanden. (BK 4.358).

10.3.15 *Psathyrella cotonea* (Quél.) Konrad & Maubl.
Pinsel-Mürbling, Langstieliger Pinsel-Mürbling

H: 4–8 cm, gewölbt, evtl. gebuckelt, weißlich wollig-faserig, später blass braungrau schuppig. **L:** schmal angewachsen, blass, evtl. mit tränenden Schneiden, später fleisch- bis dunkelbraun, Schneiden weißlich, gesägt. **St:** weiß, faserig, angedeutete Ringzone, später etwas grauend, Basis gelb und mit schwefelgelbem Myzel. **F:** relativ dick, weißlich bis bräunlich. **Ger:** unauffällig. **V:** büschelig, an Laubholzstrünken. **Mik:** Sporen glatt, zylindrisch bis etwas ellipsoid oder bohnenförmig, Keimporus undeutlich, 6–7,5 × 3,5–4,5 µm, ChZ flaschenförmig bis utriform, PlZ mehrheitlich utriform, Schnallen vorhanden. (Kr 5.615, BK 4.327, Lu 2.98.2, 🖼).

10.3.15 *Psathyrella cotonea*, Pinsel-Mürbling

10.3.16 *Psathyrella caput-medusae*, Medusenhaupt

10.3.16 *Psathyrella caput-medusae* (Fr.) Konrad & Maubl.
Medusenhaupt

H: 4–6 cm, halbkugelig-glockig, später ausgebreitet gewölbt, erst weiß, wollig-flockig, später zunehmend braunschuppig, schmierig und runzelig, Rand flockig-faserig behangen. **L:** ausgebuchtet, hellbraun, bisweilen tränend, später dunkelbraun, Schneiden weißlich bewimpert. **St:** Spitze weiß, mit wolligem Ring, abwärts schwärzlichbraun sparrig schuppig. **F:** relativ dick, weißlich. **Ger:** unauffällig, allenfalls süßlich. **Spp:** dunkelbraun. **V:** büschelig, vorwiegend an Nadelholzstrünken. **Mik:** Sporen glatt, schlank ellipsoid bis mandelförmig oder spindelig, Keimporus nicht wahrnehmbar, 10–12,5 × 6–7 µm, ChZ langhalsig flaschenförmig bis utriform, PlZ mehrheitlich utriform, Schnallen vorhanden. (D 576f, Kr 5.609, Lu 2.98.1, 🖼).

10.3.17 *Psathyrella maculata* (C.S. Parker) A.H. Sm.
Rußbraunschuppiger Mürbling

H: 2–6 cm, gewölbt, evtl. flach gebuckelt, weißlich wollig-filzig auf graubraunem Grund, später von der Mitte her verkahlend. **L:** relativ breit angewachsen, blass, später dunkelbraun, Schneiden weiß. **St:** Spitze gerieft, abwärts weißlich faserig-flockig. **F:** blass. **V:** vor allem im Buchenwald *Fagus*, allenfalls bei Erle *Alnus*, selten im Nadelwald. **Mik:** Sporen glatt, breit ellipsoid, bis angedeutet bohnenförmig, Keimporus nicht wahrnehmbar, 5–6 × 3–4 µm, HymZ flaschenförmig bis keulig mit schnabelartigem, teils etwas kopfigem Auswuchs, Schnallen vorhanden. (Kr 5.623, BK 4.334, Lu 2.98.3, 🖼).

10.3.18 *Cystoagaricus silvestris* (Gillet) Örstadius & E. Larss., *Psathyrella populina* (Britzelm.) Kits van Wav., Sternschuppiger Mürbling, Pappel-Faserling: Hut 1,5–5 cm ockerbraun, sternförmig angeordnet schuppig, oft etwas radialrunzelig, Stiel weißlich, im unteren Teil schwach faserig, ohne Ring; auf Laubhölzern, vorwiegend Pappelstrünken *Populus*. Sporen glatt, ellipsoid bis projektil- oder bohnenförmig, Keimporus deutlich, zentral, 7–8,5 × 4,5–6 µm, HymZ keulenförmig bis utriform, oft mit Schleimkappen bedeckt, die in Ammoniak (NH_3) grün verfärben. (Lu 2.98.4).

Cystoagaricus hirtosquamulosus (Peck) Örstadius & E. Larss., *Psathyrella hirtosquamulosa* (Peck) A.H. Sm., Grobschuppiger Mürbling: Hut 1–3 cm, halbkugelig, später glockig bis ausgebreitet und gebuckelt, leicht hygrophan, silbergrau bis graubraun faserig-schuppig, im Zentrum teils spitzschuppig, Stiel weißlich bis graubraun, vereinzelte Faserbüschel, Spitze bereift, jung evtl. mit angedeuteter Ringzone; im Wald, auf stark vermodertem Holz oder auf Erde. Sporen 6–7 × 4,5–5,5 µm.

C. silvestris und *C. hirtosquamulosus* können sehr ähnlich sein. Untersuchungen von Örstadius et al. 2015 belegen jedoch, dass es sich um verschiedene Arten handelt. *Cystoagaricus silvestris* ist robuster und hat etwas länglichere Sporen.

10.3.19 *Psathyrella globosivelata* Gröger
Körniger Mürbling

H: 0,5–2 cm, jung weiß, mit dicht körnigen, blaßockerlichen Velumresten, später grauockerlich, hygrophan. **L:** schmal angeheftet und mit Zahn etwas herablaufend, eher entfernt, creme bis ockerbraun, alt bisweilen mit etwas Violett, Schneiden weiß. **St:** weiß bis rosaockerlich, mit feinen braunen Schüppchen. **Ger:** unauffällig. **Spp:** schwarzbraun. **V:** auf anderen Blätterpilzen, scheinbar auch auf Erde; Sommer bis Herbst.

10.3.17 *Psathyrella maculata*, Rußbraunschuppiger Mürbling

Mik: Sporen glatt, schlank ellipsoid bis fast zylindrisch, Keimporus kaum wahrnehmbar, 7–9 × 3,5–4,5 µm, HymZ flaschenförmig bis utriform. (Lu 2.98.6).

Psathyrella epimyces (Peck) A.H. Sm., Tintlings-Mürbling: Hut 2–6 cm, schmutzig weiß, nicht hygrophan; auf modernden Tintlingen, auf sandigem Boden. Sporen 7–11 × 5–7 µm. (Lu 2.98.7).

10.3.20 *Psathyrella pygmaea* (Bull.) Singer
Büscheliger Zwerg-Mürbling

H: 0,5–2 cm, glockig-kegelig, glatt, weiß bis graubräunlich, gerieft bis etwas faltig. **L:** ziemlich gedrängt, aufsteigend angeheftet, weißlich, später grau bis rostbraun. **St:** weiß, bereift. **V:** auf Strünken und Holzresten. **Mik:** Sporen glatt, ellipsoid bis etwas bohnenförmig, Keimporus deutlich, zentral, 6–7 × 3,5–4 µm, HymZ utriform oder keulig, am Ende etwas dickwandig und mit Kristallen besetzt. (Kr 5.639, BK 4.354. Lu 2.98.39, 🖼).

10.3.20 *Psathyrella pygmaea*, Büscheliger Zwerg-Mürbling

10.3.21 *Homophron spadiceum* (P. Kumm.) Örstadius & E. Larss., *Psathyrella spadicea* (P. Kumm.) Singer, *Psathyrella sarcocephala* (Fr.) Singer
Rötelblättriger Mürbling, Schokoladenbrauner Faserling

H: 4–10 cm, gewölbt bis flach ausgebreitet, glatt, deutlich hygrophan, feucht dunkelbraun, trocken tonweiß. **L:** ausgebuchtet angewachsen, blass, später schwarzbraun. **St:** weißlich bis blaßbraun, fast glatt bis deutlich faserig-flockig. **F:** cremeweiß. **Ger:** unauffällig. **V:** an oder bei totem Laub- oder Nadelholz, an Strünken; vorwiegend im Herbst, Spätherbst. **Mik:** Sporen glatt, ellipsoid bis etwas bohnenförmig, Keimporus nicht wahrnehmbar, 6,5–10 × 4–5,5 µm, HymZ breit spindelig bis flaschenförmig, mit dickwandigem, meist spitz auslaufendem Hals, oft mit Kristallschopf, Schnallen vorhanden. (D 569/571, Kr 5.640f, BK 4.356, Lu 2.98.42, 🖼).

10.3.21 *Homophron spadiceum*, Rötelblättriger Mürbling

10.3.22 *Psathyrella olympiana* A.H. Sm., Kristallzystiden-Mürbling: Hut 2–6 cm, dattel- bis ockerbraun, jung mit weißem Velum überfasert, Stielbasis ebenfalls teils deutlich faserig-schuppig; vorwiegend auf Laubholz. Sporen glatt, ellipsoid bis angedeutet rhomboid oder bohnenförmig, Keimporus undeutlich, 7,5–10,5 × 4,5–6 µm, HymZ stumpf spindelig bis utriform, leicht dickwandig und oft mit Kristallen beschopft. (Kr 5.631, BK 4.341, Lu 2.98.41).

10.3.23 *Homophron cernuum* (Vahl) Örstadius & E. Larss., *Psathyrella cernua* (Vahl) M.M. Moser, Kahlhütiger Mürbling: Hut eher kleiner, Stiel längsstreifig und nur an der Spitze bereift; ausschließlich auf Laubholz. Sporen glatt, ellipsoid bis angedeutet bohnenförmig, Keimporus teilweise deutlich, zentral, 6,5–7,5 × 4–5 µm, HymZ stumpf spindelig bis utriform, im oberen Teil leicht dickwandig und oft mit Kristallen beschopft. (Kr 5.610, BK 4.324, Lu 2.98.40).

10.3.24 *Psathyrella piluliformis* (Bull.) P.D. Orton
Wässriger Mürbling

H: 3–6 cm, gewölbt, glatt, hygrophan, feucht kastanienbraun, später von der Mitte aus gelbbraun entfärbend, trocken blass, Rand weißlich, mit Velumresten behangen. **L:** schmal angewachsen, cremebraun, später kastanienbraun, Schneiden fein bewimpert. **St:** weiß bis leicht ockerlich, evtl. flockige Ringreste. **F:** blassbraun. **V:** an oder bei modernden Strünken, auf Brandstellen, feuchten Stellen. **Mik:** Sporen glatt, ellipsoid bis etwas bohnenförmig, Keimporus nur teilweise sichtbar, 4,5–6,5 × 3–4 µm, HymZ stumpf spindelig bis utriform, dünnwandig, Schnallen vorhanden. (D 571, Kr 5.635, BK 4.347, Lu 2.98.26, 🖼).

10.3.24 *Psathyrella piluliformis*, Wässriger Mürbling

10.3.25 *Psathyrella spadiceogrisea* (Schaeff.) Maire
Graubrauner Mürbling

H: 3–6 cm, bald flach gewölbt, evtl. gebuckelt, glatt, feucht kastanien- bis dattelbraun, gerieft, trocken blass tongrau. **L:** gedrängt, weißlich, später schmutzig violettgrau bis rötlichbraun. **St:** weißlich. **F:** blass. **V:** gesellig, seltener büschelig, an oder bei modernden Holzstrünken; schon ab Frühjahr. **Mik:** Sporen glatt, ellipsoid bis etwas bohnenförmig (allantoid), dickwandig, Keimporus deutlich, zentral, 7–9,5 × 4,5–5,5 µm, HymZ breit flaschenförmig bis utriform, vereinzelt etwas kopfig, dünnwandig, Schnallen vorhanden. (Kr 5.643, BK 4.357, Lu 2.98.34, 🖼).

10.3.25 *Psathyrella spadiceogrisea*, Graubrauner Mürbling

Psathyrella fatua (Fr.) P. Kumm., Tonblasser Mürbling: Hut 1–4 cm, blasser ockerbraun, sonst sehr ähnlich wie *P. spadiceogrisea*. Gemäß Ludwig 2007 sind die Sporen weniger dickwandig, d. h., es ist meist keine deutliche innere Linie zu erkennen. (Kr 5.617, BK 4.328, Lu 2.98.36).

Psathyrella phegophila Romagn., Buchenwald-Mürbling: Sporen dunkelbraun und HymZ häufiger kopfig. (BK 346).

10.3.26 *Psathyrella niveobadia* (Romagn.) M.M. Moser
Gelbrandiger Mürbling

H: 2–6 cm, jung halbkugelig, glatt, braun bis etwas rötlichbraun, später ausgebreitet gewölbt und gebuckelt, ockerlich, Rand lange mit sichtbaren Velumresten und bisweilen gelb. **L:** schmal angeheftet, eher entfernt, jung weiß, später grau- bis dunkelbraun, Schneiden weißlich, steril. **St:** weiß bis etwas rosaockerlich, Spitze gerieft und bepudert, Basis oft verdickt und wurzelnd. **F:** eher fest. **Ger:** unauffällig. **V:** meist einzeln, auf Erde oder bei Holzresten im Laubwald; Frühling bis Herbst. **Mik:** Sporen glatt, zylindrisch bis ellipsoid oder etwas bohnenförmig, Keimporus deutlich, zentral, 7,5–9,5 × 4–5 µm, HymZ breit spindelig bis utriform, vereinzelt mit gegabeltem Ende, Schnallen vorhanden. (Lu 2.98.38).

10.3.27 *Psathyrella tephrophylla* (Romagn.) Bon
Aschgraublättriger Mürbling

H: 2–7 cm, glockig-kegelig bis gewölbt, hygrophan, ockerbraun, später weißlich, Rand gerieft. **L:** breit angewachsen, weißlich, bald rauchgrau bis schwärzlich, Schneiden hell bewimpert. **St:** weiß, Spitze fein rillig, im unteren Teil faserig-flockig. **F:** dünn, creme-bräunlich. **V:** einzeln bis gesellig, vorwiegend im Laubwald, bei Holzresten. **Mik:** Sporen glatt, ellipsoid bis angedeutet eckig, Keimporus deutlich, zentral, 9–13,5 × 5–7 µm, HymZ stumpf spindelig bis utriform, oft mit aufsitzenden, im Ammoniak (NH_3) nicht verfärbenden Tropfen, Schnallen vorhanden. (D 579, Kr 5.647, BK 4.359, Lu 2.98.71,).

10.3.28 *Psathyrella fagetophila* Örstadius & Enderle, *Psathyrella murcida* (Fr.) Kits van Wav.
Großer Buchenlaub-Mürbling, Breitblättriger Zärtling

H: 2–7 cm, hygrophan, feucht dunkelbraun mit gerieftem Rand, trocken ocker, jung mit flüchtigen, weiß-faserigen Velumresten. **L:** eher entfernt, Schneiden weißflockig und darunter evtl. etwas rosa (im Mikroskop gelblich). **Spp:** dunkelbraun. **Mik:** Sporen glatt, ellipsoid bis leicht mandelförmig, Keimporus deutlich, zentral, 8,5–11,5 × 5–7 µm, HymZ stumpf spindelig bis flaschenförmig, vereinzelt mit Schleimtropfen, Schnallen vorhanden. (Kr 5.615, BK 4.338, Lu 2.98.82).

Psathyrella dicrani (A.E. Jansen) Kits van Wav., Heide-Mürbling: Hut 2–7 cm, in der Mitte oft orangeocker. Sporen 9–12 × 5–6,5 µm, dickwandig, HymZ spindelig bis langhalsig flaschenförmig. (Lu 2.98.74).

Psathyrella fusca (J.E. Lange) A. Pearson, Dunkelbrauner Mürbling: Lamellen relativ dicht, dunkelbraun, Schneiden ohne Rosa. Je nach Interpretation zählt die Art ebenfalls zu *P. fagetophila* (Ludwig 2007; Kr 5.618).

10.3.29 *Psathyrella pertinax* (Fr.) Örstadius, *Psathyrella chondroderma* (Berk. & Broome) A.H. Sm.
Knorpelfleischiger Mürbling, Netziger Faserling

H: 2–6 cm, fuchsrötlich bis kastanienbraun, evtl. etwas hygrophan, matt jedoch etwas fettig wirkend, deutlich radialrunzelig mit netzartigen Verbindungen. **L:** schmal angeheftet, eher eng, erst ockerlich, später dunkelbraun, Schneiden blass und schartig. **St:** erst weißlich, später isabellfarben, fein faserig, bisweilen mit angedeuteter, faseriger Ringzone. **F:** fest, weiß bis etwas gelblich. **Ger:** etwas süßlich. **V:** einzeln bis etwas büschelig, auf morschem Nadelholz; Sommer bis Herbst. **Mik:** Sporen glatt, ellipsoid bis bohnenförmig, Keimporus teilweise deutlich, 6,5–8 × 4–5 µm, HymZ stumpf spindelig bis flaschenförmig oder utriform, Schnallen vorhanden. (Kr 5.611, Lu 2.98.64,).

10.3.30 *Psathyrella multipedata* (Peck) A.H. Sm.
Kahler Büschel-Mürbling

H: 1,5–3 cm, glockig, später gewölbt, feucht schmutzig graubraun, trocken gelbbraun, Rand kurz gerieft und jung bisweilen mit einigen Velumflöckchen gesäumt. **L:** ausgebuchtet, graubraun, später dunkel purpurbraun. **St:** glatt, weißlich, wurzelnd. **V:** stark büschelig mit gemeinsamer verlängerter Wurzel wachsend, in Wiese, Laubwald, auf Holzlagerplätzen; Frühsommer bis Herbst. **Mik:** Sporen glatt, ellipsoid bis etwas bohnenförmig, Keimporus klein, deutlich, zentral, 7–8 × 4–5 µm, HymZ spindelig bis flaschenförmig mit langem, teils welligem Hals, vereinzelt mit Tropfen, die sich in Ammoniak (NH_3) grün verfärben, Schnallen vorhanden. (Kr 5.628, BK 4.337, Lu 2.98.25,).

10.3.31 *Psathyrella lutensis* (Romagn.) Bon, Rotbrauner Feuchtstellen-Mürbling: Hut hygrophan, feucht durchscheinend gerieft, Stiel gegen die Basis bräunlich; einzeln bis büschelig wachsend, vorwiegend an feuchten Stellen auf Pflanzenresten. Sporen ellipsoid bis etwas mandelförmig, Keimporus deutlich, zentral, 8–11 × 4,5–6 µm, HymZ stumpf spindelig bis flaschenförmig oder utriform, frisch mit leicht grünlichen Tropfen (vor allem im Ammoniak). (BK 4.333, Lu 2.98.72).

10.3.32 *Psathyrella panaeoloides* (Maire) Arnolds
Düngerlings-Mürbling

H: 0,5–3 cm, jung glockig-kegelig, rötlichbraun, später ausgebreitet und bisweilen stumpf gebuckelt und blasser graubraun, Rand anfangs spärlich faserig gesäumt, feucht etwas gerieft, trocken evtl. rippig-runzelig. **L:** relativ breit angewachsen, jung hellocker, später grau- bis dunkel rötlichbraun, Schneiden weiß. **St:** weißlich, später isabellfarben, Spitze bereift, darunter kahl und an der Basis bisweilen etwas faserig-flockig. **F:** blass bräunlich. **Ger:** unauffällig. **Ges:** unauffällig. **V:** einzeln oder büschelig auf Erde, oft auf Weiden oder Rasen, seltener auch auf Holzresten; Frühling bis Herbst. **Mik:** Sporen glatt, ellipsoid bis etwas bohnenförmig, an der Basis bisweilen etwas verbreitert, mit deutlichem Keimporus, 7–10 × 5–6,5 µm, HymZ stumpf spindelig, flaschenförmig bis vorwiegend utriform, selten mit Tropfen, Schnallen vorhanden. (Kr 5.632, BK 4.342, Lu 2.98.70).

Psathyrella clivensis (Berk. & Broome) P.D. Orton, Glöcklings-Mürbling: Hut jung rötlich braun, später braun bis ockerbraun, Lamellen breit angewachsen und mit Zahn etwas herablaufend. Sporen breit ellipsoid, Keimporus kaum wahrnehmbar, 8–10 × 5–6 µm, HymZ stumpf spindelig bis flaschenförmig und teils kopfig. (Kr 5.612, BK 4.325, Lu 2.98.33).

10.3.27 *Psathyrella tephrophylla*, Aschgraublättriger Mürbling

10.3.29 *Psathyrella pertinax*, Knorpelfleischiger Mürbling

10.3.30 *Psathyrella multipedata*, Kahler Büschel-Mürbling

10.3.33 *Psathyrella noli-tangere* (Fr.) A. Pearson & Dennis
Zarter Mürbling

H: 1–3 cm, gewölbt, evtl. etwas gebuckelt, oft runzelig, hygrophan, feucht rotbraun, vor allem im Scheitel, trocken matt filzig bis feinkörnig, beigeocker, Rand flüchtig behangen, gerieft. **L:** breit angewachsen, eher entfernt jung graubraun, später rötlichbraun, Schneiden heller. **St:** weißlich, stellenweise glänzend, Basis bräunlich. **F:** sehr dünn, cremefarben. **Ger:** unauffällig bis schwach mehlartig. **V:** einzeln bis etwas büschelig, im Laubwald; Frühling bis Herbst. **Mik:** Sporen glatt, ellipsoid bis bohnenförmig, Keimporus deutlich, zentral, 7–8,5 × 4–5,5 µm, HymZ dickhalsig flaschenförmig, Schnallen vorhanden. (D 578, Kr 5.629, Lu 2.98.67).

10.3.34 *Psathyrella obtusata* (Pers.) A.H. Sm., Papillenzystiden-Mürbling: Hut jung halbkugelig, stumpf gewölbt; auf Erde oder morschem Holz. Sporen 7,5–9,5 × 4,5–6 µm, Keimporus undeutlich, ChZ keulig bis birnenförmig und teils mit Papille, PlZ flaschenförmig, vereinzelt mit Schleimtröpfchen. (BK 4.399, Lu 2.98.37).

Psathyrella senex (Peck) A.H. Sm., *Psathyrella ocellata* (Romagn.) M.M. Moser, Reifer Mürbling, Kleinäugiger Mürbling: Hut 1–4 cm, Stiel oft lang. Sporen 7–9,5 × 4–5 µm, Keimporus meistens deutlich, zentral, HymZ spindelig bis breit flaschenförmig, vereinzelt etwas kopfig. (Lu 2.98.63).

10.3.35 *Psathyrella bipellis* (Quél.) A.H. Sm.
Purpurner Mürbling

H: 1–4 cm, glockig-gewölbt, kahl, dunkelbraun, später oft niedergedrückt und blasser, oft mit weinrötlichem Farbton, Rand jung mit feinen Flöckchen gesäumt, gestreift bis etwas runzelig. **L:** aufsteigend angeheftet, eher dicht, erst hellbraun mit Rosaton, später zunehmend grauschwarz, graubraun, Schneiden heller. **St:** weißfaserig auf rosa Hintergrund, später bräunend. **F:** spröde, rosabräunlich. **Ger:** unauffällig bis deutlich nach Mottenpulver. **V:** einzeln oder etwas büschelig auf Erde oder Holzresten; Frühsommer bis Herbst. **Mik:** Sporen glatt, ellipsoid einseitig bisweilen etwas abgeflacht, Keimporus deutlich, zentral, 11–13,5 × 7–8,5 µm, Zystiden spindelig, flaschenförmig bis utriform, im oberen Teil oft mit schaumigem Inhalt und teilweise leicht inkrustiert. (Kr 5.606, BK 4.321, Lu 2.98.50, ⊠).

10.3.36 *Psathyrella prona* (Fr.) Gillet
Rotschneidiger Wegrand-Mürbling

H: 1–2 cm, glockig, bald ausgebreitet, gewölbt bis flach, hygrophan, feucht dunkelbraun, rußbraun, trocken verblassend, hellbraun, grauorange bis weißlich, oft mit etwas Rosa, Rand meist etwas gerieft. **L:** breit angewachsen, entfernt, cremeweiß, später dunkelbraun, Schneiden oft rot, vor allem in Randnähe. **St:** blass, steif, bisweilen mit feinem Knöllchen. **F:** dünn, cremefarben. **Ger:** unauffällig, evtl. etwas nach Mehl. **V:** am Wegrand, auf Wiese, nährstoffreichem Boden; Frühling bis Herbst. **Mik:** Sporen glatt, ellipsoid bis etwas mandelförmig, Keimporus deutlich, zentral, 12–18 × 6–8,5 µm, mehrheitlich 2-sporig, HymZ langhalsig flaschenförmig, Schnallen häufig. (D 568, Kr 5.637, BK 4.351, Lu 2.98.78, ⊠).

Psathyrella potteri A.H. Sm., *P. prona* f. *cana* Kits van Wav., *Psathyrella albidula* Romagn. ex M.M. Moser, Weißschneidiger Strohdung-Mürbling: Hut ohne Rosa, Lamellenschneiden weiß, ohne Rot. Mehrheitlich 4-sporig. (BK 4.349, Lu 2.98.79).

10.3.37 *Psathyrella orbitarum* (Romagn.) M.M. Moser, Wagenspur-Mürbling, Weg-Zärtling: Hut bis 1 cm, kegelig bis gebuckelt, graubraun, jung ganz bedeckt mit weißen Velumflocken, später verkahlend und zunehmend radial-runzelig, Stiel an der Spitze farblos, im unteren Teil ockerbraun und an der Basis oft etwas knollig. Sporen ellipsoid, bisweilen einseitig abgeflacht, 10–13 × 5,5–6,5 µm, mehrheitlich 4-sporig, HymZ spindelig bis schlank flaschenförmig und teilweise etwas kopfig, Schnallen vorhanden. (Lu 2.98.77).

10.3.38 *Psathyrella microrhiza* (Lasch) Konrad & Maubl.
Wurzelnder Mürbling

H: 1–4 cm, glockig-kegelig bis ausgebreitet und etwas gebuckelt, jung sattbraun mit weißen Velumfasern, später ockerbräunlich und kahl, Rand gerieft bis radialrunzelig. **L:** eher dicht, schmal bis etwas breiter angeheftet, grauweiß bis graubraun mit rötlichem Beiton, Schneiden oft heller, darunter durchgehend rot. **St:** Spitze weißlich, bereift, abwärts blass rosaockerlich, etwas faserflockig und meistens deutlich wurzelnd **Ger:** unauffällig. **Ges:** mild. **Spp:** violettschwarz. **V:** auf Erde oder Holzresten im Wald oder Park; im Herbst. **Mik:** Sporen glatt, ellipsoid bis etwas mandelförmig und teils einseitig etwas abgeflacht, Keimporus deutlich, zentral, 10–14 × 5,5–7 µm, HymZ spindelig bis flaschenförmig, teils etwas kopfig und vereinzelt mit Schleimtröpfchen, ChZ sehr dicht, Schnallen häufig. (Kr 5.627, BK 4.336, Lu 2.98.21, ⊠).

Psathyrella bifrons (Berk.) A.H. Sm., Weißschneidiger Mürbling: eine unterschiedlich interpretierte Art, die gemäß Örstadius (in Ludwig 2007) vermutlich zu *P. microrhiza* gehört. (BK 4.320).

10.3.35 *Psathyrella bipellis*, Purpurner Mürbling

10.3.36 *Psathyrella prona*, Rotschneidiger Wegrand-Mürbling

10.3.38 *Psathyrella microrhiza*, Wurzelnder Mürbling

Psathyrella orbicularis (Romagn.) Kits van Wav., Rundhütiger Mürbling: Hut meist weniger als 1 cm breit. Sporen glatt, breit ellipsoid, Keimporus kaum wahrnehmbar, 10–12 × 6–7 µm, HymZ stumpf spindelig bis flaschenförmig und teils kopfig, Schnallen vorhanden. (Lu 2.98.75).

Psathyrella longicauda P. Karst., Langschwänziger Mürbling: Hut 0,5–1,5 cm, meist kegelig-glockig bleibend, nicht oder nur spärlich überfasert, Rand gerieft und fein runzelig, Lamellenschneiden seltener etwas rötlich, Stiel mit oft langem Wurzelfortsatz. Sporen ellipsoid, dickwandig, Keimporus groß, 10,5–13,5 × 6,5–7,5 µm, HymZ vorwiegend flaschenförmig, teils mit langem Hals. (Lu 2.98.19).

Psathyrella narcotica Kits van Wav., Stinkender Mürbling: Hut ebenfalls kaum über 2 cm, jung rötlich und später graubraun, nicht oder nur spärlich überfasert, Rand gerieft und fein runzelig, Lamellenschneiden seltener etwas rötlich, Stiel mit eher kurzem Wurzelfortsatz, Geruch aufdringlich mottenkugelartig oder verdorben. Sporen ellipsoid, einseitig etwas abgeflacht, Keimporus deutlich, 9–11,5 × 4,5–6,5 µm, HymZ langhalsig flaschenförmig mit farblosen, schleimigen Auflagerungen, die sich in Ammoniak (NH_3) blaugrün verfärben. (Lu 2.98.18).

10.3.39 *Psathyrella corrugis* (Pers.) Konrad & Maubl., *Psathyrella gracilis* (Fr.) Quél., *Psathyrella polycystis* (Romagn.) M.M. Moser Rotschneidiger Wurzel-Mürbling, Rasiger Faserling

H: 2–4 cm, glatt bis etwas runzelig, grauockerlich, Rand evtl. mit Rosaton. **L:** schmal bis relativ breit angewachsen, graubraun bis schwarzbraun, Schneiden weiß bewimpert und darunter meist unterbrochen rötlich. **St:** weißlich, steif, Spitze bereift, evtl. wurzelnd. **V:** lichter Wald, Wegrand, auf Erde oder abgefallenen Zweigen; Sommer bis Herbst. **Mik:** Sporen glatt, ellipsoid bis zylindrisch, Keimporus deutlich, zentral, 11–15 × 5,5–7 µm, HymZ flaschenförmig, teils mit langem Hals und teils etwas kopfigem Ende, Schnallen häufig. (Kr 5.613, BK 4.330/348, Lu 2.98.22, 🖼).

Psathyrella ochracea (Romagn.) M.M. Moser ex Kits van Wav., Ockerfarbiger Mürbling: Hut im trockenen Zustand stark runzelig. Zystiden verschiedenartig, teils auch wellig-wurmförmig. Gemäß Ludwig 2007 ein Synonym von *P. corrugis.* (BK 4.340).

10.3.40 *Psathyrella pseudogracilis* (Romagn.) M.M. Moser, Dunkelsporiger Wurzel-Mürbling: Sporenpulver fast schwarz. Sporen 10–13 × 6–7,5 µm, HymZ breit utriform. (D 565, Kr 5.639, BK 4.353, Lu 2.98.73).

10.3.39 *Psathyrella corrugis,* Rotschneidiger Wurzel-Mürbling

11 *Strophariaceae* s. l., Träuschlingsähnliche

Basidiomycota, Ständerpilze > *Agaricomycetes* > *Agaricales,* Blätterpilze

Familiengruppe *Strophariaceae* s. l., Träuschlingsähnliche

Mittelgroße, büschelig wachsende Pilze auf morschem Holz zählen größtenteils zur hier behandelten Familiengruppe der Träuschlingsähnlichen. Sie enthält auch kleinere und vereinzelt groß wachsende Arten und ein Teil wächst auf Erde oder Pflanzenresten. Eine Gruppe von Arten hat schuppige Oberflächen, eine weitere schleimige, teils gibt es auch beides miteinander. Ein sehr spezifischer Hinweis auf die Zugehörigkeit zur Familie ist ein violetter Farbanteil des Sporenpulvers. Der violette Schein in den hell- bis dunkelbraunen Farbtönen ist mit etwas Übung auch in den Lamellen erkennbar. Leider trägt nur ein kleiner Teil dieses Merkmal und bei vielen Arten dominieren gelb- bis olivbraune, rost- oder graubraune Töne in den Lamellen, wie sie auch in anderen Familien vorkommen können. Die Lamellen sind nie frei. Im oberen Stielteil finden sich oft Ring- oder Cortinareste. Bis vor wenigen Jahren gehörten alle Gattungen dieses Kapitels zur Familie ***Strophariaceae***, Träuschlingsverwandte. Gemäß Matheny et al. 2006 sowie Vizzini et al. 2019b lassen sich aufgrund genetischer Analysen ***Hymenogastraceae***, Erdnussverwandte von den *Strophariaceae* abgrenzen. Bei *Psilocybe,* Kahlköpfe, einer Gattung der Familie *Strophariaceae,* gab es überdies eine Aufteilung. Nur noch die Artengruppe mit psychoaktiven Inhaltsstoffen, welche sich oft in einer blaugrünen Verfärbung zeigen, gehören zu *Psilocybe*, während die anderen Arten neu zur Gattung *Deconica,* Klebköpfe gehören. Matheny et al. 2006 zählen die verbleibenden *Psilocybe* zu den *Hymenogastraceae,* während bei Knudsen & Vesterholt 2018 *Deconica* wie auch *Psilocybe* zur Familie *Strophariaceae* gehören. Die kleine Gattung *Crassisporium* mit dem ehemals zu *Pholiota* resp. *Pachylepyrium* zählenden *Crassisporium funariophilum,* Später Brandmoosschüppling gehört seit 2019 in die separate Familie ***Crassisporiaceae***, Brandmoosschüpplingsverwandte (Vizzini et al. 2019b). Einzelne Autoren zählen die Gattungen *Hemistropharia,* Scheinträuschlinge und *Meottomyces,* Scheinschüpplinge zur Familie der *Cortinariaceae.* Hier sind sie wie bei Knudsen & Vesterholt 2018 den *Strophariaceae* zugeteilt. Aufgrund dieser uneinheitlichen Einteilungen sind in dieser Familiengruppe noch einige Bewegungen zu erwarten. Noordeloos 2011 verwendet für seine Monografie die Bezeichnung *Strophariaceae* s. l., Träuschlingsverwandte, erwähnt die nahe Verwandtschaft zu den *Hymenogastraceae* und spricht von einer zu erwartenden Vereinigung der beiden Familien. Zur Übersicht der hier verwendeten Zugehörigkeiten folgt eine Auflistung mit dem Zusammenhang der Familien und Gattungen in den verschiedenen Unterkapiteln.

Mehrheitlich zählen die genannten Gattungen zu den Saprobionten. Bei Arten, die an abgestorbenen Stellen lebender Bäume auftreten, wie z. B. bei einigen *Pholiota,* ist auch Parasitismus möglich. Sie gelten als sogenannte Wundparasiten, welche auch auf lebende Holzteile übergreifen können. *Hebeloma* sind Mykorrhizapilze.

Im mikroskopischen Bereich sind Chrysozystiden mit gelbem Inhalt bei *Hypholoma, Stropharia* und teilweise *Pholiota* kennzeichnend. Sehr häufig findet man weitere Zystiden im Hymenium, zylindrisch-keulige, langhalsig flaschenförmige bis utriforme und teilweise mit verdicktem bis deutlich kopfigem Ende. Die Sporen von *Bogbodia, Gymnopilus, Hebeloma, Naucoria, Phaeocollybia* und mehrheitlich *Galerina* sind rau bis warzig, die anderen sind glatt, oft etwas dickwandig, meistens ellipsoid bis mandelförmig, vereinzelt aber auch linsenförmig abgeplattet und je nach Ansicht etwas eckig. Ein Teil der Sporen der *Hymenogastraceae* ist dextrinoid, verfärbt mit Jodlösungen also mehr oder weniger deutlich rotbräunlich.

Familien und Gattungen in diesem Kapitel

Strophariaceae	11.1	*Hypholoma, Bogbodia*
	11.2	*Stropharia, Hemistropharia, Protostropharia, Leratiomyces*
	11.3	*Kuehneromyces, Pholiota, Meottomyces*
	11.4	*Agrocybe, Cyclocybe*
	11.5	*Psilocybe* (evtl. *Hymenogastraceae*), *Deconica, Melanotus*
Crassisporiaceae	11.3	*Crassisporium*
Hymenogastraceae	11.6	*Gymnopilus*
	11.7	*Galerina*
	11.8	*Hebeloma, Naucoria, Phaeocollybia*

Bestimmung

Die erste Gruppierung erfolgt aufgrund des Standortes auf morschem Holz, Erde oder Pflanzenresten. Es folgen die erwähnten Farbanteile in den Lamellen und beim Sporenpulver mit violetten, olivgrünen, rost- oder erdfarbenen Nuancen. Weitere hilfreiche Merkmale sind die Beschaffenheit von Hut- und Stieloberflächen, büschelig verwachsene oder wurzelnde Stiele oder eine Natterung. Auch Größe, Standort oder Geruch helfen die Arten zu trennen.

Speisewerte

Die große Familie enthält wenige Speisepilze wie die bekannten *Kuehneromyces mutabilis,* Gemeines Stockschwämmchen, *Hypholoma capnoides,* Rauchblättriger Schwefelkopf oder die eher seltenen *Stropharia rugosoannulata,* Rotbrauner Riesen-Träuschling, die jedoch gezüchtet werden. Die Gattung *Psilocybe* enthält giftige Arten mit teilweise halluzinogen wirkenden Substanzen. Die große Mehrheit der *Strophariaceae* gehört zu den ungenießbaren Arten ohne Bedeutung für die Küche.

11.1.02 *Hypholoma lateritium,* Ziegelroter Schwefelkopf
Das verbreitete Auftreten in Büscheln an morschen Strünken macht verschiedene Schwefelköpfe zu einer markanten, kaum übersehbaren Erscheinung im Herbstwald. Am häufigsten findet man giftige Grünblättrige, etwas weniger häufig die hier abgebildeten Ziegelroten Schwefelköpfe. Die selteneren, wohlschmeckenden Rauchblättrigen Schwefelköpfe zeigen am Hut weder rötliche noch grünliche Farbanteile, Stielspitze und Lamellen sind ganz ohne Grün; der Geschmack ist mild. Jung sind die Lamellen fast weiß, später gelblich und mit dem reifenden Sporenpulver zunehmend grauviolett.

Schlüssel zu den Gattungen

auf Holz

- Lamellen mit violettem Schein
  - kaum büschelig verwachsen
    - Hut klebrig, schleimig … 11.2 *Stropharia*, Träuschlinge u. Ä.
    - Hut nicht schleimig … 10.3 *Psathyrella*, Faserlinge u. Ä.
  - Stiele büschelig verwachsen … 11.1.02 *Hypholoma lateritium*, Ziegelroter Schwefelkopf
- Lamellen mit olivgrünlichem Schein
  - Stiel büschelig verwachsen
    - Hut klebrig, schleimig … 11.3 *Pholiota*, Schüpplinge u. Ä.
    - Hut nicht klebrig oder schleimig … 11.1 *Hypholoma*, Schwefelköpfe u. Ä.
  - Stiel nicht büschelig verwachsen
    - Stiel genattert oder wurzelnd … 11.1 *Hypholoma*, Schwefelköpfe u. Ä.
    - Stiel weder genattert noch wurzelnd … 12.4 *Simocybe*, Olivschnitzlinge
- Lamellen gelb bis rostbraun
  - Hut und Stiel grob schuppig
    - Hut > 2,5 cm breit … 11.3 *Pholiota*, Schüpplinge u. Ä.
    - Hut < 2,5 cm breit … 12.2 *Phaeomarasmius*, Schüppchenschnitzlinge
  - Hut glatt und Stiel schuppig oder faserig-schuppig
    - Hut hygrophan, nicht schleimig … 11.3 *Kuehneromyces*, Stockschwämmchen
    - Hut nicht hygrophan, schleimig, klebrig … 11.3 *Pholiota*, Schüpplinge u. Ä.
  - Hut glatt bis feinschuppig, Stiel nicht schuppig
    - Hut nicht hygrophan, Geschmack bitter
      - Lamellen mit grünem Farbanteil, mit Chrysozystiden … 11.1 *Hypholoma*, Schwefelköpfe u. Ä.
      - Lamellen ohne grünen Farbanteil, ohne Chrysozystiden … 11.6 *Gymnopilus*, Flämmlinge
    - Hut hygrophan
      - Stiel ohne Ring, höchstens faserige Ringzone … 11.7 *Galerina*, Häublinge (B)
      - Stiel mit faseriger Ringzone … 11.7 *Galerina*, Häublinge (A)
      - Stiel mit Ring … 13.2 *Conocybe*, Samthäubchen
- Lamellen graubraun, erdbraun
  - Stiel zentral
    - mehrheitlich büschelig
      - Hut schleimig oder schuppig … 11.3 *Pholiota*, Schüpplinge u. Ä.
      - Hut nicht schleimig und glatt
        - Stiel nicht beringt … 11.1 *Hypholoma*, Schwefelköpfe u. Ä.
        - Stiel beringt … 11.4.13 *Cyclocybe cylindracea*, Südlicher Ackerling
    - kaum büschelig
      - Stiel genattert oder wurzelnd … 11.1 *Hypholoma*, Schwefelköpfe u. Ä.
      - Stiel weder genattert noch wurzelnd
        - Hut nicht schmierig oder höchstens klebrig, Sporen glatt … 11.4 *Agrocybe*, Ackerlinge u. Ä.
        - Hut schmierig, klebrig, evtl. aderig, Sporen glatt … 13.1 *Bolbitius*, Mistpilze
        - Hut schuppig, nicht klebrig, Sporen höckerig … 12.5 *Inocybe*, Risspilze u. Ä.
  - Stiel seitlich … 11.5 *Psilocybe*, Kahlköpfe u. Ä.
- Lamellen schwarzbraun, grauschwarz
  - Hut feinkörnig, meist eiförmig, glockig bis walzenförmig … 10.2 *Coprinellus*, Glimmertintlinge
  - Hut glatt oder faserig-schuppig, nicht feinkörnig, glockig bis gewölbt
    - Hutrand gerieft, Lamellen alt teils schwarz zerfließend … 10.1 *Coprinopsis*, Faltentintlinge
    - Hutrand nicht gerieft, Lamellen nicht schwarz zerfließend … 10.3 *Psathyrella*, Faserlinge u. Ä.

auf Erde

- Lamellen mit violettem Schein … 11.2 *Stropharia,* Träuschlinge u. Ä.
- Lamellen mit olivgrünlichem Schein
  - Hut klebrig, schleimig
    - Hut ockerbraun, Mitte rotbraun, bei Torfmoos … 11.3.20 *Pholiota henningsii,* Torfmoos-Schüppling
    - Hut rotbraun, auf Brandstellen … 11.3.16 *Pholiota highlandensis,* Kohlen-Schüppling
    - Hut blaugrünlich oder ziegelrot … 11.2 *Stropharia,* Träuschlinge u. Ä.
    - Hut gelb-, zimt- bis rötlichbraun
      - mit deutlichem oder nur angedeutetem faserig-flüchtigem Ring … 11.7 *Galerina,* Häublinge (A)
      - ohne Ring oder Ringzone … 11.7 *Galerina,* Häublinge (B)
  - Hut nicht klebrig, schleimig … 11.1 *Hypholoma,* Schwefelköpfe u. Ä.
- Lamellen gelb bis rostbraun, safranfarben
  - Fruchtkörper auffällig wurzelnd … 11.8 *Phaeocollybia,* Wurzelschnitzlinge (B)
  - Fruchtkörper nicht auffällig wurzelnd
    - Hut hygrophan, klebrig-schleimig
      - ohne Chrysozystiden, Sporen meist ohne Keimporus
        - mit deutlichem oder nur angedeutetem faserig-flüchtigem Ring … 11.7 *Galerina,* Häublinge (A)
        - ohne Ring oder Ringzone … 11.7 *Galerina,* Häublinge (B)
      - mit Chrysozystiden, Sporen mit Keimporus … 11.1 *Hypholoma,* Schwefelköpfe u. Ä.
    - Hut nicht hygrophan
      - Hut klebrig-scheimig
        - Hut lebhaft dotter- bis zitronengelb, auf Mist … 13.1 *Bolbitius,* Mistpilze
        - Hut gelb- bis rötlichbraun … 11.3 *Pholiota,* Schüpplinge u. Ä.
      - Hut nicht klebrig, feinfilzig bis schuppig … 11.6 *Gymnopilus,* Flämmlinge
- Lamellen graubraun, erdbraun
  - Hut schleimig
    - Stiel beringt
      - Geruch nach Marzipan, Stiel wurzelnd … 11.8.01 *Hebeloma radicosum,* Wurzelnder Marzipan-Fälbling
      - Geruch nicht nach Marzipan
        - Stiel nicht besonders schlank, Sporenpulver lederfarben bis braun … 11.4 *Agrocybe,* Ackerlinge u. Ä.
        - Stiel schlank, teils klebrig, wurzelnd, Spp. wein- bis schwärzlichbraun … 11.5 *Psilocybe,* Kahlköpfe u. Ä.
    - Stiel nicht beringt
      - Hut nicht hygrophan
        - im Wald, Park, Moor oder alpin
          - Lamellen zunehmend rostbraun … 11.3 *Pholiota,* Schüpplinge u. Ä.
          - Lamellen graubraun, tonbraun bleibend
            - Hut zumindest beim Aufschirmen mit Cortina oder Velum … 11.8 *Hebeloma,* Fälblinge u. Ä. (A)
            - Hut und Stiel ganz ohne Cortina oder Velum … 11.8 *Hebeloma,* Fälblinge u. Ä. (B)
        - auf Wiesen, Äckern … 11.4.06 *Agrocybe pediades,* Halbkugeliger Raustiel-Ackerling
      - Hut hygrophan, oft auf Dung, Stiel evtl. blauend … 11.5 *Psilocybe,* Kahlköpfe u. Ä.
  - Hut nicht schleimig
    - Stiel beringt … 11.4 *Agrocybe,* Ackerlinge u. Ä.
    - Stiel nicht beringt oder Geruch nach Bittermandeln
      - alpine Arten
        - Hut zumindest beim Aufschirmen mit Cortina oder Velum … 11.8 *Hebeloma,* Fälblinge u. Ä. (A)
        - Hut und Stiel ganz ohne Cortina oder Velum … 11.8 *Hebeloma,* Fälblinge u. Ä. (B)
      - nicht alpin
        - Lamellen hell fleisch- bis tonbraun, leicht ablösbar … 5.7 *Ripartites,* Filzkremplinge
        - Lamellenschicht nicht ablösbar
          - Hut hygrophan
            - in feuchten Gebieten
              - vorwiegend bei Torfmoos, mit Chrysozystiden … 11.1 *Hypholoma,* Schwefelköpfe u. Ä.
              - vorwiegend bei Erlen, Weiden, ohne Chrysozystiden … 11.8 *Naucoria,* Sumpfschnitzlinge u. Ä.
            - im Laub- oder Nadelwald, auf Wiesen … 10.3 *Psathyrella,* Faserlinge u. Ä.
          - Hut nicht hygrophan
            - eher fleischige Arten
              - Hut glatt, Sporen rau oder feinwarzig
                - Hut beim Aufschirmen mit Cortina oder Velum … 11.8 *Hebeloma,* Fälblinge u. Ä. (A)
                - Hut und Stiel ganz ohne Cortina oder Velum … 11.8 *Hebeloma,* Fälblinge u. Ä. (B)
              - Hut radialfaserig bis schuppig, Sporen glatt oder höckerig … 12.5 *Inocybe,* Risspilze u. Ä.
            - häutige, kleinere Arten
              - Hut matt rötlichbraun, Rand olivbeige … 12.4.05 *Simocybe reducta,* Mandelsporiger Olivschnitzling
              - Hut anders … 10.3 *Psathyrella,* Faserlinge u. Ä.

11.1 *Hypholoma,* Schwefelköpfe und Ähnliche

Basidiomycota, Ständerpilze > *Agaricomycetes* > *Agaricales,* Blätterpilze > *Strophariaceae,* Träuschlingsverwandte

Familie *Strophariaceae,* Träuschlingsverwandte

Die enger gefasste Familie ***Strophariaceae,*** Träuschlingsverwandte ohne die *Hymenogastraceae,* Erdnussverwandte umfasst kleine bis mittelgroße Arten, vorwiegend in gelben bis braunen, seltener auch weißlichen bis rötlichbraunen Farbtönen. Die Hutoberflächen sind glatt bis schleimig, schuppig oder beides zusammen, die Lamellen zumindest schmal angeheftet, mehrheitlich ausgebuchtet bis breit oder leicht herablaufend angewachsen, nie stark herablaufend. Das Sporenpulver hat immer verschiedene Brauntönen mit mehr oder weniger Grau-, Gelb- oder Schwarzanteil oder mit etwas Violett.

Ein Teil der Träuschlingsverwandten wächst auf Holz oder Pflanzenresten, die anderen auf Erde, vereinzelt auf Brandstellen oder Mist. Die meisten sind Saprobionten, einige gelten als Parasiten, zumindest als sogenannte Wundparasiten, die auf geschwächte, lebende Bäume übergreifen können.

Unter dem Mikroskop fallen die Gattungen *Hypholoma* und *Stropharia* durchgehend und *Pholiota* teilweise mit sogenannten Chrysozystiden auf. Diese haben einen lichtbrechenden, in KOH gelben Inhalt und finden sich vor allem an den Seiten der Lamellen, weniger an den Schneiden, vereinzelt auch am Stiel. Die Sporen der *Strophariaceae* sind außer bei *Bogbodia* glatt, teilweise dickwandig und haben mehrheitlich einen sichtbaren Keimporus. Vor allem bei *Psilocybe* findet man teils abgeplattete und bei einigen Arten – je nach Ansicht – etwas eckige Umrisse der Sporen.

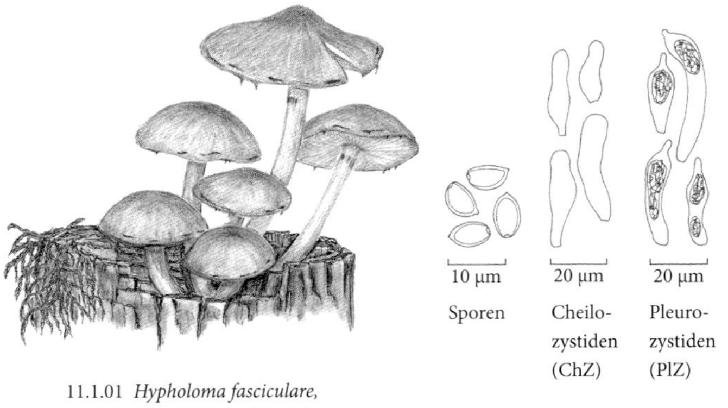

11.1.01 *Hypholoma fasciculare,* Grünblättriger Schwefelkopf

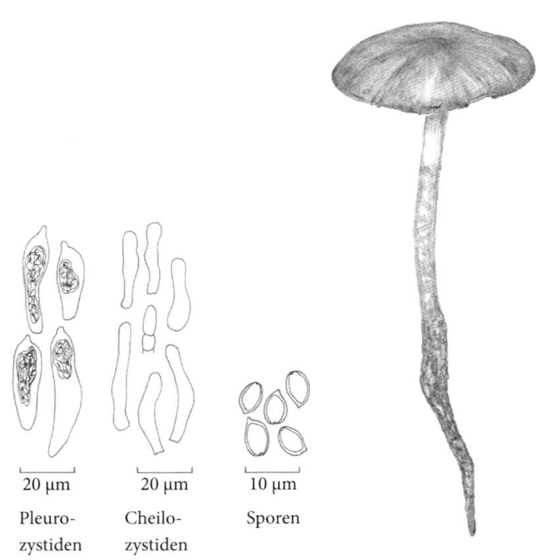

11.1.04 *Hypholoma radicosum,* Wurzelnder Schwefelkopf

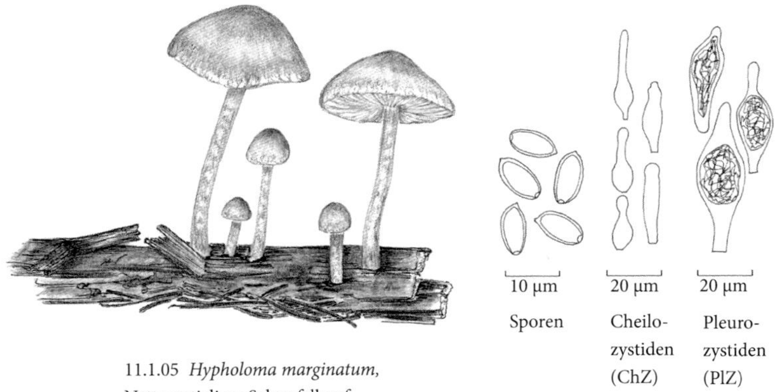

11.1.05 *Hypholoma marginatum,* Natternstieliger Schwefelkopf

Hypholoma, Schwefelköpfe und Ähnliche

Beschreibung

Kleine bis mittelgroße, teils auffällig büschelig, teils einzeln bis gesellig wachsende Arten mit mehr oder weniger gewölbtem, bisweilen etwas gebuckeltem Hut. Die Hutoberfläche ist glatt, seltener schmierig, in jungem Zustand haften am Rand oft flockige Velumreste. Die Farben sind weißlich, gelb, gelbbraun, gelbgrün oder hell bis dunkel rotbraun. Die Lamellen sind schmal angeheftet bis relativ breit und etwas ausgebuchtet angewachsen. Das Sporenpulver ist graubraun, grauviolettlich bis schwärzlichviolett; oft bleibt es im oberen Stielteil haften und kann Cortinareste verdeutlichen.

Schwefelköpfe sind Saprobionten und wachsen auf totem Holz oder in der Nähe davon, im Moor, auf Torf, vor allem im Herbst, aber auch im Frühjahr sowie in warmen Perioden im Winter.

Die Sporen der Schwefelköpfe sind glatt. Die Ausnahme mit rauen Sporen bildet ***Bogbodia** uda,* Rausporiger Schwefelkopf, der inzwischen auch aufgrund genetischer Analysen nicht mehr zur Gattung ***Hypholoma*** gehört. In beiden Gattungen findet man an den Lamellenseiten stets Chrysozystiden, vereinzelt auch an den Schneiden.

Bestimmung

Die häufigen *Hypholoma*-Arten wachsen in Büscheln auf totem Laubholz. Durch den Geschmack und die Farbe kann man sie auseinanderhalten. Die selteneren, in Feuchtgebieten vorkommenden Arten sind dagegen schwierig zu unterscheiden.

Speisewerte

Die verbreitetste Art der Gattung, der bitter schmeckende *Hypholoma fasciculare,* Grünblättriger Schwefelkopf, ist giftig. Der ähnliche, jedoch milde *Hypholoma capnoides,* Rauchblättriger Schwefelkopf hingegen ist ein guter Speisepilz. Alle anderen Arten sind ungenießbar bis giftverdächtig.

11.1 *Hypholoma,* Schwefelköpfe und Ähnliche

- auf oder in unmittelbarer Nähe von moderndem Holz
  - meist büschelig, auf Strünken oder Wurzeln
    - Fleisch bitter, bitterlich
      - Hutrand und Lamellen vorwiegend gelbgrünlich — **01 *Hypholoma fasciculare,* Grünblättriger Schwefelkopf**
      - Hut ziegelrötlich, Lamellen bald graubraun, kaum grünlich — **02 *Hypholoma lateritium,* Ziegelroter Schwefelkopf**
    - Fleisch mild, Hut gelb- bis orangebräunlich — **03 *Hypholoma capnoides,* Rauchblättriger Schwefelkopf**
  - nicht büschelig, auf morschem Holz oder in der Nähe davon
    - tief wurzelnd, relativ fleischig — 04 *Hypholoma radicosum,* Wurzelnder Schwefelkopf
    - kaum wurzelnd, ziemlich dünnfleischig — 05 *Hypholoma marginatum,* Natternstieliger Schwefelkopf
- im Moor, Torf, oft bei Moos, dünnfleischig, nicht büschelig, höchstens gesellig
  - Hut trocken, höchstens leicht schmierig
    - Hut vorwiegend gelb (zumindest Rand), in tiefem Moos
      - meist an Torfmoos, Hut jung honigfarben, reif grüngelb, Sporen bis 12 µm — 06 *Hypholoma elongatum,* Gelber Torfmoos-Schwefelkopf
      - an Moos, nicht Torfmoos, Hutmitte fuchsigbraun, Sporen bis 10 µm lang — 07 *Hypholoma polytrichi,* Moos-Schwefelkopf
    - Hut vorwiegend braun, rotbraun
      - Stiel oft genattert, Sporen ca. 7–10 µm lang
        - Geruch unauffällig, Hut mit hellem Rand — 05 *Hypholoma marginatum,* Natternstieliger Schwefelkopf
        - Geruch deutlich staub-, jodartig — 08 *Hypholoma subericaeum,* Teichrand-Schwefelkopf
      - Stiel nicht genattert, im Moor, an feuchten Stellen, Geruch unauffällig
        - oft bei Torfmoos
          - Hut rötlichbraun, Rand gelblich, Sporen bis 19 µm lang, feinwarzig — 12 *Bogbodia uda,* Rausporiger Schwefelkopf
          - Hut orangeocker, Rand olivbräunlich, Sporen 9–13 µm, glatt — 10 *Hypholoma ericaeoides,* Geriefter Schwefelkopf
        - auf faulenden Blättern, Sporen bis ca. 14 µm lang — 09 *Hypholoma ericaeum,* Heide-Schwefelkopf
  - Hut deutlich schmierig — 11 *Hypholoma myosotis,* Klebriger Schwefelkopf

11.1.01 *Hypholoma fasciculare* (Huds.) P. Kumm. ☠
Grünblättriger Schwefelkopf

H: 3–7 cm, gewölbt, oft leicht gebuckelt, glatt, grünlich bis schwefelgelb. **L:** etwas ausgebuchtet, schwefelgelb bis grünbraun. **St:** gelbgrün, schwefelgelb, Spitze stets mit grünlichem Schein, oft mit grauvioletter Ringzone (Cortina), Basis bräunend. **F:** schwefelgelb, im Stiel bräunlich. **Ger:** schwach, eher unangenehm. **Ges:** sehr bitter. **Spp:** grauviolett. **V:** vorwiegend auf moderndem Laubholz, büschelig; Frühjahr bis Herbst. **Mik:** Sporen glatt, ellipsoid, leicht dickwandig, Keimporus klein, deutlich, 6,5–8 × 3,5–4,5 µm, HymZ zylindrisch bis etwas flaschenförmig, PlZ als Chrysozystiden. (D 606, Kr 4.357, BK 4.411, Lu 1.35.5A, 🖼).

11.1.01a *H. fasciculare* f. *sterilis* J.E. Lange, Grünblättriger Schwefelkopf, gelbe Form: sterile Exemplare, die keine Sporen entwickeln und ihre rein gelben Lamellen behalten. (D 607, Lu 1.35.5B, 🖼).

11.1.02 *Hypholoma lateritium* (Schaeff.) P. Kumm.,
Hypholoma sublateritium (Fr.) Quél.
Ziegelroter Schwefelkopf

H: 4–10 cm, gewölbt, evtl. flach gebuckelt, braun- bis ziegelrot, Mitte glatt, Rand jung oft mit blassen Velumfetzen besetzt, heller gefärbt und eingebogen. **L:** etwas ausgebuchtet, erst weißlich bis gelbgrünlich, später grauviolett. **St:** Spitze blass, oft mit grauvioletter Ringzone (Cortina), abwärts rotbraun. **F:** blassgelb, im Stiel rotbraun. **Ger:** schwach, etwas muffig. **Ges:** leicht bis deutlich bitter. **Spp:** grauviolett. **V:** büschelig, vorwiegend auf moderndem Laubholz; Sommer bis Herbst, oft schon ab Frühjahr. **Mik:** Sporen glatt, ellipsoid, leicht dickwandig, Keimporus klein, deutlich, 6–7 × 3–4,5 µm, HymZ zylindrisch bis etwas flaschenförmig, PlZ als Chrysozystiden. (D 605, Kr 4.359, BK 4.416, Lu 1.35.4, 🖼; Kapitel-🖼).

11.1.03 *Hypholoma capnoides* (Fr.) P. Kumm. 🍴
Rauchblättriger Schwefelkopf, Graublättriger Schwefelkopf

H: 2–6 cm, gewölbt, glatt, hygrophan, gelb bis orangebräunlich, Rand jung schwach behangen. **L:** schwach ausgebuchtet, weißlich, später rauchgrau. **St:** Spitze cremeweiß, abwärts zunehmend fuchsigbraun. **F:** blassgelb, im Stiel bräunlich. **Ger:** schwach, evtl. erdartig. **Ges:** mild. **V:** büschelig, auf Nadelholz; im Herbst, schon ab Frühjahr. **Mik:** Sporen glatt, ellipsoid, leicht dickwandig, Keimporus klein, deutlich, 7–9 × 4–5 µm, HymZ zylindrisch bis etwas utriform, PlZ und vereinzelt ChZ als Chrysozystiden. (D 604, Kr 4.354, BK 4.408, Lu, 1.35.2, 🖼).

11.1.04 *Hypholoma radicosum* J.E. Lange
Wurzelnder Schwefelkopf

H: 2–6 cm, gewölbt, evtl. flach gebuckelt, glatt, weißlich mit ockerfarbenen Flecken, Mitte dunkler ockerorange, Rand jung mit weißlichen Velumresten. **L:** etwas ausgebuchtet, weißlich bis ockergrau mit helleren, schartigen Schneiden. **St:** Spitze hell, abwärts tonfalb bis orangebraun, weißlich überfasert bis genattert, tief im morschen Holz wurzelnd. **F:** ziemlich dick, blassgelb, in der Stielbasis rotbraun. **Ger:** modrig holzartig, nach altem Korkzapfen. **Ges:** deutlich bitter. **V:** einzeln oder in wenigen Exemplaren auf morschem Nadelholz (selten Laubholz); im Herbst. **Mik:** Sporen glatt, ellipsoid, etwas abgeflacht, kaum dickwandig, Keimporus klein, deutlich, 5,5–7 × 3,5–4,5 µm, HymZ zylindrisch bis etwas utriform, PlZ als Chrysozystiden. (D 609, BK 4.415, Lu 1.35.1, 🖼).

11.1.05 *Hypholoma marginatum* J. Schröt.
Natternstieliger Schwefelkopf

H: 1,5–4,5 cm, schwach kegelig bis gewölbt und gebuckelt, glatt, gelbrot bis rötlichbraun, Rand heller, jung mit weißen Velumresten behangen. **L:** etwas ausgebuchtet, grauocker, später olivgrau, Schneiden heller. **St:** steif, weiß faserig bis genattert auf rotbraunem Grund. **F:** weißlich, im Stiel braun. **Ger:** unauffällig. **Ges:** leicht bitter. **V:** einzeln oder gesellig auf oder bei morschem Nadelholz. **Mik:** Sporen glatt, ellipsoid, kaum dickwandig, Keimporus breit, deutlich, 7–9 × 4–5 µm,

11.1.01 *Hypholoma fasciculare*, Grünblättriger Schwefelkopf

11.1.01a *H. fasciculare* f. *sterilis*, Grünbl. S., gelbe Form

11.1.02 *H. lateritium*, Ziegelroter Schwefelkopf

11.1.03 *Hypholoma capnoides*, Rauchblättriger Schwefelkopf

11.1.04 *Hypholoma radicosum*, Wurzelnder Schwefelkopf

11.1.05 *Hypholoma marginatum*, Natternstieliger Schwefelkopf

HymZ zylindrisch, bauchig bis etwas utriform, PlZ als Chrysozystiden. (D 610, Kr 4.360, BK 4.412, Lu 1.35.3, 🖼).

11.1.06 *Hypholoma elongatum* (Pers.) Ricken
Gelber Torfmoos-Schwefelkopf, Torfmoos-Schwefelkopf

H: 1–2 cm, halbkugelig bis gewölbt, glatt, leicht klebrig, honiggelb, evtl. mit olivem Beiton, Rand durchscheinend gerieft, jung mit weißen, faserigen Velumresten. **L:** ausgebuchtet, blass, später graubraun. **St:** relativ lang, Spitze hell, abwärts rotbräunlich mit weißen Flöckchen. **Ger:** unauffällig. **Ges:** etwas bitter. **V:** in Sumpfgebieten, bei Torfmoos *Sphagnum*; Sommer bis Herbst. **Mik:** Sporen glatt, ellipsoid, eher dünnwandig, Keimporus klein, deutlich, 9–11,5 × 5,5–7 µm, HymZ unscheinbar, schlank flaschenförmig, PlZ und vereinzelt ChZ als Chrysozystiden. (D 611, Kr 4.355, BK 4.409, Lu 1.35.7).

11.1.07 *Hypholoma polytrichi* (Fr.) Ricken, Moos-Schwefelkopf: Hut gelbbraun, im Scheitel fuchsigbraun, kaum Velumreste, Lamellen gelblich bis graubraun; im Nadelwald, in Haarmützenmoos-Polstern *Polytrichum*. (Kr 4.362, BK 4.414, Lu 1.35.12, 🖼).

11.1.08 *Hypholoma subericaeum* (Fr.) Kühner
Teichrand-Schwefelkopf

H: 1–4 cm, halbkugelig-glockig, später oft etwas abgeplattet, rötlich- bis ockerbraun, Rand jung mit weißem Saum, alt bisweilen mit feinen salzkristallartigen Körnchen. **L:** blass olivocker, später schwärzlichviolett. **St:** Spitze gelblich, abwärts bräunlich, manchmal im unteren Teil genattert. **Ger:** evtl. etwas jod- oder staubartig. **Spp:** schwarzbraun. **V:** am Moorrand, auf faulendem Laub in Gräben und an Pfützenrändern. **Mik:** Sporen glatt, ellipsoid, einseitig etwas abgeflacht, leicht dickwandig, Keimporus schmal, 7–8,5 × 4,5–5,5 µm, ChZ flaschenförmig bis utriform, PlZ als Chrysozystiden. (Kr 4.365, Lu 1.35.10, 🖼).

11.1.09 *Hypholoma ericaeum* (Pers.) Kühner, Heide-Schwefelkopf: Hut fuchsig bis kastanienbraun, Lamellen jung graulich (ohne Gelb), später oliv- oder purpurgrau, Schneiden weiß, Sporenpulver lilabraun. Sporen dickwandig, Keimporus deutlich, breit, 10–13 × 7–8 µm, ChZ spindelig bis schlank flaschenförmig, PlZ als Chrysozystiden, teils mit fingerförmigem Fortsatz. (Lu 1.35.8).

11.1.10 *Hypholoma ericaeoides* P.D. Orton, Geriefter Schwefelkopf: Hut hygrophan, gelbocker, Mitte dunkler, Rand blasser und gerieft, Lamellen gelblich bis olivpurpurlich, Schneiden weiß-flockig. Sporen leicht dickwandig, Keimporus klein, undeutlich, 10–12 × 6–7 µm, HymZ zylindrisch bis flaschenförmig und etwas kopfig, PlZ als Chrysozystiden. (Kr 4.356, BK 4.410, Lu 1.35.6).

11.1.11 *Hypholoma myosotis* (Fr.) M. Lange, *Pholiota myosotis* (Fr.) Singer
Klebriger Schwefelkopf, Langstieliger Schüppling

H: 1–4 cm, gewölbt, evtl. gebuckelt, schleimig, olivbraun, Rand etwas gerieft, jung mit weißen Velumresten. **L:** ausgebuchtet, grau- bis olivbraun, Schneiden heller. **St:** blass, später weiß-faserig bis natterig auf rotbraunem Grund. **F:** dünn. **Ger:** unauffällig. **V:** im Bruchwald, Moor, bei Torfmoos *Sphagnum*; Sommer bis Herbst. **Mik:** Sporen ellipsoid-spindelig, leicht dickwandig, Keimporus deutlich, 15–19 × 8,5–10 µm, HymZ zylindrisch bis etwas bauchig, PlZ und vereinzelt auch ChZ als Chrysozystiden. (Kr 4.361, BK 4.413, Lu 1.65.28, 🖼).

Pholiota lapponica (Fr.) Singer, *Hypholoma lapponicum* (Fr.) M.M. Moser, *Hypholoma eximium* (C. Laest.) Rald, *Phaeonematoloma lapponicum* (Fr.) Bon, Lappländischer Schwefelkopf: gemäß Moser 1983 zählen Fruchtkörper mit zunehmend schmutzig- bis rotbraunem Hut, teils 2-sporigen Basidien und bis 20 µm langen Sporen zu dieser Art, während *H. myosotis* nur bis 16 µm lange Sporen aufweisen soll. Nach Ludwig 2001 sowie Horak 2005 ist es ein Synonym von *H. myosotis*. (D 612).

11.1.12 *Bogbodia uda* (Pers.) Redhead, *Hypholoma udum* (Pers.) Quél.
Rausporiger Schwefelkopf, Spindelsporiger Schwefelkopf

H: 1,5–3,5 cm, gewölbt, evtl. schwach gebuckelt, kahl, leicht schmierig, gelbbraun, olivbraun bis braunrot. **L:** ausgebuchtet, blassgrau bis purpurbraun. **St:** relativ lang, Spitze gelblich, abwärts zunehmend dunkler braunrötlich. **F:** dünn. **Ges:** bitter. **V:** in Torfmooren, evtl. bei Torfmoos *Sphagnum*. **Mik:** Sporen rau, fein punktiert, spindelig-ellipsoid, leicht dickwandig, Keimporus sehr klein, deutlich, 12–16 × 6–9 µm, HymZ utriform bis flaschenförmig, jung möglicherweise beschopft, PlZ als Chrysozystiden, vereinzelt auch ChZ. (Kr 4.365, BK 4.417, Lu 1.35.9, 🖼).

11.1.07 *Hypholoma polytrichi*, Moos-Schwefelkopf

11.1.08 *Hypholoma subericaeum*, Teichrand-Schwefelkopf

11.1.11 *Hypholoma myosotis*, Klebriger Schwefelkopf

11.1.12 *Bogbodia uda*, Rausporiger Schwefelkopf

11.2 *Stropharia,* Träuschlinge und Ähnliche

Basidiomycota, Ständerpilze > *Agaricomycetes* > *Agaricales,* Blätterpilze > *Strophariaceae,* Träuschlingsverwandte

Beschreibung

Stropharia, Träuschlinge und Ähnliche sind kleine bis große, fleischige Arten mit schleimiger, z. T. schuppiger Hutoberfläche und oft behangenem Hutrand. Die Farbe ist weißlich, gelb, blaugrün, grau- oder rotbraun. Die etwas ausgebuchteten bis leicht herablaufenden Lamellen sind graubraun mit mehr oder weniger starkem lila-violettem Schein, teilweise mit weißlichen Schneiden. Der trockene oder schmierige Stiel hat meistens einen Ring (z. T. nur flüchtig), dessen Oberseite oft gerieft ist. Unterhalb des Ringes finden sich bisweilen Schuppen. Das Sporenpulver ist graubraun mit lila-violettem Beiton. Es gibt weitere Arten und Artengruppen im Umfeld der *Stropharia,* Träuschlinge. ***Hemistropharia*** *albocrenulata,* Weißgezähnelter Scheinträuschling hat keine Chrysozystiden und wurde als einzelne Art in einer neuen Gattung abgegrenzt. Die Gattung ***Protostropharia*** mit *P. semiglobata,* Halbkugeliger Urträuschling und *P. luteonitens,* Zweisporiger Urträuschling umfasst wenige Arten, die sich durch große Sporen und Stachelzellen im Mycel auszeichnen (Astrozystiden). Zwei vorwiegend auf Holzresten wachsende Pilzarten, die ebenfalls lange als *Stropharia* beschrieben wurden, finden sich neu in der Gattung ***Leratiomyces,*** Raustielträuschlinge. Sie zeigen eine große Nähe zu *Psilocybe,* Kahlköpfe.

Träuschlinge und die hier beschriebenen, ähnlichen Arten sind alle Saprobionten. Sie wachsen vor allem im Herbst, auf Erde, Holz oder Dung.

Unter dem Mikroskop findet man bei allen *Stropharia* zumindest vereinzelte, meistens aber häufig vorkommende Chrysozystiden mit gelbem Inhalt in KOH. Die Sporen sind stets glatt, ellipsoid, teilweise etwas dickwandig mit sichtbarem und seltener mit nicht wahrnehmbarem oder ohne Keimporus.

Bestimmung

Die Hutfarbe bringt eine erste Unterteilung der Gattung. Weitere Kriterien sind ein trockener oder schleimiger Stiel, die Hutgröße, ein Ring mit geriefter Oberseite sowie die schuppige oder mehr oder weniger kahle Hutoberfläche.

Speisewerte

Stropharia rugosoannulata, Rotbrauner Riesen-Träuschling ist essbar. Er wird gezüchtet und erreicht eine stattliche Größe. Sein Speisewert wird allerdings nicht hoch eingeschätzt. Bon 1988a weist sogar auf individuelle Unverträglichkeitsreaktionen hin. Alle anderen Arten sind keine Speisepilze und stehen teilweise sogar unter Verdacht, leicht giftig zu sein.

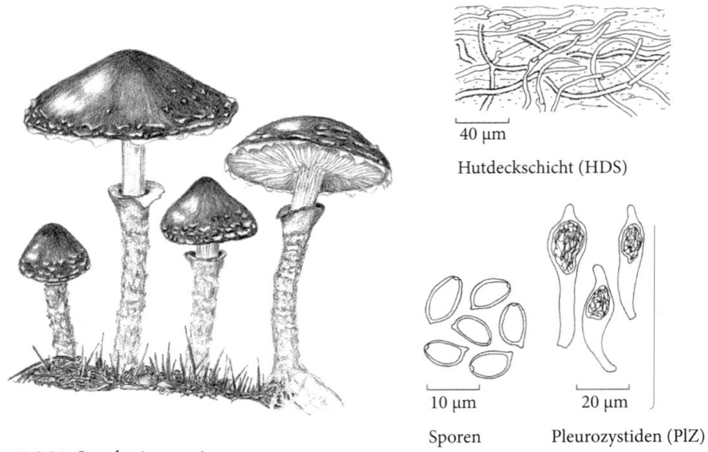

11.2.01 *Stropharia aeruginosa,* Grünspan-Träuschling

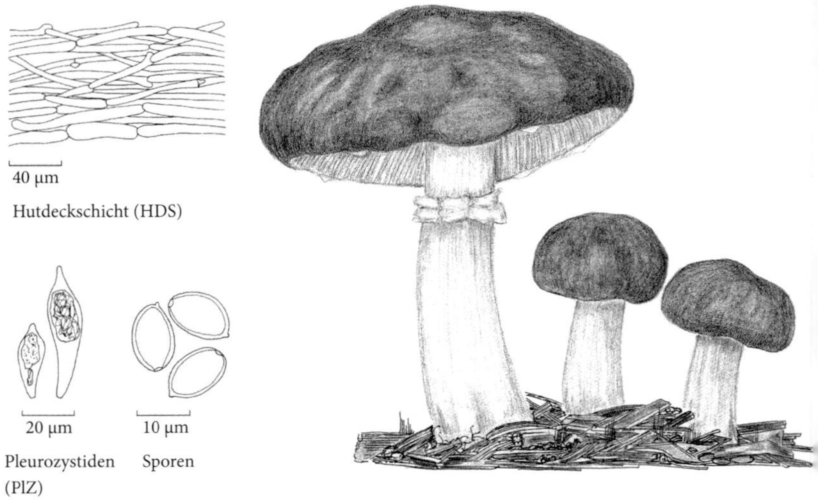

11.2.06 *Stropharia rugosoannulata,* Rotbrauner Riesen-Träuschling

11.2 *Stropharia,* Träuschlinge und Ähnliche

- Hut blass- bis satt blaugrün
  - Lamellenschneiden weiß bleibend, Ring meist bleibend — **01 *Stropharia aeruginosa,* Grünspan-Träuschling**
  - Lamellenschneiden reif gleichfarbig, Ring flüchtig
    - Hut blaugrünlich, ChZ sind mehrheitlich Chrysozystiden — **02 *Stropharia caerulea,* Grünblauer Träuschling**
    - Hut blass blaugrünlich bis ockerlich, ChZ sind nur vereinzelt Chrysozystiden — 03 *Stropharia pseudocyanea,* Weißblauer Träuschling
- Hut blass ockergelb, orange- bis rotbraun, kastanienbraun
  - Stiel trocken
    - Hutoberfläche kahl, höchstens am Rand mit Velumresten behangen
      - Ring deutlich, oberseits gerieft
        - kaum über 5 cm breit
          - Hut vorwiegend ockergelb — 04 *Stropharia coronilla,* Krönchen-Träuschling
          - Hut hell graubeige, höchstens in der Mitte ockergelb — 05 *Stropharia melanosperma,* Schwarzblättriger Träuschling
        - meist über 5 cm breit
          - auf Häcksel, Stielbasis kaum schuppig
            - Hut vorwiegend rotbraun — 06 *Stropharia rugosoannulata,* Rotbrauner Riesen-Träuschling
            - Hut gelb — 06a *Stropharia rugosoannulata* f. *lutea,* Gelber Riesen-Träuschling
            - Hut weißlich bis grauviolett, bisweilen schuppig — 07 *Stropharia eximia,* Heller Riesen-Träuschling
          - im Nadelwald auf Nadelstreu oder Holz, Stielbasis weiß schuppig — 08 *Stropharia hornemannii,* Üppiger Träuschling
      - Ring flüchtig, faserig, undeutlich gerieft
        - Hut lila- bis braungrau, vorwiegend im Gras — 09 *Stropharia inuncta,* Purpurgrauer Träuschling
        - Hutmitte rosaorange, mit Papille, Rand heller, in Wiesen oder auf Dung — 13 *Protostropharia luteonitens,* Zweisporiger Urträuschling
        - Hut ockergelb, Mitte rostbräunlich, vorwiegend auf Holzhäcksel — 16 *Leratiomyces percevalii,* Holzmulch-Raustielträuschling
        - Hut blass ockerlich, jung etwas blaugrünlich, in Wald oder Wiese — 03 *Stropharia pseudocyanea,* Weißblauer Träuschling
      - Ring fehlend, Hut orange- bis bräunlichrot, vorwiegend auf Häcksel — 14 *Leratiomyces ceres,* Orangeroter Raustielträuschling
    - Hutoberfläche schuppig
      - Lamellen jung nicht tränend, auf Erde oder Holzresten
        - Hut gelbocker bis ockerorange — 15 *Leratiomyces squamosus,* Schuppiger Raustielträuschling
        - Hut orangerot bis ziegelbraun — 15a *L. squamosus* var. *thraustus,* Ziegelroter Raustielträuschling
      - Lamellen jung tränend, auf lebendem oder totem Holz — 11 *Hemistropharia albocrenulata,* Weißgezähnelter Scheinträuschling
  - Stiel klebrig bis schleimig (zumindest im unteren Teil)
    - Hut lange halbkugelig, kaum gebuckelt, einheitlich ockergelblich — 12 *Protostropharia semiglobata,* Halbkugeliger Urträuschling
    - Hut bald ausgebreitet, spitz gebuckelt, gelblich, im Zentrum rosaorange — 13 *Protostropharia luteonitens,* Zweisporiger Urträuschling
- Hut weißlich, ohne Ocker, höchstens gelblich — 10 *Stropharia albonitens,* Hyalinweißer Träuschling

11.2.01 *Stropharia aeruginosa* (Curtis) Quél.
Grünspan-Träuschling

H: 3–8 cm, gewölbt bis flach ausgebreitet, oft gebuckelt, schleimig mit schwimmenden, weißen Schüppchen, intensiv blaugrün, später ockergelblich verblassend. **L:** ausgebuchtet bis leicht herablaufend, graulila bis dunkel grauviolett, Schneiden weiß, auch bei reifen Pilzen. **St:** Spitze weiß, glatt, unterhalb des häutigen, aufsteigenden Ringes weiß flockig auf blass grünlichem Grund, Basis oft mit weißen Mycelsträngen. **F:** weißlich bis blass grünlich. **Ger:** unauffällig, evtl. etwas rettichartig. **Spp:** purpurbraun. **V:** vorwiegend im Nadelwald, seltener im Laubwald, auf Erde oder Holzresten; Spätsommer bis Spätherbst. **Mik:** Sporen glatt, ellipsoid, etwas dickwandig, Wandstärke bis knapp 1 µm, Keimporus schmal, undeutlich, 7–10 × 5–6 µm, PlZ mehrheitlich Chrysozystiden, ChZ wellig-keulig bis etwas kopfig, vereinzelt Chrysozystiden. (D 601, Kr 4.408, BK 4.453, Lu 1.84.5, 🖼).

11.2.01 *Stropharia aeruginosa*, Grünspan-Träuschling

11.2.02 *Stropharia caerulea* Kreisel ?☠
Grünblauer Träuschling

H: 3–8 cm, gewölbt bis flach ausgebreitet, oft gebuckelt, schleimig, blaugrün, bald verblassend mit wenigen oder ohne weiße Flocken. **L:** ausgebuchtet bis leicht herablaufend, graulila bis dunkel grauviolett, Schneiden jung weißlich, später gleich wie die Lamellen. **St:** blaugrün, mit flüchtigem oder ohne Ring, kaum schuppig. **F:** weißlich bis blass grünlich. **Ger:** unauffällig, evtl. etwas rettich-, gras- oder gemüseartig. **Spp:** purpurbraun. **V:** auf nährstoffreichem Boden, Holzresten, in Parks. **Mik:** Sporen glatt, ellipsoid, leicht dickwandig, Wandstärke weniger als 0,5 µm, Keimporus undeutlich, 7–8,5 × 4,5–5,5 µm, HymZ mehrheitlich als Chrysozystiden. (Kr 4.410, BK 4.455, Lu 1.84.4, 🖼).

In einigen Funden sind Spuren von Psilocybin gefunden worden (Ludwig 2001).

11.2.02 *Stropharia caerulea*, Grünblauer Träuschling

11.2.03 *Stropharia pseudocyanea* (Desm.) Morgan, Weißblauer Träuschling: Hut 2–4 cm breit, blass blaugrünlich, bald ockerlich, Geruch nach frisch gemahlenem Pfeffer, gras- oder gemüseartig. Sporen 7–9 × 4–5 µm, HymZ keulenförmig, wellig bis flaschenförmig, PLZ mehrheitlich als Chrysozystiden, ChZ nur vereinzelt. (Lu 1.84.6, 🖼).

11.2.03 *Stropharia pseudocyanea*, Weißblauer Träuschl.

11.2.04 *Stropharia coronilla* (Bull.) Quél.
Krönchen-Träuschling

H: 2–5 cm, halbkugelig gewölbt, trocken bis schwach klebrig, glatt, ockergelb bis gelb, Rand etwas behangen. **L:** leicht ausgebuchtet, graulila, purpurgrau, Schneiden heller flockig. **St:** weiß, Ring oberseits deutlich und auffällig gerieft, Basis mit weißen Wurzelsträngen. **F:** weiß, relativ dick. **Ger:** unauffällig. **V:** an grasigen Stellen, am Wegrand; Frühling bis Herbst. **Mik:** Sporen glatt, ellipsoid, dickwandig, ohne oder jedenfalls mit kaum sichtbarem Keimporus, 7,5–9 × 4–5 µm, HymZ als Chrysozystiden mit deutlich lichtbrechendem Inhalt. (D 598, Kr 4.411, BK 4.456, Lu 1.84.8, 🖼).

11.2.04 *Stropharia coronilla*, Krönchen-Träuschling

11.2.05 *Stropharia melanosperma* (Bull.) Gillet, Schwarzblättriger Träuschling: Hut blassocker, Rand evtl. weißlich, Lamellen bald schwarzgrau. Sporen mit deutlichem Keimporus, 8,5–11 × 6–7,5 µm, Zystiden ohne oder nur mit kleinen Einschlüssen lichtbrechenden Inhalts (Chrysozystiden). (Kr 4.414, BK 4.458, Lu 1.84.10, 🖼).

11.2.05 *S. melanosperma*, Schwarzblättriger T.

11.2.06 *Stropharia rugosoannulata* Farl. ex Murrill 🍴
Rotbrauner Riesen-Träuschling

H: 5–20 cm, kahl, trocken, kaum schmierig, rotbraun, weinrötlich, oft wolkig. **L:** grauviolett. **St:** weiß, auf der ganzen Länge glatt, Ring runzelig gerieft. **F:** dick, fest, weiß. **Ger:** etwas rettichartig. **Spp:** purpurbraun. **V:** auf nährstoffreichem Boden, Häcksel, Stroh. **Mik:** Sporen glatt, ellipsoid, sehr dickwandig, Wandstärke > 1,5 µm, Keimporus deutlich, 11–14 × 7,5–8,5 µm, HymZ keulig mit Auswuchs bis flaschenförmig, PlZ als Chrysozystiden. (D 600, Kr 4.416, BK 4.459, Lu 1.84.1, 🖼).

11.2.06 *S. rugosoannulata*, Rotbrauner Riesen-Tr.

11.2.06a *S. rugosoannulata* f. *lutea* Hongo, Gelber Riesen-Träuschling: Hut gelb. Sporen bis ca. 11 × 7 µm. (🖼).

11.2.06a *S. rugosoannulata* f. *lutea*, Gelb. Riesen-Tr.

11.2.07 *Stropharia eximia* Benedix, *S. rugosoannulata* f. *eximia* (Benedix) Kreisel, Heller Riesen-Träuschling: Hut feinschuppig, weißlich bis grauviolett, Ringunterseite gelblich.

11.2.08 *Stropharia hornemannii* (Fr.) S. Lundell & Nannf. ?☠
Üppiger Träuschling

H: 5–15 cm, halbkugelig-kegelig bis gewölbt, schmierig, cremeweiß, blassocker bis braun, violettbraun, Rand meist weißflockig behangen. **L:** breit angewachsen bis leicht herablaufend, weißlich, später grauviolett mit hellen Schneiden. **St:** weiß, unterhalb des häutigen, gerieften Rings faserig-schuppig. **F:** dick, blass. **Ger:** unangenehm. **V:** im Nadelwald, auf oder bei modrigem Holz; Spätsommer bis Herbst. **Mik:** Sporen ellipsoid, leicht dickwandig, Keimporus deutlich, 10–13 × 6–7 µm, HymZ keulig bis flaschenförmig, PlZ vereinzelt als Chrysozystiden. (D 599, Lu 1.84.2).

Nach Angaben von Læssøe & Petersen 2019 essbar nach Abkochen. Ludwig 2001 weist auf Berichte hin, wonach aufgrund von beobachteten Beschwerden bei weidenden Tieren eine Giftwirkung vermutet wird.

11.2.09 *Stropharia inuncta* (Fr.) Quél.
Purpurgrauer Träuschling

H: 2–6 cm, glockig bis gewölbt, oft gebuckelt, schleimig, lila- bis gelbgrau, braungrau. **L:** ausgebuchtet bis schwach herablaufend, blassgrau bis lilagrau, Schneiden weiß. **St:** weiß, mit flüchtigem Ring, Spitze evtl. fein punktiert. **F:** weiß, im Stiel leicht brüchig. **Ger:** unauffällig. **Spp:** schwarzbraun. **V:** an feuchten, grasigen Stellen; Herbst, Spätherbst. **Mik:** Sporen ellipsoid bis mandelförmig, leicht dickwandig, Keimporus undeutlich, 7,5–8,5 × 4–5 µm, HymZ keulig bis etwas kopfig, PlZ vereinzelt als Chrysozystiden. (Kr 4.413, BK 4.457, Lu 1.84.9,).

11.2.10 *Stropharia albonitens* (Fr.) Quél.
Hyalinweißer Träuschling

H: 2–6 cm, gewölbt, oft gebuckelt, schmierig, weißlich, Scheitel und Druckstellen evtl. gelblich, Rand oft etwas behangen. **L:** schmal angewachsen, violett-graubraun bis braun. **St:** weiß, unterhalb des flüchtigen, häutigen Ringes flockig, gelbfleckig. **F:** glasig, weiß, im Stiel gilbend. **Spp:** violettbraun. **V:** an grasigen Stellen, oft bei Erle *Alnus*. **Mik:** Sporen ellipsoid, dickwandig, Keimporus undeutlich, 7–8,5 × 4–5 µm, HymZ keulig, wellig bis etwas kopfig, PlZ als Chrysozystiden. (BK 4.454, Lu 1.84.3).

11.2.11 *Hemistropharia albocrenulata* (Peck) Jacobsson & E. Larss., *Stropharia albocrenulata* (Peck) Kreisel, *Pholiota albocrenulata* (Peck) Sacc.
Weißgezähnelter Scheinträuschling, Weißgezähnelter Träuschling, Weißausgezackter Schüppling

H: 3–10 cm, kegelig bis gewölbt und gebuckelt, schleimig, gelb- bis rotbraun mit weißen bis bräunlichen Schuppen (vorwiegend am Rand). **L:** ausgebuchtet, lilagrau, jung oft tränend, Schneiden weiß, gezähnelt. **St:** Spitze hell, glatt, unterhalb des Ringes braun flockig-schuppig. **F:** weiß. **Ges:** bitter. **Spp:** umbrabraun. **V:** auf totem oder lebendem Holz. **Mik:** Sporen spindelig-ellipsoid bis mandelförmig, dickwandig, Keimporus klein, 11–12,5 × 5,5–6,5 µm, ChZ keulig bis etwas kopfig, PlZ fehlend, keine Chrysozystiden. (Lu 1.65.16,).

11.2.12 *Protostropharia semiglobata* (Batsch) Redhead, Moncalvo & Vilgalys, *Stropharia semiglobata* (Batsch) Quél.
Halbkugeliger Urträuschling, Halbkugeliger Urträuschling

H: 1–4 cm, halbkugelig, leicht schmierig, ocker- bis zitronengelb. **L:** breit und leicht ausgebuchtet bis etwas herablaufend angewachsen, graubeige, Schneiden weiß. **St:** mit häutigem, flüchtigem Ring, darunter klebrig-schmierig, etwas schuppig. **F:** blass. **Ger:** unauffällig bis etwas mehlartig. **Spp:** schwarzbraun. **V:** auf Dung, gedüngter Wiese, Weide; Frühsommer bis Herbst. **Mik:** Sporen ellipsoid, dickwandig, Keimporus deutlich, 15–20 × 8,5–11 µm, HymZ zylindrisch-wellig, leicht kopfig bis flaschenförmig, PlZ als Chrysozystiden, ChZ nur vereinzelt, Stiel auf ganzer Länge mit Chrysozystiden. (D 602f, BK 4.460, Lu 1.84.11,).

Protostropharia alcis (Kytöv.) Redhead, *Stropharia alcis* Kytöv., Elchdung-Träuschling: Stiel im oberen Teil gelbgrünlich, auf Elchdung; Sommer bis Herbst. Sporen ellipsoid, leicht dickwandig, Keimporus ziemlich deutlich, 10–14 × 7–7,5 µm, ChZ schlank flaschenförmig bis etwas kopfig, PlZ als Chrysozystiden. (Lu 1.84.12).

11.2.13 *Protostropharia luteonitens* (Fr.) Redhead, *Psilocybe luteonitens* (Fr.) Park.-Rhodes, Zweisporiger Urträuschling, Riechender Träuschling, Riechender Kahlkopf: Hut kaum über 3 cm breit, jung halbkugelig, dann flacher, oft mit Papille, Zentrum rosaorange, Rand gelblich, teils leicht gerieft, Huthaut stark klebrig, gummiartig dehn- und abziehbar, Lamellen umbrabraun, Stiel schlank, mit Velum- oder Ringresten, im unteren Teil oft etwas schmierig, wurzelnd, Geruch erdartig; auf Wiesen, Dung, möglicherweise auch alpin, in Verbindung mit knolligen, ca. 1–2 cm großen Pseudosklerotien. Sporen ellipsoid, dickwandig, Keimporus deutlich, 10–20 × 10–11,5 µm, vorwiegend 2-sporig, ChZ flaschenförmig bis etwas kopfig, PlZ fehlend, keine Chrysozystiden. (D 615, Lu 1.72.6,).

11.2.14 *Leratiomyces ceres* (Cooke & Massee) Spooner & Bridge, *Stropharia aurantiaca* (Cooke) M. Imai, *Stropholoma aurantiacum* (Cooke) Ryman, *Psilocybe aurantiaca* (Cooke) Noordel.
Orangeroter Raustielträuschling, Orangeroter Träuschling

H: 2–6 cm, kugelig-glockig, später gewölbt bis ausgebreitet, etwas klebrig-schmierig, dunkel rotbraun bis ziegelrot, nur am Rand schuppig behangen. **L:** gerade angewachsen bis etwas herablaufend, olivbraun. **St:** Spitze weißlich, bereift, Ring oberseits gerieft, Stiel abwärts weißlich flockig-schuppig. **F:** weißlich. **Ger:** unauffällig. **V:** vorwiegend in Gärten. **Mik:** Sporen ellipsoid, einseitig abgeflacht, leicht dickwandig, Keimporus deutlich, 9,5–12,5 × 6–7 µm, HymZ langhalsig flaschenförmig, PlZ vereinzelt als Chrysozystiden. (Lu 1.35.11,).

11.2.09 *Stropharia inuncta*, Purpurgrauer Träuschling

11.2.11 *Hemistropharia albocrenulata*, Weißgezähnelter Scheinträuschling

11.2.12 *P. semiglobata*, Halbkugeliger Urträuschling

11.2.13 *P. luteonitens*, Zweisporiger Urträuschling

11.2.14 *L. ceres*, Orangeroter Raustielträuschling

11.3 *Pholiota*, Schüpplinge und Ähnliche

- Hut glatt bis feinkörnig, nicht schleimig, hygrophan
  - auf Holz(-resten)
    - Stiel schuppig u. Ring meist deutlich, Cheilozystiden an Spitze nicht höckerig — **01 *Kuehneromyces mutabilis*, Gemeines Stockschwämmchen**
    - Stiel faserig, nicht schuppig, Ring flüchtig, Cheilozystiden an Spitze höckerig — 02 *Pholiota lignicola*, Glattstieliges Stockschwämmchen
  - auf Brandstellen zwischen Drehmoos *Funaria*, Hut u. Stiel jung weiß überfasert — 27 *Crassisporium funariophilum*, Später Brandmoosschüppling
- Hut trocken und leicht bis stark schuppig
  - Schuppen gelb bis braun auf gelblichem Grund
    - Hut mit abstehenden Schuppen
      - Schuppen ziemlich groß, sparrig
        - Hut meist > 3 cm breit
          - auf Holz
            - Schuppen orangebraun, Hut bis über 10 cm, große Büschel — **03 *Pholiota squarrosa*, Sparriger Schüppling**
            - Schuppen schwefel-/orangegelb, Hut 3–8 cm, einzeln bis büschelig — 04 *Pholiota flammans*, Feuer-Schüppling
          - auf Erde
            - Sporenpulver rostbraun, im Laubwald meist bei Buche — 14.2.18 *Cortinarius humicola*, Kegeliger Raukopf
            - Sporenpulver weißlich, auf warmen Trockenrasen — 9.6.15 *Floccularia luteovirens*, Schwefelgelber Schuppenritterling
        - Hut < 3 cm breit, auf Holz
          - Schüppchen nicht abwischbar, Sporen 8–14,5 µm lang — 12.2.01 *Phaeomarasmius erinaceus*, Igel-Schüppchenschnitzling
          - Schüppchen abwischbar, Sporen 6–8 µm lang — 12.2.08 *Flammulaster muricatus*, Grobwarziger Flockenschüppling
      - Schuppen fein, eher körnig, Hut meist < 3 cm breit
        - Hut blass ockerlich, samtig bis feinkörnig — 12.2.04 *Flammulaster carpophilus*, Bucheckern-Flockenschüppl.
        - Hut gelb bis ockerbraun, feinfaserig, körnig bis schuppig
          - Hut fast glatt bis leicht faserig, blass — 22 *Pholiota scamba*, Seidiger Schüppling
          - Hut körnig bis feinschuppig
            - Hut samtig bis feinschuppig, rostbräunlich — 12.2.03 *Flammulaster limulatus*, Orangebrauner Flockenschüppling
            - Hut körnig-warzig, abwischbar
              - auf Erde, Sporen vorwiegend > 8 µm lang — 12.2.07 *Flammulaster granulosus*, Körniger Flockenschüppling
              - auf morschem Holz, Sporen < 8 µm lang — 12.2.08 *Flammulaster muricatus*, Grobwarziger Flockenschüppling
    - Hut mit ± angedrückten Schuppen
      - Hut kaum über 5 cm breit
        - Schuppen am Stiel sparrig abstehend — 04 *Pholiota flammans*, Feuer-Schüppling
        - Schuppen am Stiel kaum abstehend — 05 *Pholiota tuberculosa*, Rötender Schüppling
      - Hut über 5 cm breit — 06 *Pholiota heteroclita*, Abweichender Schüppling
  - Schuppen weißlich auf tonblassem, rostockerlichem Grund, Hut groß, fleischig — 07 *Pholiota populnea*, Pappel-Schüppling
- Hut schmierig bis schleimig
  - Hut mit braunen Schüppchen
    - Hut stark schleimig
      - Schuppen ± anliegend, teils an hochliegenden Ästen, Sporen dickwandig
        - Hut 5–15 cm vorwiegend bei Buche oder Weide, Sporen 7,5–10 µm
          - Stiel leicht schleimig, Cheilozystiden breit keulig — 08 *Pholiota aurivella*, Goldfell-Schüppling
          - Stiel schleimig, Cheilozystiden flaschenförmig — 10 *Pholiota adiposa*, Schmieriger Buchen-Schüppling
        - Hut 4–8 cm, Sporen 6–8,5 µm lang
          - Stiel schmierig, Hut gelb, auf Holz von Erle, Birke — 09 *Pholiota limonella*, Zitronen-Schüppling
          - Stiel trocken, Hut rötlichbraun, mehrheitlich auf Erde — 18 *Pholiota mixta*, Runzeliger Schüppling
      - Schuppen sparrig, abstehend, Sporen eher dünnwandig, 5–7 µm lang — 11 *Pholiota jahnii*, Pinsel-Schüppling
    - Hut klebrig bis schmierig, fettig wirkend, bald trocken, ohne Chrysozystiden — 12 *Pholiota lucifera*, Fettiger Schüppling
  - Hut jung mit weißen, evtl. (am Rand) im Schleim schwimmenden Schüppchen
    - Hut blass, weißlich, tonfalb, Ring flüchtig, Pleurozystiden (PlZ) vorhanden — **13 *Pholiota lenta*, Tonfalber Schüppling**
    - Hut gelblich, olivgrünlich, flüchtige Ringzone, Pleuro- und Chrysozystiden — 14 *Pholiota gummosa*, Strohblasser Schüppling
    - Hut fuchsigbraun, rötlichbraun, zumindest im Scheitel, oft mit Ringzone, PlZ — 15 *Pholiota lubrica*, Weißflockiger Schüppling
    - Hut feucht oliv-ockerbraun, trocken heller, Ring häutig, keine Pleurozystiden — 26 *Meottomyces dissimulans*, Schmutziger Scheinschüppling
  - Hut ohne Schüppchen
    - Hut feucht deutlich schmierig bis schleimig
      - auf Brandstellen — 16 *Pholiota highlandensis*, Kohlen-Schüppling
      - im Nadelwald, Hutrand meist gelb bis lebhaft gelb
        - Hut über 2,5 cm breit — 17 *Pholiota spumosa*, Nadelholz-Schüppling
        - Hut kaum über 2,5 cm breit — 19 *Pholiota subochracea*, Schwefelkopf-Schüppling
      - bei Torfmoos — 20 *Pholiota henningsii*, Torfmoos-Schüppling
      - in Europa nur aus Pilzzuchten — 21 *Pholiota nameko*, Japanisches Stockschwämmchen
    - Hut nur leicht schmierig
      - Hut weißlich bis blass ockerlich, kaum über 3 cm breit — 22 *Pholiota scamba*, Seidiger Schüppling
      - Hut lebhaft gelb — 23 *Pholiota alnicola*, Erlen-Schüppling
      - Hut safranrosa, feuerorange, Jodgeruch in der Stielbasis — 24 *Pholiota astragalina*, Safranroter Schüppling
      - Hut fuchsigbraun, tonscherbenrötlich, gelbbraun, oft an feuchten Stellen — 25 *Pholiota conissans*, Feuchtstellen-Schüppling

11.3.01 *Kuehneromyces mutabilis* (Schaeff.) Singer & A.H. Sm., *Pholiota mutabilis* (Schaeff.) P. Kumm.
Gemeines Stockschwämmchen

H: 3–7 cm, halbkugelig, gewölbt bis flach ausgebreitet, glatt, stark hygrophan, feucht braun, beim Trocknen von der Mitte her gelbockerlich verblassend, Rand leicht gerieft. **L:** breit angewachsen bis schwach herablaufend, ziemlich gedrängt, zimt- bis rostbraun. **St:** mit häutigem, aufsteigendem Ring, darüber glatt, darunter braun schuppig. **F:** blass, im Stiel braun. **Ger:** angenehm pilzartig. **Ges:** mild. **Spp:** rostbraun. **V:** büschelig auf totem Laub- oder Nadelholz, vorwiegend auf Laubholzstrünken; Frühjahr bis Herbst. **Mik:** Sporen glatt, ellipsoid, dünnwandig, Keimporus deutlich, 6–8 × 3,5–5 µm, ChZ langhalsig flaschenförmig, PlZ fehlend. (D 633f, Kr 4.367, BK 4.434, Lu 1.65.33,).

11.3.02 *Pholiota lignicola* (Peck) Jacobsson, *Kuehneromyces lignicola* (Peck) Redhead, Glattstieliges Stockschwämmchen: Hut kaum über 3 cm breit, Stiel faserig, aber nicht schuppig, mit fehlendem oder nur ganz schwachem Ring; vorwiegend auf Nadelholzresten. Sporen glatt, ellipsoid, 6–7 × 3,5–4,5 µm. Kein Speisepilz. (BK 4.430, Lu 1.65.34,).

11.3.03 *Pholiota squarrosa* (Vahl) P. Kumm.
Sparriger Schüppling

H: 5–15 cm, halbkugelig bis ausgebreitet gewölbt, trocken, mit deutlich abstehenden, dichten, rotbraunen Schuppen auf gelblichem Grund, Rand lange eingebogen bis eingerollt. **L:** ± gerade bis etwas herablaufend angewachsen, gelblich, später braun, rostbraun. **St:** Spitze glatt, Ring faserig-schuppig, darunter wie der Hut gefärbt und geschuppt. **F:** blassgelb. **Ger:** rettichartig. **Ges:** rettichartig. **Spp:** rostbräunlich. **V:** büschelig, auf totem Laub- und Nadelholz sowie am Fuß lebender Bäume, oft bei Park- und Obstbäumen; Herbst, Spätherbst. **Mik:** Sporen, glatt, ellipsoid, dünnwandig, Keimporus klein, 6–7,5 × 4–5 µm, HymZ spindelig bis utriform, PlZ als Chrysozystiden. (D 618, Kr 4.392, BK 4.440, Lu 1.65.2,).

Ähnlich ist *Cortinarius humicola*, Kegeliger Raukopf aus Kapitel 14. Dieser hat jedoch einen Haarschleier (Cortina) und deswegen keine häutigen Ringreste, wächst auf Erde, meist mit etwas wurzelndem Stiel.

11.3.04 *Pholiota flammans* (Batsch) P. Kumm.
Feuer-Schüppling

H: 3–8 cm, halbkugelig, später ausgebreitet gewölbt, trocken, mit dichten, anfangs abstehenden, schwefelgelb berandeten Schuppen auf rötlichgelbem Grund. **L:** ± gerade bis etwas herablaufend angewachsen, gelb bis rötlichbraun. **St:** Spitze glatt, unterhalb des Ringes gelb schuppig auf gelbem Grund. **F:** sattgelb. **Ger:** schwach rettichartig. **Ges:** bitter, säuerlich. **Spp:** bräunlich. **V:** auf morschem Nadelholz, selten Laubholz; Sommer bis Herbst. **Mik:** Sporen, glatt, zylindrisch-ellipsoid, dünnwandig, Keimporus nicht sichtbar, 4–5,5 × 2,5–3 µm, HymZ flaschenförmig bis utriform, PlZ als Chrysozystiden, ChZ teilweise ebenfalls. (D 619, BK 4.424, Lu 1.65.1,).

Pholiota flammuloides M.M. Moser: Hut und Stiel mit ± angedrückten Schuppen, Hut lebhaft orange, Stiel relativ lang. Gemäß Moser 1983 messen die Sporen von *P. flammans* nur 3–4 × 2–2,5 µm, jene von *P. flammuloides* 4,5–5 × 3 µm. Holec 2001b schließt aus der Untersuchung einer großen Anzahl von frischen wie auch von Herbar-Exemplaren inklusive einer von Moser gesammelten Kollektion, dass alle zur selben Art gehören.

11.3.05 *Pholiota tuberculosa* (Schaeff.) P. Kumm.
Rötender Schüppling

H: 1–6 cm, halbkugelig bis ausgebreitet gewölbt, erst glatt, vom Rand her zunehmend angedrückt schuppig-faserig, goldgelb bis orangefuchsig. **L:** waagrecht angewachsen, blassgelb bis fuchsigbraun. **St:** Spitze glatt, unterhalb der flüchtigen Ringzone feinflockig, gelb, Druckstellen rötend. **F:** gelb, in der Stielbasis rötlich. **Ges:** bitter. **V:** auf totem Laubholz, Sägemehl, selten auf Nadelholz. **Mik:** Sporen glatt, ellipsoid bis etwas bohnenförmig, dünnwandig, Keimporus nicht sichtbar, 7–8,5 × 4,5–5 µm, ChZ wellig-zylindrisch, PlZ fehlend. (Kr 4.394, BK 4.441, Lu 1.65.11,).

11.3.06 *Pholiota heteroclita* (Fr.) Quél., *Hemipholiota heteroclita* (Fr.) Bon
Abweichender Schüppling, Starkriechender Schüppling

H: 5–12 cm, gewölbt, trocken, mit feinen, jedoch breiten, angedrückten braunen Schuppen auf ockergelblichem Grund, Rand heller, jung fransig behangen. **L:** ausgebuchtet, blass bräunlich, später graubraun. **St:** ockerlich, mit angedeutetem Ring, Spitze etwas heller, darunter faserig-flockig, Basis oft keulig bis knollig. **F:** cremebräunlich. **Ger:** obstartig, süßlich, evtl. auch nach Meerrettich. **V:** auf totem oder lebendem Laubholz; Herbst. **Mik:** Sporen, glatt, ellipsoid bis etwas bohnenförmig, Keimporus

11.3.01 *Kuehneromyces mutabilis*, Gemeines Stockschwämmchen

11.3.02 *P. lignicola*, Glattstieliges Stockschwämmchen

11.3.03 *Pholiota squarrosa*, Sparriger Schüppling

11.3.04 *Pholiota flammans*, Feuer-Schüppling

11.3.05 *Pholiota tuberculosa*, Rötender Schüppling

knapp sichtbar, 7,5–9 × 4,5–6 µm, ChZ keulig bis etwas utriform, PlZ fehlend. (D 616, Kr. 4.380, Lu 1.65.7).

11.3.07 *Pholiota populnea* (Pers.) Kuyper & Tjall.-Beuk., *Hemipholiota populnea* (Pers.) Bon
Pappel-Schüppling

H: 5–20 cm, kegelig mit eingebogenem Rand, später gewölbt bis ausgebreitet, schuppig-flockig, creme- bis ockerlich-rostbraun, Mitte dunkler, Rand heller und stärker schuppig, behangen. **L:** ausgebuchtet, blass, später schmutzig tonbraun bis rostbraun. **St:** wie der Hut gefärbt, oberhalb der faserigen Ringzone glatt, darunter weißflockig-wollig. **F:** dick, weißlich, in der Stielbasis ockerlich. **Ger:** auffällig, stechend. **Ges:** bitter. **Spp:** dunkel rostbraun. **V:** vorwiegend auf totem Pappelholz, auf Strünken, liegendem Holz sowie Sägemehl; Herbst. **Mik:** Sporen, glatt, breit ellipsoid, eher dünnwandig, Keimporus schmal, undeutlich, 7–9,5 × 5–5,5 µm, ChZ keulig bis etwas flaschenförmig, PlZ fehlend. (D 617, Kr 4.388, BK 4.437, Lu 1.65.15, 🖼).

11.3.08 *Pholiota aurivella* (Batsch) P. Kumm., *Pholiota cerifera* (P. Karst.) P. Karst.
Goldfell-Schüppling, Hochthronender Schüppling

H: 5–15 cm, halbkugelig, gewölbt bis ausgebreitet, schleimig, bräunliche, breite, ± angedrückte, oft dreieckige Schuppen auf gelbem bis gelbbraunem Grund, abwischbar und im Alter häufig nur noch im Randbereich zu finden. **L:** ausgebuchtet, gelb, rostbraun, evtl. mit olivem Schein. **St:** trocken bis etwas klebrig, mit flüchtigem Ring, darüber glatt, darunter mit braunen, angedrückten Schuppen. **F:** blassgelb. **Ger:** unauffällig. **Ges:** unauffällig. **Spp:** rostbraun. **V:** meist büschelig, auf totem Laubholz oder abgestorbenen Bereichen lebender Bäume, vorwiegend auf Buche *Fagus* oder Weide *Salix*. **Mik:** Sporen glatt, ellipsoid, Keimporus deutlich, 7,5–11 × 5–6,5 µm, HymZ keulig bis ballonförmig, PlZ als Chrysozystiden, ChZ nur vereinzelt. (D 622, Kr 4.375, BK 4.421, Lu 1.65.5, 🖼).

11.3.09 *Pholiota limonella* (Peck) Sacc., Zitronen-Schüppling, Zitronenfarbener Schüppling, Intermediärer Schüppling: Hut eher kleiner, 4–10 cm, oft etwas konisch, hell- bis goldgelb; vorwiegend auf Erle *Alnus*, Birke *Betula*, Esche *Fraxinus*, seltener auch auf anderen Laubbäumen oder Weißtanne *Abies*, oft hoch über der Erde, an lebenden Bäumen. Sporen kleiner, 6,5–9 × 4–5,5 µm, ChZ ebenfalls häufig als Chrysozystiden. (BK 4.431, Lu 1.65.4, 🖼).

Von einigen Autoren wird die deutsche Bezeichnung Hochthronender Schüppling nicht für *P. aurivella* sondern für *P. limonella* verwendet.

11.3.10 *Pholiota adiposa* (Batsch) P. Kumm., Schmieriger Buchen-Schüppling: Hut 5–12 cm, stark schleimig, gold- bis ockergelb, gelbbraune, im Schleim schwimmende und zum Teil abfließende Schuppen auf gold- bis zitronengelbem Grund, Lamellen gelb, später rostbraun, Stiel oft auch deutlicher schleimig-schuppig, gelb, bisweilen mit angedeuteter Ringzone, Basis bräunlich, Geschmack etwas bitter; vorwiegend bei Buche *Fagus*, seltener auch auf anderen Laub- oder Nadelbäumen. Sporen 7,5–10 × 5–6,5 µm, HymZ variabel, zylindrisch bis keulig mit Fortsatz, PlZ als Chrysozystiden, ChZ nur vereinzelt. (D 620, 🖼).

Ludwig 2001 führt *P. adiposa* nicht separat auf und zählt die Art je nach Interpretation zu *P. aurivella* oder *P. limonella*. Gierczyk et al. 2011b beschreiben hingegen *P. adiposa* und *P. limonella* und erwähnen *P. aurivella* nur als Synonym, welches nach ihrer Einschätzung nicht klar zugeordnet werden kann.

11.3.11 *Pholiota jahnii* Tjall.-Beuk. & Bas
Pinsel-Schüppling

H: 3–10 cm, gewölbt, oft konisch bis flach ausgebreitet, Schuppen braun auf gelbem bis gelborangem Grund, in der Mitte mit sparrig abstehenden Schuppen mit schwarzbraunen Spitzchen auf gelbbraunem Grund. **L:** ausgebuchtet, eher dicht, hellocker und später braun, Schneiden etwas schartig. **St:** nicht schleimig, Spitze hellgelb, unterhalb der flüchtigen Ringzone sparrig schuppig wie auf dem Hut. **F:** gelb. **Ger:** unauffällig. **Ges:** etwas gras- oder rettichartig. **Spp:** zimtbraun. **V:** vorwiegend auf Buche *Fagus*, büschelig auf Stümpfen oder Erde, kaum hoch über dem Boden vorkommend. **Mik:** Sporen eher dünnwandig, Keimporus klein, undeutlich, 5–7 × 3–4 µm, HymZ zylindrisch-keulig bis utriform, PlZ als Chrysozystiden, ChZ ebenfalls mit Chrysozystiden untermischt. (D 621, Kr 4.382, BK 4.428, Lu 1.65.3, 🖼).

11.3.12 *Pholiota lucifera* (Lasch) Quél.
Fettiger Schüppling

H: 3–7 cm, halbkugelig bis gewölbt, später oft etwas gebuckelt, schmierig, wie fettig wirkend mit rotbraunen, angedrückten und

11.3.07 *Pholiota populnea*, Pappel-Schüppling

11.3.08 *Pholiota aurivella*, Goldfell-Schüppling

11.3.09 *P. limonella*, Zitronenfarbener Schüppling

11.3.10 *P. adiposa*, Schmieriger Buchen-Schüppling

11.3.11 *Pholiota jahnii*, Pinsel-Schüppling

11.3.12 *Pholiota lucifera*, Fettiger Schüppling

vergänglichen Schuppen auf gelbem Grund. **L:** ausgebuchtet angewachsen, blassgelb, später rostgelb, rostbraun. **St:** wie der Hut gefärbt, unterhalb des aufsteigenden, flüchtigen Ringes schuppig. **F:** gelb. **Ger:** unauffällig, evtl. etwas holzartig. **Ges:** bitter. **Spp:** rostbräunlich. **V:** auf totem, evtl. vergrabenem Holz. **Mik:** Sporen glatt, ellipsoid, teils bohnenförmig, Keimporus undeutlich, 7–8,5 × 4,5–6 µm, ChZ keulig bis flaschenförmig, vielgestaltig, PlZ fehlend, keine Chrysozystiden. (D 623, Kr 4.386, BK 4.433, Lu 1.65.10, 🖼).

Pholiota squarrosoides (Peck) Sacc., Bleicher Schüppling: Hut etwas schmierig mit abstehenden, rostbraunen Schuppen auf blass gelbockerlichem bis fast weißem Grund, Fleisch weißlich, Geruch etwas obstartig. Sporen glatt, ellipsoid, dünnwandig, Keimporus nicht sichtbar, 4,5–6 × 2,5–3,5 µm, HymZ spindelig bis flaschenförmig, vielgestaltig, Chrysozystiden fehlend oder höchstens vereinzelt. (Lu 1.65.6).

Pholiota squarrosoadiposa J.E. Lange, Haariger Schüppling: Hut 3–8 cm, jung klebrig, später trocken, mit dichten, anliegenden, haarigen Schuppen, Geruch etwas grasartig; bisher auf Birke *Betula* und Walnuss *Juglans* gefunden. Sporen glatt, ellipsoid, eher dünnwandig, Keimporus sichtbar, 6,5–7,5 × 4–5 µm, HymZ mit Chrysozystiden, ChZ keulig bis ballonförmig, teils gegliedert, PlZ utriform. (Lu 1.65.8).

Pholiota subsquarrosa (Fr.) Sacc., Sparrigschmieriger Schüppling: Hut 2–5 cm, leicht schmierig, dunkel rötlichbraun mit dichten, anliegenden Schuppen, Geschmack etwas scharf. Sporen ellipsoid und leicht bohnenförmig, 6–7 × 3,5–4,5 µm, HymZ mit Chrysozystiden. Gemäß Holec 2001b handelt sich jedoch um ein unklares Taxon, welches erst geklärt und bis dahin vermieden werden sollte.

11.3.13 *Pholiota lenta*, Tonfalber Schüppling

11.3.13 *Pholiota lenta* (Pers.) Singer
Tonfalber Schüppling

H: 3–8 cm, gewölbt bis flach, mit stark schleimiger, abziehbarer Huthaut, blass grau- bis olivockerlich, mit wenigen weißen, im Schleim schwimmenden Flocken, Mitte evtl. etwas dunkler, Rand evtl. fein behangen. **L:** ± gerade bis etwas herablaufend, blass, später tonbraun. **St:** jung mit faserigem, flüchtigem Ring, Spitze weißlich, abwärts flockig-schuppig, Basis bräunlich. **F:** blass, in der Stielbasis bräunlich. **Ger:** etwas rettichartig, gerieben wie gesägtes Holz. **Ges:** etwas rettichartig. **Spp:** ocker. **V:** im Laub- und Nadelwald auf Erde oder Holzabfällen, an feuchten Stellen; Herbst. **Mik:** Sporen glatt, ellipsoid bis bohnenförmig, Keimporus klein, undeutlich, 6–7 × 3–4 µm, HymZ flaschenförmig, Spitze teils mit gelblichem Inhalt, jedoch keine Chrysozystiden. (D 624, Kr 4.384, BK 4.429, Lu 1.65.14, 🖼).

11.3.14 *Pholiota gummosa*, Strohblasser Schüppling

11.3.14 *Pholiota gummosa* (Lasch) Singer
Strohblasser Schüppling, Gummi-Schüppling

H: 3–8 cm, gewölbt bis flach ausgebreitet, schleimig, Huthaut gummiartig abziehbar, blass strohgelb bis grüngelb, mit gelblichen bis braungrünen Schuppen, besonders im Randbereich. **L:** schwach ausgebuchtet bis etwas herablaufend, blassgelb, später braun. **St:** wie der Hut gefärbt, unterhalb der flüchtigen Ringzone mit feinen Schüppchen. **F:** im Hut gelb, im Stiel weißlich. **Ger:** unauffällig. **Ges:** mild. **Spp:** rostbräunlich. **V:** auf morschem, evtl. vergrabenem Holz oder Pflanzenresten; Sommer bis Spätherbst. **Mik:** Sporen glatt, ellipsoid bis etwas bohnenförmig, Keimporus klein, deutlich, 5,5–7,5 × 3,5–4 µm, HymZ spindelig, zylindrisch, etwas flaschenförmig, PlZ als Chrysozystiden. (D 625, Kr 4.379, BK 4.426, Lu 1.65.13, 🖼).

11.3.15 *Pholiota lubrica*, Weißflockiger Schüppling

11.3.15 *Pholiota lubrica* (Pers.) Singer, *Pholiota decussata* (Fr.) M.M. Moser
Weißflockiger Schüppling, Orangebrauner Schleimschüppling

H: 3–10 cm, halbkugelig bis ausgebreitet gewölbt, stark schleimig, eingewachsen-faserig, rötlichbraun, gegen den Rand blasser, tongrau mit wenigen weißen Flocken. **L:** ausgebuchtet, ziemlich gedrängt, weißlich, grünlichgelb bis graubraun. **St:** Spitze schmutzig weißlich, bisweilen kann sich eine Ringzone bilden, abwärts flockig-schuppig mit bräunender Basis. **F:** weißlich, in der Stielbasis bräunlich. **Ger:** unauffällig. **Ges:** etwas rettichartig. **Spp:** graubräunlich. **V:** auf oder bei morschen, kleinen Holzresten, vorwiegend auf Laubholz; im Herbst. **Mik:** Sporen glatt, breit ellipsoid bis etwas bohnenförmig, Keimporus kaum sichtbar, 5,5–7,5 × 3,5–4,5 µm, HymZ breit spindelig bis flaschenförmig und etwas kopfig, Spitze teilweise mit gelbem Inhalt oder einer Schleimkappe, keine Chrysozystiden. (BK 4.432, Lu 1.65.17, 🖼).

11.3.16 *Pholiota highlandensis*, Kohlen-Schüppling

11.3.16 *Pholiota highlandensis* (Peck) Quadr. & Lunghini
Kohlen-Schüppling

H: 2–5 cm, gewölbt bis flach ausgebreitet, klebrig bis schleimig, gelb- bis rotbraun, Rand blasser. **L:** ausgebuchtet bis schwach herablaufend, blassgelb, olivbräunlich bis braun. **St:** gelblich, unterhalb der faserigen, flüchtigen Ringzone flockig-schuppig. **F:** gelblich. **Ger:** unauffällig.

Ges: unauffällig. **Spp:** rostbraun. **V:** auf alten Brandstellen; Frühling bis Herbst. **Mik:** Sporen glatt, ellipsoid bis mandelförmig, ganz leicht dickwandig, Keimporus klein, 6,5–7,5 × 4–4,5 µm, HymZ breit spindelig bis flaschenförmig, vereinzelt beschopft oder mit Schleimkappe, ohne Chrysozystiden. (D 626, BK 4.427, Lu 1.65.32, 🖾).

11.3.17 *Pholiota spumosa* (Fr.) Singer
Nadelholz-Schüppling

H: 2–6 cm, gewölbt bis flach ausgebreitet, klebrig bis schleimig, Mitte rotbraun, Rand gelb bis ockerbraun, jung schwach mit faserigen Velumresten behangen. **L:** ausgebuchtet bis schwach herablaufend, erst stroh- bis lebhaft gelb, später graubraun, evtl. mit olivem Beiton. **St:** gelb, flockig-schuppig, gegen die Basis bräunlich. **F:** blass schwefelgelb, im Stiel bräunlich. **Ger:** unauffällig. **Ges:** unauffällig, mild, evtl. schwach bitterlich. **Spp:** bräunlich. **V:** im Nadelwald, auf Humus, Streu, selten auch auf Strünken; Sommer bis Herbst. **Mik:** Sporen glatt, ellipsoid bis etwas bohnenförmig, dünnwandig, Keimporus klein, 6,5–8 × 4–4,5 µm, HymZ flaschenförmig bis utriform, im oberen Teil mit gelbem Inhalt (KOH), PlZ länger, keine Chrysozystiden. (D 628, Kr 4.391, BK 4.439, Lu 1.65.24, 🖾).

11.3.18 *Pholiota mixta* (Fr.) Kuyper & Tjall.-Beuk., Runzeliger Schüppling, Runzel-Schüppling: Hut 2–5 cm breit, in der Mitte braun, graubraun, mit eingewachsenen, dreieckigen, faserigen Schuppen, Rand blass, schmutzig weißlich; oft an Wegrändern im Nadelwald, vorwiegend im nördlichen Europa. Sporen glatt, ellipsoid, dünnwandig, Keimporus undeutlich, 6,5–7 × 3,5–4 µm, HymZ flaschenförmig im oberen Teil mit gelbem Inhalt (KOH), keine Chrysozystiden. (Kr 4.387, Lu 1.65.12).

Pholiota fusa (Batsch) Singer, *Flammula fusa* (Batsch) P. Kumm., Derbfleischiger Schüppling: robuste Fruchtkörper mit Hutgrößen bis 10 cm, fuchsigbraun, tonscherbenrötlich, Stiel dick; evtl. auch auf Laubholz. Es handelt sich um eine zweifelhafte Art. Holec 2001b lehnt den Namen ab und vermutet hinter den meisten so benannten Funden robuste Exemplare von *Hypholoma lateritium,* Ziegelroter Schwefelkopf.

11.3.19 *Pholiota subochracea* (A.H. Sm.) A.H. Sm. & Hesler, Schwefelkopf-Schüppling: Hut kaum über 3 cm breit, hell rötlichbraun, äußerster Rand bisweilen gelb, Stiel unterhalb der angedeuteten Ringzone gelblich faserig bis natterig, Basis bräunend; auf morschem Nadelholz. Sporen glatt, ellipsoid bis leicht bohnenförmig, leicht dickwandig, Keimporus nicht sichtbar, 4,5–6 × 3–3,5 µm, HymZ spindelig bis flaschenförmig als Chrysozystiden. (D 627, BK 4.435, Lu 1.65.29).

11.3.20 *Pholiota henningsii* (Bres.) P.D. Orton, Torfmoos-Schüppling: Hut 1,5–4,5 cm breit, schleimig, Stiel ockerrötlich; bei Torfmoos *Sphagnum*. Sporen glatt, ellipsoid, einseitig abgeflacht, dickwandig, Keimporus klein, 7–10 × 5–6 µm, HymZ dickhalsig flaschenförmig, keine Chrysozystiden. (Lu 1.65.23).

11.3.21 *Pholiota nameko* (T. Itô) S. Ito & S. Imai 🍴
Japanisches Stockschwämmchen

H: 2–8 cm, gewölbt, stark schleimig, orangebraun, Rand lange eingebogen. **L:** breit und ± gerade angewachsen, ockerbraun, Schneiden fein gesägt. **St:** Spitze rillig, trocken blassocker, Ring häutig und schleimig, Ringreste braun, darunter etwas klebrig, bräunlich natterig-schuppig auf weißlichem Grund. **F:** ziemlich dick, weißlich. **Ger:** pilzartig. **Ges:** mild. **V:** in Europa als Zuchtpilz auf Holz oder passend gemischtem Substrat. **Mik:** Sporen glatt, 4–7 × 2,5–3 µm. (🖾).

11.3.22 *Pholiota scamba* (Fr.) M.M. Moser, *Pholiota nana* E. Horak
Seidiger Schüppling

H: 0,5–3 cm, jung feinfaserig, später glatt, trocken bis etwas klebrig, weiß bis blassocker, Rand feinflockig behangen. **L:** schwach ausgebuchtet, gelb- bis oliv- oder rostbräunlich. **St:** wie der Hut gefärbt, mit angedeuteter, flüchtiger Ringzone, gegen die Basis feinschuppig. **F:** dünn, blass. **Ges:** mild. **V:** auf abgefallenen Zweigen oder Rindenstücken, im Nadelwald. **Mik:** Sporen glatt, ellipsoid, Keimporus sichtbar, 7–9 × 5–5 µm, HymZ spindelig bis utriform, keine Chrysozystiden. (BK 4.438, Lu 1.65.9).

11.3.23 *Pholiota alnicola* (Fr.) Singer
Erlen-Schüppling, Zitronengelber Erlen-Schüppling

H: 2–10 cm, halbkugelig bis gewölbt, glatt, fettig wirkend, feucht klebrig, lebhaft zitronengelb, Rand mit faserigen Velumresten behangen. **L:** schwach ausgebuchtet bis etwas herablaufend, gelb bis rostbraun, evtl. mit olivem Beiton. **St:** gelblich, unterhalb des flüchtigen Ringes schuppig und bräunlich. **F:** gelblich. **Ger:** süßlich, obstartig. **Ges:** mild. **Spp:** tabakbraun. **V:** büschelig, auf totem Laubholz, vorwiegend an Erle *Alnus,* Birke *Betula* oder Weide *Salix.* **Mik:** Sporen glatt, schlank ellipsoid, teils einseitig etwas abgeflacht, Keimporus klein, 7,5–10,5 × 4,5–6 µm, ChZ keulig bis etwas flaschenförmig, PlZ fehlend, keine Chrysozystiden. (D 632, Kr 4.372, Lu 1.65.21, 🖾).

Pholiota flavida (Schaeff.) Singer, Schwefel-Schüppling: Hut lebhaft zitronen- bis blassgelb; auf totem Nadelholz. Mit Chrysozystiden. Gemäß Ludwig 2001 ist die Art uneinheitlich interpretiert worden und der Name deshalb zu meiden. (D 630).

11.3.17 *Pholiota spumosa,* Nadelholz-Schüppling

11.3.21 *Pholiota nameko,* Japanisches Stockschwämmchen

11.3.23 *Pholiota alnicola,* Erlen-Schüppling

11.3.24 *Pholiota astragalina* (Fr.) Singer
Safranroter Schüppling

H: 2–5 cm, gewölbt bis flach, kaum schmierig, feucht etwas klebrig, orange- bis safranrot, safranrosa, Rand blasser, ockerlich. **L:** schwach ausgebuchtet bis leicht herablaufend, ockergelblich bis braun. **St:** schmutzig weißlich bis gelblich, teilweise etwas faserig-schuppig, Basis bräunend, bisweilen wurzelnd. **F:** gelblich bis gelbrötlich, verletzt rasch schwärzend. **Ger:** unauffällig, in der Stielbasis evtl. jodartig. **Ges:** bitter. **Spp:** rostbraun. **V:** auf totem Nadelholz; Sommer bis Herbst. **Mik:** Sporen glatt, ellipsoid, Keimporus kaum sichtbar, 5,5–7,5 × 3,5–4 µm, HymZ langhalsig flaschenförmig, PlZ und teilweise ChZ als Chrysozystiden. (D 629, Kr 4.373, BK 4.420, Lu 1.65.20, 🖼).

11.3.25 *Pholiota conissans* (Fr.) M.M. Moser, *Pholiota graminis* (Quél.) Singer
Feuchtstellen-Schüppling, Gras-Schüppling

H: 1–5 cm, gewölbt, klebrig bis leicht schmierig, etwas eingewachsen-faserig, Mitte rötlichocker, Rand gelbocker, jung weißlich behangen. **L:** cremegelb, später grau- bis rostbraun. **St:** creme, mit flüchtigen Haarschleierresten, Basis bräunlich. **Ger:** unauffällig bis grasartig. **Ges:** mild. **Spp:** braun. **V:** feuchte, sumpfige Stellen, bei Gräsern, Ufergebüsch. **Mik:** Sporen glatt, zylindrisch-ellipsoid bis etwas bohnenförmig, Keimporus sichtbar, 6,5–8 × 3,5–4,5 µm, HymZ wellig-zylindrisch bis etwas kopfig, PlZ keulig, teilweise als Chrysozystiden. (D 631, Kr 4.376, BK 4.422/425, Lu 1.65.26f, 🖼).

Verschiedene Autoren unterscheiden zwischen *P. conissans* mit deutlichem Keimporus sowie zahlreichen Chrysozystiden, welcher vor allem an Weidenästen *Salix* auftritt, und *P. graminis* an feuchten Stellen eher bei Gräsern, mit nur spärlich vorhandenen Chrysozystiden und undeutlichem Keimporus.

11.3.26 *Meottomyces dissimulans* (Berk. & Broome) Vizzini, *Phaeogalera oedipus* (Sacc.) Romagn., *Pholiota oedipus* (Sacc.) P.D. Orton
Schmutziger Scheinschüppling, Fettigglänzender Braunhäubling, Winter-Schüppling

H: 2–5 cm, halbkugelig, gewölbt bis etwas niedergedrückt, schmierig, hygrophan, feucht oliv-ockerbraun, trocken schmutzig cremeocker, Rand gerieft, jung mit abwischbaren weißen Flocken. **L:** breit angewachsen, erdbraun, Schneiden heller. **St:** wie der Hut gefärbt, mit häutigem Ring, darunter etwas weiß flockig. **F:** blass. **Ger:** mehlartig. **Spp:** schmutzig braun. **V:** auf Laubstreu, vorwiegend bei Pappel *Populus*, oft direkt den Blättern aufsitzend; vorwiegend im Winter. **Mik:** Sporen glatt, ellipsoid bis etwas bohnenförmig, Keimporus kaum sichtbar, 7–11,5 × 4,5–6,5 µm. (Kr 4.388, BK 4.436, Lu 1.65.30, 🖼).

11.3.27 *Crassisporium funariophilum* (M.M. Moser) Matheny, P.-A. Moreau & Vizzini, *Pachylepyrium funariophilum* (M.M. Moser) Singer, *Pholiota funariophila* (M.M. Moser) E. Ludw., *Pholiotina funariophila* M.M. Moser
Später Brandmoosschüppling, Brandmoos-Schüppling

H: 1–3 cm, hygrophan, halbkugelig, kegelig bis flach ausgebreitet, oft mit deutlichem Buckel, auch feucht nicht schmierig, matt, feinkörnig bis glatt, ocker- bis rot- oder tabakbraun, jung ganzer Hut, später Rand mit weißen Velumresten behangen, im Alter fast bis zur Mitte durchscheinend gerieft. **L:** gerade angewachsen bis schwach ausgebuchtet, erst schmutzig weiß, später rotbraun, Schneiden weißflockig. **St:** steif-elastisch, ocker bis bräunlich, vollständig weißlich überfasert, im Alter verkahlend, oft tief im Boden eingesenkt. **F:** cremefarben bis bräunlich. **Ger:** unauffällig. **Ges:** mild. **Spp:** dunkel zimtbraun. **V:** auf alten Brandstellen zwischen Drehmoos *Funaria hygrometica*; Frühling bis Herbst. **Mik:** Sporen glatt, ellipsoid, deutlich dickwandig, Keimporus deutlich, 7–10 × 5–6,5 µm, HymZ zylindrisch bis flaschenförmig, teils etwas kopfig, keine Chrysozystiden. (BK 4.419, Lu 1.65.31).

11.3.24 *Pholiota astragalina*, Safranroter Schüppling

11.3.25 *Pholiota conissans*, Feuchtstellen-Schüppling

11.3.26 *Meottomyces dissimulans*, Schmutziger Scheinschüppling

11.4 *Agrocybe,* Ackerlinge und Ähnliche

Basidiomycota, Ständerpilze > *Agaricomycetes* > *Agaricales,* Blätterpilze > *Strophariaceae,* Träuschlingsverwandte

Beschreibung

Kleine bis mittelgroße Pilze mit mehr oder weniger glattem oder etwas rissigem, weißlichem, gelbockerlichem oder braunem bis dunkelbraunem Hut. Das Sporenpulver ist tabak- bis ockerbraun. Die anfänglich blassen Lamellen werden bald graubraun bis ockerbraun. Sie sind schmal angeheftet bis breit angewachsen. Der Stiel ist teilweise beringt. *Cyclocybe cylindracea,* Südlicher Ackerling und *Cyclocybe erebia,* Leberbrauner Ackerling sind von Vizzini et al. 2014 von den ***Agrocybe*** der kleinen Gattung ***Cyclocybe,*** Pappelholzschüpplinge zugeteilt worden.

Ackerlinge wachsen ab dem Frühsommer, meist auf Erde, wenige auch auf Häcksel oder Holz. Sie sind alle Saprobionten.

Die Sporen sind stets glatt, ellipsoid bis etwas mandelförmig, eher dickwandig bis stark dickwandig mit mehr oder weniger sichtbarem Keimporus. Sie sind teilweise abgeplattet und erscheinen deshalb unter dem Mikroskop je nach Lage mit einer «breiten» und einer «schmalen» Breite. Cheilozystiden sind stets vorhanden, mehrheitlich flaschenförmig, vereinzelt auch breit utriform und im Fall von *Agrocybe arvalis,* Geschwänzter Ackerling mit auffällig fingerförmigen Auswüchsen.

11.4.01 *Agrocybe praecox,* Früher Ackerling

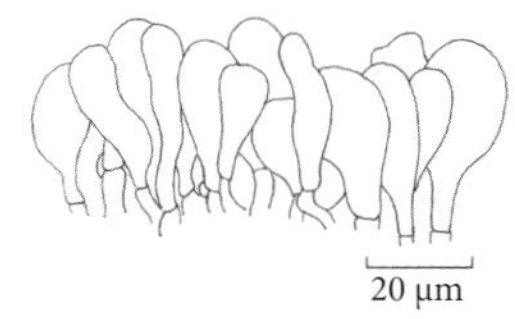

Hutdeckschicht (HDS)

Sporen

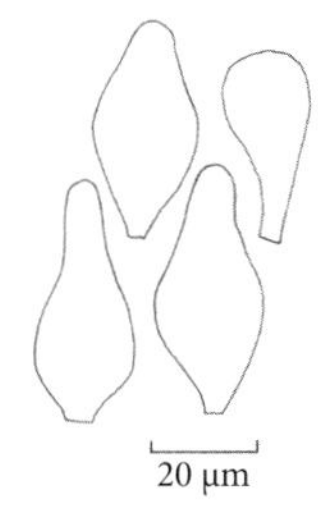

Hymenialzystiden (HymZ)

Bestimmung

Zuerst wird unterschieden, ob ein Ring oder Ringreste vorhanden sind. Hutgröße, -farbe, -form sowie Geruch und Standort helfen bei der weiteren Aufteilung. Auch die Beurteilung verschiedener Zystidenformen und das Vorkommen oder Fehlen von Zystiden in der Huthaut muss in einzelnen Fällen zur Bestimmung einbezogen werden.

Speisewerte

Einige Arten sind essbar. *Cyclocybe cylindracea,* Südlicher Ackerling wird auch gezüchtet. Die Gattung enthält keine Giftpilze, die selteneren und kleinen Arten sind jedoch keine Speisepilze.

11.4 *Agrocybe,* Ackerlinge und Ähnliche

Stiel mit Ring	
Hut weißlich bis ockerbraun	
auf Erde	
Hut meist über 3 cm breit	
mit Mehlgeruch, Hut beige-ocker, oft schon im Frühsommer	**01 *Agrocybe praecox,* Früher Ackerling**
ohne Mehlgeruch, Hut weißlich	04 *Agrocybe dura,* Weißer Ackerling
Hut kaum über 3 cm breit	
Stielbasis knollig, in Wiesen, Dünen	02 *Agrocybe sphaleromorpha,* Knollenfüßiger Ackerling
Stielbasis nicht knollig, auf feuchtem, sumpfigem Boden	03 *Agrocybe elatella,* Sumpfwiesen-Ackerling
auf Häcksel oder Pferdemist, Hut klebrig, auffällig radialrunzlig	05 *Agrocybe rivulosa,* Rinniger Ackerling
auf totem Holz, Hut trocken	13 *Cyclocybe cylindracea,* Südlicher Ackerling
Hut kastanien- bis schokoladenbraun	14 *Cyclocybe erebia,* Leberbrauner Ackerling
Stiel ohne Ring (höchstens undeutliche Spuren)	
Hut gelbbraun, ockerbraun	
Hut breiter als 1,5 cm	
Hut eher halbkugelig, Geruch mehlartig	
Hut 1,5–4,5 cm breit, feucht schmierig, ohne Pileozystiden	
Hut einheitlich gefärbt, schmierig, klebrig	06 *Agrocybe pediades,* Halbkugeliger Raustiel-Ackerling
Hutmitte orangebraun, Rand heller	07 *Agrocybe splendida,* Glänzender Ackerling
Hut oft > 4,5 cm, wildlederartig matt, mit Pileozystiden	08 *Agrocybe putaminum,* Falber Ackerling
Hut bald ausgebreitet gewölbt, ohne Mehlgeruch	
Stiel aus schwarzem Sklerotium, Keimporus sichtbar, Sporen 8–10,5 µm	09 *Agrocybe arvalis,* Sklerotien-Ackerling
Stielfortsatz ohne Sklerotium, Keimporus nicht sichtbar, Sporen 7–9 µm	10 *Agrocybe vervacti,* Wachsgelber Ackerling
Hut kaum über 1,5 cm breit	11 *Agrocybe pusiola,* Zwerg-Ackerling
Hut dunkelbraun (zumindest wenn feucht), samtig	12 *Agrocybe firma,* Samtiger Ackerling

11.4.01 *Agrocybe praecox* (Pers.) Fayod
Früher Ackerling, Voreilender Ackerling

H: 3–6 cm, evtl. schwach hygrophan, graubeige bis ockerbraun, Rand oft mit Velumresten behangen. **L:** etwas ausgebuchtet angewachsen, weißlich, später schmutzig braun. **St:** weißlich, faserig, mit häutigem Ring, dessen Reste vorwiegend am Hutrand haften, Basis oft mit weißen Mycelsträngen. **F:** relativ dünn, weißlich **Ger:** mehlartig. **Ges:** unauffällig bis etwas bitterlich. **Spp:** graubräunlich. **V:** im lichten Wald; vorwiegend im Frühjahr, Frühsommer. **Mik:** Sporen glatt, dickwandig, 0,5–1 µm dick, ellipsoid bis etwas abgeflacht, Keimporus deutlich, 7,5–10 × 5–6 µm, HymZ breit flaschenförmig bis utriform. (D 592f, Kr 4.298, BK 4.368, Lu 1.1.1, ⊠).

11.4.02 *Agrocybe sphaleromorpha* (Bull.) Fayod, Knollenfüßiger Ackerling: Hut kaum über 4 cm breit, ockerfuchsig, Stielbasis knollig; auf grasigen Plätzen, in Dünen. Sporen 9–11 × 5–7 µm.

11.4.03 *Agrocybe elatella* (P. Karst.) Vesterh., Sumpfwiesen-Ackerling: Hut kaum über 4 cm breit, hygrophan, Rand fein gerieft, Stielbasis ohne weiße Mycelstränge, Geschmack deutlich bitter; auf sumpfigem oder überschwemmtem Boden. Sporen sehr dickwandig 1–1,5 µm dick, breit ellipsoid, 7–10,5 × 5,5–7,5 µm. Kein Speisepilz. (Lu 1.1.5, ⊠).

LUDWIG 2001 zählt *A. sphaleromorpha* zu *A. praecox*, weist aber darauf hin, dass WATLING 1982 und andere Autoren *A. sphaleromorpha* aufgrund eines schmächtigeren Wuchses und größerer Sporen abgrenzen. Zusammen mit anderen Autoren betrachtet er zudem *Agrocybe paludosa* (J.E. Lange) Kühner & Romagn. ex Bon als Synonym von *A. elatella*. (D 591, BK 4.367).

11.4.04 *Agrocybe dura* (Bolton) Singer
Weißer Ackerling

H: 4–10 cm, glatt, feucht etwas schmierig, trocken oft felderig rissig, weißlich bis blass ockergelb, Rand meist mit Velumresten behangen. **L:** ausgebuchtet angewachsen, blassgrau, später bisweilen mit lila Schein, kaffeebraun, Schneiden weiß gezähnelt. **St:** weißlich, etwas bräunend mit häutigem, etwas gerieftem Ring, Basis oft mit weißen Mycelsträngen. **F:** weißlich, dick. **Ger:** unauffällig, nicht mehlartig. **Ges:** unauffällig bis etwas bitter. **V:** in lichten Wäldern, Parks, auf Feldern; Sommer. **Mik:** Sporen glatt, etwas dickwandig, ellipsoid bis etwas abgeflacht, Keimporus sichtbar, 11–15 × 7,5–9 µm, HymZ keulig bis ballonförmig. (D 590, Kr 4.291, BK 4.363, Lu 1.1.9, ⊠).

Die Art gilt als essbar; bitter schmeckende Exemplare sind jedoch nicht zu empfehlen.

11.4.05 *Agrocybe rivulosa* Nauta
Rinniger Ackerling

H: 4–12 cm, konvex bis ausgebreitet, mit deutlichem Buckel, jung klebrig, später deutlich radialrunzlig, ockergelb bis blassocker. **L:** ausgebuchtet bis fast frei, gedrängt, hellgrau bis graubraun. **St:** cremefarben, Ring hängend, häutig, Basis leicht knollig verdickt. **F:** weißlich. **Ger:** mehlartig. **Spp:** tabakbraun. **V:** auf Häcksel und (ausgewaschenem) Pferdemist. **Mik:** Sporen glatt, ellipsoid bis etwas mandelförmig, Keimporus sichtbar, 10–14 × 6,5–8 µm, HymZ keulig bis ballonförmig. (⊠).

11.4.06 *Agrocybe pediades* (Fr.) Fayod, *Agrocybe semiorbicularis* (Bull.) Fayod
Halbkugeliger Raustiel-Ackerling, Raustieliger Ackerling, Halbkugeliger Ackerling

H: 1,5–4 cm, halbkugelig, feucht etwas schmierig, ockergelb, gelbbraun. **L:** ziemlich breit angewachsen, graubraun. **St:** glatt bis weiß flockig, weißlich bis blass gelblich. **F:** blass, cremefarben. **Ger:** mehlartig. **Ges:** mehlartig, bitterlich. **Spp:** schmutzig rostbraun. **V:** auf Wiesen, Äckern, am Wegrand; Sommer bis Herbst. **Mik:** Sporen glatt, dickwandig, ellipsoid bis etwas abgeflacht, Keimporus breit und etwas abgestutzt, 10–16 × 7–11 µm, ChZ dicht, flaschenförmig bis etwas kopfig, PlZ mehrheitlich fehlend. (D 595f, Kr 4.296, BK 4.369, Lu 1.1.13, ⊠).

11.4.07 *Agrocybe splendida* Clémençon, Glänzender Ackerling: Hut ocker- bis lebhaft orangebraun, Rand heller, Sporenpulver schwarzbraun. Verschiedene Autoren grenzen die Art nicht von *A. pediades* ab. (BK 4.370, ⊠).

Agrocybe splendidoides Migl. & Coccia, Orangescheibiger Ackerling: Hutmitte lebhaft orangebraun. Sporen 15–17 × 9–10 µm, ChZ flaschenförmig, am Hals eingeschnürt, Pileozystiden fehlend. (Lu 1.1.12).

Die Abgrenzungen innerhalb dieser Gruppe sind generell uneinheitlich und bedürfen weiterer Klärung.

11.4.08 *Agrocybe putaminum* (Maire) Singer, Falber Ackerling, Bereiftstieliger Ackerling: Hut bis 10 cm breit, wildlederartig matt, Stiel faserig bis etwas rillig, Spitze feinflockig. Sporen glatt, Keimporus deutlich, 10–13 × 7–8 µm, ChZ flaschenförmig bis etwas kopfig

11.4.01 *Agrocybe praecox*, Früher Ackerling

11.4.03 *Agrocybe elatella*, Sumpfwiesen-Ackerling

11.4.04 *Agrocybe dura*, Weißer Ackerling

11.4.05 *Agrocybe rivulosa*, Rinniger Ackerling

11.4.06 *Agrocybe pediades*, Halbkugeliger Raustiel-Ackerling

11.4.07 *Agrocybe splendida*, Glänzender Ackerling

11.4.08 *Agrocybe putaminum*, Falber Ackerling

und vereinzelt mit Schleimkappe, PlZ keulig bis utriform, Pileozystiden vorhanden. (Kr 4.300, Lu 1.1.6, 🖼).

11.4.09 *Agrocybe arvalis* (Fr.) Singer
Sklerotien-Ackerling, Geschwänzter Ackerling

H: 1,5–3,5 cm, bald ausgebreitet gewölbt, hygrophan, feucht gelbbräunlich, trocken beige, blass. **L:** ausgebuchtet angewachsen, braun, schmal. **St:** starr, ockergelblich, wurzelnd und meist mit vergrabenem, schwarzem kleinem Sklerotium (Knolle) verbunden. **F:** dünn, blass. **Ger:** unauffällig. **Spp:** dunkelbraun. **V:** in Wiesen, lichten Wäldern. **Mik:** Sporen glatt, schlank ellipsoid bis etwas mandelförmig, dickwandig, Keimporus schmal, 8–10,5 × 4,5–6 µm, ChZ dicht flaschenförmig bis utriform, PlZ fehlend bis vereinzelt mit fingerförmigen Auswüchsen. (D 594, Kr 4.289, BK 4.361, Lu 1.1.4, 🖼).

11.4.10 *Agrocybe vervacti* (Fr.) Singer, Wachsgelber Ackerling, Hohlstieliger Ackerling: Hut lebhaft ockergelb, Scheitel dunkler, Lamellen breit angewachsen, etwas fleischig, Stiel relativ kurz. Sporen mit undeutlichem Keimporus, 7–8,5 × 5–5,5 µm, ChZ flaschenförmig und teils kopfig oder gegabelt, PlZ fehlend. (Kr 4.301, BK 4.371, Lu 1.1.10).

11.4.11 *Agrocybe pusiola* (Fr.) R. Heim, Zwerg-Ackerling: Hut kaum über 1,5 cm breit; auf Stoppelfeldern, grasigen Dünen. Sporen ohne Keimporus, 7–10 × 4,5–6,5 µm, HymZ vereinzelt bis häufig, in verschiedenen Formen. (Lu 1.1.14).

11.4.12 *Agrocybe firma* (Peck) Singer
Samtiger Ackerling

H: 2–7 cm, gewölbt bis flach, samtig, feucht schmutzig dunkelbraun, trocken gelbocker bis olivbraun. **L:** Schneiden bewimpert. **St:** flockig bereift, ockeroliv. **Ger:** etwas nach Mehl. **V:** auf morschem Laubholz. **Mik:** Sporen glatt, ellipsoid, teilweise etwas abgeflacht, leicht dickwandig, Keimporus unsichtbar, 6–7,5 × 4–4,5 µm, HymZ flaschenförmig bis breit utriform oder ballonförmig. (Kr 4.294, BK 4.365, Lu 1.1.8, 🖼).

11.4.13 *Cyclocybe cylindracea* (DC.) Vizzini & Angelini, *Agrocybe cylindracea* (DC.) Maire, *Cyclocybe aegerita* (V. Brig.) Vizzini, *Agrocybe aegerita* (V. Brig.) Singer 🍴
Südlicher Ackerling

H: 5–10 cm, halbkugelig, bald ausgebreitet gewölbt bis flach, matt, später oft rinnig-runzelig oder felderig rissig, cremeweiß bis ockerbräunlich, Rand oft heller. **L:** breit angewachsen bis schwach herablaufend, blass, alt zimtbraun. **St:** weißlich, mit hängendem, flüchtigem Ring, Basis bräunend. **F:** weißlich, in der Stielbasis bräunend. **Ger:** unauffällig. **Ges:** angenehm. **V:** auf Laubholz, vorwiegend Pappel, oft büschelig. **Mik:** Sporen glatt, ellipsoid bis etwas bohnenförmig, leicht dickwandig, Keimporus meistens sichtbar, 8–12 × 5–6,5 µm, HymZ keulig, spindelig bis flaschenförmig. Vereinzelt auch als Zuchtpilz im Handel. (D 589, BK 4.362, Lu 1.1.7, 🖼).

11.4.14 *Cyclocybe erebia* (Fr.) Vizzini & Matheny, *Agrocybe erebia* (Fr.) Kühner ex Singer
Leberbrauner Ackerling, Leberbrauner Erdschüppling

H: 3–6 cm, schwach runzelig bis glatt, etwas schmierig, hygrophan, feucht dunkel kastanienbraun, trocken blasser, Rand schwach gerieft, evtl. fein weißflockig. **L:** breit angewachsen bis leicht herablaufend, blassbraun, später dunkler graubraun. **St:** Stielspitze und hängender Ring oberseits creme bis blassbraun, gerieft, Stielbasis dunkler braun, oft keulig. **F:** weißlich bis blassbraun, in der Stielbasis dunkler. **Ger:** unauffällig. **Ges:** bitterlich. **Spp:** tabakbraun. **V:** im Wald, am Wegrand, in Parks; Sommer bis Herbst. **Mik:** Sporen glatt, schmal ellipsoid, teils mit verjüngter Spitze, dickwandig, Keimporus fehlend, 9–13,5 × 6–7 µm, mehrheitlich 2-sporig, HymZ zylindrisch bis flaschenförmig. (D 588, Kr 4.294, BK 4.364, Lu 1.1.3, 🖼).

Die Zuteilung der als *Agrocybe ombrophila* (Weinm.) Konrad & Maubl., Violettbrauner Ackerling beschriebenen Pilze ist gemäß Krieglsteiner 1985 unklar. Die meisten Autoren betrachten den Namen als Synonym von *C. erebia*, manche als das von *A. praecox*.

11.4.09 *Agrocybe arvalis*, Sklerotien-Ackerling

11.4.12 *Agrocybe firma*, Samtiger Ackerling

11.4.13 *Cyclocybe cylindracea*, Südlicher Ackerling

11.4.14 *Cyclocybe erebia*, Leberbrauner Ackerling

11.5 *Psilocybe,* Kahlköpfe und Ähnliche

Basidiomycota, Ständerpilze > *Agaricomycetes* > *Agaricales,* Blätterpilze > *Strophariaceae,* Träuschlingsverwandte oder *Hymenogastraceae,* Erdnussverwandte

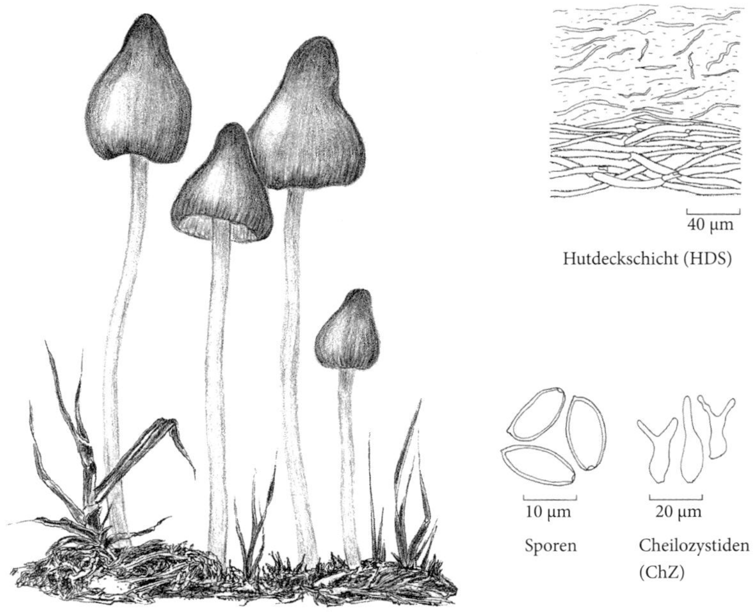

11.5.01 *Psilocybe semilanceata,* Spitzkegeliger Kahlkopf

Beschreibung

Kleine Pilze mit halbkugeligem bis gewölbtem oder glockig-spitzkegeligem, teils schmierig-schleimigem Hut in hellbrauner, gelbbrauner, rötlich- bis dunkelbrauner Farbe, bisweilen mit olivem Beiton. Die Oberfläche ist glatt; bei jungen Pilzen kann – je nach Art – der Rand mit weißlichen Velumresten behangen, seltener auch der Randbereich damit bedeckt sein. Bei gewissen Arten lässt sich die elastische Huthaut abziehen. Der Stiel ist relativ dünn, meist unberingt, in Einzelfällen aber beringt oder mit angedeuteter Ringzone, kahl oder fein faserig-flockig, weißlich bis braun und teilweise blau verfärbend. Die Lamellen sind schmal angeheftet oder breit angewachsen, erst blassbraun, durch das dunkelbraune Sporenpulver später dunkel graubraun bis rötlichbraun. Die Arten mit nicht blau verfärbendem Fleisch sind aufgrund genetischer Untersuchungen der Gattung ***Deconica*** zugeteilt worden. Auf Deutsch werden diese ehemaligen Kahlkopf-Arten nun Klebköpfe genannt und sind damit auch von den übrigen, andersartigen ***Melanotus,*** Muschelfüßchen klar abgegrenzt. Sie gehören zur Familie *Strophariaceae,* Träuschlingsverwandte. ***Psilocybe,*** Kahlköpfe gehören hingegen, abhängig von der Auffassung verschiedener Autoren, ebenfalls dazu oder sie werden zur Familie *Hymenogastraceae,* Erdnussverwandte gezählt.

Die Arten beider Gattungen können auf Dung, Laub- oder Nadelstreu, auf moorigen Torfböden, Holzresten und auf kahler Erde wachsen und sind alle Saprobionten.

Die Sporen sind immer glatt, mit sichtbarem Keimporus, mehrheitlich dickwandig, ellipsoid bis etwas mandelförmig, bei einigen seitlich abgeplattet und teilweise auch angedeutet eckig. Mit dem Mikroskop betrachtet, zeigen sie deshalb eine «breite» und eine «schmale» Breite, wenn sie sich in der Flüssigkeit drehen. Cheilozystiden sind stets vorhanden, zylindrisch bis flaschenförmig, ausnahmsweise auch etwas kopfig.

Bestimmung

Einige Arten lassen sich aufgrund der Form und Beschaffenheit des Hutes, anhand von Verfärbungen, dem Standort, dem Geruch oder von Eigenschaften am Stiel ohne mikroskopische Hilfe bestimmen. Oft ist aber zumindest eine Messung der Größe von Sporen oder der Vergleich von deren Wanddicken erforderlich.

Speisewerte

Die Gattung enthält keine Speisepilze. Mehrere Arten sind giftig oder giftverdächtig; sie wirken halluzinogen. Bekannt ist *Psilocybe semilanceata,* Spitzkegeliger Kahlkopf, der das Alkaloid Psilocybin enthält; in getrockneten Pilzen macht es etwa ein Prozent aus. Weitere Wirkstoffe mit vermutlich psychotroper Wirkung sind Psilocin und Baeocystin, die ebenfalls in verschiedenen Konzentrationen in Arten dieser Gattung gemessen werden. Die blaue Verfärbung ist ein Hinweis auf die genannten Inhaltsstoffe. Sie finden sich z. B. auch in einigen blauenden *Inocybe,* Risspilze oder *Panaeolus,* Düngerlinge. Der Zusammenhang ist allerdings nicht zwingend. Es gibt blaue Verfärbungen bei anderen Pilzen, wie z. B. Röhrlingen oder Raslingen, die andere Ursachen haben, und umgekehrt gibt es Fruchtkörper, die trotz der beschriebenen Inhaltsstoffe keine Verfärbungen zeigen.

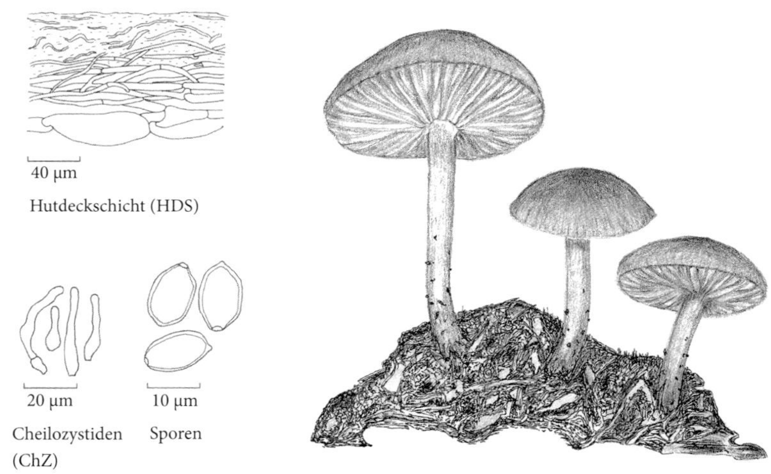

11.5.05 *Deconica coprophila,* Mistliebender Klebkopf

11.5 *Psilocybe,* Kahlköpfe und Ähnliche

- Stiel zentral
  - Hut bleibend glockig, spitzkegelig, braun- bis olivgelb, Lam. schmal angeheftet — 01 *Psilocybe semilanceata,* Spitzkegeliger Kahlkopf
  - Hut halbkugelig, breitkegelig oder gewölbt, evtl. gebuckelt
    - Fruchtkörper an Druckstellen und alt blauend
      - Stiel ohne Ring, Hut 2–5 cm, Sporen 10–12,5 × 6–7,5 µm — 02 *Psilocybe cyanescens,* Blauender Kahlkopf
      - Stiel mit Ring, Hut 3–9 cm, Sporen 12–17 × 7–11,5 µm — 03 *Psilocybe cubensis,* Kubanischer Kahlkopf
    - Fruchtkörper nicht blauend
      - auf Dung wachsend, Hut teils bis 4 cm breit
        - Stiel oft mit angedeuteter Ringzone, evtl. faserig gebändert, wurzelnd
          - Hut blassocker bis braunoliv, Zentrum ohne Orange, 2–4 cm — 04 *Deconica merdaria,* Mist-Klebkopf
          - Hut mit gelblichem, im Zentrum orangem Farbanteil, 1–2 cm — 11.2.13 *Protostropharia luteonitens,* Zweisporiger Urträuschling
        - Stiel ohne Ringzone, nicht wurzelnd
          - Sporen 12–16 µm lang, Fruchtkörper gesellig bis büschelig — 05 *Deconica coprophila,* Mistliebender Klebkopf
          - Sporen 14–20 µm lang — 06 *Psilocybe subcoprophila,* Großsporiger Mist-Kahlkopf
          - Sporen 6–9 µm lang, Fruchtkörper oft büschelig — 12 *Psilocybe bullacea,* Blasiger Kahlkopf
      - auf Laub- oder Nadelstreu, bei Moos, evtl. altem Dung, Hut kaum über 2 cm
        - Geruch mehlartig, grasartig
          - bei Torfmoos oder anderen Moosen — 07 *Psilocybe turficola,* Torf-Kahlkopf
          - im Nadelwald — 08 *Psilocybe medullosa,* Schmieriger Kahlkopf
        - Geruch nicht mehlartig
          - Huthaut abziehbar, gummiartig, klebrig-schmierig, oft weißflockig
            - Hut und Hutrand deutlich weißflockig — 10 *Deconica crobula,* Weißflockiger Klebkopf
            - Hut kahl, Rand flockig behangen oder ebenfalls kahl
              - ohne Ringreste
                - Rand kaum behangen, feucht hellbraun, auf Pflanzenresten — 09 *Deconica inquilina,* Feingeriefter Klebkopf
                - Rand flockig, vorwiegend einzeln, bei Moos, Pflanzenresten — 11 *Deconica phyllogena,* Rautensporiger Klebkopf
                - Rand flüchtig behangen, vorwiegend büschelig — 12 *Psilocybe bullacea,* Blasiger Kahlkopf
              - mit Ring oder Ringresten, Geruch deutlich erdartig — 11.2.13 *Protostropharia luteonitens,* Zweisporiger Urträuschling
          - Huthaut nicht abziehbar, kaum schmierig, Rand ohne Velumreste
            - Hutrand gerieft, Sporen dickwandig, 7–9 µm — 13 *Deconica montana,* Trockener Klebkopf
            - Hutrand kaum gerieft, Sporen dünnwandig, < 7 µm — 14 *Deconica xeroderma,* Kleinsporiger Klebkopf
      - subalpin bis alpin, vorwiegend bei Moosen
        - Sporen 7–9 µm, Stiel braun, faserig, ohne Ringreste — 13 *Deconica montana,* Trockener Klebkopf
        - Sporen < 7 µm, Stiel weißlich faserig-flockig, ohne Ringreste — 14 *Deconica xeroderma,* Kleinsporiger Klebkopf
        - Sporen 17–20 µm, Stiel schlank, gelblich, mit Ringresten — 11.2.13 *Protostropharia luteonitens,* Zweisporiger Urträuschling
- Stiel seitlich
  - auf toten Blättern von krautigen Pflanzen oder Seggen — 15 *Deconica phillipsii,* Seggen-Muschel-Klebkopf
  - auf Laubholz oder Textilien — 16 *Deconica horizontalis,* Laubholz-Muschel-Klebkopf

11.5.01 *Psilocybe semilanceata* (Fr.) P. Kumm.
Spitzkegeliger Kahlkopf

H: 1–2 cm, glockig, spitzkegelig, oft mit etwas abgesetzter Papille, hygrophan, feucht schmierig, braun- bis olivgelblich, Rand zart gerieft, trocken lehmgelb, Huthaut leicht abziehbar. **L:** schmal angeheftet, blass oliv- bis rotbräunlich, Schneiden weiß. **St:** knorpelig, blass bräunlich. **F:** dünn, im Hut blass gelblich, im Stiel bräunlich. **Ger:** unauffällig. **Ges:** unauffällig. **Spp:** dunkelbraun, purpurbraun. **V:** an grasigen, nährstoffreichen Stellen, auf Weide *Salix*. **Mik:** Sporen glatt, dickwandig, ellipsoid, einseitig etwas abgeflacht, Keimporus deutlich, 11,5–15 × 7–8,5 µm, ChZ flaschenförmig mit langem Hals, teils gegabelt, PlZ spärlich oder fehlend. (D 614, Kr 4.404, BK 4.451, Lu 1.72.8, 🖼).

Psilocybe strictipes Singer & A.H. Sm., *P. semilanceata* var. *caerulescens* (Cooke) Sacc., Steifstieliger Kahlkopf: Hutrand und Stielbasis blauend, Stiel zäh und starr. (Lu 1.72.10).

11.5.02 *Psilocybe cyanescens* Wakef.
Blauender Kahlkopf, Blaugrünfleckender Kahlkopf

H: 2–5 cm, halbkugelig, flachkegelig oder gewölbt, hygrophan, feucht schmierig, haselnussbraun, trocken blass ockergelblich mit blauen bis blaugrünen Flecken, Huthaut nicht abziehbar. **L:** teils ausgebuchtet und relativ breit bis aufsteigend angewachsen, zimtbraun, später grau- bis kastanienbraun mit helleren Schneiden. **St:** steif, weißlich, alt oder an Druckstellen blauend. **Ger:** leicht mehlig bis fast kartoffelartig. **V:** auf Pflanzenresten (Blättern, Ästchen), stark vermorschtem Holz, Humus; Herbst, Spätherbst. **Mik:** Sporen glatt, dickwandig, ellipsoid, einseitig etwas abgeflacht, nicht eckig, Keimporus deutlich, 10–12,5 × 6–7,5 µm, ChZ flaschenförmig, teils etwas kopfig und vereinzelt mit blaugrünlicher Schleimkappe, PlZ spärlich oder fehlend. (Lu 1.72.13, 🖼).

Psilocybe bohemica Šebek, *Psilocybe mairei* Singer und *Psilocybe serbica* M.M. Moser & E. Horak zählen gemäß Krieglsteiner 2003 ebenfalls zum Formenkreis von *P. cyanescens*.

Psilocybe azurescens Stamets & Gartz, Größter Kahlkopf, Stattlicher Kahlkopf: Hut 2–10 cm, hygrophan, feucht gelbbraun bis rötlichocker, trocken cremeocker, Stiel auffällig lang, 6–20 cm, seidig weiß, genattert, Basis filzig-striegelig, oft etwas verdickt und stark blauend. Sporen glatt, dickwandig, ellipsoid bis mandelförmig, Keimporus breit, 12,5–15 × 7–8 µm, HymZ in verschiedensten Formen vorhanden.

Psilocybe fimetaria (P.D. Orton) Watling, Blaufuß-Kahlkopf: Hut 0,5–3,5 cm, kegelig bis ausgebreitet und gebuckelt, schleimig, vor allem jung im äußeren Bereich mit Velumflocken bedeckt, Huthaut abziehbar, Stiel faserig mit Velumzone, Geruch mehlartig; auf Kuh- oder Pferdemist. Sporen glatt, ellipsoid bis schwach linsenförmig, 11,5–15 × 6,5–7,5 µm. (Lu 1.72.12).

Psilocybe hispanica Guzmán: Hut 0,5–1 cm, Velumreste stark flüchtig oder fehlend; aus dem alpinen Bereich Spaniens, auf Pferdemist. Sporen 12–14,5 × 6–8 µm. ChZ kurz bis ca. 20 µm lang.

11.5.03 *Psilocybe cubensis* (Earle) Singer, Kubanischer Kahlkopf, Tropen-Kahlkopf: Hut 3–9 cm, cremeweiß bis blassocker, Rand mit Velumresten behangen, Stiel mit Ring oder Ringzone, Geruch unangenehm, tropische Art, in Europa vereinzelt als ausgewilderte Zuchtart an günstigen Standorten, z. B. auf Kompost. Sporen abgeplattet linsenförmig, 12–17 × 7–11,5 µm, ChZ flaschenförmig. (🖼).

11.5.04 *Deconica merdaria* (Fr.) Noordel., *Psilocybe merdaria* (Fr.) Ricken
Mist-Klebkopf, Mist-Kahlkopf

H: 1–4 cm, halbkugelig bis gewölbt ausgebreitet, etwas klebrig, in Teilen abziehbar, hell olivocker, gelbbräunlich, Rand jung fein weißlichflockig behangen. **L:** breit angewachsen, schwach ausgebuchtet bis etwas herablaufend, gelblich, später purpurgrau bis dunkelbraun, Schneiden heller. **St:** silbrig faserig gebändert auf blass ockerlichem Grund, etwas wurzelnd. **F:** blass. **Spp:** dunkelbraun. **V:** auf Mist; Frühjahr bis Herbst. **Mik:** Sporen glatt, dickwandig, ellipsoid, linsenförmig abgeplattet und etwas eckig, Keimporus deutlich, 11,5–16 × 7–10 µm, ChZ flaschenförmig, teils mit langem Hals, PlZ fehlend. (BK 4.447, Lu 1.72.11, 🖼).

11.5.05 *Deconica coprophila* (Bull.) P. Karst., *Psilocybe coprophila* (Bull.) P. Kumm.
Mistliebender Klebkopf, Mistliebender Kahlkopf

H: 1–2 cm, glockig bis halbkugelig, feucht schmierig, Huthaut abziehbar, rotbraun, fuchsigbraun, evtl. mit schwach olivem Beiton, Rand etwas durchscheinend gerieft, trocken ockergelb. **L:** breit angewachsen, schwach ausgebuchtet und mit Zahn herablaufend, entfernt, blassgrau, später schwarzbraun mit heller, bewimperter Schneide. **St:** starr, kahl bis feinflockig auf blass ockergelblichem Grund. **F:** dünn. **Ger:** unauffällig, pilzartig. **Spp:** dunkelbraun. **V:** auf Mist. **Mik:** Sporen glatt bis eckig, dickwandig, linsenförmig abgeplattet, Keimporus breit, 12–15 × 7–9,5 µm, ChZ flaschenförmig, teils mit langem Hals, PlZ fehlend. (D 613, BK 4.444, Lu 1.72.22, 🖼).

11.5.06 *Psilocybe subcoprophila* (Britzelm.) Sacc., Großsporiger Mist-Kahlkopf: Huthaut schmierig und ganz abziehbar, Sporen ellipsoid und einseitig abgeflacht, nicht eckig, dickwandig, Keimporus breit, 14–20 × 7,5–10 µm. (BK 4.452, Lu 1.72.24).

11.5.01 *Psilocybe semilanceata*, Spitzkegeliger Kahlkopf

11.5.02 *Psilocybe cyanescens*, Blauender Kahlkopf

11.5.03 *Psilocybe cubensis*, Kubanischer Kahlkopf

11.5.04 *Deconica merdaria*, Mist-Klebkopf

11.5.05 *Deconica coprophila*, Mistliebender Klebkopf

11.5.07 *Psilocybe turficola* J. Favre
Torf-Kahlkopf

H: 0,5–1,5 cm, gewölbt, gebuckelt, etwas schmierig, feucht dunkel rot- bis schwarzbraun, trocken gelbbraun, Rand höchstens schwach gerieft. **L:** braun bis schwarzbraun mit hellen Schneiden. **St:** steif, weißlich faserig auf braunem Grund. **Ger:** mehlartig. **Ges:** mehlartig. **V:** im Moor, auf Torf, bei Torfmoos *Sphagnum*. **Mik:** Sporen glatt, leicht dickwandig, ellipsoid bis mandelförmig, Keimporus deutlich, 8,5–11 × 5,5–7 µm, ChZ spindelig bis langhalsig, spitz auslaufend flaschenförmig. (Kr 4.406, Lu 1.72.4).

11.5.08 *Psilocybe medullosa* (Bres.) Borov., *Psilocybe tenax* (Fr.) Kühner & Romagn., *Geophila tenax* (Fr.) Kühner & Romagn., *Phaeogalera medullosa* (Bres.) M.M. Moser, Schmieriger Kahlkopf, Klebriger Kahlkopf, Schmieriger Braunhäubling: Hut schleimig-schmierig, ockeroliv bis rotbraun, Geruch mehl- bis grasartig; in lichtem, feuchtem Nadelwald. Sporen glatt, eher dünnwandig, schlank ellipsoid bis mandelförmig, Keimporus deutlich, 8–10,5 × 4,5–6 µm, ChZ flaschenförmig mit langem, teils verbogenem Hals. (BK 5.403, Lu 1.72.19).

Psilocybe silvatica (Peck) Singer & A.H. Sm., Wald-Kahlkopf: steht gemäß Borovička et al. 2015 *P. medullosa* sehr nahe und kann aufgrund morphologischer Merkmale nicht unterschieden werden. In der Publikation wird aber an beiden Namen festgehalten. Anhand des spärlich vorhanden Materials konnte nicht geklärt werden, ob es sich um dieselbe Art handelt. (Kr 4.405).

11.5.09 *Deconica inquilina* (Fr.) Romagn.,
***Psilocybe inquilina* (Fr.) Bres., *Psilocybe muscorum* (P.D. Orton) M.M. Moser**
Feingeriefter Klebkopf, Feingeriefter Kahlkopf, Moos-Kahlkopf

H: 0,5–2 cm, Huthaut abziehbar, stark hygrophan, feucht schmierig, graubraun, Rand gerieft, trocken lederfarben bis gelblich, Rand evtl. mit weißen Velumresten. **L:** ± gerade angewachsen, breit, blass, später graubraun mit helleren Schneiden. **St:** weiß faserig auf bräunlichem bis braunem Grund, ohne Ringzone. **F:** blass. **Ger:** unauffällig. **V:** auf Ästchen, toten Gräsern, Sägemehl, stark morschem Holz. **Mik:** Sporen glatt, eher dünnwandig, ellipsoid bis mandel- oder mützenförmig, deutlich abgeplattet, je nach Ansicht etwas kantig und mittig leicht eingeschnürt, Keimporus deutlich, 6–8,5 × 4–6 µm, ChZ flaschenförmig mit langem Hals. (BK 4.446, Lu 1.72.21, 🖼).

11.5.10 *Deconica crobula* (Fr.) Romagn., *Psilocybe crobula* (Fr.) Singer, *P. inquilina* var. *crobula* (Fr.) Høil., Weißflockiger Klebkopf, Weißflockiger Kahlkopf: auf dem Randbereich des Hutes, am Hutrand und Stiel deutlich weiß flockig, oft mit Ringzone, Lamellen blass- bis rostbraun; auf holzigen Pflanzenstängeln oder Rinderdung. Sporen dünnwandig, abgeplattet, 6–7 × 4–5 µm, ChZ flaschenförmig mit langem, teils verbogenem Hals. (D 613, Kr 4.398, BK 4.445, Lu 1.72.18).

11.5.11 *Deconica phyllogena* (Sacc.) Noordel., *Psilocybe phyllogena* (Sacc.) Peck, Rautensporiger Klebkopf, Rautensporiger Kahlkopf: Hut grau bis rotbraun, dunkelbraun, zumindest in feuchtem Zustand; auf Laub- und Nadelstreu in feuchten Wäldern. Sporen eher dickwandig, stark abgeplattet, je nach Ansicht deutlich rhombenförmig-eckig, Keimporus deutlich, 5–6,5 × 3,5–5 µm, ChZ flaschenförmig mit langem, teils verbogenem Hals. (Kr 4.402, BK 4.450, Lu 1.72.20, 🖼).

11.5.12 *Psilocybe bullacea* (Bull.) P. Kumm., Blasiger Kahlkopf: Hut 0,5–3 cm, feucht dunkelbraun, bis gegen die Mitte gerieft, trocken blasser; oft büschelig, vorwiegend auf Dung oder verrottendem Stroh, seltener auch auf nacktem Boden, am Wegrand. Sporen länglich, eher dünnwandig, leicht eckig, 6,5–8 × 4–5,5 µm. (Kr 4.405, BK 4.442, Lu 1.72.15).

Psilocybe subviscida (Peck) Kauffman, *Psilocybe graminicola* (Peck) Kauffman, Schwachschmieriger Kahlkopf, Kompost-Kahlkopf: Hut 0,5–2 cm; auf Erde, Pflanzenresten (Maiskolben *Zea*), altem, kompostiertem Dung. Sporen dünnwandig, deutlich abgeplattet, nicht eckig, 6–8 × 4–6 µm, ChZ flaschenförmig mit langem, welligem Hals. (Lu 1.72.23).

11.5.13 *Deconica montana* (Pers.) P.D. Orton,
***Psilocybe montana* (Pers.) P. Kumm., *Deconica physaloides* (Bull.) P. Karst.**
***Psilocybe physaloides* (Bull.) Quél.**
Trockener Klebkopf, Trockener Kahlkopf

H: 0,5–2 cm, halbkugelig bis ausgebreitet gewölbt, Huthaut nicht abziehbar, nicht schmierig, trocken oder höchstens klebrig, hygrophan, feucht rotbraun, gerieft, trocken lederbraun. **L:** breit und gerade bis etwas herablaufend angewachsen, graubraun, später dunkelbraun. **St:** hell- bis rotbräunlich, Spitze bereift. **V:** auf sandigem Boden, zwischen niederen Moosen bis hoch über die Baumgrenze. **Mik:** Sporen glatt, dickwandig, ellipsoid bis breit mandelförmig, deutlich abgeplattet, Keimporus deutlich, 7–8,5 × 4–6 µm, ChZ langhalsig flaschenförmig, bisweilen etwas kopfig. (Kr 4.401, BK 4.448/449, Lu 1.72.16, 🖼).

D. physaloides ist die Typusart der Gattung *Deconica*. Gemäß Ramírez-Cruz et al. 2020 wurde das Typusexemplar bisher nicht sequenziert. Zudem behandeln sie *D. montana* und *D. physaloides* als zwei verschiedene Arten, während andere Autoren diese als Synonyme betrachten.

11.5.09 *Deconica inquilina*, Feingeriefter Klebkopf

11.5.11 *Deconica phyllogena*, Rautensporiger Klebkopf

11.5.13 *Deconica montana*, Trockener Klebkopf

11.5.14 *Deconica xeroderma* (Huijsman) Noordel., *Psilocybe xeroderma* Huijsman, *Deconica alpestris* (Singer) Ram.-Cruz & Guzmán, Kleinsporiger Klebkopf, Kleinsporiger Kahlkopf: Hut gelb bis schokoladenbraun, Hutrand trocken, kaum gerieft, mit flüchtigen Velumflöckchen, Stiel ebenfalls leicht flockig; auf nährstoffreichem Böden, auf Nadelholzstreu und Grasresten, montan bis alpin. Sporen dickwandig, Keimporus breit, abgestutzt, 5,5–7 × 3,5–5,5 µm, ChZ spindelig bis breit flaschenförmig.

11.5.15 *Deconica phillipsii* (Berk. & Broome) Noordel., *Melanotus phillipsii* (Berk. & Broome) Singer
Seggen-Muschel-Klebkopf, Seggen-Muschelfüßchen

H: 0,2–1 cm, muschelförmig, grauocker, fahl gelblich. **L:** hell bräunlich, **St:** seitlich, rötlichbraun. **Spp:** hellbraun. **V:** an toten Blättern von Seggen *Carex* oder anderen einkeimblättrigen Pflanzenresten *Monocotyledonae*. **Mik:** Sporen glatt, eher dünnwandig, ellipsoid bis mandelförmig, Keimporus deutlich, 6–7 × 3–4 µm, ChZ langhalsig flaschenförmig, oft verbogen. (BK 4.418, Lu 1.72.25, 🖼).

11.5.16 *Deconica horizontalis* (Bull.) Noordel., *Melanotus hepatochrous* (Berk.) Singer, *Psilocybe hepatochrous* (Berk.) Lago-Álv. & M.L. Castro, Laubholz-Muschel-Klebkopf, Laubholz-Muschelfüßchen, Ockerblättriges Muschelfüßchen, Leberfarbener Kahlkopf: Hutoberfläche faserig bis flaumig-filzig, leberbraun, Rand heller und jung behaart, Lamellen ocker- bis umbra-, bisweilen etwas violettbraun, Stiel jung zentral, später seitlich; auf Laubholz. Sporen 5,5–7 µm lang, etwas dickwandig, Keimporus sichtbar. (Lu 1.72.27).

Exemplare auf Textilien oder alten Möbeln zählen ebenfalls zu dieser Art, wurden aber auch separat als *Melanotus textilis* Redhead & Kroeger, Textilien-Muschelfüßchen beschrieben. Sporen glatt, breit ellipsoid bis etwas mandelförmig, eher dickwandig, 6–7 × 4,5–5 µm, ChZ spindelig bis langhalsig flaschenförmig. (Lu 1.72.28).

11.5.15 *Deconica phillipsii*, Seggen-Muschel-Klebkopf

11.6 *Gymnopilus,* Flämmlinge

Basidiomycota, Ständerpilze > *Agaricomycetes* > *Agaricales,* Blätterpilze > *Hymenogastraceae,* Erdnussverwandte

Familie *Hymenogastraceae,* Erdnussverwandte

Die Familie ist nach den trüffelartig unterirdisch wachsenden *Hymenogaster,* Urerdnüsse benannt. Dieser Zusammenhang wurde erst aufgrund aktueller Forschung erkannt. Die Gattungen *Gymnopilus,* Flämmlinge, *Galerina,* Häublinge, *Hebeloma,* Fälblinge und *Naucoria,* Sumpfschnitzlinge zählten bisher zur Familie *Strophariaceae,* und *Phaeocollybia,* Wurzelschnitzlinge zählten zu *Cortinariaceae.* Die Familiengrenzen werden bis jetzt nicht einheitlich gezogen. Verschiedene Autoren zählen die genannten Gattungen weiterhin zu den bisherigen Familien; einige fassen den Rahmen weiter und gliedern auch *Psilocybe,* Kahlköpfe in die Familie ***Hymenogastraceae*** ein. Da dürfte auch in naher Zukunft einiges in Bewegung bleiben. Die Familie vereint kleine, kugelige bis nierenförmige unterirdisch wachsende Knollen mit kleinen bis mittelgroßen oberirdischen Pilzen, vorwiegend in verschiedenen Brauntönen, teils auch weißlich und rostgelb. Das Sporenpulver ist grau- bis rostfarben. Damit die ähnlichen unterirdischen Arten miteinander verglichen werden können, wird die Gattung *Hymenogaster,* Urerdnüsse trotz ihrer systematischen Zugehörigkeit nicht hier, sondern in Kapitel 1 behandelt.

Es gibt Gattungen in der Familie, die zu den Mykorrhiza bildenden Arten zählen, wie z. B. die auf Erde vorkommenden *Hebeloma,* Fälblinge. *Gymnopilus,* Flämmlinge, die teilweise auf Holz wachsen, zählen hingegen zu den Saprobionten.

Die Sporen der *Hymenogastraceae* sind mehrheitlich warzig, selten glatt, ellipsoid bis zitronenförmig, teils auch kugelig, oft dextrinoid. Cheilozystiden sind mehrheitlich vorhanden und teilweise kopfig. Pleurozystiden findet man nur teilweise.

11.6.06 *Gymnopilus penetrans,* Geflecktblättriger Flämmling

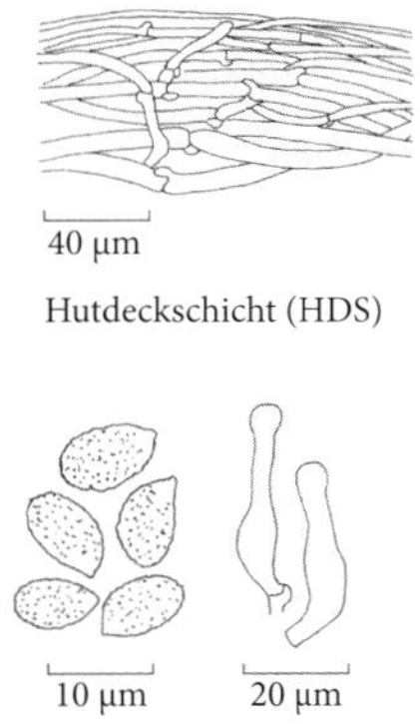

Gymnopilus, Flämmlinge

Beschreibung

Kleine bis mittelgroße Pilze mit mehr oder weniger gewölbten, selten etwas gebuckelten, kahlen bis fein filzig-schuppigen Hüten. Die ausgebuchtet bis leicht herablaufend angewachsenen Lamellen sind gelb bis orange gefärbt. Später werden sie durch das reifende, rostbraune Sporenpulver zunehmend rostbraun, oft fleckig. Hut und Stiel sind gelb, gelbbraun, rost- bis rotbraun. Das Fleisch ist gelblich, mehrheitlich bitter. Eine Art ist beringt, bei den anderen finden sich z. T. mehr oder weniger flüchtige Cortinareste.

Gymnopilus, Flämmlinge wachsen vom Sommer bis zum Herbst, vor allem auf Holz, seltener auf Erde, im Gras oder bei Torfmoos *Sphagnum.* Sie sind alle Saprobionten.

Die Sporen der Flämmlinge sind meist warzig, kugelig bis ellipsoid, leicht bis deutlich dextrinoid (rotbraun mit Jodlösung) und ohne Keimporus. Die Cheilozystiden sind oft kopfig, teils auch flaschenförmig.

Bestimmung

Für die Bestimmung einer Art gilt es, neben einem möglichen Ring auf den Standort zu achten, im Weiteren auf die Hutfarbe, die Hutoberfläche und die Größe. Nur *Gymnopilus penetrans,* Geflecktblättriger Flämmling ist wirklich häufig. Für eine sichere Abgrenzung zum ähnlichen *Gymnopilus sapineus,* Samtschuppiger Tannen-Flämmling braucht es allerdings detaillierte mikroskopische Untersuchungen, die bis zum Vergleich der Breite der Huthauthyphen gehen. *Gymnopilus purpuratus,* Purpurschuppiger Flämmling ist dem in der Regel größer gewachsenen und weißsporigen *Tricholomopsis rutilans,* Purpurfilziger Holzritterling sehr ähnlich.

Speisewerte

In der ganzen Gattung gibt es keine Speisepilze. Die meisten Arten schmecken bitter; einige sind giftig oder giftverdächtig. Bei *Gymnopilus junonius,* Beringter Flämmling wurde gemäß Ludwig 2001 eine halluzinogene Wirkung nachgewiesen.

11.6 *Gymnopilus*, Flämmlinge

- Stiel mit häutigem Ring — 01 *Gymnopilus junonius*, Beringter Flämmling
- Stiel ohne häutigen Ring
  - auf Strünken oder totem Holz im Nadelwald, seltener auf Erde
    - Hut ± rot- bis purpurbraun, eher dünnfleischig
      - Hut deutlich purpur- bis weinbraun schuppig — 02 *Gymnopilus purpuratus*, Purpurschuppiger Flämmling
      - Hut kahl, höchstens fein filzig-schuppig, ohne Purpur
        - Sporen > 7 µm lang, vorwiegend montan, Hut über 2 cm breit — 03 *Gymnopilus picreus*, Rotbrauner Flämmling
        - Sporen < 6 µm lang, vorwiegend alpin, Hut kaum über 2 cm breit — 04 *Gymnopilus bellulus*, Hübscher Flämmling
    - Hut feucht ± gelb oder orangebraun, zumindest gegen den Rand
      - Hutoberfläche feinfilzig bis faserschuppig — 05 *Gymnopilus sapineus*, Samtschuppiger Tannen-Flämmling
      - Hutoberfläche kahl, teils mit Velumresten
        - Velumreste spinnwebartig in Hutmitte, ohne Chrysozystiden — 07 *Gymnopilus stabilis*, Weißbeschleierter Flämmling
        - Velumreste schleierartig am Rand, Lamellen rein gelb, mit Chrysozyst. — 11.1.01a *H. fasciculare* f. *sterilis*, Grünblättr. Schwefelkopf, gelbe Form
      - Hutoberfläche kahl, ohne Velumreste, ohne Chrysozystiden — **06 *Gymnopilus penetrans*, Geflecktblättriger Flämmling**
    - Hut creme-bräunlich, radialfaserig, Geruch jod-, rettich-, obstartig — 08 *Gymnopilus neerlandicus*, Kleiner Weißfälbling
  - auf alten Brandstellen, zwischen Drehmoos — 09 *Gymnopilus odini*, Mehl-Flämmling
  - in der Wiese bei Knäuelgras — 10 *Gymnopilus flavus*, Gras-Flämmling
  - bei Torfmoos, im Moor — 11 *Gymnopilus fulgens*, Moor-Flämmling

11.6.01 *Gymnopilus junonius* (Fr.) P.D. Orton, *Gymnopilus spectabilis* (Fr.) A.H. Smith ☠
Beringter Flämmling

H: 5–15 cm, gewölbt, mit eingewachsenen rotbraunen Fasern oder Schuppen auf gelb- bis ockerbraunem Grund, Rand jung mit Velumresten behangen. **L:** schwach ausgebuchtet bis ± gerade angewachsen, gelblich bis rostbraun. **St:** Spitze weißlich, Ring häutig, später fetzig, vom Sporenpulver rostbraun, Basis rostbraun, faserig, oft verdickt und etwas wurzelnd (spindelig). **F:** gelblich. **Ger:** schwach, holzartig. **Ges:** bitter. **Spp:** rostbraun. **V:** büschelig, auf Laubholz, selten auch auf Nadelholz. **Mik:** Sporen grob warzig, ellipsoid bis mandelförmig, 7,5–10,5 × 5–6 µm, ChZ flaschenförmig und kopfig. (D 699, Kr 5.340, BK 5.144, Lu 1.31.4, 🖼).

11.6.02 *Gymnopilus purpuratus* (Cooke & Massee) Singer ☠
Purpurschuppiger Flämmling

H: 2–4 cm, konvex bis schwach gebuckelt, purpurn mit dunkleren Schüppchen, später zunehmend gelblich-ocker mit dunkelbraunen Schüppchen, Rand lange eingebogen. **L:** leicht herablaufend, gelb, später safranocker. **St:** oben blassocker, abwärts purpurn streifig-faserig, später bräunend streifig, oft spindelig, Basis auch wurzelnd. **Ger:** leicht unangenehm. **Ges:** leicht bitterlich. **Spp:** orange-rostbraun. **V:** auf Rinden- und Holzhäcksel; Sommer bis Herbst. **Mik:** Sporen dichtwarzig, ellipsoid bis etwas mandelförmig, 7–8 × 4,5–5,5 µm, ChZ keulenförmig bis utriform, nicht kopfig. (BK 5.148, Lu 1.31.5, 🖼).

11.6.03 *Gymnopilus picreus* (Pers.) P. Karst., *Gymnopilus satur* Kühner
Rotbrauner Flämmling, Dunkelstieliger Flämmling

H: 2–6 cm, gewölbt, oft gebuckelt, glatt, rotbraun, Rand oft gelblich. **L:** gedrängt, lebhaft gelb, später gelbbraun. **St:** Spitze jung fein weißflockig, evtl. gelblich, abwärts zunehmend rotbräunlich und kahl. **F:** gelb- bis rostbraun. **Ges:** stark bitter. **V:** meist büschelig, vorwiegend auf morschem Nadelholz; im Herbst. **Mik:** Sporen grobwarzig, breit ellipsoid bis etwas mandelförmig, 7,5–8,5 × 5–6 µm, ChZ flaschenförmig und kopfig. (Kr 5.344, BK 5.147, Lu 1.31.1, 🖼).

11.6.04 *Gymnopilus bellulus* (Peck) Murrill, Hübscher Flämmling: Hut kaum über 2 cm breit, Lamellen braunfleckig, Geschmack rasch bitter, jedoch nur leicht. Sporen dicht feinstachelig, 4,5–6 × 2,5–3,5 µm, ellipsoid bis mandelförmig, flaschenförmig und meistens kopfig mit langem Hals, kaum über 30 µm lang. (BK 5.141, Lu 1.31.6).

Gymnopilus microsporus (Singer) Singer, Kleinsporiger Flämmling ist gemäß Holec 2018 ein Synonym von *G. bellulus*.

11.6.05 *Gymnopilus sapineus* (Fr.) Murrill
Samtschuppiger Tannen-Flämmling

H: 3–10 cm, gewölbt, fein braun filzig-schuppig auf gelbem Grund. **L:** ± gerade angewachsen, goldgelb, im Alter oder an verletzten Stellen rostbraun. **St:** Spitze weiß bereift bis flockig, gegen die Basis braun. **F:** im Hut gelb, im Stiel bräunlich. **Ger:** unauffällig. **Ges:** bitter. **Spp:** rostbraun. **V:** vorwiegend auf Holzresten im Nadelwald. **Mik:** Sporen warzig, ellipsoid bis etwas mandelförmig, 7–9 × 4,5–5 µm, ChZ flaschenförmig, mehrheitlich kopfig, HDS-Hyphen 4–12 µm breit. (D 700, Kr 5.344, BK 5.149, Lu 1.31.13, 🖼).

Gymnopilus spadiceus Romagn., Zottiger Flämmling: Hut erst rotbraun, später gelbbräunlich, zottig-filzig, Sporenpulver dunkelbraun. Sporen stark warzig, 7–9 × 5–7 µm. Nur undeutliche Unterschiede zu *G. sapineus*.

Gymnopilus josserandii Antonín, *Gymnopilus subsphaerosporus* (Joss.) Kühner & Romagn., Kugelsporiger Flämmling: Hut 1–3 cm breit, ocker-, dunkel- bis rostbraun, Stiel kaum über 4 mm dick, Geschmack mild; auf morschem Holz, vor allem in Bergwäldern. Sporen breit ellipsoid bis etwas kugelig, 4,5–6 × 3,5–4,5 µm. (BK 5.150, Lu 1.31.3).

11.6.06 *Gymnopilus penetrans* (Fr.) Murrill
Gefleckblättriger Flämmling, Gemeiner Flämmling

H: 3–8 cm, gewölbt bis ausgebreitet, evtl. gebuckelt, glatt bis seidigfaserig, feucht klebrig, gelb- bis rotbraun. **L:** ± gerade und breit angewachsen, gelb, oft zunehmend mit rostbraunen Flecken gesprenkelt. **St:** blass gelblich, weißlich faserig mit ± flüchtigen Cortina-Resten. **F:** im Hut weißlich bis blassgelb, im Stiel bräunlich. **Ger:** unauffällig. **Ges:** bitter. **V:** auf totem Nadelholz, selten auf Laubholz; Sommer bis Herbst. **Mik:** Sporen leicht warzig, ellipsoid bis mandelförmig, 7–8,5 × 4–5,5 µm, ChZ flaschenförmig mit langem Hals und meistens kopfig, HDS-Hyphen inkrustiert und bis 23 µm breit. (D 702f, Kr 5.342, BK 5.146, Lu 1.31.10, 🖼).

11.6.07 *Gymnopilus stabilis* (Weinm.) Kühner & Romagn., Weißbeschleierter Flämmling: Hut orange- bis rötlichbraun, im Scheitel mit weißlichen, spinnwebartigen Velumresten

11.6.01 *Gymnopilus junonius*, Beringter Flämmling

11.6.02 *G. purpuratus*, Purpurschuppiger Flämmling

11.6.03 *Gymnopilus picreus*, Rotbrauner Flämmling

11.6.05 *G. sapineus*, Samtschuppiger Tannen-Fl.

11.6.06 *Gymnopilus penetrans*, Gefleckblättriger Flämmling

bedeckt, ziemlich fleischig. Sporen grob warzig, ellipsoid bis etwas mandelförmig, 6–7,5 × 4–5 µm, ChZ flaschenförmig, selten kopfig. (D 701, Lu 1.31.9).

11.6.08 *Gymnopilus neerlandicus* (Huijsman) Contu, *Hebelomina neerlandica* Huijsman Kleiner Weißfälbling

H: 3–5 cm, gewölbt bis ausgebreitet, allenfalls etwas gebuckelt, creme-weißlich bis schmutzig graubraun, radialfaserig, oft fleckig, Rand lange eingebogen. **L:** ziemlich dicht, blass ockergelb. **St:** weißlich, festfleischig, Spitze oft etwas gerieft, Basis mit weißem Filz. **Ger:** auffällig jod-, rettich- oder obstartig. **Ges:** bitter. **V:** auf Nadelholz. **Mik:** Sporen glatt, ellipsoid bis etwas mandelförmig, dickwandig, blass bräunlich, ohne Keimporus, 6,5–7,5 × 4,5–5 µm, dextrinoid.

Eberhardt et al. 2018 weisen darauf hin, dass verschiedene Arten als *Hebelomina neerlandica* taxiert wurden. Die makro- und mikroskopischen Merkmale des Holotypus und dessen Fundort sprechen für eine Zuordnung zur Gattung *Gymnopilus*. Da es nicht gelungen ist, ihn zu sequenzieren, bleibt ungeklärt, wie die Art einzuordnen ist. Es könnte sich auch um eine blasse Form von *G. penetrans* oder einer ähnlichen Art handeln.

11.6.09 *Gymnopilus odini* (Fr.) Bon & P. Roux Mehl-Flämmling

H: 1–3 cm, kahl bis fein faserig-schuppig, lebhaft braunrötlich bis gelbbraun. **L:** gelb bis orangegelb, später gelbbraun. **St:** schmutzig gelbbraun, Basis mit weißem Filz. **Ger:** mehlartig. **Ges:** mehlartig und etwas bitter. **V:** vorwiegend auf alten Brandstellen. **Mik:** Sporen feinwarzig bis fast glatt, ellipsoid, 6,5–8 × 4–4,5 µm, ChZ flaschenförmig mit breitem Hals und teils kopfig. (BK 5.145, Lu 1.31.15).

Gymnopilus decipiens (Sacc.) P.D. Orton, Brandstellen-Flämmling: Hut flockig-schuppig-filzig, schließlich kahl, schmutzig gelb- bis rost- oder graubraun, Lamellen hell schwefelgelb bis rostbraun, Schneiden gelb, später rostfleckig, Stiel gelb, von der Basis her bräunend, Geruch schwach süßlich, Geschmack mild; vorwiegend auf Brandstellen. Sporen warzig ellipsoid bis mandelförmig, 7–9 × 4–5 µm, ChZ flaschenförmig und teilweise kopfig. (Lu 1.31.11).

11.6.10 *Gymnopilus flavus* (Bres.) Singer Gras-Flämmling

H: 1–5 cm, gewölbt, leicht filzig, ockergelb bis etwas rostgelb. **L:** lange gelb, später rostgelb. **St:** gelb, Spitze etwas bereift. **Ger:** unauffällig. **Ges:** mild. **V:** büschelig, bei Wiesen-Knäuelgras *Dactylis glomerata*. **Mik:** Sporen grobwarzig, breit ellipsoid bis fast etwas kugelig, 4,5–5,5 × 3,5–4,5 µm, ChZ flaschenförmig mit langem Hals und klein kopfig. (BK 5.142, Lu 1.31.7).

11.6.11 *Gymnopilus fulgens* (J. Favre & Maire) Singer Moor-Flämmling

H: 0,5–3 cm, gewölbt bis ausgebreitet, orange- bis rötlichbraun. **L:** ausgebuchtet, gelblich, später rostbraun. **St:** etwas blasser als der Hut gefärbt. **Ger:** unauffällig. **Ges:** mild. **V:** auf moorigem, torfigem oder sandigem Boden, oft im Auwald; Sommer bis Herbst. **Mik:** Sporen grobwarzig, ellipsoid bis mandelförmig, 8–10 × 6–7 µm, ChZ flaschenförmig, vereinzelt etwas kopfig. (BK 5.143, Lu 1.31.8, 🖼).

11.6.11 *Gymnopilus fulgens,* Moor-Flämmling

11.7 *Galerina,* Häublinge

Basidiomycota, Ständerpilze > *Agaricomycetes* > *Agaricales,* Blätterpilze > *Hymenogastraceae,* Erdnussverwandte

Beschreibung

Kleine, gelb- bis rotbraune, dünnfleischige und kegelig-glockige, gewölbte bis mehr oder weniger flache Pilze. Die Hutoberfläche ist trocken bis schmierig und glatt, oft durchscheinend gerieft. Am äußersten Rand haften hie und da feinflockige weiße Velumreste. Der Stiel ist relativ dünn, teils ohne, teils mit häutigem Ring oder angedeuteter, faseriger Ringzone. Das Sporenpulver ist ocker bis rostbraun. Die leicht ausgebuchteten bis schwach herablaufenden Lamellen nehmen mit zunehmender Reife ebenfalls diese Farbtöne an.

Galerina, Häublinge wachsen auf totem Holz, auf Pflanzenresten, bei Torfmoos sowie an feuchten, grasigen Stellen und sind vorwiegend Saprobionten, in einzelnen Fällen Parasiten.

Es gibt mehrheitlich 2- oder 4-sporige Arten. Die Formen der Sporen variieren von ellipsoid bis mandel- oder zitronenförmig. Die Oberfläche ist glatt oder fein und dicht bis grob schollig-warzig. Bei Zugabe von Jodlösung (Melzers Reagens) zeigt sich oft eine mehr oder weniger deutlich rotbraune Verfärbung der Sporen, was entsprechend mit leicht bis deutlich dextrinoid bezeichnet wird. An der Basis der Sporen beim Apikulus findet sich vorwiegend bei *Galerina*-Arten die Plage, eine abgeflachte, ovale Zone, welche im Gegensatz zur sonst warzigen Oberfläche der Sporen glatt ist. Bei einigen Arten können sich Teile der äußeren Sporenhülle ablösen. Sie zeigen sich als kleinere oder größere flügelartige Gebilde. Solche Sporen werden «kalyptrat» genannt, weil die äußere Hülle sich wie eine Haube (Kalyptra) oder Mütze ablösen kann. Die Erscheinung kann rund um die ganzen Sporen, nur auf der Seite des Apikulus oder auch gegenüber davon auftreten. Der Keimporus fehlt meist und ist nur bei einigen wenigen Arten sichtbar. Bei allen Arten findet man Cheilozystiden mit zylindrischer oder mehr oder weniger bauchig-flaschenförmiger Grundform. Besonders auffällig sind Formen mit abgesetzt kugeligen Köpfchen, die an Kegel auf der Kegelbahn erinnern. Sie werden «tibiiform» genannt, obwohl sie mit einem Schienbein (Tibia) nur wenig Ähnlichkeit aufweisen. Kopfige Cheilozystiden findet man auch in der Gattung *Conocybe;* allerdings besitzen diese nur ein kurzes Halsstück (lecythiform). Bei wenigen *Galerina*-Arten sind die Cheilozystiden gegabelt. Chrysozystiden mit lichtbrechendem, in KOH gelb erscheinendem Inhalt kommen bei *Galerina* nicht vor. Diese weisen in die Gattungen *Pholiota, Hypholoma* oder *Stropharia.* Die Abkürzung HymZ (Hymenialzystiden) weist darauf hin, dass es ChZ (Cheilozystiden) wie auch PlZ (Pleurozystiden) gibt und beschreibt deren Form gemeinsam. Bei vielen Arten gibt es nur ChZ, die PlZ fehlen.

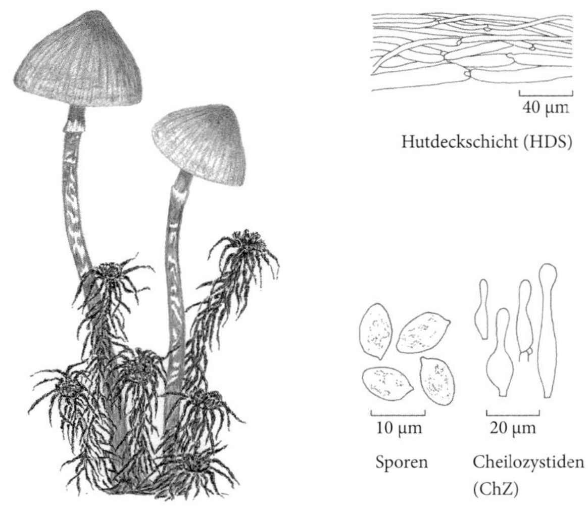

11.7.02 *Galerina paludosa,*
Weißflockiger Sumpf-Häubling

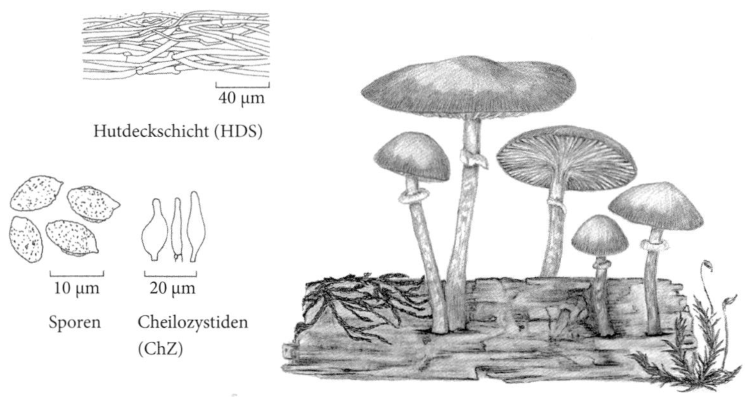

11.7.06 *Galerina marginata,*
Gift-Häubling

Bestimmung

Auf der linken Seite (Schlüssel A) sind die Arten mit Ringen oder zumindest Ringzonen aufgeführt, auf der rechten Seite (Schlüssel B) jene ohne. In weiteren Schritten folgen Unterschiede bezüglich Beschaffenheit der Hutoberfläche, Farben, Größen und Standorten. In vielen Fällen reichen diese Merkmale jedoch nicht aus und es braucht mikroskopische Untersuchungen.

Speisewerte

In den hier erwähnten Gattungen gibt es keine Speisepilze. Einige Häublinge sind stark giftig; sie enthalten Amatoxine, die gleichen Gifte wie *Amanita phalloides,* Grüner Knollenblätterpilz. Für Liebhaber der relativ ähnlichen *Kuehneromyces mutabilis,* Gemeines Stockschwämmchen oder *Hypholoma capnoides,* Rauchblättriger Schwefelkopf ist es deshalb unerlässlich, auch diese Gattungen zu kennen, um allfällige Verwechslungen sicher zu vermeiden.

11.7 *Galerina*, Häublinge
(A) mit deutlichem oder nur angedeutetem, faserig-flüchtigem Ring

- mit häutigem, deutlichem Ring
  - Huthaut gelatinös, schmierig
    - Hut mit olivem Beiton, Rand jung mit abwischbaren weißen Schüppchen → 11.3.26 *Meottomyces dissimulans*, Schmutziger Scheinschüppling
    - Hut fahl- bis kastanienbraun
      - vorwiegend moorige Standorte, Sporen warzig
        - Sporen weniger als 7 µm breit → 03 *Galerina beinrothii*, Silberstieliger Häubling
        - Sporen bis ca. 9 µm breit, vorwiegend alpin → 04 *Galerina pseudomycenopsis*, Breitsporiger Häubling
      - auf morschem Holz, Geschmack mehlig, bitter, Sporen fast glatt → 14 *Galerina ampullaceocystis*, Flaschenzystiden-Häubling
  - Huthaut nicht gelatinös
    - an Torfmoosen, Hutrand evtl. weiß gesäumt, Sporen glatt bis warzig → 02 *Galerina paludosa*, Weißflockiger Sumpf-Häubling
    - in moosigen Wiesen, im Wald, an Brandstellen, Sporen deutlich warzig
      - 4-sporig, Sporen 7,5–10 µm, Exospor teilweise ablösend (kalyptrat) → 07 *Galerina unicolor*, Klebriger Gras-Häubling
      - 2-sporig, Sporen 10–15 µm, Exospor nicht ablösend (nicht kalyptrat) → 05 *Galerina jaapii*, Beringter Häubling
    - vorwiegend auf moderndem Nadelholz
      - 4-sporig
        - Hut glatt, Sporen warzig, dextrinoid → **06 *Galerina marginata*, Gift-Häubling**
        - Hutrandbereich mit flockigen Schüppchen, Sp. glatt, nicht dextrinoid → 12.3.05 *Tubaria confragosa*, Beringter Trompetenschnitzling
      - auch 2-sporig, Sporen warzig → 08 *Galerina badipes*, Braunfüßiger Häubling
    - auf/bei Weidenstrünken, schmächtig, helmlingsartig, Ring faserig, Sp. warzig → 09 *Galerina salicicola*, Weiden-Häubling
    - vorwiegend auf totem Laubholz, Sporen glatt → **11.3.01 *Kuehneromyces mutabilis*, Gemeines Stockschwäm.**
- mit faserigem Ring oder Ringzone
  - Huthaut gelatinös, schmierig
    - bei Torfmoos oder an feuchten, sumpfigen oder moosigen Stellen
      - Hut < 3 cm, ohne Chrysozystiden
        - Sporen glatt, etwas dickwandig, bis 16 µm → 01 *Galerina stagnina*, Geschmückter Häubling
        - Sporen glatt bis warzig, dünnwandig, bis 13 µm
          - Stiel bis 3 cm, Spitze weiß, unterhalb Ring weiß überfasert, Sp. breit → 04 *Galerina pseudomycenopsis*, Breitsporiger Häubling
          - Stiel bis 7 cm, Spitze hellocker, unterhalb Ring genattert, Sp. länglich → 02 *Galerina paludosa*, Weißflockiger Sumpf-Häubling
      - Hut > 3 cm, beige bis gelbocker, radialstreifig/schuppig, Chrysozystiden → 11.3.25 *Pholiota conissans*, Feuchtstellen-Schüppling
    - auf Holz, Hut blassocker, jung etwas faserig, Cheilozystiden mit Schleimkappe → 11.3.22 *Pholiota scamba*, Seidiger Schüppling
  - Huthaut nicht gelatinös
    - an Torfmoosen
      - Stiel weiß flockig-faserig → 02 *Galerina paludosa*, Weißflockiger Sumpf-Häubling
      - Stiel zunehmend kahl → 20 *Galerina sphagnorum*, Gemeiner Sumpf-Häubling
    - auf totem Holz, Holzstückchen
      - Hut gelbbraun, ockerbraun
        - Sporen glatt, bis ca. 8,5 µm
          - Hut ganz ohne Velumreste → 10 *Galerina sideroides*, Glimmerstieliger Häubling
          - Hutrand jung mit weißen Velumresten → 11 *Galerina stylifera*, Weißgenatterter Häubling
        - Sporen rau, warzig
          - Zystiden langhalsig flaschenförmig, Sporen bis ca. 10,5 µm
            - Hut 1–5 cm, Lamellen aufsteigend, Sporen warzig, kalyptrat → **06 *Galerina marginata*, Gift-Häubling**
            - Hut 1–2 cm, Lamellen ± gerade, Sporen rau, nicht kalyptrat → 08 *Galerina badipes*, Braunfüßiger Häubling
          - Zystiden mit Kristallschopf, Sporen bis ca. 12,5 µm → 15 *Galerina nana*, Risspilz-Häubling
      - Hut rötlichbraun bis rötlichgelb, 2-sporig, Sp. warzig-punktiert, bis 12 µm → 13 *Galerina cinctula*, Gürtel-Häubling
    - auf moosiger Wiese, Wald, evtl. Brandstellen
      - Sporen mehrheitlich < 10 µm → 12 *Galerina uncialis*, Flachhütiger Moos-Häubling
      - Sporen mehrheitlich > 10 µm
        - Stiel weiß faserig, Geruch mehlartig, Sporen warzig
          - Cheilozystiden kopfig → 13 *Galerina cinctula*, Gürtel-Häubling
          - Cheilozystiden mit Kristallschopf → 15 *Galerina nana*, Risspilz-Häubling
        - Stiel bereift, ohne Fasern, Sp. feinst warzig, Zystiden flaschenförmig → 29 *Galerina annulata*, Beringter Moos-Häubling
    - auf oder bei Weidenstrünken, schmächtig, helmlingsartig, Ring faserig → 09 *Galerina salicicola*, Weiden-Häubling
    - alpin, helmlingsartig, Hut kaum über 1 cm breit → 29 *Galerina annulata*, Beringter Moos-Häubling
    - in Gewächshäusern, Blumentöpfen, Zystiden mit Kristallschopf → 15 *Galerina nana*, Risspilz-Häubling

11.7 *Galerina,* Häublinge
(B) ohne Ring oder Ringzone

- ganzer Fruchtkörper blass, gelb-, ocker- bis rötlichbraun, ohne Oliv
  - Stiel hell, weißlich bis gelbbraun, Sporen feinwarzig, nicht dextrinoid
    - Stielbasis gleichfarben oder bräunlich, Lamellen ± gelb
      - Sporen warzig, 10–18 µm lang
        - Stiel weißfaserig, an feuchten Standorten, vorwiegend 4-sporig — 17 *Galerina clavata,* Entferntblättriger Moos-Häubling
        - Stiel braunfaserig, bei Schwarz- oder Grauerle, vorwiegend 2-sporig — 11.8.48 *Naucoria alnetorum,* Zweisporiger Erlen-Sumpfschnitzling
      - Sporen feinwarzig, punktiert bis fast glatt, 5–11 µm lang
        - Hut durchscheinend gerieft, Sp. 7–11 µm, auf moosiger Wiese, Weide — **16 *Galerina graminea,* Gelblicher Rasen-Häubling**
        - Hut nicht gerieft, Sporen 5–7 µm, bei Weißdorn, Hut gewölbt bis flach — 12.3.01 *Tubaria dispersa,* Gelbblättriger Trompetenschnitzling
    - Stielbasis seidig, silbergraulich, Sporen 9,5–13 µm lang — 18 *Galerina griseipes,* Graufüßiger Häubling
  - Stiel ockerbraun, rötlichbraun
    - bei Torfmoos, Zystiden kopfig
      - Sporen warzig, Stiel bereift, ohne Velumreste, Geruch unauffällig — 19 *Galerina tibiicystis,* Bereifter Häubling
      - Sporen punktiert, fast glatt, flüchtige Velumreste, Geruch mehlartig — 20 *Galerina sphagnorum,* Gemeiner Sumpf-Häubling
    - auf Holz, Pflanzenresten
      - Huthaut gelatinös — 10 *Galerina sideroides,* Glimmerstieliger Häubling
      - Huthaut nicht gelatinös
        - Hut kahl
          - Lamellen ± dreieckig (breit angewachsen mit ± geraden Schneiden) — **12.3.03 *Tubaria furfuracea,* Gemeiner Trompetenschnitzling**
          - Lamellen bauchig
            - Stiel ganz bereift, Hut kegelig, kaum gebuckelt, Basis etwas knollig — 21 *Galerina pruinatipes,* Lärchen-Häubling
            - Stiel nicht bereift, Hut oft spitz gebuckelt, ziemlich dunkelbraun — 22 *Galerina triscopa,* Spitzkegeliger Häubling
        - Hut faserig-flockig — 12.3.02 *Tubaria conspersa,* Flockiger Trompetenschnitzling
    - auf Erde, moosigen, grasigen Stellen, evtl. morschem Holz
      - Hut meist > 15 mm, Sporen glatt — 23 *Galerina pumila,* Glockiger Häubling
      - Hut meist < 15 mm breit
        - Sporen feinwarzig, mit Plage, dextrinoid (mit Melzer dunkel rotbraun)
          - ohne Zystiden in der Huthaut (Pileozystiden)
            - Sporen 8–10 µm, bei Moos, Hymenialzystiden nicht kopfig — 25 *Galerina vittiformis,* Variabler Moos-Häubling
            - Sporen 11–15 µm, alpin, ChZ kopfig, Pleurozystiden fehlend — 27 *Galerina pseudocerina,* Breitsporiger Hochgebirgs-Häubling
          - mit Zystiden in der Huthaut
            - 2-sporig, Sporen 10–15 µm lang — 26 *Galerina atkinsoniana,* Atkinsons Häubling
            - 4-sporig, Sporen 7–11 µm lang — 28 *Galerina perplexa,* Hutseten-Häubling
        - Sporen glatt bis fein punktiert, mit Plage, eher schwach dextrinoid
          - Sporen 8–10 µm lang
            - Sporen einseitig kalyptrat, Cheilozystiden kopfig — 31 *Galerina hypnorum,* Punktiertsporiger Kalyptrat-Häubling
            - Sporen nicht kalyptrat, Cheilozystiden nicht kopfig — 30 *Galerina terrestris,* Erd-Häubling
          - Sporen 8–12 µm, nicht kalyptrat, ChZ flaschenförmig, Hut < 1 cm — 24 *Galerina mniophila,* Sternmoos-Häubling
          - Sporen 9,5–14 µm lang
            - Hut auch jung ohne Velumreste
              - Hut breitkegelig, ohne Mehlgeruch, Sporenspitze kalyptrat — 32 *Galerina cerina,* Glattsporiger Kalyptrat-Häubling
              - Hut schlank kegelig mit Mehlgeruch, Sporenbasis kalyptrat — 33 *Galerina calyptrata,* Kalyptratsporiger Moos-Häubling
            - Hutrand jung mit Velumresten, ohne Mehlgeruch, Sp. kalyptrat — 34 *Galerina sahleri,* Sahlers Moos-Häubling
        - Sporen glatt, ohne Plage, nicht dextrinoid — 12.3.06 *Tubaria minutalis,* Kleinster Trompetenschnitzling
- Fruchtkörper braun, graubraun mit olivem Beiton
  - Stiel exzentrisch bis seitlich, Hut kleiig-mehlig — 12.4.01 *Simocybe haustellaris,* Kurzstieliger Olivschnitzling
  - Stiel zentral
    - Hut kahl
      - auf Holz
        - Sporen 6–8,5 µm, Huthaut mit höchstens 20 µm langen Pileozystiden — 12.4.02 *Simocybe centunculus,* Kleinsporiger Olivschnitzling
        - Sporen 7–9,5 µm, Huthaut mit bis zu 70 µm langen Pileozystiden — 12.4.04 *Simocybe sumptuosa,* Üppiger Olivschnitzling
      - auf abgestorbenen Seggenblättern — 12.4.02a *S. centunculus* var. *laevigata,* Sumpfseggen-Olivschnitzling
    - Hut matt, mehlig bis samtig, auf Erde oder Pflanzenresten — 12.4.05 *Simocybe reducta,* Mandelsporiger Olivschnitzling

11.7.01 *Galerina stagnina* (Fr.) Kühner, *Phaeogalera stagnina* (Fr.) Pegler & T.W.K. Young
Geschmückter Häubling, Geschmückter Braunhäubling

H: 0,5–2 cm, gewölbt bis ± flach, klebrig, rotbraun, Rand evtl. mit weißen Flöckchen gesäumt. **L:** breit angewachsen bis leicht herablaufend, zimtbraun, Schneiden heller. **St:** braun, mit hochsitzender, angedeuteter Ringzone aus weißen Flocken, darunter weiß flockig auf zunehmend dunkelbraunem Untergrund. **V:** bei Torfmoos *Sphagnum*; Sommer bis Herbst. **Mik:** Sporen glatt, ellipsoid, mit Keimporus, 11–16 × 7–10 µm, nicht dextrinoid, ChZ flaschenförmig, am Ende oft keulig verdickt, PlZ fehlend. (Kr 5.332, BK 5.404, Lu 4.132.1).

11.7.02 *Galerina paludosa* (Fr.) Kühner
Weißflockiger Sumpf-Häubling

H: 0,5–2,5 cm, halbkugelig-glockig, später gewölbt und oft gebuckelt, hygrophan, feucht gelb- bis rötlichbraun mit durchscheinend gerieftem Rand, trocken blass lederocker, Rand jung feinfaserig gesäumt. **L:** breit angewachsen bis leicht herablaufend, grau- bis gelbbraun, Schneiden heller. **St:** schmutzig gelbbraun, unter der faserigen bis häutigen Ringzone weißlich faserig-flockig. **Ger:** unauffällig bis mehlartig. **Ges:** unauffällig bis mehlartig. **Spp:** rostocker. **V:** zwischen Torfmoos *Sphagnum*; Frühjahr bis Herbst. **Mik:** Sporen glatt bis feinwarzig, mit undeutlicher Plage, ohne ablösende Außenhülle (nicht kalyptrat), mandel- bis zitronenförmig, 9–12 × 5,5–7 µm, 4-sporig, leicht dextrinoid, ChZ flaschenförmig bis etwas spindelig oder kopfig, PlZ fehlend. (D 832, Kr 5.326, BK 5.419, Lu 4.125.21, 🖼).

11.7.03 *Galerina beinrothii* Bresinsky, Silberstieliger Häubling: Hut 1,5–3,5 cm breit, Huthaut gelatinös, fahlbraun, Ring häutig und weiß, Geschmack evtl. bitter und mehlartig; bei Torfmoos *Sphagnum*. Sporen mit Plage und teils ablösender Außenhülle (kalyptrat), deutlich zitronenförmig, zugespitzt, 9–13 × 5,5–7 µm, HymZ spindelig bis flaschenförmig. Giftig. (Lu 4.125.7).

11.7.04 *Galerina pseudomycenopsis* Pilát, *Galerina moelleri* Bas, Breitsporiger Häubling: Hut 1–3 cm breit, gelatinös, kastanienbraun, Lamellen ockergelb, Stiel mit faseriger Ringzone; feuchte, moosige Stellen, oft alpine Lagen oder subarktisch. Sporen feinwarzig, teilweise mit etwas ablösender Außenhülle (kalyptrat), breit ellipsoid bis zitronenförmig, Keimporus klein, aber deutlich, 9–13 × 6,5–9 µm, leicht dextrinoid, HymZ flaschenförmig und teils leicht kopfig. Giftig. (BK 5.418, Lu 4.125.9).

11.7.05 *Galerina jaapii* A.H. Sm. & Singer, *Galerina mycenoides* (Fr.) Kühner, Beringter Häubling, Beringter Feuchtstellen-Häubling, Jaaps Häubling: Stiel mit deutlicher Ringzone; bei Moosen, Torfmoos *Sphagnum*, in nassen Wäldern. Sporen feinwarzig, mandel- bis zitronenförmig, Plage deutlich, 10–15 × 5–7,5 µm, teils auch länger, dextrinoid, vorwiegend 2-sporig, ChZ langhalsig flaschenförmig, mit dünnem oder dickem Hals und leicht bis stark kopfig, PlZ fehlend. (Kr 5.322, Lu 4.125.30, 🖼).

11.7.06 *Galerina marginata* (Batsch) Kühner ☠ ☠
Gift-Häubling

H: 1–5 cm, halbkugelig, gewölbt bis ± flach, evtl. etwas gebuckelt, glatt und leicht klebrig, hygrophan, feucht zimtbraun mit fein gerieftem Rand, trocken blass gelbbraun. **L:** ± gerade angewachsen bis leicht herablaufend, ziemlich dicht, hell ockergelb bis zimt-rostfarben. **St:** mit häutigem, flüchtigem Ring, darunter weißlich faserig auf ockerbraunem, gegen die Basis braunem Grund. **F:** dünn, ockerlich. **Ger:** mehlartig. **Ges:** mild, etwas mehlartig. **Spp:** zimt- bis rostbraun. **V:** vorwiegend auf morschem Nadel-, seltener Laubholz; Sommer bis Herbst. **Mik:** Sporen deutlich warzig, mit Plage und teilweise mit ablösender Sporenhülle (teilweise kalyptrat), ellipsoid bis etwas mandelförmig, seltener zugespitzt, 8–10 × 5–6 µm, dextrinoid, 4-sporig, HymZ flaschenförmig mit leicht verdicktem Ende, PlZ nur spärlich vorhanden. (Kr 5.324, BK 5.417, Lu 4.125.8, 🖼).

Horak 2005 und weitere Autoren unterscheiden *Galerina autumnalis* (Peck) A.H. Sm. & Singer, Überhäuteter Häubling, welcher kleinere Fruchtkörper mit gelatinöser HDS und nur schwach warzige Sporen aufweist. Ludwig 2017 erwähnt verschiedene Autoren, welche die Art nicht von *G. marginata* abgrenzen. (D 833, BK 5.408f, Lu 4.125.6).

11.7.07 *Galerina unicolor* (Vahl) Kühner, Klebriger Gras-Häubling: schmächtig, einfarbig orangebraun; einzeln auf Erde oder sehr morschem Holz (Krieglsteiner & Gminder 2010). Gemäß Gulden et al. 2001 gehört diese Art zu *G. marginata*. (Kr 5.335, BK 5.431).

11.7.08 *Galerina badipes* (Pers.) Kühner, Braunfüßiger Häubling: Hut 1–2,5 cm breit, Rand jung eingebogen, Lamellenschneiden flockig, Stielbasis dunkelbraun, Ring fehlend bis faserig (auch häutig); auf modrigen Nadelholzresten, Reisig, Zapfen. Sporen feinwarzig, Plage undeutlich, Hülle nicht ablösend, 7,5–10 × 4,5–5,5 µm, HymZ flaschenförmig, teils dick breit und bauchig. (D 834, BK 5.410, Lu 4.125.34, 🖼).

11.7.09 *Galerina salicicola* P.D. Orton, Weiden-Häubling: Hut 1–2,5 cm breit, kegelig bis gewölbt, oft deutlich gebuckelt, kaum je flach; bei Weide oder auf Weidenstrünken *Salix*. Sporen warzig, ellipsoid bis zitronenförmig, 7,5–10 × 4,5–5,5 µm.

11.7.02 *Galerina paludosa*, Weißflockiger Sumpf-H.

11.7.05 *Galerina jaapii*, Beringter Häubling

11.7.06 *Galerina marginata*, Gift-Häubling

11.7.08 *Galerina badipes*, Braunfüßiger Häubling

11.7.10 *Galerina sideroides* (Bull.) Kühner
Glimmerstieliger Häubling

H: 1–4 cm, glockig-kegelig, später gewölbt bis ± flach, klebrig-schmierig, hygrophan, feucht gelbbraun und durchscheinend gerieft, trocken blassbraun, Mitte etwas dunkler. **L:** leicht ausgebuchtet bis schwach herablaufend, ockergelb bis zimtbraun. **St:** gelb- bis rötlichbraun mit Ringzone, darunter weiße Fasern, evtl. genattert, Basis dunkler. **Ger:** schwach mehlartig. **V:** auf moderndem Nadelholz, Reisighaufen; Herbst. **Mik:** Sporen glatt, nicht kalyptrat, ellipsoid, 6–8,5 × 3,5–5 µm, dextrinoid, ChZ flaschenförmig und deutlich kopfig, PlZ fehlend. (Kr 5.329, BK 5.424?, 🖼).

11.7.11 *Galerina stylifera* (G.F. Atk.) A.H. Sm. & Singer, *G. sideroides* var. *stylifera* (G.F. Atk.) Krieglst., Weißgenatterter Häubling: Hutrand mit weißen Velumresten behangen, Stiel mit flüchtigem, faserigem Ring. (Kr 5.329, BK 5.426, Lu 4.125.16AB, 🖼).

Bei diversen Autoren ist *G. stylifera* ein Synonym von *G. sideroides.*

11.7.12 *Galerina uncialis* (Britzelm.) Kühner, Flachhütiger Moos-Häubling: Hut bald flach, schwach gerieft, Ring flüchtig bis fehlend; im Moor, bei Moos oder auf modernden Strünken. Sporen warzig, 7,5–10,5 × 4,5–7 µm, 4-sporig, ChZ flaschenförmig mit langgezogenem, teils septiertem Hals. (BK 5.430, Lu 4.125.38).

11.7.13 *Galerina cinctula* P.D. Orton
Gürtel-Häubling, Zweisporiger Gürtelfuß-Häubling

H: 0,5–2 cm, halbkugelig-kegelig bis gewölbt, rotbräunlich, gegen rosaockerlich verblassend, gerieft. **L:** breit angewachsen, eher entfernt, erst gelb, später rostocker, Schneiden weißlich. **St:** bräunlich mit breiter, faseriger Ringzone, Basis bräunlich. **Ger:** mehlartig. **Ges:** mehlartig. **V:** bei Moosen oder auf bemoostem, totem Holz. **Mik:** Sporen warzig, nicht kalyptrat, ellipsoid bis mandelförmig, 9–13 × 5–7 µm, 2-sporig, dextrinoid, ChZ flaschenförmig mit deutlich abgesetztem Kopf, PlZ fehlend. (Kr 5.317, BK 5.413, Lu 4.125.28, 🖼).

11.7.14 *Galerina ampullaceocystis* P.D. Orton
Flaschenzystiden-Häubling, Glattsporiger Häubling

H: 0,5–2 cm, halbkugelig-kegelig bis gewölbt, rötlich gelb, gerieft. **L:** breit angewachsen, eher dicht, fleisch- bis bräunlichocker. **St:** bräunlich mit breiter, faseriger Ringzone, Basis bräunlich. **Ger:** mehlartig. **Ges:** mehlartig. **V:** auf moderndem Nadelholz. **Mik:** Sporen fast glatt, nicht kalyptrat, schlank mandelförmig, 8–14 × 5–8 µm, dextrinoid, 2-sporig, ChZ flaschenförmig mit langem, dünnem Hals und teils kopfig, bisweilen auch mit Schleimkäppchen, PlZ fehlend. (BK 5.406, Lu 4.125.17).

Die Angaben zu *G. ampullaceocystis* in Breitenbach & Kränzlin 2000 zeigen, dem deutschen Namen entsprechend, vorwiegend flaschenförmige ChZ, während sowohl Horak 2005 als auch Ludwig 2017 diese als flaschenförmig-kopfig (kegelig, lecythiform) bezeichnen. Auch bezüglich Geruch und Sporengröße zeigen sich Unterschiede bei den verschiedenen Beschreibungen.

Galerina pseudocamerina Singer, Rettich-Häubling (BK 5.421) und *Galerina josserandii* Kühner sind gemäß Horak 2005 ungültige Namen und zählen zu *G. ampullaceocystis.* Auch *Galerina camerina* (Fr.) Kühner, Kleinsporiger Häubling gilt als Synonym. (Kr 5.316, BK 5.412).

11.7.15 *Galerina nana* (Petri) Kühner
Risspilz-Häubling, Kristallzystiden-Häubling, Winziger Häubling

H: 0,5–1,5 cm, halbkugelig-kegelig bis gewölbt, rostbraun und bis gegen die Mitte durchscheinend gestreift. **L:** breit angewachsen, eher entfernt, ockerlich. **St:** relativ kräftig, braun, auf ganzer Länge mit weißen Velumfasern bedeckt, mit ringartiger Zone. **Ger:** gras- bis etwas mehlartig. **Ges:** mild. **V:** vorwiegend in Gewächshäusern oder Blumentöpfen, auch auf Erde, im Wald, auf Holz oder bei Brandstellen; im Herbst. **Mik:** Sporen warzig, mandelförmig bis etwas spindelig, 8–13 × 4,5–6,5 µm, 2- bis 4-sporig, mehrheitlich 2-sporig, deutlich dextrinoid, HymZ auffällig mit Kristallen beschopft. (Lu 4.125.1, 🖼).

11.7.16 *Galerina graminea* (Velen.) Kühner, *Galerina laevis* Singer
Gelblicher Rasen-Häubling

H: 0,5–1,5 cm, glockig, gewölbt, hygrophan, feucht gelbocker und durchscheinend gerieft, trocken blass cremegelb, Rand ohne Velumreste. **L:** ausgebuchtet angewachsen, strohgelb, ocker- bis fuchsigbraun. **St:** farblos, weißlich bis blassgelb, Basis evtl. bräunlich. **F:** dünn. **V:** an moosigen, grasigen Stellen, auf Weide *Salix;* Spätherbst. **Mik:** Sporen punktiert, feinwarzig bis fast glatt, nicht kalyptrat, ellipsoid bis birnenförmig, 6,5–10,5 × 4–6 µm, nicht dextrinoid, mehrheitlich 4-sporig, ChZ flaschenförmig mit langem Hals und meist kopfigem Ende, PlZ und Schnallen fehlend. (Kr 5.319, BK 5.416, Lu 4.125.41, 🖼).

11.7.17 *Galerina clavata* (Velen.) Kühner, *Galerina heterocystis* A.H. Sm. & Singer, Entferntblättriger Moos-Häubling, Großsporiger Häubling: Stiel weißseidig besponnen; vorwiegend an feuchten bis sumpfigen Standorten. Sporen dicht warzig, nicht kalyptrat, 9–18 × 5–9 µm, mehrheitlich

11.7.10 *Galerina sideroides,* Glimmerstieliger Häubling

11.7.11 *Galerina stylifera,* Weißgenatterter Häubling

11.7.13 *Galerina cinctula,* Gürtel-Häubling

11.7.15 *Galerina nana,* Risspilz-Häubling

11.7.16 *G. graminea,* Gelblicher Rasen-Häubling

11.7.17 *Galerina clavata,* Entferntblättriger Moos-Häubling

4-sporig, nicht dextrinoid, ChZ breit flaschenförmig und teils deutlich kopfig, PlZ fehlend. (Kr 5.321, BK 5.414, Lu 4.125.40, 🖼).

Galerina stordalii A.H. Sm., Oranger Häubling, Hellfarbener Torfmoos-Häubling: Stiel vollständig bereift; vorwiegend bei Torfmoos *Sphagnum*. Sporen höchstens schwach dextrinoid, Cheilozystiden vereinzelt gegabelt, Schnallen teilweise vorhanden. (Lu 4.125.26).

Galerina discreta E. Horak, Senn-Irlet, Curti & Musumeci, Diskreter Moos-Häubling: Hut honig-, im Zentrum dunkler kastanienfarben, Stiel fein weißlich flockig bereift, Stielbasis oft etwas verdickt, Geruch leicht krautig oder nach grünen Bohnen. Sporen feinwarzig bis fast glatt, 9–11,5 × 6–8 µm, vorwiegend 4-sporig.

11.7.18 *Galerina griseipes* Kühner, Graufüßiger Häubling: Stiel ± weiß, Spitze etwas bereift, im Alter von der Basis her graulich werdend; auf moosbewachsenen Felsen, Weideboden, in alpiner Zwergstrauchheide. Sporen 9,5–13 × 5–9 µm. Ludwig 2017 erwähnt Autoren, welche *Galerina arctica* (Singer) Nezdojm. als Synonym betrachten.

11.7.19 *Galerina tibiicystis* (G.F. Atk.) Kühner
Bereifter Häubling, Bereifter Torfmoos-Häubling

H: 1–3 cm, kegelig bis gewölbt, oft spitz gebuckelt, glatt, hygrophan, feucht gelbbraun, honigfarben mit etwas dunklerer Mitte und durchscheinend gerieft, trocken heller. **L:** ausgebuchtet bis fast gerade angewachsen, gelbbraun. **St:** wie der Hut gefärbt, Spitze weiß bereift, abwärts kahl. **Ger:** unauffällig. **Ges:** unauffällig, nicht mehlartig. **V:** bei Torfmoos *Sphagnum*; Frühsommer bis Herbst. **Mik:** Sporen warzig, nicht kalyptrat, ellipsoid bis etwas mandelförmig, 8–11 × 4,5–7 µm, dextrinoid, mehrheitlich 4-sporig, ChZ mit einer auffälligen Verdickung auf einem schmalen Hals, PlZ fehlend. (Kr 5.333, BK 5.429, Lu 4.125.27, 🖼).

Galerina hybrida Kühner: einige Autoren, wie z. B. Gulden 2018, unterscheiden *G. hybrida* mit Sporen, die mehrheitlich < 6 µm breit und weniger gekrümmt sind als bei *G. tibiicystis* mit durchschnittlicher Sporenbreite > 6 µm.

11.7.20 *Galerina sphagnorum* (Pers.) Kühner, Gemeiner Sumpf-Häubling, Sumpf-Häubling: Stiel mit weißflockigen Velumresten, Geschmack und Geruch etwas mehlartig. Sporen fein punktiert bis fast glatt, 9–11 × 5,5–6,5 µm, ChZ breit flaschenförmig bis utriform, PlZ fehlend. (Kr 5.331, BK 5.425, Lu 4.125.14).

Galerina gibbosa J. Favre, Buckel-Häubling: Hut 1–2 cm, Geschmack und Geruch deutlich mehlartig. Gemäß Ludwig 2017 handelt es sich bei *Galerina norvegica* A.H. Sm., Breitblättriger Torfmoos-Häubling um die gleiche Art. (Lu 4.125.10).

11.7.21 *Galerina pruinatipes* A.H. Sm., *Galerina laricicola* Bon
Lärchen-Häubling, Bereiftstieliger Häubling

H: 0,5–2 cm, kegelig bis glockig, jung bereift, feucht rostocker und gerieft, trocken ockerfalb. **L:** aufsteigend angeheftet, ocker, später rostbraun, Schneiden weiß bewimpert. **St:** auf ganzer Länge weißlich bereift, ocker bis rötlichbraun, Basis etwas knollig. **F:** feucht dunkelbraun, trocken cremefarben. **Ger:** krautig, rettichartig. **Ges:** bitter, rettichartig. **Spp:** ockerbraun. **V:** auf morschem, moosigem Holz. **Mik:** Sporen deutlich warzig, nicht kalyptrat, ohne Plage, ellipsoid bis mandelförmig, 8–11,5 × 6–7 µm, 2-sporig, dextrinoid, HymZ zylindrisch bis keulig, flaschenförmig und teils etwas kopfig. (Lu 4.125.29).

11.7.22 *Galerina triscopa* (Fr.) Kühner
Spitzkegeliger Häubling, Verzweigter Häubling, Kastanienbrauner Häubling

H: 0,5–2 cm, spitzkegelig, bald flach gewölbt und spitz gebuckelt, glatt, hygrophan, feucht gelbbraun und durchscheinend gerieft (dunkle Streifen), trocken blassbraun. **L:** schwach ausgebuchtet bis leicht herablaufend, ockerbraun. **St:** dunkel rotbraun, Spitze bereift. **Ger:** schwach mehlartig. **Ges:** schwach mehlartig. **V:** auf morschem Holz; Sommer bis Herbst. **Mik:** Sporen deutlich warzig, nicht kalyptrat, 6–8 × 3,5–5 µm, leicht dextrinoid, ChZ langhalsig flaschenförmig und teils etwas kopfig, PlZ fehlend. (Kr 5.334, Lu 4.125.31, 🖼).

11.7.23 *Galerina pumila* (Pers.) M. Lange
Glockiger Häubling, Langstieliger Häubling

H: 1–3 cm, kegelig-glockig, hygrophan, feucht rötlichocker, trocken blassocker, Rand gerieft und jung mit feinen Velumresten. **L:** schmal angeheftet, ziemlich entfernt, ockergelb. **St:** seidig-faserig, auf der ganzen Länge hellbraun. **Ger:** unauffällig, evtl. schwach rettichartig. **Spp:** rostocker. **V:** in moosigem Wald, Wiesen. **Mik:** Sporen glatt, nicht kalyptrat, ellipsoid bis etwas spindelig, 9–14 × 5,5–7 µm, schwach dextrinoid, vorwiegend 4-sporig, ChZ langhalsig flaschenförmig, vereinzelt leicht kopfig, PlZ fehlend. (D 835, Kr 5.327, Lu 4.125.22, 🖼).

11.7.24 *Galerina mniophila* (Lasch) Kühner, Sternmoos-Häubling: Hut 0,5–1 cm, braun bis oliv, später ockerlich bis beigegelb, feucht bis gegen die Mitte durchscheinend gerieft, Rand kaum mit Velumresten; vorwiegend bei verschiedenen Moosen, Stiel mit

11.7.19 *Galerina tibiicystis*, Bereifter Häubling

11.7.22 *Galerina triscopa*, Spitzkegeliger Häubling

11.7.23 *Galerina pumila*, Glockiger Häubling

weißflockigen Velumresten, Geschmack und Geruch etwas mehlartig. Sporen glatt bis fein punktiert, schlank mandelförmig, 7,5–11,5 × 4–6,5 µm, ChZ flaschenförmig, teils mit verzweigtem Hals, PlZ fehlend. (Lu 4.125.23).

11.7.25 *Galerina vittiformis* (Fr.) Singer
Variabler Moos-Häubling, Großsporiger Moos-Häubling

H: 0,5–1,5 cm, stumpf konisch, glockenförmig bis konvex, hygrophan, kahl, nicht bereift, feucht ocker bis gelbbraun. **L:** rost-ockerbraun. **St:** gleichmäßig zylindrisch, bereift, apikal gelbbräunlich, gegen die Basis gleichfarbig oder rot- bis schwarzbraun und weiß filzig. **Ger:** unauffällig. **Ges:** teilweise scharf und etwas mehlartig. **V:** in moosigem Wald, Wiesen. **Mik:** Sporen warzig, ellipsoid bis mandelförmig, mit deutlich abgesetzter Plage, 8,5–10 × 5–6 µm, deutlich dextrinoid, 4-sporig, HymZ spindelig bis flaschenförmig, Huthaut ohne Zystiden (Pileozystiden). (Kr 5.337, 🖼).

G. vittiformis f. *tetraspora* A.H. Sm. & Singer, Viersporiger Moos-Häubling: diese 4-sporige Form dürfte gemäß den Beschreibungen in Ludwig 2017 und Breitenbach & Kränzlin 2000 mit der Hauptart übereinstimmen. (BK 5.434, Lu 4.125.37A–C).

G. vittiformis f. *bispora* A.H. Sm. & Singer, Zweisporiger Moos-Häubling: 2-sporige Form mit etwas größeren Sporen von 10–15 × 5,5–8 µm. (Lu 4.125.36AB).

G. vittiformis var. *pachyspora* A.H. Sm. & Singer, Rotbrauner Moos-Häubling: bei der Beschreibung von Breitenbach & Kränzlin 2000 dürfte es sich ebenfalls um die 2-sporige Form *G. vittiformis* f. *bispora* handeln. (BK 5.433).

11.7.26 ***Galerina atkinsoniana*** A.H. Sm., ***G. vittiformis* var. *atkinsoniana*** (A.H. Sm.) Krieglst.
Atkinsons Häubling

H: 0,5–1 cm, stumpf kegelig bis etwas glockenförmig und meistens so bleibend, hygrophan, feucht ocker, zentral bräunlich, trocken gelblich. **L:** ockerbraun. **St:** Spitze ocker, im unteren Teil dunkelbraun mit etwas knolliger Basis. **Ger:** schwach bis etwas pilzartig. **Ges:** unauffällig. **V:** in moosigem Wald, Wiesen oder auf stark verrottetem Nadelholz. **Mik:** Sporen grob warzig, nicht kalyptrat, ellipsoid bis etwas zitronenförmig, Plage schwach, undeutlich abgesetzt, 10–15 × 7–9 µm, dextrinoid, 2-sporig, Huthaut mit leicht bauchigen und großen Pileozystiden, die bereits mit einer guten Lupen erkennbar sind. (Kr 5.336, BK 5.407/420, Lu 4.125.35, 🖼).

11.7.27 *Galerina pseudocerina* A.H. Sm. & Singer, Breitsporiger Hochgebirgs-Häubling, Früher Häubling, Ungeriefter Hochgebirgs-Häubling: Hut eher breitkegelig bis halbkugelig oder gewölbt, ocker- bis orangebraun, Lamellen eher entfernt, Stiel im unteren Teil jung mit einigen Velumfasern; bei Moosen auf Erde, vorwiegend alpin. Sporen deutlich warzig, 11–15 × 6,5–10 µm, dextrinoide Reaktion teils erst nach Stunden und nach Quellen in KOH, 2- oder 4-sporig, ChZ etwas kopfig und bisweilen gegabelt, PlZ fehlend. (BK 5.422, Lu 4.125.25, 🖼).

11.7.28 *Galerina perplexa* A.H. Sm., Hutseten-Häubling, Dattelbrauner Häubling, Schmalhaariger Flaumstiel-Häubling: Huthaut mit schmalen und zahlreichen Zystiden, Sporen von 7–11 × 5–7 µm, 4-sporig. (Lu 4.125.39).

11.7.29 *Galerina annulata* (J. Favre) Singer, *G. vittiformis* var. *megaspora* Kühner
Beringter Moos-Häubling

H: 0,5–1 cm, halbkugelig-kegelig, ziemlich dunkel rötlichbraun, später verblassend. **L:** breit angewachsen, hellocker. **St:** Ringzone weißlich, abwärts weiß faserig, Basis etwas dunkler. **Ger:** schwach. **Ges:** etwas bitter. **V:** auf feuchtem, moosigem Boden, alpine Zone. **Mik:** Sporen feinwarzig bis fast glatt, nicht kalyptrat, 10–14 × 6,5–8,5 µm, 2-sporig. (BK 5.432).

Ludwig 2017 zählt diese vorwiegend alpin vorkommende Art auch zum Formenkreis von *G. vittiformis* f. *tetraspora*. Gemäß Breitenbach & Kränzlin 2000 ist *G. annulata* 4-sporig, die Sporen sind nur ganz feinwarzig und die Größenangaben entsprechen denen von Gulden 2018, bei dem die Art jedoch als 2-sporig beschrieben wird.

Weitere kleine, alpine Arten (in Schneemulden) mit stark gerieftem Rand sind *Galerina harrisonii* (Dennis) Bas & Vellinga, *Galerina antheliae* Gulden, Lebermoos-Häubling (Lu 4.125.20) und *Galerina chionophila* Senn-Irlet, Schokoladenbrauner Häubling.

11.7.30 *Galerina terrestris* V.L. Wells & Kempton, Erd-Häubling: Stiel ohne Ring; in montanen bis alpinen Lagen auf sandigen Böden zwischen niedrigen Moosen (nicht darauf). Sporen feinwarzig, 8–10 × 5–6 µm, ChZ flaschenförmig. (BK 5.428, 🖼).

11.7.31 *Galerina hypnorum* (Schrank) Kühner
Astmoos-Häubling, Punktiertsporiger Kalyptrat-Häubling

H: 0,5–1,3 cm, stumpf kegelig bis gewölbt, kaum glockenförmig, glatt, ohne Velumreste, matt, hygrophan, feucht orangeocker und deutlich gerieft, trocken. **L:** gelbocker bis ockerbraun. **St:** schlank, zylindrisch, Spitze weißlich bepudert, abwärts hellbraun, jung feinst flockig.

11.7.25 *Galerina vittiformis*, Variabler Moos-Häubling

11.7.26 *Galerina atkinsoniana*, Atkinsons Häubling

11.7.30 *Galerina terrestris*, Erd-Häubling

11.7.27 *G. pseudocerina*, Breitspor. Hochgebirgs-H.

11.7.31 *Galerina hypnorum*, Astmoos-Häubling

Ger: unauffällig bis etwas mehlartig. **Ges:** mild, mehlartig. **V:** vorwiegend auf morschen, bemoosten Ästen oder auf moosiger Erde; Sommer bis Herbst. **Mik:** Sporen glatt bis fein punktiert, teilweise mit ablösender Außenhülle (kalyptrat) auf der Seite des Apikulus, ellipsoid bis zitronenförmig, 8–10 × 5–6 µm, schwach dextrinoid, ChZ dickhalsig-flaschenförmig bis etwas kopfig, PlZ fehlend. (Kr 5.321, BK 5.415, Lu 4.125.3, 🖼).

Gemäß Horak 2005 gehört *Galerina fennica* A.H. Sm. ebenfalls zu dieser Art.

11.7.32 *Galerina cerina* A.H. Sm. & Singer, Glattsporiger Kalyptrat-Häubling, Wachs-Häubling: Hut kegelig, vorwiegend gelbbraun, Geruch und Geschmack kaum mehlartig. Sporen praktisch glatt, 9,5–14 × 6–7,5 µm, kalyptrat im Bereich des Apikulus, ChZ kopfig. (Lu 4.125.4AB, 🖼).

Galerina sphagnicola (G.F. Atk.) A.H. Sm. & Singer, Torfmoos-Häubling: Stiel auffällig lang; bei Torfmoos *Sphagnum*. Sporen 9–11 × 6–7,5 µm, apikal verjüngt und mit verdünnter Sporenwand (Kallus). Möglicherweise ein Synonym von *G. cerina*.

11.7.33 *Galerina calyptrata* P.D. Orton, *G. cerina* var. *calyptrata* (P.D. Orton) Arnolds, Kalyptratsporiger Moos-Häubling: Hut schlank kegelig, vorwiegend orangebraun, Geruch und Geschmack mehlartig. Sporen praktisch glatt, ovoid bis mandelförmig, 9–14 × 6–8,5 µm, kalyptrat im Bereich des Apikulus. (Kr 5.316, BK 5.411, Lu 4.125.4C).

11.7.34 *Galerina sahleri* (Quél.) Kühner, *Galerina calyptrospora* Kühner, Sahlers Moos-Häubling: Hutrand jung mit weißlichen Velumfasern, Geruch unauffällig, evtl. krautartig. Sporen glatt, kalyptrat an beiden Enden, 10,5–13 × 5,5–7 µm, ChZ undeutlich flaschenförmig und leicht kopfig. (BK 5.423?).

Galerina farinacea A.H. Sm., Kleinsporiger Kalyptrat-Häubling: Hut oft spitz gebuckelt, Geruch und Geschmack mehlartig. Sporen 8–11 × 5–7 µm, ChZ flaschenförmig, kaum kopfig, PlZ fehlend. (Lu 4.125.5).

11.7.32 *Galerina cerina*, Glattsporiger Kalyptrat-Häubling

11.8 *Hebeloma,* Fälblinge und Ähnliche

Basidiomycota, Ständerpilze > *Agaricomycetes* > *Agaricales,* Blätterpilze > *Hymenogastraceae,* Erdnussverwandte

Beschreibung

Hebeloma, Fälblinge sind kleine bis sehr große, fleischige Pilze mit glatter, bereifter, meist schmieriger Hutoberfläche und weißlicher, vorwiegend falbbrauner und seltener rötlich- bis dunkelbrauner Farbe. Der Stiel und die ausgebuchtet angewachsenen Lamellen haben mehrheitlich dieselben oder ähnliche Farbtönen. Teilweise finden sich bei jungen Exemplaren Cortina- oder Ringreste am Stiel oder am Hutrand. Die Stielbasis ist häufig verdickt und bisweilen bräunend, vereinzelt stark wurzelnd. Viele Arten zeichnen sich durch einen auffälligen Geruch aus, sei dies nach Rettich, Bittermandeln oder Kakao. Die Artengrenzen sind noch nicht fest. In zahlreichen Kommentaren wird auf die uneinheitliche Einteilung durch verschiedene Autoren hingewiesen, und molekulargenetische Untersuchungen weisen auf eine größere Vielfalt hin. Vorwiegend bei Erle oder Weide finden sich ***Naucoria,*** Sumpfschnitzlinge oder ***Alnicola,*** Erlenschnitzlinge. Sie sind selten, kaum über 5 cm breit und von blassbrauner, gelbockerlicher, rötlich- bis dunkelbrauner Hutfarbe. Einige wenige, durchwegs seltene Arten mit spitzkegeligem bis glockigem Hut bilden die Gattung ***Phaeocollybia,*** Wurzelschnitzlinge. Deren Hutfarben sind olivbraun, braun, orangerot bis rotbraun. Typisch ist der verjüngte, wurzelnde Stiel und der mehr oder weniger deutliche Rettichgeruch. Das Sporenpulver der aufgezählten Gattungen ist grau-, rost- bis porphyrbraun.

Die Arten wachsen vom Frühsommer bis vor allem im Herbst, auf Erde, im Wald, Park, teilweise im Moor, evtl. auf morschem Holz, in alpinen Lagen oder auch im mediterranen Klima. *Hebeloma,* Fälblinge sind Mykorrhizapilze; gemäß Ludwig 2017 ist bei einzelnen Arten auch saprobes Vorkommen möglich. *Phaeocollybia,* Wurzelschnitzlinge gelten als parasitisch oder saprob; *Naucoria,* Sumpfschnitzlinge und *Alnicola,* Erlenschnitzlinge wiederum zählen zu den Mykorrhizapilzen.

Die Sporen erscheinen unter dem Mikroskop hellbraun und sind mehrheitlich feinwarzig, seltener grobwarzig oder auch ganz glatt. Die Formen sind ellipsoid bis mandel- oder zitronenförmig und gar nicht, leicht oder deutlich dextrinoid. Der Keimporus fehlt außer allenfalls bei einem der *Phaeocollybia,* Wurzelschnitzlinge. Cheilozystiden (ChZ) sind immer vorhanden. Ihre Formen sind fädig bis keulig oder flaschenförmig und teilweise kopfig. Pleurozystiden sind selten.

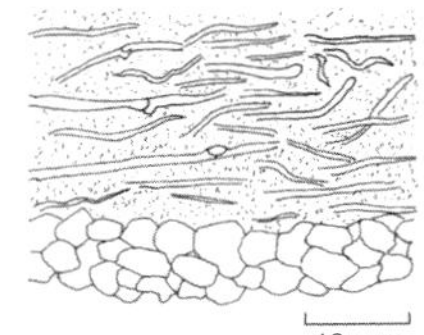

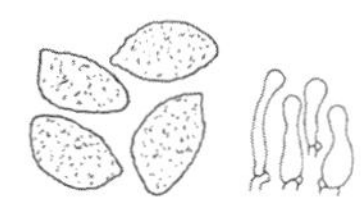

11.8.01 *Hebeloma radicosum,*
Wurzelnder Marzipan-Fälbling

Bestimmung

Für die Unterteilung von *Hebeloma* in die Artengruppe mit flüchtigem Haarschleier (Cortina) bis häutigem Velum auf der nächsten Seite (Schlüssel A) und jene ganz ohne Haarschleier auf der darauffolgenden Seite (Schlüssel B) müssen junge Exemplare untersucht werden können. Im nächsten Schritt können einige Arten mit wurzelndem Stiel abgegrenzt werden. In der Gruppe ohne Haarschleier folgt die Frage nach tränenden Lamellen, welche in der Regel ebenfalls junge Exemplare erfordert. Im Weiteren dienen Standort, Geruch, Größe, Farben und schließlich oft mikroskopische Merkmale der weiteren Unterscheidung bis zu den einzelnen Arten. Vor allem bei *Hebeloma,* Fälblinge wird auf die Stärke des Ornamentes, verschiedene Abstufungen sich ablösender Sporen-Außenhüllen und die Deutlichkeit der Jodreaktion (schwach bis deutlich dextrinoid) hingewiesen, weil diese Einschätzungen oft zur Trennung der Arten nötig sind. Sporen mit sich ablösender Außenhülle werden mit dem Begriff «kalyptrat» bezeichnet. Im Unterschied zu einem Teil der *Hebeloma,* Fälblinge sind die Sporen von *Naucoria,* Sumpfschnitzlinge, *Alnicola,* Erlenschnitzlinge und *Phaeocollybia,* Wurzelschnitzlinge nicht dextrinoid und haben nie ablösende Außenhüllen.

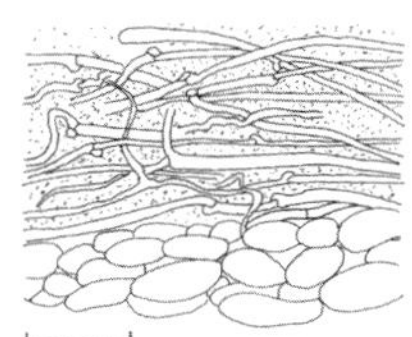

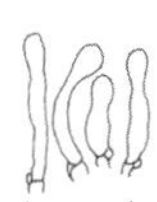

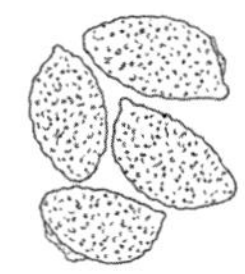

11.8.14 *Hebeloma crustuliniforme,*
Tonblasser Tränen-Fälbling

Speisewerte

In älteren Pilzbüchern hieß es, die Fälblinge seien «unschädlich». Sehr appetitlich tönt das nicht und besonders begehrt waren sie wohl nie. Inzwischen gelten jedenfalls alle Arten als ungenießbar, einige sogar als giftig. Auch *Phaeocollybia,* Wurzelschnitzlinge, *Naucoria,* Sumpfschnitzlinge und *Alnicola,* Erlenschnitzlinge sind keine Speisepilze.

11.8 *Hebeloma*, Fälblinge und Ähnliche
(A) Hut zumindest beim Aufschirmen mit Cortina oder häutigem Velum

- Stiel nicht wurzelnd
  - Velum stark entwickelt, am Hutrand oft Reste davon, Geruch evtl. rettichartig
    - im Nadelwald
      - Sporen 8–11 µm, ellipsoid-bohnenförmig, nicht dextrinoid — 04 ***Hebeloma mesophaeum*, Dunkelscheibiger Fälbling**
      - Sporen 9–13 µm, mandelförmig, bisher nur aus Skandinavien — 05 *Hebeloma monticola*, Berg-Fälbling
    - bei Weide, Pappel, Birke, Silberwurz, subalpin bis alpin, Sporen ca. 9–13 µm
      - Hut meist < 2 cm, Hutmitte schwarzbraun, Rand weißlich — 06 *Hebeloma nigellum*, Schwärzlicher Fälbling
      - Hut meist > 2 cm, Hutmitte rötlichbraun, Rand heller
        - Fleisch mild, Sporen ellipsoid — 09 *Hebeloma dunense*, Dünen-Fälbling
        - Fleisch bitterlich
          - Sporen zitronenförmig, an feuchten Stellen — 07 *Hebeloma clavulipes*, Keulenfüßiger Fälbling
          - Sporen mandelförmig, bisher nur aus Skandinavien — 05 *Hebeloma monticola*, Berg-Fälbling
    - im Mittelmeerraum — 11 *Hebeloma cistophilum*, Zistrosen-Fälbling
  - Velum nur haarschleierartig (Cortina), oft sehr flüchtig
    - vorwiegend trockener Nadel- oder Laubwald
      - im Nadelwald
        - Stiel beige, Basis oft verdickt, Geruch eher süßlich — 31 *Hebeloma laterinum*, Bräunender Kakao-Fälbling
        - Stielbasis rotbraun oder bräunend, nicht verdickt, Geruch anders
          - Sporen zylindrisch, dextrinoid, vorwiegend auf sandigem Boden — 03 *Hebeloma cylindrosporum*, Walzensporiger Fälbling
          - Sporen breit ellipsoid, kaum dextrinoid, vorwiegend auf Nadelstreu — 10 *Hebeloma fastibile*, Büscheliger Fälbling
      - im Laubwald, Sporen deutlich dextrinoid
        - Hut > 5 cm breit
          - Hutrand gekerbt, Ger. süßlich, fruchtartig, ChZ zylindrisch — 31 *Hebeloma laterinum*, Bräunender Kakao-Fälbling
          - Hutrand glatt, Geruch rettichartig, Cheilozystiden flaschenförmig — 32 *Hebeloma sinuosum*, Stolzer Fälbling
        - Hut kaum über 5 cm breit, Stiel jung weißlich
          - Stiel wurzelnd, Sporen mandelförmig, warzig, 10–12 × 5–6,5 µm — 13 *Hebeloma sordescens*, Schmutzigblasser Fälbling
          - Basis eher keulig, Sporen ellipsoid, feinwarzig, 8–10 × 5–5,5 µm — 12 *Hebeloma claviceps*, Keulenförmiger Fälbling
    - vorwiegend feuchte Standorte, Erle, Weide, Birke, Sporen nicht dextrinoid
      - Geruch unauffällig
        - Basidien vorwiegend 2-sporig
          - Huthaut matt bis feinfilzig, nicht runzelig, Sporen 9–15 µm
            - Stiel weißlich faserig auf zunehmend dunkelbraunem Grund — 43 *Naucoria melinoides*, Honiggelber Sumpfschnitzling
            - Stiel dicht weißlich faserig auf ockerlichem Grund — 40 *Naucoria bohemica*, Silberstieliger Sumpfschnitzling
          - Huthaut zunehmend runzelig (Randzone), Sporen 13–20 µm — 49 *Naucoria salicis*, Weiden-Sumpfschnitzling
        - Basidien vorwiegend 4-sporig
          - Hutrand nicht gerieft, Hut matt filzig-schorfig
            - Hut gelbbraun, Rand ohne weiße Flocken — 43 *Naucoria melinoides*, Honiggelber Sumpfschnitzling
            - Hut dunkelbraun, Hutrand mit weißen Velumflocken — 51 *Naucoria subconspersa*, Behangener Sumpfschnitzling
            - Hut weißlich bis blass bräunlich, weiß filzig-schorfig — 44 *Alnicola luteolofibrillosa*, Faseriger Erlenschnitzling
          - Hutrand gerieft, Hut deutlich hygrophan
            - Hut blass, stark gerieft, Sporen ziemlich grobwarzig 8–12 µm — 50 *Naucoria striatula*, Geriefter Erlen-Sumpfschnitzling
            - Hut feucht gerieft, Sporen ziemlich grobwarzig, 10–15 µm — 41 *Naucoria scolecina*, Kahler Sumpfschnitzling
            - Hut jung gelb, ungerieft, alt gerieft, Sporen feinwarzig 9–11 µm — 42 *Alnicola xanthophylla*, Gelbblättriger Erlenschnitzling
      - Geruch nach Pelargonienblättern («Geranien») — 47 *Naucoria geraniolens*, Geranien-Sumpfschnitzling
      - Geruch süßlich oder rettichartig, Hut filzig bis schuppig-schorfig
        - Geruch süßlich, birnenartig, Hut filzig bis schorfig, Sporen 7,5–10 µm — 39 *Naucoria suavis*, Wohlriechender Sumpfschnitzling
        - Geruch süßlich, rettichartig, Hut feinfilzig, Sporen 9–12, evtl. 15 µm — 43 *Naucoria melinoides*, Honiggelber Sumpfschnitzling
        - Geruch schwach rettichartig, Hut weiß faserig-schuppig, Sporen 9–11 µm — 44 *Alnicola luteolofibrillosa*, Faseriger Erlenschnitzling
      - Geruch etwas scheunenstaub- oder mehlartig, 2-sporig, 11–17 µm lang — 48 *Naucoria alnetorum*, Zweisporiger Erlen-Sumpfschnitzling
    - auf Dünen, in feuchtem Sand, kaum dextrinoid — 09 *Hebeloma dunense*, Dünen-Fälbling
    - alpin, in Zwergstrauchheide, Hut klein, kaum > 2,5 cm breit, kaum dextrinoid
      - Hut mit weißlichen Velumresten, Stiel teils mit Velumgürtel — 08 *Hebeloma marginatulum*, Berandeter Alpen-Fälbling
      - Hut mit spärlichen Velumresten, Stiel ohne Velumgürtel — 06 *Hebeloma nigellum*, Schwärzlicher Fälbling
      - Hut ohne Velumreste, < 1 cm, Sporen fast glatt — 46 *Naucoria tantilla*, Glattsporiger Sumpfschnitzling
    - auf Brandstellen, nicht dextrinoid — 45 *Naucoria amarescens*, Bitterer Sumpfschnitzling
- Stiel wurzelnd
  - Stiel häutig beringt, Geruch nach Bittermandeln — 01 *Hebeloma radicosum*, Wurzelnder Marzipan-Fälbling
  - Stiel höchstens mit flüchtigen Velumresten, Geruch unauffällig
    - Sporen mandelförmig — 02 *Hebeloma birrus*, Heller Wurzel-Fälbling
    - Sporen zylinderförmig — 03 *Hebeloma cylindrosporum*, Walzensporiger Fälbling

11.8 *Hebeloma,* Fälblinge und Ähnliche
(B) Cortina oder häutiges Velum beim Aufschirmen des Hutes nicht vorhanden

- Stiel nicht wurzelnd, Hut ± gewölbt
  - Lamellen jung tränend, später mit dunkelbraunen Flecken
    - bei Nadelbäumen, Hut blass, oft weißlich
      - bei Fichte oder Kiefer
        - vorwiegend tiefere Lagen, Cheilozystiden bis ca. 80 µm — **14 *Hebeloma crustuliniforme,* Tonblasser Tränen-Fälbling**
        - vorwiegend höhere Lagen, bei Torfmoos, ChZ bis > 100 µm — 15 *Hebeloma incarnatulum,* Fleischblasser Moos-Fälbling
      - mediterran, unter Zeder — 16 *Hebeloma eburneum,* Elfenbeinweißer Fälbling
    - bei Laubbäumen
      - im Laubwald, Gebüsch — **14 *Hebeloma crustuliniforme,* Tonblasser Tränen-Fälbling**
      - vorwiegend bei Pappel, evtl. Birke — 17 *Hebeloma populinum,* Pappel-Fälbling
    - im Moor, auf feuchtem Boden
      - bei Torfmoos
        - Hut meist über 4 cm breit, Sporen nicht dextrinoid — **14 *Hebeloma crustuliniforme,* Tonblasser Tränen-Fälbling**
        - Hut kaum über 4 cm breit, Sporen dextrinoid — 18 *Hebeloma helodes,* Sumpf-Fälbling
      - bei Weide, evtl. Birke
        - Hut ocker, > 3 cm, Rand cremeocker, Cheilozystiden keulig, kaum kopfig — 19 *Hebeloma leucosarx,* Weißfleischiger Torfmoos-Fälbling
        - Hut rötlichocker, < 3 cm, Rand weißlich, Cheilozystiden keulig bis kopfig — 21 *Hebeloma pusillum,* Kleiner Weiden-Fälbling
      - bei Pappel, evtl. Birke, Hut 2–8 cm, Cheilozystiden keulig bis kopfig — 17 *Hebeloma populinum,* Pappel-Fälbling
    - in alpiner Zwergstrauchheide — 23 *Hebeloma alpinum,* Graubrauner Alpen-Fälbling
  - Lamellen nie tränend, nicht gefleckt
    - im Laub- oder Nadelwald
      - Geruch ± stark rettichartig, evtl. fruchtartig
        - Hut > 4 cm breit, im Laub-, selten Nadelwald — **24 *Hebeloma sinapizans,* Flockigstieliger Rettich-Fälbling**
        - Hut < 4 cm breit
          - Hut cremebeige bis ockerbraun, Wärme liebend — 20 *Hebeloma hiemale,* Winter-Fälbling
          - Hut rotbraun, an feuchten Stellen — 25 *Hebeloma vaccinum,* Dunkelbrauner Fälbling
      - Geruch auffällig süßlich, oft auf saurem, feuchtem Boden
        - Hut glatt, schmierig
          - Hut isabellocker, bei Laubbäumen, groß — 26 *Hebeloma sacchariolens,* Süßriechender Fälbling
          - Hut weißlich, nur aus Nordeuropa — 27 *Hebeloma fusisporum,* Spindelsporiger Fälbling
        - Hut filzig — 28 *Hebeloma hetieri,* Filziger Fälbling
      - Geruch kakaoartig, evtl. schwach rettichartig
        - robust, teils bis 10 cm, Geruch deutlich
          - Hut rotbraun — 29 *Hebeloma theobrominum,* Kakaobrauner Fälbling
          - Hut beige- bis ockerbraun — 31 *Hebeloma laterinum,* Bräunender Kakao-Fälbling
        - klein, kurzstielig, kaum > 4 cm, Geruch undeutlich — 30 *Hebeloma nanum,* Kurzstieliger Fälbling
    - auf alten Feuerstellen, evtl. bei Brandmoos
      - Stiel kaum länger als Hutbreite (2–6 cm), Sporen dextrinoid
        - Stiel faserig, Basis bräunend, Geruch nicht rettichartig — 33 *Hebeloma anthracophilum,* Kohlen-Fälbling
        - Stiel warzig-schuppig, weiß, Geruch kakao- bis rettichartig — 30 *Hebeloma nanum,* Kurzstieliger Fälbling
      - Stiel meist länger als Hutbreite (1–3 cm), Sporen nicht dextrinoid — 34 *Hebeloma pseudoamarescens,* Bitterlicher Brandstellen-Fälbling
    - im Torfmoor, bei Torfmoos, Hut weniger als 3 cm breit — 22 *Hebeloma magnimamma,* Gebuckelter Fälbling
    - subalpin bis alpin
      - in alpiner Zwergstrauchheide
        - Sporen > 9,5 µm
          - Hut tonfarben bis gelbbraun — 35 *Hebeloma minus,* Freudigbrauner Fälbling
          - Hut graubraun — 36 *Hebeloma subconcolor,* Beigebrauner Alpen-Fälbling
        - Sporen < 9,5 µm, Hut blassocker, evtl. Tee-, Kakaogeruch — 37 *Hebeloma circinans,* Elfenring-Fälbling
      - im Nadelwald
        - Geruch nach Tee oder Kakao, Hut kaum hygrophan — 37 *Hebeloma circinans,* Elfenring-Fälbling
        - Geruch nach Seife oder Rettich, Hut hygrophan — 38 *Hebeloma syrjense,* Seifen-Fälbling
- Stiel wurzelnd, Hut spitzkegelig bis glockig
  - Geruch rettichartig, Sporen warzig
    - Hut olivgrün, olivbraun, ockerlich, grau- bis beigebraun, Sporen 7–9 µm — 52 *Phaeocollybia lugubris,* Dickfleischiger Wurzelschnitzling
    - Hut lebhaft orange, fuchsigbraun, blutrot bis dunkelbraun, Sporen 9–11 µm — 53 *Phaeocollybia christinae,* Spindelsporiger Wurzelschnitzling
    - Hut blutrot, rotbraun, Sporen 5,5–6,5 µm — 54 *Phaeocollybia jennyae,* Hornstieliger Wurzelschnitzling
  - Geruch nach Gurken, stark mehl- bis fischartig, Hut kegelig bis flach, feinsamtig — 5.19.19 *Macrocystidia cucumis,* Gemeiner Gurkenschnitzling

11.8.01 *Hebeloma radicosum* (Bull.) Ricken
Wurzelnder Marzipan-Fälbling

H: 5–15 cm, halbkugelig, bald flach gewölbt, schmierig-schleimig, eingewachsen-faserig bis schuppig, cremebraun, Rand mit Velumresten. **L:** ausgebuchtet, blass, später ocker bis schokoladenbraun. **St:** Spitze weißlich, rau, mit faserhäutigem Ring, abwärts braun faserschuppig bis natterig auf hellem Grund, Basis verdickt, mit langem, tiefreichendem, sich verjüngendem Wurzelfortsatz. **F:** fest, dick, weiß. **Ger:** auffällig süß, nach Bittermandeln. **Ges:** bitterlich. **Spp:** tabakbraun. **V:** im Laubwald, bei oder auf morschen Stümpfen oder Wurzeln; Herbst. **Mik:** Sporen deutlich ornamentiert, mit ablösender Außenhülle, mandelförmig, 7–10,5 × 5–6 µm, deutlich dextrinoid. (D 680, Kr 5.366, BK 5.119, Lu 4.126.2, 🖼).

11.8.02 *Hebeloma birrus* (Fr.) Sacc., *Hebeloma birrum* (Fr.) Gill., Heller Wurzel-Fälbling: Hut 3–5 cm, ockerbraun mit hellerem Rand, Stiel teils mit flüchtigen Velumresten und meistens ebenfalls wurzelnd, Geruch unauffällig; bei Laub- und Nadelbäumen, oft auf Brandstellen. Sporen 9,5–12 × 5–6,5 µm, stark dextrinoid. (Kr 5.350, Lu 4.126.48, 🖼).

Hebeloma pumilum J.E. Lange, Zwerg-Fälbling: Hut 3–4 cm, sehr farbvariabel, ockerlichrotbraun bis orangebraun, Rand meist ocker, Geruch leicht süßlich; unter Nadelbäumen, seltener Buche *Fagus*. Sporen 7,5–9,5 × 5–6 µm, Außenhülle kaum ablösend. Gilt bei verschiedenen Autoren als Synonym von *H. birrus*. (D 684, BK 5.117, Lu 4.126.14).

Hebeloma danicum Gröger, Rotbrauner Wurzel-Fälbling, Dunkler Wurzel-Fälbling: Hutmitte rotbraun. Sporen 8–10,5 × 5–6 µm mit nur vereinzelt ablösender Außenhülle (kalyptrat). Gilt teilweise ebenfalls als Synonym von *H. birrus*. (Lu 4.126.46).

11.8.03 *Hebeloma cylindrosporum* Romagn.
Walzensporiger Fälbling

H: 2–6 cm, gewölbt bis flach und gebuckelt, rot- bis orangebraun. **L:** ausgebuchtet, milchkaffee- bis rötlichbraun, Schneiden weiß. **St:** ohne Cortina, im oberen Teil weißlich, abwärts rotbraun, Basis oft verjüngt bis etwas wurzelnd. **Ger:** unauffällig. **Ges:** unauffällig. **V:** im Nadelwald, vorwiegend bei Kiefer *Pinus* auf sandigem Boden. **Mik:** Sporen leicht ornamentiert, zylindrisch, vereinzelt mit ablösender Außenhülle, 8–10 × 4–5 µm, deutlich dextrinoid. (Lu 4.126.10).

11.8.04 *Hebeloma mesophaeum* (Pers.) Quél.
Dunkelscheibiger Fälbling

H: 2–6 cm, bald gewölbt bis ± flach ausgebreitet, gebuckelt, schmierig, Mitte rötlichbraun, Rand blass cremebeige, faserig, jung mit silbrigen bis blass gelblichen Velumresten behangen. **L:** ausgebuchtet, beige bis braun. **St:** faserig, weißlich, jung mit Cortina, später oft mit faseriger Ringzone, von der Basis her zunehmend bräunend. **F:** bräunlich. **Ger:** rettichartig. **Ges:** leicht bitter. **V:** im Nadelwald oder bei Birke *Betula*; Herbst. **Mik:** Sporen praktisch glatt, zylindrisch-ellipsoid bis bohnenförmig, Außenhülle nicht ablösend, 8–11 × 4,5–6 µm, nicht dextrinoid. (D 682f/696, Kr 5.361, BK 5.113, Lu 4.126.9, 🖼).

Einige Autoren betrachten Exemplare mit einem ± glatten Hut mit tonbrauner bis brauner Mitte und einem kaum faserigen Rand als *H. mesophaeum* var. *strophosum* (Fr.) Quadr., Wolliger Fälbling oder als *Hebeloma strophosum* (Fr.) Sacc., Flämmlings-Fälbling. (Kr 5.372).

Hebeloma subtortum P. Karst., *H. mesophaeum* var. *ochraceum* Bohus, Engblättriger Fälbling: Fruchtkörper eher etwas schmächtiger, Cortina lange sichtbar, Lamellen etwas gedrängter. Sporen ellipsoid bis mandelförmig, 7–9,5 × 4,5–7 µm. Vesterholt 2005 zählt die Art zu *H. mesophaeum*. (Lu 4.126.11).

Hebeloma bruchetii Bon, Krummstieliger Fälbling, Alpiner Weide-Fälbling: Hut hell rötlichumbra bis orangeocker, Stiel von ockerlichem Velum stark überzogen, nicht bräunend, Geruch etwas rettichartig. Sporen 8–10 × 5,5–6,5 µm. Gehört gemäß Beker et al. 2016 zu *H. mesophaeum*. (BK 5.99).

11.8.05 *Hebeloma monticola* Vesterh., *Hebeloma candidipes* ss. Vesterholt 2005, Berg-Fälbling: Hut 2–4 cm breit, Mitte ockerrötlich bis sepiabraun, kaum gebuckelt, Rand weißlich, Lamellen ziemlich gedrängt, Stiel weißlich; im Torfmoos *Sphagnum*, bisher aus Skandinavien bekannt. Sporen schwach ornamentiert, Außenhülle kaum ablösend, 10–12 × 5,5–7 µm, leicht dextrinoid. (Lu 4.126.17).

11.8.06 *Hebeloma nigellum* Bruchet, *Hebeloma atrobrunneum* Vesterh., Schwärzlicher Fälbling, Schwarzbrauner Alpen-Fälbling, Schwarzbrauner Fälbling: Hut 1–4 cm breit, grauschwärzlich bis umbrabraun, Rand weißlich, Stiel weißlich, später braun mit etwas Oliv; alpine Lagen, an feuchten Stellen bei Zwergweide *Salix*. Sporen leicht ornamentiert, Außenhülle nicht ablösend, 9,5–12,5 × 6–7,5 µm, leicht dextrinoid. (Kr 5.349, Lu 4.126.8).

H. candidipes in Vesterholt 1989 wurde irrtümlich zugeordnet und beschreibt große Fruchtkörper von *H. nigellum* aus niedrigeren Lagen (Vesterholt 2005).

11.8.01 *Hebeloma radicosum*, Wurzelnder Marzipan-Fälbling

11.8.02 *Hebeloma birrus*, Heller Wurzel-Fälbling

11.8.04 *Hebeloma mesophaeum*, Dunkelscheibiger Fälbling

11.8.07 *Hebeloma clavulipes* Romagn., *Hebeloma candidipes* Bruchet
Keulenfüßiger Fälbling, Kontrasthütiger Fälbling, Weißstieliger Fälbling

H: 1,5–3,5 cm, flach gewölbt, schmierig, im Scheitel ziemlich dunkel rotbraun, im äußeren Teil weißlich bis ockerbraun. **L:** fleischbräunlich bis hellbraun. **St:** weißlich, Spitze bereift, kleinschuppig, Cortina vorhanden, flüchtig, teils auch deutlich faserige Gürtel am Stiel hinterlassend, Basis keulig bis knollig verdickt und bräunend. **F:** weißlich. **Ger:** rettichartig. **Ges:** bitterlich. **V:** auf feuchtem, moosigem Boden, vorwiegend bei Laubbäumen. **Mik:** Sporen fast glatt, mandel- bis zitronenförmig, Außenhülle kaum ablösend, 9,5–13 × 5–7 µm, leicht dextrinoid (gemäß Breitenbach & Kränzlin 2000 auch nicht dextrinoid). (BK 5.100/103, Lu 4.126.18).

11.8.08 *Hebeloma marginatulum* (J. Favre) Bruchet, Berandeter Alpen-Fälbling: Hut 1–2,5 cm, oft etwas glockig, braun, rötlichbraun, evtl. ziemlich dunkel, mit weißlichen Velumresten überzogen, Rand braungelb, Stiel weißlich, später von der Basis her bräunend, teils mit Velumgürtel; in alpiner Zwergstrauchheide. Sporen fast glatt, ellipsoid, ohne ablösende Außenhülle, 10–13 × 5,5–7,5 µm, kaum dextrinoid. (BK 5.112, Lu 4.126.7, 🖼).

11.8.09 *Hebeloma dunense* L. Corb. & R. Heim, *Hebeloma remyi* Bruchet
Dünen-Fälbling, Remys Fälbling

H: 2–4 cm, gewölbt, evtl. gebuckelt, wenig schmierig, ockerrötlich, braun, Mitte dunkler, Rand gelblich bis ockerbraun, jung evtl. feinst behangen oder mit fetzigen Velumresten. **L:** ausgebuchtet angewachsen, eher entfernt, kaum tränend. **St:** Spitze blass, von der Basis her bräunend, teilweise etwas genattert bis gegürtelt mit Velumresten. **Ger:** unauffällig. **Ges:** etwas rettichartig bis bitter. **V:** bei Weide *Salix*, Pappel *Populus*, Silberwurz *Dryas*, subalpin bis alpin an moosigen, oft moorigen Stellen, auf feuchtem Dünensand, schon ab Frühjahr. **Mik:** Sporen schwach ornamentiert, Außenhülle nicht ablösend, 9–13 × 5–7,5 µm, kaum dextrinoid, ChZ flaschenförmig. (Lu 4.126.12, 🖼).

Hebeloma collariatum Bruchet, Fastbüscheliger Fälbling, Kollar-Fälbling: Hut rötlich- bis ziemlich dunkelbraun. Gemäß Ludwig 2017 ein Synonym von *H. dunense*. (D 685, Kr 5.353, BK 5.104).

11.8.10 *Hebeloma fastibile* (Pers.) P. Kumm. ss. Quadraccia
Büscheliger Fälbling

H: 2,5–8 cm, klebrig, lederockerlich bis rötlichbraun, Rand heller, lederweißlich **L:** hell kakaofarben. **St:** ± glatt, an der Basis etwas bräunend, nicht verdickt. **St:** ± glatt, mit Cortinaresten, an der Basis etwas bräunend, nicht verdickt. **Ger:** rettichartig. **V:** im Nadelwald, oft büschelig; ab Frühsommer. **Mik:** Sporen fast glatt, breit ellipsoid, 7,5–10,5 × 4,5–6,5 µm, kaum dextrinoid. (BK 5.106).

Gemäß Ludwig 2017 zählt *H. fastibile* nach der ursprünglichen Beschreibung zu *H. laterinum* und würde damit zu den Arten ohne Cortinareste gehören.

11.8.11 *Hebeloma cistophilum* Maire
Zistrosen-Fälbling, Zisten-Fälbling

H: 2–5 cm, gewölbt, bald flach ausgebreitet, klebrig bis schmierig, rötlich-ockerbraun, Mitte ziemlich dunkelbraun, Rand heller. **L:** bräunlich mit rosa Stich, später milchkaffeebraun, nicht tränend, Schneiden heller. **St:** Spitze weiß bereift, abwärts bräunlich und weißlich überfasert. **F:** cremebeige. **Ger:** süßlich bis rettichartig. **Ges:** mild. **V:** im Mittelmeerraum, bei Zistrosen *Cistus*. **Mik:** Sporen feinwarzig, ellipsoid, Außenhülle kaum ablösend, 9–11,5 × 6–7 µm, schwach oder nicht dextrinoid. (D 681, Lu 4.126.13).

11.8.12 *Hebeloma claviceps* (Fr.) Quél.
Keulenförmiger Fälbling

H: 2–5 cm, stark gewölbt, robust und fleischig, rötlichocker bis milchkaffeebraun, Rand eingerollt, jung stark seidig-weiß überfasert. **L:** ausgebuchtet, tongrau. **St:** vorwiegend weiß, Basis oft keulenförmig. **Ger:** schwach rettichartig. **V:** im Nadelwald (gemäß Horak 2005 auch bei Laubbäumen). **Mik:** Sporen feinwarzig, ellipsoid, 8,5–9,5 × 5–5,5 µm. Die seltene, spärlich dokumentierte und gemäß Beker et al. 2016 unsichere Art ist weder bei Vesterholt 2005 noch bei Ludwig 2017 erwähnt.

11.8.13 *Hebeloma sordescens* Vesterh.
Schmutzigblasser Fälbling, Schwarzknolliger Fälbling

H: 2–5 cm, glatt, rötlichbraun, gegen den Rand blasser. **L:** schmal angeheftet, eher eng, nicht tränend. **St:** weißlich, später bräunend, allenfalls mit einer flüchtigen Zone aus Cortinaresten, Basis dunkel. **Ger:** rettichartig, evtl. auch etwas nach Kakao. **Ges:** bitter. **V:** an feuchten Stellen unter Laubbäumen. **Mik:** Sporen feinwarzig, mandel- bis zitronenförmig, Außenhülle kaum ablösend, dextrinoid, 9–12 × 5,5–7 µm. (Kr 5.371, BK 5.123, Lu 4.126.15, 🖼).

11.8.14 *Hebeloma crustuliniforme* (Bull.) Quél. ☠
Tonblasser Tränen-Fälbling, Tongrauer Tränen-Fälbling

H: 4–8 cm, gewölbt bis ausgebreitet, oft flach gebuckelt, klebrig bis schmierig, blass tonfarben, gegen außen weißlich, Rand lange eingerollt. **L:** ausgebuchtet angewachsen, blass bis graubraun, Schneiden gekerbt und weiß, jung tränend, später mit dunklen Flecken. **St:** weißlich,

11.8.08 *Hebeloma marginatulum*, Berandeter Alpen-Fälbling

11.8.09 *Hebeloma dunense*, Dünen-Fälbling

11.8.13 *Hebeloma sordescens*, Schmutzigblasser Fälbling

11.8.14 *Hebeloma crustuliniforme*, Tonblasser Tränen-Fälbling

Spitze flockig, Basis evtl. verdickt. **F:** weißlich, ziemlich dick. **Ger:** deutlich nach Rettich. **Ges:** bitterlich. **V:** im Laub-, seltener im Nadelwald, in Parks; Sommer bis vor allem im Herbst. **Mik:** Sporen feinwarzig, mandelförmig, Außenhülle kaum ablösend, 9,5–12,5 × 5–7 µm, leicht dextrinoid. (D 687, Kr 5.354, BK 5.105, Lu 4.126.23, 🖼).

Hebeloma longicaudum (Pers.) P. Kumm., *H. crustuliniforme* var. *longicaudum* (Pers.) Quadr. Langstieliger Fälbling: aufgrund mangelhafter Angaben bei der Erstbeschreibung wurde dieser Name in den letzten zwei Jahrhunderten von diversen namhaften Autoren auf mehr oder weniger langstielige Exemplare verschiedener *Hebeloma*, Fälblinge angewandt, insbesondere auf Arten in Laubstreu und Moos, inkl. Torfmoos *Sphagnum*. Grilli 2009 wie auch Beker et al. 2016 raten deshalb von der Verwendung von «longicaudum» ab.

Hebeloma aanenii Beker, Vesterh. & U. Eberh., Ockerhütiger Rettich-Fälbling: Geschmack bitter, vorwiegend bei Laubbäumen, z. B. Weide *Salix*, seltener auch bei Weißtanne *Abies* oder alpin. Sporen apikal bisweilen mit leichter Einschnürung, 9–11 × 5–6,5 µm. Die Art wurde erst 2015 neu beschrieben (Eberhardt et al. 2015) und ist ohne DNA-Analysen kaum zuverlässig abzugrenzen. (Lu 4.126.24).

Hebeloma geminatum Beker, Vesterh. & U. Eberh., Milder Doppelgänger-Fälbling: Geschmack mild. Sporen mandelförmig, ohne Einschnürung, 8–12 × 5–7 µm. Die Art wurde wie die vorangehende von Eberhardt et al. 2015 neu beschrieben und ist ebenfalls ohne DNA-Analysen kaum zuverlässig abzugrenzen. (Lu 4.126.25).

Hebeloma ingratum Bruchet, Nordischer Laubbaum-Fälbling: Hut 2,5–5,5 cm breit, Stiel oft ganz flockig, Geruch unangenehm, rettichartig, Geschmack bitter, rettichartig; vorwiegend arktisch oder im subalpinen Laubwald (Zitterpappel *Populus tremula*). Sporen mandelförmig, leicht warzig, etwas ablösende Außenhülle, 9,5–12 × 5,5–7 µm, leicht dextrinoid. (Lu 4.126.35).

11.8.15 *Hebeloma incarnatulum* A.H. Sm., *Hebeloma stenocystis* J. Favre
Fleischblasser Moos-Fälbling, Schmalbewimperter Fälbling

H: 2–5 cm, stumpfkegelig bis flach und gebuckelt, ziemlich dunkel rotbraun, gegen außen blasser, beige, Rand feinflaumig, schmierig. **L:** ocker bis braungrau. **St:** weißlich, Spitze flockig, Basis bräunend. **F:** weiß. **Ger:** schwach nach Rettich. **V:** im subalpinen Nadelwald, vorwiegend bei Torfmoos *Sphagnum*. **Mik:** Sporen leicht warzig, mandelförmig, Außenhülle kaum ablösend und ziemlich deutlich dextrinoid, 8,5–12 × 5,5–6,5 µm. (Kr 5.359, BK 5.124, Lu 4.126.31, 🖼).

11.8.16 *Hebeloma eburneum* Malençon
Elfenbeinweißer Fälbling

H: 5–12 cm, gewölbt bis ± flach ausgebreitet, schmierig-schleimig, blass, elfenbeinweißlich. **L:** ausgebuchtet, blassbeige, fleischbräunlich bis milchkaffeebraun, Schneiden jung mit Tränen, später mit braunen Flecken. **St:** weißlich, später im unteren Teil bräunlich, Spitze flockig. **F:** dick, weiß. **Ger:** nach Rettich. **Ges:** etwas bitterlich. **V:** im Mittelmeerraum, unter Zeder *Cedrus*. **Mik:** Sporen feinwarzig, mandel- bis zitronenförmig, leicht ablösende Außenhülle, 9,5–14,5 × 6–7 µm, und schwach dextrinoid. (D 686, Lu 4.126.26).

Hebeloma perpallidum M.M. Moser, Blasser Fälbling: Geruch süßlich, kakaoartig; bei Fichte *Picea* oder Kiefer *Pinus*, in Forstgärten. Gilt als Synonym von *H. eburneum* (Beker et al. 2016, Ludwig 2017).

Hebeloma ochroalbidum Bohus, Ockerweißer Fälbling: Hut bis 10 cm breit. Geruch schwach rettichartig, Geschmack mild. Gilt als Synonym von *H. eburneum* (Beker et al. 2016, Ludwig 2017).

11.8.17 *Hebeloma populinum* Romagn.
Pappel-Fälbling

H: 2–8 cm, gewölbt bis ausgebreitet, schmierig, blass tonweißlich, Mitte gelbbräunlich bis rötlichbraun, Rand oft etwas rillig. **L:** ausgebuchtet, blass bis hell milchkaffeebraun, Schneiden jung tränend. **St:** weißlich, fein weißflockig auf der ganzen Länge. **F:** blass. **Ger:** ziemlich deutlich kakaoartig. **Ges:** bitter. **V:** bei Pappel *Populus*, Birke *Betula* oder Weide *Salix*; Herbst. **Mik:** Sporen deutlich warzig, deutlich ablösende Außenhülle, 10–15 × 5–8,5 µm. (BK 5.115, 🖼).

11.8.18 *Hebeloma helodes* J. Favre
Sumpf-Fälbling

H: 2–5 cm, gewölbt bis ausgebreitet, klebrig, hellbeige, Mitte dunkler kakaobraun, Rand heller, fast weißlich. **St:** ganz bereift bis feinflockig, vor allem an der Stielspitze, blass, später etwas bräunend, Basis evtl. leicht knollig. **Ger:** etwas rettichartig. **Ges:** mild. **V:** im Laubwald bei Torfmoos *Sphagnum*. **Mik:** Sporen warzig, leicht ablösende Außenhülle, 8,5–10,5 × 5–6 µm, höchstens schwach dextrinoid. (Kr 5.358, Lu 4.126.22).

11.8.19 *Hebeloma leucosarx* P.D. Orton ☠
Weißfleischiger Torfmoos-Fälbling, Großer Weiden-Fälbling, Knolligstieliger Fälbling

H: 2–6 cm, gewölbt und stumpf gebuckelt, schmutzig fleischocker, rötlich falbocker, Rand jung feinsamtig, filzig, heller und weißlich. **L:** ausgebuchtet, blass, jung tränend und mit weißlichen Schneiden. **St:** weißlich bis ockerlich, jung weiß samtig bereift. **F:** weiß. **Ger:** schwach, evtl. etwas nach Rettich oder Schokolade. **Ges:** ± mild. **V:** bei Laubbäumen, Weide *Salix*, evtl. Birke *Betula*, auf feuchtem Boden, oft bei Torfmoos *Sphagnum*; Sommer bis Herbst. **Mik:** Sporen leicht warzig, mandelförmig, 9–13 × 5–7 µm, schwach dextrinoid, ChZ dünnwandig, leicht keulig bis schlank flaschenförmig. (Kr 5.360, BK 5.110, Lu 4.126.32, 🖼).

11.8.15 *Hebeloma incarnatulum*, Fleischblasser Moos-Fälbling

11.8.17 *Hebeloma populinum*, Pappel-Fälbling

11.8.19 *Hebeloma leucosarx*, Weißfleischiger Torfmoos-Fälbling

Hebeloma velutipes Bruchet, *Hebeloma favrei* Romagn. & Quadr., Flockenstieliger Fälbling: Hut blasser und kaum bei Torfmoos *Sphagnum* (Ludwig 2017). Sporen mäßig bis stark warzig, deutlich dextrinoid (Breitenbach & Kränzlin 2000). Nach Beker et al. 2016 sind *H. velutipes* und *H. leucosarx,* Weißfleischiger Torfmoos-Fälbling zwar sehr ähnlich, können aber unterschieden werden. Allerdings zeigte sich *H. velutipes* in den Untersuchungen morphologisch wie auch genetisch sehr variabel, sodass eine überzeugende, weitere Aufteilung noch gefunden werden muss. (BK 5.126, Lu 4.126.27).

Hebeloma fragilipes Romagn., Heller Bruchstiel-Fälbling, Bruchstiel-Fälbling: Stiel etwas zerbrechlich, weißflockig mit erweiterter, etwas bräunender Basis; bei Laubbäumen. Sporen 9,5–12 × 5–6,5 µm. (D 688, Kr 5.356).

Hebeloma pseudofragilipes Beker, Vesterh. & U. Eberh., Falscher Bruchstiel-Fälbling: Stiel im oberen Teil flockig, Geschmack erst mild, später bitter-süßlich; bei Laubbäumen. Sporen 7,5–14 × 4–7,5 µm, ChZ zylindrisch bis flaschenförmig mit teils erweitertem und etwas dickwandigem Ende, vereinzelt auch mit dickwandiger Mitte. (Lu 4.126.34).

11.8.20 *Hebeloma hiemale* Bres., Winter-Fälbling: Hut kaum über 5 cm breit, im Scheitel oft gelbbraun, Rand jung weißlich, flockig, Geruch fruchtartig-aromatisch bis rettichartig; in lichtem Wald, am Waldrand, bei Gebüsch, auch mediterran unter Zistrosen *Cistus.* Sporen 9,5–15 × 5,5–7,5 µm, ChZ zylindrisch bis flaschenförmig mit teils erweitertem und etwas dickwandigem Ende, vereinzelt auch mit dickwandiger Mitte. (D 690, BK 5.108, Lu 4.126.33).

Hebeloma oculatum Bruchet: Hut 1,5–3,5 cm breit, Mitte gelbbraun bis dunkelbraun, Rand weißlich. Sporen 11,5 × 5,5 µm. Gemäß Untersuchungen von Beker et al. 2016 ist *H. oculatum* trotz der kleineren Sporen ein Synonym von *H. hiemale.*

Hebeloma cavipes Huijsman, Hohlstieliger Fälbling: Hut hellcreme, in der Mitte ockerbraun bis rötlichbraun, Stiel cremeockerlich, weißflockig. Sporen 9–14 × 5–7 µm, ChZ flaschenförmig mit teils erweitertem und etwas dickwandigem Ende. (BK 5.101, Lu 4.126.38).

Hebeloma album Peck, Weißer Fälbling: Hut 2–5 cm, cremeweiß bis hellbeige, Lamellen blasscreme, später etwas fleischbräunlich bis milchkaffeebraun, Stiel weißlich, bereift, von der Basis her etwas bräunend, Fleisch cremebeige, Geruch etwas rettichartig, Geschmack bitter, rettichartig; im Mittelmeerraum, unter Zistrosen *Cistus.* Sporen 11–13,5 × 6–7 µm. (D 689).

Horak 2005 sieht die Art sehr nahe bei *H. hiemale,* den er als Synonym von *H. cavipes* betrachtet. Gemäß Ludwig 2017 sind *H. leucosarx,* Weißfleischiger Torfmoos-Fälbling, *H. fragilipes, H. pseudofragilipes, H. hiemale* und *H. cavipes* nur durch Nuancen bezüglich der Zystidenformen und allenfalls der Intensität der Jodreaktion der Sporen zu unterscheiden.

11.8.21 *Hebeloma pusillum* J.E. Lange, Kleiner Weiden-Fälbling: Hut 1–3 cm, im Scheitel ziemlich dunkelbraun, Rand blass, mehlig, Lamellen entfernt, Stiel feinflockig, dünn, weißlich; an feuchten Standorten und stets bei Weide *Salix.* Sporen fast glatt, mandel- bis zitronenförmig, Außenhülle kaum ablösend, 9–15 × 5–7 µm, dextrinoid, ChZ keulig bis etwas kopfig, vereinzelt leicht bauchig. (Kr 5.365, BK 5.118, Lu 4.126.20).

Hebeloma salicicola Beker, Vesterh. & U. Eberh., Trübbrauner Weiden-Fälbling: vorwiegend in Meeresdünen oder arktisch. Sporen stärker warzig, Außenhülle ablösend, 11–14 × 6,5–8 µm, dextrinoid, ChZ kopfig und verdickt. (Lu 4.126.21).

11.8.22 *Hebeloma magnimamma* (Fr.) Sacc., Gebuckelter Fälbling: Hut 1–2,5 cm, stark gebuckelt, beige bis milchkaffeebraun, Lamellen tonocker bis rostfarben, Stiel weißlich bis blass bräunlich, Spitze flockig; im Torfmoor, in Torfstichen, bei Torfmoos *Sphagnum,* evtl. bei Weide *Salix.* Sporen 9–12 × 5–7 µm. Beker et al. 2016 vermuten, dass es sich um ein Synonym von *H. pusillum* handelt.

11.8.23 *Hebeloma alpinum* (J. Favre) Bruchet, *H. crustuliniforme* f. *alpinum* (J. Favre) Vassilkov
Graubrauner Alpen-Fälbling, Kleinster Alpen-Fälbling

H: 2–5 cm, glockig bis gewölbt, klebrig, im Scheitel bräunlich, gegen den Rand blass ockerlich bis fleischocker. **L:** eher etwas entfernt. **St:** weißlich, kurz, Basis oft knollig. **F:** weißlich. **Ger:** schwach, evtl. etwas fruchtartig. **V:** alpine Lagen, bei Zwergweide *Salix* oder Silberwurz *Dryas*; Spätsommer. **Mik:** Sporen feinwarzig, Außenhülle höchstens leicht ablösend, 10,5–15 × 6,5–8,5 µm, schwach dextrinoid. (BK 5.97, Lu 4.126.19, 🖼).

11.8.24 *Hebeloma sinapizans* (Paulet) Gillet ☠
Flockigstieliger Rettich-Fälbling, Rettich-Fälbling

H: 5–15 cm, gewölbt bis ± flach, ocker- bis rötlich- oder schmutzig braun. **L:** etwas ausgebuchtet, fleischgrau, milchkaffee- bis zimtbraun. **St:** weißlich feinschuppig oder genattert auf weißlichem Grund, gegen die Basis verdickt und etwas bräunend, ohne Haarschleier (Cortina) oder -reste. **F:** fest, weißlich, im Stiel hohl, mit spitzem, fransigem, vom Hutfleisch in die Stielhöhle ragenden «Halszäpfchen». **Ger:** stark nach Rettich. **Ges:** bitter. **V:** Im Laubwald, seltener im Nadelwald; Herbst. **Mik:** Sporen warzig, zitronen- oder mandelförmig mit ablösender Außenhülle, 9–14 × 6–8 µm, dextrinoid. (D 691, Kr 5.370, BK 5.122, Lu 4.126.28, 🖼).

11.8.25 *Hebeloma vaccinum* Romagn.
Dunkelbrauner Fälbling, Sandiger Pappel-Fälbling, Kuhroter Fälbling

H: 1–3 cm, klebrig bis schmierig, rotbraun, Rand weißlich. **L:** bräunlich, eher entfernt, ohne Tränen oder Flecken. **St:** blass bis ockergelb, faserig, bereift. **F:** blass. **Ger:** rettichartig. **Ges:** bitter. **V:** an feuchten Standorten, bei Pappel *Populus,* Weide *Salix,* Gras, Schilf

11.8.23 *Hebeloma alpinum,* Graubrauner Alpen-Fälbling

11.8.24 *Hebeloma sinapizans,* Flockigstieliger Rettich-Fälbling

Phragmites. **Mik:** Sporen warzig, breit mandelförmig mit teils ablösender Außenhülle, 10,5–14 × 6–7,5 µm, dextrinoid. (Kr 5.375, Lu 4.126.42).

11.8.26 *Hebeloma sacchariolens* Quél.
Süßriechender Fälbling

H: 2–6 cm, gewölbt bis ausgebreitet, klebrig, leder-ockerfarben, gegen den Rand schmutzig weißlich. **L:** ausgebuchtet, oft etwas bauchig, eher entfernt, nicht tränend, leder- bis graubraun. **St:** wie der Hut gefärbt, Spitze oft bereift, Basis bisweilen etwas spindelig. **F:** weißlich, in der Stielbasis braun. **Ger:** stark süßlich, karamellartig. **Spp:** zimtfarben. **V:** im Wald, am Wegrand, Park, auf humusreichem, oft feuchtem, saurem Boden; Sommer bis Herbst. **Mik:** Sporen zitronenförmig, warzig mit ablösender Außenhülle, 10,5–13,5 × 6–8 µm, dextrinoid. (D 694, Kr 5.367, BK 5.120, Lu 4.126.4,).

Hebeloma pallidoluctuosum Gröger & Zschiesch, *H. sacchariolens* var. *pallidoluctuosum* (Gröger & Zschiesch.) Quadr., Schwärzender Fälbling, Schwärzender Süßgeruch-Fälbling: Hut creme- bis hellocker, Fruchtkörper schwärzt beim Trocknen. Gemäß Ludwig 2017 wie auch Beker et al. 2016 handelt es sich um ein Synonym von *H. sacchariolens*. (Kr 5.363, BK 5.144).

Hebeloma nauseosum Sacc., *Hebeloma gigaspermum* Gröger & Zschiesch., Großsporiger Duft-Fälbling, Großsporiger Fälbling: Sporen auffällig groß, 11–18 × 7–9,5 µm. (BK 5.107, Lu 4.126.6).

11.8.27 *Hebeloma fusisporum* Gröger & Zschiesch., Spindelsporiger Fälbling: Hut 1–3 cm, blasscreme bis weißlich, trocken, auf feuchtem Boden; bei Erle *Alnus*, Weide *Salix*, Birke *Betula*. Sporen warzig, mandel- bis spindelförmig, Außenhülle kaum ablösend, 10–15 × 5–7,5 µm, jedoch deutlich dextrinoid.

Hebeloma ischnostylum (Cooke) Sacc., Milchweißer Duft-Fälbling: Sporen ebenfalls mandel- bis spindelförmig, jedoch kleiner, 9–13 × 5–6 µm.

11.8.28 *Hebeloma hetieri* Boud., *Hebeloma tomentosum* (M.M. Moser) Gröger & Zschiesch., Filziger Fälbling: Hut filzig bis feinschuppig, ocker-graubraun; unter Erle *Alnus*. Ludwig 2017 nennt die Art *Hebeloma odoratissimum* Britzelm., Filziger Duft-Fälbling. (Lu 4.126.3).

11.8.29 *Hebeloma theobrominum* Quadr., ☠
H. truncatum var. *pruinosum* M.M. Moser
Kakaobrauner Fälbling

H: 2–6 cm, gewölbt bis ausgebreitet, filzig bis feinschuppig, ockergrau- bis rotbraun, Rand perlmuttartig bereift und alt rippig-wellig. **L:** ausgebuchtet, eher gedrängt, leder- bis graubraun. **St:** wie der Hut gefärbt, Spitze oft flockig-bereift, Basis bisweilen etwas spindelig. **F:** weißlich, in der Stielbasis nicht oder höchstens leicht braun. **Ger:** stark süßlich, karamellartig (Sahnebonbons, Kakao, ...), bisweilen mit Rettichkomponente. **Ger:** mild bis etwas bitter. **Spp:** zimtfarben. **V:** unter Erle *Alnus*. **Mik:** Sporen feinwarzig, schlank mandelförmig, Außenhülle nicht ablösend, 8–11 × 4,5–6 µm, dextrinoid. (D 692f, Kr 5.374, BK 5.125, Lu 4.126.39,).

11.8.30 *Hebeloma nanum* Velen., Kurzstieliger Fälbling: Hut 2–4 cm rötlichocker, später ockerbraun, Stiel eher kurz, weiß, im unteren Teil warzig-flockig, Geruch kakao- oder rettichartig; auf kargen Böden, bei Nadelbäumen, auf Brandstellen. Sporen glatt bis etwas rau, Außenhülle leicht ablösend, spindelig mandel- bis zitronenförmig, 8–10 × 4,5–5 µm, dextrinoid, ChZ zylindrisch bis etwas keulig. (Lu 4.126.49).

11.8.31 *Hebeloma laterinum* (Batsch) Vesterh.,
Hebeloma senescens Berk. & Broome
Bräunender Kakao-Fälbling, Ziegelrötlicher Kakao-Fälbling

H: 3–10 cm, cremeocker, ockerbräunlich, Rand lange eingerollt und gekerbt. **L:** blass tonfarben. **St:** fein faserig-schuppig, weißlich-beige, bisweilen mit Andeutung einer Cortina, Basis oft spindelig, verdickt und etwas wurzelnd. **F:** weißlich, in der Stielrinde und -basis zunehmend bräunlich. **Ger:** süßlich, kakaoartig bis fruchtartig, ohne Rettichkomponente, später auch unangenehm. **Ges:** bitterlich. **V:** im Laub- oder Nadelwald, auf grasigem, kalkreichem Boden. **Mik:** Sporen warzig, mandel- bis zitronenförmig, Außenhülle teils ablösend, 7,5–11,5 × 5,5–6,5 µm, dextrinoid. (D 695, Kr 5.369, BK 5.121, Lu 4.126.44,).

11.8.32 *Hebeloma sinuosum* (Fr.) Quél., Stolzer Fälbling: Hut rötlichbraun, gegen den Rand heller, Lamellen gedrängt, hell kakaobraun, Stiel robust, weißlich, Spitze schuppig, abwärts faserig, mit Cortina, Basis deutlich knollig, Geruch schwach bis etwas rettichartig-süßlich; im Laubwald bei Buche *Fagus*. Sporen 9–12,5 × 6,5–8,5 µm.

Hebeloma edurum Métrod ex Bon, Spindelfüßiger Fälbling: rotbraune Art mit bauchig-spindeligem Stiel, vorwiegend im Nadelwald.

11.8.26 *Hebeloma sacchariolens*, Süßriechender Fälbling

11.8.29 *Hebeloma theobrominum*, Kakaobrauner Fälbling

11.8.31 *Hebeloma laterinum*, Bräunender Kakao-Fälbling

Ludwig 2017 erwähnt *H. sinuosum*, Stolzer Fälbling nicht und zählt *H. edurum* zu *H. laterinum*, Bräunender Kakao-Fälbling, Vesterholt 2005 zählt beide zu *H. laterinum*.

11.8.33 *Hebeloma anthracophilum* Maire
Kohlen-Fälbling

H: 2–8 cm, gewölbt, schmierig, im Scheitel dunkelbraun, Rand blasser beige. **L:** ausgebuchtet, beigegrau, Schneiden weißlich (nicht tränend). **St:** faserig, schmutzig weißlich, vom Stiel her bräunend. **F:** blass, im Stiel zäh und elastisch. **Ger:** schwach. **Ges:** bitter. **V:** auf Brandstellen. **Mik:** Sporen mäßig warzig, mandelförmig, Außenhülle deutlich ablösend, 10–12 × 5,5–7 µm, dextrinoid. (Kr 5.348, BK 5.98, 🖼).

11.8.34 *Hebeloma pseudoamarescens* (Kühner & Romagn.) P. Collin, *Hebeloma funariophilum* (M.M. Moser) Locq., Bitterlicher Brandstellen-Fälbling: Hut weniger als 3 cm breit, hygrophan, wässerig dunkel gelbbraun, Rand durchscheinend gerieft, Geruch bisweilen rettichartig; auf Brandstellen, bei Drehmoos *Funaria*. Sporen feinwarzig, mandelförmig bis spindelig mit etwas ablösender Außenhülle, 8,5–10,5 × 5–6 µm, dextrinoid. (BK 5.116, Lu 4.126.41, 🖼).

11.8.35 *Hebeloma minus* Bruchet
Freudigbrauner Fälbling

H: 1–2 cm, gewölbt, evtl. gebuckelt, ± gleichmäßig gelbbraun bis schmutzig braun **L:** tief ausgebuchtet, manchmal undeutlich tränend. **St:** blass ockerlich, Spitze bereift. **Ger:** schwach rettichartig. **Ges:** rettichartig. **V:** alpine Lagen, bei Zwergweide *Salix herbacea*; im Spätsommer. **Mik:** Sporen warzig, mandel- bis zitronenförmig, mit leicht ablösender Außenhülle, 10–13 × 6–7 µm, dextrinoid. (Lu 4.126.37).

11.8.36 *Hebeloma subconcolor* Bruchet, Beigebrauner Alpen-Fälbling, Schwärzlichfarbiger Fälbling: Hut etwas bereift, vorwiegend grau, graubraun bis dunkelbraun, Stiel graubräunlich, körnig-bereift; auf saurem Boden bei Zwergweide *Salix herbacea*. Sporen warzig, ellipsoid bis mandelförmig, Außenhülle nicht ablösend, 9,5–12,5 × 6–7,5 µm, leicht bis deutlich dextrinoid.

11.8.37 *Hebeloma circinans* (Quél.) Sacc.
Elfenring-Fälbling

H: 2–5 cm, leicht klebrig, blass lederfarben bis bräunlich, bereift, Rand lange eingebogen, evtl. gerippt. **L:** schmal angeheftet, kaum ausgebuchtet, eher bogig, schmutzig rosabräunlich, Schneiden weiß, ohne Tröpfchen. **St:** weißlich, Spitze bereift, von der Basis her ockerbräunlich verfärbend. **F:** weiß. **Ger:** meistens angenehm süßlich, kakaoartig. **Spp:** gelbocker. **V:** in lichtem Fichtenwald *Picea*, Waldwiesen, im Süden auch alpin bei Silberwurz *Dryas*, meist in Hexenringen, auf kalkreichem Boden; Herbst. **Mik:** Sporen feinwarzig, schmal mandelförmig, Außenhülle kaum ablösend, 8–9,5 × 5–5,5 µm, leicht dextrinoid. (BK 5.102, Lu 4.126.40, 🖼).

11.8.38 *Hebeloma syrjense* P. Karst.
Seifen-Fälbling

H: 2–5 cm, glockig bis gewölbt und ausgebreitet, hygrophan, kahl, nicht schmierig, gelb- bis zimtbraun. **L:** hellocker bis braunrötlich. **St:** weiß bereift, blass, später von der Basis her stark bräunend. **F:** weißlich. **Ger:** laugen- oder seifenartig, evtl. auch mit Rettich- oder Kakaokomponente. **Ges:** sehr bitter. **V:** im Nadel- oder Mischwald; Herbst. **Mik:** Sporen feinwarzig, mandelförmig, vereinzelt apikal etwas eingeschnürt, Außenhülle höchstens leicht ablösend, 7,5–9,5 × 4,5–5,5 µm, deutlich dextrinoid. (Lu 4.126.47).

11.8.39 *Naucoria suavis* Bres., *Alnicola suavis* (Bres.) Kühner
Wohlriechender Sumpfschnitzling, Wohlriechender Erlenschnitzling

H: 1–5 cm, gewölbt bis ausgebreitet, kleiig bis feinstschuppig, schmutzig rötlich- bis olivbräunlich. **L:** ausgebuchtet, leder- bis graubraun. **St:** filzig, schmutzig braun, Basis weißlich. **F:** weißlich, in der Stielbasis braun. **Ger:** süßlich, fruchtartig, evtl. nach reifen Birnen. **Spp:** zimtfarben. **V:** bei Erle *Alnus*. **Mik:** Sporen feinwarzig-stachelig, schmal mandelförmig, 7,5–10 × 5–6 µm, nicht dextrinoid. (BK 5.137, Lu 1.53.16, 🖼).

11.8.40 *Naucoria bohemica* Velen., *Alnicola bohemica* (Velen.) Kühner & Maire
Silberstieliger Sumpfschnitzling, Silberstieliger Erlenschnitzling

H: 1–5 cm, kegelig-glockig bis ausgebreitet und ± gebuckelt, matt, glatt bis feinrunzelig, jung kastanienbraun bis schwarzbraun, später heller, Rand frisch oder feucht gerieft. **L:** schmal angeheftet, blass bis milchkaffeebraun, Schneiden weißflockig. **St:** weiß, bereift, später bräunlich. **F:** dünn, blass. **Ger:** rettichartig. **V:** an feuchten Stellen, bei Birke *Betula*, Weide *Salix*, Erle *Alnus*. **Mik:** Sporen feinwarzig, 10–15 × 6,5–8,5 µm, nicht dextrinoid, 2-sporig, ChZ schlank keulenförmig. (Kr 5.479, BK 5.129, Lu 1.53.5, 🖼).

11.8.41 *Naucoria scolecina* (Fr.) Quél., *Alnicola scolecina* (Fr.) Romagn., Kahler Sumpfschnitzling, Kahler Erlenschnitzling: Hut 0,5–2,5 cm, hygrophan, Hut und Stiel rötlichbraun; stets bei Erle *Alnus*. Sporen ziemlich grobwarzig, 10–15 × 5–7 µm, 4-sporig, ChZ flaschenförmig mit langen, schlanken Hälsen. (Kr 5.483, BK 5.135, Lu 1.53.13, 🖼).

Naucoria badia Murrill, *Alnicola badia* Kühner: Hut 1–2,5 cm, Mitte dunkel dattelbraun, erst leicht schorfig, später glatt, Rand heller, leicht gerieft, Lamellen blass gelbocker, Stiel grau, Spitze dunkler, Geruch etwas harzig, Tabak oder Zedernholz; bei Grünerle *Alnus alnobetula*. Sporen 7,5–10,5 × 4,5–6,5 µm.

11.8.42 *Alnicola xanthophylla* P.-A. Moreau, Peintner & Senn-Irlet, Gelbblättriger Erlenschnitzling: Hut 1–2,5 cm, feinschuppig, gleichmäßig gelbockerlich, später kahl und in der Mitte zunehmend bräunlich, Rand nur leicht gerieft, Lamellen buttergelb. Geruch stark rettichartig; bei verschiedenen Erlen *Alnus*. Sporen fein punktiert-warzig, < 0,3 µm hoch, 9–13,5 × 5,5–7,5 µm. (🖼).

11.8.33 *Hebeloma anthracophilum*, Kohlen-Fälbling

11.8.34 *Hebeloma pseudoamarescens*, Bitterlicher Brandstellen-Fälbling

11.8.37 *Hebeloma circinans*, Elfenring-Fälbling

11.8.39 *N. suavis*, Wohlriechender Sumpfschn.

11.8.40 *Naucoria bohemica*, Silberstieliger Sumpfschn.

11.8.41 *Naucoria scolecina*, Kahler Sumpfschnitzling

11.8.42 *Alnicola xanthophylla*, Gelbblättriger Erlenschnitzling

Alnicola longicystis P.-A. Moreau, Bizio & Deparis: Hut 1–2,5 cm, glatt, später seidig-faserig, Mitte dunkel- bis etwas olivbraun, Rand schmutzig gelblich, bis gegen die Mitte gerieft, Lamellen gelblich ocker, Stielspitze purpurschwärzlich, Geruch pilz- bis etwas rettichartig; bei verschiedenen Erlen *Alnus*. Sporen 8,5–12,5 × 5,5–7 µm.

11.8.43 *Naucoria melinoides* (Bull.) P. Kumm., *Naucoria escharioides* (Fr.) P. Kumm., *Alnicola melinoides* (Bull.) Kühner Honiggelber Sumpfschnitzling, Honiggelber Erlenschnitzling

H: 1–3 cm, gewölbt, fein filzig-faserig, blassbraun, später gelbockerlich. **L:** schmal angeheftet, hellocker bis zimtbräunlich. **St:** wie der Hut gefärbt, weißlich faserig, Basis zunehmend braun verfärbend. **F:** dünn, gelbbräunlich. **Ger:** unauffällig. **Ges:** evtl. etwas bitter. **V:** bei Erle *Alnus*. **Mik:** Sporen dicht warzig, 9–14,5 × 5–8,5 µm, nicht dextrinoid, 2- bis 4-sporig. (D 698, Kr 5.480, BK 5.132, Lu 1.53.8, 🖼).

11.8.44 *Alnicola luteolofibrillosa* Kühner, *Naucoria luteolofibrillosa* (Kühner) Kühner & Romagn., Faseriger Erlenschnitzling, Blassflockiger Sumpfschnitzling: Hut und Stiel blass cremefarben bis gelbocker, weißlich faserig-schuppig, vor allem am Rand, Stiel weißlich faserig oder genattert-gegürtelt auf gelblichem Grund, Geruch evtl. schwach rettichartig, Geschmack bitter; oft alpin, bei Erle, vor allem Grünerle *Alnus alnobetula*, im Herbst. Sporen punktiert-warzig, 9,5–11 × 5,5–6 µm, 4-sporig. (Kr 5.481, BK 5.131, Lu 1.53.9).

11.8.45 *Naucoria amarescens* Quél., *Alnicola amarescens* (Quél.) R. Heim & Romagn. Bitterer Sumpfschnitzling, Kohle-Erlenschnitzling

H: 1–3 cm, gewölbt, hygrophan, feucht rötlichbraun, trocken schmutzig braun. **L:** ausgebuchtet, blass rötlichbraun. **St:** faserig, schmutzig weißlich, vom Stiel her bräunend. **F:** blass, im Stiel zäh und elastisch. **Ger:** schwach, evtl. etwas rettichartig. **Ges:** bitter. **V:** auf Brandstellen; evtl. schon ab Frühjahr. **Mik:** Sporen fast glatt bis fein punktiert, ellipsoid bis etwas mandelförmig, 8,5–10,5 × 4,5–5,5 µm, nicht dextrinoid. (Kr 5.478, BK 5.128, Lu 1.53.17, 🖼).

11.8.46 *Naucoria tantilla* J. Favre, *Alnicola tantilla* (J. Favre) Gulden, Glattsporiger Sumpfschnitzling, Glattsporiger Erlenschnitzling: Hut 0,5–1 cm, rotbraun, alpin, bei Kriechweide *Salix*. Sporen fast glatt bis feinst punktiert, ellipsoid, 10–13,5 × 5,5–6,5 µm. (🖼).

11.8.47 *Naucoria geraniolens* (Courtec.) Gerw. Keller, *Alnicola geraniolens* Courtec., *N. amarescens* var. *geraniolens* (Courtec.) E. Ludw. Geranien-Sumpfschnitzling, Geranien-Erlenschnitzling

H: 1–4 cm, feinglimmerig bis ± kahl, rötlich bis schwarzbraun. **L:** schmal angeheftet, braun, Schneiden weiß. **St:** schmutzig braun, Basis dunkelbraun. **F:** gelbockerlich. **Ger:** nach Pelargonienblättern («Geranien»). **V:** bei Weide *Salix*. **Mik:** Sporen fast glatt bis fein punktiert, ellipsoid bis etwas mandelförmig, 8–9,5 × 4,5–5 µm, nicht dextrinoid. (Lu 1.53.18).

11.8.48 *Naucoria alnetorum* (Maire) Kühner & Romagn., *Alnicola alnetorum* (Maire) Kühner Zweisporiger Erlen-Sumpfschnitzling, Zweisporiger Erlenschnitzling

H: 1–2,5 cm, kahl, ockergrau bis blass schokoladenbraun, Rand gerieft. **L:** blassocker bis rötlich-tonbraun, Schneiden weiß. **St:** faserig gerieft, blassocker, gegen die Basis rötlich, wollig. **F:** blass, in der Stielbasis braunrötlich. **Ger:** schwach mehl- oder scheunenstaubartig. **V:** bei Schwarzerle *Alnus glutinosa*, evtl. Grauerle *Alnus incana*. **Mik:** Sporen fein und dicht punktiert, mandel- bis spindelförmig, 11–17 × 6–8 µm, nicht dextrinoid, vorwiegend 2-sporig. (Kr 5.477, BK 5.127, Lu 1.53.2, 🖼).

11.8.49 *Naucoria salicis* P.D. Orton, *Alnicola salicis* (P.D. Orton) Bon Weiden-Sumpfschnitzling, Weiden-Schnitzling

H: 1–3 cm, stumpf-kegelig, gewölbt bis etwas gebuckelt, hygrophan, jung kastanienbraun, später ockerbräunlich verblassend und Hutrand runzelig. **L:** aufsteigend angewachsen, eher entfernt. **St:** braun bis ockerbräunlich, jung silberweiß faserig. **Ger:** unauffällig. **Ges:** bitter. **V:** auf nassem, saurem Boden, bei Weide *Salix*. **Mik:** Sporen zitronenförmig bis spindelig langgezogen, fein und dicht punktiert, 13–20 × 6–9 µm, nicht dextrinoid, vorwiegend 1- bis 2-sporig. (Kr 5.482, BK 5.134, Lu 1.53.4, 🖼).

11.8.50 *Naucoria striatula* P.D. Orton, *Alnicola striatula* (P.D. Orton) Romagn. Geriefter Erlen-Sumpfschnitzling, Geriefter Erlenschnitzling

H: 1–3 cm, stumpf-kegelig, gewölbt bis etwas gebuckelt, hygrophan, jung bisweilen etwas schorfig, rötlichbraun, bis gegen die Mitte gerieft, später glatt und trocken heller ockerbraun, Rand mit flüchtigen Velumresten. **L:** aufsteigend, relativ breit angewachsen, eher entfernt, cremegelb bis ockerbraun. **St:** Spitze ockerbräunlich, abwärts rötlichbraun, kahl oder leicht überfasert. **Ger:** unauffällig bis etwas senfsaucenartig. **Ges:** nach längerem Kauen bitter. **V:** auf feuchten Böden, bei Erle *Alnus*. **Mik:** Sporen ziemlich grob warzig, mandelförmig bis etwas spindelig, 8–12 × 5–6,5 µm, nicht dextrinoid, vorwiegend 4-sporig. (Kr 5.484, BK 5.133, Lu 1.53.10, 🖼).

11.8.51 *Naucoria subconspersa* Kühner ex P.D. Orton, *Alnicola subconspersa* (Kühner ex P.D. Orton) Bon Behangener Sumpfschnitzling, Behangener Schnitzling, Düsterer Erlenschnitzling

H: 1–3 cm, stumpf-kegelig, gewölbt bis etwas gebuckelt, hygrophan, jung schorfig-flockig, kastanienbraun, Mitte schwärzlich, Rand heller, mit weißen Velumflocken gesäumt, nicht gerieft. **L:** aufsteigend bis gerade und ziemlich breit angewachsen, bauchig, eher dicklich und entfernt, ockerbraun. **St:** Spitze braun mit einzelnen weißlichen Velumresten, im unteren Teil dunkelbraun bis schwärzlich. **Ger:** unauffällig **Ges:** mild. **V:** vorwie-

11.8.43 *Naucoria melinoides,* Honiggelber Sumpfschnitzling

11.8.45 *Naucoria amarescens,* Bitterer Sumpfschnitzling

11.8.46 *Naucoria tantilla,* Glattsporiger Sumpfschnitzl.

11.8.48 *Naucoria alnetorum,* Zweisporiger Erlen-S

11.8.49 *Naucoria salicis,* Weiden-Sumpfschnitzling

11.8.50 *N. striatula,* Geriefter Erlen-Sumpfschnitz

gend bei Erle *Alnus*. Sporen warzig, mandelförmig bis etwas spindelig, 10–13,5 × 5–7 µm, nicht dextrinoid, 4-sporig. (Kr 5.485, BK 5.138, Lu 1.53.15).

11.8.52 *Phaeocollybia lugubris* (Fr.) R. Heim
Dickfleischiger Wurzelschnitzling

H: 3–8 cm, spitzkegelig, kegelig bis unregelmäßig ausgebreitet und gebuckelt, hygrophan, ocker- bis kastanienbraun, evtl. olivlich, Rand unregelmäßig bis gelappt. **L:** schmal angeheftet, schmutzig ockerlich bis rostbräunlich, Schneiden unregelmäßig gekerbt. **St:** lang, spindelförmig, stark wurzelnd, Spitze cremeocker, abwärts rotbraun. **F:** weißlich. **Ger:** stark erd- bis rettichartig, ranzig, eher unangenehm. **Ges:** rettichartig, bitter und etwas schärflich. **Spp:** rostbraun. **V:** im Nadelwald. **Mik:** Sporen warzig, ellipsoid bis mandelförmig, 7–9 × 5–5,5 µm, ChZ oft verzweigt mit Köpfchen und teils lichtbrechender Umhüllung, ohne Schnallen. (D 830, Kr 5.491, BK 5.402, Lu 1.62.1, 🖼).

Phaeocollybia festiva (Fr.) R. Heim, Olivgrüner Wurzelschnitzling: Hut kleiner, 2–4 cm breit, olivgrün, -braun oder -gelblich, Lamellen jung lilabräunlich. Sporen mandel- bis etwas zitronenförmig, 7,5–9 × 4–5,5 µm, ChZ ohne Verzweigungen. (Kr 5.489, BK 5.400, Lu 1.62.3).

11.8.53 *Phaeocollybia christinae* (Fr.) R. Heim
Spindelsporiger Wurzelschnitzling

H: 2–4 cm, spitzkegelig-glockig, jung lebhaft orangerot, später trüb rotockerlich, Rand oft unregelmäßig lappig. **L:** ausgebuchtet, safranfarben, später rostbraun. **St:** orange, mit weinrötlicher, verjüngter und wurzelnder Basis. **F:** creme- bis rötlichocker. **Ger:** etwas nach Marzipan oder schwach rettichartig. **Ges:** mild bis etwas bitterlich. **V:** im Nadelwald. **Mik:** Sporen schwach warzig, vorwiegend spindelig, seltener mandelförmig, 9–11 × 5–6 µm, ChZ keulig bis unregelmäßig kopfig, vereinzelt mit einem Fortsatz, Schnallen fehlend. (D 831, Kr 5.487, BK 5.399, Lu 1.62.4, 🖼).

Phaeocollybia arduennensis Bon, Kleinster Wurzelschnitzling, Schnallen-Wurzelschnitzling: Hut klein, 1–3 cm breit, feucht kastanienbraun, trocken orangebraun, Geruch mehlartig-ranzig, Geschmack mild. Sporen feinwarzig bis fast glatt, breit ellipsoid, 5–6 × 3,5–4,5 µm, ChZ unregelmäßig keulig bis kopfig, vereinzelt mit Fortsätzen, Septen teilweise mit Schnallen. (BK 5.398 Lu 1.62.2).

Phaeocollybia cidaris (Fr.) Romagn., Fuchsiger Wurzelschnitzling, Orangebrauner Wurzelschnitzling: Hut kaum über 2 cm breit, orange- bis blutrot. Sporen stark warzig, ellipsoid bis mandelförmig, 6,5–8 × 4–5 µm, ChZ verzweigt und mit Köpfchen, ähnlich *P. lugubris*.

11.8.54 *Phaeocollybia jennyae* (P. Karst.) Romagn.
Hornstieliger Wurzelschnitzling, Feuerroter Wurzelschnitzling

H: 2–4 cm, spitzkegelig-glockig, blutrot bis rotbraun. **L:** ausgebuchtet, safranfarben, später rostbraun. **St:** orange, mit weinrötlicher, verjüngter und wurzelnder Basis. **F:** creme- bis rötlichocker. **Ger:** schwach rettichartig, ranzig. **Ges:** bitterlich. **V:** im Nadelwald. **Mik:** Sporen glatt bis feinwarzig, ellipsoid, 5,5–6,5 × 3–4 µm, Schnallen fehlend. (BK 5.401, Lu 1.62.5, 🖼).

11.8.52 *Phaeocollybia lugubris,* Dickfleischiger Wurzelschnitzling

11.8.53 *Phaeocollybia christinae,* Spindelsporiger Wurzelschnitzling

11.8.54 *Phaeocollybia jennyae,* Hornstieliger Wurzelschnitzling

12 *Inocybaceae* s. l., Risspilzähnliche

Basidiomycota, Ständerpilze > *Agaricomycetes* > *Agaricales,* Blätterpilze

Die Familie *Inocybaceae* s. l., Risspilzähnliche

Die weit gefasste Familie ***Inocybaceae,*** Risspilzverwandte enthält im Kern die Gattung *Inocybe,* Risspilze mit häufig kegeligem, gebuckeltem Hut, radialfaserig-rissiger, filziger oder schuppiger Hutoberfläche, zentralem Stiel und teils einer Knolle an der Stielbasis. Lange Zeit gehörten auch die äußerlich ähnlichen Arten der neuen Gattungen *Mallocybe, Inosperma* und *Pseudosperma* zur Gattung *Inocybe.* Eine Aufteilung erfolgte bereits früher in teilweise gleichnamige Untergattungen und Sektionen. Auf Deutsch werden die zugehörigen Arten der neuen Gattungen immer noch als Risspilze bezeichnet. Einigkeit besteht darin, dass die teilweise seitlich und verkümmert gestielten, teils auch im Scheitel angewachsenen ***Crepidotaceae,*** Stummelfüßchenverwandte den Gattungen *Crepidotus,* Stummelfüßchen und *Simocybe,* Olivschnitzlinge der Familie *Inocybaceae,* Risspilzverwandte nahestehen. Die Grenzen werden jedoch nicht einheitlich gezogen. Es gibt verschiedene Aufteilungen bis hin zur Vereinigung der beiden Familien. In diesem Fall hätte der Name *Crepidotaceae* Vorrang, ein Konzept, wie es z. B. Knudsen & Vesterholt 2018 verfolgt haben. Die Gattungen *Tubaria,* Trompetenschnitzlinge mit kleinen, rundum braunen und glatthütigen Arten, *Phaeomarasmius,* Schüppchenschnitzlinge und *Flammulaster,* Flockenschüpplinge mit ebenfalls kleinen, jedoch deutlich schuppigen Arten gehören auch zur näheren Verwandtschaft der *Inocybaceae.* Je nach Konzept zählen sie teilweise dazu oder sie bilden zusammen die Familie ***Tubariaceae,*** Trompetenschnitzlingsverwandte. All den kleinen bis mittelgroßen Arten dieser Familien gemeinsam ist das braune Sporenpulver. Bei den *Inocybaceae* ist es vorwiegend graubraun, bei den *Crepidotaceae* und *Tubariaceae* teilweise auch ockerbraun. Die Lamellen sind jung oft blass gelblich, bisweilen mit einem olivfarbenen Beiton. Später werden sie zunehmend braun.

Die auf Erde wachsenden *Inocybaceae* im engeren Sinne bilden Mykorrhiza, während *Crepidotaceae* und *Tubariaceae* als Saprobionten auf Erde, totem Holz- oder Pflanzenresten sprießen.

Im Mikroskop sieht man in diesen Familien oft auffällige Merkmale. Es gibt glatte, höckerige bis stachelige Sporen sowie auffällig dickwandige und mit kristallartigen Ausscheidungen beschopfte Zystiden, die an den Lamellen, am Stiel oder an beiden Orten vorkommen können. Die Hyphen in der Huthaut können flach aufliegen oder palisadenartig aufrecht stehen.

Bestimmung

Zur Einordnung in die Gattungen und Gattungsgruppen achte man nach der Trennung von Arten mit zentralen und seitlichen Stielen vor allem auf die Beschaffenheit der Hutoberfläche. Im ersten Abschnitt geht es um Hutoberflächen mit sparrig abstehenden und nicht nur angedrückten oder angedeuteten Schuppenstrukturen (A1). Im zweiten Abschnitt folgen alle anderen Hutoberflächen von glatt, faserig bis filzig oder anliegend schuppig. Nach den Abzweigungen für die etwas oliv gefärbten *Simocybe,* Olivschnitzlinge auf Holz, die *Inocybe,* Risspilze mit knolliger Stielbasis (B) und Arten mit auffälligen Merkmalen wie rötendem Fleisch, schwärzender Stielbasis, auffällig süßlichem Geruch und besonderen Hutfarben (A2) folgt die große Gruppe von braunhütigen, oft sehr ähnlichen Arten. Hier soll die Hutoberfläche nochmals genau beurteilt und in drei Schlüsselgruppen getrennt werden:

- filzige Hüte, die teilweise in feine Schuppen übergehen (A3)
- faserige Hüte, die in der Mitte mit einer Velumschicht (Velipellis) bedeckt sind oder dort mit der Zeit schuppig werden (A4)
- glatte, eingewachsen-faserige oder faserige Hüte ohne Velumreste oder Schuppen in der Hutmitte (A5)

Ganz glatte, klebrige Hutoberflächen ohne eingewachsene Fasern führen zu den Gattungen *Tubaria,* Trompetenschnitzlinge und den ähnlichen *Galerina,* Häublinge aus Kapitel 11, die sich von den hier beschriebenen *Tubaria* durch mehrheitlich raue oder dextrinoide, d. h. mit Jodlösung rotbraun verfärbende Sporen unterscheiden.

Speisewerte

Viele Risspilze enthalten Muscarin und sind deshalb giftig. Sie erscheinen oft auf Wiesen, auch in Parks oder Badeanlagen und können so für kleine, herumkrabbelnde Kinder eine Gefahr darstellen. Es gibt in der ganzen Gruppe keine Speisepilze. *Crepidotaceae* und *Tubariaceae* sind zwar kaum giftig, aber auch keine Speisepilze. Die ähnlichen *Galerina,* Häublinge, auf die im Schlüssel ebenfalls verwiesen wird, sind hingegen teilweise sehr giftig.

12.5.10 *Inocybe lanuginosa,* Wolliger Höckerspor-Risspilz
Diese häufige Risspilzart vereint einige typische Eigenschaften der Gattung *Inocybe,* Risspilze. Der braune, zentral gebuckelte Hut ist auffällig radialfaserig bis feinschuppig mit tiefen Rissen vom Hutrand her. Der reifende Sporenstaub färbt die ausgebuchtet angehefteten Lamellen in einer milchkaffee- oder lehmbraunen Farbe, die sich von den gelb- bis rostfarbenen Tönen der nahe verwandten Schleierlinge abhebt. Es fehlt eine knollige Stielbasis, die bei einigen Risspilzarten zu sehen ist. Im Mikroskop zeigen sich glatte Sporen und die prägnanten, dickwandigen Zystiden mit kleinem Kristallschopf.

Schlüssel zu den Gattungen

- Stiel zentral
  - Hut sparrig-schuppig oder deutlich schuppig oder faserbüschelig
    - auf Holz wachsend, kaum über 2 cm (größere Arten siehe Kapitel 11) … 12.2 *Phaeomarasmius*, Schüppchenschnitzlinge u. Ä.
    - auf Erde
      - Stielbasis kaum verdickt, jedenfalls nicht abrupt oder gerandet-knollig … 12.5 *Inocybe*, Risspilze u. Ä. (A1)
      - Stielbasis mit gerandeter oder zumindest deutlich abgesetzter Knolle … 12.5 *Inocybe*, Risspilze u. Ä. (B)
  - Hut glatt, filzig, angedrückt schuppig oder filzig-faserig
    - auf Holz
      - Hut matt samtig, Olivstich in Hut oder Lamellen … 12.4 *Simocybe*, Olivschnitzlinge
      - Hut schuppig, braun, ohne Oliv, nur auf morschem Holz … 12.5.10 *Inocybe lanuginosa*, Wolliger Höckerspor-Risspilz
    - auf Erde
      - Stielbasis nicht abrupt oder gerandet-knollig
        - Fleisch rötend, Stielbasis schwärzend oder Geruch auffällig süßlich … 12.5 *Inocybe*, Risspilze u. Ä. (A2)
        - Fleisch, Stielbasis und Geruch nicht mit diesen Merkmalen
          - Hut mit weißem, blauem, violettem oder olivem Farbanteil … 12.5 *Inocybe*, Risspilze u. Ä. (A2)
          - Hut ockerlich, gelbbraun, rotbraun, dunkelbraun
            - Hut mehrheitlich filzig oder angedrückt schuppig … 12.5 *Inocybe*, Risspilze u. Ä. (A3)
            - Hut nur im Scheitel schuppig oder mit Velumresten (Velipellis) … 12.5 *Inocybe*, Risspilze u. Ä. (A4)
            - Hut glatt oder faserig, höchstens jung klebrig
              - Hut zumindest eingewachsen-faserig, höchstens jung klebrig … 12.5 *Inocybe*, Risspilze u. Ä. (A5)
              - Hut klebrig und nicht faserig oder eingewachsen-faserig
                - Sporen ± glatt, nicht oder kaum dextrinoid … 12.3 *Tubaria*, Trompetenschnitzlinge
                - Sporen rau oder dextrinoid … 11.7 *Galerina*, Häublinge
      - Stielbasis mit gerandeter oder zumindest deutlich abgesetzter Knolle … 12.5 *Inocybe*, Risspilze u. Ä. (B)
- Stiel seitlich, kleine Arten … 12.1 *Crepidotus*, Stummelfüßchen u. Ä.

12.1 *Crepidotus*, Stummelfüßchen und Ähnliche

Basidiomycota, Ständerpilze > *Agaricomycetes* > *Agaricales*, Blätterpilze > *Crepidotaceae*, Stummelfüßchenverwandte

Beschreibung

Crepidotus, Stummelfüßchen haben blass ocker- bis dunkelbraunes Sporenpulver, bisweilen mit einem Stich Rosa und einen seitlichen, kurzen oder verkümmerten Stiel. Teils sind die Fruchtkörper auch ganz stiellos direkt im Scheitel angewachsen. Der Hut ist klein bis mittelgroß, cremeweiß, gelbbraun, braun, rosa oder rot. Die Lamellen sind abgerundet und aufsteigend bis kurz herablaufend am verkümmerten Stiel oder Ansatz angewachsen, erst weißlich, blassgelb oder leicht rosa, später bräunlich. Mit nur leicht behangenem Hutrand, jedoch faserigem bis schuppigem Hut gehört auch eine Art der Gattung ***Pleuroflammula***, Muschelflämmlinge zur Familie *Crepidotaceae*, Stummelfüßchenverwandte. *Crepidotus pallidus*, Hautscheibchen-Stummelfüßchen ist weiß, sehr klein, flach becherförmig, auf dem Substrat aufsitzend und ohne Lamellen. Mit dem Auge ist diese Art kaum der Gattung zuzuordnen und gleicht eher haarigen Becherlingen aus der Abteilung Schlauchpilze. Eine ganz ähnliche kleine, becherförmige Art gehört zwar auch hierher zur Familie *Crepidotaceae*, aber in die Gattung ***Episphaeria***, Zwergschälchen.

Stummelfüßchen, Muschelflämmlinge und Zwergschälchen wachsen als Saprobionten vorwiegend auf abgestorbenem Holz oder Pflanzenresten.

Die Sporen sind kugelig, breit ellipsoid bis mandel- oder zitronenförmig, ausnahmsweise auch schlank spindelförmig, mehrheitlich sind sie fein punktiert bis warzig, einzelne auch glatt.

Bestimmung

Einige häufige Arten lassen sich anhand von markanten Hut- und Lamellenfarben sowie deren Beschaffenheit unterscheiden. Mit etwas Übung können auch weitere Arten direkt erkannt werden. Die mit bloßem Auge sichtbaren Unterschiede sind jedoch oft undeutlich. Eine klärende Unterscheidung von Sporenformen und -ornamenten unter dem Mikroskop ist dann notwendig.

Speisewerte

Es gibt keine Stummelfüßchen, die in der Küche Verwendung finden können; es sind auch keine Giftpilze bekannt.

12.1.02 *Crepidotus variabilis*, Gemeines Stummelfüßchen

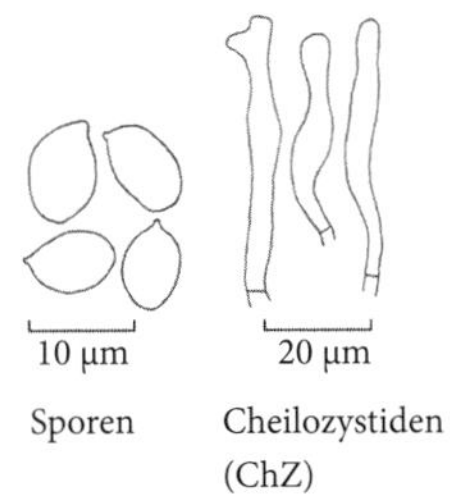

12.1.01 *Crepidotus mollis*, Gallertfleischiges Stummelfüßchen

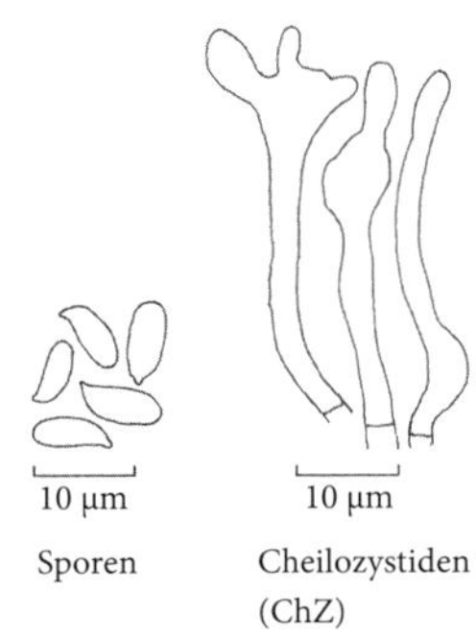

12.1.11 *Crepidotus epibryus*, Keilsporiges Stummelfüßchen

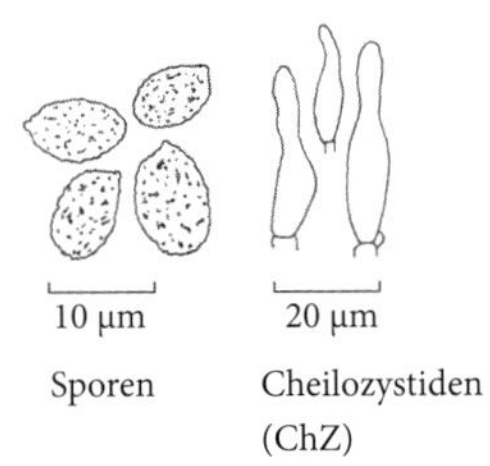

12.1.12 *Crepidotus subverrucisporus*, Engblättriges Rauspor-Stummelfüßchen

12.1 *Crepidotus*, Stummelfüßchen und Ähnliche

- Hut weiß bis cremebeige, braun
  - Huthaut gummiartig und dehnbar
    - Hut 2–7 cm, Lamellen ocker, Sporen schmal, bohnenförmig, Sp.pulver ocker … **01 *Crepidotus mollis*, Gallertfleischiges Stummelfüßchen**
    - Hut 0,5–3 cm, Lamellen ± weiß, Sporen oval, -pulver weiß … 5.21.03 *Panellus mitis*, Milder Zwergknäueling
  - Huthaut nicht gummiartig dehnbar
    - Lamellenschneiden gespalten, Hutoberseite grauweiß filzig-haarig … **5.21.01 *Schizophyllum commune*, Gemeiner Spaltblättling**
    - Lamellenschneiden nicht gespalten
      - Sporen glatt
        - Sporen breit ellipsoid bis mandelförmig
          - Sporen dünnwandig
            - Hut grauweiß, 3–7 cm … 05 *Crepidotus autochthonus*, Zerbrechliches Stummelfüßchen
            - Hut weiß bis gelblich, 0,5–2,5 cm … 06 *Crepidotus caspari*, Mandelsporiges Stummelfüßchen
          - Sporen etwas dickwandig
            - auf Laubholz
              - Hut 0,5–1,5 cm
                - Hut rötlichbraun, weißlich faserig-filzig, deutlich gerieft … 11.5.16 *Deconica horizontalis*, Laubholz-Muschel-Klebkopf
                - Hut braun mit Olivton, Rand leicht gerieft … 12.4.01 *Simocybe haustellaris*, Kurzstieliger Olivschnitzling
                - Hut rostbraun schuppig auf gelbbraunem Grund … 15 *Pleuroflammula ragazziana*, Ragazzis Muschelflämmling
              - Hut < 1 mm, zottig … 14 *Episphaeria fraxinicola*, Eschen-Zwergschälchen
            - auf Stoffresten, Hut 0,5–1,5 cm … 11.5.16 *Deconica horizontalis*, Laubholz-Muschel-Klebkopf
            - an Gräser- und Kräuterstängeln, in Feuchtgebieten, Hut 0,2–1 cm … 11.5.15 *Deconica phillipsii*, Seggen-Muschel-Klebkopf
            - auf modernden Kernpilzen, Hut zottig, bis 1 mm … 14 *Episphaeria fraxinicola*, Eschen-Zwergschälchen
        - Sporen länglich, kommaförmig bis schmal ellipsoid
          - Sporenpulver braun, rosabraun
            - Hut 1–3 cm, jung gelblich, Sporen ellipsoid … 08 *Crepidotus luteolus*, Blassgelbes Stummelfüßchen
            - Hut 0,2–1,2 cm, jung gelblich, Sporen schmal, keilförmig … 11 *Crepidotus epibryus*, Keilsporiges Stummelfüßchen
          - Sporenpulver weiß
            - Hutrand mit Schleierresten (jung geschlossen) … 5.21.08 *Tectella patellaris*, Klebriger Schleierseitling
            - Hutrand ohne Schleierreste
              - Hut 0,5–3 cm, Hutrand gerieft
                - Hut weiß bis ockerbraun … 5.21.03 *Panellus mitis*, Milder Zwergknäueling
                - Hut rötlichbraun … 5.21.07 *Panellus ringens*, Rachenförmiger Zwergknäueling
              - Hut 3–10 cm, olivockerlich, Rand ungerieft … 5.21.05 *Sarcomyxa serotina*, Gelbstieliger Muschelseitling
        - Sporen kugelförmig, Hut < 1 cm, im Scheitel angewachsen … 5.21.09 *Resupinatus applicatus*, Lockerblättriger Liliputseitling
      - Sporen rau
        - Sporen schmal ellipsoid, Hut gelblich, ca. 1–3 cm … 08 *Crepidotus luteolus*, Blassgelbes Stummelfüßchen
        - Sporen breit ellipsoid, Hut 0,5–2,5 cm breit
          - Hut filzig-faserig
            - Sporen 5–8 µm lang, Hut filzig, weiß, 1–3 cm … 02 *Crepidotus variabilis*, Gemeines Stummelfüßchen
            - Sporen 8,5–12 µm lang, Hut samtig weißlich, 0,5–2 cm … 07 *Crepidotus bresadolae*, Striegeliges Stummelfüßchen
          - Hut fast glatt, Sporen, 7–8,5 µm lang … 06 *Crepidotus caspari*, Mandelsporiges Stummelfüßchen
        - Sporen kugelig bis kugelförmig
          - Hutrand gerieft, Hut 1,5–7 cm, cremebräunlich … 09 *Crepidotus applanatus*, Gerieftes Stummelfüßchen
          - Hutrand ungerieft, Hut vorwiegend weiß bis cremeweißlich
            - Hut 1–2 cm, ganz filzig-faserig, Lamellen eher entfernt … **10 *Crepidotus cesatii*, Entferntblättriges Stummelfüßchen**
            - Hut 1–5 cm, gegen außen matt, glatt, Lamellen eher eng … 12 *Crepidotus subverrucisporus*, Rausporiges Stummelfüßchen
      - Sporen längsrippig oder eckig
        - Hut weiß, meist < 1 cm, 5–10 Lamellen, Sporen rippig … 6.1.06 *Clitopilus hobsonii*, Blassblättriger Räsling
        - Hut grau, 0,5–3,5 cm, 15–25 Lamellen, Geruch mehlig, Sporen eckig
          - ohne Cheilozystiden (ChZ), Hut 0,5–3,5 cm … 6.2.140 *Entoloma byssisedum*, Stummelfuß-Rötling
          - mit Cheilozystiden (ChZ), Hut 0,5–2 cm … 6.2.141 *Entoloma depluens*, Schwindlings-Nabelrötling
    - Lamellen fehlend, Fruchtkörper ca. 1 mm, scheiben- bis becherförmig, weiß … 13 *Crepidotus pallidus*, Hautscheibchen-Stummelfüßchen
- Hut grau- bis olivocker, gelbgrünlich, 3–10 cm
  - Lamellen weiß, nicht ablösbar, Hut glatt, gelbgrünlich … 5.21.05 *Sarcomyxa serotina*, Gelbstieliger Muschelseitling
  - Lamellen olivgelblich, leicht ablösbar, Hut filzig, olivocker … 3.9.07 *Tapinella panuoides*, Gemeiner Muschelkrempling
- Hut altrosa bis zinnoberrot, 0,5–2 cm
  - Hut zinnoberrot, feinfilzig bis glatt, auf totem Laubholz … 03 *Crepidotus cinnabarinus*, Zinnoberrotes Stummelfüßchen
  - Hut altrosa, wollig-filzig, auf toten Robinienzweigen … 04 *Crepidotus roseoornatus*, Rosa Stummelfüßchen

12.1.01 *Crepidotus mollis* (Schaeff.) Staude
Gallertfleischiges Stummelfüßchen

H: 2–7 cm, muschelförmig, blassocker, abziehbare, gelatinös-gummiartige Haut. **L:** schmutzig bräunlich. **St:** fehlend, seitlich angewachsen. **F:** blass, eigenartig zäh dehnbar. **Ger:** unauffällig. **Ges:** unauffällig. **Spp:** ocker. **V:** auf abgestorbenem, bisweilen auch lebendem Laubholz. **Mik:** Sporen im Lichtmikroskop glatt, ellipsoid und etwas zugespitzt, 7–9,5 × 5–6,5 µm. (Kr 4.435, BK 5.390, Lu 1.16.1, 🖼).

12.1.02 *Crepidotus variabilis* (Pers.) P. Kumm.
Gemeines Stummelfüßchen

H: 1–3 cm, seitlich halbkreis- bis nierenförmig oder im Scheitel angewachsen und unregelmäßig kreisförmig, filzig weiß, Rand alt zunehmend wellig-lappig. **L:** jung weiß, später fleischockerlich. **St:** ganz kurz (jung) oder fehlend. **F:** dünn, weiß. **Ger:** unauffällig. **Ges:** unauffällig. **Spp:** zimt- bis rosabräunlich. **V:** auf abgestorbenen Pflanzenresten oder Holz, vorwiegend Laubholz; ganzjährig. **Mik:** Sporen feinwarzig, ellipsoid-zylindrisch, 5–7 × 3–4 µm. (Kr 4.437, BK 5.392, Lu 1.16.12, 🖼).

12.1.03 *Crepidotus cinnabarinus* Peck
Zinnoberrotes Stummelfüßchen

H: 0,5–2 cm, muschelförmig, jung feinfilzig, später vorwiegend glatt, scharlach- bis zinnoberrot. **L:** eher entfernt, rot bis bräunlich, Schneiden dunkel blutrot. **F:** weiß. **St:** seitlich, fein rötlich-filzig, kurz bis fehlend. **V:** auf abgestorbenem Laubholz, vorwiegend Linde *Tilia*, Pappel *Populus*, Buche *Fagus*. **Mik:** Sporen warzig, tropfenförmig bis kugelig, 7–9 × 5–6,5 µm. (Lu 1.16.5).

12.1.04 *Crepidotus roseoornatus* Pöder & E. Ferrari, Rosa Stummelfüßchen: Hut rosa, altrosa; auf abgefallenen Zweigen von Robinien *Robinia*. Sporen warzig, 6–8 × 5–7 µm.

12.1.05 *Crepidotus autochthonus* J.E. Lange
Zerbrechliches Stummelfüßchen, Erdbewohnendes Stummelfüßchen

H: 3–8 cm, spatel- bis halbkreisförmig, oft mehrere Fruchtkörper verwachsen, weißlichgrau, später in der Mitte ockerlich. **L:** eng und schmal, weißlich bis tonbraun. **St:** fehlend oder rudimentär. **F:** dünn und zerbrechlich. **Spp:** dunkelbraun. **V:** gerne an Wegrändern auf Erdboden, selten auch an sehr morschem Holz. **Mik:** Sporen im Lichtmikroskop glatt (im REM leicht runzelig), ellipsoid bis mandelförmig, oft etwas zugespitzt, 6,5–8,5 × 4,6–6 µm. (Kr 4.429, Lu 1.16.4).

12.1.06 *Crepidotus caspari* Velen., *Crepidotus lundellii* Pilát
Mandelsporiges Stummelfüßchen, Glatthütiges Stummelfüßchen

H: 0,5–2,5 cm, muschel- bis halbkreisförmig, an der Ansatzstelle im Scheitel filzig-striegelig, gegen außen cremebeige und glatt, Huthaut nicht gelatinös, Rand höchstens feucht leicht gerieft. **L:** jung weißlich, später bräunlich, mit weiß bewimperten Schneiden. **St:** seitlich, jung vorhanden, später fehlend. **V:** auf Pflanzenresten oder totem Holz, vorwiegend von Laubbäumen. **Mik:** Sporen glatt bis fein punktiert, mandelförmig bis ellipsoid, 7–10 × 4,5–6 µm. (Kr 4.433, BK 5.388, Lu 1.16.14, 🖼).

12.1.07 *Crepidotus bresadolae* Pilát, *Crepidotus versutus* (Peck) Sacc., Striegeliges Stummelfüßchen: Sporen etwas größer, 8,5–12 × 5–6,5 µm. (Kr 4.438, BK 5.393).

12.1.08 *Crepidotus luteolus* Sacc.
Blassgelbes Stummelfüßchen

H: 1–3 cm, unregelmäßig halbkreisförmig, matt, jung schwach filzig, an der Ansatzstelle lebhaft, gegen außen blassgelb, später kahl, Rand lange heruntergebogen, später wellig. **L:** eher entfernt und dicklich, jung meistens gelb, später blass cremerosa. **St:** seitlich, weiß bis cremegelb, zunehmend verkümmert. **F:** dünn, weiß. **Ger:** unauffällig. **Ges:** unauffällig bis etwas mehlartig. **Spp:** rosaockerlich. **V:** auf abgestorbenen Pflanzenresten, Kräutern, Beerenstauden, seltener auch auf Holz; ganzjährig. **Mik:** Sporen fein punktiert, schlank ellipsoid-spindelförmig, 7,5–10 × 3,5–5,5 µm. (BK 5.389, Lu 1.16.7, 🖼).

12.1.09 *Crepidotus applanatus* (Pers.) P. Kumm.
Gerieftes Stummelfüßchen

H: 1,5–7 cm, zungen- bis fächerförmig, an der Ansatzstelle weiß flaumig bis striegelig, gegen außen kahl und zunehmend cremebräunlich, Rand gerieft und später auch lappig. **L:** dicht und ziemlich breit, jung weißlich, später zunehmend ockerbraun. **St:** jung teils seitlich vorhanden, später meist verkümmert bis fehlend. **F:** dünn, wässerig-weißlich, nicht gelatinös. **Ger:** unauffällig bis etwas gummiartig. **Ges:** mild.

12.1.01 *Crepidotus mollis*, Gallertfleischiges Stummelfüßchen

12.1.02 *Crepidotus variabilis*, Gemeines Stummelfüßchen

12.1.06 *Crepidotus caspari*, Mandelsporiges Stummelfüßchen

12.1.08 *Crepidotus luteolus*, Blassgelbes Stummelfüßchen

12.1.09 *Crepidotus applanatus*, Gerieftes Stummelfüßchen

Spp: olivocker. **V:** einzeln bis gesellig, auf totem Holz, vorwiegend Laubholz. **Mik:** Sporen leicht warzig, kugelig, 4,5–7 × 4–6,5 µm. (BK 5.384, Lu 1.16.6, 🖼).

12.1.10 *Crepidotus cesatii* (Rabenh.) Sacc.
Entferntblättriges Stummelfüßchen, Breitsporiges Stummelfüßchen

H: 0,5–2 cm, seitlich und muschel- bis nierenförmig oder im Scheitel angewachsen und unregelmäßig kreisförmig, filzig-faserig, jung weiß bis gelblich, später ockerlich mit unregelmäßig gekerbtem Rand. **L:** oft gegabelt, meistens entfernt, jung weiß, später ockerlich bis rosabräunlich, Scheiden weiß bewimpert. **St:** höchstens kurz, seitlich oder im Scheitel, meistens fehlend. **F:** dünn, weißlich, brüchig. **Ger:** unauffällig. **Ges:** unauffällig, mild. **Spp:** zimt- bis rosabräunlich. **V:** vorwiegend auf abgestorbenen Ästchen oder Holzstrünken von Laubbäumen, auch auf Pflanzenresten; ganzjährig. **Mik:** Sporen fein bis deutlich warzig, breit ellipsoid bis kugelig, 7–9 × 5,5–7,5 µm. (BK 5.385f, Lu 1.16.13, 🖼).

C. cesatii var. *sphaerosporus* (Pat.) A. Ortega & Buendia: Varietät auf Nadelholz und mit unterschiedlichen (kaum welligen) Huthauthyphen und etwas weniger kugeligen Sporen, die nicht von allen Autoren unterschieden wird.

12.1.11 *Crepidotus epibryus* (Fr.) Quél.
Keilsporiges Stummelfüßchen

H: 0,2–1,5 cm, seitlich muschel- bis nierenförmig oder im Scheitel angewachsen und unregelmäßig kreisförmig, an der Ansatzstelle meist striegelig, gegen außen filzig bis feinhaarig, weiß, später bisweilen etwas gelblich. **L:** eher entfernt, weiß, später hell ockerlich, Scheiden schartig bewimpert. **St:** anfangs teils kurz vorhanden, später verkümmert. **F:** dünn, weiß. **Ger:** unauffällig. **Ges:** mild. **Spp:** blassockerlich. **V:** auf abgestorbenen Holzresten von Laubbäumen, auch auf Pflanzenresten; Herbst bis Winter. **Mik:** Sporen glatt, schmal zylindrisch bis apfelkern- oder keilförmig, 6–9,5 × 2,5–3,5 µm. (BK 5.387, Lu 1.16.10, 🖼).

12.1.12 *Crepidotus subverrucisporus* Pilát
Rausporiges Stummelfüßchen, Engblättriges Rauspor-Stummelfüßchen

H: 0,5–5 cm, seitlich muschel- bis nierenförmig, an der Ansatzstelle meist striegelig, gegen außen seidig-filzig, weiß. **L:** ziemlich dicht, cremeweiß, später grau- bis ockerbraun, allenfalls mit rosa Schein. **St:** jung kurz, später verkümmert. **F:** dünn und brüchig, weiß. **Ger:** unauffällig. **Ges:** mild. **Spp:** blass ockerlich. **V:** oft auf abgestorbenen, bemoosten Holzresten von Laubbäumen, seltener auch auf Pflanzenresten oder Nadelholz; Sommer bis Winter. **Mik:** Sporen warzig, breit ellipsoid, 7–10 × 5–8 µm. (BK 5.391, Lu 1.16.11, 🖼).

12.1.13 *Crepidotus pallidus* (Berk. & Broome) Knudsen, *Pellidiscus pallidus* (Berk. & Broome) Donk
Hautscheibchen-Stummelfüßchen, Filzbecher-Stummelfüßchen, Blasses Hautscheibchen

Frkp: 0,5–3,5 mm, scheiben- bis leicht becherförmig auf dem Substrat aufsitzend, weiß bis blass gelblich, Innenseite filzig, Außenseite wollig-filzig. **St:** fehlend. **Spp:** zimtbraun. **V:** auf toten Ästchen, Pflanzenresten oder Erde; Frühling bis Sommer. **Mik:** Sporen fein punktiert bis fast glatt, schmal ellipsoid, Keimporus nicht sichtbar, 6,5–9 × 3,5–5,5 µm, 2-sporig. (🖼).

12.1.14 *Episphaeria fraxinicola* (Berk. & Broome) Donk, Eschen-Zwergschälchen, Dunkelspor-Zwergschälchen: Fruchtkörper im Scheitel angeheftet, ohne Stiel, außen zottig, weiß bis cremegelblich, 0,5–1 mm, Fruchtschicht glatt bis etwas faltig, erst cremeweißlich später zimtbraun, oft auf modernden Kernpilzen *Pyrenomycetes* oder dürren, hängenden Zweigen, z. B. Esche *Fraxinus*. Sporen ellipsoid bis mandelförmig, etwas dickwandig, 6,5–8,5 × 4,5–6 µm, 4-sporig. (🖼).

12.1.15 *Pleuroflammula ragazziana* (Bres.) E. Horak
Ragazzis Muschelflämmling

H: 0,5–1,5 cm, muschelförmig, mit rostbraunen Fasern oder Schüppchen, Rand mit weißen Velumresten behangen. **L:** ockerbräunlich bis dunkel rostbraun, Schneiden flockig. **St:** kurz, seitlich. **V:** auf Lindenholz *Tilia*. **Spp:** rostbräunlich. **Mik:** Sporen glatt, ellipsoid, dickwandig, Keimporus nicht sichtbar, 8–10 × 5,5–7 µm, 2-sporig, ChZ keulenförmig, PlZ fehlend. (Lu 1.68.1).

12.1.10 *Crepidotus cesatii*, Entferntblättriges Stummelfüßchen

12.1.11 *Crepidotus epibryus*, Keilsporiges Stummelfüßchen

12.1.12 *Crepidotus subverrucisporus*, Rausporiges Stummelfüßchen

12.1.13 *C. pallidus*, Hautscheibchen-Stummelfüßchen

12.1.14 *Episphaeria fraxinicola*, Eschen-Zwergsch.

12.2 *Phaeomarasmius*, Schüppchenschnitzlinge und Ähnliche

Basidiomycota, Ständerpilze > *Agaricomycetes* > *Agaricales*, Blätterpilze > *Tubariaceae*, Trompetenschnitzlingsverwandte

Beschreibung

Die Arten der beiden hier beschriebenen Gattungen werden kaum über 2 cm groß, sehen aus wie kleine *Pholiota*, Schüpplinge und sind deshalb in jenen Schlüsseln ebenfalls erwähnt. Da sie aber nicht zu den *Strophariaceae*, Träuschlingsverwandte, sondern zur Familie der *Tubariaceae*, Trompetenschnitzlingsverwandte zählen, sind sie hier beschrieben und separat verschlüsselt. ***Phaeomarasmius***, Schüppchenschnitzlinge bilden kleine, spitzig abstehende, rostockerliche Schüppchen auf Hut und Stiel. Die ausgebuchteten Lamellen und der Stiel haben mehr oder weniger den gleichen Farbton. Eingetrocknete Exemplare leben nach einem Regenguss wieder auf. In dieser Eigenschaft gleichen sie den *Marasmius*, Schwindlinge. ***Flammulaster***, Flockenschüpplinge haben samtig-glimmerige bis körnige oder feinschuppige Hutoberflächen in hellockerlichen bis rostbraunen Farben. Alle Arten weisen ein hellocker bis rostbraun gefärbtes Sporenpulver auf.

Sie sind Saprobionten und wachsen auf Holzresten oder auf modernden Schalen von Bucheckern.

Die Sporen sind glatt, dünn- bis etwas dickwandig mit verschiedenen Formen, z. B. zylindrisch, ellipsoid, mandel- bis zitronen- oder bohnenförmig (allantoid).

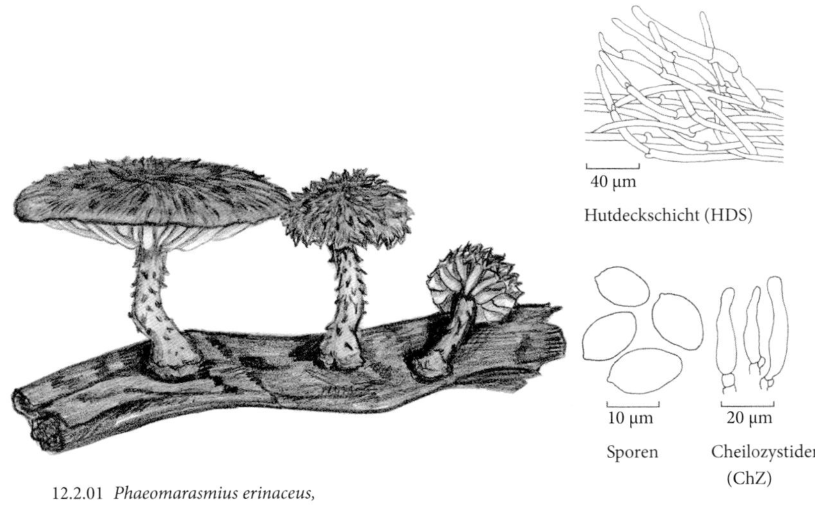

12.2.01 *Phaeomarasmius erinaceus*, Igel-Schüppchenschnitzling

Bestimmung

Zur Bestimmung der einzelnen Arten ist auf die bereits erwähnte Hutoberfläche zu achten, die bei den *Phaeomarasmius* deutlich, oft abstehend (sparrig) schuppig ist. Bei einigen *Flammulaster* sind die Schüppchen oder Körnchen auf der Hutoberfläche abwischbar, bei anderen sind sie fest verwachsen. Auch die Oberfläche der Stiele kann zur Unterscheidung dienen und schließlich sind Hutgröße und Standort wichtige Merkmale. Im mikroskopischen Bereich wird im Schlüssel auf die Größe und die Form der Sporen hingewiesen. Die Dicke der Wände wie auch die Formen der Zystiden und Strukturen der Huthaut ermöglichen in einzelnen Fällen weitere Differenzierungen.

Speisewerte

Die Gattungen enthalten keine Speisepilze.

12.2 *Phaeomarasmius*, Schüppchenschnitzlinge und Ähnliche

Hut und Stiel deutlich schuppig	
Hut und Stiel mit abstehenden, spitzen Schüppchen oder Warzen, < 2 cm	
Schüppchen nicht abwischbar, Sporen 8–14,5 µm lang	01 *Phaeomarasmius erinaceus*, Igel-Schüppchenschnitzling
Schüppchen abwischbar, Sporen 6–8 µm lang	08 *Flammulaster muricatus*, Grobwarziger Flockenschüppling
Hut angedrückt schuppig, goldgelb, orangegelb, 2–8 cm	
Schuppen am Stiel sparrig abstehend	**11.3.04 *Pholiota flammans*, Feuer-Schüppling**
Schuppen am Stiel kaum abstehend	11.3.05 *Pholiota tuberculosa*, Rötender Schüppling
Hut etwas faserig, körnig bis feinschuppig, Schuppen kaum abstehend	
Hut < 1 cm breit	
Hut blass ockerlich, samtig bis feinkörnig, oft auf Buchen-Fruchtbechern	04 *Flammulaster carpophilus*, Bucheckern-Flockenschüppling
Hut rosabeige, rötlichocker, feinkörnig-schuppig, oft auf Rinde	02 *Phaeomarasmius rimulincola*, Rinden-Schüppchenschnitzling
Hut rötlich-orange, auf Laub oder Fruchtschalen von Edelkastanien	05 *Phaeomarasmius microspilus*, Kleinflockiger Schüppchenschnitzling
Hut und Stiel rostrot-bräunlich, auf Laubresten, Buchen-Fruchtbechern	06 *Flammulaster ferrugineus*, Rostbrauner Flockenschüppling
Hut > 1 cm breit	
Hut gelb bis ockerbraun, feinfaserig, körnig bis deutlich schuppig	
Hut fast glatt bis leicht faserig, 1–3 cm	11.3.22 *Pholiota scamba*, Seidiger Schüppling
Hut samtig, körnig bis feinschuppig	
Hut samtig bis feinschuppig, rostbräunlich, 1–4 cm	03 *Flammulaster limulatus*, Orangebrauner Flockenschüppling
Hut körnig-warzig, abwischbar, 1–2 cm	
auf Erde, Sporen vorwiegend > 8 µm lang	07 *Flammulaster granulosus*, Körniger Flockenschüppling
auf morschem Holz, Sporen < 8 µm lang	08 *Flammulaster muricatus*, Grobwarziger Flockenschüppling
Hut fein angedrückt schuppig, goldgelb, orangegelb, 2–8 cm	
Schuppen am Stiel sparrig abstehend	**11.3.04 *Pholiota flammans*, Feuer-Schüppling**
Schuppen am Stiel kaum abstehend	11.3.05 *Pholiota tuberculosa*, Rötender Schüppling
Hut und Stiel rostrot-bräunlich, Hut < 2 cm, samtig bis faserig-schuppig	06 *Flammulaster ferrugineus*, Rostbrauner Flockenschüppling

12.2.01 *Phaeomarasmius erinaceus* (Fr.) Scherff. ex Romagn.
Igel-Schüppchenschnitzling

H: 0,5–1,5 cm, gewölbt bis flach ausgebreitet, mit spitzen, aufstehenden, rostockerlichen Schüppchen auf gelbbraunem Grund. **L:** ausgebuchtet angewachsen, ziemlich entfernt, blass, später zimtbraun bis rostocker. **St:** geschuppt und gefärbt wie der Hut. **F:** eingetrocknete Pilze leben wie *Marasmius,* Schwindlinge nach Regen wieder auf. **Spp:** ockerbis rostbraun. **V:** auf abgefallenen Laubholzästchen; Sommer bis Herbst. **Mik:** Sporen glatt, ellipsoid bis mandel- oder birnenförmig, ohne Keimporus, 8–14,5 × 5,5–9 µm. (Kr 4.369, BK 5.435, Lu 1.64.1, 🖼).

12.2.02 *Phaeomarasmius rimulincola* (Lasch ex Rabenh.) Scherff., Rinden-Schüppchenschnitzling: Hut fein haarig-faserig mit runzelig gerieftem Rand, Stielspitze weiß bereift, Lamellen stark entfernt; auf Rinde von Laubbäumen oder totem Laubholz, oft mediterran auf der Rinde immergrüner Eichen *Quercus,* schon im Spätwinter, Frühling. Sporen ellipsoid bis mandelförmig, 12–16,5 × 7–9 µm. (Lu 1.64.2).

12.2.03 *Flammulaster limulatus* (Fr.) Watling
Orangebrauner Flockenschüppling

H: 1–4 cm, halbkugelig, gewölbt bis ausgebreitet flach, bisweilen etwas niedergedrückt, trocken, körnig bis feinschuppig, fuchsig rostbraun, rostbräunlich, Rand anfangs fein behangen. **L:** schwach ausgebuchtet bis leicht herablaufend angewachsen, gelb bis gelbbräunlich. **St:** wie der Hut gefärbt, faserig-flockig bis feinschuppig, Basis bräunlich. **F:** gelblich. **Ger:** unauffällig. **Ges:** leicht bitter. **Spp:** braun. **V:** auf totem Laub- und Nadelholz, Sägemehl; Sommer bis Herbst. **Mik:** Sporen glatt, schmal ellipsoid und vorwiegend bohnenförmig, ockerbräunlich, mit Keimporus 7,5–10 × 3,5–4,5 µm. (Lu 1.25.2f, 🖼).

12.2.04 *Flammulaster carpophilus* (Fr.) Earle ex Vellinga
Bucheckern-Flockenschüppling

H: 0,2–1 cm, gewölbt, samtig bis glimmerig, blass lederbraun, hellocker, Rand mit ganz feinen Velumresten behangen. **L:** schmal angeheftet und entfernt, blass ockerlich. **St:** fein weißflockig auf ockerlichem Grund. **Spp:** blassbraun. **V:** im Buchenwald auf modernden Schalen von Bucheckern *Fagus;* Frühsommer bis Spätherbst. **Mik:** Sporen glatt, hell ockerlich, ellipsoid bis etwas mandelförmig, 7–10 × 5–6 µm. (Kr 4.348, BK 4.405f, Lu 1.25.8, 🖼).

F. carpophilus var. *subincarnatus* (Joss. & Kühner) Vellinga, Fleischfarbiger Flockenschüppling, Fleischrosa Flockenschüppling: Fruchtkörper mit vorwiegend rosaockerlichen, fleischbraunen Tönen werden von einigen Autoren als Varietät abgegrenzt. (Lu 1.25.11).

F. carpophilus var. *rhombosporus* (G.F. Atk.) Vellinga: Sporen etwas breiter, mandel- bis rhombenförmig. (Lu 1.25.9).

F. carpophilus var. *saliciphilus* (J. Favre) E. Ludw., Kerbrandiger Flockenschüppling: Hutrand oft deutlich gekerbt. Sporen eher mandelförmig, zylindrische bis etwas kopfige ChZ. (Lu 1.25.10).

12.2.05 *Phaeomarasmius microspilus* (Romagn.) Singer, *Flammulaster microspilus* (Romagn.) Watling, Kleinflockiger Schüppchenschnitzling, Kleinflockiger Flockenschüppling: Hut rost- bis rötlichorange; auf Laub oder Fruchtschalen von Edelkastanien *Castanea.* Sporen glatt, ellipsoid bis etwas mandelförmig, 7,5–8,5 × 4,5–6 µm.

12.2.06 *Flammulaster ferrugineus* Maire ex Watling
Rostbrauner Flockenschüppling

H: 0,5–2 cm, gewölbt, kaum gebuckelt, trocken samtig bis körnig, feinflockig, etwas hygrophan, rostbräunlich, Rand faserig und gerieft. **L:** gerade bis leicht herablaufend angewachsen, eher entfernt, ocker- bis rostbräunlich. **St:** wie der Hut gefärbt, Spitze heller, feinfaserig. **F:** gelblich. **Ger:** unauffällig, pilzartig. **Ges:** mild, etwas adstringierend. **Spp:** braun. **V:** auf Erde oder Streu; Sommer bis Herbst. **Mik:** Sporen glatt, ellipsoid, ockerbräunlich, ohne Keimporus, 6,5–8 × 4,5–5,5 µm. (Kr 4.350, Lu 1.25.5).

12.2.07 *Flammulaster granulosus* (J.E. Lange) Watling
Körniger Flockenschüppling

H: 0,5–1,5 cm, halbkugelig bis gewölbt, oft stumpf gebuckelt, im Zentrum deutlich und abwischbar körnig-warzig, gegen den Rand eher fransig-faserig und bisweilen etwas gerieft, ocker- bis rostbraun. **L:** schmal angeheftet bis fast frei, eher dicklich, ocker- bis milchkaffeebraun. **St:** wie der Hut gefärbt, Spitze hell ockerlich, Basis schwarzbräunlich, flockig-faserig. **F:** bräunlich. **Ger:** unauffällig. **Ges:** eher unangenehm. **Spp:** braun. **V:** auf Erde, im Laub-, Mischwald oder in Parks und Gärten; Frühsommer bis Winter. **Mik:** Sporen glatt, ellipsoid bis vorwiegend mandelförmig, etwas dickwandig, ockerbräunlich, ohne Keimporus 7,5–10,5 × 4,5–6 µm. (BK 4.407, Lu 1.25.1, 🖼).

12.2.08 *Flammulaster muricatus* (Fr.) Watling
Grobwarziger Flockenschüppling

H: 1–2 cm, gewölbt, kaum gebuckelt, im Zentrum abwischbar warzig, rötlich bis dunkelbraun schuppig auf gelbem bis ockerlichem Grund, Rand behangen. **L:** schmal aufsteigend angeheftet, eher entfernt, gelb bis ockerbraun, Schneiden bewimpert. **St:** gelb- bis ockerbräunlich, warzig-schuppig, Basis dunkelbraun bis schwärzlich. **F:** bräunlich, in der Stielbasis dunkelbraun. **Ger:** unauffällig bis etwas obstartig. **Ges:** unauffällig, pilzartig. **Spp:** braun. **V:** auf morschem Laubholz; Sommer bis Herbst. **Mik:** Sporen glatt, ellipsoid bis bohnenförmig, ockerbräunlich, Keimporus schwach oder fehlend, 6,5–8 × 4,5–5 µm. (Lu 1.25.6).

12.2.01 *Phaeomarasmius erinaceus,* Igel-Schüppchenschnitzling

12.2.03 *Flammulaster limulatus,* Orangebrauner Flockenschüppling

12.2.04 *F. carpophilus,* Bucheckern-Flockenschüppling

12.2.07 *F. granulosus,* Körniger Flockenschüppling

12.3 *Tubaria,* Trompetenschnitzlinge

Basidiomycota, Ständerpilze > *Agaricomycetes* > *Agaricales,* Blätterpilze > *Tubariaceae,* Trompetenschnitzlingsverwandte

Beschreibung

Die Gattung ***Tubaria,*** Trompetenschnitzlinge enthält kleine, rundum gelb- bis rötlichbraune Arten. Je nach Literatur zählen sie zur Familie *Inocybaceae,* Risspilzverwandte oder zu *Tubariaceae,* Trompetenschnitzlingsverwandte. Eine Art ist beringt, alle anderen sind ohne Ring. Typisch sind breit angewachsene Lamellen mit mehr oder weniger gerader Schneide im Unterschied zu meist bauchigen Lamellen in sonst ähnlichen Gattungen. Im Englischen existiert für die kleinen, rundum mehr oder weniger braunen und nur schwer unterscheidbaren Pilze die Abkürzung LBM («little brown mushrooms»). *Tubaria, Galerina* und Ähnliche zählen zu dieser Gruppe.

Alle Arten wachsen saprobiontisch auf Erde oder abgestorbenen Pflanzenresten, z. B. auf morschem Holz.

Die Sporen der Trompetenschnitzlinge sind mehrheitlich glatt und dünnwandig. Nur *Tubaria dispersa,* Gelbblättriger Trompetenschnitzling hat fein punktierte Sporen, und *Tubaria praestans,* Ansehnlicher Trompetenschnitzling unterscheidet sich vom häufigen *Tubaria furfuracea,* Gemeiner Trompetenschnitzling durch etwas dickwandigere Sporen. Die Formen der Cheilozystiden (ChZ) reichen von ± zylindrisch über keulenförmig und flaschenförmig bis teils etwas kopfig.

12.3.03 *Tubaria furfuracea,* Gemeiner Trompetenschnitzling

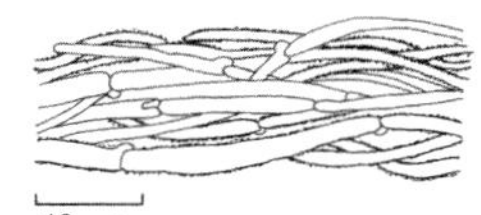

40 µm

Hutdeckschicht (HDS)

10 µm

Sporen

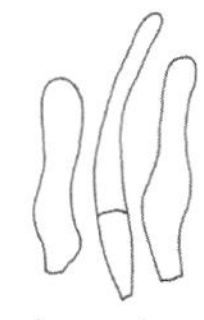

20 µm

Cheilozystiden (ChZ)

Bestimmung

Tubaria, Trompetenschnitzlinge haben mehrheitlich glatte und nicht dextrinoide Sporen (ohne rotbraune Verfärbung mit Jodlösung). Ohne dieses Merkmal sind sie schwer sicher von den nahestehenden *Galerina,* Häublinge mit mehrheitlich rauen bis warzigen und dextrinoiden Sporen zu unterscheiden. Deswegen steht hier im Artenschlüssel eine mikroskopische Beurteilung ausnahmsweise schon am Anfang. Wer diese umgehen möchte, kommt nicht darum herum, jeweils die verschiedenen, möglichen Wege zur Bestimmung zu gehen und dann die Resultate zu überprüfen. Innerhalb der hier beschriebenen Arten mit glatten und nicht dextrinoiden Sporen helfen dann die Kriterien bezüglich Ring, Farben, Beschaffenheit der Hutoberfläche, Standort und Größe bei der weiteren Unterteilung.

Speisewerte

In der Gattung *Tubaria,* Trompetenschnitzlinge gibt es keine Speisepilze und es sind auch keine Giftpilze bekannt. Die sehr ähnlichen *Galerina,* Häublinge können jedoch tödlich giftige Amatoxine enthalten.

12.3 *Tubaria,* Trompetenschnitzlinge

- Sporen glatt oder fast glatt, nicht oder nur schwach dextrinoid
  - Stiel beringt, Hut 2–7 cm, hygrophan, fleischocker bis rotbraun … 05 *Tubaria confragosa,* Beringter Trompetenschnitzling
  - Stiel nicht beringt
    - Stiel hell, weißlich bis gelbbraun
      - Stiel überall weiß, Hut 1–4 cm, hygrophan, honigocker, Ger. ± mehlartig … 04 *Tubaria albostipitata,* Weißstieliger Trompetenschnitzling
      - Stiel weißgelb, Basis bräunlich, Lamellen ± gelb, Hut 0,5–2,5 cm
        - bei Weißdorn, Hut filzig, ockerlich, nicht hygrophan, Sporen 5–7 µm … 01 *Tubaria dispersa,* Gelbblättriger Trompetenschnitzling
        - auf moosiger Wiese, Hut hygrophan, cremegelb, Sporen 6,5–10,5 µm … **11.7.16 *Galerina graminea,* Gelblicher Rasen-Häubling**
        - an nassen Standorten, Hut ockerlich, hygrophan, Sporen 9–18 µm … 11.7.17 *Galerina clavata,* Entfernblättriger Moos-Häubling
        - bei Erle, Hut grauocker bis braun, Sporen 11–17 µm … 11.8.48 *Naucoria alnetorum,* Zweisporiger Erlen-Sumpfschnitzling
      - Stielbasis gräulich verfärbend, oft alpin, Sporen 9,5–13 µm … 11.7.18 *Galerina griseipes,* Graufüßiger Häubling
    - Stiel ocker- bis rötlichbraun
      - auf Holz, Pflanzenresten, Hut ca. 1–4 cm
        - Huthaut nicht gelatinös, Lamellen im Schnitt dreieckig
          - Hut kahl, Lamellen breit angewachsen, Schneiden gerade … **03 *Tubaria furfuracea,* Gemeiner Trompetenschnitzling**
          - Hut faserig-flockig, Lamellen breit angewachsen … 02 *Tubaria conspersa,* Flockiger Trompetenschnitzling
        - Huthaut gelatinös, klebrig, Geruch ± mehlartig, Stiel weiß faserig … 11.7.10 *Galerina sideroides,* Glimmerstieliger Häubling
      - auf Erde oder moosigen, grasigen Stellen
        - Hut meist breiter als 1 cm
          - kaum bei Moos, Sporen 6–9 µm, nicht dextrinoid … **03 *Tubaria furfuracea,* Gemeiner Trompetenschnitzling**
          - bei Moos, Sporen 10–12 µm, schwach dextrinoid … 11.7.23 *Galerina pumila,* Glockiger Häubling
        - Hut meist weniger als 1 cm breit … 06 *Tubaria minutalis,* Kleinster Trompetenschnitzling
- Sporen warzig oder dextrinoid (oder beides) … 11.7 *Galerina,* Häublinge

12.3.01 *Tubaria dispersa* (L.) Singer
Gelbblättriger Trompetenschnitzling

H: 0,5–2,5 cm, gewölbt bis ± flach, feinfilzig und nicht hygrophan, Mitte gelbbräunlich, Rand heller, blassocker bis weißlich, jung schwach faserig behangen. **L:** ± gerade bis herablaufend, lange gelb, später gelbocker. **St:** weiß bis blass strohgelb, Spitze weißlich bereift. **F:** dünn. **Spp:** blassocker. **V:** bei Rosengewächsen *Rosaceae,* insbesondere Weißdorn *Crataegus*; Frühjahr bis Herbst. **Mik:** Sporen schwach punktiert, ellipsoid bis mandelförmig, 5–7 × 3–4 µm. (Kr 4.423, Lu 1.86.4, 🖼).

12.3.02 *Tubaria conspersa* (Pers.) Fayod
Flockiger Trompetenschnitzling

H: 0,5–3 cm, gewölbt bis ± flach, gelb- bis fuchsigbräunlich, fein weißlich faserig-schuppig, besonders im Randbereich, kaum gerieft. **L:** ± gerade bis leicht herablaufend, gelbbraun mit helleren Schneiden. **St:** fein weißlich flockig, wie der Hut gefärbt, Basis weiß filzig. **F:** dünn. **Spp:** hellbraun. **V:** auf Erde oder Pflanzenresten, Holzabfällen; im Sommer bis Herbst. **Mik:** Sporen glatt, mandel- bis apfelkernförmig 7–9,5 × 4,5–7 µm. (Kr 4.421, BK 4.462, Lu 1.86.5, 🖼).

12.3.03 *Tubaria furfuracea* (Pers.) Gillet, Gemeiner Trompetenschnitzling

H: 1–4 cm, gewölbt bis ± flach, hygrophan, feucht rotbraun mit gerieftem Rand, trocken blassbraun, Rand bisweilen mit weißlichen Velumflöckchen besetzt. **L:** ± gerade bis herablaufend angewachsen, hell rotbraun. **St:** wie der Hut gefärbt, jung allenfalls fein weißlich flockig. **F:** dünn, wässrig braun. **Ger:** unauffällig. **Spp:** hellbraun. **V:** auf Erde oder Holzresten; ganzjährig, vor allem im Winter. **Mik:** Sporen glatt, dünnwandig, ellipsoid, 6–9 × 4–6 µm, ChZ keulig bis abgesetzt kopfig. (D 636f, Kr 4.423, BK 4.463, Lu 1.86.2, 🖼).

Fruchtkörper, die im Winter und auf Holz erscheinen, sind teilweise als *Tubaria hiemalis* Romagn. ex Bon, Winter-Trompetenschnitzling abgegrenzt. (D 638, BK 4 464). Solche mit etwas kleineren Sporen und etwas schmaleren Tramahyphen werden auch als *Tubaria romagnesiana* Arnolds, Geselliger Trompetenschnitzling bezeichnet. (BK 4.465).

Tubaria hololeuca Kühner ex E. Horak & P.-A. Moreau, Weißlicher Trompetenschnitzling: Hut weiß mit cremebräunlicher Mitte, Lamellen ebenfalls blass mit gelblichem oder orangerosa Schimmer. Sporen 6,5–7,5 × 4,5–5,5 µm. Gemäß Ludwig 2001 könnte es sich um *T. furfuracea* mit fehlenden Pigmenten handeln. (Lu 1.86.7).

Tubaria praestans (Romagn.) M.M. Moser, Ansehnlicher Trompetenschnitzling: Hut bis 5 cm breit, relativ fleischig für die Gattung, Hutrand mit bräunlichen Velumflöckchen besetzt; auf kotigen Böden am Wegrand. Sporen ellipsoid, dickwandig, 7–7,5 × 5–6 µm, ChZ flaschenförmig, nicht kopfig. (Lu 1.86.3).

12.3.04 *Tubaria albostipitata* D.A. Reid, Weißstieliger Trompetenschnitzling: Hut heller honigbraun, Geruch und Geschmack leicht mehlartig. Sporen ellipsoid, etwas dickwandig, 5–7,5 × 3,5–4,5 µm. (Lu 1.86.6).

12.3.05 *Tubaria confragosa* (Fr.) Harmaja
Beringter Trompetenschnitzling

H: 2–7 cm, halbkugelig bis gewölbt, hygrophan, feucht dunkel rotbraun, trocken fleischockerlich, Rand anfangs von Velumresten fein flockig-schuppig. **L:** breit angewachsen bis schwach herablaufend, zimt- bis rötlichbraun. **St:** wie der Hut gefärbt, mit weißen Flocken, mit deutlichem, häutigem Ring. **F:** dünn, bräunlich. **Ger:** unauffällig. **Spp:** ocker- bis hell rostbraun. **V:** auf totem Laubholz; Frühsommer bis Herbst. **Mik:** Sporen glatt, dünnwandig bis leicht verdickt, ellipsoid, 6–7 × 4,5–5,5 µm. (D 635, Lu 1.86.1, 🖼).

12.3.06 *Tubaria minutalis* Romagn.
Kleinster Trompetenschnitzling

H: 0,2–1 cm, rostocker, weißlich faserig, feucht durchscheinend gerieft. **L:** herablaufend, lebhaft rostfarben, Schneiden heller. **St:** rötlich-rostbraun mit weißen Fasern, Basis weißlich. **V:** auf Humus, an feuchten, schattigen Stellen. **Mik:** Sporen glatt, dünnwandig, mandelförmig bis ellipsoid, 4,5–6,5 × 3–4,5 µm (gemäß Ludwig 2001: 7–9 × 4,5–6 µm), ChZ keulig bis flaschenförmig. (Lu 1.86.8).

Tubaria pallidispora J.E. Lange, Blasssporiger Trompetenschnitzling: Hut 0,5–1 cm, gewölbt, kahl, evtl. etwas mehlig, ± hygrophan, ledergelblich (feucht gestreift), Lamellen bogig bis etwas herablaufend, ziemlich entfernt, blass ockergelblich, Stiel kahl, wie der Hut gefärbt, Sporenpulver blassocker; in grasigem Laubwald.

Ludwig 2001 wie auch Vesterholt & Rald 2018 weisen darauf hin, dass es sich bei der von Lange 1939 dokumentierten Art *T. pallidispora* um *Flammulaster carpophilus* var. *subincarnatus* handeln könnte.

12.3.01 *Tubaria dispersa,* Gelbblättriger Trompetens.

12.3.02 *T. conspersa,* Flockiger Trompetenschn.

12.3.03 *Tubaria furfuracea,* Gemeiner Trompetenschnitzling

12.3.05 *Tubaria confragosa,* Beringter Trompetenschnitzling

12.4 *Simocybe,* Olivschnitzlinge

Basidiomycota, Ständerpilze > *Agaricomycetes* > *Agaricales,* Blätterpilze > *Crepidotaceae,* Stummelfüßchenverwandte

Beschreibung

Kleine, olivfarbene bis olivbräunliche, selten cremefarbene Pilze mit matter, trockener Oberfläche. An den Lamellenschneiden zeigen sich frisch typische Tröpfchen, die von harzigen Ausscheidungen der Cheilozystiden stammen. Der Stiel ist höchstens an der Spitze bereift. Das Sporenpulver ist tabakbraun. Je nach Form, Aussehen und Vorkommen findet man ***Simocybe,*** Olivschnitzlinge auch in den Schlüsseln der ähnlichen *Pholiota,* Schüpplinge oder *Crepidotus,* Stummelfüßchen.

Die Arten wachsen als Saprobionten vor allem auf Holz oder anderen Pflanzenresten, seltener auch auf Erde.

Unter dem Mikroskop zeigen sich glatte, ellipsoide bis einseitig etwas abgeflachte oder bohnenförmige (allantoide) Sporen.

12.4.01 *Simocybe haustellaris,* Kurzstieliger Olivschnitzling

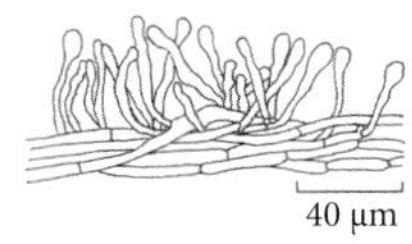

Hutdeckschicht (HDS)

Sporen mit Keimporus

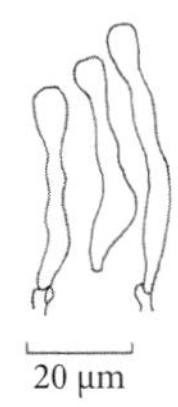

Cheilozystiden (ChZ)

Bestimmung

Alle Arten sind selten und für eine sichere Zuordnung ist die Zuhilfenahme des Mikroskopes nötig. Bei den Sporen ist auf die Sichtbarkeit des Keimporus zu achten. Das ist eine sichtbare Verdünnung der Sporenwand an jenem Sporenende, das dem Apikulus, der ursprünglichen Anwachsstelle an den Basidien, gegenüberliegt.

Speisewerte

Die Gattung enthält keine Speisepilze.

12.4 *Simocybe*, Olivschnitzlinge

- Stiel exzentrisch bis seitlich, Hut kleiig-mehlig — 01 *Simocybe haustellaris*, Kurzstieliger Olivschnitzling
- Stiel zentral
  - Hut kahl
    - auf Holz
      - Sporen 6–8,5 µm, ohne Keimporus, Pileozystiden < 20 µm (Huthaut) — 02 *Simocybe centunculus*, Kleinsporiger Olivschnitzling
      - Sporen 7–9,5 µm, mit Keimporus, Pileozystiden bis 70 µm (Huthaut) — 04 *Simocybe sumptuosa*, Üppiger Olivschnitzling
    - auf abgestorbenen Seggenblättern — 02a *Simocybe centunculus* var. *laevigata*, Sumpfseggen-Olivschnitzling
    - bei Gras, Klee oder Moos — 03 *Simocybe filopes*, Gras-Olivschnitzling
  - Hut matt, mehlig bis samtig, auf Erde oder Pflanzenresten — 05 *Simocybe reducta*, Mandelsporiger Olivschnitzling

12.4.01 *Simocybe haustellaris* (Fr.) Watling, *Simocybe rubi* (Berk.) Singer
Kurzstieliger Olivschnitzling

H: 0,5–1,5 cm, gewölbt, kleiig-mehlig, später kahl, tonbraun, grauoliv, Rand gerieft. **L:** wie der Hut gefärbt. **St:** oft exzentrisch, weißlich, Spitze mehlig, Basis filzig. **Spp:** blassbraun. **V:** auf totem Laubholz, auf Ästchen. **Mik:** Sporen glatt, dünnwandig bis etwas verdickt, ellipsoid bis leicht bohnenförmig (allantoid), mit kleinem Keimporus, 7–10 × 4,5–6,5 µm, 2- oder 4-sporig, ChZ zylindrisch, wellig bis flaschenförmig, vereinzelt kopfig, Endzellen der HDS nicht blasig. (BK 5.396, Lu 1.80.5, 🖼).

12.4.02 *Simocybe centunculus* (Fr.) P. Karst.
Kleinsporiger Olivschnitzling

H: 0,5–3 cm, gewölbt bis ± flach, matt-samtig, hygrophan, olivbraun, Rand blasser und fein gerieft. **L:** schwach ausgebuchtet bis gerade angewachsen und teils mit Zahn etwas herablaufend, eher entfernt, lehmbraun, Schneiden weißlich bis gelblich. **St:** olivbraun, Spitze weiß bereift, Basis fein weißflockig. **F:** blass olivlich. **Ger:** unauffällig pilzartig, evtl. auch schwach fruchtartig, säuerlich. **V:** auf totem Laubholz, auf Ästchen; Sommer bis Herbst. **Mik:** Sporen glatt, dünnwandig, ellipsoid bis ganz leicht bohnenförmig (allantoid), ohne Keimporus, 6–8,5 × 4,5–5,5 µm, 2- oder 4-sporig, ChZ zylindrisch, wellig bis flaschenförmig, HDS mit aufgerichteten, kugeligen bis flaschenförmigen Elementen. (Kr 4.400, BK 5.394, Lu 1.80.1, 🖼).

12.4.02a *S. centunculus* var. *laevigata* (J. Favre) Senn-Irlet, Sumpfseggen-Olivschnitzling: Hut kleiner, 0,5–1,5 cm, bald ± flach, kahl, nicht hygrophan; an toten Seggenblättern *Carex*, zwischen Moos im Moor. Sporen dünnwandig bis leicht verdickt, 7–9,5 × 4,5–5,5 µm. (Lu 1.80.4).

12.4.03 *Simocybe filopes* (Romagn.) Consiglio & Vizzini, *S. centunculus* var. *filopes* (Romagn.) Senn-Irlet, Gras-Olivschnitzling: Hut 0,5–2 cm, jung breit kegelig, später abgeflacht, matt, samtig, leicht hygrophan, oliv- bis rötlichbraun; bei Gras, Klee oder Moos. Sporen glatt, dünnwandig bis leicht verdickt, 6,5–9 × 5–6 µm. (Lu 1.80.2).

12.4.04 *Simocybe sumptuosa* (P.D. Orton) Singer
Üppiger Olivschnitzling

H: 1–5 cm, samtig bis kahl, hygrophan, feucht sepia-, umbrabraun, trocken oliv, olivgelbbraun. **L:** beige, später olivbräunlich, Schneiden heller. **St:** etwas blasser als der Hut, bereift bis fein flockig und etwas gerieft. **F:** blass bräunlich, relativ fleischig für die Gattung. **Ger:** pilzartig. **V:** auf totem Laubholz, Laubholzstrünken. **Mik:** Sporen glatt, ellipsoid bis mehrheitlich leicht bohnenförmig (allantoid), ohne Keimporus, 6–12 × 4–7 µm, 2- bis 4-sporig, ChZ oft deutlich kopfig, Endzellen der HDS nicht blasig. (BK 5.397, 🖼).

12.4.05 *Simocybe reducta* (Fr.) P. Karst.
Mandelsporiger Olivschnitzling

H: 1–2 cm, halbkugelig-gewölbt bis flach, evtl. leicht gebuckelt, matt bis mehlig-samtig, rötlichbraun, Rand heller olivbeige, gelbbraun, gerieft. **L:** ausgebuchtet, blass graubraun, Schneiden heller. **St:** bereift, bernsteinbraun. **V:** auf Erde oder Pflanzenresten. **Mik:** Sporen glatt, leicht dickwandig, ellipsoid bis mandelförmig, ohne Keimporus, 8–10 × 5–6 µm, ChZ zylindrisch, vereinzelt etwas verdickt am Ende, Endzellen der HDS mit blasig verdickten Elementen. (BK 5.395, Lu 1.80.3).

12.4.01 *Simocybe haustellaris,* Kurzstieliger Olivschnitzling

12.4.02 *Simocybe centunculus,* Kleinsporiger Olivschnitzling

12.4.04 *Simocybe sumptuosa,* Üppiger Olivschnitzling

12.5 *Inocybe,* Risspilze und Ähnliche

Basidiomycota, Ständerpilze > *Agaricomycetes* > *Agaricales,* Blätterpilze > *Inocybaceae,* Risspilzverwandte

Beschreibung

Kleine bis mittelgroße Pilze mit meist kegeligem, später gebuckeltem Hut und oft lange eingebogenem oder etwas nach unten geknicktem Rand. Die Oberfläche ist meist faserig, oft rissig und zum Teil filzig, angedrückt oder auch deutlich sparrig-schuppig. Die Hutfarben sind weiß, gelbocker bis braun, bisweilen mit rötlichen, violetten oder blaugrünen Beimischungen. Die schmal bis breit angewachsenen, zumindest ausgerandeten oder deutlich ausgebuchteten Lamellen sind anfangs weißlich und bleiben oft trügerisch lange blass. Später zeigen sie teils gelbe oder olivfarbene Töne und werden vom ocker-, schmutzig-, grau- oder tabakbraunen Sporenpulver zunehmend graubraun. Der Stiel vieler Risspilze ist teilweise oder ganz bereift, weißlich bis blassbraun, manchmal fleischbräunlich, die Stielbasis ist häufig knollig verdickt und weißlich gefärbt. Manchmal ist die Knolle auch kantig-gerandet. In der ganzen Gattung gibt es eine ausgesprochene Vielfalt an Gerüchen. Dazu gehören z. B. Bittermandeln, Jasmin, überreife Birnen, Pelargonienblättern («Geranien»), Pferde-Urin, Sperma, Erde oder modriges Weinfass. Matheny et al. 2020 haben von der bisherigen, umfassenderen Gattung ***Inocybe*** kleinere Untergruppen mit neuen Gattungsnamen abgespalten. Die bisherige Sektion *Cervicolores* bildet neu die Gattung ***Inosperma,*** die Sektion *Mallocybe* mit mehrheitlich filzig-schuppigen oder mit Schleierresten bedeckten Hüten die Gattung ***Mallocybe,*** und die Arten im Umfeld des häufigen Kegeligen Risspilzes (Sektion *Rimosae*) bilden die Gattung ***Pseudosperma***. Die verkleinerte Gattung *Inocybe* bleibt dennoch die weitaus größte Gattung in der Familie. Es erscheinen laufend Publikationen mit neuen Namen äußerlich oft ähnlicher Arten, die sich jedoch aufgrund molekularer Untersuchungen abgrenzen lassen. Die deutsche Bezeichnung Risspilz ist bis jetzt trotz der neuen Unterteilungen allgemein beibehalten worden.

Einige Risspilze wachsen schon im Frühling, die meisten jedoch vom Sommer bis zum Herbst. In Wäldern, Wiesen, Mooren und auch in alpinen Lagen gelten sie als Mykorrhizabildner. Wenige Arten auf morschem Holz dürften Saprobionten sein.

Unter dem Mikroskop fällt der größte Teil der *Inocybe* mit markanten, kristallartig beschopften, meist dickwandigen Hymenialzystiden und einesteils mit höckerigen, andernteils mit glatten Sporen auf. Die Aufteilung von *Inocybe* in höckersporige und glattsporige Arten ist hilfreich für die Bestimmung, lässt sich verwandtschaftlich aber nicht untermauern. Weil hier zudem makroskopische Merkmale grundsätzlich den Vorrang haben, ist diese Einteilung nicht vorrangig. *Mallocybe, Inosperma* und *Pseudosperma* haben alle glatte Sporen, mehrheitlich dünnwandige Zystiden ohne Kristallschopf und keine Pleurozystiden. Bei *Mallocybe* sind die Cheilozystiden oft gegliedert oder querseptiert.

Bestimmung

Die ähnlichen Risspilze sind aufgrund der deutlichsten, mit dem Auge oder der Nase erkennbaren Unterschiede gruppiert. In Schlüssel B finden sich Arten mit gerandet-knolliger oder zumindest abrupt verdickter Basis. In den Schlüsseln A (A1–A5) sind die Fruchtkörper mit zylindrischem oder an der Basis höchstens leicht verdicktem Stiel aufgelistet. Die Einteilung A1–A5 basiert auf der Beschaffenheit der Hutoberfläche in vier Kategorien: A1: sparrig-schuppig, A3: filzig oder angedrückt schuppig, A4: nur Hutmitte mit Schuppen oder Velumresten (Velipellis), A5: glatt oder faserig, weder schuppig noch filzig. Der in dieser Aufzählung fehlende Schlüssel A2 fasst Risspilze mit einigen auffälligen Eigenschaften zusammen.

Zur Übersicht sind die Eigenschaften der sechs Risspilzgruppen hier nochmals systematisch dargestellt:

- Stielbasis nicht abrupt oder gerandet-knollig
  - Hut sparrig oder deutlich schuppig (A1)
  - Hut glatt, filzig, angedrückt schuppig oder filzig-faserig
    - mit einem der nachfolgenden Merkmale:
      - Fleisch rötend, Stiel schwärzend, Geruch auffällig süßlich oder Hut mit weißem, blauem, violettem oder olivem Farbanteil (A2)
    - mit keinem der obigen Merkmale:
      - Hut mehrheitlich filzig oder angedrückt schuppig (A3)
      - nur Hutmitte schuppig oder mit Velumresten (Velipellis) (A4)
      - Hut glatt, zumindest eingewachsen-faserig (A5)
- Stielbasis knollig oder gerandet-knollig (B)

Weitere, spezifische Merkmale zur Einteilung von Risspilzen finden sich am Stiel. An verschiedenen Stellen soll unterschieden werden, ob der Stiel ganz, nur an der Stielspitze oder gar nicht bereift ist und ob ein Schein von Rosa oder Rot zu sehen ist, sei es auch nur an der Stielspitze. Die Bedeutung von «bereift» lässt sich mit dem feinen Überzug einer frisch gepflückten Zwetschge erklären, welche mit einem feinen, matten, weißlichen Belag versehen ist, der durch Berührung zerstört wird. Standorte, Farben, Masse, Gerüche und Erscheinungszeiten erlauben weitere Schritte. In vielen Fällen bleiben jedoch mikroskopische Untersuchung unumgänglich. Deshalb sind diese Merkmale mit speziellen Abkürzungen bereits im Schlüssel ausführlicher als in anderen Kapiteln erwähnt. Es gibt die Symbole Sp° und Sp* für glatte und höckerige Sporen sowie Z° und Z* für Hymenialzystiden ohne oder mit Kristallschopf an der Spitze.

- Sp°: Sporen glatt
- Sp*: Sporen höckerig
- Z°: Hymenialzystiden ohne Kristallschopf, dünnwandig
- Z*: Hymenialzystiden mit Kristallschopf, meistens dickwandig

Die Farbe der Sporen, Art und Anzahl möglicher Höcker sowie die spezifischen Formen und die Dicken der Wände von Sporen und Zystiden ermöglichen weitere Bestimmungsschritte. Vertiefende Literatur eröffnet weitere Möglichkeiten zur genaueren Eingrenzung wie z. B. Angaben zur Dichte der Zystiden, ob Pleuro- oder Kaulozystiden vorhanden sind, wie weit Letztere am Stiel hinabreichen, sowie die mikroskopische Beschaffenheit der Huthaut.

Speisewerte

Die Gattung enthält viele Giftpilze. Gefürchtet und oft erwähnt ist der im Frühling erscheinende *Inosperma erubescens,* Ziegelroter Risspilz, der mit dem essbaren *Calocybe gambosa,* Maipilz verwechselt werden und ernste Vergiftungen verursachen kann. Beim Wirkstoff handelt es sich hauptsächlich um Muscarin. Wenige blaugrün verfärbende Arten wie *Inocybe corydalina,* Grüngebuckelter Risspilz, *Inocybe haemacta,* Grünroter Risspilz und *Inocybe aeruginascens,* Grünender Risspilz enthalten zusätzlich halluzinogen wirkende Stoffe, wie viele *Psilocybe,* Kahlköpfe dies tun. Auch wenn einzelne Risspilze als essbar gelten, werden zur Sicherheit oft alle Risspilze als giftig bezeichnet. Die Angaben dazu folgen hier weitgehend der sorgfältigen Arbeit von Ludwig 2017.

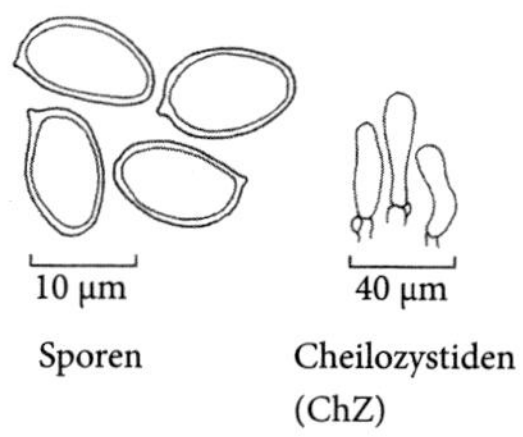

Sporen glatt, Cheilozystiden ohne Schopf. Abkürzung: Sp°, Z°

12.5.17 *Inosperma cervicolor,*
Hirschbrauner Risspilz

12.5.90 *Pseudosperma rimosum,*
Kegeliger Risspilz

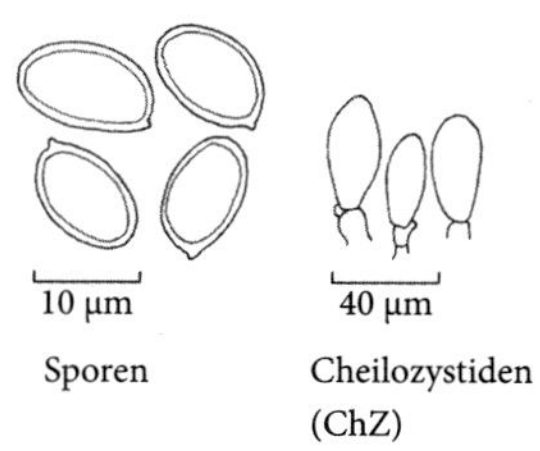

Sporen glatt, Cheilozystiden ohne Schopf. Abkürzung: Sp°, Z°

12.5.122 *Inocybe mixtilis,*
Gerandetknolliger Risspilz

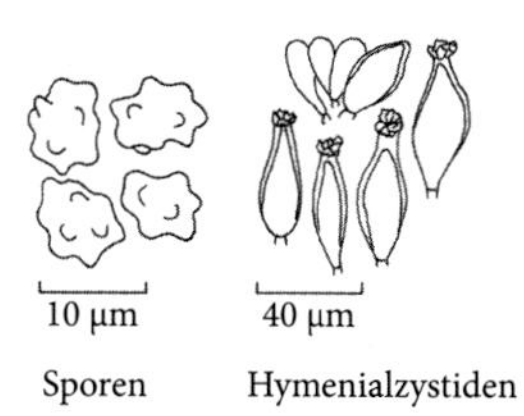

Sporen höckerig, Cheilozystiden mit Schopf. Abkürzung: Sp*, Z*

12.5 *Inocybe,* Risspilze und Ähnliche

(A1) Stielbasis kaum verdickt, jedenfalls nicht abrupt oder gerandet-knollig

▹ Hut sparrig-schuppig, zumindest deutlich schuppig oder abstehend faserbüschelig

- Stiel schuppig
  - Stielbasis blaugrün, Sp°, Z° … 01 *Inosperma calamistratum,* Blaufüßiger Risspilz
  - Stielbasis ohne Blaugrün
    - Hut eher angedrückt schuppig, Sp°, Z° … **02 *Mallocybe terrigena,* Schuppenstieliger Filz-Risspilz**
    - Hut sparrig-schuppig, Sp°, Z* … 04 *Inocybe hystrix,* Sparriger Risspilz
- Stiel glatt, feinkörnig, faserig-wollig, flockig, genattert, jedoch nicht schuppig
  - Fleisch rötend, Sporen glatt
    - Hut ockerbraun, graubraun, braun
      - Geruch stark süßlich, Hut 3–8 cm
        - Hut ockerbraun, braun schuppig, alt abstehend, Sp°, Z° … 05 *Inosperma bongardii,* Duftender Risspilz
        - Hut graubraun, anliegend schuppig, Sp°, Z* … 48 *Inocybe erinaceomorpha,* Schuppiger Süßgeruch-Risspilz
      - Geruch nach Bittermandeln, Hut filzig bis schuppig, 1–5 cm, Sp°, Z* … **50 *Inocybe hirtella,* Bittermandel-Risspilz**
      - Geruch erst pelargonien-, später fischartig, Hut 1–5 cm, Sp°, Z° … **06 *Inocybe pisciodora,* Fischgeruch-Risspilz**
      - Geruch erdartig, diverse Komponenten, Hut dunkelbraun, 2–5 cm, Sp°, Z° … 17 *Inosperma cervicolor,* Hirschbrauner Risspilz
    - Hut graugrünlich, fleischocker, Geruch nach Pferde-Urin, Sp°, Z* … 30 *Inocybe haemacta,* Grünroter Risspilz
    - Hut beige mit Weinrosa, Schuppen anliegend, 4–10 cm, Ger. schwach, Sp°, Z° … 31 *Inosperma adaequatum,* Weinrötlicher Risspilz
  - Fleisch nicht rötend, Geruch anders
    - Stielspitze und Hutrand lilaviolettlich, Sp°, Z*
      - Stielspitze lila, darunter braun
        - Hut 1–3 cm, ocker bis haselbraun … **07 *Inocybe cincinnata,* Schuppiger Violettstiel-Risspilz**
        - Hut 2–7 cm, braun bis dunkelbraun … **08 *Inocybe obscuroides,* Lilaspitziger Risspilz**
      - Stiel größtenteils graulila, Hut 1–4 cm, blassocker … **09 *Inocybe griseolilacina,* Grauvioletter Risspilz**
    - Stielspitze und Hutrand ohne Lilaviolett
      - Sporen stumpf höckerig, Sp*, Z*
        - Stiel wollig-faserig, Sporen deutlich höckerig
          - Cheilo- (ChZ) und Pleurozystiden (PlZ), Sp. mit wenigen Höckern
            - HymZ (ChZ, PlZ) bis 70 µm, birnenförmig, utriform, Sp. < 10 µm
              - Hut 1–3 cm, HymZ mehrheitlich mit Kristallschopf … **10 *Inocybe lanuginosa,* Wolliger Höckerspor-Risspilz**
              - Hut 2–6 cm HymZ nur vereinzelt mit Kristallschopf … 12 *Inocybe stellatospora,* Spitzschuppiger Risspilz
            - HymZ bis 40 µm, eher dickwandig, birnen- bis ballonförmig … 11 *Inocybe ovatocystis,* Wollschuppiger Risspilz
          - nur ChZ, keine PlZ, Sporen dicht höckerig, oft > 10 µm … 13 *Inocybe leptophylla,* Schmalblättriger Risspilz
        - Stiel streifig-faserig, Sporen stumpf und flach höckerig … 71 *Inocybe subcarpta,* Trapezsporiger Risspilz
        - Stiel dichtfaserig, Hut kaum schuppig, Sporen stumpf höckerig … 15 *Inocybe cicatricata,* Braunblättriger Risspilz
      - Sporen morgensternartig, spitz höckerig, Stiel bereift, Sp*, Z* … 16 *Inocybe calospora,* Schönsporiger Risspilz
      - Sporen glatt
        - Cheilozystiden ohne Kristallschopf, dünnwandig, Sp°, Z°
          - Geruch auffällig, Hut eher glockig, ChZ nicht gegliedert
            - Geruch erst pelargonien-, später fischartig … **06 *Inocybe pisciodora,* Fischgeruch-Risspilz**
            - Geruch erdartig, verschiedenste Komponenten … 17 *Inosperma cervicolor,* Hirschbrauner Risspilz
          - Geruch schwach
            - Hut 2–5 cm, eher flach, ChZ oft gegliedert, Lam. olivlich
              - Stiel kaum beringt, Hut ± flach, filzig, feinschuppig … 59 *Inocybe dulcamara,* Bittersüßer Filz-Risspilz
              - Stiel wollig beringt, Hut faserig-schuppig … 03 *Mallocybe agardhii,* Feinschuppiger Risspilz
            - Hut 1–2 cm, zottig-schuppig … 69 *Mallocybe malenconii,* Wolligfaseriger Risspilz
        - Cheilozystiden mit Kristallschopf, meist dickwandig, Sp°, Z*
          - Sporen 7–11,5 µm
            - Zystiden dickwandig (bis 4 µm) zylindrisch-bauchig
              - Stiel nur an Spitze bereift … **18 *Inocybe flocculosa,* Flockiger Risspilz**
              - Stiel ganz bereift
                - Stiel mit Rosa, Hut ocker- bis rötlichbraun … 20 *Inocybe muricellata,* Gelbbrauner Schüppchen-Risspilz
                - Stiel ohne Rosa, im oberen Teil ockerbraun
                  - Basis auch ockerbraun, Hut kuhbraun, rostbraun … 21 *Inocybe vaccina,* Rostroter Risspilz
                  - Basis olivbraun, bald schwärzend, Hut oliv-, rotbraun … 34 *Inocybe tenebrosa,* Schwarzfüßiger Risspilz
            - Zystiden dünn- bis leicht dickwandig (< 1,5 µm)
              - Hut einheitlich braun, Zystiden zylindrisch-wellig … **78 *Inocybe tenuicystidiata,* Faserigbrauner Risspilz**
              - Hutfarbe kontrastierend (getigert), Zystiden bauchig … **19 *Inocybe tigrina,* Tiger-Risspilz**
              - Hutmitte braun schuppig, Rand blass, faserig bis glatt … 14 *Inocybe phaeodisca,* Cremerandiger Risspilz
          - Sporen 11–19 µm
            - Sporen länglich, ± eckig-wellig, Ger. spermatisch, Stielbasis dunkler
              - Hut 1–5 cm, HymZ bis 2 µm Wandstärke … **22 *Inocybe lacera,* Spindelsporiger Risspilz**
              - Hut 0,5–2 cm, HymZ bis 5 µm Wandstärke … **23 *Inocybe helobia,* Sumpf-Risspilz**
            - Sporen ellipsoid, Geruch unauffällig, Stielmitte braun … 24 *Inocybe similis,* Rußfüßiger Risspilz
            - Sporen eingeschnürt, Geruch eher süßlich … 25 *Inocybe vulpinella,* Fuchsigbrauner Sandgruben-Risspilz

12.5 *Inocybe*, Risspilze und Ähnliche

(A2) Stielbasis kaum verdickt, jedenfalls nicht abrupt oder gerandet-knollig

▹ Hut glatt, faserig, filzig, fein- bis angedrückt, jedoch nicht sparrig-schuppig

▹ mit besonderen Merkmalen wie: rötendes Fleisch, schwärzende Stielbasis, auffällig süßlicher Geruch oder Hutfarben, in Weiß oder mit blauem, violettem oder olivem Farbanteil

Fleisch rötend, Sporen glatt
- Hut cremeweiß, blassocker, später rosa, ziegelrötlich
  - im Frühjahr, Hut ockerlich, bald rötliche Flecken, meist > 4 cm, Sp°, Z° — 26 *Inosperma erubescens*, Ziegelroter Risspilz
  - Sommer bis Herbst, Sp°, Z*
    - Geruch auffällig süßlich, jasminartig, Hutrand lange behangen — 27 *Inocybe fraudans*, Birnen-Risspilz
    - Geruch spermatisch, Hut vorwiegend weiß, Stiel eher dünn
      - Hut bis 3 cm, meist spitz gebuckelt, Frkp. klein, ohne Röten b. Trocknen — 28 *Inocybe whitei*, Weißrosa Risspilz
      - Hut bis 5 cm, oft ungebuckelt, Frkp. stämmig, starkes Röten b. Trocknen — 29 *Inocybe pudica*, Weißroter Risspilz
- Hut graugrünlich, fleischocker, braunoliv, Geruch nach Pferde-Urin, Sp°, Z* — 30 *Inocybe haemacta*, Grünroter Risspilz
- Hut meist wein-, dunkelbraun, Geruch obstartig oder schwach
  - Hut vorwiegend weinbraun, 3–10 cm, Sp°, Z° — 31 *Inosperma adaequatum*, Weinrötlicher Risspilz
  - Hut vorwiegend braun, 2–3 cm, Sp°, Z* — 32 *Inocybe tricolor*, Dreifarbiger Risspilz

Fleisch nicht rötend
- Stiel alt schwärzend oder bräunend
  - vorwiegend im Nadelwald, Hut 1,5–7,5 cm, Sp°, Z* — 33 *Inocybe melanopoda*, Braungestiefelter Risspilz
  - vorwiegend bei Laubbäumen, Hut 2–4 cm, Sp°, Z* — 34 *Inocybe tenebrosa*, Schwarzfüßiger Risspilz
  - alpin bei Silberwurz, Hut 1–2 cm
    - mit weißen Velumresten, Geruch spermatisch, Sp°, Z* — 36 *Inocybe maculipes*, Silberwurz-Risspilz
    - ohne Velumreste, Geruch unauffällig, Stiel evtl. genattert, Sp°, Z° — 37 *Inocybe nespiakii*, Natternstieliger Risspilz
- Stiel nicht schwärzend
  - Hut weiß, cremegelblich, blassocker
    - Hut < 6 cm, kaum fleischig, ritterlingsartig
      - Sporen glatt, Sp°, Z*
        - Hut seidig bis faserig, 2–4 cm, Mitte weiß, später auch beigebraun — **39 *Inocybe geophylla*, Seidiger Risspilz**
        - Hut glatt, < 1,5 cm, Mitte bräunlich, außen weißlich, evtl. schuppig — 14a *Inocybe phaeodisca* var. *geophylloides*, Braunscheibiger Risspilz
        - Hut filzig-faserig bis feinschuppig, 2–6 cm, kittfarben mit Rosaschein — **41 *Inocybe sindonia*, Wolligfädiger Risspilz**
        - Hutmitte glatt, Hut weißlich, oft erdbehaftet, 3–6 cm, Stiel kräftig — 42 *Inocybe sambucina*, Fliederweißer Risspilz
      - Sporen höckerig, Sp*, Z*
        - Hut bräunlich, an feuchten Stellen, Sporen teils grob höckerig — 43 *Inocybe umbratica*, Weißlicher Risspilz
        - Hut gelblich, eher auf trockenem Boden, Sporen fein höckerig — 44 *Inocybe paludinella*, Gelblichweißer Risspilz
    - Hut oft > 6 cm, fleischig, ritterlingsartig, Sp*, Z* — 45 *Inocybe fibrosa*, Weißer Risspilz
  - Hut lila, violettlich, Sp°, Z* — 40 «*lilacina*»-Gruppe
  - Hut im Scheitel blaugrün, Geruch schwülstig süßlich, obstartig, Sp°, Z* — 47 *Inocybe corydalina*, Grüngebuckelter Risspilz
  - Hut mit olivem Farbanteil
    - Sporen glatt, Zystiden nicht beschopft, Sp°, Z°
      - Hut > 2 cm ± flach, filzig bis feinschuppig, auf Erde — 59 *Inocybe dulcamara*, Bittersüßer Filz-Risspilz
      - Hut 0,5–2 cm, matt bis samtig, auf Seggen, bei Gras, Klee oder Moos
        - an abgestorbenen Seggen, Hut nicht hygrophan, olivbraun — 02a *Simocybe centunculus* var. *laevigata*, Sumpfseggen-Olivschnitzling
        - bei Gras, Moos, Klee, Hut leicht hygrophan, oliv- bis rötlichbraun — 03 *Simocybe filopes*, Gras-Olivschnitzling
    - Sporen glatt, Zystiden beschopft, Geruch modrig-süßlich, Sp°, Z* — 49 *Inocybe coelestium*, Engblättriger Risspilz
    - Sporen höckerig, Sp*, Z*
      - Hut 1–3 cm, im Nadelwald, bei Torfmoos — 65 *Inocybe nematoloma*, Schwefelkopfartiger Risspilz
      - Hut < 1 cm, hygrophan, alpin — 66 *Inocybe egenula*, Dürftiger Risspilz
  - Hut ockerlich, gelbbraun, rotbraun, dunkelbraun, Geruch auffällig süßlich
    - Geruch auffällig schwülstig süßlich, obstartig, Sp°, Z* — 48 *Inocybe erinaceomorpha*, Schuppiger Süßgeruch-Risspilz
    - Geruch modrig-süßlich, Stiel zunehmend grün, Sp°, Z* — 49 *Inocybe coelestium*, Engblättriger Risspilz
    - Geruch nach Bittermandeln, Hut filzig-schuppig, Sp°, Z* — **50 *Inocybe hirtella*, Bittermandel-Risspilz**
    - Geruch nach Pelargonien («Geranien»)
      - Hut 2–5 cm, Sporen 6,5–9 µm, Sp°, Z* — **52 *Inocybe pelargonium*, Pelargonien-Risspilz**
      - Hut 1–3 cm, Sporen 12–14 µm, subalpin bis alpin, Sp°, Z° — 53 *Inosperma geraniodorum*, Alpiner Geranien-Risspilz

12.5 *Inocybe,* Risspilze und Ähnliche

(A3) Stielbasis kaum verdickt, jedenfalls nicht abrupt oder gerandet-knollig

▹ Hut filzig-faserig, fein- bis angedrückt schuppig (nicht sparrig)
Hut ockerlich, gelbbraun, rotbraun, dunkelbraun, Fleisch nicht rötend

Hutrand mit teils dickem Velum behangen	
Hut braun filzig-schuppig, Geruch aasartig, mit Pleurozystiden, Sp°, Z*	**54 *Inocybe appendiculata,* Anhängsel-Risspilz**
Hut isabellocker, Velumreste weiß, ohne Pleurozystiden, Sp°, Z°	55 *Mallocybe leucoblema,* Silbrigbeschleierter Risspilz
Hutrand höchstens jung behangen	
Stiel schuppig, Sp°, Z°	
im Nadelwald, Hut meist > 2 cm breit	**02 *Mallocybe terrigena,* Schuppenstieliger Filz-Risspilz**
vorwiegend bei Weide, auch alpin, Hut kaum > 2 cm breit	56 *Mallocybe fuscomarginata,* Braunrandiger Risspilz
Stiel ohne Schuppen, glatt oder faserig	
Stielspitze lila, Hut 1–4 cm, braun	
Stielspitze lila, Stielbasis nicht gelb, Sp°, Z*	57 *Inocybe amethystina,* Violettlicher Risspilz
Stielspitze leicht lila, Stielbasis gelblich, Sp*, Z*	58 *Inocybe goniopusio,* Vieleck-Risspilz
Stiel ohne Lila, evtl. faserig, nicht auffällig kurz	
Lamellen ockerbeige bis olivocker, nicht vorwiegend gelb	
Hut ocker bis ockerbraun	
Hut oft flach, filzig, feinschuppig, 2–4 cm, Lamellen olivlich, Sp°, Z°	59 *Inocybe dulcamara,* Bittersüßer Filz-Risspilz
Hut kegelig oder gebuckelt, faserig bis feinschuppig	
Sporen glatt, im Mischwald, Hut ockerlich, Sp°, Z*	
HymZ dickwandig, Wandstärke > 2 µm, Hut 1–3 cm	
Stiel ganz bereift, HymZ bauchig	**60 *Inocybe ochroalba,* Weißscheiteliger Ocker-Risspilz**
nur Stielspitze bereift, HymZ spindelförmig, Hals oft wellig	61 *Inocybe subnudipes,* Kaulozystidenloser Risspilz
HymZ eher dünnwandig, Wandstärke < 1 µm, Hut 2–4 cm	
HymZ spindelförmig, Hutmitte dunkelbraun	**62 *Inocybe furfurea,* Schwarzscheiteliger Risspilz**
HymZ schlank, Hutmitte ockerbraun	63 *Inocybe albovelutipes,* Hellsamtiger Risspilz
Sporen höckerig, Sp*, Z*	
bei Erle, Hut 1–3 cm	64 *Inocybe alnea,* Erlen-Risspilz
im Nadelwald, bei Torfmoos, Hut 1–3 cm	65 *Inocybe nematoloma,* Schwefelkopfartiger Risspilz
alpin, Hut < 1 cm, hygrophan	66 *Inocybe egenula,* Dürftiger Risspilz
Hut braun, braungrau (zumindest im Scheitel)	
Sporen glatt, Sp°, Z°	
Hut 2–8 cm, faserig-schuppig	68 *Pseudosperma squamatum,* Dunkelschuppiger Risspilz
Hut 1–2 cm, zottig-schuppig	69 *Mallocybe malenconii,* Wolligfaseriger Risspilz
Sporen höckerig	
HymZ beschopft (zumindest einzelne), Hut 1–5 cm, Sp*, Z*	
vorwiegend im Laubwald, HymZ eher dünnwandig	**70 *Inocybe curvipes,* Krummstieliger Höckerspor-Risspilz**
vorwiegend im Nadelwald, HymZ dünnwandig	71 *Inocybe subcarpta,* Trapezsporiger Risspilz
HymZ nicht beschopft, Hut 1–3 cm, Sp*, Z°	
Hut 1–2 cm, gezont, kahl bis filzig-schuppig	**72 *Inocybe petiginosa,* Graugezonter Zwerg-Risspilz**
Hut 1–3 cm, Mitte schuppig, Rand blass, faserig bis glatt	14 *Inocybe phaeodisca,* Cremerandiger Risspilz
Hut blass beigeocker, filzig bis faserig-schuppig, Sp°, Z*	**41 *Inocybe sindonia,* Wolligfädiger Risspilz**
Lamellen und Stiel mit deutlichem Gelbanteil, Sp°, Z*	73 *Inocybe lutescens,* Gelbblättriger Risspilz
Stiel oft auffällig kurz, Sp°, Z*	74 *Inocybe langei,* Kurzstieliger Risspilz

12.5 *Inocybe,* Risspilze und Ähnliche

(A4) Stielbasis kaum verdickt, jedenfalls nicht abrupt oder gerandet-knollig
▹ Hut faserig, im Scheitel etwas schuppig oder mit Velumresten (Velipellis)
Hut ockerlich, gelbbraun, rotbraun, dunkelbraun, Fleisch nicht rötend

Stielspitze oder Stiel mit Rosa, Sp°, Z*
- nur an der Stielspitze bereift
  - im Nadelwald
    - HymZ dickwandig, bis 3 µm oder 4 µm dick, Hut 1–4 cm, mit Velumresten
      - Hut ocker- bis rotbraun, HymZ bis 4 µm dick
        - Hutrand ausblassend, Sporen 7,5–10,5 µm — **75 *Inocybe astraiana,* Astraios' Risspilz**
        - Hutrand kaum ausblassend, Sporen 8,5–11,5 µm — **76 *Inocybe involuta,* Eingebogener Risspilz**
      - Hut dunkelbraun, auf sandigem Boden, HymZ bis 3 µm dick — 77 *Inocybe tarda,* Grünfleischiger Risspilz
    - HymZ eher dünnwandig, bis 1,5 µm dick
      - Hut 1–4 cm, etwas schuppig, HymZ zylindrisch-wellig — **78 *Inocybe tenuicystidiata,* Faserigbrauner Risspilz**
      - Hut 0,5–2 cm, Velumreste, HymZ spindelförmig bis utriform — **79 *Inocybe laurina,* Laurins Risspilz**
  - im Laubwald
    - Sporen 9,5–12 µm, Hut dunkelbraun, 1–4 cm, ± schuppig, Ger. spermatisch — 77 *Inocybe tarda,* Grünfleischiger Risspilz
    - Sporen 7–11 µm, HymZ dünnwandig, schlank
      - Hutmitte mit grauen Velumresten, 2–5 cm, Geruch unauffällig — **80 *Inocybe griseovelata,* Graubeschleierter Risspilz**
      - Hut faserig, schollig, 1–4 cm, Geruch spermatisch/pelargonienartig — **78 *Inocybe tenuicystidiata,* Faserigbrauner Risspilz**
    - Sporen 6,5–8,5 µm, HymZ dickwandig, Hut 1–3 cm, Geruch spermatisch — **81 *Inocybe glabripes,* Kleinsporiger Risspilz**
  - alpin, Hut oft schollig, 1–4 cm, Geruch spermatisch oder nach Pelargonien — **78 *Inocybe tenuicystidiata,* Faserigbrauner Risspilz**
- ganzer Stiel bereift, Hut rötlichbraun, oft mit kranzartigen Velumresten
  - Hut bis ca. 6 cm, eher südlich, Wärme liebend — **97 *Inocybe subbrunnea,* Bräunlicher Risspilz**
  - Hut bis ca. 4 cm, subalpin oder alpin
    - Sporen ohne supraapikulare Depression, Q (L/B) ø = 1,6 — 98 *Inocybe leiocephala,* Braungebuckelter Risspilz
    - Sporen oft mit supraapikularer Depression, Q (L/B) ø = 1,8 — 99 *Inocybe catalaunica,* Katalaunischer Risspilz

Stiel ganz ohne Rosa- oder Rottöne
- Hutrand mit teils dickem Velum behangen
  - Hut braun filzig-schuppig, Geruch aasartig, mit Pleurozystiden, Sp°, Z* — **54 *Inocybe appendiculata,* Anhängsel-Risspilz**
  - Hut isabellocker, Velumreste weiß, ohne Pleurozystiden, Sp°, Z° — 55 *Mallocybe leucoblema,* Silbrigbeschleierter Risspilz
- Hutrand höchstens jung behangen
  - HymZ dünnwandig, ohne Kristallschopf, Stiel nicht bereift, Sp°, Z°
    - Hutmitte mit Velumresten, 2–7 cm
      - Hut rötlich bis dunkelbraun, Geruch aromatisch — **82 *Inosperma maculatum,* Gefleckter Risspilz**
      - Hut weißlich bis ockerbeige, Geruch schwach — **91 *Pseudosperma obsoletum,* Blasshütiger Risspilz**
    - Hutrand und Stiel mit Velumresten — 55 *Mallocybe leucoblema,* Silbrigbeschleierter Risspilz
  - HymZ dickwandig, mit Kristallschopf oder «sandig»
    - Sporen glatt, Stiel ganz bereift, Sp°, Z*
      - HymZ mit Kristallschopf
        - Hut strähnig-faserig, breitstreifig, flüchtige Velumreste, 3–6 cm — 85 *Inocybe splendens,* Klebriger Risspilz
        - Hut faserig, schollig-schuppig, 2–4 cm, sandige Stellen — 25 *Inocybe vulpinella,* Fuchsigbrauner Sandgruben-Risspilz
        - Hut faserig, feine Velumreste, feinschuppig, 2–5 cm — 86 *Inocybe inodora,* Geruchloser Sand-Risspilz
      - HymZ mit sandiger Spitze, Hut 2–6 cm, kranzartige Velumreste — **97 *Inocybe subbrunnea,* Bräunlicher Risspilz**
    - Sporen höckerig, Hut 1–5 cm, Stiel nur an Spitze bereift, Sp*, Z*
      - bei Laubbäumen, Hutmitte dunkelbraun, Sporen 7,5–12 µm — **70 *Inocybe curvipes,* Krummstieliger Höckerspor-Risspilz**
      - bei Torfmoos, Fichte, grauliche Velumreste in Hutmitte, Sporen 6,5–9 µm — **87 *Inocybe sphagnophila,* Torfmoos-Risspilz**

12.5 *Inocybe*, Risspilze und Ähnliche

(A5) Stielbasis kaum verdickt, jedenfalls nicht abrupt oder gerandet-knollig

▹ Hut glatt bis faserig, jedoch ohne Schuppen und ohne Velumreste (Velipellis)
Hut ockerlich, gelbbraun, rotbraun, dunkelbraun, Fleisch nicht rötend

Stielspitze rosa, rötlich überhaucht, nur Stielspitze bereift, Sp°, Z*
- schon ab Frühjahr, Hut ocker bis rötlichbraun — **88 *Inocybe nitidiuscula*, Früher Risspilz**
- im Herbst bis Spätherbst, Hut ocker bis dunkelbraun
  - im Nadelwald, oft bei Kiefer oder Fichte
    - Hut 2–4 cm, ocker- bis rotbraun, HymZ bis 4 µm dick
      - Hutrand ausblassend, Sporen 7,5–10,5 µm — **75 *Inocybe astraiana*, Astraios‘ Risspilz**
      - Hutrand kaum ausblassend, Sporen 8,5–11,5 µm — **76 *Inocybe involuta*, Eingebogener Risspilz**
    - Hut 0,5–2 µm, Sporen 8–10,5 µm, HymZ < 1,5 µm dick — **79 *Inocybe laurina*, Laurins Risspilz**
  - auf Sandboden, Hut dunkelbraun, HymZ bis 3 µm dick, Sporen 9,5–12 µm — 77 *Inocybe tarda*, Blasssporiger Spätherbst-Risspilz
  - im Laubwald, Mitte mit grauen Velumresten
    - Hut 2–5 cm, Sporen 7,5–10,5 µm — **80 *Inocybe griseovelata*, Graubeschleierter Risspilz**
    - Hut 1–3 cm, Sporen 6,5–8,5 µm — **81 *Inocybe glabripes*, Kleinsporiger Risspilz**
  - alpin bei Zwergweide oder Silberwurz
    - Stiel ganz bereift, Sporen 8,5–11 µm, HymZ «sandig»
      - Sporen ohne supraapikulare Depression, Q (L/B) ø = 1,6 — 98 *Inocybe leiocephala*, Braungebuckelter Risspilz
      - Sporen oft mit supraapikularer Depression, Q (L/B) ø = 1,8 — 99 *Inocybe catalaunica*, Katalaunischer Risspilz
    - Stielspitze bereift, Sporen 8,5–13 µm, HymZ mit Kristall — 89 *Inocybe giacomi*, Nördlicher Risspilz

Stielspitze ohne Rot oder Rosa
- Geruch nach Pelargonien («Geranien»)
  - Hut 2–5 cm, Sporen 6,5–9 µm, Sp°, Z* — **52 *Inocybe pelargonium*, Pelargonien-Risspilz**
  - Hut 1–3 cm, Sporen 12–14 µm, subalpin bis alpin, Sp^c, Z° — 53 *Inosperma geraniodorum*, Alpiner Geranien-Risspilz
- Geruch unauffällig, säuerlich, spermatisch oder erdartig
  - Cheilozystiden dünnwandig, < 1 µm
    - Cheilozystiden ohne Schopf oder Kappe, Sp°, Z°
      - Lamellen oft mit olivem Farbanteil
        - Hut spitzbuckelig, kegelig, stark radialfaserig
          - Hut gelb- bis braunocker, Geruch spermatisch, Sporen 9,5–14 µm — **90 *Pseudosperma rimosum*, Kegeliger Risspilz**
          - Hut braun, Fasern dunkel, Geruch unauffällig, Sporen 7,5–11 µm — 92 *Pseudosperma umbrinellum*, Umbrabrauner Risspilz
        - Hut breit gebuckelt, fein faserig, dunkelbraun, Sporen 8,5–12 µm — 93 *Pseudosperma perlatum*, Breithütiger Risspilz
      - Lamellen ohne Oliv, Hut weißlich bis ockerbeige — **91 *Pseudosperma obsoletum*, Blasshütiger Risspilz**
    - Cheilozystiden mit Schopf oder Schleimkappe, Hut 1,5–4 cm
      - Sporen glatt, Zystiden mit Schleimkappen, bei Moos, Erle, Sp°, Z(*) — 94 *Inocybe leptocystis*, Dünnwandzystiden-Risspilz
      - Sporen höckerig, HymZ beschopft, bei Nadelbäumen/alpin, Sp*, Z* — 95 *Inocybe aurea*, Gold-Risspilz
  - Cheilozystiden dickwandig, > 1 µm, meist mit Kristallschopf oder «sandig»
    - Sporen glatt, Sp°, Z*
      - Stiel ganz bereift (im unteren Teil evtl. schwach)
        - Zystiden mit Kristallschopf, Stiel jung weißlich
          - Hut 1–4 cm, rötlichbraun, Stiel später bräunlich — 96 *Inocybe jucunda*, Erfreulicher Risspilz
          - Hut 3–7 cm, reh- bis rötlichbraun, Stiel später gelblich — 85 *Inocybe splendens*, Klebriger Risspilz
        - Zystiden «sandig», Hut rotbraun, oft kranzartige Velumreste
          - Hut bis ca. 6 cm, eher südlich, Wärme liebend — **97 *Inocybe subbrunnea*, Bräunlicher Risspilz**
          - Hut bis ca. 4 cm, subalpin, alpin, bei Silberwurz
            - Sporen ohne supraapikulare Depression, Q (L/B) ø = 1,6 — 98 *Inocybe leiocephala*, Braungebuckelter Risspilz
            - Sporen oft mit supraapikularer Depression, Q (L/B) ø = 1,8 — 99 *Inocybe catalaunica*, Katalaunischer Risspilz
      - Stiel nur an der Spitze bereift
        - Hut grau- bis dunkelbraun, radialfaserig bis streifig, HymZ beschopft
          - vorwiegend im Nadelwald, Hut 2–4 cm, Sporen 8,5–11 µm — **100 *Inocybe virgatula*, Braunstreifiger Risspilz**
          - vorwiegend im Laubwald, Hut 1–3 cm, Sporen 6,5–8,5 µm — **81 *Inocybe glabripes*, Kleinsporiger Risspilz**
        - Hut 2–6 cm, HymZ vereinzelt beschopft
          - Sporen 8,5–12 µm, Scheitel strohocker, radialfaserig, ab Frühjahr — 101 *Inocybe queletii*, Weißtannen-Frühlings-Risspilz
          - Sporen 6,5–8,5 µm, Scheitel gelb- bis orangeockerlich, ab Sommer — 38 *Inocybe posterula*, Falber Risspilz
    - Sporen höckerig, Hut 1–5 cm, Sp*, Z*
      - Sporen meist > 8 µm
        - vorwiegend bei Torfmoos, Hut haselbraun, spitz gebuckelt — **102 *Inocybe proximella*, Haselbrauner Risspilz**
        - vorwiegend im Mischwald, Rand faserig mit weißen Schuppen — 15 *Inocybe cicatricata*, Braunblättriger Risspilz
      - Sporen meist < 8 µm, Hut filzig-strähnig, dunkelbraun, im Nadelwald — 67 *Inocybe soluta*, Knollenloser Risspilz

12.5 *Inocybe,* Risspilze und Ähnliche
(B) Stielbasis mit gerandeter oder zumindest deutlich abgesetzter Knolle

Hut weißlich, cremeweiß bis blassocker	
Fleisch rötend, Hut 2–4 cm, vom Scheitel her orange verfärbend, Sp°, Z*	103 *Inocybe godeyi,* Rötender Risspilz
Fleisch nicht rötend	
Hut meist > 4 cm breit, Sp*, Z*	46 *Inocybe fibrosoides,* Strohweißer Risspilz
Hut kaum > 4 cm breit, Knolle schwach, evtl. nur weißlicher Mycelfilz	
Hut weiß ohne Gelb, Sp°, Z*	**39 *Inocybe geophylla,* Seidiger Risspilz**
Hut etwas gelblich, trockener Boden, Sporen fein höckerig, Sp*, Z*	44 *Inocybe paludinella,* Gelblichweißer Risspilz
Hut etwas bräunlich, feuchte Stellen, Sporen teils grob höckerig, Sp*, Z*	43 *Inocybe umbratica,* Weißlicher Risspilz
Hut ockergelb, ockerbraun, braun, rötlichbraun, dunkelbraun	
Stiel fleischfarben bis rötlich, bereift	
Fleisch rötend, Sp*, Z*	104 *Inocybe bresadolae,* Rötlichfuchsiger Risspilz
Fleisch nicht rötend, Hut haselnuss- bis kastanienbraun	
Sporen stark höckerig, Sp*, Z*	
vorwiegend bei Laubbäumen	
Hut 3–7 cm, Geruch stark spermatisch	**105 *Inocybe asterospora,* Sternsporiger Risspilz**
Hut 1–3 cm, Geruch schwach staubig-säuerlich	106 *Inocybe calida,* Eckigknolliger Risspilz
vorwiegend bei Nadelbäumen	
Hut 4–8 cm, Stielbasis mit oft tief vergrabener Knolle, Sp. bis 14,5 µm	107 *Inocybe pseudohiulca,* Falscher Höckerspor-Risspilz
Hut 1–6,5 cm, Knolle an Stielbasis nur leicht abgesetzt, Sp. bis 12 µm	108 *Inocybe piceae,* Fichten-Risspilz
Sporen schwach und stumpf höckerig, Sp*, Z*	
Hut 2–6 cm, helle Brauntöne, Scheitel mit grauweißlichen Velumresten	109 *Inocybe grammata,* Höckersporiger Risspilz
Hut 0,5–2 cm, zweifarbig, Mitte graubraun, Rand blass beigeweißlich	**72 *Inocybe petiginosa,* Graugezonter Zwerg-Risspilz**
Sporen glatt, Sp°, Z*	
Sporenende verjüngt, bis 10 µm, Geruch säuerlich, nach Sperma, Fisch	110 *Inocybe pseudoreducta,* Dunkelbraunscheiteliger Risspilz
Sporenende stumpf, rund, bis 9 µm, Geruch angenehm pilzartig, süß	111 *Inocybe amblyospora,* Stumpfsporiger Risspilz
Stiel weißlich, gelblich, gelbbraun, nicht dunkelbraun verfärbend	
Geruch nach Pelargonien («Geranien»), Stiel ganz bereift, Sp°, Z*	
Hut 2–5 cm breit, Hut seidig-faserig, orangebräunlich, Sporen 7–8,5 µm	**52 *Inocybe pelargonium,* Pelargonien-Risspilz**
Hut 1–3 cm breit, faserig, goldockerlich, Sporen 7–10 µm	51 *Inocybe hirtelloides,* Falscher Bittermandel-Risspilz
Geruch schwach fruchtartig, honigartig	
Hut 2–5 cm breit, ockerlich, stark radialfaserig, Stielspitze bereift, Sp°, Z°	**112 *Inosperma cookei,* Knolliger Risspilz**
Hut 1–3 cm breit, faserig, goldockerlich, Stiel ganz bereift, Sp°, Z*	51 *Inocybe hirtelloides,* Falscher Bittermandel-Risspilz
Geruch nach Blattwanzen, Hut mit weißen Velumresten, Sp°, Z°	**113 *Inosperma quietiodor,* Unangenehmriechender Risspilz**
Geruch unauffällig bis säuerlich-spermatisch, pilzartig	
Hut jung im Scheitel teilweise von Velumresten bedeckt	
im Wald, in Parks, Velumreste im Scheitel bisweilen schuppig	
weißliche Velumreste bleibend, Sporen glatt, Sp°, Z°	**82 *Inosperma maculatum,* Gefleckter Risspilz**
weißliche Velumreste flüchtig, Sporen höckerig, Sp*, Z*	
Hut 1,5–5 cm, im Laub- oder Nadelwald, Sporen bis 12,5 µm	114 *Inocybe praetervisa,* Zapfensporiger Risspilz
Hut 4–8 cm, vorwiegend bei Fichte, Sp. stark höckerig bis 14,5 µm	107 *Inocybe pseudohiulca,* Falscher Höckerspor-Risspilz
Hut 1–4 cm, im Nadelwald, Sporen stumpf höckerig bis 12 µm	115 *Inocybe johannis-stanglii,* Johann Stangls Risspilz
bei Erlen, Hut 1–3 cm, Sporen 8,5–11 µm, Sp*, Z*	64 *Inocybe alnea,* Erlen-Risspilz
auf sandigem Boden, Auwäldern, Dünen, bei Weide, Sp*, Z*	116 *Inocybe dunensis,* Dünen-Risspilz
Hut jung im Scheitel ohne Überzug aus Velumresten	
Hut meist über 2 cm breit	
Hut bleibend spitzkegelig, Stielbasis nicht abrupt knollig, Sp*, Z*	117 *Inocybe acuta,* Spitzer Risspilz
Hut bald ± ausgebreitet, kleine, angedrückte Schüppchen, Sp*, Z*	**118 *Inocybe margaritispora,* Graubeigeblättriger Risspilz**
Hut bald ± ausgebreitet, kahl bis grobfaserig	
Stiel höchstens im oberen Teil bereift	
bei Torfmoos, auf moorigem Boden, Sp*, Z*	**119 *Inocybe napipes,* Rübenstieliger Risspilz**
bei Nadelbäumen	
Sporen höckerig, ab Sommer, Sp*, Z*	120 *Inocybe assimilata,* Rundknolliger Risspilz
Sporen glatt, ab Frühjahr, Sp°, Z*	101 *Inocybe queletii,* Weißtannen-Frühlings-Risspilz
im Auenwald, Sp*, Z*	121 *Inocybe tabacina,* Auwald-Risspilz
Stiel ganz bereift	
Hut glänzend, eingewachsen-faserig, Sporen höckerig, Sp*, Z*	**122 *Inocybe mixtilis,* Gerandetknolliger Risspilz**
Hut matt, fein faserig-schuppig, Sporen glatt, Sp°, Z*	111 *Inocybe amblyospora,* Stumpfsporiger Risspilz
Hut kaum über 2 cm breit, Sp*, Z*	
subalpin oder alpin, oft in Zwergstrauchheide, Geruch unauffällig	
Hut dunkel rostbraun, Mitte glatt, Stielspitze bereift	123 *Inocybe humilis,* Kleinwüchsiger Risspilz
Hut gelbbraun, fein körnig-schuppig, Stiel weiß puderig	124 *Inocybe oreina,* Gebirgs-Risspilz
bei Weide *Salix,* Hut dunkelbraun, Rand heller, Geruch spermatisch	125 *Inocybe salicis,* Weiden-Risspilz
Stiel weißlich, später dunkelbraun verfärbend, Hut 2–3 cm, Sp*, Z*	35 *Inocybe xanthomelas,* Dunkelstieliger Risspilz

12.5.01 *Inosperma calamistratum* (Fr.) Matheny & Esteve-Rav.,
Inocybe calamistrata (Fr.) Gillet
Blaufüßiger Risspilz

H: 1–3 cm, halbkugelig-kegelig, sparrig-schuppig, ocker- bis dunkelbraun, im Scheitel evtl. mit Grünstich, Rand jung eingebogen und dicht behangen. **L:** ausgebuchtet und schmal angeheftet, blassbeige bis bräunlich, evtl. mit Rotstich. **St:** braunschuppig, Basis blaugrünlich und oft etwas verjüngt. **F:** weißlich, in der Stielbasis blaugrünlich. **Ger:** schwach säuerlich bis spermatisch. **V:** vorwiegend auf nassem, moorigem Boden, bei Nadelbäumen oder Birke *Betula;* Sommer bis Herbst. **Mik:** Sporen glatt, ellipsoid bis zylindrisch und teils etwas bohnenförmig (allantoid), 9–13,5 × 5–7 µm, ChZ keulig, flaschen- bis etwas ballonförmig, dünnwandig, vereinzelt gegliedert, PlZ fehlend. (D 646, Kr 5.390, BK 5.8, Lu 4.129.18, 🖾).

12.5.02 *Mallocybe terrigena* (Fr.) Matheny, Vizzini & Esteve-Rav.,
Inocybe terrigena (Fr.) Kuyper
Schuppenstieliger Filz-Risspilz, Schuppenstieliger Risspilz

H: 3–7 cm, gewölbt bis ausgebreitet, selten schwach gebuckelt, gelbbraun flockig-faserschuppig auf etwas hellerem Grund, Rand jung eingebogen und fein behangen. **L:** ± gerade bis etwas ausgebuchtet, blass gelb- bis olivbraun, Schneiden heller, bewimpert. **St:** gelbbraun, mit faseriger Ringzone, darunter mit braunen, abstehenden Schuppen. **F:** gelblich, relativ dick. **Ger:** schwach, etwas erdartig. **Ges:** erdartig, staubartig. **Spp:** rostbräunlich. **V:** auf kalkreichem Boden, vorwiegend im Nadelwald; im Herbst. **Mik:** Sporen glatt, ellipsoid bis leicht mandelförmig, teils etwas bohnenförmig (allantoid), 9–12 × 5–7 µm, ChZ oft gegliedert, dünnwandig, keulig bis ballonförmig, PlZ fehlend. (D 639, Kr 5.443, BK 5.61, Lu 4.128.4, 🖾).

12.5.03 *Mallocybe agardhii* (N. Lund) Matheny & Esteve-Rav., *Inocybe agardhii* (N. Lund) P.D. Orton, Feinschuppiger Risspilz: Hut wollig faserig-schuppig, ockergelb bis ockerbraun, Lamellen breit angewachsen, Stiel mit auffälliger Ringzone oder sogar gebändert und darunter wollig-faserig; an feuchten Stellen bei Laubgehölzen. Sporen glatt, ellipsoid und teils etwas bohnenförmig (allantoid), 7,5–10,5 × 5–6 µm, ChZ oft gegliedert, keulig bis etwas ballonförmig. (Lu 4.128.6, 🖾).

12.5.04 *Inocybe hystrix* (Fr.) P. Karst.
Sparriger Risspilz

H: 2–5 cm, halbkugelig bis gewölbt, höchstens schwach gebuckelt, mit braunen, dornartig spitzigen, sparrigen Schuppen auf beigeockerlichem Grund. **L:** ziemlich entfernt, beige bis hellbraun, evtl. mit Olivstich. **St:** schuppig und gefärbt wie der Hut. **F:** weißlich bis etwas gelblich. **Ger:** unauffällig bis schwach spermatisch. **V:** im Laub- und Nadelwald, auf kalkreichem Boden; Sommer bis Herbst. **Mik:** Sporen glatt, etwas dickwandig, mandelförmig, apikal etwas zugespitzt, 8,5–12,5 × 5–7 µm, HymZ bauchig, verdickt, Wandstärke ca. 1,5 µm, teilweise mit Kristallschopf. (BK 5.29, Lu 4.130.1, 🖾).

Inocybe squarrosa Rea, Schuppiger Zwerg-Risspilz: Hut kaum über 2 cm breit, im Zentrum sparrig-schuppig, gegen außen faserig-strähnig, Stielspitze evtl. etwas rosa, feinflockig, abwärts faserig übersponnen; auf schlammigem Boden unter Weide *Salix,* Frühling bis Herbst. Sporen 7,5–10,5 × 4,5–6 µm, HymZ keulig bis keulig-kopfig, eher dünnwandig, Wandstärke bis ca. 0,5 µm, vereinzelt mit Kristallschopf. (Lu 4.130.2).

12.5.05 *Inosperma bongardii* (Weinm.) Matheny & Esteve-Rav.,
Inocybe bongardii (Weinm.) Quél.
Duftender Risspilz

H: 3–8 cm, halbkugelig bis stumpfkegelig-gewölbt, mit rotbraunen, erst eher anliegenden, später auch abstehenden Schuppen auf ockerbraunem Grund, Rand jung eingebogen und weißlich behangen. **L:** stark ausgebuchtet und schmal angeheftet, beige, später bräunlich mit Rotstich, Schneiden weißlich bewimpert. **St:** Spitze cremeweiß, flockig, abwärts faserig, fleischbraun und rötend. **F:** weißlich, langsam rötend. **Ger:** stark süßlich, wie überreifes Obst, Birnen. **Spp:** zimtbraun. **V:** im Laubwald, vorwiegend bei Buche *Fagus;* Sommer bis Herbst. **Mik:** Sporen glatt, ellipsoid bis etwas bohnenförmig (allantoid), 11–14 × 6–9 µm, ChZ zylindrisch bis keulig, dünnwandig, nicht gegliedert, PlZ fehlend. (D 647, Kr 5.388, BK 5.6, Lu 4.129.3, 🖾).

Inosperma monastichum Bandini & B. Oertel, Mönchs-Risspilz: Hut 1–4 cm, erst glatt, später filzig, im Zentrum schollig-schuppig, hell- bis nussbraun, Geruch aromatisch bis etwas unangenehm. Sporen 9–12 × 5,5–7,5 µm. Giftwirkung unbekannt.

12.5.06 *Inosperma pisciodorum* (Donadini & Riousset) Matheny & Esteve-Rav.,
Inocybe pisciodora Donadini & Riousset,
I. bongardii* var. *pisciodora (Donadini & Riousset) Kuyper
Fischgeruch-Risspilz

H: 1–5 cm, glockig, gewölbt, später breit kegelig und oft stumpf gebuckelt, ocker- bis angedeutet rosabraun, anfangs glatt, faserig, später

12.5.01 *Inosperma calamistratum,* Blaufüßiger Risspilz

12.5.02 *Mallocybe terrigena,* Schuppenstieliger Filz-Risspilz

12.5.03 *Mallocybe agardhii,* Feinschuppiger Risspilz

12.5.04 *Inocybe hystrix,* Sparriger Risspilz

12.5.05 *Inosperma bongardii,* Duftender Risspilz

12.5.06 *Inosperma pisciodorum,* Fischgeruch-Risspilz

mehr oder weniger anliegend, etwas dunkler schuppig. **L:** zimtbraun, graubraun, möglicherweise mit einem Hauch Oliv, Schneiden weißlich flockig, Druckstellen rötlich bis rötlichbraun. **St:** anfangs weißlich, später ocker bis orangeocker, gegen die Basis etwas keulig und oft rötlichbraun. **F:** weißlich und besonders im Stiel langsam rötlichbraun bis weinrötlich verfärbend. **Ger:** erst nach Pelargonien («Geranien»), später beim Eintrocknen deutlich nach Fisch. **V:** mehrheitlich im Laubwald auf kalkreichen Böden; Sommer bis Herbst. **Mik:** Sporen glatt, ellipsoid bis mandel- und teils angedeutet bohnenförmig (allantoid), 12,5–16,5 × 6,5–8,5 µm, ChZ zylindrisch, keulig bis etwas utriform, dünnwandig, nicht gegliedert, PlZ fehlend. (BK 5.7, Lu 4.129.4, 🖼).

Gemäß Angaben von Bandini 2023 können die Sporen bis ca. 20 µm lang sein.

12.5.07 *Inocybe cincinnata* (Fr.) Quél.,
Inocybe phaeocomis (Pers.) Kuyper
Schuppiger Violettstiel-Risspilz, Braunvioletter Risspilz

H: 1–3 cm, halbkugelig bis gewölbt, schwach gebuckelt, mit aufgerichteten, kleinen Schuppen, braun, ockerbraun evtl. mit violettem Beiton, Rand mit beigefarbenen Cortinaresten behangen. **L:** leicht ausgerandet angewachsen, zimtbraun mit Lilastich. **St:** Spitze lila, weißlich flockig, im unteren Teil braun, wollig-faserig bis flockig, Basis meist etwas verjüngt. **F:** cremeweiß, im Stiel teilweise lila. **Ger:** schwach säuerlich-spermatisch. **V:** vorwiegend bei Laubbäumen, seltener bei Nadelbäumen, in Parks, auf Brandstellen. **Mik:** Sporen glatt, leicht dickwandig, ellipsoid bis mandel- oder zitronenförmig, 7–10,5 × 4,5–6 µm, HymZ leicht bauchig, Wandstärke bis 2 µm, mit Kristallschopf, dazwischen kürzere, blasige Parazystiden (Scheinzystiden, die aus der unter dem Hymenium liegenden Lamellentrama entspringen). (D 668, Kr 5.427, BK 5.10, Lu 4.130.25AB, 🖼).

12.5.07 *Inocybe cincinnata*, Schuppiger Violettstiel-Risspilz

12.5.08 *Inocybe obscuroides* P.D. Orton, ***I. cincinnata* var. *major*** (S. Petersen) Kuyper, ***I. phaeocomis* var. *major*** (S. Petersen) Kuyper
Lilaspitziger Risspilz, Großer Braunvioletter Risspilz

H: 2–7 cm, halbkugelig bis gewölbt, schwach gebuckelt, Scheitel mit bräunlichen Haarbüscheln oder Schüppchen, gegen den Rand braunfaserig, sehr variabel gefärbt, Hutmitte dunkel graubräunlich, gegen außen braun, evtl. mit violetten Beitönen, Rand lange eingebogen, mit zartbraunen Cortinaresten behangen, leicht fransig wirkend. **L:** leicht ausgerandet angewachsen, jung beige, hellbraun mit violettlichen Tönen, alt bräunlich. **St:** Spitze bis Mitte lila, abwärts hell ockerbräunlich, filzig-faserig, Fasern auch bräunlich. **F:** weißlich, Stielrinde violettlich. **Ger:** spermatisch oder etwas staubig. **V:** im Nadel- und Auenwald, an Wegrändern, auch im Laubwald bei vermodertem Holz; Sommer bis Spätherbst. **Mik:** Sporen glatt, leicht dickwandig, ellipsoid bis mandelförmig, 8,5–11 × 5–6,5 µm, HymZ leicht spindelförmig, dickwandig, Wandstärke bis 3 µm, mit Kristallschopf, ohne Parazystiden. (BK 5.11, Lu 4.130.25C–E, 🖼).

12.5.08 *Inocybe obscuroides*, Lilaspitziger Risspilz

12.5.09 *Inocybe griseolilacina* J.E. Lange ☠
Grauvioletter Risspilz

H: 1–4 cm, halbkugelig bis flach gewölbt und gebuckelt, filzig-schuppig, angedrückt bis etwas aufgerichtet, im Scheitel ockerbraun, hellbraun, gegen den Rand graulila und jung mit grauvioletten Cortinaresten behangen. **L:** ausgebuchtet und schmal angewachsen, graubeige bis haselbraun mit lilaviolettem Beiton. **St:** Spitze grauviolett, abwärts gelbockerlich, angedrückt wollig-faserig, Basis oft etwas verjüngt. **F:** weißlich, im Stiel leicht violett. **Ger:** unauffällig bis leicht frucht- oder pelargonienartig, im Schnitt schwach spermatisch. **V:** im Laubwald, in Parks bei Laubbäumen; Sommer bis Herbst. **Mik:** Sporen glatt, dickwandig, ellipsoid bis mandelförmig, vereinzelt etwas eingeschnürt 8–11 × 5–6 µm, HymZ bauchig, flaschenförmig, Wandstärke bis 2 µm, mit Kristallschopf. (Kr 5.409, BK 5.25, Lu 4.130.27, 🖼).

Inocybe pusio P. Karst., Radialrissiger Risspilz: Hut bis 1–6 cm, radialfaserig bis -rissig, im Scheitel dunkelbraun, gegen den Rand heller, jedoch ohne Lila-Violett, Stiel violett behaucht, vor allem im oberen Teil. (D 669, Kr 5.431, BK 5.47, Lu 4.130.30).

Inocybe ianthinopes Pancorbo, G. Muñoz & Esteve-Rav., Violettstieliger Risspilz: Hut feinfilzig bis glatt, radialfaserig, selten rissig, jung manchmal fast wollig und mit hellen Cortinaresten, braun bis dunkelbraun mit oder ohne rötlichen Schimmer, Stiel jung dicht weißfilzig

12.5.09 *Inocybe griseolilacina*, Grauvioletter Risspilz

und ziemlich intensiv purpurblau, dann blassbraun bis fleischrosa oder Stielspitze rosaviolettlich, nur dort bereift, oft gedrungen und gegen die Basis verbreitert. Wandstärke der HymZ kaum > 1 µm.

12.5.10 *Inocybe lanuginosa* (Bull.) P. Kumm. ☠
Wolliger Höckerspor-Risspilz, Wolliger Risspilz

H: 1–3 cm, halbkugelig-kegelig bis flach gewölbt und schwach gebuckelt, im Scheitel sattbraun mit feinen, aufgerichteten Schüppchen, gegen den Rand heller und filzig-schuppig, Rand jung fein mit braunen Cortinaresten behangen. **L:** leicht ausgerandet bis ± gerade angewachsen, breit, beigegrau, später zunehmend bräunlich. **St:** Spitze blassbeige, nur ganz oben bereift, abwärts braun und dicht wollig-faserig, evtl. genattert wirkend, Basis kaum verdickt. **F:** weißlich, im Stiel bräunlich. **Ger:** schwach säuerlich bis spermatisch. **V:** bei Nadelbäumen, bei oder auf vermodertem Holz, im Moor; Sommer bis Herbst. **Mik:** Sporen mit starken, wenigen Höckern, länglich, 7,5–9,5 × 5–6,5 µm, HymZ bauchig bis etwas ballonförmig, Wandstärke bis ca. 1 µm, meistens mit Kristallschopf. (D 677, Kr 5.459, BK 5.79, Lu 4.131.32, ⊠, Kapitel-⊠).

12.5.11 *Inocybe ovatocystis* Boursier & Kühner, *I. lanuginosa* var. *ovatocystis* (Boursier & Kühner) Stangl, Wollschuppiger Risspilz, Ovalzystiden-Risspilz: HymZ stärker ballonartig (eiförmig) aufgeblasen, aufstehende kurzgliedrige Huthauthypen und dickwandige Hyphenenden an der Stielspitze, Sporen 7,5–11 × 5–7,5 µm. Laut Ludwig 2017 handelt es sich um ein Synonym von *I. lanuginosa*. (BK 5.80, ⊠).

12.5.12 *Inocybe stellatospora* (Peck) Massee, *I. lanuginosa* var. *longicystis* (G.F. Atk.) Stangl & Enderle, *Inocybe longicystis* G.F. Atk., Spitzschuppiger Risspilz, Spitzschuppiger Höckerspor-Risspilz, Woll-Risspilz: Hut 2–6 cm, braun mit schwärzlichen, aufgerichteten Schüppchen, gegen den Rand faserig-filzig, Stiel wollig-flockig, evtl. genattert, zylindrisch bis etwas keulig, Geruch spermatisch; vorwiegend bei Nadelbäumen. Sporen 7,5–10,5 × 5–7,5 µm, HymZ bauchig, utriform, selten mit Kristallschopf. (Lu 4.131.31, ⊠).

12.5.13 *Inocybe leptophylla* G.F. Atk., Schmalblättriger Risspilz, Vielhöckersporiger Risspilz: Hutmitte dunkelbraun schuppig, Rand heller, wollig-flockig; auf feuchtem, saurem Boden bei Laub- oder Nadelbäumen. Sporen stark und dicht höckerig, 8,5–12,5 × 7–8.5 µm, ChZ dünnwandig und höchstens vereinzelt mit Kristallschopf, PlZ fehlend. (BK 5.81, Lu 4.131.33, ⊠).

Inocybe timpetuana Bandini & B. Oertel, Timpetus Risspilz: Hut braun, in der Mitte mit aufgerichteten Schüppchen oder Warzen, Geruch schwach aromatisch. Sporen 9,5–14 × 7–12,5 µm, HymZ mit Hals, spindel- bis langhalsig flaschenförmig, nur ganz oben etwas dickwandig, mit Kristallschopf.

Inocybe prisca Bandini & B. Oertel, Altehrwürdiger Risspilz: Hut 0,5–1,5 cm, grau- bis graubraun, jung mit graulichen Velumresten im Scheitel, feinfilzig, später filzig-wollig. Sporen schwach höckerig bis 5-eckig wirkend, 7–9,5 × 4,5–6,5 µm, HymZ vorwiegend dünnwandig, Wandstärke nur bis 0,5 µm, ohne oder nur selten mit Kristallen.

Inocybe relicina (Fr.) Quél., Gelbblättriger Höckerspor-Risspilz: Lamellen jung gelb, fast zitronengelb, später olivbraun, Fleisch gelblich, Stielspitze etwas schorfig, abwärts wollig-faserig; im moorigen, moosigen Fichtenwald *Picea*. Sporen höckerig, kugelig, 6–8,5 × 5–7 µm, HymZ bauchig, teils dickwandig, selten mit Kristallschopf. (Lu 4.131.35).

12.5.14 *Inocybe phaeodisca* Kühner
Cremerandiger Risspilz

H: 1–3 cm, jung kegelig-glockig, später ausgebreitet und deutlich gebuckelt, Mitte braunschuppig, gegen außen faserig, Rand hell isabell-cremefarben. **L:** schmal angeheftet, jung blass, später ocker oder olivocker. **St:** zylindrisch, oft verbogen, faserig bis genattert, nirgends bereift. **F:** fleischbräunlich. **Ger:** schwach spermatisch. **V:** im Laubwald; Sommer bis Herbst. **Mik:** Sporen glatt, gelb, eher dickwandig, mandelförmig, apikal leicht zugespitzt, einseitig teils etwas abgeflacht, 8–11 × 4,5–6 µm, HymZ bauchig, dickwandig, teils mit Kristallschopf. (Kr 5.427, BK 5.44, Lu 4.130.62).

12.5.14a *I. phaeodisca* var. *geophylloides* Kühner, Braunscheibiger Risspilz: Hut kaum über 1,5 cm breit, Hut und Stiel vorwiegend seidig weiß, Hutmitte etwas bräunlich. (⊠).

12.5.15 *Inocybe cicatricata* Ellis & Everh.
Braunblättriger Risspilz

H: 1–3,5 cm, bald flach gewölbt und breit gebuckelt, filzig, braun, gegen den Rand heller und faserig bis grobfaserig. **L:** etwas ausgerandet und breit angewachsen, eher etwas entfernt, graubeige, rauchgrau, später tabakbraun, Schneide bewimpert. **St:** graubeige bis braun, nicht bereift, dichtfaserig, Spitze etwas erweitert, Basis höchstens schwach verdickt. **F:** bräunlich. **Ger:** schwach säuerlich-spermatisch. **Mik:** Sporen stumpf höckerig, 9–12 × 6–8 µm, HymZ gedrungen, dünnwandig, nur an der Spitze etwas verdickt, bauchig, vereinzelt mit kleinem Kristallschopf, Kaulozystiden fehlend. (D 675).

12.5.10 *Inocybe lanuginosa*, Wolliger Höckerspor-Risspilz

12.5.11 *Inocybe ovatocystis*, Wollschuppiger Risspilz

12.5.12 *Inocybe stellatospora*, Spitzschuppiger Risspilz

12.5.13 *I. leptophylla*, Schmalblättriger Risspilz

12.5.14a *I. phaeodisca* var. *geophylloides*, Brauns. R

Seit der Beschreibung des Fundes auf Nadelstreu von Douglasien *Pseutotsuga* durch STUNTZ 1947 gibt es kaum neuere Beschreibungen und Untersuchungen zu dieser Art. Abgrenzung und Einordnung sind deshalb schwierig.

12.5.16 *Inocybe calospora* Quél.
Schönsporiger Risspilz, Morgensternsporiger Risspilz

H: 0,5–2,5 cm, jung halbkugelig-glockig, später gewölbt und etwas gebuckelt, helmlingsartig, fein sparrig-schuppig, rostbraun. **L:** fast frei, eher entfernt, ockerbraun. **St:** fleischrötlich bis rötlichbraun, ganz bereift, Basis manchmal keulig bis leicht knollig. **Ger:** unauffällig bis spermatisch, evtl. auch nach Geräuchertem. **V:** vorwiegend im Laubwald, auf feuchtnassem Boden. **Mik:** Sporen morgensternartig stachelig, kugelig, 11–14 × 10–13 µm, HymZ bauchig, dickwandig, Wandstärke bis 2,5 µm, mit Kristallschopf. (Kr 5.452, BK 5.72, Lu 4.131.6, 🖼).

12.5.16 *Inocybe calospora*, Schönsporiger Risspilz

12.5.17 *Inosperma cervicolor* (Pers.) Matheny & Esteve-Rav., *Inocybe cervicolor* (Pers.) Quél. ☠
Hirschbrauner Risspilz

H: 2–5 cm, kegelig bis flach gewölbt und gebuckelt, anliegend bis aufgerichtet faserig-schuppig, braun, evtl. rötlichbraun, Rand mit braunen Cortinaresten behangen. **L:** ausgebuchtet, blassbeige bis beigebraun, Schneiden weiß bewimpert. **St:** beige bis braun, Spitze weißlich flockig, abwärts faserig, Basis kaum verdickt. **F:** weißlich, evtl. etwas rötend. **Ger:** erdartig, muffig, beim Trocknen auch nach Pelargonien («Geranien»). **V:** vorwiegend im Nadelwald auf kalkreichem Boden. **Mik:** Sporen glatt, ellipsoid bis bohnenförmig (allantoid), 10,5–14 × 6,5–8 µm, ChZ zylindrisch bis keulig, dünnwandig, PlZ fehlend. (D 648f, Kr 5.392, BK 5.9, Lu 4.129.17, 🖼).

12.5.17 *Inosperma cervicolor*, Hirschbrauner Risspilz

Pseudosperma huginii Bandini & U. Eberh., Hugins Risspilz: Hut 1–3 cm, erst wollig-faserig und hellbraun, im Zentrum mit grauweißlichen Velumresten, später schuppig bis struppig und dunkelbraun, Fleisch weißlich bis bräunlich, ohne Verfärbung, Geruch angenehm aromatisch; an sandigen Standorten, vorwiegend bei Weide *Salix*, evtl. Kiefer *Pinus*. Sporen 10–16 × 6–8 µm.

12.5.18 *Inocybe flocculosa* Sacc., *Inocybe gausapata* Kühner ☠
Flockiger Risspilz, Mausgrauer Risspilz

H: 3–6 cm, kegelig, bald ± flach gewölbt und schwach gebuckelt, braun, meistens deutlich schuppig auf ockerbraunem, satt- bis rehbraunem Grund, kaum faserig oder rissig, Rand jung mit flüchtigen, weißen Cortinaresten behangen und nach unten gebogen. **L:** ausgebuchtet und schmal angewachsen, graubeige bis hellbraun. **St:** weißlich bis blassbraun, bisweilen mit rosa Beiton, Spitze bereift, Basis wollig-faserig, kaum verdickt. **F:** weißlich, im Stiel gelblich. **Ger:** schwach, staubartig, nach grünen Erbsen. **Spp:** ockergelblich. **V:** auf kalkreichem, eher trockenem Boden, im Wald, am Wegrand; Sommer bis Spätherbst. **Mik:** Sporen glatt, ockergelb, ellipsoid bis mandelförmig, apikal teils etwas zugespitzt, 7,5–11 × 5–6,5 µm, HymZ leicht bauchig, teils mit langem, welligem Hals, dickwandig, Wandstärke 1–3 µm, teilweise mit kleinem Kristallschopf. (D 666, Kr 5.398, BK 5.17, Lu 4.130.68f, 🖼).

12.5.18 *Inocybe flocculosa*, Flockiger Risspilz

12.5.19 *Inocybe tigrina* R. Heim, Tiger-Risspilz, Getigerter Risspilz: Hut 2–4 cm, mit gröberen Schuppen, die sich deutlich vom Hintergrund abheben. HymZ deutlicher bauchig, ziemlich dünnwandig, Wandstärke nur 0,5–1 µm. Die Abgrenzung zu *I. flocculosa* ist nicht immer einfach. (Lu 4.130.72/115, 🖼).

12.5.19 *Inocybe tigrina*, Tiger-Risspilz

Bei *Inocybe armeniacofibrillosa* E. Ludw., Aprikosen-Risspilz handelt es sich vermutlich um *I. tigrina* oder um eine zumindest sehr eng verwandte Art.

Inocybe castorina Bandini & B. Oertel, Biber-Risspilz: Hut 1,5–2,5 cm, erst gewölbt und später deutlich gebuckelt, braun bis kastanienbraun, jung glatt, teils mit weißlichen Velumresten im Scheitel (Velipellis), später filzig bis unregelmäßig faserig, Lamellen eher entfernt, weißlich, später braun bis braunrötlich, Stiel mehrheitlich weiß, Spitze bereift, in der Mitte bräunlich, ohne Rottöne, Geruch leicht spermatisch; bisherige Funde am feuchten Ufer bei Erle *Alnus* und Weide *Salix* (im Lebensraum von Bibern). Sporen 8–12 × 4,5–7 µm, HymZ zylindrisch bis schlank utriform, Wandstärke bis ca. 1,5 µm.

12.5.20 *Inocybe muricellata* Bres.
Gelbbrauner Schüppchen-Risspilz

H: 1–3 cm, jung kegelig-glockig, dicht befasert, später gewölbt und gebuckelt, faserig-strähnig bis schuppig, ocker bis dunkel rötlichbraun, Mitte teils etwas graufilzig, Rand bald rissig. **L:** ausgebuchtet, eher dicht, ockerbraun bis -oliv. **St:** zylindrisch, oft verbogen, ganz bereift, fleischrosa, Basis weißlich. **Ger:** erdartig. **V:** im Laub- und Nadelwald; Sommer bis Herbst. **Mik:** Sporen glatt, satt ockergelb, dickwandig, mandelförmig und teils einseitig etwas abgeplattet, 8,5–10,5 × 5–6,5 µm,

12.5.20 *Inocybe muricellata*, Gelbbrauner Schüppchen-Risspilz

HymZ spindelförmig dickwandig, Wandstärke bis ca. 3 µm, mit Kristallschopf. (Kr 5.421, Lu 4.130.84, 🖼).

12.5.21 *Inocybe vaccina* Kühner
Rostroter Risspilz, Kuhbrauner Risspilz

H: 1,5–2,5 cm, gewölbt und breit gebuckelt, rostbraun, gegen den Rand filzig-schuppig, bisweilen etwas Rosa. **L:** fast frei, grauockerlich. **St:** Spitze weißlich, abwärts gelbockerlich, ganz bereift, Basis etwas keulig bis leicht knollig. **Ger:** leicht spermatisch. **V:** im Laub- und Nadelwald, auf feuchtem Boden. **Mik:** Sporen glatt, etwas dickwandig, ellipsoid bis mandelförmig, 8,5–11 × 5,5–7 µm, HymZ bauchig, dickwandig, Wandstärke bis 4 µm, mit Kristallschopf. (BK 5.64, Lu 4.130.87).

Inocybe perchtana Bandini & B. Oertel, Perchtas Risspilz: Hut 2–4 cm, erst glockig, später gewölbt und teils gebuckelt, rötlichbraun, jung glatt, mit weißlichen Velumresten im Scheitel, später gegen den Rand faserig, im Zentrum teils etwas warzig, Lamellen, weißlich bis braun, Schneiden gezähnelt, Geruch aromatisch bis etwas spermatisch, bisherige Funde bei Fichte *Picea* oder Buche *Fagus*. Sporen 7–10 × 4,5–6,5 µm, HymZ wellig-zylindrisch bis flaschenförmig, dickwandig, Wandstärke bis 2,5 µm, mit Kristallschopf.

12.5.22 *Inocybe lacera* (Fr.) P. Kumm. ☠
Spindelsporiger Risspilz, Struppiger Spindelspor-Risspilz

H: 1–5 cm, halbkugelig-kegelig, bald flach gewölbt und gebuckelt, filzig-faserig, teils mit aufgerichteten Faserschuppen, braun, dunkelbraun, gegen den Rand heller und jung mit Cortinaresten behangen. **L:** ausgebuchtet, blassbeige bis bräunlich, evtl. mit Rosastich, Schneiden flaumig, weißlich oder gleichfarbig. **St:** Spitze beigebräunlich, abwärts dunkler, faserig, Basis ± gleich dick wie der Stiel. **F:** weißlich, im Stiel bräunlich. **Ger:** spermatisch. **V:** vorwiegend im Nadelwald, auf sandigem, kalkarmem Boden, bisweilen auch im Moor, auf Brandstellen, bei Laubbäumen oder alpin; Sommer bis Herbst. **Mik:** Sporen glatt, dünnwandig, gurken- bis projektilförmig, 10–15 × 4–5,5 µm, HymZ bauchig, ziemlich dickwandig, Wandstärke bis ca. 2 µm, mit Kristallschopf. (D 670, Kr 5.415, BK 5.32f, Lu 4.130.40, 🖼).

12.5.23 *Inocybe helobia* (Kuyper) Bandini, B. Oertel & U. Eberh., ***I. lacera* var. *helobia*** Kuyper, **Sumpf-Risspilz, Struppiger Feuchtstellen-Risspilz:** Hut 0,5–2 cm, oft spitz gebuckelt, leicht schuppig, an feuchten, moorigen Standorten. Sporen glatt bis angedeutet eckig-mandelförmig oder ellipsoid mit leichter Einbuchtung, 9–16 × 5–7,5 µm, HymZ, bauchig, sehr dickwandig, Wandstärke bis 5 µm. (🖼).

I. lacera var. *rhacodes* (J. Favre) Kuyper, *Inocybe rhacodes* J. Favre, Fransiger Risspilz: Vorwiegend alpin. Sporen vereinzelt mit welligem Umriss, ChZ teils dünnwandig und gegliedert, teils dickwandig mit Kristallschopf, PlZ mit Kristallschopf. (BK 5.50, Lu 4.130.41).

Inocybe pluppiana Bandini, B. Oertel & U. Eberh., Plupps Risspilz: Hut 1,5–5 cm, jung kugelig bis glockig, später ausgebreitet, teils mit, teils ohne Buckel, jung unregelmäßig faserig bis wollig, im Scheitel teils etwas felderig rissig und gegen den Rand möglicherweise etwas schuppig, am Rand oft mit Velumresten, Lamellen erst weißlich, später graubraun mit oft gezähnelter Schneide, Stiel jung wollig und weißlich faserig, nur an der Spitze bereift, abwärts zunehmend bräunlich und an der Basis alt schwärzlich, Geruch aromatisch, nicht spermatisch. Sporen glatt, jedoch länglich wellig-eckig, 9–14 × 4,5–6,5 µm, HymZ unregelmäßig zylindrisch bis bauchig oder flaschenförmig, dickwandig, Wandstärke bis 3 µm, teilweise mit feinkörnigen Kristallen beschopft.

Die ganze Gruppe der *I. lacera*, Spindelsporiger Risspilz ähnlichen Arten zeichnet sich durch die speziellen «laceroiden» Sporenformen aus. Sie sind spindelförmig, teils etwas wellig-eckig oder ellipsoid, mit leicht bohnenförmiger Einbuchtung unter der ehemaligen Ansatzstelle der Sporen (supraapikulare Depression).

12.5.24 *Inocybe similis* Bres.
Rußfüßiger Risspilz

H: 2–3,5 cm, jung glockig bis halbkugelig, im Zentrum mit grauen Velumresten, später gewölbt mit breitem, niedrigem Buckel, wollig-faserig, fein- bis deutlich schuppig, ocker bis gelbbraun, Rand heller, ohne Schleierreste. **L:** ausgebuchtet und schmal angeheftet, creme, später ockerbraun bis braunoliv mit Olivstich, Schneiden fein weißlich bewimpert. **St:** weißlich, Mittelteil bräunlich, Basis ohne Verdickung bis etwas knollig, oft eingesenkt im sandigen Substrat. **F:** weißlich, im Stiel gelblich. **Ger:** unauffällig. **V:** vorwiegend bei Laubbäumen, an kiesig-sandigen Bachufern; Sommer bis Herbst. **Mik:** Sporen glatt, ellipsoid, 11–13 × 6,5–8 µm, HymZ, keulig, spindelig bis utriform, dickwandig, Wandstärke bis 3 µm (Spitze bis 5 µm), mehrheitlich mit Kristallschopf. (Kr 5.438, Lu 4.130.39, 🖼).

12.5.22 *Inocybe lacera*, Spindelsporiger Risspilz

12.5.23 *Inocybe helobia*, Sumpf-Risspilz

12.5.24 *Inocybe similis*, Rußfüßiger Risspilz

12.5.25 *Inocybe vulpinella* Bruyl.
Fuchsigbrauner Sandgruben-Risspilz, Sandgruben-Risspilz, Schaumsporiger Risspilz

H: 1–4 cm, gewölbt, teils stumpf gebuckelt, später niedergedrückt, im Zentrum wollig bis etwas sparrig-schuppig, teils mit grauweißen Velumresten, rötlich- bis umbrabraun, Rand strähnig-faserig und etwas heller. **L:** ausgebuchtet, eher entfernt, blass- bis sattbraun. **St:** ockerbraun, ganz bereift bis etwas feinkörnig, zylindrisch bis keulig oder leicht knollig. **F:** blass ockerlich. **Ger:** unauffällig bis etwas süßlich. **V:** bei Laubbäumen, vorwiegend auf sandig-kiesigem Boden, z. B. an Wegrändern; Sommer bis Winter. **Mik:** Sporen glatt, dickwandig, ellipsoid und teils eingeschnürt, teils mit schaumartigem Inhalt, 11–19 × 7–9 µm, 2- bis 4-sporig, HymZ bauchig, dickwandig, Wandstärke bis gut 5 µm, mit Kristallschopf. (Kr 5.446, Lu 4.130.89, 🖼).

12.5.26 *Inosperma erubescens* (A. Blytt) Matheny & Esteve-Rav., *Inocybe erubescens* A. Blytt ☠
Ziegelroter Risspilz

H: 4–8 cm, kegelig bis stumpf gebuckelt, später oft unregelmäßig verbogen und rissig, seidig-faserig, cremeweiß bis ockerlich, alt, vertrocknet oder an Druckstellen ziegelrot verfärbend. **L:** schmal angeheftet, hellbeige, später olivocker, Schneiden fein weiß bewimpert und ziegelrot verfärbend. **St:** fest, feinfaserig und gefärbt wie der Hut, Basis schwach knollig. **F:** relativ dick, weißlich und ziegelrot verfärbend. **Ger:** süßlich-spirituös. **Spp:** ockerbräunlich. **V:** im Park, Wald, bei Laubbäumen; vorwiegend im Frühjahr bis Frühsommer. **Mik:** Sporen glatt, ellipsoid und etwas bohnenförmig (allantoid), 10–14,5 × 6–7,5 µm, ChZ zylindrisch bis etwas keulig oder flaschenförmig, teilweise gegliedert, dünnwandig, PlZ fehlend. (D 642, Kr 5.397, BK 5.15, Lu 4.129.5, 🖼).

12.5.27 *Inocybe fraudans* (Britzelm.) Sacc.
Birnen-Risspilz

H: 3–8 cm, kegelig-glockig, später breit kegelig ausgebreitet und gebuckelt, feinfilzig bis faserig, bisweilen etwas faserschuppig, creme bis sattocker, Rand lange stark mit weißlichen Cortinaresten behangen, Huthaut etwas überstehend. **L:** schmal angeheftet, cremeweiß bis schmutzig ockerlich, evtl. mit rötlichem Beiton, Schneiden weiß bewimpert. **St:** weißlich bis bräunlich, Spitze feinflaumig, Basis etwas verdickt. **F:** weißlich, rasch ± rötlich anlaufend. **Ger:** stark süßlich, nach Fruchtkompott, überreifen Birnen. **V:** im Laub- und Nadelwald; Sommer bis Spätherbst. **Mik:** Sporen glatt, ellipsoid bis etwas zitronenförmig, 8,5–12 × 6–7,5 µm, HymZ bauchig, dickwandig, Wandstärke bis 4 µm, mit Kristallschopf. (D 651, Kr 5.400, BK 5.18, Lu 4.130.6, 🖼).

Inocybe moelleri Eyssart. & A. Delannoy, Moellers Risspilz, Zerklüfteter Birnen-Risspilz: Hut im Zentrum schollig rissig, gegen außen schuppig, Fleisch nicht rötend; alpin, bei Silberwurz *Dryas* oder Zwergweide *Salix*. Sporen 8,5–9,5 × 6–7 µm. (Lu 4.130.11).

12.5.28 *Inocybe whitei* (Berk. & Broome) Sacc. ☠
Weißrosa Risspilz

H: 2–3 cm, halbkugelig-glockig bis flach gewölbt und meist spitz gebuckelt, seidig glatt bis fein filzig-faserig, weißlich, rosa bis orangerot verfärbend, Rand jung eingebogen und fein weißlich behangen. **L:** ausgebuchtet, blassgrau bis graubraun, oft intensiv und flächig gerötet. **St:** cremeweiß, im Alter oder an Druckstellen rötend, Spitze bereift, Basis evtl. etwas verdickt, beim Trocknen nicht nachrötend. **F:** cremeweiß, rötlich verfärbend. **Ger:** spermatisch. **Spp:** bräunlich. **V:** im Laub- und Nadelwald, auf kalkreichem Boden; Sommer bis Herbst. **Mik:** Sporen glatt, leicht dickwandig, ellipsoid bis mandelförmig, 8–11 × 5,5–6,5 µm, HymZ bauchig, ziemlich dickwandig, Wandstärke bis 2 µm, mit Kristallschopf. (D 653, Kr 5.447, BK 5.65, Lu 4.130.10, 🖼).

12.5.29 *Inocybe pudica* Kühner, Weißroter Risspilz: Hut bis 5 cm, meist ohne deutlichen Buckel, weniger flächig rötend, Fruchtkörper stämmig und beim Trocknen deutlich nachrötend. Sporen etwas schlanker, 8–11 × 4,5–5,5 µm. Diese Art wird von vielen Autoren als Synonym von *I. whitei* betrachtet. (🖼).

12.5.30 *Inocybe haemacta* (Berk. & Cooke) Sacc. ☠
Grünroter Risspilz

H: 2–7 cm, halbkugelig-kegelig, später flach gewölbt und gebuckelt, faserig bis haarig-schuppig, graugrünlich, später braunoliv auf fleischockerlichem oder beigem Grund. **L:** ausgebuchtet, blassbeige bis schmutzig braunoliv, Druckstellen rötend. **St:** Spitze graubeige, bereift, abwärts zunehmend dunkler, grünlich, Basis gleich dick bis knollig

12.5.25 *Inocybe vulpinella*, Sandgruben-Risspilz

12.5.26 *Inosperma erubescens*, Ziegelroter Risspilz

12.5.27 *Inocybe fraudans*, Birnen-Risspilz

12.5.28 *Inocybe whitei*, Weißrosa Risspilz

12.5.29 *Inocybe pudica*, Weißroter Risspilz

12.5.30 *Inocybe haemacta*, Grünroter Risspilz

und etwas rötend. **F:** weißlich, feuerrot anlaufend, im unteren Stielteil auch etwas grünlich. **Ger:** aufdringlich nach Pferdestall, Pferde-Urin. **V:** im Laubwald, Park; Herbst. **Mik:** Sporen glatt, leicht dickwandig, ellipsoid bis mandel- oder zitronenförmig, 8–11 × 5,5–7 µm, HymZ schmal bauchig, dickwandig, Wandstärke bis 2 µm, mit Kristallschopf. (Kr 5.411, BK 5.27, Lu 4.130.7, 🖼).

12.5.31 *Inosperma adaequatum* (Britzelm.) Matheny & Esteve-Rav., *Inocybe adaequata* (Britzelm.) Sacc., *Inocybe jurana* (Pat.) Sacc. Weinrötlicher Risspilz

H: 4–10 cm, spitzkegelig, später ± flach und deutlich gebuckelt, weinrötlich bis rotbraun faserig auf jung blassbeigem Grund, gegen den Rand oft breit faserig-schuppig. **L:** aufsteigend und ziemlich schmal angewachsen, blassbeige, später ockerbraun, evtl. mit Olivstich und im Randbereich weinrötlich, Schneiden weißlich bewimpert. **St:** beige, Spitze flockig, gegen die Basis zunehmend weinrötlich, evtl. faserig, oft verdreht. **F:** weißlich, in der Stielbasis deutlich weinrot verfärbend. **Ger:** auffällig, säuerlich-obstig bis muffig. **V:** im Laubwald, Park, auf kalkreichem Boden; Frühsommer bis Herbst. **Mik:** Sporen glatt, ellipsoid bis etwas mandelförmig und einseitig abgeflacht, 9,5–11,5 × 5,5–6,5 µm, ChZ keulig bis etwas utriform, dünnwandig, nicht gegliedert, PlZ fehlend. (Kr 5.382, BK 5.1, Lu 4.129.1, 🖼).

Gemäß Ludwig 2017 ist diese Art essbar und soll ausgezeichnet schmecken – muss für solche Versuche jedoch zweifelsfrei identifiziert werden können.

Inosperma rhodiolum (Bres.) Matheny & Esteve-Rav., *I. adaequata* var. *rhodiola* (Bres.) Bon, Rosenwurz-Risspilz: Hut kleiner, weniger robust, faserig und kaum schuppig, Stiel gegen die Basis zunehmend deutlich weinrot, Geruch schwach, unauffällig. Sporen 10,5–12 × 6–6,5 µm, ChZ keulig.

Inosperma vinaceum Cervini, M. Carbone & Bizio, Weinroter Risspilz: Hut 3–10 cm, faserig, weinrot, Rand oft etwas heller und ohne Cortinareste, Lamellen erst weißlich, später ocker mit weinbraunen Flecken, Stielspitze faserig-flockig, bereift, Basis bald weinrot, Fleisch weinrötlich unter der Huthaut und in der Stielbasis, Geruch stark, aromatisch; im Laubwald, bei Eiche *Quercus* und Buche *Fagus*, Wärme liebend, bisher vor allem mediterran. Sporen 10–12 × 6,5–7,5 µm, ChZ keulig bis etwas kopfig.

Inosperma vinaceobrunneum (Matheny, Ovrebo & Kudzma) Haelew., Weinbrauner Risspilz: eine weitere den vorhergehenden ähnliche Art mit relativ kleinen Sporen von 9–10,5 × 5–6 µm; bisher nur aus Nordamerika beschrieben.

12.5.32 *Inocybe tricolor* Kühner, Dreifarbiger Risspilz, Rhabarberstieliger Risspilz: Hut 2–3 cm, dunkelbraun faserig-schuppig auf braunem Grund, Stiel an der Spitze weiß, etwas bereift, abwärts rot bis rotbräunlich, zylindrisch bis leicht keulig, jedoch nicht knollig, Geruch süßlich-fruchtartig. HymZ keulen-, spindel- bis etwas flaschenförmig, im oberen Teil dickwandig und vereinzelt mit kleinen Kristallen; im Wald oder alpin bei Silberwurz *Dryas* oder Zwergweide *Salix*. Gemäß Ludwig 2017 giftig. (BK 5.62, Lu 4.130.13).

12.5.33 *Inocybe melanopoda* D.E. Stuntz, *Inocybe melanopus* D.E. Stuntz Braungestiefelter Risspilz

H: 1,5–7 cm, flach kegelig, teils breit, oft nicht gebuckelt, matt, filzig-faserig bis etwas schuppig, Rand lange eingebogen mit flüchtigen Schleierresten. **L:** fast frei, dicht, beige- bis ockergrau. **St:** Spitze oft etwas erweitert und schorfig, darunter weiß, später beigeocker und faserig übersponnen, Basis teils etwas keulig bis knollig und zunehmend braun bis rußbraun verfärbend. **F:** weißlich. **Ger:** säuerlich bis spermatisch. **V:** meistens bei Nadelbäumen, vorwiegend Kiefer *Pinus*; Sommer bis Herbst. **Mik:** Sporen glatt, ellipsoid bis mandel- oder zitronenförmig, einseitig abgeflacht bis etwas eingeschnürt, 7,5–10,5 × 4,5–5,5 µm, HymZ bauchig, utriform bis etwas kopfig, eher dünnwandig, Wandstärke bis 1 µm und teilweise mit Kristallschopf. (Kr 5.420, Lu 4.130.36, 🖼).

Inocybe ayeri Furrer-Ziogas, Gedrungener Risspilz: gemäß Ludwig 2017 ein Synonym von *I. melanopoda*.

12.5.34 *Inocybe tenebrosa* Quél. Schwarzfüßiger Risspilz

H: 2–4 cm, kegelig-glockig, später ausgebreitet und stumpf gebuckelt, filzig-faserig, gegen den Rand auch feinschuppig, ocker- bis rötlichbraun, evtl. mit Olivstich. **L:** schmal angeheftet, cremefarben bis graubräunlich. **St:** ganz bereift, Spitze blassocker, im unteren Teil bräunlich mit olivem Beiton, im Alter schwärzend, Basis evtl. knollig und mit rötlichen Zonen. **F:** weißlich, im Stiel bräunlich. **Ger:** staubig, evtl. etwas süßlich nach Bonbon anglais. **Ges:** bitter. **V:** auf kalkhaltigem Boden, vorwiegend bei Laubbäumen, am Wegrand; im Herbst. **Mik:** Sporen glatt, ellipsoid bis mandelförmig, eher dünnwandig,

12.5.31 *Inosperma adaequatum*, Weinrötlicher Risspilz

12.5.33 *Inocybe melanopoda*, Braungestiefelter Risspilz

12.5.34 *Inocybe tenebrosa*, Schwarzfüßiger Risspilz

7–9 × 4–6 µm, HymZ bauchig, dickwandig, Wandstärke bis ca. 3 µm, mit Kristallschopf. (Kr 5.443, BK 5.60. Lu 4.130.38, 🖾).

12.5.35 *Inocybe xanthomelas* Boursier & Kühner, Dunkelstieliger Risspilz: Hut 2–4 cm, Stiel ohne rosa Hauch, cremeocker, gegen die Basis schwärzlich werdend, teils mit gerandeter, meist vergrabener kleiner Knolle, Geruch schwach spermatisch oder etwas süßlich. Sporen grob höckerig, ockerfarben, 9–12 × 7,5–9,5 µm, HymZ leicht bauchig, dickwandig mit Kristallschopf. (Lu 4.131.62).

12.5.36 *Inocybe maculipes* J. Favre, Silberwurz-Risspilz: Hut kaum über 2 cm breit, jung im Scheitel von weißlichem Velum überzogen, ockerbraun, radialfaserig, Lamellen ockerlich mit weiß bewimperten Schneiden, Stielspitze weiß, darunter ockerlich und an der Basis bräunend; in alpiner Zwergstrauchheide, bei Silberwurz *Dryas*. Sporen glatt, eher dickwandig, 9–12 × 4,5–6,5 µm, HymZ bauchig bis etwas eingeschnürt, dickwandig mit Kristallschopf. (BK 5.37).

12.5.37 *Inocybe nespiakii* Bon, Natternstieliger Risspilz: Hut 0,5–1,5 cm breit, jung kegelig-glockig, später gewölbt-gebuckelt, haselnuss- bis graubraun, matt faserig-schuppig, Lamellen breit angewachsen, erst cremegelb, später braun, Schneiden weiß bewimpert, Stiel zylindrisch, grau- bis rötlichbraun, faserig bis etwas genattert; in alpiner Zwergstrauchheide, bei Silberwurz *Dryas*, Zwergweide *Salix*. Sporen glatt, dickwandig, 9,5–14 × 4,5–6 µm, ChZ dünnwandig, zylindrisch bis etwas keulig, klein, PlZ fehlend. (BK 5.38).

I. nespiakii sollte gemäß Mattheny et al. 2020 zur Gattung *Mallocybe* gehören. Die Umteilung war bis jetzt nicht möglich, weil eine gültige Publikation dieser Art fehlt.

12.5.38 *Inocybe posterula* (Britzelm.) Sacc., *Inocybe xanthodisca* Kühner
Falber Risspilz, Gelbscheibiger Risspilz

H: 2–6 cm, kegelig bis ausgebreitet und gebuckelt, oft etwas helmartig, vorwiegend weiß bis etwas ockerlich, jung mit weißen Cortinaresten behangen. **L:** schmal angeheftet, blass graubeige, später satt graubeige bis bräunlich. **St:** cremefarben bis wachsgelb, Spitze bereift, Basis evtl. schwach verdickt. **F:** weißlich. **Ger:** säuerlich-spermatisch. **Spp:** tabakbraun. **V:** im Nadelwald, seltener im Laubwald; Sommer bis Herbst. **Mik:** Sporen glatt, ellipsoid bis mandelförmig, gelbocker, 6–8,5 × 4–6 µm, HymZ bauchig, Wandstärke bis 3 µm, selten mit Kristallschopf. (D 665, Kr 5.429, BK 5.45, Lu 4.130.109/113, 🖾).

12.5.39 *Inocybe geophylla* (Bull.) P. Kumm. s. l. ☠
Seidiger Risspilz, Erdblättriger Risspilz

H: 1–3 cm, kegelig bis gewölbt, später teils mit Buckel, seidig bis faserig, meist ganz weißlich bis beige, machmal auch blass strohgelb oder gegen den Rand blass gelblich, jung mit weißlichen Velumresten (Velipellis), Rand jung eingebogen und mit weißen Cortinaresten behangen. **L:** ausgebuchtet, ziemlich schmal angewachsen, jung meist weißlich, selten etwas gelblich, später blass milchkaffeebraun mit graulicher Tönung, Schneiden weiß bewimpert. **St:** weißlich, blassgelb bis sehr blass bräunlich, jung mit weißem Filz bedeckt, dann kahl oder längsrillig, Spitze bereift, Basis gleich dick bis schwach verbreitert. **F:** weißlich. **Ger:** spermatisch. **Spp:** schmutzig tonfarben. **V:** im Nadelwald, oft bei Fichte *Picea*, seltener auch im Laubwald, am Wegrand, meist auf kalkhaltigem Boden; Spätsommer bis Herbst. **Mik:** Sporen glatt, ellipsoid bis etwas mandelförmig, eher dünnwandig, 7–9,5 × 4–6 µm, HymZ bauchig, dickwandig, Wandstärke bis 2,5 µm, mit Kristallschopf. (D 654, Kr 5.404, BK 5.21, Lu 4.130.106, 🖾).

Bei *I. geophylla* s. l. handelt es sich um einen großen Artenkomplex. Bandini et al. 2021b haben deshalb einen Epitypen ausgewählt und beschrieben. In Bandini et al. 2022b wurden die kürzlich beschriebenen Arten des Komplexes verglichen.

Inocybe bellidiana Bandini, B. Oertel& U. Eberh., Gänseblümchen-Risspilz: Hut im Alter gegen den Rand oft leicht striegelig-zottig und in der Mitte gelblich bis blass ockerlich; bei Laubbäumen. Sporen oft mit einer stark bauchigen Seite, 6,5–10 × 4,5–6 µm.

Inocybe cygnea Bandini, B. Oertel & U. Eberh., Schwanen-Risspilz: Hut 2–4,5 cm, mit weißlichen Schleierresten (Velipellis). Sporen 8–10 × 4,5–5,5 µm, Kaulozystiden mit zahlreichen segmentierten, oft sich gabelnden, dünn- oder dickwandigen, teilweise mit Kristallen besetzten Elementen untermischt.

Inocybe elysii Bandini & B. Oertel, Elysischer Risspilz: Hut glänzend seidig glatt, manchmal feinfilzig, Hutmitte auch feinrissig, blass gelblich bis gelb mit goldenem oder blass ockerlichem Ton, mit weißlichen Schleierresten (Velipellis) und dadurch oft beinahe weiß und streifig erscheinend, selten mit zart rötlichem Schimmer; bisherige Funde stets in subalpiner Höhe auf saurem Boden bei Fichte *Picea*. Sporen 7–9 × 4–6 µm.

Inocybe miranda Carteret & Reumaux: bei Laubbäumen. Sporen 8–9,5 × 4–5 µm.

Inocybe nivea E. Larss.: Hut 0,5–2 cm; bei Laubbäumen wie Weide *Salix*, Birke *Betula*, Erle *Alnus*, auf nährstoffreichen und etwas kalkhaltigem Boden, bisher nur aus Skandinavien und Spitzbergen bekannt. Sporen 9,5–10 × 5,5–6 µm.

12.5.38 *Inocybe posterula*, Falber Risspilz

12.5.39 *Inocybe geophylla* s. l., Seidiger Risspilz

Inocybe oloris Bandini & B. Oertel, Gilbender Risspilz: Hut 1–2,5 cm, zunächst mit weißlichen Schleierresten (Velipellis), später nur noch im Zentrum, gegen den Rand etwas schmutzig weißlich, blass strohfarben, auch schmutzig elfenbeinfarben mit gelblicher Note, Oberfläche erst glatt, später feinfilzig, junge Fruchtkörper mit Resten einer weißlichen Cortina; bei Laubbäumen (Weide *Salix*) wie auch bei Nadelbäumen, subalpin bis alpin. Sporen länglich, 8–10,5 × 4,5–6 µm.

Inocybe sambucella G.F. Atk.: Hut konisch, bis 2–2,5 cm, Mitte im Alter rissig aufbrechend; auf saurem Boden. Sporen 7–10 × 4–6 µm.

12.5.40 «*lilacina*»-Gruppe: Hut und Stiel unterschiedlich satt lilaviolett, später evtl. verblassend oder gelblich werdend. (D 655, Kr 5.405, BK 5.22, Lu 4.130.31,).

Matheny & Swenie 2018, welche die Gruppe rund um *I. geophylla* mit größtenteils aus Nordamerika und Europa stammenden Kollektionen molekulargenetisch untersucht haben, konnten 29 Arten aufdecken. Allen gemeinsam sind das Vorhandensein einer Cortina, ein seidig-faseriger Hut und Stiel, eine bereifte Stielspitze, der spermatische Geruch, glatte, mandelförmige oder ellipsoide Sporen und dickwandige Hymenialzystiden. Den Schwerpunkt der Untersuchung bildeten die lilafarbenen Kollektionen, welche früher mehrheitlich als *I. geophylla* var. *lilacina* (Peck) Gillet, Lilaseidiger Risspilz bezeichnet wurden. So konnten morphologisch und ökologisch mindestens vier lilafarbene Arten dokumentiert, davon zwei den Autoren nur aus Nordamerika bekannte Arten neu beschrieben werden (*Inocybe ionocephala* Matheny und *I. sublilacina*). *I. pallidicremea* ist in den meisten nördlichen Teilen Nordamerikas ein weit verbreiteter und häufiger Begleiter von Nadelbäumen. *I. lilacina* wurde aufgrund der Untersuchung des Holotyps neu beschrieben. Die Art ist im Osten der Vereinigten Staaten unter Kiefern *Pinus* und Laubbäumen verbreitet. In Europa konnte deren Vorkommen bisher erst in einer Bodenprobe nachgewiesen werden (Bandini et al. 2022b). Mindestens zwei verschiedene europäische Kollektionen, die *I. lilacina* zugeschrieben wurden, stimmen nicht mit den nordamerikanischen Sammlungen von *I. lilacina* überein. Um sie zuzuordnen, sind Untersuchungen der früher aus Europa beschriebenen Varietäten und Arten wie z. B. *I. geophylla* var. *amethystina* Overeem erforderlich. Crous et al. 2021 haben inzwischen mit *I. ionolepis* und Bandini et al. 2022b mit *I. aphroditeana, I. syringae* und *I. tyrii* vier weitere in Mitteleuropa anzutreffende Arten aus der «*lilacina*»-Gruppe beschrieben. Wesentlich zur Unterscheidung der Arten sind gemäß Bandini et al. 2022b die Form und Länge der Kaulozystiden, die Bodenbeschaffenheit (kalkhaltiger oder saurer Boden) sowie die Begleitbäume (Nadel- oder Laubbaum). Die Unterscheidung der weiteren Arten von der nachfolgend beschriebenen *I. aphroditeana* wurde dieser Publikation entnommen.

Inocybe aphroditeana Bandini & G. Bandini
Aphrodites Risspilz

H: 2–4 cm breit, anfangs walzenförmig, später ausgebreitet und einen ± ausgeprägten Buckel bildend, intensiv lilaviolett, oft mit rötlicher Note, manchmal etwas dunkler bis beinahe schwärzlichviolett oder bräunlich in der Hutmitte, ältere Fruchtkörper zum Rand hin meist etwas blasser und mit weißlichem Hintergrund, Oberfläche anfangs glatt, ohne Velumreste (Velipellis), später entweder weiterhin glatt oder zum Rand hin fein radialfaserig, junge Fruchtkörper mit feiner weißlicher Cortina. **L:** anfangs weißlich, später blass kaffee- oder blass graulich-bräunlich, Schneiden stark, aber unregelmäßig gezähnelt. **St:** anfangs intensiv lilaviolett und gänzlich weißlich überfasert, später etwas blasser und längsstreifig oder glatt, nur ganz oben bereift. **V:** in kurz geschnittenen Rasenflächen, auf kalkhaltigem Boden, teils von Laubbäumen begleitet. **Mik:** Sporen 7–9 × 4–5 µm, HymZ 38–52 × 9–19 µm, meist utriform bis etwas spindelförmig, oft leicht kopfig und dort dickwandig (1–2 µm), mit kleinen Kristallen.

Inocybe ionolepis Cullington & E. Larss.: Hutfarbe weniger intensiv, zumindest im Alter. Sporen 8,5–11 × 4,5–6 µm, HymZ 48–71 × 11–16 µm.

Inocybe lilacina (Peck) Kauffman: Hut mit dunkelvioletten Fasern auf hellem gegen Rand hin weißlichem Untergrund. Sporen 8–9,5 × 4,5–5,5 µm, HymZ 45–60 × 14–18 µm.

Inocybe lilacinomaculata E. Ludw. & I.L. Franzén, Lilaschuppiger Risspilz: Hut blasser; bei Nadelbäumen, auf eher saurem Boden. Sporen 7,5–10 × 5–6 µm, HymZ utriform bis subglobos, 30–50 × 13–24 µm. (Lu 4.130.28).

Inocybe pallidicremea Grund & D.E. Stuntz: Hut erheblich blasser; bei Nadelbäumen. Sporen 7,5–10,5 × 4,5–6 µm, HymZ 49–73 × 11–20 µm.

Inocybe sublilacina Matheny & A. Voitk: Hut blasser, bei Nadelbäumen, oft Waldkiefer *Pinus sylvestris*. Sporen 8–10,5 × 5–6,5 µm, HymZ 50–75 × 11–14 µm.

Inocybe syringae Bandini, B. Oertel & U. Eberh., Flieder-Risspilz: Hut intensiv lila, ohne rötliche oder purpurfarbige Note. Sporen 7,5–10 × 4,5–5,5 µm, HymZ 38–61 × 11–18 µm.

Inocybe tyrii Bandini, B. Oertel & U. Eberh., Tyrs Risspilz: Hutmitte meist intensiv bräunlich, mit einem Violettstich bis zu intensiv lilaviolett, mit der Zeit rissig. Sporen 7,5–10,5 × 4,5–6 µm, HymZ 30–72 × 9–19 µm, in der Regel nicht kopfig.

Bereits Ludwig 2017 hat verschiedene lilaviolette Arten unterschieden und nebst *I. lilacinomaculata* die folgende Art publiziert:

Inocybe euviolacea E. Ludw., Schönvioletter Risspilz: Hut bis 4 cm breit, robust, dauerhaft lebhaft lilaviolett, Rand auch heller, ohne Ausblassen oder bräunliche Umfärbung. Sporen 8,5–10,5 × 5–6 µm. (Lu 1.130.29).

12.5.40 Als *Inocybe geophylla* var. *lilacina* bestimmte Art aus der «*lilacina*»-Gruppe

12.5.40 Als *Inocybe geophylla* var. *lilacina* bestimmte Art aus der «*lilacina*»-Gruppe

12.5.40 Als *Inocybe geophylla* var. *lilacina* bestimmte Art aus der «*lilacina*»-Gruppe

12.5.41 *Inocybe sindonia* (Fr.) P. Karst., ***Inocybe kuehneri*** Stangl & J. Veselský, ***Inocybe ochraceolutea*** Carteret & Reumaux
Wolligfädiger Risspilz, Milchkaffeefarbener Risspilz

H: 2–6 cm, kegelig-glockig, später ausgebreitet und gebuckelt, filzig-faserig bis kleinschuppig, blassbeige, kittfarben bis ocker, evtl. mit grauen oder rosa Beitönen, Rand jung mit flüchtigen, dichten, weißlichen Cortinaresten behangen. **L:** etwas ausgerandet angewachsen, cremeweiß bis braun, Schneiden weißlich bewimpert. **St:** wachsgelb bis blass ockerlich, im oberen Teil rosa überhaucht und bereift, Basis leicht verdickt. **F:** weißlich, teilweise schwach gelblich oder rosa. **Ger:** schwach, beim Trocknen evtl. mehlartig oder nach Waschmittel. **V:** im Laub- und Nadelwald; Sommer bis Spätherbst. **Mik:** Sporen glatt, ellipsoid bis mandelförmig, apikal etwas zugespitzt, 7,5–9,5 × 4,5–5 µm, HymZ bauchig, dickwandig, Wandstärke bis 3 µm, teils mit kleinem Kristallschopf. (D 658ff, Kr 5.439, BK 5.55, Lu 4.130.64, 🖾).

Inocybe inconcinna P. Karst., Untypischer Risspilz: Hut 1,5–2 cm, halbkugelig, später gewölbt, manchmal gebuckelt, im Zentrum gelblich bis etwas orangerosa, feinschuppig bis fast glatt, Rand heller und oft rissig, Geruch deutlich spermatisch; bisher bei Nadelbäumen. Sporen glatt, blass gelblich, ellipsoid bis etwas mandelförmig, 7–9,5 × 4–5 µm, HymZ schlank spindelförmig bis etwas bauchig, leicht dickwandig, Wandstärke bis ca. 1 µm, mit Kristallschopf. (BK 5.30, Lu 4.130.114).

12.5.42 *Inocybe sambucina* (Fr.) Quél.
Fliederweißer Risspilz

H: 3–6 cm, stumpfkegelig bis flach gewölbt und breit gebuckelt, später oft unregelmäßig verbogen und rissig, seidig-faserig, cremeweiß bis ockerlich. **L:** ausgebuchtet und ziemlich schmal angewachsen, cremeweiß bis beige. **St:** stämmig, weißlich, feinfaserig bis rillig, Spitze bereift, Basis nicht oder schwach verdickt, oft tief im Sand steckend. **F:** weißlich. **Ger:** schwach spermatisch. **Spp:** blassgelb. **V:** bei Laub- und Nadelbäumen, oft auf sandigem Boden; Spätsommer bis Herbst. **Mik:** Sporen glatt, mandel- bis projektilförmig, dünnwandig, blass, 7,5–12 × 4–5,5 µm, HymZ bauchig bis etwas blasig, dickwandig, Wandstärke bis 3 µm, vereinzelt mit Kristallschopf. (D 656, Kr 5.437, BK 5.54, Lu 4.130.47, 🖾).

12.5.43 *Inocybe umbratica* Quél., *Inocybe commixta* Bres.
Weißlicher Risspilz

H: 2–4 cm, anfangs spitzkegelig, konisch, seidig bis wollig-filzig, cremeweiß, im Zentrum gelblich. **L:** aufsteigend, schmal angewachsen, lange weißlich bleibend, später gelblich, bis etwas gelboliv. **St:** ganz bereift, wie der Hut gefärbt, Basis schwach verdickt, mit weißem Mycelfilz, welcher den Eindruck einer gerandeten Knolle ergeben kann. **F:** cremeweiß bis gelblich. **Ger:** schwach spermatisch. **V:** im Nadelwald, am Wegrand; Sommer bis Herbst. Sporen höckerig mit eher wenigen, bis zu ca. 8 Höckern, ockergelb, 7–10,5 × 5,5–7,5 µm, HymZ schlank bauchig, dickwandig, Wandstärke bis 5 µm, mit Kristallschopf. (Kr 5.466, BK 5.96, Lu 4.131.55, 🖾).

12.5.44 *Inocybe paludinella* (Peck) Sacc., Gelblichweißer Risspilz, Schmieriger Risspilz: Hut 1–3 cm; in feuchten Gräben bei Erle *Alnus.* Sporen feinhöckerig, 7–9,5 × 5–6,5 µm. (Lu 4.131.50, 🖾).

12.5.45 *Inocybe fibrosa* (Sowerby) Gillet ☠
Weißer Risspilz, Eingeknickter Risspilz

H: 5–15 cm, halbkugelig-stumpfkegelig bis ± flach, ritterlingsartig robust, jung glatt, später radialfaserig, cremeweiß bis blass semmelocker, Rand oft abgeknickt. **L:** ausgebuchtet, lange cremeweiß bis blass graubraun, später ocker bis ockeroliv, Druckstellen evtl. gelb, Schneiden alt schartig. **St:** wie der Hut gefärbt, meistens ganz bereift, Basis gleich dick oder schwach knollig, oft abgeknickt, häufig tief im Boden eingesenkt, sodass die Stielbasis beim Pflücken im Boden bleibt und der abgebrochene Stiel gegen unten aufsplittert. **F:** weißlich, z. T. mit gelbem Anteil. **Ger:** säuerlich, spermatisch. **V:** im Nadel- oder Mischwald, auf kalkreichem Boden. **Mik:** Sporen höckerig, 7–9,5 × 5–7 µm, HymZ bauchig, dickwandig, Wandstärke bis ca. 2 µm, mit Kristallschopf. (Kr 5.455, BK 5.75, Lu 4.131.63, 🖾).

12.5.46 *Inocybe fibrosoides* Kühner, Strohweißer Risspilz: Hut 4–9 cm, jung fein filzigfaserig, später auch feinschuppig, ockerbräunlich, evtl. mit Graustich, Stiel ganz bereift, Basis knollig bis gerandet-knollig. Sporen 8–11 × 6–8,5 µm, ChZ dicht, spindel- bis flaschenförmig, dickwandig, Wandstärke bis 3 µm, mit Kristallschopf, PlZ ebenso, aber spärlicher. (Lu 4.131.58).

12.5.47 *Inocybe corydalina* Quél. ☠
Grüngebuckelter Risspilz

H: 4–7 cm, kegelig, später flach gewölbt und gebuckelt, am Scheitel grünlich, glatt, seltener schollig aufreißend, gegen den Rand faserig, beigeocker bis beigegrau. **L:** ausgebuchtet und schmal angeheftet,

12.5.41 *Inocybe sindonia,* Wolligfädiger Risspilz

12.5.42 *Inocybe sambucina,* Fliederweißer Risspilz

12.5.43 *Inocybe umbratica,* Weißlicher Risspilz

12.5.44 *Inocybe paludinella,* Gelblichweißer Risspilz

12.5.45 *Inocybe fibrosa,* Weißer Risspilz

12.5.47 *I. corydalina,* Grüngebuckelter Risspilz

weißlich, später ockerbraun mit Olivstich, evtl. fein rostfleckig, Schneiden fein weißlich bewimpert. **St:** Spitze blass, bereift und flockig, abwärts ockerbraun, faserig, Basis gleich dick oder schwach verdickt, oft grünlich. **F:** weißlich, bisweilen schwach rötend. **Ger:** aufdringlich, eigenartig süßlich. **V:** vorwiegend im Laubwald; Sommer bis Herbst. **Mik:** Sporen glatt, mandel- bis etwas zitronenförmig, 7,5–10 × 5–6 µm, HymZ dickbauchig, dickwandig, Wandstärke bis 2 µm, mit Kristallschopf. (Kr 5.395, BK 5.13, Lu 4.130.8, 🖼).

12.5.48 *Inocybe erinaceomorpha* Stangl & J. Veselský, *I. corydalina* var. *erinaceomorpha* (Stangl & J. Veselský) Kuyper, Schuppiger Süßgeruch-Risspilz, Unschöner Risspilz: Hut kaum über 5 cm, im Scheitel dunkelbraun und filzig, gegen den Rand braun faserig-schuppig, Hut und Stiel ohne Grün. (🖼).

Inocybe aeruginascens Babos, Grünender Risspilz: Hut 2–4 cm, bräunlich, im Scheitel evtl. oliv- bis blaugrünlich, Stielspitze bereift, weißlich, gegen die knollige Basis zunehmend blaugrün verfärbend, Fleisch blaugrün verfärbend (Madengänge), Geruch pilzartig bis etwas seifig-süßlich; bei Laubbäumen, im Gras in Parks, vom Frühjahr bis Herbst. Sporen 8–10 × 4–5,5 µm.

12.5.49 *Inocybe coelestium* Kuyper, Engblättriger Risspilz, Kleiner Grünstiel-Risspilz: Hut 1–3 cm, jung wollig-filzig, später faserig bis schuppig im Scheitel oft mit graulichem Belag, olivocker bis ockerbraun, Lamellen jung weißlich, später graubräunlich, Stiel erst weißlich, Spitze bereift, vom unteren Teil her zunehmend grün, Geruch unangenehm faulig, modrig-süßlich bis etwas nach Perubalsam; im Laub- oder Nadelwald; Sommer bis Herbst. Sporen 7,5–10 × 5–6 µm, HymZ keulig, mehrheitlich mit Kristallschopf. (Lu 4.130.5, 🖼).

Die Arten mit grünlichen Farben können – unter anderem – halluzinogene Stoffe wie Psilocybin und Baeocystin enthalten.

12.5.50 *Inocybe hirtella* Bres. ☠
Bittermandel-Risspilz

H: 1–5 cm, glockig, flach gewölbt und leicht gebuckelt, feinfilzig, faserig, bisweilen etwas schuppig, gelbocker bis ockerbräunlich. **L:** ausgebuchtet, schmal angewachsen, zart graubeige bis grauolivlich, Schneiden bewimpert. **St:** ganz bereift, wachsgelblich, im oberen Teil mit rosa Hauch, Basis evtl. mit kleinem Knöllchen. **F:** weißlich. **Ger:** schwach nach Bittermandeln (deutlich, wenn der Pilz eine Weile in einer verschlossenen Dose aufbewahrt wird). **Spp:** ockerbräunlich. **V:** in tieferen Lagen vor allem im Laubwald, in Berglagen oft im Nadelwald; Spätsommer bis Herbst. **Mik:** Sporen glatt, mandelförmig und etwas abgeflacht, eher dünnwandig, 7,5–10 × 5–6,5 µm, meist 2-sporig, HymZ dickbauchig, dickwandig, mit Kristallschopf, Wandstärke bis 3 µm, 40–70 µm lang. (D 661, Kr 5.412, BK 5.28, Lu 4.130.104, 🖼).

12.5.51 *Inocybe hirtelloides* Stangl & J. Veselský, Falscher Bittermandel-Risspilz: Stiel ohne rosa Hauch, mit gerandeter, meist vergrabener kleiner Knolle, Geruch schwach säuerlich, spermatisch, evtl. nach Pelargonien («Geranien»), jedoch nicht nach Bittermandeln. HymZ ca. 35–50 µm lang, Wandstärke bis 2 µm. (Kr 5.413, Lu 4.130.122, 🖼).

Inocybe cryptocystis D.E. Stuntz, Rotbraunfaseriger Risspilz, Ockerfuchsiger Risspilz: Hut nur jung ockergelblich, dann bald fuchsig verfärbend, Stiel im unteren Teil etwas bräunend, Geruch spermatisch; bei Laubbäumen. Sporen ellipsoid bis mandelförmig, 7,5–10 × 4–5,5 µm, HymZ eher kurz und gedrungen, 25–40 µm lang, zylindrisch bis bauchig, dickwandig, Wandstärke bis 1,5 µm, mit Kristallschopf. Kein Speisepilz. (D 662, Lu 4.130.123).

Inocybe cuniculina Bandini & B. Oertel, Kaninchen-Risspilz: Hut braun bis etwas roströtlich, erst fast glatt, später faserig bis etwas schuppig; in Sanddünen. Sporen 8,5–11 × 5–6,5 µm, HymZ 40–65 µm lang, Wandstärke bis 3 µm. Kein Speisepilz.

12.5.52 *Inocybe pelargonium* Kühner, *Inocybe stangliana* Kuyper
Pelargonien-Risspilz, Hautkopf-Risspilz

H: 2–5 cm, halbkugelig-kegelig, bald flach gewölbt und gebuckelt, seidig- bis fein filzig-faserig oder fast glatt, jung evtl. etwas schmierig, ocker bis orangebräunlich, gegen den Rand heller. **L:** ausgerandet, breit angewachsen, grauocker. **St:** ganz bereift, creme bis ockerlich, zylindrisch bis keulig oder Basis mit weißlicher, evtl. gerandeter Knolle. **F:** weißlich bis wachsgelb. **Ger:** nach Pelargonien («Geranien»). **V:** vorwiegend im Fichtenwald *Picea,* seltener im Laubwald, auf kalkreichem Boden; Sommer bis Herbst. **Mik:** Sporen glatt, ellipsoid bis mandelförmig, 7,5–8,5 × 4–5,5 µm, HymZ bauchig, dickwandig, Wandstärke bis ca. 2 µm, oft mit Kristallschopf. (Kr 5.425, BK 5.42, Lu 4.130.101, 🖼).

12.5.48 *I. erinaceomorpha,* Schuppiger Süßgeruch-Risspilz

12.5.49 *Inocybe coelestium,* Kleiner Grünstiel-Risspilz

12.5.50 *Inocybe hirtella,* Bittermandel-Risspilz

12.5.51 *I. hirtelloides,* Falscher Bittermandel-Rissp

12.5.52 *Inocybe pelargonium,* Pelargonien-Risspilz

12.5.53 *Inosperma geraniodorum* (J. Favre) Matheny & Esteve-Rav., ☠
Inocybe geraniodora J. Favre
Alpiner Geranien-Risspilz, Geranien-Risspilz

H: 1–3 cm, kegelig-glockig, halbkugelig-gewölbt, kaum gebuckelt, filzig-schuppig im Zentrum, außen faserig, rost- bis dunkel schokoladenbraun. **L:** blass, später braun, Schneiden weißlich. **St:** blass- bis schokoladenbraun, Spitze weißflockig, Basis schwach verdickt oder gleich dick. **Ger:** nach Pelargonien («Geranien»). **V:** im subalpinen Wald, alpin, in Zwergstrauchheide. **Mik:** Sporen glatt, ellipsoid bis etwas bohnenförmig (allantoid), leicht dickwandig, 11–14 × 6–8 µm, ChZ zylindrisch bis etwas keulig, teils wellig, dünnwandig, nicht inkrustiert, PlZ fehlend. (BK 5.23).

12.5.54 ***Inocybe appendiculata*** Kühner
Anhängsel-Risspilz

H: 2–4 cm, halbkugelig-kegelig, später flach gewölbt mit spitzem Buckel, feinfilzig bis faserig, evtl. kleinschuppig, stroh- bis sattocker, Rand stark und ziemlich lange mit weißen Cortinafetzen behangen. **L:** ausgebuchtet, cremeweiß bis beigeocker. **St:** Spitze cremeweiß, feinkörnig oder beschürfelt, jedoch kaum bereift, gegen die Basis ockerlich, feinfaserig. **F:** weißlich, im Stiel holzgelblich. **Ger:** spermatisch, auch etwas nach verdorbenem Fleisch, Fisch oder Mörtel. **V:** am Wegrand, im Wald; Sommer bis Herbst. **Mik:** Sporen glatt, mandelförmig und apikal etwas zugespitzt, eher dünnwandig, hell gelbocker, 8–11 × 5–6,5 µm, HymZ bauchig, Wandstärke bis 2 µm, mit Kristallschopf. (Kr 5.386, BK 5.4, Lu 4.130.108,).

12.5.55 *Mallocybe leucoblema* (Kühner) Matheny & Esteve-Rav.,
Inocybe leucoblema Kühner
Silbrigbeschleierter Risspilz

H: 2–6 cm, jung kegelig, mit weißem Velumüberzug, später ausgebreitet und breit gebuckelt, isabellockerlich und Velumreste nur noch am lange eingebogenen Rand. **L:** schmal angeheftet, eher entfernt, ockeroliv, später rostbraun. **St:** stark von weißem Velum überzogen, teilweise mit Ringzone, darunter ockerlich, ± zylindrisch. **Ger:** unauffällig, evtl. schwach honigartig. **V:** im Laub- oder Nadelwald, im Auenwald, bei Torfmoos *Sphagnum* oder alpin. **Mik:** Sporen glatt, ellipsoid bis bohnenförmig (allantoid), sattocker, 8,5–12 × 5,5–7,5 µm, ChZ oft mehrfach gegliedert, spindel- bis breit keulenförmig, dünnwandig, PlZ fehlend. (Kr 5.417, BK 5.35, Lu 4.128.3,).

12.5.56 *Mallocybe fuscomarginata* (Kühner) Matheny & Esteve-Rav.,
Inocybe fuscomarginata Kühner
Braunrandiger Risspilz

H: 1–3 cm, gewölbt, bald ± flach und gebuckelt, fein braun faserschuppig auf rotbraunem Grund, Rand jung eingebogen. **L:** ausgerandet bis ± gerade angewachsen, ockerbräunlich, später dunkelbraun, Schneiden bewimpert. **St:** dicht wollig-faserig, wie der Hut gefärbt, evtl. mit Cortinaresten, Basis meist verjüngt. **F:** weißlich, dünn. **Ger:** schwach. **Ges:** Sommer bis Herbst. **V:** auf kalkreichem, feuchtem Boden, am Wegrand bis alpin, oft bei Weide *Salix*; Frühsommer bis Herbst. **Mik:** Sporen glatt, ellipsoid, einseitig etwas abgeflacht, gelbocker, 8,5–13 × 6–7,5 µm, ChZ keulig bis blasig, teils mehrfach gegliedert, dünnwandig, vereinzelt etwas dickwandig, braun, PlZ fehlend. (D 640, BK 5.20, Lu 4.128.7,).

12.5.57 *Inocybe amethystina* Kuyper
Violettlicher Risspilz, Glattstieliger Amethyst-Risspilz

H: 1–3,5 cm, jung ± glatt, später filzig-faserig, bisweilen auch mit feinen anliegenden Schüppchen, braun, Rand heller ockerlich und lange abgeknickt. **L:** ausgebuchtet angewachsen, ockerbraun. **St:** oberste Spitze bereift, jung ganz purpurviolett, später im unteren Teil braun, zylindrisch bis etwas keulig-knollig. **F:** weißlich, dünn. **V:** im Laub- oder Nadelwald; Sommer bis Herbst. **Mik:** Sporen glatt, leicht dickwandig, mandel- bis zitronenförmig, 8–11 × 5–6 µm, HymZ bauchig, eher dickwandig, Wandstärke bis 2 µm, teilweise mit Kristallschopf. (Kr 5.385, BK 5.3, Lu 4.130.23).

12.5.58 *Inocybe goniopusio* Stangl ☠
Vieleck-Risspilz

H: 1–3,5 cm, mittel- bis dunkelbraun, deutlich spitz gebuckelt, im Scheitel feinfilzig, gegen außen feinfaserig bis anliegend schürfelig-schuppig. **L:** ausgebuchtet angewachsen, beige bis hellbraun, möglicherweise mit einem Hauch Violett. **St:** Spitze bereift, bisweilen mit Lilahauch, abwärts grauviolettlich oder öfter braun, faserig, Basis etwas verdickt, gelblich überhaucht. **F:** weißlich, in der Stielspitze und unter der Stielrinde wässerig violett. **Ger:** unauffällig bis leicht spermatisch. **V:** im Laub- oder Nadelwald; Sommer bis Herbst. **Mik:** Sporen höckerig, sternförmig-eckig mit nur vier und davon einem verlängerten Zacken,

12.5.54 *Inocybe appendiculata*, Anhängsel-Risspilz

12.5.55 *Mallocybe leucoblema*, Silbrigbeschleierter Risspilz

12.5.56 *Mallocybe fuscomarginata*, Braunrandiger R.

12.5.58 *Inocybe goniopusio*, Vieleck-Risspilz

6,5–10 × 5,5–7,5 µm, HymZ flaschenförmig, mit dickwandigem Hals und Kristallschopf. (🖼).

12.5.59 *Inocybe dulcamara* (Pers.) P. Kumm., *Mallocybe dulcamara* (Pers.) Vizzini, Della Magg., Tolaini & Ercole Bittersüßer Filz-Risspilz ☠

H: 2–4 cm, halbkugelig bis flach gewölbt, evtl. schwach gebuckelt, rotbraun filzig, faserig-schuppig auf ockerbraunem bis ockerolivem Grund, Rand jung eingebogen und mit weißlichen Cortinaresten behangen. **L:** ausgerandet bis ± gerade angewachsen, blassocker bis braun mit Olivstich, Schneiden weißlich. **St:** wollig-faserig, gelbockerlich bis blassbraun, oft hohl, Spitze oft leicht erweitert, weiß flockig, selten mit feinsten, etwas ringförmigen Cortinaresten, Basis kaum verdickt. **F:** gelbockerlich, ziemlich dünn. **Ger:** staubig-muffig. **Ges:** süßlich, später bitterlich. **Spp:** blass ocker-gelbbraun. **V:** im Laub- und Nadelwald, Park, am Wegrand; Frühsommer bis Herbst. **Mik:** Sporen glatt, ellipsoid, teils abgeflacht bis bohnenförmig (allantoid), 7,5–10,5 × 4,5–6 µm, ChZ keulig bis blasig, dünnwandig, teils mehrfach gegliedert, PlZ fehlend. (D 641, Kr 5.396, BK 5.14, Lu 4.128.21, 🖼).

I. dulcamara in der hier vorgenommenen Interpretation dürfte ebenfalls zur Gattung *Mallocybe* gehören. Es handelt sich jedoch um ein unklares Taxon bzw. einen Artenkomplex, von dem inzwischen einige neue Arten beschrieben und ehemalige Varietäten auf Artrang angehoben wurden. Da nicht klar ist, was mit *Agaricus dulcamarus* Pers. genau gemeint war, konnten MATTHENY et al. 2020 *I. dulcamara* nicht mit den nachfolgenden Arten zusammen in die neue Gattung umteilen bzw. die Umteilung von VIZZINI et al. 2013c validieren.

Mallocybe perbrevis (Weinm.) Matheny & Esteve-Rav., *Inocybe perbrevis* (Weinm.) Gillet, Fastwurzelnder Risspilz: der Stiel soll im Verhältnis zum Hut auffällig kurz sein. Der Name sollte jedoch nicht verwendet werden, da unklar ist, was genau damit beschrieben wurde. (BK 5.43).

Mallocybe pygmaea (J. Favre) Matheny & Esteve-Rav., *Inocybe pygmaea* (J. Favre) E. Ludw., *I. dulcamara* f. *pygmaea* J. Favre, Zwerg-Filzkopf: Hut 0,5–1,5 cm, mit rötlichbraunen, jung haarigen, später konzentrischen Schüppchen auf ockerlichem Grund; alpin. Sporen 7,5–10,5 × 5,5–7 µm, ChZ gegliedert. (Lu 4.128.23).

Mallocybe umbrinofusca (Kühner) Matheny & Esteve-Rav., *Inocybe umbrinofusca* Kühner, Dunkelumbrabrauner Risspilz: Hut 0,5–2,5 cm, halbkugelig bis ausgebreitet-gewölbt, höchstens schwach gebuckelt, faserfilzig bis -schuppig, dunkel rot- bis umbrabraun, Stiel zylindrisch, ocker- bis dunkelbraun, faserig, jung bisweilen mit flockiger Velumzone, Fleisch ockerlich, in der Stielbasis nicht gelb, Geruch unauffällig; alpin, bei Zwergweide *Salix*. Sporen 8–10,5 × 5,5–7 µm, ChZ nicht gegliedert. (BK 5.63).

Aufgrund der morphologischen Beschreibungen ist kaum ein Unterschied zwischen *M. pygmaea* und *M. umbrinofusca* auszumachen.

Mallocybe substraminipes (Kühner) Matheny & Esteve-Rav., *Inocybe substraminipes* Kühner, Gelbfüßiger Risspilz: Hut 1,5–3,5 cm, bald ausgebreitet-gewölbt, teilweise mit flachem Buckel, feinfilzig, Mitte allenfalls etwas schollig rissig, gelb- bis orangeocker, teils mit etwas Oliv, manchmal fleckig, Stiel zylindrisch, hellocker, faserig, Fleisch in der Stielbasis gelbocker, Geruch süßlich; alpin, bei Zwergweide *Salix* und Silberwurz *Dryas*. Sporen 8–11 × 5–6 µm, ChZ gegliedert. (BK 5.59, Lu 4.128.24).

Mallocybe heimii (Bon) Matheny & Esteve-Rav., *Inocybe heimii* Bon, Großer Sand-Filzkopf: Hut 2–8 cm, bald ausgebreitet-gewölbt, teilweise mit flachem Buckel, Mitte feinschuppig bis schollig rissig, gelb- bis orangeocker, Lamellen ocker bis olivbraun, Stiel faserig, oft mit einer faserigen Ringzone, ockerbraun; vorwiegend bei Kiefer *Pinus* auf sandigen, kiesigen Böden, Meeresdünen. Sporen 8–13 × 4,5–7 µm, ChZ gegliedert. (Lu 4.128.20).

Mallocybe gymnocarpa (Kühner) Matheny & Esteve-Rav., *Inocybe gymnocarpa* Kühner, Rotschuppiger Risspilz: Hut 2–6 cm, bald ausgebreitet-gewölbt, teilweise mit flachem Buckel, samtig-filzig bis angedrückt schuppig, gelb-olivockerlich bis rötlichbraun, Geruch leicht pilzartig oder spermatisch bis etwas süßlich; montan bis alpin, vorwiegend bei Fichte *Picea*. Sporen 10–12,5 × 5,5–7,5 µm, ChZ nicht gegliedert. (BK 5.26).

12.5.60 *Inocybe ochroalba* Bruyl., *Inocybe subalbidodisca* Stangl & J. Veselský Weißscheiteliger Ocker-Risspilz, Ockerweißer Risspilz

H: 1–3 cm, jung kegelig-glockig, später ausgebreitet und gebuckelt, hell- bis satt ockerbraun, fein filzig-faserig. **L:** fast frei, dicht, erst weißockerlich später olivocker. **St:** blass ockerbraun, ganz weißlich bereift, Spitze heller, Basis weißlich und teilweise verdickt bis etwas knollig. **Ger:** spermatisch. **V:** vorwiegend im Nadelwald; Sommer bis Herbst. **Mik:** Sporen glatt, ellipsoid bis mandelförmig, 7,5–9,5 × 4,5–5,5 µm, dünnwandig, HymZ bauchig, utriform bis ballonförmig, dickwandig, Wandstärke bis ca. 3 µm, teilweise mit Kristallschopf. (BK 5.41, Lu 4.130.102, 🖼).

12.5.59 *Inocybe dulcamara*, Bittersüßer Filz-Risspilz

12.5.60 *Inocybe ochroalba*, Ockerweißer Risspilz

12.5.61 *Inocybe subnudipes* Kühner
Kaulozystidenloser Risspilz

H: 1–3 cm, gelblich ocker bis hellbraun, dicht eingewachsen-faserig bis leicht schuppig, Rand mit sichtbaren Cortinaresten. **L:** schmal angeheftet, lange weißlich, später ockerlich bis graubräunlich. **St:** nur an der Spitze bereift, weißlich bis blass ockerlich und weiß überfasert. **Ger:** spermatisch. **V:** häufig montan bis subalpin bei Fichte *Picea;* Sommer bis Herbst. **Mik:** Sporen glatt, eher dünnwandig, ellipsoid bis mandelförmig, 7,5–10,5 × 5–6,5 µm, HymZ spindelförmig, bis fast zur Basis dickwandig, Wandstärke bis 2,5 µm, oft mit welligem Hals. (🖼).

12.5.62 *Inocybe furfurea* Kühner ☠
Schwarzscheiteliger Risspilz

H: 0,5–3,5 cm, leicht kegelig-glockig, bald flach gewölbt und oft breit gebuckelt, ocker, ockerorange bis rötlichbraun, Mitte dunkelbraun, jung mit feinen, graulichen Velumresten, glatt bis eingewachsen-faserig, später filzig-feinschuppig, Rand oft heller und wellig. **L:** eher entfernt, lange weißlich, später graubräunlich und vom Rand her zunehmend ockerlich, teils mit rötlichbraunen Flecken, Schneiden fransig, weißlich. **St:** ockerbräunlich, Spitze rosabräunlich, bis zur Mitte oder leicht darunter bereift, Basis oft mit weißem Basalfilz, teils etwas verdickt. **F:** weißlich bis wässriggrau, im Stiel rotbräunlich. **Ger:** leicht spermatisch. **V:** in Parks, Wiesen, vorwiegend bei Laubbäumen; vorwiegend im Frühling, seltener im Herbst. **Mik:** Sporen glatt, dünnwandig, ellipsoid bis mandelförmig mit etwas auslaufender Spitze, 6,5–10,5 × 4,5–6,5 µm, vorwiegend 4-sporig, HymZ zylindrisch bis etwas spindelförmig, eher dünnwandig, Wandstärke bis ca. 1 µm, mehrheitlich beschopft. (Kr 5.402, 🖼).

12.5.63 *Inocybe albovelutipes* Stangl
Hellsamtiger Risspilz, Weißstieliger Dünnwandzystiden-Risspilz

H: 2–4 cm, gewölbt bis gebuckelt, eingewachsen-faserig bis filzig, in der Mitte schwach anliegend schuppig, teils mit graufleckigen Velumresten, goldockerlich bis ockerbraun. **L:** fast frei, hellgrau bis ockerlich. **St:** filzig faserig, nirgends bereift, weißlich, Spitze evtl. ganz schwach rosa, Basis ockerlich, zylindrisch, leicht verdickt oder verjüngt. **Ger:** unauffällig bis leicht spermatisch. **V:** im Laub- oder Nadelwald; Sommer bis Herbst. **Mik:** Sporen glatt, ellipsoid bis mandelförmig, teilweise einseitig etwas eingedellt in Richtung bohnenförmig (allantoid), 8–11 × 4,5–6 µm, HymZ zylindrisch bis spindelförmig, dünnwandig, höchstens in der oberen Hälfte mit Wandstärken bis ca. 1 µm, vereinzelt mit Kristallschopf, Kaulozystiden fehlend.

Verschiedene Autoren betrachten *I. albovelutipes* und *I. subnudipes* als Synonym. Gemäß Ludwig 2017 wie auch Bandini & Oertel 2021 handelt es sich jedoch um klar getrennte Arten, wobei *I. albovelutipes* in die Verwandtschaft von *I. melanopoda*, Braungestiefelter Risspilz gehören soll.

12.5.64 *Inocybe alnea* Stangl
Erlen-Risspilz, Erlen-Höckerspor-Risspilz

H: 1–3 cm, jung stark kegelig, später kegelig bis gewölbt-gebuckelt, ockerbraun, strähnig-radialfaserig bis etwas anliegend schuppig, Rand stark rissig. **L:** fast frei, blass grauocker bis ockerbraun. **St:** Spitze bereift und weißlich, abwärts gelbbraun, Basis keulig bis knollig. **Ger:** schwach erdartig. **V:** im Laubwald, vorwiegend bei Erle *Alnus*; Sommer bis Herbst. **Mik:** Sporen flach wellig-höckerig, blass ockergelb, 8,5–11 × 6–7,5 µm, HymZ bauchig, dickwandig, Wandstärke bis 2 oder 3 µm, mit Kristallschopf. (BK 5.67, Lu 4.131.27).

12.5.65 *Inocybe nematoloma* Joss.
Schwefelkopfartiger Risspilz

H: 0,5–2,5 cm, kegelig-glockig, später gewölbt und gebuckelt, Mitte braun, feinfilzig, gegen außen ocker bis olivocker, feinfaserig bis fast glatt. **L:** ausgebuchtet, eher entfernt, gelb- bis olivocker. **St:** blass ockerbraun, ganz bereift, lang und dünn, oft wellig, Basis weißlich und etwas verdickt bis leicht knollig. **Ger:** leicht spermatisch. **V:** im Nadelwald, oft bei Fichte *Picea*, Lärche *Larix* und Torfmoos *Sphagnum*; Sommer bis Herbst. **Mik:** Sporen höckerig, blass ockerlich, 7–9,5 × 5,5–7 µm, HymZ leicht bauchig, dickwandig, Wandstärke bis 3 µm, mit Kristallschopf. (Lu 4.131.4).

12.5.66 *Inocybe egenula* J. Favre, Dürftiger Risspilz: Hut 0,5–1 cm, hygrophan, feucht ocker- bis rötlichbraun, trocken gelb bis olivocker, Rand heller und lange eingebogen, wie *I. nematoloma* an *Hypholoma*, Schwefelköpfe erinnernd, Stiel rötlichocker und ganz weiß bereift; alpin, bei Zwergweide *Salix* und Silberwurz *Dryas*. (BK 5.74).

12.5.61 *Inocybe subnudipes*, Kaulozystidenloser Risspilz

12.5.62 *Inocybe furfurea*, Schwarzscheiteliger Risspilz

12.5.67 *Inocybe soluta* Velen., *Inocybe striatorimosa* P.D. Orton, *Inocybe albofibrillosa* Stangl & Schmid-Heckel
Knollenloser Risspilz,
Gestreiftkegeliger Risspilz, Weißfaseriger Risspilz

H: 1–5 cm, gewölbt-gebuckelt, dunkelbraun, filzig-strähnig bis fast glatt. **L:** fast frei, creme bis braunolivlich. **St:** braun faserig, zylindrisch bis etwas verdickt an der Basis. **Ger:** spermatisch. **V:** vorwiegend im Nadelwald, auf saurem Boden; Frühsommer bis Herbst. **Mik:** Sporen mit wenigen Höckern, 5–8,5 × 4–6,5 µm, HymZ bauchig bis flaschenförmig, nur leicht verdickt, Wandstärke bis ca. 1 µm, vereinzelt mit Kristallschopf. (Kr 5.473, Lu 4.131.45, 🖼).

12.5.67 *Inocybe soluta*, Knollenloser Risspilz

12.5.68 *Pseudosperma squamatum* (J.E. Lange) Matheny & Esteve-Rav., *Inocybe squamata* J.E. Lange
Dunkelschuppiger Risspilz

H: 3–7 cm, kegelig-glockig, später ausgebreitet und spitz gebuckelt, im Scheitel bräunlich bis rötlichbraun, kleinschuppig, gegen außen faserig, gelblich, ockerlich, Rand jung mit weißlichen, flüchtigen Cortinaresten. **L:** schmal angewachsen, blassbeige bis beigebraun, evtl. mit Olivstich, Schneiden weiß. **St:** gelblich bis gelbbraun, faserig, Spitze weißlich, flockig, Basis evtl. verjüngt, kaum verdickt. **F:** gelblich, im Stiel weißlich bis bräunlich. **Ger:** schwach säuerlich. **V:** bei Laubbäumen, oft Pappel *Populus*, am Wegrand, im Park; Sommer bis Herbst. **Mik:** Sporen glatt, ellipsoid, 9–11 × 5,5–7 µm, ChZ dünnwandig, keulig bis flaschenförmig oder utriform, teils etwas gegabelt, PlZ fehlend. (Kr 5.441, Lu 4.129.13, 🖼).

Pseudosperma spurium (Jacobsson & E. Larss.) Matheny & Esteve-Rav., *Inocybe spuria* Jacobsson & E. Larss., Täuschender Risspilz: Hut und Lamellen eher gelbbraun. Sporen oft bohnenförmig (allantoid). (Lu 4.129.14).

12.5.68 *P. squamatum*, Dunkelschuppiger Risspilz

12.5.69 *Mallocybe malenconii* (R. Heim) Matheny & Esteve-Rav., *Inocybe malenconii* R. Heim
Wolligfaseriger Risspilz

H: 1–2 cm, jung gewölbt, später flach, ausgebreitet und breit gebuckelt, braun, faserig- bis zottig-schuppig, Rand jung mit flüchtigen, weißen Cortinaresten. **L:** eher eng, zimtbis dunkelbraun. **St:** faserig, ockerbraun, oft verdreht, ± zylindrisch. **V:** im Laub- oder Nadelwald, bis in höhere Lagen. **Mik:** Sporen glatt, zylindrisch bis etwas bohnenförmig (allantoid), gelblich, 9–12 × 4–5 µm, ChZ keulig bis blasenförmig, dünnwandig, PlZ fehlend. (Lu 4.128.17, 🖼).

12.5.69 *M. malenconii*, Wolligfaseriger Risspilz

12.5.70 ***Inocybe curvipes*** **P. Karst.**
Krummstieliger Höckerspor-Risspilz, Dickfüßiger Risspilz

H: 1–5 cm, stumpfkegelig, mit Buckel oder Papille, Mitte dunkelbraun, feinfaserig bis -schuppig, außen vorwiegend strähnig-faserig, evtl. auch feinschuppig, heller, Hutrand teils mit Cortinaresten behangen. **L:** ± breit angewachsen, weißlich, später graubraun und möglicherweise etwas Oliv. **St:** oft verbogen, Spitze bereift, etwas schorfig, abwärts graubraun faserig übersponnen, Basis gleich dick oder höchstens schwach verdickt oder verjüngt. **F:** weißlich, im Stiel bräunlich. **Ger:** schwach spermatisch. **V:** bei Laubbäumen, bis in höhere, auch alpine Lagen. **Mik:** Sporen höckerig, länglich, 7,5–12 × 5,5–7 µm, HymZ bauchig, Wandstärke bis 1,5 µm, teils mit kleiner Papille am Ende, mit Kristallschopf. (D 676, Kr 5.454, Lu 4.131.30, 🖼).

12.5.70 *Inocybe curvipes*, Dickfüßiger Risspilz

12.5.71 *Inocybe subcarpta* Kühner & Boursier, *Inocybe brevispora* Huijsman
Trapezsporiger Risspilz, Kurzsporiger Höckerspor-Risspilz

H: 2–6 cm, jung kegelig-glockig, später gewölbt und breit gebuckelt bis niedergedrückt, Mitte sattbraun, glatt oder etwas schuppig aufreißend, gegen den Rand heller und dicht radialfaserig. **L:** ausgebuchtet, jung ockerlich, später braun bis dunkelbraun. **St:** braun, faserig, nur an der obersten Spitze bereift. **Ger:** unauffällig bis spermatisch. **V:** im Nadelwald, in Mooren, auch alpin. **Mik:** Sporen höckerig, blassgelb, 6,5–10 × 5–7,5 µm, HymZ zylindrisch bis bauchig oder flaschenförmig, praktisch dünnwandig mit Wandstärke bis 0,5 µm, selten mit Kristallschopf. (Kr 5.474, BK 5.93, Lu 4.131.34, 🖼).

12.5.71 *Inocybe subcarpta*, Trapezsporiger Risspilz

12.5.72 ***Inocybe petiginosa*** **(Fr.) Gillet**
Graugezonter Zwerg-Risspilz

H: 0,5–2 cm, jung kegelig-glockig, später flach und klein aber deutlich gebuckelt, im Scheitel jung filzig bis schuppig, später kahl, braun,

12.5.72 *Inocybe petiginosa*, Graugezonter Zwerg-Risspilz

Rand heller beige. **L:** ausgebuchtet bis fast frei, eher dicht, jung gelblich, später olivbraun. **St:** ganz bereift, Spitze fleischrötlich bis rötlichbraun, im unteren Teil ockerbraun, Basis keulig bis leicht knollig. **Ger:** unauffällig bis spermatisch. **V:** im Laubwald, vorwiegend bei Buche *Fagus*, vereinzelt auf morschem Holz. **Mik:** Sporen schwach höckerig, 6–8,5 × 4–6 µm, HymZ spindel- bis flaschenförmig, dickwandig, Wandstärke bis 4 µm, vereinzelt mit kleinem Kristallschopf. (Kr 5.467, BK 5.87, Lu 4.131.2, 🖼).

Inocybe rufoalba Sacc., Fälblings-Risspilz: Hutfarbe im Scheitel rötlich-braun, gegen außen abgesetzt heller ockerlich; oft rasig, vorwiegend bei Kiefern *Pinus*. Sporen bis 10 µm lang. (Kr 5.458, BK 5.92).

Inocybe jacobi Kühner, Weißfilziger Risspilz, Weißfilziger Zwerg-Risspilz: sehr ähnlich *I. rufoalba*, Hut hygrophan mit rötlichbraunem Scheitel und heller gefärbtem Randbereich sowie länglicheren, bis 10 µm langen Sporen und schlanken Hymenialzystiden. (BK 5.78).

12.5.73 *Inocybe lutescens* Velen.
Gelbblättriger Risspilz

H: 1–2,5 cm, gebuckelt, braun filzig-faserig auf gelblichem Grund, im Scheitel etwas schuppig. **L:** ausgerandet, jung zitronengelb, später olivbräunlich. **St:** Spitze bereift, abwärts feinfaserig, jung intensiv gelb, später gelbbraun. **F:** im Stiel gelb. **Ger:** schwach spermatisch. **V:** vorwiegend im Nadelwald; Sommer bis Herbst. **Mik:** Sporen glatt, ellipsoid bis etwas mandelförmig, etwas dickwandig, gelblich, 7,5–11 × 5,5–6,5 µm, HymZ dickwandig, Wandstärke bis 3 µm, leicht bauchig mit Kristallschopf. (Lu 4.130.32).

Inocybe lutеipes J. Favre, Leuchtstiel-Risspilz, Goldstieliger Risspilz: Hut fast glatt bis etwas faserig-schuppig, goldbraun, Lamellen hell strohgelb, Stiel lebhaft gelb, später gelbocker; alpin, bei Silberwurz *Dryas*. Sporen dickwandig, 9–12 × 6–7,5 µm. (Lu 4.130.33).

Inocybe rufolutea J. Favre, Gelbroter Risspilz: Hut radialrissig, nicht schuppig, gold-ockerbraun, Lamellen eher entfernt, erst blass, später intensiver gelblich ohne Braun- oder Grautöne, Stiel gelblich, Spitze bereift, im unteren Teil braun, Basis etwas verdickt und ganz unten wollig-weißlich, alpin, bei Silberwurz *Dryas*. Sporen mandelförmig, nicht dickwandig, 9,5–12 × 5,5–7 µm.

Die Abgrenzung dieser gelbblättrigen, teils alpinen Arten scheint nicht geklärt.

12.5.74 *Inocybe langei* R. Heim, *Inocybe sulfovirescens* Poirier ☠
Kurzstieliger Risspilz

H: 1,5–6 cm, kegelig-glockig, später ausgebreitet und breit gebuckelt, feinschuppig oder etwas schollig aufgerissen bis fast glatt und fettig wirkend, ockerbraun. **L:** schmal angeheftet, graubeige bis ocker, olivockerlich. **St:** oft verhältnismäßig kurz und stämmig, vollständig, aber schwach bereift, Basis nicht oder nur leicht verdickt. **F:** im Stiel gelb. **Ger:** schwach spermatisch bis etwas süßlich. **V:** vorwiegend bei Laubbäumen; Sommer bis Herbst. **Mik:** Sporen glatt, ellipsoid bis etwas mandelförmig, vereinzelt einseitig etwas abgeplattet, dünnwandig, 6,5–8,5 × 4–5 µm, HymZ dickwandig, Wandstärke bis 2 µm, leicht bauchig, mit Kristallschopf. (Kr 5.416, Lu 4.130.103, 🖼).

12.5.75 *Inocybe astraiana* Bandini & B. Oertel
Astraios' Risspilz

H: 1–4 cm, kegelig-glockig, später breit gewölbt, erst ohne, später mit Buckel, glatt und eingewachsen-faserig bis fein faserig-filzig, grauocker- bis dunkelbraun, manchmal mit einer rötlichen Komponente, alt oft strahlenförmig gegen den Rand ausblassend, im Zentrum mit dünnen, grauen Velumresten (Velipellis), Rand lange heruntergebogen und oft heller, jung mit weißlichen Cortinaresten. **L:** eher dicklich und entfernt, schmal angewachsen, weißlich bis fuchsigbraun, Schneiden heller, gezähnelt. **St:** weißlich faserig, Spitze bereift, bisweilen leicht rosa (vor allem beim Trocknen), Basis oft leicht verdickt. **F:** weißlich, im Stiel zart fleischrötlich. **Ger:** erdig bis schwach spermatisch. **V:** auf kalkreichem Boden, vorwiegend bei Kiefer *Pinus;* im Spätherbst. **Mik:** Sporen glatt, ellipsoid bis mandelförmig, eher dickwandig, hellgelb, 7,5–10,5 × 4,5–6 µm, HymZ spindelförmig, utriform bis bauchig mit Kristallschopf, dickwandig, Wandstärke bis 4 µm, 35–75 µm lang, dazwischen kürzere, dünnwandige, teils 2- bis 3-zellige Parazystiden, Kaulozystiden nur im oberen Stieldrittel. (🖼).

12.5.76 *Inocybe involuta* Kuyper, **Eingebogener Risspilz:** Hut nicht ausblassend, oft mit deutlichen Rottönen, Lamellen lange weiß, mit deutlichem Kontrast zur rosa bis rötlich gefärbten Stielspitze; vorwiegend bei Fichte *Picea* und Kiefer *Pinus*. Sporen 8–12,5 × 5–7,5 µm, HymZ 45–80 µm lang. (🖼).

12.5.74 *Inocybe langei*, Kurzstieliger Risspilz

12.5.75 *Inocybe astraiana*, Astraios' Risspilz

12.5.76 *Inocybe involuta*, Eingebogener Risspilz

12.5.77 *Inocybe tarda* Kühner, *Inocybe aurantioumbonata* Franchi & M. Marchetti
Grünfleischiger Risspilz, Blasssporiger Spätherbst-Risspilz

H: 2–4 cm, erst lange geschlossen, feinfaserig und feinwollig bis fast glatt, etwas schmierig, in der Mitte bisweilen etwas schollig-schuppig, braun bis dunkelbraun mit schwärzlichen Fäserchen, Rand heller. **L:** schmal angewachsen, blass grauweiß, später hellbeige bis beigebräunlich, bisweilen olivockerlich. **St:** weiß bis gelbockerlich, Spitze bereift und oft leicht rosa, Basis faserig mit weißlichem Mycelfilz, evtl. verdickt. **F:** weißlich, im Stiel cremerosa. **Ger:** spermatisch. **V:** auf sandigem, basischem Boden, im Laub- oder Nadelwald; im Spätherbst. **Mik:** Sporen glatt, spindel-, mandel- bis zitronenförmig, oft unförmig (leicht kollabierend) blass und dünnwandig, 9–13,5 × 5–7 µm, HymZ spindel- bis flaschenförmig, teils dickwandig, Wandstärke bis 3 µm, mehrheitlich mit Kristallschopf, Kaulozystiden im oberen Stieldrittel. (Lu 4.130.76,).

12.5.77 *Inocybe tarda*, Grünfleischiger Risspilz

12.5.78 *Inocybe tenuicystidiata* E. Horak & Stangl ☠
Faserigbrauner Risspilz

H: 1–4 cm, kegelig bis gewölbt und gebuckelt, fast glatt bis eingewachsen-faserig, später auch fein bis schollig schuppig, jung eher ockerlich-, später rötlichbraun, jung allenfalls mit einigen Cortinaresten behangen. **L:** ausgebuchtet bis fast frei, grauockerlich bis milchkaffeebraun, allenfalls mit leichtem Olivstich. **St:** Spitze bereift, abwärts faserig, cremeockerlich bis fleisch- oder beigebräunlich, zylindrisch bis etwas keulig. **Ger:** spermatisch oder etwas nach Pelargonien («Geranien»). **V:** im Laub- oder Nadelwald, auch alpin, bei Silberwurz *Dryas*; Sommer bis Herbst. **Mik:** Sporen glatt, ockergelblich, leicht mandelförmig, 7–11 × 5–6,5 µm, HymZ zylindrisch-wellig, etwas bauchig, nur leicht dickwandig, Wandstärke 0,5–1,5 µm, teils mit Kristallschopf. (BK 5.40, Lu 4.130.48,).

Inocybe obscurobadia (J. Favre) Grund & D.E. Stuntz: dieser Name wurde oft anstelle von *I. tenuicystidiata* verwendet. Bandini et al. 2021b kommen nach mikroskopischen Untersuchungen des Materials von J. Favre zum Schluss, dass diese Übereinstimmung nicht korrekt ist.

12.5.78 *Inocybe tenuicystidiata*, Faserigbrauner Risspilz

12.5.79 *Inocybe laurina* Bandini, B. Oertel & C. Hahn
Laurins Risspilz

H: 0,5–2 cm, anfangs fast kugelig, glockig bis kegelig, mit wollig-weißem Velum bedeckt, ocker-, nuss-, bis etwas rötlich- oder dunkelbraun, später flach gewölbt, alt oft spitz gebuckelt, Velumreste nur noch im Scheitel. **L:** breit angewachsen, eher dicklich und entfernt, anfangs weißlich, später graubräunlich, bisweilen mit Oliv. **St:** fleischbräunlich, nur an der leicht rosa gefärbten Spitze bereift, weißlich faserig, später etwas natterig und schließlich kahl. **F:** weißlich, im Stiel rosabräunlich. **Ger:** spermatisch. **V:** vorwiegend bei Nadelbäumen; Frühsommer bis Spätherbst. **Mik:** Sporen glatt, ellipsoid bis mandelförmig, 8–10,5 × 5,5–7 µm, mehrheitlich 4-sporig, HymZ mit Wandstärke bis ca. 1,5 µm, etwas spindelförmig bis utriform mit Kristallschopf, Kaulozystiden nur an der Stielspitze, 45–90 µm. ().

Inocybe filiana Bandini, B. Oertel & U. Eberh., Filis Risspilz: Hut oft rotbraun, Velumreste spärlicher, Stiel bräunlich bis intensiv rotbraun, manchmal auch teilweise dunkelbraun, Basis weißlich und gemeinsam mit den Lamellen im hellen Kontrast zum Hut und oberen Stielteil. Sporen 8–11,5 × 5,0–6,5 µm, Kaulozystiden 35–55 µm.

12.5.79 *Inocybe laurina*, Laurins Risspilz

12.5.80 *Inocybe griseovelata* Kühner
Graubeschleierter Risspilz

H: 2–4 cm, kegelig bis glockenförmig, später gewölbt und teils breit gebuckelt, graubraun bis braun, im Scheitel mit graulichen, ausgeprägten Velumresten. **L:** schmal angewachsen, grau- bis hellbraun. **St:** weißlich, Spitze bereift und rötlich überhaucht, im unteren Teil gelbbräunlich, Basis faserig mit weißlichem Mycelfilz, evtl. verdickt. **F:** weißlich. **Ger:** unauffällig. **V:** im Laub- oder Mischwald; im Sommer bis Herbst. **Mik:** Sporen glatt, ellipsoid bis mandelförmig, eher dickwandig, hellgelb, 8,5–12,5 × 5–6,5 µm, HymZ oft fast zylindrisch, Wandstärke 1–2 µm, mit Kristallschopf, Kaulozystiden fehlend oder höchstens an der obersten Stielspitze. ().

12.5.80 *Inocybe griseovelata*, Graubeschleierter Risspilz

12.5.81 *Inocybe glabripes* Ricken, ***Inocybe microspora*** J.E. Lange
Kleinsporiger Risspilz

H: 1–3 cm, kegelig bis ausgebreitet und gebuckelt, fast glatt bis eingewachsen-faserig, alt auch etwas strähnig oder sogar feinschuppig aufreißend, im Zentrum jung mit graulichen Velumresten (Velipellis), dunkelbraun, gegen außen braun. **L:** schmal angeheftet, blassbraun bis olivlich. **St:** Spitze im obersten Teil bereift und manchmal etwas rosabräunlich, abwärts weiß, Basis evtl. verdickt aber nicht knollig. **Ger:** spermatisch. **V:** im Laubwald, vorwiegend bei Buche *Fagus*; Sommer bis Herbst. **Mik:** Sporen glatt, gelblich, eher dünnwandig, ellipsoid bis etwas mandelförmig, 6,5–8,5 × 4–5 µm, HymZ leicht bauchig (oft mit kleiner, abrupter Wölbung), dickwandig, Wandstärke bis 3 µm, mit Kristallschopf. (Kr 5.407, Lu 4.130.79, 🖼).

12.5.82 *Inosperma maculatum* (Boud.) Matheny & Esteve-Rav., ☠
Inocybe maculata Boud.
Gefleckter Risspilz

H: 2–7 cm, spitzkegelig, kegelig-glockig, später flach gewölbt und markant gebuckelt, im Scheitel oft mit fleckig-schuppigem, grauweißlichem Velumbelag bedeckt, darunter faserig, braun bis rotbraun, Rand jung mit flüchtigen, weißlichen Cortinaresten behangen. **L:** ausgebuchtet, gelb- bis grauweißlich. **St:** Spitze blass graugelblich, abwärts braun, Basis oft weißlich, schwach verdickt bis deutlich knollig. **F:** weißlich bis blassgelb. **Ger:** aromatisch, pilz-, trüffelartig oder auch etwas süßlich. **Spp:** tabakbräunlich. **V:** im Laubwald, Park, am Wegrand; Sommer bis Herbst. **Mik:** Sporen glatt, eher dünnwandig, ellipsoid und teilweise bohnenförmig (allantoid), 9–11 × 6–7 µm, ChZ keulig bis ballonförmig, dünnwandig, PlZ fehlend. (D 643, Kr 5.419, BK 5.36, Lu 4.129.6, 🖼).

Inosperma ismeneanum Bandini & B. Oertel, Ismenes Risspilz: Hut 2–4 cm, nussbraun mit rötlichem Farbanteil. Sporen 7–11 × 4–6 µm, ChZ zylindrisch bis leicht keulig, kaum kopfig oder ballonförmig.

12.5.83 *Inocybe phaeoleuca* Kühner,
I. splendens* var. *phaeoleuca (Kühner) Kuyper
Braunweißer Risspilz

H: 2–4 cm, stumpfkegelig bis glockig, später ausgebreitet flach mit oder ohne Buckel, jung anliegend faserig mit stark eingebogenem Rand, dunkelbraun, im Zentrum mit grauen, dünnen, undeutlichen und flüchtigen Velumresten, später dunkel- bis schwarzbraun. **L:** schmal angeheftet, weiß, später beige bis umbrabraun. **St:** ganz bereift, weißlich, später von der Basis her gelblich, zylindrisch bis undeutlich knollig, vereinzelt sogar leicht gerandet knollig. **F:** weißlich, im Stiel holzgelblich. **Ger:** spermatisch. **V:** im Laubwald; Sommer bis Herbst. **Mik:** Sporen glatt, mandelförmig, 8–11 × 4,5–6,5 µm, HymZ spindel- bis flaschenförmig, Wandstärke bis ca. 2,5 µm, mit Kristallschopf. (BK 5.56, Lu 4.130.97, 🖼).

12.5.84 *Inocybe terrifera* Kühner, Erdbehafteter Risspilz: Hut 3–8 cm, stämmig, ocker bis goldbraun, leicht klebrig und oft mit klebenden Erdresten über den Velumresten im Hutzentrum, Geruch spermatisch bis etwas nach Pelargonien («Geranien») oder Kunsthonig. Sporen 8–12 × 5,5–6,5 µm, HymZ utriform bis dickhalsig flaschenförmig. (Lu 4.130.95, 🖼).

12.5.85 *Inocybe splendens* R. Heim, Klebriger Risspilz: Hut 3–7 cm, Mitte mit bleibenden Velumresten, reh- bis kastanienbraun, Geruch schwach nach frischem Brot oder spermatisch. Sporen apikal etwas verlängert, dickwandig, 9–12 × 6–7 µm, HymZ flaschenförmig, dickwandig, Wandstärke bis 3 µm. (BK 5.57, Lu 4.130.96).

12.5.86 *Inocybe inodora* Velen., *Inocybe albidodisca* Kühner
Geruchloser Sand-Risspilz, Weißstieliger Risspilz

H: 1–5 cm, kegelig, bald ausgebreitet und breit gebuckelt, anliegend feinfaserig bis schürfelig-schuppig, ocker- bis rötlichbraun, oft mit dünnen, grauweißlichen Velumresten bedeckt, Hutmitte oft etwas dunkler gefärbt. **L:** ausgebuchtet, eher entfernt grauocker bis olivbräunlich. **St:** selten flachgedrückt, weißlich bis wachsfarben, ganz fein bereift, im unteren Teil deutlich, Basis evtl. verdickt bis leicht knollig. **F:** weiß bis gelblich. **Ger:** unauffällig. **V:** im Laub- oder Nadelwald, auf kiesigen, sandigen Böden, in Flussnähe, auch alpin; Sommer bis Herbst. **Mik:** Sporen glatt, spindel- bis etwas mandelförmig, dickwandig,

12.5.81 *Inocybe glabripes*, Kleinsporiger Risspilz

12.5.82 *Inosperma maculatum*, Gefleckter Risspilz

12.5.83 *Inocybe phaeoleuca*, Braunweißer Risspilz

12.5.84 *Inocybe terrifera*, Erdbehafteter Risspilz

12.5.86 *Inocybe inodora*, Geruchloser Sand-Risspilz

10–14 × 5,5–7 µm, HymZ spindelförmig bis bauchig oder utriform, dickwandig, Wandstärke bis 4 µm, mit deutlichem Kristallschopf. (BK 5.31, Lu 4.130.88, 🖼).

12.5.87 *Inocybe sphagnophila* Bandini & B. Oertel ☠
Torfmoos-Risspilz

H: 1–4 cm, kegelig-glockig, später ausgebreitet und gebuckelt, braun bis kastanienbraun, dunkel radialfaserig auf hellerem Grund, Hutmitte jung mit graulichen Velumresten, später warzig-noppig und grauschwarz, Rand auffällig weißlich. **L:** ausgebuchtet schmal angewachsen, erst weißlich, später grau- bis etwas rötlichbraun. **St:** beigebräunlich, faserig bis etwas genattert oder fast glatt, Spitze weiß bereift, Basis verdickt bis etwas knollig. **F:** im Hut und in der Knolle weißlich, im Stiel teils bräunlich. **Ger:** unauffällig bis schwach spermatisch. **V:** an feuchten bis moorigen Standorten, oft bei Fichte *Picea;* Frühsommer bis Spätherbst. **Mik:** Sporen höckerig, 6,5–9 × 4,5–7 µm, HymZ spindelförmig-bauchig bis utriform oder etwas deformiert, leicht dickwandig, Wandstärke bis 2 µm, teils mit Kristallschopf. (🖼).

12.5.88 *Inocybe nitidiuscula* (Britzelm.) Lapl.
Früher Risspilz, Spitzbuckliger Risspilz

H: 2–5 cm, kegelig, breitkegelig bis ausgebreitet und gebuckelt, filzigfaserig, rötlich-kastanienbraun, Rand etwas heller, ockerbraun, ganz jung mit weißlichen Cortinaresten behangen. **L:** schmal angewachsen, blass grauweiß, später hellbeige bis beigebräunlich, bisweilen ockerlich. **St:** wachsgelb bis ockerlich, Spitze bereift und rötlich überhaucht, Basis faserig mit weißlichem Mycelfilz, evtl. verdickt. **F:** weißlich, im Stiel zart fleischrötlich. **Ger:** schwach säuerlich-spermatisch. **Spp:** tabakbraun. **V:** auf kalkreichem Boden, im Nadelwald, vorwiegend bei Fichte *Picea* oder Kiefer *Pinus,* seltener im Laubwald; Frühsommer bis Spätherbst. **Mik:** Sporen glatt, ellipsoid bis mandelförmig, eher dickwandig, hellgelb, 8–11 × 4,5–6 µm, HymZ dickwandig, Wandstärke bis 2,5 µm, mehrheitlich schlank spindelförmig bis leicht bauchig, mit Kristallschopf, Kaulozystiden im oberen Stieldrittel. (D 663, Kr 5.422, BK 5.39, Lu 4.130.19, 🖼).

12.5.89 *Inocybe giacomi* J. Favre, *Inocybe johannae* Kühner, Nördlicher Risspilz, Fleischbraunstieliger Risspilz, Nussbrauner Risspilz: Hut 2–4 cm, dunkelbraun, Stielspitze ockerrosa, abwärts fleischbräunlich, zylindrisch bis höchstens leicht verdickt, Geruch säuerlich; vorwiegend alpin bei Zwergweide *Salix.* Sporen höckerig, eckig-länglich, 8,5–11,5 × 5,5–7,5 µm, HymZ bauchig-flaschenförmig, dickwandig mit Kristallschopf. (BK 5.76, Lu 4.131.43, 🖼).

Inocybe putilla Bres., Zweifarbiger Risspilz: Hut 1–2 cm, kegelig-glockig und bald ausgebreitet mit ausgeprägtem, steil aufgerichtetem Buckel, seidig faserig, graubraun bis braun, Stiel weißlich, cremerosa überhaucht, bisweilen mit feinen, faserigen Velumzonen, Geruch leicht erdartig-spermatisch; bei Laubgehölzen, z. B. Hasel *Corylus.* Sporen höckerig, 7,5–11 × 5–7,5 µm, HymZ keulig bis utriform, dickwandig, vereinzelt mit kleinem Kristallschopf. (BK 5.91, Lu 4.131.44).

12.5.90 *Pseudosperma rimosum* (Bull.) Matheny & Esteve-Rav, ☠
Inocybe rimosa (Bull.) P. Kumm., ***Inocybe fastigiata*** (Schaeff.) Quél.
Kegeliger Risspilz

H: 3–7 cm, spitzkegelig-glockig, später breitkegelig bis ausgebreitet und stark gebuckelt, stark radialfaserig bis büschelig faserig, graugelblich, gelbocker, ockerbraun, Rand heller, jung mit weißlichen Cortinaresten behangen. **L:** schmal angeheftet bis fast frei, graubeige bis schmutzig ockerbräunlich, oft mit gelbolivem Beiton, Schneiden weiß bewimpert. **St:** cremeweiß bis gelbockerlich, weißlich faserigflockig, Basis kaum verdickt. **F:** weißlich bis blassgelblich. **Ger:** leicht bis deutlich spermatisch. **Spp:** schmutzig bräunlich. **V:** in Wäldern, Parks, Wiesen; Frühsommer bis Spätherbst. **Mik:** Sporen glatt, ellipsoid, 9,5–14 × 6,5–8 µm, ChZ keulig bis flaschenförmig, dünnwandig, PlZ fehlend. (D 644f, Kr 5.436, BK 5.53, Lu 4.129.7A–D, 🖼).

12.5.91 *Pseudosperma obsoletum* (Quadr.) Valade, ***Inocybe obsoleta*** (Quadr. & Lunghini) Valade, ***I. rimosa* var. *obsoleta*** Quadr. & Lunghini, **Blasshütiger Risspilz, Blasser Risspilz:** Hut jung hell weißlich bis ockerbeige, mit dauerhaftem weißem Velum am Buckel, Lamellen ohne Olivton, Stielspitze flockig, darunter faserig, blass isabellbräunlich, ± geruchlos. Sporen 8,5–11 × 5,5–7 µm. (Kr 5.434, BK 5.51, Lu 4.129.9, 🖼).

12.5.87 *Inocybe sphagnophila,* Torfmoos-Risspilz

12.5.88 *Inocybe nitidiuscula,* Früher Risspilz

12.5.89 *Inocybe giacomi,* Nördlicher Risspilz

12.5.90 *Pseudosperma rimosum,* Kegeliger Risspilz

12.5.91 *Pseudosperma obsoletum,* Blasser Risspilz

12.5.92 *Pseudosperma umbrinellum* (Bres.) Matheny & Esteve-Rav., *Inocybe umbrinella* Bres., *I. rimosa* var. *umbrinella* (Bres.) Bizio & M. Marchetti, Umbrabrauner Risspilz: Hut braun, dunkelfaserig, im Scheitel schwärzlichbraun. Sporen angedeutet bohnenförmig (allantoid), 7,5–11 × 6–7,5 µm. (Lu 4.129.19, 🖼).

12.5.93 *Pseudosperma perlatum* (Cooke) Matheny & Esteve-Rav., *Inocybe perlata* (Cooke) Sacc., *I. rimosa* f. *perlata* (Cooke) A. Ortega & Esteve-Rav., Breithütiger Risspilz, Breiter Risspilz, Breitkegeliger Risspilz: Hut weniger spitzkegelig, dunkel kastanienbraun, Hutmitte ± schwarzbraun, Rand relativ lange eingerollt. Sporen 8,5–12 × 6–7 µm, ChZ vereinzelt gegliedert. (BK 5.52, Lu 4.129.22).

Pseudosperma arenicola (R. Heim) Matheny & Esteve-Rav., *Inocybe arenicola* (R. Heim) Bon, *I. fastigiata* f. *arenicola* R. Heim, Gelblicher Kegel-Risspilz, Starkbeschleierter Dünen-Risspilz: Hut mit bleibenden, weißlichen Velumresten. Sporen leicht bohnenförmig (allantoid). (Lu 4.129.10).

Pseudosperma flavellum (P. Karst.) Matheny & Esteve-Rav., *Inocybe flavella* P. Karst., *I. rimosa* var. *flavella* (P. Karst.) A. Ortega & Esteve-Rav., Weißscheiteliger Risspilz, Nachdunkelnder Risspilz: Hut lange geschlossen bleibend und nicht oder nur zögerlich aufschirmend, Stielbasis teilweise etwas knollig, jedoch nicht gerandet. Sporen oft leicht bohnenförmig (allantoid). (Kr 5.398, Lu 4.129.12).

Pseudosperma emberizanum Bandini, Weholt & B. Oertel, Goldammer-Risspilz: Hut 2–4 cm, stroh- bis lebhaft goldgelb, mit bleibenden weißlichen Velumresten. Sporen ellipsoid bis leicht bohnenförmig (allantoid), Sporen 10–13 × 4,5–6 µm.

Pseudosperma solare Bandini, B. Oertel & U. Eberh., Sonniger Risspilz: Hut 2,5–5 cm, leuchtend sonnig gelb, jung teils mit weißlichen Velumresten bedeckt, Lamellen erst weißlich, später graubräunlich, möglicherweise mit einem rötlichen Schein, Geruch etwas aromatisch, nicht spermatisch, bisherige Funde bei Nadelbäumen. Sporen ellipsoid bis leicht bohnenförmig (allantoid), Sporen 9–13,5 × 5,5–8,5 µm, ChZ keulig bis etwas blasig, vereinzelt mehrgliederig.

Inosperma dodonae Bandini & B. Oertel, Dodona-Risspilz: Lamellen weißlich bis ockerbräunlich, ohne Olivtöne, Geruch angenehm süßlich. ChZ zylindrisch bis keulig, teils mehrgliederig, Sporen bohnenförmig (allantoid) oder zylindrisch, 7–11 × 3,5–5,5 µm.

Es ist unklar, ob die Arten aus dem Umfeld von *P. rimosum* alle auch giftig sind.

12.5.94 *Inocybe leptocystis* G.F. Atk.
Dünnwandzystiden-Risspilz

H: 2–4 cm, flachkegelig bis ausgebreitet und gebuckelt, kahl bis feinfaserig, hellbraun bis braun, Rand jung mit flüchtigen, weißen Cortinaresten. **L:** ausgerandet angewachsen, ockergelblich, später schmutzig bräunlich, evtl. mit Olivstich, Schneiden weißlich bewimpert. **St:** wachsgelb, Spitze feinflockig, bräunlich, Basis ± gleich dick, selten verdickt. **F:** weißlich, im Stiel teilweise schwach bräunlich. **Ger:** schwach fruchtartig-spermatisch. **V:** an feuchten Stellen, im Moor, bei Moos, Erle *Alnus*, in höheren Lagen. **Mik:** Sporen glatt, ellipsoid bis mandelförmig, einseitig etwas abgeflacht, eher dünnwandig, hell ockergelb, 7,5–10 × 4,5–6 µm, HymZ dünnwandig, bauchig, mit einer schleimigen Kappe, die eingetrocknet zu einer dünnen Kristallkruste wird. (D 671, Lu 4.130.49, 🖼).

12.5.95 *Inocybe aurea* Huijsman
Gold-Risspilz

H: 1,5–3,5 cm, flach gebuckelt, goldgelb, orangegelb bis strohfarben, Rand jung mit weißen Cortinaresten. **L:** schmal angewachsen, bauchig, ockergrau. **St:** weiß bis creme, später ockerbraun, fest, Basis ± gleich dick mit weißlichem Basalfilz. **F:** weißlich. **Ger:** schwach spermatisch. **V:** unter Nadelbäumen, bei Krautweide *Salix herbacea*, in allen Höhenlagen. **Mik:** Sporen schwach höckerig, eher dickwandig, blass olivocker, 8,5–10,5 × 5–6,5 µm, HymZ dünnwandig, Wandstärke nur bis 0,5 µm, keulig, vereinzelt mit Kristallschopf. (🖼).

12.5.96 *Inocybe jucunda* Bandini, B. Oertel & U. Eberh.
Erfreulicher Risspilz

H: 1–4 cm, jung annähernd kugelig, glockig und fast glatt, rötlichbraun, im Scheitel mit flüchtigen, grauen und am Rand mit weißlichen Velumresten, später gebuckelt, außen faserig und heller. **L:** schmal angewachsen, jung weißlich, später grau bis graubraun und bräunlich fleckig, Schneiden gezähnelt und evtl. etwas heller. **St:** jung weiß faserig, später glatt und zunehmend bräunlich, ganz bereift, im unteren Teil aber nur schwach. **F:** schmutzig weißlich. **Ger:** unauffällig bis leicht spermatisch. **V:** bei Laubbäumen, an eher feuchten, schattigen Stellen; im Herbst. **Mik:** Sporen mandel- bis bauchig apfelkernförmig, 7,5–10 × 4,5–6,5 µm, HymZ flaschenförmig, Wandstärke bis 2,5 µm, Hals ziemlich lang, Kaulozystiden auch im unteren Stielteil. (🖼).

12.5.92 *Pseudosperma umbrinellum*, Umbrabrauner Risspilz

12.5.94 *Inocybe leptocystis*, Dünnwandzystiden-Risspilz

12.5.95 *Inocybe aurea*, Gold-Risspilz

12.5.96 *Inocybe jucunda*, Erfreulicher Risspilz

12.5.97 *Inocybe subbrunnea* Kühner
Bräunlicher Risspilz

H: 2–6 cm, halbkugelig und leicht kegelig mit rundlichem Buckel, feinfaserig bis seidig-glatt, rötlichbraun, Rand weiß, teils mit kranzartig angeordneten Velumresten. **L:** schmal angeheftet, ockerbeige bis ockerbraun. **St:** ganz bereift, weißlich bis blass ockerlich, abwärts ockerbraun bis rosaockerlich, zylindrisch bis leicht verdickt. **F:** weißlich, fleischfarben bis braun. **Ger:** etwas säuerlich. **V:** auf nährstoffreichem Boden, eher in südlichen Regionen, oft bei Kiefer *Pinus*; Sommer bis Herbst. **Mik:** Sporen glatt, eher dünnwandig, ellipsoid bis mandelförmig, ohne Einbuchtung beim Apikulus, 8,5–11,5 × 5,5–6,5 µm, Q (L/B) ø = 1,57, HymZ dickwandig, Wandstärke bis ca. 3 µm, keulenförmig bis bauchig, Spitze mit sandig-feinkörnig wirkender Oberfläche, vereinzelt mit Kristallschopf, durchschnittlich 73 × 18 µm. (🖼).

12.5.98 *Inocybe leiocephala* D.E. Stuntz, Braungebuckelter Risspilz, Glatthütiger Risspilz: Hut 1–4 cm, Stiel mit einem Hauch Rosa; oft alpin und Kalk liebend. Sporen bis 11 µm, HymZ dickwandig, Wandstärke bis 4 µm, Spitze sandig, kaum Kristallschöpfe, durchschnittlich 64 × 16 µm, Q (L/B) ø = 1,60, Sporen und HymZ scheinen in kälteren Regionen größer zu sein. (🖼).

12.5.99 *Inocybe catalaunica* Singer, *Inocybe abietis* Kühner, Katalaunischer Risspilz, Rotbrauner Nadelholz-Risspilz: Hut 1–3 cm, dicht anliegend faserig bis etwas schuppig, hell- bis rehbraun; Typus aus den Pyrenäen bei Weißtanne *Abies*. Sporen mit Einbuchtung beim Apikulus (supraapikulare Depression), bis 10,5 µm lang, Q (L/B) ø = 1,80, HymZ schlank, leicht dickwandig, durchschnittlich 70 × 13 µm. (🖼).

Molekulargenetische Untersuchungen von Larsson et al. 2014a haben gezeigt, dass *I. subbrunnea*, *I. leiocephala* und *I. catalaunica* eigene Arten sind. In vielen Quellen sind die Arten noch als Synonyme geführt und die Zuordnung der Abbildungen ist deshalb unklar. (Kr 5.391, BK 5.34, Lu 4.130.78).

Inocybe glabrescens Velen., Starrstieliger Risspilz: Hut bis 3 cm, filzig, braun, ohne rötlichfuchsige Beitöne, teilweise mit graulichem Velum, Lamellen bei älteren Fruchtkörpern braun. Sporen 7–10 × 4,5–6 µm, HymZ durchschnittlich 57 µm lang. (D 657, Kr 5.407).

Inocybe demetris Bandini & U. Eberh., Demeters Risspilz: Hut 2–4 cm, ocker, nuss- bis rötlichbraun, kahl bis rissig und reichlichen, graulichen Velumresten (Velipellis), Lamellen jung auffallend weißlich; an kalkhaltigen, anthropogen veränderten Stellen (Wegrand, Park, Friedhof etc.) bei Nadelbäumen. Sporen 8–10,5 × 4,5–6 µm, HymZ durchschnittlich 60 µm lang.

12.5.100 *Inocybe virgatula* Kühner
Braunstreifiger Risspilz

H: 1,5–4 cm, kegelig bis ausgebreitet und gebuckelt oft spitz, graubraun bis rötlich- oder dunkelbraun, radialfaserig bis -streifig, Rand heller, jung mit weißlichen, flüchtigen Cortinaresten behangen. **L:** schmal angeheftet, blass graubeige bis satt beigebräunlich. **St:** Spitze bereift, weißlich, abwärts bräunlich, faserig, Basis mit weißlichem Mycelfilz, etwas verdickt. **F:** weißlich. **Ger:** spermatisch. **V:** im Nadelwald, seltener im Laubwald; Sommer bis Herbst. **Mik:** Sporen glatt, blass gelblich, leicht dickwandig, ellipsoid bis mandelförmig, 8,5–11 × 4.5–6 µm, HymZ mehrheitlich bauchig, dickwandig, Wandstärke bis 2 µm, mit Kristallschopf. (D 652, Kr 5.403, BK 5.19, Lu 4.130.66, 🖼).

Inocybe fuscidula Velen.: Kuyper 1986 wie auch Stangl 1989 betrachten *I. fuscidula* und *I. virgatula* als Synonyme. Untersuchungen von Bandini et al. 2021b haben gezeigt, dass die Größen von Sporen und Hymenialzystiden vom Typusmaterial von *I. fuscidula* eher mit *I. glabripes* übereinstimmen und nicht mit *I. virgatula*. Auch *Inocybe hypophaea* Furrer-Ziogas gilt nach diesen Untersuchungen nicht als Synonym von *I. virgatula* (wie bei Kuyper 1986 und Stangl 1989), sondern als eine andere, nicht mehr interpretierbare Art. Ergebnisse einer Sequenzierung liegen bisher nicht vor. Falls sich eine Identität ergeben sollte, hätte die Bezeichnung *I. hypophaea* den Vorrang.

Inocybe fuscescentipes Kühner, Schwärzender Risspilz, Langsambräunender Risspilz: Hut 1,5–3 cm, strähnig-faserig, nicht schuppig, umbrabraun, mit abgeknicktem, eingebogenem Rand, Lamellen jung hell, später ebenfalls umbrabraun, Stiel ganz bereift, weißlich, von der Basis her zunehmend rußbräunlich, mit oder ohne Knolle; vorwiegend alpin bei Silberwurz *Dryas*. Sporen glatt, ellipsoid, 8,5–10,5 × 5–6 µm, leicht dickwandig, HymZ spindel- bis flaschenförmig, dickwandig, Wandstärke bis 4 µm. (Lu 4.130.37).

Inocybe lechiana Bandini, B. Oertel & U. Eberh., Lech-Risspilz: Hut 0,5–1 cm, jung mit graulichem Schleier auf dem Hut und weißlichen Cortinaresten, kaffee- bis dunkelbraun, Stiel jung beige, weißlich faserig, später netzartig oder genattert; vorwiegend bei Nadelbäumen. Sporen glatt, ellipsoid, 8–11 × 5–6,5 µm, HymZ zylindrisch bis spindel- oder flaschenförmig, Wandstärke bis 2,5 µm.

12.5.97 *Inocybe subbrunnea*, Bräunlicher Risspilz

12.5.98 *Inocybe leiocephala*, Braungebuckelter Risspilz

12.5.99 *Inocybe catalaunica*, Katalaunischer Riss

12.5.100 *Inocybe virgatula*, Braunstreifiger Risspilz

12.5.101 *Inocybe queletii* Konrad
Weißtannen-Frühlings-Risspilz

H: 2–6 cm, halbkugelig-kegelig bis ausgebreitet und gebuckelt, faserig bis radialstreifig, bisweilen leicht fettig wirkend, strohockerlich bis ocker, Rand jung stark mit weißlichen, flüchtigen Cortinaresten behangen. **L:** schmal angeheftet, blassbeige bis ockerbräunlich. **St:** weißlich bis blass gelblich, Spitze weißlich bereift, abwärts feinfaserig, Basis mit weißem Mycelfilz und meist knollig. **F:** weißlich. **Ger:** schwach mehlartig-spermatisch. **Spp:** blass ockerbräunlich. **V:** im Nadelwald, vorwiegend bei Weißtanne *Abies alba;* im Frühjahr und im Herbst. **Mik:** Sporen glatt, ellipsoid bis mandelförmig, einseitig etwas abgeflacht, dickwandig, satt ockergelb, 8,5–12 × 5,5–6,5 µm, HymZ dickwandig, bauchig, vereinzelt mit Kristallschopf. (D 667, Kr 5.432, BK 5.48 Lu 4.130.107,).

Inocybe audens Bandini, Christan & Dondl, Wagemutiger Risspilz: Hut blass strohockerlich bis milchkaffeebraun, braun oder schwach rötlichbraun, im Scheitel etwas heller, höchstens leicht mit weißlichen Velumresten bedeckt. Sporen 8–10,5 × 5–6,5 µm, mehrheitlich 4-sporig, HymZ spindel- bis flaschenförmig, dickwandig, Wandstärke bis 2,5 µm, mehrheitlich mit Kristallschopf.

12.5.102 *Inocybe proximella* P. Karst.
Haselbrauner Risspilz

H: 2–4 cm, kegelig, später aufschirmend und häufig mit spitzem, dunklerem Buckel, eingewachsen faserig bis rissig, haselbraun, Rand heller. **L:** ausgebuchtet, cremegrau- später braun. **St:** Spitze bereift, blassbraun, Basis bisweilen etwas verdickt, aber nicht knollig. **F:** weißlich. **Ger:** schwach spermatisch. **Spp:** umbrabraun. **V:** vorwiegend im Nadelwald bei Fichte *Picea,* oft bei Torfmoos *Sphagnum.* **Mik:** Sporen höckerig, 7,5–10 × 5,5–6,5 µm, HymZ etwas bauchig, leicht dickwandig, Wandstärke bis 1,5 µm, mit Kristallschopf, Kaulozystiden oft spitz zulaufend. (BK 5.90,).

12.5.103 *Inocybe godeyi* Gillet
Rötender Risspilz

H: 2–4 cm, kegelig, später ± flach und spitz gebuckelt, fein-, später grobfaserig, cremeocker, bald vom Scheitel her rotorange verfärbend, Rand jung eingebogen. **L:** ausgebuchtet und schmal angewachsen, grauweißlich, beige bis schmutzig ocker, Schneiden bewimpert, alt schartig und rötlich. **St:** ganz bereift, cremeweiß, später rotorange verfärbend, Basis mit gerandeter Knolle. **F:** cremeweiß, etwas rötend. **Ger:** säuerlich, unangenehm. **Spp:** braun. **V:** bei Laubbäumen, auf kalkreichem Boden; Frühsommer bis Herbst. **Mik:** Sporen glatt, zitronen- bis etwas spindelförmig, eher dünnwandig, 9–12 × 5,5–7 µm, HymZ dickwandig, Wandstärke bis 2,5 µm, bauchig mit Kristallschopf. (D 650, Kr 5.408, BK 5.24, Lu 4.130.12,).

Inocybe amelandica Bandini & B. Oertel, in Bandini, Oertel, Schüssler & Eberhardt, Ameland-Risspilz: Hut ocker- bis fuchsigbraun, Geruch aromatisch, Fleisch kaum rötend; in Sanddünen. Sporen glatt, ellipsoid bis angedeutet mandelförmig, 8,5–12,5 × 5,5–7,5 µm, HymZ mehrheitlich bauchig, eher dünnwandig mit Wandstärke bis ca. 1 µm.

12.5.104 *Inocybe bresadolae* Massee
Rötlichfuchsiger Risspilz

H: 3–5 cm, glockig bis flach gewölbt und gebuckelt, filzig-faserig bis kleinschuppig, stroh- bis orangeocker, Rand oft etwas rötlich. **L:** schmal angewachsen, beigeockerlich bis sattbeige. **St:** ganz bereift, gelbockerlich, im unteren Teil orangerötlich behaucht, Basis abrupt bis gerandet-knollig. **F:** weißlich, im Stiel gelblich und langsam rötend. **Ger:** schwach obstartig. **Spp:** ockergelb. **V:** bei Laubbäumen, auf grasigem Boden; vorwiegend im Sommer. **Mik:** Sporen höckerig, hellgelb, 6–8,5 × 5–6 µm, HymZ schlank bauchig, dickwandig, Wandstärke bis 3 µm, mit Kristallschopf. (BK 5.70, Lu 4.131.1,).

12.5.105 *Inocybe asterospora* Quél.
Sternsporiger Risspilz

H: 3–7 cm, kegelig, später ausgebreitet und gebuckelt, im Scheitel kahl bis filzig, evtl. mit Velumresten, braun bis kastanienbraun, gegen den Rand faserig-rissig und etwas heller. **L:** schmal angewachsen, blass graubeige, später graubräunlich. **St:** ganz weißlich bereift, blass bräunlich bis fleischbräunlich, abwärts dunkler, Basis mit weißlicher, gerandeter, flacher Knolle. **F:** im Hut und in der Knolle weißlich, im Stiel rotbräunlich. **Ger:** stark spermatisch. **Spp:** ockergelb bis roströtlich. **V:** auf kalkreichem Boden, vor allem bei Laubbäumen; Sommer bis Herbst. **Mik:** Sporen stark höckerig, sternartig, satt ockergelb,

12.5.101 *Inocybe queletii,* Weißtannen-Frühlings-Risspilz

12.5.102 *Inocybe proximella,* Haselbrauner Risspilz

12.5.103 *Inocybe godeyi,* Rötender Risspilz

12.5.104 *I. bresadolae,* Rötlichfuchsiger Risspilz

12.5.105 *Inocybe asterospora,* Sternsporiger Risspilz

9,5–12 × 7,5–10,5 µm, HymZ bauchig, dickwandig, Wandstärke bis 3 µm, mit Kristallschopf. (Kr 5.450, BK 5.69, Lu 4.131.22, 🖼).

Inocybe pseudoasterospora Kühner & Boursier, *Inocybe deborae* E. Ferrari, Falscher Sternspor-Risspilz, Deborahs Risspilz: Hut kaum über 5 cm breit, Stiel nur an der Spitze bereift. Sporen 3- bis 4-eckig-kantig bis deutlich höckerig, jedoch eher stumpf und kaum sternartig. (Kr 5.470).

Inocybe perlucida Bandini & E. Ferrari, in Bandini, Oertel, Schüssler & Eberhardt, *I. pseudoasterospora* var. *mycenoides* Bon & E. Ferrari, Durchscheinender Risspilz: Hut bis 1,5 cm breit, helmlingsartig klein, ockerbraun, hygrophan und durchscheinend gerieft; bisher bei Lärche *Larix* gefunden. Sporen 9–14 × 7–11 µm, HymZ nur leicht dickwandig.

12.5.106 *Inocybe calida* Velen., *Inocybe brunneorufa* Stangl & J. Veselský
Eckigknolliger Risspilz

H: 1,5–3 cm, kegelig bis gewölbt und spitz gebuckelt, haselnussbraun mit etwas Rotbraun, im Scheitel mit silbrigem Überzug, Rand etwas heller und faserig. **L:** schmal angewachsen, blass graubeige, später bräunlich. **St:** ganz bereift, Spitze rötlichocker, abwärts ockerbräunlich, Basis mit gerandeter, weißer Knolle. **F:** im Hut und in der Knolle weißlich, im Stiel fleischbräunlich. **Ger:** schwach staubig-säuerlich. **V:** bei Laubbäumen; vor allem im Sommer. **Mik:** Sporen stark höckerig, 8,5–11 × 7–8 µm, HymZ flaschenförmig bis bauchig, dickwandig, Wandstärke bis 4 µm, mit Kristallschopf. (BK 5.71, Lu 4.131.15, 🖼).

12.5.107 *Inocybe pseudohiulca* Kühner
Falscher Höckerspor-Risspilz, Großsporiger Höckerspor-Risspilz

H: 4–8 cm, glockig, bald gewölbt und breit gebuckelt, anliegend fein-, am Rand grobfaserig, Huthaut klebrig, oft mit Erdresten, im Scheitel mit graulichen Velumresten überzogen, rötlich-, ockerlich- bis mittelbraun, älter gegen den Rand heller, ockerbraun. **L:** schmal angeheftet, erst grau, später ockeroliv. **St:** ganz bereift, zart rosalich bis rötlichbraun, Basis mit oft tief vergrabener Knolle. **F:** weißlich, im Stiel blass ockerlich. **Ger:** spermatisch bis rübenartig. **V:** vorwiegend bei Fichte *Picea,* in höheren Lagen. **Mik:** Sporen stark höckerig, blass gelblich, 9,5–14,5 × 7–10 µm, HymZ bauchig, dickwandig, Wandstärke bis 3 µm, mit Kristallschopf. (Lu 4.131.12, 🖼).

12.5.108 *Inocybe piceae* Stangl & Schwöbel
Fichten-Risspilz, Fichten-Höckerspor-Risspilz

H: 1–6,5 cm, breit kegelig, Hutmitte fast glatt, mit unauffälligem graulichem Velumbelag, gegen den Rand faserig bis aufreißend, lehm- bis rehbraun, Huthaut schmierig, oft mit Substratresten behaftet. **L:** aufsteigend und schmal angewachsen, eher gedrängt, blassgrau bis olivgrau. **St:** ganz bereift, beige, Spitze mit schwach rosabraunem Reflex, Basis mit leicht abgesetzter Knolle. **F:** in Hut und Knolle weiß, im Stiel, v. a. oben, schwach rötlich. **Ger:** säuerlich bis stark spermatisch. **Spp:** tabakbraun. **V:** oft gesellig, auf kalkhaltigem Boden, vorwiegend bei Nadelbäumen; Sommer bis Spätherbst. **Mik:** Sporen stark höckerig, ockergelb, 8–12 × 6–8 µm, HymZ bauchig, dickwandig, Wandstärke bis 4 µm, mit meist üppigem Kristallschopf. (Kr 5.468, BK 5.88, Lu 4.131.59, 🖼).

12.5.109 *Inocybe grammata* Quél.
Höckersporiger Risspilz, Weißlichbreitbuckliger Risspilz

H: 2–6 cm, spitzkegelig-glockig, später ausgebreitet und gebuckelt, feinfaserig, im Scheitel, teils auch am Rand mit grauweißlichen Velumresten überzogen, ocker, rötlichbraun bis etwas purpurviolett, gegen den Rand fleisch- bis kakaobräunlich. **L:** leicht ausgerandet angewachsen, hell graubeige, später graubräunlich, Schneiden fein weißlich bewimpert. **St:** ganz fein bereift, fleischfarben, fleischbräunlich, Basis mit gerandeter oder teilweise gerandeter Knolle. **F:** im Hut und in der Knolle weißlich, im Stiel fleischfarben. **Ger:** schwach spermatisch. **V:** bei Laub- und Nadelbäumen, am Wegrand, auf sandigem, kalkhaltigem Boden; vorwiegend im Sommer, evtl. im Herbst. **Mik:** Sporen schwach höckerig, 7,5–10,5 × 4,5–6,5 µm, HymZ spindelförmig bis leicht utriform, bis 70 µm lang, dickwandig, Wandstärke teils bis 4 µm, mit Kristallschopf. (D 679, Kr 5.457, BK 5.77, Lu 4.131.23, 🖼).

Inocybe vestalis Bandini, Weholt & B. Oertel, Vestalinnen-Risspilz: Hut 1,5–4 cm, erst meistens kegelig, später ausgebreitet und zunehmend gebuckelt, leicht klebrig, seidig bis unregelmäßig faserig, bernsteinfarben bis ockerbräunlich oder rötlichbraun, mit weißen Velum-

12.5.106 *Inocybe calida,* Eckigknolliger Risspilz

12.5.107 *Inocybe pseudohiulca,* Falscher Höckerspor-Risspilz

12.5.108 *Inocybe piceae,* Fichten-Risspilz

12.5.109 *Inocybe grammata,* Höckersporiger Risspilz

resten bedeckt, Lamellen fast frei, graubraun, bisweilen mit einem Hauch Oliv, Schneide fein gezähnelt und evtl. etwas heller, Stiel etwas rosarötlich, darüber weiß faserig und auf der ganzen Länge bereift, Basis verdickt bis knollig oder gerandet knollig, Geruch angenehm süßlich; vorwiegend bei Fichte *Picea.* Sporen stumpf höckerig, teils mit annähernd dreieckigem Umriss, teils auch mit einem hervorragenden Höcker, 6,5–10 × 4,5–6,5 µm, HymZ schlank bis ziemlich dick flaschenförmig, leicht dickwandig, Wandstärke bis 2 µm, mit Kristallschopf.

Inocybe oblectabilis (Britzelm.) Sacc., Ansehnlicher Risspilz: Hut ± glatt, trocken schwach fettig glänzend, ockerbräunlich, Stiel hellocker bis rötlichbraun, Spitze und Basis weißlich, mit ausgeprägt gerandeter Knolle; nur bei Laubbäumen. Sporen deutlich höckerig, 8–10 × 6–8 µm. HymZ flaschenförmig bis bauchig, dickwandig, mit Kristallschopf. (Kr 5.464, Lu 4.131.10).

Inocybe tiliae Franchi, M. Marchetti & Papetti, Linden-Risspilz: Hut im Zentrum glatt bis eingewachsen faserig, Rand faserig bis etwas schuppig, trocken schwach fettig glänzend, oft mit Erdresten, jung ocker bis blassbraun, dann bernsteinfarben bis rotbraun gefleckt, teils mit graulicher Schattierung, im Alter teils mit braunviolettem Zentrum und blasserem Rand, Stiel meist rosalich, Spitze und Basis heller, Basis verdickt bis deutlich knollig; meist bei Linde *Tilia* oder Eiche *Quercus,* auf basischem oder neutralem Boden, Herbst bis Winter. Sporen höckerig, 9–11 × 6,5–8 µm. HymZ meist (sub-)fusiform oder (sub-)zylindrisch, bis 55 µm lang, Wandstärke bis 3 µm.

12.5.110 *Inocybe pseudoreducta* Stangl & Glowinski
Dunkelbraunscheiteliger Risspilz

H: 1–3 cm, stumpf kegelig, später ausgebreitet und teils gebuckelt, feinfaserig, rötlich- bis dunkelbraun, Rand heller, teils mit Velumresten. **L:** schmal angeheftet, erst weißlich, später grau bis olivockerlich. **St:** ganz bereift, cremebräunlich, bisweilen auch mit einem Anteil Rosa, Basis knollig bis gerandet knollig. **Ger:** säuerlich bis spermatisch oder fischartig. **V:** im Laub- oder Nadelwald, vorwiegend an feuchten Stellen; Sommer bis Herbst. **Spp:** tabakfarben. **Mik:** Sporen glatt, ellipsoid, apikal etwas zugespitzt, leicht dickwandig, 7,5–10 × 4,5–6 µm, HymZ bauchig, ziemlich dickwandig, Wandstärke bis 2,5 µm, mit Kristallschopf. (BK 5.46, Lu 4.130.85, 🖼).

Die Angaben zu dieser Art sind uneinheitlich. So messen z. B. die Sporen gemäß Stangl & Glowinski 1981 9–11,5 × 5–6 µm, gemäß Kuyper 1986 7,5–9,5 × 4,5–5,5 µm und nach Ludwig 2017 7,5–10 × 4–6 µm. Bandini 2023 nennt maximal 9 µm.

Inocybe suecica Vauras & E. Larss., Schwedischer Risspilz: Hut 1–3 cm, braun, rötlichbraun, fast glatt, im Zentrum teils mit graulicher Velumschicht, gegen außen radialfaserig, Geruch spermatisch; im Gras, bei Laubbäumen. Sporen ellipsoid bis etwas mandelförmig, 7,5–9,5 × 4,5–5,5 µm, HymZ spindel- bis flaschenförmig, Wandstärke bis 3 µm.

12.5.111 *Inocybe amblyospora* Kühner
Stumpfsporiger Risspilz

H: 1–3 cm, stumpf kegelig, später ausgebreitet und breit gebuckelt, im Scheitel feinfaserig bis fast glatt, rotbraun, gegen außen teils feinschuppig und heller cremeweißlich. **L:** jung blass, später grau- bis olivockerlich. **St:** ganz bereift, cremerosa bis bräunlich, Basis knollig bis gerandet knollig. **Ger:** angenehm pilzartig und etwas süßlich. **V:** im Laub- oder Nadelwald, an Wegrändern; Sommer bis Herbst. **Mik:** Sporen glatt, ellipsoid bis etwas mandelförmig, apikal etwas abgestumpft, leicht dickwandig, gelblich, 7–9 × 4–5,5 µm, HymZ bauchig, nur leicht dickwandig, Wandstärke bis 1,5 µm, mit Kristallschopf. (Kr 5.384, BK 5.2, Lu 4.130.91).

Inocybe athenana Bandini, B. Oertel & U. Eberh., Athenes Risspilz: Hut fein eingewachsenfaserig bis fast glatt, braun, graubraun, in der Mitte dunkler gefärbt bis schwärzlich, oft schollig-warzig; bisherige Funde bei Weißtanne *Abies* oder Fichte *Picea.* Sporen ellipsoid bis etwas mandelförmig, 8–10 × 4,5–6 µm, HmyZ bauchig bis utriform mit auffällig breitem Hals, leicht dickwandig, Wandstärke bis 1,5 µm.

12.5.112 *Inosperma cookei* (Bres.) Matheny & Esteve-Rav., *Inocybe cookei* Bres.
Knolliger Risspilz

H: 2–5 cm, kegelig, später ausgebreitet und spitz gebuckelt, faserig bis rissig, ockergelblich, im Scheitel etwas bräunlich. **L:** schmal angeheftet, holzgelblich bis bräunlich. **St:** gelblich, Basis mit weißlicher, gerandeter Knolle. **F:** weißlich, im Stiel etwas cremegelb. **Ger:** schwach fruchtartig, honigartig. **V:** im Wald, Park, am Wegrand, auf kalkreichem Boden; Sommer bis Herbst. **Mik:** Sporen glatt, ellipsoid bis bohnenförmig (allantoid), eher dünnwandig, 7,5–11 × 4,5–7 µm, ChZ keulig bis ballonförmig, kaum gegliedert, dünnwandig, PlZ fehlend. (Kr 5.394, BK 5.12, Lu 4.129.15, 🖼).

12.5.110 *Inocybe pseudoreducta,* Dunkelbraunscheiteliger Risspilz

12.5.112 *Inosperma cookei,* Knolliger Risspilz

12.5.113 *Inosperma quietiodor* (Bon) Matheny & Esteve-Rav., *Inocybe quietiodor* Bon
Unangenehmriechender Risspilz, Wanzigriechender Risspilz

H: 2–5 cm, kegelig, glockig, später ausgebreitet, teils gebuckelt, faserig bis schwach eingewachsen schuppig, ockergelblich, im Scheitel oft mit weißen Velumresten. **L:** schmal angeheftet, eng, jung grau, später olivbraun. **St:** weiß bis gelb, Basis verdickt, meist mit deutlicher, gerandeter Knolle. **F:** blass gelbbraun. **Ger:** nach Blattwanzen (ähnlich *Lactarius quietus,* Eichen-Milchling). **V:** bei Laubbäumen im Wald, Park; Sommer bis Herbst. **Mik:** Sporen glatt, ellipsoid, nur selten bohnenförmig (allantoid), dünnwandig, 8–10,5 × 4,5–6 µm, ChZ keulig bis utriform, kaum gegliedert, dünnwandig, PlZ fehlend. (Kr 5.433, BK 5.49, Lu 4.129.23, 🖼).

12.5.114 *Inocybe praetervisa* Quél. ☠
Zapfensporiger Risspilz

H: 1,5–5 cm, kegelig-glockig, später ausgebreitet und gebuckelt, hell bis dunkel ockerbraun, im Scheitel feinfilzig, evtl. mit feinem, grauweißlichem Velumbelag, gegen den Rand deutlich bis stark faserig. **L:** schmal angewachsen, cremefarben bis graubräunlich. **St:** im oberen Teil bereift, cremeweiß bis blass ockerlich, Basis mit deutlicher, jedoch kaum gerandeter Knolle. **F:** weißlich. **Ger:** schwach spermatisch. **Spp:** ockergelblich. **V:** bei Laub- und Nadelbäumen, auf kalkreichem Boden; Frühsommer bis Herbst. **Mik:** Sporen höckerig, blass ockergelb, 8,5–12,5 × 6–8,5 µm, HymZ bauchig, dickwandig, Wandstärke bis 3 µm, mit Kristallschopf. (D 678, Kr 5.470, BK 5.89, Lu 4.131.56, 🖼).

Inocybe favrei Bon, *Inocybe taxocystis* (J. Favre & E. Horak) Senn-Irlet, Dickstieliger Risspilz, Alpen-Risspilz: Hut 1–2,5 cm, matt, dunkel rot- bis olivbraun, (sub-)alpin, in Zwergstrauchheide, bei Zwergweide *Salix* oder Silberwurz *Dryas.* Sporen höckerig, 8,5–11,5 × 5–7,5 µm, HymZ bauchig, dickwandig, Wandstärke bis 4 µm. (BK 5.95).

12.5.115 *Inocybe johannis-stanglii* Bandini, Esteve-Rav. & G. Moreno, *Inocybe pallida* Velen. *sensu* Stangl ☠
Johann Stangls Risspilz, Grauscheiteliger Risspilz

H: 2–4 cm, stumpf gebuckelt, feinfaserig, im Scheitel mit grauem Belag, haselnussbraun, Rand heller. **L:** schmal angewachsen, jung weißlich bis lilagrau, später graubraun. **St:** ganz bereift, cremeweiß bis blass ockerlich, Basis mit deutlicher, jedoch nur teilweise gerandeter Knolle. **F:** weißlich bis blass bräunlich. **Ger:** unauffällig bis schwach spermatisch. **Spp:** umbrabraun. **V:** bei Nadelbäumen, oft bei Serbischer Fichte *Picea omorika;* Sommer bis Herbst. **Mik:** Sporen schwach höckerig, 8,5–11,5 × 5,5–7,5 µm, HymZ spindelförmig, dickwandig, Wandstärke bis 3 µm, mit Kristallschopf. (BK 5.86, 🖼).

12.5.116 *Inocybe dunensis* P.D. Orton
Dünen-Risspilz

H: 2–7 cm, kegelig bis flach gewölbt und gebuckelt, im Scheitel feinfilzig, evtl. mit feinen weißlichen Velumresten bedeckt, hellbraun, selten dunkelbraun, gegen den Rand heller und faserig. **L:** schmal angewachsen, hellbeige, später bräunlich. **St:** ganz bereift, weißlich bis wachsgelb, bisweilen rosa überhaucht, Basis mit abgesetzter, evtl. gerandeter Knolle. **F:** weißlich, im Stiel evtl. rosa überhaucht. **Ger:** unauffällig bis schwach pilzartig, spermatisch oder nach frischem Brot. **V:** auf sandigem Boden, in Dünen, bei Weide *Salix.* **Mik:** Sporen höckerig, länglich, satt ockergelb, 10–14 × 6–8 µm, HymZ spärlich, spindelförmig bis etwas utriform, sehr dickwandig, Wandstärke bis 6 µm. (BK 5.73, Lu 4.131.24, 🖼).

Inocybe decipiens Bres., Graubrauner Risspilz: im Auenwald, auf feuchtem, grasigem, sandigem Boden, Sommer bis Herbst. HymZ flaschenförmig. Gemäß verschiedener Autoren ein Synonym von *I. dunensis.*

12.5.117 *Inocybe acuta* Boud. ☠
Spitzer Risspilz

H: 1,5–3 cm, spitzkegelig, glockig, stets mit spitzem Buckel, faserig bis rissig, nicht hygrophan, umbrabraun, Rand lange eingebogen. **L:** ausgebuchtet, cremeweiß bis ockerbräunlich. **St:** wie der Hut gefärbt, Spitze bereift, Basis knollig. **F:** weißlich, in der Stielbasis bräunlich. **Ger:** unauffällig bis etwas obstartig. **Spp:** tabakbraun. **V:** im Wald, vorwiegend bei Weide *Salix,* in sumpfigem Gebiet. **Mik:** Sporen stumpf höckerig, 9–11 × 6,5–7,5 µm. HymZ leicht bauchig oder spindelförmig bis etwas utriform, leicht dickwandig, Wandstärke bis 1,5 µm, mit Kristallschopf. (D 672, Kr 5.448, BK 5.66, Lu 4.131.48).

12.5.113 *Inosperma quietiodor,* Unangenehmriechender Risspilz

12.5.114 *Inocybe praetervisa,* Zapfensporiger Risspilz

12.5.115 *Inocybe johannis-stanglii,* Johann Stangls Risspilz

12.5.116 *Inocybe dunensis,* Dünen-Risspilz

Inocybe gandalfiana Bandini & B. Oertel, Gandalfs Risspilz: Hut hygrophan, braun, bald blass bräunlich, Stielbasis kaum knollig; im Nadelwald, vorwiegend bei Kiefer *Pinus*. Sporen 7–10,5 × 5–8 µm, HymZ leicht, an der Spitze dickwandig mit Wandstärke bis 3 µm.

12.5.118 *Inocybe margaritispora* (Berk.) Sacc.
Graubeigeblättriger Risspilz

H: 2–5 cm, halbkugelig-kegelig bis flach gewölbt mit spitzem Buckel, im Scheitel fein wollig-filzig, satt- bis dunkelbraun, gegen den Rand faserig und heller ockerbräunlich, mit zunehmenden Alter kann die Oberfläche feinschuppig werden. **L:** schmal angewachsen, hell graubeige, später dunkler. **St:** bereift, besonders im oberen Teil, cremeweiß bis blass ockerlich, Basis mit abrupt knolliger Basis. **F:** weißlich, im Stiel blass gelblich. **Ger:** schwach spermatisch. **V:** auf kalkreichem Boden, in Parks, Auenwäldern; Sommer bis Herbst. **Mik:** Sporen stark höckerig, hellgelb, 8–11 × 6–8 µm, HymZ zylindrisch bis bauchig, dickwandig, Wandstärke bis 4 µm, mit Kristallschopf. (BK 5.82, Lu 4.131.21, 🖼).

12.5.119 *Inocybe napipes* J.E. Lange ☠
Rübenstieliger Risspilz

H: 2–5 cm, kegelig bis ausgebreitet flach und spitz gebuckelt, glatt bis faserig, im Scheitel dunkelbraun, gegen außen etwas heller, Rand jung mit flüchtigen, graubraunen Cortinaresten behangen. **L:** schmal angeheftet, blassbeige bis hellbraun. **St:** Spitze gelblich und weiß bereift, abwärts bräunlich, Basis weiß und abrupt knollig. **F:** im Hut und in der Knolle weißlich, im Stiel teils blassbraun. **Ger:** schwach säuerlich-spermatisch. **Spp:** tabakbraun mit Olivstich. **V:** auf saurem, moorigem Boden, oft bei Torfmoos *Sphagnum*. **Mik:** Sporen stark höckerig, blassgelb, 8–10 × 6,5–8 µm, HymZ bauchig, flaschenförmig, kaum dickwandig, Wandstärke bis ca. 1 µm, vereinzelt mit Kristallschopf. (D 673, Kr 5.463, BK 5.84, Lu 4.131.47, 🖼).

12.5.120 *Inocybe assimilata* Britzelm. ☠
Rundknolliger Risspilz

H: 1,5–5 cm, kegelig bis ausgebreitet und stumpf gebuckelt, glatt bis feinfaserig, umbrabraun, Scheitel mit graulichen Velumresten, gegen außen heller, Rand jung mit flüchtigen, bräunlichen Cortinaresten. **L:** ausgebuchtet, blass- bis sattbeige. **St:** beigebräunlich, Spitze bereift, etwas kleiig, Basis mit abrupt verdickter, stets weißlicher Knolle. **F:** im Hut und in der Knolle weißlich, im Stiel teils bräunlich. **Ger:** schwach säuerlich. **Spp:** tabakbraun. **V:** auf saurem Boden, vorwiegend bei Nadelbäumen; Sommer bis Spätherbst. **Mik:** Sporen schwach höckerig, blassgelb, 7–9 × 5–6,5 µm, HymZ spindelförmig-bauchig bis etwas flaschenförmig oder kopfig, leicht dickwandig, Wandstärke bis 2 µm, oft mit Kristallschopf. (D 674, Kr 5.449, BK 5.68, Lu 4.131.49, 🖼).

Inocybe digitula Bandini, Christan & B. Oertel, Fingerchen-Risspilz: Hut nuss- bis rötlichbraun, dunkelbraun, jung fast glatt bis faserig, mit graulichen Velumresten, später in der Mitte bisweilen etwas warzig, Stiel erst beige, dann gegen die knollige Basis braun bis schwärzlich, Geruch unauffällig. Sporen mit starken, wenigen Höckern, oft einem etwas hervorragenden Höcker (Finger), 6,5–11,5 × 5–9 µm.

Inocybe globulina Bandini & B. Oertel, Kügelchen-Risspilz: Hut braun bis umbra- oder kastanienbraun, jung fast glatt bis faserig, mit graulichen Velumresten, oft etwas klebrig und mit Erde behaftet, Rand heller, Stiel erst weißlich, später bräunlich, mit bereifter Spitze und rundlich-knolliger, weißer Basis, Geruch unauffällig bis schwach spermatisch; an Wegrändern, bei Moos, auf offener Erde oder im Wald, vorwiegend im Laubwald. Sporen deutlich, eher rundlich höckerig, 6,5–10,5 × 5–7,5 µm.

12.5.121 *Inocybe tabacina* Furrer-Ziogas
Auwald-Risspilz

H: 1,5–4 cm, bald gewölbt und stumpf gebuckelt, im Scheitel feinfilzig, bräunlich, gegen den Rand faserig und heller, ockerbraun. **L:** ausgerandet, zartbeige, später beigebraun. **St:** gelblich bis ocker, im oberen Teil bereift, Basis wulstig-knollig. **F:** weißlich, im Stiel schwach gelblich. **Ger:** unauffällig bis etwas säuerlich. **V:** in Auenwäldern; Sommer bis Herbst. **Mik:** Sporen deutlich höckerig, satt ockergelb, 7,5–10 × 6,5–8,5 µm, HymZ bauchig, dickwandig, Wandstärke bis 3 µm, mit Kristallschopf. (Lu 4.131.16, 🖼).

12.5.122 *Inocybe mixtilis* (Britzelm.) Sacc. ☠
Gerandetknolliger Risspilz, Napfknolliger Risspilz

H: 2–5 cm, kegelig-glockig, später ausgebreitet und gebuckelt, im Scheitel ± kahl, gegen den Rand feinfaserig, strohgelb bis ockerbraun. **L:** schmal angeheftet, cremeweiß, bald graubeige bis bräunlich. **St:** ganz bereift, cremeweiß bis blass ockerlich, Basis mit gerandeter,

12.5.118 *Inocybe margaritispora*, Graubeigeblättriger Risspilz

12.5.119 *Inocybe napipes*, Rübenstieliger Risspilz

12.5.120 *Inocybe assimilata*, Rundknolliger Risspilz

12.5.121 *Inocybe tabacina*, Auwald-Risspilz

12.5.122 *Inocybe mixtilis*, Gerandetknolliger Risspilz

fast napfförmiger Knolle. **F:** weißlich. **Ger:** säuerlich. **V:** vorwiegend bei Nadelbäumen, auf kalkhaltigem Boden, auch alpin bei Silberwurz *Dryas*; Frühsommer bis Herbst. **Mik:** Sporen höckerig, satt ockergelb, 8–9,5 × 5–7 µm, HymZ bauchig, dickwandig, Wandstärke bis 3,5 µm, mit Kristallschopf. (Kr 5.462, BK 5.83, Lu 4.131.53, 🖼).

12.5.123 *Inocybe humilis* (J. Favre & E. Horak) Esteve-Rav. & Vila
Kleinwüchsiger Risspilz

H: 1–1,5 cm, kegelig, im Scheitel glatt und dunkelbraun, gegen den Rand faserig, rostbraun. **L:** gelbweiß, später gelbbraun mit grünlichem Stich. **St:** gelbbräunlich, im oberen Teil bereift, Basis mit schwach gerandeter Knolle. **V:** im Gebirgsnadelwald oder in der alpinen Zone bei Zwergweide *Salix*. **Mik:** Sporen deutlich höckerig, 9–12 × 7–8 µm, HymZ spindelförmig bis bauchig-spindelförmig, etwas dickwandig, teilweise mit kleinem Kristallschopf.

12.5.124 *Inocybe oreina* J. Favre
Gebirgs-Risspilz

H: 1–3 cm, jung kegelig-glockig, später ausgebreitet gebuckelt, Hutmitte fein körnig-schuppig, braun, Rand faserig, gelbbraun, lange heruntergebogen. **L:** ockerbraun mit weißflockigen Schneiden. **St:** mit gerandeter Knolle. **V:** im Gebirgsnadelwald oder alpin bei Zwergweide *Salix* oder Silberwurz *Dryas*. **Mik:** Sporen schwach und stumpf höckerig, 9,5–14 × 6–9 µm, HymZ bauchig, dickwandig, Wandstärke bis 3 µm, mit Kristallschopf. (BK 5.85).

Inocybe substellata Kühner, Krautweiden-Risspilz: Hut ockerbräunlich bis bräunlich. Sporen sternförmig höckerig, 9,5–13 × 7–11 µm. (BK 5.94).

12.5.125 *Inocybe salicis* Kühner
Weiden-Risspilz

H: 1–2 cm, jung kegelig-glockig, später ausgebreitet und spitz gebuckelt, faserig bis etwas strähnig, Mitte dunkelbraun gegen außen heller. **L:** jung blassgrau, später braun. **St:** ganz bereift, strohocker, Basis teils mit kleiner Knolle. **Ger:** etwas spermatisch. **V:** an sumpfigen Stellen unter Weide *Salix*; Sommer bis Herbst. **Mik:** Sporen spitz höckerig, 9–12,5 × 7–9,5 µm, HymZ bauchig, dickwandig, Wandstärke bis 4 µm, mit Kristallschopf. (Kr 5.471, Lu 4.131.17, 🖼).

12.5.125 *Inocybe salicis*, Weiden-Risspilz

13 *Bolbitiaceae*, Mistpilzverwandte

Basidiomycota, Ständerpilze > *Agaricomycetes* > *Agaricales*, Blätterpilze

Familie *Bolbitiaceae*, Mistpilzverwandte

Vorwiegend dünnfleischige, kleine bis mittelgroße Fruchtkörper in oft gelben bis gelb- oder rötlichbraunen Farbtönen. Einige Arten weisen weißliche, grauockerliche oder dunkel schwarzbraune Töne auf oder einen Stich ins Rosa, Lila, Blau oder Grün. Teilweise findet man Velumreste am Hut, vor allem am Rand, oder einen Ring oder Ringreste am mehrheitlich dünnen, brüchigen Stiel. Eine Ausnahme in dieser Hinsicht ist *Conocybe intrusa*, Ansehnliches Samthäubchen mit fleischigen, fälblingsähnlichen Fruchtkörpern und dickem Stiel. Die Lamellen sind mehrheitlich schmal angeheftet, vereinzelt breit angewachsen und bei den Gattungen *Bolbitius*, Mistpilze, *Conocybe*, Samthäubchen, *Pholiotina*, Glockenschüpplinge und den kleinen, seltenen *Descolea*, Schleimschüpplinge vom stets rostbraunen Sporenpulver eingefärbt. *Panaeolus*, Düngerlinge unterscheiden sich durch schwarzbraunes Sporenpulver und entsprechend schwarzbraun gefärbte und reif auffällig fleckig gescheckte Lamellen. Die Zusammengehörigkeit dieser vier Gattungen zu ***Bolbitiaceae***, Mistpilzverwandte ist umstritten. In der umfangreichen Untersuchung von Tóth et al. 2013 erscheinen sie im Stammbaum zwar als Nachbarn, was die Zusammenfassung grundsätzlich möglich macht. *Panaeolus* steht jedoch am Rand und wird auch zu Familien wie *Coprinaceae*, *Psathyrellaceae* sowie *Strophariaceae* gezählt oder bis zu weiteren Klärungen an einer undefinierten Stelle in der Ordnung *Agaricales* platziert. *Pholiotina*, Glockenschüpplinge zählen teilweise zu *Conocybe*, Samthäubchen. Auch diese Gattungen können als direkte Nachbarn zusammengefasst werden. Allerdings liegt die Gattung *Bolbitius* innerhalb von *Pholiotina*, was den Grundsätzen der Phylogenetik widerspricht. Die Eingliederung von *Pholiotina* in *Conocybe* löst dieses Problem nicht; dafür müsste *Pholiotina* aufgeteilt werden. Wir bleiben hier bei der Aufteilung in die vier genannten Gattungen, für die aber in naher Zukunft Änderungen zu erwarten sind.

Ein Teil der Mistpilzverwandten, insbesondere unter den Düngerlingen, wächst auf nährstoffreichen Böden oder direkt auf Mist oder Dung. Der größere Teil der Familie gedeiht jedoch auf Erde bei Gras, Pflanzenresten, auf moderndem Holz oder in Gewächshäusern. Die Mistpilzverwandten sind mehrheitlich Saprobionten. Die beiden *Descolea*, Schleimschüpplinge sind gemäß Bougher & Malajczuk 1985 Mykorrhizapilze.

Die Sporen sind mehrheitlich glatt, ellipsoid, einseitig abgeflacht bis etwas bohnenförmig (allantoid), vereinzelt eckig, dünn- bis deutlich dickwandig mehrheitlich 4-, teils 2-sporig. Der Keimporus ist meist deutlich sichtbar, teils undeutlich und selten fehlend. *Conocybe* unterscheiden sich von *Pholiotina* und *Bolbitius* durch abgesetzt kopfige, sogenannt lecythiforme Zystiden an den Lamellen und teilweise auch an der Stielspitze.

Bestimmung

Panaeolus, Düngerlinge unterscheiden sich durch schwarzbraunes Sporenpulver und typisch gescheckte Lamellen von den anderen Gattungen mit rostbraunem Sporenstaub. *Bolbitius*, Mistpilze lassen sich an glänzend-klebrigen und zunehmend faltigen Hüten erkennen. Die Arten mit Ring oder Velumresten gehören zu *Pholiotina*. Es gibt aber auch *Pholiotina* ohne Velumreste oder Ring. Bei Unsicherheit hilft die Beurteilung der Zystidenform unter dem Mikroskop. *Conocybe* haben im Gegensatz zu *Pholiotina* (mit Ausnahme von *Pholiotina brunnea*, Brauner Glockenschüppling) stets abgesetzt kopfige Zystiden.

Speisewerte

Die Familie enthält keine Speisepilze. Bei Untersuchungen in Nordamerika sind bei *Conocybe rugosa*, Runzeliger Glockenschüppling und *Pholiotina filaris*, Fadenstieliger Glockenschüppling Amanitine festgestellt worden. Deshalb muss ähnlichen Speisepilzen wie z.B. *Kuehneromyces mutabilis*, Gemeines Stockschwämmchen eine Verwechslung mit beringten Glockenschüpplingen, sicher ausgeschlossen werden können. Zusätzliche Abklärungen zur Ermittlung des Amanitingehaltes bei in Europa gefundenen Arten dieser Gruppe sind wünschenswert. Weitere *Pholiotina* enthalten Psilocybin und sind ebenfalls giftig.

Schlüssel zu den Gattungen

Hut dünnfleischig, häutig	
— Sporenpulver und reife Lamellen rostbraun	
— — Hut radial faltig, tintlingsartig, glänzend-klebrig	13.1 *Bolbitius*, Mistpilze
— — Fruchtschicht lamellig, Hut mehrheitlich matt, feinst samtig oder bereift	
— — — Hutrand mit Velumresten behangen oder Stiel beringt	13.2 *Pholiotina*, Glockenschüpplinge (A)
— — — Hutrand ohne Velumreste und Stiel ohne Ring	
— — — — Cheilozystiden nicht abgesetzt kopfig (nicht lecithyform)	13.2 *Pholiotina*, Glockenschüpplinge (A)
— — — — Cheilozystiden abgesetzt kopfig (lecithyform)	13.2 *Conocybe*, Samthäubchen (B)
— — Fruchtschicht lamellig-porig, Hut kugelig, braun, in Streu von Eukalyptus	1.5.101 *Setchelliogaster tenuipes*, Schlankstieliger Mistpilzstäubling
— Sporenpulver und reife Lamellen schwarzbraun	13.3 *Panaeolus*, Düngerlinge
Hut ziemlich dickfleischig, fälblingsartig, mittelgroß	13.2.52 *Conocybe intrusa*, Ansehnliches Samthäubchen

13.3.01 *Panaeolus semiovatus*, Ring-Düngerling
Der auffällige, radialfaserig aufreißende Ring gibt dem Ring-Düngerling den deutschen Namen. Vorübergehend hieß er auf Lateinisch *Anellaria semiovata*, von *Anellus* für Ringlein. Weitere wichtige Eigenschaften stecken ebenfalls bereits im Namen. *Semiovatus* bedeutet halbeiförmig und beschreibt die Hutform treffend. Schließlich weist «Düngerling» auf den Standort hin. Man findet diesen Pilz gesellig auf Kuhfladen, vorwiegend in höher gelegenen Kuhweiden. Für die ganze Gattung typisch sind die schwärzlichen, von ungleichzeitig reifenden, schwarzen Sporen gefleckten Lamellen.

13.1 *Bolbitius,* Mistpilze

Basidiomycota, Ständerpilze > *Agaricomycetes* > *Agaricales,* Blätterpilze > *Bolbitiaceae,* Mistpilzverwandte

Beschreibung

Kleine bis mittelgroße Fruchtkörper mit dünnem, gebrechlichem Fleisch. Die klebrige bis schmierige Hutoberfläche ist lebhaft gelb, seltener weißlich, graubraun, evtl. mit rosa oder lila Schein. Die Lamellen sind fast frei bis frei, erst blass rosabraun, später durch das reifende, rostbraune Sporenpulver rostocker bis rostbraun gefärbt. Der Stiel ist weißlich, bisweilen gelblich.

Bolbitius, Mistpilze wachsen vorwiegend an gedüngten, grasigen Stellen oder auf moderndem Laubholz, meist vom Sommer bis zum Herbst, teils schon ab dem Frühjahr.

Die Sporen sind glatt, spindelig bis ellipsoid, braun, mit deutlichem, schmalem bis ziemlich breitem Keimporus.

Bestimmung

Zwei Arten zeichnen sich durch auffällig gelbe bis olivbraune Farben aus. Weitere Unterscheidungsmerkmale sind eine aderige Huthaut, die Größe sowie die verschiedenen Standorte auf Erde, Mist, Holz oder in Gewächshäusern.

Speisewerte

Es gibt keine Speisepilze unter den dünnfleischigen, kleinen und vergänglichen Mistpilzen. Es sind auch keine Arten mit giftiger Wirkung bekannt.

13.1.01 *Bolbitius titubans,*
Gold-Mistpilz

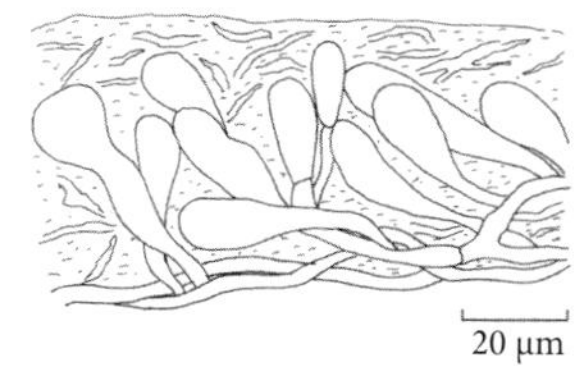

Hutdeckschicht (HDS)

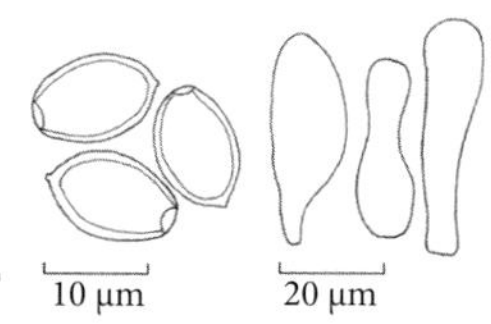

Sporen

Cheilozystiden (ChZ)

13.1 *Bolbitius,* Mistpilze

Hut gelb bis olivbraun	
– Hut dotter- bis zitronengelb, mit der Zeit verblassend und nur noch Mitte gelb	**01 *Bolbitius titubans,* Gold-Mistpilz**
– Hutmitte olivgelb bis olivbraun mit brauner Aderung, außen mehr zitronengelb	01a *Bolbitius titubans* var. *olivaceus,* Olivfarbener Mistpilz
Hut weißlich, grau, graurosa, graulila, graubraun	
– auf moderndem Laubholz, Hut grau, graulila, graubraun	
– – Hut > 1,5 cm breit, im Scheitel aderig	02 *Bolbitius reticulatus,* Netzaderiger Mistpilz
– – Hut < 1,5 cm breit, kaum aderig	03 *Bolbitius pluteoides,* Dachpilzartiger Mistpilz
– auf gedüngten, grasigen Stellen, Mist, Häcksel, Gewächshäusern	
– – Hut weißlich, < 1,5 cm, vorwiegend auf nährstoffreichem Boden	04 *Bolbitius lacteus,* Milchweißer Mistpilz
– – Hut gelblich bis schmutzig rosa, 2–7 cm, vorwiegend in Gewächshäusern	05 *Bolbitius coprophilus,* Fleischrosa Mistpilz

13.1.01 *Bolbitius titubans* (Bull.) Fr., *Bolbitius vitellinus* (Pers.) Fr. Gold-Mistpilz

H: 2–5 cm, eiförmig, glockig, alt ausgebreitet, glatt bis etwas runzelig, schmierig, dotter- bis zitronengelb, später vom Rand her graubräunlich ausblassend, Rand gerieft bis gefurcht. **L:** fast frei bis frei, jung gelb bis fleischockerlich, später rostgelb bis schmutzig ockerbraun. **St:** weißlich, bereift bis kleiig, Spitze gilbend. **F:** dünn, gebrechlich. **Ger:** unauffällig. **Spp:** rostbraun. **V:** an gedüngten, grasigen Stellen, Wegrändern, auf Mist; Frühjahr bis Herbst. **Mik:** Sporen glatt, ovoid bis ellipsoid, dickwandig, rötlichbraun, Keimporus ca. 2 µm breit, 12–14 × 7,5–9,5 µm, ChZ flaschenförmig bis breit keulig oder blasig, Schnallen fehlend. (D 586f, Kr 4.305, BK 4.372, Lu 1.5.4, 🖼).

13.1.01a *B. titubans* var. *olivaceus* (Gillet) Arnolds, *Bolbitius variicolor* G.F. Atk., Olivfarbener Mistpilz: Hut olivgelb bis olivbraun, mit vom Scheitel ausgehender, brauner Aderung. Sporen 10–12 × 7–8 µm. (BK 4.373, Lu 1.5.5).

13.1.02 *Bolbitius reticulatus* (Pers.) Ricken Netzaderiger Mistpilz

H: 1,5–4 cm, bald ausgebreitet gewölbt, evtl. gebuckelt, schmierig, graubraun, lilabraun, Mitte oft netzaderig, runzelig, Rand fein gerieft. **L:** fast frei, blass rosabraun, später graubraun. **St:** weiß, bereift bis kleiig. **V:** auf totem Laubholz; Sommer bis Herbst. **Mik:** Sporen glatt, spindelig bis schlank ellipsoid, ockerbräunlich, 9–12 × 4,5–6 µm, Keimporus schmal ca. 1 µm, Schnallen fehlend oder selten. (Kr 4.304, Lu 1.5.3, 🖼).

13.1.03 *Bolbitius pluteoides* M.M. Moser, *B. reticulatus* var. *pluteoides* (M.M. Moser) Arnolds, Dachpilzartiger Mistpilz: Hut 0,5–1,5 cm, bald ausgebreitet, etwas gebuckelt, leicht schmierig, silbergrau, evtl. mit rosa oder lila Schein, bis gegen die Mitte faltig gefurcht, Lamellen fast frei, graulich bis rostbräunlich, Stiel weiß; auf morschem Laubholz. Gemäß Ludwig 2001 zählt die Art zum Formenkreis von *B. reticulatus*. Auch Malysheva et al. 2015 schließen sich in ihren Untersuchungen einem weit gefassten Artkonzept von *B. reticulatus* an. (🖼).

13.1.04 *Bolbitius lacteus* J.E. Lange Milchweißer Mistpilz

H: 0,5–1,5 cm, eiförmig-glockig, später ausgebreitet gewölbt, faltig, leicht schmierig bis trocken, milchweiß bis creme-isabellfarben. **L:** fast frei, creme, später rostocker. **St:** weißlich bis cremefarben, flockig bis etwas genattert. **Spp:** rostbraun. **V:** an gedüngten, grasigen Stellen, Wegrändern, auf Mist. **Mik:** Sporen glatt, ovoid bis ellipsoid, 8,5–10 × 5–6 µm, Keimporus breit, bis ca. 2 µm, ChZ keulig bis utriform, Schnallen fehlend. (D 585, Lu 1.5.2).

13.1.05 *Bolbitius coprophilus* (Peck) Hongo Fleischrosa Mistpilz

H: 3–7 cm, jung kugelig-glockig, später gewölbt, teils gebuckelt, schmierig, Mitte gelb später ocker, Hut rosa bis fleischfarben, Rand gerieft, gelblich. **L:** fast frei, blass cremerosa später ockerbräunlich. **St:** weißlich, ocker flockig-schuppig bis etwas genattert. **V:** vorwiegend in Gewächshäusern, außen auf Stroh, Häcksel. **Mik:** Sporen glatt, ovoid bis ellipsoid, 11,5–15 × 7–8,5 µm, Keimporus breit, HymZ keulig bis utriform, Schnallen fehlend. (Kr 4.303, Lu 1.5.1).

13.1.01 *Bolbitius titubans*, Gold-Mistpilz

13.1.02 *Bolbitius reticulatus*, Netzaderiger Mistpilz

13.1.03 *Bolbitius pluteoides*, Dachpilzartiger Mistpilz

13.2 *Conocybe,* Samthäubchen und Ähnliche

Basidiomycota, Ständerpilze > *Agaricomycetes* > *Agaricales,* Blätterpilze > *Bolbitiaceae,* Mistpilzverwandte

Beschreibung

Mehrheitlich kleine, dünnfleischige Pilzarten in weißlicher oder blass- bis rotbrauner Farbe. Typisch ist ein kegelig-glockiger Hut, später mehr oder weniger ausgebreitet gewölbt, evtl. schwach gebuckelt und matt bis feinst samtig, evtl. glimmerig. Die Lamellen sind schmal bis relativ breit angewachsen, erst blassbraun, später durch die reifende Sporen zunehmend rostbraun. Arten mit beringtem Stiel oder weißlichen Velumresten am Hutrand zählen zur Gattung ***Pholiotina,*** Glockenschüpplinge in seltenen Fällen (bei Eukalyptus oder Südbuchen) zu ***Descolea,*** Schleimschüpplinge, die meisten anderen Arten zu ***Conocybe,*** Samthäubchen. Der Stiel ist verhältnismäßig lang und dünn. Als Ausnahme sei *Conocybe intrusa,* Ansehnliches Samthäubchen erwähnt. Mittelgroß, fleischig, mit robustem, knolligem Stiel, erinnert diese Art mehr an die Gattung *Hebeloma,* Fälblinge. Sie tritt nur selten auf, vor allem in Gewächshäusern.

Conocybe und *Pholiotina* wachsen im Wald vorwiegend an lichten Stellen oder in Wiese, Weide oder Parks, mehrheitlich auf Erde, teils bei Moos, auf Pflanzen- oder Holzresten, seltener auch auf Brandstellen oder in Gewächshäusern.

Unter dem Mikroskop sind die abgesetzt kopfigen Cheilozystiden (lecythiform) aller *Conocybe*-Arten auffällig. Auf einem bauchigen Unterteil sitzt ein schmaler, eckig abgesetzter Halsteil und darauf ein kugeliger Kopf. *Pholiotina brunnea,* Brauner Glockenschüppling hat als Ausnahme ebenfalls lecythiforme Cheilozystiden; die anderen *Pholiotina* haben zylindrische, keulige, flaschenförmige und oft auch kopfig verdickte Zystiden, sind aber nie abgesetzt kopfig, lecythiform. Die Sporen sind glatt, vereinzelt eckig und in einer Ausnahme rau, vorwiegend ellipsoid, teils mandel- bis zitronenförmig oder spindelig bis etwas bohnenförmig (allantoid), dünn- bis deutlich dickwandig, mehrheitlich 4-sporig und vereinzelt 2-sporig.

Bestimmung

Fruchtkörper mit Ring, Velumresten auf dem Hut, blauer Verfärbung am Stiel oder Hutrand oder stark faltigem Hut zählen zu *Pholiotina,* Glockenschüpplinge im Schlüssel A. Weißliche, lebhaft gelborange, oliv- bis schwarzbraune Hutfarben führen zu *Conocybe,* Samthäubchen im Schlüssel B. Bei cremeockerlich bis rötlichbraun gefärbten Hüten hilft nur die mikroskopische Untersuchung. Abgesetzt kopfige Zystiden weisen in den Schlüssel B, die anderen zu A. Bei *Conocybe* im Schlüssel B dienen auch die Formen der Zystiden an der Stielspitze (Kaulozystiden) zur Unterscheidung. Im Weiteren achte man auf eine möglicherweise knollige oder wurzelnde Stielbasis, einen samtig-haarigen Hut oder Stiel, den Standort, die Größe und Form des Hutes wie auch der Sporen.

Speisewerte

Die beringten *Pholiotina rugosa,* Runzeliger Glockenschüppling und *Pholiotina filaris,* Fadenstieliger Glockenschüppling können gefährliche Amanitine enthalten. *Pholiotina arrhenii,* Kleinsporiger Glockenschüppling und *Pholiotina cyanopus,* Blaufuß-Glockenschüppling enthalten das halluzinogen wirkende Psilocybin. Insgesamt sind die kleinen, nur schwer bestimmbaren Arten sicher nichts für Speisezwecke. Sie dürfen nicht mit ähnlichen Stockschwämmchen oder essbaren Schwefelköpfen verwechselt werden.

13.2.44 *Conocybe tenera,*
Roststieliges Samthäubchen

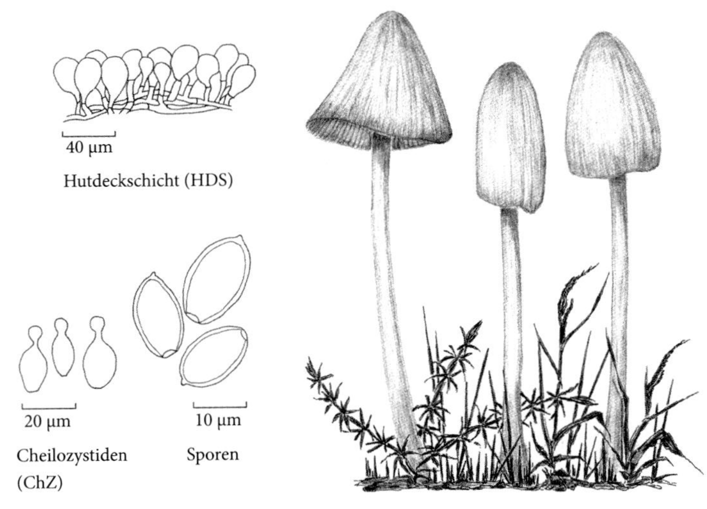

13.2.22 *Conocybe albipes,*
Milchweißes Samthäubchen

13.2 *Pholiotina*, Glockenschüpplinge

(A) Cheilozystiden nicht abrupt kopfig (teilweise mit beringtem oder grünlichem Stiel und/oder Velumresten)

- Stiel beringt oder Hut mit Velumresten
  - Stiel beringt
    - Sporen ohne Keimporus
      - in Mitteleuropa, im Wald oder in Wiesen
        - Hutrand nicht behangen, vorwiegend im Frühling — 01 *Pholiotina aporos*, Frühlings-Glockenschüppling
        - Hutrand behangen, Sommer bis Herbst — 10 *Pholiotina vestita*, Behangener Glockenschüppling
      - in Südeuropa und Botanischen Gärten
        - bei Eukalyptus — 02 *Descolea maculata*, Eukalyptus-Schleimschüppling
        - bei Südbuche — 03 *Descolea antarctica*, Südbuchen-Schleimschüppling
    - Sporen mit Keimporus
      - mehrheitlich 2-sporig, Cheilozystiden zylindrisch, keulig, utriform — 04 *Pholiotina teneroides*, Zweisporiger Glockenschüppling
      - mehrheitlich 4-sporig
        - Sporen 9–13 µm
          - Cheilozystiden dünn- und langhalsig flaschenförmig — 05 *Pholiotina vexans*, Großsporiger Glockenschüppling
          - Cheilozystiden dickhalsig flaschenförmig bis utriform — 06 *Pholiotina utricystidiata*, Braunblättriger Glockenschüppling
          - Cheilozystiden abrupt kopfig, Stielbasis knollig, gegürtelt — 31 *Conocybe hornana*, Bescheidetes Samthäubchen
        - Sporen 7–10 µm
          - Keimporus schmal, < 1 µm, Sporen 7–8 µm — 07 *Pholiotina arrhenii*, Kleinsporiger Glockenschüppling
          - Keimporus 1–1,5 µm, Sporen 8–10 µm
            - Hut runzelig, 1–2 cm, Stiel 2–4 mm breit — 08 *Pholiotina rugosa*, Runzeliger Glockenschüppling
            - Hut glatt, < 1 cm, Stiel < 2 mm — 09 *Pholiotina filaris*, Fadenstieliger Glockenschüppling
  - Stiel nicht beringt, Velumreste am Hutrand
    - Sporen glatt
      - Keimporus fehlend, Lamellen relativ breit angewachsen, Sporen < 9 µm — 10 *Pholiotina vestita*, Behangener Glockenschüppling
      - Keimporus vorhanden, teils undeutlich
        - Sporen < 9 µm
          - Cheilozystiden nicht abrupt kopfig, Lamellen fast frei — 11 *Pholiotina velata*, Geschmückter Glockenschüppling
          - Cheilozystiden abrupt kopfig, Lamellen abgerundet angewachsen — 12 *Pholiotina brunnea*, Brauner Glockenschüppling
        - Sporen > 9 µm — 13 *Pholiotina nemoralis*, Pelargonien-Glockenschüppling
    - Sporen rau, Velumreste sehr flüchtig, Lamellen schmal angeheftet — 16 *Pholiotina dasypus*, Rausporiger Glockenschüppling
- Stiel ohne Ring, Hut ohne Velumreste
  - Hut oder Stiel grünlich
    - Hut ohne Grün, Stielbasis blaugrün — 14 *Pholiotina cyanopus*, Blaufuß-Glockenschüppling
    - Hut grünlich, Stiel ohne Grün — 17 *Pholiotina aeruginosa*, Grünspan-Glockenschüppling
  - Hut ockergelb, creme- bis rötlichbraun, ohne Grün oder Blaugrün
    - Hut faltig, einem Tintling ähnlich — 18 *Pholiotina sulcata*, Gefurchter Glockenschüppling
    - Hut glatt
      - Hut 1–5 cm, Stiel > 2 mm dick, Pileozystiden fehlend oder spärlich
        - auf Erde, Holz, oft büschelig, Hut 1–4 cm, Sporen 7–10,5 µm — 19 *Pholiotina pygmaeoaffinis*, Honiggelber Glockenschüppling
        - auf Mist, Brandstellen, auch höhere Lagen, Hut 1–2 cm, Sp. 10–14 µm — 15 *Pholiotina coprophila*, Kuhmist-Glockenschüppling
      - Hut 0,5–2 cm, häublingsartig, Stiel < 2 mm dick, reichlich Pileozystiden
        - Sporen 8–10 µm, Schnallen vorhanden — 20 *Pholiotina filipes*, Häublingsähnlicher Glockenschüppling
        - Sporen 6,5–8,5 µm, Schnallen fehlend — 21 *Pholiotina mairei*, Winziger Glockenschüppling

13.2 *Conocybe*, Samthäubchen und Ähnliche
(B) Cheilozystiden abrupt kopfig
(nicht beringt, kaum Velumreste, Stiel ohne Grün)

- Hut vorwiegend weißlich bis cremefarben
  - Fruchtkörper dünnfleischig, Stiel dünn
    - Hut walzenförmig, glockig, milchweiß, 4-sporig — 22 *Conocybe albipes*, Milchweißes Samthäubchen
    - Hut kegelig
      - Hut tonfarben, 2-sporig — 24 *Conocybe siliginea*, Tonblasses Samthäubchen
      - Hut schmutzig beige, 4-sporig — 33 *Conocybe fuscimarginata*, Braunrandiges Mist-Samthäubch.
  - Fruchtkörper fleischig, Stiel ca. 1 cm dick — 52 *Conocybe intrusa*, Ansehnliches Samthäubchen
- Hut gelb bis goldorange, 1–4 cm — 25 *Conocybe aurea*, Gold-Samthäubchen
- Hut olivbraun, walzenförmig, glockig, Sporen groß — 26 *Conocybe gigasperma*, Riesensporiges Samthäubchen
- Hut schwarzbraun, grauschwarz
  - Hut meist < 1 cm, feucht durchscheinend gerieft
    - mehrheitlich 4-sporig — 27 *Conocybe moseri*, Düsterhütiges Samthäubchen
    - mehrheitlich 2-sporig — 28 *Conocybe bisporigera*, Zweisporiges Düsterhütiges Samthäubchen
  - Hutmitte schwärzlich, 1–1,5 cm, nicht gerieft, in höheren Lagen, Dünen — 29 *Conocybe nigrodisca*, Schwarzscheibiges Samthäubchen
- Hut cremeocker bis braun
  - Kaulozystiden nicht abgesetzt kopfig
    - Stielbasis knollig, gerandet, Hut 3–5 cm
      - Stiel ohne Velumreste — 30 *Conocybe inocybeoides*, Risspilzähnliches Samthäubchen
      - Stiel mit Velumresten — 31 *Conocybe hornana*, Bescheidetes Samthäubchen
    - Stielbasis knollig, teils 1–2 cm dick, aber nicht gerandet
      - vorwiegend auf Dung, Sporen 13,5–16,5 µm lang — 32 *Conocybe singeriana*, Großes Mist-Samthäubchen
      - auf Erde, Holzresten, Sporen 11–13,5 µm lang — 23 *Conocybe apala*, Elegantes Samthäubchen
    - Stielbasis nicht auffällig knollig, Stiel streifig, flaumig bis fein haarig
      - kaum alpin, Hut 1–4 cm, auf Dung oder Erde
        - auf altem Dung, Stiel fein haarig, Sporen 9,5–12,5 µm lang
          - Sporen ellipsoid, nicht eckig, höchstens leicht abgeflacht — 33 *Conocybe fuscimarginata*, Braunrandiges Mist-Samthäubch.
          - Sporen leicht eckig, deutlich abgeplattet — 34 *Conocybe lenticulospora*, Linsensporiges Samthäubchen
        - auf Erde, Streu, Stiel flaumig bereift
          - Sporen 8–12 µm lang — 35 *Conocybe ochrostriata*, Ockerstreifiges Samthäubchen
          - Sporen 6–8,5 µm lang — 36 *Conocybe pilosella*, Engblättriges Samthäubchen
      - oft alpin, Hut 0,5–1,5 cm, Stiel bereift, Sporen 10–14 µm lang — 37 *Conocybe velutipes*, Samtstieliges Gebirgs-Samthäubchen
    - Stielbasis wurzelnd, meist 2-sporig, Sporen 9–15 µm — 40 *Conocybe alboradicans*, Zweisporiges Wurzel-Samthäubchen
  - Kaulozystiden mehrheitlich abgesetzt kopfig
    - Hut glatt
      - dickfleischig, groß, Stiel ca. 1 cm dick — 52 *Conocybe intrusa*, Ansehnliches Samthäubchen
      - dünnfleischig, Rand mit Velumresten behangen — 12 *Pholiotina brunnea*, Brauner Glockenschüppling
      - dünnfleischig, ohne Velumreste
        - Stielbasis wurzelnd
          - mehrheitlich 4-sporig
            - Sporen eckig, Hut 1–3 cm, feucht gerieft, nährstoffreiche Böden — 38 *Conocybe antipus*, Spindeliges Samthäubchen
            - Sporen ellipsoid, Hut 0,5–2 cm, an Graswurzeln, warmen Stellen — 39 *Conocybe graminis*, Dunkles Gras-Samthäubchen
          - mehrheitlich 2-sporig, Hut 1–4 cm, bei Gras, Kompost — 40 *Conocybe alboradicans*, Zweisporiges Wurzel-Samthäubchen
        - Stielbasis nicht wurzelnd, deutlich knollig, teils gerandet, Hut 1–5 cm
          - im feuchten Auenwald, Hut teils runzelig, Sporen 8,5–10,5 µm lang — 41 *Conocybe macrocephala*, Auenwald-Samthäubchen
          - auf nährstoffreichem Boden, Hut glatt, Sporen 10,5–14,5 µm lang — 43 *Conocybe subovalis*, Gerandetknolliges Samthäubchen
        - Stielbasis nicht wurzelnd, nicht oder kleinknollig
          - Hut 1–2 (4) cm, Sporen glatt
            - Köpfchen der Zystiden < 6 µm
              - Stiel vorwiegend gelb- bis rostbraun, Sporen 8,5–12 µm — **44 *Conocybe tenera*, Roststieliges Samthäubchen**
              - Stiel oben weißlich, im unteren Teil bräunlich
                - Hut fuchsig-orange, 1–4 cm breit, Sporen 7,5–9,5 µm — 47 *Conocybe mesospora*, Freudiggefärbtes Samthäubchen
                - Hut schmutzig ocker, ca. 1 cm breit, Sporen 6,5–8 µm — 48 *Conocybe microspora*, Kleinsporiges Samthäubchen
              - Stiel ganz weißlich, Basisknöllchen oft grünblau — 14 *Pholiotina cyanopus*, Blaufuß-Glockenschüppling
            - Köpfchen der Zystiden > 6 µm
              - Hut oft deutlich gerieft, Sporen 7–9,5 µm, grasig, Wald — 42 *Conocybe rickeniana*, Rostgoldenes Samthäubchen
              - Hut marmoriert, Sporen 8–10,5 µm — 46 *Conocybe echinata*, Dunkelscheiteliges Samthäubchen
          - Hut < 1 cm breit
            - Sporen feinwarzig — 45 *Conocybe dumetorum*, Hecken-Samthäubchen
            - Sporen glatt, 6,5–8 µm, Hut schmutzig ocker, trocken bereift — 48 *Conocybe microspora*, Kleinsporiges Samthäubchen
    - Hut und Stiel samtig-flaumig oder mit feinen Härchen (Lupe)
      - auf Mist, Stiel flaumig, Hut mit Härchen, Sporen 13,5–18,5 × 7–9,5 µm — 49 *Conocybe pubescens*, Flaumstieliges Mist-Samthäubchen
      - auf Pflanzenresten, Holz, Stiel lang, streifig bereift, Sp. 11,5–14 × 6–8 µm — 50 *Conocybe subpubescens*, Langstieliges Samthäubchen
      - oft im Gras, Stiel nicht lang, feinflaumig-haarig, Sporen 13–16 × 7,5–9,5 µm — 51 *Conocybe pulchella*, Zartes Flaumstiel-Samthäubchen

13.2.01 *Pholiotina aporos* (Kits van Wav.) Clémençon, *Conocybe aporos* Kits van Wav. Frühlings-Glockenschüppling ☠

H: 1–4 cm, kegelig bis breit gebuckelt, glatt bis etwas runzelig, hygrophan, ocker bis rötlichbraun, Rand heller, bisweilen durchscheinend gerieft. **L:** aufsteigend angeheftet, eher eng, ockerbräunlich. **St:** Spitze feinflockig, blass, im unteren Teil gelb- bis dunkelbraun, mit weißlichem, oberseits gerieftem Ring, Basis etwas erweitert. **F:** blass. **Ger:** unauffällig bis etwas krautig oder pelargonienartig. **V:** in Wäldern, Gärten, am Wegrand; vorwiegend im Frühling bis Sommer. **Mik:** Sporen glatt, ellipsoid bis etwas mandel- oder bohnenförmig (allantoid), bisweilen leicht eingeschnürt, dünnwandig, Keimporus fehlend, 7–10 × 4–5,5 µm, mehrheitlich 4-sporig, ChZ wellig-zylindrisch bis flaschenförmig, gelegentlich kopfig, Schnallen spärlich. (Kr 4.332, BK 4.396, Lu 2.96.1,).

Pholiotina rostraticystidiata E. Ludw., Schnabelzystiden-Glockenschüppling: Hut < 1 cm. ChZ lang und auffällig spitz auslaufend; eine Beobachtung an einer einzelnen Aufsammlung, die von E. Ludwig 1984 im Botanischen Garten in Berlin gemacht wurde. (Lu 2.96.2).

13.2.02 *Descolea maculata* Bougher, Eukalyptus-Schleimschüppling: Hut 2–5 cm, halbkugelig bis gewölbt, hygrophan, orange- bis porphyrbraun, glatt bis runzelig, Rand durchscheinend gerieft, Lamellen schmal angeheftet, orangeocker, Stiel wie der Hut gefärbt, mit hängendem, oberseits gerieftem Ring, Geruch unauffällig; in Südeuropa, bei Eukalyptus *Eucalyptus*. Sporen feinst warzig bis fast glatt, zitronenförmig, 11–13,5 × 6–7,5 µm, schwach dextrinoid und leicht metachromatisch, ChZ zylindrisch, keulig bis etwas kugelig. ( ).

13.2.03 *Descolea antarctica* Singer, Südbuchen-Schleimschüppling, Antarktischer Schleimschüppling: wie *D. maculata*, jedoch bei Südbuche *Nothofagus*, in Europa bisher nur in botanischen Gärten.

13.2.04 *Pholiotina teneroides* (J.E. Lange) Singer, *Conocybe teneroides* (J.E. Lange) Kühner Zweisporiger Glockenschüppling

H: 2–4 cm, kegelig bis gebuckelt, kaum flach, hygrophan, feucht rotbraun, teils etwas runzelig, trocken ockerlich, Rand bisweilen mit Velumfetzchen. **L:** schmal angewachsen, ockerlich. **St:** Spitze gelblich, Ring oberseits grob gerieft, im unteren Stielteil dunkelbraun und weißlich überfasert, Basis evtl. etwas verdickt. **V:** im Laubwald, in Parks, bei grasigen Stellen, Holzplätzen; im Herbst. **Mik:** Sporen glatt, schlank ellipsoid bis leicht mandelförmig, leicht dickwandig, Keimporus deutlich, 10–13 × 5,5–7 µm, 2-sporig, ChZ zylindrisch, keulig, utriform, Schnallen vorhanden. (D 583, Kr 4.343, BK 4.403?, Lu 2.96.3).

13.2.05 *Pholiotina vexans* (P.D. Orton) Bon, *Conocybe vexans* P.D. Orton Großsporiger Glockenschüppling

H: 1–2 cm, glockig, kegelig bis etwas ausgebreitet, ocker- bis orangebräunlich, trocken ockergelblich mit bräunlicher Mitte, Rand bisweilen gerieft. **L:** schmal angewachsen, ockerlich. **St:** Spitze strohgelblich, bereift, Ring dick, oberseits gerieft, unterhalb braun. **V:** im Wald, Park, bei grasigen Stellen, auf Holzresten; Sommer bis Herbst. **Mik:** Sporen glatt, ellipsoid bis etwas mandelförmig, ziemlich dünnwandig, Keimporus breit, 9–12,5 × 5,5–7 µm, 4-sporig, ChZ lang- und dünnhalsig flaschenförmig, Schnallen fehlend. (BK 4.399, Lu 2.96.5).

Pholiotina blattaria (Fr.) Fayod, *Conocybe blattaria* (Fr.) Kühner, Krönchen-Glockenschüppling ist von verschiedenen Autoren unterschiedlich interpretiert worden und deshalb teils Synonym von *P. vexans*, teils von *P. arrhenii* und teils – trotz deutlich unterschiedlicher Cheilozystiden – von *P. teneroides*.

13.2.06 *Pholiotina utricystidiata* Enderle & H.-J. Hübner, *Conocybe utricystidiata* (Enderle & H.-J. Hübner) Somhorst, Braunblättriger Glockenschüppling: in Feuchtwiesen, auf Holzresten. Zystiden dickhalsig flaschenförmig, utriform.

13.2.07 *Pholiotina arrhenii* (Fr.) Singer, *Conocybe arrhenii* (Fr.) Kits van Wav. Kleinsporiger Glockenschüppling, Rotbräunlicher Glockenschüppling ☠

H: 1,5–4,5 cm, kegelig-glockig, ocker bis braun, Rand gerieft. **L:** aufsteigend angeheftet, ockerlich. **St:** fein bepudert, längsstreifig, silbrig übersponnen, ockerbräunlich, Ring tief sitzend, gerieft, flüchtig. **F:** brüchig, blass bräunlich, in der Stielbasis dunkler. **Ger:** unauffällig bis etwas säuerlich oder pelargonienartig. **V:** auf Wiesen, Weiden, am Wegrand; im Herbst. **Mik:** Sporen glatt, ellipsoid bis etwas mandelförmig, dünnwandig, Keimporus undeutlich, 7–8 × 4–5 µm, 4-sporig, ChZ zylindrisch bis etwas flaschenförmig, Schnallen vorhanden. (Kr 4.334, BK 4.398, Lu 2.96.4,).

13.2.01 *Pholiotina aporos*, Frühlings-Glockenschüppling

13.2.02 *Descolea maculata*, Eukalyptus-Schleimschüppling

13.2.07 *Pholiotina arrhenii*, Kleinsporiger Glockenschüppling

13.2.08 *Pholiotina rugosa* (Peck) Singer, *Conocybe rugosa* (Peck) Watling ☠
Runzeliger Glockenschüppling

H: 1–2 cm, glockig, später ausgebreitet bis etwas niedergedrückt und breit gebuckelt, glatt bis runzelig, jung milchkaffee-, später rötlichbraun, alt ocker, Rand feucht durchscheinend gerieft. **L:** schmal angeheftet, eher eng, ockerbräunlich. **St:** ocker bis braun, Spitze flockig bereift, mit oberseits gerieftem bis gefurchtem Ring. **Ger:** unauffällig bis etwas pelargonienartig. **V:** in Wäldern, Gärten, auf Holzresten, in Gewächshäusern; Sommer bis Herbst. **Mik:** Sporen glatt, ellipsoid bis etwas mandelförmig, bisweilen einseitig abgeflacht, leicht dickwandig, Keimporus deutlich, 8–10 × 5–6 µm, mehrheitlich 4-sporig, ChZ langhalsig, teils etwas wellig, flaschenförmig, Schnallen vorhanden. (BK 4.401, Lu 2.96.6, 🖼).

13.2.09 *Pholiotina filaris* (Fr.) Singer, *Conocybe filaris* (Fr.) Kühner, Fadenstieliger Glockenschüppling: Hut kaum über 1 cm breit, Sporen 7–8,5 × 4–5 µm. Verschiedene Autoren zählen die schmächtigeren *P. filaris* zum Formenkreis von *P. rugosa*. (Kr 4.338).

P. rugosa und *P. filaris* sind als gefährlich giftig zu betrachten, weil Amanitine festgestellt wurden. Es gilt noch zu klären, ob das auch bei in Europa auftretenden Sippen der Fall ist. Durch die Autoren veranlasste Laboruntersuchungen in einem Fund aus dem Jahr 2019 in der Schweiz ergaben keine nennenswerten Anteile von Amanitinen. Weitere Untersuchungen sind wünschenswert.

13.2.08 *Pholiotina rugosa*, Runzeliger Glockenschüppling

13.2.10 *Pholiotina vestita* (Fr.) Singer, *Conocybe vestita* (Fr.) Kühner
Behangener Glockenschüppling

H: 1,5–4 cm, glockig-kegelig, bald gewölbt, meistens breit gebuckelt, hygrophan, ockerbraun bis rötlichocker, trocken gelblich, Rand erst stark mit weißen Velumfetzen behangen, später kahl, evtl. etwas gerieft. **L:** relativ breit angewachsen, eher eng, rostocker. **St:** bereift bis faserig-flockig, bisweilen flüchtig beringt, weiß, Druckstellen bräunend. **F:** blassbraun. **Ger:** unauffällig bis leicht pelargonienartig. **V:** im Laubwald, Garten, auf Wiesen, auf Holzresten; Frühling bis Herbst. **Mik:** Sporen glatt, ellipsoid bis mandelförmig, leicht dickwandig, 6,5–8,5 × 4–5 µm, Keimporus fehlend, 4-sporig, ChZ flaschenförmig, teils mit langem, welligem, gebogenem Hals, teils auch etwas kopfig, Schnallen vorhanden. (Kr 4.346, BK 4.404, Lu 2.96.14, 🖼).

13.2.11 *Pholiotina velata* (Velen.) Hauskn., *Conocybe velata* (Velen.) Watling, *Pholiotina appendiculata* (Velen.) Watling, *Conocybe appendiculata* J.E. Lange & Kühner, Geschmückter Glockenschüppling: Hut kaum über 2,5 cm breit, gelbocker bis ockerbraun, Lamellen ausgebuchtet bis fast frei, Stiel weiß, Basis etwas braun, Geruch leicht pelargonienartig bis spermatisch. Sporen 7–9 × 4,5–6 µm, Keimporus schmal, 4-sporig. (D 584, Kr 4.344, BK 4.397, Lu 2.96.16, 🖼).

13.2.12 *Pholiotina brunnea* (J.E. Lange & Kühner ex Watling) Singer, *Conocybe brunnea* J.E. Lange & Kühner ex Watling, Brauner Glockenschüppling, Zwitter-Glockenschüppling, Dunkelbraunes Samthäubchen: Hut bis 2 cm breit, zumindest feucht dunkelbraun, kastanienbraun, trocken honigockerlich, Hutrand nur wenig und flüchtig behangen, vorwiegend an feuchten Stellen. Sporen ellipsoid bis leicht bohnenförmig (allantoid), 7–8,5 × 4–5 µm, Keimporus vorhanden, teils undeutlich, 4-sporig, ChZ langhalsig flaschenförmig und abrupt kopfig (lecythiform), Kaulozystiden mehrheitlich ebenfalls kopfig, vereinzelt keulig bis ballonförmig. (Lu 2.96.13).

Pholiotina pseudoampullaceocystis Karich: Hut ca. 5 mm breit, im Zentrum rot- bis dattelbraun, Rand gelb- bis honigbraun, gerieft und mit weißen Flöckchen behangen, Lamellen abgerundet oder mit Zähnchen angewachsen, mäßig entfernt, Schneiden hell flockig, Geruch unauffällig. Sporen ellipsoid bis angedeutet bohnenförmig (allantoid), dickwandig, 9–11,5 × 5–6 µm, Keimporus fehlend, 2-sporig, ChZ langhalsig flaschenförmig und oft kopfig bis abrupt kopfig (lecythiform), vereinzelt mit schleimiger Kappe, Kaulozystiden mehrheitlich ebenfalls kopfig, vereinzelt keulig, ballonförmig, evtl. mit Fortsatz.

13.2.10 *Pholiotina vestita*, Behangener Glockenschüppling

13.2.13 *Pholiotina nemoralis* (Harmaja) Bon, *Conocybe nemoralis* Harmaja
Pelargonien-Glockenschüppling

H: 1–2,5 cm, breit kegelig, später ausgebreitet gewölbt und breit gebuckelt, feucht ocker- bis rötlichbraun, trocken ockergelblich, Mitte etwas dunkler, Rand durchscheinend gerieft und mit flüchtigen Velumfetzen behangen. **L:** aufsteigend angewachsen, ocker, später braun. **St:** Spitze cremeweiß, fein bepudert, im unteren Teil ocker bis braun, längsfaserig bis etwas -riefig. **Ger:** nach Pelargonien. **V:** im Wald, bei Gras, auf Holzresten; Sommer bis Herbst. **Mik:** Sporen glatt, schlank ellipsoid bis leicht mandelförmig, eher dünnwandig, Keimporus ziemlich breit, 8,5–11 × 5–6 µm, 4-sporig, ChZ langhalsig flaschenförmig, teils leicht kopfig, Schnallen vorhanden. (Lu 2.96.18).

13.2.14 *Pholiotina cyanopus* (G.F. Atk.) Singer, *Conocybe cyanopus* (G.F. Atk.) Kühner ☠
Blaufuß-Glockenschüppling, Blaufuß-Samthäubchen

H: 0,5–2 cm, stumpf kegelig-glockig, später halbkugelig bis flach, jung etwas schmierig, sattbraun, später gegen außen blasser ocker bis milchkaffeebraun, Rand feucht durchscheinend gerieft. **L:** schmal, teils mit kleinem Zahn angeheftet. **St:** glatt bis etwas längsstreifig, weißlichgrau, Basis verdickt bis knollig, an Druckstellen oder beim Liegenlassen blaugrün verfärbend. **Ger:** unauffällig bis etwas süßlich-pelargonienartig. **V:** auf Rasenflächen, bei Moos, im Wald, bei Holzschnitzeln; Sommer bis Herbst. **Mik:** Sporen glatt, ellipsoid bis mandelförmig, etwas dickwandig, Keimporus deutlich, 7–8,5 × 4–5 µm, 4-sporig, ChZ flaschenförmig, teils etwas kopfig, Schnallen fehlend. (Lu 2.96.8).

13.2.11 *Pholiotina velata*, Geschmückter Glockenschüppling

13.2.15 *Pholiotina coprophila* (Kühner) Singer, ***Conocybe coprophila*** (Kühner) Kühner
Kuhmist-Glockenschüppling, Mistliebender Glockenschüppling

H: 1–2 cm, glockig-kegelig bis halbkugelig, später teilweise ausgebreitet, jung schmierig, tonfarben bis hellocker, oft mit bräunlichen Flecken, nicht gerieft. **L:** schmal angewachsen, zimtbraun. **St:** weißlich bis cremeocker, fein faserig-bereift. **Ger:** unauffällig bis etwas rettichartig. **V:** auf Mist oder stark gedüngten Flächen; Sommer bis Herbst. **Mik:** Sporen glatt, ellipsoid bis etwas abgeflacht, leicht dickwandig, Keimporus deutlich, breit, 10,5–14 × 6,5–8,5 µm, mehrheitlich 4-sporig, ChZ flaschenförmig mit teils welligem Hals, Schnallen fehlend oder spärlich. (BK 4.400, Lu 2.96.9, 🖼).

13.2.16 *Pholiotina dasypus* (Romagn.) P.-A. Moreau, ***Pholiotina utriformis*** (P.D. Orton) Bon
Conocybe utriformis P.D. Orton, ***Pholiotina subnuda*** (Kühner & Watling) Bon
Rausporiger Glockenschüppling, Säuerlichschmeckender Glockenschüppling

H: 1–3 cm, gewölbt, später ausgebreitet und teils gebuckelt, jung schleimig, später trocken und teils runzelig, feucht rot- bis ockerbräunlich mit durchscheinend gerieftem Rand, trocken cremeocker. **L:** aufsteigend angewachsen, teils mit Zahn angeheftet, jung dicht, später eher entfernt, weißlich bis ockerbraun. **St:** weiß, später cremeockerlich, Spitze bepudert, gegen die Basis faserig bis flockig. **F:** weißlich. **Ger:** unauffällig bis etwas süßlich. **V:** an feuchten Stellen, auf Laub- oder Nadelstreu, Holzresten oder nackter Erde; Sommer bis Herbst. **Mik:** Sporen rau bis feinwarzig, schlank ellipsoid bis leicht mandel- oder bohnenförmig (allantoid), eher dünnwandig, Keimporus undeutlich, 8,5–11 × 5–6 µm, vorwiegend 4-sporig, ChZ flaschenförmig bis utriform, teils leicht kopfig, Schnallen vorhanden. (Kr 4.342, Lu 2.96.12, 🖼).

13.2.17 *Pholiotina aeruginosa* (Romagn.) M.M. Moser, ***Conocybe aeruginosa*** Romagn.
Grünspan-Glockenschüppling

H: 1–3 cm, stumpf kegelig-glockig, später halbkugelig bis flach und breit gebuckelt, jung mehrheitlich blaugrün, olivgrünlich mit gerieftem Rand, später von außen her zunehmend ockerlich mit eher runzeligem Rand. **L:** schmal angeheftet, teils mit Zahn, blass- bis etwas orangeockerlich. **St:** fein längsstreifig bereift, weißlich bis graubräunlich, Basis bisweilen etwas knollig. **Ger:** unauffällig bis süßlich. **V:** auf Laubstreu, am Wegrand, bei Moos, auf Brandstellen; Sommer bis Herbst. **Mik:** Sporen glatt, ellipsoid bis mandelförmig, dünnwandig, Keimporus klein, deutlich, 8–11 × 4,5–6 µm, 4-sporig, ChZ flaschenförmig, nicht kopfig, Schnallen vorhanden. (Kr 4.332, BK 4.395, Lu 2.96.11).

13.2.18 *Pholiotina sulcata* Arnolds & Hauskn.,
Galerella plicatella (Peck) Singer, ***Conocybe plicatella*** (Peck) Kühner
Gefurchter Glockenschüppling,
Faltenhütiger Glockenschüppling, Fadenstieliges Faltenhäubchen

H: 0,5–2 cm, halbkugelig gewölbt, später ausgebreitet flach, teils gebuckelt, matt bis glimmerig, jung runzelig und rotbraun, später eher faltig-gefurcht und vom oft leicht aufgeworfenen, rissigen Rand her aufhellend. **L:** schmal angeheftet, gelbbraun. **St:** weißlich bis hellocker, Spitze mehlig bereift, abwärts faserig oder kahl. **Ger:** unauffällig bis etwas pelargonienartig. **Ges:** mild. **Spp:** rostgelb bis rostbraun. **V:** in Wiesen, auf Erde, in Gewächshäusern; Sommer bis Herbst. **Mik:** Sporen glatt, ellipsoid bis etwas mandelförmig, dünnwandig, Keimporus undeutlich, 7–9,5 × 4–6 µm, mehrheitlich 4-sporig, ChZ langhalsig flaschenförmig, Schnallen fehlend. (Lu 2.96.10, 🖼).

13.2.19 *Pholiotina pygmaeoaffinis* (Fr.) Singer,
Conocybe pygmaeoaffinis (Fr.) Kühner, ***Pholiotina friesii*** (S. Lundell) Enderle
Honiggelber Glockenschüppling,
Büscheliger Glockenschüppling, Blasser Glockenschüppling

H: 1,5–5 cm, gewölbt, oft gebuckelt, im Scheitel glatt und ockerlich bis braun, gegen den Rand feinsamtig und meist blasser, weißlich, oft runzelig oder leicht gerieft. **L:** aufsteigend angeheftet, lange blass ockerlich, später rostbräunlich, Schneiden fein bewimpert (Lupe). **St:** längsstreifig, weißlich. **V:** oft büschelig wachsend, in Parks, an moosigen oder grasigen Stellen. **Mik:** Sporen glatt, ellipsoid bis etwas mandelförmig, ziemlich dünnwandig, Keimporus deutlich, eher schmal, 7–10,5 × 4,5–6 µm, mehrheitlich 4-sporig, ChZ spindelig bis flaschenförmig, teils gegabelt, dazwischen vereinzelt keulig und bisweilen gegliedert, Schnallen fehlend. (Kr 4.339, Lu 2.96.19).

Pholiotina striipes (Cooke) M.M. Moser, *Conocybe striipes* (Cooke) S. Lundell, Weißstieliger Glockenschüppling: Hut kräftiger gefärbt. Sporen 6,5–8,5 × 4–5 µm, ChZ mehrheitlich lanzettlich bis spindelig. Ludwig 2007 und weitere Autoren zählen *P. striipes* zu *P. pygmaeoaffinis*. (Kr 4.341, BK 4.402).

13.2.20 *Pholiotina filipes* (G.F. Atk.) Singer, ***Conocybe filipes*** (G.F. Atk.) Kühner
Pholiotina aberrans (Kühner) Singer, ***Conocybe aberrans*** (Kühner) Kühner,
Häublingsähnlicher Glockenschüppling

H: 0,5–2 cm, kegelig-glockig und so bleibend, hygrophan, trocken cremeockerlich, bereift, feucht rost- bis rötlichbraun mit gerieftem Rand. **L:** schmal angeheftet, ocker- bis zimtbraun. **St:** fein bereift, weiß bis strohgelblich, Basis bräunlich und teils mit Knöllchen. **V:** auf Streu oder Holzresten, oft an moosigen Stellen. **Mik:** Sporen glatt, ellipsoid bis etwas mandelförmig, teils abgeflacht, leicht dickwandig, Keimporus sichtbar, 7,5–10,5 × 4,5–6 µm, 4-sporig, ChZ spindelig bis langhalsig flaschenförmig, Schnallen vorhanden, HDS mit reichlich stumpfen bis leicht kopfigen Pileozystiden. (Lu 2.96.17).

13.2.21 *Pholiotina mairei* (Kühner ex Watling) Enderle, *Conocybe mairei* Kühner ex Watling, Winziger Glockenschüppling: Hut 0,3–1 cm, kegelig-glockig, später ausgebreitet, honig- bis ockergelb, im Zentrum bräunlich; im Laubwald, in Parks, an schattigen Stellen. Sporen ellipsoid, leicht dickwandig, Keimporus sichtbar, 6–8,5 × 3,5–4,5 µm, ChZ und Pileozystiden lanzettlich bis flaschenförmig, Schnallen fehlend. (Lu 2.96.15).

13.2.15 *Conocybe coprophila*, Kuhmist-Glockenschüppling

13.2.16 *Pholiotina dasypus*, Rausporiger Glockenschüppling

13.2.18 *Pholiotina sulcata*, Gefurchter Glockenschüppling

Pholiotina parvula (Døssing & Watling) Bon, *Conocybe parvula* Døssing & Watling: Hut kaum über 0,5 cm, konisch bleibend. Sporen 5–7,5 × 3,5–4 µm, ChZ spindelig. LUDWIG 2007 äußert Zweifel an der Abgrenzung zu *P. mairei*.

13.2.22 *Conocybe albipes* Hauskn., *Conocybe lactea* (J.E. Lange) Métrod
Milchweißes Samthäubchen

H: 1–2,5 cm breit und bis zu 4 cm hoch, schmal walzenförmig bis glockig-kegelig, weiß bis weißgrau, evtl. cremeweiß, im Scheitel ockerlich, Rand gefurcht. **L:** schmal angewachsen, gedrängt, weißlich, später ocker bis rostbraun und im Alter bisweilen etwas zerfließend. **St:** bereift, weiß, Basis zwiebelig verdickt. **V:** auf Weiden, Kompost, an Wegrändern, in Parks; Sommer bis Herbst. **Mik:** Sporen glatt, ellipsoid bis etwas eckig, leicht dickwandig, Keimporus deutlich, breit, 9–15,5 × 6,5–9 µm, mehrheitlich 4-sporig, ChZ lecythiform mit deutlich abgesetztem Köpfchen, Schnallen spärlich. (Kr 4.314, BK 4.381, Lu 2.92.2, 🖼).

13.2.23 *Conocybe apala* (Fr.) Arnolds, *Conocybe huijsmanii* Watling, *Conocybe elegans* Watling, Elegantes Samthäubchen: Stiel streifig behaart, erst weißlich, später ockerbraun, Basis knollig; auf Holzresten, Erde. Sporen 11,5–13,5 × 6,5–7,5 µm. (Lu 2.92.23, 🖼).

C. albipes enthält gemäß HAUSKNECHT & VESTERHOLT 2018 Pseudoparaphysen zwischen den Basidien, während solche Elemente bei *C. apala* fehlen. Andere Autoren zählen die Arten jedoch zusammen oder unterscheiden lediglich Varietäten.

13.2.24 *Conocybe siliginea* (Fr.) Kühner
Tonblasses Samthäubchen

H: 1–5 cm, glockig-kegelig bis halbkugelig, jung oft schmierig und feinhaarig, bräunlich bis olivbräunlich, später tonblass bis milchweiß, im Scheitel etwas ockerlich, Rand manchmal gereift, alt runzelig. **L:** schmal angewachsen, cremeocker bis zimtbräunlich. **St:** fein bereift-behaart, weißlich, Basis bräunlich, bisweilen etwas knollig. **Ger:** unauffällig. **V:** auf Mist, nährstoffreicher Weide, Kompost, auf Pflanzenresten; Sommer bis Herbst. **Mik:** Sporen glatt, ellipsoid, teils einseitig etwas abgeflacht, dickwandig, Keimporus deutlich, 12–17 × 7–9,5 µm, mehrheitlich 2-sporig, ChZ lecythiform mit deutlich abgesetztem Köpfchen, Schnallen vorhanden. (Lu 2.92.6, 🖼).

Conocybe rickenii (Jul. Schäff.) Kühner, Dungliebendes Samthäubchen: HAUSKNECHT & VESTERHOLT 2018 unterscheiden diese Art mit Hutgrößen bis 5 cm und olivem Farbstich von *C. siliginea* mit kleineren Hüten bis gut 1 cm Breite und ohne oliven Farbanteil.

13.2.25 *Conocybe aurea* (Jul. Schäff.) Hongo
Gold-Samthäubchen

H: 1–4 cm, glockig-kegelig, später gewölbt, gebuckelt, hygrophan, anfangs lebhaft gold-orange, danach gelb mit bräunlichem Scheitel, Rand bisweilen gerieft. **L:** schmal angeheftet bis fast frei, graubraun. **St:** längsstreifig bereift, ockergelblich, Basis knollig. **Ger:** unauffällig. **V:** auf nährstoffreichem Boden, Pflanzenresten, in Gewächshäusern; Sommer bis Herbst. **Mik:** Sporen glatt, ovoid, selten einseitig leicht abgeflacht, dickwandig, Keimporus deutlich, 9,5–13,5 × 6–9,5 µm, mehrheitlich 4-sporig, ChZ lecythiform mit deutlich abgesetztem Köpfchen, Schnallen vorhanden. (BK 4.376, Lu 2.92.11, 🖼).

13.2.26 *Conocybe gigasperma* Enderle & Hauskn.
Riesensporiges Samthäubchen, Großsporiges Samthäubchen

H: 1–2,5 cm, walzenförmig bis glockig-kegelig, kaum abflachend, hygrophan, jung braun, im Zentrum olivschwarz, später olivockerlich, braunorange, Rand feucht durchscheinend gerieft. **L:** schmal angeheftet bis fast frei, graubraun. **St:** längsstreifig bereift, ockergelblich, Basis knollig. **Ger:** unauffällig. **V:** auf nährstoffreichem Boden, Pflanzenresten, in Gewächshäusern; Sommer bis Herbst. **Mik:** Sporen glatt, ellipsoid bis leicht rhombenförmig, leicht dickwandig, Keimporus deutlich und breit, 16,5–22,5 × 10–12,5 µm, 2-sporig, ChZ lecythiform mit deutlich abgesetztem Köpfchen, Schnallen vorhanden. (Lu 2.92.14).

13.2.27 *Conocybe moseri* Watling
Düsterhütiges Samthäubchen

H: 0,2–1 cm, halbkugelig bis gewölbt und gebuckelt, hygrophan, feucht im Scheitel schwärzlich-grau, durchscheinend bis gegen die Mitte gerieft, außen graubraun, trocken blasser ockergrau. **L:** schmal angeheftet, hellocker bis ockerbraun. **St:** fädig, lang, cremeockerlich, Spitze bisweilen blasser, Basis mit kleinem Knöllchen. **V:** an grasigen Stellen, auf Erde, Pflanzenresten, in Gewächshäusern; Frühling bis Herbst. **Mik:** Sporen glatt, ellipsoid, teils einseitig etwas abgeflacht, dickwandig, Keimporus deutlich, 8,5–11 × 6–7 µm, mehrheitlich 4-sporig, ChZ lecythiform mit deutlich abgesetztem Köpfchen, Schnallen teilweise vorhanden. (BK 4.383, Lu 2.92.8).

13.2.28 *Conocybe bisporigera* (Hauskn. & Krisai) Arnolds, *C. moseri* var. *bisporigera* Hauskn. & Krisai, Zweisporiges Düsterhütiges Samthäubchen: Sporen 9–14 × 5,5–9 µm, 2-sporig. (🖼).

13.2.22 *Conocybe albipes*, Milchweißes Samthäubchen

13.2.24 *Conocybe siliginea*, Tonblasses Samthäubchen

13.2.23 *Conocybe apala*, Elegantes Samthäubchen

13.2.25 *Conocybe aurea*, Gold-Samthäubchen

13.2.28 *Conocybe bisporigera*, Zweisporiges Düsterhütiges Samthäubchen

13.2.29 *Conocybe nigrodisca* Hauskn. & Krisai
Schwarzscheibiges Samthäubchen

H: 1–1,5 cm, kegelig-glockig, später gewölbt und gebuckelt, jung ganz schwärzlich-grau, später nur in der Mitte schwärzlich und gegen außen graubraun aufhellend, Rand nicht gerieft. **L:** schmal angeheftet, gelbocker. **St:** streifig bereift, graubraun, Spitze orangebräunlich. **V:** auf Sand, Schotter, bei Moosen bis in subalpine Lagen; Sommer bis Herbst. **Mik:** Sporen glatt, ellipsoid, teils einseitig etwas abgeflacht, dickwandig, Keimporus schmal, 7,5–9,5 × 4,5–6,5 µm, mehrheitlich 4-sporig, ChZ lecythiform, mit deutlich abgesetztem Köpfchen und teils verdickter Wand im Bauchteil, Schnallen vorhanden. (Lu 2.92.10).

13.2.30 *Conocybe inocybeoides* Watling
Risspilzähnliches Samthäubchen

H: 2–4,5 cm, glockig, später breit kegelig, teils gebuckelt, hygrophan, feucht glänzend grau- bis ockerbraun, trocken matt cremeocker, im Zentrum dunkler braun bis rötlichbraun, Rand kaum gerieft, glatt bis etwas runzelig. **L:** schmal, bisweilen mit Zahn angeheftet, cremeocker bis rostbraun. **St:** fein streifig behaart, gelbbraun, oft wie eingepfropft in der deutlich knolligen Basis. **V:** in Wäldern, Wiesen, auch auf Pflanzenresten oder modrigem Holz; Sommer bis Herbst. **Mik:** Sporen glatt, ellipsoid, teils einseitig etwas abgeflacht, leicht dickwandig, Keimporus deutlich, 11–14 × 6,5–7,5 µm, mehrheitlich 4-sporig, ChZ lecythiform, mit deutlich abgesetztem Köpfchen, Stieloberfläche (Kaulozystiden) mit keuligen bis flaschenförmigen und teils langen, haarigen Elementen, Schnallen fehlend (gemäß ENDERLE 1997 vorhanden). (Lu 2.92.18).

13.2.31 *Conocybe hornana* Singer & Hauskn.
Bescheidetes Samthäubchen

H: 1–5 cm, halbkugelig, kegelig bis etwas gebuckelt, hygrophan, feucht bräunlich bis orange- oder rötlichbraun, gegen außen heller orange bis gelbbraun, trocken ockergelblich, Rand kaum gerieft, glatt bis etwas runzelig. **L:** schmal angeheftet bis fast frei, teils mit Zahn angeheftet, creme, cremeorange bis bräunlich. **St:** streifig behaart, weißlich, später blass ockergelb, im unteren Teil bisweilen mit Velumresten, Basis mit deutlicher, gerandeter Knolle. **Ger:** unauffällig bis etwas kakaoartig. **Ges:** leicht bitter. **V:** auf Erde, Pflanzen- oder Holzresten; Sommer bis Herbst. **Mik:** Sporen glatt, ellipsoid, einseitig etwas abgeflacht, leicht dickwandig, Keimporus breit, 10,5–13 × 6,5–7,5 µm, mehrheitlich 4-sporig, ChZ lecythiform, mit deutlich abgesetztem Köpfchen, Stieloberfläche mit keuligen, flaschenförmigen und teils langen, haarigen Elementen, Schnallen fehlend (gemäß SINGER & HAUSKNECHT 1989 vorhanden). (Lu 2.92.19, 🖼).

13.2.32 *Conocybe singeriana* Hauskn.
Großes Mist-Samthäubchen

H: 1,5–4,5 cm, kegelig bis etwas glockig oder gebuckelt, feucht orange- bis rotbraun, Rand durchscheinend gerieft, trocken heller ockerorange. **L:** schmal angeheftet bis fast frei, ocker- bis orangebraun. **St:** längsstreifig bereift, gelb- bis orangeocker, Basis knollig, jedoch nicht gerandet. **Ger:** unauffällig bis etwas kakaoartig. **V:** auf Mist, nährstoffreichem Boden, verrottenden Pflanzen- und Holzteilen; Sommer bis Herbst. **Mik:** Sporen glatt, ellipsoid, bisweilen einseitig etwas abgeflacht, leicht dickwandig, Keimporus deutlich, 13,5–16,5 × 7–9 µm, mehrheitlich 4-sporig, ChZ abgesetzt kopfig, Stieloberfläche mit keuligen bis flaschenförmigen Elementen und teils haarigen Auswüchsen, nicht kopfig, Schnallen fehlend. (Lu 2.92.21, 🖼).

13.2.33 *Conocybe fuscimarginata* (Murrill) Singer
Braunrandiges Mist-Samthäubchen, Viersporiges Mist-Samthäubchen

H: 1,5–4 cm, breitkegelig, leicht hygrophan, feucht beige bis graubräunlich, jung etwas schmierig, trocken cremeweißlich, Randzone bisweilen dunkler, alt etwas runzelig. **L:** schmal angeheftet, allenfalls mit Zahn, ockerbraun. **St:** streifig behaart, ockergrau, im unteren Teil bräunlich bis fleischbräunlich. **Ger:** unauffällig bis etwas kakaoartig. **V:** auf nährstoffreichem Boden, Mist, Kompost, auch im Wald. **Mik:** Sporen glatt, ellipsoid, bisweilen einseitig etwas abgeflacht, leicht dickwandig, Keimporus deutlich, 9,5–12,5 × 6–8 µm, mehrheitlich 4-sporig, ChZ abgesetzt kopfig (lecythiform), Stieloberfläche mit keuligen bis flaschenförmigen Kaulozystiden und teils mit haarartigen Auswüchsen, nicht kopfig, Schnallen vereinzelt. (Kr 4.311, BK 4.379, Lu 2.92.22, 🖼).

13.2.34 *Conocybe lenticulospora* Watling, Linsensporiges Samthäubchen: Hut 0,5–2 cm, auf Dung, gedüngtem Boden, Brandstellen, verrottetem Holz. Sporen leicht eckig, deutlich linsenförmig abgeplattet, 9,5–12 × 6–8 µm. (Lu 2.92.17).

13.2.35 *Conocybe ochrostriata* Hauskn., Ockerstreifiges Samthäubchen: Hut 1–2 cm, feucht bis zum Scheitel gestreift, leicht bereift, trocken glimmerig, blass ockerbraun und nicht gestreift, Stiel fädig, blass, gegen die Basis hin braun und teilweise mit kleinem Knöllchen; auf Laub- oder Nadelstreu. Sporen eher dünnwandig, 8–12,5 × 5–7 µm. (BK 4.391, Lu 2.92.24).

13.2.31 *Conocybe hornana*, Bescheidetes Samthäubchen

13.2.32 *Conocybe singeriana*, Großes Mist-Samthäubchen

13.2.33 *Conocybe fuscimarginata*, Braunrandiges Mist-Samthäubchen

Conocybe siennophylla (Berk. & Broome) Singer, Siennablättriges Samthäubchen: je nach Interpretation handelt es sich um ein Synonym, möglicherweise aber auch um eine eigene Art mit kleineren Sporen. Teilweise findet sich auch die Schreibweise *C. siennophylla.*

Conocybe rostellata (Velen.) Hauskn. & Svrček, Schnabelzystiden-Haarstiel-Samthäubchen: im Wald oder Grasland. Sporen eher dünnwandig, 6,5–10,5 × 4–6,5 µm, Kaulozystiden mit langen, haarartigen Auswüchsen.

13.2.36 *Conocybe pilosella* (Pers.) Kühner
Engblättriges Samthäubchen, Gedrängtblättriges Samthäubchen

H: 1–3 cm, stumpf kegelig, halbkugelig bis etwas glockig oder gebuckelt, jung etwas bereift, feucht braun bis dunkelbraun, rotbraun, trocken heller haselbraun, Rand feucht durchscheinend gerieft. **L:** schmal angeheftet, gedrängt, ocker- bis rostbraun. **St:** längsstreifig, bereift, weißlich bis cremeocker, Basis bisweilen etwas knollig. **Ger:** unauffällig. **V:** auf Erde, Streu oder modernden Pflanzen und Holzresten; Sommer bis Herbst. **Mik:** Sporen glatt, ellipsoid, ovoid bis leicht mandelförmig, dünnwandig, Keimporus fehlend oder nur schwach angedeutet, 6–8,5 × 4–4,5 µm, mehrheitlich 4-sporig, ChZ lecythiform mit deutlich abgesetztem Köpfchen, Stieloberfläche mit keuligen, flaschenförmigen bis haarigen Elementen, nicht kopfig, Schnallen vorhanden. (Kr 4.320, BK 4.384f, Lu 2.92.20).

13.2.37 *Conocybe velutipes* (Velen.) Hauskn. & Svrček
Samtstieliges Gebirgs-Samthäubchen, Gebirgs-Samthäubchen

H: 0,5–2 cm, stumpf kegelig, halbkugelig bis etwas glockig, jung fettig glänzend bis schwach bereift, feucht dattel- bis dunkelbraun, trocken ockerbraun, Rand feucht durchscheinend gerieft. **L:** schmal angeheftet, eher eng, ockerbraun. **St:** längsstreifig bereift, jung weißlich, später ocker- bis etwas rötlichbraun, Basis kaum knollig. **Ger:** unauffällig. **V:** auf Sand, Streu oder modernden Pflanzen und Holzresten, vorwiegend in höheren Lagen; Sommer bis Herbst. **Mik:** Sporen glatt, ellipsoid, einseitig etwas abgeflacht, dickwandig, Keimporus deutlich, 10–14 × 7–8,5 µm, 4-sporig, ChZ lecythiform mit deutlich abgesetztem Köpfchen, Kaulozystiden an der Stieloberfläche mit keuligen, flaschenförmigen und vorwiegend haarartigen, höchstens an der Stielspitze kopfigen Elementen, Schnallen vorhanden. (Lu 2.92.26,)

13.2.38 *Conocybe antipus* (Lasch) Fayod
Spindeliges Samthäubchen, Eckigsporiges Wurzel-Samthäubchen

H: 1–2,5 cm, stumpf kegelig, glockig bis gewölbt, glatt bis etwas runzelig, feucht bräunlich bis rötlichbraun, trocken blass gelblich bis isabellocker, Rand frisch durchscheinend gerieft. **L:** schmal angeheftet, ockerbraun. **St:** fein bereift, weißlich bis ocker, gegen die Basis etwas dunkler, verdickt und mit auffälligem, brüchigem Wurzelfortsatz. **Ger:** unauffällig. **V:** auf Kompost, Dung, nährstoffreichem Boden oder modernden pflanzlichen Resten; Sommer bis Herbst. **Mik:** Sporen glatt, abgeplattet, frontal auffällig 6-eckig, breit, seitlich schmaler und ellipsoid, Keimporus sichtbar, 7,5–10,5 × 4,5–7,5 µm, 4-sporig, ChZ und Kaulozystiden lecythiform, mit deutlich abgesetztem Köpfchen, Schnallen vereinzelt. (Lu 2.92.27,)

13.2.39 *Conocybe graminis* Hauskn.
Dunkles Gras-Samthäubchen

H: 0,5–1,5 cm, halbkugelig bis flach gewölbt, glatt, feucht gelb- bis rötlichbraun, gegen außen heller ocker, trocken hellocker, Rand orangeockerlich, feucht durchscheinend gerieft. **L:** schmal angeheftet, hellbraun. **St:** fein streifig bereift, oft etwas verdreht, cremegelb bis orangebräunlich, gegen die Basis verdickt bis knollig, oft mit Wurzelfortsatz. **Ger:** unauffällig oder etwas nach Sägespänen. **V:** an Wurzeln von Gräsern, an warmen, sonnigen Stellen; Sommer bis Herbst. **Mik:** Sporen glatt, ellipsoid, einseitig etwas abgeflacht, dünnwandig, Keimporus deutlich, schmal, 7–9 × 4,5–6 µm, mehrheitlich 4-sporig, ChZ und mehrheitlich auch Kaulozystiden lecythiform, mit klar abgesetztem Köpfchen, Schnallen vorhanden. (Lu 2.92.28,)

13.2.40 *Conocybe alboradicans* Arnolds
Zweisporiges Wurzel-Samthäubchen

H: 0,5–4 cm, kegelig bis etwas glockig, halbkugelig bis flach gewölbt, glatt oder leicht runzelig, feucht leicht schmierig, ocker- bis orangebraun, gegen außen heller, trocken ockerlich, Rand feucht durchscheinend gerieft. **L:** schmal angeheftet, ocker bis gelbbraun. **St:** streifig bereift, weißlich bis gelblich, mit auffälligem, brüchigem Wurzelfortsatz. **Ger:** unauffällig. **V:** in nährstoffreichen Wiesen, Äckern, Maisfeldern; Sommer bis Herbst. **Mik:** Sporen glatt, unregelmäßig ellipsoid bis mandelförmig, leicht dickwandig, Keimporus deutlich, 9–15 × 6–9 µm, überwiegend 2-sporig, ChZ und mehrheitlich auch Kaulozystiden lecythiform, mit deutlich abgesetztem Köpfchen, am Stiel dazwischen auch Elemente mit haarartigen Auswüchsen, Schnallen spärlich. (Lu 2.92.47,)

13.2.41 *Conocybe macrocephala* Kühner & Watling, *Conocybe abruptibulbosa* Watling
Auenwald-Samthäubchen, Knollenstieliges Samthäubchen

H: 1–4,5 cm, kegelig bis glockig, halbkugelig, später flach gewölbt und gebuckelt, glatt bis leicht runzelig, feucht etwas schmierig, dattel- bis ocker- oder graubraun, Mitte dunkler, trocken cremeweißlich. **L:** schmal angeheftet, creme bis gelbockerlich. **St:** streifig bereift, ockerlich, Spitze heller und Basis etwas dunkler, verdickt bis deutlich knollig. **Ger:** unauffällig. **V:** eher an feuchten Stellen, vorwiegend in Auwäldern; Sommer bis Herbst. **Mik:** Sporen glatt, ellipsoid bis etwas mandelförmig und teils einseitig leicht abgeflacht, eher dünnwandig, Keimporus schmal, oft undeutlich, 8,5–10,5 × 5–6 µm, mehrheitlich 4-sporig, ChZ und Kaulozystiden lecythiform, mit deutlich abgesetztem Köpfchen, Kaulozystiden mit längeren Halsteilen, Schnallen vorhanden. (Kr 4.317, BK 4.374, Lu 2.92.30,)

13.2.37 *C. velutipes,* Samtstieliges Gebirgs-Samthäub.

13.2.38 *C. antipus,* Spindeliges Samthäubchen

13.2.39 *C. graminis,* Dunkles Gras-Samthäubchen

13.2.40 *C. alboradicans,* Zweisporiges Wurzel-S.

13.2.41 *Conocybe macrocephala,* Auenwald-Samthäubchen

13.2.42 *Conocybe rickeniana* P.D. Orton
Rostgoldenes Samthäubchen, Gerieftes Samthäubchen

H: 1–2 cm, stumpf kegelig, halbkugelig bis gewölbt, hygrophan, feucht honig-, orange- bis dunkel rotbraun mit gerieftem Rand, trocken blass beige- bis ockerbräunlich. **L:** schmal angewachsen, ockerbräunlich, später rostbraun, Schneiden weißlich, schartig. **St:** bereift, bräunlich, Spitze heller gelblich, Basis leicht verdickt bis etwas knollig. **V:** auf Wiesen, Weiden, am Wegrand, auf nährstoffreichen Böden; Sommer bis Herbst. **Mik:** Sporen glatt, ellipsoid bis etwas mandelförmig und teils einseitig abgeflacht, dünnwandig, Keimporus schmal, 7–9,5 × 4,5–6 µm, 4-sporig, ChZ und Kaulozystiden lecythiform, mit deutlich abgesetztem Köpfchen, Schnallen vorhanden. (Kr 4.322, BK 4.387, Lu 2.92.31, 🖼).

13.2.43 *Conocybe subovalis* Kühner & Watling
Gerandetknolliges Samthäubchen

H: 1,5–5 cm, glockig, kegelig, halbkugelig bis ausgebreitet und teils gebuckelt, frisch etwas glänzend, feucht ocker, orange-, oliv- bis schokoladenbraun, trocken cremeockerlich, Mitte dunkler, Rand feucht leicht durchscheinend gerieft. **L:** schmal angeheftet, ocker- bis orangebraun, Schneiden fein schartig. **St:** streifig bereift, cremeockerlich, im unteren Teil braun, Basis mit deutlicher, bisweilen gerandeter Knolle. **Ger:** unauffällig. **V:** auf nährstoffreichen Böden, in Wiesen, Weiden, an Wegrändern und vorwiegend in Laubwäldern; Sommer bis Herbst. **Mik:** Sporen glatt, ellipsoid, einseitig etwas abgeflacht, eher dünnwandig, Keimporus deutlich, etwas vorgewölbt, 10,5–14,5 × 6,5–8 µm, 4-sporig, ChZ und Kaulozystiden lecythiform, mit deutlich abgesetzten, großen Köpfchen, Schnallen vorhanden. (Kr 4.327, BK 4.393, Lu 2.92.35, 🖼).

13.2.44 ***Conocybe tenera*** (Schaeff.) Fayod
Roststieliges Samthäubchen

H: 1–4 cm, gewölbt bis kegelig-glockig, hygrophan, feucht ocker-, orange- bis rötlichbraun, trocken grauockerlich, Rand heller und feucht deutlich durchscheinend gerieft. **L:** aufsteigend, schmal angeheftet, eher dicht, ockerlich. **St:** streifig bereift, lang und dünn, gelbockerlich, im unteren Teil dunkler braun und an der Basis oft verdickt bis knollig. **F:** brüchig, blass bräunlich, in der Stielbasis dunkler. **Ger:** unauffällig oder etwas pilzartig. **V:** auf Wiesen, Weiden, Erde, bei Brandstellen, am Wegrand; Frühling bis Herbst. **Mik:** Sporen glatt, ellipsoid bis etwas mandelförmig, einseitig teils abgeflacht, leicht dickwandig, Keimporus deutlich, etwas vorgewölbt, 8,5–12,5 × 5,5–7 µm, überwiegend 4-sporig, ChZ und mehrheitlich auch Kaulozystiden abgesetzt kopfig, Kaulozystiden am Stiel vereinzelt mit keuligen und haarartigen Elementen, an den Stielhyphen finden sich Schnallen. (D 580, Kr 4.329, Lu 2.92.41, 🖼).

Conocybe semiglobata Kühner & Watling, Halbkugeliges Samthäubchen: Hut 1–2,5 cm, kegelig bis vorwiegend halbkugelig, nicht gebuckelt und kaum gerieft. Sporen ellipsoid, 9–15 × 5,5–9 µm. (BK 4.390/394, Lu 2.92.43).

13.2.45 *Conocybe dumetorum* (Velen.) Svrček
Hecken-Samthäubchen

H: 0,5–1,5 cm, stumpf kegelig, bald ausgebreitet und gebuckelt, glatt bis fein bereift, ockerbraun, später heller werdend, Mitte dunkler braun bis schwärzlichbraun, Rand feucht durchscheinend gerieft. **L:** schmal angeheftet, rötlichocker. **St:** feinflaumig, fädig dünn, Spitze weißlich, abwärts honiggelb, Basis dunkler schwarzbraun, verdickt. **V:** auf Laubstreu, bei Gräsern; Sommer bis Herbst. **Mik:** Sporen feinwarzig, ellipsoid bis leicht mandelförmig, dünnwandig, Keimporus undeutlich, 4,5–7 × 3–4 µm, 4-sporig, ChZ und Kaulozystiden mit deutlich abgesetztem Köpfchen (lecythiform), Schnallen vorhanden.

C. dumetorum var. *laricina* (Kühner) Hauskn., Punktiertsporiges Samthäubchen: auf Erde, Streu, modernden Pflanzen- oder Holzresten, im Herbst. Sporen feinwarzig, mandel- bis etwas zitronenförmig, Keimporus vorstehend, 6,5–8,5 × 4–4,5 µm. (Lu 2.92.32).

C. dumetorum var. *phaeoleiospora* Hauskn.: Hut 0,5–1 cm, Lamellen entfernt; an sonnigen Stellen bei Gräsern, in Dünen. Sporen glatt, ellipsoid, Keimporus undeutlich, nicht vorstehend, 6–7 × 3,5–4 µm. (Lu 2.92.33).

13.2.46 *Conocybe echinata* (Velen.) Singer,
Conocybe sordida Kühner & Watling
Dunkelscheiteliges Samthäubchen

H: 0,5–2,5 cm, gewölbt und etwas gebuckelt bis kegelig, matt, marmoriert wirkend, feucht braun, trocken graubraun bis beige, Mitte dunkler, Rand feucht leicht durchscheinend gerieft. **L:** schmal angeheftet, hell- bis ockerbraun, Schneiden feinschartig. **St:** fein streifig bereift, dünn, ockerbraun, gegen die kleinknollige Basis orangebraun. **V:** auf nährstoffreichen Böden, in Wiesen, Wäldern, Ruderalplätzen,

13.2.42 *Conocybe rickeniana*, Rostgoldenes Samthäubchen

13.2.43 *Conocybe subovalis*, Gerandetknolliges Samthäubchen

13.2.44 *Conocybe tenera*, Roststieliges Samthäubchen

13.2.46 *C. echinata*, Dunkelscheiteliges Samthäub.

Brandstellen; Sommer bis Herbst. **Mik:** Sporen glatt, ellipsoid bis etwas mandelförmig, dünnwandig, Keimporus deutlich, eher schmal, 8–10,5 × 5–6 µm, 4-sporig, ChZ und Kaulozystiden mit einem deutlich abgesetzten, auffällig großen Köpfchen (lecythiform), Schnallen vorhanden. (Lu 2.92.34, 🖼).

13.2.47 *Conocybe mesospora* Kühner ex Watling
Freudiggefärbtes Samthäubchen

H: 0,5–3 cm, glockig, stumpf kegelig bis ausgebreitet und gebuckelt, glatt, hygrophan, feucht lebhaft orange- bis rötlichbraun, trocken blasser fleischockerlich, Rand heller und feucht durchscheinend gerieft. **L:** schmal angeheftet, hellocker bis orangebräunlich. **St:** streifig bereift, weißlich, im unteren Teil orangebräunlich, Basis bisweilen etwas knollig. **V:** auf Erde, in Wäldern, Wiesen, Äckern, Ruderalflächen; Frühsommer bis Herbst. **Mik:** Sporen glatt, ellipsoid bis etwas mandelförmig, dünnwandig, Keimporus eher undeutlich, etwas vorgewölbt, 7,5–9,5 × 4,5–5,5 µm, mehrheitlich 4-sporig, ChZ und Kaulozystiden lecythiform, mit deutlich abgesetztem Köpfchen, Schnallen vorhanden. (Kr 4.318, Lu 2.92.37, 🖼).

13.2.48 *Conocybe microspora* (Velen.) Dennis
Kleinsporiges Samthäubchen

H: 0,5–1,5 cm, gewölbt bis breit kegelig, glatt bis fein flaumig bereift, feucht grau- bis rotbraun, trocken blasser grauocker bis ockerbraun, Rand eher heller und feucht durchscheinend gerieft. **L:** schmal angeheftet, eher dicht, ocker. **St:** streifig bereift, weißlich, im unteren Teil ockerlich, Basis bisweilen etwas verdickt, jedoch kaum knollig. **V:** an nährstoffreichen Stellen, auf Wiesen, Weiden, an Wegrändern; Frühsommer bis Herbst. **Mik:** Sporen glatt, ellipsoid, einseitig bisweilen etwas abgeflacht, dünnwandig, Keimporus klein, jedoch deutlich, 6,5–8 × 3,5–4,5 µm, 2- und 4-sporig gemischt, ChZ und Kaulozystiden mit einem deutlich abgesetzten Köpfchen (lecythiform), Schnallen vorhanden. (Lu 2.92.38).

Ähnlich mit ebenfalls glatten Sporen, aber entfernteren Lamellen ist *C. dumetorum* var. *phaeoleiospora*.

Conocybe brunneola Kühner ex Kühner & Watling, *C. microspora* var. *brunneola* (Kühner ex Kühner & Watling) Singer & Hauskn., *C. mesospora* var. *brunneola* Kühner, Ausgebreitetes Samthäubchen, Bereiftes Samthäubchen: Sporen einseitig deutlich abgeflacht bis bohnenförmig (allantoid).

13.2.49 *Conocybe pubescens* (Gillet) Kühner
Flaumstieliges Mist-Samthäubchen

H: 1–2,5 cm, gewölbt bis kegelig-glockig, hygrophan, feinhaarig (Lupe), feucht gelb- bis orangebraun mit durchscheinend gerieftem Rand, trocken creme- bis orangeocker. **L:** schmal angeheftet, ziemlich eng, ockergelb, später rostocker, Schneiden heller. **St:** überall flaumig-haarig (Lupe), jung streifig, honigfarben bis orangeocker, Basis dunkler, mit kleiner Knolle oder auch ohne Verdickung. **V:** auf nährstoffreichen Böden, Weiden, Mist, modernden Pflanzen- oder Holzresten; Sommer bis Herbst. **Mik:** Sporen glatt, ellipsoid, einseitig bisweilen etwas abgeflacht, dickwandig, Keimporus breit, etwas vorgewölbt, 13–19 × 7–11 µm, 4-sporig, ChZ und mehrheitlich auch die Kaulozystiden mit deutlich abgesetztem Köpfchen (lecythiform), Kaulozystiden auch mit keuligen oder haarartigen Elementen, Schnallen vorhanden. (Lu 2.92.44).

13.2.50 *Conocybe subpubescens* P.D. Orton, Langstieliges Samthäubchen: Hut kegelig-glockig bleibend, Stiel auffällig lang, auf modernden Pflanzenresten, bei Moos, nicht auf Mist. Sporen 11–15 × 6–8 µm. (D 582, Lu 2.92.46, 🖼).

Conocybe macrospora (G.F. Atk.) Hauskn., *Conocybe rubiginosa* Watling, *C. pubescens* var. *macrospora* (G.F. Atk.) E. Ludw., Großsporiges Langstiel-Samthäubchen: Sporen 14–21 × 7,5–11 µm, mehrheitlich 2-sporig (teils auch 1-sporig), Schnallen fehlend. (BK 4.389, Lu 2.92.45).

Conocybe merdaria Arnolds & Hauskn., Dung-Samthäubchen: auf Dung, nährstoffreichen Böden, Laubstreu. Sporen 12–15 × 7,5–9,5 µm, mehrheitlich 2-sporig, Schnallen vorhanden.

13.2.51 *Conocybe pulchella* (Velen.) Hauskn. & Svrček, *Conocybe pseudopilosella* Kühner & Watling, *Conocybe digitalina* (Velen.) Singer
Zartes Flaumstiel-Samthäubchen, Bereiftstieliges Samthäubchen, Bruchwald-Samthäubchen

H: 0,5–1,5 cm, gewölbt bis kegelig-glockig, hygrophan, feucht ocker-, orange- bis rötlichbraun und gerieft, trocken flaumig-bereift und blasser beigeocker. **L:** schmal angeheftet, blassocker, später rostocker. **St:** fein flaumig-haarig (Lupe), Spitze weißlich, im unteren Teil ocker bis orangebräunlich, Basis evtl. verdickt bis etwas knollig. **Ger:** unauffällig. **V:** in Wiesen, auf Pflanzenresten im Laubwald, auf basischen Böden; Frühling bis Herbst. **Mik:** Sporen glatt, ellipsoid, einseitig bisweilen etwas abgeflacht, leicht dickwandig, Keimporus breit, 12–18 × 6,5–9,5 µm, 4-sporig, ChZ und mehrheitlich auch die Kaulozystiden lecythiform, mit deutlich abgesetztem Köpfchen, am Stiel auch keulige oder haarartige Elemente, Schnallen vorhanden. (BK 4.378, Lu 2.92.48, 🖼).

Conocybe ambigua Watling, Mandelsporiges Samthäubchen, Verwechselbares Samthäubchen: Sporen zitronenförmig, Keimporus deutlich, vorgewölbt, 10,5–16 × 5–8,5 µm, mehrheitlich 2-sporig. (BK 4.375).

13.2.47 *Conocybe mesospora*, Freudiggefärbtes Samthäubchen

13.2.50 *Conocybe subpubescens*, Langstieliges Samthäubchen

13.2.51 *Conocybe pulchella*, Zartes Flaumstiel-Samthäubchen

13.2.52 *Conocybe intrusa* (Peck) Singer
Ansehnliches Samthäubchen

H: 2–10 cm, gewölbt, bald ausgebreitet-flach, glatt, oft etwas schmierig mit anhaftenden Substratresten, alt bisweilen radialrunzelig, nicht hygrophan, gelbocker bis rosabräunlich. **L:** schmal angeheftet, weißlich, cremeocker bis olivbräunlich. **St:** dick, streifig-faserig, weißlich bis blass rötlichocker, teils bänderig-rissig, Basis keulig verdickt bis gerandet knollig. **F:** relativ dick. **Ger:** leicht rettichartig. **Ges:** leicht rettichartig bis bitterlich. **V:** in Gewächshäusern, Gartenbeeten, auf Kompost. **Mik:** Sporen glatt, ellipsoid, einseitig bisweilen etwas abgeflacht, eher dünnwandig, Keimporus fehlend oder undeutlich, 5–8 × 3,5–5,5 µm, 4-sporig, ChZ und mehrheitlich auch Kaulozystiden lecythiform, mit deutlich abgesetztem Köpfchen, Kaulozystiden auch mit kugelig-keuligen Elementen, Schnallen vorhanden. (BK 4.380, Lu 2.92.1, 🖼).

13.2.52 *Conocybe intrusa*, Ansehnliches Samthäubchen

13.3 *Panaeolus,* Düngerlinge

Basidiomycota, Ständerpilze > *Agaricomycetes* > *Agaricales,* Blätterpilze > *Bolbitiaceae,* Mistpilzverwandte

Beschreibung

Kleine bis mittelgroße, gebrechliche Arten mit teils eiförmig-glockigem, teils gewölbtem bis flachem, weißlichem bis satt- oder rotbraunem, vereinzelt behangenem Hut und relativ langem, dünnem und im Fall von *Panaeolus semiovatus,* Ring-Düngerling beringtem Stiel. Die Lamellen können breit und ausgebuchtet angewachsen bis fast frei sein. Erst sind sie blass gefärbt, bald aber vom schwarzen Sporenpulver zunehmend dunkel. Es ist eine besondere Eigenheit dieser Gattung, dass durch die ungleich schnelle Reifung der Sporen auf den Lamellen ein scheckiges Muster entsteht.

Panaeolus, Düngerlinge wachsen vorwiegend auf nährstoffreichem, grasigem Boden oder auf Dung, meist vom Sommer bis zum Herbst, hie und da auch schon im Frühling.

Die Sporen sind mehrheitlich glatt, ellipsoid bis zitronen-, mitra- oder eckig rombenförmig. Sie sind oft abgeplattet, sodass die seitliche Ansicht deutlich schmaler wirkt. *Panaeolus foenisecii,* Heu-Düngerling hat schollig-warzige Sporen. Die Cheilozystiden (ChZ) sind mehrheitlich zylindrisch bis langhalsig flaschenförmig und evtl. leicht kopfig, aber nie abgesetzt kopfig (lecythiform) wie bei *Conocybe.* Die Pleurozystiden sind mehrheitlich fehlend, bei *Panaeolus semiovatus,* Ring-Düngerling sowie *Panaeolus ater,* Schwarzer Düngerling sind sie jedoch als Chrysozystiden vorhanden.

13.3.03 *Panaeolus papilionaceus*
Behangener Düngerling

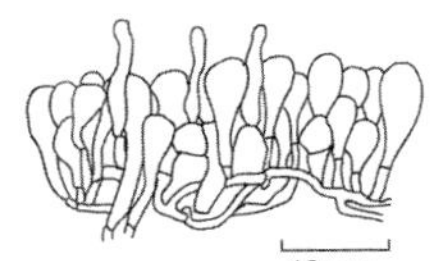

40 µm
Hutdeckschicht (HDS)

10 µm
Sporen

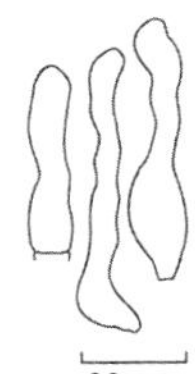

20 µm
Cheilozystiden (ChZ)

Bestimmung

Für die Bestimmung gilt es, auf die Farbe, einen Ring oder Velumreste am Hutrand sowie auf die Hutgröße, -form und den Standort zu achten. Zwei Arten unterscheiden sich durch raue bis warzige Sporen, alle anderen haben glatte Sporen.

Speisewerte

Es gibt keine essbaren Düngerlinge. Einige Arten sind giftig und können Psilocybin enthalten. Bei *Panaeolus cinctulus,* Dunkelrandiger Düngerling ist gemäß Ludwig 2001 ein Fall mit weiteren Giftstoffen, die zu einem Pantherina-Syndrom führten, dokumentiert worden.

13.3 *Panaeolus,* Düngerlinge

- Hut weißlich bis hell graulich, hell graubräunlich
  - Stiel mit Ring, Hut schmierig, ziemlich groß, 2–9 cm, mit Chrysozystiden — 01 *Panaeolus semiovatus,* Ring-Düngerling
  - Stiel ohne Ring
    - Hut 3–8 cm, Hut klebrig-schmierig, Wärme liebend, mit Chrysozystiden — 02 *Panaeolus antillarum,* Schmierighütiger Düngerling
    - Hut 1–4 cm, ohne Chrysozystiden
      - Fruchtkörper ohne Blau, Hutrand behangen, meist trocken, PlZ fehlend — **03 *Panaeolus papilionaceus,* Behangener Düngerling**
      - Fruchtkörper verletzt und am Stiel blau verfärbend, PlZ beschopft — 04 *Panaeolus cyanescens,* Blauender Düngerling
- Hut blass bis dunkel olivbraun, sepiabraun, Stiel oft fein flockig
  - Hut glatt
    - Sporen rau, punktiert, zitronenförmig — 05 *Panaeolus olivaceus,* Punktiertsporiger Düngerling
    - Sporen glatt, ellipsoid, Lamellen tränend, ChZ mit gelber Flüssigkeit — 06 *Panaeolus guttulatus,* Tränender Düngerling
  - Hut oft grubig, runzelig, Sporen zitronenförmig bis rhomboid — 07 *Panaeolus reticulatus,* Kleinsporiger Düngerling
- Hut mit ± grauer, schwärzlicher, brauner oder rötlichbrauner Farbe
  - Hut nicht hygrophan, Hutrand jung ± mit aufgelöstem Velum behangen — **03 *Panaeolus papilionaceus,* Behangener Düngerling**
  - Hut hygrophan, nie behangen
    - Hut glockig-kegelig — 08 *Panaeolus acuminatus,* Langstieliger Düngerling
    - Hut halbkugelig bis flach gewölbt
      - Hut mit ± braunen, evtl. rotbraunen Farben
        - oft auf nährstoffreicher Wiese, Kompost — 09 *Panaeolus cinctulus,* Dunkelrandiger Düngerling
        - oft auf frisch geschnittener Wiese — **10 *Panaeolus foenisecii,* Heu-Düngerling**
      - Hut mit ± grauer Farbe — 11 *Panaeolus fimicola,* Rußbrauner Düngerling

13.3.01 *Panaeolus semiovatus* (Sowerby) S. Lundell & Nannf.
Anellaria semiovata (Sowerby) A. Pearson & Dennis
Ring-Düngerling

H: 2–5 cm breit und bis ca. 6 cm hoch, glockig und so bleibend, weißlich bis blassocker, frisch schmierig, bei Trockenheit glänzend und oft felderig rissig aufplatzend. **L:** schmal angeheftet bis frei, erst blass, bald schwärzlich bis schwarz, marmoriert fleckig, Schneiden weißlich. **St:** lang, wie der Hut gefärbt, mit häutigem, ziemlich tief liegendem Ring, der ausnahmsweise auch ganz am Hutrand haften bleiben kann, Spitze gerieft, Basis bisweilen verdickt. **F:** blass ockerlich, für die Gattung recht dick (2–3 mm). **Ger:** aromatisch, pilzartig. **Spp:** schwarz. **V:** auf Weiden, Wiesen, Dung, vorwiegend in höheren Lagen; Frühsommer bis Herbst. **Mik:** Sporen glatt, ellipsoid, einseitig abgeplattet, im Umriss leicht eckig, dickwandig, Keimporus deutlich, etwas exzentrisch, 16–24 × 9,5–13 µm, 4-sporig, ChZ lang- und dickhalsig flaschenförmig, PlZ spindelige bis keulige Chrysozystiden. (D 564, Kr 5.597, BK 4.318, Lu 1.59.13, 🖼; Kapitel-🖼).

P. semiovatus var. *phalenarum* (Fr.) Ew. Gerhardt, Großer Düngerling: Hut bis 10 cm groß und fleischig, alt rissig, Rand mit flockigen Velumresten, später runzelig, Stiel zumindest an der Spitze flockig bereift, ohne Ring; eher in tieferen Lagen vorkommend. (Lu 1.59.15).

13.3.02 *Panaeolus antillarum* (Fr.) Dennis, Schmierighütiger Düngerling: Hut 3–8 cm, klebrig-schmierig, Stiel längsstreifig-flockig, ohne Ring; Wärme liebend. Sporen rhomboid bis mitraförmig, stark abgeplattet, 15–20 × 8–14 µm, PlZ als Chrysozystiden vorhanden. (Lu 1.59.12).

13.3.03 *Panaeolus papilionaceus* (Bull.) Quél.
Behangener Düngerling, Behangener Glocken-Düngerling

H: 1–4 cm, glockig, oft mit kleinem Buckel, glatt, bisweilen runzelig, alt auch rissig, tongrau, braungrau, evtl. etwas rötlich, Rand mit weißflockigen Hüllresten behangen. **L:** fast frei, grau, evtl. mit Olivstich, später schwärzlich, Schneiden heller. **St:** blassgrau flaumig auf rötlich- bis graubraunem Grund, Spitze heller. **F:** dünn, cremegrau, im Scheitel etwas dicker. **Ger:** unauffällig. **Spp:** schwarz. **V:** auf Weide, nährstoffreichen Wiesen, Dung. **Mik:** Sporen glatt, ellipsoid bis etwas zitronenförmig, einseitig abgeplattet, im Umriss leicht eckig, dickwandig, Keimporus deutlich, etwas vorgewölbt, 15–18 × 8–13 µm, 4-sporig, ChZ zylindrisch bis etwas flaschenförmig, PlZ fehlend. (D 556f, Kr 5.596, BK 4.316, Lu 1.59.10, 🖼).

P. papilionaceus var. *capitatocystis* E. Ludw., Kopfzystidiger Behangener Düngerling: ChZ mehrheitlich deutlich kopfig. (Lu 1.59.9).

13.3.04 *Panaeolus cyanescens* (Berk. & Broome) Sacc.
Blauender Düngerling

H: 1–3 cm, halbkugelig, glockig bis gewölbt, trocken, glatt bis etwas rissig, leicht hygrophan, schmutzig weißlich bis etwas gelbbräunlich. **L:** breit angewachsen, grau, später schwärzlich und fleckig. **St:** wie der Hut gefärbt, im unteren Teil braun, Druckstellen bläulich. **F:** bläulich verfärbend. **V:** vorwiegend auf Dung oder nährstoffreichen Böden. **Mik:** Sporen glatt, etwas eckig, ellipsoid bis zitronenförmig und stark abgeplattet, Keimporus zentral, 11–16 × 6,5–12 µm, 2- bis 4-sporig, ChZ dickhalsig flaschenförmig, PlZ spindelig bis flaschenförmig, dickwandig und mit Kristallschöpfen. (Lu 1.59.8, 🖼).

13.3.05 *Panaeolus olivaceus* F.H. Møller
Punktiertsporiger Düngerling, Rausporiger Düngerling

H: 0,5–4 cm, halbkugelig, glockig bis etwas niedergedrückt, jung schmierig, später trocken, glatt bis etwas runzelig oder schollig-rissig, hygrophan, blass bis dunkel olivbraun. **L:** schmal angeheftet, evtl. mit Zahn, olivgrau, später sepiaschwärzlich und scheckig, Schneiden hell. **St:** oft fein flockig, im unteren Teil dunkler. **Spp:** purpurschwärzlich. **V:** einzeln bis büschelig auf nährstoffreichen Böden oder direkt auf Dung; Sommer bis Spätherbst. **Mik:** Sporen rau, zitronenförmig, mit schaumigem Inhalt, Keimporus vorwiegend zentral, etwas vorgewölbt, 11–16 × 6–9,5 µm, mehrheitlich 4-sporig, ChZ flaschenförmig, teils etwas kopfig oder vereinzelt gegabelt, PlZ fehlend. (Kr 5.594, BK 4.315, Lu 1.59.5).

13.3.06 *Panaeolus guttulatus* Bres.
Tränender Düngerling

H: 1–3 cm, halbkugelig bis gewölbt, evtl. gebuckelt, feucht glänzend, trocken matt, dunkel sepia-, olivbraun bis fast schwärzlich, Randzone heller. **L:** schmal angeheftet, olivgrau, später schwärzlich und fleckig, Schneiden oft mit weißlichen bis etwas gelblichen Tröpfchen. **St:** braun, bereift und fein flockig. **V:** im Wald, an Wegrändern, auf eher nährstoffreichen Böden, auch auf Pflanzenresten (Holz, Zapfen). **Mik:** Sporen glatt, ellipsoid, Keimporus zentral, 7–9 × 4–5,5 µm, mehrheitlich 4-sporig, ChZ zylindrisch bis etwas keulig-kopfig und eine gelbliche Flüssigkeit ausscheidend, PlZ fehlend. (BK 4.314, Lu 1.59.11, 🖼).

13.3.01 *Panaeolus semiovatus*, Ring-Düngerling

13.3.03 *Panaeolus papilionaceus*, Behangener Düngerling

13.3.04 *Panaeolus cyanescens*, Blauender Düngerling

13.3.06 *Panaeolus guttulatus*, Tränender Düngerling

13.3.07 *Panaeolus reticulatus* Overh.
Kleinsporiger Düngerling, Moor-Düngerling

H: 2–5 cm, halbkugelig bis gewölbt und gebuckelt, oft grubig-runzelig, blass bräunlich, olivbräunlich bis dunkelbraun, teils etwas gezont. **L:** schmal angewachsen, braun bis olivbraun, später schwärzlich und fleckig, Schneiden bisweilen tränend. **St:** oft weißlich mehlig bis feinflockig, Spitze blassbraun, im unteren Teil dunkelbraun. **V:** vorwiegend auf feuchten Böden, im Wald, in Feuchtwiesen, Blumenbeeten. **Mik:** Sporen glatt, zitronenförmig bis rhomboid, abgeplattet, Keimporus vorwiegend zentral und evtl. etwas vorgewölbt, 8,5–11 × 6–8 µm, 4-sporig, ChZ flaschenförmig bis utriform, PlZ meistens fehlend. (BK 4.317, Lu 1.59.3,).

13.3.07 *Panaeolus reticulatus*, Kleinsporiger Düngerling

13.3.08 *Panaeolus acuminatus* (P. Kumm.) Quél., *Panaeolus caliginosus* (Jungh.) Gillet
Langstieliger Düngerling, Kegeliger Düngerling

H: 1,5–2,5 cm, glockig, steilkegelig, hygrophan, rot- bis schokoladenbraun. **L:** fast frei, graubraun, später schwärzlich, Schneiden heller. **St:** dunkel rotbraun, bereift, Spitze oft mit feinen Tröpfchen. **Spp:** schwarz. **V:** auf Weide, Alpwiesen, in grasigem Wald, auf Dung. **Mik:** Sporen glatt, rhombenförmig, abgeplattet, im Umriss eckig, Keimporus deutlich, zentral, 12–15 × 7–11 µm, mehrheitlich 4-sporig, ChZ sehr dicht, langhalsig flaschenförmig, teils etwas wellig, PlZ fehlend. (D 560f, Kr 5.590, BK 4.310, Lu 1.59.17f,).

13.3.08 *P. acuminatus*, Langstieliger Düngerling

13.3.09 *Panaeolus cinctulus* (Bolton) Sacc.
Dunkelrandiger Düngerling

H: 2–6 cm, bald ausgebreitet bis flach, evtl. etwas gebuckelt, glatt, hygrophan, feucht braun, beim Trocknen von der Mitte her verblassend, Rand deshalb oft dunkler. **L:** ausgebuchtet angewachsen, rotbraun, später schwarz. **St:** wie der Hut gefärbt oder etwas blasser, Spitze bereift. **F:** dünn, cremefarben, im Scheitel relativ dick. **V:** auf gedüngtem, grasigem Boden. **Mik:** Sporen glatt, zitronen- bis schwach rhombenförmig, abgeplattet, seitlich ellipsoid, im Umriss angedeutet eckig, Keimporus etwas vorgewölbt und teils leicht exzentrisch, 11–14 × 7–11 µm, 4-sporig, ChZ dickhalsig flaschenförmig, oft etwas kopfig, PlZ fehlend. (D 562, Kr 5.591, BK 4.311, Lu 1.59.6,).

13.3.09 *P. cinctulus*, Dunkelrandiger Düngerling

13.3.10 *Panaeolus foenisecii* (Pers.) Maire
Heu-Düngerling

H: 2–4 cm, halbkugelig, bald ausgebreitet flach, stark hygrophan, dunkel fuchsig- bis rötlichbraun, Rand oft dunkler. **L:** blassbraun bis rotbräunlich. **St:** rötlichbraun, Basis dunkler. **F:** dünn, braun. **Spp:** purpurbräunlich. **V:** vorwiegend auf frisch geschnittener Wiese, am Wegrand, auf Weiden; Sommer bis Herbst, evtl. schon ab Frühjahr. **Mik:** Sporen schollig-warzig, ellipsoid bis etwas mandel- oder zitronenförmig, Keimporus leicht vorgewölbt, zentral, 12,5–16 × 8–10 µm, mehrheitlich 2- bis 4-sporig, ChZ dickhalsig flaschenförmig, teils leicht kopfig oder vereinzelt gegabelt, PlZ fehlend. (Kr 5.593, BK 4.313, Lu 1.59.1f,).

13.3.10 *Panaeolus foenisecii*, Heu-Düngerling

13.3.11 *Panaeolus fimicola* (Pers.) Gillet
Rußbrauner Düngerling

H: 1–3 cm, sepia-, rötlich- bis schwarzbraun, evtl. mit Olivstich, Rand dunkler. **L:** graubraun, später schwarzbraun. **St:** blass bräunlich. **F:** dünn, bräunlich. **Ger:** unauffällig. **Spp:** schwarz. **V:** in grasigem Wald, seltener auf Brandstellen; Frühling bis Herbst. **Mik:** Sporen glatt, ellipsoid, abgeplattet, Keimporus zentral, 11,5–14 × 6,5–8 µm, mehrheitlich 4-sporig, ChZ flaschenförmig und etwas kopfig, PlZ flaschenförmig bis keulig. (Kr 5.592, BK 4.312, Lu 1.59.4,).

Panaeolus ater (J.E. Lange) Kühner & Romagn. ex Bon, Schwarzer Düngerling: Keimporus teilweise exzentrisch, PlZ teilweise als Chrysozystiden. Je nach Autor handelt es sich jedoch um ein Synonym von *P. fimicola*. (D 563, BK 4.309).

13.3.11 *Panaeolus fimicola*, Rußbrauner Düngerling

14 *Cortinariaceae*, Schleierlingsverwandte

Basidiomycota, Ständerpilze > *Agaricales*, Blätterpilze

Familie *Cortinariaceae*, Schleierlingsverwandte

Lange Zeit enthielt die Familie ***Cortinariaceae*** nur die Gattung *Cortinarius*. Die deutsche Bezeichnung Schleierlinge findet man deshalb für alle Arten der Familie. Liimatainen et al. 2022 haben in ihrer Publikation mit dem vielsagenden Titel «Taming the beast: a revised classification of *Cortinariaceae* based on genomic data» das «wilde Tier *Cortinariaceae*» mit genetischen Untersuchungen zu zähmen versucht und neue Gattungen eingeführt, die hier verwendet werden. Typische Familienmerkmale sind der mehrheitlich flüchtige Schleier aus feinsten Fäden. Er zeigt sich am deutlichsten bei jungen Fruchtkörpern, die sich gerade öffnen. Später bleiben fein faserig-fädige Reste am Stiel oder am Hut in verschieden deutlicher Ausprägung haften. In wenigen Fällen findet sich eine häutige Ringzone im oberen Stielteil. An der Stielspitze oder an den faserigen Haarschleierresten bleibt mit zunehmender Reife oft rostbraunes Sporenpulver sichtbar haften. Mehrheitlich große und fleischige Arten mit klebrigem bis schleimigem Hut bilden die Gattungen *Phlegmacium*, Schleimköpfe und Klumpfüße mit schlanker oder knolliger Stielbasis sowie *Calonarius*, Schönklumpfüße mit durchwegs knolliger Stielbasis. *C. crassus*, Dickstieliger Zystidenschleierling zählte zu den Schleimköpfen und wurde zusammen mit *C. rubicundulus*, Gilbender Zystidenschleierling in die neue Gattung *Cystinarius* versetzt. Trotz einiger Abspaltungen umfasst die Gattung *Cortinarius*, Schleierlinge weiterhin die meisten Arten der ganzen Familie. Neben *Cortinarius violaceus*, Dunkelvioletter Schleierling sind es die Arten der ehemaligen Gattungen *Leprocybe* und *Dermocybe*, kleinere bis mittelgroße Pilze, oft lebhaft gelb, oliv, orange bis rot gefärbt, mit matten, rau-faserigen Hutoberflächen, auf Deutsch Rauköpfe und Hautköpfe. Drei ehemals zu den Rauköpfen zählende Arten mussten als eigene Gattung mit dem Namen *Aureonarius*, Goldrauköpfe abgetrennt werden. Ebenfalls zur Gattung *Cortinarius* gehört die Untergattung *Telamonia* mit vorwiegend kleinen bis mittelgroßen Arten, aufgeteilt in die Wasserköpfe mit hygrophanem Hut sowie die Gürtelfüße mit gürtelartigen Schleierresten am Stiel. Aus diesem Umfeld musste *Hygronarius renidens*, Quitten-Wasserkopf in eine separate Gattung versetzt werden, wird hier aber in seiner bisherigen Umgebung beschrieben. Auch die ehemaligen *Sericeocybe*, Seidenköpfe oder Dickfüße, fleischige Arten mit oft matter, seidig glänzender Hutoberfläche, gehören zur Gattung *Cortinarius*, Untergattung *Camphorati*, und schließlich zählt neu auch ein Teil der Arten mit schleimigem Stiel dazu. Der andere Teil der bisherigen Schleimfüße wurde, zusammen mit einigen vorher als *Phlegmacium*, Schleimköpfe betrachteten Arten, in der Gattung *Thaxterogaster*, Scheinschleimfüße und Scheinschleimköpfe vereint.

Cortinariaceae, Schleierlingsverwandte sprießen mehrheitlich im Herbst, seltener ab Frühjahr. Sie gelten alle als Mykorrhizapilze und wachsen auf Erde in Partnerschaft mit entsprechenden Bäumen.

Unter dem Mikroskop zeigen sich braune Sporen, mit mehrheitlich feinem bis grobem, isoliert oder ineinanderfließend warzigem Ornament. Sie sind ellipsoid bis mandelförmig oder etwas spindelig bis zitronenförmig, seltener fast kugelig.

Bestimmung

In dieser Familie zeigt sich ein teilweise deutlicher Unterschied im Zugang zu den Arten über den Schlüssel mit äußerlich sichtbaren Merkmalen zur neuen, durch genetische Untersuchungen verankerten dahinter liegenden Struktur. Für die Bestimmung sind die Pilzarten nach den lange erprobten äußerlichen Merkmalen sortiert – auf der nächsten Seite und in den Schlüsseln der Unterkapitel. Die Resultate führen dann in die nach den neuen Erkenntnissen strukturierten Beschreibungen und Abbildungen.

Die folgende Übersicht zeigt den Aufbau der Familie *Cortinariaceae* mit den hier vorkommenden Gattungen (linksbündig) und den Untergattungen (eingerückt) gemäß Liimatainen et al. 2022.

- > *Aureonarius*, Goldrauköpfe
  - > *Aureonarius*, *Callistei*
- > *Calonarius*, Schönklumpfüße
  - > *Calochroi*, *Calonarius*, *Fulvi*
- > *Cortinarius*, Dickfüße, Gürtelfüße, Hautköpfe, Rauköpfe, Schleimfüße, Seidenköpfe, Wasserköpfe
  - > *Camphorati*, *Cortinarius*, *Dermocybe*, *Idolentes*, *Infracti*, *Leprocybe*, *Myxacium*, *Orellani*, *Paramyxacium*, *Telamonia*
- > *Cystinarius*, Zystidenschleierlinge
  - > *Crassi*, *Cystinarius*
- > *Hygronarius*
  - > *Hygronarius*
- > *Phlegmacium*, Klumpfüße, Schleimköpfe
  - > *Bulbopodium*, *Cyanicium*, *Phlegmacium*
- > *Thaxterogaster*, Scheinschleimfüße, Scheinschleimköpfe
  - > *Cretaces*, *Multiformes*, *Riederi*, *Scauri*, *Thaxterogaster*, *Variegati*

Speisewerte

Es gibt Schleierlinge mit Giftstoffen, welche die Nieren stark schädigen und ohne intensive medizinische Intervention zum Tode führen können. Ein häufig vorkommendes Beispiel einer solchen Art ist *Cortinarius rubellus*, Spitzgebuckelter Raukopf. Wer unerfahren ist und sichergehen will, meidet alle Schleierlinge für die Küche. Bei differenzierteren Kenntnissen lassen sich die gefährlichen Arten auf jene mit gelb, grün, orange oder rot gefärbtem Fleisch grob eingrenzen. Mit vorwiegend weißem oder bläulichem Fleisch sind keine gefährlich giftigen Arten bekannt. Ein beliebter und gut erkennbarer Speisepilz ist *Cortinarius caperatus*, Reifpilz. Für Leute mit guter Artenkenntnis sind z. B. *Phlegmacium praestans*, Schleiereule oder *Phlegmacium saginoides*, Ziegelgelber Schleimkopf zu empfehlen. Die Schleiereule ist ein ergiebiger, ausgezeichneter Speisepilz. Einzelne Meldungen über individuelle Unverträglichkeiten mahnen aber ebenfalls zur Vorsicht, den großen Pilz erst nur in kleineren Mengen zu verwenden.

14.5.31 *Thaxterogaster purpurascens*, Purpurfleckender Scheinschleimkopf
Der Fruchtkörper zeigt beim Öffnen den für Schleierlinge typischen fädigen Haarschleier, der als Teilvelum den Stiel mit dem Hutrand verbindet. Die hier anfänglich blaulila gefärbten Fäden werden vom herabfallenden Sporenpulver bedeckt und davon typisch rostbraun gefärbt. Wenn sich der Hut weiter öffnet, reißen die Fäden, bleiben in dieser Farbe als fädiger Kragen im oberen Stielteil zurück und bilden ein gutes Erkennungsmerkmal der Schleierlinge. Der Purpurfleckende Scheinschleimkopf hat einen rötlichbraunen, schleimigen Hut und verfärbt an verletzten Stellen dunkel purpurbraun.

Schlüssel zu den Gattungen

- Hut schleimig
  - Stiel schleimig — 14.5 *Cortinarius*, Schleimfüße u. Ä.
  - Stiel nicht schleimig
    - Lamellen ohne Lilaviolett oder Blau
      - Stielbasis gleich dick bis keulig verdickt — 14.1 *Phlegmacium*, Schleimköpfe u. Ä. (A1)
      - Stielbasis knollig, gerandet oder gerandet-knollig — 14.1 *Calonarius*, Schönklumpfüße u. Ä. (B1)
    - Lamellen lila, bläulich, violett
      - Stielbasis gleich dick bis keulig verdickt — 14.1 *Phlegmacium*, Schleimköpfe (A2)
      - Stielbasis knollig, gerandet oder gerandet-knollig — 14.1 *Calonarius*, Schönklumpfüße u. Ä. (B2)
- Hut nicht schleimig
  - Hut filzig, feinschuppig bis schuppig, oft mit lebhaften Hut- oder Lamellenfarben
    - Lam. mit violetten, grünlichen, gelbgrünlichen od. blassockerlichen Farbtönen — 14.2 *Cortinarius*, Rauköpfe, Hautköpfe u. Ä. (A)
    - Lamellen mit vorwiegend gelben, orangen, roten bis bräunlichen Farbtönen — 14.2 *Cortinarius*, Rauköpfe, Hautköpfe u. Ä. (B)
  - Hut glatt bis seidig, evtl. runzelig
    - Lamellen und teilweise Hut lebhaft gefärbt
      - Lam. mit violetten, grünlichen, gelbgrünlichen, blassockerlichen Farbtönen — 14.2 *Cortinarius*, Rauköpfe, Hautköpfe u. Ä. (A)
      - Lamellen mit vorwiegend gelben, orangen, roten bis bräunlichen Farbtönen — 14.2 *Cortinarius*, Rauköpfe, Hautköpfe u. Ä. (B)
    - Lamellen nicht auffällig lebhaft gefärbt
      - Hut nicht hygrophan, dickfleischige, große Arten
        - Stiel mit doppeltem Ring, Hut oft radialrunzelig, Hutmitte bereift — 14.4.01 *Cortinarius caperatus*, Reifpilz
        - Stiel ohne doppelten Ring
          - Hut > 5 cm, mittelgroß bis groß, Stiel meist dick und keulig — 14.3 *Cortinarius*, Seidenköpfe (A1)
          - Hut < 5 cm, klein — 14.3 *Cortinarius*, Seidenköpfe (A2)
      - Hut hygrophan
        - Stiel ganz oder zumindest an der Spitze mit blauvioletten Tönen
          - Hut > 4 cm Breite erreichend, Stiel > 5–6 mm dick, eher fleischig — 14.3 *Cortinarius*, Wasserköpfe, Gürtelfüße (C1)
          - Hut 1–4 cm breit, Stiel < 5–6 mm dick, eher dünnfleischig — 14.3 *Cortinarius*, Wasserköpfe, Gürtelfüße (C2)
        - ganzer Fruchtkörper ohne blauviolette Farbtöne
          - Universalvelum orange, rot oder rotbraun — 14.3 *Cortinarius*, Wasserköpfe, Gürtelfüße (B1)
          - Universalvelum grau-, gelb-, grünlich-, ocker- bis schwärzlichbraun — 14.3 *Cortinarius*, Wasserköpfe, Gürtelfüße u. Ä. (B2)
          - Universalvelum weiß oder fehlend
            - Stiel weiß, graulich weiß bis blassocker
              - Hut > 5 cm — 14.3 *Cortinarius*, Wasserköpfe, Gürtelfüße (D1)
              - Hut < 5 cm — 14.3 *Cortinarius*, Wasserköpfe, Gürtelfüße (D2)
            - Stiel mit gelber, gelbockerlicher oder brauner Grundfarbe
              - Hut bis über 5 cm — 14.3 *Cortinarius*, Wasserköpfe, Gürtelfüße u. Ä. (E1)
              - Hut kleiner als 5 cm — 14.3 *Cortinarius*, Wasserköpfe, Gürtelfüße u. Ä. (E2)

14.1 *Phlegmacium,* Schleimköpfe, Schönklumpfüße und Ähnliche

Basidiomycota, Ständerpilze > *Agaricomycetes* > *Agaricales,* Blätterpilze > *Cortinariaceae,* Schleierlingsverwandte

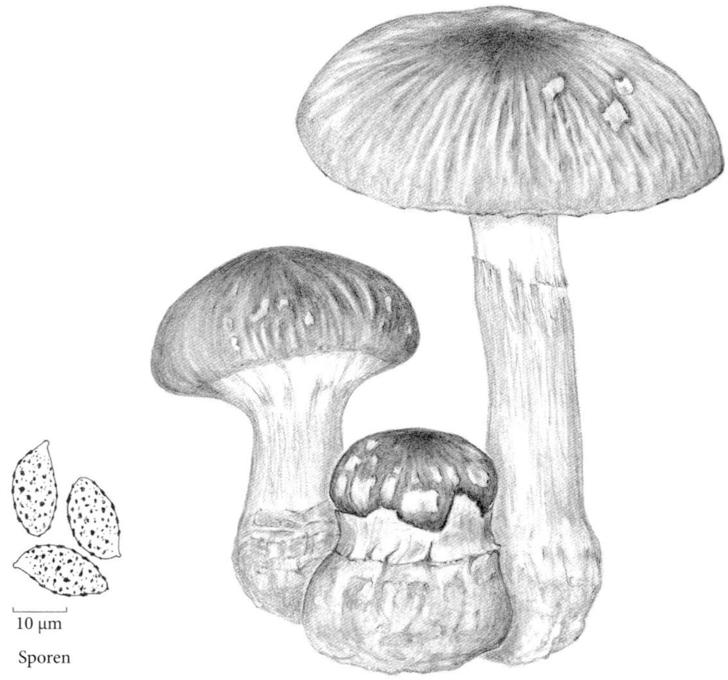

14.1.32 *Phlegmacium praestans,*
Schleiereule

14.1.37 *Phlegmacium amoenolens,*
Buchen-Klumpfuß

Beschreibung

Mittlere bis große und teils sehr große Arten mit typisch schleimigem Hut, jedoch trockenem, glattem, seidig-faserigem, seltener genattertem bis schuppig-gegürteltem Stiel. Von blassem Elfenbeinweiß, Cremeocker, Gelb, Orange-, Rotbraun bis Dunkelviolett oder Olivbraun kann der Hut in praktisch allen Farben erscheinen. Von diesen Fruchtkörpern mit klebrigem bis schleimigem Hut umfasst die Gattung ***Phlegmacium*** vor allem die Schleimköpfe mit schlanker bis keuliger Stielbasis und einen kleineren Teil der Klumpfüße. Der größere Teil mit knollig-gerandetem Stielfuß gehört zur Gattung ***Calonarius***, Schönklumpfüße. *C. crassus,* Dickstieliger Zystidenschleierling zählt zusammen mit *C. rubicundulus,* Gilbender Zystidenschleierling zur neuen Gattung ***Cystinarius***. Es gibt einige seltenere Arten in diesem Unterkapitel die zur Gattung ***Cortinarius*** gehören aber *Phlegmacium* oder *Calonarius* sehr ähnlich sind. Es wird sich weisen, ob sie wegen ihrer Seltenheit bisher nicht umgeteilt worden sind, oder ob sie tatsächlich bei *Cortinarius* verbleiben werden. Das Teilvelum zwischen dem Hut und dem mittleren Stielteil zeigt sich in dieser Gruppe beim Öffnen der Hüte oft sehr deutlich als Haarschleier (Cortina). Später bleibt davon noch der mehr oder weniger deutliche Kragen im oberen Teil des Stiels. Die Gesamthülle (Universalvelum), die den Fruchtkörper am Anfang ganz umschließt, hinterlässt im unteren Stielteil, auf dem Hut oder am Hutrand oft charakteristische Spuren. Die ausgebuchtet angewachsenen Lamellen zeigen jung blass tonfarbene, gelbe, gelbgrüne sowie lila, graublaue oder blauviolette bis violette Farben, die beim Reifen durch das rostbraune Sporenpulver zunehmend ocker- bis rostbraun überdeckt werden. Zur Bestimmung sind deshalb die Farben von Lamellen und Haarschleier am jungen Fruchtkörper wichtig.

Schleimköpfe, Klumpfüße, Schönklumpfüße und die genannten ähnlichen Arten wachsen vorwiegend im Herbst und wie alle Schleierlinge stets auf Erde. Sie sind Mykorrhizapilze.

Unter dem Mikroskop sieht man ellipsoide bis mandel- oder zitronenförmige, leicht bis grobwarzige Sporen. Die beiden Arten der Gattung *Cystinarius* enthalten deutliche Cheilozystiden.

Bestimmung

Auf der gleich folgenden Doppelseite findet sich die Übersicht über die Schleimköpfe und Klumpfüße mit zylindrischem bis keulig verdicktem Stiel (Schlüssel A1 & A2). Auf der darauffolgenden Doppelseite sind die Klumpfüße und Schönklumpfüße mit knolliger oder gerandet-knolliger Stielbasis aufgelistet (Schlüssel B1 & B2). Auf den linken Seiten sind jeweils die Arten ohne Lilaviolett oder Blau in den Lamellen (A1 & B1) während auf den rechten Seiten jene mit lila, bläulichen oder violetten Farbanteilen zu finden sind (A2 & B2). Wie meistens in der Natur gibt es auch Arten dazwischen, die undeutliche Knollen ausbilden oder mal mit und mal ohne Knolle erscheinen. Sie sind in beiden Schlüsseln aufgeführt. Für die weitere Unterteilung achte man auf die Hut- und Stielfarben, Oberflächenstrukturen, Geruch und Standort. Bei einer Reihe von Arten bietet eine allfällige Farbänderung des Fleisches, der Huthaut oder der Schleierreste an der Stielknolle in Kontakt mit Kalilauge (KOH) oder Ammoniak (NH_3) eine wertvolle Hilfe zur Unterscheidung.

Speisewerte

Aufgrund großer Verwechslungsgefahr ist vom Genuss aller Schleierlinge abzuraten. Insbesondere die Arten mit gelbem, grünlichem oder orangem bis rötlichem Fleisch können gefährliche Gifte enthalten. Wer eine sichere Bestimmung vornehmen kann, findet in dieser Gruppe aber auch geschätzte Speisepilze wie z. B. *Phlegmacium praestans,* Schleiereule oder *Phlegmacium saginoides,* Ziegelgelber Schleimkopf. Bei der Schleiereule gibt es Meldungen über individuelle Unverträglichkeiten. Es empfiehlt sich deshalb, den äußerst ergiebigen Pilz vorerst in kleineren Mengen zu probieren.

14.1 *Phlegmacium*, Schleimköpfe und Ähnliche
(A1) Lamellen ohne Lilaviolett oder Blau;
▹ Stielbasis gleich dick bis keulig verdickt

- Lamellen cremeweiß bis tonfarben, braun
  - Hut weißlich, im Zentrum ockerlich
    - Geruch mehlartig, Hut 2–6 cm, vorwiegend bei Fichte … 14.5.18 *Thaxterogaster lustratus*, Weißlicher Mehl-Scheinschleimkopf
    - Geruch nicht mehlartig
      - Stielspitze violettlich, Hut 2–6 cm, im Nadelwald … 14.5.17 *Thaxterogaster leucophanes*, Heller Scheinschleimkopf
      - Stielspitze ohne Violett, Stiel oft gegürtelt und wurzelnd, Hut 3–10 cm
        - im Nadelwald, vorwiegend bei Fichte, Sporen 11–14,5 µm lang … 01 *Phlegmacium fraudulosum*, Blasser Fichten-Schleimkopf
        - im Laubwald, vorwiegend bei Pappel, Sporen 9,5–11,5 µm lang … 02 *Phlegmacium argutum*, Spitzbasiger Schleimkopf
  - Hut gelbgrün bis olivgrau … 05 *Phlegmacium citrino-olivaceum*, Zitronenoliver Klumpfuß
  - Hut gelb, rötlichbraun, braun, graubraun
    - Stiel gelb, ocker, graubraun gegürtelt (flockig, angedrückt)
      - Fleisch mit KOH unverändert, Geruch etwas mais-, malzartig
        - vorwiegend bei Laubbäumen, im Scheitel oft etwas körnig-schuppig
          - Velumgürtel trocken, genattert, Hut gelbocker … 06 *Phlegmacium cliduchus*, Erdgeruch-Schleimkopf
          - Velumgürtel anfangs klebrig, nur an der Basis vorhanden, Hut gelb … 08 *Phlegmacium rhizophorum*, Gelbgegürtelter Schleimkopf
        - vorwiegend bei Nadelbäumen
          - Velumgürtel trocken, grünlich, Hut gelbocker … 07 *Phlegmacium cephalixum*, Körnighütiger Schleimkopf
          - Velumgürtel klebrig-glänzend, Hut braunrot, stark schleimig … 09 *Phlegmacium papulosum*, Körnigfädiger Schleimkopf
      - Fleisch mit KOH gelb, Hut gelbbraun, vorwiegend bei Birke … 10 *Phlegmacium triumphans*, Gelbgestiefelter Schleimkopf
      - Fleisch mit KOH orangeocker, Hut rotbraun, vorwiegend bei Fichte … 11 *Phlegmacium saginum*, Geschmückter Schleimkopf
    - Stiel mit braunen bis dunkelbraunen Velumresten gegürtelt, Fl. mit KOH gelb … 03 *Phlegmacium badiolatum*, Kastanienbrauner Schleimkopf
    - Stiel weiß mit violettlicher Basis, Hut rotbraun, jung mit blassen Velumresten … 14.5.26 *Thaxterogaster variegatus*, Variabler Schleimkopf
    - Stiel jung ± weiß, mit oder ohne weißliche Velumreste, ohne Violett
      - Fleisch mit Laugen lebhaft gelb(-braun) bis braun mit gelber Umrandung
        - mit Cheilozystiden, Hut leder- bis ockerbraun, bei Fichte … 78 *Cystinarius crassus*, Dickstieliger Zystidenschleierling
        - ohne Cheilozystiden, Hut blass bis ocker, vorwiegend bei Laubbäumen … 04 *Phlegmacium areni-silvae*, Feinfilziger Schleimkopf
      - Fleisch mit Laugen ohne derartige Reaktion, Hut gelb, braun, fuchsigbraun
        - Hut kaum über 4 cm breit, Hut orangeocker bis orangebraun … 14.5.23 *Thaxterogaster microspermus*, Kleinsporiger Scheinschleimfuß
        - Hut meist über 4 cm breit
          - Stiel kurz, gedrungen, Hut trocken, Lamellen mit Cheilozystiden … 78 *Cystinarius crassus*, Dickstieliger Zystidenschleierling
          - Stiel spindelig, längsfaserig, Hintergund weiß bis ockerlich … 14.5.24 *Thaxterogaster vespertinus*, Orangeblasser Scheinschleimkopf
          - Stiel kahl bis deutlich weiß gebändert (zumindest jung)
            - Hut weißlich bis rostocker, eher trocken
              - im Nadelwald, Geruch gebäckartig … 01 *Phlegmacium fraudulosum*, Blasser Fichten-Schleimkopf
              - im Laubwald, Geruch erdartig bis gasartig … 02 *Phlegmacium argutum*, Spitzbasiger Schleimkopf
            - Hut gelb- bis honigbraun, orangebraun, im Nadelwald
              - Geruch honigartig, Sporen warzig, Lamellen oft gesägt … **14.5.28 *Thaxterogaster multiformis*, Sägeblättr. Scheinschl.**
              - Geruch schwach, rettich- bis hefeartig, Sporen fast glatt
                - Hut und Stiel höchstens mit flüchtigen Velumresten … 14.5.25 *Thaxterogaster turmalis*, Rasiger Scheinschleimkopf
                - Hut und Stiel mit deutlichen weißen Velumresten … 12 *Phlegmacium claricolor*, Weißgestiefelter Schleimkopf
            - Hut fuchsig-, rötlichbraun
              - Fleisch weiß, vorwiegend bei Buche … 13 *Phlegmacium vulpinum*, Fuchs-Schleimkopf
              - Fleisch gelb verfärbend, vorwiegend bei Hainbuche … 14 *Phlegmacium pseudovulpinum*, Gilbender Fuchs-Schleimkopf
  - Hut blaugrau, blauviolett oder zumindest mit violettem Rand
    - Hut ganz blaugrau bis blauviolett … 15 *Phlegmacium cumatile*, Taubenblauer Schleimkopf
    - Hut vorwiegend braun, Randzone lila-violett, Fruchtkörper robust
      - Stielspitze weiß … 16 *Phlegmacium balteatum*, Violettrandiger Schleimkopf
      - Stielspitze violett … 17 *Phlegmacium balteatocumatile*, Braunvioletter Schleimkopf
- Lamellen gelb bis gelbgrün, Geschmack mild, im Nadelwald
  - Hutfarbe vorwiegend gelb bis gelbbraun
    - Geruch würzig (Majoran), Fleisch gelb, KOH auf Fleisch rosa … **18 *Phlegmacium percome*, Würziger Schleimkopf**
    - Geruch wie Apfel, unreife Banane, angenehm, Fleisch blassgelb, mit KOH d'rot … 19 *Phlegmacium nanceiense*, Gelbflockiger Schleimkopf
    - Geruch bald unangenehm, KOH ohne Reaktion bis grauoliv
      - Hut 4–8 cm, Stiel schlank, Fl. deutlich gelb, Sp. grobwarzig, 10,5–12,5 µm … 20 *Phlegmacium russeoides*, Stinkender Fichten-Schleimkopf
      - Hut 6–12 cm, Stiel robust, Fleisch hellgelb, Sporen feinwarzig, 9,5–12 µm … 21 *Phlegmacium mussivum*, Stinkender Schleimkopf
  - Hutfarbe ocker- bis olivbraun, Geruch honigartig, mit KOH ohne Reaktion … **14.5.29 *Thaxterogaster scaurus*, Olivblättr. Scheinschleimk.**
- Lamellen olivgrau bis olivschwärzlich, Geschmack bitter
  - Lamellen olivschwärzlich, Hutfarbe dunkel olivbraun, Rand oft abgeknickt … **14.3.09 *Cortinarius infractus*, Bitterer Schleimkopf**
  - Lamellen olivgrau bis olivbraun
    - Geruch nach Zedernholz, Weihrauch, feuchter, saurer Boden, Hut mit Olivton … **14.5.12 *Cortinarius subtortus*, Olivgelber Weihrauch-Schl.**
    - Geruch muffig, erdartig, trockener, kalkreicher Boden, Hut ohne Olivton … 14.5.13 *Cortinarius amurceus*, Ockergelber Schleimkopf

14.1 *Phlegmacium,* Schleimköpfe
(A2) Lamellen lila, bläulich, violett;
▹ Stielbasis gleich dick bis keulig verdickt

- Hut mit Violett, Lila, Lilaweiß, Blau (zumindest jung oder am Rand)
  - Fleisch nicht rötend
    - im Nadelwald
      - Lamellen mit blauem Farbanteil
        - Lamellen jung graublau, später braun, Geruch stark erdartig — **29 *Phlegmacium variicolor,* Erdigriechender Schleimkopf**
        - Lamellen blauviolett, Geruch unauffällig — 14.5.30 *Thaxterogaster occidentalis,* Dunkler Purpur-Scheinschleimkopf
      - Lamellen ohne Blau, graubeige bis rötlichbraun — 16 *Phlegmacium balteatum,* Violettrandiger Schleimkopf
    - im Laubwald
      - Hutrand bald runzelig, Fleisch mit Lauge ohne Reaktion oder bräunlich — 32 *Phlegmacium praestans,* Schleiereule
      - Hutrand ohne Runzeln
        - Fleisch mit Lauge gelb bis braun mit gelber Umrandung
          - Hut lilaviolett, später violett- bis rötlichbraun, Geruch erdartig — **29 *Phlegmacium variicolor,* Erdigriechender Schleimkopf**
          - Hut blasslila, später hellocker, seidig-klebrig, Geruch unauffällig — **30 *Phlegmacium largum,* Verfärbender Schleimkopf**
        - Fleisch mit Lauge schwach gelb, Hut klebrig-schleimig — 31 *Phlegmacium lividoviolaceum,* Grauvioletter Schleimkopf
  - Fleisch rötend oder lila verfärbend
    - Hutoberfläche schleimig oder klebrig
      - Hut mittelgroß, > 4 cm, zunehmend rötlichbraun — 14.5.31 *Thaxterogaster purpurascens,* Purpurfleckender Sch.
      - Hut klein, < 4 cm, blassblau, später graubeige — 14.5.33 *Thaxterogaster subporphyropus,* Schmächtiger Porphyr-Sch.
    - Hutoberfläche bald trocken, Hut 4–10 cm, violett-, später braungrau — 33 *Phlegmacium cyanites,* Rötender Schleimkopf
- Hut schon jung braun, braungelb, fuchsigbraun, ocker
  - Stiel ohne Violett
    - Stiel weiß, weißlich, kahl bis schwach gebändert — **34 *Phlegmacium saginoides,* Ziegelgelber Schleimkopf**
    - Stiel deutlich gestiefelt bis aufgerissen gürtelig, Hutrand behangen
      - Fleisch mit KOH ohne Reaktion, Hut meist trocken, bei Buche, Hainbuche — 13 *Phlegmacium vulpinum,* Fuchs-Schleimkopf
      - Fleisch mit KOH gelb, Hut klebrig, vorwiegend bei Birke — 10 *Phlegmacium triumphans,* Gelbgestiefelter Schleimkopf
  - Stiel zumindest an der Spitze lila oder violettlich
    - im Laubwald
      - Fleisch verfärbend
        - Hut rötlichbraun, 4–12 cm, Fleisch weinrötlich verfärbend — 14.5.31 *Thaxterogaster purpurascens,* Purpurfleckender Sch.
        - Hut ockerbraun, 3–8 cm, Fleisch lila verfärbend — 14.5.32 *Thaxterogaster porphyropus,* Purpurfüßiger Scheinschleimkopf
      - Fleisch ohne Verfärbung, Hut eingewachsen faserig, jung oliv glänzend — 25b *Phlegmacium magicum,* Elfenring-Klumpfuß
    - im Nadelwald
      - Hut über 5 cm breit
        - Fleisch nicht rötend
          - Geruch unauffällig oder erdartig
            - Lamellen grauviolett bis graubraun
              - Hut ocker-, rot- oder olivbraun — **25 *Phlegmacium glaucopus,* Reihiger Klumpfuß**
              - Hut mit deutlich olivgrünem Farbanteil, besonders am Rand — 25a *P. glaucopus* var. *olivaceum,* Olivfarbener Reihen-Klumpfuß
            - Lamellen olivgelb mit blaugrünem Schein — **14.5.29 *Thaxterogaster scaurus,* Olivblättr. Scheinschleimk.**
            - Lamellen lilagrau bis tonbraun, Hut trocken schuppig — 35 *Phlegmacium patibile,* Braungefleckter Schleimkopf
          - Ger. n. verbranntem Horn, Lam. schwach lilablau, dann ockerbraun — 14.3.16 *Cortinarius brunneotinctus,* Violettfuchsiger Schleimkopf
        - Fleisch rötend — 14.5.31 *Thaxterogaster purpurascens,* Purpurfleckender Sch.
      - Hut kaum über 5 cm breit
        - Lamellen olivgelb mit blaugrünem Schein, Sporen 10,5–11,5 lang — **14.5.29 *Thaxterogaster scaurus,* Olivblättr. Scheinschleimk.**
        - Lamellen ohne olivgelb, Sporen 4–7 µm lang — 14.5.17 *Thaxterogaster leucophanes,* Heller Scheinschleimkopf
    - subalpin, bei Grünerle — 36 *Phlegmacium kuehneri,* Grünerlen-Schleimkopf

14.1 *Calonarius,* Schönklumpfüße und Ähnliche
(B1) Lamellen ohne Lilaviolett oder Blau;
▹ Stielbasis knollig, gerandet oder gerandet-knollig

- Lamellen jung weißlich, creme-, tonfarben
  - Hut weißlich oder blassocker, 4–10 cm
    - Huthaut und Fleisch mild, im Laubwald
      - KOH auf Huthaut blass gelblich
        - Geruch honigartig, Stiel weiß bis gelblich — 14.5.27 *Thaxterogaster talus,* Falbblättr. Honig-Scheinschleimk.
        - Geruch mehlartig, Stielspitze bisweilen lila — 27 *Phlegmacium aleuriosmum,* Mehlgeruch-Klumpfuß
        - Geruch unauffällig bis rüben- oder honigartig, Stielspitze bisweilen lila — 73 *Calonarius caroviolaceus,* Weißlicher Schönklumpfuß
      - KOH auf Huthaut rot, Geruch unauffällig, bei Buche und Steineiche — 72 *Calonarius albertii,* Fastweißer Amethyst-Schönklumpfuß
    - Huthaut und Fleisch bitterlich bis bitter, Stielspitze bisweilen lila, im Nadelwald — 22 *Phlegmacium gentianeum,* Bitterlicher Klumpfuß
  - Hut grüngelb, grauoliv, olivocker bis -braun, Stiel oft mit Violett oder Blaugrün
    - Stiel gelb bis gelbgrün, Hut 4–7 cm — 05 *Phlegmacium citrino-olivaceum,* Zitronenoliver Klumpfuß
    - Stiel mit blaulila Spitze und jung auch der Knollenrand, Hut 4–10 cm — 42 *Calonarius pseudoglaucopus,* Violettgerandeter Schönklumpfuß
  - Hut gelb, gelb- bis orangebraun, rötlichbraun
    - vorwiegend im Nadel-, evtl. Mischwald
      - Hut vorwiegend ockergelb, Ger. ± honigartig, Sp. 8–9,5 µm, Lam. oft gesägt — **14.5.28 *Thaxterogaster multiformis,* Sägeblättr. Scheinschl.**
      - Hut ocker, Mitte orangebraun, Velum bräunend, Sporen 9,5–11 µm — 44 *Calonarius coniferarum,* Sägeblättriger Nadelwald-Schönklumpfuß
    - vorwiegend im Laubwald
      - Stiel gerandet-knollig, Sporen 7–10 µm, Geruch malz- bis honigartig
        - Stielbasis ohne Gürtel oberhalb des Knollenrandes
          - Hut blassocker- bis gelbbraun — 14.5.27 *Thaxterogaster talus,* Falbblättr. Honig-Scheinschleimk.
          - Hut strohgelb, ± eingewachsen-faserig, bei Buche — 23 *Phlegmacium xantho-ochraceum,* Ockergelber Klumpfuß
        - Stiel oberhalb des Knollenrandes leuchtend gelb gegürtelt, Hut gelb — 08 *Phlegmacium rhizophorum,* Gelbgegürtelter Schleimkopf
      - Stiel breit knollig, Sporen 10–12 µm, Hut gelb bis gelbbraun, robust — 45 *Calonarius saporatus,* Breitknolliger Schönklumpfuß
    - alpin, bei Silberwurz, Hut < 5 cm, gelbocker, leicht eingewachsen-faserig — 24 *Phlegmacium gracilior,* Zierlicher Klumpfuß
  - Hut violett bis -braun, Fleisch mit Lauge gelb bis braun mit gelber Umrandung — **29 *Phlegmacium variicolor,* Erdigriechender Schleimkopf**
- Lamellen jung gelb, grüngelb, grünlich
  - Fleisch durchgefärbt gelb, grüngelb
    - Hut vorwiegend fuchsig- bis kupferbraun, Geruch meist stark nach Anis — **46 *Calonarius odorifer,* Anis-Schönklumpfuß**
    - Hut vorwiegend in lebhaftem Gelb
      - im Laubwald
        - KOH auf Huthaut bräunlich bis olivbraun
          - Hut und Stiel gelb, Hut 3–6 cm — 47 *Calonarius splendens,* Leuchtendgelber Schönklumpfuß
          - Hut und Stiel mit grünlichem Hauch, Hut 5–12 cm — 50 *Calonarius glaucescens,* Grünstiel-Schönklumpfuß
        - KOH auf Huthaut satt blutrot, Hut 4–10 cm — 49 *Calonarius alcalinophilus,* Leoparden-Schönklumpfuß
      - im Nadelwald, KOH auf Huthaut braunoliv, Hut 4–8 cm — 48 *Cortinarius meinhardii,* Dottergelber Schönklumpfuß
    - Hut gelbgrün bis schmutzig bräunlich, Lam. gelbgrünlich, später rostbräunlich — 51 *Calonarius citrinus,* Grünlings-Schönklumpfuß
    - Hut dunkel schwarzgrün, eingewachsen-faserig
      - Lamellen grünlich bis olivgelb, im Nadelwald — 52 *Calonarius atrovirens,* Schwarzgrüner Schönklumpfuß
      - Lamellen violett, im Laubwald, Wärme liebend — 53 *Calonarius ionochlorus,* Violettgrüner Schönklumpfuß
  - Fleisch im Kern weißlich oder rosa, lila-violett
    - Hut hell- bis sattgelb, gelb- bis orangebraun, evtl. etwas oliv
      - Geruch mehlig oder nach Petersilie, Hut braungelb, evtl. schwach oliv — 54 *Calonarius flavovirens,* Gelbgrüner Schönklumpfuß
      - Ger. süßlich, n. Orangenblüten/billiger Seife, Hut zitronengelb bis gelboliv — 55 *Calonarius odoratus,* Wohlriechender Schönklumpfuß
      - Geruch süßlich, nach Orangenblüten, Hut ockerlich bis gelb — 59 *Calonarius osmophorus,* Orangenduft-Schönklumpfuß
      - Geruch unauffällig bis unangenehm muffig oder nach Schweißfüßen
        - im Laubwald
          - Hut blass olivgelb, gelbgrau, Geruch erdartig, Sporen 10–12 µm — 56 *Calonarius humolens,* Hellgelber Schönklumpfuß
          - Hut lebhaft gelb, Mitte orangefuchsig, Sporen 12–14,5 µm — 61 *Calonarius elegantissimus,* Prächtiger Schönklumpfuß
          - Hut gelbbraun mit Olivton, Sporen 14–15,5 µm — 58 *Cortinarius subelegantior,* Falscher Messing-Schönklumpfuß
        - im Nadelwald
          - Sporen 11,5–15 µm lang
            - Hut gelbbraun, Stielspitze und Fleisch ohne Blau — **57 *Calonarius elegantior,* Messinggelber Schönklumpfuß**
            - Hut grüngelb, Stielspitze und Fleisch mit Blautönen, bei Zeder — 62 *Calonarius cedretorum,* Zedern-Schönklumpfuß
          - Sporen 10–11,5 µm lang — 60 *Calonarius aureofulvus,* Goldbrauner Schönklumpfuß
    - Hut jung gelbgrün, olivgrau, von der Mitte her zunehmend mit Rottönen
      - im Nadelwald
        - Hut gelbbraun, zunehmend orangeocker, ohne Rot oder Lila — **57 *Calonarius elegantior,* Messinggelber Schönklumpfuß**
        - Hut olivbraun, zunehmend orange- bis kupferbraun — 64 *Calonarius cupreorufus,* Kupferroter Schönklumpfuß
      - im Laubwald
        - Hut mit Lila und zunehmend sattrosa bis purpurrot — 63 *Calonarius rufo-olivaceus,* Violettroter Schönklumpfuß
        - Hutmitte zunehmend orangebraun, Hutrand stets grünlich bleibend — 65 *Calonarius prasinus,* Lauchgrüner Schönklumpfuß
    - Hut jung purpurlila, Mitte kupferrötlich, später ockergelb bis grünlich — 66 *Calonarius xanthophyllus,* Goldblättriger Schönklumpfuß

14.1 *Calonarius,* Schönklumpfüße und Ähnliche
(B2) Lamellen lila, bläulich, violett;
▹ Stielbasis knollig, gerandet oder gerandet-knollig

- Hut weißlich, cremefarben, cremeockerlich
  - Lamellen deutlich lila
    - Huthaut mit KOH ohne Reaktion, Sporen 10–13 µm lang, bei Kiefer — 67 *Calonarius spectabilis,* Sehenswerter Schönklumpfuß
    - Huthaut mit KOH rot, Sporen 8,5–10,5 µm lang, im Laubwald — 69 *Calonarius catharinae,* Breitknolliger Amethyst-Schönklumpfuß
  - Lamellen höchstens leicht lila, Huthaut mit KOH rot, im Laubwald — 72 *Calonarius albertii,* Fastweißer Amethyst-Schönklumpfuß
  - Lamellen nur jung mit etwas Blau, tonfarben bis ocker, Ges. bitter, im Nadelwald — 22 *Phlegmacium gentianeum,* Bitterlicher Klumpfuß
- Hut gelb, orangefuchsig bis braun, ohne Violett oder Olivgrün
  - Lamellen lilagrau bis lilabraun
    - Fleisch verfärbend, Druckstellen purpurn fleckend
      - Hut rötlichbraun, 4–12 cm, Fleisch weinrot verfärbend — 14.5.31 *Thaxterogaster purpurascens,* Purpurfleckender Sch.
      - Hut blass ockerbraun, 3–8 cm, Fleisch violett verfärbend — 14.5.32 *Thaxterogaster porphyropus,* Purpurfüßiger Scheinschleimkopf
    - Fleisch unveränderlich, weißlich
      - Hut gelb- bis ockerbraun, 3–5 cm, Knollenrand gelbockerlich — 70 *Calonarius piceae,* Fichten-Amethyst-Schönklumpfuß
      - Hut fleisch- bis orangebräunlich, 4–12 cm, Knollenrand lila (jung lebhaft) — 74 *Calonarius arcuatorum,* Violettgesäumter Schönklumpfuß
  - Lamellen lebhafter violett, rosaviolett
    - Hut nicht eingewachsen-faserig oder höchstens jung oder am Rand
      - Hut vorwiegend gelb
        - im Laubwald, Huthaut mit KOH ohne Reaktion oder etwas bräunlich — **68 *Calonarius callochrous,* Amethyst-Schönklumpfuß**
        - im Laubwald, Huthaut mit KOH karminrot — 69 *Calonarius catharinae,* Breitknolliger Amethyst-Schönklumpfuß
        - im Nadelwald, Huthaut mit KOH ohne Reaktion, Hut 4–10 cm — 71 *Calonarius haasii,* Violettstieliger Amethyst-Schönklumpfuß
      - Hut vorwiegend gelb-, olivbraun bis braun, oft fleckig
        - Hut gelb- bis olivocker, 4–8 cm, im Nadelwald — 14.5.34 *Thaxterogaster anomalochrascens,* Ockerviolettlicher S.
        - Hut ockerbraun, Rand gelboliv, 5–12 cm, im Nadelwald — 14.5.35 *Thaxterogaster riederi,* Lilastieliger Scheinschleimkopf
        - Hut silbrig glänzend, Lamellenschneiden weiß, schartig, im Laubwald — 14.5.36 *Thaxterogaster argenteolilacinus,* Lilasilbriger Scheinschleimkopf
    - Hut eingewachsen-faserig, Knolle schmal bis kaum gerandet
      - im Nadelwald, Hut ocker-, rot- oder olivbraun — **25 *Phlegmacium glaucopus,* Reihiger Klumpfuß**
      - bei Buche, Hut jung oft mit metallisch glänzenden Oliv- bis Grüntönen — 25b *Phlegmacium magicum,* Elfenring-Klumpfuß
- Hut mit oliv- oder grünem Farbanteil, olivocker, olivbraun, olivgrau, dunkelgrün
  - Lamellen nur schwach violett
    - im Nadelwald, Stielspitze violett, mittelgroß, 4–10 cm
      - Geruch erd- bis rettichartig, Fleisch mit KOH teilweise gelb — 42 *Calonarius pseudoglaucopus,* Violettgerandeter Schönklumpfuß
      - Geruch mehlartig, Fleisch mit KOH ohne Reaktion bis etwas orangebraun — 26 *Phlegmacium dionysae,* Mehligriechender Klumpfuß
    - alpin, bei Grünerle, eher klein, 3–6 cm — 43 *Calonarius moseri,* Grünerlen-Schönklumpfuß
  - Lamellen deutlich blau oder violett, Knolle meist rundlich, ockerlich gesäumt
    - Hut olivocker, Huthaut bitter, Knolle ausgeprägt, meist bei Buche — **37 *Phlegmacium amoenolens,* Buchen-Klumpfuß**
    - Hut ocker-, oliv- bis rotbraun, Haut nicht bitter, Kn. kaum gerandet, im N'wald — **25 *Phlegmacium glaucopus,* Reihiger Klumpfuß**
    - Hut dunkelgrün, nicht bitter, Stiel u. Fleisch gelb, Knolle deutlich, oft bei Eiche — 53 *Calonarius ionochlorus,* Violettgrüner Schönklumpfuß
    - Hut olivocker, nicht bitter, Stiel violett u. grün, Volvareste an Knolle, bei Buche — 28 *Phlegmacium luhmannii,* Buntstieliger Klumpfuß
- Hut mit lilaviolettem Farbanteil, lilabraun, braunviolett, graublau, lilagrau
  - Lamellen und Stiel an Druckstellen purpurn fleckend
    - Hut violettbraun (nach Frost), Stiel violett, Fleisch weinrot verfärbend — 14.5.31 *Thaxterogaster purpurascens,* Purpurfleckender Sch.
    - Hut dunkel braunviolett, Fleisch unveränderlich — 14.5.30 *Thaxterogaster occidentalis,* Dunkler Purpur-Scheinschleimkopf
  - Lamellen und Stiel nicht purpurn fleckend
    - Fleisch mit KOH gelb oder gelb umrandet braun, Hut braun, Rand violett — **29 *Phlegmacium variicolor,* Erdigriechender Schleimkopf**
    - Fleisch mit KOH orangebraun, Ger. mehlartig, Hut graubraun, Rand bläulich — 26 *Phlegmacium dionysae,* Mehligriechender Klumpfuß
    - Fleisch mit KOH ohne Gelb
      - Huthaut mit KOH eosin- bis blutrot
        - Hut jung mit stark violettem oder blauem Farbanteil — 75 *Calonarius sodagnitus,* Rosavioletter Schönklumpfuß
        - Hutfarbe mehr lila, rosalila, fleischviolettlich
          - Stiel blass, Knollenrand lilaviolett, Hut fleisch- bis orangebräunlich — 74 *Calonarius arcuatorum,* Violettgesäumter Schönklumpfuß
          - Stiel und Knollenrand lila, Hut lilabraun — 76 *Calonarius dibaphus,* Bunter Schönklumpfuß
      - Huthaut mit KOH nicht rosabraun bis weinrot
        - Geruch süßlich, KOH auf Huthaut rotbraun, Hut rosalila, dann ocker — 77 *Calonarius suaveolens,* Duftender Schönklumpfuß
        - Geruch nicht süßlich nach Orangenblüten
          - Hut blaugrau, ocker, milchkaffeebraun (Rand evtl. bläulich)
            - Fleisch weiß oder violett, Knolle ohne Scheide
              - Hut zunehmend violett- bis rotbraun, Hutrand runzelig — 32 *Phlegmacium praestans,* Schleiereule
              - Hut graubeige verblassend, Hutrand nicht runzelig — 39 *Phlegmacium caesiocanescens,* Violettgrauer Klumpfuß
            - Fleisch gelb, Knolle mit Scheide, Hut blauviolett, braunstreifig — 38 *Phlegmacium moënne-loccozii,* Gelbfleischiger Scheiden-Klumpfuß
          - Hut lebhafter blau oder violett
            - Knolle ohne Scheide, Lamellen jung weißlichlila — 40 *Phlegmacium terpsichores,* Tanzmusen-Klumpfuß
            - Knolle ohne Scheide, Lamellen jung deutlich blau oder violett — 41 *Phlegmacium caerulescens,* Blaufleischiger Klumpfuß
            - Knolle mit Scheide, Hut blauviolett, braunstreifig — 38 *Phlegmacium moënne-loccozii,* Gelbfleischiger Scheiden-Klumpfuß

14.1.01 *Phlegmacium fraudulosum* (Britzelm.) Niskanen & Liimat., *Cortinarius fraudulosus* Britzelm., *C. argutus* var. *fraudulosus* (Britzelm.) Melot Blasser Fichten-Schleimkopf

H: 3–10 cm, halbkugelig bis gewölbt, weißlich faserig bis faserig-schuppig, später von der Mitte her ocker und mit bleibenden, weißlichen, teils fetzigen Velumresten. **L:** dick, breit und entfernt, weiß, später cremebräunlich, Schneiden heller, schartig, alt bräunend. **St:** weiß, braun fleckend, faserig-schuppig, wollig-faserig gegürtelt, oft verjüngt, zugespitzt. **F:** weißlich, nach 1 h rötend. **Ger:** erd- oder gebäckartig. **Ges:** mild. **V:** im Nadelwald, auf kalkreichem Boden; im Herbst. **Mik:** Sporen deutlich warzig, ellipsoid bis mandelförmig, 11–14,5 × 6–8 µm. **Ch:** KOH überall ohne Reaktion. (Kr 5.121, Lu 4.136.155, 🖼).

14.1.02 *Phlegmacium argutum* (Fr.) Niskanen & Liimat., *Cortinarius argutus* Fr. Spitzbasiger Schleimkopf, Ausspitzender Pappel-Schleimkopf

H: 3–10 cm, halbkugelig bis gewölbt, kaum gebuckelt, feucht etwas klebrig, sonst trocken, eingewachsen-faserig. **L:** lange blass cremebraun, später tonbraun mit hellen Schneiden. **St:** weiß bis gelblich, Basis keulig verdickt, wurzelartig verlängert und mit spärlichem, weißem Velum bedeckt. **F:** weiß, im Schnitt gilbend und schwach rötlichschwarz anlaufend. **Ger:** erst angenehm, bald malzartig oder unangenehm erdartig, leuchtgasartig. **V:** im Laubwald, vorwiegend bei Pappel *Populus*. **Mik:** Sporen warzig, teils verschmelzend, mandel- bis zitronenförmig, 9,5–11,5 × 5,5–6 µm. **Ch:** KOH überall ohne Reaktion. (Kr 5.85, BK 5.188, Lu 4.136.152, 🖼).

Phlegmacium paracephalixum (Bohus) Niskanen & Liimat., *Cortinarius paracephalixus* Bohus, Pappel-Schleimkopf, Verfärbender Pappel-Schleimkopf: Hut bis 12 cm, blass- bis rostocker, jung von weißem Velum überzogen, Lamellen tonfarben, später ockerbraun, Stiel von weißem, später ockerfarbenem Velum deutlich gegürtelt, Fleisch nach dem Gilben rötlich bis grünbräunlich verfärbend, Geruch modrig oder etwas nach Mais. Sporen grobwarzig, teils verschmelzend, ellipsoid bis mandelförmig, 9,5–12 × 6–7,5 µm. KOH auf Hutfleisch gelb, auf Huthaut braun. (BK 5.227).

Phlegmacium rosargutum (Chevassut & Rob. Henry) Niskanen & Liimat., *Cortinarius rosargutus* Chevassut & Rob. Henry, *C. fraudulosus* var. *rosargutus* (Chevassut & Rob. Henry) Brandrud: Hut 4–7 cm, Fleisch langsam rötlich verfärbend, ohne vorher zu gilben, mit ausgeprägtem Geruch nach Leuchtgas oder Randen; im Nadelwald, oft auf Ameisenhaufen. Sporen warzig, ellipsoid bis mandelförmig, 9,5–12 × 6,5–8 µm.

Cortinarius parafraudulosus Rob. Henry, *C. fraudulosus* var. *tenuifolius* (W. Gams & M.M. Moser) Quadr.: Hut sehr hell, Lamellen schmaler und enger; eine kaum mehr erwähnte Art.

Phlegmacium herculeum (Malençon) Niskanen & Liimat., *Cortinarius herculeus* Malençon, Stämmiger Schleimkopf: Stiel mit weißem Velum, später teilweise bis ausgeprägt ockergelblich gegürtelt; im Mittelmeerraum unter Zeder *Cedrus*. Sporen warzig, schlank mandelförmig, 10–13,5 × 5,5–6,5 µm. (D 734, Lu 4.136.139).

Phlegmacium durus (P.D. Orton) Niskanen & Liimat., *Cortinarius durus* P.D. Orton, *Cortinarius balteatoclaricolor* Jul. Schäff., Hellgegürtelter Schleimkopf: Hut 5–12 cm, in der Mitte dunkler gelb- bis ockerbraun, Rand weißlich, Fleisch hart, Stiel hell gegürtelt, Geruch erst angenehm, alt ranzig; vorwiegend bei Birke *Betula*. Sporen 10,5–12,5 × 5,5–6,5 µm. KOH auf Fleisch gelblich. Ludwig 2017 erwähnt Untersuchungen, die darauf hinweisen, dass *P. durus* identisch ist mit *P. badiolatum*.

14.1.03 *Phlegmacium badiolatum* M.M. Moser, *Cortinarius badiolatus* (M.M. Moser) M.M. Moser, Kastanienbrauner Schleimkopf, Ritterlingsartiger Schleimkopf: Hut 5–8 cm, schmierig, dunkel dattel-, kastanien- oder kupferbraun, Lamellen tonfarben bis hell rostbraun, Stiel im unteren Teil mit scharf abgegrenztem, dunkelbraunem Velumüberzug, Fleisch weiß bis gelblich; im Nadelwald. Sporen warzig, mandelförmig, 10–11,5 × 6–7 µm. KOH auf Fleisch chromgelb, sonst ohne Reaktion. (Lu 4.136.137?).

14.1.04 *Phlegmacium areni-silvae* (Brandrud) Niskanen & Liimat., *Cortinarius balteatoalbus* Rob. Henry, *Phlegmacium schaefferanum* M.M. Moser, *Cortinarius schaefferi* M.M. Moser Feinfilziger Schleimkopf, Grauockerfarbener Schleimkopf

H: 4–12 cm, schmierig, halbkugelig und bald flach gewölbt bis etwas niedergedrückt, matt filzig, cremeweiß mit dunkelgrauen bis braunen Flecken, Rand heller. **L:** breit angewachsen, eher eng, blass tonbraun, Schneiden schartig. **St:** robust, eher kurz, wie der Hut gefärbt, Druckstellen bräunend, Stielbasis keulig oder mit leicht abgesetzter Knolle. **Ger:** süßlich, malzartig. **Ges:** mild. **V:** vorwiegend unter Laubbäumen wie Buche *Fagus* oder Hasel *Corylus*, seltener bei Fichte *Picea*, bisher nur in Skandinavien. **Mik:** Sporen feinwarzig, mandel- bis zitronenförmig, 9–10,5 × 5–5,5 µm, ohne HymZ. **Ch:** KOH auf Fleisch gelb. (D 758, Kr 5.91, BK 5.190, Lu 4.136.150).

14.1.05 *Phlegmacium citrino-olivaceum* (M.M. Moser) M.M. Moser, *Cortinarius citrino-olivaceus* M.M. Moser Zitronenoliver Klumpfuß

H: 3–7 cm, schmierig, eingewachsen-faserig, anfangs außen gelbgrün, im Scheitel olivgrau. **L:** blass tonfarben, ohne gelbgrünen Anteil. **St:** weißlichgelb bis gelbgrün, Basis meist mit oliv- oder rot- bis violett-graubraunen Velumgürteln gesäumt, keulig, seltener knollig bis gerandet-knollig. **F:** weißlich bis grünlich. **Ger:** auffällig nach Bananen oder den fädigen Griffeln an der Spitze von Maiskolben. **V:** im Nadelwald. **Mik:** Sporen grobwarzig, mandelförmig, 12–13,5 × 6,5–8 µm. **Ch:** KOH auf Huthaut grünlich. (🖼).

14.1.01 *Phlegmacium fraudulosum*, Blasser Fichten-Schleimkopf

14.1.02 *Phlegmacium argutum*, Spitzbasiger Schleimkopf

14.1.05 *Phlegmacium citrino-olivaceum*, Zitronenoliver Klumpfuß

14.1.06 *Phlegmacium cliduchus* (Secr. ex Fr.) Niskanen & Liimat., ***Cortinarius cliduchus*** Secr. ex Fr., ***Cortinarius olidus*** J.E. Lange
Erdgeruch-Schleimkopf

H: 5–10 cm, halbkugelig bis flach gewölbt, etwas schleimig, in der Mitte bisweilen mit feinen Schüppchen im Schleim, sattgelb bis ockerbraun. **L:** schwach ausgebuchtet, blass tonfarben, später bräunlich, Schneiden weißlich, gekerbt. **St:** weißlich, durch Velumreste gelb schuppig-gegürtelt, Basis keulig, selten knollig verdickt. **F:** weißlich. **Ger:** frisch grasoder maisartig, deutlich erdartig, nach roter Beete, später eher unangenehm. **Spp:** rostgelblich. **V:** im Laub- oder Mischwald, vorwiegend bei Buche *Fagus*, auf kalkreichem Boden. **Mik:** Sporen dicht und mehrheitlich isoliert warzig, mandelförmig, 9–11 × 5,5–7 µm. **Ch:** KOH überall ohne Reaktion. (Kr 5.149, BK 5.224, Lu 4.136.147, 🖼).

14.1.07 *Phlegmacium cephalixum* (Secr. ex Fr.) M.M. Moser, *Cortinarius cephalixus* Secr. ex Fr., Körnighütiger Schleimkopf: Stiel mit grünlichen, olivbraunen Velumresten, Geruch nach geschnittenem Gras bis etwas fruchtartig. Jeppesen et al. 2018 und Ludwig 2017 sehen die Art als Synonym von *P. cliduchus*. (Kr 5.106, BK 5.198, 🖼).

14.1.08 *Phlegmacium rhizophorum* (Bidaud & Consiglio) Niskanen & Liimat., *Cortinarius rhizophorus* Bidaud & Consiglio, Gelbgegürtelter Schleimkopf, Gelbgesäumter Schleimkopf: Hut 4–8 cm, gleichmäßig gelb, Zentrum mit undeutlichen, kleinen, dunkleren, hygrophanen Flecken, Stielknolle rundlich gerandet, meist deutliche, leuchtend gelbe Velumgürtel, Basis häufig mit weißen Rhizoid-Würzelchen, Geruch leicht frucht- bis mais- oder malzartig; im Laubwald, seltener bei Weißtanne *Abies*. Sporen 9–12 × 5,5–7 µm. (Lu 4.136.142).

14.1.09 *Phlegmacium papulosum* (Fr.) Niskanen & Liimat., *Cortinarius papulosus* Fr., Körnigfädiger Schleimkopf: Hut 4–10 cm, braunrötlich, in der Mitte etwas gefeldert oder punktiert, satt braunrot (ähnlich *Hygrophorus discoideus*, Braunscheibiger Schneckling), Stiel rotbraun, klebrig-glänzend gegürtelt, Geruch schwach, bisweilen nach Mais oder geschnittenem Gras; im Nadelwald, mittlere bis höhere Lagen. Sporen fein isoliert warzig, mandelförmig, 8,5–9,5 × 4,5–6 µm. KOH auf Hutmitte dunkelrot, am Hutrand olivgrau und auf Fleisch ohne Reaktion. (Kr 5.152, BK 5.226, Lu 4.136.140).

14.1.10 *Phlegmacium triumphans* (Fr.) Niskanen & Liimat., ***Cortinarius triumphans*** Fr.
Gelbgestiefelter Schleimkopf, Ockerbänderiger Birken-Schleimkopf

H: 5–12 cm, halbkugelig bis flach gewölbt, schleimig, lebhaft gelb, gelbbraun oder schwach rötlichbraun, Rand mit bräunlichen Velumresten behangen. **L:** ausgebuchtet, cremegrau, evtl. mit bläulichem Schimmer, später ockerbraun, Schneiden weißlich. **St:** weißlich, mit ockerbraunen Velumresten gegürtelt. **F:** weiß. **Ger:** unauffällig oder etwas nach Hefe. **Ges:** mild. **Spp:** ockerbrä2unlich. **V:** vorwiegend bei Birke *Betula*, in Nordeuropa häufig. **Mik:** Sporen dicht warzig, teils verschmelzend, mandelförmig, 9,5–11 × 6–7,5 µm. **Ch:** KOH auf Fleisch gelb. Gemäß Ludwig 2017 handelt es sich um einen schmackhaften Speisepilz. (D 736f, Kr 5.177, BK 5.244, Lu 4.136.138, 🖼).

14.1.11 *Phlegmacium saginum* (Fr.) Niskanen & Liimat., *Cortinarius saginus* (Fr.) Fr., Geschmückter Schleimkopf, Massiger Schleimkopf: Hut etwas dunkler rotbraun, stark schleimig, Rand ockergelb, Cortina weiß, Lamellen grauweiß; im Nadelwald, auf feuchtem Boden, oft bei Heidelbeere *Vaccinium myrtillus* oder Torfmoos *Sphagnum*. Sporen fein isoliert warzig, ellipsoid bis mandelförmig, 7,5–9,5 × 5–6 µm. KOH auf Fleisch orangeocker bis rotbraun, auf Huthaut evtl. etwas rosabraun. (D 735, Kr 5.165, BK 5.236?, Lu 4.136.144, 🖼).

Phlegmacium caligatum (Malençon) Niskanen & Liimat., *Cortinarius caligatus* Malençon, Ockergestiefelter Schleimkopf, Violettblättriger Mittelmeer-Schleimkopf: Hut kaum über 10 cm breit, feinschuppig oder faserig, Lamellen ausdauernd lila mit violetten Schneiden; im Mittelmeerraum, unter Eiche *Quercus*. Sporen isoliert bis teils etwas verschmelzend warzig, ellipsoid bis mandelförmig, 8–10 × 6–7 µm. KOH auf Huthaut rotbraun, auf Fleisch etwas bräunlich. (Lu 4.136.141).

Cortinarius aremoricus Rob. Henry: Hut 4–7 cm breit, glatt, auffallend hellocker, glatt, Lamellen mit fleischfarbenem Schein, Stiel sparrig-schuppig, Lamellen nur schwach lilarosa, Fleisch nicht rötend; stets bei Buche *Fagus*. Sporen 8,5–10,5 × 5–6 µm. Die z.B. von Brandrud 1996 unterschiedene Art ist später kaum mehr bearbeitet worden.

14.1.12 *Phlegmacium claricolor* (Fr.) A. Blytt, *Cortinarius claricolor* (Fr.) Fr., *Cortinarius subclaricolor* (M.M. Moser) P.D. Orton, *Cortinarius immissus* Schläpf.-Bernh., Weißgestiefelter Schleimkopf, Falscher Weißgestiefelter Schleimkopf: Hut 5–10 cm, halbkugelig, später flach gewölbt, orangebraun, oft mit flächigen weißen Velumresten, Rand alt oft gerunzelt, Lamellen breit angewachsen, grauweiß bis ockerbraun, jung möglicherweise mit einem Schein Rosaviolett, Stiel mit wattiger Ringzone, darunter gürtelartig weiße Velumreste, vom Sporenpulver oft bräunlich verfärbt; bei Fichte *Picea*, auf eher saurem Boden. Sporen ganz feinwarzig, 7–9,5 × 4–5 µm. (D 730, Kr 5.108, BK 5.200, Lu 4.136.143, 🖼).

14.1.13 *Phlegmacium vulpinum* (Velen.) Niskanen & Liimat., ***Cortinarius vulpinus*** (Velen.) Rob. Henry, ***Cortinarius fluryi*** (M.M. Moser) M.M. Moser
Fuchs-Schleimkopf, Unangenehmriechender Schleimkopf

H: 3–7 cm, halbkugelig bis gewölbt, jung etwas klebrig, später faserigfilzig, cremeocker bis rötlichbraun, Rand weißlich und flockig-faserig behangen. **L:** ausgebuchtet, grauweiß bis graulila, später rostbräunlich. **St:** weißlich mit deutlicher Ringzone, darunter vom aufgerissenen

14.1.06 *Phlegmacium cliduchus*, Erdgeruch-Schleimkopf

14.1.07 *P. cephalixum*, Körnighütiger Schleimkopf

14.1.10 *P. triumphans*, Gelbgestiefelter Schleimkopf

14.1.11 *P. saginum*, Geschmückter Schleimkopf

14.1.12 *P. claricolor*, Weißgestiefelter Schleimkopf

14.1.13 *Phlegmacium vulpinum*, Fuchs-Schleimkopf

Velum gegürtelt bis flockig-schuppig, gegen die Basis oft verjüngt bis etwas wurzelnd und etwas ockerbräunlich. **F:** fest, weißlich. **Ger:** erdartig-modrig, malzartig bis unangenehm käseartig. **V:** im Laubwald, vorwiegend bei Buche *Fagus*. **Mik:** Sporen eher fein, dicht und isoliert warzig, ellipsoid bis deutlich mandelförmig, 11–14 × 6–8 µm. **Ch:** KOH überall ohne Reaktion. (D 732, Kr 5.185, Lu 4.136.145, 🖼).

P. vulpinum gehört zu den Schleimköpfen, zählte aber früher mit dem mehrheitlich trockenen Hut zu den Seidenköpfen.

Phlegmacium obsoletum (Kühner) Niskanen & Liimat.: Hut bis 5 cm, Oberfläche eher klebrig, Stiel nicht wurzelnd, Geruch schwach.

14.1.14 *Phlegmacium pseudovulpinum* (Rob. Henry & Ramm) Niskanen & Liimat., *Cortinarius pseudovulpinus* Rob. Henry & Ramm, *C. vulpinus* subsp. *pseudovulpinus* (Rob. Henry & Ramm) Brandrud, Gilbender Fuchs-Schleimkopf, Gilbender Hainbuchen-Schleimkopf, Fuchshütiger Schleimkopf: Fleisch chromgelb verfärbend; bei Hainbuche *Carpinus* oder Hasel *Corylus*. (Kr 5.184, BK 5.271, Lu 4.136.104, 🖼).

Phlegmacium ophiopus (Peck) Niskanen & Liimat., *Cortinarius ophiopus* Peck, Schlangenfüßiger Schleimkopf: Hut angedrückt schuppig, feucht klebrig-glänzend, Stiel dicht weiß gestiefelt; bei Buche *Fagus*. Gemäß Ludwig 2017 zählt die Art jedoch je nach Interpretation zu *P. vulpinum*, Fuchs-Schleimkopf oder zu *P. triumphans*, Gelbgestiefelter Schleimkopf. (BK 5.225).

14.1.15 *Phlegmacium cumatile* (Fr.) Ricken, *Cortinarius cumatilis* Fr. Taubenblauer Schleimkopf

H: 5–12 cm, gewölbt bis flach ausgebreitet, ohne Buckel, schmierig, jung blauviolett bis graublau, von der Mitte her ockergelblich ausblassend, Rand lange eingebogen. **L:** ausgebuchtet, blass tonfarben, später graubraun. **St:** weiß, zylindrisch bis leicht keulig, Basis jung mit lilablauen Velumresten. **F:** weißlich. **Ger:** unauffällig. **Ges:** mild. **Spp:** rostbraun. **V:** vorwiegend im Nadelwald bei Fichte *Picea*, seltener auch im Laubwald, auf feuchtem Boden. **Mik:** Sporen fein, isoliert warzig, schlank mandelförmig, 10–12 × 5–6 µm. **Ch:** KOH überall bräunlich. (D 743, Kr 5.112, BK 5.203, Lu 4.136.136A, 🖼).

C. cumatilis var. *haasii* (M.M. Moser) Quadr., Taubenblauer Laubwald-Schleimkopf: schmächtiger, Hutmitte zunehmend rotbraun, Lamellen violettlich, bläulich; im Laubwald. (BK 5.204).

C. cumatilis var. *robustus* (M.M. Moser) Quadr.: Hut bis 15 cm, im Scheitel anfangs weinrot, umbra- bis schokoladenbraun, eingewachsen-faserig, später violettlich, Rand sepiabraun, Stiel bis 5 cm dick; im Nadel- oder Mischwald. (Lu 4.136.136B).

14.1.16 *Phlegmacium balteatum* (Fr.) Niskanen & Liimat., *Cortinarius balteatus* (Fr.) Fr. Violettrandiger Schleimkopf

H: 5–15 cm, halbkugelig bis flach gewölbt, im Zentrum trocken, manchmal rissig, außen klebrig-schleimig, später faserig und mehr oder weniger trocken, ocker- bis rötlichbraun, Rand oft filzig, lilablau und lange eingerollt. **L:** ausgebuchtet, blassgrau, später graubraun. **St:** weiß, Basis bräunlich, gleich dick bis schwach verdickt, Velumgürtel weiß bis blassgelb. **F:** weißlich. **Ger:** schwach erdartig. **Ges:** mild. **V:** im Nadelwald; Sommer bis Herbst. **Mik:** Sporen warzig, mandel- bis zitronenförmig, 9,5–11,5 × 5–6,5 µm. **Ch:** KOH auf Fleisch und Huthaut blass gelbbraun mit gelber Umrandung. (D 770, Kr 5.93, Lu 4.136.130).

14.1.17 *Phlegmacium balteatocumatile* (Rob. Henry ex P.D. Orton) Niskanen & Liimat., *Cortinarius balteatocumatilis* Rob. Henry ex P.D. Orton, Braunvioletter Schleimkopf: Hut anfangs auch in der Mitte schleimig, Rand nicht filzig, Stielbasis mit blauvioletten Velumresten gestiefelt; im Laubwald. Sporen 9–10,5 × 5,5–6 µm. KOH auf Fleisch gelb, ringartig. Bei fehlendem Velumgürtel sind je nach Standort und Geruch auch *P. variicolor*, Erdigriechender Schleimkopf und *P. largum*, Verfärbender Schleimkopf zu vergleichen. (Kr 5.92, BK 5.191, Lu 4.136.123).

C. balteatocumatilis var. *laetus* Quadr.: lebhaft purpurviolette Exemplare werden teils in dieser Varietät abgegrenzt.

14.1.18 *Phlegmacium percome* (Fr.) A. Blytt, *Cortinarius percomis* Fr. Würziger Schleimkopf, Würziger Fichten-Schleimkopf

H: 4–8 cm, halbkugelig bis gewölbt, schleimig, sattgelb bis orange- oder ockergelb, bisweilen schwach grünlich. **L:** lebhaft gelb bis gelbgrünlich, später rostocker. **St:** gelb bis gelbgrünlich, Velum ebenso, Basis evtl. schwach keulig. **F:** hellgelb, im Stiel dunkelgelb, Fraßgänge von Insekten rötlich. **Ger:** eigenartig würzig-obstartig (nach Majoran, Mandarinen, Zitronenmelisse, Eau de Cologne, Lavendelwasser usw.), alt unangenehm. **Ges:** mild. **Spp:** rostbraun. **V:** im Nadelwald, vorwiegend bei Fichte *Picea*, auf kalkreichem Boden. **Mik:** Sporen isoliert warzig, mandelförmig bis ellipsoid, 11–12,5 × 6–7 µm. **Ch:** KOH auf Fleisch im Allgemeinen rosa, auf Fleisch der Stielbasis purpurbraun. (D 767, Kr 5.155, BK 5.228, Lu 4.136.105, 🖼).

14.1.14 *Phlegmacium pseudovulpinum*, Gilbender Fuchs-Schleimkopf

14.1.15 *Phlegmacium cumatile*, Taubenblauer Schleimkopf

14.1.18 *Phlegmacium percome*, Würziger Schleimkopf

14.1.19 *Phlegmacium nanceiense* (Maire) M.M. Moser, *Cortinarius nanceiensis* Maire, Gelbflockiger Schleimkopf, Blassgelbfleischiger Schleimkopf: Hutmitte rot- bis purpurbräunlich, fleckig bis körnig-flockig, Stiel im unteren Teil durch rotbraune Velumreste gezont, Basis evtl. etwas knollig, Fleisch blass gelblich, Geruch schwach fruchtartig, nach Bananenschalen. Sporen grobwarzig, teilweise verschmelzend, 10–12 × 6–7 µm. KOH auf Fleisch und vor allem in der Stielbasis dunkelrot, auf Huthaut oliv- bis rotbraun. (Kr 5.145, BK 5.221, Lu 4.136.111, 🖼).

14.1.20 *Phlegmacium russeoides* (M.M. Moser) M.M. Moser, *Cortinarius russeoides* M.M. Moser, Stinkender Fichten-Schleimkopf: Hut gelb, Rand grünlichgelb, Zentrum orangeoliv bis rötlichbraun, oft etwas schuppig-körnig, Stiel schlank, meist weniger als 1,5 cm dick, Geruch nach längerer Zeit nach Schweißfüßen, Fleisch deutlich gelb. Sporen grobwarzig, 10,5–12,5 × 6,5–7,5 µm. KOH auf Fleisch oliv. (Lu 4.136.112, 🖼).

14.1.21 *Phlegmacium mussivum* (Fr.) Niskanen & Liimat., *Cortinarius mussivus* (Fr.) Melot, *Cortinarius russeus* Rob. Henry, Stinkender Schleimkopf, Rötlicher Schleimkopf, Stinkender Nadelwald-Schleimkopf: Hut 6–12 cm, Scheitel rötlichbraun bis schwärzlich gesprenkelt, Geruch anfangs nach unreifen Bananen, später sehr unangenehm, Stiel robust, meist mehr als 1,5 cm dick, Basis mit safranorange verfärbenden Mycelsträngen, Fleisch hellgelb. Sporen mit feinen, teils verschmelzenden Warzen, 9,5–12 × 6–7 µm. KOH auf Fleisch praktisch ohne Reaktion, allenfalls etwas rosa. (Kr 5.144, BK 5.220, Lu 4.136.114).

Phlegmacium superbum (A.H. Sm.) Niskanen & Liimat., *Cortinarius superbus* A.H. Sm., Superber Klumpfuß: Fruchtkörper groß und robust, Hut bis 12 cm breit, Stiel im unteren Teil mit rötlichbraunen Velumresten, keulig bis bauchig, Geruch erdartig, nach Mais, evtl. auch frucht- oder gewürzartig, alt zunehmend unangenehm; bisher nur aus Nordamerika.

14.1.22 *Phlegmacium gentianeum* (Bidaud) Niskanen & Liimat., *Cortinarius gentianeus* Bidaud, *Phlegmacium caesiostramineum* (Rob. Henry) M.M. Moser
Bitterlicher Klumpfuß, Bitterer Elfenbein-Klumpfuß

H: 3–8 cm, halbkugelig bis flach gewölbt, deutlich schleimig, eingewachsen-faserig, elfenbeinweiß bis cremegelb, im Hutzentrum bisweilen mit weißlichen, reifartigen Velumresten. **L:** schwach ausgebuchtet, relativ dicht, grauweiß, jung mit etwas Blau. **St:** grauweiß, evtl. mit blauem Schein, Basis mit gerandeter bis etwas kantiger Knolle, Velum weiß. **F:** weißlich. **Ger:** unauffällig. **Ges:** bitter, vor allem die Huthaut. **V:** im Nadelwald, vorwiegend bei Fichte *Picea* oder Kiefer *Pinus*, auf kalkreichem Boden. **Mik:** Sporen isoliert warzig, mandelförmig, 7,5–9 × 4,5–5,5 µm. **Ch:** KOH auf Huthaut und Fleisch ohne Reaktion. (D 723, Kr 5.100, Lu 4.136.96), 🖼).

14.1.23 *Phlegmacium xantho-ochraceum* (P.D. Orton) Niskanen & Liimat., *Cortinarius xantho-ochraceus* P.D. Orton, *Phlegmacium langei* (Rob. Henry) Niskanen & Liimat., *Cortinarius langei* Rob. Henry
Ockergelber Klumpfuß, Velumgelber Klumpfuß

H: 4–7 cm, halbkugelig bis flach gewölbt, oft stumpf gebuckelt, jung schleimig, glatt bis schwach eingewachsen faserig, meist mit weißen Velumresten, strohgelb, Druckstellen etwas bräunend. **L:** ausgebuchtet, eher eng, ton- bis hell ockerbraun, Schneiden schartig. **St:** weiß, Druckstellen bräunlich, Cortinazone deutlich, Basis gerandet-knollig. **F:** weißlich. **Ger:** unauffällig bis deutlich süß, honig- oder malzartig. **V:** bei Buche *Fagus*. **Mik:** Sporen ziemlich grob und isoliert warzig, ellipsoid bis mandelförmig, 7,5–10 × 5–6 µm. **Ch:** KOH auf Fleisch und Huthaut ohne Reaktion. (Kr 5.130, Lu 4.136.86).

Phlegmacium caesiocortinatum (Jul. Schäff.) Niskanen & Liimat., *Cortinarius caesiocortinatus* Jul. Schäff., Rundlichsporiger Klumpfuß, Pflaumensporiger Klumpfuß: Hut deutlich gelb bis gelbbraun mit fuchsigbraunen Radialstreifen geflammt, Velumreste fehlend, manchmal im Zentrum orangebräunlich schuppig, Lamellen tonfarben, schwach blau oder violett mit feinschartiger Schneide, Haarschleier weißlich, am Hutrand oft üppig, Stiel weiß, evtl. etwas lila, Basis mit braun gerandeter, pfeilspitzenartiger Knolle, Geruch camembert- bis rettichartig; im Laub- oder Nadelwald, bei Buche *Fagus* und Weißtanne *Abies*. Sporen dicht warzig, breit ellipsoid bis kugelig, 8,5–10,5 × 7–8 µm. KOH auf Huthaut ohne Reaktion. (Kr 5.99, Lu 4,136.85A).

14.1.24 *Phlegmacium gracilior* Jul. Schäff. ex M.M. Moser, *Cortinarius gracilior* (Jul. Schäff. ex M.M. Moser) M.M. Moser, Zierlicher Klumpfuß: Hut 2–5 cm breit, ockerbraun bis orangeockerlich, allenfalls etwas bereift, Knolle an der Stielbasis mit angedeutetem weißem Velum, Geruch etwas malzartig; im Laubwald und alpin bei Silberwurz *Dryas*. Sporen mandel- bis zitronenförmig, 9,5–11,5 × 6–7 µm. KOH überall ohne Reaktion, gemäß Jeppesen et al. 2018 auf Huthaut rotbraun. (Lu 4.136.90).

14.1.25 *Phlegmacium glaucopus* (Schaeff.) Wünsche, ***Cortinarius glaucopus*** (Schaeff.) Fr.
Reihiger Klumpfuß, Knollenloser Klumpfuß

H: 4–10 cm, halbkugelig bis ausgebreitet gewölbt, schleimig, eingewachsen-faserig, ocker-, oliv- bis rotbraun, Rand bisweilen schwach grünlich. **L:** ausgebuchtet, hellblau bis grau- oder lilablau, später graubraun. **St:** graublau bis gelbockerlich, Spitze jung blauviolett, Basis mit oft schiefer, kaum oder schmal und meist braun gerandeter Knolle. **F:** weißlich, im Stiel anfangs blau bis lilablau, in der Knolle ockerbraun. **Ger:** schwach muffig, erdartig. **Ges:** mild. **Spp:** rostbräunlich.

14.1.19 *P. nanceiensis*, Gelbflockiger Schleimkopf

14.1.20 *P. russeoides*, Stinkender Fichten-Schleimk.

14.1.22 *Phlegmacium gentianeum*, Bitterlicher Klumpfuß

14.1.25 *Phlegmacium glaucopus*, Reihiger Klumpfuß

V: oft gesellig, im Nadelwald. **Mik:** Sporen dicht, isoliert warzig, ellipsoid, 7–8,5 × 4,5–5 µm. **Ch:** KOH auf Fleisch ohne Reaktion. (D 740, Kr 5.123, BK 5.210?, Lu 4.136.46, 🖾).

P. glaucopus var. *acyaneum* M.M. Moser, *C. glaucopus* var. *acyaneus* (M.M. Moser) Nezdojm., Blasser Reihen-Klumpfuß: Fruchtkörper ohne blauviolette oder grünliche Töne. (BK 5.209).

14.1.25a *P. glaucopus* var. *olivaceum* M.M. Moser, *C. glaucopus* var. *olivaceus* (M.M. Moser) Quadr., Olivfarbener Reihen-Klumpfuß: Hut mit stark olivgrünem Farbanteil, besonders am Hutrand, Stielbasis gerandet und knollig. (D 741, BK 5.211, 🖾).

14.1.25b *Phlegmacium magicum* (Eichhorn) Niskanen & Liimat., *Cortinarius magicus* Eichhorn, Elfenring-Klumpfuß: Hut rostbraun eingewachsen-faserig oder geflammt auf gelbbraunem bis gelbolivem Grund, jung oft mit metallisch glänzenden Oliv- bis Grüntönen, Haarschleier üppig, gelbgrünlich, Stielspitze violett, abwärts gelblich, grünlich; im Laubwald bei Buche *Fagus,* oft im Hexenring. (Kr 5.135, Lu 4.136.47, 🖾).

Phlegmacium pansa (Fr.) Niskanen & Liimat., *Cortinarius pansa* (Fr.) Sacc., Plattfüßiger Klumpfuß: Hut orange- bis rötlichbraun, oft eingewachsen oder hygrophan faserig, Rand oft chromgelb bis olivgraulich, Lamellen graubräunlich, anfangs flüchtig blau oder violett, Stiel gelblich, Spitze weiß bis violett, Stielbasis kaum knollig, jedoch oft gerandet; vorwiegend im Nadel-, seltener im Laubwald. Sporen feinwarzig, ellipsoid, 6,5–7,5 × 4–5 µm.

Phlegmacium camptoros (Brandrud & Melot) Niskanen & Liimat., *Cortinarius camptoros* Brandrud & Melot, Elastischer Klumpfuß: Hut glatt, selten fein eingewachsen-faserig oder radialrunzelig, oft hygrophan, Mitte gelb- bis rötlichbraun, anfangs mit fetzigen weißen Velumresten, gegen den Rand grau- bis olivbraun, Hutfleisch auffällig elastisch, Stielspitze violettblau, Basisknolle ockerfarben, Geruch schwach erd- bis etwas malz- oder fruchtartig, getrocknet honigartig; bei Weißtanne *Abies.* Sporen dicht, feinwarzig, zitronenförmig, 8–11 × 5–6 µm. (Kr 5.103, Lu 4.136.37A).

Phlegmacium pistorium (Jul. Schäff.) M.M. Moser, *Cortinarius pistorius* Jul. Schäff., Brotgeruch-Klumpfuß: Hut radialfaserig, lederbraun, oft mit dunklen Flecken, Rand grünlich, Haarschleier blassviolett, Stielbasis mit gerandeter, brauner Knolle, oft schräg, darüber teils mit gürtelartigen, braunen Velumresten, Geruch jung nach frisch gebackenem Brot; im Laubwald bei Buche *Fagus.* Sporen dicht warzig, mandel- bis zitronenförmig, 10–12 × 6–7 µm. Ungeklärte und kaum erwähnte Art. (Lu 4.136.48?).

14.1.26 *Phlegmacium dionysae* (Rob. Henry) M.M. Moser, *Cortinarius dionysae* Rob. Henry, Mehligriechender Klumpfuß: Hut 4–8 cm, vorwiegend graubraun, bisweilen schwach blau oder oliv getönt, Lamellen flüchtig blauviolett, Geruch und Geschmack deutlich mehlartig; im kalkreichen Nadelwald. Sporen warzig, zitronenförmig, 8,5–10,5 × 5–6 µm. KOH auf Huthaut ziegelrötlich, auf Fleisch ohne Reaktion bis etwas grau- oder orangebraun. (Kr 5.115, BK 5.206, Lu 4.136.67).

14.1.27 *Phlegmacium aleuriosmum* (Maire) Ricken, *Cortinarius aleuriosmus* Maire
Mehlgeruch-Klumpfuß, Verfärbender Elfenbein-Klumpfuß

H: 5–10 cm, weißlich bis blass tonockerlich. **L:** blass tonfarben. **St:** weiß, Spitze evtl. mit lila Schein, Basis mit breiter, rundlicher Knolle. **F:** weiß, in der Stielspitze etwas violett, Basis mit gerandeter, oft schiefer Knolle. **Ger:** mehlartig bis ranzig. **V:** im Laubwald, an warmen Stellen, vorwiegend mediterran bei Eiche *Quercus.* **Mik:** Sporen dicht warzig, zitronenförmig, 10,5–12,5 × 6–7 µm. **Ch:** KOH auf Fleisch und Huthaut ohne Reaktion bis etwas gelblich, im Basalfilz gelb. (Kr 5.80, 🖾).

14.1.28 *Phlegmacium luhmannii* (Münzmay, Saar & B. Oertel) Niskanen & Liimat., *Cortinarius luhmannii* Münzmay, Saar & B. Oertel, *Cortinarius subarquatus* (M.M. Moser) M.M. Moser, *Phlegmacium caesiogriseum* Jul. Schäff. ex M.M. Moser, *Cortinarius caesiogriseus* Jul. Schäff.
Buntstieliger Klumpfuß, Luhmanns Klumpfuß, Mattfarbiger Klumpfuß

H: 4–6 cm, bald flach gewölbt, klebrig, kaum schleimig, olivocker bis graubraun, oft mit großen häutigen, ockergelben Velumfetzen, Rand jung bläulich. **L:** jung kräftig lilablau, später ocker. **St:** Stielspitze violettblau, unterhalb olivgrau, Knolle goldgelb bis orangebraun, teilweise volvaartige Velumreste. **F:** in Hut und Stielrinde blau oder bläulich, in der Stielknolle gelb. **Ger:** schwach malzartig. **Ges:** etwas süßlich. **V:** vorwiegend bei Buche *Fagus;* Sommer bis Herbst. **Mik:** Sporen grob, ineinanderfließend warzig, mandelförmig, 8,5–10 × 5–6,5 µm. **Ch:** KOH überall ohne Reaktion. (D 742, BK 5.241, Lu 4.136.38).

P. caesiogriseum wird teilweise von *P. luhmannii* unterschieden aufgrund von pflaumenartigem Geruch, bitterem Geschmack und größeren Sporen von 10–13 × 6–7,5 µm.

14.1.29 *Phlegmacium variicolor* (Pers.) Wünsche, *Cortinarius variicolor* (Pers.) Fr. Erdigriechender Schleimkopf

H: 5–12 cm, halbkugelig bis breit gewölbt, erst schmierig und vorwiegend violett bis violettbraun, später eingewachsen-faserig bis mattfilzig und von der Mitte zunehmend braun bis rotbraun, alt in allen Teilen dunkelbraun verfärbt, Rand lange eingerollt. **L:** erst lila bis graublau (vor allem gegen den Hutrand), nachher braun. **St:** blass blauviolett gezont, Basis keulig verdickt. **F:** vorwiegend weiß, in der Stielspitze oder unter der Rinde blauviolettlich. **Ger:** meistens stark erdartig. **Ges:** mild. **Spp:** rostbraun. **V:** im Nadelwald, auf kalkreichem Boden. **Mik:** Sporen deutlich und mehrheitlich isoliert warzig, mandel- bis spindelförmig, 10,5–11,5 × 6–6,5 µm. **Ch:** KOH auf Fleisch deutlich gelb, oft ring-

14.1.25a *P. glaucopus* var. *olivaceum*, Olivf. Reihen-K.

14.1.25b *Phlegmacium magicum*, Elfenring-Klu

14.1.27 *Phlegmacium aleuriosmum*, Mehlgeruch-Klumpfuß

14.1.29 *Phlegmacium variicolor*, Erdigriechender Schleimkopf

artig, nach 20 min zu braun entfärbend, auf Huthaut rotbraun. (D 745, Kr 5.180, BK 5.246, Lu 4.136.120, 🖼).

In der Literatur findet man auch oft die orthografische Variante *Phlegmacium variecolor*.

Je nach Autor und Interpretation zählt *Cortinarius nemorensis* (Fr.) J.E. Lange (D 749, BK 5.222) zum Formenkreis von *P. variicolor*, Erdigriechender Schleimkopf oder zu jenem von *P. largum*, Verfärbender Schleimkopf. Zu unterscheiden sind grundsätzlich satt violettbraune und erdartig riechende Formen aus dem Nadelwald *(P. variicolor)* und blassere Formen aus dem Laubwald *(P. largum)*. Welche weiteren Aufteilungen sich genetisch bestätigen lassen, wird sich zeigen.

P. variicolor var. *marginatum* M.M. Moser, *C. variicolor* var. *marginatus* (M.M. Moser) Quadr.: Stiel mit gerandeter Knolle, Geruch schwach gebäckartig.

Phlegmacium violaceomaculatum (Brandrud) Niskanen & Liimat., *Cortinarius violaceomaculatus* Brandrud, Dunkelfleckender Schleimkopf: Hut 4–9 cm, einheitlich graubraun bis braun, Druckstellen dunkler, Lamellen ohne Lila, blassgrau bis graubraun, Stiel verjüngt bis zugespitzt, Stielvelum deutlich lilaviolett, bei Berührung bräunend; oft büschelig, im Bergnadelwald auf Kalk. Sporen mehrheitlich isoliert warzig, ellipsoid bis mandelförmig, 8,5–10,5 × 5–5,5 µm. KOH auf Fleisch stark gelborange, auf Huthaut orange bis rotbraun. (Kr 5.183, Lu 4.136.117).

14.1.30 *Phlegmacium largum* (Fr.) Wünsche, ***Cortinarius largus*** Fr.
Verfärbender Schleimkopf,
Blasser Schleimkopf, Graulilarandiger Schleimkopf

H: 5–12 cm, halbkugelig bis breit gewölbt, jung schmierig lilablau, später eingewachsen-faserig bis mattfilzig, von der Mitte aus zunehmend ockerweißlich, später braun bis rotbraun, Rand lange eingerollt. **L:** erst lila bis graublau (Hutrand), nachher braun. **St:** blass blauviolett gezont, Basis keulig verdickt. **F:** weißlich, im Stiel oft blauviolett und sehr hart. **Ger:** unauffällig. **Ges:** mild. **Spp:** rostbraun. **V:** im Laubwald. **Mik:** Sporen ziemlich grob und teils ineinander verschmelzend warzig, mandel- bis etwas zitronenförmig, 9,5–11 × 5,5–6,5 µm. **Ch:** KOH auf Fleisch lebhaft gelb bis gelbbraun, nach 20 min rosabraun verfärbend, auf Huthaut honigbraun. (D 748, Kr 5.131, BK 5.215?, Lu 4.136.122, 🖼).

14.1.31 *Phlegmacium lividoviolaceum* Rob. Henry ex M.M. Moser, *Cortinarius lividoviolaceus* (Rob. Henry ex M.M. Moser) M.M. Moser, Grauvioletter Schleimkopf, Langstieliger Schleimkopf: Hut 3–6 cm breit, blass violettlich, Stiel deutlicher violett, alt graulila, Basis bräunlich, keulig, Fleisch etwas violett, Geruch gebäckartig, süßlich. Sporen 8,5–11 × 5–6 µm. KOH auf Fleisch leicht gelb, mit Ammoniak chromgelb. (Kr 5.134, BK 5.216, 🖼).

14.1.32 *Phlegmacium praestans* (Cordier) M.M. Moser, 🍴
Cortinarius praestans (Cordier) Gillet
Schleiereule

H: 8–25 cm, halbkugelig, später gewölbt, schleimig, violett- bis rotbraun, im Randbereich oft runzelig (radial gefurcht), anfangs mit konzentrisch angeordneten weißen Velumfetzen, Rand lange eingerollt. **L:** schwach ausgebuchtet, blass graubräunlich bis braun, zu Beginn mit lilablauem Schein. **St:** grauweißlich mit blassblauen Velumgürteln, Basis stark keulig-knollig erweitert, vor allem jung mit auffällig breiter, nach unten konisch verjüngten Knolle und kleinem, daraus hervorwachsenden violettbraunen Hut. **F:** fest, sehr dick, weißlich. **Ger:** unauffällig. **Ges:** mild. **Spp:** rostbraun. **V:** im Laubwald, auf kalkreichem Boden. **Mik:** Sporen grob und teils ineinander verschmelzend warzig, schlank mandelförmig, 14–17 × 8–10 µm. **Ch:** Fleisch und Huthaut mit KOH ohne Reaktion. (D 744, Kr 5.158, BK 5.230, Lu 4.136.118, 🖼).

14.1.33 *Phlegmacium cyanites* (Fr.) M.M. Moser, *Cortinarius cyanites* Fr.
Rötender Schleimkopf, Rötender Dickfuß

H: 4–10 cm, lange halbkugelig, schwach klebrig, später flach gewölbt, trocken, eingewachsen-faserig, mitunter faserige Velumreste, graublau, violett-, später braungrau. **L:** schwach ausgebuchtet, relativ dunkel, tiefblau, später graubraun. **St:** lilablau, Basis keulig bis knollig verdickt, Druckstellen rötend, Velum graulich bis olivgrau. **F:** blaugrau, rosa- bis weinrötlich verfärbend. **Ger:** unauffällig bis süßlich. **Ges:** etwas bitter. **V:** vorwiegend im Nadelwald. **Mik:** Sporen fein, isoliert warzig, mandelförmig bis ellipsoid, 8–11 × 5–6,5 µm. **Ch:** KOH überall ohne Reaktion. (Kr 5.233, BK 5.255, Lu 4.136.99, 🖼).

Phlegmacium pseudocyanites Rob. Henry ex M.M. Moser, *Cortinarius pseudocyanites* Rob. Henry ex Bidaud & Reumaux, Graublauer Schleimkopf, Graublauer Dickfuß: Hut gelb- bis rötlichbraun, Lamellen und Stiel gelb bis olivgelb; vorwiegend im Laubwald. Sporen 9–12 × 5,5–7 µm. (BK 5.263, Lu 4.136.98).

14.1.34 *Phlegmacium saginoides* (Bidaud & Reumaux) Niskanen & Liimat., 🍴
Cortinarius varius (Schaeff.) Fr.
Ziegelgelber Schleimkopf, Semmelbrauner Schleimkopf

H: 4–12 cm, halbkugelig, später flach gewölbt, schleimig, gelb- bis orangebraun, in der Mitte dunkler bis rotbräunlich. **L:** ausgebuch-

14.1.30 *Phlegmacium largum*, Verfärbender Schleimkopf

14.1.31 *Phlegmacium lividoviolaceum*, Grauvioletter Schleimkopf

14.1.32 *Phlegmacium praestans*, Schleiereule

14.1.33 *Phlegmacium cyanites*, Rötender Schleimkopf

14.1.34 *Phlegmacium saginoides*, Ziegelgelber Schleimkopf

tet angewachsen, erst lilablau, später rostbräunlich. **St:** weiß, Velum weiß, eher schwach entwickelt, Stielbasis keulig verdickt. **F:** weiß. **Ger:** unauffällig. **Ges:** mild. **Spp:** rostbräunlich. **V:** im Nadelwald, oft bei Fichte *Picea,* auf kalkreichem Boden. **Mik:** Sporen isoliert warzig, ellipsoid bis etwas mandelförmig, 9,5–11,5 × 5,5–7 µm. **Ch:** KOH auf Huthaut hellbraun, auf Fleisch orangegelb. (D 750, Kr 5.181, BK 5.247, Lu 4.136.129, 🖼).

Gemäß Auskunft von Liimatainen 2022 konnten die bisher häufig als *C. varius,* Ziegelgelber Schleimkopf bezeichneten Fruchtkörper nicht klar der ursprünglichen Artbeschreibung zugeordnet werden. Mit *P. saginoides* liegt nun eine klar identifizierbare Art aus dieser Gruppe vor, die hier als Nachfolgerin des unklaren *C. varius* verwendet wird. Welche ähnlichen, in dieser Gruppe bereits beschriebenen Arten bestehen bleiben oder sich als häufig erweisen, wird sich zeigen müssen.

Phlegmacium reverendissimum (Bidaud, Moënne-Locc. & Reumaux) Niskanen & Liimat., *Cortinarius reverendissimus* Bidaud, Moënne-Locc. & Reumaux: Stiel stämmig, zylindrisch bis keulig; vorwiegend bei Weißtanne *Abies.*

Phlegmacium decolorans (Pers.) Niskanen & Liimat., *Cortinarius decolorans* (Pers.) Fr., Zitronengelber Schleimkopf: Hut gelb, zitronengelb; bei Birke *Betula.* Die Art wird oft zu *P. saginoides, C. varius,* Ziegelgelber Schleimkopf oder dessen Umfeld gezählt. Ludwig 2017 erwähnt genetische Untersuchungen, welche auf eine eigenständige Art hinweisen.

Cortinarius xanthocephalus P.D. Orton, *Phlegmacium xanthocephalum* (P.D. Orton) M.M. Moser, Gelber Schleimkopf: Hut 3–10 cm, halbkugelig, klebrig bis schleimig, zitronen- oder cremegelb, Lamellen nur ganz jung etwas lilaviolett, später bräunlich, Schneiden blasser, Stiel weißlich bis cremegelb, evtl. keulig oder spindelig; im Laubwald Sporen dicht warzig, breit ellipsoid, 8,5–9 × 6,5–7,5 µm. *C. xanthocephalum* und *P. decolorans* bezeichnen gemäß Ludwig 2017 die gleiche Art. Eine Untersuchung von Dima et al. 2016 zeigt die Art jedoch in der Verwandtschaft von *C. anomalus.*

Phlegmacium pseudodiabolicum M.M. Moser, *Cortinarius pseudodiabolicus* (M.M. Moser) M.M. Moser, Täuschender Schleimkopf: Hut meist eingewachsen-faserig, weißlich bis lehmockerlich, in der Mitte gelb- bis orangebraun, Lamellen dicht und schmal, jung bläulichlila, später tonbraun mit lila Schneide, Stiel an der Spitze bläulich, abwärts weißlich bis ockerbräunlich, violett faserig, bisweilen undeutlich knollig, schräg gerandet bis etwas rübenartig; im Laub- und Nadelwald. Sporen warzig, mandelförmig bis ellipsoid, 10–12 × 6,5–7,5 µm. KOH auf Huthaut dunkel kastanienbraun, auf Fleisch lilagrau. Die Art taucht in der neueren Literatur nicht mehr auf. (BK 5.231).

Phlegmacium pallidum M.M. Moser, *Cortinarius miser* M.M. Moser, Dürftiger Schleimkopf: Hut bald trocken, tonfalb bis fahl bräunlich, Lamellen tonfalb bis blasslila, Stiel an der Spitze evtl. lila, abwärts gelblich; im Laub- oder Nadelwald. Die Art findet in der neuen Literatur kaum mehr Erwähnung und gilt als unklares Taxon.

14.1.35 *Phlegmacium patibile* (Brandrud & Melot) Niskanen & Liimat.,
Cortinarius patibilis Brandrud & Melot
Braungefleckter Schleimkopf

H: 3–7 cm, halbkugelig bis gewölbt, schwach schmierig, alt bald trocken und faserig bis feinschuppig, graubraun, kakaobraun, schließlich ockerbräunlich, Rand blass. **L:** ausgebuchtet, eng, violettbläulich, lilagrau, später tonbraun. **St:** weißlich, Spitze lila, Basis ockerbräunlich, keulig, evtl. schwach gegürtelt, Velum blassblau. **F:** schwach lila bis weiß. **Ger:** unauffällig bis schwach unangenehm süßlich, honigartig. **Ges:** mild. **Spp:** bräunlich. **V:** im Nadelwald, auf feuchtem Boden; schon ab Frühsommer. **Mik:** Sporen mäßig, teils ineinander verschmelzend warzig, schmal mandelförmig, 10–11,5 × 5,5–6,5 µm. **Ch:** KOH auf Huthaut bräunlichpurpurn, auf Fleisch intensiv gelb. (Lu 4.136.128).

Phlegmacium spadicellum M.M. Moser, *Cortinarius spadicellus* Brandrud. *Cortinarius amigochrous* Kühner, Schönfarbiger Schleimkopf, Dattelbrauner Schleimkopf, Dickstieliger Fichten-Schleimkopf: Hut kaum über 5 cm, haselnuss- bis kupferbraun, glatt bis faserig, aber ohne Schuppen, Lamellen eher entfernt, dicklich, lila, später graubraun, Fleisch lila, bisweilen langsam und schwach rötlich verfärbend, Geruch evtl. gebäck- bis schweißfußartig; bei Fichte *Picea.* Sporen warzig, schmal mandelförmig, 10–12 × 6–7 µm. (Kr 5.82, Lu 4.136.100?/125).

14.1.36 *Phlegmacium kuehneri* (M.M. Moser) Niskanen & Liimat.,
Cortinarius kuehneri M.M. Moser
Grünerlen-Schleimkopf

H: 1–5 cm, gewölbt, evtl. gebuckelt, trocken, ocker bis ockerrötlich, Rand meist abgeknickt. **L:** schwach ausgebuchtet, grauweiß mit bläulichem Schein. **St:** blass blauviolett, später ocker- bis rotbräunlich. **F:** blass lilaviolett. **Ger:** stark erdartig. **V:** bei Grünerle *Alnus alnobetula,* in der subalpinen Zone. **Mik:** Sporen warzig, ellipsoid bis mandelförmig, 9–13 × 5–6,5 µm. **Ch:** KOH auf Huthaut und Fleisch gelbbraun. (BK 5.214, 🖼).

14.1.37 *Phlegmacium amoenolens* (Rob. Henry ex P.D. Orton) Niskanen & Liimat., ***Cortinarius amoenolens*** Rob. Henry ex P.D. Orton,
Cortinarius anserinus (Velen.) Rob. Henry
Buchen-Klumpfuß, Bitterer Buchen-Klumpfuß

H: 5–12 cm, halbkugelig, später flach gewölbt, schleimig, eingewachsen-faserig, besonders gegen den lange eingerollten bis eingebogenen Rand, ockergelb bis ockeroliv. **L:** schwach ausgebuchtet, anfangs deutlich blauviolett, später braun. **St:** ockergelb, jung und besonders an der

14.1.35 *Phlegmacium patibile,* Braungefleckter Schleimkopf

14.1.36 *Phlegmacium kuehneri,* Grünerlen-Schleimkopf

14.1.37 *Phlegmacium amoenolens,* Buchen-Klumpfuß

Spitze blauviolettlich, Basis deutlich knollig bis rund-gerandet-knollig. **F:** weiß, in der Stielspitze schwach violett. **Ger:** mehr oder weniger obstartig (Mirabellen). **Ges:** in der Huthaut auffällig bitter. **V:** im Laubwald, vorwiegend unter Buche *Fagus* auf kalkreichem Boden. **Mik:** Sporen dicht warzig-stachelig, zitronenförmig, 10–12,5 × 6–7 µm. **Ch:** KOH negativ (auf der Huthaut ockerbraun, auf dem Fleisch schwach ocker). (Kr 5.84, BK 5.187, Lu 4.136.50,).

Einige Autoren unterscheiden *C. anserinus* mit dunklen Flecken im Hutzentrum und Geruch nach gebratenem Fleisch (angeblich nach Gänsebraten, Gans *Anser*) von *P. amoenolens*. Gemäß Mitteilung von Liimatainen 2022 konnten neue Funde *P. amoenolens* zugeordnet werden. *C. anserinus* ist hier als noch nicht geklärtes Synonym aufgeführt.

14.1.38 *Phlegmacium moënne-loccozii* (Bidaud) Niskanen & Liimat., *Cortinarius moënne-loccozii* Bidaud, *Phlegmacium volvatum* (A.H. Sm.) M.M. Moser, *Cortinarius volvatus* A.H. Sm.
Gelbfleischiger Scheiden-Klumpfuß, Scheiden-Klumpfuß

H: 4–10 cm, halbkugelig bis flach gewölbt, schleimig, schwach eingewachsen-faserig, anfangs hell blaulila bis dunkelviolett mit braunen Streifen, später zunehmend braun oder silbergrau, auf der Scheibe meist mit scholligen, ockerfarbenen Velumresten. **L:** schwach ausgebuchtet, grau bis grauviolett, später zunehmend zimtockerlich. **St:** blauviolett, Knolle deutlich gerandet, oft mit innen violett gefärbten Volvaresten. **F:** im Schnitt weißlich bis auffällig gelb bis gelborange, in der Stielrinde violett, in der Knolle weiß. **Ger:** schwach malzartig. **Ges:** leicht bitter. **V:** im Laubwald, bei Hasel *Corylus*, Eiche *Quercus*; im Herbst. **Mik:** Sporen grob ineinanderfließend warzig, mandel- bis zitronenförmig, 8,5–10,5 × 5,5–6,5 µm. **Ch:** KOH auf Huthaut und Fleisch ohne Reaktion. (BK 5.217, Lu 4.136.25,).

14.1.39 *Phlegmacium caesiocanescens* (M.M. Moser) M.M. Moser,
Cortinarius caesiocanescens M.M. Moser
Violettgrauer Klumpfuß, Grauer Klumpfuß, Lilasilbriger Klumpfuß

H: 4–10 cm, halbkugelig, später flach gewölbt, schleimig, jung graublau, bald von der Mitte her graubraun, teils fleckig, Rand oft eingerollt, mit braunen Schleierresten behangen. **L:** ausgebuchtet, blass graubräunlich bis graubläulich, später graubraun, Schneiden etwas heller und gezähnelt. **St:** grauweiß, anfangs und an der Spitze etwas blau, Basis mit gelb gesäumter, gerandeter Knolle. **F:** weißlich-gelb, in der Stielrinde lila, in der Knolle gelb. **Ger:** schwach, zunehmend unangenehm fußschweiß- bis malzartig. **Ges:** mild. **V:** im Nadelwald, auf kalkreichem, meist trockenem Boden. **Mik:** Sporen fein, dichtwarzig, mandelförmig bis ellipsoid, 8,5–9,5 × 5–6 µm. **Ch:** KOH auf Huthaut und Fleisch ohne Reaktion. (D 746f, Kr 5.98, BK 5.194, Lu 4.136.30,).

Phlegmacium coerulescentium (Rob. Henry) Niskanen & Liimat., *Cortinarius coerulescentium* Rob. Henry, Weißockerlicher Klumpfuß, Graublättriger Klumpfuß, Cremelila Klumpfuß: Hut eingewachsen-faserig, beige-, gelb- bis lilabraun, weißlichviolett überhaucht, Rand jung lila, Lamellen blassbraun, eher gedrängt, Schneiden heller, anfangs lila, Fleisch im Alter etwas gilbend, Geruch schwach erdartig bis unangenehm; im Laubwald. Sporen warzig, stumpf ellipsoid, 8–10,5 × 5–6 µm. (Kr 5.97, Lu 4.136.29).

Phlegmacium boudieri (Rob. Henry) M.M. Moser, *Cortinarius boudieri* Rob. Henry, *Cortinarius foetens* (M.M. Moser) M.M. Moser, Ockerbrauner Buchen-Klumpfuß, Stinkender Buchen-Klumpfuß, Stinkender Klumpfuß: Stiel anfangs lilaviolett, Geruch unangenehm, schweißfußartig; im Laub- und Mischwald, bei Buche *Fagus*. Sporen warzig, zitronenförmig, 8,5–10,5 × 5,5–6,5 µm. Eine unklare, kaum mehr erwähnte Art. (Kr 5.121).

Phlegmacium arcifolium (Rob. Henry) M.M. Moser, *Cortinarius arcifolius* Rob. Henry, Bogenblättriger Klumpfuß: Hut ocker, evtl. schwach oliv oder graublau, Lamellen oft bogig am Stiel herablaufend, bläulich, graublau, später rostbraun; im Laub- und Nadelwald. Sporen 10–12 × 6–6,5 µm.

14.1.40 *Phlegmacium terpsichores* (Melot) Niskanen & Liimat., *Cortinarius terpsichores* Melot
Tanzmusen-Klumpfuß, Adel-Klumpfuß, Pracht-Klumpfuß, Fliederfarbener Klumpfuß

H: 4–12 cm, eingewachsen-faserig, schleimig, lebhaft violettblau, fliederfarben, in der Mitte zunehmend ockergelblich. **L:** blassbläulich, ton- bis rostbraun. **St:** schlank, jung graublau, später weiß, im unteren Teil ockerlich, Basis mit schiefer, ockerlich und schmal gerandeter Knolle. **Ger:** unauffällig bis malz- oder fruchtartig. **V:** vorwiegend im Laub-, seltener im Nadelwald. **Mik:** Sporen dicht warzig, ellipsoid bis etwas zylindrisch, 8,5–10 × 5,5–6,5 µm. **Ch:** KOH auf Huthaut und Fleisch ohne Reaktion. (Kr 5.176, Lu 4.136.21,).

Phlegmacium mairei M.M. Moser, *Cortinarius mairei* M.M. Moser, Riechender Klumpfuß: ist vermutlich ein Synonym von *P. terpsichores*. (Kr 5.136).

Phlegmacium eucaeruleum (Rob. Henry) Niskanen & Liimat., *Cortinarius eucaeruleus* Rob. Henry, *C. terpsichores* var. *calosporus* Melot, Indigo-Klumpfuß: Hut 4–8 cm, stark gewölbt, vorwiegend satt- bis dunkelviolett, höchstens in der Mitte alt etwas ockerlich, gedrungen, dickfleischig. Sporen 7,5–12 × 5–7 µm. (Lu 4.136.22).

14.1.41 *Phlegmacium caerulescens* (Schaeff.) Wünsche, *Cortinarius caerulescens* (Schaeff.) Fr.
Blaufleischiger Klumpfuß,
Blauer Klumpfuß, Schönvioletter Klumpfuß, Himmelblauer Klumpfuß

H: 5–10 cm, halbkugelig bis flach gewölbt, schleimig, schwach eingewachsen-faserig, anfangs violettgrau, mit deutlichen, ockerlichen Velumresten, später tonockerlich ausblassend. **L:** schwach ausgebuchtet, ziemlich dicht, blauviolett, später zunehmend grauockerlich. **St:** violettgrau, Velumreste am Knollenrand weißlich bis blassocker. **F:** weißlich, im Stiel grauviolett, unter der Huthaut und in der Knolle gelblich. **Ger:** malzartig

14.1.38 *Phlegmacium moënne-loccozii*, Gelbfleischiger Scheiden-Klumpfuß

14.1.39 *Phlegmacium caesiocanescens*, Violettgrauer Klumpfuß

14.1.40 *Phlegmacium terpsichores*, Tanzmusen-Klumpfuß

14.1.41 *Phlegmacium caerulescens*, Blaufleischiger Klumpfuß

und zunehmend unangenehm fußschweißartig. **V:** im Laubwald, vorwiegend bei Buche *Fagus*, auf kalkreichem Boden. **Mik:** Sporen fein, isoliert, dicht warzig, mandel- bis zitronenförmig, 8–10,5 × 5–6 µm. **Ch:** KOH auf Huthaut und Fleisch ohne Reaktion. (Kr 5.96, BK 5.193, Lu 4.136.26, 🖼).

14.1.42 *Calonarius pseudoglaucopus* (Jul. Schäff. ex M.M. Moser) Niskanen & Liimat., *Cortinarius pseudoglaucopus* (Jul. Schäff. ex M.M. Moser) Quadr.
Violettgerandeter Schönklumpfuß, Olivbrauner Rettich-Klumpfuß

H: 4–10 cm, halbkugelig bis flach gewölbt, schleimig, olivgrau, ocker- bis olivbraun. **L:** schwach ausgebuchtet, jung tonfarben, hell ockergrau bis ockeroliv. **St:** schwach blaulila bis schwach blaugrünlich, Basis mit gerandeter Knolle, Kollenrand jung mit violettem Velum. **F:** weißlich bis blass grauoliv, im Stiel jung schwach lilablau, mit Lauge blass gelbbraun, auf der Huthaut orangebräunlich. **Ger:** erdartig bis deutlich rettichartig. **V:** im Nadelwald, auf kalkreichem Boden. **Mik:** Sporen grob, teils verschmelzend warzig, mandel- bis zitronenförmig, 11–13 × 7–8 µm. **Ch:** KOH auf Huthaut gelb- bis dunkelbraun, auf dem Basalfilz oder im Fleisch teilweise gelb. (Kr 5.160, Lu 4.136.65, 🖼).

Calonarius elotus (Fr.) Niskanen & Liimat., *Cortinarius elotus* Fr., Blassblättriger Schönklumpfuß: Hut eingewachsen-faserig, ocker bis olivgrünlich, Lamellen blass ockergelblich, grauweiß oder schwach violett, Stiel weiß, teils blassviolett, vorwiegend an der Spitze, Basis gerandet-knollig; im Nadelwald. Gemäß Ludwig 2017 sind *C. pseudoglaucopus* und *C. elotus* eine Art.

14.1.43 *Calonarius moseri* (E. Horak) Niskanen & Liimat., *Cortinarius moseri* (E. Horak) E. Horak, *Calonarius alnobetulae* (Kühner) Niskanen & Liimat., *Cortinarius alnobetulae* Kühner, Grünerlen-Schönklumpfuß: Hut 3–5 cm, eingewachsen-faserig, silbergrau bis grauoliv, später in der Mitte auch rosa- bis rötlichbraun, Lamellen eher entfernt, tongrau bis milchkaffeebraun, jung mit einem Hauch von Violett, Stiel weiß, teils blassviolett, vorwiegend an der Spitze, Basis leicht bis deutlich knollig; in höheren Lagen, bei Grünerle *Alnus alnobetula*. Sporen grob, teils verschmelzend warzig, zitronen- bis spindelförmig 12–15,5 × 7–8,5 µm. KOH mehrheitlich ohne Reaktion, auf dem Fleisch allenfalls etwas rosa. (BK 5.185, Lu 4.136.60, 🖼).

14.1.44 *Calonarius coniferarum* (M.M. Moser) Niskanen & Liimat., *Cortinarius coniferarum* (M.M. Moser) Moënne-Locc. & Reumaux, *C. multiformis* var. *coniferarum* (M.M. Moser) Nezdojm.
Sägeblättriger Nadelwald-Schönklumpfuß

H: 4–8 cm, halbkugelig, später flach gewölbt, nicht gebuckelt, glatt, matt bis leicht schmierig, ocker bis orangegelb, im Zentrum dunkler und weiß bereift, Rand mit weißlichen Schleierresten. **L:** breit angewachsen, jung lange weißlich, später hell graubraun, Schneiden gekerbt. **St:** jung weiß, später etwas gelbbräunlich, Basis verdickt bis knollig, oft einseitig etwas gerandet. **F:** weiß, gegen die Stielrinde gelbbräunlich. **V:** vorwiegend im Nadelwald, bei Fichte *Picea*. **Mik:** Sporen warzig, oft etwas ineinanderfließend, ellipsoid bis etwas mandelförmig, 9–11 × 5–7 µm. **Ch:** KOH auf Huthaut und Fleisch bräunlich. (D 727, Kr 5.141, BK 5.218).

C. coniferarum gilt als Synonym oder als Nadelwaldform von *T. multiformis*, Sägeblättriger Scheinschleimkopf, so z. B. bei Ludwig 2017. Damit bleibt vorderhand unklar, wie die bisher beschriebenen Varietäten von *T. multiformis* den von Liimatainen et al. 2022 definierten *C. coniferarum* und *T. multiformis* zugeteilt werden.

Calonarius corrosus (Fr.) Niskanen & Liimat., *Cortinarius corrosus* Fr., Vergrabener Schönklumpfuß: Hut milchkaffeefarben wie ein Fälbling bis rötlichocker mit braunen Streifen, Hutrand lange eingerollt, Stielbasis mit scharf braun gerandeter, tief im Boden steckender Basisknolle. Sporen teilweise ineinander verschmelzend warzig, mandelförmig, 9–11,5 × 6–7 µm. (Kr 5.111, BK 5.201, Lu 4.136.87).

Calonarius napus (Fr.) Niskanen & Liimat., *Cortinarius napus* Fr., Rauchblättriger Rüben-Schönklumpfuß: Hut orange-, rot- bis kastanienbraun, Lamellen tonfarben bis graubraun, Stielbasis oft rübenförmig wurzelnd oder stumpf gerandet; im Nadelwald, vorwiegend bei Fichte *Picea* oder Kiefer *Pinus*. Sporen feinwarzig, schlank mandelförmig, 10–13 × 6–8 µm. (Lu 4.136.72).

Calonarius dalecarlicus (Brandrud) Niskanen & Liimat., *Cortinarius dalecarlicus* Brandrud, *Cortinarius pseudonapus* (Rob. Henry ex M.M. Moser) M.M. Moser, Dunkelschuppiger Schönklumpfuß, Nachbräunender Nadelwald-Klumpfuß, Fuchsighütiger Klumpfuß: Hut kaum über 8 cm breit, hell ockerbraun, später von der Mitte her zunehmend kastanienbraun, oft mit angedrückten, dunklen Velumschuppen, Stielbasis mit braun gerandeter Knolle. Sporen deutlich warzig, mandel- bis zitronenförmig, 9–11 × 5,5–7 µm. KOH auf Huthaut rotbraun, auf Hutfleisch ockerrosa. (BK 5.232, Lu 4.136.74).

Cortinarius lutulentus Jul. Schäff., Schmutzigbrauner Schönklumpfuß: Hut 4–8 cm, lehmbraun, Lamellen ziemlich gedrängt, blass tonfarben, Stiel kurz, tonblass mit weißlicher, breiter und gerandeter Knolle, Geschmack langsam bitter; im Laub- und Mischwald. Sporen grobwarzig, mandel- bis zitronenförmig, 10–12 × 5,5–6,5 µm. (Lu 4.136.73).

Cortinarius argillopallidus Jul. Schäff., Erdblasser Schönklumpfuß, Weitblättriger Buchen-Klumpfuß: Hut hell lehm- bis ockerlichbraun, Lamellen dicklich, entfernt; im Laubwald, vorwiegend bei Buche *Fagus*. Sporen fein und dicht warzig, ellipsoid bis etwas zylindrisch, 9–10 × 5–6 µm. KOH auf Fleisch etwas gelbbraun. (Lu 4.136.69?).

C. lutulentus und *C. argillopallidus* sind unklare, von Ludwig nie gesehene Arten.

14.1.45 *Calonarius saporatus* (Britzelm.) Niskanen & Liimat., *Cortinarius saporatus* Britzelm., *Cortinarius subturbinatus* Rob. Henry ex P.D. Orton
Breitknolliger Schönklumpfuß

H: 5–18 cm, halbkugelig bis flach gewölbt, schleimig, oft mit hellen, später ockerlichen Velumflocken, ockergelb, von der Mitte her zunehmend ockerbraun, bisweilen etwas

14.1.42 *Calonarius pseudoglaucopus*, Violettgerandeter Schönklumpfuß

14.1.43 *Calonarius moseri*, Grünerlen-Schönklumpfuß

14.1.45 *Calonarius saporatus*, Breitknolliger Schönklumpfuß

oliv. **L:** ausgebuchtet, blass grauweiß, ockerlich bis ockerbraun, Schneiden oft gesägt. **St:** grauweiß, Basis mit stark abgesetzter, breiter, flach rundlicher, ockerbraun gesäumter Knolle. **F:** weiß bis blassgrau. **Ger:** unauffällig bis etwas honigartig. **Ges:** mild, malzartig. **V:** vorwiegend im Laubwald bei Buche *Fagus*, seltener bei Kiefer *Pinus*. **Mik:** Sporen grob, oft ineinander verschmelzend warzig, mandelförmig, 10–12 × 6–7 µm. **Ch:** KOH auf Huthaut ohne Reaktion, höchstens bräunlich. (D 725, Kr 5.166, Lu 4.136.82, 🖼).

14.1.46 *Calonarius odorifer* (Britzelm.) Niskanen & Liimat.,
Cortinarius odorifer Britzelm.,
Anis-Schönklumpfuß

H: 5–10 cm, halbkugelig bis flach gewölbt, schleimig, graugrünlich, seltener auch graublau, von der Mitte aus zunehmend olivbraun bis rotbraun, Rand lange eingerollt. **L:** ausgebuchtet, gelbgrün, Schneiden im Alter gesägt. **St:** grau- bis grünlichgelb, bisweilen auch mit Stich ins Blaue, Basis gerandet-knollig, Velum graugrün bis purpurbraun. **F:** blass grüngelb, im Stiel satt, auch etwas blaugrün. **Ger:** auffällig nach Anis. **V:** im Nadelwald auf kalkreichem Boden; Spätsommer bis Herbst. **Mik:** Sporen grob, teils ineinanderfließend warzig, mandel- bis zitronenförmig, 10,5–12 × 6,5–7,5 µm. **Ch:** KOH auf Fleisch und Huthaut dunkel purpurrot. (D 761, Kr 5.147, BK 5.223, Lu 4.136.11, 🖼).

C. odorifer var. *luteolus* M.M. Moser, Gelber Anis-Schönklumpfuß: Hut am Rand gelbgrünlich, gegen die Mitte orange- bis rötlichbraun, ohne jegliche Blautöne, Lamellen zitronen- bis chromgelb, Geruch jung fehlend, später vorübergehend schwach nach Anis; im Nadelwald, vorwiegend bei Fichte *Picea*. Sporen 8–9 × 5,5–6 µm. KOH auf Fleisch orangerot bis -braun.

C. odorifer gilt in vielen Büchern als Speisepilz, wird hier aber nicht empfohlen, da gelbes Fleisch bei den Schleierlingen oft auf giftige Arten hinweist und deshalb Verwechslungen möglich sind.

14.1.47 *Calonarius splendens* (Rob. Henry) Niskanen & Liimat., ☠
Cortinarius splendens Rob. Henry
Leuchtendgelber Schönklumpfuß,
Schöngelber Klumpfuß

H: 3–6 cm, halbkugelig bis flach gewölbt, glatt, Mitte evtl. schwach schuppig, schleimig, lebhaft schwefel- bis zitronengelb, im Alter bisweilen rotbräunlich gefleckt. **L:** ausgebuchtet, schwefel- bis sattgelb. **St:** gelb, Basis gerandet-knollig, Velum schwefelgelb. **F:** durchgehend sattgelb. **Ger:** unauffällig bis etwas malzartig. **Ges:** mild, fade. **V:** im Laubwald, vorwiegend bei Buche *Fagus*; im Herbst. **Mik:** Sporen grob, teils ineinanderfließend warzig, mandel- bis etwas zitronenförmig, 9,5–11,5 × 5,5–6 µm. **Ch:** KOH auf Huthaut olivbraun, auf Fleisch allenfalls leicht rötlich. (D 765, Kr 5.170, BK 5.240, Lu 4.136.4, 🖼).

14.1.48 *Calonarius meinhardii* (Bon) Niskanen & Liimat., *Cortinarius meinhardii* Bon, *C. splendens* var. *meinhardii* (Bon) Melot, *Cortinarius vitellinus* M.M. Moser, Dottergelber Schönklumpfuß, Messinggelber Fichten-Klumpfuß: Hut 4–8 cm, olivbraun bis dunkel fuchsigbraun fleckig oder gestreift, Geruch eigenartig pfefferig stechend (ähnlich Haselwurz *Asarum europaeum*); im Nadelwald, vorwiegend bei Fichte *Picea* oder Tanne *Abies*. Sporen grobwarzig, vorwiegend zitronenförmig, 9,5–11,5 × 6–6,5 µm. KOH auf Huthaut rotbraun, später braun. (D 764, Kr 5.139, BK 5.239, Lu 4.136.5, 🖼).

14.1.49 *Calonarius alcalinophilus* (Rob. Henry) Niskanen & Liimat., *Cortinarius alcalinophilus* Rob. Henry, *Cortinarius fulmineus* Fr., Leoparden-Schönklumpfuß, Fuchsiger Klumpfuß, Goldbrauner Laubwald-Klumpfuß: Hut 4–10 cm, außen glatt, Mitte schollig-schuppig, chrom- bis goldgelb, Lamellen erst sattgelb, später ockeroliv bis currybraun; im Laubwald. Sporen grob, oft ineinanderfließend warzig, vorwiegend mandelförmig, 9,5–12 × 6–7 µm. KOH auf Huthaut satt blut- bis purpurrot, auf Fleisch der Stielknolle etwas rosa. (BK 5.183, Lu 4.136.6, 🖼).

Calonarius olearioides (Rob. Henry) Niskanen & Liimat., *Cortinarius olearioides* Rob. Henry, *Cortinarius subfulgens* P.D. Orton, Orangegelber Schönklumpfuß, Safran-Klumpfuß: Hut 5–12 cm, jung ocker-, später safran- bis leuchtend orangegelb, Lamellen ockeroliv bis ockerbraun, Geruch eigenartig nach Malz oder Schweißfüßen; im Laubwald. Sporen warzig, zitronenförmig, 9–10,5 × 5,5–6,5 µm. (D 770).

14.1.50 *Calonarius glaucescens* (Jul. Schäff.) Niskanen & Liimat., *Cortinarius glaucescens* (Jul. Schäff.) M.M. Moser, Grünstiel-Schönklumpfuß, Zartgrünstieliger Klumpfuß: Hut 5–12 cm, olivocker bis olivgelb, im Zentrum mit braunen bis rötlichbraunen Velumresten, Lamellen eher dicht, olivgrün, Schneiden schartig. Stiel und Fleisch in der Stielspitze blaugrün, Geruch unauffällig; vorwiegend im Laubwald, submediterraner Begleiter von Eiche *Quercus*. Sporen grobwarzig, mandel- bis zitronenförmig, 9–12 × 5–7,5 µm. KOH auf Huthaut braun, auf Fleisch ohne Reaktion. (Lu 4.136.3?).

14.1.51 *Calonarius citrinus* (J.E. Lange ex P.D. Orton) Niskanen & Liimat.,
Cortinarius citrinus J.E. Lange ex P.D. Orton, *Cortinarius pseudosulphureus* Rob. Henry
Grünlings-Schönklumpfuß, Zitronengelber Klumpfuß, Grüngelber Buchen-Klumpfuß

H: 4–8 cm, halbkugelig bis flach gewölbt, feucht schmierig, olivgrün, Mitte bräunlich, Rand gelbgrün und bräunlich-faserig. **L:** ausgebuchtet, gelb bis gelbgrünlich, später

14.1.46 *Calonarius odorifer*, Anis-Schönklumpfuß

14.1.47 *Calonarius splendens*, Leuchtendgelber Schönklumpfuß

14.1.48 *C. meinhardii*, Dottergelber Schönklumpfuß

14.1.49 *C. alcalinophilus*, Leoparden-Schönklumpf.

14.1.51 *Calonarius citrinus*, Grünlings-Schönklumpfuß

rostbräunlich. **St:** gelbgrün, Basis mit gerandeter Knolle, Velum und Mycel gelb. **F:** gelb bis gelbgrün. **Ger:** unauffällig bis etwas malz- oder pfefferartig. **Ges:** mild. **Spp:** hell kastanienbraun. **V:** im Laubwald auf kalkreichem Boden, vorwiegend bei Buche *Fagus*. **Mik:** Sporen grob und ineinander verschmelzend warzig, mandel- bis etwas zitronenförmig 8,5–10 × 5–5,5 µm. **Ch:** KOH mehrheitlich ohne Reaktion, auf Huthaut allenfalls etwas oliv. (Kr 5.107, BK 5.199, Lu 4.136.10, 🖼).

Calonarius fulvocitrinus (Brandrud) Niskanen & Liimat., *Cortinarius fulvocitrinus* Brandrud, *C. citrinus* var. *paraionochlorus* Cadiñanos & J.A. Muñoz, Braunscheibiger Schönklumpfuß: Hutmitte mit bräunlichen Velumflocken, Lamellen schon jung einheitlich hellbraun, ohne gelbe oder grüne Töne, Fleisch gelb bis gelbbraun. Sporen leicht ineinander verschmelzend warzig, 8,5–10,5 × 6–6,5 µm. KOH auf Stielfleisch rasch dunkel rot- bis purpurschwarz, auf Huthaut und vor allem Hutfleisch oliv. (BK 5.123, Lu 4.136.83).

14.1.52 *Calonarius atrovirens* (Kalchbr.) Niskanen & Liimat., *Cortinarius atrovirens* Kalchbr. ☠
Schwarzgrüner Schönklumpfuß

H: 4–10 cm, halbkugelig bis flach gewölbt, stark schleimig, eingewachsen radialfaserig, dunkel oliv- bis gelbgrün, in der Mitte schwarzgrün. **L:** ausgebuchtet, gelb- bis olivgrün. **St:** gelb- bis olivgrün, später olivbraun, Velum olivgrün und schleimig, Basis gerandet-knollig. **F:** weiß- bis grüngelb. **Ger:** pfefferig, stechend, ähnlich Haselwurz *Asarum europaeum*. **Spp:** gelbbraun. **V:** im Nadelwald, vorwiegend bei Tanne *Abies*. **Mik:** Sporen grobwarzig, mandel- bis zitronenförmig, 9,5–11,5 × 5,5–6,5 µm. **Ch:** KOH auf Fleisch olivgrün, auf Huthaut schwarz. (D 763, Kr 5.87, BK 5.189, Lu 4.136.9, 🖼).

14.1.53 *Calonarius ionochlorus* (Maire) Niskanen & Liimat., *Cortinarius ionochlorus* Maire, Violettgrüner Schönklumpfuß: Lamellen jung lila; im Laubwald, vorwiegend mediterran, bei Eiche *Quercus*, Wärme liebend. Sporen grobwarzig, ellipsoid bis mandelförmig. (Kr 5.129, Lu 4.136.68, 🖼).

14.1.54 *Calonarius flavovirens* (Rob. Henry) Niskanen & Liimat., *Cortinarius flavovirens* Rob. Henry
Gelbgrüner Schönklumpfuß, Gelbgrüner Mehl-Klumpfuß

H: 5–12 cm, halbkugelig bis flach gewölbt bis etwas trichterartig, stark schleimig, evtl. eingewachsen-faserig, braungelb, auch etwas oliv. **L:** ausgebuchtet, blass graugelb, schließlich rostgelb. **St:** grau- bis grünlichgelb, Velum stark ausgebildet, gelb bis grüngelb, Basis mit gerandeter Knolle. **F:** grau- bis ockerweiß, höchstens schwach gelbgrünlich. **Ger:** deutlich nach Mehl, evtl. etwas nach Honig. **Ges:** mehlartig. **V:** im Laubwald, auf kalkreichem Boden. **Mik:** Sporen grob, teils ineinander verschmelzend warzig, mandel- bis etwas zitronenförmig, 9–11 × 6–7 µm. **Ch:** KOH auf Fleisch ohne deutliche Reaktion, in Stielbasis evtl. etwas rötlich, auf Huthaut schwarzbraun. (Kr 5.120, Lu 4.136.95).

Calonarius sulfurinus (Quél.) Niskanen & Liimat., *Cortinarius sulfurinus* Quél., Schwefelgelber Schönklumpfuß, Schwefelgelber Nadelwald-Klumpfuß: Lamellen blass grüngelb bis olivbraun, Geruch eigenartig, nach Petersilie oder Karotten; vorwiegend im Nadelwald. Sporen grob, teils ineinanderfließend warzig, zitronen- oder etwas mandelförmig, 11–13 × 6,5–7,5 µm. KOH auf Fleisch und Huthaut ohne Reaktion, am Knollenrand und Basalmycel rosa bis rot. (Kr 5.174, Lu 4.136.8A).

14.1.55 *Calonarius odoratus* (Joguet ex M.M. Moser) Niskanen & Liimat., *Cortinarius odoratus* (Joguet ex M.M. Moser) M.M. Moser, *C. odoratus* var. *suavissimus* Moënne-Locc. & Reumaux
Wohlriechender Schönklumpfuß, Grünlicher Blütenduft-Klumpfuß

H: 5–7 cm, halbkugelig bis flach gewölbt, schleimig, zitronengelb bis schwach oliv. **L:** ausgebuchtet, gelb bis gelboliv, später rostbraun. **St:** zitronengelb, Basis mit gerandeter Knolle. **F:** weißlich. **Ger:** deutlich süßlich, nach Orangenblüten oder billiger Seife. **V:** im kalkreichen Laubwald, vorwiegend mediterran. **Mik:** Sporen teils ineinander verschmelzend warzig, mandel- bis etwas zitronenförmig, 9,5–11 × 5,5–6,5 µm. **Ch:** KOH auf Fleisch ohne Reaktion, auf Huthaut bräunlich bis olivbraun. (Lu 4.136.12).

14.1.56 *Calonarius humolens* (Brandrud) Niskanen & Liimat., *Cortinarius humolens* Brandrud
Hellgelber Schönklumpfuß, Strohgelber Rettich-Klumpfuß

H: 4–10 cm, halbkugelig bis flach gewölbt, schleimig, blass grün-, später braungelblich, außen glatt, in der Mitte mit scholligen Velumresten. **L:** ausgebuchtet, dicht, grüngelblich, später zunehmend bräunlich, Schneiden schartig. **St:** grünlichgelb, Velum grüngelb, Basis blasser, weiß, mit kantig gerandeter Knolle. **F:** weiß, später teils gelblich. **Ger:** erdartig, rettichartig. **Ges:** rettichartig. **V:** im Laubwald, vorwiegend südlich, bei Buche *Fagus*, Eiche *Quercus*. **Mik:** Sporen teils ineinander verschmelzend grobwarzig, zitronenförmig, 10–11,5 × 6–7 µm. **Ch:** KOH auf Fleisch ohne Reaktion. (Kr 5.127, Lu 4.136.91?).

Cortinarius flavopallidus (M.M. Moser) M.M. Moser, Blassgelber Schönklumpfuß: ganzer Fruchtkörper mit blass primelgelber bis gelbockerlicher Farbe. Die 1967 beschriebene Art ist unklar und seither kaum mehr erwähnt worden.

14.1.57 *Calonarius elegantior* (Fr.) Niskanen & Liimat. ☠
Cortinarius elegantior (Fr.) Fr.
Messinggelber Schönklumpfuß, Bronzefarbener Klumpfuß

H: 4–16 cm, schmierig, oft eingewachsen-faserig, gelb bis olivbräunlich oder orange- bis rötlichbraun. **L:** ausgebuchtet, hell gelboliv, später

14.1.52 *Calonarius atrovirens*, Schwarzgrüner Schönklumpfuß

14.1.53 *Calonarius ionochlorus*, Violettgrüner Schönklumpfuß

14.1.57 *Calonarius elegantior*, Messinggelber Schönklumpfuß

bräunlich. **St:** strohgelb, Basis mit deutlich gerandeter Knolle. **F:** blassgelblich, in der Stielbasis rötlich. **Ger:** unauffällig. **Ges:** mild. **Spp:** rostbraun. **V:** im Nadelwald. **Mik:** Sporen sehr grobwarzig, mehrheitlich zitronenförmig, 12–15,5 × 7–9 µm. **Ch:** KOH auf Stielfleisch rosa, in Knolle weinrot und auf Huthaut ohne Reaktion. (D 768f, Kr 5.116, Lu 4.136.70,).

14.1.58 *Cortinarius subelegantior* Rob. Henry, Falscher Messing-Schönklumpfuß: Fleisch mit KOH nicht rosa, auf Huthaut jedoch rotbraun; im Laubwald. Diese Art findet sich kaum mehr in der neueren Literatur und gilt als unklares Taxon.

Calonarius quercus-ilicis (Chevassut & Rob. Henry) Niskanen & Liimat., *Cortinarius quercilicis* (Chevassut & Rob. Henry) Melot, *C. elegantior* var. *quercus-ilicis* Chevassut & Rob. Henry, Wachsgelbblättriger Schönklumpfuß, Nichtreagierender Steineichen-Klumpfuß: Hut stark schleimig, im Zentrum oft kastanienbraun schollig-schuppig, Rand olivgrünlich, Lamellen gelb bis gelboliv, Geruch etwas malzartig; im Laubwald, vorwiegend mediterran, bei Steineiche *Quercus ilex*. Sporen grobwarzig, mandel- bis zitronenförmig, 10,5–14,5 × 6,5–8 µm. Fleisch ohne Reaktion mit KOH. (Lu 4.136.71).

14.1.59 *Calonarius osmophorus* (P.D. Orton) Niskanen & Liimat., *Cortinarius osmophorus* P.D. Orton, Orangenduft-Schönklumpfuß, Süßriechender Klumpfuß: Hut etwas kleiner, 4–9 cm, weißlich bis goldocker, alt oft fleckig oder mit Streifen, ohne Velumreste, Stielbasis mit abgeflachter, mit weißem Velum gerandeter Knolle, Geruch auffällig süßlich, ähnlich Orangenblüten oder *Hebeloma sacchariolens*, Süßriechender Fälbling; im Laubwald. Sporen ziemlich grobwarzig, mandel- bis zitronenförmig 8,5–10,5 × 5–6 µm. KOH auf Fleisch ohne Reaktion, höchstens in Stielbasis rostbraun. (Kr 5.151, Lu 4.136.88).

14.1.60 *Calonarius aureofulvus* (M.M. Moser) Niskanen & Liimat., *Cortinarius aureofulvus* M.M. Moser
Goldbrauner Schönklumpfuß

H: 3–10 cm, halbkugelig bis flach gewölbt, schleimig, erst evtl. blass- bis grünlichgelb, bald orangefuchsig, Rand lebhaft gelb, jung eingerollt. **L:** schwach ausgebuchtet, chrom- bis grünlichgelb, später olivbräunlich. **St:** gelb bis grüngelb (Spitze auch blaugrünlich), Basis gerandet-knollig, Velum grüngelb bis rotbräunlich. **F:** weißlich, Huthaut etwas durchfärbend, im Stiel blass blaugrau. **Ger:** unauffällig, später etwas muffig. **V:** im Nadelwald, vorwiegend unter Fichte *Picea*, auf moosreichem Boden. **Mik:** Sporen teils ineinander verschmelzend warzig, zitronenförmig, 9,5–11,5 × 6–7 µm. **Ch:** KOH auf Huthaut und Lamellen blutrot, auf Fleisch fast ohne Reaktion. (Kr 5.88, Lu 4.136.92,).

14.1.61 *Calonarius elegantissimus* (Rob. Henry) Niskanen & Liimat., *Cortinarius elegantissimus* Rob. Henry, *Cortinarius aurantioturbinatus* Secr. ex J.E. Lange, Prächtiger Schönklumpfuß: Hut 6–12 cm, jung stark schleimig, hell- bis etwas grünlichgelb, Mitte zunehmend bräunlich, Lamellen dicht, ockergelb bis rostbraun, Schneiden schartig, Fleisch weiß bis gelblich, Stiel gelb bis gelbockerlich, mit gerandeter, mehr oder weniger deutlicher Knolle; im Laubwald, vorwiegend bei Buche *Fagus*, auf kalkreichem Boden. Sporen ineinander verschmelzend grobwarzig, zitronenförmig, 12,5–15 × 7,5–9,5 µm. (Kr 5.117, BK 5.208, Lu 4.136.89,).

Cortinarius bergeronii (Melot) Melot, *C. cedretorum* var. *bergeronii* Melot, Kleinsporiger Pracht-Klumpfuß: Stielfleisch mit blauviolettem Schimmer; bei Buche *Fagus*, Wärme liebend. Sporen 9,5–11,5 × 5–7 µm.

14.1.62 *Calonarius cedretorum* (Maire) Niskanen & Liimat., *Cortinarius cedretorum* Maire, Zedern-Schönklumpfuß, Grünviolettstieliger Klumpfuß: Hut grünlichgelb, Mitte orangebräunlich, Lamellen dicht, grüngelb, später braun, Stiel grünlichgelb mit gerandeter Knolle, Stielspitze und Fleisch grün- bis blauviolett, Geruch etwas malzartig, süßlich; vorwiegend mediterran, unter Zeder *Cedrus*, im Nadelwald, seltener auch im Laubwald. Sporen ineinander verschmelzend grobwarzig, mandel- bis zitronenförmig, 12–14 × 7–9 µm. (Kr 5.105, Lu 4.136.19B,).

14.1.63 *Calonarius rufo-olivaceus* (Pers.) Niskanen & Liimat., *Cortinarius rufo-olivaceus* (Pers.) Fr.
Violettroter Schönklumpfuß

H: 4–12 cm, halbkugelig, später flach gewölbt, stark schleimig, erst grauoliv mit lila Rand, von der Mitte her zunehmend weinbraun. **L:** etwas ausgebuchtet, graugrün bis lebhaft oliv, später olivbraun. **St:** weißlich bis lila-grünlich, Basis gerandet-knollig, Velum am Knollenrand lila, olivbräunlich bis purpurrötlich. **F:** weißlich bis etwas lila, im Stiel oliv (besonders in Insektengängen). **Ger:** schwach hefeartig. **Ges:** etwas bitter. **V:** im Laubwald. **Mik:** Sporen grobwarzig, zitronenförmig, 11–12,5 × 6,5–7,5 µm. **Ch:** KOH auf Fleisch und Huthaut olivgrün und bald rötlich bis schwärzlich verfärbend. (Kr 5.164, BK 5.235, Lu 4.136.18,).

14.1.64 *Calonarius cupreorufus* (Brandrud) Niskanen & Liimat., *Cortinarius cupreorufus* Brandrud, *Cortinarius orichalceus* (Batsch) Fr., Kupferroter Schönklumpfuß, Blutroter Klumpfuß, Kupferscheiteliger Klumpfuß: Hut grauoliv, von der Mitte her zunehmend kupferbraun bis blutrot, Lamellen gelbgrünlich, evtl. auch schwach bläulich, Fleisch weißlich, Geruch unauffällig bis etwas muffig; im Nadelwald. Sporen ineinander verschmelzend grobwarzig, mandel- bis zitronenförmig, 9,5–12 × 6,5–7,5 µm. KOH auf Huthaut schwärzlichpurpurn, auf Fleisch erst grüngelb, später weinbraun. (BK 5.205, Lu 4.136.17,).

14.1.60 *Calonarius aureofulvus*, Goldbrauner Schönklumpfuß

14.1.61 *Calonarius elegantissimus*, Prächtiger Schönklumpfuß

14.1.62 *Calonarius cedretorum*, Zedern-Schönklumpfuß

14.1.63 *Calonarius rufo-olivaceus*, Violettroter Schönklumpfuß

14.1.64 *Calonarius cupreorufus*, Kupferroter Schönklumpfuß

14.1.65 *Calonarius prasinus* (Schaeff.) Niskanen & Liimat., *Cortinarius prasinus* (Schaeff.) Fr.
Lauchgrüner Schönklumpfuß

H: 4–10 cm, halbkugelig bis flach gewölbt, schleimig, blass gelb- oder graugrünlich, später oliv- bis fast rotbräunlich, Rand stets grünlich. **L:** ausgebuchtet, gelbgrünlich, evtl. auch etwas bläulich, später bräunlich. **St:** weißgelblich, evtl. schwach blaugrün, Basis gerandet-knollig. **F:** weißlich, Huthaut etwas durchfärbend, im Stiel bisweilen schwach bläulich. **Ger:** schwach, etwas nach Hefe. **V:** im Laubwald, vorwiegend unter Eiche *Quercus*, Hainbuche *Carpinus*, auch mediterran. **Mik:** Sporen teils ineinander verschmelzend warzig, vorwiegend mandelförmig, 8,5–11,5 × 5–6,5 µm. **Ch:** KOH auf Huthaut rot, auf Fleisch rosa bis rotbraun. (Lu 4.136.13).

14.1.66 *Calonarius xanthophyllus* (Cooke) Niskanen & Liimat.,
Cortinarius xanthophyllus (Cooke) Rob. Henry
Goldblättriger Schönklumpfuß

H: 4–8 cm, halbkugelig bis flach gewölbt, purpurlila, in der Mitte kupferrötlich und zunehmend ockergelblich bis -grünlich, am Rand lange lilaviolett. **L:** lebhaft gelb bis gelbgrünlich. **St:** hellgelb, Spitze mit schmaler purpurroter Zone, Basis rostgelb mit gerandeter Knolle. **F:** weiß bis blassgelblich, unter der Huthaut mit einer deutlichen violetten Linie. **Ger:** unauffällig. **V:** im Laubwald bei Buche *Fagus*, auf neutralem bis kalkreichem Boden, in wärmeren Gegenden. **Mik:** Sporen grobwarzig, vorwiegend zitronenförmig, 9–11,5 × 5,5–7 µm. **Ch:** KOH auf Huthaut erst rot, dann dunkelpurpurn bis schwarz, auf Fleisch erst bisweilen gelbgrünlich, später weinrötlich. (Kr 5.186, Lu 4.136.15A, ▣).

14.1.67 *Calonarius spectabilis* (M.M. Moser) Niskanen & Liimat.,
Cortinarius spectabilis M.M. Moser
Sehenswerter Schönklumpfuß, Lilaüberhauchter Klumpfuß

H: 5–10 cm, gewölbt bis flach, elfenbein- bis cremefarben, zartviolett überhaucht, vor allem am lange eingerollten Rand. **L:** ausgebuchtet, lebhaft lila, später lilabraun. **St:** Stiel weißlich, Basis mit breiter Knolle, Haarschleierreste weiß. **F:** weiß, im Stiel etwas violett. **Ger:** unauffällig. **Ges:** mild bis leicht bitter. **V:** im Nadelwald, vorwiegend bei Fichte *Picea*, auf kalkreichem Boden. **Mik:** Sporen grobwarzig, mandel- bis zitronenförmig, 11–13 × 7–8 µm. **Ch:** KOH auf Huthaut blutrot, auf Knolle rosa und auf Fleisch schwach rosa.

Calonarius nymphicolor (Reumaux) Niskanen & Liimat., *Cortinarius nymphicolor* Reumaux, *Cortinarius rickenianus* Maire, Bleicher Amethyst-Schönklumpfuß, Hecken-Klumpfuß: Hut kaum über 6 cm breit, jung elfenbeinweiß und lila überhaucht, später ockerlich, Stiel weißlich, Spitze etwas violett, Basisknolle mit violettem Rand; im Laubwald, mediterran verbreitet, vorwiegend bei Buche *Fagus* oder Eiche *Quercus*. Sporen teils ineinanderfließend warzig, ellipsoid bis mandelförmig, 8,5–11 × 5,5–6,5 µm. KOH auf Hut- und Knollenhaut deutlich rosa, auf Fleisch ohne Reaktion.

14.1.68 *Calonarius callochrous* (Pers.) Niskanen & Liimat.,
Cortinarius callochrous (Pers.) Gray,
Cortinarius citrinolilacinus (M.M. Moser) M.M. Moser
Amethyst-Schönklumpfuß, Lilagelber Klumpfuß

H: 4–7 cm, halbkugelig, bald flach gewölbt, schleimig, gelbocker, in der Mitte etwas orangerötlich, Rand hellgelb. **L:** schwach ausgebuchtet, intensiv lila- bis rosaviolett. **St:** weißlich bis ockergrau, Spitze bisweilen etwas bläulich, Basis mit stark gerandeter, flachgedrückter (napfförmiger) Knolle, Velum am Knollenrand lebhaft gelb. **F:** weiß. **Ger:** unauffällig, im Alter evtl. etwas erdartig. **Spp:** rostbraun. **V:** im Laubwald, vorwiegend bei Buche *Fagus,* auf kalkreichem Boden. **Mik:** Sporen grob ineinanderfließend warzig, mandelförmig, 8–11 × 5–6,5 µm. **Ch:** KOH auf Huthaut negativ (bräunlich), auf Fleisch ohne Reaktion. (D 739, Kr 5.101/106, Lu 4.136.55, ▣).

Aufgrund der ursprünglichen Publikation des Namens als *callochroa* wird die Schreibweise gemäß den Nomenklaturregeln mit doppeltem l weitergeführt. Wegen der griechischen Herkunft des Wortes «kalos» (schön) findet sich auch die korrigierte Schreibweise *calochrous*.

14.1.69 *Calonarius catharinae* (Consiglio) Niskanen & Liimat., *Cortinarius catharinae* Consiglio, *C. callochrous* var. *parvus* (Rob. Henry) Brandrud, Breitknolliger Amethyst-Schönklumpfuß, Abgeflachtknolliger Klumpfuß, Starkreagierender Amethyst-Klumpfuß: Hut blassgelb, im Zentrum angedrückt schuppig, Rand weißlich, Lamellen violett, Velum weiß. Sporen warzig, mandel- bis etwas zitronenförmig, 9–10,5 × 5–6 µm. KOH auf Huthaut karminrot, auf Knollenrand und Basalmycel sattrosa (eosinrot), auf Fleisch ohne Reaktion. (Kr 5.104, BK 5.195, Lu 4.136.53, ▣).

Calonarius kristinae (Brandrud) Niskanen & Liimat., *Cortinarius kristinae* Brandrud: Hut ockergelb, im Zentrum angedrückt schuppig, Lamellen grau bis weißlich; oft bei Moos, eher in Skandinavien. Sporen 10,5–11,5 × 5,5–6,5 µm. KOH auf Huthaut karminrot, auf Knollenrand und Basalmycel sattrosa (eosinrot) bis blutrot, auf Fleisch ohne Reaktion.

Calonarius cisticola (Frøslev & T.S. Jeppesen) Niskanen & Liimat., *Cortinarius cisticola* Frøslev & T.S. Jeppesen, *C. callochrous* var. *caroli* (Velen.) Nezdojm, Südlicher Amethyst-Schönklumpfuß, Violettstieliger Klumpfuß: Hut blassgelb, im Zentrum angedrückt schuppig, Stielspitze violett, Knolle gelbbraun gerandet; im Laubwald, auch bei Zistrose *Cistus*, mediterran. Sporen etwas ineinanderfließend warzig, mandel- bis etwas zitronenförmig,

14.1.66 *Calonarius xanthophyllus,* Goldblättriger Schönklumpfuß

14.1.68 *Calonarius callochrous,* Amethyst-Schönklumpfuß

14.1.69 *Calonarius catharinae,* Breitknolliger Amethyst-Schönklumpfuß

9,5–11 × 6–7 µm. KOH auf Huthaut rosa, auf Knollenrand rotbraun, auf Basalfilz praktisch ohne Reaktion. (Lu 4.136.54?).

14.1.70 *Calonarius piceae* (Frøslev, T.S. Jeppesen & Brandrud) Niskanen & Liimat., *Cortinarius piceae* Frøslev, T.S. Jeppesen & Brandrud, *C. callochrous* var. *coniferarum* (M.M. Moser) Nezdojm, Fichten-Amethyst-Schönklumpfuß, Blassstieliger Amethyst-Klumpfuß: Hut klein, 3–5 cm, ockerbraun, Mitte violettbraun schuppig, Lamellen nur blasslila, Stiel ohne Lila, Knolle gerandet, bisweilen gelblich; im Nadelwald, auf kalkreichem Boden. Sporen grob, ineinanderfließend warzig, mandel- bis etwas zitronenförmig, 9,5–10,5 × 6–7 µm. KOH negativ, höchstens am Rand von Knolle und Hut rötlichbraun. (Kr 5.102, BK 5.196, Lu 4 136.57, 🖼).

14.1.71 *Calonarius haasii* (M.M. Moser) Niskanen & Liimat., *Cortinarius haasii* (M.M. Moser) M.M. Moser, *C. callochrous* var. *haasii* (M.M. Moser) Brandrud, Violettstieliger Amethyst-Schönklumpfuß, Großer Amethyst-Nadelwald-Klumpfuß: Hut 4–10 cm, ocker- bis olivgelb, Lamellen und Stielspitze intensiv lilablau, Stielbasis rundlich bis kantig-knollig, oft schief, Mycelstränge oft chromgelb; im Nadelwald, vorwiegend bei Kiefer *Pinus* oder Weißtanne *Abies*, auf trockenem, kalkreichem Boden. Sporen grob, teilweise ineinanderfließend warzig, mandel- bis zitronenförmig, 10,5–12,5 × 6–7,5 µm. Huthaut und Fleisch ohne Reaktion mit KOH. (Kr 5.125, BK 5.197, Lu 4 136.43?, 🖼).

Calonarius metarius (Kauffman) Niskanen & Liimat., *Cortinarius metarius* Kauffman, *Calonarius barbarorum* (Bidaud, Moënne-Locc. & Reumaux) Niskanen & Liimat., *Cortinarius barbarorum* Bidaud, Moënne-Locc. & Reumaux: Hut 4–10 cm. Sporen 10–11,5 × 6–7,5 µm. Huthaut und Knollenrand mit KOH blutrot, Fleisch rosa- bis rötlichbraun.

Calonarius barbaricus (Brandrud) Niskanen & Liimat., *Cortinarius barbaricus* (Brandrud) Frøslev, T.S. Jeppesen & Brandrud, *C. callochrous* var. *barbaricus* Brandrud: verbreiteter in Skandinavien, Sporen 12–13 × 7–8,5 µm. Fleisch mit KOH rosa- bis rötlichbraun.

Calonarius laberiae (Münzmay, B. Oertel & Saar) Niskanen & Liimat., *Cortinarius laberiae* Münzmay, B. Oertel & Saar, Labers Schönklumpfuß: Hut 4–5,5 cm, gewölbt, glatt, schleimig, ockergelb bis semmelbräunlich, oft fleckig, gemasert oder braunstreifig, gegen außen bisweilen etwas lilablau, Velum lebhaft gelb, Lamellen jung blass lilablau, bald graubräunlich, Stiel weißlich, Spitze mit bläulichem Schein, Basis gerandet-knollig mit teilweise bläulichem Rand, Fleisch cremeweiß, unter der Stielrinde etwas bläulich, in der Knolle cremegelb, Geruch etwas erdartig, Geschmack mild; im Nadel- oder Mischwald, bei Weißtanne *Abies*. Sporen oft ineinander verschmelzend warzig, mandelförmig, 9–11 × 5,5–7 µm. KOH überall bräunlich oder ohne Reaktion.

Calonarius subgracilis (Moënne-Locc.) Niskanen & Liimat., *Cortinarius subgracilis* Moënne-Locc.: Hut 4–6 cm, schleimig, glatt, ockerweiß bis ockergelb, im Zentrum anfangs mit weißlichen Velumresten, später ockerbraun, Rand grauweiß, Lamellen lilagrau, hell fliederfarben, Lila vor allem in der Nähe der Schneiden, Fleisch grauweiß; im Nadelwald, vor allem bei Weißtanne *Abies*, aber auch bei Laubbäumen (Linde *Tilia*, Eiche *Quercus*). Sporen 10–11,5 × 6–7 µm. KOH auf Hut und Fleisch negativ, undeutlich rosaviolett bis braun, auf Knollenrand und Basalmycel deutlich positiv eosinrot.

14.1.72 *Calonarius albertii*, (Dima, Frøslev & T.S. Jeppesen) Niskanen & Liimat., *Cortinarius albertii*, Dima, Frøslev & T.S. Jeppesen, Fastweißer Amethyst-Schönklumpfuß: Hut 4–10 cm, weiß bis cremeocker, im Zentrum zunehmend braun fleckig oder faserig, Lamellen blassgrau bis graubraun, anfangs möglicherweise mit einem Hauch Lila, Stiel weißlich, Basis kantig gerandet-knollig, Fleisch weiß bis leicht gelblich; auch bei Steineiche *Quercus*. Sporen oft ineinander verschmelzend warzig, mandel- bis leicht zitronenförmig, 9,5–11 × 5,5–6,5 µm. KOH auf Huthaut und Basalfilz sofort karminrot, auf Fleisch ohne Reaktion oder leicht cremerosa. (Lu 4.136.93, 🖼).

Calonarius insignibulbus (Bidaud & Moënne-Locc.) Niskanen & Liimat., *Cortinarius insignibulbus* Bidaud & Moënne-Locc., Braungelber Schönklumpfuß: Hut 2–6 cm, mehrheitlich blass cremefarben, im Zentrum bräunlich, Lamellen violettlila, Stiel relativ lang, anfangs violettlila und lange so bleibend, Basis mit abgeflachter Knolle, Fleisch weißlich, unter der Stielrinde violett. Sporen grobwarzig, mandelförmig, 10–11,5 × 6–7 µm. KOH auf Hut und Fleisch negativ (auf Huthaut schwach bräunlich), auf Knollenrand und Basalmycel deutlich rosa (eosinrot).

Calonarius platypus (M.M. Moser) Niskanen & Liimat., *Cortinarius platypus* (M.M. Moser) Niskanen & Liimat., Flachknolliger Schönklumpfuß, Flachknolliger Amethyst-Klumpfuß: Hut hellocker, grauocker, evtl. etwas olivlich, Stielspitze lila, Druckstellen bräunend, Lamellen eher eng, violettgrau, Basisknolle breit gerandet mit ockerweißen Velumresten, oft abgeflacht; im Laubwald, vorwiegend bei Buche *Fagus*. Sporen grob, ineinanderfließend warzig, mandelförmig, 9,5–11 × 5–6,5 µm. KOH überall negativ (Huthaut braun). (Kr 5.156, Lu 4.136.42).

Cortinarius leochrous Jul. Schäff., Löwengelber Klumpfuß: Hut 3–4 cm breit, löwengelb bis rötlich semmelbraun, Lamellen eng, lila, von der Mitte her zunehmend ocker, Schneiden fein gekerbt, Stiel faserig, weiß, bisweilen mit Velumresten beringt wirkend, Basis kantig-knollig. Sporen feinwarzig, fast glatt, ellipsoid bis mandelförmig, 8–10 × 4–5,5 µm. KOH auf Huthaut kupferrot. Eine eher unklare, wenig beschriebene Art. (Lu 4.136.75?).

14.1.73 *Calonarius caroviolaceus* (P.D. Orton) Niskanen & Liimat., *Cortinarius caroviolaceus* P.D. Orton, *Cortinarius rapaceus* Fr., *Cortinarius europaeus* (M.M. Moser) Bidaud, Moënne-Locc. & Reumaux, Weißlicher Schönklumpfuß, Tonblasser Klumpfuß, Süßlicher Klumpfuß: Hut 4–12 cm, bald flach gewölbt bis gebuckelt, seidig-schmierig, Lamellen mit blauem Schimmer, später silbergrau bis ockerbeige, Stiel seidigweiß, später gelbbräunlich, besonders gegen die gerandete Basisknolle hin, Fleisch relativ dünn, weißlich, Geruch unauffällig, eher rübenartig oder etwas süßlich nach Honig, Geschmack mild bis leicht bitterlich; südlich verbreiteter. Sporen deutlich zitronenförmig, 9,5–11,5 × 6–7 µm. KOH auf Fleisch allenfalls leicht gelb. (Kr 5.103, Lu 4.136.56).

14.1.70 *Calonarius piceae*, Fichten-Amethyst-Schönklumpfuß

14.1.71 *Calonarius haasii*, Violettstieliger Amethyst-Schönklumpfuß

14.1.72 *Calonarius albertii*, Fastweißer Amethyst-Schönklumpfuß

14.1.74 *Calonarius arcuatorum* (Rob. Henry) Niskanen & Liimat.,
Cortinarius arcuatorum Rob. Henry
Violettgesäumter Schönklumpfuß, Lilagesäumter Klumpfuß

H: 4–12 cm, halbkugelig bis flach gewölbt, schleimig, jung fleischrosa, später rosa- bis orangebräunlich, Rand lange eingerollt oder eingebogen mit violettlichem, schleimigem Velum. **L:** schwach ausgebuchtet, rosalila bis blauviolettlich, später rostbraun. **St:** weißlich bis blassocker mit schwach violettem Schein, besonders an der Stielspitze, Basis mit violettgerandeter Knolle. **F:** weißlich bis blasslila oder ockerlich. **Ger:** schwach fruchtartig, malzartig. **Ges:** etwas bitter. **Spp:** rostbraun. **V:** im Laubwald, vorwiegend bei Eiche *Quercus*. **Mik:** Sporen ziemlich grob, teils ineinander verschmelzend warzig, zitronenförmig, 9–10,5 × 5,5–6 µm. **Ch:** KOH auf Hut, Fleisch und Knolle deutlich eosin- bis blutrot (positiv), Basalmycel weitgehend negativ. (D 738, Kr 5.85, Lu 4.136.32, 🖼).

14.1.75 *Calonarius sodagnitus* (Rob. Henry) Niskanen & Liimat.,
Cortinarius sodagnitus Rob. Henry
Rosavioletter Schönklumpfuß, Starkentfärbender Klumpfuß

H: 4–8 cm, halbkugelig bis flach gewölbt, schleimig, anfangs intensiv blauviolett, später von der Mitte her (oder fleckenweise) ockergelb ausblassend. **L:** schwach ausgebuchtet, graulila bis lila. **St:** jung lila, später weißlich, Basis mit gerandeter Knolle. **F:** weiß, im Stiel etwas lila, vor allem in der Rinde. **Ger:** unauffällig. **Ges:** in der Huthaut etwas bitter. **V:** im Laubwald, vorwiegend bei Buche *Fagus*. **Mik:** Sporen grob ineinanderfließend warzig, 10–12,5 × 5,5–7 µm. **Ch:** KOH auf Huthaut, Knolle und Basalmycel rasch lebhaft eosinrot, auf Fleisch unauffällig, höchstens leicht rosa. (Kr 5.169, BK 5.238, Lu 4.136.23, 🖼).

Calonarius aureopulverulentus (M.M. Moser) Niskanen & Liimat., *Cortinarius aureopulverulentus* M.M. Moser, Goldstaub-Schönklumpfuß, Goldbestäubter Nadelwald-Klumpfuß: Hut 2–6 cm, leicht eingewachsen radialfaserig, vorwiegend gelboliv bis olivbraun, nur ganz schwach bläulich, Rand lebhaft goldgelb, Stielbasis mit gelb gerandeter Knolle; vorwiegend im Nadelwald, bei Fichte *Picea*. Sporen grob ineinanderfließend warzig, zitronenförmig, 11–13 × 7–8 µm. (Kr 5.89, Lu 4.136.36).

14.1.76 *Calonarius dibaphus* (Fr.) Niskanen & Liimat., *Cortinarius dibaphus* Fr.
Bunter Schönklumpfuß, Malvenfarbener Klumpfuß

H: 4–10 cm, halbkugelig bis flach gewölbt, stark schleimig, graulila bis lilabraun, mit im Schleim schwimmenden weißlichen Velumresten, später rosa bis fleischbraun. **L:** schwach ausgebuchtet, ziemlich dicht, blassgrau bis lilagrau. **St:** sattlila, später ockerbräunlich, Spitze lila, Basis mit kantig-gerandeter Knolle. **F:** weißlich, unter der Stielrinde lila. **Ger:** schwach, später unangenehm, muffig, malzartig. **Ges:** bitter. **V:** im Laub- und Nadelwald, vorwiegend bei Weißtanne *Abies*. **Mik:** Sporen grob ineinanderfließend warzig, mandel- bis zitronenförmig, 9,5–12 × 6–7 µm, Cheilozystiden wellig schlauchförmig bis keulig-kopfig. **Ch:** KOH auf Huthaut, Fleisch und Knolle tief eosin- bis blutrot (stark positiv), Basalmycel weitgehend ohne Reaktion (negativ). (Kr 5.114, Lu 4.136.24).

14.1.77 *Calonarius suavegolens* (Bat. & Joachim) Niskanen & Liimat.,
Cortinarius suaveolens Bat. & Joachim
Duftender Schönklumpfuß, Orangenblüten-Klumpfuß

H: 4–8 cm, gewölbt bis flach ausgebreitet, schleimig, zart lilaviolett, von der Mitte her zunehmend strohocker bis milchkaffeebraun. **L:** ausgebuchtet, lilafarben, später bräunlich. **St:** lila, später im unteren Teil weißlich bis blassocker, Basis mit breiter, gerandeter Knolle. **F:** weißlich. **Ger:** süßlich, nach Orangenblüten. **V:** im Laubwald, eher mediterran. **Mik:** Sporen grob, flächig ineinanderfließend warzig, mandel- bis zitronenförmig, 10,5–13 × 6–7,5 µm. **Ch:** KOH auf Huthaut etwas rotbraun, auf Fleisch ohne Reaktion. (Kr 5.171, Lu 4.136.28).

14.1.78 *Cystinarius crassus* (Fr.) Niskanen & Liimat., *Cortinarius crassus* Fr., *Cortinarius pseudocrassus* Joss. ex P.D. Orton Dickstieliger Zystidenschleierling, Trockener Schleimkopf

H: 4–10 cm, halbkugelig, bald abgeflacht, fein faserig-filzig, leder- bis ockerbraun, Rand lange eingebogen bis eingerollt. **L:** schwach ausgebuchtet, gedrängt, ockerweißlich, später bräunlich, Schneiden weißlich. **St:** gedrungen, dick, weiß, leicht bräunlich faserig, Basis angeschwollen, oft etwas wurzelnd, Velum weiß bis blassocker. **F:** weiß. **Ger:** unauffällig. **Ges:** mild. **V:** im feuchten Nadelwald, vorwiegend bei Fichte *Picea*, auch bei Torfmoos *Sphagnum*. **Mik:** Sporen sehr fein und isoliert warzig, ellipsoid bis schlank mandelförmig, 6,5–8,5 × 4–5 µm, mit bauchigen, teils gegabelten Zystiden. **Ch:** KOH auf Fleisch ohne Reaktion oder etwas gelblichbraun. (D 751, Kr 5.10, BK 5.202, Lu 4.136.151, 🖼).

14.1.79 *Cystinarius rubicundulus* (Rea) Niskanen & Liimat.,
Cortinarius rubicundulus (Rea) A. Pearson, *Cortinarius pseudobolaris* Maire
Gilbender Zystidenschleierling, Gilbender Schleierling, Gilbender Raukopf

H: 3–7 cm, erst halbkugelig, später flach gewölbt und kaum gebuckelt, fein eingewachsen faserig, seidig glatt bis kleinschuppig, gelbocker, später orangebraun, Druckstellen kupferrötlich, Rand anfangs eingebogen und später abgeknickt. **L:** gerade angewachsen, weißlich, später grau- bis ockerbraun. **St:** hohl, cremeweiß und orangerötlich fleckig, Basis oft verdickt bis spindelig. **F:** dick, weißlich, im Schnitt gelb verfärbend, vor allem unter der Huthaut und in der Stielrinde, später orangebräunlich. **Ger:** schwach, evtl. etwas süßlich. **Ges:** langsam bitterlich. **V:** im Laub- oder Nadelwald, oft büschelig. **Mik:** Sporen feinwarzig, ellipsoid bis mandelförmig, 6,5–8 × 3,5–5 µm. **Ch:** KOH überall ohne Reaktion. (D 716, Kr 5.11, BK 5.178, Lu 4.136.103, 🖼).

14.1.74 *Calonarius arcuatorum*, Violettgesäumter Schönklumpfuß

14.1.75 *Calonarius sodagnitus*, Rosavioletter Schönklumpfuß

14.1.78 *C. crassus*, Dickstieliger Zystidenschleierling

14.1.79 *C. rubicundulus*, Gilbender Zystidenschl.

14.2 *Cortinarius (Leprocybe, Dermocybe, Cortinarius),* Rauköpfe, Hautköpfe u. Ähnl.

Basidiomycota, Ständerpilze > *Agaricomycetes* > *Agaricales,* Blätterpilze > *Cortinariaceae,* Schleierlingsverwandte

Beschreibung

Es geht in diesem Unterkapitel nur um einen Teil der Gattung ***Cortinarius,*** nämlich um die Untergattungen *Leprocybe,* Rauköpfe, *Dermocybe,* Hautköpfe und *Cortinarius,* welche die beiden dunkelviolett gefärbten Schleierlinge umfasst. Es sind kleine bis vorwiegend mittelgroße Pilze mit trockenem, nicht oder kaum hygrophanem, feinfaserigem bis mehr oder weniger schuppigem Hut ohne gerieften Hutrand. Die Fruchtkörper erscheinen in Gelb-, Violett-, Rot- und Grüntönen, teils auch in trüberem Grau-, Gelb-, Orange- oder Rotbraun. Die Lamellen sind ausgebuchtet, selten mehr oder weniger gerade angewachsen. Im Alter wird ihre Farbe durch das rostbraune Sporenpulver bestimmt. Auch hier gibt es eine kleine Artengruppe, die aufgrund genetischer Untersuchungen in der Gattung *Cortinarius* keinen Platz mehr findet. *A. callisteus,* Rhabarberfüßiger Goldraukopf, *A. tofaceus,* Buchen-Goldraukopf und *A. limonius,* Löwengelber Goldraukopf sind der neu publizierten Gattung ***Aureonarius,*** Goldrauköpfe zugeteilt worden. Für die Bestimmung aufgrund von Beobachtungen sowohl im makroskopischen als auch im mikroskopischen Bereich ergibt es Sinn, dass die drei *Aureonarius*-Arten zwar nomenklatorisch nach dem Stand der Dinge abgetrennt, aber weiter in der bisherigen Umgebung beschrieben werden.

Alle aufgeführten Arten wachsen vorwiegend im Herbst auf Erde und sind Mykorrhizapilze des Laub- und Nadelwaldes. Die Hautköpfe besiedeln vorwiegend sauren Boden, oft bei Torfmoos *Sphagnum.*

Die Sporen sind rau bis deutlich warzig, teils isoliert, teils auch etwas ineinanderfließend, meistens mandel- bis zitronenförmig, vereinzelt ellipsoid und seltener fast kugelig. Nur *Cortinarius violaceus,* Dunkelvioletter Schleierling und *Cortinarius hercynicus,* Dunkelvioletter Nadelwald-Schleierling haben echte Hymenialzystiden; bei den anderen Arten fehlen diese.

Bestimmung

Eine Unterscheidung der Arten aus den beiden Untergattungen erfolgt hier in erster Linie anhand der Farbe der Lamellen. Weitere Unterscheidungsmerkmale sind Farbe und Beschaffenheit der Hutoberfläche und der Standort. Die Rauköpfe sind oft gebuckelt und eher fleischig, ritterlingsartig, teils deutlich faserig- bis etwas sparrig-schuppig und haben eingetrübte Hutfarben. Unter UV-Licht fluoreszieren frische sowie auch trockene Fruchtkörper in gelb- bis blaugrünen Farben. In der Untergattung *Dermocybe,* Hautköpfe finden sich eher kleine, rüblingsartige Pilzarten mit Hutoberflächen im Spektrum zwischen kahl bis höchstens fein faserig-schuppig. Sie zeigen intensive, teils lebhafte Farben. Die Lamellen färben sich in KOH zu dunklen Rottönen von Purpur- bis Weinrot. Für Zweifelsfälle in der Beurteilung sind viele Arten auf beiden Seiten (in A und B) verschlüsselt. Die Abgrenzung zu den hygrophanen Arten der Untergattung *Telamonia,* Wasserköpfe ist äußerlich nicht immer klar, was sich auch an einigen Arten zeigt, die in der bisherigen Literatur mal zur einen oder anderen Gruppe zählen, wie z. B. *Cortinarius cinnabarinus,* Zinnoberroter Buchen-Gürtelfuß oder *Cortinarius saniosus,* Gelbgeschmückter Wasserkopf.

Speisewerte

Die Gruppe enthält gefährliche Giftpilze, die zu tödlichen Vergiftungen durch Nierenversagen führen können. Im Allgemeinen rät man vom Genuss sämtlicher Schleierlinge ab, auch wenn nicht alle Arten gefährlich giftig sind. Mit einigen Hautkopf-Arten ist es möglich, Wolle zu färben. So lässt sich z. B. mit *Cortinarius croceus,* Safranblättriger Hautkopf ein strohgelber Farbton gewinnen.

14.2.01 *Cortinarius violaceus,*
Dunkelvioletter Schleierling

14.2.19 *Cortinarius rubellus,*
Spitzgebuckelter Raukopf

14.2.27 *Cortinarius sanguineus,*
Blutroter Hautkopf

14.2 *Cortinarius,* Rauköpfe, Hautköpfe und Ähnliche
(A) Lamellen mit violetten, grünlichen, gelbgrünlichen oder blassockerlichen Farbtönen

Lamellen und ganzer Fruchtkörper violett, Hut 5–15 cm	
im Laubwald, Geruch nach Zedernholz	**01 *Cortinarius violaceus,* Dunkelvioletter Schleierling**
im Nadelwald, Geruch nach Juchtenleder	02 *Cortinarius hercynicus,* Dunkelvioletter Nadelwald-Schleierling
Lamellen und Stielspitze jung lilabläulich, Hut faserig-schuppig, gelb- bis olivbraun	
Hut 2–8 cm, gelbbraun, Hut und Stielbasis braunschuppig, im Laubwald	14.3.23 *Cortinarius pholideus,* Braunschuppiger Gürtelfuß
Hut 0,5–3 cm, olivbraun, darüber gelbocker faserig-schuppig, bei Erle	**14.3.47 *Cortinarius helvelloides,* Dickblättriger Erlen-Gürtelfuß**
Lamellen ohne Lila, gelb, grünlich, oliv, grüngelblich, blassocker	
Lamellen jung grünlich, oliv, grüngelblich	
Hut mit ± starkem grünlichem, olivbräunlichem Ton	
im Torfmoor bei Torfmoos	
KOH auf Lamellen rot oder rotbraun, Hut olivbraun	03 *Cortinarius chrysolitus,* Braunhütiger Sumpf-Hautkopf
KOH auf Lamellen dunkelbraun, Hut gelb- bis rötlichbraun	04 *Cortinarius tubarius,* Torfmoos-Hautkopf
im Laubwald	
Stielbasis keulig bis knollig verdickt, Hut nicht hygrophan	
Hut und Velum olivbräunlich, Sporen 7,5–9,5 × 6–8 µm	06 *Cortinarius cotoneus,* Olivbrauner Raukopf
Hut und Velum gelbgrünlich, Sporen 6–7 × 5,5–6,5 µm	11 *Cortinarius leproleptopus,* Honigfarbener Raukopf
Stielbasis kaum verdickt	
Hut fein faserig-schuppig, Rettich- oder Rhabarbergeruch	
Hut und Schüppchen olivgelb bis olivbraun	**07 *Cortinarius venetus,* Grünfaseriger Raukopf**
Hut olivgrün, Schüppchen dunkelbraun	08 *Cortinarius melanotus,* Braunnetziger Raukopf
Hut faserig, nicht schuppig, olivlich gelbbraun bis braunoliv	
meist bei Hainbuche, Geruch unauffällig	05 *Cortinarius olivaceofuscus,* Grünblättriger Hainbuchen-Hautkopf
meist bei Birke, Geruch unauffällig oder nach Rettich	14.3.05 *Cortinarius betuletorum,* Birken-Raukopf
im Nadelwald, Hut mit olivem Farbanteil	
Stielbasis mit oliv- bis gelbgrünen Velumresten, ohne Rot	**07 *Cortinarius venetus,* Grünfaseriger Raukopf**
Stielbasis glatt bis faserig mit roten Velumresten	09 *Cortinarius ignipes,* Feuerfüßiger Raukopf
Stielbasis gegürtelt mit braunen oder schwarzen Velumresten	10 *Cortinarius phrygianus,* Hallimasch-Raukopf
Hut gelbbraun, rötlichbraun, Geruch rettichartig	
Stiel schlank < 1 cm dick, KOH auf Lamellen rot, rotbraun	
bei Torfmoos, Hut filzig-faserig, oliv bis umbrabraun	03 *Cortinarius chrysolitus,* Braunhütiger Sumpf-Hautkopf
im Nadelwald, Hut fast glatt, gelb- bis rötlichocker	11 *Cortinarius leproleptopus,* Honigfarbener Raukopf
Stiel > 2 cm dick, im Laubwald	23 *Aureonarius tofaceus,* Buchen-Goldraukopf
Lamellen jung gelb, später evtl. mit Oliv, Hut gelb- bis olivocker	
Hut vorwiegend mit Gelbanteilen, Lamellen gelb bis gelboliv	12 *Cortinarius cinnamomeoluteus,* Zimtgelber Hautkopf
Hut vorwiegend in Brauntönen, Lamellen gelb bis safran-, ockerbraun	
Hut 1–5 cm, vorwiegend im Nadelwald, seltener im Laubwald	14 *Cortinarius croceus,* Safranblättriger Hautkopf
Hut 0,5–2 cm, dunkel oliv- bis kastanienbraun, alpin, arktisch	15 *Cortinarius polaris,* Bronze-Hautkopf
Lamellen lange blassocker, Hut ockerbraun, dickfleischig	
mit Cheilozystiden	14.1.78 *Cystinarius crassus,* Dickstieliger Zystidenschleierling
ohne Cheilozystiden	14.1.04 *Phlegmacium areni-silvae,* Feinfilziger Schleimkopf

14.2 *Cortinarius*, Rauköpfe, Hautköpfe und Ähnliche
(B) Lamellen mit vorwiegend gelben, orangen, roten bis bräunlichen Farbtönen

- Lamellen lebhaft gelb bis gelbbräunlich, lebhaft orange bis orangebräunlich
  - Lamellen jung ausgesprochen gelb
    - Hut vorwiegend mit Gelbanteilen, Lamellen gelboliv — 12 *Cortinarius cinnamomeoluteus*, Zimtgelber Hautkopf
    - Hut vorwiegend in Brauntönen, Lamellen gelb, safran- bis ockerbraun — 14 *Cortinarius croceus*, Safranblättriger Hautkopf
    - Hut vorwiegend rot bis rostbraun, oft bei Weide und Torfmoos — 13 *Cortinarius uliginosus*, Kupferroter Moor-Hautkopf
  - Lamellen jung ausgesprochen orange
    - Hut rotbraun, Rand gelb, Fleisch grünlichgelb, Sporen 6,5–8,5 µm — **16 *Cortinarius cinnamomeus*, Orangeblättriger Zimt-Hautk.**
    - Hut dunkelbraun, Rand lebhaft orange, Fleisch dunkel olivgrün, Sp. 5,5–6,5 µm — 17 *Cortinarius malicorius*, Orangerandiger Hautkopf
- Lamellen ockerlich, ockergelb, rostbraun, orangebraun, graubraun
  - Hut und Stiel sparrig-schuppig, Stielspitze weißlich — 18 *Cortinarius humicola*, Kegeliger Raukopf
  - Hut und Stiel braun schuppig
    - Hut 2–8 cm, Stielspitze bläulich, im Laubwald, vorwiegend bei Birke — 14.3.23 *Cortinarius pholideus*, Braunschuppiger Gürtelfuß
    - Hut 0,5–1,5 cm, Stielspitze ohne blau, alpin, in Zwergstrauchheide — 14.3.49 *Cortinarius comatus*, Schopfigbehaarter Wasserkopf
  - Hut mit feinen, rötlichen Schuppen oder schuppig aufgerissen
    - Fleisch leicht bis deutlich gilbend
      - Stieldicke kaum über 1 cm, Fleisch schwach gilbend, Hutschuppen rotbraun — **14.3.02 *Cortinarius bolaris*, Rotschuppiger Raukopf**
      - Stieldicke meist über 1 cm, Fl. deutlich gilbend, Hutschuppen orangebraun — 14.1.79 *Cystinarius rubicundulus*, Gilbender Zystidenschleierling
    - Fleisch nicht gilbend, Stiel auffällig zinnoberrot gegürtelt, Geruch rettichartig — **14.3.26 *Cortinarius armillatus*, Geschmückter Gürtelfuß**
  - Hut und Stiel feinschuppig, faserig bis ± glatt
    - Hut vorwiegend schmutzig- bis graubraun (im Scheitel evtl. rotbraun)
      - Fruchtkörper mit Lila (Stielspitze, anfangs auch in den Lamellen) — 14.3.03 *Cortinarius valgus*, Kahler Raukopf
      - Fruchtkörper ohne Lila, gelbgrünliche Velumreste (Hut, Stielbasis) — 14.3.04 *Cortinarius colymbadinus*, Olivgelber Raukopf
    - Hut gelbocker, orange-, rost- bis rötlichbraun
      - Fleisch auffällig gilbend — 14.1.79 *Cystinarius rubicundulus*, Gilbender Zystidenschleierling
      - Fleisch nicht gilbend
        - Stielbasis mit orangegelbem Fleisch, auffälliger Lokomotivengeruch
          - Hut vorwiegend orange, Fleisch orangegelb — 21 *Aureonarius callisteus*, Rhabarberfüßiger Goldraukopf
          - Hut vorwiegend gelb, Fleisch cremeweiß, Geruch etwas süßlich — 22 *Aureonarius infucatus*, Sandfarbener Goldraukopf
        - Stielbasis nicht orangefleischig, Geruch anders (z. B. rettichartig)
          - Hut spitz gebuckelt, im feuchten Nadelwald, evtl. bei Torfmoos
            - Stiel oft genattert, Lamellen rostbraun, Fleisch bräunlich — **19 *Cortinarius rubellus*, Spitzgebuckelter Raukopf**
            - Stiel faserig bis etwas gebändert
              - Lamellen orangegelb, Fleisch oliv, Hut nicht hygrophan — 17 *Cortinarius malicorius*, Orangerandiger Hautkopf
              - Lamellen braun, Fleisch bräunlich, Hut hygrophan — 14.3.48 *Cortinarius angelesianus*, Strubbeliger Gürtelfuß
          - Hut gewölbt bis flach, evtl. schwach gebuckelt
            - im Nadelwald, Sporen eher kugelig
              - Hut meist über 3 cm, Geruch unauffällig — 20 *Aureonarius limonius*, Löwengelber Goldraukopf
              - Hut kaum über 3 cm, Geruch nach roher Kartoffel, Zement — 14.3.46 *Cortinarius gentilis*, Goldgelber Raukopf
            - im Laubwald, Sporen eher länglich
              - Hut meist über 3 cm breit, Geruch schwach rettichartig — 24 *Cortinarius orellanus*, Orangefuchsiger Raukopf
              - Hut kaum über 3 cm, Geruch unauffällig — 14.3.50 *Cortinarius saniosus*, Gelbgeschmückter Wasserkopf
            - alpin, bei Zwergweide, Hut 0,5–2 cm, Basalmycel violettlich — 14.3.51 *Cortinarius chrysomallus*, Goldhaut-Zwerg-Wasserkopf
- Lamellen jung blut-, zinnober- oder karminrot, rotbräunlich
  - Hut faserig bis feinschuppig, matt
    - Hut mit ± brauner Farbe
      - Hutrand und Stielbasis nicht mit roten Velumresten überfasert — **25 *Cortinarius semisanguineus*, Blutblättriger Hautkopf**
      - Hutrand und Stielbasis mit roten Velumresten überfasert, Basalfilz rosa — 26 *Cortinarius purpureus*, Rotgenatterter Hautkopf
    - Hut mit roter, meist dunkel blutroter bis rotbrauner Farbe — **27 *Cortinarius sanguineus*, Blutroter Hautkopf**
  - Hut kahl bis etwas glänzend
    - Fruchtkörper in allen Teilen leuchtend zinnober- bis kirschrot — 14.3.35 *Cortinarius cinnabarinus*, Zinnoberroter Buchen-G.
    - Hutmitte dunkel- bis schwarzbraun, trocken rotbraun — 14.3.90 *Cortinarius anthracinus*, Purpurschwarzer Wasserkopf

14.2.01 *Cortinarius violaceus* (L.) Gray
Dunkelvioletter Schleierling, Mitternachtspilz, Dunkelvioletter Dickfuß, Violetter Laubwald-Haarschleierling

H: 5–15 cm, kegelig-gewölbt bis gebuckelt, feinschuppig-faserig, dunkelviolett, Rand lange eingerollt, später eingebogen. **L:** ausgebuchtet angewachsen, violett, dicklich und eher entfernt, später violettbraun. **St:** wie der Hut gefärbt, Velumreste jung violett, später vom rostbraunen Sporenpulver braun gefärbt, Basis keulig bis knollig. **F:** dick, lilagrau. **Ger:** nach Zedernholz, kaum nach Juchtenfett. **Spp:** rostbraun. **V:** im Laubwald. **Mik:** Sporen warzig, ellipsoid bis mandelförmig, 11,5–14 × 7,5–8 µm. **Ch:** KOH auf Fleisch blutrot. (D 711, Kr 5.13, BK 5.152, Lu 4.133.1, 🖼).

14.2.02 *Cortinarius hercynicus* (Pers.) M.M. Moser, Dunkelvioletter Nadelwald-Schleierling, Dunkelvioletter Nadelwald-Dickfuß, Violetter Nadelwald-Haarschleierling: Geruch deutlich nach Juchtenfett und Zedernholz; im Nadelwald. Sporen etwas breiter ellipsoid. (BK 5.151, Lu 4.133.2).

14.2.03 *Cortinarius chrysolitus* Kauffman,
Cortinarius huronensis Ammirati & A.H. Sm., *Cortinarius palustris* M.M. Moser
Braunhütiger Sumpf-Hautkopf,
Olivblättriger Torfmoos-Hautkopf, Olivblättriger Sumpf-Hautkopf

H: 2–6 cm, gewölbt und gebuckelt, feinfilzig, später kahl, olivbraun. **L:** ausgebuchtet, ziemlich entfernt, jung gelboliv, später olivbraun bis rostbraun. **St:** oliv- bis rostbraun, evtl. mit hell rostbräunlichen Velumzonen. **F:** oliv- bis gelbbraun. **Ger:** unauffällig bis rettichartig. **Spp:** rostbraun. **V:** im Moor oder auf feuchtem Boden bei Torfmoos *Sphagnum*, vorwiegend bei Kiefer *Pinus* oder Fichte *Picea*. **Mik:** Sporen grob, ineinanderfließend warzig, ellipsoid bis etwas mandelförmig, 7–12 × 4,5–6 µm, Basidien teilweise mit körnigem, gelblichem Pigment. **Ch:** KOH auf Lamellen karminrot bis rotbraun. (D 705, Kr 5.16, BK 5.157f, Lu 4.134.24, 🖼).

14.2.04 *Cortinarius tubarius* Ammirati & A.H. Sm., *C. palustris* var. *sphagneti* (M.M. Moser) Nezdojm., Torfmoos-Hautkopf, Sumpfmoos-Hautkopf: Hut 1–4 cm, gelb- bis rötlichbraun, Lamellen und Stiel gelb bis olivgelb; vorwiegend bei Birke *Betula*. Sporen 8–12 × 5–6,5 µm, Basidien ohne körnigen Inhalt. KOH auf Lamellen dunkelbraun. (Kr 5.28, BK 5.165).

14.2.05 *Cortinarius olivaceofuscus* Kühner, *Dermocybe carpineti* M.M. Moser, *Cortinarius schaefferi* Bres., Grünblättriger Hainbuchen-Hautkopf, Olivbrauner Laubwald-Hautkopf: Hut kegelig-glockig, später ausgebreitet und gebuckelt, fein radialfaserig, evtl. schwach hygrophan, gelboliv, oliv- bis dunkelbraun, Rand faserig, heller gelbgrün bis rostbraun, Stiel hell olivgelb, Basis schmutzig bräunlich verfärbend, Fleisch gelboliv, Geruch etwas rettichartig; im Laubwald, vor allem bei Hagebuche *Carpinus*, seltener auch im Nadelwald. Sporen fein punktiert bis fast glatt, ellipsoid, 6,5–8 × 4–5 µm, Basidien ohne körnigen Inhalt. KOH auf Hutfleisch rosa. (Kr 5.22, Lu 4.134.23, 🖼).

14.2.06 *Cortinarius cotoneus* Fr.
Olivbrauner Raukopf, Olivbrauner Laubwald-Raukopf

H: 4–8 cm, halbkugelig, gewölbt bis ausgebreitet, filzig bis feinschuppig, olivgrün bis olivgelb, später zunehmend mit Braun gemischt. **L:** schwach ausgebuchtet, olivgrün, Schneiden heller. **St:** olivgelb bis olivgrün, später bräunlich, Velum olivbräunlich, Basis keulig bis rübenförmig-knollig, evtl. von Velumresten gebändert. **F:** blass olivbräunlich. **Ger:** stark und unangenehm nach Rettich. **Ges:** leicht adstringierend. **V:** im Laubwald, vorwiegend unter Buche *Fagus*. **Mik:** Sporen grob, ineinanderfließend warzig, breit ellipsoid bis kugelig, 7,5–9,5 × 6–8 µm, dextrinoid. **Ch:** KOH auf Huthaut und Fleisch dunkelrot bis purpurschwarz. (Kr 5.33, BK 5.170, Lu 4.135.14, 🖼).

Bidau et al. 2021 unterscheiden ähnliche, mediterran bei verschiedenen Baumarten vorkommende Arten:

Cortinarius jimenezianus Armada & J.D. Reyes: bei Zistrose *Cistus*, bisher in Südspanien, Geruch angenehm, fruchtartig, Geschmack bitter.

Cortinarius selinolens Bidaud & Bellanger: bei Steineiche *Quercus*, Geruch nach Petersilie, Geschmack mild.

Cortinarius viridans Bellanger & Loizides: bei Zeder *Cedrus*, bisher auf Zypern, Geruch rettichartig, Geschmack mild.

14.2.07 *Cortinarius venetus* (Fr.) Fr.,
C. venetus* var. *montanus M.M. Moser
Grünfaseriger Raukopf, Grüner Nadelwald-Raukopf

H: 2–6 cm, gewölbt bis ausgebreitet, faserig-filzig bis feinschuppig, hygrophan, feucht dunkel olivgrün bis olivbraun, trocken olivgelb. **L:** ausgebuchtet angewachsen, olivgrün, später bräunlich, Schneiden heller. **St:** Stiel wie der Hut gefärbt, Velum oliv- bis grüngelb, im unteren Teil heller, Basis oft keulig verdickt. **F:** gelboliv bis olivbraun. **Ger:** etwas

14.2.01 *Cortinarius violaceus*, Dunkelvioletter Schleierling

14.2.03 *C. chrysolitus*, Braunhütiger Sumpf-Hautkopf

14.2.05 *C. olivaceofuscus*, Grünbl. Hainbuchen-H.

14.2.06 *Cortinarius cotoneus*, Olivbrauner Raukopf

14.2.07 *Cortinarius venetus*, Grünfaseriger Raukopf

nach Rettich. **V:** vorwiegend im Nadel-, seltener im Laubwald, auf kalkreichem Boden; Sommer bis Herbst. **Mik:** Sporen feinwarzig, breit ellipsoid bis kugelig, 6,5–7,5 × 5–6,5 µm, stark dextrinoid. **Ch:** KOH auf Huthaut und Fleisch rot bis braunrot, auf dem Velum am Hutrand und an der Stielbasis deutlich rot. (D 714f, Kr 5.47, BK 5.180f, Lu 4.135.9, 🖼).

Genetische Untersuchungen von Bidau et al. 2021 haben gezeigt, dass *C. venetus* var. *montanus*, Grüner Nadelwald-Raukopf ebenfalls zur Hauptart zählt.

Cortinarius subannulatus Jul. Schäff. & M.M. Moser, Fastberingter Raukopf: Hut 2–4 cm, schmutzig olivbraun, leicht hygrophan, Stiel jung leicht gestiefelt, mit flüchtigem Ring; im Laub- oder Nadelwald. Sporen 7–9,5 × 6–7,5 µm. Eine unklare Art, die aktuell kaum mehr erwähnt wurde. (BK 5.179).

14.2.08 *Cortinarius melanotus* Kalchbr.
Braunnetziger Raukopf

H: 3–7 cm, gewölbt und evtl. leicht gebuckelt, mit feinen, dunkelbraunen Schüppchen auf olivgrünem Grund. **L:** schwach ausgebuchtet, gelboliv, später dunkler braunoliv. **St:** gelblich bis olivgrün, Ringzone mit deutlichen, braunen Velumresten, darunter dunkeloliv, netzartig faserig bis gegürtelt. **F:** gelblich bis oliv. **Ger:** nach frisch geschnittener Petersilie. **V:** im Laubwald. **Mik:** Sporen dicht warzig, breit ellipsoid bis etwas kugelig, 6,5–7,5 × 5–6 µm, dextrinoid. **Ch:** KOH auf Fleisch rotbraun. (D 712, Kr 5.39, BK 5.174, Lu 4.135.11, 🖼).

14.2.09 *Cortinarius ignipes* M.M. Moser
Feuerfüßiger Raukopf

H: 3–4 cm, feinfilzig bis kahl, nicht schuppig, olivgrün, in der Mitte fast schwarzbraun, gegen den Rand mehr grünlich. **L:** olivgrün, später olivbräunlich. **St:** dunkel längsfaserig auf olivgrünem Grund, Basisteil von orangerötlichen Resten der Gesamthülle bedeckt. **Ger:** etwas rettichartig. **V:** im Nadelwald. **Mik:** Sporen feinwarzig, ellipsoid, 6,5–8 × 4,5–5,5 µm. **Ch:** KOH auf Huthaut rasch schwarzbraun. (Lu 4.135.12).

14.2.10 *Cortinarius phrygianus* Fr.
Hallimasch-Raukopf

H: 3–6 cm, halbkugelig-kegelig, später ausgebreitet und evtl. gebuckelt, grobfaserig bis schuppig, dunkel olivgrau, später olivgelb bis braunrot mit schwarzbraunen Schuppen. **L:** schwach ausgebuchtet, olivockerlich, später sattgelb. **St:** weißlich, später von der keulig verdickten Basis her bräunlich, oft gürtelförmig genattert mit schwarzbraunen bis olivgrauen Velumresten. **F:** weißlich bis etwas olivgelb. **Ger:** unauffällig. **V:** im Nadelwald, vorwiegend bei Kiefer *Pinus*, evtl. bis in höhere Lagen. **Mik:** Sporen warzig, ellipsoid bis etwas kugelig, 5–7 × 4,5–5 µm, dextrinoid. **Ch:** KOH auf Huthaut purpurschwärzlich, auf Fleisch bisweilen grünlichgelb. (Lu 4.135.7, 🖼).

14.2.11 *Cortinarius leproleptopus* Chevassut & Rob. Henry, *Cortinarius mellinus* Britzelm., *Cortinarius psittacinus* M.M. Moser
Honigfarbener Raukopf, Gelbgrüner Raukopf, Papageien-Raukopf

H: 2–8 cm, matt, faserig-filzig bis feinschuppig, anfangs grünlich bis goldgelb, honiggelb- bis rötlichbraun. **L:** olivgelblich, später olivbraun bis rostbraun. **St:** längsfaserig, gelb- bis rötlichbraun, Velum gelblich, unterhalb der Ringzone teils gelblich gegürtelt und bräunend, keulig bis etwas knollig. **F:** gelblich. **Ger:** rettichartig oder nach rohen Kartoffeln. **Ges:** mild, etwas rettichartig. **V:** vorwiegend im Laubwald bei Buche *Fagus*, Eiche *Quercus*, auch mediterran. **Mik:** Sporen warzig, breit ellipsoid bis etwas kugelig, 6–8,5 × 5,5–7 µm. **Ch:** KOH: Huthaut rotbraun, Fleisch praktisch ohne Reaktion. (D 713, BK 5.175, Lu 4.135.10).

Bidaud et al. 2021 haben *C. mellinus* und *C. psittacinus* mit *C. leproleptopus* zusammengeführt. Breitenbach & Kränzlin 2000 haben *C. mellinus* im Nadelwald gefunden.

14.2.12 *Cortinarius cinnamomeoluteus* P.D. Orton ☠
Zimtgelber Hautkopf, Zimtfarbener Sumpf-Hautkopf

H: 2–6 cm, glockig, spitzkegelig, später ausgebreitet, oft flach bis etwas eingedellt, eingewachsen-faserig, filzig, schwach hygrophan, gelb, rost- bis rötlichbraun, olivbraun, Rand gelbocker. **L:** ausgebuchtet angewachsen, erst gelboliv, später olivbraun, Schneiden gesägt. **St:** gelb, evtl. orangebraun überfasert oder etwas genattert. **F:** ocker- bis olivgelb. **Ger:** nach Jod, Rüben, Rettich. **Spp:** rostbraun. **V:** in feuchten Wäldern, vorwiegend bei Weide *Salix* und Torfmoos *Sphagnum*. **Mik:** Sporen fein warzig-runzelig bis fast glatt, ellipsoid bis mandelförmig, 7,5–10 × 5–6,5 µm. **Ch:** KOH auf Huthaut braun, sonst ohne Reaktion. (D 706, Kr 5.17, Lu 4.134.11, 🖼).

C. cinnamomeoluteus var. *porphyreovelatus* (M.M. Moser) G. Garnier: Stiel mit dunkler Velumnatterung.

Cortinarius salignus (M.M. Moser & Gerw. Keller) G. Garnier, Weiden-Hautkopf: Fruchtkörper aus Sumpfgebieten bei Weide *Salix* wurden unter diesem Namen abgetrennt, zählen inzwischen aber zu *C. cinnamomeoluteus*.

Cortinarius holoxanthus (M.M. Moser & I. Gruber) Nezdojm., Ganzgelber Hautkopf: ganzer Fruchtkörper lebhaft zitronengelb, Hut mit feinen Fasern bis Schüppchen, die

14.2.08 *Cortinarius melanotus*, Braunnetziger Raukopf

14.2.10 *Cortinarius phrygianus*, Hallimasch-Raukopf

14.2.12 *Cortinarius cinnamomeoluteus*, Zimtgelber Hautkopf

später braun werden; im Nadelwald. Sporen warzig, ellipsoid bis etwas mandelförmig, 7,5–9,5 × 5–6 µm. (Lu 4.134.18).

Cortinarius alnophilus (M.M. Moser) Nespiak, Grünerlen-Hautkopf: Hut 2–3 cm breit; in höheren Lagen, bei Grünerle *Alnus alnobetula*.

14.2.13 *Cortinarius uliginosus* Berk.
Kupferroter Moor-Hautkopf

H: 2–6 cm orange- bis kupferrot. **L:** jung lebhaft gelb, später rostbraun. **St:** gelb, mit rötlichen Velumresten, Basis orange bis orangebraun. **F:** gelb, alt bräunlich. **Ger:** unauffällig bis schwach rettich- oder jodartig. **V:** an feuchten Stellen, oft unter Weide *Salix* oder Erle *Alnus*, evtl. bei Torfmoos *Sphagnum*. **Mik:** Sporen warzig, ellipsoid bis etwas mandelförmig, 7,5–11,5 × 5–6,5 µm. **Ch:** KOH auf Huthaut karminrot. (Kr 5.29, BK 5.166, Lu 4.134.13, 🖼).

14.2.14 *Cortinarius croceus* (Schaeff.) Gray
Cortinarius cinnamomeobadius Rob. Henry
Safranblättriger Hautkopf

H: 1–5 cm, kegelig, später ausgebreitet und oft spitz gebuckelt, Mitte kahl, rot-, gelb- oder olivbraun, gegen den Rand feinfaserig-schuppig, heller, gelblich. **L:** schwach ausgebuchtet, gelb, safrangelb bis ockerbraun. **St:** gelb bis hell ockergelb, gegen die Basis etwas dunkler, Velum braunrot bis olivgrau. **F:** gelb, in der Stielbasis dunkler, evtl. etwas grünlich. **Ger:** schwach rettich- bis jodartig. **Spp:** rostbraun. **V:** vorwiegend im Nadelwald, bis in höhere Lagen, seltener im Laubwald. **Mik:** Sporen feinwarzig bis fast glatt, ellipsoid bis mandelförmig, 7–8,5 × 4,5–5,5 µm. **Ch:** KOH auf Huthaut und Fleisch kupferbraun. (D 707/709, Kr 5.20, BK 5.155, Lu 4.134.16, 🖼).

14.2.15 *Cortinarius polaris* Høil., Bronze-Hautkopf, Arktisch-alpiner Hautkopf: Hut 0,5–2 cm, dunkel oliv- bis kastanienbraun, Lamellen jung gelb, gelboliv, später zimtbraun, Stiel braun faserig bis gegürtelt, Fleisch vorwiegend olivgelblich; arktisch-alpin, bei Silberwurz *Dryas* und alpiner Weide *Salix*. Sporen feinwarzig bis fast glatt, ellipsoid bis etwas mandelförmig, 7,5–9,5 × 5–6 µm. (BK 5.160, Lu 4.134.17, 🖼).

Cortinarius aureifolius Peck, Gelbblättriger Spindelspor-Hautkopf, Goldblätteriger Hautkopf: Hut 1–3 cm, gewölbt bis flach, evtl. etwas gebuckelt, matt, fein filzig-schuppig dunkelbraun, Lamellen breit angewachsen, gerade bis etwas herablaufend, gelb bis olivocker, Stiel gelb, im unteren Bereich braun überfasert; auf sandigem Boden, vorwiegend bei Kiefer *Pinus*. Sporen fast glatt, schlank spindelig, 8,5–13 × 3–3,5 µm. (Lu 4.134.19).

Cortinarius norvegicus Høil., *C. croceus* subsp. *norvegicus* (Høil.) Brandrud & H. Lindstr., Norwegischer Hautkopf, Nordischer Hautkopf: Hut 1–4 cm, rau bis schuppig, rotbraun, Rand oft abrupt abgebogen; in subalpinen bis alpinen Lagen, oft bei Zwergbirke *Betula nana*, bekannt aus skandinavischen Gebirgen. Sporen mittel- bis grobwarzig, ellipsoid bis mandelförmig, 7–8,5 × 4,5–6 µm. (Lu 4.134.21).

Cortinarius bataillei (J. Favre ex M.M. Moser) Høil., Orangefüßiger Hautkopf: Hut 1–3 cm, glockig, umbrabraun, Stielbasis außen und im Fleisch orange; auf feuchtem Grund, vorwiegend bei Fichte *Picea*, Birke *Betula*, Torfmoos *Sphagnum*, in Berglagen. Sporen warzig, ellipsoid, 6,5–8 × 4,5–5,5 µm. KOH auf Huthaut rot- bis schwarzbraun. (Kr 5.15, Lu 4.134.22).

14.2.16 *Cortinarius cinnamomeus* (L.) Fr.
Orangeblättriger Zimt-Hautkopf, Zimtblättriger Hautkopf

H: 2–5 cm, gebuckelt bis gewölbt, etwas faserig, gelb-, hasel-, oliv- bis dunkel rötlichbraun, Rand meist heller gelb. **L:** ausgebuchtet, leuchtend orange, später zimtbraun, Schneiden heller gelb. **St:** Spitze gelb, abwärts gelbgrünlich, oft braunfaserig, Basis weiß oder orangerot filzig, Velum gelblich bis rot- oder graubraun. **F:** gelb, gelbbraun, evtl. mit Olivstich. **Ger:** schwach, gras-, rettich- bis jodartig. **Spp:** rostbraun. **V:** mehrheitlich im Nadelwald oder bei Birke *Betula*, auf saurem Boden; Sommer bis Herbst. **Mik:** Sporen locker warzig, mandelförmig bis etwas ellipsoid, 6,5–8,5 × 4,5–5,5 µm. **Ch:** KOH auf Huthaut schwärzlichpurpurn, auf dem Stielfleisch orange bis rot. (D 709, Kr 5.17, BK 5.153, Lu 4.134.4, 🖼).

Cortinarius sommerfeltii Høil., Orangeblättriger Hautkopf, Trübfarbiger Hautkopf: Hut dattel- bis schwarzbraun, oft gezont, Rand heller und häufig abgeknickt, Lamellen eher dicht, nur jung und vor allem an der Schneide orange, später schnell dunkel rostbraun; im Nadelwald vorwiegend bei Fichte *Picea*. Sporen warzig bis fast glatt, ellipsoid bis etwas mandelförmig, 7–8,5 × 4,5–5 µm. (Kr 5.27, BK 5.164, Lu 4.134.7).

14.2.17 *Cortinarius malicorius* Fr., *Cortinarius croceoconus* Peck
Orangerandiger Hautkopf, Olivfleischiger Hautkopf, Spitzbuckeliger Safran-Hautkopf, Weitblättriger Hautkopf

H: 2–5 cm, halbkugelig bis gewölbt, evtl. gebuckelt, erst ganz von orangefarbenem Velum überzogen, später nur noch am Rand, Mitte dann dunkelbraun. **L:** ausgebuchtet, leuchtend orange, später zimt-

14.2.13 *Cortinarius uliginosus*, Kupferroter Moor-Hautkopf

14.2.14 *C. croceus*, Safranblättriger Hautkopf

14.2.15 *Cortinarius polaris*, Bronze-Hautkopf

14.2.16 *C. cinnamomeus*, Orangeblättriger Zimt-Hautk.

14.2.17 *C. malicorius*, Orangerandiger Hautkopf

braun, Schneiden heller gelb. **St:** Spitze gelblich, im unteren Teil evtl. von orangen Velumresten gegürtelt. **F:** feucht dunkeloliv, trocken in der Stielspitze gelblich. **Ger:** unauffällig bis etwas süßlich oder rettichartig. **Spp:** rostbraun. **V:** im Nadelwald, seltener im Laubwald. **Mik:** Sporen warzig, ellipsoid, 5,5–6,5 × 3,5–4,5 µm. **Ch:** KOH auf Huthaut und Fleisch rotbraun. (Kr 5.19/21, BK 5.154/159, Lu 4.134.6/15, 🖼).

Cortinarius cinnamomeofulvus Rob. Henry, Zimtfuchsiger Hautkopf: Hut matt rötlichgelb, evtl. mit Oliv, Lamellen orange, später rost- bis braunrot, Velum weißlich, Geruch und Geschmack unauffällig, im Nadelwald oder bei Birke *Betula*, auf saurem Boden; Sommer bis Herbst. Diese früher beschriebene Art, wird in der Literatur kaum mehr erwähnt.

14.2.18 *Cortinarius humicola* (Quél.) Maire ☠
Kegeliger Raukopf, Raspelstieliger Raukopf

H: 2–7 cm, kegelig, später gewölbt bis ausgebreitet und meist spitz gebuckelt, sparrig-schuppig, ockergelb, Schuppenspitzen dunkler braun. **L:** blassgelb, später ockergelb. **St:** Spitze hell, faserig, abwärts gelb- bis ockerbräunlich sparrig-schuppig, Stielbasis verjüngt. **F:** weißlich bis blassgelb, in der Stielbasis gelbbraun. **Ger:** unauffällig bis schwach nach Zedernholz. **Spp:** rostbräunlich. **V:** im Laubwald, vorwiegend bei Buche *Fagus*, auf kalkreichem Boden. **Mik:** Sporen isoliert warzig, ellipsoid bis etwas mandelförmig, 7–9 × 5–6 µm, leicht dextrinoid. (D 721, Kr 5.35, BK 5.172, Lu 4.135.8, 🖼).

14.2.19 ***Cortinarius rubellus*** Cooke, ***Cortinarius speciosissimus*** Kühner & Romagn, ***Cortinarius orellanoides*** Rob. Henry ☠ ☠
Spitzgebuckelter Raukopf, Gebuckelter Raukopf, Spitzkegeliger Raukopf

H: 3–8 cm, kegelig bis spitzkegelig, später gewölbt und spitz gebuckelt, faserig bis feinschuppig, orange- bis rötlichbraun. **L:** ausgebuchtet, eher entfernt, rost- bis rötlichbraun. **St:** orange- bis gelbbraun, im unteren Teil oft mit gelblichen Velumbändern gegürtelt bis genattert, Basis manchmal etwas keulig verdickt und im untersten Teil zugespitzt. **F:** gelbweiß bis orangebräunlich. **Ger:** schwach rettichartig. **Ges:** mild. **Spp:** rostbraun. **V:** vorwiegend im Nadelwald, auf saurem Boden bis in höhere Lagen. **Mik:** Sporen warzig, ellipsoid bis kugelig, 9–11 × 7–9 µm, schwach dextrinoid. **Ch:** KOH auf Huthaut schwarzbraun. (D 718, Kr 5.44, BK 5.177, Lu 4.135.1, 🖼).

Ludwig 2017 weist daraufhin, dass das Epithet *rubellus* nicht zur Farbe passt und dass zu dieser Bezeichnung kein Holotypus vorhanden ist. Er verwendet deshalb den Namen *C. orellanoides*.

14.2.20 *Aureonarius limonius* (Fr.) Niskanen & Liimat., *Cortinarius limonius* (Fr.) Fr. ☠
Löwengelber Goldraukopf, Hygrophaner Raukopf

H: 2–8 cm, kegelig, gewölbt bis ausgebreitet flach, evtl. breit gebuckelt, kahl bis feinschuppig mit gelben Schüppchen, hygrophan, feucht orange bis braungelb, trocken lebhaft gelb. **L:** ausgebuchtet angewachsen, jung lebhaft gelb, später orangeocker bis braungelb. **St:** faserig bis grobfilzig, gelb, Basis gelbbraun und verjüngt bis zugespitzt. **F:** bräunlichgelb, in der Stielbasis rötlichbraun. **Ger:** unauffällig. **Spp:** rostbraun. **V:** im Nadelwald, auf saurem, magerem Boden. **Mik:** Sporen feinwarzig, ellipsoid bis kugelig, 7–8 × 5,5–7 µm, schwach dextrinoid. **Ch:** KOH auf Huthaut braun. (D 722, Kr 5.37, BK 5.173, Lu 4.135.4, 🖼).

14.2.21 *Aureonarius callisteus* (Fr.) Niskanen & Liimat., *Cortinarius callisteus* (Fr.) Fr., Rhabarberfüßiger Goldraukopf, Lokomotiven-Raukopf: Hut etwas gröber schuppig bis fast kahl, höchstens schwach hygrophan, gelb bis gelborange oder braungelb, Lamellen, Fleisch und die keulige Stielbasis sind orangegelb bis etwas rhabarberfarben, Geruch eigenartig nach heißem, öligem Stahl, wie eine betriebswarme Lokomotive. Sporen warzig, kugelig, 6,5–7,5 × 6–7,5 µm. (Kr 5.32, BK 5.168, Lu 4.135.3, 🖼).

14.2.22 *Aureonarius infucatus* Niskanen & Liimat., *Cortinarius citrinofulvescens* M.M. Moser, Sandfarbener Goldraukopf: Hut vorwiegend gelb, schwach hygrophan, Fleisch cremeweiß, Universalvelum gelb, Geruch wie *A. callisteus*, aber mit süßlicher Komponente nach Äpfeln. Sporen 7,5–8,5 × 6–6,5 µm. (🖼).

14.2.23 *Aureonarius tofaceus* (Fr.) Niskanen & Liimat., *Cortinarius tofaceus* Fr., Buchen-Goldraukopf, Goldfuchsiger Laubwald-Raukopf: Hut feinschuppig bis filzig, nicht hygrophan, orangegelb bis orangebraun, Fleisch im Hut weißlich, Geruch schwach fruchtartig, maisartig, rettich- bis kartoffelartig oder leicht nach heißem, öligem Stahl (Lokomotive);

14.2.18 *Cortinarius humicola*, Kegeliger Raukopf

14.2.19 *C. rubellus*, Spitzgebuckelter Raukopf

14.2.20 *A. limonius*, Löwengelber Goldraukopf

14.2.21 *A. callisteus*, Rhabarberfüßiger Goldraukopf

14.2.22 *Aureonarius infucatus*, Sandfarbener Goldraukopf

14.2.23 *Aureonarius tofaceus*, Buchen-Goldraukopf

vorwiegend im Laubwald. Sporen warzig, ellipsoid bis kugelig, 7–8 × 6–7 µm, leicht dextrinoid. (Kr 5.46, Lu 4.135.6, ⊠).

14.2.24 *Cortinarius orellanus* Fr. ☠ ☠
Orangefuchsiger Raukopf

H: 3–8 cm, halbkugelig-kegelig, später gewölbt bis flach und bisweilen schwach gebuckelt, dicht faserig bis feinschuppig, orangeocker, rost- bis rotbraun, später relativ dunkel. **L:** ausgebuchtet angewachsen, ziemlich entfernt, ocker- bis rostbraun. **St:** Spitze gelb, abwärts zunehmend rotbräunlich, oft mit etwas zugespitzter Basis, Velum gelblich, feinfaserig und flüchtig. **F:** gelbweiß bis gelb, in der Stielbasis rötlich. **Ger:** schwach nach Rettich. **Ges:** mild. **Spp:** rostbraun. **V:** im Laubwald, vorwiegend in wärmeren Regionen, z. B. bei Eiche *Quercus*, Buche *Fagus*, Hasel *Corylus*. **Mik:** Sporen warzig, ellipsoid bis mandelförmig, 8–11 × 5,5–6,5 µm. **Ch:** KOH auf Huthaut schwarzbraun. (D 717, Kr 5.40, BK 5.176, Lu 4.135.2, ⊠).

Diese Art ist in Mitteleuropa nicht häufig. Wer Speisepilze sammelt muss die Pilze aber als gefährliche Giftpilze erkennen und beim Sammeln für Speisezwecke sicher ausschließen können.

14.2.25 *Cortinarius semisanguineus* (Fr.) Gillet ☠
Blutblättriger Hautkopf

H: 2–8 cm, kegelig-gewölbt, später ausgebreitet und stumpf gebuckelt, kahl bis feinfaserig, gelb- bis schmutzig olivbraun. **L:** ausgebuchtet angewachsen, blutrot, später braunrot, Schneiden evtl. gelblich. **St:** weißgelb bis lebhaft gelb, gelbbraun, Basis rötlich, Velum goldgelb. **F:** gelbweiß. **Ger:** unauffällig, evtl. schwach nach Jod. **Spp:** rostbraun. **V:** vorwiegend im Nadelwald, auf saurem Boden; Sommer bis Herbst. **Mik:** Sporen warzig, ellipsoid, 5,5–7,5 × 4–5,5 µm. (D 709, Kr 5.26, BK 5.163, Lu 4.134.3, ⊠).

14.2.26 *Cortinarius purpureus* (Bull.) Bidaud, Moënne-Locc. & Reumaux, *Cortinarius phoeniceus* (Vent.) Maire, Rotgenatterter Hautkopf, Rotbeschleierter Hautkopf, Rotüberfaserter Hautkopf: Hut jung rotbraun, eher dickfleischiger, Hutrand und Stielbasis mit roten Velumresten überzogen, teils flockig, genattert, Stielgrund gelb, Basalfilz rosa Sporen feinwarzig bis fast glatt, mandelförmig, 6–7,5 × 4–5 µm. (Kr 5.23, BK 5.161, Lu 5.134.1, ⊠).

Cortinarius pallidipes (M.M. Moser) Nezdojm., Blassstieliger Hautkopf: Hut gelb-, rost- bis rotbraun, ohne Oliv, Stiel tonfarben bis ockergelblich; im subalpinem Nadelwald oder in Zwergstrauchheide. Wird oft zum Formenkreis von *C. semisanguineus* gezählt.

14.2.27 *Cortinarius sanguineus* (Wulfen) Fr. ☠
Blutroter Hautkopf

H: 2–5 cm, gewölbt bis ausgebreitet, evtl. leicht gebuckelt, faserig bis feinschuppig, evtl. schwach hygrophan, dunkel blutrot. **L:** ausgebuchtet angewachsen, tief blutrot, Schneiden etwas heller. **St:** blut- bis karminrot, Velum ebenfalls rot, Basis mit orangerotem (evtl. auch rosa) Filz. **F:** blutrot, rotbräunlich, in der Stielbasis orangerötlich. **Ger:** schwach nach Rettich, evtl. auch etwas nach Zedernholz. **Spp:** rostbraun. **V:** vorwiegend im feuchten bis moorigen Nadelwald, seltener im Laubwald; vorwiegend im Herbst. **Mik:** Sporen feinwarzig, ellipsoid 6–7,5 × 4–5,5 µm. (D 710, Kr 5.25, BK 5.162, Lu 4.134.2, ⊠).

Cortinarius mirandus Moënne-Locc. & Reumaux, Fahlroter Hautkopf: auf morschem Nadelholz. Sporen 7,5–10 × 5–6 µm.

Cortinarius cruentus Bidaud & Reumaux, Rotbrauner Hautkopf: Hut eher braunrot. Sporen schlank mandelförmig, 7,5–10,5 × 4,5–5,5 µm. (BK 5.156).

14.2.24 *Cortinarius orellanus*, Orangefuchsiger Raukopf

14.2.25 *C. semisanguineus*, Blutblättriger Hautkopf

14.2.26 *C. purpureus*, Rotgenatterter Hautkopf

14.2.27 *Cortinarius sanguineus*, Blutroter Hautkopf

14.3 *Cortinarius (Telamonia)*, Seidenköpfe, Dickfüße, Gürtelfüße, Wasserköpfe u. Ä.

Basidiomycota, Ständerpilze > *Agaricomycetes* > *Agaricales*, Blätterpilze > *Cortinariaceae*, Schleierlingsverwandte

Beschreibung

Wie im vorhergehenden Unterkapitel 14.2 geht es auch hier nur um einen Teil der großen Gattung ***Cortinarius***, hauptsächlich um zwei Untergattungen. Zu *Telamonia* gehören die kleinen bis mittelgroßen Schleierlinge mit hygrophanem Hut, auf Deutsch Wasserköpfe, und die Arten mit teilweise genattertem bis schuppig-flockig gegürteltem Stiel, die Gürtelfüße mit vorwiegend braunen (grau-, gelb-, rot- bis dunkelbraunen) Farben. Die Untergattung *Camphorati* umfasst größere, fleischige Arten mit mehrheitlich trockenem, seidig-faserigem, kaum hygrophanem Hut, auf Deutsch Seidenköpfe. Sie haben oft einen dicken, keuligen Stiel und werden deshalb auch Dickfüße genannt. Die Hutfarben der fleischigen Arten sind im Farbbereich von Lilaviolett, Grau- bis Gelbocker, oft mit einem silbergrauen Überzug. Die Lamellen sind jung blass graubraun, teils mit violettem Farbanteil und werden durch das reifende Sporenpulver zunehmend rostbraun. Neben obst- bis pelargonienblätterartigem Geruch gibt es häufig erdartig oder nach Rettich riechende Arten. Einen unverkennbaren, aufdringlichen und unangenehmen Geruch nach verbranntem Horn hat *Cortinarius camphoratus*, Bocks-Dickfuß. ***Hygronarius** renidens*, Quitten-Wasserkopf musste aufgrund genetischer Unterschiede in die neue Gattung *Hygronarius* verschoben werden. Wegen der Ähnlichkeit mit den anderen Wasserköpfen bleibt die Art aber in diesem Umfeld beschrieben.

Wenige der hier beschriebenen Arten sprießen schon im Frühjahr oder Sommer; die meisten findet man im Herbst. Sie wachsen alle auf Erde und sind Mykorrhizapilze.

Die Sporen sind feinwarzig bis warzig, mehrheitlich ellipsoid, vereinzelt fast kugelig. Die vorhandenen Cheilozystiden beim bereits erwähnten *C. camphoratus* bilden eine Ausnahme. Die anderen Arten der Untergattung *Telamonia* haben, wie die überwiegende Mehrheit der ganzen Familie *Cortinariaceae*, Schleierlingsverwandte keine Hymenialzystiden.

14.3.15 *Cortinarius camphoratus*, Bocks-Dickfuß

14.3.26 *Cortinarius armillatus*, Geschmückter Gürtelfuß

Bestimmung

Die Aufteilung in die nachfolgenden Schlüssel A–E erfolgt aufgrund der Merkmale Hygrophanität am Hut, Farbe der Velumreste am Stiel, Hutgröße von mehr oder weniger als 5 cm, Stiele mit oder ohne blauviolettem Farbanteil und weißlich bis blassockerlich oder gelb-, orangebraun bis braun gefärbtem Stielhintergrund. Schlüssel A umfasst nicht hygrophane Arten mit mehrheitlich seidig-faseriger Hutoberfläche, aufgeteilt in größere Arten, die Hüte über 5 cm entwickeln können (A1), und kleinere Arten, welche unter 5 cm bleiben (A2). Alle anderen Schlüssel enthalten leicht bis stark hygrophane Arten. In Schlüssel B sind hygrophane Arten zusammengefasst, welche am Stiel verschieden gefärbte (rote, grau- gelb-, ockerbraune, braune), jedoch nicht weiße oder violettliche Velumreste zeigen. Um dieses Merkmal zu sehen, ist man oft auf junge Exemplare angewiesen. Alle Arten mit hygrophanem Hut und blauvioletten Farbanteilen am Stiel sind in Schlüssel C aufgeführt, die größeren und stämmigeren Arten in C1, die kleineren in C2. Die Schlüssel D und E umfassen die hygrophanen Arten mit weißen, blass gefärbten oder fehlenden Velumresten am Stiel. D enthält alle Arten mit blassen Farben am Stiel, weiß, graulich bis grauockerlich. In D1 sind es Arten mit Hüten über 5 cm, in D2 solche mit weniger als 5 cm Breite. Ein Stiel in satteren Farben von gelb über gelbocker bis braun oder dunkelbraun führt in den Schlüssel E, wiederum unterteilt in größere (E1) und kleinere Hüte (E2). Geruch, Standort, Hutoberfläche, Farbe und teils auch mikroskopische Merkmale ermöglichen die weiteren Unterscheidungen. Die Bestimmung vieler Arten der Untergattung *Telamonia* ist sehr schwierig und, wenn überhaupt, nur mit ausführlicher und spezieller Literatur zuverlässig möglich.

Speisewerte

Aus dieser Gruppe sind nicht derart heimtückisch giftige Arten wie aus den Untergattungen *Cortinarius* oder *Phlegmacium* bekannt. Allerdings können auch keine Speisepilze empfohlen werden. Die Bewertung der hier beschriebenen Arten bewegt sich zwischen leicht giftig bis ungenießbar.

14.3 *Cortinarius (Telamonia)*, Seidenköpfe, Dickfüße, Gürtelfüße, Wasserköpfe
(A1) Hut nicht hygrophan, seidig-faserig bis schuppig
▹ Hut > 5 cm, mittelgroß bis groß, Stiel meist dick und keulig, fleischige Arten

- Hut filzig-faserschuppig, Hut und Lamellen mit lebhaften Farben → **siehe 14.2 *Cortinarius*, Rau-, Hautköpfe u. Ä. (A), (B)**
- Hut glatt, seidig faserig-filzig, glimmerig, höchstens stellenweise schuppig
  - Hut mit blauviolettem Farbanteil (zumindest jung)
    - Lamellen jung lilablau oder violett
      - Geruch stark unangenehm, Hut blau, blassblau, gelbbraun — **15 *Cortinarius camphoratus*, Bocks-Dickfuß**
      - Geruch nach Rettich
        - Hut graubraun, jung bläulich, Geruch schwach rettichartig — 03 *Cortinarius valgus*, Kahler Raukopf
        - Hut silbrigblau, faserig, Geruch rettichartig — 18 *Cortinarius argentatus*, Silberner Dickfuß
      - Geruch aromatisch (wie Haselwurz), Stiel ocker gegürtelt — 11 *Cortinarius cingulatus*, Fastberingter Dickfuß
      - Geruch schwach, unauffällig
        - Fleisch im Schnitt rötend — 14.1.33 *Phlegmacium cyanites*, Rötender Schleimkopf
        - Fleisch im Schnitt nicht rötend
          - im Laubwald, Hut vorwiegend grauocker, Sporen 7,5–8,5 µm — **06 *Cortinarius anomalus*, Graubräunlicher Seidenkopf**
          - im Laubwald, Hut silbrig blau- bis ockerweiß, Sporen 8,5–10,5 µm — **17 *Cortinarius alboviolaceus*, Weißvioletter Dickfuß**
          - im Nadelwald, Hut ockergelb bis ockerweißlich, Sporen 10–11 µm — 19 *Cortinarius malachius*, Lederbrauner Dickfuß
    - Lamellen ocker, safranocker, ohne Lilaviolett
      - Geruch fruchtartig, Stiel lilaweiß gegürtelt
        - Stielfleisch gelbbraun, Geruch nach Williamsbirnen, im Nadelwald — **13 *Cortinarius traganus*, Safranfleischiger Dickfuß**
        - Stielfleisch blassocker, Geruch fruchtartig, im Nadelwald oder bei Birke — 14 *Cortinarius venustus*, Schmuckstiel-Gürtelfuß
      - Geruch rettichartig, Stiel mit häutigem Ring, kaum gegürtelt — 59 *Cortinarius solis-occasus*, Abendrot-Gürtelfuß
  - Hut ohne Blauviolett, sondern weißlich, grauocker, gelb-, oliv-, rötlichbraun
    - Lamellen zumindest jung bläulich oder violett
      - Stiel gelblich gegürtelt, Spitze violett, Geruch rettichartig — **06 *Cortinarius anomalus*, Graubräunlicher Seidenkopf**
      - Stiel bräunlich gegürtelt, Spitze bläulich, Hut ocker- bis rötlichbraun — 10 *Cortinarius caninus*, Rostbrauner Dickfuß
      - Stiel weiß faserig bis gegürtelt
        - Stielspitze hellviolett, Hut ocker- bis rötlichbraun
          - Geruch schwach fruchtartig, vorwiegend bei Buche — 20 *Cortinarius turgidus*, Tonweißer Dickfuß
          - Geruch leicht rettichartig, vorwiegend bei Fichte — 10 *Cortinarius caninus*, Rostbrauner Dickfuß
          - Geruch nach Zedernholz, Stielbasis wurzelnd, rötend — 14.5.24 *Thaxterogaster vespertinus*, Orangeblasser Scheinschleimkopf
        - Stiel ohne Violett, Hut grauocker bis rötlichbraun
          - Stiel üppig weiß bis ocker gegürtelt, Hut fuchsig-braun — 14.1.13 *Phlegmacium vulpinum*, Fuchs-Schleimkopf
          - Stiel mit spärlichen weißen Velumresten
            - Hut gelbbraun bis ockerrötlich, Stiel zylindrisch bis keulig — 12 *Cortinarius tabularis*, Entfärbender Dickfuß
            - Hut hellgrau bis rötlichbraun, Stiel keulig bis knollig-spindelig — 24 *Cortinarius aprinus*, Wildschwein-Gürtelfuß
    - Lamellen jung blass tonfarben, hellbraun, graulich, gelbbräunlich, ohne Blau
      - Stiel mit roten oder rötlichen Velumresten
        - Hut gelblich bis rotbraun, oft ± schuppig, Stiel lebhaft rot gegürtelt — **26 *Cortinarius armillatus*, Geschmückter Gürtelfuß**
        - Hut grau- bis gelbbraun, Stiel schmutzig rot flockig bis gegürtelt — 27 *Cortinarius paragaudis*, Purpurroter Gürtelfuß
      - Stiel mit grau- bis schwärzlichbraunen Velumresten
        - Hut 3–8 cm, vorwiegend rötlichbraun — 37 *Cortinarius fuscoperonatus*, Schwarzbraungegürtelter Gürtelfuß
        - Hut 5–14 cm, vorwiegend graubraun — 38 *Cortinarius rusticus*, Wolfs-Gürtelfuß
      - Stiel mit weißen, lilaweißen Velumresten oder ohne Velumreste
        - Geruch unauffällig, vorwiegend im Laubwald
          - Stielspitze oft violettlich
            - Hut blassocker, silbergrau bereift, Stiel spindelig, etwas wurzelnd — 20 *Cortinarius turgidus*, Tonweißer Dickfuß
            - Hut ocker- bis orangebraun, Stiel keulig, knollig — 60 *Cortinarius bivelus*, Birken-Gürtelfuß
          - Stielspitze ohne Violett
            - Sporen 8–10 µm
              - Hut grau-, rötlichbraun, radialfaserig, vorwiegend bei Buche — 24 *Cortinarius aprinus*, Wildschwein-Gürtelfuß
              - Hut weißlich bis blass bräunlich, vorwiegend bei Weide — 21 *Cortinarius urbicus*, Weiden-Dickfuß
            - Sporen 10–12 µm, Hut braun — 98 *Cortinarius pachypus*, Dickfüßiger Wasserkopf
        - Geruch obstartig, erdartig, nach Rettich oder etwas gasartig
          - Hut weißlich bis blassocker, teils mit weißen Velumfetzen
            - Geruch gebäckartig, bei Fichte — 14.1.01 *Phlegmacium fraudulosum*, Blasser Fichten-Schleimkopf
            - Geruch erdartig, gasartig, vorwiegend bei Pappel — 14.1.02 *Phlegmacium argutum*, Spitzbasiger Schleimkopf
            - Geruch obstartig, Hut ohne Velumfetzen, vorwiegend bei Pappel — 22 *Cortinarius niveoglobosus*, Schneeball-Dickfuß
          - Hut lebhaft ocker, Rand lilaweiß (Velumreste), Geruch obstartig — 14 *Cortinarius venustus*, Schmuckstiel-Gürtelfuß
          - Hut gelbbräunlich bis grauockerlich, ohne Velumfetzen
            - Geruch schwach fruchtartig, vorwiegend bei Buche — 20 *Cortinarius turgidus*, Tonweißer Dickfuß
            - Geruch leicht rettichartig, bei Birke, Hasel, Eiche — 12 *Cortinarius tabularis*, Entfärbender Dickfuß
          - Hut gelb-, orange- bis rötlichbraun, Lamellen gelb-, rötlichbraun
            - Hut rötlichbraun, Velumreste am Stiel üppig, Sporen 9–11 µm — 58 *Cortinarius laniger*, Wolliger Gürtelfuß
            - Hut gelbbraun, Velumreste spärlich, Sporen 5,5–7 µm — 92 *Cortinarius balaustinus*, Rundlichsporiger Wasserkopf

14.3 *Cortinarius (Telamonia),* Seidenköpfe, Dickfüße, Gürtelfüße, Wasserköpfe
(A2) Hut nicht hygrophan, seidig-faserig bis schuppig
▹ Hut < 5 cm, klein

- Hut filzig-faserschuppig
  - Hut und Lamellen mit lebhaften Farben (gelb, oliv, orange, rot)
    - Lam. mit violetten, grünlichen, gelbgrünlichen od. blassockerlichen Farbtönen → **siehe 14.2 *Cortinarius,* Rauköpfe, Hautköpfe u. Ä. (A)**
    - Lamellen mit vorwiegend gelben, orangen, roten bis bräunlichen Farbtönen → **siehe 14.2 *Cortinarius,* Rauköpfe, Hautköpfe u. Ä. (B)**
  - Hut weiß faserig-schuppig, kegelig, Stiel weißflockig
    - Geruch nach Pelargonienblättern («Geranien») — **85 *Cortinarius flexipes,* Duftender Gürtelfuß**
    - Geruch unauffällig — 86 *Cortinarius sublatisporus,* Fastbreitsporiger Gürtelfuß
- Hut glatt, faserig, filzig, glimmerig, oft radialfaserig-streifig
  - Hut mit blauviolettem Farbanteil, zumindest jung
    - Lamellen jung lilablau oder violett
      - Geruch leicht bis deutlich rettichartig
        - Stiel braunrot schuppig, ohne Violett, Hut graubraun, jung violettlich — 01 *Cortinarius spilomeus,* Kupferschuppiger Seidenkopf
        - Stiel kahl bis faserig, Spitze bläulich
          - Hut graubraun, jung bläulich, Stiel gelblich faserig — 03 *Cortinarius valgus,* Kahler Raukopf
          - Hut silbrigblau, faserig, Stiel weißlich, kahl — 18 *Cortinarius argentatus,* Silberner Dickfuß
      - Geruch aromatisch, Hut violettblau, ocker, Stiel ocker gegürtelt, Spitze violett — 11 *Cortinarius cingulatus,* Fastberingter Dickfuß
      - Geruch schwach, unauffällig, Stielspitze violettlich
        - im Laubwald
          - Hut vorwiegend grauocker, Sporen 7,5–8,5 µm
            - Hut glatt, vorwiegend graubraun, ockerbraun — **06 *Cortinarius anomalus,* Graubräunlicher Seidenkopf**
            - Hut radialrunzelig, vorwiegend ton- bis lederbraun, Stiel eher dick — 07 *Cortinarius diabolicus,* Ledergelber Dickfuß
          - Hut silbrig blau- bis ockerweiß, Sporen 8,5–10,5 µm — **17 *Cortinarius alboviolaceus,* Weißvioletter Dickfuß**
          - Hut jung vorwiegend lilaviolett — 06a *Cortinarius anomalus* var. *azureus,* Violettblauer Dickfuß
        - im Nadelwald, Hut graulich- bis etwas violettbraun
          - Hut 4–9 cm, feinschuppig, Lamellen bläulich, bei Fichte — 19 *Cortinarius malachius,* Lederbrauner Dickfuß
          - Hut 1–4 cm, Lamellen violett, bei Kiefer — 08 *Cortinarius anomalellus,* Bräunlichgrauer Seidenkopf
        - alpin, in Zwergstrauchheide, Hut 2–4 cm — 06b *C. anomalus* var. *calcialpinus,* Kalkholder Alpen-Seidenkopf
    - Lamellen ocker bis rötlichbraun, Stielspitze violettlich
      - Geruch rettichartig, Stiel mit häutigem Ring, kaum gegürtelt — 59 *Cortinarius solis-occasus,* Abendrot-Gürtelfuß
      - Geruch fruchtartig, Stiel lilaweiß gegürtelt — 14 *Cortinarius venustus,* Schmuckstiel-Gürtelfuß
  - Hut ohne Blauviolett, weißlich, grauocker, gelb-, oliv-, rötlichbraun
    - Lamellen zumindest jung bläulich oder violett
      - Stiel braunrot schuppig, ohne Violett, Hut graubraun, jung violettlich — 01 *Cortinarius spilomeus,* Kupferschuppiger Seidenkopf
      - Stiel nicht schuppig, Spitze oft etwas bläulich
        - Stiel gelblich, Geruch etwas rettichartig
          - Stiel gelblich gegürtelt, Hut grauocker, Lamellen eher dicht — **06 *Cortinarius anomalus,* Graubräunlicher Seidenkopf**
          - Stiel gelblich faserig, Hut graubraun, Lamellen eher weit — 03 *Cortinarius valgus,* Kahler Raukopf
        - Stiel weiß bis bräunlich, Geruch unauffällig
          - Stiel bräunlich gegürtelt, Hut ocker- bis rötlichbraun — 10 *Cortinarius caninus,* Rostbrauner Dickfuß
          - Stiel weiß faserig bis gegürtelt, Hut grauocker, oft rötlich gestreift — 12 *Cortinarius tabularis,* Entfärbender Dickfuß
    - Lamellen jung blass tonfarben bis gelbbraun, rötlichocker
      - Velumreste am Stiel rötlich bis braunrot
        - Fleisch gilbend, vor allem Stielbasis, Hut angedrückt rötlich schuppig — **02 *Cortinarius bolaris,* Rotschuppiger Raukopf**
        - Fleisch nicht gilbend
          - Stiel mit braunroten, auffälligen Schüppchen, Geruch unauffällig — 01 *Cortinarius spilomeus,* Kupferschuppiger Seidenkopf
          - Stiel rötlich flockig bis etwas gegürtelt, Geruch leicht rettichartig — 27 *Cortinarius paragaudis,* Purpurroter Gürtelfuß
      - Velumreste am Stiel gelblich bis ocker, Hut gelblich bis grauockerlich
        - Velumreste ockerlich genattert, Geruch unauffällig — 44 *Cortinarius ochrophyllus,* Ockerblättriger Seidenkopf
        - Velumreste spärlich, gelb bis ockerlich, Geruch leicht rettichartig — 12 *Cortinarius tabularis,* Entfärbender Dickfuß
      - Velumreste am Stiel weiß, Hut radialstreifig
        - Hut orange- bis rötlichbraun, Stiel weiß flockig mit häutigem Ring
          - im Nadelwald, Geruch rettichartig, Sporen 9,5–11,5 µm — 58 *Cortinarius laniger,* Wolliger Gürtelfuß
          - vorwiegend bei Birke, Geruch schwach, Sporen 8,5–9,5 µm — 60 *Cortinarius bivelus,* Birken-Gürtelfuß
        - Hut gelb- bis orangebraun, St. spärlich weißlich faserig, Geruch erdartig — 92 *Cortinarius balaustinus,* Rundlichsporiger Wasserkopf
        - Hut weißlich bis blass bräunlich
          - Stiel keulig, weiß, gestiefelt, später beringt, Geruch rettich-, obstartig — 21 *Cortinarius urbicus,* Weiden-Dickfuß
          - Stiel wurzelnd, Hut gelb fleckend, Geruch fruchtartig — 57 *Cortinarius decumbens,* Grauweißlicher Wasserkopf
      - Velumreste am Stiel grau bis schwarzbraun, Hut rötlichbraun — 37 *Cortinarius fuscoperonatus,* Schwarzbraungegürtelter Gürtelfuß

14.3 *Cortinarius (Telamonia)*, Seidenköpfe, Dickfüße, Gürtelfüße, Wasserköpfe
(B1) kleine bis mittelgroße hygrophane Arten
▹ Universalvelum orange, rot oder rotbraun

- Velum zinnoberrot, orangerot, rot
  - Velumreste am Stiel gürtelartig, Hut 4–12 cm, gelbbraun — **26 *Cortinarius armillatus*, Geschmückter Gürtelfuß**
  - Velumreste im unteren Stielteil gleichmäßig, kaum gürtelartig aufgerissen
    - Hut mittelgroß, ca. 3–7 cm
      - Stielspitze purpurn bis lilablau
        - Stielspitze lilafarben, Basis mit feuerroten Velumresten, Hut rotbraun — 33 *Cortinarius bulliardii*, Feuerfüßiger Wasserkopf
        - Stielspitze purpurbläulich, Lamellen orangerötlich, Schneiden gelb — 36 *Cortinarius aurantiomarginatus*, Orangerandiger Gürtelfuß
      - Stiel ohne Purpur oder Lilablau
        - Stiel ganz braun- bis orangerot, Mycelfilz und Hut lebhaft zinnoberrot — 35 *Cortinarius cinnabarinus*, Zinnoberroter Buchen-Gürtelfuß
        - Stielbasis rötlich, Hut dunkel rötlichbraun, Fleisch leicht rötend — 29 *Cortinarius inconspicuus*, Rötender Wasserkopf
    - Hut klein, ca. 1–4 cm
      - Hut schwärzlichbraun, Velumreste und Stielbasis weiß, dann rötend
        - Frühling-Sommer, Sporen breit ellipsoid, warzig, 7,5–8,5 × 5–6 µm — **89 *Cortinarius vernus*, Rosastieliger Frühlings-Wasserkopf**
        - im Herbst, Sporen ellipsoid, feinwarzig, 7–8 × 4–5 µm — 29 *Cortinarius inconspicuus*, Rötender Wasserkopf
      - Hut und Stiel purpurbraun, Stielspitze rosagelb, Mycelfilz rosabraun — 90 *Cortinarius anthracinus*, Purpurschwarzer Wasserkopf
      - Hut dunkel rötlichbraun, Stielspitze bläulich, Velumreste rot — 28 *Cortinarius praestigiosus*, Rötlichgegürtelter Wasserkopf
      - Hut rotbraun, Stielspitze blassocker, Velumreste orangerot — 34 *Cortinarius colus*, Zinnoberfüßiger Wasserkopf
- Velum schmutzig rot oder rot- bis weinbraun
  - Hut klein, meist weniger als 3 cm breit
    - im Laubwald, Hut dunkel rötlichbraun, Stielspitze bisweilen bläulich — 28 *Cortinarius praestigiosus*, Rötlichgegürtelter Wasserkopf
    - im Nadelwald, Hut rötlich bis violettbraun, Velumgürtel am Stiel orange — 32 *Cortinarius boulderensis*, Zierlicher Gürtelfuß
  - Hut mittelgroß, meist über 3 cm breit
    - vorwiegend im Nadelwald
      - Hut grau- bis gelbbraun, streifig hygrophan, Fleisch weiß bis graubraun — 27 *Cortinarius paragaudis*, Purpurroter Gürtelfuß
      - Hut und Velumreste weinbraun, Fleisch gelbbraun — 30 *Cortinarius badiovinaceus*, Weinbrauner Gürtelfuß
      - Hut mit rotbraunen Hutschuppen, Fleisch schwach gilbend — **02 *Cortinarius bolaris*, Rotschuppiger Raukopf**
      - Hut grauockerlich, Stiel kupferbraun schuppig — 01 *Cortinarius spilomeus*, Kupferschuppiger Seidenkopf
    - vorwiegend bei Birke, Hut dunkel weinrot- bis olivbraun — 31 *Cortinarius heterocyclus*

14.3 *Cortinarius (Telamonia)*, Seidenköpfe, Dickfüße, Gürtelfüße, Wasserköpfe und Ähnliche (B2) kleine bis mittelgroße hygrophane Arten

▹ Universalvelum grau-, gelb-, grünlich-, ocker- bis schwärzlichbraun

- Velum graubraun, schwärzlichbraun, groß, robust
  - Hut nicht oder nur streifig hygrophan
    - Hut bis 8 cm, vorwiegend rötlichbraune Farbtöne — 37 *Cortinarius fuscoperonatus*, Schwarzbraungegürtelter Gürtelfuß
    - Hut bis 15 cm, vorwiegend graubraune Farbtöne — 38 *Cortinarius rusticus*, Wolfs-Gürtelfuß
  - Hut deutlich hygrophan, 3–10 cm, Stiel oft keulig
    - Hut rötlichbraun, Stiel braun faserig bis gegürtelt — 39 *Cortinarius bovinus*, Dickfüßiger Gürtelfuß
    - Hut dunkelbraun, Stiel mit grauen bis graugrünlichen Velumresten — 40 *Cortinarius crassifolius*, Breitblättriger Wasserkopf
- Velum gelblich, gelb, gelbgrün, ocker oder braun, kleinere Arten
  - Velum schwach entwickelt, gelblich, grüngelblich oder ockerlich
    - Hut 3–8 cm
      - Hut lebhaft orange, gelborange, orangerötlich, rotbraun
        - Hut braunorange, Sporen 6–7 × 4,5–5,5 µm — 45 *Hygronarius renidens*, Quitten-Wasserkopf
        - Hut gelb bis rotbraun, Sporen 7,5–9 × 6–7 µm — 46 *Cortinarius gentilis*, Goldgelber Raukopf
      - Hut umbrabraun, graubraun mit Olivton oder bläulich
        - Fruchtkörper zumindest an der Stielspitze grauviolett, bläulich
          - Stielspitze und Lamellen grauviolett, Hut graubraun
            - im Laub- oder Mischwald, Hut 3–8 cm
              - Hut glatt
                - Hut stets vorwiegend graubraun, ockerbraun — **06 *Cortinarius anomalus*, Graubräunlicher Seidenkopf**
                - Hut jung vorwiegend lilaviolett — 06a *Cortinarius anomalus* var. *azureus*, Violettblauer Dickfuß
              - Hut radialrunzelig, vorwiegend ton- bis lederbraun, Stiel dick — 07 *Cortinarius diabolicus*, Ledergelber Dickfuß
            - alpin, in Zwergstrauchheide, Hut 2–4 cm — 06b *C. anomalus* var. *calcialpinus*, Kalkholder Alpen-Seidenkopf
          - Stielspitze bläulich, Hut seidig-faserig, streifig hygrophan — 03 *Cortinarius valgus*, Kahler Raukopf
        - Fruchtkörper ohne Blauviolett, Hut umbra-, ockerbraun mit Olivton
          - Fleisch schwärzend, schwach, Stiel etwas grünlich — 41 *Cortinarius uraceus*, Olivbrauner Wasserkopf
          - Fleisch nicht schwärzend
            - im Nadelwald, Lamellen gelbbraun, Lamellenschneiden gelb — 04 *Cortinarius colymbadinus*, Olivgelber Gürtelfuß
            - bei Birke, Lamellen olivbraun, Schneiden gleichfarbig — 05 *Cortinarius betuletorum*, Birken-Raukopf
      - Hut dunkelbraun, Lamellen eher entfernt
        - Velum graugrünlich, Hut kurz gerieft, Sporen 11–12 × 7–7,5 µm — 40 *Cortinarius crassifolius*, Breitblättriger Wasserkopf
        - Velum bräunlich, Hut radialfaserig, Sporen 6–7,5 × 4,5–5,5 µm — 94 *Cortinarius ectypus*, Düsterer Gürtelfuß
    - Hut < 3 cm
      - Hut < 2 cm, Sporen 8–10 µm
        - Hut orangeocker, Velum gelb, im Bergnadelwald, Sommer bis Herbst — 42 *Cortinarius laetus*, Freudiger Wasserkopf
        - Hut dunkelbraun, Velum ockergelblich, im Mischwald, ab Frühjahr — 125 *Cortinarius helobius*, Kleiner Sumpf-Wasserkopf
      - Hut > 2 cm, Sporen 6–9 µm
        - Hut lebhaft braunorange, Sporen 6–7 × 4,5–5,5 µm — 45 *Hygronarius renidens*, Quitten-Wasserkopf
        - Hut lebhaft gelb bis rotbraun, Sporen 7,5–9 × 6–7 µm — 46 *Cortinarius gentilis*, Goldgelber Raukopf
  - Velum deutlicher entwickelt
    - Hut ± flockig-faserig bis etwas schuppig, braun, olivbraun, dunkelbraun
      - Hut > 2 cm
        - Lamellen oft mit Grau oder Violett, bei Erle — **47 *Cortinarius helvelloides*, Dickblättriger Erlen-Gürtelfuß**
        - Lamellen ohne Violett, Hut oft gebuckelt, vorwiegend bei Kiefer
          - Hut gelbbraun, Geruch unauffällig — 48 *Cortinarius angelesianus*, Strubbeliger Gürtelfuß
          - Hut dunkel rötlichbraun, Geruch nach Zedernholz — 52 *Cortinarius fusisporus*, Spindelsporiger Gürtelfuß
      - Hut < 2 cm, bei Erle, Lamellen oft mit Grau oder Violett — **47 *Cortinarius helvelloides*, Dickblättriger Erlen-Gürtelfuß**
      - Hut < 2 cm, alpin, in Zwergstrauchheide, bräunliche Ringzone — 49 *Cortinarius comatus*, Schopfigbehaarter Wasserkopf
    - Hut kahl, Stiel mit faserig-flockigen oder ringartigen Velumresten
      - Hut orange, rötlich-, rot- bis dunkelbraun, 1–4 cm
        - im Nadelwald, Hut teils bis ganz hygrophan, Velum gelblich bis braun
          - Hut 2–4 cm, dunkel rotbraun, Geruch nach Zedernholz, Velum gelb — 52 *Cortinarius fusisporus*, Spindelsporiger Gürtelfuß
          - Hut 3–10 cm, ocker-rötlichbraun, Geruch rettichartig, Velum braun — 10 *Cortinarius caninus*, Rostbrauner Dickfuß
        - bei Laubbäumen, Hut 0,5–3 cm, dunkelbraun, Velumgürtel gelb — 50 *Cortinarius saniosus*, Gelbgeschmückter Wasserkopf
        - alpin, in Zwergstrauchheide, Hut 0,5–2 cm, rotbraun
          - Hut goldbraun, Basalmycel violettlich, Sporen 8–9 × 5,5–6,5 µm — 51 *Cortinarius chrysomallus*, Goldhaut-Zwerg-Wasserkopf
          - Hut rotbraun, Sporen 9–11 × 5–6 µm — 53 *Cortinarius gausapatus*, Braungestiefelter Gürtelfuß
      - Hut violett-graubraun, nur stellenweise hygrophan, Velumreste gelbbraun
        - bei Kiefer, Hut 1–4 cm, Lamellen violett — 08 *Cortinarius anomalellus*, Bräunlichgrauer Seidenkopf
        - im Laubwald, Hut 3–10 cm, Lamellen ± violett, Stiel gegürtelt — 11 *Cortinarius cingulatus*, Fastberingter Dickfuß
      - Hut grauocker bis goldgelb, 2–6 cm, oft kegelig, vorwiegend bei Fichte
        - Hut lebhaft braun- bis goldgelb, Sporen 9–10 µm — 43 *Cortinarius detonsus*, Messing-Gürtelfuß
        - Hut matt grauocker, gelbbraun, Sporen 7,5–8 µm — 44 *Cortinarius ochrophyllus*, Ockerblättriger Seidenkopf

14.3 *Cortinarius (Telamonia),* Seidenköpfe, Dickfüße, Gürtelfüße, Wasserköpfe
(C1) ▹ mittelgroße hygrophane Arten, Hut mehr als 4 cm Breite erreichend, Stiel über 5–6 mm dick, eher fleischig
Universalvelum weiß, violettlich oder fehlend
Stiel ganz oder zumindest an der Spitze mit violetten Tönen

- Geruch nach Rettich, weiß gegürtelt bis beringt, Stielfleisch mit Violett
  - Stielfleisch vor allem in der Basis violett
    - Geruch schwach rettichartig, Hut 3–9 cm, im Nadelwald — **73 *Cortinarius evernius,* Violettstieliger Rettich-Gürtelfuß**
    - Geruch stark rettich- oder erdartig, Hut 2–6 cm, im Laubwald — 76 *Cortinarius cagei,* Zweifarbiger Wasserkopf
  - Stielfleisch vor allem in der Spitze violett, Lamellen jung violett
    - Hut seidig faserig, faserig-schuppig, Fleisch in der Stielbasis nicht gelb
      - Hut grau-, gelbbraun, purpurocker, Rand violettlich
        - Stiel weiß faserig, später beringt, Hut purpurocker — 74 *Cortinarius cinnamoviolaceus,* Zimtvioletter Rettich-Wass.
        - Stiel jung gestiefelt, Hut grau-, gelbbraun — 79 *Cortinarius ionophyllus,* Violetter Rettich-Gürtelfuß
      - Hut dunkelbraun, olivbraun — 03 *Cortinarius valgus,* Kahler Raukopf
    - Hut glatt, evtl. klebrig, Fleisch in der Stielbasis gelb — **06 *Cortinarius anomalus,* Graubräunlicher Seidenkopf**
- Geruch süßlich, obstartig, Hut grau- bis gelbbraun, Stiel gestiefelt, beringt
  - Geruch ohne Rettichkomponente
    - im Laubwald, Stiel deutlich gestiefelt — **77 *Cortinarius torvus,* Wohlriechender Gürtelfuß**
    - im Nadelwald, Stiel kaum gestiefelt — 78 *Cortinarius agathosmus,* Duft-Gürtelfuß
  - Geruch mit Rettichkomponente
    - Hut glatt, evtl. klebrig, graubraun bis graublau, Sporen breit, 7,5–8,5 µm — **06 *Cortinarius anomalus,* Graubräunlicher Seidenkopf**
    - Hut faserig, matt, grau- bis gelbbraun, Sporen länglich, 10–11,5 µm — 79 *Cortinarius ionophyllus,* Violetter Rettich-Gürtelfuß
- Geruch unauffällig oder anders (säuerlich, aromatisch, ...)
  - im Nadelwald, Stiel zumindest an der Spitze mit blauvioletten Tönen
    - Hut deutlich hygrophan, Fleisch in der Stielbasis nicht gilbend oder gelb
      - Stielfleisch vor allem in der Basis violett, Hut ocker- bis purpurbraun
        - im Nadelwald, Hut 3–9 cm — **73 *Cortinarius evernius,* Violettstieliger Rettich-Gürtelfuß**
        - im Laubwald, Hut 2–6 cm — 76 *Cortinarius cagei,* Zweifarbiger Wasserkopf
      - Stielfleisch vor allem in der Spitze violett
        - Geruch zedernholzartig
          - Hut dunkel violettbraun, Rand abgeknickt, Stielbasis weiß — 75 *Cortinarius tortuosus,* Silberstieliger Gürtelfuß
          - Hut ocker- bis rotbraun, Stielbasis lebhaft zinnoberrot — 33 *Cortinarius bulliardii,* Feuerfüßiger Wasserkopf
        - Geruch unauffällig bis etwas säuerlich
          - Hut dunkel grau- bis gelbbraun, Stielspitze deutlich mit Violett — 69 *Cortinarius biformis,* Schrägberingter Gürtelfuß
          - Hut aprikosenfarben, orangebraun, Stielspitze höchstens violettlich — 66 *Cortinarius armeniacus,* Aprikosen-Wasserkopf
    - Hut schwach hygrophan, Stiel eher dick
      - Stielfleisch mit Lila
        - Hut mit Oliv oder Violett
          - Hut dunkelbraun, olivbraun, seidig-faserig, Sporen 8–9 µm — 03 *Cortinarius valgus,* Kahler Raukopf
          - Hut jung violett, Mitte ockerlich, Stiel gegürtelt, Sporen 9,5–10,5 µm — 11 *Cortinarius cingulatus,* Fastberingter Dickfuß
        - Hut grau-, orange-, rot-, dunkelbraun, ohne Oliv oder Violett
          - Stiel ganz lila, weiß faserig, Hut rotbraun, glatt, Sporen 7–9 µm — 81 *Cortinarius impennis,* Häutigberingter Gürtelfuß
          - Stiel nur an der Spitze lila
            - Hut ockergelb, ockerweißlich, Stielbasis gilbend, Sporen 9–11 µm — 19 *Cortinarius malachius,* Lederbrauner Dickfuß
            - Hut grau- bis dunkelbraun, Stiel braun, Sporen 6–7,5 µm — 94 *Cortinarius ectypus,* Düsterer Gürtelfuß
      - Stielfleisch weiß, Hut gelb- bis rotbraun, Velum violettlich, Sp. 8–10,5 µm — 63 *Cortinarius privignoides,* Zwiebel-Wasserkopf
  - im Laubwald
    - Stielbasis lebhaft zinnoberrot — 33 *Cortinarius bulliardii,* Feuerfüßiger Wasserkopf
    - Stielbasis nicht lebhaft zinnoberrot, Fleisch in der Stielspitze blauviolett
      - Hut deutlich hygrophan
        - Lamellen eher entfernt stehend
          - Hut 3,5–6,5 cm, dunkel violettbraun, Sporen 10–11 × 6–7 µm — 82 *Cortinarius serratissimus,* Gesägtblättriger Wasserkopf
          - Hut 5–11 cm, graugelb, -violett, Sporen 8–10 × 5–6 µm — 80 *Cortinarius lucorum,* Hain-Gürtelfuß
        - Lamellen eher dicht stehend, Hutrand oft mit weißen Velumfetzen
          - Hut 3–8 cm, gelb- bis kastanienbraun, Geruch unauffällig — 71 *Cortinarius saturninus,* Klebriger Gürtelfuß
          - Hut 2–6 cm, graubraun, Geruch nach Zedernholz — 122 *Cortinarius atrocaeruleus,* Blauschwarzer Wasserkopf
      - Hut schwach hygrophan
        - Hut dunkel-, olivbraun, seidig-faserig, 2–9 cm — 03 *Cortinarius valgus,* Kahler Raukopf
        - Hut violett, Mitte ockerlich, 3–10 cm, Stiel gegürtelt, Ger. aromatisch — 11 *Cortinarius cingulatus,* Fastberingter Dickfuß
        - Hut hellbraun, ockergelb, 3–6 cm, Stielknolle zwiebelförmig — 63 *Cortinarius privignoides,* Zwiebel-Wasserkopf

14.3 *Cortinarius (Telamonia),* Seidenköpfe, Dickfüße, Gürtelfüße, Wasserköpfe

(C2) ▹ kleine hygrophane Arten, Hut 1–4 cm breit, Stiel 1–6 mm dick, eher dünnfleischig
Universalvelum weiß, violettlich oder fehlend
Stiel ganz oder zumindest an der Spitze mit violetten Tönen

- Geruch nach Pelargonien («Geranien») oder Obst, Hut kegelig, faserig-schuppig — **85 *Cortinarius flexipes,* Duftender Gürtelfuß**
- Geruch nach Weihrauch oder Zedernholz
  - Hut schokoladenbraun, im Nadelwald, Sporen 9–10 µm — 84 *Cortinarius turibulosus,* Weihrauch-Gürtelfuß
  - Hut dunkel rötlichbraun, evtl. violettlich, bei Kiefer, Sporen 9–11 µm — 52 *Cortinarius fusisporus,* Spindelsporiger Gürtelfuß
  - Hut graubraun, im Laubwald, Sporen 7–8,5 µm — 122 *Cortinarius atrocaeruleus,* Blauschwarzer Wasserkopf
- Geruch rosenartig, Lamellen jung violett — 87 *Cortinarius diasemospermus,* Kleiner Pelargonien-Gürtelfuß
- Geruch rettich- oder erdartig, Stielfleisch in der Basis violett — 76 *Cortinarius cagei,* Zweifarbiger Wasserkopf
- Geruch anders oder fehlend
  - bei Laubbäumen
    - Stielfleisch rötend, Hut gebuckelt
      - Hut dunkel- bis schwarzbraun, Sporen 7–8,5 × 5–6 µm — **89 *Cortinarius vernus,* Rosastieliger Frühlings-Wasserkopf**
      - Hut dunkel rotbraun, Sporen 10–11,5 × 6–7 µm — 105 *Cortinarius casimiri,* Großsporiger Buckel-Gürtelfuß
    - Stielfleisch nicht rötend, Stielspitze oft violettlich
      - Hutfarbe ohne Violettblau, Hut 1–4 cm
        - Stiel grauweiß, silbergrau
          - Hut dunkel rotbraun, Stielspitze deutlich lila — 105 *Cortinarius casimiri,* Großsporiger Buckel-Gürtelfuß
          - Hut dunkel graubraun, Stielspitze violettlich — **121 *Cortinarius decipiens,* Dunkelgebuckelter Wasserkopf**
        - Stiel rötlich, rötlichbraun (Basis), Stielspitze oft bläulich
          - Hut dunkel rötlichbraun, Mitte schwärzlich — 28 *Cortinarius praestigiosus,* Rötlichgegürtelter Wasserkopf
          - Hut lebhaft rotbräunlich, Geruch nach Zedernholz — 36 *Cortinarius aurantiomarginatus,* Orangerandiger Gürtelfuß
      - Hutfarbe mit Violettblau, Stielspitze violett, Hut 0,5–1,5 cm, bei Erle — 88 *Cortinarius bibulus,* Kleinster Violett-Gürtelfuß
  - bei Nadelbäumen
    - Stielfleisch rötlich verfärbend, Hut graulich braun — 109 *Cortinarius roseipes,* Farbenfuß-Wasserkopf
    - Stielfleisch nicht rötlich verfärbend
      - Hut faserig, dunkel rotbraun, Laub- oder Nadelwald, Sp. 10–11,5 × 6–7 µm — 105 *Cortinarius casimiri,* Großsporiger Buckel-Gürtelfuß
      - Hut faserig-schuppig, violettbraun, bei Torfmoos, Sporen 7–8 × 4,5–6 µm — 86 *Cortinarius sublatisporus,* Fastbreitsporiger Gürtelfuß
      - Hut matt, violett-graubraun, bei Kiefer, Sporen 9–10,5 × 6–7 µm — 08 *Cortinarius anomalellus,* Bräunlichgrauer Seidenkopf
  - alpin, bei Zwergweide oder Silberwurz — 83 *Cortinarius subtorvus,* Silberwurz-Gürtelfuß

14.3 *Cortinarius (Telamonia)*, Seidenköpfe, Dickfüße, Gürtelfüße, Wasserköpfe (D1) ▹ mittelgroße hygrophane Arten, Hut > 5 cm Universalvelum weiß oder fehlend Stiel weiß, graulich weiß bis blassocker, ohne Blauviolett

Stiel ± steif und/oder wurzelnd	
büschelig wachsend, Hut ocker bis rotbraun, seidig glänzend	54 *Cortinarius damascenus*, Büscheliger Wasserkopf
einzeln bis gesellig wachsend	
Geruch nach Rettich oder erdartig	
Hut lehm- bis gelbbraun, Sporen 7,5–11 µm	55 *Cortinarius duracinus*, Spindeliger Wasserkopf
Hut weißlich, später gelb- bis orangebraun, Sporen 5,5–7 µm	92 *Cortinarius balaustinus*, Rundlichsporiger Wasserkopf
Geruch jodartig oder nach Weinkeller, Hut stark hygrophan	56 *Cortinarius rigens*, Weißstieliger Jodoform-Wasserkopf
Geruch fruchtartig, Hut blass, Mitte dunkler, schwach hygrophan	57 *Cortinarius decumbens*, Grauweißlicher Wasserkopf
Geruch unauffällig, Hut grau- bis rotbraun, Stiel gelblich, weiß	70 *Cortinarius testaceofolius*, Ziegelblättriger Wasserkopf
Stiel nicht wurzelnd, nicht auffallend steif	
Hut blass bräunlich bis ocker	
Hut 2–8 cm, blass bräunlich, Stiel spärlich weißlich faserig	21 *Cortinarius urbicus*, Weiden-Dickfuß
Hut 5–10 cm, ockerbraun Stiel eher dick, keulig, Velumreste weiß	98 *Cortinarius pachypus*, Dickfüßiger Wasserkopf
Hut in verschiedenen Gelb-, Orange-, Rötlich-, Graubraun-, Brauntönen	
Stielbasis keulig bis zwiebelig-knollig verdickt	
Hut deutlich hygrophan, Hutoberfläche glatt	
Geruch schwach, Hut kuhbraun, rötlichbraun, bei Fichte	
Hutrand gleichfarbig, Stiel mit Ringzone	39 *Cortinarius bovinus*, Dickfüßiger Gürtelfuß
Hutrand weiß, Stiel mit Ringzone	61 *Cortinarius triformis*, Veränderlicher Gürtelfuß
Geruch nach Petersilie, Hut gelb- bis dunkelbraun, fleckend	97 *Cortinarius rheubarbarinus*, Rhabarber-Wasserkopf
Hut schwach hygrophan	
Hut filzig, orange- bis rötlichbraun, Stiel ± keulig, Geruch rettichartig	58 *Cortinarius laniger*, Wolliger Gürtelfuß
Hut glatt, ockerbraun, Stielbasis knollig, Geruch schwach	63 *Cortinarius privignoides*, Zwiebel-Wasserkopf
Stielbasis nicht verdickt bis etwas keulig oder verjüngt	
Stiel stark flockig und ± beringt, Hut faserig-filzig	
Hut orangeocker, deutlich hygrophan, Geruch fruchtartig	64 *Cortinarius licinipes*, Flockenstieliger Wasserkopf
Hut orange-, rötlichbraun, kaum hygrophan, Geruch rettichartig	58 *Cortinarius laniger*, Wolliger Gürtelfuß
Stiel kahl oder schwach faserig-flockig bis beringt	
Geruch nach Veilchen	65 *Cortinarius boreasensis*, Veilchen-Gürtelfuß
Geruch nach Zedernholz	
Geruch stechend nach Zedernholz, Hut orangebraun	110 *Cortinarius odhinnii*, Glutroter Gürtelfuß
Geruch schwach nach Zedernholz, Hut gelbbraun	62 *Cortinarius melleopallens*, Honigbrauner Wasserkopf
Geruch rettichartig, Velumreste weiß bis rosa	67 *Cortinarius illuminus*, Braungestreifter Wasserkopf
Geruch anders oder unauffällig	
Hut aprikosenfarben, orangebraun, Stiel weiß	66 *Cortinarius armeniacus*, Aprikosen-Wasserkopf
Hut grau- bis rotbraun, Stiel oft verjüngt, gelblich	70 *Cortinarius testaceofolius*, Ziegelblättriger Wasserkopf
Hut braun, Stiel spärlich weiß gegürtelt	25 *Cortinarius disjungendus*, Holziger Gürtelfuß
Hut kastanienbraun, Velumreste bräunlich, Geruch würzig	95 *Cortinarius brunneofulvus*, Fuchsigbrauner Gürtelfuß

14.3 *Cortinarius (Telamonia),* Seidenköpfe, Dickfüße, Gürtelfüße, Wasserköpfe (D2) ▹ kleine hygrophane Arten, Hut < 5 cm Universalvelum weiß oder fehlend Stiel weiß, graulich weiß bis blassocker, ohne Blauviolett

Stiel ± steif und/oder wurzelnd	
— büschelig wachsend, Hut ocker bis rotbraun, seidig glänzend	54 *Cortinarius damascenus,* Büscheliger Wasserkopf
— einzeln bis gesellig wachsend	
— — Geruch nach Rettich oder erdartig	
— — — Hut lehm- bis gelbbraun, Sporen 7,5–11 µm	55 *Cortinarius duracinus,* Spindeliger Wasserkopf
— — — Hut weißlich, später gelb-, orangebraun, Sporen 5,5–7 µm	92 *Cortinarius balaustinus,* Rundlichsporiger Wasserkopf
— — Geruch jodartig oder nach Weinkeller, Hut stark hygrophan	56 *Cortinarius rigens,* Weißstieliger Jodoform-Wasserkopf
— — Geruch fruchtartig, Hut blass, Mitte dunkler, schwach hygrophan	57 *Cortinarius decumbens,* Grauweißlicher Wasserkopf
— — Geruch unauffällig, Hut grau- bis rotbraun, Stiel gelblich, weiß	70 *Cortinarius testaceofolius,* Ziegelblättriger Wasserkopf
Stiel nicht wurzelnd, nicht auffallend steif	
— Hut blass bräunlich, Stiel spärlich weißlich faserig	21 *Cortinarius urbicus,* Weiden-Dickfuß
— Hut in verschiedenen Gelb-, Orange-, Rötlich-, Graubraun-, Brauntönen	
— — im Nadelwald	
— — — Geruch unauffällig, Hut orange- bis rotbraun, Sporen 6–7,5 µm	72 *Cortinarius jubarinus,* Zimtfuchsiger Glanz-Wasserkopf
— — — Geruch nach Jod, Sporen 7–8,5 µm	**119 *Cortinarius obtusus,* Jodoform-Wasserkopf**
— — — Geruch leicht rettichartig, Lamellen rötlichbraun, Sporen 10–11 µm	105 *Cortinarius casimiri,* Großsporiger Buckel-Gürtelfuß
— — bei Laubbäumen (Weide, Erle)	
— — — Fleisch nicht rötend, Stielspitze allenfalls etwas lila	
— — — — Hut faserig, rötlichbraun, Sporen 10–11 µm	105 *Cortinarius casimiri,* Großsporiger Buckel-Gürtelfuß
— — — — Hut filzig-faserig, graubraun, stets bei Erle, Sporen 8,5–10,5 µm	107 *Cortinarius iliopodius,* Erlen-Gürtelfuß
— — — Fleisch rötend, Sporen 8–10 µm	109 *Cortinarius roseipes,* Farbenfuß-Wasserkopf

14.3 *Cortinarius (Telamonia)*, Seidenköpfe, Dickfüße, Gürtelfüße, Wasserköpfe und Ähnliche
(E1) ▹ mittelgroße hygrophane Arten, die Hüte bis über 5 cm entwickeln können
Universalvelum weiß oder fehlend
Stiel mit gelber, gelbockerlicher oder brauner Grundfarbe

Hutfarbe und meist auch Stiel ockerlich, orange- bis rotbraun
- Geruch erdartig, seltener nach Orangenblüten
  - Lamellen entfernt stehend, gelb- bis rostbraun — **91 *Cortinarius hinnuleus*, Erdigriechender Gürtelfuß**
  - Lamellen nicht entfernt stehend, gelbbraun bis rötlichocker — 92 *Cortinarius balaustinus*, Rundlichsporiger Wasserkopf
- Geruch stechend, nach Zedernholz — 110 *Cortinarius odhinnii*, Glutroter Gürtelfuß
- Geruch unauffällig
  - im Nadelwald, Hut hellocker, gelbbräunlich, kaum hygrophan — 14.5.24 *Thaxterogaster vespertinus*, Orangeblasser Scheinschleimkopf
  - bei Birke, Hut lebhaft rotbraun, hygrophan, Velumreste weiß — 68 *Cortinarius subbalaustinus*, Zimtblättriger Birken-Wasserkopf
- Geruch ± rettichartig, Hut/Stiel orangebraun, aprikosenfarben, im Nadelwald — 45 *Hygronarius renidens*, Quitten-Wasserkopf

Hut dunkelbraun, umbra- bis schwarzbraun, Stiel ockerlich bis braun, im Nadelwald
- Stiel mit weißer (evtl. brauner) ringartiger Velumzone
  - Fleisch dunkelbraun, Hut 3,5–8 cm, Stieldicke 8–15 mm, Sporen 7,5–10 µm — **93 *Cortinarius brunneus*, Dunkelbrauner Gürtelfuß**
  - Fleisch ockerlich
    - Hut 4–10 cm, rötlichbraun, Stieldicke 9–15 mm, Sporen 8,5–10,5 µm — 39 *Cortinarius bovinus*, Dickfüßiger Gürtelfuß
    - Hut 1,5–6 cm, Stieldicke 3–8 mm, Sporen 6–7,5 µm — 96 *Cortinarius fuscoalbus*, Hellblättriger Gürtelfuß
- Stiel ohne weiße Velumspuren (höchstens an der Basis)
  - Fleisch nicht schwärzend
    - im Laubwald, Hut 4–6,5 cm, jung seidig, braun, Petersiliengeruch — 97 *Cortinarius rheubarbarinus*, Rhabarber-Wasserkopf
    - im Nadelwald
      - Hut 4–10 cm, rötlichbraun, Geruch leicht rettichartig — 39 *Cortinarius bovinus*, Dickfüßiger Gürtelfuß
      - Hut 2–7 cm, grau-, dunkelbraun, Stiel braun, Geruch unauffällig — 94 *Cortinarius ectypus*, Düsterer Gürtelfuß
  - Fleisch schwärzend, Hut 3–6,5 cm, braun, braunoliv — 41 *Cortinarius uraceus*, Olivbrauner Wasserkopf

14.3 *Cortinarius (Telamonia),* Seidenköpfe, Dickfüße, Gürtelfüße, Wasserköpfe und Ähnliche
(E2) ▹ kleine, oft dünnfleischige bis fast häutige Arten, Hut < 5 cm breit
Universalvelum weiß oder fehlend
Stiel mit gelber, gelbockerlicher oder brauner Grundfarbe

- Stiel mit weißem, gürtelartigem Velum
  - Fruchtkörper mit hasel-, umbra-, grau- bis schwarzbrauner Farbe
    - nicht alpin, Hut 1–5 cm
      - Hut mit kleinen, weißen Haarschüppchen bedeckt
        - Geruch nach Pelargonien («Geranien»), Sporen ellipsoid, 8–9 × 5–6 µm — **85 *Cortinarius flexipes*, Duftender Gürtelfuß**
        - Geruch unauffällig, Sporen spindelförmig, 7–8,5 × 4–5 µm — **102 *Cortinarius hemitrichus*, Weißflockiger Gürtelfuß**
        - Geruch unauffällig, Sporen rundlich, 6,5–7,5 × 6–7 µm — 103 *Cortinarius comptulus*, Rundsporiger Wasserkopf
      - Hut ohne weiße Schüppchen, höchstens faserig
        - Geruch erdartig, Hut gebuckelt, schwarzbraun, im Laubwald — 104 *Cortinarius umbrinolens*, Tiefdunkler Wasserkopf
        - Geruch nach Pelargonien, Hut kegelig, braun, Laub- oder Nadelwald — **85 *Cortinarius flexipes*, Duftender Gürtelfuß**
        - Geruch rettichartig, Laub- oder Nadelwald — 105 *Cortinarius casimiri*, Großsporiger Buckel-Gürtelfuß
        - Geruch unauffällig, bei Erle, Fleisch evtl. etwas rötend — 107 *Cortinarius iliopodius*, Erlen-Gürtelfuß
    - alpin, bei Zwergweide, Silberwurz, Hut 0,5–3 cm
      - Hut deutlich gerieft
        - Geruch rettichartig, Stiel weißlich faserig, Sporen 9–12,5 µm — 106 *Cortinarius rufostriatus*, Rötlichgeriefter Wasserkopf
        - Geruch unauffällig, Stiel weißlich gegürtelt, Sporen 8–11 µm — 112 *Cortinarius pauperculus*, Rotbrauner Zwerg-Wasserkopf
      - Hut nicht oder wenig gerieft
        - Stiel weiß gegürtelt bis beringt, Hut radialfaserig, Geruch unauffällig — 99 *Cortinarius albonigrellus*, Kontrast-Gürtelfuß
        - Stielbasis schwärzend, Velum flüchtig, Hut ± schuppig, Ger. unauffällig — 100 *Cortinarius scotoides*, Warzigsporiger Almen-Wasserkopf
        - Stiel gelblichweiß, ± gestiefelt, Geruch nach Zedernholz — 101 *Cortinarius lamoureae*, Lamours Gürtelfuß
  - Fruchtkörper mit rötlichgelber, fuchsigbrauner, rotbrauner Farbe
    - Geruch erdartig, Hut 2–7 cm, ocker-, rötlichbraun, Lamellen eher entfernt — **91 *Cortinarius hinnuleus*, Erdigriechender Gürtelfuß**
    - Geruch stark nach Zedernholz
      - Hut 1–3 cm, ockergelb-rötlichbraun, Stiel hell rötlichbraun, 1–4 mm dick — 108 *Cortinarius parvannulatus*, Kleinberingter Gürtelfuß
      - Hut 3–6 cm, gelb- bis orangebraun, Stiel gelb, 4–9 mm dick — 110 *Cortinarius odhinnii*, Glutroter Gürtelfuß
    - Geruch schwach nach Zedernholz, Hut 2–5 cm, gelbbraun, Rand schuppig — 111 *Cortinarius lux-nymphae*, Elfenheide-Gürtelfuß
    - Geruch jodartig, rettichartig, Hut 1–4 cm, rotbraun — 120 *Cortinarius albovariegatus*, Weißgenatterter Wasserkopf
    - Geruch unauffällig
      - bei Nadelbäumen
        - Hut dunkel rötlichbraun
          - Hut 1–3,5 cm, Lamellen jung braun, Sporen 8–9,5 × 5,5–6,5 µm — 114 *Cortinarius striaepilus*, Kegeliger Moor-Gürtelfuß
          - Hut 1,5–6 cm, Lamellen ocker, Sporen 6,5–7,5 × 3,5–4 µm — 96 *Cortinarius fuscoalbus*, Hellblättriger Gürtelfuß
        - Hut trüb braun, 1–5 cm, Lamellen erst blassocker, Sp. 7,5–8,5 × 5–6 µm — 115 *Cortinarius flos-paludis*, Rauchgrauer Gürtelfuß
      - bei Laubbäumen, Hut 1–3,5 cm, graubraun, Stielfleisch rötend — 109 *Cortinarius roseipes*, Farbenfuß-Wasserkopf
      - auf moosigem Buchenholz, Hut 0,5–1,5 cm, feucht kastanienbraun — 113 *Cortinarius fagetorum*, Buchen-Wasserkopf
- Stiel ohne weißes Velum oder nur sehr spärlich und etwas faserig
  - Geruch nach Jod
    - Hut 2–5 cm, lebhaft rot- oder gelbbraun — **119 *Cortinarius obtusus*, Jodoform-Wasserkopf**
    - Hut 0,5–1,5 cm, kegelig, gelb- bis rötlichbraun — **116 *Cortinarius acutus*, Spitzer Wasserkopf**
  - Geruch anders oder unauffällig
    - Hut > 2 cm
      - Hut gelbbraun schuppig, körnig bis etwas sparrig — 48 *Cortinarius angelesianus*, Strubbeliger Gürtelfuß
      - Hut glatt bis faserig
        - Hut lebhaft orangegelb bis aprikosenfarben, glänzend, glatt
          - Hut feucht orangegelb, Geruch unauffällig — 42 *Cortinarius laetus*, Freudiger Wasserkopf
          - Hut lebhaft aprikosenfarben, Geruch rettichartig — 45 *Hygronarius renidens*, Quitten-Wasserkopf
        - Hut grau- bis rotbraun
          - Sporen 8,5–11,5 µm, Hut rotbraun, gerieft, bei Torfmoos — 117 *Cortinarius fulvescens*, Rötlichgelber Wasserkopf
          - Sporen 6,5–8,5 µm, Hut grau- bis rötlichbraun, bei Fichte — 118 *Cortinarius scandens*, Dickhalsiger Wasserkopf
        - Hut umbra- bis schwarz- oder olivbraun
          - Fleisch schwärzend, Hut braun, olivbraun, Laub-/Nadelwald — 41 *Cortinarius uraceus*, Olivbrauner Wasserkopf
          - Fleisch nicht schwärzend, Hut graubraun, bei Laubbäumen — **121 *Cortinarius decipiens*, Dunkelgebuckelter Wasserkopf**
          - Fleisch nicht schwärzend, Hut grau- bis rötlichbraun, bei Fichte — 118 *Cortinarius scandens*, Dickhalsiger Wasserkopf
    - Hut < 2 cm
      - Hut und Stiel lebhaft orangegelb, Geruch unauffällig, im Nadelwald — 42 *Cortinarius laetus*, Freudiger Wasserkopf
      - Hut und Stiel mit braunen, gelb-, rot- bis schwarzbraunen Farben
        - bei Laub- oder Nadelbäumen
          - Hut grau- bis rötlichbraun, Sporen 6–8,5 × 4,5–5,5 µm — 118 *Cortinarius scandens*, Dickhalsiger Wasserkopf
          - Hut gelb- bis rotbraun, Sporen 8–9,5 × 4–5 µm, feuchte Standorte — 125 *Cortinarius helobius*, Kleiner Sumpf-Wasserkopf
        - alpin, bei Zwergweide, Hut dunkel, Rand jung mit weißen Fasern
          - Hut rotbraun, Sporen warzig, 9–11,5 × 5,5–7,5 µm — 123 *Cortinarius subtilior*, Schmächtiger Alpen-Wasserkopf
          - Hut schwärzlichbraun, Sporen grobwarzig, 6,5–9 × 5–6 µm — 124 *Cortinarius inops*, Dunkelhütiger Alpen-Wasserkopf

14.3.01 *Cortinarius spilomeus* (Fr.) Fr.
Kupferschuppiger Seidenkopf

H: 2–5 cm, halbkugelig-glockig, später flach gewölbt, oft stumpf gebuckelt, schwach hygrophan, mit silbergrauem Überzug auf ocker- bis graubraunem Grund, selten mit etwas Violett, Rand mit rostroten Velumresten. **L:** ausgebuchtet, beigebraun mit blassviolettem Schein. **St:** kupfer- bis rostbraune, schuppige Velumreste auf blass graubraunem bis lilagrauem Grund, zylindrisch oder schwach keulig. **F:** graubraun, in der Stielbasis gelbbraun. **Ger:** unauffällig. **V:** im Nadel- oder Mischwald, vorwiegend unter Fichte *Picea* und Birke *Betula*. **Mik:** Sporen feinwarzig, kugelig, 7–8 × 5,5–6,5 µm. (Kr 5.292, BK 5.264?, 🖼).

14.3.01 *Cortinarius spilomeus*, Kupferschuppiger Seidenkopf

14.3.02 *Cortinarius bolaris* (Pers.) Fr. ☠
Rotschuppiger Raukopf

H: 2–6 cm, mit angedrückten, kupfer- bis weinroten Haarschüppchen auf tonblassem Grund. **L:** tonblass, später milchkaffeebraun. **St:** mit rötlichen Schuppenbändern auf blassem Grund, oft hohl, Basis rötlich. **F:** weißlich, im Schnitt langsam, in der Stielbasis lebhaft gelb. **Ger:** unauffällig. **Ges:** mild bis etwas bitter. **Spp:** rostbraun. **V:** vorwiegend im Laubwald, selten im Nadelwald. **Mik:** Sporen warzig, ellipsoid bis kugelig, 6,5–7,5 × 5–5,5 µm. (Kr 5.31, BK 5.167, 🖼).

14.3.02 *Cortinarius bolaris*, Rotschuppiger Raukopf

14.3.03 *Cortinarius valgus* Fr.
Kahler Raukopf, Schiefer Raukopf

H: 2–9 cm, stumpfkegelig, später gewölbt und breit gebuckelt, teils mit konzentrischen Vertiefungen, etwas hygrophan, mit hygrophanen Flecken oder Streifen, feucht düster braun bis olivbraun, trocken heller, in der Mitte evtl. etwas rötlich. **L:** eher entfernt, jung mit blauviolettem Ton, später graulich, graubraun. **St:** ziemlich steif bis knorpelig, Velum gelbbraun, undeutlich, Spitze violettlich, im unteren Teil graubraun. **F:** braungelb, im Stiel auch weißlich oder etwas violett. **Ger:** schwach, etwas erdartig oder nach Leuchtgas. **V:** bei Fichte *Picea* oder im Laubwald, z. B. bei Birke *Betula*, Buche *Fagus*. **Mik:** Sporen warzig, ellipsoid, 8–9 × 5,5–6 µm, schwach dextrinoid.

14.3.04 *Cortinarius colymbadinus* Fr., *Cortinarius zinziberatus* (Scop.) Fr.
Olivgelber Gürtelfuß, Olivgelber Raukopf, Gelbberingter Raukopf

H: 2,5–5 cm, halbkugelig bis flach gewölbt, ockergelblich, matt, feinfaserig, hygrophan, feucht im Scheitel schmutzig braun bis rötlich-braun, lange von grüngelbem Velum überzogen, Rand oft lebhaft gelb, jung mit gelben Haarschleierresten behangen. **L:** zimt- bis rostbraun, Schneiden evtl. heller. **St:** tonblass, an der Basis oft gelblichgrün, Haarschleier und Velumreste gelb. **F:** braun, im Stiel hygrophan gestreift, unter UV-Licht fluoreszierend. **Ger:** unauffällig bis rettichartig. **V:** vorwiegend im Nadelwald bei Fichte *Picea*, bis in höhere Lagen; ab Frühjahr. **Mik:** Sporen warzig, ellipsoid bis etwas mandelförmig, 8–10 × 4,5–5,5 µm, leicht dextrinoid. (Kr 5.48, BK 5.169/182).

Cortinarius isabellinus (Batsch) Fr., Isabellgelber Raukopf: Hut feucht dunkelbraun oder olivbraun, trocken gelbbräunlich, Lamellenschneiden oft gelbflockig, Stiel hellbräunlich, Basis vom Velum gelblich; im Nadelwald.

Gemäß Dima et al. 2014 sind *C. zinziberatus* wie auch *C. isabellinus* Synonyme von *C. colymbadinus*. Breitenbach & Kränzlin 2000 weisen ebenfalls auf die große Ähnlichkeit von *C. colymbadinus* und *C. zinziberatus* hin, unterscheiden aber *C. zinziberatus* aufgrund minim kleinerer Sporen und einer deutlicheren, gelben Ringzone.

14.3.05 *Cortinarius betuletorum* M.M. Moser, *Cortinarius raphanoides* (Pers.) Fr.
Birken-Raukopf, Rettich-Raukopf

H: 2–7 cm, stumpfkegelig-gewölbt, später ausgebreitet und gebuckelt, vom Velum seidig überfasert, schwach hygrophan, feucht olivbraun, oft mit radialen, dunklen Fasern, trocken gelblich, filzig. **L:** schmutzig olivbraun, später rostbraun, Schneiden heller. **St:** ziemlich steif und oft verdreht, etwas blasser als der Hut, Spitze weißlich bis blassoliv, seidig, abwärts mit olivbräunlichen Velumresten, evtl. gegürtelt. **F:** olivbräunlich, in der Basis etwas dunkler und in der Spitze bisweilen bläulich. **Ger:** stark rettichartig. **V:** im Laubwald, vorwiegend bei Birke *Betula*, auf saurem, magerem Boden. **Mik:** Sporen dicht warzig, breit ellipsoid bis etwas kugelig, 7–8 × 5–5,5 µm, dextrinoid. **Ch:** KOH auf Fleisch rotbraun. Aufgrund der gelben Fluoreszenz unter UV-Licht zählte die Art früher zur Sektion *Veneti*. (Kr 5.42, 🖼).

14.3.05 *Cortinarius betuletorum*, Birken-Raukopf

14.3.06 *Cortinarius anomalus* (Fr.) Fr., *Cortinarius azureovelatus* P.D. Orton, *Cortinarius epsomiensis* P.D. Orton
Graubräunlicher Seidenkopf

H: 3–8 cm, gewölbt bis flach ausgebreitet, glatt mit seidig-glimmerigem Schimmer, bisweilen etwas hygrophan, lila-graubraun, ockerbraun, später dunkel graubraun oder rostbraun, Rand oft bläulich, alt etwas gilbend. **L:** schwach ausgebuchtet, eher gedrängt, blauviolett, später rostbräunlich. **St:** weißlich, unterhalb der ockergelben oder weißen Ringzone schwach gelblich gegürtelt, Spitze lilablau, Basis evtl. keulig verdickt. **F:** tonweißlich bis etwas lilaviolett. **Ger:** schwach, evtl.

14.3.06 *Cortinarius anomalus*, Graubräunlicher Seidenkopf

etwas süßlich oder rettichartig. **V:** vorwiegend im Laubwald, seltener im Mischwald. **Mik:** Sporen feinwarzig, breit ellipsoid bis kugelig, 7,5–8,5 × 6–7 µm. **Ch:** ohne Reaktion mit Lauge. (D 776f, Kr 5.204/211, BK 5.249?/251/257f, 🖼).

Von dieser Art werden diverse Varietäten mit mehr oder weniger blauem Farbanteil, glattem bis stark gegürteltem Stiel und von verschiedenen Standorten unterschieden:

14.3.06a *C. anomalus* var. *azureus* (Fr.) Krieglst., *Cortinarius azureus* Fr., Violettblauer Dickfuß, Azurblauer Dickfuß: Hut jung vorwiegend lilaviolett. (D 782, Kr 5.205, BK 5.252, 🖼).

14.3.06b *C. anomalus* var. *calcialpinus* (Bon) Consiglio, D. Antonini & M. Antonini, Kalkholder Alpen-Seidenkopf: Hut 2–4 cm, bei Silberwurz *Dryas*, Weide *Salix*, in Zwergstrauchheide. (BK 5.250, 🖼).

C. anomalus var. *lepidopus* (Cooke) J.E. Lange: Hut höchstens jung leicht violett, danach graubraun, Rand oft etwas rinnig, Stiel deutlicher ockerfarben gegürtelt bis fast schuppig, vor allem bei Birke *Betula* oder Kiefer *Pinus*.

14.3.07 *Cortinarius diabolicus* (Fr.) Fr., *C. anomalus* var. *diabolicus* (Fr.) Krieglst., Ledergelber Dickfuß: Hut 3–5 cm breit, oft etwas radialrunzelig, blass ton- bis lederbraun, Stiel verhältnismäßig dick. (BK 5.256, 🖼).

14.3.08 *Cortinarius anomalellus* Soop, Bräunlichgrauer Seidenkopf: Hut 1–4 cm, halbkugelig bis gewölbt, matt, stellenweise schwach hygrophan, purpur-graubraun, Rand anfangs violettlich und eingerollt, Lamellen eher dicht, violett bis violettbraun, Stiel weiß, später gelblich, Spitze violett, im unteren Teil mit gelbbraunen, locker verteilten, flockigen Velumresten, Fleisch weiß, in der Stielspitze violettlich und in der Basis gelblich, Geruch unauffällig; vorwiegend bei Kiefer *Pinus*, auf sandigem Boden, im Herbst. Sporen warzig, ellipsoid, 9–10,5 × 6–7 µm.

Cortinarius simulatus P.D. Orton, Rettich-Dickfuß: Hut 4–7 cm, schwach seidig-faserig und teils leicht hygrophan, Fruchtkörper mehrheitlich schmutzig lilaviolett, Geruch rettichartig; im Nadel- oder Mischwald. Sporen warzig, breit ellipsoid, 7–8 × 5–6 µm.

Cortinarius albocyaneus Fr., Weißblauer Dickfuß: Hut 2–7 cm, halbkugelig, später ausgebreitet und oft stumpf gebuckelt, jung in der Mitte bläulich, später blass grauweiß mit ockerlicher Mitte, Lamellen eher gedrängt, jung blauviolettlich, später fleischfarben, Stiel weiß mit blauviolettlicher Spitze, Velumreste weiß bis etwas gelblich oder violettlich, Geruch schwach bis säuerlich; vorwiegend bei Birke *Betula* oder Buche *Fagus*. Sporen warzig, breit ellipsoid bis kugelig, 8–9 × 6,5–7,5 µm.

14.3.09 *Cortinarius infractus* (Pers.) Fr. ☠
Bitterer Schleimkopf

H: 3–8 cm, halbkugelig bis flach gewölbt, mäßig schleimig, leicht eingewachsen-faserig, oliv- bis dunkelbraun, Randbereich meist abrupt nach unten gebogen. **L:** ausgebuchtet, jung dunkel olivgrau bis olivschwarz mit hellerer Schneide, später rostbraun. **St:** olivgrau, ockerbraun bis weißlich, Spitze bisweilen mit Blauton, Basis keulig verdickt, seltener knollig. **F:** weißlich bis hell olivgrau, in der Stielspitze auch etwas blauviolett. **Ger:** unauffällig. **Ges:** sehr bitter. **Spp:** rostbraun. **V:** im Laub- und Nadelwald. **Mik:** Sporen grobwarzig, breit ellipsoid bis kugelig, 7–8,5 × 6–7 µm. **Ch:** KOH und Lugol ohne Reaktion. (D 752, Kr 5.128, BK 5.213, Lu 4.136.106, 🖼).

C. infractus f. *olivellus* (M.M. Moser) Nespiak: Hut hell grauoliv bis graubraun, Stielbasis bisweilen etwas gerandet-knollig. (D 753).

Cortinarius anfractoides Rob. Henry & Trescol, Klumpfüßiger Bitter-Schleimkopf: Stielbasis dickkeulig bis unförmig knollig, vorwiegend mediterran bei Laubbäumen. Sporen feinwarzig. (Lu 4.136.108).

14.3.10 *Cortinarius caninus* (Fr.) Fr., *C. anomalus* var. *caninus* (Fr.) Maire
Rostbrauner Dickfuß

H: 3–10 cm, halbkugelig, gewölbt bis ausgebreitet, kaum gebuckelt, fuchsig rostbraun, jung mit zartviolettem Schein. **L:** eher gedrängt, bläulich bis graubraun. **St:** weiß, später gelblichgrau, Spitze bisweilen mit einem Hauch Violett, Ringzone ausgeprägt, im unteren Teil bisweilen etwas flockig, jedoch nicht gegürtelt, fast gestiefelt wirkend. **F:** weißlich, in der Stielspitze bläulich. **Ger:** schwach rettichartig bis etwas süßlich. **Ges:** mild. **Spp:** rostbraun. **V:** vorwiegend im Nadelwald bei Fichte *Picea*. **Mik:** Sporen warzig, ellipsoid bis kugelig, 7,5–9 × 6–7 µm, 4-sporig. (D 781, Kr 5.226, BK 5.254, 🖼).

14.3.11 *Cortinarius cingulatus* (Velen.) Moënne-Locc. & Reumaux, Fastberingter Dickfuß: Hut evtl. gebuckelt, glimmerig bis etwas klebrig, stellenweise schwach hygrophan, anfangs violettblau, später von der Mitte her zunehmend grauocker, Rand eingerollt und bleibend violett, Lamellen lange violett, später braun, Schneiden weißlich, Stiel ockerweiß, Spitze violett, im unteren Teil graugelb mit üppigen, gelbockerlichen, teils gürtelförmigen Velumresten, Geruch aromatisch; im Laub- oder Mischwald. Sporen 9,5–10,5 × 7,5–8,5 µm, mehrheitlich 2-sporig.

14.3.06a *C. anomalus* var. *azureus*, Violettblauer Dickf.

14.3.06b *C. a.* var. *calcialpinus*, Kalkholder Alpen-S.

14.3.07 *Cortinarius diabolicus*, Ledergelber Dickfuß

14.3.09 *Cortinarius infractus*, Bitterer Schleimkopf

14.3.10 *Cortinarius caninus*, Rostbrauner Dickfuß

14.3.12 *Cortinarius tabularis* (Fr.) Fr., *Cortinarius decoloratus* (Fr.) Fr.
Entfärbender Dickfuß, Großer Gürtelfuß

H: 5–10 cm, glockig bis gewölbt und bisweilen etwas gebuckelt oder zentral vertieft, jung schwach schmierig, teils mit dunkleren, hygrophanen Streifen, bald trocken und etwas glimmerig, gelbbraun bis ockerrötlich, gegen den Rand oft graubraun und mit feinen, faserigen Velumresten. **L:** ausgebuchtet, tonbräunlich bis zimt- oder rostbraun, evtl. mit schwachem lila Reflex, Schneiden heller. **St:** weiß, mit weißlichen Velumresten überfasert bis etwas flockig oder gegürtelt, Basis leicht keulig verdickt. **F:** cremefarben. **Ger:** unauffällig. **V:** im Nadel- oder Mischwald, vorwiegend bei Birke *Betula*, auch in höheren Lagen bei Weide *Salix*. **Mik:** Sporen warzig, ellipsoid bis kugelig, 7,5–8,5 × 5,5–6,5 µm. (D 780, Kr 5.237).

14.3.13 *Cortinarius traganus* (Fr.) Fr. ☠
Safranfleischiger Dickfuß

H: 5–12 cm, halbkugelig, dann gewölbt bis flach ausgebreitet, seidig trocken, lila, später blasser und zunehmend gelbbraun, Rand jung mit Velumresten behangen. **L:** schwach ausgebuchtet, gelbbraun, später rostbraun. **St:** lila, später gelbbräunlich, mit einer ± deutlichen Ringzone vom Velum, darunter gegürtelt, Basis keulig verdickt. **F:** safrangelb, im Stiel rostbraun. **Ger:** auffällig, angenehm fruchtartig süßlich nach überreifen Williamsbirnen bis etwas unangenehm nach Acetylen. **V:** im Nadelwald, vorwiegend auf saurem Boden. **Mik:** Sporen warzig, mandelförmig bis ellipsoid, 8–9,5 × 5–6 µm. (D 771, Kr 5.300, BK 5.267, 🖼).

Cortinarius niveotraganus Kytöv., Niskanen & Liimat.: Hut 4–9 cm, jung weißlich, faserig, später braun, streifig hygrophan, bei Laubbäumen, vorwiegend Birke *Betula;* Frühsommer bis Herbst. Sporen stark warzig, mandelförmig bis ellipsoid, 9–11 × 5,5–6 µm.

14.3.14 *Cortinarius venustus* P. Karst., Schmuckstiel-Gürtelfuß: Hut 3–7 cm, ockerbraun, Rand mit lila Velumfetzen, Stiel anfangs ganz lilaviolett, vom lilaweißlichen Velum zottig gegürtelt, Basis später gelbbraun, nicht verdickt; im Nadelwald, vorwiegend bei Fichte *Picea* oder bei Birke *Betula*. Sporen feinwarzig, breit ellipsoid, 9,5–10,5 × 5,5–6,5 µm.

Cortinarius venustissimus Bidaud, Lila-Dickfuß: Hut 4–9 cm, silbrig-graubraun, später blass ockerbraun, Stiel blass lilaviolett, mit spärlichen Velumresten schwach gegürtelt, Basis keulig verdickt; im Nadelwald, vorwiegend bei Fichte *Picea*. Sporen feinwarzig, schmal ellipsoid, 7,5–8,5 × 4,5–5,5 µm.

14.3.15 *Cortinarius camphoratus* (Fr.) Fr.
Bocks-Dickfuß

H: 5–12 cm, halbkugelig, später gewölbt bis flach ausgebreitet, fein faserig-filzig, lilaweißlich, später gelblich verfärbend. **L:** schwach ausgebuchtet, jung blauviolett, später rost- bis dunkel zimtbraun. **St:** weiße faserig-flockige Velumreste auf blass lilaviolettem Grund, Basis keulig verdickt. **F:** weißlich bis blauviolett, in der Stielbasis bald ockergelblich. **Ger:** stark und unangenehm nach verbranntem Horn stinkend, je nach Literatur auch käsig oder nach Schweißfüßen. **V:** im Nadelwald. **Mik:** Sporen fein und dicht feinwarzig, mandelförmig bis ellipsoid, 9,5–10,5 × 6–6,5 µm, schwach dextrinoid, Cheilozystiden vereinzelt auffällig, spindelig bis flaschenförmig. (D 772f, Kr 5.224, BK 5.253, 🖼).

Cortinarius infestans Moënne-Locc.: Hut 3–6 cm; im Laubwald. Sporen 8,5–10 × 5–5,5 µm, sehr schwach dextrinoid.

14.3.16 *Cortinarius brunneotinctus* Niskanen, Liimat., Ammirati, André Paul & Lebeuf, *Cortinarius muricinus* Fr.
Violettfuchsiger Schleimkopf

H: 4–10 cm, erst blaulila, bald vom Scheitel aus fuchsig- bis rötlichbraun, Rand heller. **L:** ausgerandet, schwach lilablau, später ockerbräunlich. **St:** lilaweißlich, Basis keulig bis knollig, bräunlich. **F:** blass lilaviolett. **Ger:** rettichartig oder nach verbranntem Horn. **Spp:** rostbräunlich. **V:** im Nadelwald. **Mik:** Sporen isoliert warzig, ellipsoid, 7–8,5 × 5,5–6 µm.

14.3.17 *Cortinarius alboviolaceus* (Pers.) Fr.
Weißvioletter Dickfuß

H: 3–8 cm, halbkugelig, später gewölbt bis flach ausgebreitet, eingewachsen-faserig, seidig glänzend, silbrigblau, später ockerweiß. **L:** ausgebuchtet, jung bläulich bis grauviolett, später ton- bis zimtbraun, Schneiden weißlich. **St:** hell blauweiß, später gilbend, im unteren Teil vom weißen Velum gegürtelt. **F:** weißlich bis blassviolett, in der Stielbasis gelblich. **Ger:** unauffällig. **V:** im Laubwald, vorwiegend auf feuchtem bis moorigem Boden. **Mik:** Sporen warzig, ellipsoid, etwas dickwandig, 8,5–10 × 6–6,5 µm. (D 774, Kr 5.200, BK 5.248, 🖼).

14.3.18 *Cortinarius argentatus* (Pers.) Fr., Silberner Dickfuß: Hut stark silbrigblau faserig, Stiel weißlich und kahl, Geruch rettichartig; im Laubwald.

14.3.13 *Cortinarius traganus*, Safranfleischiger Dickfuß

14.3.15 *Cortinarius camphoratus*, Bocks-Dickfuß

14.3.17 *Cortinarius alboviolaceus*, Weißvioletter Dickfuß

Cortinarius argenteopileatus Nezdojm., *Cortinarius subargentatus* P.D. Orton, Weißer Dickfuß: Hut blass, kaum Blautöne, Lamellen jung blauviolett, später graulich bis rostbräunlich, Stiel kahl, Geruch unauffällig; vorwiegend bei Birke *Betula*, im moorigen Gebiet. Sporen feinwarzig, breit ellipsoid bis kugelig, 7,5–8,5 × 5,5–6,5 µm. (BK 5.265).

14.3.19 *Cortinarius malachius* (Fr.) Fr., *Cortinarius malachioides* P.D. Orton
Lederbrauner Dickfuß, Hygrophaner Dickfuß

H: 3–8 cm, halbkugelig, später gewölbt bis flach ausgebreitet, seidig bis feinfaserig oder gar feinschuppig, blass ockergelb bis ocker-weißlich, Rand anfangs blasslila, bald graubraun verblassend, bisweilen etwas hygrophan. **L:** ausgebuchtet, graulila, später bräunlich. **St:** blasslila, später weißlich, längsfaserig, Basis keulig verdickt bis knollig. **F:** weißlich bis blasslila. **Ger:** unauffällig. **Ges:** unauffällig. **V:** im Nadelwald, bei Fichte *Picea*. **Mik:** Sporen feinwarzig, ellipsoid bis etwas mandelförmig, 10–11 × 6–7 µm, schwach dextrinoid. (Kr 5.264, BK 5.259).

Gemäß Schmidt-Stohn et al. 2019 handelt es sich bei *C. malachioides* nicht um ein Synonym von *C. malachius* wie in anderen Literaturangaben, sondern um eine Art aus dem Umfeld von *T. riederi*, Lilastieliger Scheinschleimkopf mit oft gerandet-knolligem Stiel aus dem Laub- oder Mischwald, vorwiegend bei Birke *Betula*, Linde *Tilia*, Hasel *Corylus*. Sporen 9,5–12 × 6–7,5 µm.

Cortinarius quarciticus H. Lindstr., Quarz-Dickfuß: Stiel bisweilen etwas vom weißen Velum gegürtelt, Fleisch blass grauweiß; bei Kiefer *Pinus*. Sporen warzig, ellipsoid, 7,5–8,5 × 4,5–5,5 µm, schwach dextrinoid. (Kr 5.279).

14.3.20 *Cortinarius turgidus* Fr.
Tonweißer Dickfuß

H: 4–10 cm, halbkugelig, später gewölbt bis flach und bisweilen flach gebuckelt, glänzend-glimmerig, jung wie bereift, schwach hygrophan, silbergrau, in der Mitte gelblich bis tongrau. **L:** schwach ausgebuchtet, grauweiß bis beige, Schneiden heller. **St:** weißlich bis blassocker, Spitze bisweilen schwach violett, im unteren Teil durch das weiße Velum erst wollig, später faserig, Basis keulig bis knollig verdickt und etwas wurzelnd. **F:** weißlich, in der Stielspitze etwas violett. **Ger:** unauffällig bis obstartig. **Ges:** mild. **Spp:** rostbraun. **V:** im Laubwald, vorwiegend bei Buche *Fagus*. **Mik:** Sporen feinwarzig, ellipsoid bis mandelförmig, etwas dickwandig, 9–10,5 × 5,5–6,5 µm. (D 775, Kr 5.302, BK 5.268, 🖼).

14.3.21 *Cortinarius urbicus* (Fr.) Fr., Weiden-Dickfuß: Hut 2–8 cm, blassgrau, Mitte graugelb, Stiel jung vom weißen Velum gestiefelt, später angedrückt beringt; auf grasigem Boden, außerhalb oder im lichten Wald, vorwiegend bei Weide *Salix*, Birke *Betula* oder Hasel *Corylus*. Sporen feinwarzig, ellipsoid, dünnwandig, 8,5–9,5 × 5–5,5 µm, leicht dextrinoid. (Kr 5.305, BK 5.269).

14.3.22 *Cortinarius niveoglobosus* H. Lindstr., Schneeball-Dickfuß: Hut anfangs weiß, später von der Mitte her ockergelblich, Stiel weiß und anfangs vom weißen Velum gestiefelt, Geruch in den Lamellen obstartig, im Fleisch nach Rettich; im Laubwald, vorwiegend bei Pappel *Populus*, auf kalkreichem Boden, schon ab Sommer. Sporen feinwarzig, schmal mandelförmig bis etwas spindelig, 7–8,5 × 4–5 µm, leicht dextrinoid.

Cortinarius argillaceosericeus Kytöv., Niskanen & Liimat., *Cortinarius diosmus* Kühner, Wohlgeruch-Seidenkopf: Hut weiß bis graubräunlich, Lamellen grau bis gelblichbraun, Stiel im unteren Teil bisweilen flüchtig bescheidet; im Nadelwald. Sporen feinwarzig, am Scheitel stärker, ellipsoid, 8,5–9,5 × 5–5,5 µm, leicht dextrinoid.

Cortinarius opimus Fr., Unförmiger Dickfuß: Hut 5–10 cm, kaum hygrophan, ocker bis rostbraun, radialfaserig, Mitte bisweilen feinschuppig, Lamellen jung hellviolett, später rosaocker bis rostbraun, anastomisierend, Stiel kurz und dick, Spitze violettlich, darunter weiß und später bräunlich faserig, Basis keulig bis knollig; vorwiegend im Nadelwald bei Fichte *Picea*. Sporen feinwarzig, breit ellipsoid bis kugelig, 7–9,5 × 6–8 µm. (BK 5.261?).

14.3.23 *Cortinarius pholideus* (Lilj.) Fr.
Braunschuppiger Gürtelfuß, Braunschuppiger Dickfuß

H: 3–9 cm, kegelig bis halbkugelig, später flach gewölbt und oft spitzbuckelig, mit feinen rötlich- bis dunkelbraunen, sparrigen Schüppchen auf etwas hellerem Grund, gegen den fein behangenen Rand heller. **L:** ausgebuchtet, ganz jung blassbraun mit lilaviolettem Schein, später zimtbraun, Schneiden meist heller. **St:** Spitze glatt und erst blasslila, später weiß, unter der Ringzone deutlich braun genattert bis sparrig geschuppt. **F:** cremefarben. **Ger:** unauffällig bis eigenartig, je nach Literatur auch nach Mandarinen, Lavendel, Muskatnuss, Gras. **V:** im Laubwald, vorwiegend auf feuchtem, saurem Boden, bei Birke *Betula*. **Mik:** Sporen warzig, breit ellipsoid bis kugelig, 7–8 × 5–6 µm, dextrinoid. (D 778f, Kr 5.271, BK 5.262, 🖼).

14.3.24 *Cortinarius aprinus* Melot
Wildschwein-Gürtelfuß

H: 4–10 cm, halbkugelig-glockig bis flach gewölbt und evtl. schwach gebuckelt, eingewachsen faserig-marmoriert bis fleckig, stellenweise schwach hygrophan, hell grau-, schmutzig- bis rotbräunlich, Rand jung mit grauweißen Velumresten behangen. **L:** hell

14.3.20 *Cortinarius turgidus*, Tonweißer Dickfuß

14.3.23 *Cortinarius pholideus*, Braunschuppiger Gürtelfuß

14.3.24 *Cortinarius aprinus*, Wildschwein-Gürtelfuß

graubraun, bisweilen etwas blauviolettlich. **St:** kräftig und fest, graubraun faserig, schließlich dunkelbraun werdend, Basis keulig bis gerandet-knollig, oft rübenartig. **F:** dick, graubräunlich, in der Stielspitze bisweilen blauviolett. **Ger:** unauffällig bis etwas blütenartig-süßlich. **V:** im Laubwald, vorwiegend auf kalkreichem Boden; Sommer bis Herbst. **Mik:** Sporen warzig, breit ellipsoid bis leicht mandelförmig, 9–10,5 × 5,5–7 µm, dickwandig, stark dextrinoid. (Kr 5.207,).

14.3.25 *Cortinarius disjungendus* P. Karst.
Holziger Gürtelfuß

H: 4–10 cm, halbkugelig bis gewölbt und gebuckelt, eingewachsen faserig-marmoriert bis fleckig, hygrophan, feucht umbra- bis graubraun, Rand graubraun, radialfaserig, alt zunehmend dunkel gefärbt. **L:** graubraun, Schneiden heller. **St:** kräftig, graubraun faserig, Basis dunkler, evtl. keulig erweitert. **F:** graubräunlich, hygrophan streifig. **Ger:** unauffällig bis schwach säuerlich. **V:** im Laubwald; Sommer bis Herbst. **Mik:** Sporen warzig, ellipsoid, 9,5–12 × 6–7 µm, leicht dextrinoid.

Cortinarius clarobrunneus (H. Lindstr. & Melot) Niskanen, Kytöv. & Liimat.: Hut 3–8 cm, stark hygrophan, blass graulichbraun bis braun, Stiel mit spärlichen, weißen bis blass bräunlichen Velumresten, nicht gegürtelt, Fleisch rot- bis dunkelbraun, Geruch unauffällig bis schwach rettichartig; vorwiegend bei Kiefer *Pinus*. Sporen 7–8,5 × 5–6,5 µm.

Cortinarius sordescens Rob. Henry, Angebrannter Wasserkopf: Hut weißlich faserig, hygrophan, schokoladen-, später aprikosenbraun, Lamellen blass grau- bis dunkelbraun, Schneiden etwas heller, Stiel weißlich bis schmutzig grau mit angedeuteter Ringzone und faserigen, weißen Velumresten, Geruch unauffällig bis leicht pelargonienartig («Geranien»); im Laubwald, Spätsommer bis Herbst. Sporen grobwarzig, mandel- bis spindelförmig, 9–11 × 5,5–6,5 µm, leicht dextrinoid.

14.3.26 *Cortinarius armillatus* (Fr.) Fr.
Geschmückter Gürtelfuß

H: 4–12 cm, halbkugelig, später flach gewölbt und meist etwas gebuckelt, fein rötlichbraun faserig-schuppig auf gelbbraunem Grund, Rand heller, mit ziegelroten Velumresten. **L:** schwach ausgebuchtet, gelb- bis rostbraun, Schneiden heller. **St:** weißlich faserig auf graubraunem Grund, im unteren Teil mit deutlichen ziegelroten Gürteln. **F:** grauweiß bis graubräunlich. **Ger:** unauffällig. **Ges:** mild. **Spp:** zimtbraun. **V:** im Laub- oder Mischwald, vorwiegend bei Birke *Betula*, auf saurem, nährstoffarmem Boden; Sommer bis Herbst. **Mik:** Sporen warzig, mandelförmig bis etwas ellipsoid, dickwandig, 9,5–12 × 6–7 µm, stark dextrinoid. (D 799, Kr 5.210, BK 5.295,).

Niskanen et al. 2011 unterscheiden in der Sektion *Armillati* weitere Arten aufgrund von Velumfarbe, Standort, Sporenform und -größe:

Cortinarius luteo-ornatus (M.M. Moser) Bidaud, Moënne-Locc. & Reumaux, *C. armillatus* var. *luteo-ornatus* M.M. Moser, *C. paragaudis* subsp. *oenochelis* H. Lindstr.: Hut 3,5–10 cm, rötlich- bis ockerbraun, mit hygrophanen Streifen, Hutrand mit rosa- bis weinroten Velumresten, Stiel weiß faserig, später graulich braun, Basalmycel weiß bis blassrosa, Velumreste im unteren Stielteil jung rosa bis gelbbraun, später wein- bis ziegelrot gegürtelt; im Nadelwald bei Fichte *Picea*, subalpin auch bei Birke *Betula*. Sporen warzig, breit ellipsoid bis kugelig, dünn- bis mäßig dickwandig, 8,5–10 × 6,5–7,5 µm, leicht dextrinoid.

14.3.27 *Cortinarius paragaudis* Fr., Purpurroter Gürtelfuß: Hut 3–7 cm, deutlich eingewachsen-faserig, graulich- bis ockerbraun, mit hygrophanen Streifen, Rand mit weinroten Schleierresten, Stiel im unteren Teil und jung manchmal mit gelblichbraunen, später weinroten Velumresten gegürtelt, Basalmycel weißlich bis rosa, Geruch leicht rettichartig; im Nadelwald, bei Fichte *Picea*, subalpin auch bei Birke *Betula*. Sporen warzig, breit ellipsoid bis kugelig, dünn- bis mäßig dickwandig, 6,5–8 × 5–6,5 µm, nicht oder leicht dextrinoid. ().

Cortinarius pinigaudis Niskanen, Kytöv. & Liimat.: Hut 3,5–8 cm, evtl. etwas eingewachsen-faserig, graulich- bis gelblichbraun, mit hygrophanen Steifen, am Hutrand mit gelblichen bis rötlichen Velumresten, Stiel im unteren Teil mit einer bis wenigen erst gelblichbraunen und später weinrötlichen Gürtelzonen, Geruch leicht rettichartig; im Nadelwald bei Kiefer *Pinus*. Sporen warzig, breit ellipsoid bis kugelig, dünn- bis mäßig dickwandig, 6–7 × 4,5–6 µm, nicht oder leicht dextrinoid.

Cortinarius roseoarmillatus Niskanen, Kytöv. & Liimat.: Hut 3–8 cm, rosa- bis lilabraun, mit hygrophanen Steifen, am Hutrand mit lebhaft rosaroten Velumresten, Stiel weiß faserig, später graulich braun, Basalmycel weiß, im unteren Teil des Stiels mit rosaroten Velumresten, Fleisch weißlich bis braun; im Laubwald. Sporen warzig, mandelförmig bis ellipsoid, dickwandig, 6,5–8,5 × 5–6 µm, stark dextrinoid.

Cortinarius suboenochelis Kytöv., Liimat. & Niskanen, *C. subarmillatus* var. *picetorum* Moënne-Locc.: Hut 4,5–10 cm, oft gebuckelt, im Zentrum mit kleinen rötlichen Velumschuppen, jung blass- bis graubraun mit blauem Farbanteil, später braun, mit dunklen hygrophanen Streifen, Lamellen und Fleisch im oberen Stielteil jung bläulich, Velumreste rosa; bei Fichte *Picea*. Sporen warzig, mandelförmig bis ellipsoid, dünn- bis mäßig dickwandig, 8,5–11 × 6–7,5 µm, leicht dextrinoid.

14.3.28 *Cortinarius praestigiosus* (Fr.) M.M. Moser, *C. paragaudis* var. *praestigiosus* Fr., Rötlichgegürtelter Wasserkopf: Hut 1–4 cm, glockenförmig bis gewölbt und gebuckelt, dunkel rötlichbraun mit schwärzlicher Mitte, Stiel schlank, kaum über 4 mm dick, weißlich faserig, Spitze oft bläulich-violett, darunter mit erst weißen, jedoch bald rotbraunen, teils

14.3.26 *Cortinarius armillatus*, Geschmückter Gürtelfuß

14.3.27 *Cortinarius paragaudis*, Purpurroter Gürtelfuß

ringartigen Velumresten, Fleisch im Hut dunkelbraun, im Stiel blass mit einem Purpurton; im Laubwald. Sporen fein bis mäßig warzig, 7,5–8,5 × 4,5–5,5 µm.

14.3.29 *Cortinarius inconspicuus* J. Favre, *Cortinarius erubescens* M.M. Moser, Rötender Wasserkopf, Braunfaseriger Alpen-Wasserkopf: Hut 2–5 cm, glockenförmig bis gewölbt und gebuckelt, glänzend, kastanien- bis schwarzbraun, Stiel eher stämmig, meist über 4 mm dick, blass, weißlich faserig, an der Basis rötend, Velumreste spärlich, gürtelförmig, erst weiß, später rötend, Fleisch im Hut dunkelbraun, im Stiel blass und leicht rötend, Geruch unauffällig; vorwiegend im Laubwald. Sporen leicht warzig bis fast glatt, 7,5–8,5 × 4–5 µm.

14.3.30 *Cortinarius badiovinaceus* M.M. Moser, Weinbrauner Gürtelfuß, Weinbrauner Wasserkopf: Hut 3–6 cm, kegelig bis halbkugelig, später ausgebreitet und gebuckelt, matt, hygrophan, weinbraun, im Scheitel dunkler, schwarzbraun, Lamellen erst gelbbräunlich, später lebhaft gelbbraun, Stiel im unteren Teil oft mit weinroten bis weinbraunen Gürteln; im Nadelwald, vorwiegend bei Fichte *Picea*. Sporen warzig, ellipsoid bis kugelig, dünnwandig, 6,5–7,5 × 5–5,5 µm, leicht dextrinoid. (D 810).

14.3.31 *Cortinarius heterocyclus* Soop: Hut 2,5–6 cm, im subalpinen Mischwald, vorwiegend bei Birke *Betula*. Sporen 7,5–8,5 × 5–5,5 µm.

14.3.32 *Cortinarius boulderensis* A.H. Sm., Zierlicher Gürtelfuß: Hut 1–3 cm, rost-, rötlich bis violettbraun, Rand weißlich faserig, Lamellen jung lilagrau, später zimtbraun, Schneiden gelb, gewimpert, Fleisch lilabraun bis braun, Stiel mit 1–2 lebhaft orangen Velumgürteln; im subalpinen Nadelwald. Sporen 7,5–8,5 × 4,5–5,5 µm.

14.3.33 *Cortinarius bulliardii* (Pers.) Fr., *Cortinarius pseudocolus* M.M. Moser
Feuerfüßiger Wasserkopf, Feuerfüßiger Gürtelfuß

H: 2–7 cm, kegelig bis gewölbt, hygrophan, feucht kastanienbraun, trocken heller grau- bis rötlichbraun, Rand mit feuerroten Velumresten. **L:** ausgebuchtet, hell violett-graubraun, später rostbraun, Schneiden heller. **St:** längsfaserig, Spitze anfangs violettlich, Basis keulig verdickt und mit feuer- oder zinnoberroten Velumresten. **F:** blass bis lilabräunlich, in der Stielrinde rot. **Ger:** unauffällig bis säuerlich. **V:** im Laubwald, auf kalkreichem Boden. **Mik:** Sporen grobwarzig, ellipsoid bis mandelförmig, 9–10 × 5,5–6 µm, dextrinoid. **Ch:** KOH im Stiel violett. (D 800, Kr 5.222, BK 5.305, 🖼).

14.3.34 *Cortinarius colus* Fr., *Cortinarius subminiatopus* Kytöv., Niskanen & Liimat.
Zinnoberfüßiger Wasserkopf

H: 0,5–2,5 cm, kegelig bis halbkugelig, später ausgebreitet und bisweilen etwas gebuckelt, kahl, hygrophan, fuchsig-rötlichbraun, trocken heller ockerbraun, Rand mit rötlichen, faserigen Velumresten. **L:** eher entfernt, gelblich- bis zimtbraun. **St:** ockerbräunlich, Spitze heller, weißlich seidig-faserig, gegen die Basis zunehmend mit orangeroten Velumresten. **F:** wässrig ocker- bis rotbräunlich. **Ger:** unauffällig. **V:** im Nadelwald, vor allem auf feuchtem Boden im Moos bei Fichte *Picea*; Spätsommer bis Herbst. **Mik:** Sporen warzig, ellipsoid, 9–11,5 × 5,5–6,5 µm, leicht dextrinoid. **Ch:** KOH im unteren Stielteil violett. (🖼).

Cortinarius miniatopus J.E. Lange, Rotfüßiger Gürtelfuß: Hut bis 2 cm breit. Sporen 6–9 × 4–5,5 µm.

Brandrud et al. 1990 bezeichnen *C. miniatopus* als Synonym von *C. colus*. Gemäß Liimatainen et al. 2020 entspricht die verbreitete Verwendung des Namens *C. colus* nicht der ursprünglichen Beschreibung von Fries 1838. Sie vermuten hinter der Art von Fries eher ein Synonym von *C. bulliardii*. Was unter *C. colus* beschrieben wird, beinhaltet nach Liimatainen et al. 2020 zwei Arten: *C. subminiatopus* mit etwas größeren Fruchtkörpern und etwas größeren Sporen (Liimatainen 2017), für die wir hier noch den gängigen Namen *C. colus* verwenden und *C. miniatopus* mit kleineren Fruchtkörpern und kleineren Sporen.

14.3.35 *Cortinarius cinnabarinus* Fr. ☠
Zinnoberroter Buchen-Gürtelfuß, Zinnoberroter Wasserkopf

H: 4–8 cm, gewölbt, matt bis feinfilzig, hygrophan, lebhaft zinnober- bis kirschrot. **L:** ausgebuchtet angewachsen, lebhaft rot. **St:** glatt, wie der Hut gefärbt. **F:** orangerot. **Ger:** unauffällig, evtl. schwach nach Rettich. **Spp:** rostbraun. **V:** bei Laubbäumen, vorwiegend Buche *Fagus* und Hainbuche *Carpinus*; Sommer bis Herbst. **Mik:** Sporen grobwarzig, mandelförmig, 7,5–8,5 × 4,5–5,5 µm, dextrinoid. (D 709, Kr 5.231, BK 5.311, 🖼).

14.3.36 *Cortinarius aurantiomarginatus* Jul. Schäff. ex M.M. Moser
Orangerandiger Gürtelfuß, Orangeschneidiger Gürtelfuß

H: 1,5–5 cm, kegelig bis halbkugelig, später gewölbt und meist gebuckelt, stark hygrophan, gelb- bis orange- oder rotbraun, Rand zuerst vom Velum orange, später feinschuppig, evtl. durchscheinend gerieft. **L:** orange bis purpurbraun, Schneiden gelb und bewimpert. **St:** graugelb faserig, Spitze bisweilen etwas bläulich, im unteren Teil vom gelborangen bis braunroten Velum flockig oder gebändert, Basis zunehmend dunkelbraun, evtl. schwach verdickt, Basalmycel orange. **F:** braun bis rötlichbraun. **Ger:** nach Zedernholz. **V:** im Nadelwald, vorwiegend auf kalkhaltigem Boden, bei Fichte *Picea*.

14.3.33 *Cortinarius bulliardii*, Feuerfüßiger Wasserkopf

14.3.34 *Cortinarius colus*, Zinnoberfüßiger Wasserkopf

14.3.35 *Cortinarius cinnabarinus*, Zinnoberroter Buchen-Gürtelfuß

Mik: Sporen grobwarzig, mandelförmig, 7,5–8,5 × 4,5–5,5 µm, dextrinoid. **Ch:** Fleisch mit KOH etwas rötend.

14.3.37 *Cortinarius fuscoperonatus* Kühner
Schwarzbraungegürtelter Gürtelfuß

H: 3–8 cm, halbkugelig bis flach gewölbt und oft gebuckelt, rötlich- bis schwarzbraun, gegen den lange eingebogenen Rand heller und durch graubraune bis grauschwarze Velumreste faserig bis feinschuppig. **L:** ocker- bis schmutzig braun, Schneiden heller. **St:** weiß bis grauweiß, Spitze bisweilen lila, im unteren Teil bräunlich und vom grau- bis schwarzbraunen Velum flockig oder gegürtelt. **F:** braunweiß, in der Stielbasis braun, in der Spitze lila. **Ger:** unauffällig oder schwach nach Obst. **V:** im moosigen Nadelwald, auf kalkreichem Boden. **Mik:** Sporen grobwarzig, ellipsoid, 10–12 × 6,5–7,5 µm. (Kr 5.248, BK 5.325, 🖼).

14.3.38 *Cortinarius rusticus* P. Karst., *Cortinarius canabarba* M.M. Moser
Wolfs-Gürtelfuß

H: 5–14 cm, halbkugelig-kegelig bis flach gewölbt und meist gebuckelt, faserig-filzig bis leicht schuppig, blass graubraun bis braunoliv, selten mit etwas Violett, Rand mit häutigen, erst weißen, bald braunen und deutlichen Velumresten. **L:** ausgebuchtet, dicklich, blass graubraun, später rostbraun. **St:** weißlich bis bräunlich, Spitze oft etwas violett, im unteren Teil braun zottig gegürtelt und keulig verdickt. **F:** weißviolett bis graubräunlich. **Ger:** etwas säuerlich. **V:** im Nadelwald, vorwiegend unter Fichte *Picea,* auf saurem Boden. **Mik:** Sporen feinwarzig, ellipsoid, dickwandig, 8,5–10,5 × 6–7 µm, dextrinoid.

14.3.39 *Cortinarius bovinus* Fr., Dickfüßiger Gürtelfuß: Hut 4–10 cm, kahl, dunkel rötlichbraun, hygrophan, Rand oft abgeknickt, Lamellen eher entfernt, dicklich, grau- bis dunkelbraun, Stiel grau- bis ockerweißlich, erst weiß faserig, später einfach bräunlich gegürtelt bis etwas bescheidet, Spitze weißlich, Basis braun faserig, stark keulig bis knollig verdickt, Fleisch weiß bis bräunlich, evtl. schwärzend, Geruch unauffällig bis rettichartig. Sporen warzig, 8–10 × 5,5–6,5 µm. (Kr 5.217, BK 5.300, 🖼).

14.3.40 *Cortinarius crassifolius* (Velen.) Kühner & Romagn. ex Bon, Breitblättriger Wasserkopf: Hut 3–8 cm, halbkugelig, später gewölbt und gebuckelt, deutlich hygrophan, dunkel bis schwärzlichbraun, Rand oft durchscheinend gerieft, Universalvelum grau- bis grünlichgelb, Lamellen schokoladenbraun, Stiel grauweiß faserig, Druckstellen bräunend, Fleisch braun bis dunkelbraun, Geruch unauffällig bis rettichartig; Spätsommer bis Herbst. Sporen grobwarzig, ellipsoid bis mandelförmig, 11–12 × 7–7,5 µm, stark dextrinoid.

14.3.41 *Cortinarius uraceus* Fr.
Olivbrauner Wasserkopf

H: 2–6 cm, kegelig bis halbkugelig, später ausgebreitet und oft gebuckelt, hygrophan, feucht dunkel umbrabraun, trocken mit leicht gelbolivem Ton, Rand evtl. durchscheinend gerieft und meist abgebogen. **L:** zimtgelbbraun bis braun, rötlichbraun, Schneiden safrangelb. **St:** meist weniger als 1 cm dick, graugelb bis graubraun, faserig, mit mehr oder weniger deutlich grünem Hauch, Velum graugelb, graugrünlich faserig bis schwach ringförmig. **F:** graubraun, dunkelbraun und im Alter zunehmend schwärzend. **Ger:** unauffällig. **V:** im Laub- oder Nadelwald, vorwiegend bei Fichte *Picea*; Spätsommer bis Herbst. **Mik:** Sporen warzig, mandelförmig, teils etwas dickwandig, 8,5–9,5 × 5–5,5 µm, stark dextrinoid. (Kr 5.304, BK 5.379).

Cortinarius rubricosus (Fr.) Fr., Schwärzender Wasserkopf: Hut bis 8 cm breit und Stiel meist über 1 cm dick, ohne Grüntöne, Lamellen und Stiel braun und schwärzend. Sporen 7–9 × 5,5–6,5 µm.

14.3.42 *Cortinarius laetus* M.M. Moser
Freudiger Wasserkopf

H: 1–5 cm, kegelig-glockig, später gewölbt und stumpf gebuckelt, hygrophan, jung mit dichten, ockergelblichen, faserig-schuppigen Velumresten bedeckt, darunter lebhaft rötlichbraun, später aprikosenfarben, Rand lange eingebogen, orangegelb, evtl. schwach gerieft. **L:** schmal angeheftet, rost-gelbbraun. **St:** ockerfarben mit unregelmäßigen gelben bis ockergelben Velumfetzen oder -zonen. **V:** oft gesellig, im Bergnadelwald. **Mik:** Sporen feinwarzig, ellipsoid, 8–10 × 5–6 µm. **Ch:** Fleisch mit KOH blassbraun.

14.3.43 *Cortinarius detonsus* (Fr.) Fr., Messing-Gürtelfuß: Hut spitzkegelig bis halbkugelig, später flach gewölbt, spitz gebuckelt, seidig, hygrophan, lebhaft ockergelb, Lamellen blass gelblich- bis zimtbraun, Stiel weißlich mit gelben bis ockergelben Velumresten, teilweise gegürtelt; im Nadelwald, vorwiegend bei Fichte *Picea,* Spätsommer bis Herbst. Sporen feinwarzig, fast glatt, ellipsoid, 9–10 × 5,5–6 µm, leicht dextrinoid. (BK 5.342).

14.3.44 *Cortinarius ochrophyllus* Fr.
Ockerblättriger Seidenkopf

H: 2–6 cm, kegelig, später gewölbt und meist gebuckelt, hygrophan, trocken und matt, feinfaserig, grau- bis gelbbraun, evtl. etwas oliv, Rand heller. **L:** ausgebuchtet, graugelblich, später milchkaffee- bis rostbraun. **St:** gegürtelt oder mit schwacher gelbbrauner Natterung auf weißem Grund, zylindrisch oder mit leicht keulig verdickter Basis. **F:** weißlich bis gelblich. **Ger:** unauffällig. **Ges:** mild. **V:** im Nadel- oder Mischwald, vorwiegend bei Fichte *Picea,* auf saurem, moosreichem, feuchtem Boden. **Mik:** Sporen warzig, ellipsoid bis kugelig, 7,5–8 × 5,5–6 µm, leicht dextrinoid. (BK 5.260).

14.3.45 *Hygronarius renidens* (Fr.) Niskanen & Liimat., *Cortinarius renidens* Fr.
Quitten-Wasserkopf

H: 2–5 cm, gewölbt und stumpf gebuckelt, glatt, stark hygrophan, feucht orangebraun, trocken lebhaft aprikosenfarben, Rand oft abgeknickt. **L:** hell-, gelblichbraun bis rostocker. **St:** ockerbraun mit braunen Fasern, teils mit flüchtigen Velumresten. **F:** weißlich.

14.3.37 *Cortinarius fuscoperonatus,* Schwarzbraungegürtelter Gürtelfuß

14.3.39 *Cortinarius bovinus,* Dickfüßiger Gürtelfuß

14.3.45 *Hygronarius renidens,* Quitten-Wasserkopf

Ger: unauffällig bis leicht rettichartig. **Ges:** unauffällig. **V:** im moorigen Nadel- oder Mischwald, oft bei Fichte *Picea*; Sommer bis Herbst. **Mik:** Sporen deutlich warzig, ellipsoid bis kugelig, 6–7 × 5–5,5 µm, leicht dextrinoid. (Kr 5.279, BK 5.356).

14.3.46 *Cortinarius gentilis* (Fr.) Fr.
Goldgelber Raukopf

H: 2–6 cm, stumpfkegelig bis ausgebreitet gewölbt und gebuckelt, schwach filzig-schuppig, hygrophan, feucht satt braungelb, evtl. mit leicht gerieftem Rand, trocken ± gelb. **L:** breit und ± gerade angewachsen, entfernt und etwas dicklich, braungelb, evtl. mit olivem oder rötlichem Beiton. **St:** braungelb, Spitze heller, meist beringt, darunter dunkler, mit auffällig gelben Velumzonen gegürtelt, Basis verjüngt bis länglich zugespitzt. **F:** braungelb. **Ger:** unauffällig, nach Rettich, feuchtem Zement oder rohen Kartoffeln. **V:** im Nadelwald, auf saurem Boden. **Mik:** Sporen warzig, ellipsoid bis etwas kugelig, 7,5–9 × 6–7 µm, schwach dextrinoid. (D 720, Kr 5.34, BK 5.171,).

14.3.46 *Cortinarius gentilis*, Goldgelber Raukopf

14.3.47 *Cortinarius helvelloides* (Bull.) Fr.
Dickblättriger Erlen-Gürtelfuß

H: 0,5–3 cm, halbkugelig-glockig, später ausgebreitet und ± spitz gebuckelt, hygrophan, mit gelbem, faserigem Velumüberzug auf matt gelb- bis olivbraunem Grund. **L:** entfernt und dick, schwach ausgebuchtet bis etwas herablaufend, umbrabraun, jung bisweilen mit lila Ton, Schneiden heller. **St:** gelbbraun, Spitze oft lila, vom gelben Velum faserig oder gegürtelt, Basis dunkler rötlich. **F:** braungelb. **Ger:** unauffällig. **V:** bei Schwarz- und Grauerle *Alnus glutinosa, Alnus incana*. **Mik:** Sporen eher undeutlich warzig, ellipsoid, 8–10 × 5–6,5 µm. (Kr 5.250, BK 5.329,).

Cortinarius bavaricus M.M. Moser, Bayerischer Wasserkopf: Hut 0,5–2,5 cm, olivbraun, goldgelb faserig, später braungelb, Mitte rostbraun, Lamellen dünn, eher gedrängt, Stiel ockerlich bis gelblichbraun, vom gelben Velum gegürtelt. Sporen 7–8,5 × 4–5 µm.

Cortinarius alneus M.M. Moser, Flockenstieliger Erlen-Wasserkopf: Hut 1,5–2 cm, feucht dunkelbraun, trocken gelblichbraun, Lamellen dick, entfernt, purpur- oder lilagrau, Stiel braun, mit gelbbraunen, wolligen Velumresten gegürtelt. Sporen grobwarzig, 8,5–9,5 × 5–5,5 µm.

Cortinarius badiovestitus M.M. Moser, Braunbekleideter Wasserkopf: Hut 0,5–2 cm, faserig, feucht dunkelbraun, manchmal mit purpurrotem Ton, trocken rostbraun, Rand heller, Lamellen dick, entfernt, violett, violett- bis braungrau, Stiel dunkelbraun mit angedeuteter Ringzone und flockigen hellbraunen Velumresten, Spitze mit etwas Violett; bei Grünerle *Alnus alnobetula*. Sporen 8,5–11 × 4,5–6 µm. (BK 5.296).

14.3.47 *Cortinarius helvelloides*, Dickblättriger Erlen-Gürtelfuß

14.3.48 *Cortinarius angelesianus* A.H. Sm., *Cortinarius strobilaceus* M.M. Moser
Strubbeliger Gürtelfuß

H: 2–5 cm, glockig-kegelig, später gewölbt, stumpfkegelig und spitz gebuckelt, hygrophan, mit feinen, gelbbraunen, fast körnigen Schüppchen auf trocken gelbbraunem, feucht umbrabraunem Grund. **L:** ausgebuchtet und mit Zahn herablaufend, braun, später dunkel umbrabraun, Schneiden heller gelblich und bewimpert. **St:** graugelb bis gelbbraun, vom gelbbraunen Velum flockig bis gebändert oder genattert, an Druckstellen und an der verjüngten Basis zunehmend dunkler braun. **F:** graugelb bis graubraun. **Ger:** unauffällig. **Spp:** rostbraun. **V:** oft büschelig, vorwiegend im Nadelwald, bei Kiefer *Pinus* oder Fichte *Picea*. **Mik:** Sporen warzig, breit ellipsoid, 7–8,5 × 4,5–5,5 µm. (D 801, Kr 5.202, BK 5.292,).

Cortinarius lanatus M.M. Moser, Wollstiel-Wasserkopf: Hut feucht dunkelbraun, trocken graubraun, Rand grau, seidig bis flockig, Lamellen entfernt, rost- bis kastanienbraun, Stiel dunkelbraun mit gelbbraunen, flockigen Velumresten gegürtelt; im Nadelwald. Sporen 7–10 × 4–5 µm.

14.3.49 *Cortinarius comatus* J. Favre, Schopfigbehaarter Wasserkopf: Hut nur 0,5–1,5 cm breit, spitzkegelig bis halbkugelig, hellbraun faserig-schuppig, hygrophan, feucht ruß- bis dunkelbraun, trocken hellbraun, Lamellen eher entfernt, Stiel gelblichbraun mit bräunlicher Ringzone, darunter gegen die Basis fein schuppig-flockig; vorwiegend alpin, bei Zwergweide *Salix*, Sommer bis Spätsommer. Sporen 9–11 × 5–6,5 µm. ( ).

Cortinarius phaeopygmaeus J. Favre, Dunkler Zwerg-Wasserkopf: Hut bis 2 cm breit, stumpfkegelig bis gewölbt und gebuckelt, radialfaserig bis feinschuppig, Rand faserig, gelbbraun, Lamellen dunkelbraun, Stiel dunkel gelbbraun mit gelbbrauner Ringzone, unterhalb flockig-faserig; in alpinen Lagen. Sporen 9,5–12 × 5,5–7 µm. (BK 5.352).

14.3.48 *C. angelesianus*, Strubbeliger Gürtelfuß

14.3.49 *C. comatus*, Schopfigbehaarter Wasserkopf

14.3.50 *Cortinarius saniosus* (Fr.) Fr. Gelbgeschmückter Wasserkopf

H: 1–4 cm, erst glockig, später stumpfkegelig bis ausgebreitet gewölbt und gebuckelt, schwach filzig-schuppig, hygrophan, orange- bis rostbraun, Hutmitte oft dunkelbraun, Rand jung evtl. gelbflockig. **L:** breit und ± gerade angewachsen, entfernt und eher dünn, milchkaffee-, später gelb-rostbraun. **St:** braungelb, Spitze heller, abwärts dunkler, Velum lebhaft gelb, z. T. fast beringt wirkend. **F:** braungelb. **Ger:** unauffällig. **V:** vorwiegend bei Laubgehölzen, am Rand von Wiesen. **Mik:** Sporen grobwarzig, ellipsoid, 8,5–10 × 5–6,5 µm. (Kr 5.43,).

Cortinarius aureovelatus Bendiksen, K. Bendiksen & H. Lindstr.: Hut 4–7 cm, rötlichbraun; vorwiegend bei Nadelbäumen. Sporen schmal ellipsoid, 7–9 × 3,5–4,5 µm.

14.3.51 *Cortinarius chrysomallus* Lamoure, Goldhaut-Zwerg-Wasserkopf: Hut 0,5–2 cm, seidig, dunkel gold- bis kastanienbraun, Basalmycel schwach violett; bei Zwergweide *Salix herbacea*. Sporen 8–9 × 5,5–6,5 µm. ( ).

14.3.52 *Cortinarius fusisporus* Kühner, *Cortinarius semivestitus* M.M. Moser Spindelsporiger Gürtelfuß, Halbbehangener Wasserkopf

H: 1–2,5 cm, halbkugelig, später flach gewölbt, angeklebt faserig, dunkel hasel- bis rotbräunlich. **L:** rostbräunlich. **St:** dunkelbraun, im unteren Teil anfangs vom ockerbraunen Velum gestiefelt und evtl. beringt. **V:** im Nadelwald, vorwiegend bei Kiefer *Pinus*. **Mik:** Sporen warzig, schmal spindelförmig, 9–11 × 4–4,5 µm.

14.3.53 *Cortinarius gausapatus* J. Favre Braungestiefelter Gürtelfuß

H: 1–2 cm, gewölbt, kahl, kastanien- bis umbrabraun, Rand mit helleren Velumresten. **L:** ziemlich entfernt, rostbraun. **St:** blass rotbräunlich, vom braunen Velum erst ± gestiefelt, später flockig. **V:** in alpinen Lagen, zwischen Zwergweiden *Salix*. **Mik:** Sporen warzig, ellipsoid bis zylinderförmig, 9–11 × 5–6 µm. (BK 5.327).

Cortinarius cucumisporus M.M. Moser, Gurkensporiger Wasserkopf: Hut 0,7–3 cm, jung kegelig, später gewölbt und gebuckelt, stark hygrophan, feucht dunkel rot- bis schokoladenbraun, Rand heller ockerbraun, Lamellen gelb- bis rostbraun, jung bisweilen mit einem Schein von Violett, Stiel gelb- bis rötlichbraun mit einem Orangestich, im unteren Teil mit feinen, blassockerlichen Velumfasern, Basis schwärzlich, Geruch schwach nach Pelargonien («Geranien»); bei Kriechweide *Salix repens*. Sporen warzig, ellipsoid bis mandelförmig, 8,5–11,5 × 5–6 µm.

Cortinarius rusticellus J. Favre, Breitsporiger Almen-Wasserkopf: Hut 1–1,5 cm, halbkugelig, später ausgebreitet, faserig-filzig, leicht hygrophan, feucht rost- bis schokoladenbraun, trocken ockerbraun, Rand jung mit blassockerlichen Velumresten, Lamellen jung schokoladenbraun, später rostbraun, Fleisch weißlich, Stiel braun mit hell rostbraunem Ton und ockerbraun faseriger Ringzone; in Zwergstrauchheide, bei Silberwurz *Dryas* und Weide *Salix*. Sporen warzig, breit ellipsoid bis mandelförmig, 9–12 × 6,5–7,5 µm. (BK 5.361).

Cortinarius desertorum (Velen.) G. Garnier, *Cortinarius pertristis* J. Favre, Düsterer Alpen-Wasserkopf: Hut 1–2 cm, gewölbt, später flach, hygrophan, schwarzbraun bis dunkel rotbraun, Rand heller braun, spinnwebartig, Lamellen dunkelbraun, Fleisch blassbraun, Stiel dunkelbraun, faserig mit blassbrauner Ringzone. Sporen 7–8 × 4–5 µm.

14.3.54 *Cortinarius damascenus* Fr. Büscheliger Wasserkopf

H: 5–7 cm, jung halbkugelig, später abgeflacht und bisweilen gebuckelt, fein radialfaserig, glatt, hygrophan, feucht dunkel rötlichbraun, trocken grau- bis ockerbraun, Rand mit seidig weißen Velumresten und lange eingebogen. **L:** hell bis dunkel zimt-, rostbraun, Schneiden gekerbt. **St:** weißlich bis ockerlich, fein längsfaserig, wurzelnd. **Ger:** unauffällig. **Ges:** mild, etwas ranzig. **St:** weißlich bis ockerlich, wurzelnd. **V:** im Laub- und Nadelwald, büschelig; Sommer bis Herbst. **Mik:** Sporen leicht warzig, ellipsoid bis etwas mandelförmig, 6,5–10 × 4,5–5,5 µm. (BK 5.313?,).

Cortinarius contractus Rob. Henry, Spindelstiel-Wasserkopf: Hut 3–10 cm, glockig-spitzkegelig bis ausgebreitet und gebuckelt, blass rötlichocker, Lamellen ziemlich entfernt, milchkaffee-beige bis blassocker, Schneiden weiß gezähnelt, Stiel weiß, Fleisch weißlich, Geruch rettichartig; im Mischwald, vorwiegend bei Fichte *Picea*. Sporen 11–12 × 5,5–6,5 µm.

Cortinarius phaeophyllus P. Karst., Gelbschneidiger Wasserkopf: Hut 5–6 cm, gewölbt, gebuckelt, blassocker, Lamellen eher eng, Schneiden honiggelb gezähnelt, Stiel spindelig-bauchig, faserig-weiß, zunehmend mit ockerfarbenen Flecken; gesellig, im Mischwald. Sporen 10–11 × 5–6 µm.

14.3.55 *Cortinarius duracinus* Fr. Spindeliger Wasserkopf

H: 3–8 cm, halbkugelig-kegelig, später gewölbt und bisweilen flach gebuckelt, stark hygrophan, feucht ockerrötlich, trocken lehmbraun bis blassgelb, Mitte dunkler und Rand leicht mit weißen Velumresten behangen. **L:** ausgebuchtet und mit Zahn herablaufend, eher entfernt, gelb- oder graubraun, später rostbraun, Schneiden heller. **St:** weiß bis blassgelb, glänzend faserig, anfangs mit spärlichen weißen Velumresten, zylindrisch bis spindelig und meist wurzelnd. **F:** weiß bis blassbräunlich. **Ger:** unauffällig. **Ges:** mild. **V:** vorwiegend im Nadelwald, auf

14.3.50 *C. saniosus*, Gelbgeschmückter Wasserkopf

14.3.51 *C. chrysomallus*, Goldhaut-Zwerg-Wasser

14.3.54 *Cortinarius damascenus*, Büscheliger Wasserkopf

14.3.55 *Cortinarius duracinus*, Spindeliger Wasserkopf

kalkreichem Boden. **Mik:** Sporen feinwarzig, ellipsoid bis etwas spindelförmig, 8,5–9,5 × 5–5,5 µm, dextrinoid. (D 783, BK 5.317?,).

C. duracinus var. *raphanicus* M.M. Moser, Spindeliger Rettich-Wasserkopf: Geruch deutlich nach Rettich. (D 803, BK 5.318).

Cortinarius candelaris Fr., Wachsgelber Wasserkopf, Parabolischer Wasserkopf: Lamellen safranrötlich. Sporen warzig, breit ellipsoid. (D 804).

14.3.56 *Cortinarius rigens* (Pers.) Fr., Weißstieliger Jodoform-Wasserkopf: Hut ocker, Mitte dunkler orangeocker, Rand blasser und grau verfärbend, Geruch nach Jod; im Laub- oder Nadelwald. Sporen 7–8,5 × 4,5–5 µm.

Cortinarius acetosus (Velen.) Melot, Wurzelnder Jodoform-Wasserkopf: Geruch säuerlich, nach Essig oder Weinkeller; bei Laubgehölzen. Sporen grobwarzig, ellipsoid bis mandelförmig, 8,5–10 × 5,5–6,5 µm, dextrinoid.

Die hier aufgeführten ähnlichen Arten werden teilweise als Synonym von *C. duracinus* betrachtet. *C. rigens* gilt je nach Interpretation als Synonym von *C. acetosus.*

14.3.57 *Cortinarius decumbens* (Pers.) Fr.
Grauweißlicher Wasserkopf

H: 3–6 cm, gewölbt bis ausgebreitet und gebuckelt, nicht hygrophan, seidig glänzend, weißlich, gelb fleckend und zunehmend orangeockerlich, Rand hell und mit weißen Velumresten. **L:** blass tonfarben, später ockergelb, Schneiden schartig. **St:** weiß, kahl, Basis spindelig wurzelnd. **Ger:** fruchtartig. **Ges:** bitterlich, scharf. **Spp:** ockergelb. **V:** vorwiegend an grasigen Stellen im Nadelwald. **Mik:** Sporen 7–8,5 × 4–5 µm.

Cortinarius plumiger Fr., Erlen-Gürtelfuß: Hut grauweißlich, haarig-filzig, Lamellen jung violettlich, Schneiden glatt, Stiel braun gegürtelt; im Mischwald, oft bei Erle *Alnus.*

14.3.58 *Cortinarius laniger* Fr.
Wolliger Gürtelfuß, Zimtroter Gürtelfuß

H: 4–10 cm, halbkugelig, später gewölbt und etwas gebuckelt, matt bis fein faserig-filzig, kaum hygrophan, orange- bis rötlichbraun, später graubraun, Randbereich mit weißen Velumflöckchen. **L:** schwach ausgebuchtet, lebhaft zimtorange, ziegelrötlich, später rostbraun. **St:** weiß bis bräunlich, mit häutigem, weißem Ring, darunter stark weiß flockig bis wollig gegürtelt, später faserig, Basis keulig bis knollig verdickt. **F:** grauweiß bis rötlichbraun. **Ger:** mehr oder weniger stark nach Rettich. **V:** im Nadelwald, vorwiegend bei Fichte *Picea,* auf saurem, moosigem Boden; Spätsommer bis Herbst. **Mik:** Sporen feinwarzig, ellipsoid, dickwandig, 9–11 × 5,5–6,5 µm, dextrinoid. (D 805, Kr 5.260, BK 5.343,).

14.3.59 *Cortinarius solis-occasus* Melot, Abendrot-Gürtelfuß: Hut 4–9 cm, Velum, Hutrand und Stielspitze jung violettlich; im Fichtenwald *Picea,* auf kalkreichem Boden. Sporen eher feinwarzig, ellipsoid bis mandelförmig, 9,5–10,5 × 6–7 µm. (Kr 5.291, BK 5.367,).

14.3.60 *Cortinarius bivelus* (Fr.) Fr., Birken-Gürtelfuß: Hut 4–9 cm, ocker- bis orangebraun, Rand jung mit weißen Velumresten behangen; Lamellen graulich aprikosenbraun, Stielspitze möglicherweise etwas grauviolett; im Laubwald, bei Birke *Betula.* Sporen warzig, ellipsoid, 8–10 × 5–6,5 µm, dextrinoid. (Kr 5.216, BK 5.299,).

Cortinarius alborufescens Imler, Zottiger Gürtelfuß: Hut 5–15 cm, robust, jung stark mit weißlichen Velumresten überzogen, später orangebraun mit blass weißlichem Rand, vorwiegend bei Birke *Betula.* Sporen 7,5–8,5 × 4–5 µm.

Cortinarius bulbosus (Sowerby) Gray, Knolliger Gürtelfuß: Hut 3–6 cm, hygrophan, fein radialfaserig, feucht orange bis rotbraun, trocken gelbocker, Rand ohne lilaviolett, mit weißlichen Velumresten behangen, Stielbasis keulig-knollig. Sporen 6–8,5 × 4–5,5 µm. (BK 5.304).

14.3.61 *Cortinarius triformis* Fr., Veränderlicher Gürtelfuß: Hut 4–8 cm, wellig verbogen, stark hygrophan, feucht satt rotbraun, trocken ockergelb, Rand mit weißen Velumresten, Geruch unauffällig; im Laub- oder Nadelwald. Sporen warzig, ellipsoid bis mandelförmig, 7–10 × 4,5–6,5 µm. (D 806,).

14.3.62 *Cortinarius melleopallens* (Fr.) Britzelm., *C. triformis* var. *melleopallens* Fr., Honigbrauner Wasserkopf: Hut 4–9 cm, wellig verbogen, stark hygrophan, honig- bis gelbbraun, oft mit Olivton, Geruch eigenartig, etwas nach Zedernholz; im Nadelwald, vorwiegend bei Fichte *Picea.* Sporen feinwarzig, spindelförmig, 6–7,5 × 4–4,5 µm, leicht dextrinoid.

14.3.63 *Cortinarius privignoides* Rob. Henry, Zwiebel-Wasserkopf: Hut 3–6 cm, hellbraun, ockerbraun, weiß seidig überfasert, kaum hygrophan, Stielknolle zwiebelförmig, flüchtig weiß gegürtelt, evtl. mit einem Hauch von Lila, Geruch schwach, evtl. nach Kartoffeln; im Laub- oder Nadelwald, vorwiegend bei Fichte *Picea* oder Birke *Betula.* Sporen feinwarzig, ellipsoid, 8–10,5 × 5–6 µm. Diese Art ist unterschiedlich interpretiert worden. (Kr 5.273, BK 5.353,).

Cortinarius firmus Fr., Fester Gürtelfuß: Stiel stark bauchig-knollig, Lamellen eher gedrängt. Sporen 7–9 × 4–5 µm.

14.3.58 *Cortinarius laniger,* Wolliger Gürtelfuß

14.3.59 *Cortinarius solis-occasus,* Abendrot-Gürtelfuß

14.3.60 *Cortinarius bivelus,* Birken-Gürtelfuß

14.3.61 *Cortinarius triformis,* Veränderlicher Gürtelfuß

14.3.63 *C. privignoides,* Zwiebel-Wasserkopf

14.3.64 *Cortinarius licinipes* Fr.
Flockenstieliger Wasserkopf

H: 5–8 cm, gewölbt, später gebuckelt, kahl, hygrophan, fahlbraun. **L:** blassbraun bis wässerig zimtfarben. **St:** weißlich, deutlich bis stark flockig und beringt. **V:** im Nadelwald. **Mik:** Sporen 8–9,5 × 5–6 µm. (Kr 5.261).

14.3.65 *Cortinarius boreasensis* A.H. Sm., *Cortinarius ionosmus* M.M. Moser, Nespiak & Schwöbel
Veilchen-Gürtelfuß

H: 3–7 cm, halbkugelig, später flach ausgebreitet und stumpf gebuckelt, kahl bis fein seidig-faserig, hygrophan, feucht rotbraun, trocken grauockerlich, Rand oft abgeknickt, eingerollt, knapp durchscheinend gerieft. **L:** ausgebuchtet, graubraun, später rostbräunlich, Schneiden etwas heller. **St:** längsfaserig, weißlich, später graubraun mit flüchtigen, weißen, faserigen bis gürtelförmigen Velumresten. **F:** graubraun. **Ger:** auffällig nach dem Duftveilchen *Viola odorata* oder nach Zedernholz *Cedrus*. **V:** vorwiegend büschelig, im Nadelwald, bei Fichte *Picea*, auf saurem Boden. **Mik:** Sporen warzig, schmal ellipsoid, 9–10 × 5–6 µm, dextrinoid. (D 807, BK 5.338).

14.3.66 *Cortinarius armeniacus* (Schaeff.) Fr.
Aprikosen-Wasserkopf

H: 3–8 cm, gewölbt bis flach und schwach gebuckelt, glatt, hygrophan, feucht lebhaft aprikosenfarben, orangebraun, trocken blasser ockergelb, Rand mit weißen Velumresten behangen. **L:** ausgebuchtet, gelbbraun, später rostgelb, Schneiden heller. **St:** weiß, Spitze selten etwas violett, mit weißen Velumresten, evtl. mit wolliger Ringzone. **F:** weiß, hygrophan marmoriert, in Stielspitze bisweilen violettlich. **Ger:** unauffällig bis schwach säuerlich. **Ges:** mild. **V:** im Nadelwald, bei Kiefer *Pinus* oder Fichte *Picea*. **Mik:** Sporen eher feinwarzig, ellipsoid, dickwandig, 8–9 × 5–5,5 µm, dextrinoid. (Kr 5.209, BK 5.294, 🖼).

14.3.67 *Cortinarius illuminus* Fr., Braungestreifter Wasserkopf: Hut jung kegelig, später gewölbt, oft gebuckelt, glatt, hygrophan, feucht satt rotbraun glänzend, Rand durchscheinend gerieft, trocken rostbraun, Lamellen grauockerlich bis fuchsigbraun, Fleisch braun, Stiel zylindrisch bis etwas keulig-spindelig, teilweise gegürtelt mit Resten des weißen bis etwas gelblich oder rosa gefärbten Universalvelums, Geruch schwach rettichartig; im Nadelwald, bei Fichte *Picea*. Sporen warzig, breit ellipsoid bis kugelig, 6–8 × 5–6 µm. (BK 5.335).

14.3.68 *Cortinarius subbalaustinus* Rob. Henry, Zimtblättriger Birken-Wasserkopf: Hut halbkugelig, später flach gewölbt, hygrophan, feucht satt orange- bis rotbraun, Stiel erst weiß, später rotbräunlich, flüchtig bescheidet oder unvollständig gegürtelt von Resten des weißen Universalvelums, Basis keulig bis knollig verdickt; vorwiegend bei Birke *Betula*. Sporen warzig, schmal ellipsoid bis tropfenförmig, 8–10 × 4,5–6 µm, dextrinoid. (Kr 5.294, BK 5.369, 🖼).

Cortinarius subferrugineus (Batsch) Fr., Rostbräunlicher Wasserkopf: Hut 4–10 cm, jung konisch bis halbkugelig, später flach gewölbt, bisweilen gebuckelt, leicht hygrophan und radialfaserig, feucht ocker bis rötlichbraun, trocken hellockerlich, Rand mit weißlichen Velumresten, Lamellen ocker- bis rostbraun mit gekerbten, flockigen, weißlichen Schneiden, Stiel weiß und im Alter bräunend, Basis angeschwollen, Fleisch weiß bis blass bräunlich; oft büschelig, im Laub- oder Mischwald. Sporen leicht warzig, ellipsoid, 8–11 × 5–7 µm. (BK 5.370).

14.3.69 *Cortinarius biformis* Fr.
Schrägberingter Gürtelfuß

H: 4–6 cm, glockig bis gewölbt und schwach gebuckelt, hygrophan, feucht lebhaft hasel- bis dunkel rötlich- oder graubraun, trocken trüb ockergelb, Randzone silbrig faserig. **L:** milchkaffee- bis rostbraun, bisweilen mit violettem Schein, Schneiden blasser, fein gezähnelt. **St:** weißlich, seidig-faserig, mit flüchtiger Ringzone bis etwas gegürtelt, Spitze meist blauviolett, Basis evtl. angeschwollen. **F:** im Hut braun, im Stiel grauweiß bis blassgelb, in der Stielspitze meist blauviolett. **Ger:** unauffällig. **Ges:** mild. **V:** vorwiegend im Nadelwald, bei Kiefer *Pinus* oder Fichte *Picea*. **Mik:** Sporen warzig, ellipsoid, 7,5–8,5 × 4,5–5,5 µm, dextrinoid. (Kr 5.215, BK 5.298, 🖼).

14.3.70 *Cortinarius testaceofolius* H. Lindstr. & Soop, Ziegelblättriger Wasserkopf: Hut halbkugelig, später gewölbt und allenfalls schwach gebuckelt, matt, kaum mit Velumresten, hygrophan, rötlichbraun, Lamellen blass- bis lebhaft ziegelrotbraun, Fleisch bräunlich, Stiel zylindrisch bis etwas keulig-spindelig, mit spärlichen weißen Velumresten; vor allem bei Fichte *Picea*. Sporen warzig, mandelförmig bis ellipsoid, 8–9 × 5–6 µm. Möglicherweise handelt es sich um ein Synonym von *C. biformis*. (Kr 5.297).

Cortinarius privignus (Fr.) Fr., Mirabellen-Wasserkopf, Silbrigfaseriger Wasserkopf: Hut 3–7 cm, stark hygrophan, feucht lebhaft ocker, trocken blassockerlich, Lamellenschneiden gekerbt. Sporen 6,5–9,5 × 5–6 µm. Kaum Unterschiede zu *C. biformis*.

Cortinarius divulgatus Britzelm., Filzighütiger Gürtelfuß: Hut 3–10 cm, kaum hygrophan, blass fleischbräunlich, von starkem, filzigem Velum überzogen, vor allem am Rand, Lamellen entfernt, milchkaffee- bis dunkelbraun, Stiel schmutzig weißlich, faserig; bei Nadelbäumen im Mischwald. Sporen 8–10 × 5–6 µm.

14.3.66 *Cortinarius armeniacus*, Aprikosen-Wasserkopf

14.3.68 *Cortinarius subbalaustinus*, Rostbräunlicher Wasserkopf

14.3.69 *Cortinarius biformis*, Schrägberingter Gürtelfuß

14.3.71 *Cortinarius saturninus* (Fr.) Fr., *Cortinarius cohabitans* P. Karst.
Klebriger Gürtelfuß, Blaufleischiger Wasserkopf

H: 3–8 cm, halbkugelig-glockig, später gewölbt und meist stumpf gebuckelt, silbrig schimmernd, hygrophan, feucht etwas schmierig und gelb- bis kastanienbraun, bisweilen mit violettem Beiton, trocken braungelb, Rand mit fetzigen, weißen Velumresten. **L:** blass gelb- bis graubraun, oft etwas violett, Schneiden weißlich. **St:** steif, weiß, später ockergelb mit graubrauner, evtl. schwach verdickter Basis, Velumreste weiß, seidig-faserig, teils deutlich ringförmig. **F:** im Hut braun, in der Spitze meist etwas violett und im unteren Stielteil grau. **Ger:** unauffällig. **V:** im Laubwald, vorwiegend auf grasigen Plätzen bei Weide *Salix*, Espe *Populus* oder Hasel *Corylus*. **Mik:** Sporen stark warzig, ellipsoid, 7–9 × 4,5–5 µm, schwach dextrinoid. (Kr 5.287, BK 5.362).

14.3.72 *Cortinarius jubarinus* Fr.
Zimtfuchsiger Glanz-Wasserkopf

H: 2–4 cm, gewölbt und stumpf oder spitz gebuckelt, hygrophan, feucht fuchsig-rotbraun mit fein gerieftem Rand, trocken ockerbraun, Rand lange weiß überfasert. **L:** schmal angeheftet, rost-gelbbraun. **St:** weiß seidig-faserig auf blassbraunem Grund, ziemlich lang, meist mehr als 5 cm, im unteren Teil vom weißlichen Velum gegürtelt. **F:** weiß bis bräunlich. **Ger:** unauffällig. **V:** im Nadelwald. **Mik:** Sporen stark warzig, ellipsoid, 6–7,5 × 5–6 µm. (D 808, BK 5.339).

Cortinarius hoeftii (Weinm.) Fr., Orangeblättriger Wasserkopf: Hut feucht ton- bis fleischfarben und mit gerieftem Rand, trocken ockerweißlich, Lamellen hell gelbbraun, Stiel weiß seidig und meist weniger als 5 cm; im Laub- oder Mischwald, vorwiegend bei Buche *Fagus*. Sporen stark warzig, ellipsoid, 6–7 × 5–6 µm.

Cortinarius leucopus (Bull.) Fr., Beschleierter Wasserkopf: Hut 2–4 cm, kegelig, später flach gewölbt und stumpf gebuckelt, feucht rot- oder kastanienbraun, Rand oft abgeknickt, seidig, mit weißen Velumresten, Stiel reinweiß und kahl; im moosigen Nadelwald. Sporen feinwarzig, ellipsoid, 8–10 × 4,5–6 µm. (BK 5.344).

Cortinarius pygmaeus (Velen.) M.M. Moser: Hut 1–3 cm, jung glockig, später gewölbt und stets mit stumpfem Buckel, kastanienbraun bis graubräunlich, trocken gelbockerlich, Stiel bräunlich, später braungelb mit flüchtigem Ring, darunter spinnwebartige grauweiße Velumreste; an moosiger Buchenrinde *Fagus*. Sporen warzig, ellipsoid, 7–11 × 5–6 µm.

14.3.73 *Cortinarius evernius* (Fr.) Fr., *C. evernius* var. *fragrans* (Fr.) Fr.
Violettstieliger Rettich-Gürtelfuß

H: 3–10 cm, halbkugelig bis glockig, später flach ausgebreitet bis schwach gebuckelt, glänzend und hygrophan, feucht umbra-, purpur- bis dunkel graubraun, trocken sehr hell ockerbraun, Rand bisweilen mit lila Beiton und vom hellen Velum fein befasert. **L:** ausgebuchtet, graulila oder graubraun, später blass purpurbraun, Schneiden gesägt und heller. **St:** jung ganz violett, später an der Spitze weißlich, im unteren Teil mit natterigen, weißen Velumresten auf lilagrauem Grund, Basis nicht verdickt, oft wurzelnd. **F:** im Hut bräunlich, im Stiel lilafarben, vor allem in der Stielbasis. **Ger:** unauffällig bis meist nur schwach rettichartig. **V:** im Nadelwald, auf saurem Boden, oft bei Torfmoos *Sphagnum*; schon im Sommer. **Mik:** Sporen warzig, ellipsoid, spindelig bis etwas mandelförmig, 8,5–11 × 5–6,5 µm, leicht dextrinoid. (Kr 5.243, BK 5.319, 🖼).

14.3.74 *Cortinarius cinnamoviolaceus* M.M. Moser, Zimtvioletter Rettich-Wasserkopf, Zimtblättriger Rettich-Gürtelfuß: Hut 2–4 cm, hygrophan, feucht graulich purpurbraun, oft mit abgeknicktem Rand mit einem Hauch von lila und weißen Velumresten, Lamellen dick, entfernt, jung violett, später lebhaft rostbraun, Geruch und Geschmack rettichartig; gesellig, in Misch- oder Fichtenwäldern *Picea*, Sommer bis Herbst. Sporen leicht warzig, ellipsoid bis mandelförmig, 8,5–11 × 5–6 µm. (D 809, BK 5.312/365, 🖼).

14.3.75 *Cortinarius tortuosus* (Fr.) Fr., Silberstieliger Gürtelfuß, Gedrehter Gürtelfuß: Hut 2–6 cm, stark hygrophan, dunkel kastanienbraun, trocken ockerbraun, mit abgeknicktem oder eingerolltem Rand, Lamellen satt rot- bis kastanienbraun, an den geriebenen Lamellen wird bei geeignetem Licht (z. B. Kerzenlicht) eine blutrote Verfärbung sichtbar, Stiel oft verdreht, mit violetter Spitze, Basis bald hellbraun mit weißen Velumresten, Geruch schwach nach Zedernholz. Sporen warzig, ellipsoid bis etwas mandelförmig, 8–10,5 × 4,5–6 µm. (Kr 5.298, BK 375?, 🖼).

Cortinarius imbutus Fr., Keller-Gürtelfuß: Hut 3–9 cm, stark hygrophan, dunkelbraun, Lamellen dunkel- bis purpurbraun, Geruch stark nach Weinkeller; im Nadelwald, vorwiegend bei Fichte *Picea*; Spätsommer bis Herbst. Sporen warzig, breit ellipsoid bis mandelförmig, 9,5–10,5 × 5–5,5 µm.

Cortinarius scutulatus (Fr.) Fr., Geschmückter Rettich-Gürtelfuß: Hut 2–4 cm, hygrophan, jung und feucht sattviolett, später und trocken zunehmend rötlichbraun, Lamellen dick, entfernt und anfangs sattviolett, später rötlich- bis lilabraun, Stiel jung violett und erst

14.3.73 *Cortinarius evernius*, Violettstieliger Rettich-Gürtelfuß

14.3.74 *Cortinarius cinnamoviolaceus*, Zimtvioletter Rettich-Wasserkopf

14.3.75 *Cortinarius tortuosus*, Silberstieliger Gürtelfuß

ganz von den weißen Velumresten überfasert, später gegürtelt, Fleisch feucht dunkelviolett, trocken ockerlich, Geruch stark nach Rettich. Sporen warzig, ellipsoid bis mandelförmig, 8,5–11,5 × 5–6,5 µm. (D 810, Kr 5.288).

14.3.76 *Cortinarius cagei* Melot, *Cortinarius bicolor* Cooke, Zweifarbiger Wasserkopf: Hut 2–5 cm breit, jung kegelig, später flach gewölbt und gebuckelt, stark hygrophan, feucht violett- bis rötlichbraun, trocken blass violett-ocker, Lamellen anfangs violett, später rostbraun, Stiel gelblich bis grauweiß, Basis ± violett, Velumreste weiß, Fleisch im Hut rotbräunlich, in der Stielbasis mit etwas Violett, Geruch rettichartig oder nach Weinkeller; im Laubwald. Sporen warzig, breit ellipsoid bis mandelförmig, 8,5–9,5 × 5,5–6 µm. (D 811, Kr 5.223).

14.3.77 *Cortinarius torvus* (Fr.) Fr. Wohlriechender Gürtelfuß

H: 4–10 cm, gewölbt bis flach ausgebreitet und manchmal schwach gebuckelt, nicht oder nur schwach hygrophan, trocken, eingewachsen-faserig, graubraun, Rand jung bisweilen etwas lila, mit weißen, fetzig-faserigen Velumresten. **L:** ausgebuchtet, hell braunviolett, später dunkelbraun. **St:** Spitze schwach violett, im unteren Teil mit weißen bis etwas gelblichen Velumresten gestiefelt oder mit einer oder mehreren Ringzonen, Basis meist keulig verdickt, bisweilen etwas zugespitzt. **F:** weißlich bis etwas lila. **Ger:** deutlich fruchtartig bis aufdringlich süß. **V:** im Laubwald, vorwiegend unter Buche *Fagus*. **Mik:** Sporen warzig, ellipsoid, 8,5–11,5 × 5,5–7 µm, dextrinoid. (D 813, Kr 5.299, BK 5.376, 🖾).

14.3.77 *Cortinarius torvus*, Wohlriechender Gürtelfuß

14.3.78 *Cortinarius agathosmus* Brandrud, H. Lindstr. & Melot, Duft-Gürtelfuß: Hut hygrophan, kahl, grauviolett, oft mit schwach silbrigem Glanz und etwas radialrunzelig, Rand mit weißen Velumresten, Stiel kaum gestiefelt, Geruch stark fruchtartig, süßlich, ähnlich *C. traganus*, Safranfleischiger Dickfuß; vorwiegend im Nadelwald bei Fichte *Picea*, seltener auch bei Birke *Betula*. Sporen warzig, schmal ellipsoid bis etwas tropfenförmig, 10–12 × 6–6,5 µm.

14.3.79 *Cortinarius ionophyllus* M.M. Moser, Violetter Rettich-Gürtelfuß: Hut faserig bis feinschuppig, mit hygrophanen Streifen, graubraun bis rötlichocker, Lamellen violett, später bräunlich, Geruch undeutlich, schwach, angenehm, im Fleisch etwas rettichartig, in den Lamellen nach Preiselbeermarmelade; im Fichtenwald *Picea* oder Birkenwald *Betula*. Sporen warzig, ellipsoid, 10–11,5 × 6,5–7 µm, dextrinoid. (BK 5.307).

Cortinarius deceptivus Kauffman, Blütengeruch-Wasserkopf: Hut 2–5 cm, jung klebrig, später feinst filzig-faserig bis etwas faltig, hell lilaviolett, Lamellen lila, später grau- bis rostbraun, Stielspitze kräftig lila, abwärts weißlich faserig bis gegürtelt, Geruch schwach bis etwas süßlich nach Blütenseife; bei Nadelbäumen. Sporen 7,5–8 × 4,5–6 µm. (D 812).

14.3.80 *Cortinarius lucorum* (Fr.) Cooke Hain-Gürtelfuß

H: 4–10 cm, halbkugelig-glockig, später flach gewölbt bis etwas gebuckelt, glatt und eingewachsen faserig-marmoriert, hygrophan, feucht dunkel rötlich bis purpurbraun, trocken heller gelborange- bis ziegelrötlich, Rand jung mit weißen, fetzig-filzigen Velumresten. **L:** ausgebuchtet, ziemlich entfernt und dicklich, jung graubraun mit etwas Lila, später rostbraun, Schneiden meist heller. **St:** weißlich, später graubräunlich und faserig, Spitze bisweilen violettlich, Basis nicht oder schwach keulig verdickt, im untersten Teil von blassgrauen Velumresten überfasert bis gezont, jung teils mit scheidenartiger Ringzone. **F:** blasslila, in der Stielbasis gelbbraun. **Ger:** unauffällig bis schwach rettichartig. **Ges:** mild. **V:** oft büschelig, im Laubwald bei Pappel *Populus*. **Mik:** Sporen warzig, ellipsoid, 8,5–11,5 × 5–6,5 µm, dextrinoid. (Kr 5.261, 🖾).

14.3.80 *Cortinarius lucorum*, Hain-Gürtelfuß

14.3.81 *Cortinarius impennis* Fr., Häutigberingter Gürtelfuß, Büscheliger Gürtelfuß: Hut violett-, fleisch- bis graubraun glänzend, Lamellen jung lila, später rostbraun, Schneiden gesägt, Stielspitze violett, im unteren Teil weiß gestiefelt mit wollig-faserigem Ring; im Nadelwald. Sporen warzig, schmal ellipsoid bis etwas spindelförmig, 8–9 × 4–5 µm.

Cortinarius cypriacus Fr., Zyprischer Wasserkopf, Blauschneidiger Wasserkopf: Hut 3–6 cm, rötlich- bis zimtbraun, Rand lange violettlich mit silbrigen Velumfasern, Lamellen lilaviolett mit weißlichen Schneiden. Sporen 10–12 × 6–7 µm.

Cortinarius castaneus (Bull.) Fr., Kastanien-Wasserkopf, Kastanienbrauner Gürtelfuß: Hut 3–5 cm, schwach hygrophan, kastanienbraun, Rand ohne weißseidigen Saum, Lamellen dick und entfernt, Stiel zylindrisch mit weißlicher Basis; bei Laubbäumen. Sporen 8–10 × 4,5–5 µm.

Cortinarius sciophyllus Fr., Bläulichbereifter Wasserkopf: Hut 5–7 cm, dunkelbraun, durch den weißlichen Velumüberzug bläulich wirkend, Stielspitze violettlich, Basis bräunlich; bei Laubbäumen, im Frühsommer. Sporen 8–10 × 5–5,5 µm.

14.3.82 *Cortinarius serratissimus* M.M. Moser, Gesägtblättriger Wasserkopf: Hut 3–7 cm, faserig-seidig, stark hygrophan, feucht dunkel schwarzbraun mit etwas Violett, Lamellen entfernt, jung bläulich, später grau- bis purpurbraun, Schneiden grob gesägt bis stark flockig, Stiel weißlich, seidig-faserig, später und an der Basis bräunlich, Fleisch schmutzig weißlich, in der Stielspitze bläulich; bei Laubbäumen, Spätsommer bis Herbst. Sporen warzig, ellipsoid, 9,5–11,5 × 5,5–7 µm, leicht dextrinoid. (Kr 5.289, 🖾).

14.3.82 *Cortinarius serratissimus*, Gesägtblättriger Wasserkopf

14.3.83 *Cortinarius subtorvus* Lamoure
Silberwurz-Gürtelfuß

H: 2,5–4,5 cm, halbkugelig bis gewölbt und manchmal gebuckelt, hygrophan, glimmerig, später matt und etwas faserig bis kahl, kastanien- bis purpurbraun, jung mit weißen, häutigen Velumflocken im Randbereich. **L:** jung hellviolett, später purpurbraun. **St:** weißlich, faserig, später hellbraun, Spitze violett, Basis knollig verdickt und von den weißen Velumresten gegürtelt bis gestiefelt. **F:** dick, weißlich, in der Stielspitze violett. **Ger:** schwach. **V:** alpine Lagen, bei Zwergweide *Salix* und Silberwurz *Dryas* auf kalkreichem Boden. **Mik:** Sporen leicht warzig, ellipsoid, 8–9 × 5–5,5 µm, dextrinoid. (BK 5.373).

14.3.84 *Cortinarius turibulosus* (Jul. Schäff. & E. Horak) Bon & G. Garnier,
Cortinarius scriptor Kühner
Weihrauch-Gürtelfuß

H: 2–4 cm, gewölbt und manchmal gebuckelt, feucht schokoladenbraun, trocken ockerlich, Rand graubraun, evtl. gerieft. **L:** rostbraun. **St:** weißlich, meist mit lila Ton und schwacher Gürtelzone. **Ger:** deutlich nach Weihrauch oder Zedernholz. **V:** im Nadelwald, bis in höhere Lagen. **Mik:** Sporen ellipsoid bis zylindrisch, 9–10 × 4,5–5,5 µm. (🖼).

14.3.85 *Cortinarius flexipes* (Pers.) Fr., *Cortinarius paleifer* Svrček, *Cortinarius paleiferus* Svrček, *Cortinarius paleaceus* (Weinm.) Fr.
Duftender Gürtelfuß

H: 1–3 cm, spitzkegelig-glockig, später gewölbt und meist spitzbuckelig, hygrophan, feucht braun mit violett- bis schwarzbrauner Mitte, trocken grau- bis gelbbraun, dicht mit weißen, flockigen Velumresten besetzt, vor allem gegen den Rand. **L:** ausgebuchtet, graubraun bis braun, Schneiden glatt bis schwach gekerbt. **St:** Spitze oft lila, im unteren Teil von weißlichen Velumresten genattert oder gegürtelt, die teilweise auf braunem bis violettbraunem Grund einen Ring bilden. **F:** bräunlich. **Ger:** stark nach Pelargonien («Geranien»). **Ges:** mild, pilzartig. **Spp:** rötlichbraun. **V:** im Nadel- oder Mischwald, auf feuchtem, moosigem Boden. **Mik:** Sporen grobwarzig, 7–10 × 4,5–6,5 µm. (D 820, Kr 5.245, BK 5.323, 🖼).

Die gültige Bezeichnung dieser Art und der Synonyme hat mehrmals gewechselt. Dabei wird auch unterschieden zwischen Fruchtkörpern mit ganz schuppigem Hut und stärker violettem Farbanteil wie *C. flexipes* var. *flexipes* (Pers.: Fr.) Fr., Pelargonien-Gürtelfuß und solchen mit nur schuppigem Hutrand und mehrheitlich braunem Farbanteil wie *C. flexipes* var. *flabellus* (Fr.) H. Lindstr. & Melot, Braunstieliger Pelargonien-Gürtelfuß. (BK 5.322).

14.3.86 *Cortinarius sublatisporus* Svrček, Fastbreitsporiger Gürtelfuß, Kleinsporiger Gürtelfuß: Hut jung kegelig, später flach gewölbt und spitz gebuckelt, weißflockig, jung violett, später grau- bis schwarzbraun mit violettem Stich, Lamellen jung hellviolett, später rosa- bis purpurbraun, Stiel violettlich, später graubraun, im unteren Teil weiß genattert bis gegürtelt; im feuchten Nadelwald, bei Torfmoos *Sphagnum*. Sporen warzig, ellipsoid, 7–8 × 4,5–6 µm. (BK 5.371).

14.3.87 *Cortinarius diasemospermus* Lamoure
Kleiner Pelargonien-Gürtelfuß

H: 0,5–2,5 cm, glockenförmig bis gewölbt und oft spitz gebuckelt, hygrophan, feucht blass leder- bis dunkel graubraun, trocken graulichocker, Rand gerieft. **L:** violett, später graulichbraun. **St:** weißlich faserig, Spitze violett, gegen unten zunehmend bräunlich, Velum weiß, flockig-faserig. **Ger:** leicht rosenartig. **V:** im Laubwald; Sommer bis Herbst. **Mik:** Sporen leicht warzig, ellipsoid bis spindelförmig, 8–9 × 4,5–5,5 µm. (Kr 5.238, BK 5.316).

14.3.88 *Cortinarius bibulus* Quél., *Cortinarius pulchellus* J.E. Lange, *Cortinarius lilacinopusillus* P.D. Orton
Kleinster Violett-Gürtelfuß, Violetter Erlen-Gürtelfuß

H: 0,5–1,5 cm, kegelig-glockig, später flach gewölbt und meist spitz gebuckelt, faserig, gegen den Rand fast wollig, hygrophan, feucht blass lila- bis dunkelviolett, in der Mitte auch rötlichviolett, trocken heller grauviolett. **L:** tief ausgebuchtet und entfernt, hellviolett bis violettbraun, Schneiden weiß und fein bewimpert. **St:** feinfaserig, weißlich bis hell violettbraun, Basis manchmal schwach rötend und etwas verdickt, Velumreste grauweiß, faserig oder als schräge Gürtelzone. **F:** violett, in der Stielbasis braun. **Ger:** unauffällig. **V:** bei Erle *Alnus*, bis in höhere Lagen. **Mik:** Sporen warzig, ellipsoid, 8,5–10,5 × 5–6,5 µm. (Kr 5.214, BK 5.297?, 🖼).

Cortinarius americanus A.H. Sm.: Hut dunkelviolett, in der Mitte zunehmend schwärzlich. Sporen 7,5–8,5 × 4,5–5,5 µm. Die Art gilt bei Breitenbach & Kränzlin 2000 als Synonym von *C. bibulus*. Gemäß Lindström 2018 zeigt die Abbildung in BK 5.297 *C. americanus* und nicht *C. bibulus* mit stets blass lila- bis grauvioletten Hutfarben und größeren Sporen.

Cortinarius sinapizans M.M. Moser, *Cortinarius hebelomoides* J. Favre, Fälblingsartiger Wasserkopf: Hut jung faserig, später kahl, beige bis fleischfarben, Lamellen ocker bis

14.3.84 *Cortinarius turibulosus*, Weihrauch-Gürtelfuß

14.3.85 *Cortinarius flexipes*, Duftender Gürtelfuß

14.3.88 *Cortinarius bibulus*, Kleinster Violett-Gürtelfuß

beigebräunlich, Stiel an der Spitze etwas lila, von der Basis her zunehmend ockerbräunlich; in höheren Lagen, unter Grünerle *Alnus alnobetula*.

Cortinarius multicolor M.M. Moser, Vielfarbiger Wasserkopf: Hut 1–3 cm, seidig, kupfer- bis weinbraun, Lamellen lila, später rostbraun, Stielspitze lila, im unteren Teil braun, Basis weißlich oder gelblich; bei Nadelbäumen. Sporen 6,5–10 × 5–6 µm.

Cortinarius pulchripes J. Favre, Schönstieliger Gürtelfuß: Hut 1–3 cm, braun bis braunschwarz, ohne Violett, trocken etwas heller, Lamellen lebhaft braun- bis rotgelb, Stiel lilaviolett, weißflockig; in feuchten Wiesen und Mooren, bei Laubbäumen, vorwiegend bei Erle *Alnus* und Birke *Betula*. Sporen feinwarzig, ellipsoid, 7–10,5 × 4,5–6 µm. (BK 5.354?).

14.3.89 *Cortinarius vernus* H. Lindstr. & Melot, *Cortinarius erythrinus* (Fr.) Fr ss. auct. Rosastieliger Frühlings-Wasserkopf, Rosastieliger Wasserkopf

H: 1–4 cm, glockig, später ausgebreitet gewölbt und breit gebuckelt, kahl, hygrophan, feucht dunkel- bis schwarzbraun, trocken heller graubraun. **L:** ausgebuchtet, beige bis graubraun, Schneiden weißlich. **St:** grauweiß, feinseidig, vom grauweißen Velum dünn beringt und darunter flockig und von der Basis her rötend. **F:** weißlich bis blassbeige, in der Stielbasis etwas rötend. **Ger:** unauffällig. **V:** vorwiegend im Laubwald, an feuchten oder grasigen Stellen, seltener auch im Nadelwald; ab Frühjahr bis Herbst. **Mik:** Sporen grobwarzig, ellipsoid bis kugelig, 7,5–8,5 × 5–6 µm. (Kr 5.308, BK 5.381,).

14.3.90 *Cortinarius anthracinus* (Fr.) Sacc., *Cortinarius purpureobadius* (P. Karst.) Sacc. Purpurschwarzer Wasserkopf, Purpurbrauner Hautkopf

H: 1–3 cm, halbkugelig-kegelig, später gewölbt bis ausgebreitet und meist spitz gebuckelt, seidig, matt, bisweilen eingewachsen-faserig, hygrophan, feucht purpurbraun bis purpurschwarz, trocken gelbocker, Rand karminrötlich, feucht leicht gerieft, trocken dunkel graubraun mit blasserem Rand. **L:** ausgebuchtet angewachsen, karminorange bis rötlich- oder graubraun, schließlich rostbraun. **St:** rosa- bis lilabraun, weiß befasert, Basis gebändert, Velumfäden orange- bis safrangelb. **F:** purpurrot bis rotbraun, im Hut und in der Stielbasis dunkel. **Ger:** unauffällig. **Spp:** zimt- bis rostbraun. **V:** im Laub- oder Nadelwald; Spätsommer bis Herbst. **Mik:** Sporen warzig, ellipsoid bis etwas mandelförmig, 7,5–10 × 4,5–6 µm, leicht dextrinoid. (Kr 5.206, BK 5.293,).

C. anthracinus zählte wie auch der lebhaft rot gefärbte *C. cinnabarinus*, Zinnoberroter Buchen-Gürtelfuß lange Zeit zu *Dermocybe*, Hautköpfe. Der deutlich hygrophane Hut und der feucht etwas geriefte Hutrand sind äußerliche Hinweise dafür, dass die Verwandtschaft dieser Arten näher bei *Telamonia*, Wasserköpfe liegt.

14.3.91 *Cortinarius hinnuleus* Romagn. Erdigriechender Gürtelfuß

H: 3–7 cm, halbkugelig-glockig, später flach gewölbt und bisweilen gebuckelt, glänzend, hygrophan, feucht rötlichbraun, in radialen Streifen trocknend und dann hell gelbbraun, Rand jung mit weißen Velumresten. **L:** ausgebuchtet bis mehr oder weniger gerade angewachsen, entfernt, gelb- bis orangebraun, später rostbraun, Schneiden heller. **St:** braun, vom weißen Velum faserig gegürtelt und deutlich beringt. **F:** weißlich bis gelbbraun. **Ger:** stark erdartig, staubartig, muffig. **V:** vorwiegend im Laubwald, seltener auch im Nadelwald; Spätsommer bis Herbst. **Mik:** Sporen grobwarzig, breit ellipsoid, 7–9 × 5–6,5 µm, leicht dextrinoid. (D 815, Kr 5.253, BK 5.332,).

Cortinarius safranopes Rob. Henry, *Cortinarius conicus* (Velen.) Rob. Henry, Safranstieliger Wasserkopf, Kegeliger Gürtelfuß: Hut 2,5–6 cm, feucht gelblichbraun mit etwas Oliv, trocken grauocker, Lamellen eher entfernt, gelbbraun, Schneiden weiß, Stiel gelblichbraun, weißlich faserig, im unteren Teil dunkler mit weißen Velumresten, teilweise gegürtelt, Fleisch honiggelb, in der Stielbasis safranbraun; im Laubwald, Spätsommer bis Herbst. Sporen grobwarzig, ellipsoid bis etwas tropfenförmig, 9–10 × 5,5–6,5 µm, leicht dextrinoid. (D 816).

Cortinarius squamosus E. Sesli, Schuppiger Wasserkopf: Hut 1–3 cm, breit gebuckelt, hygrophan, deutlich schuppig; bei Edelkastanie *Castanea*, Erstfund aus der Türkei, Schwarzmeerregion. Sporen 7,5–9 × 5,5–6,5 µm.

Cortinarius minutalis Lamoure, *C. hinnuleus* var. *minutalis* J. Favre, Winziger Alpen-Wasserkopf: Hut 1–2,5 cm, hygrophan, rot- bis gelblichbraun mit schwärzenden Flecken, Lamellen gelb- bis zimtbraun, Stiel faserig, gelblichbraun, Basis dunkler, mit weißen, teils scheiden- oder ringartigen Velumresten, Fleisch braun, Geruch undeutlich bis etwas erdartig; vorwiegend alpin, bei Weide *Salix*, Sommer bis Herbst. Sporen warzig, ellipsoid bis etwas tropfenförmig, 8–9 × 5,5–6 µm, leicht dextrinoid. (BK 5.334).

14.3.89 *Cortinarius vernus*, Rosastieliger Frühlings-Wasserkopf

14.3.90 *Cortinarius anthracinus*, Purpurschwarzer Wasserkopf

14.3.91 *Cortinarius hinnuleus*, Erdigriechender Gürtelfuß

Cortinarius helvolus (Bull.) Fr., Stumpfhütiger Wasserkopf: Geruch nicht erdartig. Sporen feinwarzig, breit ellipsoid, 7–9 × 5–6,5 µm. (Kr 5.251).

Cortinarius hinnuloides Rob. Henry, Rehfarbenähnlicher Gürtelfuß: Hut aprikosengelb, Geruch angenehm, leicht nach Orangenblüten bis etwas Anis, Fleisch in der Stielbasis safrangelb. Sporen 6,5–8,5 × 5–6 µm.

14.3.92 *Cortinarius balaustinus* Fr.
Rundlichsporiger Wasserkopf, Feuerblättriger Wasserkopf

H: 3–8 cm, halbkugelig bis flach gewölbt, schwach hygrophan, jung silberfaserig, später kahl, lebhaft ocker- bis orangebraun und dunkler radial fleckig, Rand lange eingerollt. **L:** schwach ausgebuchtet, lebhaft gelbbraun bis rötlichocker, Schneiden heller. **St:** weißlich, später gelbbraun fleckig, angedeutete weiße Ringzone und darunter vom Velum weiß faserig. **F:** weißlich bis ockerbraun, besonders im inneren Teil. **Ger:** erdartig bis schwach rettichartig. **Ges:** mild. **Spp:** rostbraun. **V:** im Laub- oder Mischwald, vorwiegend bei Birke *Betula* oder Buche *Fagus*. **Mik:** Sporen warzig, kugelig, 5,5–6,5 × 4,5–5,5 µm, nicht oder leicht dextrinoid. (D 817, 🖼).

Cortinarius suillus Fr., Schweins-Wasserkopf: Hut seidig glänzend, falb- bis rötlichbraun, Lamellen sehr blass, Stiel beige bis bräunlich, faserig, bauchig bis spindelig, Sporenpulver rotbraun; im Laubwald, vorwiegend bei Buche *Fagus*. Sporen, warzig, ellipsoid, 8,5–11,5 × 5,5–6,5 µm. (BK 5.266).

14.3.93 *Cortinarius brunneus* (Pers.) Fr.
Dunkelbrauner Gürtelfuß

H: 3–10 cm, halbkugelig-glockig, später gewölbt und meist gebuckelt, schwach hygrophan, kahl bis schwach faserig, feucht dunkel rot-, umbra- bis schwarzbraun, trocken graubraun, Rand oft mit weißen, faserigen Velumresten. **L:** ausgebuchtet, schon jung ziemlich dunkelbraun bis purpurbraun, Schneiden heller. **St:** braun mit hellen Fasern und auffälligem weißlichem, später braunem Gürtel, Spitze weißlich, bisweilen mit einem Hauch Lila, Basis nicht oder leicht erweitert, oft weißfilzig. **F:** mehr oder weniger dunkelbraun. **Ger:** schwach nach Rettich. **Ges:** mild. **V:** im Nadelwald vorwiegend bei Fichte *Picea*; Spätsommer bis Herbst. **Mik:** Sporen grobwarzig, ellipsoid bis kugelig, 7,5–10 × 5,5–7 µm. (D 818, Kr 5.219, BK 5.302, 🖼).

Cortinarius glandicolor (Fr.) Fr., *C. brunneus* var. *glandicolor* (Fr.) H. Lindstr. & Melot, Schwarzer Gürtelfuß: Fruchtkörper schlanker, Hut spitz gebuckelt, meist weniger als 5 cm breit; bei Kiefer *Pinus* oder Birke *Betula*. (D 819, BK 5.303).

14.3.94 *Cortinarius ectypus* J. Favre, Düsterer Gürtelfuß: Hut 3–7 cm, erst grau- später dunkelbraun, Lamellen eher entfernt, grau- bis rötlichbraun, Schneiden fein bewimpert, Stiel hellbraun, Spitze violettlich, Velumreste bräunlich, Basis mit weißem bis violettlichem Mycelfilz; im Nadelwald, vorwiegend bei Fichte *Picea*. Sporen schwach warzig, breit ellipsoid, 6–7,5 × 4,5–5,5 µm. (Kr 5.242).

14.3.95 *Cortinarius brunneofulvus* Fr., Fuchsigbrauner Gürtelfuß: Hut 3–7 cm, kaum gebuckelt, feucht dunkel rotbraun, trocken ockerlich bis hell rötlichbraun, Stieloberfläche jung ganz weißlich faserig, später graubraun gürtelartig aufreißend mit angedeuteter Ringzone; in mittlerer bis subalpiner Lage, Nadel- oder Mischwald, Sommer bis Herbst. Sporen, grobwarzig, ellipsoid, 8–10,5 × 5,5–6,5 µm. (BK 5.301).

14.3.96 *Cortinarius fuscoalbus* Kytöv., Niskanen & Liimat., *Cortinarius depressus* Fr.
Hellblättriger Gürtelfuß, Niedergedrückter Gürtelfuß

H: 1–6 cm, halbkugelig-glockig, später gewölbt und bisweilen gebuckelt, etwas glänzend, nicht faserig, hygrophan, feucht dunkel kastanienbraun, im Zentrum fast schwarz, trocken grau- bis gelblichbraun, Rand meist etwas abgeknickt und jung mit weißen, seidigen Velumresten. **L:** hellocker bis graugelb, Schneiden weiß. **St:** weiße flockig-faserige bis natterig-gegürtelte Velumreste auf graugelbem bis blassbraunem Grund, Basis gelegentlich rötend oder schwärzend. **F:** gelbbräunlich, in der Stielbasis oft schwärzend. **Ger:** unauffällig. **V:** im Nadelwald, vorwiegend bei Kiefer *Pinus* oder Fichte *Picea*. **Mik:** Sporen feinwarzig, schmal ellipsoid, 6,5–7,5 × 3,5–4 µm. (🖼).

14.3.97 *Cortinarius rheubarbarinus* Rob. Henry
Rhabarber-Wasserkopf

H: 2–6 cm, stumpf kegelig-glockig, später flach gewölbt und teilweise gebuckelt, erst seidig, dann kahl, hygrophan, feucht dunkelbraun, trocken graubraun bis hell ockergelb. **L:** hell ocker- bis graubraun. **St:** oft verkrümmt, glänzend faserig, blass graubräunlich, Druckstellen bräunend, Spitze bisweilen schwach violett, Velum weiß, flüchtig, seidig faserig oder gezont. **F:** graubräunlich. **Ger:** eigenartig, z. B. nach Petersilie, Muskatnuss, Rhabarberstängeln. **V:** im Laubwald, vorwiegend auf trockenem Boden. **Mik:** Sporen feinwarzig, ellipsoid bis etwas mandelförmig, 8–10 × 5–6 µm. (Kr 5.281, BK 5.357, 🖼).

14.3.98 *Cortinarius pachypus* M.M. Moser, Dickfüßiger Wasserkopf: Fruchtkörper robust, Hut 5–12 cm, halbkugelig, später flach gewölbt, eingewachsen-faserig, leicht hygrophan, braun, Stiel keulig bis knollig, weißlich faserig; Spätsommer bis Herbst. Sporen warzig, ellipsoid, 10–12 × 7–7,5 µm, leicht dextrinoid.

14.3.99 *Cortinarius albonigrellus* J. Favre
Kontrast-Gürtelfuß

H: 1–2 cm, stumpfkegelig bis gewölbt, jung weiß faserig-schuppig, hygrophan, feucht grau- bis schwärzlichbraun oder rötlichbraun, trocken ockerbraun, Rand heller und

14.3.92 *C. balaustinus*, Rundlichsporiger Wasserkopf

14.3.93 *C. brunneus*, Dunkelbrauner Gürtelfuß

14.3.96 *Cortinarius fuscoalbus*, Hellblättriger Gürtelfuß

14.3.97 *Cortinarius rheubarbarinus*, Rhabarber-Wasserkopf

weißlich behangen. **L:** jung graurosa, später zimt- bis rostbraun, Schneiden fein gezähnelt, heller. **St:** Spitze dunkelbraun, im unteren Teil weiß gegürtelt bis gestiefelt mit häutigem Ring. **F:** im Hut schwärzlich-, im Stiel rötlichbraun. **V:** meist einzeln, alpine Lagen, bei Zwergweide *Salix;* im Sommer. **Mik:** Sporen feinwarzig, schmal ellipsoid bis zylindrisch, 7,5–10 × 4–5,5 µm. (BK 5.290).

14.3.100 *Cortinarius scotoides* J. Favre, Warzigsporiger Almen-Wasserkopf: Lamellen dunkel rostbraun, Stielbasis dunkelbraun, Velumreste flüchtig. Sporen warzig, breit ellipsoid, 7–8 × 4,5–6 µm. (BK 5.364).

14.3.101 *Cortinarius lamoureae* Bon, Lamours Gürtelfuß: Hut 0,5–2 cm, rötlichbraun, Stiel mit üppig gelblichweißem, anfangs sockenartigem Velum. Sporen warzig, ellipsoid, 10–11 × 6–7 µm.

14.3.102 *Cortinarius hemitrichus* (Pers.) Fr.
Weißflockiger Gürtelfuß

H: 1–5 cm, glockig, später ausgebreitet und spitz gebuckelt, hygrophan, feucht grau- bis dunkelbraun, trocken ockergrau, ganz mit weißen Velumschüppchen überzogen, später verkahlend. **L:** grau- bis hellbraun, bisweilen mit Olivstich, Schneiden heller. **St:** graubräunlich, unter der ziemlich deutlichen Ringzone mit weißen, faserigen bis gürteligen Velumresten. **F:** ockerbraun. **Ger:** unauffällig. **Spp:** rostbräunlich. **V:** manchmal büschelig, vorwiegend unter Birke *Betula;* Sommer bis Herbst. **Mik:** Sporen warzig, schmal ellipsoid bis zylindrisch, 7–9 × 4–5 µm, leicht dextrinoid. (D 821, Kr 5.252, BK 5.331, 🖼).

14.3.103 *Cortinarius comptulus* M.M. Moser, Rundsporiger Wasserkopf: Hut nur fein faserig-schuppig, feucht rotbraun, trocken graulichbraun; im Nadelwald bei Kiefer *Pinus* oder Fichte *Picea,* im Herbst. Sporen grobwarzig, kugelig, 6,5–7,5 × 5–6 µm. (🖼).

Cortinarius pilatii Svrček, Flocken-Gürtelfuß: Hut 1–3 cm, gelb- bis dunkelbraun, trocken ocker und oft feinschuppig aufreißend, Lamellen milchkaffeefarben, später rostbraun, Stiel faserig, hell violettblau, von den Velumresten mit einer schmalen weißen Zone beringt oder etwas bescheidet, Basalmycel violett; bei Fichte *Picea.* Sporen 7,5–9 × 4,5–6 µm.

Cortinarius gossypinus H. Lindstr.: Hut 0,5–1,5 cm, glockenförmig, später spitz gebuckelt, dicht weiß faserig-schuppig, feucht grau- bis rötlichbraun, trocken graulichocker, Lamellen gelbbraun, Stiel graubraun, mit flockigen, weißen Velumresten und deutlicher Ringzone; bei Weide *Salix.* Sporen 8,5–9,5 × 5–5,5 µm.

14.3.104 *Cortinarius umbrinolens* P.D. Orton
Tiefdunkler Wasserkopf, Staubartigriechender Wasserkopf

H: 1,5–4 cm, breit kegelig-glockig, später ausgebreitet und oft stumpf gebuckelt, hygrophan, feucht umbra- bis rotbraun, im Zentrum schwarzbraun, trocken hell rötlich- bis graubraun, Rand schuppig gezähnelt, durchscheinend gerieft und vom Velum weiß befasert. **L:** ziemlich dunkel grau- bis gelbbraun, Schneiden heller. **St:** faserig, graubraun, vom grauweißen Velum flockig-faserig bis beringt, an der Basis bisweilen etwas rötend. **F:** graubraun, in der Stielbasis rötend. **Ger:** stark erdartig. **V:** im Laubwald, vorwiegend bei Birke *Betula,* seltener auch im Mischwald. **Mik:** Sporen warzig, ellipsoid bis mandelförmig, 8–9,5 × 4,5–5,5 µm. (BK 5.378, 🖼).

Cortinarius rigidus (Scop.) Fr., Erdigriechender Wasserkopf: zählt je nach Interpretation als Synonym von *C. umbrinolens* oder als separate Art mit unauffälligem, etwas würzigem Geruch und feinwarzigen, kleinen Sporen von 6–7,5 × 3,5–4,5 µm. (D 822, Kr 5.283, BK 5.358).

14.3.105 *Cortinarius casimiri* (Velen.) Huijsman, *Cortinarius subsertipes* Romagn.
Großsporiger Buckel-Gürtelfuß, Buntstieliger Gürtelfuß

H: 1–4 cm, kegelig-glockig, später spitz gebuckelt, stark faserig, graulila auf braunem Grund, Rand lange vom filzig-faserigen Velum bedeckt und behangen. **L:** graubraun, manchmal etwas violett, Schneiden heller. **St:** braun bis schwarzbraun, Spitze bisweilen violettlich, im unteren Teil vom weißen, dicken Velum zottig gegürtelt. **F:** graubraun, evtl. etwas violett oder rötend. **Ger:** unauffällig bis rettichartig. **V:** im Laub- oder Nadelwald, oft bei Weide *Salix.* **Mik:** Sporen grobwarzig, breit ellipsoid, 10–12 × 5,5–7 µm. (D 814, Kr 5.228, BK 5.309, 🖼).

14.3.106 *Cortinarius rufostriatus* J. Favre, Rötlichgeriefter Wasserkopf, Weißberingter Gürtelfuß: Hut feucht dunkel rotbraun, im Zentrum schwärzlich, Rand gerieft, trocken rötlichocker, nicht gerieft, Lamellen orangeocker bis rostbraun, Stiel rotbraun, weißlich faserig bis gegürtelt, Geruch schwach, rettichartig; alpine Lagen, bei Silberwurz *Dryas* oder Zwergweide *Salix.* Sporen warzig, ellipsoid bis zylindrisch, 9–12,5 × 5,5–7 µm. (BK 5.360, 🖼).

14.3.107 *Cortinarius iliopodius* (Bull.) Fr., *Cortinarius alnetorum* (Velen.) M.M. Moser, Erlen-Gürtelfuß: Hut glockenförmig, Rand lange eingebogen, hygrophan, feucht dunkel kastanienbraun bis schwarz, trocken heller graubraun, Stiel deutlich weißfaserig auf lilabraunem Grund, im unteren Teil gegürtelt, bisweilen mit Geruch nach Zedernholz oder Pelargonien («Geranien»); im feuchten Gebiet bei Erle *Alnus,* Sommer bis Herbst. Sporen feinwarzig, schmal ellipsoid, 8–10,5 × 5–5,5 µm. (Kr 5.201, BK 5.291).

14.3.102 *Cortinarius hemitrichus,* Weißflockiger Gürtelfuß

14.3.103 *Cortinarius comptulus,* Rundsporiger Wasserkopf

14.3.104 *C. umbrinolens,* Tiefdunkler Wasserkopf

14.3.105 *C. casimiri,* Großsporiger Buckel-Gürtelfuß

14.3.106 *C. rufostriatus,* Rötlichgeriefter Wasserk

14.3.108 *Cortinarius parvannulatus* Kühner
Kleinberingter Gürtelfuß

H: 1–3 cm, glockig, später gewölbt und spitz gebuckelt, hygrophan, feucht gelb- bis orangebraun, trocken hell ockergelb, Rand schwach gerieft und vom Velum etwas faserig. **L:** gelbbraun, bisweilen mit graublauem Ton. **St:** hell orangebraun, längsfaserig, Spitze bisweilen schwach blau, deutlich beringt vom weißen, anfangs dicken Velum. **F:** vorwiegend rotbraun, seltener mit graublauem Ton. **Ger:** stechend, nach Zedernholz. **V:** bei Laubgehölzen, auch alpine Lagen bei Zwergweide *Salix*. **Mik:** Sporen warzig, ellipsoid, 8–9 × 4,5–5,5 µm, dextrinoid. (Kr 5.270).

14.3.109 *Cortinarius roseipes* (Velen.) Reumaux, Farbenfuß-Wasserkopf: Hut 1–3,5 cm, feucht graulich braun, trocken ockergrau, Rand heller gelbbraun, Stiel grau bis violettgrau, Fleisch graulich, im Schnitt rötend und später rötlichbraun, Geruch unauffällig; im Laubwald. Sporen grobwarzig, breit ellipsoid, 8–10 × 5,5–6,5 µm.

14.3.110 *Cortinarius odhinnii* Melot, Glutroter Gürtelfuß: Hut 3–6 cm, feucht lebhaft orange- bis rötlichbraun, trocken hell orangebraun, Stiel gelblich bis gelb, erst gelblichweiß gestiefelt, später faserig, Geruch stechend; im Nadelwald, vorwiegend bei Kiefer *Pinus*. Sporen feinwarzig, schmal ellipsoid, 7–9,5 × 4–4,5 µm.

14.3.111 *Cortinarius lux-nymphae* Melot, *Cortinarius incisus* (Pers.) Fr.
Elfenheide-Gürtelfuß

H: 2–4 cm, kegelig-glockig, später gewölbt und meist gebuckelt, feinschuppig, im Alter kahl, hygrophan, feucht gelb bis rostbraun, trocken heller gelblichbraun, Rand mit filzigflockigen Velumresten, oft eingebogen oder etwas rissig. **L:** gelb- bis rostbraun, selten etwas bläulich, Schneiden blasser und gezähnelt. **St:** grobfaserig, gelbbraun, Spitze blasser, im unteren Teil mit weißen bis blassgelben Velumresten, bisweilen eine Ringzone bildend. **F:** bräunlich. **Ger:** unauffällig bis schwach nach Zedernholz. **V:** oft büschelig, im Nadelwald. **Mik:** Sporen warzig, schmal spindelförmig, 6,5–8 × 3–3,5 µm. (D 824).

14.3.112 *Cortinarius pauperculus* J. Favre, Rotbrauner Zwerg-Wasserkopf: Hut 1–2 cm, jung weißlich radialfaserig bedeckt, feucht dunkelrot bis graubraun mit gerieftem Rand, trocken ockerbraun und nicht gerieft, Stiel grau- bis rotbraun, weißlich gegürtelt, Geruch unauffällig; alpine Lagen, bei Silberwurz *Dryas* oder Zwergweide *Salix*, im Sommer. Sporen feinwarzig, ellipsoid bis etwas mandelförmig, 8–11 × 5–6 µm. (BK 5.350, 🖼).

14.3.113 *Cortinarius fagetorum* M.M. Moser, Buchen-Wasserkopf: Hut 0,5–1,5 cm, feucht dunkel rotbraun, trocken ocker, Rand mit feinen Faserschüppchen; an moosigen Buchenstämmen *Fagus*. Sporen warzig, ellipsoid bis mandelförmig, 7–9 × 4,5–6 µm. (BK 5.320).

14.3.114 *Cortinarius striaepilus* J. Favre, Kegeliger Moor-Gürtelfuß: Hut 1–3,5 cm, erst glockenförmig, später ausgebreitet gewölbt und meistens spitz gebuckelt, feucht dunkel rötlichbraun, Rand durchscheinend gerieft, trocken graulichocker, Stiel rötlichbraun, gegen die Basis dunkler und von weißen Velumresten flockig bis gegürtelt; im Moor oder im sauren, moorigen Nadelwald, bei Kiefer *Pinus* und Fichte *Picea*, oft bei Torfmoos *Sphagnum*, im Herbst. Sporen warzig, breit ellipsoid, 8–10 × 5–6,5 µm.

14.3.115 *Cortinarius flos-paludis* Melot, Rauchgrauer Gürtelfuß: Hut 1–5 cm, glockenförmig, später gewölbt und oft spitz gebuckelt, faserig, feucht trüb graugelb- bis rötlichbraun, trocken graulichgelb, oft fleckig schwärzend, Lamellen ockerlich, Stiel grau- bis rötlichbraun, mit weißen Velumresten flockig bis gegürtelt, gegen die Basis dunkler und oft wurzelnd; bei Torfmoos *Sphagnum*, im Nadelwald, bei Kiefer *Pinus* und Fichte *Picea*, im Herbst. Sporen warzig, breit ellipsoid, 7,5–8,5 × 5–6 µm. (🖼).

14.3.116 *Cortinarius acutus* (Pers.) Fr.
Spitzer Wasserkopf

H: 0,5–1,5 cm, kegelig-glockig, später kegelig bis gewölbt und spitz gebuckelt, stark hygrophan, durchscheinend gerieft, feucht warm gelb- bis rotbraun, trocken blass bräunlich, Rand jung vom Velum befasert. **L:** gelbbraun, Schneiden weiß bewimpert. **St:** relativ dünn und lang, weiß bis blass gelbbraun, Velumreste weiß, flockig-faserig, eher spärlich. **F:** blass gelbbraun. **Ger:** leicht nach Jod, vor allem beim Eintrocknen an der Stielbasis. **V:** im Nadelwald, bei Fichte *Picea*, vorwiegend auf feuchtem Boden. **Mik:** Sporen leicht warzig, ellipsoid bis mandelförmig, 8–9 × 4,5–5,5 µm, leicht dextrinoid. (Kr 5.197, 🖼).

Cortinarius acutovelatus Rob. Henry, Spitzbeschleierter Wasserkopf, Spitzbuckeliger Gürtelfuß: Hut und Stiel mit stark weißlichen Fasern bedeckt. Sporen 9–10 × 5–5,5 µm. (D 825, BK 5.289).

Cortinarius trossingenensis Melot, Trossinger Wasserkopf: Hut halbkugelig-kegelig, glockenförmig bis gewölbt, rotbraun bis dunkel rotbraun. Sporen annähernd kugelförmig, 5–5,5 × 4–4,5 µm.

14.3.117 *Cortinarius fulvescens* Fr.
Rötlichgelber Wasserkopf, Fuchsigroter Gürtelfuß

H: 1–4 cm, jung spitzkegelig, später ausgebreitet und spitz gebuckelt, hygrophan, feucht fuchsig rötlich- bis weinrotbraun mit durchscheinend gerieftem Rand und im Scheitel dunkler, trocken kupferbraun. **L:** gelb- bis rostbraun. **St:** weißlich bis bräunlich mit spärlichen blass rosafarbenen Velumresten, Basis oft verjüngt und weißlich. **F:** braun. **Ger:** unauffällig. **V:** im moosigen Nadelwald. **Mik:** Sporen warzig,

14.3.112 *Cortinarius pauperculus,* Rotbrauner Zwerg-Wasserkopf

14.3.115 *Cortinarius flos-paludis,* Rauchgrauer Gürtelfuß

14.3.116 *Cortinarius acutus,* Spitzer Wasserkopf

14.3.117 *C. fulvescens,* Rötlichgelber Wasserkopf

schmal mandelförmig, 8,5–9,5 × 4,5–5,5 µm, leicht dextrinoid. (Kr 5.247, BK 5.321, 🖼).

Cortinarius fasciatus Fr., Rötlichgeschmückter Wasserkopf: nach Interpretation von Breitenbach & Kränzlin 2000 ist *C. fulvescens* eine Art mit kleineren Sporen von 6,5–8,5 × 4–5,5 µm und faserigem Velum, während *C. fasciatus* flockig-schuppige Velumreste und größere Sporen von 8,5–11,5 × 5–6,5 µm aufweist. Andere Autoren erachten die beiden Artnamen als Synonyme. Die Angaben zu *C. fulvescens* folgen hier der Beschreibung in Niskanen & Kytövuori 2018.

Cortinarius fistularis Britzelm., Derber Wasserkopf: Hut bis 2,5 cm, Rand nicht gerieft, Stiel ziemlich dunkel gelbbraun; oft büschelig, im Bergnadelwald. Sporen feinwarzig, schmal ellipsoid, 9–11,5 × 5–5,5 µm.

Cortinarius junghuhnii Fr., Breitsporiger Samt-Wasserkopf: Hut fast samtig, hygrophan, feucht satt rotbraun mit durchscheinendem, bis gegen die Mitte gerieftem Rand, trocken hell ockerlich, jung Hut ganz mit weißem Velum überzogen, später nur noch am Rand, Lamellen cremebeige bis ockerbraun, Schneiden weißlich, fein bewimpert, Stiel jung dicht weiß faserig, später von der Basis her verkahlend und zunehmend rostbraun. Sporen feinwarzig, breit ellipsoid, 6,5–9 × 4,5–6 µm. (Kr 5.258, BK 5.340).

14.3.118 *Cortinarius scandens* Fr.
Dickhalsiger Wasserkopf

H: 1–3 cm, jung kegelig, später glockig bis ausgebreitet mit deutlichem Buckel, fein eingewachsen radialfaserig, hygrophan, feucht orange- bis rötlichbraun mit gerieftem Rand, trocken gelbbraun. **L:** ausgebuchtet, rostbraun, Schneiden leicht gekerbt, stellenweise heller. **St:** Spitze bisweilen etwas erweitert, Basis eher verjüngt, blass ockerlich, schwach weißlich überfasert und allenfalls etwas gebändert wirkend. **Ger:** schwach wie *Lepiota cristata,* Stink-Schirmling. **V:** im Erlensumpf *Alnus* oder im feuchten Nadelwald bei Fichte *Picea.* **Mik:** Sporen feinwarzig, ellipsoid, 6–9 × 4,5–6 µm. (D 827, BK 5.363?).

14.3.119 *Cortinarius obtusus* (Fr.) Fr.
Jodoform-Wasserkopf

H: 1–5 cm, kegelig-glockig, später ausgebreitet und meist gebuckelt, hygrophan, feucht rost- bis rotbraun und durchscheinend gerieft, trocken matt lederbraun, Rand leicht gezähnelt bis rissig, seidig weißlich. **L:** schwach ausgebuchtet oder leicht herablaufend, ziemlich entfernt, gelbbraun, später zimtbraun, Schneiden gekerbt und stellenweise weißlich. **St:** jung weiß längsfaserig, später kahl und zunehmend orangeockerlich, Basis verjüngt, weißlich bis gelbbräunlich. **F:** cremeweißlich bis bräunlich. **Ger:** rettichartig und nach Jod, besonders beim Trocknen. **V:** evtl. büschelig, im Nadelwald. **Mik:** Sporen warzig, ellipsoid, 7,5–10 × 4,5–6 µm, dextrinoid. (D 826, Kr 5.267, BK 5.347, 🖼).

14.3.120 *Cortinarius albovariegatus* (Velen.) Melot, Weißgenatterter Wasserkopf: Stiel mit weißen, vollständigen oder nur teilweise ausgebildeten Velumgürteln. Sporen 7,5–8,5 × 5–5,5 µm. (Kr 5.199, BK 5.324).

14.3.121 *Cortinarius decipiens* (Pers.) Fr., *Cortinarius sertipes* Kühner, *C. flexipes* f. *sertipes* (Kühner) Kühner
Dunkelgebuckelter Wasserkopf, Pappel-Gürtelfuß, Schwarzgebuckelter Wasserkopf

H: 1–4 cm, glockig, später gewölbt und stumpf gebuckelt, hygrophan, feucht dunkel graubraun und in der Mitte schwarz- bis etwas violettbraun, trocken heller gelbgrau, Rand manchmal mit einigen blassgrauen Velumresten bedeckt. **L:** schwach ausgebuchtet bis leicht herablaufend angewachsen, blass graubraun und bisweilen etwas violettlich, Schneiden heller. **St:** silbergrau, gelblichgrau, später graubraun, Spitze blauviolettlich, im unteren Teil vom blassgrauen Velum schwach faserig bis gegürtelt. **F:** graubraun, im Stiel oft etwas violettlich. **Ger:** unauffällig bis schwach nach Zedernholz. **V:** im Laubwald an feuchten Stellen. **Mik:** Sporen warzig, ellipsoid, 7,5–10 × 4,5–6 µm. (Kr 5.236/290, BK 5.315/366, 🖼).

Cortinarius vernalis Peck: Hut hygrophan, feucht graubeige bis kastanienbraun und gezont, trocken fleischgrau; im Laubwald, im Frühjahr. Sporen 9–13 × 6–6,5 µm.

Cortinarius romagnesii Rob. Henry, Früher Wasserkopf: Huthaut seidig, schwach hygrophan, feucht kastanienbraun, trocken ocker bis etwas rosaocker, Stiel gelbbraun, wollig faserig; auf alten Brandstellen wachsend, schon ab dem Frühjahr. Sporen 8–10 × 5–6 µm. (Kr 5.284).

14.3.122 *Cortinarius atrocaeruleus* M.M. Moser,
C. decipiens var. *atrocaeruleus* (M.M. Moser ex M.M. Moser) H. Lindstr.
Blauschwarzer Wasserkopf

H: 1,5–5 cm, breit kegelig-glockig, später ausgebreitet und oft stumpf gebuckelt, hygrophan, dunkel kastanienbraun bis schwarz, Rand vom Velum weiß befasert. **L:** ziemlich dunkel grau- bis gelbbraun, Schneiden heller. **St:** deutlich weiß faserig-flockig auf braunem, gegen die Spitze lilabraunem Grund. **F:** graubraun, in der Stielbasis rötend.

14.3.119 *Cortinarius obtusus,* Jodoform-Wasserkopf

14.3.121 *Cortinarius decipiens,* Dunkelgebuckelter Wasserkopf

14.3.122 *Cortinarius atrocaeruleus,* Blauschwarzer Wasserkopf

Ger: nach Zedernholz. **V:** im feuchten bis sumpfigen Mischwald. **Mik:** Sporen warzig, ellipsoid, 7–9 × 4,5–5,5 µm. (Kr 5.211, BK 5.314, 🖼).

In der alpinen Zone bei Silberwurz *Dryas* oder Zwergweide *Salix* gibt es eine Reihe weiterer ähnlicher Arten mit kaum mehr als 2 cm breiten Hüten:

14.3.123 *Cortinarius subtilior* J. Favre, *Cortinarius percavus* J. Favre, Schmächtiger Alpen-Wasserkopf: Hut 1–2 cm, jung mit weißlichem Velumüberzug, hygrophan, feucht rotbraun, trocken ocker, Rand lange mit weißen Velumfasern, Geruch etwas rettichartig, Lamellen gelb- bis rostbraun, Schneiden gekerbt, weiß bewimpert, Stiel weiß längsfaserig auf graubraunem Grund; alpin, bei Zwergweide *Salix* oder Silberwurz *Dryas*. Sporen warzig, ellipsoid, dickwandig (mit Perispor), 9–11,5 × 5,5–7,5 µm, mit 1- bis 2-fach septierten, 40–70 µm langen Cheilozystiden. (BK 5.351, 🖼).

Cortinarius levipileus J. Favre, Glatthütiger Alpen-Wasserkopf: Geruch schwach, krautartig, Stielbasis auf Druck schwärzend; alpin, bei Silberwurz *Dryas*. Sporen warzig, ellipsoid, dickwandig (mit Perispor), 9–11,5 × 5,5–7,5 µm, mit 15–25 µm langen, zystidenähnlichen Marginalzellen. (BK 5.345).

Cortinarius tenebricus J. Favre, Schwärzlicher Almen-Wasserkopf: Hut ohne weiße Fasern, Rand spärlich mit blassbräunlichen Fasern; alpin, bei Zwergweide *Salix* oder Silberwurz *Dryas*. Sporen warzig, ellipsoid, dünnwandig, 7,5–10,5 × 4,5–6,5 µm. (BK 5.374).

Cortinarius oreobius J. Favre, Almen-Wasserkopf: Hut 0,5–1,5 cm, feucht dunkel ruß- bis rotbraun, trocken rötlichbraun, nur am Rand mit weißen Velumfasern bedeckt, Lamellen breit angewachsen, rotbraun, Schneiden weißlich; alpin, bei Zwergweide *Salix*. Sporen feinwarzig, ellipsoid, dünnwandig, 9–12 × 6–7 µm. (BK 5.348).

Cortinarius minutulus J. Favre, Orangeblättriger Alpen-Wasserkopf: Hut 0,5–1,5 cm, Lamellen lebhaft orangeocker; alpin, bei Zwergweide *Salix* oder Silberwurz *Dryas*. Sporen feinwarzig, ellipsoid bis etwas mandelförmig, 7,5–10,5 × 4,5–6,5 µm. (BK 5.346).

Cortinarius inconspicuus J. Favre, Braunfaseriger Almen-Wasserkopf: Hut 0,5–2 cm, Stiel braun mit braunen Fasern; bei Zwergweide *Salix*. Sporen 6,5–7,5 × 4–4,5 µm.

14.3.124 *Cortinarius inops* J. Favre, *Cortinarius pusillus* Murrill
Dunkelhütiger Alpen-Wasserkopf, Dürftiger Alpen-Wasserkopf

H: 0,5–2 cm, glockenförmig bis gewölbt und teils gebuckelt, feinfaserig, hygrophan, dunkel- bis schwärzlichbraun. **L:** zimtbraun. **St:** dunkelbraun mit hellen Fasern und spärlichen weißen Velumresten. **F:** dunkelgrau bis etwas graurosa. **Ger:** unauffällig. **V:** alpin, bei Zwergweide *Salix*; Sommer bis Herbst. **Mik:** Sporen stark warzig, ellipsoid bis etwas kugelig, 7,5–8,5 × 5,5–6 µm. (BK 5.337, 🖼).

Gemäß Lindström 2018 könnte es sich bei *C. pusillus* um eine ähnliche, jedoch separate Art mit weniger stark warzigen Sporen handeln.

14.3.125 *Cortinarius helobius* Romagn.
Kleiner Sumpf-Wasserkopf

H: 0,5–2 cm, kegelig-glockig, später ausgebreitet und meist gebuckelt, jung feinfaserig, hygrophan, feucht dunkel gelb- bis schwarzbraun, trocken heller gelb- bis rötlichbraun. **L:** ausgebuchtet und mit Zahn herablaufend, blassgelb oder graubräunlich bis rostbraun. **St:** gelbbraun, gegen die Basis schwarzbraun, vom Velum blass ockergelb bis weißlich faserig oder gebändert. **F:** gelb bis gelbbraun, in der Stielbasis dunkelbraun. **Ger:** unauffällig. **V:** im Laub- und Nadelwald, vorwiegend bei Fichte *Picea* oder Kiefer *Pinus*; schon ab Frühjahr. **Mik:** Sporen warzig, ellipsoid, 8–10,5 × 4,5–5,5 µm. (Kr 5.249, BK 5.328, 🖼).

14.3.123 *Cortinarius subtilior*, Schmächtiger Alpen-Wasserkopf

14.3.124 *Cortinarius inops*, Dunkelhütiger Alpen-Wasserkopf

14.3.125 *Cortinarius helobius*, Kleiner Sumpf-Wasserkopf

14.4 *Cortinarius (Paramyxacium)*, Scheinschleimfüße

Basidiomycota, Ständerpilze > *Agaricomycetes* > *Agaricales*, Blätterpilze > *Cortinariaceae*, Schleierlingsverwandte

Beschreibung

Die Sektion *Rozites*, Reifpilze in der Untergattung *Paramyxacium* enthält hier nur eine Art mit der Bezeichnung *Rozites caperatus*, Reifpilz. Es handelt sich um einen mittleren bis großen Pilz mit ockerfarbenem, im Scheitel reifartig weißlich überfasertem, oft runzeligem Hut und blassem, auffällig doppelt beringtem Stiel. Die Lamellen sind ausgebuchtet, gedrängt, erst tongrau und durch das rostfarbene Sporenpulver zunehmend rostockerlich. Die Art wurde von Fries 1838 bereits der Gattung *Cortinarius*, Schleierlinge, damals der Untergattung *Phlegmacium*, Schleimköpfe zugeordnet, später in der separaten Gattung *Rozites*, Reifpilze platziert und aufgrund genetischer Untersuchungen von Liimatainen et al. 2022 nun wieder zur Gattung ***Cortinarius*** zurückgebracht, jedoch in die Untergattung *Paramyxacium* eingegliedert.

Cortinarius caperatus, Reifpilz wächst vom Sommer bis in den Herbst, auf saurem Boden, oft bei Heidelbeeren.

Die Sporen sind leicht warzig, ellipsoid bis mandelförmig, und an den Schneiden finden sich zylindrische bis leicht keulenförmige Marginalzellen.

Speisewert

Der Pilz ist ein beliebter, schmackhafter Speisepilz.

14.4.01 *Cortinarius caperatus*, Reifpilz

14.4.01 *Cortinarius caperatus* (Pers.) Fr.,
Rozites caperatus (Pers.) P. Karst.
Reifpilz, Zigeuner-Reifpilz

H: 5–12 cm, halbkugelig, später breit kegelig-gewölbt bis ausgebreitet und flach gebuckelt, fein radial runzelig, ockerbräunlich, im Scheitel silberweißlich überfasert, Rand jung behangen. **L:** gedrängt, ausgebuchtet, tongrau, ockerbräunlich bis rostocker, bisweilen mit schwachem lila Schein, Schneiden fein gezähnt. **St:** schmutzig weißlich mit anliegendem, geriefem Ring. **F:** fest, cremeweiß. **Ger:** unauffällig. **Ges:** unauffällig, angenehm. **Spp:** rostfarben. **V:** im Laub- und Nadelwald, auf saurem Boden, häufig bei Heidelbeeren; Sommer bis Herbst. (D 829, Kr 5.227, BK 5.383,).

14.4.01 *Cortinarius caperatus*, Reifpilz

14.5 *Cortinarius (Myxacium),* Schleimfüße und Ähnliche

Basidiomycota, Ständerpilze > *Agaricomycetes* > *Agaricales,* Blätterpilze > *Cortinariaceae,* Schleierlingsverwandte

Beschreibung

Die mittel- bis recht großen Pilze mit schleimigem Hut und Stiel gehören zu einem Teil zur Untergattung *Myxacium,* Schleimfüße in der Gattung ***Cortinarius***. Der andere Teil gehört nun zusammen mit einigen bisher zu den Schleimköpfen gezählten Arten zur Gattung ***Thaxterogaster***. Auf Deutsch tragen die Arten mit schleimigem Stiel immer noch die Bezeichnungen Schleimfüße bzw. Scheinschleimfüße, jene mit schleimigem Hut, aber trockenem Stiel heißen Schleimköpfe bzw. Scheinschleimköpfe. Die Hutfarben der schleimstieligen Arten sind lila bis blauviolett, gelb, gelbbraun oder rotbraun, selten auch weißlich bis cremefarben. Die mehr oder weniger ausgebuchtet angewachsenen Lamellen haben jung teils blauviolette, teils grau- bis gelbockerliche Farbtöne, später verfärben sie sich mit den reifenden Sporen in Richtung ocker- bis rostbraun, wie alle *Cortinariaceae*. Der schleimige Stiel ist weiß, ockergelb bis braun oder auch mit blauviolettem Ton, glatt bis stark genattert oder aufgerissen gegürtelt. Die ehemaligen Schleimköpfe, die neu zur Gattung *Thaxterogaster* zählen, zeigen eine ganze Palette an Hutfarben, wie blassocker, gelb, gelborange, purpurviolett, olivgrau und haben teils schlanke, teils aber auch knollige Stiele.

Alle Arten der Gattung *Thaxterogaster* sowie der Untergattung *Myxacium,* Schleimfüße wachsen in Mykorrhizapartnerschaften auf Erde im Laub- oder Nadelwald, seltener auch in alpiner oder arktischer Zone, vor allem im Herbst.

Die Sporen sind mäßig bis stark warzig. Im Mikroskop können Untergruppen unterschieden werden. Arten der Sektion *Delibuti* haben kugelige Sporen, die anderen sind ellipsoid, mandel- bis zitronenförmig. *Vibratiles* sind bitter; in der Sektion *Myxacium* findet man Schnallen und milden Geschmack, während *Defibulati* ebenfalls mild sind, jedoch keine Schnallen haben.

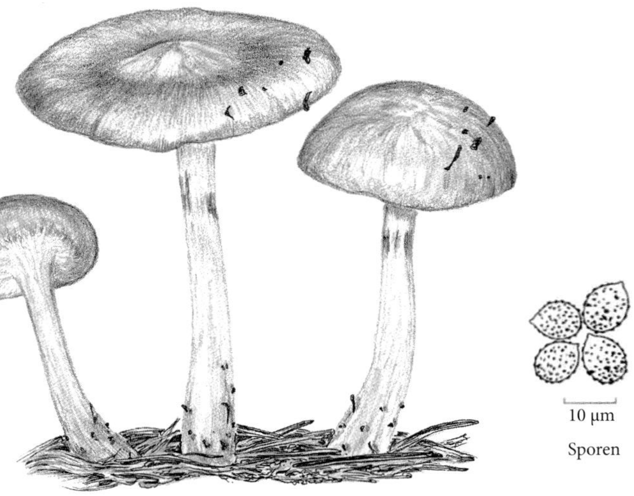

14.5.01 *Cortinarius salor,*
Blauer Schleimfuß

Bestimmung

Für die Bestimmung der hier zusammengefassten Arten mit schleimigem Stiel unterscheidet man zunächst Pilze mit lila bis blauviolettem Farbanteil und solche ohne. Weitere Kriterien sind der milde oder bittere Geschmack, eine glatte oder runzelige Hutoberfläche, die Farbe, ein genatterter oder glatter Stiel sowie der Standort. Im mikroskopischen Bereich sind es vor allem die Form und Größe der Sporen sowie vorhandene oder fehlende Schnallen. Die Arten mit trockenem Stiel, welche zu *Thaxterogaster* gehören, erscheinen in diesem Unterkapitel mit Text und Bild, sind aber im Umfeld der ähnlichen *Phlegmacium,* Schleimköpfe verschlüsselt.

14.5.05 *Cortinarius trivialis,*
Natternstieliger Schleimfuß

Speisewerte

Innerhalb *Myxacium,* Schleimfüße sind keine Giftpilze bekannt. Einige Arten gelten sogar als Speisepilze. Aufgrund der hohen Verwechslungsgefahr wird im Allgemeinen dennoch vom Genuss sämtlicher Schleierlinge abgeraten. Sicher nicht bekömmlich ist die Sektion *Vibratiles,* die Schleimfüße mit bitterem Fleisch.

14.5 *Cortinarius (Myxacium),* Schleimfüße und Ähnliche

- Hut, Stiel oder Lamellen mit lila oder blauviolettem Farbanteil
  - Hut mit Lila, Blau oder Violett
    - Hut jung überwiegend blauviolett
      - mild, höchstens schwach bitter — **01 *Cortinarius salor,* Blauer Schleimfuß**
      - sehr bitter — 02 *Thaxterogaster croceocoeruleus,* Safranblauer Scheinschleimfuß
    - Hut höchstens mit wenig Blauviolett am Rand
      - Hut meist über 5 cm breit, Geruch nach Honig (Stielbasis) — 03 *Cortinarius livido-ochraceus,* Langstieliger Schleimfuß
      - Hut kaum über 5 cm breit, Geruch unauffällig oder würzig bis rettichartig
        - Geschmack mild, rettichartig — 04 *Cortinarius betulinus,* Schmächtiger Birken-Schleimfuß
        - Geschmack bitter, Fruchtkörper hartfleischig — 20 *Cortinarius duramarus,* Hartfleischiger Schleimfuß
  - Hut ohne Lila, Blau oder Violett
    - Stiel stark genattert bis aufgerissen gegürtelt
      - bei Pappel, seltener Weide, Lamellen graublau, Sporen 10,5–12,5 × 6–7,5 µm — **05 *Cortinarius trivialis,* Natternstieliger Schleimfuß**
      - bei Eiche, mediterran, Lamellen violett, Sporen 11–15 × 6,5–8,5 µm — 06 *Cortinarius rickenii,* Rickens Schleimfuß
    - Stiel höchstens leicht genattert
      - Hutrand runzelig
        - Hutrand bald deutlich runzelig, meist mit weißen Velumresten gesäumt — 03 *Cortinarius livido-ochraceus,* Langstieliger Schleimfuß
        - Hutrand nicht/schwach runzelig, jung lila — 07 *Cortinarius stillatitius,* Honig-Schleimfuß
      - Hut kaum runzelig
        - Hut meist über 4 cm breit
          - Lamellen mit Blauviolett, zumindest jung, Septen mit Schnallen — **10 *Cortinarius delibutus,* Violettblättriger Schleimfuß**
          - Lamellen ohne Blauviolett
            - Geruch nach Honig, Septen ohne Schnallen — 07 *Cortinarius stillatitius,* Honig-Schleimfuß
            - ohne Honiggeruch, Septen mit Schnallen, bei Fichte
              - Hutmitte jung braunrot — 09 *Cortinarius collinitus,* Blaustiel-Schleimfuß
              - Hut überall gelb- bis olivocker — 11 *Cortinarius illibatus,* Rosablättriger Schleimfuß
        - Hut kaum über 4 cm breit, alpine oder arktische Zone — 08 *Cortinarius alpinus,* Alpiner Weiden-Schleimfuß
- Hut, Stiel und Lamellen ohne lila, blauen oder violetten Farbanteil
  - Stiel stark genattert bis aufgerissen gegürtelt — **05 *Cortinarius trivialis,* Natternstieliger Schleimfuß**
  - Stiel nicht genattert
    - Hut vorwiegend rotbraun
      - im Kiefernwald — 14 *Cortinarius mucosus,* Heide-Schleimfuß
      - vor allem im Fichtenwald (evtl. auch bei Birke) — 07 *Cortinarius stillatitius,* Honig-Schleimfuß
    - Hut gelb, gelbbraun, orange, lachsfarben
      - Geschmack bitter
        - Hut orange, aprikosenfarben, Stiel weiß
          - Hut orange, Stiel schleimig, sehr bitter, Sporen > 6,5 µm — 19 *Thaxterogaster vibratilis,* Galliger Scheinschleimfuß
          - Hut aprikosenfarben, Stiel fast trocken, kaum bitter, Sporen < 6,5 µm — 23 *Thaxterogaster microspermus,* Kleinsporiger Scheinschleimfuß
        - Hut gelb, Stiel hellocker, v. a. bei Birke — 21 *Thaxterogaster pluvius,* Regen-Scheinschleimfuß
        - Hut lachsfarben, Fruchtkörper auffällig hart — 20 *Cortinarius duramarus,* Hartfleischiger Schleimfuß
      - Geschmack mild
        - Hut gelbbraun, Stiel schleimig, Sporen > 6,5 µm — 22 *Cortinarius grallipes,* Stelzfuß-Schleimfuß
        - Hut aprikosenfarben, Stiel fast trocken, Sporen < 6,5 µm — 23 *Thaxterogaster microspermus,* Kleinsporiger Scheinschleimfuß
    - Hut weißlich, cremeweiß, schmierig bis ± trocken
      - Hut bereift, nur in der Huthaut bitter — 15 *Thaxterogaster causticus,* Bereifter Scheinschleimfuß
      - Hut nicht bereift, im ganzen Fleisch bitter — 16 *Thaxterogaster barbatus,* Kristall-Scheinschleimkopf

14.5.01 *Cortinarius salor* Fr.
Blauer Schleimfuß

H: 3–10 cm, halbkugelig, später gewölbt bis ± flach, schleimig, erst lebhaft lilablau bis violett, vom Scheitel her zunehmend ockerlich. **L:** schwach ausgebuchtet, lila bis violett, später milchkaffee- bis rostbraun. **St:** schleimig, weißlich oder blass lila-violett, Basis keulig verdickt, Velum lilablau, später grau-olivgelb, evtl. schwach gürtelförmig. **F:** creme bis graubräunlich. **Ger:** unauffällig. **Spp:** rostbraun. **V:** vorwiegend im Kalk-Nadelwald, selten bei Buche *Fagus*. **Mik:** Sporen deutlich und dicht warzig, ellipsoid, 7–10 × 6–8,5 µm. (D 791, Kr 5.67, BK 5.285, 🖼).

Cortinarius emunctus Fr., *Cortinarius griseolilacinus* Britzelm., Stahlgrauer Schleimfuß: Hut und Stiel ohne Farbunterschied grauviolett bis stahlblau, Universalvelum dauerhaft schleimig; vorwiegend im Kalk-Nadelwald bei Weißtanne *Abies* und Fichte *Picea*. Sporen 6,5–8,5 × 5,5–7 µm. (Kr 5.58).

Cortinarius transiens (Melot) Soop, *C. salor* subsp. *transiens* Melot, *Cortinarius epipoleus* Fr., Gelbblauer Schleimfuß, Grauer Schleimfuß: Hut von Anfang an stärker ockerbraun bis olivgelb, Lamellen jung nur undeutlich violett und bald grau bis rosagrau; vorwiegend im Fichtenwald *Picea*, seltener auch bei Birke *Betula*. Sporen 7–10 × 6–8,5 µm. (BK 5.278).

14.5.02 *Thaxterogaster croceocoeruleus* (Pers.) Niskanen & Liimat., *Cortinarius croceocoeruleus* (Pers.) Fr.
Safranblauer Scheinschleimfuß

H: 2–5 cm, halbkugelig bis gewölbt, schleimig, lilablau bis violett, bald vom Scheitel aus zunehmend ockerlich. **L:** ausgebuchtet, ockerweißlich, selten etwas lila, später graugelb bis safranockerlich. **St:** klebrig bis schleimig, weiß bis ockergelblich, Basis verjüngt bis wurzelnd. **F:** weißlich bis schwach gelb. **Ger:** schwach, etwas rettich- oder honigartig. **Ges:** sehr bitter. **V:** im Laubwald auf kalkreichem Boden, vorwiegend bei Buche *Fagus*. **Mik:** Sporen grobwarzig, ellipsoid, 7–8,5 × 4–5 µm, leicht dextrinoid. (D 794, Kr 5.54, 🖼).

14.5.03 *Cortinarius livido-ochraceus* (Berk.) Berk., *Cortinarius pumilus* (Fr.) J.E. Lange, *Cortinarius elatior* Fr.
Langstieliger Schleimfuß, Kleiner Schleimfuß

H: 5–15 cm, kegelig bis flach gewölbt und meist gebuckelt, stark schleimig, evtl. schwach hygrophan, alt zunehmend runzelig, oliv-, lila- oder ocker- bis sattbraun. **L:** ausgebuchtet, oft runzelig, grauweißlich, später ocker bis rostbraun, Schneiden weiß. **St:** schleimig, weißlich, bisweilen etwas lila, Spitze leicht rillig, gegen die Basis verjüngt bis etwas wurzelnd, oft gürtelförmig aufreißend. **F:** ockerweißlich. **Ger:** honigartig, besonders in der Stielbasis. **Spp:** rostbraun. **V:** vorwiegend im Laubwald; im Herbst. **Mik:** Sporen warzig, zitronenförmig, 11–14 × 6,5–9 µm, Septen ohne Schnallen. (D 783/789, Kr 5.61, BK 5.281, 🖼).

Neben der Zusammenfassung der drei Namen (Bendiksen & Bendiksen 2018) findet man auch die Unterscheidung von *C. elatior*, 4-12 cm, Hutrand deutlich runzelig, Lamellen mit Anastomosen, Sporen 12–14 × 7.5–9.5 µm und *C. pumilus/C. livido-ochraceus*, 3-5 cm, kaum rippigem Hutrand, kaum anastomisierend, Sporen 10–12 × 6–7 µm.

14.5.04 *Cortinarius betulinus* J. Favre
Schmächtiger Birken-Schleimfuß

H: 2–5 cm, bald flach gewölbt und evtl. stumpf gebuckelt, schleimig, in der Mitte ockerlich, gegen den Rand graulila bis blauviolett. **L:** schwach ausgebuchtet, blasslila bis graublau, später ockerbraun, rostbraun. **St:** schlank, schleimig, weißlich bis blassocker, Velum weißlich bis etwas gelboliv, Basis bisweilen keulig verdickt. **F:** weiß, in der Stielspitze evtl. etwas graublau. **Ger:** unauffällig. **Spp:** rostbraun. **V:** im Laub- und Nadelwald, vorwiegend bei Birken *Betula*, auf saurem, moorigem Boden; Sommer bis Herbst. **Mik:** Sporen ziemlich dicht warzig, breit ellipsoid, 8–10 × 6,5–8 µm. (BK 5.273).

14.5.05 *Cortinarius trivialis* J.E. Lange
Natternstieliger Schleimfuß

H: 3–10 cm, halbkugelig-kegelig, später ausgebreitet und oft etwas gebuckelt, stark schleimig, alt evtl. schwach hygrophan, ocker, olivocker bis rotbraun. **L:** schwach ausgebuchtet, graublau, später grau- bis rostbraun. **St:** schleimig, weißlich, selten auch etwas violett, gegen die verjüngte Basis graubraun, grauoliv oder braun, durch das weiße, schleimige Universalvelum auffällig genattert. **F:** grobfaserig, weiß, in der Stielbasis bräunlich. **Ger:** unauffällig. **Spp:** rostbraun. **V:** im Laubwald, vorwiegend Pappel *Populus* evtl. bei Weide *Salix*. **Mik:** Sporen grobwarzig, ellipsoid bis mandel- oder zitronenförmig, 10,5–12,5 × 6–7,5 µm, Septen mit Schnallen. **Ch:** ohne Reaktion mit KOH. (D 784, Kr 5.69, BK 5.287, 🖼).

14.5.06 *Cortinarius rickenii* Rob. Henry ex Bidaud, Moënne-Locc. & Reumaux, *C. trivialis* var. *rickenii* Rob. Henry, Rickens Schleimfuß: Lamellen violett; mediterran, bei Eiche *Quercus*. Sporen 11–15 × 6,5–8,5 µm. KOH auf der Huthaut rötlichbraun. (🖼).

14.5.01 *Cortinarius salor*, Blauer Schleimfuß

14.5.02 *Thaxterogaster croceocoeruleus*, Safranblauer Scheinschleimfuß

14.5.03 *Cortinarius livido-ochraceus*, Langstieliger Schleimfuß

14.5.05 *C. trivialis*, Natternstieliger Schleimfuß

14.5.06 *Cortinarius rickenii*, Rickens Schleimfuß

14.5.07 *Cortinarius stillatitius* Fr.
Honig-Schleimfuß

H: 3–8 cm, halbkugelig bis flach gewölbt, bisweilen gebuckelt, stark schleimig, später runzelig, olivocker, grau- bis dunkelbraun. **L:** grauweißlich, später ocker- bis rostbraun, Schneiden weißlich. **St:** schleimig, Spitze weißlich, darunter blassviolett. **F:** cremegrau. **Ger:** nach Honig, besonders an der angekratzten Stielbasis. **Ges:** mild. **Spp:** rostbraun. **V:** vorwiegend auf saurem Boden im Fichtenwald *Picea*, selten im Laubwald. **Mik:** Sporen dicht warzig, zitronenförmig, 13–16 × 7–9 µm, Septen ohne Schnallen. (Kr 5.68, BK 5.286, 🖼).

Cortinarius pseudosalor J.E. Lange und *Cortinarius integerrimus* Kühner, Honiggeruch-Schleimfuß gelten als Synonyme für *C. stillatitius*. (D 788/790).

14.5.08 *Cortinarius alpinus* Boud., *Cortinarius favrei* D.M. Hend., Alpiner Weiden-Schleimfuß, Gebirgs-Schleimfuß: Hut 2–4 cm, schleimig, jedoch bald trocken, leicht hygrophan, rotbraun, Mitte schwärzlich, gegen den Rand gelb- bis leicht olivbraun, Lamellen blassgrau, selten bläulich; in alpiner Zwergstrauchheide oder arktischer Zone. Sporen grobwarzig, ellipsoid bis etwas mandelförmig, 11,5–14 × 7–8,5 µm, Septen mit Schnallen. (BK 5.279, 🖼).

14.5.09 *Cortinarius collinitus* (Sowerby) Gray, *Cortinarius muscigenus* Peck, Blaustiel-Schleimfuß: Hut vorwiegend rotbräunlich, kaum runzelig, Stiel weiß, mit stark schleimigem, jung deutlich blauviolett gefärbtem Velum und etwas bräunender Basis, Geruch unauffällig; im sauren Fichtenwald *Picea*. Sporen grobwarzig, mandelförmig, 13–16 × 7,5–9,5 µm, Septen mit Schnallen. (D 786, Kr 5.52, BK 5.238, 🖼).

Gómez Arenaza & Cadiñanos Aguirre 2018 kommen in einer ausführlichen Untersuchung zum Schluss, dass der Name *C. collinitus* für die bisher *C. trivialis* genannten Arten verwendet werden sollte. Da es sich bei *C. trivialis* jedoch um einen Komplex mehrerer Taxa handeln könnte (Bendiksen & Bendiksen 2018), wird hier auf eine möglicherweise verwirrende Umbenennung verzichtet, bis der ganze Komplex besser geklärt ist.

14.5.10 *Cortinarius delibutus* Fr.
Violettblättriger Schleimfuß

H: 3–8 cm, halbkugelig, später flach gewölbt, schleimig, gelb bis ockerlich, evtl. mit olivfarbenem Schein. **L:** schwach ausgebuchtet, erst schwach violettgrau bis violett, bald milchkaffee- bis schließlich rostbraun. **St:** schleimig, jung violett, später weißlich mit violetter Spitze, Velum deutlich ockergelbe Zonen oder Streifen bildend, Basis oft keulig verdickt. **F:** weißlich, in der Stielspitze evtl. schwach graublau. **Ger:** unauffällig, evtl. nach Rettich. **Spp:** rostbraun. **V:** im Laub- und Nadelwald, vorwiegend auf saurem Boden. **Mik:** Sporen dicht warzig, kugelig, 7–9 × 6–8 µm, Septen mit Schnallen. (D 792f, Kr 5.55, BK 5.275, 🖼).

14.5.11 *Cortinarius illibatus* Fr., *C. delibutus* var. *illibatus* (Fr.) Moënne-Locc. & Reumaux, Rosablättriger Schleimfuß: Lamellen ohne Violett; stets bei Fichte *Picea*. Sporen 7,5–9,5 × 6–8 µm, Septen mit Schnallen. (BK 5.280, 🖼).

Cortinarius arvinaceus Fr., Buchen-Schleimfuß: Hut gelbocker bis rötlichbraun; vorwiegend bei Buche *Fagus*. Sporen 9,5–14 × 6–8,5 µm, Septen ohne Schnallen. (BK 5.272).

Einige Autoren unterscheiden *C. delibutus* f. *parvulus* Rob. Henry: Hut kaum über 6 cm breit, grauocker, Velum weißlich bis grauockerlich; vorwiegend bei Weißtanne *Abies*. Die Abgrenzungen von Varietäten und Arten im Umfeld von *C. delibutus* sind in Bewegung. Mit entsprechenden Anpassungen ist noch zu rechnen.

14.5.12 *Cortinarius subtortus* (Pers.) Fr.
Olivgelber Weihrauch-Schleimkopf, Weihrauch-Schleimkopf

H: 2–5 cm, halbkugelig bis flach gewölbt, feucht etwas schmierig, gelb- bis ockerbraun mit olivem Farbanteil, besonders jung. **L:** ausgebuchtet, olivgrau bis olivbraun, Schneiden weißlich. **St:** blassocker, zylindrisch oder keulig. **F:** ockerweißlich. **Ger:** eigenartig nach Zedernholz oder Weihrauch. **Ges:** bitter, im Rachen zusammenziehend. **Spp:** braungelblich. **V:** vorwiegend im moorigen, sauren Nadelwald, seltener im Laubwald. **Mik:** Sporen isoliert warzig, breit ellipsoid bis kugelig, 7–8,5 × 6–7 µm, Lamellenschneiden mit feinkörnig inkrustierten, an der Spitze glatten Cheilozystiden. **Ch:** KOH ohne Reaktion oder leicht bräunlich. (D 754, Kr 5.173, BK 5.243, Lu 4.136.115, 🖼).

14.5.13 *Cortinarius amurceus* Fr., Ockergelber Schleimkopf: Hut gelb- bis ockerbraun ohne Oliv, Geruch unauffällig bis eigenartig muffig oder erdartig, vorwiegend auf kalkreichem, trockenem Boden, bei Kiefer *Pinus*, Fichte *Picea* oder Birke *Betula*, im

14.5.07 *Cortinarius stillatitius*, Honig-Schleimfu

14.5.08 *C. alpinus*, Alpiner Weiden-Schleimfuß

14.5.09 *Cortinarius collinitus*, Blaustiel-Schleim

14.5.10 *Cortinarius delibutus*, Violettblättriger Schleimfuß

14.5.11 *Cortinarius illibatus*, Rosablättriger Schleimfuß

14.5.12 *Cortinarius subtortus*, Olivgelber Weihrauch-Schleimkopf

Herbst. Sporen breit ellipsoid, 7–9 × 5–6,5 µm, ohne oder nur mit vereinzelten Zystiden an den Lamellenschneiden. (D 755, BK 5.186).

C. subtortus und *C. amurceus* werden teilweise als Synonyme behandelt.

14.5.14 *Cortinarius mucosus* (Bull.) J. Kickx f. Heide-Schleimfuß

H: 5–10 cm, halbkugelig, später ausgebreitet gewölbt, schleimig, evtl. schwach hygrophan, orange- bis rotbraun, in der Mitte dunkler, gegen den Rand ocker- bis orangebraun. **L:** schwach ausgebuchtet, ockerweißlich, später ton- bis rostbraun. **St:** schleimig, weiß, gegen die Basis bräunlich, manchmal etwas genattert. **F:** cremeweiß, in der Basis etwas bräunlich. **Ger:** unauffällig. **Ges:** mild. **Spp:** rostbraun. **V:** bei zweinadeligen Kiefern *Pinus*, auf trockenen, sandigen Böden. **Mik:** Sporen grobwarzig, schlank mandel- bis zitronenförmig, 11,5–14 × 5,5–7 µm, Septen mit Schnallen. (D 787, Kr 5.63, BK 5.282, 🖼).

14.5.14 *Cortinarius mucosus*, Heide-Schleimfuß

14.5.15 *Thaxterogaster causticus* (Fr.) Niskanen & Liimat., *Cortinarius causticus* Fr. Bereifter Scheinschleimfuß

H: 3–5 cm, halbkugelig bis gewölbt, oft mit Papille oder runzelig, leicht schleimig, hygrophan, weißlich bereift auf orange- bis rötlichbräunlichem Grund. **L:** ausgebuchtet, tonfarben bis grau- oder etwas rostbraun. **St:** leicht schmierig, weißlich mit spärlichen, weißen Universalvelumresten. **F:** weiß. **Ger:** unauffällig bis etwas säuerlich. **Ges:** im Fleisch mild, in der Huthaut sehr bitter. **Spp:** rostockerlich. **V:** im Laub- oder Nadelwald, vorwiegend bis Kiefer *Pinus*, auf kalkreichem Boden. **Mik:** Sporen warzig, ellipsoid, 6,5–7,5 × 4–5 µm, schwach dextrinoid. (D 796f, 🖼).

14.5.15 *Thaxterogaster causticus*, Bereifter Scheinschleimfuß

14.5.16 *Thaxterogaster barbatus* (Batsch) Niskanen & Liimat., *Cortinarius barbatus* (Batsch) Melot Kristall-Scheinschleimkopf, Kristall-Schleimfuß

H: 2–7 cm, halbkugelig, später flach gewölbt, hygrophan, jung schleimig und weiß, später ± trocken und von der Mitte aus cremeockerlich. **L:** ausgebuchtet, blassocker bis ockergelb. **St:** zylindrisch bis bauchig und etwas wurzelnd oder nur mit verjüngter Basis, jung klebrig bis schmierig und weiß, später ockergelblich und mehr oder weniger trocken. **F:** weiß bis etwas cremegelb. **Ger:** unauffällig bis unangenehm. **Ges:** Fleisch und Haut bitter. **V:** im Laubwald, vor allem auf saurem Boden. **Mik:** Sporen leicht bis mäßig warzig, mandelförmig, 7,5–8,5 × 4,5–5 µm, schwach dextrinoid. (D 798, Kr 5.51, 🖼).

Thaxterogaster eburneus (Velen.) Niskanen & Liimat., *Cortinarius eburneus* (Velen.) Rob. Henry ex Bon, Kleinsporiger Elfenbein-Scheinschleimfuß: vermutlich handelt es sich um dieselbe Art wie *T. barbatus*. (BK 5.276).

Thaxterogaster emollitoides (Bidaud, Moënne-Locc. & Reumaux) Niskanen & Liimat., *Cortinarius emollitoides* Bidaud, Moënne-Locc. & Reumaux: Hut weißlich, jung mit einem grauweißlichen Überzug, später ocker, Huthaut bitter, Fleisch mild. Sporen fast glatt bis feinwarzig.

Es gibt verschiedene weitere, ähnlich beschriebene Arten mit unklarer Abgrenzung in diesem Komplex:

Thaxterogaster ochroleucus (Schaeff.) Niskanen & Liimat., *Cortinarius ochroleucus* (Schaeff.) Fr., Trockener Scheinschleimfuß, (Kr 5.64),

Cortinarius emollitus Fr., Weichstieliger Schleimfuß, (BK 5.277) und

Thaxterogaster galeobdolon (Rob. Henry) Niskanen & Liimat., *Cortinarius galeobdolon* Melot, Bitterer Scheinschleimkopf, Goldnessel-Schleimfuß. (Kr 5.59, BK 5.274).

14.5.16 *Thaxterogaster barbatus*, Kristall-Scheinschleimkopf

14.5.17 *Thaxterogaster leucophanes* (P. Karst.) Niskanen & Liimat., *Cortinarius leucophanes* P. Karst., *Cortinarius compar* (Weinm.) Fr., Heller Scheinschleimkopf, Kleinsporiger Lilafuß-Schleimkopf, Isabellhütiger Schleimkopf: Hut kaum über 6 cm breit, elfenbeinfarben bis isabellbräunlich, ohne Geruch, allenfalls etwas mehlartig, Stiel schmutzig weiß, Spitze violettlich, abwärts blass, Basis keulig bis etwas knollig verdickt; im Nadelwald. Sporen sehr fein und isoliert warzig, 4–6,5 × 3,5–4 µm lang. Fleisch mit KOH und Lugol ohne Reaktion. (Lu 4.136.134).

14.5.18 *Thaxterogaster lustratus* (Fr.) Niskanen & Liimat., *Cortinarius lustratus* Fr. Weißlicher Mehl-Scheinschleimkopf, Gereinigter Schleimkopf

H: 2–6 cm, halbkugelig bis gewölbt, ± weiß, eingewachsen-faserig, Mitte etwas ockerlich, Rand teilweise mit weißen faserigen Velumresten. **L:** ausgebuchtet, ziemlich gedrängt, blass tonfarben. **St:** weiß, alt braun gefleckt, Spitze bisweilen leicht violett, keulig bis schwach knollig, evtl. wurzelnd. **F:** weiß, in der Stielbasis gelblich, in der Stielspitze bisweilen etwas violett. **Ger:** mehlartig. **V:** im Mischwald bei Fichte *Picea*, Eiche *Quercus*; im Herbst. **Mik:** Sporen warzig, ellipsoid, 6,5–7,5 × 4,5–5 µm, Huthaut zweischichtig. (Kr 5.135).

14.5.19 *Thaxterogaster vibratilis* (Fr.) Niskanen & Liimat., *Cortinarius vibratilis* (Fr.) Fr. Galliger Scheinschleimfuß

H: 2,5–6 cm, halbkugelig bis gewölbt, stark schleimig, lebhaft goldgelb, später verblassend. **L:** ausgebuchtet, cremeockerlich, gelbocker bis ockerbraun. **St:** schleimig, weiß, Basis keulig verdickt. **F:** weißlich. **Ger:** unauffällig bis etwas süßlich, rettichartig. **Ges:** sehr bitter. **Spp:** ockerbraun. **V:** im Laub- und Nadelwald. **Mik:** Sporen warzig, breit ellipsoid, 6,5–8 × 4,5–5,5 µm, schwach dextrinoid. (D 795, Kr 5.70, BK 5.288, 🖼).

14.5.19 *Thaxterogaster vibratilis*, Galliger Scheinschleimfuß

14.5.20 *Cortinarius duramarus* Jul. Schäff. ex Kuhn.-Fink. & Peintner, Hartfleischiger Schleimfuß: Hut ockerfarben, Rand orangebräunlich, Fleisch auffällig hart, bitter. Der Artname ist in aktuellen Publikationen kaum mehr zu finden.

14.5.21 *Thaxterogaster pluvius* (Fr.) Niskanen & Liimat., *Cortinarius pluvius* (Fr.) Fr., Regen-Scheinschleimfuß: Hut 1–3 cm ockerlich (nicht lebhaft gelb), Rand weißlich, Stiel weiß bis gelblich, Velum weiß, Geruch schwach jod- bis rettichartig, Fleisch bitter. Sporen 5,5–7 × 4–4,5 µm. Niskanen & Kytövuori 2018 zählen die Art zu *T. vibratilis*, Galliger Scheinschleimfuß. (Kr 5.65, BK 5.284?, ⊠).

14.5.22 *Cortinarius grallipes* Fr., Stelzfuß-Schleimfuß: Hut hell gelb- bis ockerbraun, später dunkel schmutzig gelbbraun, Stiel relativ dünn, schmutzig weißlich bis gelbockerlich, Fleisch mild. Sporen 6,5–8 × 4,5–5,5 µm. Die Art gilt bei verschiedenen Autoren als unklares Taxon. (Kr 5.59).

14.5.23 *Thaxterogaster microspermus* (J.E. Lange) Niskanen & Liimat., *Cortinarius microspermus* J.E. Lange, Kleinsporiger Scheinschleimfuß, Kleinsporiger Schleimkopf: Hut etwas hygrophan, feucht aprikosengelb bis schokoladenbraun klebrig, trocken ockerorange, Rand dunkler, Huthaut mild bis leicht bitter, Stiel zylindrisch bis keulig, teils auch verjüngt und etwas wurzelnd, hartfleischig, praktisch trocken, weiß; im Nadelwald, Sommer bis Herbst. Sporen feinwarzig bis fast glatt, ellipsoid, 5–6 × 3,5–4 µm.

14.5.24 *Thaxterogaster vespertinus* (Fr.) Niskanen & Liimat., *Cortinarius vespertinus* (Fr.) Fr. Orangeblasser Scheinschleimkopf, Rostorangefarbener Schleimkopf

H: 2–4 cm, halbkugelig bis flach gewölbt oder flach, hell ockergelb bis gelb- oder orangebraun, undeutlich eingewachsen-faserig. **L:** dicht, blass tonfarben bis satt ockerbraun. **St:** weißlich bis hell ockerlich, faserig, Basis keulig verdickt, evtl. etwas wurzelnd, Druckstellen weinbraun fleckend. **F:** weißlich. **Ger:** seltsam nach Rettich, Zedernholz, Artischocke, Weihrauch. **V:** im Nadel- oder Laubwald, vorwiegend bei Fichte *Picea*. **Mik:** Sporen grob, dicht und isoliert warzig, breit ellipsoid bis kugelig, 6–7 × 4,5–5 µm. **Ch:** Fleisch und Huthaut mit KOH gelb. (Lu 4.136.153, ⊠).

Zum gleichen Formenkreis zählen *Cortinarius intentus* Fr., Aprikosen-Schleimkopf, *Cortinarius variipes* Rob. Henry, Orangegelber Schleimkopf und *Cortinarius saturatus* J.E. Lange, die je nach Literatur mit kleinen Unterschieden abgegrenzt oder als Synonyme betrachtet werden.

14.5.25 *Thaxterogaster turmalis* (Fr.) Niskanen & Liimat., *Cortinarius turmalis* Fr. Rasiger Scheinschleimkopf, Büscheliger Schleimkopf

H: 4–10 cm, halbkugelig, bald gewölbt und breit gebuckelt, schleimig, gelb- bis orangeocker, Randzone heller honiggelb mit höchstens flüchtigen weißen Velumresten und im Alter radial gerunzelt. **L:** dicht, mehr oder weniger gerade angewachsen, erst blassgrau, evtl. schwach bläulich, später bräunlich. **St:** grauweiß, mit spärlichen weißen Velumresten, Basis etwas keulenförmig verdickt und mit an der Luft lilarosa verfärbendem Mycel. **F:** weißlich. **Ger:** unauffällig bis rettichartig-modrig oder etwas nach Hefe. **Ges:** mild. **Spp**: rostbräunlich. **V:** vorwiegend im Nadelwald, bei Fichte *Picea*. **Mik:** Sporen glatt bis feinst warzig, schlank mandelförmig bis spindelig, 7–8,5 × 3,5–4,5 µm. **Ch:** KOH überall ohne Reaktion. (D 731, Kr 5.178, BK 5.245, Lu 4.136.157, ⊠).

Cortinarius sebaceus Fr., Seidiger Schleimkopf: sehr ähnliche Art, die von den meisten Autoren zu *T. turmalis* gezählt wird. (D 728).

14.5.26 *Thaxterogaster variegatus* (Bres.) Niskanen & Liimat., *Cortinarius variegatus* Bres., Variabler Schleimkopf, Violettgegürtelter Schleimkopf, Violettbeschuhter Schleimkopf: Hut jung mit weißlichem Velum bereift, später ocker bis ziegelbräunlich, eingewachsen-faserig, oft mit hygrophanen Flecken, Stiel zylindrisch bis keulig-knollig, Stielbasis mit lila-violett verfärbendem Mycelfilz. Sporen glatt, schlank mandelförmig bis spindelig, 6,5–7,5 × 3–4 µm. (D 729, Lu 4.136.148).

14.5.27 *Thaxterogaster talus* (Fr.) Niskanen & Liimat., *Cortinarius talus* Fr. Falbblättriger Honig-Scheinschleimkopf, Falbblättriger Honig-Klumpfuß

H: 4–10 cm, halbkugelig bis flach gewölbt, schleimig, etwas fleckig bis eingewachsen-faserig, jung blass ockergelblich und vor allem zentral perlmuttartig bereift, später ocker- bis strohgelb. **L:** schwach ausgebuchtet, ziemlich dicht, grauweiß, später bräunlich, Schneiden oft gezähnelt. **St:** weiß, gelb- bis ockerbraun fleckend, knollig bis gerandetknollig, Cortina spärlich, Reste flüchtig. **F:** weißlich. **Ger:** deutlich honigartig oder süßlich. **V:** im Laubwald, vorwiegend auf trockenem Boden; im Herbst. **Mik:** Sporen fein, teils etwas verschmelzend warzig, ellipsoid bis mandelförmig, 7,5–9,5 × 4,5–5,5 µm. **Ch:** KOH auf Hutfleisch etwas gelb, sonst keine Reaktion. (Kr 5.175, Lu 4.136.78, ⊠).

14.5.21 *Thaxterogaster pluvius*, Regen-Scheinschleimfuß

14.5.24 *Thaxterogaster vespertinus*, Orangeblasser Scheinschleimkopf

14.5.25 *Thaxterogaster turmalis*, Rasiger Scheinschleimkopf

14.5.27 *Thaxterogaster talus*, Falbblättriger Honig-Scheinschleimkopf

14.5.28 *Thaxterogaster multiformis* (Fr.) Niskanen & Liimat., *Cortinarius multiformis* Fr. Sägeblättriger Scheinschleimkopf, Vielgestaltiger Sägeblatt-Klumpfuß

H: 4–8 cm, halbkugelig bis flach ausgebreitet, schleimig, ockergelb bis rotbräunlich, Rand lange mit weißen Velumresten behaftet. **L:** ausgebuchtet, grauweiß, später bräunlich, Schneiden gesägt. **St:** weißlich bis blass gelbbraun mit mehr oder weniger gerandeter, oft schief stehender Knolle, Velum weiß. **F:** weiß. **Ger:** unauffällig bis schwach honigartig. **Ges:** mild. **V:** im Nadelwald, vorwiegend bei Fichte *Picea* auf moosigem, saurem Boden. **Mik:** Sporen teils ineinander verschmolzen warzig, ellipsoid bis mandelförmig, 7,5–10,5 × 5–6 µm. **Ch:** KOH auf Huthaut bräunlich. (BK 5.219, Lu 4.136.77, 🖼).

Im Formenkreis dieser Art sind sehr viele Varietäten und Arten beschrieben, mit dunkleren oder gefleckten Hutfarben, zylindrischer, keuliger oder gerandeter Stielbasis, feiner oder grober warzigen und ellipsoiden bis mandel- oder zitronenförmigen Sporen sowie der Abgrenzung vom Habitat Nadel- oder Laubwald. Nach aktueller Einschätzung steht *T. multiformis* mit seinem Umfeld für die Artengruppe aus dem Nadelwald, während der Formenkreis mit *T. talus*, Falbblättriger Honig-Scheinschleimkopf die Arten aus dem Laubwald repräsentiert.

Cortinarius lundellii (M.M. Moser) M.M. Moser, Wässriger Schleimkopf: Hutrand hygrophan, feucht rotbraun. Gemäß Calledda et al. 2021 ein Synonym von *T. multiformis*.

Cortinarius allutus Fr., Bereifter Schleimkopf: Fruchtkörper dickfleischig, Stiel mit gerandeter Basisknolle; im Nadelwald. Sporen feinwarzig, ellipsoid bis mandelförmig, 7–10 × 4,5–5,5 µm. (D 726, Kr 5.81, BK 5.184?).

Cortinarius herbarum Rob. Henry, Gras-Klumpfuß: Hutfarbe in warmem Gelb- bis Rötlichocker, Rand oft von weißem Haarschleier behangen, Stiel keulig, höchstens undeutlich gerandet; im grasigen Nadelwald.

Gemäß Ludwig 2017 gelten *C. lundellii*, *C. allutus* und *C. herbarum* alle als Synonyme von *T. multiformis*.

Cortinarius polymorphus Rob. Henry, Vielgestaltiger Schleimkopf, Runzeliger Sägeblatt-Klumpfuß: Hut stroh- bis ocker-goldgelb, Hutrand runzelig-gekerbt, im Laubwald. Sporen vorwiegend isoliert warzig, zitronenförmig, 9–11 × 5,5–6,5 µm. Huthaut mit Lauge purpurbraun. (Kr 5.157, Lu 4.136.76).

Cortinarius fulminoides (M.M. Moser) M.M. Moser, Orangebrauner Klumpfuß: Hut lebhaft rost- bis rehbraun, Stielbasis mit gerandeter Knolle; im kalkreichen Nadelwald. Sporen 7–9,5 × 4,5–6 µm. Huthaut mit Lauge rötlich, rotbraun. Die Art wird auch zum Formenkreis von *T. multiformis* gezählt. (D 724, Kr 5.122).

Thaxterogaster rufoallutus (Rob. Henry ex Bidaud & Reumaux) Niskanen & Liimat., *Cortinarius rufoallutus* Rob. Henry ex Bidaud & Reumaux, *Cortinarius aurantiacus* M.M. Moser, Ziegelroter Klumpfuß: Hut ziegelrot bis orangebraun, Rand bisweilen etwas grünlich, Fleisch weiß und hart, Stielbasis rundlich-knollig; im Nadel- und Mischwald. Sporen feinwarzig bis fast glatt, ellipsoid bis mandelförmig, 8–9,5 × 4,5–5,5 µm.

14.5.29 *Thaxterogaster scaurus* (Fr.) Niskanen & Liimat., *Cortinarius scaurus* (Fr.) Fr. Olivblättriger Scheinschleimkopf, Schlankstieliger Olivblatt-Klumpfuß

H: 3–6 cm, gewölbt bis ± flach, meist etwas gebuckelt, leicht hygrophan, schmierig, grau- bis dunkelbraun, mit dunklen, radial angeordneten Flecken, Rand jung oft etwas oliv. **L:** ausgebuchtet, schmutzig olivgelb, oft mit blaugrünem Schein, später olivbraun. **St:** weißlich bis bräunlich, Spitze blass graublau bis blaugrün, Basis knollig bis gerandet-knollig. **F:** weißlich bis blassbraun, in der Stielspitze grünviolett. **Ger:** unauffällig. **Ges:** unauffällig bis etwas mais- oder honigartig. **Spp:** rostbraun. **V:** im Nadelwald, auf saurem Boden. **Mik:** Sporen fein, aber deutlich warzig, teils verschmelzend, ellipsoid, 9–11 × 6–7 µm. **Ch:** Huthaut und Fleisch mit Jodlösung (Lugol) weinrot, KOH ohne Reaktion. (D 759, Kr 5.167, BK 5.237, Lu 4.136.1, 🖼).

Es werden verschiedene Varietäten z. B. mit ausgeprägt dunklen Hutfarben (*C. scaurus* var. *fulvofuliginéus* (Pers.) Fr.) oder aus dem Laubwald (*C. montanus* var. *fageticola* (M.M. Moser) M.M. Moser) erwähnt.

Thaxterogaster herpeticus (Fr.) Niskanen & Liimat., *Cortinarius herpeticus* Fr., *C. scaurus* var. *herpeticus* (Fr.) Quél., Violettgrünblättriger Scheinschleimkopf, Gesprenkelter Klumpfuß: Hut bis 10 cm, vor allem am Rand jung auch mit olivgrünen Beitönen, Lamellen und Stielspitze anfangs violettlich, Geruch honigartig. Sporen grobwarzig, oft verschmelzend, ellipsoid bis mandelförmig, 8–10,5 × 6–6,5 µm. Von einigen Autoren als eigene Art, von anderen als Varietät betrachtet. (D 760, Kr 5.126, Lu 4.136.33).

Thaxterogaster sphagnophilus (Peck) Niskanen & Liimat., *Cortinarius sphagnophilus* Peck, Moor-Scheinschleimkopf, Moor-Klumpfuß: Hut 4–7 cm, olivbraun mit heller grünlichem Rand, Lamellen jung schwach lila, bald ton- bis ockerbraun, Stiel jung blass lilagrau, später bräunlich, Basis leicht knollig bis etwas gerandet-knollig, bisweilen mit

14.5.28 *Thaxterogaster multiformis*, Sägeblättriger Scheinschleimkopf

14.5.29 *Thaxterogaster scaurus*, Olivblättriger Scheinschleimkopf

grünlichen Mycelsträngen, Geruch etwas honigartig; in höher gelegenem Nadelwald, vorwiegend bei Fichte *Picea*, Kiefer *Pinus*, auf moorigem Boden bei Torfmoos *Sphagnum*. Sporen warzig, ellipsoid bis etwas mandelförmig, 8,5–10,5 × 5,5–7 µm. Fleisch mit KOH braun, mit Lugol lila. (Lu 4.136.2).

14.5.30 *Thaxterogaster occidentalis* (A.H. Sm.) Niskanen & Liimat., *Cortinarius occidentalis* A.H. Sm., *C. occidentalis* var. *obscurus* (M.M. Moser) Quadr.
Dunkler Purpur-Scheinschleimkopf, Dunkler Purpur-Klumpfuß

H: 3–8 cm, gewölbt, eingewachsen braun faserig, blauviolett bis dunkel braunviolett. **L:** blauviolett. **St:** dunkel blauviolett mit braunen Fasern, Druckstellen purpurbraun, Basis knollig bis gerandet. **F:** blass bis etwas violett. **Ger:** schwach, etwas unangenehm. **Ges:** mild. **V:** im Nadel- oder Mischwald. Diese Art ist in der neueren Literatur kaum mehr zu finden. (🖼).

14.5.30 *Thaxterogaster occidentalis*, Dunkler Purpur-Scheinschleimkopf

14.5.31 *Thaxterogaster purpurascens* (Fr.) Niskanen & Liimat., *Cortinarius purpurascens* Fr.
Purpurfleckender Scheinschleimkopf, Purpurfleckender Klumpfuß

H: 4–12 cm, halbkugelig bis flach gewölbt, klebrig-schmierig, eingewachsen-faserig, gelb-, grau- bis rötlichbraun, Randbereich lilaviolett, oft fleckig. **L:** ausgebuchtet, lila bis violett, später rostbraun, Druckstellen purpurviolett. **St:** faserig, lila, später vom Sporenpulver rostbräunlich, Basis mit mehr oder weniger ausgeprägter, gerandeter Knolle. **F:** blasslila, allmählich purpurviolett verfärbend. **Ger:** unauffällig. **Ges:** mild. **Spp:** rostbraun. **V:** vorwiegend im Nadelwald. **Mik:** Sporen grob, teils ineinanderfließend warzig, ellipsoid bis etwas mandelförmig, 7,5–9 × 4,5–6 µm. **Ch:** KOH auf Fleisch ohne Reaktion bis goldgelb. (D 756f, Kr 5.162, BK 5.233, Lu 4.136.141, 🖼; Kapitel-🖼).

Exemplare im Laubwald mit deutlich gerandeter Knolle werden z. T. als *C. purpurascens* var. *largusoides* Cetto abgegrenzt.

Thaxterogaster subpurpurascens (Batsch) Niskanen & Liimat., *Cortinarius subpurpurascens* (Batsch) Fr., Purpurlicher Scheinschleimkopf, Falscher Purpur-Klumpfuß: Hut eingewachsen faserig, rotbraun oder blass tonbräunlich, Fleisch nur leicht lila verfärbend; im Laubwald. Sporen 8,5–10,5 × 5,5–6,5 µm. (Lu 4.136.40).

Thaxterogaster collocandoides (Reumaux) Niskanen & Liimat., *Cortinarius collocandoides* Reumaux: Hut deutlich violett, Velum weiß, Fleisch an der Luft stark verfärbend, Geruch honig- bis erdartig oder nach *Clitocybe nebularis*, Nebelgrauer Trichterling; vorwiegend im sauren Eichenwald *Quercus*, südlich. Sporen 8–10,5 × 5–6 µm.

Cortinarius lividus (M.M. Moser) Carteret & Reumaux, *C. purpurascens* f. *lividus* M.M. Moser: Hut blass grauviolett, meerfarben, blaugrün bis lilagrau, Rand mit braunen Flecken; im feuchten Fichtenwald *Picea*.

Es wurden viele weitere Formen und Varietäten mit größeren und kleineren Abweichungen beschrieben, die nun zu *T. purpurascens* gezählt werden.

14.5.31 *Thaxterogaster purpurascens*, Purpurfleckender Scheinschleimkopf

14.5.32 *Thaxterogaster porphyropus* (Alb. & Schwein.) Niskanen & Liimat., *Cortinarius porphyropus* (Alb. & Schwein.) Fr.
Purpurfüßiger Scheinschleimkopf, Lehmfarbener Schleimkopf

H: 3–8 cm, halbkugelig-gewölbt bis ausgebreitet, schleimig-schmierig, eingewachsen-faserig, ton- bis gelbbraun, bisweilen etwas violett. **L:** ausgebuchtet, lilagrau, später lilabraun bis rötlichbraun, Druckstellen lilabraun. **St:** weißlich-silbrig bis gelbbraun mit lila Schimmer, Druckstellen lilabraun, Basis etwas keulig verdickt, Velum violettlich. **F:** weißlich, langsam lila verfärbend. **Ger:** unauffällig bis schwach nach Honig. **Ges:** mild. **V:** im Laubwald, auf kalkreichem Boden, vorwiegend bei Birke *Betula*. **Mik:** Sporen fein bis mittel warzig, ellipsoid, 8–9,5 × 5,5–6,5 µm. **Ch:** KOH auf Huthaut und Fleisch ohne Reaktion, Lugol auf Fleisch intensiv lila. (BK 5.229?/242?, Lu 4.136.133, 🖼).

14.5.32 *Thaxterogaster porphyropus*, Purpurfüßiger Scheinschleimkopf

14.5.33 *Thaxterogaster subporphyropus* (Pilát) Niskanen & Liimat., *Cortinarius subporphyropus* Pilát, Schmächtiger Porphyr-Scheinschleimkopf: Hut 2–4 cm, bräunlich faserig, grau, graublau, Stiel dünn < 0,5 cm dick, Geruch säuerlich bis honigartig, ähnlich *Lepista nuda*, Violetter Rötelritterling; im Laub- oder Nadelwald. Sporen teils ineinander verschmelzend grobwarzig, vorwiegend ellipsoid, 8,5–12 × 5–7 µm. (Kr 5.172, BK 5.242, Lu 4.136.101A–D).

14.5.34 *Thaxterogaster anomalochrascens* (Chevassut & Rob. Henry) Niskanen & Liimat., *Cortinarius anomalochrascens* Chevassut & Rob. Henry
Ockerviolettlicher Scheinschleimkopf, Violettblättriger Fichten-Schleimkopf, Glimmriger Schleimkopf

H: 4–8 cm, halbkugelig bis gewölbt, kaum gebuckelt, eher abgeplattet, erst schleimig und fein eingewachsen-radialfaserig mit dunklerem Rand, bald trocken und strukturlos ockeroliv bis gelbocker. **L:** ausgebuchtet, eher dicht, jung lebhaft violett, später vom Rand her zunehmend graubraun. **St:** jung zumindest an der Spitze oder ganz violett, später lilaocker bis gelbockerlich, Basis verdickt bis keulig-knollig, jedoch kaum gerandet. **F:** cremeockerlich, anfangs unter der Stielrinde violett, zunehmend überall weißlich. **Ger:** unauffällig bis etwas pilzartig. **Ges:** mild. **V:** im feuchten Nadelwald, vorwiegend bei Fichte

14.5.34 *Thaxterogaster anomalochrascens*, Ockerviolettlicher Scheinschleimkopf

Picea. **Mik:** Sporen dicht warzig, ellipsoid bis deutlich mandelförmig, 9,5–12,5 × 6,5–8 µm. **Ch:** KOH auf Fleisch graubraun, auf Huthaut dunkler braun. (Kr 5.83, Lu 4.136.45, 🖼).

14.5.35 *Thaxterogaster riederi* (Weinm.) Niskanen & Liimat.,
Cortinarius riederi (Weinm.) Fr., *Cortinarius lilacinopes* Britzelm.
Lilastieliger Scheinschleimkopf, Seidenkopfhütiger Klumpfuß

H: 5–12 cm, halbkugelig bis glockig, dann gewölbt und evtl. gebuckelt, feucht schmierig, trocken seidig-glänzend, ocker- bis gelbbraun, in der Mitte marmoriert und teils orangerotbraun, Rand bisweilen gelbolivlich, lange eingerollt oder eingebogen, eingewachsenfaserig bis rinnig, mit weißlichen, faserigen Velumresten. **L:** ausgebuchtet, eher gedrängt, blau- bis grauviolett, bald blass graublau, später braun. **St:** vorwiegend blauviolett, in der Mitte bräunlich oder etwas grünlich, Basis rundlich keulig-knollig, selten leicht gerandet bis rübenartig. **F:** weißlich. **Ger:** unauffällig. **Ges:** mild. **V:** im sauren Nadelwald, vorwiegend bei Fichte *Picea*, Kiefer *Pinus*, vorwiegend subalpin oder in Nordeuropa. **Mik:** Sporen dicht warzig, ellipsoid bis angedeutet mandelförmig, 11,5–15 × 7–9 µm. **Ch:** KOH auf Huthaut und Fleisch braun. (BK 5.234?, Lu 4.136.44).

Thaxterogaster fulvo-ochrascens (Rob. Henry) Niskanen & Liimat., *Cortinarius fulvo-ochrascens* Rob. Henry, *Cortinarius cyanophyllus* (Rob. Henry) M.M. Moser, Cyanblättriger Klumpfuß, Schönfarbiger Klumpfuß: Hut halbkugelig, bald flach gewölbt, feucht klebrig-schleimig, trocken glimmerig, in der Mitte bisweilen filzig, vorwiegend ockerbraun, eingewachsen radialfaserig, Rand evtl. schwach grünlich und oft mit weiß-faserigen Velumresten, Stiel oft mit einer gerandeten, mit ockergelben Velumresten bedeckten Knolle, Fleisch bläulich-weiß, in der Stielspitze violett, später verblassend, Geruch unauffällig, im Alter evtl. etwas erdartig; im kalkreichen Nadelwald, in Mitteleuropa. Sporen dicht warzig, ellipsoid bis mandelförmig, 11–14 × 7–8,5 µm.

Breitenbach & Kränzlin 2000 sowie Ludwig 2017 erachten *T. riederi*, Lilastieliger Scheinschleimkopf und *T. fulvo-ochrascens*, Cyanblättriger Klumpfuß als Synonyme. Schmidt-Stohn et al. 2019 belegen jedoch mittels genetischer Untersuchungen die berechtigte separate Behandlung der beiden Arten.

14.5.36 *Thaxterogaster argenteolilacinus* (M.M. Moser) Niskanen & Liimat., *Cortinarius argenteolilacinus* M.M. Moser, Lilasilbriger Scheinschleimkopf, Silbrigglänzender Schleimkopf: Hut 4–10 cm, blass, lila bis silber-, ockergrau, Rand bläulichweiß mit spärlichen Velumresten, Lamellen jung lila bis blauviolett, Schneiden oft etwas heller, gekerbt-gesägt, Stiel weißlich, Spitze bleibend lila, Basis keulig-knollig bis etwas gerandet, Fleisch bläulichweiß, in der Stielspitze anfangs violett, bald aber verblassend; im Laubwald, vorwiegend bei Buche *Fagus*, Linde *Tilia*, Hasel *Corylus*. Sporen deutlich warzig, ellipsoid bis mandelförmig, 10,5–14 × 6,5–8,5 µm. (Lu 4.136.132, 🖼).

Cortinarius avellaneocoeruleus (M.M. Moser) M.M. Moser, Haselnussbrauner Klumpfuß: Hut nur 4–7 cm breit, haselnuss- bis schmutzig braun mit dunkelbraunen Flecken, Stiel creme- bis graubraun, Basis mit flacher Knolle, oft weißlich. Sporen 7,5–9,5 × 4,5–6 µm. Diese von Moser 1960 als *Phlegmacium avellaneocoeruleum* beschriebene Art wird in der Literatur kaum mehr erwähnt.

14.5.36 *Thaxterogaster argenteolilacinus*, Lilasilbriger Scheinschleimkopf

15 *Russulaceae,* Täublingsverwandte

Basidiomycota, Ständerpilze > *Agaricomycetes* > *Russulales,* Täublingsartige

Beschreibung

Die Familie ***Russulaceae,*** Täublingsverwandte bildet kleine bis große Fruchtkörper in den verschiedensten Farben. Das auffälligste und spezifischste Merkmal ist das wie Styropor, Kuchen oder Hartkäse (z. B. Greyerzer) krümelig brechende Fleisch, während andere, ebenfalls brüchige Pilze aus anderen Gattungen immer mindestens leicht faserig sind. Die Lamellen sind breit angewachsen bis leicht herablaufend und haben mehrheitlich helle Farbe. Der Hut öffnet sich meistens rasch zu einer ausgebreiteten, oft niedergedrückten Form. Es gibt jedoch auch *Russula,* Täublinge und *Lactarius,* Milchlinge, welche geschlossen unter dem Boden bleiben, sich wie Trüffel entwickeln und deshalb in Kapitel 1 und teilweise in Kapitel 16 verschlüsselt sind. Das Sporenpulver liegt auf einer Skala von reinem Weiß bis Ocker oder Dottergelb. Die sattesten Sporenpulverfarben werden oft mit der Farbe eines Eidotters verglichen.

Täublingsverwandte wachsen zwischen Frühsommer und Spätherbst als Mykorrhizapilze auf Erde in der Nähe der entsprechenden Partnerbäume.

Die Sporen sind nie glatt, sondern immer fein bis grob, stumpf oder spitz warzig mit mehr oder weniger starken und langen, streifenförmig bis netzartig verbundenen Rippen. Teilweise gibt es auffällige Formen von Zystiden und spezifische Strukturen der Huthaut.

Bestimmung

Die Absonderung eines Milchsaftes oder dessen Fehlen bildet die Basis zur Unterscheidung von Milchlingen und Täublingen. Für die Täublinge folgt als erstes Kriterium der Geschmack. Man entnimmt ein Stück Fleisch, zerkaut es ein wenig mit den Schneidezähnen und lässt es eine Weile auf der Zungenspitze liegen. Bleibt das Fleisch mild, weist das in die vier milden Kategorien, welche im Schlüssel auf den linken Seiten zu finden sind; wird es langsam oder rasch scharf, läuft die Bestimmung über die zweite Gruppe mit den vier Kategorien mit scharfem Fleisch auf den rechten Seiten. Es folgt die Farbe des Sporenpulvers gemäß den vier Farbgruppen nach Romagnesi: Sporenpulver weiß bis weißlich (Ia–Ib) als hellste Variante bis zu ocker oder dottergelb (IVa–IVe) als dunkelste Varianten. Die Farben lassen sich mit großer Sicherheit zuordnen, wenn man die Pilze einige Stunden absporen lässt. Mit etwas Übung lässt sich die Farbgruppe auch an den reifen Lamellen abschätzen. Verschiedene *Lactarius,* Milchlinge unterscheidet man im ersten Schritt anhand der Farbe des Milchsaftes und deren Veränderung an der Luft.

Speisezwecke

Scharf schmeckende Täublinge oder Milchlinge sind keine Speisepilze. Sie sind – zumindest ohne besondere Vorbereitungen – stets unbekömmlich oder giftig. Bei den milden Exemplaren sind die qualitativ geeigneten Arten als Speisepilze markiert. Vor allem die festfleischigen Fruchtkörper müssen ausreichend gekocht werden, um teils unangenehme Beschwerden durch rohe oder ungenügend gegarte Pilze sicher zu vermeiden.

Schlüssel zu den Gattungen

- Fleisch und Lamellen bei Verletzung nicht milchend
  - Fleisch mild
    - Sporenpulver weiß bis weißlich (Ia–b) .... 15.1 *Russula*, Täublinge (A1)
    - Sporenpulver blasscreme bis creme (IIa–d) .... 15.1 *Russula*, Täublinge (A2)
    - Sporenpulver hellocker (IIIa–c) .... 15.1 *Russula*, Täublinge (A3)
    - Sporenpulver ocker bis dottergelb (IVa–e) .... 15.1 *Russula*, Täublinge (A4)
  - Fleisch mäßig bis deutlich scharf
    - Sporenpulver weiß bis weißlich (Ia–b) .... 15.1 *Russula*, Täublinge (B1)
    - Sporenpulver blasscreme bis creme (IIa–d) .... 15.1 *Russula*, Täublinge (B2)
    - Sporenpulver hellocker (IIIa–c) .... 15.1 *Russula*, Täublinge (B3)
    - Sporenpulver ocker bis dottergelb (IVa–e) .... 15.1 *Russula*, Täublinge (B4)
- Fleisch und Lamellen bei Verletzung milchend
  - Milch orange oder erst weiß und bald violett, rosa bis braunrot verfärbend .... 15.2 *Lactarius*, Milchlinge (A)
  - Milch erst weiß und bald gelb verfärbend .... 15.2 *Lactarius*, Milchlinge (B)
  - Milch farblos bis weiß und so bleibend oder grau, grünlich, bräunlich werdend
    - Hut etwas klebrig bis schleimig .... 15.2 *Lactarius*, Milchlinge (C1)
    - Hut auch jung trocken .... 15.2 *Lactarius*, Milchlinge (C2)

15.1.11 *Russula cyanoxantha,* Frauen-Täubling
Das brüchige, nicht fasernde Fleisch von Täublingen lässt sich nur feststellen, wenn man einen Fruchtkörper in der Hand halten und ein Stück abbrechen kann. Trotzdem lässt sich mit Erfahrung auch aus Distanz oder auf einer Abbildung die Zugehörigkeit zur Gattung *Russula* erahnen. Mehr als 150 Täublinge sind in diesem Kapitel beschrieben und es gibt weitere, die nicht erwähnt sind. *Russula cyanoxantha,* Frauen-Täubling ist am wolkig violett-grüngrauen Hut und den weißen, eigenartig speckig-schmierenden Lamellen einfach zu identifizieren und zudem – gut gekocht – ein ausgezeichneter Speisepilz.

15.1 *Russula,* Täublinge

Basidiomycota, Ständerpilze > *Agaricomycetes* > *Russulales,* Täublingsartige > *Russulaceae,* Täublingsverwandte

Beschreibung

Zusammen mit den ebenfalls brüchig-fleischigen *Lactarius,* Milchlinge bilden ***Russula,*** Täublinge nicht nur eine eigene Familie, sondern eine eigene Ordnung. Täublinge können klein bis sehr groß sein; meistens sind sie relativ fleischig und zeigen – im Unterschied zu den Milchlingen – keinen austretenden Milchsaft. Die glatten, bereiften, feinsamtigen oder auch schmierigen Hüte tragen oft lebhafte Farben. Die Lamellen sind weiß bis goldgelb; meistens finden sich keine oder nur wenige Zwischenlamellen. Der Stiel ist häufig weiß bis leicht grau, teilweise rosa bis rot, an der Basis bisweilen gelb bis bräunlich. Es gibt Arten mit hohlem, gekammertem oder ganz ausgefülltem Stiel. Das Fleisch ist weißlich bis grau und verfärbt sich bei einigen Arten rot oder schwarz. Das Sporenpulver ist weiß, creme, ocker bis ockergelb. Verschiedene Reagenzien führen zu spezifischen Verfärbungen auf dem Fleisch, die zur Bestimmung nützlich sein können.

Fruchtkörper von Täublingen lassen sich wie alle Arten der Familie ab Frühsommer und vor allem im Sommer bis zum Herbst finden. Sie sind alle Mykorrhizapilze und wachsen ausschließlich in der Nähe von entsprechenden Bäumen oder Baumgruppen.

Die Sporen sind ellipsoid bis kugelig und nie glatt. Sie haben alle ein amyloides Ornament von isolierten, spitzen oder stumpfen, wie auch gratig oder netzartig verbundenen Warzen oder Stacheln. In der Fruchtschicht kann man verschiedene Zystidenformen finden und in der Huthaut zeigen sich teilweise inkrustierte Primordialhyphen oder Pileozystiden, die sich mit Sulfovanillin grau oder schwarz verfärben.

Bestimmung

Im Folgenden sind gut 150 Täublingsarten beschrieben. Die acht Tabellen auf den nächsten vier Doppelseiten geben einen Überblick. Auf den vier linken Seiten befinden sich alle mild schmeckenden Täublinge, rechts die scharfen oder zumindest leicht scharfen. Die vier Gruppen auf jeder Seite sind eingeteilt nach den Kategorien der Sporenpulverfarbe gemäß Romagnesi 1967. In der obersten Gruppe sind die Weißsporer mit weißem bis weißlichem Sporenstaub der Romagnesi-Kategorien (Ia–Ib), es folgen die Cremesporer (IIa–IId), die Hellockersporer (IIIa–IIIc) und zuunterst die Ocker- bis Dottergelbsporer (IVa–IVe). Täublinge lassen sich diesen Gruppen mit großer Sicherheit zuordnen, wenn man sie einige Zeit absporen lässt. Liegt genügend Sporenpulver auf einem Glas oder, noch besser, eingeklemmt zwischen zwei dünnen Glasplättchen, so kann diese Probe einfach mit den Farbmustern auf der folgenden Seite verglichen werden. Etwas unsicherer ist die Beurteilung anhand der Farbe der Lamellen. In der Regel lässt sich aber auch so zumindest abschätzen, ob der Sporenstaub ganz weiß oder ganz dunkel ist oder zwischen welchen Farbgruppen er liegen muss. Nach dem Geschmack des Fleisches und der Farbe des Sporenpulvers folgen Fragen zu Hutfarbe, Größe, Stiel, Standort, Geruch usw. In einzelnen Fällen spielen Farbreaktionen beim Auftragen von chemischen Reagenzien eine Rolle, welche im Detail jeweils am Ende der Artbeschreibungen nach der Abkürzung «**Ch**» für «Chemie» beschrieben sind. Nebenstehend findet sich eine Übersicht zur Bedeutung der Abkürzungen und zu den wichtigsten *Russula*-Arten, welche entsprechende Reaktionen zeigen.

Speisewerte

Unter *Russula,* Täublinge gibt es gute Speisepilze, aber auch viele unbekömmliche bis giftige Arten. Die beiden Gruppen lassen sich mit einer einfachen Regel grob trennen: Alle scharf schmeckenden Arten sind ungenießbar, die milden essbar. Beim Probieren muss man sich Zeit lassen. Eine Probe kann während 1–2 Minuten mild schmecken und dann doch noch scharf werden. Die mild schmeckenden Arten sind essbar, wenn sie mindestens 20 Minuten gekocht werden, damit sie auch im Innern gar sind.

Reaktion mit Chemikalien

Übersicht über die Makrochemikalien und die wichtigsten *Russula*-Arten, die besondere Reaktionen zeigen:

· $FeSO_4$, Eisen(II)-sulfat; 10%

Das Fleisch der meisten Täublinge verfärbt mit $FeSO_4$ mehr oder weniger stark graulich-rötlich.
Russula vesca, Fleischroter Speise-Täubling, *Russula heterophylla,* Grünlicher Speise-Täubling und *Russula grisea,* Grauvioletter Reif-Täubling zeigen eine rosa bis lebhaft orangerote Verfärbung,
die *Viridantinae,* Herings-Täublinge werden grünlich bis bläulich-grün.
Russula cyanoxantha, Frauen-Täubling oder *Russula anatina,* Graugrüner Reif-Täubling bleiben z. B. ganz ohne Reaktion.

· Phenol; 2%

Das Fleisch aller Täublingsarten verfärbt sich mit 2%-iger Phenol-Lösung mit der Zeit wein- bis schokoladenbraun.
Bei *Russula olivacea,* Rotstieliger Leder-Täubling, *Russula alutacea,* Weinbrauner Leder-Täubling, *Russula vinosobrunnea,* Weinbrauner Täubling und *Russula amoena,* Samt-Täubling zeigt sich am Anfang aber eine hellere purpurviolette Färbung, die erst später braun wird.

· SBA, Sulfobenzaldehyd oder SV, Sulfovanillin

Meistens verursacht das Reagenz auf dem Fleisch keine Reaktion.
Die Arten der Gruppe *Roseinae* wie *Russula velutipes,* Netzflockiger Rosa-Täubling, *Russula pseudointegra,* Ockerblättriger Zinnober-Täubling und *Russula minutula,* Kleiner Rosa-Täubling verfärben sich jedoch rosa bis johannisbeerrot. Bei Trockenmaterial fällt die Reaktion stärker aus.

· Guajaktinktur

Bei vielen Arten verfärbt Guajak, auf den Lamellen oder auf dem Stiel aufgetragen, leicht bis deutlich grün, blau oder schwarzblau. Die Reaktion kann in wenigen Sekunden oder nur langsam eintreten. Ein Beispiel für eine starke, rasche Reaktion sind die verschiedenen Weiß-Täublinge.

· Laugen (KOH, Kalilauge oder NaOH, Natronlauge)

Stielrinde und Huthaut verfärben lebhaft chromgelb bei Täublingen der Gruppe *Foetentinae* wie *Russula foetens,* Gemeiner Stink-Täubling, *Russula subfoetens,* Gilbender Stink-Täubling, *Russula illota,* Morse-Täubling, *Russula grata,* Mandel-Täubling, *Russula fragrantissima,* Starkduftender Stink-Täubling.
Die Lamellen verfärben rosa bei *Russula cavipes,* Hohlstieliger Täubling.

· Anilin

Russula vesca, Fleischroter Speise-Täubling, *Russula heterophylla,* Grünlicher Speise-Täubling und *Russula mustelina,* Wiesel-Täubling: gelb,
Russula taeniospora, Bändersporiger Täubling: am Stielfleisch langsam intensiv rhabarberrot,
Russula xerampelina, Roter Herings-Täubling: langsam intensiv rosa,
Russula purpurata, Purpurroter Herings-Täubling: langsam intensiv rot,
Russula faginea, Buchen-Herings-Täubling, *Russula graveolens,* Fleischvioletter Herings-Täubling: langsam rot,
Russula velenovskyi, Ziegelroter Täubling: auf Lamellen gelborange, dann bläulich,
Russula risigallina, Dotter-Täubling: auf Lamellen orangebraun,
Russula alutacea, Weinbrauner Leder-Täubling: fleischrot auf Fleisch, auf Lamellen gelb,
Russula integra, Brauner Leder-Täubling: auf Lamellen gelb,
Russula badia, Zedernholz-Täubling: auf Lamellen schmutzig gelborange,
Russula maculata, Gefleckter Täubling: auf Lamellen dunkelorange,
Russula veternosa, Scharfer Honig-Täubling: auf Lamellen orangebraun.

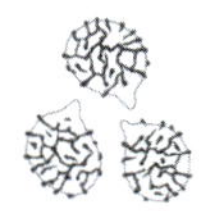

10 µm

Sporen

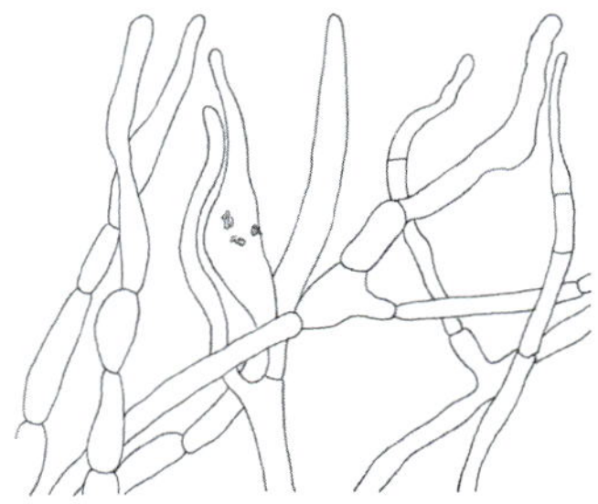

20 µm

Hutdeckschicht (HDS)

15.1.05 *Russula nigricans*,
Dickblättriger Schwärz-Täubling

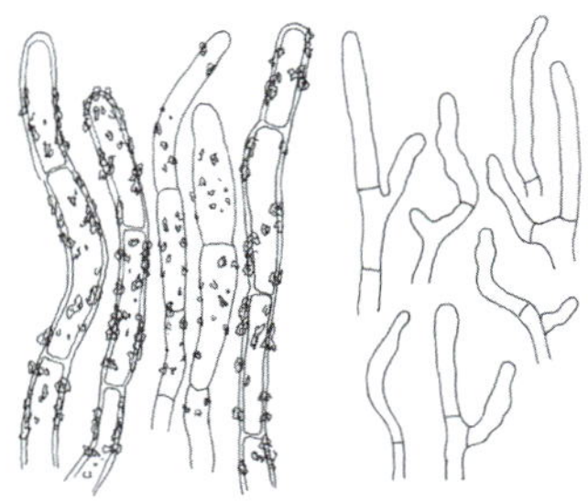

20 µm

Hutdeckschicht (HDS)
inkrustierte Primordialhyphen

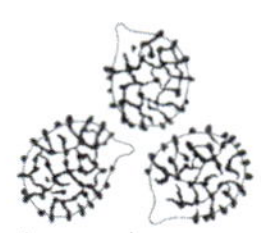

10 µm

Sporen

15.1.104 *Russula turci*,
Jodoform-Täubling

Farbmuster zum Sporenpulver nach Romagnesi 1967

15.1 *Russula,* Täublinge
(A1) Fleisch mild

Sporenpulver weiß bis weißlich (Ia–b)

- Hut weißlich, evtl. hellocker, matt, Fleisch derb, ohne Verfärbung
  - Lamellen mit bläulichem Schimmer, eher gedrängt, Hut meist < 10 cm — **01 *Russula chloroides,* Schmalblättriger Weiß-Täubling**
  - Lamellen höchstens schwach bläulich, eher entfernt, Hut oft > 10 cm — **02 *Russula delica,* Gemeiner Weiß-Täubling**
- Hut und Stiel erst weiß, später rauchbraun bis schwarz verfärbend, Fleisch derb
  - Fleisch erst rot, später schwarz verfärbend
    - Lamellen dick und entfernt stehend — **05 *Russula nigricans,* Dickblättriger Schwärz-Täubling**
    - Lamellen nicht dick und entfernt stehend
      - Hut mittel bis groß, oft etwas speckig, Geruch nach Weinkorken — 06 *Russula adusta,* Rauchbrauner Schwärz-Täubling
      - Hut klein bis mittel, Geruch unauffällig — 08 *Russula densifolia,* Dichtblättriger Schwärz-Täubling
  - Fleisch direkt dunkelbraun bis schwarz verfärbend (evtl. kurz schwach rötlich)
    - Lamellen weiß, Geschmack der Lamellen erfrischend nach Menthol — 09 *Russula albonigra,* Gemeiner Menthol-Schwärz-Täubling
    - Lamellen mit rosa Schimmer, ohne Menthol-Geschmack — 10 *Russula anthracina,* Lachsblättriger Schwärz-Täubling
- Hut mit Gelb-, Grün-, Rosa-, Lila-, Violett- oder Rottönen
  - Lamellen weich, nicht splitternd
    - Lamellen schmierend
      - Hut violett-, grüngrau, oft wolkig vermischt — **11 *Russula cyanoxantha,* Frauen-Täubling**
      - Hut von Beginn an grün, grüngelb, kaum mit Violett — 11a *Russula cyanoxantha* f. *peltereaui,* Grüner Frauen-Täubling
    - Lamellen kaum schmierend, Huthaut vom Rand her felderig rissig — 11b *Russula cyanoxantha* var. *cutefracta,* Risshütiger Frauen-Täubling
  - Lamellen splitternd, nicht schmierend
    - Hut grün, ziemlich groß, festfleischig
      - Huthaut felderig rissig — 12 *Russula virescens,* Grüngefelderter Täubling
      - Huthaut nicht felderig rissig — 13 *Russula heterophylla,* Grünlicher Speise-Täubling
    - Hut rot, lila, violett
      - Hut meist > 5 cm, Rand nicht gerieft, Stiel weiß, weich- bis festfleischig
        - Huthaut meist etwas zurückgezogen, Hut fleisch- bis weinrötlich — **14 *Russula vesca,* Fleischroter Speise-Täubling**
        - Huthaut deckend
          - Hut himbeer- bis rosarot, Stielspitze oft runzelig, flockig — **15 *Russula velutipes,* Netzflockiger Rosa-Täubling**
          - Hut vorwiegend lila, violett, matt, bereift — 16 *Russula azurea,* Weißblättriger Reif-Täubling
          - Hut karminrot, matt bereift, Stiel meistens rosa — 17 *Russula zvarae,* Rubinroter Täubling
      - Hut meist < 5 cm, Stiel evtl. leicht rosa, weichfleischig
        - Hut rosa bis satt rot
          - Rand nicht oder höchstens schwach gerieft
            - Hut > 3 cm, karminrot, matt bereift, Stiel meistens rosa — 17 *Russula zvarae,* Rubinroter Täubling
            - Hut < 3 cm, blass rosarot, Stiel weiß, höchstens rosa behaucht — 18 *Russula minutula,* Kleiner Rosa-Täubling
          - Rand deutlich gefurcht-gerieft — 19 *Russula emeticicolor,* Zinnoberroter Reif-Täubling
        - Hut lila bis violett, Rand etwas gerieft und körnig — 20 *Russula lilacea,* Rotstieliger Reif-Täubling
    - Hut gelb, gelbocker bis gelboliv, meist > 5 cm — **22 *Russula ochroleuca,* Ockerweißer Täubling**

15.1 *Russula,* Täublinge
(B1) Fleisch mäßig bis deutlich scharf

Sporenpulver weiß bis weißlich (Ia–b)

Hut weißlich, evtl. hellocker, matt, Fleisch derb, ohne Verfärbung	
Lamellen mit bläulichem Schimmer, eher gedrängt, Hut eher < 10 cm	**01 *Russula chloroides,* Schmalblättriger Weiß-Täubling**
Lamellen höchstens mit schwach bläul. Schimmer, eher entfernt, Hut oft > 10 cm	**02 *Russula delica,* Gemeiner Weiß-Täubling**
Hut und Stiel erst weiß, später rauchbraun bis schwarz	
Fleisch erst rötlich, später schwarz verfärbend	
Lamellen sehr scharf, Fleisch nur mäßig scharf	07 *Russula acrifolia,* Scharfblättriger Schwärz-Täubling
Lamellen und Fleisch gleichmäßig scharf	08 *Russula densifolia,* Dichtblättriger Schwärz-Täubling
Fleisch direkt violett- bis braunschwarz verfärbend, Lamellen mit rosa Schimmer	10 *Russula anthracina,* Lachsblättriger Schwärz-Täubling
Hut gelb, ocker, elfenbein	
Geruch süßlich, nach Pelargonien, Lamellen ähnlich wie der Hut gefärbt	**21 *Russula fellea,* Gallen-Täubling**
Geruch schwach oder leicht obstartig, Lamellen deutlich heller als der Hut	
Rand nicht oder nur im äußeren Teil schwach gerieft, Stiel voll oder hohl	
Hut meist > 5 cm, gelbocker bis gelboliv	**22 *Russula ochroleuca,* Ockerweißer Täubling**
Hut meist < 5 cm, zitronengelb	23 *Russula raoultii,* Blassgelber Täubling
Rand bald kammartig gerieft, Stiel gekammert	24 *Russula farinipes,* Mehlstiel-Täubling
Hut leuchtend rot, hellrot, rosa	
Lamellen unveränderlich weiß	
im Nadelwald, oft auf feuchtem, moorigem Boden	
Stiel kaum länger als Hut breit	
Hut 4–12 cm, langsam oder gar nicht verblassend	
Stiel kaum länger als Hut breit	**25 *Russula emetica,* Kirschroter Spei-Täubling**
Stiel länger als Hut breit	27 *Russula longipes,* Langstieliger Spei-Täubling
Hut 2–6 cm, rasch verblassend	28 *Russula silvestris,* Kiefern-Spei-Täubling
Stiel stark grauend	29 *Russula hydrophila,* Graustiel-Spei-Täubling
bei Birke, Hut rosa, lila, Rand leicht gerieft, Geruch unauffällig	26 *Russula betularum,* Birken-Spei-Täubling
bei Edelkastanie oder Eiche, Hut bald rosa, Rand gereift, Geruch kokosartig	28 *Russula silvestris,* Kiefern-Spei-Täubling
im Laubwald, vorwiegend bei Buche, Hut lebhaft karminrot	30 *Russula nobilis,* Buchen-Spei-Täubling
Lamellen nach Berührung gelb verfärbend	31 *Russula luteotacta,* Gelbfleckender Täubling
Hut purpurrot, dunkelrot, (hell-)violett, oft mit dunklem Scheitel	
Geruch kokosartig (nach Bonbon anglais), Fleisch sehr scharf, Stiel reinweiß	
Huthaut ziemlich gut abziehbar, Lamellenschneiden oft leicht gesägt	32 *Russula fragilis,* Wechselfarbiger Spei-Täubling
Huthaut kaum abziehbar	33 *Russula atrorubens,* Schwarzroter Spei-Täubling
Geruch unauffällig bis obstartig	
im Laubwald, mäßig scharf	
Hut meist > 5 cm, vorwiegend in tieferen, warmen Lagen	**34 *Russula bresadolae,* Purpurschwarzer Täubling**
Hut kaum > 5 cm	35 *Russula taeniospora,* Bändersporiger Täubling
im moorigen Nadelwald oder bei Birke, Stiel mild, Lamellen etwas scharf	36 *Russula aquosa,* Wässriger Moor-Täubling
bei Erle an entsprechend feuchten Standorten, auch subalpin, etwas scharf	37 *Russula alnetorum,* Erlen-Täubling
alpin, oberhalb der Baumgrenze, leicht bis deutlich scharf	38 *Russula nana,* Hochgebirgs-Spei-Täubling
bei Weide, vom Flachland bis alpin, sehr scharf	39 *Russula laccata,* Lackierter Täubling

15.1 *Russula,* Täublinge
(A2) Fleisch mild

Sporenpulver blasscreme bis creme (IIa–d)

- Geruch nach Hering, Topinambur
  - Hut matt, samtig, Stiel oft mit Rosa oder Lila
    - Hut vorwiegend gelb, teils mit Oliv oder Lila, Stiel oft blauviolett — **40 *Russula violeipes,* Violettstieliger Pfirsich-Täubling**
    - Hut violett- bis weinrot
      - Hut meist < 5 cm, Stiel größtenteils rötlichviolett — 41 *Russula amoena,* Samt-Täubling
      - Hut bis 10 cm, zunehmend graugrün fleckig, Stiel teils rötlichviolett — 42 *Russula amoenicolor,* Brätlings-Täubling
      - Hut 4–8 cm, Mitte teils olivbraun, Stielbasis bald gelb- bis graubraun — 91 *Russula purpurata,* Purpurroter Herings-Täubling
  - Hut gelb- bis rötlich- oder bräunlichocker, in Zwergstrauchheide bei Weide — 43 *Russula felleicolor,* Hochgebirgs-Täubling
- Geruch nicht nach Hering oder Topinambur
  - Hut ockerfarben, braun, Rand glatt bis stark höckerig gerieft
    - Rand glatt, Geruch unauffällig, Hut mittel bis groß
      - Hut haselbraun (wie Steinpilz), Huthaut zur Hälfte ablösbar, Lam. dicht — **44 *Russula mustelina,* Wiesel-Täubling**
      - Hut strohgelb bis gelborange, Huthaut kaum ablösbar, Lamellen entfernt — 03 *Russula pallidospora,* Ockerblättriger Weiß-Täubling
    - Rand höckerig gerieft, Hut klein bis mittelgroß
      - Stielbasis weiß (mit KOH weiß bleibend), Geruch widerlich — 67 *Russula recondita,* Widerlicher Kamm-Täubling
      - Stielbasis gelb (mit KOH orangerot verfärbend), Geruch obstartig — 68 *Russula insignis,* Milder Kamm-Täubling
  - Hut grün, graugrün, blaugrün, teils auch sehr blass
    - Hut zunehmend mit rostfarbenen Flecken
      - Hut bis 12 cm, bei Birke oder Nadelbäumen, HDS-Haare bis 4 µm — **45 *Russula aeruginea,* Grasgrüner Birken-Täubling**
      - Hut bis 9 cm, bei Laubbäumen, HDS-Haare bis 9 µm breit — 46 *Russula pseudoaeruginea,* Olivgrüner Täubling
    - Hut ohne rostfarbene Flecken, vorwiegend bei Laubbäumen (Eiche)
      - Huthaut kaum aufreißend
        - Sporen teilweise netzartig, Lamellen kaum anastomisierend — 47 *Russula parazurea,* Blaugrüner Reif-Täubling
        - Sporen feingratig, nicht netzartig, Lamellen anastomisierend — 53 *Russula subterfurcata,* Gefurchtstieliger Täubling
      - Huthaut am Rand oft radial oder felderig aufreißend, Sporen isoliertwarzig — 48 *Russula anatina,* Graugrüner Reif-Täubling
  - Hut dunkel schwarz- oder blaugrün — 49 *Russula atroglauca,* Schwarzgrüner Täubling
  - Hut grün und lila gemischt, Fraßstellen rosa
    - Hut bis 10 cm, fest und fleischig — 50 *Russula grisea,* Grauvioletter Reif-Täubling
    - Hut bis 8 cm, dünnfleischig — 51 *Russula ionochlora,* Papagei-Täubling
  - Hut elfenbein-weißlich mit mehr oder weniger Graubraun, Oliv oder Lila
    - Hut weißlich evtl. mit lila Schein, bei Eiche
      - Lamellen am Stiel ohne Falten angewachsen — 52 *Russula galochroa,* Elfenbein-Täubling
      - Lamellen wie mit Falten angewachsen, oft gewellt, ± anastomisierend — 53 *Russula subterfurcata,* Gefurchtstieliger Täubling
    - Hut mit gelblichem, bräunlichem, aber kaum lila Schein, bei Buche — 54 *Russula faustiana,* Olivgrauer Täubling
    - Hutmitte ocker-rosagelblich, festfleischig, Rand heller — 55a *Russula lepida* var. *lactea,* Weißer Zinnober-Täubling
  - Hut zinnoberrot, Haut nicht abziehbar, matt, Schneiden oft rot, Fleisch sehr hart
    - Geschmack mild, aber leicht bitter — **55 *Russula lepida,* Harter Zinnober-Täubling**
    - Geschmack mild, aber sehr bitter — 56 *Russula amarissima,* Bitterer Zinnober-Täubling
  - Hut karminrot bis weinbraun, < 6 cm, Lam. ohne Rot, gilbend, Fl. bröckelig weich
    - Hut leuchtend rot, bei Buche oder Eiche, schwach gilbend — 57 *Russula puellula,* Buchen-Zwerg-Täubling
    - Hut weinbraun bis purpurn, Mitte dunkler, im Nadelwald, stark gilbend — **58 *Russula puellaris,* Milder Wachs-Täubling**
    - Hut violett, vielfarbig entfärbend, bei Espe und Birke, Pelargonien-Geruch — 59 *Russula terenopus,* Wandelbarer Täubling
    - Hut olivbraun, ockerrot bis violett, vorwiegend bei Torfmoos, Birke — 60 *Russula robertii,* Torfmoos-Täubling
  - Hut orange- bis purpurrot, bis 12 cm, Frkp. bräunend, trocknend Honiggeruch
    - Haut gut abziehbar, KOH auf Stielbasis nicht rot, Sporen kugelig — 61 *Russula melliolens,* Honig-Täubling
    - Haut kaum abziehbar, KOH auf Stielbasis frischer Frkp. feuerrot, Sp. ellipsoid — **75 *Russula viscida,* Lederstiel-Täubling**
  - Hut braunviolett, Lamellen, Fleisch u. Stiel weder gilbend noch braun fleckend — 62 *Russula brunneoviolacea,* Violettbrauner Täubling

15.1 *Russula,* Täublinge
(B2) Fleisch mäßig bis deutlich scharf

Sporenpulver blasscreme bis creme (IIa–d)

- Hut gelb oder braun
  - Hut < 5 cm
    - Hut chromgelb, Geruch obstartig, nach Pelargonien («Geranien»), evtl. Essig — 63 *Russula solaris,* Sonnen-Täubling
    - Hut ocker bis braun, Stiel relativ kurz, Geruch süß-säuerlich, ölig — 66 *Russula pectinata,* Schärflicher Kamm-Täubling
  - Hut > 5 cm, gelbbraun bis rotbraun
    - Rand gerieft, Geruch auffällig (süß-säuerlich, Bittermandeln, Gummi)
      - Lamellenschneiden gleichfarbig wie Lamellen
        - Geruch unangenehm obst-, bittermandel- bis gummiartig
          - Stiel normal proportioniert, Inhalt Pileozystiden in SBA gefärbt
            - Sporenornament bis 1,5 µm, isoliert, im Nadel- oder Laubwald — **64 *Russula foetens,* Gemeiner Stink-Täubling**
            - Sporenornament < 0,8 µm, teils verbunden, im Laubwald — **65 *Russula subfoetens,* Gilbender Stink-Täubling**
          - Stiel relativ kurz, Pileozystiden in SBA ohne Färbung — 66 *Russula pectinata,* Schärflicher Kamm-Täubling
        - Geruch angenehm nach Bittermandeln — 69 *Russula grata,* Mandel-Täubling
        - Geruch vorwiegend und stark nach Anis — 70 *Russula fragrantissima,* Starkduftender Stink-Täubling
      - Lamellenschneiden violettbraun punktiert — 71 *Russula illota,* Morse-Täubling
    - Rand nicht gerieft, Geruch evtl. obstartig, mild im Stiel, scharf in Lamellen
      - Hut(-rand) zumindest mit einem Hauch Violettbraun, Lamellen gedrängt — **75 *Russula viscida,* Lederstiel-Täubling**
      - Hut strohgelb bis gelborange, Fleisch derb, Lamellen entfernt stehend — 03 *Russula pallidospora,* Ockerblättriger Weiß-Täubling
- Hut umbrabraun, sepia-, olivgraubraun, mittelgroße Arten
  - Rand gerieft, bei Eiche, Geruch nach Hering, Käse, spermatisch, fruchtartig
    - Hut 5–10 cm, Mitte bis schwärzlichbraun, evtl. mit Oliv, Rand blasser — 72 *Russula amoenolens,* Brauner Camembert-Täubling
    - Hut 3,5–6 cm, Mitte schwärzlich, Rand ocker- bis umbrabraun — 73 *Russula sororia,* Großer Kamm-Täubling
  - Rand ungerieft, im moorigen Bergnadelwald, Geruch schwach bis fruchtartig — 74 *Russula consobrina,* Graubrauner Täubling
- Hut rosa, rot, purpurn, violett oder zweifarbig lila/grün
  - Stiel ohne Rottöne
    - Hut fleischig, fest
      - Geruch stark obstartig, im Nadelwald
        - Huthaut mehr als zur Hälfte abziehbar, bei Fichten — **82 *Russula queletii,* Stachelbeer-Täubling**
        - Huthaut nur am Rande abziehbar, bei Kiefern — 84 *Russula torulosa,* Gedrungener Täubling
      - Geruch unauffällig bis leicht obstartig, Huthaut kaum abziehbar
        - Stielbasis bräunend, hart, v. a. bei Nadelbäumen, seltener Buche — **75 *Russula viscida,* Lederstiel-Täubling**
        - Stiel weiß oder leicht rötlich, basal schwach gilbend, bei Laubbäumen — 76 *Russula persicina,* Schwachfleckender Täubling
      - Geruch nach Pelargonien, Huthaut halb abziehbar, Stiel weiß, evtl. grauend — 80 *Russula clariana,* Großer Silberpappel-Täubling
    - Hut dünnfleischig, ± zerbrechlich, Geruch obstartig oder nach Pelargonien
      - Stiel weiß und später gilbend
        - im Nadelwald, Fleisch mit Lauge rosa, mit Guajak keine Reaktion — **77 *Russula cavipes,* Hohlstieliger Täubling**
        - im Laubwald, ohne Reaktion mit Lauge, mit Guajak rasch blau — 78 *Russula violacea,* Grünvioletter Täubling
      - Stiel weiß, allenfalls grauend
        - im Nadelwald, Hut dunkelpurpurn, teils olivlich ausblassend — **82 *Russula queletii,* Stachelbeer-Täubling**
        - oft bei Espe (Zitterpappel), Fleisch zerbrechlich, 2–6 cm — 79 *Russula pelargonia,* Espen-Täubling
        - oft bei Silber- oder Graupappel, Fleisch fester, 5–10 cm, Hut oft gelappt — 80 *Russula clariana,* Großer Silberpappel-Täubling
  - Stiel mit Rottönen
    - bei Birken, Stiel teilweise oder ganz karminrosa — 81 *Russula gracillima,* Zierlicher Birken-Täubling
    - im Nadelwald, Geruch auffällig obstartig, Stiel karminrot
      - Lamellen weiß bis creme, mit NH_3 ohne Verfärbung
        - vorwiegend bei Fichte oder Tanne, Sporen ± isoliertwarzig
          - Hut dunkelpurpurn, später olivlich ausblassend, bald zerbrechlich — **82 *Russula queletii,* Stachelbeer-Täubling**
          - Hut lilaviolett oder lilaschwarz, nicht ausblassend, robuster Frkp. — 83 *Russula fuscorubroides,* Dunkelroter Stachelbeer-Täubling
        - vorwiegend bei Kiefer, Sporen netzartig, Fleisch fest, Stiel gedrungen — 84 *Russula torulosa,* Gedrungener Täubling
      - Lamellen gelb, mit NH_3 rot, vorwiegend bei Kiefer, Sp.-Ornament netzartig — 85 *Russula sardonia,* Zitronenblättriger Tränen-Täubling

15.1 *Russula,* Täublinge
(A3) Fleisch mild

Sporenpulver hellocker (IIIa–c)

- Stiel, Lamellen und Fleisch bald bräunend
  - Geruch nach Hering (frisch geruchsarm)
    - Hut vorwiegend purpurrot, rot, ziegelrot oder bräunlich-violett
      - vorwiegend im Nadelwald, Stiel karminrosa bis purpurrot, 5–12 cm
        - Hut satt purpur- bis weinrot, alle Höhenlagen — **86 *Russula xerampelina,* Roter Herings-Täubling**
        - Hut haselnuss-, schwarz- bis rotbraun, subalpin — 88 *Russula favrei,* Gebirgs-Herings-Täubling
      - alpin, bis 5 cm, zwischen Silberwurz *Dryas* und Kriechweiden — 87 *Russula pascua,* Dryas-Herings-Täubling
      - vorwiegend im Laubwald (Buche oder Eiche)
        - Hut 6–12 cm, orange- bis weinbraun oder weinrot, robust, bei Buche — 89 *Russula faginea,* Buchen-Herings-Täubling
        - Hut 4–8 cm, purpur- bis weinbraun, bei Eiche oder Buche
          - Hut purpur-, weinbraun oder fleischrot, evtl. fleckig, Stiel weiß — 90 *Russula graveolens,* Fleischvioletter Herings-Täubling
          - Hut purpur-, wein- bis violettrot, Mitte dunkler, teils olivbraun
            - Hut feucht schmierig, trocken matt — 91 *Russula purpurata,* Purpurroter Herings-Täubling
            - Hut purpursamtig, wie verfilzt (Lupe!) — 92 *Russula amoenoides,* Prächtiger Herings-Täubling
    - Hut vorwiegend kupfer-, ocker- bis olivbraun
      - vorwiegend im Nadelwald — 93 *Russula clavipes,* Blassgraugrüner Herings-Täubling
      - vorwiegend im Laubwald (Eiche) — 94 *Russula cicatricata,* Olivbrauner Herings-Täubling
      - in alpinen Lagen, bei Weiden, Silberwurz
        - Hut 3–7 cm, Pileozystiden in SBA schwärzend — 95 *Russula subrubens,* Fleischrötlicher Herings-Täubling
        - Hut 2–4 cm, Pileozystiden in SBA nicht schwärzend — 87 *Russula pascua,* Dryas-Herings-Täubling
  - Geruch unbedeutend, subalpin und alpin — 96 *Russula oreina,* Brauner Gebirgs-Täubling
- Stiel und Fleisch langsam schwärzlich-grau werdend, Geruch evtl. nach Obst
  - Hut gelb — 98 *Russula claroflava,* Gelber Graustiel-Täubling
  - Hut orange — 99 *Russula decolorans,* Orangeroter Graustiel-Täubling
  - Hut weinrot — 100 *Russula vinosa,* Weinroter Graustiel-Täubling
- Stiel und Fleisch weder braun noch grau verfärbend
  - Hut rot oder ziegelrot, Lamellen höchstens buttergelb, ± geruchlos
    - Hut ausgewachsen glänzend rot (jung auch weißlich), im Nadelwald — 101 *Russula paludosa,* Apfel-Täubling
    - Hut ziegelrot, karminrot, Mitte heller oder dunkler, im Laubwald oder b. Fichte
      - Hut 4–8 cm, ziegelrot, Mitte gelblich, Pileozystiden langgliedrig, inkrustiert — 102 *Russula velenovskyi,* Ziegelroter Täubling
      - Hut 2–4 cm, karminrot, Mitte dunkler, Pileozystiden kurzgliedrig — 103 *Russula melzeri,* Kleiner Reif-Täubling
  - Hut orangerot, Lamellenschneiden und Fleisch unter Huthaut intensiv gelb — 127 *Russula aurea,* Gold-Täubling
  - Hut purpur, lila, violett oder gelb, Lamellen zunehmend ockergelb
    - Geruch nach Jod (Stielbasis), Hut trocken matt, meist auffällig gezont
      - bei Kiefer, auf eher sandigem Boden, mehrheitlich im Flachland — **104 *Russula turci,* Jodoform-Täubling**
      - bei Fichte und Tanne, montan — 105 *Russula amethystina,* Amethyst-Täubling
    - Geruch fruchtartig-süßlich, Hut glänzend, ungezont
      - bei Birke, Espe, Eiche oder Hainbuche
        - nur bei Birke, Lamellen mandelweiß, creme bis buttergelb — 106 *Russula nitida,* Milder Glanz-Täubling
        - auch bei Espe etc., Lamellen blass ockercreme, später rostgelb fleckig — 59 *Russula terenopus,* Wandelbarer Täubling
      - alpin, bei Zwergweide
        - Sporen im Durchschnitt 8,9 × 7 µm, meist 4-sporig — 107 *Russula saliceticola,* Zwergweiden-Täubling
        - Sporen im Durchschnitt 10,5 × 8,4 µm, oft 2-sporig — 152 *Russula heterochroa*
  - Hut graugrün, olivgrau, haselbräunlich, geruchlos
    - Hut 6–11 cm, schmierig glänzend — 108 *Russula medullata,* Ockersporiger Speise-Täubling
    - Hut 4–7 cm, ohne Glanz — 97 *Russula fuscoochracea*

15.1 *Russula*, Täublinge
(B3) Fleisch mäßig bis deutlich scharf

Sporenpulver hellocker (IIIa–c)

- Hut purpurn, violett, evtl. grünlich, Stiel rot, blauviolett, Ger. obstartig, Nadelwald
  - Lamellen weiß bis creme, mit NH_3 ohne Verfärbung
    - vorwiegend bei Fichte oder Tanne, Sporen ± isoliertwarzig
      - Hut dunkelpurpurn, später olivlich ausblassend, bald zerbrechlich — **82 *Russula queletii*, Stachelbeer-Täubling**
      - Hut lilaviolett oder lilaschwarz, nicht ausblassend, robuster Fruchtkörper — 83 *Russula fuscorubroides*, Dunkelroter Stachelbeer-Täubling
    - vorwiegend bei Kiefer, Sporen netzartig, Fleisch fest, Stiel gedrungen — 84 *Russula torulosa*, Gedrungener Täubling
  - Lamellen gelb, mit NH_3 rot, vorwiegend bei Kiefer, Sporen-Ornament netzartig — 85 *Russula sardonia*, Zitronenblättriger Tränen-Täubling
- Hut rot, blutrot, Stiel oft rötlich bis rot, Geruch evtl. obstartig
  - Hutfarbe maseriert, wolkig, Haut nicht abziehbar, Stiel oft etwas rötlich
    - unter Nadelbäumen, Pileozystiden meist mehrfach septiert
      - Fleisch nicht grauend, Lamellen bogig herablaufend, Sporen ± isoliertwarzig — 109 *Russula sanguinea*, Blutroter Täubling
      - Fleisch grauend, Lamellen ausgebuchtet, Sporen netzartig — 111 *Russula helodes*, Sumpf-Täubling
    - unter Laubbäumen, Pileozystiden wenig septiert — 76 *Russula persicina*, Schwachfleckender Täubling
  - Hut glänzend, Huthaut ⅓–½ abziehbar, Stiel rot geflammt, im Nadelwald — 112 *Russula rhodopus*, Flammenstiel-Täubling
- Hut zinnoberrot, matt-samtig, Stiel weiß, ± grauend/gilbend, fest, im Laubwald — 113 *Russula rubra*, Scharfer Zinnober-Täubling
- Hut braun-, weinrot, gelboliv oder blass, Stiel weiß, graulich, unter Laubbäumen
  - vorwiegend bei Birke
    - Stiel zunehmend gilbend — **114 *Russula versicolor*, Vielfarbiger Täubling**
    - Steil weiß, allenfalls grau verfärbend — 115 *Russula exalbicans*, Verblassender Birken-Täubling
  - vorwiegend bei Buche — 116 *Russula zonatula*, Stachelbeerroter Täubling
- Hut und Stiel weiß oder gelb, matt, im Nadelwald
  - Hut und Stiel weiß — 109a *Russula sanguinea* f. *bianca*, Weißlicher Blut-Täubling
  - Hut und Stiel gelblich bis gelb — 110 *Russula sulphurea*, Gelber Blut-Täubling

15.1 *Russula,* Täublinge
(A4) Fleisch mild

Sporenpulver ocker bis dottergelb (IVa–e)

- Huthaut fast ganz abziehbar, klein bis mittelgroß (2–5, evtl. bis 8 cm), Stiel weiß
  - Lamellen bei Reife dotter- bis orangegelb, Hut gelb bis orangerot oder grünlich
    - Hut zitronengelb, glänzend bleibend, 2–5 cm, Geruch alt säuerlich — 117 *Russula acetolens,* Gelber Hasel-Täubling
    - Hut ockergelb, glänzend bleibend, 4–8 cm, Geruch unbedeutend — 118 *Russula ochracea,* Ockerfarbener Chamäleon-Täubling
    - Hut orangerot, Mitte gelblich, bald matt, 2–6 cm, Geruch alt nach Mirabellen — 119 *Russula risigallina,* Dotter-Täubling
    - Hut oliv bis grau-, braunoliv oder violett, 3–6 cm, Geruch alt nach Majoran — 120 *Russula postiana,* Grünverfärbender Täubling
    - Hut cremegelb, -oliv, haselnussfarben, 4–8 cm, bei Birke, Ger. etwas fruchtartig — 142 *Russula cremeoavellanea,* Haselnusscreme-Täubling
  - Lamellen bei Reife satt ocker, Hut rot, purpurn, violettbraun, fleischfarben, rosa
    - Geruch unauffällig bis unangenehm, evtl. jodartig
      - bei Nadelbäumen
        - vorwiegend bei Fichte oder Tanne
          - Geruch unauffällig bis unangenehm, Sporen ± isoliertwarzig — **121 *Russula nauseosa,* Geriefter Weich-Täubling**
          - Geruch unauffällig bis jodartig, Sp. isoliertwarzig bis perlschnurartig — 105 *Russula amethystina,* Amethyst-Täubling
        - vorwiegend bei Lärche, höhere Lagen, Warzen teils perlschnurartig — 122 *Russula laricina,* Lärchen-Weich-Täubling
        - vorwiegend bei Kiefer, Warzen der Sporen perlschnur- bis teilnetzartig
          - Geruch jodartig (Stielbasis), mit inkrustierten Primordialhyphen — **104 *Russula turci,* Jodoform-Täubling**
          - Geruch unauffällig, ohne inkrustierte Primordialhyphen — 123 *Russula cessans,* Kiefern-Täubling
      - vorwiegend bei Laubbäumen wie Hainbuche, Eiche
        - Hut weinrot bis -braun, Guajakreaktion schnell und intensiv — 124 *Russula melitodes,* Palisander-Täubling
        - Hut rosa bis weinrot, Mitte oft gelblich entfärbt, Guajakreaktion schwach — 125 *Russula roseicolor,* Rosenfarbiger Täubling
    - Geruch leicht bis deutlich obstartig, Stiel weiß, im Laubwald
      - Geruch intensiv obstartig, Hut lila, lilabraun — 126 *Russula odorata,* Duftender Zwerg-Täubling
      - Geruch leicht obst- bis zedernholzartig, Hut rot, purpurrot — 130 *Russula laeta,* Freudiger Täubling
- Huthaut max. halb abziehbar, mittlere bis große, festfleischige Arten (4–20 cm)
  - Hut leuchtend rot oder orange
    - Stiel ohne Rot
      - Stiel weiß, Lamellen gelblich, dann satt ocker, Schneiden nicht gelb — 130 *Russula laeta,* Freudiger Täubling
      - Stiel weiß bis gelblich, Lam.schneiden u. Fl. unter Huthaut intensiv gelb — 127 *Russula aurea,* Gold-Täubling
      - Stiel weiß oder etwas bräunend, Lam. ockergelblich, Schneiden nicht gelb
        - im Laubwald oder Park
          - mit inkrustierten Primordialhyphen — 131 *Russula pseudointegra,* Ockerblättriger Zinnober-Täubling
          - ohne inkrustierte Primordialhyphen — 140 *Russula rubroalba,* Rotweißer Täubling
        - unter Birke, ohne inkrustierte Primordialhyphen — 146 *Russula intermedia,* Weicher Dotter-Täubling
    - Stiel ganz oder teilweise rosa, Fleisch weiß, Lamellen ockergelblich
      - vor allem bei Kiefer in höheren Lagen, Geruch unbedeutend — 128 *Russula roseipes,* Rosastieliger Täubling
      - vor allem bei Birke, Geruch evtl. schwach obstartig — 129 *Russula font-queri,* Rotstieliger Zwerg-Täubling
      - bei Weide, in alpinen Lagen, Geruch nach Fisch oder Krustentieren — 95 *Russula subrubens,* Fleischrötlicher Herings-Täubling
  - Hut violett, dunkel purpurlila, mit kleinem Buckel — **132 *Russula caerulea,* Buckel-Täubling**
  - Hut weinrot, trübrot, braunrot, braun, oliv, nicht gebuckelt, oft sehr groß
    - Stiel mit rosa bis roten Farben
      - Stiel von der Spitze her karminrosa überlaufen — **133 *Russula olivacea,* Rotstieliger Leder-Täubling**
      - Stiel von der Basis her rosa überlaufen, gilbend
        - Warzen der Sporen perlschnur- bis teilnetzartig verbunden — 134 *Russula alutacea,* Weinbrauner Leder-Täubling
        - Warzen der Sporen teils isoliert, teils perlschnurartig verbunden — 135 *Russula vinosobrunnea,* Weinbrauner Täubling
    - Stiel weiß
      - unter Nadelbäumen, Hut vorwiegend braun bis violettbraun — **136 *Russula integra,* Brauner Leder-Täubling**
      - unter Laubbäumen. Hut vielfarbig oder wechselfarbig
        - Hut vorwiegend braun, orangebraun, bei Hainbuche — 137 *Russula carpini,* Hainbuchen-Täubling
        - Hut vorwiegend weinrot bis violettbraun
          - ohne inkrustierte Primordialhyphen
            - Stiel meist kürzer als Hutbreite, Pileozystiden mehrgliedrig — 138 *Russula curtipes,* Kurzstieliger Leder-Täubling
            - Stiel nicht auffällig kurz, Pileozystiden lang, kaum septiert — 139 *Russula romellii,* Weißstieliger Leder-Täubling
          - mit inkrustierten Primordialhyphen — 141 *Russula sericatula,* Schwachreagierender Leder-Täubling
      - alpin, bei Silberwurz *Dryas,* Hut rotbraun, gelb verblassend, rotfleckig — 151 *Russula dryadicola,* Silberwurz-Täubling
  - Hut cremegelb, -oliv oder haselnussfarben, bei Birke — 142 *Russula cremeoavellanea,* Haselnusscreme-Täubling

15.1 *Russula,* Täublinge
(B4) Fleisch mäßig bis deutlich scharf

Sporenpulver ocker bis dottergelb (IVa–e)

- Stiel mit rosa bis karminroten Stellen, evtl. rostfleckig, Geruch nach Zedernholz, Obst
  - Hut dunkel, rot bis braun, matt, Mitte evtl. fleckig, sehr scharf, im Nadelwald — **143 *Russula badia,* Zedernholz-Täubling**
  - Hut hellrot vermischt mit Ocker, glänzend, rostrote Flecken, scharf, Laubwald — 144 *Russula maculata,* Gefleckter Täubling
- Stiel ± weiß, evtl. etwas gilbend, bräunend oder grauend, jedoch ohne Rottöne
  - Hut creme, später mit ockerbraunen bis rostfarbenen Flecken, Laubwald
    - Hut matt filzig, Fleisch hart, Geruch etwas unangenehm, scharf — 04 *Russula flavispora,* Gelbsporiger Täubling
    - Hut ± glänzend, Fleisch nicht speziell hart, Geruch obstartig, mäßig scharf — 144a *Russula maculata* var. *alba,* Gefleckter Täubling, weiße Varietät
  - Hut lebhaft rot, hellrot, rosa
    - Geschmack bitter, mäßig scharf, Hut meist > 5 cm, unter Laubbäumen
      - mit inkrustierten Primordialhyphen — 131 *Russula pseudointegra,* Ockerblättriger Zinnober-Täubling
      - ohne inkrustierte Primordialhyphen — 146 *Russula intermedia,* Weicher Dotter-Täubling
    - Geschmack sehr scharf, Hut meist < 5 cm breit — 147 *Russula rutila,* Gelbblättriger Spei-Täubling
  - Hut fleischrot, braunrot, purpurrot, Mitte oft ockerlich
    - im Laubwald
      - Sporen isoliert warzig
        - Hutrand fleischrosa, Mitte weißlich, v. a. bei Buche, Sporen bis 8,5 × 7 µm — 148 *Russula veternosa,* Scharfer Honig-Täubling
        - Hut orange- bis purpurrot, Sporen ab 9,5 × 8 µm — 145 *Russula globispora,* Rundsporiger Täubling
      - Sporen leicht netzartig warzig
        - Hut vorwiegend weinbraun, Sporen mit hohen Warzen (bis 1,8 µm) — 149 *Russula vinosopurpurea,* Purpurfleckiger Täubling
        - Hut vorwiegend weinrot, Wärme liebend, Warzen der Sporen bis 1 µm — 150 *Russula decipiens,* Weinroter Dotter-Täubling
    - im Nadelwald, Hut braunrot, Mitte oft dunkler, Geruch nach Zedernholz — **143 *Russula badia,* Zedernholz-Täubling**
    - in Zwergstrauchheide bei Silberwurz *Dryas*
      - Hut rotbraun, gelb verblassend, rotfleckig, mehrheitlich 4-sporig — 151 *Russula dryadicola,* Silberwurz-Täubling
      - Hut dunkel purpurrot, nur Rand verblassend, mehrheitlich 2-sporig — 152 *Russula heterochroa*
  - Hut braun bis blauviolett, Haut max. halb abziehbar, Geruch obstartig, Nadelwald
    - Hut vorwiegend in violetten Farbtönen (Sporenornament ≤ 1 µm) — **153 *Russula firmula,* Scharfer Glanz-Täubling**
    - Hut vorwiegend in dunkelbraunen Farbtönen (Sporenornament > 1 µm) — 154 *Russula adulterina,* Scharfer Braun-Täubling
  - Hut meist violettbraun bis braun, vielfarbig, Haut mindestens halb abziehbar
    - bei Laubbäumen
      - Hut vorwiegend braun, Sporen mittelgroß (< 10 µm), v. a. bei Hainbuche — 155 *Russula cuprea,* Purpurbrauner Dotter-Täubling
      - Hut vorwiegend violettbraun, Sporen auffällig groß (> 10 µm) — 156 *Russula gigasperma,* Riesenspor-Täubling
    - im Nadelwald, Hut braunrot, Mitte oft dunkler, Geruch nach Zedernholz — **143 *Russula badia,* Zedernholz-Täubling**
  - Hut grün — 157 *Russula urens,* Brennender Grün-Täubling

15.1.01 *Russula chloroides* (Krombh.) Bres.
Schmalblättriger Weiß-Täubling

H: 5–13 cm, trichterförmig, erst weißlich, später ockerbräunlich, Rand glatt, Huthaut nur am Rand abziehbar. **L:** weniger als 1 cm breit, gedrängt, mit blaugrünlichem Schimmer, Schneiden beim Eintrocknen blaugrünlich. **St:** weißlich, Spitze blaugrünlich. **F:** hart, spröde, weiß und etwas bräunend. **Ger:** unauffällig bis modrig, fisch- oder fruchtartig. **Ges:** mild im Stiel, schärflich in den Lamellen. **Spp:** weißlich (Ib). **V:** im Laubwald. **Mik:** Sporen mit 1–1,5 µm hohen konisch-zylindrischen, teils isolierten, recht häufig aber fein verbundenen Warzen, 8–11 × 7–9 µm, Haare der Huthaut schmal, zylindrisch, septiert und stumpf, Pileozystiden nicht häufig, zylindrisch, apikal meist eingeschnürt, teils septiert, in SBA manchmal mit schwarzen Einschlüssen. **Ch:** Guajak am Stiel schnell blau bis blaugrün, $FeSO_4$ hell orangerosa bis schmutzig rötlich, Phenol weinbraun. (Kr 2.443, BK 6.108, 🖼).

Romagnesi erachtete Habitus, Geruch, Dichte und Breite der Lamellen als beste Unterscheidungskriterien zwischen *R. chloroides* und *R. delica* (Marxmüller 2014). Die Lamellendichte beträgt gemäß Krieglsteiner 2000b für *R. chloroides* 8–16 Lamellen/cm und für *R. delica* 4–10 Lamellen/cm, gezählt in 1 cm Abstand vom Hutrand.

15.1.01 *Russula chloroides,* Schmalblättriger Weiß-Täubling

15.1.02 *Russula delica* Fr.
Gemeiner Weiß-Täubling, Breitblättriger Weiß-Täubling

H: 5–20 cm, trichterförmig, mit eingerolltem Rand, glatt bis runzelig, schmutzig weiß, Rand glatt, Huthaut nur am Rand abziehbar. **L:** bis über 1 cm breit, eher entfernt, um den Stiel bisweilen mit blaugrünem Schimmer. **St:** weißlich. **F:** hart, spröde, weiß und gelb- bis rostbraun verfärbend. **Ger:** fruchtartig, später fischartig. **Ges:** mild im Stiel, etwas schärflich in den Lamellen. **Spp:** weißlich (Ib). **V:** im Laub- und Nadelwald. **Mik:** Sporen mit bis 1 µm hohen, mehrheitlich perlschnurartig, teils netzartig verbundenen Warzen, 8–11 × 6,5–8,5 µm, Haare der Huthaut zylindrisch, teils verzweigt und septiert, abgerundet, Pileozystiden schlank, zylindrisch bis spindelig, in SBA schwärzlich. **Ch:** Guajak langsam bis sofort dunkelblau, blaugrün bis dunkelgrün, $FeSO_4$ langsam und schwach rosaorange, Phenol weinbraun. (D 836, Kr 2.441, BK 6.119, 🖼).

15.1.02 *Russula delica,* Gemeiner Weiß-Täubling

15.1.03 *Russula pallidospora* J. Blum ex Romagn.
Ockerblättriger Weiß-Täubling

H: 6–15 cm, trichterförmig, mit eingerolltem Rand, filzig und runzelig, strohgelb bis gelborange, im Alter schmutzig aussehend, Rand glatt, Huthaut nur am Rand abziehbar. **L:** herablaufend, entfernt, elfenbeinfarben bis cremeocker. **St:** zylindrisch, gegen die Basis verjüngt, bereift, oft rinnig, anfangs weiß, später ockerbraun. **F:** hart, spröde, weiß, Stielbasis und Fraßlöcher bräunend. **Ger:** stark fruchtartig, nach Apfelkompott. **Ges:** mild im Stielfleisch, etwas bitter nach längerem Kauen oder in den Lamellen. **Spp:** sattcreme (IId). **V:** im Laubwald bei Buche *Fagus* und Eiche *Quercus*, allenfalls auch bei Kiefer *Pinus*. **Mik:** Sporen mit niedrigen, bis 0,7 µm hohen, teils perlschnurartig verbundenen Warzen, 7–9 × 6–7,5 µm, Haare der Huthaut lang, schmal, zylindrisch, teils wellig, nur an der Basis septiert, Pileozystiden dick und lang, in SBA höchstens schwach grau, in Kongorot schraffiert. **Ch:** Guajak langsam grünlichgrau bis dunkelblau, $FeSO_4$ blass rosaorange, Phenol weinbraun. (BK 6.175, 🖼).

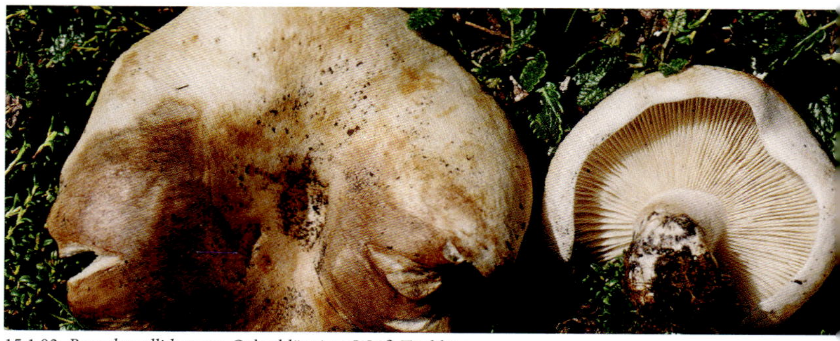

15.1.03 *Russula pallidospora,* Ockerblättriger Weiß-Täubling

15.1.04 *Russula flavispora* Romagn.
Gelbsporiger Täubling, Gelbsporiger Weiß-Täubling

H: 5–10 cm, unregelmäßig trichterförmig, jung rau, dann filzig, zuletzt glatt, creme, später mit ockerbräunlichen bis -rötlichen Flecken, Rand dünn, ungerieft, Huthaut nicht abziehbar. **L:** eher dicht, jung fast weiß, dann gelblich. **St:** hart, weiß, glatt, sehr kurz. **F:** weiß, hart. **Ger:** obstartig mit einer unangenehmen Komponente nach verbranntem Gummi, teilweise nach Hering. **Ges:** scharf, v. a. in den Lamellen. **Spp:** sattocker bis ockergelb (IVa–c). **V:** unter Laubbäumen, Kalk liebend. **Mik:** Sporen mit bis 0,8 µm hohen, eher spärlichen, meist isolierten und einigen perlschnurartig verbundenen Warzen, 6,5–9 × 5,5–7 µm, Haare der Huthaut lang, schlank, zylindrisch, wenig septiert und kaum verzweigt, Pileozystiden recht zahlreich, lang, zylindrisch, leicht kopfig, mit körnigem Inhalt, unseptiert, in SBA schwach grau. **Ch:** Guajak schnell und intensiv blaugrün, $FeSO_4$ rosaorange, Phenol langsam braun.

15.1.05 *Russula nigricans* Fr.
Dickblättriger Schwärz-Täubling

H: 7–20 cm, weiß, dann wolkig braun bis schwärzlich. **L:** dick und breit, entfernt, bei Verletzung rötend und später schwärzend. **St:** hart und voll, relativ kurz, kahl. **F:** weiß, erst rötend, dann schwärzend. **Ger:** leicht fruchtartig. **Ges:** im Stiel mild, in den Lamellen leicht scharf. **Spp:** weiß (Ia). **V:** im Laub- und Nadelwald. **Mik:** Sporen mit niedrigen, bis 0,5 µm hohen, meist fein netzartig verbundenen Warzen,

15.1.05 *Russula nigricans,* Dickblättriger Schwärz-Täubling

6,5–9 × 6–7,5 µm, Haare der Huthaut zylindrisch mit Schwellungen, teils verzweigt und septiert, stumpf abgerundet, mit braunem Pigment, Pileozystiden selten. **Ch:** Guajak schnell blau bis blaugrün, Lamellen bräunlichgrün, $FeSO_4$ intensiv blaugrün bis dunkelgrün (ähnlich *R. xerampelina,* Roter Herings-Täubling u. Ä.), Phenol weinbraun. (D 840, Kr 2.439, BK 6.168, 🖼).

15.1.06 *Russula adusta* (Pers.) Fr.
Rauchbrauner Schwärz-Täubling

H: 5–18 cm, beige bis braun, feucht etwas klebrig. **L:** ziemlich eng. **St:** jung weißlich, bald wie der Hut gefärbt, Stielbasis oft aufgeblasen und faltig-grubig. **F:** weißlich, jung rötend und anschließend langsam grau verfärbend. **Ger:** jung unauffällig, später etwas nach altem Weinfass. **Ges:** mild. **Spp:** weiß (Ia). **V:** im Nadelwald, besonders bei Kiefer *Pinus.* **Mik:** Sporen mit sehr niedrigen und wenigen bis 0,2 µm hohen, netzartig verbundenen Warzen, kugelig bis breit ellipsoid, 6,5–10 × 5,5–7,5 µm, Haare der Huthaut zylindrisch, Spitze abgerundet, teils mit braunem Pigment, Pileozystiden an der Spitze manchmal verzweigt, in SBA mit schwarzen Einschlüssen. **Ch:** Guajak nach 10–20 s mittelblau bis blaugrün, $FeSO_4$ rosa, dann langsam olivgrün bis graubraun, Phenol rotbraun. (D 841, BK 6.85, 🖼).

15.1.06 *Russula adusta,* Rauchbrauner Schwärz-Täubling

15.1.07 *Russula acrifolia* Romagn.
Scharfblättriger Schwärz-Täubling

H: 5–15 cm, umbra- bis rotbräunlich fleckige Farbtöne, speckiger Glanz. **L:** weißlichcreme. **St:** hart, voll. **F:** weiß, bei Verletzung deutlich rötend, anschließend schwärzend. **Ger:** unbedeutend. **Ges:** im Fleisch mild bis etwas scharf, in den Lamellen meistens sehr scharf. **Spp:** weiß (Ia). **V:** im Laub- und Nadelwald. **Mik:** Sporen mit niedrigen, bis 0,5 µm hohen, netzartig verbundenen Warzen, kugelig bis ellipsoid, 7–9,5 × 6–7,5 µm, Haare der Huthaut ± zylindrisch, teils mehrfach verzweigt, stumpf endend, zahlreich, Pileozystiden an der Spitze meist eingeschnürt, manchmal verzweigt, in SBA schwärzlich oder mit schwarzen Einschlüssen. **Ch:** Guajak ziemlich rasch (nach 10–20 s) dunkelblau, blaugrün oder grün, $FeSO_4$ grünlich. Phenol rötlichbraun. (D 842, Kr 2.432, BK 6.83, 🖼).

15.1.07 *R. acrifolia,* Scharfblättriger Schwärz-Täubling

15.1.08 *R. densifolia,* Dichtblättriger Schwärz-T.

15.1.08 *Russula densifolia* Secr. ex Gillet
Dichtblättriger Schwärz-Täubling

H: 3–10 cm, beige bis blassbraun, rußbraun mit olivlichem Ton, wolkig, Rand lange weißlich. **L:** sehr eng, weiß bis creme. **St:** fest, hart, wie der Hut gefärbt. **F:** weiß bis cremegrau, erst langsam rötend, dann schwärzend. **Ger:** modrig, wie ein altes Weinfass. **Ges:** mild, in den Lamellen leicht schärflich. **Spp:** weiß (Ia). **V:** im Laub- und Nadelwald, vorwiegend auf saurem Boden. **Mik:** Sporen mit wenigen niedrigen, bis 0,6 µm hohen, durch feine Grate verbundenen Warzen, breit ellipsoid, 6,5–9 × 5,5–7 µm, Haare der Huthaut teils bauchig verdickt mit verjüngter Spitze, verzweigt und septiert, Pileozystiden an der Spitze oft eingeschnürt oder verzweigt, in SBA schwärzlich. **Ch:** Guajak schnell blau, $FeSO_4$ auf weißem Fleisch ockerrosa, auf verfärbtem Fleisch grünlich bis intensiv grün, Phenol rötlichbraun. (D 839, Kr 2.437, BK 6.120, 🖼).

15.1.09 *Russula albonigra* (Krombh.) Fr.
Gemeiner Menthol-Schwärz-Täubling, Menthol-Schwärz-Täubling

H: 6–12 cm, blass, weißlich bis schmutzig braun oder schwarzbraun, matt, ohne speckigen Glanz. **L:** mäßig entfernt, elfenbeinfarben, Schneiden alt bisweilen schwarzflockig. **St:** weiß, Basis später graulich-orange. **F:** erst weiß, später schmutzig weiß, verfärbt sich höchstens kurz und schwach rötlich, dann rasch braun bis schwarz. **Ger:** schwach nach Äpfeln. **Ges:** mild, leicht mentholartig in Lamellen. **Spp:** weiß (Ia). **V:** im Laub- und Nadelwald. **Mik:** Sporen mit sehr niedrigen, höchstens 0,4 µm hohen, fein verbundenen Warzen, 7–9 × 5,5–7 µm, Haare der Huthaut zylindrisch mit abgerundeter Spitze, ein- bis zweifach septiert, mit braunem Inhalt, Pileozystiden zylindrisch, Spitze verjüngt, teils mit Ausstülpungen oder Verzweigungen, in SBA ohne Färbung. **Ch:** Guajak rasch dunkelblau, $FeSO_4$ orange, Phenol weinrot bis schwarz. (Kr 2.435, BK 6.87, 🖼).

R. albonigra musste enger gefasst und neu beschrieben werden, da aufgrund genetischer Untersuchungen die nachfolgenden ähnlichen Arten abgegrenzt werden konnten (De Lange et al. 2021).

Russula ustulata De Lange & Verbeken, Nadelwald-Menthol-Schwärz-Täubling: Stiel rasch dunkelgrau bis schwarz, Geschmack unangenehm muffig, Lamellen leicht mentholartig. Pileozystiden in der Huthaut nur vereinzelt oder fehlend. $FeSO_4$ grün.

15.1.09 *Russula albonigra,* Gemeiner Menthol-Schwärz-Täubling

Russula ambusta De Lange, Adamčík & F. Hampe, Orangebraunstieliger Menthol-Schwärz-Täubling: Stiel rasch fast vollständig orangebraun. Pileozystiden teils mit Ausstülpungen, jedoch ohne Verzweigungen, Sporenornament sehr niedrig (< 0,2 µm) und gleichmäßig vernetzt. $FeSO_4$ unbekannt.

Russula nigrifacta De Lange & Adamčík, Mediterraner Menthol-Schwärz-Täubling: Stiel im Alter orangebräunlich, Geruch fruchtig, süßlich. Pileozystiden ohne Ausstülpungen und ohne Verzweigungen. $FeSO_4$ grünlich, KOH gelblich.

15.1.10 *Russula anthracina* Romagn.
Lachsblättriger Schwärz-Täubling, Kohlen-Täubling

H: 7–12 cm, jung weißlich und klebrig, bald dunkelbraun bis schwarz und matt werdend. **L:** eng, cremefarben mit rosa Schein dazwischen. **St:** erst hell, bald dunkelbraun bis schwarz (Druckstellen). **F:** ganz frisch weiß, bald grau bis schwarzgrau, Verfärbungen schwarz, kaum rötlich. **Ger:** leicht säuerlich-fruchtartig. **Ges:** eher mild im Stiel, Lamellen ziemlich scharf. **Spp:** weiß (Ia). **V:** vor allem im Nadelwald auf Kalkboden. **Mik:** Sporen mit niedrigen, bis 0,4 µm hohen, perlschnurartig oder durch feine Grate verbundenen Warzen, kugelig bis breit ellipsoid, 7–10 × 5,5–8 µm, Haare der Huthaut zylindrisch, septiert, Spitze teils verjüngt, Hyphenenden mit vakuolären, braunen Pigmenteinschlüssen, Pileozystiden schlank, oft mit gespaltener Spitze, selten. **Ch:** Guajak sofort heftig blau bis graugrün, $FeSO_4$ in der Literatur sehr uneinheitlich beschrieben, von lachsrosa, ocker, über schwach graugrün zu später blau, Phenol weinbraun. (D 837f, BK 6.94, ⊠).

15.1.11 *Russula cyanoxantha* (Schaeff.) Fr.
Frauen-Täubling

H: 5–15 cm, violett-, grüngrau, oft beides wolkig vermischt, Huthaut bis knapp zur Mitte abziehbar, Rand höchstens ganz leicht gerieft. **L:** gegen außen gegabelt, vor allem in Stielnähe etwas queradrig, dünn, weich und biegsam, beim Darüberstreichen schmierend, ziemlich gedrängt, weiß. **St:** weiß, evtl. leicht violett oder rötlich überhaucht, fest, Basis verjüngt. **F:** fest, weiß, unter der Huthaut etwas violett. **Ger:** unbedeutend. **Ges:** mild. **Spp:** weiß (Ia). **V:** im Laub- und Nadelwald, besonders unter Buche *Fagus*. **Mik:** Sporen mit niedrigen, bis 0,6 µm hohen, teils kommaförmigen, manchmal kurz verbundenen, in Größe und Form variablen Warzen, 6–10 × 5,5–8,5 µm, Haare der Huthaut teilweise verzweigt und septiert, Pileozystiden sehr schmal, apikal eingeschnürt, einige septiert, in SBA schwach grauschwarz. **Ch:** Guajak langsam (nach 50 s) schwach, dann intensiver blaugrün, $FeSO_4$ höchstens schwach grünlich, Phenol weinbraun, SV am Exsikkat einige Sekunden blutrot, dann bräunlich. (D 856f, Kr 2.466, BK 6.115, ⊠; Kapitel-⊠).

15.1.11a *R. cyanoxantha* f. *peltereaui* Singer, Grüner Frauen-Täubling: Hut von Beginn an vorwiegend grün, grüngelb, kaum mit Violett. (⊠).

15.1.11b *R. cyanoxantha* var. *cutefracta* (Cooke) Sarnari, Risshütiger Frauen-Täubling: Huthaut vom Rand her felderig rissig (es entstehen mosaikartige Flecken), Lamellen kaum schmierend und in Stielnähe auffällig gegabelt (wie bei *R. heterophylla*). Guajak in 15–30 s blaugrün. Diese Varietät wird auch als eigene Art (*Russula cutefracta* Cooke) betrachtet. (BK 6.116, ⊠).

15.1.12 *Russula virescens* (Schaeff.) Fr.
Grüngefelderter Täubling

H: 5–15 cm, weißlich-ockerlich bis spangrün, fast die ganze Oberfläche felderig rissig. **L:** am Stiel fast nicht angewachsen, spröde, cremeweiß. **St:** sehr hart, weiß, später rostfleckig (besonders die Basis). **F:** hart, weiß, evtl. schwach bräunlich verfärbend. **Ger:** unbedeutend, evtl. etwas an Käse erinnernd. **Ges:** mild, nussartig. **Spp:** weiß bis weißlich (Ia–b). **V:** im Laubwald, seltener im Nadelwald, auf sauren Böden. **Mik:** Sporen mit niedrigen, bis 0,5 µm hohen, isoliert bis fast vollständig, fein netzartig verbundenen Warzen, 6,5–9 × 5,5–7 µm, Huthaut aus kugeligen, verschiedengestaltigen Zellen mit kurzen bis längeren, haarähnlichen Endgliedern. **Ch:** Guajak meist schnell und stark dunkelblau, $FeSO_4$ blass orangerosa, Phenol braun. (D 855, Kr 2.468, BK 6.215, ⊠).

15.1.13 *Russula heterophylla* (Fr.) Fr.
Grünlicher Speise-Täubling

H: 6–12 cm, blaugrün, olivgrün, auch lebhaft grün, in der Mitte dunkler, oft braun, Rand meist grün, Huthaut kaum abziehbar. **L:** fast herablaufend, beim Stielansatz auffällig gegabelt, gekräuselt, schmal, gedrängt, blasscreme. **St:** fest, weiß, gegen die Basis meist zugespitzt und von dort

15.1.10 *Russula anthracina*, Lachsblättriger Schwärz-Täubling

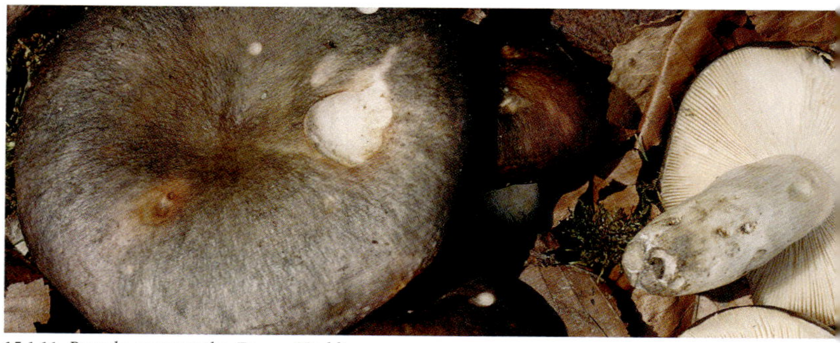

15.1.11 *Russula cyanoxantha*, Frauen-Täubling

15.1.11a *R. c.* f. *peltereaui*, Grüner Frauen-Täubling

15.1.11b *R. c.* var. *cutefracta*, Risshütiger Frauen-T

15.1.12 *Russula virescens*, Grüngefelderter Täubling

15.1.13 *Russula heterophylla*, Grünlicher Speise-Täubling

her gelbbraun fleckend. **F:** fest, weiß, später blass gelblich. **Ger:** geruchlos. **Ges:** mild. **Spp:** weiß (Ia). **V:** im Laubwald, seltener im Nadelwald, kaum über 800 m. **Mik:** Sporen mit niedrigen, bis 0,6 µm hohen, teils kommaförmigen, vereinzelt auch kurz verbundenen Warzen, ellipsoid bis birnenförmig, 5–7 × 4–6 µm, Haare der Huthaut aus unregelmäßig verjüngtem, eher kurzem Endglied an einer Kette von walzenförmigen Zellen, Pileozystiden kopfig bis keulig, in SBA stellenweise schwach grauschwarz, in Hutmitte verschieden lange, dickwandige, zugespitzte, farblose Nadelzystiden (Crins). **Ch:** Guajak schnell (in 10–20 s) dunkelblau, $FeSO_4$ sofort intensiv rosaorange, Phenol schwach braun, Anilin gelb. (D 858, Kr 2.461, BK 6.145, 🖼).

15.1.14 *Russula vesca* Fr.
Fleischroter Speise-Täubling

H: 6–11 cm, fleischrot, auch mit einem Stich ins Ockerbräunliche oder Violette, Huthaut am Rand oft kurz, Lamellen nicht ganz bedeckend, Huthaut mehr als zur Hälfte abziehbar. **L:** etwas weich, gedrängt, weiß, später evtl. rostfleckig. **St:** fest, eher kurz, weiß, schwach runzelig, gegen die Basis meist zugespitzt und von dort her gelbbraun fleckend. **F:** fest, weiß. **Ger:** geruchlos. **Ges:** mild, nussartig. **Spp:** weiß (Ia). **V:** im Laub- und Nadelwald; Spätfrühling bis Herbst. **Mik:** Sporen mit niedrigen, bis 0,6 µm hohen, meist isolierten, vereinzelt fein verbundenen Warzen, 6,5–8 × 5–6 µm, Haare der Huthaut zylindrisch, oft septiert, Endglied stumpf, seltener zugespitzt, Pileozystiden eher schmal, apikal eingeschnürt, in SBA stellenweise schwach grauschwarz, in Hutmitte dickwandige, zugespitzte Nadelzystiden (Crins) mit verdickter Basis und gelbbraunem körnigem Inhalt. **Ch:** Guajak sehr schnell dunkelblau, $FeSO_4$ sofort intensiv rosaorange, Phenol braun, Anilin gelb. (D 859, Kr 2.464, BK 6.210, 🖼).

15.1.15 *Russula velutipes* Velen.,
Russula aurora Krombh., ***Russula rosea*** Quél.
Netzflockiger Rosa-Täubling,
Großer Rosa-Täubling, Morgenrot-Täubling

H: 4–10 cm, fleischrosa bis himbeerrot, Rand und Mitte oft blasser, Rand evtl. weißflockig und etwas gerieft, Huthaut bis zur Hälfte abziehbar, färbt in der Mitte leicht durch. **L:** weich, weißlich, evtl. Schneiden etwas rosa. **St:** fest, aber weich, weiß, evtl. rosa überhaucht, an der Spitze netzflockig (Lupe). **F:** weiß. **Ger:** unbedeutend. **Ges:** mild, nach längerem Kauen etwas bitter. **Spp:** weiß bis weißlich (Ia–b). **V:** vor allem im Laub-, seltener im Nadelwald, auf lehmig-tonigem Boden. **Mik:** Sporen mit sehr niedrigen, bis 0,5 µm hohen, teils perlschnurartig oder durch feine Grate verbundenen Warzen, 6–8 × 5–6,5 µm, Haare der Huthaut wellig zylindrisch, teils verzweigt und septiert, Primordialhyphen inkrustiert, etwas breiter, wurmartig, septiert. **Ch:** Guajak langsam schwach blau (BK orangebraun), $FeSO_4$ langsam graurosa, Phenol purpurbraun, SV am Stiel sofort und anhaltend johannisbeerrot. (D 876, Kr 2.485, BK 6.208, 🖼).

Wir folgen hier Kibby 2015 und Hampe 2022 (mündlich) und stellen den Namen *R. velutipes* voran. Krombholz 1831–1846 ordnet *R. aurora*, den «Morgenrothen Täubling», bei «Russulae acres. Scharfschmeckende Täublinge» ein, was nicht mit dieser hier beschriebenen Art zu vereinbaren ist.

15.1.16 *Russula azurea* Bres.
Weißblättriger Reif-Täubling

H: 4–9 cm, violett, bläulich, trüblila, Mitte evtl. dunkler, trocken matt mit weißen Flöckchen, Rand höchstens leicht gerieft, Huthaut frisch ganz abziehbar. **L:** eher gedrängt, weiß und so bleibend. **St:** weiß, bereift bis flockig. **F:** weiß. **Ger:** unbedeutend. **Ges:** mild. **Spp:** weiß (Ia). **V:** im Nadelwald in höheren Lagen. **Mik:** Sporen mit niedrigen, bis 0,8 µm hohen, teilweise verbundenen Warzen, breit ellipsoid, 7–10 × 6–8,5 µm, Haare der Huthaut keulig und mehrfach septiert, Primordialhyphen inkrustiert, etwas schmaler, vielfach septiert. **Ch:** Guajak blassblau, $FeSO_4$ blassrosa, Phenol rotbraun, SV am Exsikkat orange bis dunkelrot, dann bräunlich. (BK 6.100, 🖼).

15.1.17 *Russula zvarae* Velen.
Rubinroter Täubling

H: 3–8 cm, matt, bereift, leuchtend karminrot, rosarot, bald heller, evtl. mit cremeockerlichen Zonen oder Flecken, Rand im Alter gerieft, Huthaut bis zur Hälfte abziehbar. **L:** breit, creme, blassocker. **St:** weiß, evtl. rötlich überlaufen. **F:** weißlich, im Stiel und unter der Huthaut gelblich, hart, fest. **Ger:** obstartig (nach Apfel), süßlich. **Ges:** mild. **Spp:** weiß bis weißlich (Ia–b). **V:** südliche Art, Wärme liebend, auf saurem Boden in

15.1.14 *Russula vesca,* Fleischroter Speise-Täubling

15.1.15 *Russula velutipes,* Netzflockiger Rosa-Täubling

15.1.16 *Russula azurea,* Weißblättriger Reif-Täubling

15.1.17 *Russula zvarae,* Rubinroter Täubling

Eichenwäldern *Quercus* und Esskastanienhainen *Castanea*. **Mik:** Sporen mit niedrigen, bis 0,5 µm hohen, spitzen, locker angeordneten, teilweise verbundenen Warzen, 6,5–9 × 5,5–7 µm, Haare der Huthaut vielgestaltig, septiert, teils verzweigt und mehrheitlich zugespitzt, Primordialhyphen inkrustiert, lang, schlank, mehrfach septiert. **Ch:** Guajak ± ohne Reaktion, $FeSO_4$ rosa, Phenol rotbräunlich, SV am Exsikkat orangeocker, dann rötlichbraun. (D 877, BK 6.218, 🖼).

15.1.18 *Russula minutula* Velen. 🍴
Kleiner Rosa-Täubling

H: 1,5–4 cm, rosa bis purpurrot, Mitte oft blasser, leicht schmierig, trocken samtig, Rand etwas gerieft, Huthaut mehr als zur Hälfte abziehbar. **L:** weißlich. **St:** weiß, evtl. rosa überhaucht. **F:** weiß. **Ger:** frisch gepflückt nach Rosmarin, dann unbedeutend. **Ges:** mild, etwas eklig. **Spp:** weißlich (Ib), trocken rasch gilbend. **V:** vor allem bei Eiche *Quercus*, Hainbuche *Carpinus*, Edelkastanie *Castanea*. **Mik:** Sporen mit niedrigen, bis 0,7 µm hohen, teils zusammenfließenden Warzen, breit ellipsoid, 6–8 × 5–7 µm, Haare der Huthaut eher schlank, zylindrisch, ein- bis zweifach septiert und teils zugespitzt, Primordialhyphen inkrustiert, ein- bis mehrfach septiert. **Ch:** Guajak ± ohne Reaktion, $FeSO_4$ graurosa, Phenol rotbraun, SV am Exsikkat sofort und anhaltend johannisbeerrot. (BK 6.164).

15.1.19 *Russula emeticicolor* Jul. Schäff. 🍴
Zinnoberroter Reif-Täubling

H: 2–5 cm, zinnober- bis blutrot, Mitte oft dunkel und bereift, Rand gerieft, Huthaut bis zur Hälfte (teilweise auch ganz) abziehbar. **L:** weiß. **St:** weiß, evtl. rosa überhaucht, bereift, matt. **F:** weiß, später graugelblich im Hut und graubräunlich im Stiel. **Ger:** unbedeutend. **Ges:** mild. **Spp:** weiß bis weißlich (Ia–b). **V:** im Laubwald. **Mik:** Sporen mit unterschiedlichen, teils mit bis 1 µm hohen, mehrheitlich isolierten Warzen, 6–8,5 × 5,5–7 µm, Haare der Huthaut ein- bis zweifach septiert, teils verzweigt, mit stumpfer, kopfiger oder verjüngter Spitze, Primordialhyphen inkrustiert, mehrfach septiert, zylindrisch oder etwas verjüngt. **Ch:** Guajak ± ohne Reaktion, höchstens langsam blau, $FeSO_4$ blass rötlich, Phenol rotbräunlich. (BK 6.128).

15.1.20 *Russula lilacea* Quél. 🍴
Rotstieliger Reif-Täubling

H: 3–6 cm, fleischrosa, violettlich, braunrot, Mitte evtl. mit Gelb- oder Olivtönen, feucht schmierig, trocken meist matt, jung stark bereift, Rand etwas gerieft und körnig, Huthaut zu zwei Dritteln bis ganz abziehbar, nicht durchfärbend. **L:** weißlich, später gelblich. **St:** jung fest, bald weich, zerbrechlich, innen schwammig, weiß, evtl. eine Seite rötlich überhaucht, v. a. im oberen Teil bereift, feinflockig. **F:** weiß, evtl. grauend. **Ger:** unbedeutend. **Ges:** mild. **Spp:** weiß bis weißlich (Ia–b). **V:** im Laubwald. **Mik:** Sporen mit isolierten, bis 1 µm hohen Warzen, breit ellipsoid bis kugelig, 6,5–9 × 5–7 µm, Haare der Huthaut zylindrisch, einfach septiert, teils verzweigt, mit kopfiger bis verjüngter Spitze, Primordialhyphen inkrustiert, zylindrisch bis etwas keulig, etwas breiter als die Haare, ein- bis mehrfach septiert. **Ch:** Guajak ± ohne Reaktion oder langsam satt olivgrün, $FeSO_4$ blass rostrosa, Phenol weinbraun, SV am Exsikkat karminrot, dann rotbraun. (BK 6.155, 🖼).

15.1.20 *Russula lilacea*, Rotstieliger Reif-Täubling

15.1.21 *Russula fellea* (Fr.) Fr. ☠
Gallen-Täubling

H: 4–9 cm, jung gelb, später ockerlich, fuchsigocker, am Rand heller und schwach höckerig gerieft, Haut nur am Rand abziehbar. **L:** weiß bis gelblich. **St:** weiß bis gelblich. **F:** fest, etwas spröde, weiß bis blass gelblich. **Ger:** nach Apfelkompott, Pelargonien, Senfsauce. **Ges:** brennend scharf. **Spp:** weiß bis weißlich (Ia–b). **V:** vorwiegend im Laubwald (Buche *Fagus*), teilweise im Nadelwald. **Mik:** Sporen mit niedrigen, bis 0,8 µm hohen, meist netzartig verbundenen Warzen, 7–9,5 × 6–8 µm, Haare der Huthaut schlank und septiert, Pileozystiden dick und lang, mehrheitlich septiert, in SBA grauschwarz. **Ch:** Guajak langsam und schwach blaugrün, $FeSO_4$ schwach gelblichrosa, Phenol hell weinrot. (D 849, Kr 2.562, BK 6.132, 🖼).

15.1.21 *Russula fellea*, Gallen-Täubling

15.1.22 *Russula ochroleuca* Fr.
Ockerweißer Täubling

H: 4–11 cm, lebhaft gelbocker, bisweilen mit Grüntönen, Rand bisweilen schwach gerieft, Huthaut bis zur Hälfte abziehbar. **L:** queradrig, weiß bis hellcreme, später evtl. bräunend. **St:** weiß bis ockerlich, später bei Feuchtigkeit grauend. **F:** weiß, später graulich. **Ger:** evtl. leicht säuerlich, obstartig. **Ges:** leicht scharf. **Spp:** weiß bis weißlich (Ia–b). **V:** im Laub- und Nadelwald, vor allem auf saurem Boden. **Mik:** Sporen mit stacheligen, bis 1,3 µm hohen, oft netzartig verbundenen Warzen, 7–10,5 × 6–8,5 µm, Haare der Huthaut mehrfach septiert, vor allem Endglieder oft gelbbräunlich pigmentiert, was in H_2O wie inkrustiert aussieht, weder Primordialhyphen noch Pileozystiden. **Ch:** Guajak rasch und intensiv blaugrün, $FeSO_4$ langsam orangerosa, Phenol weinbraun, KOH an Stielbasis rot. (D 850, Kr 2.563, BK 6.171, 🖼).

15.1.22 *Russula ochroleuca*, Ockerweißer Täubling

15.1.23 *Russula raoultii* Quél.
Blassgelber Täubling

H: 3–6 cm, zitronengelb, gegen den Rand heller bis etwas glasig durchsichtig, evtl. kurz gerieft, Huthaut größtenteils abziehbar. **L:** weiß, später leicht gelblich. **St:** weiß, später grauend, rostfleckig, seidig. **F:** zerbrechlich, weiß. **Ger:** säuerlich, obstartig. **Ges:** scharf. **Spp:** weiß (Ia). **V:** im Laubwald, vorwiegend bei Buche *Fagus*. **Mik:** Sporen mit niedrigen, bis 0,8 µm hohen, größtenteils fein verbundenen Warzen, breit ellipsoid, 7–9 × 5,5–7,5 µm, Haare der Huthaut schlank, verzweigt, septiert und oft mit verjüngter Spitze, Pileozystiden keulig, meist unseptiert, in SBA grauschwarz. **Ch:** Guajak schnell und intensiv blau, $FeSO_4$ blass rosabraun, Phenol weinbraun. (D 906, Kr 2.554, BK 6.189, 🖼).

15.1.23 *Russula raoultii*, Blassgelber Täubling

15.1.24 *Russula farinipes* Romell
Mehlstiel-Täubling

H: 4–8 cm, elfenbeinocker, oft braunfleckig, elastisch und fest, feucht schmierig, Hutrand reif stark gerieft bis gerippt, Huthaut kaum abziehbar. **L:** leicht bogig herablaufend, einige gegabelt, weich, cremefarben, jung tränend. **St:** jung fest und voll, alt gekammert, weißlich bis ockerlich, sehr fein braun gefleckt, bereift, Basis rostbraun und meist zugespitzt. **F:** weiß, evtl. leicht gilbend. **Ger:** obstartig (Äpfel). **Ges:** scharf. **Spp:** weiß (Ia). **V:** im Laubwald. **Mik:** Sporen mit niedrigen, bis 0,8 µm hohen, isolierten Warzen, 6–8 × 5–7 µm, Haare der Huthaut etwas gewellt, kurzgliedrig und teils kopfig, Pileozystiden lang, breit, unseptiert und mit 1–3 Köpfchen an der Spitze, in SBA fast ganz grauschwarz. **Ch:** Guajak langsam und schwach grün, $FeSO_4$ gelblich, dann langsam graurosa, Phenol rötlichbraun. (D 843, Kr 2.530, BK 6.131, 🖼).

15.1.24 *Russula farinipes*, Mehlstiel-Täubling

15.1.25 *Russula emetica* (Schaeff.) Pers. ☠
Kirschroter Spei-Täubling

H: 4–12 cm, lebhaft sattrot, später evtl. gelbfleckig und verblassend, feucht glänzend, Rand leicht gerieft, Huthaut in feuchtem Zustand fast ganz abziehbar, färbt in der Mitte durch. **L:** etwas biegsam, weiß. **St:** fest, evtl. etwas runzelig, weiß. **F:** weiß. **Ger:** obstartig. **Ges:** pfefferig-scharf. **Spp:** weiß bis weißlich (Ia–b). **V:** auf moorigen Böden im Nadelwald, vorwiegend bei Kiefer *Pinus*, im Torfmoos *Sphagnum*, Tiefland bis Waldgrenze. **Mik:** Sporen mit konischen, bis 1,2 µm hohen, großteils netzartig verbundenen Warzen, 8–11 × 7–8,5 µm, Haare der Huthaut zylindrisch verbogen, verzweigt und ein- bis zweifach septiert, Pileozystiden breit, zylindrisch bis keulig, mehrfach septiert und in SBA schwach grauschwarz. **Ch:** Guajak sehr langsam und schwach gelbbraun bis oliv, $FeSO_4$ langsam hellrosa, KOH gelb, Phenol weinrot. (D 899, Kr 2.556, BK 6.124, 🖼).

15.1.25 *Russula emetica*, Kirschroter Spei-Täubling

15.1.26 *Russula betularum*, Birken-Spei-Täubling

15.1.26 *Russula betularum* Hora, *R. emetica* var. *betularum* (Hora) Romagn., Birken-Spei-Täubling: Hut 2–5 cm rosa, lila, Mitte erst dunkler, später ockerlich bis weißlich ausblassend, Rand leicht gerieft, Geruch unauffällig; auf moorigem Boden, immer bei Birke *Betula*. Sporen bis 11,5 × 8,5 µm, Warzen nur bis 0,8 µm. Guajak langsam blau, $FeSO_4$ orangerosa, Phenol rosa. (D 902, Kr 2.557, BK 6.123, 🖼).

15.1.27 *Russula longipes* (Singer) Moënne-Locc. & Reumaux, *R. emetica* f. *longipes* Singer, Langstieliger Spei-Täubling: Hutmitte und Fleisch darunter dunkelrot, Rand nur schwach gerieft, Stiel länger als Hut breit, Geruch schwach. Sporenornamente rund mit breiter Basis und nur bis 0,8 µm hoch. (BK 6.126, 🖼).

15.1.27 *R. longipes*, Langstieliger Spei-Täubling

15.1.28 *Russula silvestris* (Singer) Reumaux, *R. emetica* var. *silvestris* Singer, Kiefern-Spei-Täubling: Hut 2–6 cm, rasch ausblassend, Hutmitte evtl. etwas gelbocker, Rand deutlich gerieft, Geruch süßlich mit Kokos-Komponente; eher auf trockenem Boden, im Laub- und Nadelwald, bei Edelkastanie *Castanea*, Eiche *Quercus* oder Kiefer *Pinus*. Sporen 7–8,5 × 6–7 µm, Warzen stumpf, bis 1 µm. (D 901, Kr 2.558, BK 6.127, 🖼).

15.1.28 *Russula silvestris*, Kiefern-Spei-Täubling

15.1.29 *Russula hydrophila* Horniček, *R. emetica* var. *griseascens* Bon & Gaugué, *Russula griseascens* (Bon & Gaugué) Marti, Graustiel-Spei-Täubling: Fleisch bald grauend, besonders der Stiel wird deutlich grauweißlich, Geschmack nach einiger Zeit scharf. Sporen 7–8,5 × 6,5–7,5 µm, Warzen bis 0,9 µm, Guajak schwach olivgrün. (D 903, BK 6.125, 🖼).

15.1.29 *Russula hydrophila*, Graustiel-Spei-Täubling

Russula rhodomelanea Sarnari, *R. mairei* var. *rhodomelanea* (Sarnari) Reumaux, *Russula pulchrae-uxoris* Reumaux, Braunstiel-Täubling: Hut kaum gerieft, Stiel und Fleisch grauend bis schwärzend, z. T. aber nur schwach; vor allem bei Eiche *Quercus* und Hainbuche *Carpinus* auf anthropogen veränderten Böden. Sporen 7,5–9,5 × 6,5–8 µm, Ornamente bis 0,8 µm, selten bis 1 µm. Guajak schwach.

15.1.30 *Russula nobilis* Velen., *Russula mairei* Singer ☠
Buchen-Spei-Täubling

H: 3–9 cm, lebhaft karminrot, sattrosa, später vor allem in der Mitte blasser, evtl. gelblich, ockerlich, schwach klebrig, matt, Rand glatt,

15.1.30 *Russula nobilis*, Buchen-Spei-Täubling

meist höchstens im Alter gerieft, Huthaut nur am Rand abziehbar, durchfärbend. **L:** ziemlich gedrängt, weiß, später etwas bräunend. **St:** fest, schwach runzelig, weiß. **F:** fest, weiß, später etwas bräunend. **Ger:** obstartig, trocken etwas nach Honig. **Ges:** sehr scharf. **Spp:** weiß (Ia). **V:** im Laubwald, vorwiegend bei Buche *Fagus*. **Mik:** Sporen mit niedrigen, bis 0,6 µm hohen, teils isolierten, teils perlschnurartig und mit feinen Graten verbundenen Warzen, 6–9 × 5,5–7 µm, Haare der Huthaut sehr variabel, septiert, mit abgerundeter Spitze, Pileozystiden nicht bis mehrfach septiert, in SBA grauschwarz. **Ch:** Guajak zuerst evtl. olivbraun, dann intensiv blau bis blaugrün, $FeSO_4$ rasch graurosa, Phenol weinbraun, KOH gelbbraun. (D 904, Kr 2.560, BK 6.159, 🖼).

15.1.31 *Russula luteotacta* Rea
Gelbfleckender Täubling

H: 3–8 cm, satt zinnoberrot bis rosa, evtl. fein marmoriert, später blasser, feucht klebrig, Rand glatt, Huthaut kaum abziehbar, durchfärbend. **L:** etwas herablaufend, schmal, eher entfernt, cremeweiß, an Druckstellen gilbend. **St:** blass, evtl. leicht rosa, bei Verletzung chromgelb verfärbend. **F:** schmutzig weiß, gilbend. **Ger:** kokos-, obstartig. **Ges:** bitter, scharf. **Spp:** weiß bis weißlich (Ia–b). **V:** im Laubwald, besonders bei Hainbuche *Carpinus*. **Mik:** Sporen mit bis 0,8 µm hohen, mehrheitlich isolierten Warzen, 6–9 × 5,5–7,5 µm, Haare der Huthaut schmaler, verzweigt und mehrfach septiert, Pileozystiden lang, variabel und unseptiert, zahlreich, in SBA grauschwarz. **Ch:** Guajak meist rasch und intensiv grünblau, $FeSO_4$ unterschiedlich stark rosa, Phenol weinbraun. (Kr 2.569, BK 6.157, 🖼).

15.1.32 *Russula fragilis* Fr.
Wechselfarbiger Spei-Täubling

H: 2–6 cm, sehr verschiedenfarbig, rosa, lilaviolett, Mitte dunkler, teils grünlich, ockerlich, evtl. auch alles in Gelb- bis Ockertönen, feucht glänzend, Rand gerieft, Huthaut ziemlich gut abziehbar. **L:** weiß, Schneiden oft gezähnt. **St:** jung voll, bald weich und hohl, weißlich, später gilbend. **F:** brüchig (fragil), weiß. **Ger:** stark süßlich bis obstartig, kokosartig. **Ges:** sehr scharf. **Spp:** weißlich (Ib). **V:** im Laub- und Nadelwald, auf saurem Sandboden. **Mik:** Sporen mit niedrigen, bis 0,5 µm hohen, mehrheitlich dicht netzartig verbundenen Warzen, breit ellipsoid bis fast kugelig, 7–10 × 6–8,5 µm, Haare der Huthaut teilweise verzweigt, septiert, kurzgliedrig, stumpf endend, Pileozystiden zylindrisch bis etwas keulig, meist mehrfach septiert, in SBA schwach grauschwarz. **Ch:** Guajak ± keine Reaktion, höchstens langsam schwach grün, $FeSO_4$ fleischrosa, Phenol hell weinbraun. (D 910f, BK 6.138, 🖼).

15.1.33 *Russula atrorubens* Quél.
Schwarzroter Spei-Täubling

H: 4–8 cm, karminrot, rosaviolett, Mitte dunkler, evtl. ockerlich oder olivlich ausblassend, Rand gerieft, Huthaut kaum abziehbar. **L:** weißlich. **St:** weiß, Basis evtl. bräunlich, rötlich. **F:** weiß. **Ger:** nach Kokos, leicht süßlich-obstartig. **Ges:** sehr scharf. **Spp:** weiß (Ia). **V:** vor allem im Nadelwald, unter Weiden *Salix*, auf moorigem Boden, auch in höheren Lagen. **Mik:** Sporen mit niedrigen, bis 0,5 µm hohen, stumpfen, durch mehrheitlich dünne und einzelne, kräftige Grate verbundene Warzen, länglich-ellipsoid, 6–8,5 × 5–7 µm, Haare der Huthaut schlank, teilweise verzweigt und septiert, Pileozystiden keulig, meist mehrfach septiert, in SBA grauschwarz. **Ch:** Guajak schnell und intensiv grünblau, $FeSO_4$ hell orangerosa, Phenol bräunlich. (D 909, BK 6.98, 🖼).

Russula olivaceoviolascens Gillet, Gilbender Spei-Täubling: gilt teilweise als Synonym von *R. atrorubens*. Gemäß Marxmüller 2014 wie auch Sarnari 1998 handelt es sich um eine unklare Bezeichnung, ein «nomen confusum». (D 907, Kr 2.551).

15.1.34 *Russula bresadolae* Schulzer, *Russula krombholzii* Shaffer, *Russula atropurpurea* (Krombh.) Britzelm., *Russula undulata* Velen.
Purpurschwarzer Täubling

H: 4–12 cm, dunkelpurpurn, dunkelviolett, in der Mitte fast schwarz, Rand etwas heller, evtl. auch olivfarbene oder gelbe Töne (vor allem jung), feucht schmierig, trocken glänzend, Rand glatt, Huthaut nur am Rand abziehbar. **L:** weißlich bis blasscreme. **St:** erst weiß, feucht grauend, später von der Basis braun fleckend. **F:** fest bis hart, weiß-

15.1.31 *Russula luteotacta*, Gelbfleckender Täubling

15.1.32 *Russula fragilis*, Wechselfarbiger Spei-Täubling

15.1.33 *R. atrorubens*, Schwarzroter Spei-Täubling

15.1.34 *Russula bresadolae*, Purpurschwarzer Täubling

lich, später grauend. **Ger:** schwach obstartig. **Ges:** etwas scharf, in den Lamellen jung deutlich scharf. **Spp:** weiß (Ia). **V:** im Laubwald, vor allem bei Eiche *Quercus*, Buche *Fagus*, in Parks, vorwiegend in tieferen Lagen. **Mik:** Sporen mit niedrigen, bis 0,7 µm hohen, konischen, zerstückelt netzartig verbundenen Warzen, 6,5–9 × 5,5–7 µm, Haare der Huthaut stark verzweigt, septiert und teilweise zugespitzt, Pileozystiden keulig oder kopfig, in SBA grauschwarz. **Ch:** Guajak langsam und schwach olivgrün bis blaugrau, $FeSO_4$ rosa, Phenol rosa. (D 907, Kr 2.549, BK 6.97, 🖼).

15.1.35 *Russula taeniospora* Einhell., *Russula carminea* (Jul. Schäff.) Romagn.
Bändersporiger Täubling, Karminroter Täubling

H: 2–6 cm, purpurrot, karminrot, wolkig, matt, Mitte glänzend und vor allem jung dunkler, Rand heller und im Alter deutlich gerippt, Huthaut bis zur Hälfte abziehbar. **L:** oft gegabelt oder anastomisierend, entfernt, weiß. **St:** schnell hohl, weiß, leicht grauend, Basis evtl. rostbraun fleckig oder leicht rosa. **F:** weiß. **Ger:** nach frischen Äpfeln. **Ges:** mäßig scharf. **Spp:** weißlich bis hellcreme (Ib–IIa). **V:** im Laubwald, besonders bei Buche *Fagus*. **Mik:** Sporen mit bis 0,9 µm hohen, perlschnur- bis zebra- oder bänderartig verbundenen Warzen, 7–9 × 6–7,5 µm, Haare der Huthaut unterschiedlich wellig-zylindrisch, mit rotem, vakuolärem, körnchenartigem Pigment, septiert, variable, oft etwas aufgeblasene Endglieder, Pileozystiden zahlreich, breit, zylindrisch bis keulig, nicht bis mehrfach septiert. **Ch:** Guajak schnell dunkelblau, $FeSO_4$ rosa, Anilin am Stielfleisch langsam intensiv rhabarberrot.

15.1.36 *Russula aquosa* Leclair, *R. fragilis* var. *carminea* Jul. Schäff.
Wässriger Moor-Täubling

H: 3–9 cm, weinrötlich, rosabraun, Mitte dunkler, später evtl. ausblassend, feucht glänzend, Rand schwach und alt breit gerieft, Huthaut etwa zu zwei Dritteln abziehbar. **L:** eher entfernt, cremeweiß. **St:** weich, weißlich, feucht grauend, untere Stielhälfte aufgeblasen. **F:** sehr zerbrechlich, weich, wässrig. **Ger:** unbedeutend, erst etwas obstartig (ähnlich *R. emetica*, Kirschroter Spei-Täubling), evtl. rettichartig. **Ges:** im Stiel mild, in den Lamellen etwas scharf. **Spp:** weißlich (Ib). **V:** im moorigen, feuchten Nadelwald, bei Torfmoos *Sphagnum*. **Mik:** Sporen mit bis 0,8 µm hohen, perlschnurartig oder durch feine Grate netzartig verbundenen Warzen, ellipsoid bis breit ellipsoid, 7–8,5 × 5,5–7 µm, Haare der Huthaut verbogen zylindrisch, stumpf, verzweigt und septiert, Pileozystiden keulig oder mit unregelmäßigen Ausstülpungen, kaum septiert, häufig, in SBA grauschwarz. **Ch:** Guajak nach 10 s grünlich, dann langsam (2 min) blass blaugrün, $FeSO_4$ langsam (1 min) bräunlichrosa, Phenol langsam lebhaft violett, SV lebhaft violett. (D 908, BK 6.95, 🖼).

Rund um *R. aquosa* hat Romagnesi 1962 (wohl infolge von Übersetzungsproblemen in Bezug auf die Ökologie der Arten) für Verwirrung gesorgt, als er die von Schäffer 1933 beschriebene Varietät *R. fragilis* var. *carminea* in den Artrang setzen wollte und sie als *R. carminea* bezeichnete. *R. fragilis* var. *carminea* wird heute der von Leclair 1932 beschriebenen Art *R. aquosa* zugeteilt. Gemäß Einhellinger 1986 hat Romagnesi 1962 & 1967 mit *R. carminea* aber nicht *R. fragilis* var. *carminea*, sondern eine noch nicht publizierte Art beschrieben, welche Einhellinger aufgrund des Sporenmusters («taenia» = Band) *R. taeniospora* taufte.

15.1.37 *Russula alnetorum* Romagn., *Russula pumila* Rouzeau & F. Massart
Erlen-Täubling, Grauerlen-Täubling, Gilbender Erlen-Täubling

H: 2–6 cm, violett, purpurn, weinrot, Mitte dunkler, fast schwarz oder graugrün fleckig, Rand im Alter schwach gerieft, Huthaut etwa zur Hälfte abziehbar. **L:** zerbrechlich, weiß, später gilbend. **St:** weiß, von der Basis her gilbend, feucht grau. **F:** weiß, später gilbend oder bräunend. **Ger:** etwas obstartig. **Ges:** etwas scharf. **Spp:** weiß bis weißlich (Ia–b). **V:** bei verschiedenen Erlenarten *Alnus* an entsprechend feuchten Standorten bis auch alpin. **Mik:** Sporen mit zahlreichen, niedrigen, bis 0,8 µm hohen, sehr fein verbundenen Warzen, teilweise auch solche mit kräftigerem und weitmaschigerem Netz oder Mischformen, 7–11 × 6–8 µm, Haare der Huthaut schlanker, teils verzweigt, mehrfach septiert und kurzgliedrig, Endzelle variabel, Pileozystiden unregelmäßig zylindrisch, mit verjüngter, kopfiger oder keuliger Endzelle, un- bis zweifach septiert, in SBA grauschwarz. **Ch:** Guajak langsam und mittelstark grünblau, $FeSO_4$ ockerlich bis rosa, Phenol lachsrosa. (Kr 2.546, BK 6.88, 🖼).

Romagnesi 1967 und Galli 1996 unterscheiden eine Hochgebirgsform *(R. alnetorum)* unter Grünerle *Alnus alnobetula* mit mehr violetter Färbung, einem nicht oder nur wenig grauenden Stiel, immer mildem Fleisch, kleineren Sporen und eher dunklerem Sporenpulver von einer Flachlandform *(R. pumila)* unter Schwarz- *A. glutinosa*, und Grauerle *A. incana*. Einhellinger 1985 erachtet die Trennung als nicht gerechtfertigt, da bei beiden die zwei verschiedenen Sporentypen vorkommen. Bei Nachmessungen hat er identische Sporenmaße erhalten und vermutet, dass sich die Sporengröße bei diesen Arten durch Nachreifung verändert.

15.1.38 *Russula nana* Killerm., *R. emetica* var. *alpestris* (Boud.) Singer, *Russula alpina* (A. Blytt & Rostr.) F.H. Møller & Jul. Schäff., *Russula alpestris* (Boud.) Singer
Hochgebirgs-Spei-Täubling

H: 1–3,5 cm, karminrosa bis schwarzpurpurn, glänzend, Rand schwach gerieft, Haut kaum abziehbar. **L:** weißlich. **St:** weiß, feucht graulich. **F:** weiß. **Ger:** unbedeutend. **Ges:** leicht bis deutlich scharf. **Spp:** weiß (Ia). **V:** alpine Lagen über der Baumgrenze. **Mik:** Sporen mit niedrigen, bis 0,5 µm hohen, meist fein zu einem fast vollständigen Netz verbundenen Warzen, breit ellipsoid, 7–9,5 × 6–7,5 µm, Haare der Huthaut mehrfach

15.1.36 *Russula aquosa,* Wässriger Moor-Täubling

15.1.37 *Russula alnetorum,* Erlen-Täubling

15.1.38 *Russula nana,* Hochgebirgs-Spei-Täubling

septiert, wenig verzweigt, Endglieder abgerundet bis kopfig, Pileozystiden mehrheitlich keulig, teils septiert, zahlreich, in SBA grauschwarz. **Ch:** Guajak am Stiel langsam oliv, auf Fleisch rascher blaugrün, $FeSO_4$ sofort rosa, Phenol rosa. (BK 6.166, 🖼).

15.1.39 *Russula laccata* Huijsman, *Russula norvegica* D.A. Reid
Lackierter Täubling

H: 1,5–5 cm, jung glockig, bald ausgebreitet bis etwas trichterförmig, evtl. mit scheibenförmigem Buckel, blut- bis karminrot, violettlich, selten weinbraun, Mitte dunkler, stellenweise nach creme oder weißlich mit einem Hauch Rosa entfärbend, glänzend (lackiert), Rand glatt, Huthaut fast ganz abziehbar. **L:** oft anastomisierend, spröde, weiß, später cremeweiß, in Randnähe manchmal rötlich. **St:** sehr brüchig, weiß, wachsartig durchsichtig, Basis oft verdickt und gelbocker oder selten rötlich verfärbend. **F:** weiß, in Stielbasis teilweise mit gelben Flecken. **Ger:** obstartig, schwach kompottartig. **Ges:** sehr scharf. **Spp:** weiß bis hellcreme (Ia–IIa). **V:** bei Weide *Salix,* vom Flachland bis in alpine Lagen. **Mik:** Sporen mit bis 0,8 µm hohen, mit unterschiedlich dicken Graten teilweise netzartig verbundenen Warzen, 6,5–9,5 × 5,5–7,5 µm, Haare der Huthaut zylindrisch bis knorrig, einfach septiert und verzweigt, Pileozystiden mit keuliger, teils auch eingeschnürter Spitze, meist ein- bis zweifach septiert, in SBA grauschwarz. **Ch:** Guajak langsam blaugrün, $FeSO_4$ blassrosa bis orange, Phenol rosa. (BK 6.170, 🖼).

Russula alpigenes (Bon) Bon, Gebirgs-Täubling: Hutfarbe mit mehr Violett, Geruch nach Bonbon anglais (ähnlich *R. fragilis,* Wechselfarbiger Spei-Täubling) und laut Kränzlin 2005 mit etwas dunklerem, hell cremefarbenem Sporenpulver (IIa). Sporen etwas schlanker. Guajak-Reaktion sehr schwach. (BK 6.89).

15.1.40 *Russula violeipes* Quél.
Violettstieliger Pfirsich-Täubling

H: 4–8 cm, hellgelb bis ocker, auch grünlich bis purpurrot, vor allem am Rand, Oberfläche matt, feinflaumig, bleibt lange halbkugelig, Rand glatt oder schwach gerieft, Huthaut bis zur Hälfte abziehbar. **L:** mäßig dicht, weiß, später creme. **St:** hart (vor allem an der Basis), weiß, erst gelblich und später mit typischen violetten und oft leicht blau überhauchten Flecken, Basis oft verjüngt. **F:** fest, weiß. **Ger:** schwach nach Hering oder Topinambur. **Ges:** mild. **Spp:** hellcreme (IIa). **V:** im Laub- und Nadelwald, besonders unter Buche *Fagus,* in trockenen Perioden. **Mik:** Sporen mit teils halbkugeligen, teils konischen, niedrigen, bis 0,8 µm hohen, durch meist breite Grate zu einem großmaschigen Netz verbundenen Warzen, breit ellipsoid bis kugelig, 6,5–9 × 6–8 µm, PlZ zahlreich, spindelig, bis 115 × 16 µm, Haare in Huthaut schlank zugespitzt und etwas wellig, mit teils auffällig großer, langgezogen-kugeliger, bis 18 µm breiter Basis oder entsprechenden Basalzellen, weder Primordialhyphen noch Pileozystiden. **Ch:** Guajak langsam schwach blau, $FeSO_4$ schmutzig rosa, Phenol langsam und schwach weinbraun. (Kr 2.448, BK 6.214, 🖼).

R. violeipes f. *citrina* (Quél.) Maire: Hut zitronengelb, Stiel weiß. Gemäß Marxmüller 2014 existieren auch Übergänge zwischen dieser Form und der Typusvarietät. (D 868).

15.1.41 *Russula amoena* Quél.
Samt-Täubling

H: 2–6 cm, teils lebhaft karminrot, purpurrot, evtl. wolkige Violett- und Grüntöne, anfangs feinsamtig, im Alter nicht oder kaum gerieft, Huthaut fast bis zur Hälfte abziehbar. **L:** ziemlich schmal, spröde, cremeocker, oft mit rosa Schneide. **St:** schlank, weißlich-rosalila, hell bereift. **F:** brüchig, weißlich. **Ger:** nach Topinambur, auch etwas nach Fisch. **Ges:** mild. **Spp:** creme (IIb–c). **V:** im Laub- und Nadelwald, auf saurem Boden. **Mik:** Sporen mit unterschiedlichen, bis 0,7 µm hohen, teils fein netzartig verbundenen Warzen, kugelig, 5–8 × 5–7 µm, PlZ zylindrisch, stumpf oder zugespitzt, etwa 80 × 8–10 µm, Haare der Huthaut lang zugespitzt an einer Kette tönnchenförmiger Basalzellen, selten auch ohne spitzes Endglied, weder Primordialhyphen noch Pileozystiden. **Ch:** Guajak langsam und schwach blau, $FeSO_4$ langsam hell ockerrosa, Phenol rasch lebhaft purpurrot. (D 867, Kr 2.446, BK 6.91, 🖼).

15.1.42 *Russula amoenicolor* Romagn.
Brätlings-Täubling

H: 2–10 cm, grünbraun bis purpur- oder violettbraun, auch oliv, Rand oft heller, im Alter bisweilen gerieft, Huthaut höchstens bis zur Hälfte abziehbar. **L:** creme, später ockerlich, Schneiden bewimpert, oft rot. **St:** selten weiß, meist in blassen Tönen des Hutes gefärbt, Basis evtl. zugespitzt. **F:** weißlich. **Ger:** nach Topinambur, auch etwas nach Fisch oder Birnblüten. **Ges:** mild. **Spp:** creme bis sattcreme (IIc–d). **V:** im Laub- und Nadelwald. **Mik:** Sporen mit oben abgestumpften, bis 1 µm hohen, teils grobmaschig mit breiten Graten verbundenen Warzen, breit ellipsoid, 6,5–8 × 6–7 µm, PlZ zahlreich, spindelig, auffallend groß, 120–160 × 15–20 µm, Haare der Huthaut lang zugespitzt an einer Kette von bis 10 µm breiten Basalzellen, weder Primordialhyphen noch Pileozystiden. **Ch:** Guajak langsam blau, $FeSO_4$ schwach orangebraun, Phenol violett-rötlichbraun. (🖼).

15.1.43 *Russula felleicolor* Bon & Jamoni, *Russula felleaecolor* Bon & Jamoni
Hochgebirgs-Täubling

H: 3–7 cm, ockergelb bis rötlich- oder bräunlichgrau, Rand heller, trocken seidig matt, feucht klebrig, Huthaut bis zur Mitte abziehbar, Rand im Alter gerieft. **L:** weiß, später

15.1.39 *Russula laccata,* Lackierter Täubling

15.1.40 *Russula violeipes,* Violettstieliger Pfirsich-Täubling

15.1.41 *Russula amoena,* Samt-Täubling

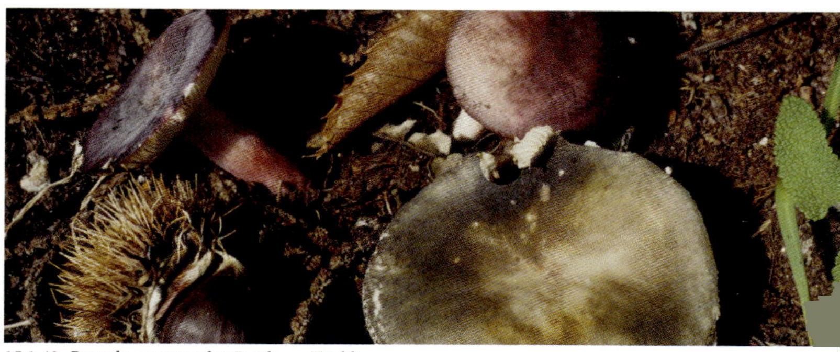
15.1.42 *Russula amoenicolor,* Brätlings-Täubling

15.1.43 *Russula felleicolor,* Hochgebirgs-Täubling

ockergelblich. **St:** weiß, stellenweise ockergelblich verfärbend. **F:** brüchig, weißlich, im Schnitt leicht bräunend. **Ger:** schwach sellerie- bis fischartig. **Ges:** mild. **Spp:** cremefarben (IIa–b). **V:** in der alpinen Zwergstrauchheide bei Weide *Salix,* Sommer bis Herbst. **Mik:** Sporen mit größtenteils isolierten, bis 0,8 µm hohen, vereinzelt perlschnurartig verbundenen Warzen, 8–10 × 5,5–6,5 µm, Haare der Huthaut dünn, zylindrisch, teils wellig, oft verzweigt und ein- bis zweifach septiert, Pileozystiden schlank-keulig, bis dreifach septiert, in SBA grauschwarz-körnig. **Ch:** Guajak dunkelblau, $FeSO_4$ grün, Phenol rötlichbraun. (BK 6.133, 🖼).

R. felleicolor, Hochgebirgs-Täubling steht den ebenfalls nach Fisch riechenden Gebirgsarten *R. pascua,* Dryas-Herings-Täubling und *R. subrubens,* Fleischrötlicher Herings-Täubling nahe, ist aber wegen des helleren, cremefarbenen Sporenstaubs hier aufgeführt. Gemäß Adamčík & Knudsen 2004 handelt es sich bei *R. felleicolor* lediglich um ockergelbliche Farbvarianten des purpurroten *R. pascua,* dessen Sporenpulver je nach Literaturangaben zwischen hellcreme (IIa) und ocker (IIIc) schwanken soll.

15.1.44 *Russula mustelina* Fr. 🍴
Wiesel-Täubling

H: 5–15 cm, gelbbraun, haselbraun (wieselfarben, ähnlich dem Steinpilz), bisweilen mit hellen Flecken, anfangs schmierig, glänzend, schließlich matt, Rand scharf, evtl. etwas gerieft, Huthaut bis zur Hälfte abziehbar. **L:** ziemlich gedrängt, blasscreme, später braun fleckend. **St:** hart, weißlich, später rostfleckig, an der Basis oft verjüngt, zusammengezogen (wie ein Wurstzipfel). **F:** fest, hart, weiß, schwach bräunend (Fraßstellen). **Ger:** unbedeutend. **Ges:** mild, nussartig. **Spp:** creme (IIb). **V:** im Nadelwald, vor allem bei Fichte *Picea* in höheren Lagen. **Mik:** Sporen mit niedrigen, bis 0,5 µm hohen, teils isolierten, teils mit Verdickungen verbundenen Warzen, ellipsoid, 7–12 × 5,5–8 µm, Haare der Huthaut etwas länger, septiert und eher schlank mit stumpfen bis kopfigen Endgliedern, dazwischen Ketten aus breiteren, walzenförmigen Zellen, Pileozystiden unregelmäßig zylindrisch, in SBA stellenweise schwach grauschwarz. **Ch:** Guajak schnell (in 12 s) dunkelblau, $FeSO_4$ gelborange bis bräunlich, Phenol rotbraun, Anilin gelb. (D 860, Kr 2.462, BK 6.165, 🖼).

R. heterophylla, Grüner Frauen-Täubling und *R. vesca,* Fleischroter Speise-Täubling zeigen die gleiche makrochemische Kombination einer intensiv gelborangenen bis bräunlichen Reaktion mit $FeSO_4$, schneller Blaufärbung mit Guajak und gelber Reaktion mit Anilin.

15.1.45 *Russula aeruginea* Lindblad ex Fr. 🍴
Grasgrüner Birken-Täubling

H: 4–12 cm, grün, grünockerlich, später grauweißlich ausblassend, vor allem gegen den Rand, bisweilen rostfleckig, lange halbkugelig, eingewachsen-radialfaserig, trocken matt bis glänzend, feucht etwas schmierig, Rand bald ± gerieft, Huthaut bis zur Hälfte abziehbar. **L:** oft gegabelt, gedrängt, weißlich, später gelblich bis lebhaft buttergelb. **St:** weiß, später braunfleckig, Basis oft verjüngt. **F:** jung fest, später krümelig, weiß. **Ger:** unbedeutend. **Ges:** mild, Lamellen etwas scharf. **Spp:** creme (IIb–c). **V:** vor allem unter Birke *Betula,* selten bei Nadelbäumen. **Mik:** Sporen mit niedrigen, bis 0,6 µm hohen, unvollständig durch Rippen verbundenen Warzen, 6–9 × 5–7 µm, Haare der Huthaut schlank, zylindrisch, verzweigt und septiert, Pileozystiden lang, schlank, stumpf, selten leicht kopfig, nicht septiert, in SBA grauschwarz. **Ch:** Guajak in 20–30 s hell blaugrün, $FeSO_4$ langsam gelblichrosa bis ockerbräunlich, Phenol weinbraun. (D 861, Kr 2.451, BK 6.86, 🖼).

15.1.46 *Russula pseudoaeruginea* (Romagn.) Kuyper & Vuure, Olivgrüner Täubling: Hut bis 9 cm, auch mit dunkleren, olivgrünen Farbtönen und teilweise rötlichem oder violettem Farbanteil, Lamellen im Alter nicht gedrängt und fast nur in Stielnähe gegabelt, Sporenpulver IIc–d; bei verschiedenen Laubbäumen. Sporen teilweise etwas netzartig verbunden. Haare der Huthaut mit verjüngten, teils etwas kopfigen Endgliedern auf breiterer Hyphenkette, Pileozystiden breiter, spindelig bis keulig. (BK 6.183, 🖼).

15.1.47 *Russula parazurea* Jul. Schäff., 🍴
Blaugrüner Reif-Täubling

H: 3–8 cm, graublau, grünblau, trübe Farben, fein schimmelartig, am Rand schorfig bereift, Huthaut bis zur Hälfte abziehbar. **L:** blasscreme. **St:** weiß, von der Basis her bräunend, bisweilen etwas keulig. **F:** weiß, auch unter der Huthaut. **Ger:** unbedeutend, beim Trocknen etwas nach Käse. **Ges:** mild, in den Lamellen jung etwas scharf. **Spp:** creme (IIb–c). **V:** auf saurem Boden, in Laubwald, Mischwald, Parks, an Wegrändern, selten auch im Nadelwald. **Mik:** Sporen mit niedrigen, bis 0,7 µm hohen, meist netzartig mit kurzen, schmalen Graten verbunde-

15.1.44 *Russula mustelina,* Wiesel-Täubling

15.1.45 *Russula aeruginea,* Grasgrüner Birken-Täubling

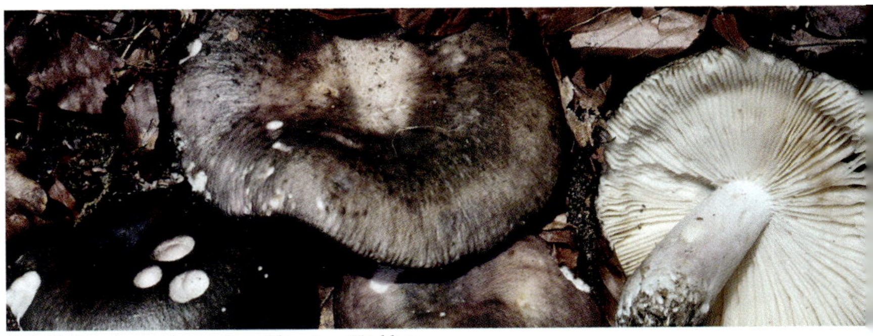

15.1.46 *Russula pseudoaeruginea,* Olivgrüner Täubling

15.1.47 *Russula parazurea,* Blaugrüner Reif-Täubling

nen Warzen, 6–8 × 5–6,5 µm, Haare der Huthaut etwas länger und aus kurzgliedrigen, zylindrischen Zellen mit verjüngtem Endglied, Pileozystiden langgestreckt spindelförmig, oft kopfig, in SBA grauschwarz. **Ch:** Guajak nur langsam (5–15 min) türkis bis hellblau, $FeSO_4$ trübrosa, dann rostbräunlich. (D 864f, Kr 2.459, BK 6.177, 🖼).

15.1.48 *Russula anatina* Romagn. 🍴
Graugrüner Reif-Täubling

H: 4–11 cm, oliv-, graugrün bis stahlblau, Haut vom Rand her oft radial oder felderig aufreißend, Scheitel später ockerlich bis rosa, matt oder gar etwas samtig, körnig, Huthaut knapp zu einem Drittel abziehbar. **L:** hellcreme. **St:** weiß, Basis oft bräunend. **F:** weiß. **Ger:** unbedeutend. **Ges:** mild, Lamellen jung etwas scharf. **Spp:** creme bis sattcreme (IIc–d). **V:** in lichtem Laubwald, vor allem bei Eiche *Quercus*, in Alleen, Parks. **Mik:** Sporen mit unterschiedlich niedrigen, 0,3–0,9 µm hohen, isolierten, stumpfen Warzen, 5,5–7,5 × 4,5–7 µm, Haare der Huthaut zylindrisch, mehrfach kettenförmig septiert, mit kurzer zugespitzter Endzelle, Pileozystiden bis 110 µm lang und ziemlich breit, nicht oder bis zweifach septiert, Endzelle verschiedengestaltig, in SBA grauschwarz. **Ch:** Guajak meist recht schnell grünblau, $FeSO_4$ langsam und schwach grünlich, Phenol wein- bis dunkelbraun. (BK 6.93, 🖼).

15.1.48 *Russula anatina*, Graugrüner Reif-Täubling

15.1.49 *Russula atroglauca* Einhell. 🍴
Schwarzgrüner Täubling

H: 2,5–6,5 cm, samtig, matt, dunkel graugrün, schwärzlich-oliv, blaugrau bis heller olivgrün, im Zentrum selten etwas glänzend, Rand heller, bereift bis körnig-schorfig, Huthaut bis zur Hälfte abziehbar. **L:** in Stielnähe gegabelt, jung weiß, dann creme. **St:** weiß, teils mit schwach grau-, grünlicher oder fleischfarbener Färbung, Basis stellenweise rostbraun. **F:** fest, weiß. **Ger:** unbedeutend. **Ges:** mild. **Spp:** creme bis sattcreme (IIb–d). **V:** auf moorigem, moosfreiem Boden, vor allem unter Espe *Populus tremula* oder Birke *Betula*. **Mik:** Sporen mit bis 1 µm hohen, häufig reihig oder gratig zusammenfließenden Warzen, 6,5–8,5 × 5–7 µm, Haare der Huthaut septiert, mit kurzen, voluminösen, bauchig angeschwollenen Basalzellen und entweder eher längeren, schmalen, verjüngten oder kurzen, dicken Endgliedern, mehrheitlich verzweigt, Pileozystiden zylindrisch bis schwach keulig, in SBA grauschwarz. **Ch:** Guajak nach wenigen Sekunden blaugrün, $FeSO_4$ ziemlich schnell mittelkräftig fleischrosa, Phenol hell weinbraun. (BK 6.96, 🖼).

15.1.49 *Russula atroglauca*, Schwarzgrüner Täubling

15.1.50 *Russula grisea* Fr. 🍴
Grauvioletter Reif-Täubling

H: 5–11 cm, grauviolett, schiefergrau, grauoliv, meist wolkig vermischt, Mitte oft ockerbräunlich, Fraßspuren rosa, Huthaut zumindest am Rand oder bis zur Hälfte abziehbar, Rand leicht gerieft. **L:** dünn, ziemlich gedrängt, hellcreme. **St:** weiß bis rosa-violettlich, evtl. von der Basis her gilbend. **F:** weiß, unter der Huthaut rosa. **Ger:** unbedeutend. **Ges:** mild. **Spp:** creme (IIc). **V:** vor allem im Laubwald. **Mik:** Sporen mit meist niedrigen, bis 0,7 µm, teils auch bis 1 µm hohen, isolierten oder reihig-gratig verbundenen Warzen, 6–9 × 5–7,5 µm, Haare der Huthaut, schmal, zylindrisch, mit langen und seltener kurzen Gliedern, oft verzweigt, Pileozystiden eher schlank, teilweise keulig mit kurzem Fortsatz, meist unseptiert, in SBA teilweise grauschwarz. **Ch:** Guajak nach wenigen Sekunden blaugrün, $FeSO_4$ kräftig fleischrosa, Phenol dunkelbraun. (Kr 2.456, BK 6.144, 🖼).

R. grisea var. *pictipes* (Cooke) Romagn., Tauben-Täubling, Buntstieliger Tauben-Täubling: Stiel zwei- oder dreifarbig, mit violettem, olivgrünem und evtl. weißem Anteil. (D 862f).

15.1.50 *Russula grisea*, Grauvioletter Reif-Täubling

15.1.51 *Russula ionochlora* Romagn. 🍴
Papagei-Täubling, Kleiner Frauen-Täubling

H: 4–7 cm, verschiedene Farbtöne, z. T. wolkig vermischt, violett bis grün, die violetten Farbanteile eher glänzend, Rand erst spät etwas gerieft, Huthaut beim Kratzen violett und bis etwa zur Hälfte abziehbar. **L:** dünn, gedrängt, hellcreme. **St:** voll, fein gerieft, weiß. **F:** weiß, unter der Huthaut lila, in der Stielbasis etwas gelb, Fraßstellen rosa. **Ger:** schwach, leicht säuerlich. **Ges:** mild, Lamellen jung scharf. **Spp:** hellcreme (IIa). **V:** vor allem im Laubwald, in tieferen Lagen. **Mik:** Sporen mit niedrigen, bis 0,5 µm hohen, isolierten Warzen, mit Ansätzen von schmalen Graten, 6–8 × 4,5–6 µm, Haare unten verzweigt, Abschnitte kurz und oft tönnchenförmig, Pileozystiden keulig-zylindrisch, teils kopfig, in SBA grauschwarz. **Ch:** Guajak langsam bläulich, $FeSO_4$ schnell mittelstark ockerrosa, Phenol hell weinbraun. (Kr 2.457, BK 6.150, 🖼).

15.1.51 *Russula ionochlora*, Papagei-Täubling

15.1.52 *Russula galochroa* (Fr.) Fr., *R. heterophylla* var. *galochroa* (Fr.) Fr.
Elfenbein-Täubling, Blasser Täubling

H: 3–7 cm, sehr blassocker, grau und fleischrot, oft wolkig vermischt und rostfleckig, glänzend oder etwas matt, Rand schwach gerieft, Huthaut etwa zur Hälfte abziehbar. **L:** creme. **St:** ziemlich fest, voll, weiß, später rostfleckig. **F:** weißlich. **Ger:** unbedeutend.

Ges: mild, Lamellen jung etwas scharf. **Spp:** creme bis sattcreme (IIc–d). **V:** im Laubwald (Eiche *Quercus*), an Wegrändern. **Mik:** Sporen mit niedrigen, bis 0,7 µm hohen, isolierten oder vereinzelt mit feinen Graten verbundenen Warzen, 6–8,5 × 5–7,5 µm, Haare der Huthaut aus breiten, kurzen, voluminösen Zellen, Endglieder nur teilweise etwas schlanker, Pileozystiden keulig, spindelig oder zylindrisch, Spitze teils leicht eingeschnürt, unseptiert, in SBA grauschwarz. **Ch:** Guajak langsam und schwach blau, $FeSO_4$ langsam hell ockerrosa, Phenol dunkelbraun. (Kr 2.455).

15.1.53 *Russula subterfurcata* Romagn., Gefurchtstieliger Täubling: Hut kann kräftiger gefärbt sein, blasse Exemplare dunkeln beim Trocknen oliv- bis messingocker nach, Lamellen gegen den Stiel mit Falten zusammengewachsen, ± anastomisierend. Sporen 5–7,5 × 4,5–6 µm, Basalzellen der Haare der Huthaut groß und unregelmäßig verformt. (D 866, BK 6.203, 🖼).

15.1.54 *Russula faustiana* Sarnari, Olivgrauer Täubling: etwas größer, Hut hell- oder dunkelgelb, olivgrau bis haselnussbraun (ohne Lilaton); unter Buche *Fagus*. (🖼).

15.1.55 *Russula lepida* Fr., *Russula rosea* Pers., *Russula incarnata* Quél., *Russula rosacea* (Pers.) Gray Harter Zinnober-Täubling 🍴

H: 4–10 cm, satt zinnoberrot bis rosenrot, evtl. auch gelbe, ockerliche Stellen (Scheitel), trocken feinsamtig und oft rissig, Rand glatt, Huthaut nicht abziehbar. **L:** weiß, später hellgelb, Schneiden bisweilen vom Rand her rötlich. **St:** voll und sehr hart, kahl und feinrunzelig, weiß, später oft rosa bis rot angelaufen. **F:** sehr fest und hart. **Ger:** etwas nach Zedernholz oder Obst. **Ges:** bitterlich, etwas nach Zedernholz (Bleistift). **Spp:** hellcreme (IIa). **V:** im Laub- und Nadelwald. **Mik:** Sporen mit niedrigen, bis 0,5 µm hohen, pustelförmigen, fast vollständig netzartig verbundenen Warzen, kugelig, 7–9 × 6,5–8 µm, Haare der Huthaut knorrig-wellig, teilweise verzweigt und septiert, Primordialhyphen schwach und fein inkrustiert, zylindrisch bis schwach keulig, lang, mehrfach septiert, Pileozystiden ± spindelig, in SBA ohne Färbung. **Ch:** Guajak variabel, kaum bis lebhaft und ziemlich schnell mittelblau, $FeSO_4$ langsam rosa, Phenol hell weinbraun. (Kr 2.494, BK 6.194, 🖼).

15.1.55a *R. lepida* var. *lactea* F.H. Møller & Jul. Schäff., *Russula lactea* Fr., Weißer Zinnober-Täubling: Hut nur bis 6 cm, Rand sehr hell zitronengelb, Mitte blassrosa bis rosaocker. Sporen mit höheren, bis 1,2 µm hohen Stacheln. Nach Sarnari 2005 gehören diese Fruchtkörper in den Formenbereich von *R. lepida*. (D 874f).

Wir folgen hier Kibby 2015 und Sarnari 2005 und stellen den Namen *R. lepida* voran. Die 1981 durchgeführte Namensänderung war problematisch. Der Name *R. rosea* Quél. (= *R. velutipes*, Netzflockiger Rosa-Täubling) war bereits in Anwendung und bei *R. rosea* Pers. handelt es sich wahrscheinlich um eine Sammelart mit uneinheitlich bezeichnetem Geschmack.

15.1.56 *Russula amarissima* Romagn. & E.-J. Gilbert Bitterer Zinnober-Täubling

H: 6–14 cm, purpur- bis weinrot, rötlichbraun, in der Mitte oft ockerbräunlich, matt bis samtig, Rand glatt oder mit konzentrischen Runzeln, Huthaut kaum abziehbar. **L:** gedrängt, weiß, später rostfleckig und Schneiden vom Rand bis gegen den Stielansatz rötlich. **St:** stellenweise oder großflächig rosa. **F:** sehr hart, weiß, später gilbend, unter der Haut rötlich. **Ger:** unbedeutend. **Ges:** bitter. **Spp:** hellcreme (IIa). **V:** im Laubwald. **Mik:** Sporen mit ziemlich vielen, niedrigen, bis 0,5 µm hohen, unterschiedlich geformten, teilweise netzartig verbundenen Warzen, 7–9 × 6–8 µm, Haare der Huthaut und die schwach inkrustierten Primordialhyphen zylindrisch mit abgerundeter Spitze, Pileozystiden zylindrisch, lang, oft nicht, selten bis zweifach septiert, mit gelblichem Inhalt, in SBA ohne Färbung. **Ch:** Guajak variabel, langsam blau bis schnell blaugrünlich, $FeSO_4$ grauorange, Phenol rötlichbraun. (🖼).

15.1.57 *Russula puellula* Ebbesen, F.H. Møller & Jul. Schäff. Buchen-Zwerg-Täubling

H: 2–5 cm, fleischrosa bis blutrot, feucht glänzend, trocken matt und feinst höckrig, Mitte oft dunkler und später orangeockerlich entfärbend, Rand im Alter deutlich gerieft, Huthaut mehr als zur Hälfte abziehbar. **L:** blasscreme. **St:** weiß, Basis oft keulig verdickt und evtl. bräunend. **F:** weiß, etwas gilbende Flecken. **Ger:** unbedeutend. **Ges:** mild, Lamellen jung etwas scharf. **Spp:** creme (IIb–c). **V:** im Buchenwald *Fagus*, auch in Mischbeständen mit Eiche *Quercus*. **Mik:** Sporen eher locker mit niedrigen, bis 0,6 µm hohen, konischen, vereinzelt durch feine Linien teilnetzartig verbundenen Warzen, 5,5–8 × 5–6,5 µm, Haare der Huthaut schmal, mit verjüngter Spitze, wenig verzweigt und septiert, Pileozystiden lang und mehrfach septiert, in SBA schwach grauschwarz. **Ch:** Guajak sofort mittel- bis dunkelblau, $FeSO_4$ gelblich, dann blass rostrosa, Phenol weinbraun. (D 886, BK 6.186, 🖼).

15.1.53 *Russula subterfurcata*, Gefurchtstieliger Täubling

15.1.54 *Russula faustiana*, Olivgrauer Täubling

15.1.55 *Russula lepida*, Harter Zinnober-Täubling

15.1.56 *Russula amarissima*, Bitterer Zinnober-Täubling

15.1.57 *Russula puellula*, Buchen-Zwerg-Täubling

15.1.58 *Russula puellaris* Fr.
Milder Wachs-Täubling

H: 3–7 cm, braunrosa, violett- bis weinrot, oft gelbfleckig, Mitte dunkler, Rand stark gerieft und gilbend, Huthaut bis zur Hälfte abziehbar. **L:** creme, gilbend, Druckstellen ockerfleckig. **St:** bald hohl, weiß, gilbend, ockerfleckig, Basis oft verdickt, keulig oder aufgeblasen. **F:** weißlich bis gelblich, bald stark ockerfleckig. **Ger:** unbedeutend. **Ges:** mild, in den Lamellen evtl. etwas schärflich. **Spp:** creme bis sattcreme (IIc–d). **V:** vor allem im Nadelwald, vom Tiefland bis zur Waldgrenze. **Mik:** Sporen mit bis 1,2 µm hohen, meist isolierten Warzen, 6,5–9 × 5,5–7,5 µm, Haare der Huthaut schlank, oft verjüngt, ein- bis zweifach septiert und mit verzweigter Basis, Pileozystiden eher schlank, keulig, ein- bis dreifach septiert, in SBA gelblich oder schwach grauschwarz. **Ch:** Guajak rasch blau bis blaugrün, $FeSO_4$ blassrosa, Phenol rötlich, dann dunkelbraun. (D 886, BK 6.185, 🖼).

15.1.59 *Russula terenopus* Romagn.
Wandelbarer Täubling, Pfützen-Täubling

H: 2–6 cm, weinbraun bis violettrötlich, meist heller gegen den Rand, auch fast gelblich, in der Mitte manchmal schwärzlichviolett, Hut entfärbt oft fleckig ocker, olivocker bis kupferrot, feucht glatt, phasenweise schwach gebuckelt, Rand dünnfleischig, zerbrechlich, oft fein felderig rissig, schon ziemlich früh gerieft, Huthaut bis zwei Drittel abziehbar. **L:** kaum gegabelt, eher entfernt, weiß, dann blass ockercreme, zuletzt vor allem gegen den Hutrand rostgelb gefleckt, Schneiden älter schwach gekerbt. **St:** lang, bald hohl, Basis leicht verdickt, jung weiß, dann von der Basis her ockerfleckig. **F:** zerbrechlich, weiß, an Fraßstellen gilbend. **Ger:** schwach obstartig oder nach Pelargonien. **Ges:** fast mild, in Lamellen scharf. **Spp:** creme bis sattocker (IIc–IVa). **V:** im feuchten Laubwald oder Park, oft bei Espe *Populus tremula* und Birke *Betula,* auch Eiche *Quercus* und Hainbuche *Carpinus.* **Mik:** Sporen mit stumpfkegeligen, bis 1 µm hohen, weitgehend isolierten Warzen, 6–8,5 × 5–6,5 µm, Haare der Huthaut zylindrisch bis kopfig, ein- bis zweifach septiert und wenig verzweigt, Pileozystiden zylindrisch bis keulig, mehrfach septiert, in SBA grauschwarz. **Ch:** Guajak sofort und sehr stark blaugrün, $FeSO_4$ eher langsam orangeocker, Phenol hell weinrot. (BK 6.204, 🖼).

Russula versatilis Romagn. wurde von Romagnesi 1967 vor allem aufgrund des dunkleren, ocker- bis satt ockerfarbenen Sporenpulvers (IIIa–IVa) beschrieben. Weiter sollen der Hut deutlicher weinrot, weniger bunt gefleckt, das Fleisch kaum gilbend und weniger zerbrechlich, die Lamellen etwas weniger entfernt stehen und der Geruch schwach sein. Zudem wachse *R. versatilis* eher bei Hainbuche *Carpinus* und Hasel *Corylus* und weniger bei Espe *Populus tremula.* Inzwischen sehen die meisten Autoren in *R. terenopus* eine Art mit ungewöhnlich breiter Variabilität in der Sporenpulverfarbe und erachten *R. versatilis* als ungültigen Namen.

15.1.60 *Russula robertii* J. Blum, *Russula sphagnophila* Kauffman ss. Romagn.
Torfmoos-Täubling

H: 2–7 cm, violett über rötlich, altrosa, bräunlich bis olivgrün, häufig blass, glatt, feucht schleimig, Rand stark gerieft, Huthaut mindestens halb abziehbar. **L:** anastomisierend, entfernt, cremefarben. **St:** eher lang, bald hohl, brüchig, Basis keulig angeschwollen, weiß, nur selten etwas rosa überhaucht, bei Nässe etwas rostgelb. **F:** zerbrechlich und weich, wässrig, weiß, schwach gilbend. **Ger:** fruchtartig. **Ges:** mild, Lamellen jung schärflich. **Spp:** creme bis sattcreme (IIb–d). **V:** in Torfmoos *Sphagnum,* in Mooren, feuchten Orten, unter Birke *Betula.* **Mik:** Sporen mit bis 1 µm hohen, teilweise kommaartig verlängerten und sehr fein netzartig verbundenen Warzen, 8–10,5 × 6,5–8 µm, Haare der Huthaut zylindrisch-wellig bis kopfig, ein- bis dreifach septiert, mehrheitlich verzweigt, Pileozystiden schlank oder keulig, ein- bis mehrfach septiert, in SBA schwach grauschwarz. **Ch:** Guajak langsam und schwach blaugrün, $FeSO_4$ rasch blassrosa bis orangeocker, Phenol rotbraun. (BK 6.202, 🖼).

15.1.61 *Russula melliolens* Quél.
Honig-Täubling

H: 5–12 cm, lebhaft rot bis purpurbraun, auch blasser mit Ockertönen, gilbend, glänzend, Rand glatt, alt gerieft, Huthaut mehr als zur Hälfte abziehbar, etwas durchfärbend. **L:** blass, später creme, ockerfleckig. **St:** weiß, evtl. rosa angehaucht, von der Basis her gilbend bis bräunend. **F:** weiß, ockerbraun fleckend. **Ger:** frisch unbedeutend, beim Trocknen stark nach Honig. **Ges:** mild. **Spp:** creme (IIa–b). **V:** im Laubwald, vor allem bei Eiche *Quercus,* Edelkastanie *Castanea,* in wärmeren Lagen. **Mik:** Sporen mit dichten und sehr niedrigen, bis 0,3 µm hohen, perlschnurartig oder zu feinen Teilnetzen verbundenen Warzen, kugelig, groß, 8,5–11,5 × 8–11 µm, Haare der Huthaut zylindrisch, septiert, verjüngt oder stumpf endend, teilweise verzweigt, Pileozystiden zylindrisch, mehrfach septiert, in SBA teilweise grauschwarz-körnig. **Ch:** Guajak sofort intensiv blau, $FeSO_4$ rasch rosa-ockerlich, Phenol bräunlich. (Kr 2.504, BK 6.162, 🖼).

15.1.58 *Russula puellaris,* Milder Wachs-Täubling

15.1.59 *Russula terenopus,* Wandelbarer Täubling

15.1.60 *Russula robertii,* Torfmoos-Täubling

15.1.61 *Russula melliolens,* Honig-Täubling

15.1.62 *Russula brunneoviolacea* Crawshay
Violettbrauner Täubling

H: 3–10 cm, dunkelviolett, auch hell weinrotviolett oder mit oliven, braunen, graubraunen Tönen, feucht schmierig und glänzend, trocken matt, körnig und wolkig bis braunfleckig (Lupe), Rand höchstens alt gerieft, Huthaut fast bis zur Mitte abziehbar. **L:** creme. **St:** weiß, Basis oft hell zitronen-, dann ockergelb. **F:** weiß. **Ger:** evtl. leicht fruchtartig. **Ges:** mild. **Spp:** creme (IIb–c). **V:** im Laubwald, vor allem bei Buche *Fagus,* Eiche *Quercus,* auch Edelkastanie *Castanea,* Birke *Betula* und Hainbuche *Carpinus.* **Mik:** Sporen mit bis 2 µm hohen, unregelmäßig verteilten, spitzen, manchmal gekrümmten, isolierten oder grüppchenweise fein verbundenen Warzen, 6,5–9 × 6–7,5 µm, Haare der Huthaut fädig lang, meist gebogen, verjüngt, aber stumpf, verzweigt und einfach septiert, Pileozystiden knorrig-zylindrisch, auch schwach keulig, nicht bis mehrfach septiert, in SBA höchstens stellenweise schwach grauschwarz. **Ch:** Guajak sofort blau bis blaugrün, $FeSO_4$ hell fleischrosa, Phenol weinbraun. (D 884, BK 6.102, 🖼).

15.1.63 *Russula solaris* Ferd. & Winge
Sonnen-Täubling

H: 2–7 cm, lebhaft gelb, in der Mitte gelborange, gegen den Rand blasser, feucht schmierig glänzend, bald trocken matt, Rand oft länger ungerieft, dann breit gerieft, Huthaut halb oder bis zwei Drittel abziehbar. **L:** lange weißlich, dann creme. **St:** weiß, evtl. später ockerlich oder rötlich. **F:** zerbrechlich, weiß. **Ger:** nach Pelargonien, später nach Senföl oder Essig. **Ges:** scharf. **Spp:** creme bis sattcreme (IIb–d). **V:** vor allem im Buchenwald *Fagus.* **Mik:** Sporen mit locker verteilten, bis 1 µm hohen, fast gänzlich isolierten spitzen Warzen, 7–8 × 5–7 µm, Haare der Huthaut meist fadenförmig mit abgerundeter Spitze, septiert, mit langen Endgliedern, Basis oft verzweigt, Pileozystiden lang, zylindrisch bis schwach keulig, ein- bis mehrfach septiert, in SBA grauschwarz. **Ch:** Guajak unterschiedlich schnell und intensiv blau bis grün, $FeSO_4$ blass orangerosa, Phenol bräunlich. (D 905, Kr 2.555, BK 6.201, 🖼).

15.1.64 *Russula foetens* Pers.
Gemeiner Stink-Täubling

H: 5–18 cm, gelbbraun, schmierig, Rand stark gerieft, gerippt, Huthaut etwa zur Hälfte abziehbar. **L:** ziemlich entfernt, schmutzig cremefarben. **St:** oft dick, unförmig, weißlich, meist etwas braunfleckig. **F:** weiß, kaum gilbend, Stielmark braun. **Ger:** stark, unangenehm, süßlich, ölig, etwas nach verbranntem Horn. **Ges:** scharf, Stielfleisch teils fast mild. **Spp:** creme (IIb–c). **V:** im Laub- und Nadelwald, an feuchten Stellen. **Mik:** Sporen mit großen, bis 1,5 µm hohen, fast gänzlich isolierten Warzen, 7,5–10,5 × 6,5–9 µm, Haare der Huthaut zylindrisch bis wellig, Spitze abgerundet oder verjüngt, meist einfach septiert und teilweise verzweigt, Pileozystiden unterschiedlich breit, zugespitzt und kopfig, seltener zylindrisch, in SBA grauschwarz. **Ch:** Guajak schnell und intensiv blaugrün, $FeSO_4$ rosa, Phenol weinrot, KOH gelblich, gelb bis orange. (Kr 2.532, BK 6.135, 🖼).

15.1.65 *Russula subfoetens* W.G. Sm.
Gilbender Stink-Täubling

H: 5–15 cm, ockergelblich, im Scheitel dunkler, leicht rotbräunlich, Rand stark gerieft, gerippt, Huthaut etwa zur Hälfte abziehbar. **L:** mitteldicht, weißlich-creme, evtl. gelbfleckig, jung tränend. **St:** weißlich, evtl. etwas braunfleckig, an der Spitze tränend. **F:** weiß bis creme, bei jungen und frischen Exemplaren an der Luft sofort gilbend. **Ger:** unangenehm süßlich-ölig mit angenehmer Obstkomponente. **Ges:** scharf. **Spp:** creme (IIa–c). **V:** im Laubwald. **Mik:** Sporen mit bis 0,8 µm hohen, teils durch feine Grate verbundenen Warzen, 6,5–9,5 × 5,5–7,5 µm, Haare der Huthaut wellig-zylindrisch, teilweise verzweigt und septiert, Pileozystiden etwas spindelig, Spitze verjüngt, teils ausgezogen bis kopfig, wenig septiert, in SBA graubraun bis grauschwarz. **Ch:** Guajak schnell und intensiv blaugrün, $FeSO_4$ blassgelb bis rosa, Phenol weinbraun, KOH gelblich, gelb bis orange. (D 844, Kr 2.533, BK 6.136, 🖼).

Der in der Literatur beschriebene Unterschied von *R. subfoetens* zu *R. foetens* in einer rasch gelborangen Reaktion durch KOH auf der Stielrinde hat sich als inkonstant erwiesen (Hampe 2022, mündlich).

15.1.62 *Russula brunneoviolacea,* Violettbrauner Täubling

15.1.63 *Russula solaris,* Sonnen-Täubling

15.1.64 *Russula foetens,* Gemeiner Stink-Täubling

15.1.65 *Russula subfoetens,* Gilbender Stink-Täubling

15.1.66 *Russula pectinata* Fr. Schärflicher Kamm-Täubling

H: 4–10 cm, gelbbraun, graubraun, ockerbraun, Rand schmal, bald stark gerieft (kammartig, höckerig), Haut nur am Rand oder höchstens bis zur Hälfte abziehbar. **L:** stark queradrig, blasscreme, später cremeocker, oft fleckig. **St:** kurz, oft gekammert, weiß, Spitze feinflaumig. **F:** weiß, in der Stielhöhlung gilbend. **Ger:** obst- bis unangenehm fisch- oder gummiartig (ähnlich *R. foetens,* Gemeiner Stink-Täubling). **Ges:** scharf, in den Lamellen sehr scharf. **Spp:** creme bis sattcreme (IIb–d). **V:** im Laubwald, evtl. Mischwald. **Mik:** Sporen mit niedrigen, bis 0,7 µm hohen, mehrheitlich isolierten Warzen oder teils untereinander nicht verbundenen Graten, 6–8 × 5–6 µm, Haare der Huthaut schlank, zylindrisch, abgerundet, ein- bis zweifach septiert, teilweise verzweigt, Pileozystiden schwach zugespitzt oder kopfig, unseptiert, in SBA keine Färbung. **Ch:** Guajak rasch dunkel blau bis blaugrün, $FeSO_4$ schmutzig rosa, Phenol weinrot. (Kr 2.541, BK 6.178, 🖾).

15.1.66 *Russula pectinata,* Schärflicher Kamm-Täubling

15.1.67 *Russula recondita* Melera & Ostellari Widerlicher Kamm-Täubling, Kratzender Kamm-Täubling

H: 3,5–7 cm, ocker- bis honigbraun, ockergraulich, Mitte dunkler bis schwärzlich, oft mit wenigen Rostflecken, eher trocken, feucht v. a. in der Mitte schleimig, Rand stark gerieft bis gefurcht, Haut fast ganz abziehbar. **L:** manchmal leicht anastomisierend, creme, teils etwas rostfleckig. **St:** erst fest, bald schwammartig gekammert, weißlich, manchmal bräunend, Basis oft purpurrot oder rostbraun gefleckt. **F:** weich, feucht biegsam, weißlich, teilweise mit Rostflecken. **Ger:** sehr unangenehm sauer-fruchtartig. **Ges:** mild, bald eklig und komplex mit Gummi-Komponente, selten leicht schärflich, im Hals kratzend. **Spp:** creme bis sattcreme (IIc-d). **V:** unter Laub- und Nadelbäumen, gerne in offenen Flächen wie Parks. **Mik:** Sporen mit stumpfen, bis 1 µm hohen, mehrheitlich isolierten, vereinzelt durch kurze Grate verbundenen Warzen, 7–8,5 × 5,5–7 µm, Haare der Huthaut zylindrisch, manche verjüngt, verzweigt und mehrfach septiert, Pileozystiden spärlich, spindelig oder kopfig, in SBA grauschwarz. **Ch:** Guajak sofort blaugrünlich, $FeSO_4$ schwach graurosa, Phenol weinbraun. (D 847, Kr 2.542, BK 6.179, 🖾).

R. recondita wurde lange Zeit mit dem Namen *Russula pectinatoides* Peck versehen. Melera et al. 2017 zeigen, dass es sich bei den von Peck 1907 zur Beschreibung von *R. pectinatoides* benutzten nordamerikanischen Pilzen um Individuen verschiedener Arten handelt, die sich molekulargenetisch alle von *R. recondita* unterscheiden. Ob eine davon in Europa vorkommt, ist zurzeit noch unklar, ebenso, ob nordamerikanische, als *R. pectinatoides* bestimmte Exemplare, welche *R. recondita* nahestehen, als Schwesterart oder lediglich als geografische Variante taxiert werden.

Russula praetervisa Sarnari, Übersehener Kamm-Täubling: Wärme liebende Art mit zusätzlicher Fischkomponente im Geruch und manchmal bitterlichem Geschmack. Sporen mit Warzen, die durch verschieden lange, auch verzweigte Grate zu einem unvollständigen Netz verbunden sind.

15.1.67 *Russula recondita,* Widerlicher Kamm-Täubling

15.1.68 *Russula insignis* Quél. Milder Kamm-Täubling

H: 3–6 cm, dunkel graubraun, ockerbraun, trocken matt, feucht glänzend und leicht schmierig, jung Rand und Mitte mit gelben Velumresten (Lupe!), Rand bald stark gerieft, höckerig, kammrandig, Haut bis zu einem Drittel oder bis zur die Mitte abziehbar. **L:** weißlich bis creme, alt fleckig. **St:** jung voll, alt gekammert, weiß, Basis ockergelb, Spitze feinflaumig. **F:** weiß, im Stiel graubräunlich verfärbend. **Ger:** obstartig bis leicht unangenehm fisch- bis gummiartig (wie *R. foetens,* Gemeiner Stink-Täubling). **Ges:** mild. **Spp:** hellcreme bis creme (IIa–b). **V:** im Laubwald, evtl. Mischwald, oft bei Eiche *Quercus.* **Mik:** Sporen mit bis 1 µm hohen, konischen, vereinzelt kurz und fein oder mit längeren Graten verbundenen Warzen, 6,5–8,5 × 5,5–7 µm, Haare der Huthaut teilweise verjüngt, septiert, meist verzweigt, Randbereich mit gelb inkrustierten Hyphenenden (Velum), Pileozystiden spärlich, eher kurz und schlank, in SBA schwach grauschwarz. **Ch:** Guajak dunkelblau bis blaugrün, $FeSO_4$ graurosa, Phenol weinrot, KOH/NH_3 Stielbasis orangerot. (Kr 2.540, BK 6.147, 🖾).

Russula livescens (Batsch) Bataille: von einigen Autoren, wie z. B. Romagnesi 1967, wurde unter diesem Namen *R. insignis* beschrieben.

15.1.68 *Russula insignis,* Milder Kamm-Täubling

15.1.69 *Russula grata* Britzelm., *Russula laurocerasi* Melzer Mandel-Täubling

H: 6–9 cm, ocker-, senffarben, Rand gerieft, gerippt, Huthaut etwa zur Hälfte abziehbar. **L:** queradrig, blasscreme, evtl. bräunliche Flecken. **St:** bereift und fein gerunzelt, weiß, braunfleckig, besonders an der Basis, Stielspitze mit Tränen. **F:** weißlich. **Ger:** angenehm nach Bittermandeln, mit der Zeit (oder beim Reiben der Lamellen) unangenehm. **Ges:** zuerst mild, dann widerlich und in Hut und Lamellen etwas scharf. **Spp:** hellcreme bis creme (IIa–b). **V:** Laub- und Nadelwald. **Mik:** Sporen mit in Reihen angeordneten, bis 2 µm hohen, einzelnen oder zu Flügeln verbundenen Warzen, dazwischen manchmal auch feinstachelig, kugelig, 7–10 × 7–8,5 µm, Haare der Huthaut verjüngt oder abgerundet, ein- oder mehrfach septiert, verzweigt, Pileozystiden zylindrisch bis leicht verjüngt, teils sehr lang, in SBA ohne Färbung. **Ch:** Guajak schnell (nach einigen s) kräftig blaugrün, $FeSO_4$ graurosa, Phenol weinbraun. (D 846, Kr 2.535, BK 6.154, 🖼).

Russula fragrans Romagn., *R. laurocerasi* var. *fragrans* (Romagn.) Kuyper & Vuure, Flügelsporiger Mandel-Täubling: Geschmack mild, aber unangenehm. Sporen mit teils verzweigten Graten und Pileozystiden in SBA grauschwarz. Sarnari 1998 trennt *R. fragrans* nicht von *R. grata,* was durch molekulargenetische Resultate in Melera et al. 2017 gestützt wird. (BK 6.153).

15.1.70 *Russula fragrantissima* Romagn., Starkduftender Stink-Täubling, Anis-Täubling: Hut 6–14 cm, Rand mit enger und weniger ausgeprägter Riefung, Geruch stark nach Anis; im Laubwald. Sporen 6–8 × 5–8 µm, mit bis 1,5 µm hohen und teils durch unterschiedlich dicke Grate, selten flügelartig verbundenen Warzen.

15.1.71 *Russula illota* Romagn. Morse-Täubling

H: 5–16 cm, jung kugelig und Rand eng am Stiel anliegend, fleckig ockerbraun, bei Regen mit bläulich-violettlichem Schleim, Rand höckerig gerieft, Haut kaum abziehbar. **L:** queradrig, weißlich, gelblich, Schneiden violettbraun punktiert. **St:** voll, bald gekammert, weißlich, bald schmutzig ockerbräunlich. **F:** weißlich, bräunend. **Ger:** zunächst obstartig bis unangenehm, dann stark bittermandelartig, später fruchtartig. **Ges:** scharf, v. a. in den Lamellen. **Spp:** hellcreme bis creme (IIa–b). **V:** im Laub- und Nadelwald. **Mik:** Sporen mit bis 1,2 µm hohen, teils isolierten, teils kommaartig verlängerten oder durch Grate verbundenen Warzen, kugelig, 7–9 × 6–8 µm, Haare der Huthaut variabel, teilweise verzweigt und septiert, Pileozystiden zylindrisch bis verjüngt, manche einfach septiert, in SBA grauschwarz. **Ch:** Guajak schnell (in 3–5 s) intensiv blaugrün, dann mittelblau, $FeSO_4$ ockergelb bis graurosa, Phenol rötlichbraun. (D 845, Kr 2.537, BK 6.146, 🖼).

15.1.72 *Russula amoenolens* Romagn. Brauner Camembert-Täubling

H: 4–10 cm, graubraun, umbrabraun, auch rotbraun, im Scheitel dunkler, Rand stark gerieft, Huthaut bis zu einem Drittel abziehbar. **L:** hellcreme, evtl. leicht graulich. **St:** fest, spröde, heller als der Hut bis weißlich. **F:** weißlich bis graubräunlich. **Ger:** leicht nach Hering, spermatisch, evtl. nach Topinambur oder Käse (Camembert). **Ges:** sehr scharf. **Spp:** creme (IIb). **V:** in Laub- und Mischwäldern, Parks, an Wegrändern. **Mik:** Sporen mit konischen, bis 0,7 µm hohen, isolierten und nur vereinzelt kurz verbundenen Warzen, ellipsoid, 7–8,5 × 5–7 µm, Haare der Huthaut leicht kopfig oder stumpf endend, septiert und meist verzweigt, Pileozystiden wenig zahlreich, zylindrisch, zugespitzt auch kleinkopfig, unseptiert, in SBA schwach grauschwarz. **Ch:** Guajak schnell intensiv blau bis dunkelgrün, $FeSO_4$ graurosa, Phenol schmutzig rötlichbraun. (D 848, Kr 2.539, BK 6.92, 🖼).

15.1.73 *Russula sororia* Fr., Großer Kamm-Täubling, Großer Camembert-Täubling, Finsterer Kamm-Täubling: Hut bis 12 cm, meist sehr dunkel sepia- bis umbrabraun, Geruch süßlich mit unangenehmer Komponente, ähnlich *R. foetens,* Gemeiner Stink-Täubling, Geschmack ziemlich scharf. Sporen mit sehr niedrigen, bis 0,4 µm hohen Warzen, kugelig, 6–8 × 5–6,5 µm. Guajak-Reaktion langsam und schwach. (🖼).

15.1.74 *Russula consobrina* (Fr.) Fr. Graubrauner Täubling, Rußgrauer Täubling, Bleigrauer Täubling

H: 5–10 cm, graubraun bis sepia-umbrabraun, eingewachsen-faserig, feucht schmierig, oft glänzend, Rand glatt, höchstens im Alter schwach gerieft, Huthaut bis gegen die Hälfte abziehbar. **L:** weiß, später creme. **St:** weiß, später braun überhaucht. **F:** weißlich, leicht grauend, bisweilen etwas rötend. **Ger:** evtl. leicht obstartig. **Ges:** bald sehr scharf.

15.1.69 *Russula grata,* Mandel-Täubling

15.1.71 *Russula illota,* Morse-Täubling

15.1.72 *Russula amoenolens,* Brauner Camembert-Täubling

15.1.73 *Russula sororia,* Großer Kamm-Täubling

15.1.74 *Russula consobrina,* Graubrauner Täubling

Spp: hellcreme bis creme (IIa–c). **V:** vor allem in sumpfigen Bergfichtenwäldern *Picea*. **Mik:** Sporen mit eher niedrigen, bis 0,7 µm hohen, fast vollständig fein netzartig verbundenen Warzen, 7–10 × 6,5–9 µm, Haare der Huthaut wellig-zylindrisch, abgerundet bis leicht kopfig, ein- bis zweifach septiert, Pileozystiden zahlreich, lang, zylindrisch bis wellig, keulig bis verjüngt, meist septiert, in SBA schwach grauschwarz. **Ch:** Guajak langsam blaugrünlich, $FeSO_4$ schwach rosa, Phenol wein- bis schokoladenbraun. (D 851, BK 6.111,).

15.1.75 *Russula viscida* Kudřna
Lederstiel-Täubling

H: 5–15 cm, dunkel purpurrot, dunkelviolett, fleckig nach Ocker oder Oliv ausblassend, in frischem Zustand klebrig (daher der Name «viscida»), Rand glatt, Huthaut kaum abziehbar. **L:** gedrängt, weiß, später creme, alt rostfleckig. **St:** fest und hart, später weich, anfangs weißlich, dann rasch von der meist keuligen Basis her braun verfärbend. **F:** weißlich, später schmutzig bräunlich. **Ger:** schwach obstartig, Stielbasis manchmal honigartig. **Ges:** mild im Stiel, meist schärflich im Hut und scharf in den Lamellen. **Spp:** creme (IIa–b). **V:** im Laub- oder Nadelwald, vor allem bei Weißtanne *Abies*, bis in hohe Lagen. **Mik:** Sporen mit niedrigen, bis 0,5 µm hohen, durch meist feine Grate netzartig verbundenen Warzen, 7,5–11 × 6,5–9 µm, Haare der Huthaut verjüngt, zylindrisch bis schwach keulig, verzweigt und septiert, oft mit langen Abschnitten, Pileozystiden zylindrisch bis keulig oder eingeschnürt, ein- bis mehrfach septiert, in SBA schwach grauschwarz, in Fuchsin teilweise mit Tröpfchen. **Ch:** Guajak schnell blau bis dunkelgrün, $FeSO_4$ schmutzig rosa bis rosaorange, Phenol blassbräunlich bis weinbraun, KOH feuerrot auf gelbbräunlicher Stielbasis frischer Fruchtkörper. (D 890, Kr 2.506, BK 6.216,).

15.1.76 *Russula persicina* Krombh.
Schwachfleckender Täubling

H: 3–12 cm, leuchtend kirschrot, rosarot, bald heller, evtl. mit cremeockerlichen Zonen oder Flecken, Rand im Alter gerieft, Huthaut meist kaum abziehbar. **L:** breit, creme, blassocker. **St:** weiß, evtl. rötlich überlaufen. **F:** hart, fest, weißlich, unter der Huthaut rosarot, im Stiel gilbend. **Ger:** obstartig, süßlich. **Ges:** im Stiel scharf, sonst sehr scharf (etwas warten), manchmal auch bitter. **Spp:** creme bis ocker (IIb–d, selten bis IIIb). **V:** im Laubwald. **Mik:** Sporen mit bis 0,8 µm hohen, teils isolierten, teils zusammenfließenden, manchmal mit längeren Graten verbundenen Warzen, 6,5–9 × 5,5–7 µm, Haare der Huthaut zylindrisch, abgerundet, meist einfach septiert und verzweigt, Pileozystiden unterschiedlich lang, schwach kopfig, meist unseptiert, in SBA grauschwarz. **Ch:** Guajak unterschiedlich schnell blau bis blaugrün, $FeSO_4$ gelblich-grau bis rasch dunkelrosa, Phenol bräunlich. (D 919, BK 6.181,).

15.1.77 *Russula cavipes* Britzelm.
Hohlstieliger Täubling

H: 3–8 cm, verschiedenfarbig, oft fleckig, Mischung aus Rosa-, Violett-, Grau- und Olivtönen, Mitte dunkler, Rand deutlich gerieft, Huthaut mehr als zur Hälfte abziehbar. **L:** eher entfernt, weiß, später creme. **St:** jung gekammert, bald hohl, weiß, später von der Basis stark gilbend. **F:** weiß, feucht graulich. **Ger:** süßlich (gemäß einigen Autoren auch nach Wurstbrät oder nach Kompott mit Honigkomponente). **Ges:** unterschiedlich, leicht bis sehr scharf. **Spp:** hellcreme bis creme (IIa–b). **V:** im Nadelwald, bis in höhere Lagen, auf feuchtem, moorigem Kalkboden. **Mik:** Sporen mit bis 1,3 µm hohen, dünnen, meist isolierten und wenigen perlschnur- bis teilnetzartig verbundenen Warzen, 7–10,5 × 6,5–8,5 µm, Haare der Huthaut schmal, abgerundet, septiert, manche verzweigt, Pileozystiden oft lang, breit, verjüngt bis kopfig, meist unseptiert und in SBA grauschwarz. **Ch:** Guajak ± keine Reaktion, $FeSO_4$ langsam und schwach rosa, Phenol hell weinrot, NH_3 rosa bis rot (Lamellen!). (D 914, Kr 2.589, BK 6.105,).

15.1.78 *Russula violacea* Quél.
Grünvioletter Täubling

H: 3–6 cm, Mitte leicht bis deutlich grün, Rand ± violett, evtl. gezont, glänzend, feucht klebrig, Haut am Rand bisweilen bis zur Mitte abziehbar, Rand leicht gerieft. **L:** spröde, weiß, später creme. **St:** seidig, weiß, später evtl. gilbend. **F:** weiß, evtl. gilbend, bräunend. **Ger:** fruchtartig, nach Apfelkompott, Pelargonien, beim Antrocknen leicht nach Fisch. **Ges:** sehr scharf. **Spp:** hellcreme bis creme (IIa–b). **V:** im Laubwald, bei Buche *Fagus*, Hainbuche *Carpinus* oder Birke *Betula*. **Mik:** Sporen mit bis 1 µm hohen, dünnen, isolierten Warzen, 7–9 × 6–7 µm, Haare der

15.1.75 *Russula viscida*, Lederstiel-Täubling

15.1.76 *Russula persicina*, Schwachfleckender Täubling

15.1.77 *Russula cavipes*, Hohlstieliger Täubling

15.1.78 *Russula violacea*, Grünvioletter Täubling

Huthaut teils unregelmäßig bauchig, teils schlank, verjüngt, septiert, manche verzweigt oder gegabelt, Pileozystiden lang, breit, mehrfach septiert, in SBA grauschwarz. **Ch:** Guajak schnell und intensiv dunkelblau, $FeSO_4$ graurosa, Phenol braun. (D 913, 🖼).

15.1.79 *Russula pelargonia* Niolle
Espen-Täubling

H: 2–6 cm, lilaviolett bis purpurbraun, Mitte oft grau- bis grünviolett, feucht glänzend, trocken bereift, Rand gerieft, Huthaut mindestens zur Hälfte abziehbar. **L:** weiß bis hellcreme. **St:** weiß, im Alter allenfalls grauend. **F:** sehr zerbrechlich. **Ger:** fruchtartig und nach Pelargonien, beim Antrocknen leicht nach Fisch. **Ges:** scharf. **Spp:** hellcreme bis creme (IIa–b). **V:** bei Laubbäumen, vor allem bei Espe *Populus tremula*. **Mik:** Sporen länglich-oval, mit bis 1,2 µm hohen, manchmal größtenteils isolierten, meist aber teils durch schmale Grate teilnetzartig verbundenen Warzen, 7–9,5 × 6–8 µm, Haare der Huthaut schlank zylindrisch-wellig bis verjüngt gegliedert und verzweigt, Pileozystiden unterschiedlich lang, zylindrisch bis keulig, meist septiert und in SBA schwach bis deutlich grauschwarz. **Ch:** Guajak langsam und meist schwach grün bis dunkelblau, $FeSO_4$ rasch blassorange, Phenol rotbraun. (D 912, BK 6.180, 🖼).

15.1.80 *Russula clariana* R. Heim ex Kuyper & Vuure
Großer Silberpappel-Täubling

H: 5–10 cm, schon jung lappig eingebuchtet, hell grauviolett, Mitte oder Rand oft graugrünlich und allenfalls mit gelbgrünlichen Flecken, feucht glänzend, trocken bereift, Rand erst spät gerieft, Huthaut mindestens zur Hälfte abziehbar. **L:** weiß bis hellcreme. **St:** oft stark gefurcht bis beulig und mit keuliger Basis, weiß, im Alter deutlich grauend oder v. a. oben schmutzig olivbraun verfärbend und von der bald hohlen Basis her mit graubraunen Flecken. **F:** relativ fest, weiß, v. a. in der Stielbasis grauend. **Ger:** nach Pelargonien, beim Antrocknen leicht nach Fisch. **Ges:** frisch sehr scharf. **Spp:** hellcreme (IIa). **V:** oft bei Silber- *Populus alba* und Graupappel *Populus* × *canescens*; Sommer bis Herbst. **Mik:** Sporen mit stumpfen, vereinzelt bis 1 µm hohen und manche fein netzartig, manche zu knorrigen, teils verzweigten Bändern verbundenen Warzen, 7–9 × 6–7,5 µm, Haare der Huthaut zylindrisch abgestumpft bis knorrig verjüngt und gebogen, meist verzweigt und ein- bis zweifach septiert mit eher breiter Basis, Pileozystiden zylindrisch bis keulig, ein- bis mehrfach septiert, in SBA grauschwarz. **Ch:** Guajak nach ca. 3 s bläulich, dann meist schnell und recht intensiv blau, $FeSO_4$ ziemlich rasch blassrosa bis orangerosa. (BK 6.109).

15.1.81 *Russula gracillima* Jul. Schäff.
Zierlicher Birken-Täubling

H: 2–6 cm, jung oft mit Buckel, Mitte ockerlich, grünlich, sonst rotviolett, ganz in der Mitte bisweilen fast schwarz, glänzend, feucht schmierig, Rand gerieft, Huthaut am Rand, evtl. bis zur Mitte abziehbar. **L:** weiß, später creme. **St:** weiß, meist leicht bis deutlich rosa überhaucht. **F:** weiß, später creme, zerbrechlich. **Ger:** schwach, evtl. etwas nach Obst. **Ges:** mäßig scharf, v. a. Lamellen, ältere Exemplare fast mild. **Spp:** hellcreme bis creme (IIa–b). **V:** unter Birke *Betula*, auf feuchten, aber nicht nassen Böden. **Mik:** Sporen mit bis 1 µm hohen, isolierten Warzen, 7–9 × 5,5–7 µm, einzelne größer, Haare der Huthaut schlank zylindrisch mit abgerundeter Spitze, ein- bis zweifach septiert, teilweise verzweigt, Pileozystiden zahlreich, breit, wurmförmig gewunden, kaum septiert, in SBA schwarz. **Ch:** Guajak von schwach und langsam bis augenblicklich dunkelblau bis grün, $FeSO_4$ blass rosagelb, Phenol rötlichbraun. (D 916, BK 6.142, 🖼).

15.1.82 *Russula queletii* Fr.
Stachelbeer-Täubling, Säufernase

H: 4–8 cm, oft gebuckelt, dunkelpurpurn, dunkelweinrot, später ausblassend, evtl. etwas olivlich werdend, Rand alt etwas gerieft, Huthaut mehr als zur Hälfte abziehbar, durchfärbend. **L:** creme, bei Verletzung bisweilen etwas grünend. **St:** schlank, meist auffällig karminrot, blaurot (Säufernase). **F:** weißlich, feucht graulich. **Ger:** süßlich, nach Stachelbeerkompott. **Ges:** brennend scharf, später auch bitter. **Spp:** creme bis sattcreme (IIc–d). **V:** vor allem im Fichtenwald *Picea* auf kalkreichen Böden, seltener bei Tanne *Abies* und anderen Nadelbäumen, bis in höhere Lagen. **Mik:** Sporen mit bis 1,2 µm hohen, locker verteilten, teils isolierten, teils leicht zusammenfließenden Warzen, 7–10 × 6–9 µm, Haare der Huthaut schmal, apikal verjüngt oder leicht eingeschnürt, septiert und verzweigt, Pileozystiden zahlreich, lang, nicht oder einfach septiert, in SBA grauschwarz. **Ch:** Guajak langsam graublau, $FeSO_4$ langsam ockeroliv bis blassrosa, Phenol dunkel weinbraun, NH_3 auf Lamellen ohne Verfärbung. (D 923, Kr 2.571, BK 6.188, 🖼).

15.1.83 *Russula fuscorubroides* Bon, Dunkelroter Stachelbeer-Täubling: Hut dunkler und kaum ausblassend, weniger scharf, etwas bitter, Geruch leicht pelargonienartig, fruchtartig, aber nicht nach Äpfeln. Sporenpulver IId–IIIa; auf neutralen bis saueren Böden. Pileozystiden bis dreifach septiert. (BK 6.139).

Molekulargenetische Untersuchungen konnten zeigen, dass die von Einhellinger 1985 als *R. fuscorubroides* beschriebenen Pilze zu *R. queletii* gehören, während umgekehrt Funde verschiedener Sammler:innen von *R. queletii* bei Fichte *Picea* zur *R. fuscorubroides*-Klade passen (Marxmüller 2014). Weitere Untersuchungen sind nötig, um zu se-

15.1.79 *Russula pelargonia*, Espen-Täubling

15.1.81 *Russula gracillima*, Zierlicher Birken-Täubling

15.1.82 *Russula queletii*, Stachelbeer-Täubling

hen, ob sich hinter *R. queletii* bei Fichte *Picea* und *R. queletii* bei Tanne *Abies* zwei Arten verbergen oder ob die eine Gruppe zu *R. fuscorubroides* gehört.

15.1.84 *Russula torulosa* Bres., *R. fuscorubra* var. *olivovirens* J. Blum
Gedrungener Täubling

H: 3–8 cm, kaum gebuckelt, purpur- bis dunkel weinrot, evtl. olivgrüne Stellen, kahl, glänzend, Rand glatt, Huthaut schlecht abziehbar. **L:** weißlich, später creme. **St:** fest, stämmig, bereift, rotviolett, auch fast weiß. **F:** weiß, fest. **Ger:** nach frischem Apfel. **Ges:** etwas scharf. **Spp:** sattcreme bis hellocker (IId–IIIa). **V:** vor allem unter Kiefer *Pinus*. **Mik:** Sporen mit niedrigen, bis 0,5 µm hohen, sehr fein girlanden- bis teilnetzartig verbundenen Warzen, 7–9,5 × 5,5–7 µm, Haare der Huthaut zylindrisch-wellig, abgerundet, mehrfach verzweigt und septiert, Pileozystiden zahlreich, unregelmäßig zylindrisch, lang, breit, meist unseptiert, in SBA schwach bis deutlich grauschwarz. **Ch:** Guajak unterschiedlich rasch hell blaugrau bis intensiv blau, $FeSO_4$ leicht bräunlich bis hell rosarot, Phenol weinbraun, Lamellen mit NH_3 ohne Verfärbung. (D 926f, Kr 2.577, BK 6.205,).

15.1.85 *Russula sardonia* Fr., *Russula drimeia* Cooke
Zitronenblättriger Tränen-Täubling

H: 4–10 cm, purpurviolett, auch leuchtend blutrot, Mitte dunkler bis fast schwarz, matt, höchstens leicht glänzend, Rand glatt bis schwach gerieft, Huthaut nur am Rand abziehbar. **L:** eher gedrängt, hellgelb, später buttergelb, bei Feuchtigkeit tränend. **St:** hart, fest, flaumig bereift, violettrot, evtl. graurot, Basis bräunend. **F:** hart, weißlich, später gelblich. **Ger:** obstartig. **Ges:** sehr scharf. **Spp:** creme bis hellocker (IIc–IIIa). **V:** im Kiefernwald *Pinus*, auf saurem, sandigem Boden; bis in den Spätherbst. **Mik:** Sporen mit bis 0,6 µm hohen, mehrheitlich durch dickere und dünne Grate teilnetzartig verbundenen Warzen, 7–9 × 6–7,5 µm, Haare der Huthaut abgerundet, wenig verzweigt und kaum septiert, Pileozystiden oft sehr lang, schmal, zylindrisch und apikal eingeschnürt, größtenteils unseptiert, in SBA schwach grauschwarz. **Ch:** Guajak rasch grün bis dunkelblau, $FeSO_4$ rosa, Phenol weinbräunlich, NH_3 auf Lamellen lachsrosa. (D 924f, BK 6.199,).

15.1.86 *Russula xerampelina* (Schaeff.) Fr.
Roter Herings-Täubling

H: 6–12 cm, mehrheitlich satt purpur-, weinrot, Mitte anfangs dunkler, später ausblassend, feucht schmierig, trocken matt, feinfilzig, Rand nur selten etwas gerieft, Huthaut bis zur Hälfte abziehbar. **L:** hellocker bis ocker, Druckstellen bräunend, Schneiden vom Rand evtl. etwas rötlich. **St:** runzelig, karminrosa, gegen die Spitze weiß, Druckstellen braun fleckend. **F:** weiß, an der Luft rasch bräunend. **Ger:** nach Heringslake. **Ges:** mild. **Spp:** ocker (IIIb–c). **V:** im Nadelwald, in tiefen Lagen und bis zur Waldgrenze. **Mik:** Sporen mit kräftigen, teils über 1,2 µm hohen, isolierten wie auch zahlreichen durch kurze Grate verbundenen Warzen, 7,5–11 × 6–8,5 µm, Haare der Huthaut wellig-zylindrisch, apikal verjüngt und stumpf, meist ein- bis zweifach septiert, wenig verzweigt, Pileozystiden zylindrisch bis schwach spindelig, wenige Auswüchse, meist lang, nicht bis dreifach septiert, manche apikal eingeschnürt, in SBA teilweise schwach grauschwarz. **Ch:** Guajak rasch (10 s) türkisblau, dann blaugrün, $FeSO_4$ hell graugrün bis schnell dunkel blaugrün, Phenol rötlichbraun, Anilin langsam intensiv rosa, KOH auf Hut schmutzig orange. (D 887, Kr 2.528, BK 6.217,).

15.1.87 *Russula pascua* (F.H. Møller & Jul. Schäff.) Kühner, *R. xerampelina* var. *pascua* F.H. Møller & Jul. Schäff., Dryas-Herings-Täubling, Silberwurz-Herings-Täubling: Hut 2–4 cm, zuerst kirsch- bis purpurrot, mit Ausnahme des Randes rasch zu Ockertönen mit Rosa ausblassend, Stiel eher kurz, weiß und bereift, bei Berührung gilbend, dann bräunend, Basis keulig, Sporenpulver IIc–IIIc; in sehr hohen Lagen über der Waldgrenze, bei Silberwurz *Dryas* und Zwergweide *Salix*, aber auch in Dünen bei Kriechweide *Salix repens*. Sporen mit bis 0,7 µm hohen, mehrheitlich isolierten, teils durch kurze Grate verbundenen Warzen, 8–10 × 7–8 µm, Endglieder der Haare der Huthaut nahe am Hutrand meist weniger als 30 µm lang, Pileozystiden zylindrisch-keulig, in SBA nicht verfärbend. $FeSO_4$ auf dem Fleisch grün, später grauschwarz, Guajak braunblau. (BK 6.174,).

15.1.88 *Russula favrei* M.M. Moser, *Russula fuscoochracea* R. Schulz
Gebirgs-Herings-Täubling, Favres Täubling

H: 5–10 cm, haselnuss-, rot- bis dunkelbraun, bisweilen rotfleckig, im Alter verblassend oder braun violettlich getönt, Fraßstellen etwas rötend, im Zentrum dunkler bis schwärzlich, Rand jung weinrot bis weinbraun, stumpf und glatt, im Alter etwas gerieft, Huthaut bis zu einem Viertel, teils bis zur Hälfte abziehbar. **L:** schmal angewachsen, jung cremefarben, später zunehmend gelbocker, auf Druck bräunend. **St:** cremefarben bis hell ockerlich, stellenweise oder ganz rötlich überhaucht, an Druckstellen bräunend. **F:** weiß bis beige, im Schnitt rasch bräunend, besonders im Stiel. **Ger:** erst abgestanden, dann nach längerem Liegenlassen (bis 2 Tage) heringsartig. **Ges:** mild. **Spp:** hell- bis sattocker (IIIa–IVa). **V:** im subalpinen Nadelwald (Fichte *Picea*, Lärche *Larix*, Arve *Pinus cembra*)

15.1.84 *Russula torulosa*, Gedrungener Täubling

15.1.85 *Russula sardonia*, Zitronenblättriger Tränen-Täubling

15.1.86 *Russula xerampelina*, Roter Herings-Täubling

15.1.87 *Russula pascua*, Dryas-Herings-Täubling

15.1.88 *Russula favrei*, Gebirgs-Herings-Täubling

zwischen Moosen und Heidelbeeren; bereits ab Juli. **Mik:** Sporen mit bis 1 µm hohen, größtenteils isolierten Warzen, 8,5–12 × 6,5–9,5 µm, Haare der Huthaut zylindrisch, stumpf oder leicht kopfig, septiert, kurzgliedrig, einige verzweigt, Endglieder in Hutrandnähe keulig, spindelig oder zugespitzt, Pileozystiden zylindrisch, auch etwas wellig, lang, mehrfach septiert, Spitze abgerundet bis leicht kopfig, in SBA blaugrau. **Ch:** Guajak langsam blaugrün bis dunkelblau, $FeSO_4$ erst rosa, bald graugrün bis dunkelgrün, Phenol rotbraun. ( ).

15.1.89 *Russula faginea* Romagn.
Buchen-Herings-Täubling

H: 6–12 cm, robust, rosa- bis weinbraun, Mitte auch gelbgrünlich, matt, Rand glatt, Huthaut nur am Rand oder bis zu einem Drittel, selten bis zur Hälfte abziehbar. **L:** hellocker bis ocker, Druckstellen bräunend. **St:** runzelig, karminrosa, gegen die Spitze weiß, Druckstellen braun fleckend. **F:** weiß, an der Luft bräunend, eher langsamer als bei anderen Herings-Täublingen. **Ger:** nach Heringslake. **Ges:** mild. **Spp:** ocker bis sattocker (IIIb–IVa). **V:** im Buchenwald *Fagus*. **Mik:** Sporen mit bis 1,5 µm hohen, eher entfernt stehenden und meist isolierten Warzen, 8–11 × 7–8,5 µm, Haare der Huthaut sehr variabel, schlank und verjüngt bis breit und blasig, nicht bis mehrfach septiert, Endglieder der Haare der Huthaut in Hutrandnähe oft flaschenförmig aufgeblasen und kurz (< 25 µm lang), Pileozystiden schlank, zylindrisch, unseptiert, in SBA grauschwarz. **Ch:** Guajak langsam hellgrün bis dunkelblau, $FeSO_4$ selten zuerst rötlich, dann (bisweilen langsam) grün, Phenol rötlichbraun, Anilin langsam rot. (BK 6.130,).

15.1.90 *Russula graveolens* Romell
Fleischvioletter Herings-Täubling

H: 4–8 cm, dunkel purpurn, weinbraun, selten auch fleischrot, evtl. grüngelbliche Flecken, Rand glatt, im Alter schwach gerieft, Huthaut am Rande abziehbar. **L:** hellocker bis ocker, zitronengelber Schimmer, Druckstellen bräunend. **St:** runzelig, weiß, Druckstellen braun fleckend. **F:** weiß, an der Luft rasch bräunend. **Ger:** nach Heringslake. **Ges:** mild. **Spp:** hellocker (IId–IIIb). **V:** im Laubwald, vor allem bei Eiche *Quercus*. **Mik:** Sporen mit bis 1 µm hohen, vereinzelt durch feine Linien verbundenen Warzen, 7,5–10 × 6–8 µm, Haare der Huthaut pallisadenartig dicht stehend, ein- oder mehrfach septiert, Endglieder in Hutrandnähe zugespitzt, spindelig oder flaschenförmig, Pileozystiden zylindrisch-wellig, meist mehrfach septiert, Spitze eingeschnürt, in SBA schwach grauschwarz. **Ch:** Guajak schnell dunkelblau bis -grün, $FeSO_4$ schmutzig blaugrün, Phenol weinbraun, Anilin langsam rot. (D 889, Kr 2.527, BK 6.143,).

15.1.91 *Russula purpurata* (Crawshay) Romagn., *Russula purpurissata* Reumaux
Purpurroter Herings-Täubling

H: 4–8 cm, wein- bis violettrot, Mitte allenfalls olivbraun bis violettschwarz, feucht schmierig, trocken matt, feinfilzig bis etwas runzelig, Huthaut knapp bis zur Hälfte abziehbar. **L:** hellocker bis ocker, Druckstellen bräunend, Schneiden vom Rand evtl. etwas rötlich. **St:** runzelig, weiß oder, meist nur an der Basis, rosa überhaucht, runzelig, von der Basis her zunehmend gelb- bis graubraun. **F:** weiß, zunehmend gelbbräunlich, unter der Huthaut rötlich. **Ger:** frisch schwach, später deutlich nach Heringslake. **Ges:** mild. **Spp:** ocker (IId–IIIb). **V:** selten, im Laubwald, oft bei Eiche *Quercus*, mediterran. **Mik:** Sporen mit bis 1,3 µm hohen, größtenteils isolierten Warzen, 7–9,5 × 5,5–7,5 µm, Haare der Huthaut zylindrisch, einzelne aufgeblasen, ein- bis zweifach septiert, teilweise verzweigt, Endglieder kurz (bis 30 µm), verjüngt, meist stumpf, Pileozystiden mit wenigen Ausstülpungen, normal breit, zahlreich, ein- bis zweifach septiert, in SBA grauschwarz. **Ch:** Guajak unterschiedlich rasch blaugrün bis satt blaugrün, $FeSO_4$ sofort grün, Phenol rötlichbraun, Anilin langsam intensiv rot. (BK 6.187,).

15.1.92 *Russula amoenoides* Romagn., Prächtiger Herings-Täubling: Hut pupursamtig, Huthaut unter der Lupe wie verfilzt, Sporenpulver sattocker (IVa), beim Trocknen zu IIIa ausbleichend. ( ).

Die Trennung von *R. amoenoides* und *R. purpurata* ist laut Keizer & Arnolds 1995 und Sarnari 2005 fraglich. Molekulargenetische Untersuchungen von Sippen, die den zwei Arten zugeteilt wurden, zeigten Sequenzen, die zur selben Klade gehören (Marx-Müller 2014). Gemäß Adamčík et al. 2016b besteht jedoch innerhalb der von ihnen als *R.* cf. *amoenoides* bezeichneten Gruppe eine geografische und klimatische Auftrennung.

15.1.89 *Russula faginea*, Buchen-Herings-Täubling

15.1.90 *Russula graveolens*, Fleischvioletter Herings-Täubling

15.1.91 *Russula purpurata*, Purpurroter Herings-Täubling

15.1.92 *Russula amoenoides*, Prächtiger Herings-Täubling

15.1.93 *Russula clavipes* Velen., *Russula pseudo-olivascens* Kärcher, *Russula elaeodes* (Bres.) Romagn. ex Bon Blassgraugrüner Herings-Täubling, Keulenfuß-Täubling, Hellgrüner Herings-Täubling

H: 6–12 cm, überwiegend Grüntöne, evtl. rotbraun überlaufen, Mitte dunkler, meist glänzend, Huthaut bis zur Hälfte abziehbar. **L:** hellocker bis ocker, Druckstellen bräunend. **St:** runzelig, weiß, Druckstellen braun fleckend. **F:** weiß, an der Luft rasch bräunend. **Ger:** etwas nach Heringslake. **Ges:** mild. **Spp:** ocker (IId–IIIb). **V:** im Laubwald. **Mik:** Sporen mit eher entfernten, bis 1,3 µm hohen, isolierten oder durch feine Linien verbundenen Warzen, 7–10 × 6–8 µm, Haare der Huthaut schlank zylindrisch oder angeschwollen, nicht bis zweifach septiert, teils mit Ausstülpungen, einzelne verzweigt, Endglieder am Hutrand meist > 30 µm, Pileozystiden zerstreut, zylindrisch, teils angeschwollen, teils apikal verjüngt, nicht bis dreifach septiert, in SBA schwach grau bis graugelb. **Ch:** Guajak dunkelgrün bis blaugrün, $FeSO_4$ schnell blaugrün bis grünlich, Phenol weinbraun. (BK 6.122, 🖼).

15.1.94 *Russula cicatricata* Romagn. ex Bon Olivbrauner Herings-Täubling

H: 5–10 cm, matt, meist kupferrot, schmutzig olivocker bis beigeoliv, Mitte evtl. oliv-gelbgrün, orangebräunlich bis braunoliv. **L:** cremeblass, später blassgelblich, Schneiden etwas bräunend. **St:** bald deutlich längsrunzelig, weiß, bräunend. **F:** blasscreme, allmählich bräunend. **Ger:** erst schwach nach Heu, bald heringsartig. **Ges:** mild. **Spp:** hellocker bis ocker (IIIa–b). **V:** bei Birke *Betula*, evtl. Zitterpappel *Populus tremula*. **Mik:** Sporen mit bis 1 µm hohen, durch einige Grate verbundene Warzen, 7,5–9 × 6–8 µm, Haare der Huthaut von schlank mit verjüngter Spitze bis stark angeschwollen, nicht bis zweifach septiert, Pileozystiden in SBA schwach grauschwarz. **Ch:** Guajak schnell blau, $FeSO_4$ dunkelgrün, Phenol braun. (D 888, Kr 2.525, 🖼).

Ob *R. cicatricata* als eigene Art abgegrenzt werden kann oder mit *R. clavipes* zu einer Art gehört, muss noch geklärt werden.

Russula nuoljae Kühner: Hut typischerweise leuchtend rot, es können aber auch Grüntöne vorherrschen, oft bald schärflich; bisher gibt es Funde aus Schottland, Skandinavien, Estland, Tschechien und Russland in verschiedenen Habitaten bei Birke *Betula*. Sporen mit bis 0,8 µm hohen, durch recht viele, feine Linien verbundenen Warzen, Pileozystiden schlanker, im Durchschnitt maximal 5,5 µm breit, Endglieder der Huthauthaare am Hutrand nicht angeschwollen und meist zylindrisch.

15.1.95 *Russula subrubens* (J.E. Lange) Bon, *Russula chamiteae* Kühner Fleischrötlicher Herings-Täubling, Purpurlicher Herings-Täubling

H: 3–7 cm, leuchtend kirsch- bis purpurrot, später in der Mitte ockerlich, trocken matt, feucht schmierig glänzend. **L:** spröde, weiß, später ockergelb. **St:** weiß, Basis rot überhaucht und zunehmend gelblich fleckend. **F:** weiß. **Ger:** nach Fisch oder Krustentieren. **Ges:** mild. **Spp:** hellocker bis ocker (IIIa–b). **V:** vorwiegend bei Weide *Salix* in alpinen Lagen, jedoch auch in verschiedenen anderen Höhenstufen. **Mik:** Sporen mit bis 1 µm hohen, rund zur Hälfte fein verbundenen Warzen, 8–10 × 6–7,5 µm, Haare der Huthaut zylindrisch, schlank, Spitze schlanker, teils mit Einschnürungen, nicht bis zweifach septiert, selten verzweigt, Pileozystiden zylindrisch oder schwach keulig, mit leichten Einschnürungen, stumpf, Inhalt granulös, in SBA schwärzend. **Ch:** Guajak langsam und schwach blaugrün, $FeSO_4$ tief schwarzgrün, Phenol rotbraun. (BK 6.107, 🖼).

15.1.96 *Russula oreina* Singer Brauner Gebirgs-Täubling

H: 4,5–7,5 cm, blutrot, purpurn bis braun, teils ausblassend, ziemlich matt, Rand kurz gerieft, Huthaut bis zu einem Viertel abziehbar. **L:** creme, dann ocker. **St:** weiß oder rosa, bei Berührung und im Alter bräunend. **F:** mittelfest, weiß, leicht bräunend. **Ger:** fehlend oder angenehm. **Ges:** mild. **Spp:** ocker (IIIb–c). **V:** subalpin und alpin, bei Weißer Silberwurz *Dryas octopetala*. **Mik:** Sporen mit bis 0,6 µm hohen, meist isolierten Warzen, 10–14 × 8,5–10 µm, Haare der Huthaut zylindrisch-wellig, abgerundet, mehrfach verzweigt und septiert, Pileozystiden zahlreich. **Ch:** Guajak nach 3–4 min hellblau, nach 10–15 min intensiv himmelblau, $FeSO_4$ auf jungen Fruchtkörpern rötlich, auf braun verfärbten Stellen olivbraun.

Singer 1938 hat *R. oreina* aufgrund von Funden aus dem Altai-Gebirge in Zentralasien beschrieben und weist darauf hin, dass das Bräunen, die Reaktion auf $FeSO_4$ und das Sporenpulver die Verwandtschaft zu *R. xerampelina*, Roter Herings-Täubling zeigen, dass *R. oreina* von diesem aber der fehlende Geruch, das Habitat und gewisse Mikromerkmale unterscheiden und ihn in die Nähe von *R. integra*, Brauner Leder-Täubling rücken. Es ist keine Begründung zu finden, weshalb Singer 1986 *R. oreina* und *R. xerampelina* var. *pascua* als identisch einstuft.

15.1.97 *Russula fuscoochracea* Velen.: Hut 4–7 cm, bräunlich bis dunkel ockerbraun (ohne Rot- oder Olivton), Fleisch weiß bleibend; aus einem Mischwald in Jevany, Tschechien

15.1.93 *Russula clavipes,* Blassgraugrüner Herings-Täubling

15.1.94 *Russula cicatricata,* Olivbrauner Herings-Täubling

15.1.95 *Russula subrubens,* Fleischrötlicher Herings-Täubling

im Juli 1916. Sporen 8,5–10,5 × 7–8,5 µm. Gehört ebenfalls in die Nähe der Gruppe rund um *R. integra*, Brauner Leder-Täubling.

15.1.98 *Russula claroflava* Grove, *Russula flava* Romell
Gelber Graustiel-Täubling

H: 4–10 cm, gleichmäßig chromgelb, Rand später breit gerieft, Huthaut bis fast zur Mitte abziehbar. **L:** dicht, weiß, später buttergelb und langsam vom Hutrand her grau bis schwarz verfärbend. **St:** weiß, später typisch aderig grauend. **F:** weiß, später und besonders im Schnitt grauend bis schwärzend. **Ger:** leicht obstartig. **Ges:** mild, manchmal jung etwas schärflich. **Spp:** ocker (IIIb–c). **V:** vor allem unter Birke *Betula*, in Mooren. **Mik:** Sporen mit bis 1,2 µm hohen, isolierten oder fein zu einem Teilnetz verbundenen Warzen, 7,5–10 × 6–8 µm, Haare der Huthaut meist kopfig, stark verzweigt und kurzgliedrig septiert, Primordialhyphen inkrustiert, schlank, zylindrisch mit schmaleren Enden, septiert. **Ch:** Guajak sehr langsam schwach grünblau, $FeSO_4$ graurosa bis weinrot, Phenol rosa bis braunrot. (D 852, Kr 2.477, BK 6.110, 🖼).

15.1.99 *Russula decolorans* (Fr.) Fr.
Orangeroter Graustiel-Täubling

H: 5–10 cm, orange bis ziegelrot, später verblassend, evtl. vom Rand her grauend und stellenweise schwach gerieft, Huthaut zu einem Drittel abziehbar. **L:** dicht, weiß, später gelblich und vom Hutrand her grau bis schwärzlich verfärbend. **St:** oft relativ lang, schmutzig weißlich, später typisch aderig grauend. **F:** weiß, später und besonders im Schnitt grauend bis schwärzend. **Ger:** unbedeutend. **Ges:** mild. **Spp:** hellocker (IIc–IIIa). **V:** auf saurem Boden, besonders im Nadelwald bei Heidelbeere *Vaccinium*. **Mik:** Sporen mit bis 1,5 µm hohen, stumpfen, mehrheitlich mit feinen Linien oder kurzen Graten verbundenen Warzen, 8–11 × 7–8 µm, Haare der Huthaut schlank, wellig-zylindrisch, abgerundet, ein- bis zweifach septiert, verzweigt, Pileozystiden breit, keulig oder wurmförmig, ein- bis zweifach septiert, oft mit kurzem Endglied, in SBA grauschwarz. **Ch:** Guajak schnell und stark blaugrün, $FeSO_4$ hell graurosa, Phenol weinbraun. (D 853, Kr 2.500, BK 6.118, 🖼).

15.1.100 *Russula vinosa* Lindblad
Weinroter Graustiel-Täubling

H: 5–10 cm, trüb weinrot, auch etwas bräunlich, im Scheitel bisweilen olivlich aufhellend, Rand evtl. weißflockig und bereift, Haut bis zur Hälfte abziehbar. **L:** weißlich bis buttergelb, später vom Hutrand her langsam grau bis schwärzlich verfärbend. **St:** weiß, evtl. rosa überhaucht, später typisch grauend, beim Stielabschluss über dem Mycel schon bald als schwärzliche Adern zu sehen. **F:** weißlich, anfangs unter der Huthaut etwas weinrötlich, später überall grauend. **Ger:** schwach, erst leicht obstartig, später auch nach Most, Honig oder modrigem Weinfass. **Ges:** mild. **Spp:** hellocker bis ocker (IIIa–b). **V:** im Nadelwald. **Mik:** Sporen mit bis 1 µm hohen, schmalen isolierten Warzen, 8–11,5 × 6,5–8,5 µm, Haare der Huthaut schlank zylindrisch-wellig, teils kopfig, meist einfach septiert, wenig verzweigt, Primordialhyphen stark inkrustiert, zylindrisch, mehrfach septiert mit unterschiedlich angeschwollenen Zellen. **Ch:** Guajak langsam hellblau, $FeSO_4$ langsam und schwach rosa oder graulich, dann grünlichblau, Phenol weinrot, SV besonders am Exsikkat auf Stieloberfläche rot. (D 854, Kr 2.479, BK 6.212, 🖼).

15.1.101 *Russula paludosa* Britzelm.
Apfel-Täubling

H: 5–15 cm, leuchtend orangerot, apfelrot, anfangs auch blass, fast weiß, lange etwas schmierig, glänzend, Mitte dunkel oder auch orangerot, Rand gerieft, Huthaut bis über die Hälfte abziehbar. **L:** mandelweiß, später buttergelb, Schneiden evtl. etwas rot. **St:** fest, meist lang, feinaderig, weiß, meistens rosa angehaucht, manchmal grauend. **F:** weiß, unter der Huthaut rötlich. **Ger:** unbedeutend. **Ges:** mild, Lamellen jung schärflich. **Spp:** hellocker bis ocker (IIIa–b). **V:** im Nadelwald, auf moorigen Böden, auch in höheren Lagen. **Mik:** Sporen mit bis 1 µm hohen, schlanken, durch feine Linien und Grate teilnetzartig verbundenen Warzen, 8–11 × 7–9 µm, Haare der Huthaut schlank wurmförmig, meist einfach septiert und teilweise verzweigt, Pileozystiden zylindrisch bis schwach keulig, nicht bis zweifach septiert, in SBA schwach grauschwarz. **Ch:** Guajak langsam und eher schwach dunkel blaugrün, $FeSO_4$ unterschiedlich schnell graurosa oder gelbocker, Phenol weinbraun. (D 895, BK 6.176, 🖼).

15.1.102 *Russula velenovskyi* Melzer & Zvára
Ziegelroter Täubling

H: 4–8 cm, ziegelrot, orangebraun, Mitte evtl. gelblich, bräunlich aufhellend, jung oft mit Buckel, Rand im Alter gerieft, Huthaut bis über die Hälfte abziehbar. **L:** mandelweiß, später buttergelb. **St:** fest, aderig, weiß, Basis evtl. rosa. **F:** jung fest, weiß. **Ger:** unbedeutend. **Ges:** mild.

15.1.98 *Russula claroflava*, Gelber Graustiel-Täubling

15.1.99 *Russula decolorans*, Orangeroter Graustiel-Täubling

15.1.100 *Russula vinosa*, Weinroter Graustiel-Täubling

15.1.101 *Russula paludosa*, Apfel-Täubling

15.1.102 *Russula velenovskyi*, Ziegelroter Täubling

Spp: hellocker bis ocker (IIIa–b). **V:** im Laubwald oder bei eingestreuter Fichte *Picea*. **Mik:** Sporen mit bis 0,8 µm hohen, isolierten und wenigen durch feine Linien verbundenen Warzen, 6,5–9 × 5,5–6,5 µm, Haare der Huthaut zylindrisch bis spindelförmig, eingeschnürt oder kopfig, septiert, teilweise verzweigt, Pileozystiden zylindrisch, lang, apikal teilweise eingeschnürt, nicht oder einfach septiert, in SBA schwach grauschwarz, stellenweise schwach inkrustiert. **Ch:** Guajak rasch und ziemlich stark grünlichblau, $FeSO_4$ blassrosa, Phenol dunkel weinrot, Anilin auf Lamellen gelborange, dann bläulich. (D 896, Kr 2.497, BK 6.207, 🖼).

Russula rhodella E.-J. Gilbert, Rotscheibiger Täubling: Hut 3–7 cm, Fruchtkörper weniger gedrungen und somit fragiler wirkend. Sowohl Haare der Huthaut als auch Pileozystiden mehrfach septiert.

Russula cruentata Quél. & Schulzer, *R. velenovskyi* var. *cruentata* (Quél. & Schulzer) J. Blum, Blutübergossener Täubling: Hut nicht gebuckelt, Lamellenschneiden rosa; in sumpfigen Gebieten. Sporen mit teilweise bis ganz netzartigem Ornament, 7–10 × 6–7 µm.

15.1.103 *Russula melzeri* Zvára
Kleiner Reif-Täubling

H: 2–4 cm, leuchtend karminrot, Mitte dunkler violett bis schwarzrot und manchmal zart bereift oder oft fein gesprenkelt-rissig, Rand blasser, gegen karminrosa, selten mit einem Hauch Braun, gerieft, auch etwas rissig, Huthaut zu einem Drittel bis halb abziehbar. **L:** eher entfernt, erst blass, dann ocker. **St:** faltig, zylindrisch oder mit keulenförmiger Basis, glänzend, leicht schillernd, weiß, Spitze leicht gilbend. **F:** weich, zerbrechlich, weiß. **Ger:** unbedeutend oder leicht fruchtartig. **Ges:** mild oder jung Lamellen leicht schärflich. **Spp:** hellocker bis ocker (IIIa–b). **V:** im Laubwald, bei Buche *Fagus*, Hainbuche *Carpinus*, Eiche *Quercus* und Edelkastanie *Castanea*. **Mik:** Sporen mit stumpfen, bis 1,1 µm hohen, isolierten, vereinzelt durch kurze Grate bänderartig verbundenen Warzen, 6,5–9 × 5,5–7,5 µm, Haare der Huthaut kräftig, septiert, Endglieder zylindrisch bis verjüngt, basale Glieder aufgeblasen oder mit knotigen Ausstülpungen, verzweigt, Pileozystiden zylindrisch bis keulig, eher breit, mehrfach septiert, mit oft kurzen Endgliedern, in SBA teils schwach grauschwarz. **Ch:** Guajak von schnell und intensiv grünblau bis zu fast keiner Reaktion, $FeSO_4$ hellrosa, Phenol sehr langsam violett. (BK 6.163).

15.1.104 *Russula turci* Bres.
Jodoform-Täubling

H: 3–10 cm, lila, violett bis weinrot, auch bräunlich, meist mit dunkler Zone um die blassere Mitte, trocken matt, Rand evtl. bereift und besonders feucht gerippt-gerieft, Huthaut bis zwei Drittel und feucht ganz abziehbar. **L:** queradrig, hellcreme, später ocker bis gelb. **St:** weiß, bisweilen rosa überhaucht. **F:** weiß, später evtl. gelblich bis dottergelb. **Ger:** in der Stielbasis nach Jodoform, grünen Nussschalen. **Ges:** mild. **Spp:** hell- bis sattocker (IIIa–IVa). **V:** im Nadelwald, v. a. bei Kiefer *Pinus*. **Mik:** Sporen mit niedrigen, bis 0,6 µm hohen, mehrheitlich teilnetzartig bis fast netzartig verbundenen runden Warzen, 7–10 × 6–7,5 µm, Haare der Huthaut zylindrisch-wellig, stumpf, meist einfach septiert, verzweigt, Primordialhyphen stark inkrustiert, zylindrisch, voluminös, mehrfach septiert. **Ch:** Guajak langsam hellblau, $FeSO_4$ blass lachsrosa, Phenol weinbraun. (D 870, Kr 2.469, BK 6.206, 🖼).

R. turci var. *gilva* Einhell.: Hut von Anfang an gelb.

15.1.105 *Russula amethystina* Quél., *R. turci* var. *amethystina* (Quél.) Krieglsteiner, Amethyst-Täubling: Hut mit gelben Wasserflecken in der Mitte oder fast auf dem ganzen Hut; eher in höheren Lagen, v. a. bei Fichte *Pinus* und Tanne *Abies*, Sporenpulver eher dunkler ocker bis ockergelb (IIId–IVc). Sporen mit isolierten, allenfalls mit netzartig verbundenen Warzen durchmischt, Primordialhyphen bis über 10 µm breit und an den Septen eingeschnürt. (D 871, 🖼).

Russula lateritia Quél., Ziegelbrauner Täubling: tritt in sehr unterschiedlichen Formen auf und ist als zugehörig zu *R. turci*, *R. cremeoavellanea*, Haselnusscreme-Täubling, *R. laeta*, Freudiger Täubling oder *R. velenovskyi*, Ziegelroter Täubling interpretiert worden. Der Name sollte nicht mehr verwendet werden. (BK 6.152).

15.1.106 *Russula nitida* (Pers.) Fr.
Milder Glanz-Täubling

H: 2–6 cm, weinrot, rotbraun, purpurviolett, später evtl. gegen Oliv ausblassend, glänzend, Mitte oft dunkler, Rand stark und auffallend regelmäßig gerieft, Haut mehr als zur Hälfte abziehbar. **L:** mandelweiß, creme bis buttergelb. **St:** sehr zerbrechlich, weiß, Basis meist rosa angehaucht und keulig aufgeblasen. **F:** weiß. **Ger:** etwas fruchtartig, beim Trocknen evtl. auch nach Honig. **Ges:** mild, Lamellen evtl. leicht schärflich. **Spp:** ocker (IIIb–c). **V:** auf moorigen, sauren Böden, immer bei Birke *Betula*. **Mik:** Sporen mit isolierten, kräftigen, bis 1,5 µm hohen Warzen, 8–11 × 6,5–8,5 µm, Haare der Huthaut zylindrisch, etwas verjüngt, ein- bis zweifach septiert, teils verzweigt, Pileozystiden zahlreich, zylindrisch oder keulenförmig, ein- bis dreifach septiert, in SBA grauschwarz. **Ch:** Guajak schnell und intensiv blau, $FeSO_4$ blass orangerosa, Phenol weinbraun. (D 885, Kr 2.523, BK 6.169, 🖼).

15.1.104 *Russula turci*, Jodoform-Täubling

15.1.105 *Russula amethystina*, Amethyst-Täubling

15.1.106 *Russula nitida*, Milder Glanz-Täubling

Russula sphagnophila Kauffman: Hut zerbrechlicher, Stielspitze mit einem violetten Hauch; häufig in Torfmoos *Sphagnum* bei Birke *Betula*. Sporen mit teilnetzartig verbundenen Warzen. Ist gemäß Sarnari 2005 ein Synonym von *R. nitida*, in Nordamerika jedoch der gebräuchlichere Name.

15.1.107 *Russula saliceticola* (Singer) Kühner ex Knudsen & T. Borgen, Zwergweiden-Täubling: Hut 2–5,5 cm, dunkler und weniger gerieft; alpin, bei Zwergweide *Salix*. (🖼).

15.1.108 *Russula medullata* Romagn.
Ockersporiger Speise-Täubling

H: 6–11 cm, glatt, schmierig, glänzend, graugrün, olivgrau, haselbräunlich, manchmal sehr blass, Mitte bisweilen braunrot verdunkelt, Rand schwach gerieft, Huthaut zur Hälfte abziehbar. **L:** ziemlich entfernt, ockerfarben. **St:** weiß, Spitze erweitert. **F:** weiß. **Ger:** unauffällig. **Ges:** mild. **Spp:** hellocker bis ocker (IIIa–b). **V:** im Laubwald, v. a. bei Espe *Populus tremula*. **Mik:** Sporen mit bis 0,7 µm hohen, größtenteils isolierten Warzen, 6–8,5 × 5–6,5 µm, Haare der Huthaut eher breit, meist mehrfach septiert und kurzgliedrig, außer einigen langen, schlanken und verjüngten Endgliedern, Pileozystiden keulig bis spindelig-kopfig, eher schmal, nicht bis zweifach septiert, in SBA grauschwarz. **Ch:** Guajak langsam und schwach blau bis grün, $FeSO_4$ rosaorange, manchmal blass. (Kr 2.453, BK 6.160, 🖼).

Russula columbaria Velen.: wird von den meisten Autoren als Synonym von *R. medullata* betrachtet.

15.1.109 *Russula sanguinea* (Bull.) Fr., *Russula sanguinaria* (Schumach.) Rauschert
Blutroter Täubling, Blut-Täubling

H: 4–10 cm, leuchtend blutrot, nicht gleichmäßig satt gefärbt, sondern fein gemasert, evtl. ausblassend, erst glänzend, evtl. etwas schmierig, später matt, Rand glatt oder schwach gerieft, Huthaut nur am Rand etwas abziehbar. **L:** oft bogig und leicht herablaufend, creme, gelb fleckend. **St:** fest, weiß, blutrot überhaucht, Basis heller, evtl. gelblich. **F:** weißlich, fest. **Ger:** schwach obstartig. **Ges:** meist mäßig scharf, bitterlich. **Spp:** hellocker (IIIa). **V:** im Nadelwald. **Mik:** Sporen mit bis 0,8 µm hohen, mehrheitlich isolierten, wenige zusammenlaufend oder mit kurzen Graten verbundenen Warzen, 7–10 × 6–8,5 µm, Haare der Huthaut schmal, septiert und wenig verzweigt, Pileozystiden teils sehr lang, nicht bis mehrfach septiert, in SBA grauschwarz. **Ch:** Guajak langsam hellblau, in Lamellen rascher und dunkler, $FeSO_4$ blassrosa, Phenol bräunlich, KOH hellgelb. (D 920ff, Kr 2.574, BK 6.198, 🖼).

Verschiedene Autoren, wie z. B. Krieglsteiner 2000b, setzen die Priorität der Namen anders und betrachten *R. sanguinea* als Synonym von *R. sanguinaria*.

15.1.109a *R. sanguinea* f. *bianca* Cetto, Weißlicher Blut-Täubling: Hut und Stiel weiß. (🖼).

15.1.110 *Russula sulphurea* Velen., *R. sanguinaria* f. *sulphurea* (Velen.) Socha, Gelber Blut-Täubling: Hut gelb. (🖼).

15.1.111 *Russula helodes* Melzer, Sumpf-Täubling: Fleisch und vor allem im Alter Stielbasis zunehmend grau bis graubraun; im Nadel- oder Mischwald bei Torfmoos *Sphagnum* und Birke *Betula*. Sporen bis 10,5 µm lang und Warzen zu einem vollständigen Netz verbunden. (Kr 2.567, 🖼).

15.1.112 *Russula rhodopus* Zvára
Flammenstiel-Täubling

H: 3–10 cm, leuchtend rot, Mitte oft schwärzlich, evtl. gelbockerliche Flecken, wie lackiert glänzend, Huthaut bis gegen die Hälfte abziehbar. **L:** auffällig viele Zwischenlamellen, weißlich, später creme bis buttergelb. **St:** hart, fest, mit rosa überhauchten bis roten Zonen (geflammt), später von der Basis her bräunend, schmaler Kragen an der Stielspitze immer weiß. **F:** fest, weiß, später gilbend und weich, unter der Huthaut rot. **Ger:** leicht obstartig. **Ges:** etwas bitter und nachhaltig scharf. **Spp:** hellocker. **V:** im Fichtenwald *Picea*, auf saurem, feuchtem Boden, bis in höhere Lagen. **Mik:** Sporen mit niedrigen, bis 0,5 µm hohen, feinen, teils perlschnurartig oder überkreuzt verbundenen Warzen, 6–8,5 × 5–7 µm, Haare der Huthaut ein- bis zweifach septiert, langgliedrig, stumpf bis kopfig, teilweise verzweigt, Pileozystiden eher lang, meist verjüngt, nicht bis dreifach septiert, in SBA grauschwarz. **Ch:** Guajak langsam, aber intensiver blauoliv, $FeSO_4$ orangerosa, Phenol weinbraun. (D 918, Kr 2.573, BK 6.190, 🖼).

15.1.113 *Russula rubra* (Lam.) Fr.
Scharfer Zinnober-Täubling

H: 5–9 cm, lebhaft zinnoberrot, Rand in der Regel heller, trocken matt bis samtig, Rand scharf, Huthaut schwer abziehbar. **L:** weiß, später gelblich. **St:** weiß, später etwas gilbend, von der Basis her auch grauend. **F:** weiß, später leicht grauend. **Ger:** nach Honig. **Ges:** sehr scharf. **Spp:** ocker (IIIb–c). **V:** vor allem im Laubwald, bei Buche *Fagus*

15.1.107 *Russula saliceticola*, Zwergweiden-Täubling

15.1.108 *R. medullata*, Ockersporiger Speise-T.

15.1.109 *Russula sanguinea*, Blutroter Täubling

15.1.109a *R. sanguinea* f. *bianca*, Weißlicher Blut-T.

15.1.110 *Russula sulphurea*, Gelber Blut-Täubling

15.1.111 *Russula helodes*, Sumpf-Täubling

15.1.112 *Russula rhodopus*, Flammenstiel-Täubling

15.1.113 *Russula rubra*, Scharfer Zinnober-Täubling

oder Eiche *Quercus*. **Mik:** Sporen mit niedrigen, bis 0,5 µm hohen, isolierten oder kurzgratig bis perlschnurartig verbundenen Warzen, 7–9 × 6–8 µm, Haare der Huthaut wellig verjüngt, stumpf bis kopfig, ein- bis mehrfach septiert, meist mit längerer Endzelle, verzweigt, Pileozystiden meist sehr lang und breit, zylindrisch mit mehreren Anschwellungen, nicht bis zweifach septiert, einzelne fein inkrustiert, in SBA grauschwarz. **Ch:** Guajak schnell tiefblau, $FeSO_4$ gelblich, Phenol bräunlich. (D 872, BK 6.196, 🖼).

15.1.114 *Russula versicolor* Jul. Schäff.
Vielfarbiger Täubling

H: 3–8 cm, rötlichbraun, violett, grauocker, oft wolkig vermischt, Rand später leicht gerieft, Huthaut mehr als zur Hälfte abziehbar. **L:** creme, später buttergelb, ockerfleckig. **St:** weiß, langsam von der Basis her gilbend. **F:** weiß. **Ger:** evtl. obstartig, nach Pelargonien. **Ges:** mild, bei längerem Kauen evtl. scharf, bitter. **Spp:** hellocker bis ocker (IIIa–c). **V:** in Mischwäldern, Parks, bei Birke *Betula*. **Mik:** Sporen mit sehr niedrigen, bis 0,5 µm hohen, mehrheitlich fein und teilnetzartig verbundenen Warzen, Größe und Netz variabel, 6–9 × 4,5–7 µm, Haare der Huthaut zylindrisch, mehrfach septiert, stumpf, Basis oft büschelig verzweigt, Pileozystiden zylindrisch, unterschiedlich breit, abgerundet, oft mehrfach septiert und kurzgliedrig, in SBA schwach grauschwarz. **Ch:** Guajak unterschiedlich schnell mittelblaugrün, Lamellen schneller, $FeSO_4$ unterschiedlich rasch rosabräunlich, Phenol braun. (D 917, BK 6.209, 🖼).

15.1.114 *Russula versicolor*, Vielfarbiger Täubling

15.1.115 *Russula exalbicans* (Pers.) Melzer & Zvára,
Russula pulchella I.G. Borshch., *Russula depallens* (Pers.) Fr.
Verblassender Birken-Täubling

H: 4–10 cm, blass weinrötlich, rosa, auch teilweise oder ganz gelb- bis olivgrün, bald ausblassend, matt glänzend bis etwas speckig, am äußersten Rand meist rosa, jung glatt, später schwach gerieft, Huthaut am Rand, als feines Häutchen, evtl. auch bis gegen die Mitte abziehbar. **L:** oft etwas bogig, gedrängt, hellocker. **St:** weißlich, manchmal rosa überhaucht, später grauend. **F:** weiß bis graulich. **Ger:** evtl. etwas obstartig. **Ges:** jung in den Lamellen scharf, sonst fast mild. **Spp:** hellocker bis ocker (IIIa–c). **V:** unter Birke *Betula*, in Parks, in tieferen Lagen; ab Mai. **Mik:** Sporen mit bis 0,8 µm hohen, teils isolierten, teils perlschnurartig, seltener teilnetzartig verbundenen Warzen, 8–9,5 × 5,5–7 µm, Haare der Huthaut dünn, stumpf bis kopfig, wenig septiert, Basis teils verzweigt, Pileozystiden zahlreich, oft sehr lang, eher unregelmäßig breit, nicht, ein- oder zweifach septiert, in SBA unterschiedlich deutlich grauschwarz. **Ch:** Guajak langsam blass blaugrün, $FeSO_4$ graurosa, Phenol rötlichbraun. (D 928, Kr 2.566, BK 6.129, 🖼).

15.1.115 *Russula exalbicans*, Verblassender Birken-Täubling

15.1.116 *Russula zonatula* Ebbesen & Jul. Schäff., Stachelbeerroter Täubling: Hut 2–5 cm, stachelbeer- bis braunrot, gezont, Mitte dunkel, gegen den Rand ausblassend, dort manchmal mit Olivton, Lamellen creme, etwas queradrig, Stiel weiß, etwas glänzend, evtl. rostfleckig, mild im Stiel, bald deutlich scharf in den Lamellen; im Buchenwald *Fagus*. Sporen 7–9 × 7–8 µm, Haare der Huthaut und Pileozystiden mehrfach septiert. Sehr ähnlich wie *R. rhodella*, Rotscheibiger Täubling, welcher jedoch völlig mild ist.

15.1.117 *Russula acetolens* Rauschert, *Russula vitellina* Gray,
Russula lutea (Huds.) Gray, *R. risigallina* var. *acetolens* (Rauschert) Krieglst.
Gelber Hasel-Täubling,
Glänzendgelber Dotter-Täubling, Gelber Apotheken-Täubling

H: 2–5 cm, satt zitronengelb, glatt, auch trocken glänzend, Rand kurz gerieft, Huthaut fast ganz abziehbar. **L:** creme, bald gelborange, Schneiden heller. **St:** sehr brüchig, weiß, evtl. leicht rosa. **F:** weich, zerbrechlich, weiß, leicht gilbend. **Ger:** erst unbedeutend, später säuerlich, etwas nach Essiggurken. **Ges:** mild. **Spp:** sattocker bis dottergelb (IVd-e). **V:** im Laub- und Nadelwald, in Parks. **Mik:** Sporen mit bis 1 µm hohen, mehrheitlich isolierten, stellenweise durch kurze Grate verbundenen Warzen, 7–9 × 6–8 µm, Haare der Huthaut breit, wellig angeschwollen, oft kopfig, mehrfach septiert, Basis teilweise verzweigt, Primordialhyphen stark inkrustiert, schmal, zylindrisch, eher kurz, septiert. **Ch:** Guajak langsam hellblau, $FeSO_4$ blassrosa, Phenol rötlichbraun. (D 879, Kr 2.473, BK 6.191, 🖼).

15.1.118 *Russula ochracea* Fr., *R. chamaeleontina* var. *ochracea* Fr., *R. lutea* var. *ochracea* Singer, Ockerfarbener Chamäleon-Täubling: Hut 4–8 cm, ockerfarben, höchstens am Rand blassrosa schattiert, Fruchtkörper stämmig, Geruch auch im Alter unbedeutend.

15.1.117 *Russula acetolens*, Gelber Hasel-Täubling

15.1.119 *Russula risigallina* (Batsch) Sacc., *Russula chamaeleontina* (Lasch) Fr.
Dotter-Täubling, Wechselfarbiger Dotter-Täubling

H: 2–6 cm, gelb bis orangeocker, aprikosenfarben, auch rosa bis rot, Mitte aber immer gelblich, fast samtig matt, Rand schwach gerieft, Huthaut fast ganz abziehbar. **L:** creme, später goldgelb bis safranocker, Schneiden heller. **St:** sehr brüchig, weiß. **F:** weich, zerbrechlich, weiß, leicht gilbend. **Ger:** erst unbedeutend, später süßlich (Mirabellenkompott). **Ges:** mild. **Spp:** sattocker bis dottergelb (IVd–e). **V:** im Laub- und Nadelwald, in Parks. **Mik:** Sporen mit bis 1 µm hohen, mehrheitlich isolierten, stellenweise durch kurze Grate verbundenen Warzen, 6–9 × 5–7,5 µm, Haare der Huthaut schmal, wellig, keulig bis kopfig, mehrfach septiert und verzweigt, Primordialhyphen inkrustiert, zylindrisch bis etwas bauchig, mehrfach septiert, kurzgliedrig. **Ch:** Guajak langsam und schwach blau, $FeSO_4$ blassrosa, Phenol dunkel rötlichbraun, Anilin auf Lamellen orangebraun. (D 878, Kr 2.473, BK 6.192,).

15.1.119 *Russula risigallina*, Dotter-Täubling

15.1.120 *Russula postiana* Romell, *Russula olivascens* Fr.
Grünverfärbender Täubling

H: 3–6 cm, matt, höchstens leicht glänzend, gelb- bis mehrheitlich olivgrün, seltener auch violett, purpurfarben, gemischtfarbig oder hellere und dunklere (rötliche) Zonen oder Flecken, Rand im Alter gerieft, Huthaut gut abziehbar. **L:** queradrig, sattgelb bis orange. **St:** seidig bis feinflockig, weiß, Basis evtl. gilbend. **F:** weiß, leicht gilbend. **Ger:** frisch unbedeutend, evtl. etwas nach Katzendreck oder aromatisch nach Obst und Rosmarin, bei Reife nach Majoran oder gärendem Most. **Ges:** mild. **Spp:** sattocker bis dottergelb (IVd–e). **V:** in hochgelegenem Nadelwald. **Mik:** Sporen mit kräftigen, spitzigen, bis 1,2 µm hohen, isolierten oder selten zu kurzen Graten verbundenen Warzen, 8–10,5 × 7–9 µm, Haare der Huthaut breit keulig bis kopfig, kurz- oder langgestielt, ein- bis zweifach septiert, Basis verzweigt, Primordialhyphen stark inkrustiert, schmal, zylindrisch, etwas keulig, mehrfach septiert. **Ch:** Guajak langsam (20–30 s) blau, $FeSO_4$ bald aprikosenfarben, Phenol weinrot bis schwarz. (BK 6.182,).

15.1.120 *Russula postiana*, Grünverfärbender Täubling

15.1.121 *Russula nauseosa* (Pers.) Fr.
Geriefter Weich-Täubling

H: 2–6 cm, fleischrosa bis violettbraun, auch gelbgrünlich bis oliv mit meist blasserem Rand, glänzend, Rand bis zur Hälfte höckerig gerieft, Huthaut fast ganz abziehbar. **L:** creme, später lebhaft gelb, evtl. etwas scheckig. **St:** weiß, von der Basis ockerfleckig. **F:** weiß. **Ger:** anfangs unauffällig, später säuerlich, obstartig, beim Eintrocknen unangenehm. **Ges:** mild, nach einiger Zeit in den Lamellen etwas scharf. **Spp:** sattocker bis ockergelb (IVb–c). **V:** im Nadelwald, besonders bei Fichte *Picea*, vor allem in höheren Lagen; Juni bis Oktober. **Mik:** Sporen mit bis 1,2 µm hohen, mehrheitlich isolierten, vereinzelt kurz verbundenen Warzen, 7–10 × 6–8 µm, Haare der Huthaut zylindrisch, keulig-kopfig oder verjüngt, verzweigt, septiert und kurzgliedrig, Pileozystiden zylindrisch bis keulig, breit, teils mit kurzen Ausstülpungen, meist mehrfach septiert, in SBA schwach grauschwarz. **Ch:** Guajak schnell mittelstark blaugrün, $FeSO_4$ hellrosa, Phenol weinrot. (D 881, Kr 2.514, BK 6.167,).

15.1.121 *Russula nauseosa*, Geriefter Weich-Täubling

15.1.122 *Russula laricina* Velen.
Lärchen-Weich-Täubling

H: 3–7 cm, von lila über weinrot zu violettbraun, auch gelb- bis grauockerlich, seidig glänzend, Rand im Alter gerieft, Huthaut fast ganz abziehbar. **L:** weißlich, später ockergelb. **St:** weiß, allenfalls schwach grauend. **F:** weiß. **Ger:** unauffällig, eher unangenehm. **Ges:** mild. **Spp:** sattocker bis satt ockergelb (IVb–d). **V:** im Nadelwald, vorwiegend bei Lärche *Larix*, in höheren Lagen; Juni bis September. **Mik:** Sporen mit bis 1,5 µm hohen, kräftigen, stumpfen, teils isolierten, teils perlschnurartig verbundenen Warzen, 8–9,5 × 6–7,5 µm, Haare der Huthaut zylindrisch, ein- bis dreifach septiert, mit verjüngten, eher langen Endgliedern, meist verzweigt, Pileozystiden variabel, keulig, teils mit Ausstülpungen, ein bis vierfach septiert, in SBA grauschwarz. **Ch:** Guajak langsam (20–30 s) mittelblaugrün bis blassblau, $FeSO_4$ blass graurosa, Phenol weinrot. (D 882, BK 6.151,).

15.1.122 *Russula laricina*, Lärchen-Weich-Täubling

15.1.123 *Russula cessans* A. Pearson
Kiefern-Täubling

H: 3–8 cm, weinviolett, weinrot, auch heller, evtl. grünocker, besonders in der Mitte, matt glänzend, später körnig, Rand heller, oft etwas rosa, schwach gerieft, Huthaut mehr als zur Hälfte, evtl. bis zur Mitte abziehbar. **L:** hellocker, später goldgelb. **St:** weiß, ± grauend. **F:** weiß. **Ger:** unbedeutend. **Ges:** mild. **Spp:** sattocker bis ockergelb (IVa–c). **V:** im Nadelwald, besonders bei Kiefer *Pinus*; September bis November. **Mik:** Sporen mit halbkugeligen, bis 1 µm hohen, perlschnur- bis teilnetzartig verbundenen Warzen, 7–9 × 6–8,5 µm, Haare der Huthaut schlank, wellig-zylindrisch mit abgerundeter oder verjüngter Spitze,

15.1.123 *Russula cessans*, Kiefern-Täubling

ein- bis mehrfach septiert, kurzgliedrig, teilweise verzweigt, Pileozystiden zahlreich, variabel, zylindrisch bis keulig, teil mit Ausstülpungen, mehrfach septiert, in SBA mehrheitlich gauschwarz. **Ch:** Guajak schnell intensiv blau, $FeSO_4$ blass rosagelb, dann rosagrau, Phenol weinbraun. (D 883, Kr 2.512, BK 6.106, 🖼).

Russula ruberrima Romagn., Karminroter Täubling: Hut 4–6 cm, leuchtend blutrot, karmesinrot mit schwarzroter Mitte, Rand deutlich gerieft, Sporenpulver IVc; vorwiegend unter Birke *Betula,* auch im Nadelwald. Sporen mit spitzen, bis 1,1 µm hohen Warzen, 7–8,5 × 6–7 µm. (D 880).

15.1.124 *Russula melitodes* Romagn.
Palisander-Täubling

H: 3–8 cm, weinrot bis -braun, Mitte heller, matt bis seidig glänzend, Rand lange eingebogen, schwach gerieft, Huthaut fast ganz abziehbar. **L:** jung hellcreme, später sattgelb. **St:** weiß, später gilbend, Basis evtl. braunfleckig. **F:** weiß, etwas gilbend. **Ger:** unauffällig, im Schnitt bisweilen säuerlich-fruchtartig, wenn trocken und warm evtl. nach Honig. **Ges:** mild, nussartig. **Spp:** sattocker bis satt ockergelb (IVb–e). **V:** bei Laubbäumen wie Hainbuche *Carpinus,* Eiche *Quercus,* Grünerle *Alnus alnobetula.* **Mik:** Sporen mit bis 1,3 µm hohen, mehrheitlich isolierten und wenigen kurz verbundenen Warzen, 8–11 × 7,5–9,5 µm, Haare der Huthaut zylindrisch, keulig, kopfig oder verjüngt, einfach septiert, meist verzweigt, Primordialhyphen stellenweise stark inkrustiert, fädig verjüngt, nicht bis zweifach septiert, in SBA unverändert, beim Exsikkat in Anilin intensiv rot, Pileozystiden keulig und breit oder mittelbreit und zylindrisch, einfach septiert, Enden in SBA grauschwarz. **Ch:** Guajak augenblicklich und intensiv blaugrün, $FeSO_4$ rosa oder schmutzig rosa, Phenol braun. (BK 6.161).

15.1.125 *Russula roseicolor* J. Blum
Rosenfarbiger Täubling

H: 3–6 cm, rosa- bis weinrot, teils mit entfärbten, in der Hutmitte oft cremegelblichen Stellen, jung glänzend und schleimig, dann matt, Rand oft hochgebogen, gerieft, Huthaut bis zu zwei Dritteln abziehbar. **L:** jung hellcreme, später blassocker. **St:** oft kurz, weiß, selten rosa gefleckt, Basis keulig. **F:** eher fest, weiß. **Ger:** unauffällig. **Ges:** mild. **Spp:** sattocker (IVb–c). **V:** bei Laubbäumen, v. a. Eiche *Quercus.* **Mik:** Sporen mit bis 0,8 µm hohen, meist isolierten und einigen fein verbundenen Warzen, 7–9 × 6–7,5 µm, Haare der Huthaut unregelmäßig keulig, bauchig, teils gekrümmt, ein- bis mehrfach septiert, meist verzweigt, Primordialhyphen stellenweise stark inkrustiert, schlank, zylindrisch, mehrfach septiert. **Ch:** Guajak langsam und schwach grünlichblau, $FeSO_4$ blass rosaockerlich, Phenol langsam purpurbraun, SV am Exsikkat ohne Verfärbung.

15.1.126 *Russula odorata* Romagn.
Duftender Zwerg-Täubling

H: 3–6 cm, schmutzig lila bis weinrot, Mitte weinbraun, bisweilen olivlich ausblassend, Rand leicht gerieft, Huthaut fast ganz abziehbar. **L:** brüchig, creme, später goldgelb. **St:** weiß, leicht gilbend. **F:** weiß, später etwas gelblich. **Ger:** frisch nach Pelargonien, später etwas süßlich, fruchtartig. **Ges:** mild, Lamellen jung etwas scharf. **Spp:** ockergelb bis satt ockergelb (IVc–d). **V:** im Laubwald, Mischwald, in Parks, auf sandig-lehmigem Boden. **Mik:** Sporen mit bis 1 µm hohen, mit kräftigen Graten und feinen Linien teilnetzartig verbundenen Warzen, 6,5–8,5 × 5,5–7 µm, Haare der Huthaut zylindrisch, kopfig oder verjüngt, ein- bis dreifach septiert, Basis mit Ausstülpungen oder verzweigt, Pileozystiden zylindrisch, breit, abgerundet, mehrfach septiert, in SBA grauschwarz. **Ch:** Guajak schnell blaugrün, $FeSO_4$ langsam ockerorange, Phenol weinbraun. (BK 6.172, 🖼).

15.1.127 *Russula aurea* Pers., *Russula aurata* Fr.
Gold-Täubling

H: 4–9 cm, leuchtend orange, goldgelb bis rot, lange schmierig glänzend, Huthaut frisch kaum oder bis maximal zur Hälfte abziehbar. **L:** lange blasscreme, Schneiden schließlich leuchtend gelb. **St:** weiß, später gelb überhaucht. **F:** weiß, unter der Huthaut zitronengelb. **Ger:** unbedeutend. **Ges:** mild. **Spp:** ocker bis ockergelb (IIIc–IVb). **V:** im Laub- und Nadelwald. **Mik:** Sporen mit bis 1 µm hohen, mit breiten Graten teilnetzartig verbundenen Warzen, 7–10 × 6–8,5 µm, Haare der Huthaut verjüngt bis leicht kopfig, ein- bis mehrfach septiert, teilweise verzweigt, Primordialhypen und Pileozystiden fehlend. **Ch:** Guajak schnell und intensiv grünblau, $FeSO_4$ schnell hell graurosa bis orangerosa, Phenol braun. (D 897, BK 6.99, 🖼).

Die Gelbtöne können fehlen, auch die Hutfarbe kann kastanienbraun sein. In diesem Fall ist die Art im Mikroskop anhand der HDS zu erkennen, die aufgrund der fehlenden Pileozystiden und Primordialhyphen weder in SBA noch in Karbolfuchsin eine Verfärbung zeigt.

15.1.128 *Russula roseipes* Secr. ex Bres.
Rosastieliger Täubling

H: 4–7 cm, rosa, orange, rot, oft verblassend gelblich-creme, feucht schmierig, Rand jung bereift, Huthaut weniger als zur Hälfte abziehbar. **L:** blass, später ocker bis orangegelb. **St:** meist größtenteils rosa punktiert (Lupe!) auf weißem Grund. **F:** weiß bis creme. **Ger:** unbedeutend. **Ges:** mild. **Spp:** ockergelb bis satt ockergelb (IVa–d). **V:** vor allem bei Kiefer *Pinus,* in höheren Lagen. **Mik:** Sporen mit bis 1 µm hohen, durch feine Linien oder perlschnurartig verbundenen Warzen, 7–10 × 6–9 µm, Haare der Huthaut zylindrisch-knorrig mit abgerundeter, teils unförmiger Spitze, mehrfach septiert und kurzgliedrig,

15.1.126 *Russula odorata,* Duftender Zwerg-Täubling

15.1.127 *Russula aurea,* Gold-Täubling

15.1.128 *Russula roseipes,* Rosastieliger Täubling

meist verzweigt, Primordialhyphen inkrustiert, lang, oft breit und stumpf, mehrfach septiert. **Ch:** Guajak langsam blass- bis mittelblau, $FeSO_4$ rasch blass rosaorange, Phenol braun. (BK 6.195, 🖾).

15.1.129 *Russula font-queri* Singer
Rotstieliger Zwerg-Täubling

H: 3–7 cm, ziegelorange, auch kupfer- oder karminrot, Mitte meist dunkler, Rand gerieft, Huthaut bis gut zur Hälfte abziehbar. **L:** gelblich, später dunkelgelb. **St:** fest, runzelig, weiß, evtl. rosa überhaucht. **F:** weiß. **Ger:** evtl. schwach obstartig. **Ges:** mild bis leicht schärflich. **Spp:** sattocker bis ockergelb (IVa–c). **V:** vor allem bei Birke *Betula*. **Mik:** Sporen mit niedrigen, selten bis 1 µm hohen, isolierten oder durch kurze feine Grate verbundenen Warzen, 6,5–8,5 × 5,5–7 µm, Haare der Huthaut schlank, zylindrisch-wellig, verjüngt und stumpf oder kopfig, wenig septiert, teils verzweigt, Pileozystiden lang, zylindrisch-wellig, teils mit Ausstülpungen, ein- bis mehrfach septiert, in SBA grauschwarz. **Ch:** Guajak langsam blass- bis mittelblau, $FeSO_4$ blass gelblich oder orangerosa, Phenol schmutzig violett, dann bräunlich. (BK 6.137).

Russula aurantiaca (Jul. Schäff.) Romagn., Orange-Täubling: Sporen mit isolierten, bis 1,2 µm hohen Warzen, 8–9 × 6,5–7,5 µm, Pileozystiden keulig, ein- bis mehrfach septiert, Basalzellen teils mit wenigen, aber großen Inkrustationen, in SBA lediglich mit kleinen grauen Körnchen.

Möglicherweise stimmt die von Singer 1947 ursprünglich beschriebene Art nicht mit der obigen Interpretation überein, hat etwas helleres, sattocker gefärbtes Sporenpulver (IVa) und ist nicht völlig mild (Sarnari 2005).

15.1.130 *Russula laeta* Jul. Schäff. 🍴
Freudiger Täubling, Leuchtendroter Täubling

H: 3–8 cm, Rand leuchtend rot, Mitte dunkel-, kupfer-, braunrot oder blassorange, Rand gerieft, Huthaut bis gut zur Hälfte abziehbar. **L:** gelblich, dann sattocker. **St:** weiß, selten blassrot. **F:** ziemlich weiß, fest. **Ger:** evtl. schwach obstartig oder etwas nach Zedernholz. **Ges:** mild, Lamellen etwas adstringierend. **Spp:** sattocker bis satt ockergelb (IVc–d). **V:** im Laubwald. **Mik:** Sporen mit bis 1,3 µm hohen, dünnen, spitzen, isolierten Warzen, 7–9 × 5,5–8 µm, Haare der Huthaut keulig-spindelig, ein- bis zweifach septiert, teils verzweigt, Pileozystiden lang und zylindrisch mit schlanker Spitze, wenige auch keulig, ein- bis dreifach septiert, schwach inkrustiert, Enden in SBA teilweise grauschwarz. **Ch:** Guajak mittelschnell (18 s) intensiv blau, $FeSO_4$ blass orangerosa, Phenol rosabräunlich. (D 898, Kr 2.491, 🖾).

Russula lutensis Romagn. & Le Gal, Gelbgetönter Täubling: Hut hell- über kupfer- bis purpurrot, stellenweise elfenbein- bis ockerfarben, selten in der Mitte schwärzlich, Rand nur im Alter schwach gerieft, Stiel meist kürzer als die Hutbreite, Geruch fruchtartig, Geschmack mild, Sporenpulver sattocker (IVb). Huthaut mit dunkelroten Klümpchen in Pigment-Vakuolen (Jurkeit & Krauch 2001).

15.1.131 *Russula pseudointegra* Arnould & Goris
Ockerblättriger Zinnober-Täubling

H: 4–15 cm, orange- bis kirsch- oder zinnoberrot, rosa, Mitte evtl. ockerlich, matt, später glatt, Rand höchstens alt gerieft, Huthaut ein bis zwei Drittel abziehbar. **L:** dicht, jung fast weiß, dann hellocker, später ocker. **St:** fest, runzelig, weiß, evtl. grauend. **F:** weiß. **Ger:** obstartig mit einer Menthol- und Geraniumkomponente. **Ges:** bitter, mild bis etwas scharf, adstringierend. **Spp:** sattocker (IVb). **V:** im Laubwald, Park. **Mik:** Sporen mit niedrigen, bis 0,8 µm hohen, runden, meist teilnetzartig fein verbundenen Warzen, 7–8,5 × 6–8 µm, Haare der Huthaut zylindrisch-wellig, abgerundet, teils kopfig, ein- bis zweifach septiert, teilweise verzweigt, Primordialhyphen in kleinen Bündeln, inkrustiert, sehr lang, schlank, Spitze verjüngt bis kopfig, mehrfach septiert, vereinzelt keulig-kopfige Zellen mit Inhalt, in SBA ohne Färbung. **Ch:** Guajak fast keine Reaktion, $FeSO_4$ hell gelbbraun, Phenol braun, SV johannisbeerrot. (D 873, Kr 2.487, BK 6.184, 🖾).

Russula tinctipes J. Blum ex Bon, Stielverfärbender Täubling, Gelbsporiger Rosen-Täubling: Hut 5–9 cm, kräftig apfelrot, Mitte etwas dunkler, fleckig, teils auch zu creme ausgeblasste Stellen, Rand heller, Oberfläche feinrunzelig, schwach glänzend, Rand etwas heruntergebogen, leicht wellig, gerieft, Huthaut bis zur Hälfte abziehbar, Stiel weiß, selten mit einem Hauch Rosa. Sporen mit meist runden, niedrigen, bis 0,5 µm hohen, isolierten, einige auch durch feine Linien verbundenen Warzen, 7,5–10 × 6,5–8,5 µm, Pileozystiden, lang, zylindrisch oder keulig-spindelig aufgeblasen, mehrfach septiert, einige leicht bis kräftig inkrustiert. Guajak rasch und intensiv blaugrün, $FeSO_4$ graulich rosa, SV unbekannt.

15.1.132 *Russula caerulea* Fr., *Russula amara* Kučera 🍴
Buckel-Täubling

H: 4–12 cm, purpurviolett, weinrot, braunviolett oder mit Stich ins Blaue, glänzend, auffällig gebuckelt, Rand höchstens schwach gerieft, Huthaut teils nur kurz, teils mehr als zur Hälfte abziehbar. **L:** creme, später ockergelb. **St:** weiß, Basis evtl. gelblich und verjüngt. **F:** weiß, unter der Huthaut violettlich. **Ger:** obstartig. **Ges:** mild, stellenweise (Huthaut) bitterlich. **Spp:** sattocker (IVa–b). **V:** im Kiefernwald *Pinus*. **Mik:** Sporen mit bis 1,2 µm hohen, oft durch feine Linien zu Graten oder teilnetzartig verbundenen Warzen, 6–9 × 6–8 µm, Haare der Huthaut schlank zylindrisch-wellig, septiert, Basalzellen kopfig verbreitert und teils verzweigt, Primordialhyphen spärlich inkrustiert, lang, schlank, verjüngt und mehrfach septiert. **Ch:** Guajak langsam und

15.1.130 *Russula laeta*, Freudiger Täubling

15.1.131 *Russula pseudointegra*, Ockerblättriger Zinnober-Täubling

15.1.132 *Russula caerulea*, Buckel-Täubling

schwach blaugrün, $FeSO_4$ langsam schwach rosaorange, Phenol braun, SV am Stiel johannisbeerrot. (D 891, BK 6.103,).

15.1.133 *Russula olivacea* (Schaeff.) Fr. (🍴)
Rotstieliger Leder-Täubling

H: 9–20 cm, wechselfarbig, vor allem anfangs vorwiegend Olivtöne, weinrot, Ockertöne, matt, feinfilzig, Rand oft mit konzentrisch-aderiger Maserung, glatt, Huthaut nur am Rand abziehbar. **L:** buttergelb bis ockergelb, Schneiden vom Rand her bisweilen etwas rötlich. **St:** weiß, von der Spitze her karminrosa überlaufen, evtl. ganzer Stiel sattrosa, etwas braunfleckig. **F:** fest, knackig, weißlich, später ledergelblich. **Ger:** unbedeutend. **Ges:** mild. **Spp:** ockergelb bis sattockergelb (IVc–d). **V:** vorwiegend im Buchenwald *Fagus* (auch bei Fichte *Picea*), bis in höhere Lagen. **Mik:** Sporen mit bis 1,5 µm hohen, zerstreuten, größtenteils isolierten, teils zu kleinen Graten zusammenfließenden Warzen, 8–12 × 6–10 µm, Haare der Huthaut variabel, meist zylindrisch, septiert und kurzgliedrig, stellenweise breit aufgeblasen, verjüngt oder kopfig, weder Primordialhyphen noch Pileozystiden. **Ch:** Guajak schnell und intensiv blau, $FeSO_4$ rasch orange, Phenol purpurviolett, wie Heidelbeersaft, KOH rehbraunrot (auch Lamellen). (D 892, Kr 2.510, BK 6.173,).

Es gibt Meldungen, dass der Genuss dieses Pilzes ernste Beschwerden verursacht hat. Vermutlich ist dies auf ungenügendes Kochen zurückzuführen.

15.1.134 *Russula alutacea* (Fr.) Fr., *Russula olivascens* Fr. 🍴
Weinbrauner Leder-Täubling, Glänzender Leder-Täubling

H: 5–15 cm, violett-, weinrötlich, purpur, evtl. olivbraune oder grüne Töne, Rand glatt, Huthaut nur am Rand abziehbar. **L:** gelblichcreme, später ockergelb. **St:** hart, weiß, bisweilen von der Basis her rosa überlaufen, gilbend. **F:** fest bis hart, weiß, gilbend. **Ger:** leicht fruchtartig. **Ges:** mild. **Spp:** sattocker bis satt ockergelb (IVb–d). **V:** im Laubwald. **Mik:** Sporen mit runden, bis 1 µm hohen, mehrheitlich durch unterschiedlich dicke Linien perlschnur- oder teilnetzartig verbundenen Warzen, 8–11 × 7–9,5 µm, Haare der Huthaut wellig-zylindrisch, verjüngt oder kopfig, mehrfach septiert, Endglieder lang, «Pseudoprimordialhyphen»-Endglieder mit gelbem Inhalt, in Kongorot feinst inkrustiert, weder Primordialhyphen noch Pileozystiden. **Ch:** Guajak langsam und schwach blaugrün, $FeSO_4$ sofort fleischrosa, Phenol langsam (nach 1 min) purpurviolett, KOH gelborange (auch Lamellen), Anilin fleischrot, auf Lamellen gelb. (BK 6.90,).

15.1.135 *Russula vinosobrunnea* (Bres.) Romagn., Weinbrauner Täubling: Hut dunkler purpurschwärzlich, -braun. Sporen mit spitzen, bis 1,2 µm hohen, teils isolierten, teils perlschnurartig verbundenen Warzen, «Pseudoprimordialhyphen» etwas dickwandig langgliedrig septiert. (BK 6.213,).

15.1.136 *Russula integra* (L.) Fr. 🍴
Brauner Leder-Täubling

H: 4–12 cm, trocken glänzend, feucht schmierig, sehr verschiedenfarbig: gelb- bis schokoladenbraun, auch Violett-, Rot-, Olivtöne, Rand glatt oder schwach gerieft, Huthaut bis gegen die Hälfte abziehbar. **L:** fast frei, creme, später sattocker. **St:** fest, oft aderig, weiß, Basis bisweilen mit gelben Flecken. **F:** fest, weiß, unter der Huthaut evtl. weinrötlich. **Ger:** unbedeutend. **Ges:** mild, nussartig. **Spp:** ockergelb bis satt ockergelb (IVc–d). **V:** im Nadelwald, bis in hohe Lagen. **Mik:** Sporen mit bis 1,4 µm hohen, isolierten Warzen, 8,5–11 × 7,5–9 µm, Haare der Huthaut fädig oder gekrümmt, schlank zugespitzt, verzweigt und septiert, Primordialhyphen spärlich, schwach inkrustiert, Pileozystiden schmal, zylindrisch-keulig, schwach inkrustiert, in SBA grauschwarz. **Ch:** Guajak langsam, aber intensiv blaugrün, stärker auf den Lamellen und der Stielspitze, $FeSO_4$ blass gelblich bis graurosa, Phenol braun, KOH auf Hut rostorange, Anilin auf Lamellen junger Fruchtkörper gelb. (D 893, Kr 2.490, BK 6.148,).

R. integra var. *oreas* Romagn., Hellsporiger Leder-Täubling: Sporenpulver etwas dunkler (IVd), v. a. unreife Lamellen schmecken bisweilen scharf. Sporen kleiner als 10 µm mit Warzen bis 0,8 µm.

15.1.137 *Russula carpini* R. Girard & Heinem. 🍴
Hainbuchen-Täubling

H: 4–12 cm, braunolivliche bis braunrote Flecken auf grünlichem Grund, Rand gerieft, oft ockerrosa, Huthaut ganz abziehbar. **L:** creme, später dotterorange. **St:** oft aufgeblasen, weißlich, braungelb verfärbend. **F:** weiß, zerbrechlich. **Ger:** schwach obstartig. **Ges:** mild, Lamellen jung bisweilen schärflich. **Spp:** sattocker bis dottergelb (IVd–e). **V:** in Laubwäldern, Parks, vor allem unter Hainbuche *Carpinus*; Juni bis September. **Mik:** Sporen mit bis 1,7 µm hohen, isolierten, teils etwas gekrümmten Warzen, 7,5–10 × 6,5–8,5 µm, Haare der Huthaut schlank, septiert, Basis verzweigt, Pileozystiden keulig bis spindelig,

15.1.133 *Russula olivacea*, Rotstieliger Leder-Täubling

15.1.134 *Russula alutacea*, Weinbrauner Leder-Täubling

15.1.135 *Russula vinosobrunnea*, Weinbrauner Täubling

15.1.136 *Russula integra*, Brauner Leder-Täubling

15.1.137 *Russula carpini*, Hainbuchen-Täubling

nicht bis mehrfach septiert, in SBA schwach bis deutlich grauschwarz. **Ch:** Guajak rasch und intensiv blau, $FeSO_4$ rosagelblich, Phenol braun. (Kr 2.501, BK 6.104,).

15.1.138 *Russula curtipes* F.H. Møller & Jul. Schäff.
Kurzstieliger Leder-Täubling

H: 5–14 cm, weinrosa, weinrot bis kakaobraun, Mitte oft blass ockerbräunlich, feucht klebrig, trocken glanzlos, oft mit runden Fraßlöchern, Rand höchstens alt gerieft, Huthaut kaum abziehbar. **L:** oft gegabelt, creme, später ockergelb. **St:** meist kurz, weiß, evtl. etwas gelblich. **F:** ziemlich fest, weiß. **Ger:** schwach obstartig, trocken evtl. käsig, nach Baldrian. **Ges:** mild. **Spp:** ocker bis sattocker (IIIc–IVa). **V:** im Laubwald, vor allem bei Buche *Fagus*. **Mik:** Sporen mit bis 0,9 µm hohen, isolierten, gratig oder teilnetzartig verbundenen Warzen, 7–9,5 × 6,5–8 µm, Haare der Huthaut zylindrisch-knorrig, teilweise verzweigt, mehrfach septiert und kurzgliedrig oder seltener mit längeren schlanken Endgliedern, Pileozystiden zylindrisch oder keulig, mit kleinen Ausstülpungen, mehrfach septiert, in SBA grauschwarz. **Ch:** Guajak schnell tiefblau, $FeSO_4$ graurosa, Phenol eher blassbraun. (D 894, BK 6.114,).

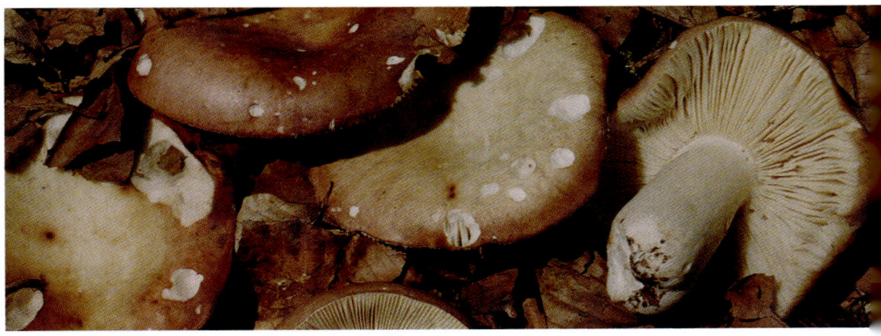
15.1.138 *Russula curtipes*, Kurzstieliger Leder-Täubling

15.1.139 *Russula romellii* Maire
Weißstieliger Leder-Täubling, Wechselfarbiger Leder-Täubling

H: 6–15 cm, braun- bis violettrot, selten einfarbig, vor allem in der Mitte auch ledergelb, grüngelb, oliv, ocker, am Rand meistens mit einem violetten Saum, glänzend, glatt oder schwach gerieft, Huthaut bis zur Mitte abziehbar. **L:** creme, später ocker bis dottergelb. **St:** oft keulig aufgeblasen, weiß, selten etwas rosa. **F:** fest, weiß. **Ger:** unbedeutend. **Ges:** mild. **Spp:** ockergelb bis satt ockergelb (IVc–d). **V:** im Laubwald, in tiefen Lagen; Juni bis Oktober. **Mik:** Sporen mit bis 0,8 µm hohen, durch unterschiedlich dicke Linien teil- bis netzartig verbundenen Warzen, 6–9 × 5,5–7 µm, Haare der Huthaut fädig verjüngt, mehrfach septiert, Basis oft verzweigt, Pileozystiden spärlich, lang, keulig oder abgerundet, ein- bis zweifach septiert, in SBA schwach grauschwarz. **Ch:** Guajak langsam blau bis graugrün, $FeSO_4$ aprikosenfarben, Phenol hell rotbraun. (Kr 2.502, BK 6.193,).

15.1.139 *Russula romellii*, Weißstieliger Leder-Täubling

15.1.140 *Russula rubroalba* (Singer) Romagn., Rotweißer Täubling: Hut festfleischig, leuchtend wein-, purpur- bis zinnoberrot, im Zentrum auch deutlich heller, Stiel ohne Rosa; Vorsommer und Sommer. (BK 6.197,).

15.1.140 *Russula rubroalba*, Rotweißer Täubling

15.1.142 *R. cremeoavellanea*, Haselnusscreme-T.

15.1.141 *Russula sericatula* Romagn.
Schwachreagierender Leder-Täubling

H: 5–13 cm, braun, weinbraun, violett, Mitte ockerlich oder olivlich ausblassend, trocken matt, Rand seidig glänzend, im Alter gerieft, Huthaut mehr als zur Hälfte abziehbar. **L:** creme, später hellocker mit gelborangem Schimmer. **St:** weiß, etwas grauend. **F:** weiß, langsam grauend oder bräunend. **Ger:** leicht fruchtartig oder säuerlich. **Ges:** mild. **Spp:** sattocker (IVa–b). **V:** im Laubwald, vor allem bei Hainbuche *Carpinus*. **Mik:** Sporen mit bis 1,8 µm hohen, spitzen, größtenteils isolierten Warzen, 6,5–9,5 × 6–8 µm, Haare der Huthaut wellig-zylindrisch, teils angeschwollen bis ballonartig, Spitze abgerundet, verzweigt und mehrfach septiert, Primordialhyphen kräftig inkrustiert, zylindrisch, teils etwas angeschwollen. **Ch:** Guajak schnell dunkelblau, $FeSO_4$ langsam hellgelb, später ockerlich, Phenol weinbraun. (Kr 2.478, BK 6.200).

15.1.142 *Russula cremeoavellanea* Singer
Haselnusscreme-Täubling, Rosabrauner Täubling

H: 4–8 cm, cremebeige, haselnussfarben oder cremegelb bis cremeoliv, Rand oft mit rosafarbenen oder rotbräunlichen Flecken, Huthaut knapp bis zur Hälfte abziehbar. **L:** queradrig, creme- bis strohgelb. **St:** weiß, später graubräunlich. **F:** weiß unter der Huthaut und im Schnitt zunehmend gelbbräunlich. **Ger:** schwach obstartig. **Ges:** mild, mit der Zeit etwas schärflich. **Spp:** sattocker (IVb). **V:** in höheren Lagen (über 1200 m) bei Birke *Betula*. **Mik:** Sporen mit bis 1 µm hohen, teils isolierten, teils mit kurzen Graten, selten mit feinen Linien verbundenen Warzen, 7–8 × 6–6,5 µm, Haare der Huthaut schmal und stumpf, mehrfach septiert, verzweigt, Primordialhyphen und Pileozystiden lang, schmal, inkrustiert, mehrfach septiert und in SBA teils schwach grauschwarz. **Ch:** Guajak sofort und intensiv blaugrün, $FeSO_4$ ocker oder blassrosa, Phenol rötlichbraun. (BK 6.112,).

15.1.143 *Russula badia* Quél.
Zedernholz-Täubling

H: 5–15 cm, blut- bis braunrot, auch Violetttöne, helle Flecken, Mitte dunkler, glänzend, feucht schmierig, Rand höckerig gerieft, Huthaut feucht zur Hälfte abziehbar. **L:** dicht, creme, später hellocker, Schneiden bisweilen rötlich. **St:** hart, weiß, meist rosa überhaucht oder geflammt. **F:** weiß. **Ger:** nach Zedernholz (Bleistift). **Ges:** scheint erst mild, nach längerem Kauen sehr scharf. **Spp:** ocker bis sattocker (IIIc–IVa). **V:** im Nadelwald, auf saurem Boden, bis in höhere Lagen. **Mik:** Sporen mit bis 1 µm hohen, kurz, fein und perlschnur- bis teilnetzartig verbundenen Warzen, 7–10 × 6–8 µm, Haare der Huthaut schlank knorrig-zylindrisch, verjüngt, aber stumpf, verzweigt und septiert, Pileozystiden meist breit, lang, selten kurz, nicht bis mehrfach septiert, in

15.1.143 *Russula badia*, Zedernholz-Täubling

SBA schwach grauschwarz. **Ch:** Guajak langsam blass blaugrün, $FeSO_4$ rosaorange, Phenol weinbraun, Anilin auf Lamellen schmutzig gelborange. (D 930, BK 6.101,).

15.1.144 *Russula maculata* Quél.
Gefleckter Täubling

H: 4–13 cm, lebhaft rot, auch violettlich, nach Orange bis Ocker verblassend, meist typisch rotfleckig, matt (Mitte etwas glänzend), Huthaut nur am Rand abziehbar. **L:** creme, später gelb bis orangeocker. **St:** fest, weißlich, stellenweise rosa überhaucht, später grauend, Basis ockergelblich. **F:** weißlich. **Ger:** evtl. zuerst nach Zedernholz, dann schwach obstartig. **Ges:** mäßig scharf. **Spp:** ockergelb bis satt ockergelb (IVc–d). **V:** im Laubwald, in tieferen Lagen; Juni bis November. **Mik:** Sporen mit niedrigen, vereinzelt bis 1 µm hohen, isolierten bis fein teilnetzartig verbundenen Warzen, 8–10 × 7–9 µm, Haare der Huthaut wellig, oft kopfig, ein- bis dreifach septiert und manche verzweigt, Pileozystiden eher schlank, nicht oder einfach septiert, in SBA schwach grauschwarz. **Ch:** Guajak je nach Literatur langsam oder schnell wenig intensiv blau, $FeSO_4$ langsam blassocker, Phenol braun, Anilin auf Lamellen dunkelorange. (D 932, Kr 2.586, BK 6.158,).

15.1.144a *R. maculata* var. *alba* (Velen.) Singer, *Russula alba* Velen., Gefleckter Täubling, weiße Varietät: Hut creme- bis elfenbeinfarben mit ockerbraunen Flecken. ( ).

15.1.145 *Russula globispora* Quél., Rundsporiger Täubling: Hut 4–9 cm, orangerot bis purpurrot, Zentrum und Rand oft gelblich ausblassend, trocken matt, feucht fettig glänzend bis klebrig, Stiel ohne Rosa, Verfärbung der Basis bis braun, Geschmack zuerst mild, dann mäßig scharf; vorwiegend auf kalkreichem Boden. Sporen kugelig und groß mit bis 1,5 µm hohen, mehrheitlich isolierten Warzen, 9,5–12 × 8–11 µm. (BK 6.141,).

15.1.146 *Russula intermedia* P. Karst., *Russula lundellii* Singer
Weicher Dotter-Täubling

H: 5–15 cm, apfelrot bis orange, evtl. stellenweise gelb entfärbend, glänzend, Rand höchstens alt schwach gerieft, Huthaut zur Hälfte abziehbar. **L:** lange blass, dann hellocker. **St:** fest, weiß, alt oder nach Regen etwas graulich, Basis evtl. braunschorfig. **F:** weißlich. **Ger:** schwach obstartig. **Ges:** mäßig scharf, bitter. **Spp:** sattocker bis dottergelb (IVd). **V:** unter Birke *Betula*, vor allem auf moorigem Boden; Juli bis Oktober. **Mik:** Sporen mit bis 0,9 µm hohen, isolierten bis perlschnur- oder teilnetzartig verbundenen Warzen, 6–8,5 × 5–7,5 µm, Haare der Huthaut zylindrisch-wellig, abgerundet, manche verjüngt oder kopfig, ein- bis zweifach septiert, teils verzweigt, Pileozystiden schwach keulig, lang, eher schlank, einige mit Ausstülpungen, kaum septiert, in SBA grauschwarz. **Ch:** Guajak langsam unterschiedlich intensiv olivgrün, $FeSO_4$ schwach ocker bis rosa, Phenol weinbraun. (D 931/933, Kr 2.585, BK 6.156,).

15.1.147 *Russula rutila* Romagn.
Gelbblättriger Spei-Täubling

H: 3–6 cm, rosa, rot, Mitte entfärbend, Huthaut zur Hälfte abziehbar. **L:** creme, später butter- bis ockergelb. **St:** fest, später zerbrechlich, weiß, etwas bräunend. **F:** weiß. **Ger:** sehr schwach fruchtartig. **Ges:** sehr scharf, vor allem in den Lamellen. **Spp:** ockergelb bis satt ockergelb (IVc–d). **V:** im Laubwald, v. a. bei Eiche *Quercus* oder Hainbuche *Carpinus*. **Mik:** Sporen mit bis 1,3 µm hohen, teils isolierten, teils durch feine Linien oder dicke Grate verbundenen Warzen, 7,5–9,5 × 6,5–8 µm, Haare der Huthaut teils aufgeblasen, stumpf, mehrfach septiert und verzweigt, kurzgliedrig, Pileozystiden zahlreich, breit, zylindrisch-keulig, ein- bis mehrfach septiert, in SBA schwach grauschwarz, Basis schwach inkrustiert. **Ch:** Guajak schwach blau, $FeSO_4$ graurosa, Phenol rötlich-braun. (Kr 2.545).

R. rutila f. *oxydabilis* Romagn. mit stärkerer Guajak-Reaktion.

15.1.148 *Russula veternosa* Fr.
Scharfer Honig-Täubling

H: 3–10 cm, hellocker, evtl. mit rosa Ton, gelb, Mitte weißlich, Rand fleischrosa, v. a. bei schlankeren Exemplaren gerieft, Huthaut bis gegen die Hälfte abziehbar. **L:** creme, später dottergelb. **St:** bald aderig runzelig, weiß, alt auch graulich. **F:** weich, weiß. **Ger:** erst nach Obst und Pelargonien, dann honigartig. **Ges:** wenig bis deutlich scharf. **Spp:** sattocker (IVa–b). **V:** im Laubwald, vor allem bei Buche *Fagus*. **Mik:** Sporen mit bis 1,5 µm hohen, teils verbogenen isolierten Warzen, 6,5–8,5 × 6–7 µm, Haare der Huthaut schlank, zylindrisch, Enden gewellt bis kopfig, mehrfach septiert, und verzweigt, Pileozystiden breit, zylindrisch, mehrfach septiert mit kurzen Endgliedern, seltener wenig septiert mit langen Endgliedern, in SBA grauschwarz. **Ch:** Guajak ziemlich schnell und mittelstark blaugrün, $FeSO_4$ grau- bis orangerosa, Phenol rötlichbraun, Anilin auf Lamellen orangebraun. (Kr 2.587, BK 6.211,).

15.1.149 *Russula vinosopurpurea* Jul. Schäff.
Purpurfleckiger Täubling

H: 4–10 cm, dunkel purpurrot, braunrot, scheckig mit anderen Rot-, auch Ockertönen, Huthaut zur Hälfte abziehbar. **L:** creme, später ocker bis dottergelb. **St:** weiß, bald schmutzig, von der Basis her bräunend. **F:** schmutzig weißlich, evtl. grünlicher Schein. **Ger:** unbedeutend. **Ges:** scharf. **Spp:** sattocker bis dottergelb (IVd–e). **V:** im Laubwald. **Mik:** Spo-

15.1.144 *Russula maculata*, Gefleckter Täubling

15.1.144a *Russula maculata* var. *alba*, Gefleckter Täubling, weiße Varietät

15.1.145 *Russula globispora*, Rundsporiger Täubling

15.1.146 *Russula intermedia*, Weicher Dotter-Täubling

15.1.148 *Russula veternosa*, Scharfer Honig-Täubling

ren mit bis 1,8 µm hohen, isolierten, unregelmäßig verteilten Warzen, 8–10 × 6,5–8 µm, Haare der Huthaut schlank, oft verjüngt, mehrfach septiert und verzweigt, Pileozystiden meist lang, variabel zylindrisch, teils mit Ausstülpungen, ein- bis zweifach septiert. **Ch:** Guajak augenblicklich blau, oft nur mäßig intensiv, $FeSO_4$ schnell gelborange, später grünlichgrau, Phenol wein- bis violettrot.

15.1.150 *Russula decipiens* (Singer) Bon
Weinroter Dotter-Täubling

H: 4–11 cm, dunkel purpurrot, braunrot, auch heller fleischrot, Mitte oft ockerlich, oliv, glänzend, Huthaut unterschiedlich, z. T. bis gegen die Mitte abziehbar. **L:** bald dottergelb. **St:** weiß, später evtl. bräunlich. **F:** leicht grauend. **Ger:** schwach obstartig. **Ges:** mäßig bis deutlich scharf. **Spp:** sattocker bis dottergelb (IVe). **V:** im Laubwald, Wärme liebend. **Mik:** Sporen mit bis 1 µm hohen, mit feinen Linien oder Graten teilnetzartig verbundenen Warzen, 7–9,5 × 6–8 µm, Haare der Huthaut schmächtig, zylindrisch-wellig, abgerundet bis kopfig, mehrfach septiert und verzweigt, Pileozystiden unterschiedlich lang, keulig bis spindelig, selten einfach septiert, in SBA mehrheitlich grauschwarz. **Ch:** Guajak unterschiedlich schnell dunkelblau, $FeSO_4$ dunkel orangerosa, Phenol weinbraun. (Kr 2.581, BK 6.117, 🖼).

Russula cristata Romagn., Fleischfarbiger Scharf-Täubling: Hut klein, bis 4 cm breit, olivgelb mit rötlichbraunen oder olivfarbenen Flecken, buntscheckig, Sporenpulver IVc–d. Sporen nur bis 8 µm lang, Warzen bis 0,8 µm hoch.

15.1.150 *Russula decipiens*, Weinroter Dotter-Täubling

15.1.151 *Russula dryadicola* R. Fellner & Landa, *R. maculata* var. *alpina* Singer
Silberwurz-Täubling

H: 3–7 cm, rotbraun, nach Orange bis Ockergelb verblassend, meist typisch rotfleckig, trocken seidig matt, feucht schmierig glänzend, Rand schwach gerieft, Huthaut nur am Rand abziehbar. **L:** creme, später gelb bis orangeocker. **St:** fest, weißlich, von der Basis her ockergelblich. **F:** weißlich. **Ger:** schwach obstartig. **Ges:** mild bis mäßig scharf. **Spp:** sattocker (IVa–b). **V:** vorwiegend in alpiner Zwergstrauchheide, bei Silberwurz *Dryas*, seltener subalpin bei Birke *Betula*; Sommer bis Herbst. **Mik:** Sporen mit bis 1,2 µm hohen, isolierten, teils kommaförmigen Warzen, 8,5–11,5 × 7,5–10 µm, mehrheitlich 4-sporig, Haare der Huthaut zylindrisch, etwas verjüngt, ein- bis zweifach septiert, verzweigt, Pileozystiden am Hutrand breiter als im Zentrum, zylindrisch bis keulig, ein- bis zweifach septiert, in SBA nicht oder schwach grauschwarz. **Ch:** Guajak dunkelgrün, $FeSO_4$ schnell blassrosa. (BK 6.121, 🖼).

Knudsen et al. 2018 erachten *R. dryadicola* als Synonym von *R. heterochroa*.

15.1.152 *Russula heterochroa* Kühner, *Russula olivobrunnea* Ruots. & Vauras, Verschiedenfarbiger Täubling, Olivbrauner Täubling: Hut 2–4 cm, dunkelpurpurrot bis olivbraun und Mitte so bleibend, Ränder verblassen, Huthaut weit abziehbar, Stiel weiß, evtl. leicht rosa, Fleisch weiß, unter Huthaut rosa, Geruch frucht- oder schwach fischartig, Geschmack mild, Sporenpulver IIIc. Sporen 9,5–11,5 × 7,5–9,5 µm, oft 2-sporig.

15.1.151 *Russula dryadicola*, Silberwurz-Täubling

15.1.153 *Russula firmula* Jul. Schäff.
Scharfer Glanz-Täubling

H: 3–6 cm, braun-, blauviolett, violettpurpur, Rand erst bereift, dann glänzend, Huthaut zur Hälfte abziehbar. **L:** creme, später ocker bis dottergelb, Schneiden heller. **St:** relativ hart, weiß. **F:** fest, weiß. **Ger:** schwach obstartig. **Ges:** im Stiel eher mild, Lamellen langsam brennend scharf. **Spp:** sattocker bis dottergelb (IVd–e). **V:** vor allem im Nadelwald in höheren Lagen. **Mik:** Sporen mit teils kurzen, konischen, meist aber bis 1 µm hohen, isolierten, bisweilen kommaförmigen Warzen, 8–10,5 × 7–8,5 µm, Haare der Huthaut schlank, kopfig bis zugespitzt, ein- bis zweifach septiert, eher langgliedrig, verzweigt, Pileozystiden keulig-zylindrisch, nicht bis dreifach septiert, in SBA grauschwarz. **Ch:** Guajak eher langsam mittelblau bis dunkelgrün, $FeSO_4$ ockerrosa, Phenol weinbraun. (D 929, Kr 2.583, BK 6.134, 🖼).

15.1.153 *Russula firmula*, Scharfer Glanz-Täubling

15.1.154 *Russula adulterina* (Fr.) Peck
Scharfer Braun-Täubling

H: 6–12 cm, ocker-, gelb-, grau-, violettbraun, Rand gerieft, Huthaut weniger als zur Hälfte abziehbar. **L:** creme, später ocker. **St:** relativ fest, glänzend, weiß, später grauend. **F:** weiß, unter der Huthaut oliv. **Ger:** obstartig. **Ges:** scharf. **Spp:** sattocker bis dottergelb (IVe). **V:** im Nadelwald, im Gebirge. **Mik:** Sporen mit bis 1 µm hohen, isolierten Warzen, 8–13 × 7–11 µm, Haare der Huthaut schlank, fädig auslaufend, teils septiert und verzweigt, mit langen Endgliedern, Pileozystiden teils breit aufgeblasen, mehrfach septiert, in SBA hell graubraun. **Ch:** Guajak schnell und intensiv blau, $FeSO_4$ dunkel graurosa, Phenol weinbraun. (BK 6.84, 🖼).

15.1.154 *Russula adulterina*, Scharfer Braun-Täubling

15.1.155 *Russula cuprea* J.E. Lange
Purpurbrauner Dotter-Täubling, Scharfer Kupfer-Täubling

H: 2–11 cm, kupfer-, kastanien-, purpur-, weinbraun bis violett, olivlich entfärbend, oft vielfarbig, Rand schwach gerieft, Huthaut mehr als zur Hälfte abziehbar. **L:** zerbrechlich, bald gold-, orangegelb. **St:** weiß, etwas bräunend. **F:** weiß, stellenweise etwas gilbend.

15.1.155 *Russula cuprea*, Purpurbrauner Dotter-Täubling

Ger: unbedeutend. **Ges:** sehr scharf. **Spp:** sattocker bis dottergelb (IVe). **V:** im Laubwald, vor allem unter Hainbuche *Carpinus.* **Mik:** Sporen 8–10 × 7–9 µm mit bis 1,5 µm hohen, kaum verbundenen Warzen, Haare der Huthaut zylindrisch mit Ausstülpungen, stumpf oder verjüngt, mehrfach septiert und verzweigt, Pileozystiden oft lang, zylindrisch, mit Ausstülpungen, mehrfach septiert, in SBA teils schwach grauschwarz. **Ch:** Guajak langsam und schwach blaugrün, $FeSO_4$ ockerrosa, Phenol bräunlich. (BK 6.113, 🖾).

Russula juniperina Ubaldi, Wacholder-Täubling: Hut 5–8 cm, leuchtend blutrot, auch orangerot, Mitte oft cremefarben, oft mild; unter Wacholder *Juniperus* und Eiche *Quercus.* Guajak meistens schnell blaugrün.

15.1.156 *Russula gigasperma* Romagn., Riesenspor-Täubling: Hut ebenfalls vielfarbig, vor allem aber violettbraun; bei Laubbäumen. Sporen 10–12 × 8–10 µm, Haare der Huthaut breiter (über 3,5 µm). (BK 6.140, 🖾).

15.1.157 *Russula urens* Romell, Brennender Grün-Täubling: Hut vorwiegend in Grüntönen, oft verblassend, Rand stark gerieft; im Nadelwald. (🖾).

15.1.156 *Russula gigasperma,* Riesenspor-Täubling

15.1.157 *Russula urens,* Brennender Grün-Täubling

15.2 *Lactarius,* Milchlinge und Ähnliche

Basidiomycota, Ständerpilze > *Agaricomycetes* > *Russulales,* Täublingsartige > *Russulaceae,* Täublingsverwandte

Beschreibung

Persoon 1797 beschrieb die Gattung ***Lactarius*** wie folgt: «Hut fleischig, meistens niedergedrückt, Lamellen milchend.» Damit sind die wesentlichen Merkmale genannt. Mit *Russula,* Täublinge aus der gleichen Familie besteht die Gemeinsamkeit des typisch brüchigen, beim Brechen nicht fasernden Fleisches. Die Hutfarbe ist sehr verschieden, außer lebhaftem Orange erscheint sie meist in gebrochenen Farbtönen. Bei frischen und jungen Pilzen tritt an verletzten Stellen eine Flüssigkeit aus, die Milch oder Latex genannt wird. Farbe, Menge und Verfärbungen dieses Milchsafts an der Luft sind charakteristische Merkmale der verschiedenen Arten. Bei alten, insbesondere vertrockneten Exemplaren kann der Milchfluss versiegen. Dann ist man auf die anderen Merkmale angewiesen. Derbfleischige Arten mit samtiger Hutoberfläche wie z. B. Wolliger Milchling, Pfeffer-Milchling oder der rotbraune Milchbrätling sind in der Gattung ***Lactifluus*** zusammengefasst.

Milchlinge sprießen vorwiegend vom Sommer bis in den späten Herbst. Sie sind alle Mykorrhizapilze und wachsen ausschließlich in der Nähe von Bäumen. Bei einigen Arten können es verschiedene Bäume sein, während andere sich nur im Zusammenhang mit einer engen Baumartengruppe oder gar nur einer einzelnen Baumart entwickeln können.

Die Sporen zeigen alle ein amyloides Ornament von feinen bis starken, 0,2–3 µm hohen Wärzchen, mit meistens streifig bis netzartig verbundenen Rippen. An der Stelle, wo die Sporen an der Basidie angewachsen waren, bleibt ein kleiner Fortsatz, der Apikulus. Daran angrenzend befindet sich die Plage, eine kleine, glatte, etwas plattgedrückte Fläche. Diese kann gar nicht, teilweise oder ganz amyloid sein. Einige Arten weisen auffällige Makrozystiden an den Lamellenseiten (Pleuromakrozystiden) oder an den Schneiden (Cheilomakrozystiden) auf. Die Struktur der Hutdeckschicht (HDS) unterscheidet sich durch eher parallele, ineinander verflochtene, überwiegend liegende oder mehrheitlich aufrechte Hyphen. Die Elemente können schmal oder breit bis kugelig sein, mit oder ohne schmalere Endglieder in der obersten, teils gelatinösen Schicht.

Bestimmung

Die Bestimmung der Arten in vier Gruppen basiert im ersten Schritt auf der Farbe und der Verfärbung der Milch.

- Milch orange oder erst weiß und bald violett, rosa bis braunrot verfärbend (A)
- Milch erst weiß und bald gelb verfärbend (B)
- Milch farblos bis weiß und so bleibend oder grau, grünlich, bräunlich werdend
  - Hut klebrig bis schleimig oder Rand fransig-zottig (C1)
  - Hut auch jung nicht klebrig, trocken (C2)

Die von Anfang an orange bis weinrote Milchfarbe verschiedener Reizker ist sofort und unzweifelhaft zu erkennen. Bei den anderen Arten tritt die Milch erst weiß oder wässrig aus und kann sich dann innert Sekunden, Minuten oder auch Stunden verfärben. Da es beim Pflücken und Transportieren der Pilze meistens Verletzungen der Fruchtkörper mit austretender Milch gibt, sind auch Verfärbungen, die eine Entwicklungszeit brauchen, beim Aussortieren der Funde oft schon vorhanden. In einigen Fällen sind zusätzliche Untersuchungen erforderlich. Es gibt Arten, bei denen die Milch nur auf dem Fleisch oder nur getrennt vom Fleisch auf einer weißen Unterlage Verfärbungen zeigt. Im Weiteren dienen die üblichen Merkmale wie Größen, Hutoberflächen, Lamellen, Stiel, Geruch, Geschmack, Standort und teilweise auch mikroskopische Merkmale zur Unterscheidung. Bei Geschmack und Geruch kann ebenfalls Geduld nötig sein. Es gibt nicht nur milde, scharfe oder bitter schmeckende Arten, sondern auch solche, die erst mild sind und nach einiger Zeit bitter oder scharf werden. Ebenso werden Gerüche oft erst beim Eintrocknen der Pilze deutlich.

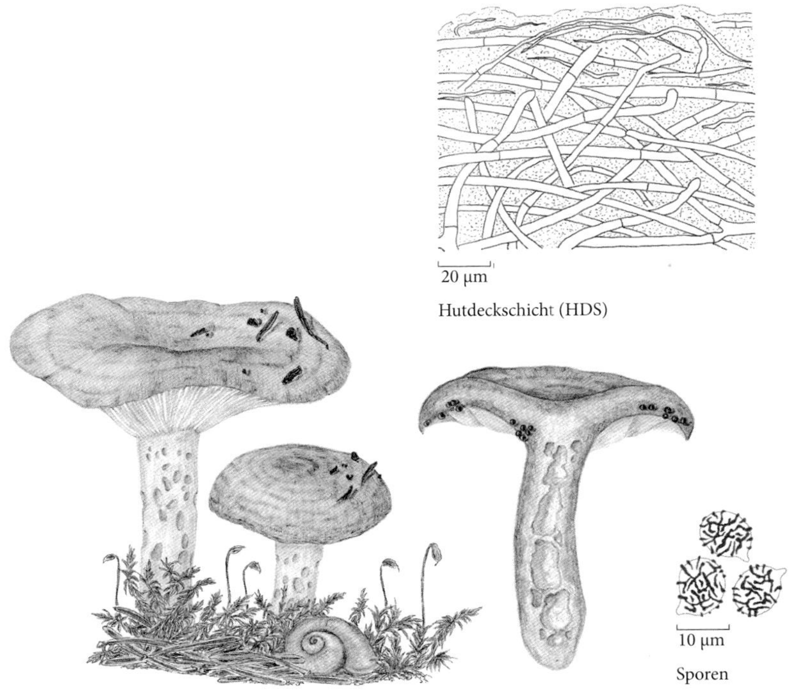

15.2.03 *Lactarius salmonicolor,*
Lachs-Reizker

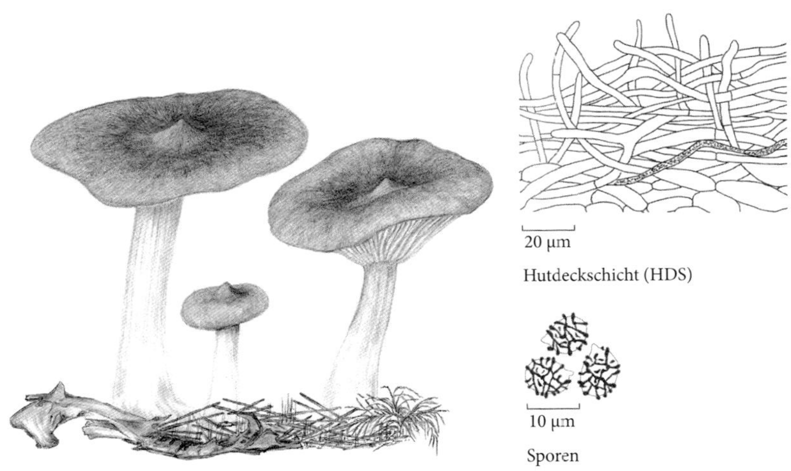

15.2.89 *Lactarius rufus,*
Rotbrauner Milchling

Speisewerte

Analog zu den Täublingen gilt die Regel, dass scharf schmeckende Milchlinge nicht bekömmlich sind. Es werden aber nicht alle, sondern nur ausgewählte milde Milchlinge für die Küche empfohlen. *Lactifluus volemus,* Milchbrätling und die verschiedenen orange milchenden Reizker-Arten sind gute Speisepilze, sollen jedoch nur gebraten und nicht gekocht werden. *Lactarius lignyotus,* Kaminfeger-Milchling und *Lactarius picinus,* Pechschwarzer Milchling können beliebig zubereitet werden und eignen sich auch für Mischgerichte. Weitere milde Arten wie *Lactarius aurantiacus,* Orange-Milchling oder *Lactarius subdulcis,* Süßlicher Buchen-Milchling werden hier nicht als Speisepilze markiert, je nach Literatur aber auch als essbar bezeichnet. Als Gewürzpilze werden *Lactarius camphoratus,* Kampfer-Milchling und in kleinen Mengen z. B. auch *Lactifluus piperatus,* Pfeffer-Milchling genannt. Da größere Mengen giftig wirken können, werden sie hier nicht empfohlen. Einige scharf schmeckende Arten, bei denen stärkere Beschwerden bekannt wurden, sind explizit als giftig taxiert.

15.2 *Lactarius,* Milchlinge
(A) Milch orange oder erst weiß und bald violett, rosa bis braunrot verfärbend

- Milch von Anfang an rot oder orange
  - Milch im frischen Schnitt karottenrot, orange, Hutfarben mit Orange
    - Milch karottenrot, dann weinrot verfärbend (evtl. erst nach 30 Minuten)
      - Stiel nicht grubig, Hut und Lamellen leicht bis deutlich grün verfärbt
        - bei Fichte, Milch karottenrot, nach 10 min rot, nach 1 h weinrot — **01 *Lactarius deterrimus,* Fichten-Reizker**
        - bei Kiefer, Hut bald mit Grün, Milch nach 5 min rot, n. 20 min weinrot — 02 *Lactarius semisanguifluus,* Spangrüner Kiefern-Reizker
      - Stiel grubig
        - Stiel stark grubig, Hut ohne Grün, bei Weißtanne — **03 *Lactarius salmonicolor,* Lachs-Reizker**
        - Stiel vereinzelt grubig, Hut meist deutlich mit Grün, bei Kiefer — 02 *Lactarius semisanguifluus,* Spangrüner Kiefern-Reizker
    - Milch ± karottenrot bleibend, Lamellen grün verfärbend, Hut gezont, bei Kiefer
      - Hut mit lebhaft lachsrötlichem Farbanteil, silbergrau überfasert — 04 *Lactarius deliciosus,* Edel-Reizker
      - Hut dumpf grauorange, unter der Huthaut bläulich — 05 *Lactarius quieticolor,* Wechselblauer Edel-Reizker
  - Milch im frischen Schnitt wein- bis blutrot, bei Kiefer — 06 *Lactarius sanguifluus,* Weinroter Kiefern-Reizker
- Milch weiß, dann Milch oder Fleisch violett verfärbend
  - Hut beige, ockerbraun, ockergrau oder violettgrau bis violettbraun
    - im Laub- oder Nadelwald, Hut meist > 4 cm
      - Hut schleimig, kaum gezont, Spp. weißlich, sumpfiger Wald, v. a. bei Birke — 07 *Lactarius uvidus,* Klebriger Violett-Milchling
      - Hut fettig, klebrig, nicht schleimig, oft gezont, Spp. ocker, im Laubwald
        - Verletzungen stark dunkelviolett verfärbend — 08 *Lactarius violascens,* Trockener Violett-Milchling
        - Verletzungen leicht violett verfärbend, Hut oft wasserfleckig — 09 *Lactarius luridus,* Fahler Milchling
    - alpine Zone, Hut meist < 4 cm
      - Hut vorwiegend graubraun, Geruch unauffällig — 10 *Lactarius pseudouvidus,* Falscher Violett-Milchling
      - Hut vorwiegend braunviolett, Geruch nach Zedernöl, Juchtenleder — 11 *Lactarius brunneoviolaceus,* Violettbrauner Milchling
      - Hut creme, später ocker, Ger. nach Pelargonien, dann getrockneten Äpfeln — 17 *Lactarius salicis-reticulatae,* Netzweiden-Milchling
  - Hut cremegelb bis ockergelb
    - Hutrand fransig-zottig
      - im Laub- oder Nadelwald — 12 *Lactarius repraesentaneus,* Zottiger Violett-Milchling
      - alpine Zone — 13 *Lactarius dryadophilus,* Silberwurz-Milchling
    - Hutrand und Hut ± glatt
      - im Laubwald, verletzte Stellen dunkel braunviolett — 14 *Lactarius flavidus,* Hellgelber Violett-Milchling
      - im feuchten Weiden- oder Birkenwald, verletzte Stellen lila — 15 *Lactarius aspideus,* Blasser Violett-Milchling
      - alpine Zone, Fleisch im Schnitt langsam lila verfärbend
        - Hut gelb bis ockergelb, eher saurer Boden, Sporenornament bis 0,5 µm — 16 *Lactarius salicis-herbaceae,* Weiden-Milchling
        - Hut creme bis hellocker, Boden kalkhaltig, Sporenornament bis 0,3 µm — 17 *Lactarius salicis-reticulatae,* Netzweiden-Milchling
- Milch weiß, dann Milch oder Fleisch rosa bis braunrot verfärbend (evtl. langsam)
  - Hut & Stiel dunkel- bis schwarzbraun, Fleisch etwas rötl. verfärbend, Nadelwald
    - Lamellen jung weiß, Hut oft spitz gebuckelt, Stielspitze rillig — **18 *Lactarius lignyotus,* Kaminfeger-Milchling**
    - Lamellen ockerlich, Hut kaum gebuckelt, Stielspitze nicht rillig — **19 *Lactarius picinus,* Pechschwarzer Milchling**
  - Hut & Stiel rußbraun, ockergrau, weißlich, Fleisch deutlich rötl. verfärb., Laubwald
    - Stiel wie der Hut gefärbt
      - Lamellen eher dicht, Sporenornament ca. 1 µm hoch — **20 *Lactarius fuliginosus,* Rußfarbener Milchling**
      - Lamellen eher entfernt, Sporenornament ca. 2–2,5 µm hoch — 21 *Lactarius romagnesii,* Dunkler Korallen-Milchling
    - Stiel heller als der Hut
      - Milch sofort rosa anlaufend, auch getrennt vom Fleisch — 22 *Lactarius acris,* Rosaanlaufender Milchling
      - Milch getrennt vom Fleisch nicht verfärbend
        - Huthaut runzelig, Geruch evtl. kokosartig, Sporenornament 2–3 µm — 23 *Lactarius pterosporus,* Flügelsporiger Milchling
        - Huthaut glatt, Sporenornament ca. 1,5–2 µm
          - Hut einheitlich gefärbt, Geruch unauffällig — 25 *Lactarius azonites,* Rauchfarbener Milchling
          - Hut wolkig-scheckig gefleckt, Geruch kokosartig — 24 *Lactarius subruginosus,* Fleckiger Milchling

15.2 *Lactarius,* Milchlinge und Ähnliche (B) Milch erst weiß und bald gelb verfärbend

Milch weiß bis creme, innert Sekunden deutlich gelb bis goldgelb	
Hutrand filzig bis zottig, Stiel meist grubig	
Hut cremegelb bis lebhaft gelb	
Hut gezont, Sporenornament nicht oder kaum netzartig	**26 *Lactarius scrobiculatus,* Grubiger Fichten-Milchling**
Hut ungezont, Sporenornament netzartig	
bei Fichte	
Stiel deutlich grubig, Hutrand kaum gefurcht, Sporen bis 8,5 µm	27 *Lactarius leonis,* Löwengelber Milchling
Stiel fleckig, nicht grubig, Hutrand oft radial gefurcht, Sp. bis 9,5 µm	29 *Lactarius tuomikoskii,* Blassgelber Zotten-Milchling
bei Weißtanne, in Nadel-, Mischwäldern, Hutrand nicht runzelig	28 *Lactarius intermedius,* Grubiger Tannen-Milchling
Hut weißlich bis cremegelb	
Hutrand mit trockenen Haaren, Ger. fruchtartig, Zitronenschale, -melisse	30 *Lactarius citriolens,* Fransen-Milchling
Hutrand trocken flaumig, Geruch unauffällig oder schwach fruchtartig	31 *Lactarius resimus,* Wimpern-Milchling
Hutrand schleimig behaart, Geruch schwach fruchtartig	32 *Lactarius aquizonatus,* Wässriggezonter Milchling
Hutrand glatt, Hut ockerrosa, ockerrötlich	
Milch ziemlich schnell gelb, Hut mit konzentrischen Wasserflecken	33 *Lactarius chrysorrheus,* Goldflüssiger Milchling
Milch langsam gelb, Hut ohne Wasserflecken, Rand alt oft runzelig-gerieft	34 *Lactarius decipiens,* Ungezonter Schwefel-Milchling
Milch weiß bis creme, dann langsam gelblich bis gelb verfärbend	
Milch sofort blass cremegelb, Hut trüb rotbraun, oft gezont, Blattwanzengeruch	**35 *Lactarius quietus,* Eichen-Milchling**
Milch langsam leicht gelb verfärbend (evtl. auf weißem Papier oder Tuch)	
Hut trüb ockerorange bis rotbraun (violettgrau), nicht schleimig	
im Bergfichtenwald, Nadelwald	
Hut dunkel weinbraun, Milch schwach gilbend, HDS teils gelatinös	36 *Lactarius badiosanguineus,* Braunroter Milchling
Hut dunkel orangebraun, Milch deutlich gilbend, HDS nicht gelatinös	37 *Lactarius hepaticus,* Leberbrauner Milchling
an feuchten Stellen im Wald, im Moor	
Hut im Zentrum zunehmend runzelig, HDS aus kugeligen Elementen	38 *Lactarius tabidus,* Flatter-Milchling
Hut nicht runzelig, HDS aus unregelmäßig vielgestaltigen Elementen	39 *Lactarius lacunarum,* Pfützen-Milchling
im Laubwald, Stielspitze rillig, Hut 3–9 cm	87 *Lactarius fulvissimus,* Orangefuchsiger Milchling
stets bei Erle, Hut kaum über 3 cm breit, HDS aus ± kugeligen Elementen	
Hutrand gerieft, bei Erlenarten	
Hut oft mit olivem Farbanteil, gelbbraun	
Sporen 6,5–9 µm lang, Sporen 6,5–9 × 5–7 µm	40 *Lactarius obscuratus,* Olivbrauner Erlen-Milchling
Sporen 8–11 µm lang, Sporen 7–11 × 6–8,5 µm	41 *Lactarius cyathuliformis,* Großsporiger Erlen-Milchling
Hut gelb, orangebraun, braunrot, ohne Oliv	
Hut gelb- bis orangebraun, Sporen 7–9,5 × 5,5–7,5 µm	42 *Lactarius omphaliiformis,* Nabeliger Zwerg-Milchling
Hut rötlich, braunrot, Sporen 7–11 × 6–8,5 µm	41 *Lactarius cyathuliformis,* Großsporiger Erlen-Milchling
Hut lebhaft braun- bis weinrot, leicht gerieft	43 *Lactarius clethrophilus,* Erlenbruch-Milchling
Hutrand nicht gerieft, Hut leberbraun, subalpin, bei Grünerle	44 *Lactarius brunneohepaticus,* Brauner Grünerlen-Milchling
Hut weiß bis blass lilagrau bis ockerlich	
Hut 8–20 cm, samtig-flaumig, ockerfleckig, ohne Lila	73 *Lactifluus bertillonii,* Scharfer Woll-Milchling
Hut < 8 cm	
Hut stark schleimig, blass lilagrau bis ockerlich	53 *Lactarius albocarneus,* Klebriger Milchling
Hut fransig, zottig, cremeweiß bis lila-lederfarben	66 *Lactarius scoticus,* Flaumiger Moor-Milchling

15.2 *Lactarius,* Milchlinge

(C1) Milch farblos bis weiß und so bleibend oder grau, grünlich, bräunlich werdend

▹ Hut zumindest klebrig bis schleimig oder Hutrand fransig-zottig

- Hut zumindest jung klebrig bis schleimig
  - Hut weiß mit rosa bis rötlichen Flecken, 8–20 cm — 45 *Lactarius controversus,* Rosascheckiger Milchling
  - Hut blassgelb, gelb, orange
    - unter Nadelbäumen
      - Geruch wie Mandarinenschalen, Hut kaum gezont, 3–8 cm, Ges. bitterlich — 46 *Lactarius porninsis,* Lärchen-Milchling
      - Geruch leicht obstartig, Hut meist deutlich gezont, 5–12 cm, sehr scharf — 47 *Lactarius zonarioides,* Montaner Zonen-Milchling
    - unter Laubbäumen, Hut 6–15 cm
      - Lamellen kaum queradrig, Hut 6–12 cm, viersporig, Sporen < 10 µm
        - Hut meist deutlich gezont, Fleisch verfärbt rosa
          - Stiel teils etwas grubig gefleckt — 48 *Lactarius zonarius,* Echter Zonen-Milchling
          - Stiel mit ausgeprägten grubigen Flecken — 48a *Lactarius zonarius* f. *scrobipes*
        - Hut nur undeutlich gezont, Stiel ohne Gruben, Fleisch unveränderlich — 49 *Lactarius evosmus,* Wohlriechender Milchling
      - Lamellen zumindest am Stielansatz queradrig
        - Hut glatt, klebrig, 8–15 cm, bei Eiche, 1- bis 2-sporig, Sporen > 10 µm — 50 *Lactarius acerrimus,* Queraderiger Milchling
        - Hut eher filzig, 4–8 cm, bei Buche, 2- bis 4-sporig, Sporen < 10 µm — 51 *Lactarius illyricus,* Netzsporiger Buchen-Milchling
  - Hut fleisch- bis lederfarben, falb, kupferrot, stets ungezont, klebrig bis schleimig
    - im Laubwald, Hut feucht schleimig, 5–10 cm, Sporen streifig, nicht netzartig — **52 *Lactarius pallidus,* Fleischblasser Milchling**
    - im Nadelwald
      - vorwiegend bei Weißtanne, Hut sehr schleimig, 3–7 cm, Sp. teils netzartig — 53 *Lactarius albocarneus,* Klebriger Milchling
      - stets bei Kiefer, Hut feucht schmierig, 5–15 cm, Sporen deutlich netzartig — 54 *Lactarius musteus,* Heide-Milchling
  - Hut fleischbraun bis ziegelrötlich
    - im Laub- oder Nadelwald, Hut 5–9 cm — 55 *Lactarius hysginus,* Kuhroter Milchling
    - alpin, oberhalb der Waldgrenze, Hut 0,5–3,5 cm — 56 *Lactarius nanus,* Zwerg-Milchling
  - Hut violettgrau, blaugrau, rosagrau, lila- bis violettbraun
    - Hut schleimig
      - im Nadelwald, Geruch unauffällig
        - Hut jung violettgrau, alt blass blauviolett, 6–15 cm, bei Fichte, Birke — 57 *Lactarius trivialis,* Nordischer Milchling
        - Hut schmutzig weißlich bis lilagrau, 3–7 cm, bei Weißtanne — 53 *Lactarius albocarneus,* Klebriger Milchling
      - im Laubwald, Hut grau- bis rosabraun, 5–15 cm, L. entfernt, Fl. sehr scharf — 58 *Lactarius flexuosus,* Verbogener Milchling
    - Hut matt bis klebrig, nicht schleimig, oft mit angedeutetem Buckel, 2–8 cm — 59 *Lactarius vietus,* Graufleckender Milchling
  - Hut olivgrün, olivbraun, 6–20 cm, Hutrand jung behaart — **68 *Lactarius turpis,* Olivbrauner Milchling**
  - Hut graugrün, grau, graubraun
    - Lamellen weiß bis weißlich, Hut meist graugrünlich, 5–10 cm
      - Hutrand nicht auffällig heller, Lamellen weiß, wenig fleckend — **60 *Lactarius blennius,* Graugrüner Milchling**
      - Hutrand auffällig heller, Lamellen weißlich, verletzt braun fleckend — **61 *Lactarius fluens,* Braunfleckender Milchling**
    - Lamellen hellocker, Hut grau, graubraun, ohne Grüntöne, sehr scharf
      - Lamellen dicht (80–90), Hut oft deutlich gezont, 5–10 cm, bei Hainbuche — **62 *Lactarius circellatus,* Gebänderter Hainbuchen-Milchling**
      - Lamellen eher entfernt (44–48), Hut schwach gezont, 5–8 cm, bei Hasel — 63 *Lactarius pyrogalus,* Scharfer Hasel-Milchling
      - Lamellen eher entfernt (45–60), Hut 6–15 cm, bei Kiefer oder Birke — 58 *Lactarius flexuosus,* Verbogener Milchling
- Hut fransig-zottig (vor allem jung und am Rand)
  - Hut fleischrosa bis ziegelrot, 5–15 cm, bei Birke, Stielspitze mit braunem Kragen — **64 *Lactarius torminosus,* Zottiger Birken-Milchling**
  - Hut cremerosa bis blass gelbbräunlich, 3,5–10 cm, bei Birke — **65 *Lactarius pubescens,* Flaumiger Birken-Milchling**
  - Hut lederfarben bis rosa- oder orangeocker, 4–10 cm, bei Eiche — 67 *Lactarius mairei,* Braunzottiger Milchling
  - Hut dunkeloliv, orangebraun, 6–20 cm, bei Birke oder Fichte — **68 *Lactarius turpis,* Olivbrauner Milchling**

15.2 *Lactarius,* Milchlinge und Ähnliche
(C2) Milch farblos bis weiß und so bleibend oder grau, grünlich, bräunlich werdend
▷ Hut auch jung nicht klebrig, trocken, Hutrand nicht fransig-zottig

- Hut ± filzig oder mit Schüppchen
  - Geruch auffällig süßlich, nach Kokosflocken
    - Hut hell lilagrau bis hellocker, 2–4,5 cm — 69 *Lactarius glyciosmus,* Blasser Duft-Milchling
    - Hut dunkler graubraun bis oliv- oder violettbraun, 3–7 cm — 70 *Lactarius mammosus,* Dunkler Duft-Milchling
  - Geruch auffällig nach Maggiwürze, 4–15 cm — 71 *Lactarius helvus,* Maggipilz
  - Geruch fischartig, Fleisch bräunend
    - Geruch deutlich, Hut orangebraun, 6–15 cm — 82 *Lactifluus volemus,* Milchbrätling
    - Geruch schwach, Hut weißlich bis grauocker, 4–9 cm — 84 *Lactifluus luteolus,* Weißer Milchbrätling
  - Geruch unauffällig bis leicht fruchtartig
    - im Laub- oder Nadelwald
      - Hut weiß, 8–20 cm, samtig-flaumig, Lamellen weiß und entfernt
        - Milch mild, bis etwas scharf, unveränderlich mit KOH — **72 *Lactifluus vellereus,* Wolliger Milchling**
        - Milch rasch sehr scharf, orangegelb mit KOH — 73 *Lactifluus bertillonii,* Scharfer Woll-Milchling
      - Hut weißlich bis rosaockerlich, 4–8 cm — 51 *Lactarius illyricus,* Netzsporiger Buchen-Milchling
      - Hut fleischrosa bis weinbraun, 2–8 cm
        - bei Erle, Hut filzig, Sporenornament netzartig verbunden — 74 *Lactarius lilacinus,* Lila Milchling
        - bei Birke, Hut schuppig, Sporenornament kaum netzartig — 75 *Lactarius spinosulus,* Schüppchen-Milchling
      - Hut und Stiel schwarzbraun, im Nadelwald, Lam. weißlich, Stielspitze rillig — **18 *Lactarius lignyotus,* Kaminfeger-Milchling**
    - alpin, bei Grünerle
      - Hut cremebeige bis graubraun, 0,5–3 cm — 76 *Lactarius lepidotus,* Grauer Gebirgs-Milchling
      - Hut orangegelb bis orangeocker, 1–6 cm — 77 *Lactarius alpinus,* Gelber Gebirgs-Milchling
- Hut kahl, glatt oder etwas uneben, ohne Kokosflockengeruch
  - Hut weiß, Lamellen sehr dicht, 5–15 cm
    - Milch weiß bleibend — **78 *Lactifluus piperatus,* Pfeffer-Milchling**
    - Milch langsam grün verfärbend — 79 *Lactifluus glaucescens,* Grünender Pfeffer-Milchling
  - Hut orange-, rot-, zimt- bis dunkelbraun
    - Geruch nach Blattwanzen oder etwas gummiartig
      - Hut zimt- bis stumpf rötlichbraun, Stielspitze glatt, im Laubwald
        - Milch erst weiß, Hut oft gezont, 3–10 cm, Stielbasis nicht gestriegelt — **35 *Lactarius quietus,* Eichen-Milchling**
        - Milch wässrig-weiß, Hut kaum gezont, 3–7 cm, Stielbasis gestriegelt — **80 *Lactarius subdulcis,* Süßlicher Buchen-Milchling**
        - Milch sehr wässrig, Hut 3–8 cm, im Laubwald — 81 *Lactarius serifluus,* Wässriger Milchling
      - Hut orangefuchsig bis rötlichbraun, Stielspitze rillig, im Laubwald
        - Stielspitze rillig, nicht gegürtelt, Hut 3–9 cm, im Laubwald — 87 *Lactarius fulvissimus,* Orangefuchsiger Milchling
        - Stielspitze rillig, rot gegürtelt, Hut 5–12 cm, im Laubwald — 88 *Lactarius rubrocinctus,* Rotgegürtelter Milchling
        - Stielspitze weder rillig noch gegürtelt, Hut 2–5 cm, bei Torfmoos — 91 *Lactarius sphagneti,* Torfmoos-Milchling
      - Hut olivlich-rotbraun, weinbraun, dunkelbraun
        - Milch wässrig, Hut matt, dunkelbraun, 3–8 cm, im Laubwald — 81 *Lactarius serifluus,* Wässriger Milchling
        - Milch weiß, Hut eher wachsartig, im Nadelwald
          - Hut weinbraun, 2–8 cm, Lamellen orangeockerlich, bei Fichte — 36 *Lactarius badiosanguineus,* Braunroter Milchling
          - Hut olivlich-rotbraun, 2–6 cm, Lamellen hell grauockerlich, bei Kiefer — 37 *Lactarius hepaticus,* Leberbrauner Milchling
    - Geruch fischartig, Hut 5–15 cm breit
      - Geruch deutlich, keine Veränderung auf dem Fleisch mit $FeSO_4$ — 82 *Lactifluus volemus,* Milchbrätling
      - Geruch schwach, orangerosa Verfärbung auf dem Fleisch mit $FeSO_4$ — 83 *Lactifluus rugatus,* Runzeliggezonter Milchling
    - Geruch nach Maggi (frisch fehlend), Hut ca. 2–7 cm breit — **85 *Lactarius camphoratus,* Kampfer-Milchling**
    - Geruch nach Efeu, Hut ca. 2–5 cm breit — 86 *Lactarius rostratus,* Runzeliger Zwerg-Milchling
    - Geruch unauffällig oder anders
      - Stielspitze rillig, Hut und Stiel orangefuchsig, Hut > 4 cm, im Laubwald — 87 *Lactarius fulvissimus,* Orangefuchsiger Milchling
      - Stielspitze rillig und darunter rot gegürtelt, Hut > 4 cm, im Laubwald — 88 *Lactarius rubrocinctus,* Rotgegürtelter Milchling
      - Stielspitze weder rillig noch gegürtelt
        - Fleisch sofort scharf, Hut rotbraun, oft gebuckelt, uneben, im Nadelwald — **89 *Lactarius rufus,* Rotbrauner Milchling**
        - Fleisch erst mild und so bleibend oder später etwas bitter oder scharf
          - im Nadelwald oder bei Torfmoos, Hut 2–8 cm breit
            - Hut orange, oft mit Buckel, Geschmack bleibend mild — **90 *Lactarius aurantiacus,* Orange-Milchling**
            - Hut orange-, rotbraun, ohne Buckel, bleibend mild, bei Torfmoos — 91 *Lactarius sphagneti,* Torfmoos-Milchling
            - Hut weinbraun, Lam. orangeocker, mild, später scharf, bei Fichte — 36 *Lactarius badiosanguineus,* Braunroter Milchling
            - Hut olivlich-rotbraun, Lam. grauocker, mild, dann scharf, bei Kiefer — 37 *Lactarius hepaticus,* Leberbrauner Milchling
          - stets bei Erle, Hut kaum über 3 cm breit
            - Hutrand gerieft
              - Hut gelbbraun, oft mit olivem Farbanteil, Sporen 7–9 µm — 40 *Lactarius obscuratus,* Olivbrauner Erlen-Milchling
              - Hut gelbbraun, meist mit olivem Farbanteil, Sporen 8–11 µm — 41 *Lactarius cyathuliformis,* Großsporiger Erlen-Milchling
              - Hut gelb- bis orangebraun, ohne Oliv — 42 *Lactarius omphaliiformis,* Nabeliger Zwerg-Milchling
            - Hutrand nicht gerieft, Hut leberbraun — 44 *Lactarius brunneohepaticus,* Brauner Grünerlen-Milchling
  - Hut violettgrau bis grau, 5–15 cm, Fleisch sehr scharf — 58 *Lactarius flexuosus,* Verbogener Milchling

15.2.01 *Lactarius deterrimus* Gröger 🍴
Fichten-Reizker

H: 4–12 cm, schwach klebrig, blassorange mit grünen Stellen, meistens gezont, nach Verletzungen und im Alter stärker grün fleckend, Rand lange heruntergebogen bis etwas eingerollt. **L:** gerade angewachsen bis leicht herablaufend, blassorange, verletzt grün und weinbräunlich verfärbend. **St:** orange, kaum grubig, hohl. **F:** unter der Stielrinde und beim Lamellenboden orange, Milch erst karottenrot, langsam, innerhalb von 30–60 Minuten weinrot verfärbend, beim Trocknen teilweise auch grünlich. **Ger:** leicht karotten- bis etwas fruchtartig. **Ges:** mild bis etwas unangenehm, bitterlich. **Spp:** ockerlich. **V:** vorwiegend bei Fichte *Picea*; Sommer bis Herbst. **Mik:** Sporen mit bis ca. 0,5 µm hohen, teilweise netzartig verbundenen Rippen, vereinzelt warzig, ellipsoid, 8–10 × 7–8,5 µm, Plage kaum amyloid, Lamellenschneiden mit zahlreichen Cheilomakrozystiden, HDS aus liegenden, gelatinisierten Hyphen. (D 954, Kr 2.353, BK 6.18, 🖼).

Lactarius fennoscandicus Verbeken & Vesterh., Fennoskandischer Reizker: Hut 3–8 cm, lilagrau überfasert, gezont; vorwiegend in Skandinavien und Finnland. Sporen 6,5–9,5 × 5,5–7 µm, Lamellenschneiden mit nur wenigen Cheilomakrozystiden.

15.2.01 *Lactarius deterrimus,* Fichten-Reizker

15.2.02 *Lactarius semisanguifluus* R. Heim & Leclair 🍴
Spangrüner Kiefern-Reizker

H: 3–8 cm, leicht klebrig, mehrheitlich bis ganz grün auf orangem Hintergrund, oft gezont, nach Verletzungen und im Alter stark grün fleckend. **L:** gerade angewachsen bis leicht herablaufend, blassorange, verletzt oder beim Eintrocknen grün verfärbend. **St:** jung weißlich, bald orange und meist mit grünen Stellen, vereinzelt mit grubigen Flecken. **F:** unter der Stielrinde und beim Lamellenboden orange, Milch karottenrot, nach einigen Minuten weinrot, beim Trocknen grünlich (die Verfärbung nach weinrot ist deutlich schneller als bei *L. deterrimus*). **Ger:** krautig, karottenartig bis etwas süßlich. **Ges:** eher unangenehm, bitterlich. **Spp:** ockerlich. **V:** unter Kiefer *Pinus*; Sommer bis Herbst. **Mik:** Sporen mit bis ca. 0,5 µm hohen, mehrheitlich netzartig verbundenen Rippen, vereinzelt länglichen Warzen, ellipsoid, 7,5–10 × 6–8,5 µm, Plage höchstens schwach amyloid, HDS aus liegenden, teils verflochtenen Hyphen, gelatinisiert. (Kr 2.358, BK 6.65, 🖼).

15.2.02 *Lactarius semisanguifluus,* Spangrüner Kiefern-Reizker

15.2.03 *Lactarius salmonicolor* R. Heim & Leclair 🍴
Lachs-Reizker

H: 5–15 cm, klebrig, fleischorange, ohne oder mit helleren und dunkler gefärbten Zonen, ohne grüne Flecken, Rand lange heruntergebogen. **L:** blassorange bis orangeockerlich. **St:** weißlich orange, mit flachen, länglichen, orangefarbenen Gruben. **F:** cremefarben, Milch orange, nur langsam, innerhalb von 30–60 Minuten weinrot bis weinbraun verfärbend. **Ger:** erst etwas süßlich, obstartig, alt eher unangenehm. **Ges:** mild bis etwas bitterlich und adstringierend. **Spp:** blass ockerlich. **V:** bei Weißtanne *Abies*; Sommer bis Herbst. **Mik:** Sporen mit bis ca. 0,5 µm hohen, teilweise netzartig verbundenen Rippen und vereinzelt länglichen Warzen, ellipsoid, 8,5–10,5 × 6,5–9,5 µm, Plage teilweise leicht amyloid, HDS aus liegenden und vereinzelt aufsteigenden, gelatinisierten Hyphen. (D 950, Kr 2.355, BK 6.61, 🖼).

Für Pilzgerichte ist der Lachs-Reizker nur separat gebraten zu empfehlen. In einem Mischgericht kann er den Geschmack des ganzen Gerichtes unangenehm übertönen.

15.2.03 *Lactarius salmonicolor,* Lachs-Reizker

15.2.04 *Lactarius deliciosus,* Edel-Reizker

15.2.04 *Lactarius deliciosus* (L.) Gray 🍴
Edel-Reizker

H: 5–15 cm, schwach klebrig, orangeocker, silbergrau faserig überzogen und mit dunkleren Flecken deutlich gezont, vereinzelt im Zentrum, am Rand oder an Fraßstellen grün verfärbend. **L:** leicht herablaufend, orange, mit helleren Schneiden, alt oder verletzt teilweise grün verfärbend. **St:** eher kurz, weißlich orange mit deutlichen dunkelorangen Gruben. **F:** weißlich, unter der Stielrinde, am Lamellenboden und unter der Huthaut orange, Milch lange karottenrot, später graugrünlich, jedoch nicht weinrot verfärbend. **Ger:** unauffällig bis angenehm fruchtartig. **Ges:** mild bis leicht bitterlich. **Spp:** hellocker. **V:** bei Kiefer *Pinus*; Sommer bis Herbst. **Mik:** Sporen mit ca. 0,5 µm hohen, mehrheitlich netzartig verbundenen Rippen, ellipsoid, 7,5–10,5 × 6–8 µm, Plage mit amyloidem Fleck im Zentrum, HDS aus liegenden, gelatinisierten Hyphen. (D 949, Kr 2.352, BK 6.17, 🖼).

15.2.05 *Lactarius quieticolor* Romagn., Wechselblauer Edel-Reizker: Hut 3–10 cm, orangegrau bis zimtbraun, oft mit blaugrünlichem Schein und gezont, unter der Huthaut jung bläulich, Lamellen orangeocker mit rosa Schein, Druckstellen grünlich bis weinbraun, Fleisch mit wenig orangfarbener Milch, unveränderlich oder langsam leicht

15.2.05 *Lactarius quieticolor,* Wechselblauer Edel-Reizker

weinbräunlich verfärbend. Plage teilweise amyloid, HDS oben aus mehrheitlich liegenden, gelatinisierten Hyphen, darunter aus unregelmäßig eckigen bis kugeligen Zellen. (BK 6.52,).

15.2.06 *Lactarius sanguifluus* (Paulet) Fr.
Weinroter Kiefern-Reizker

H: 4–9 cm, beige-orangebräunlich, gezont. **L:** orange mit graurosa bis weinrötlichem Schimmer. **St:** wie der Hut gefärbt, deutlich grubig. **F:** beige, Milch sofort blut- bis weinrot. **Ger:** unauffällig. **Ges:** etwas scharf. **Spp:** ockerlich. **V:** unter Kiefer *Pinus*; Sommer bis Herbst. **Mik:** Sporen mit bis gut 0,5 µm hohen, mehrheitlich netzartig verbundenen Rippen und einzelnen länglichen Warzen, ellipsoid, 7,5–9,5 × 6–8 µm, Plage am unteren Rand leicht amyloid, HDS aus liegenden, gelatinisierten Hyphen. (D 952, Kr 2.356, BK 6.62,).

15.2.07 *Lactarius uvidus* (Fr.) Fr.
Klebriger Violett-Milchling

H: 3–10 cm, feucht stark schleimig, graubraun, lilabeige, später blass fleischbraun, nicht oder kaum gezont. **L:** blass cremeocker, Druckstellen bald violett. **St:** cremeweiß bis grau oder rosagrau. **F:** weiß, Milch reichlich, erst weißlich, auf dem Fleisch lilaviolett verfärbend. **Ger:** unauffällig. **Ges:** scharf. **Spp:** weißlich. **V:** vor allem auf feuchtem bis sumpfigem Boden, bei Birke *Betula*, seltener bei anderen Laubbäumen oder Fichte *Picea*, auch in höheren Lagen; Sommer bis Herbst. **Mik:** Sporen mit bis zu 1 µm hohen, teilweise netzartig verbundenen Rippen und vereinzelt länglichen Warzen, ellipsoid, 8,5–11,5 × 6,5–8,5 µm, Plage nicht amyloid, HDS im oberen Teil aus aufsteigenden, verflochtenen, teils etwas knorrigen, gelatinisierten und unten aus liegenden Hyphen. (D 955, Kr 2.366, BK 6.76,).

15.2.08 *Lactarius violascens* (J. Otto) Fr.
Trockener Violett-Milchling

H: 4–12 cm, feucht glänzend bis schmierig, trocken matt, graugelb bis -braun, bisweilen mit Lilaton, meistens gezont. **L:** blass cremeocker, Druckstellen bald purpurviolett. **St:** weißlich bis blass gelblich oder graugelb, vor allem an der Basis teils mit gelbbraunen Flecken, Druckstellen dunkel purpurviolett. **F:** weiß, Milch weißlich, auf dem Fleisch purpurviolett verfärbend. **Ger:** schwach obstartig. **Ges:** bitter und etwas scharf. **Spp:** ockerlich. **V:** im Laub- oder Mischwald, vor allem bei Buche *Fagus* oder Eiche *Quercus*; Sommer bis Herbst. **Mik:** Sporen mit bis zu 1,5 µm hohen, teilweise netzartig verbundenen Rippen und vereinzelt länglichen Warzen, ellipsoid, 7,5–11,5 × 6,5–8,5 µm, Plage nicht amyloid, HDS aus unregelmäßig verflochtenen, gelatinisierten Hyphen, dazwischen braune Pigmentkörper. (D 956, Kr 2.367, BK 6.79,).

15.2.09 *Lactarius luridus* (Pers.) Gray
Fahler Milchling

H: 4–8 cm, feucht glänzend bis schmierig, trocken matt, graubeige bis -braun, bisweilen mit Lilaton, manchmal schwach gezont. **L:** blass cremeocker, Druckstellen bald violett. **St:** weißlich, graurosa bis gelblich, oft violett fleckig. **F:** weiß, Milch reichlich, erst weißlich, auf dem Fleisch grauviolett verfärbend. **Ger:** schwach obstartig. **Ges:** bitter und etwas scharf. **Spp:** ockerlich. **V:** im feuchten Laub- oder Mischwald, vor allem bei Buche *Fagus* oder Eiche *Quercus*; Sommer bis Herbst. **Mik:** Sporen mit bis zu 1 µm hohen, mehrheitlich netzartig verbundenen Rippen und vereinzelt länglichen Warzen, ellipsoid, 8–11,5 × 6,5–9,5 µm, Plage nicht amyloid, HDS oben aus aufsteigenden, verflochtenen, gelatinisierten und darunter aus mehrheitlich liegenden Hyphen. (BK 6.37,).

15.2.10 *Lactarius pseudouvidus* Kühner
Falscher Violett-Milchling

H: 1,5–5 cm, feucht schmierig, grau- bis rötlichbraun, oft mit Olivton, Randzone meist heller, teils mit dunklen Flecken. **L:** blass cremeocker, später dunkler, Druckstellen bald violett. **St:** blass rosabraun, weiß überfasert. **F:** weiß, Milch reichlich, weißlich, auf dem Fleisch violett verfärbend. **Ger:** schwach fruchtartig. **Ges:** mild bis etwas bitter. **Spp:** blass ockerlich. **V:** alpin, in Zwergstrauchheide, vorwiegend bei Weide *Salix*; Spätsommer. **Mik:** Sporen mit bis 0,5 µm hohen, fast vollständig netzartig verbundenen Rippen, ellipsoid, 8–11,5 × 6,5–8,5 µm, Plage nicht amyloid, HDS aus mehrheitlich aufsteigenden, unregelmäßig verflochtenen, gelatinisierten Hyphen. (BK 6.48).

15.2.11 *Lactarius brunneoviolaceus* M.P. Christ., *Lactarius robertianus* Bon
Violettbrauner Milchling, Wohlriechender Zwergweiden-Violett-Milchling

H: 1,5–5 cm, bald gewölbt bis etwas niedergedrückt, grau- bis rötlich- oder violettbraun, oft dunkelfleckig, trocken matt, feucht schmierig, manchmal schwach gezont. **L:** gerade angewachsen bis etwas herablaufend, weißlich, später blass cremefarben, vereinzelt gegabelt, Druckstellen violett verfärbend. **St:** blass cremefarben, später violett fleckig. **F:** weiß, Milch weiß oder wässrig weiß, auf dem Fleisch violett verfärbend. **Ger:** schwach, etwas fruchtartig oder nach Zedernholz. **Ges:** mild. **Spp:** weißlich. **V:** alpin, in Zwergstrauchheide, bei Zwergweide *Salix*; Spätsommer. **Mik:** Sporen mit bis 0,8 µm hohen, mehrheitlich netzartig verbundenen Rippen und vereinzelt länglichen Warzen, ellipsoid 9,5–11 × 7–8 µm, Plage teilweise deutlich amyloid, HDS oben aus aufsteigenden, darunter aus mehrheitlich liegenden, gelatinisierten Hyphen. (BK 6.11,).

15.2.06 *Lactarius sanguifluus*, Weinroter Kiefern-Reizker

15.2.07 *Lactarius uvidus*, Klebriger Violett-Milchling

15.2.08 *Lactarius violascens*, Trockener Violett-Milchling

15.2.09 *Lactarius luridus*, Fahler Milchling

15.2.11 *Lactarius brunneoviolaceus*, Violettbrauner Milchling

15.2.12 *Lactarius repraesentaneus* Britzelm.
Zottiger Violett-Milchling

H: 6–16 cm, zitronengelb mit ockerorangen fransigen Schuppen, Druckstellen purpurviolett, Rand stark fransig-zottig. **L:** herablaufend, blassgelb, an Stellen mit ausgetretener Milch braunviolett gefleckt. **St:** hellgelb mit dunkleren Gruben, Spitze oft tränend. **F:** gelblichweiß, Milch weiß bis wässrig, auf dem Fleisch deutlich violett verfärbend, reichlich. **Ger:** würzig, harzig. **Ges:** schwach. **Spp:** creme. **V:** im Laub- und Nadelwald. **Mik:** Sporen mit bis ca. 0,7 µm hohen, mehrheitlich netzartig verbundenen Rippen und meistens länglichen Warzen, ellipsoid, 8,5–11 × 7–9 µm, Plage nicht amyloid, HDS oben aus unregelmäßig verflochtenen, gelatinisierten und darunter aus liegenden Hyphen. (D 940, Kr 2.365, BK 6.54, 🖼).

15.2.13 *Lactarius dryadophilus* Kühner
Silberwurz-Milchling

H: 4–10 cm, trocken matt, feucht schmierig, blass cremefarben bis bräunlichocker, Rand zottig filzig behangen, lange eingebogen. **L:** hell cremeocker, später dunkler, Druckstellen bald lilaviolett. **St:** blass rosabraun, weiß überfasert. **F:** weiß, Milch weiß, auf dem Fleisch lilaviolett verfärbend. **Ger:** schwach fruchtartig bis würzig. **Ges:** mild. **Spp:** blassocker. **V:** alpin, in Zwergstrauchheide, bei Silberwurz *Dryas;* Sommer. **Mik:** Sporen mit feinen, bis ca. 0,3 µm hohen, kaum netzartig verbundenen Rippen und meistens länglichen Warzen, ellipsoid, 8,5–11,5 × 7–9,5 µm, Plage nicht amyloid, HDS oben aus mehrheitlich aufstehenden, unregelmäßig verflochtenen, gelatinisierten, darunter aus liegenden Hyphen. (BK 6.19, 🖼).

15.2.14 *Lactarius flavidus* Boud.
Hellgelber Violett-Milchling

H: 5–10 cm, zitronen- bis ockergelb mit braunen Wasserflecken, evtl. gezont, Druckstellen violett, später braun. **L:** hellgelb, mäßig gedrängt. **St:** strohgelb, Druckstellen dunkelviolett. **F:** blass, Milch weißlich und isoliert sowie auf dem Fleisch rasch violett verfärbend. **Ger:** unauffällig. **Ges:** scharf. **Spp:** blassgelb. **V:** unter Laubbäumen; Sommer bis Herbst. **Mik:** Sporen mit feinen, bis ca. 1 µm hohen, nicht netzartig verbundenen Rippen und einzelnen, spitzen, teils länglichen Warzen, ellipsoid, 9–11,5 × 7–9 µm, Plage teilweise amyloid, HDS aus unregelmäßig verflochtenen, schwach gelatinisierten Hyphen. (D 939, BK 6.21).

Die Beschreibung von *L. flavidus* ist uneinheitlich. Heilmann-Clausen et al. 2000 sowie Kränzlin 2005 messen die hier angegebenen Sporengrößen, während Galli 2006 die Sporenmaße mit 7–9 × 6,5–7 µm angibt. In Bezug auf die violette Verfärbung der Milch beobachten Heilmann-Clausen et al. 2000, dass bei *L. flavidus* die Milch auch unabhängig vom Fleisch violett verfärbt, bei *L. aspideus* hingegen nur in Verbindung mit dem Fleisch. Das entspricht den Angaben hier, während es andere Autoren gerade umgekehrt beschrieben haben.

15.2.15 *Lactarius aspideus* (Fr.) Fr.
Blasser Violett-Milchling

H: 3–6 cm, cremeweiß bis ockergelblich, evtl. etwas grubig, Rand heller und jung etwas flaumig-filzig. **L:** wie der Hut gefärbt, Druckstellen braunviolett. **St:** wie der Hut gefärbt, Spitze etwas heller. **F:** blass, Milch weißlich und nur auf dem Fleisch langsam violettlich verfärbend. **Ger:** schwach fruchtartig. **Ges:** mild bis etwas scharf. **Spp:** blassgelb. **V:** auf nassen Böden, im Laubwald, vor allem bei Weide *Salix*, Birke *Betula*. **Mik:** Sporen mit feinen, bis ca. 0,5 µm hohen, mehrheitlich netzartig verbundenen, zebraartig wirkenden Rippen und kaum einzelnen Warzen, ellipsoid, 6,5–9,5 × 5,5–8 µm, Plage teilweise leicht amyloid, HDS oben aus unregelmäßig verflochtenen, schwach gelatinisierten und darunter aus liegenden Hyphen. (D 938, 🖼).

15.2.16 *Lactarius salicis-herbaceae* Kühner
Weiden-Milchling

H: 1–3 cm, flaumig bis feinfilzig, feucht glänzend bis schmierig, flach bis niedergedrückt, oft mit kleinem Buckel, gelb bis ockergelb. **L:** weißlich bis cremegelb. **St:** jung cremeweiß und bereift, später kahl und ockergelblich. **F:** weiß, Milch weiß und auf dem Fleisch lila verfärbend. **Ger:** schwach bis etwas obstartig. **Ges:** Milch erst mild, später scharf, Fleisch mild. **Spp:** cremefarben **V:** alpine Lagen, in Zwergstrauchheide, bei Weide *Salix*. **Mik:** Sporen mit bis ca. 0,3 µm hohen, mehrheitlich locker netzartig verbundenen Rippen und einzelnen, meistens länglichen Warzen, breit ellipsoid, 8–10,5 × 6,5–8,5 µm, Plage selten leicht amyloid, HDS oben aus unregelmäßig verflochtenen, gelatinisierten, darunter aus eher liegenden Hyphen. (BK 6.59, 🖼).

15.2.17 *Lactarius salicis-reticulatae* Kühner, Netzweiden-Milchling: Hut mit Ockertönen, nur spärlich milchend und Fleisch nicht oder nur schwach lila verfärbend; an kalkreichen, sonst ähnlichen Standorten. Sporen mit höchstens ansatzweise netzartigen Rippen und vereinzelten, unregelmäßigen Warzen, breit ellipsoid, 8–12 × 7,5–10 µm. (BK 6.60, 🖼).

15.2.18 *Lactarius lignyotus* Fr.
Kaminfeger-Milchling, Rußkopf, Mohrenkopf-Milchling

H: 2–10 cm, schwarzbraun, auffällig gebuckelt, um den Buckel etwas runzelig, feinsamtig, Rand heller. **L:** weiß bis creme, etwas herablaufend. **St:** wie der Hut gefärbt, Spitze in der Fortsetzung der Lamellen auffällig rillig, Basis heller. **F:** weiß, langsam rosa anlaufend, Milch weiß bis wässrig, auf dem Fleisch langsam rötlich verfärbend. **Ger:** schwach. **Ges:** mild bis leicht scharf. **Spp:** creme. **V:** im Nadelwald, vorwiegend

15.2.12 *L. repraesentaneus*, Zottiger Violett-Milchling

15.2.13 *L. dryadophilus*, Silberwurz-Milchling

15.2.15 *Lactarius aspideus*, Blasser Violett-Milchling

15.2.16 *Lactarius salicis-herbaceae*, Weiden-Milchling

15.2.17 *L. salicis-reticulatae*, Netzweiden-Milchling

15.2.18 *Lactarius lignyotus*, Kaminfeger-Milchling

in höheren Lagen; Sommer bis Herbst. **Mik:** Sporen mit bis zu 2 µm hohen, teilweise netzartig verbunden Rippen und wenigen Warzen, breit ellipsoid bis kugelig, 8,5–10 × 7,5–9 µm, Plage teilweise amyloid, HDS aus kugeligen bis birnenförmigen Zellen und zuoberst aufrechten, länglichen Hyphenenden. (D 945, Kr 2.379, BK 6.35,).

15.2.19 *Lactarius picinus* Fr.
Pechschwarzer Milchling

H: 5–12 cm, schwarzbraun, schwarzgrau, feinsamtig. **L:** breit angewachsen bis etwas herablaufend, eher gedrängt, strohgelb bis hellocker. **St:** wie der Hut gefärbt, Spitze etwas heller. **F:** weißlich, langsam rosarötlich verfärbend, Milch weiß. **Ger:** unbedeutend. **Ges:** erst mild, bald bitterlich oder scharf. **Spp:** hellocker. **V:** vorwiegend im Nadelwald, vor allem in höheren Lagen; Sommer bis Herbst. **Mik:** Sporen mit bis zu 1,5 µm hohen, mehrheitlich netzartig, vereinzelt perlschnurartig verbundenen Rippen, kugelig bis breit ellipsoid, 6,5–9 × 6,5–8,5 µm, Plage teilweise amyloid, HDS aus kugeligen bis birnenförmigen Zellen und zuoberst aufrechten, länglichen Hyphenenden. (D 946, Kr 2.380, BK 6.45,).

15.2.20 *Lactarius fuliginosus* (Fr.) Fr.
Rußfarbener Milchling

H: 3–9 cm, rußbraun, dunkelbraun (nicht schwarzbraun), Rand etwas heller. **L:** breit angewachsen bis etwas herablaufend, eher entfernt, blassgelb, später rostocker. **St:** gleichfarbig wie der Hut. **F:** weißlich, leicht rosa anlaufend, Milch weiß, auf dem Fleisch rötlich verfärbend. **Ger:** unauffällig, evtl. etwas obstartig. **Ges:** schärflich. **Spp:** ockerlich. **V:** vorwiegend im Laubwald, oft bei Buche *Fagus*; Sommer bis Herbst. **Mik:** Sporen mit bis zu 1 µm hohen, mehrheitlich schmal netzartig verbundenen Rippen und vereinzelten isolierten Warzen, kugelig, 7,5–9 × 6,5–8,5 µm, Plage mehrheitlich deutlich amyloid, HDS aus unregelmäßig kugeligen Zellen und zuoberst aufrechten, länglichen Endgliedern. (Kr 2.378, BK 6.23,).

15.2.21 *Lactarius romagnesii* Bon
Dunkler Korallen-Milchling

H: 4–8 cm, tabak- bis rußbraun, oft stellenweise hellfleckig, Rand glatt bis rippig gerieft. **L:** breit angewachsen bis leicht herablaufend, ziemlich entfernt, blass cremegelb, später gelbocker. **St:** gleichfarbig wie der Hut, Basis und Spitze meist heller. **F:** cremeweiß, Milch weiß, auf dem Fleisch rosa bis lachsrot verfärbend. **Ger:** unauffällig, evtl. schwach würzig. **Ges:** schärflich. **Spp:** ockerlich. **V:** im Laubwald, vor allem bei Buche *Fagus*; Sommer bis Herbst. **Mik:** Sporen mit bis zu 2,5 µm hohen, netzartig verbundenen Rippen, kugelig, 7–9,5 × 6,5–8,5 µm, Plage manchmal amyloid, HDS aus unregelmäßig kugeligen bis länglichen Zellen und zuoberst aufrechten, schmaleren Endgliedern. (BK 6.56).

15.2.22 *Lactarius acris* (Bolton) Gray, *Lactarius acer* (Bolton) Gray
Rosaanlaufender Milchling

H: 5–10 cm, erst schwarzbraun, später blasser, ledergelb, feucht schmierig, trocken leicht samtig. **L:** blassgelb, später ocker. **St:** weißlich, später blass ockergrau. **F:** weiß, rasch rötlich verfärbend, Milch erst weiß und auch isoliert vom Fleisch schnell und intensiv rosarot verfärbend. **Ger:** unauffällig. **Ges:** scharf. **Spp:** hellocker. **V:** im Laubwald, vor allem unter Buche *Fagus;* Sommer bis Herbst. **Mik:** Sporen mit einzelnen Warzen und bis zu 2 µm hohen, teils netzartig verbundenen Rippen und einzelnen, unregelmäßigen Warzen, kugelig bis breit ellipsoid, 7–9 × 6,5–8 µm, Plage teilweise deutlich amyloid, HDS aus verketteten, unregelmäßig kugeligen bis länglichen Zellen, zuoberst mit aufrechten, schmaleren Hyphenenden. (Kr 2.376, BK 6.2,).

15.2.23 *Lactarius pterosporus* Romagn.
Flügelsporiger Milchling

H: 5–10 cm, ockergelb bis ockerbraun, Rand oft heller, Mitte runzeligaderig. **L:** schwach herablaufend, eher gedrängt, cremeorange. **St:** wie der Hut gefärbt. **F:** weiß, schnell orangerosa verfärbend, Milch weiß, erst beim Eintrocknen in Verbindung mit dem Fleisch etwas rötend. **Ger:** bisweilen nach Kokos. **Ges:** erst mild, später schärflich, die Milch teils auch richtig scharf. **Spp:** ocker. **V:** im Laubwald, vor allem unter Buche *Fagus,* auch Hainbuche *Carpinus;* Sommer bis Herbst. **Mik:** Sporen mit bis zu 3 µm hohen, vorwiegend parallelen bis spiralig angeordneten Rippen, höchstens vereinzelt netzartig, kugelig bis breit

15.2.19 *Lactarius picinus,* Pechschwarzer Milchling

15.2.20 *Lactarius fuliginosus,* Rußfarbener Milchling

15.2.22 *Lactarius acris,* Rosaanlaufender Milchling

15.2.23 *Lactarius pterosporus,* Flügelsporiger Milchling

ellipsoid, 6,5–8,5 × 6–7,5 µm, Plage manchmal amyloid, HDS aus verketteten, unregelmäßig kugeligen bis länglichen Zellen und zuoberst mit aufrechten, schmaleren Hyphenenden. (D 947, Kr 2.382, BK 6.49, 🖼).

Lactarius ruginosus Romagn., Heller Korallen-Milchling, Weitblättriger Korallen-Reizker: Hut graubraun bis dunkelbraun, runzelig, Lamellen relativ entfernt, Fleisch langsam rosa verfärbend, Geruch unauffällig, Sporenpulver ocker. Sporenornament bis 2 µm hohe, spiralig bis netzartig angeordnete Rippen, Plage meistens deutlich amyloid.

15.2.24 *Lactarius subruginosus* J. Blum ex Bon, Fleckiger Milchling: Hut 4–6 cm, matt bis schwach bereift, grauockerlich wolkig-fleckig auf cremeweißem Grund, Rand glatt, Stiel glatt, jung fein bereift, weißlich, später bräunlich fleckend, Fleisch cremeweiß und rosa anlaufend, Milch weiß, auf dem Fleisch rosa bis lachsrot verfärbend, Geruch nach Kokos oder Feigenblättern, Geschmack mild; im Laubwald, vorwiegend bei Buche *Fagus*, Sommer bis Herbst. Sporen mit bis zu 2,5 µm hohen, mehrheitlich netzartigen Rippen, kugelig, 7–9,5 × 6,5–8,5 µm.(BK 6.70).

Je nach Literatur gilt der charakteristische Geruch nach Kokosflocken nur für *L. subruginosus*. Heilmann-Clausen et al. 2000 beobachten jedoch diesen Geruch auch bei *L. pterosporus*, Flügelsporiger Milchling und zweifeln an der Abgrenzung der beiden Arten.

15.2.25 *Lactarius azonites* (Bull.) Fr. ☠
Rauchfarbener Milchling

H: 3–9 cm, rauchbraun, haselbraun (nicht schwarz- oder dunkelbraun), Rand etwas heller. **L:** breit angewachsen bis leicht herablaufend, oft mit Anastomosen, blassgelb, später rostocker. **St:** weißlich, heller als der Hut. **F:** weißlich, in wenigen Minuten rosa bis orangerosa anlaufend, Milch weiß, auf dem Fleisch rosarötlich verfärbend. **Ger:** unauffällig oder leicht nach Seifenlauge. **Ges:** schärflich. **Spp:** ocker. **V:** im Laubwald; Sommer bis Herbst. **Mik:** Sporen mit mehrheitlich schmalen, bis 1 µm hohen und vereinzelt breiteren, bis 1,5 µm hohen, teilweise netzartigen Rippen, kugelig, 7,5–9 × 7–8 µm, Plage mehrheitlich deutlich amyloid, HDS unten aus verketteten, unregelmäßig kugeligen bis länglichen Zellen und darüber mit schmaleren, liegenden Endhyphen. (D 948, Kr 2.378, BK 6.6, 🖼).

15.2.26 *Lactarius scrobiculatus* (Scop.) Fr. ☠
Grubiger Fichten-Milchling

H: 10–25 cm, zitronen- bis goldgelb, mit dunkleren Grübchen oder Flecken gezont, in der Mitte trocken bis klebrig, Rand schleimig, lange eingerollt, zottig. **L:** breit angewachsen bis leicht herablaufend, weißlich, später blassgelb, häufig mit braunen Flecken. **St:** stämmig, kurz, blassgelb, auffällig grubig, Spitze mit weißlichem Filz. **F:** weiß, Milch weiß, rasch schwefelgelb verfärbend. **Ger:** unbedeutend. **Ges:** scharf. **Spp:** hellocker. **V:** vorwiegend im Nadelwald bei Fichte *Picea*, seltener im Laubwald; Sommer bis Herbst. **Mik:** Sporen mit bis ca. 1 µm hohen, kaum netzartig verbundenen, eher spiralig angeordneten Rippen und einzelnen, unregelmäßigen, länglichen Warzen, breit ellipsoid, 7–9,5 × 6–7 µm, Plage nicht amyloid, Makrozystiden am Lamellengrund 40–80 µm, HDS aus mehrheitlich liegenden, gelatinisierten Hyphen. (D 936, Kr 2.373, BK 6.64, 🖼).

15.2.27 *Lactarius leonis* Kytöv., Löwengelber Milchling: Hut 5–15 cm, einheitlich zitronengelb, kaum gezont, höchstens vereinzelt mit dunkleren Flecken, Stiel weißlich mit ockergelblichen, grubigen Flecken, im feuchten, kalkreichen Nadelwald, vorwiegend bei Fichte *Picea*. Sporen mit bis ca. 0,5 µm hohen, fein netzartig verbundenen Rippen und vereinzelt einzelnen, länglichen Warzen, Plage amyloid, Makrozystiden am Lamellengrund 65–110 µm lang. (BK 6.33, 🖼).

15.2.28 *Lactarius intermedius* Krombh. ex Berk. & Broome, Grubiger Tannen-Milchling: Hut 5–12 cm, einheitlich creme- bis zitronengelb, nicht oder nur schwach gezont, Stiel stämmig, kurz, erst flaumig, später grubig, Geruch süßlich, vorwiegend bei Weißtanne *Abies*, auf magerem, kalkreichem Boden. Sporen mit bis ca. 0,8 µm hohen, teilweise netzartig verbundenen Rippen, Makrozystiden am Lamellengrund 55–100 µm lang. (D 937, Kr 2.369, 🖼).

15.2.29 *Lactarius tuomikoskii* Kytöv., Blassgelber Zotten-Milchling: Hut 4–12 cm, einheitlich gelb bis honiggelb, nicht gezont, Stiel vorwiegend weißlich, bereift, teils fleckig, aber nicht grubig, Sporenpulver ocker; vorwiegend bei Fichte *Picea*, auf nährstoffreichem, kalkarmem Boden. Sporen mit bis ca. 1 µm hohen, teils parallel verlaufenden, mehrheitlich netzartig verbundenen Rippen und vereinzelt unregelmäßigen Warzen, 7,5–10 × 6–7,5 µm, Plage amyloid, Makrozystiden am Lamellengrund 30–90 µm lang. (BK 6.31/74).

15.2.25 *Lactarius azonites*, Rauchfarbener Milchling

15.2.26 *Lactarius scrobiculatus*, Grubiger Fichten-Milchling

15.2.27 *Lactarius leonis*, Löwengelber Milchling

15.2.28 *Lactarius intermedius*, Grubiger Tannen-Milchling

15.2.30 *Lactarius citriolens* Pouzar
Fransen-Milchling

H: 5–12 cm, milchweiß bis blassgelb, gezont, stark fransig-zottig, vor allem am Rand mit trockenen, bis 5 mm langen Haaren. **L:** herablaufend, weißlich bis creme. **St:** blassgelb, kaum grubig, alt teils etwas fleckig, Basis filzig-haarig, meist unregelmäßig verformt. **F:** weiß, gilbend, Milch weiß, sofort schwefelgelb verfärbend. **Ger:** nach Zitronenschale oder etwas nach Pelargonien. **Ges:** scharf. **Spp:** blasscreme. **V:** vorwiegend bei Laubbäumen, vereinzelt auch bei Weißtanne *Abies*; Sommer bis Herbst. **Mik:** Sporen mit bis ca. 0,8 µm hohen, nur ansatzweise netzartig verbundenen Rippen und unregelmäßigen Warzen, ellipsoid, 6,5–9 × 5–6 µm, Plage nicht amyloid, HDS aus gelatinisierten, liegenden, im unteren Bereich kürzeren, verketteten und darüber schmalen länglichen Zellen. (🖼).

15.2.31 *Lactarius resimus* (Fr.) Fr., Wimpern-Milchling: Hut 8–18 cm, glatt, feucht glänzend, weißlich bis strohgelb, im Zentrum gelblich mit ockerlichen Flecken, nicht gezont, Rand flaumig, Lamellen herablaufend, blasscreme bis etwas rosaockerlich, Stiel weißlich, flaumig, teils mit kleinen ockergelben Flecken, Milch weiß, innerhalb ca. einer halben Minute schwefelgelb verfärbend, Sporenpulver ocker. Sporen mit bis ca. 0,8 µm hohen, teils netzartig verbundenen Rippen und einzelnen, unregelmäßigen Warzen, 7–9,5 × 5,5–7 µm, Plage amyloid, HDS aus liegenden, gelatinisierten Hyphen. (BK 6.55).

15.2.32 *Lactarius aquizonatus* Kytöv., Wässriggezonter Milchling: Hut 5–12 cm, weißlich, im Zentrum chromgelblich, stellenweise mit ockergelblichen Flecken, gegen außen wasserfleckig, klebrig haarig, Rand fransig, Lamellen herablaufend und gedrängt, blasscreme bis etwas cremerosa, Sporenpulver creme; im Laub- oder Nadelwald, oft bei Birke *Betula*, Kiefer *Pinus*, Weide *Salix*, Pappel *Populus*, auf kalkreichem, trockenem Boden. Sporen mit bis ca. 0,6 µm hohen, mehrheitlich netzartig verbundenen Rippen und vereinzelten Warzen, 6–8,5 × 4–6 µm, Plage nicht amyloid, HDS aus liegenden bis unregelmäßig verflochtenen, gelatinisierten Hyphen.

15.2.33 *Lactarius chrysorrheus* Fr. ☠
Goldflüssiger Milchling

H: 4–8 cm, feucht schmierig, orangeocker, silbrigweiß überdeckt, gezont mit orangerötlichen Flecken. **L:** breit angewachsen bis etwas herablaufend, cremeweiß, später hell fleischfarben-orange. **St:** weißlich, blass, Basis etwas dunkler. **F:** weißlich, jung fein bereift, Milch weiß, an der Luft rasch schwefelgelb verfärbend. **Ger:** unbedeutend. **Ges:** erst mild, bald bitterlich bis scharf. **Spp:** hellocker. **V:** im Laubwald, vor allem bei Eiche *Quercus*, Edelkastanie *Castanea;* Sommer bis Herbst. **Mik:** Sporen mit bis knapp 1 µm hohen, mehrheitlich netzartig verbundenen Rippen und einzelnen Warzen, breit ellipsoid, 6–9 × 5–7 µm. Plage kaum amyloid, HDS aus unregelmäßig verflochtenen, am Ende oft aufrechten gelatinisierten Hyphen. (D 957, Kr 2.390, BK 6.13, 🖼).

15.2.34 *Lactarius decipiens* Quél.
Ungezonter Schwefel-Milchling

H: 3–7 cm, oft leicht gebuckelt, glatt, matt, jung bereift, blass rosaockerlich bis trüb ziegelrot, oft etwas runzelig-höckerig, Rand evtl. schwach gerieft bis gekerbt. **L:** weißlich bis blass fleischfarben. **St:** Spitze etwas rillig in Fortsetzung der Lamellen, fleischrötlich, gegen die Basis dunkler. **F:** blass, Milch weiß, alt wässrig weiß, an der Luft bald schwefelgelblich verfärbend. **Ger:** nach Pelargonien. **Ges:** erst mild, bald scharf, Milch auch bitter. **Spp:** hellocker. **V:** vor allem im Laubwald, seltener auch bis Weißtanne *Abies* oder Fichte *Picea*; Frühsommer bis Herbst. **Mik:** Sporen mit bis 1 µm hohen, praktisch vollständig netzartig verbundenen Rippen und vereinzelten Warzen, breit ellipsoid, 6,5–9 × 5,5–7,5 µm, Plage kaum amyloid, HDS unten aus kugeligen bis länglichen, eher kurzen, verketteten Zellen und darüber aus schmaleren, unregelmäßig verflochtenen Hyphen. (D 993, BK 6.16, 🖼).

15.2.35 *Lactarius quietus* (Fr.) Fr.
Eichen-Milchling

H: 3–10 cm, glatt bis etwas höckerig, zimt- bis trüb rotbraun, mit einem Hauch Lila, etwas bereift wirkend, gezont, oft mit konzentrisch angeordneten Flecken im Randbereich. **L:** leicht ausgebuchtet bis etwas herablaufend, jung weißlich, später etwas rötlichbraun, blasser als der Hut. **St:** oben wie der Hut gefärbt, gegen die Basis dunkler, Druckstellen weinbräunlich. **F:** blass, Milch weißlichcreme, langsam leicht gelblich verfärbend, eingetrocknet gelblich bis grünlich-gelb. **Ger:** auffällig und charakteristisch, ähnlich dem Sekret von Blattwanzen. **Ges:** erst mild, bald bitterlich, schärflich. **Spp:** cremeockerlich. **V:** stets unter Eiche *Quercus;* Sommer bis Herbst. **Mik:** Sporen warzig mit eher kurzen, bis ca. 1,2 µm hohen, teilweise netzartig verbundenen Rippen und einzelnen Warzen, breit ellipsoid, 6,5–9 × 5,5–7 µm, Plage kaum amyloid, HDS aus kugeligen bis länglichen, eher liegenden, kurzen, verketteten Zellen und zuoberst mit schmaleren, unregelmäßig verflochtenen bis aufrechten Hyphen. (D 985, Kr 2.419, BK 6.53, 🖼).

15.2.36 *Lactarius badiosanguineus* Kühner & Romagn.
Braunroter Milchling

H: 2–8 cm, oft mit kleinem Buckel, glatt bis leicht höckerig, etwas wachsartig bis glänzend, kastanien- bis violettbraun, Mitte dunkler.

15.2.30 *Lactarius citriolens*, Fransen-Milchling

15.2.33 *L. chrysorrheus*, Goldflüssiger Milchling

15.2.34 *Lactarius decipiens*, Ungezonter Schwefel-Milchling

15.2.35 *Lactarius quietus*, Eichen-Milchling

15.2.36 *Lactarius badiosanguineus*, Braunroter Milchling

L: breit angewachsen bis leicht herablaufend, cremefarben, später orange- bis rötlichocker. **St:** glatt, anfangs fein bereift, braunrot wie der Hut gefärbt. **F:** creme bis ockerbraun, Milch weiß, evtl. etwas wässrig, höchstens langsam nach 2–3 Stunden schwach gilbend. **Ger:** porlingsartig, schwach fruchtartig oder nach Blattwanzen. **Ges:** Fleisch erst mild, dann leicht bitter, Milch bisweilen auch schärflich. **Spp:** cremeweißlich. **V:** im feuchten Nadelwald, vorwiegend bei Fichte *Picea*, oft in höheren Lagen. **Mik:** Sporen mit bis ca. 1,2 µm hohen, streifenartig, vereinzelt netzartig verbundenen Rippen und zahlreichen einzelnen Warzen, breit ellipsoid, 7–9 × 5,5–7,5 µm, Plage kaum amyloid, HDS aus unregelmäßig kugeligen Zellen und zuoberst schmaleren, mehrheitlich aufsteigenden, verflochtenen, gelatinisierten Hyphen. (D 989, BK 6.7,).

15.2.37 *Lactarius hepaticus* Plowr.
Leberbrauner Milchling

H: 2–6 cm, oft mit kleinem Buckel, glatt, seidig glänzend, feucht fettig wirkend, hygrophan, jung leberbraun, später und trocken gegen milchkaffeebraun ausblassend, Rand glatt bis etwas gekerbt oder gerieft. **L:** breit angewachsen bis leicht herablaufend, weißlich, später fleischockerlich bis rötlichbraun. **St:** wie der Hut gefärbt, jung bereift, Spitze heller, Basis dunkler. **F:** blass, Milch weiß, nach einigen Minuten leicht gilbend. **Ger:** schwach. **Ges:** erst mild, dann bitter bis schärflich. **Spp:** cremeweißlich. **V:** vorwiegend im Kiefernwald *Pinus*; im Herbst. **Mik:** Sporen mit bis ca. 1 µm hohen, feinen, teils parallelen und teils netzartig verbundenen Rippen, breit ellipsoid, 6,5–9,5 × 5,5–7,5 µm, Plage kaum amyloid, HDS aus unregelmäßig verflochtenen, eher aufrechten Hyphen. (D 990, Kr 2.413, BK 6.28,).

15.2.37 *Lactarius hepaticus*, Leberbrauner Milchling

15.2.38 *Lactarius tabidus* Fr., *Lactarius theiogalus* (Bull.) Gray
Flatter-Milchling, Flatter-Reizker

H: 2–8 cm, glatt bis schwach höckerig, feucht glänzend, ocker- bis fleisch- oder orangerötlich, meist mit kleinem Buckel, darum herum runzelig, Rand feucht gerieft. **L:** blass fleischocker. **St:** wie der Hut gefärbt. **F:** blass, Milch weiß, evtl. etwas wässrig, an der Luft langsam schwefelgelb verfärbend. **Ger:** schwach, unangenehm. **Ges:** mild bis leicht scharf, bitterlich und adstringierend. **Spp:** creme. **V:** im Laub- und Nadelwald, an feuchten Stellen, oft bei Torfmoos *Sphagnum*, Birke *Betula*; Sommer bis Herbst. **Mik:** Sporen mit bis ca. 1,3 µm hohen, feinen, kurzen, vereinzelt netzartig verbundenen Rippen und zahlreichen Warzen, breit ellipsoid, 6–8,5 × 5–7 µm, Plage kaum amyloid, HDS aus unregelmäßig kugeligen Zellen, vereinzelt mit schmalen, etwas vorstehenden Hyphenenden. (D 981, Kr 2.427, BK 6.71,).

15.2.38 *Lactarius tabidus*, Flatter-Milchling

15.2.39 *Lactarius lacunarum* Romagn. ex Hora
Pfützen-Milchling

H: 2–7 cm, glatt bis feinkörnig, leicht hygrophan, rotbraun bis fuchsigorange, vom Rand her gegen Ocker oder Beige ausblassend. **L:** blasscreme bis rosaockerlich. **St:** eher kurz, orange, gegen die Basis dunkler. **F:** creme, Milch in Verbindung mit dem Fleisch wie auch davon unabhängig leicht gilbend. **Ger:** unbedeutend. **Ges:** mild bis leicht bitterlich. **Spp:** hellocker. **V:** an feuchten Stellen, auf nacktem Boden, bei Erle *Alnus*, Weide *Salix*, Birke *Betula*. **Mik:** Sporen mit bis 1 µm, vereinzelt bis 1,5 µm hohen, feinen, teilweise netzartig verbundenen Rippen, breit ellipsoid, 6–8,5 × 5–6,5 µm, Plage teilweise amyloid, HDS aus unregelmäßig vielgestaltigen Zellen, vereinzelt mit schmaleren, kurzen Endgliedern. (Kr 2.413, BK 6.32).

15.2.40 *Lactarius obscuratus* (Lasch) Fr.
Olivbrauner Erlen-Milchling

H: 1–4 cm, glatt bis etwas runzelig, gelbbraun, braunorange mit olivfarbener, meist spitz gebuckelter Mitte, Rand gerieft. **L:** blass ockerorange. **St:** wie der Hut gefärbt, evtl. etwas blasser. **F:** bräunlich, im Buckel blasser, Milch wässrig weiß, auf einem Taschentuch langsam leicht gilbend. **Ger:** unauffällig. **Ges:** mild. **Spp:** hellocker. **V:** unter Erle *Alnus*; Spätfrühling bis Spätherbst. **Mik:** Sporen mit bis zu 1,5 µm hohen, teils kurz verbundenen, vereinzelt netzartigen Rippen sowie länglichen Warzen, breit ellipsoid, 6,5–9 × 5–7 µm, Plage kaum amyloid, HDS oben aus kugeligen und darunter aus schmaleren, verflochtenen bis liegenden Hyphen. (D 993 Kr 2.417, BK 6.42,).

15.2.40 *Lactarius obscuratus*, Olivbrauner Erlen-Milchling

15.2.41 *Lactarius cyathuliformis* Bon, Großsporiger Erlen-Milchling: Hut 1–4 cm, orangebraun, Mitte dunkler, evtl. mit Stich ins Oliv, Rand bald gefurcht; stets bei Erle *Alnus*. Sporen 7–11 × 6–8,5 µm.

15.2.42 *Lactarius omphaliiformis* Romagn., Nabeliger Zwerg-Milchling: Hut 1–2,5 cm, glatt, alt oft etwas schuppig, trüb orange-fleischfarben, Mitte dunkler, ohne Oliv, Rand stark gerieft bis gefurcht, Sporenpulver creme; bei Erle *Alnus*, vorwiegend an feuchten, moosigen Standorten. Sporen mit bis 1,2 µm hohem Ornament, 7–9,5 × 5,5–7,5 µm. (BK 6.43, 🖼).

15.2.43 *Lactarius clethrophilus* Romagn., Erlenbruch-Milchling: Hut 1–3 cm, lebhaft rötlich, leberrötlich, braunrot bis etwas weinrötlich, Rand leicht gerieft, Lamellen entfernt, leicht herablaufend, Stiel braunrot, Milch schärflich; stets bei Erle *Alnus*.

15.2.44 *Lactarius brunneohepaticus* M.M. Moser, Brauner Grünerlen-Milchling: Hut 0,8–2 cm, olivumbra bis lederbraun, Lamellen cremeorange; subalpin, bei Grünerle *Alnus alnobetula*.

15.2.45 *Lactarius controversus* Pers.
Rosascheckiger Milchling

H: 8–20 cm, teilweise auch größer, feucht schmierig-klebrig, weißlich, mit rosa bis weinrötlichen Flecken gezont, Rand erst eingerollt und mit angedrückten Haaren. **L:** gedrängt, cremefarben mit etwas Rosa, Orange. **St:** weißlich, fettig wirkend. **F:** weißlich, Milch weiß. **Ges:** scharf. **Spp:** gelbockerlich. **V:** im Auenwald, Park, am Waldrand, vorwiegend unter Pappel *Populus* oder Weide *Salix*; Sommer bis Herbst. **Mik:** Sporen mit ca. 0,5 µm hohen, mehrheitlich netzartig verbunden Rippen und vereinzelten Warzen, breit ellipsoid 5,5–8,5 × 4–6 µm, Plage nicht amyloid, HDS aus parallel liegenden bis unregelmäßig verflochtenen, stark gelatinisierten Hyphen. (Kr 2.391, BK 6.15, 🖼).

15.2.46 *Lactarius porninsis* Rolland
Lärchen-Milchling

H: 3–8 cm, feucht schmierig, orangegelb bis orangerot, meistens etwas gezont, Rand lange eingebogen. **L:** breit angewachsen bis etwas herablaufend, cremefarben, später orangeocker. **St:** glatt, cremeweiß, später orangeockerlich, mit weißlicher Spitze. **F:** weißlich bis blassorange, Milch wässrig weiß bis weiß. **Ger:** obstartig, nach Mandarinenschalen, Orangen. **Ges:** mild, bald bitterlich, schärflich. **Spp:** ocker. **V:** in höheren Lagen, stets bei Lärche *Larix;* Sommer bis Herbst. **Mik:** Sporen mit bis ca. 0,5 µm hohen, feinen und mehrheitlich netzartig verbundenen Rippen, breit ellipsoid, 7–9,5 × 5,5–7 µm, Plage nicht amyloid, HDS aus parallel liegenden bis unregelmäßig verflochtenen gelatinisierten Hyphen. (BK 6.47, 🖼).

15.2.47 *Lactarius zonarioides* Kühner & Romagn., *Lactarius bresadolanus* Singer
Montaner Zonen-Milchling, Fichten-Zonen-Milchling, Fuchsiger Milchling

H: 5–12 cm, orangegelb bis orangeocker, dunkler gezont. **L:** orangegelb bis ockerrosa. **St:** wie der Hut gefärbt, oft grubig. **F:** weiß, Milch weiß, evtl. graugrün eintrocknend. **Ger:** obstartig. **Ges:** sofort sehr scharf. **Spp:** hellocker. **V:** im Nadelwald, vorwiegend bei Fichte *Picea*, seltener Tanne *Abies*, in höheren Lagen. **Mik:** Sporen mit bis ca. 0,8 µm hohen, mehrheitlich streifig und vereinzelt netzartig verbundenen, etwas perlschnurartigen Rippen, breit ellipsoid, 8–10 × 4–6 µm, Plage nicht amyloid, HDS aus parallel liegenden bis unregelmäßig verflochtenen gelatinisierten Hyphen. (Kr 2.389, BK 6.81, 🖼).

15.2.48 *Lactarius zonarius* (Bull.) Fr., *Lactarius insulsus* (Fr.) Fr.
Echter Zonen-Milchling, Schöner Zonen-Milchling

H: 6–12 cm, feucht schmierig, ockerlich gezont auf strohgelbem Grund, Mitte meist ungezont, Rand lange eingerollt und anfangs schwach flaumig. **L:** hellcreme, in Stielnähe oft gegabelt, aber kaum queradrig. **St:** milchweiß bis blassocker, oft mit grubigen Flecken. **F:** weißlich, leicht rosa anlaufend, Milch weiß. **Ger:** etwas fruchtartig. **Ges:** bald sehr scharf. **Spp:** hellocker. **V:** im Laubwald; Sommer bis Spätsommer. **Mik:** Sporen mit bis zu 1 µm hohen, linienförmig, kaum netzartig verbundenen Rippen und vereinzelten Warzen, breit ellipsoid 6,5–9 × 5–7,5 µm, Plage nicht amyloid, HDS aus parallel liegenden bis unregelmäßig verflochtenen gelatinisierten Hyphen. (Kr 2.403, BK 6.82, 🖼).

15.2.48a *L. zonarius* f. *scrobipes* (Kühner & Romagn.) Quadr.: Stiel mit ausgeprägten grubigen Flecken. (D 960, 🖼).

15.2.49 *Lactarius evosmus* Kühner & Romagn., Wohlriechender Milchling, Blasser Zonen-Milchling: Hut nicht oder nur undeutlich gezont, Stiel ohne Gruben, Fleisch unveränderlich, Geruch nach gedörrten Apfelschnitzen. Sporen mit bis zu 0,5 µm hohen, zebraartig streifigen, nur ansatzweise netzartig verbundenen Rippen, vereinzelten Warzen und teils bis ganz amyloider Plage, HDS aus parallel liegenden bis unregelmäßig verflochtenen gelatinisierten Hyphen. (BK 6.20, 🖼).

15.2.50 *Lactarius acerrimus* Britzelm.
Queraderiger Milchling

H: 8–15 cm, feucht schmierig, orange- bis rosaocker gezont auf cremeockerlichem Grund, Rand jung eingerollt und feinhaarig, später ganzer Hut wellig verbogen. **L:** breit angewachsen bis leicht herablaufend, queradrig, in Stielnähe auffällig gekräuselt, creme bis cremerosa, Druckstellen braun. **St:** kurz, blass, evtl. etwas grubig. **F:** weiß, Milch weiß. **Ger:** fruchtartig. **Ges:** sehr scharf. **Spp:** ocker. **V:** im Laubwald, vor allem bei Eiche *Quercus;* Sommer bis Herbst. **Mik:** Sporen mit bis zu 1 µm hohen, kurz streifigen,

15.2.42 *L. omphaliiformis*, Nabeliger Zwerg-Milchling

15.2.45 *L. controversus*, Rosascheckiger Milchling

15.2.46 *Lactarius porninsis*, Lärchen-Milchling

15.2.47 *L. zonarioides*, Montaner Zonen-Milchling

15.2.48 *Lactarius zonarius*, Echter Zonen-Milchling

15.2.48a *Lactarius zonarius* f. *scrobipes*

15.2.49 *Lactarius evosmus*, Wohlriechender Milchling

15.2.50 *Lactarius acerrimus*, Queraderiger Milchling

nicht netzartig verbundenen Rippen und unregelmäßigen Warzen, breit ellipsoid, 10–14 × 8–11,5 µm, Plage schwach amyloid, 1- bis 2-sporig, HDS aus parallel liegenden bis unregelmäßig verflochtenen gelatinisierten Hyphen. (Kr 2.384, BK 6.1, 🖼).

15.2.51 *Lactarius illyricus* Piltaver, Netzsporiger Buchen-Milchling, Illyrischer Milchling: Hut 4–8 cm, filzig, trocken, weißlich bis cremeockerlich oder rosaocker, kaum gezont, Stiel jung bereift, weiß, längsfaserig, Geruch obstartig, Geschmack scharf, Sporenpulver gelblich; im Laubwald, vor allem bei Buche *Fagus*. 2- bis 4-sporig, Sporen mit bis 0,8 µm hohen, fast vollständig netzartig verbundenen Rippen, 6–8 × 5–7 µm, HDS aus parallel liegenden bis unregelmäßig verflochtenen, teils auch aufrechten gelatinisierten Hyphen. (BK 6.20).

15.2.52 *Lactarius pallidus* Pers. ☠
Fleischblasser Milchling

H: 5–10 cm, blass fleischfarben, feucht schleimig, evtl. etwas wasserfleckig. **L:** blass, Druckstellen schmutzig ocker. **St:** etwas blasser als der Hut. **F:** weißlich, Milch weiß, nach Stunden grünlich. **Ger:** schwach, evtl. leicht obstartig oder etwas nach Blattwanzen. **Ges:** erst mild, nach einer Weile schärflich oder etwas adstringierend. **Spp:** ocker. **V:** im Laubwald, vor allem bei Buche *Fagus;* Sommer bis Herbst. **Mik:** Sporen mit bis ca. 1 µm hohen, streifenartigen, teils verzweigten, jedoch kaum netzartig verbundenen Rippen und vereinzelten Warzen, breit ellipsoid, 6,5–8,5 × 5–7 µm, Plage nicht oder höchstens teilweise amyloid, HDS aus unregelmäßig verflochtenen bis aufrechten gelatinisierten Hyphen. (D 961, Kr 2.397, BK 6.44, 🖼).

15.2.53 *Lactarius albocarneus* Britzelm., *Lactarius glutinopallens* F.H. Møller & J.E. Lange
Klebriger Milchling

H: 3–7 cm, stark schleimig, blass lilagrau bis ockerlich. **L:** creme bis ockergelb. **St:** blasser als der Hut. **F:** cremeweiß, Milch weißlich, beim Eintrocknen bisweilen gelblich. **Ger:** schwach, evtl. etwas obstartig oder leicht nach Blattwanzen. **Ges:** rasch scharf, bisweilen bitterlich. **Spp:** gelblich. **V:** im Nadelwald, vorwiegend bei Weißtanne *Abies*; Sommer bis Herbst. **Mik:** Sporen mit ca. 1 µm hohen, vor allem streifigen, teilweise netzartig verbundenen Rippen und vereinzelten Warzen, breit ellipsoid, 7,5–10 × 6,5–8,5 µm, Plage teilweise deutlich amyloid, HDS aus verflochtenen, mehrheitlich aufrechten, stark gelatinisierten Hyphen. (D 962f, Kr 2.386, BK 6.3, 🖼).

15.2.54 *Lactarius musteus* Fr.
Heide-Milchling

H: 5–15 cm, feucht schleimig, trocken glänzend, blassocker, gegen die Mitte bräunlich, Rand evtl. etwas grubig. **L:** schmutzig creme. **St:** wie der Hut gefärbt, evtl. etwas grubig und Spitze etwas rosa. **F:** weiß, Milch wässrig weiß, beim Trocknen evtl. graugrün. **Ger:** schwach fruchtartig. **Ges:** mild. **Spp:** ocker. **V:** auf saurem Boden, nur unter Kiefer *Pinus*; Sommer bis Herbst. **Mik:** Sporen mit bis 1 µm hohen, etwas zebraartig gestreiften, mehrheitlich netzartig verbundenenen Rippen und einzelnen länglichen Warzen, breit ellipsoid, 7–9 × 5,5–7 µm, Plage teilweise deutlich amyloid, HDS oben aus verflochtenen, mehrheitlich aufrechten, darunter aus parallel liegenden, überall stark gelatinisierten Hyphen. (BK 6.40).

15.2.55 *Lactarius hysginus* (Fr.) Fr.
Kuhroter Milchling

H: 5–9 cm, feucht stark schmierig, fleischbraun bis rötlichbraun, evtl. etwas gezont. **L:** breit angewachsen und etwas herablaufend, eher dicht, in Stielnähe oft gegabelt, erst blass, später lebhaft ockergelb. **St:** blasser als der Hut. **F:** weißlich, Milch weiß. **Ger:** schwach obstartig, etwas nach Weidenbohrerraupe *Cossus cossus,* beim Eintrocknen nach Maggi. **Ges:** scharf. **Spp:** blass ockergelb. **V:** im Laub- und Nadelwald, auf saurem Boden, in höheren Lagen; Sommer bis Herbst. **Mik:** Sporen mit bis 1 µm hohen, mehrheitlich netzartig verbundenen breiten Rippen, breit ellipsoid, 6–8 × 5,5–7 µm, Plage nicht oder teilweise amyloid, HDS oben aus verflochtenen, mehrheitlich aufrechten, darunter aus parallel liegenden, überall stark gelatinisierten Hyphen. (D 993, Kr 2.395, BK 6.29, 🖼).

15.2.56 *Lactarius nanus* J. Favre
Zwerg-Milchling

H: 0,5–3,5 cm, trocken matt, feucht glänzend bis etwas schmierig, violett-, grau- bis rötlichbraun. **L:** jung creme, später fleisch- bis orangebräunlich. **St:** wie der Hut gefärbt, aber etwas blasser, jung schwach bereift. **Ger:** schwach. **Ges:** mild bis etwas schärflich. **Spp:** gelblich. **V:** alpine Lagen, in Zwergstrauchheide bei Weide *Salix*. **Mik:** Sporen mit bis 0,5 µm hohen, mehrheitlich netzartig verbundenen Rippen und vereinzelten Warzen, breit ellipsoid, 7–9,5 × 5,5–7,5 µm, Plage teilweise amyloid, HDS aus liegenden und darüber verflochtenen, mehrheitlich aufrechten gelatinisierten Hyphen. (BK 6.41, 🖼).

15.2.57 *Lactarius trivialis* (Fr.) Fr.
Nordischer Milchling

H: 6–15 cm, feucht stark schleimig-schmierig, satt violettgrau bis violettbraun, silbergrau überdeckt, Randzone oft fleckig. **L:** creme, Druckstellen graugrün. **St:** etwas aufgeblasen, ockerlich, meist längsrinnig, evtl. etwas grubig. **F:** weißlich, Milch weiß, beim Eintrocknen graugrün. **Ger:** schwach obstartig. **Ges:** scharf. **Spp:** hell ockergelblich.

15.2.52 *Lactarius pallidus,* Fleischblasser Milchling

15.2.53 *Lactarius albocarneus,* Klebriger Milchling

15.2.55 *Lactarius hysginus,* Kuhroter Milchling

15.2.56 *Lactarius nanus,* Zwerg-Milchling

15.2.57 *Lactarius trivialis,* Nordischer Milchling

V: auf saurem Boden, vor allem im Nadelwald oder bei Birke *Betula*; Sommer bis Herbst. **Mik:** Sporen mit bis ca. 1 µm hohen, kurzen, kaum netzartig verbunden Rippen und zahlreichen Warzen, breit ellipsoid, 7,5–10 × 6–7,5 µm, Plage teilweise leicht amyloid, HDS aus überall gelatinisierten, liegenden und zuoberst mit verflochtenen, mehrheitlich aufrechten Hyphen. (D 964, Kr 2.401, BK 6.73).

15.2.58 *Lactarius flexuosus* (Pers.) Gray
Verbogener Milchling

H: 5–15 cm, feucht leicht schmierig, violettbräunlich bis rosagrau, später blass, schwach gezont. **L:** eher entfernt, queradrig, blassgelb. **St:** eher kurz, voll, blass gefärbt, Basis gelblich. **F:** weißlich, Milch weiß. **Ger:** obstartig. **Ges:** scharf. **Spp:** hell ockergelblich. **V:** im Laub- und Nadelwald, auch in Parks, vorwiegend bei Birke *Betula*, Kiefer *Pinus* und Pappel *Populus*; Sommer bis Herbst. **Mik:** Sporen mit bis zu 1 µm hohen, teilweise netzartig verbundenen Rippen und einzelnen Warzen, breit ellipsoid, 6–8,5 × 5–7 µm, Plage teilweise amyloid, HDS aus leicht gelatinisierten, teils liegenden, teils verflochtenen Hyphen. (Kr 2.393, BK 6.22).

Lactarius roseozonatus (H. Post) H. Post, *L. flexuosus* var. *roseozonatus* H. Post, Rosagezonter Milchling: Hut fleischig, deutlich graurosa gezont, Lamellen entfernt. Die Farbvariante wird von vielen Autoren nicht abgegrenzt und gilt als Synonym von *L. flexuosus*.

15.2.59 *Lactarius vietus* (Fr.) Fr.
Graufleckender Milchling

H: 2–8 cm, feucht schmierig, seidig glänzend, glatt bis schwach radialrunzelig, teils mit kleinem Buckel, blass lilagrau, rosa- bis violettbraun, leicht klebrig, Rand etwas heller. **L:** creme bis cremeocker, Druckstellen graugrün. **St:** weißlich bis fleischfarben, Spitze heller. **F:** weiß, Milch weiß, beim Eintrocknen graugrün. **Ger:** unauffällig bis schwach obstartig. **Ges:** rasch scharf. **Spp:** creme. **V:** auf saurem, moorigem Boden, nur bei Birke *Betula*; Sommer bis Herbst. **Mik:** Sporen mit bis ca. 1 µm hohen, oft netzartig verbundenen Rippen und einzelnen Warzen, breit ellipsoid, 7–9,5 × 5,5–7 µm, Plage amyloid, HDS aus gelatinisierten, mehrheitlich liegenden und teils aufrechten Hyphen. (D 965, Kr 2.402, BK 6.78).

Lactarius syringinus Z. Schaef., Flieder-Milchling, Glimmeriger Milchling: Hut 4–10 cm, intensiver rosagrau bis rosabraun und deutlich gezont; vorwiegend bei Birke *Betula*, bisher Funde aus Tschechien und Nordeuropa. Sporen mit bis 0,5 µm hohen, teils verzweigten und teils netzartig verbundenen Rippen und einzelnen Warzen, 7–8,5 × 5,5–7 µm, Plage stellenweise amyloid.

Lactarius pilatii Z. Schaef., Gebuckelter Milchling, Weinbrauner Moor-Milchling: Hut 1–6 cm, fuchsig- bis rötlichbraun; bei Birke *Betula* und oft bei Torfmoos *Sphagnum*, bisherige Funde aus Tschechien und Nordeuropa. Sporen mit bis 0,8 µm hohen, oft netzartig verbundenen Rippen und einzelnen Warzen, 7–8,5 × 5,5–7 µm, Plage kaum amyloid.

15.2.60 *Lactarius blennius* (Fr.) Fr.
Graugrüner Milchling

H: 4–10 cm, feucht stark schleimig, graugrün, bisweilen mit Violettstich, evtl. mit dunkleren Flecken ± gezont, Rand erst eingerollt, später oft etwas runzelig. **L:** weiß, eher gedrängt, Druckstellen olivgrau. **St:** blasser als der Hut, Spitze weißlich. **F:** blass, Milch weiß, trocken graugrün. **Ger:** unauffällig. **Ges:** erst mild, dann scharf. **Spp:** gelblich. **V:** nur bei Buche *Fagus;* Sommer bis Herbst. **Mik:** Sporen mit bis 1 µm hohen, teils zebraartig streifigen, teils netzartig verbundenen Rippen, breit ellipsoid, 5,5–8 × 4,5–6,5 µm, Plage nicht oder schwach amyloid, HDS unten mit gelatinisierten, liegenden und darüber teils verflochtenen, teils aufrechten, 1–3 µm dicken Hyphen. (D 958f, Kr 2.387, BK 6.9).

L. blennius var. *viridis* A. Marchand: oliv- bis hellgrüner Hut und weißlicher Stiel.

15.2.61 *Lactarius fluens* Boud.
Braunfleckender Milchling

H: 5–10 cm, feucht schmierig, olivgrün mit dunklen olivbraunen Zonen, Rand bereift, filzig, erst eingerollt, später meist wellig verbogen, heller olivgrau. **L:** elfenbeinfarben, später fleischocker, Druckstellen innert Minuten bräunlich. **St:** blass ockerlich, grünlich, evtl. etwas längsrinnig. **F:** weiß, Milch wässrig weiß bis weiß, beim Eintrocknen graugrün. **Ger:** angenehm. **Ges:** scharf. **Spp:** gelblich. **V:** im Laubwald, vor allem bei Hainbuche *Carpinus;* Sommer bis Herbst. **Mik:** Sporen mit bis 1 µm hohen, teils zebraartig streifigen, teils netzartig verbundenen Rippen, breit ellipsoid, 6–8 × 5–6,5 µm, Plage nicht oder schwach

15.2.58 *Lactarius flexuosus*, Verbogener Milchling

15.2.59 *Lactarius vietus*, Graufleckender Milchling

15.2.60 *Lactarius blennius*, Graugrüner Milchling

15.2.61 *Lactarius fluens*, Braunfleckender Milchling

amyloid, HDS unten mit gelatinisierten, liegenden und darüber teils verflochtenen, teils aufrechten, 2–10 µm dicken Hyphen. (BK 6.10, 🖼).

15.2.62 *Lactarius circellatus* Fr.
Gebänderter Hainbuchen-Milchling

H: 5–10 cm, graubräunlich mit oliv oder violettem Beiton, mehrfach gezont, feucht etwas schmierig, Rand erst eingerollt, später wellig. **L:** in mittlerem Abstand (ca. 80–90 durchgehende Lamellen), creme bis ockerorange. **St:** oft kurz, weißlich, evtl. etwas wie der Hut gefärbt. **F:** weißlich, Milch weiß. **Ger:** etwas obstartig. **Ges:** Fleisch mild bis etwas bitter und scharf, Milch sofort scharf. **Spp:** ocker. **V:** im Laubwald, vor allem bei Hainbuche *Carpinus*; Sommer bis Herbst. **Mik:** Sporen mit bis zu 1 µm hohen, zebraartig streifigen, kaum netzartig verbundenen Rippen, breit ellipsoid, 6–7,5 × 5–6,5 µm, Plage nicht oder schwach amyloid, HDS aus teils liegenden, teils verflochtenen und teils aufrechten, gelatinisierten Hyphen. (D 966, BK 6.14, 🖼).

15.2.63 *Lactarius pyrogalus* (Bull.) Fr., *Lactarius hortensis* Velen.
Scharfer Hasel-Milchling, Beißender Milchling

H: 4–8 cm, feucht leicht schmierig, meist ungezont, ockergrau. **L:** entfernt (ca. 40–50 durchgehende Lamellen), hellocker, später ockerorange. **St:** wie der Hut, aber blasser, oft längs gefurcht. **F:** weiß, Milch weiß. **Ger:** schwach apfelartig. **Ges:** sehr scharf. **Spp:** ockerlich. **V:** vor allem bei Hasel *Corylus*; Sommer bis Herbst. **Mik:** Sporen mit bis zu 1 µm hohen, teilweise zebraartig streifigen, kaum netzartig verbundenen Rippen und zahlreichen länglichen Warzen, breit ellipsoid, 5,5–8 × 4,5–6,5 µm, Plage amyloid, HDS aus gelatinisierten, mehrheitlich liegenden Hyphen. (D 967, Kr 2.399, BK 6.51, 🖼).

15.2.64 *Lactarius torminosus* (Schaeff.) Gray ☠
Zottiger Birken-Milchling

H: 5–15 cm, gezont, ziegelrot, graucremefarben überdeckt, filzig-zottig, besonders am Rand. **L:** blass, erst etwas rosa, später creme. **St:** blass rosabräunlich, Spitze oft mit einer rötlichbraunen Zone, Basis heller. **F:** weißlich, Milch weiß. **Ger:** schwach frucht- bis terpentinartig. **Ges:** scharf. **Spp:** hell ockerlich. **V:** am Waldrand, im Park, stets bei Birke *Betula*; Sommer bis Herbst. **Mik:** Sporen mit bis 0,5 µm hohen, feinen, mehrheitlich netzartig verbundenen Rippen und Warzen, breit ellipsoid, 7,5–9,5 × 5,5–7 µm, Plage nicht oder höchstens im Zentrum mit einem amyloiden Fleck, HDS aus liegenden, gelatinisierten Hyphen. (D 942, Kr 2.373, BK 6.72, 🖼).

15.2.65 *Lactarius pubescens* Fr.
Flaumiger Birken-Milchling

H: 3,5–10 cm, cremeweiß bis lila-lederfarben, filzig-zottig, besonders am Rand. **L:** blass, erst etwas rosa, später creme. **St:** weiß bereift, lachsrosa, Spitze kahl, Basis oft etwas verjüngt. **F:** weißlich, Milch weiß. **Ger:** schwach fruchtartig bis terpentinartig. **Ges:** scharf. **Spp:** weißlich. **V:** am Waldrand, im Park, stets bei Birke *Betula*; Sommer bis Herbst. **Mik:** Sporen mit bis 0,5 µm hohen, feinen, mehrheitlich netzartig verbundenen Rippen und kaum einzelnen Warzen, ellipsoid, 5,5–8,5 × 4,5–6 µm, Plage nicht amyloid oder höchstens im Zentrum mit einem amyloiden Fleck, HDS aus liegenden, gelatinisierten Hyphen. (D 943, Kr 2.370, BK 6.50, 🖼).

15.2.66 *Lactarius scoticus* Berk. & Broome
Flaumiger Moor-Milchling

H: 2–8 cm, cremeweiß bis lila-lederfarben, filzig-zottig, besonders am Rand. **L:** blass, erst etwas rosa, später creme. **St:** weiß bereift, cremefarben, später oft mit ockerfarbenen Flecken. **F:** weißlich, Milch erst weiß und gelblich verfärbend **Ger:** schwach frucht- bis terpentinartig. **Ges:** rasch scharf. **Spp:** weißlich. **V:** am Waldrand, im Park, stets bei Birke *Betula*; Sommer bis Herbst. **Mik:** Sporen mit bis 0,5 µm hohen, feinen, teilweise netzartig verbundenen Rippen und zahlreichen Warzen, ellipsoid, 5,5–8 × 4,5–5,5 µm, Plage nicht amyloid oder höchstens im Zentrum mit einem amyloiden Fleck, HDS aus liegenden, gelatinisierten Hyphen. (BK 6.63, 🖼).

15.2.67 *Lactarius mairei* Malençon
Braunzottiger Milchling

H: 4–10 cm, lederfarben bis rosa- oder orangeocker, mit haarigen, anliegenden Schuppen, Rand lange eingerollt und mit bis 5 mm langen, braunen oder weißen Zotten. **L:** blass orangeocker. **St:** wie die Lamellen gefärbt. **F:** weißlich, Milch weiß. **Ges:** scharf.

15.2.62 *L. circellatus,* Gebänderter Hainbuchen-M.

15.2.63 *L. pyrogalus,* Scharfer Hasel-Milchling

15.2.64 *Lactarius torminosus,* Zottiger Birken-Milchling

15.2.65 *Lactarius pubescens,* Flaumiger Birken-Milchling

15.2.66 *Lactarius scoticus,* Flaumiger Moor-Milchling

15.2.67 *Lactarius mairei,* Braunzottiger Milchling

Spp: creme. **V:** im Eichenwald *Quercus;* Sommer bis Herbst. **Mik:** Sporen mit bis ca. 1 µm hohen, oft verzweigten und seltener netzartig verbundenen Rippen und einzelnen Warzen, ellipsoid, 6–9 × 4,5–7 µm, Plage nicht amyloid, HDS aus liegenden, gelatinisierten Hyphen. ( ).

L. mairei var. *zonatus* A. Pearson: Hut kleiner, deutlich gezont, eher braunorange.

L. mairei var. *ilicis* Lalli & Pacioni: mediterran, bei Steineiche *Quercus ilex*.

Lactarius tesquorum Malençon, Zottiger Zistrosen-Milchling: Hut klein, cremegelblich bis cremerosa; mediterran, bei Zistrose *Cistus*. (D 944).

15.2.68 *Lactarius turpis* (Weinm.) Fr., *Lactarius plumbeus* (Bull.) Gray Olivbrauner Milchling, Tannen-Reizker

H: 6–20 cm, dunkel olivgrün, bald schmutzig olivbraun, Mitte dunkler, teils angedeutet gezont, Rand lange eingerollt und anfangs etwas filzig-zottig. **L:** creme, alt braunfleckig. **St:** wie der Hut gefärbt, grubig, Basis dunkler. **F:** weißlich, Milch weiß bis wässrig weiß, graufleckend. **Ger:** schwach harzartig. **Ges:** scharf. **Spp:** weißlich. **V:** bei Fichte *Picea* oder Birke *Betula,* bis in höhere Lagen; Sommer bis Herbst. **Mik:** Sporen mit bis ca. 1 µm hohen, eher feinen, mehrheitlich netzartig verbundenen Rippen und vereinzelten Warzen, ellipsoid, 6–8,5 × 5–6,5 µm, Plage nicht oder nur teilweise amyloid, HDS aus mehrheitlich liegenden, stark gelatinisierten Hyphen. (D 941, Kr 2.375, BK 6.75,).

15.2.69 *Lactarius glyciosmus* (Fr.) Fr. Blasser Duft-Milchling

H: 2–4,5 cm, lilagrau bis braungrau, mattsamtig bis feinfilzig, Mitte oft mit kleinem, spitzem Buckel. **L:** cremeocker. **St:** weißlich bereift, später wie der Hut gefärbt. **F:** weißlich, Milch wässrig bis weiß. **Ger:** auffällig nach Kokosflocken. **Ges:** erst mild, dann scharf. **Spp:** gelblichweiß. **V:** auf feuchtem Boden, vor allem bei Birke *Betula;* Sommer bis Herbst. **Mik:** Sporen mit bis ca. 1 µm hohen, mehrheitlich zebraartig-streifigen, wenig netzartig verbundenen Rippen, ellipsoid, 5,5–8,5 × 4,5–7 µm, Plage nicht oder nur teilweise amyloid, HDS aus mehrheitlich liegenden, vereinzelt aufgerichteten, höchstens schwach gelatinisierten Hyphen. (D 971, Kr 2.410, BK 6.26,).

15.2.70 *Lactarius mammosus* Fr., *Lactarius fuscus* Rolland, Dunkler Duft-Milchling: Hut 3–7 cm, dunkler graubraun bis rotbraun, filzig bis feinschuppig, Kokosduft vor allem bei älteren Pilzen, Sporenpulver gelbockerlich; im Nadelwald. (D 972, Kr 2.416, BK 6.39,).

15.2.71 *Lactarius helvus* (Fr.) Fr. Maggipilz, Filziger Milchling, Bruchreizker

H: 4–15 cm, früh ausgebreitet, matt graulich bereift, samtig, später trichterförmig, filzig bis feinschuppig, fleischockerlich. **L:** breit angewachsen bis leicht herablaufend, blassocker. **St:** etwas blasser als der Hut, anfangs hell bereift. **F:** creme, Milch spärlich, wässrig. **Ger:** frisch schwach, beim Trocknen auffällig nach Maggi (Liebstöckel), vor allem an der Hutoberseite wahrnehmbar. **Spp:** weißlich. **V:** auf feuchtem Boden, im Nadelwald oder bei Birke *Betula*; Sommer bis Herbst. **Mik:** Sporen mit bis ca. 1 µm hohen, kurzen, mehrheitlich netzartig verbundenen Rippen, ellipsoid, 6–9 × 4,5–7 µm, Plage nicht amyloid, HDS aus mehrheitlich unregelmäßig ineinander verflochtenen Hyphen. (D 968, Kr 2.412, BK 6.27,).

15.2.72 *Lactifluus vellereus* (Fr.) Kuntze, *Lactarius vellereus* (Fr.) Fr. Wolliger Milchling

H: 8–25 cm, samtig-flaumig, weiß, später creme und oft ockerbräunlich gefleckt, Rand lange eingerollt. **L:** weißlich bis ockerlich, eher entfernt. **St:** kurz und stämmig, wie der Hut gefärbt. **F:** weißlich, Milch weiß, in Verbindung mit dem Fleisch cremegelblich, isoliert vom Fleisch unveränderlich. **Ger:** unbedeutend. **Ges:** Milch mild bis bitterlich, Fleisch ziemlich scharf. **Spp:** weißlich. **V:** im Laubwald, seltener im Nadelwald; Sommer bis Herbst. **Mik:** Sporen mit feinen, nur bis ca. 0,2 µm hohen, mehrheitlich netzartig verbundenen Rippen, ellipsoid, 7–12 × 6,5–9,5 µm, Plage selten zentral mit einem amyloiden Fleck, HDS aus mehrheitlich aufrechten, langen, haarartigen Hyphen. **Ch:** Milch ohne Verfärbung mit KOH. (D 934, Kr 2.361, BK 6.77,).

15.2.73 *Lactifluus bertillonii* (Neuhoff ex Z. Schaef.) Verbeken, *Lactarius bertillonii* (Neuhoff ex Z. Schaef.) Bon Scharfer Woll-Milchling

H: 8–20 cm, samtig-flaumig, weiß, Rand lange eingerollt. **L:** eher entfernt, weißlich bis ockerlich. **St:** kurz und stämmig, wie der Hut gefärbt. **F:** weißlich, Milch weiß, auch ohne Verbindung mit dem Fleisch leicht gilbend. **Ger:** eher unangenehm. **Ges:** sehr scharf. **Spp:** weißlich. **V:** im Laubwald, seltener im Nadelwald; Sommer bis Herbst. **Mik:** Sporen mit feinen, nur bis ca. 0,2 µm hohen, ansatzweise aber unvollständig

15.2.68 *Lactarius turpis*, Olivbrauner Milchling

15.2.69 *Lactarius glyciosmus*, Blasser Duft-Milchling

15.2.70 *Lactarius mammosus*, Dunkler Duft-Milchl.

15.2.71 *Lactarius helvus*, Maggipilz

15.2.72 *Lactifluus vellereus*, Wolliger Milchling

netzartig verbundenen Rippen, ellipsoid, 7–10 × 5–7,5 µm, Plage selten zentral mit einem amyloiden Fleck, HDS aus mehrheitlich aufrechten, langen, haarartigen Hyphen. **Ch:** Milch mit KOH orangegelb verfärbend. (BK 6.8).

In der Gattung *Lactifluus*, Sektion *Albati* sind neben den hier aufgeführten europäischen *L. vellereus,* Wolliger Milchling und *L. bertillonii,* Scharfer Woll-Milchling weitere ähnliche Arten identifiziert worden: in Asien z. B. *Lactifluus pilosus* (Verbeken, H.T. Le & Lumyong) Verbeken, *Lactarius pilosus* Verbeken, H.T. Le & Lumyong und *Lactifluus puberulus* (H.A. Wen & J.Z. Ying) Nuytinck, *Lactarius puberulus* H.A. Wen & J.Z. Ying und in Nordamerika *Lactifluus subvellereus* (Peck) Nuytinck, *Lactarius subvellereus* Peck sowie *Lactifluus deceptivus* (Peck) Kuntze, *Lactarius deceptivus* Peck.

15.2.74 *Lactarius lilacinus* (Lasch) Fr.
Lila Milchling

H: 2–8 cm, samtig bis filzig, lebhaft rosalila, später ockerlich verblassend. **L:** fleischocker. **St:** wie der Hut gefärbt. **F:** weißlich, Milch wässrig weißlich, beim Eintrocknen etwas grünlich. **Ger:** etwas nach Pelargonien, trocken nach Maggi, Zichorie. **Spp:** weiß. **V:** oft büschelig, in feuchtem Wald, bei Erle *Alnus*; Spätsommer bis Spätherbst. **Mik:** Sporen mit teilweise bis ca. 1,2 µm hohen, mehrheitlich netzartig verbundenen Rippen und einzelnen Warzen, ellipsoid, 6,5–9 × 5,5–7 µm, Plage nicht oder nur teilweise amyloid, HDS aus unregelmäßig kugeligen bis verschiedenförmigen Hyphen. (D 969, Kr 2.414, BK 6.36,).

15.2.75 *Lactarius spinosulus* Quél. & Le Bret.
Schüppchen-Milchling

H: 2–6 cm, mit aufgerichteten Schüppchen, lila- bis karminrosa, gezont, feucht dunkler. **L:** cremerosa bis ockerlich. **St:** etwas blasser als der Hut. **F:** weißlich, etwas verfärbend. **Ger:** schwach nach Stachelbeeren oder Blattwanzen. **Ges:** etwas bitter bis scharf. **Spp:** ockerlich. **V:** im Laub- oder Mischwald, vorwiegend bei Birke *Betula*; Sommer bis Herbst. **Mik:** Sporen mit teilweise bis ca. 1,2 µm hohen, zebraartig-streifigen Rippen und vereinzelten Warzen, ellipsoid, 6–9 × 5–6,5 µm, Plage nicht oder teilweise amyloid, HDS aus liegenden und vereinzelt büschelförmig aufgerichteten Hyphen. (D 970, Kr 2.425, BK 6.68,).

15.2.76 *Lactarius lepidotus* Hesler & A.H. Sm.
Grauer Gebirgs-Milchling

H: 0,5–3 cm, gewölbt bis niedergedrückt, bisweilen gebuckelt, glatt bis schorfig-schuppig, mausgrau, graubraun, evtl. olivlich. **L:** breit angewachsen bis herablaufend, eher entfernt, weißlich, später ockerlich. **St:** jung bereift, grau- bis rötlichocker. **F:** weißlich, Milch spärlich, weißlich. **Ger:** unauffällig. **Ges:** sehr scharf. **Spp:** cremeweiß. **V:** vorwiegend alpine Lagen, bei Grünerle *Alnus alnobetula*. **Mik:** Sporen mit bis ca. 0,8 µm hohen, mehrheitlich netzartig verbundenen Rippen und einzelnen Warzen, breit ellipsoid, 6,5–9,5 × 5,5–7,5 µm, HDS aus relativ breiten, unregelmäßig verflochtenen Hyphen. (BK 6.34,).

15.2.77 *Lactarius alpinus* Peck
Gelber Gebirgs-Milchling

H: 1–6 cm, flaumig bis feinfilzig, flach bis niedergedrückt, oft mit kleinem Buckel, orange oder gelb. **L:** gelblich, orangegelb. **St:** oft exzentrisch bis seitlich, orangegelb. **F:** weiß, Milch weiß. **Ger:** schwach bis etwas obstartig. **Ges:** Milch erst mild, später scharf, Fleisch scharf. **Spp:** weißlich **V:** alpine Lagen, bei Grünerle *Alnus alnobetula*. **Mik:** Sporen mit bis ca. 0,9 µm hohen, mehrheitlich netzartig verbundenen Rippen, breit ellipsoid, 7–10 × 5,5–7,5 µm, HDS aus unregelmäßig verflochtenen, mehrheitlich aufgerichteten Hyphen. (BK 6.4,).

15.2.78 *Lactifluus piperatus* (L.) Roussel, *Lactarius piperatus* (L.) Pers.
Pfeffer-Milchling, Langstieliger Pfeffer-Milchling

H: 5–12 cm, anfangs flach gewölbt und bald niedergedrückt bis trichterförmig, cremeweiß, vor allem gegen den Rand evtl. etwas runzelig. **L:** sehr gedrängt, schmal, herablaufend, cremeweiß. **St:** relativ lang, weiß. **F:** weiß, Milch weiß. **Ger:** unbedeutend. **Ges:** sehr scharf. **Spp:** weißlich. **V:** Laub- und Nadelwald; Sommer bis Herbst. **Mik:** Sporen mit feinen, bis ca. 0,2 µm hohen, teilweise netzartig verbundenen Rippen und länglichen Warzen, ellipsoid, 7–10,5 × 5–7,5 µm, Plage nicht amyloid, HDS aus unregelmäßig kugeligen Zellen und daraus hervortretenden oder schmal aufliegenden, dünnen Elementen. **Ch:** Milch mit KOH ohne Verfärbung. (D 935, BK 6.46,).

15.2.79 *Lactifluus glaucescens* (Crossl.) Verbeken, *Lactarius glaucescens* Crossl., *Lactifluus pergamenus* (Sw.) Kuntze, *Lactarius pergamenus* (Sw.) Fr., Grünender Pfeffer-Milchling, Kurzstieliger Pfeffer-Milchling: Hut 5–15 cm, Milch weiß und auf dem Fleisch grünlich verfärbend, Stiel eher kurz. Sporen mit schwachem Ornament ohne netzartige Verbindungen, HDS aus unregelmäßig kugeligen Zellen und darüber mit dünnen Hyphen, die in einer dicken Schicht ineinander verflochten sind. Sporen mit feinen, bis 0,2 µm hohen, kaum netzartig und kurz verbundenen Rippen und zahlreichen länglichen Warzen, breit ellipsoid, 6,5–9,5 × 5,5–7 µm. Milch mit KOH gelborange verfärbend. (Kr 2.360, BK 6.25,).

15.2.74 *Lactarius lilacinus,* Lila Milchling

15.2.75 *Lactarius spinosulus,* Schüppchen-Milchling

15.2.76 *Lactarius lepidotus,* Grauer Gebirgs-Milchling

15.2.77 *Lactarius alpinus,* Gelber Gebirgs-Milch

15.2.78 *Lactifluus piperatus,* Pfeffer-Milchling

15.2.79 *L. glaucescens,* Grünender Pfeffer-Milchl

15.2.80 *Lactarius subdulcis* (Pers.) Gray
Süßlicher Buchen-Milchling

H: 3–7 cm, rotbraun, später lederblass, kahl. **L:** breit angewachsen bis etwas herablaufend, lange blass ockerlich, später zimtbraun. **St:** blass fleischocker, Spitze teils etwas rillig, an der Basis mit weißem, striegeligem Mycelfilz. **F:** cremefarben, Milch weiß, leicht wässrig, etwas bitter. **Ger:** nach Blattwanzen und etwas gummiartig. **Ges:** fast mild. **Spp:** blass gelblich. **V:** auf saurem Boden, bei Buche *Fagus* oder Hasel *Corylus*, oft in der Nähe von moderndem Holz, bisweilen sogar an verrotteten Baumstrünken; Sommer bis Herbst. **Mik:** Sporen mit teils bis 1,5 µm hohen, vereinzelt netzartig verbundenen Rippen und zahlreichen Warzen, ellipsoid, 7–9,5 × 5,5–7,5 µm, Plage nicht oder nur schwach amyloid, HDS aus unregelmäßig ellipsoiden bis kugeligen Zellen und daraus hervortretenden, dünnen, mehrheitlich aufsteigenden Endgliedern. (D 986, BK 6.69,).

Die Art wird teilweise als essbar bezeichnet.

15.2.81 *Lactarius serifluus* (DC.) Fr.
Wässriger Milchling

H: 3–8 cm, dunkelbraun, später braunolivlich verblassend, Rand erst eingerollt, später meist wellig, höckerig-rippig. **L:** meistens herablaufend, gelblich- bis orangeocker. **St:** jung bereift, wie der Hut gefärbt, Spitze heller und in der Fortsetzung der Lamellen rillig. **F:** orangebräunlich, im Stiel dunkler, Milch wässrig. **Ger:** frisch nach Blattwanzen, beim Trocknen mit Maggikomponente. **Ges:** mild. **Spp:** hellocker. **V:** im Laubwald, vor allem bei Eiche *Quercus*; Sommer bis Herbst. **Mik:** Sporen mit teils bis ca. 1,2 µm hohen, vereinzelt netzartig verbundenen Rippen und vereinzelten Warzen, breit ellipsoid, 6,5–9 × 6–8 µm, Plage nicht oder nur an einem kleinen Fleck schwach amyloid, HDS aus ellipsoiden bis kugeligen Zellen und darauf einigen daraus hervortretenden, dünneren Endgliedern. (D 987, Kr 2.423, BK 6.66,).

Lactarius subumbonatus Lindgr., Olivbrauner Wanzen-Milchling: Hut glatt bis samtig, oft radialrunzelig, dunkel rotbräunlich mit orangebräunlichem Rand; im Mischwald. Gemäß Heilmann-Clausen et al. 2000 sind die Unterschiede zu *L. serifluus* gering; es könnte sich auch nur um eine Farbvariante davon handeln.

15.2.82 *Lactifluus volemus* (Fr.) Kuntze, *Lactarius volemus* (Fr.) Fr.
Milchbrätling, Birnen-Milchling

H: 6–15 cm, feinsamtig, orangebraun bis rotbraun. **L:** blass ockergelb, Druckstellen braun. **St:** evtl. mit Längsrillen, wie der Hut gefärbt, Druckstellen braun. **F:** derb, starr, weißlich, leicht rostbraun verfärbend, Milch weiß, reichlich, beim Eintrocknen graubraun. **Ger:** nach einer Weile auffällig nach Fisch. **Ges:** mild. **Spp:** creme. **V:** im Laub- und Nadelwald; Sommer bis Mitte Herbst. **Mik:** Sporen mit bis zu 1 µm hohen, fast komplett netzartig verbundenen Rippen und vereinzelten Warzen, kugelig, 8–11,5 × 7,5–10,5 µm, Plage nicht oder schwach amyloid, an den Lamellenseiten mit vielen dickwandigen Pleuromakrozystiden, HDS aus kugeligen, dickwandigen Zellen und zuoberst einigen daraus hervortretenden, dünneren, 80–125 µm langen Endgliedern. **Ch:** ohne Verfärbung mit $FeSO_4$. (D 973, Kr 2.429, BK 6.80,).

Gemäß Van de Putte et al. 2015 hat *L. volemus* eine dunkelbraune oder rötlichbraune Hutfarbe, während es sich bei Exemplaren mit blass gelblich- bis orangebäunlicher Hutfarbe um *Lactifluus subvolemus* Van de Putte & Verbeken, Heller Brätling handelt. Die Haare der Huthaut dieser beiden Arten sind bis 125 µm, meist 60–70 µm lang. Bei *Lactifluus oedematopus* (Scop.) Kuntze, *Lactarius oedematopus* (Scop.) Mussat, Kurzhaariger Brätling, einer etwas dunkleren, sonst ebenfalls sehr ähnlichen Art, sind sie weniger als 60 µm, meist 30–40 µm lang.

15.2.83 *Lactifluus rugatus* (Kühner & Romagn.) Verbeken, *Lactarius rugatus* Kühner & Romagn, Runzeliggezonter Milchling: Hut eher rotorange gefärbt, Rand evtl. mit konzentrischen Runzeln, Geruch nur schwach fischartig; im Laubwald, mediterrane Lagen, Wärme liebend. Sporen ellipsoid, ohne Pleuromakrozystiden. Fleisch mit $FeSO_4$ orangerosa. Kein Speisepilz. (D 974,).

15.2.84 *Lactifluus luteolus* (Peck) Verbeken, *Lactarius luteolus* Peck, *Lactarius kuehnerianus* Malençon, Weißer Milchbrätling: Hut 4–9 cm, matt, samtig bis filzig-körnig, weißlich, später ocker bis grauockerlich, Rand lange eingebogen, Lamellen schmal angewachsen, weißlich, Druckstellen bräunend, Stiel weißlich, bereift, später kahl und von der Basis her bräunend, Fleisch weiß, im Schnitt nach einigen Minuten graubräunlich, Milch weiß, auf dem Fleisch braun verfärbend, mild bis etwas bitterlich und adstringierend, Geruch fischartig; bei Eiche *Quercus*, im Herbst. Sporen mit bis 1 µm hohen, kurz verbundenen Rippen und mehrheitlich isolierten Warzen, 8–9 × 6–7,5 µm, HDS aus kugeligen bis

15.2.80 *Lactarius subdulcis*, Süßlicher Buchen-Milchling

15.2.81 *Lactarius serifluus*, Wässriger Milchling

15.2.82 *Lactifluus volemus*, Milchbrätling

15.2.83 *Lactifluus rugatus*, Runzeliggezonter Milchling

länglichen Zellen und langen, haarartigen, mehrheitlich aufrechten Endgliedern. Kein Speisepilz. (BK 6.38).

15.2.85 *Lactarius camphoratus* (Bull.) Fr.
Kampfer-Milchling

H: 5–7 cm, Mitte oft mit kleinem Buckel, blass rotbraun bis dunkel kastanienbraun, Rand bisweilen runzelig und gerieft sowie etwas ausblassend. **L:** fleischrötlich bis blass rotbräunlich. **St:** wie der Hut gefärbt, Spitze heller. **F:** blass rotbräunlich, Milch wässrig weiß, später etwas bitter. **Ger:** frisch unauffällig, evtl. schwach nach Blattwanzen, beim Trocknen stark nach Maggiwürze, Liebstöckel. **Ges:** mild. **Spp:** cremegeblich. **V:** im Laub- und Nadelwald; Frühsommer bis Herbst. **Mik:** Sporen mit teils bis 1,2 µm hohen, meistens feinen und vereinzelt netzartig verbundenen Rippen und spitzen Warzen, breit ellipsoid, 6–8,5 × 5–7 µm, Plage nicht oder schwach amyloid, HDS aus vorwiegend kugeligen Zellen und zuoberst mit wenigen dünneren, kurzen Endgliedern. (D 984, Kr 2.407, BK 6.12, 🖼).

Die Art wird teilweise als essbar bezeichnet.

15.2.85 *Lactarius camphoratus*, Kampfer-Milchling

15.2.86 *Lactarius rostratus* Heilm.-Claus., *Lactarius cremor* Fr.
Runzeliger Zwerg-Milchling

H: 1–4 cm, höckerig, runzelig, oft mit kleinem Buckel, fuchsigorange, rötlichbraun, Mitte dunkler, Rand gerippt, gekerbt. **L:** fleischocker. **St:** wie der Hut gefärbt. **F:** blass- bis orangeocker, Milch wässrig-weiß. **Ger:** stark nach Efeublättern, Blattwanzen, vor allem beim Eintrocknen. **Ges:** mild, mit bitterem Nachgeschmack. **Spp:** weißlich. **V:** im Laubwald; Sommer bis Herbst. **Mik:** Sporen mit teils bis ca. 1,5 µm hohen, streifigen bis netzartig verbundenen Rippen und vereinzelten, länglichen Warzen, breit ellipsoid, 6–8 × 5,5–7 µm, Plage unauffällig, kaum amyloid, Cheilomakrozystiden (an den Lamellenschneiden) mit auffällig spitz auslaufenden Fortsätzen, HDS aus vorwiegend kugeligen Zellen und wenigen dünnen Endgliedern. (D 975, 🖼).

Gemäss Heilmann-Clausen et al. 2000 wurde die Bezeichnung *L. cremor* für verschiedene Arten verwendet und sollte deshalb gemieden werden.

15.2.86 *Lactarius rostratus*, Runzeliger Zwerg-Milchling

15.2.87 *Lactarius fulvissimus* Romagn.
Orangefuchsiger Milchling

H: 3–9 cm, erst glatt und rotbraun, später im Zentrum etwas höckerig oder runzelig bis aderig-netzartig und orange bis orangebraun, Mitte meist etwas dunkler. **L:** weißlich, später cremegelb bis orange- oder rosagelblich. **St:** wie der Hut gefärbt, Spitze in der Fortsetzung der Lamellen oft rillig. **F:** weißlich bis cremefarben, Milch weiß, isoliert vom Fleisch bisweilen gelblich verfärbend. **Ger:** unangenehm, etwas nach Blattwanzen. **Ges:** mild bis bitterlich. **Spp:** creme. **V:** vorwiegend im Laubwald, bei Buche *Fagus*. **Mik:** Sporen mit teils bis 1,2 µm hohen, feinen, kurzen, kaum netzartig verbundenen Rippen, breit elliptisch, 6–9,5 × 5,5–8 µm, Plage kaum amyloid, HDS aus vorwiegend kugeligen bis vielgestaltigen Zellen und dünnen, mehrheitlich aufrechten Endgliedern darüber. (D 977/983, Kr 2.409, BK 6.24, 🖼).

Lactarius britannicus D.A. Reid, *L. britannicus* f. *pseudofulvissimus* (Bon) Basso, *Lactarius subsericatus* Kühner & Romagn. ex Bon, Britannischer Milchling: Milch isoliert vom Fleisch blass- bis chromgelblich verfärbend. Gemäß Galli 2006 enthält die Huthaut zudem bei *L. fulvissimus* nur schmale Hyphen und ist in der obersten Schicht gelatinisiert, während sie bei *L. britannicus* nicht gelatinisiert ist und im unteren Teil der HDS dicke, kurzgliederige bis rundliche Elemente vorhanden sind. *L. fulvissimus* und *L. britannicus* werden jedoch nicht von allen Autoren getrennt.

Zeitweise wurde auch die Bezeichnung *Lactarius ichoratus* (Batsch) Fr. für diese Art oder diese Arten verwendet. Die ursprüngliche Beschreibung von *L. ichoratus* passt jedoch zu *L. volemus*, Milchbrätling. Deshalb sollte dieser Name nicht mehr verwendet werden.

15.2.87 *Lactarius fulvissimus*, Orangefuchsiger Milchling

15.2.88 *Lactarius rubrocinctus* Fr., *Lactarius tithymalinus* (Scop.) Fr.
Rotgegürtelter Milchling, Runzel-Milchling

H: 5–12 cm, orangeocker, orangerot, Mitte dunkler und stärker runzelig bis aderig, alt zunehmend radialrunzelig, blasser gefärbt und oft mit orangebraunen Flecken. **L:** meistens etwas herablaufend, schmutzig ockerlich, später oft orangebraun fleckig, Druckstellen violettbraun verfärbend. **St:** wie der Hut gefärbt oder etwas blasser, Spitze mit typisch rotbraunem Gürtel und in der Fortsetzung der Lamellen rillig, Stielbasis oft weiß bis rötlich filzig. **F:** blass fleischfarben, Milch weiß. **Ger:** unangenehm. **Ges:** erst mild, später bitterlich, schärflich. **Spp:** blassocker. **V:** im Buchenwald *Fagus;* Sommer bis Herbst. **Mik:** Sporen mit teils bis 1,2 µm hohen, streifig bis angedeutet netzartig verbundenen, eher kurzen Rippen, breit elliptisch, 6–9,5 × 5,5–8 µm, Plage kaum amyloid,

15.2.88 *Lactarius rubrocinctus*, Rotgegürtelter Milchling

HDS aus vorwiegend kugeligen bis ellipsoiden Zellen und einzelnen dünneren Endgliedern. (D 976, Kr 2.421, BK 6.57, ⊠).

15.2.89 *Lactarius rufus* (Scop.) Fr.
Rotbrauner Milchling

H: 3–10 cm, Oberfläche etwas uneben, matt, ± grauweiß beschichtet oder bereift, Mitte mit kleinem Buckel, satt rotbraun, Rand jung eingerollt. **L:** creme bis blass fleischocker. **St:** etwas heller als der Hut gefärbt, Basis weißlich. **F:** weißlich bis etwas rosabraun, Milch weiß. **Ger:** etwas nach harzigem Holz. **Ges:** erst mild, nach einiger Zeit sehr scharf. **Spp:** weißlich. **V:** vor allem im Nadelwald; Sommer bis Herbst. **Mik:** Sporen mit teils bis 0,7 µm hohen, eher kurzen und praktisch komplett netzartig verbundenen Rippen und vereinzelten Warzen, breit elliptisch, 6,5–10 × 5–7,5 µm, Plage nicht oder kaum amyloid, HDS aus liegenden und zuoberst mit ineinander verflochtenen, am Ende oft aufrechten Hyphen. (D 982, Kr 2.422, BK 6.58, ⊠).

15.2.90 *Lactarius aurantiacus* (Pers.) Gray, *Lactarius mitissimus* (Fr.) Fr.
Orange-Milchling

H: 3–6 cm, meist mit kleinem Buckel in der Hutmitte, lebhaft orangebraun, gelborange bis orangerötlich. **L:** schwach ausgebuchtet, blass- bis orangeocker. **St:** wie der Hut gefärbt. **F:** blassorange, blassgelb, Milch weiß. **Ger:** unauffällig. **Ges:** mild, etwas nussartig. **Spp:** cremeweiß. **V:** vor allem im Nadelwald bei Fichte *Picea*, seltener auch im Laubwald; Spätsommer bis Herbst. **Mik:** Sporen mit teils bis 1 µm hohen, manchmal streifig bis netzartig verbundenen Rippen und vereinzelten, länglichen Warzen, breit ellipsoid, 6,5–10 × 5,5–8 µm, Plage nicht oder kaum amyloid, HDS aus teils etwas gelatinisierten, unregelmäßig ineinander verflochtenen, insgesamt mehrheitlich aufrechten Hyphen. (D 978ff, Kr 2.406, BK 6.5, ⊠).

15.2.91 *Lactarius sphagneti* (Fr.) Neuhoff
Torfmoos-Milchling

H: 2–5 cm, glatt bis fein runzelig-höckerig, rotbraun, orangerötlich, später etwas verblassend, im Zentrum dunkler, Rand blasser. **L:** blass- bis bräunlichocker. **St:** wie der Hut gefärbt, weißlich bereift. **F:** blass ockerbräunlich, Milch wässrig bis weiß, spärlich. **Ger:** unauffällig, evtl. schwach nach Blattwanzen. **Ges:** mild. **Spp:** hellocker. **V:** im feuchten Nadelwald, oft bei Fichte *Picea*, im Moor zwischen Torfmoos *Sphagnum*; Sommer bis Herbst. **Mik:** Sporen mit teils bis ca. 1,3 µm hohen, kräftigen, ansatzweise streifigen und mehrheitlich netzartig verbundenen Rippen, ellipsoid, 6,5–9 × 5–7,5 µm, Plage nicht oder kaum amyloid, HDS aus kürzeren und kettenartig verbundenen und darüber dünnen, gelatinisierten, verflochtenen bis aufrechten Hyphen. (D 991, BK 6.67, ⊠).

15.2.89 *Lactarius rufus*, Rotbrauner Milchling

15.2.90 *Lactarius aurantiacus*, Orange-Milchling

15.2.91 *Lactarius sphagneti*, Torfmoos-Milchling

16 *Ascomycota,* Schlauchpilze

Abteilung *Ascomycota,* Schlauchpilze

Schlauchpilze oder Ascomyceten, wie die Abteilung *Ascomycota* auf Deutsch oft auch genannt wird, entwickeln verschiedenste Fruchtkörperformen, jedoch weder Lamellen noch Röhren. Schwierig ist deshalb vor allem die Unterscheidung von den sogenannten «*Aphyllophorales*», Nichtblätterpilze in Kapitel 1, die teils sehr ähnlich wachsen. Im Zweifelsfall muss man in den Einstiegsschlüsseln beider Kapitel prüfen, ob man eine entsprechend spezifizierte Form finden kann. Die Mehrheit der unterirdisch wachsenden Knollen zählt zu diesem Kapitel. Auf Ausnahmen wird in den Schlüsseln hingewiesen. Oberirdisch sind es einerseits gestielte Artengruppen wie die bekannten Morcheln mit ihrer typisch wabenartigen Hutstruktur und Lorcheln mit hirnartig gewundenen, sattel- bis becherförmigen oder unregelmäßig geformten Hutteilen. Es gibt mit mehr oder weniger abgegrenzten Stielteilen auch gallertartige Käppchen, spatel- und fächerförmige Gebilde, zungen- bis keulenförmige sowie mehrheitlich zähe faden- und geweihförmige Fruchtkörper. Bei den ungestielten Arten gehören zu den Ascomyceten vor allem die zahlreichen Becherlinge, die Öhrlinge sowie verschiedenste Formen wie Pusteln, auf dem Substrat aufsitzende, gallertartige oder trockene Geschwüre oder wurm- bis pfefferschotenartige Formen auf verschiedenen Früchten oder Kätzchen von Bäumen und Sträuchern. Im nachfolgenden Einstiegsschlüssel sind die Merkmale differenziert aufgeführt. Bezüglich der Fruchtkörperformen bleiben einige schwierige Überschneidungen mit den Nichtblätterpilzen. So sind z. B. bei den gallertartigen oder keulenförmigen Gebilden oft mikroskopische Abklärungen nötig, um eine Trennung der Zugehörigkeit zu diesem Kapitel mit Schlauchpilzen und zu Kapitel 1 mit den Nichtblätterpilzen vorzunehmen. Es sind nur mit bloßem Auge sichtbare Arten aufgeführt und auch davon nur eine Auswahl der zahlreichen Arten.

Ascomycota, Schlauchpilze findet man auf der ganzen Palette von möglichen Substraten wie Erde, Holz, verschiedensten Tier- und Pflanzenresten wie Kot, Mist, Laub, Nadeln, Früchten usw. und zu allen Jahreszeiten. Ein Teil wächst als Saprobionten auf totem Material; es gibt aber auch Mykorrhizapilze wie z. B. *Tuber,* Trüffel und Parasiten. Bei vielen Arten ist nicht bekannt, wovon sie sich ernähren und ob sich dies im Laufe ihrer Entwicklung verändert – es gibt erst Vermutungen.

Unter dem Mikroskop zeigt sich in der Fruchtschicht (Hymenium) der Pilze das Hauptmerkmal der Abteilung, nämlich Sporen, die in Schläuchen (Asci) reifen und bei Reife nicht einfach herunterfallen, sondern hinaufgeschleudert werden. Über eine mikroskopische Untersuchung ist deshalb die Abteilung *Ascomycota* am einfachsten zu erkennen. Zur detaillierten Unterscheidung bis zu einzelnen Arten zeigen sich mikroskopisch markante Unterschiede in den Formen und Größen der Sporen und Schläuche, der Anzahl und Anordnung der Sporen, bei Paraphysen, den sterilen Elementen zwischen den Asci und weiteren, besonderen Merkmalen, wie z. B. Haaren am Rand von Becherlingen oder unterschiedlichen Strukturen des Aufbaus verschiedener Schichten.

Bestimmung

Eine erste Unterscheidung erfolgt nach oberirdisch oder unterirdisch wachsenden Arten. Bei den oberirdischen Fruchtkörpern spielt es eine wichtige Rolle, ob diese einen Stiel aufweisen oder nicht. Nachher folgen Unterscheidungen nach der Form, behaartem oder unbehaartem Rand und der Größe. Bei den unterirdisch bleibenden Arten führt die Struktur der geschnittenen Fruchtkörper weiter: Gibt es Hohlräume, ist das Innere fest und einheitlich gefärbt oder marmoriert, ist es schleimig oder pulverig?

Speisewerte

Mit *Morchella,* Morcheln und *Tuber,* Trüffel finden sich bei den Schlauchpilzen die erlesensten und teuersten Speisepilze. Für die besonders begehrte *Tuber magnatum,* Alba-Trüffel werden bei rarem Vorkommen Fantasiepreise bis € 10'000 pro kg geboten. Unerfahrene Leute können Trüffel mit giftigen *Scleroderma,* Kartoffel- oder Hartboviste verwechseln, die jung ebenfalls unterirdische Knollen bilden. Zudem gibt es unbekömmliche Trüffelarten, die auch für Fortgeschrittene nicht immer einfach zu unterscheiden sind. *Choiromyces meandriformis,* Deutsche Trüffel kann roh Beschwerden verursachen und sehr einfach mit *Tuber magnatum* verwechselt werden. Da Trüffel sehr oft roh genossen werden, müssen solche Verwechslungen ausgeschlossen werden können. *Morchella,* Morcheln dürfen nicht mit giftigen *Gyromitra,* Giftlorcheln verwechselt werden. Einige Becherlinge, Öhrlinge, Gallertkäppchen und Spatelinge erscheinen da und dort auch auf Speisepilzlisten. Sie werden aber sicher nur ausnahmsweise probiert, und so gibt es auch nur wenige und unterschiedliche Angaben bezüglich ihrer Speisewerte. *Claviceps purpurea,* Purpurbrauner Mutterkornpilz kann verschiedenste Getreide- und viele Gräserarten befallen und entwickelt sehr intensiv wirkende Alkaloide, unter anderem Ergotamin. Die Einnahme von Mutterkorn führt zu Ergotismus, einem früher auch als Antoniusfeuer bezeichneten Leiden, das aufgrund einer dramatischen Beeinträchtigung der Blutzirkulation durch Verengung der Gefäße bis zum Herzversagen oder zum Absterben von Gliedmaßen führen kann. Im Mittelalter gab es immer wieder Vergiftungen mit befallenem Getreide, vor allem Roggen.

16.1.11 ***Morchella semilibera,*** **Käppchen-Morchel**
Zur Unterscheidung der verschiedenen Morcheln achtet man vor allem auf die Verbindung zwischen Hut und Stiel, die Form der Waben, die Hutform und die Beschaffenheit des Stiels. Auf dem Foto sieht man die tiefe Ausbuchtung der Käppchen-Morchel, die aus dem Lateinischen übersetzt auch Halbfreie Morchel heißt, weil der «überhängende» Hut nur in der oberen Hälfte angewachsen ist. In der Struktur der Waben sieht man dominierende senkrechte Linien, welche ihre Zugehörigkeit zur Gruppe um die Spitz-Morcheln erkennen lässt. Der weißliche Stiel ist anfangs bereift und später körnig.

Die nachfolgende Zusammenstellung zeigt den Zusammenhang zwischen den verschiedenen Formen, die zur äußeren Unterscheidung der Gattungen dienen und verweist in die Unterkapitel und die systematische Ordnung mit einer Auswahl an Gattungen.

Fruchtkörper mit einer Art Hut und Stielteil

morchelartig, lorchelartig, sattel- oder becherförmig auf langem oder kurzem Stiel
16.1–16.4 & 16.9 *Pezizales (Gyromitra, Helvella, Morchella, Verpa, Tarzetta, Sclerotinia ...)*

Käppchen oder Köpfchen auf Stielteil
16.8 *Helotiales (Leotia), Onygenales (Onygena), Rhytismatales (Cudonia)*

spatel- oder fächerförmig auf Stielteil
16.8 *Rhytismatales (Spathularia)*
→ weichfleischig (mit Basidien): 1.3 *Typhula*

zungen- oder keulenförmig
16.11 *Geoglossales (Bryoglossum, Geoglossum, Microglossum, Trichoglossum ...)*
→ weichfleischig (mit Basidien): 1.3 *Typhula*

Fruchtkörper nicht in Hut und Stiel gegliedert

ohrförmig
16.5 *Pezizales (Otidea)*
→ gallert- oder gummiartig: 1.7 *Guepinia* u. Ä. (Unterseite glatt), 4.4 *Arrhenia* (Unterseite aderig)

becherförmig
16.6–16.8 & 16.10 *Pezizales, Helotiales*
→ linsenförmige Peridiolen am Bechergrund: 1.6 *Cyathus* u. Ä.

krusten-, geschwürförmig, teils aus kleinen Kügelchen oder Pusteln
nicht gallertartig: 16.13 *Hypocreales (Nectria) ...*
gallertartig: 16.10 *Helotiales (Ombrophila)*

zungen- oder keulenförmig
16.11 *Geoglossales (Bryoglossum, Geoglossum, Microglossum, Trichoglossum ...)*
→ weichfleischig (mit Basidien): 1.3 *Clavaria* u. Ä.

geweih- oder fadenförmig
16.12 *Xylariales (Xylaria)*
→ weichfleischig (mit Basidien): 1.3 *Clavaria* u. Ä. (kaum verzweigt), 1.4 *Ramaria* u. Ä. (verzweigt)

wurm- bis pfefferschotenartig auf Erlenzapfen, Prunusfrüchten, Pappelkätzchen
16.14 *Taphrinales (Taphrina)*

knollig, unterirdisch
16.15 *Pezizales* (*Tuber* etc.), *Eurotiales (Elaphomyces) ...*

Schlüssel zu den Gattungen

- Fruchtkörper oberirdisch wachsend
  - Fruchtkörper mit deutlichem Stiel und abgesetztem Hutteil
    - Hut kugelig bis konisch, glockig, glatt, labyrinth- oder wabenartig gerippt … 16.1 *Morchella,* Morcheln u. Ä.
    - Hut hirnartig gewunden … 16.2 *Gyromitra,* Giftlorcheln
    - Hut unregelmäßig wellig, sattelförmig … 16.3 *Helvella,* Lorcheln u. Ä.
    - Hut becherförmig
      - Hut > 1 cm breit … 16.4 *Tarzetta,* Napfbecherlinge u. Ä.
      - Hut 0,2–1 cm breit … 16.9 *Sclerotinia,* Sklerotienbecherlinge u. Ä.
      - Hut < 0,2 cm breit … 16.10 *Lachnellula,* Nadelholzrauhaarbecherchen u. Ä. (A)
    - Hut käppchen- oder kreiselförmig (nicht becherförmig) … 16.8 *Leotia,* Gallertkäppchen u. Ä. (A)
    - Hut spatel- oder fächerförmig, beidseits den Stiel umfassend … 16.8 *Spathularia,* Spatelinge u. Ä. (A)
    - Hut zungen- oder keulenförmig … 16.11 *Geoglossum,* Erdzungen u. Ä.
  - Frkp. ohne Stiel oder höchstens mit kurzem oder unklar abgegrenztem Stiel
    - Fruchtkörper geweih- oder fadenförmig … 16.12 *Xylaria,* Holzkeulen
    - Fruchtkörper asymmetrisch, ohrförmig (Becher mit einseitigem Einschnitt) … 16.5 *Otidea,* Öhrlinge
    - Fruchtkörper ± symmetrisch, becher-, schüssel-, pokal-, tellerförmig bis gewölbt
      - Rand oder Außenseite haarig, fransig
        - Durchmesser > 2 mm
          - auf morschem oder frischem Holz, Zweigen, Kiefernnadeln, Zapfen … 16.6 *Scutellinia,* Schildborstlinge u. Ä. (A)
          - auf Brandstellen, Dung, nährstoffreicher Erde oder Schachtelhalm … 16.6 *Cheilymenia,* Borstenbecher u. Ä. (B)
          - auf Erde, Streu, dem Substrat aufsitzend oder eingesenkt
            - Becher innen gelborange, rotorange bis rot … 16.6 *Scutellinia,* Schildborstlinge u. Ä. (C1)
            - Becher innen ockergelb, rosa, braun, grauweiß, bläulich … 16.6 *Geopora,* Sandborstlinge u. Ä. (C2)
        - Durchmesser < 2 mm
          - auf Holz
            - auf Stämmen, dickeren Ästen oder Harz
              - Rand deutlich behaart … 16.10 *Lachnum,* Rauhaarbecherchen u. Ä. (B1)
              - Rand höchstens flaumig … 16.10 *Lachnellula,* Nadelholzrauhaarbecherchen u. Ä. (B2)
            - auf dünnen Ästchen oder Zweigen … 16.10 *Lachnellula,* Nadelholzrauhaarbecherchen u. Ä. (B3)
          - auf Zapfen, Nadeln, Laub, Pilzen, Erde oder Dung … 16.10 *Lachnum,* Rauhaarbecherchen u. Ä. (C1)
          - auf Stauden, Pflanzenstängeln … 16.10 *Lachnum,* Rauhaarbecherchen u. Ä. (C2)
      - Rand und Außenseite ohne Haare, glatt, evtl. gekerbt oder körnig
        - nicht gallertartig
          - Durchmesser > 1 cm
            - innen und außen deutlich runzelig oder Fleisch milchend … 16.7 *Peziza,* Becherlinge u. Ä. (A)
            - innen und außen glatt bis leicht runzelig, Fleisch nicht milchend
              - Becher innen weiß, gelb, orange, rot, evtl. oliv, blauviolett … 16.7 *Peziza,* Becherlinge u. Ä. (B1)
              - Becher innen braun, grau … 16.7 *Peziza,* Becherlinge u. Ä. (B2)
              - Becher innen dunkel graubraun bis schwarz … 16.7 *Peziza,* Becherlinge u. Ä. (B3)
          - Durchmesser < 1 cm
            - Fruchtkörper nicht durchscheinend
              - auf diversen Pflanzenresten, Harz, Dung, aber nicht auf Holz … 16.8 *Calycina,* Weißbecherchen u. Ä. (B)
              - auf Holz oder Baumrinden
                - aufsitzend … 16.8 *Bisporella,* Reisigbecherchen u. Ä. (C1)
                - eingesenkt oder hervorbrechend … 16.8 *Colpoma,* Schildbecherlinge u. Ä. (C2)
            - Fruchtkörper durchscheinend … 16.8 *Orbilia,* Knopfbecherchen u. Ä. (D)
        - gallertartig … 16.10 *Ombrophila,* Gallertkreislinge u. Ä. (D)
    - Fruchtkörper kugel-, pustel-, krustenförmig, geschwürartig
      - nicht gallertartig
        - auf dem Substrat aufsitzend
          - Fruchtkörper kugelig bis breit ellipsoid … 16.13 *Nectria,* Pustelpilze u. Ä. (A1)
          - Frkp. kaffeebohnen-, kissen- oder muschelförmig oder Krusten … 16.13 *Nectria,* Pustelpilze u. Ä. (A2)
        - aus dem Substrat hervorbrechend
          - mehrheitlich einzelne, kugelige oder längliche Pusteln, Geschwüre … 16.13 *Leptosphaeria,* Kugelpilze u. Ä. (B1)
          - Pusteln, Geschwüre in Gruppen verwachsen (aus einzelnen Perithecien) … 16.13 *Melogramma,* Krustenscheibchen u. Ä. (B2)
      - gallertartig
        - Sporen in Schläuchen (Asci) … 16.10 *Ombrophila,* Gallertkreislinge u. Ä. (D)
        - Sporen auf Ständern (Basidien) … 1.7 *Exidia,* Drüslinge u. Ä.
    - Fruchtkörper wurm- bis pfefferschotenartig, nur auf Pflanzen wachsend … 16.14 *Taphrina,* Wucherlinge u. Ä.
- Fruchtkörper unterirdisch wachsend, knollig … → **siehe nächste Seite**

- Fruchtkörper unterirdisch wachsend, knollig
  - Fruchtkörper im Schnitt ohne durchgehenden Stiel und nicht milchend
    - Fruchtkörper im Schnitt ohne Hohlräume oder Poren, nicht schleimig
      - Fleisch (Gleba) fest und so bleibend, oft marmoriert, Rinde < 2 mm dick …… 16.15 *Tuber,* Trüffel u. Ä. (A)
      - Fleisch (Gleba) erst fest, bald pulverig zerfallend, Rinde > 2 mm dick …… 16.15 *Elaphomyces,* Hirschtrüffel u. Ä. (B)
    - Fruchtkörper im Schnitt mit Hohlräumen, nicht schleimig oder gallertartig
      - Fruchtkörper im Schnitt mit größeren, teils gewunden Hohlräumen …… 16.15 *Genea,* Blasentrüffel u. Ä. (C)
      - Fruchtkörper im Schnitt mit eher kleinen, porigen bis länglichen Zellen
        - Gleba wattig weich, Sporen auf Basidien …… 16.15 *Rhizopogon,* Wurzeltrüffel u. Ä. (D1)
        - Gleba fest, nicht wattig weich …… 16.15 *Hymenogaster,* Urerdnüsse u. Ä. (D2)
    - Fruchtkörper im Schnitt (Gleba) gallertartig, schleimig, feinporig …… 16.15 *Melanogaster,* Schleimtrüffel u. Ä. (E)
  - Fruchtkörper im Schnitt mit durchgehendem Stiel und nicht milchend …… 16.15 *Russula,* Täublingstrüffel u. Ä. (F)
  - Fruchtkörper im Schnitt milchend …… 16.15 *Endogone,* Jochtrüffel u. Ä. (G)

16.1 *Morchella,* Morcheln und Ähnliche

Ascomycota, Schlauchpilze > *Pezizomycetes* > *Pezizales,* Becherlingsartige > *Morchellaceae,* Morchelverwandte

Familie *Morchellaceae,* Morchelverwandte

In der umfassenden Abteilung von *Ascomycota,* Schlauchpilze mit vielen wenig bekannten Arten dürften die überschaubaren Familien ***Morchellaceae,*** Morchelverwandte und *Tuberaceae,* Trüffelverwandte aufgrund ihrer ausgezeichneten Speisewerte die bekanntesten Vertreter sein. *Morchellaceae,* Morchelverwandte sind eine verhältnismäßig kleine Familie mit wenigen Gattungen, die mit den gestielten Morcheln und Verpeln, den einzigartig wabenartigen Hutorberflächen und gleichzeitig aber auch den ganz andersartigen Morchelbecherlingen erstaunlich verschiedenartige Formen umfassen. Wie bei einem großen Teil der Schlauchpilze oder Ascomyceten, wie sie etwas eingedeutscht oft auch genannt werden, reifen die Sporen auf der Ober- oder Außenseite der Fruchtkörper und nicht auf der Hutunterseite wie bei den Lamellen- und Röhrenpilzen. Zu den untereinander schwer abzugrenzenden Morcheln sind in den letzten Jahren viele Publikationen erschienen, die deutliche Unterschiede zu den bereits zahlreich erschienenen früheren Einteilungen zeigen.

16.1.02 *Morchella deliciosa,*
Köstliche Spitz-Morchel

Morchella, Morcheln und Ähnliche

Beschreibung

Morchella, Morcheln bilden mittelgroße, meistens zwischen 5–20 cm, ausnahmsweise auch bis 30 cm hohe Fruchtkörper. Die Hüte sind walzenförmig, kegelig bis rund und haben hell- bis dunkelbraune Farben mit einer auffällig kantig rippigen, schmal oder breit wabenförmigen Struktur und mehrheitlich nahtlosem Übergang vom weißlichen Stiel zum ganz damit verwachsenen braunen Hut. *Morchella semilibera* hat einen nur zur Hälfte am Stiel angewachsenen (halbfreien) und zur anderen Hälfte überhängenden Hut. ***Verpa,*** Verpeln haben überhängende Hutkappen mit glatter oder runzeliger Oberfläche und sind nur an der Stielspitze am Hut angewachsen (frei). Die becher- oder scheibenförmigen und runzeligen ***Disciotis,*** Morchelbecherlinge sind bei der ähnlichen *Gyromitra perlata,* Größte Scheiben-Giftlorchel verschlüsselt, von der sie bezüglich Form und Farbe nur schwer, aber gut am chlorartigen Geruch zu unterscheiden sind.

Morchelverwandte wachsen im Frühjahr auf Erde, Holz- und Rindenhäcksel oder Brandstellen und sind Saprobionten. Es gibt aber auch Hinweise auf fakultative Mykorrhizabildung mit Rosengewächsen *Rosaceae,* Ulmen *Ulmus,* Eschen *Fraxinus* oder verschiedenen Gräsern.

Die hier beschriebenen Morcheln und ähnliche Arten haben große, glatte und ellipsoide Sporen, die untereinander wenige Unterschiede zeigen. Die Asci sind inamyloid und enthalten jeweils acht Sporen.

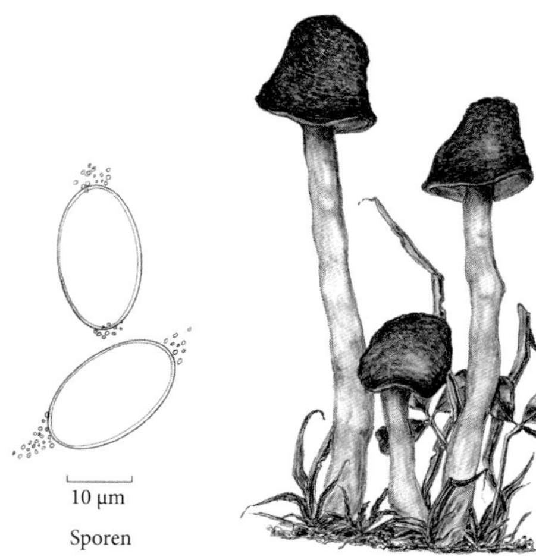

16.1.13 *Verpa conica,*
Fingerhut-Verpel

Bestimmung

Bei der kleinen Gruppe von *Verpa,* Verpeln ist der Hut nur schmal am Ende des Stiels angewachsen. Bei *Morchella,* Morcheln hingegen haftet der Hut auf der ganzen Länge am Stiel. Innerhalb der Morcheln können runde von länglichen Formen und die Struktur der Wabenmuster mit oder ohne dominant vertikale Rippen unterschieden werden. Schließlich geben auch Standort und Farbe Hinweise auf die Zuordnung zur Art.

16.1.14 *Disciotis venosa,*
Aderiger Morchelbecherling

Speisewerte

Morcheln müssen vor dem Verzehr gut gekocht werden und sind dann ausgezeichnete Speisepilze. Andernfalls können innerhalb von bis zu zwölf Stunden Durchfälle und vorübergehend Schwindelgefühle und Gehstörungen auftreten (Morchella-Syndrom). Das Trocknen reduziert die problematischen Stoffe, eliminiert sie aber nicht vollständig. Deshalb müssen gemäß Lagrange & Vernoux 2020 auch getrocknete Morcheln gut gekocht werden. *Verpa bohemica,* Runzel-Verpel soll gemäß dieser Studie nicht mehr gegessen werden.

16.1 *Morchella,* Morcheln und Ähnliche

Hut ganz am Stiel angewachsen mit wabenartiger Struktur	
Hut oft konisch, dominant vertikal verlaufende Rippen, Gruben oft unterteilt	
Geruch unauffällig	
Grate werden mit zunehmender Reife dunkler	
auf Häcksel, Kompost, Brandstellen, in Gewächshäusern	01 *Morchella importuna,* Holzschnitzel-Spitz-Morchel
bei Nadelbäumen oder Esche, frühe Art (schon ab Februar)	02 *Morchella deliciosa,* Köstliche Spitz-Morchel
in höheren Lagen	
bei Nadelbäumen oder Esche, Frkp. jung ohne Rosa, ab Februar	02 *Morchella deliciosa,* Köstliche Spitz-Morchel
bei Tanne, Fichte, selten Hasel, Fruchtkörper jung rosaviolett	06 *Morchella purpurascens,* Purpurliche Spitz-Morchel
bei Sommerflieder, Weiden, Pappeln, Erlen, Kiefer & Sträuchern	03 *Morchella pulchella,* Hübsche Spitz-Morchel
Grate bleiben auch mit zunehmender Reife blass	04 *Morchella tridentina,* Südliche Spitz-Morchel
Geruch nach Camembert-Käse oder Kartoffelbovist	05 *Morchella inamoena,* Schlechtriechende Spitz-Morchel
Hut oft eiförmig, kugelig, ohne vertikale Rippen, Gruben kaum unterteilt	
vor allem bei Esche, aber auch an vielen anderen Standorten	
Grundfarbe ockergelb bis graubraun	
Hutansatz nicht ausgebuchtet, Hut oft graubraun ohne Gelb, Ger. stark	07 *Morchella vulgaris,* Graue Speise-Morchel
Hutansatz etwas ausgebuchtet, Hut meist ockergelb, Geruch schwach	08 *Morchella esculenta,* Runde Speise-Morchel
Grundfarbe schwarzbraun, Frkp. klein, Hut mit weiten Gruben, ab März	09 *Morchella umbrina,* Braune Speise-Morchel
vor allem bei Pappeln, Hut leuchtend ockergelb, Grate wellig	10 *Morchella americana,* Gelbe Speise-Morchel
auf Nadelstreu, Käppchen 1–2 cm, ockergelb, Stiel braun	16.9.29 *Heyderia cucullata,* Nadel-Häubchenpilz
Hut zu einem Drittel bis zur Hälfte am Stiel angewachsen	11 *Morchella semilibera,* Käppchen-Morchel
Hut nur an der Spitze am Stiel angeheftet	
Hut deutlich morchelartig, wabenartig runzelig, Sporen bis 90 µm, Asci 2-sporig	12 *Verpa bohemica,* Runzel-Verpel
Hut fast glatt bis fein runzelig, fingerhutförmig, Sporen bis 25 µm, Asci 8-sporig	13 *Verpa conica,* Fingerhut-Verpel

16.1.01 *Morchella importuna* M. Kuo, O'Donnell & T.J. Volk
Holzschnitzel-Spitz-Morchel

Frkp: 5–15 cm hoch, Ausnahmen noch größer, in Hut und Stiel gegliedert, Hut bis 9 cm hoch und 4 cm breit, überwiegend konisch, Spitze stumpf, mit senkrechten, schlängelnden Längsrippen, welche durch regelmäßige kurze und oft waagrecht stehende Querrippen verbunden sind, Gruben gelblich-, oliv- bis leicht rötlichbraun oder graubraun, Rippen dunkler, verfärben sich mit zunehmendem Alter schwarz, Stiel kürzer als der Hut, weißlich bis gelblichbraun, fein mehlig, unregelmäßig runzelig und hohl, deutliche Rille am Übergang zum Hut. **F:** blass ockerlich. **Ges:** angenehm und mild. **V:** oft büschelig, auf Häcksel oder anderem totem organischem Material, in Gewächshäusern, Deponien; im Frühling. **Mik:** Sporen glatt, ellipsoid, farblos, 18–24 × 10–13 µm, uniseriat, Asci J–, 8-sporig, Paraphysen zylindrisch, Enden verdickt bis zugespitzt, mehrfach septiert, farblos bis bräunlich. (D 1098, BK 1.2,).

Gemäß Loizides 2017 sind *Morchella elata* Fr., Hohe Spitz-Morchel, *Morchella hortensis* Boud. und *Morchella vaporaria* Brond., Strickmuster-Morchel Synonyme von *M. importuna*, wobei die Identität von *M. elata* noch zu klären oder neu zu definieren sei.

Morchella eximia Boud., Brand-Spitz-Morchel: im ersten oder zweiten Jahr nach einem Waldbrand (bisher aus Frankreich und Spanien bekannt).

16.1.02 *Morchella deliciosa* Fr., *Morchella conica* Krombh.
Köstliche Spitz-Morchel

Frkp: 5–13 cm hoch, in Hut und Stiel gegliedert, Hut bis 8 cm hoch und 3 cm breit, walzenförmig und abgestumpft bis spitzkegelig, Spitze oft leicht schräg, Längsrippen recht breit, Querrippen etwas unregelmäßig, jung oft einheitlich grau bis olivbraun, im Alter verblassend oder nachdunkelnd, Rippen mit zunehmendem Alter meist schwarz, Stiel weiß bis hell ockerfarben, unregelmäßig runzelig und hohl, Basis teils verbreitert. **F:** blass ockerlich. **Ges:** angenehm und mild. **Spp:** cremefarben. **V:** oft bei Esche *Fraxinus*, Nadelbäumen, auch in höheren Lagen; im ausgehenden Winter bis Frühling. **Mik:** Sporen glatt, ellipsoid, farblos, 22–26 × 14–17 µm, uniseriat, Asci J–, 8-sporig, Paraphysen wenig zahlreich, zylindrisch, Enden allmählich spindelförmig verdickt, mehrfach septiert, teils mehrfach gegabelt, wenig gefärbt. (D 1100f, BK 1.1,).

Morchella eohespera Beug, Voitk & O'Donnell: vorwiegend einzeln unter Esche *Fraxinus* und anderen Laubbäumen, Kalk liebend. Ob es sich bei Funden an solchen Standorten um *M. deliciosa* oder um diese von Voitk et al. 2016a neu beschriebene Art handelt, müssen weitere Untersuchungen zeigen.

16.1.03 *Morchella pulchella* Clowez & Franç. Petit, Hübsche Spitz-Morchel: Hut bis 9 cm, mit grünlich-grauem Schein, Stiel nicht gefurcht, gegen unten verbreitert, teils länger als der Hut; bei Sommerflieder *Buddleja davidii*, Weide *Salix*, Pappel *Populus*, Erle *Alnus*, Esskastanie *Castanea*, Kiefer *Pinus* und mittelgroßen Sträuchern. Sporen 24–28 × 15–18 µm.

16.1.04 *Morchella tridentina* Bres., *Morchella frustrata* M. Kuo, Südliche Spitz-Morchel: 6–9 cm hoch, Grate bleiben während des Reifungsprozesses blass; bei Steineiche *Quercus ilex*, Nadelbäumen, Buchs *Buxus* oder Hasel *Corylus*, südliche Art. Sporen 23–25 × 14–16 µm. ( ).

Morchella rufobrunnea Guzmán & F. Tapia, Rötendbraune Spitz-Morchel: Fruchtkörper reif gelbbräunlich, in unregelmäßigen, kleinen oder gelegentlich großen Flecken bräunlich oder rosarot bis rostfarben errötend; an Straßenböschungen mit Baumstämmen, Wärme liebend. Sporen 23–25 × 13–15 µm, Paraphysen recht dicht, zu Dutzenden in großen Büscheln gebündelt, bis 5-fach septiert, in der oberen Hälfte mit feinem Schleim bedeckt.

16.1.05 *Morchella inamoena* Boud., Schlechtriechende Spitz-Morchel: Geruch nach Camembert-Käse oder Kartoffelbovist, bei Eiche *Quercus* und Pappel *Populus*. Sporen 21–23 × 15–16 µm.

16.1.06 *Morchella purpurascens* (Krombh. ex Boud.) Jacquet., *M. deliciosa* var. *purpurascens* Boud.
Purpurliche Spitz-Morchel

Frkp: 10–15 cm hoch, in Hut und Stiel gegliedert, Hut bis 9 cm hoch und 4 cm breit, konisch bis eiförmig, Spitze abgestumpft, ändert sich im Laufe der Entwicklung, Hutrippen dick und flach, schwärzen mit dem Alter, Unterteilung der Gruben deutlich sichtbar, Farbe variabel, aber stets mit Rosavioletttönen, die sich beim Trocknen verstärken, Stiel weiß bis rosaweiß, mit Netz, Basis verbreitert, hohl. **F:** weißlich. **Ger:** schwach. **Ges:** mild. **V:** an feuchten Standorten unter Nadelbäumen (Tanne *Abies*, Fichte *Picea*), manchmal bei Hasel *Corylus*; im Frühling. **Mik:** Sporen ellipsoid,

16.1.01 *Morchella importuna*, Holzschnitzel-Spitz-Morchel

16.1.02 *Morchella deliciosa*, Köstliche Spitz-Morchel

16.1.04 *Morchella tridentina*, Südliche Spitz-Morchel

16.1.06 *M. purpurascens*, Purpurliche Spitz-Morch

23–27 × 13–16 µm, sehr wenige Tropfen außerhalb der Enden, uniseriat, Asci J–, 8-sporig, Paraphysen büschelig, zylindrisch, ± farblos, 0- bis 3-fach septiert, oft gegabelt. (🖼).

16.1.07 *Morchella vulgaris* (Pers.) Gray
Graue Speise-Morchel

Frkp: 5–30 cm hoch, in Hut und Stiel gegliedert, Hut ½–⅔ der Frkp.-Länge, kugelig, oval bis kegelförmig, mit unregelmäßig wabenartigen, rundlichen bis vieleckigen tiefen Gruben, unterster Hutteil am Stiel nicht ausgebuchtet, hell grau- bis dunkelbraun, ohne warmes Ockergelb, Stiel weiß bis hellocker, unregelmäßig runzelig, vor allem an der Basis, hohl, Basis verdickt und innen lappig verwachsen. **F:** weiß bis blassocker. **Ger:** stark, fruchtig, holzig bis ± spermatisch. **Ges:** mild. **Spp:** cremeweiß. **V:** sehr oft bei Esche *Fraxinus* in Laub- oder Auenwäldern, dort gerne auf Erdhaufen von Säugetieren, teils mit Scharbockskraut *Ranunculus ficaria* oder Efeu *Hedera*, auch bei Ulme *Ulmus*, Bergahorn *Acer pseudoplatanus*, Edelkastanie *Castanea*, Pappel *Populus* und Tanne *Abies*, deutlich Kalk liebend; im Frühling. **Mik:** Sporen glatt, schmal ellipsoid, farblos, 20–23 × 12–14,5 µm, uniseriat, Asci J–, 8-sporig, Paraphysen zahlreich, zylindrisch, Enden ganz oder teilweise aufgeblasen, mehrfach septiert, teils mehrfach gegabelt, grau- bis hell braunschwarz. (BK 1.6, 🖼).

16.1.08 *Morchella esculenta* (L.) Pers., *Morchella rotunda* (Pers.) Boud.
Runde Speise-Morchel

Frkp: 5–20 cm hoch, in Hut und Stiel gegliedert, Hut ½–⅔ der Frkp.-Länge, kugelig, oval bis kegelförmig, mit unregelmäßig wabenartigen, rundlichen bis vieleckigen tiefen Gruben, unterster Hutteil am Stiel ausgebuchtet, ocker- bis braungelb, im Alter oft mit rostfarbenen Flecken, Stiel weiß bis hell ockerfarben, unregelmäßig runzelig, vor allem an der Basis, hohl, Basis verdickt und innen lappig verwachsen. **F:** weiß bis blassocker. **Ger:** schwach, angenehm. **Ges:** mild. **Spp:** gelb. **V:** sehr oft bei Esche *Fraxinus* in Laub- oder Auenwäldern, manchmal bei anderen Laubbäumen wie Ulme *Ulmus*, Pappel *Populus*, Rosskastanie *Aesculus* und Apfel *Malus*, Kalk liebend; im Frühling. **Mik:** Sporen glatt, schmal ellipsoid, 21–24 × 13–15 µm, uniseriat, Asci J–, 8-sporig, Paraphysen wenig zahlreich, zylindrisch, Enden ganz oder teilweise aufgeblasen, mehrfach septiert, teils mehrfach gegabelt, grau- bis hell braunschwarz. (D 1099, BK 1.4, 🖼).

16.1.09 *Morchella umbrina* Boud., *M. esculenta* var. *umbrina* (Boud.) S. Imai
Braune Speise-Morchel

Frkp: 3–5 cm, in Hut und Stiel gegliedert, Hut meist kugelig, oben leicht zugespitzt, mit kleinen, ziemlich regelmäßigen runden Gruben, sehr düster braunschwarz, teils auch etwas rötend, Rippen teils heller, Stiel kurz, weiß, zerbrechlich, Basis verdickt. **V:** in Laubwäldern, unter Buchs *Buxus*, Buche *Fagus*, Esche *Fraxinus*; ab März. **Mik:** Sporen glatt, schmal ellipsoid, farblos, 18–23 × 11–14 µm, uniseriat, Asci J–, 8-sporig, Paraphysen zylindrisch, mehrfach septiert, verzweigt, Enden bis 20 µm verdickt. (BK 1.5, 🖼).

16.1.10 *Morchella americana* Clowez & Matherly, *Morchella rigida* (Krombh.) Boud., *M. esculenta* var. *rigida* (Krombh.) I.R. Hall, P.K. Buchanan, Y. Wang & Cole
Gelbe Speise-Morchel, Amerikanische Speise-Morchel

Frkp: 10–24 cm hoch, in Hut und Stiel gegliedert, Hut ½–⅔ der Frkp.-Länge, unregelmäßig kugelig, oval bis kegelförmig, mit unregelmäßig wabenartigen, rundlichen bis vieleckigen tiefen Gruben, Rippen oft gewellt, lebhaft ockergelb, Stiel weiß bis ockerfarben, unregelmäßig runzelig, vor allem an der Basis, hohl, Basis verdickt und innen lappig verwachsen. **F:** weiß bis blassocker. **Ger:** angenehm. **Ges:** mild. **V:** vor allem bei (von Amerika eingeführten) Bastard-Schwarz-Pappeln *Populus × canadensis*; im Frühling. **Mik:** Sporen glatt, schmal ellipsoid, farblos, 20–22 × 13–15 µm, uniseriat, Asci J–, 8-sporig, Paraphysen spärlich, schwierig zu erkennen, da sie die Asci nicht überragen. (BK 1.3).

Morchella fluvialis Clowez, P. Alvarado, M. Becerra, Bilbao & P.-A. Moreau, Fluss-Speise-Morchel: Hut kegelförmig, Stiel zylindrisch, anfangs reinweiß, dann schnell gelborange verfärbend, fein bereift, im Alter körnig; an Gewässern mit Esche *Fraxinus* oder Schwarzpappel *Populus nigra*, nebst Funden aus Spanien, Italien, Türkei auch in der Schweiz an der Reuss nachgewiesen. Sporen gelblich, 20–23 × 12,5–14 µm, Paraphysen zahlreich.

16.1.11 *Morchella semilibera* DC., *Morchella gigas* (Batsch) Pers.
Käppchen-Morchel, Halbfreie Morchel

Frkp: 7–20 cm hoch, in Hut und Stiel gegliedert, Hut relativ klein, konisch, käppchenförmig, d. h. auf halber Höhe mit Stiel verwachsen, wabenartig mit ausgeprägten Längsrippen, gelb- bis olivbraun, Rip-

16.1.07 *Morchella vulgaris*, Graue Speise-Morchel

16.1.08 *Morchella esculenta*, Runde Speise-Morchel

16.1.09 *Morchella umbrina*, Braune Speise-Morchel

16.1.11 *Morchella semilibera*, Käppchen-Morchel

pen schwarz verfärbend, Stiel weiß bis hell ockerlich, längs gefurcht, reif körnig, hohl, Basis und Stielspitze oft erweitert. **F:** weich, brüchig. **Ger:** unauffällig. **Ges:** mild. **V:** in Wäldern oder bei Esche *Fraxinus* zwischen Gräsern und Kräutern, mit Vorliebe in Gewässernähe; im Frühling. **Mik:** Sporen glatt, ellipsoid, 21–26 × 12–16,5 µm, kleine Tropfen außerhalb der Enden, uniseriat, Asci J–, 8-sporig, Paraphysen zylindrisch, Enden bis 14 µm keulenförmig bis kopfig verdickt, mehrfach septiert, etwa gleich lang wie die Asci. (D 1103, BK 1.7, 🖼; Kapitel-🖼).

16.1.12 *Verpa bohemica* (Krombh.) J. Schröt.
Runzel-Verpel

Frkp: 5–15 cm hoch, in Hut und Stiel gegliedert, Hut konisch oder glocken- bis walzenförmig, außen unregelmäßig waben- oder hirnartig gefurcht, ocker bis dunkelbraun, nur im Scheitel mit dem Stiel verwachsen, Hutunterseite weißlich, Stiel weiß bis cremeockerlich, jung wattig gefüllt, dann bald hohl. **V:** lichte Wälder, oft bei Hecken und entlang von Wasserläufen; Frühling. **Mik:** Sporen glatt, schmal ellipsoid, teils leicht gebogen, farblos, 55–90 × 17–20 µm, ohne Tropfen, uniseriat, Asci J–, 2-sporig, Paraphysen schlank zylindrisch, leicht gewellt, Enden leicht keulenförmig verdickt, mehrfach septiert, teils gegabelt. (BK 1.9, 🖼).

16.1.13 *Verpa conica* (O.F. Müll.) Sw., *Verpa digitaliformis* Pers.
Fingerhut-Verpel

Frkp: 3–13 cm, in Hut und Stiel gegliedert, Hut 2–5 cm hoch, fingerhut- bis glockenförmig, nur im Scheitel mit Stiel verwachsen, außen glatt, schwach und unregelmäßig runzelig bis gefurcht, hellbraun, gelb- bis rotbraun, Unterseite ockerlich, Stiel weiß bis cremeockerlich, allenfalls mit feinen dunkelfarbigen Schüppchen gebändert, erst gekammert, später hohl. **V:** auf Wiesen, oft bei Hecken und entlang von Wasserläufen; Frühling. **Mik:** Sporen glatt, ellipsoid, farblos, 21–25 × 11–15 µm, kleine Tropfen außerhalb der Enden, uniseriat, Asci J–, 8-sporig, Paraphysen zylindrisch, Enden bis 12 µm keulenförmig verdickt, mehrfach septiert, gegen Basis verzweigt. (D 1104, BK 1.8, 🖼).

16.1.14 *Disciotis venosa* (Pers.) Arnould
Aderiger Morchelbecherling, Aderbecherling

Frkp: 5–20 cm, becherförmig bis unregelmäßig flach, Oberseite stark radial runzelig-aderig, ocker- bis dunkelbraun, Außenseite kleiigpunktiert, weißlich, Stiel kurz und eingesenkt. **Ger:** auffällig nach Chlor. **V:** oft gesellig auf Erde; im Frühling. **Mik:** Sporen glatt, ellipsoid, farblos, 22–25 × 12–14 µm, kleine Tropfen außerhalb der Enden, Asci J–, 8-sporig. (D 1105, BK 1.10, 🖼).

16.1.12 *Verpa bohemica*, Runzel-Verpel

16.1.13 *Verpa conica*, Fingerhut-Verpel

16.1.14 *Disciotis venosa*, Aderiger Morchelbecherling

16.2 *Gyromitra,* Giftlorcheln

Ascomycota, Schlauchpilze > *Pezizomycetes* > *Pezizales,* Becherlingsartige > *Discinaceae,* Giftlorchelverwandte

Familie *Discinaceae,* Giftlorchelverwandte

Die Fruchtkörper in der Familie ***Discinaceae****,* Giftlorchelverwandte zeichnen sich durch hirnartig gewundene, wulstige Hutoberflächen aus. Die Grundform kann sowohl morchelähnlich mit Stiel als auch becher- bis scheibenförmig und nur kurz oder gar nicht gestielt sein. Äußerlich gibt es Überschneidungen zu den Formen der *Morchellaceae,* Morchelverwandte wie z. B. zwischen *Disciotis venosa,* Aderiger Morchelbecherling und *Gyromitra perlata,* Größte Scheiben-Giftlorchel. Auch *Hydnotrya,* Rasentrüffel mit den ebenfalls hirnartig gewundenen Strukturen gehören zur Familie *Discinaceae.* Diese wie alle anderen unterirdisch wachsenden, trüffelartigen Knollen sind jedoch zum besseren Vergleich im Unterkapitel 16.15 zusammengefasst und beschrieben.

16.2.03 *Gyromitra gigas,*
Nadelholz-Riesen-Giftlorchel

Gyromitra, Giftlorcheln

Beschreibung

In der Gattung ***Gyromitra****,* Giftlorcheln sind mittlere bis große Arten mit rotbraunen, morchelähnlichen Hutformen auf einem weißlichen Stiel zu finden. Die wulstigen, hirnartig gewundenen Formen unterscheiden sie von den eher kantigen, wabenförmigen Strukturen der *Morchella,* Morcheln aus der Familie *Morchellaceae.* Weiter gibt es in der Gattung *Gyromitra,* Giftlorcheln auch becher- bis scheibenartige Formen mit kurzen oder fehlenden Stielen, die aber ebenfalls stets gewunden-wellige Oberflächen aufweisen und sich auch mikroskopisch nicht von den morchelähnlichen Formen abgrenzen lassen. Aus diesem Grund wurde diese Gruppe von Van Vooren & Moreau 2009c in die Sektion *Discina* in der gleichnamigen Untergattung der Gattung *Gyromitra* eingeteilt.

Die Arten erscheinen im Frühling oder Sommer, teils auch im Herbst auf Erde oder moderndem Holz. *Gyromitra,* Giftlorcheln sind Saprobionten. Es ist nicht auszuschließen, dass sie auch symbiontisch leben können.

Es gibt glatte, raue, netzartige und stachelige Sporen mit ellipsoiden, spindelförmigen bis kugeligen Formen. Einige haben Auswüchse an den schmalen Enden. Diese können einzeln, spitz oder auch stumpf halbkugelig-sichelförmig, zweifach-klammerartig oder stoppelig-fingerförmig sein. Generell sind die Sporenangaben sehr unterschiedlich. Es kommt stark darauf an, ob man Sporen innerhalb der Asci oder ganz reife, freie Sporen außerhalb misst. In der neueren Literatur wird vermehrt darauf geachtet und man findet entsprechend größere Maße von reifen Sporen.

Bestimmung

Gyromitra, Giftlorcheln mit hirnartig oder wulstig gewundenen Oberflächen sind unterteilt in hohe, morchelähnliche, gestielte Arten und die in der Grundform becher- bis scheibenförmigen, kurz- oder ungestielten Arten. Zur weiteren Abgrenzung folgen in beiden Gruppen danach schon bald Angaben zur Form und Oberfläche der Sporen.

Speisewerte

Verschiedene Lorcheln, insbesondere *Gyromitra esculenta,* Frühjahrs-Giftlorchel und *Gyromitra gigas,* Nadelholz-Riesen-Giftlorchel, sind stark giftig und dürfen nicht mit den ebenfalls im Frühjahr wachsenden Morcheln verwechselt werden. Vor allem *Gyromitra esculenta,* aus dem Lateinischen übersetzt auch Speise-Lorchel genannt, wird in einigen Gegenden nach entsprechender, besonderer Zubereitung trotzdem gegessen. Davon ist aber dringend abzuraten. In Studien, wie z. B. bei Lagrange & Vernoux 2020, konnten die enthaltenen Hydrazone nach Jahren in Zusammenhang mit dem gehäuften Auftreten der gefährlichen und tödlich verlaufenden Krankheit ALS (Amyotrophic Lateral Sclerosis) gebracht werden.

16.2 *Gyromitra,* Giftlorcheln

- Fruchtkörper mit deutlichem Stiel, Hut hoch, nicht scheibenförmig
  - mit hirnartig gewundenem Hut
    - Sporen ellipsoid bis spindelförmig
      - Sporen auch reif glatt, ohne Anhängsel an den Polen, Windungen eher eng
        - Hut hirnartig gewunden, auf Erde, im Frühling
          - Hut stark hirnartig gewunden und unregelmäßig verwachsen — 01 *Gyromitra esculenta,* Frühjahrs-Giftlorchel
          - Hut weniger stark gewunden, Rand stets frei (ähnlich *M. semilibera*) — 02 *Gyromitra tasmanica,* Tasmanische Giftlorchel
        - Hut sattel-, dreizipfelig mützenförmig, auf moderigem Holz, So.–Herbst — 07 *Gyromitra infula,* Bischofsmützen-Giftlorchel
      - Sporen reif warzig-netzartig ornamentiert, stumpfe Anhängsel an den Polen
        - Sporen mit einem Anhängsel pro Pol, bis 20 cm hoch, im Frühling
          - bei Nadelholzstrünken — 03 *Gyromitra gigas,* Nadelholz-Riesen-Giftlorchel
          - bei Laubholz — 04 *Gyromitra ticiniana,* Laubholz-Riesen-Giftlorchel
        - Sporen mit mehreren fingerförmigen Anhängseln an jedem Pol, auf Erde — 05 *Gyromitra grandis,* Zipfel-Giftlorchel
    - Sporen kugelförmig — 06 *Gyromitra sphaerospora,* Rundsporige Giftlorchel
  - mit unregelmäßig welligem, sattelförmigem Hut — 16.3 *Helvella,* Lorcheln u. Ä.
- Fruchtkörper kurz- oder ungestielt, Grundform scheibenförmig, Oberfläche runzelig
  - Oberseite gelb- bis rotbraun, Außenseite weißlich
    - Geruch chlorartig, Fruchtkörper 5–20 cm — 16.1.14 *Disciotis venosa,* Aderiger Morchelbecherling
    - Geruch unauffällig, Fruchtkörper 2–15 cm
      - Sporen fast glatt bis fein netzartig, ellipsoid
        - Anhängsel einfach
          - Anhängsel spitz, Sporen glatt bis feinst netzartig — 08 *Gyromitra perlata,* Größte Scheiben-Giftlorchel
          - Anhängsel sichelförmig, stumpf — 12 *Gyromitra geogenius,* Erdige Scheiben-Giftlorchel
          - Anhängsel halbkugelig, stumpf — 13 *Gyromitra accumbens,* Anliegende Scheiben-Giftlorchel
        - Anhängsel zweihöckrig — 11 *Gyromitra leucoxantha,* Ockergelbe Scheiben-Giftlorchel
        - Anhängsel stoppelig, fingerförmig, Ornamente netzartig höckerig — 10 *Gyromitra parma,* Schildförmige Giftlorchel
      - Sporen stark stachelig, ellipsoid mit kegelförmigen Anhängseln — 09 *Gyromitra spinosospora,* Stachelsporige Scheiben-Giftlorchel
  - Oberseite schwarzbraun, Außenseite weiß, Sporen feinwarzig — 14 *Gyromitra melaleuca,* Schwarzweiße Scheiben-Giftlorchel

16.2.01 *Gyromitra esculenta* (Pers.) Fr. ☠
Frühjahrs-Giftlorchel, Frühjahrs-Gift-Lorchel

Frkp: 5–15 cm, in Hut und Stiel gegliedert, Hut runzelig, unregelmäßig hirnartig gewunden, gelb- bis dunkel kastanienbraun, Stiel eher kurz, stark gefurcht, weiß. **V:** auf Erde; im Frühling. **Mik:** Sporen glatt, ellipsoid, 16–26 × 7–12 µm, mit 2 kleinen Tropfen, uniseriat, Asci J–, 8-sporig, Paraphysen zylindrisch, Enden keulenförmig auf 8–10 µm verdickt, mehrfach septiert, gegen die Basis teils gegabelt. (D 1106, BK 1.11,).

Gyromitra inflata Cooke, *Maublancomyces inflatus* (Cooke) Herter, Aufgeblähte Giftlorchel, Aufgeblähte Lorchel: Fruchtkörper mit größeren, meist 2- bis 5-zipflig-lappigen, hirnartig gewundenen Hüten, Stiel oft über 12 cm lang und 5 cm dick, im oberen Teil mit großen Hohlräumen, rosacreme bis blass lachsrötlich, gegen die Basis hell bläulich-violett.

16.2.02 *Gyromitra tasmanica* Berk. & Cooke, Tasmanische Giftlorchel, Tasmanische Lorchel: Fruchtkörper eher kleiner, Hut weniger stark gewunden, oft dunkel, Rand nirgends mit dem Stiel verwachsen, Stiel mit kleinen braunen Flecken. (D 1102).

16.2.03 *Gyromitra gigas* (Krombh.) Cooke ☠
Nadelholz-Riesen-Giftlorchel, Nadelholz-Riesen-Lorchel

Frkp: 10–20 cm hoch und annähernd so breit, in Hut und Stiel gegliedert, Hut unregelmäßig und grob hirnartig gewunden, gelb- bis kastanien- oder olivbraun, Stiel eher kurz, stark faltig-gefurcht, weißlich. **V:** vorwiegend bei alten Nadelholzstrünken auf Alpweiden; im Frühling. **Mik:** Sporen fein netzartig warzig, ellipsoid, längsseits beidseitig mit Anhängsel, 27–32 × 11–14 µm, teils mit 2–3 Tropfen, Asci J–, 8-sporig, Paraphysen zylindrisch, Enden keulenförmig bis kopfig auf 5–9 µm verdickt, mehrfach septiert, teils gegabelt. **Ch:** KOH auf Fleisch gelb. (BK 1.12,).

16.2.04 *Gyromitra ticiniana* Littini, *Gyromitra littiniana* A. Riva, Laubholz-Riesen-Giftlorchel, Laubholz-Riesen-Lorchel: auf Laubholz. Sporen 25–31 × 10–11 µm. KOH auf Fleisch zuerst gelb, dann rosa (Littini 1988). ().

16.2.05 *Gyromitra grandis* (A. Cumino) Van Vooren & M. Carbone, *Discina fastigiata* Peck, *Gyromitra fastigiata* (Krombh.) Rehm ☠
Zipfel-Giftlorchel, Zipfel-Scheibenlorchel, Laubwald-Lorchel

Frkp: 4–10 cm hoch und breit, in Hut und Stiel gegliedert, Hut unregelmäßig runzelig-rippig-hirnartig mit meist drei nach oben gebogenen Lappen, die eine Art Sattel bilden, Oberseite braunrötlich, Stiel 2–5 cm lang, dick, zylindrisch mit Rippen, unterer Teil aufgeblasen, Basis immer in Erde, kreideweiß. **F:** brüchig wässrig-weiß. **Ger:** schwach spermatisch. **V:** auf Erde, oft im Laubwald bei morschen Buchenstrünken *Fagus* aber auch im Fichtenwald *Picea*; im Frühling. **Mik:** Sporen netzartig-höckerig, ellipsoid, beide Enden mit stoppeligem Anhängsel (wie bei *G. parma*), 26–37 × 12–14 µm, mit 1 großen und vielen kleinen Tropfen, uniseriat, Asci J–, 8-sporig, Paraphysen zylindrisch, Enden leicht auf 6–8 µm verdickt und mit braunem Inhalt, mehrfach septiert, vereinzelt gegabelt. (CH 10,).

16.2.06 *Gyromitra sphaerospora* (Peck) Sacc., *Pseudorhizina sphaerospora* (Peck) Pouzar
Rundsporige Giftlorchel, Nadelholz-Lorchel, Nadelholz-Scheinlorchel

Frkp: 5–20 cm, in Hut und Stiel gegliedert, Hut lappig, faltig verbogen bis unregelmäßig hirnartig gewunden, reif oft etwas rissig, beige-, gelb- bis schwarzbraun, Rand nach innen gebogen, Stiel stark gefurcht, weiß, im unteren Teil oft rosa bis lilabraun überhaucht. **V:** vorwiegend auf morschem Fichtenholz *Picea* oder in der Nähe davon, auf Holzlagerplätzen; Frühjahr bis Sommer. **Mik:** Sporen kugelförmig, 8–12 µm, teils mit vielen kleinen Tropfen, uniseriat, Asci J–, 8-sporig, Paraphysen zylindrisch bis keulenförmig, 7–10 µm, Enden mit graubräunlichem Inhalt, mehrfach septiert, gegen die Basis gegabelt. (CH 12,).

16.2.07 *Gyromitra infula* (Schaeff.) Quél.
Bischofsmützen-Giftlorchel, Bischofsmützen-Lorchel, Bischofsmütze

Frkp: 5–10 cm, in Hut und Stiel gegliedert, Hut sehr unregelmäßig geformt, Oberfläche runzelig-wulstig, oft 3-zipfelig oder sattelförmig, teilweise an die Form einer Bischofsmütze (Mitra) erinnernd, ocker- bis dunkel kastanien- bis weinbraun, Stiel oft längsfaltig, blass ockerrötlich. **V:** auf stark vermodertem Holz; im Sommer bis Herbst. **Mik:** Sporen glatt, ellipsoid, Sporenwand an den Polen nicht oder nur wenig verdickt, 19–24 × 7–8,5 µm, mit 2, selten mit 1 oder 3 Tropfen, Asci J–, 8-sporig, Paraphysen bauchig-zylindrisch, Enden keulenförmig auf 10 µm verdickt und mit rötlichem Inhalt, mehrfach septiert, verzweigt. (BK 1.13,).

Gyromitra ambigua (P. Karst.) Harmaja, Vielgestaltige Giftlorchel, Vielgestaltige Lorchel: Fruchtkörper 4–8 cm, unregelmäßig geformt, oft 3-zipfelig, sattelförmig, dunkel rötlichbraun, oft mit Violettton, Stiel glatt bis längsfaltig, gegen die Basis verdickt und mit deutlich violettlichen Farbtönen; im Nadelwald bei Kiefer *Pinus*; im Herbst. Sporen glatt, spindelförmig, Sporenwand an den Polen deutlich verdickt, 22–34 × 8–12 µm.

Gyromitra longipes Harmaja, Langstielige Giftlorchel, Langstielige Lorchel: Fruchtkörper 4–8 cm, unregelmäßig geformt, teils hirnartig gewunden, schwarzbraun, Stiel blassbraun

16.2.01 *Gyromitra esculenta*, Frühjahrs-Giftlorchel

16.2.03 *Gyromitra gigas*, Nadelholz-Riesen-Giftlorchel

16.2.04 *Gyromitra ticiniana*, Laubholz-Riesen-Giftlorchel

16.2.05 *Gyromitra grandis*, Zipfel-Giftlorchel

16.2.06 *G. sphaerospora*, Rundsporige Giftlorchel

16.2.07 *Gyromitra infula*, Bischofsmützen-Giftlorchel

bis braun, glatt, relativ lang; im Nadelwald; im Frühling. Sporen glatt, spindel- bis etwas rautenförmig, Sporenwand an den Polen deutlich verdickt, 22–32 × 10–14 µm.

16.2.08 *Gyromitra perlata* (Fr.) Harmaja, *Discina perlata* (Fr.) Fr. Größte Scheiben-Giftlorchel, Scheiben-Lorchel, Größter Scheibling

Frkp: 3–15 cm, becher- bis unregelmäßig scheibenförmig, Rand meist aufgebogen, Oberseite aderig-runzelig, ocker- bis kastanienbraun, Außenseite ocker- bis rosaweißlich, Stiel 1–3 cm lang, aderig und eingesenkt. **V:** einzeln bis gesellig auf stark vermodertem Holz, vorwiegend von Fichte *Picea*; Frühling bis Sommer. **Mik:** Sporen fast glatt, ganz fein netzartig, ellipsoid, mit beidseitig deutlichen, bis 9 µm langen, zipfelförmigen Anhängseln, 24–30 × 12–14 µm (nach Van Vooren 2017a könne freie Sporen Maße von 40–46 × 13–17 µm aufweisen), mit 1 großen und 2 kleineren Tropfen, uniseriat, Asci J–, 8-sporig, Paraphysen zylindrisch, Enden keulenförmig auf 7–10 µm verdickt und mit bräunlichem Inhalt, mehrfach septiert, teils verzweigt. (BK 1.31,).

Gyromitra ancilis (Pers.) Kreisel, *Discina ancilis* (Pers.) Sacc. wird unterschiedlich interpretiert, und es ist unklar, ob es sich um ein Synonym von *G. perlata* handelt. Van Vooren & Moreau 2009c weisen darauf hin, dass Fries 1822 die Arten unterschieden hat. Van Vooren 2017a publiziert eine Neutypisierung von *G. perlata* und festigt damit die Verwendung dieser Bezeichnung.

16.2.09 *Gyromitra spinosospora* (Lucchini & Pelland.) A. Koch, Christan & Lohmeyer, *Discina spinosospora* Lucchini & Pelland. Stachelsporige Scheiben-Giftlorchel, Stachelsporige Lorchel, Stachelsporige Scheibenlorchel

Frkp: 2–7 cm, anfänglich scheibenförmig, dann unregelmäßig gewölbt mit gewellt-gelapptem Rand, Oberseite faltig und runzlig, braun mit grünlichem Schimmer, Außenseite glatt oder schwach flaumig, trocken weißlich, feucht wie die Oberseite, Stiel kurz, bis 1,2 cm lang und dick, schwach gerippt. **Spp:** cremeweiß **V:** Flussufer (Alluvialboden), Auenwald; Frühling bis Frühsommer. **Mik:** Sporen mit Stacheln ornamentiert, ellipsoid, mit beidseitigem kegelförmigem Anhängsel, 22–26 × 14–15 µm, 1–2 Tropfen, uniseriat, Asci J–, 8-sporig, Paraphysen zylindrisch, mit ockerlichem Inhalt, Enden leicht keulenförmig auf 8–12 µm verdickt, mehrfach septiert, teils gegabelt. (CH 13,).

16.2.10 *Gyromitra parma* (J. Breitenb. & Maas Geest.) Kotl. & Pouzar, *Discina parma* J. Breitenb. & Maas Geest. Schildförmige Giftlorchel, Schildförmige Lorchel, Schildförmige Scheibenlorchel

Frkp: 5–10 cm breit, unregelmäßig scheibenförmig, zunehmend runzelig-faltig, Rand oft aufstehend, Oberseite gelb- bis rotbraun, Außenseite heller, Stiel 3–5 cm hoch, weißlich. **V:** auf stark vermodertem Holz oder Erde im Auenwald; im Frühling. **Mik:** Sporen netzartig-höckerig, ellipsoid, beide Enden mit ca. 2 µm langen, stoppeligen, fingerartigen Anhängseln (wie bei *Gyromitra grandis*, Zipfel-Giftlorchel), 25–33 × 11–13,5 µm, mit 3 Tropfen, uniseriat, Asci J–, 8-sporig, Paraphysen fadenförmig, Enden keulenförmig bis 10 µm verdickt, mehrfach septiert, teils gegabelt. (BK 1.30,).

Gyromitra microspora (Donadini) Harmaja, *Discina microspora* Donadini, Kleinsporige Scheiben-Giftlorchel, Kleinsporige Scheibenlorchel: Sporen fein rau, ellipsoid, mit ganz kurzen, stoppeligen Auswüchsen, 17–20 × 9–10 µm.

16.2.11 *Gyromitra leucoxantha* (Bres.) Harmaja, *Discina leucoxantha* Bres. Ockergelbe Scheiben-Giftlorchel, Ockergelbe Lorchel, Dottergelbe Scheibenlorchel

Frkp: 2–6 cm breit, unregelmäßig scheibenförmig und stark runzelig, Oberseite gelbocker bis gelbbraun, Außenseite weiß bis cremeweiß, Stiel bis 1 cm dick, im Boden eingesenkt. **V:** gesellig im Bergnadelwald; im Frühling. **Mik:** Sporen fein netzartig-höckerig bis fast glatt, ellipsoid, mit beidseitigen zweihöckrigen, ca. 3 µm langen Anhängseln, 25–38 × 10–16 µm, mit 1 Tropfen, uniseriat, Asci J–, 8-sporig, Paraphysen zylindrisch, Enden leicht keulenförmig, mehrfach septiert. (BK 1.28,).

16.2.12 *Gyromitra geogenius* (Donadini) Harmaja, *Discina geogenia* Rahm ex Donadini, *D. perlata* var. *geogenius* Rahm Erdige Scheiben-Giftlorchel, Erdige Scheibenlorchel, Erdige Lorchel

Frkp: 1–7 cm breit, erst becherförmig und glatt, später scheibenförmig ausgebreitet und wellig bis aderig, Rand aufgebogen und einwärts geschlagen, Oberseite ocker-gelbbraun bis olivbraun, im Alter dunkler, Außenseite kleiig, beigeweiß, Stiel kurz. **V:** Wegränder bei Nadel- und Laubbäumen; im Frühling. **Mik:** Sporen netzartig ornamentiert, ellipsoid, mit beidseitigem sichelförmigem, stumpfem, selten abgeflachtem Anhängsel, 24–29 × 11–13 µm, mit großem und 2 kleinen Tropfen, uniseriat, Asci J–, 8-sporig, Paraphysen zylindrisch, Enden allmählich auf 6–9 µm verbreitert, mit dunkelbraunem Inhalt, mehrfach septiert. (CH 11).

16.2.13 *Gyromitra accumbens* Harmaja, *Discina accumbens* (Harmaja) Medardi, Anliegende Scheiben-Giftlorchel, Anliegende Lorchel, Anliegende Scheibenlorchel: Oberseite hell umbra- bis zimtbraun, Außenseite glatt und heller. Während der Schneeschmelze in eher

16.2.08 *Gyromitra perlata*, Größte Scheiben-Giftlorchel

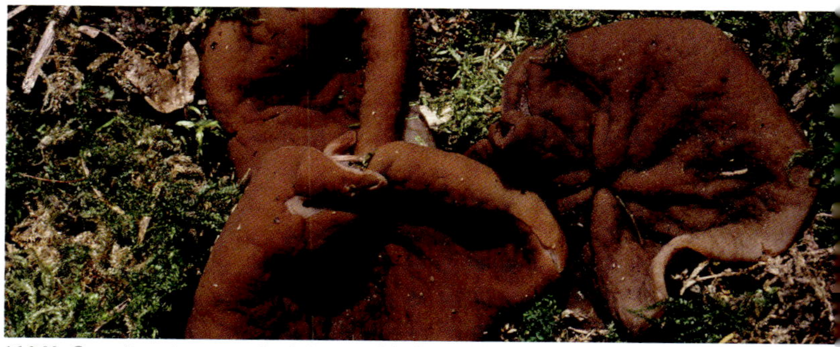

16.2.09 *Gyromitra spinosospora*, Stachelsporige Scheiben-Giftlorchel

16.2.10 *Gyromitra parma*, Schildförmige Giftlorchel

16.2.11 *Gyromitra leucoxantha*, Ockergelbe Scheiben-Giftlorchel

höheren Lagen auf Wiesen und auf Wegrändern unter Weißtanne *Abies alba* und Lärche *Larix*. Sporen größer (32–45 × 12–15 µm), Anhängsel kugelförmig, ein großer und teils noch kleinere Tropfen.

16.2.14 *Gyromitra melaleuca* (Bres.) Donadini, *Discina melaleuca* Bres.
Schwarzweiße Scheiben-Giftlorchel,
Schwarzweiße Lorchel, Schwarzweiße Scheibenlorchel

Frkp: 2–10 cm, scheibenförmig bis gewölbt, oft genabelt oder niedergedrückt, Oberseite unregelmäßig faltig-runzelig, rötlich- bis schwarzbraun, Außenseite (Unterseite) weißlich, Stiel kurz und dick. **V:** einzeln bis gesellig im Wald oder an Waldrändern; im Frühjahr. **Mik:** Sporen feinwarzig, ellipsoid, 18–22 × 8–10 µm, mit 2–3 Tropfen, uniseriat, Asci J–, 8-sporig, Paraphysen schlank zylindrisch, Enden auf 7–9 µm verdickt, Inhalt leicht bräunlich, mehrfach septiert. (BK 1.29,).

16.2.14 *Discina melaleuca*, Schwarzweiße Scheiben-Giftlorchel

16.3 *Helvella,* Lorcheln und Ähnliche

Ascomycota, Schlauchpilze > *Pezizomycetes* > *Pezizales,* Becherlingsartige > *Helvellaceae,* Lorchelverwandte

Familie *Helvellaceae,* Lorchelverwandte

Helvellaceae, Lorchelverwandte erkennt man an den auffälligen, nur schwer zu beschreibenden, unregelmäßig gewundenen, sattelförmigen, zwei- oder mehrlappigen, teils auch mützen- (mitra-) oder becherförmigen Hüten. Die Oberflächen sind jedoch glatt oder eher wellig und im Unterschied zu *Discinaceae,* Giftlorchelverwandte nicht stark runzelig oder sogar wulstig hirnartig gewunden. Die Stiele sind teils auffällig rillig-gefurcht, mit oder ohne Queradern. Es gibt auch runde oder fast ganz verkümmerte Stiele. Die Gattung *Balsamia,* Balsamtrüffel zählt ebenfalls zur Familie *Helvellaceae.* Neben einer becherförmigen Art enthält sie auch ganz geschlossen bleibende, kugelige, trüffelartige Fruchtkörper, die im Unterkaptiel 16.15 verschlüsselt sind.

16.3.01 *Helvella crispa,*
Herbst-Lorchel

Helvella, Lorcheln und Ähnliche

Beschreibung

Alle hier beschriebenen Arten zählen zur Gattung ***Helvella,*** Lorcheln oder haben einmal dazu gezählt. Die Hutfarben sind mehrheitlich weißlich, braun bis schwarz. Einerseits finden sich sattelförmige bis lappige Hüte mit stark gefurchtem bis glattem und rundlichem Stiel, andererseits aber auch Becherformen mit langem, glattem wie auch fehlendem oder nur kurzem Stiel. Eine kleine Gruppe becherförmiger Arten zählt zur Gattung ***Dissingia,*** Becherlorchel, eine zu ***Balsamia,*** Balsamtrüffel und eine Art mit becher- bis öhrförmigen, auf der Oberseite rotbraun glänzenden Fruchtkörpern zu ***Midotis,*** Ohrlorchel.

Helvella, Lorcheln wachsen auf Erde, vom Frühling an, aber vor allem im Herbst und bilden Mykorrhizapartnerschaften. Es wird ihnen aber auch die Möglichkeit für eine saprobe Lebenweise zugeschrieben.

Die Sporen sind ellipsoid und mehrheitlich glatt. Vereinzelte Arten (ehemals in der Gattung *Leptopodia*) haben jung Sporen mit grobwarzigem Ornament und sind später glatt. Asci und Sporen sind inamyloid (J–). Die Sporenmaße werden in der Literatur sehr unterschiedlich angegeben. Verschiedene Autoren weisen darauf hin, dass reife Sporen gemessen werden sollten, die bereits aus dem Ascus entlassen worden sind. Sie können größer sein als während des Wachstums in den Asci.

16.3.06 *Helvella elastica,*
Elastische Lorchel

Bestimmung

Zur Unterteilung spielen die schwierig zu beschreibenden Hutformen, die Größen und die Farben eine Rolle. Es folgen die Kriterien gefurchte oder glatte und helle oder dunkle Stiele sowie glatte, filzige oder aderige Hutunterseiten.

Speisewerte

Auch in der Familie *Helvellaceae,* Lorchelverwandte gibt es Arten, die Gyromitrin enthalten. Die Konzentrationen sind kleiner als sie in der Familie *Discinaceae,* Giftlorchelverwandte festgestellt wurden. Dennoch können auch die Lorchelverwandten giftig wirken und sind sicher keine Speisepilze.

16.3 *Helvella,* Lorcheln und Ähnliche

Hut sattelförmig, lappig, bischofsmützenförmig, nicht regelmäßig becherförmig	
Hut weiß bis ockerlich, Stiel stark gefurcht	
Fruchtkörper 5–15 cm hoch, 2–6 cm breit, Hutunterseite flaumig, Hutrand frei	**01 *Helvella crispa,* Herbst-Lorchel**
Frkp. 2–5 cm hoch, 1–2 cm breit, Hutunterseite glatt, -rand angewachsen	02 *Helvella lactea,* Milchweiße Lorchel
Hut beige bis rauchbräunlich	
Stiel tief gefurcht	
Fruchtkörper 5–15 cm hoch, 2–6 cm breit	**01 *Helvella crispa,* Herbst-Lorchel**
Fruchtkörper 1–6 cm hoch, 1–3 cm breit	
Hutrand nach unten gebogen	03 *Helvella phlebophora,* Rillstielige Lorchel
Hutrand nach oben gebogen	05 *Helvella solitaria,* Rippenstielige Becher-Lorchel
Stiel kaum gefurcht	
Fruchtkörper 5–10 cm hoch, Hutunterseite glatt	06 *Helvella elastica,* Elastische Lorchel
Fruchtkörper 2–5 cm hoch, Hutunterseite flaumig bis haarig-zottig	
Hut hellgrau	07 *Helvella latispora,* Blassgraue Lorchel
Hut grau bis graubraun	08 *Helvella ephippium,* Sattel-Lorchel
Hut ocker bis kastanienbraun, Stiel vorwiegend glatt bis leicht faltig-grubig	16.2.07 *Gyromitra infula,* Bischofsmützen-Giftlorchel
Hut dunkelbraun, graubraun oder schwarzbraun	
Stiel tief längs gefurcht	
Hut sattelförmig oder unregelmäßig, Rand nach unten gebogen	
Stiel ockerlich bis graubraun	
Fruchtkörper bis 12 cm hoch, schwarzbraun, Stiel stark anastomisiert	09 *Helvella lacunosa,* Gruben-Lorchel
Fruchtkörper bis 4 cm hoch, graubraun, Stiel längs gefurcht	03 *Helvella phlebophora,* Rillstielige Lorchel
Stiel weißlich, Hut dunkelbraun	
1–5 cm hoch, Stiel ohne Rosa, Sporen 14–17 × 9–11 µm	04 *Helvella fusca,* Dunkelbraune Lorchel
5–20 cm hoch, Stielbasis oft rosa, Sporen kugelig, 8–12 µm	16.2.06 *Gyromitra sphaerospora,* Rundsporige Giftlorchel
Hut unregelmäßig becherförmig, Rand nach oben gebogen	05 *Helvella solitaria,* Rippenstielige Becher-Lorchel
Stiel glatt, teils etwas grubig oder fleckig	
Stiel grauschwarz mit feinem weißen Flaum	10 *Helvella atra,* Schwarze Lorchel
Stiel weiß und glatt	
Hut sattelförmig, mehrlappig	11 *Helvella capucina,* Milchstielige Lorchel
Hut eher heruntergebogen, kaum sattelförmig	12 *Helvella monachella,* Braunviolette Lorchel
Hut glockig bis fingerhutförmig	16.1.13 *Verpa conica,* Fingerhut-Verpel
Hut regelmäßig becherförmig, innen glatt bis aderig, gestielt	16.4 *Tarzetta,* Napfbecherlinge u. Ä.

16.3.01 *Helvella crispa* (Scop.) Fr.
Herbst-Lorchel

Frkp: 5–15 cm hoch und 2–6 cm breit, in Hut und Stiel gegliedert, Hut sattelförmig oder unregelmäßig zwei- bis dreilappig, runzelig, weiß bis hell ockerbraun, Oberseite (Hymenium) glatt, Unterseite feinflaumig, Rand nicht mit Stiel verwachsen, Stiel stark längsrippig, teils queradrig verbunden, weiß bis cremefarben. **F:** weißlich, brüchig, im Stiel gekammert. **V:** im Laub- oder Mischwald, an grasigen Wegrändern, in Parks; Spätsommer bis Spätherbst. **Mik:** Sporen glatt, breit ellipsoid, farblos, 17–21 × 10–12,5 µm, mit einem Tropfen, uniseriat, Asci J–, 8-sporig, Paraphysen zylindrisch, Enden bis 9 µm keulenförmig verdickt, wenig septiert, an der Basis verzweigt. (D 1107, BK 1.14,).

16.3.02 *Helvella lactea* Boud., Milchweiße Lorchel: Fruchtkörper max. 4 cm hoch, sattelförmig, reinweiß, wenn frisch, beim Trocknen braunorange, Hutrand gegen den Stiel gebogen, teils am kurzen, breiten Stiel angewachsen, Hutunterseite glatt; Frühsommer bis Herbst.

16.3.03 *Helvella phlebophora* Pat. & Doass., Rillstielige Lorchel: Fruchtkörper nur bis 4 cm, Hut mit der Zeit ausgebreitet mit heruntergebogenen Rändern, fast nie am Stiel angewachsen, Stielrippen bis zum Hutrand weiterlaufend.

16.3.04 *Helvella fusca* Gillet, Dunkelbraune Lorchel: Fruchtkörper 1–5 cm hoch, Hut bis 2,5 cm breit, dunkel- bis kastanienbraun, Unterseite gerunzelt bis anastomisierend, Rand nicht oder höchstens stellenweise mit dem Stiel verwachsen, Stiel grubig und im Übergang zum Hut aderig; gesellig bis büschelig, auf sandigem, kalkhaltigem Boden bei Laubbäumen wie Pappel *Populus,* Weide *Salix* etc., im Frühling. Sporen 14–17 × 9–11 µm. (CH 15).

16.3.05 *Helvella solitaria* P. Karst., *Helvella queletii* Bres., *Paxina queletii* (Bres.) Stangl, Rippenstielige Becher-Lorchel, Pokal-Rippenbecherling: Fruchtkörper nur bis 6 cm hoch, Hut unregelmäßig becherförmig, Oberseite matt, Unterseite filzig-rau, Stiel relativ lang, stark längsfurchig-rippig, weißlich, teils ockerfleckig; in Flussnähe oder an nassen Orten, Frühjahr bis Sommer. Sporenangaben sind sehr unterschiedlich, gemäß Van Vooren 2014b 17–24 × 13–15 µm, in Breitenbach & Kränzlin 1981 nur 15–17 × 10–12 µm. (D 1116, BK 1.18,).

16.3.06 *Helvella elastica* Bull., *Leptopodia elastica* (Bull.) Boud.
Elastische Lorchel

Frkp: 4–10 cm hoch und 2–4 cm breit, in Hut und Stiel gegliedert, Hut unregelmäßig sattelförmig bis zwei- oder dreilappig, Oberseite (Hymenium) gelblich, rauchgrau bis blass bräunlich, Unterseite etwas heller, Stiel kaum gerippt, glatt, Spitze feinflaumig, weißlich bis hellocker. **V:** im Laub- oder Nadelwald, an Wegrändern, oft an moosigen Stellen; Spätsommer bis Spätherbst. **Mik:** Sporen glatt, breit ellipsoid, farblos, 18–23 × 10,5–13 µm, mit 1 Tropfen, uniseriat, Asci J–, 8-sporig, Paraphysen zylindrisch, Enden auf 6–9 µm verdickt, oft mehrfach septiert und verzweigt. (D 1111, BK 1.20,).

16.3.07 *Helvella latispora* Boud., *Helvella stevensii* Peck
Blassgraue Lorchel, Grauweiße Lorchel

Frkp: 1,5–7 cm hoch und 1–2 cm breit, becher- bis sattelförmig, glatt, Innenseite (Hymenium) hellgrau bis ockerbräunlich, Rand eingerollt, Unterseite fein samtig bis kleiig, heller, Stiel weißfilzig bereift, ohne Furchen, teils mit Grübchen, hohl oder wattiert gekammert, grauweißlich bis graubräunlich, Basis oft etwas verdickt und fein behaart (Lupe!). **V:** einzeln bis gesellig, im Mischwald, Parks; Frühling bis Herbst. **Mik:** Sporen breit ellipsoid bis kugelig, farblos, 17–21 × 12–15 µm, mit 1 großen und oft vielen kleinen Tropfen, uniseriat, Asci J–, 8-sporig, Paraphysen schlank zylindrisch, Enden leicht auf 4–7 µm verdickt, mehrfach septiert.

Boudier 1898 beschrieb die Art mit einem deutlich breiteren Sporenmaß von 18–20 × 15–17 µm, was ihn den Namen *latispora* wählen ließ.

16.3.08 *Helvella ephippium* Lév., *Leptopodia ephippium* (Lév.) Boud., Sattel-Lorchel, Weißstielige Sattel-Lorchel: Fruchtkörper nur bis 5 cm, Hut grau, Unterseite jung stark, später leicht zottig, Stiel voll, weißlich bis grau. Sporen 17–21,5 × 11–12,5 µm. (D 1112).

16.3.09 *Helvella lacunosa* Afzel.
Gruben-Lorchel, Schwarzbraune Gruben-Lorchel

Frkp: 3–14 cm hoch und 2–5 cm breit, in Hut und Stiel gegliedert, Hut sattelförmig oder unregelmäßig zwei- bis dreilappig, runzelig, Oberseite (Hymenium) glatt, braunschwarz, anthrazitfarben, manchmal ausgeblasst, Unterseite grau, Rand teils am Stiel angewachsen, Stiel stark und scharf längsrippig, grubig, oft queradrig verbunden, weißlich bis hellgrau. **F:** hellgrau. **V:** im Laub- und Nadelwald, bei Holzlagerplätzen, am Wegrand, mit Vorliebe auf sandigem Boden, Frühling bis Herbst. **Mik:** Sporen glatt, breit ellipsoid, farblos, 15–19 × 9–12 µm, mit 1 Tropfen, uniseriat, Asci J–, 8-sporig,

16.3.01 *Helvella crispa*, Herbst-Lorchel

16.3.05 *Helvella solitaria*, Rippenstielige Becher-Lorchel

16.3.06 *Helvella elastica*, Elastische Lorchel

16.3.09 *Helvella lacunosa*, Gruben-Lorchel

mit gespaltener Basis (pleurorhynch), Paraphysen fadenförmig, Enden auf 4–7 µm allmählich keulenförmig verdickt, farblos bis bräunlich, mehrfach septiert. (D 1108f, BK 1.16, 🖼).

Es sind auch helle Formen von *H. lacunosa,* Gruben-Lorchel bekannt. (BK 1.15).

16.3.10 *Helvella atra* J. König, *Leptopodia atra* (J. König) Boud.
Schwarze Lorchel

Frkp: 2–10 cm hoch und 1–3 cm breit, in Hut und Stiel gegliedert, Hut sattelförmig oder unregelmäßig 2- bis 3-lappig, runzelig, Oberfläche fein kleiig, teils weißlich bereift, grau- oder braunschwarz, Rand teils am Stiel angewachsen, Stiel feinflaumig, ockergrau bis grauschwarz, Basis heller, oft grubig, ohne Rippen. **V:** vorwiegend auf humosem, nacktem Boden, an Wegrändern, in Parks; Sommer bis Herbst. **Mik:** Sporen erst grobwarzig, später glatt, breit ellipsoid, 16–19 × 10–12 µm, mit 1 Tropfen, uniseriat, Asci J–, 8-sporig, an der Basis gespalten (pleurorhynch), Paraphysen fadenförmig, mit dunkelbraunen Wänden, Enden auf 7–10 µm keulenförmig verdickt, mehrfach septiert. (D 1110, BK 1.19, 🖼).

16.3.11 *Helvella capucina* Quél., *Leptopodia capucina* (Quél.) Boud.
Milchstielige Lorchel

Frkp: 1,5–3 cm hoch und 1–2 cm breit, in Hut und Stiel gegliedert, Hut sattelförmig bis 2-lappig, mitraförmig, Oberseite (Hymenium) schwarzbraun bis schwarz, Außenseite (Unterseite) weiß, später blassgrau, beim Trocknen gelblich, Stiel kurz, glatt, weiß. **V:** auf nacktem Boden, auf Wiesen oder in Schneetälchen, alpin; Sommer bis Herbst. **Mik:** Sporen glatt, breit ellipsoid, farblos, 22–25 × 13–16 µm, mit 1 großen und mehreren kleinen Tropfen, zunächst uniseriat, dann teils unregelmäßig biseriat oder sogar an der Spitze angehäuft, Asci J–, 8-sporig, an der Basis gespalten (pleurorhynch), Paraphysen schlank zylindrisch, Enden allmählich auf 6–8 µm keulenförmig verdickt, mit braunem Inhalt, mehrfach septiert, gegen Basis teil mehrfach verzweigt. (🖼).

16.3.12 *Helvella monachella* (Scop.) Fr., *Helvella leucopus* Pers., *Helvella spadicea* Schaeff.
Braunviolette Lorchel, Weißstielige Lorchel

Frkp: 3–9 cm hoch und 2–4 cm breit, in Hut und Stiel gegliedert, Hut sattelförmig oder unregelmäßig zwei- bis dreilappig mitraförmig, Oberseite (Hymenium) braunschwarz bis etwas violettschwarz, Außenseite (Unterseite) kahl, weißlich, Stiel glatt, weiß, teilweise mit graubraunen Flecken. **V:** je nach Angaben bei Sanddünen oder entlang von Flussläufen, bei Laubbäumen wie z. B. Pappel *Populus*, Birke *Betula*, Weide *Salix*. **Mik:** Sporen glatt, breit ellipsoid, farblos, 20–24 × 13–15 µm, mit 1 Tropfen, uniseriat, Asci J–, 8-sporig, Paraphysen fadenförmig, Enden allmählich verbreitert, braun. (🖼).

16.3.13 *Helvella macropus* (Pers.) P. Karst., *Macroscyphus macropus* (Pers.) Gray
Langfuß-Lorchel, Grauer Langfüßer, Langgestielter Pokalbecherling

Frkp: 1–4,5 cm hoch und 1,5–3 cm breit, in Hut und Stiel gegliedert, Hut vorwiegend becher- bis etwas sattelförmig, Oberseite glatt, matt, graubraun, Unterseite filzig-haarig in kleinen Haarbüscheln und oft etwas heller graubräunlich, Stiel wie Hutunterseite, zylindrisch, manchmal gefurcht, Basis weißfilzig. **V:** vorwiegend im Laubwald auf nackter oder moosiger Erde, seltener auch im Nadelwald; Sommer bis Herbst. **Mik:** Sporen fein punktiert (Baumwollblau) bis glatt, ellipsoid bis spindelförmig, farblos, 20–26 × 10–12 µm, mit 1 großen und meist 1–2 kleinen Tropfen, uniseriat, Asci J–, 8-sporig, Paraphysen zylindrisch, Enden allmählich keulenartig auf 9–12 µm verdickt, Härchen auf Unterseite aus kurzgliedrigen Hyphenketten. (BK 1.22, 🖼).

16.3.14 *Helvella hypocrateriformis* Schaeff., *Helvella cupuliformis* Dissing & Nannf., *Cyathipodia cupuliformis* (Dissing & Nannf.) J. Breitenb. & F. Kränzl.
Napfförmige Lorchel, Becherförmiger Langfüßer

Frkp: 3–6 × 1–3 cm, in Hut und Stiel gegliedert, vorwiegend becher- bis flach tellerförmig, manchmal auch etwas sattelförmig, Oberseite glatt, matt, ockerbraun, Unterseite etwas heller, fein filzig-kleiig, Stiel glatt bis etwas längsfurchig, Spitze fein kleiig, weiß bis cremefarbig. **V:** im Laub- oder Nadelwald, oft an Wegrändern; Frühsommer bis Herbst. **Mik:** Sporen glatt, breit ellipsoid, farblos, 18–20 × 12–13,5 µm, mit 1 Tropfen, uniseriat, Asci J–, 8-sporig, Paraphysen schlank zylindrisch, Enden leicht keulenartig auf 7 µm verdickt, Härchen auf Hutunterseite aus fast quadratischzelligen Hyphenketten. (BK 1.23).

16.3.15 *Helvella fibrosa* (Wallr.) Korf, *Helvella villosa* (Hedw.) Kuntze, *Cyathipodia villosa* (Hedw.) Boud., Wollfilzige Lorchel, Wolligfilziger Langfüßer: Hutoberseite dunkler, graubraun, Unterseite und Rand filzig behaart; Frühling bis Herbst. Sporen etwas weniger breit (16–20 × 10–12 µm), Härchen auf Hutunterseite aus länglichen Zellen. (BK 1.24).

16.3.16 *Helvella acetabulum* (L.) Quél., *Paxina acetabulum* (L.) Kuntze
Hochgerippte Becher-Lorchel, Hochgerippter Becherling

Frkp: 3–8 cm hoch und 2–6 cm breit, vorwiegend becherförmig, alt oft unregelmäßig flatterig bis fast flach, glatt, innen (Hymenium) hellbraun bis etwas rötlich- oder violettbraun, außen im oberen Teil gegen den Rand hellbraun, im unteren Teil blasser cremegelblich, Stiel mit stark aufstehenden, scharfkantigen, kaum queraderigen Rippen, die sich an

16.3.10 *Helvella atra,* Schwarze Lorchel

16.3.11 *Helvella capucina,* Milchstielige Lorchel

16.3.12 *Helvella monachella,* Braunviolette Lorchel

16.3.13 *Helvella macropus,* Langfuß-Lorchel

16.3.16 *Helvella acetabulum,* Hochgerippte Becher-Lorchel

der fein kleiigen Becheraußenseite hochziehen, kahl bis schwach flaumig, weiß bis cremeocker, gekammert oder hohl. **V:** im Laub- oder Nadelwald, auf Weiden, oft am Wegrand; im Frühling. **Mik:** Sporen glatt, breit ellipsoid, farblos, 16–21 × 11–14 µm, mit 1 Tropfen, Asci J–, 8-sporig, Paraphysen zylindrisch, Enden auf bis 10 µm keulenförmig verdickt, farblos bis blassbraun. (BK 1.25,).

16.3.17 *Helvella costifera* Nannf., *Paxina costifera* (Nannf.) Stangl
Grauweiße Becher-Lorchel, Grauweißer Rippenbecherling

Frkp: 2–6 cm hoch und breit, becherförmig, später flatterig abflachend und rissig, Oberseite glatt, grauockerlich, Außenseite etwas heller, feinflaumig, gegen die Basis mit Längsrippen, manchmal queradrig verbunden, oft kurz gestielt. **V:** im Nadel- oder Laubwald; Sommer bis Herbst. **Mik:** Sporen glatt, breit ellipsoid, farblos, 15–18 × 10–13 µm, mit 1 Tropfen, uniseriat, Asci J–, 8-sporig, mit gespaltener Basis (pleurorhynch), Paraphysen fadenförmig, 3–4 µm, mit blass bräunlichen Wänden, Enden leicht verdickt. (D 1114,).

Helvella calycina Skrede, T.A. Carlsen & T. Schumach.: gemäß Skrede et al. 2017 hat *H. costifera* 5–6 Rippen, vorwiegend am Stiel, die kaum queraderig verbunden sind, während *H. calycina* 5–8 deutlich bis gegen den Becherrand aufsteigende und queraderig verbundene Rippen aufweist.

Morphologisch kaum von *H. costifera* zu unterscheiden ist *Dissingia oblongispora,* Länglichsporige Becherlorchel. Es soll sich jedoch um eine eigene Art handeln, die verwandtschaftlich *Dissingia leucomelaena* nähersteht.

16.3.18 *Helvella corium* (O. Weberb.) Massee
Lederige Lorchel, Schwarzer Langfüßer

Frkp: 2–5 cm hoch und 2–3 cm breit, regelmäßig becherförmig, später unregelmäßig wellig, lederig, zäh, Innenseite (Hymenium) glatt, schwarz, Außenseite flaumig, mit dreieckigen Haarbüscheln, grauschwarz, teils auch mit weißen Kristallen besetzt, vor allem bei Exemplaren von alpinen Wiesen, Stiel 1–4 cm lang, schwarz, manchmal rillig-aderig. **V:** bei Weide *Salix,* teilweise alpin; Frühling bis Herbst. **Mik:** Sporen glatt, ellipsoid, farblos, 16–22,5 × 10–14 µm, mit 1 großen Tropfen, Asci 8-sporig, an der Basis ungeteilt (aporhynch), Paraphysen fadenförmig mit bräunlichen Wänden, Enden leicht keulenförmig verdickt, mehrfach septiert, Haare 150–360 µm. ( ).

Gemäß Løken et al. 2020 gibt es eine Reihe äußerlich sehr ähnlicher Arten, die jedoch genetisch voneinander getrennt werden können. *Helvella alpina* Skrede, T.A. Carlsen & T. Schumach. und *Helvella pseudoalpina* S.B. Løken, Skrede & T. Schumach. haben etwas kleinere Becher von 1–2 cm, eine flaumige, aber nicht büschelige Außenseite mit kürzeren Haaren von 60–200 µm und ebenfalls ungeteilter Basis der Asci.

16.3.19 *Helvella alpestris* Boud., *H. corium* f. *alpestris* (Boud.) J. Favre, Mattschwarze Lorchel: Fruchtkörper bis 2 cm breit, becher-, bald eher scheibenförmig, rundum schwarz. Asci an der Basis gespalten (pleurorhynch). ( ).

Helvella nannfeldtii Skrede, T.A. Carlsen & T. Schumach. und *Helvella macrosperma* (J. Favre) R. Fellner & Landa unterscheiden sich von *H. alpestris* durch dunkel pigmentierte, ca. 0,1–0,2 mm lange Haarbüschel im Hymenium. Bei *H. nannfeldtii* ist zudem der kurze Stiel an der Basis weiß.

Helvella alpicola Skrede, T.A. Carlsen & T. Schumach., Alpine Becher-Lorchel: Becher 0,5–1,5 cm, innen glatt, grauschwarz, außen flaumig, grau, am Rand mit Haarbüscheln, Stiel rundlich, im unteren Teil grau bis weißlich.

Helvella arcto-alpina Harmaja, Arktische Becher-Lorchel: Hut 1,5–3 cm, becherförmig, später ausgebreitet, Innenseite (Hymenium) schokoladenbraun, Außenseite grauweiß bis graubraun, Stiel kurz, weißlich, rippig, kaum queraderig verbunden; subalpin bis alpin, auf sonnigen Wiesen, am Waldrand, im Sommer. Sporen breit ellipsoid, 16–20 × 10–13 µm.

16.3.20 *Dissingia leucomelaena* (Pers.) K. Hansen & X.H. Wang, *Helvella leucomelaena* (Pers.) Nannf., *Paxina leucomelaena* (Pers.) Kuntze
Schwarzweiße Becherlorchel, Schwarzweiße Rippenbecherling, Glatter Becherling

Frkp: 2–8 cm hoch und 1–5 cm breit, becherförmig, später abflachend, Rand gekerbt und teils rissig, Oberseite glatt, grau- bis schwarzbraun, Unterseite feinflaumig, im äußeren Teil wie Oberseite gefärbt, im unteren Teil weißlich, Stiel kurz, faltig bis rippig, weißlich und oft vollständig im Untergrund eingesenkt. **V:** meist gesellig auf kargen Böden unter Föhren *Pinus;* im Frühling. **Mik:** Sporen glatt, ellipsoid, farblos, 19,5–24 × 10,5–14 µm, mit 1 großen und manchmal mehreren kleinen Tropfen, uniseriat, Asci J–, 8-sporig, Paraphysen schlank zylindrisch, Enden auf 7–11 µm verdickt, mit bräunlichem Inhalt. (D 1115, BK 1.27,).

16.3.21 *Dissingia confusa* (Harmaja) K. Hansen & X.H. Wang, *Helvella confusa* Harmaja, Kleine Becherlorchel: Hut 1–4 cm breit, Becher innen hell graubraun bis braun, außen bis zum Stiel dunkel gefärbt, Stiel weiß bis gelblich; bei Fichte *Picea,* evtl. Lärche *Larix,* subalpin. Sporen breit ellipsoid, 18–23 × 11–15 µm. (D 1116).

16.3.17 *Helvella costifera,* Grauweiße Becher-Lorchel

16.3.18 *Helvella corium,* Lederige Lorchel

16.3.19 *Helvella alpestris,* Mattschwarze Lorchel

16.3.20 *D. leucomelaena,* Schwarzweiße Becherl.

Dissingia oblongispora (Harmaja) T. Schumach. & Skrede, *Helvella oblongispora* Harmaja: eine weitere, sehr ähnliche Art aus der Gruppe *D. leucomelaena* mit hellerer, blass graubrauner Hutoberseite.

16.3.22 *Balsamia aestivalis* (R. Heim & L. Rémy) K. Hansen, Skrede & T. Schumach., *Helvella aestivalis* (R. Heim & L. Rémy) Dissing & Raitv.
Becherförmige Scheinlorchel, Schwarzbraune Becher-Lorchel

Frkp: 1–3 cm hoch und 2–4 cm breit (teils auch größer, alpin eher kleiner), jung fast kugelig, dann becherförmig, Oberseite matt, rotbraun bis schwarz, Außenseite haselnussbis rötlichbraun, gegen Basis ocker bis weißlich, teils mit rötlichen Flecken, jung fein bereift, später glatt, Rand schon jung gekerbt, immer etwas eingebogen, Stiel falls vorhanden kurz, gerippt und an Basis zusammengezogen. **V:** gesellig bis leicht büschelig, an vegetationsarmen Wegrändern, in Lärchen-Nadelstreu *Larix,* bei Fichte *Picea,* Silberwurz *Dryas* oder auf sandigem, magerem, trockenem Boden, subalpin bis alpin; Vorsommer bis Sommer. **Mik:** Sporen glatt, breit ellipsoid, farblos, 20–23 × 13–16 µm, mit 1 großen und teils mit kleinen Tropfen, uniseriat, Asci J–, 8-sporig, Basis abgestutzt, mit Haken, Paraphysen zylindrisch, Enden auf 6–8 µm erweitert, mit bräunlichem bis weinrotem Inhalt. (CH 14, 🖾).

16.3.23 *Balsamia vulgaris* Vittad.
Gemeine Balsamtrüffel

Frkp: 1–3 cm, unregelmäßig knollig, teils auch lappig, hell haselnussbraun bis orangeocker oder rötlichbraun, warzig mit dunkler gefärbten Erhöhungen. **F:** Peridium (Rinde) dünn, Gleba elastisch mit labyrinthisch gewundenen, kleinen Hohlräumen in größeren Hohlräumen, teils wie außen warzig berindet, weißlich bis strohgelb, marmoriert. **Ger:** erst angenehm, süßlich, später zunehmend unangenehm. **Ges:** trüffelähnlich, dann aber scharf und unangenehm. **V:** unterirdisch (hypogäisch), im Laubwald, oft in moosigen Wiesen; im Herbst bis Winter. **Mik:** Sporen glatt, ellipsoid-zylindrisch, farblos, 25–30 × 11–15 µm, mit 1 großen und 2 kleineren Tropfen, ungeordnet bi- bis multiseriat, Asci J–, 6- bis 8-sporig, in Bündeln, Paraphysen mehrfach septiert. (🖾).

16.3.24 *Balsamia polysperma* Vittad., Erdbeerförmige Balsamtrüffel, Erdbeertrüffel, Breitsporige Balsamtrüffel: Fruchtkörper ab 0,5 cm, hell rötlichocker bis -braun; im Laubwald. Sporen 20–24 × 10–15 µm, mit 1 großen Tropfen.

16.3.25 *Midotis lingua* Fr., *Wynnella silvicola* Nannf., *Helvella silvicola* (Nannf.) Harmaja
Wald-Ohrlorchel, Ohrförmige Lorchel

Frkp: 3–8 cm hoch und 1,5–6 cm breit, ohr-, spatel- bis becherförmig, zäh, innen (Hymenium) glänzend, rötlich bis rotbraun, außen ebenfalls glatt, nussbraun, gegen die Basis weißlich und evtl. gefurcht. Stiel kurz oder fehlend. **V:** vorwiegend bei Nadelbäumen, auf Kalkböden, mediterran wie auch subalpin oder alpin; Sommer bis Herbst. **Mik:** Sporen glatt, ellipsoid bis länglich, farblos, 22–25 × 13–14 µm, 1 großer und einige kleine Tropfen, uniseriat, Asci J–, 8-sporig, Paraphysen zylindrisch, 5–8 µm, Enden wenig oder nicht erweitert, mit diffusem braunem Inhalt. (🖾).

16.3.22 *Balsamia aestivalis,* Becherförmige Scheinlorchel

16.3.23 *Balsamia vulgaris,* Gemeine Balsamtrüffel

16.3.25 *Midotis lingua,* Wald-Ohrlorchel

16.4 *Tarzetta,* Napfbecherlinge und Ähnliche

Ascomycota, Schlauchpilze > *Pezizomycetes* > *Pezizales,* Becherlingsartige > *Pyronemataceae,* Feuerkissenverwandte

Familie *Pyronemataceae,* Feuerkissenverwandte

Die Familie umfasst aktuell ca. 90 Gattungen und 500 Arten. Mit ungefähr der Hälfte aller Arten sind die ***Pyronemataceae**,* Feuerkissenverwandte damit die größte Familie in der Ordnung *Pezizales,* Becherlingsartige. Viele lebhaft gefärbte Becherlingsgattungen der Unterkapitel 16.4–16.6 wie z. B. *Aleuria,* Orangebecherlinge, *Melastiza,* Kurzhaarborstlinge, *Otidea,* Öhrlinge, *Scutellinia,* Schildborstlinge oder *Sowerbyella,* Wurzelbecherlinge zählen dazu. Gattungen mit unscheinbaren Farben und verschiedenste, z. B. auch unterirdisch wachsende Knollen wie *Genea,* Blasentrüffel sind ebenfalls darin zu finden. Perry et al. 2007 publizierten verschiedenste Untergruppierungen der Familie; weitere Untersuchungen werden vermutlich noch zu zusätzlichen Familien führen.

Die zahlreichen Gattungen und Arten gedeihen auf oder in der Erde, auf Dung, Holz usw. und dürften mehrheitlich saprobiontisch leben. Es sind aber auch Parasiten und Mykorrhizabildner dokumentiert. Zu vielen Gattungen fehlen bisher Informationen zur Ernährungsstrategie.

16.4.01 *Tarzetta catinus,*
Tiegelförmiger Napfbecherling

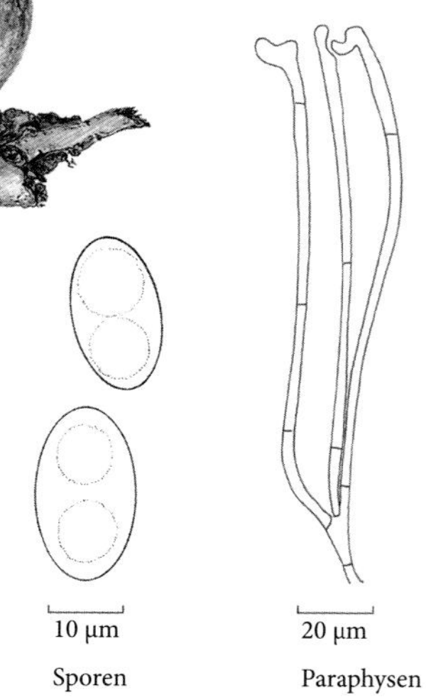

Tarzetta, Napfbecherlinge und Ähnliche

Beschreibung

Gestielte Becherlinge, mehr als 1 cm breit, mit auffällig gezähntem, fransigem Becherrand und vorwiegend blassocker bis braunen Farben weisen in die Gattung ***Tarzetta**,* Napfbecherlinge, mit lebhaft gelben Bechern in die Gattung ***Sowerbyella**,* Wurzelbecherlinge.

Die Arten beider Gattungen gedeihen vom Sommer bis zum Herbst, vorwiegend auf Streu und bei verschiedenen Baumarten. *Tarzetta* gelten als Mykorrhizapilze, *Sowerbyella* vermutlich auch. Allerdings fehlen gemäß Tedersoo & Matthew 2013 noch Untersuchungen, die das definitiv belegen.

Die Sporen sind ellipsoid, bei *Tarzetta* glatt, bei *Sowerbyella* warzig und teilweise netzartig ornamentiert.

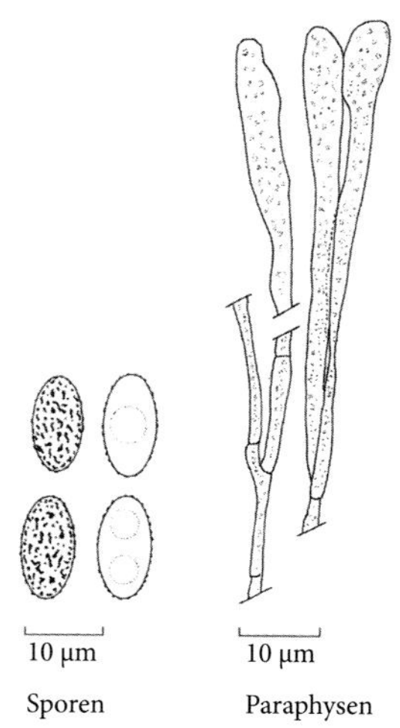

16.4.05 *Sowerbyella imperialis,*
Orangegelber Wurzelbecherling

Bestimmung

Der Schlüssel beginnt mit einem Hinweis auf den nach Chlor riechenden *Disciotis venosa*, Aderiger Morchelbecherling. Es folgt die Unterscheidung nach besonderen Substraten sowie nach Länge und Ausprägung des Stiels der Becherlinge. Die hier beschriebenen *Tarzetta* und *Sowerbyella* wachsen auf oder etwas eingesenkt in der Erde und geben sich durch unauffällig bräunliche Farben mit gezähntem Becherrand oder lebhaften Gelbtönen zu erkennen.

Speisewerte

Die in diesem Unterkapitel beschrieben Arten gelten alle als ungenießbar. Der einzige gute Speisepilz mit Becherlingsform ist der Aderige Morchelbecherling aus der Familie *Morchellaceae* (Unterkapitel 16.1), auf den hier im Schlüssel hingewiesen wird.

16.4 *Tarzetta*, Napfbecherlinge und Ähnliche

Fruchtkörper mit Chlorgeruch, Stiel eingesenkt, eher scheibenförmig, stark runzelig	16.1.14 *Disciotis venosa*, Aderiger Morchelbecherling
Fruchtkörper ohne Chlorgeruch	
bei Buschwindröschen, im Frühling, Stiel meist länger als Hutbreite	16.9.01 *Dumontinia tuberosa*, Gemeiner Anemonenbecherling
auf Schuppen von Weißtannenzapfen, Stiel weniger als 1 cm lang	16.9.09 *Ciboria rufofusca*, Zapfenschuppen-Stromabecherling
auf modernden Eicheln, Hut 0,5–2 cm, Stiel 1–2 cm	16.9.11 *Ciboria batschiana*, Eichel-Stromabecherling
auf Stängeln von Seggen, Hut 0,5–1,5 cm, Stiel 1–4 cm	16.9.03 *Sclerotinia sulcata*, Seggen-Sklerotienbecherling
auf Erde, Waldboden	
Stiel filzig-haarig, ohne Rippen, 2–5 cm lang, Sporen rau	16.3.13 *Helvella macropus*, Langfuß-Lorchel
Stiel glatt bis etwas längsfurchig, Spitze kleiig, 1–2 cm lang, Sporen glatt	
Stiel 1–2 cm lang, Spitze kleiig, im Laub- oder Nadelwald	
vorwiegend ockerbraun	16.3.14 *Helvella hypocrateriformis*, Napfförmige Lorchel
vorwiegend grau- bis dunkel graubraun	16.3.15 *Helvella fibrosa*, Wollfilzige Lorchel
Stiel 1–4 cm lang, dunkel, Becher schwarz, außen graubraun, bei Weide	
Asci an der Basis ungeteilt (aporhynch)	16.3.18 *Helvella corium*, Lederige Lorchel
Asci an der Basis gespalten (pleurorhynch)	16.3.19 *Helvella alpestris*, Mattschwarze Lorchel
Stiel mit kantigen Rippen	
Rippen stark, Fortsetzung auf der Becheraußenseite, kaum queraderig	16.3.16 *Helvella acetabulum*, Hochgerippte Becher-Lorchel
Rippen vorwiegend im weißen Stielteil	
Becher innen rotbraun bis schwarzbraun	
Oberseite grau- bis schwarzbraun, in allen Lagen	16.3.20 *Dissingia leucomelaena*, Schwarzweiße Becherlorchel
Oberseite rotbraun bis schwarzbraun, subalpin	16.3.22 *Balsamia aestivalis*, Becherförmige Scheinlorchel
Becher innen grauockerlich	
Stiel stark, teils queraderig-rippig, Sporen 15–18 × 10–13 µm	16.3.17 *Helvella costifera*, Grauweiße Becher-Lorchel
Stiel glatt oder leicht rippig, Sporen 18–23 × 11–15 µm	16.3.21 *Dissingia confusa*, Kleine Becherlorchel
Stiel weniger ausgeprägt, Fruchtkörper teils eingesenkt	
ocker-, grau- bis rotbraun	
ocker- bis rotbraun, Rand weißlich gezähnelt, auf Brandstellen	**16.6.65 *Geopyxis carbonaria*, Gemeiner Kohlenbecher**
ocker- oder graubraun, Rand gekerbt, nicht auf Brandstellen	
Becher innen creme- bis haselnussbraun	01 *Tarzetta catinus*, Tiegelförmiger Napfbecherling
Becher innen eher grau	02 *Tarzetta cupularis*, Kerbrandiger Napfbecherling
senfgelb bis orangebraun mit olivem Farbanteil	
senfgelb bis olivbräunlich, außen weißlich filzig	03 *Sowerbyella radiculata*, Ockergelber Wurzelbecherling
gelborange bis olivbräunlich, außen bräunlich oliv	04 *Sowerbyella rhenana*, Leuchtender Wurzelbecherling
orange- bis rötlichbraun, ohne Oliv	
auf Nadelstreu, lebhaft gelborange, 1–4 cm, Rand glatt	05 *Sowerbyella imperialis*, Orangegelber Wurzelbecherling
auf Schuppen von Weißtannenzapfen, 0,5–1,5 cm, orange-, rötlichbraun	16.9.09 *Ciboria rufofusca*, Zapfenschuppen-Stromabecherling
auf Holz und lebhaft rot, Sporen ellipsoid-zylindrisch	
Sporen mehrheitlich mit rundlichen Polen	16.7.43 *Sarcoscypha coccinea*, Scharlachroter Kelchbecherling
Sporen mehrheitlich mit abgeflachten bis eingebuchteten Polen	16.7.44 *Sarcoscypha austriaca*, Österreichischer Kelchbecherl.

16.4.01 *Tarzetta catinus* (Holmsk.) Korf & J.K. Rogers
Tiegelförmiger Napfbecherling, Tiegelförmiger Kelchbecherling

Frkp: 1–4 cm, becherförmig, alt teils unregelmäßiger und fast flach, innen glatt und creme- bis haselnussbraun, außen flaumig-filzig und manchmal etwas heller gefärbt, Rand mit der Reife zunehmend gekerbt, Stiel deutlich, oft eingesenkt. **V:** im Nadel- oder Laubwald, vorwiegend bei Buch *Fagus*, an Weg- und Wiesenrändern, auf nackter Erde; im Sommer. **Mik:** Sporen glatt, ellipsoid, farblos, 20–24 × 11–13 µm, mit 2 großen Tropfen, uniseriat, Asci J–, 8-sporig, Paraphysen fadenförmig, mehrfach septiert, Enden teils lappig bis auf 4 µm verdickt, gegen die Basis gegabelt. (D 1130, BK 1.63, 🖼).

16.4.02 *Tarzetta cupularis* (L.) Svrček, Kerbrandiger Napfbecherling: Fruchtkörper 1–2 cm, Innenseite grau- bis haselnussbraun, Außenseite flaumig-pustelig und eher bräunlich gefärbt, Rand gekerbt; vorwiegend auf nackter Erde, bei Eiche *Quercus*, Frühling bis Herbst. Sporen 20–22 × 13–15 µm. Paraphysen-Enden nur schwach verdickt. (BK 1.64, 🖼).

Van Vooren et al. 2019b unterscheidet weitere Arten, die äußerlich *T. catinus* sehr ähnlich sind und teils durch Größe oder den Standort, teils aber wohl auch nur durch genetische Analysen zu unterscheiden sein dürften.

Tarzetta ochracea (Gillet) Van Vooren: Fruchtkörper bis 5 cm breit, Stiel oft verkümmert bis fehlend; vorwiegend bei Edelkastanie *Castanea* und Buche *Fagus*. Sporen 19–24 × 11–13 µm.

Tarzetta alnicola Van Vooren, Erlen-Napfbecherling: Fruchtkörper 0,3–1 cm breit, Außenseite körnig, bei Erle *Alnus*. Sporen 21–25 × 14–17 µm.

Tarzetta alpina Van Vooren & Cheype, Alpiner Napfbecherling: Fruchtkörper 0,5–1 cm breit, Außenseite glatt; alpin. Sporen 20,5–23 × 11–13,5 µm.

Tarzetta gregaria Van Vooren, Geselliger Napfbecherling: Fruchtkörper 0,1–0,3 cm breit, Innenseite beigeorange, ungestielt; sehr gesellig, alpin in der Zwergstrauchheide. Sporen 21–24,5 × 12,5–15 µm.

Tarzetta quercus-ilicis Van Vooren & M. Carbone, Steineichen-Napfbecherling: Fruchtkörper 0,5–1,5 cm breit, Außenseite weißlich körnig, ungestielt; bei Steineiche *Quercus ilex*. Sporen 20–23 × 12–13 µm.

Tarzetta velata (Quél.) Svrček, *Peziza velata* Quél.: bei Buche *Fagus* oder Eiche *Quercus*, Sporen 19–22 × 11–14 µm. Gemäß Van Vooren et al. 2019b handelt es um keine überprüfbare, gültige Art.

Tarzetta spurcata (Pers.) Harmaja, Paraphysen-Napfbecherling: gemäß Van Vooren et al. 2019b ist dies ein mehrdeutiger Name.

16.4.03 *Sowerbyella radiculata* (Sowerby) Nannf.
Ockergelber Wurzelbecherling, Zitronengelber Wurzelbecherling

Frkp: 1–2 cm hoch und 1,5–4,5 cm breit, becher- bis schalenförmig, innen leuchtend gelb, senfgelb bis olivbräunlich, glatt, matt, im Zentrum oft runzelig, außen weißlich filzig und darunter bräunlich-oliv, Stiel 2–2,5 cm lang und ca. 5 mm dick, runzelig, fein wellig und sich auf dem Substrat aufteilend. **Spp:** gelblich. **V:** gesellig bis rasig, bei Nadelbäumen, vorwiegend Fichte *Picea;* Sommer bis Herbst. **Mik:** Sporen dickwarzig, teilweise netzartig, ellipsoid, 13,5–15 × 7–8,5 µm, Asci J–, 8-sporig. (🖼).

Sowerbyella crassisculpturata J. Moravec, Dickwarziger Wurzelbecherling: Becher eher orangegelb, Sporen etwas größer. Gemäß Yao & Spooner 2006 jedoch ein Synonym von *S. radiculata*. Die Autoren beschreiben allerdings Varietäten wie *S. radiculata* var. *kewensis* Y.J. Yao & Spooner mit 2–5,5 cm großen, gesellig bis büschelig wachsenden Fruchtkörpern und Sporen von 12–13 × 6,5–8 µm, oft netzartig verbundenen Warzen oder *S. radiculata* var. *petaloidea* (Cooke & W. Phillips) Y.J. Yao & Spooner mit Fruchtkörpern von 1–2,5 cm Breite und Sporen von 16–18 × 7,5–9 µm mit mehrheitlich isolierten Warzen oder Rippen. Gemäß dieser Publikation gibt es mehr als zehn verschiedene *Sowerbyella*-Arten.

16.4.04 *Sowerbyella rhenana* (Fuckel) J. Moravec, *Aleuria rhenana* Fuckel
Leuchtender Wurzelbecherling

Frkp: 1–4 cm breit, becher- bis schalenförmig, innen gelborange bis olivbräunlich, glatt, matt, im Zentrum oft runzelig, außen bräunlich-oliv, jung grobkörnig, später körnig-rau filzig, Stiel 2–2,5 cm lang und ca. 5 mm dick, fein wellig. **Ger:** nach Maggi. **Spp:** weißlich. **V:** gesellig bis rasig, bei Nadelbäumen, vorwiegend Fichte *Picea;* Sommer bis Herbst. **Mik:** Sporen netzartig ornamentiert mit großen Poren an den Polen, ellipsoid, farblos, 17,5–24 × 9–13 µm, mit meist 2 Tropfen, uniseriat, Asci J–, 8-sporig, Paraphysen schlank zylindrish, Enden wenig verdickt und meist etwas gekrümmt, mehrfach septiert. (BK 1.99).

Sowerbyella fagicola J. Moravec, Buchen-Wurzelbecherling: Becher 0,5–2,5 cm, gelborange bis lebhaft orange, Rand etwas dunkler und fein gezähnt, Außenseite gleich gefärbt mit vereinzelten Härchen. Sporen spindelförmig, 18–21 × 7–9 µm, dicht und mehrheitlich isoliert warzig, bei Buche *Fagus*.

Sowerbyella brevispora Harmaja, Kurzspor-Wurzelbecherling: Becher rötlich-gelb bis braun, Sporen 9–12 × 5–6,5 µm lang.

16.4.01 *Tarzetta catinus,* Tiegelförmiger Napfbecherling

16.4.02 *Tarzetta cupularis,* Kerbrandiger Napfbecherling

16.4.03 *Sowerbyella radiculata,* Ockergelber Wurzelbecherling

16.4.05 *Sowerbyella imperialis* (Peck) Korf,
Peziza imperialis Peck, *Sowerbyella unicolor* (Gillet) Nannf.
Orangegelber Wurzelbecherling, Orangefarbener Wurzelbecherling

Frkp: 1–4 cm, unregelmäßig becherförmig, später zunehmend ausgebreitet, Oberseite lebhaft gelborange, Außenseite kleiig, blasser, Stiel filzig, oft wurzelnd. **V:** gesellig, auf Nadelstreu. **Mik:** Sporen feinwarzig bis angedeutet netzartig, ellipsoid, 12–16 × 6–7,5 µm, Asci J–, 8-sporig. (BK 1.65, ⊠).

16.4.05 *Sowerbyella imperialis*, Orangegelber Wurzelbecherling

16.5 *Otidea,* Öhrlinge

Ascomycota, Schlauchpilze > *Pezizomycetes* > *Pezizales,* Becherlingsartige > *Pyronemataceae,* Feuerkissenverwandte

Beschreibung

Eine asymmetrische, ohrförmige Gestalt zeichnet die meisten ***Otidea,*** Öhrlinge aus. Einzelne Arten sind allerdings nur jung wie ein Ohr geformt und werden später becherförmig oder sind dies sogar schon am Anfang. Mehrheitlich kann man sie trotzdem am Einschnitt im Becherrand erkennen und von anderen Becherlingen unterscheiden. In Ausnahmefällen, z. B. bei *Otidea propinquata,* Schneckenähnlicher Öhrling, fehlt der Einschnitt und man muss unter dem Mikroskop die abgebogenen Paraphysen zur Erkennung der Gattung beiziehen. Die Innenseite (Hymenium) der ohrförmigen Muscheln oder Becher ist stets glatt, in blassen, gelben oder verschiedenen braunen bis fast schwarzen Tönen. Die Außenseite ist mehrheitlich samtig-warzig, teils in ähnlichen Farben wie die Innenseite, teils in auffälligem Zitronengelb, wolkig oder mit einem lilablauen Schein. Der Stiel kann deutlich ausgebildet oder verkümmert sein und ist oft runzelig. Auch bei verkümmertem Stiel findet man an der Ansatzstelle einen weißen, gelblichen bis braunen Basalfilz. Bei *Otidea phlebophora,* Runzeliger Öhrling erstrecken sich die Runzeln bis in die obere Becherhälfte und sind auffällig queradrig verbunden.

Otidea, Öhrlinge sind Mykorrhizapilze in Partnerschaft mit verschiedenen Baumarten. Sie wachsen vom Sommer bis zum Herbst, in tiefen Lagen bis alpin und sind dort z. B. mit Zwergweiden vergesellschaftet.

Jeweils acht Sporen reifen einreihig (uniseriat) in den inamyloiden Asci (J–). Es gibt *Otidea* mit feinwarzigen Sporen. Bei den hier behandelten Arten sind sie jedoch stets glatt und grundsätzlich ellipsoid. Einzelne Arten bilden etwas asymmetrisch geformte Sporen, andere zeigen unter dem Mikroskop angedeutete Ecken in Richtung einer Rautenform. Typisch für die Gattung sind die abgebogenen, haken- oder spazierstockförmigen Paraphysen (sterile Hyphenenden zwischen den Asci), die am Ende teils etwas verdickt sind. Weitere Vergleiche an den Septen der Hyphen sind möglich anhand von vorhandenen oder fehlenden Ausscheidungen und deren Farbänderungen mit KOH oder Melzer. Informationen in dieser Tiefe sind hier aber nicht aufgeführt.

Bestimmung

Anhand der Größe und der Farben auf der Innen- und Außenseite lassen sich einige Öhrlinge im Feld erkennen. In einzelnen Fällen hilft auch der Standort weiter. Meistens ist es aber unumgänglich, das Mikroskop zur Untersuchung der Formen und Maße der Sporen beizuziehen.

Speisewerte

Otidea, Öhrlinge gelten im Allgemeinen nicht als Speisepilze. Zu den größeren Arten, insbesondere *Otidea onotica,* Esel-Öhrling, findet man vereinzelte Hinweise, dass sie gegessen werden können.

16.5.03 *Otidea cantharella,*
Ockergelber Fichten-Öhrling

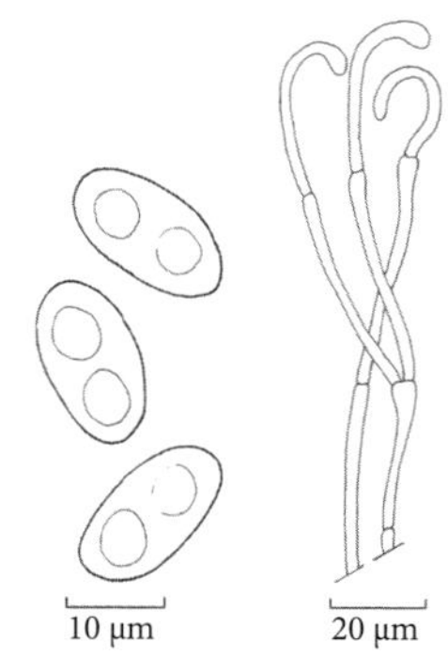

Sporen

Paraphysen

16.5 *Otidea*, Öhrlinge

- Fruchtkörper mit lebhaft ockerorange bis orangerosa Farben
  - vorwiegend ohrförmig, Sporen 12–14 µm
    - Fruchtkörper 3–10 cm hoch mit orangem Farbanteil, Nadel- oder Laubwald — 01 *Otidea onotica*, Esel-Öhrling
    - Fruchtkörper 2–5 cm hoch, vorwiegend gelbocker, im Bergnadelwald — 02 *Otidea leporina*, Hasen-Öhrling
  - asymmetrisch becherförmig, eingeschnitten, Bergnadelwald, Sporen 18–21 µm — 03 *Otidea cantharella*, Ockergelber Fichten-Öhrling
- Fruchtkörper (vor allem Außenseite) mit gelbockerlichen bis lebhaft gelben Farben
  - Außenseite gelbbraun, im Bergnadelwald
    - Fruchtkörper deutlich ohrförmig, Sporen 12–14 µm — 02 *Otidea leporina*, Hasen-Öhrling
    - Fruchtkörper asymmetrisch becherförmig, eingeschnitten, Sporen 18–21 µm — 03 *Otidea cantharella*, Ockergelber Fichten-Öhrling
  - Außenseite lebhaft gelb bis zitronengelb
    - Außenseite höchstens an der Basis runzelig — 04 *Otidea concinna*, Zitronengelber Öhrling
    - Außenseite bis zur oberen Becherhälfte runzelig-queraderig — 05 *Otidea phlebophora*, Runzeliger Öhrling
- Fruchtkörper (Innenseite) matt braun bis dunkelbraun
  - Außenseite mit lilablauem Schein, Nadelwald — 06 *Otidea mirabilis*, Lilabrauner Öhrling
  - Außenseite ohne Lilablau
    - deutlich ohrförmig, gelbocker, im Nadelwald, Sporen 12–14 µm — 02 *Otidea leporina*, Hasen-Öhrling
    - ohrförmig bis eingeschnitten becherförmig
      - im Laub- oder Nadelwald, Fruchtkörper 1,5–7 cm, Sporen 13–17 µm
        - Innenseite leder- bis graubraun, Sporen ellipsoid — 07 *Otidea alutacea*, Lederbrauner Öhrling
        - Innenseite orange-, bis olivbraun, Sporen, spindel- bis ± rautenförmig — 09 *Otidea bufonia*, Kröten-Öhrling
      - alpin, bei Weide, Fruchtkörper < 2 cm, Sporen 12,5–15 µm — 10 *Otidea saliceticola*, Zwergweiden-Öhrling
    - becherförmig ohne Einschnitt, deutlich weiß gestielt, Sporen 19–21 µm — 08 *Otidea propinquata*, Schneckenähnlicher Öhrling
- Fruchtkörper rot- bis weinbraun, Sporen 20–24,5 µm
  - Innenseite glänzend rotbraun, alpin, Paraphysenende verdickt, nicht abgebogen — 16.3.25 *Midotis lingua*, Wald-Ohrlorchel
  - Innenseite orange- bis weinbraun, bei Erle oder Pappel, Paraphysen abgebogen — 13 *Otidea apophysata*, Spazierstock-Öhrling
- Fruchtkörper weißlich bis blassocker, schmal ohrförmig, auf Nadelstreu
  - Fruchtkörper bis 6 cm hoch, außen warzig, Basalfilz orangeocker — 11 *Otidea tuomikoskii*, Kleiiger Öhrling
  - Fruchtkörper bis 3,5 cm hoch, außen feinwarzig, Basalfilz ockerlich, kein Orange — 12 *Otidea nannfeldtii*, Seltener Öhrling

16.5.01 *Otidea onotica* (Pers.) Fuckel
Esel-Öhrling, Eselsohr

Frkp: 3–10 cm hoch und 1,5–8 cm breit, lang ohrförmig, später asymmetrisch becherförmig und einseitig bis zum Stielansatz eingeschnitten, Rand eingerollt, Innenseite (Hymenium) auf der Oberseite ocker- bis orangegelb, bisweilen mit rosa Schein, Außenseite matt bis feinfilzig, ohne rosa- oder orangerötlichen Farbanteil, gegen die Basis weißlich und bisweilen mit kurzem, geripptem Stiel, Basismycel weißlich bis hellgelb. **V:** meistens in Gruppen im Nadelwald, seltener im Laubwald; Sommer bis Herbst. **Mik:** Sporen glatt, ellipsoid, farblos, 12–14 × 6–7 µm, mit 2 Tropfen, uniseriat, Asci J–, 8-sporig, Basis hakenförmig, Paraphysen fadenförmig, Ende gebogen bis hakenförmig und nicht oder nur leicht verdickt, mehrfach septiert. **Ch:** KOH auf Basalmycel gelb. (D 1127, 🖾).

16.5.01 *Otidea onotica*, Esel-Öhrling

16.5.02 *Otidea leporina* (Batsch) Fuckel, *Otidea fuckelii* M. Carbone & Van Vooren
Hasen-Öhrling, Bräunliches Hasenohr

Frkp: 2–5 cm hoch und 0,5–2,5 cm breit, schmal bis breit ohrförmig, Innenseite (Hymenium) gelblich- bis ockerbraun, evtl. mit rosa Flecken, Außenseite fein samtig-warzig, hygrophan, ockerbraun, höchstens kurz gestielt, mit deutlich weißlichem Basalfilz. **F:** brüchig bis knapp 1 mm dick. **Ges:** etwas bitter. **V:** im Bergnadelwald, bei Fichte *Picea*, oft zusammen mit *Cudonia circinans*, Helm-Kreisling; Sommer bis Herbst. **Mik:** Sporen glatt, breit ellipsoid, evtl. etwas asymmetrisch, 12–14 × 6,5–8,5 µm, mit 2 Tropfen, uniseriat, Asci J–, 8-sporig, Paraphysen fadenförmig, 2–4,5 µm, Ende leicht hakenförmig, höchstens wenig verbreitert, ohne oder nur mit schwachen Kerben. (D 1126, 🖾).

16.5.02 *Otidea leporina*, Hasen-Öhrling

16.5.03 *Otidea cantharella* (Fr.) Quél., *Flavoscypha cantharella* (Fr.) Harmaja, *Otidea caligata* (Nyl.) Sacc.
Ockergelber Fichten-Öhrling, Pfifferlings-Öhrling

Frkp: 2,5–7 cm hoch und 1,5–4,5 cm breit, breit ohrförmig, später teils unregelmäßig und asymmetrisch becherförmig, meist eingerollt und eingeschnitten, Innenseite (Hymenium) glatt, hellbraun, später blass isabell- bis orangefarben, manchmal mit rosa bis rötlichen Flecken, Außenseite samtig-warzig, ocker- bis gelbbraun, leicht hygrophan, gegen die Basis oft faltig und etwas heller, Basalfilz weißlich. **F:** weiß, ca. 1 mm dick. **V:** meistens in Gruppen, vorwiegend bei Fichte *Picea;* Sommer bis Herbst. **Mik:** Sporen glatt, ellipsoid bis angedeutet rautenförmig, farblos, 18–21 × 10–11,5 µm, mit 2 Tropfen, uniseriat, Asci J–, 8-sporig, Paraphysen mit hakenförmigen, kaum verdickten Enden. (🖾).

Der Name *Otidea abietina* (Pers.) Fuckel, Nadelwald-Öhrling sollte nicht mehr verwendet werden, da er von diversen Autorinnen und Autoren, so auch von BREITENBACH & KRÄNZLIN 1981 fehlinterpretiert wurde (VAN VOOREN 2011). Gemäß CARBONE 2010C handelt es sich bei der Beschreibung von BK 1.59 um *O. cantharella*.

16.5.04 *Otidea concinna* (Pers.) Sacc.
Zitronengelber Öhrling

Frkp: 2–7 cm hoch und etwas weniger breit, anfangs breit ohrförmig, später meist eingeschnitten becherförmig, Innenseite (Hymenium) gelb, später blass gelb- bis grauocker, manchmal mit rosafarbenen Flecken, Außenseite leicht hygrophan, fast glatt oder feinsamtig bis etwas warzig-netzartig, zitronengelb, gegen den kurz wurzelnden oder fehlenden Stiel manchmal faltig, Basalfilz weiß bis creme- oder schwach lilafarben. **F:** 1–2 mm dick. **Ger:** schwach fruchtartig. **Ges:** mild. **V:** vereinzelt bis büschelig, im Laub- oder Nadelwald; Sommer bis Spätherbst. **Mik:** Sporen glatt, schmal ellipsoid, teils etwas asymmetrisch, farblos, 10,5–12 × 5,5–6,5 µm, mit 2 Tropfen, uniseriat, Asci J–, 8-sporig, Paraphysen zylindrisch bis gebogen, Enden keulig bis kopfig, bis auf 6 µm verdickt, ohne Kerben, teils mit blassgelblichem Inhalt. (BK 1.62, 🖾).

Otidea minor (Boud.) Olariaga & K. Hansen, *O. cantharella* var. *minor* Boud.: Fruchtkörper 1–3,5 cm hoch und breit, Außenseite im unteren Teil gegen die Basis meistens runzelig bis etwas queraderig, jedoch nicht immer, Stiel teils vorhanden, mit weißem bis etwas lila gefärbtem Basalfilz, Fleisch bis 1 mm dick. Sporen schmal ellipsoid, oft asymmetrisch, 10,5–12,5 × 5–5,5 µm.

16.5.05 *Otidea phlebophora* (Berk. & Broome) Sacc., *Flavoscypha phlebophora* (Berk. & Broome) Harmaja, Runzeliger Öhrling, Aderiger Gelbbecherling: Fruchtkörper 1–2 cm hoch und 1–4 cm breit, oft ungeteilt becherförmig, Außenseite mehr als zur Hälfte queraderig runzelig, Fleisch bis 1 mm dick. Sporen 10–11,5 × 5–5,5 µm.

16.5.06 *Otidea mirabilis* Bolognini & Jamoni
Lilabrauner Öhrling

Frkp: 2–6 cm hoch und 1–5 cm breit, ohrförmig, bald tief becherförmig, eingeschnitten, Innenseite (Hymenium) ockerrötlich bis olivbräunlich, Außenseite warzig, hygrophan, dunkel weinbraun bis lilabläulich, gegen die Basis runzelig, mit oder ohne kurzen Stiel. **F:** mit dunkler Zone, 1–1,5 mm dick. **Ger:** harzartig. **Ges:** mild, nach längerer Zeit etwas bitter. **V:** vorwiegend im Nadelwald. **Mik:** Sporen glatt, ellipsoid, farblos bis schwach

16.5.03 *Otidea cantharella*, Ockergelber Fichten-Öhrl.

16.5.04 *Otidea concinna*, Zitronengelber Öhrling

gelblich, 13,5–17 × 6–7 µm, mit 2 großen und selten 1–3 kleineren Tropfen, uniseriat, Asci J–, 8-sporig, Paraphysen gebogen bis hakenförmig, 2,5–5 µm, Enden höchstens leicht verdickt, selten mit ein paar niedrigen Kerben, mit hellbräunlichem Inhalt.

16.5.07 *Otidea alutacea* (Pers.) Massee
Lederbrauner Öhrling

Frkp: 1,5–7,5 cm hoch und 1–5 cm breit, unregelmäßig und asymmetrisch becherförmig, einseitig eingeschnitten, oft bis zum Stiel, Innenseite (Hymenium) auf der Oberseite glatt, schmutzig leder- bis graubraun, Außenseite etwas heller ockerlich, leicht kleiig, Basis zusammengezogen, mit oder ohne Stiel. **F:** gelblich, mit dunkler Zone, bis 1 mm dick. **V:** meist einzeln auf Erde im Laubwald; im Herbst. **Mik:** Sporen glatt, ellipsoid, farblos, 14–17 × 6,5–7,5 µm, mit 2 großen und oft mehreren kleineren Tropfen, uniseriat, Asci J–, 8-sporig, Paraphysen meist gebogen bis hakenförmig, 2,5–4,5 µm, Enden nicht oder leicht verdickt, ohne Kerben, manchmal in eine braune Substanz eingebettet, mit hellbraun-gelben Inhalt, Hyphen im Becher mit braunen, harzigen Ausscheidungen an den Septen. (BK 1.60; 🖼).

Molekulargenetische Untersuchungen von Carbone et al. 2019 haben gezeigt, dass es sich bei *O. alutacea* um einen Artenkomplex handelt. Sowohl *Otidea cochleata* (L.) Fuckel, Schnecken-Öhrling (mit eher dunkleren Fruchtkörpern und größeren Sporen, D 1128f) wie auch *Otidea felina* (Pers.) Bres., Katzen-Öhrling könnten Teil davon sein. Um die Arten zu trennen und zu beschreiben, benötigt es weitere Untersuchungen.

16.5.08 *Otidea propinquata* (P. Karst.) Harmaja
Schneckenähnlicher Öhrling

Frkp: 0,5–2 cm hoch und 1,5–3,5 cm breit, becherförmig, meistens nicht eingeschnitten, Rand regelmäßig oder etwas wellig, Innenseite (Hymenium) dunkel rotbraun, trocken ockerbraun, Außenseite gleich bis orangebraun, samtig bis leicht halbkugelig warzig, gegen die Basis manchmal runzelig, weiß gestielt mit weißem bis bräunlichem Basalfilz. **F:** 1–1,5 mm dick mit dunkelbrauner Zone. **V:** vorwiegend bei Ficht *Picea*. **Mik:** Sporen glatt, ellipsoid, teils leicht asymmetrisch, farblos, 19–21 × 10–12,5 µm, mit 2 großen und mehreren kleinen Tropfen, uniseriat, Asci J–, 8-sporig, Paraphysen zylindrisch, 3–5 µm, Enden oft verbreitert, mit 1–3 Kerben oder gegabelt, mit hellgelbem Inhalt. (BK 1.61, 🖼).

16.5.09 *Otidea bufonia* (Pers.) Boud., *Otidea umbrina* (Pers.) Bres.
Kröten-Öhrling, Umbrabrauner Öhrling

Frkp: 1,5–5 cm hoch und 1,5–3 cm breit, ohrförmig, später unregelmäßig becher- bis kelchförmig, einseitig eingeschnitten, Innenseite (Hymenium) bisweilen runzelig, orange- bis olivbraun, Außenseite kleiig-samtig bis warzig, rost- bis dunkel- oder weinbraun, mit kurzem oder ganz ohne Stiel, Basis bisweilen etwas runzelig, Basalfilz braun. **V:** im Laub- oder Nadelwald, auf kalkhaltigem Boden; Sommer bis Herbst. **Mik:** Sporen glatt, ellipsoid bis spindelförmig, farblos, 13–16,5 × 6–7,5 µm, mit 2 großen und selten mit einem dritten kleinen Tropfen, uniseriat, Asci J–, 8-sporig, Paraphysen zylindrisch, 3,5–5 µm, Enden teils leicht verbreitert, teils mit Kerben, mit hellbraun-gelbem Inhalt. Gemäß Carbone et al. 2017 & 2019 handelt es sich hier ebenfalls um einen Artenkomplex. (🖼).

16.5.10 *Otidea saliceticola* Cartabia, M. Carbone & P. Alvarado
Zwergweiden-Öhrling

Frkp: 0,5–2 cm hoch und 0,5–1 cm breit, teils ohrförmig, teils becherförmig, eingeschnitten, Innenseite (Hymenium) graubraun, später dunkelbraun, Außenseite fein samtig-warzig, leicht hygrophan, wollig rost-, dunkel oder orangebraun, ohne oder mit kurzem Stiel, Basis weiß filzig. **V:** alpin, bei Weide *Salix*. **Mik:** Sporen glatt, variabel in Form, Größe und Inhalt, meist ellipsoid, teils etwas asymmetrisch, farblos, 12,5–15 × 7–8 µm, meist mit 2 Tropfen, uniseriat, Asci J–, 8-sporig, an der Basis gespalten (pleurorhynch), Paraphysen fadenförmig, teils anastomisierend, Enden nicht oder bis 3,5 µm verbreitert, leicht gebogen bis hakenförmig, teils mit niedriger Kerbe, mehrfach septiert, gegen die Basis verzweigt.

16.5.11 *Otidea tuomikoskii* Harmaja
Kleiiger Öhrling, Tuomikoskis Öhrling

Frkp: 1,5–6 cm hoch und 0,5–3 cm breit, vorwiegend schmal ohrförmig, Innenseite (Hymenium) glatt, weißlich, blass ockerlich bis ockergelb, vereinzelt mit rosa Flecken, Außenseite dicht warzig (Warzen bis > 85 µm hoch), hygrophan, braunocker bis gelbbraun, gegen die Basis allenfalls etwas runzelig, Stiel kurz oder fehlend, Basalfilz hell- bis orangeocker. **F:** bis 1 mm dick. **V:** bei Nadelbäumen; im Herbst. **Mik:** Sporen glatt, ellipsoid, leicht asymmetrisch, farblos, 10–11 × 5,5–6,5 µm, mit 2 großen und teils 1–4 kleinen Tropfen, uniseriat, Asci J–, 8-sporig, Paraphysen 2,5–5 µm breit, gebogen bis hakenförmig, Enden oft verdickt und teils mit Kerben, teils gegabelt, mit farblosem bis blassgelbem Inhalt. (🖼).

16.5.12 *Otidea nannfeldtii* Harmaja, Seltener Öhrling, Nannfeldts Öhrling: Fruchtkörper 1–3,5 cm hoch und 0,5–1,5 cm breit, Außenseite mit feineren Warzen (< 85 µm hoch), Basalfilz weiß bis hell gelbocker, ohne Orange. Paraphysen ohne Kerben und nur selten mit leicht geschwollenen Stellen.

16.5.07 *Otidea alutacea*, Lederbrauner Öhrling

16.5.08 *Otidea propinquata*, Schneckenähnlicher Öhrling

16.5.09 *Otidea bufonia*, Kröten-Öhrling

16.5.11 *Otidea tuomikoskii*, Kleiiger Öhrling

Otidea formicarum Harmaja, Ameisen-Öhrling: Fruchtkörper 0,5–2,5 cm hoch und 0,5–2 cm breit, Innenseite glatt, gelb- bis rötlichbraun, Außenseite hygrophan, feinwarzig, gelblich- bis rötlichbraun.

16.5.13 *Otidea apophysata* (Cooke & W. Phillips) Sacc. Spazierstock-Öhrling

Frkp: 1–3 cm hoch und 0,5–1,5 cm breit, ohrförmig, bald eingeschnitten becherförmig, innen (Hymenium) weinbraun, trocken dunkel orangebraun, Außenseite blass grauorange bis weinbraun, samtig, kaum warzig, meist ungestielt, Basalmycel weißlich bis grauorange. **V:** vorwiegend bei Erle *Alnus* und Pappel *Populus.* **Mik:** Sporen glatt, schmal ellipsoid bis spindelförmig, farblos, 20–24,5 × 9–11 µm, mit 2 großen und meist mehreren kleinen Tropfen, Asci J–, 8-sporig, Paraphysen fadenförmig, 3–4 µm, verschlungen und miteinander verbunden, Enden leicht verdickt und größtenteils spazierstockförmig abgebogen, im unteren Teil oft gebogen und gegabelt. (🖼).

Otidea platyspora Nannf., Breitsporiger Öhrling: Fruchtkörper 6–7 cm hoch und 4–7,5 cm breit, bald tief becherförmig, eingeschnitten, oft etwas eingesenkt, vorwiegend bei Buche *Fagus*, Eiche *Quercus*. Sporen breit ellipsoid, 18–22 × 10,5–12 µm. Paraphysen nicht ineinander verschlungen und ohne Kerben.

16.5.13 *Otidea apophysata*, Spazierstock-Öhrling

16.6 *Scutellinia*, Schildborstlinge und Ähnliche

Ascomycota, Schlauchpilze > *Pezizomycetes* > *Pezizales*, Becherlingsartige

Familie *Pyronemataceae*, Feuerkissenverwandte und Ähnliche

Dieses große Unterkapitel vereinigt ein Reihe von Gattungen mit vorwiegend becher- bis scheibenförmigen Fruchtkörpern, die am Rand oder an der Außenseite mehr oder weniger stark behaart oder zumindest bewimpert sind und vorwiegend zur Familie ***Pyronemataceae***, Feuerkissenverwandte zählen. Es sind kleine bis größere Arten beschrieben, die einen Durchmesser von mehr als 2 mm entwickeln können. Die ganz kleinen Becherlingsarten mit haarig-fransigem Rand, die bei unter 2 mm Durchmesser bleiben, finden sich in den Unterkapiteln 16.8 oder 16.10. Arten mit vorwiegend glattem Rand und glatter Außenseite sind im Unterkapitel 16.7 zu finden. Einige Gattungen mit eher kleinen bis sehr kleinen Fruchtkörpern wurden inzwischen in andere Familien der Ordnung *Pezizales* eingeordnet. So gehören z. B. die mehrheitlich kleinen bis sehr kleinen Arten von *Ascobolus*, Kotlinge zur Familie ***Ascobolaceae***, Kotlingsverwandte, jene von *Lasiobolus* zu den ***Ascodesmidaceae***. Bei den Gattungen *Pseudombrophila*, Dungbecherlinge, *Pulvinula*, Kissenbecherlinge, *Psilopezia*, Nacktbecherlinge und *Desmazierella*, Scheibenborstlinge sind die Angaben darüber, ob sie zu *Pyronemataceae*, Feuerkissenverwandte gehören sollen oder zu den Familien ***Pseudombrophilaceae***, Dungbecherlingsverwandte, ***Pulvinulaceae***, Kissenbecherlingsverwandte, ***Rhizinaceae***, Wurzellorchelverwandte sowie ***Sarcoscyphaceae***, Kelchbecherlingsverwandte zählen, uneinheitlich. Auf der rechten Seite folgt eine Übersicht zur Zugehörigkeit der Gattungen zu den verschiedenen Familien.

Ascobolaceae, Kotlingsverwandte
- *Ascobolus*, Kotlinge

Ascodesmidaceae
- *Lasiobolus*, Borstenkotlinge

Pseudombrophilaceae, Dungbecherlingsverwandte.
- *Pseudombrophila*, Dungbecherlinge

Pulvinulaceae, Kissenbecherlingsverwandte
- *Pulvinula*, Kissenbecherlinge

Pyronemataceae, Feuerkissenverwandte
- *Aleuria*, Orangebecherlinge
- *Aleurina*, Auenbecherchen
- *Anthracobia*, Brandstellenwimperlinge
- *Aurantiolachnea*, Orangeborstenbecherlinge
- *Byssonectria*, Aggregatbecherchen
- *Cheilymenia*, Borstenbecher
- *Cupulina*, Schüsselbecherchen
- *Geopora*, Sandborstlinge
- *Geopyxis*, Kohlenbecher
- *Humaria*, Borstenbecherlinge
- *Kotlabaea*, Protonemaorangebecherchen
- *Lamprospora*, Rundsporbecherchen
- *Lasiobolidium*, Scheinborstlinge
- *Leucoscypha*, Weißhaarbecherlinge
- *Melastiza*, Kurzhaarborstlinge
- *Neottiella*, Moosschälchen
- *Octospora*, Moosbecherchen
- *Perilachnea*, Borstlinge
- *Pyronema*, Feuerkissen
- *Ramsbottomia*, Igelsporenbecherchen
- *Rhodoscypha*, Rosabecherlinge
- *Scutellinia*, Schildborstlinge
- *Sepultariella*, Pustelrandbecherchen
- *Sphaerosporella*, Kugelsporborstlinge
- *Spooneromyces*, Pfriemborstlinge
- *Tricharina*, Pelzbecher
- *Trichophaea*, Borstlinge
- *Trichophaeopsis*, Gabelhaarborstlinge

Rhizinaceae, Wurzellorchelverwandte
- *Psilopezia*, Nacktbecherlinge

Sarcoscyphaceae, Kelchbecherlingsverwandte
- *Desmazierella*, Scheibenborstlinge

Scutellinia, Schildborstlinge und Ähnliche

Beschreibung

Die Gattung ***Scutellinia***, Schildborstlinge steht als attraktives Beispiel für Becherlinge mit behaartem Rand, die größer als 2 mm werden können. Sie zeichnen sich durch die lebhaft orangen bis roten Farben aus. Es gibt eine ganze Reihe weiterer *Pyronemataceae*-Gattungen, die vor allem auf der Innenseite des Bechers, dem Hymenium, teils lebhaft gelborange bis orangerote Farben entwickeln wie z. B. ***Aleuria***, Orangebecherlinge, ***Anthracobia***, Brandstellenwimperlinge, ***Aurantiolachnea***, Orangeborstenbecherlinge, ***Byssonectria***, Aggregatbecherchen, ***Cheilymenia***, Borstenbecher, ***Humaria***, Borstenbecherlinge, ***Lamprospora***, Rundsporbecherchen, ***Melastiza***, Kurzhaarborstlinge, ***Neottiella***, Moosschälchen, ***Octospora***, Moosbecherchen, ***Pyronema***, Feuerkissen, ***Ramsbottomia***, Igelsporenbecherchen, ***Sepultariella***, Pustelrandbecherchen, ***Spooneromyces***, Pfriemborstlinge. Die deutschen Namen weisen auf die vorkommenden Haare oder den Standort hin, ebenso auf die Farbe wie z. B. bei den rosa gefärbten ***Rhodoscypha***, Rosabecherlinge. Gattungen mit weniger auffälligem Weißgrau, Grauocker, Braun oder auch leichten Blau- oder Violetttönen auf der Innenseite und vorwiegend Brauntönen auf der Außenseite sind: ***Geopora***, Sandborstlinge, ***Geopyxis***, Kohlenbecher, ***Lasiobolidium***, Scheinborstlinge, ***Perilachnea***, Borstlinge, ***Sphaerosporella***, Kugelsporborstlinge, ***Tricharina***, Pelzbecher, ***Trichophaea***, Borstlinge, ***Trichophaeopsis***, Gabelhaarborstlinge. Sehr kleine Fruchtkörper auf Dung oder Brandstellen, die gelborange, gelblich, grünlich, weißviolett gefärbt sind entwickeln die Gattungen ***Ascobolus***, Kotlinge und ***Lasiobolus***, Borstenkotlinge. Verwandtschaftlich gehören sie hierher, man findet sie aber auch im Schlüssel der kleinen Arten unter 16.10. Ebenfalls auf Dung mit tiegel- oder pokalförmigen Fruchtkörpern gedeihen ***Pseudombrophila***, Dungbecherlinge. ***Pulvinula***, Kissenbecherlinge sind weiß bis orangerot, bis 1 cm groß und gewölbt kissenförmig. ***Cupulina***, Schüsselbecherchen haben einen schartigen, aber nicht behaarten Rand und werden 2–4 mm groß. Eine glänzende, orangebraune, unbehaarte Scheibe auf modernder Fichte führt zu ***Psilopezia***, Nacktbecherlinge. Kleine Scheibchen auf Föhrennadeln mit relativ langen, auffällig schwarzen Haaren auf der Scheibe wie auch am Rand beschreiben ***Desmazierella***, Scheibenborstlinge. Die beiden Gattungen ***Leucoscypha***, Weißhaarbecherlinge und ***Kotlabaea***, Protonemaorangebecherchen sind nur am Rand erwähnt.

Fruchtkörper der aufgeführten Gattungen kann man zu allen Jahreszeiten finden, mehrheitlich aber im Sommerhalbjahr. Sie wachsen auf Erde, Holz, auf Brandstellen, Dung, Pflanzenresten. Oft findet sich im Namen ein Hinweis auf das Substrat wie z. B. bei den Kotlingen. Viele Gattungen enthalten saprobionte Arten (z. B. alle Arten auf Kot oder totem Holz), andere wie z. B. *Geopora* bilden Mykorrhiza mit Bäumen, und verschiedene Arten bei Moosen dürften teilweise auch Parasiten sein. Leider ist es nicht einfach, zu allen Gattungen spezifische Angaben zu finden.

Mikroskopische Merkmale wie glatte oder ornamentierte Sporen, ellipsoide, spindelförmige oder kugelige Formen sind häufig hilfreich zur Unterscheidung ähnlicher Becherlingsarten. Viele Ornamente sind cyanophil. Mit Baumwollblau können deshalb netzartige, rippige oder isolierte Strukturen gut sichtbar gemacht werden. Die Größe der Sporen ist ebenfalls wichtig. Allerdings divergieren die Angaben in der Literatur teilweise erheblich. Im Zweifelsfalle sind hier die Angaben neuerer Monografien bevorzugt worden und eher die größeren Maße, da unreife oder nicht in Wasser gemessene Sporen zu kleine Werte ergeben können.

Bestimmung

Das Substrat ist das erste Kriterium zur Unterscheidung: Holz führt zum Schlüssel A, Brandstellen, Dung oder sehr nährstoffreicher Boden zu B, Erde und Streu zu den Schlüsseln C1 und C2. Es folgen Farben, Größen und Strukturen wie Haare oder Wimpern. Danach folgen oft schon früh unumgänglich mikroskopische Merkmale und Maße.

Speisewerte

Unter diesen Becherlingsarten werden keine Speisepilze empfohlen und es sind auch keine gefährlichen Giftpilze bekannt.

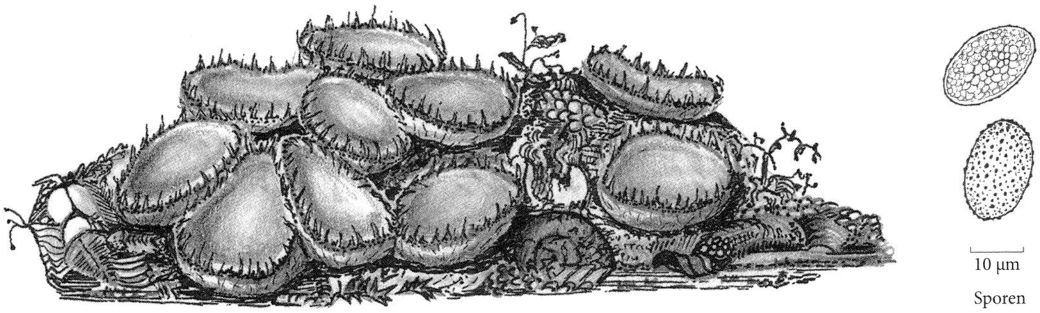

16.6.01 *Scutellinia scutellata*,
Holz-Schildborstling

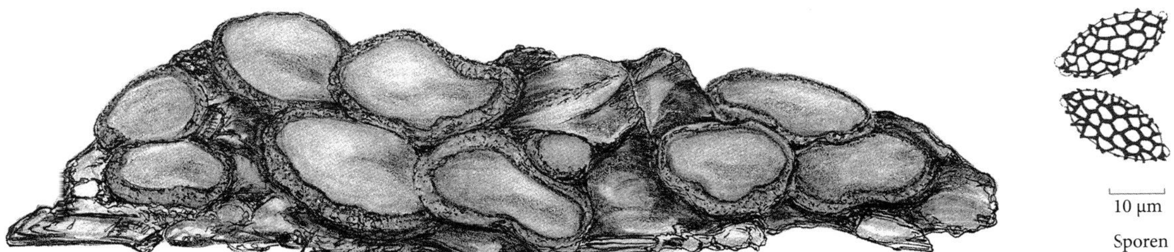

16.6.29 *Melastiza cornubiensis*,
Roter Kurzhaarborstling

16.6.79 *Cheilymenia stercorea*,
Sternhaariger Dung-Borstenbecher

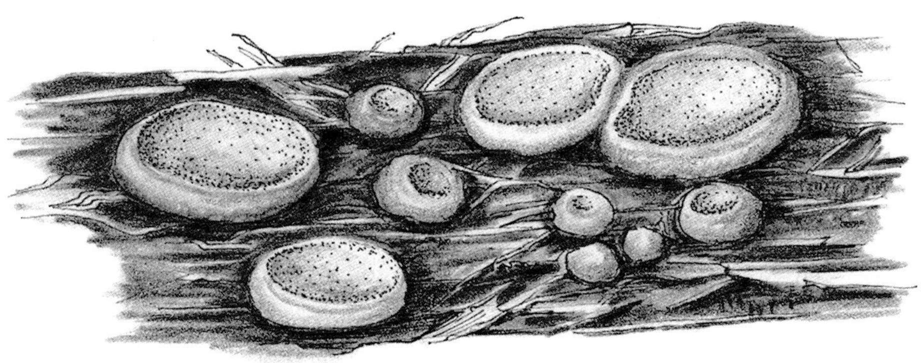

16.6.84 *Ascobolus furfuraceus*,
Kleiiger Kotling

16.6 *Scutellinia,* Schildborstlinge und Ähnliche
(A) auf morschem oder frischem Holz, auf Zweigen, Kiefernnadeln, Fichtenzapfen

Fruchtkörper rot, orange, 2–20 mm, Haare braun, spitz, steif, auf morschem Holz	
innen leuchtend scharlachrot, 5–20 mm breit, Haare 1–2 mm	01 *Scutellinia scutellata,* Holz-Schildborstling
innen orangerot, orangebraun, 3–10 mm, Haare < 1 mm	
Sporen feinwarzig, 20–26 × 14–18 µm	02 *Scutellinia kerguelensis,* Kurzhaariger Schildborstling
Sporen grobwarzig, 19–22,5 × 13–17 µm	03 *Scutellinia umbrorum,* Orangeroter Schildborstling
Sporen glatt, Fruchtkörper 5–25 mm	40 *Aurantiolachnea solsequia,* Orangefarbener Borstenbecherling
Fruchtkörper gelb, orangegelb, orangerötlich	
Rand braun bis schwarz behaart	
orangegelb, 3–10 mm, Sporen 17,5–22 × 11,5–13 µm	04 *Scutellinia setosa,* Glattsporiger Schildborstling
orange, orangerot, 3–10 mm, Rand fein behaart, Sporen 20–26 × 14–16,5 µm	05 *Scutellinia nigrohirtula,* Rauhaariger Schildborstling
orangerötlich, 2–15 mm, Rand lang behaart, Sporen 17–20 × 9–14 µm	07 *Scutellinia crinita,* Bewimperter Schildborstling
Rand zimt- bis rostbraun behaart, 1–4 mm	
weißlich bis zimtbraun behaart, orangegelb, auf Nadelzweigen (Wacholder)	16.10.21 *Lachnellula flavovirens,* Gelbgrünes Nadelholzrauhaarbech.
rostbraun behaart, zottig, innen dotter- bis rötlichgelb, auf Föhre	16.10.22 *Lachnellula fuscosanguinea,* Braunhaariges Nadelholzrauh.
Rand weiß behaart oder feinfilzig	
vor allem auf Weißtanne oder Fichte	
1–3 mm, kurz gestielt, Rand dicht haarig, Ascosporen oval, > 2 µm breit	16.10.23 *Lachnellula calyciformis,* Pokalförmig. Nadelholzrauh.
1–8 mm, deutlich gestielt, Rand filzig, Ascosporen zylindrisch, < 2 µm breit	**16.10.24** ***Lachnellula subtilissima,*** **Weißtannen-Nadelholzr.**
3–10 mm, auf Rinde aufliegend, Rand aufstehend, Basidiosporen > 20 µm	1.7.11 *Aleurodiscus amorphus,* Orangefarbene Mehlscheibe
vor allem auf Lärchenzweigen, außen dicht behaart, evtl. kurz gestielt	
0,5–3 mm, dotter- bis orangegelb, Asci J–, Sporen 12–17 × 3,5–6 µm	16.10.26 *Lachnellula occidentalis,* Schmalsporiges Lärchen-N.
1–3 mm, dottergelb bis orange, Asci J+, Sporen 18–20 × 7–8 µm	16.10.28 *Lachnellula willkommii,* Lärchenkrebs-Nadelholzr.
vor allem auf Föhrenzweigen, dottergelb, außen filzig, 1–5 mm	16.10.25 *Lachnellula suecica,* Rundsporiges Föhren-Nadelh.
vor allem auf Wacholderzweigen, orangegelb, 2–4 mm	16.10.21 *Lachnellula flavovirens,* Gelbgrünes Nadelholzrauhaarbech.
Fruchtkörper innen orangebraun, auf morschem Fichtenholz, 5–20 mm breit	99 *Psilopezia nummularia,* Münzenförmiger Nacktbecherling
Fruchtkörper innen zimt- bis dunkelbraun, außen weißlich, flockig-kleiig	16.9.34 *Encoelia furfuracea,* Kleiiger Büschelbecherling
Fruchtkörper innen dunkeloliv- bis schwarzbraun, 0,2–1 cm, auf Laubholz	
olivgrau bis schwarzbraun, Sporen 13–16 × 3,5–4,5 µm	16.9.35 *Sclerencoelia fascicularis,* Schwarzbrauner Hartbüschelbecherl.
gelboliv, rötlich bis schwarzbraun, Sporen 6–8,5 × 1–2 µm	16.9.36 *Ionomidotis fulvotingens,* Braunschwarzer Rindenbecher
Fruchtkörper innen gelblich-, grauocker, 2–5 mm, Sporen glatt, 15–8 × 8–10 µm	61 *Tricharina ochroleuca,* Ockerblasser Pelzbecher
Fruchtkörper innen blaugrün, kurz gestielt, 2–5 mm, auf moderigem Holz	16.9.26 *Chlorociboria aeruginascens,* Kleinsporiger Grünsp.
Fruchtkörper innen grünlich bis olivgelb, kurz gestielt	
1–3 mm, grünlich bis olivgelb, auf abgestorbenen Alpenrosen, Sporen glatt	16.10.59 *Chlorosplenium cenangium,* Alpenrosen-Grünspanbecherling
5–15 mm, gelboliv, auf morschem Laubholz, Sporen glatt	16.9.25 *Chlorencoelia versiformis,* Vielgestaltiger Olivbecherling
5–20 mm, gelboliv, außen olivbraun samtig, auf morschem Holz, Sporen warzig	16.7.13 *Elaiopezia polaripapulata,* Ungleichwarzensporiger Becherling
Frkp. innen schwarzoliv, Rand olivbraun, 2–8 mm, schüsselförmig, breit aufsitzend	16.13.69 *Catinella olivacea,* Olivfarbenes Tellerbecherchen
Fruchtkörper innen graulich bis cremebeige, 1–4 mm, jung urnenförmig, halbkugelig	
graulich, jung urnenförmig, Rand behaart, Sporen glatt, 16–20 µm	58 *Trichophaeopsis bicuspis,* Zweispitz-Gabelhaarborstling
hellbraun, später graulich, außen dunkler, Rand bewimpert, Sp. glatt, 21–31,5 µm	16.9.12 *Microstrobilinia castrans,* Fichten-Zäpfchenbecherling
cremebeige, jung halbkugelig, rundum lang behaart, Sporen glatt, 19–22,5 µm	59 *Desmazierella acicola,* Föhrennadel-Scheibenborstling
Fruchtkörper innen weiß, Außenseite wollig-filzig, 1–3,5 mm, Basidiosporen	12.1.13 *Crepidotus pallidus,* Hautscheibchen-Stummelfüßchen

16.6 *Cheilymenia*, Borstenbecher und Ähnliche (B) auf Brandstellen, Dung, nährstoffreicher Erde oder Schachtelhalm

- auf Brandstellen
  - Fruchtkörper eingesenkt, becherförmig, rissig hervorbrechend, 1–2 cm — 25 *Geopora arenosa*, Kleinsporiger Sandborstling
  - Fruchtkörper aufsitzend, nicht eingesenkt
    - Fruchtkörper innen rotbraun
      - Rand weißlich bestäubt, gezähnelt oder behaart
        - Fruchtkörper 5–20 mm, Rand weißlich bestäubt, gezähnelt — **65 *Geopyxis carbonaria*, Gemeiner Kohlenbecher**
        - Fruchtkörper 0,5–3 mm, Rand fein weißlich behaart — 47 *Neottiella hetieri*, Glattsporiges Brandstellen-Moosschälchen
      - Rand und außen braun haarig, Fruchtkörper 2–5 mm — 67 *Sphaerosporella brunnea*, Brandstellen-Kugelsporborstling
    - Fruchtkörper innen orange bis rötlich orange, gelborange, rosaorange
      - Rand dunkler punktiert oder behaart, Fruchtkörper 1–4 mm
        - orange bis rotbraun, Rand punktiert, Haare mehrfach septiert — 69 *Anthracobia melaloma*, Schwarzgesäumter Brandstellenw.
        - gelborange bis orange, Rand punktiert, Haare einfach septiert — 72 *Anthracobia macrocystis*, Fastbehaarter Brandstellenwimp.
        - gelborange bis orange, Rand haarig, Haare mehrfach septiert — 71 *Anthracobia nitida*, Glänzender Brandstellenwimperling
      - Rand heller, gekerbt
        - Fruchtkörper 5–10 mm, Sporen ellipsoid, glatt — 43 *Octospora humosa*, Gemeines Moosbecherchen
        - Fruchtkörper 7–25 mm, kurz gestielt, Rand weißlich, oft im Frühjahr — 66 *Geopyxis majalis*, Mai-Kohlenbecher
      - Rand gleich gefärbt
        - Fruchtkörper 3–10 mm, kreisel-/kissenförmig, Sporen glatt, kugelförmig — 37 *Pulvinula carbonaria*, Kohlen-Kissenbecherling
        - Fruchtkörper 0,5–4 mm, becherförmig, Sporen netzartig, kugelig — 41 *Lamprospora carbonicola*, Brandstellen-Rundsporbecherchen
    - Fruchtkörper rosa bis orangerot, 0,5–1 mm, klumpig verwachsen — 73 *Pyronema domesticum*, Großsporiges Feuerkissen
    - Fruchtkörper ocker, 2–5 mm, Rand dunkelbraun fein behaart — 68 *Anthracobia maurilabra*, Düsterer Brandstellenwimperling
    - Frkp. graulich, ockerorange, grünlich, 2–5 mm, Rand fein braun behaart — 63 *Tricharina praecox*, Frühjahrs-Pelzbecher
    - Fruchtkörper grauweiß, grauockerlich, 2–10 mm, Rand u. außen braun behaart
      - Sporen glatt bis feinst rau, schmal ellipsoid-spindelig, 21–26 × 9–12 µm — 55 *Trichophaea gregaria*, Geselliger Borstling
      - Sporen glatt bis feinst rau, ellipsoid, 13–16 × 7–8 µm — 57 *Perilachnea hemisphaerioides*, Halbkugeliger Brandstellen-Borstling
      - Sporen glatt, breit ellipsoid, 18–22 × 13–16 µm — 54 *Trichophaea woolhopeia*, Woolhopes Borstling
      - Sporen glatt, ellipsoid, 13–17,5 × 8,5–11 µm — 62 *Tricharina gilva*, Gemeiner Pelzbecher
    - Frkp. innen orange, olivbraun, schwärzlich, außen heller, Sporen warzig — 87 *Ascobolus carbonarius*, Brandstellen-Kotling
    - Frkp. dunkelbraun bis schwarz, 1–7 mm, Sporen glatt, 18–21 × 9,5–11 µm — 70 *Anthracobia subatra*, Dunkelbrauner Brandstellenwimperling
- auf Dung oder nährstoffreicher Erde, modernden Pflanzenresten
  - Fruchtkörper gelborange
    - Rand kleiig-körnig, 1–3 mm, tellerförmig, gelborange, auf Kuhdung — **75 *Cheilymenia granulata*, Granulierter Borstenbecher**
    - Rand behaart
      - auf Kuhdung oder Wildlosung
        - Fruchtkörper 1–7 mm, Rand mit (hell-)braunen Haaren
          - unauffällig behaart, Fruchtkörper 2–6 mm, Basis der Haare einfach
            - Haare bis 0,5 mm, Sporen 17–18 × 8–10 µm — 76 *Cheilymenia dennisii*, Ungleichwarzensporiger Borstenb.
            - Haare bis 0,2 mm, Sporen 18,5–20 × 11–11,5 µm — 77 *Cheilymenia laevispora*, Glattsporiger Borstenbecher
          - auffällig behaart, bis 0,8 mm, Basis oft gegabelt
            - Fruchtkörper 3–7 mm, Sporen < 17 µm — 78 *Cheilymenia coprinaria*, Kleinsporiger Borstenbecher
            - Frkp. 1–3 mm, Sporen > 17 µm, Haare der Außenseite verzweigt — 79 *Cheilymenia stercorea*, Sternhaariger Dung-Borstenbecher
        - Fruchtkörper 0,5–2 mm, Rand mit weißen kurzen Haaren, auf Kuhdung — 80 *Cheilymenia raripila*, Spärlichhaariger Borstenbecher
      - auf Pflanzenresten oder Stroh mit Pferdemist, Fruchtkörper 5–10 mm — 81 *Cheilymenia theleboloides*, Blassgelber Borstenbecher
      - auf nackter, nährstoffreicher Erde, Fruchtkörper 5–12 mm — 82 *Cheilymenia vitellina*, Dottergelber Borstenbecher
  - Fruchtkörper rosa, rosabräunlich, 0,5–2 mm, knopf-kreiselförmig, Rand haarig — 16.7.59 *Iodophanus carneus*, Rosafarbener Kotling
  - Fruchtkörper gelbrosa, Rand flaumig, rötlichbraun, 0,5–2 mm — 91 *Pseudombrophila equina*, Pferde-Dungbecherling
  - Fruchtkörper innen gelb, gelbbräunlich, außen braun, 1–5 mm, etwas gestielt — 88 *Pseudombrophila theioleuca*, Hellscheibiger Dungbecherling
  - Frkp. innen gelb bis grüngelb, Sporen anfangs glatt, später hell rippig-netzartig
    - 1–5 mm, grüngelb bis violettbraun, Außenseite filzig, Sp. 23–26 × 10–14 µm — **84 *Ascobolus furfuraceus*, Kleiiger Kotling**
    - 0,5–2 mm, grün- bis olivgelb, Außenseite schorfig, Sporen 14–16 × 8–9 µm — 85 *Ascobolus crenulatus*, Grüngelber Kotling
  - Fruchtkörper grau-, ocker-, kastanien- bis rötlichbraun, tiegelförmig
    - Rand dunkler
      - Frkp. 1–5 mm, rotbraun, Sporen glatt bis leicht gestreift, 13–15 × 7–8 µm — 89 *Pseudombrophila merdaria*, Kleinsporiger Dungbecherling
      - Fruchtkörper 1–6 mm, rötlichbraun, Sp. glatt bis gestreift, 11–13 × 6–7,5 µm — 90 *Pseudombrophila petrakii*, Gebändertsporiger Dungbecherling
      - Fruchtkörper 1–4 mm, graubraun, Sporen glatt, 14–19 × 7–9,5 µm — 92 *Pseudombrophila cervaria*, Kastanienbrauner Dungbecherling
      - Fruchtkörper 1–2 mm, rotbraun, Sporen glatt, 22–38 × 10–15 µm — 93 *Pseudombrophila hepatica*, Leberfarbiger Dungbecherling
    - Rand weißlich, Frkp. 2–4 mm, dunkel rotbraun, Sp. glatt, kugelig, 10,5–13 µm — 94 *Pseudombrophila bulbifera*, Rundsporiger Dungbecherling

16.6 *Scutellinia*, Schildborstlinge und Ähnliche
(C1) auf Erde, Streu, dem Substrat aufsitzend, nicht oder kaum eingesenkt
▹ Becher innen gelborange, rotorange bis rot

- Rand braun bis schwarzbraun behaart
  - Sporen kugelförmig
    - Sporen isoliert warzig bis stachelig
      - Sporen stumpf, abgestutzt warzig bis stachelig, Fruchtkörper 2–8 mm
        - Fruchtkörper orangerot
          - Sporen 16–18 µm, stumpfe, bis 3 µm hohe Stacheln — 12 *Scutellinia trechispora*, Sternsporiger Schildborstling
          - Sporen 15–17 µm, stumpfe, bis 1 µm hohe Warzen — 14a *Scutellinia barlae* f. *aurantiaca*, Niedrigwarziger Schildborstling
          - Sporen 16–22 µm, stumpfe 0,5–2 µm hohe Warzen — 15 *Scutellinia minor*, Kleiner Schildborstling
        - Fruchtkörper orange
          - Sporen 22–26 µm, stumpfe, 1–3 µm hohe Warzen — 16 *Scutellinia citrina*, Moor-Schildborstling
          - Sporen 16–20 µm, stumpfe, < 1 µm hohe Warzen — 17 *Scutellinia hyperborea*, Alpiner Schildborstling
      - Sporen spitzstachelig, Fruchtkörper 1–3 mm
        - orangerötlich, Sporen 16–18 µm, gekrümmte, 2–3 µm hohe Stacheln — 13 *Scutellinia legaliae*, Stachelsporiger Schildborstling
        - gelb bis hellorange, Sporen 18–23 µm, gerade, 2–6 µm hohe Stacheln — 19 *Ramsbottomia macrantha*, Langstacheliges Igelsporenbecherchen
    - Sporen netzartig, 1–2 µm hohe Rippen, 15–18 µm, Fruchtkörper 0,5–4 mm — 18 *Scutellinia rotundisperma*, Rundsporiger Schildborstling
  - Sporen ellipsoid
    - Sporen netzartig-warzig
      - Fruchtkörper 1–6 mm
        - rötlich, Sporen 18–21 × 11–13,5 µm, montan, alpin — 11 *Scutellinia pseudotrechispora*, Fastwarzigsporiger Schildborstling
        - orangerot, Sporen 18,5–22,5 × 15–17 µm, bei Moos — 42 *Lamprospora retispora*, Netzsporiges Rundsporbecherchen
        - orangerötlich, Sporen 24–27 × 12,5–14 µm, vorwiegend alpin — 08 *Scutellinia mirabilis*, Hochgebirgs-Schildborstling
        - orange, kurz gestielt, Sporen 19–23 × 11–14 µm, bei Moos — 48 *Neottiella albocincta*, Weißrandiges Moosschälchen
        - gelbrötlich, Sporen teilweise netzartig, 15–18 × 7–9 µm, auf Erde — 31 *Melastiza flavorubens*, Niedrigwarzigsporiger Kurzhaarborstling
      - Fruchtkörper 3–15 mm
        - orangerot, Sporen vollständig netzartig, 18,5–22,5 × 8,5–9,5 µm — 32 *Spooneromyces helveticus*, Schweizer Pfriemborstling
        - orange, Sporen teils netzartig, dicht warzig, 18–22,5 × 12–14 µm — 09 *Scutellinia olivascens*, Olivfärbender Schildborstling
        - orange, oft gestielt, Sporen teils netzartig, 20–26 × 12–15 µm — 51 *Neottiella rutilans*, Netzsporiges Moosschälchen
    - Sporen warzig, ansatzweise bis stark rippig
      - 10–30 mm, Rand fein stumpf behaart, Sp. 22–25 × 11,5–13,5 µm, Orn. grob — 30 *Melastiza contorta*, Verbogener Kurzhaarborstling
      - 5–20 mm, Rand fein stumpf behaart, Sp. 15–21 × 8,5–11 µm, Ornam. grob — 29 *Melastiza cornubiensis*, Mennigroter Kurzhaarborstling
      - 5–20 mm, Rand stark spitz behaart, Sp. 18–21 × 10–14 µm, Ornament fein — 01 *Scutellinia scutellata*, Holz-Schildborstling
      - 3–13 mm, Rand spitz behaart, Sporen 18–22,5 × 12–14 µm, Ornament fein — 09 *Scutellinia olivascens*, Olivfärbender Schildborstling
      - 3–10 mm, Rand fein spitz behaart, Sp. 20–26 × 14–16,5 µm, Ornament fein — 05 *Scutellinia nigrohirtula*, Rauhaariger Schildborstling
      - 2–7 mm, Rand fein stumpf behaart, Sp. 15–18 × 8,5–10 µm, Ornament fein — 74 *Cheilymenia crucipila*, Verzweigthaariger Borstenbecher
    - Sporen ganz isoliert warzig bis stachelig
      - Fruchtkörper orangerot
        - 3–10 mm
          - Sporen 20–26 × 14–18 µm, feinwarzig — 02 *Scutellinia kerguelensis*, Kurzhaariger Schildborstling
          - Sporen 19–22,5 × 13–17 µm, breitwarzig — 03 *Scutellinia umbrorum*, Orangeroter Schildborstling
        - 3–5 mm, Sporen 24–31 × 12–14 µm, feinwarzig — 10 *Scutellinia macrospora*, Großsporiger Schildborstling
        - 2–7 mm Sporen 15–18 × 8,5–10 µm, feinwarzig — 74 *Cheilymenia crucipila*, Verzweigthaariger Borstenbecher
      - Fruchtkörper orange
        - 5–20 mm, schüsselförmig, Sporen 22–27 × 13–15 µm, rundwarzig — 50 *Neottiella vivida*, Warzigsporiges Moosschälchen
        - 4–10 mm, tellerförmig, Sporen 21–26 × 11–13 µm, grob breitwarzig — 06 *Scutellinia hirta*, Warzigsporiger Schildborstling
      - Frkp. orangegelb, 3–10 mm, Sp. 17,5–22 × 11,5–13 µm, feinwarzig, fast glatt — 04 *Scutellinia setosa*, Glattsporiger Schildborstling
    - Sporen glatt oder fast glatt
      - Fruchtkörper blassorange, 0,5–3 mm, Sporen 14–19 × 8–11 µm — 47 *Neottiella hetieri*, Glattsporiges Brandstellen-Moosschälchen
      - Fruchtkörper gelb, 5–12 mm, Rand gelbhaarig, Sporen 15–17 × 8–9 µm — 82 *Cheilymenia vitellina*, Dottergelber Borstenbecher
- Rand nicht braun behaart, feinflockig, gekerbt oder fast glatt
  - Sporen glatt
    - Fruchtkörper 5–10 mm, blass- bis orange, Sporen ellipsoid — 43 *Octospora humosa*, Gemeines Moosbecherchen
    - Fruchtkörper 3–10 mm, orange bis rot, kreisel-/kissenförmig, Sporen kugelig — 37 *Pulvinula carbonaria*, Kohlen-Kissenbecherling
    - Fruchtkörper 1–5 mm, orange bis rot, kreisel-/kissenförmig, Sporen kugelig — 36 *Pulvinula convexella*, Leuchtendroter Kissenbecherling
    - Fruchtkörper 1–3 mm, gelborange bis orangerötlich
      - napf- bis kreiselförmig, Sporen rautenförmig, 8-sporig — 33 *Byssonectria fusispora*, Spindelsporiges Aggregatbecherchen
      - schüssel- bis scheibenförmig, Sporen eher spindelig, 4-sporig — 34 *Byssonectria tetraspora*, Viersporiges Aggregatbecherchen
  - Sporen netzartig, Fruchtkörper 1–10 cm
    - Fruchtkörper 3–10 cm, lebhaft orange, kaum gestielt — 95 *Aleuria aurantia*, Gemeiner Orangebecherling
    - Fruchtkörper 1–3 cm, lebhaft orange, deutlich gestielt — 96 *Aleuria splendens*, Gestielter Orangebecherling
  - Sporen warzig, ellipsoid
    - Fruchtkörper gelblich, olivbraun, 3–6 mm — 98 *Aleurina tenuiverrucosa*, Feinwarzigsporiges Auenbecherchen
    - Fruchtkörper orange, 0,5–2 mm — 44 *Octospora phagospora*, Sporenfressendes Moosbecherchen

16.6 *Geopora,* Sandborstlinge und Ähnliche
(C2) auf Erde, Streu, dem Substrat aufsitzend oder eingesenkt
▹ Becher innen ockergelb, rosa, braun, grauweiß, bläulich

- auf dem Substrat aufsitzend, nicht oder kaum eingesenkt
  - Fruchtkörper innen rosa, orangerosa, 3–10 mm, Sporen 30–43 × 10,5–13 µm — 52 *Rhodoscypha ovilla,* Großsporiger Rosabecherling
  - Fruchtkörper innen grauweiß bis graubläulich
    - Fruchtkörper grauweiß ohne Blau
      - 5–10 mm, Sp. asymmetrisch spindelig, 16–21 × 8,5–10 µm, im Nadelwald — 64 *Tricharina japonica,* Japanischer Pelzbecher
      - 3–8 mm, Sporen schmal ellipsoid, 21–26 × 9–12 µm, sandige Erde — 55 *Trichophaea gregaria,* Geselliger Borstling
      - 1–5 mm, Sp. ellipsoid, 18–21 × 10–13 µm, moosiger, feuchter Waldboden — 56 *Lasiobolidium boudieri,* Langhaariger Scheinborstling
    - Fruchtkörper grauweiß bis graubläulich, Sporen ellipsoid
      - Fruchtkörper 10–30 mm, Sporen warzig, 20–26 × 10–13 µm — 39 *Humaria hemisphaerica,* Halbkugeliger Borstenbecherling
      - Fruchtkörper 1–10 mm, Sporen glatt
        - 5–10 mm, Rand braun behaart, Sporen 13–17,5 × 8,5–11 µm — 62 *Tricharina gilva,* Gemeiner Pelzbecher
        - 3–6 mm, Sporen 18–22 × 13–16 µm — 54 *Trichophaea woolhopeia,* Woolhopes Borstling
        - 1–4 mm, jung halbkugelig, Rand lang behaart, Sp. 19–22,5 × 10–12,5 µm — 59 *Desmazierella acicola,* Föhrennadel-Scheibenborstling
  - Fruchtkörper innen ockergelb bis graubraun, Sporen glatt, ellipsoid
    - 3–5 mm, außen büschelig, ockerbraun behaart, Sporen 15–18 × 8–10 µm — 61 *Tricharina ochroleuca,* Ockerblasser Pelzbecher
    - 1–4 mm, innen und Rand dunkel behaart, Sporen 19–22,5 × 10–12,5 µm — 59 *Desmazierella acicola,* Föhrennadel-Scheibenborstling
  - Fruchtkörper innen und außen weiß, Rand weiß behaart
    - Rand und außen weiß behaart, 5–10 mm, auf Laubwalderde — 53 *Leucoscypha leucotricha,* Gemeiner Weißhaarbecherling
    - Rand fast glatt, kreiselförmig, 2–4 mm, auf nackter Erde — 38 *Pulvinula globifera,* Weißer Kissenbecherling
    - Rand, Außenseite wollig-filzig, 1–3,5 mm, vermoderte Pflanzenreste, Basidien — 12.1.13 *Crepidotus pallidus,* Hautscheibchen-Stummelfüßchen
  - Fruchtkörper innen rot- bis schwarzbraun
    - innen schwarzbraun, Rand orange körnig, außen schwarz behaart, 5–10 mm — 16.7.54 *Plectania melastoma,* Rotrandiger Flechtbecherling
    - innen rot- bis schwarzbraun, Basis weißlich, 2–4 cm, subalpin — 16.3.22 *Balsamia aestivalis,* Becherförmige Scheinlorchel
- leicht im Substrat eingesenkt
  - Fruchtkörper innen ocker, 3–8 mm, Rand weißlich-flockig, auf Erde — 35 *Sepultariella semiimmersa,* Halbeingesenktes Pustelrandbecherchen
  - Fruchtkörper innen ockergelb, braunorange, 2–4 mm, Rand gezähnt, vorw. alpin — 60 *Cupulina montana,* Berg-Schüsselbecherchen
- anfangs tief eingesenkt, jung kugelig, innen grauweißlich, außen braun, filzig, haarig
  - reif becherförmig oder rissig kronenförmig hervorbrechend
    - Sporen ellipsoid, glatt, Enden breit abgerundet
      - 20–60 mm, bei Laubbäumen, Sporen 24–28 × 14–18 µm — 21 *Geopora sepulta,* Vergrabener Sandborstling
      - 5–25 mm, bei Kiefer, Sporen 22–25 × 12–15 µm — 20 *Geopora arenicola,* Großsporiger Sandborstling
      - 5–15 mm, nährstoffreiche Böden, Sporen 22–28 × 11–12 µm — 22 *Geopora cervina,* Hirschbrauner Sandborstling
    - Sporen spindelförmig, glatt, Enden leicht oder deutlich verjüngt
      - Fruchtkörper 5–15 mm, innen schmutzig weiß bis graubeige oder bläulich
        - innen schmutzig weiß bis graubeige, außen braun filzig, haarig
          - auf nährstoffreichen Böden, Sporen 22–28 × 11–12 µm — 22 *Geopora cervina,* Hirschbrauner Sandborstling
          - auf Kies, Erde, lehmigem Sand, Sporen 20–26 × 9–12 µm — 23 *Geopora tenuis,* Verflachender Sandborstling
          - sandige Pionierstandorte, alpin, Sporen 29–33 × 15–18 µm — 26 *Geopora nicaeensis,* Spindelsporiger Sandborstling
        - innen graubeige bis bläulich, Sporen 26–31 × 13–15 µm — 25 *Geopora arenosa,* Kleinsporiger Sandborstling
      - Fruchtkörper 40–100 mm, bei Zeder oder Eibe, Sporen 27–33 × 12,5–15 µm — 24 *Geopora sumneriana,* Zedern-Sandborstling
  - reif wenig aufbrechend, größtenteils unterirdisch (hypogäisch) bleibend
    - Fruchtkörper 10–40 mm, innen stark gefaltet — 27 *Geopora cooperi,* Trüffel-Sandborstling
    - Fruchtkörper 10–25 mm, innen hohl — 28 *Geopora clausa,* Geschlossener Sandborstling

16.6.01 *Scutellinia scutellata* (L.) Lambotte
Holz-Schildborstling

Frkp: 5–20 mm, jung kugelig knopfförmig, schließlich becherförmig bis flach, Innenseite (Hymenium) glatt bis glänzend, lebhaft orangerot, Rand mit dunkelbraunen, gut sichtbaren, 1–2 mm langen Borsten, Außenseite ebenfalls behaart, gleich gefärbt oder etwas heller, ohne Stiel. **V:** auf morschem bis stark vermodertem Holz; Frühjahr bis Herbst. **Mik:** Sporen feinwarzig, isoliert und teilweise miteinander verschmolzen, breit ellipsoid, farblos, 18–21 × 10–14 µm, uniseriat, Asci J–, operculat, 8-sporig, Außenhaare 120–450 × 12–25 µm, Basis einfach oder geteilt, mehrfach septiert, Randhaare 650–1500 × 23–40 µm, Basis einfach oder geteilt. (BK 1.82, 🖼).

Gemäß Jeannerot 2019 handelt es sich bei *S. scutellata* um einen Komplex von Arten.

16.6.02 *Scutellinia kerguelensis* (Berk.) Kuntze
Kurzhaariger Schildborstling, Kerguelensischer Schildborstling

Frkp: 3–10 mm, jung kugelig knopfförmig, später abgeflacht, Innenseite (Hymenium) glatt orangerot, Außenseite und Rand dicht kurz und braun behaart, ungestielt. **V:** auf Erde oder morschem Holz; Sommer bis Spätherbst. **Mik:** Sporen fein isoliert warzig, ellipsoid, 20–26 × 14–18 µm, uniseriat, Asci J–, operculat, 8-sporig, Außenhaare 85–220 × 10–17 µm, Randhaare 130–480 × 18–38 µm, Haarbasis gespalten. (🖼).

Laut Jeannerot 2019 handelt es sich bei *S. kerguelensis* ebenfalls um einen Komplex von Arten.

16.6.03 *Scutellinia umbrorum* (Fr.) Lambotte
Orangeroter Schildborstling

Frkp: 3–10 mm, jung kugelig knopfförmig, später schüsselförmig, abgeflacht, Innenseite (Hymenium) glatt, orangerot, Außenseite und Rand borstig, kurz und braun behaart, ungestielt. **V:** einzeln bis rasig, auf Erde oder morschem Holz; Sommer bis Spätherbst. **Mik:** Sporen isoliert warzig, ellipsoid, 19–22,5 × 13–17 µm, uniseriat, Asci J–, operculat, 8-sporig, Außenhaare 120–450 × 15–21 µm, Randhaare 150–600 × 14–31 µm, wenig septiert, Haarbasis überall einfach oder einfach gespalten. (BK 1.83, 🖼).

Auch bei *S. umbrorum* handelt es sich um einen Komplex von Arten (Jeannerot 2019).

16.6.04 *Scutellinia setosa* (Nees) Kuntze
Glattsporiger Schildborstling

Frkp: 3–10 mm, bald vorwiegend scheibenförmig, sattgelb bis orangegelb, Rand und Außenseite mit braunen Haaren, ungestielt. **V:** einzeln bis gesellig auf totem, entrindetem Holz oder Streu im Laub- oder Nadelwald; Sommer bis Herbst. **Mik:** Sporen ganz feinwarzig bis fast glatt, ellipsoid, 17,5–22 × 11,5–13 µm, uniseriat, Asci J–, operculat, 8-sporig, Außen- und Randhaare 220–540 × 16–21 µm, Haarbasis gespalten in zwei oder mehrere Zweige. (🖼).

16.6.05 *Scutellinia nigrohirtula* (Svrček) Le Gal
Rauhaariger Schildborstling

Frkp: 3–10 mm, vorwiegend scheibenförmig, sattorange bis orangerot, Rand mit dichten, homogenen, schwärzlichen Haaren, Außenseite gelb mit kurzen Härchen, ungestielt. **V:** einzeln bis gesellig auf holziger Streu oder lehmiger Erde im Laub- oder Nadelwald; Frühling bis Sommer. **Mik:** Sporen fein und dicht isoliert warzig, selten etwas verbunden, ellipsoid, 20–26 × 14–16,5 µm, uniseriat, Asci J–, operculat, 8-sporig, Außenhaare 110–310 × 8–14 µm, wenig septiert, Randhaare 240–400 × 11–23 µm, Haarbasis überall einfach, selten gespalten. (BK 1.81, 🖼).

Gemäß Jeannerot 2019 bezeichnet *S. nigrohirtula* ebenfalls einen Komplex von Arten.

16.6.06 *Scutellinia hirta* (Schumach.) Cooke, *Scutellinia cejpii* (Velen.) Svrček
Warzigsporiger Schildborstling

Frkp: 4–10 mm, becherförmig, später abgeflacht scheibenförmig mit aufstehendem Rand, Innenseite (Hymenium) glatt, orange, lebhaft rot bis braunrot, Rand mit dichten, braunen Haaren, Außenseite etwas blasser als innen, mit Haaren bestreut, ungestielt. **V:** auf Erde, im feuchten Nadelwald oder Erlen-Eschen-Mischwald *Alnus, Fraxinus;* im Sommer. **Mik:** Sporen isoliert warzig, länglich ellipsoid, 21–26 × 11–13 µm, uniseriat, Asci J–, operculat, 8-sporig, Außenhaare 100–250 × 10–24 µm, Randhaare 200–620 × 15–32 µm, 2- bis 3-fach septiert, Haarbasis teils in 2–3 Wurzeln gespalten. (BK 1.80, 🖼).

16.6.07 *Scutellinia crinita* (Bull.) Lambotte
Bewimperter Schildborstling

Frkp: 2–15 mm, etwas niedergedrückt, später scheibenförmig, Innenseite (Hymenium) glatt, orange bis orangerötlich, Rand mit auffälligen

16.6.01 *Scutellinia scutellata*, Holz-Schildborstling

16.6.02 *S. kerguelensis*, Kurzhaariger Schildborstl[ing]

16.6.03 *S. umbrorum*, Orangeroter Schildborstlin[g]

16.6.04 *Scutellinia setosa*, Glattsporiger Schildborstling

16.6.05 *Scutellinia nigrohirtula*, Rauhaariger Schildborstling

16.6.06 *Scutellinia hirta*, Warzigsporiger Schildborstling

16.6.07 *Scutellinia crinita*, Bewimperter Schildborstling

langen, dunkelbraunen Haaren, Außenseite etwas heller, mit schwarzbraunen Haaren, ungestielt. **V:** auf moderndem, feuchtem Holz oder Holzresten; Frühsommer bis Herbst. **Mik:** Sporen fast glatt mit ganz feinen, isolierten und höchstens einzelnen ineinander verschmolzenen Wärzchen, ellipsoid, 17–20 × 9–14 µm, uniseriat, Asci J–, operculat, 8-sporig, Außenhaare 150–500 × 14–25 µm, Basis einfach, teils einmal gespalten, Randhaare 800–1500 × 30–42 µm, Haarbasis in 2–4 Wurzeln gespalten. (🖼).

16.6.08 *Scutellinia mirabilis* Dissing & Sivertsen
Hochgebirgs-Schildborstling, Wunder-Schildborstling

Frkp: 3–6 mm, becher- bis scheibenförmig, Innenseite (Hymenium) glatt, orangerötlich, Rand mit dunkelbraunen Haaren, Außenseite blassorange, mit braunen Haaren bestreut, ungestielt. **V:** vorwiegend alpin, auf offener oder moosiger Erde; im Sommer. **Mik:** Sporen netzartig-warzig, ellipsoid, 24–27 × 12,5–14 µm, uniseriat, Asci J–, operculat, 8-sporig, Außenhaare 180–320 × 15–20 µm, Randhaare 200–330 × 15–24 µm, Haarbasis überall einfach oder in 2–3 Wurzeln gespalten. (🖼).

16.6.09 *Scutellinia olivascens* (Cooke) Kuntze, *Scutellinia ampullacea* (Limm.) Kuntze, Olivfärbender Schildborstling: Fruchtkörper flach, 3–13 mm, Innenseite (Hymenium) intensiv orange, Rand fein braunhaarig, Außenseite heller orange; montan bis alpin, auf offener oder moosiger Erde. Sporen dicht länglich warzig und teils netzartig ornamentiert, ellipsoid, 18–22,5 × 12–14 µm, Außenhaare 140–420 × 13–26 µm, Basis einfach oder einmal gespalten, Randhaare 160–950 × 17–37 µm, Basis einfach oder in 2–3 Wurzeln gespalten. (🖼).

16.6.10 *Scutellinia macrospora* (Svrček) Le Gal, Großsporiger Schildborstling: Fruchtkörper flach becher- bis scheibenförmig, 3–5 mm, Innenseite (Hymenium) orangerot bis rot, Außenseite matter orange mit feinen, dichten, braunen Haaren; vorwiegend alpin, auf offener oder moosiger, feuchter Erde. Sporen mit feinen, niedrigen, isolierten Warzen, ellipsoid, 24–31 × 12–14 µm, Außenhaare 110–300 × 14–22 µm, Randhaare 200–400 × 16–26 µm, Haarbasis einfach oder einmal gespalten.

16.6.11 *Scutellinia pseudotrechispora* (J. Schröt.) Le Gal, Fastwarzigsporiger Schildborstling: Scheiben 2–3 mm, rötlich, Rand fein braunhaarig; montan bis alpin, auf offener oder moosiger Erde. Sporen stark netzartig ornamentiert, ellipsoid, 18–21 × 11–13,5 µm, Außen- und Randhaare 140–420 × 13–26 µm, Haarbasis einfach, selten einmal gespalten. (🖼).

16.6.12 *Scutellinia trechispora* (Berk. & Broome) Lambotte, *Scutellinia armatospora* Denison, *S. trechisperma* f. *nigromarginata* Donadini
Sternsporiger Schildborstling

Frkp: 2–10 mm, becherförmig, später scheibenförmig, Scheibe lebhaft orange- bis blutrot, Rand und Außenseite dicht, braun und borstig behaart, ungestielt. **V:** einzeln bis gesellig auf nackter, sandiger Erde, an Wegrändern im Wald; Sommer bis Herbst. **Mik:** Sporen mit stumpfstacheligen, bis 3 µm hohen, isolierten Warzen, kugelförmig, farblos, 16–18 µm, uniseriat, Asci J–, operculat, 8-sporig, Außenhaare braun, 80–360 × 12–24 µm, Basis einfach, mehrfach septiert, Randhaare 240–1200 × 20–37 µm, Basis einfach oder ein- bis mehrfach gespalten. (BK 1.79?, 🖼).

16.6.13 *Scutellinia legaliae* Lohmeyer & Häffner,
S. trechispora var. *macracantha* Le Gal ex Donadini
Stachelsporiger Schildborstling

Frkp: 2–3 mm, scheibenförmig, Innenseite (Hymenium) orangerötlich, Rand mit dichten schwarzen Haaren, Außenseite mit braunen Härchen bestreut, ungestielt. **V:** auf offener oder moosiger Erde; im Sommer. **Mik:** Sporen mit großen, spitzstacheligen, 2–3 µm hohen Warzen, kugelförmig, 16–18 µm, uniseriat, Asci J–, operculat, 8-sporig, Außenhaare 110–310 × 8–14 µm, Randhaare 240–400 × 11–23 µm, Haarbasis überall mehrheitlich 2- bis 3-mal gespalten, selten einfach.

16.6.14a *S. barlae* f. *aurantiaca* Donadini, *Scutellinia barlae* (Boud.) Maire
Niedrigwarziger Schildborstling

Frkp: 2–8 mm, becherartig, später scheibenförmig, Innenseite (Hymenium) glatt, orange- bis scharlachrot, Rand und Außenseite mit braunen Haaren, ungestielt. **V:** auf offener oder moosiger Erde; Sommer bis Herbst. **Mik:** Sporen mit stumpfen, 0,5–2 µm breiten und bis 1 µm hohen, isolierten Wärzchen, kugelig, 15–17 µm, uniseriat, Asci J–, operculat, 8-sporig, Außen- und Randhaare 120–280 × 15–20 µm, Haarbasis einfach oder geteilt. (🖼).

In der ursprünglichen Beschreibung von Boudier 1887 wurden für *S. barlae* kugelige Sporen zwischen 20–21 µm genannt. Deshalb wird hier gemäß Van Vooren & Mauruc 2020 der Name *S. barlae* f. *aurantiaca* vorangestellt. Auch *S. trechisperma* f. *micropilifera* Donadini ist sehr ähnlich. Die beiden Autoren erachten weitere Untersuchungen als notwendig zur Klärung dieser Arten.

16.6.15 *Scutellinia minor* (Velen.) Svrček
Kleiner Schildborstling

Frkp: 2–8 mm, becherartig, später scheibenförmig, Innenseite (Hymenium) glatt, orange- bis scharlachrot, Rand und Außenseite mit braunen Haaren, ungestielt. **V:** auf

16.6.08 *Scutellinia mirabilis,* Wunder-Schildborstling

16.6.09 *S. olivascens,* Olivfärbender Schildborstling

16.6.11 *Scutellinia pseudotrechispora,* Fastwarzigsporiger Schildborstling

16.6.12 *Scutellinia trechispora,* Sternsporiger Schildborstling

16.6.13 *Scutellinia legaliae,* Stachelsporiger Schildborstling

16.6.14a *S. barlae* f. *aurantiaca,* Niedrigwarziger Sch.

16.6.15 *Scutellinia minor,* Kleiner Schildborstling

offener oder moosiger Erde, auf Pflanzenresten; im Sommer. **Mik:** Sporen mit rundlich-stumpfen, 0,5–2 µm hohen und breiten, isolierten Warzen, kugelig, 17–22 × 16–20 µm, uniseriat, Asci J–, operculat, 8-sporig, Außenhaare 120–240 × 16–19 µm, Randhaare 100–390 × 15–28 µm, Haarbasis meistens ungeteilt, seltener mit 2–3 Wurzeln. (🖼).

16.6.16 *Scutellinia citrina* (Massee & Crossl.) Y.J. Yao & Spooner, Moor-Schildborstling: 3–7 mm, becher- bis scheibenförmig, orange, Rand mit braunen Haaren, ungestielt; montan bis alpin, auf Erde, Wiese, im Sommer. Sporen mit rundlich stumpfen, 1–3 µm hohen und breiten, isolierten Warzen, kugelig 22–26 µm, Asci J–, operculat, 8-sporig, Außenhaare 120–300 × 11–24 µm, Randhaare 220–500 × 17–35 µm, Haarbasis überall einfach.

16.6.17 *Scutellinia hyperborea* T. Schumach., Alpiner Schildborstling: 2–5 mm, scheibenförmig, Innenseite orange bis rot, Rand und Außenseite mit feinen braunen Haaren, ungestielt; montan bis alpin, auf offener, moosiger Erde oder Pflanzenresten, im Sommer. Sporen mit ganz feinen, rundlichen, < 1 µm hohen, isolierten, stumpfen Warzen, kugelförmig, 16–20 µm, Asci J–, operculat, 8-sporig, Außenhaare 50–270 × 9–12 µm, Basis einfach, Randhaare 250–420 × 13–20 µm, Basis einfach oder einmal gespalten. (🖼).

16.6.18 *Scutellinia rotundisperma* Donadini, Rundsporiger Schildborstling: Fruchtkörper 3–7 mm, scheibenförmig, Innenseite (Hymenium) orangerot, außen fein braun behaart. Sporen mit 1–2 µm hohen Rippen netzartig ornamentiert, kugelförmig, 15–18 µm, Außenhaare 300–400 × 12–20 µm, Basis meist einfach, Randhaare 600–1100 × 25–35 µm, Basis mit 2–3 Wurzeln.

16.6.19 *Ramsbottomia macrantha* (Boud.) Benkert & T. Schumach.,
L. crechqueraultii var. *macrantha* Boud.
Langstacheliges Igelsporenbecherchen

Frkp: 0,5–2 mm, scheibenförmig, Innenseite gelb bis hellorange, Rand nicht erhöht, bräunlich behaart, weich, ungestielt. **V:** einzeln oder dicht gedrängt, auf feuchter Erde an vegetationsarmen Stellen; Frühsommer bis Spätherbst. **Mik:** Sporen mit spitzen, 5–6 µm, ausnahmsweise bis 10 µm hohen, isolierten Stacheln, kugelförmig, 18–23 µm, uniseriat, Asci J–, operculat, 8-sporig. (CH 34, 🖼).

Ramsbottomia crechqueraultii (P. Crouan & H. Crouan) Benkert & T. Schumach., *Lamprospora crechqueraultii* (P. Crouan & H. Crouan) Boud., Kugelsporiges Igelsporenbecherchen: Fruchtkörper bis 1–5 mm, klebrig, gelborange. Sporen mit spitzstacheligen, 2–3 µm, vereinzelt bis 6 µm hohen, isolierten Warzen, 16–18 µm, Randhaare 70–150 × 16–35 µm.

Ramsbottomia asperior (Nyl.) Benkert & T. Schumach., Breitovalsporiges Igelsporenbecherchen: Fruchtkörper bis 2–5 mm, orange bis scharlachrot, Rand feinhaarig, Sporen mit spitzen, 1–3 µm hohen Stacheln, breit ellipsoid bis kugelig, 17–19 × 16–17 µm, Randhaare bis 500–800 × 25–30 µm.

Benkert 2005 erachtet *R. asperior* als Synonym von *R. crechqueraultii.* Gemäß Perry et al. 2007 sind *Ramsbottomia* und *Scutellinia* sehr nahe verwandt. Van Vooren & Mauruc 2020 integrieren die teils spärlich definierten *Ramsbottomia*-Arten in die Gattung *Scutellinia.* Die Arten mit kugeligen Sporen sind dann Formen von nur noch zwei Arten: *Scutellinia trechisperma* Donadini mit stumpf-warzigem und *S. trechispora* mit spitz-warzigem Sporenornament. Im Unterschied zu *Lamprospora* parasitieren *Ramsbottomia* keine Moose.

16.6.20 *Geopora arenicola* (Lév.) Kers, *Sepultaria arenicola* (Lév.) Massee
Großsporiger Sandborstling

Frkp: 0,5–2,5 cm, erst kugelig und teilweise im Boden versenkt, später becherförmig und etwas aus dem Sand oder Kies hervorragend, Rand gezähnelt mit fast dreieckigen Flocken, Innenseite (Hymenium) glatt, blassgrau, Außenseite braun, dicht filzig-haarig mit bis 3 mm langen Haaren. **V:** einzeln bis gesellig, in lockeren, nährstoffarmen, wenig bewachsenen, lehmreichen Sand- oder Kiesböden im Umfeld von Kiefern *Pinus*, häufig an Weg- oder Straßenrändern; Frühling bis Herbst. **Mik:** Sporen glatt, ellipsoid mit breit abgerundeten Enden, 22–25 × 12–15 µm, uniseriat, Asci J–, 8-sporig. (🖼).

16.6.21 *Geopora sepulta* (Fr.) Korf & Burds., *Sepultaria sepulta* (Fr.) Massee
Vergrabener Sandborstling

Frkp: 2–6 cm, lange kugelig und im Boden versenkt, erst mit enger Öffnung und schließlich becherförmig mit lappig-rissigem Rand, Innenseite (Hymenium) bräunlich bis schwarzbräunlich, Außenseite schmutzig weiß, dicht braunhaarig, dickfleischig. **V:** einzeln bis gesellig, in Parks, an Wegrändern, Böschungen, bei Laubbäumen, möglicherweise in Verbindung mit Pappel *Populus* oder Weide *Salix.* **Mik:** Sporen glatt, breit ellipsoid mit breit abgerundeten Enden, 24–28 × 14–18 µm, uniseriat, Asci J–, operculat, 8-sporig. (🖼).

16.6.22 *Geopora cervina* (Velen.) T. Schumach., *Sepultaria cervina* Velen.
Hirschbrauner Sandborstling, Hellscheibiger Sandborstling

Frkp: 0,5–1,5 cm (auch bis 5 cm möglich), erst kugelig und teilweise im Boden versenkt, später mehr oder weniger sternförmig aufreißend, becherförmig, Innenseite (Hymenium) schmutzig weiß, außen rötlich-

16.6.17 *Scutellinia hyperborea,* Alpiner Schildborstling

16.6.19 *R. macrantha,* Langstacheliges Igelsporer

16.6.20 *Geopora arenicola,* Großsporiger Sandborstling

16.6.21 *Geopora sepulta,* Vergrabener Sandborstling

16.6.22 *Geopora cervina,* Hirschbrauner Sandborstling

braun, körnig-wollig, Fleisch 2–3 mm dick. **V:** einzeln bis gesellig auf offenen, feuchten und nährstoffreichen Böden. **Mik:** Sporen glatt, schmal ellipsoid, teilweise mit etwas verjüngten Enden, 22–28 × 11–12 µm, uniseriat, Asci J–, operculat, 4- bis 8-sporig. (🖼).

Benkert 2010b vermutet, dass es sich aufgrund der großen Variationsbreite verschiedener Maße bei *G. cervina,* Hirschbrauner Sandborstling um einen Artenkomplex handelt, was durch genetische Untersuchungen von Tamm et al. 2010, bei denen sich drei Linien ergaben, bestätigt wurde.

16.6.23 *Geopora tenuis* (Fuckel) T. Schumach., *Sepultaria tenuis* (Fuckel) Boud.
Verflachender Sandborstling

Frkp: 0,5–1,5 cm, oft leicht eingesenkt, kugelig, bald mehrheitlich an der Oberfläche wachsend und flach becherförmig, Innenseite (Hymenium) glatt, weißlich bis hellgrau, Außenseite braun, wollig-filzig mit weißlichen Härchen, Rand gekerbt oder rissig, Fleisch dünn < 1 mm. **V:** gesellig auf feuchten, humosen Böden. **Mik:** Sporen glatt, ellipsoid mit leicht verjüngten Enden, 20–26 × 9–12 µm, uniseriat, Asci J–, operculat, 8-sporig.

Benkert 2010b wie auch Dougoud 2006 nennen andere Sporenbreiten von 12–15 µm. Gemäß Untersuchungen von Tamm et al. 2010 gehört *G. tenuis* zu *G. cervina,* Hirschbrauner Sandborstling.

Geopora foliacea (Schaeff.) S. Ahmad, *Sepultaria foliacea* (Schaeff.) Boud., Dickfleischiger Sandborstling: 2–5 cm, Sporen 24–30 × 12–18 µm. Gemäß Benkert 2010b handelt es sich bei *G. foliacea* um eine vorderhand ungeklärte Art mit sehr unterschiedlichen Angaben.

16.6.24 *Geopora sumneriana* (Cooke) M. Torre, *Sepultaria sumneriana* (Cooke) Massee
Zedern-Sandborstling, Eingesenkter Borstling

Frkp: 3–10 cm, erst kugelig im Boden eingesenkt, später ± sternförmig aufreißend und aus dem Boden hervorbrechend, Innenseite (Hymenium) blass weißlich bis ockergrau, Außenseite dicht behaart, dunkel kastanienbraun, ungestielt. **V:** gesellig in Garten- und Parkanlagen unter Zeder *Cedrus* oder Eibe *Taxus;* im Frühjahr. **Mik:** Sporen glatt, ellipsoid-spindelig, 27–33 × 12,5–15 µm, mit 2 Tropfen, uniseriat, Asci J–, operculat, 8-sporig. (BK 1.68, 🖼).

16.6.25 *Geopora arenosa* (Fuckel) S. Ahmad, *Sepultaria arenosa* (Fuckel) Rehm
Kleinsporiger Sandborstling

Frkp: 0,5–1,5 cm, erst kugelig und teilweise im Boden versenkt, später becherförmig bis fast ausgebreitet, Innenseite (Hymenium) glatt, graubeige, evtl. mit bläulichem Ton, Außenseite rau mit hellbraunen Haaren, meist sandig, Rand gekerbt oder sternförmig rissig, Fleisch eher dünn. **V:** gesellig auf sandigen Böden, auch auf Brandstellen; ganzjährig. **Mik:** Sporen glatt, schmal ellipsoid bis fusiform, 26–31 × 13–15 µm, mit 1–2 Tropfen, uniseriat, Asci J–, operculat, 8-sporig. Benkert 2010b nennt – im Widerspruch zum Namen und zu anderen Literaturangaben – mehrheitlich «bodenfeuchte, reichere Standorte an offenen Stellen in Laubwäldern und Gebüschen». (D 1132, BK 1.67, 🖼).

16.6.26 *Geopora nicaeensis* (Boud.) M. Torre, *Sepultaria nicaeensis* Boud.
Spindelsporiger Sandborstling

Frkp: 0,5–1 cm, erst kugelig im Boden eingesenkt, später ± sternförmig aufreißend und aus dem Boden hervorbrechend, Innenseite (Hymenium) blassgrau, Außenseite gleichmässig behaart, gelb- bis rötlichbraun, Fleisch ziemlich dick, Geruch reif eher unangenehm. **V:** sandige Pionierstandorte, lichte Kiefernwälder *Pinus* (Zypern), aber auch alpine Standorte, z. B. bei Wacholder *Juniperus.* **Mik:** Sporen glatt, ellipsoid bis etwas spindelig, 29–33 × 15–18 µm, mit 1 großen Tropfen, uniseriat, Asci J–, operculat, 8-sporig.

Die beiden nachstehenden Arten zählen mit den glatten Sporen zur Gattung *Geopora,* Sandborstlinge, gleichen äußerlich aber eher den trüffelartigen Gattungen *Hydnotrya,* Rasentrüffel mit hirnartig gewundenem Innern oder *Genea,* Blasentrüffel mit Hohlräumen.

16.6.27 *Geopora cooperi* Harkn.
Trüffel-Sandborstling

Frkp: 1–4 cm, unregelmäßig kugelig im Boden eingesenkt, trüffelartig, im Inneren stark hirnartig gefaltet, wollig-filzig, ockerbraun, meist an der Basis und gegenüber mit einer kleinen Öffnung, Fleisch labyrinthartig zusammengefaltet mit hellen und braunen Zonen und schmalen Hohlräumen. Geruch nach wilden Karotten. **V:** vorwiegend im Nadelwald, seltener im Laubwald, in mittleren bis höheren Lagen; im Herbst. **Mik:** Sporen glatt, ellipsoid, farblos, 20–27 × 13–17 µm, uniseriat, Asci J–, operculat, 8-sporig.

16.6.28 *Geopora clausa* (Tul. & C. Tul.) Burds., *Hydnocystis clausa* (Tul. & C. Tul.) Ceruti, *Genea clausa* Tul. & C. Tul.
Geschlossener Sandborstling, Sand-Hohltrüffelchen

Frkp: 1–2,5 cm, eingedrückt, unregelmäßig kugelig, vorwiegend unterirdisch, ähnlich einer Hohltrüffel, selten becherförmig öffnend, Innenseite (Hymenium) grauweiß, Außenseite schwarzbraun warzig, Geruch fruchtig. **V:** auf sandigem Boden, bei Steinrose *Helianthemum,* Steineiche *Quercus,* verschiedenen Kiefern *Pinus.* **Mik:** Sporen 20–25 × 14–18 µm, uniseriat, Asci J–, operculat, 8-sporig.

16.6.29 *Melastiza cornubiensis* (Berk. & Broome) J. Moravec, *Melastiza chateri* (W.G. Sm.) Boud.
Mennigroter Kurzhaarborstling, Roter Kurzhaarborstling

Frkp: 0,5–2 cm, breit, erst gewölbt, dann zunehmend unregelmäßig becherförmig, Innen- und Außenseite glatt, lebhaft orangerot, Rand

16.6.24 *Geopora sumneriana,* Zedern-Sandborstling

16.6.25 *Geopora arenosa,* Kleinsporiger Sandborstling

16.6.29 *Melastiza cornubiensis,* Mennigroter Kurzhaarborstling

fein bräunlich behaart, ungestielt. **V:** meist gesellig, an Wegrändern auf nackter Erde; Frühling bis Spätsommer. **Mik:** Sporen netzartig, 0,3–1 µm, an den Polen bis 3 µm hoch ornamentiert, 15–21 × 8,5–11 µm, uniseriat, Asci J–, operculat, 8-sporig, Haare stumpf und 2- bis 5-fach septiert, bis 160 µm lang. (D 1134, BK 1.91, ⊠).

16.6.30 *Melastiza contorta* (Massee & Crossl.) Spooner & Y.J. Yao, *Melastiza scotica* Graddon
Verbogener Kurzhaarborstling, Orangefarbener Kurzhaarborstling

Frkp: 1–3 cm, deutlich becherförmig, später zunehmend flach, Oberseite glatt, lebhaft gelborange, Außenseite ebenfalls kahl, etwas blasser gefärbt, Rand schwach bräunlich behaart, an der Ansatzstelle meist runzelig zu einem kurzen Stiel zusammengezogen. **V:** meist gesellig auf Streu oder Moos im Nadelwald; im Sommer. **Mik:** Sporen mit groben, bis 5 µm, an den Polen bis 7 µm hohen und breiten Rippen (geflügelt), 22–25 × 11,5–13,5 µm, uniseriat, Asci J–, operculat, 8-sporig, Haare stumpf und mehrfach septiert, 170–400 × 20 µm. (BK 1.59/92, ⊠).

16.6.31 *Melastiza flavorubens* (Rehm) Pfister & Korf, *Melastiza greletii* Le Gal
Niedrigwarzigsporiger Kurzhaarborstling

Frkp: 2–5 mm, erst kugelig, später becher- bis schüsselförmig, Innenseite (Hymenium) glatt, gelbrötlich, Außenseite rau, braun, rund breit eingebogen; meist gesellig, auf Erde. Sporen teilweise netzartig, mit Pusteln an den Schnittstellen der Rippen, ca. 1 µm, an den Polen bis 2,5 µm hoch, 15–18 × 7–9 µm, uniseriat, Asci J–, operculat, 8-sporig, Haare kurz, bis ca. 100 × 15 µm.

Aleuria boudieri (Höhn.) J. Moravec, *Melastiza boudieri* (Höhn.) Le Gal: lebhaft orange bis rot. Sporen teilweise netzartig, Pusteln an den Schnittstellen der Netzrippen 1–3 µm, an den Polen bis 5 µm hoch, 16,5–19,5 × 9–12,5 µm.

Dougoud 2019 erwähnt weitere ähnliche Arten wie:

Melastiza kumouensis K.B. Khare: Sporen 11–19 × 6–9 µm.

Melastiza latispora (J. Moravec) Van Vooren: Sporen 12–15 × 9–11 µm.

Melastiza rubra (L.R. Batra) Maas Geest.: Sporen 10–13,5 × 6–8 µm.

Melastiza tetraspora Dissing & Sivertsen: Sporen 16,5–18 × 11,5–12,5 µm.

Aleuria carbonicola (J. Moravec) J. Moravec, *Melastiza carbonicola* J. Moravec, Kohlen-Orangebecherling: auf Brandstellen. Sporen 14,5–18 × 7–10 µm.

16.6.32 *Spooneromyces helveticus* J. Breitenb. & F. Kränzl.
Schweizer Pfriemborstling, Anhängselsporiger Pfriemborstling

Frkp: 5–15 mm, bald scheibenförmig, Innenseite (Hymenium) lebhaft orange bis orangerot, Rand oft wellig, etwas eingebogen, bewimpert, Außenseite orange und fein gelbbraun bis braun behaart; im Nadelwald. **Mik:** Sporen vollständig und flach netzartig ornamentiert, an den Polen bis 3 µm hoch, 18,5–22,5 × 8,5–9,5 µm, mit 2 Tropfen, uniseriat, Asci J–, operculat, 8-sporig, Haare 160–410 × 10–30 µm. (BK 1.93, ⊠).

Spooneromyces laeticolor (P. Karst.) T. Schumach. & J. Moravec, *Scutellinia laeticolor* (P. Karst.) Kuntze, *Melastiza laeticolor* (P. Karst.) T. Schumach., Freudigfarbener Pfriemborstling: Sporen mit einem niedrigen, feinmaschigen Netz aus zusammenlaufenden Warzen oder kleinen Graten, 16–23,5 × 8–11 µm, Haare 150–400 × 14–28 µm.

Spooneromyces velenovskyi (Vaček ex Svrček) Van Vooren, *Lachnea velenovskyi* Vaček ex Svrček, *Trichophaea velenovskyi* (Vaček ex Svrček) Häffner & Christan, Harnliebender Pfriemborstling, Velenovskys Borstling: Fruchtkörper 2–9 mm, kugelig, später schüsselförmig bis flach, wachsartig weich, Innenseite glatt, grauweißlich, blassocker, alt etwas gilbend, Außenseite und Rand ganz fein behaart; auf moosiger, gedüngter Erde oder Pflanzenresten. Sporen mit niedrigem, feinmaschigem Netz mit erhöhten Knotenpunkten, ellipsoid, 13–16 × 6,5–8,5 µm.

16.6.33 *Byssonectria fusispora* (Berk.) Rogerson & Korf, *Inermisia fusispora* (Berk.) Rifai
Spindelsporiges Aggregatbecherchen, Spindelsporiger Becherling

Frkp: 1–3 mm breit, erst schwach becherförmig, später kreiselförmig, Innenseite (Hymenium) glatt, gelborange bis orangerot, Außenseite gleichfarbig oder etwas heller, Rand feinflockig, ungestielt. **V:** in dichten Büscheln auf weißem Mycelfilz, meist im Wald auf Erde, Nadelstreu, Brandstellen bei Wildlosung oder uringetränkten Stellen; im Frühling. **Mik:** Sporen glatt, spindelig bis etwas rautenförmig, 20–27 × 8–10 µm, uniseriat, Asci J–, operculat, 8-sporig, Paraphysen fadenförmig, am Ende leicht verdickt, gerade bis leicht gekrümmt. (⊠).

Byssonectria terrestris (Alb. & Schwein.) Pfister, Erd-Aggregatbecherchen, Erdbewohnender Filzpustelpilz: Fruchtkörper gelb bis orangegelb. Sporen mit einem niedrigen, feinmaschigen Netz aus zusammenlaufenden Warzen oder kleinen Graten, 17–23 × 8,5–11 µm, Paraphysen fadenförmig, spazierstockartig abgebogen. (BK 1.102).

16.6.30 *Melastiza contorta*, Verbogener Kurzhaarborstling

16.6.32 *Spooneromyces helveticus*, Schweizer Pfriemborstling

16.6.33 *Byssonectria fusispora*, Spindelsporiges Aggregatbecherchen

Byssonectria carestiae (Ces. ex Cooke) U. Lindem. & Kristiansen, *Humaria carestiae* (Ces. ex Cooke) Boud., Arktisch-alpines Aggregatbecherchen: Fruchtkörper ca. 1 mm breit; gesellig auf Grasresten, auf Moosen, zwischen niedriger Vegetation oder Geröll, alpin, an feuchten Stellen mit lang liegendem Schnee. Sporen glatt, ellipsoid bis leicht rautenförmig mit abgestutzen Enden, 19–23 × 10–12 µm, Paraphysen fadenförmig, Enden spazierstockartig abgebogen, nicht oder leicht keulenförmig verdickt. (CH 3).

Byssonectria deformis (P. Karsten) U. Lindemann & M. Vega, *Kotlabaea deformis* (P. Karst.) Svrček, Kotlabas Aggregatbecherchen, Kotlabas Weichbecherchen: Sporen ellipsoid, 14–17 × 8–10 µm, Paraphysen meist keulenförmig verdickt und nicht oder nur leicht abgebogen.

16.6.34 *Byssonectria tetraspora* (Fuckel) Korf,
Octospora tetraspora (Fuckel) Korf, *O. leucoloma* var. *tetraspora* (Fuckel) Benkert
Viersporiges Aggregatbecherchen, Viersporiger Moosbecherling

Frkp: 1–3 mm, bald scheibenförmig bis etwas konvex gewölbt, Innenseite (Hymenium) orange bis orangerötlich, Außenseite blassorange, leicht mehlig-flockig bereift, Rand feinflockig gekerbt, ungestielt. **V:** auf Erde bei Birnmoos *Bryum*. **Mik:** Sporen glatt, ellipsoid bis spindel- oder rautenförmig, 23–26 × 11–13 µm, uniseriat, Asci J–, operculat, 4-sporig, Paraphysen fadenförmig, leicht keulenförmig verdickt, nicht abgebogen. (BK 1.104).

Benkert 1998a weist auf die Entstehung des widersprüchlichen Namens *Octospora tetraspora* «4-sporiger 8-Sporer» und auf eine Reihe weiterer 4-sporiger Varietäten und Arten hin:

O. axillaris var. *tetraspora* Benkert: auf Gespitztem Glanzmoos *Phascum cuspidatum*. Sporen 26–32 × 10–12 µm.

O. coccinea var. *tetraspora* Benkert: auf Birnmoos *Bryum*. Sporen 27–34 × 9–11 µm.

O. gemmicola var. *tetraspora* Benkert: auf Birnmoos *Bryum*. Sporen 22–26 × 9,5–10,5 µm.

Octospora itzerottii Benkert: auf Flügelnervmoos *Pterygoneurum*. Sporen 22–27 × 11,5–13 µm.

Leucoscypha alpestris (Fr.) Eckblad, *Octospora alpestris* (Fr.) Dennis & Itzerott: alpin, auf Sternmoosartigem Vierzackmoos, *Tetraplodon mnioides*. Sporen warzig, 14–17 × 8,5–10 µm.

16.6.35 *Sepultariella semiimmersa* (P. Karst.) Van Vooren, U. Lindem. & Healy,
Byssonectria semi-immersa (P. Karst.) Benkert, *Leucoscypha semiimmersa* (P. Karst.) Svrček
Halbeingesenktes Pustelrandbecherchen

Frkp: 3–8 mm, becherförmig und oft leicht im Boden eingesenkt, Innenseite (Hymenium) ockerbraun, honigfarben, Rand weißlich flockig, Außenseite matt, Basis mit feinen Haaren. **V:** auf Erde; Frühling bis Herbst. **Mik:** Sporen glatt, ellipsoid, 16–24 × 9–11 µm, uniseriat, Asci J–, operculat, 8-sporig, Paraphysen fadenförmig, Spitze leicht gebogen. (CH 36).

16.6.36 *Pulvinula convexella* (P. Karst.) Pfister,
Pulvinula constellatio (Berk. & Broome) Boud.
Leuchtendroter Kissenbecherling

Frkp: 1–5 mm, scheibenförmig mit leicht aufstehendem Rand, Innen- (Hymenium) und Außenseite glatt, orange bis blutrot, ungestielt. **V:** auf feuchter Erde oder Pflanzenresten; Sommer bis Herbst. **Mik:** Sporen glatt, kugelförmig, farblos, 11–14 µm, mit 1 oder mehreren Tropfen, uniseriat, Asci J–, operculat, 8-sporig. (🖼).

16.6.37 *Pulvinula carbonaria* (Fuckel) Boud.
Kohlen-Kissenbecherling

Frkp: 5–12 mm breit, kreisel- bis becherförmig, oft unregelmäßig und Rand wulstig eingebogen, Fruchtschicht auf der Innenseite lebhaft orangerot, Außenseite blasser, Stiel kurz oder fehlend. **V:** meist gesellig auf Brandstellen oder auf nackter Erde an Wegrändern; Sommer bis Herbst. **Mik:** Sporen glatt, kugelförmig, farblos, 13–17 µm, uniseriat, Asci J–, operculat, 8-sporig. (BK 1.107, 🖼).

16.6.38 *Pulvinula globifera* (Berk. & M.A. Curtis) Le Gal
Weißer Kissenbecherling

Frkp: 2–5 mm, kreiselförmig, anfangs etwas vertieft, Innen- und Außenseite weiß, ungestielt. **V:** auf Erde, oft unter liegenden Baumstämmen; im Herbst. **Mik:** Sporen glatt, kugelförmig, farblos, 12–16 µm, mit 1 großen oder vielen kleinen Tropfen, uniseriat, Asci J–, operculat, 8-sporig. (BK 1.108, 🖼).

16.6.39 *Humaria hemisphaerica* (F.H. Wigg.) Fuckel,
Peziza hemisphaerica F.H. Wigg.
Halbkugeliger Borstenbecherling

Frkp: 10–30 mm, beinahe kugel- bis becherförmig, Innenseite grau- bis leicht bläulichweiß, Außenseite und Rand dicht braun behaart, ungestielt. **V:** meist gesellig auf stark verrottetem Holz oder auf feuchter Erde. **Mik:** Sporen isoliert warzig, breit ellipsoid, farblos, 20–26 × 10–13 µm, mit 2 Tropfen, uniseriat, Asci J–, operculat,

16.6.36 *Pulvinula convexella*, Leuchtendroter Kissenbecherling

16.6.37 *Pulvinula carbonaria*, Kohlen-Kissenbecherling

16.6.38 *Pulvinula globifera*, Weißer Kissenbecherling

16.6.39 *Humaria hemisphaerica*, Halbkug. Borstenb.

8-sporig, Haare 200–500 × 14–21 µm, Randhaare bis 1000 µm lang. (D 1133, BK 1.72,).

16.6.40 *Aurantiolachnea solsequia* (Quél.) Van Vooren, *Humaria solsequia* (Quél.) Van Vooren & Moyne, *Humaria aurantia* (Clem.) Häffner, Benkert & Krisai
Goldfarbener Orangeborstenbecherling,
Goldfarbener Borstenbecherling, Orangefarbener Borstenbecherling

Frkp: 5–25 mm, anfangs kugelig, später tief becherförmig, Innenseite rotorange, danach gelborange, Außenseite dicht braun behaart, Rand mit dunkelbraunen Haaren, ungestielt. **V:** auf morschem Laubholz; Sommer bis Herbst. **Mik:** Sporen glatt, ellipsoid, 15–18 × 8–9 µm, meist mit 2 Tropfen, uniseriat, Asci J–, operculat, 8-sporig, Randhaare 400–2000 × 40–45 µm.

16.6.41 *Lamprospora carbonicola* Boud.
Brandstellen-Rundsporbecherchen, Brandstellen-Moosling

Frkp: 0,5–4 mm, jung halbkugelig, später flach becher- bis scheibenförmig, Innenseite gelborange bis orangerot, Rand gezähnelt, Außenseite feinhaarig, ungestielt. **V:** auf alten Brandstellen auf Erde bei Brandstellen-Drehmoos *Funaria hygrometrica;* im Sommer. **Mik:** Sporen mit einem feinen, 0,2–0,4 µm hohen, kleinmaschigen Netz von 8–15 Maschen in der Länge, kugelig, farblos, 12–15 × 11–14 µm, teils mit 1 Tropfen, uni- bis biseriat, Asci J–, operculat, 8-sporig. (BK 1.106,).

Lamprospora polytrichi (Schumach.) Le Gal, *Octospora polytrichi* (Schumach.) Caillet & Moyne, Widertonmoos-Rundsporbecherchen, Widertonmoos-Moosbecherchen, Netzsporiger Moosbecherling, Netzsporiger Moosling: gemäß Ascomycete.org 2023 ist der Name falsch interpretiert worden. Er wird kaum mehr verwendet. Aufgrund der Beschreibung dürfte oft *L. carbonicola* gemeint sein.

Lamprospora densireticulata M. Vega, Janošík, Sochorová & Martínez-Gil: Fruchtkörper 1–2 mm, 14–17 × 13–16 µm; bei Aloe-Moos *Aloina ambigua.*

16.6.42 *Lamprospora retispora* (Itzerott & Thate) T. Schumach.,
Octospora retispora Itzerott & Thate
Netzsporiges Rundsporbecherchen

Frkp: 1–4 mm, anfangs geschlossen kugelig, später ausgebreitet mit auffälligem häutigem, oft ausgefranstem Rand, orangerot. **V:** einzeln oder in Gruppen auf Steinen/Mauern oder Erde mit Drehzahnmoos *Syntrichia* oder Kissenmoos *Grimmia;* im Winter. **Mik:** Sporen mit netzartigem, an Knotenpunkten verdicktem Ornament, mit 8–12 Maschen in der Länge, breit ellipsoid, farblos, 18,5–22,5 × 15–17 µm, jung mit 2, reif mit 1 Tropfen, uniseriat, Asci J–, operculat, 8-sporig. (CH 17).

Lamprospora tortulae-ruralis Benkert, Dach-Drehzahnmoos-Rundsporbecherchen: ebenfalls Dach-Drehzahnmoos *Syntrichia ruralis* (Syn. *Tortula ruralis*) parasitierend. Sporen kugelförmig, 16–19 µm.

16.6.43 *Octospora humosa* (Fr.) Dennis,
Gemeines Moosbecherchen, Gemeiner Moosbecherling

Frkp: 5–10 mm, schüsselförmig bis flach, innen glatt, blass- bis sattorange, Rand und außen heller, flockig-schorfig, Rand etwas gekerbt, ungestielt. **V:** einzeln bis gesellig auf Erde oder auf vermoosten Brandstellen; im Frühling bis Herbst. **Mik:** Sporen glatt, ellipsoid-zylindrisch, farblos, 19–21 × 11–12 µm, 1 oder 2 große Tropfen, uniseriat, Asci J–, operculat, 8-sporig. ( ).

16.6.44 *Octospora phagospora* (Flageolet & Lorton) Dennis & Itzerott,
Humaria phagospora Flageolet & Lorton
Sporenfressendes Moosbecherchen

Frkp: 0,5–2 mm, knopfartig, später ausgebreitet flach, blassorange, Rand gleich gefärbt oder etwas heller, ungestielt. **V:** vereinzelt bis gesellig auf sandigem, moosigem Boden, auf Seitenköpfchenmoosen *Pleuridium* oder Glänzendem Pohlmoos *Pohlia lutescens.* **Mik:** Sporen isoliert warzig, höchstens vereinzelt rippig verbunden, ellipsoid, 14–16 × 9–11 µm, uniseriat, Asci J–, operculat, 4-sporig. ( ).

16.6.45 *Octospora bridei* Caillet & Moyne
Breitspindelsporiges Tagmoos-Moosbecherchen

Frkp: 0,5–1,5 mm, jung kugelig, dann ausgebreitet, Innenseite flach bis gewölbt, orange, Außenseite gleichfarbig, ungestielt. **V:** einzeln bis rasig, an offenen Stellen am Boden bei Tagmoos *Ephemerum.* **Mik:** Sporen mit isolierten, bis 1 µm hohen Warzen, Wand an Polen verdickt (KOH), breit spindel- bis zitronenförmig, farblos, 21–25 × 11–13 µm, mit 1–2 Tropfen, uniseriat, Asci J–, inoperkult, 8-sporig. (CH 20).

Octospora echinospora Caillet & Moyne, Schmalspindelsporiges Tagmoos-Moosbecherchen: bei Gesägtem Eintagsmoos *Ephemerum serratum,* Erd-Schwertmoos *Fissidens bryoides,* Gewöhnlichem Perlmoos *Weißia controversa* oder Gewöhnlichem Glanzmoos *Phascum cuspidatum.* Sporen dicht und feinwarzig, schmal spindelförmig, 31–37 × 9,5–11,5 µm.

16.6.46 *Octospora bicarpa* P. Döbbeler, A. Büschlen & J. Eckstein
Zweifrüchtiges Moosbecherchen

Frkp: 0,3–1 mm, scheibenförmig, anfangs mit nach innen gebogenem Rand, später Mitte nur noch leicht vertieft, Innenseite (Hymenium) hell- bis dunkelorange, selten gelblich, trocken bernsteinfarben, Außenseite und Rand filzig, Rand unregelmäßig gelappt, kurz gestielt. **V:** in den oberen grünen Sprossregionen des Schönen Goldhaarmooses

16.6.41 *Lamprospora carbonicola,* Brandstellen-Rundsporbecherchen

16.6.43 *Octospora humosa,* Gemeines Moosbecherchen

16.6.44 *Octospora phagospora,* Sporenfressendes Moosbecherchen

Lewinskya speciosa. **Mik:** Sporen scheinbar glatt, jedoch ganz leicht rau, ellipsoid, farblos, 16–19 × 10–12 µm, mit 1–2 Tropfen, uni- in der Spitze teils biseriat, Asci J–, operculat, meistens 8-sporig, vereinzelt 6- oder 4-sporig.

16.6.47 *Neottiella hetieri* Boud., *Octospora hetieri* (Boud.) Dennis & Itzerott
Glattsporiges Brandstellen-Moosschälchen, Glattsporiges Moosbecherchen, Glattsporiger Moosborstling

Frkp: 0,5–3 mm breit, becherförmig bis flach, Innenseite glatt, blassorange, Außenseite feinfaserig, kleiig, gleichfarbig, Rand fein weiß behaart, oft etwas büschelig verklebt, ungestielt. **V:** meist gesellig auf Brandstellen unter Wetteranzeigendem Drehmoos *Funaria hygrometrica* oder auf Purpurstieligem Hornzahnmoos *Ceratodon purpureus;* vorwiegend im Frühling. **Mik:** Sporen glatt, ellipsoid, farblos, 14–19 × 8–11 µm, mit 1 Tropfen, uniseriat, Asci J–, operculat, 8-sporig. (BK 1.90, 🖼).

16.6.48 *Neottiella albocincta* (Berk. & M.A. Curtis) Sacc., Weißrandiges Moosschälchen, Atrichum-Moosschälchen: Fruchtkörper 1–5 mm, Innenseite (Hymenium) orange, Außenseite blasser, weißlich überfasert, mit 0,5–4 mm langem Stiel; bei Wellenblättrigem und Steifblättrigem Katharinenmoos *Atrichum undulatum* und *A. angustatum,* Sommer bis Winter. Sporen netz- oder teilnetzartig ornamentiert, selten fast isoliert warzig, 19–23 × 11–14 µm. (CH 19).

16.6.49 *Neottiella ricciae* (P. Crouan & H. Crouan) Korf & W.Y. Zhuang, *Leucoscypha ricciae* (P. Crouan & H. Crouan) Dennis, Sternlebermoos-Moosschälchen, Sternlebermoos-Weißhaarbecherling: Fruchtkörper 0,2–1 mm, orange, Rand behaart; auf oder neben Sternlebermoos *Riccia,* im offenen Lebensraum, z. B. auf einem Stoppelfeld. Sporen glatt, ellipsoid, 21–27 × 14–17 µm.

16.6.50 *Neottiella vivida* (Nyl.) Dennis, Warzigsporiges Moosschälchen: Fruchtkörper 5–20 mm, Innenseite glatt und lebhaft orange, außen weißlich filzig überzogen, Basis mit angedeutetem bis deutlichem Stiel; auf Erde bei Glashaar-Widertonmoos *Polytrichum piliferum,* Schönem Widertonmoos *P. formosum* und Steifblättrigem Frauenhaarmoos *P. strictum,* Herbst bis Winter. Sporen mit isolierten runden Warzen, ellipsoid, 22–27 × 13–15 µm.

16.6.51 *Neottiella rutilans* (Fr.) Dennis, Netzsporiges Moosschälchen: Fruchtkörper bis 3–12 mm, orange, Rand fransig, Basis angedeutet bis deutlich stielartig zusammengezogen; auf Wacholder-Widertonmoos *Polytrichum juniperinum,* Zierlichem Widertonmoos *P. longisetum* und Harz-Armhaarmoos *Oligotrichum hercynicum,* Sommer bis Winter. Sporen teilnetzartig, mit unterbrochenen Graten ornamentiert, ellipsoid, 20–26 × 12–15 µm. (🖼).

Octospora megapolitana (Benkert & T. Richt.) Benkert, *Neottiella megapolitana* Benkert & T. Richt.: Fruchtkörper 0,5–1 mm, schüsselförmig, oft höher als breit, Innenseite (Hymenium) blassorange bis rosa, Rand und Außenseite dicht behaart, Rand gezähnelt, auf sandigem Boden mit Gewöhnlichem Gabelzähnchenmoos *Dicranella heteromalla,* Gewöhnlichem Zwerglebermoos *Cephaloziella divaricata,* Nickendem Pohlmoos *Pohlia nutans.* Sporen isoliert feinwarzig, selten mit bis ca. 2 µm langen Rippen, ellipsoid bis spindelförmig, 21–26 × 10–12,5 µm.

16.6.52 *Rhodoscypha ovilla* (Peck) Dissing & Sivertsen, *Leucoscypha ovilla* (Peck) Harmaja, Großsporiger Rosabecherling

Frkp: 3–10 mm, erst kugelig, später tief becherförmig, Innenseite (Hymenium) glatt, rosa, außen weiß, kleiig-filzig und etwas heller rosa, Rand leicht ockerlich mit kaum sichtbaren weißen, verklebten Haaren, etwas gezähnelt, Basis stielartig zusammengezogen, jedoch direkt auf dem Boden aufsitzend. **V:** einzeln bis gesellig und gedrängt auf Erde, Schutt, im Laub- oder Nadelwald, bei Hasel *Corylus;* im Herbst. **Mik:** Sporen glatt, ellipsoid bis spindelförmig, 30–43 × 10,5–13,5 µm, Asci J–, operculat, 8-sporig. (🖼).

Humaria rhodoleuca Bres., *Leucoscypha rhodoleuca* (Bres.) Svrček, Rosafarbener Borstenbecherling, Rosafarbener Weißhaarbecherling ist gemäß Boehning & Gminder 2015 ein Synonym von *R. ovilla.* (BK 1.70).

16.6.53 *Leucoscypha leucotricha* (Alb. & Schwein.) Boud.
Gemeiner Weißhaarbecherling, Weißhaariger Borstenbecherling

Frkp: 5–10 mm, erst becher-, später unregelmäßig schüsselförmig, rundum weiß, Rand und Außenseite mit langen weißen Haaren, ohne Stiel. **V:** gesellig auf moosigem oder mit verrottendem Laub bedecktem Waldboden; im Spätsommer. **Mik:** Sporen feinst warzig, fast glatt, farblos, ellipsoid bis spindelförmig, farblos, 30–32,5 × 11,5–13,5 µm, mit 2 Tropfen, uniseriat, Asci J–, 8-sporig. (BK 1.69).

16.6.54 *Trichophaea woolhopeia* (Cooke & W. Phillips) Boud.
Woolhopes Borstling

Frkp: 3–6 mm, halbkugelig, becher- bis flach scheibenförmig, Innenseite (Hymenium) glatt, grauweiß, grauockerlich bis schwach graubläulich, außen und am Rand dicht braun behaart, ungestielt. **V:** einzeln bis gesellig auf Erde, an feuchten Stellen, auch Brandstellen; im Sommer bis Herbst. **Mik:** Sporen glatt, breit ellipsoid, farblos, 18–22 × 13–16 µm, mit 1 großen und teils 1 kleinen Tropfen, uniseriat, Asci J–, operculat, 8-sporig, Haare außen 160–450 × 11–17 µm, Randhaare 115–210 × 9–20 µm. (BK 1.76, 🖼).

16.6.47 *Neottiella hetieri,* Glattsporiges Brandstellen-Moosschälchen

16.6.51 *Neottiella rutilans,* Netzsporiges Moosschälch.

16.6.52 *Rhodoscypha ovilla,* Großsporiger Rosab.

16.6.54 *Trichophaea woolhopeia,* Woolhopes Borstling

16.6.55 *Trichophaea gregaria* (Rehm) Boud.
Geselliger Borstling

Frkp: 3–8 mm, erst halbkugelig, später becher- bis flach scheibenförmig, Innenseite (Hymenium) glatt bis etwas runzelig, grauweiß, außen und am Rand braun behaart, ungestielt. **V:** einzeln bis gesellig auf nackter, sandiger Erde, seltener auf Brandstellen; im Sommer. **Mik:** Sporen mit < 0,5 µm breiten Wärzchen leicht rau bis fast glatt, schmal ellipsoid bis spindelförmig, 21–26 × 9–12 µm, mit vielen kleinen, selten mit 1 großen Tropfen, uniseriat, Asci J–, operculat, 8-sporig, Außenhaare 140–300 × 9–12 µm, Randhaare 300–600 × 15–20 µm. (BK 1.74,).

Trichophaea hybrida (Sowerby) T. Schumach., *Scutellinia hybrida* (Sowerby) M.M. Moser: gemäß Van Vooren 2012d ist *T. gregaria* ein Synonym von *T. hybrida*.

Trichophaea contradicta (Seaver) H.J. Larsen, *Patella contradicta* Seaver, Brauner Brandstellen-Borstling: Fruchtkörper 1–2 mm, halbkugelig und ganz leicht becherförmig eingedellt, Innenseite (Hymenium) braunviolett, außen durch die braunen Härchen etwas dunkler Rand mit feinen Härchen, die aber mit der Lupe zu sehen sind; an frischen Brandstellen. Sporen glatt, ellipsoid, 14–16 × 10–11 µm, Asci J–, 8-sporig.

Trichophaea pseudogregaria (Rick) Boud., *Lachnea gregaria* f. *pseudogregaria* Rick: Sporen mit 1–2 µm breiten und bis 1 µm hohen Wärzchen, 19–23 × 9–11 µm, Haare außen und am Rand 70–240 × 9–18 µm.

Trichophaea abundans (P. Karst.) Boud., Rasiger Borstling: Fruchtkörper 2–4 µm, grau- bis dunkelbraun; auf Brandstellen, im Frühling. Sporen glatt, ellipsoid bis spindelig, 13,5–15,5 × 6,5–7,5 µm, Asci J–, 8-sporig, Haare außen und am Rand 50–150 × 12–22 µm.

16.6.56 *Lasiobolidium boudieri* (Grelet) Van Vooren & Valade, *Paratrichophaea boudieri* (Grélet) Bronckers, *Trichophaea boudieri* Grélet
Langhaariger Scheinborstling, Boudiers Borstling

Frkp: 1–5 mm, erst halbkugelig, später becher- bis flach scheibenförmig, Innenseite (Hymenium) glatt, grauweiß bis grauockerlich, außen und am Rand dicht braun behaart, ungestielt. **V:** einzeln bis gesellig auf moosigem, feuchtem Waldboden; im Sommer. **Mik:** Sporen glatt, ellipsoid, farblos, 18–21 × 10–13 µm, ohne Tropfen, uniseriat, Asci J–, operculat, 8-sporig, Randhaare 200–900 × 13–18 µm, außen kürzer, oft an der Basis knollig und bis 35 µm dick. (BK 1.73).

16.6.57 *Perilachnea hemisphaerioides* (Mouton) Van Vooren, *Trichophaea hemisphaerioides* (Mouton) Graddon, *Humaria hemisphaerioides* (Mouton) Eckblad
Halbkugeliger Brandstellen-Borstling

Frkp: 2,5–6 mm, erst halbkugelig-blasig, später tief becher- und schließlich flach tellerförmig mit aufstehendem Rand, Innenseite (Hymenium) weißgrau, evtl. etwas bläulich, Außenseite und Rand braun behaart, ungestielt. **V:** auf Brandstellen bei Moos oder auf verkohlten Holzstücken; Frühling bis Herbst. **Mik:** Sporen glatt bis feinst rau punktiert, ellipsoid, farblos, 13–16 × 7–8 µm, mit zwei Tropfen, uniseriat, Asci J–, 8-sporig, Haare außen 45–380 × 5–13 µm, Haare am Rand 400–680 × 10–12 µm. In der Originalbeschreibung von Mouton 1897 ist die Größe der Fruchtkörper mit 5–15 mm angegeben. (BK 1.75,).

Perilachnea ochraceoflava M. Carbone: Fruchtkörper 5–20 µm, cremeweiß bis cremeocker, auf Lärchenstreu *Larix*, bisher nur in Norditalien. Sporen mit mehreren Tropfen, 19–21 × 9,5–10,5 µm.

Perilachnea flavobrunnea (Richon) Van Vooren, M. Carbone & Valencia: in Küstennähe bei Wacholder *Juniperus* oder Zypressen *Cupressus*. Sporen mit mehreren Tropfen, 24–26 × 10,5–11,5 µm.

16.6.58 *Trichophaeopsis bicuspis* (Boud.) Korf & Erb
Zweispitz-Gabelhaarborstling, Zweispitz-Grauborstling, Doppelspitzhaariges Becherchen

Frkp: 1–3 mm, erst halbkugelig, urnenförmig, später becher- bis flach scheibenförmig, Innenseite (Hymenium) glatt, blass graulich, außen spärlich, am Rand dichter, mit langen braunen, nach oben gerichteten Haaren, ungestielt. **V:** auf entrindetem Totholz von Laubbäumen, oft von Pappel *Populus;* Sommer bis Herbst. **Mik:** Sporen glatt, ellipsoid, farblos, 16–20 × 11–13 µm, mit Grüppchen von kleinen Tropfen, uniseriat, Asci J–, operculat, 8-sporig, Haare bis 330–850 × 11–20 µm. (BK 1.77).

16.6.59 *Desmazierella acicola* Lib.
Föhrennadel-Scheibenborstling

Frkp: 1–4 mm, erst halbkugelig, später becher- bis flach scheibenförmig, Innenseite (Hymenium) mit aufstehenden Haaren, blass graulich bis cremebeige, außen spärlich und am Rand mit auffällig langen, schwarzbraunen, nach oben gerichteten Haaren, ungestielt. **V:** auf halb verrotteten Kiefernadeln *Pinus;* im Frühling. **Mik:** Sporen glatt, ellipsoid, farblos, 19–22,5 × 10–12,5 µm, mit Grüppchen kleiner Tropfen an den Enden, alt zu 1 großen zusammenlaufend, uniseriat, Asci J–, operculat, 8-sporig, Haare 800–1050 × 8–15 µm. (CH 8,).

16.6.60 *Cupulina montana* Dougoud, Van Vooren & M. Vega
Berg-Schüsselbecherchen

Frkp: 2–4 mm, becher-, im Alter schüsselförmig, teilweise etwas im Boden eingesenkt, Innenseite ockergelb bis braunorange, Außenseite rau, gleichfarbig, Rand unbehaart, unregelmäßig grob gezähnt, gelblich bis weiß, ungestielt. **V:** in kleinen Gruppen,

16.6.55 *Trichophaea gregaria*, Geselliger Borstling

16.6.57 *Perilachnea hemisphaerioides*, Halbkugeliger Brandstellen-Borstling

16.6.59 *Desmazierella acicola*, Föhrennadel-Scheibenborstling

16.6.60 *Cupulina montana*, Berg-Schüsselbecherchen

vorwiegend alpin, auf nackter Erde, oft zwischen Moosen, auf Gebirgsrasen; im Sommer. **Mik:** Sporen glatt, spindelförmig, 26–36 × 12–13,5 µm, Asci J–, operculat 8-sporig. (CH 7, 🖼).

Cupulina ascophanoides (Boud.) Van Vooren, *Tricharina ascophanoides* (Boud.) Chin S. Yang & Korf, Kleines Schüsselbecherchen, Kleiner Pelzbecher: Fruchtkörper flach schüssel- bis scheibenförmig, ocker- bis orangebeige, Rand unbehaart, evtl. etwas schartig; auf offener Erde, evtl. auch auf Rinde abgestorbener Pappelästchen *Populus.* Sporen glatt, breit ellipsoid, 16,5–22,5 × 10–13 µm, mit vielen Tropfen.

16.6.61 *Tricharina ochroleuca* (Sacc.) Eckblad
Ockerblasser Pelzbecher

Frkp: 3–5 mm, halbkugelig, becher- bis flach scheibenförmig, innen und außen glatt, ockergelblich bis grauockerlich, Rand büschelig ockerbraun behaart, ungestielt. **V:** auf moosigem Nadelwaldboden; Frühling bis Herbst. **Mik:** Sporen glatt, ellipsoid, farblos, 15–18 × 8–10 µm, Asci J–, operculat, 8-sporig. Van Vooren et al. 2017a zweifeln allerdings an der Interpretation dieser Art und bezeichnen *T. ochroleuca* als «nomen dubium».(🖼).

16.6.62 *Tricharina gilva* (Boud. ex Cooke) Eckblad
Gemeiner Pelzbecher

Frkp: 5–10 mm, erst halbkugelig-blasig, etwas eingesenkt, später becher- bis flach tellerförmig mit aufstehendem Rand, Innenseite (Hymenium) weißgrau, evtl. etwas bläulich, Außenseite und Rand braun behaart, ungestielt. **V:** auf Erde, nur ausnahmsweise auf Brandstellen; Frühling bis Herbst. **Mik:** Sporen glatt, ellipsoid mit gerundeten Polen, farblos, 13–17,5 × 8,5–11 µm, ohne Tropfen, uniseriat, Asci J–, operculat, 8-sporig, Außenhaare 150–370 × 5–7 µm, Randhaare 60–260 × 9–10 µm. (🖼).

16.6.63 *Tricharina praecox* (P. Karst.) Dennis, *Ascorhizoctonia praecox* Chin S. Yang & Korf
Frühjahrs-Pelzbecher

Frkp: 2–5 mm, becherfömig, später ausgebreitet, Innenseite (Hymenium) jung graulich, nachher ockergelb mit orangem oder grünlichem Schein, Außenseite mit vereinzelten braunen Härchen, Rand mit dunkleren, dichteren oft etwas büscheligen Haaren ungestielt. **V:** auf alten Brandstellen; vorwiegend im Frühjahr, aber auch im Sommer bis Herbst. **Mik:** Sporen glatt, ellipsoid mit etwas verjüngten Polen, farblos, 14–18 × 9–11,5 µm, ohne Tropfen, uniseriat, Asci J–, operculat, 8-sporig, Randhaare 150–300 × 7–10 µm, Haarbasis etwas erweitert. (BK 1.71).

16.6.64 *Tricharina japonica* Chin S. Yang & Korf
Japanischer Pelzbecher

Frkp: 5–10 mm, erst becherförmig und evtl. etwas eingesenkt, später flach scheibenförmig, Innenseite (Hymenium) glatt, grauweiß, außen gleich bis blassbraun und mit vereinzelten braunen Haaren, Rand dicht, dunkelbraun behaart, ungestielt. **V:** auf moosigem Nadelwaldboden; Frühling bis Sommer. **Mik:** Sporen glatt, ellipsoid bis etwas asymmetrisch spindelig, farblos, 16–21 × 8,5–10 µm, ohne Tropfen, uniseriat, Asci J–, operculat, 8-sporig, Haare außen 100–680 × 7,5–10 µm, Randhaare bis 120–380 × 9–13 µm. (CH 38).

In einer Arbeit mit Fokus auf *T. ascophanoides* (*Cupulina ascophanoides*, Kleines Schüsselbecherchen), *T. gilva*, Gemeiner Pelzbecher, *T. ochroleuca*, Ockerblasser Pelzbecher und *T. praecox* schreiben Van Vooren et al. 2017a, *Tricharina* sei eine der schwierigsten Gattungen der *Pezizales*. Sie weisen darauf hin, dass es sich bei bisher als *T. ochroleuca* beschriebenen Arten tatsächlich sehr oft um *T. gilva* handelte, und konnten zeigen, dass nur *T. praecox* strikt auf Brandstellen wächst, während *T. gilva* – trotz anderslautender Angaben – dies in der Regel nicht tut. *T. ascophanoides* zählt seit dieser Publikation zu *Cupulina* und ist in dieser Übersicht dort aufgeführt.

16.6.65 *Geopyxis carbonaria* (Alb. & Schwein.) Sacc., *Geopyxis foetida* Velen.
Gemeiner Kohlenbecher, Gemeiner Kohlenbecherling

Frkp: 0,5–2 cm, pokalförmig, Innenseite (Hymenium) glatt, ocker- bis rotbraun, Außenseite etwas blasser, Rand feinflockig, weißlich, mit dünnem, im Substrat eingesenktem Stiel. **V:** gesellig, auf Brandstellen; Frühling bis Herbst. **Mik:** Sporen glatt, ellipsoid, farblos, 11–16 × 6–9 µm, ohne Tropfen, uniseriat, Asci J–, operculat, 8-sporig. (D 1137, BK 1.100, 🖼).

Vrålstad et al. 1998 konnten zeigen, dass *G. carbonaria* eine Verbindung mit Weißtanne *Picea abies* eingehen kann und an den Fundorten mehrheitlich diese Baumart oder Kiefer *Pinus* zu finden sind.

16.6.66 *Geopyxis majalis* (Fr.) Sacc.
Mai-Kohlenbecher, Mai-Kohlenbecherling

Frkp: 7–25 mm, erst kugelig bis becher-, später ausgebreitet scheibenförmig, Innenseite (Hymenium) glatt, blassgelb bis schwach orange, Außenseite gleichfarbig, glatt bis etwas bereift, Rand weiß bereift bis körnig, Stiel kurz, 2–3 mm. **V:** einzeln bis gesellig, teilweise auf Brandstellen; im Spätsommer. **Mik:** Sporen glatt, leicht spindelförmig, 14–18 × 7,5–9 µm, uniseriat, Asci J–, operculat, 8-sporig. (🖼).

16.6.61 *Tricharina ochroleuca*, Ockerblasser Pelzbecher

16.6.62 *Tricharina gilva*, Gemeiner Pelzbecher

16.6.65 *Geopyxis carbonaria*, Gemeiner Kohlenbecher

16.6.66 *Geopyxis majalis*, Mai-Kohlenbecher

Geopyxis alpina Höhn., Alpiner Kohlenbecher: Fruchtkörper 3–8 mm, becherförmig bis etwas kugelig, Innenseite glatt, rötlich-ockergelb bis aprikosenfarben, Außenseite unter der Lupe feinkörnig, Rand gezähnt; auf offener Erde, in höheren Lagen. Sporen breit ellipsoid, 14–16 × 8–9,5 µm.

Weitere Arten wie

Kotlabaea delectans (Starbäck) Svrček, *Geopyxis delectans* (Starbäck) K. Hansen & X.H. Wang, Freudiges Protonemaorangebecherchen, Freudiger Kohlenbecher,

Geopyxis deceptiva X.H. Wang & K. Hansen,

Geopyxis rehmii Turnau,

Geopyxis aleurioides K. Hansen & S. Huhtinen und

Geopyxis korfii W.Y. Zhuang werden in der Literatur erwähnt. Es sind aber nur spärlich vertiefte Bearbeitungen zu finden.

16.6.67 *Sphaerosporella brunnea* (Alb. & Schwein.) Svrček & Kubička,
Trichophaea brunnea (Alb. & Schwein.) L.R. Batra
Brandstellen-Kugelsporborstling, Kugelsporiger Brandstellen-Schildborstling

Frkp: 2–8 mm, becher-, bald flach scheibenförmig, innen glatt, dunkel ocker- bis rotbraun, außen flaumig, fein mit braunen, angepressten Büscheln behaart, Rand dicht behaart, ungestielt. **V:** einzeln bis gesellig auf Brandstellen; Frühling bis Herbst. **Mik:** Sporen glatt, kugelförmig, farblos, 13–17 µm, mit einem Tropfen, uniseriat, Asci J–, operculat, 8-sporig, Haare am Rand 120–230 × 9–15 µm, außen bis 100 µm lang. (BK 1.84, 🖼).

16.6.67 *Sphaerosporella brunnea,* Brandstellen-Kugelsporborstling

16.6.68 *Anthracobia maurilabra* (Cooke) Boud.
Düsterer Brandstellenwimperling, Düsterer Brandstellenbecherling

Frkp: 2–5 mm, halbkugelig, später becherförmig bis fast flach mit leicht aufstehendem Rand, Innenseite (Hymenium) gelb bis ockerbraun, Außenseite und Rand fein dunkelbraun haarig-schuppig, ungestielt. **V:** dicht gedrängt auf Brandstellen; Spätsommer bis Herbst. **Mik:** Sporen glatt, ellipsoid, farblos, 19–20 × 8–9 µm, Asci J–, operculat, 8-sporig, Haare 60–120 × 4–8 µm. (🖼)

16.6.68 *Anthracobia maurilabra,* Düsterer Brandstellenwimperling

16.6.69 *Anthracobia melaloma* (Alb. & Schwein.) Arnould
Schwarzgesäumter Brandstellenwimperling,
Schwarzgesäumter Brandstellenbecherling

Frkp: 1–5 mm, jung geschlossen kugelig bis halbkugelig, später becher- bis flach kissenförmig, Innenseite (Hymenium) glatt, orange bis rotbraun (von Algenbewuchs evtl. etwas grünlich), außen bräunlich punktiert, Rand etwas heller und mit feinen (Lupe) gelbbraunen Hyphenbüscheln, ungestielt. **V:** gesellig auf Brandstellen, auf Erde oder angekohltem Holz; im Frühsommer und Sommer. **Mik:** Sporen glatt, schmal ellipsoid, farblos, 15–20 × 6,5–9,5 µm, mit 2 Tropfen, uniseriat, Asci J–, operculat, 8-sporig, Paraphysenenden keulenförmig, mit wenig farblosem Gel, Haare 60–120 × 4–8 µm. (BK 1.95, 🖼).

16.6.69 *Anthracobia melaloma,* Schwarzgesäumter Brandstellenwimperling

16.6.70 *Anthracobia subatra* (Rehm) M.M. Moser, Dunkelbrauner Brandstellenwimperling, Dunkelbrauner Brandstellenbecherling: Fruchtkörper 1–7 mm, dunkelbraun bis schwarz; gesellig auf Brandstellen zwischen Moosen und Gräsern, bis November. Sporen 18–21 × 9,5–11 µm, Paraphysenenden kopfig, mit einer Haube aus braunem Gel. (CH 2, 🖼).

16.6.70 *Anthracobia subatra,* Dunkelbrauner Brandstellenwimperling

16.6.71 *Anthracobia nitida* Boud.
Glänzender Brandstellenwimperling

Frkp: bis 2–4 mm, flach becherförmig bis abgeflacht, Innenseite (Hymenium) orange bis gelborange, Rand mit braunen Haaren, Außenseite mit Pusteln aus zu Büscheln verklebten Haaren, ungestielt. **V:** dicht gedrängt auf Brandstellen; im Sommer. **Mik:** Sporen glatt, schmal ellipsoid, farblos, 16–19 × 7–9 µm, mit 2 großen Tropfen, uniseriat, Asci J–, operculat, 8-sporig, Haare 45–120 × 5–10 µm. (BK 1.96).

16.6.72 *Anthracobia macrocystis* (Cooke) Boud.
Fastbehaarter Brandstellenwimperling,
Fastbehaarter Brandstellenbecherling

Frkp: 2–4 mm, erst gewölbt, später leicht becherförmig bis flach, Innenseite (Hymenium) glatt, gelborange bis orange, Außenseite und Rand bräunlich punktiert durch sehr kurze Haarbüschel und etwas blasser, ungestielt. **V:** gesellig gedrängt auf Brandstellen; Frühling bis Sommer. **Mik:** Sporen glatt, ellipsoid, farblos, 16–18 × 8–9 µm, mit 2 Tropfen, uniseriat, Asci J–, operculat, 8-sporig, Haare 14–40 × 5–12 µm. (BK 1.94, 🖼).

16.6.72 *Anthracobia macrocystis,* Fastbehaarter Brandstellenwimperling

16.6.73 *Pyronema domesticum* (Sowerby) Sacc.
Großsporiges Feuerkissen, Großsporiger Feuerbecherling

Frkp: bis 1 mm breit, ± kreiselförmig, Innenseite (Hymenium) erst rosa-, später orange bis orangerot, Außenseite meist heller, Rand feinzottig, ungestielt. **V:** zahlreiche einzelne, kleine Fruchtkörper verwachsen auf einem weißen Subiculum zu einem flächigem Überzug, auf

16.6.73 *Pyronema domesticum,* Großsporiges Feuerkissen

Erde, oft Brandstellen; ganzjährig. **Mik:** Sporen glatt, breit ellipsoid, farblos, 15–17 × 10–11,5 µm, ohne Tropfen, uniseriat, Asci J–, operculat, 8-sporig. (BK 1.117, 🖼).

16.6.74 *Cheilymenia crucipila* (Cooke & W. Phillips) Le Gal, *Scutellinia crucipila* (Cooke & W. Phillips) J. Moravec
Verzweigthaariger Borstenbecher, Sternhaariger Erdborstling, Sternhaariger Schildborstling, Verzweigthaariger Schildborstling

Frkp: 2–7 mm, trichterig-becherförmig, Innenseite (Hymenium) lebhaft orange bis orangerot, Rand und Außenseite heller und hellbraun behaart, ungestielt. **V:** gesellig bis rasig auf Erde; Frühling bis Spätsommer. **Mik:** Sporen feinwarzig, vereinzelt gratig verbunden, ellipsoid, farblos, 15–18 × 8,5–10 µm, ohne Tropfen, uniseriat, Asci J–, operculat, 8-sporig, Haare bis 280 × 25 µm, im unteren Teil teils mehrfach verzweigt. (BK 1.85, 🖼).

16.6.75 ***Cheilymenia granulata*** (Bull.) J. Moravec, ***Peziza granulosa*** Pers., ***Coprobia granulata*** (Bull.) Boud.
Granulierter Borstenbecher, Granulierter Becherling, Körniger Rinderdungbecherling

Frkp: 1–3 mm, tellerförmig, Innenseite (Hymenium) erst glatt, später rau, gelborange bis orangebraun oder orangerot, Außenseite und Rand weißlich körnig, ungestielt, Fleisch wachsartig, zerbrechlich, orange. **V:** gesellig gedrängt auf eher frischem Kuhfladen; Frühjahr bis Herbst. **Mik:** Sporen glatt, ellipsoid, farblos, 12,5–18 × 6,5–8,5 µm, ohne Tropfen, uniseriat, Asci J–, operculat, 8-sporig. (BK 1.101, 🖼).

16.6.76 *Cheilymenia dennisii* J. Moravec, *Cheilymenia fimicola* (Bagl.) Dennis
Ungleichwarzensporiger Borstenbecher, Gemeiner Mist-Borstenbecher, Gemeiner Mistborstling

Frkp: bis 2–5 mm, tiegel- bis tellerförmig, Innenseite (Hymenium) feinhöckerig, gelborange, Außenseite und Rand etwas blasser und mit hellbraunen und daher unscheinbaren Haaren (bis 0,5 mm), ungestielt. **V:** gesellig-gedrängt auf Hirsch- und Rehdung; Frühling bis Herbst. **Mik:** Sporen mit feinsten, mehrheitlich isolierten und vereinzelt verbundenen Wärzchen ornamentiert, ellipsoid, farblos, 17–18 × 8–10 µm, ohne Tropfen, uniseriat, Asci J–, 8-sporig, operculat, Haare 250–450 × 15–21 µm, Basis der Haare einfach. (BK 1.86, CH 4, 🖼).

16.6.77 *Cheilymenia laevispora* Dougoud, Glattsporiger Borstenbecher: Fruchtkörper 1–4 mm, Haare nur bis 0,2 mm lang. Sporen glatt und oft von Schleim umgeben, 18,5–20 × 11–11,5 µm. (CH 5, 🖼).

16.6.78 *Cheilymenia coprinaria* (Cooke) Boud., Kleinsporiger Borstenbecher: Fruchtkörper 3–7 mm; anfangs geschlossen mit langen Haaren, später becher- bis scheibenförmig, gelborange bis orangerötlich, auf Kuhdung. Sporen fast glatt, 13,5–17 × 7,5–9,5 µm, Haare am Rand 150–1000 × 15–40 µm, Basis der Haare oft gegabelt. (🖼).

Cheilymenia rubra Roum. ex Boud., Hellroter Borstenbecher: Fruchtkörper rot, außen und vor allem am Rand mit dunkelbraunen Haaren. Sporen 16–21 × 8–9 µm, Haare 400–500 µm lang.

Cheilymenia magnipila J. Moravec, Starkhaariger Borstenbecher: Fruchtkörper 3–8 mm; anfangs kugelig geschlossen mit langen Haaren, später becher- bis scheibenförmig, lebhaft ocker- bis zimtbraun, auf Dung. Sporen feinst warzig, ellipsoid bis zylindrisch, 12–15 × 5,5–7,5 µm, Haare am Rand 400–1250 × 28–50 µm, Basis der Haare oft mehrfach gegabelt.

16.6.79 *Cheilymenia stercorea* (Pers.) Boud.
Sternhaariger Dung-Borstenbecher, Sternhaariger Mistborstling

Frkp: 1–3 mm, becherförmig und zunehmend flach, Innenseite (Hymenium) glatt, gelborange, Außenseite anfangs weißlich, später orange, filzig durch 2- bis 5-fach verzweigte Haare, Rand mit bis 0,7 mm langen unverzweigten Haaren, ungestielt. **V:** gesellig auf Dung von Wildtieren, seltener auch Kuhfladen; Frühling bis Frühsommer. **Mik:** Sporen glatt, ellipsoid, farblos, 17–19 × 8–9 µm, ohne Tropfen, uniseriat, Asci J–, operculat, 8-sporig, Basis der Haare gegabelt. (BK 1.87, 🖼).

16.6.80 *Cheilymenia raripila* (W. Phillips) Dennis
Spärlichhaariger Borstenbecher

Frkp: 0,5–2 mm, kreisel- bis scheibenförmig, flach, Innenseite (Hymenium) erst glatt, gelb bis orangegelb und zunehmend etwas uneben, Rand fein bewimpert. **V:** auf

16.6.74 *Cheilymenia crucipila*, Verzweigthaariger Borstenbecher

16.6.75 *Cheilymenia granulata*, Granulierter Borstenb.

16.6.76 *C. dennisii*, Ungleichwarzenspor. Borstenb.

16.6.77 *C. laevispora*, Glattsporiger Borstenbecher

16.6.78 *C. coprinaria*, Kleinsporiger Borstenbecher

16.6.79 *C. stercorea*, Sternhaariger Dung-Borstenb.

Kuhdung; im Herbst. **Mik:** Sporen fein und sehr dicht netzartig ornamentiert, breit ellipsoid bis zylindrisch, farblos, 24–27 × 14–14,5 µm, ohne Tropfen, uniseriat, Asci J–, operculat, 8-sporig, Haare 160–250 × 12–22 µm. (CH 6).

16.6.81 *Cheilymenia theleboloides* (Alb. & Schwein.) Boud.
Blassgelber Borstenbecher, Blassgelber Erdborstling

Frkp: 5–15 mm, unregelmäßig pokal-, becherförmig bis flatterig flach, Innenseite (Hymenium) glatt, orange- bis olivgelb, Außenseite und Rand mit wenigen durchsichtigen Haaren besetzt, Rand etwas dunkler gefärbt, ungestielt, Fleisch gelblich. **V:** gesellig, meist gedrängt auf modernden Pflanzenresten; Frühling bis Herbst. **Mik:** Sporen glatt oder fein längs gerillt, ellipsoid, 15–20 × 9–11 µm, ohne Tropfen, jedoch kann der Zellkern sichtbar sein, uniseriat, Asci J–, operculat, 8-sporig. (BK 1.88,).

16.6.81 *Cheilymenia theleboloides*, Blassgelber Borstenbecher

16.6.82 *Cheilymenia vitellina* (Pers.) Dennis
Dottergelber Borstenbecher, Dottergelber Erdborstling

Frkp: 5–15 mm, unregelmäßig becherförmig bis flatterig flach, Innenseite (Hymenium) glatt, lebhaft gelb, Außenseite und Rand gleichfarbig, mit wenigen, ca. 1 mm langen, hellgelben Haaren besetzt. **V:** gesellig auf Erde; im Spätsommer. **Mik:** Sporen glatt, ellipsoid, 15–17 × 8–9 µm, Asci J–, operculat, 8-sporig. (BK 1.89,).

16.6.82 *Cheilymenia vitellina*, Dottergelber Borstenbecher

16.6.83 *Lasiobolus papillatus* (Pers.) Sacc., *Lasiobolus ciliatus* (J.C. Schmidt) Boud., *Ascobolus ciliatus* J.C. Schmidt
Bewimperter Borstenkotling, Borstiger Kotling

Frkp: 0,4–0,8 mm, erst becherförmig, später kreiselförmig, rundum gelborange, Außenseite und Rand mit relativ langen, hellfarbenen Haaren, ungestielt. **V:** einzeln bis gesellig auf Dung von Wildtieren; ganzjährig. **Mik:** Sporen glatt, ellipsoid, farblos, 17,5–20 × 10–11 µm, ohne Tropfen, uniseriat, Asci J–, operculat, 8-sporig. (BK 1.115,).

Lasiobolus macrotrichus P. Karst., Langhaariger Borstenkotling: trotz des Namens sind die Haare meist nicht länger als 0,6 mm; in Gruppen auf Rehdung, vorwiegend im Frühjahr. Sporen schmal ellipsoid, 22–25 × 9–10 µm, Exsikkat in Wasser mit De Bary-Blase. (CH 18).

16.6.83 *Lasiobolus papillatus*, Bewimperter Borstenkotling

16.6.84 ***Ascobolus furfuraceus*** Pers., ***Ascobolus stercorarius*** (Bull.) J. Schröt.
Kleiiger Kotling

Frkp: 1–5 mm, becherförmig bis flach oder leicht gewölbt, Innenseite (Hymenium) erst glatt und gelb bis grüngelb, später rau und dunkel oliv- bis violettbraun, Außenseite und Rand kleiig-filzig und heller, Rand meist etwas aufstehend, ungestielt. **V:** meist gesellig auf Kuhfladen; ganzjährig. **Mik:** Sporen erst glatt und farblos, später violettbraun mit teils netzartig verbundenen, hellen Längsrippen ornamentiert, ellipsoid, 23–26 × 10–14 µm, ± biseriat bis schräg uniseriat, Asci J+, operculat, 8-sporig. (BK 1.114,).

16.6.85 *Ascobolus crenulatus* P. Karst., Grüngelber Kotling: Fruchtkörper nur bis 2 mm, erst kreisel- bis kissenförmig, später flach, rundum grün- bis olivgelb, Außenseite schorfig; einzeln bis gesellig auf Dung verschiedener Tierarten (Reh, Hund, Ziege usw.). Sporen 14–16 × 8–9 µm. (BK 1.113).

16.6.84 *Ascobolus furfuraceus*, Kleiiger Kotling

16.6.86 *Ascobolus brassicae* P. Crouan & H. Crouan
Kohl-Kotling

Frkp: 0,5–1 mm, becherförmig bis flach, jung rundum weißlich, später violettlich verfärbend, Rand fein gekerbt, ungestielt. **V:** auf Kot z. B. von Fuchs oder Hund, oder auf faulenden Stängeln von Kohl *Brassica;* Herbst bis Frühling. **Mik:** Sporen erst glatt und farblos, reif feinwarzig und etwas violettbräunlich, kugelförmig, 12–13 µm, mit 1 Tropfen, uniseriat, Asci J+, 8-sporig. (BK 1.111).

16.6.87 *Ascobolus carbonarius* P. Karst.
Brandstellen-Kotling

Frkp: 0,4–0,8 mm, bis knapp 1 cm breit, becherförmig bis fast flach, Innenseite (Hymenium) erst glatt und orange- bis olivgelb, später rau und dunkel olivbraun, Außenseite und Rand kleiig-schorfig, ungestielt. **V:** meist gesellig auf Brandstellen; Frühling bis Sommer. **Mik:** Sporen mit rundlichen Warzen, ellipsoid, reif violettbraun gefärbt, 22–23 × 13–14 µm, uniseriat, Asci J+, operculat, 8-sporig. (BK 1.112,).

16.6.87 *Ascobolus carbonarius*, Brandstellen-Kotling

16.6.88 *Pseudombrophila theioleuca* Rolland, *Fimaria theioleuca* (Rolland) Brumm.
Hellscheibiger Dungbecherling,
Schwefelgelber Dungbecherling, Hellscheibiger Kleinbecher

Frkp: 1–5 mm, pokalförmig, später scheibenförmig, Innenseite (Hymenium) glatt, hellgelb bis blass gelbbräunlich, Rand und außen bräunlich bis purpurbräunlich, fein weißlich, flaumig behaart, teilweise kurz gestielt. **V:** auf Wildlosung von Ziege, Hase, Reh, Wildschwein, evtl. Schaf; ganzjährig. **Mik:** Sporen glatt, ellipsoid, farblos, 15–17 × 8–10 µm, ohne Tropfen, uniseriat, Asci J–, operculat, 8-sporig, Paraphysen fadenförmig, verzweigt, mehrfach septiert. (BK 1.110?).

16.6.89 *Pseudombrophila merdaria* (Fr.) Brumm.
Kleinsporiger Dungbecherling, Keinsporiger Kleinbecher

Frkp: 0,1–0,5 cm, tiegelförmig, später ausgebreitet flach schüssel- bis scheibenförmig, Innenseite (Hymenium) ocker- bis kastanienbraun, Außenseite teilweise punktiert, Rand etwas aufgebogen, mit braunviolettem bis schwärzlichem Saum, kurz gestielt. **V:** gesellig, auf Nadelstreu oder anderen Pflanzenresten, oft bei Vogelkot; Frühling bis Herbst. **Mik:** Sporen glatt, später leicht gestreift (zebriert), breit ellipsoid, farblos, 13–15 × 7–8 µm, ohne Tropfen, uniseriat, Asci J–, operculat, 8-sporig. (🖼).

16.6.90 *Pseudombrophila petrakii* (Sacc.) Brumm.
Gebändertsporiger Dungbecherling, Vogelkot-Kleinbecher

Frkp: 1–6 mm, tiegelförmig, später flach schüssel- bis scheibenförmig, Innenseite (Hymenium) glatt, oft etwas runzelig, blass rötlichbraun, Rand etwas aufgebogen, feinflaumig, braun, Außenseite punktiert bis schorfig, kurz gestielt. **V:** gesellig, auf Streu oder altem Dung (Vogelkot); Frühling bis Herbst. **Mik:** Sporen glatt, später deutlich gestreift (zebriert), ellipsoid, farblos, 11–13 × 6–7,5 µm, ohne Tropfen, uniseriat, Asci zylindrisch mit stumpfem Ende, J–, operculat, 8-sporig, Randhaare 50–100 x 5–8 µm, aus verketteten, länglichen Zellen, Paraphysen fadenförmig, mehrfach septiert, vereinzelt verzweigt. (BK 1.78).

16.6.91 *Pseudombrophila equina* (Graddon) Brumm., *Fimaria equina* Graddon
Pferde-Dungbecherling, Pferdedung-Kleinbecher

Frkp: 0,5–2 mm, tiegelförmig, später flach schüssel- bis scheibenförmig, Innenseite (Hymenium) glatt, blass- bis gelbrosa, Rand etwas aufgebogen, feinflaumig, rötlichbraun, Außenseite etwas dunkler punktiert, evtl. kurz gestielt. **V:** gesellig, auf Dung, vor allem Pferdekot; Frühling bis Herbst. **Mik:** Sporen glatt, ellipsoid, etwas dickwandig, farblos, 7–8 x 3–4 µm, ohne Tropfen, uniseriat, Asci zylindrisch mit stumpfem Ende, J–, operculat, 8-sporig, Paraphysen fadenförmig, mehrfach septiert. (🖼).

16.6.92 *Pseudombrophila cervaria* (W. Phillips) Brumm.
Kastanienbrauner Dungbecherling, Kastanienbrauner Kleinbecher

Frkp: 1–4 mm, tiegelförmig, später schüssel- bis scheibenförmig, graubraun, Rand dunkler und etwas aufgebogen, evtl. kurz gestielt. **V:** gesellig auf Dung von Säugetieren oder auf Pflanzenresten; Frühsommer bis Herbst. **Mik:** Sporen glatt, ellipsoid, farblos, 14–19 × 7–9,5 µm, ohne Tropfen, uniseriat, Asci J–, operculat, 8-sporig.

16.6.93 *Pseudombrophila hepatica* (Batsch) Brumm.
Leberfarbiger Dungbecherling, Leberbrauner Kleinbecher

Frkp: 1–2 mm, tiegelförmig, später schüssel- bis scheibenförmig, Innenseite (Hymenium) glatt bis etwas rau, rotbraun, leberbraun bis weinrot, Rand etwas fransig, Außenseite leicht heller, kaum gestielt, Fleisch gelatinös wirkend. **V:** gesellig, vorwiegend auf Dung von Wild, Schafen, Mäusen, Kaninchen, auch auf Pflanzenresten; Frühsommer bis Herbst. **Mik:** Sporen glatt, ellipsoid, farblos, 22–38 × 10–15 µm, mit gut sichtbarem Zellkern, uniseriat, Asci J–, operculat, 8-sporig, Paraphysen fadenförmig, verzweigt, vielfach septiert. (CH 33, 🖼).

16.6.94 *Pseudombrophila bulbifera* (E.J. Durand) Brumm.
Rundsporiger Dungbecherling, Rundsporiger Kleinbecher

Frkp: 2–4 mm, tiegel-, bald scheibenförmig, glatt bis etwas rau, Innenseite (Hymenium) dunkel rotbraun, Außenseite gleichfarbig, Rand weißlich, flaumig-haarig, teilweise kurz gestielt. **V:** einzeln bis dicht gedrängt auf Dung verschiedener Säugetiere oder auf von Dung getränkten Pflanzenresten; Frühsommer bis Herbst. **Mik:** Sporen glatt, breit ellipsoid bis kugelig, farblos, 11–13 × 10,5–12 µm, ohne Tropfen, Exsikkat in Wasser mit De Bary-Blase, uniseriat, Asci J–, operculat, 8-sporig, Paraphysen fadenförmig, mehrfach septiert, teils gegabelt.

Pseudombrophila ripensis (E.C. Hansen) Brumm., Sklerotien-Dungbecherling, Sklerotien-Kleinbecher: Fruchtkörper 1–2,5 cm, fast kugelig, außen haarig bis körnig-schuppig, später schüssel- bis scheibenförmig, innen gelb- bis fuchsigbraun, Rand fransig, weißlich; auf Dung von Kühen, Schafen, Bären, aus einem Sklerotium sprießend. Sporen 13,5–17,5 × 9–10 µm.

Gemäß VAN BRUMMELEN 1995 gibt es in Europa insgesamt gut 20 verschiedene Arten der Gattung *Pseudombrophila*, Dungbecherlinge.

16.6.95 *Aleuria aurantia* (Pers.) Fuckel
Gemeiner Orangebecherling

Frkp: 3–10 cm, unregelmäßig becherförmig bis fast flach, Innenseite (Hymenium) glatt, lebhaft orange bis orangerot, Außenseite fein kleiig und blasser, ungestielt. **V:** meist gesellig in kleineren Gruppen auf Erde; Sommer bis Herbst. **Mik:** Sporen netzartig-warzig,

16.6.89 *Pseudombrophila merdaria*, Kleinsporiger Dungbecherling

16.6.91 *Pseudombrophila equina*, Pferde-Dungbecherling

16.6.93 *Pseudombrophila hepatica*, Leberfarbiger Dungbecherling

16.6.95 *Aleuria aurantia*, Gemeiner Orangebecherling

ellipsoid, teilweise mit Fortsätzen an den schmalen Enden, farblos, 14–16 × 9,5–10,5 µm, mit 2 kleinen Tropfen, uniseriat, Asci J–, operculat, 8-sporig. (D 1136, BK 1.98, 🖼).

16.6.96 *Aleuria splendens* (Quél.) Gillet, *Peziza splendens* Quél.
Gestielter Orangebecherling

Frkp: 2–3 cm, becher- bis schüsselförmig, Innenseite (Hymenium) lebhaft orange, Außenseite blasser, mit deutlichem, 2–3 cm langem, gefurchtem Stiel. **V:** auf Laubstreu; Sommer bis Herbst. **Mik:** Sporen netzartig ornamentiert, ellipsoid, farblos, 16,5–19 × 8,5–11,5 µm, meist mit 2 Tropfen, uniseriat, Asci J–, operculat, 8-sporig. (BK 1.99).

16.6.97 *Aleuria luteonitens* (Berk. & Broome) Gillet, *Peziza luteonitens* Berk. & Broome
Gelber Orangebecherling

Frkp: 5–15 mm, becher- bis scheibenförmig, Innenseite (Hymenium) lebhaft gelb, Außenseite leicht heller, Rand ebenfalls blasser, feinflaumig, ohne Stiel. **V:** auf lehmiger Walderde; Sommer bis Herbst. **Mik:** Sporen jung glatt, reif mit teilweise bis vollständig netzartigem, 0,5–2,3 µm hohem Ornament, an Unterbrüchen im Netz mit kräftigen Warzen, ellipsoid, 14–16 × 7–8,5 µm, ohne Tropfen, Exsikkat in Wasser oft mit De Bary-Blasen, uniseriat, Asci J–, operculat, 8-sporig. (🖼).

Aleuria bicucullata Boud.: Fruchtkörper bis 1 cm groß. Sporen 13–15 × 7,5–8,5 µm, Ornament bis 6,3 µm.

16.6.98 *Aleurina tenuiverrucosa* Dougoud & Roffler
Feinwarzigsporiges Auenbecherchen

Frkp: 3–6 mm, leicht becher- bis tellerförmig mit etwas aufstehendem Rand, Innenseite (Hymenium) gelblich bis etwas olivbraun, Außenseite feinfilzig. **V:** auf Erde oder morschem (vergrabenem) Holz; Sommer bis Winter. **Mik:** Sporen feinst und mehrheitlich isoliert warzig, vereinzelt verbunden, ellipsoid, farblos, 15–17 × 9–9,5 µm, uniseriat, ohne Tropfen, Asci J–, operculat, 8-sporig. (CH 1, 🖼).

16.6.99 *Psilopezia nummularia* Berk.
Münzenförmiger Nacktbecherling

Frkp: 5–20 mm, rundlich scheibenförmig mit welliger Oberfläche, Innenseite (Hymenium) nass glänzend, kastanien- bis orangebraun, Außenseite heller, im Zentrum mit Basalfilz, ungestielt. **F:** leicht gelatinös, ohne feste Außenschicht. **V:** einzeln auf nassem, morschem Fichtenholz *Picea;* im Herbst. **Mik:** Sporen glatt, ellipsoid, farblos, 25–37 × 15–18,5 µm, mit 2 Tropfen, uniseriat, Asci J–, 8-sporig. (BK 1.58).

16.6.97 *Aleuria luteonitens,* Gelber Orangebecherling

16.6.98 *Aleurina tenuiverrucosa,* Feinwarzigsporiges Auenbecherchen

16.7 *Peziza*, Becherlinge und Ähnliche

Ascomycota, Schlauchpilze > *Pezizomycetes* > *Pezizales*, Becherlingsartige

Familie *Pezizaceae*, Becherlingsverwandte und Ähnliche

Die meisten Gattungen in diesem Unterkapitel zählen zur Familie ***Pezizaceae***, Becherlingsverwandte. Insbesondere gehören *Peziza*, Becherlinge dazu, welche der Familie wie auch der ganzen Ordnung den Namen gegeben haben. Sie zeichnen sich durch kleine bis große, becherförmige Fruchtkörper aus. Diese sitzen mehrheitlich ungestielt auf dem Substrat; selten sind sie kurz gestielt oder auch etwas eingesenkt. Die Becherform öffnet sich oft im Laufe des Wachstums zu schüssel- oder tellerförmig bis ganz flach. Einige sind anfangs fast kugelförmig und breiten sich erst später aus, andere sind schon von Beginn an flach, gewölbt kissenförmig oder haben sogar einen heruntergebogenen Rand. Im Unterschied zu vielen *Pyronemataceae* aus Unterkapitel 16.6 ist der Rand in der Regel unbehaart, glatt oder schartig. Äußerlich ähnliche Gattungen der Ordnung *Pezizales* aus den Familien ***Caloscyphaceae***, Prachtbecherlingsverwandte, ***Rhizinaceae***, Wurzellorchelverwandte, ***Sarcoscyphaceae***, Kelchbecherlingsverwandte und ***Sarcosomataceae***, Gallertkugelverwandte sind ebenfalls hier aufgeführt und mit den zugehörigen Gattungen in tabellarischer Sicht aufgelistet:

Caloscyphaceae, Prachtbecherlingsverwandte
- > ***Caloscypha***, Prachtsbecher

Pezizaceae, Becherlingsverwandte
- > ***Adelphella***, Dickbecher
- > ***Daleomyces***, Kohlenbecherlinge
- > ***Elaiopezia***, Becherlinge
- > ***Geoscypha***, Erdbecherlinge
- > ***Iodophanus***, Kotlinge
- > ***Ionopezia***, Violettbecherlinge
- > ***Legaliana***, Becherlinge
- > ***Marcelleina***, Rundsporbecherlinge
- > ***Pachyella***, Dickbecherlinge
- > ***Paragalactinia***, Braunparaphysenbecherlinge
- > ***Peziza***, Becherlinge
- > ***Phaeopezia***, Braunsporbecherlinge
- > ***Phylloscypha***, Violettfleischbecherlinge
- > ***Plicaria***, Holzkohlenbecherlinge
- > ***Plicariella***, Pustelbecherlinge
- > ***Sarcosphaera***, Kronenbecherlinge

Rhizinaceae, Wurzellorchelverwandte
- > ***Rhizina***, Wurzellorcheln

Sarcoscyphaceae, Kelchbecherlingsverwandte
- > ***Pithya***, Rundspornadelbaumbecherchen
- > ***Sarcoscypha***, Kelchbecherlinge

Sarcosomataceae, Gallertkugelverwandte
- > ***Plectania***, Flechtbecherlinge
- > ***Pseudoplectania***, Schwarzborstlinge
- > ***Urnula***, Tulpenbecher

Peziza, Becherlinge und Ähnliche

Beschreibung

Obwohl die Gattung *Peziza*, Becherlinge in der Vergangenheit aufgeteilt und kleiner geworden ist, umfasst sie immer noch ein großes Spektrum von kleinen bis recht großen Becherlingen in verschiedensten Farben, mit glatten bis warzigen Sporen, die auf Erde, Brandstellen oder Holz gedeihen können. Es kann gut sein, dass auch die verbliebenen ***Peziza*** weiter aufgeteilt werden müssen. Äußerlich im gleichen Spektrum befinden sich ***Phaeopezia***, Becherlinge. Fruchtkörper mit violetten Farbanteilen finden sich in den Gattungen ***Ionopezia***, Violettbecherlinge mit glatten, spindeligen Sporen, ***Marcelleina***, Rundsporbecherlinge mit kugelförmigen, warzig bis netzartig ornamentierten Sporen und ***Phylloscypha***, Violettfleischbecherlinge mit ellipsoiden, reif grobwarzigen Sporen. Ebenfalls warzige bis netzartige Sporen zeigen ***Legaliana***, Becherlinge mit meistens olivem Farbton. ***Daleomyces***, Kohlenbecherlinge, ***Geoscypha***, Erdbecherlinge und ***Plicaria***, Holzkohlenbecherlinge gedeihen mehrheitlich auf Brandstellen oder verkohltem Holz. ***Elaiopezia***, Becherlinge erkennt man an Sporen mit bedeckten Polkappen. Schließlich gibt es in der Familie *Pezizaceae* auch leicht milchende Arten in der Gattung ***Paragalactinia***, Braunparaphysenbecherlinge sowie ***Plicariella***, Pustelbecherlinge. Die beiden Gattungen ***Adelphella***, Dickbecher und ***Pachyella***, Dickbecherlinge bilden oft dickfleischige, außen etwas gallertartige Fruchtkörper. Kleine rosafarbene, knollige Fruchtkörper auf Kot gehören zur Gattung ***Iodophanus***, Kotlinge. Eine auffällig große, erst kugelig und eingesenkt wachsende und später kronenförmig aufreißende, innen violett gefärbte Art gehört zur Gattung ***Sarcosphaera***, Kronenbecherlinge. Der auffällige, lebhaft orangegelbe und außen blau verfärbende ***Caloscypha***, Prachtsbecher gehört zur Familie *Caloscyphaceae*. Auch die Familie *Sarcoscyphaceae* enthält mit den orangegelben ***Pithya***, Rundspornadelbaumbecherchen und den rot gefärbten ***Sarcoscypha***, Kelchbecherlinge zwei unübersehbare, lebhaft gefärbte Gattungen. Zur Familie *Sarcosomataceae* gehören ***Plectania***, Flechtbecherlinge, ***Pseudoplectania***, Schwarzborstlinge und ***Urnula***, Tulpenbecher mit dunkel oliv- bis schwarzbraunen Fruchtkörpern. Die rötlich- bis dunkelbraunen, uneben über das Substrat wachsenden ***Rhizina***, Wurzellorcheln gehören zur Familie *Rhizinaceae*.

Arten der aufgeführten Familien und Gattungen wachsen auf verschiedensten Substraten. Auf morschem Holz oder Dung sind es Saprobionten. Auf Brandstellen oder offener sowie oft mit Moosen bewachsener Erde gibt es auch Arten, die Mykorrhiza bilden, wie das bei einigen *Peziza* nachgewiesen ist, und möglicherweise gibt es auch Parasiten.

Die Sporen können glatt sein, es gibt aber mit der Reife auch feine bis grobe Warzen, die isolierte sowie teilweise vollständig netzartige Ornamente bilden. Die Formen sind ellipsoid, spindelig bis kugelförmig und können Fortsätze oder auffällig bedeckte Polkappen bilden. Sie sind inamyloid (J–), jedoch gibt es eine Reihe von Arten mit amyloiden Asci (J+). Van Vooren 2020 schlägt vor, die Amyloidität der Asci in drei Kategorien näher zu beschreiben und dafür Abkürzungen zu verwenden.

- WTR: Ascuswand schwach, Ascusspitze deutlich amyloid, mit einem Apikalring.
- WT: Ascuswand schwach, Ascusspitze deutlich amyloid, ohne Apikalring.
- W: Ascuswand über die ganze Länge gleichmäßig amyloid.

In den Fällen, in denen die Informationen zugänglich waren, sind diese Kategorien genannt; sonst finden sich allgemeine Bezeichnungen für teilweise oder überall amyloid (J+) und nirgends amyloid (J–). Ein weiteres Merkmal der Sporen sind die Anzahl von Tropfen, die sich im Inneren der Sporen bilden und auf die in der Regel hingewiesen wird.

Bestimmung

Eine erste Unterteilung nach den folgenden Kriterien führt zu den vier Schlüsselseiten A–D.

- deutlich runzelig-aderig oder milchend (A)
- glatt bis leicht runzelig nicht milchend
  - Becher innen weiß, gelborange, rot oder mit oliven oder blauvioletten Farbanteilen (B)
  - Becher innen braun, grau (C)
  - Becher innen dunkel bis schwarz (D)

Dieser ersten Gruppierung folgen Unterschiede der Größen, Substrate, Farben und schließlich auch der mikroskopischen Merkmale.

Speisewerte

Becherlinge gelten in der Regel nicht als Speisepilze. Übereinstimmend als essbar und gut schmeckend gilt *Disciotis venosa*, Aderiger Morchelbecherling aus der Familie *Morchellaceae* (Unterkapitel 16.1), auf den hier im Schlüssel ebenfalls hingewiesen wird. Es gibt verschiedene Angaben in Pilzbüchern darüber, dass auch Becherlingsarten aus diesem Unterkapitel essbar sind, jedoch kaum einen wahrnehmbaren Eigengeschmack haben. Genannt werden vor allem größere Arten wie z. B. *Peziza vesiculosa*, Blasenförmiger Becherling, *Legaliana badia*, Kastanienbrauner Becherling, *Peziza varia*, Riesen-Becherling, *Peziza arvernensis*, Buchenwald-Becherling und *Peziza echinospora*, Brauner Brandstellen-Becherling. Auch die lebhaft gefärbten *Sarcoscypha,* Kelchbecherlinge finden sich auf einzelnen Speiseplänen, und zu *Aleuria aurantia*, Gemeiner Orangebecherling gibt es sogar Rezepte zum Kandieren. Nach mehrmaligem Bad in gesättigter Zuckerlösung und anschließendem Trocknen sollen sie einen attraktiven Süßsnack hergeben. Von *Sarcosphaera coronaria*, Violetter Kronenbecherling ist bekannt, dass er zumindest roh giftig ist. Er enthält geringe Mengen Gyromitrin. Laut Braeuer et al. 2020 kann er auch Arsen enthalten. Die Menge soll beachtlich sein, jedoch unter der Schwelle für ein akutes Risiko liegen. Auswirkungen dieses Stoffes könnten jedoch bei den gemeldeten Vergiftungen auch eine Rolle gespielt haben. Auch *Legaliana badia*, Kastanienbrauner Becherling wird nicht uneingeschränkt empfohlen und soll nur gut gekocht bekömmlich sein. Da die verschiedenen Becherlinge gar nicht so einfach auseinanderzuhalten und die Angaben uneinheitlich sind, muss das Verspeisen von Becherlingen wohl als Experiment gelten.

16.7.01 *Rhizina undulata*,
Wellige Wurzellorchel

Sporen

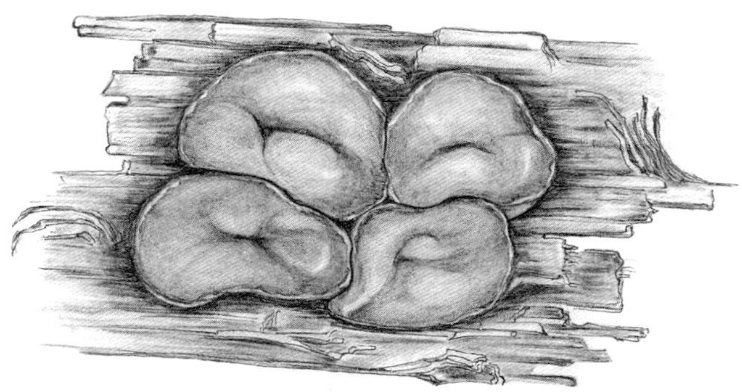

16.7.03 *Pachyella clypeata*,
Kleinsporiger Schild-Dickbecherling

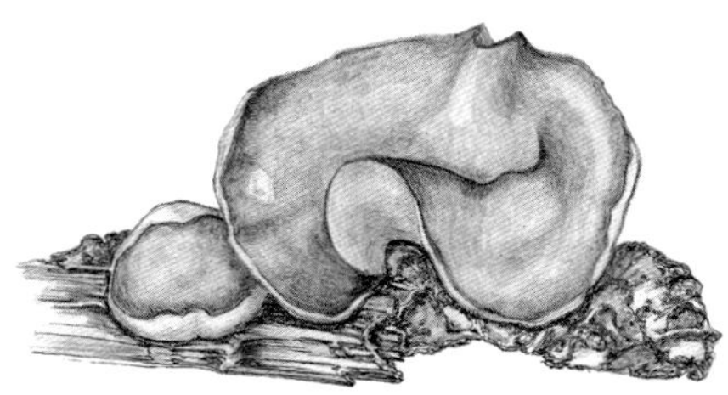

16.7.05 *Pachyella celtica*,
Blauvioletter Dickbecherling

Sporen

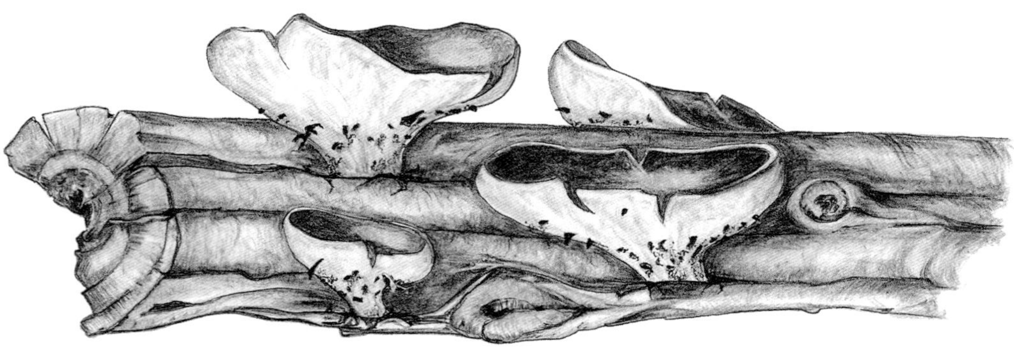

16.7.43 *Sarcoscypha coccinea*,
Scharlachroter Kelchbecherling

16.7 *Peziza,* Becherlinge und Ähnliche

(A) becher- bis scheibenförmig, teils nach unten gewölbt, innen und außen runzelig oder Fleisch milchend, Durchmesser > 1 cm

- Fleisch milchend, Asci J+
  - Sporen warzig
    - braun, gelb milchend, auf Erde … 06 *Paragalactinia succosa,* Gelbmilchender Braunparaphysenb.
    - innen rötlich- bis lilabraun, Fleisch wässrig saftend, Bruchstelle später gelb … 07 *Paragalactinia michelii,* Gelbfleischiger Lila-Braunparaphysenbech.
    - innen purpur- bis kastanienbraun, Fleisch wässerig saftend … 08 *Peziza depressa,* Niedergedrückter Becherling
    - Frkp. 10–40 mm, blauviolett- bis blauschwarz, blau milchend, auf Moos … 09 *Peziza saniosa,* Blaumilchender Becherling
    - Frkp. 10–60 mm, violettbraun, Brandstellen, Milch wässerig, Sporen feinwarzig … 18 *Geoscypha tenacella,* Punktiertsporiger-Brandstellen-Erdb.
  - Sporen glatt, Fruchtkörper 3–8 mm, lila bis violett, wässerig milchend … 10 *Ionopezia gerardii,* Gerards Violettbecherling
- Fleisch nicht milchend, außen stark rippig-runzelig, Stiel höchstens kurz
  - Oberseite rötlich kastanien- oder grau- bis schwarzbraun
    - Geruch nach Chlor, Unterseite weißlich, kleiig-punktiert, 5–20 cm … 16.1.14 *Disciotis venosa,* Aderiger Morchelbecherling
    - ohne Chlorgeruch, auf Walderde, Brandstellen, Holz
      - Fruchtkörper oft niedergedrückt, nach unten gewölbt, 2–10 cm
        - gelb- bis rotbraun, Unterseite weißlich, gestielt … 16.2.10 *Gyromitra parma,* Schildförmige Giftlorchel
        - rötlichbraun, Unterseite ocker, Rand weiß, wurzelartige Auswüchse … 01 *Rhizina undulata,* Wellige Wurzellorchel
        - schwarzbraun, Unterseite creme, stielartig zusammengezogen … 02 *Pachyella violaceonigra,* Violettschwarzer Dickbecherling
        - schwarz, Unterseite weiß, kurz gestielt … 16.2.14 *Gyromitra melaleuca,* Schwarzweiße Scheiben-Giftlorchel
      - becherförmig, später flach 1–10 cm, evtl. kurz gestielt
        - grau, grauockerlich, schwarzbraun, 1–6 cm, Sp. glatt, ohne Anhängsel
          - grau- bis schwarzbraun, Stielteil hell, bei Kiefer … 16.3.20 *Dissingia leucomelaena,* Schwarzweiße Becherlorchel
          - grauockerlich, Außenseite sehr stark rippig, heller, im Wald … 16.3.17 *Helvella costifera,* Grauweiße Becher-Lorchel
        - gelb- bis rotbraun, 5–10 cm, fein netzartig, glatt bis etwas höckerig
          - Sporenenden mit fingerigen Auswüchsen … 16.2.10 *Gyromitra parma,* Schildförmige Giftlorchel
          - Sporenenden leicht verdickt, ohne Anhängsel … 16.2.12 *Gyromitra geogenius,* Erdige Scheiben-Giftlorchel
  - Oberseite ockergelb bis ockerbraun
    - Geruch nach Chlor … 16.1.14 *Disciotis venosa,* Aderiger Morchelbecherling
    - ohne Chlorgeruch, oft kurz gestielt, im Frühling, auf morschem Holz oder Erde
      - Sporen feinhöckerig, netzartig ornamentiert bis fast glatt
        - Sporenenden einfach zipfelförmig, auf morschem Fichtenholz, 3–15 cm … 16.2.08 *Gyromitra perlata,* Größte Scheiben-Giftlorchel
        - Sporenenden doppelt höckerig, im Bergnadelwald … 16.2.11 *Gyromitra leucoxantha,* Ockergelbe Scheiben-Giftlorch.
        - Sporenenden mit fingerigen Auswüchen, morsches Laubholz oder Erde … 16.2.10 *Gyromitra parma,* Schildförmige Giftlorchel
        - Sporenenden leicht verdickt, ohne Anhängsel, im Auenwald … 16.2.12 *Gyromitra geogenius,* Erdige Scheiben-Giftlorchel
        - Sporenenden rundliche Kappen, im Bergnadelwald bei Schneeschmelze … 16.2.13 *Gyromitra accumbens,* Anliegende Scheiben-Giftlorchel
      - Sporen stark stachelig, reif mit Anhängsel, im Auenwald … 16.2.09 *Gyromitra spinosospora,* Stachelsporige Scheiben-Giftlorchel
  - Oberseite rosaviolett, Fleisch gallertartig … 16.10 *Ascocoryne,* Gallertbecher
  - Oberseite (außen) weißlich, filzig, innen braun, auf Holz, Basidiosporen … 5.21.02 *Schizophyllum amplum,* Pappel-Judasöhrchen

16.7 *Peziza,* Becherlinge und Ähnliche

(B1) becher- oder schüsselförmig, glatt bis leicht runzelig, Durchmesser > 1 cm, Fleisch im Schnitt nicht milchend

▷ Becher innen weiß, gelb, orange, rot oder mit olivem oder blauviolettem Farbanteil

- Becher weiß, im Alter gilbend, Sporen glatt
  - auf Dung, gedüngte Böden, im Alter gilbend, Asci J+ — 11 *Peziza tarembergensis,* Weißer Urin-Becherling
  - auf Holz oder Erde, Asci J– — 43a *S. coccinea* f. *albida,* Scharlachroter Kelchbecherling, weiße Form
- Becher innen lebhaft gelb, orange, rot
  - Becher > 2 cm breit
    - lebhaft gelb, orangegelb, auf Erde
      - Druckstellen blaugrün, Frühling, Asci J–, Sporen glatt — 12 *Caloscypha fulgens,* Leuchtender Prachtsbecher
      - Druckstellen nicht verfärbend, Sommer, Asci J+, Sporen warzig — 41 *Legaliana limnaea,* Schlamm-Becherling
    - lebhaft orange, auf Erde — 16.6.95 *Aleuria aurantia,* Gemeiner Orangebecherling
    - lebhaft rot, auf Holz, Sporen ellipsoid bis zylindrisch
      - Sporen mehrheitlich mit rundlichen Polen, auf Hasel, Weide, Buche — 43 *Sarcoscypha coccinea,* Scharlachroter Kelchbecherling
      - Sporen mehrheitlich mit abgeflachten Polen, auf Grauerle — 44 *Sarcoscypha austriaca,* Österreichischer Kelchbecherling
      - Sporen mehrheitlich abgeflachte bis eingebuchtete Pole, auf Linde — 45 *Sarcoscypha jurana,* Linden-Kelchbecherling
  - Becher < 2 cm breit
    - anfangs gelb, später teils oliv, 0,5–2 cm, Sporen warzig
      - auf Erde, lebhaft gelb, ohne Oliv, reife Sporen netzartig ornamentiert — 16.6.97 *Aleuria luteonitens,* Gelber Orangebecherling
      - morsches Holz oder Erde, Polkappen stumpf bedeckt — 13 *Elaiopezia polaripapulata,* Ungleichwarzensporiger Becherling
      - morsches Holz oder Erde, Sporen warzig, Polkappen teils spitz auslaufend — 14 *Elaiopezia obtusapiculata,* Spitzsporiger Becherling
    - gelborange, Sporen kugelförmig
      - auf abgestorbenen Wacholderzweigen — 46 *Pithya cupressina,* Zypressen-Rundspornadelbaumbecherchen
      - auf am Boden liegenden Zweigen von Nadelbäumen, v. a. Weißtanne — 47 *Pithya vulgaris,* Dottergelbes Rundspornadelbaumbecherchen
    - orangebraun, scheibenförmig, wellig, auf nassem Fichtenholz — 16.6.99 *Psilopezia nummularia,* Münzenförmiger Nacktbecherling
- Becher gelboliv, olivbraun, Sporen warzig
  - Fruchtkörper 3–9 cm, auf sandigem Boden oder auf Laubstreu im Frühling
    - olivbraun, außen rötlichbraun, Sporen netzartig, feuchter, sandiger Boden — **42 *Legaliana badia,* Kastanienbrauner Becherling**
    - oliv, Sporen warzig, an den Polen stark, auf Laubstreu, im Frühling — 39 *Phylloscypha phyllogena,* Frühlings-Violettfleischbecherling
  - Fruchtkörper 0,5–3 cm, auf Erde oder morschem Holz
    - gelboliv bis violettbraun, Sporen warzig bis gratig, schmal ellipsoid — 41 *Legaliana limnaea,* Schlamm-Becherling
    - olivbraun, olivgrau, Außenseite warzig, Sporen warzig, kugelig — 53 *Plicariella scabrosa,* Rauer Pustelbecherling
    - gelboliv, olivbräunlich, Sporen isoliert feinwarzig, stumpf bedeckte Polkappen — 13 *Elaiopezia polaripapulata,* Ungleichwarzensporiger Becherling
    - gelbocker, olivgrau, Sp. isoliert feinwarzig, teils spitz auslaufende Polkappen — 14 *Elaiopezia obtusapiculata,* Spitzsporiger Becherling
    - braun bis olivbraun, Sporen isoliert feinwarzig, Pole dicht warzig bedeckt — 34 *Peziza acropapulata,* Polkalottensporiger Becherling
- Becher innen mit blauem oder violettem Farbanteil
  - kissen- bis becherförmig, Fleisch gallertartig, auf moderigem Holz — 16.10 *Ascocoryne,* Gallertbecher
  - becher bis scheibenförmig, anfangs auch kugelig
    - im Frühling
      - eingesenkt, erst kugelig, 5–15 cm, später mit zackigem Rand — 51 *Sarcosphaera coronaria,* Violetter Kronenbecherling
      - nicht eingesenkt, becher- bis scheibenförmig, 1–6 cm
        - auf Erde, angekohltem Holz, weinviolett, Sporen glatt — 16 *Geoscypha ampelina,* Weinroter Erdbecherling
        - vorwiegend auf Brandstellen, braunviolett, Sporen feinwarzig — 17 *Geoscypha violacea,* Braunvioletter Brandstellen-Erdbech.
        - auf Laubstreu, violettoliv, Sporen warzig, an den Polen grobwarzig — 39 *Phylloscypha phyllogena,* Frühlings-Violettfleischbecherling
    - Sommer oder Herbst
      - auf Brandstellen, 1–6 cm
        - weinviolett, Sporen fein isoliert warzig, fast glatt — 17 *Geoscypha violacea,* Braunvioletter Brandstellen-Erdbech.
        - mattviolett bis violettbraun, Sporen fein isoliert warzig — 18 *Geoscypha tenacella,* Punktiertsporiger-Brandstellen-Erdb.
        - beigebräunlich, leicht lila, Sporen warzig, teilweise rippig — 40 *Daleomyces petersii,* Ungestielter Kohlenbecherling
      - auf Erde, bei Moos oder Kräutern
        - Fruchtkörper meistens > 1 cm
          - Sporen ellipsoid, warzig bis fast glatt
            - deutlich warzig
              - 1–5 cm, innen blauviolett, Sporen isoliert warzig — 05 *Pachyella celtica,* Blauvioletter Dickbecherling
              - 1–4 cm, blauviolett- bis blauschwarz, Sporen isoliert warzig — 09 *Peziza saniosa,* Blaumilchender Becherling
              - 0,5–3 cm, violettbraun, Warzen kommaförmig verbunden — 41 *Legaliana limnaea,* Schlamm-Becherling
            - feinst warzig, 2–6 cm, hell- bis rosa-, violettbraun, sandige Erde — 24 *Peziza domiciliana,* Sandstein-Becherling
          - Sporen kugelig, Fruchtkörper 0,5–2,5 cm
            - Sporen warzig und netzartig — 49 *Marcelleina persoonii,* Blauvioletter Rundsporbecherling
            - Sporen warzig und nur angedeutet netzartig — 50 *Marcelleina rickii,* Alpen-Rundsporbecherling
        - Fruchtkörper meistens < 1 cm
          - 4–14 mm, lila bis violett, Sporen feinwarzig, höhere Lagen — 19 *Geoscypha montana*
          - 3–8 mm, becherförmig, lila bis violett, Sporen glatt, spindelig — 10 *Ionopezia gerardii,* Gerards Violettbecherling
          - 2–5 mm, kissenförmig, verdichtete Erde (Radspuren), Sporen glatt — 37 *Peziza simplex,* Kleiner Kissen-Becherling

16.7 *Peziza,* Becherlinge und Ähnliche

(B2) becher- oder schüsselförmig, glatt bis leicht runzelig, Durchmesser > 1 cm, Fleisch im Schnitt nicht milchend ▹ Becher innen braun, grau

- auf Erde, Waldboden, Streu, Sporen feinwarzig oder glatt
  - Fruchtkörper meistens > 2 cm
    - Sporen glatt bis fein punktiert
      - hasel- bis cognacbraun, 2–8 cm, Fleisch mit Schichten (Lupe) — **21 *Peziza varia,* Riesen-Becherling**
      - hell- bis violettbraun, 2–6 cm, außen grauocker, sandige Erde — 24 *Peziza domiciliana,* Sandstein-Becherling
      - braun, außen heller, 2–15 cm, im Buchenwald — 26 *Peziza arvernensis,* Buchenwald-Becherling
      - hellbraun, zum Rand hin gelblich-creme, 2–10 cm, Sporen ganz glatt — 25 *Peziza cerea,* Wachs-Becherling
      - ocker-, kastanienbraun, 1–4 cm, Sporen mit dichter punktierten Polen — 28 *Peziza perdicina,* Warzigsporiger Kot-Becherling
      - reif tellerförmig, Rand nach unten, nach Schneeschmelze, 1–4 cm, glatt — 30 *Peziza nivalis,* Großer Schnee-Becherling
    - Sporen warzig und etwas gratig oder netzartig ornamentiert
      - 3–8 cm, olivbraun, außen rötlichbraun, auf Lehm, Sporen netzartig — **42 *Legaliana badia,* Kastanienbrauner Becherling**
      - 0,5–3 cm, gelboliv, olivbraun, Sand, Schlamm, Sporen warzig-gratig — 41 *Legaliana limnaea,* Schlamm-Becherling
  - Fruchtkörper meistens < 2 cm
    - beige, grauweiß bis blass rosa- oder lilabraun, subalpin
      - beige bis blass rosabraun, Sporen glatt, oft in Schneetälchen — 35 *Peziza granularis,* Körnchen-Becherling
      - grauweiß bis blass lilaocker, Sporen feinst warzig, feuchte Erde — 36 *Peziza lilacinoalba,* Lilacremefarbener Becherling
    - ocker, gelbbraun, graubraun, kastanienbraun, braun
      - ocker- bis kastanienbraun, Frühjahr, Sporen feinwarzig, Pole dichter — 28 *Peziza perdicina,* Warzigsporiger Kot-Becherling
      - ocker bis braun, Sporen glatt, Pole warzig, bei Grünerlen, Nadelbäumen — 20 *Peziza acroornata,* Polwarzensporiger Becherling
      - gelb- bis rötlichbraun, evtl. oliv, Sand, Schlamm, Sporen warzig-gratig — 41 *Legaliana limnaea,* Schlamm-Becherling
      - ocker, braun bis olivbraun, Sporen feinwarzig, Pole dichtwarzig — 34 *Peziza acropapulata,* Polkalottensporiger Becherling
      - grau- bis schwarzbraun, Rand gezähnelt, Sporen glatt — 27 *Peziza sepiatra,* Sepiabrauner Becherling
      - dunkeloliv bis schwarzbraun, Sporen stachelig-warzig — 53 *Plicariella scabrosa,* Rauer Pustelbecherling
      - braun bis schwarz, Sporen warzig, Polkappen spitz — 14 *Elaiopezia obtusapiculata,* Spitzsporiger Becherling
- auf Dung, stark gedüngter Erde, Mist
  - nach der Schneeschmelze — 31 *Peziza nivis,* Kleiner Schnee-Becherling
  - hasel- bis orangebraun, auf Kot — 32 *Peziza fimeti,* Glattsporiger Kot-Becherling
  - kugelig-blasenförmig, bis 10 cm groß, ockerbraun, auf Erde, Dung — 23 *Peziza vesiculosa,* Blasenförmiger Becherling
- auf Holz oder morschem Holz
  - Fruchtkörper meistens > 2 cm, Sporen glatt oder fast glatt
    - Fruchtkörper innen höckerig-faltig, braun, dunkelbraun, 3–5 cm
      - Sporen 18–25 × 12–15 µm — 03 *Pachyella clypeata,* Kleinsporiger Schild-Dickbecherling
      - Sporen 27–30 × 13–15 µm — 04 *Pachyella peltata,* Schild-Dickbecherling
    - Fruchtkörper innen ± glatt, Außenseite kleiig-mehlig, blasser, oft kurz gestielt
      - 1–5 cm, hell- bis rötlichbraun, Stiel deutlich — 29 *Peziza micropus,* Kurzstieliger Holz-Becherling
      - 2–8 cm, hasel- bis cognacbraun, ohne Stiel, Fleisch mit Schichten (Lupe) — **21 *Peziza varia,* Riesen-Becherling**
      - 3–12 cm, haselbraun, evtl. kurz gestielt — 22 *Peziza repanda,* Ausgebreiteter Becherling
  - Fruchtkörper meistens < 2 cm
    - kissen- bis scheibenförmig, evtl. mit vertiefter Mitte
      - kissenförmig, ocker- bis rötlichbraun, Sporen glatt, ellipsoid — 48 *Adelphella babingtonii,* Rosabrauner Dickbecher
      - scheibenförmig, orangebraun, morsche Fichte, Sporen glatt, ellipsoid — 16.6.99 *Psilopezia nummularia,* Münzenförmiger Nacktbecherling
      - Mitte vertieft, gelbocker, olivgrau, Sporen warzig, Polkappen spitz — 14 *Elaiopezia obtusapiculata,* Spitzsporiger Becherling
    - becherförmig
      - 1–5 cm, hell- bis rötlichbraun, Sporen glatt, Stiel deutlich — 29 *Peziza micropus,* Kurzstieliger Holz-Becherling
      - 0,5–1 cm, außen (oben) filzig, blass, innen braun, aderig, Basidiosporen — 5.21.02 *Schizophyllum amplum,* Pappel-Judasöhrchen
      - 0,5–2 cm, zimt- bis dunkelbraun, außen weißlich, flockig-kleiig — 16.9.34 *Encoelia furfuracea,* Kleiiger Büschelbecherling
- auf Brandstellen, Rand gekerbt
  - innen braun, außen heller, Rand gekerbt, Sporen warzig — 33 *Peziza echinospora,* Brauner Brandstellen-Becherling
  - grau- bis schwarzbraun, Rand gezähnelt, Sporen glatt — 27 *Peziza sepiatra,* Sepiabrauner Becherling

16.7 *Peziza,* Becherlinge und Ähnliche

(B3) becher- oder schüsselförmig, glatt bis leicht runzelig, Durchmesser > 1 cm, Fleisch im Schnitt nicht milchend

▷ Becher innen dunkel graubraun bis schwarz

auf morschem Holz, Ästen	
2–10 cm, scheibenförmig, wellig, Rand nach unten, im Frühling, Sp. feinwarzig	02 *Pachyella violaceonigra,* Violettschwarzer Dickbecherling
1–4 cm, blauschwarz, pokalförmig mit Stielteil, Sporen glatt, ellipsoid	58 *Urnula craterium,* Schwarzer Tulpenbecher
2–4 cm, oliv-, schwarzbraun, außen filzig, auf Tannenästen, Sporen glatt, kugelig	57 *Pseudoplectania vogesiaca,* Gestielter Tannen-Schwarzborstling
1–5 cm, braunschwarz, kreisel-, becherförmig, auf morschem Laubholz	**16.9.43 *Bulgaria inquinans,* Gemeiner Schmutzbecherling**
auf Erde	
1–2,5 cm, braun-, schwarzbraun, Rand filzig, Sporen feinwarzig, ellipsoid	15 *Phaeopezia apiculata,* Anhängselsporiger Braunsporbecherling
0,5–2 cm, Rand rötlichbraun, grobwarzig, Sporen stachelig, kugelförmig	53 *Plicariella scabrosa,* Rauer Pustelbecherling
0,5–2 cm, Rand mit rötlichen Pusteln, Sporen warzig, fast glatt, ellipsoid, spindelig	54 *Plectania melastoma,* Rotrandiger Flechtbecherling
0,5–1,5 cm, grau- bis schwarzbraun, Rand gezähnelt, Sporen glatt, ellipsoid	27 *Peziza sepiatra,* Sepiabrauner Becherling
1–4 cm, oliv-, schwarzbraun, außen filzig, Sporen glatt, kugelig	57 *Pseudoplectania vogesiaca,* Gestielter Tannen-Schwarzborstling
1–4 cm, außen unten weißlich, Sporen glatt, ellipsoid	16.3.20 *Dissingia leucomelaena,* Schwarzweiße Becherlorchel
bei Moos, im Frühling	
1–3 cm, Rand filzig, Sporen glatt, kugelförmig	55 *Pseudoplectania nigrella,* Glänzender Schwarzborstling
1–2 cm, Rand kleiig, kurz gestielt, Sporen glatt, kugelförmig	56 *Pseudoplectania episphagnum,* Sumpf-Schwarzborstling
auf Brandstellen, Sporen warzig, J+	
Herbst bis Frühling	52 *Plicaria carbonaria,* Gemeiner Holzkohlenbecherling
Spätsommer, rötlich- bis schwarzbraun, Sporen netzartig	38 *Peziza ostracoderma,* Nachdunkelnder Becherling

16.7.01 *Rhizina undulata* Fr., *Rhizina inflata* (Schaeff.) Quél. Wellige Wurzellorchel

Frkp: 2–10 cm, runzelig, gewölbt dem Boden aufliegend, Oberseite matt, rötlich- bis schwarzbraun, Rand vor allem jung auffällig weiß, Unterseite blasser, stielartige, mit dem Substrat verwachsene Rhizoide. **V:** vor allem im höher gelegenen Nadelwald, oft auf Brandstellen. **Mik:** Sporen spindelförmig mit beidseitigem Anhängsel, 30–40 × 7–10 µm, mit 2 Tropfen, teilweise biseriat, Asci J–, operculat, 8-sporig. (D 1117, BK 1.32, ▨).

16.7.01 *Rhizina undulata*, Wellige Wurzellorchel

16.7.02 *Pachyella violaceonigra* (Rehm) Pfister Violettschwarzer Dickbecherling

Frkp: 2–10 cm, rundlich scheibenförmig, Rand zunehmend nach unten gebogen, Oberseite wellig bis runzelig gefurcht, rötlich- bis schwarzbraun, Außenseite heller cremefarben, im Zentrum stielartig zusammengezogen, Stiel kurz oder fehlend. **F:** dick, wachsartig, weißlich. **V:** einzeln, auf lehmigem, feuchtem Boden, meist in Verbindung mit morschem Holz; im Frühling. **Mik:** Sporen erst glatt, reif feinst isoliert warzig, ellipsoid, 23–28 × 10–14 µm, mit 2 Tropfen, uniseriat, Asci J+, 8-sporig. (BK 1.57, ▨).

16.7.03 *Pachyella clypeata* (Schwein.) Le Gal, *Peziza clypeata* Schwein., Kleinsporiger Schild-Dickbecherling, Kleinsporiger Schild-Becherling, Kleinsporiger Becherling: Fruchtkörper 3–5 cm, dem Substrat anliegend und nur am Rand etwas aufstehend, Oberseite (Hymenium) unregelmäßig höckerig bis wellig-faltig, dunkelbraun, ungestielt, Fleisch 2–3 mm dick; einzeln oder in Gruppen, auf feuchtem, morschem Holz, Sommer bis Herbst. Sporen glatt, 18–25 × 12–15 µm, haarartige Hyphenenden weder verzweigt noch verbunden.

16.7.04 *Pachyella peltata* Pfister & Cand., Schild-Dickbecherling: Sporen glatt, durchschnittlich etwas größer, 27–30 × 13–15 µm, haarartige Hyphenenden verzweigt und verbunden. Gemäß Pfister & Candoussau 1981 besteht makroskopisch und in Bezug auf das Habitat kein sichtbarer Unterschied zu *P. clypeata*. (▨).

Pachyella aquatilis (Berthet & Donadini) Donadini, *Peziza aquatilis* Berthet & Donadini: Fruchtkörper 2–5 cm, innen faltig, runzelig, purpur- bis rötlichbraun, außen beige bis schwach oliv, Fleisch dick, weißlich, gilbend; auf morschem Holz von Pappel *Populus*, im Frühling. Sporen glatt bis feinst warzig, 22–26 × 11–13 µm.

16.7.02 *P. violaceonigra*, Violettschwarzer Dickbecherl.

16.7.04 *Pachyella peltata*, Schild-Dickbecherling

16.7.05 *Pachyella celtica* (Boud.) Häffner, *Peziza celtica* (Boud.) M.M. Moser Blauvioletter Dickbecherling, Blauvioletter Erd-Becherling

Frkp: 1–5 cm breit, schüssel- bis becherförmig, Rand oft wellig, innen glatt und feucht glänzend, violettbraun, außen glatt bis fein kleiig, blasser, ohne Stiel. **V:** einzeln bis gesellig auf Erde bei Kräutern; im Herbst. **Mik:** Sporen deutlich, isoliert warzig, ellipsoid, 15–19 × 7–9 µm, mit 2 Tropfen, uniseriat, Asci J+, 8-sporig. (BK 1.38).

16.7.06 *P. succosa*, Gelbmilchender Braunparaphysenb.

16.7.07 *P. michelii*, Gelbfleischiger Lila-Braunpara.

16.7.06 *Paragalactinia succosa* (Berk.) Van Vooren, *Peziza succosa* Berk. Gelbmilchender Braunparaphysenbecherling, Gelbmilchender Becherling

Frkp: 2–8 cm, unregelmäßig becherförmig, in der Mitte meist runzelig, zunehmend abflachend, Oberseite glatt, matt hellbraun, Außenseite kleiig und etwas heller gefärbt, ungestielt. **F:** fest, sondert bei Verletzung einen rasch gilbenden Saft ab. **V:** meist gesellig auf lehmigem Waldboden; Frühsommer bis Herbst. **Mik:** Sporen deutlich warzig bis rippig, ellipsoid, 17–21 × 9,5–12,5 µm, mit 2 Tropfen, uniseriat, Asci J+ (WT), 8-sporig. (D 1122, BK 1.52, ▨).

Paragalactinia succosella (Le Gal & Romagn.) Van Vooren, *Peziza succosella* (Le Gal & Romagn.) M.M. Moser ex Aviz.-Hersh. & Nemlich, Schiefergrauer Braunparaphysenbecherling, Schiefergrauer Becherling: Fruchtkörper 0,5–1,5 cm, tief becherförmig, glatt, olivgrau, außen kleiig, blassgrau, Fleisch erst mit weißlichem bis gelblichem Milchsaft, später gelbgrünlich bis -bräunlich verfärbend; auf lehmiger Erde, ursprünglich bei Himalaya-Zeder *Cedrus deodara*. Sporen 15–18 × 8–11 µm, mit 1 oder ohne Tropfen.

16.7.08 *Peziza depressa*, Niedergedrückter Becherling

16.7.07 *Paragalactinia michelii* (Boud.) Van Vooren, *Peziza michelii* (Boud.) Dennis Gelbfleischiger Lila-Braunparaphysenbecherling, Gelbfleischiger Lila-Becherling

Frkp: 2–5 cm, becher- bis schüsselförmig, eingesenkt oder aufliegend, innen glatt, rötlich- bis lilabraun, Rand meist auf- oder eingebogen, außen fein kleiig, heller, ohne Stiel oder höchstens mit kurzem Stielansatz. **F:** brüchig, bei Verletzung wässerig saftend, Bruchstelle später gelblich. **V:** einzeln bis gesellig auf Erde; im Sommer. **Mik:** Sporen ellipsoid, stumpfwarzig, 13–17,5 × 7–9 µm, meist mit 2 Tropfen, uniseriat, Asci J+ (WT), 8-sporig. (BK 1.45, ▨).

16.7.08 *Peziza depressa* Pers., *Galactinia depressa* (Pers.) Boud., Niedergedrückter Becherling, Rotbrauner Becherling: Fruchtkörper 2–3,5 cm, purpur- bis kastanienbraun, in der Mitte dunkler, Rand und Außenseite glatt bis feinst kleiig, ungestielt, Fleisch bei Verletzung mit wässerig-weißlichem Milchsaft, gesellig auf nacktem Boden, Wegränder; Sommer bis Herbst. Sporen teils spitz warzig, 16,5–20 × 8–11 µm, Asci J+. (BK 1.39, ▨).

16.7.09 *Peziza saniosa* Schrad. ex J.F. Gmel., *Galactinia saniosa* (Schrad. ex J.F. Gmel.) Sacc. Blaumilchender Becherling

Frkp: 1–4 cm, unregelmäßig becherförmig, alt ausgebreitet flach, Oberseite glatt, blauviolett- bis blauschwarz, Außenseite rau, kleiig, braunviolett bis schmutzig braun, ungestielt. **F:** fest, dunkel, an verletzten Stellen blauviolett milchend. **V:** oft gesellig, auf

16.7.09 *Peziza saniosa*, Blaumilchender Becherling

moosigem Waldboden; Sommer bis Herbst. **Mik:** Sporen ziemlich stark, isoliert warzig, ellipsoid, 14–16 × 7–8 µm, mit 2 Tropfen, uniseriat, Asci J+, 8-sporig. (BK 1.50, 🖼).

16.7.10 *Ionopezia gerardii* (Cooke) Van Vooren, *Peziza gerardii* Cooke, Gerards Violettbecherling: Fruchtkörper 3–8 mm, schüsselförmig bis flach, Oberseite (Hymenium) lebhaft lila bis violett, außen etwas matter, feinkörnig, Fleisch im Schnitt feucht bis etwas wässerig milchend. Sporen glatt, spindelförmig, 24–31 × 8–10,5 µm, Asci J+ (W), 8-sporig.

16.7.11 *Peziza tarembergensis* Moyne, Stöckli, C. Page & Van Vooren
Weißer Urin-Becherling

Frkp: 1–1,5 cm, jung deutlich becherförmig und leicht gestielt wirkend, später ausgebreitet, schüsselförmig, innen und außen weiß und glatt, Außenseite bisweilen feinfilzig, **F:** nicht milchend. **V:** auf Dung, uringetränkten oder nährstoffreichen Böden, Sommer bis Herbst. **Mik:** Sporen glatt, ellipsoid, farblos, 13–15,5 × 6,5–8 µm, mit je 1 kleineren Tropfen an den Polen, uniseriat, Asci J+ (WTR), operculat, 8-sporig. (CH 30).

16.7.12 *Caloscypha fulgens* (Pers.) Boud.
Leuchtender Prachtsbecher

Frkp: 2–4 cm, kugelig, später becherförmig, Oberseite glatt oder feinhöckerig, lebhaft gelb bis orangegelb, Rand glatt, teils unregelmäßig wellig oder gekerbt, Außenseite fein kleiig, orangeockerlich, Druckstellen blaugrün verfärbend, Rand meist gekerbt, manchmal mit kurzem Stiel. **F:** dünn, wachsartig brüchig, weißlich bis hellorange. **V:** gesellig auf Waldboden; im Frühling. **Mik:** Sporen glatt, kugelförmig, 5–6 µm, ohne Tropfen, uniseriat, Asci J–, 8-sporig. (D 1135, BK 1.97, 🖼).

16.7.12 *Caloscypha fulgens*, Leuchtender Prachtsbecher

16.7.13 *Elaiopezia polaripapulata* (J. Moravec) Van Vooren,
Peziza polaripapulata (J. Moravec) K. Hansen
Ungleichwarzensporiger Becherling,
Polarsporiger Becherling, Verschiedenwarzensporiger Becherling

Frkp: 5–20 mm, flach becher- bis scheibenförmig, Innenseite (Hymenium) glatt, gelb bis gelboliv, später olivbräunlich, Rand und Außenseite feinsamtig, olivbraun. **F:** olivgelb. **V:** auf morschem Holz oder Erde, Frühling bis Herbst. **Mik:** Sporen mehrheitlich isoliert warzig, vereinzelt verbunden, an den Polkappen mit großen Warzen, ellipsoid, 15–17 × 8,5–9 µm, ohne Tropfen, uniseriat, Asci J+ (W), operculat, 8-sporig. (CH 28).

16.7.14 *Elaiopezia obtusapiculata* (J. Moravec) Van Vooren, *Peziza obtusapiculata* J. Moravec, *P. apiculata* var. *flavobrunnea* Donadini, *Peziza flavobrunnescens* Donadini
Spitzsporiger Becherling

Frkp: 10–20 mm, bald ausgebreitet mit Vertiefung in der Mitte, Innenseite (Hymenium) glatt, gelbocker bis gelb- oder olivgrau, Rand und Außenseite feinfilzig, weißgelblich bis graugelblich, mit kurzem, angedeutetem oder ohne Stiel. **F:** wachsartig, zerbrechlich, gelb. **V:** auf Streu oder morschem Holz. **Mik:** Sporen fein, isoliert warzig mit deutlichen, teils spitz auslaufenden, teils stumpfen Polkappen, ellipsoid bis spindelförmig, 24–32 × 9–10 µm, mit Tropfen, uniseriat, Asci J+ (W), operculat, 8-sporig. (🖼).

16.7.14 *Elaiopezia obtusapiculata*, Spitzsporiger Becherling

16.7.15 *Phaeopezia apiculata* (Cooke) Sacc., *Peziza apiculata* Cooke
Zugespitzer Becherling, Anhängselsporiger Braunsporbecherling

Frkp: 10–25 mm, becherförmig und bald ausgebreitet mit Vertiefung in der Mitte, Innenseite (Hymenium) glatt, braun bis braunschwarz, Rand und Außenseite glatt bis feinfilzig, gleich gefärbt, ohne Stiel. **F:** wachsartig, zerbrechlich, braun. **V:** auf Streu oder feuchter Erde. **Mik:** Sporen fein, isoliert warzig mit mehrheitlich spitz auslaufenden Polkappen, ellipsoid bis spindelförmig, 22–24 × 10–12 µm, mit Tropfen an den Polen, uniseriat, Asci J+ (WT), 8-sporig. (🖼).

16.7.15 *Phaeopezia apiculata*, Anhängselsporiger Braunsporbecherling

16.7.16 *Geoscypha ampelina* (Gillet) Van Vooren & Dougoud, *Peziza queletii* Medardi, Lantieri & Cacialli, *Peziza ampelina* Quél.
Weinroter Erdbecherling, Weinroter Becherling

Frkp: 1–5 cm breit, becher- bis schüsselförmig, zunehmend unregelmäßig ausgebreitet und am Rand eingerissen, innen glatt, wein- bis braunviolett, außen kleiig, blass ockerlich, kaum gestielt. **F:** brüchig, weißlich-violett. **V:** einzeln bis gesellig, auf Erde oder angekohltem Holz; im Frühling. **Mik:** Sporen glatt, ellipsoid, 18–22,5 × 9–11 µm, mit 2 größeren und mehreren kleineren Tropfen, uniseriat, Asci J+ (WT), 8-sporig. (BK 1.35, 🖼).

Gemäß Gillet 1879 werden die Fruchtkörper kaum über 2 cm groß. Van Vooren et al. 2021d weisen darauf hin, dass *G. ampelina* zwar gelegentlich von verkohlten Stellen gemeldet wurde, es sich aber nicht um eine an Brandstellen gebundene Art handelt.

16.7.16 *Geoscypha ampelina*, Weinroter Erdbecherling

16.7.17 *Geoscypha violacea* (Pers.) Lambotte, *Peziza lobulata* (Velen.) Svrček, *Peziza moseri* Aviz.-Hersh. & Nemlich, *Peziza violacea* Pers.
Braunvioletter Brandstellen-Erdbecherling, Violetter Becherling, Mosers Violett-Becherling

Frkp: 1–6 cm, erst kugelig-becherförmig, später unregelmäßig ausgebreitet, Oberseite glatt, hell- bis dunkel braunviolett, Außenseite glatt bis feinfilzig, blass blauviolett, ohne Stiel. **F:** dünn, zart, brüchig.

16.7.17 *Geoscypha violacea*, Braunvioletter Brandstellen-Erdbecherling

V: einzeln bis gesellig, vorwiegend auf Brandstellen; Frühling bis Herbst. **Mik:** Sporen feinwarzig bis fast glatt, ellipsoid, 12–14 × 6–8,5 µm, mit 2 mittelgroßen Tropfen, uniseriat, Asci J+ (WTR), 8-sporig. (D 1125, BK 1.55,).

16.7.18 *Geoscypha tenacella* (Sacc.) Van Vooren, *Peziza tenacella* W. Phillips, *Peziza subviolacea* Svrček
Punktiertsporiger-Brandstellen-Erdbecherling, Violettlicher Brandstellen-Becherling

Frkp: 5–20 mm, becherförmig und bald scheiben- oder napfförmig, Innenseite (Hymenium) matt bis lebhaft violett, später violettbraun bis ockerviolettlich, Außenseite kahl, grauviolett, Rand mit violettem Saum, ungestielt. **F:** weich, grauviolett, mit spärlich wässerigem Milchsaft. **V:** vorwiegend auf Brandstellen. **Mik:** Sporen reif fein, isoliert und stumpfwarzig, ellipsoid, 11–13,5 × 6–8 µm, Ornament cyanophil, mit 2 Tropfen, uniseriat, Asci J+ (WTR), 8-sporig. (BK 1.49,).

16.7.19 *Geoscypha montana* Van Vooren: Fruchtkörper 4–14 mm, rasch scheibenförmig, Außenseite feinfilzig, kleiig, Fleisch ohne Milchsaft; vorwiegend in höheren Lagen, nicht auf Brandstellen. Sporen 15–16,5 × 9–10 µm.

16.7.20 *Peziza acroornata* Dougoud & J. Moravec
Polwarzensporiger Becherling, Geschmückter Becherling

Frkp: 0,5–1,5 cm, bald scheibenförmig flach, Oberseite glatt, ocker bis braun, Rand schorfig, fast gekerbt wirkend, Außenseite dunkel filzig-punktiert auf hellerem Grund, ungestielt. **F:** zart, ohne Milchsaft. **V:** auf Erde; montan bis subalpin, bisher bei Grünerle *Alnus*, Weißtanne *Abies* oder Fichte *Picea*; Sommer bis Herbst. **Mik:** Sporen glatt, nur an den Polen warzig, ellipsoid, farblos, 21–25 × 11,5–13 µm, ohne Tropfen, uniseriat, Asci J+, operculat, 8-sporig. (CH 24).

16.7.21 *Peziza varia* (Hedw.) Alb. & Schwein.
Riesen-Becherling

Frkp: 2–8 cm breit, erst becher- bis schüsselförmig, später unregelmäßig abgeflacht, Oberseite glatt, haselnuss- bis leicht orangebraun, Rand wellig und fein gekerbt, Außenseite kleiig, blass graubräunlich, mit kurz angedeutetem oder ohne Stiel. **F:** weißlich, im Querschnitt mit Schichten (Lupe). **V:** einzeln bis gesellig auf faulendem, oft vergrabenem Holz, Erde, Dung; im Frühling bis Spätherbst. **Mik:** Sporen fast glatt, feinst punktiert, ellipsoid, 14–16 × 9–11 µm, ohne Tropfen, uniseriat, Asci an der Spitze intensiv J+, 8-sporig. (BK 1.53,).

16.7.22 *Peziza repanda* Wahlenb.
Ausgebreiteter Becherling

Frkp: 3–12 cm, becherförmig bis ausgebreitet flach, Innenseite (Hymenium) glatt, haselnussbraun, Außenseite etwas mehlig, weißlich bis hellbraun, Rand oft gekerbt, ohne oder mit kurzem Stiel. **F:** wachsartig, zerbrechlich, weißlich bis blassbräunlich, 1–1,5 mm dick. **Ger:** etwas spermatisch. **V:** auf morschem Laubholz oder mit vielen Holzresten durchsetzter Erde; Frühling bis Herbst. **Mik:** Sporen glatt, breit ellipsoid, 14–17 × 9–11 µm, ohne oder mit zwei kleine Tropfen, uniseriat, Asci J+, 8-sporig. (D 1119).

16.7.23 *Peziza vesiculosa* Bull.
Blasenförmiger Becherling

Frkp: 2–10 cm breit, erst kugelig mit kleiner, rundlicher Öffnung (blasenförmig), zunehmend tief becherförmig, jedoch meistens mit bleibend eingebogenem Rand, Oberseite glatt, ockerbräunlich, Rand oft unregelmäßig rissig, Außenseite kleiig bis körnig-warzig auf heller ockerlichem bis schmutzig weißem Grund, mit kurz angedeutetem oder ohne Stiel. **F:** brüchig, bis 3 mm dick, weißlich bis blass bräunlich. **V:** meist gesellig bis büschelig auf stark gedüngtem Boden oder Mist; ganzjährig. **Mik:** Sporen glatt, ellipsoid, 18–23 × 10–13 µm, ohne Tropfen, uniseriat, Asci an der Spitze intensiv J+, 8-sporig. (D 1124, BK 1.54,).

16.7.24 *Peziza domiciliana* Cooke, *Peziza adae* J. Sadler ex Cooke
Sandstein-Becherling

Frkp: 2–6 cm breit, unregelmäßig schüsselförmig, Rand lange eingebogen, später oft wellig und rissig, innen glatt, hell- bis rosa- oder violettbraun, außen ebenfalls fast glatt, grau- bis ockerweiß, ohne Stiel oder höchstens mit kurzem Stielansatz. **F:** dünn und brüchig. **V:** einzeln bis büschelig auf sandig-lehmiger Erde, auch auf Sandstein, Mauern, Bauschutt; Frühling bis Spätherbst. **Mik:** Sporen erst glatt, ganz reif

16.7.18 *Geoscypha tenacella*, Punktiertsporiger-Brandstellen-Erdbecherling

16.7.21 *Peziza varia*, Riesen-Becherling

16.7.23 *Peziza vesiculosa*, Blasenförmiger Becherling

16.7.24 *Peziza domiciliana*, Sandstein-Becherling

schwach punktiert, ellipsoid, 14–16 × 8–9 µm, ohne oder mit 2 kleineren Tropfen, uniseriat, Asci J+, 8-sporig. (🖼).

16.7.25 *Peziza cerea* Sowerby, *Peziza muralis* Sowerby, Wachs-Becherling, Ockerweißer Becherling: Fruchtkörper bis 10 cm, innen glatt, hellbraun ohne Rosa, bei Reife dunkler, Rand hell gelblich-creme bis hellbraun, außen feinkörnig, hellbraun bis blassgelb, ohne Stiel, Fleisch weiß, fest, brüchig; auf Erde oder Holzresten. Sporen glatt, 14–17 × 8–9,5 µm. (D 1120, BK 1.40?, 🖼).

16.7.25 *Peziza cerea*, Wachs-Becherling

16.7.26 *Peziza arvernensis* Roze & Boud.
Buchenwald-Becherling

Frkp: 2–15 cm breit und bis 5 cm hoch, blasen- bis schüsselförmig, gleichmäßig becherförmig oder mit unregelmäßig welligem Rand, innen glatt, hasel- oder etwas oliv- bis kastanienbraun, außen anfangs dicht weiß bereift auf blass gelbbraunem Grund, kaum gestielt. **F:** dünn, brüchig, blassbraun. **Ger:** angenehm pilzartig. **Ges:** mild. **V:** einzeln bis gesellig, auf Laubstreu bei Buche *Fagus;* im Frühling bis Sommer. **Mik:** Sporen erst glatt, reif fein, aber deutlich punktiert, ellipsoid, 15–17 × 7–9 µm, ohne Tropfen, uniseriat, Asci J+, 8-sporig. (BK 1.36, 🖼).

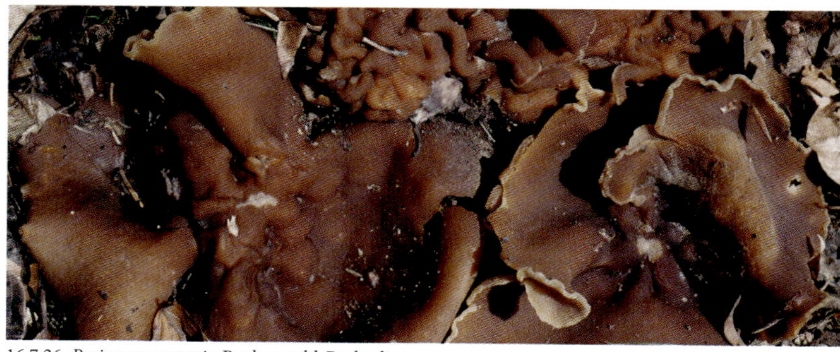
16.7.26 *Peziza arvernensis*, Buchenwald-Becherling

16.7.27 *Peziza sepiatra* Cooke
Sepiabrauner Becherling

Frkp: 0,5–1,5 cm, erst leicht schüsselförmig oder flach, später tellerförmig mit etwas aufstehendem glattem, evtl. rissigem Rand, Oberseite glatt, grau- bis schwarzbraun, Außenseite glatt, heller, ohne Stiel. **F:** blassbraun. **V:** vorwiegend einzeln auf Erde, z. B. an Wegrändern; im Sommer. **Mik:** Sporen glatt, breit ellipsoid, 18–22 × 10–13 µm, ohne Tropfen, uniseriat, Asci J+, 8-sporig. (BK 1.51).

16.7.28 *Peziza perdicina* (Velen.) Svrček, *Peziza moravecii* (Svrček) Donadini,
Warzigsporiger Kot-Becherling, Raulichsporiger Kot-Becherling,

Frkp: 10–40 mm, becherförmig, später tellerförmig, Oberseite glatt, hell ockergrau bis dunkel rötlichbraun, Außenseite und Rand rau und etwas heller, meistens ungestielt. **F:** wachsartig, zerbrechlich, hellbräunlich. **V:** gesellig auf Mist oder nährstoffreichem Humus; im Winter bis Frühsommer. **Mik:** Sporen fein und lose punktiert, an den Polen dichter und vereinzelt gratig, ellipsoid, 14–16 × 6–8 µm, ohne Tropfen, uniseriat, Asci J+, 8-sporig. (BK 1.47, 🖼).

16.7.28 *Peziza perdicina*, Warzigsporiger Kot-Becherling

16.7.29 *Peziza micropus* Pers.
Kurzstieliger Holz-Becherling

Frkp: 10–50 mm, unregelmäßig becherförmig bis ausgebreitet flach, Oberseite glatt, hell- bis dunkel rötlichbraun, Außenseite heller, Rand fein kleiig-flaumig und gekerbt, mit deutlichem, kurzem Stielchen. **F:** hellocker, kein Milchsaft. **V:** meist gesellig, vorwiegend auf morschem Laubholz; Frühling bis Herbst. **Mik:** Sporen glatt, breit ellipsoid, 14–17 × 8–10 µm, ohne Tropfen, uniseriat, Asci J+, 8-sporig. (BK 1.46, 🖼).

16.7.30 *Peziza nivalis* (R. Heim & L. Rémy) M.M. Moser
Großer Schnee-Becherling, Großsporiger Schnee-Becherling

Frkp: 10–40 mm, erst becherförmig, später tellerförmig flach, Oberseite glatt und glänzend, später etwas runzelig, haselnuss-, schokoladen- bis rötlichbraun, trocken hellbraun, Außenseite rau, in gleicher Farbe oder etwas heller graubraun, ohne Stiel. **F:** Fleisch brüchig, wässerig bis bräunlich, trocken weißlich, zweischichtig. **V:** einzeln bis gesellig in höheren Lagen, meist gleich nach der Schneeschmelze, evtl. an Brandstellen; im Frühling. **Mik:** Sporen glatt, breit ellipsoid, 18–22 × 10–11 µm, mit einem schwach sichtbaren, zentralen Tropfen, uniseriat, Asci J+, 8-sporig. (🖼).

Peziza ninguis Donadini & Trimbach, Kleinsporiger Schnee-Becherling: Fruchtkörper mit kleineren Sporen. Gemäß Urben 2015 sowie weiteren Autoren handelt sich aber um ein Synonym von *P. nivalis.* (BK 1.48).

Peziza heimii Pfister, Winziger Schnee-Becherling: 5–10 mm; vorwiegend alpin. Sporen 26–30 × 15–17 µm.

16.7.29 *Peziza micropus*, Kurzstieliger Holz-Becherling

16.7.30 *Peziza nivalis*, Großer Schnee-Becherling

16.7.31 *Peziza nivis* Donadini
Kleiner Schnee-Becherling, Ockergelber Schnee-Becherling

Frkp: 5–20 mm, kissenförmig, später ausgebreitet mit nach unten gebogenem Rand, Oberseite (Hymenium) glatt bis feinsamtig, später runzelig-aderig, ocker bis braun oder kastanienbraun, Außenseite fein kleiig, gleich gefärbt oder etwas heller, Rand wellig, ungestielt. **F:** brüchig, hellocker. **V:** gesellig bis büschelig, nach der Schneeschmelze, auf Dung, verrottenden Gräsern; Frühling bis Sommer. **Mik:** Sporen rau bis feinwarzig, breit ellipsoid, 18–21 × 9–11 µm, Asci J+, 8-sporig. (🖼).

16.7.31 *Peziza nivis*, Kleiner Schnee-Becherling

16.7.32 *Peziza fimeti* (Fuckel) E.C. Hansen
Glattsporiger Kot-Becherling

Frkp: 5–15 mm, becher- bis schüsselförmig, bald flach ausgebreitet, Oberseite (Hymenium) glatt, haselnuss- bis orangebräunlich, Rand und Außenseite etwas heller, Rand körnig-warzig, Stiel undeutlich, kurz oder fehlend. **F:** fest, dunkel. **V:** auf Mist von Pferden, Kühen, auf reich gedüngter Erde, in Blumentöpfen; Frühling bis Herbst. **Mik:** Sporen glatt, breit ellipsoid, 18–22 × 10–12 µm, ohne Tropfen, uniseriat, Asci J+, 8-sporig. (BK 1.43).

16.7.33 *Peziza echinospora* P. Karst.
Brauner Brandstellen-Becherling

Frkp: 2–8 cm, unregelmäßig becherförmig, innen glatt, hasel- bis dunkelbraun, Rand gekerbt, Außenseite körnig, heller blassbräunlich, ungestielt. **F:** brüchig, bräunlich. **V:** oft büschelig auf Brandstellen; Frühling bis Herbst. **Mik:** Sporen mit isolierten, 0,5–1 µm hohen, an den Polen etwas dichteren Warzen, ellipsoid bis etwas zylindrisch, 15–17 × 7,5–9 µm, ohne Tropfen, uniseriat, Asci J+, 8-sporig. (BK 1.41?, 🖼).

16.7.34 *Peziza acropapulata* Dougoud
Polkalottensporiger Becherling

Frkp: 5–20 mm, leicht becherförmig bis ausgebreitet flach, Oberseite (Hymenium) glatt, matt, ocker bis braun, bisweilen etwas oliv, Außenseite gleich gefärbt, manchmal auch etwas heller oder dunkler, Rand braun körnig-warzig, ungestielt. **V:** in Feuchtgebieten, auf Erde, Streu, Schilfstängeln *Phragmites*, Weidenzweigen *Salix*; im Frühling. **Mik:** Sporen fein und lose warzig, gegen die mit einer Kappe bedeckten Pole dichter, breit ellipsoid bis zylindrisch, farblos, 16–18,5 × 8,5–9,5 µm, ohne Tropfen, uniseriat, Asci J+, operculat, 8-sporig. (CH 25).

16.7.35 *Peziza granularis* Donadini ex Van Vooren, *Peziza granularis* Donadini, *Peziza granulosa* Schumach. sensu Boudier
Körnchen-Becherling

Frkp: 5–20 mm, erst becherförmig, später ausgebreitet flach, Oberseite (Hymenium) sattbeige bis blassbraun, manchmal mit etwas Rosa, Außenseite feinfilzig, etwas heller, Rand körnig, ungestielt. **F:** wachsartig, brüchig, blassbraun, nicht milchend. **V:** auf Erde oder Pflanzenresten, in Schneetälchen, subalpin bis alpin; vorwiegend im Sommer. **Mik:** Sporen glatt, ellipsoid, 19–22,5 × 9,5–12 µm, ohne Tropfen, Asci J+, 8-sporig. (BK 1.42, 🖼).

P. granularis Schumach. wurde auf verschiedene Arten interpretiert. Donadini 1978 versuchte die Art im Sinne von Boudier 1905–1910 (*Aleuria granulosa* Schum.) als *P. granularis* Donadini neu festzulegen, hielt sich dabei aber nicht an die Vorgaben der Nomenklaturregeln gemäß ICN, Artikel 39.1. Seine Interpretation wurde deshalb von Van Vooren & Mauruc 2020 nachdefiniert und ist jetzt als *P. granularis* Donadini ex Van Vooren eine gültige Art.

16.7.36 *Peziza lilacinoalba* Donadini
Lilacremefarbener Becherling, Lilaweißer Becherling

Frkp: 10–20 mm, becherförmig, Oberseite (Hymenium) glatt, grauweiß bis blassocker, bisweilen mit einem Hauch Lila oder Rosa, Außenseite fein filzig-körnig, anfangs etwas dunkler, später gleichfarben, Rand jung etwas eingerollt, später aufgerichtet, körnig-warzig, ungestielt. **F:** zart, zerbrechlich, nicht milchend. **V:** subalpin, auf feuchter Erde; im Sommer. **Mik:** Sporen scheinbar glatt, mit Baumwollblau feinst warzig, ellipsoid, farblos, 20–22,5 × 12–13 µm, ohne Tropfen, uniseriat, Asci J+, operculat, 8-sporig. (CH 26).

16.7.37 *Peziza simplex* Dougoud & Moyne
Kleiner Kissen-Becherling

Frkp: 2–5 mm, kissen- bis flach scheibenförmig, Oberseite (Hymenium) violettbräunlich, wein- bis hellbraun, alt etwas schwärzend, Außenseite gleich gefärbt oder etwas dunkler, Rand glatt, ungestielt. **F:** zart, weich. **V:** einzeln oder gesellig, auf offener, oft verdichteter Erde, z. B. in Radspuren; im Frühsommer. **Mik:** Sporen glatt, ellipsoid, farblos bis blass bräunlich, 16,5–18,5 × 9–10 µm, reif ohne Tropfen, uniseriat, Asci J+, operculat, 8-sporig. (CH 29).

16.7.38 *Peziza ostracoderma* Korf
Nachdunkelnder Becherling, Schwarzer Becherling

Frkp: 10–25 mm, flach becherförmig und bald ausgebreitet, unregelmäßig lappig, Oberseite (Hymenium) glänzend, glatt bis faltig, rötlich-olivbraun bis dunkel schwarzbraun ungestielt. **V:** auf Brandstellen; im Spätsommer. **Mik:** Sporen deutlich netzartig ornamentiert, an den Polen dichter bis kappenartig, ellipsoid bis zylindrisch, farblos, 13–15 × 7,5–9 µm, mit 2, selten mit 1 Tropfen, uniseriat, Asci J+, operculat, 8-sporig. (CH 27).

16.7.39 *Phylloscypha phyllogena* (Cooke) Van Vooren, *Peziza phyllogena* Cooke
Frühlings-Violettfleischbecherling, Frühlings-Becherling

Frkp: 4–9 cm, unregelmäßig becherförmig, später flach ausgebreitet, Oberseite (Hymenium) glatt bis leicht rau, oliv, olivviolett manchmal braunrötlich, Außenseite oliv- bis rotbraun, anfangs teils violett, ungestielt. **F:** 2–3 mm dick, wässerig, zweischichtig. **V:** auf Laubstreu; im Frühsommer. **Mik:** Sporen erst fein, reif grobwarzig, vor allem an den Polen, breit ellipsoid bis etwas zylindrisch, 16–22 × 8–11 µm, uniseriat, Asci J+ (W), 8-sporig. (🖼).

16.7.40 *Daleomyces petersii* (Berk.) Van Vooren, *Peziza petersii* Berk.
Ungestielter Kohlenbecherling, Blaubrauner Kohlenbecherling

Frkp: 15–20 mm, vereinzelt bis 60 mm, tief und meistens bleibend becherförmig, Oberseite (Hymenium) glatt, schmutzig beige bis beigebräunlich, manchmal mit einem lilavioletten Ton, im Zentrum heller, Außenseite gleich gefärbt, mit braunen Wärzchen besetzt und gegen die Basis zunehmend weißlich, Rand unregelmäßig wellig, ungestielt. **F:** wachsartig, brüchig, weißlich bis bräunlich. **V:** auf Brandstellen; Sommer bis Herbst.

16.7.33 *Peziza echinospora*, Brauner Brandstellen-Becherling

16.7.35 *Peziza granularis*, Körnchen-Becherling

16.7.39 *Phylloscypha phyllogena*, Frühlings-Violettfleischbecherling

16.7.40 *Daleomyces petersii*, Ungestielter Kohlenbecherling

Mik: Sporen warzig und teilweise mit Rippen verbunden, ellipsoid bis etwas zylindrisch, 11–13 × 5–6,5 µm, meistens mit 2 Tropfen, uniseriat, Asci J+, 8-sporig. (🖼).

16.7.41 *Legaliana limnaea* (Maas Geest.) Van Vooren, *Peziza limnaea* Maas Geest., *Peziza limosa* (Grelet) Nannf. Schlamm-Becherling

Frkp: 0,5–3 cm breit, flach becher- bis scheibenförmig, später oft unregelmäßig wellig, innen glatt, gelboliv bis oliv-, rötlich oder violettbraun, außen fein punktiert bis ebenfalls fast glatt, hellrötlich bis dunkel olivbraun oder fast schwarz, ohne Stiel oder höchstens mit kurzem Stielansatz. **F:** brüchig, olivgelb. **V:** einzeln bis gesellig, oft auf feuchter, sandiger Erde, oft an Flussufern, z. B. bei Brennnessel *Urtica*, Pestwurz *Petasites*, Erle *Alnus*, Weide *Salix;* im Sommer bis Herbst. **Mik:** Sporen warzig bis etwas gratig, kommaförmig verbunden, jedoch nicht netzartig, schmal ellipsoid, 16–22 × 9–11 µm, 1–3, mehrheitlich 2 Tropfen, uniseriat, Asci J+ (WT), 8-sporig. (BK 1.44, 🖼).

16.7.42 ***Legaliana badia*** (Pers.) Van Vooren, ***Peziza badia*** Pers. **Kastanienbrauner Becherling**

Frkp: 3–8 cm breit, becher- bis vorwiegend schüsselförmig, anfangs mit eingebogenem Rand, später unregelmäßig wellig, innen glatt, dunkel olivbraun, außen kleiig, rötlichbraun, kaum gestielt. **F:** brüchig, erst farblos, später bräunlich, 1–2 mm dick. **V:** gesellig auf sandig-lehmigem Boden; Sommer bis Herbst. **Mik:** Sporen teilweise netzartig ornamentiert, ellipsoid mit leicht abgestutzten Polen, 17,5–19,5 × 8–11 µm, reif mit 1 großen und 1 kleineren Tropfen, uniseriat, Asci J+ (WT), 8-sporig. (D 1121, BK 1.37, 🖼).

16.7.43 *Sarcoscypha coccinea* (Gray) Boud. (🍴) Scharlachroter Kelchbecherling, Zinnoberroter Prachtsbecherling

Frkp: 1–5 cm breit, jung pokal-, später becher- bis ausgebreitet tellerförmig, Oberseite (Hymenium) glatt, lebhaft rot, zinnoberrot, Außenseite körnig-rau, meist elfenbeinweiß, Randzone bisweilen rosa, teils kurz, aber deutlich gestielt oder auch fehlend. **F:** brüchig, weißlich. **Ger:** unauffällig. **Ges:** schwach pilzartig. **V:** auf stark verrotteten Laubholzästen, vorwiegend Hasel *Corylus avellana,* seltener Weide *Salix* oder Buche *Fagus;* im Winter und Frühjahr. **Mik:** Sporen glatt, ellipsoid bis zylindrisch, mit rundlich gewölbten, vereinzelt abgeflachten Polen, 25–36 × 9–12 µm, einzelne (aberrante Megasporen) bis 59 × 16 µm, teils mit vielen kleinen Tropfen, uniseriat, Asci J–, 8-sporig. Die Art wird teilweise als essbar bezeichnet. (D 1138, 🖼).

16.7.43a *S. coccinea* f. *albida* (Massee) Van Vooren & B. Rivoire, Scharlachroter Kelchbecherling, weiße Form: Fruchtkörper 10–20 mm, Oberseite (Hymenium) und Außenseite weiß bis cremeweiß, mit Stiel. Sporen zylindrisch, Enden stumpf gewölbt, 29–35 × 9,5–12 µm.

16.7.44 *Sarcoscypha austriaca* (Beck ex Sacc.) Boud., Österreichischer Kelchbecherling: Fruchtkörper 2–7 cm, Oberseite (Hymenium) leuchtend orangerot, rot, zinnoberrot, Außenseite und Rand körnig-flockig, elfenbein- oder kalkweiß bis blassrosa oder orange, vorwiegend auf verrotteten Ästen von Grauerle *Alnus incana;* im ausgehenden Winter und Frühjahr. Sporen ellipsoid bis zylindrisch, mit mehrheitlich abgeflachten, vereinzelt auch etwas eingedellten oder mit Schleimkappen bedeckten Polen, 27–38 × 12–15 µm, einzelne (aberrante Megasporen) bis 53 × 16 µm. (🖼).

Die beiden Arten sind nicht immer einfach zu trennen. Gemäß Pidlich 1999 liefert die Beobachtung von auskeimenden Sporen einen weiteren Unterschied. Sporen von *S. coccinea* keimen immer nur an den Polen, während Sporen von *S. austriaca* auch an den Längsseiten der Sporen auskeimen können.

16.7.45 *Sarcoscypha jurana* (Boud.) Baral Linden-Kelchbecherling

Frkp: 2–6 cm, becherförmig, Oberseite glatt, orange- bis scharlachrot, Außenseite oft etwas rippig oder aderig, Rand glatt, oft mit kurzem Stiel. **V:** auf morschem Lindenholz *Tilia*; im Winter. **Mik:** Sporen glatt, breit ellipsoid bis zylindrisch, Pole abgestutzt bis etwas eingedrückt, farblos, 24–32 × 10–13 µm, an den Polen mit je einem großen Tropfen, uniseriat, Asci J–, operculat, 8-sporig. (CH 35, 🖼).

16.7.46 *Pithya cupressina* (Batsch) Fuckel Zypressen-Rundspornadelbaumbecherchen, Orangegelber Wacholderbecherling, Gelber Sadebaumbecherling

H: 1–5 mm breit, becher- bis scheibenförmig, Oberseite glatt, gelb bis orangegelb, Außenseite und Rand heller. **St:** kurz oder fehlend. **V:** einzeln bis gesellig, auf abgestorbenen

16.7.41 *Legaliana limnaea*, Schlamm-Becherling

16.7.42 *Legaliana badia*, Kastanienbrauner Becherling

16.7.43 *Sarcoscypha coccinea*, Scharlachroter Kelchbecherling

16.7.44 *S. austriaca*, Österreichischer Kelchbecherling

16.7.45 *Sarcoscypha jurana*, Linden-Kelchbecherl

16.7.46 *Pithya cupressina*, Zypressen-Rundspornadelbaumbecherchen

Zweigen von Wacholder *Juniperus* und Zypresse *Cupressus*; ganzjährig, vorwiegend im Winterhalbjahr. **Mik:** Sporen glatt, kugelförmig, leicht gelblich, 10–12 µm, uniseriat, ohne Tropfen, Asci J–, 8-sporig, Paraphysen nicht oder nur vereinzelt verzweigt. (🖼).

16.7.47 *Pithya vulgaris* Fuckel, Dottergelbes Rundspornadelbaumbecherchen, Dottergelber Tannenbecherling: Fruchtkörper 3–10 mm, auf am Boden liegenden Zweigen von Weißtanne *Abies alba*, allenfalls auch von anderen Nadelbäumen; im Winter. Paraphysen mehrheitlich verzweigt. (BK 1.119, 🖼).

16.7.47 *Pithya vulgaris*, Dottergelbes Rundspornadelb.

16.7.48 *A. babingtonii*, Rosabrauner Dickbecher

16.7.48 *Adelphella babingtonii* (Berk. & Broome) Pfister, Matočec & I. Kušan, *Pachyella babingtonii* (Berk. & Broome) Boud.
Rosabrauner Dickbecher,
Rosabrauner Dickbecherling, Babingtonscher Dickbecherling

Frkp: 0,5–2 cm breit, rundlich, leicht gewölbt bis flach auf dem Substrat aufliegend, Oberseite trocken matt, feucht glänzend, hell ocker- bis rötlichbraun, ungestielt. **F:** außen fest, innen wässrig, gelatinös. **V:** meist gesellig auf modernden Holz- oder Pflanzenresten, z. B. Fichtenzapfen *Picea*, an feuchten, moorigen Stellen; Frühling bis Spätsommer. **Mik:** Sporen glatt, breit ellipsoid, farblos, 19–24 × 11–14 µm, mit 2 Tropfen, uniseriat, Asci an der Spitze leicht J+, 8-sporig. (BK 1.56, 🖼).

16.7.49 *Marcelleina persoonii*, Blauvioletter Rundsporbecherling

16.7.49 *Marcelleina persoonii* (P. Crouan & H. Crouan) Brumm.
Blauvioletter Rundsporbecherling

Frkp: 0,5–2 cm, flach becher- bis scheibenförmig, Oberseite glatt, violett, braunviolett, Außenseite etwas blasser, Rand meist dunkel braun- bis schwarzviolett, ungestielt. **V:** gesellig auf feuchter Erde z. B. bei Huflattich Tussilago, Pestwurz Petasites, Moosen; Sommer bis Herbst. **Mik:** Sporen mit ziemlich vollständig netzartig verbundenen Warzen, kugelförmig, 9–11 µm, mit 1 großen Tropfen, uniseriat, Asci J–, 8-sporig. (🖼).

16.7.50 *Marcelleina rickii* (Rehm) Graddon, Alpen-Rundsporbecherling: Fruchtkörper 2–8 mm, Oberseite (Hymenium) violett, Fleisch wachsartig, gelb, Sporen nur teilweise und mit unvollständig netzartig verbundenen Warzen. (BK 1.66).

16.7.51 *Sarcosphaera coronaria*, Violetter Kronenbecherling

16.7.51 *Sarcosphaera coronaria* (Jacq.) J. Schröt., *Sarcosphaera crassa* (Santi) Pouzar ☠
Violetter Kronenbecherling

Frkp: 5–15 cm, erst kugelig und im Boden eingesenkt, später hervorbrechend und kronenartig aufreißend mit 5–10 Zacken, welche sich zunehmend nach außen biegen, innen amethystviolett bis violettbraun, außen schmutzig weißlich bis blass violettbraun, kaum oder ungestielt. **F:** knorpelig, brüchig, weiß bis blassviolett. **V:** im Laub- oder Nadelwald, in Parkanlagen, auf kalkreichem, lehmigem Boden; Frühling bis Frühsommer. **Mik:** Sporen breit ellipsoid mit etwas abgeplatteten Polen, farblos, 13–16 × 6,5–8,5 µm, mit 2 Tropfen, uniseriat, Asci J+, 8-sporig. (D 1118, BK 1.34, 🖼).

S. coronaria ist roh giftig.

16.7.52 *Plicaria carbonaria*, Gemeiner Holzkohlenbecherling

16.7.52 *Plicaria carbonaria* Fuckel, *Plicaria anthracina* Cooke
Gemeiner Holzkohlenbecherling,
Violettschwarzer Holzkohlenbecherling, Kohlenbecherling

Frkp: 1–3 cm, erst becherförmig, später unregelmäßig flach, Oberseite dunkel rotbraun, violettbraun bis schwarzbraun, teils auch wolkig vermischt, Außenseite heller, kleiig, ungestielt. **F:** ziemlich dick, fest. **V:** gesellig, auf Brandstellen; Herbst bis Frühling. **Mik:** Sporen mit bis 2 µm hohen, spitzstacheligen, isolierten Warzen, kugelförmig, blass bräunlich, 12–15 µm, teils mit 1 Tropfen, uniseriat, Asci an der Spitze leicht J+, 8-sporig. (BK 1.33, 🖼).

Plicaria trachycarpa (Curr.) Boud., Rausporiger Holzkohlenbecherling: Sporen mit nur bis zu 1 µm hohen, abgestutzen Warzen oder kurzen Rippen, 11–14 µm.

Plicaria acanthodictya Dissing & Hauerbach, Netzsporiger Holzkohlenbecherling: Fruchtkörper 2–6 mm, dunkelbraun bis -violett, kurz gestielt. Sporen vollständig netzartig ornamentiert mit 1–2 µm hohen, stacheligen Warzen, kugelig 12–14 µm.

Plicaria endocarpoides (Berk.) Rifai, Gilbender Holzkohlenbecherling: Fruchtkörper 10–30 mm, Oberseite (Hymenium) glatt, braun bis schwarzbraun, mit gelbem Milchsaft, Außenseite feinwarzig. Sporen glatt, kugelig, 8–10 µm.

16.7.53 *Plicariella scabrosa* (Cooke) Spooner
Rauer Pustelbecherling

Frkp: 5–20 mm, becherförmig, Oberseite (Hymenium) glatt, dunkel olivgrün bis schwarzbraun, Außenseite und Rand mit dicken, konischen, rötlichbraunen Warzen, ungestielt. **F:** Fleisch mit wässerigem, später weißem bis grauweißlichem Milchsaft. **V:** auf offener Erde; Sommer bis Herbst. Mik: Sporen mit 1–1,5 µm hohen, dichten, stumpfen Stacheln, kugelförmig, reif bräunlich, 15–17 µm, mit 1 Tropfen, uniseriat, Asci vor allem an der Spitze J+, operculat, 8-sporig. (CH 32).

16.7.54 *Plectania melastoma* (Sowerby) Fuckel
Rotrandiger Flechtbecherling, Schwarzmündiger Flechtbecherling

Frkp: 5–20 mm, kugelig, später kelch- bis becherförmig, Innenseite (Hymenium) glatt, dunkelbraun, fast schwarz, Außenseite feinsamtig, fein schwarz behaart, Rand lange eingerollt, mit orangen bis rostroten Körnchen, mit kurzem oder ohne Stiel. **V:** auf Erde oder Streu. **Mik:** Sporen feinst warzig bis fast glatt, ellipsoid bis spindelig, 22–25 × 10–12,5 µm, mit verschiedenen kleineren Tropfen, uniseriat, Asci J–, operculat, 8-sporig. (CH 31,).

16.7.55 *Pseudoplectania nigrella* (Pers.) Fuckel
Glänzender Schwarzborstling

Frkp: 1–3 cm breit, becherförmig, Oberseite glatt, braunschwarz, Außenseite und Rand haarig-filzig und etwas dunkler, ungestielt. **V:** meist gesellig zwischen Moos auf stark vermodertem Holz oder Erde; im Frühling. **Mik:** Sporen glatt, kugelförmig, 10–12,5 µm, mit mehreren Tropfen, uniseriat, Asci J–, operculat, 8-sporig, Paraphysen fadenförmig, mit kurzen Auswüchsen, Enden verzweigt, mehrfach septiert, Haare zylindrisch, wenig gegabelt oder septiert, filzig verwoben. (BK 1.121,).

16.7.56 *Pseudoplectania episphagnum* (J. Favre) M. Carbone, Agnello & P. Alvarado, *P. nigrella* var. *episphagnum* J. Favre, *Pseudoplectania sphagnophila* (Pers.) Kreisel
Sumpf-Schwarzborstling

Frkp: 1–2 cm, kugelig bis becherförmig, Oberseite (Hymenium) matt, schwarz, Außenseite kleiig, braunschwarz, Stiel kurz. **V:** auf offener, sandiger Erde, bei Moosen, Streu oder auf morschen Nadelholzstrünken; im Frühling bis Frühsommer. **Mik:** Sporen glatt, kugelförmig, 10–12 µm, mit 1 großen Tropfen, uniseriat, Asci J–, 8-sporig, Paraphysen fadenförmig, Enden teils schwach gebogen, wenig septiert, Haare wellig, mehrfach septiert, teils gegabelt, bräunlich, Basis dunkelbraun borstig. (BK 1.122,).

Gemäß Carbone et al. 2014 wurde der Name *Peziza sphagnophila* Pers. von Kreisel 1962 missbräuchlich und nicht im ursprünglich Sinne der von Persoon 1822 publizierten Varietät *Peziza melania* var. *sphagnophila* (Pers.) Kreisel verwendet. Die Beschreibung passt jedoch zu *P. nigrella* var. *episphagnum* von Favre 1948. Deshalb wurde die Varietät 2014 in den Artrang erhoben und mit diesem Namen neu publiziert.

16.7.57 *Pseudoplectania vogesiaca* Seaver
Gestielter Tannen-Schwarzborstling

Frkp: 2–4 cm, becher- bis schüsselförmig, Oberseite (Hymenium) glatt, dunkeloliv- bis schwarzbraun, Außenseite und Rand fein filzig-haarig, schwarz, mit deutlichem, kurzem bis längerem Stiel. **V:** auf faulendem, teils auch vergrabenem Holz von Weißtanne *Abies alba*, im Frühling. **Mik:** Sporen glatt, kugelförmig, 10–12 µm, mit 1 großen Tropfen, uniseriat, Asci J–, 8-sporig, Paraphysen fadenförmig, Enden teils gegabelt und spiralig gebogen, wenig septiert, Haare zylindrisch, wenig septiert, Basis borstig, schwarzbraun. (BK 1.123,).

16.7.58 *Urnula craterium* (Schwein.) Fr.
Schwarzer Tulpenbecher, Teufelsurne, Schwarzer Kelchpilz

H: 1–4 cm, pokal- bis urnenförmig, Oberseite (Hymenium) matt, blauschwarz bis schwarz, Außenseite filzig, feinschuppig und grauviolett bis graubraun, Rand gekerbt, mit deutlichem Stielteil. **F:** erst brüchig, später holzig, weiß. **V:** auf morschem, oft vergrabenem Laubholz; im Frühling. **Mik:** Sporen glatt, ellipsoid bis zylindrisch, dickwandig, farblos, 24,5–32 × 10,5–13 µm, ohne Tropfen, uniseriat, Asci J–, operculat, 8-sporig. (CH 41,).

16.7.59 *Iodophanus carneus* (Pers.) Korf
Rosafarbener Kotling

Frkp: 0,5–2 mm, knollig bis kreiselförmig, Oberseite (Hymenium) rau, blassrosa bis ockerrosa, später bräunlich, außen fein behaart, gleich gefärbt, ohne Stiel aufsitzend. **V:** gesellig, auf Kot oder faulenden Pflanzenabfällen; ganzjährig. **Mik:** Sporen farblos, fein punktiert, ellipsoid, 18,5–20 × 11–12 µm, ohne Tropfen, biseriat, Asci und Hymenium J+, 8-sporig. (BK 1.116,).

16.7.54 *Plectania melastoma*, Rotrandiger Flechtbecherling

16.7.55 *Pseudoplectania nigrella*, Glänzender Schwarzborstling

16.7.56 *Pseudoplectania episphagnum*, Sumpf-Schwarzborstling

16.7.57 *Pseudoplectania vogesiaca*, Gestielter Tannen-Schwarzborstling

16.7.58 *Urnula craterium*, Schwarzer Tulpenbecher

16.7.59 *Iodophanus carneus*, Rosafarbener Kotling

16.8 *Leotia*, Gallertkäppchen und Ähnliche

Ascomycota, Schlauchpilze

Ascomycota, diverse Klassen, Ordnungen und Familien

Größtenteils weniger als 1 cm breite, mehrheitlich becherartige Pilzchen, die ungestielt oder höchstens mit ganz kurzem Stiel auf verschiedensten Substraten aufsitzen. Es gibt auch eingesenkt wachsende Fruchtkörper, die sich unter der Rinde oder Pflanzenhaut bilden und dann als Becher, Spaltlippen (ähnlich Kaffeebohnen) oder auch etwas geschwürartig wie bei *Rhytisma*, Runzelschorfe aus dem Substrat hervorbrechen. Schließlich enthält das Unterkapitel auch einige gestielte Arten mit käppchen- oder kreiselförmigem Hut, z. B. aus den Gattungen *Leotia*, *Cudonia* und *Onygena*. Aus dieser Formenvielfalt ergibt sich eine sehr breite Verwandtschaft mit Pilzen aus 16 Familien, 9 Ordnungen und insgesamt 5 verschiedenen Klassen: ***Eurotiomycetes, Lecanoromycetes, Leotiomycetes, Orbiliomycetes*** und ***Sareomycetes.*** Zur Erfassung dieser umfangreichen Struktur folgt eine Übersicht.

Eurotiomycetes

- > ***Onygenales***
  - > ***Onygenaceae***, Hornpilzverwandte
    - > *Onygena*, Hornpilze

Lecanoromycetes

- > ***Ostropales***
  - > ***Stictidaceae***, Lochbecherchenverwandte
    - > *Cryptodiscus*, Höhlenbecherchen
    - > *Karstenia*, Sternrandlochbecherchen
    - > *Ostropa*, Spaltenlochbecherchen
    - > *Robergea*, Knickhöhlungspilze
    - > *Stictis*, Lochbecherchen

Leotiomycetes

- > ***Chaetomellales***
  - > ***Marthamycetaceae***
    - > *Cyclaneusma*, Föhrennadelschlitzbecherchen
    - > *Propolis*, Holzscheibchen
- > ***Helotiales***
  - > ***Calloriaceae***, Runzelschorfverwandte
    - > *Calloria*, Schönbecherchen
  - > ***Dermateaceae***, Polsterbecherchenverwandte
    - > *Dermea*, Polsterbecherchen
    - > *Pezicula*, Rindenbecherchen
  - > ***Helotiaceae***
    - > *Bisporella*, Reisigbecherchen
    - > *Bryoscyphus*, Moosbecher
    - > *Cyathicula*, Kleinbecherchen
    - > *Durella*, Hartbecherchen oder incertae sedis
    - > *Hymenoscyphus*, Stielbecherchen
    - > *Patinellaria*, Randscheibchen oder incertae sedis
    - > *Phaeohelotium*, Holzbecherchen
  - > ***Pezizellaceae***
    - > *Calycellina*, Flaumhaarbecherchen
    - > *Calycina*, Weißbecherchen
    - > *Gemmina*, Knospenschuppenbecherchen
    - > *Psilachnum*, Zarthaarbecherchen
  - > ***Tricladiaceae***
    - > *Cudoniella*, Kreislingchen
  - > ***Vibrisseaceae***,
    - > *Vibrissea*, Fadensporscheibchen
  - > **incertae sedis**
    - > *Cistella*, Warzenkeulenhaarbecherchen
    - > *Microglossum*, Stielzungen
    - > *Roseodiscus*, Stängelbecherchen
    - > *Stamnaria*, Schachtelhalmbecherchen
- > ***Leotiales***
  - > ***Leotiaceae***, Gallertkäppchenverwandte
    - > *Leotia*, Gallertkäppchen
  - > ***Tympanidaceae***, Büschelbecherlingverwandte
    - > *Claussenomyces*, Gallertbecherchen
    - > *Durandiella*, Konidienbecher
    - > *Tympanis*, Ascokonidienbecherlinge
    - > *Vexillomyces*, Ascokonidienscheibchen
  - > ***Mniaeciaceae***, Blattlebermoosbecherchenverwandte
    - > *Mniaecia*, Blattlebermoosbecherchen
- > ***Rhytismatales***
  - > ***Cudoniaceae***, Kreislingsverwandte
    - > *Cudonia*, Kreislinge
    - > *Spathularia*, Spatelinge
  - > ***Rhytismataceae***, Runzelschorfverwandte
    - > *Colpoma*, Schildbecherlinge
    - > *Lophodermium*, Spaltlippen
    - > *Rhytisma*, Runzelschorfe
    - > *Therrya*, Schwarzlappenrandbecherchen
    - > *Tryblidiopsis*, Sternrandbecherchen
- > ***Thelebolales***
  - > ***Thelebolaceae***
    - > *Ascozonus*, Dunghaarbecherchen

Orbiliomycetes

- > ***Orbiliales***
  - > ***Orbiliaceae***, Harzbecherchenverwandte
    - > *Hyalorbilia*, Glasknopfbecherchen
    - > *Lilapila*, Lilahaarknopfbecherchen
    - > *Orbilia*, Knopfbecherchen

Sareomycetes

- > ***Sareales***
  - > ***Sareaceae***, Harzbecherchenverwandte
    - > *Sarea*, Harzbecherchen

Leotia, Gallertkäppchen und Ähnliche

Beschreibung

Mit ***Leotia***, Gallertkäppchen steht eine auffällige, deutlich gestielte Gattung mit gallertartigen Käppchen als Beispiel für das umfangreiche Unterkapitel. Weitere gestielte Arten sind die verschiedenen ***Cudonia***, Kreislinge, ***Cudoniella***, Kreislingchen und ***Vibrissea*** *truncorum*, Gestieltes Fadensporscheibchen mit ebenfalls schmierigem Käppchen, während ***Onygena***, Hornpilze kugelige, jedoch trockene, kleiige Köpfchen tragen. Fruchtkörper mit deutlichem Stiel, jedoch fächer- oder spatelförmigem Kopfteil gehören zur Gattung ***Spathularia***, Spatelinge, solche mit zungenförmigem Hutteil, in grünen oder orangen Farben zu ***Microglossum***, Stielzungen. Das Unterkapitel enthält auch zahlreiche kurz oder gar nicht gestielte, mehrheitlich becherförmige und dem Substrat aufsitzende Arten. Meistens größer als 1 mm, weißlich bis lebhaft gelb sind ***Hymenoscyphus***, Stielbecherchen und vor allem auf Holz ***Bisporella***, Reisigbecherchen oder ***Phaeohelotium***, Holzbecherchen. Innen olivbraun, außen schwarz und auf berindeten

Föhrenzweigen gedeihen ***Therrya***, Schwarzlappenrandbecherchen; auf Fichtenzweigen mit lappig aufreißendem Rand finden sich ***Tryblidiopsis***, Sternrandbecherchen. Erst brombeerförmig und später büschelig angeordnete, kleine kreiselförmige Fruchtkörper auf Hagebuchenästchen deuten auf ***Pezicula***, Rindenbecherchen hin, blassrosa Farben auf Schachtelhalm auf ***Roseodiscus***, Stängelbecherchen und hell fleischbräunliche bis orange Farben auf Moos auf ***Bryoscyphus***, Moosbecher. Sehr kleine Arten, meistens kleiner als 1 mm, sind die weißen, fein behaarten ***Ascozonus***, Dunghaarbecherchen auf Dung und die dunkel blaugrünen ***Mniaecia***, Blattlebermoosbecherchen auf Blattlebermoos. Auf moderndem Holz findet man dunkelgrüne, gallertartige ***Vexillomyces***, Ascokonidienscheibchen und ***Claussenomyces***, Gallertbecherchen, linsenförmige, grau- bis olivockerliche *Vibrissea*, Fadensporscheibchen sowie schwarze, harte und kugelige ***Durella***, Hartbecherchen. ***Psilachnum***, Zarthaarbecherchen gedeihen auf Farn oder Schachtelhalm, ***Calycina***, Weißbecherchen auf Erlenzäpfchen. ***Gemmina***, Knospenschuppenbecherchen bilden ihre Fruchtkörper auf Pappelknospen, ***Calycellina***, Flaumhaarbecherchen auf Blättern oder Kräuterstängeln, ***Cistella***, Warzenkeulenhaarbecherchen auf Nadeln oder Blattadern. ***Sarea***, Harzbecherchen wachsen auf eingetrocknetem Harz, und auf harzigen Fichtenästen treten die violettschwarzen ***Lilapila***, Lilahaarknopfbecherchen mit stark behaartem Rand auf. Die scheibchen- bis linsenförmigen, etwas gallertartigen, gelb bis orange gefärbten ***Calloria***, Schönbecherchen kommen auf Brennnesseln oder Enzian vor, auf anderen Pflanzenstängeln oder Weidenkätzchen findet man ***Cyathicula***, Kleinbecherchen. Mehrheitlich kleiner als 1 mm, vereinzelt bis 2 mm, durchscheinend glasig wirkende, weißliche, orange oder rosafarbene Becherchen zählen zu ***Orbilia***, Knopfbecherchen, gelbgrünliche zu ***Hyalorbilia***, Glasknopfbecherchen. Eine geschwürartig aufliegende schwarze Kruste wie ein Schorf bilden ***Rhytisma***, Runzelschorfe. Die kleinen, graurötlich bis violettschwarzen ***Patinellaria***, Randscheibchen wachsen auf einem auffälligen karminrotem Subikulum. Schließlich gibt es eine Reihe von eingesenkten, erst bei Reife aus dem Substrat hervorbrechenden Arten. Vorwiegend aus entrindetem Holz mit länglicher, kaffeebohnenförmiger Spalte treten ***Lophodermium***, Spaltlippen hervor, eher kugelig sind es ***Ostropa***, Spaltenlochbecherchen. Eingesenkte Kügelchen, lappig aufreißend und weiß bepudert, führen zu ***Propolis***, Holzscheibchen, tief eingesenkte zu ***Robergea***, Knickhöhlungspilze, längliche und orange gefärbte Gebilde zu ***Cryptodiscus***, Höhlenbecherchen. In die Rinde eingesenkt, länglich und mit milchig olivbraun aufstehendem Rand sind es ***Colpoma***, Schildbecherlinge und ***Karstenia***, Sternrandlochbecherchen. Innen schwarz, ca. 1 mm groß erscheinen ***Tympanis***, Ascokonidienbecherlinge und ***Durandiella***, Konidienbecher. ***Dermea***, Polsterbecherchen sind etwas größer und kissenförmig mit aufgeworfenem Rand. ***Stictis***, Lochbecherchen sind kugelig eingesenkt, innen orange mit weißem, nach außen gebogenem Rand und gedeihen auf lebendem Laubholz oder auf Rinde von Fichtenholz. Eingesenkt aus Kiefernnadeln, sprießen ***Cyclaneusma***, Föhrennadelschlitzbecherchen hervor.

Leotia wachsen im Herbst auf Erde und können Mykorrhiza bilden. KÜHDORF et al. 2015 haben in den Wurzeln von *Comarostaphylis arbutoides*, einem Heidekrautgewächs *Ericaceae*, eine entsprechende Verbindung nachgewiesen. Für eine parasitische Lebensweise in dieser Artengruppe gibt es mehrere Belege. Das bekannteste Beispiel dürfte *Hymenoscyphus fraxineus*, Eschentriebsterben-Stielbecherchen sein, verantwortlich für das Eschentriebsterben. Diese Art wurde vermutlich Anfang der 1990er Jahre von Ostasien nach Europa eingeschleppt. In der Schweiz wurde der Pilz 2008 erstmals im Kanton Basel festgestellt; er hat sich längst im ganzen Land ausgebreitet. Inzwischen gibt es eine nationale Strategie zum Umgang mit diesem Parasiten. Da der Pilz vorher in Mitteleuropa nicht bekannt war, handelt es sich um einen problematischen Neomyceten. Wie bei den Neophyten und Neozooen werden auch hier Organismen, die sich erst nach 1492 hier angesiedelt haben, mit der Vorsilbe «Neo» versehen. Im Fall von *Hymenoscyphus fraxineus* ist es die asexuelle Nebenfruchtform (Konidienstadium, Anamorphe), früher als *Chalara fraxinea* beschrieben, welche den Baum schädigt. Nach den neuen Nomenklaturregeln gilt die Nebenfruchtform als Synonym der Hauptfruchtform (Teleomorphe). Äußerlich ist diese Art kaum von *Hymenoscyphus albidus*, Weißes Eschenblattnerven-Stielbecherchen zu unterscheiden, welches nicht als Parasit auftritt. *Bryoscyphus*, Moosbecher sind Parasiten auf Moos. Mit ***Stamnaria** americana*, Winter-Schachtelhalmbecherchen gibt es ein Beispiel für eine Art, die parasitisch auf Schachtelhalm wächst, während die sehr nahestehende *Stamnaria persoonii*, Sommer-Schachtelhalmbecherchen ein Saprobiont ist. *Bisporella sulfurina*, Kernpilz-Reisigbecherchen ist ein Parasit, der auf *Hypoxylon*, Kohlenbeeren oder ähnlichen Pilzarten wächst. Es dürfte weitere Parasiten wie auch Mykorrhizapilze in der großen, hier zusammengefassten Gattungsgruppe geben. Bei der Mehrheit handelt es sich jedoch um Saprobionten. Das zeigt sich daran, dass viele Arten auf abgestorbenen Pflanzenteilen wie Totholz, alten Zapfen, Stängeln, Blütenteilen, Streu oder auch auf Dung wachsen. Ohne Kontakt zu lebenden Organismen können nur Saprobionten vorkommen.

Unter dem Mikroskop zeigen sich glatte Sporen in verschiedenen Formen: ellipsoid, allantoid, fadenförmig, keilförmig, kommaförmig, spermienförmig, ohne oder mit teils mehreren Septen. An den Asci findet man Arten mit oder ohne amyloide Teile. Ein Rolle spielt auch die Anordnung der Sporen im Ascus. Sie kann in einer Reihe (uniseriat), in zwei Reihen (biseriat), in Viererreihen (tetraseriat) oder auch alle parallel nebeneinander liegen (multiseriat). Die Mehrheit der Arten enthält 8 Sporen, einzelne nur 4, andere 16 und einige auch kaum zählbar mehr als 100. Für Spezialist:innen gibt es viele weitere Unterschiede an den Paraphysen und weiteren Teilen des Fruchtkörpers zu beurteilen, Unterschiede, die hier nicht verwendet werden.

Bestimmung

Eine Reihe von übergeordneten Fragen führt zum Einstieg in die sechs Schlüssel dieses Unterkapitels:

- Hut käppchen-, kreisel-, spatel-, fächerförmig, Stiel deutlich (A)
- Hut becher-, schüssel-, tellerförmig bis flach, linsenförmig, Stiel kurz oder fehlend
  - Fruchtkörper nicht durchscheinend
    - aufsitzend
      - auf Moos, Stauden, Schilf, Kräutern, Blättern, Erde, Harz, Dung, Zapfen, Streu (B)
      - auf Holz oder Kot
        - Durchmesser 0,2–1 cm (C1a)
        - Durchmesser < 0,2 cm (C1b)
    - eingesenkt und hervorbrechend (C2)
  - Fruchtkörper durchscheinend, Paraphysen kopfig (D)

In den verschiedenen Schlüsseln sind es dann vor allem die Farben, Formen, Größen und das Substrat in verschiedenen Reihenfolgen. Im letzten Schlüssel bei *Orbiliaceae*, Knopfbecherchenverwandte muss schon früh die Größe der Sporen einbezogen werden.

Speisewerte

Leotia, Gallertkäppchen und *Spathularia*, Spatelinge werden teilweise als essbar bezeichnet, gehören aber nicht zu regelmäßig konsumierten und damit erprobten Speisepilzen. *Spathularia*, Spatelinge spielen vor allem in der chinesischen Küche mit ihrer Vorliebe für gallertartige, dem Judasohr oder Mu-Err aus der Gattung *Auricularia* ähnlichen Pilze eine Rolle. Alle anderen Arten in diesem Unterkapitel sind keine Speisepilze.

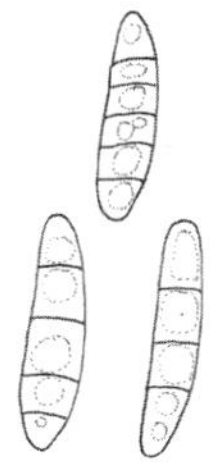

10 µm

Sporen

16.8.01 *Leotia lubrica,*
Grüngelbes Gallertkäppchen

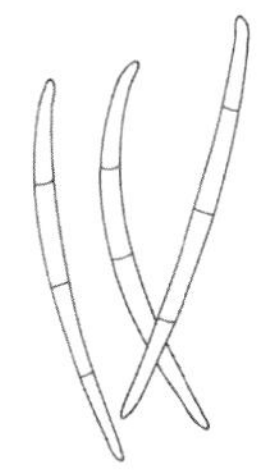

10 µm

Sporen

16.8.03 *Cudonia circinans,*
Helm-Kreisling

16.8.05 *Cudoniella acicularis,*
Dünnstieliges Kreislingchen

16.8.06 *Vibrissea truncorum,*
Gestieltes Fadensporscheibchen

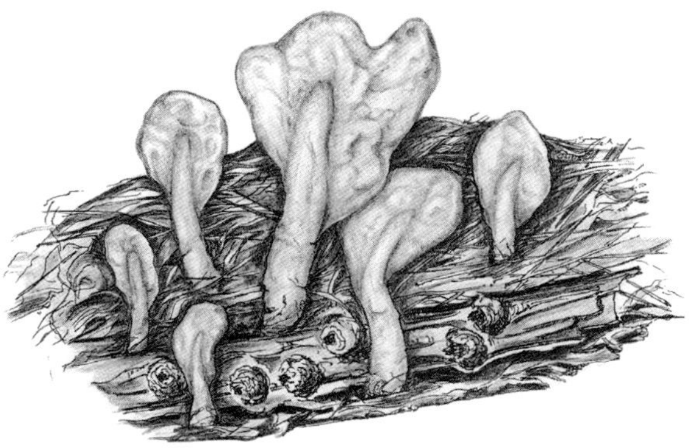

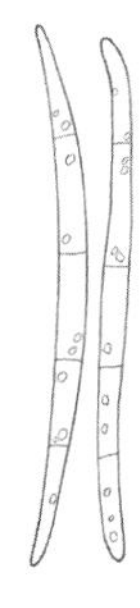

10 µm

Sporen

16.8.11 *Spathularia flavida,*
Dottergelber Spateling

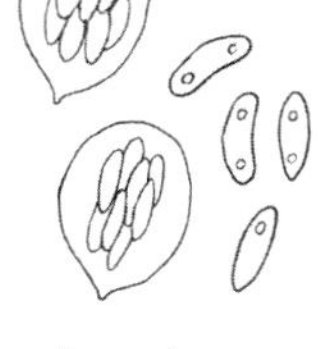

10 µm

Sporen

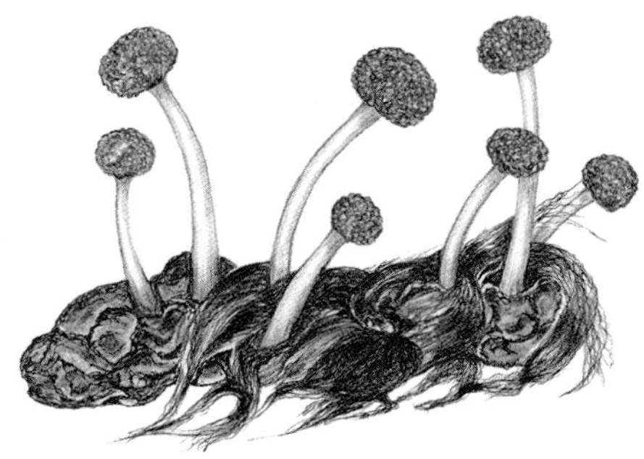

16.8.09 *Onygena corvina,*
Gewöll-Hornpilz

16.8.49 *Hymenoscyphus fructigenus,*
Fruchtschalen-Stielbecherchen

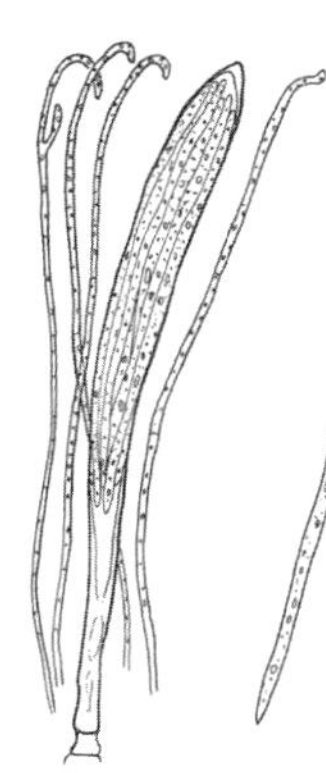

20 µm

Ascus
Paraphysen

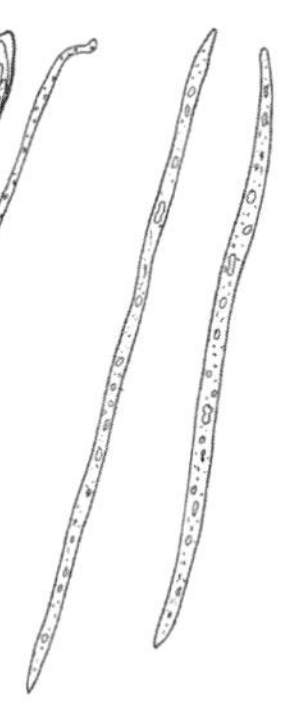

10 µm

Sporen

16.8.80 *Rhytisma acerinum,*
Ahorn-Runzelschorf

16.8 *Leotia,* Gallertkäppchen und Ähnliche
(A) mit käppchen-, kreisel-, spatel- oder fächerförmigem (nicht becherförmigem) Hut und deutlichem Stiel

- Hut käppchenförmig
  - Hut glatt
    - Hut gelboliv bis olivbraun, gelatinös, Stiel gelbocker — **01 *Leotia lubrica,* Grüngelbes Gallertkäppchen**
    - Hut oder ganzer Fruchtkörper grünlich, gelatinös, Stiel heller — 02 *Leotia atrovirens,* Schwarzgrünes Gallertkäppchen
    - Hut weiß, grau- bis ockerweiß
      - Hut 1–2 cm, ockerweiß, bernstein, wellig, Rand nach unten gebogen — 03 *Cudonia circinans,* Helm-Kreisling
      - Hut 0,5–1 cm, grau-/ockerweiß, evtl. violettlich, kreisel-/kissenförmig — 04 *Cudoniella clavus,* Wasser-Kreislingchen
      - Hut meist < 0,5 cm breit
        - vorwiegend auf Eiche, grauweiß bis ockerlich — 05 *Cudoniella acicularis,* Dünnstieliges Kreislingchen
        - auf Horn oder Hufteilen, cremeweiß, feinwarzig, später glatt — 10 *Onygena equina,* Kuh-Hornpilz
    - Hut gelb bis orange
      - auf morschem Holz
        - Köpfchen halbkugelig, < 1 cm breit, Rand nach unten gebogen — 06 *Vibrissea truncorum,* Gestieltes Fadensporscheibchen
        - Köpfchen länglich, 2–5 cm hoch, lebhaft orange, Stiel blass weißlich — 16.10.81 *Mitrula paludosa,* Sumpf-Haubenpilz
      - bei Moos
        - lebhaft orange, Köpfchen länglich, 2–5 cm hoch, Stiel blass weißlich — 16.10.81 *Mitrula paludosa,* Sumpf-Haubenpilz
        - lebhaft orangegelb, Köpfchen rundlich, 1–2 cm hoch, Stiel weißflockig — 16.10.82 *Bryoglossum gracile,* Zierliche Mooszunge
      - auf Nadelstreu, 1–2 cm, ockergelb, Stiel braun — 16.9.29 *Heyderia cucullata,* Nadel-Häubchenpilz
      - im Laubwald, Hut 0,1–0,3 cm hoch, rostgelb, auf Sklerotien — 16.9.30 *Episclerotium sclerotipus,* Gelber Sklerotienhäubchenpilz
  - Hut rau, kleiig-punktiert, meist < 0,5 cm breit
    - auf Sklerotien letztjähriger Gräser (Roggen), Kopf rundlich, orangebraun — 16.13.72 *Claviceps purpurea,* Purpurbrauner Mutterkornpilz
    - auf Haaren, Gewöllen oder Federn, ocker, rau kleiig — 09 *Onygena corvina,* Gewöll-Hornpilz
    - auf Horn oder Hufteilen, cremeweiß, jung feinwarzig, später glatt — 10 *Onygena equina,* Kuh-Hornpilz
- Hut mit spatel- oder fächerförmigem Hutkamm, beidseits den Stiel umfassend
  - Fruchtkörper 2–5 cm, gelb bis braun, Ascosporen
    - Kopfteil deutlich flach, spatel- bis kammförmig
      - Kopfteil dottergelb bis gelbocker, Stiel weißlich, Sp. < 50 µm, Asci < 105 µm — 11 *Spathularia flavida,* Dottergelber Spateling
      - Kopfteil fleischocker, Stiel gleich/heller, Sporen bis 80 µm, Asci bis 130 µm — 12 *Spathularia neesii,* Ledergelber Spateling
    - Kopfteil keulenförmig bis abgeflacht, zitronengelb, Sporen 4,5–8 × 2,5–4,5 µm — 16.14.05 *Neolecta vitellina,* Kleine Schlauchkeule
  - Frkp. 0,1–0,3 cm, cremeweiß, Köpfchen rundlich flach, auf Zweigen, Basidiosp. — 1.3.38 *Typhula sphaeroidea,* Weißes Flachkopf-Fadenkeulchen

16.8 *Calycina*, Weißbecherchen und Ähnliche

(B) becher-, schüssel-, tellerförmig bis flach, linsenförmig, spaltförmig, nicht durchscheinend, Stiel kurz oder fehlend, < 1 cm

▹ aufsitzend auf Moos, Stauden, Schilf, Kräutern, Blättern, Erde, Harz, Dung, Zapfen, Streu (nicht auf Holz, Rinde v. Bäumen)

auf Stauden, Schilf, Kräutern, Gras, kaum über 2 mm breit	
auf dürren Rosen, innen grau-, außen braunschwarz, flaumig, < 2 mm breit	16.10.33 *Mollisia rosae*, Rosen-Weichbecherchen
auf Alpendost, graublau, Rand ockerweißlich, außen bräunlich, 1–2 mm breit	16.10.49 *Pyrenopeziza adenostylidis*, Alpendost-Durchbrechbecherchen
auf faulenden Binsenhalmen, fleischbraun, kaum über 0,5 mm breit	16.10.34 *Mollisia juncina*, Binsen-Weichbecherchen
auf Schilf	
rundlich, becherförmig	
grauocker, außen braunschwarz, auf totem Schilf, 0,5–1 mm breit	16.10.35 *Mollisia pulla*, Mehrfachseptiertsporiges Schilf-Weichbech.
blass- bis ockergelb, braun, auf schwärzlichem Hyphenfilz, 1–2,5 mm breit	16.10.47 *Trichobelonium kneiffii*, Schilf-Langsporenweichbech.
grau- bis blauweißlich, außen dunkler, evtl. kurz gestielt, 0,5–1,5 mm breit	16.10.36 *Mollisia hydrophila*, Helles Schilf-Weichbecherchen
längsspaltig, graubräunlich, Rand schwarz, kaum über 0,5 mm breit	13 *Lophodermium arundinaceum*, Schilf-Spaltlippe
auf Brombeerstängeln, grauocker, außen braun, Rand gefranst, kleiig, < 1 mm	16.10.48 *Pyrenopeziza escharodes*, Schorfiges Einsenkbecherch.
auf abgestorbenen Spierstaudenstängeln	
blaugrau, Rand ockerlich, außen bräunlich, < 1 mm breit	16.10.50 *Pyrenopeziza revincta*, Grauolivliches Kraut-Durchbr.
graubraun, außen dunkelbraun, Rand fransig, heller, < 0,6 mm breit	16.10.51 *Pyrenopeziza pulveracea*, Graues Spierstauden-D.
gelbockerlich, 0,3–0,5 mm, Rand weißlich flaumig	25 *Calycellina ulmariae*, Spierstauden-Flaumhaarbecherchen
auf Brennnessel, Goldrute oder weiteren Kräutern	
0,5–1 mm, scheiben- bis linsenförmig, orange, rau, weichfleischig	17 *Calloria neglecta*, Brennnessel-Schönbecherchen
1–3 mm, becherförmig bis flach, gelbocker, außen feinfilzig	23 *Calycina herbarum*, Gemeines Kraut-Weißbecherchen
auf Gelbem Enzian oder Weißem Germer, weiß bis gelblich, 0,5–1 mm	18 *Calloria gentianae*, Enzian-Schönbecherchen
auf Schachtelhalm	
auf lebenden Winterschachtelhalm-Stängeln, 1–2 mm, gelborange, im Winter	16.8.76 *Stamnaria americana*, Winter-Schachtelhalmbecherchen
auf abgestorbenen Stängeln, 0,5–1 mm, gelborange, im Sommer	16.8.77 *Stamnaria persoonii*, Sommer-Schachtelhalmbecherchen
auf Borstgrashalmen, orange, außen dunkel rotbraun, 0,5–3,5 mm	16.10.43 *Mollisia russea*, Rostbraunes Borstgras-Weichbecherchen
auf Blättern oder Blattstielen	
auf Eichenblättern, innen gelb, außen weißlich, 0,5–1 mm	24 *Calycellina punctata*, Schmalsporiges Eichenblatt-Flaumh.
auf Blättern von Heidekraut *Calluna vulgaris*, 0,25–0,5 mm, graubraun	32 *Durandiella callunae*, Heide-Konidienbecher
auf Eichen-und Buchenblättern, weißlich bis ockergelb, 1–3 mm	54 *Hymenoscyphus epiphyllus*, Streu-Stielbecherchen
auf trockenen Heidelbeerblättern, kaffeebohnenförmig, schwärzlich, ca. 0,5 mm	16 *Lophodermium maculare*, Heidelbeer-Spaltlippe
auf Moos	
auf Lebermoos *Jungermanniales*, blau- bis dunkelgrün	28 *Mniaecia jungermanniae*, Dunkelblaugrünes Blattlebermoosbech.
auf Lebermoos *Jungermanniales*, weiß, 0,2–1,5 mm	29 *Mniaecia nivea*, Weißes Blattlebermoosbecherchen
auf Sternlebermoos *Riccia*, orange, 0,2–1 mm	16.6.49 *Neottiella ricciae*, Sternlebermoos-Moosschälchen
auf Seitenköpfchenmoos, Pohlmoos, orange, 0,5–2 mm	16.6.44 *Octospora phagospora*, Sporenfressendes Moosbecherchen
auf Tagmoos *Ephemerum*, orange, 0,5–1,5 mm	16.6.45 *Octospora bridei*, Breitspindelsporiges Tagmoos-Moosbech.
auf Goldhaarmoos *Lewinskya*, orange, 0,3–1 mm	16.6.46 *Octospora bicarpa*, Zweifrüchtiges Moosbecherchen
auf Dreh- oder Hornzahnmoos, 0,5–3 mm, blassorange, Rand weißlich behaart	16.6.47 *Neottiella hetieri*, Glattsporiges Brandstellen-Moosschälchen
auf Widertonmoos, 5–20 mm, Sporen isoliert rundwarzig, 22–27 × 13–15 µm	16.6.50 *Neottiella vivida*, Warzigsporiges Moosschälchen
auf Widertonmoos, 3–12 mm, Sporen teilnetzig, 20–26 × 12–15 µm	16.6.51 *Neottiella rutilans*, Netzsporiges Moosschälchen
auf Knospen von Pappeln, 0,1–1 mm, grauweißlich	21 *Gemmina gemmarum*, Pappel-Knospenschuppenbecherch.
auf Zapfen (Kiefer, Fichte, Erle), Fruchthüllen (Edelkastanie) oder Beeren	
auf Fichtenzapfen, rundum schwarzbraun, becher- bis schüsselförmig, 2–10 mm	16.9.18 *Rutstroemia bulgarioides*, Fichtenzapfen-Stromabech.
auf Föhrenzapfen, innen blass- bis ockergelb, außen braun, <1 mm breit	16.10.44 *Mollisia strobilicola*, Zapfen-Weichbecherchen
auf Erlenzäpfchen, gelbockerlich, kaum über 1 mm breit	
im Winter, Sporen ellipsoid bis allantoid, 5–5,5 × 1,5–2 µm	16.10.37 *Mollisia amenticola*, Erlenzäpfchen-Weichbecherchen
im Vorfrühling und Herbst, Sporen spindelförmig, 9–11 × 2,5–3 µm	22 *Calycina alniella*, Erlen-Weißbecherchen
auf Fruchthüllen von Edelkastanien, kastanienbraun, Rand gezähnelt, 0,2–1 mm	16.10.34 *Mollisia juncina*, Binsen-Weichbecherchen
auf trockener Heidelbeere, kaffeebohnenförmig, schwärzlich, ca. 0,5 mm	16 *Lophodermium maculare*, Heidelbeer-Spaltlippe
auf Weidenblütenkätzchen, 0,3–0,5 mm, weißlich bis creme	67 *Cyathicula amenti*, Kätzchen-Kleinbecherchen
auf Nadelstreu, dünnen Nadelholzzweigen oder Nadeln	
rundlich becherförmig	
auf Fichtenstreu, oft bei Vogeldung, grauviolettlich, 5–10 mm breit	16.6.89 *Pseudombrophila merdaria*, Kleinsporiger Dungbecherling
auf Weißtannenzweigen, dunkel olivbraun, 0,2–0,6 mm breit	16.9.19 *Rutstroemia elatina*, Weißtannen-Stromabecher
länglich, spaltförmig, auf Nadeln, ockerfarben, bis 1,5 mm lang	
auf abgestorbenen Föhrennadeln	
jung grauschwarz, sich öffnend rötlich	14 *Lophodermium pinastri*, Kiefernnadel-Spaltlippe
creme- bis ockerfarben, bis 1,5 mm lang	82 *Cyclaneusma minus*, Kleines Föhrennadelschlitzbecherchen
auf abgestorbenen Fichtennadeln	15 *Lophodermium piceae*, Fichtennadel-Spaltlippe
auf Erde oder Streu, 1–4 mm, Rand gekerbt	
linsen- bis scheibenförmig, gelb, Rand braun, auf Erde oder Streu	16.10.58 *Podophacidium xanthomelum*, Braungelbes Linsenb.
becher-/schüsselförmig, teils eingesenkt, ocker bis braunorange, Rand hell, a. Erde	16.6.60 *Cupulina montana*, Berg-Schüsselbecherchen
auf Harz, tellerförmig, blassorange, Rand heller, stiellos, 0,5–1 mm breit	81 *Sarea resinae*, Gemeines Harzbecherchen
auf Kuhdung, gelborange, innen glatt, Rand und außen kleiig, körnig, 1–2 mm	**16.6.75 *Cheilymenia granulata*, Granulierter Borstenbech.**
auf Wildlosung, innen hell- bis braungelb, außen braun, weißflaumig, 0,5–2 mm	16.6.88 *Pseudombrophila theioleuca*, Hellscheibiger Dungbecherling

16.8 *Bisporella,* Reisigbecherchen und Ähnliche

(C1a) becher-, schüssel-, tellerförmig bis flach, linsenförmig, nicht durchscheinend, Stiel kurz oder fehlend

▹ aufsitzend auf Holz (abgestorbenen Ästen, Zweigen oder Baumrinden)

▹ Durchmesser 0,2–1 cm

gelb, dottergelb, gelbbräunlich, olivgelb	
zitronen- bis dottergelb, 1–4 mm breit	
auf festem Holz, zitronengelb	
nicht oder kurz gestielt, Sporen ellipsoid, 8–12 µm	**41 *Bisporella citrina,* Zitronengelbes Reisigbecherchen**
deutlich gestielt, Sporen allantoid, 21–28 µm	55 *Hymenoscyphus serotinus,* Spätes Stielbecherchen
auf morschem, oft moosigem Holz, kreisel- bis scheibenförmig	
deutlich gestielt, zitronen- bis goldgelb	72 *Phaeohelotium umbilicatum,* Genabeltes Holzbecherchen
ohne Stiel, hell- bis dottergelb	53 *Hymenoscyphus monticola,* Bräunlichsporiges Stielbecherchen
gelb bis olivgelb, 2–10 mm breit, vorwiegend auf Grünerle, evtl. Hainbuche	16.9.13 *Rutstroemia bolaris,* Hainbuchen-Stromabecher
nicht gelb, gelbbräunlich oder olivgelb	
becher- oder schüsselförmig gegen oben geöffnet	
krustenartig, orange, -rosa, Rand weißlich, auf berindeten Tannenästen	1.7.11 *Aleurodiscus amorphus,* Orangefarbene Mehlscheibe
kurz gestielt, rot- bis olivbraun, auf Ästchen von Eiche, Erle, Hasel	16.9.14 *Rutstroemia firma,* Eichen-Stromabecher
ohne Stiel	
± regelmäßig becherförmig, außen flockig-kleiig	
zimt- bis dunkelbraun, blasig, später rissig und flacher, auf Hasel, Erle	16.9.34 *Encoelia furfuracea,* Kleiiger Büschelbecherling
oliv- bis schwarzbraun, unregelmäßig schüsselförmig, auf Esche, Pappel	16.9.35 *Sclerencoelia fascicularis,* Schwarzbrauner Hartbüschelbecherl.
gelboliv, rötlich bis schwarzbraun, auf Laubholz	16.9.36 *Ionomidotis fulvotingens,* Braunschwarzer Rindenbecher
schwarzoliv, Rand olivbraun, schüsselförmig, breit aufsitzend	16.13.69 *Catinella olivacea,* Olivfarbenes Tellerbecherchen
länglich unregelmäßig, braungelb, Rand schwarzbraun, auf Wacholder	106 *Colpoma juniperi,* Wacholder-Schildbecherling
Becher hängend, nach unten geöffnet	1.6 *Cyathus,* Teuerlinge u. Ä.

16.8 *Bisporella*, Reisigbecherchen und Ähnliche
(C1b) becher-, schüssel-, tellerförmig bis flach, linsenförmig, nicht durchscheinend, Stiel kurz oder fehlend
▹ aufsitzend, auf Holz (Ästen, Zweigen oder Baumrinden) oder Kot
▹ Durchmesser < 0,2 cm

weiß, cremeweiß bis blass ockerlich	
auf Holz, ohne Stiel oder kurz gestielt, rasig	**44 *Bisporella pallescens*, Blassgelbes Reisigbecherchen**
auf Fruchtschalen von Buche, Eiche, Haselnuss	49 *Hymenoscyphus fructigenus*, Fruchtschalen-Stielbecherchen
auf Blattstielen von Eschen	
1–3 mm, Asci ohne Schnallen, Sporen 13–19 × 3,5–5 µm	47 *Hymenoscyphus albidus*, Weißes Eschenblattnerven-Stielb.
1–7 mm, Asci mit Schnallen an der Basis, Sporen 15–22 × 4–5 µm	48 *Hymenoscyphus fraxineus*, Eschentriebsterben-Stielbech.
auf Blattstielen von Pappel (evtl. auch von anderen Bäumen)	50 *Hymenoscyphus immutabilis*, Unveränderliches Blatt-Stielbecherch.
auf abgestorbenen Kräuterstängeln	
vorwiegend auf Korbblütlern, 1–5 mm	**51 *Hymenoscyphus scutula*, Ziliensporiges Kraut-Stielbech.**
vorwiegend auf Doldenblütengewächsen, 0,5–1,5 mm	**66 *Cyathicula cyathoidea*, Pokalförmiges Kleinbecherchen**
vorwiegend auf Himbeere, Distel, 1–3 mm	52 *Hymenoscyphus repandus*, Ausgebreitetes Stielbecherch.
auf Laubmoosen, weißlich bis beige, 0,3–0,6 mm	64 *Bryoscyphus rhytidiadelphi*, Kranzmoos-Moosbecher
ocker- bis zitronengelb, dottergelb	
auf dürrem oder morschem Holz oder abgestorbenen Kernpilzen	
zitronen- bis dottergelb, 1–3 mm, dicht rasig auf Holz	**41 *Bisporella citrina*, Zitronengelbes Reisigbecherchen**
ockergelb, oft auf Stirnholz, 0,5–1,5 mm, auf Holz	43 *Bisporella subpallida*, Blassgelbes Reisigbecherchen
schwefelgelb, 0,2–2 mm, büschelig auf Holz oder Kernpilzen	42 *Bisporella sulfurina*, Kernpilz-Reisigbecherchen
zitronen- bis goldgelb, 1–3 mm einzeln bis gesellig, auf oft moosigem Holz	72 *Phaeohelotium umbilicatum*, Genabeltes Holzbecherchen
hell- bis dottergelb, 1–4 mm, auf morschem Eichenholz	53 *Hymenoscyphus monticola*, Bräunlichsporiges Stielbecherchen
hell ockergelb, außen dunkelbraun, 0,5–1 mm, vorwiegend auf Eichenrinde	16.10.42 *Mollisia discolor*, Verschiedenfarbiges Weichbecherchen
auf Pflanzenstängeln	
vorwiegend auf Himbeere, Distel, weißlich bis zitronengelb	52 *Hymenoscyphus repandus*, Ausgebreitetes Stielbecherchen
vorwiegend auf Korbblütlern, cremegelb bis gelbocker	**51 *Hymenoscyphus scutula*, Ziliensporiges Kraut-Stielbech.**
auf Wacholderzweigen, gelb bis oliv	16.10.80 *Chloroscypha alutipes*, Lederstieliges Wacholder-Gelbgrünnad.
rosa oder rötlicher Farbanteil	
auf auffälligem rosa Mycelfilz (Subiculum), rosa bis graurötlich, alt dunkel	45 *Patinellaria sanguinea*, Rotkissen-Randscheibchen
nicht auf auffälligem rosa Mycelfilz	
auf Hornzahn- oder Falschem Bärtchenmoos, purpurbräunlich	62 *Bryoscyphus atromarginatus*, Schwarzrandiger Moosbecher
auf Holz	
auf moderndem Holz, fleischfarben, blass, flach bis schüsselförmig	73 *Phaeohelotium carneum*, Fleischfarbenes Holzbecherchen
auf lebenden Bäumen, rosa bis orange, außen kleiig	88 *Orbilia coccinella*, Scharlachrotes Knopfbecherchen
auf Kot, rosa oder rosaocker	16.7.59 *Iodophanus carneus*, Rosafarbener Kotling
grau, grauocker, cremegelb, olivgelb, olivocker, orangeocker, blaugrau	
auf morschem, feuchtem Holz, vorwiegend Laubholz	
grau-, grauocker, außen graubräunlich, flaumig, Rand jung weißlich	**16.10.38 *Mollisia cinerea*, Aschgraues Weichbecherchen**
blau- bis ockergrau, Rand etwas heller, auf faulendem Holz oder Rinde	16.10.46 *Mollisia fusca*, Dunkelgraues Filz-Weichbecherchen
grauockerlich, Rand und außen rotbräunlich und feinkörnig	07 *Vibrissea filisporia*, Körbchenförmiges Fadensporscheibch.
innen grau, außen glatt graubraun, leicht weißlich bepudert, gedrängt	5.21.14 *Resupinatus urceolatus*, Napfförmiger Liliputseitling
scheiben- bis linsenförmig, creme- bis olivgelb	08 *Vibrissea decolorans*, Langsporiges Fadensporscheibchen
gelblich bis grauockerlich, teller- bis kissenförmig	16.10.39 *Mollisia ventosa*, Flatteriges Weichbecherchen
goldgelb, glatt, schüssel- bis tellerförmig	86 *Orbilia xanthostigma*, Gelbes Knopfbecherchen
weißlich, gelblich, außen schwarzbraun, auf morschem Laubholz	16.10.40 *Mollisia melaleuca*, Schwarzweißes Weichbecherchen
auf lebenden Geißblattästen, grauockerlich, Rand weißlich, oft eingesenkt	102 *Karstenia lonicerae*, Geißblatt-Sternrandlochbecherchen
auf entrindeter Eiche, Kastanie, dunkelgrau, Rand weißlich, außen flaumig	16.10.41 *Mollisia ligni*, Holz-Weichbecherchen
auf berindetem Holz	
auf lebenden Bäumen, feucht orange, trocken rosarot, außen kleiig	88 *Orbilia coccinella*, Scharlachrotes Knopfbecherchen
in Wipfeln lebender Weißtannen, gruppenweise auf grauem Stroma, Basidiosp.	5.21.13 *Resupinatus conspersus*, Weißtannen-Stroma-Liliputseitling
auf abgestorbenem Holz	
grau bis olivocker, auf Weidenrinde	16.10.53 *Pyrenopeziza benesuada*, Gutgeratenes Holz-Durchbrechb.
vorwiegend auf Eichenrinde, hellocker, Rand/außen dunkelbraun	16.10.42 *Mollisia discolor*, Verschiedenfarbiges Weichbecherchen
auf Wacholderzweigen	
0,2–0,5 mm, kreiselförmig, grünoliv, bereift	16.10.78 *Chloroscypha sabinae*, Gemeines Wacholder-Gelbgrünnadelb.
0,5–1,5 mm, becher- bis tellerförmig, gelboliv, außen körnig-flockig	16.10.80 *Chloroscypha alutipes*, Lederstieliges Wacholder-Gelbgrünnad.
0,5–2,5 mm, unregelmäßig geformt, milchig braungelb, Rand schwarzbraun	106 *Colpoma juniperi*, Wacholder-Schildbecherling
auf Thujazweigen	16.10.79 *Chloroscypha seaveri*, Lebensbaum-Gelbgrünnadelbecherchen
schwarz, oliv- oder violettschwarz	
schwarz, Rand weißflockig, feinkörnig, auf entrindeten Ästen, meist Buche	46 *Durella macrospora*, Dreiseptensporiges Hartbecherchen
schwarz, teller- bis linsenförmig, auf morschem Holz, Sporen mehrfach septiert	16.13.12 *Patellaria atrata*, Schwarzer Schalenkohlenpilz
violettschwarz, Rand und außen filzig rosa, auf Holz v. Sträuchern, z. B. Hartriegel	16.10.32 *Patellariopsis atrovinosa*, Schwarzweinrotes Scheibenbech.
olivschwarz, teller- bis linsenförmig, auf morschem Holz, Sporen einfach septiert	16.13.13 *Rhizodiscina lignyota*, Holz-Schwarzscheibchen
olivschwärzlich, bereift, kreiselförmig, auf Wacholder, 0,2–0,5 mm	16.10.78 *Chloroscypha sabinae*, Gemeines Wacholder-Gelbgrünnadelb.

16.8 *Colpoma*, Schildbecherlinge und Ähnliche

(C2) becher-, schüssel-, tellerförmig bis flach, linsenförmig, nicht durchscheinend, Stiel kurz oder fehlend
▹ eingesenkt und hervorbrechend, auf Holz, Blättern, Nadeln, Schilf, Erde, Beeren

- vorwiegend auf unberindetem Holz
  - 1–10 mm breit
    - weiß bepudert, wachsartig, längliche Risse im Laubholz aufreißend — 101 *Propolis farinosa*, Mehliges Holzscheibchen
    - schwarzoliv, Rand olivbraun, schüsselförmig, auf morschem Holz — 16.13.69 *Catinella olivacea*, Olivfarbenes Tellerbecherchen
  - 0,2–1 mm breit, Rand weiß
    - Rand ausgebogen, gekerbt, innen orange, auf Wundstellen von Laubbäumen — 108 *Stictis radiata*, Strahligaufreißendes Lochbecherchen
    - Rand nicht nach außen aufgebogen
      - kugelig, innen weißlich, außen braun, im Holz oder in der Rinde — 103 *Karstenia rhopaloides*, Keulensporiges Sternrandlochbecherchen
      - länglich, linsenförmig, gelb, Rand weiß, im morschem Laubholz — 104 *Cryptodiscus pallidus*, Blasses Höhlenbecherchen
- vorwiegend auf berindetem Holz
  - 2–15 mm breit, nach dem Hervorbrechen auf der Rinde aufsitzend
    - unregelmäßig länglich, olivbraun, Rand dunkler, auf Rinde von Eichenästen — **105 *Colpoma quercinum*, Eichen-Schildbecherling**
    - blasig, später rissig und flacher, zimt- bis dunkelbraun, auf Hasel, Erle — 16.9.34 *Encoelia furfuracea*, Kleiiger Büschelbecherling
    - jung kreisel-, später polsterförmig, schwarz, rau, auf Kirscharten, < 5 mm — 30 *Dermea cerasi*, Kirschenholz-Polsterbecherchen
    - ± schüsselförmig, braunschwarz, Rand weißlich, auf Esche, Pappel — 16.9.35 *Sclerencoelia fascicularis*, Schwarzbrauner Hartbüschelbecherl.
    - pokal- bis becherförmig, Rand nach unten, olivschwarz-rotbraun, < 7 mm — 16.9.36 *Ionomidotis fulvotingens*, Braunschwarzer Rindenbecher
  - 0,2–2 mm breit
    - tief eingesenkt in Holz oder Rinde und dann hervorbrechend
      - auf Laubholz
        - blasig, becherförmig, grauockerlich, Rand weißlich, auf Geißblattästen — 102 *Karstenia lonicerae*, Geißblatt-Sternrandlochbecherchen
        - hohle, grauschwarze Pustel mit weißlichem Rand — 107 *Robergea cubicularis*, Kleiigporiger Knickhöhlungspilz
        - kugelig, innen weißlich, außen braun, in Rinde oder nacktem Holz — 103 *Karstenia rhopaloides*, Keulensporiges Sternrandlochbecherchen
      - auf Nadelholz
        - innen weißlich, außen braun, kugelig, in Rinde oder nacktem Holz — 103 *Karstenia rhopaloides*, Keulensporiges Sternrandlochbecherchen
        - graubeige, Rand schwarz, lappig, auf Fichtenzweigen — 34 *Tryblidiopsis pinastri*, Fichten-Sternrandbecherchen
        - olivbraun, kugelig, Rand stark aufgebogen, weißlich, krustig, rissig — 109 *Stictis pachyspora*, Spiralsporiges Lochbecherchen
        - olivgelblich, graubräunlich, Rand schwarz, lappig, auf Bergföhre *Pinus* — 33 *Therrya pini*, Achtsporiges Föhren-Schwarzlappenrandbecherchen
    - büschelig aus der Rinde hervorbrechend, teils flach bis konvex
      - auf Laubholz
        - olivschwarz, rotbraun, pokal-/becherförmig, bis 7 mm, Rand nach unten — 16.9.36 *Ionomidotis fulvotingens*, Braunschwarzer Rindenbecher
        - schwarz körnig mit weißem Rand, auf Erlen- *Alnea* oder Birkenästen — 26 *Tympanis alnea*, Erlen-Ascokonidienbecherling
        - gelb, gelblich, auf Hainbuche *Carpinus* — 37 *Pezicula carpinea*, Weißbuchen-Rindenbecherchen
        - gelborange, auf Ahorn *Acer* — 38 *Pezicula aceriola*, Ahorn-Rindenbecherchen
        - orangebraun, ± flach, Rand aufgebogen, weißlich, auf Pappel, Weide — 40 *Pezicula ocellata*, Augen-Rindenbecherchen
      - auf Nadelholz
        - schwarz, becherförmig, gallertartig, büschelig, auf Weißtanne — 31 *Durandiella gallica*, Tannen-Konidienbecher
        - gelblich bis blassorange, kreisel- bis linsenförmig, auf Nadelholz — 39 *Pezicula livida*, Nadelholz-Rindenbecherchen
- auf abgestorbenen Nadeln (Föhren, Fichten), bis 1,5 mm lang, eingesenkt
  - auf abgestorbenen Föhrennadeln
    - jung grauschwarz, sich öffnend rötlich — 14 *Lophodermium pinastri*, Kiefernnadel-Spaltlippe
    - creme- bis ockerfarben, bis 1,5 mm lang — 82 *Cyclaneusma minus*, Kleines Föhrennadelschlitzbecherchen
  - auf abgestorbenen Fichtennadeln — 15 *Lophodermium piceae*, Fichtennadel-Spaltlippe
- auf Blättern oder Blattstielen
  - auf Blattstielen (Ahorn, Storchenschn.), länglich, spaltförmig, grauschwarz, ± 1 mm — 16.10.52 *Pyrenopeziza petiolaris*, Bergahornblattstiel-Durchb.
  - auf Stechpalmenblättern, schwarzbraun, eingesenkt, 0,3–0,5 mm — 16.9.31 *Trochila ilicina*, Stechpalmen-Deckelbecherchen
  - auf Efeublättern, schwarzbraun, 0,3–0,5 mm — 16.9.32 *Trochila craterium*, Efeublatt-Deckelbecherchen
  - auf Kirschloorbeerblättern, erst grünlich, dann schwärzlich, 0,3–0,5 mm — 16.9.33 *Trochila laurocerasi*, Kirschlorbeer-Deckelbecherchen
  - auf Kleeblättern, olivbräunl. Scheibchen, umgeben von dunklen Flecken, 0,5 mm — 16.10.54 *Pseudopeziza trifolii*, Kleeblatt-Schmarotzerbecherch.
- auf Schilf, längsspaltig, graubräunlich, Rand schwarz, kaum über 0,5 mm breit — 13 *Lophodermium arundinaceum*, Schilf-Spaltlippe

16.8 *Orbilia,* Knopfbecherchen und Ähnliche

(D) becher-, schüssel-, tellerförmig bis flach, linsenförmig, Stiel kurz oder fehlend

▷ auf Holz mit oder ohne Rinde, Durchmesser < 0,2 cm

▷ Fruchtkörper durchscheinend, Rand glatt, Paraphysen m. verdicktem Ende

Fruchtkörper farblos, weißlich bis schwach rosa, lilarosa, ockerrosa	
farblos bis schwach rosa, Rand gezähnt, < 1 mm, Sporen 6–11 × 0,5–1,5 µm	87 *Orbilia crenatomarginata,* Kerbrandiges Knopfbecherchen
ockerweiß bis schwach rosa, glasig durchscheinend, Sporen 8–12 × 0,5–1,5 µm	83 *Orbilia auricolor,* Goldgelbes Knopfbecherchen
grau-rosa, glasig durchscheinend, Sporen 6–8,5 × 1–2 µm	84 *Orbilia sarraziniana,* Sarrazins Knopfbecherchen
weißlich bis rosaviolett, Sporen 7–10 × 1,5–2 µm	85 *Orbilia rosea,* Rosa Knopfbecherchen
Fruchtkörper rosa bis orangerosa	
> 0,5 mm	
Sporen > 10 µm lang	
auf berindetem Holz, Sporen 9–15 × 1–1,5 µm	94 *Orbilia aurantiorubra,* Orangerotes Knopfbecherchen
auf Faulbaum, Sporen 10–15 × 2–2,5 µm	90 *Orbilia carpoboloides,* Rosafarbenes Knopfbecherchen
auf Holz mit oder ohne Rinde, Sporen 10–19 × 1,5–2 µm	96 *Orbilia vinosa,* Weinrotes Knopfbecherchen
auf Nadelholz mit oder ohne Rinde, Sporen 9–13 × 2–3 µm	97 *Orbilia alpigena,* Alpen-Knopfbecherchen
Sporen < 10 µm lang	
Asci 16-sporig, feucht rosa, auf Birkenrinde, Sporen 2,5–3,5 × 1–2 µm	88 *Orbilia coccinella,* Scharlachrotes Knopfbecherchen
Asci 8-sporig	
auf Holz, gelborange bis rosalila, Sporen 3,5–6 × 1,5–2,5 µm	89 *Orbilia eucalypti,* Gemeines Knopfbecherchen
auf Birkenrinde, lachs- bis orangerosa, Sporen 6–8,5 × 1–1,5 µm	92 *Orbilia phragmotricha,* Septenhaariges Knopfbecherchen
vor allem auf Feige, Sporen spindelig, 8–10 × 1–1,5 µm	95 *Orbilia ficicola,* Feigen-Knopfbecherchen
< 0,5 mm	
Sporen > 10 µm lang	
auf Laubholz mit oder ohne Rinde, Sporen 9–14,5 × 2–3 µm	98 *Orbilia subtrapeziformis,* Trapezsporiges Knopfbecherchen
auf berindetem Holz, Sporen 14–22 × 2,5–3,5 µm	93 *Orbilia aristata,* Geschwänztsporiges Knopfbecherchen
auf Nadelholz mit oder ohne Rinde, Sporen 9–13 × 2–3 µm	97 *Orbilia alpigena,* Alpen-Knopfbecherchen
Sporen < 10 µm lang	
auf Rinde, feucht lebhaft rosa, 16-sporig, Sporen 2,5–3,5 × 1–2 µm	88 *Orbilia coccinella,* Scharlachrotes Knopfbecherchen
auf totem Laubholz, lebhaft rosa, 8-sporig, Sporen 7,5–9,5 × 1–1,5 µm	91 *Orbilia rubella,* Rötliches Knopfbecherchen
Fruchtkörper gelb, gelborange, gelbgrünlich, grün, 0,5–2 mm	
eher becherförmig, durchscheinend	
auf morschem Laubholz, blassgelb bis gelborange, Sporen 2–3,5 × 1–1,5 µm	86 *Orbilia xanthostigma,* Gelbes Knopfbecherchen
meist auf berindeten Ästen, gelb bis gelbgrünlich, Sporen 5–8 × 1–1,5 µm	99 *Hyalorbilia inflatula,* Aufgeblasenes Glasknopfbecherchen
linsenförmig, kaum durchscheinend	
dunkelgrün, Sporen 7–12 × 2–3 µm, reif in viele Sekundärsporen zerfallend	35 *Vexillomyces atrovirens,* Schwarzgrünes Ascokonidiensch.
gelbgrün, Sporen 12–15 × 2,5–3,5 µm, reif 3- bis 5-fach septiert	36 *Claussenomyces prasinulus,* Lauchgrünes Gallertbecherch.
Fruchtkörper violettschwarz, fransig, 0,2–0,5 mm, Sporen 3,5–4,5 × 3–4 µm	100 *Lilapila jurana,* Jura-Lilahaarknopfbecherchen

16.8.01 *Leotia lubrica* (Scop.) Pers.
Grüngelbes Gallertkäppchen

Frkp: 1–2 cm breit und 3–6 cm hoch, Hut wellig, abgeflacht, Rand deutlich nach unten gebogen, gelatinös, schmierig, glatt, olivbraun bis gelbgrünlich, Stiel gelbockerlich und fein kleiig, oft flach, zusammengedrückt. **F:** gallertartig. **Ger:** unauffällig. **Ges:** unauffällig. **V:** gesellig bis büschelig, auf Erde, bei Moos oder auf nackter Erde, im Wald oder am Waldrand; im Herbst. **Mik:** Sporen glatt, spindelförmig bis schwach allantoid, 2- bis 5-fach septiert, farblos, 20–24 × 5–6 µm, mit 5–7 Tropfen, uniseriat, Asci J–, inoperculat, 8-sporig. (D 1142, BK 1.136, 🖼).

16.8.02 *Leotia atrovirens* Pers., *Coryne atrovirens* (Pers.) Sacc., *L. lubrica* f. *atrovirens* (Pers.) S. Imai, Schwarzgrünes Gallertkäppchen: Fruchtkörper bis 1 cm breit und 3 cm hoch, Hut rundlich oder unregelmäßig geformt, mit Furchen und Dellen, feucht glänzend und klebrig, schwarzgrünlich, Stiel mit grünen Schüppchen auf gelbgrünem Untergrund, gegen die Basis teils heller und kahl. (D 1143, 🖼).

Leotia viscosa Fr.: Hutoberseite grün, Stiel gelb.

Zhong & Pfister 2004 haben mehr als 30 Fruchtkörper von *L. lubrica*, *L. atrovirens* und *L. viscosa* untersucht und festgestellt, dass es sich um Artenkomplexe handelt. Die makroskopischen wie auch mikroskopischen Merkmale erlauben keine zuverlässige Aufteilung in monophyletische Arten. Unsicherheiten in der Artabgrenzung bringt auch der Befall mit *Hypomyces leotiicola* Rogerson & Samuels, der bei *L. lubrica* grüne Farbänderungen herbeiführt.

16.8.03 *Cudonia circinans* (Pers.) Fr. ☠
Helm-Kreisling

Frkp: 1–2 cm breit und 2–4 cm hoch, Hut wellig, abgeflacht, Rand deutlich nach unten gebogen, knorpelig, trocken, glatt, ockerweiß, Stiel im gleichen Farbton, teils schwach lila und gegen die Basis rötlichbraun, oft flach, zusammengedrückt. **F:** ockerweiß. **Ger:** unauffällig. **Ges:** unauffällig. **V:** gesellig bis büschelig, oft bei Moos, auf Nadelstreu; im Herbst. **Mik:** Sporen glatt, länglich zylindrisch bis spindelförmig, oft gebogen, mehrfach septiert, 32–40 × 2 µm, nebeneinander liegend (multiseriat), Asci J–, 8-sporig. (D 1146, BK 1.142, 🖼).

C. circinans enthält wie *Gyromitra esculenta*, Frühjahrs-Giftlorchel Gyromitrin.

16.8.04 *Cudoniella clavus* (Alb. & Schwein.) Dennis
Wasser-Kreislingchen, Wasser-Kreisling

Frkp: 0,5–1,5 cm, erst kreiselförmig, später mit gewölbtem Hut und Stiel, ockerweiß oder grauweiß, Stielbasis braunschwarz. **V:** gesellig, auf abgefallenen Zweigen, z. B. von Esche *Fraxinus,* an nassen Standorten; Frühling bis Sommer. **Mik:** Sporen glatt, ellipsoid, farblos, 9–15,5 × 3,5–6 µm, ohne Tropfen, unregelmäßig uniseriat, Asci J– (J+ nach KOH), 8-sporig. (D 1150, BK 1.180, 🖼).

16.8.05 *Cudoniella acicularis* (Bull.) J. Schröt.
Dünnstieliges Kreislingchen, Dünnstieliger Helmkreisling

Frkp: 1–5 mm, weiß, später grauweiß oder ockerlich, Hut meist gewölbt und Rand nach unten gebogen, Stiel bis 10 mm lang und 1–2 mm dick. **V:** gesellig, auf morschem Laubholz, oft auf Eiche *Quercus* oder Edelastanie *Castanea;* im Herbst. **Mik:** Sporen glatt, ellipsoid, vereinzelt 1-fach septiert, farblos, 14–22 × 4–5 µm, ohne Tropfen, unregelmäßig biseriat, Asci J–, 8-sporig. (BK 1.179, 🖼).

16.8.06 *Vibrissea truncorum* (Alb. & Schwein.) Fr.
Gestieltes Fadensporscheibchen, Abgestutztes Tentakelkeulchen

Frkp: in Hut und Stielteil gegliedert, Hut 2–6 mm breit, halbkugelig bis gewölbt, oft unregelmäßig und faltig, Rand heruntergebogen, glatt, klebrig bis schmierig, Oberseite satt dottergelb bis orange, Hutunterseite heller, Stiel im oberen Teil wie die Hutunterseite von der Basis her zunehmend flaumig-filzig und bräunlich schwarz, bis 1 cm lang. **V:** gesellig, auf morschem, sehr feuchtem und oft bemoostem Holz, in höheren Lagen; im Sommer. **Mik:** Sporen glatt, fadenförmig, mehrfach septiert, farblos, 180–190 × 1–2 µm, nebeneinander liegend (multiseriat), Asci J+, 8-sporig, Paraphysen fadenförmig, Enden etwas keulenförmig, 1- bis mehrfach septiert, gegen die Spitzen gegabelt. (BK 1.299, 🖼).

16.8.01 *Leotia lubrica*, Grüngelbes Gallertkäppchen

16.8.02 *L. atrovirens*, Schwarzgrünes Gallertkäp

16.8.03 *Cudonia circinans*, Helm-Kreisling

16.8.04 *Cudoniella clavus*, Wasser-Kreislingchen

16.8.05 *Cudoniella acicularis*, Dünnstieliges Kreislingchen

16.8.06 *Vibrissea truncorum*, Gestieltes Fadensporscheibchen

16.8.07 *Vibrissea filisporia* (Bonord.) Korf & A. Sánchez, *Apostemidium fiscellum* (P. Karst.) P. Karst.
Körbchenförmiges Fadensporscheibchen, Körbchenförmiges Kranzbecherchen

Frkp: 0,5–1 mm, erst kugelig, später becher- bis tellerförmig mit flacher Mitte, innen glatt, grauockerlich, Rand und Außenseite rotbräunlich, feinkörnig, ungestielt. **V:** gesellig, auf entrindetem, feuchtem Laubholz; im Frühsommer. **Mik:** Sporen glatt, fadenförmig, mehrfach septiert, farblos, 150–160 × 1,5 µm, nebeneinander liegend (multiseriat), Asci J+, 8-sporig, Paraphysen zylindrisch, Enden keulenförmig verdickt, mehrfach septiert, selten gegabelt. (BK 1.300, 🖼).

16.8.07 *Vibrissea filisporia,* Körbchenförmiges Fadensporscheibchen

16.8.08 *Vibrissea decolorans* (Saut.) A. Sánchez & Korf, *Apostemidium decolorans* Boud.
Langsporiges Fadensporscheibchen, Langsporiges Kranzbecherchen

Frkp: bis 2 mm breit, erst kugelig, später gewölbt bis flach, oft linsenförmig, Oberseite glatt, creme- bis olivgelb, Außenseite matt schwarzbraun, Rand feinfransig, ungestielt. **V:** rasig, auf liegendem, feuchtem Laubholz, Frühling bis Frühsommer. **Mik:** Sporen glatt, fadenförmig, mehrfach septiert, farblos, 270–300 × 1,5–2 µm, nebeneinander liegend (multiseriat), Asci J+, 8-sporig, Sporen parallel, Paraphysen zylindrisch, Enden schwach keulenförmig, mehrfach septiert, selten gegabelt, die Asci überragend. (BK 1.301, 🖼).

16.8.08 *Vibrissea decolorans,* Langsporiges Fadensporscheibchen

16.8.09 *Onygena corvina* Alb. & Schwein.
Gewöll-Hornpilz

Frkp: 1–2 mm breite, kugelige Köpfchen, ocker, kleiig, rau, Stiel weiß, Basis etwas verdickt, bis 1,5 cm lang und 2 mm dick. **V:** auf verschiedenen Gewöllen, Haaren, Federn; Sommer bis Herbst. **Mik:** Sporen glatt, ellipsoid und teilweise allantoid, 6–8 × 2,5–3 µm, mit 1–2 Tropfen, nebeneinander liegend (multiseriat), Asci kugelig, J–, 8-sporig, Sporen. (BK 1.374, 🖼).

16.8.09 *Onygena corvina,* Gewöll-Hornpilz

16.8.10 *Onygena equina* (Willd.) Pers.
Kuh-Hornpilz

Frkp: 2–4 mm breite, kugelige Köpfchen, erst weißlich, feinwarzig, später bräunlich und glatt, Stiel weiß bis bräunlich, bis 1 cm lang und ca. 2 mm dick. **V:** meist rasig, auf faulenden Hörnern und Hufen von Kühen und Schafen; Frühling bis Herbst. **Mik:** Sporen glatt, ellipsoid, 8–9 × 4,5–5,5 µm, mit 1–2 Tropfen, durcheinander liegend (multiseriat), Asci kugelig, J–, 8-sporig. (BK 1.375, 🖼).

16.8.10 *Onygena equina,* Kuh-Hornpilz

16.8.11 *Spathularia flavida* Pers., *Spathularia flava* Pers.
Dottergelber Spateling

Frkp: 20–50 mm hoch, spatelförmig, Hut gelb bis gelbockerlich, radial fächerartig-wellig den Stielteil umgebend, Stiel glatt bis leicht kleiig, flachgedrückt, weißlich, gegen die Basis verjüngt. **V:** gesellig bis büschelig auf Streu bei Nadelbäumen; Sommer bis Herbst. **Mik:** Sporen glatt, schlank faden- bis spindelförmig und oft leicht gebogen, mehrfach septiert, 38–48 × 2–2,5 µm, mit einzelnen kleinen Tropfen, nebeneinander liegend (multiseriat), Asci J–, 8-sporig, Paraphysen schlank, gegabelt, Enden spiralig verbogen. (BK 1.141, 🖼).

16.8.12 *Spathularia neesii* Bres., Ledergelber Spateling: Hutkäppchen ocker, Stiel braun, vorwiegend in höher gelegenen Nadelwäldern. (🖼).

16.8.11 *Spathularia flavida,* Dottergelber Spateling

16.8.12 *Spathularia neesii,* Ledergelber Spateling

16.8.13 *Lophodermium arundinaceum* (Schrad.) Chevall.
Schilf-Spaltlippe

Frkp: 0,2–0,5 mm, länglich, kaffeebohnenförmig, schwärzlich, jung unter der Außenhaut (Epidermis), später hervorbrechend mit graubräunlicher Längsspalte. **V:** meist gesellig auf abgestorbenen Schilfstängeln *Phragmites;* im Sommer. **Mik:** Sporen, glatt, fadenförmig, farblos, 50–85 × 1,5–2,5 µm, mit mehreren Tropfen, nebeneinander liegend oder etwas verwunden (multiseriat), Asci J–, 8-sporig. (BK 1.294, 🖼).

16.8.14 *Lophodermium pinastri* (Schrad.) Chevall., Kiefernnadel-Spaltlippe: sich öffnende Spaltlippe rötlich mit schwarzem Rand; auf Föhrennadeln mit schwarzen Demarkationslinien quer durch die Nadeln, vorwiegend auf Arve *Pinus cembra.*

Lophodermium seditiosum Minter, Staley & Millar, Kiefernschütte-Spaltlippe: Längsspalt olivlich; auf Föhrennadeln *Pinus,* vorwiegend Waldföhre. Gemäß Dubach et al. 2022 verursacht *L. seditiosum,* Kiefernschütte-Spaltlippe die Nadelschütte, ein massenhaftes,

16.8.13 *Lophodermium arundinaceum,* Schilf-Spaltlippe

vorzeitiges Abfallen von Nadeln und Kurztrieben der Föhre *Pinus* und kann z. B. in Baumschulen zu Problemen führen.

16.8.15 *Lophodermium piceae* (Fuckel) Höhn., Fichtennadel-Spaltlippe: auf Fichtennadel *Picea*. (⊠).

16.8.16 *Lophodermium maculare* (Fr.) De Not.
Heidelbeer-Spaltlippe

Frkp: ca. 0,5 mm, kaffeebohnenförmig, schwärzlich, jung unter der Haut von Heidelbeeren oder -blättern, später hervorbrechend mit grauweißlicher Längsspalte. **V:** gesellig, auf vertrockneten Beeren und auf Blättern der Heidelbeere *Vaccinium;* im Sommer. **Mik:** Sporen glatt, fadenförmig, farblos, 32–38 × 1–1,5 µm, mit wenigen kleinen Tropfen, nebeneinander liegend (multiseriat), Asci J–, 8-sporig. (BK 1.295).

16.8.17 *Calloria neglecta* (Lib.) B. Hein, *Calloria fusarioides* (Berk.) Fr.
Brennnessel-Schönbecherchen, Orangefarbenes Brennnesselbecherchen

Frkp: 0,5–1 mm, scheiben- bis linsenförmig, erst unter der Haut von Brennnesselstängeln, später hervorbrechend ohne Stiel aufsitzend, etwas gallertartig, rundum orange und leicht rau. **V:** auf dürren Stängeln von Brennnessel *Urtica;* Konidienstadium im Frühling, Ascusstadium etwas später. **Mik:** Sporen glatt, zylindrisch-ellipsoid, reif 1-fach septiert, farblos, 11–15 × 3–4 µm, mit wenigen kleinen Tropfen, biseriat, Asci J–, 8-sporig, Konidiensporen fadenförmig, 12–18 × 1,5–2 µm. (BK 1.285, ⊠).

16.8.18 *Calloria gentianae* Grelet & Croz., Enzian-Schönbecherchen: Fruchtkörper weißlich bis gelb; auf Gelbem Enzian *Gentiana lutea* oder Weißem Germer *Veratrum album*. Sporen zylindrisch bis leicht eingeschnürt, 14–19 × 4,5–6,5 µm.

16.8.19 *Psilachnum chrysostigmum* (Fr.) Raitv., *Pezizella chrysostigma* (Fr.) Sacc., *Helotium versicolor* (Quél.) Boud.
Gilbendes Farn-Zarthaarbecherchen, Weißes Farnbecherchen, Wechselfarbiges Farnbecherchen

Frkp: 0,1–0,5 mm, becher- bis schüsselförmig, rundum weiß, feinflaumig, ohne Stiel oder ganz kurz gestielt auf dem Substrat aufsitzend. **V:** einzeln bis gesellig, vorwiegend an abgestorbenen Adlerfarnstängeln *Pteridium* seltener auch an anderen Farnen; im Winterhalbjahr. **Mik:** Sporen glatt, schmal keulen- bis spindelförmig, farblos, 5–6 × 1–1,5 µm, biseriat, Asci J+, 8-sporig. (BK 1.196/198, ⊠).

16.8.20 *Psilachnum inquilinum* (P. Karst.) Dennis
Schachtelhalm-Zarthaarbecherchen, Schachtelhalm-Wollbecherchen

Frkp: 0,5–1,5 mm breit, becherförmig bis flach, Oberseite glatt, cremeockerlich, Außenseite feinflaumig, gleichfarbig, mit kurzem Stiel. **V:** meist gesellig auf moderndem Schachtelhalm *Equisetum;* im Frühling. **Mik:** Sporen glatt, länglich ellipsoid bis schwach allantoid, farblos, 5–8 × 1,5–2 µm, mit 2 Tropfen, biseriat, Asci J+, 8-sporig. (BK 1.238, ⊠).

16.8.21 *Gemmina gemmarum* (Boud.) Raitv., *Pezizella gemmarum* (Boud.) Dennis
Pappel-Knospenschuppenbecherchen, Pappelknospen-Becherchen

Frkp: 0,2–1 mm, becher- bis schüsselförmig, innen grauweiß, glatt, außen weiß, feinflaumig, mit bis 1 mm langem deutlichem Stiel. **V:** einzeln bis gesellig auf alten Knospen von Pappeln *Populus;* im Frühling. **Mik:** Sporen glatt, ellipsoid bis etwas keulen- bis spindelförmig, farblos, 5–7 × 2–2,2 µm, teils mit kleinen Tropfen bei den Polen, biseriat, Asci J+, 8-sporig. (BK 1.197, ⊠).

16.8.22 *Calycina alniella* (Nyl.) Baral, *Pezizella alniella* (Nyl.) Dennis
Erlen-Weißbecherchen, Blasses Erlenbecherchen

Frkp: 0,2–0,8 mm, kreiselförmig, später flach bis gewölbt, Fruchtschicht auf der Oberseite creme bis ocker, fein mehlig-kleiig, Außenseite gleichfarbig, kurz gestielt oder ohne Stiel. **V:** einzeln bis gesellig, auf Schuppen von Grauerlenzapfen *Alnus incana;* Vorfrühling und Spätherbst. **Mik:** Sporen glatt, schmal spindelförmig, selten 1-fach septiert, farblos, 9–11 × 2,5–3 µm, jung mit 2 kleineren Tropfen, unregelmäßig biseriat, Asci J+, 8-sporig. (BK 1.194, ⊠).

16.8.15 *Lophodermium piceae*, Fichtennadel-Spaltlippe

16.8.17 *Calloria neglecta*, Brennnessel-Schönbecherchen

16.8.19 *Psilachnum chrysostigmum*, Gilbendes Farn-Zarthaarbecherchen

16.8.20 *Psilachnum inquilinum*, Schachtelhalm-Zarthaarbecherchen

16.8.21 *Gemmina gemmarum*, Pappel-Knospenschuppenbecherchen

16.8.22 *Calycina alniella*, Erlen-Weißbecherchen

16.8.23 *Calycina herbarum* (Pers.) Gray, *Hymenoscyphus herbarum* (Pers.) Dennis Gemeines Kraut-Weißbecherchen, Kraut-Stielbecherchen, Kraut-Stängelbecherchen

Frkp: 1–3 mm, jung becherförmig, später flach bis gewölbt, Fruchtschicht glatt, gelblich bis ocker, Außenseite feinfilzig, etwas heller, kurz gestielt oder ohne Stiel. **V:** auf faulenden Stängeln von Kräutern wie Brennnessel *Urtica* oder Goldrute *Solidago;* Spätsommer und Herbst. **Mik:** Sporen glatt, zylindrisch, oft leicht gebogen, reif 1-fach septiert, farblos, 13–17 × 2,5–3 µm, mehrere Tropfen, biseriat, Asci J+, 8-sporig. (BK 1.186, 🖼).

16.8.23 *Calycina herbarum*, Gemeines Kraut-Weißbecherchen

16.8.24 *Calycellina punctata* (Fr.) Lowen & Dumont, *Phialina puberula* (Lasch) Höhn., *Calycellina punctiformis* (W. Phillips) Höhn. Schmalsporiges Eichenblatt-Flaumhaarbecherchen, Gelbes Eichenblattbecherchen

Frkp: 0,5–1 mm, unregelmäßig becher- bis schüsselförmig, innen glatt, blass bis sattgelb, Außenseite und Rand flaumig, heller, weißlich, ohne Stiel. **V:** einzeln bis gedrängt gesellig, vorwiegend auf Blattnerven von feucht modernden Eichenblättern *Quercus;* im Spätsommer bis Herbst. **Mik:** Sporen glatt, schmal spindelförmig, teils etwas gekrümmt, alt 1-fach septiert und eingeschnürt, farblos, 10,5–17 × 2–2,5 µm, reif je 1 kleiner Tropfen an den Polen, biseriat, Asci J+, 8-sporig. (BK 1.245).

16.8.25 *Calycellina ulmariae* (Lasch) Korf, *Phialina ulmariae* (Lasch) Dennis Spierstauden-Flaumhaarbecherchen, Spierstauden-Kurzhaarbecherchen

Frkp: 0,3–0,5 mm breit, schlüsselförmig bis flach, Oberseite glatt, gelb bis ockerfarben, Außenseite und Rand etwas heller, fein weißlich behaart, ungestielt. **V:** einzeln bis gesellig auf abgestorbenen Stängeln der Spierstaude *Filipendula ulmaria;* im Frühling bis Sommer. **Mik:** Sporen glatt, zylindrisch, farblos, 12–17 × 1,5–2,5 µm, biseriat, reif mit zahlreichen, kleinen Tropfen, Asci J+, 4-sporig. (BK 1.246, 🖼).

16.8.25 *Calycellina ulmariae*, Spierstauden-Flaumhaarbecherchen

16.8.26 *Tympanis alnea* (Pers.) Fr. Erlen-Ascokonidienbecherling, Erlen-Büschelbecherling

Frkp: 0,5–1 mm, erst kugelig, später becherförmig, innen schwarz, körnig, Rand und außen weiß, kleiig, kurz gestielt. **V:** in dichten Büscheln aus der Rinde von dürren Ästen von Erle *Alnus* oder Birke *Betula* hervorbrechend; im Frühling. **Mik:** Sporen glatt, farblos, zylindrisch und leicht allantoid, farblos, 3–4 × 1–1,5 µm, Asci dickwandig, J–, vielsporig. (BK 1.171, 🖼).

16.8.26 *Tympanis alnea*, Erlen-Ascokonidienbecherling

16.8.27 *Ascozonus woolhopensis* (Renny) Boud. Vielsporiges Dunghaarbecherchen

Frkp: 0,2–0,5 mm, becherförmig bis glatt oder leicht gewölbt, innen glatt, rundum weißlich, Rand und außen fein weiß behaart, ungestielt. **V:** gesellig auf Dung von Wildtieren, vorwiegend Hase, Reh; im Herbst und Winter. **Mik:** Sporen glatt, blass gelblich, ellipsoid, 13–15 × 4,5–5 µm, Asci J–, 64-sporig. (BK 1.118).

16.8.28 *Mniaecia jungermanniae* (Fr.) Boud. Dunkelblaugrünes Blattlebermoosbecherchen

Frkp: 0,2–1,5 mm, jung becher- bis schüsselförmig, älter gewölbt, glatt, blau- bis dunkelgrün, trocken fast schwärzlich, ungestielt. **V:** einzeln bis rasig, auf Lebermoosen *Jungermanniales*; Frühling bis Frühsommer. **Mik:** Sporen glatt, ellipsoid, farblos, 16,5–22 × 8–13 µm, mit vielen Tropfen, uniseriat, kurz vor der Reife biseriat, Asci J–, inoperculat, 8-sporig. (CH 84).

16.8.29 *Mniaecia nivea* (P. Crouan & H. Crouan) Boud., Weißes Blattlebermoosbecherchen: Fruchtkörper weiß.

16.8.30 *Dermea cerasi* (Pers.) Fr. Kirschenholz-Polsterbecherchen

Frkp: 0,2–0,4 cm breit, kissenförmig gewölbt aus der Rinde hervorbrechend, Oberseite rau, braunschwarz, Außenseite und der zunehmend aufgeworfene, raue Rand etwas heller, teils orangebraun, ungestielt. **V:** büschelig, auf toten Ästen von Kirsche *Prunus;* im Frühling. **Mik:** Sporen glatt, schmal spindelförmig bis ellipsoid, teils leicht allantoid, reif 1-fach septiert, farblos, 15–25 × 4–5 µm, Asci J+, 8-sporig. (BK 1.256, 🖼).

16.8.30 *Dermea cerasi*, Kirschenholz-Polsterbecherchen

16.8.31 *Durandiella gallica* M. Morelet Tannen-Konidienbecher, Büscheliger Tannenbecher

Frkp: 0,5–2 mm breit, kreisel- bis etwas becherförmig, teils mit feinem Randwulst, Oberseite glatt, schwarz, Außenseite gleichfarbig, ungestielt. **F:** gallertig, zäh. **V:** in dichten Büscheln aus der Rinde von abgestorbenen Weißtannenästen *Abies* hervorbrechend; ganzjährig.

16.8.31 *Durandiella gallica*, Tannen-Konidienbecher

Mik: Sporen glatt, schmal spindelförmig bis allantoid oder wellenförmig, mehrfach septiert, 54–64 × 5–6 µm, Asci J–, 8-sporig. (BK 1.255, 🖼).

16.8.32 *Durandiella callunae* E. Müll. & Schläpf.-Bernh.
Heide-Konidienbecher

Frkp: 0,25–0,5 mm, jung kugelig, dann flach bis gewölbt, innen grau, Außenseite braun bis schwarz, behaart, kurz gestielt. **V:** einzeln oder in kleinen Grüppchen, auf Blättern von Heidekraut *Calluna vulgaris,* subalpin bis alpin; im Sommer. **Mik:** Sporen glatt, spindel- bis schmal keilförmig, teils leicht gekrümmt, 5- bis 7-fach septiert, farblos, 42–64 × 3,5–4,5 µm, mit kleinen Tropfen, nebeneinander liegend (multiseriat), Asci J–, 8-sporig, zugespitzt. (CH 53).

16.8.33 *Therrya pini* (Alb. & Schwein.) Höhn.
Achtsporiges Föhren-Schwarzlappenrandbecherchen

Frkp: 1–2 mm, geschlossen und lappig aufreißend, später flach becher- bis kreiselförmig, innen teils feinkörnig, creme, olivgelb bis graubraun, außen schwarz, ungestielt. **V:** gesellig auf abgestorbenen, berindeten Zweigen von Bergföhre *Pinus*; vom Winter bis zum Sommer. **Mik:** Sporen farblos, fadenförmig mit dünn auslaufenden Enden, 0- bis 3-fach septiert, frisch in einer Gelhülle, farblos, 60–100 × 2–4,5 µm, mit kleinen Tropfen, uniseriat, schräg liegend, Asci J–, 8-sporig. (CH 89).

Therrya fuckelii (Rehm) Kujala, Viersporiges Föhren-Schwarzlappenrandbecherchen: auf etwas dickeren Ästen. Sporen 8- bis 12-fach septiert, 110–145 × 3,5–6 µm, nebeneinanderliegend (multiseriat), Asci 4-sporig. (CH 88).

16.8.34 *Tryblidiopsis pinastri* (Pers.) P. Karst.,
Tympanis pinastri (Pers.) Tul. & C. Tul., *Tryblidiopsis picea* Velen.
Fichten-Sternrandbecherchen

Frkp: 0,5–1,5 mm, kreiselförmig, flach bis etwas gewölbt, schwarz, später unregelmäßig lappig aufreißend und darunter grau bis beigegelblich, Stiel fehlend oder nur angedeutet. **V:** gesellig bis gedrängt auf Fichtenästen *Picea*; ganzjährig. **Mik:** Sporen glatt, spindelförmig, farblos, mit dicker Schleimhülle, alt teils bis 3-fach septiert, 42–50 × 10,5–12 µm, biseriat, Asci J–, inoperculat, 8-sporig. (CH 90, 🖼).

16.8.35 *Vexillomyces atrovirens* (Pers.) Baral, Quijada & G. Marson,
Claussenomyces atrovirens (Pers.) Korf & Abawi
Schwarzgrünes Ascokonidienscheibchen,
Vielsporiges Gallertbecherchen

Frkp: 0,3–0,6 mm, linsenförmig gewölbt, rundum dunkelgrün, ungestielt. **F:** gallertartig. **V:** gesellig bis gedrängt büschelig auf stark moderndem Laubholz; im Frühling bis Herbst. **Mik:** Sporen glatt, farblos, spindelförmig-ellipsoid, undeutlich mehrfach septiert, 7–12 × 2–3 µm, zerfallen in den Asci bald in viele kleinere Sekundärsporen, 2–3 × 1 µm, biseriat, Asci J–, 8-sporig. (BK 1.168, 🖼).

Thompson 2013 nennt Sporengrößen von 18–28 × 3–4 µm. Man findet weitere ähnliche Angaben und so ist es unklar, ob es sich um eine große Variabilität handelt oder ob *V. atrovirens* ein Aggregat verschiedener Arten ist.

16.8.36 *Claussenomyces prasinulus* (P. Karst.) Korf & Abawi, Lauchgrünes Gallertbecherchen: Fruchtkörper rundum gelbgrün. Sporen zylindrisch-ellipsoid, teils etwas gebogen, reif 3- bis 5-fach septiert, 12–15 × 2,5–3,5 µm, nicht zerfallend, oft mit Keimschlauch. (BK 1.169, 🖼).

16.8.37 *Pezicula carpinea* (Pers.) Tul. ex Fuckel
Weißbuchen-Rindenbecherchen, Buchen-Rindenbecherchen

Frkp: 0,5–2 mm breit, jung kreiselförmig, Oberseite bald leicht gewölbt bis flach, blass- bis intensiv gelb, Außenseite teilweise weißlich flockig, ungestielt. **V:** gesellig und stets in dichten Büscheln auf dürren Ästen von Hagebuchen *Carpinus;* im Frühling. **Mik:** Sporen glatt, ellipsoid bis etwas asymmetrisch, farblos, 22–30 × 10–12 µm, unregelmäßig uni- bis biseriat, Asci J+, 8-sporig. (BK 1.258, 🖼).

Pezicula aurantiaca (Rehm) Rehm, *Ocellaria aurantiaca* (Rehm) Rehm: auf Hasel *Corylus* oder Erle *Alnus*. Sporen 25–38 × 12–15 µm, reif mit 1–3 Quersepten.

16.8.38 *Pezicula acer
iola* (Peck) Peck ex Sacc. & Berl., Ahorn-Rindenbecherchen: Fruchtkörper gelborange, leicht mehlig bestäubt; auf Ahornzweigen oder -stämmen *Acer*. Sporen ellipsoid bis leicht allantoid, 25–35 × 8–10 µm, reif mit 3 oder mehr Quersepten, Asci 4- bis 8-sporig. (BK 1.257, 🖼).

16.8.34 *Tryblidiopsis pinastri,* Fichten-Sternrandbecherchen

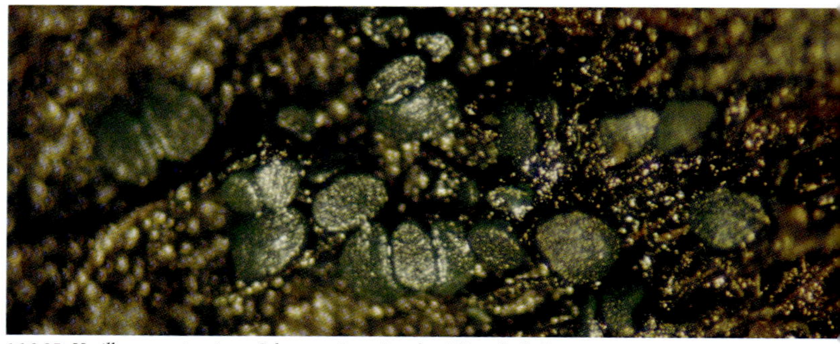

16.8.35 *Vexillomyces atrovirens,* Schwarzgrünes Ascokonidienscheibchen

16.8.36 *Claussenomyces prasinulus,* Lauchgrünes Gallertbecherchen

16.8.37 *Pezicula carpinea,* Weißbuchen-Rindenbecherchen

16.8.38 *Pezicula aceriola,* Ahorn-Rindenbecherchen

16.8.39 *Pezicula livida* (Berk. & Broome) Rehm
Nadelholz-Rindenbecherchen

Frkp: 0,5–2 mm breit, kreiselförmig, Oberseite trocken mehlig-kleiig, gelb bis gelborange, Außenseite etwas heller, mit kurzem Stiel oder ungestielt. **V:** meist in dichten Büscheln auf dürren Nadelholzzweigen oder-zapfen; Sommer bis Herbst. **Mik:** Sporen glatt, ellipsoid bis schwach allantoid, 3-fach oder mehr septiert, farblos, 22–30 × 6–8 µm, uni- bis biseriat, Asci J+, 4- bis 8-sporig. (BK 1.259, 🖼).

16.8.40 *Pezicula ocellata* (Pers.) Seaver, *Ocellaria ocellata* (Pers.) J. Schröt.
Augen-Rindenbecherchen, Orangefarbenes Augenbecherchen

Frkp: 1–3 mm, brechen als flache Schüssel aus der Rinde hervor, rau, dunkelorange bis orangebraun, Rand aufgebogen, weißlich, ungestielt. **V:** einzeln bis gesellig auf berindeten, dürren Ästen, vor allem von Pappel *Populus* und Weide *Salix;* im Frühling und Herbst. **Mik:** Sporen glatt, breit ellipsoid, farblos, 27–32 × 12–13,5 µm, Inhalt körnig, teils mit Tropfen, uni- bis biseriat, Asci J+, 8-sporig. (BK 1.260).

16.8.41 *Bisporella citrina* (Batsch) Korf & S.E. Carp.
Zitronengelbes Reisigbecherchen, Zitronengelbes Holzbecherchen

Frkp: 1–3 mm, schüssel- bis flach becherförmig, Oberseite und außen glatt, zitronen- bis dottergelb, Rand bisweilen etwas dunkler, meist mit kurzem Stiel, teils auch direkt auf dem Holz aufsitzend. **V:** auf abgestorbenem, entrindetem Holz von Laubbäumen, vorwiegend Buche *Fagus;* im Sommer bis Herbst. **Mik:** Sporen glatt, farblos, ellipsoid, reif 1-fach septiert, 8–12 × 3–3,6 µm, unregelmäßig uniseriat, Asci J+, 8-sporig. (BK 1.175, 🖼).

16.8.42 *Bisporella sulfurina* (Quél.) S.E. Carp.
Kernpilz-Reisigbecherchen, Schwefelgelbes Kernpilzbecherchen

Frkp: 0,2–2 mm, schwach und unregelmäßig becherförmig, Oberseite glatt, schwefelgelb, Außenseite flaumig und etwas heller, mit angedeutetem, kurzem oder ohne Stiel. **V:** meist in Büscheln auf abgestorbenem Laubholz; Herbst bis Frühling. **Mik:** Sporen glatt, ellipsoid oder spindelförmig, teils allantoid, 1-fach septiert, 8–12 × 1,5–2,5 µm, Asci J+, 8-sporig. (BK 1.178, 🖼).

16.8.43 *Bisporella subpallida* (Rehm) Dennis
Blassgelbes Reisigbecherchen

Frkp: 0,5–1,5 mm, kreiselförmig bis ± flach, Oberseite glatt, gelb bis ockergelb, Außenseite etwas rau, gleichfarbig, Rand bisweilen weißlich, ungestielt. **V:** rasig bis gedrängt auf totem Laubholz, vorwiegend auf Buche *Fagus* und Hasel *Corylus;* Herbst bis Frühling. **Mik:** Sporen glatt, ellipsoid, 6–7 × 2–5 µm, Asci J+, 8-sporig. (BK 1.177, 🖼).

16.8.44 *Bisporella pallescens* (Pers.) S.E. Carp. & Korf
Blasses Reisigbecherchen, Blasses Buchenbecherchen

Frkp: 0,5–2 mm, erst kugelig, später gewölbt bis flach becherförmig, Oberseite glatt, cremeweiß, Außenseite und Rand gleichfarbig, mit kurzem oder ohne Stiel. **V:** rasig bis büschelig auf einer flächigen, schwarzen Schicht des Konidien bildenen *Bispora antennata*, Tintenstrichpilz, auf liegendem Holz von Buche *Fagus;* ganzjährig. **Mik:** Sporen glatt, farblos, ellipsoid bis spindelförmig, reif 1-fach septiert, 10–13 × 2–4 µm, Asci J+, 8-sporig. (BK 1.176, 🖼).

16.8.45 *Patinellaria sanguinea* (Pers.) P. Karst.
Rotkissen-Randscheibchen, Blutrotes Schüsselbecherchen

Frkp: 0,5–1 mm, scheiben- bis tellerförmig, innen graurötlich bis oliv- oder violettschwarz, außen rötlichbraun, Rand etwas aufstehend, Stiel fehlend. **V:** gesellig bis gedrängt auf einem auffällig blutrot gefärbten Subiculum, auf liegendem Totholz; ganzjährig. **Mik:** Sporen glatt, ellipsoid bis keilförmig, farblos, 6–13 × 2,5–3,5 µm, selten 1-fach septiert, biseriat, Asci J+, 8-sporig. (CH 68).

16.8.46 *Durella macrospora* Fuckel
Dreiseptensporiges Hartbecherchen, Großsporiges Haarbecherchen

Frkp: 0,3–0,5 mm, kugelig bis kreiselförmig, Fruchtschicht körnig, schwarz, Rand teils gekerbt und weißlich flockig, ohne Stiel aufsitzend. **F:** hart. **V:** einzeln bis rasig gedrängt, auf entrindetem Laubholz, vorwiegend Buche *Fagus* und Apfel *Malus;* im Winterhalbjahr. **Mik:** Sporen glatt, spindelförmig, mit mehreren kleinen Tropfen, bis zu 3-fach septiert, farblos, 15–22 × 3–5 µm, unregelmäßig biseriat, Asci J–, 8-sporig. (BK 1.207, 🖼).

16.8.39 *Pezicula livida*, Nadelholz-Rindenbecherchen

16.8.41 *B. citrina*, Zitronengelbes Reisigbecherchen

16.8.42 *Bisporella sulfurina*, Kernpilz-Reisigbecherchen

16.8.43 *Bisporella subpallida*, Blassgelbes Reisigbecherchen

16.8.44 *Bisporella pallescens*, Blasses Reisigbecherchen

16.8.46 *Durella macrospora*, Dreiseptensporiges Hartbecherchen

16.8.47 *Hymenoscyphus albidus* (Gillet) W. Phillips
Weißes Eschenblattnerven-Stielbecherchen, Weißes Stängelbecherchen

Frkp: 1–3 mm, erst konvex, später schüsselförmig bis leicht gewölbt polsterförmig, außen und innen glatt, ockerweißlich bis blass fleischfarben, Stiel an der Basis schwarz gefleckt. **V:** gesellig, auf Blattstielen der Esche Fraxinus; Spätsommer bis Herbst. **Mik:** Sporen glatt, länglich spindelförmig, ellipsoid bis allantoid, farblos, 13–19 × 3,5–5 µm, mit 2–7 größeren Tropfen, unregelmäßig biseriat, Asci J+, 8-sporig, ohne Schnallen im Basisbereich des Ascus, Paraphysen fadenförmig und mehrfach septiert. (BK 1.181, 🖼).

16.8.48 *Hymenoscyphus fraxineus* (T. Kowalski) Baral, Queloz & Hosoya, *Hymenoscyphus pseudoalbidus* Queloz, Grünig, Berndt, T. Kowalski, T.N. Sieber & Holdenr., *Chalara fraxinea* T. Kowalski, Eschentriebsterben-Stielbecherchen, Falsches Weißes Stängelbecherchen: Fruchtkörper 1–7 mm, Sporen 15–22 × 4–5 µm, Asci mit Schnallen im Basisbereich. (🖼).

H. fraxineus ist die Ursache für das Eschentriebsterben oder die Eschenwelke. Es ist die asexuelle Form des Pilzes, welche sich parasitisch verhält und ursprünglich als *Chalara fraxinea* beschrieben wurde. Nach den aktuellen Regeln der Nomenklatur ist der korrekte Name des Pilzes in der sexuellen (Teleomorphe) sowie auch asexuellen (Konidienstadium, Anamorphe) Form *H. fraxineus*.

16.8.49 *Hymenoscyphus fructigenus* (Bull.) Gray
Fruchtschalen-Stielbecherchen, Fruchtschalen-Becherling

Frkp: 1–4 mm, becher- bis flach schüsselförmig, glatt, zuerst weißlich, dann gelb bis ockergelb, Stiel von sehr kurz bis 5 mm lang. **V:** einzeln bis dicht gedrängt, auf Fruchtschalen (Cupulen) von Buche *Fagus*, Eiche *Quercus* und Hasel *Corylus;* Sommer bis Spätherbst. **Mik:** Sporen glatt, ungleichseitig spindelförmig bis zylindrisch, selten 1-fach septiert, farblos, 13–19 × 3–4 µm, mit mindestens 2 Tropfen, uni- oder biseriat, Asci J+, Basis ohne Schnallen, 8-sporig, Paraphysen zylindrisch, ca. 2 µm breit, teils gegabelt, Excipulum aus quaderförmigen, ± parallelen Elementen. (BK 1.185, 🖼).

Hymenoscyphus fagineus (Pers.) Dennis, *Phaeohelotium fagineum* (Pers.) Hengstm., Buchenkupulen-Stielbecherchen: Fruchtkörper 0,5–1 mm, frisch weißlich, trocken rötlichbraun, Stiel bis 0,5 mm lang. Sporen 8,5–12 × 3,5–4,5 µm, Basisbereich der Asci mit Schnallen, Excipulum aus vielflächigen, nicht fadenförmigen Elementen.

16.8.50 *Hymenoscyphus immutabilis* (Fuckel) Dennis
Unveränderliches Blatt-Stielbecherchen, Wohlgestaltiges Blatt-Stängelbecherchen

Frkp: 2–3 mm breit, zuerst kugelig geschlossen, dann abgeflacht oder scheibenförmig bis etwas gewölbt, glatt, gelblich bis orangegelb, Stiel bis 1 mm lang, 0,1–0,3 mm breit. **V:** einzeln oder gesellig, auf faulenden Blättern von Pappeln *Populus* und morschem Holz, Blättern und Blattstielen anderer Laubbäume; vorwiegend im Herbst. **Mik:** Sporen glatt, spindel- bis schwach tropfenförmig, nicht septiert, farblos, 10–13 × 3–5 µm, selten mit 1 zentralen Tropfen, uniseriat, Asci J+, 8-sporig, Paraphysen fadenförmig, mehrfach septiert, Enden leicht verdickt.

Hymenoscyphus phyllophilus (Desm.) Kuntze, Septiertsporiges Blatt-Stielbecherchen: vorwiegend auf Blättern von Eiche *Quercus* und Buche *Fagus*. Sporen 1-fach septiert.

16.8.51 *Hymenoscyphus scutula* (Pers.) W. Phillips
Ziliensporiges Kraut-Stielbecherchen, Schildförmiges Stängelbecherchen

Frkp: 1–5 mm, schüssel- bis trichterförmig, Oberseite glatt, cremegelb bis gelbocker, Außenseite feinfaserig, im Alter bräunlich faserig und runzlig, Rand glatt und etwas heller, Stiel relativ lang, teils länger als die Hutbreite. **V:** meist gesellig, auf modernden Kräuterstängeln, vor allem von Korbblütlern *Asteraceae;* Sommer bis Winter. **Mik:** Sporen glatt, spindelig-spitz, teils 1-fach septiert, farblos, 19–20 × 3–4 µm, mit mindestens 2 Tropfen, biseriat, Asci J+, 8-sporig, Paraphysen schlank, mehrfach septiert, gegen die Enden allmählich schwach verdickt. (BK 1.190, 🖼).

16.8.52 *Hymenoscyphus repandus* (W. Phillips) Dennis
Ausgebreitetes Stielbecherchen, Ausgebreitetes Stängelbecherchen, Gelbliches Kräuter-Stielbecherchen

Frkp: 1–3 mm, kreisel- bis flach becherförmig, glatt, jung weißlich, dann zitronengelb, Rand wellig, oft etwas aufgeworfen, Stiel erst weiß, später meistens gelb, Basis teils schwach weiß behaart. **V:** einzeln bis gesellig, an Kräutern; Frühling bis Herbst. **Mik:** Sporen

16.8.47 *Hymenoscyphus albidus*, Weißes Eschenblattnerven-Stielbecherchen

16.8.48 *Hymenoscyphus fraxineus*, Eschentriebsterben-Stielbecherchen

16.8.49 *Hymenoscyphus fructigenus*, Fruchtschalen-Stielbecherchen

16.8.51 *Hymenoscyphus scutula*, Ziliensporiges Kraut-Stielbecherchen

16.8.52 *Hymenoscyphus repandus*, Ausgebreitetes Stielbecherchen

glatt, länglich ellipsoid bis fast zylindrisch, teils 1-fach septiert, 12–14 × 2,5–3,5 µm, mit mittleren und kleinen Tropfen in Polnähe, uni- bis biseriat, Asci J+, untere Hälfte 2-fach septiert, ohne Schnallen, 8-sporig, Paraphysen schmal zylindrisch, Enden mit mittelgroßen amyloiden Tropfen. (🖼).

Hymenoscyphus menthae (W. Phillips) Baral, Striegelstieliges Kräuter-Stielbecherchen: Stielbasis oft weißstriegelig. Sporen 18,5–23,5 × 3,5–4,5 µm.

16.8.53 *Hymenoscyphus monticola* (Berk.) Baral, *Phaeohelotium monticola* (Berk.) Dennis Bräunlichsporiges Stielbecherchen, Braunsporiges Stängelbecherchen

Frkp: 1–4 mm, erst kreiselförmig, später flach bis etwas genabelt, Oberseite glatt, zitronen- bis orangegelb, Außenseite heller, stielartig verjüngt auf dem Substrat aufsitzend. **F:** weißlich. **V:** gesellig, auf morschem Eichenholz *Quercus;* im Winter. **Mik:** Sporen glatt, ellipsoid, 1- bis 3-fach septiert, bräunlich, 14,5–16 × 5,5–7 µm, ± biseriat, Asci J+, 8-sporig, Paraphysen zylindrisch, mehrfach septiert, gegen die Basis gegabelt. (BK 1.172, 🖼).

16.8.54 *Hymenoscyphus epiphyllus* (Pers.) Rehm ex Kauffman, *Phaeohelotium epiphyllum* (Pers.) Hengstm. Streu-Stielbecherchen, Streu-Holzbecherchen

Frkp: 1–3 mm breit, jung kreiselförmig, dann flach oder schwach gewölbt und schwach genabelt, mit scharfem, oft etwas eingebogenem, schwach gekerbtem Rand, Oberseite glatt, feucht weißlich, trocken mehr oder weniger lebhaft ockergelb oder ockerbraun, Außenseite blasser und schwach filzig, Stiel 1–2 mm lang. **V:** einzeln bis gesellig, auf alten Ästen, altem Laub; Sommer bis Spätherbst. **Mik:** Sporen glatt, spindelförmig, 1-fach septiert, farblos, 14–17 × 4–4,5 µm, mit 2 großen und einigen kleinen Tropfen, uniseriat, Asci J+, 8-sporig, Paraphysen zylindrisch, mehrfach septiert, Enden schwach keulenförmig verdickt. (BK 1.174).

16.8.55 *Hymenoscyphus serotinus* (Pers.) W. Phillips Spätes Stielbecherchen, Spätes Stängelbecherchen

Frkp: 2–5 mm, becher- bis flach schüsselförmig, innen glatt, zitronen- bis ockergelb, alt rötlich-bräunlich, an der Außenseite und am deutlichen, kurzen bis recht langen Stiel feinflockig und heller bis fast weißlich. **V:** gesellig bis büschelig, auf Zweigen oder Ästchen von Buche *Fagus,* in der Erde oder zwischen Streu; im Herbst. **Mik:** Sporen glatt, leicht bis deutlich allantoid, kommaförmig, auf der einen Seite etwas spitzer, nicht septiert, farblos, 21–28 × 3–4,5 µm, mit mehreren Tropfen, unregelmäßig biseriat, Asci J+, inoperculat, 8-sporig, Paraphysen fadenförmig, 2 µm breit, 1- bis mehrfach septiert. (BK 1.182).

Hymenoscyphus lepismoides Baral & Bemmann: auf Zweigen von Hagebuche *Carpinus.* Sporen asymmetrisch bis leicht allantoid, mit 2–3 fadenförmigen Anhängseln an jedem Ende, 33–37 × 6–7,5 µm.

16.8.56 *Hymenoscyphus calyculus* (Fr.) W. Phillips, Kelchförmiges Stielbecherchen, Kelchförmiges Stängelbecherchen: auf Erle *Alnus,* Buche *Fagus* oder Rosengewächsen *Rosaceae.* Sporen glatt, unregelmäßig spindelförmig, 15–21 × 5–6,5 µm, Paraphysen dünn zylindrisch, 1- bis mehrfach septiert.

16.8.57 *Hymenoscyphus trichosporus* Dougoud, Fadenanhängselsporiges Grünerlen-Stielbecherchen: auf Grün- und Schwarzerle *Alnus alnobetula* und *Alnus incana.* Sporen evtl. bis 3-fach septiert, 16,5–22 × 4,5–6,5 µm, mit 1–3 fadenförmigen Anhängseln an jedem Ende. (CH 60).

16.8.58 *Hymenoscyphus conscriptus* (P. Karst.) Korf ex Kobayasi, Hirats. f., Aoshima, Korf, Soneda, Tubaki & Sugiy., Weiden-Stielbecherchen: nur in Rindenrissen von Weide *Salix.* Sporen 12,5–16 × 4–5 µm, Paraphysen nicht septiert. (BK 1.183).

Die Arten um *H. serotinus* sind sehr ähnlich und es gibt unterschiedliche Abgrenzungen. Die Angaben hier richten sich nach Baral & Bemmann 2013.

16.8.59 *Hymenoscyphus ombrophiliformis* Svrček Gallertkreislingsartiges Stielbecherchen

Frkp: 1–2 mm, kreisel- bis flach becherförmig, Oberseite glatt, lilaviolett bis blass weinfarben, Außenseite feinflaumig, blass grauviolett, mit deutlichem, leicht schorfigem, oft an der Basis etwas aufgeblasenem Stiel. **V:** gesellig, auf dürrem Laubholz, vor allem Buche *Fagus;* im Sommer bis Herbst. **Mik:** Sporen glatt, zylindrisch bis etwas eingeschnürt oder leicht allantoid, ganz reif vereinzelt 1- bis 3-fach septiert, farblos, 21–25 × 5,5–6,5 µm, biseriat, Asci J+, inoperculat, 8-sporig. (CH 59).

16.8.60 *Roseodiscus rhodoleucus* (Fr.) Baral, *Hymenoscyphus rhodoleucus* (Fr.) W. Phillips Rosaweißes Stängelbecherchen

Frkp: 1–2 mm, erst etwas becherförmig, bald flach oder gewölbt, Ober- und Außenseite glatt, weiß mit rosa Schimmer, deutlich gestielt. **V:** gesellig auf faulenden Schachtelhalmen *Equisetum;* Frühling bis Sommer. **Mik:** Sporen glatt, ellipsoid, nicht septiert, 9–12 × 5–6 µm, biseriat, Asci J+, 8-sporig. (BK 1.189, 🖼).

16.8.61 *Roseodiscus equisetinus* (Velen.) Baral, *Hymenoscyphus equisetinus* (Velen.) Dennis Septiertsporiges Schachtelhalm-Stängelbecherchen

Frkp: bis 1 mm, breit, erst becherförmig, später tellerförmig bis fast flach, Ober- und Außenseite glatt, blassrosa, Stiel deutlich, hell ockerlich. **V:** gesellig auf faulenden

16.8.53 *Hymenoscyphus monticola,* Bräunlichsporiges Stielbecherchen

16.8.60 *Roseodiscus rhodoleucus,* Rosaweißes Stängelbecherchen

16.8.61 *Roseodiscus equisetinus,* Septiertsporiges Schachtelhalm-Stängelbecherchen

Schachtelhalmen *Equisetum;* im Frühsommer. **Mik:** Sporen glatt, spindelförmig und teilweise 1-fach septiert, 9,5–13 × 2,5–3,5 µm, biseriat, Asci J+, 8-sporig. (BK 1.184, 🖼).

16.8.62 *Bryoscyphus atromarginatus* Verkley, Aa & G.W. De Cock
Schwarzrandiger Moosbecher

Frkp: 1–3 mm, kreisel- bis becherförmig, innen ocker bis fleischockerlich, außen graubräunlich, Rand etwas dunkler, Stiel deutlich und ziemlich stämmig. **V:** an feuchten Stellen auf verschiedenen Lebermoosen *Marchantia;* im Herbst. **Mik:** Sporen glatt, unregelmäßig ellipsoid bis asymmetrisch keulig, vereinzelt 1-fach septiert, farblos, 10,5–13 × 3,5–4,5 µm, mit vielen kleinen Tropfen, biseriat, Asci J+, inoperculat, 8-sporig. (CH 44).

16.8.63 *Bryoscyphus dicrani* (Ade & Höhn.) Spooner: Fruchtkörper creme bis purpurbraun, auf Hornzahnmoos *Ceratodon* oder Falschem Bärtchenmoos *Didymodon fallax*. Sporen unregelmäßig ellipsoid bis etwas rautenförmig, 15–24 × 8–9 µm, unregelmäßig uniseriat, Asci J–.

16.8.64 *Bryoscyphus rhytidiadelphi* (Svrček) Baral, *Hymenoscyphus rhytidiadelphi* Svrček, Kranzmoos-Moosbecher, Runzelbrudermoos-Stielbecherchen: Fruchtkörper 0,3–0,6 mm, matt, weiß bis beige; auf verschiedenen Laubmoosen, z. B. Schlafmoos *Hypnum*, Kranzmoos *Rhytiadelphus*. Sporen ellipsoid bis etwas eckig-rautenförmig, 11–19 × 5,5–8,5 µm, uniseriat, Asci J+. (CH 45).

16.8.65 *Bryoscyphus turbinatus* (Fuckel) Spooner
Kreiselförmiger Schlafmoos-Moosbecher

Frkp: 0,5–2 mm, kreisel- bis becherförmig, innen glatt, beige bis braun, außen flaumig und etwas heller, Rand kahl, Stiel deutlich, kurz. **V:** auf morschem, von Zypressen-Schlafmoos *Hypnum compressiforme* oder Gabelzahnmoos *Dicranum* überwachsenem Holz; im Winter. **Mik:** Sporen glatt, spindelförmig bis leicht allantoid, farblos, 18–25 × 3–5 µm, mit vielen kleinen Tropfen, biseriat, Asci J+, inoperculat, 8-sporig. (CH 46).

Bryoscyphus conocephali (Boyd) Spooner: Fruchtkörper orange bis braunrot; auf Kegelkopfmoos *Conocephalum conicum*. Sporen 16–21 × 4,5–6 µm.

Bryoscyphus marchantiae (Fr.) Spooner: Fruchtkörper braungelb; auf Halbkugeligem Reboulmoos *Reboulia hemisphaerica*. Sporen 12–15,5 × 6–7 µm.

16.8.66 *Cyathicula cyathoidea* (Bull.) Thüm., ***Hymenoscyphus cyathoideus*** (Bull.) Gray, ***Crocicreas cyathoideum*** (Bull.) S.E. Carp.
Pokalförmiges Kleinbecherchen, Pokalförmiges Stängelbecherchen

Frkp: 0,5–1,5 mm, pokal-, später becher- bis schüsselförmig, innen und außen weißlich bis cremefarben, Rand fein gekerbt, etwas heller, Stiel deutlich. **V:** gesellig, auf modernden Kräuterstängeln, z. B. Doldenblütlern *Apiaceae;* Frühling bis Sommer. **Mik:** Sporen glatt, schmal spindelförmig, farblos, mit je 1 kleinen Tropfen an den Polen, 8–9 × 1,5–2 µm, uni- bis biseriat, Asci J+, 8-sporig. (BK 1.192, 🖼).

16.8.67 *Cyathicula amenti* (Batsch) Baral & R. Galán, *Pezizella amenti* (Batsch) Dennis
Kätzchen-Kleinbecherchen,
Weidenkätzchen-Krönchenbecherchen, Weidenkätzchen-Becherchen

Frkp: 0,3–0,5 mm, becherförmig bis flach ausgebreitet, Innen- und Außenseite fein mehlig weißlich bis creme, Stiel kurz. **V:** auf abgefallenen weiblichen Weiden-Blütenkätzchen *Salix;* im Frühling. **Mik:** Sporen glatt, tropfen- bis kommaförmig, farblos, 8–11,5 × 3–4 µm, uni- bis biseriat, Asci J+, 8-sporig. (BK 1.195, 🖼).

16.8.68 *Cyathicula coronata* (Bull.) Rehm,
Crocicreas coronatum (Bull.) S.E. Carp.
Gekröntes Kleinbecherchen, Gekröntes Stängelbecherchen

Frkp: 1–2 mm, becher- bis tellerförmig, Oberseite glatt, gelb bis blassorange, Außenseite fein kleiig, etwas heller, Rand mit stacheligen Haaren besetzt, Stiel 2–3 mm lang. **V:** gesellig, auf abgestorbenen Stängeln von Kräutern, z. B. Brennnessel *Urtica* oder Greiskraut *Senecio;* Spätsommer bis Herbst. **Mik:** Sporen glatt, spindelförmig bis leicht allantoid, farblos, 17–21 × 4–4,5 µm, mit 2 oder mehreren Tropfen, biseriat, Asci J+, 8-sporig. (BK 1.191, 🖼).

16.8.69 *Cyathicula pallida* Velen., *Crocicreas pallidum* (Velen.) S.E. Carp., Blasses Glasstielbecherchen: auf dürren Stielen von Eschenblättern *Fraxinus* oder Sumpf-Kratzdistel *Cirsium palustre*, Sporen spindelförmig, 12–15 × 3 µm, biseriat, Asci J+, 8-sporig. (BK 1.193).

16.8.70 *Cyathicula calathicola* (Rehm) Baral,
Conchatium calathicola (Rehm) Svrček, *Crocicreas calathicola* (Rehm) S.E. Carp.
Distel-Kleinbecherchen, Distel-Stängelbecherchen

Frkp: 2–5 mm, becherförmig, gold- bis orangegelb, Rand weißlich und feinflaumig, oft etwas eingerollt, Stiel deutlich. **V:** gesellig, auf verschiedenen Kräuterstängeln, z. B. Alpenkratzdistel *Cirsium* oder Golddistel *Carlina*. **Mik:** Sporen glatt, ellipsoid, farblos, 6–8,5 × 2–3 µm, uniseriat, Asci J+, 8-sporig. (🖼).

16.8.66 *Cyathicula cyathoidea*, Pokalförmiges Kleinbecherchen

16.8.67 *Cyathicula amenti*, Kätzchen-Kleinbecherchen

16.8.68 *Cyathicula coronata*, Gekröntes Kleinbecherchen

16.8.70 *Cyathicula calathicola*, Gekröntes Kleinbecherchen

16.8.71 *Cyathicula dolosella* (P. Karst.) Dennis, *Crocicreas dolosellum* (P. Karst.) S.E. Carp.
Dreieckzähniges Glasstielbecherchen,
Fastgekröntes Kleinbecherchen, Fastgekröntes Stängelbecherchen

Frkp: 0,5–1 mm, pokal- bis becherförmig, glatt, Innenseite weiß, Außenseite grauweiß, Rand gezähnt, Stiel farblos bis weißlich. **V:** gesellig, auf verschiedenen Stängeln und Stielen, z. B. von Eschenblättern *Fraxinus*, Brennnessel *Urtica*, Distel *Cirsium;* im Herbst. **Mik:** Sporen glatt, schmal spindelförmig, teils 1-fach septiert, farblos, 12–15 × 2–3 µm, Asci J+, 8-sporig.

16.8.72 *Phaeohelotium umbilicatum* (Le Gal) Dennis,
Hymenoscyphus umbilicatus (Le Gal) Dumont
Genabeltes Holzbecherchen, Weißsporiger Nabelbecherling, Genabeltes Stielbecherchen

Frkp: 1–3 mm, kreisel- bis scheibenförmig oder kissenförmig gewölbt, Oberseite glatt, gelb, außen heller und leicht filzig, Rand fein gekerbt, Stiel 1–2 mm lang. **V:** einzeln bis gesellig, auf feuchten, teils moosigen Holzstücken; Sommer bis Herbst. **Mik:** Sporen glatt, länglich, schmal ellipsoid bis etwas allantoid, farblos, 13–17 × 4–5 µm, mit einem bis mehreren Tropfen, uniseriat, Asci J+, 8-sporig.

16.8.73 *Phaeohelotium carneum* (Fr.) Hengstm., *Phaeohelotium subcarneum* (Schumach.) Dennis
Fleischfarbenes Holzbecherchen, Blassfleischfarbenes Holzbecherchen

Frkp: 0,5–2 mm breit, scheiben- bis leicht becherförmig, innen und außen glatt, weißlich bis blass fleischrosa, Stiel kurz oder fehlend. **V:** einzeln bis gesellig, auf moderndem Laubholz ohne Rinde; Frühling bis Sommer. **Mik:** Sporen glatt, schmal ellipsoid, farblos, 9–13 × 2,5–4 µm, mit vielen kleinen Tropfen, unregelmäßig uniseriat, Asci J+, 8-sporig. (BK 1.173, 🖼).

16.8.74 *Microglossum viride* (Pers.) Gillet
Grüne Stielzunge

Frkp: 2–6 cm hoch, Hut spindel- bis schmal keulenförmig, längs gefurcht, trocken matt, feucht glänzend hell olivgrün bis satt blaugrün, Stiel heller, 2–4 mm dick, fein kleiig-schuppig, gegen die Basis zunehmend weißlich. **V:** gesellig im moosigen Laubwald; im Herbst. **Mik:** Sporen glatt, länglich spindelförmig bis schwach allantoid, reif 3- bis 4-fach septiert, 16–21 × 5–6 µm, Asci J+, 8-sporig. (BK 1.137, 🖼).

16.8.75 *Microglossum fuscorubens* Boud.
Rotbraune Stielzunge, Orangerote Stielzunge

Frkp: 2,5–3,5 cm hoch, Hut zungen- bis keulenförmig, oft etwas zusammengedrückt und mit Längsfurchen, glatt, trocken, orangebraun, Stiel zylindrisch, etwas heller als der Hut, Spitze feinschuppig. **V:** gesellig auf Erde im Mischwald; Herbst. **Mik:** Sporen glatt, spindelförmig, seitlich abgeplattet, farblos, 14,5–21 × 4–5,5 µm, mit 1–4 Tropfen, uni- bis biseriat, Asci J+, inoperculat, 8-sporig. (CH 83).

16.8.76 *Stamnaria americana* Massee & Morgan
Winter-Schachtelhalmbecherchen

Frkp: 0,5–2 mm, erst sehr klein urnenförmig, später becherförmig, Oberseite dottergelb bis orange, Außenseite gleich gefärbt, Stiel kurz, aber dick und deutlich, Rand fein gezähnelt. **V:** parasitisch an lebenden Stängeln von Winter-Schachtelhalm *Equisetum hyemale*; Spätherbst bis Frühling. **Mik:** Sporen glatt, zylindrisch-ellipsoid bis spindelförmig und evtl. leicht asymmetrisch, farblos, 22–30 × 5,5–7,5 µm, mit vielen kleinen Tropfen und tropfenfreier Kernzone, oben bi-, unten meist uniseriat, Asci J–, 8-sporig. (CH 79, 🖼).

16.8.77 *Stamnaria persoonii* (Moug.) Fuckel, Sommer-Schachtelhalmbecherchen: Fruchtkörper 0,5–1 mm, saprobiontisch auf abgestorbenen Stängeln von Winter-Schachtelhalm *Equisetum hyemale*; im Frühsommer und Sommer. Sporen 15–22 × 5,5–8,5 µm. (🖼).

16.8.78 *Cistella acuum* (Alb. & Schwein.) Svrček, *Dasyscyphus acuum* (Alb. & Schwein.) Sacc.
Nadel-Warzenkeulenhaarbecherchen, Nadel-Haarbecherchen

Frkp: 0,2–0,4 mm, becherförmig, Oberseite glatt, weiß, teils hell ockerlich, Außenseite samtig-filzig, weiß, ungestielt oder mit kurzem Stiel. **V:** gesellig auf Nadeln von Kiefern *Pinus,* Fichte *Picea* oder Weißtanne *Abies;* im Herbst bis Frühling. **Mik:** Sporen glatt, schmal spindelförmig bis etwas keulenförmig, 4–5 × 1,3–1,7 µm, Asci J+, 8-sporig. (BK 1.211, 🖼).

16.8.79 *Cistella helvetica* Baral
Farn-Warzenkeulenhaarbecherchen

Frkp: 0,15–0,25 mm, jung geschlossen, später ausgebreitet, besonders am Rand mit langen aufstehenden Haaren, weiß, ungestielt. **V:** an abgestorbenen Blättern und Blattstängeln von Frauenfarn *Athyrium filix-femina*; Frühling bis Frühsommer. **Mik:** Sporen glatt, zylindrisch-ellipsoid, Enden stumpf, farblos, 7,5–11,5 × 2,5–3,5 µm, mit 2 großen und vielen kleinen Tropfen, uni- bis biseriat, Asci J+, inoperculat, 8-sporig. (CH 52).

16.8.73 *Phaeohelotium carneum*, Fleischfarbenes Holzbecherchen

16.8.74 *Microglossum viride*, Grüne Stielzunge

16.8.76 *Stamnaria americana*, Winter-Schachtelhalmb.

16.8.77 *S. persoonii*, Sommer-Schachtelhalmbech.

16.8.78 *Cistella acuum*, Nadel-Warzenkeulenhaarbecherchen

16.8.80 *Rhytisma acerinum* (Pers.) Fr.
Ahorn-Runzelschorf

Stroma: 1–2 cm, flach, aufliegend, Oberseite hirnartig runzelig, schwarz. **V:** vereinzelt auf der Oberseite von letztjährigen, abgefallenen Blättern verschiedener Ahornarten, meist Bergahorn *Acer pseudoplantanus;* im Frühling. **Mik:** Sporen glatt, fadenförmig, 55–80 × 1,5–2,5 µm, Asci J–, parallel 8-sporig. Man nennt den Befall der Blätter auch Teerfleckenkrankheit. (BK 1.291, 🖼).

16.8.80 *Rhytisma acerinum*, Ahorn-Runzelschorf

16.8.81 *Sarea resinae* (Fr.) Kuntze, *Biatorella resinae* (Fr.) Th. Fr.
Gemeines Harzbecherchen

Frkp: bis 1 mm breit, jung pokalförmig, dann flach mit Randwulst, Oberseite glatt, hellorange, Außenseite gleichfarbig, Rand teils etwas heller, ungestielt. **V:** gesellig auf eingetrocknetem Harz von Nadelbäumen; ganzjährig. **Mik:** Sporen glatt, kugelig, 1,8–2,2 µm, Asci J+, vielsporig. (BK 1.297, 🖼).

16.8.81 *Sarea resinae*, Gemeines Harzbecherchen

16.8.82 *Cyclaneusma minus* (Butin) DiCosmo, Peredo & Minter, *Naemacyclus minor* Butin
Kleines Föhrennadelschlitzbecherchen, Eingesenktes Föhrennadelbecherchen, Helles Kiefernadel-Polsterbecherchen

Frkp: 1–2 mm, lang, kissenförmig gewölbt, creme- bis ockerfarben, eingesenkt in Kiefernnadeln und in Längsrichtung bei Feuchte daraus hervorbrechend, dadurch entstehende seitlich aufgeworfene Schüppchen, bald vom weißlichen Pilzgeflecht überwachsen. **V:** auf abgestorbenen Nadeln von Kiefer, v. a. Wald-Kiefer *Pinus sylvestris;* im Herbst. **Mik:** Sporen glatt, farblos, parallel fadenförmig, 1- bis 2-fach septiert, 75–85 × 2–3 µm, Asci J–, 8-sporig. (BK 1.296).

16.8.83 *Orbilia auricolor* (A. Bloxam) Sacc., *Orbilia curvatispora* Boud.
Goldgelbes Knopfbecherchen, Gekrümmtsporiges Knopfhaarbecherchen

Frkp: 0,5–1,5 mm, becher- bis flach tellerförmig, glatt, weißockerlich, teilweise etwas rosa, glasig durchscheinend, Rand glatt, ungestielt. **V:** auf feuchtem, morschem Holz; im Herbst. **Mik:** Sporen glatt, fadenförmig-gekrümmt, kommaförmig, farblos, 8–12 × 0,5–1,5 µm, biseriat, Asci J–, 8-sporig, Paraphysen kopfig. (BK 1.251?, 🖼).

16.8.83 *Orbilia auricolor*, Goldgelbes Knopfbecherchen

16.8.84 *Orbilia sarraziniana* Boud.
Sarrazins Knopfbecherchen

Frkp: 0,5–1,5 mm, kreisel- bis flach tellerförmig, glatt, blass rosa- bis lilafarben oder orange, selten ocker oder weißlich, glasig durchscheinend, ungestielt. **V:** zerstreut oder gesellig auf feuchtem, periodisch überflutetem, morschem Holz, v. a. Laubholz; im Sommer. **Mik:** Sporen glatt, spindel- bis schmal tropfenförmig, farblos, 6–8,5 × 1–2 µm, bi- bis multiseriat, obere 3–5 Sporen meist umgekehrt liegend, Asci J–, 8-sporig, Paraphysen kopfig. (🖼).

16.8.85 *Orbilia rosea* (J. Webster & Descals) Baral & E. Weber, Rosa Knopfbecherchen: Fruchtkörper 0,5–1,5 mm, weißlich bis fein rosaviolettlich; bei Fließgewässern; Frühling bis Herbst. Sporen spindelförmig, 7–10 × 1,5–2 µm, untere Sporen umgekehrt liegend.

Orbilia luteorubella (Nyl.) P. Karst., Gelbrotes Knopfbecherchen: Fruchtkörper 0,3–2 mm, leicht bis leuchtend gelblichorange; stets bei Gewässern. Sporen spindelförmig, 6,5–10 × 1,5–2 µm, untere Sporen umgekehrt liegend.

16.8.86 *Orbilia xanthostigma* (Fr.) Fr., *Orbilia delicatula* (P. Karst.) P. Karst.
Gelbes Knopfbecherchen

Frkp: 0,5–2 mm, flach becherförmig, Oberseite glatt, blass- bis honiggelb, goldgelb-orange, Außenseite gleichfarbig, ungestielt. **V:** gesellig, vorwiegend auf nassem, morschem Laubholz; ganzjährig. **Mik:** Sporen warzig, stark allantoid, 2–3,5 × 1–1,5 µm, uniseriat, Asci J–, 8-sporig, einzelne Sporen umgekehrt liegend, Paraphysen deutlich kopfig. (BK 1.253, 🖼).

Orbilia leucostigma (Fr.) Fr., Hellgelbes Knopfbecherchen: Fruchtkörper weißlich bis ganz schwach rosa-violettlich, vorwiegend auf der Unterseite von Holz. Gemäß Baral et al. 2020 handelt es sich bei *O. xanthostigma* und *O. leucostigma* um einen heterogenen Artenkomplex.

16.8.86 *O. xanthostigma*, Gelbes Knopfbecherchen

16.8.84 *O. sarraziniana*, Sarrazins Knopfbecherc

16.8.87 *O. crenatomarginata*, Kerbrandiges Knop

16.8.87 *Orbilia crenatomarginata* (Höhn.) Sacc. & Trotter., *Hyalinia crystallina* (Quél.) Boud.
Kerbrandiges Knopfbecherchen, Rosaliches Knopfbecherchen, Kristallklares Zähnchen-Knopfbecherchen

Frkp: 0,5–1 mm, becherförmig bis fast flach, Oberseite glatt, stark durchscheinend, farblos bis rosa, Außenseite gleichfarbig, Rand gekerbt, ungestielt. **V:** auf der Unterseite von morschen Ästen verschiedener Laubhölzer, z. B. Weide *Salix* oder Linde *Tilia*; ganzjährig, vorwiegend vom Frühling bis Herbst. **Mik:** Sporen glatt, farblos, länglich und schlangenförmig gebogen, 6–11 × 0,5–1,5 µm, vorwiegend biseriat, Asci J–, 8-sporig, Paraphysen nur leicht kopfig. (BK 1.254, 🖼).

16.8.88 *Orbilia coccinella* Fr.
Scharlachrotes Knopfbecherchen

Frkp: 0,4–0,8 mm, scheibenförmig bis seitlich zusammengedrückt, Rand fein rau bis gekerbt, trocken leuchtend rosa, feucht blass gelblichcreme, ± durchscheinend, ungestielt. **V:** zerstreut oder in kleinen Grüppchen, auf trockener Rinde meist von Birke *Betula;* ganzjährig, da trockenresistent. **Mik:** Sporen glatt, sehr stark gekrümmt, 2,5–3,5 × 1–2 µm, oben bi- unten uniseriat, Asci J–, 16-sporig. (🖼).

16.8.89 *Orbilia eucalypti* (W. Phillips & Harkn.) Sacc., Gemeines Knopfbecherchen: 0,2–1 mm, lebhaft gelborange oder rosa- bis lilafarben, seltener auch weißlich, Rand glatt, oft recht dick, ± erhaben. Sporen sehr variabel in Größe und Form, ellipsoid, breit ellipsoid bis fast kugelig, keilförmig, 3,5–6 × 1,5–2,5 µm, Asci 8-sporig. (🖼).

Orbilia tremulae Velen.: vorwiegend gelbockerlich Fruchtkörper; in Bodennähe wachsend. Sporen etwas kleiner, kaum über 4,5 × 2 µm.

16.8.90 *Orbilia carpoboloides* (P. Crouan & H. Crouan) Baral, *Habrostictis rubra* Fuckel
Rosafarbenes Knopfbecherchen, Rosafarbenes Zartbecherchen

Frkp: 0,5–1 mm, unregelmäßig schüssel- bis scheibenförmig, glatt, blassrosa bis orangerosa, bräunlich, durchscheinend glasig, Rand manchmal eingerissen. **V:** vorwiegend auf abgestorbenen, berindeten Ästchen von Faulbaum *Rhamnus* und Ulme *Ulmus;* ganzjährig, mehrheitlich im Frühling. **Mik:** Sporen glatt, farblos, schmal keulenförmig bis wurmartig verbogen, 10–15 × 2–2,5 µm, biseriat, Asci J–, 8-sporig. (BK 1.261).

16.8.91 *Orbilia rubella* (Pers.) P. Karst., *Hyalinia rubella* (Pers.) Nannf.
Rötliches Knopfbecherchen, Rötliches Klebhaarglasbecherchen

Frkp: 0,2–0,5 mm, unregelmäßig schüssel- bis scheibenförmig, oft verformt durch das gedrängte Wachstum, glatt, orangerosa bis lebhaft rosarot, durchscheinend glasig, Rand mehrheitlich gezähnt bis haarig. **V:** auf Rinde oder berindeten Ästen oder Strünken von Laubbäumen, z. B. Linde *Tilia*, Ulme *Ulmus*, Weide *Salix*, oft 1–2 m über dem Boden. **Mik:** Sporen glatt, farblos, spindel- bis keulen- oder etwas gekrümmt kommaförmig, 7,5–9,5 × 1–1,5 µm, 1–3 × 0,4–0,8 µm, tetraseriat, Asci 8-sporig. (🖼).

16.8.92 *Orbilia phragmotricha* Baral, E. Weber & L.G. Krieglst., *Orbiliaster paradoxus* Huhtinen
Septenhaariges Knopfbecherchen

Frkp: 0,5–2 mm, jung scheibenförmig, dann auch unregelmäßiger, glatt bis feinkörnig, blasscreme bis leuchtend lachs- oder orangerosa, halb durchscheinend, Rand weißlich gefranst bis gekerbt, manchmal mit stielartiger Basis. **V:** zerstreut bis dicht gesellig, auf mittelstark verrotteter, meist abgelöster Rinde von trockenen Ästen oder dünnen Stämmen, oft von Birke *Betula*, selten auf Holz; ganzjährig. **Mik:** Sporen glatt, farblos, schmal spindel- bis keulenförmig verbogen, 6–8,5 × 1–1,5 µm, verjüngtes Ende 1–3 × 0,3–0,6 µm, bi- bis tetraseriat, untere Sporen umgekehrt, Asci 8-sporig, auffällige dickwandige und septierte Haare ohne glasige Fortsätze. (🖼).

16.8.93 *Orbilia aristata* (Velen.) Velen., Geschwänztsporiges Knopfbecherchen: Fruchtkörper 0,1–0,5 mm, blassrosa bis rosaorange, Rand glatt bis weiß gezähnelt; auf mehrheitlich berindeten Ästen von Laub- oder Nadelholz. Sporen spermienförmig, 14–22 × 2,5–3,5 µm.

16.8.94 *Orbilia aurantiorubra* Boud., Orangerotes Knopfbecherchen: Fruchtkörper 0,5–1,5 mm, blass bis lebhaft aprikosenfarben, Rand glatt bis etwas rau; auf mehrheitlich berindeten Ästen von Laubholz. Sporen spindelförmig und sichelförmig gebogen, 9–15 × 1–1,5 µm.

16.8.95 *Orbilia ficicola* G. Marson, Baral & E. Weber, Feigen-Knopfbecherchen: Fruchtkörper 0,5–1,5 mm, blass bis lebhaft aprikosenfarben, Rand gezähnt und mit weißen Haaren; auf berindeten oder unberindeten Ästen von Feige *Ficus* und anderen Laubhölzern. Sporen spindelförmig mit Anhängsel, gerade oder etwas gebogen, 8–10 × 1–1,5 µm.

16.8.96 *Orbilia vinosa* (Alb. & Schwein.) P. Karst., Weinrotes Knopfbecherchen: Fruchtkörper 0,5–1 mm, vorwiegend rund, rosa, gelborange, seltener auch ockergrau, Rand glatt oder leicht rau; auf berindetem oder unberindetem Holz verschiedenster Baumarten; ganzjährig. Sporen glatt, spindelförmig-keulig, 10–19 × 1,5–2 µm.

16.8.97 *Orbilia alpigena* Baral & E. Weber, Alpen-Knopfbecherchen: Fruchtkörper 0,25–0,8 mm, blass bis lebhaft orangerosa, auf berindeten oder unberindeten Nadelholzästen. Sporen glatt, spindelförmig, selten mit Anhängsel, 9–13 × 2–3 µm. (🖼).

16.8.98 *Orbilia subtrapeziformis* Baral, E. Weber & G. Marson, Trapezsporiges Knopfbecherchen: Fruchtkörper 0,2–0,5 mm, blass bis lebhaft orangeockerlich, kaum rosa und wenig durchscheinend, auf berindeten oder unberindeten Laubholzästen. Sporen glatt, spindelförmig, selten mit Anhängsel, 9–14,5 × 2–3 µm.

16.8.99 *Hyalorbilia inflatula* (P. Karst.) Baral & G. Marson, *Orbilia inflatula* (P. Karst.) P. Karst., Aufgeblasenes Glasknopfbecherchen: Fruchtkörper 0,5–2 mm, anfangs tief becherförmig, gelb bis gelbgrünlich, kurz gestielt, mehrheitlich auf berindeten Ästen von Laub- oder Nadelhölzern. Sporen glatt, spindelförmig bis leicht gebogen, 5–8 × 1–1,5 µm. (🖼).

16.8.88 *O. coccinella*, Scharlachrotes Knopfbecherchen

16.8.89 *O. eucalypti*, Gemeines Knopfbecherchen

16.8.91 *Orbilia rubella*, Rötliches Knopfbecherchen

16.8.92 *O. phragmotricha*, Septenhaariges Knopfbech.

16.8.97 *Orbilia alpigena*, Alpen-Knopfbecherchen

16.8.99 *Hyalorbilia inflatula*, Aufgeblasenes Glasknopfbecherchen

16.8.100 *Lilapila jurana* Stöckli, G. Marson, Baral, U. Graf, Gilgen, Wergen & E. Weber, Jura-Lilahaarknopfbecherchen: Fruchtkörper 0,5–2 mm, becherförmig, violettschwarz, Rand fransig, kurz gestielt, auf harzigen, teils noch lebenden Ästen von Fichte *Picea*. Sporen glatt, kugelig, 3,5–4,5 × 3–4 µm, uni- bis tetraseriat.

16.8.101 *Propolis farinosa* (Pers.) Fr., *Propolis versicolor* (Fr.) Fr.
Mehliges Holzscheibchen, Grauweißes Holzscheibchen

Frkp: bis 0,5 mm lang und etwa halb so breit, eingesenkt im Holz, bei Reife Holz ± lappig aufreißend, braun mit weiß bepuderter Oberfläche. **V:** gesellig auf abgestorbenem, entrindetem Holz; ganzjährig. **Mik:** Sporen glatt, farblos, länglich ellipsoid bis schwach allantoid, 20–22 × 5–6 µm, Asci J–, 8-sporig. (BK 1.289).

16.8.102 *Karstenia lonicerae* (Velen.) Sherwood
Geißblatt-Sternrandlochbecherchen, Geißblatt-Lochbecherchen

Frkp: 0,5–1 mm breit, blasig-becherförmig, mehrheitlich in der Rinde eingesenkt, innen grau-ockerlich, außen rindenfarbig, Rand oft etwas eingerissen und weiß. **V:** einzeln bis gesellig auf lebenden Geißblattästen *Lonicera;* ganzjährig. **Mik:** Sporen glatt, farblos, lang zylindrisch bis schwach keulenförmig, mehrfach septiert, 30–35 × 3–3,5 µm, multiseriat, Asci J–, 8-sporig. (BK 1.307).

16.8.103 *Karstenia rhopaloides* (Sacc.) Baral, *Cryptodiscus rhopaloides* Sacc.
Keulensporiges Sternrandlochbecherchen, Keulensporiges Rinden-Lochbecherchen, Keulensporiges Höhlenbecherchen

Frkp: 0,2–0,5 mm, kugelig, eingesenkt im Holz oder in der Rinde von abgestorbenem Holz, innen und am sternförmig aufreißenden Rand weißlich, außen braun. **V:** einzeln bis gesellig auf abgestorbenen, berindeten oder entrindeten Ästen; ganzjährig. **Mik:** Sporen glatt, spindel- bis keulenförmig, mehrfach septiert, farblos, 28–38 × 5–8 µm, unregelmäßig biseriat, Asci J+, 8-sporig. (BK 1.288).

16.8.104 *Cryptodiscus pallidus* (Pers.) Corda
Blasses Höhlenbecherchen

Frkp: 0,1–0,5 mm, eingesenkt im Holz, dieses länglich linsenförmig aufreißend, innen gelb, Randzone weiß. **V:** gesellig auf feuchtem, morschem, entrindetem Holz von Laubbäumen; im Sommer. **Mik:** Sporen glatt, farblos, spindelförmig bis ellipsoid, 2- bis 4-fach septiert und eingeschnürt, 12–20 × 5–6 µm, biseriat, Asci J–, 8-sporig. (BK 1.287).

16.8.105 *Colpoma quercinum* (Pers.) Wallr.
Eichen-Schildbecherling

Frkp: 1–10 mm, unregelmäßige, in die Rinde eingesenkte Formen, Oberseite milchig olivbraun, Rand aufstehend und krustig, schwarzbraun, ungestielt. **V:** gesellig auf abgestorbenen Eichenzweigen *Quercus;* ganzjährig. **Mik:** Sporen glatt, farblos, fadenförmig bis nadelförmig, 55–65 × 1,3–1,7 µm, nebeneinander liegend (multiseriat), Asci J–, 8-sporig. (BK 1.293).

16.8.106 *Colpoma juniperi* (P. Karst. ex P. Karst.) Dennis, Wacholder-Schildbecherling, Eingesenkter Wacholder-Schlauchpilz: Fruchtkörper 1–3 mm, Oberseite milchig hellbraun; auf abgestorbenen Wacholderzweigen *Juniperus communis,* im Sommer. Sporen 45–50 × 1,5–2 µm. (BK 1.292).

16.8.107 *Robergea cubicularis* (Fr.) Rehm, *Anthostoma cubiculare* (Fr.) Nitschke
Kleiigporiger Knickhöhlungspilz, Höhlenförmiges Lochbecherchen, Gemeiner Höhlenpilz

Frkp: 0,5–1 mm, tief eingesenkt, 2–3 mm in der Längsrichtung des Holzes, grauschwarz, reif mit aufgewölbtem, ca. 0,5 mm breitem, kleiig-weiß umrandetem Porus. **V:** rasig auf abgestorbenen Zweigen verschiedener Laubbäume; Herbst und Frühling. **Mik:** Sporen glatt, farblos, fadenförmig, parallel angeordnet, mehrfach septiert, 750–850 × 1,5–2 µm, Asci J–, 8-sporig. (BK 1.306).

16.8.108 *Stictis radiata* (L.) Pers.
Strahligaufreißendes Lochbecherchen

Frkp: 0,5–1 mm, rundlich, eingesenkt im Holz lebender Laubbäume, innen lebhaft gelborange bis orangerot, Rand weißlich, stark nach außen gebogen und eingerissen. **V:** gesellig auf Wundstellen lebender Laubbäume; Herbst und Winter. **Mik:** Sporen glatt, farblos, fadenförmig lang, parallel angeordnet, reif mehrfach septiert, 180–200 × 2–5 µm, Asci J–, 8-sporig. (BK 1.304).

16.8.109 *Stictis pachyspora* (Rehm) Rehm
Spiralsporiges Lochbecherchen

Frkp: 0,5–1 mm, kugelig, in der Rinde eingesenkt, innen olivbraun, Rand stark ausgebogen, weißlich, krustig und teils eingerissen. **V:** einzeln bis gesellig auf Rinde von Nadelholz; im Frühling und Herbst. **Mik:** Sporen glatt, farblos, lang fadenförmig,

16.8.101 *Propolis farinosa,* Mehliges Holzscheibchen

16.8.102 *Karstenia lonicerae,* Geißblatt-Sternrandlochb.

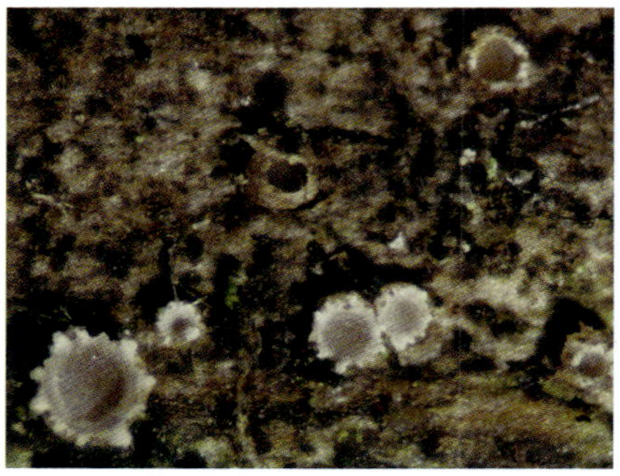
16.8.103 *K. rhopaloides,* Keulensporiges Sternrandl.

16.8.105 *C. quercinum,* Eichen-Schildbecherling

16.8.106 *Colpoma juniperi,* Wacholder-Schildbecherl.

16.8.108 *S. radiata,* Strahligaufreißendes Lochbe

16.8.109 *Stictis pachyspora,* Spiralsporiges Lochbecherchen

parallel angeordnet, reif mehrfach septiert, freie Sporen rollen sich spiralig ein, 180–200 × 3–4 µm, Asci J+, 8-sporig. (BK 1.303, 🖾).

16.8.110 *Ostropa barbara* (Fr.) Nannf., *Lophium barbarum* Fr.
Muschelförmiges Spaltenlochbecherchen, Muschel-Lochbecherchen

Frkp: 0,5–1 mm lang, oval bis etwas bohnenförmig, eingesenkt in der Rinde oder im Holz, höckerig-rau, graubräunlich, reif mit weißlicher, berandeter Querspalte, Fruchtschicht gelblich. **V:** einzeln bis gesellig auf abgestorbenen Zweigen; Herbst bis Frühling. **Mik:** Sporen parallel nebeneinander, glatt, fadenförmig, mehrfach septiert, farblos, 180–250 × 2 µm, Asci J+, 8-sporig. (BK 1.305, 🖾).

16.8.110 *Ostropa barbara,* Muschelförmiges Spaltenlochbecherchen

16.9 *Sclerotinia,* Sklerotienbecherlinge und Ähnliche

Ascomycota, Schlauchpilze > *Leotiomycetes*

Ordnung *Helotiales* und Ähnliche

Die gemeinsamen Merkmale in diesem Unterkapitel sind oberirdisch wachsende Fruchtkörper mit einem deutlichen Stiel und einem becherförmigen Hutteil. Der Becher ist zwischen 0,2 und 1 cm breit. Größere Arten mit Stiel und Becher finden sich in Unterkapitel 16.4 *Tarzetta,* Napfbecherlinge und die ganz kleinen, weniger als 2 mm breiten, gestielten Becherlingsarten in Unterkapitel 16.10. Fast alle beschriebenen Arten gehören zur Ordnung *Helotiales* und den zu nachfolgend darin aufgelisteten Familien.

Die kaum gestielten Arten der Familien ***Cordieritidaceae***, ***Hyaloscyphaceae*** und *Polydesmia*, Kernpilzbecherchen passen äußerlich wenig in diese Umgebung und sind an anderen Orten verschlüsselt. Aus verwandtschaftlichen Gründen wurden sie trotzdem hier eingeordnet und nicht bei den *Pezizales*, Becherlingsartige. Auch der häufige schwarzbraune, flach becherförmige und nur kurz gestielte *Bulgaria inquinans*, Gemeiner Schmutzbecherling tanzt etwas aus der Reihe. Er gehört zur separaten Ordnung ***Phacidiales***. Zur Übersicht folgt eine Liste der Ordnungen, Familien und Gattungen:

Helotiales

- > ***Cenangiaceae***, Scheinmehlbecherchenverwandte
  - > *Cenangiopsis*, Scheinmehlbecherchen
  - > *Chlorencoelia*, Olivbecherlinge
  - > *Encoelia*, Büschelbecherlinge
  - > *Heyderia*, Häubchenpilze
  - > *Trochila*, Deckelbecherchen
- > ***Chlorociboriaceae***, Grünspanbecherlingsverwandte
  - > *Chlorociboria*, Grünspanbecherlinge
- > ***Cordieritidaceae***
  - > *Ionomidotis*, Rindenbecher
  - > *Unguiculariopsis*, Zwiebelhaarbecherchen
- > ***Hyaloscyphaceae***, Nadelholzbecherchenverwandte
  - > *Hyalopeziza*, Glashaarbecherchen
  - > *Olla*, Glashaarbecherchen
- > ***Rutstroemiaceae***, Stromabecherverwandte
  - > *Lanzia*, Stromakelche
  - > *Rutstroemia*, Stromabecher
- > ***Sclerotiniaceae***, Sklerotienbecherlingsverwandte
  - > *Botryotinia*, Sklerotienbecher
  - > *Botrytis*, Sklerotienbecherlinge
  - > *Ciboria*, Stromabecherlinge
  - > *Dumontinia*, Anemonenbecherlinge
  - > *Elliottinia*, Zäpfchensklerotienbecher
  - > *Microstrobilinia*, Zäpfchenbecherlinge
  - > *Sclerencoelia*, Büschelbecherlinge
  - > *Sclerotinia*, Sklerotienbecherlinge
- > **incertae sedis**
  - > *Episclerotium*, Sklerotienhäubchenpilze
  - > *Polydesmia*, Kernpilzbecherchen

Phacidiales

- > ***Phacidiaceae***
  - > *Bulgaria*, Schmutzbecherlinge

Sclerotinia, Sklerotienbecherlinge und Ähnliche

Beschreibung

Mit braunen, becherförmigen, meist knapp 1 cm breiten Hüten und deutlichen, relativ langen Stielen dienen ***Sclerotinia***, Sklerotienbecherlinge als Beispielgattung für die deutlich gestielten Becherlinge. Ihr Name bezieht sich auf die Tatsache, dass sie einem meist linsen- bis unregelmäßig kugelförmigen, schwarzbraunen Sklerotium entspringen. Auch eine Reihe weiterer Gattungen mit mehr oder weniger deutlichem Stiel, die auf verschiedensten Substraten wachsen, sind hier vereint. Ebenfalls mit Sklerotium auf alten männlichen Weißtannenzäpfchen findet man die bis 5 mm großen ***Elliottinia***, Zäpfchensklerotienbecher. Ohne Sklerotium und vorwiegend in braunen bis olivbraunen Farben handelt es sich um ***Chlorencoelia***, Olivbecherlinge, ***Ciboria***, Stromabecherlinge, ***Lanzia***, Stromakelche, ***Microstrobilinia***, Zäpfchenbecherlinge, ***Rutstroemia***, Stromabecher und ***Sclerencoelia***, Büschelbecherlinge, subalpin bis alpin und nur kurz gestielt um ***Cenangiopsis***, Scheinmehlbecherchen. Auffällig blaugrün zeigen sich ***Chlorociboria***, Grünspanbecherlinge. Die weniger als 1 mm breiten ***Hyalopeziza*** und ***Olla***, Glashaarbecherchen sowie ***Polydesmia***, Kernpilzbecherchen fallen durch die glasigen bis weißlichen Haare auf. Die recht häufigen und 1–5 cm großen ***Bulgaria***, Schmutzbecherlinge sind innen braunschwarz glänzend und außen braun kleiig und kaum gestielt. Etwas aus der Reihe tanzen die beiden Gattungen ***Heyderia***, Häubchenpilze und ***Episclerotium***, Sklerotienhäubchenpilze, die zwar deutlich gestielt sind, mit ihren Käppchen oder Hutgebilden aber eher Erdzungen oder kleinen Morcheln gleichen. Aufgrund ihrer Verwandtschaft mit kurz gestielten Becherlingsarten sind auch ungestielte Gattungen wie ***Encoelia***, Büschelbecherlinge und sogar die anfangs eingesenkten, unter der Haut von Blättern wachsenden ***Trochila***, Deckelbecherchen ebenfalls hier beschrieben. Sie sind aber in den entsprechenden Umgebungen mit anderen ungestielten oder eingesenkten Becherlingen verschlüsselt.

Verschiedene Gattungen der Familie *Sclerotiniaceae*, wie z. B. ***Botrytis***, Sklerotienbecherlinge, ***Botryotinia***, Sklerotienbecher, ***Dumontinia***, Anemonenbecherlinge, *Sclerotinia*, Sklerotienbecherlinge, welche Sklerotien bilden, leben parasitisch. Bei *Episclerotium*, Sklerotienhäubchenpilze, *Rutstroemia*, Stromabecher und *Trochila*, Deckelbecherchen gibt es Hinweise auf Parasitismus, aber es besteht noch Klärungsbedarf. Die Mehrheit der hier aufgeführten *Helotiales*, die häufig im Frühjahr oder im Sommerhalbjahr und seltener auch im Winter auf abgestorbenen Pflanzenresten wie z. B. verdorrten Blütenkätzchen, faulenden Kräuter- und Blattstängeln, dürren Zweigen, Zapfen, Eicheln, Fruchthüllen von Edelkastanien wachsen, zählen zu den Saprobionten. Hinweise auf mykorrhizabildende Arten liegen nicht vor.

Die Sporen sind glatt, ellipsoid, teils etwas asymmetrisch bis bohnenförmig (allantoid) gekrümmt oder auch leicht rautenförmig, kugelig, spindelförmig, keil- oder kommaförmig. Vereinzelt findet man septierte Sporen, teils mit schaumigem Inhalt oder Öltropfen. Die Asci sind teilweise amyloid (J+), außer bei den genannten Arten der Gattungen *Encoelia*, Büschelbecherlinge, ***Ionomidotis***, Rindenbecher und ***Unguiculariopsis***, Zwiebelhaarbecherchen.

Bestimmung

Die erste Unterscheidung gilt der Stiellänge. Danach folgen vor allem Unterschiede bezüglich Substrat, Farben der Fruchtkörper, Randbehaarung und in einzelnen Fällen auch mikroskopische Unterschiede.

Speisewerte

Unter diesen gestielten, kleinen Becherlingen sind keine Speisepilze bekannt.

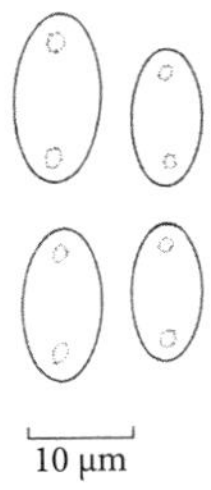

Sporen

16.9.01 *Dumontinia tuberosa*,
Gemeiner Anemonenbecherling

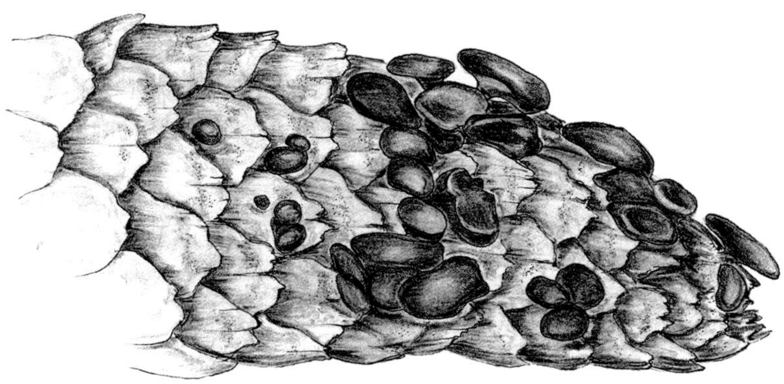

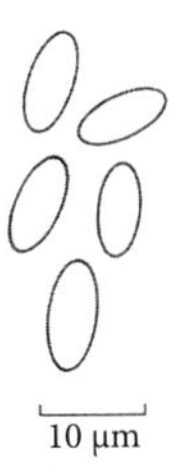

Sporen

16.9.18 *Rutstroemia bulgarioides*,
Fichtenzapfen-Stromabecher

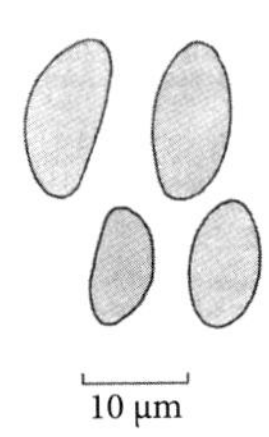

Sporen

16.9.43 *Bulgaria inquinans*,
Gemeiner Schmutzbecherling

16.9 *Sclerotinia*, Sklerotienbecherlinge und Ähnliche

- Stiel > 1 cm lang, Hut becherförmig bis flach, ocker-, grau-, oliv- bis dunkelbraun
  - im Laubwald, bei Buschwindröschen, Becher braun, 0,5–2,5 cm, Stiel 2–10 cm — 01 *Dumontinia tuberosa*, Gemeiner Anemonenbecherling
  - auf Stängeln, Hut 0,5–1,5 cm, Stiel 1–4 cm
    - auf Kräuterstängeln, Becher innen und außen hell ockerbräunlich — 02 *Sclerotinia sclerotiorum*, Gemeiner Sklerotienbecherling
    - auf Seggen, Becher innen ocker- bis rötlichbraun, außen weißlich bereift — 03 *Sclerotinia sulcata*, Seggen-Sklerotienbecherling
  - auf Blütenteilen, Kätzchen oder verdorrten Blüten, Hut 0,2–2 cm, ockerbraun
    - auf Kätzchen von Erle — 06 *Ciboria amentacea*, Erlenkätzchen-Stromabecherling
    - auf Kätzchen von Hasel — 07 *Ciboria coryli*, Hasel-Stromabecherling
    - auf Kätzchen von Weide — 08 *Ciboria caucus*, Weidenkätzchen-Stromabecherling
    - auf vorjährigen Alpenkratzdistelblüten, Becher rötlichbraun, außen weißlich — 04 *Botrytis cirsii-spinosissimi*, Alpenkratzdistel-Sklerotienbecherling
  - auf Ästchen und Zweigen, Stiel 0,5–2 cm
    - auf Hainbuche oder Grünerle, Becher 0,2–1 cm, gelb bis olivbräunlich — 13 *Rutstroemia bolaris*, Hainbuchen-Stromabecher
    - auf Eiche, Erle, Hasel, Becher 0,5–1 cm, rost- bis olivbraun — 14 *Rutstroemia firma*, Eichen-Stromabecher
    - auf Laubbaumzweigen, Stechginster, 0,1–0,3 mm, cremeweiß, weiß behaart — 16.10.13 *Lachnum pygmaeum*, Atlantisches Rauhaarbecherchen
  - auf modernden Eicheln, Becher 0,5–2 cm, grau- bis violettbraun — 11 *Ciboria batschiana*, Eichel-Stromabecherling
- Stiel < 1 cm lang
  - Fruchtkörper in verschiedenen Brauntönen
    - auf Brandstellen, ocker- bis rotbraun, Rand weißlich gezähnelt, 0,5–2 cm — **16.6.65 *Geopyxis carbonaria*, Gemeiner Kohlenbecher**
    - auf Schuppen von Weißtannenzapfen, orange- bis rötlichbraun, 0,5–1,5 cm — 09 *Ciboria rufofusca*, Zapfenschuppen-Stromabecherling
    - auf männlichen Fichtenzapfen, innen hellbraun, außen dunkler, 1–5 cm — 12 *Microstrobilinia castrans*, Fichten-Zäpfchenbecherling
    - auf Erlenzapfen, gelblich bis olivbraun, 0,1–0,5 cm — 10 *Ciboria viridifusca*, Erlenzäpfchen-Stromabecherling
    - auf Fruchthüllen von Edelkastanien, dunkelbraun, 0,2–1 cm — 21 *Lanzia echinophila*, Kastanienschalen-Stromakelch
    - auf vorjährigen Blüten von Alpenkratzdistel, Hut 0,5–1 cm, Stiel — 04 *Botrytis cirsii-spinosissimi*, Alpenkratzdistel-Sklerotienbecherling
    - auf männlichen Weißtannenblüten, Hut 0,1–0,5 cm — 05 *Elliottinia kerneri*, Tannen-Zäpfchensklerotionbecher
    - auf dürren Zweigen, Ästen
      - auf Hainbuche, Grünerle, 2–10 mm, bräunlich bis olivgelb — 13 *Rutstroemia bolaris*, Hainbuchen-Stromabecher
      - auf Eiche, Erle, Hasel, 5–10 mm, rotbräunlich, olivbraun — 14 *Rutstroemia firma*, Eichen-Stromabecher
      - auf kleinen Weidenarten, 5–15 mm, hellbraun, alpin — 27 *Cenangiopsis alpestris*, Alpen-Scheinmehlbecherchen
      - auf Wacholderzweigen *Juniperus*, 0,5–2 mm, hellbraun, subalpin — 28 *Cenangiopsis junipericola*, Wacholder-Scheinmehlbecherchen
      - auf Grünerle, 2–10 mm
        - bräunlich, olivgelb, Sporen 16–20 × 5–5,5 µm — 13 *Rutstroemia bolaris*, Hainbuchen-Stromabecher
        - gelborange bis rotbraun, Sporen 22–26 × 5,5–6,5 µm — 15 *Rutstroemia alnobetulae*, Grünerlen-Stromabecher
    - auf Blattstielen von Eschen- oder Eichenblättern, im Sommer
      - ockerbraun, 2–5 mm, Sp. schmal allantoid (bohnenförmig), ca. 4 µm breit — 16 *Rutstroemia petiolorum*, Blattstiel-Stromabecher
      - oliv- bis rötlichbraun, 1–3 mm Sporen allantoid/ellipsoid, ca. 5,5 µm breit — 17 *Rutstroemia sydowiana*, Eichenblatt-Stromabecher
    - auf verschiedenen dürren oder faulenden Stängeln
      - auf Sumpfdotterblumen *Caltha*, hellbraun, 2–5 mm — 23 *Botryotinia calthae*, Sumpfdotterblumen-Sklerotienbecher
      - auf Hahnenfuß *Ranunculus*, hellbraun, 3–7 mm — 24 *Botryotinia ranunculi*, Hahnenfuß-Sklerotienbecher
      - auf Gräsern, rosa- bis schokobraun, 2–4 mm — 20 *Rutstroemia calopus*, Gras-Stromabecher
  - Fruchtkörper oliv- bis schwarzbraun
    - Becher aufsitzend
      - auf Fichtenzapfen, becherförmig bis flach, 2–10 mm — 18 *Rutstroemia bulgarioides*, Fichtenzapfen-Stromabecher
      - auf Weißtannenzweigen, becherförmig bis flach, 2–5 mm — 19 *Rutstroemia elatina*, Weißtannen-Stromabecher
      - auf der Innenseite von Edelkastanienhüllen, 2–10 mm — 21 *Lanzia echinophila*, Kastanienschalen-Stromakelch
      - auf abgestorbenem Laubholz, z. B. Eiche, braunschwarz, Becher 1–5 cm — **43 *Bulgaria inquinans*, Gemeiner Schmutzbecherling**
    - Becher flach, eingesenkt, oft mit Hautdeckelchen, 0,1–0,5 mm
      - auf Stechpalmenblättern — 31 *Trochila ilicina*, Stechpalmen-Deckelbecherchen
      - auf der Unterseite abgestorbener Efeublätter — 32 *Trochila craterium*, Efeublatt-Deckelbecherchen
      - auf Kirschlorbeerblättern — 33 *Trochila laurocerasi*, Kirschlorbeer-Deckelbecherchen
  - Fruchtkörper grün — 26 *Chlorociboria aeruginascens*, Kleinsporiger Grünspanbech.
  - Fruchtkörper gelboliv
    - auf Erlenzapfen, gelblich bis olivbraun — 10 *Ciboria viridifusca*, Erlenzäpfchen-Stromabecherling
    - auf Blattstielen von Ahorn oder Linde — 22 *Lanzia luteovirescens*, Ockergelber Stromakelch
    - auf morschem Laubholz (meist Erle oder Eiche) — 25 *Chlorencoelia versiformis*, Vielgestaltiger Olivbecherling
  - Fruchtkörper gelb — **→ siehe nächste Seite**
  - Fruchtkörper orange, bei verschiedenen Moosen — **→ siehe nächste Seite**
  - Fruchtkörper rosa, grauviolett — **→ siehe nächste Seite**
  - Fruchtkörper ocker, beige auf Moos — **→ siehe nächste Seite**
  - Fruchtkörper weiß, kreiselförmig — **→ siehe nächste Seite**

16.9 *Sclerotinia,* Sklerotienbecherlinge und Ähnliche **(Fortsetzung)**

- Fruchtkörper gelb
  - kurz gestielt
    - Rand nicht behaart (leicht gekerbt), rasig
      - 1–5 mm, gelb
        - nur kurz gestielt, Rand teils dunkler, außen glatt, Sp. 8–12 × 3–3,6 µm — **16.8.41 *Bisporella citrina,* Zitronengelbes Reisigbecherchen**
        - deutlich gestielt, gelb, außen heller und leicht filzig bis feinflockig
          - außen leicht filzig, Rand fein gekerbt, Sporen 13–17 × 4–5 µm — 16.8.72 *Phaeohelotium umbilicatum,* Genabeltes Holzbecherchen
          - außen feinflockig, Sporen 21–28 × 3–4,5 µm — 16.8.55 *Hymenoscyphus serotinus,* Spätes Stielbecherchen
      - 0,5–1,5 mm
        - weißlich, ockerlich, rasig, kurz gestielt, auf Stirnholz von Buche — **16.8.44 *Bisporella pallescens,* Blasses Buchenbecherchen**
        - ockergelb, Laubholz, oft Stirnholz — 16.8.43 *Bisporella subpallida,* Blassgelbes Reisigbecherchen
        - schwefelgelb, büschelig auf Holz — 16.8.42 *Bisporella sulfurina,* Kernpilz-Reisigbecherchen
    - Rand braun behaart
      - auf toten Lärchenästchen — 16.10.20 *Lachnellula arida,* Goldgelbes Nadelholzrauhaarbecherchen
      - auf Zweigen von Wacholder, evtl. auch Nadelholz — 16.10.21 *Lachnellula flavovirens,* Gelbgrünes Nadelholzrauhaarbech.
      - auf Zweigen von Föhren, Randhaare rostbraun — 16.10.22 *Lachnellula fuscosanguinea,* Braunhaariges Nadelholzrauh.
    - Rand weiß behaart
      - Sporen < 7 µm lang
        - vorwiegend auf Fichte oder Weißtanne, Asci J–
          - Sporen oval, ca. doppelt so lang wie breit — 16.10.23 *Lachnellula calyciformis,* Pokalförmig. Nadelholzrauh.
          - Sporen länglich, ca. 3 × so lang wie breit — **16.10.24 *Lachnellula subtilissima,* Weißtannen-Nadelholzr.**
        - vorwiegend auf Föhre, Sporen kugelförmig, Asci J+ — 16.10.25 *Lachnellula suecica,* Rundsporiges Föhren-Nadelh.
      - Sporen 12–17 × 3,5–6 µm, auf toten Lärchenzweigen — 16.10.26 *Lachnellula occidentalis,* Schmalsporiges Lärchen-N.
      - Sporen 18–20 × 7–8 µm, auf lebenden Lärchenzweigen — **16.10.28 *Lachnellula willkommii,* Lärchenkrebs-Nadelholzr.**
  - deutlich gestielt
    - auf Buche, Sporen
      - Sporen 21–28 × 3–4,5 µm — 16.8.55 *Hymenoscyphus serotinus,* Spätes Stielbecherchen
      - Sporen 15–21 × 5–6,5 µm — 16.8.56 *Hymenoscyphus calyculus,* Kelchförmiges Stielbecherchen
    - auf Erle, Sporen 15–22 × 4,5–6,5 µm
      - Sporen an den Polen ohne Anhängsel — 16.8.56 *Hymenoscyphus calyculus,* Kelchförmiges Stielbecherchen
      - Sporen an den Polen mit 1–3 Anhängseln — 16.8.57 *Hymenoscyphus trichosporus,* Fadenanh. Grünerlen-Stielbech.
    - in Rindenrissen von Weiden, Sporen 12,5–16 × 4–5 µm lang — 16.8.58 *Hymenoscyphus conscriptus,* Weiden-Stielbecherchen
- Fruchtkörper orange, bei verschiedenen Moosen
  - bei Katharinenmoos, 1–5 mm, Rand weiß, Sp. teilnetzig, 19–23 × 11–14 µm — 16.6.48 *Neottiella albocincta,* Weißrandiges Moosschälchen
  - bei Widertonmoos
    - 5–20 mm, Sporen isoliert rundwarzig, 22–27 × 13–15 µm — 16.6.50 *Neottiella vivida,* Warzigsporiges Moosschälchen
    - 3–12 mm, Sporen teilnetzig, 20–26 × 12–15 µm — 16.6.51 *Neottiella rutilans,* Netzsporiges Moosschälchen
- Fruchtkörper rosa, grauviolett
  - auf dürren Laubholzzweigen, lilaviolett bis weinfarben — 16.8.59 *Hymenoscyphus ombrophiliformis,* Gallertkreislingsartiges St.
  - auf Schachtelhalmen, rosaweiß
    - 1–2 mm — 16.8.60 *Roseodiscus rhodoleucus,* Rosaweißes Stängelbecherch.
    - <1 mm — 16.8.61 *Roseodiscus equisetinus,* Septiertsporiges Schachtelhalm-St.
  - auf Lebermoos, rosaocker, 1–2 mm — 16.8.63 *Bryoscyphus dicrani*
  - auf Hornzahn- oder falschem Bärtchenmoos, purpurbräunlich — 16.8.62 *Bryoscyphus atromarginatus,* Schwarzrandiger Moosbecher
  - auf Fichtenzapfen, 2–10 mm, gallertartig, deutlich gestielt — 16.10.76 *Ombrophila janthina,* Fichtenzapfen-Gallertkreisling
- Fruchtkörper ocker, beige auf Moos
  - auf Lebermoos
    - ocker, fleischockerlich, 1–2 mm — 16.8.62 *Bryoscyphus atromarginatus,* Schwarzrandiger Moosbecher
    - beige bis weißlich, 0,3–0,6 mm — 16.8.64 *Bryoscyphus rhytidiadelphi,* Kranzmoos-Moosbecher
  - auf Schlafmoos, 0,5–2 mm — 16.8.65 *Bryoscyphus turbinatus,* Kreiselförmiger Schlafmoos-Moosb.
- Fruchtkörper weiß, kreiselförmig
  - kaum über 4 mm groß
    - auf Fruchtschalen von Buche, Eiche, Haselnuss, Hutrand nach oben — 16.8.49 *Hymenoscyphus fructigenus,* Fruchtschalen-Stielbech.
    - auf morschem Laubholz, Hutrand nach unten gewölbt — 16.8.05 *Cudoniella acicularis,* Dünnstieliges Kreislingchen
  - meist über 4 mm bis gut 1 cm groß — 16.8.04 *Cudoniella clavus,* Wasser-Kreislingchen

16.9.01 *Dumontinia tuberosa* (Bull.) L.M. Kohn, *Sclerotinia tuberosa* (Hedw.) Fuckel
Gemeiner Anemonenbecherling

Frkp: 0,5–2,5 cm breit, erst kugelig, später kelchförmig bis fast flach ausgebreitet, außen (Hymenium) glatt, rötlichbraun, Stiel 2–8 cm lang und wenige Millimeter dick, gegen unten zunehmend schwarzbraun und schließlich in einem 1–1,5 cm dicken, außen schwarzen und innen weißen Sklerotium endend. **V:** im Laubwald, parasitisch, vorwiegend auf Buschwindröschen *Anemone nemorosa,* seltener auch auf Scharbockskraut *Ranunculus ficaria;* im Frühling. **Mik:** Sporen glatt, ellipsoid, farblos, 12,5–15,5 × 6–8 µm, mit 2 kleinen oder ohne Tropfen, Asci J+, 8-sporig. (D 1147, BK 1.145, 🖼).

16.9.02 *Sclerotinia sclerotiorum* (Lib.) de Bary
Gemeiner Sklerotienbecherling

Frkp: 0,5–1 cm, glatt, hell ockerbräunlich, becherförmig, niedergedrückt bis flach oder sogar etwas gewölbt, Stiel 1–3 cm lang. **V:** auf einem kleinen ellipsoiden oder linsenförmigen, schwarzen Sklerotium, das anfangs im faulenden Pflanzenstängel verschiedener Kräuter wie z. B. Trollblume *Trollius,* Pestwurz *Petasites,* Beinwell *Symphytum* usw. eingebettet ist; im Sommer. **Mik:** Sporen glatt, ellipsoid, farblos, 10–12,5 × 4,5–6,5 µm, mit 2 oder mehreren kleinen Tropfen, Asci J+, 8-sporig. (BK 1.143, 🖼).

16.9.03 *Sclerotinia sulcata* (Roberge ex Desm.) Whetzel, *Myriosclerotinia sulcata* (Roberge ex Desm.) N.F. Buchw.
Seggen-Sklerotienbecherling, Seggen-Sklerotienbecherrasen

Frkp: 0,5–1,5 cm, becherförmig, innen glatt, hell ockerbräunlich bis rötlichbraun, außen weißlich bereift, Rand oft feinflockig, Stiel 0,5–2 cm lang, dünn, rötlichbraun, gegen die Basis schwärzlich, einem länglichen, teils gefurchten schwarzen Sklerotium, welches anfänglich im Halm eingebettet ist und später herausfallen kann, entspringend. **V:** auf liegenden Halmen von Segge *Carex;* im Frühling. **Mik:** Sporen glatt, ellipsoid, farblos, 10–15 × 5,5–7,5 µm, ohne Tropfen, Asci J+, 8-sporig. (BK 1.144, 🖼).

16.9.04 *Botrytis cirsii-spinosissimi* (Senn-Irlet) Baral, *Sclerotinia cirsii-spinosissimi* Senn-Irlet
Alpenkratzdistel-Sklerotienbecherling

Frkp: 0,5–1,2 cm, becherförmig bis niedergedrückt oder flach, innen glatt bis etwas aderig, ocker bis rötlichbraun, Rand und Außenseite weißlich bereift, Stiel 0,5–2 cm, ockerbräunlich, aus einem knolligen, 0,2–0,8 mm großen, außen rau und schwarzen und innen weißen Sklerotium entspringend. **V:** alpin, auf am Boden liegenden, vorjährigen Blüten von Alpenkratzdisteln *Cirsium spinosissimum;* im Sommer. **Mik:** Sporen glatt, ellipsoid bis schwach asymmetrisch, farblos, 9,5–12 × 4,5–6,5 µm, ohne Tropfen, uniseriat, Asci J+, inoperculat, 8-sporig. (CH 77).

16.9.05 *Elliottinia kerneri* (Wettst.) L.M. Kohn
Tannen-Zäpfchensklerotionbecher

Frkp: 2–5 mm, becher- bis schüsselförmig, innen glatt, hasel- bis milchkaffeebraun, Rand und außen matt, weißlich behaart, Stiel kurz, gleichfarbig, auf 3–4 mm großen schwarzen Sklerotien, die sich auf vorjährigen, männlichen Blütenständen von Weißtannen *Abies* bilden. **V:** im Nadel- oder Mischwald, bei Weißtanne *Abies;* im Winter. **Mik:** Sporen glatt, ellipsoid, farblos, 26–33 × 14,5–18 µm, Inhalt etwas schaumig-körnig, ohne Tropfen, uniseriat, Asci J+, inoperculat, 8-sporig. (CH 54).

16.9.06 *Ciboria amentacea* (Balb.) Fuckel
Erlenkätzchen-Stromabecherling, Erlenkätzchen-Becherling

Frkp: 2–10 mm, becherförmig bis flach ausgebreitet, Oberseite glatt ockerbräunlich, Außenseite gleichfarbig, Rand erst weißlich bewimpert, später rissig, Stiel 10–20 mm lang. **V:** auf abgefallenen männlichen Kätzchen von Erle *Alnus;* Ende Winter bis Anfang Frühling. **Mik:** Sporen glatt, unregelmäßig ellipsoid bis rautenförmig, farblos, 7,5–10 × 4–5 µm, uniseriat, Asci J+, inoperculat, 8-sporig. (BK 1.146, 🖼).

16.9.07 *Ciboria coryli* (Schellenb.) N.F. Buchw., Hasel-Stromabecherling: Fruchtkörper 5–20 mm, Becherboden und Stielspitze behaart, ockerbräunlich bis braun, vorwiegend auf alten Kätzchen (männliche Blüten) von Hasel *Corylus,* Sporen 10–18 × 6–8 µm. (🖼).

16.9.08 *Ciboria caucus* (Rebent.) Fuckel, Weidenkätzchen-Stromabecherling, Kätzchen-Stromabecherling: auf abgefallenen männlichen Kätzchen von Weide *Salix.* Sporen 8–10 × 4–5 µm. (🖼).

Ciboria betulae (Woronin) W.L. White, Birkenkätzchen-Stromabecherling: Fruchtkörper 1–3 mm, blass bräunlich, auf Samen von Birke *Betula,* Sporen 9,5–15 × 4–5,5 µm.

16.9.09 *Ciboria rufofusca* (O. Weberb.) Sacc.
Zapfenschuppen-Stromabecherling

Frkp: 5–15 mm, pokalförmig, später abflachend, Oberseite glatt, orange- bis rötlichbraun, Außenseite und Rand weißlich bestäubt, Stiel 3–7 mm lang. **V:** einzeln bis gesellig auf am Boden liegenden Schuppen von Weißtannenzapfen *Abies;* im Frühling. **Mik:** Sporen glatt, ellipsoid,

16.9.01 *Dumontinia tuberosa,* Gemeiner Anemonenbecherling

16.9.02 *Sclerotinia sclerotiorum,* Gemeiner Sklerotienb.

16.9.03 *S. sulcata,* Seggen-Sklerotienbecherling

16.9.06 *Ciboria amentacea,* Erlenkätzchen-Stromabech.

16.9.07 *Ciboria coryli,* Hasel-Stromabecherling

16.9.08 *Ciboria caucus,* Weidenkätzchen-Stromabech.

16.9.09 *C. rufofusca,* Zapfenschuppen-Stromabec

farblos, 5–7 × 3–3,5 µm, evtl. mit 2 kleinen Tropfen, uniseriat, Asci J+, 8-sporig. (BK 1.147, 🖼).

16.9.10 *Ciboria viridifusca* (Fuckel) Höhn., *Ciboria amenticola* (P. Karst.) Boud. Erlenzäpfchen-Stromabecherling

Frkp: 1–5 mm, becherförmig bis fast flach ausgebreitet, Oberseite glatt, gelblich bis olivbraun, Außenseite gleichfarbig, fein mehlig bestäubt, Stiel 1–5 mm lang, fein mehlig bestäubt, hell- bis olivgelblich. **V:** auf abgefallenen Erlenzäpfchen *Alnus;* Herbst. **Mik:** Sporen glatt, schmal ellipsoid, farblos, 6–7 × 2–2,5 µm, unregelmäßig uni- bis biseriat, Asci J+, inoperculat, 8-sporig. (BK 1.148, 🖼).

16.9.11 *Ciboria batschiana* (Zopf) N.F. Buchw. Eichel-Stromabecherling

Frkp: 5–20 mm breit, becherförmig, Innen- und Außenseite grau-, lehm- bis etwas violettbraun, Stiel 10–20 mm. **V:** auf modernden Eicheln *Quercus*; Sommer bis Herbst. **Mik:** Sporen glatt, ellipsoid, farblos, 6–12 × 4–6 µm, Asci J+, inoperculat, 8-sporig. (🖼).

16.9.12 *Microstrobilinia castrans* Beenken & Andr. Gross Fichten-Zäpfchenbecherling

Frkp: 1–5 mm, feucht leicht kuppelförmig, trocken schalenförmig gefaltet, innen jung creme bis hellbraun, später graulich, Rand weiß bis hellbraun bewimpert, außen dunkelbraun bis schwarz, jung bereift, im Alter kahl und rau bis faltig, Stiel bis 0,5 mm lang, trocknungstolerant. **V:** auf männlichen Zäpfchen von Fichte *Picea,* die durch den Befall steril werden; Frühling bis Herbst. **Mik:** Sporen glatt, zitronen-bis mandelförmig, farblos, 21–31,5 × 8,5–17,5 µm, uniseriat, Asci J–, inoperculat, ohne Apikalring, 4-sporig. (🖼).

16.9.13 *Rutstroemia bolaris* (Batsch) Rehm Hainbuchen-Stromabecher

Frkp: 2–10 mm, erst becherförmig, später abgeflacht, Oberseite glatt, braun, Außenseite flaumig rau, blasser, Stiel 5–20 mm. **V:** auf Ästchen von Hainbuche *Carpinus,* Grünerle *Alnus.* **Mik:** Sporen glatt, lang zylindrisch, 0- bis 3-fach septiert, farblos, 17–24 × 7,5–9 µm, unregelmäßig uni-/biseriat, Asci J+, 8-sporig.

16.9.14 *Rutstroemia firma* (Pers.) P. Karst. Eichen-Stromabecher, Zäher Stromabecher

Frkp: 5–10 mm, erst becherförmig, später abflachend bis scheibenförmig, Oberseite rotbräunlich, teilweise olivbraun, Außenseite gleichfarbig, Stiel 5–15 mm dunkelbraun. **V:** gesellig auf Ästchen von Eichen *Quercus,* Erlen *Alnus,* Hasel *Corylus;* Frühling bis Herbst. **Mik:** Sporen glatt, schmal zylindrisch bis allantoid, teilweise mehrfach septiert, farblos 13–19 × 3–6 µm, reif mit 1–3 Septen, mit Tropfen, unregelmäßig uniseriat, Asci J+, 8-sporig. (🖼).

16.9.15 *Rutstroemia alnobetulae* Dougoud Grünerlen-Stromabecher

Frkp: 2–8 mm, flach becherförmig, Oberseite trocken mehlig-kleiig, gelborange bis rotbraun, Außenseite gleichfarbig, filzig und oft etwas rippig, Stiel 1–6 mm, braun, im unteren Teil dunkler. **V:** auf Zweigen von Grünerle *Alnus*; im Sommer. **Mik:** Sporen glatt, allantoid, teils mehrfach septiert, farblos, 22–26 × 5,5–6,5 µm, mit 2–4 größeren und vielen kleineren Tropfen, Asci J+, inoperculat, 8-sporig. (CH 75, 🖼).

16.9.16 *Rutstroemia petiolorum* (Roberge ex Desm.) W.L. White Blattstiel-Stromabecher

H: 2–5 mm, halbkugelig bis becherförmig, innen und außen glatt, ocker bis ockerbraun mit dunklerem Rand. **St:** bis knapp 1 cm lang, Basis und Ansatzstelle dunkler schwarzbräunlich. **V:** auf feuchten Blattstängeln, vorwiegend von Esche *Fraxinus* oder Eiche *Quercus;* im Sommer. **Mik:** Sporen glatt, schmal allantoid, farblos, 13–17 × 3,5–4,5 µm, reif teils 1-fach septiert, unregelmäßig uni- bis biseriat, Asci J+, 8-sporig. (BK 1.155, 🖼).

16.9.17 *Rutstroemia sydowiana* (Rehm) W.L. White, *Ciboria sydowiana* Rehm, Eichenblatt-Stromabecher, Eichenblatt-Stromabecherling: Hut 1–3 mm, oliv- bis rötlichbraun mit dunklerem Rand, Stiel bis knapp 0,5 cm lang; auf feuchten Eichenblattstängeln *Quercus.* Sporen allantoid, 12–17 × 5–6,5 µm. (BK 1.157).

16.9.18 *Rutstroemia bulgarioides* (P. Karst.) P. Karst., *Ciboria bulgarioides* (P. Karst.) Baral Fichtenzapfen-Stromabecher, Fichtenzapfen-Stromabecherling

Frkp: 2–10 mm, becherförmig bis ausgebreitet und fast flach, Oberseite matt, schwarzbraun, teilweise mit Olivstich, Außenseite etwas blasser,

16.9.10 *Ciboria viridifusca,* Erlenzäpfchen-Stromabech.

16.9.11 *Ciboria batschiana,* Eichel-Stromabecherl.

16.9.12 *Microstrobilinia castrans,* Fichten-Zäpfchenbecherling

16.9.14 *Rutstroemia firma,* Eichen-Stromabecher

16.9.15 *Rutstroemia alnobetulae,* Grünerlen-Stromabecher

16.9.16 *Rutstroemia petiolorum,* Blattstiel-Stromabech.

16.9.18 *Rutstroemia bulgarioides,* Fichtenzapfen-Str.

kurz, wenige Millimeter lang gestielt. **V:** gesellig, oft gedrängt, auf Fichtenzapfen *Picea;* im Frühjahr nach der Schneeschmelze. **Mik:** Sporen glatt, ellipsoid, farblos, 7–10 × 3–5 µm, uniseriat, Asci J+, 8-sporig. (BK 1.150, 🖼).

16.9.19 *Rutstroemia elatina* (Alb. & Schwein.) Rehm, *Lanzia elatina* (Alb. & Schwein.) Krieglst.
Weißtannen-Stromabecher, Weißtannen-Stromakelch

Frkp: 2–5 mm, becherförmig, Oberseite glatt, oliv- bis schwarzbraun, Außenseite gleichfarbig, Rand anfangs etwas faserig und heller, mit deutlichem, ca. 2 mm langem Stiel. **V:** meist gesellig, auf abgestorbenen Zweigen von Weißtannen *Abies;* im Frühling. **Mik:** Sporen glatt, ellipsoid bis spindelförmig, oft 1-fach septiert, farblos, 12–19 × 5–6 µm, uniseriat, Asci J+, 8-sporig. (BK 1.152, 🖼).

16.9.20 *Rutstroemia calopus* (Fr.) Rehm
Gras-Stromabecher

Frkp: 2–4 mm, flach becherförmig, Oberseite rosa- bis schokoladebraun, außen creme bis blassbraun, mit kurzem, an der Basis oft etwas geschwollenem, 1–3 mm langem Stiel. **V:** einzeln bis gesellig auf liegenden, abgestorbenen Grasstängeln; Winter bis Frühling. **Mik:** Sporen glatt, ellipsoid farblos, 12–16 × 5–7,5 µm, mit 2 Tropfen, uniseriat, Asci J+, 8-sporig. (BK 1.156).

16.9.21 *Lanzia echinophila* (Bull.) Korf, *Rutstroemia echinophila* (Bull.) Höhn.
Kastanienschalen-Stromakelch, Kastanienschalen-Becherling, Esskastanien-Becherling

Frkp: 2–10 mm breit, schwach becher- bis scheibenförmig, Oberseite matt dunkelbraun, Rand und Außenseite blasser bräunlich, Stiel deutlich, meistens kurz, an der Basis dunkel gefärbt. **V:** gesellig, auf der Innenseite der Fruchthüllen von Edelkastanien *Castanea;* Sommer bis Herbst. **Mik:** Sporen glatt, allantoid, 2- bis 3-fach septiert, farblos, 15–20 × 5–6 µm, uni- bis biseriat, Asci J+, 8-sporig. (BK 1.151, 🖼).

16.9.22 *Lanzia luteovirescens* (Roberge ex Desm.) Dumont & Korf,
Rutstroemia luteovirescens (Roberge ex Desm.) W.L. White
Ockergelber Stromakelch, Ockergelber Stromabecherling

Frkp: 2–3 mm, becherförmig bis ausgebreitet und fast flach, innen und außen glatt, gelboliv mit dunklerem Rand, Stiel gelboliv, bis 1 cm lang. **V:** gesellig, auf faulenden Blattstielen oder Blättern von Ahorn *Acer,* Linde *Tillia,* evtl. Esche *Fraxinus;* im Herbst. **Mik:** Sporen glatt, etwas unregelmäßig ellipsoid, farblos, 12–14 × 5–7 µm, uniseriat, Asci J+, 8-sporig. (BK 1.154).

16.9.23 *Botryotinia calthae* Hennebert & M.E. Elliott
Sumpfdotterblumen-Sklerotienbecher,
Sumpfdotterblumen-Sklerotienbecherling

Frkp: 2–5 mm, leicht becherförmig bis flach, Oberseite glatt, wässerig hellbraun, Außenseite gleichfarbig, Rand feinflaumig und dunkelbraun, Stiel 1–2 mm lang, gegen die Basis braunschwarz und mit einem länglichen, schwarzen Sklerotium im Stängel der Wirtspflanze verbunden. **V:** gesellig, auf vermodernden Stängeln von Sumpfdotterblumen *Caltha palustris;* im Frühjahr. **Mik:** Sporen glatt, ellipsoid, farblos, 11–15 × 4–6 µm, uniseriat, Asci J+, 8-sporig. (BK 1.158, 🖼).

16.9.24 *Botryotinia ranunculi* Hennebert & J.W. Groves
Hahnenfuß-Sklerotienbecher

Frkp: 3–7 mm, leicht becherförmig bis flach, innen und außen glatt, hellbraun bis ockerlich, Rand feinflaumig und dunkler, Stiel 1–5 mm lang, gegen die Basis braunschwarz und mit einem länglichen, schwarzen Sklerotium im Stängel der Wirtspflanze verbunden. **V:** gesellig auf modernden Stängeln von Eisenhutblättrigem Hahnenfuß *Ranunculus aconitifolius;* im Frühjahr. **Mik:** Sporen glatt, ellipsoid, farblos, 12–14 × 5,5–6,5 µm, uniseriat, Asci J+, 8-sporig. (BK 1.159, 🖼).

16.9.25 *Chlorencoelia versiformis* (Pers.) J.R. Dixon,
Chlorociboria versiformis (Pers.) Seaver, *Chlorosplenium versiforme* (Pers.) P. Karst.
Vielgestaltiger Olivbecherling, Olivfarbener Grünspanbecherling

Frkp: 5–15 mm, erst kreisel-, später unregelmäßig schüsselförmig, Oberseite glatt, matt, olivgrün bis -gelb, Außenseite etwas dunkler, Stiel 2–5 mm lang. **V:** einzeln bis gesellig auf morschem Laubholz, vorwiegend Erle *Alnus* oder Eiche *Quercus;* Frühling bis Herbst. **Mik:** Sporen glatt, zylindrisch, teilweise etwas verbogen, farblos, 9–13 × 3 µm, uni- bis biseriat, Asci J+, 8-sporig. (BK 1.201, 🖼).

16.9.26 *Chlorociboria aeruginascens* (Nyl.) Kanouse ex C.S. Ramamurthi, Korf & L.R. Batra, *Chlorosplenium aeruginascens* (Nyl.) P. Karst.
Kleinsporiger Grünspanbecherling

Frkp: 2–5 mm, pokalförmig, später unregelmäßig abflachend, Oberseite glatt, blaugrün, Außenseite erst glatt und weißlich, später fein kleiig und gleichfarbig wie die Oberseite, Stiel 1–2 mm lang. **V:** gesellig auf moderndem Laubholz, welches durch das Mycel grün eingefärbt

16.9.19 *Rutstroemia elatina*, Weißtannen-Stromabecher

16.9.21 *Lanzia echinophila*, Kastanienschalen-Stromakelch

16.9.23 *Botryotinia calthae*, Sumpfdotterblumen-Sklerotienbecher

16.9.24 *B. ranunculi*, Hahnenfuß-Sklerotienbecher

16.9.25 *C. versiformis*, Vielgestaltiger Olivbecherling

16.9.26 *C. aeruginascens*, Kleinsporiger Grünspa

wird; Frühling bis Herbst. **Mik:** Sporen glatt, unregelmäßig spindelförmig, farblos, 6–10 × 1,5–2 µm, uni- bis unregelmäßig biseriat, Asci J+, 8-sporig. (BK 1.199, 🖼).

Chlorociboria aeruginosa (Oeder) Seaver ex C.S. Ramamurthi, Korf & L.R. Batra, Großsporiger Grünspanbecherling: Sporen 9–15 × 1,5–2,5 µm. (D 1151).

16.9.27 *Cenangiopsis alpestris* (Baral & B. Perić) Baral, B. Perić & Pärtel, *Velutarina alpestris* Baral & B. Perić
Alpen-Scheinmehlbecherchen

Frkp: 5–15 mm, kugelig-blasig, später unregelmäßig becher- bis schüsselförmig, Oberseite glatt, haselbraun, Außenseite schorfig, braun bis dunkelbraun, Stiel kurz oder fehlend. **V:** subalpin bis alpin, auf dürren Zweigen von kleinen Weidenarten *Salix;* im Sommer. **Mik:** Sporen glatt, ellipsoid bis etwas spindelig, farblos bis bräunlich, alt braun, 9,5–13 × 4,5–6 µm, meist mit 2 gelben Tropfen, uni- bis biseriat, Asci J+, 8-sporig, Paraphysen lanzettlich mit gelblichen Vakuolen in Endzellen. (CH 47).

16.9.28 *Cenangiopsis junipericola* B. Perić
Wacholder-Scheinmehlbecherchen

Frkp: 0,5–2 mm, kugelig, bald schüsselförmig, Oberseite glatt, gelb- bis hellbraun, Außenseite körnig, braun, Stiel kurz. **V:** subalpin, auf dürren Wacholderzweigen *Juniperus;* im Sommer. **Mik:** Sporen glatt, keilförmig bis etwas keulig, farblos bis bräunlich, alt braun, 5–7,5 × 1,5–2,5 µm, mit 1–2 Tropfen, uniseriat, Asci J+, inoperculat, 8-sporig, Paraphysen lanzettlich mit gelblichen Vakuolen in Endzellen. (CH 48).

16.9.29 *Heyderia cucullata* (Batsch) Bacyk & Van Vooren, *Heyderia abietis* (Fr.) Link
Nadel-Häubchenpilz, Kleiner Nadel-Häubchenpilz

Frkp: Hut 10–20 mm hoch und 2–3 mm breit, hauben- bis walzenförmig, gelb- bis ockerbraun, Stiel 5–10 mm lang und 1 mm dick, fein bereift, ockerbraun bis braun. **V:** einzeln bis gesellig, auf Nadelstreu; im Spätsommer. **Mik:** Sporen glatt, zylindrisch bis spindelförmig, teilweise verbogen, kommaförmig, farblos, 11–15 × 1,7–2,5 µm, mit kleinen Tropfen, biseriat, Asci mit Haken an der Basis, J+, 8-sporig. (BK 1.140, 🖼).

Heyderia pusilla (Alb. & Schwein.) Link, Hakenloser Nadel-Häubchenpilz: Fruchtkörper nur 0,5–1 cm hoch; vor allem auf Kiefernnadeln *Pinus*, Asci ohne Haken an der Basis.

16.9.30 *Episclerotium sclerotipus* (Boud.) L.M. Kohn, *Heyderia sclerotipus* (Boud.) Benkert
Gelber Sklerotienhäubchenpilz

Frkp: Hut 1–3 mm hoch und 1–2 mm breit, hauben- bis walzenförmig, rostgelb, Stiel 3–7 mm lang und 1–2 mm dick, manchmal verzweigt, fein bereift, rostgelb, Basis oft verdickt und stärker filzig. **V:** im Laubwald, auf eingegrabenen, unregelmäßig geformten, bis ca. 5 mm großen, braunen Sklerotien. **Mik:** Sporen glatt, spindel- bis kommaförmig, farblos, 6–8 × 2–2,5 µm, uni- bis biseriat, Asci an der Spitze teilweise J+, 8-sporig.

16.9.31 *Trochila ilicina* (Nees ex Fr.) Courtec.
Stechpalmen-Deckelbecherchen

Frkp: 0,3–0,5 mm, rundlich, oliv- bis schwarzbraun, erst unter der Oberhaut des Blattes, später diese aufreißend. **V:** gleichmäßig rasig auf der Oberseite von abgefallenen Stechpalmenblättern *Ilex;* im Sommer. **Mik:** Sporen glatt, ellipsoid, farblos, 10–11 × 3,5–4,5 µm, unregelmäßig uni- bis biseriat, Asci J+, 8-sporig. (BK 1.290, 🖼).

16.9.32 *Trochila craterium* (DC.) Fr.
Efeublatt-Deckelbecherchen

Frkp: 0,1–0,3 mm, rundlich scheibenförmig, eingesenkt, später die Oberhaut der Efeublattes hervorhebend, dunkelbraun bis schwärzlich, zart berandet. **V:** oft gesellig, auf der Unterseite abgestorbener Efeublätter *Hedera*. **Mik:** Sporen glatt, ellipsoid, farblos, 6–8,5 × 3–4,5 µm, unregelmäßig biseriat, Asci J+, 8-sporig. (🖼).

16.9.33 *Trochila laurocerasi* (Desm.) Fr., Kirschlorbeer-Deckelbecherchen: Fruchtkörper grünlich, später grauschwärzlich; auf abgestorbenen Blättern von Kirschlorbeer *Prunus laurocerasus*. Sporen 10–12 × 3,5–4,5 µm, mit zwei Tropfen. (🖼).

16.9.34 *Encoelia furfuracea* (Roth) P. Karst.
Kleiiger Büschelbecherling

Frkp: 5–20 mm, erst blasig rundlich, später becherförmig und zunehmend sternförmig aufreißend, Oberseite glatt, zimt- bis dunkelbraun, Außenseite flockig-kleiig, weißlich. **V:** gesellig bis büschelig, auf verdorrten Ästen von Hasel *Corylus* oder Erle *Alnus;* im Winter. **Mik:** Sporen glatt, schmal zylindrisch bis allantoid, farblos, 9–11 × 1,5–2,5 µm, mit 1–2 kleinen Tropfen an den Polen, biseriat, Asci J+, 8-sporig. (BK 1.204, 🖼).

16.9.35 *Sclerencoelia fascicularis* (Alb. & Schwein.) Pärtel & Baral, *Encoelia fascicularis* (Alb. & Schwein.) P. Karst.
Schwarzbrauner Hartbüschelbecherling, Schwarzbrauner Büschelbecherling

Frkp: 3–10 mm, unregelmäßig schüssel- bis tellerförmig, innen rau, matt, olivgrau, braun bis schwarzbraun, außen kleiig, grauschwarz, Rand gezähnt, weißlich bereift. **V:** büschelig, auf berindetem Laubholz, vorwiegend Pappel *Populus* oder Esche *Fraxinus;*

16.9.29 *Heyderia cucullata*, Nadel-Häubchenpilz

16.9.31 *T. ilicina*, Stechpalmen-Deckelbecherch.

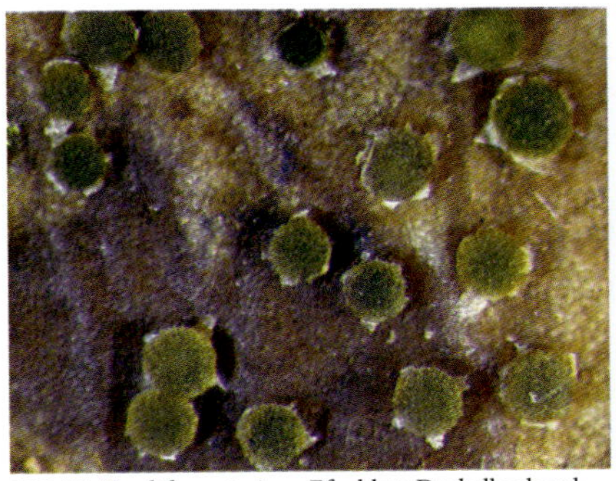

16.9.32 *Trochila craterium*, Efeublatt-Deckelbecherch.

16.9.33 *T. laurocerasi*, Kirschlorbeer-Deckelbech.

16.9.34 *Encoelia furfuracea*, Kleiiger Büschelbecherling

16.9.35 *Sclerencoelia fascicularis*, Schwarzbrauner Hartbüschelbecherling

im Frühling. **Mik:** Sporen glatt, zylindrisch bis allantoid, farblos, 13–16 × 3,5–4,5 µm, uni- bis biseriat, Asci J–, 8-sporig. (BK 1.203, 🖼).

16.9.36 *Ionomidotis fulvotingens* (Berk. & M.A. Curtis) E.K. Cash
Braunschwarzer Rindenbecher

Frkp: 1–8 mm, becherförmig, Oberseite glatt, gelboliv, grün, olivbraun, rötlich- bis schwarzbraun, Außenseite dunkler, schorfig, anfangs gestielt, später direkt auf der Rinde aufsitzend. **V:** büschelig aus Rindenspalten von abgestorbenen Laubholzästchen; Herbst bis Winter. **Mik:** Sporen glatt, schmal zylindrisch, farblos, 6–8,5 × 1–2 µm, biseriat, Asci J–, 8-sporig. (BK 1.202, 🖼).

16.9.37 *Unguiculariopsis godroniicola* W.Y. Zhuang
Fransenrandbecherchenbewohnendes Zwiebelhaarbecherchen

Frkp: 0,5–1,5 mm kugelig, später schüssel- bis kreiselförmig, Oberseite glatt, rosabraun bis weinrot, Außenseite und der lange eingerollte Rand fein weiß behaart, Stiel kurz und breit. **V:** gedrängt auf Fruchtkörpern von *Godronia ribis*, Johannisbeer-Fransenrandbecherchen, welche auf abgestorbenen Johannisbeerzweigen *Ribes* wachsen. **Mik:** Sporen glatt, kugelig, farblos, 3–3,5 µm, mit kleinen Tropfen, meistens uniseriat, Asci J–, inoperculat, 8-sporig. (CH 81).

16.9.38 *Unguiculariopsis rehmii* W.Y. Zhuang & Korf, Kohlenpilzbewohnendes Zwiebelhaarbecherchen: Fruchtkörper 0,2–0,5 mm, auf Fruchtkörpern von *Cucurbitaria berberidis*, Berberitzen-Mauersporenkohlenpilz, welcher auf abgestorbenen Berberitzenzweigen *Berberidis* wächst. Sporen 3–4 µm, biseriat. (CH 82).

16.9.39 *Hyalopeziza alni* E. Müll.
Grünerlen-Glashaarbecherchen, Grünerlen-Haarbecherchen

Frkp: 0,3–0,8 mm, becher- bis pokalförmig, innen schwarzbraun, Rand und Außenseite dicht mit weißen langen Haaren besetzt, bei Trockenheit durch das fast vollständige Schließen der haarigen Außenseite praktisch kugelig. **V:** gesellig, auf abgestorbenen und liegenden Ästen von Grünerle *Alnus alnobetula*; im Sommer. **Mik:** Sporen glatt, spindelförmig bis keulig, teils septiert, farblos, 8–12 × 1,5–2,5 µm, biseriat, Asci J+, 8-sporig. (BK 1.242, 🖼).

16.9.40 *Olla millepunctata* (Lib.) Svrček, *Hyalopeziza millepunctata* (Lib.) Raitv., *Unguicularia millepunctata* (Lib.) Dennis
Ausgefüllthaariges Glashaarbecherchen,
Kraushaariges Zwergbecherchen

Frkp: nur wenige Zehntelmillimeter breit, blasenförmig, Oberseite (Innenseite) glatt, grauweißlich, Außenseite feinflockig behaart, weiß bis blass ockerlich, ungestielt. **V:** gesellig, vorwiegend auf dürren Himbeerstängeln *Rubus idaeus;* Frühling bis Sommer. **Mik:** Sporen glatt, schmal zylindrisch bis spindelförmig, farblos, 6–8,5 × 1,5–2 µm, ± biseriat, Asci J+, 8-sporig. (BK 1.244, 🖼).

16.9.41 *Hyalopeziza latispora* Raitv.
Breitsporiges Glashaarbecherchen

H: 0,2–0,5 mm, kugelig, später kissenförmig, alt mit leicht aufstehendem Rand, farblos bis weißlich oder blass orangebraun, Rand feinst haarig. **V:** alpin, auf vorjährigen, abgestorbenen Stängeln, vorwiegend von Alpenkratzdistel *Cirsium spinosissimum;* im Sommer. **Mik:** Sporen glatt, ellipsoid, oft einseitig etwas abgeplattet, vereinzelt 1-fach septiert, farblos, 10,5–15 × 4–6 µm, mit kleinen Tropfen, uni- bis biseriat, Asci J+, 8-sporig. (CH 58).

16.9.42 *Polydesmia pruinosa* (Berk. & Broome) Boud.
Bereiftes Kernpilzbecherchen

Frkp: 0,3–0,5 mm, kissenförmig, rundum weiß, Oberseite mehlig, außen feinfilzig, ungestielt. **V:** gesellig, auf abgestorbenen Teilen von Kernpilzen (Pyrenomyceten) wachsend; ganzjährig. **Mik:** Sporen glatt, zylindrisch bis spindelförmig, teils etwas gekrümmt, vereinzelt 1-fach septiert, farblos, 15–21 × 4–4,5 µm, meistens mit 4 Tropfen, biseriat, Asci J+, 8-sporig. (BK 1.209, 🖼).

16.9.43 *Bulgaria inquinans* (Pers.) Fr.
Gemeiner Schmutzbecherling

Frkp: 1–5 cm, kreisel- bis flach becherförmig, Oberseite glatt, feucht glänzend, trocken matt braunschwarz, Außenseite kleiig, dunkelbraun, ungestielt oder mit stielartig zusammengezogener Ansatzstelle. **V:** gesellig bis büschelig, auf liegendem Laubholz, z. B. Eiche *Quercus;* Herbst bis Frühling. **Mik:** Sporen glatt, ellipsoid bis nierenförmig, dunkelbraun, 9–21 × 6–8 µm, uniseriat, Asci J+, 8-sporig. (D 1149, BK 1.170, 🖼).

16.9.36 *Ionomidotis fulvotingens*, Braunschwarzer Rindenbecher

16.9.39 *Hyalopeziza alni*, Grünerlen-Glashaarbecherchen

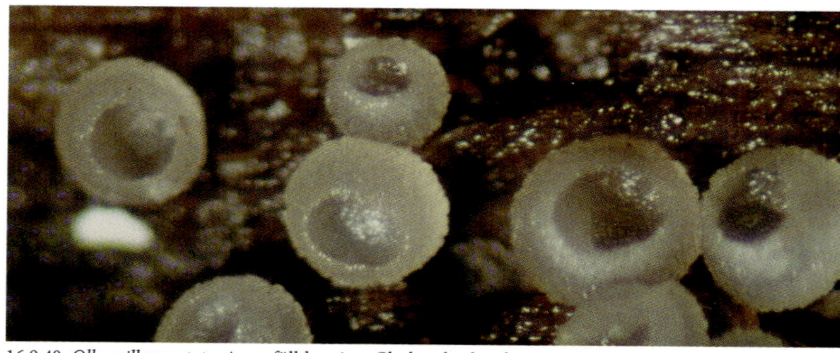
16.9.40 *Olla millepunctata*, Ausgefüllthaariges Glashaarbecherchen

16.9.42 *Polydesmia pruinosa*, Bereiftes Kernpilzbecherchen

16.9.43 *Bulgaria inquinans*, Gemeiner Schmutzbecherling

16.10 *Lachnum*, Rauhaarbecherchen und Ähnliche

Ascomycota, Schlauchpilze > *Leotiomycetes* > *Helotiales*, Stängelbecherlingsartige

Ordnung *Helotiales*, Stängelbecherlingsartige

Die hier vereinten Familien aus der Ordnung *Helotiales* enthalten eine kleine Gruppe von Pilzen mit becherförmigem Hut und deutlichem Stiel. Die Mehrheit hat jedoch keinen oder einen undeutlichen Stiel und ist am Rand oder auf der ganzen Außenseite behaart. Sie zählen zu den Familien ***Arachnopezizaceae*** bis ***Solenopeziaceae*** und der noch unsicheren Einrodnung unter der Bezeichnung «**incertae sedis**». Aufgrund ihrer Zugehörigkeit zur Ordnung *Helotiales* sind auch die gallertfleischigen ***Gelatinodiscaceae*** hier untergebracht. Die Familien ***Bryoglossaceae***, Mooszungenverwandte sowie ***Mitrulaceae***, Haubenpilzverwandte sehen den Erdzungen ähnlich. Auch sie gehören zu *Helotiales*, und so sind sie am Ende dieses Unterkapitels aufgeführt, am Übergang zur nachfolgenden Familie *Geoglossaceae*, Erdzungenverwandte im Unterkapitel 16.11. Die Erdzungen zählen aktuell nicht nur zu einer anderen Ordnung, den *Geoglossales*, Erdzungenartige, sondern auch zu einer anderen Klasse, den *Geoglossomycetes*. Es folgt in alphabetischer Reihenfolge eine tabellarische Übersicht der hier beschriebenen Familien und Gattungen der Ordnung *Helotiales*:

Arachnopezizaceae
- > *Arachnopeziza*, Spinnwebbecherchen
- > *Eriopezia*, Wollhaarbecherchen

Bryoglossaceae, Mooszungenverwandte
- > *Bryoglossum*, Mooszungen

Chlorospleniaceae
- > *Chlorosplenium*, Grünspanbecherlinge

Drepanopezizaceae
- > *Pseudopeziza*, Schmarotzerbecherchen

Gelatinodiscaceae
- > *Ascocoryne*, Gallertbecher
- > *Ascotremella*, Schlauchzitterpilze
- > *Chloroscypha*, Gelbgrünnadelbecherchen
- > *Neobulgaria*, Gallertkreisel
- > *Ombrophila*, Gallertkreislinge

Godroniaceae
- > *Godronia*, Fransenrandbecherchen
- > *Grovesiella*, Schwarzlederbecherchen

Heterosphaeriaceae
- > *Heterosphaeria*, Kugelbecherchen

Hyaloscyphaceae
- > *Aeruginoscyphus*, Grünspanbecherchen
- > *Dematioscypha*, Konidienhaarbecherchen
- > *Eupezizella*, Pfriemhaarbecherchen
- > *Hyaloscypha*, Pfriemhaarbecherchen

Lachnaceae, Haarbecherchenverwandte
- > *Albotricha*, Spitzhaarbecherchen
- > *Brunnipila*, Braunhaarbecherchen
- > *Capitotricha*, Orangescheibenhaarbecherchen
- > *Dasyscyphella*, Kahlkopfhaarbecherchen
- > *Lachnellula*, Nadelholzrauhaarbecherchen
- > *Lachnum*, Rauhaarbecherchen
- > *Neodasyscypha*, Körnchenhaarbecherchen
- > *Perrotia*, Pelzbecherchen
- > *Proliferodiscus*, Grauhaarbecherchen

Mitrulaceae, Haubenpilzverwandte
- > *Mitrula*, Haubenpilze

Mollisiaceae, Weichbecherchenverwandte
- > *Mollisia*, Weichbecherchen
- > *Trichobelonium*, Langsporenweichbecherchen

Patellariopsidaceae
- > *Patellariopsis*, Scheibenbecherchen

Ploettnerulaceae
- > *Pyrenopeziza*, Durchbrechbecherchen

Solenopeziaceae
- > *Lasiobelonium*, Zottenhaarbecherchen
- > *Trichopeziza*, Haarbecherlinge
- > *Trichopezizella*, Borstenhaarbecherchen

incertae sedis
- > *Encoeliopsis*, Scheinbüschelbecherchen
- > *Podophacidium*, Linsenbecherchen
- > *Unguicularia*, Glashaarurnenbecherchen

Lachnum, Rauhaarbecherchen und Ähnliche

Beschreibung

Als passendes Beispiel für kleine Becherchen mit fehlendem oder kurzem Stiel und auffällig behaartem Rand eignet sich die Gattung ***Lachnum***, Rauhaarbecherchen. Die hier beschriebenen Arten sind vor allem weiß bis gelb und wachsen gesellig auf verschiedensten Pflanzenresten, Holz, abgestorbenen Stängeln oder Blättern. Auch die anderen Gattungen der Familie *Lachnaceae*, Haarbecherchenverwandte sind durch Haare am Hutrand gekennzeichnet. Diese Eigenschaft kommt in den deutschen Gattungsnamen anschaulich zum Ausdruck, wie z. B. bei den ca. 1 mm großen, weiß behaarten ***Albotricha***, Spitzhaarbecherchen auf Schilf und ***Dasyscyphella***, Kahlkopfhaarbecherchen auf morschem Holz, den blassen ***Brunnipila***, Braunhaarbecherchen und ***Trichopezizella***, Borstenhaarbecherchen mit braunen Randhaaren, den orangen ***Capitotricha***, Orangescheibenhaarbecherchen mit weißen Haaren, den gelben, 1–10 mm großen ***Lachnellula***, Nadelholzrauhaarbecherchen auf verschiedenen Nadelhölzern und ***Neodasyscypha***, Körnchenhaarbecherchen auf Laubholz, den ***Perrotia***, Pelzbecherchen, gelborange mit rötlichen Haaren und ebenfalls auf Laubholz, sowie ***Proliferodiscus***, Grauhaarbecherchen mit grauen Härchen auf Rinde vitaler Eichen. Weitere deutlich flaumige oder behaarte Gattungen sind die kaum 1 mm großen, auf einem spinnwebenartigen Gewebe aufsitzenden, weiß behaarten, innen blass gefärbten ***Arachnopeziza***, Spinnwebbecherchen, und die innen olivschwarzen ***Eriopezia***, Wollhaarbecherchen, die grünen ***Aeruginoscyphus***, Grünspanbecherchen auf Laubholz, die kaum 0,5 mm breiten, graubraunen und weißlich behaarten ***Dematioscypha***, Konidienhaarbecherchen auf Laubholz, die dunkel behaarten ***Godronia***, Fransenrandbecherchen auf Johannisbeeren oder Schneeball, ***Grovesiella***, Schwarzlederbecherchen auf Tannenästen, ***Heterosphaeria***, Kugelbecherchen und ***Lasiobelonium***, Zottenhaarbecherchen auf Kräuterstängeln und die am Rand gelb behaarten ***Trichopeziza***, Haarbecherlinge. Eine spezielle Kombination von durchscheinenden Fruchtkörpern und mehrheitlich behaartem Rand findet man in den Gattungen ***Eupezizella*** und ***Hyaloscypha***, Pfriemhaarbecherchen. ***Patellariopsis***, Scheibenbecherchen sind außen filzig mit wulstigem, lange eingebogenem Rand. ***Chlorosplenium***, Grünspanbecherlinge sind am Rand und an der Außenseite nur schorfig, kaum haarig. ***Trichobelonium***, Langsporenweichbecherchen haben zwar eine filzig-haarige Außenseite, der Rand ist jedoch mehr oder weniger glatt. Außen samtig bis schorfig sind die folgenden drei Gattungen mit unklarer Familienzugehörigkeit: die erst kugeligen, später scheibenförmigen, innen gelben und außen braunen sowie schorfigen ***Podophacidium***, Linsenbecherchen auf Streu, die kugeligen, später urnenförmigen, außen behaarten, cremeweißen ***Encoeliopsis***, Scheinbüschelbecherchen auf modernden Farnstängeln und die weniger als 0,5 mm großen, kugeligen bis becherförmigen, grauoliven, außen samtig oliv-schwarzbraunen ***Unguicularia***, Glashaarurnenbecherchen auf alten Samenkapseln von Alpenrosen. ***Mollisia***, Weichbecherchen und ***Pyrenopeziza***, Durchbrechbecherchen sind praktisch glatt oder lediglich fein bewimpert. Die gestielten ***Chloroscypha***, Gelbgrünnadelbecherchen sind feinkörnig, gelb, gelbgrün bis dunkelgrün und wachsen auf Wacholder. Die Gattungen der Familie *Gelatinodiscaceae* geben sich durch gallertartiges, blassrosa bis deutlich rosaviolettlich gefärbtes Fleisch zu erkennen. Es sind die bis mehr als 1 cm großen ***Neobulgaria***, Gallertkreisel, vorwiegend auf Buchenholz, die anfangs eher kissenförmig gewölbten ***Ascocoryne***, Gallertbecher auf moderndem Laubholz und die weniger als 1 cm großen ***Ombrophila***, Gallertkreislinge auf Fichtenzapfen oder Grünerlenzweigen. Die Gattung ***Bryoglossum***, Mooszungen entwickelt ovale, gelbe Köpfchen auf einem weißlichen Stiel und wächst im Moos.

Die beschriebenen Fruchtkörper erscheinen vorwiegend im Sommerhalbjahr, oft schon im Frühling, teils aber auch im Winter oder ganzjährig. Sie wachsen mehrheitlich saprobiontisch auf abgestorbenen Pflanzenresten wie Holz, Stauden, Laub, Nadeln, Zapfen usw. Es gibt wenige Arten, die auf lebende Pflanzen übergreifen. Ein gefürchteter Parasit ist *Lachnellula willkommii*, Lärchenkrebs-Nadelholzrauhaarbecherchen, welcher den Lärchenkrebs verursacht und zu beträchtlichen Schäden führt. ***Pseudopeziza*** *trifolii*, Kleeblatt-Schmarotzerbecherchen wächst parasitisch auf Kleeblättern. Bei den bewohnten Substraten sind Mykorrhizapilze in dieser Gruppe kaum zu erwarten.

Die Sporen sind glatt, spindel- bis keulenförmig, ellipsoid, fast zylindrisch oder etwas bohnenförmig gebogen (allantoid), teils auch fadenförmig und vereinzelt bis 75 µm lang. Alle Asci sind 8-sporig und mehrheitlich schwach amyloid. Einzelne Ausnahmen, insbesondere die meisten *Lachnellula* sind inamyloid. Die Sporen in den Asci sind auf verschiedene Art und Weise angeordnet, einreihig (uniseriat), zweireihig (biseriat) oder vor allem bei den fadenförmigen Sporen alle nebeneinander (multiseriat).

Bestimmung

Eine erste Unterscheidung führt zum Einstieg in die sechs Schlüssel dieses Unterkapitels. Fruchtkörper mit Hut und deutlichem Stiel sind im Schlüssel A zu finden. Die nicht oder undeutlich gestielten Pilze teilen sich in die gallertigen Arten im Schüssel D und die nicht gallertigen in den Schlüsseln B und C auf. Bei den nicht gallertigen Arten mit haarigem oder zumindest filzigem Rand weisen die verschiedenen Substrate in die entsprechenden Schlüssel B1, B2, C1 und C2.

- Fruchtkörper mit Hut und Stiel (A)
- Fruchtkörper höchstens kurz oder undeutlich gestielt
  - nicht gallertartig, außen haarig, zumindest flaumig
    - auf dickem Holz (Ästen) oder Harz
      - Rand deutlich behaart (B2)
      - Rand höchstens flaumig (B2)
    - auf Ästchen und Zweigen (B3)
    - auf Zapfen, Nadeln, Laub, anderen Pilzen, Erde oder Dung (C1)
    - auf Stauden, Pflanzenstängeln (C2)
  - gallertartig, oft kreiselförmig, rosaocker, rosaviolett bis violettocker, gelb, gelborange (D)

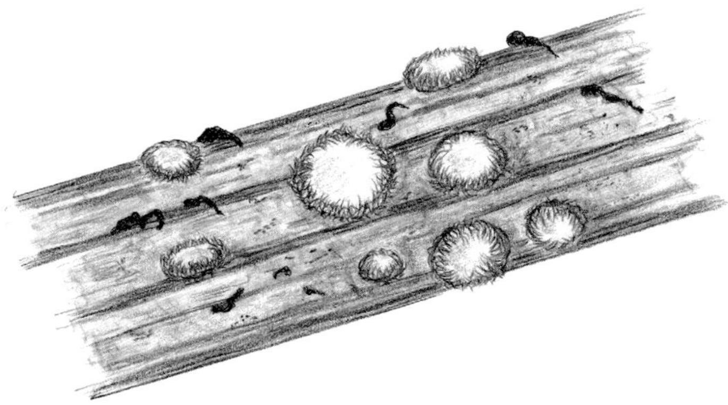

16.10.12 *Trichopeziza sulphurea*, Schwefelgelber Haarbecherling

16.10.34 *Mollisia juncina*, Binsen-Weichbecherchen

Speisewerte

Dieses Unterkapitel enthält keine Speisepilze. Zu ***Mitrula***, Haubenpilze gibt es vereinzelte Hinweise, dass sie essbar sein könnten, was aber auch aufgrund ihrer Seltenheit kaum breit erprobt sein dürfte.

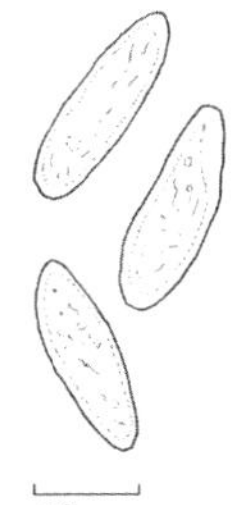

10 µm

Sporen

16.10.28 *Lachnellula willkommii*,
Lärchenkrebs-Nadelholzrauhaarbecherchen

10 µm

Sporen

16.10.68 *Cyathicula cyathoidea*,
Gekröntes Kleinbecherchen

16.10.72 *Ascotremella faginea*,
Buchen-Schlauchzitterpilz

16.10.74 *Ascocoryne sarcoides*,
Fleischroter Gallertbecher

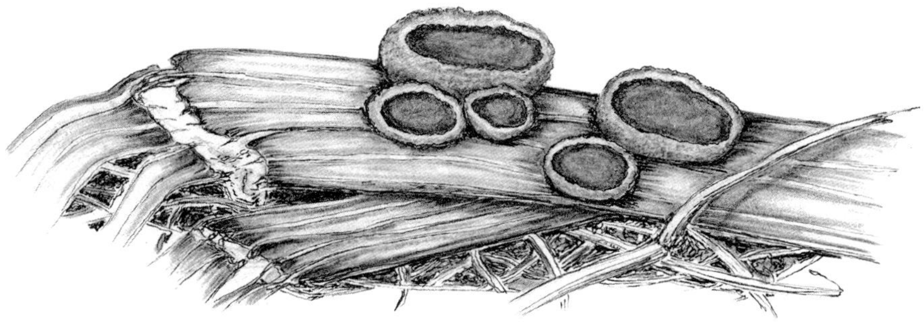

16.10.77 *Ombrophila violacea*,
Violetter Gallertkreisling

10 µm

Sporen

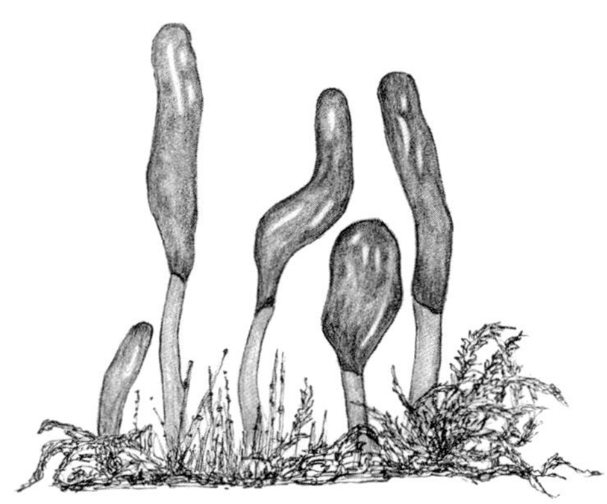

16.10.81 *Mitrula paludosa*,
Sumpf-Haubenpilz

16.10 *Lachnum*, Rauhaarbecherchen und Ähnliche
(A) Fruchtkörper mit Hut und Stiel, Hut becherförmig, meistens < 2 mm breit, nicht gallertartig

- Fruchtkörper weiß, grau- bis ockerweißlich
  - Rand glatt
    - auf morschem Laubholz, kreiselförmig, Hutrand nach unten gebogen — 16.8.05 *Cudoniella acicularis*, Dünnstieliges Kreislingchen
    - auf modernden Knospen von Pappel — 16.8.21 *Gemmina gemmarum*, Pappel-Knospenschuppenbech.
    - auf Grauerlenzapfen — 16.8.22 *Calycina alniella*, Erlen-Weißbecherchen
    - auf Fruchtschalen von Buche, Eiche, Haselnuss — 16.8.49 *Hymenoscyphus fructigenus*, Fruchtschalen-Stielbech.
    - auf abgefallenen Weidenkätzchen — 16.8.67 *Cyathicula amenti*, Kätzchen-Kleinbecherchen
    - auf Blättern oder Blattstielen
      - auf modernden Bergahorn- oder Heidelbeerblättern — 04 *Lachnum rhytismatis*, Blattnerven-Rauhaarbecherchen
      - auf Eschenblattstielen
        - 1–3 mm, Asci ohne Schnallen, Sporen 13–19 × 3,5–5 µm — 16.8.47 *Hymenoscyphus albidus*, Weißes Eschenblattnerven-S.
        - 1–7 mm, Asci mit Schnallen an der Basis, Sporen 15–22 × 4–5 µm — 16.8.48 *Hymenoscyphus fraxineus*, Eschentriebsterben-Stielb.
      - auf Blattstielen von Pappel (evtl. auch andern Blattstielen) — 16.8.50 *Hymenoscyphus immutabilis*, Unveränderliches Blatt-Stielb.
      - auf abgestorbenen Adlerfarnstängeln — 16.8.19 *Psilachnum chrysostigmum*, Gilbendes Farn-Zarthaarbecherch.
    - auf Schachtelhalm
      - auf lebenden Winterschachtelh.-Stängeln, 1–2 mm, gelborange, im Winter — 16.8.76 *Stamnaria americana*, Winter-Schachtelhalmbecherchen
      - auf abgestorbenen Stängeln, 0,5–1 mm, gelborange, im Sommer — 16.8.77 *Stamnaria persoonii*, Sommer-Schachtelhalmbecherchen
    - auf abgestorbenen Kräuterstängeln
      - vorwiegend auf Korbblütlern, 1–5 mm — **16.8.51 *Hymenoscyphus scutula*, Ziliensporiges Kraut-Stielb.**
      - vorwiegend auf Doldenblütengewächsen, 0,5–1,5 mm — **16.8.66 *Cyathicula cyathoidea*, Pokalförmiges Kleinbech.**
      - vorwiegend auf Himbeere, Distel, 1–3 mm — 16.8.52 *Hymenoscyphus repandus*, Ausgebreitetes Stielbech.
      - auf Kräutern wie Eisenhut, Waldrebe, < 1 mm — 16.8.71 *Cyathicula dolosella*, Dreieckzähniges Glasstielbecherchen
  - Rand haarig
    - vorwiegend auf Himbeerstängeln, ocker, Randhaare braun — 01 *Brunnipila clandestina*, Himbeer-Braunhaarbecherchen
    - vorwiegend auf abgefallenen Buchenblättern, blassockerlich, Haare hellbraun — 02 *Brunnipila fuscescens*, Buchenblatt-Braunhaarbecherchen
    - auf faulenden Grashalmen, cremeweiß bis rosabräunlich, Haare ebenso — 05 *Lachnum tenuissimum*, Zartes Gras-Rauhaarbecherchen
    - auf Zweigen, Zapfen, Stängeln, weiß, Haare weiß — **06 *Lachnum virgineum*, Schneeweißes Rauhaarbecherchen**
    - auf morschem Laubholz, weiß bis cremeocker, Haare weiß — 14 *Dasyscyphella nivea*, Schneeweißes Kahlkopfhaarbecherch.
    - auf toten Schilfstängeln, ockerweiß, Haare weiß — 15 *Albotricha acutipila*, Schilf-Spitzhaarbecherchen
    - auf modernden Schachtelhalmen, cremeocker, Haare cremeocker — 16.8.20 *Psilachnum inquilinum*, Schachtelhalm-Zarthaarbech.
    - auf morschem Nadelholz, weiß bis gelblich, Randhaare lang — 30 *Hyaloscypha leuconica*, Dickwandhaariges Pfriemhaarbecherchen
    - auf Nadelstreu, ockerlich, außen filzig, weiß — 16.8.78 *Cistella acuum*, Nadel-Warzenkeulenhaarbecherchen
- Fruchtkörper cremegelb, gelb bis orange oder grünlichgelb — **→ siehe nächste Seite**
- Fruchtkörper blassrosa bis rosaocker — **→ siehe nächste Seite**
- Fruchtkörper rosabraun bis weinrot, Rand weiß behaart, auf anderen Pilzen — **→ siehe nächste Seite**
- Fruchtkörper grau, graubraun, auf abgestorbenen Binsenhalmen — **→ siehe nächste Seite**
- Fruchtkörper schwarz, braunschwarz — **→ siehe nächste Seite**

16.10 *Lachnum*, Rauhaarbecherchen und Ähnliche
(A) Fruchtkörper mit Hut und Stiel, Hut becherförmig, meistens < 2 mm breit, nicht gallertartig **(Fortsetzung)**

Fruchtkörper cremegelb, gelb bis orange oder grünlichgelb	
deutlich gestielt, cremegelb bis orange, auf Kräuterstängeln	
Rand ohne Haare, höchstens flaumig	
auf Goldrute, Beifuß, Mädesüß, 1–5 mm, Sporen 19–20 × 3–4 µm	**16.8.51 *Hymenoscyphus scutula,* Ziliensporiges Kraut-Stielb.**
vorwiegend auf Himbeere, Distel, 1–3 mm, 12–14 × 2,5–3,5 µm	16.8.52 *Hymenoscyphus repandus,* Ausgebreitetes Stielbech.
auf Gold- oder Alpenkratzdistel, 2–5 mm, 6–8,5 × 2–3 µm	16.8.70 *Cyathicula calathicola,* Distel-Kleinbecherchen
Rand mit langen, stacheligen Haaren, 1–2 mm	
auf Kräuterstängeln (Brennnessel, Greiskraut), Sporen 17–21 × 4–4,5 µm	16.8.68 *Cyathicula coronata,* Gekröntes Kleinbecherchen
auf Eschenblatt- oder Sumpf-Kratzdistel-Stielen, Sporen 12–15 × 3 µm	16.8.69 *Cyathicula pallida,* Blasses Glasstielbecherchen
Stiel kurz	
auf Kräuterstängeln	
gesellig auf Brennnessel oder Goldrute, > 1 mm	16.8.23 *Calycina herbarum,* Gemeines Kraut-Weißbecherchen
einzeln auf Kräutern wie Eisenhut, Waldrebe, < 1 mm Stiel deutlich	16.8.71 *Cyathicula dolosella,* Dreieckzähniges Glasstielbecherchen
auf Grauerlenzapfen, Oberseite creme bis ockergelblich	16.8.22 *Calycina alniella,* Erlen-Weißbecherchen
auf morschem, oft moosigem Holz	16.8.72 *Phaeohelotium umbilicatum,* Genabeltes Holzbecherchen
auf Nadelholzzweigen, Oberseite gelb bis orange	
Rand braun behaart	
auf Zweigen von Wacholder oder Nadelholz, mit etwas Oliv	21 *Lachnellula flavovirens,* Gelbgrünes Nadelholzrauhaarbecherchen
auf Zweigen von Föhren, gelborange, ohne Oliv	22 *Lachnellula fuscosanguinea,* Braunhaariges Nadelholzrauhaarbech.
Rand weiß behaart	
Sporen weniger als 7 µm lang	
Sporen oval, ungefähr doppelt so lang wie breit	23 *Lachnellula calyciformis,* Pokalförmig. Nadelholzrauhaarb.
Sporen länglich, ungefähr 3 × so lang wie breit	**24 *Lachnellula subtilissima,* Weißtannen-Nadelholzrauh.**
Sporen kugelförmig, Asci J+, vorwiegend auf Föhren	25 *Lachnellula suecica,* Rundsporiges Föhren-Nadelholzrauh.
Sporen 12–17 × 3,5–6 µm, auf toten Lärchenzweigen	26 *Lachnellula occidentalis,* Schmalsporiges Lärchen-Nadelh.
Sporen 18–20 × 7–8 µm, auf lebenden Lärchenzweigen	28 *Lachnellula willkommii,* Lärchenkrebs-Nadelholzrauhaarb.
auf abgestorbenen Binsenhalmen	07 *Lachnum apalum,* Gelbliches Binsen-Rauhaarbecherchen
auf abgestorbenen Schilfstängeln, gelbockerlich	47 *Trichobelonium kneiffii,* Schilf-Langsporenweichbecherchen
auf Alpenrose, Oberseite grünlich bis olivgelb	59 *Chlorosplenium cenangium,* Alpenrosen-Grünspanbecherling
auf abgestorbenen Johannisbeerzweigen, grauockerlich	62 *Godronia ribis,* Johannisbeer-Fransenrandbecherchen
Fruchtkörper blassrosa bis rosaocker	
Rand glatt, auf modernden Schachtelhalmstängeln	
Sporen > 4,5 µm breit, nicht querseptiert (ohne Trennwand)	16.8.60 *Roseodiscus rhodoleucus,* Rosaweißes Stängelbecherch.
Sporen < 4,5 µm breit, teilweise querseptiert	16.8.61 *Roseodiscus equisetinus,* Septiertsporiges Schachtelhalm-St.
Rand dicht braun behaart, auf abgestorbenen Kräuterstängeln	08 *Trichopezizella relicina,* Verklebthaariges Borstenhaarbecherchen
Fruchtkörper rosabraun bis weinrot, Rand weiß behaart, auf anderen Pilzen	
0,5–1,5 mm, auf Johannisbeer-Fransenrandbecherchen	16.9.37 *Unguiculariopsis godroniicola,* Fransenrandb. Zwiebelhaarbech.
0,2–0,5 mm, auf Berberitzen-Mauersporenkohlenpilz	16.9.38 *Unguiculariopsis rehmii,* Kohlenpilzbewohnendes Zwiebelhaarb.
Fruchtkörper grau, graubraun, auf abgestorbenen Binsenhalmen	03 *Brunnipila calycioides,* Binsen-Braunhaarbecherchen
Fruchtkörper schwarz, braunschwarz	
auf toten Schilfstängeln, 0,5–1 mm	15 *Albotricha acutipila,* Schilf-Spitzhaarbecherchen
auf entrindeten Laubbaumästen, meist Buche oder Apfel, 0,3–0,5 mm	16.8.46 *Durella macrospora,* Dreiseptensporiges Hartbecherch.
auf liegenden, feuchten Nadeln oder Zapfen von Nadelbäumen, 0,2–0,4 mm	16.8.78 *Cistella acuum,* Nadel-Warzenkeulenhaarbecherchen
auf Grünerlenzweigen, außen mit langen weißen Haaren, 0,3–0,8 mm	16.9.39 *Hyalopeziza alni,* Grünerlen-Glashaarbecherchen
auf abgestorbenen Ästen von Wolligem Schneeball, 1–2 mm	63 *Godronia urceolus,* Urnenförmiges Birken-Fransenrandbecherchen

16.10 *Lachnum,* Rauhaarbecherchen und Ähnliche

(B1) Fruchtkörper höchstens kurz oder undeutlich gestielt, becherförmig, nicht gallertartig, Durchmesser < 2 mm

▷ auf Holzstämmen, Ästen oder Harz, Außenseite haarig-fransig

nicht auf einem filzigen Hyphengeflecht (Subiculum) aufsitzend	
Rand und Außenseite mit weißen bis ockerlichen Haaren	
0,5–2 mm breit	
rundum weiß bis cremeocker, außen weiß behaart, auf morschem Laubholz	14 *Dasyscyphella nivea,* Schneeweißes Kahlkopfhaarbecherch.
innen rosaocker, außen weißlich und ockerlich behaart, auf totem Laubholz	09 *Lasiobelonium corticale,* Rinden-Zottenhaarbecherchen
creme bis lebhaft orange- oder lachsrosa, durchscheinend	16.8.92 *Orbilia phragmotricha,* Septenhaariges Knopfbecherchen
innen dotter- bis orangegelb, außen weiß, auf Laubholzzweigen, Himbeere	10 *Capitotricha bicolor,* Zweifarbiges Orangescheibenhaarbech.
innen cremeocker, Rand weißbräunlich, auf vitalen Eichenstämmen	56 *Proliferodiscus tricolor,* Dreifarbiges Eichen-Grauhaarbecherchen
innen gelb bis grünlichgelb, auf Rinde von Laubbäumen	57 *Proliferodiscus pulveraceus,* Pulverighaariges Grauhaarbecherchen
innen blassgrau bis blaugrün, auf morschem Laubholz	60 *Aeruginoscyphus sericeus,* Seidenhaariges Grünspanbecherchen
innen grau bis olivschwarz, dicht gedrängt auf totem Laubholz	61 *Eriopezia caesia,* Bläulichgraues Wollhaarbecherchen
innen schwarzbraun, außen mit langen Haaren, kurz gestielt, auf Grünerle	16.9.39 *Hyalopeziza alni,* Grünerlen-Glashaarbecherchen
0,2–0,5 mm breit	
Frkp. weiß bis gelblich, außen mit langen Haaren, auf morschem Nadelholz	30 *Hyaloscypha leuconica,* Dickwandhaariges Pfriemhaarbecherchen
innen grauweiß bis grau, auf nassem, morschem Laubholz	
durchscheinend grauweiß, außen weiß filzig, vorw. auf Esche und Eiche	29 *Hyaloscypha hyalina,* Durchscheinendes Pfriemhaarbecherchen
außen dunkelbraun, dicht weißlich behaart, vorwiegend auf Buche	31 *Dematioscypha delicata,* Schimmel-Konidienhaarbecherchen
innen orangerosa, durchscheinend, auf Laubholz, oft 1–2 m über Boden	16.8.91 *Orbilia rubella,* Rötliches Knopfbecherchen
innen schwarzbraun, außen mit langen Haaren, kurz gestielt, auf Grünerle	16.9.39 *Hyalopeziza alni,* Grünerlen-Glashaarbecherchen
innen grau bis olivschwarz, dicht gedrängt auf totem Laubholz	61 *Eriopezia caesia,* Bläulichgraues Wollhaarbecherchen
Rand rosa, rötlich, violett	
Rand rosabraun haarig-filzig, innen dunkler, auf Holz (z. B. *Cornus*)	32 *Patellariopsis atrovinosa,* Schwarzweinrotes Scheibenbecherchen
außen orange bis zinnoberrot zottig, innen blasser, auf entrindetem Laubholz	55 *Perrotia flammea,* Rotbraunes Pelzbecherchen
außen weißbräunlich bis grauviolett, innen creme, auf vitalen Eichenstämmen	56 *Proliferodiscus tricolor,* Dreifarbiges Eichen-Grauhaarbecherchen
Rand violettlich behaart, Frkp. violettschwarz, auf harzigen Fichtenästen	16.8.100 *Lilapila jurana,* Jura-Lilahaarknopfbecherchen
Frkp. orangerosa bis rosarot, durchscheinend, Laubholz, oft 1–2 m über Boden	16.8.91 *Orbilia rubella,* Rötliches Knopfbecherchen
Rand gelbbraun behaart, innen wachsgelb, gelbocker, auf unberindetem Laubholz	19 *Neodasyscypha cerina,* Wachsgelbes Körnchenhaarbech.
Rand blaugrünlich behaart, innen blassgrau bis blaugrün, auf morschem Laubholz	60 *Aeruginoscyphus sericeus,* Seidenhaariges Grünspanbecherchen
Rand olivbraun, Fruchtkörper olivschwärzlich, 1–2 mm, auf Laubholz	63 *Godronia urceolus,* Urnenförmiges Birken-Fransenrandbecherchen
Rand graubraun fransig, Frkp. dunkelbraun, 0,5–1,5 mm, auf Weißtannenrinde	65 *Grovesiella abieticola,* Tannen-Schwarzlederbecherchen
auf einem filzigen Hyphengeflecht (Subiculum) aufsitzend, auf morschem Holz	
Hyphengeflecht ockerweißlich, Fruchtkörper weißgelb, außen weißlich behaart	69 *Arachnopeziza aurata,* Blassgoldenes Spinnwebbecherchen
Hyphengeflecht gelblich, Fruchtkörper gelb, außen goldgelb behaart	70 *Arachnopeziza aurelia,* Goldgelbes Spinnwebbecherchen
Hyphengeflecht dunkelbraun, Fruchtkörper innen graublau, Rand heller, stiellos	46 *Mollisia fusca,* Dunkelgraues Filz-Weichbecherchen

16.10 *Lachnum,* Rauhaarbecherchen und Ähnliche

(B2) Fruchtkörper höchstens kurz oder undeutlich gestielt, becherförmig, nicht gallertartig, Durchmesser < 2 mm ▹ auf Holzstämmen, Ästen oder Harz, Außenseite höchstens flaumig, kaum haarig-filzig

Fruchtkörper durchscheinend	
grauweißlich, außen filzig weiß, vorwiegend auf Esche und Eiche, 0,2–0,5 mm	29 *Hyaloscypha hyalina,* Durchscheinendes Pfriemhaarbecherchen
weißrosa, Rand gekerbt, vorwiegend auf Weide und Linde, 0,5–0,8 mm	16.8.87 *Orbilia crenatomarginata,* Kerbrandiges Knopfbech.
orangerosa, vorwiegend auf Faulbaum, 0,5–1 mm	16.8.90 *Orbilia carpoboloides,* Rosafarbenes Knopfbecherchen
Fruchtkörper nicht durchscheinend	
innen weißlich bis gelblich	
auf Laubholz	
cremeweiß, rasig ev. kurz gestielt, oft auf Stirnholz von Buche	**16.8.44 *Bisporella pallescens,* Blasses Reisigbecherchen**
weißlich bis gelblich, außen schwarzbraun, gesellig	40 *Mollisia melaleuca,* Schwarzweißes Weichbecherchen
auf Pflanzenstängeln, Blattstielen, weiß bis ockerlich, kurz gestielt	**→ siehe 16.10 *Lachnum,* Rauhaarbecherchen u. Ä. (A)**
innen lebhaft gelb, oft kurz gestielt	
rasig, nicht oder kurz gestielt, 1–3 mm, Sporen ellipsoid, 8–12 µm	**16.8.41 *Bisporella citrina,* Zitronengelbes Reisigbecherchen**
rasig, deutlich gestielt, 2–5 mm, Sporen allantoid, 21–28 µm	16.8.55 *Hymenoscyphus serotinus,* Spätes Stielbecherchen
einzeln bis gesellig oder büschelig, zitronen-, schwefel- bis goldgelb	
schwefelgelb, büschelig auf Holz oder abgstorbenen Kernpilzen	16.8.42 *Bisporella sulfurina,* Kernpilz-Reisigbecherchen
zitronen- bis goldgelb, einzeln, gesellig, auf morschem Holz, oft moosig	16.8.72 *Phaeohelotium umbilicatum,* Genabeltes Holzbecherchen
hell- bis dottergelb, stiellos auf morschem Holz	16.8.53 *Hymenoscyphus monticola,* Bräunlichsporiges Stielbecherchen
innen gelblich, ockergelb	
hell ockergelb, Rand und außen dunkelbraun, auf Laubholz	42 *Mollisia discolor,* Verschiedenfarbiges Weichbecherchen
ockergelb, oft auf Stirnholz (0,5–1,5 mm), auf Laubholz	16.8.43 *Bisporella subpallida,* Blassgelbes Reisigbecherchen
gelblich bis grauockerlich, teller- bis kissenförmig, auf morschem Holz	39 *Mollisia ventosa,* Flatteriges Weichbecherchen
innen olivgelb bis orange, stets ungestielt	
auf Harz, blassorange, tellerförmig, Rand heller, Sporen kugelig, klein	16.8.81 *Sarea resinae,* Gemeines Harzbecherchen
auf Laubholz, creme- bis olivgelb, linsenförmig, Sporen fadenförmig, lang	16.8.08 *Vibrissea decolorans,* Langsporiges Fadensporscheibch.
innen blass fleischrosa, flach bis schüsselförmig, auf Holz ohne Rinde	16.8.73 *Phaeohelotium carneum,* Fleischfarbenes Holzbecher.
innen grau, grauocker, olivocker, bläulichgrau	
aufsitzend, auf morschem Holz	
grau bis grauocker, außen graubräunlich, feinflaumig	**38 *Mollisia cinerea,* Aschgraues Weichbecherchen**
gelbockerlich, teller-, kissenförmig, Rand bräunlich	39 *Mollisia ventosa,* Flatteriges Weichbecherchen
grauockerlich, Rand rotbräunlich	16.8.07 *Vibrissea filisporia,* Körbchenförmiges Fadensporsch.
bläulichgrau, außen fein behaart, auf Laubholz	45 *Mollisia lividofusca,* Bleigraubraunes Filz-Weichbecherchen
teils aus der Rinde hervorbrechend, grau bis olivocker, oft auf Weide	53 *Pyrenopeziza benesuada,* Gutgeratenes Holz-Durchbrechbecherchen
auf Spierstaude, innen blaugrau, Rand ockerlich, außen bräunlich	50 *Pyrenopeziza revincta,* Grauolivliches Kraut-Durchbrechb.
innen dunkelgrau bis schwarz, olivschwarz, bis 1 mm breit oder kleiner	
auf entrindetem Holz aufsitzend	
dunkelgrau, Rand weißlich, außen dunkelbraun, flaumig	41 *Mollisia ligni,* Holz-Weichbecherchen
schwarz, olivschwarz, teller- bis linsenförmig	
schwarz, Sporen mehrfach septiert	16.13.12 *Patellaria atrata,* Schwarzer Schalenkohlenpilz
olivschwarz, Sporen einfach septiert	16.13.13 *Rhizodiscina lignyota,* Holz-Schwarzscheibchen
schwarz, rundlich, Rand weißflockig, rasig zusammenfließend	16.8.46 *Durella macrospora,* Dreiseptensporiges Hartbecherch.
aus der Erlenrinde büschelig hervorbrechend, schwarz, Rand weiß	16.8.26 *Tympanis alnea,* Erlen-Ascokonidienbecherling

16.10 *Lachnellula,* Nadelholzrauhaarbecherchen und Ähnliche

(B3) Fruchtkörper höchstens kurz oder undeutlich gestielt, becherförmig, nicht gallertartig, Durchmesser < 2 mm Rand oder Außenseite haarig-fransig, zumindest flaumig ▹ auf Ästchen und Zweigen

- Rand und Außenseite weiß behaart
  - Sporen in Schläuchen (Ascomycota)
    - vor allem auf Weißtanne oder Fichte
      - 1–8 mm breit, Sporen zylindrisch, < 2 µm breit — **24 *Lachnellula subtilissima,* Weißtannen-Nadelholzrauh.**
      - 1–3 mm breit, Sporen oval, > 2 µm breit — 23 *Lachnellula calyciformis,* Pokalförmig. Nadelholzrauhaarb.
    - auf Lärchenzweigen, außen dicht behaart, evtl. kurz gestielt, 1–5 mm breit
      - dotter- bis orangegelb, Asci J–, Sporen 12–17 × 3,5–6 µm — 26 *Lachnellula occidentalis,* Schmalsporiges Lärchen-Nadelh.
      - dottergelb bis orange, Asci J+, Sporen 18–20 × 7–8 µm — 28 *Lachnellula willkommii,* Lärchenkrebs-Nadelholzrauhaarb.
    - auf Föhrenzweigen, dottergelb, außen filzig, 1–5 mm breit — 25 *Lachnellula suecica,* Rundsporiges Föhren-Nadelholzrauh.
    - auf Laubholzzweigen
      - auf Eiche, Grünerle, Himbeere, innen gelborange, außen weiß, 1–2 mm — 10 *Capitotricha bicolor,* Zweifarbiges Orangescheibenhaarbech.
      - auf Geißblatt, innen grauockerlich glatt, außen braun behaart, < 1 mm — 17 *Trichopezizella barbata,* Bärtiges Borstenhaarbecherchen
    - auf dürren Himbeerstängeln — 16.9.40 *Olla millepunctata,* Ausgefüllthaariges Glashaarbech.
    - auf Stängeln von Alpenkratzdisteln — 16.9.41 *Hyalopeziza latispora,* Breitsporiges Glashaarbecherchen
    - auf Wacholderzweigen
      - 0,2–0,5 mm, kreiselförmig, grünoliv, bereift — 78 *Chloroscypha sabinae,* Gemeines Wacholder-Gelbgrünnadelbecherch.
      - 0,5–1,5 mm, becher- bis tellerförmig, gelb bis oliv, außen körnig-flockig — 80 *Chloroscypha alutipes,* Lederstieliges Wacholder-Gelbgrünnadelbech.
    - auf Thujazweigen — 79 *Chloroscypha seaveri,* Lebensbaum-Gelbgrünnadelbecherchen
  - Sporen auf Basidien (Basidiomycota) — 1.6 *Merismodes,* Haarschüsselrasen u. Ä.
- Rand und Außenseite zimt- bis rostbraun behaart
  - zimtbraun behaart, orangegelb, auf Nadelzweigen (oft Wacholder) — 21 *Lachnellula flavovirens,* Gelbgrünes Nadelholzrauhaarbecherchen
  - rostbraun, zottig behaart, innen dotter- bis rötlichgelb, auf Föhre — 22 *Lachnellula fuscosanguinea,* Braunhaariges Nadelholzrauhaarbech.
- Rand violettlich behaart, Fruchtkörper violettschwarz, auf harzigen Fichtenästen — 16.8.100 *Lilapila jurana,* Jura-Lilahaarknopfbecherchen
- Rand graubraun fransig, Fruchtkörper dunkelbraun, 0,5–1,5 mm, auf Tannenrinde — 65 *Grovesiella abieticola,* Tannen-Schwarzlederbecherchen

16.10 *Lachnum*, Rauhaarbecherchen und Ähnliche

(C1) Fruchtkörper höchstens kurz oder undeutlich gestielt, becherförmig, nicht gallertartig, Durchmesser < 2 mm
Rand oder Außenseite haarig, fransig, zumindest flaumig
▹ auf Zapfen, Nadeln, Laub, anderen Pilzen, Erde oder Dung

auf Zapfen (Erle, Föhre ...), Weidenkätzchen, Knospen, Bucheckern	
auf abgefallenen Weidenkätzchen, weißcreme	16.8.67 *Cyathicula amenti*, Kätzchen-Kleinbecherchen
auf Bucheckernschalen, cremeweiß, außen dicht weiß behaart	**06 *Lachnum virgineum*, Schneeweißes Rauhaarbecherchen**
auf modernden Schwarzpappelknospen, grauweißlich	16.8.21 *Gemmina gemmarum*, Pappel-Knospenschuppenbech.
auf Erlenzapfen	
weißlich bis gelbockerlich mit kurzem oder ohne Stiel	
Sporen 5–6 µm lang	37 *Mollisia amenticola*, Erlenzäpfchen-Weichbecherchen
Sporen 9–11 µm lang, auf Grauerlenzapfen	16.8.22 *Calycina alniella*, Erlen-Weißbecherchen
gelblich bis olivgelb und mit deutlichem Stiel	16.9.10 *Ciboria viridifusca*, Erlenzäpfchen-Stromabecherling
auf Föhrenzapfen, innen blassocker, außen braun, auf dunkelbraunem Hyphenfilz	44 *Mollisia strobilicola*, Zapfen-Weichbecherchen
auf männlichen Fichtenzapfen, innen hellbraun, später graulich, außen dunkler	16.9.12 *Microstrobilinia castrans*, Fichten-Zäpfchenbecherling
auf Nadeln oder Laub, Rand weiß bis braun filzig-haarig, meist weniger als 1 mm	
auf Kiefernnadeln, innen und außen weiß	16.8.78 *Cistella acuum*, Nadel-Warzenkeulenhaarbecherchen
auf Laubblättern, ca. 0,5 mm breit, kurz bis deutlich gestielt, ab Frühling	
auf Laubblattnerven, cremefarben, außen weiß flaumig behaart, Sp. 5–6 µm	04 *Lachnum rhytismatis*, Blattnerven-Rauhaarbecherchen
auf Buchenblättern, weiß bis ockerlich, außen hellbraun behaart, Sp. 7–9 µm	02 *Brunnipila fuscescens*, Buchenblatt-Braunhaarbecherchen
auf Streu, Stängeln, Zweigen, cremeweiß, außen dicht weiß behaart	**06 *Lachnum virgineum*, Schneeweißes Rauhaarbecherchen**
auf Eichenblättern, -blattnerven, blass- bis dottergelb, außen heller, feinflaumig	16.8.24 *Calycellina punctata*, Schmalsporiges Eichenblatt-Fl.
auf oder bei abgestorbenen Pilzen (Kernpilzen)	
weiß, mehlig bestäubt, bis 0,5 mm breit	**16.9.42 *Polydesmia pruinosa*, Bereiftes Kernpilzbecherchen**
schwefelgelb, büschelig	16.8.42 *Bisporella sulfurina*, Kernpilz-Reisigbecherchen
auf Kot, Dung oder nährstoffreicher Erde	
gelb, gelbrosa, gelborange, auf Kuhdung oder Wildlosung	
Rand kleiig-körnig, auf Kuhdung	**16.6.75 *Cheilymenia granulata*, Granulierter Borstenbecher**
Rand auffällig behaart	
1–3 mm breit, auf Kuhdung oder Wildlosung	16.6.79 *Cheilymenia stercorea*, Sternhaariger Dung-Borstenb.
0,5–1 mm breit, auf Wildlosung	16.6.83 *Lasiobolus papillatus*, Bewimperter Borstenkotling
0,5–2 mm, gelbrosa, Rand flaumig, rötlichbraun, auf Pferdedung	16.6.91 *Pseudombrophila equina*, Pferde-Dungbecherling
nicht gelborange (allenfalls gelblich, gelbbraun)	
Sporen glatt, ellipsoid, auf Wildlosung, vorwiegend Hase, Reh, Schaf	
0,2–0,5 mm, rundum weißlich	16.8.27 *Ascozonus woolhopensis*, Vielsporiges Dunghaarbecherchen
1–2 mm breit, innen hellgelb bis gelbbräunlich, außen braun	16.6.88 *Pseudombrophila theioleuca*, Hellscheibiger Dungbecherling
1–2 mm, rotbraun	16.6.93 *Pseudombrophila hepatica*, Leberfarbiger Dungbecherling
Sporen längsrippig-netzartig	
auf Kuhfladen, schüsselförmig, grüngelb, violettbraun bis fast schwarz	**16.6.84 *Ascobolus furfuraceus*, Kleiiger Kotling**
auf anderem Kot, kreiselförmig bis flach, grün, olivgelb, braun punktiert	16.6.85 *Ascobolus crenulatus*, Grüngelber Kotling
Sporen punktiert bis feinwarzig, auf Kot oder faulenden Pflanzen (Kohl)	
knollig bis kreiselförmig, rosa, rosabräunlich, Rand haarig	16.7.59 *Iodophanus carneus*, Rosafarbener Kotling
becherförmig bis flach, weiß bis violettlich	16.6.86 *Ascobolus brassicae*, Kohl-Kotling
auf Brandstellen	
1–5 mm schüsselförmig, orangeoliv bis schwarz, Sporen warzig	16.6.87 *Ascobolus carbonarius*, Brandstellen-Kotling
0,5–1 mm, weißrosa- bis orangerot, Rand feinfransig, Sporen glatt	16.6.73 *Pyronema domesticum*, Großsporiges Feuerkissen

16.10 *Lachnum*, Rauhaarbecherchen und Ähnliche

(C2) Fruchtkörper höchstens kurz oder undeutlich gestielt, becherförmig, nicht gallertartig
Rand oder Außenseite haarig, fransig, Durchmesser < 2 mm
▹ auf Stauden, Pflanzenstängeln

auf Holz, Zweigen	
auf Alpenrosen, kurz gestielt, Oberseite grünlich bis olivgelb	
kurz gestielt, Oberseite grünlich bis olivgelb	59 *Chlorosplenium cenangium*, Alpenrosen-Grünspanbecherling
kaum gestielt, grauoliv bis schwarzbraun; Rand weißlich fransig	67 *Encoeliopsis rhododendri*, Alpenrosen-Scheinbüschelbecherchen
auf Johannisbeerzweigen, aus der Rinde, gelblich, außen schwarzbraun, schorfig	62 *Godronia ribis*, Johannisbeer-Fransenrandbecherchen
auf Laubbaumzweigen, 0,1–0,3 mm, cremegelblich, weiß behaart	13 *Lachnum pygmaeum*, Atlantisches Rauhaarbecherchen
auf morschem Laubholz, 0,5–2 mm, cremebeige, dicht gelb behaart	18 *Trichopeziza subsulphurea*, Schwefelgelblicher Haarbecherling
auf Fichtenästen, 0,5–3 mm, gelb bis orange, weiß behaart	27 *Lachnellula splendens*, Leuchtendes Nadelholzhaarbecherchen
auf Schneeball-Zweigen, innen und außen oliv-schwarzbraun	63 *Godronia urceolus*, Urnenförmiges Birken-Fransenrandbecherchen
auf Stängeln von Doldenblütlern, innen grauweißlich	
außen weiß bis schwefelgelb behaart	
Sporen < 18 µm lang	11 *Lachnum mollissimum*, Gelbes Rauhaarbecherchen
Sporen > 25 µm lang	12 *Trichopeziza sulphurea*, Schwefelgelber Haarbecherling
außen braunschwarz	66 *Heterosphaeria patella*, Schüsselförmiges Kugelbecherchen
auf Salomonssiegel, innen hell grauockerlich, außen rotbraun behaart	16 *Trichopezizella nidulus*, Nestförmiges Borstenhaarbecherch.
auf Alpendost (Korbblütlern), graublau, Rand weißlich, außen bräunlich	49 *Pyrenopeziza adenostylidis*, Alpendost-Durchbrechbecherchen
auf Brombeerstängeln, grauocker, Rand heller, gefranst, außen dunkelbraun	48 *Pyrenopeziza escharodes*, Schorfiges Einsenkbecherchen
auf Schilf	
auf einem Hyphenfilz aufsitzend	
Hyphenfilz dunkelbraun, Frkp. innen grau- bis blauweißlich	36 *Mollisia hydrophila*, Helles Schilf-Weichbecherchen
Hyphenfilz schwarz, Frkp. blass- bis ockergelb, außen bräunlich	47 *Trichobelonium kneiffii*, Schilf-Langsporenweichbecherchen
ohne Hyphenfilz, direkt auf dem Schilfstängel	
Rand und außen weiß, dicht behaart, 0,5–1 mm, innen ockerlich	15 *Albotricha acutipila*, Schilf-Spitzhaarbecherchen
außen braun, samtig, innen grauocker	35 *Mollisia pulla*, Mehrfachseptiertsporiges Schilf-Weichbecherchen
auf faulenden Grashalmen, cremeweiß, Rand weiß behaart, kurz gestielt	05 *Lachnum tenuissimum*, Zartes Gras-Rauhaarbecherchen
auf abgestorbenen Binsen	
kurz gestielt	
innen rötlichgelb, außen weiß	07 *Lachnum apalum*, Gelbliches Binsen-Rauhaarbecherchen
innen graubräunlich, außen hellbraun	03 *Brunnipila calycioides*, Binsen-Braunhaarbecherchen
ohne Stiel, fleischbraun, außen heller, kleiig, trocken weißlich und eingerollt	34 *Mollisia juncina*, Binsen-Weichbecherchen
auf Himbeere	
innen dotter- bis orangegelb, außen weiß, auch auf Laubästchen	10 *Capitotricha bicolor*, Zweifarbiges Orangescheibenhaarbech.
innen cremeocker, außen hellbraun behaart	01 *Brunnipila clandestina*, Himbeer-Braunhaarbecherchen
grauweißlich bis blass ockerlich, außen flockig, weiß bis blass ockerlich behaart	16.9.40 *Olla millepunctata*, Ausgefüllthaariges Glashaarbech.
auf Brombeere (nicht nur) cremeweiß, außen dicht weiß behaart	**06 *Lachnum virgineum*, Schneeweißes Rauhaarbecherchen**
auf abgestorbenen Farnstängeln	
im Sommerhalbjahr, cremeweiß, außen weiß, büschelig behaart	68 *Unguicularia carestiana*, Kraushaariges Farn-Glashaarurnenbech.
im Winterhalbjahr, weiß, flaumig	16.8.19 *Psilachnum chrysostigmum*, Gilbendes Farn-Zarthaarbecherch.
auf Disteln, Weidenröschen, Mädesüß, innen hell grauockerlich, rotbraun behaart	16 *Trichopezizella nidulus*, Nestförmiges Borstenhaarbecherch.
auf dürren Rosenästen, dicht, innen grauschwarz, außen braunschwarz, flaumig	33 *Mollisia rosae*, Rosen-Weichbecherchen
auf Kleeblättern, eingesenkt, olivbräunlich	54 *Pseudopeziza trifolii*, Kleeblatt-Schmarotzerbecherchen
auf Brennnessel, hervorbrechend, scheibenförmig, orangefarben, rau	16.8.17 *Calloria neglecta*, Brennnessel-Schönbecherchen
auf totem Schachtelhalm, weiß bis gelblich, Rand flaumig behaart	16.8.20 *Psilachnum inquilinum*, Schachtelhalm-Zarthaarbech.
auf Spierstaude, innen gelblich bis ocker, außen heller, weißlich-flaumig	16.8.25 *Calycellina ulmariae*, Spierstauden-Flaumhaarbech.
auf Gelbem Enzian oder Weißem Germer, weiß bis gelblich, 0,5–1 mm	16.8.18 *Calloria gentianae*, Enzian-Schönbecherchen
auf Blättern von Heidekraut *Calluna vulgaris*, 0,25–0,5 mm, graubraun	16.8.32 *Durandiella callunae*, Heide-Konidienbecher
auf Frauenfarn, auf abgestorbenen Stängeln	16.8.79 *Cistella helvetica*, Farn-Warzenkeulenhaarbecherchen
auf Heidekraut *Calluna*, 0,5–1 mm grau	64 *Godronia callunigena*, Heidekraut-Fransenrandbecherchen
auf Samenkapseln von Alpenrose, grauoliv, schwarzbraun; Rand weißlich fransig	67 *Encoeliopsis rhododendri*, Alpenrosen-Scheinbüschelbecherchen

16.10 *Ombrophila,* Gallertkreislinge und Ähnliche

(D) Fruchtkörper höchstens kurz oder undeutlich gestielt, becher-, kreisel-, kugel-, pustelförmig, geschwürartig

▹ gallertartig, oft kreiselförmig, rosaocker, rosaviolett bis violettocker

- Fruchtkörper 1–5 cm breit
  - kreisel- bis becherförmig
    - braunschwarz, Außenseite kleiig — **16.9.43 *Bulgaria inquinans,* Gemeiner Schmutzbecherling**
    - rosaocker bis ockerviolett, Außenseite höckerig — **71 *Neobulgaria pura,* Buchen-Gallertkreisel**
  - kreiselförmig gewölbt, hirnartig, rosa bis lilaviolett, stark gallertartig — 72 *Ascotremella faginea,* Buchen-Schlauchzitterpilz
- Fruchtkörper 0,5–2 cm breit, kreiselförmig gewölbt bis trichterig, glatt bis runzelig
  - rosaviolett
    - Ascosporen > 18 µm
      - Ascosporen reif mehrfach septiert, Paraphysen fadenförmig — **73 *Ascocoryne cylichnium,* Großsporiger Gallertbecher**
      - Ascosporen 1- bis 2-fach septiert, Paraphysen am Ende kopfig — 75 *Ascocoryne inflata,* Aufgeblasener Gallertbecher
    - Ascosporen < 18 µm, Sporen reif einfach querseptiert — **74 *Ascocoryne sarcoides,* Fleischroter Gallertbecher**
  - sattgelb, kreisel- bis becherförmig, evtl. gestielt, Basidiosporen > 20 µm — 1.7.24 *Ditiola peziziformis,* Gelbweißes Gallertkissen
- Fruchtkörper 2–5 mm im Durchmesser, gesellig
  - rosa, violett, violettocker, kreiselförmig gewölbt bis trichterig
    - auf Fichtenzapfen, rosa- bis violettocker — 76 *Ombrophila janthina,* Fichtenzapfen-Gallertkreisling
    - auf Grünerlenästchen, rosaviolett — 77 *Ombrophila violacea,* Violetter Gallertkreisling
  - blassgelb bis orange, knopfförmig, kissenförmig
    - Basidiosporen 4–5 µm breit, 3 Quersepten, ohne Schnallen — **1.7.21 *Dacrymyces stillatus,* Zerfließende Gallertträne**
    - Basidiosporen 8–9 µm breit, 2–9 Quersepten, evtl. längsseptiert, mit Schnallen — 1.7.23 *Dacrymyces variisporus,* Verschiedensporige Gallertträne
- Fruchtkörper < 2 mm im Durchmesser
  - Fruchtkörper durchscheinend — 16.8 *Orbilia,* Knopfbecherchen u. Ä. (D)
  - Fruchtkörper gallertartig, kaum durchscheinend, auf morschem Holz
    - grün, linsenförmig, mehrfach septiert
      - dunkelgrün, Ascosporen < 12 µm lang, reif in viele Sekundärsp. zerfallend — 16.8.35 *Vexillomyces atrovirens,* Schwarzgrünes Ascokonidiens.
      - gelbgrün, Ascosporen > 12 µm lang, reif 3- bis 5-fach septiert — 16.8.36 *Claussenomyces prasinulus,* Lauchgrünes Gallertbech.
    - blassgelb, etwas gestielt, Basidiosporen 10–13 µm, reif mit 3 Septen — 1.7.22 *Dacrymyces capitatus,* Bewurzelte Gallertträne

16.10.01 *Brunnipila clandestina* (Bull.) Baral,
Dasyscyphus clandestinus (Bull.) Fuckel
Himbeer-Braunhaarbecherchen,
Verborgenwachsendes Haarbecherchen

Frkp: 0,5–1 mm breit, pokal- bis becherförmig, Oberseite glatt, cremeocker, Außenseite und Rand dunkler und dicht behaart, Randhaare an der Spitze weiß mehlig-körnig, Stiel kurz bis fast fehlend. **V:** gesellig, auf liegenden Stängeln, z. B. von Himbeere *Rubus idaeus;* Frühling bis Sommer. **Mik:** Sporen glatt, schmal spindelförmig, farblos, 6–8 × 1,5–2 µm, biseriat, Asci J+, 8-sporig, Haarspitzen mit großen Kristallen bedeckt. (BK 1.218, 🖼).

16.10.02 *Brunnipila fuscescens* (Pers.) Baral,
Lachnum fuscescens (Pers.) P. Karst., ***Dasyscyphus fuscescens*** (Pers.) Gray
Buchenblatt-Braunhaarbecherchen,
Bräunliches Buchenblatt-Haarbecherchen

Frkp: bis 1 mm breit, becherförmig, Oberseite glatt, weiß bis blass ockerlich, Außenseite und Rand dicht hellbraun behaart, mit kurzem Stiel. **V:** gesellig, auf Blattrippen von Laubblättern, vorwiegend Buche *Fagus;* Frühling bis Herbst. **Mik:** Sporen glatt, schmal spindelförmig, farblos, 7–9 × 1,5–2 µm, unregelmäßig uni- bis biseriat, Asci J+, 8-sporig. (BK 1.220, 🖼).

Brunnipila brunneola (Desm.) Baral, *Dasyscyphus brunneolus* (Desm.) Sacc.: vorwiegend auf Blättern oder Früchten von Eiche *Quercus.* Sporen 5,5–9,5 × 1,5–3 µm.

Brunnipila calyculiformis (Schumach.) Baral, *Dasyscyphus calyculiformis* (Schumach.) Rehm: auf Laubholz, z. B. Hasel *Corylus.* Sporen 8–15 × 1,5–2,5 µm.

Lachnum latebricola (Rehm) R. Galán & Raitv., *Dasyscyphus latebricola* (Rehm) Raitv., *D. calyculiformis* var. *latebricola* Rehm: Sporen 7–8 × 2,5–3 µm.

16.10.03 *Brunnipila calycioides* (Rehm) Baral,
Lachnum calycioides (Rehm) Rehm, *Dasyscyphus calycioides* (Rehm) Sacc.
Binsen-Braunhaarbecherchen, Kelchförmiges Haarbecherchen

Frkp: 0,5–1 mm breit, pokal- bis becherförmig, Oberseite glatt, graubräunlich, Außenseite und Rand dicht hellbraun behaart, gestielt. **V:** einzeln bis gruppenweise, auf dürren Binsenhalmen *Juncus;* im Frühling. **Mik:** Sporen glatt, spindelförmig, farblos, 10–13 × 2–3 µm, biseriat, Asci J+, 8-sporig. (BK 1.216).

16.10.04 *Lachnum rhytismatis* (W. Phillips) Nannf.,
Dasyscyphus rhytismatis (W. Phillips) Sacc.
Blattnerven-Rauhaarbecherchen,
Blattnerven-Weißhaarbecherchen, Weißes Blatt-Haarbecherchen

Frkp: 0,2–0,5 mm, becherförmig, Oberseite glatt, creme bis hellocker, Außenseite und Rand weiß behaart, deutlich gestielt. **V:** gesellig, auf verrottenden Blättern von Laubbäumen und Sträuchern, vorwiegend auf Blattnerven; im Frühling. **Mik:** Sporen glatt, schmal spindel- bis leicht keulenförmig, farblos, 5–6 × 1,5–1,7 µm, biseriat, Asci J+, 8-sporig. (BK 1.225, 🖼).

16.10.05 *Lachnum tenuissimum* (Kuntze) Korf & W.Y. Zhuang,
Dasyscyphus tenuissimus (Kuntze) Dennis
Zartes Gras-Rauhaarbecherchen,
Zartes Gras-Weißhaarbecherchen, Zartes Grashalmbecherchen

Frkp: 0,5–1 mm, erst schüsselförmig, zunehmend flach bis gewölbt, Oberseite glatt, Außenseite und Rand behaart, rundum weiß bis cremeweiß, später leicht rosabräunlich, deutlich gestielt. **V:** einzeln bis gesellig oder rasig, auf faulenden Stängeln von Süßgräsern *Poaceae;* Frühling bis Sommer. **Mik:** Sporen glatt, schmal spindelförmig bis zylindrisch, farblos, 6–8 × 1–1,5 µm, biseriat, Asci J+, 8-sporig. (BK 1.227).

16.10.06 *Lachnum virgineum* (Batsch) P. Karst.,
***Dasyscyphus virgineus* (Batsch) Gray**
Schneeweißes Rauhaarbecherchen,
Schneeweißes Weißhaarbecherchen, Weißes Haarbecherchen

Frkp: 0,5–1 mm, pokal- bis becherförmig, schließlich fast flach, Oberseite glatt, weiß bis cremeweiß, Außenseite und Rand dicht weiß behaart, deutlich gestielt. **V:** rasig, auf abgestorbenen Zweigen und Stängeln, z. B. von Brombeeren *Rubus,* auf Bucheckernschalen *Fagus* oder auch auf Zapfen; ganzjährig. **Mik:** Sporen glatt, schmal spindel- bis ansatzweise keulenförmig, farblos, 6–8 × 1,5–2 µm, uniseriat, Asci J+, 8-sporig. (BK 1.228, 🖼).

16.10.01 *Brunnipila clandestina,* Himbeer-Braunhaarbecherchen

16.10.02 *Brunnipila fuscescens,* Buchenblatt-Braunhaarbecherchen

16.10.04 *Lachnum rhytismatis,* Blattnerven-Rauhaarbecherchen

16.10.06 *Lachnum virgineum,* Schneeweißes Rauhaarbecherchen

16.10.07 *Lachnum apalum* (Berk. & Broome) Nannf., *Dasyscyphus apalus* (Berk. & Broome) Dennis Gelbliches Binsen-Rauhaarbecherchen, Gelbliches Binsen-Weißhaarbecherchen, Binsen-Haarbecherchen

Frkp: 0,2–0,5 mm breit, becherförmig, Oberseite glatt, creme, trocken orangegelb, Außenseite und Rand weiß und dicht weiß behaart, mit kurzem Stiel. **V:** einzeln bis gesellig, auf abgestorbenen Binsenhalmen *Juncus* oder Schilfstängeln *Phragmites;* im Winterhalbjahr. **Mik:** Sporen glatt, fadenförmig lang, reif mehrfach septiert, farblos, 32–49 × 1,5 µm, nebeneinander liegend (multiseriat), Asci J+, 8-sporig. (BK 1.212, 🖼).

16.10.07 *Lachnum apalum,* Gelbliches Binsen-Rauhaarbecherchen

16.10.08 *Trichopezizella relicina* (Fr.) Raitv., *Lachnum relicinum* (Fr.) P. Karst., *Dasyscyphus relicina* (Fr.) Boud. Verklebthaariges Borstenhaarbecherchen, Verklebthaariges Rauhaarbecherchen, Tollkirschen-Haarbecherchen

Frkp: bis maximal 1 mm breit, jung kugelig, später becher- bis schüsselförmig, Oberseite glatt, fleischockerlich, Außenseite und Rand dicht braun behaart, kurz gestielt. **V:** dicht gesellig, auf verschiedenen abgestorbenen Kräuterstängeln, vor allem in höheren Lagen; im Sommer. **Mik:** Sporen glatt, schmal spindelförmig, farblos, 8–12 × 2–2,5 µm, biseriat, Asci J+, 8-sporig. (BK 1.224, 🖼).

16.10.08 *Trichopezizella relicina,* Verklebthaariges Borstenhaarbecherchen

16.10.09 *Lasiobelonium corticale* (Pers.) Raitv., *Lachnum corticale* (Pers.) Nannf., *Dasyscyphus corticalis* (Pers.) Massee, Rinden-Zottenhaarbecherchen, Braunhaariges Rinden-Rauhaarbecherchen, Weißes Haarbecherchen

Frkp: 0,5–1 mm breit, becherförmig, Oberseite glatt, ockerlich bis hell rötlichocker, Außenseite dicht ockerlich behaart, Randhaare vorwiegend weißlich, Stiel fehlend oder sehr kurz. **V:** dicht gesellig, auf totem Laubholz; ganzjährig. **Mik:** Sporen glatt, spindelförmig, teilweise 1-fach septiert, farblos, 15–21 × 3–4,5 µm, biseriat, Asci J+, 8-sporig. (BK 1.219, 🖼).

16.10.09 *Lasiobelonium corticale,* Rinden-Zottenhaarbecherchen

16.10.10 *Capitotricha bicolor* (Bull.) Baral, *Lachnum bicolor* (Bull.) P. Karst., *Dasyscyphus bicolor* (Bull.) Fuckel Zweifarbiges Orangescheibenhaarbecherchen, Zweifarbiges Rauhaarbecherchen, Zweifarbiges Haarbecherchen

Frkp: 1–2 mm, becherförmig, später abflachend mit aufstehendem bis eingerolltem Rand, Oberseite glatt, dotter- bis orangegelb, Außenseite und Rand dicht weiß behaart, ungestielt. **V:** rasig, auf liegenden Zweigen, z. B. Eiche *Quercus,* Grünerle *Alnus alnobetula,* Himbeere *Rubus;* im Frühling. **Mik:** Sporen glatt, schmal spindel- bis angedeutet keulenförmig, farblos, 7–9 × 1,5–2 µm, biseriat, Asci J+, 8-sporig. (BK 1.214, 🖼).

16.10.10 *Capitotricha bicolor,* Zweifarbiges Orangescheibenhaarbecherchen

16.10.11 *Lachnum mollissimum* (Fuckel) P. Karst., *Belonidium mollissimum* (Fuckel) Raitv., *Trichopeziza mollissima* Fuckel Gelbes Rauhaarbecherchen, Weiches Weißhaarbecherchen, Gelbes Haarbecherchen

Frkp: 0,5–2 mm, becherfömig bis flach mit aufstehendem Rand, Oberseite glatt, grauweiß, Außenseite und Rand lebhaft gelb behaart, ungestielt. **V:** gesellig, auf abgestorbenen Kräuterstängeln, vorwiegend Doldengewächsen *Apiaceae;* Frühling bis Herbst. **Mik:** Sporen glatt, schmal spindel- bis leicht keulenförmig, farblos, 12–15 × 1,5–2 µm, einzellig, biseriat, Asci J+, 8-sporig. (BK 1.221, 🖼).

Lachnum leucophaeum (Pers.) P. Karst., *Trichopeziza leucophaea* (Pers.) Rehm: Læssøe & Petersen 2019 beschreiben *L. mollissimum* mit langen weißen Haaren und Sporen von 8–13 × 1,5–2 µm. Sie unterscheiden *L. leucophaeum* mit gelben Haaren und längeren Sporen von 11–18 × 1,5–2 µm und weisen auf unterschiedliche Interpretationen hin.

16.10.11 *Lachnum mollissimum,* Gelbes Rauhaarbecherchen

16.10.12 *Trichopeziza sulphurea* Fuckel, *Lachnum sulphureum* (Fuckel) P. Karst., *Belonidium sulphureum* (Fuckel) Raitv., *Dasyscyphus sulphureus* (Fuckel) Massee Schwefelgelber Haarbecherling, Schwefelgelbes Rauhaarbecherchen, Schwefelgelbes Weißhaarbecherchen, Schwefelgelbes Haarbecherchen

Frkp: 1–2 mm, erst becherförmig, zunehmend flach mit aufstehendem Rand, Oberseite glatt, hellgrau, Außenseite und Rand schwefelgelb behaart, ungestielt. **V:** gesellig bis dicht rasig, auf abgestorbenen Stängeln von Brennnesseln *Urtica* oder Doldengewächsen *Apiaceae*; Frühling bis Herbst. **Mik:** Sporen glatt, länglich spindelförmig bis zylindrisch,

16.10.12 *Trichopeziza sulphurea,* Schwefelgelber Haarbecherling

teils leicht allantoid, reif 1-fach septiert, farblos, 25–30 × 1,8–2 µm, bi- bis multiseriat, Asci J+, 8-sporig. (BK 1.226, 🖼).

16.10.13 *Lachnum pygmaeum* (Fr.) Bres., *Dasyscyphus pygmaeus* (Fr.) Sacc.
Atlantisches Rauhaarbecherchen

Frkp: 0,1–0,3 mm, flach becherförmig, Oberseite glatt, cremeweiß bis gelblich, Außenseite und Rand dicht weiß behaart, Stiel deutlich 4–6 mm lang. **V:** gesellig, auf abgestorbenen Zweigen von Laubbäumen oder Stechginster *Ulex;* Frühling bis Herbst. **Mik:** Sporen glatt, schmal spindelförmig, farblos, 7,5–12 × 1,5–2,5 µm, Asci J+, 8-sporig. (🖼).

16.10.13 *Lachnum pygmaeum*, Atlantisches Rauhaarbecherchen

16.10.14 *Dasyscyphella nivea* (R. Hedw.) Raitv., *Dasyscyphus niveus* (R. Hedw.) Sacc. Schneeweißes Kahlkopfhaarbecherchen, Schneeweißes Haarbecherchen

Frkp: 1–2 mm, becherförmig, später abflachend, Oberseite glatt, weiß bis cremeocker, Außenseite und Rand weiß behaart, deutlich gestielt. **V:** dicht rasig, auf morschem Laubholz, vorwiegend Eiche *Quercus* oder Buche *Fagus;* ganzjährig. **Mik:** Sporen glatt, schmal spindelförmig, farblos, 7–10 × 1,5–2,5 µm, unregelmäßig uniseriat, Asci J+, 8-sporig. (BK 1.223, 🖼).

16.10.14 *Dasyscyphella nivea*, Schneeweißes Kahlkopfhaarbecherchen

16.10.15 *Albotricha acutipila* (P. Karst.) Raitv., *Dasyscyphus acutipilus* (P. Karst.) Sacc.
Schilf-Spitzhaarbecherchen, Spitzhaariges Schilfbecherchen

Frkp: 0,5–1 mm breit, becherförmig, Oberseite glatt, ockerweiß, Außenseite und Rand dicht weiß und zottig behaart, mit kurzem Stiel. **V:** gesellig, auf abgestorbenen Schilfstängeln *Phragmites;* im Sommer. **Mik:** Sporen glatt, schmal spindelförmig, farblos, 7,5–10 × 1,5 µm, biseriat, Asci J+, 8-sporig. (BK 1.210).

16.10.16 *Trichopezizella nidulus* (J.C. Schmidt & Kunze) Raitv., *Lasiobelonium nidulum* (J.C. Schmidt & Kunze) Spooner, *Dasyscyphus nidulus* (J.C. Schmidt & Kunze) Massee Nestförmiges Borstenhaarbecherchen, Nestförmiges Zottenhaarbecherchen, Nestförmiges Haarbecherchen

Frkp: bis 1 mm, breit, becherförmig, Oberseite glatt, grauweiß, Außenseite und Rand mit relativ langen, rotbraunen Haaren, ungestielt. **V:** gesellig, auf Stängeln von abgestorbenen Kräutern wie z. B. Eisenhut *Aconitum* oder Salomonssiegel *Polygonatum;* Frühling bis Sommer. **Mik:** Sporen glatt, schmal zylindrisch bis spindelförmig, farblos, 6–9,5 × 1,3–1,7 µm, biseriat, Asci J+, 8-sporig. (BK 1.222, 🖼).

16.10.16 *Trichopezizella nidulus*, Nestförmiges Borstenhaarbecherchen

16.10.17 *Trichopezizella barbata* (Kunze ex Fr.) Raitv., *Dasyscyphus barbatus* (Kunze ex Fr.) Massee Bärtiges Borstenhaarbecherchen, Bärtiges Haarbecherchen

Frkp: 0,5–1 mm breit, erst pokal-, später becher- bis schüsselförmig, innen glatt, grau- bis hellocker, Rand hellbraun bis weißlich behaart und bepudert, Außenseite mit braunen Haaren, ungestielt. **V:** gesellig, auf berindeten, abgestorbenen Ästen vom Geißblatt *Lonicera;* im Frühling und Sommer. **Mik:** Sporen glatt, schmal ellipsoid, 1-fach septiert, farblos, 10–12 × 1,5–2 µm, biseriat, Asci J+, 8-sporig. (BK 1.213, 🖼).

16.10.17 *T. barbata*, Bärtiges Borstenhaarbecherchen

16.10.18 *T. subsulphurea*, Schwefelgelblicher Haa

16.10.18 *Trichopeziza subsulphurea* (Svrček) Baral
Schwefelgelblicher Haarbecherling

Frkp: 0,5–2 mm, kugelig, später schüsselförmig mit aufstehendem Rand, Oberseite glatt, creme bis lilabeige, Außenseite filzig, Rand dicht zitronengelb behaart, Stiel fehlend. **V:** gesellig, auf morschem Laubholz. **Mik:** Sporen glatt, schmal spindel- bis etwas keil- oder kommaförmig, teils 1-fach septiert, farblos, 7,5–12 × 2,5–3 µm, mit wenigen kleinen Tropfen, uniseriat, Asci J+, 8-sporig. (CH 80, 🖼).

16.10.19 *Neodasyscypha cerina* (Pers.) Spooner, *Dasyscyphus cerinus* (Pers.) Fuckel Wachsgelbes Körnchenhaarbecherchen, Wachsgelbes Haarbecherchen

Frkp: 0,5–2 mm, erst fast kugelig, später becherförmig, Oberseite glatt, wachsgelb bis gelbocker, Außenseite und Rand braun behaart, ungestielt. **V:** rasig, auf abgestorbenem Laubholz; Frühling bis Herbst. **Mik:** Sporen glatt, schmal ellipsoid, farblos, 4–4,5 × 2–2,5 µm, biseriat, Asci J+, 8-sporig. (BK 1.217, 🖼).

16.10.19 *Neodasyscypha cerina*, Wachsgelbes Körnchenhaarbecherchen

16.10.20 *Lachnellula arida* (W. Phillips) Dennis
Goldgelbes Nadelholzrauhaarbecherchen, Goldgelbes Braun-Haarbecherchen

Frkp: 3–5 mm breit, flach becher- bis kissenförmig gewölbt, Oberseite glatt bis etwas runzelig, gelb, Außenseite und Rand dicht mit kurzen braunen Haaren bedeckt, mit kurzem Stiel. **V:** gesellig, auf abgestorbenen Lärchenästen *Larix;* im Sommer. **Mik:** Sporen glatt, ellipsoid, farblos, 6,5–8,5 × 3,5 –4,5 µm, uniseriat, Asci J–, 8-sporig. (BK 1.229, 🖼).

16.10.20 *Lachnellula arida*, Goldgelbes Nadelholzrauhaarbecherchen

16.10.21 *Lachnellula flavovirens* (Bres.) Dennis
Gelbgrünes Nadelholzrauhaarbecherchen,
Orangegelbes Braun-Haarbecherchen, Orangegelbes Haarbecherchen

Frkp: 1–4 mm breit, becherförmig, später flach mit aufstehendem Rand, Oberseite glatt, gelb, gelboliv- bis gelbocker, Außenseite und Rand dicht ockerfuchsig bis graubraun behaart, Stiel kurz oder fehlend. **V:** gesellig, auf Zweigen von Wacholder *Juniperus* oder Nadelhölzern; im Sommer. **Mik:** Sporen glatt, ellipsoid bis leicht spindelig, farblos, 10–13 × 3,5–5,5 µm, uniseriat, Asci J–, 8-sporig.

16.10.22 *Lachnellula fuscosanguinea* (Rehm) Dennis
Braunhaariges Nadelholzrauhaarbecherchen,
Braunhaariges Föhren-Haarbecherchen, Braunhaariges Nadelholz-Haarbecherchen

Frkp: 1–5 mm, breit becherförmig bis fast flach, Oberseite glatt, gelb bis gelborange, Außenseite und Rand fransig mit braunen Haaren, Stiel kurz. **V:** gesellig, subalpin bis alpin, vorwiegend auf Ästen von Bergföhre *Pinus mugo;* im Sommer. **Mik:** Sporen glatt, ellipsoid, spindel- bis keulenförmig, teils 1-fach septiert, farblos, 14–15 × 4–5 µm, uniseriat, Asci J–, 8-sporig. (BK 1.231f, 🖼).

16.10.23 *Lachnellula calyciformis* (Willd.) Dharne,
Helvella calycina Skrede, T.A. Carlsen & T. Schumach.
Pokalförmiges Nadelholzrauhaarbecherchen, Pokalförmiges Nadelholz-Haarbecherchen, Pokalförmiges Haarbecherchen

Frkp: 2–3 mm breit, becher- bis flach schüsselförmig, Oberseite glatt, gelb bis orange, Außenseite und Rand dicht mit weißen Haaren bedeckt, mit kurzem Stiel. **V:** auf Zweigen von Weißtanne *Abies* und Fichte *Picea;* Frühling bis Herbst. **Mik:** Sporen glatt, ellipsoid, farblos, 4,5–7 × 2,5–3 µm, reif mit kleineren Tropfen, uniseriat, Asci J–, 8-sporig. (BK 1.230, 🖼).

16.10.24 *Lachnellula subtilissima* (Cooke) Dennis
Weißtannen-Nadelholzrauhaarbecherchen,
Weißtannen-Haarbecherchen

Frkp: 0,1–1 cm breit, becherförmig, Oberseite glatt oder höckerig-furchig, lebhaft gelb bis gelborange, Außenseite und Rand filzig haarig, Rand gefranst, weißlich, mit kurzem, deutlichem Stiel. **V:** meist gesellig, auf dürren Nadelholzästchen; ganzjährig. **Mik:** Sporen glatt, zylindrisch oder leicht spindelförmig, farblos, 5–8 × 1,5–2 µm, unregelmäßig biseriat, Asci J–, 8-sporig. (BK 1.235, 🖼).

16.10.25 *Lachnellula suecica* (de Bary ex Fuckel) Nannf.
Rundsporiges Föhren-Nadelholzrauhaarbecherchen,
Rundsporiges Föhren-Haarbecherchen

Frkp: 1–5 mm breit, erst becher-, später abgeflacht schüsselförmig, Oberseite glatt, gelb bis orange, Außenseite und Rand dicht mit weißen Haaren bedeckt, mit kurzem Stiel. **V:** auf abgestorbenen, berindeten Zweigen von Bergföhre *Pinus mugo,* seltener auch Lärche *Larix;* Sommer bis Herbst. **Mik:** Sporen glatt, kugelförmig, farblos, 4,5–5 µm, uniseriat, Asci J+, 8-sporig. (BK 1.236, 🖼).

16.10.26 *Lachnellula occidentalis* (G.G. Hahn & Ayers) Dharne, *Lachnella hahniana* Seaver, Schmalsporiges Lärchen-Nadelholzrauhaarbecherchen, Lärchen-Nadelholz-Haarbecherchen, Lärchen-Haarbecherchen: Fruchtkörper becher- bis schüsselförmig; auf abgestorbenen, berindeten Zweigen von Lärchen *Larix,* Frühling bis Spätherbst. Sporen spindelförmig bis ellipsoid, 12–17 × 3,5–6 µm, uni- bis biseriat, Asci J–. (BK 1.233, 🖼).

16.10.27 *Lachnellula splendens* (J. Schröt.) Baral & Matheis
Leuchtendes Nadelholzrauhaarbecherchen, Leuchtendes Nadelholzhaarbecherchen

Frkp: 0,5–3 mm, breit becherförmig bis fast flach, Oberseite glatt, hell- bis satt dottergelb oder gelborange, Außenseite körnig-flaumig, Rand mit kurzen weißen Haaren, Stiel kurz, 0,1–0,5 mm lang. **V:** gesellig, auf Ästen von Fichte *Picea;* im Sommer. **Mik:** Sporen glatt, stark spindelförmig, ganz reif teilweise 1- bis 2-fach septiert, farblos, 23–30 × 5,5–6,5 µm, biseriat, Asci J–, 8-sporig. (BK 1.234).

Lachnellula abietis (P. Karst.) Dennis, Fichten-Nadelholzrauhaarbecherchen: Sporen spindelig mit mehrheitlich zugespitzten Polen, 15–19 × 3,5–4,5 µm.

16.10.28 *Lachnellula willkommii* (R. Hartig) Dennis
Lärchenkrebs-Nadelholzrauhaarbecherchen,
Lärchen-Krebsbecherchen

Frkp: 1–5 mm breit, erst becher-, später abgeflacht schüsselförmig, Oberseite glatt, gelb bis orange, Außenseite und Rand dicht mit weißen Haaren bedeckt, mit kurzem Stiel. **V:** auf hängenden Zweigen von

16.10.22 *Lachnellula fuscosanguinea*, Braunhaariges Nadelholzrauhaarbecherchen

16.10.23 *Lachnellula calyciformis*, Pokalförmiges Nadelholzrauhaarbecherchen

16.10.24 *L. subtilissima*, Weißtannen-Nadelholzrauh.

16.10.26 *L. occidentalis*, Schmalsporiges Lärchen-N.

16.10.25 *L. suecica*, Rundsporiges Föhren-Nadelholzr.

16.10.28 *Lachnellula willkommii*, Lärchenkrebs-Nadelholzrauhaarbecherchen

Lärche *Larix,* oft in der Nähe von den verursachten Krebsbildungen; Frühling bis Spätherbst. **Mik:** Sporen glatt, ellipsoid bis spindelförmig, farblos, 18–20 × 7–8 µm, uniseriat, Asci J+ (schwach dextrinoid), 8-sporig. (BK 1.237).

16.10.29 *Hyaloscypha hyalina* (Pers.) Boud.
Durchscheinendes Pfriemhaarbecherchen

Frkp: 0,2–0,5 mm breit, becherförmig, Oberseite glatt, durchscheinend grauweiß, Außenseite und Rand filzig, weißlich, ungestielt. **V:** meist rasig, auf morschem Laubholz, vor allem Esche *Fraxinus* und Eiche *Quercus;* im Frühling. **Mik:** Sporen glatt, schmal ellipsoid, farblos, 6–10 × 2–3 µm, biseriat, Asci J+, 8-sporig, Haare 25–35 µm. (BK 1.240).

16.10.29 *Hyaloscypha hyalina,* Durchscheinendes Pfriemhaarbecherchen

Hyaloscypha albohyalina (P. Karst.) Boud., Cremegelbliches Pfriemhaarbecherchen: Fruchtkörper weißlichgrau bis cremegelblich; meist auf der Unterseite von entrindetem Holz verschiedenster Baumarten und Stäuchern, Herbst bis Frühling. Haare 35–40 µm.

16.10.30 *Hyaloscypha leuconica* (Cooke ex Stev.) Nannf., Dickwandhaariges Pfriemhaarbecherchen, Weißhaariges Nadelholzbecherchen: Fruchtkörper weiß bis gelblich mit langen Randhaaren, evtl. kurz gestielt; vorwiegend auf Nadelholz. Sporen 5,5–10 × 1,5–3 µm, Haare 80–200 µm.

Eupezizella aureliella (Nyl.) T. Kosonen, Huhtinen & K. Hansen, *Hyaloscypha aureliella* (Nyl.) Huhtinen, Gelblichhaariges Pfriemhaarbecherchen: Randhaare weißlich bis etwas gelbbraun; vorwiegend auf Nadelholz. Sporen schmal zylindrisch, spindelförmig bis leicht allantoid, 6–10 × 1,5–3 µm, Asci mit Haken, Haare 25–40 × 2,5–5 µm.

Hyaloscypha daedaleae Velen., Keilsporiges Pfriemhaarbecherchen: Fruchtkörper grauweiß; vorwiegend auf entrindeter Eiche *Quercus* oder Edelkastanie *Castanea.* Sporen tropfenförmig, 7,5–9 × 1,5–2 µm, Haare 15–25 µm.

Hyaloscypha strobilicola Huhtinen: Fruchtkörper weiß; auf Zapfen von Föhre *Pinus.* Sporen ellipsoid bis etwas asymmetrisch, 3–5 × 1–2 µm, Haare 20–30 × 2–4 µm.

Hyaloscypha fuckelii Nannf., Knaufhaariges Pfriemhaarbecherchen: Fruchtkörper weiß; auf Hartholz. Sporen zylindrisch, ellipsoid bis etwas allantoid, 6–10 × 1–2,5 µm, Haare 30–60 × 2–6 µm.

Hyaloscypha intacta Svrček: Fruchtkörper weiß; auf Hartholz. Sporen zylindrisch, ellipsoid bis etwas allantoid, 9–13 × 3–3,5 µm, Asci J–, Haare 25–30 × 2–3 µm.

Es gibt eine Reihe weitere *Hyaloscypha*-Arten, die anhand vom Substrat, der Haarlängen, Sporenformen und -größen und vorhandenem oder fehlendem Haken an der Basis der Asci mit entsprechender Literatur unterschieden werden können.

16.10.32 *Patellariopsis atrovinosa,* Schwarzweinrotes Scheibenbecherchen

16.10.31 *Dematioscypha delicata* (Berk. & Broome) Hosoya, *Dematioscypha dematiicola* (Berk. & Broome) Svrček, *Hyaloscypha dematiicola* (Berk. & Broome) Nannf.
Schimmel-Konidienhaarbecherchen, Schimmel-Haarbecherchen

Frkp: 0,2–0,4 mm, becherförmig, innen glatt, grau, Außenseite dunkelbraun, am Rand und außen dicht weißlich behaart. **V:** gesellig, auf faulendem, feuchtem Holz, vorwiegend Buche *Fagus;* im Frühling. **Mik:** Sporen glatt, ellipsoid, reif 1-fach septiert, farblos, 6–9,5 × 2–2,5 µm, vorwiegend biseriat, Asci J–, 8-sporig, Haare einzeln farblos, in Büscheln leicht braun, scharf zugespitzt, 50–110 × 3–6 µm. (BK 1.239).

16.10.32 *Patellariopsis atrovinosa* (A. Bloxam ex Curr.) Dennis
Schwarzweinrotes Scheibenbecherchen

Frkp: 0,5–1 mm, tellerförmig mit wulstigem Rand, innen rau, grau- bis schwarzviolett, außen blasser rosabraun, feinfilzig. **V:** gesellig, auf totem Holz von Sträuchern, z. B. Kornelkirsche *Cornus mas;* im Winterhalbjahr. **Mik:** Sporen glatt, spindel- bis etwas keulenförmig, teils einseitig leicht abgeflacht, 3-fach septiert, farblos, 20–30 × 3,5–4,5 µm, mit vielen Tropfen, vorwiegend biseriat, Asci J+, mit Haken, 8-sporig. (BK 1.263).

16.10.33 *Mollisia rosae* (Pers.) P. Karst., *Tapesia rosae* (Pers.) Fuckel
Rosen-Weichbecherchen, Alpendost-Einsenkbecherchen, Rosen-Filzbecherchen

Frkp: bis 2 mm breit, becherförmig, Oberseite glatt, grauschwarz, Außenseite flaumig, braunschwarz, Rand haarig, fransig, weißlich, stiellos auf schwarzbraunem Hyphengeflecht aufsitzend. **V:** dicht gedrängt, auf Rosenästchen *Rosa;* im Frühling. **Mik:** Sporen glatt, zylindrisch, farblos, 6–9 × 2–3 µm, biseriat, Asci J+, 8-sporig. (BK 1.269).

16.10.33 *Mollisia rosae,* Rosen-Weichbecherchen

16.10.34 *Mollisia juncina* (Pers.) Rehm
Binsen-Weichbecherchen

Frkp: 0,3–0,8 mm, blasig bis becherförmig, später flacher, scheibenförmig, fleischbraun, innen glatt, außen fein kleiig, Rand oft etwas heller, fein kleiig, trocken weißlich und eingerollt. **V:** rasig, auf faulenden Binsenhalmen *Juncus;* im Frühling. **Mik:** Sporen glatt, ellipsoid, farblos, 11–13 × 1,5–2 µm, kleine Tropfen an den Polen, biseriat, Asci J+, 8-sporig. (BK 1.276).

16.10.35 *Mollisia pulla* (W. Phillips & Keith) Baral, *Niptera pulla* (W. Phillips & Keith) Boud.
Mehrfachseptiertsporiges Schilf-Weichbecherchen, Schwarzberindetes Weichbecherchen

Frkp: 0,5–0,1 mm, schüssel-, scheibenförmig bis flach oder auch konvex, innen glatt, blass cremegelblich bis grauocker, außen feinsamtig, braunschwarz, ungestielt aufsitzend. **V:** gedrängt, auf abgestorbenen Schilfstängeln *Phragmites,* Binsen *Juncus* oder

16.10.35 *Mollisia pulla,* Mehrfachseptiertsporiges Schilf-Weichbecherchen

Seggen *Carex;* im Sommer. **Mik:** Sporen glatt, spindel-, teils etwas keulenförmig und gekrümmt, 2- bis 4-fach septiert, farblos, mit mehreren Tropfen, 32–45 × 4–4,5 µm, biseriat, Asci J+, 8-sporig. (BK 1.264, 🖼).

16.10.36 *Mollisia hydrophila* (P. Karst.) Sacc.,
Tapesia hydrophila (P. Karst.) Rehm
Helles Schilf-Weichbecherchen, Helles Schilfbecherchen

Frkp: 0,5–1,5 mm breit, jung becher-, später schüssel- bis scheibenförmig und zunehmend unregelmäßig verbogen, innen glatt, grau- bis blau- oder ockerweiß, außen dunkler, Stiel fehlend oder kurz und braun, auf einem dunkelbraunen Hyphenfilz aufsitzend. **V:** einzeln bis gesellig, auf abgestorbenen Schilfstängeln *Phragmites;* Frühsommer bis Sommer. **Mik:** Sporen glatt, schmal ellipsoid, einseitig etwas schmaler, farblos, 9–13 × 1,5–2,5 µm, mit Tropfen, biseriat, Asci J+, 8-sporig. (BK 1.267, 🖼).

16.10.37 *Mollisia amenticola* (Sacc.) Rehm
Erlenzäpfchen-Weichbecherchen

Frkp: 0,3–1 mm, unregelmäßig schüssel- bis scheibenförmig, innen und außen glatt, gelbockerlich. **V:** gesellig oder büschelig, auf den Schuppen von Erlenzäpfchen *Alnus;* im Winter. **Mik:** Sporen glatt, ellipsoid bis etwas allantoid, farblos, 5–5,5 × 1,5–2 µm, uniseriat, Asci J+, 8-sporig. (🖼).

16.10.38 *Mollisia cinerea* (Batsch) P. Karst.
Aschgraues Weichbecherchen, Aschfahles Weichbecherchen

Frkp: 0,5–2,5 mm, becherförmig bis flattrig, blumenkelchartig, Oberseite glatt, grauweiß bis grauockerlich, Außenseite feinflaumig, ockerbräunlich, Rand jung weiß, ohne Stiel. **V:** gedrängt gesellig, auf morschem Laubholz, vorwiegend Eiche *Quercus* und Buche *Fagus;* ganzjährig. **Mik:** Sporen glatt, länglich ellipsoid bis schwach allantoid, farblos, teilweise schwach allantoid, 7–9 × 2–2,5 µm, mit kleinen Tropfen an den Polen, unregelmäßig biseriat, Asci J+, 8-sporig. (BK 1.274, 🖼).

16.10.39 *Mollisia ventosa* P. Karst.
Flatteriges Weichbecherchen

Frkp: 0,5–2 mm, erst becherförmig, zunehmend abgeflacht bis gewölbt, oft unregelmäßig, Oberseite gelblich bis gelbocker, Außenseite und teilweise auch Rand bräunlich, ungestielt. **V:** gesellig, auf morschem Laubholz; im Sommer. **Mik:** Sporen glatt, länglich ellipsoid bis schwach allantoid, 1- bis 2-fach septiert, farblos, 12–18 × 2,5–3,5 µm, mit mehreren kleinen Tropfen, unregelmäßig biseriat, Asci J+, 8-sporig. (BK 1.280, 🖼).

16.10.40 *Mollisia melaleuca* (Fr.) Sacc.
Schwarzweißes Weichbecherchen

Frkp: bis 2 mm breit, unregelmäßig becherförmig, Oberseite glatt, oft etwas runzelig, weißlich bis cremeockerlich, Außenseite dunkelbraun, ungestielt. **V:** gesellig, auf morschem Laub- oder Nadelholz; im Spätherbst bis Anfang Frühling. **Mik:** Sporen glatt, länglich ellipsoid bis zylindrisch, farblos, ganz reif allenfalls 1-fach septiert, 9–12 × 2–3 µm, unregelmäßig biseriat, Asci J+, 8-sporig. (BK 1.278, 🖼).

16.10.41 *Mollisia ligni* (Desm.) P. Karst.
Holz-Weichbecherchen

Frkp: 0,5–1 mm, jung blasig, dann becher- bis schüsselförmig, innen glatt, dunkelgrau, Rand weißlich, außen feinflaumig, dunkelbraun, ungestielt. **V:** rasig, auf entrindetem Laubholz, vorwiegend Eiche *Quercus* und Edelkastanie *Castanea;* im Winterhalbjahr. **Mik:** Sporen glatt, länglich ellipsoid bis leicht keulenförmig, farblos, 9–11 × 2–2,5 µm, unregelmäßig biseriat, Asci J+, 8-sporig. (🖼).

16.10.42 *Mollisia discolor* (Mont. & Fr.) W. Phillips
Verschiedenfarbiges Weichbecherchen

Frkp: bis 1 mm, schüssel- bis scheibenförmig, glatt, weißlich bis ockergelb, Rand und Außenseite dunkelbraun. **V:** gedrängt, auf berindeten Laubholzästen, z. B. Eiche *Quercus*, Hasel *Corylus*, Kornelkirsche *Cornus;* im Winterhalbjahr. **Mik:** Sporen glatt, schmal ellipsoid, oft mit 2–3 Tropfen, farblos, 10–12 × 2–2,5 µm, biseriat, Asci J+, 8-sporig. (BK 1.275).

16.10.36 *M. hydrophila*, Helles Schilf-Weichbech.

16.10.37 *M. amenticola*, Erlenzäpfchen-Weichbech.

16.10.38 *M. cinerea*, Aschgraues Weichbecherchen

16.10.39 *Mollisia ventosa*, Flatteriges Weichbecherchen

16.10.40 *Mollisia melaleuca*, Schwarzweißes Weichbecherchen

16.10.41 *Mollisia ligni*, Holz-Weichbecherchen

16.10.43 *Mollisia russea* Schmid-Heckel ex Baral, *Scutomollisia russea* Schmid-Heckel
Rostbraunes Borstgras-Weichbecherchen

Frkp: 0,5–3,5 mm, schüssel- bis scheibenförmig, Oberseite glatt, rostorange, Rand etwas wulstig, Außenseite dunkelrotbraun bis schwarz. **V:** auf letztjährigen Halmen von Borstgras *Nardus;* im Sommer. **Mik:** Sporen glatt, schmal ellipsoid, farblos, 11–15 × 3–3,5 µm, mit kleinen Tropfen, biseriat, Asci J+, inoperculat, 8-sporig. (CH 66).

16.10.44 *Mollisia strobilicola* (Rehm) Kutorga, *Tapesia strobilicola* (Rehm) Sacc.
Zapfen-Weichbecherchen, Zapfen-Filzbecherchen

Frkp: 0,5–2 mm, unregelmäßig becher- bis schüsselförmig, innen glatt, blass- bis ockergelb, außen braun, ungestielt auf einem dunkelbraunen Hyphenfilz aufsitzend. **V:** gesellig bis büschelig gedrängt, auf abgefallenen Zapfen von Nadelbäumen, vor allem Waldkiefer *Pinus;* im Frühling. **Mik:** Sporen glatt, ellipsoid, farblos, 7,5–9,5 × 1,5–2,5 µm, biseriat, Asci J+, 8-sporig.

16.10.45 *Mollisia lividofusca* (Fr.) Gillet, *Tapesia lividofusca* (Fr.) Rehm
Bleigraubraunes Filz-Weichbecherchen,
Schwarzweißes Filzbecherchen, Dunkelbleigraues Weichbecherchen

Frkp: bis 2 mm breit, schüssel- bis unregelmäßig scheibenförmig, oft runzelig, innen glatt, hell- bis bläulichgrau, Außenseite fein behaart, gegen die Ansatzstelle bräunlich. **V:** auf morschem Laubholz; ganzjährig. **Mik:** Sporen glatt, ellipsoid bis spindelig, farblos, 8–13 × 2,5–3,5 µm, biseriat, Asci J+, 8-sporig. (BK 1.270).

16.10.46 *Mollisia fusca* (Fuckel) P. Karst., *Tapesia fusca* Fuckel
Dunkelgraues Filz-Weichbecherchen,
Bläulichgraues Filzweichbecherchen, Dunkelgraues Filzbecherchen

Frkp: bis 2 mm breit, becherförmig bis flach, oft mit aufgerichtetem Rand, Oberseite glatt, ocker- bis bläulichgrau, Außenseite gleichfarbig, Rand heller, ungestielt auf filzigem, dunkel gefärbtem Hyphengeflecht. **V:** meist gesellig, auf morschem Holz; Frühjahr bis Herbst. **Mik:** Sporen glatt, schmal zylindrisch bis spindelförmig, farblos, 8–12 × 1,5–2,5 µm, biseriat, Asci J–, 8-sporig. (BK 1.266, 🖼).

16.10.46 *Mollisia fusca,* Dunkelgraues Filz-Weichbecherchen

16.10.47 *Trichobelonium kneiffii* (Wallr.) J. Schröt.,
Tapesia retincola (Rabenh.) P. Karst.
Schilf-Langsporenweichbecherchen, Gelbes Schilf-Filzbecherchen

Frkp: bis 3 mm breit, flach becherförmig bis ausgebreitet oder auch gewölbt, Oberseite glatt, gelblich bis ockergelb, Außenseite bräunlich, kaum gestielt auf braunschwarzem Hyphenfilz aufsitzend. **V:** gesellig bis gedrängt auf abgestorbenen Schilfrohrstängeln *Phragmites;* im Frühling bis Sommer. **Mik:** Sporen glatt, länglich, zylindrisch, farblos, 15–21 × 2–3 µm, an den Polen mit kleinen Tropfen, biseriat, Asci J+, 8-sporig. (BK 1.268, 🖼).

16.10.47 *Trichobelonium kneiffii,* Schilf-Langsporenweichbecherchen

16.10.48 *Pyrenopeziza escharodes* (Berk. & Broome) Rehm,
Mollisia escharodes (Berk. & Broome) Gremmen
Schorfiges Einsenkbecherchen, Schorfiges Weichbecherchen

Frkp: 0,5–1 mm breit, jung unter der Haut der Brombeerstängel, kugelig, später hervorbrechend, becherförmig aufreißend und aufsitzend, innen glatt, grauocker bis dunkelgrau, außen fein kleiig, dunkelbraun, Rand heller und gefranst. **V:** gesellig, auf abgestorbenen Stängeln von Brombeere *Rubus* oder Rose *Rubus;* im Frühling. **Mik:** Sporen glatt, spindel- bis keulenförmig, farblos, 7–9 × 2–2,5 µm, unregelmäßig biseriat, Asci J+, 8-sporig. (BK 1.281, 🖼).

16.10.48 *Pyrenopeziza escharodes,* Schorfiges Einsenkbecherchen

16.10.49 *Pyrenopeziza adenostylidis* (Rehm) Gremmen, *Mollisia adenostylidis* Rehm
Alpendost-Durchbrechbecherchen, Alpendost-Weichbecherchen

Frkp: 1–2 mm breit, schüssel- bis unregelmäßig scheibenförmig, innen glatt, graublau, gegen außen heller ockerbräunlich, Rand weißlich, evtl. feinst flaumig, Außenseite bräunlich, ungestielt. **V:** rasig, auf abgestorbenen Stängeln von Alpendost *Adenostyles;* im Sommer. **Mik:** Sporen glatt, schmal zylindrisch bis spindelförmig, farblos, 8–12 × 1,5–2 µm, uni- bis biseriat, Asci J+, 8-sporig. (BK 1.271).

16.10.50 *Pyrenopeziza revincta* (P. Karst.) Gremmen,
Mollisia revincta (P. Karst.) Rehm
Grauolivliches Kraut-Durchbrechbecherchen,
Zerbrechliches Kräuter-Weichbecherchen

Frkp: bis 1 mm breit, becher- bis unregelmäßig scheibenförmig, Oberseite glatt, blaugrau, Außenseite dunkelbraun, Randzone heller ockerlich, ungestielt. **V:** gesellig, auf faulenden Stängeln von Spierstauden *Filipendula;* im Sommer. **Mik:** Sporen glatt, zylindrisch bis ellipsoid, farblos, 6–8 × 1,5–2,5 µm, unregelmäßig biseriat, Asci J+, 8-sporig. (BK 1.279, 🖼).

16.10.50 *Pyrenopeziza revincta,* Grauolivliches Kraut-Durchbrechbecherchen

16.10.51 *Pyrenopeziza pulveracea* (Fuckel) Gremmen
Graues Spierstauden-Durchbrechbecherchen, Spierstauden-Einsenkbecherchen

Frkp: 0,2–0,5 mm breit, erst kugelig unter der Haut der Stängel, später hervorbrechend und becherförmig aufreißend, innen glatt und graubraun, außen fein kleiig, dunkelbraun, Rand heller und gefranst, ungestielt. **V:** gesellig, auf abgestorbenen Stängeln von Spierstauden *Filipendula;* im Frühling. **Mik:** Sporen glatt, spindel- bis keulenförmig, gelegentlich 1-fach septiert, farblos, 6–12 × 2–2,5 µm, uni- bis biseriat, Asci J+, 4- bis 8-sporig. (BK 1.283, 🖼).

Die Angaben zur Länge der Sporen variieren stark.

16.10.52 *Pyrenopeziza petiolaris* (Alb. & Schwein.) Nannf.
Bergahornblattstiel-Durchbrechbecherchen, Blattstiel-Spaltbecherchen

Frkp: bis gut 1 mm lang, erst als Wölbung unter der schwarz verfärbenden Haut der Blattstiele, später in einer Längsspalte aufbrechend und zunehmend becherförmig, grauschwarz, ungestielt. **V:** gesellig, entlang von abgestorbenen Blattstielen von Ahorn *Acer* oder Storchenschnabel *Geranium;* im Frühling. **Mik:** Sporen glatt, spindel- bis keulenförmig, gelegentlich 1-fach septiert, farblos, 7–7,5 × 2–2,5 µm, biseriat, Asci J+, 8-sporig. (BK 1.282, 🖼).

16.10.53 *Pyrenopeziza benesuada* (Tul.) Gremmen, *Mollisia benesuada* (Tul.) W. Phillips
Gutgeratenes Holz-Durchbrechbecherchen, Rasiges Weichbecherchen

Frkp: 0,5–1,5 mm, schüssel- bis unregelmäßig scheibenförmig, innen glatt, grau bis grauocker oder grauoliv, Rand heller, Außenseite ebenfalls glatt, gegen die Ansatzstelle bräunlich, ungestielt. **V:** gesellig bis gedrängt, auf abgestorbenen, berindeten Ästen, teilweise in Rindenspalten, vorwiegend Weide *Salix,* Erle *Alnus,* Birke *Betula,* Hasel *Corylus;* im Frühling bis Herbst. **Mik:** Sporen glatt, schmal zylindrisch bis etwas keulenförmig, farblos, 7–11 × 1,5–2,5 µm, uni- bis biseriat, Asci J+, 8-sporig. (BK 1.273).

16.10.54 *Pseudopeziza trifolii* (Biv.) Fuckel
Kleeblatt-Schmarotzerbecherchen, Kleeblatt-Scheinbecherchen

Frkp: ca. 0,5 mm, scheiben- bis becherförmig, olivbräunlich, eingesenkt in der Blattoberfläche von Kleeblättern, umgeben von dunklen Flecken, Stiel fehlend. **V:** gesellig, parasitisch auf der Oberseite von Kleeblättern *Trifolium;* im Herbst. **Mik:** Sporen glatt, oval, farblos, mit 2 Tropfen, 10–16 × 4,5–5 µm, biseriat, Asci J–, 8-sporig. (BK 1.284, 🖼).

16.10.55 *Perrotia flammea* (Alb. & Schwein.) Boud.
Rotbraunes Pelzbecherchen

Frkp: 1–2 mm, kugelig bis becherförmig, Innenseite glatt, blassorange, Außenseite zottig, gelborange, rosabräunlich bis zinnoberrötlich, Randhaare heller, Stiel kurz. **V:** gesellig, auf morschem, entrindetem Laubholz im Herbst. **Mik:** Sporen glatt, zylindrisch bis allantoid, reif 1-fach septiert, farblos, 11,5–18,5 × 2,5–5,5 µm, uni- bis biseriat, Asci J–, inoperculat, 8-sporig. (CH 69).

16.10.56 *Proliferodiscus tricolor* (Sowerby) Baral
Dreifarbiges Eichen-Grauhaarbecherchen

Frkp: 0,5–2 mm, pokal- bis becherförmig, innen glatt, cremeocker, außen zottig, weißbräunlich bis grauviolett behaart, Stiel deutlich, kurz. **V:** vereinzelt bis gesellig, auf der Borke von vitalen Eichenstämmen *Quercus.* **Mik:** Sporen glatt, zylindrisch bis schwach ellipsoid, farblos, 9–16 × 2–3,5 µm, uni- bis biseriat, Asci J+, inoperculat, 8-sporig. (CH 73).

16.10.57 *Proliferodiscus pulveraceus* (Alb. & Schwein.) Baral, Pulverighaariges Grauhaarbecherchen: Fruchtkörper innen glatt, gelb bis grünlichgelb, außen dicht zottig, weiß bis grau behaart; rasig auf der Borke verschiedener Laubbäume, im Winterhalbjahr. Sporen ellipsoid bis etwas keilförmig, 5–8 × 1,5–3 µm. (CH 72).

16.10.58 *Podophacidium xanthomelum* (Pers.) Kavina
Braungelbes Linsenbecherchen

Frkp: 1–4 mm, kugelig, später erdsternartig aufbrechend, linsen- bis unregelmäßig scheibenförmig, glatt, innen schwefel- bis goldgelb, Außenseite schorfig, braun, Rand braunlappig gekerbt, ungestielt. **V:** in gedrängten Gruppen auf Erde oder Streu; Sommer bis Herbst. **Mik:** Sporen glatt, ellipsoid, farblos, 12–14 × 4,5–6 µm, mit 2 Tropfen, unregelmäßig uniseriat, Asci J+, 8-sporig, Paraphysen fadenförmig, Spitzen gegabelt und verbogen, spärlich septiert. (BK 1.286, 🖼).

16.10.51 *Pyrenopeziza pulveracea,* Graues Spierstauden-Durchbrechbecherchen

16.10.52 *Pyrenopeziza petiolaris,* Bergahornblattstiel-Durchbrechbecherchen

16.10.54 *Pseudopeziza trifolii,* Kleeblatt-Schmarotzerbecherchen

16.10.58 *Podophacidium xanthomelum,* Braungelbes Linsenbecherchen

16.10.59 *Chlorosplenium cenangium* (De Not.) Korf
Alpenrosen-Grünspanbecherling

Frkp: 1–3 mm, tellerförmig, Oberseite glatt, grünlich bis olivgelb, Außenseite und Rand schorfig, braun, kurz gestielt. **V:** büschelig und gesellig, auf abgestorbenen Zweigen von Rostblättriger Alpenrose *Rhododendron ferrugineum;* im Sommer. **Mik:** Sporen glatt, ellipsoid, 1-fach septiert, farblos, 16–18 × 4,5–5,5 µm, uniseriat, Asci J+, 8-sporig, Paraphysen fadenförmig, Enden schwach keulenförmig, mehrfach septiert. (BK 1.200, 🖼).

16.10.60 *Aeruginoscyphus sericeus* (Alb. & Schwein.) Dougoud,
Chlorosplenium sericeum (Alb. & Schwein.) Boud., *Erinella sericea* (Alb. & Schwein.) Quél.
Seidenhaariges Grünspanbecherchen

Frkp: 1–3 mm, becher- bis schüsselförmig, Oberseite glatt, blassgrau bis blaugrün, Außenseite seidig blaugrün haarig, Rand deutlich bewimpert mit weißen und mehr oder weniger blaugrünen Haaren. **V:** gesellig auf morschem, liegendem Laubholz; im Sommer bis Winter. **Mik:** Sporen glatt, zylindrisch bis etwas keulig, teils auch leicht gebogen, reif 3-fach septiert, farblos, 43–57 × 3,5–4,5 µm, mit kleinen lichtbrechenden Tropfen, biseriat, Asci J+, inoperculat, 8-sporig, Haare 220–250 × 1,5–2,5 µm. (CH 42).

16.10.61 *Eriopezia caesia* (Pers.) Rehm, *Trichopeziza caesia* (Pers.) Boud.
Bläulichgraues Wollhaarbecherchen,
Schwarzes Spinnwebbecherchen, Braunscheibiges Wirrhaarbecherchen

Frkp: 0,3–1 mm, becher- bis schüsselförmig, Oberseite mehrheitlich glatt, grau- bis olivschwarz, Außenseite und Rand weiß wollig, haarig. **V:** dicht gedrängt auf frischem Totholz von Laubbäumen; ganzjährig. **Mik:** Sporen glatt, ellipsoid bis keulenförmig, farblos, 31–37 × 5–6,5 µm, teils mit 1 Tropfen, biseriat, Asci J+, inoperculat, 8-sporig, Haare 220–250 × 1,5–2,5 µm. (CH 56, 🖼).

16.10.62 *Godronia ribis* (Fr.) Seaver
Johannisbeer-Fransenrandbecherchen, Johannisbeer-Becherling

Frkp: 1–3 mm, erst beinahe kugelig, später becherförmig bis fast flach, Oberseite glatt, ockergrau bis gelbockerlich, Außenseite filzig-schorfig, braunschwarz, Rand oft schartig, kurz gestielt. **V:** in Büscheln aus der Rinde von abgefallenen Johannisbeerzweigen *Ribes* hervorbrechend; Frühling. **Mik:** Sporen glatt, schmal, spindelförmig, 3- bis 5-fach septiert, farblos, 32–38 × 3–3,5 µm, ohne oder mit mehreren Tropfen, biseriat, Asci J+, 8-sporig, Paraphysen fadenförmig, ca. 1,5 µm breit, gegen die Spitzen selten gegabelt. (BK 1.205, 🖼).

16.10.63 *Godronia urceolus* (Alb. & Schwein.) P. Karst.
Urnenförmiges Birken-Fransenrandbecherchen,
Urnenförmiger Birken-Becherling, Urnenförmiger Schneeball-Becherling

Frkp: 1–2 mm, erst kugelig, später becher- bis pokalförmig, rundum schwarz bis olivbraun, kleiig, Rand olivbraun, etwas eingebogen, Stiel kurz, konisch, schwarz. **F:** gallertartig. **V:** meist in Büscheln auf der Rinde von Wolligem Schneeball *Viburnum lantana,* Johannisbeere *Ribes* oder Laubhölzern; im Frühling. **Mik:** Sporen glatt, sehr schmal spindelförmig, fadenförmig, 5- bis 7-fach septiert, farblos, 65–73 × 2–2,5 µm, mit vielen Tropfen, Sporen parallel (multiseriat), Asci J+, 8-sporig, Paraphysen fadenförmig, Enden kopfig verdickt, vielfach septiert, gegabelt. (BK 1.206).

16.10.64 *Godronia callunigena* (P. Karst.) P. Karst., Heidekraut-Fransenrandbecherchen: Fruchtkörper 0,5–1 mm, innen grauweiß auf Heidekraut *Calluna vulgaris.* Sporen fadenförmig bis allantoid gekrümmt, 3- bis 9-fach septiert, 30–60 × 2–3 µm.

16.10.65 *Grovesiella abieticola* (Zeller & Goodd.) M. Morelet & Gremmen,
Godronia abieticola (Zeller & Goodd.) Seaver
Tannen-Schwarzlederbecherchen

Frkp: 0,5–1,5 mm, kugelig bis birnenförmig, später becherförmig, Innenseite glatt, grau, Außenseite dunkelbraun bis schwarz, Rand fransig, Stiel kurz. **V:** auf berindeten, abgestorbenen, meist 2–3 cm dicken Ästen von Tanne *Abies;* im Frühling. **Mik:** Sporen glatt, schmal faden- bis nadelförmig, meist 7-fach septiert, farblos, 55–75 × 2,5–3,5 µm, mit vielen Tropfen, nebeneinanderliegend (multiseriat), Asci J–, 8-sporig. (CH 57, 🖼).

16.10.66 *Heterosphaeria patella* (Tode) Grev.
Schüsselförmiges Kugelbecherchen

Frkp: 0,5–1,5 mm, erst kugelig, Scheitel eingedellt, später Mitte aufreißend, napfförmig, innen glatt, grauweißlich, außen runzelig, braunschwarz, Rand fransig, eingerissen, ungestielt. **V:** einzeln bis rasig auf abgestorbenen Stängeln von Doldengewächsen *Apiaceae;* Frühling bis Sommer. **Mik:** Sporen glatt, zylindrisch bis ellipsoid, teils 1-fach septiert, farblos, 12–13 × 3,5–4,5 µm, biseriat, Asci J+, 8-sporig, Paraphysen zylindrisch, gegen die Enden keulenförmig verdickt. (BK 1.208, 🖼).

16.10.67 *Encoeliopsis rhododendri* (Ces.) Nannf.
Alpenrosen-Scheinbüschelbecherchen

Frkp: 0,5–2,5 mm, kugelig, später becherförmig, Innenseite glatt, grau bis grauoliv oder graugelb, Außenseite samtig graubraun bis oliv-schwarzbraun, Rand faserig-fransig, weißlich. **V:** subalpin bis alpin, meist gedrängt und gegenseitig zusammenpressend auf alten Samenkapseln von Alpenrosen *Rhododendron.* **Mik:** Sporen glatt, zylindrisch bis

16.10.59 *Chlorosplenium cenangium,* Alpenrosen-Grünspanbecherling

16.10.61 *Eriopezia caesia,* Bläulichgraues Wollhaarbecherchen

16.10.62 *Godronia ribis,* Johannisbeer-Fransenrandbecherchen

16.10.65 *Grovesiella abieticola,* Tannen-Schwarzlederbecherchen

16.10.66 *H. patella,* Schüsselförmiges Kugelbecherchen

16.10.67 *E. rhododendri,* Alpenrosen-Scheinbüsch

etwas allantoid, 1-fach, teils 2- bis 3-fach septiert, farblos, 17–22 × 4,5–5,5 µm, ohne Tropfen, biseriat, Asci J–, inoperculat, 8-sporig. (CH 55, 🖼).

16.10.68 *Unguicularia carestiana* (Rabenh.) Höhn., *Urceolella carestiana* (Rabenh.) Dennis
Kraushaariges Farn-Glashaarurnenbecherchen, Kraushaariges Urnenbecherchen

Frkp: 0,2–0,3 mm, blasen-, später urnenförmig, rundum weiß bis cremefarben, außen büschelig weiß behaart, ungestielt. **V:** gesellig, auf modernden Farnstängeln; Frühling bis Sommer. **Mik:** Sporen glatt, schmal spindelförmig, farblos, 7–10 × 1,5–2 µm, biseriat, Asci J+, 8-sporig, Paraphysen fadenförmig, die Asci nicht überragend. (BK 1.243).

16.10.69 *Arachnopeziza aurata* Fuckel, *Arachnopeziza nivea* Lorton
Blassgoldenes Spinnwebbecherchen, Weißes Spinnwebbecherchen

Frkp: bis 0,5 mm breit, becherförmig bis flach scheibenförmig, Oberseite glatt, weiß bis blass ockergelb, Außenseite und Rand weißlich behaart, ungestielt auf spinnwebartigem, weißem bis blass ockergelbem Hyphengewebe. **V:** rasig und verdeckt auf morschem Laubholz; ganzjährig. **Mik:** Sporen glatt, nadelförmig, ungleich zugespitzt, mehrfach septiert, farblos, 60–75 × 1,5–3 µm, Sporen parallel (multiseriat) Asci J+, 8-sporig, Paraphysen fadenförmig, 1–1,5 µm breit, mehrfach septiert, teils gegabelt. (BK 1.247/249, 🖼).

16.10.70 *Arachnopeziza aurelia* (Pers.) Fuckel
Goldgelbes Spinnwebbecherchen

Frkp: bis 1 mm breit, becherförmig bis flach, Oberseite glatt, gelb, Außenseite und Rand orangegelb behaart, direkt auf spinnwebartigem, gelblichem Hyphengewebe aufsitzend. **V:** gesellig, verdeckt auf feuchten Blättern oder moderigem Laubholz; ganzjährig. **Mik:** Sporen glatt, ellipsoid, 1- bis 3-fach septiert, farblos, 17–22 × 3,5–5 µm, teils mit farblosen Anhängseln, biseriat, Asci J+, 8-sporig, Paraphysen fadenförmig, mehrfach septiert. (BK 1.248, 🖼).

16.10.71 *Neobulgaria pura* (Pers.) Petr., ***Ombrophila pura*** (Pers.) Petr.
Buchen-Gallertkreisel,
Buchen-Gallertkreisling, Gemeiner Buchenkreisling

Frkp: 1–3 cm breit, flach becher- bis scheibenförmig, Oberseite glatt, blass lila- bis rosaockerlich, Außenseite höckerig, ungestielt oder mit angedeutetem stielartigem Zusammenzug. **F:** gallertartig, weich. **V:** büschelig bis knäuelig, vorwiegend auf liegendem Buchenholz *Fagus;* Sommer bis Winter. **Mik:** Sporen glatt, ellipsoid, farblos, 7–9 × 3,5–4,5 µm, mit 2 Tropfen, selten mit Keimschlauch, uniseriat, Asci J+, 8-sporig, Paraphysen zylindrisch, gegen Ende allmählich schwach verdickt. (BK 1.163, 🖼).

16.10.72 *Ascotremella faginea* (Peck) Seaver
Buchen-Schlauchzitterpilz

Frkp: 2–4 cm breit, kreiselförmig gewölbt bis unregelmäßig rundlich, rosa bis violettlich, teils kurz gestielt. **F:** gallertartig. **V:** gedrängt knäuelig, vorwiegend auf liegendem Buchenholz *Fagus* oder Erle *Alnus;* im Sommer und Spätsommer. **Mik:** Sporen fein längsgerieft, fast glatt, ellipsoid, farblos, 7–9 × 4–4,5 µm, mit 2 Tropfen, uni- bis biseriat, Asci J–, 8-sporig, Paraphysen fadenförmig, gegen Ende allmählich schwach verdickt. (BK 1.164f, 🖼).

16.10.73 *Ascocoryne cylichnium* (Tul.) Korf
Großsporiger Gallertbecher

Frkp: 0,5–2 cm, erst halbkugelig bis kissenförmig, später zunehmend unregelmäßig trichterig, becherförmig, Oberseite runzelig, rosaviolett, Außenseite glatt bis fein kleiig, gleichfarbig, mit oder ohne Stiel. **F:** gallertartig. **V:** meist büschelig, gedrängt auf moderndem Holz, vorwiegend Buche *Fagus;* Herbst und Winter. **Mik:** Sporen glatt, ellipsoid, reif mehrfach septiert, oft mit Sekundärsporen, farblos, 20–25 × 5–6 µm, jung mit Tropfen, biseriat, Asci J+, 8-sporig, Paraphysen fadenförmig, Enden bis 4 µm keulenförmig verdickt. (BK 1.166, 🖼).

16.10.74 *Ascocoryne sarcoides* (Jacq.) J.W. Groves & D.E. Wilson
Fleischroter Gallertbecher

Frkp: 0,5–2 cm, erst halbkugelig bis kissenförmig, später kreiselförmig und unregelmäßig gewölbt bis trichterig, Oberseite glatt bis etwas runzelig, rosaviolett, Außenseite gleichfarbig, glatt, trocken fein weißlich kleiig, mit oder ohne Stiel. **F:** gallertartig. **V:** meist büschelig, gedrängt auf moderndem Holz, vorwiegend Buche *Fagus;* Herbst und Winter. **Mik:** Sporen glatt, ellipsoid, reif 1-fach septiert, farblos, 12–16 × 4,5–5 µm, mit 2 Tropfen, uni- bis biseriat, Asci J+, 8-sporig, Paraphysen zylindrisch, Enden teilweise etwas verdickt, wenig septiert, gegabelt. (BK 1.167, 🖼).

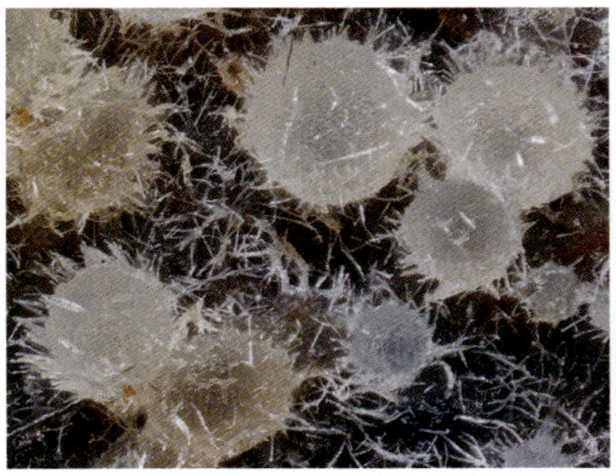

16.10.69 *A. aurata,* Blassgoldenes Spinnwebbecherchen

16.10.70 *A. aurelia,* Goldgelbes Spinnwebbecherchen

16.10.71 *Neobulgaria pura,* Buchen-Gallertkreisel

16.10.72 *Ascotremella faginea,* Buchen-Schlauchzitterpilz

16.10.73 *A. cylichnium,* Großsporiger Gallertbecher

16.10.74 *A. sarcoides,* Fleischroter Gallertbecher

16.10.75 *Ascocoryne inflata* Baral et Marson (ined.)
Aufgeblasener Gallertbecher, Rundköpfiger Paraphysen-Gallertbecher

Frkp: 0,5–2 cm breit, kreisel- bis becher- oder unregelmäßig kissenförmig, fleisch- bis orangebräunlich, mit oder ohne Stiel. **F:** gallertartig. **V:** gedrängt knäuelig, auf morschem Laubholz; im Herbst. **Mik:** Sporen glatt, ellipsoid bis allantoid mit ziemlich spitzen Enden, farblos, reif 1- bis 2-fach septiert, mit 2 Tropfen, 18–26 × 4,5–6,5 µm, Asci J+, 8-sporig, Paraphysen schlank, septiert, mit kopfigen Enden. (🖼).

16.10.76 *Ombrophila janthina* (Fr.) Sacc., *Hymenoscyphus janthinum* (Fr.) Lambotte, *Neottiella janthina* (Fr.) Ryman
Fichtenzapfen-Gallertkreisling

Frkp: 2–8 mm breit, deutlich in Hut und Stiel getrennt, Hut gewölbt bis leicht kreisel- oder trichterförmig, glatt, rosa- bis violettockerlich, Stiel deutlich 2–15 mm lang. **F:** weißlich-glasig. **V:** gesellig, auf feuchten, liegenden Fichtenzapfen *Picea;* Sommer, Spätsommer. **Mik:** Sporen glatt, ellipsoid, farblos, 5–6,5 × 2,5–3 µm, mit 2 größeren und einigen kleineren Tropfen, uni- bis biseriat, Asci schwach J+, 8-sporig, Paraphysen zylindrisch, Enden schwach verdickt. (BK 1.160, 🖼).

16.10.77 *Ombrophila violacea* Fr.
Violetter Gallertkreisling

Frkp: 2–8 mm breit, erst gewölbt, später trichterig, glatt, rosaviolettlich, kurz und dick gestielt. **F:** weißlich-glasig. **V:** gesellig, auf dürren, liegenden Grünerlenästen *Alnus alnobetula;* im Sommer. **Mik:** Sporen glatt, ellipsoid, farblos, 8–9,5 × 4 µm, mit 2 Tropfen, unregelmäßig uniseriat, Asci J+, 8-sporig, Paraphysen zylindrisch, Enden schwach verdickt. (BK 1.161f, 🖼).

16.10.78 *Chloroscypha sabinae* (Fuckel) Dennis
Gemeines Wacholder-Gelbgrünnadelbecherchen

Frkp: 0,2–0,5 mm breit, kreiselförmig, innen und außen fein bereift, grünoliv, später dunkel olivgrün bis schwarz, teils kurz gestielt. **F:** leicht gallertartig. **V:** gesellig auf dürren Schuppen von Wacholder *Juniperus;* im Herbst und Winter. **Mik:** Sporen glatt, ellipsoid, teils etwas asymmetrisch, farblos, 18–25 × 8–11 µm, unreif mit kleinen grünlichen Tropfen, uni- bis biseriat, Asci J–, inoperculat, 8-sporig, Kristalle in der Bereifung auf der Außenseite. (CH 51).

16.10.79 *Chloroscypha seaveri* Rehm ex Seaver, Lebensbaum-Gelbgrünnadelbecherchen: auf verschiedenen Lebensbaumarten *Thuja*.

16.10.80 *Chloroscypha alutipes* (W. Phillips) Dennis
Lederstieliges Wacholder-Gelbgrünnadelbecherchen

Frkp: 0,5–1,5 mm breit, becher- bis tellerförmig, Oberseite zitronen- bis olivgelb, Außenseite körnig-flockig, gold- bis ockergelb, Stiel deutlich, gelboliv, alt schwärzlich. **V:** gesellig auf dürren Schuppen von Wacholder *Juniperus*. **Mik:** Sporen glatt, breit spindelförmig, oft asymmetrisch, farblos, 20–29 × 5–8 µm, 2–3 große und einige kleine Tropfen, biseriat, Asci J+, 8-sporig. (CH 50).

16.10.81 *Mitrula paludosa* Fr.
Sumpf-Haubenpilz

Frkp: in Hut und Stielteil gegliedert, 2,5–5 cm hoch, ca. 1 cm breit, Hut meist ± keulenförmig, glänzend, glatt bis gefurcht, lebhaft gelborange bis orange, Stiel blass weißlich, 1–3 cm lang und bis 0,5 cm dick. **V:** gesellig, auf moorigem Boden, auf feuchten Pflanzenresten oder moderndem, faulendem Holz; Frühling bis Herbst. **Mik:** Sporen glatt, zylindrisch, teils 1-fach septiert, farblos, 10–15 × 2–3 µm, biseriat, Asci leicht J+, 8-sporig, Paraphysen fadenförmig, Enden schwach verdickt, mehrfach septiert, manchmal ästig gegabelt. (D 1144, BK 1.139, 🖼).

16.10.82 *Bryoglossum gracile* (P. Karst.) Redhead, *Mitrula gracilis* P. Karst.
Zierliche Mooszunge, Zierlicher Haubenpilz

Frkp: in Hut und Stielteil gegliedert, ca. 0,5 cm breit, 1–2 cm hoch, Kopf meist kugelig-oval bis walzenförmig, lebhaft gelb oder gelborange, Stiel weißlich und fein weißflockig, bis ca. 0,1 cm dick. **V:** gesellig, bei feuchtem Moos, z. B. Etagenmoos *Hylocomium,* in höheren Lagen; im Spätsommer. **Mik:** Sporen schwach punktiert, schmal ellipsoid bis zylindrisch, oft leicht verbogen, reif 1-fach septiert, farblos, 11–13 × 3–5,5 µm, uniseriat, Asci J+, 8-sporig, Paraphysen fadenförmig, schlank, mehrfach septiert, selten gegabelt. (BK 1.138, 🖼).

16.10.75 *A. inflata*, Aufgeblasener Gallertbecher

16.10.76 *O. janthina*, Fichtenzapfen-Gallertkreisl[ing]

16.10.77 *Ombrophila violacea*, Violetter Gallertkreisling

16.10.81 *Mitrula paludosa*, Sumpf-Haubenpilz

16.10.82 *Bryoglossum gracile*, Zierliche Mooszunge

16.11 *Geoglossum*, Erdzungen und Ähnliche

Ascomycota, Schlauchpilze > *Geoglossomycetes* > *Geoglossales*, Erdzungenartige > *Geoglossaceae*, Erdzungenverwandte

Familie *Geoglossaceae*, Erdzungenverwandte

Die gestielten, schwarzbraunen, insgesamt etwa 2–8 cm hoch werdenden ***Geoglossaceae***, Erdzungenverwandte mit ihren charakeristisch zungenförmigen oder breitgedrückten, flachen Köpfchen sind gut zu erkennen. Schwieriger wird es, die Gattungen und Arten innerhalb der Familie auseinanderzuhalten. Es gibt weitere zungenförmige oder kopfige Arten, in verschiedenen Farben und an verschiedensten Standorten, die zum Vergleich ebenfalls in diesem Schlüssel aufgeführt sind. Sie haben aber andere Verwandtschaften und sind deshalb in der jeweils passenden Umgebung beschrieben und abgebildet.

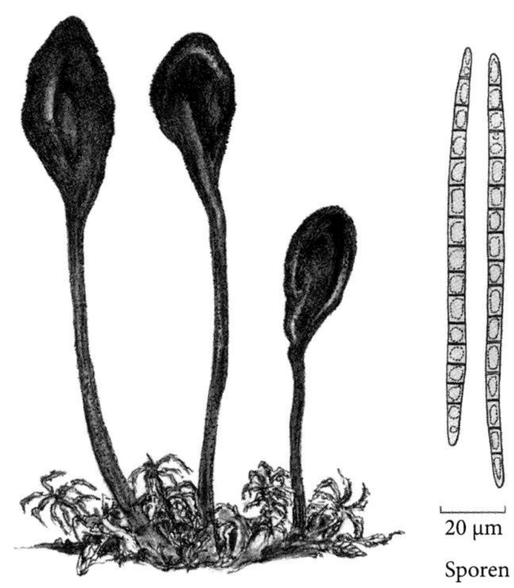

16.11.01 *Trichoglossum hirsutum*, Gemeine Haarzunge

Geoglossum, Erdzungen und Ähnliche

Beschreibung

Geoglossum, Erdzungen werden 2–8 cm hoch und die Fruchtkörper bilden eine deutlichen Stiel und Hutteil. Der mehrheitlich schwarzbraune Hut ist zungenförmig verdickt bis etwas scheibenförmig flachgedrückt, oft gefurcht, die Oberfläche aber glatt, glänzend bis matt, jedoch nicht behaart. Der Stiel ist glatt bis schuppig oder feinhaarig. Das Fleisch ist elastisch-zäh. ***Trichoglossum***, Haarzungen unterscheiden sich durch einen fein behaarten Hutteil. Auch bei ***Glutinoglossum***, Schleimzungen ist der spezielle Hinweis auf den schleimigen Hut und Stiel bereits im Namen enthalten. ***Hemileucoglossum*** und ***Sabuloglossum*** sind Neueinteilungen von ehemaligen *Geoglossum*-Arten, die aufgrund genetischer Unterschiede nötig wurden. Sie unterscheiden sich äußerlich vor allem durch spezielle Standorte.

Sie wachsen vom Spätsommer bis in den Winter auf nährstoffarmen Böden, vor allem Wiesen, teils an Flussufern und im Umfeld spezieller Begleitvegetation und sind alles Saprobionten.

Die fadenförmigen Sporen sind auffällig lang, teils bis deutlich über 100 µm, meistens mehrfach septiert und liegen parallel nebeneinander (multiseriat) im inoperculaten Ascus.

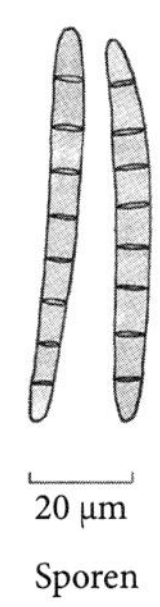

16.11.07 *Geoglossum umbratile*, Schatten-Erdzunge

Bestimmung

An der parasitischen Verbindung zu Hirschtrüffeln oder Insekten lassen sich die *Cordyceps*, Kernkeulen von *Geoglossum*, Erdzungen unterscheiden. Innerhalb der *Geoglossaceae* gibt es feine Unterschiede in der Beschaffenheit der Hut- und Stieloberfläche, beim Standort und schließlich auch bezüglich der Größe der Sporen. Die ähnlichen Arten aus anderen Gattungen unterscheiden sich vor allem durch die Farben und das Substrat.

Speisewerte

Es gibt keine Hinweise darauf, dass die zähfleischigen *Geoglossum*, Erdzungen gegessen werden können.

16.11 *Geoglossum,* Erdzungen und Ähnliche

- auf Holz, zähfleischig — 16.12 *Xylaria,* Holzkeulen
- nicht auf Holz
  - zungen- bis keulenförmig od. kopfig, meist flach und eingedellt, seltener rundlich
    - keine Verbindung zu unterirdischen Trüffeln, Gräserrispen, toten Insekten
      - Fruchtkörper vorwiegend schwarz
        - Fruchtkörper > 2 cm hoch
          - Kopf und Stiel behaart oder filzig, Sporen braun
            - samtig behaart, in Sumpfwiesen bei Torfmoos — 01 *Trichoglossum hirsutum,* Gemeine Haarzunge
            - filzig, zwischen Gras o. Moos auf Wiesen, Weiden, Adlerfarnfluren — 02 *Trichoglossum walteri,* Kurzhaarige Haarzunge
          - Kopf glatt, Stiel feinst bis deutlich geschuppt oder haarig
            - Stielspitze glatt bis feinschuppig
              - Sporen 20–35 µm lang — 03 *Geoglossum atropurpureum,* Schwarzrote Erdzunge
              - Sporen 60–85 µm lang — 06 *Geoglossum cookeanum,* Trockene Erdzunge
            - Stielspitze schuppig, genattert, Paraphysenzellen nicht kugelig — 05 *Geoglossum fallax,* Täuschende Erdzunge
          - Kopf und Stiel glatt bis fein kleiig, Sporen bräunlich
            - in feuchten Magerwiesen, Paraphysenenden leicht angeschwollen — 07 *Geoglossum umbratile,* Schwarze Erdzunge
            - bei Torfmoos, Paraphysenenden perlschnurartig angeschwollen — 08 *Geoglossum glabrum,* Kahle Erdzunge
          - Kopfteil fein punktiert, weiß bis blass gelborange, Stielteil glatt — 16.13.44 *Trichoderma alutaceum,* Ledergelbes Pustelkeulchen
          - Frkp. glatt, feucht klebrig, an nährstoffarmen Standorten, Sp. braun — 04 *Geoglossum peckianum,* Klebrige Erdzunge
          - Kopf glatt, Stiel sehr schleimig, Sporen hellbraun — 10 *Glutinoglossum glutinosum,* Gemeine Schleimzunge
        - Fruchtkörper < 1,5 cm hoch
          - auf Erde zwischen Moos, alpin, 3–15 mm, keulen- bis zungenförmig — 09 *Geoglossum heuflerianum,* Alpen-Zwerg-Erdzunge
          - auf vorjährigen Pflanzenteilen, 2–4 mm, schlank
            - grau- bis braunschwarz, meist auf Brennnesselstängeln, keulig — 16.13.70 *Acrospermum compressum,* Fadensporiges Flachkeulchen
            - schwarz, auf Ahornblättern, dornartig zugespitzt — 16.13.71 *Gnomonia cerastis,* Ahornblatt-Langschnabelkugelp.
      - Fruchtkörper grünlich, Stielbasis heller
        - gelatinös wie *Leotia lubrica,* Grüngelbes Gallertkäppchen — 16.8.02 *Leotia atrovirens,* Schwarzgrünes Gallertkäppchen
        - matt, feucht glänzend, nicht gelatinös — 16.8.74 *Microglossum viride,* Grüne Stielzunge
      - Fruchtkörper gelblich, lebhaft gelb, orangegelb bis orange oder orangebraun
        - bei Moos, Fruchtkörper mit Köpfchen
          - lebhaft orange, Köpfchen länglich, 2–5 cm hoch, Stiel blass weißlich — 16.10.81 *Mitrula paludosa,* Sumpf-Haubenpilz
          - lebhaft orangegelb, Köpfchen rundlich, 1–2 cm hoch, Stiel weißflockig — 16.10.82 *Bryoglossum gracile,* Zierliche Mooszunge
        - auf Nadelstreu, morschem Holz, bis 4 cm hoch, Kopf gelb, orange, ocker
          - Stiel 2–3 mm breit, braunrot, Kopf klein, klar abgesetzt, teils eingedellt — 16.9.29 *Heyderia cucullata,* Nadel-Häubchenpilz
          - Stiel sehr kurz u. dick, ± keulenförmig, weißlich, Kopf keulenförmig — 16.13.42 *Trichoderma viride,* Rotbrauner Krustenpustelpilz
          - Stiel bis 1 cm lang, Köpfchen halbkugelig, < 1 cm, Rand nach unten — 16.8.06 *Vibrissea truncorum,* Gestieltes Fadensporscheibchen
          - Stiel bis 2,5 cm lang, weißlich, Kopfteil keulig bis spatelförmig — 16.14.05 *Neolecta vitellina,* Kleine Schlauchkeule
        - auf Erde, im Laub- oder Mischwald
          - im Laubwald, Hut 1–3 mm hoch, rostgelb, auf Sklerotien — 16.9.30 *Episclerotium sclerotipus,* Gelber Sklerotienhäubchenpilz
          - im Mischwald, zungenförmig, 2,5–3,5 cm, orangebraun — 16.8.75 *Microglossum fuscorubens,* Rotbraune Stielzunge
    - in Verbindung mit unterirdischen Hirschtrüffeln, Gräserrispen, toten Insekten
      - auf unterirdischen Knollen von *Elaphomyces,* Hirschtrüffel, Kopf bis 1 cm
        - Kopf kugelig, gelb- bis olivbraun — 16.13.73 *Tolypocladium capitatum,* Kopfige Knäuelkernkeule
        - Kopf keulenförmig, rotbraun bis schwarz — 16.13.74 *Tolypocladium ophioglossoides,* Zungen-Knäuelkernk.
      - auf toten Schmetterlingsraupen oder -puppen
        - Kopf 1–3 cm hoch, unregelmäßig keulig, orangeocker, Stiel oft genattert — 16.13.75 *Cordyceps militaris,* Puppen-Kernkeule
        - Kopf bis 1 cm hoch, oval, orangebraun, Stiel feinschuppig — 16.13.76 *Paraisaria gracilis,* Raupen-Scheinkernkeule
      - auf Wespen oder Fliegen, Kopf < 5 mm, oval, gelblich, Stiel nur ± 1 mm dick — 16.13.77 *Ophiocordyceps ditmarii,* Kurzsporige Wespen-Schlangenk.
  - vorwiegend keulen- bis korallenförmig, kaum eingedellt, im Schnitt rundlich — 1.3 *Clavaria,* Keulen

16.11.01 *Trichoglossum hirsutum* (Pers.) Boud.
Gemeine Haarzunge, Behaarte Erdzunge

Frkp: 2–8 cm hoch, mit Kopf- und Stielteil, fein samtig behaart, schwarz, Kopf spatel- bis keulenförmig, Stiel zylindrisch, 2–4 mm dick. **V:** einzeln bis gesellig, in nährstoffarmen, sumpfigen bis trockenen Wiesen, an sandigen, grasigen Standorten in Parks, Gebüschen und Wäldern, gerne bei Torfmoos *Sphagnum;* Sommer bis Winter. **Mik:** Sporen glatt, fadenförmig, etwas gebogen, 13- bis 15-fach septiert, grau- bis olivbraun, 112–140 × 5–6 µm, nebeneinanderliegend (multiseriat), Asci J+, inoperculat, 8-sporig. (BK 1.131, 🖼).

16.11.02 *Trichoglossum walteri* (Berk.) E.J. Durand, Kurzhaarige Haarzunge: Fruchtkörper bis 3 cm hoch und 2 cm breit, filzig; auf Erde zwischen Gräsern und Moosen, in Feuchtwiesen, Alpweiden, Adlerfarnfluren, im Herbst. Sporen 7-fach septiert, 70–100 × 4–7 µm. (CH 94).

16.11.03 *Geoglossum atropurpureum* (Batsch) Pers., *Thuemenidium atropurpureum* (Batsch) Kuntze, *Microglossum atropurpureum* (Batsch) P. Karst.
Schwarzrote Erdzunge, Schwarzrote Blassspor-Erdzunge

Frkp: bis 9 cm hoch und 1,2 cm breit, mit Kopf- und Stielteil, Kopf keulen- bis zungenförmig, glatt, matt bis glänzend, Stiel glatt bis feinschuppig, purpurbraun bis schwarz. **V:** gesellig in sauren Wiesen, oft bei Pfeifengras *Molinia,* Heidekraut *Calluna* oder Frauenhaarmoos *Polytrichum;* Herbst bis Winter. **Mik:** Sporen glatt, zylindrisch bis spindelförmig, leicht gebogen, unseptiert, farblos, alt 6- bis 9-fach septiert, bräunlich, 19–35 × 4–6 µm, Asci J+, 8-sporig, Paraphysen schlank, wenig septiert, farblos, Endzellen etwas keulig verdickt, teils leicht gebogen, innen rotbraun, von brauner Masse umgeben, verklebt. (BK 1.134, 🖼).

Sabuloglossum arenarium (Rostr.) Hustad, A.N. Mill., Dentinger & P.F. Cannon, *Geoglossum arenarium* (Rostr.) Lloyd, Sand-Erdzunge: Fruchtkörper bis 5 cm hoch und 2 cm breit, keulig bis unregelmäßig verzweigt, Stiel rau bis feinschuppig; an feuchten Stellen an Flussufern, Dünen oder im Gebirge, bei Heidekrautgewächsen *Ericaceaen* wie Krähenbeeren *Empetrum.* Sporen unseptiert, farblos, mit mehreren Tropfen, Paraphysenenden erweitert und meist hakenartig gekrümmt, nicht miteinander verklebt, Wände braun.

Hemileucoglossum littorale (Rostr.) Arauzo, *Geoglossum littorale* (Rostr.) Nannf., Strand-Erdzunge: an ausgetrockneten Stellen von nährstoffarmen Gewässern bei Strandling *Littorella.* Sporen wenig bis 10-fach septiert, ± farblos, 50–62 × 5–6,5 µm, meist mit 1 Tropfen pro Zelle.

16.11.04 *Geoglossum peckianum* Cooke
Klebrige Erdzunge

Frkp: 3–8 cm hoch, mit Kopf- und Stielteil, glatt, glänzend, feucht klebrig, Kopf keulig, 0,5–1 cm dick, Stiel zylindrisch, 3–5 mm dick, schwarzbraun bis schwarz. **V:** in nährstoffarmen Pfeifengraswiesen *Molinia,* bei Moos, Heidekraut *Calluna;* im Herbst. **Mik:** Sporen glatt, wurmförmig, teils etwas gebogen, meist 15-fach septiert, braun, 100–115 × 5–6,5 µm, Asci J+, 8-sporig, Paraphysen schlank zylindrisch, wenig septiert, an den Enden knorrig verbogen und eingerollt, braun. (BK 1.133, 🖼).

16.11.05 *Geoglossum fallax* E.J. Durand, Täuschende Erdzunge, Schuppige Erdzunge: Hut schwarz, Stiel etwas mehr bräunlich, Spitze mit natternförmig angeordneten, spitzen Schüppchen; in Magerwiesen. Sporen 70–100 × 5–7 µm, 7–13 Septen. (🖼).

16.11.06 *Geoglossum cookeanum* Nannf. ex Minter & P.F. Cannon, Trockene Erdzunge: Hut jung dunkelbraun, später schwarz, glatt und glänzend, aber trocken, alt fein gefurcht und kleiig, Stiel feinschuppig; in Magerwiesen. Sporen 60–85 × 5–7 µm, reif mit mehrheitlich 7 Septen, Paraphysen zahlreich septiert, am Ende mit 2–4 rundlichen Zellen. (🖼).

16.11.07 *Geoglossum umbratile* Sacc.
Schatten-Erdzunge

Frkp: 2–8 cm hoch, mit Kopf- und Stielteil, schwarzbraun bis schwarz, glatt bis fein kleiig, Kopf 4–8 mm breit, zungen- bis keulenförmig, Stiel zylindrisch, 2–3 mm dick. **V:** in feuchten Magerwiesen; im Spätsommer. **Mik:** Sporen glatt, fadenförmig, ± gebogen, bis 8-fach septiert, bräunlich, 65–80 × 5–6 µm, Asci J+, 8-sporig, Paraphysen zylindrisch, mehrfach septiert, hellbraun, an der Spitze mehrere Zellen leicht keulig angeschwollen, Enden meist gebogen oder mit Auswüchsen. (BK 1.132, 🖼).

Geoglossum nigritum (Pers.) Cooke, Schwarze Erdzunge war einige Zeit der gängige Name, doch basiert er auf der Beschreibung einer *Clavaria*-Art und wurde verschiedentlich fehlinterpretiert, weshalb der Name nicht mehr verwendet werden sollte (Maas Geesteranus 1965 und Arauzo & Iglesias 2014).

16.11.08 *Geoglossum glabrum* Pers., *Geoglossum sphagnophilum* Ehrenb., Kahle Erdzunge, Sphagnum-Erdzunge, Sumpf-Erdzunge: in sauren, nährstoffarmen Mooren, bei Torfmoos *Sphagnum.* Fruchtkörper etwas höher und schlanker. Paraphysenenden perlschurartig aus 3–5 kugelig aufgeblasenen Zellen. (D 1141, 🖼).

16.11.01 *Trichoglossum hirsutum,* Gemeine Haarzunge

16.11.03 *G. atropurpureum,* Schwarzrote Erdzunge

16.11.04 *Geoglossum peckianum,* Klebrige Erdzunge

16.11.05 *Geoglossum fallax,* Täuschende Erdzunge

16.11.06 *Geoglossum cookeanum,* Trockene Erdzunge

16.11.07 *Geoglossum umbratile,* Schatten-Erdzunge

16.11.08 *Geoglossum glabrum,* Kahle Erdzunge

16.11.09 *Geoglossum heuflerianum* Bail
Alpen-Zwerg-Erdzunge, Heuflers Erdzunge

Frkp: 0,3–1,5 cm hoch, deutlich in Kopf und Stiel unterteilt, glatt, trocken, keulen- bis teils zungenförmig, schwach eingedellt, Stiel zuoberst feinfilzig, schwarz. **V:** gesellig bis rasig, teils büschelig, alpin, zwischen Moos; Spätsommer bis Herbst. **Mik:** Sporen glatt, spindelförmig bis keulig, teils schwach gebogen, meist 3-fach septiert, jung farblos, reif dunkel graubraun, 38–53 × 8–11,5 µm, jung mit vielen Tropfen, bi- bis triseriat, Asci J+, inoperculat, pleurorynch, 8-sporig, Paraphysen farblos, mehrfach septiert, letzte 2–3 Zellen angeschwollen, gebogen und braun.

16.11.10 *Glutinoglossum glutinosum* (Rostr.) Hustad, A.N. Mill., Dentinger & P.F. Cannon,
Geoglossum glutinosum Pers.
Gemeine Schleimzunge, Schleimige Erdzunge, Klebrigschwarze Erdzunge

Frkp: 1,5–5 cm hoch, 0,4–0,7 cm breit, mit Kopf- und Stielteil, Kopf keulen- bis zungenförmig, glatt und schleimig, Stiel schlank, glatt und sehr schleimig, dunkelbraun bis olivschwarz. **V:** gesellig, in Magerwiesen, auf moosbewachsenen Stellen und sandigem Boden, selten im Wald; Sommer bis früher Winter. **Mik:** Sporen glatt, zylindrisch, leicht gebogen, reif meist 3-fach septiert, blassbraun, 56–75 × 4–5 µm, Asci J+, 8-sporig, Paraphysen schlank, mehrfach septiert, farblos, Endzellen abrupt birnenartig verdickt, von brauner Masse umgeben. (🖼).

16.11.10 *Glutinoglossum glutinosum,* Gemeine Schleimzunge

16.12 *Xylaria,* Holzkeulen und Ähnliche

Ascomycota, Schlauchpilze > *Sordariomycetes* > *Xylariales,* Holzkeulenartige

Ordnung *Xylariales,* Holzkeulenartige etc.

Die Ordnung ist benannt nach den fadenförmigen, keulen- bis geweihartigen, zähfleischigen Fruchtkörpern der Gattung *Xylaria,* Holzkeulen. Die nahen Verwandten aus den Familien ***Diatrypaceae,*** Eckenscheibchenverwandte, ***Graphostromataceae, Hypoxylaceae,*** Kohlenbeerenverwandte und ***Xylariaceae,*** Holzkeulenverwandte stehen äußerlich jedoch den pustel- und krustenförmigen Arten aus dem Unterkapitel 16.13 näher. Es handelt sich jeweils um wenige bis viele kugelige, tropfen- oder flaschenförmige bis zylindrische, geschlossene Fruchtkörper (Perithecien), welche in unterschiedlicher Anzahl und Dichte in ein kompaktes Hyphengeflecht (Stroma) eingesenkt sind. Die Perithecien selbst sind außen schwarz; einige besitzen innen eine helle, gallertartige Schicht. Je nachdem, wie tief diese ins Stroma eingesenkt sind, wirkt die Oberfläche höckerig, fein punktiert oder flach. Die Öffnungen (Ostiolen) sind oft als kleine pyramidenförmige Spitzchen gut erkennbar. Außen ist das Stroma orangegelb, rostfarben, oft aber dunkelbraun bis schwarz. Der Schnitt zeigt weißliche, hell- und dunkelbraune bis schwarze Farben. Man unterscheidet das Ektostroma außen mit den Kanälen der Perithecien zu deren Öffnungen und das innere Entostroma, wo sich die Perithecien befinden. Das Entostroma kann auch eine Mischung aus Wirts- und Pilzgewebe sein. Folgende Familien und Gattungen finden sich in diesem Unterkapitel:

Diatrypaceae, Eckenscheibchenverwandte
- > *Anthostoma,* Scheibenstromakugelpilze
- > *Diatrype,* Eckenscheiben
- > *Diatrypella,* Eckenscheibchen
- > *Eutypa,* Krustenhöckerpilze
- > *Eutypella,* Furchenkissenkugelpilze

Graphostromataceae
- > *Biscogniauxia,* Rindenkohlenkrusten

Hypoxylaceae, Kohlenbeerenverwandte
- > *Daldinia,* Holzkohlenpilze
- > *Hypoxylon,* Kohlenbeeren
- > *Jackrogersella,* Papillenkohlenbeeren

Xylariaceae, Holzkeulenverwandte
- > *Euepixylon,* Krustenbeeren
- > *Kretzschmaria,* Kohlenkrusten
- > *Nemania,* Schichtkohlenkrusten
- > *Rosellinia,* Zitzenkugelpilze
- > *Xylaria,* Holzkeulen

Xylaria, Holzkeulen und Ähnliche

Beschreibung

Es gibt Gattungen mit faden-, keulen- und geweihartigen Fruchtkörpern an verschiedensten Orten im Stammbaum der Pilze. ***Xylaria,*** Holzkeulen werden 2–8 cm hoch und zeichnen sich durch zähes Fleisch, weiße oder braunschwarze Farben, totes Holz als Substrat und in Schläuchen (Asci) wachsende Sporen aus. In fast allen anderen deutschen Gattungsbezeichnungen dieses Unterkapitels gibt es die Wortteile «Kruste», «Scheibe», «Kugel» oder «Beere». Die Pilze mit diesen Formen gehören ebenfalls in die Verwandtschaft der Holzkeulen und sind deshalb hier beschrieben. Sie teilen die Formen mit den Arten aus dem Unterkapitel 16.13 und sind deshalb dort verschlüsselt. ***Eutypa,*** Krustenhöckerpilze bilden größere Flächen mit reibeisenartiger schwarzer, höckeriger Kruste. ***Biscogniauxia,*** Rindenkohlenkrusten sowie ***Diatrype*** und ***Diatrypella,*** Eckenscheiben entwickeln eine fein punktierte Oberfläche in größeren Flächen wie auch nur kleinen Flecken von einigen Millimetern Durchmesser. Etwas stärker höckerige, beerenartige, schwarze Pustelgruppen bilden ***Anthostoma,*** Scheibenstromakugelpilze und ***Eutypella,*** Furchenkissenkugelpilze. Deutlich höckerige, großflächige und dicke Krusten findet man bei ***Kretzschmaria,*** Kohlenkrusten. ***Jackrogersella,*** Papillenkohlenbeeren und ***Nemania,*** Schichtkohlenkrusten können größere oder kleinere Flächen überwachsen. Sie zeigen deutliche Papillen, die sich aus den Krusten erheben. ***Daldinia,*** Holzkohlenpilze bilden stattliche, bis mehrere Zentimeter große aufsitzende, in einem Fall sogar etwas gestielte Kugeln, die teilweise aneinanderwachsen, aber einzeln erkennbar sind. Im Schnitt zeichnen sie sich durch deutliche, helle und dunkle konzentrische Wachstumsschichten aus. Kleinere, ebenfalls einzelne bis gedrängt rasig wachsende Kügelchen mit deutlicher Papille deuten auf die Gattung ***Rosellinia,*** Zitzenkugelpilze hin, Kügelchen mit Papillen, zur Hälfte in entrindetes Holz eingesenkt, auf ***Euepixylon,*** Krustenbeeren. ***Hypoxylon,*** Kohlenbeeren entwickeln kleinere, mehr oder weniger ausgeprägt beerenartig punktierte, rötlichbraune Kügelchen. Bei *Hypoxylon rubiginosum,* Ziegelrote Kohlenbeere sind die Beeren von einer ziegelroten Kruste bedeckt und *Hypoxylon cercidicola,* Sternrandige Eschen-Kohlenbeere erscheint als scheibenförmige, raue Krustenflecken mit rissig aufgeworfenem Rand der durchbrochenen Rinde. Der rosa- bis rotbraune, kugelige und im Schnitt milchende ***Lycogala epidendrum,*** Blut-Milchpilz ist ebenfalls hier aufgeführt, obwohl die Art nicht einmal zu den Pilzen, sondern zur Klade der *Amoebozoa* in die Abteilung *Evosea* gehört.

Die große Mehrheit der *Xylariales,* Holzkeulenartige wachsen auf absterbendem oder totem Holz und können teilweise als Parasiten auftreten. Gefürchtet ist *Kretzschmaria deusta,* Brandfladen-Kohlenkruste, der sich als unauffällige, schwarze Kruste am Stammfuß von sonst scheinbar gesunden Bäumen zeigt und bei den betroffenen Laubbäumen, vor allem Buche *Fagus,* zu gefährlichen Stamm- und Astbrüchen führen kann. Auch aus den Gattungen *Biscogniauxia,* Rindenkohlenkrusten, *Eutypa,* Krustenhöckerpilze, *Eutypella,* Furchenkissenkugelpilze, *Anthostoma,* Scheibenstromakugelpilze, *Euepixylon,* Krustenbeeren, *Nemania,* Schichtkohlenkrusten, *Rosellinia,* Zitzenkugelpilze sind Parasiten bekannt. Einzelne Arten werden als Schwächeparasiten bezeichnet – Übergangsformen, die erst an bereits geschädigten Bäumen auftreten – andere als fakultative Parasiten, und viele Arten ernähren sich als Saprobionten von totem Holz.

In den Familien *Graphostromataceae, Hypoxylaceae, Xylariaceae* sind die Sporen glatt, ellipsoid und haben in Längsrichtung einen typischen Keimspalt auf einer Seite der Spore. Die Sporen der Familie *Diatrypaceae* sind ebenfalls stets glatt, schmal und leicht bis stark gebogen (allantoid). Die Asci sind mehrheitlich amyloid. Nicht amyloid sind sie bei Arten der Gattungen *Anthostoma, Diatrype, Diatrypella, Eutypella, Nemania* und teilweise *Eutypa* sowie *Jackrogersella.*

Bestimmung

Bei den hier verschlüsselten *Xylaria,* Holzkeulen trennen das Substrat, die Farbe und Form die verschiedenen Arten. Zur Bestimmung der in Kapitel 13 verschlüsselten Arten sind die Farbe, Form und Größe des Stromas, die Anzahl der Perithecien im Stroma, die Form der Ostiolen und vor allem auch das Schnittbild mit Form der Perithecien, Farbe und Menge des Stromas ober-, unterhalb und zwischen den Perithecien wichtig. Teilweise wird auch das Holz in der Umgebung des Pilzes gefärbt.

Speisewerte

Unter den mehrheitlich zähen und hartfleischigen Holzkeulenartigen gibt es keine Speisepilze.

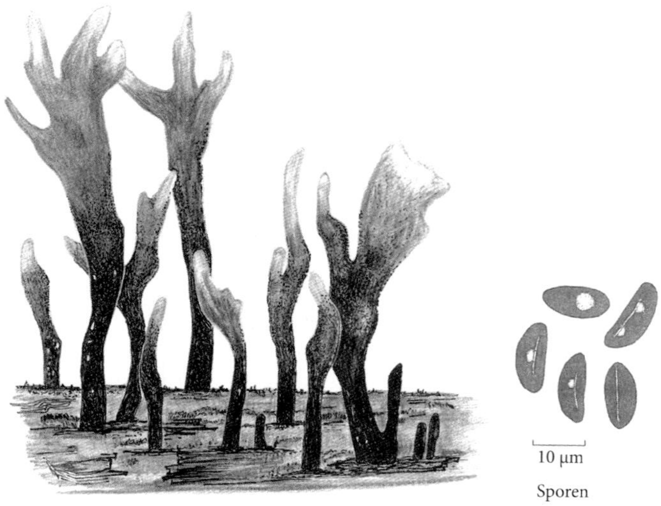

16.12.01 *Xylaria hypoxylon*,
Geweihförmige Holzkeule

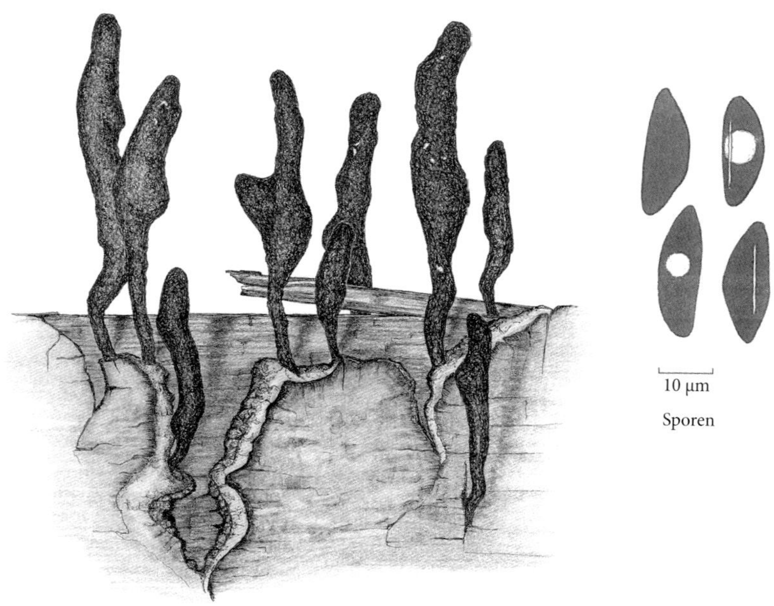

16.12.03 *Xylaria polymorpha*,
Vielgestaltige Holzkeule

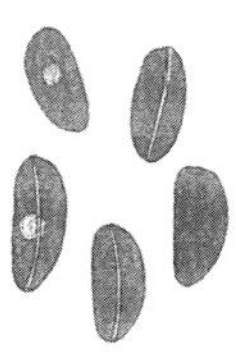

10 µm

Sporen

16.12.09 *Hypoxylon fragiforme,*
Rötliche Kohlenbeere

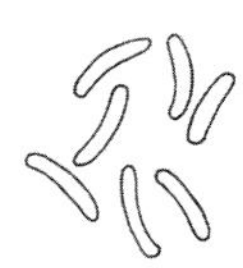

10 µm

Sporen

16.12.35 *Diatrype disciformis,*
Buchen-Eckenscheibe

16.12.24 *Daldinia concentrica,*
Konzentrischer Holzkohlenpilz

16.12 *Xylaria*, Holzkeulen

auf Holz	
weißgraulich, geweihförmig, fadenförmig oder abgeplattet, Basis schwarz	**01 *Xylaria hypoxylon*, Geweihförmige Holzkeule**
schwarz (jung braun) innen weiß, oberer Teil deutlich verdickt	
Frkp. walzen- oder keulenförmig, unverzweigt, Stiel ⅓–½ des Fruchtkörpers	02 *Xylaria longipes*, Langstielige Ahorn-Holzkeule
Fruchtkörper unregelmäßig keulen- oder spatelförmig, Stiel undeutlich, kurz	**03 *Xylaria polymorpha*, Vielgestaltige Holzkeule**
Frkp. keulig, evtl. verzweigt, Kopfteil blass gelborange, punktiert, Stiel glatt	16.13.44 *Trichoderma alutaceum*, Keulenförmiger Krustenpustelpilz
auf Buchenfruchtschalen (Buchen-Cupulen)	**04 *Xylaria carpophila*, Buchenfruchtschalen-Holzkeule**
auf Pflanzenstängeln oder Blättern	
bis 8 cm hoch, auf Stängeln und Blattnerven von Kräutern und Farnen	05 *Xylaria filiformis*, Fadenförmige Holzkeule
bis 4 mm hoch	
meist auf Brennnesselstängeln, grau- bis braunschwarz, keulig	16.13.70 *Acrospermum compressum*, Zusammengedrücktes Schlauchk.
auf Ahornblättern, schwarz, dornartig zugespitzt	16.13.71 *Gnomonia cerastis*, Ahornblatt-Langschnabelkugelpilz

16.12.01 ***Xylaria hypoxylon*** (L.) Grev.
Geweihförmige Holzkeule

Frkp: 2–6 cm hoch, 0,2–0,6 cm breit, stängelförmig, im oberen Teil oft geweihförmig verzweigt, zäh, Stiel meist flach, im oberen Teil weiß, an der Basis grauschwarz und oft behaart. **V:** auf totem Holz, vorwiegend an Laubbäumen, seltener an Nadelbäumen; ganzjährig. **Mik:** Sporen glatt, allantoid, mit kurzem Keimspalt auf flacher Seite, schwarz, 12–15 × 5,5–6,5 µm, mit 1–2 Tropfen, uniseriat, Asci J+, inoperculat, mit Apikalring, 8-sporig, Paraphysen fadenförmig, unseptiert, Konidiensporen farblos, 9–13 × 3–3,5 µm, sehr zahlreich. (D 1154, BK 1.349, 🖼).

16.12.02 *Xylaria longipes* Nitschke
Langstielige Ahorn-Holzkeule

Frkp: 3–7 cm hoch, 0,5–1 cm breit, walzenförmig, schwarz, rau und spröde, warzig bis fast netzartig, Stiel relativ lang, 1–3 cm, etwas schmaler und steril. **F:** weiß, zäh, alt starr und brüchig. **V:** vorwiegend auf abgestorbenen Ahornästen *Acer,* aber auch auf weiteren Laubhölzern wie Eiche *Quercus,* Buche *Fagus,* Hainbuche *Carpinus,* Vogelbeere *Sorbus.* **Mik:** Sporen glatt, ellipsoid, einseitig abgeflacht, mit S-förmigem Keimspalt, dunkelbraun, 13–16 × 5,5–7,5 µm, mit 1–2 Tropfen, uniseriat, Asci J+, inoperculat, mit Apikalring, 8-sporig, Paraphysen fadenförmig, unseptiert. (BK 1.350, 🖼).

16.12.03 ***Xylaria polymorpha*** (Pers.) Grev.
Vielgestaltige Holzkeule

Frkp: 3–6 cm hoch, 1–3 cm dick, unregelmäßig, meist keulenförmig, erst graubraun, später schwarz, manchmal weißlich bestäubt (Konidienstadium), Stielzone kurz oder fehlend. **F:** weiß, faserig, zäh. **V:** büschelig, auf totem Holz von Laubbäumen, vorwiegend Buche *Fagus,* teilweise auch parasitisch; vorwiegend im Winterhalbjahr (Konidienstadium im Frühjahr). **Mik:** Sporen glatt, unregelmäßig mandel- bis zitronenförmig, einseitig abgeflacht, mit kurzem Keimspalt auf flacher Seite, braun, 22–29 × 7–9 µm, teils mit 1 Tropfen, uniseriat, Asci J+, inoperculat, mit Apikalring, 8-sporig, Paraphysen fadenförmig, unseptiert. (BK 1.351, 🖼).

16.12.04 ***Xylaria carpophila*** (Pers.) Fr.
Buchenfruchtschalen-Holzkeule

Frkp: 3–6 cm hoch, fadenförmig, unregelmäßig zusammengedrückt, teils 1-fach verzweigt, warzig gebuckelt, gegen die Basis feinfilzig, braunschwarz, im Konidienstadium mit weißlicher Spitze. **F:** weiß. **V:** einzeln bis büschelig, auf im Laub vergrabenen Fruchtschalen (Cupulen) von Buche *Fagus;* Sommer bis Herbst. **Mik:** Sporen glatt, ellipsoid, einseitig abgeflacht, mit Keimspalt auf flacher Seite, braun, 10–13 × 4–5,5 µm, jung mit Tropfen, uniseriat, Asci J+, inoperculat, mit Apikalring, 8-sporig, Paraphysen fadenförmig, unseptiert. (BK 1.347, 🖼).

16.12.05 *Xylaria filiformis* (Alb. & Schwein.) Fr.
Fadenförmige Holzkeule

Frkp: 3–8 cm hoch, fadenförmig, unregelmäßig zusammengedrückt, wellig, mittlerer und oberer Teil durch eingesenkte Perithecien warzig bis buckelig verdickt, bräunlich bis braunschwarz, im Konidienstadium weißlich bis schwarz. **F:** weiß. **V:** auf abgestorbenen Stängeln von Kräutern; Herbst. **Mik:** Sporen glatt, ellipsoid, einseitig abgeflacht, Keimspalt unscheinbar, braun, 15,5–17,5 × 4,5–5,5 µm, mit 1–3 Tropfen, uniseriat, Asci J+, inoperculat, mit Apikalring, 8-sporig, Paraphysen fehlend. (BK 1.348, 🖼).

16.12.06 *Rosellinia thelena* (Kunze) Rabenh., *Nodulisporium thelenum* (Sacc.) G. Sm.
Dornanhängselsporiger Zitzenkugelpilz, Zitzen-Kohlenbeere

Frkp: 0,5–1,5 mm, kugelig, im Scheitel mit brustwarzenartiger Papille, glatt, hart, braunschwarz, Perithecium einzeln im Stroma, auf einem braunen bis dunkelbraunen, teils auch grau- oder rotbraunen, filzig-krustigen, selten wolligen Subiculum oder darin eingesenkt. **V:** einzeln bis gesellig-verwachsen, auf berindeten Weißtannenästen und -nadeln *Abies,* allenfalls auch auf Fichte *Picea;* Frühling bis Sommer. **Mik:** Sporen glatt, ellipsoid bis spindelförmig, einseitig abgeflacht, mit Keimspalt auf flacher Seite, beide Enden mit kleinem, farblosem, dornartigem Fortsatz, dunkelbraun, 19–24 × 5,5–8,5 µm,

16.12.01 *Xylaria hypoxylon,* Geweihförmige Holzkeule

16.12.02 *X. longipes,* Langstielige Ahorn-Holzkeule

16.12.03 *X. polymorpha,* Vielgestaltige Holzkeule

16.12.04 *X. carpophila,* Buchenfruchtschalen-Holzk.

16.12.05 *Xylaria filiformis,* Fadenförmige Holzkeule

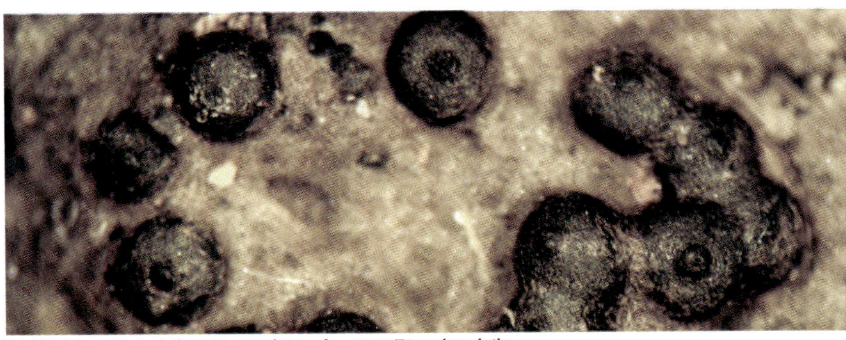
16.12.06 *Rosellinia thelena,* Dornanhängselsporiger Zitzenkugelpilz

mit 1 Tropfen, uniseriat, Asci J+, inoperculat, mit deutlichem Apikalring, 8-sporig. (BK 1.352, 🖼).

16.12.07 *Rosellinia corticium* (Schwein.) Sacc.
Hüllensporiger Zitzenkugelpilz

Frkp: 1–1,5 mm breit, kugelig mit flacher Seite oben, im Scheitel mit flach pyramidenförmiger Papille, glatt, sehr hart, schwarz, Perithecium einzeln im Stroma, jung und meist auch reif von schwarzem Subiculum umgeben. **V:** verteilt bis gedrängt, auf berindeten Laubhölzern; ganzjährig. **Mik:** Sporen glatt, ellipsoid, meist einseitig abgeflacht, mit oft schrägem Keimspalt auf gewölbter Seite, dunkelbraun, beide Enden mit kleinem, farblosem, kugeligem Anhängsel, von einer an den Enden etwas dickeren Schleimhülle umgeben (Tusche-Präparat!), 22–26,5 × 8–10 µm, mit mindestens 2 großen Tropfen, uniseriat, Asci J+, inoperculat, mit hohem Apikalring, 8-sporig, Paraphysen zylindrisch, mehrfach septiert, farblos. (CH 158, 🖼).

Rosellinia helvetica L.E. Petrini, Petrini & S.M. Francis, Breithüllensporiger Zitzenkugelpilz: Fruchtkörper 0,7–1 mm, Perithecium fast zur Hälfte in ein schwarzes, filziges Subiculum eingesenkt; auf Laubholz, oft Buche *Fagus*. Sporen einseitig abgeflacht mit Keimspalt auf der flachen Seite, von einer an den Enden und an der flachen Seite dicken Schleimhülle umgeben, 19,5–25 × 6,5–8,5 µm, Paraphysen fadenförmig, mehrfach septiert, farblos. (CH 160).

16.12.08 *Rosellinia diathrausta* (Rehm) L.E. Petrini
Bergföhren-Zitzenkugelpilz

Frkp: 0,5–1 mm, glatt, dunkelbraun bis schwarz, meist kissenförmig in dichten, verwachsenen Gruppen von 3 bis über 20 Perithecien einschichtig ins außen brüchige Stroma eingebettet, nur ganz jung in weißem, filzigem Subiculum. **F:** Perithecien schwarz, Stroma zwischen und unter den Perithecien weiß, älter fehlend. **V:** auf abgestorbenen, aber noch nicht abgefallenen Ästen von Bergföhre *Pinus mugo;* im Sommer. **Mik:** Sporen glatt, breit ellipsoid, meist einseitig etwas abgeflacht, mit Keimspalt, braun, beide Enden mit kleinem farblosem, halbkugeligem Anhängsel, 23,5–28 × 10–13,5 µm, unten uni-, oben oft biseriat, Asci J+, inoperculat, mit hohem Apikalring, 8-sporig, Paraphysen fadenförmig, mehrfach septiert, farblos. (CH 159).

16.12.09 *Hypoxylon fragiforme* (Pers.) J. Kickx f.
Rötliche Kohlenbeere

Frkp: 4–10 mm, kugelig, beerenartig, gelegentlich zu bis 6 cm langen Kissen vereint, aufgrund der vielen Perithecien nahe der Oberfläche deutlich rau punktiert, jung ziegelrot bis rostbraun, alt braunschwarz bis schwarz. **F:** kohlenartig hartbröckelig, jung mit himbeer- bis rubinroter Schicht unter der Oberfläche und weißer, die Perithecien bildender Schicht, älter dunkelbraun, reife Perithecien und Stroma darunter (Entostroma) schwarz. **V:** auf abgestorbenen Ästen und Zweigen von Buche *Fagus,* meist auf Rinde; ganzjährig. **Mik:** Sporen glatt, ellipsoid bis leicht allantoid, mit Keimspalt auf gewölbter Seite, dunkelbraun, 10–15 × 5–8 µm, mit in KOH ablösendem Perispor, uniseriat, Asci J+, inoperculat, mit Apikalring, 8-sporig, Paraphysen fadenförmig, spärlich septiert, farblos, Konidiensporen 5–6 × 4–5 µm, farblos bis hellbraun. **Ch:** KOH-lösliche Pigmente orangerot. (BK 1.338, 🖼).

16.12.10 *Hypoxylon howeanum* Peck, *Nodulisporium umbrinum* (Pers.) Deighton, Zimtbraune Kohlenbeere: Fruchtkörper bis 7 mm, jung an der Basis mit strahlenförmigem braunem Konidienstadium, Schicht jung unter Oberfläche gelborange, älter orange- bis rostbraun, Entostroma eher weich; auf abgestorbenen Ästen verschiedenster Laubhölzer. Sporen 6–9,5 × 3–5 µm, Keimspalt unscheinbar, Konidiensporen 3–5,5 × 2–3 µm. (CH 140, 🖼).

16.12.11 *Hypoxylon fraxinophilum* Pouzar
Eschen-Kohlenbeere

Frkp: 4–6 mm, kugelig, beerenartig, auch zusammen verwachsen, aufgrund der vielen Perithecien nahe der Oberfläche feinhöckerig, ockerbraun bis braun, Öffnungen (Ostiolen) weiß umrandet. **F:** Perithecien schwarz, innen (Entostroma) dunkelbraun. **V:** auf meist dünneren noch hängenden Ästen und Zweigen von Esche *Fraxinus,* meist auf Rinde, ganzjährig. **Mik:** Sporen glatt, ellipsoid bis leicht allantoid, mit Keimspalt auf gewölbter Seite, dunkelbraun, 15–21 × 7–11 µm, Perispor in KOH ablösend, uniseriat, Asci J+, inoperculat, ohne Apikalring, 8-sporig, Paraphysen fadenförmig, spärlich septiert, farblos, Konidiensporen 4,5–7,5 × 2,5–4 µm, farblos. **Ch:** KOH-lösliche Pigmente gelb bis gelbgrün. (🖼).

16.12.12 *Hypoxylon fuscum* (Pers.) Fr.
Rotbraune Kohlenbeere

Frkp: 4–5 mm, kugelig oder auf Rinde bis 10 cm lang kissenförmig, auf Holz ausgebreitet verwachsen, aufgrund der vielen Perithecien nahe der Oberfläche uneben rau, jedoch kaum höckrig, Öffnungen (Ostiolen) oft weiß umrandet, rotbraun, jung teils mit dunkel graurosafarbenem bis purpurbraunem Konidienstadium bedeckt. **F:** dunkelbraun. **V:** vorwiegend auf abgestorbenen Ästen und Zweigen von Hasel *Corylus* oder Erle *Alnus;* ganzjährig. **Mik:** Sporen glatt, ellipsoid bis leicht

16.12.07 *Rosellinia corticium,* Bergföhren-Zitzenkugelpilz

16.12.09 *Hypoxylon fragiforme,* Rötliche Kohlenbeere

16.12.10 *Hypoxylon howeanum,* Zimtbraune Kohlenbeere

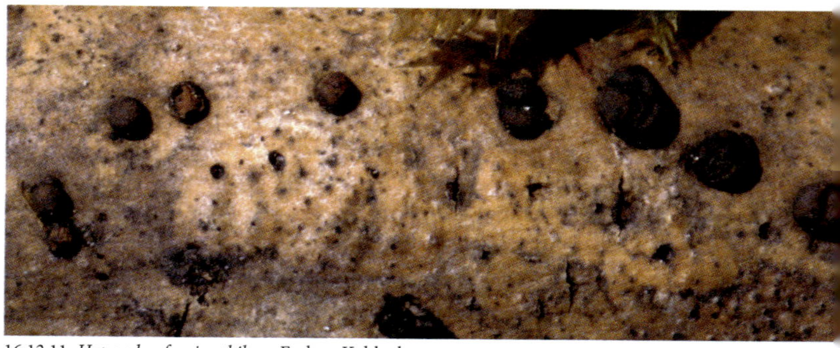

16.12.11 *Hypoxylon fraxinophilum,* Eschen-Kohlenbeere

16.12.12 *Hypoxylon fuscum,* Rotbraune Kohlenbeere

allantoid, mit geknicktem Keimspalt auf gewölbter Seite, dunkelbraun, 9–17 × 4–8 µm, mit in KOH ablösendem Perispor, uniseriat, Asci J+, inoperculat, mit Apikalring, 8-sporig, Paraphysen fadenförmig, spärlich septiert, farblos, Konidiensporen 3–6 × 2–4 µm, farblos bis hellbraun. **Ch:** KOH-lösliche Pigmente gelblich-bräunlich. (BK 1.339).

Hypoxylon fuscoides J. Fourn., P. Leroy, M. Stadler & Roy Anderson: Sporen 9,5–12,5 × 5–6 µm. In KOH-lösliche Pigmente schmutzig grauviolett bis purpurviolett.

16.12.13 *Hypoxylon rubiginosum* (Pers.) Fr. Ziegelrote Kohlenbeere

Frkp: dünne, ausgebreitete Kruste, zuerst ocker- bis orangegelb, dann orange-, rost- oder ziegelrot, später dunkel- bis schwarzbraun, jung vom Konidienstadium graubraun bedeckt, Perithecien bis 0,8 mm hoch. **F:** außen orange bis rostbraun, Perithecien schwarz, innen orange bis dunkelbraun. **V:** auf abgestorbenem, oft entrindetem Holz von Laubbäumen; ganzjährig. **Mik:** Sporen glatt, ellipsoid bis leicht allantoid, mit Keimspalt auf gewölbter Seite, braun bis dunkelbraun, 8–13 × 3–6 µm, Perispor in KOH ablösend, uniseriat, Asci J+, inoperculat, mit Apikalring, 8-sporig, Paraphysen fadenförmig, spärlich septiert, farblos, Konidiensporen 4–7 × 3–4 µm. **Ch:** KOH-lösliche Pigmente lebhaft orange. (BK 1.348).

Hypoxylon perforatum (Schwein.) Fr., *H. rubiginosum* var. *perforatum* (Schwein.) L.E. Petrini, Weißporige Polster-Kohlenbeere: Fruchtkörper ocker- bis kastanienbraun ohne orange oder rostbraune Farbtöne, Öffnungen (Ostiolen) der Perithecien weiß umrandet; an Ästen und Stämmen diverser Laubhölzer, Sommer bis Spätherbst, evtl. ganzjährig. KOH-lösliche Pigmente gelblich bis bernsteinfarben. (CH 142).

Hypoxylon petriniae M. Stadler & J. Fourn., Dünne Krusten-Kohlenbeere: Stroma sehr flach und dünn, rotbraun bis weinrot mit schwarzem Rand, Perithecien bis 0,5 mm hoch, Öffnungen (Ostiolen) oft weiß umrandet, Konidienstadium ocker. Sporen 9,5–12,5 × 4,5–6 µm, Konidiensporen 5,5–8 × 3,5–4,5 µm. KOH-lösliche Pigmente dunkelorange. (CH 143).

16.12.14 *Hypoxylon ticinense* L.E. Petrini, Kleinsporige Kohlenbeere, Kleinsporige Krusten-Kohlenbeere: Stroma rostorange mit leuchtend orangem, sterilem Rand, relativ dick. Oberfläche unregelmäßig gewellt, jung pulverig, dann glatt oder mit leichten Falten, Perithecien bis 0,3 mm hoch, Öffnungen (Ostiolen) weiß umrandet. Sporen 5,5–6,5 × 2,5–3,5 µm, Konidiensporen 3,5–4 × 2,5–3 µm. KOH-lösliche Pigmente leuchtend orange. (CH 144).

Hypoxylon subticinense Y.M. Ju & J.D. Rogers: makroskopisch wie *H. ticinense;* Wärme liebend. Sporen 8–11,5 × 4–5,5 µm.

16.12.15 *Hypoxylon macrocarpum* Pouzar, Großfrüchtige Kohlenbeere, Großflächige Krusten-Kohlenbeere: variabel gefärbt, typischerweise weinrot, teils auch dunkler ziegelrot, alt fast schwarz, metallisch glänzend, Perithecien 1 mm hoch, röhrenförmig, Stroma unterhalb der Perithecien sehr dünn, feuchtes Holz unterhalb frischen Fruchtkörpern auffällig süßlich. KOH-lösliche Pigmente olivbraun. (CH 141).

16.12.16 *Hypoxylon cercidicola* (Berk. & M.A. Curtis ex Peck) Y.M. Ju & J.D. Rogers, *Hypoxylon moravicum* Pouzar, Sternrandige Eschen-Kohlenbeere, Mährische Kohlenbeere: Stroma 3–7 mm breit, scheibenförmig, durch die Rinde brechend, diese lappig aufreißend und überwachsend, wodurch sich ein erhöhter, gekerbter und gefalteter Rand ergibt, orangebraun bis schwärzlich, Öffnungen (Ostiolen) der Perithecien weiß umrandet, Stroma zwischen und direkt unter den Perithecien orange, darunter schwarz. Asci ohne Apikalring. (CH 138).

16.12.17 *Hypoxylon ferrugineum* G.H. Otth, Ziegelrote Krusten-Kohlenbeere, Ziegelrote Kohlenkruste: 0,5–1,5 cm breit und 2–3 mm dick, kissenförmig, braun bis rotbraun, an berindeten, auch noch hängenden Ästen von Linde *Tilia*. Sporen 12–17 × 6–10 µm. KOH-lösliche Pigmente orange. (CH 139).

16.12.18 *Nemania serpens* (Pers.) Gray, *Hypoxylon serpens* (Pers.) J. Kickx f. Gewundene Schichtkohlenkruste, Gewundener Kohlenbeerenpilz, Gewundene Kohlenbeere

Frkp: zu höckerigen, bis 6 cm langen, länglichen Krusten verwachsen, mit vielen meist auffälligen Perithecienhügeln und kegelförmigen Öffnungen (Ostiolen), jung mit graubeiger Hyphenschicht überzogen, in welcher sich das Konidienstadium befindet, später schwärzlich. **V:** auf morschem und entrindetem Laubholz; ganzjährig. **Mik:** Sporen glatt, ellipsoid bis oval, meist asymmetrisch, mit kurzem, unscheinbarem Keimspalt auf flacher Seite, blass olivbraun, Perispor in KOH nicht ablösend, 10,5–14 × 4–5,5 µm, uni- bis biseriat, Asci J–, inoperculat, mit schwach dextrinoidem Apikalring, 8-sporig. (BK 1.343).

Nemania chestersii (J.D. Rogers & Whalley) Pouzar, Gestreiftsporige Schichtkohlenkruste, Chesters Kohlenbeerenpilz: Sporen mit streifenförmigem Ornament, kurzer, unscheinbarer Keimspalt auf gewölbter Seite, 12–16 × 4,5–6 µm. (CH 151).

16.12.13 *Hypoxylon rubiginosum*, Ziegelrote Kohlenbeere

16.12.16 *Hypoxylon cercidicola*, Sternrandige Eschen-Kohlenbeere

16.12.18 *Nemania serpens*, Gewundene Schichtkohlenkruste

Nemania aenea (Nitschke) Pouzar, *Hypoxylon aeneum* Nitschke: Fruchtkörper flach polsterförmig, bis 1,5 cm lang. Sporen 14–19 × 5,5–8 µm, Apikalring der Asci mit MLZ (Melzer) ohne Reaktion, mit IKI (Iodkaliumiodid = Lugol) amyloid.

N. aenea var. *aureolutea* (L.E. Petrini & J.D. Rogers) Y.M. Ju & J.D. Rogers, Gelbstroma-Schichtkohlenkruste: wie *N. aenea*, junge Fruchtkörper jedoch mit gelbgrünlicher Bedeckung am Rand, Holz unter dem Fruchtkörper-Randbereich im Querschnitt goldgelb. (CH 150).

16.12.19 *Nemania confluens* (Tode) Læssøe & Spooner
Zusammenfließende Schichtkohlenkruste

Frkp: 0,5–1 mm, halbkugelig, enthält meist ein Perithecium mit papillenförmiger Öffnung (Ostiole), auch 5–10 Einzelfruchtkörper linear oder in kleinen Gruppen verwachsen, meist mindestens teilweise eingesenkt, schwarz, hart, jung in weißem Hyphengewebe. **F:** unter den schwarzen, kugeligen Perithecien hat es kaum Stroma. **V:** auf stark abgebautem, weichem Laub- und Nadelholz, oft an Buche *Fagus;* ganzjährig. **Mik:** Sporen glatt, beinahe symmetrisch ellipsoid, Enden etwas zugespitzt, mit auffälligem Keimspalt auf flacher Seite, dunkelbraun, 15–19,5 × 7,5–10 µm, uniseriat, Asci J+, inoperculat, mit Apikalring, 8-sporig. **Ch:** In KOH keine löslichen Pigmente. (CH 152).

16.12.20 *Nemania diffusa* (Sowerby) Gray
Braunstroma-Schichtkohlenkruste

Frkp: bis 5 cm lang, 1 cm breit und 1 mm dick, meist länglich, polsterförmig, durch die vielen Perithecien feinhöckerig, Öffnung (Ostiole) fein bis deutlich papillenförmig, sehr hart, splitternd, etwas glänzend, schwarzbraun, jung mit weißlicher bis graulicher Hyphenschicht überzogen. **F:** braun, Holz unter dem Fruchtkörper 0,2 mm tief schwärzlich, am Fruchtkörperrand oft dünne, schwarze, ins Holz hinein verlaufende Linie. **V:** auf Holz verschiedener Laubbäume, vor allem Buche *Fagus;* ganzjährig. **Mik:** Sporen glatt, ellipsoid bis leicht einseitig abgeflacht, mit auffälligem, geradem Keimspalt auf flacher Seite, braun, 9,5–12,5 × 4–5,5 µm, uniseriat, Asci inoperculat, Apikalring mit MLZ (Melzer)ohne Reaktion, mit IKI (Iodkaliumiodid = Lugol) amyloid, 8-sporig. (CH 153).

Nemania carbonacea Pouzar, Kohlige Schichtkohlenkruste: schwarz, höckeriger, etwas weniger hart, Gewebe zwischen den Perithecien weiß und weich.

16.12.21 *Jackrogersella cohaerens* (Pers.) L. Wendt, Kuhnert & M. Stadler,
Hypoxylon cohaerens (Pers.) Fr.,
Annulohypoxylon cohaerens (Pers.) Y.M. Ju, J.D. Rogers & H.M. Hsieh
Zusammengedrängte Papillenkohlenbeere,
Zusammengedrängte Kohlenbeere

Frkp: kissenförmig gewölbt, an der Basis etwas eingeschnürt, erst klein mit wenigen Perithecien, später zu bis 4 cm großen Flächen hügelig zusammenwachsend, Oberfläche durch Perithecien leicht genoppt, Öffnungen (Ostiolen) papillenförmig auf einer runden Vertiefung, dunkelbraun bis schwarz, etwas glänzend, jung teils mit samtigem, graubraunem Konidienstadium bedeckt. **F:** Perithecien schwarz, Stroma darunter bis 3,5 mm dick, braunschwarz. **V:** auf Rinde oder Holz, an wenig zersetzten, dickeren Ästen und Stämmen von Buche *Fagus*, teils auch auf anderen Laubhölzern; ganzjährig. **Mik:** Sporen glatt, ellipsoid, einseitig abgeflacht, mit geradem Keimspalt auf gewölbter Seite, braun, 8,5–12 × 3,5–5,5 µm, Perispor in KOH teilweise ablösend, uniseriat, Asci mit Apikalring, J+ (teils auch J–), 8-sporig, Konidiensporen 5–6 × 3–4 µm. **Ch:** KOH-lösliche Pigmente jung dunkel weinrot, reif olivbraun. (CH 146, 🖼).

16.12.22 *Jackrogersella multiformis* (Fr.) L. Wendt, Kuhnert & M. Stadler, *Annulohypoxylon multiforme* (Fr.) Y.M. Ju, J.D. Rogers & H.M. Hsieh, *Hypoxylon multiforme* (Fr.) Fr., Vielgestaltige Papillenkohlenbeere, Vielgestaltige Kohlenbeere: erst roströtlich, später dunkelbraun, Oberfläche durch Perithecien deutlich genoppt; vorwiegend auf abgestorbenen Ästen, Zweigen von Birke *Betula*, seltener Erle *Alnus* und Hasel *Corylus*. Sporen mit kurzem, unscheinbarem Keimspalt, Perispor in KOH nicht ablösend, Asci J+. KOH-lösliche Pigmente umbrabraun. (BK 1.341, 🖼).

16.12.23 *Jackrogersella minutella* (Syd. & P. Syd.) L. Wendt, Kuhnert & M. Stadler, *H. cohaerens* var. *microsporum* J.D. Rogers & Cand., Kleinsporige Papillenkohlenbeere: Ostiolen nicht auf Vertiefung, Konidienstadium feinfilzig orangebraun; an Eiche *Quercus* und Esskastanie *Castanea*. Sporen 7–9 × 3,5–4,5 µm mit kurzem Keimspalt, Konidiensporen 4–5 × 2,5–3 µm, Asci meist J–. KOH-lösliche Pigmente auch reif weinrot. (CH 147).

16.12.24 *Daldinia concentrica* (Bolton) Ces. & De Not.
Konzentrischer Holzkohlenpilz

Frkp: 2–9 cm breit, 1–4 cm hoch, anfangs ± kugelförmig, zunehmend miteinander zu größeren Gebilden verwachsend, hart, jung durch Konidienstadium graubräunlich bestäubt, dann rötlichbraun, zuletzt schwarz, Oberfläche glatt oder häufig dunkel netzartig, fein rissig auf rötlichem Grund, aufgrund der Perithecien feinhöckerig, Öffnungen (Ostiolen) leicht papillenförmig. **F:** Perithecien umgekehrt lanzettlich,

16.12.21 *Jackrogersella cohaerens*, Zusammengedrängte Papillenkohlenbeere

16.12.22 *Jackrogersella multiformis*, Vielgestaltige Papillenkohlenbeere

16.12.24 *Daldinia concentrica*, Konzentrischer Holzkohlenpilz

grau bis schwarz, Stroma zwischen Perithecien graubraun bis braun, Entostroma im Schnitt mit konzentrischen hellen und dunklen Zonen, die weißen etwas dicker. **V:** gesellig auf abgestorbenen Laubästen, vorwiegend Esche *Fraxinus,* seltener auf Birke *Betula,* Buche *Fagus* oder Weide *Salix;* ganzjährig, reife Fruchtkörper im Herbst. **Mik:** Sporen im Lichtmikroskop glatt, im REM mit schwachen Querrillen, breit ellipsoid und einseitig abgeflacht bis leicht allantoid, mit leicht S-förmigem Keimspalt auf gewölbter Seite, dunkelbraun, 13–17,5 × 6–7,5 µm, Perispor in KOH ablösend, uniseriat, Asci J+, inoperculat, mit Apikalring, 8-sporig, konidienbildende Zellen ohne ringartige Strukturen an der Spitze, Konidiensporen 6,5–8 × 3,5–4,5 µm. **Ch:** KOH-lösliche Pigmente leuchtend oder dunkelviolett. (🖼).

Daldinia petriniae Y.M. Ju, J.D. Rogers & F. San Martín, Petrinis Holzkohlenpilz: Fruchtkörper bis 6 cm; meist auf Erle *Alnus.* Sporen 12,5–16,5 × 6,5–7,5 µm mit geradem Keimspalt, konidienbildende Zellen nach Produktion der Konidiensporen mit ringförmigen Strukturen an der Spitze (annellidisch), Konidiensporen 7–9 × 5–6 µm. In KOH-lösliche Pigmente zuerst violett, nach einigen Minuten oft gelblich, seltener oliv. (BK 1.346).

Daldinia loculata (Lév.) Sacc., *Daldinia occidentalis* Child, Gekammerter Holzkohlenpilz, Östlicher Holzkohlenpilz: auf Rinde oder Holz von frisch gefällten Laubbäumen, häufig Birke *Betula,* gerne auch auf brandgeschädigten Ästen. Sporen glatt, 11–14 × 6–8 µm mit geradem Keimspalt, Perispor in KOH nicht ablösend, Konidiensporen 6–7,5 × 4,5–5 µm. In KOH-lösliche Pigmente sattviolett.

16.12 25 *Daldinia vernicosa* Ces. & De Not., *Daldinia fissa* Lloyd, Gestielter Holzkohlenpilz: Fruchtkörper bis 1 cm, glänzend, braun, Entostroma enthält nebst den weißen und grauschwarzen Zonen gelatinöses Material; auf Rinde oder Holz von frisch gefällten Laubbäumen, gerne auch auf brandgeschädigten Ästen. Sporen glatt, 11–14,5 × 6–8 µm mit geradem Keimspalt, Perispor in KOH nicht ablösend, Konidiensporen 6,5–9 × 4,5–6 µm. In KOH-lösliche Pigmente sattviolett. (🖼).

16.12.26 *Daldinia childiae* J.D. Rogers & Y.M. Ju
Birnen-Holzkohlenpilz, Childs Holzkohlenpilz

Frkp: 0,5–5 cm, kugelförmig bis niedergedrückt, teils mit seitlichen Einbuchtungen, aufgrund der Perithecien deutlich höckerig, Öffnungen (Ostiolen) leicht papillenförmig, weinrot, kastanien- oder graubraun, meist kurz und kräftig gestielt, das Konidienstadium bildet eine hellbraune bis rosafarbene, matte Schicht auf jungen Fruchtkörpern. **F:** Perithecien umgekehrt lanzettlich, grau bis schwarz, Stroma zwischen Perithecien graubraun bis braun, Entostroma im Schnitt mit konzentrischen hellen und dunklen Zonen, die weißen etwas dicker. **V:** gesellig, auf Laub- und seltener Nadelhölzern, Wärme liebend; Frühling bis Spätsommer. **Mik:** Sporen im Lichtmikroskop glatt, im REM mit Querrillen, Keimspalt gerade, braun bis dunkelbraun, 12–16 × 5,5–7,5 µm, Perispor in KOH ablösend, uniseriat, Asci J+, inoperculat, mit Apikalring, 8-sporig, Konidiensporen 7–9 × 4,5–5,5 µm. **Ch:** KOH-lösliche Pigmente gelblich, bernsteinfarben bis haselbraun. (🖼).

16.12.27 *Lycogala epidendrum* (J.C. Buxb. ex L.) Fr.
Blut-Milchpilz

Frkp: 0,3–1 cm, kugelförmig, fast glatt bis feinkörnig, rosa, orange bis rotbraun oder rötlichgrau, seltener auch gelb, alt gelb bis schwarzbraun, weichfleischig, im Schnitt anfangs mit einem zähflüssigen roten bis rotbraunen Milchsaft, alt mit einer pulverigen, trüb rosagrauen Sporenmasse. **V:** gesellig bis dicht rasig, vorwiegend auf Totholz. **Mik:** Sporen bänderig-netzig, kugelig 6–7,5 µm. (🖼).

L. epidendrum, der verbreitet vorkommende, kugelig-pustelartige Schleimpilz, gehört nicht ins Reich der Pilze (Supergruppe *Ophistokonta*), sondern zur Klasse *Eumycetozoa* in die Supergruppe der *Amoebozoa.*

16.12.28 *Kretzschmaria deusta* (Hoffm.) P.M.D. Martin,
Ustulina deusta (Hoffm.) Lind, ***Hypoxylon deustum*** (Hoffm.) Grev.
Brandfladen-Kohlenkruste,
Brandfladen-Kohlenbeere, Brandiger Krustenpilz

Frkp: bis 2 cm dicke, große, unregelmäßig höckerig-wulstige Kruste, schwarz, durch ca. 1 mm große, kegelförmige Perithecien-Öffnungen (Ostiolen) punktiert, jung weißlichgrau und weich (Konidienstadium), in den mehrjährigen Fruchtkörpern zeigen sich am Rand die weißlichen Zuwachszonen, die sich jeweils im Frühling und Frühsommer bilden. **F:** jung weiß und weich, reif kohlenartig, brüchig, schwarz. **V:** überzieht die Basis von Strünken und geschwächten Laubbäumen, meist Buche *Fagus;* mehrjährig. **Mik:** Sporen glatt, ellipsoid, etwas

16.12.25 *Daldinia vernicosa,* Gestielter Holzkohlenpilz

16.12.26 *Daldinia childiae,* Birnen-Holzkohlenpilz

16.12.27 *Lycogala epidendrum,* Blut-Milchpilz

16.12.28 *Kretzschmaria deusta,* Brandfladen-Kohlenkruste

abgeflacht, mit kurzem Keimspalt auf flacher Seite, dunkelbraun, 25–31 × 7–10 µm, mit 3–4 Tropfen, uniseriat, Asci J+, inoperculat, mit Apikalring, 8-sporig. (BK 1.345, 🖼).

K. deusta wird häufig von *Polydesmia pruinosa*, Bereiftes Kernpilzbecherchen bewachsen.

16.12.29 *Eutypa flavovirens* (Pers.) Tul. & C. Tul., *Diatrype flavovirens* (Pers.) Fr.
Gelbtramiger Krustenhöckerpilz, Gelbgrüner Krusten-Kugelpilz

Frkp: warzig-höckerige Flächen, mehrere Quadratzentimeter, schwarz, Öffnungen der Perithecien (Ostiolen) unscheinbar. **F:** Perithecien kugelig bis birnenförmig, schwarz, Stroma zwischen den Perithecien aus Holz- und Pilzgewebe, grüngelb, kaum Stroma unterhalb der Perithecien. **V:** überzieht einzeln bis rasig gedrängt abgestorbene Laubholzäste, oft Hasel *Corylus* oder Eiche *Quercus;* ganzjährig. **Mik:** Sporen glatt, allantoid, farblos bis gelblich, 6–10 × 1,5–2,5 µm, 2 Tropfen, biseriat, Asci J–, mit undeutlichem Apikalring, 8-sporig, langstielig. (BK 1.354, 🖼).

E. flavovirens wird häufig von *Chaetosphaerella phaeostroma*, Kernpilzparasitierender Setenkonidienkugelpilz bewachsen.

16.12.30 *Eutypa scabrosa* (Bull.) Auersw., *Diatrype scabrosa* (Bull.) Fr., Höckeriger Krustenhöckerpilz: Stromaoberfläche rundlich-höckrig, Stroma innen blass cremefarben; meist auf unberindetem Holz, Winter bis Frühling. Sporen 7,5–11 × 1,5–2,5 µm. (BK 1.355).

16.12.31 *Eutypa maura* (Fr.) Sacc., *Eutypa acharii* Tul. & C. Tul.
Ahorn-Krustenhöckerpilz

Frkp: meist groß und krustenartig, trocken felderig-rissig, erst grauschwarz, später kohleartig schwarz, Öffnungen der Perithecien (Ostiole) krater- und leicht sternförmig. **F:** Stroma dünn und teilweise aus Pflanzengewebe, Perithecien 0,5 mm, kugelförmig mit kurzen Hälsen, schwarz und vollständig ins hellere Holz eingesenkt. **V:** auf meist abgestorbenem, entrindetem Laubholz, vorwiegend Ahorn *Acer,* seltener Buche *Fagus;* Frühling bis Sommer. **Mik:** Sporen glatt, allantoid, farblos bis bräunlich, 4,5–8 × 1–1,5 µm, mit 2 Tropfen, unregelmäßig biseriat, Asci J–, 8-sporig, langstielig. (BK 1.353, 🖼).

16.12.32 *Eutypa spinosa* (Pers.) Tul. & C. Tul.
Reibeisenartiger Buchen-Krustenhöckerpilz, Stacheliger Krustenhöckerpilz

Frkp: bis 20 cm lang, 10 cm breit und 1–2 mm dick, unregelmäßig krustenartig mit reibeisenartiger Oberfläche, schwarz, sehr hart, Öffnungen (Ostiole) der Perithecien am Ende von bis 2 mm langen und 0,5 mm dicken Hälsen und 4- bis 6-mal eingekerbt. **F:** Stromaschicht zuoberst dünn, Perithecienkörperchen schlank oval, dicht aneinander, schwarz, Stroma unterhalb der Perithecienschicht braun bis schwärzlich mit vielen weißen Flecken, den Abschluss bildet eine schwarze Schicht, angrenzendes Holz ist auffällig hart und schlecht abbaubar. **V:** auf dicken Ästen und Stämmen von Buche *Fagus;* ganzjährig. **Mik:** Sporen glatt, zylindrisch bis schmal ellipsoid, oft leicht gebogen, hell grünlichgrau, 5,5–8,5 × 1,5–2,5 µm, meist mit 2 dunklen Tropfen bei den Polen, biseriat, Asci J+, inoperculat, mit Apikalring, 8-sporig, langstielig. (CH 136).

16.12.33 *Euepixylon udum* (Pers.) Læssøe & Spooner, *Hypoxylon udum* (Pers.) Fr.
Keimporus-Krustenbeere, Hartholz-Keimporensporenkohlenkruste

Frkp: krustenartig, etwa zur Hälfte ins entrindete Holz eingesenkt, grau- bis dunkelbraun, meist nur wenige, 0,5–1 mm große, kugelige Perithecien mit kraterförmiger Öffnung. **V:** auf abgestorbenen und entrindeten Ästen von Eiche *Quercus;* ganzjährig. **Mik:** Sporen glatt, ellipsoid, Keimspalt als elliptischer Porus, hellbraun, 23–32 × 9–12,5 µm, teils mit einigen Tropfen, uniseriat, Asci J+, inoperculat, mit Apikalring, 8-sporig. (BK 1.344).

16.12.34 *Diatrype stigma* (Hoffm.) Fr.
Breitkrustige Eckenscheibe, Flächiges Eckenscheibchen

Frkp: bis 30 cm lang, flächig ausgebreitet, krustenartig, bis 1 mm dick, oft querrissig, erst rotbraun, später schwarzbraun, Oberfläche glatt und durch die schwarzen Öffnungen (Ostiolen) der Perithecien punktiert. **F:** Stroma unter der Oberfläche weißlich bis hellbräunlich, etwas unregelmäßig mit 0,2 mm großen, kugelförmigen Perithecien durchsetzt. **V:** überzieht abgestorbenes Eichenholz *Quercus* unter der Rinde, wodurch diese abgelöst wird; ganzjährig. **Mik:** Sporen glatt, allantoid, hellbraun, 8–12 × 1,5–3 µm, mit kleinen Tropfen, unregelmäßig biseriat, Asci J–, inoperculat, mit Apikalring, 8-sporig. (BK 1.358, 🖼).

16.12.35 *Diatrype disciformis* (Hoffm.) Fr.
Buchen-Eckenscheibe, Buchen-Eckenscheibchen

Frkp: 2–3 mm, scheibchenförmig, meist rund, glatt bis etwas rau, schwarz, aus der Rinde hervorbrechend (Stroma), deren Stücke einen

16.12.29 *Eutypa flavovirens,* Gelbtramiger Krustenhöckerpilz

16.12.31 *Eutypa maura,* Ahorn-Krustenhöckerpilz

16.12.34 *Diatrype stigma,* Breitkrustige Eckenscheibe

16.12.35 *Diatrype disciformis,* Buchen-Eckenscheibe

Kranz bilden, durch die 25–30 feinen, etwas sternförmigen Perithecienöffnungen (Ostiolen) punktiert. **F:** weiß, fest, Perithecien 0,2–0,4 mm groß, Stroma darunter aus Pilz- und Pflanzengewebe und von einer schwarzen Schicht begrenzt. **V:** gesellig, auf eher frisch abgestorbenen, berindeten Ästen von Laubholz, vorwiegend Buche *Fagus;* ganzjährig. **Mik:** Sporen glatt, allantoid, gelblich, 5–9,5 × 1–2 µm, unregelmäßig biseriat, Asci J+, 8-sporig. (BK 1.357,).

16.12.36 *Diatrype bullata* (Hoffm.) Fr., Blasige Eckenscheibe, Blasiges Eckenscheibchen: Fruchtkörper polsterförmig, unregelmäßiger geformt und oft verschmelzend, rau, Perithecien im Schnitt auf einer Ebene; auf Weide *Salix*, selten Pappel *Populus*. Sporen farblos bis etwas bräunlich, 5–7,5 × 1–2 µm. (BK 1.356,).

D. bullata wird oft von *Dialonectria diatrypicola*, Eckenscheiben-Pilzparasitpustelpilz besiedelt.

16.12.37 *Biscogniauxia repanda* (Fr.) Kuntze
Ellipsoidsporige Vogelbeer-Rindenkohlenkruste, Schmalsporiger Rindenkugelpilz

Frkp: 1–2,5 cm lang, 1–1,5 cm breit, tellerförmig, oval oder rund, mit aufgebrochenem, derbem Rand, Innenoberfläche glatt, kohleartig, schwarz, durch die breit papillenförmigen Perithecienöffnungen (Ostiolen) punktiert, entwickelt sich zweischichtig in der Rinde, wodurch bei Reife der äußere Teil der Rinde mit der oberen Stromaschicht aufspringt und sich ablöst. **F:** Stromaoberfläche sehr hart, unterhalb der Schicht von eng aneinanderliegenden, schmal tropfenförmigen Perithecien weißlich mit schwarzen Einschlüssen. **V:** einzeln oder gesellig und mehrere zusammengewachen, auf dem Holz oder der Rinde von abgestorbenen, noch stehenden Stämmchen der Vogelbeere *Sorbus;* ganzjährig. **Mik:** Sporen glatt, ellipsoid, mit beidseitigem Keimspalt, dunkelbraun, 11–14,5 × 4,5–6,5 µm, uniseriat, Asci J+, inoperculat, mit Apikalring, 8-sporig. (CH 134).

16.12.38 *Biscogniauxia mediterranea* (De Not.) Kuntze, *Hypoxylon mediterraneum* (De Not.) Ces. & De Not.
Südliche Rindenkohlenkruste, Südlicher Rindenkugelpilz, Südliche Kohlenbeere

Frkp: 2–20 cm lang, 0,5–4 cm breit, flach kissenförmig, matt, schwarz, durch die deutlich papillenförmigen Perithecienöffnungen (Ostiolen) feinwarzig punktiert, entwickelt sich zweischichtig in der Rinde, wodurch bei Reife der äußere Teil der Rinde mit der oberen Stromaschicht aufspringt und sich ablöst. **F:** Ektostroma dunkelbraun bis schwarz, eng aneinanderliegende, birnenförmige bis zylindrische Perithecien schwarz, Entostroma bis 0,5 mm dick, aus weißem Pflanzengewebe, darunter dunkelbraune, pulverige, 1–2 mm dicke Schicht. **V:** auf abgestorbenen Laubholzästen; ganzjährig. **Mik:** Sporen glatt, ellipsoid bis spindelförmig, mit Keimspalt, dunkelbraun bis schwarz, 15–24 × 6,5–10 µm, mit 1 Tropfen, uniseriat, Asci J+, inoperculat, mit Apikalring, 8-sporig. (BK 1.340,).

16.12.39 *Biscogniauxia marginata* (Fr.) Pouzar, *Numulariola discreta* (Schwein.) House
Rundlichsporige Rindenkohlenkruste, Gerandeter Rindenkugelpilz

Frkp: 3–5 mm, selten größer, tellerförmig, kohlig-krustig, mit erhabenen Rand, dunkelbraun bis schwarz, Perithecienöffnungen (Ostiolen) nabelartig eingesenkt, reif teils von ausgetretenen Ascosporen überdeckt, entwickelt sich zweischichtig in der Rinde, wodurch bei Reife der äußere Teil der Rinde mit der oberen Stromaschicht aufspringt und sich ablöst. **F:** Ektostroma dunkelbraun bis schwarz, kugelige bis breit eiförmige Perithecien schwarz, Entostroma holzfarben mit dunkelbraunen Streifen, Fruchtkörperrand nach außen durch dünne schwarze Linie abgegrenzt. **V:** gesellig, auf stehenden oder liegenden abgestorbenen, berindeten Laubholzstämmchen, mehrheitlich Vogelbeere *Sorbus;* ganzjährig. **Mik:** Sporen glatt, kugelig, mit auffälligem, etwas S-förmigem Keimspalt, schwarzbraun, 12–16,5 × 8–13 µm, uniseriat, Asci J+, inoperculat, mit Apikalring, 8-sporig. (CH 132).

16.12.40 *Biscogniauxia nummularia* (Bull.) Kuntze
Rotbuchen-Rindenkohlenkruste, Rotbuchen-Rindenkugelpilz, Pfennig-Kohlenkruste

Frkp: 1–5 cm lang und breit, flach ausgebreitet, sehr unregelmäßig lappig ohne erhabenen Rand, braun bis schwarz, Perithecienöffnungen (Ostiolen) auf Stromaoberfläche oder schwach kegelförmigen Erhebungen, entwickelt sich zweischichtig in der Rinde, wodurch bei Reife der äußere Teil der Rinde mit der oberen Stromaschicht aufspringt und sich ablöst. **F:** Ektostroma dunkelbraun, Schicht eng nebeneinanderliegender, ovaler bis zylindrischer Perithecien schwarz, Entostroma gelb mit schwarzen Flecken und Linien. **V:** gesellig, bedeckt große Flächen auf abgestorbenen, berindeten Stämmen von Buche *Fagus;* ganzjährig, im besten Zustand im Winter. **Mik:** Sporen glatt, breit ellipsoid, Keimspalt unscheinbar, dunkelbraun bis schwarz, undurchsichtig, 10–15 × 6,5–10 µm, uniseriat, Asci J+, inoperculat, mit Apikalring, 8-sporig. (CH 133,).

Biscogniauxia anceps (Sacc.) J.D. Rogers, Y.M. Ju & Cand., *Nummularia anceps* Sacc., Septiertsporige Rindenkohlenkruste: Fruchtkörper 2–3 cm lang, 1–2 cm breit, flach, unregelmäßig rundlich, auch verschmelzend, teils etwas erhöht, schwarz, manchmal querrissig, Perithecienöffnungen (Ostiolen) eingesenkt, grau, Fleisch schwarz, matt; auf stehenden oder liegenden abgestorbenen, berindeten Laubholzästen und -stämmchen. Sporen glatt, ellipsoid, 1-fach septiert, meist aus zwei farblosen, seltener aus einer größeren dunkel- bis schwarzbraunen Zelle mit Keimspalt und einer kleineren farblosen Zelle, 12,5–19 × 6–9 µm. (CH 131).

16.12.36 *Diatrype bullata*, Blasige Eckenscheibe

16.12.38 *Biscogniauxia mediterranea*, Südliche Rindenkohlenkruste

16.12.40 *Biscogniauxia nummularia*, Rotbuchen-Rindenkohlenkruste

16.12.41 *Diatrypella quercina* (Pers.) Cooke, *Libertella quercina* Grove Eichen-Eckenscheibchen

Frkp: 2–3 mm, rundlich kissenförmig, gefurcht, dunkelbraun bis schwarz, Oberfläche durch die leicht herausragenden Perithecienöffnungen (Ostiolen) rau, bei Reife Rinde lappig aufreißend und hervorbrechend. **F:** äußerste Schicht, welche sich am Rand als Grenzfläche ins Holz hineinzieht, schwarz, Perithecien tropfenförmig, Hälse lang, Schicht mit Perithecienhälsen weißlich bis graubraun, unterhalb der Perithecien graubraun. **V:** rasig, oft auf ganzen Ästen von abgestorbenem, berindetem Holz von Eiche *Quercus* oder Weide *Salix;* Winter bis Frühling. **Mik:** Sporen glatt, allantoid bis halbkreisförmig, hellbräunlich, 7–10 × 2–3 µm, teils mit 2 Tropfen, multiseriat, Asci J–, inoperculat, mit kleinem Apikalring, vielsporig, langstielig. (BK 1.359, 🖼).

16.12.41 *Diatrypella quercina*, Eichen-Eckenscheibchen

16.12.42 *Diatrypella favacea* (Fr.) Ces. & De Not., *Diatrypella verruciformis* (Ehrh.) Nitschke, *Diatrypella tocciaeana* De Not. Warziges Eckenscheibchen, Birken-Eckenscheibchen

Frkp: 2–6 mm große, kegelförmige und zunehmend kugelige, warzige Stromakissen, teils auch zusammenwachsend, braunschwarz, Perithecien-Öffnungen (Ostiolen) klein (Lupe!), jung unter der Rinde, dann diese durchbrechend, umgeben von den aufgerissenen Lappen der Rindenhaut. **F:** Perithecien tropfen- bis eiförmig, unregelmäßig, mehr oder weniger in einer Ebene, Stroma um die Perithecien weißlich. **V:** rasig, oft auf ganzen Ästen von abgestorbenem, berindetem Laubholz, z. B. Birke *Betula,* Erle *Alnus,* Hasel *Corylus,* Buche *Fagus;* Winter bis Frühling. **Mik:** Sporen glatt, allantoid, hellbräunlich, 6–8 × 1–2 µm, multiseriat, Asci J–, vielsporig, langstielig. (BK 1.360, 🖼).

Einige Autoren trennen drei Arten nach Habitat und teils nach Form der Ostiolen, evtl. auch nach Sportgrößen. *D. tocciaeana* auf Erle *Alnus,* Birke *Betula,* Hainbuche *Carpinus* oder Hasel *Corylus* und mit wenig gefurchten Ostiolen, die kaum über die Stromaoberfläche ragen, *D. favacea* auf Birke *Betula* und *D. tocciaeana* auf Erle *Alnus,* beide mit Ostiolen, welche von Beginn an gefurcht und deutlich herausragend sind.

16.12.42 *Diatrypella favacea*, Warziges Eckenscheibchen

16.12.43 *Eutypella alnifraga* (Wahlenb.) Sacc. Erlen-Furchenkissenkugelpilz, Gefurchter Erlenkugelpilz

Frkp: 1–3 mm große, pustelig-gefurchte Kissen, jung unter der Rinde, dann die zuvor aufgewölbte Rinde durchbrechend, schwarz. **F:** Perithecien tropfen- bis eiförmig, schwarz, Stroma hellbraun. **V:** gesellig bis rasig, oft auf Ästen abgestorbener, berindeter Erle *Alnus;* ganzjährig. **Mik:** Sporen glatt, allantoid, hellbräunlich, 7–9 × 1,5–2 µm, biseriat, Asci J–, inoperculat, Apikalring undeutlich, 8-sporig. (BK 1.361, 🖼).

16.12.43 *Eutypella alnifraga*, Erlen-Furchenkissenkugelpilz

16.12.44 *Eutypella sorbi* (Alb. & Schwein.) Sacc. Vogelbeer-Furchenkissenkugelpilz

Frkp: 2–5 mm, pustelförmig, kegelig bis kugelig, schwarz, Oberfläche durch die Perithecienhälse mit den 3- bis 4-mal tief eingeschnittenen Öffnungen (Ostiolen) büschelig, jung unter der Rinde und diese dann durchbrechend. **F:** äußerste Schicht, welche sich am Rand als Grenzfläche ins Holz hineinzieht, schwarz, Entostroma zwischen den schwarzen Perithecien hell. **V:** gesellig, auf abgestorbenen, berindeten Stämmchen oder groben Ästen von Vogel- und Mehlbeere *Sorbus aucuparia, S. aria;* ganzjährig. **Mik:** Sporen glatt, allantoid, blassgelb, 7,5–12 × 1,5–2,5 µm, bi- bis multiseriat, Asci J–, inoperculat, mit schwer sichtbarem Apikalring, 8-sporig, langstielig. (CH 137, 🖼).

16.12.44 *Eutypella sorbi*, Vogelbeer-Furchenkissenkugelpilz

16.12.45 *Anthostoma decipiens* (DC.) Nitschke, *Cytospora decipiens* Sacc. Geschnäbelter Scheibenstromakugelpilz, Geschnäbelter Kugelpilz

Frkp: 0,3–0,8 mm, durch die zylindrischen Perithecienhälse und gefurchten Öffnungen (Ostiolen) höckerig-warzig, zuerst graubraun, dann schwarz, das Konidienstadium wächst zwischen Holz und Rinde, die Konidiensporenmasse dringt nach außen und bildet bis zu 1 cm große, leuchtend rote, feucht gallertartige, trocken glasartige Kügelchen auf der Rindenoberfläche. **F:** Stroma flaschenförmig mit Gruppen von 10–20 Perithecien, eingebettet in ein jung graubräunliches, später schwarzes Stroma mit hellbräunlicher Umgrenzung. **V:** unregelmäßig rasig, auf abgestorbenen, berindeten Zweigen von Laubbäumen, vorwiegend Hainbuche *Carpinus;* ganzjährig. **Mik:** Sporen glatt, ellipsoid, leicht gebogen, braun, 8–9,5 × 2,5–3 µm, teils mit Tropfen, unregelmäßig biseriat, Asci J–, inoperculat, mit Apikalring, 8-sporig. (BK 1.372, 🖼).

A. decipiens verursacht eine Rindennekrose an durch Wassermangel gestressten Hainbuchen *Carpinus* und anderen Laubgehölzen, bestätigt bisher an Hasel *Corylus.*

16.12.45 *Anthostoma decipiens*, Geschnäbelter Scheibenstromakugelpilz; rechts das Konidienstadium (Anamorphe)

16.13 *Nectria,* Pustelpilze und Ähnliche

Ascomycota, Schlauchpilze

Klassen *Dothideomycetes und Sordariomycetes*

Die mehrheitlich kleinen bis sehr kleinen, oft zahlreichen pustelförmigen Pilzfruchtkörper, die einzeln bis dicht rasig nebeneinander auftreten oder beeren- bis krustenförmig verwachsen können, befinden sich in einer sehr breit aufgefächerten Verwandtschaft. Die weniger als 100 aufgeführten Arten verteilen sich auf mehr als 50 Gattungen, auf gut 30 Familien, 12 Ordnungen und 2 Klassen. Im Durchschnitt enthalten diese Gattungen also lediglich etwa 2 Arten. Die Liste vermittelt einen Überblick dieser fein verästelten Struktur: in der ersten Spalte die Klasse ***Dothideomycetes*** mit den Ordnungen ***Acrospermales, Aulographales, Botryosphaeriales, Hysteriales, Mycosphaerellales, Mytilinidiales, Patellariales*** und ***Pleosporales.*** Die Ordnung für die Familien ***Gloniaceae*** und ***Polystomellaceae*** konnte noch nicht festgelegt werden und ist mit dem lateinischen Begriff «**incertae sedis**» für einen noch unsicheren Platz bezeichnet. Diese Bezeichnung kann auf verschiedenen Ebenenen auftreten, wie z.B. auch für die Familienzugehörigkeit der Gattung *Glyphium,* Keilkohlenpilze in der Ordnung *Patellariales.* In der zweiten Spalte ist die Klasse ***Sordariomycetes*** mit den Ordnungen ***Coronophorales, Diaporthales, Hypocreales*** und ***Sordariales*** aufgelistet.

Dothideomycetes

- > ***Acrospermales***
  - > ***Acrospermaceae***
    - > *Acrospermum,* Schlauchkeulchen
- > ***Aulographales***
  - > ***Rhizodiscinaceae***
    - > *Rhizodiscina,* Schwarzscheibchen
- > ***Botryosphaeriales***
  - > ***Botryosphaeriaceae***
    - > *Botryosphaeria,* Traubenkugelpilze
    - > *Diplodia,* Kissenkohlenpilze
- > ***Hysteriales***
  - > ***Hysteriaceae***
    - > *Hysterium,* Spaltkohlenpilze
    - > *Hysterographium,* Spaltkohlenlippen
    - > *Rhytidhysteron,* Spaltscheibchen
- > ***Mycosphaerellales***
  - > ***Mycosphaerellaceae***
    - > *Mycosphaerella,* Blattfleckenfadenpilze
- > ***Mytilinidiales***
  - > ***Mytilinidiaceae***
    - > *Lophium,* Müschelchen
    - > *Mytilinidion,* Muschelpilzchen
    - > *Ostreola,* Austernkohlenpilz
- > ***Patellariales***
  - > ***Patellariaceae***
    - > *Patellaria,* Schalenkohlenpilze
  - > **incertae sedis**
    - > *Glyphium,* Keilkohlenpilze
- > ***Pleosporales***
  - > ***Cucurbitariaceae***
    - > *Cucurbitaria,* Mauersporenkohlenpilze
    - > *Curreya,* Mauersporenstromakugelpilze
  - > ***Leptosphaeriaceae***
    - > *Leptosphaeria,* Kugelpilze
    - > *Plenodomus,* Gehäusekugelpilze
  - > ***Lophiostomataceae***
    - > *Lophiostoma,* Kammkugelpilze
    - > *Lophiotrema,* Hellsporkammkugelpilze
  - > ***Melanommataceae***
    - > *Alpinaria,* Kugelkissen
    - > *Gemmamyces,* Knospenkohlenpilze
    - > *Melanomma,* Kugelkissen
  - > ***Phaeosphaeriaceae***
    - > *Phaeosphaeria,* Braunsporkugelpilze
  - > **incertae sedis**
    - > *Camarosporidiella,* Brombeerkohlenpilze
    - > *Rhopographus,* Fleckenpilze
- > **incertae sedis**
  - > ***Gloniaceae***
    - > *Glonium,* Furchenkohlenpilze
  - > ***Polystomellaceae***
    - > *Dothidella,* Keulensporenkugelpilze
  - > **incertae sedis**
    - > *Catinella,* Tellerbecherchen
    - > *Leptospora,* Fadensporenkugelpilze

Sordariomycetes

> ***Coronophorales***
> > ***Bertiaceae***
> > > *Bertia*, Maulbeerkugelpilze
> > ***Chaetosphaerellaceae***
> > > *Chaetosphaerella*, Filzkügelchen
> > ***Nitschkiaceae***
> > > *Nitschkia*, Kelchkugelpilze

> ***Diaporthales***
> > ***Diaporthaceae***
> > > *Diaporthe*, Einsenkkugelpilze
> > ***Erythrogloeaceae***
> > > *Dendrostoma*, Kissenkugelpilze
> > ***Gnomoniaceae***
> > > *Cryptosporella*, Klumpenkugelpilze
> > > *Gnomonia*, Langschnabelkugelpilze
> > ***Melanconidaceae***
> > > *Melogramma*, Krustenscheibchen
> > ***Sydowiellacea***
> > > *Calosporella*, Schönsporkugelpilze
> > ***Valsaceae***
> > > *Valsa*, Graustromakugelpilze

> ***Hypocreales***, Krustenkugelpilzartige
> > ***Bionectriaceae***
> > > *Hydropisphaera*, Saftpustelpilze
> > ***Clavicipitaceae***
> > > *Claviceps*, Mutterkornpilze
> > ***Cordycipitaceae***, Kernkeulenverwandte
> > > *Cordyceps*, Kernkeulen
> > ***Hypocreaceae***, Krustenkugelpilzverwandte
> > > *Hypocrea*, Krustenkugelpilze
> > > *Hypomyces*, Schmarotzerpustelpilze
> > > *Protocrea*, Wollkrustenpustelpilze
> > > *Trichoderma*, Krustenpustelpilze
> > ***Nectriaceae***, Pustelpilzverwandte
> > > *Corinectria*, Nadelholzpustelpilze
> > > *Dialonectria*, Pilzparasitpustelpilze
> > > *Fusarium*, Blauschwarzpustelpilze
> > > *Nectria*, Pustelpilze
> > > *Neonectria*, Ovoidpustelpilze
> > > *Stylonectria*, Scheibchenpustelpilze
> > > *Thyronectria*, Kleiepustelpilze
> > ***Ophiocordycipitaceae***
> > > *Ophiocordyceps*, Schlangenkernkeulen
> > > *Paraisaria*, Scheinkernkeulen
> > > *Tolypocladium*, Knäuelkernkeulen

> ***Sordariales***
> > ***Helminthosphaeriaceae***
> > > *Echinosphaeria*, Igelkugelpilze
> > > *Ruzenia*, Rasenkohlenkugelpilze
> > ***Lasiosphaeriaceae***
> > > *Lasiosphaeria*, Kohlenkugelpilze
> > > *Strattonia*, Brandstellenkugelpilze
> > ***Schizotheciaceae***
> > > *Schizothecium*, Schuppenschnabelkotkugelpilze

Nectria, Pustelpilze und Ähnliche

Beschreibung

Als Beispielgattung dienen die häufigen ***Nectria***, Pustelpilze, deren Fruchtkörper man zu Tausenden auf dürren Zweigen finden kann. Sie überziehen ganze Asthaufen mit kleinen, wenige Millimeter großen, mehrheitlich orangeroten Pusteln. Wie viele andere Gattungen in diesem Umfeld umfassen auch sie inzwischen nur noch wenige Arten. Sie sind in die Gattungen ***Corinectria***, Nadelholzpustelpilze, ***Dialonectria***, Pilzparasitpustelpilze, ***Hydropisphaera***, Saftpustelpilze, ***Neonectria***, Ovoidpustelpilze, ***Stylonectria***, Scheibchenpustelpilze und ***Thyronectria***, Kleiepustelpilze verteilt worden und bilden nun mehr oder weniger die Familie *Nectriaceae*, Pustelpilzverwandte. *Hydropisphaera* sind in der separaten Familie *Bionectriaceae* platziert worden, andererseits gehören die blauschwarzen ***Fusarium***, Blauschwarzpustelpilze zur Familie *Nectriaceae*. Diese Veränderungen sind ein gutes Beispiel für die Entwicklungen in den letzten Jahren, die zu dieser großen und differenzierten Verwandtschaft geführt haben. In einer groben Zusammenfassung werden anschließend die hier behandelten Gattungen kurz charakterisiert. Es gibt zahlreiche Arten mit kleinen Kügelchen, die einzeln oder brombeerartig in kleineren oder größeren Gruppen auftreten. Vorwiegend einzelne, kleine, weniger als 1 mm messende, schwarze Pusteln mit einer Papille bilden die Gattungen ***Gemmamyces***, Knospenkohlenpilze, ***Leptosphaeria***, Kugelpilze, ***Leptospora***, Fadensporenkugelpilze, ***Lophiotrema***, Hellsporkammkugelpilze und ***Plenodomus***, Gehäusekugelpilze. Ebenfalls kleine schwarze Kügelchen entwickeln die sehr kleinen ***Phaeosphaeria***, Braunsporkugelpilze ohne Papille, ***Ruzenia***, Rasenkohlenkugelpilze mit einer weißlichen Papille, ***Lasiosphaeria***, Kohlenkugelpilze, die ganz bedeckt von einem grauweißlich-flockigen Gewebe sind, ***Echinosphaeria***, Igelkugelpilze mit seitlichen Haaren und ***Schizothecium***, Schuppenschnabelkotkugelpilze mit bärtig-schuppigen Auswüchsen an der Spitze. Viele Arten sind anfangs mehr oder weniger eingesenkt und brechen erst später aus dem Substrat hervor. Deutlich eingesenkte Kügelchen bilden die Gattungen ***Cryptosporella***, Klumpenkugelpilze, ***Dendrostoma***, Kissenkugelpilze, ***Diaporthe***, Einsenkkugelpilze und ***Gnomonia***, Langschnabelkugelpilze, mit auffälligen Auswüchsen (langen Schnäbeln). Ganz klein und eingesenkt in Blätter sind ***Mycosphaerella***, Blattfleckenfadenpilze. Oft verwachsen die schwarzen Kügelchen zu brombeerartigen Gebilden, deutlich zu sehen in den Gattungen ***Alpinaria***, Kugelkissen, ***Bertia***, Maulbeerkugelpilze, ***Botryosphaeria***, Traubenkugelpilze, ***Camarosporidiella***, Brombeerkohlenpilze, ***Chaetosphaerella***, Filzkügelchen, ***Cucurbitaria***, Mauersporenkohlenpilze, ***Curreya***, Mauersporenstromakugelpilze, *Fusarium*, Blauschwarzpustelpilze, ***Melanomma***, Kugelkissen und ***Nitschkia***, Kelchkugelpilze. Gelbe, gelatinöse, außen filzige Fruchtkörper gehören zu ***Hypocrea***, Krustenkugelpilze. Eingesenkte Beeren bilden die Gattungen ***Melogramma***, Krustenscheibchen und ***Calosporella***, Schönsporkugelpilze. An Brandstellen finden sich ***Strattonia***, Brandstellenkugelpilze und mit ganz kleinen Pustelgruppen in Blätter eingesenkt ***Dothidella***, Keulensporenkugelpilze. ***Valsa***, Graustromakugelpilze treten als kleine Pusteln mit schwarzweißer, fein kugeliger Öffnung aus der Rinde hervor. Eine Gruppe von Gattungen erkennt man an mehrheitlich länglichen Formen und Längsspalten im Scheitel, teils wie Kaffeebohnen. Deutlich mit schmalen Spalten zeigt sich diese Form bei den Gattungen ***Hysterium***, Spaltkohlenpilze und ***Hysterographium***, Spaltkohlenlippen, mehr in die Länge gezogen bei ***Glonium***, Furchenkohlenpilze und mit breiter geöffneten Spalten bei ***Diplodia***, Kissenkohlenpilze sowie ***Rhytidhysteron***, Spaltscheibchen. Eher schiffchenförmig mit ganz geschlossener Spaltlinie entwickeln sich ***Lophiostoma***, Kammkugelpilze und muschelförmig mit ebenfalls geschlossener Längsspalte ***Lophium***, Müschelchen, ***Mytilinidion***, Muschelpilzchen und ***Ostreola***, Austernkohlenpilz. Einen

Überzug oder eine Kruste mit kleinen Pusteln bilden ***Protocrea***, Wollkrustenpustelpilze und ***Trichoderma***, Krustenpustelpilze. Mehr oder weniger glatte, knapp 1 mm große, schwarze, etwas teller- bis linsenförmige Scheiben bilden ***Patellaria***, Schalenkohlenpilze und ***Rhizodiscina***, Schwarzscheibchen. ***Catinella***, Tellerbecherchen sind ebenfalls ganz glatt, ca. 5 mm groß, oliv und deutlich schüssel- bis becherförmig. ***Rhopographus***, Fleckenpilze wachsen zu länglichen schwarzen Flecken. Schließlich gibt es auch eine Reihe von keulenartigen Fruchtkörpern. Die Kernkeulen, die auf anderen Pilzen oder Insekten wachsen, sind auf die Gattungen ***Cordyceps***, Kernkeulen, ***Ophiocordyceps***, Schlangenkernkeulen, ***Paraisaria***, Scheinkernkeulen und ***Tolypocladium***, Knäuelkernkeulen aufgeteilt. Auch *Trichoderma alutaceum*, Keulenförmiger Krustenpustelpilz bildet auffällige Keulenformen, die zudem mit feinen Pusteln überzogen sind, wie dies bei den anderen krustenartigen *Trichoderma* der Fall ist. ***Acrospermum***, Schlauchkeulchen entwickelt wenige Millimeter große, schmale Keulchen auf Kräuterstängeln oder weniger als 1 mm große auf Moos. Eine ganz eigenartige, mit einer Beilklinge zu vergleichende Form findet man bei den schwarzen ***Glyphium***, Keilkohlenpilze.

Viele Arten in diesem Unterkapitel leben parasitisch. *Neonectria ditissima*, Laubholzkrebs-Ovoidpustelpilz verursacht gemäß seinem deutschen Namen den Obstbaumkrebs. *Diaporthe* verursachen Schäden z. B. an Erle *Alnus* oder Soja *Glycine*. *Botryosphaeria dothidea*, Gemeiner Traubenkugelpilz ist ein weltweit verbreiteter Schaderreger auf verschiedensten Pflanzen wie z. B. Eukalyptus *Eucalyptus*, Rebe *Vitis*, Akazie *Acacia*, Hopfenbuche *Ostrya carpinifolia* oder Pistazie *Pistachio*. *Gemmamyces* schädigt Fichten *Picea*. ***Hypomyces***, Schmarotzerpustelpilze sind Parasiten auf anderen Pilzen. *Cordyceps*, *Ophiocordyceps*, *Paraisaria* und *Tolypocladium* ernähren sich ebenfalls parasitisch von anderen Pilzen oder Insekten. *Acrospermum adeanum*, Moosnekrosen-Schlauchkeulchen ist ein Parasit auf Moosen; *Acrospermum compressum*, Zusammengedrücktes Schlauchkeulchen wächst hingegen saprob auf abgestorbenen Stängeln. Auch bei *Thyronectria* gibt es Parasiten wie auch Saprobionten, und viele weitere Gattungen erscheinen teils auf lebenden, teils auf bereits abgestorbenen Pflanzenteilen. Viele Arten wachsen aber auch ausschließlich saprob auf totem Holz. Insgesamt erscheinen viele der hier beschriebenen Arten ganzjährig und auf den verschiedensten Substraten.

Die Sporen sind mehrheitlich glatt, selten etwas rau oder feinwarzig, meistens fadenförmig, spindelig bis ellipsoid oder kugelig, vereinzelt auch zylindrisch, keulen-, komma- oder bohnenförmig (allantoid), einige mit Anhängseln an den Enden, farblos bis braun und oft einfach bis mehrfach septiert. Die fadenförmigen Sporen sind teils vielfach, d. h. 20- bis 40-fach septiert. Oft sind sie an einzelnen oder allen Septen etwas eingeschnürt. Es gibt auch mehrfache Quer- und Längsseptierungen, die ein mauerförmig strukturiertes Muster entstehen lassen, wie z. B. bei *Cucurbitaria berberidis*, Berberitzen-Mauersporenkohlenpilz. Die Asci enthalten mehrheitlich 8 Sporen, einige auch 16. Die fadenförmigen, langen Sporen mit vielen Quersepten zerfallen am Ende teilweise in zahlreiche kleine Sekundärsporen. Die breiteren Sporen liegen hintereinander (uniseriat) oder in zwei Reihen (biseriat), während die fadenförmigen in der Regel nebeneinander (multiseriat) und oft spiralig ineinander verschlungen angeordnet sind.

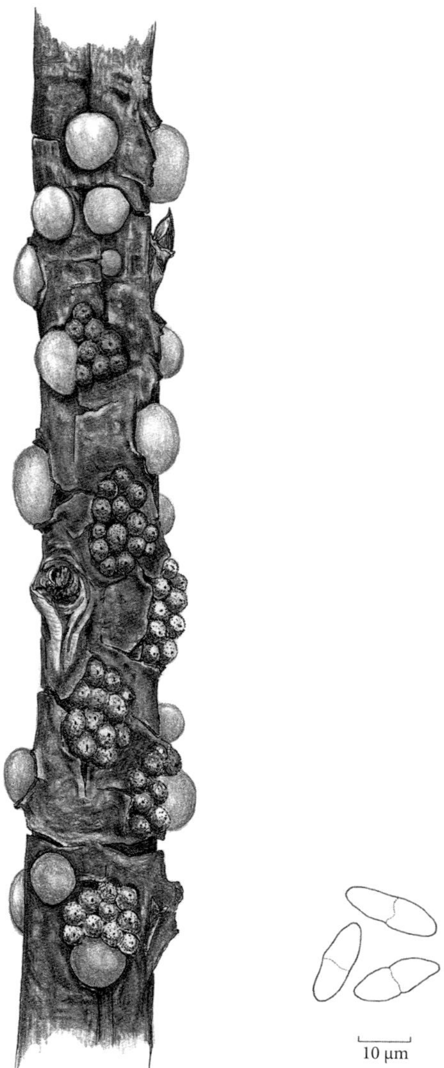

16.13.01 *Nectria cinnabarina*, Zinnoberroter Pustelpilz

Bestimmung

Die erste Unterscheidung erfolgt zwischen aufsitzenden und eingesenkten Fruchtkörpern. Diese Aufteilung ist leider oft unklar, weil viele Fruchtkörper anfangs eingesenkt sind und später hervorbrechen. Viele Arten sind deshalb in beiden Gruppen verschlüsselt. Im Zweifelsfall empfiehlt es sich, beide Wege zu probieren. Ein Hinweis auf eingesenkte Fruchtkörper ist eine aufgeworfene Rinde am Rand. Als nachfolgende Kriterien folgen Formen, Farben und Größen, und sehr häufig ist es ein spezifisches Substrat, welches den entscheidenden Hinweis gibt.

- auf dem Substrat aufsitzend
  - kugelig bis ellipsoid (A1)
  - gespalten (kaffeebohnenförmig), kissenförmig, muschelförmig, flächig verwachsen, Krusten (A2)
- eingesenkt, erst mit der Reife teilweise oder ganz aus dem Substrat hervorbrechend
  - mehrheitlich einzelne, rundliche oder längliche Pusteln, Geschwüre (B1)
  - gruppenweise, kissenförmig (aus einzelnen Perithecien) verwachsene Pusteln, Geschwüre (B2)

Speisewerte

Claviceps *purpurea*, Purpurbrauner Mutterkornpilz enthält viele Alkaloide mit einerseits äußerst giftigen Wirkungen (Antoniusfeuer), andererseits aber auch nützlichen Ausgangsstoffen für verschiedenste Medikamente. Speisepilze sind unter diesen Arten nicht bekannt.

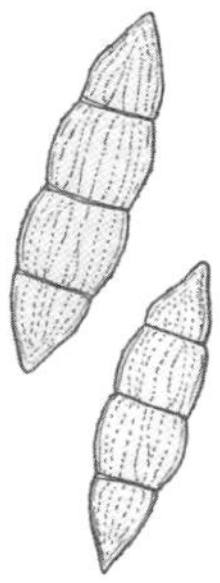

10 µm

Sporen

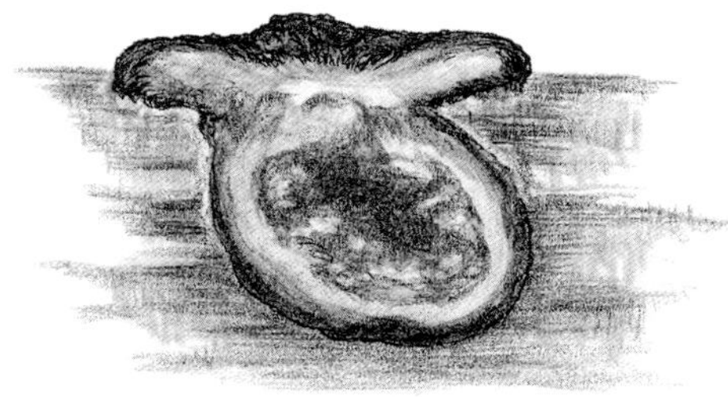

16.13.53 *Lophiostoma viridarium*,
Grünverfärbender Kammkugelpilz

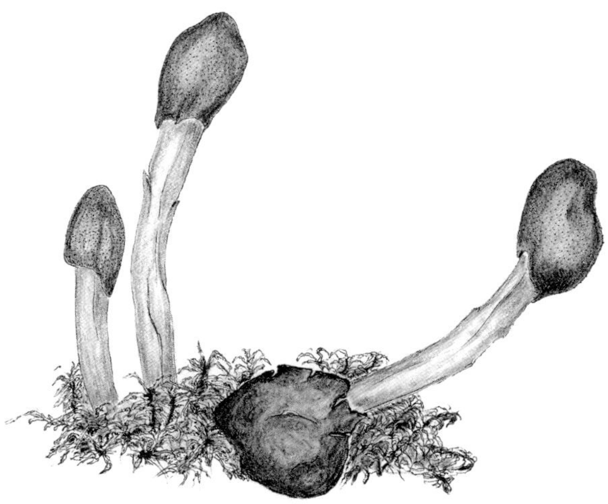

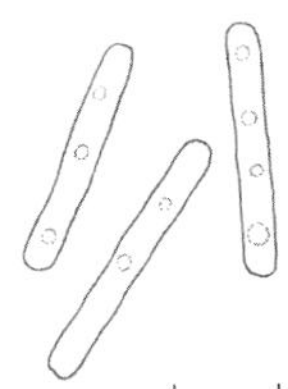

10 µm

Sporen

16.13.73 *Tolypocladium capitatum*,
Kopfige Knäuelkernkeule

16.13 *Nectria*, Pustelpilze und Ähnliche
(A1) auf dem Substrat aufsitzend
▹ Fruchtkörper kugelig bis breit ellipsoid

- Fruchtkörper < 2 mm, kugelig, ellipsoid, vereinzelt, rasig, gruppiert
  - in verschiedenen Rottönen, (braun-, ziegel-, rosa-, orangerot)
    - auf abgestorbenem Laubholz
      - auf dürren Ästen, Zweigen, Einzelelemente < 0,5 mm, Pusteln 1–2 mm
        - Einzelelemente kugelig, leicht abgeflacht bis birnenförmig
          - zinnober- bis braunrot, Konidienstadium rosa, glatt — **01 *Nectria cinnabarina*, Zinnoberroter Pustelpilz**
          - scharlachrot, kugelig-birnenförmig, vor allem auf Ahorn — 03 *Neonectria coccinea*, Scharlachroter Ovoidpustelpilz
          - gelborange, erst kugelig, später flach schalenförmig, auf Laubholz — 02 *Hydropisphaera peziza*, Einsinkender Saftpustelpilz
        - Einzelelemente kugelig, trocken eingedellt, vorwiegend auf Hasel — 08 *Thyronectria coryli*, Hasel-Kleiepustelpilz
      - an Krebsstellen (Wucherungen), vor allem an Eschen — 04 *Neonectria ditissima*, Laubholzkrebs-Ovoidpustelpilz
    - auf dürren Zweigen von Faulbaum, rotbraun — 05 *Neonectria punicea*, Faulbaum-Ovoidpustelpilz
    - auf Buchsbaumrinde, gespalten, innen orangebraun — 24 *Rhytidhysteron hysterinum*, Buchs-Spaltscheibchen
    - auf dürren Ästen und Zweigen von Nadelholz, rotbraun — 06 *Corinectria fuckeliana*, Rindenkrebs-Nadelholzpustelpilz
    - auf alten Pilzen
      - auf *Diatrype stigma*, Kügelchen 0,1–0,2 mm mit Papille, rasig, orangerot — 10 *Dialonectria episphaeria*, Aufsitzender Pilzparasitpustelpilz
      - auf Kernpilzen, Kügelchen 0,2–0,3 mm ohne Papillen, rot, gelb — 11 *Stylonectria purtonii*, Kernpilz-Scheibchenpustelpilz
      - auf alten Porlingen oder Blättern, rosa Überzug auf gelbem bis weißem Filz — 19 *Hypomyces rosellus*, Rosafarbener Schmarotzerpustelpilz
      - auf alten Porlingen oder Knäuelingen, Pusteln orange — 20 *Hypomyces aurantius*, Orangegelber Schmarotzerpustelpilz
      - auf alten Täublingen oder Milchlingen, Pusteln gelboliv, 0,2–0,5 mm — 21 *Hypomyces viridis*, Olivgrüner Schmarotzerpustelpilz
    - auf Efeuzweigen
      - Pusteln aus rundlichen bis ovalen Kügelchen, orange, 0,3–0,4 mm — 09 *Thyronectria sinopica*, Rotbrauner Efeu-Kleiepustelpilz
      - vorwiegend einzelne, runde Kügelchen, orangerot — 07 *Neonectria hederae*, Efeu-Ovoidpustelpilz
  - braun bis schwarz, kugelig, unregelmäßig ellipsoid, gespalten, muschelförmig
    - mit deutlicher Papille, glatt, rau oder flockig
      - auf Holz oder Rinde
        - grauweißlich flockig mit schwärzlicher Papille, teils eingesenkt — 31 *Lasiosphaeria ovina*, Eiförmiger Kohlenkugelpilz
        - braunschwarz, glatt, gesellig, aber einzeln, auf Nadelholzrinde — 16.12.06 *Rosellinia thelena*, Dornanhängselsporiger Zitzenkugelpilz
        - braunschwarz, oft in Gruppen verwachsen, auf Bergföhre — 16.12.08 *Rosellinia diathrausta*, Bergföhren-Zitzenkugelpilz
        - schwarz, glatt, gesellig, auf Rinde von Laubbäumen oder Sträuchern — 16.12.07 *Rosellinia corticium*, Hüllensporiger Zitzenkugelpilz
        - schwarz, rau, weißliche Papille, dicht gedrängt — **30 *Ruzenia spermoides*, Gesäter Rasenkohlenkugelpilz**
      - auf abgestorbenen Kräuterstängeln — 32 *Leptospora rubella*, Rotflecken-Fadensporenkugelpilz
    - ohne Papille, mit borstiger Ummantelung, braun, Scheitel dunkler, kahl — 35 *Echinosphaeria strigosa*, Striegeliger Igelkugelpilz
    - ohne Papille und ohne borstige Ummantelung
      - auf Laubholz oder Rinde, kugelig, schwarz
        - auf Laubholz, kugelig bis kegelförmig, Gruppen von 5–20 Perithecien — **17 *Melanomma pulvis-pyrius*, Brandschwarzes Kugelkissen**
        - auf Laubholz, rasig, 0,3–0,7 mm, auf rosshaarartigem Subiculum — 37 *Nitschkia grevillii*, Kleinsporiger Kelchkugelpilz
        - auf Laubholz, entrindeter Buche, warzig, maulbeerartig, schwarz — 36 *Bertia moriformis*, Gemeiner Maulbeerkugelpilz
        - auf Berberitzenrinde, Gruppen von 5–20 Perithecien — 14 *Cucurbitaria berberidis*, Berberitzen-Mauersporenkohlenp.
        - auf Goldregen *Laburnum*, brombeerartig, 5–50 Perithecien — 16 *Camarosporidiella laburni*, Goldregen-Brombeerkohlenpilz
        - auf Alpenrosenzweigen — 18 *Alpinaria rhododendri*, Alpenrosen-Kugelkissen
      - auf Nadelholz, rasig-kugelig, brombeerartig in großen Gruppen — 15 *Curreya pityophila*, Stammlaus-Mauersporenstromakugelpilz
      - auf Fichtenknospen, matt, schwarz, Kügelchen ca. 0,5 mm — 33 *Gemmamyces piceae*, Fichten-Knospenkohlenpilz
      - auf Fruchtständen von Bärlapp, braunhaarig, Kügelchen ca. 0,15 mm — 34 *Phaeosphaeria lycopodina*, Bärlappsporangien-Braunsporkugelpilz
      - auf Pustelpilzen *Nectria cinnabarina*, 0,2–0,4 mm, auf Laubholz — 38 *Nitschkia parasitans*, Pustelpilzparasitierender Kelchkugelpilz
      - auf Kernpilzen *Pyrenomycetes*, 0,2–0,4 mm — 39 *Chaetosphaerella phaeostroma*, Dunkelfleischiges Filzkügelchen
  - grüngelb, gelatinös-weich, durchscheinend, rasig, auf morschem Holz — 40 *Trichoderma gelatinosum*, Gelatinöser Krustenpustelpilz
- Fruchtkörper 2–10 mm, kugelig oder unregelmäßig kugelig
  - hart höckerig, punktiert, ziegelrot bis rostbraun
    - kurz gestielt und kugelig, glänzend braun, auf Laubholz — 16.12.25 *Daldinia vernicosa*, Gestielter Holzkohlenpilz
    - nicht gestielt
      - auf Buche, Eiche, Hagebuche
        - unter der Oberfläche rot, ohne Hyphenstränge, Sporen > 10 µm — **16.12.09 *Hypoxylon fragiforme*, Rötliche Kohlenbeere**
        - unter der Oberfläche orange, spinnenartige Hyphenstränge, Sp. < 10 µm — 16.12.10 *Hypoxylon howeanum*, Zimtbraune Kohlenbeere
      - vorwiegend auf Hasel oder Erle, rotbraun — **16.12.12 *Hypoxylon fuscum*, Rotbraune Kohlenbeere**
      - vorwiegend auf Eschenholz, ockerbraun bis braun — 16.12.11 *Hypoxylon fraxinophilum*, Eschen-Kohlenbeere
      - auf Lindenholz, abgeflacht kugelig, rötlichbraun — 16.12.17 *Hypoxylon ferrugineum*, Ziegelrote Krusten-Kohlenbeere
      - auf Buchsbaumrinde, gespalten, innen orangebraun — 24 *Rhytidhysteron hysterinum*, Buchs-Spaltscheibchen
  - weich, orange, rotbraun, grau, im Schnitt mit zähem rotbraunem Milchsaft — 16.12.27 *Lycogala epidendrum*, Blut-Milchpilz
  - gelatinös-weich, durchscheinend, grüngelb, rasig, auf morschem Holz — 40 *Trichoderma gelatinosum*, Gelatinöser Krustenpustelpilz
- Fruchtkörper 10–90 mm
  - kugelig verwachsen, rötlichbraun bis schwarz, Laubholzrinde — **16.12.24 *Daldinia concentrica*, Konzentrischer Holzkohlenp.**
  - kugelig bis verwachsen, rot- bis graunbraun, leichte Papillen, auf Holz — 16.12.26 *Daldinia childiae*, Birnen-Holzkohlenpilz
  - unregelmäßig ellipsoid, länglich, dunkelbraun, meist auf Birke — 16.12.22 *Jackrogersella multiformis*, Vielgestaltige Papillenkohl.

16.13 *Nectria,* Pustelpilze und Ähnliche
(A2) auf dem Substrat aufsitzend
▷ Fruchtkörper kaffeebohnenförmig gespalten, kissenförmig, muschelförmig, flächig verwachsen oder Krusten

- Fruchtkörper kaffeebohnen-, muschel-, beilförmig, braun bis schwarz, < 2 mm
  - im Scheitel gespalten (kaffeebohnenartig)
    - länglich, schmal bis breit gespalten
      - auf der Rinde von Laubbäumen, schwarz — 22 *Hysterium pulicare,* Gemeiner Spaltkohlenpilz
      - auf verrottendem Laubholz, schwarz — 23 *Hysterium angustatum,* Verschmälerter Spaltkohlenpilz
      - aus Buchsbaumrinde hervorbrechend, innen orangebraun — 24 *Rhytidhysteron hysterinum,* Buchs-Spaltscheibchen
      - aus Eschenrinde hervorbrechend, schwarz — 25 *Hysterographium fraxini,* Eschen-Spaltkohlenlippe
    - rundlich, Spalte mit weißem Rand, graubraun, eingesenkt — 16.8.110 *Ostropa barbara,* Muschelförmiges Spaltenlochbecherchen
  - muschelförmig, beilförmig, 0,5–1,5 mm, schwarz, auf moderndem Holz
    - muschelförmig, auf Föhre, Sporen fadenförmig, > 18-fach septiert — 27 *Lophium mytilinum,* Föhren-Müschelchen
    - muschelförmig, auf Nadelholz
      - Sporen spindelig, 3-fach querseptiert — 28 *Mytilinidion mytilinellum,* Kielförmiges Muschelpilzchen
      - Sporen breit ellipsoid, mehrfach quer- und längsseptiert — 29 *Ostreola formosa,* Tannenzapfenschuppen-Austernkohlenpilz
    - beilförmig, 0,5–1,5 mm, auf Laubholz, Sporen fadenförmig — 78 *Glyphium elatum,* Gemeiner Keilkohlenpilz
- Fruchtkörper unregelmäßig kissenförmig, einzeln oder verwachsen
  - auf morschem Holz oder alten Pilzen
    - rotbraun und dunkel punktiert, 0,5–1 cm — 42 *Trichoderma viride,* Rotbrauner Krustenpustelpilz
    - ockergelb, fein, gleichfarbig punktiert, 0,5–5 cm — 43 *Trichoderma pulvinatum,* Porlings-Krustenpustelpilz
    - grüngelb, gelatinös-weich, durchscheinend, kugelig, rasig, 2–3 mm, auf Holz — 40 *Trichoderma gelatinosum,* Gelatinöser Krustenpustelpilz
  - auf dürren Adlerfarnstängeln, länglich, bis 5 mm, flach kissenförmig, schwarz — **45 *Rhopographus filicinus,* Adlerfarn-Fleckenpilz**
- Fruchtkörper runzelige schwarze Flecken, 1–2 cm, auf Ahornblättern — 16.8.80 *Rhytisma acerinum,* Ahorn-Runzelschorf
- Fruchtkörper flächig verwachsene Krusten von größerer Ausdehnung (mehrere cm^2)
  - Oberfläche glatt bis punktiert, faltig
    - weißlich- bis zitronengelb, krustenförmiger Überzug, höckerig — 41 *Trichoderma citrinum,* Gelblicher Krustenpustelpilz
    - creme mit dunklen Punkten, gewebeartig, auf Holz oder alten Porlingen — 46 *Protocrea farinosa,* Mehliger Wollkrustenpustelpilz
    - orange, Rand lebhaft orange, glatt bis faltig, auf Laubgehölzen — 16.12.14 *Hypoxylon ticinense,* Kleinsporige Kohlenbeere
    - rot- bis schwarzbraun, fein punktiert, innen weißlich, auf Laubholz — **16.12.34 *Diatrype stigma,* Breitkrustige Eckenscheibe**
    - grauschwarze Kruste, trocken felderig rissig, Perithecien eingesenkt — 16.12.31 *Eutypa maura,* Ahorn-Krustenhöckerpilz
    - dunkelbraun, beerenartig höckerig-genoppt, vorwiegend auf Birke — 16.12.22 *Jackrogersella multiformis,* Vielgestaltige Papillenkohl.
  - Oberfläche deutlich höckerig, rotbraun bis schwarz
    - rost-, kastanienbraun bis weinrot, braunschwarz
      - auf Laubholz, meistens entrindet
        - ockergelb bis rostrot, alt schwärzlich, faltig-unebene Kruste — 16.12.13 *Hypoxylon rubiginosum,* Ziegelrote Kohlenbeere
        - dunkel ziegel- bis weinrot, alt schwärzlich, faltig-unebene Kruste — 16.12.15 *Hypoxylon macrocarpum,* Großfrüchtige Kohlenbeere
        - rosträtlich, später dunkelbraun, deutlich genoppt, auf Birke — 16.12.22 *Jackrogersella multiformis,* Vielgestaltige Papillenkohl.
        - schwarz, auf Laubholz
          - rundlich-höckerige, bis ca. 6 cm lange Krusten mit Papillen — 16.12.18 *Nemania serpens,* Gewundene Schichtkohlenkruste
          - reibeisenartige, bis ca. 20 cm lange Krusten — 16.12.32 *Eutypa spinosa,* Reibeisenartiger Buchen-Krustenhöckerpilz
      - auf Bergföhre, braunschwarz, oft in Gruppen verwachsen — 16.12.08 *Rosellinia diathrausta,* Bergföhren-Zitzenkugelpilz
      - auf Erde, wellig, Unterseite ockergelb, wurzelartige Auswüchse, Rand weiß — 16.7.01 *Rhizina undulata,* Wellige Wurzellorchel
    - graubraun, halb eingesenkt, auf entrindetem Eichenholz — 16.12.33 *Euepixylon udum,* Keimporus-Krustenbeere
    - schwarz
      - Zuwachszonen weiß, Perithecien ca. 1 mm, auf Buchenstrünken — **16.12.28 *Kretzschmaria deusta,* Brandfladen-Kohlenkruste**
      - innen grüngelb, auf Hasel, Eiche — 16.12.29 *Eutypa flavovirens,* Gelbtramiger Krustenhöckerpilz
      - innen cremeweiß, auf Hasel- oder Eichenästen — 16.12.30 *Eutypa scabrosa,* Höckeriger Krustenhöckerpilz
      - orange bis schwarzbraun, bis 4 mm dick, hart
        - schwarzbraun, genoppt, vorwiegend auf Buche — 16.12.21 *Jackrogersella cohaerens,* Zusammengedrängte Papill.
        - orange (Konidienstadium) bis schwarzbraun, auf Eiche oder Kastanie — 16.12.23 *Jackrogersella minutella,* Kleinsporige Papillenkohlenbeere

16.13 *Leptosphaeria,* Kugelpilze und Ähnliche
(B1) eingesenkt, erst mit der Reife teilweise oder ganz aus dem Substrat hervorbrechend
▷ mehrheitlich einzelne rundliche oder längliche Pusteln, Geschwüre

- Fruchtkörper kugelig beerenförmig, gesellig bis rasig, nicht verwachsen, 0,2–1 mm
  - deutliche Papille im Scheitel einzelner Pusteln (Perithecien)
    - 0,3–0,5 mm, schwarz, tropfenförmig, auf Brennnesselstängeln — **49 *Leptosphaeria acuta,* Brennnessel-Kugelpilz**
    - 0,5–1 mm, graubraun, halb eingesenkt, auf entrindetem Eichenholz — 16.12.33 *Euepixylon udum,* Keimporus-Krustenbeere
    - 0,3–0,6 mm, schwarz, auf Berberitze, mit fingerartigen Auswüchsen — 60 *Diaporthe detrusa,* Berberitzen-Einsenkkugelpilz
    - 0,5–1 mm, schwarz, jung in weißem Hyphengewebe, auf Holz, oft Buche — 16.12.19 *Nemania confluens,* Zusammenfließende Schichtkohlenkruste
  - ohne Papille im Scheitel einzelner Pusteln
    - auf Holz oder Holzrinde
      - 0,4–0,6 mm, grauweißlich flockig, Papille schwärzlich, rasig — 31 *Lasiosphaeria ovina,* Eiförmiger Kohlenkugelpilz
      - 0,5–1 mm, schwarz, einzeln bis gruppenweise, auf Erlenrinde — 57 *Diaporthe alnea,* Erlen-Einsenkkugelpilz
      - 0,5–1 mm, grauschwarz, Rand weißlich, hohl, tief eingewachsen im Holz — 16.8.107 *Robergea cubicularis,* Kleiigporiger Knickhöhlungspilz
      - 0,2–0,5 mm, braun, kugelig, bald becherig, innen weißlich, Rand rissig — 16.8.103 *Karstenia rhopaloides,* Keulensporiges Sternrandlochbecherch.
    - auf Laubblättern, einzelne Kügelchen (Perithecien) 0,1–0,2 mm
      - nur einzelne Kügelchen, schwarz, teils eingesenkt, auf Buchenblättern — **47 *Mycosphaerella punctiformis,* Punktförm. Zwergkugelp.**
      - Kügelchen in schwarzem Stroma (2–4 mm) eingebettet, auf Ulmenblättern — 48 *Dothidella ulmi,* Ulmenblatt-Keulensporenkugelpilz
    - auf Pflanzenstängeln (Waldengelwurz), heidelbeerartig, schwarz, bis 0,5 mm — 50 *Leptosphaeria doliolum,* Furchiger Kugelpilz
- Frkp. länglich die Rinde aufspaltend (kaffeebohnen-, linsenförmig oder ähnlich)
  - Spalte im Scheitel, graubraun bis schwarz
    - Spalte längs
      - kaffeebohnenförmig, 0,5–1,5 mm
        - auf Schilf, graubräunlich, Rand schwarz, kaum über 0,5 mm — 16.8.13 *Lophodermium arundinaceum,* Schilf-Spaltlippe
        - auf dürren Pflanzenteilen von Heidelbeere, schwärzlich, ca. 0,5 mm — 16.8.16 *Lophodermium maculare,* Heidelbeer-Spaltlippe
        - auf Esche, schwarz, bis ca. 1,5 mm lang — 25 *Hysterographium fraxini,* Eschen-Spaltkohlenlippe
      - länglich walzenförmig, 1–3 mm, schwarz, auf entrindetem Laubholz — 26 *Glonium lineare,* Langgestreckter Furchenkohlenpilz
    - Spalte quer mit weißem Rand, graubraun, eingesenkt, bis ca. 1 mm — 16.8.110 *Ostropa barbara,* Muschelförmiges Spaltenlochbecherchen
  - breite Spalte im Scheitel, 1–5 mm, innen orange-, Rand/außen schwarzbraun — 24 *Rhytidhysteron hysterinum,* Buchs-Spaltscheibchen
  - ohne Spalte im Scheitel, 0,1–1 mm
    - auf berindeten Vogelbeerzweigen, ca. 1 mm linsenförmig — 52 *Diplodia pyrenophora,* Vogelbeer-Kissenkohlenpilz
    - auf unberindeten Laubholzzweigen
      - ganz eingesenkt, weiß oder gelb
        - weiß bepudert, wachsartig, längliche Risse — 16.8.101 *Propolis farinosa,* Mehliges Holzscheibchen
        - länglich, linsenförmig, gelb, Rand weiß, im morschen Holz — 16.8.104 *Cryptodiscus pallidus,* Blasses Höhlenbecherchen
      - länglich linsenartig aufgewölbt, Holzteile grün verfärbend — 53 *Lophiostoma viridarium,* Grünverfärbender Kammkugelpilz

16.13 *Melogramma*, Krustenscheibchen und Ähnliche
(B2) eingesenkt, erst mit der Reife teilweise oder ganz aus dem Substrat hervorbrechend
▹ Pusteln, Geschwüre gruppenweise, kissenförmig verwachsen (aus einzelnen Perithecien)

Fruchtkörper aus Ästen von Laubbäumen oder -sträuchern hervorbrechend	
Oberfläche rau, fein punktiert	
Stroma bis 30 cm, rot- bis schwarzbraun, Sporen 8–12 × 1,5–3 µm	**16.12.34** ***Diatrype stigma*, Breitkrustige Eckenscheibe**
Stroma 2–20 cm, schwarz, auf Laubholz, Sporen 15–24 × 6,5–10 µm	16.12.38 *Biscogniauxia mediterranea*, Südliche Rindenkohlenkruste
Stroma 1–5 cm, dunkelbraun, flach, auf Buche, Sporen 10–15 × 6,5–10 µm	16.12.40 *Biscogniauxia nummularia*, Rotbuchen-Rindenkohlenkruste
Stroma 1–3 cm, schwarz, konkav, auf Vogelbeere, Sporen 11–14,5 × 4,5–6,5 µm	16.12.37 *Biscogniauxia repanda*, Ellipsoidsporige Vogelbeer-Rindenk.
Stroma 2–5 mm, braun bis schwarz	
auf Buche, einzelne Perithecien schwarz	**16.12.35** ***Diatrype disciformis*, Buchen-Eckenscheibe**
auf Weide oder Erle, rau, einzelne Perithecien schwarz	16.12.36 *Diatrype bullata*, Blasige Eckenscheibe
vorwiegend auf Hasel, Hainbuche, Birke, Rindenhaut lappig aufgerissen	64 *Melogramma campylosporum*, Krummsporiges Krustenscheibchen
vorwiegend auf Vogelbeere, Rand aufstehend	16.12.39 *Biscogniauxia marginata*, Rundlichsporige Rindenkohlenkruste
Oberfläche warzig-gefurcht, Perithecien ohne Papille	
Asci vielsporig (Mikroskop), Stromakissen 2–6 mm	
vorwiegend auf Eiche oder Weide	16.12.41 *Diatrypella quercina*, Eichen-Eckenscheibchen
Rinde stark aufgeworfen, vorwiegend auf Birke	16.12.42 *Diatrypella favacea*, Warziges Eckenscheibchen
Asci 8-sporig (Mikroskop), Stromakissen 1–5 mm	
auf Erlenästen, schwarz	16.12.43 *Eutypella alnifraga*, Erlen-Furchenkissenkugelpilz
auf Vogel- oder Mehlbeere, schwarz	16.12.44 *Eutypella sorbi*, Vogelbeer-Furchenkissenkugelpilz
auf berindeter Pappel, Stroma weiß, schwarz punktiert	55 *Valsa nivea*, Zitterpappel-Graustromakugelpilz
auf Eiche	
auf Eichenrinde, auf hellbraunem, dann schwarzem Stroma	56 *Dendrostoma leiphaemia*, Eichen-Kissenkugelpilz
auf entrindetem Eichenholz, graubraun	16.12.33 *Euepixylon udum*, Keimporus-Krustenbeere
auf Ahornrinde, schwarz	
auf erst hellbraunem, umgrenztem Stroma	58 *Diaporthe niessliana*, Pustelförmiger Einsenkkugelpilz
auf hellbraunem, nicht umgrenztem Stroma	61 *Calosporella innesii*, Ahorn-Schönsporkugelpilz
auf Buche, schwarz, Stroma im Zentrum weißlich	**63 *Melogramma spiniferum*, Siebenseptensporiges Krustens.**
auf Esche oder Buche, orangebraun bis schwärzlich, Rand aufstehend	16.12.16 *Hypoxylon cercidicola*, Sternrandige Eschen-Kohlenbeere
auf Linde, kissenförmig, rötlichbraun	16.12.17 *Hypoxylon ferrugineum*, Ziegelrote Krusten-Kohlenbeere
auf Hainbuche (vorwiegend), schwarz höckerig-warzig	16.12.45 *Anthostoma decipiens*, Geschnäbelter Scheibenstroma.
auf Hasel, schwarz	
tief eingesenkt, auf orangem, nicht umgrenztem Stroma	62 *Cryptosporella corylina*, Hasel-Klumpenkugelpilz
höckerig-warzig, ohne Orange	16.12.45 *Anthostoma decipiens*, Geschnäbelter Scheibenstroma.
auf Berberitzenrinde, schwarz	14 *Cucurbitaria berberidis*, Berberitzen-Mauersporenkohlenp.
auf Goldregen *Laburnum*, brombeerartig, 5–50 Perithecien	16 *Camarosporidiella laburni*, Goldregen-Brombeerkohlenpilz
auf Alpenrosenzweigen, in kleinen Gruppen	18 *Alpinaria rhododendri*, Alpenrosen-Kugelkissen
auf Nadelholz, rasig-kugelig, brombeerartig in großen Gruppen	15 *Curreya pityophila*, Stammlaus-Mauersporenstromakugelpilz
Oberfläche beerenartig-warzig, Perithecien mit Papille oder Auswüchsen	
auf Hainbuche (vorwiegend), schwarz, höckerig spitz warzig	16.12.45 *Anthostoma decipiens*, Geschnäbelter Scheibenstroma.
auf Faulbaum (vorw.), schwärzlich, beerenartig, Perithecien teils mit Papille	65 *Botryosphaeria dothidea*, Gemeiner Traubenkugelpilz
auf Ahorn (vorwiegend), blauschwarz, rau, Stroma ca. 2 mm	66 *Fusarium lateritium*, Maulbeer-Blauschwarzpustelpilz
auf Beerensträuchern (Johannisbeere), schwarz, Stroma hellbraun	59 *Diaporthe strumella*, Johannisbeer-Einsenkkugelpilz
auf Nadelholz, brombeerartig, schwarz, in großen Gruppen	
brombeerartig, schwarz, in großen Gruppen	15 *Curreya pityophila*, Stammlaus-Mauersporenstromakugelpilz
in kleinen Gruppen, 0,5–1 mm, schwarz, jung in weißem Hyphengewebe	16.12.19 *Nemania confluens*, Zusammenfließende Schichtkohlenkruste
auf Mistelstämmchen, schwarz, 15–20 Perithecien von 0,3–0,5 mm Größe	51 *Plenodomus visci*, Mistel-Gehäusekugelpilz
auf Berberitze, pustelförmig, 0,3–0,6 mm, mit Auswüchsen	60 *Diaporthe detrusa*, Berberitzen-Einsenkkugelpilz
auf Buche	
in kleinen Gruppen, 0,5–1 mm, schwarz, jung in weißem Hyphengewebe	16.12.19 *Nemania confluens*, Zusammenfließende Schichtkohlenkruste
in großen Gruppen zusammenfließend, schwarzbraun	
bis 4 mm dick, ohne weißlichen Überzug	16.12.21 *Jackrogersella cohaerens*, Zusammengedrängte Papill.
ca. 1 mm dick, jung mit weißlichem Überzug, sehr hart	16.12.20 *Nemania diffusa*, Braunstroma-Schichtkohlenkruste
auf Birke, roströtlich, später dunkelbraun, deutlich genoppt	16.12.22 *Jackrogersella multiformis*, Vielgestaltige Papillenkohl.
Fruchtkörper auf Alpenrosenzweigen, in kleinen Gruppen	18 *Alpinaria rhododendri*, Alpenrosen-Kugelkissen
Frkp. auf Kräuterstängeln (Doldenblütler), kugelig-kegelig, ca. 0,5 mm, schwarz	32 *Leptospora rubella*, Rotflecken-Fadensporenkugelpilz
Fruchtkörper auf verschiedenen Blättern, Perithecien 0,1–0,5 mm, stumpf bis flach	
auf Stechpalmenblättern, abgestutzt pustelförmig, schwarzbraun	16.9.31 *Trochila ilicina*, Stechpalmen-Deckelbecherchen
auf Efeublättern, schwarzbraun	16.9.32 *Trochila craterium*, Efeublatt-Deckelbecherchen
auf Kirschloorbeerblättern, grün, später grauschwärzlich	16.9.33 *Trochila laurocerasi*, Kirschlorbeer-Deckelbecherchen
Fruchtkörper auf abgestorbenen Föhrennadeln, ockerfarben, bis 1,5 mm lang	16.8.82 *Cyclaneusma minus*, Kleines Föhrennadelschlitzbecherchen
Fruchtkörper auf Fichtenzapfenschuppen, rasig, 0,1–0,3 mm	54 *Lophiotrema boreale*, Fichtenzapfenschuppen-Hellsporkammkugelpilz
Fruchtkörper auf Brandstellen, braunschwarz, rau, ± gerieft, 0,2–0,4 mm	68 *Strattonia carbonaria*, Großsporiger Brandstellenkugelpilz
Frkp. auf Kot, eingesenkt, 1 mm, birnenförmig, braunschwarz, Spitzen schuppig	**67 *Schizothecium conicum*, Kegeliger Schuppenschnabelk.**

16.13.01 ***Nectria cinnabarina*** (Tode) Fr., ***Tubercularia vulgaris*** Tode
Zinnoberroter Pustelpilz

Frkp: 0,2–0,5 mm, kugelige bis ovale Pusteln, in Gruppen bis ca. 25 Pusteln, auf 1–2 mm breitem, zinnober- bis braunrotem, himbeerförmigen Stroma, die häufigeren Konidienstromata (Sporodochien) sind ebenfalls 1–2 mm im Durchmesser, kurz gestielt, glatt und weißlich-gelb bis orangerosa, manchmal dunkler rot. **V:** überzieht rasig dürre Äste verschiedener Laubhölzer; ganzjährig. **Mik:** Sporen glatt, ellipsoid bis spindelig, meist 1-fach, selten nicht oder 2-fach septiert und leicht eingeschnürt, 14–18 × 4–6 µm, uniseriat und am Ende biseriat, Asci J–, 8-sporig, Konidien schmal ellipsoid bis zylindrisch oder leicht eingeschnürt, 5–7 × 2–3 µm. (BK 1.324, 🖼).

Nectria nigrescens Cooke: Stiel kurz oder etwas länger. Sporen 1- bis 3-fach septiert.

Nectria dematiosa (Schwein.) Berk.: bis 0,3 mm hoch und 2 mm breit, ohne Stiel, bisher aus Finnland oder Polen. Sporen höchstens 2-fach septiert.

16.13.01 *Nectria cinnabarina,* Zinnoberroter Pustelpilz; rechts das Konidienstadium (Anamorphe)

16.13.02 *Hydropisphaera peziza* (Tode) Dumort., *Nectria peziza* (Tode) Fr.
Einsinkender Saftpustelpilz, Orangefarbiger Zwerg-Pustelpilz

Frkp: 0,3–0,5 mm hoch und breit, annähernd kugelig, gelb bis lebhaft orange, die Fruchtkörper lassen sich einfach vom Substrat entfernen. **V:** gesellig bis dicht gedrängt auf verschiedenen Laubhölzern, ganzjährig. **Mik:** Sporen glatt, ellipsoid, farblos, relativ dickwandig, 1-fach septiert, 10–13 × 5–6,5 µm, cyanophil, uniseriat, Asci J–, 8-sporig. (CH 116).

Hydropisphaera cirsii Lechat & J. Fourn.: 0,2–0,3 mm, blass gelb- bis braunorange, mit einem Kranz aus aufrechten, glasigen, ca. 0,05 mm langen Haaren. Sporen sehr feinstachelig, fast glatt, 16–18 × 4,5–5 µm.

Hydropisphaera pseudoarenula Lechat & J. Fourn.: 0,2–0,3 mm hellbraun, orange bis dunkelbraun. Sporen feinstachelig, 17–20 × 4,5–5 µm.

Lechat & Fournier 2020 beschreiben ca. 25 weitere *Hydropisphaera*-Arten die jedoch mehrheitlich außerhalb Europas gefunden wurden.

16.13.03 *Neonectria coccinea* (Pers.) Rossman & Samuels, *Nectria coccinea* (Pers.) Fr.
Scharlachroter Ovoidpustelpilz, Scharlachrotes Pustelpilzchen

Frkp: 0,2–0,4 mm, kugelige bis ovale Pusteln, auf 1–2 mm breitem, kaum sichtbarem Stroma, scharlachrot. **V:** überzieht rasig dürre Äste von Laubholz, vor allem Ahorn *Acer;* ganzjährig. **Mik:** Sporen glatt, reif etwas rau, ellipsoid, 1-fach septiert, 10–12 × 5–6 µm, Asci J–, 8-sporig. (BK 1.325, 🖼).

16.13.03 *Neonectria coccinea,* Scharlachroter Ovoidpustelpilz

16.13.04 *Neonectria ditissima* (Tul. & C. Tul.) Samuels & Rossman, *Neonectria galligena* (Bres.) Rossman & Samuels, *Nectria galligena* Bres.
Laubholzkrebs-Ovoidpustelpilz, Obstbaumkrebs, Gallischer Pustelpilz

Frkp: bis 0,2–0,4 mm, kugelig, rot bis rotbraun. **V:** rasige Ansammlungen auf krebsartigen Wucherungen von verschiedenen Kernobstbäumen wie z. B. Apfelbaum *Malus,* aber auch auf Laubbäumen, vorwiegend Esche *Fraxinus;* ganzjährig. **Mik:** Sporen glatt bis leicht rau, ellipsoid, 1-fach septiert, 18–19 × 7–8 µm, Asci J–, 8-sporig.

16.13.05 *Neonectria punicea* (J.C. Schmidt) Castl. & Rossman, *Nectria punicea* (J.C. Schmidt) Fr.
Faulbaum-Ovoidpustelpilz, Faulbaum-Pustelpilz

Frkp: 0,2–0,3 mm, kugelig, rotbraun. **V:** rasige Ansammlungen auf dürrem Holz von Faulbaum *Rhamnus;* ganzjährig, vorwiegend Winter bis Frühling. **Mik:** Sporen glatt, ellipsoid bis spindelförmig, farblos, 1-fach septiert und leicht eingeschnürt, 14–18 × 4,5–5 µm, Asci J+, 8-sporig. (BK 1.330).

16.13.06 *Corinectria fuckeliana* (C. Booth) C.D. González & P. Chaverri, *Neonectria fuckeliana* (C. Booth) Castl. & Rossman, *Nectria fuckeliana* (C. Booth) Castl. & Rossman
Rindenkrebs-Nadelholzpustelpilz, Nadelholz-Ovoidpustelpilz, Nadelholz-Pustelpilz

Frkp: 0,2–0,5 mm, kugelig, rot bis rotbraun. **V:** rasige Ansammlungen auf totem Nadelholz; Frühling bis Herbst. **Mik:** Sporen leicht rau, ellipsoid, 1-fach septiert und leicht eingeschnürt, 16–17 × 5,5–6 µm, Asci J–, mit Apikalring, 8-sporig. (BK 1.328, 🖼).

16.13.06 *Corinectria fuckeliana,* Rindenkrebs-Nadelholzpustelpilz

16.13.07 *Neonectria hederae* (C. Booth) Castl. & Rossman, *Nectria hederae* C. Booth
Efeu-Ovoidpustelpilz, Efeu-Pustelpilz

Frkp: 0,3–0,4 mm breite, birnenförmige Pusteln, glatt, rot. **V:** auf Rinde oder an Stirnseiten von Efeu *Hedera;* im Winterhalbjahr. **Mik:** Sporen erst glatt und farblos, später rau und hellbraun, 1-fach septiert, 12–18 × 4,5–7 µm, Asci J–, 8-sporig. (🖼).

16.13.07 *Neonectria hederae,* Efeu-Ovoidpustelpilz

16.13.08 *Thyronectria coryli* (Fuckel) Jaklitsch & Voglmayr,
Pleonectria coryli (Fuckel) Hirooka, Rossman & P. Chaverri, *Nectria coryli* Fuckel
Hasel-Kleiepustelpilz, Hasel-Pustelpilz

Frkp: 0,2–0,4 mm, feucht kugelige Pusteln, trocken zu kleinsten Becherchen eingefallen, gruppiert auf 1–2 mm großem und wenig aus der Rinde hervorbrechendem Stroma, hell weinrot. **V:** rasig auf dürren Ästen verschiedener Laubhölzer, vorwiegend Hasel *Corylus;* im Frühling. **Mik:** Sporen glatt, spindelförmig mit Anhängsel, 1-fach septiert, 9,5–12,5 × 2,5–3,5 µm, Asci J–, unreif 8-sporig, reif zusammen mit sehr vielen kleinen, allantoiden Konidiensporen, welche von den Sporen abgetrennt werden. (BK 1.326).

16.13.09 *Thyronectria sinopica* (Fr.) Jaklitsch & Voglmayr,
Pleonectria sinopica (Fr.) Hirooka, Rossman & P. Chaverri, *Nectria sinopica* (Fr.) Fr.
Rotbrauner Efeu-Kleiepustelpilz, Rostroter Pustelpilz

Frkp: 0,2–0,5 mm breit, kugelig (Perithecien), im Scheitel (Ostiolen) dunkler und etwas eingedellt, gruppiert zu 2–3 mm großen, kugeligen blassroten, orange- bis dunkelroten Gebilden (Stroma). **V:** aus der Rinde von Efeu *Hedera* hervorbrechend. **Mik:** Sporen glatt, ellipsoid bis spindelförmig, eher dickwandig, 1-fach septiert und an der Septe etwas eingeschnürt, 9–14 × 5–7 µm, uniseriat, am Ende teils biseriat, Asci J–, 8-sporig. (🖼).

Thyronectria ilicicola (Hirooka, Rossman & P. Chaverri) Jaklitsch & Voglmayr, *Pleonectria ilicicola* Hirooka, Rossman & P. Chaverri, Weinroter Stechpalmen-Kleiepustelpilz: Gruppen von 15–20 rötlich bis rostbraunen Perithecien, anfangs mit zitronengelben Körnchen bedeckt; auf berindeten Ästen von Stechpalme *Ilex*. Sporen 10–15 × 5–7 µm.

Thyronectria lamyi (Desm.) Seeler, *Pleonectria lamyi* (Desm.) Sacc., Berberitzen-Kleiepustelpilz: Gruppen von 5–50 oder mehr gelbgrünen bis rötlichen Perithecien, anfangs gelblich bedeckt; auf Ästchen von Berberitze *Berberis*. Sporen 5- bis 8-fach septiert, teils auch mit 1–2 Längssepten, 20–30 × 5–9 µm.

Thyronectria abieticola Lechat, Gardiennet & J. Fourn., Tannen-Kleiepustelpilz: auf Ästen von Weißtanne *Abies*. Sporen glatt, farblos bis blassbraun, 1-fach septiert, 10–12,5 × 5–6,5 µm.

Thyronectria aurigera (Berk. & Ravenel) Jaklitsch & Voglmayr: auf berindeten, abgestorbenen Eschenästen *Fraxinus* und stets vergesellschaftet mit Pilzarten der Gattung *Diplodia*, möglicherweise auch parasitisch. Sporen 20–28 × 5,5–7 µm.

Thyronectria ulmi Polhorský, Halasů & Voglmayr, Ulmen-Kleiepustelpilz: auf berindeten, abgestorbenen Ulmenästchen *Ulmus*. Sporen breit ellipsoid bis zylindrisch, 5- bis 9-fach septiert, teils mit 1–3 Längssepten, 22–30 × 11–15 µm.

Thyronectria rhodochlora (Mont.) Seeler: auf Ahornästen *Acer*, vor allem Feldahorn *Acer campestre*. Sporen 18–25 × 9–12 µm.

Thyronectria caraganae Voglmayr, Akulov & Jaklitsch: auf Erbsenstrauchästen *Caragana arborecsens*. Sporen 18–24 × 6–8 µm.

Vogelmayr et al. 2022 erwähnen eine Reihe von weiteren *Thyronectria*, die im Mittelmeerraum vorkommen können und ebenfalls in erster Linie durch das Substrat definiert sind (auf Kiefer *Pinus*, Steineiche *Quercus ilex*, Pistazie *Pistacia* usw.), sowie zahlreiche weitere, außerhalb Europas vorkommende *Thyronectria*-Arten.

16.13.10 *Dialonectria episphaeria* (Tode) Cooke,
Nectria episphaeria (Tode) Fr.
Aufsitzender Pilzparasitpustelpilz,
Aufsitzender Kernpilzpustelpilz, Orangeroter Pustelpilz

Frkp: 0,1–0,2 mm, kugelig bis oval, im Scheitel mit kleiner Papille, glatt, orangerot. **V:** rasig, auf *Diatrype stigma,* Breitkrustige Eckenscheibe; ganzjährig. **Mik:** Sporen glatt, reif etwas rau, ellipsoid, 1-fach septiert und eingeschnürt, 7–11 × 4,5–5 µm, Asci J–, 8-sporig. (BK 1.327, 🖼).

Dialonectria diatrypicola Lechat, J. Fourn. & Gardiennet, Eckenscheiben-Pilzparasitpustelpilz: meist auf *Diatrype bullata,* Blasige Eckenscheibe. Sporen 12–13 × 6–7 µm.

16.13.11 *Stylonectria purtonii* (Grev.) Gräfenhan, *Nectria purtonii* (Grev.) Berk.
Kernpilz-Scheibchenpustelpilz, Purtons Pustelpilz

Frkp: 0,2–0,3 mm, kugelig mit abgeflachtem Scheitel, lebhaft rot oder gelb. **V:** rasige und gruppenweise Ansammlungen auf Fruchtkörpern der Gattungen *Cytospora* Graustromakernpilze und vermutlich *Diaporthe* Einsenkkugelpilze; ganzjährig. **Mik:** Sporen glatt, zylindrisch-oval, 1-fach septiert und leicht eingeschnürt, bräunlich, 8–9,5 × 3,5–4,5 µm, meist uniseriat, Asci J–, 8-sporig, mit verdicktem Apikalring. (BK 1.331).

16.13.12 *Patellaria atrata* (Hedw.) Fr., *Lecanidion atratum* (Hedw.) Endl.
Schwarzer Schalenkohlenpilz

Frkp: 0,2–0,3 mm hoch, 0,5–1 mm breit, erst scheibenförmig mit etwas aufstehendem Rand, später kissenförmig, matt, schwarz. **V:** gesellig oder in Gruppen gedrängt auf entrindetem, morschem Laubholz; ganzjährig. **Mik:** Sporen glatt, keulen- bis kommaförmig, 8- bis 9-fach septiert, farblos, 7–9 × 4–5 µm, reif mit Tropfen, biseriat, Asci J–, 8-sporig. (CH 172, 🖼).

16.13.13 *Rhizodiscina lignyota* (Fr.) Hafellner, *Karschia lignyota* (Fr.) Sacc.
Holz-Schwarzscheibchen, Schwarzes Holzscheibchen

Frkp: 0,5–1 mm, teller- bis linsenförmig, innen und außen glatt, olivschwarz bis schwarz, Rand undeutlich. **V:** einzeln bis gesellig auf liegendem, morschem Holz ohne Rinde; im Winter bis Frühling.

16.13.09 *T. sinopica,* Rotbrauner Efeu-Kleiepustelpilz

16.13.10 *Dialonectria episphaeria,* Aufsitzender Pilzparasitpustelpilz

16.13.12 *Patellaria atrata,* Schwarzer Schalenkohlenp.

16.13.13 *Rhizodiscina lignyota,* Holz-Schwarzscheib.

Mik: Sporen glatt, ellipsoid bis keulenförmig, braun, 1-fach septiert und teils etwas eingeschnürt, 9–14 × 4–5 µm, unregelmäßig bi- oder multiseriat, Asci J+, 8-sporig. (BK 1.298,).

16.13.14 *Cucurbitaria berberidis* (Pers.) Gray
Berberitzen-Mauersporenkohlenpilz, Berberitzen-Kugelpilz

Frkp: 0,5–1 mm, kugelig, rau, schwarz. **V:** gesellig, durchbrechen in schollig-schorfigen Gruppen von ca. 5–20 Stück die dadurch an den Rändern aufgeworfene Rinde von abgestorbenen, meist stehenden und tief liegenden Zweigen von Berberitze *Berberis;* ganzjährig. **Mik:** Sporen glatt, breit ellipsoid, braun, mehrfach quer- und längsseptiert, Mitte oft etwas eingeschnürt, 29–33 × 11–13,5 µm, uniseriat, Asci J–, 8-sporig. (BK 1.385,).

16.13.15 *Curreya pityophila* (J.C. Schmidt & Kunze) Arx & E. Müll.
Stammlaus-Mauersporenstromakugelpilz

Frkp: 0,3–0,6 mm, kugelig, mit kleiner Papille im Scheitel, glatt, schwarz, in dichten Gruppen aus der Rinde hervorbrechend und auf einem gelatinösen Stroma aufsitzend. **V:** dicht rasig bis gedrängt, auf Rinde oder abgestorbenem Nadelholz; im Frühling bis Frühsommer. **Mik:** Sporen glatt, ellipsoid bis spindelig, 3-fach querseptiert und evtl. 1- bis 2-fach längsseptiert, bei den Quersepten leicht eingeschnürt, olivbraun, 15–22 × 4,5–9,5 µm, uniseriat, Asci J–, 8-sporig. (CH 175).

Casagrande 1969 weist darauf hin, dass für die Entwicklung der Fruchtkörper die Anwesenheit von Stammläusen der Familie *Adelgidae* vorhanden sein muss.

16.13.16 *Camarosporidiella laburni* (Pers.) Wanas., Bulgakov, Camporesi & K.D. Hyde, *Cucurbitaria laburni* (Pers.) De Not.
Goldregen-Brombeerkohlenpilz

Frkp: 0,4–0,6 mm, kugelig, im Scheitel etwas abgeflacht, rau, schwarz, in dichten Gruppen aus der Rinde hervorbrechend und danach mit aufstehender Rinde am Rand. **V:** Gruppen von 5–50 Einzelfruchtkörperchen erreichen eine Ausdehnung von ca. 5 mm, auf abgestorbenen Ästen von Goldregen *Laburnum;* ganzjährig. **Mik:** Sporen glatt, ellipsoid, 5- bis 8-fach querseptiert und evtl. 1- bis 2-fach, teilweise bis durchgehend längsseptiert, bei den Quersepten leicht eingeschnürt, hellbraun, 24–35 × 8–16 µm, uniseriat, Asci J–, 8-sporig. (CH 173).

16.13.17 *Melanomma pulvis-pyrius* (Pers.) Fuckel
Brandschwarzes Kugelkissen

Frkp: 0,3–0,5 mm, kugelig bis kegelförmig, rau und gefurcht, schwarz. **V:** gruppenweise bis flächig-krustenförmig auf abgestorbenen, berindeten oder entrindeten Laubholzästen; Winter bis Frühling. **Mik:** Sporen glatt, zylindrisch, 3-fach septiert und an den Septen etwas eingeschnürt, bräunlich, 15–18 × 4,5–6 µm, unregelmäßig uniseriat, Asci J–, 8-sporig. (BK 1.384,).

16.13.18 *Alpinaria rhododendri* (Niessl) Jaklitsch & Voglmayr, *Melanomma rhododendri* Rehm, *Cucurbitaria rhododendri* Niessl, Alpenrosen-Kugelkissen: auf Alpenrosenzweigen *Rhododendron*. Sporen 14–17 × 5–7 µm. ().

16.13.19 *Hypomyces rosellus* (Alb. & Schwein.) Tul. & C. Tul.
Rosafarbener Schmarotzerpustelpilz, Roter Schmarotzer-Pustelpilz

Frkp: 0,2–0,5 mm, kugelige, stumpfkegelige Pusteln, karminrosa, in dichtem, innen rosa bis rotem und gegen den Rand weißlichem Überzug von 1–5 cm Ausdehnung integriert. **V:** auf alten Porlingen *(Polyporaceae)*, evtl. auch faulenden Blättern. **Mik:** Sporen spitzspindelförmig mit Anhängsel, 20–26 × 4,5–6,5 µm, uniseriat, Asci J–, 8-sporig. ().

16.13.20 *Hypomyces aurantius* (Pers.) Fuckel, Orangegelber Schmarotzerpustelpilz, Goldgelber Schmarotzerpustelpilz: orangegelb; auf der Fruchtschicht von alten Porlingen, evtl. auch Knäuelingen, im Frühling. Sporen fein punktiert, spindelförmig bis asymmetrisch gebogen, 1-fach septiert, 24–26 × 4,5–5 µm. (BK 1.323,).

16.13.21 *Hypomyces viridis* P. Karst., *Peckiella viridis* (P. Karst.) Sacc., Olivgrüner Schmarotzerpustelpilz, Grüner Schmarotzerpustelpilz: gelboliv, im Scheitel mit olivgrüner Papille; auf der Fruchtschicht von Täublingen und Milchlingen *(Russulaceae)*, im Herbst. Sporen rau, spindel- bis schiffchenförmig, teils 1-fach septiert, 26–35 × 5–6 µm. (BK 1.322,).

16.13.22 *Hysterium pulicare* Pers.
Gemeiner Spaltkohlenpilz

Frkp: 0,5–1 mm lang, 0,3–0,5 mm breit, ellipsoid bis kugelig, kaffeebohnenförmig, rau, längsgerieft und im Scheitel mit deutlicher Furche in der Längsrichtung, schwarz. **V:** einzeln bis gesellig auf der Rinde lebender Laubbäume, vor allem Eiche *Quercus*, Birke *Betula*, und Pappel *Populus;* ganzjährig. **Mik:** Sporen glatt, spindelförmig, 3- bis 5-fach septiert, farblos, Mittelzellen zunehmend braun, 28–38 × 8–10 µm, biseriat, Asci J–, 8-sporig. (BK 1.387,).

16.13.23 *Hysterium angustatum* Alb. & Schwein, Verschmälerter Spaltkohlenpilz: auf verottendem Holz verschiedener Laubbäume und Sträucher, z.B. auf *Rubus*-Arten,

16.13.14 *Cucurbitaria berberidis*, Berberitzen-Mauersporenkohlenpilz

16.13.17 *Melanomma pulvis-pyrius*, Brandschwarzes Kugelkissen

16.13.18 *Alpinaria rhododendri*, Alpenrosen-Kugelkissen

16.13.19 *Hypomyces rosellus*, Rosafarbener Schmarotzerpustelpilz

16.13.20 *H. aurantius*, Orangegelber Schmarotzerpust.

16.13.21 *H. viridis*, Olivgrüner Schmarotzerpust.

16.13.22 *Hysterium pulicare*, Gemeiner Spaltkohlenpilz

16.13.23 *H. angustatum*, Verschmälerter Spaltkoh

Eukalyptus. Sporen spindelförmig, teils etwas gebogen, 3-fach septiert, biseriat bis tri- oder multiseriat, 14–17 × 4–5,5 µm, Asci 8-sporig. (🖼).

16.13.24 *Rhytidhysteron hysterinum* (Dufour) Samuels & E. Müll.
Buchs-Spaltscheibchen

Frkp: 1–5 mm lang, 1–2 mm breit, unregelmäßig kugelig bis lippenförmig aus der Rinde hervorbrechend, später leicht gewölbt bis flach aufsitzend, innen rau, orangebraun, Rand wulstig, schwarzbraun. **V:** gesellig auf abgestorbenen Ästen von Buchsbaum *Buxus*; ganzjährig. **Mik:** Sporen glatt, ellipsoid mit zitzenförmigen Anhängseln an den Enden, 1-fach septiert und an der Septe deutlich eingeschnürt, braun, 20–35 × 10–14 µm, uniseriat, Asci J–, 8-sporig. (CH 168).

16.13.25 *Hysterographium fraxini* (Pers.) De Not.
Eschen-Spaltkohlenlippe, Eschen-Spaltkohlenpilz

Frkp: 1–1,5 mm lang, 0,5 mm breit, ellipsoid, lippenförmig, glatt, im Scheitel mit Spalte in der Längsrichtung, schwarz. **V:** gesellig, gruppenweise aus berindeten Ästen von Laubbäumen hervorbrechend, vorwiegend Esche *Fraxinus*; im Winter. **Mik:** Sporen glatt, unregelmäßig ellipsoid, mehrfach quer- und längsseptiert, bräunlich, 38–40 × 17–18 µm, unregelmäßig biseriat, Asci J+, 8-sporig. (BK 1.388, 🖼).

16.13.26 *Glonium lineare* (Fr.) De Not., *Psiloglonium lineare* (Fr.) Petr.
Langgestreckter Furchenkohlenpilz

Frkp: 1–3 mm lang, 0,5 mm breit, länglich walzenförmig aus dem Holz hervorbrechend, mit deutlicher Längsspalte, die sich etwas öffnen kann, matt, schwarz. **V:** gesellig auf morschem, entrindetem Laubholz; ganzjährig. **Mik:** Sporen glatt, ellipsoid, 1-fach septiert mit einem etwas größeren, dickeren und einem kleineren Teil; an der Septe deutlich eingeschnürt, farblos, 12–17 × 6–8,5 µm, uniseriat, Asci J–, 8-sporig. (CH 170).

16.13.27 *Lophium mytilinum* (Pers.) Fr., *Hysterium mytilinum* Pers.
Föhren-Müschelchen, Muschelkernpilz

Frkp: 0,5–1 mm lang und 0,2–0,5 mm breit, muschelförmig, im Scheitel mit Längsgrat und sich später öffnender Spalte, außen glatt, glänzend bis feinrillig, schwarz. **V:** auf moderndem Nadelholz, vor allem Kiefer *Pinus*. **Mik:** Sporen fadenförmig, 18- bis 38-fach septiert, gelblich bis bräunlich, 120–190 × 1,5–2 µm, multiseriat, Asci 8-sporig. (🖼).

16.13.28 *Mytilinidion mytilinellum* (Fr.) H. Zogg
Kielförmiges Muschelpilzchen

Frkp: 0,5–1 mm, muschelförmig mit angedeuteter Längsspalte, schwarz. **V:** auf abgestorbenen, entrindeten Ästen von Nadelbäumen wie z. B. Fichte *Picea*, Föhre *Pinus*, Lärche *Larix*; Frühling bis Sommer. **Mik:** Sporen glatt, spindelig bis etwas allantoid, bräunlich, 3-fach septiert, 21–25 × 3–4 µm, biseriat, Asci J–, 8-sporig. (BK 1.390).

16.13.29 *Ostreola formosa* (Cooke) M.E. Barr, *Hysterium formosum* Cooke
Tannenzapfenschuppen-Austernkohlenpilz

Frkp: 0,2–0,4 mm, muschelförmig mit angedeuteter Längsspalte, schwarz, auch etwas gestielt. **V:** auf männlichen Blütenzapfen von Weißtanne *Abies alba*, auf Wacholder *Juniperus* und anderen abgestorbenen Nadelholzästen, die mit dem Boden in Berührung kommen; ganzjährig, vorwiegend Frühling bis Sommer. **Mik:** Sporen glatt, breit ellipsoid, hell bräunlich, mehrfach quer- und längsseptiert, 15–21 × 6,5–9,5 µm, uniseriat, Asci 8-sporig. (🖼).

16.13.30 *Ruzenia spermoides* (Hoffm.) O. Hilber,
***Lasiosphaeria spermoides* (Hoffm.) Ces. & De Not.**
Gesäter Rasenkohlenkugelpilz, Gesäter Kohlenkugelpilz

Frkp: 0,5–1 mm, kugelig, rau, schwarz, im Scheitel oft mit weißlicher Papille. **V:** meist dicht gedrängt, aufsitzend auf abgestorbenem Holz; ganzjährig. **Mik:** Sporen glatt, schlank allantoid, farblos, 20–24 × 3,5–4,5 µm, unregelmäßig biseriat, Asci J–, 8-sporig. (BK 1.336, 🖼).

16.13.31 *Lasiosphaeria ovina* (Pers.) Ces. & De Not.
Eiförmiger Kohlenkugelpilz, Schaf-Haarkugelpilz

Frkp: 0,4–0,6 mm, kugelig, filzig, graubräunlich und fast ganz bedeckt mit grauweißlich-flockigem Hyphengewebe, Papille schwärzlich. **V:** rasig, aufsitzend oder leicht eingesenkt auf morschem Holz; ganzjährig. **Mik:** Sporen glatt, zylindrisch, verbogen, jung oft mit farblosem, wurmartigem Anhängsel an den Enden, gelblich, 36–50 × 4–6 µm, biseriat, Asci J–, 8-sporig. (BK 1.335, 🖼).

16.13.32 *Leptospora rubella* (Pers.) Rabenh.
Rotflecken-Fadensporenkugelpilz, Fadensporiges Kugelpilzchen

Frkp: 0,3–0,5 mm hoch, 0,2–0,4 mm breit, kugelig-birnenförmig, teils mit ausgeprägter Papille, glatt, durchbrechen die Oberhaut von abgestorbenen Kräuterstängeln, welche im Umfeld oft rotfleckig verfärben, schwarz. **V:** gesellig bis rasig an abgestorbenen Stängeln von verschiedenen Kräutern, vorwiegend an Doldenblütengewächsen *Apiaceae*, aber auch an Brombeeren *Rubus*, Schwertlilien *Iris* oder auf Holz von

16.13.25 *Hysterographium fraxini*, Eschen-Spaltkohl.

16.13.27 *Lophium mytilinum*, Föhren-Müschelchen

16.13.29 *Ostreola formosa*, Tannenzapfenschuppen-Austernkohlenpilz

16.13.30 *Ruzenia spermoides*, Gesäter Rasenkohlenkugelpilz

16.13.31 *Lasiosphaeria ovina*, Eiförmiger Kohlenkugelpilz

16.13.32 *Leptospora rubella*, Rotflecken-Fadensporenkugelpilz

Laubbäumen; Frühling bis Sommer. **Mik:** Sporen glatt, sehr lang, fadenförmig, mehrfach septiert, ± farblos, 105–110 × 1–1,5 µm, multiseriat, spiralig angeordnet, Asci J–, 8-sporig. (BK 1.386, 🖼).

16.13.33 *Gemmamyces piceae* (Borthw.) Casagr., *Cucurbidothis piceae* (Borthw.) Petr. Fichten-Knospenkohlenpilz

Frkp: 0,3–0,6 mm hoch und breit, keulig bis zylindrisch oder kugelig und etwas gestielt, mit 1–3 Papillen, matt, warzig bis felderig-rissig, schwarz. **V:** in dichten Gruppen von wenigen bis Dutzenden Pseudothecien, auf einem Hypostroma verbunden, auf Knospen verschiedener Fichtenarten *Picea*; ganzjährig. **Mik:** Sporen glatt, spindelförmig, mit 7–9 Quersepten und 1–3 Längssepten, die Septen sind nur teilweise durchgängig, es entsteht eine mauerähnliche Struktur, vor allem an den durchgängigen Quersepten eingeschnürt, hellbraun, 40–60 × 13–20 µm, uni- bis biseriat, Asci 8-sporig. (CH 188).

Der Pilz breitet sich an Fichte *Picea abies* nur wenig aus, kann aber z. B. auf Stech- oder Blaufichte *Picea pungens* breiter Fuß fassen und dort zu erheblichen Schäden führen.

16.13.34 *Phaeosphaeria lycopodina* (Mont.) Hedjar. Bärlappsporangien-Braunsporkugelpilz

Frkp: 0,1–0,3 mm, kugelig bis abgeflacht, etwas eingesenkt, fein braunhaarig, dunkelgrau. **V:** in dichten Gruppen auf abgestorbenen Fruchtständen von Bärlapp *Lycopodium*. **Mik:** Sporen glatt, ellipsoid, leicht gekrümmt, 3-fach septiert, an den Septen eingeschnürt, gelbbraun, 18–25 × 6–9 µm, biseriat, Asci J–, 8-sporig. (CH 190).

Phaeosphaeria herpotrichoides (De Not.) L. Holm, Reihiger Gras-Braunsporkugelpilz: Fruchtkörper mit deutlichen Papillen im Zentrum, schwarz, außen mit braunen Mycelhaaren, auf Stängeln von Süßgräsern, Seggen *Carex* oder Binsen *Juncus*. Sporen spindelförmig bis leicht gekrümmt, 9–10 Quersepten, 30–52 × 4–7 µm. (CH 189).

Leuchtmann 1984 beschreibt viele weitere dieser kleinen Arten, die vor allem durch das Substrat definiert sind und sich anhand der Sportgrößen und -formen sowie der Anzahl und Anordnung der Quersepten gruppieren lassen.

16.13.35 *Echinosphaeria strigosa* (Alb. & Schwein.) Declercq, *Lasiosphaeria strigosa* (Alb. & Schwein.) Sacc. Striegeliger Igelkugelpilz, Gemeiner Striegelkohlenkugelpilz, Striegeliger Kohlenkugelpilz

Frkp: 0,2–0,5 mm lang, kugelig-kegelig, seitlich dicht bräunlich haarig-borstig, im Scheitel schwarzbraun und kahl. **V:** rasig bis gedrängt, aufsitzend auf stark morschem Holz; im Frühling. **Mik:** Sporen glatt, spindelförmig bis zylindrisch, etwas geknickt bis allantoid, in der Mitte scheinbar 1-fach septiert, bräunlich, 32–40 × 5–7 µm, unregelmäßig biseriat, Asci J–, 8-sporig. (BK 1.337, 🖼).

16.13.36 *Bertia moriformis* (Tode) De Not. Gemeiner Maulbeerkugelpilz, Maulbeer-Kugelpilz

Frkp: 0,5–1 mm, kugelig bis eiförmig, mit rundlichen Warzen brombeerähnlich aussehend, schwarz, Gleba weißlich. **V:** in unregelmäßigen Gruppen direkt auf entrindeten Laubholzästchen aufsitzend, meistens Buche *Fagus*; ganzjährig. **Mik:** Sporen glatt, allantoid, 1-fach septiert, farblos, 35–48 × 5–6,5 µm, unregelmäßig biseriat, Asci J–, 8-sporig. (BK 1.373, 🖼).

16.13.37 *Nitschkia grevillii* (Rehm) Nannf. Kleinsporiger Kelchkugelpilz, Grevilles Schwarzkernpilz

Frkp: 0,3–0,7 mm, kugelig bis kreiselförmig, bald flacher, napfförmig, matt, uneben, hartfleischig, schwarz. **V:** in dichten Gruppen auf einem haarigen Subiculum, auf totem Laubholz; vor allem im Winterhalbjahr. **Mik:** Sporen glatt, ellipsoid bis zylindrisch, mit großen Tropfen, reif 1-fach septiert, farblos, 7–10 × 2–3 µm, unregelmäßig biseriat, Asci J–, 8-sporig. (CH 123, 🖼).

16.13.38 *Nitschkia parasitans* (Schwein.) Nannf., Pustelpilzparasitierender Kelchkugelpilz: Fruchtkörper 0,2–0,4 mm; auf alten Fruchtkörpern von *Nectria cinnabarina*, Zinnoberroter Pustelpilz. Sporen leicht allantoid, 10–14 × 2–3 µm. (CH 124).

16.13.39 *Chaetosphaerella phaeostroma* (Durieu & Mont.) E. Müll. & C. Booth, *Thaxteria phaeostroma* (Durieu & Mont.) C. Booth, Dunkelfleischiges Filzkügelchen, Kernpilzparasitierender Setenkonidienkugelpilz, Brauner Filzmattenkugelpilz: Fruchtkörper 0,2–0,6 mm hoch und 0,2–0,4 mm breit, birnenförmig, feinwarzig; auf alten Fruchtkörpern verschiedener Kernpilze (Pyrenomycetes). Sporen zylindrisch bis allantoid, 3-fach septiert, mit Tropfen, 29–39 × 7–9 µm. (CH 125, 🖼).

16.13.40 *Trichoderma gelatinosum* P. Chaverri & Samuels, *Hypocrea gelatinosa* (Tode) Fr., *Creopus gelatinosus* (Tode) Link Gelatinöser Krustenpustelpilz, Gelatinöser Krustenkugelpilz

Frkp: 2–3 mm, kugel- bis kissenförmig, Oberseite höckerig, durchscheinend gelb, mit der Reife zunehmend bräunlich-orange, Ansatzstelle etwas filzig. **V:** dicht rasig auf morschem Holz; Frühling oder Herbst. **Mik:** Sporen feinwarzig, ellipsoid, dunkelgrün, 5–6 × 3,5–4,5 µm, uniseriat, Asci J–, 16-sporig, anfangs paarweise verwachsene Sporen. (BK 1.320, 🖼).

16.13.35 *Echinosphaeria strigosa*, Striegeliger Igelkugelpilz

16.13.36 *Bertia moriformis*, Gemeiner Maulbeerkugelpilz

16.13.37 *Nitschkia grevillii*, Kleinsporiger Kelchkugelpilz

16.13.39 *C. phaeostroma*, Dunkelfleisch. Filzkügelchen

16.13.40 *T. gelatinosum*, Gelatinöser Krustenpust.

16.13.41 *Trichoderma citrinum* (Pers.) Jaklitsch, W. Gams & Voglmayr, *Hypocrea citrina* (Pers.) Fr., *Hypocrea lactea* (Fr.) Fr.
Gelblicher Krustenpustelpilz, Milchweißer Krustenkugelpilz

Frkp: krustenförmiger Überzug mit unregelmäßigem Rand, höckerig, innere Teile zunehmend creme- bis zitronengelb mit feinen dunklen Punkten (eingesenkte Perithecien), Randzone weißlich. **V:** auf morschen Baumstrünken, Ästchen, Blättern; Sommer bis Herbst. **Mik:** Sporen glatt bis fein rau, kugelig, farblos bis leicht grünlich, 4–6 × 3,5–4,5 µm, uniseriat, Asci J–, 16-sporig. (BK 1.317, 🖼).

16.13.42 *Trichoderma viride* Pers., *Hypocrea rufa* (Pers.) Fr.
Rotbrauner Krustenpustelpilz, Scheiben-Krustenkugelpilz
Grüner Schimmelpilz, Rotbrauner Scheibenpustelpilz

Frkp: 0,5–1 cm unregelmäßig scheiben- bis kissenförmig, zunehmend miteinander verwachsen, orangerosa bis rotbraun, fein heller oder dunkler punktiert, Rand teilweise heller. **V:** auf morschem Holz, nasser Rinde; im Herbst. **Mik:** Sporen glatt, fein punktiert, kugelig bis ellipsoid, farblos, 3,5–6 × 3,5–4,5 µm, uniseriat, Asci J–, 16-sporig. (BK 1.319, 🖼).

Es ist das sexuelle Stadium (Teleomorphe) dieser Art beschrieben. Häufiger findet man jedoch das asexuelle Konidienstadium (Anamorphe) mit blaugrünem oder grünem, wollig-filzigem bis mehrere Zentimeter ausgedehntem Geflecht, oft auf der Unterseite des Holzes.

16.13.43 *Trichoderma pulvinatum* (Fuckel) Jaklitsch & Voglmayr, *Hypocrea pulvinata* Fuckel
Porlings-Krustenpustelpilz,
Kissen-Krustenkugelpilz, Birkenporling-Kissenpustelpilz

Frkp: wenige Millimeter bis mehrere Zentimeter in der Ausdehnung, unregelmäßig kissenförmig, oft ineinander fließend, weißlich, wachsgelb, ockergelb, fein punktiert. **V:** auf alten Fruchtkörpern von *Fomitopsis betulina,* Birken-Porling oder anderen Porlingen wie z. B. *Fomitopsis pinicola,* Rotrandiger Baumschwamm; im Sommer. **Mik:** Sporen glatt, kugelig bis oval-eckig, farblos, 3–5 × 2–3 µm, uniseriat, Asci J–, 16-sporig. (BK 1.318, 🖼).

16.13.44 *Trichoderma alutaceum* Jaklitsch, *Podostroma alutaceum* (Pers.) G.F. Atk.
Keulenförmiger Krustenpustelpilz, Ledergelbes Pustelkeulchen

Frkp: 2–4 cm hoch, 0,5–1 cm breit, unregelmäßig keulen- bis zungenförmig, teilweise auch verzweigt, rau punktiert, ockergelblich bis ockerorange, zur Spitze dunkler, Stiel glatt, blasser als Hut bis zu weiß. **F:** schmutzig weißlich, in der Rinde zäh sonst weich. **V:** auf Nadelstreu oder verrottendem Holz; im Sommer bis Herbst. **Mik:** Sporen glatt bis schwach punktiert, kugelig bis etwas eckig, 3,5–5 × 3–4 µm, uniseriat, Asci J–, 8- bis 16-sporig. (BK 1.316, 🖼).

16.13.45 ***Rhopographus filicinus*** (Fr.) Nitschke ex Fuckel
Adlerfarn-Fleckenpilz

Frkp: 2–5 mm lange und 1–2 mm breite, flache, längliche, schwarze Flecken. **V:** einzeln bis rasig, in der Längsrichtung die Oberhaut von abgestorbenen Adlerfarnstängeln *Pteridium aquilium* aufbrechend; im Frühling. **Mik:** Sporen glatt, ellipsoid, teils etwas gebogen, mehrfach septiert und eingeschnürt, braun, 30–34 × 7–8 µm, multiseriat, Asci J–, 8-sporig. (BK 1.383, 🖼).

16.13.46 *Protocrea farinosa* (Berk. & Broome) Petch, *Hypocrea farinosa* Berk. & Broome
Mehliger Wollkrustenpustelpilz, Mehliger Krustenpustelpilz

Frkp: gewebeartiger, cremefarbiger Überzug, trocken mehlig, mit gelboliven, rundlichen Punkten (Perithecien). **V:** auf morschem Laubholz oder faulenden Porlingsarten, vorwiegend *Sceletocutis nivea,* Kleinsporiger Knorpelporling; ganzjährig. **Mik:** Sporen glatt bis feinst punktiert, kugelig, 3–4 × 2–3 µm, uniseriat, Asci J–, 8- bis 16-sporig. (BK 1.321, 🖼).

16.13.47 ***Mycosphaerella punctiformis*** (Pers.) Starbäck, ***Ramularia endophylla*** Verkley & U. Braun
Punktförmiger Zwergkugelpilz,
Punktförmiger Blattfleckenfadenpilz, Punktförmiger Kugelpilz

Frkp: 0,1–0,2 mm, kugelig, teilweise eingesenkt, in Gruppen, dunkelbraun bis schwarz. **V:** rasig auf vorjährig abgefallenen Laubblättern, vorwiegend auf der Blattunterseite von Buchenblättern *Fagus*; im Frühling. **Mik:** Sporen glatt, spindelförmig, 1-fach septiert und etwas

16.13.42 *Trichoderma viride,* Rotbrauner Krustenpust.

16.13.41 *T. citrinum,* Gelblicher Krustenpustelpilz

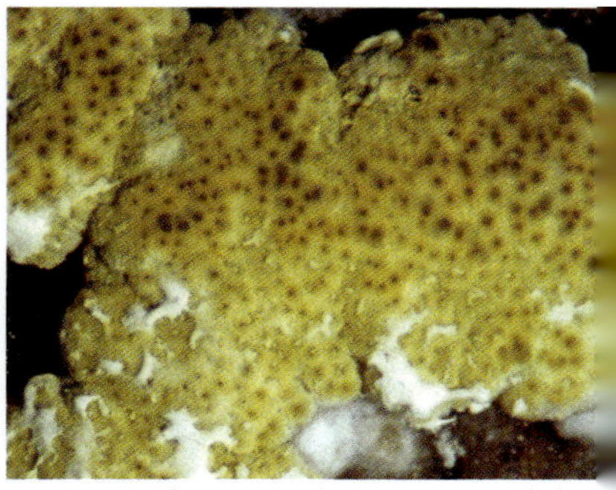

16.13.43 *T. pulvinatum,* Porlings-Krustenpustelpilz

16.13.44 *Trichoderma alutaceum,* Keulenförmiger Kr.

16.13.45 *Rhopographus filicinus,* Adlerfarn-Fleck.

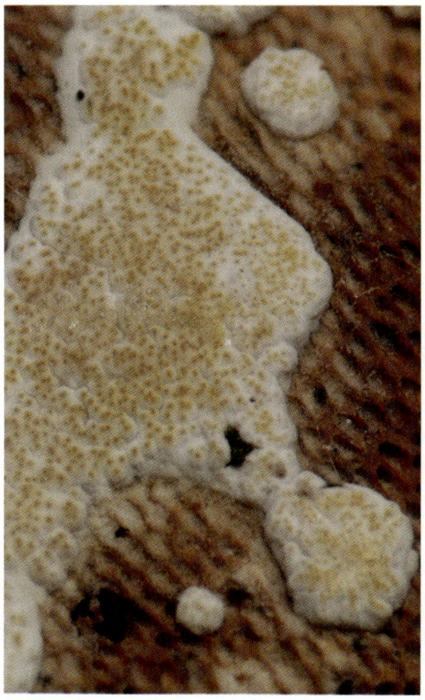

16.13.46 *Protocrea farinosa,* Mehliger Wollkrustenp.

16.13.47 *M. punctiformis,* Punktförm. Zwergkugelp.

eingeschnürt, farblos, 6–9,5 × 2,5–3,5 µm, unregelmäßig biseriat, Asci J–, 8-sporig. (BK 1.376, 🖼).

16.13.48 *Dothidella ulmi* (C.-J. Duval) G. Winter, *Platychora ulmi* (J. Schröt.) Petr.
Ulmenblatt-Keulensporenkugelpilz, Ulmenblatt-Kugelpilz

Frkp: 0,1–0,2 mm, gruppenweise in einem 2–4 mm großen Stroma eingebettet, eingesenkt, schwarz. **V:** rasig auf der Oberseite von abgefallenen Ulmenblätter *Ulmus;* Winter bis Frühling. **Mik:** Sporen glatt, spindel- bis keulenförmig, am schlanken Ende 1-fach septiert, erst farblos, später grünlich, 10–12,5 × 4–4,5 µm, unregelmäßig uniseriat, Asci J–, 8-sporig. (BK 1.380).

16.13.49 *Leptosphaeria acuta* (Fuckel) P. Karst.
Brennnessel-Kugelpilz, Zugespitzter Kugelpilz

Frkp: 0,3–0,5 mm, kugelig mit spitzer Papille im Scheitel, die Außenhaut des Pflanzenstängels durchbrechend, glänzend, schwarz. **V:** dicht rasig auf abgestorbenen Brennnesselstängeln *Urtica;* Winter bis Frühling. **Mik:** Sporen glatt, spindelförmig, 7- bis 10-fach septiert, vor allem an den mittleren Septen etwas eingeschnürt, gelblich, 37–50 × 4,5–8 µm, biseriat, Asci J–, 8-sporig. (BK 1.381, 🖼).

16.13.49 *Leptosphaeria acuta,* Brennnessel-Kugelpilz

16.13.50 *Leptosphaeria doliolum* (Pers.) Ces. & De Not.
Furchiger Kugelpilz, Brustwurz-Kugelpilz

Frkp: 0,2–0,5 mm, kugelig bis kegelförmig, in der Mitte mit kleiner Papille in einer Delle, die Außenhaut der Pflanzenstängel durchbrechend, glatt, schwarz. **V:** rasig, oft in Reihen auf dürren Stängeln von Waldengelwurz *Angelica sylvestris,* Brennessel *Urtica,* Greiskraut *Senecio,* Bärenklau *Heracleum* usw.; Frühling, Herbst. **Mik:** Sporen glatt, spindelförmig, teils etwas gebogen, 3-fach septiert und eingeschnürt, gelblich, 18–25 × 4,5–6 µm, uniseriat, Asci J–, 8-sporig. (BK 1.382, 🖼).

Leptosphaeria purpurea Rehm, Purpurfärbender Kugelpilz: 0,2–0,3 mm, mit rötlichvioletter Verfärbung um die schwarzen Fruchtkörper; auf Kräuterstängeln wie z. B. Weidenröschen *Epilobium,* Greiskraut *Senecio* oder Bärenklau *Heracleum.* Sporen 3-fach septiert, gelbbräunlich, 15–28 × 4–6 µm.

Leptosphaeria avenaria G.F. Weber, Gras-Kugelpilz: 0,1–0,2 mm; auf abgestorbenen Stängeln, z. B. von Weizenarten *Triticum* oder Glatthafer *Arrhenatherum.*

Plenodomus agnitus (Desm.) Gruyter, Aveskamp & Verkley, *Leptosphaeria agnita* (Desm.) Ces. & De Not., Wasserdost-Gehäusekugelpilz, Wasserdost-Kugelpilz: 0,2–0,4 mm; auf Stängeln von Wasserdost *Eupatorium cannabinum.* Sporen 6-fach septiert, etwas größeres Element in der Mitte, gelblich, 25–35 × 4–5 µm.

Müller 1950 führt in seinem Schlüssel Dutzende weiterer *Leptosphaeria*-Arten auf, die aufgrund des Substrates sowie der Form und Größe der Sporen, insbesondere der Anzahl ihrer Septen, gruppiert und unterschieden werden.

16.13.50 *Leptosphaeria doliolum,* Furchiger Kugelpilz

16.13.51 *Plenodomus visci* (Sacc.) Gruyter, Aveskamp & Verkley, *Phoma visci* Sacc.
Mistel-Gehäusekugelpilz

Frkp: 0,3–0,5 mm, kugelig mit spitzer Papille im Scheitel, unter der Rinde der Misteln hervorbrechend, bläulichschwarz. **V:** dicht rasig auf abgestorbenen Mistelstämmchen *Viscum album.* **Mik:** Sporen glatt, zylindrisch, 5- bis 7-fach septiert, an den mittleren Septen eingeschnürt, gelb- bis olivbräunlich, 30–45 × 5,5–9,5 µm, biseriat, Asci J–, 8-sporig. (CH 181).

16.13.52 *Diplodia pyrenophora* (Berk. ex Sacc.) Crous & M.E. Palm,
Dothiora pyrenophora (Fr.) Fr.
Vogelbeer-Kissenkohlenpilz, Vogelbeer-Kohlenpilz

Frkp: in 1 mm großen, unregelmäßig linsenförmigen, etwas eingedellten, die Rinde durch- und aufbrechenden schwarzen Stromakissen, die Fruchtschicht ist wie ein Donut (Torus) im braunschwarzen Stroma eingebettet und zeigt sich im senkrechten Schnitt in zwei weißen Flecken. **V:** dicht rasig auf berindeten, dürren Ästen von Vogelbeere *Sorbus aucuparia;* Frühling bis Sommer. **Mik:** Sporen glatt, ellipsoid bis keulenförmig, mehrfach querseptiert, 1–2 Mittelglieder auch längsseptiert, blass hellbraun, 25–29 × 6–7 µm, biseriat, Asci J–, 8-sporig. (BK 1.378).

16.13.53 *Lophiostoma viridarium* Cooke,
Lophiostoma desmazieri Sacc. & Speg.
Grünverfärbender Kammkugelpilz, Grünverfärbender Kohlenpilz

Frkp: 0,5–0,8 mm lang, 0,3–0,5 mm breit, kugelig bis schiffchenförmig, spaltförmig geöffnet, bis gut zur Hälfte eingesenkt, schwarz. **V:** rasig auf unberindeten, dürren Ästen von Laubgehölzen, z. B. Weide *Salix* oder Pfaffenhütchen *Evonymus;* im Frühling. **Mik:** Sporen glatt bis etwas rau, spindelförmig, 3-fach septiert und eingeschnürt, braun, 27–40 × 8–10 µm, uniseriat, Asci J–, 8-sporig. (BK 1.379, 🖼).

16.13.53 *Lophiostoma viridarium,* Grünverfärbender Kammkugelpilz

16.13.54 *Lophiotrema boreale* Math.
Fichtenzapfenschuppen-Hellsporkammkugelpilz

Frkp: 0,1–0,3 mm, ellipsoid bis kugelig, rau, schwarz aus dem Substrat hervorbrechend, reif mit einer Rippe als Öffnung. **V:** dicht rasig auf den Schuppen von Fichtenzapfen *Picea;* ganzjährig. **Mik:** Sporen glatt, spindelig, einfach querseptiert und an der Septe deutlich eingeschnürt, farblos, 17,5–21 × 9,5–12 µm, uni- und gegen das Ende biseriat, Asci J–, 8-sporig. (CH 184).

16.13.55 *Valsa nivea* (Hoffm.) Fr., *Leucostoma niveum* (Hoffm.) Höhn., *Cytospora nivea* Fuckel
Zitterpappel-Graustromakugelpilz, Weißscheibiger Pappelkugelpilz

Frkp: 0,2–0,3 mm, Gruppen von 5–10 Perithecien, in oben weißen, im Durchmesser ca. 0,5 mm breiten Stromakissen aus der Rinde hervorbrechend, Perithecienmündungen fein, schwarz. **V:** rasig, oft auf ganzen, abgestorbenen, berindeten Zweigen von Pappeln *Populus;* im Herbst. **Mik:** Sporen glatt, allantoid, farblos, 12–15 × 3 µm, biseriat, Asci J–, 4-sporig. (BK 1.362, 🖼).

16.13.56 *Dendrostoma leiphaemia* (Fr.) Senan. & K.D. Hyde, *Amphiporthe leiphaemia* (Fr.) Butin, *Diaporthe leiphaemia* (Fr.) Sacc.
Eichen-Kissenkugelpilz,
Eingesenkter Eichen-Kugelpilz, Eichen-Einsenkkugelpilz

Frkp: 0,3–0,5 mm, schwarz, in Gruppen von 10–20 Perithecien, in 1–5 mm großen, scharf umgrenzten, hellbräunlichen, später schwärzlichen Stromakissen aus der Rinde hervorbrechend. **V:** rasig, oft auf ganzen, abgestorbenen, berindeten Zweigen von Eiche *Quercus;* ganzjährig. **Mik:** Sporen glatt, ellipsoid bis spindelförmig, 1-fach septiert und etwas eingeschnürt, farblos, 15–17 × 4–4,5 µm, unregelmäßig biseriat, Asci J–, 8-sporig. (BK 1.364, 🖼).

16.13.57 *Diaporthe alnea* Fuckel, *Phomopsis alnea* (Nitschke ex Sacc.) Höhn., *Phoma alnea* Nitschke ex Sacc.
Erlen-Einsenkkugelpilz, Eingesenkter Erlen-Kugelpilz

Frkp: 0,5–1 mm, kegelförmig, schwarz, einzeln oder in Gruppen die Rinde durchbrechend. **V:** gesellig bis gruppenweise, oft auf absterbenden, berindeten Zweigen von Schwarzerle *Alnus;* im Winter. **Mik:** Sporen glatt, ellipsoid bis zylindrisch, 1-fach septiert und etwas eingeschnürt, farblos, 12–18 × 3–3,5 µm, biseriat, Asci J–, 8-sporig. (BK 1.363).

16.13.58 *Diaporthe niessliana* Sacc., *Diaporthe pustulata* Sacc., *Phomopsis pustulata* (Sacc.) Died., *Phoma pustulata* Sacc.
Pustelförmiger Einsenkkugelpilz, Pustelförmiger Kugelpilz

Frkp: 0,3–0,5 mm, schwarz, durchbrechen in Gruppen von 10–20 Perithecien in 1–2 mm großem, scharf umgrenztem, erst weißlichem bis hellbräunlichem, später schwärzlichem Stromakissen die Rinde. **V:** rasig, oft auf ganzen, abgestorbenen, berindeten Zweigen von Ahorn *Acer;* im Winter. **Mik:** Sporen glatt, ellipsoid bis spindelförmig, 1-fach septiert und etwas eingeschnürt, farblos, 13–17 × 2,5–5 µm, unregelmäßig biseriat, Asci J–, 8-sporig. (BK 1.365, 🖼).

16.13.59 *Diaporthe strumella* (Fr.) Fuckel, *Phomopsis ribicola* (Sacc.) Grove
Johannisbeer-Einsenkkugelpilz, Johannisbeer-Kugelpilz

Frkp: 0,3–0,5 mm, schwarz, in kleinen Gruppen in einem 1–2 mm großen, nicht scharf umgrenzten, hell bräunlichen Stromakissen die Rinde durchbrechend, reif mit papillen- bis fingerförmigen Auswüchsen im Scheitel. **V:** rasig, oft auf ganzen, abgestorbenen, berindeten Zweigen von Beerensträuchern wie Johannisbeere oder Stachelbeere *Ribes;* im Frühling. **Mik:** Sporen glatt, spindelförmig, 1-fach septiert und etwas eingeschnürt, farblos, 13–15 × 3–4 µm, unregelmäßig biseriat, Asci J–, 8-sporig. (BK 1.366, 🖼).

16.13.60 *Diaporthe detrusa* (Kunze) Fuckel
Berberitzen-Einsenkkugelpilz

Frkp: 0,3–0,6 mm, unregelmäßig pustelförmig, später mit längeren Hälsen, gruppenweise und teils in einem außen schwarzen und innen hell gelblichen, 1–4 mm großen Stroma, erst unter der Rinde und schließlich hervorbrechend. **V:** vereinzelt bis gesellig, auf abgestorbenen Ästen von Berberitze *Berberis;* ganzjährig. **Mik:** Sporen glatt, ellipsoid bis spindelförmig, 1-fach septiert und anfangs leicht, reif deutlich eingeschnürt, farblos mit 2–4 großen Tropfen, 14–18 × 4,5–6 µm, biseriat, Asci 8-sporig. (CH 104).

16.13.55 *Valsa nivea*, Zitterpappel-Graustromakugelpilz, Konidienstadium (Anamorphe)

16.13.56 *Dendrostoma leiphaemia*, Eichen-Kissenkugelpilz

16.13.58 *Diaporthe niessliana*, Pustelförmiger Einsenkkugelpilz

16.13.59 *Diaporthe strumella*, Johannisbeer-Einsenkkugelpilz

16.13.61 *Calosporella innesii* (Curr.) J. Schröt., *Prosthecium platanoidis* (Pers.) M.E. Barr
Ahorn-Schönsporkugelpilz, Schönsporiger Ahornkugelpilz

Frkp: 0,4–0,6 mm, schwarz, in Gruppen von 10–20 Perithecien in einem schwarzen, kissenförmigen Stroma von 1–3 mm Ausdehnung, ohne scharfe Umgrenzung die Rinde durchbrechend. **V:** rasig, oft auf abgestorbenen, berindeten Zweigen von Ahorn *Acer;* im Winter bis Frühling. **Mik:** Sporen glatt, ellipsoid, 3- bis 4-fach septiert, an den Enden teils mit farblosen Anhängseln, farblos bis hellbraun, 23–25 × 7–8 µm, unregelmäßig biseriat, Asci J–, 8-sporig. (BK 1.367).

16.13.62 *Cryptosporella corylina* (Tul. & C. Tul.) L.C. Mejía & Castl., *Cryptospora corylina* (Tul. & C. Tul.) Fuckel
Hasel-Klumpenkugelpilz, Geselliger Haselkugelpilz

Frkp: 0,3–0,5 mm, kugelig bis kegelförmig, schwarz, in Gruppen von 10, 20 Perithecien oder mehr, 1–5 mm, im orangefarbenen, kissenförmigen Stroma ohne scharfe schwarze Umgrenzung die Rinde durchbrechend. **V:** rasig, oft quer über abgestorbene, berindete Zweige von Hasel *Corylus;* im Winter. **Mik:** Sporen glatt, schlank zylindrisch-ellipsoid, farblos bis hellbraun, 50–85 × 3,5–4,5 µm, unregelmäßig multiseriat, Asci J–, 8-sporig. (BK 1.368).

16.13.63 *Melogramma spiniferum* (Wallr.) De Not.
Siebenseptensporiges Krustenscheibchen, Rasigkrustiger Buchenkugelpilz

Frkp: 0,3–0,5 mm, in Gruppen von 10–20 auf einem rauen, von den Perithecienmündungen wulstigen, innen weißen, 1–3 mm breiten Stromakissen die Rinde durchbrechend, deren Haut dadurch lappig ausfranst. **V:** in gedrängten, krustigen Kolonien auf abgestorbenem Buchenholz *Fagus;* ganzjährig. **Mik:** Sporen glatt, zylindrisch bis spindelförmig und leicht sichelförmig gebogen, 7-fach septiert, lang, Mittelzellen hellbraun, Endzellen farblos, 60–75 × 8–8,5 µm, biseriat, Asci J–, 8-sporig. (BK 1.370).

16.13.64 *Melogramma campylosporum* Fr., *Melogramma bulliardii* Tul. & C. Tul.
Krummsporiges Krustenscheibchen, Bulliards Krustenscheibchen

Frkp: durchbrechen in Gruppen von 2–3 mm großen, durch die Perithecien papillenförmig punktierten, schwarzbraunen Stromakissen die Rinde, deren Haut lappig ausfranst. **V:** rasig, oft über ganze, abgestorbene, berindete Zweige von Hasel *Corylus,* Hainbuche *Carpinus* oder Birke *Betulus* ausgebreitet; im Frühling. **Mik:** Sporen glatt, sichelförmig, 3-fach septiert, Mittelzellen braun, Endzellen heller, 30–48 × 5–6 µm, unregelmäßig multiseriat, Asci J–, 8-sporig. (BK 1.369).

16.13.65 *Botryosphaeria dothidea* (Moug.) Ces. & De Not.
Gemeiner Traubenkugelpilz, Traubenförmiger Kugelpilz

Frkp: 0,3–0,5 mm, kugelig bis birnenförmig, gruppenweise in 5–10 mm großen, länglich-rundlichen, krustenartigen, schwärzlichen und innen weißen Stromakissen mit brombeerartiger Oberfläche, die Rinde durchbrechend. **V:** meist gesellig, oft in Reihen, auf berindeten Ästen verschiedenster Laubgehölze; im Frühling. **Mik:** Sporen glatt, ellipsoid bis birnenförmig, blass gelblich, 20–36 × 8–12 µm, unregelmäßig biseriat, Asci J–, 8-sporig. (BK 1.377).

16.13.66 *Fusarium lateritium* Nees, *Gibberella baccata* (Wallr.) Sacc., *Gibberella moricola* (Ces. & De Not.) Sacc.
Maulbeer-Blauschwarzpustelpilz, Maulbeerbaum-Pustelpilz

Frkp: 0,2–0,3 mm, kugelige bis ovale Pusteln mit angedeuteter Papille im Scheitel, rau, blauschwarz brechen in Gruppen auf 1–3 mm breitem Stroma aus der Rinde hervor. **F:** ziemlich weich. **V:** einzeln bis rasig auf abgestorbenen und berindeten Ästchen von Laubholz, z.B. Ahorn *Acer,* Feige *Ficus,* Maulbeerbaum *Morus;* im Herbst. **Mik:** Sporen glatt, ellipsoid, 3-fach septiert und leicht eingeschnürt, farblos, 26–29 × 6,5–7 µm, biseriat, Asci J–, 8-sporig. (BK 1.332).

16.13.67 *Schizothecium conicum* (Fuckel) N. Lundq., ***Podospora curvula*** (de Bary) Niessl
Kegeliger Schuppenschnabelkotkugelpilz, Bärtiger Kotkugelpilz

Frkp: 0,5–1 mm hoch und halb so breit, birnenförmig, schorfig, braunschwarz, an der Spitze mit bärtig-schuppigen Auswüchsen. **V:** eingesenkt auf Kot verschiedener Tiere wie Rinder, Schafe, Rehe; ganzjährig. **Mik:** Sporen glatt, breit ellipsoid, schwarzbraun mit farblosem, wurmartigem Anhängsel an beiden Enden, 20–29 × 12–15 µm, biseriat, Asci J–, 8-sporig. (BK 1.334).

16.13.61 *Calosporella innesii,* Ahorn-Schönsporkugelpilz

16.13.62 *Cryptosporella corylina,* Hasel-Klumpenk.

16.13.63 *M. spiniferum,* Siebenseptensp. Krusten.

16.13.64 *Melogramma campylosporum,* Krummsporiges Krustenscheibchen

16.13.67 *Schizothecium conicum,* Kegeliger Schuppenschnabelkotkugelpilz

16.13.68 *Strattonia carbonaria* (W. Phillips & Plowr.) N. Lundq.
Großsporiger Brandstellenkugelpilz, Eingesenkter Brandstellenkugelpilz

Frkp: 0,2–0,4 mm, bauchige Pusteln mit angedeuteter Papille im Scheitel, rau und leicht gerieft, braunschwarz, etwa zur Hälfte im Substrat eingesenkt. **V:** in lockeren, nicht gedrängten Gruppen in Ascheklumpen oder Holzkohle auf Brandstellen; Frühling bis Herbst. **Mik:** Sporen glatt, oval mit kugeligem, basalem Anhängsel mit Durchmesser von 1–2 µm, braun, 18–23 × 7–11 µm, uniseriat, Asci J–, 8-sporig. (BK 1.333).

16.13.69 *Catinella olivacea* (Batsch) Boud.
Olivfarbenes Tellerbecherchen, Olivfarbenes Kelchbecherchen

Frkp: 2–8 mm, schüsselförmig, breit aufsitzend, teils etwas eingesenkt, innen glatt, schwarzoliv, Rand heller gelboliv bis olivbraun, gefurcht, außen mehlig kleiig und schwarzbraun. **V:** auf morschem Holz, teils auch auf faulenden Krusten am Holz anliegender (resupinater) Porlinge; im Herbst. **Mik:** Sporen glatt, zylindrisch und eingeschnürt, schwach bräunlich, 9–10,5 × 3,5–4,5 µm, Asci J–, 8-sporig. (BK 1.262, 🖼).

16.13.70 *Acrospermum compressum* Tode
Zusammengedrücktes Schlauchkeulchen, Fadensporiges Flachkeulchen

Frkp: 2–4 mm hoch und 0,5–1 mm dick, faden- bis keulenförmig, undeutlich in Hut- und Stielteil gegliedert, Kopfteil abgeflacht, oliv- bis schwarzbraun, innen grauweißlich, teilweise hohl. **V:** meist gesellig, auf abgestorbenen Pflanzenstängeln, z. B. Brennnessel *Urtica*, Distel *Cirsium*, Alpendost *Adenostyles*; im Sommer. **Mik:** Sporen glatt, fadenförmig, farblos, multiseriat und spiralig miteinander verbunden, 300–400 × 1–2 µm, Asci J+, 8-sporig. (BK 1.302).

Acrospermum adeanum Höhn., Moosnekrosen-Schlauchkeulchen: Fruchtkörper 0,5–1 mm lang und 0,3–0,5 mm dick, dunkelbraun auf einem weißlichen Hyphenfilz (Subiculum); auf Laubmoosen. Sporen 300–440 × 2–3 µm. (CH 162).

16.13.71 *Gnomonia cerastis* (Riess) Ces. & De Not.
Ahornblatt-Langschnabelkugelpilz, Geschnäbelter Ahornkugelpilz

Frkp: 0,3–0,4 mm, kugelig eingebettet, unter der Pflanzenhaut schwarz durchscheinend, einzeln mit einem 0,5 mm langen Dorn nach außen durchstoßend. **V:** einzeln bis rasig auf Ahornblättern oder -blattstielen *Acer*; Frühling bis Sommer. **Mik:** Sporen glatt, spindelförmig, 1-fach septiert und etwas eingeschnürt, farblos, 13–17 × 2–2,5 µm, unregelmäßig multiseriat, Asci J–, 8-sporig. (BK 1.371, 🖼).

Gnomonia dryadis Auersw., Silberwurz-Langschnabelkugelpilz: Fruchtkörper 0,3–0,8 mm, kugelig, birnen- bis wurstförmig, im oder auf dem Substrat, mit 1–2, jeweils 0,5–1 mm langen, herausragenden Dornen oder Hälsen; auf abgestorbenem, entrindetem Holz von Silberwurz *Dryas*. Sporen 16–28 × 5–8 µm, jung mit Anhängseln an den Polen. (CH 106).

16.13.72 *Claviceps purpurea* (Fr.) Tul. ☠
Purpurbrauner Mutterkornpilz, Mutterkorn-Sklerotienkeulchen

Frkp: 1–3 mm, kugeliger bis etwas abgeflachter Hutteil, fein punktiert, ockergelb, Stiel 0,5–1,5 mm lang, 1–2 mm dick, mit weißlichem Mycelfilz auf dem schwärzlichen Sklerotium aufsitzend. **V:** auf feuchten, liegenden Sklerotien, die sich vorjährig in den Rispen von verschiedenen Grasarten, vorwiegend Roggen *Secale cereale*, gebildet haben; Frühling bis Frühsommer. **Mik:** Sporen glatt, sehr dünn fadenförmig, mehrfach septiert, farblos, 100–120 × 0,8–1,2 µm, multiseriat, Asci J–, 8-sporig. (D 1152, BK 1.308, 🖼).

Die schwärzlichen Sklerotien enthalten verschiedenste Alkaloide, die früher in Vermischung mit dem Korn immer wieder zu Vergiftungen geführt haben. War der Gehalt an Mutterkorn im Getreide zu hoch, führte das je nach Dosis zu Krämpfen, Halluzinationen, Durchblutungsstörungen bis zum Absterben von Fingern oder Zehen, Kreislaufstörungen oder tödlichem Versagen der Atmung. Mutterkorn löst auch Wehen aus, wurde deshalb für riskante Abtreibungen verwendet und kann heute gezielt zur Gewinnung von Medikamenten verwendet werden.

16.13.73 *Tolypocladium capitatum* (Holmsk.) C.A. Quandt, Kepler & Spatafora, *Cordyceps capitata* (Holmsk.) Link
Kopfige Knäuelkernkeule, Kopfige Kernkeule

Frkp: 0,5–1 cm, ± kugeliger Hutteil, erst glatt, zunehmend punktiert, gelb- bis olivbraun, Stiel 5–8 cm lang und knapp 1 cm dick, glatt und gelbbraun mit höherem gelbem Farbanteil als der Hut. **V:** oft büschelig, im Nadelwald, stets parasitisch auf Hirschtrüffelarten *Elaphomyces*; im Herbst. **Mik:** Sporen glatt, fadenförmig, farblos, 16–25 × 2–3 µm, multiseriat, Asci J–, 8-sporig. (D 1153, BK 1.309, 🖼).

16.13.74 *Tolypocladium ophioglossoides* (J.F. Gmel.) C.A. Quandt, Kepler & Spatafora, *Cordyceps ophioglossoides* (J.F. Gmel.) Link
Zungen-Knäuelkernkeule, Zungen-Kernkeule

Frkp: 1–2 cm hoher und 1 cm breiter, keulenförmiger Hutteil, gelb-, oliv-, rötlichbraun bis schwarz, mit schwarzen Wärzchen überdeckt,

16.13.69 *Catinella olivacea*, Olivfarbenes Tellerbecherchen

16.13.71 *Gnomonia cerastis*, Ahornblatt-Langschnabelkugelpilz

16.13.72 *C. purpurea*, Purpurbrauner Mutterkornpilz

16.13.73 *T. capitatum*, Kopfige Knäuelkernkeule

16.13.74 *Tolypocladium ophioglossoides*, Zungen-Knäuelkernkeule

Stiel 3–5 cm lang und 0,5–1 cm dick, glatt, bräunlich bis olivbräunlich, Basis gelblich. **V:** einzeln bis büschelig, im Nadelwald, parasitisch auf unterirdisch wachsenden Hirschtrüffelarten *Elaphomyces;* im Sommer bis Herbst. **Mik:** Sporen glatt, fadenförmig und vielfach septiert, farblos, 150–200 × 2 µm, multiseriat, Asci J–, 8-sporig, bei Reife entlang der Septierung in unzählige, tönnchenförmige, 2–5 × 2 µm lange Fragmente zerfallend. (D 1140, BK 1.312, 🖼).

16.13.75 *Cordyceps militaris* (L.) Fr.
Puppen-Kernkeule

Frkp: 2–5 cm hoher und 0,5–1 cm breiter Hutteil, unregelmäßig keulenförmig, rau punktiert, lebhaft orangegelb bis orange, Stiel orange genattert auf hellerem Grund. **V:** auf vergrabenen Puppen von Schmetterlingen; im Spätsommer bis Herbst. **Mik:** Sporen glatt, fadenförmig, vielfach septiert, farblos, multiseriat, Asci J–, 8-sporig, entlang der Septierung rasch in unzählige tönnchenförmige Fragmente von 3,5–5 × 1–1,5 µm zerfallend. (BK 1.311, 🖼).

Cordyceps bifusispora O.E. Erikss.: schwefelgelb, Hut 3–6 mm hoch und 1–2 mm dick, Stiel 10–15 mm lang und 0,5–1 mm dick; auf Mottenpuppen.

Den verschiedenen Kernkeulen und insbesondere *C. militaris* werden zahlreiche medizinische Wirkungen, wie die Hemmung von Entzündungen, die Stimulation der Immunität und in der chinesischen Medizin noch viele weitere Eigenschaften zugeschrieben. Dazu findet man Untersuchungen über die Inhaltsstoffe und die propagierte Wirkung.

16.13.75 *Cordyceps militaris*, Puppen-Kernkeule

16.13.76 *Paraisaria gracilis* (Grev.) Luangsa-ard, Mongkols. & Samson, *Ophiocordyceps gracilis* (Grev.) G.H. Sung, J.M. Sung, Hywel-Jones & Spatafora, *Cordyceps gracilis* (Grev.) Durieu & Mont.
Raupen-Scheinkernkeule, Raupen-Kernkeule

Frkp: 0,5–1 cm hoher und 0,3–0,6 mm dicker, kugeliger bis walzenförmiger Kopfteil, orangebraun, zunehmend dunkler punktiert, Stiel 1–4 cm lang, 2–4 mm dick, feinschuppig, orangebraun bis weißlich, Basis dunkler. **V:** auf vergrabenen, toten Schmetterlingsraupen vom Kleinen Hopfen-Wurzelbohrer *Pharmacis lupulina;* im Sommer. **Mik:** Sporen glatt, fadenförmig, vielfach septiert, farblos, multiserisat, Asci J–, 8-sporig und bald in zahlreiche Fragmente von 5–6 × 1,5–2 µm zerfallend. (BK 1.310, 🖼).

16.13.77 *Ophiocordyceps ditmarii* (Quél.) G.H. Sung, J.M. Sung, Hywel-Jones & Spatafora, *Cordyceps ditmarii* Quél.
Kurzsporige Wespen-Schlangenkernkeule, Wespen-Kernkeule

Frkp: 2–5 cm hoher und 1–2 mm dicker, ellipsoid bis walzenförmig geformter Kopfteil, cremegelblich, dunkler punktiert, Stiel 2–3 cm lang, 0,5–1,5 mm dick, cremegelb, an der Spitze mit einem kleinen Kragen, im unteren Teil dunkler und verjüngt. **V:** auf toten Wespen *Vespinae* und Fliegen *Brachycera*, oft bei Moos; im Frühling oder Herbst. **Mik:** Sporen glatt, schmal zylindrisch bis spindelförmig, farblos, multiseriat, Asci J–, 8-sporig und bald in Sekundärsporen von 7–11,5 × 1,3–2,4 µm zerfallend. (BK 1.313, 🖼).

Ophiocordyceps sphecocephala (Klotzsch ex Berk.) G.H. Sung, J.M. Sung, Hywel-Jones & Spatafora, *Cordyceps sphecocephala* (Klotzsch ex Berk.) Berk. & M.A. Curtis, Langsporige Wespen-Schlangenkernkeule: Stiel orangegelb, ohne Kragen an der Stielspitze; auf exotischen Wespen, tropisch. Sekundärsporen 10–16 × 1,5–3 µm.

Ophiocordyceps forquignonii (Quél.) G.H. Sung, J.M. Sung, Hywel-Jones & Spatafora, *Cordyceps forquignonii* Quél., Fliegen-Schlangenkernkeule, Fliegen-Kernkeule: Hutteil hellgelb, länglich, nur als leichte Verdickung vom Stiel abgesetzt, Stielspitze mit kleinem Kragen; auf toten Fliegen. Sekundärsporen 6–12 × 1,3–2,5 µm.

Ophiocordyceps myrmecophila (Ces.) G.H. Sung, J.M. Sung, Hywel-Jones & Spatafora, *Cordyceps myrmecophila* Ces., Ameisen-Schlangenkernkeule, Ameisen-Kernkeule: Hut und Stiel gelb; auf toten Ameisen.

Ophiocordyceps entomorrhiza (Dicks.) G.H. Sung, J.M. Sung, Hywel-Jones & Spatafora, *Cordyceps entomorrhiza* (Dicks.) Fr., Insektenlarven-Schlangenkernkeule, Käferlarven-Kernkeule: Hut 1–3 mm, keulenförmig bis kugelig, grau, feinwarzig, Stiel grau, im unteren Teil schwarz; auf toten Laufkäfern. Sekundärsporen 6–8 × 1,5–2 µm.

16.13.76 *Paraisaria gracilis*, Raupen-Scheinkernkeule

16.13.77 *O. ditmarii*, Kurzsporige Wespen-Schl.

16.13.78 *Glyphium elatum* (Grev.) H. Zogg
Gemeiner Keilkohlenpilz, Keilförmiger Kohlenpilz

Frkp: 0,5–1,5 mm, schmal muschelförmig oder wie die leicht verbogene Klinge eines Beils, schwarz und konzentrisch gezont. **V:** auf abgestorbenen, verwitterten Ästen von Laubbäumen und Sträuchern; ganzjährig. **Mik:** Sporen glatt, fadenförmig, bräunlich, mehrfach septiert, 250–400 × 1,5–2,5 µm, multiseriat, spiralig ineinander verwickelt, Asci J–, 8-sporig, im Ascus nicht in Teile zerfallend. (BK 1.389, 🖼).

16.13.78 *Glyphium elatum*, Gemeiner Keilkohlenpilz

16.14 *Taphrina,* Wucherlinge und Ähnliche

Ascomycota, Schlauchpilze > *Taphrinomycotina*

Familie *Taphrinaceae,* Wucherlingsverwandte und Ähnliche

Taphrina, Wucherlinge sind die einzige Gattung der Familie ***Taphrinaceae***, Wucherlingsverwandte. Es sind Pilze, welche eine besiedelte Pflanze dazu anregen, eine Wucherung zu bilden. Die entstehenden Formen sind von der Pflanze gebildet, aber vom Pilz gesteuert. In die Wucherung eingebettet, entwickeln sich dann die Sporen der Wucherlinge. *Neolecta*, Schlauchkeulen, ein keulenartig wachsender und verwandtschaftlich etwas abseits stehender Pilz, ist ebenfalls hier aufgeführt. Die Gattung befindet sich in der Familie ***Neolectaceae***, in einer separaten Klasse und Ordnung, teilt mit den Wucherlingen aber zumindest die Unterabteilung *Taphrinomycotina,* wie in der Listenansicht sichtbar wird.

Taphrinomycotina

- > ***Taphrinomycetes***
  - > ***Taphrinales***
    - > ***Taphrinaceae***, Wucherlingsverwandte
      - > *Taphrina,* Wucherlinge
- > ***Neolectomycetes***
  - > ***Neolectales***
    - > ***Neolectaceae***
      - > *Neolecta,* Schlauchkeulen

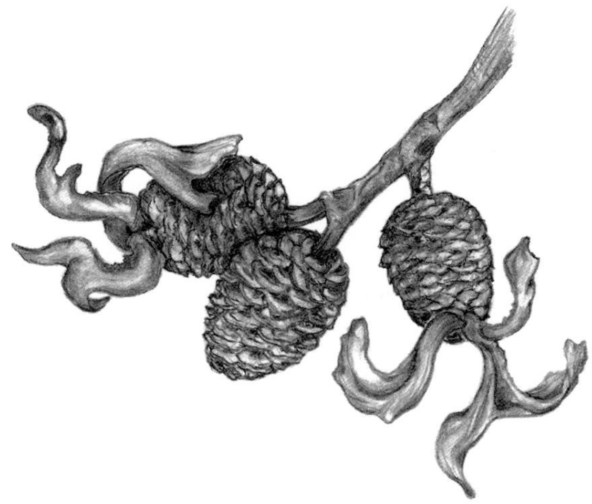

16.14.01 *Taphrina alni,*
Erlenkätzchen-Wucherling

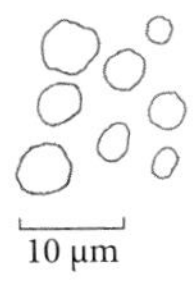

Sekundärsporen

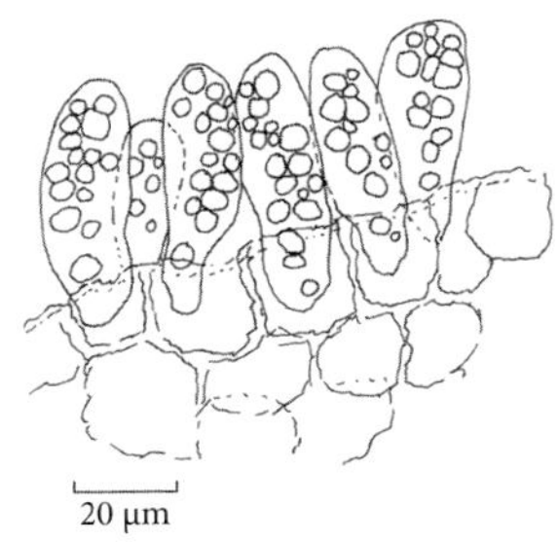

Asci mit Sekundärsporen

Taphrina, Wucherlinge und Ähnliche

Beschreibung

Je nach Substrat können die Wucherungen wurmförmige, blütenähnliche frucht- oder tütenähnliche Formen (Narrentaschen) bilden. Befallene Blätter kräuseln und verfärben sich. Auf verschiedenen Bäumen lösen die Pilze die Bildung von stattlichen Hexenbesen aus, die ähnlich Misteln als dicht verästelte Kugeln von Zweigen in den Baumkronen von Weitem erkennbar sind.

Taphrina, Wucherlinge führen eine parasitische Lebensweise auf Kosten ihrer Wirte. Beim Pfirsichbaum wird der Befall mit *Taphrina deformans,* Pfirsich-Wucherling als Kräuselkrankheit bezeichnet. ***Neolecta*** *vitellina,* Kleine Schlauchkeule wächst auf Nadelstreu und wird oft als Saprobiont bezeichnet. Landvik et al. 2003 vermuten jedoch, dass es stets auch eine Verbindung zu lebenden Wurzeln der Nadelbäume gibt und es sich um einen schwachen Parasiten handelt.

Die Sporen sind glatt, unregelmäßig ellipsoid bis rundlich. Die Asci sind 8-sporig. Nach dem Zerfall der Sporen kann man am Ende aber eine größere Anzahl von Sekundärsporen zählen.

Bestimmung

Anhand der Formen und Farben und vor allem durch die enge Bindung an den Wirt lassen sich *Taphrina*, einmal als Pilz und Gattung erkannt, einfach unterscheiden.

Speisewerte

Wucherlinge und Schlauchkeulen sind keine Speisepilze. Im Schlüssel wird aber auf den essbaren *Ustilago maydis,* Maisbeulenbrand verwiesen, der sich äußerlich wie ein Wucherling entwickelt, jedoch zu den *Basidiomycota*, Ständerpilze gehört und in Kapitel 1 beschrieben ist.

16.14 *Taphrina*, Wucherlinge

auf Mais, graugrünliche Wucherung verschiedenster Formen	1.3.43 *Ustilago maydis*, Maisbeulenbrand
auf Erlenzäpfchen, grün, dann dunkelrot, länglich geschwollene Fruchtschuppen	01 *Taphrina alni*, Erlenkätzchen-Wucherling
auf Prunusarten, gelbgrün, länglich überwucherte junge Früchte	02 *Taphrina pruni*, Zwetschgen-Wucherling
auf Zitterpappel (Espe), goldgelb überzogene, geschwollene Blütenkätzchen	03 *Taphrina johansonii*, Zitterpappelkätzchen-Wucherling
auf Pfirsich-, Nektarinen-, Mandelbäumen, gelb oder rot kräuselnde Blätter	04 *Taphrina deformans*, Verformender Wucherling

16.14.01 *Taphrina alni* (Berk. & Broome) Gjaerum, *Taphrina amentorum* (Sadeb.) Rostr. Erlenkätzchen-Wucherling, Erlen-Wucherling

Frkp: 5–50 mm lang und 2–5 mm dick, unregelmäßig zungen- oder wurmförmig, erst grün aus den Erlenkätzchen herauswachsend, später zunehmend rot und alt mit einem grauen Reif. **V:** auf grünen Deckschuppen der weiblichen Erlenkätzchen, vorwiegend von Schwarzerle *Alnus incana*; Sommer bis Herbst. **Mik:** Sporen glatt, kugelig, 3–5 µm, Asci J–, 8- bis mehrsporig mit Sekundärsporen. (BK 1.127, 🖼).

16.14.02 *Taphrina pruni* (Fuckel) Tul. Zwetschgen-Wucherling, Pflaumen-Narrentasche

Frkp: vom Pilz befallene, junge Früchte verformen sich zu länglichen, 2–4 cm langen, teils verbogenen, vergrößerten frucht- oder taschenartigen Gebilden von creme bis gelbgrüner oder rötlicher Farbe. **V:** vorwiegend auf Zwetschge *Prunus domestica* oder Traubenkirsche *Prunus padus;* im Frühjahr bis Sommer. **Mik:** Sporen glatt, unregelmäßig ellipsoid bis kugelig oder schwach eckig, 6–8 × 4–6 µm, Asci J–, 8-sporig. (BK 1.129, 🖼).

16.14.03 *Taphrina johansonii* Sadeb. Zitterpappelkätzchen-Wucherling, Pappelkätzchen-Wucherling, Pappelkätzchen Narrentasche

Frkp: 1–3 cm, birnenförmig vergrößerte gelbe Fruchtgebilde. **V:** in den weiblichen Kätzchen werden die grünen, kleinen Früchtchen angeregt, Wucherungen zu bilden (Hypertrophien). **Mik:** Sporen glatt, ellipsoid bis kugelig, 4–6 × 1,5–4 µm, Asci J–, vielsporig mit Sekundärsporen. (BK 1.128).

16.14.04 *Taphrina deformans* (Berk.) Tul. Pfirsich-Wucherling, Pfirsich-Kräuselkrankheit, Verformender Wucherling

Frkp: befallene Blätter kräuseln, verfärben sich gelb bis rötlich und werden schließlich von einem weißlichen Reif überzogen, das Gewebe verdickt sich, wird spröde und brüchig. **V:** auf Blättern von Pfirsich-, Nektarinen- oder Mandelbäumen. **Mik:** Sporen glatt, ellipsoid bis kugelig, 3–7 µm, Asci J–, 8-sporig. (🖼).

Taphrina farlowii Sadeb., Traubenkirschenblatt-Wucherling: auf Blättern und Blütenknospen der Spätblühenden Traubenkirsche *Prunus serotina*. Sporen 5,5–7,5 × 4,5–6 µm.

Taphrina carpini (Rostr.) Johanson, Hagebuchen-Wucherling, Hagebuchenhexenbesen-Wucherling: befallene Bäume bilden Hexenbesen auf Hagebuche *Carpinus*. Sporen 3,5–5 × 3–4,5 µm.

Taphrina populina Fr., *Taphrina aurea* (Pers.) Fr., Pappelblatt-Wucherling, Goldfleckenkrankheit: goldgelbe, gewellte Flecken auf Blättern von Pappeln *Populus*. Sporen 4–6 × 3–4 µm.

Taphrina betulae (Fuckel) Johanson, Birkenhexenbesen-Wucherling, Birken-Wucherling: Hexenbesen auf Birke *Betula*. Sporen 4–6,5 × 2,5–5 µm.

Taphrina viridis (Sadeb.) Maire, Grünerlen-Wucherling: blasse, grüne Flecken auf Blättern von Grünerle *Alnus alnobetula* (Syn. *Alnus viridis*). Sporen 4,5–6 × 5–6 µm.

16.14.05 *Neolecta vitellina* (Bres.) Korf & J.K. Rogers, *Geoglossum vitellinum* Bres., *Mitrula vitellina* (Bres.) Sacc. Kleine Schlauchkeule

Frkp: 1,5–4 cm hoch, 0,3–0,7 cm breit, ± keulenförmig, Kopf teils etwas spatelförmig abgeplattet, glatt bis faltig, intensiv gelb, trocken orange, mäßig deutlich vom helleren, 0,5–2,5 cm langen Stielteil abgegrenzt, im Alter von der Basis her leicht grauend, oft in den Boden verlängert und verbogen. **V:** gesellig auf Nadelstreu im Fichtenwald *Picea;* im Herbst. **Mik:** Sporen glatt, ellipsoid, 4,5–8 × 2,5–4,5 µm, meist uniseriat, Asci J+ (nach Vorbehandlung mit KOH), 8-sporig.

16.14.01 *Taphrina alni*, Erlenkätzchen-Wucherling

16.14.02 *Taphrina pruni*, Zwetschgen-Wucherling

16.14.04 *Taphrina deformans*, Pfirsich-Wucherling

16.15 *Tuber*, Trüffel und Ähnliche

Ascomycota, Schlauchpilze > *Pezizomycetes*

Familie *Tuberaceae*, Trüffelverwandte und Ähnliche

Die trüffelartig unterirdisch wachsenden Pilze mit knolligen, geschlossen bleibenden Fruchtkörpern stammen aus verschiedenen Familien, Ordnungen, Klassen und Abteilungen. Innerhalb der *Ascomycota*, Schlauchpilze sind es die Ordnungen *Pezizales*, Becherlingsartige und *Eurotiales*. Daneben gibt es aber eine Reihe von trüffelartig gedeihenden Pilzen, die zur Abteilung *Basidiomycota*, Ständerpilze gehören. In den Schlüsseln wird auf sie verwiesen, aufgrund ihrer Verwandtschaft sind sie aber in Kapitel 1 beschrieben. Die «echten» und als Speisepilze bekannten Trüffel, gehören zur Familie ***Tuberaceae***, Trüffelverwandte, die hier im Zentrum stehen soll. Es gibt aber auch zahlreiche trüffelartige Gattungen aus den Familien ***Discinaceae***, Giftlorchelverwandte und ***Helvellaceae***, Lorchelverwandte, welche die sonst in den Unterkapiteln 16.2 und 16.3 bereits beschriebenen Giftlorcheln und Lorcheln beherbergen. Ebenso gibt es trüffelähnliche Arten aus den Familien ***Pezizaceae***, Becherlingsverwandte und ***Pyronemataceae***, Feuerkissenverwandte mit sonst becherlingsartigen Fruchtkörpern. *Elaphomyces*, Hirschtrüffel gehören zur Familie ***Elaphomycetaceae*** in der Ordnung *Eurotiales*. Zur Übersicht folgt eine Auflistung der hier beschriebenen Ordnungen, Familien und Gattungen.

Eurotiales
- > ***Elaphomycetaceae***
  - > *Elaphomyces*, Hirschtrüffel

Pezizales
- > ***Discinaceae***, Giftlorchelverwandte
  - > *Hydnotrya*, Rasentrüffel
- > ***Helvellaceae***, Lorchelverwandte
  - > *Fischerula*, Fischertrüffel
  - > *Leucangium*, Schwarztrüffel
- > ***Pezizaceae***, Becherlingsverwandte
  - > *Calongea*, Kratertrüffel
  - > *Delastria*, Rosatrüffel
  - > *Hydnobolites*, Gehirntrüffel
  - > *Kalaharituber*, Kalaharitrüffel
  - > *Mattirolomyces*, Wüstentrüffel
  - > *Pachyphlodes*, Kratertrüffel
  - > *Terfezia*, Wüstentrüffel
  - > *Tirmania*, Amyloidtrüffel
- > ***Pyronemataceae***, Feuerkissenverwandte
  - > *Genea*, Blasentrüffel
  - > *Hydnocystis*, Hohltrüffelchen
  - > *Myrmecocystis*, Hohlraumtrüffel
  - > *Picoa*, Schwarztrüffel
- > ***Tuberaceae***, Trüffelverwandte
  - > *Choiromyces*, Mäandertrüffel
  - > *Reddellomyces*, Eukalyptustrüffel
  - > *Tuber*, Trüffel

Tuber, Trüffel und Ähnliche

Beschreibung

Das auffälligste Merkmal vieler unterirdisch wachsender Trüffel ist ihr Geruch. Bei einigen Arten ist er so stark, dass er locker durch mehrere Zentimeter Boden dringt und dort von Menschen mit empfindlichen Nasen und vor allem noch viel sensibleren Tiernasen wahrgenommen werden kann. Das ermöglicht z. B. Wildschweinen, am richtigen Ort nach Trüffeln zu graben, um sie zu verzehren. Analog lassen sich die begehrten, verborgenen Knollen mit entsprechend trainierten Hunden aufspüren und zugänglich machen. Ohne diesen Geruch wäre das Auffinden der unter der Erdoberfläche versteckten Trüffel mit vernünftigem Aufwand kaum zu bewerkstelligen. Dem umfassenden Bouquet eines Trüffelgeruchs ist kaum mit Worten gerecht zu werden. Man behilft sich mit der Nennung einiger Komponenten, wie z. B. Knoblauch, Zwiebel, Gewürzkräuter, geräucherter Schinken, Haselnuss, Wassermelone, Teer, Karbol, Phenol, Acetylen, usw. Für die einen versprechen die in den Trüffeln auftretenden Kombinationen dieser Düfte kulinarische Höhepunkte, während dies andere schlicht als Gestank aburteilen. Typisch für ***Tuber***, Trüffel sind kleine bis mittelgroße Knollen mit einer braunschwarzen, warzigen Rinde oder einer mehr oder weniger glatten, weißlich bis ocker oder rotbräunlich gefärbten Außenseite. Im Schnitt zeigt sich eine dünne Rindenschicht (Peridium) und innen das Fleisch (Gleba) mit dem typisch marmorierten Muster von braunen und weißlichen Farbtönen. Auch die anderen beiden Gattungen ***Choiromyces***, Mäandertrüffel und ***Reddellomyces***, Eukalyptustrüffel der Familie *Tuberaceae* haben eine feste, marmorierte Gleba und können *Tuber magnatum*, Alba-Trüffel sehr ähnlich werden. Auch Gattungen aus weiteren Familien haben festfleischige und ausgefüllte Fruchtkörper ohne Hohlräume. Die ockerweißlichen, braunen oder rötlichbraunen ***Delastria***, Rosatrüffel, ***Fischerula***, Fischertrüffel, ***Kalaharituber***, Kalaharitrüffel, ***Mattirolomyces*** und ***Terfezia***, Wüstentrüffel, ***Tirmania***, Amyloidtrüffel und die gelb- bis schwarzbraunen ***Pachyphlodes***, Kratertrüffel entwickeln ebenfalls eine Gleba mit aderigen Strukturen, jedoch teilweise in der gleichen Farbe und deshalb kaum sichtbar. Bei den glatten bis feinwarzigen, schwarzen ***Leucangium*** und ***Picoa***, Schwarztrüffel ist das Fleisch erst weiß und danach bildet sich ein scheckiges Muster mit dunklen Flecken reifer Sporen. Die eher kleinen, oft unregelmäßig höckerig oder hirnartig gewundenen ***Calongea***, Kratertrüffel, ***Genea***, Blasentrüffel, ***Hydnobolites***, Gehirntrüffel, ***Hydnocystis***, Hohltrüffelchen, ***Hydnotrya***, Rasentrüffel und ***Myrmecocystis***, Hohlraumtrüffel zeigen im Schnitt mehr oder weniger große, teils gewundene Hohlräume, was auch in ihren deutschen Namen angedeutet ist. *Calongea* und *Pachyphlodes*, Kratertrüffel können sowohl mit als auch ohne Hohlräume auftreten. Die Gattung ***Elaphomyces***, Hirschtrüffel erkennt man an der auffällig dicken Rinde und der bald pulverig zerfallenden Gleba.

Die beschriebenen Arten wachsen alle in der Erde, oft in Verbindung mit verschiedenen Pflanzen. Je nach Art können sie in allen Jahreszeiten erscheinen. Seit immer mehr Leute mit ihren Hunden auch nördlich der Alpen nach *Tuber aestivum*, Sommer-Trüffel suchen, hat sich gezeigt, dass diese Art erstaunlich häufig vorkommt, was bisher verborgen blieb. Trüffel der Gattung *Tuber* sind durchwegs Mykorrhizapilze. Ebenso ist es bekannt von *Choiromyces*, *Hydnotrya*, *Hydnocystis*, dass sie Mykorrhiza bilden. Auch für trüffelähnliche Knollen aus anderen Ordnungen sind Mykorrhiza nachgewiesen, so z. B. bei den Gattungen *Melanogaster*, *Octaviania*, *Rhizopogon* aus der Ordnung *Boletales*, bei *Chamonixia* aus *Russulales*, *Hymenogaster* aus *Agaricales* oder *Balsamia* aus der Ordnung *Pezizales*.

Die Sporen der hier zusammengefassten, trüffelartigen Pilze wachsen mehrheitlich in keulen- bis kugelförmigen Asci in unregelmäßiger oder mehrreihiger Anordnung. Ausnahmen sind die Gattungen *Genea*, *Hydnotrya* und *Hydnocystis* mit langen Asci und einreihiger Anordnung (uniseriat). Es gibt ein- oder mehrreihige Zwischenformen in den Gattungen *Fischerula*, *Myrmecocystis* und *Reddellomyces*. Die Anzahl Sporen pro Ascus ist oft typisch für eine Art; vereinzelt sind sie auch variabel. Praktisch alle trüffelartigen Pilze haben ornamentierte Sporen nur *Hydnocystis* und *Leucangium* weisen ganz glatte Sporenoberflächen auf, *Picoa* und

Tirmania sind glatt bis rau und die Sporen von *Kalaharituber* sind glatt jedoch behaart.

Bestimmung

Es gibt einige wenige, geschlossen bleibende trüffelartige Fruchtkörper, welche im Schnitt einen Stiel zeigen oder einen Milchsaft absondern. Diese sind in den letzten beiden Schlüsseln F (*Phallogaster,* Sackboviste u. Ä.) sowie G (*Lactarius,* Milchtrüffel u. Ä.) aufgeführt. Es handelt sich dabei ausschließlich um *Basidiomycota,* Ständerpilze. Bei den anderen gilt es zu unterscheiden, ob sich im Fleisch (Gleba) Hohlräume zeigen oder nicht. Die Arten ohne Hohlräume mit relativ dünner Rinde und fest bleibendem Fleisch führen zum Schlüssel A (*Tuber,* Trüffel u. Ä.), jene mit dicker Rinde und bald pulverig zerfallendem Fleisch (Gleba) zum Schlüssel B (*Elaphomyces,* Hirschtrüffel). Die trüffelartigen Pilze mit größeren, oft gewundenen Hohlräumen finden sich in Schlüssel C (*Genea,* Blasentrüffel u. Ä.). Von den trüffelähnlichen Arten mit kleinen Poren, Waben oder allenfalls etwas länglich gezogenen Waben in der Gleba gibt es die nicht schleimig werdenden Arten in den Schlüsseln D1 (*Hymenogaster,* Erdnüsse u. Ä.) und D2 (*Balsamia,* Balsamtrüffel u. Ä.) sowie schließlich jene mit gallertartiger oder bald schleimiger Gleba im Schlüssel E (*Melanogaster,* Schleimtrüffel u. Ä.).

- Fruchtkörper im Schnitt ohne Stiel, nicht milchend
  - Fruchtkörper im Schnitt (Gleba) ohne Hohlräume
    - Gleba meistens marmoriert, nicht pulverig werdend, Peridium (Rinde) < 2 mm dick (A)
    - Gleba erst fest, bald pulverig werdend, Peridium (Rinde) oft > 2 mm dick (B)
  - Fruchtkörper im Schnitt (Gleba) mit kleineren, porigen, wabenartigen bis länglich labyrinthischen Zellen
    - Hohlräume größer, teils gewunden (C)
    - Hohlräume klein, porig, wabenartig
      - Gleba fest, nicht schleimig
        - Gleba wattig weich, mit Basidien (D1)
        - Gleba fest, nicht wattig weich (D2)
      - Gleba gallertartig bis schleimig werdend, feinporig, mit Basidien (E)
- Frkp. im Schnitt mit durchgehendem, weißem Stiel, evtl. Hut und Fruchtschicht, unterirdisch oder halb unterirdisch (*Basidiomycota*) (F)
- Frkp. im Schnitt milchend (*Basidiomycota, Zygomycota*) (G)

16.15.01 *Tuber aestivum,* Sommer-Trüffel

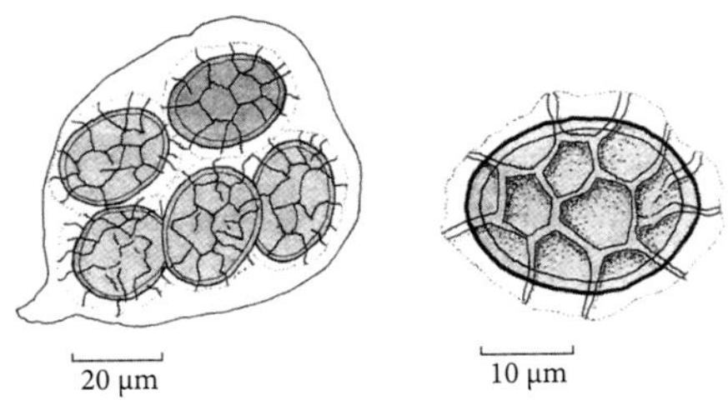

16.15.27 *Choiromyces venosus,* Stachelsporige Mäandertrüffel

Speisewerte

Der vielseitige, französische Schriftsteller Alexandre Dumas aus dem 19. Jahrhundert deklarierte im «Grand dictionnaire de cuisine» die Trüffel als «Sacrum sacrorum des gastronomes», als das Allerheiligste der Feinschmecker. Die Meinungen sind geteilt, ob *Tuber magnatum,* Alba-Trüffel aus dem Piemont oder *Tuber melanosporum,* Perigord-Trüffel aus dem Herzen Frankreichs die höchste Auszeichnung zukommen soll. Jedenfalls gehören beide Arten zur obersten Kategorie bezüglich der Qualität und erreichen die größte Beliebtheit und die höchsten Preise im Handel mit Speisepilzen. Auch *Tuber macrosporum,* Großsporige Trüffel gehört in die oberste Kategorie. Diese eher kleinen Arten werden jedoch selten gefunden, können nicht in allen Ländern gehandelt werden und sind in der Gastronomie weniger bekannt. Auf einer nächsten Qualitätsstufe folgen *Tuber borchii,* Frühlings-Trüffel aus der Gruppe der weißen Trüffel sowie die beiden schwarzen Trüffel, die kleine *Tuber brumale,* Winter-Trüffel und die mittel- bis großknollige *Tuber aestivum,* Sommer-Trüffel. Die oft gefundene Sommer- oder Burgunder-Trüffel entwickelt einen sehr intensiven Geruch. Der Geschmack kann sich aber schnell verlieren, insbesondere beim Kochen. Deshalb ist es wichtig, diesen Geschmack in rohem oder lauwarmem Zustand in fetthaltige Stoffe zu übertragen, wie das z. B. sehr gut geht mit der Herstellung von Trüffelbutter. *Tuber indicum,* Chinesische Trüffel ist sehr ähnlich zu *Tuber melanosporum,* Perigord-Trüffel. Sie ist zwar auch essbar, aber von viel geringerer Qualität, was dazu führt, dass für *Tuber melanosporum* der 10-fache Preis oder mehr als für *Tuber indicum* bezahlt wird. Auch trüffelartige Pilze aus anderen Gattungen sind teilweise essbar wie z. B. *Terfezia,* Wüstentrüffel, die auch gehandelt werden. *Choiromyces meandriformis,* Deutsche Trüffel gilt nur gekocht als essbar. Das ist bei den Trüffeln ein besonderes Problem, da sie oft roh gegessen werden. Eine Verwechslung mit den ähnlichen Alba- oder Frühlings-Trüffel muss deshalb unbedingt ausgeschlossen werden können. Wichtig ist auch die sichere Unterscheidung von giftigen *Scleroderma,* Hartbovisten, die für Ungeübte bezüglich Form, Farbe und Vorkommen eine durchaus nahestehende Erscheinung sein können.

16.15 *Tuber,* Trüffel und Ähnliche

(A) Fruchtkörper im Schnitt (Gleba) ohne Hohlräume (oder höchstens im Zentrum)

▹ Fleisch meistens marmoriert, nicht pulverig werdend, Peridium (Rinde) < 2 mm dick

- Fruchtkörper hirnartig gewunden, glasig weißlich bis braun, Oberfläche nicht warzig — 28 *Hydnobolites cerebriformis,* Gläserne Gehirntrüffel
- Frkp. knollig, höckerig-warzig, braun bis schwarz, nicht hirnartig gewunden
  - Sporen wabenartig und meist zugleich stachelig, ellipsoid, Warzen außen grob
    - Adern im Fleisch (Gleba) unregelmäßig, Basis ohne Hohlraum — **01 *Tuber aestivum,* Sommer-Trüffel**
    - Adern sternförmig zur hohlen Anwachsstelle, Geruch stark teerartig — 02 *Tuber mesentericum,* Teer-Trüffel
  - Sporen stachelig, nicht wabenartig, ellipsoid, Peridium grau- bis schwarzbraun
    - Fruchtkörper < 5 cm, eher feinwarzig, wenige, breite Adern ohne Verfärbung
      - Peridium (Rinde) brüchig, leicht ablösbar, Geruch trüffel-, haselnussartig — 03 *Tuber brumale,* Winter-Trüffel
      - Peridium kaum ablösbar, Warzen eher flach, Geruch säuerlich, rauchig — 10a *Tuber rufum* f. *lucidum,* Glänzende Trüffel
    - Fruchtkörper bis 10 cm, grobwarzig, Adern dicht, schmal, rötlich verfärbend
      - Sporen dicht mit isolierten, spitzen, 2–3 µm hohen Stacheln — 04 *Tuber melanosporum,* Perigord-Trüffel
      - Sporen weniger dicht, Stacheln teils verwachsen, 3–5 µm, oft abgebogen — 05 *Tuber indicum,* Chinesische Trüffel
  - Sporen glatt, kugelig, Frkp. 1–3 cm, Gleba weiß, später ± graufleckig, mediterran
    - Fruchtkörper warzig, schwarz mit rötlichem Hauch — 20 *Picoa juniperi,* Wacholder-Schwarztrüffel
    - Fruchtkörper warzig, beige- bis ockerbraun, im Schnitt rostockerlich — 21 *Picoa lefebvrei,* Lefebvres Schwarztrüffel
  - Sporen erst glatt, später warzig, rund, in warmen Laubwäldern
    - Gleba weißlich-rosa, rasch schwarzbraun mit rötlichem Stich — 23 *Pachyphlodes melanoxantha,* Schwärzende Kratertrüffel
    - Gleba gelbgrünlich bis braun mit hellgelben Adern — 24 *Pachyphlodes citrina,* Gelbe Kratertrüffel
- Frkp. knollig, fein- oder flachwarzig, rissig oder glatt, nicht hirnartig gewunden — → **siehe nächste Seite**

16.15 *Tuber*, Trüffel und Ähnliche

(A) Fruchtkörper im Schnitt (Gleba) ohne Hohlräume

▹ Fleisch meistens marmoriert, nicht pulverig werdend, Peridium (Rinde) < 2 mm dick **(Fortsetzung)**

Fruchtkörper knollig, glatt, rissig, fein- oder flachwarzig, nicht hirnartig gewunden	
Basis ohne deutliche Einbuchtung oder Wurzelfortsatz, ohne Hohlraum	
Frkp. weißlich, graugelblich bis olivockerlich, Sp. < 50 µm lang, Geruch intensiv	
Sporen netzartig, Gleba mit weißlichen Adern marmoriert	
Fruchtkörper kahl bis samtig, Gleba weißlich bis ocker	
Asci mit 1–5 Sporen, Geruch trüffelartig, Sporen meist > 25 µm lang	
Sporen ellipsoid, deutlich fein- oder grobmaschig netz-/wabenartig	
Frkp. grauweiß, ockerlich, Geruch angenehm, Sp. fein netzartig	06 *Tuber borchii*, Frühlings-Trüffel
Frkp. gelblich, -oliv, Geruch knoblauchartig, Sp. grob netzartig	09 *Tuber magnatum*, Alba-Trüffel
Sp. kugelförmig, Frkp. gelbbräunlich, Gleba weißlich, b. Eukalyptus	26 *Reddellomyces donkii*, Gemeine Eukalyptustrüffel
Asci mit 8 Sporen, Fruchtkörper ohne Olivtöne, Sporen meist < 25 µm	
Sp. ellipsoid, deutlich netzartig, Ger. leicht trüffel-/knoblauchartig	08 *Tuber bernardinii*, Weiße Weitmaschen-Trüffel
Sporen kugelig, undeutlich netzartig, südlich der Alpen	30 *Mattirolomyces terfezioides*, Mäander-Wüstentrüffel
Frkp. wollig-filzig, gelbbraun, Gleba gelblich aderig, Ger. n. Blumenkohl	69 *Hydnocystis bombycina*, Gelbes Hohltrüffelchen
Sporen warzig, stachelig	
Frkp. schmutzig weißlich, Geruch intensiv, Sporen stachelig, gekrümmt	27 *Choiromyces venosus*, Stachelsporige Mäandertrüffel
Frkp. strohgelb, roströtlich, Gleba aderig, Geruch schwach, mediterran	32 *Terfezia magnusii*, Warzigsporige Wüstentrüffel
Frkp. gelboliv bis braunschwarz, Gleba gelb/grün aderig, Geruch süßlich	25 *Pachyphlodes conglomerata*, Verwachsene Kratertrüffel
Chlamydosporen glatt, rund, groß, Gleba o. Adern, Frkp. klein, erst wollig	1.5.112 *Glomus macrocarpum*, Großfrüchtige Jochtrüffel
Frkp. haselnussbraun, filzig, 1–2 cm, Sp. schwarzbraun, warzig, 45–65 µm lang	29 *Fischerula macrospora*, Großsporige Fischertrüffel
Fruchtkörper rötlichocker, rot- bis schwarz- oder violettschwarzbraun, 1–4 cm	
Sporen stachelig, warzig, Basis oft eingedrückt, Frkp. rissig/flachwarzig	
Geruch säuerlich oder nach geräuchtem Schinken	
Fruchtkörper rötlichocker, rotbraun, Gleba braun/weißlich aderig	10 *Tuber rufum*, Rotbräunliche Trüffel
Fruchtkörper rötlich schwarz bis schwarz, Gleba aderig	10a *Tuber rufum* f. *lucidum*, Glänzende Trüffel
Ger. süßlich, Frkp. zunehmend braunschwarz, Gleba gelb/grün aderig	25 *Pachyphlodes conglomerata*, Verwachsene Kratertrüffel
Sporen netz-/wabenartig, Fruchtkörper rot- bis schwarzbraun	
Asci einsporig, Geruch knoblauchartig, glatt, Gleba dunkel, weiß aderig	11 *Tuber monosporum*, Einsporige Trüffel
Asci mehrsporig	
Sporen ellipsoid	
Fruchtkörper vorwiegend schwarzbraun	
Geruch knoblauchartig, Sp. 35–50 µm, Laubwald	12 *Tuber macrosporum*, Großsporige Trüffel
Geruch eher unangenehm, Sp. 20–25 µm, Steineiche	13 *Tuber malenconii*, Malencons Trüffel
Ger. süßlich, trüffelartig, Gleba braun, Sp. 16–20 µm, Laubwald	14 *Tuber regianum*, Haselnussgroße Trüffel
Fruchtkörper rötlichbraun, Ger. süßlich-ranzig, Sporen 25–31 µm	07 *Tuber foetidum*, Stinkende Trüffel
Sporen kugelig, Fruchtkörper weißlich bis rötlichocker	19 *Tuber oligospermum*, Sporenarme Trüffel
Sporen glatt, zitronenf., Frkp. feinwarzig, violettschwarz, Gleba weiß bis gelb	22 *Leucangium carthusianum*, Kartäuser Schwarztrüffel
Basis mit deutlicher Einbuchtung und Hohlraum	
feinkörnig, nicht wollig-filzig, graubräunlich, südlich, bei Nadelbäumen	15 *Tuber excavatum*, Ausgehöhlte Trüffel
flachwarzig, rissig, aus China	16 *Tuber pseudoexcavatum*, Chinesische Hohl-Trüffel
mit wollig-filzigem Überzug, kastanienbraun, mediterran	17 *Tuber panniferum*, Kokosnuss-Trüffel
Basis zugespitzt oder mit wurzelartigem Anhängsel, mediterran	
Asci weder amyloid noch dextrinoid (J–), Sporen kugelförmig	
Sporen stachelig oder warzig, nicht netzartig	
Sporen mit dicken, zahnradartigen Warzen	33 *Terfezia arenaria*, Elegante Wüstentrüffel
Sporen stachelig	
bei Eiche, Kiefer, Sporen 16–20 µm	34 *Terfezia olbiensis*, Kleinfrüchtige Wüstentrüffel
in Pinienwäldern, Sporen 20–24 µm	35 *Terfezia leptoderma*, Kartoffelgeruch-Wüstentrüffel
Sporen teilweise oder ganz netzartig	
Asci länglich, Sporen kugelförmig, Frkp. mehrheitlich ockerfarben	
Fruchtkörper 1–5 cm, bei Kirsche, Feige, südlich der Alpen	30 *Mattirolomyces terfezioides*, Mäander-Wüstentrüffel
Frkp. 1–2 cm, mit rötlichen Flecken, mediterran, sandiger Boden	31 *Delastria rosea*, Gemeine Rosatrüffel
Asci kugelförmig	
Geruch erdartig, Peridium (Rinde) mit teils aufgeblasenen Zellen	36 *Terfezia boudieri*, Boudiers Wüstentrüffel
Geruch pfefferartig, Peridium mit parallelen Hyphen	37 *Terfezia claveryi*, Braune Wüstentrüffel
Asci amyloid oder dextrinoid (J+), Fruchtkörper schmutzigocker	
Fruchtkörper 5–15 cm, Sporen ellipsoid, glatt	38 *Tirmania nivea*, Weiße Amyloidtrüffel
Fruchtkörper 3–8 cm, Sporen kugelförmig	
Sporen rau, amyloid	39 *Tirmania pinoyi*, Pinoys Amyloidtrüffel
Sporen dicht feinstachelig, dextrinoid	40 *Kalaharituber pfeilii*, Kalaharitrüffel

16.15 *Elaphomyces*, Hirschtrüffel und Ähnliche

(B) Fruchtkörper im Schnitt (Gleba) ohne Hohlräume

▹ Fleisch erst fest, bald pulverig werdend, Peridium (Rinde) oft > 2 mm dick

- Sporen in Asci (Schläuche)
  - Fruchtkörper von Mycelfilz umgeben
    - Mycelfilz weißlich, darunter grauschwarz, Fruchtkörper 1–2 cm — 41 *Elaphomyces mutabilis*, Blauende Hirschtrüffel
    - Mycelfilz gelblich, darunter braunschwarz, Fruchtkörper 1–2 cm — 42 *Elaphomyces citrinus*, Zitronengelbe Hirschtrüffel
    - Mycelfilz braun, dunkelbraun, Fruchtkörper kaum mehr als 1 cm, glatt — 43 *Elaphomyces papillatus*, Warzige Hirschtrüffel
    - Mycelfilz grünlich, flüchtig, darunter glatt bis körnig, braunschwarz, 1–5 cm
      - Fruchtkörper mit grünlichen Flecken, Geruch trüffelartig, Sporen 28–42 µm — 44 *Elaphomyces maculatus*, Gefleckte Hirschtrüffel
      - Fruchtkörper ohne Flecken, Geruch nach Brot, Senf, Sporen 18–24 µm — 45 *Elaphomyces leveillei*, Léveillés Hirschtrüffel
  - Fruchtkörper ohne Mycelfilz
    - glatt bis ganz feinkörnig, graubraun, violettbraun schwarz
      - mit grünlichen Flecken, Geruch trüffelartig, Sporen 28–40 µm — 44 *Elaphomyces maculatus*, Gefleckte Hirschtrüffel
      - ohne grüne Flecken
        - Gleba weißlich, Geruch nach Brot, Senf, Sporen 18–24 µm — 45 *Elaphomyces leveillei*, Léveillés Hirschtrüffel
        - Gleba weißlich, beige, Geruch schwach, Sporen 26–32 µm — 46 *Elaphomyces septatus*, Septierte Hirschtrüffel
        - Gleba lange gelblich, Geruch schwach, Sporen 18–22 µm — 47 *Elaphomyces leucosporus*, Hellsporige Hirschtrüffel
        - Gleba bald schwarz, Geruch aufdringlich, Sporen 15–19 µm — 48 *Elaphomyces anthracinus*, Kohlschwarze Hirschtrüffel
    - deutlich körnig-warzig
      - hellocker, gelborange bis fuchsigbraun
        - Peridium im Schnitt weiß, gelblich, graurosa, nicht netzartig marmoriert
          - Frkp. mit Stacheln, Spitzen schwarz, Peridium im Schnitt weißlich — 49 *Elaphomyces aculeatus*, Stachelige Hirschtrüffel
          - Fruchtkörper körnig-warzig, vorwiegend im Nadel- oder Mischwald
            - Peridium (Schnitt) gelblich, im Nadelwald, Sporen 20–28 µm — 50 *Elaphomyces granulatus*, Kleinwarzige Hirschtrüffel
            - Peridium (Schnitt) ± graurosa, Sporen 22–30 µm — 51 *Elaphomyces asperulus*, Rauliche Hirschtrüffel
        - Peridium im Schnitt netzartig marmoriert
          - Fruchtkörper gelblich bis orangebräunlich, Sporen 15–20 µm — 52 *Elaphomyces muricatus*, Bunte Hirschtrüffel
          - Frkp. beige, hell graubraun, kleine flache Warzen, Sporen 20–25 µm — 53 *Elaphomyces decipiens*, Täuschende Hirschtrüffel
      - dunkel grau-, kastanienbraun bis schwärzlich
        - Gleba mit graublauem oder graugrünlichem Farbanteil
          - Sporen netzartig
            - Gleba blaugrünlich, grau, Peridium rosagraulich — 55 *Elaphomyces persoonii*, Persoons Hirschtrüffel
            - Gleba blau, Peridium außen weiß, innen braun — 56 *Elaphomyces cyanosporus*, Blaufleischige Hirschtrüffel
            - Gleba und außen graublau, starker Knoblauchgeruch — 59 *Elaphomyces foetidus*, Stinkende Hirschtrüffel
          - Sporen warzig, Gleba graubläulich, außen purpurbraun — 58 *Elaphomyces atropurpureus*, Purpurschwarze Hirschtrüffel
        - Gleba braunschwarz bis schwärzlich
          - Peridium (im Schnitt) außen heller, Sporen stachelig — 54 *Elaphomyces morettii*, Morettis Hirschtrüffel
          - Peridium (im Schnitt) weißlich, Sporen gestreift, gratig — 57 *Elaphomyces virgatosporus*, Gestreiftsporige Hirschtrüffel
- Sporen auf Basidien
  - Fruchtkörper deutlich unterirdisch, Basidiosporen kugelig, 3–5 µm, mit Apikulus — 1.5.24 *Schenella simplex*, Schwarzgleba-Erdkugel
  - Fruchtkörper nur eingesenkt — 1.5 *Lycoperdon*, Stäublinge u. Ä.

16.15 *Genea,* Blasentrüffel und Ähnliche

(C) Fruchtkörper im Schnitt (Gleba) mit größeren, teils gewundenen Hohlräumen (nicht nur kleine Poren)

▹ Fleisch fest, nicht schleimig, Sporen in Asci *(Ascomycota)*

- Fruchtkörper ganz hohl, nur halb unterirdisch eingesenkt, reif becherförmig
  - innen mit blauem oder violettem Farbanteil — 16.7.51 *Sarcosphaera coronaria,* Violetter Kronenbecherling
  - braun, rotbraun, bei Zeder oder Eibe — 16.6.24 *Geopora sumneriana,* Zedern-Sandborstling
- Frkp. mit rel. großen Hohlräumen, gewunden oder labyrinthisch, ohne Columella
  - Knolle unregelmäßig gewunden
    - Sporen hyalin bis gelblich
      - Sporen warzig oder stachelig, Fruchtkörper braunschwarz, feinwarzig
        - Geruch stark trüffelartig, Sporen kugelig, zahnradartig — 60 *Genea fragrans,* Gewundene Blasentrüffel
        - Geruch unauffällig, Sporen ellipsoid, stumpfstachelig — 61 *Genea verrucosa,* Höckerige Blasentrüffel
        - Geruch nach Joghurt, Sporen ellipsoid, rundwarzig, aus den USA — 62 *Genea thaxteri,* Himbeersporige Blasentrüffel
      - Sporen glatt
        - Fruchtkörper gelbocker bis ockerbraun, mehrheitlich mediterran
          - Sporen ellipsoid, Fruchtkörper ockerbraun
            - Frkp. körnig-warzig, innen weiß, ± hohl, Geruch fruchtig — 16.6.28 *Geopora clausa,* Geschlossener Sandborstling
            - Frkp. wollig-filzig, innen labyrinthartig gefaltet, Geruch anders — 16.6.27 *Geopora cooperi,* Trüffel-Sandborstling
          - Sporen kugelig, Frkp. gelb/-ocker, innen weiß, hohl, kaum gefaltet — 68 *Hydnocystis piligera,* Behaartes Hohltrüffelchen
        - Frkp. rötlichbraun, warzig, Gleba wabenartig, labyrinth., Sporen ellipsoid
          - Geruch süßlich, später unangenehm, Sporen > 25 µm lang — 16.3.23 *Balsamia vulgaris,* Gemeine Balsamtrüffel
          - Geruch unauffällig, Sporen < 25 µm lang — 16.3.24 *Balsamia polysperma,* Erdbeerförmige Balsamtrüffel
    - Sporen braun, stumpfstachelig oder netzartig
      - Hohlraum nur an der Basis, Sporen deutlich netzartig, ellipsoid
        - Fruchtkörper feinkörnig, Geruch trüffel-, knoblauchartig — 15 *Tuber excavatum,* Ausgehöhlte Trüffel
        - Fruchtkörper warzig, Geruch karbolartig — 02 *Tuber mesentericum,* Teer-Trüffel
      - Hohlräume verteilt, Sporen stumpfstachelig bis undeutlich netzartig
        - Fruchtkörper hirnförmig, runzelig mit gewundenen Hohlräumen
          - Sporen kugelig
            - Fruchtkörper ockerbraun, Gleba blass cremefarben — 70 *Hydnotrya cerebriformis,* Hirnförmige Rasentrüffel
            - Fruchtkörper grubig, runzelig, rotbraun, Gleba bräunlichviolett — 71 *Hydnotrya tulasnei,* Rotbraune Rasentrüffel
          - Sporen ellipsoid, Gleba rosaviolett, stark gewunden — 72 *Hydnotrya michaelis,* Gelbbraune Rasentrüffel
        - Fruchtkörper höckerig, grobwarzig
          - Fruchtkörper braunschwarz, Sporen ellipsoid, dunkelbraun — 66 *Genea fragilis,* Ellipsoidsporige Blasentrüffel
          - Frkp. ockerbraun, weiße Schüppchen, Sporen kugelförmig, ocker — 67 *Myrmecocystis sphaerospora,* Kugelsporige Hohlraumtrüffel
  - Knolle eher regelmäßig bis kugelig, wenige Dellen, warzig
    - Sporen glatt, ellipsoid, Fruchtkörper rötlichbraun
      - Geruch süßlich, später unangenehm, Sporen > 25 µm — 16.3.23 *Balsamia vulgaris,* Gemeine Balsamtrüffel
      - Geruch unauffällig, Sporen < 25 µm — 16.3.24 *Balsamia polysperma,* Erdbeerförmige Balsamtrüffel
    - Sporen warzig, stachelig, Fruchtkörper braunschwarz
      - Fruchtkörper feinwarzig, nicht behaart
        - Sporen dicht stumpfstachelig — 63 *Genea sphaerica,* Fastkugelige Blasentrüffel
        - Sporen stumpfwarzig, polygonal — 64 *Genea lespiaultii,* Grobsporige Blasentrüffel
      - Fruchtkörper feinwarzig und filzig behaart, Sporen hyalin, warzig — 65 *Genea hispidula,* Rauliche Blasentrüffel
- Frkp. im Schnitt (Gleba) labyrinthisch gefurcht, 2–8 cm, mit Columella, Sp. gestreift
  - Schlauchpilz (Asci), Frkp. wollig, innen labyrinthartig, Geruch unauffällig — 16.6.27 *Geopora cooperi,* Trüffel-Sandborstling
  - Ständerpilz (Sporen auf Basidien)
    - im Laub- oder Bergnadelwald, Sporen längsrippig, nicht höckerig
      - Geruch fruchtig, ocker bis rötlichbraun, labyrinthisch gefurcht — 1.5.86 *Gautieria morchelliformis,* Großsporige Morcheltrüffel
      - Geruch stark, nach Tomaten, Diesel — 1.5.87 *Gautieria graveolens,* Starkriechende Morcheltrüffel
      - Geruch stark, stechend, unangenehm, Frkp. von weißem Filz umgeben — 1.5.88 *Gautieria otthii,* Stinkende Morcheltrüffel
    - mediterran, Sporen längsrippig und höckerig, Apikulus deutlich, Ger. süßlich — 1.5.89 *Gautieria trabutii,* Höckersporige Morcheltrüffel

16.15 *Hymenogaster*, Erdnüsse und Ähnliche

(D1) Fruchtkörper im Schnitt (Gleba) mit kleineren, porigen, wabenartigen bis länglich-labyrinthischen Zellen Fleisch nicht schleimig

▹ Gleba wattig weich, Sporen auf Basidien *(Basidiomycota)*

Sporen warzig	
Fruchtkörper weiß, ± so bleibend, Zellen 0,5–1 mm, länglich, labyrinthisch	
Sporen breit ellipsoid bis zitronenförmig, Geruch mehl-, rettichartig, ranzig	1.5.90 *Protoglossum niveum*, Schneeweiße Urerdnuss
Sporen spindel- bis zitronenförmig, bei Eukalyptus auf sandigem Boden	1.5.91 *Descolea alba*, Weiße Erdnuss
Fruchtkörper gelbocker bis dunkelbraun	
anfangs lebhafte Gelbtöne, 1–5 cm, Schnitt mit kl. Zellen, rundlich bis flach	
Fruchtkörper gelb bis rötlich-, schwarzbraun, Sporen fast glatt	1.5.92 *Hymenogaster citrinus*, Zitronengelbe Erdnuss
Fruchtkörper weißlich bis beigegelb, Sporen warzig	1.5.94 *Hymenogaster calosporus*, Schönsporige Erdnuss
ohne lebhafte Gelbtöne	
Geruch angenehm nach Maiglöckchen, Sporen spindelförmig, warzig	1.5.95 *Hymenogaster griseus*, Graue Erdnuss
Geruch ranzig, Sporen spindel- bis zitronenförmig	1.5.97 *Hymenogaster lycoperdineus*, Stäublings-Erdnuss
Geruch nach Früchtekompott, fruchtig	
Fruchtkörper evtl. mit Olivton	1.5.93 *Hymenogaster olivaceus*, Olivbraune Erdnuss
Fruchtkörper silbergrau bis schmutzig ocker	1.5.99 *Cortinarius olens*, Aromatische Erdnuss
Geruch angenehm pilzartig, später rettichartig	1.5.96 *Hymenogaster vulgaris*, Rissige Erdnuss
Geruch nach Kartoffeln, Frkp. gelbockerlich kaum > 2 cm, Gleba graubraun	1.5.104 *Wakefieldia macrospora*, Großsporige Steintrüffel
Geruch unauffällig	
Fruchtkörper und Gleba gelb, weich, alt hart, Peridium im Schnitt weiß	1.5.102 *Sclerogaster compactus*, Einschichtige Harttrüffel
Fruchtkörper braun, mit Papille, nur jung geschlossen, innen wattig weiß	1.5.26 *Geastrum triplex*, Halskrausen-Erdstern
Sporen glatt bis runzelig	
Gleba weinbraun, Fruchtkörper ocker bis schwarzbraun, Geruch unangenehm	1.5.98 *Hymenogaster bulliardii*, Wanzen-Erdnuss
Gleba ockerlich, rötlichbraun, Frkp. gelb bis rötlichbraun, Geruch blütenartig	1.5.92 *Hymenogaster citrinus*, Zitronengelbe Erdnuss

16.15 *Balsamia,* Balsamtrüffel und Ähnliche

(D2) Fruchtkörper im Schnitt (Gleba) mit kleineren, porigen, wabenartigen bis länglich-labyrinthischen Zellen
Fleisch nicht schleimig
▹ Gleba fest, nicht wattig weich

- Sporen in Asci
  - Fruchtkörper glatt, weißlich, glasig, Knolle hirnartig gewunden, Sporen stachelig — 28 *Hydnobolites cerebriformis,* Gläserne Gehirntrüffel
  - Fruchtkörper warzig
    - Gleba weiß bis gelblich
      - Geruch süßlich, später unangenehm, Sporen glatt, > 25 µm lang — 16.3.23 *Balsamia vulgaris,* Gemeine Balsamtrüffel
      - Geruch unauffällig, Sporen glatt, < 25 µm lang — 16.3.24 *Balsamia polysperma,* Erdbeerförmige Balsamtrüffel
    - Gleba gelbgrünlich bis schwarzbraun, aderig, Sporen glatt, später warzig — 23 *Pachyphlodes melanoxantha,* Schwärzende Kratertrüffel
  - Fruchtkörper ganz oder teils wollig-filzig, gelbbraun bis ockerbeige
    - Gleba gelblich weißaderig, Sporen glatt, Geruch nach Blumenkohl — 69 *Hydnocystis bombycina,* Gelbes Hohltrüffelchen
    - Gleba graubeige-dunkelbraun, Sporen zitronenförmig, netzartig, mediterran — 18 *Tuber gennadii,* Gennadis Trüffel
- Sporen auf Basidien
  - Sporen J– (nicht amyloid)
    - Sp. schmal ellipsoid, glatt, Frkp. mit Rhizomorphen, Gleba ganz reif gallertartig
      - Rhizomorphen rundum, Glebaporen < 0,5 mm, Frkp. gelb- bis ockerbraun
        - Druckstellen nicht rötend, Gleba gelblich bis dunkel olivocker — 1.5.65 *Rhizopogon luteolus,* Gelbbräunliche Wurzeltrüffel
        - Druckstellen rötend, Peridium orangerosa, Gleba weißlich-olivocker — 1.5.66 *Rhizopogon occidentalis,* Abendland-Wurzeltrüffel
      - Rhizomorphen nur basal, Gleba gelblich, olivocker bis schwarzbraun
        - nur bei Douglasien, schwarzbraun, Poren der Gleba bis 1,5 mm — 1.5.67 *Rhizopogon villosulus,* Douglasien-Wurzeltrüffel
        - im alpinen Nadelwald, Südeuropa, Poren der Gleba < 0,5 mm
          - zunehmend rötlichbraun, rissig-schuppig, jung glatt rosa, gelblich — 1.5.68 *Rhizopogon roseolus,* Rötliche Wurzeltrüffel
          - fein körnig-schuppig, orangeocker, Gleba weißlich-tabakfarben — 1.5.69 *Rhizopogon rocabrunae,* Katalonische Wurzeltrüffel
          - glatt, gelbbraun, rotbraun fleckig, Gleba gelb-, rotbraun, Nadelwald — 1.5.70 *Rhizopogon marchii,* Gilbende Wurzeltrüffel
    - Sporen kugelförmig oder breit ellipsoid, warzig oder stachelig
      - Zellen labyrinthisch, Gleba orange oder rosagrau
        - Fruchtkörper satt orangeocker, Gleba karottenorange, Sp. stark stachelig
          - Sporen ellipsoid, Stacheln bis 3 µm lang, im Laub- oder Mischwald — 1.5.56 *Stephanospora caroticolor,* Gemeine Möhrentrüffel
          - Sporen breit ellipsoid bis kugelig, Stacheln < 1 µm, eher mediterran — 1.5.57 *Hydnangium aurantiacum,* Orangegelbe Heidetrüffel
        - Fruchtkörper und Gleba graurosa, mediterran, bei Eukalyptus — 1.5.58 *Hydnangium carneum,* Fleischfarbene Heidetrüffel
      - Zellen kugelig, Gleba weiß milchend, Kern oft gallertartig — 1.5.59 *Leucogaster nudus,* Nackte Wabentrüffel
    - Sporen gestreift, rippig
      - Fruchtkörper auffällig blau fleckend, lederfarben, gestielt — 1.5.63 *Chamonixia caespitosa,* Blauende Bergtrüffel
      - Fruchtkörper nicht blau fleckend, nicht gestielt, aber mit Columella
        - im Laub- oder Bergnadelwald, ocker, rötlichbraun, labyrinthisch gefurcht
          - Geruch fruchtig — 1.5.86 *Gautieria morchelliformis,* Großsporige Morcheltrüffel
          - Geruch stark, nach Tomaten, Diesel — 1.5.87 *Gautieria graveolens,* Starkriechende Morcheltrüffel
          - Geruch süßlich, Fruchtkörper von weißem Filz umgeben — 1.5.88 *Gautieria otthii,* Stinkende Morcheltrüffel
        - mediterran, Sporen längsrippig-höckerig, Apikulus deutlich, Ger. süßlich — 1.5.89 *Gautieria trabutii,* Höckersporige Morcheltrüffel
    - Sporen eckig, polygonal, Frkp. schmutzig gelbweißlich, Gleba ockerrosa — 1.5.105 *Entoloma leptoniisporum,* Gemeine Zärtlingstrüffel
  - Sporen J+ (amyloid), isoliert warzig bis netzartig
    - weißlich bereift, später orangeocker, Gleba weiß, mit Columella — 1.5.82 *Russula vidalii,* Stechpalmen-Täublingstrüffel
    - orange bis rotbraun, Fleisch spröde, teils milchend (nicht immer sichtbar)
      - Sporen deutlich netzartig, Gleba gelblich-rötlich gekammert — 1.5.83 *Lactarius josserandii,* Spanische Milchtrüffel
      - Sporen isoliert warzig bis leicht netzartig
        - Gleba rötlichocker, feinporig (weiß milchend, gilbend) — 1.5.85 *Lactarius borzianus,* Braunrote Milchtrüffel
        - Gleba gelbocker, grob labyrinthisch-porig, Fruchtkörper mit Stielansatz — 1.5.80 *Russula messapicoides,* Helle Täublingstrüffel
        - Gleba weiß, später braun, kaum Poren, Fruchtkörper jung weißlich — 1.5.84 *Lactarius stephensii,* Fastgestielte Milchtrüffel

16.15 *Melanogaster,* Schleimtrüffel und Ähnliche
(E) Knolle im Schnitt (Gleba) mit bereits jung gallertartigen Teilen oder später schleimig werdend, feinporig *(Basidiomycota)*

- Gleba ohne Columella
  - Sporen braun, Gleba erst hell, wabenartig, alt dunkel schleimig
    - Poren bis > 2 mm, Sp. glatt, Frkp. olivocker bis rotbräunlich, Geruch lauchartig — 1.5.71 *Melanogaster ambiguus,* Weißgekammerte Schleimtrüffel
    - Poren 0,5–2 mm
      - Sporen glatt, ellipsoid, spindel- bis rautenförmig, zylindrisch
        - Fruchtkörper gelbocker, braunrötlich fleckig
          - Sporen < 10 µm lang
            - Geruch stark fruchtig, trockene Birnen, im warmen Laubwald — 1.5.72 *Melanogaster broomeanus,* Gelbbraune Schleimtrüffel
            - Geruch unauffällig, bei Grünerle, subalpin — 1.5.76 *Alpova alpestris,* Grünerlen-Hellsporschleimtrüffel
          - Sporen > 10 µm lang, Schleim blass- bis rötlichbraun — 1.5.77 *Neoalpova rubescens,* Rötlichgekammerte Hellsporschleimtrüffel
        - Frkp. olivocker, Gleba jung gelblich, Ger. süßlich, säuerlich, Sp. kugelig — 1.5.73 *Melanogaster umbriniglebus,* Mexikanische Schleimtrüffel
        - Fruchtkörper kastanienbraun, Sporen 10–16 µm lang
          - Sporen ellipsoid, Geruch auffällig, stechend teerartig — 1.5.74 *Melanogaster tuberiformis,* Kupferbraune Schleimtrüffel
          - Sporen schmal spindelförmig, Geruch unauffällig — 1.5.75 *Melanogaster macrosporus,* Großsporige Schleimtrüffel
      - Sp. stachelig, Frkp. hell braunschwarz, Druckstellen rötlich, Geruch fruchtig — 1.5.64 *Octaviania asterosperma,* Sternsporige Laubtrüffel
  - Sporen farblos bis gelbgrünlich, Gleba weißlich, oliv, braun, am Ende zerfließend
    - Rhizomorphen rundum, Glebaporen < 0,5 mm, Frkp. gelbocker bis ockerbraun
      - Druckstellen nicht rötend, Gleba gelblich bis dunkel olivocker — 1.5.65 *Rhizopogon luteolus,* Gelbbräunliche Wurzeltrüffel
      - Druckstellen rötend, Peridium orangerosa, Gleba weißlich bis olivocker — 1.5.66 *Rhizopogon occidentalis,* Abendland-Wurzeltrüffel
    - Rhizomorphen nur basal, Gleba gelblich, olivocker bis schwarzbraun
      - nur bei Douglasien, schwarzbraun, 1–2 cm, Gleba mit Poren bis 1,5 mm — 1.5.67 *Rhizopogon villosulus,* Douglasien-Wurzeltrüffel
      - im alpinen Nadelwald, Südeuropa, Poren < 0,5 mm
        - fein körnig-schuppig, orangeocker, Gleba weißlich bis tabakfarben — 1.5.68 *Rhizopogon roseolus,* Rötliche Wurzeltrüffel
        - grob dunkler schuppig aufreißend auf gelb- bis rötlichbraunem Grund — 1.5.69 *Rhizopogon rocabrunae,* Katalonische Wurzeltrüffel
        - glatt, gelb-, rotbraun fleckig, Gleba gelbocker bis rotbraun, Nadelwald — 1.5.70 *Rhizopogon marchii,* Gilbende Wurzeltrüffel
    - Rhizomorphen dick, weiß, Frkp. gipsartig, weiß, Sp. rund, 3 µm, Ger. n. Honig — 1.5.107 *Gastrosporium simplex,* Gemeine Steppentrüffel
- Gleba mit farbloser, knorpeliger Columella
  - feinporig, Sporen farblos bis gelbgrünlich
    - Frkp. umgeben von Mycelfilz, Basis undeutlich, Peridium erst blaugrün — 1.5.50 *Hysterangium calcareum,* Kalkweiße Schwanztrüffel
    - Frkp. mit Mycelfilz, resp. Wurzelstrang nur an der Basis, Sporen länglich
      - Sporen > 20 µm, Frkp. gelbfleckig, Gleba gekammert, ohne Columella — 1.5.49 *Hysterangium stoloniferum,* Rissige Schwanztrüffel
      - Sporen 8–20 µm
        - Peridium m. blasigen Zellen, schwer ablösbar, Ger. fruchtkompottartig — 1.5.51 *Hysterangium separabile,* Gelbe Schwanztrüffel
        - Peridium außen fadenförmig, innen blasig, gut ablösbar — 1.5.52 *Hysterangium nephriticum,* Blasse Schwanztrüffel
        - Peridium mit fadenförmigen Hyphen, Schnitt weinbraun, gut ablösbar — 1.5.53 *Hysterangium clathroides,* Stinkende Schwanztrüffel
      - Sporen < 8 µm lang, Columella deutlich, ästig auslaufend — 1.5.54 *Trappea darkeri,* Weißberindete Kleinsporschwanztrüffel
    - Frkp. ohne Mycelfilz, Stiel 3–5 mm lang, Gleba olivgrün, Geruch aasartig — 1.5.55 *Phallogaster saccatus,* Stinkender Sackbovist
  - labyrinthische Zellen oder Hohlräume
    - im Laubwald oder Bergnadelwäldern
      - ocker bis rötlichbraun, labyrinthisch gefurcht
        - Geruch fruchtig — 1.5.86 *Gautieria morchelliformis,* Großsporige Morcheltrüffel
        - Geruch stark, nach Tomaten, Diesel — 1.5.87 *Gautieria graveolens,* Starkriechende Morcheltrüffel
        - Geruch süßlich, Fruchtkörper von weißem Filz umgeben — 1.5.88 *Gautieria otthii,* Stinkende Morcheltrüffel
    - mediterran, Sporen längsrippig-höckerig, Apikulus deutlich, Geruch süßlich — 1.5.89 *Gautieria trabutii,* Höckersporige Morcheltrüffel

16.15 *Phallogaster,* Sackboviste und Ähnliche
(F) Fruchtkörper im Schnitt mit durchgehendem, weißem Stiel, evtl. Hut und Fruchtschicht,
▹ unterirdisch oder halb unterirdisch *(Basidiomycota)*

Sporen J+, warzig, Fruchtkörper gelbocker, unter- bis oberirdisch — 1.5.79 *Russula mattiroloana,* Südliche Täublingtrüffel
Sporen J–
  Sporen ellipsoid bis zitronenförmig, gelbocker, rau, Gleba fein gekammert
    Gleba (Fruchtschicht) braun
      Fruchtkörper 1–4 cm, bei Eukalyptus, Italien — 1.5.101 *Setchelliogaster tenuipes,* Schlankstieliger Mistpilzstäubling
      Fruchtkörper 2–5 cm, bei Weißtanne, Nordamerika, Kanada — 1.5.100 *Cortinarius pinguis,* Breiter Thaxterstäubling
    Gleba olivgrün, mit Columella, außen Ger. aasartig — 1.5.55 *Phallogaster saccatus,* Stinkender Sackbovist
  Sp. eckig, Frkp. 2–3 cm, braungrau, radialfaserig, Gleba rosa mit Columella/Stiel — 1.5.106 *Entoloma calongei,* Gestielte Rötlingstrüffel
  Sporen kugelig, Frkp. birnenförmig, ockerbräunlich, schuppig, Gleba braun — 1.5.108 *Chlorophyllum agaricoides,* Geschlossener Safranschirmling

16.15 *Lactarius*, Milchtrüffel und Ähnliche (G) Fruchtkörper im Schnitt milchend (*Basidiomycota* oder *Zygomycota*)

Milch weißlich, teilweise etwas gilbend
  Fruchtkörper 1–5 cm
    Gleba feinporig
      Sporen J+, grobwarzig bis netzartig
        Fruchtkörper und Gleba erst weißlich, später rötlichbraun, kaum Poren — 1.5.84 *Lactarius stephensii*, Fastgestielte Milchtrüffel
        Fruchtkörper orange bis rotbraun
          Gleba rötlichocker, mit Columella, Sporen isoliert warzig — 1.5.85 *Lactarius borzianus*, Braunrote Milchtrüffel
          Gleba gelblich-rötlich gekammert, Sporen deutlich netzartig — 1.5.83 *Lactarius josserandii*, Spanische Milchtrüffel
      Sporen nicht amlyoid, kugelig
        Sporen netzartig, Gleba weiß milchend, Kern gallertartig — 1.5.59 *Leucogaster nudus*, Nackte Wabentrüffel
        Sporen fein isoliert warzig, Fruchtkörper gelblich bis rötlich olivbraun — 1.5.60 *Leucophleps aculeatispora*, Europäische Weißvenentrüffel
    Gleba kompakt, große Chlamydosporen, Frkp. rostbraun, Gleba punktiert — 1.5.111 *Glomus melanosporum*, Schwarzsporige Jochtrüffel
  Fruchtkörper 0,5–1 cm, weißlich, knollig, faltig, Gleba fest, orangegelblich — 1.5.109 *Jimgerdemannia lactiflua*, Milchender Jochpilz
Milch rotbraun, Frkp. gelbbraun, knollig, faltig, Gleba orangebraun, Ger. konfektartig — 1.5.110 *Jimgerdemannia flammicorona*, Rotfleischiger Jochpilz

16.15.01 *Tuber aestivum* Vittad., ***Tuber blotii*** Eudes-Desl.
Sommer-Trüffel

Frkp: 3–15 cm, unregelmäßig kugelige Knollen, braun- bis kohlschwarz, mit stumpfen, 5- bis 7-kantigen, pyramidenförmigen Warzen von 3–12 mm Kantenlänge bedeckt. **F:** kompakt, haselnussbraun bis graubräunlich mit weißlichen Adern marmoriert. **Ger:** erdartig, etwas nach Mais, geröstetem Gerstenmalz, alt teilweise nach Schafstall, etwas teerartig. **Ges:** champignonartig. **V:** unterirdisch (hypogäisch), in Laubwäldern mit kalkhaltigem, steinigem Boden, eher sonnige Stellen; Mai bis August. **Mik:** Sporen stark netz-/wabenartig ornamentiert, Wabentiefe bis 2 µm, breit ellipsoid, erst farblos, später gelbbräunlich, 25–50 × 20–35 µm, Asci 2- bis 6-, meistens 4-sporig. (BK 1.124).

Tuber uncinatum Chatin, Burgunder-Trüffel: Fleisch kastanien- bis dunkelbraun mit weißlichen Adern marmoriert; September bis November. Neuere molekularbiologische Untersuchungen haben ergeben, dass die früher als eigene Art beschriebene *T. uncinatum* mit *T. aestivum* genetisch identisch ist. Die morpholgischen Unterschiede sind saisonal bedingt. *T. uncinatum* erscheint erst im Herbst und entwickelt mit den tendenziell reiferen Fruchtkörpern dunklere Farben in der Marmorierung.

16.15.02 *Tuber mesentericum* Vittad.
Teer-Trüffel, Lothringische-Trüffel, Gekröse-Trüffel

Frkp: 2–6 cm, unregelmäßig kugelige Knollen, vorwiegend schwarz oder bläulichschwarz, mit spitzen oder abgeflachten, 5-kantigen, eng stehenden, pyramidenförmigen Warzen von 2–4 mm Kantenlänge bedeckt. **F:** erst weißlich, dann zunehmend haselnuss- bis schokoladenbraun mit weißlichen Adern marmoriert. **Ger:** frisch stark teer- oder jodartig, mit der Zeit weniger intensiv. **Ges:** intensiv, teilweise bittermandelartig. **V:** unterirdisch (hypogäisch), im Laubwald. **Mik:** Sporen netz-/wabenartig ornamentiert, breit ellipsoid, weißlich bis gelbbräunlich, 25–50 × 20–38 µm, Wabentiefe 3–5 µm, Asci 1- bis 5-sporig, meistens 3-sporig.

Tuber bellonei Quél., *Tuber bellonae* Quél., Bellones Trüffel: mit basaler Einbuchtung und deutlich phenol- oder teerartigem Geruch; mediterran, bei Steineiche *Quercus ilex*. Sporen kugelförmig, 25–35 µm.

16.15.03 *Tuber brumale* Vittad.
Winter-Trüffel, Muskat-Trüffel

Frkp: 1–4 cm, unregelmäßig kugelige Knollen, teilweise mit leichter Einbuchtung an der Basis (angewachsene Stelle), schwarzbraun, reif manchmal mit rötlichem Schimmer, mit stumpfen, 5- bis 6-kantigen, pyramidenförmigen Warzen von 1–3 mm Kantenlänge bedeckt, die Rinde (Peridium) ist leicht vom Inneren (Gleba) zu trennen. **F:** erst weißlich, später graubraun mit lila Schimmer bis grauschwarz, marmoriert mit unveränderlich weißen Adern. **Ger:** intensiv und veränderlich, nach sauren oder vergorenen Früchten, Rinde von Rotem Hartriegel *Cornus sanguinea,* teilweise auch etwas nach Moschus, Knoblauch oder Phenol (je nach Reifegrad und Standort). **Ges:** kräftig und vorwiegend angenehm, auch pfefferig, erdartig oder nach Muskat. **V:** unterirdisch (hypogäisch), bei Laubbäumen, vorwiegend Hasel *Corylus* oder Linde *Tilia;* im Winter. **Mik:** Sporen mit spitzen, dichten, bis 6 µm langen Stacheln, breit ellipsoid, weißlich bis braun, 20–42 × 15–30 µm, Asci 1- bis 6-sporig, meistens 5-sporig.

T. brumale var. *gorii* Della Maggiora: Sporen blassbraun, Gleba hellbraun mit weißen Adern. Die Varietät wird aber oft zum Formenkreis von *T. brumale* gezählt.

Tuber moschatum Bull., Moschus-Trüffel: mit starkem Moschusgeruch. Wird ebenfalls oft nicht von *T. brumale* abgegrenzt.

16.15.04 *Tuber melanosporum* Vittad.
Perigord-Trüffel

Frkp: 2–10 cm, ausnahmsweise auch größer, mehr oder weniger unregelmäßig kugelige Knollen, Oberfläche warzig durch vieleckige, 4–6-flächige und 3–5 mm hohe Erhebungen, rötlichbraun bis rötlichschwarz, Rinde (Peridium) am Fleisch (Gleba) anhaftend. **F:** weißlich, später grau bis graurötlich und schließlich violett- bis schwarzbraun, reif an der Luft rötlich verfärbend, Adern weiß, dünn und fein verzweigt. **Ger:** intensiv aromatisch mit Anteilen von Zwiebel, Muskatnuss, Erde oder auch etwas Erdbeeren. **Ges:** intensiv würzig, etwas bitter. **V:** unterirdisch (hypogäisch), auf kalkreichen Böden bei Laubbäumen, vorwiegend bei Eiche *Quercus* oder Hasel *Corylus*. **Mik:** Sporen mit spitzen, dichten, stets einzelnen, 2–3 µm langen Stacheln, länglich ellipsoid, dunkelbraun, 25–55 × 20–35 µm, Asci 1- bis 6-sporig, meistens 3- bis 4-sporig.

T. melanosporum var. *hiemalbum* (Chatin) Della Maggiora, *Tuber hiemalbum* Chatin, Weiße Winter-Trüffel: Sporen blassbraun, Gleba hellbraun mit weißen Adern.

16.15.01 *Tuber aestivum,* Sommer-Trüffel

16.15.02 *Tuber mesentericum,* Teer-Trüffel

16.15.03 *Tuber brumale,* Winter-Trüffel

16.15.04 *Tuber melanosporum,* Perigord-Trüffel

16.15.05 *Tuber indicum* Cooke & Massee, Chinesische Trüffel: Stacheln der Sporenornamentation teilweise miteinander verwachsen, weniger dicht, etwas länger, 3–5 µm, häufig abgebogen und eher stumpf.

Tuber himalayense B.C. Zhang & Minter, Himalaya-Trüffel: Venen ohne rötlichen Farbanteil. Sporen angedeutet grobmaschig netzartig und teils mit saugnapfartiger Verwachsung, jedoch kaum von *T. indicum* zu unterscheiden.

Tuber pseudohimalayense G. Moreno, Manjón, J. Díez & García-Mont., Falsche Himalaya-Trüffel: Venen ebenfalls ohne rötlichen Farbanteil, Sporen mit engmaschigem Netz. Auch diese Art scheint von *T. indicum* kaum zu unterscheiden sein.

16.15.06 *Tuber borchii* Vittad.
Frühlings-Trüffel, Weißliche Trüffel, Bianchetto Trüffel

Frkp: 1–7 cm, kugelige oder unregelmäßig gefurchte Knollen, glatt bis feinflaumig, grauweißlich bis ockerbräunlich, teilweise mit roströtlichen Flecken. **F:** erst weißlich, später ocker- bis rötlich- oder violettbräunlich mit weißlichen bis rötlichockerfarbenen Adern. **Ger:** intensiv, oft knoblauchartig oder leicht süßlich nach Acetylen. **Ges:** intensiv, aromatisch. **V:** unterirdisch (hypogäisch), bei verschiedenen Bäumen (Kiefer *Pinus*, Eiche *Quercus*, usw); im Winter. **Mik:** Sporen unregelmäßig netz-/wabenartig ornamentiert, Wabentiefe 4–9 µm, breit ellipsoid, gelb- bis rötlichbraun, 30–48 × 18–35 µm, Asci 1- bis 4-sporig, meist 3-sporig, Peridium im Schnitt mit einer blasig-zelligen, annähernd kugeligen Struktur in der äußersten Schicht. (BK 1.125, ⊠).

Es gibt weitere ähnliche Arten aus der Gruppe der weißlichen Trüffel:

Tuber puberulum Berk. & Broome, Flaumhaarige Zwerg-Trüffel: 2–5 cm, jung flaumig, später mehrheitlich glatt, schmutzig weiß bis graubräunlich, ohne rötliche Farbtöne. Sporen kugelförmig, 25–35 µm, 1- bis 4-sporig.

Tuber gibbosum Harkn., Flaumige Trüffel: blassocker, erst etwas flaumig, später kahl, oft rissig, Geruch teerartig; strikt bei Douglasie *Pseudotsuga*, ursprünglich aus Amerika, im Herbst. Sporen mit 4–5 Netzmaschen (Waben) in der Sporenlänge, ellipsoid, 28–32 × 23–25 µm, 1- bis 3-sporig.

Tuber maculatum Vittad., Gefleckte Trüffel: 0,5–3 cm, weißlich, später gelblich, oft mit bräunlichen oder lachsockerfarbenen Flecken, Geschmack bitter. Sporen mit 4–5 Netzmaschen (Waben) in der Sporenlänge, ellipsoid, 24–27 × 18–20 µm, 1- bis 5-sporig, Peridium im Schnitt aus vorwiegend liegenden Hyphen.

Tuber dryophilum Tul. & C. Tul., Schlesische Trüffel: meistens kleiner als 3 cm, Oberfläche glatt bis feinflaumig, schmutzig ockerlich mit rötlichbraunen Flecken. Sporen grob netz-/wabenartig, 2–3 Netzmaschen (Waben) in der Sporenlänge, ellipsoid, gelbbraun, 26–28 × 23–25 µm, 4-sporig.

16.15.07 *Tuber foetidum* Vittad., Stinkende Trüffel: 2–3 cm, Oberfläche glatt bis feinwarzig, ocker bis rötlichbraun, Geruch unangenehm süßlich, acetylenartig. Sporen netz-/wabenartig, 4–5 Netzmaschen (Waben) in der Sporenlänge, ellipsoid, gelbbraun, 25–31 × 20–24 µm, 2- bis 4-sporig, Peridium außen mit blasigen Zellen. (⊠).

16.15.08 *Tuber bernardinii* Gori, Weiße Weitmaschen-Trüffel: Fruchtkörper 1–4 cm, ockerbraun bis braun, Geruch leicht knoblauchartig, Adern braun, eher dick. Sporen mit 3–4 Netzmaschen (Waben) in der Sporenlänge, ellipsoid, gelbbraun, 20–24 × 15–18 µm, 8-sporig. (⊠).

16.15.09 *Tuber magnatum* Picco
Alba-Trüffel, Italienische Trüffel, Piemont-Trüffel

Frkp: 3–15 cm, ausnahmsweise noch größer, feinst körnig bis glatt, regelmäßig oder unregelmäßig kugelig geformte Knollen, variable Farben von weißlich über gelblich, olivgelblich, grauweiß bis rötlich-rußig oder nur mit rötlich-rußigen Flecken. **F:** weißlich, gelblich, grauweiß, rußig bis rötlichgrau, Adern weiß. **Ger:** sehr intensiv, würzig, knoblauchartig oder nach Weichkäse. **Ges:** stark knoblauch-, käseartig. **V:** unterirdisch (hypogäisch), vorwiegend in Norditalien bei Laubbäumen, inzwischen gibt es aber auch erste Funde nördlich der Alpen, seit 2019 z. B. regelmäßig in der Stadt Zürich, häufig bei Eiche *Quercus*, Weide *Salix* und Pappel *Populus*; im Herbst und Winter. **Mik:** Sporen netzartig ornamentiert mit 2 bis höchstens 3 breiten Waben pro Sporenlänge, breit ellipsoid, gelblich bis gelbbraun, 25–32 × 20–30 µm, Asci 1- bis 4-sporig, meist 2-sporig. (⊠).

16.15.10 *Tuber rufum* Pollini
Rotbräunliche Trüffel

Frkp: 2–4 cm, vorwiegend kugelige Knollen mit höckeriger Oberfläche, Basis leicht eingedrückt, erst fein behaart, später glatt bis feinwarzig, alt oft rissig, rot- bis rostbraun. **F:** grau- bis gelb- oder schokoladenbraun und weiß marmoriert. **Ger:** säuerlich. **Ges:** säuerlich. **V:** unterirdisch (hypogäisch) auf sandigem Boden, bei Laub- und Nadelbäumen, oft bei Eiche *Quercus*, Buche *Fagus*; vom Frühling bis im Spätherbst. **Mik:** Sporen stachelig mit spitzen, 3–4 µm langen Stacheln, ohne netzartige Struktur, ellipsoid, gelbbraun, 25–45 × 18–29 µm, Asci mehrheitlich 3- bis 4-sporig. (⊠).

16.15.06 *Tuber borchii*, Frühlings-Trüffel

16.15.07 *Tuber foetidum*, Stinkende Trüffel

16.15.08 *Tuber bernardinii*, Weiße Weitmaschen-Trüffel

16.15.09 *Tuber magnatum*, Alba-Trüffel

16.15.10 *Tuber rufum*, Rotbräunliche Trüffel

16.15.10a *T. rufum* f. *lucidum* Montecchi & Lazzari, Glänzende Trüffel: Fruchtkörper glänzend, schwarz bis rötlichschwarz, deutlicher warzig.

Tuber nitidum Vittad., Gelbbraune Trüffel: Fruchtkörper ockerbraun bis gelbrötlich, glatt, oft mit Einbuchtung an der Basis. Die Art wird mehrheitlich zu *T. rufum* gezählt.

Tuber fulgens Quél., Orangerote Hart-Trüffel: rötlich orangeocker; bei Laubbäumen. Sporen netz-/wabenartig, kugelig, durchschnittlich knapp 30 µm.

16.15.11 *Tuber monosporum* (Mattir.) Vizzini, *Paradoxa monospora* Mattir. ☠
Einsporige Trüffel, Einsporige Erbsentrüffel

Frkp: 1–2 cm, glatt, kugelige Knollen, teils etwas gestielt, gelb- bis schwärzlich-/rötlichbraun, beim Trocknen schwärzend. **F:** Peridium (Rinde) dünn, weißlich, Gleba ohne Hohlräume, im Schnitt zunehmend feinkörnig, erst weißlich, später bräunlich mit hellen dünnen Adern. **Ger:** trüffelartig mit Knoblauchkomponente, ähnlich *T. magnatum* Alba-Trüffel. **V:** unterirdisch (hypogäisch), vorwiegend in Italien bei Laubbäumen. **Mik:** Sporen netz-/wabenartig ornamentiert, kugelförmig, rostbraun, 50–60 µm, Asci 1-sporig. Der Speisewert ist nicht bekannt, möglicherweise ist die Art unbekömmlich.

16.15.12 *Tuber macrosporum* Vittad.
Großsporige Trüffel

Frkp: 2–5 cm, mehr oder weniger unregelmäßig kugelige Knollen, Oberfläche flachwarzig oder filzig, rötlichbraun bis braunschwarz. **F:** fest, grau-, später purpurbraun, weißlich aderig. **Ger:** angenehm, intensiv mit Knoblauch- oder Bärlauchkomponente. **Ges:** süßlich. **V:** unterirdisch (hypogäisch), bei Laubbäumen; im Herbst. **Mik:** Sporen dicht netz-/wabenartig mit 8–9 Waben pro Sporenlänge, ellipsoid, braungelb, 35–50 × 26–32 µm, Asci 3- bis 4-sporig. (🖼).

16.15.13 *Tuber malenconii* Donadini, Riousset, G. Riousset & G. Chev., Malencons Trüffel: bei Steineiche *Quercus ilex*. Sporen kaum über 25 µm lang, Asci bis 8-sporig.

16.15.14 *Tuber regianum* Montecchi & Lazzari, Haselnussgroße Trüffel: im Buchenwald *Fagus* oder bei Hopfenbuche *Ostrya*. Sporen breiter netz-/wabenartig mit 3–5 Waben in der Sporenlänge, 16–20 × 11–13 µm lang, Asci bis 8-sporig.

16.15.15 *Tuber excavatum* Vittad.
Ausgehöhlte Trüffel

Frkp: 1–4 cm, unregelmäßig kugelig, mit deutlicher Einbuchtung an der Basis (angewachsene Stelle), hellgelb, matt- bis rosaocker, kahl oder kleiig. **F:** jung cremeweiß, später zunehmend purpurbraun, mit eher wenigen, radial angeordneten, weißlichen Adern, im Innern hohl, reif zunehmend hart. **Ger:** erst schwach, später ähnlich *Tuber aestivum*, Sommer-Trüffel und leicht knoblauchartig. **Ges:** nur schwach trüffelartig. **V:** unterirdisch (hypogäisch), im kalkreichen Boden, bei Laubbäumen; Herbst bis Winter. **Mik:** Sporen netzartig mit 3–4 µm tiefen Waben, ellipsoid bis breit ellipsoid, gelbbraun, 28–45 × 20–30 µm, Asci 1- bis 6-sporig, meist 3- bis 4-sporig. (CH 40, 🖼).

16.15.16 *Tuber pseudoexcavatum* Y. Wang, G. Moreno, Riousset, Manjón & G. Riousset, Chinesische Hohl-Trüffel: Fruchtkörper braun, feinwarzig. Sporen stachelig-netzartig mit teils über 5 µm hohen Stacheln, 20–35 × 15–20 µm.

16.15.17 *Tuber panniferum* Tul. & C. Tul., Kokosnuss-Trüffel: Oberfläche rostbräunlich wollig-filzig, darunter dunkelbraun, Geruch leicht säuerlich; in warmen Zonen, mediterran, bei Steineiche *Quercus ilex*, im Winter. Sporen stachelig, Asci 6- bis 8-sporig. (🖼).

16.15.18 *Tuber gennadii* (Chatin) Pat.
Gennadis Trüffel

Frkp: 1–4 cm, kugelig, knollig, fein wollig-filzig, hellgelb bis graubeige mit braunen Flecken. **F:** erst ziemlich kompakt, hellgrau bis beige, später zunehmend gelöchert und dunkelbraun mit hellen Adern. **Ger:** auffällig nach fauligem Kohl, käse- bis teerartig. **V:** unterirdisch (hypogäisch), auf sandigem Boden, mediterran, bei Zistrosengewächsen *Cistaceae*; im Winter. **Mik:** Sporen netz-/wabenartig, kugelförmig bis breit ellipsoid, gelbbräunlich, 32–42 × 25–32 µm, Asci 1- bis 4-sporig.

16.15.19 *Tuber oligospermum* (Tul. & C. Tul.) Trappe
Sporenarme Trüffel

Frkp: 2–4 cm, meistens kugelig, höckerig, gefurcht bis rissig, feinflaumig bis glatt, weißlich, später gelblich bis hellocker, evtl. etwas rötlich. **F:** hellbraun bis braun, Adern weißlich. **Ger:** hefeartig, säuerlich bis etwas knoblauchartig oder nach Acetylen. **Ges:** leicht knoblauchartig. **V:** unterirdisch (hypogäisch), in kalkreichen, sandigen Böden, mediterran, mehrheitlich in Nadelwäldern; Winter bis Frühsommer. **Mik:** Sporen eng netz-/wabenartig ornamentiert, Wabentiefe 5–7 µm, kugelförmig, gelblich bis gelbbräunlich, 25–45 µm, Asci 1- bis 4-sporig, meistens 2- bis 3-sporig. (🖼).

16.15.20 *Picoa juniperi* Vittad.
Wacholder-Schwarztrüffel

Frkp: 1–2 cm, unregelmäßig kugelig, knollig, grauschwarz mit rötlichem Hauch, deutlich feinwarzig. **F:** fest, kompakt, ohne regelmäßig verteilte Hohlräume, weißlich mit hellen, gelblichen Adern, Peridium (Rinde) dünn. **Ger:** unauffällig. **Ges:** süßlich. **V:** unterirdisch (hypogäisch), vorwiegend mediterran, bei Eiche *Quercus*, Zistrose *Cistus*; Frühling bis Herbst. **Mik:** Sporen glatt bis etwas rau, mehrheitlich kugelförmig, teilweise leicht ellipsoid, hyalin bis leicht olivgelb, 22–28 µm, mit Tropfen, Asci kugelig, 6- bis 8-sporig.

16.15.12 *Tuber macrosporum*, Großsporige Trüffel

16.15.15 *Tuber excavatum*, Ausgehöhlte Trüffel

16.15.17 *Tuber panniferum*, Kokosnuss-Trüffel

16.15.19 *Tuber oligospermum*, Sporenarme Trüffel

16.15.21 *Picoa lefebvrei* (Pat.) Maire, Lefebvres Schwarztrüffel: Fruchtkörper bis 3 cm, unregelmäßig kugelig bis ellipsoid, beige- bis bräunlichocker, warzig, Adern im Fleisch kaum sichtbar, Geschmack unauffällig, leicht süßlich; bei Eiche *Quercus* in Trüffelhainen oder in nordafrikanischen Wüsten nach Regenfällen, im frühen Frühling. Sporen kugelförmig, 20–24 µm, Asci kugelig, 8-sporig.

16.15.22 *Leucangium carthusianum* (Tul. & C. Tul.) Paol., *Picoa carthusiana* Tul. & C. Tul. Kartäuser Schwarztrüffel

Frkp: 2–4 cm, unregelmäßig kugelig bis ellipsoid, knollig, braun- bis violettschwarz, feinwarzig. **F:** fest, seifenartig, ohne regelmäßig verteilte Hohlräume, erst weiß, an der Luft etwas gelblich, später gelblich bis graugrünlich scheckig, nicht aderig, Peridium (Rinde) dünn. **Ger:** schwach und flüchtig pilzartig, evtl. süßlich nach Wassermelonen, später unangenehm. **Ges:** mild, nussartig, süßlich. **V:** unterirdisch (hypogäisch), im höher gelegenen Wald, bei Buche *Fagus,* Weißtanne *Abies,* Fichte *Picea;* im Sommer bis Herbst. **Mik:** Sporen glatt, zitronenförmig, hyalin bis leicht olivgelb, 60–75 × 20–35 µm, mit Tropfen, Asci keulenförmig bis ellipsoid, 4- bis 8-sporig, vorwiegend 8-sporig mit unregelmäßig angeordneten Sporen. (🖼).

16.15.23 *Pachyphlodes melanoxantha* (Tul. & C. Tul. ex Berk.) Doweld, *Pachyphloeus melanoxanthus* (Tul. & C. Tul. ex Berk.) Tul. & C. Tul. Schwärzende Kratertrüffel

Frkp: 0,5–1,5 cm, unregelmäßig knollig, an der Anwachsstelle meistens etwas eingebuchtet, warzig, Peridium (Rinde) teils ablösbar, erst gelbbraun, später braunschwarz. **F:** Peridium ca. 0,5 mm dick, Gleba aderig mit dichten und weniger dichten Zonen, erst weißlich-rosa, später gelbbraun und schließlich braunschwarz mit rötlichem Stich und helleren Adern. **Ger:** süßlich, nach Jod. **V:** unterirdisch (hypogäisch), im Laubwald, in tieferen Lagen. **Mik:** Sporen erst glatt, später mit deutlichen, dicken, stumpfen Warzen, kugelig, erst hyalin, später gelblich, 13–16 µm, unregelmäßig angeordnet, Asci 8-sporig, ellipsoid, 80–140 µm.

Pachyphlodes ligerica (Tul. & C. Tul.) Zobel, *Pachyphloeus ligericus* Tul. & C. Tul., Französische Kratertrüffel: Asci kürzer, eiförmig bis kugelig, 60–80 µm.

16.15.24 *Pachyphlodes citrina* (Berk. & Broome) Doweld, *Pachyphloeus citrinus* Berk. & Broome, Gelbe Kratertrüffel: Peridium erst gelb, später braunschwarz, in den Zwischenräumen der aufsitzenden Warzen weiterhin gelb, Gleba gelbgrünlich, gelbbraun bis dunkelbraun mit hellgelben Adern. Sporen stark dicht und stumpf stachelig-warzig, gelb, Asci 8-sporig, keulenförmig, 140–210 µm. (🖼).

16.15.25 *Pachyphlodes conglomerata* (Berk. & Broome) Doweld, *Pachyphloeus conglomeratus* Berk. & Broome Verwachsene Kratertrüffel

Frkp: 1–2,5 cm, unregelmäßig knollig bis nierenförmig, an der Basis meistens etwas eingebuchtet, glatt bis filzig, erst gelblich bis grünocker, später dunkler braunschwarz. **F:** Gleba ohne Poren, weißlich, später grünlich mit gelbrötlichen Adern. **Ger:** süßlich, trüffelartig, nach Trester. **V:** unterirdisch (hypogäisch), im Laubmischwald, in tieferen Lagen. **Mik:** Sporen deutlich warzig, kugelig, gelblich, 16–17 µm, unregelmäßig oder biseriat, Asci 8-sporig, keulenförmig, 150–250 µm lang.

Calongea prieguensis (Mor.-Arr., J. Gómez & Calonge) Healy, Bonito & Trappe, *Pachyphloeus prieguensis* Mor.-Arr., J. Gómez & Calonge, Spanische Kratertrüffel: Gleba teils mit Hohlräumen; mediterran. Sporenanordnung in den Asci birnenförmig, 80–125 µm, unregelmäßig, nicht biseriat.

16.15.26 *Reddellomyces donkii* (Malençon) Trappe, Castellano & Malajczuk, *Labyrinthomyces donkii* Malençon Gemeine Eukalyptustrüffel

Frkp: 1–2 cm, kugelige, teils höckerig-buckelige Knollen, glatt, erst weißlich, später gelblich und braunfleckig, alt oft rissig, Peridium (Rinde) nicht von der Gleba ablösbar. **F:** Gleba kompakt, cremeweiß mit helleren Adern. **Ger:** trüffelartig. **V:** unterirdisch (hypogäisch), im sandigem Boden, vorwiegend bei Eukalyptus *Eucalyptus;* im Winterhalbjahr. **Mik:** Sporen erst glatt, später deutlich warzig, kugelförmig, hyalin bis etwas gelblich, 30–40 µm, Asci 2- bis 4-sporig, meistens uniseriat.

16.15.27 *Choiromyces venosus* (Fr.) Th. Fr., *Choiromyces meandriformis* Vittad. Stachelsporige Mäandertrüffel, Weißtrüffel, Deutsche Trüffel

Frkp: 5–10 cm, unregelmäßig kugelig, außen glatt, erst weiß, dann schmutzig gelbbraun, nussschalenfarben (ähnlich Kartoffelknollen oder alten Tennisbällen). **F:** fest, weiß und grauweiß marmoriert mit feinen mäanderförmigen Windungen. **Ger:** kräftig-aromatisch, zunehmend unangenehm. **Ges:** reif kräftig-aromatisch. **V:** unterirdisch (hypogäisch), bei Reife teils knapp aus dem Boden hervorbrechend, in Laub- und Nadelwäldern, vorwiegend bei Eiche *Quercus;* Sommer bis Herbst. **Mik:** Sporen stark stumpfstachelig, Stacheln > 2 µm,

16.15.22 *Leucangium carthusianum,* Kartäuser Schwarztrüffel

16.15.24 *Pachyphlodes citrina,* Gelbe Kratertrüffel

16.15.27 *Choiromyces venosus,* Stachelsporige Mäandertrüffel

kugelförmig, gelbbraun, 18–20 µm, Asci 8-sporig, unregelmäßig bis biseriat. Roh giftig, kann jedoch gut gekocht gegessen werden. (D 1139).

16.15.28 *Hydnobolites cerebriformis* Tul. & C. Tul.
Gläserne Gehirntrüffel, Gläserne Hirntrüffel

Frkp: 0,5–2 cm, unregelmäßig knollig, hirnförmig gewunden, ohne Warzen, glasig weißlichocker bis braun, oft mit einer deutlich zusammengezogenen Anwachsstelle. **F:** zunehmend mit schmalen Hohlräumen zwischen den Windungen, weißlich bis ockerfarben, glasig. **Ger:** auffällig, süßlich. **V:** unterirdisch (hypogäisch), wenig spezifisch, in Laub- oder Nadelwäldern; im Sommer. **Mik:** Sporen jung glatt, jedoch reif stachelig und netzartig-gratig, kugelförmig, hyalin bis gelblich, 18–25 µm, Asci kugelförmig, 8-sporig. (BK 1.126).

16.15.29 *Fischerula macrospora* Mattir.
Großsporige Fischertrüffel

Frkp: 1–2 cm, unregelmäßig knollig, filzig, haselnussbraun. **F:** fest, erst hell, später dunkel graubraun mit hellen, unklar gezeichneten Adern. **Ger:** angenehm. **Ges:** süßlich. **V:** unterirdisch (hypogäisch), bei Laubbäumen, z. B. Buche *Fagus* und Hasel *Corylus* in Südeuropa (Italien). **Mik:** Sporen höckerig-warzig, ellipsoid, dunkelbraun, 45–65 × 35–55 µm, Asci zylindrisch bis keulenförmig, 1- bis 6-sporig.

16.15.30 *Mattirolomyces terfezioides* (Mattir.) E. Fisch.,
Terfezia terfezioides (Mattir.) Trappe
Mäander-Wüstentrüffel

Frkp: 2–6 cm, unregelmäßig knollig mit vielen Buckeln und Dellen, ohne Anhängsel, glatt bis feinst filzig, weißlich bis ockergelblich. **F:** Peridium (Rinde) weniger als 1 mm dick, Gleba weich, aber dennoch fest, weißlich bis hellocker mit weiß bleibenden, sterilen Adern. **Ger:** erst aromatisch trüffel-, käseartig, später unangenehm. **V:** unterirdisch (hypogäisch), Wärme liebend, auf landwirtschaftlichen Flächen, auch bei Kirsche *Prunus* und Feige *Ficus*. **Mik:** Sporen relativ eng netzartig-gratig, kugelförmig, gelblich, 15–18 µm, unregelmäßig bis biseriat, Asci keulenförmig, vorwiegend 8-sporig.

16.15.31 *Delastria rosea* Tul. & C. Tul., *Terfezia rosea* (Tul. & C. Tul.) Torrend
Gemeine Rosatrüffel

Frkp: 1–2 cm, unregelmäßig knollig, ockerweißlich, Druckstellen mit weinrosa Flecken, Basis manchmal zugespitzt. **F:** kompakt, weich, erst weißrosa, später rosaviolett bis braun mit hellen Adern marmoriert. **Ger:** leicht säuerlich. **V:** unterirdisch (hypogäisch), in sandigen Böden; mediterran. **Mik:** Sporen deutlich netzartig ornamentiert, kugelförmig, gelblich, 20–35 µm, Asci länglich, keulenförmig, 2- bis 4-sporig, mehr oder weniger uniseriat.

16.15.32 *Terfezia magnusii* Mattir., *Choiromyces magnusii* (Mattir.) Paol.
Warzigsporige Wüstentrüffel, Warzigsporige Mäandertrüffel

Frkp: 5–7 cm, unregelmäßig knollig, glatt, strohgelb, später roströtlich. **F:** erst weißlich mit blassockerlichen, später braun mit roströtlichen Venen. **Ger:** schwach. **Ges:** süß und mild. **V:** mehrheitlich unterirdisch (hypogäisch), reif jedoch die Bodendecke etwas aufwerfend, mediterran, bei Lackzistrose *Cistus ladanifer*; im Frühling. **Mik:** Sporen mit < 2 µm hohen, dichten Warzen, kugelförmig, erst farblos, später gelbockerlich, 17–22 µm, unregelmäßig angeordnet, Asci keulenförmig, vorwiegend 8-sporig. In Spanien ein beliebter Speisepilz.

16.15.33 *Terfezia arenaria* (Moris) Trappe
Elegante Wüstentrüffel

Frkp: 3–8 cm, unregelmäßig knollig, mit kurzem Wurzelfortsatz an der Ansatzstelle, glatt, oft rissig, erst weißlich, später ockerbräunlich. **F:** Peridium (Rinde) eher dünn, Gleba festfleischig, erst weißlich, zunehmend grünlich oder rötlich mit weiß bleibenden, sterilen Adern. **Ger:** leicht fruchtig. **V:** unterirdisch (hypogäisch), mediterran, im Sand, an Wüstenrändern; Frühling bis Sommer. **Mik:** Sporen reif stark warzig, Warzen bis 5 µm hoch, zahnradartig ohne Netz, kugelförmig, hellbraun, 24–25 µm, unregelmäßig angeordnet, Asci keulen- bis kugelförmig, vorwiegend 8-sporig.

16.15.34 *Terfezia olbiensis* (Tul. & C. Tul.) Sacc., Kleinfrüchtige Wüstentrüffel: Fruchtkörper 2–4 cm, weißlichrosa, feinst filzig, später rötlich-ockerbraun; bei Eiche *Quercus* und Kiefer *Pinus*. Sporen stachelig, Stacheln 2–3 hoch, kugelförmig, 16–20 µm.

16.15.35 *Terfezia leptoderma* (Tul. & C. Tul.) Tul. & C. Tul., Kartoffelgeruch-Wüstentrüffel: Fruchtkörper 2–4 cm, weiß bis rosaocker, ockerbraun, Fleisch erst graulich, später rosagrau bis graugrün, Geruch angenehm; mediterrane Pinienwälder *Pinus pinea*. Sporen mit dichten, bis 5 µm langen Stacheln, kugelförmig, 20–24 µm.

16.15.36 *Terfezia boudieri* Chatin, Boudiers Wüstentrüffel: Geruch erdartig; Südeuropa, mediterran. Sporen stumpfwarzig, mit Anhängsel, kugelförmig, 16–24 µm.

16.15.37 *Terfezia claveryi* Vittad., Braune Wüstentrüffel: Rinde relativ dick, ca. 1 mm, Geruch pfefferartig. Sporen eng netzartig mit ca. 2 µm Wabenweite ornamentiert, kugelförmig, 16–23 µm.

T. arenaria und *T. boudieri* sind in der Schweiz explizit als Speisepilze zugelassen.

16.15.38 *Tirmania nivea* (Desf.) Trappe
Weiße Amyloidtrüffel

Frkp: 6–15 cm, unregelmäßig knollig, mit kurzem Wurzelfortsatz an der Ansatzstelle, glatt, hellocker bis rötlichbraun. **F:** Rinde weniger als 1 mm dick, Gleba fest, käseartig,

16.15.29 *Fischerula macrospora*, Großsporige Fischertrüffel

16.15.31 *Delastria rosea*, Gemeine Rosatrüffel

16.15.32 *Terfezia magnusii*, Warzigsporige Wüstentrüffel

16.15.33 *Terfezia arenaria*, Elegante Wüstentrüffel

weiß bis wässerig grau oder ockerlich aderig. **Ger:** nach Hefe. **Ges:** hefeartig. **V:** unterirdisch (hypogäisch), mediterran, Nordafrika, bei Sonnenröschen *Helianthemum;* Frühling bis Sommer. **Mik:** Sporen glatt, ellipsoid, hyalin, 14–18 × 11–15 µm, unregelmäßig angeordnet, Sporen und Asci stark J+, beutelförmig, kugelig, vorwiegend 8-sporig.

16.15.39 *Tirmania pinoyi* (Maire) Malençon, Pinoys Amyloidtrüffel: Fruchtkörper 4–18 cm, Gleba fest, elastisch, blass bis orangeocker, Geschmack unauffällig. Sporen leicht rau, kugelig, 15–19 µm, Asci 8-sporig. ( ).

16.15.40 *Kalaharituber pfeilii* (Henn.) Trappe & Kagan-Zur, *Terfezia pfeilii* Henn.
Kalaharitrüffel

Frkp: 3–7 cm, unregelmäßig knollig, mit kurzem Wurzelfortsatz an der Ansatzstelle, fein behaart, gelb bis dunkelbraun. **F:** Peridium (Rinde) bis 1 mm dick, Gleba festfleischig, weißlich bis bräunlich aderig. **Ger:** pilzartig. **V:** unterirdisch (hypogäisch), bei Akazie *Acacia* und Wassermelone *Citrullus,* Afrika, Südafrika, Kalahariwüste; **Mik:** Sporen glatt und ganz feinstachelig oder behaart, breit ellipsoid bis kugelförmig, anfangs farblos, später gelbbräunlich, dextrinoid, 16–23 × 16–20 µm, Asci kugelig, vorwiegend 8-sporig. ( ).

16.15.41 *Elaphomyces mutabilis* Vittad.
Blauende Hirschtrüffel

Frkp: 1–2 cm, knollig kugelig bis etwas eingedellt, bedeckt mit einem robusten ockerweißen Mycelfilz, darunter fast glatt, grauschwarz. **F:** Peridium (Rinde) 1–2 mm dick, im Schnitt außen grauschwarz und gegen innen anfangs weißlich, Gleba grau-blaugrünlich, zunehmend dunkler gefärbt und pulverig zerfallend. **Ger:** angenehm, leicht fruchtig. **V:** unterirdisch (hypogäisch), im Laubwald, vorwiegend bei Eiche *Quercus* und Edelkastanie *Castanea;* ganzjährig. **Mik:** Sporen dicht mit abgebogenen, stäbchenförmigen Stacheln ornamentiert, kugelförmig, mehrheitlich braun, teils etwas graugrünlich, 10–13 µm, J–, Asci kugelförmig. ( ).

16.15.42 *Elaphomyces citrinus* Vittad.
Zitronengelbe Hirschtrüffel

Frkp: 1–2 cm, knollig kugelig mit unregelmäßigen Dellen, bedeckt mit einem gut haftenden, fädigen, zitronengelben Mycelfilz, darunter praktisch glatt, braunschwarz. **F:** Peridium (Rinde) 1–2 mm dick, im Schnitt außen braunschwarz, gegen innen grau, Gleba bald graubraun pulverig zerfallend. **Ger:** intensiv trüffelartig mit einer Komponente Knoblauch. **V:** unterirdisch (hypogäisch), vorwiegend in warmen Eichen- *Quercus* oder Mischwäldern; ganzjährig. **Mik:** Sporen mit stäbchenförmigen, ca 1 µm hohen Stacheln, kugelig, dunkelbraun, 9–12 µm, J–, Asci kugelförmig, 8-sporig.

16.15.43 *Elaphomyces papillatus* Vittad.
Warzige Hirschtrüffel

Frkp: 0,5–2,5 cm, knollig kugelig bis ovoid, schwach bedeckt mit einem braunen Mycelfilz, darunter glatt, braun. **F:** Peridium (Rinde) dünn, im Schnitt einfarbig weißlich, Gleba oft mit rötlich-violetten Anteilen, reif pulverig zerfallend. **Ger:** etwas nach Thymian oder Weihrauch. **V:** unterirdisch (hypogäisch), bei verschiedenen Laubbäumen wie Hainbuche *Carpinus,* Linde *Tilia,* Eiche *Quercus;* ganzjährig. **Mik:** Sporen stachelig und teilweise mit braunen RIppen, kugelförmig, dunkelbraun, 11–16 µm, J–, Asci kugelförmig, 8-sporig. ( ).

E. papillatus var. *sulphureopallidus* P.-A. Moreau, A. Paz, Lavoise & J.M. Vidal: hellgelb, Peridium 1,5–2 mm, grau bis leicht graublau; in Zentraleuropa. Sporen mit farblosen Rippen, 13–16 µm.

E. papillatus var. *striatosporus* (Kers) A. Paz & Lavoise: in Skandinavien. Sporen mit braunen, streifigen Rippen bedeckt, 12–19 µm.

16.15.44 *Elaphomyces maculatus* Vittad.
Gefleckte Hirschtrüffel

Frkp: 1–3 cm, knollig kugelig, glatt bis feinkörnig, braunschwarz, an der Basis mit einem grünlichen Mycelfilz oder Resten davon. **F:** Peridium (Rinde) 1–2 mm dick, im Schnitt erst weißlich, später grau- bis braunschwärzlich, Gleba bald pulverig, grauoliv. **Ger:** säuerlich brotartig, senfartig. **V:** unterirdisch (hypogäisch), im Laubwald; ganzjährig. **Mik:** Sporen flach und unregelmäßig warzig, kugelförmig, dunkelbraun, 28–42 µm, J–, Asci kugelig, 8-sporig. (CH 96,).

16.15.45 *Elaphomyces leveillei* Tul. & C. Tul., Léveillés Hirschtrüffel: Fruchtkörper 2–5 cm, kugelig mit Dellen und mindestens einer abgeflachten Seite, schwarz mit feinen Wärzchen (Lupe), Peridium (Rinde) im Schnitt erst weißlich, später grau- bis braunschwärzlich, Gleba erst weißlich, bald pulverig, schwärzlich mit graubeigen Adern, Geruch trüffelartig, Sporenpulver braunschwarz; vorwiegend bei Buche *Fagus*. Sporen 18–24 µm, J–, Asci 6- bis 8-sporig.

16.15.46 *Elaphomyces septatus* Vittad.
Septierte Hirschtrüffel

Frkp: 1,5–3 cm, knollig kugelig, mit kleinen Dellen, rau bis feinkörnig, einheitlich dunkel graubraun mit braunen Resten des Mycelfilzes. **F:** Peridium (Rinde) im Schnitt außen schwarz und innen weißlich-lila bis graubraun, Gleba grauweißlich mit einem Schein Lila, bald pulverig und etwas dunkler aber nie schwarzbraun. **Ger:** eher unauffällig. **V:** unterirdisch (hypogäisch), im Laubwald, vorwiegend bei Eiche *Quercus;* ganzjährig. **Mik:** Sporen mit bis 3 µm hohen, anliegenden Stacheln, kugelförmig, hell beigebraun, 26–32 µm, J–, Asci kugelig, 8-sporig.

16.15.39 *Tirmania pinoyi,* Pinoys Amyloidtrüffel

16.15.40 *Kalaharituber pfeilii,* Kalaharitrüffel

16.15.41 *Elaphomyces mutabilis,* Blauende Hirschtrüffel

16.15.43 *Elaphomyces papillatus,* Warzige Hirschtrüffel

16.15.44 *E. maculatus,* Gefleckte Hirschtrüffel

16.15.47 *Elaphomyces leucosporus* Vittad.
Hellsporige Hirschtrüffel

Frkp: 0,5–1,5 cm, knollig kugelig bis ovoid, feinkörnig bis fast glatt, violettbraun bis schwarz, Basis mit einer Delle mit grünen und weinroten Mycelfilzresten. **F:** Peridium (Rinde) ca. 1 mm dick, hart, hölzern, im Schnitt schwarz, Gleba anfangs durchgehend weiß, später grau- bis rosabraun aber nie schwärzend. **Ger:** schwach trüffelartig. **V:** unterirdisch (hypogäisch), im Laubwald, vorwiegend bei Buche *Fagus*, Eiche *Quercus*; ganzjährig. **Mik:** Sporen warzig, kugelig, mehrheitlich weiß mit teilweise gefärbten Flecken, 18–22 µm, J–, Asci kugelig, 8-sporig.

16.15.48 *Elaphomyces anthracinus* Vittad.
Kohlschwarze Hirschtrüffel

Frkp: 1–4 cm, knollig kugelig, glatt bis feinst körnig, dunkel braunschwarz, mit einer filzigen, flüchtigen, braunschwarzen Mycelkruste bedeckt. **F:** Peridium (Rinde) 2–3 mm dick, im Schnitt außen schwarz, darunter weiß bis gelblich, Gleba jung grau, bald schwarzbraun, pulverig zerfallend. **Ger:** stark und aufdringlich in reifen Exemplaren. **V:** unterirdisch (hypogäisch), im Laub- oder Nadelwald; ganzjährig. **Mik:** Sporen dicht mit knapp 1 µm hohen Stäbchen ornamentiert, kugelig, bald schwarzbraun, 15–19 µm, J–, Asci kugelig, 8-sporig.

16.15.49 *Elaphomyces aculeatus* Vittad.
Stachelige Hirschtrüffel

Frkp: 1–4 cm, knollig kugelig bis ovoid, mit deutlich sichtbaren, hellen, dichten Stacheln und schwarzen Spitzen besetzt, rötlich- bis violettbraun. **F:** Peridium (Rinde) 1–2 mm dick, im Schnitt weißlich maseriert, Gleba bald dunkel rötlichbraun, pulverig zerfallend. **Ger:** nach trockenen Kräutern (kann von Hunden wahrgenommen werden). **V:** unterirdisch (hypogäisch), im Laubwald; Herbst bis Winter. **Mik:** Sporen dicht mit knapp 1 µm hohen Stäbchen ornamentiert, kugelig, erst gelblich, später kastanienbraun, 14–18 µm, J–, Asci kugelig, 8-sporig.

16.15.50 *Elaphomyces granulatus* Fr.
Kleinwarzige Hirschtrüffel

Frkp: 2–6 cm, knollig kugelig bis ovoid, mit dreieckigen Warzen, blassocker. **F:** relativ fest, Peridium (Rinde) 3–5 mm dick, im Schnitt außen gelblich und innen weißlich, Gleba erst graurosa mit weißlichen Adern, bald zunehmend schwarz, reif pulverig zerfallend. **Ger:** schwach erdartig. **V:** unterirdisch (hypogäisch), auf sandigem Boden, vorwiegend im Nadelwald, z. B. bei Kiefer *Pinus*, gelegentlich auch im Laubwald z. B. bei Buche *Fagus*; ganzjährig. **Mik:** Sporen mit groben, bis 2 µm hohen, dicken, pyramidenförmig verklebten Stacheln, kugelig, dunkel rotbraun, 20–28 µm, J–, Asci 6- bis 8-sporig. (🖼).

16.15.51 *Elaphomyces asperulus* Vittad.
Rauliche Hirschtrüffel

Frkp: 2–4 cm, knollig kugelig bis ovoid, mit feinen Warzen, die eine netzartig wirkende Oberfläche bilden, blass grauocker. **F:** Peridium (Rinde) 1–3 mm dick, im Schnitt außen grauweiß bis graubläulich und innen mit grau- oder weinrosa, Gleba erst graurosa mit etwas rosafarbenen Adern, bald zunehmend schwarz und reif pulverig zerfallend. **Ger:** schwach erdartig. **V:** unterirdisch (hypogäisch), vorwiegend im Nadel- oder Mischwald, ganzjährig. **Mik:** Sporen fleckig-warzig, kugelig, dunkelbraun, 22–30 µm, J–, Asci 8-sporig. (CH 95, 🖼).

16.15.52 *Elaphomyces muricatus* Fr.
Bunte Hirschtrüffel

Frkp: 1–3 cm, knollig kugelig bis ovoid, deutlich warzig, gelbbraun, rötlichocker bis braun. **F:** Peridium (Rinde) 1–2 mm dick, im Schnitt gegen außen weißlich und gegen innen dunkelbraun und rosaweiß marmoriert, Gleba erst weißlich, rosagrau, bald braunschwarz mit weißlichen Adern, reif pulverig zerfallend. **Ger:** schwach erdartig. **V:** unterirdisch (hypogäisch), im Laubwald, vorwiegend bei Buche *Fagus*; ganzjährig. **Mik:** Sporen grobwarzig, kugelig, dunkelbraun, 16–25 µm, J–, Asci sackförmig, 2- bis 6-sporig. (CH 97, 🖼).

E. muricatus var. *reticulatus* (Vittad.) A. Paz & Lavoise: Fruchtkörper nur schwach warzig. Sporen 19–28 µm, Peridium nur schwach marmoriert.

E. muricatus var. *variegatus* (Vittad.) A. Paz & Lavoise: Fruchtkörper mit entfärbten Flecken marmoriert, mit deutlicher Einbuchtung an der Basis, Peridium 2–5 mm dick. Sporen 15–20 µm.

Elaphomyces quercicola Ławryn., A. Paz & Lavoise, *E. muricatus* f. *quercicola* Ławryn.: Fruchtkörper 2–5 cm, deutlich warzig, orangebraun mit stark haftendem Mycelfilz, Geruch intensiv nach Pilz und Knoblauch; vorwiegend bei Eiche *Quercus*. Sporen mit kurzen, isolierten, stark gebogenen Stacheln, 19–25 µm, Asci mehrheitlich 2- bis 4-sporig.

16.15.50 *Elaphomyces granulatus*, Kleinwarzige Hirschtrüffel

16.15.51 *Elaphomyces asperulus*, Rauliche Hirschtrüffel

16.15.52 *Elaphomyces muricatus*, Bunte Hirschtrüffel

16.15.53 *Elaphomyces decipiens* Vittad.
Täuschende Hirschtrüffel

Frkp: 1–4 cm, knollig kugelig, niedrig und unregelmäßig flachwarzig mit hellen Zwischenräumen, hell grauocker, beige bis graubraun, meist noch teilweise mit wolligen, gleichfarbigen Mycelresten umgeben. **F:** Peridium (Rinde) dünn, ca. 1 mm dick, im Schnitt marmoriert, außen beigeocker und gegen innen weinbraun bis schwarz, Übergang zur Gleba gezähnt, Gleba bald praktisch schwarz und pulverig zerfallend. **Ger:** etwas gasartig, unangenehm. **V:** unterirdisch (hypogäisch), im Laubwald, vorwiegend bei Eiche *Quercus;* ganzjährig. **Mik:** Sporen mit 1–2 µm hohen, dünnen, teils gebogenen Stacheln, etwas schollig verklebt, kugelförmig, braunschwarz, 20–25 µm, J–. (🖼).

16.15.54 *Elaphomyces morettii* Vittad.
Morettis Hirschtrüffel

Frkp: 1–3 cm, knollig kugelig, unregelmäßig, stumpfwarzig, rötlichbraun, teils mit Mycelfilzresten bedeckt. **F:** Peridium (Rinde) 1–2 mm dick, im Schnitt weißlich, später bräunlich, Gleba bald pulverig, grau- bis braunschwarz. **Ger:** angenehm, alt etwas knoblauchartig. **V:** unterirdisch (hypogäisch), im Laubwald, vor allem bei Eiche *Quercus* und Edelkastanie *Castanea;* ganzjährig. **Mik:** Sporen warzig, mit 1–2,5 µm hohen, teils etwas gebogenen Stacheln, kugelförmig, braunschwarz, 17–22 µm, J–, Asci 8-sporig.

E. morettii var. *echinatus* (Vittad.) Ceruti, *Elaphomyces echinatus* Vittad.: jung gelbgrünlich mit braunem Schein, später dunkel graubraun, Gleba schwarzgrün, evtl. mit rötlichem Ton, Geruch stark, schwefelartig. Sporen stachelig mit netzartiger Struktur, 20–24 µm.

16.15.55 *Elaphomyces persoonii* Vittad.
Persoons Hirschtrüffel

Frkp: 2–6 cm, knollig kugelig bis gewunden, teils mit etwas zugespitzter Basis, regelmäßig stumpfwarzig, grauschwarz, mit stark anhaftenden, gelben Mycelfilzresten. **F:** Peridium (Rinde) 2–3 mm dick, im Schnitt erst weißlich, später rosagrau, Gleba erst blaugrünlich, später rußbraun pulverig zerfallend. **V:** unterirdisch (hypogäisch), im Laub- oder Nadelwald; ganzjährig. **Mik:** Sporen stark netzartig ornamentiert, kugelförmig, braun bis olivbraun, 18–22 µm, J–, Asci 8-sporig.

16.15.56 *Elaphomyces cyanosporus* Tul. & C. Tul.
Blaufleischige Hirschtrüffel

Frkp: 0,5–2,5 cm, knollig kugelig bis ellipsoid, teils eingedellt, dicht feinwarzig (etwas pyramidenförmig oder abgerundet), teils mit filziger, flüchtiger bläulichgrauer Mycelkruste bedeckt, dunkel braunschwarz. **F:** Peridium (Rinde) 2–3 mm dick, im Schnitt weißlich bis lachsockerlich, Gleba erst weißlich-blau, später dunkler blaugrau bis grauschwarz, pulverig zerfallend. **Ger:** trüffelartig und etwas nach Knoblauch, kann von Hunden gut wahrgenommen werden. **V:** unterirdisch (hypogäisch), im Laub- oder Mischwald; ganzjährig. **Mik:** Sporen mit ca. 1–2 µm hohen, polygonalen Warzen, netzartig ornamentiert, kugelig, grau- bis bläulich-schwarz, 23–26 µm, J–, Asci 8-sporig. (🖼).

16.15.57 *Elaphomyces virgatosporus* Hollós
Gestreiftsporige Hirschtrüffel

Frkp: 0,5–2 cm, knollig kugelig bis eingedellt oder flachgedrückt, mit feinen, stumpfen Wärzchen, grau- bis braunschwarz. **F:** Peridium (Rinde) 1–2 mm dick, im Schnitt weißgrau, Gleba erst weißlich, später braun pulverig. **Ger:** intensiv trüffelartig, phenolartig. **V:** unterirdisch (hypogäisch), im Laubwald, vor allem bei Buche *Fagus* oder Hainbuche *Carpinus;* ganzjährig. **Mik:** Sporen mit auffälligen Gräten (Streifen), kugelförmig, braun, 16–22 µm, J–, Asci 8-sporig.

16.15.58 *Elaphomyces atropurpureus* Vittad.
Purpurschwarze Hirschtrüffel

Frkp: 0,5–1 cm, knollig kugelig, fast glatt, grauschwarz, bedeckt mit ablösbarer, feiner, purpurbrauner Mycelkruste. **F:** Peridium (Rinde) 1–2 mm dick, im Schnitt purpurn, Gleba grau, bläulichgrau, mit hellgrauer Zone unterhalb des Peridiums. **Ger:** angenehm pilzartig. **V:** unterirdisch (hypogäisch), vorwiegend bei Eiche *Quercus,* seltener bei Kiefer *Pinus;* ganzjährig. **Mik:** Sporen warzig, etwas netzartig wirkend, kugelförmig, braun, 8–14 µm, J–, Asci 6- bis 8-sporig.

16.15.59 *Elaphomyces foetidus* Vittad.
Stinkende Hirschtrüffel

Frkp: 2–4 cm, unregelmäßig knollig kugelig, warzig, dunkel graublau, ohne Mycelreste. **F:** Peridium (Rinde) 1–2 mm dick, im Schnitt einheitlich, Gleba bläulichgrau, mit weißlicher Zone unterhalb des Peridiums. **Ger:** stark, nach Knoblauch, Zwiebeln und schließlich ranzigem Rizinusöl. **V:** unterirdisch (hypogäisch), im Laubwald. **Mik:** Sporen netzartig mit 1,5 µm weiten Maschen, kugelförmig, braun, 26–32 µm, J–, Asci 6- bis 8-sporig.

16.15.60 *Genea fragrans* (Wallr.) Sacc.
Gewundene Blasentrüffel

Frkp: 0,5–1,5 cm, stark lappig, unregelmäßig eingedellte, kugelige Knollen, mit stumpfen, flachen Warzen bedeckt, braun bis schwarz, innen hohl, dickwandig. **F:** Peridium (Rinde) im Schnitt dunkel, Gleba grauweiß mit gewundenen Hohlräumen. **Ger:** stark würzig, trüffelartig, ähnlich *T. aestivum,* Sommer-Trüffel. **V:** unterirdisch (hypogäisch), in Laubwäldern, Parks an ähnlichen Stellen wie *T. aestivum;* vorwiegend im Herbst und Winter. **Mik:** Sporen mit eckigen, zahnradartigen 2–5 µm hohen Warzen ornamentiert, breit ellipsoid bis kugelig, hyalin, 29–40 × 23–38 µm, uniseriat, J–, Asci 270–350 × 35–45 µm, 8-sporig. (🖼).

16.15.53 *Elaphomyces decipiens,* Täuschende Hirschtrüffel

16.15.56 *Elaphomyces cyanosporus,* Blaufleischige Hirschtrüffel

16.15.60 *Genea fragrans,* Gewundene Blasentrüffel

16.15.61 *Genea verrucosa* Vittad., Höckerige Blasentrüffel: Frühling bis Sommer. Sporen mit eher spitzen als zahnradartigen Warzen, ellipsoid 22–32 × 20–27 µm, Asci 200–250 × 25–35 µm.

16.15.62 *Genea thaxteri* Gilkey, Himbeersporige Blasentrüffel: Fruchtkörper braun, fein behaart, Gleba grau, Geruch nach Joghurt. Sporen mit halbkugeligen, breiten Warzen, ellipsoid, 25–32 × 20–23 µm, Asci 230–300 × 25–35 µm.

16.15.63 *Genea sphaerica* Tul. & C. Tul., Fastkugelige Blasentrüffel, Feinsporige Blasentrüffel: Fruchtkörper 0,5–2 cm, regelmäßig kugelig, schwarz, feinwarzig. Sporen dicht, stumpfstachelig, breit ellipsoid, 26–36 × 22–28 µm, Asci 260–350 × 30–35 µm.

16.15.64 *Genea lespiaultii* Corda, Grobsporige Blasentrüffel: Fruchtkörper 0,5–1 cm, schärzlich und feinwarzig. Sporen stumpf und flachwarzig, polygonal, 30–35 × 23–26 µm, Asci 220–260 × 30–35 µm.

16.15.65 *Genea hispidula* Berk. ex Tul. & C. Tul., Rauliche Blasentrüffel: Fruchtkörper-Oberfläche warzig und feinhaarig. Sporen 28–36 × 20–25 µm. (🖼).

16.15.66 *Genea fragilis* (Tul. & C. Tul.) B.C. Zhang, *Genabea fragilis* Tul. & C. Tul.
Ellipsoidsporige Blasentrüffel, Ellipsoidsporige Hohlraumtrüffel

Frkp: 0,5–1 cm, unregelmäßig kugelige Knollen mit Höckern, Buckeln, Dellen, glatt bis etwas rau, braunschwarz, Basis etwas wollig mit Mycelfäden. **F:** Peridium (Rinde) im Schnitt dunkelbraun, Gleba sehr brüchig, braun mit labyrinthförmigen Hohlräumen. **V:** unterirdisch (hypogäisch), bei Laubbäumen in Südeuropa; im Herbst. **Mik:** Sporen feinstachelig, ellipsoid, braun, 31–41 × 22–30 µm, J–, Asci 4- bis 6-sporig.

16.15.67 *Myrmecocystis sphaerospora* (Mattir.) P. Alvarado, Hensel & Vizzini, *Genabea sphaerospora* Mattir., Kugelsporige Hohlraumtrüffel: Fruchtkörper etwas heller, mit weißlichen Schüppchen. Sporen kugelförmig, Asci 4- bis 6-sporig, uni- oder multiseriat.

16.15.68 *Hydnocystis piligera* Tul.
Behaartes Hohltrüffelchen

Frkp: 0,5–4 cm, abgeflacht kugelig, höckerig, filzig-flaumig, blass bis gelbbraun, meistens mit einer größeren Delle mit weißem Mycelfilz. **F:** Peridium (Rinde) 0,5 mm, im Schnitt gelblich, Gleba weiß. **Ger:** stark fruchtartig. **V:** eingesenkt bis teilweise unterirdisch (hypogäisch), bei Nadelbäumen. **Mik:** Sporen glatt, kugelförmig farblos, 28–35 µm, ohne Tropfen, J–, Asci vorwiegend uniseriat 8-sporig, 250–300 × 30–50 µm. (🖼).

16.15.69 *Hydnocystis bombycina* (Vittad.) Healy & M.E. Sm.,
Stephensia bombycina (Vittad.) Tul. & C. Tul.
Gelbes Hohltrüffelchen, Gelbe Seidentrüffel

Frkp: 0,5–2 cm, kugelig knollig, wollig-filzig, schmutzig gelb- bis rosabraun. **F:** anfangs kompakt, gelblich mit weißen, labyrinthischen, weichfleischigeren Adern. **Ger:** auffällig, blumenkohlartig, nach Schwefelwasserstoff. **V:** eingesenkt bis unterirdisch (hypogäisch), in Laub- oder Nadelwäldern; Sommer bis Herbst. **Mik:** Sporen glatt, kugelförmig, hyalin, 21–28 µm, J–, uniseriat, Asci 8-sporig, 180–270 × 20–30 µm. (🖼).

16.15.70 *Hydnotrya cerebriformis* Harkn.
Hirnförmige Rasentrüffel

Frkp: 0,5–2 cm, unregelmäßig knollig, hirnförmig gewunden, ohne Warzen, glasig weißlich ocker bis braun, oft mit einer deutlich zusammengezogenen Anwachsstelle. **F:** zunehmend mit schmalen Hohlräumen zwischen den Windungen, weißlich bis ockerfarben, glasig. **Ger:** unauffällig, süßlich. **V:** unterirdisch (hypogäisch), in Laub- oder Nadelwäldern; im Sommer. **Mik:** Sporen jung glatt, jedoch reif stachelig und netziggratig, kugelförmig, farblos, später gelbbräunlich, 22–30 µm, uniseriat, J–, Asci 8-sporig, 250–320 × 30–35 µm. (🖼).

16.15.71 *Hydnotrya tulasnei* (Berk.) Berk. & Broome
Rotbraune Rasentrüffel

Frkp: 2–3 cm, unregelmäßig kugelig mit Dellen und Gruben, matt bis leicht bereift, rötlichocker. **F:** haselnussbraun bis hell rötlichbraun mit Hohlräumen, die mit einer weißlichen Fruchtschicht bedeckt sind. **Ger:** unauffällig, süßlich. **V:** in geringer Tiefe oder halb aus der Erde ragend, im Mischwald bei verschiedenen Baumarten, bis in höhere Lagen; Frühling bis Herbst. **Mik:** Sporen mit groben, stumpfen, 3–6 µm hohen Warzen, kugelig, erst hyalin, später rötlichocker, 24–30 µm, uni- bis biseriat, J–, Asci 8-sporig, zylindrisch bis keulenförmig, 170–250 × 30–45 µm.

16.15.72 *Hydnotrya michaelis* (E. Fisch.) Trappe, *Hydnotrya ploettneriana* (Henn.) Hawker
Gelbbraune Rasentrüffel

Frkp: 2–4 cm, unregelmäßig gewunden, glatt bis feinfilzig, gelbbraun bis braun, teils mit karminrötlichem Schein. **F:** Peridium (Rinde) 1–2 mm dick, fleischrötlich bis -braun, Gleba mit hirnartig gewundenen Hohlräumen, cremeweißlich. **Ger:** unauffällig, süßlich. **V:** im Bergnadelwald; Sommer bis Herbst. **Mik:** Sporen mit ziemlich groben, kugeligen, 2–3 µm hohen Warzen, teils miteinander verbunden, ellipsoid, farblos, später kastanienbraun, 24–36 × 15–25 µm, J–, Asci 6- bis 8-sporig, 250–350 × 25–40 µm.

16.15.65 *Genea hispidula*, Rauliche Blasentrüffel

16.15.68 *Hydnocystis piligera*, Behaartes Hohltrüffelchen

16.15.69 *Hydnocystis bombycina*, Gelbes Hohltrüffelchen

16.15.70 *Hydnotrya cerebriformis*, Hirnförmige Rasentrüffel

Bildnachweis

Guglielmo Martinelli: sämtliche Bilder, welche nicht von den nachfolgend aufgelisteten Autor:innen stammen.

Ditte Bandini: 12.5.03; 12.5.09; 12.5.12; 12.5.13; 12.5.18; 12.5.20; 12.5.23; 12.5.24; 12.5.33; 12.5.38; 12.5.51; 12.5.52; 12.5.61; 12.5.62; 12.5.68; 12.5.74; 12.5.75; 12.5.76; 12.5.77; 12.5.78; 12.5.79; 12.5.80; 12.5.83; 12.5.86; 12.5.87; 12.5.88; 12.5.92; 12.5.94; 12.5.96; 12.5.97; 12.5.98; 12.5.99; 12.5.102; 12.5.107; 12.5.109; 12.5.110; 12.5.113; 12.5.114; 12.5.115; 12.5.116

Hans Bender: 16.13.67

Guido Bieri: 14.1.36

Stefan Blaser: Abb. 18, 1.3.30; 5.21.15; 16.6.13; 16.8.89; 16.8.92; 16.8.99; 16.12.29; 16.12.31; 16.12.42; 16.13.14; 16.13.35; 16.13.71

Max Danz: 7d, 11c, 13c, 14b, 17b, 19c, 21b, 22a, 22c, 24a, 1.2.23; 1.3.01; 1.4.29; 1.4.53; 1.7.01; 2.1.01; 2.1.04; 2.1.07; 2.1.12; 2.1.25; 3.1.07; 3.1.12; 3.2.16; 3.4.02; 3.6.08; 3.6.12; 4.2.15; 4.2.39; ganzseitig 5.4.01; 5.1.50; 5.12.29; 5.18.04; 5.20.14; 6.1.15; ganzseitig 7.2.05; 8.1.07; 8.1.12; 8.1.17; 8.1.28; ganzseitig 9.1.07; ganzseitig 11.1.02; 11.3.09; 11.3.24; 11.4.04; 11.8.45; 12.5.10; 14.1.43; 14.1.68; 14.2.27; 14.5.01; 15.1.82; 15.1.133; 15.2.72; 15.2.79; ganzseitig 16.1.11; 16.2.07; 16.5.04; 16.5.07; 16.5.08; 16.6.14a; 16.9.02; 16.10.72; 16.11.06; 16.12.01; 16.12.12; 16.12.28; 16.13.01 rechts

Romano De Marchi: 16.5.11

Matthias Dondl: 4d, 6.2.66; 10.3.29; 11.8.33; 12.1.12; 12.5.25; 12.5.34; 13.2.42; 14.1.69; 14.1.70; 14.3.27; 14.3.47; 14.3.48; 14.3.75; 14.3.82; 14.3.92; 14.3.122; 14.5.16; 14.5.24; 14.5.34; 14.5.36

Silvia Eggli Christen: 16.15.08 links

Petra und **Werner Eimann:** 1a, 1c, 2a, 2d, 3b, 3c, 5b, 5d, 7b, 8b, 8c, 11d, 12d, 13d, 15c, 15d, 16d, 17a, 20a, 20c, 22b, 22d, 23a, 23b, 24c, 1.2.01; 1.2.14; 1.2.19; 1.2.20; 1.2.24; 1.4.39; 1.4.48; 1.4.50; 1.4.58; 1.5.09; 1.5.61; 1.5.107; 1.7.18; 4.1.18; 5.9.04; 5.9.06; 5.12.30; 5.16.07; 5.17.07; 5.21.04; 5.22.01; 5.22.17; 5.22.18; 6.1.01; 6.2.14; 6.2.83; 6.2.107; 6.2.113; 6.2.114; 7.1.21; 7.1.22; 7.2.05; 7.2.08; 8.1.05; 8.2.01; 9.5.01; 9.6.15; ganzseitig 10.2.20; 10.2.01; 10.2.12; 10.3.21; 10.3.27; 11.2.04; 11.5.05; 11.5.13; 11.7.08; 11.8.49; ganzseitig 12.5.10; 12.1.02; 12.1.06; 12.1.09; 12.2.01; 12.5.40 unten; 12.5.41; ganzseitig 14.5.31; 14.1.19; 14.1.37; 14.1.51; 14.2.06; 14.2.07; 14.2.17; 14.3.06; 14.3.55; 14.3.102; 14.3.103; 14.3.125; 14.5.07; 15.1.98; 16.5.01; 16.5.09; 16.6.41; 16.8.09; 16.8.49; 16.9.06; 16.9.42; 16.9.43; 16.10.07; 16.10.26; 16.10.52; 16.10.69; 16.10.70; 16.10.76; 16.10.81; 16.12.07; 16.12.36; 16.12.38; 16.13.03; 16.13.20; 16.13.31; 16.13.37; 16.13.40; 16.13.50; 16.13.69; 16.13.74; 16.13.78

Silvia Feusi: 5.1.27; 5.2.01; 5.5.45; 7.1.13; 11.6.06; 11.7.22; 11.8.41; 13.2.51; 14.3.119; 16.6.15; 16.10.58; 16.15.33

Gérard Frossard: 6.2.23; 11.3.12; 14.1.02; 16.7.12

Jörg Gilgen: 11a, 1.3.40; 3.8.01; 4.1.13; 5.1.18; 5.1.60; 5.2.03; 5.2.07; 5.5.43; 5.6.04; 5.8.11; 5.11.01; 5.14.10; 5.17.10; 5.20.24; 5.20.45; 5.20.51; 5.20.61; 5.20.81; 5.20.101; 5.21.03; 5.21.12; 5.22.12; 6.1.16; 6.2.05; 6.2.31; 6.2.42; 6.2.46; 6.2.52; 6.2.59; 6.2.63; 6.2.88; 6.2.103; 6.2.120; 6.2.123; 6.2.124; 6.2.129; 7.1.01; 7.1.06; 8.1.35; 9.1.07; 9.1.44; 9.2.17; 9.2.49; 10.1.04; 10.1.09; 10.1.33; 10.2.08; 10.2.09; 10.2.13; 10.3.10; 10.3.17; 10.3.36; 10.3.39; 11.1.04; 11.1.12; 11.2.16; 11.3.01; 11.3.14; 11.3.15; 11.3.16; 11.3.25; 11.4.06; 11.5.02; 11.5.04; 11.7.19; 11.8.02; 12.3.03; 12.5.56; 12.5.106; 13.2.23; 14.1.20; 14.1.22; 14.1.34; 14.1.40; 14.1.47; 14.1.52; 14.2.03; 14.2.14; 14.3.10; 14.3.45; 14.3.66; 14.3.77; 14.3.91; 14.3.97; 14.3.121; 14.5.15; 14.5.30; 15.1.45; 15.2.07; 15.2.08; 15.2.09; 15.2.19; 15.2.20; 15.2.27; 15.2.59; 15.2.85; 15.2.86; 15.2.90; 16.3.18; 16.3.22; 16.5.13; 16.6.06; 16.6.09; 16.6.11; 16.6.22; 16.6.37; 16.6.38; 16.6.43; 16.6.44; 16.6.57; 16.6.60; 16.6.65; 16.6.77; 16.6.78; 16.6.89; 16.6.91; 16.6.93; 16.6.97; 16.6.98; 16.7.02; 16.7.35; 16.7.41; 16.7.52; 16.8.07; 16.8.08; 16.8.13; 16.8.19; 16.8.21; 16.8.34; 16.8.48; 16.8.66; 16.8.67; 16.8.68; 16.8.70; 16.8.84; 16.8.86; 16.8.97; 16.8.102; 16.8.108; 16.8.109; 16.8.110; 16.9.10; 16.9.25; 16.10.11; 16.10.17; 16.10.18; 16.10.23; 16.10.28; 16.10.29; 16.10.32; 16.10.48; 16.10.59; 16.10.65; 16.11.04; 16.11.08; 16.11.10; 16.12.16; 16.12.18; 16.12.26; 16.12.34; 16.12.35; 16.12.41; 16.12.43; 16.12.44; 16.13.42; 16.13.45; 16.13.55; 16.13.56; 16.13.58; 16.13.59; 16.13.61; 16.13.62; 16.15.52; 16.15.70

Christian Gold: 16.15.29; 16.15.31; 16.15.41; 16.15.43; 16.15.44; 16.15.53; 16.15.56

Andrin Gross: Abb. 16; 16.10.54

Chantal Hinni: Abb. 15

Alois Iten: 1.3.39; 1.5.84; 5.14.02; 11.7.13; 16.12.10

Peter Karasch: 4b, 1.2.08; 1.4.26; 1.5.71; 1.5.76; 1.5.87; 1.5.88; 1.5.108; 5.20.77; 5.20.102; 9.1.02a; 9.5.02; 10.1.21; 11.5.15; 11.8.24; 11.8.34; 11.8.37; 11.8.40; 11.8.48; 11.8.50; 13.2.33; 14.1.27; 14.1.53; 14.1.66; 14.5.12; 14.5.28; 15.1.65; 16.6.08; 16.7.59; 16.15.07; 16.15.17; 16.15.24; 16.15.51; 16.15.65

Gaby Keller: 1.5.20; 1.5.48; 5.18.32; 10.2.10; 11.2.13

Michael Krikorev: 14.1.05

Rita Lüder: 2c, 6a, 6c, 7a, 8a, 13a, 13b, 14a, 14c, 19b, 21a, 21c, 24d, 1.2.02; 1.2.03; 1.2.32; 1.3.22; 1.3.27; 1.5.31; 1.7.02; 1.7.07; 3.9.01; 4.1.01; 4.2.04; 5.20.07; 7.2.02; 8.1.03; 9.3.01; 10.1.17; 11.1.01a; 11.2.01; 11.2.06; 11.2.14; 11.5.01; 11.7.06; 12.3.05; 14.3.33; 14.4.01; 16.7.24; 16.12.03; 16.12.04; 16.15.15

Manfred Meusers: 13.2.32; 13.2.37; 13.2.38; 13.2.39; 13.2.40; 13.2.41

Jürgen Marqua: 16.10.09; 16.13.47

Maria Neuhäusler: 9.4.01

Hans-Peter Neukom: 4.4.06; 5.16.01; 6.1.12

Raphael Rickmann: 5.5.10

Urs Roffler: 16.6.21

Xaver Schmid: 5.4.13; 5.8.19; 5.20.30; 6.2.98; 6.2.126; 9.1.29; 9.1.36; 9.2.01; 9.6.05

Geert Schmidt-Stohn: 14.1.49

Gerhard Schuster: ganzseitig 8.1.01; 16.1.09

Beatrice Senn: 15a, 1.3.34; 1.3.36; 1.3.38; Mikro 1.4.39; Mikro 1.4.42; 5.11.04; 11.8.42; 11.8.46; 12.1.13; 12.1.14; 13.1.03; 13.2.02; 13.2.31; 14.2.15; 14.2.22; 14.3.49; 14.3.51; 14.3.123; 14.3.124; 14.5.06; 14.5.19; 16.3.19; 16.6.05; 16.6.07; 16.6.17; 16.6.24; 16.6.51; 16.9.32; 16.9.39; 16.10.01; 16.10.35

swissfungi.ch, Verbreitungsatlas: Abb. 17

Matthias Theiss: 1.2.04; 1.3.04; 3.2.34; 16.8.83

Artemis Treindl: Abb. 20; Abb. 21; Abb. 22

Martin Urben: 14.1.25; 16.9.29

Waldschutz Schweiz, WSL: 16.12.45 links & rechts

Lotte Wegmann: 5.14.01; 5.19.01; 5.20.15; 5.20.18

Karl Wehr: 1b, 1d, 2b, 4a, 5a, 6b, 6d, 9c, 10d, 15b, 16a, 18d, 19d, 3.1.13; 3.2.35; 3.4.04; 3.7.01; 3.9.05; 3.10.01; 4.1.05; 4.1.19; 4.1.25; 4.1.43; 4.2.20; 5.1.17; 5.1.39; 5.1.40; 5.1.61; 5.6.03; 5.11.03; 5.11.05; 5.14.05a; 5.14.06; 5.20.01; 5.20.12; 5.20.39; 6.2.02; 6.2.11; 6.2.22; 6.2.26; 6.2.43; 6.2.44; 6.2.75; 6.2.138; 7.1.05; 7.1.17; 8.1.37; 9.2.47; 9.3.09; 9.4.02; 10.1.28; 10.2.07; 10.2.15; 10.2.16; 11.2.12; 11.3.26; 11.4.08; 11.4.09; 11.4.14; 11.6.11; 11.7.23; 11.7.25; 11.7.26; 11.7.32; 11.8.04; 11.8.13; 11.8.29; 12.3.01; 12.3.02; 12.5.22; 12.5.39; 12.5.90; 13.2.07; 13.2.08; 13.2.10; 13.2.46; 13.2.47; 13.2.50; 13.3.03; 13.3.08; 14.1.06; 14.1.25b; 14.1.29; 14.1.45; 14.1.57; 14.1.63; 14.1.79; 14.2.16; 14.3.09; 14.3.15; 14.3.50; 14.3.58; 14.3.61; 14.3.68; 14.3.85; 14.3.96; 15.1.11a; 15.1.23; 15.1.30; 15.1.47; 15.1.55; 15.1.57; 15.1.64; 15.1.69; 15.1.71; 15.1.75; 15.1.106; 15.1.126; 15.2.22; 15.2.37; 15.2.40; 15.2.57; 15.2.88; 16.7.47; 16.8.01; 16.11.07

Björn Wergen: 1.5.77; 1.7.09a; 2.3.19; 14.1.11; 14.1.12; 14.1.42; 14.2.13; 14.2.26; 14.5.29; 14.5.31; 16.3.23; 16.4.03; 16.6.04; 16.6.19; 16.6.54; 16.6.55; 16.6.59; 16.6.83; 16.7.46; 16.8.23; 16.8.25; 16.8.30; 16.8.46; 16.8.51; 16.8.52; 16.8.87; 16.8.91; 16.9.12; 16.9.15; 16.10.08; 16.10.22; 16.10.39; 16.10.41; 16.10.50; 16.10.51; 16.10.62; 16.10.77; 16.12.05; 16.12.21; 16.12.22; 16.13.06; 16.13.07; 16.13.10; 16.13.17; 16.13.18; 16.13.19; 16.13.21; 16.13.30; 16.13.32; 16.13.36; 16.13.39; 16.13.49; 16.15.50

Markus Wilhelm: 3a, 1.3.31; 1.3.42; 1.4.34; 1.4.55; 1.5.13; 1.5.41; 4.2.16; 5.5.48; 5.8.10; 5.19.22; 5.22.11; 6.2.74; 6.2.94; 6.2.108; 7.1.04; 7.1.23; 7.1.29; 9.1.22; 10.1.13; 11.1.08; 11.4.12; 11.7.27; 13.2.44; 14.3.34; 14.5.25; 15.1.20; 15.1.50; 15.1.130; 16.10.04; 16.13.46

Rudolf Winkler: Abb. 1, Abb. 11, Abb. 19, 4c, 5c, 9d, 19a, 21d, 1.3.43; 3.6.04; 3.7.02; 3.7.04; 5.4.05; 5.5.03; 5.5.14; 5.12.01; 5.12.09; 5.13.03; 5.17.01; 5.18.03; 5.18.03a; 5.18.37; 5.22.09; 6.2.19a; 8.1.06; 9.1.09; 9.3.07; 9.3.16; 9.4.14; 11.7.10; 11.8.31; ganzseitig 13.2.04; 15.2.02; 15.2.06; 15.2.50; 16.15.08 rechts; 16.15.10

Uwe Winkler: 14.1.13; 14.1.14; 14.1.19; 14.1.30; 14.1.35; 14.1.48; 14.1.61; 14.1.71; 14.5.27

Erich Zimmermann: Abb. 13, Abb. 14, 24b, 16.6.84; 16.8.31; 16.8.73; 16.8.88; 16.9.16; 16.9.24; 16.10.02; 16.10.06; 16.10.12; 16.10.19; 16.10.61; 16.10.67; 16.13.29

artsdatabanken.no,
CC BY 4.0, **Egil Bendiksen:** 14.3.39
CC BY 4.0, **Tor Erik Brandrud:** 14.3.37
CC BY 4.0, **Tanya Bulyonkova:** 14.1.64
CC BY 4.0, **Balint Dima:** 14.1.72
CC BY-SA 4.0, **Balint Dima:** 13.2.16
CC BY 4.0, **Klaus Høiland:** 14.3.112

asergeev.com, For general public, **Alexey Sergeev:** 6.2.141

Eberhardt el al. 2021,
CC BY 4.0, **Steen A. Elborne**: 11.8.09
CC BY 4.0, **Henning Knudsen**: 11.8.08

gbif.org, CC BY-SA 4.0, **University of Oslo**: 16.11.05

mushroomobserver.org,
CC BY-SA 3.0, **Irene Andersson (irenea):** 14.3.01; 14.3.46
CC BY-SA 3.0, **Liz Broderick:** 14.3.117
CC BY-SA 3.0, **Terri Clements/Donna Fulton (pinonbistro):** 14.3.80
CC BY-SA 3.0, **Joseph D. Cohen (Joe Cohen):** ganzseitig 3.2.02
CC BY-SA 3.0, **Huafang:** 5.12.22
CC BY-SA 3.0, **Claude Kaufholtz-Couture:** 10.3.38
CC BY-SA 3.0, **Debbie Klein (dejaklein):** 13.2.24
CC BY-SA 3.0, **Lord Mayonnaise:** 1.5.101
CC BY-SA 3.0, **Mushroomlife2.0**: 6.2.142
CC BY-SA 3.0, **Ron Pastorino (Ronpast):** 1.5.100; 14.3.69
CC BY-SA 3.0, **Alan Rockefeller:** ganzseitig 6.2.98; 14.3.88
CC BY-SA 3.0, **Eva Skific (Evica):** 1.2.33
CC BY-SA 3.0, **Susanne Sourell (suse):** 16c
CC BY-SA 3.0, **Igor (Igor_Yevdokimov):** 14.3.84
CC BY-SA 3.0, **zaca:** 10.3.07; 16.11.03

ultimate-mushroom.com, CC BY-SA 3.0, **Dragonòt:** 14.1.10

Wikimedia Commons,
CC BY-SA 2.0, **Tatiana Bulyonkova:** 14.3.115
CC BY-SA 3.0 de, **Chtrede:** 16.15.40
CC BY 2.0, **frankenstoen:** 11.3.21
CC0 1.0, **Eric Gaba (Sting)**, Cherkash – NASA Astrobiology Institute: Abb. 2
CC BY-SA 3.0, **Hagen Graebner:** Abb. 12
CC BY-SA 3.0, **Andreas Kunze:** 5.5.35
CC BY-SA 3.0, **Michael (inski):** 5.20.109
CC BY-SA 3.0, **Jerzy Opiola:** 14.3.74
CC-BY 3.0, **B. Schoenmakers:** 16.14.01
CC BY-SA 3.0, **Susulyka**: 5.12.21
CC BY-SA 4.0, **Dimitris Tzoumpas:** 16.1.06
CC BY-SA 4.0, **Poyt448, Peter Woodard:** 11.7.31

icons8.de (https://icons8.de/icon/14089/bild)

Literatur

Adamčík S. 2004: Studies on *Russula clavipes* and related taxa of *Russula* section *Xerampelinae* with a predominantly olivaceous pileus. Persoonia 18(3): 393–409.

- & Knudsen H. 2004: Red-capped species of *Russula* sect. *Xerampelinae* associated with dwarf scrub. Mycological Research 108(12): 1463–1475. http://doi.org/10.1017/S0953756204000875

- , Jančovičová S., Looney B.P., Caboň M., Adamčíková K., Griffith G.W., Læssøe T., Moreau P.-A., Vizzini A. & Matheny P.B. 2017b: *Hodophilus (Clavariaceae, Agaricales)* species with dark dots on the stipe: more than one species in Europe. Mycological Progress 16: 811–821. http://doi.org/10.1007/s11557-017-1318-9

- , Jančovičová S., Looney B.P., Adamčíková K., Birkebak J.M., Moreau P.-A., Vizzini A. & Matheny P.B. 2017a: Circumscription of species in the *Hodophilus foetens* complex *(Clavariaceae, Agaricales)* in Europe. Mycological Progress 16: 47–62. http://doi.org/10.1007/s11557-016-1249-x

- , Slovák M., Eberhardt. U., Ronikier A., Jairus T., Hampe F. & Verbeken A. 2016b: Molecular inference, multivariate morphometrics and ecological assessment are applied in concert to delimit species in the *Russula clavipes* complex. Mycologia 108(4): 716–730. http://doi.org/10.3852/15-194

- , Caboň M., Eberhardt. U., Saba M., Hampe F., Kleine J., Marxmüller H., Jančovičová S., Pfister D.H., Khalid A.N., Kolařík M., Marhold K. & Verbeken A. 2016a: A molecular analysis reveals hidden species diversity within the current concept of *Russula maculata (Russulaceae, Basidiomycota)*. Phytotaxa 270(2): 071–088. http://doi.org/10.11646/phytotaxa.270.2.1

- , Carteret X. & Buyck B. 2013: Type studies on some *Russula* species described by C.H. Peck. Cryptogamie, Mycologie 34(4): 367–391. http://doi.org/10.7872/crym.v34.iss2.2013.367

Agnello C. 2011: Ritrovamenti nel Salento di *Hydnocystis piligera* Tul. e *Hydnocystis clausa* (Tul. & C. Tul.) Ceruti. Ascomycete.org 2(4): 9–17. http://doi.org/10.25664/art-0032

Akata I. & Kaya A. 2013: Three pyronemataceous macrofungi genera new to Turkish Mycota. Turkish Journal of Botany 37(5): 977–980. http://doi.org/10.3906/bot-1206-30

- , Kaya A. & Uzun Y. 2014: Two New *Lachnum* Records for Turkish Mycobiota. Journal of Applied Biological Sciences 8(1): 28–30.

von Albertini J.B. & von Schweinitz L.D. 1805: Conspectus fungorum in Lusatiae Superioris agro Niskiensi crescentium, e methodo Persooniana: 158. https://doi.org/10.5962/bhl.title.3601

Alonso L.J., Fernández A. & Monedero C. 2016: *Morchella pulchella*, una especie poco frecuente. Yesca 28: 47–52.

Alvarado P., Cabero J., Moreno-Mateos D., Vizzini A., Alonso J., Lebeuf R., Siquier J.L. & Vidal J.M. 2021: Phylogenetic relationships among false truffle genera of *Paxillaceae – Alpova, Melanogaster, Neoalpova* and *Paralpova*, gen. nov. Mycologia 113(4): 828–841. https://doi.org/10.1080/00275514.2021.1911552

- , Moreau P.-A., Seslf E., Khodja L.Y., Contu M. & Vizzini A. 2018b: Phylogenetic studies on *Bonomyces (Tricholomatineae, Agaricales)* and two new combinations from *Clitocybe*. Cryptogamie, Mycologie 39(2): 149–168. https://doi.org/10.7872/crym/v39.iss2.2018.149

- , Moreau P.-A., Dima B., Vizzini A., Consiglio G., Moreno G., Setti L., Kekki T., Huhtinen S., Liimatainen K. & Niskanen T. 2018a: *Pseudoclitocybaceae* fam. nov. *(Agaricales, Tricholomatineae)*, a new arrangement at family, genus and species level. Fungal Diversity 90: 109–133. https://doi.org/10.1007/s13225-018-0400-1

- , Cabero J., Moreno G., Bratek Z., van Vooren N., Kaounas V., Konstantinidis G., Agnello C., Merényi Z., Smith M.E., Vizzini A. & Trappe J.M. 2016: Phylogenetic overview of the genus *Genea (Pezizales, Ascomycota)* with an emphasis on European taxa. Mycologia 108(2): 441–456. http://doi.org/10.3852/15-199

- , Moreno G., Vizzini A., Consiglio G., Manjón J.L. & Setti L. 2015: *Atractosporocybe, Leucocybe* and *Rhizocybe:* three new clitocyboid genera in the tricholomatoid clade *(Agaricales)* with notes on *Clitocybe* and *Lepista*. Mycologia 107(1): 123–136. http://doi.org/10.3852/13-369

- , Cabero J., Moreno G., Bratek Z., van Vooren N., Kaounas V., Konstantinidis G., Agnello C., Merényi Z. & Smith M.E. 2014. Species diversity of *Genea (Ascomycota, Pezizales)* in Europe. Ascomycete.org 6(3): 41–51.

Ammirati J.F., Parker A.D. & Matheny P.B. 2007: *Cleistocybe*, a new genus of *Agaricales*. Mycoscience 48: 282–289. http://doi.org/10.1007/s10267-007-0365-5

Anderson R. 2008: *Hypoxylon* in Britain and Ireland. 2. *Hypoxylon rubiginosum* and its allies. Field Mycology 9(2): 41–48. http://doi.org/10.1016/S1468-1641(10)60405-7

Antonín V. & Noordeloos M.E. 2010: A monograph of marasmioid and collybioid fungi in Europe. IHW Verlag.

- , Ďuriška O., Jančovičová S., Para R., Kudláček T. & Tomšovský M. 2022: Multilocus phylogeny and taxonomy of European *Melanoleuca* subgenus *Melanoleuca*. Mycologia 114(1): 114–132. http://doi.org/10.1080/00275514.2021.1966246

- , Ševcíková H., Para R., Duriška O., Kudlácek T. & Tomšovský M. 2021: *Melanoleuca galbuserae, M. fontenlae* and *M. acystidiata* – Three New Species in Subgenus *Urticocystis (Pluteaceae, Basidiomycota)* with Comments on *M. castaneofusca* and Related Species. Journal of Fungi – Open Access Mycology Journal 7(3): 191. http://doi.org/10.3390/jof7030191

- , Ďuriška O., Jančovičová S. & Tomšovský M. 2015: Identity of *Agaricus brevipes* Bull. *(Melanoleuca brevipes, Tricholomataceae, Basidiomycota)*. Mycological Progress 14: 107. https://doi.org/10.1007/s11557-015-1125-0

Aphyllopower 2006: *Exidia cartilaginea* – Knorpeliger Drüsling. Blog: *Aphyllophorales* News – Holzpilze – Porlinge – Rindenpilze. http://aphyllopower.blogspot.ch/2006/09/exidia-cartilaginea-knorpeliger.html (Stand 19.5.2023)

Arauzo S. & Iglesias P. 2014: La familia *Geoglossaceae* ss str. en la peninsula Iberica y la Macaronesia. Errotari 11: 166–259.

Arenal F., Gonzáles V. & Esteve-Raventós F. 1997: Dos Lepiotas mediterráneas poco conocidas. Revista Catalana de Micologia 20: 147–152.

Arenaza M. & Aguirre J. 2018: Historia taxonomica e nomenclatural de *Cortinarius collinitus* (Sowerby : Fr.) Gray y de especies proximas del subgenero *Myxacium*. Journal des Journées européennes du Cortinaire 20: 50–148.

Armada F., Bidaud A. 2017: Basidiomycètes intéressants récoltés lors du multicongrès mycologique de Potes en Cantabrie (Espagne). Myco-Liébana: 53–62.

Arnolds E. 2009: Om förekomsten av *Hydnellum cumulatum* och *H. scrobiculatum* i Sverige. Svensk Mykologisk Tidskrift 30(2): 3–8.

- 1992: Notulae ad Floram agaricinam neerlandicam XIX. A revision of *Dermoloma* (Lange J) Sing. 1. Persoonia 14(4): 519–532.

Arora D., Frank J.L. 2014: Clarifying the butter Boletes: a new genus, *Butyriboletus*, is established to accommodate *Boletus* sect. *Appendiculati*, and six new species are described. Mycologia 106(3): 464–480. http://doi.org/10.3852/13-052

Ascomycete.org 2023: Portal related to fungi belonging to the Ascomycota. https://ascomycete.org (Stand 10.6.2023)

Audet S. 2010: Essai de découpage systématique du genre *Scutiger (Basidiomycota)*: *Albatrellopsis, Albatrellus, Polyporoletus, Scutiger* et description de six nouveaux genres. Mycotaxon 111: 431–464. http://doi.org/10.5248/111.431

Auf der Maur B., Brännhage J., Gross A., Schenk-Jäger K. 2021b: Factsheet Neomyceten. Parfümierter Trichterling. Birmensdorf, Eidg. Forschungsanstalt WSL. Unterstützt von Katharina Schenk-Jäger (Tox Info Suisse). 4 S.

- , Brännhage J, Blaser S. & Gross A. 2021a: Factsheet Neomyceten. Orangeroter Porenhelmling. Birmensdorf, Eidg. Forschungsanstalt WSL. 5 S.

Babos M. 1968: Eine neue *Inocybe*-Art in Ungarn. *Inocybe aeruginascens* n. sp. Fragmenta Botanica Musei Historico-Naturalis Hungarici. 6: 19–22.

- , Halász K., Zagyva T., Zöld-Balogh Á., Szegö D. & Bratek Z. 2011: Preliminary notes on dual relevance of ITS sequences and pigments in *Hygrocybe* taxonomy. Persoonia 26: 99–107. http://doi.org/10.3767/003158511x578349

Bacigálová K. 1994b: Species of *Taphrina* on *Populus* in Slovakia. Czech Mycology 47(4): 277–283.
http://doi.org/10.33585/cmy.47404

- 1994a: Species of *Taphrina* on *Alnus* in Slovakia. Czech Mycology 47(3): 223–236.
http://doi.org/10.33585/cmy.47308

Bacyk B. 2005: Description d'*Heyderia cucullata* et réflexions sur l'existence d'un deuxième taxon *Heyderia pusilla*. Bulletin mensuel de la Société linnéenne de Lyon 74(8, numéro spécial): 41–46.

Badshah H., Ali B., Shah S.A., Alam M.M., Aly H.I. & Mumtaz A.S. 2018: First record of *Morchella pulchella* from Pakistan. Mycotaxon 133: 201–207.
https://doi.org/10.5248/133.201

BAFU 2011: Liste der National Prioritären Arten. Arten mit nationaler Priorität für die Erhaltung und Förderung, Stand 2010. Bundesamt für Umwelt, Bern. Umwelt-Vollzug Nr. 1103: 132 S.

- & BLW 2008: Umweltziele Landwirtschaft. Hergeleitet aus bestehenden rechtlichen Grundlagen. Bundesamt für Umwelt, Bern. Umwelt-Wissen Nr. 0820: 221 S.

Baiano G. & Filippa M. 2000: Una specie degli ambienti artico-alpini e subalpini: *Helvella capucina* Quélet 1878. Mycologia Montenegrina, 3(1): 139–148.

Baiano G., Garofoli D. & Parrettini G. 1993: Il genere *Helvella*. 1° contributo: specie raccolte nell'Astigiano. Rivista di Micologia, 36(3): 197–221.

Bandini D. 2023: *Inocybaceae*.
https://www.inocybe.org/

- & Oertel B. 2021: Fibre caps *(Inocybaceae, Agaricales, Basidiomycota)*. In: Scholler M. & Popa F. (Eds.): Fungi of the former protected forest Wilder See in the Black Forest National Park with special consideration of species associated with *Abies alba* (silver fir). Forschung im Nationalpark Schwarzwald 1: 363–379.

- , Brandrud T.E., Dima B., Dondl M., Fachada V., Hussong A., Mifsud S., Oertel B., Campo F.J.R., Thüs H., Vauras J., Weholt Ø. & Eberhardt U. 2022c: Fibre caps across Europe: type studies and 11 new species of *Inocybe (Agaricales, Basidiomycota)*. Integrative Systematics: Stuttgart Contributions to Natural History 5(2): 1–84.

- , Oertel B. & Eberhardt U. 2022b: Noch mehr Risspilze (3): Einundzwanzig neue Arten der Familie *Inocybaceae*. Mycologia Bavarica 22: 31–138.

- , Oertel B. & Eberhardt U. 2022a: More smooth-spored species of *Inocybe (Agaricales, Basidiomycota)*: type studies and 12 new species from Europe. Persoonia 48: 91–149.
https://doi.org/10.3767/persoonia.2022.48.03.

- , Oertel B. & Eberhardt U. 2021c: *Inocybe blandula,* eine neue höckersporige Art der Gattung *Inocybe,* Sektion *Marginatae.* Zeitschrift für Mykologie 87(2): 211–228.

- , Oertel B. & Eberhardt U. 2021b: A fresh outlook on the smooth-spored species of *Inocybe*: type studies and 18 new species. Mycological Progress 20: 1019–1114.
https://doi.org/10.1007/s11557-021-01712-w

- , Oertel B., Eberhardt U. 2021a: Even more fibre-caps (2): Thirteen new species of the family *Inocybaceae.* Mycologia Bavarica 21: 27–98.

- , Oertel B., Schüssler C. & Eberhardt U. 2020: Even more fibre-caps: Fifteen new and two poorly known species of genus *Inocybe.* Mycologia Bavarica 20: 13–101.

- , Oertel B., Ploch S., Ali T., Vauras J., Schneider A., Scholler M., Eberhardt U. & Thines M. 2019: Revision of some central European species of *Inocybe* (Fr. : Fr.) Fr. subgenus *Inocybe,* with the description of five new species. Mycological Progress 18: 247–294.
https://doi.org/10.1007/s11557-018-1439-9

- , Christan J., Eberhardt U., Ploch S., Tahir A., Oertel B. & Thines M. 2017: *Inocybe sphagnophila* sp. nov., a new species of the nodulose-spored subsection *Napipedinae* of genus *Inocybe (Agaricales).* Mycologia Bavarica 18: 11–34.

Baral H.O. 2008: Dichotomous key to *Lachnellula* (worldwide).

- 2004: The European and North-American species of *Sarcoscypha.* Key to the seven accepted European (incl. Macaronesia) and N-American taxa.
http://www.gbif-mycology.de/HostedSites/Baral/Sarcoscypha_keys.htm (Stand 10.6.2023)

- 1993: Beträge zur Taxonomie der Discomyceten III. Zeitschrift für Mykologie 59(1): 3–22.

- 1989: Beträge zur Taxonomie der Discomyceten I. Zeitschrift für Mykologie 55(1): 119–130.

- 1984: Taxonomische und ökologische Studien über *Sarcoscypha coccinea* agg., Zinnoberrote Kelchbecherlinge. (Kurzfassung). Zeitschrift für Mykologie, Band 50(1): 117–145.

- & Bemmann M. 2013: *Hymenoscyphus serotinus* and *H. lepismoides* sp. nov., two lignicolous species with a high host specificity. Ascomycete.org 5(3): 109–128.
https://doi.org/10.25664/art-0086

- & Matheis W. 2000: Über sechs selten berichtete weißhaarige Arten der Gattung *Lachnellula (Leotiales).* Zeitschrift für Mykologie 66(1): 45–78.

- , Weber E. & Marson G. 2020: Monograph of *Orbiliomycetes (Ascomycota)* based on vital taxonomy. Part I + II. National Museum of Natural History Luxembourg.

- , Haelewaters D. & Pärtel K. 2015: A new attempt to classify the families of the *Helotiales.* Conference Paper: Second International Workshop on Ascomycete Systematics, Amsterdam.

Barla J.-B. 1888: Flore mycologique illustrée: les champignons des Alpes-Maritimes: avec l'indication de leurs propriétés utiles ou nuisibles. A. Gilletta, Nice. 80 S.

- 1887: Genre 4: *Tricholoma.* Bulletin Société Mycologique de France 3: 196–214.

Baroni T.J. 2017: Mushrooms of the Northeastern United States and Eastern Canada. Timber Press Inc. 600 S.

Barseghyan G.S. & Wasser S.P. 2011: The genus *Peziza* Dill. ex Fr. *(Pezizales, Ascomycota)* in Israel. Ascomycete.org 2(4): 39–50.

Bas C. 1990: *Tricholomataceae* R. Heim ex Pouz. In: Bas C., Kuyper T.W., Noordeloos M.E. & Vellinga E.C.: Flora Agaricina Neerlandica 2. Critical monographs on families of agarics and boleti occurring in the Netherlands. A.A.Balkema, Rotterdam: 65–70.

Batsch A.J.G.K. 1786: Elenchus fungorum. Continuatio prima. 77, tab. 16, fig. 76.

Battistin E., Righetto N. 2009: New data on the rare *Entoloma moserianum.* Österreichische Zeitschrift für Pilzkunde 18: 161–167.

Bauer G. 1996: Ein bayerisches Vorkommen von *Sowerbyella rhenana* (Fuck.) J. Moravec. Mycologia Bavarica 1: 50–52.

Beenken L. & Horn K. 2008: First record of *Geoglossum arenarium* on Mount Großer Arber in the Bavarian Forest. Zeitschrift für Mykologie 74(1): 119–126.

- , Stroheker S., Dubach V., Schlegel M., Queloz V. & Gross A. 2023: *Microstrobilinia castrans,* a new genus and species of the *Sclerotiniaceae* parasitizing pollen cones of *Picea* spp. Mycological Progress 22(2): 1–20.
https://doi.org/10.1007/s11557-023-01865-w

Beimforde C., Schmidt A.R., Rikkinen J. & Mitchell J.K. 2020: *Sareomycetes* cl. nov.: A new proposal for placement of the resinicolous genus *Sarea (Ascomycota, Pezizomycotina).* Fungal Systematics and Evolution 6(1): 25–37.
https://doi.org/10.3114/fuse.2020.06.02

Beker H., Eberhardt U. & Vesterholt J. 2016: *Hebeloma* (Fr.) P. Kumm. Fungi Europaei Vol.14. Edizioni Tecnografica, Lomazzo (CO).

Bellanger J.-M. 2016: Les «*Lyophyllaeceae*». Bulletin de la Fédération des Associations Mycologiques Méditerranéennes 49: 31–48.

- , Lebeuf R., Sesli E., Loizides M., Schwarz C., Moreau P.-A., Liimatainen K. & Larsson E. 2021: *Hygrophorus* sect. *Olivaceoumbrini:* new boundaries, extended biogeography and unexpected diversity unravelled by transatlantic studies. Persoonia 46: 272–312.
https://doi.org/10.3767/persoonia.2021.46.10.

- , Moreau P.-A., Corriol G., Bidaud A., Chalange R., Dudova Z. & Richard F. 2015: Plunging hands into the mushroom jar: a phylogenetic framework for *Lyophyllaceae (Agaricales, Basidiomycota).* Genetica 143: 169–194.
https://doi.org/10.1007/s10709-015-9823-8

Bellu F. & Lanzoni G. 1987: Betrachtungen über die Gattung *Macrolepiota* Singer in Europa. Beiträge zur Kenntnis der Pilze Mitteleuropas 3: 189–204.

- & Lanzoni G. 1986: Was ist *Macrolepiota prominens* (Viv. ex Fr.) Moser? Beiträge zur Kenntnis der Pilze Mitteleuropas 2: 19–26.

Bendiksen E. & Bendiksen K. 2018: Key A: Subgen. *Myxacium* sect. *Myxacium.* In: Knudsen H. & Vesterholt J. (Eds.): Funga Nordica. Agaricoid, boletoid, clavarioid, cyphelloid and gastroid genera. 2. Auflage. Nordsvamp, Kopenhagen: 775–776.

Benkert D. 2010b: Die Gattung *Geopora* Harkn. *(Pezizales)* in Deutschland – Erfahrungen und offene Fragen. Zeitschrift für Mykologie 76(2): 129–152.

- 2010a: Seltene und kritische *Pezizales*-Funde *(Ascomycota)* aus der Bundesrepublik Deutschland. Zeitschrift für Mykologie 76(1): 27–58.

- 2005: Beiträge zur Kenntnis einiger Gattungen der *Pezizales (Ascomycetes)*: *Plectania/Pseudoplectania, Rambottomia, Smardaea/Grelatia, Sowerbyella.* Zeitschrift für Mykologie 71(2): 121–164.

- 1998b: Beiträge zur Kenntnis bryophiler *Pezizales*-Arten. 8. *Neottiella megapolitana* spec. nov. und einige weitere bemerkenswerte *Neottiella*-Funde aus Nordostdeutschland. Zeitschrift für Mykologie 64(2): 153–161.

- 1998a: Beiträge zur Kenntnis bryophiler *Pezizales*-Arten. 8. Viersporige Taxa der Gattung *Octospora.* Österreichische Zeitschrift für Pilzkunde 7: 39–63.

- 1987: Beiträge zur Taxonomie der Gattung *Lamprospora (Pezizales).* Zeitschrift für Mykologie 53(2): 195–271.

- 1976: Bemerkenswerte Ascomyceten der DDR. I. Zu einigen Arten der Gattung *Lamprospora* De Not. Feddes Repertorium 87(9–10): 611–642.

- & Otte V. 2006: *Mniaecia jungermanniae* und *Podophacidium xanthomelum,* zwei seltene Arten der *Leotiales* (Ascomycetes) in Brandenburg. Verhandlungen des Botanischen Vereins von Berlin und Brandenburg 139: 187–193.

- , Dörfelt H., Hardtke H.J., Hirsch G., Kreisel H., Krieglsteiner G.J., Lüderitz M., Runge A., Schmid H., Schmitt J.A., Winterhoff W., Wöldecke K., Zehfuss H.D. 1992: Rote Liste der gefährdeten Großpilze in Deutschland. Eching (IHW-Verlag). Naturschutz Spezial: 144 S.

Bianchinotti M.V. 2004: Two new lignicolous species of *Nitschkia* from Argentina. Mycologia 96(4): 911–916.

Bidaud A., Loizides M., Armada F., de Dios Reyes J., Carteret X., Corriol G., Consiglio G., Reumaux P. & Bellanger J.-M. 2021: *Cortinarius* subgenus *Leprocybe* in Europe: expanded Sanger and Next Generation Sequencing unveil unexpected diversity in the Mediterranean. Persoonia 46: 188–215. https://doi.org/10.3767/persoonia.2021.46.07.

Bien S., Kraus C. & Damm U. 2020: Novel collophorina-like genera and species from *Prunus* trees and vineyards in Germany. Persoonia 45: 46–67. https://doi.org/10.3767/persoonia.2020.45.02

Billekens P. 1994: *Aleuria bicucullata* versus *Aleuria luteonitens* (*Pezizales*, Ascomycetes). Karstenia 34: 35–41.

Binder M., Larsson K.-H., Matheny P.B. & Hibbett D.S. 2010: *Amylocorticiales* ord. nov. and *Jaapiales* ord. nov.: Early diverging clades of *Agaricomycetidae* dominated by corticioid forms. Mycologia 102(4): 865–880. https://doi.org/10.3852/09-288

Blaser S. 2023: *Gyromitra spinosospora*. https://stefanblaser.ch/gyromitra-spinosospora/ (Stand 10.6.2023)

- *Biscogniauxia marginata*. https://stefanblaser.ch/biscogniauxia-marginata/ (Stand 10.6.2023)

Blytt A. & Rostrup E. 1904: Norges Hymenomyceter. Skrifter udgivne af Videnskabs-Selskabet i Christiania. I. Mathematisk-Naturvidenskabelig Klasse 6: 1–164.

Boehm E.W.A. 2009: The genus *Lophium* Fries Syst. Myc.. II: 534 (1823). https://web.archive.org/web/20161012141115/http://eboehm.com/lophium.html (Stand 10.6.2023)

- , Schoch C.L., Spatafora J.W. 2009: On the evolution of the *Hysteriaceae* and *Mytilinidiaceae (Pleosporomycetidae, Dothideomycetes, Ascomycota)* using four nuclear genes. Mycological Research 113(4): 461–479. https://doi.org/10.1016/j.mycres.2008.12.001

Boehning T., Gminder A. 2015: Einige seltene oder gefährdete operculate Ascomyceten in Thüringen. Boletus 36(2): 101–116.

Boekhout T. 1999: *Melanoleuca* Pat., Cat. Rais. Pl. cell. Tunésie: 22. 1897 (nom. conserv.). In: Bas C., Kuyper T.W., Noordeloos M.E. & Vellinga E.C.: Flora Agaricina Neerlandica 4. Critical monographs on families of agarics and boleti occurring in the Netherlands. A.A.Balkema, Rotterdam: 153–165.

Boertmann D. 2010: The genus *Hygrocybe*. 2nd revised edition. Fungi of Northern Europe Vol. 1. 200 S.

Bollmann A., Gminder A. und Reil P. 2007: Abbildungsverzeichnis europäischer Grosspilze. Jahrbuch der Schwarzwälder Pilzlehrschau. Vol. 2, Homberg.

Bon M. 1999: Novitates. Documents Mycologiques 29(115): 33–34.

- 1997: Les Clitocybes, Omphales et ressemblants, *Tricholomataceae* (2), *Clitocyboidae*. Documents mycologiques, mémoire hors-série 4. 181 S.

- 1996: Die Großpilzflora von Europa. 3. *Lepiotaceae*. Übersetzt und bearbeitet von F. Medjebeur-Thrun & W.U. Thrun. IHW-Verlag, Eching. 141 S.

- 1992: Die Großpilzflora von Europa. 1. *Hygrophoraceae*. Übersetzt und bearbeitet von A. Einhellinger. IHW-Verlag, Eching. 91 S.

- 1988b: Clé monographique des russules d'Europe. Documents Mycologiques 18(70–71).

- 1988a: Pareys Buch der Pilze. Verlag Paul Parey, Hamburg & Berlin.

- 1986: Novitates – Validations et taxons nouveaux. Documents Mycologiques 17(65): 51–56.

- 1983: *Tricholomataceae* de France et d'Europe Occidentale (6 ème partie: tribu *Clitocybeae* Fay.). Clé monographique. Documents Mycologiques 13(51): 1–53.

- 1970: Macromycètes du Nord de la France (2e note). Revue de Mycologie 35(4): 231–257.

- & Gaugué G. 1975: Rubrique Novitates. *Russula emetica* var. *griseascens* Bon et Gaugué var. nov. Documents Mycologiques 5(20): 11–13.

Borovička J. 2008: The correct author citation of the recently published name Pluteus fenzlii. Czech Mycology 60(1): 123–124. https://doi.org/10.33585/cmy.60112

- , Oborník M., Stříbrný J., Noordeloos M.E., Parra Sánchez L.A. & Gryndler M. 2015: Phylogenetic and chemical studies in the potential psychotropic species complex of *Psilocybe atrobrunnea* with taxonomic and nomenclatural notes. Persoonia 34: 1–9. http://doi.org/10.3767/003158515X685283

Boudier E. 1905–10: Icones Mycologicae ou Iconographie des Champignons de France. Pincipalement Discomycetes II. https://doi.org/10.5962/bhl.title.49695

- 1898: Description et figures de quelques espèces de Discomycètes operculés nouvelles ou peu connues. Bulletin de la Société mycologique de France 14: 16–23.

- 1897: Morilles de France. Bulletin de la Société Mycologique de France 13, 3e fascicule: 129–153.

- 1887: Champignons nouveaux rares ou peu connus de France. Bulletin de la Société Mycologique de France 3(2): 145–155.

- & Fischer E. 1894: Session extraordinaire tenue en Suisse, aout 1894 (deuxième et dernière partie). Bulletin de la Société Mycologique de France, Troisième Série 1: 236–249.

Bougher N.L. & Malajczuk N. 1985: A New Species of *Descolea (Agaricales)* from Western Australia, and Aspects of Its Ectomycorrhizal Status. Australian Journal of Botany 33(6): 619–627.

Boyle H., Zimdars B., Renker C. & Buscot F. 2006: A molecular phylogeny of *Hebeloma* species from Europe. Mycological Research 110(4): 369–380.

Brand A.W. 1999: Notes on Some Recent Finds. Birmingham Natural History Society: Mycology Section. https://web.archive.org/web/19991009004056/http://freespace.virgin.net/william.moodie/wfsNotes.htm (Stand 10.6.2023)

Brandrud T.E. 1996: *Cortinarius* subgenus *Phlegmacium* section *Phlegmacium* in Europe: Descriptive part. Edinburgh Journal of Botany 53(3): 331–400. https://doi.org/10.1017/S0960428600003772

- , Bendiksen E., Jordal J.B., Weholt Ø., Eidissen S.E., Lorås J., Dima B. & Noordeloos M.E. 2018b: *Entoloma* species of the rhodopolioid clade (subgenus *Entoloma; Tricholomatinae, Basidiomycota*) in Norway. Agarica 38: 21–46.

- , Frøslev T.G. & Dima B. 2018a: Rare, whitish–pale ochre *Cortinarius* species of sect. *Calochroi* from calcareous *Tilia* forests in South East Norway. Agarica 38: 3–20.

- , Lindström H., Markl und H., Melot J., Muskos S. 1990: *Cortinarius*, Flora Photographica. Fotoflora.

Braeuer S., Borovička J., Kameník J., Prall E., Stijve T., Goessler W. 2020: Is arsenic responsible for the toxicity of the hyperaccumulating mushroom *Sarcosphaera coronaria*? Science of the Total Environment 736, 139524 : 1–9. https://doi.org/10.1016/j.scitotenv.2020.139524

Bregazzi R. 1980: *Phleogena faginea* (Fr.) Link in der Bundesrepublik Deutschland. Zeitschrift für Mykologie 46(1): 5–9.

Breitenbach J. & Kränzlin F. 2000: Pilze der Schweiz. Band 5, Blätterpilze 3. Teil, *Cortinariaceae*. Verlag Mykologia Luzern. 340 S.

- & Kränzlin F. 1995: Pilze der Schweiz. Band 4, Blätterpilze 2. Teil. Verlag Mykologia Luzern. 371 S.

- & Kränzlin F. 1991: Pilze der Schweiz. Band 3, Röhrlinge und Blätterpilze 1. Teil. Verlag Mykologia Luzern. 364 S.

- & Kränzlin F. 1986: Pilze der Schweiz. Band 2 Nichtblätterpilze. Verlag Mykologia Luzern. 416 S.

- & Kränzlin F. 1981: Pilze der Schweiz. Band 1 Ascomyceten. Verlag Mykologia Luzern. 313 S.

Bresadola J. 1929: Iconographia Mycologica. XI: 501–550.

Bresinsky A. 2008: *Hygrophorus* Fr. In: Bresinsky, A.: Beiträge zu einer Mykoflora Deutschlands (2). Die Gattungen *Hydropus* bis *Hypsizygus* mit Angaben zur Ökologie und Verbreitung der Arten. Regensburger Mykologische Schriften 15: 156–226.

- & Stangl J. 1977: Beiträge zur Revision M. Britzelmayrs «Hymenomyceten aus Südbayern» 13. Die Gattung *Melanoleuca* unter besonderer Berücksichtigung ihrer Arten in der Umgebung von Augsburg. Zeitschrift für Pilzkunde 43: 145–173.

- , Stangl J. & Einhellinger A. 1980: Beiträge zur Revision M. Britzelmayrs «Hymenomyceten aus Südbayern» 14. Die Gattung *Russula* unter besonderer Berücksichtigung ihrer Arten in der Umgebung von Augsburg. Zeitschrift für Mykologie 46(2): 131–156.

Brissard A. 2015: Un discomycète lumineux et assez rarement évoqué, *Neottiella vivida (Pezizales, Pyronemataceae)*. Ascomycete.org 7(4): 141–143. http://doi.org/10.25664/art-0139

Brückner T. 1998: Der Eichen-Filzröhrling *Xerocomus quercinus* Engel & Brückner ad int. Tintling 9(3/1): 48.

van Brummelen J. 1995: A World-monograph of the Genus *Pseudoombrophila (Pezizales, Ascomycotina)*. Libri Botanici 14. IHW-Verlag, Echiing. 114 S.

Bryan W.C. & Zak B. 1961: Synthetic culture of mycorrhizae of southern pines. Forest Science 7: 123–129.

Buchheim-Schmidt S. 2009: Einheimische Giftpilze – Verwechslungen, Vergiftungssymptome (Ein Versuch, die am häufigsten verzehrten Giftpilze deutschlandweit zu erfassen …). Abschlussarbeit im Rahmen des Postgradualstudiums Toxikologie an der Universität Leipzig.

Buser P. 2001: Die Pilze des Monat (5/6). Zwei bemerkenswerte Ascomycetenfunde aus dem Diemtigtal BE: *Gyromitra accumbens* (Rahm 1970) Harmaja 1976, *Hydnotrya cerebriformis* Harkenss 1899. Schweizerische Zeitschrift für Pilzkunde 79(3): 93–97.

Butin H. 2018: Parasitische Pilze auf Blättern der Spätblühenden Traubenkirsche: Ein Beitrag zum biologischen Pflanzenschutz. Journal für Kulturpflanzen 70(12): 342–347.
http://doi.org/10.1399/JFK.2018.12.02

Caboň M., Li G.-J., Saba M., Kolařík M., Jančovičová S., Khalid A.N., Moreau P.-M., Wen H.-A., Pfister D.H. & Adamčík S. 2019: Phylogenetic study documents different speciation mechanisms within the *Russula globispora* lineage in boreal and arctic environments of the Northern Hemisphere. IMA Fungus 10: 5.
http://doi.org/10.1186/s43008-019-0003-9

Calledda F., Campo E., Floriani M., Mazza R. 2021: Guida introduttiva al genere *Cortinarius* in Europa. Edizioni Osiride.

Calonge F.D. & Menezes de Sequeira M.P.d.S. 2011: Algunos *Ascomycota* de Madeira (Portugal). Ascomycete.org 2(4): 31–38.

- & Martin P.M. 2003: *Zelleromyces hispanicus*, the gasteroid phase of *Lactarius aurantiacus*. Boletín de la Sociedad Micológica de Madrid 27: 231–236.

- & de la Torre M. 1977: *Gyromitra tasmanica* (Berk.) Berk. & Cooke, new to Europe. Transactions of the British Mycological Society 68(3): 483–484.
https://doi.org/10.1016/S0007-1536(77)80215-5

Candusso M. 1997: *Hygrophorus* s.l. Fungi Europaei Vol. 6. Liberio Basso, Alassio Italien.

Cannon P. 2023: Fungi of Great Britain and Ireland.
https://fungi.myspecies.info/all-fungi/fungi (Stand 10.6.2023)

Carbone M. 2010d: *Hymenoscyphus trichosporus*, prima segnalazione Italiana. Ascomycete.org 2(3): 19–26.

- 2010c: Il genere *Otidea* IV. Terza parte. Schweizerische Zeitschrift für Pilzkunde 88(3): 108–110.

- 2010b: Il genere *Otidea* IV. Seconda parte. Schweizerische Zeitschrift für Pilzkunde 88(2): 64–66.

- 2010a: Il genere *Otidea* IV. Prima parte. Schweizerische Zeitschrift für Pilzkunde 88(1): 15–17.

- & Agnello C. 2012: Studio e tipificazione di *Pseudoplectania nigrella*. Ascomycete.org 4(4): 79–93.

- & Van Vooren N. 2009: Il Genere *Otidea* – II *Otidea fuckelii*, una nuova specie pubblicata per chiarire le differenti interpretazioni di *O. leporina*. Rivista di Micologia 52(4): 313–330.

- , Boccardo F. & Calledda F. 2020: *Tricholoma ligusticum*, una specie nuova dei querceti liguri. Neotipificazione e studio genetico di *Tricholoma quercetorum*. Rivista di Micologia 63(3): 197–214.

- , Agnello C., Kautmanová I., Ge Z.-W. & Alvarado P. 2019: Phylogenetic and morphological studies in *Otidea alutacea* and *O. bufonia* clades *(Pezizales)*, with the new species *Otidea adorniae*. Ascomycete.org 11(4): 117–126.
http://doi.org/10.25664/ART-0264

- , Van Vooren N., Klener V. & Alvarado P. 2018: Preliminary phylogenetic and morphological studies in the *Gyromitra gigas* lineage *(Pezizales)*: Epitypification of *Gyromitra gigas* and *G. ticiniana*. Ascomycete.org 10(5): 187–199.
http://doi.org/8 10.25664/ART-0241

- , Cartabia M. & Alvarado P. 2017: *Otidea saliceticola (Pezizales)* a new species from the Italian Alps. Ascomycete.org 9(6): 215–224.

- , Loizides M. & Alvarado P. 2015: Preliminary phylogenetic and morphological studies in the *Plectania melastoma* lineage *(Ascomycota, Pezizales)*. Ascomycete.org 7(1): 23–29.

- , Agnello C. & Alvarado P. 2014: Phylogenetic and morphological studies in the genus *Pseudoplectania (Ascomycota, Pezizales)*. Ascomycete.org 6(1): 17–33.
http://doi.org/10.25664/art-0095

Casagrande F. 1969: Ricerche biologiche e sistematiche su particolari ascomiceti pseudosferiali. Phytopathologische Zeitschrift 66(2): 97–136.

Cech T.L. 2019. Rindenläsionen am Stamm von Hainbuchen, assoziiert mit *Anthostoma decipiens*. Forstschutz Aktuell 65: 45–50.

Cervini M., Carbone M. & Bizio E. 2020: *Inosperma vinaceum*, una nuova specie distinta da *I. rhodiolum* e *I. adaequatum*. Rivista di Micologia 63(3): 215–241.

- , Gulden G. & Bendiksen E. 2009: A second find of the mycoparasitic agaric *Squamanita fimbriata*, and a note on the conservation of its locus classicus. Agarica 28: 6–13.

Cetto B. 1988: Enzyklopädie der Pilze. Band 4: Täublinge, Milchlinge, Boviste, Morcheln, Becherlinge u.a. BLV Verlagsgesellschaft München, Wien, Zürich.

Chachula P., Halama M. & Pencakowski B. 2020: Morphological and Molecular Evidence for the Occurrence of *Hodophilus variabilipes (Clavariaceae, Agaricales)* in Poland. Acta Mycologica 55(2; 5527): 1–11.
http://doi.org/10.5586/am.5527

Chalange R. 2014: Utilisation du Gaïac pour une aide à la détermination des Russules sur le terrain. Bulletin de la Société mycologique de France 130(1–2): 39–55.

Chatin A. 1869: La truffe. Étude des conditions générales de la production truffière. V. De quelques Truffes autres que la Truffe noire. Imprimerie et librairie Buchard-Huzart, Paris.
https://gallica.bnf.fr/ark:/12148/bpt6k617518/f1.item (Stand 10.6.2023)

Chaverri P. & Samuels G.J. 2003: *Hypocrea/Trichoderma (Ascomycota, Hypocreales, Hypocreaceae)*: species with green ascospores. Studies in Mycology 48: 1–119.
https://www.studiesinmycology.org/index.php/issue/50-studies-in-mycology-no-48 (Stand 8.1.2024)

Cheek M., Nic Lughadha E., Kirk P., Lindon H., Carretero J., Looney B., Douglas B., Haelewaters D., Gaya E. & Llewellyn T., Ainsworth A.M., Gafforov Y., Hyde K., Crous P., Hughes M., Walker B.E., Campostrini Forzza R., Wong K.M. & Niskanen T. 2020. New scientific discoveries: Plants and fungi. Plants People Planet 2(5): 371–388.
http://doi.org/10.1002/ppp3.10148

Cherubini A. 1995: *Peziza repanda* Persoon. Una peziza a domicilio, ma non «domiciliana». Revista Micologicy Romana, Bollettino dell'Associazione Micologica ed Ecologica Romana 35(2): 3–7.

Chinan V.C. & Venturella G. 2012: *Pleurotus eryngii* var. *elaeoselini*, first record from Romania. Mycotaxon 122: 221–224.
http://doi.org/10.5248/122.221

Christan J. 2008: Die Gattung *Ramaria* in Deutschland. Monografie zur Gattung *Ramaria* in Deutschland, mit Bestimmungsschlüssel zu den europäischen Arten. IHW-Verlag.

- & Hahn C. 2005: Zur Systematik der Gattung *Ramaria (Basidiomycota, Gomphales)*. Zeitschrift für Mykologie 71(1): 7–42.

Christensen M. & Heilmann-Clausen J. 2013: The genus *Tricholoma*. Narayana Press, Gylling.

Christiansen M.P. 1967: *Clavariaceae* Daniae – Species especially collected in the Isle of Zealand. Friesia VIII(2): 117–160.

Cleff W. 1909: Taschenbuch der Pilze. Schreiberverlag. Eßlingen und München.

Clémençon H. 2003: Das vergessene Merkmal. Schweizerische Zeitschrift für Pilzkunde 81(1): 18–22.

- 1997: Anatomie der Hymenomyceten. Eine Einführung in die Cytologie und Plectologie der Krustenpilze, Porlinge, Keulenpilze, Leistlinge, Blätterpilze und Röhrlinge. F. Flück-Wirth, Teufen.

- 1986: Schwärzende *Lyophyllum*-Arten Europas. Zeitschrift für Mykologie 52(1): 61–84.

- 1982c: A new species of *Lyophyllum (Agaricales)* from Europe. Nova Hedwigia 36: 125–128.

- 1982b: Type studies and typifications in *Lyophyllum (Agaricales)*. 1. Staining species. Mycotaxon 15: 67–94.

- 1982a: Kompendium der Blätterpilze. Europäische omphalinoide *Tricholomataceae*. Zeitschrift für Mykologie 48(2): 195–237.

- 1978: Siderophilous granules in the basidia of *Hymenomycetes*. Persoonia 10(1): 83–96.

- 1977: Die Strukturen der Basidiosporenwand und des Apikulus, und deren Beziehung zur Exogenisation der Spore. Persoonia 9(3): 363–380.

Clowez P. & Moreau P.-A. 2020: Morilles de France et d'Europe. Cap Régions Éditions. 372 S.

- , Alvarado P., Becerra M., Bilbao T. & Moreau P.-A. 2014: *Morchella fluvialis* sp. nov. *(Ascomycota, Pezizales)*: A new but widespread morel in Spain. Boletín de la Sociedad Micológica de Madrid 38: 253–262.

Çolak Ö.F. & Kaygusuz O. 2019: New record of *Russula juniperina (Russulaceae, Basidiomycota)* from Turkey evidenced by morphological characters and phylogenetic analysis. Current Research in Environmental & Applied Mycology (Journal of Fungal Biology) 9(1): 241–254.
http://doi.org/10.5943/cream/9/1/21

Comandini O., Haug I., Rinaldi A.C. & Kuyper T.W. 2004: Uniting *Tricholoma sulphureum* and *T. bufonium*. Mycological Research 108(10): 1162–1171.
http://doi.org/10.1017/S095375620400084X

Consiglio G. & Contu M. 2002: Il genere *Lyophyllum* P. Karst. emend. Kühner, in Italia. Rivista di Micologia 45(2): 99–181.

- Setti L. & Thorn R.G. 2018: New species of *Hohenbuehelia*, with comments on the *Hohenbuehelia atrocoerulea – Nematoctonus robustus* species complex. Persoonia 41: 202–212.
https://doi.org/10.3767/persoonia.2018.41.10

- , Contu M. & Saar G. 2004: *Lyophyllum pseudosinuatum* spec, nova *(Tricholomataceae)*, a new blackening species found in Italy and Germany. Österreichische Zeitschrift für Pilzkunde 13: 119–123.

Contu M. 2003: Il genere *Laccaria (Basidiomycotina, Agaricales)* in Italia, con note sulle rimanenti specie in Europa. Bollettino del Gruppo micologico G. Bresadola – Nuova Serie 46(1): 5–58.

- , Vizzini A., Carbone M. & Setti L. 2009: Identity and neotypification of *Craterellus cinereus* and description of *Cantharellus atrofuscus* sp. nov. Mycotaxon 110: 139–149.

Cope K.R., Bascaules A., Irving T.B., Venkateshwaran M., Maeda J., Garcia K., Rush T.A., Ma C., Labbé J., Jawdy S., Steigerwald E., Setzke J., Fung E., Schnell K.G., Wang Y., Schleif N., Bücking H., Strauss S.H., Maillet F., Jargeat P., Bécard G., Puech-Pagès V. & Ané J.-M. 2019: The Ectomycorrhizal Fungus *Laccaria bicolor* Produces Lipochitooligosaccharides and Uses the Common Symbiosis Pathway to Colonize *Populus* Roots. The Plant Cell 31: 2386–2410.
http://doi.org/10.1105/tpc.18.00676

Corlett M. & Krug J.C. 1984: *Bertia moriformis* an its varieties. Canadian Journal of Botany 62: 2561–2569.

Corriol G. & Moreau P.-A. 2007: *Agaricus (Annularia) fenzlii* redécouvert dans les Pyrénées. Notes sur le genre *Chamaeota* en Europe. Persoonia 19(2): 233–250.

- , Moreau P.-A. & Bellanger J.-M. 2017: *Calocybe hymenoderma* sp. nov., *Calocybella juncicola* comb. nov. et les contours taxinomiques de la section *Rugosomyces*. Errotari – Micologia: 35–46.

Coustillas A. 2012: Deux récoltes intéressantes de fin d'automne. *Russula amoenoides* Romagnesi et sa variété *gracilipes* Romagnesi ex Reumaux. Bulletin de la Société mycologique du Périgord 39: 17–20.

Crous P.W. & Palm M.E. 1999: Reassessment of the anamorph genera *Botryodiplodia, Dothiorella* and *Fusicoccum*. Sydowia 51(2): 167–175.

- Osieck E.R., Jurjević Ž., Boers J., Van Iperen A.L., Starink-Willemse M., Dima B., Balashov S., Bulgakov T.S., Johnston P.R., Morozova O.V., Pinruan U., Sommai S., Alvarado P., Decock C.A., Lebel T., McMullan-Fisher S., Moreno G., Shivas R.G., Zhao L., Abdollahzadeh J., Abrinbana M., Ageev D.V., Akhmetova G., Alexandrova A.V., Altés A., Amaral A.G.G., Angelini C., Antonín V., Arenas F., Asselman P., Badali F., Baghela A., Bañares A., Barreto R.W., Baseia I.G., Bellanger J.-M., Berraf-Tebbal A., Biketova A. Yu., Bukharova N.V., Burgess T.I., Cabero J., Câmara M.P.S., Cano-Lira J.F., Ceryngier P., Chávez R., Cowan D.A., de Lima A.F., Oliveira R.L., Denman S., Dang Q.N., Dovana F., Duarte I.G., Eichmeier A., Erhard A., Esteve-Raventós F., Fellin A., Ferisin G., Ferreira R.J., Ferrer A., Finy P., Gaya E., Geering A.D.W., Gil-Durán C., Glässnerová K., Glushakova A.M., Gramaje D., Guard F.E., Guarnizo A.L., Haelewaters D., Halling R.E., Hill R., Hirooka Y., Hubka V., Iliushin V.A., Ivanova D.D., Ivanushkina N.E., Jangsantear P., Justo A., Kachalkin A.V., Kato S., Khamsuntorn P., Kirtsideli I.Y., Knapp D.G., Kochkina G.A., Koukol O., Kovács G.M., Kruse J., Kumar T.K.A., Kušan I., Læssøe T., Larsson E., Lebeuf R., Levicán G., Loizides M., Marinho P., Luangsaard J.J., Lukina E.G., Magaña-Dueñas V., Maggs-Kölling G., Malysheva E.F., Malysheva V.F., Martín B., Martín M.P., Matočec N., McTaggart A.R., Mehrabi-Koushki M., Mešić A., Miller A.N., Mironova P., Moreau P.-A., Morte A., Müller K., Nagy L.G., Nanu S., Navarro-Ródenas A., Nel W.J., Nguyen T.H., Nóbrega T.F., Noordeloos M.E., Olariaga I., Overton B.E., Ozerskaya S.M., Palani P., Pancorbo F., Papp V., Pawłowska J., Pham T.Q., Phosri C., Popov E.S., Portugal A., Pošta A., Reschke K., Reul M., Ricci G.M., Rodríguez A., Romanowski J., Ruchikachorn N., Saar I., Safi A., Sakolrak B., Salzmann F., Sandoval-Denis M., Sangwichein E., Sanhueza L., Sato T., Sastoque A., Senn-Irlet B., Shibata A., Siepe K., Somrithipol S., Spetik M., Sridhar P., Stchigel A.M., Stuskova K., Suwannasai N., Tan Y.P., Thangavel R., Tiago I., Tiwari S., Tkalčec Z., Tomashevskaya M.A., Tonegawa C., Tran H.X., Tran N.T., Trovão J., Trubitsyn V.E., Van Wyk J., Vieira W.A.S., Vila J., Visagie C.M., Vizzini A., Volobuev S.V., Vu D.T., Wangsawat N., Yaguchi T., Ercole E., Ferreira B.W., de Souza A.P., Vieira B.S. & Groenewald J.Z. 2021: Fungal Planet description sheets: 1284–1382. Persoonia 47: 178–374.
https://doi.org/10.3767/persoonia.2021.47.06

Cuesta A., Santamaria N. & Serrano S. 2014: *Cantharellus romagnesianus, Cantharellus gallaecicus, Mycenella rubropunctata* y *Pholiotina striipes,* cuatro especies poco frecuentes encontradas en Candás (Asturias). Boletín Micológico de Federación de Asociaciones Micológicas de Castilla y León 6: 84–96.

Dahlberg A., Genney D.R., Heilmann-Clausen J. 2010: Developing a comprehensive strategy for fungal conservation in Europe: current status and future needs. Fungal Ecology 3(2): 50–64.

Dähncke R.M. 2008: 1200 Pilze in Farbfotos. Weltbild, Augsburg. 1178 S.

Dämon W. & Krisai-Greilhuber I. 2017: Die Pilze Österreichs: Verzeichnis und Rote Liste 2016. Teil: Makromyceten. Herausgeber: Österreichische Mykologische Gesellschaft, Wien: 610 S.

Davoli P., Florian M., Assis F., Kob K. & Sitta N. 2016: Comment on «Chemical and Toxicological Investigations of a Previously Unknown Poisonous European Mushroom Tricholoma terreum». Chemistry A European Journal 22: 5786–5788.
http://doi.org/10.1002/chem.201406655.

De Candolle M.A. 1867: Lois de la nomenclature botanique. V. Masson et fils, Libraires, Paris.

Delgat L., Dierickx G., De Wilde S., Angelini C., De Crop E., De Lange R., Halling R., Manz C., Nuytinck J. & Verbeken A. 2019: Looks can be deceiving: the deceptive milkcaps *(Lactifluus, Russulaceae)* exhibit low morphological variance but harbour high genetic diversity. International Mycological Association Fungus: 1–16.
https://doi.org/10.1186/s43008-019-0017-3

Della Maggiora M. 2020: Una nuova varietà di *Tuber brumale* a gleba chiara. Considerazioni su *Tuber moschatum* e su *Tuber hiemalbum*. Micologia Toscana 2: 47–78.

De Lange R.D., Adamčík S., Adamčíkova K., Asselman P., Borovička J., Delgat L., Hampe F. & Verbeken A. 2021: Enlightening the black and white: species delimitation and UNITE species hypothesis testing in the *Russula albonigra* species complex. International Mycological Association Fungus: 1–31.
https://doi.org/10.1186/s43008-021-00064-0

De Marchi R. 2017: *Neottiella albocincta (Pyronemataceae, Pezizales)*, für die Schweiz eine neue, wohl übersehene Art. Ascomycete.org 9(7): 269–272.

Demoulin L. & Demoulin V. 2013: The sad story of *Agaricus rhacodes/rachodes*: Why would an orthographical error with limited current use become accepted through conservation? Taxon 62(5): 1019–1024.
http://doi.org/10.12705/625.2

Demoulin V. & Rebriev Y. 2017: On *Calvatiella, Bovistella*, and the taxonomic position of *Calvatia utriformis (Lycoperdon utriforme, Handkea utriformis)*. Lejeunia, Revue de Botanique 197: 1–12.
http://doi.org/10.25518/0457-4184.1260

Den Bakker H.C. & Noordeloos M.E. 2005: A revision of European species of *Leccinum* Gray and notes on extralimital species. Persoonia 18(4): 511–587.

Dentinger B.T.M. & McLaughlin D.J. 2006: Reconstructing the *Clavariaceae* using nuclear large subunit rDNA sequences and a new genus segregated from *Clavaria*. Mycologia 98(5): 746–762.
http://doi.org/10.1080/15572536.2006.11832646

- , Gaya E., O'Brien H., Suz L.M., Lachlan R., Diaz-Valderrama J.R., Koch R.A. & Aime M.C. 2016: Tales from the crypt: genome mining from fungarium specimens improves resolution of the mushroom tree of life. Biological Journal of the Linnean Society 117: 11–32.

Desirò A., Rimington W.R., Jacob A., Pol N.V., Smith M.E., Trappe J.M., Bidartondo M.I. & Bonito G. 2017: Multigene phylogeny of *Endogonales,* an early diverging lineage of fungi associated with plants. International Mycological Association Fungus 8: 245–257.
doi:10.5598/imafungus.2017.08.02.03

de Diego Calonge F., López A.R. & Garcia J.A. 2003: Ascomycetes: *Pezizaceae. Peziza cerea.* Funga Veracruzana 79: 1–2.

DiCosmo F. 1978: A revision of *Corniculariella*. Canadian Journal of Botany 56(14): 1665-1690.
http://doi.org/10.1139/b78-197

Dima B., Brandrud T.E., Corriol G., Jansen G.M., Jordal J.B., Khalid A.N., Larsson E., Lorås J., Morozova O.V., Naseer A., Noordeloos M.E., Rossi W., Santamaria S., Sarwar S., Sesli E., Usman M., Afshan N.S., Ahmad I., Banerjee A., Banerjee K., Bendiksen E., Colombo D.R.S., De Kesel A., Dovana F., Ferisin G., Hussain S., Islam S., Jesus A.L., Kaygusuz O., Krisai-Greilhuber I., Mahammad S., Mishra D.K., Nath P.S., da Paixão S.C.O., Panja B., Papp V., Pires-Zottarelli C.L.A., Radnóti Á., Rana D., Saha R., Türkekul İ. & Haelewaters D. 2021: Fungal Systematics and Evolution: FUSE 7. Sydowia 73: 271–340.
http://doi.org/10.12905/0380.sydowia73-2021-0271

- , Lindström H., Liimatainen K., Olson Å., Soop K., Kytövuori I., Dahlberg A. & Niskanen T. 2016: Typification of Friesian names in *Cortinarius* sections *Anomali, Spilomei,* and *Bolares,* and description of two new species from northern Europe. Mycological Progress 15: 903–919.
http://doi.org/10.1007/s11557-016-1217-5

- , Liimatainen K., Niskanen T., Kytövuori I. & Bojantchev D. 2014: Two new species of *Cortinarius,* subgenus *Telamonia,* sections *Colymbadini* and *Uracei*, from Europe. Mycological Progress 13: 867–879.
http://doi.org/10.1007/s11557-014-0970-6

Di Marino E., Scattolin L., Bodensteiner P. & Agerer R. 2008: *Sistotrema* is a genus with ectomycorrhizal species – confirmation of what sequence studies already suggested. Mycological Progress 7: 169–176.
http://doi.org/10.1007/s11557-008-0562-4

Dissing H. 1966: The genus *Helvella* in Europe, with special emphasis on the species found in Norden. Dansk Botanisk Arkiv 25(1): 1–172.

- & Raitviir A. 1974: Discomycetes of Middle Asia III. *Otideaceae, Helvellaceae, Morchellaceae* and *Sarcoscyphaceae* from the Tien-Shan Mountains. Eesti NSV Teaduste Akadeemia Tometised, Biologia 23(2): 104–111.

Dizeci N., Onar O., Karaca B., Demirtas N., Coleri Cihal A. & Yildirim O. 2021: Comparison of the chemical composition and biological effects of *Clitocybe nebularis* and *Infundibulicybe geotropa*, Mycologia 113(6): 1156–1168.
http://doi.org/10.1080/00275514.2021.1951076

Döbbeler P. 1985: Ascomyceten auf Polytrichaceen. Sydowia 38: 41–64.

- , Büschlen A. & Eckstein J. 2021: *Octospora bicarpa* sp. nov. *(Pezizales)*, the first species of the bryophilous genus *Octospora* Hedw. with ameroconidia. Ascomycete.org 13(2): 85–91.
http://doi.org/10.25664/ART-0322

Dodge B.O. 1957: Oil drops and de Bary «bubbles» in ascospores. Bulletin of the Torrey Botanical Club. 84(6): 431–441.

Donadini J.-C. 1986: Le genre *Discina (Gyromitra)* (2). – Les espèces connues. – Variabilité des caractères taxonomiques, scanning *(Ascomycètes, Pezizales)*. Bulletin de la Société Linnéenne de Provence 38: 161–187.

- 1978: Le genre *Peziza* L. per Saint-Amans (II). – Les Pezizes de Haute-Provence et de Dauphiné-Savoie. Bulletin de la Société Linnéenne de Provence 31: 9–39.

Dondl M. 2023: Hias' Schwammerlseiten.
https://interhias.de/schwammerlseiten/schwammerlindex.html (Stand 10.6.2023)

Dörfelt H. & Ruske E. 2018: Die pileaten Porlinge Mitteleuropas. Morphologie, Anatomie, Bestimmung. Springer Spektrum Verlag, Berlin, Heidelberg.

Dougoud R. 2019: Key to the species of the genus *Melastiza* Boud. *(Pyronemataceae)*. Ascomycete.org.
http://doi.org/10.25664/KEY-0002

- 2015: *Rutstroemia alnobetulae* sp. nov. *(Helotiales, Rutstroemiaceae)*, une espèce nouvelle des aulnes verts. Ascomycete.org 7(6): 336–340.
http://doi.org/10.25664/art-0157

- 2014: Une nouvelle espèce coprophile, *Cheilymenia laevispora* sp. nov. *(Pezizales, Pyronemataceae)*. Ascomycete.org 6(5): 105–108.

- 2012: *Aeruginoscyphus*, un nouveau genre pour *Peziza sericea (Helotiales, Hyaloscyphaceae)*. Ascomycete.org 4(1): 1–4.
http://doi.org/10.25664/art-0058

- 2009: *Lasiobolus macrotrichus*. Schweizerische Zeitschrift für Pilzkunde 87(6): 222–226.

- 2006: Définition taxonomique et clé du genre *Geopora*. Schweizerische Zeitschrift für Pilzkunde 84(3): 111–114.

- 2003: *Bryoscyphus atromarginatus*, Verkley, Aa & G.W. De Cock, Persoonia 16 (3) (1997). Mycologia Montenegrina VI: 7–77.

- 2001: Un ascomycète alnicole nouveau, *Hymenoscyphus trichosporus* sp. nov. Documents mycologiques 30(120): 11–14.

- 2000: Une espèce type particulière et rare en Europe, *Geopora cooperi*. Mycologia Bavarica 4: 48–54.

- & Moyne G. 2012: *Peziza simplex* sp. nov. *(Pezizales)*, une nouvelle et rare espèce du genre, sans crochet dangeardien. Ascomycete.org 4(2): 15–18.

- & Ruiz-Bandanelli V. 2010: Sur deux espèces du genre *Scutellinia*, sous-genre *Legalia* T. Schumach., *Scutellinia minor* et *S. mirabilis*. Ascomycete.org 2(1): 25–31.
http://doi.org/10.25664/art-0016

Dovana F., Ferisin G., Bizio E., Bandini D., Olariaga I. & Esteve-Raventós F. 2020: A morphological and phylogenetic characterisation of *Inocybe similis (Agaricales, Inocybaceae)*, a rare species described by Bresadola in 1905. Phytotaxa 474(1): 71–80.
https://doi.org/10.11646/phytotaxa.474.1.7

Dubach V., Queloz V. & Stroheker S. 2022: Nadel- und Triebkrankheiten der Föhre. WSL, Birmensdorf, Merkblatt für die Praxis 70: 12 S.

Ďuriška O., Antonín V., Para R., Tomšovský M. & Jančovičová S. 2017: Taxonomy, ecology and distribution of *Melanoleuca strictipes (Basidiomycota, Agaricales)* in Europe. Czech Mycology 69(1): 15–30.
http://doi.org/10.33585/cmy.69102

Eberhardt U., Beker H.J., Borgen T., Knudsen H., Schütz N. & Elborne S.A. 2021: A survey of *Hebeloma (Hymenogastraceae)* in Greenland. MycoKeys 79: 17–118.
https://doi.org/10.3897/mycokeys.79.63363

- , Schütz N., Krause C. & Beker H.J. 2018: *Hebelomina (Agaricales)* revisited and abandoned. Plant Ecology and Evolution 151(1): 96–109.
https://doi.org/10.5091/plecevo.2018.1361

- , Beker H.J. & Vesterholt J. 2015: Decrypting the *Hebeloma crustuliniforme* complex: European species of *Hebeloma* section *Denudata* subsection *Denudata (Agaricales)*. Persoonia 35: 101–147.
https://doi.org/10.3767/003158515X687704

Eckstein J. 2023: Bryoparasitic Pezizales.
http://octospora.de (Stand 10.6.2023)

- , Eckstein G., Frauenberger H. & Wieschollek D. 2020: A first checklist of bryoparasitic *Pezizales* of Thuringia. Boletus 41(1): 51–64.

Einhellinger A. 1986: Warum *Russula taeniospora* nov. spec. das Pseudonym *Russula carminea* (J. Schff.) Kühn.-Romagnesi ablösen muss. Beiträge zur Kenntnis der Pilze Mitteleuropas 2: 81–84.

- 1985: Die Gattung *Russula* in Bayern. HOPPEA. Denkschriften der Regensburgischen Botanischen Gesellschaft 43. Verlag der Gesellschaft. 348 S.

Ekanayaka A.H., Hyde K.D., Gentekaki E., McKenzie E.H.C., Zhao Q., Blugakov T.S. & Camporesi E. 2019: Preliminary classification of *Leotiomycetes*. Mycosphere 10(1): 310–489.
http://doi.org/10.5943/mycosphere/10/1/7

Elliott T.F. & Trappe J.M. 2018: A worldwide nomenclature revision of sequestrate *Russula* species. Fungal Systematics and Evolution 1: 229–242.
http://doi.org/10.3114/fuse.2018.01.10

- , Türkoğlu A., Trappe J.M. & Yaratanakul Güngör M. 2016: Turkish truffles 2: eight new records from Anatolia. Mycotaxon 131(2): 439–453.

Ellis M.B. & Ellis J.P. 1990: Fungi without Gills (*Hymenomycetes* and *Gesteromycetes*): An Indentification Handbook. Champman and Hall. 342 S.

Enderle M. 1997: *Conocybe-Pholiotina*-Studien VII. Zeitschrift für Mykologie 63(1): 3–34.

- 1989: Bemerkenswerte *Agaricales-(Psathyrella)*-Funde VIII (19. Beitrag zur Kenntnis der Ulmer Pilzflora). Beiträge zur Kenntnis der Pilze Mitteleuropas 5: 55–74.

- 1982: Die Gattung *Hypoxylon* Bull. ex Fr. im Ulmer Raum. 5. Beitrag zur Kenntnis der Ulmer Pilzflora. Zeitschrift für Mykologie 48(1): 141–164.

Engel F.-M. 1965: Das Buch der Pilze, Schweizer Verlagshaus. 216 S.

Engel H. & Hanff B. 1987: In Nordwestoberfranken und seinen angrenzenden Gebieten (Unterfranken) gefundene Arten der Gattungen *Lamprospora* De Notaris und *Ramsbottomia* W.D. Buckley emend. D. Benkert und T. Schumacher. Die Pilzflora Nordwestoberfrankens 11(A): 3–31.

Esteve-Raventós F., Bandini D., Oertel B., González V., Moreno G. & Olagaria I. 2018: Advances in the knowledge of the *Inocybe mixtilis* group *(Inocybaceae, Agaricomycetes)*, through molecular and morphological studies. Persoonia 41: 213–236.
https://doi.org/10.3767/persoonia.2018.41.11

Farooqi A., Aqdus F., Niazi A.R., Jabeen S. & Khalid A.N. 2017: *Inocybe ahmadii* sp. nov. And a new record of *I. leptocystis* from Pakistan. Mycotaxon 132: 257–269.
https://doi.org/10.5248/132.257

Fatton V. 2016: Les espèces de morilles en Europe occidentale: où en sommes-nous? Die Morchelarten in Westeuropa: wo stehen wir? Schweizerische Zeitschrift für Pilzkunde 94(1): 10–20.

Favre J. 1960: Les champignons supérieurs de la zone subalpine du Parc National Suisse. Ergebnisse der wissenschaftlichen Untersuchungen des Schweizerischen Nationalparks VI(42): 321–610, Planche I–VIII.

- 1955: Les champignons supérieurs de la zone alpine du Parc National Suisse. Ergebnisse der wissenschaftlichen Untersuchungen des Schweizerischen Nationalparks V(33): 1–212, Planche I-III.

- 1948: Les associations fongiques des hauts-marais jurassiens et de quelques régions voisines. Beiträge zur Kryptogamenflora der Schweiz. 10(3): 1–228, Planche I–VI.

Fayod V. 1889: Annales des sciences naturelles Botanique 7(9): 411 S.

Ferisin G. & Dovana F. 2019: Il genere *Pluteus*, Sezione *Hispidoderma*. Revista Micologicy Romana, Bollettino dell'Associazione Micologica ed Ecologica Romana 106(1): 23–51.

Filippa M. & Baiano G. 2011: *Helvella atra* König: Fries nomenclatura e tipificazione. Ascomycete.org 2(4): 57–64.

Flammer R. 2014: Giftpilze – Pilzvergiftungen. Nachschlagewerk für Ärzte, Apotheker, Biologen, Mykologen, Pilzexperten und Pilzsammler. AT Verlag, Aarau und München. 320 S.

- 2009: *Phaeolepiota aurea* ist ein Giftpilz! Schweizerische Zeitschrift für Pilzkunde 87(5): 192f.

- 2008: Briefkasten. Schweizerische Zeitschrift für Pilzkunde 86(1): 15.

- 2007: Briefkasten. Warum ist der Goldschüppling kein Speisepilz? Schweizerische Zeitschrift für Pilzkunde 85(1): 17.

- & Horak E. 2003: Giftpilze – Pilzgifte. Ein Nachschlagewerk für Ärzte, Apotheker, Biologen, Mykologen, Pilzexperten und Pilzsammler. Schwabe, Basel. 204 S.

Fluri H., Senn-Irlet B., Graf U. & Beenken L. 2017: *Geoglossum heuflerianum* – Wiederentdeckung einer alpinen Art in der Schweiz. Österreichische Zeitschrift für Pilzkunde 26: 87–97.

Fontenla R., Gottardi M. & Para R. 2003: Osservazioni sul genere *Melanoleuca*. Fungi non delineati raro vel haud perspecte et explorate descripti aut definite picti. Pars XXV. Edizioni Candusso, Alassio. 112 S.

Fournier J. & Magni J.-F. 2004: *Pyrenomycetes. Pyrenomycetes* from southwestern France.
http://pyrenomycetes.free.fr/ (Stand 10.06.2023)

Fraiture A. & Hayova V. 2006: *Hebelomina neerlandica*, a new species for Ukraine and considerations about the genus *Hebelomina*. Acta Mycologica 41(2): 177–188.

Franchi P., Marchetti M. & Papetti C. 2016: *Inocybe tiliae,* una nuova specie della Sezione *Marginatae*. Rivista di Micologia 59(2): 99–121.

Freléchoux F. 1991: *Trichoglossum walteri,* Kurzhaarige Erdzunge. (Berk.) Durand, Ann. Myc. 6: 440 (1908). Der Pilz des Monats. Schweizerische Zeitschrift für Pilzkunde 69(7): 128–133.

Friebes G. 2016c: *Hypoxylon rubiginosum* und ähnliche Arten. 5 S. https://www.myk.univie.ac.at/wp-content/uploads/2016/11/Hypoxylon-rubiginosum-und-%c3%a4hnliche-Arten.pdf (Stand 10.6.2023)

- 2016b: *Hydnum ellipsosporum / H. umbilicatum* vs. *Hydnum rufescens.* 2 S. https://www.myk.univie.ac.at/wp-content/uploads/2016/11/Hydnum-ellipsosporum.pdf (Stand 10.6.2023)

- 2016a: *Hypoxylon fuscoides* vs. *Hypoxylon fuscum* 2 S. https://www.myk.univie.ac.at/wp-content/uploads/2016/11/Hypoxylon-fuscoides.pdf (Stand 10.6.2023)

- 2015: Ein Nachweis von *Neolecta vitellina* in Österreich. Österreichische Zeitschrift für Pilzkunde 24: 155–160.

- 2013b: Zum derzeitigen Kenntnisstand der Stoppelpilze *(Hydnum)* in Europa. Der Tintling 84(18/5): 53–57.

- 2013a: Über die komplizierte Gruppe der Safran- und Riesenschirmlinge: Die Gattungen *Chlorophyllum* und *Macrolepiota* (mit Schlüssel). Der Tintling 83(18/4): 7–27.

- 2010: Die Gruppe der Rinden-Helmlinge *(Mycena)* in der Steiermark und ein Schlüssel der europäischen Arten. Joannea Botanik 8: 43–58.

- & Wendelin I. 2016: Studies on *Hypoxylon ferrugineum (Xylariaceae)*, a rarely reported species collected in the urban area of Graz (Austria). Ascomycete.org 8(3): 83–90.

Fries E. 1963: Monographia Hymenomycetum Sueciae. Vol. II. Addenda et emendanda: Upsaliae. Typis excripsit C.A. Leffler: 344–349.

- 1849: Summa vegetabilium Scandinaviae, seu Enumeratio systematica et critica plantarum quum cotyledonearum, tum nemearum inter Mare Occidentale et Album, inter Eidoram et Nordkap, hactenus lectarum, indicata simul distributione geographica. A. Agaricini. Holmiae & Lipsiae, A. Bonnier: 272–296. https://doi.org/10.5962/bhl.title.47008

- 1838: Epicrisis Systematis Mycologici. V. *Cortinarius*. Upsaliae: 255–315. https://bibdigital.rjb.csic.es/idurl/1/12103

- 1836: Anteckningar öfver de i Sverige växande ätliga Svampar. 9. *Hygrophorus*. Palmblad, Sebell & C., Upsala: 44–47.

- 1832b: Index Alphabeticus. Generum, Specierum et Synonymorum, ejusque supplemento «Elencho Fungorum» enumeratorum. In: Systema mycologicum. Vol. 3.

- 1832a: Systema mycologicum: sistens fungorum ordines, genera et species, huc usque cognitas, quas ad normam methodi naturalis determinavit, disposuit atque descripsit. Vol. 3 et ultimum. Sumtibus Ernesti Mauritii, Gryphiswaldae. https://doi.org/10.5962/bhl.title.5378

- 1828: Elenchus fungorum sistens commentarium in systema mycologicum. Volumen I und II. Sumtibus Ernesti Mauritii, Gryphiswaldae. https://bibdigital.rjb.csic.es/idurl/1/12197

- 1822: Systema mycologicum: sistens fungorum ordines, genera et species, huc usque cognitas, quas ad normam methodi naturalis determinavit, disposuit atque descripsit. Vol. 2. Ex Officina Berlingiana, Lundae. https://doi.org/10.5962/bhl.title.5378

- 1821: Systema mycologicum: sistens fungorum ordines, genera et species, huc usque cognitas, quas ad normam methodi naturalis determinavit, disposuit atque descripsit. Vol. 1. Ex Officina Berlingiana, Lundae. https://doi.org/10.5962/bhl.title.5378

Frings R.A., Maciá J.G., Buße S., Čmoková A., Kellner H., Hofrichter M. & Hennicke F. 2020: Multilocus phylogeny- and fruiting feature-assisted delimitation of European *Cyclocybe aegerita* from a new Asian species complex and related species. Mycological Progress 19: 1001–1016. https://doi.org/10.1007/s11557-020-01599

Fuckel L. 1871: Symbolae mycologicae. Beiträge zur Kenntniss der rheinischen Pilze. Erster Nachtrag. In: Jahrbücher des Nassauischen Vereins für Naturkunde: 287–346.

Gaggermeier H. 1988: Zum Vorkommen des Graubraunen Täublings *(Russula consobrina)* im Bayerischen Wald. Der Bayerische Wald 18(1): 16–23.

Galli R. 2007: La Amanite. Atlante pratico-monografico per la determinazione del Genere *Amanita* Pers. 2. Auflage. dalla Natura s.a.s., Milano.

- 2006: I Lattari. Atlante pratico-monografico per la determinazione del Genere *Lactarius* Persoon. dalla Natura s.a.s., Milano.

- 1999: I Tricholomi. Atlante pratico-monografico per la determinazione del Genere *Tricholoma* (Fr.) Staude. dalla Natura s.a.s., Milano.

- 1996: Le Russule. Atlante pratico-monografico per la determinazione delle russule. Edinatura s.r.l., Milano.

Garcia-Sandoval R., Wang Z., Binder M. & Hibbett D.S. 2011: Molecular phylogenetics of the *Gloeophyllales* and relative ages of clades of *Agaricomycotina* producing a brown rot. Mycologia 103(3): 510–524. http://doi.org/10.3852/10-209

Ge Y., Liu Z., Zeng H., Cheng X. & Na Q. 2021: Updated description of *Atheniella (Mycenaceae, Agaricales)*, including three new species with brightly coloured pilei from Yunnan Province, southwest China. MycoKeys 81: 139–164. https://doi.org/10.3897/mycokeys.81.67773

Gelardi M., Vizzini A., Horak E., Ercole E. Voyron S.& Wu G. 2014: *Paxillus orientalis* sp. nov. *(Paxillaceae, Boletales)* from south-western China based on morphological and molecular data and proposal of the new subgenus *Alnopaxillus*. Mycological Progress 13: 333–342. http://doi.org/10.1007/s11557-013-0919-1

Genaust H. 2017: Etymologisches Wörterbuch der Botanischen Pflanzennamen. 6. Auflage. Nikol Verlag, Hamburg. 701 S.

Gerault A. 2005: Florule évolutive des *Basidiomycotina* du finistere. *Homobasidiomycetes – Russulales*. Version 2.1.

Giachini A.J. 2004: Systematics, Phylogeny, and Ecology of Gomphus sensu lato. Ph.D. Dissertation, Oregon State University, Corvallis.

- & Castellano M.A. 2011: A new taxonomic classification for species in *Gomphus* sensu lato. Mycotaxon 115(1): 183–201. http://doi.org/10.5248/115.183

- , Hosaka K., Nouhra E., Spatafora J. & Trappe J.M. 2010: Phylogenetic relationships of the *Gomphales* based on nuc-25S-rDNA, mit-12S-rDNA, and mit-atp6-DNA combined sequences. Fungal Biology 114(2–3): 224–234. http://doi.org/10.1016/j.funbio.2010.01.002

Gierczyk B., Rodriguez-Flakus P., Pietras M., Gryc M., Czerniawski W. & Piatek M. 2017: *Coprinopsis rugosomagnispora:* a distinct new coprinoid species from Poland (Central Europe). Plant Systematics and Evolution 303: 915–925. https://doi.org/10.1007/s00606-017-1418-7

- , Halama M., Kujawa A. & Maciej Z. 2011b: *Pholiota limonella* – the over-looked species. Fragmenta Floristica et Geobotanica Polonica 18(1): 147–158.

- , Kujawa A., Szczepkowski A. & Chachula P. 2011a: Rare species of *Lepiota* and related genera. Acta Mycologica, 46(2): 137–178.

Gilbert E.-J. 1941: *Amanitaceae*. In: Bresadola, G. (Ed.): Iconographia Mycologica 27 (Suppl. 1, fasc. 2–3). Museo Tridentino di Scienze Naturali, Milano. 228 S.

- 1940: *Amanitaceae*. In: Bresadola, G. (Ed.): Iconographia Mycologica 27 (Suppl. 1, fasc. 1). Museo Tridentino di Scienze Naturali, Milano. 199 S.

Gillet C.-C. 1879: Champignons de France. Les Discomycètes Ordre 2e. E. de Broise, Alençon.

- 1878: Les champignons (fungi, hyménomycètes) qui croissent en France. Description et iconographie propriétés utiles ou vénéneuses. Librairie J. B. Baillière, Paris. https://doi.org/10.5962/bhl.title.4285

Gminder A. 1994: Die trockenstieligen Arten der Gattung *Limacella* in Europa. Zeitschrift für Mykologie 60(2): 377–398.

Gómez Arenaza M. & Cadiñanos Aguirre J.A. 2018: Historia taxonómica y nomenclatural de *Cortinarius collinitus* (Sowerby: Fr.) Gray y de especies próximas del subgénero Myxacium. Journal des Journées européennes du Cortinaire 20: 50–148.

González C.D. & Chaverri P. 2017: *Corinectria,* a new genus to accommodate *Neonectria fuckeliana* and *C. constricta* sp. nov. from *Pinus radiata* in Chile. Mycological Progress 16: 1015–1027. https://doi.org/10.1007/s11557-017-1343-8

Görke C. & Lotz-Winter H. 2015: Reflexionen zur Gattung *Diatrype* in Deutschland. Südwestdeutsche Pilzrundschau 51(2): 40–45.

Grebenc T., Martín M.P. & Kraigher H. 2009: Ribosomal ITS diversity among the European species of the genus *Hydnum (Hydnaceae)*. Anales del Jardín Botánico de Madrid 66S1: 121–132. https://doi.org/10.3989/ajbm.2221

Greenhalgh G.N. & Morgan-Jones G. 2022: Some species of *Trochila* and an undescribed discomycete on leaves of *Prunus laurocerasus*. Transactions of the British Mycological Society 47(3): 311–320. https://doi.org/10.1016/S0007-1536(64)80002-4

Gray S.F. 1821: A natural arrangement of British plants, according to their relations to each other as pointed out by Jussieu, De Candolle, Brown, &c. Vol. 1. Baldwin, Cradock, and Joy, London. https://doi.org/10.5962/bhl.title.43804

Grilli E. 2009: Tape studies in *Hebeloma*. In *Hebeloma longicaudum* and *H. claviceps,* two highly critical taxa. Micologia e Vegetazione Mediterranea 24(2): 137–180.

- , Beker H.J., Eberhardt U. & Schütz N. 2020: *Hebeloma* (Fr.) P. Kumm. Supplement based on collections from Italy. Fungi Europaei Vol.14A. Candusso Editrice, Origgio.

- , Beker H.J., Eberhardt U., Schütz N., Leonardi M. & Vizzini A. 2016: Unexpected species diversity and contrasting evolutionary hypotheses in *Hebeloma (Agaricales)* sections *Sinapizantia* and *Velutipes* in Europe. Mycological Progress 15(1; 5): 1–46.
https://doi.org/10.1007/s11557-015-1148-6

Gröger F. 2014: Bestimmungsschlüssel für Blätterpilze und Röhrlinge in Europa, Teil II. Regensburger Mykologische Schriften 17: 1–685.

- 2006: Bestimmungsschlüssel für Blätterpilze und Röhrlinge in Europa, Teil I. Regensburger Mykologische Schriften 13: 1–638.

- 1997: *Hebeloma populinum* Romagn., ein wenig bekannter Fälbling. Boletus 21(1): 53–57.

- 1992: Farbliche Variabilität beim Rosaroten Schönkopf, *Calocybe carnea*. Mykologisches Mitteilungsblatt 35–36: 49–50.

Groß G., Runge A. & Winterhoff W. 1980: Bauchpilze (*Gasteromycetes* s.l.) in der Bundesrepublik und Westberlin. Beihefte zur Zeitschrift für Mykologie 2: 51–57.

Groves W. 1965: The Genus *Godronia*. Canadian Journal of Botany 43: 1195–1276.
https://doi.org/10.1139/b65-133

Grgurinovic C.A. 1996: Fungi of Australia Glossary.
https://www.dcceew.gov.au/science-research/abrs/online-resources/glossaries/fungi (Stand 10.6.2023)

Gube M., Vellinga E., Alvarado P., Polemis E., Dimou D.M., Zervakis G.I. & Loizides M. 2020: Proposal to conserve *Chlorophyllum* nom. cons. against the additional name *Secotium (Agaricaceae)*. Taxon 69(4): 819–820.
https://doi.org/10.1002/tax.12298

Gubitz C. 2002: Zur Kenntnis der ringlosen gilbenden Erdritterlinge insbesondere einer weißen Sippe (*Tricholoma argyraceum-scalpturatum*-Komplex). Zeitschrift für Mykologie 68(2): 183–198.

Gulden G. 2018: *Galerina* Earle. In: Knudsen H. & Vesterholt J. (Eds.): Funga Nordica. Agaricoid, boletoid, clavarioid, cyphelloid and gastroid genera. 2. Auflage. Nordsvamp, Kopenhagen: 886–903.

- , Dunham S. & Stockman J. 2001: DNA studies in the *Galerina marginata* complex. Mycological Research 105(4): 432–440.
http://doi.org/10.1017/S0953756201003707

Güngör H., Yaratanakul Güngör M. & Solak M.H. 2014: *Ascodesmidaceae* J. Schröt. a new family *(Ascomycota)* record for the Turkish mycota. Biological Diversity and Conservation 7(2): 115–116.
https://dergipark.org.tr/en/pub/biodicon/issue/55876/765529 (Stand 10.6.2023)

- , Işılğlu M., Coşkun F. & Yaratanakul Güngör M. 2013: Türkiye Mikotası için Üç Yeni Makrofungus Kaydı. Mantar Dergisi/The Journal of Fungus, Nisan 4(1): 7–10.
https://dergipark.org.tr/en/pub/mantar/issue/19451/207044 (Stand 10.6.2023)

Guzmán G. & Tapia F. 1998: The known morels in Mexico, a description of a new blushing species, *Morchella rufobrunnea*, and new data on *M. guatemalensis*. Mycologia 90(4): 705–714.
http://doi.org/10.1080/00275514.1998.12026960

Haelewaters D., Filippova N.V. & Baral H.-O. 2018: A new species of *Stamnaria (Leotiomycetes, Helotiales)* from Western Siberia. MycoKeys 32: 49–63.
https://doi.org/10.3897/mycokeys.32.23277

Häffner J. 1987: Die Gattung *Helvella*. Beihefte zur Zeitschrift für Mykologie 7: 1–165.

- 1985: *Peziza perdicina* (Vel.) Svrček – ein wenig bekannter Becherling auch in der Bundesrepublik Deutschland gefunden. Neue Erkenntnisse in der Pilzkunde 40: 21–23.

- , Ruthsatz B. & Schittek K. 2016: Scutellinia-Kollektionen aus Hartpolstermooren der Hochanden. Zeitschrift für Mykologie 82(1): 111–133.

Hahn C. & Lohmeyer T.R. 2010: Betrachtungen zur Gattung *Amanita:* Lamellenansatz und Sporenpulverfarbe. Mycologia Bavarica 11: 37–42.

- & Agerer R. 1999: Studium zum *Paxillus involutus*-Formenkreis. Nova Hedwigia 69: 241–310.

- , Friebes G. & Krisai-Greilhuber I. 2018: *Sarcodon fennicus,* a boreo-montane stipitate hydnoid fungus with a remarkable smell. Österreichische Zeitschrift für Pilzkunde 27: 43–52.

Halász K. 2008: Különböző stressztűrőképességű nagygomba nemzetségek Kárpát-medencei leletanyagának molekuláris azonosítása és rendszerezése. Doktorarbeit in Biologie. Eötvös Loránd Universität, Abteilung für Pflanzenphysiologie und Molekulare Pflanzenbiologie.

Hampe F. 2022: Mündliche Information von Felix Hampe, D-Butzbach.

- , Eberhardt U., Kleine J., Verbeken A. 2013: *Russula rhodomelanea* und die *Russula emeticella*-Frage. Zeitschrift für Mykologie 79(2): 377–403.
http://hdl.handle.net/1854/LU-5752280

Hansen K. & Olariaga I. 2015: Species limits and relationships within *Otidea* inferred from multiple gene phylogenies. Persoonia 35: 148–165.
http://doi.org/10.3767/003158515X687993

- , Perry B.A., Dranginis A.W., & Pfister D.H. 2013: A phylogeny of the highly diverse cup-fungus family *Pyronemataceae (Pezizomycetes, Ascomycota)* clarifies relationships and evolution of selected life history traits. Molecular Phylogenetics and Evolution 67(2): 311–335.
http://doi.org/10.1016/j.ympev.2013.01.014

- , Laessøe T. & Pfister D.H. 2002: Phylogenetic diversity in the core group of *Peziza* inferred from ITS sequences and morphology. Mycological Research 106(8): 879–902.
http://doi.org/10.1017/S0953756202006287

Hao Y.-J., Zhao Q., Wang S.-X. & Yang Z.L. 2016: What is the radicate *Oudemansiella* cultivated in China? Phytotaxa 286(1): 1–12.
http://doi.org/10.11646/phytotaxa.286.1.1

- , Qin J., Yang Z.L. 2014: *Cibaomyces*, a new genus of *Physalacriaceae* from East Asia. Phytotaxa 162(4): 198–210.
http://doi.org/10.11646/phytotaxa.162.4.2

Hardtke H.-J. 1994: Zum Vorkommen von *Mniaecia jungermanniae* (Nees ex Fr.) Boud. in Sachsen. Zeitschrift für Mykologie 60(1): 199–202.

Harmaja H. 2003: Notes on *Clitocybe* s. lato *(Agaricales)*. Annales Botanici Fennici 40: 213–218.

- 2002: *Amylolepiota, Clavicybe* and *Cystodermella,* new genera of *Agaricales.* Karstenia 42: 39–48.
https://doi.org/10.29203/ka.2002.386

- 1979: Studies on vernal species of *Gyromitra* and *Pseudombrophila* (syn. *Nannfeldtiella*). Annales Botanici Fennici 16: 159–162.

- 1977b: A revision of the *Helvella acetabulum* group *(Pezizales)* in Fennoscandia. Karstenia 17: 45–58.
https://doi.org/10.29203/ka.1977.124

- 1977a: A note on *Helvella solitaria* (syn. *H. queletii*) and *H. confusa* n. sp. Karstenia 17: 40–44.
https://doi.org/10.29203/ka.1977.123

- 1976: Another poisonous species discovered in the genus *Gyromitra: G. ambigua.* Karstenia 15: 36–37.
https://doi.org/10.29203/ka.1976.113

- 1969: A neglected species, *Gyromitra ambigua* (Karst.) Harmaja, n. comb., and *G. infula* s. str. in Fennoscandia. Karstenia 09: 13–19.
https://doi.org/10.29203/ka.1969.54

Hausknecht A. 2003: Beiträge zur Kenntnis der *Bolbitiaceae* 9. *Conocybe* Sekt *Mixtae.* Österreichische Zeitschrift für Pilzkunde 12: 41–83.

- & Vesterholt J. 2018: *Conocybe* Fayod. In: Knudsen H. & Vesterholt J. (Eds.): Funga Nordica. Agaricoid, boletoid, clavarioid, cyphelloid and gastroid genera. 2. Auflage. Nordsvamp, Kopenhagen: 735–755.

- , Vauras J., Kytövuori I. & Ohenoja E. 2005: Die Gattung *Conocybe* in Finnland. Karstenia 45: 1–32.
https://doi.org/10.29203/ka.2005.401

- , Krisai-Greilhuber I. & Klofac W. 1997: Die Gattung *Hydropus* in Österreich. Österreichische Zeitschrift für Pilzkunde 6: 181–210.

Hawksworth D.L. & Lücking R. 2017: Fungal Diversity Revisited: 2.2 to 3.8 Million Species. Microbiology Spectrum 5(4).
https://doi.org/10.1128/microbiolspec.funk-0052-2016

Heck G. 2010: Zweieiige Zwillinge? Über die trennenden Merkmale zweier nah verwandter Scheidenstreiflinge. Tintling 67(15/6): 19–22.

Heilmann-Clausen J., Christensen M., Frøslev T.G. & Kjøller R. 2017: Taxonomy of *Tricholoma* in northern Europe based on ITS sequence data and morphological characters. Persoonia 38: 8–57.
https://doi.org/10.3767/003158517X693174

- , Verbeeken A. & Vesterholt J. 2000: The genus *Lactarius.* 2nd printing. Fungi of Northern Europe Vol. 2. 287 S.

Heim R. 1945: Les Agarics tropicaux à hyménium tubulé (Madagascar, Côte d'Ivoire, Guinée, Antilles, Insulinde) (PI. I n IV). Revue de Mycologie, Paris 10(1–4): 3–61.

Helleman S., Lindemann U., Baral H.-O. & Yeates C. 2013: *Micropeziza filicina* sp. nov. *(Helotiales)*, a fern inhabiting species of intermediate generic position, with an emendation of the genus *Micropeziza* Fuckel. Ascomycete.org 5(4): 129–136.
https://doi.org/10.25664/art-0087

Henrici A. & Kibby G. 2014: *Paxillus* – an end to confusion? Field Mycology 15(4): 121–127.
https://doi.org/10.1016/j.fldmyc.2014.09.007

Hibbett D.S., Ohman A., Glotzer D., Nuhn M., Kirk P. & Nilsson R.H. 2011: Progress in molecular and morphological taxon discovery in Fungi and options for formal classification of environmental sequences. Fungal biology reviews 25(1): 38–47.

Hirooka Y., Rossman A.Y. & Chaverri P. 2011: A morphological and phylogenetic revision of the *Nectria cinnabarina* species complex. Studies in Mycology 68(1): 35–56.
https://doi.org/10.3114/sim.2011.68.02

Hofstetter V., Redhead S.A., Kauff F., Moncalvo J.-M., Matheny P.B. & Vilgalys R. 2014: Taxonomic Revision and Examination of Ecological Transitions of the *Lyophyllaceae (Basidiomycota, Agaricales)* Based on a Multigene Phylogeny. Cryptogamie, Mycologie 35(4): 399–425.
https://doi.org/10.7872/crym.v35.iss4.2014.399

- , Clémençon H., Vilgalys R. & Moncalvo J.-M. 2002: Phylogenetic analyses of the *Lyophylleae* (*Agaricales, Basidiomycota*) based on nuclear and mitochondrial rDNA sequences. Mycological Research 106(9): 1043–1059.

Hohmeyer H.H. & Schnackertz H. 1987: Die Gattung *Anthracobia* Boud. *(Pezizales, Pyronemataceae).* Beiträge zur Kenntnis der Pilze Mitteleuropas 3: 427–438.

- & Schnackertz H. 1986: Schlüssel zu den Arten der Gattung *Anthracobia* Boud. *(Pyronemataceae).* Angepasst von Van Vooren N. 2019.
https://doi.org/10.25664/KEY-0005

von Höhnel F. 1914: Fragmente zur Mykologie. XVI. Mitteilung, Nr. 813–875: 49–155.

Holec J. 2018: *Gymnopilus.* In: Knudsen H. & Vesterholt J. (Eds.): Funga Nordica. Agaricoid, boletoid, clavarioid, cyphelloid and gastroid genera. 2. Auflage. Nordsvamp, Kopenhagen: 937–941.

- 2001b: The genus *Pholiota* in central and western Europe. Libri botanici 20. IHW-Verlag, Echiing. 220 S.

- 2001a: Remarks to the taxonomy of *Gymnopilus josserandii* based on records from Bohemian Forest (Czech Republic). Czech Mycology 53(2): 133–139.

- & Kolařík M. 2013: *Ossicaulis lachnopus (Agaricales, Lyophyllaceae)*, a species similar to *O. lignatilis*, is verified by morphological and molecular methods. Mycological Progress 12: 589–597.
https://doi.org/10.1007/s11557-012-0866-2

Honstrass D. 2019: Trüffelanbau Teil I. Von der Natur zur Kultur.
https://www.trufficulteurs.ch/anbautechnik-erfahrungen.html (Stand 10.6.2023)

Horak E. 2005: Röhrlinge und Blätterpilze in Europa. Elsevier GmbH, Spektrum Akademischer Verlag. 555 S.

- 1985: Oekologische Untersuchungen im Unterengadin. 4. Die Pilzflora (Macromyceten) und ihre Oekologie in fünf Pflanzengesellschaften der montan-subalpinen Stufe des Unterengadins (Schweiz). Ergebnisse der wissenschaftlichen Untersuchungen des Schweizerischen Nationalparks XII. C337–C476.

- & Moreno G. 1998: *Rhodogaster calongei* sp. nov. *(Basidiomycota)*, first European record of the secotiaceous entolomatoid genus from northern Spain. Sydowia 50(2): 187–191.

- , Senn-Irlet B., Curti M. & Musumeci E. 2009: *Galerina discreta* sp. nov. Una nuova specie della Sezione *Tubariopsis.* Rivista di Micologia 52(2): 99–108.

Horníček E. 1958: Holubinka vodomilná – *Russula hydrophila* sp. n. Česká Mykologie 12(3): 170–172.

Huang L., Liu X.L., Cao C.S. & Ying Q. 2009: Outbreak of fatal mushroom poisoning with *Amanita franchetii* and *Ramaria rufescens.* BMJ Case Reports: bcr0620080327.
https://doi.org/10.1136/bcr.06.2008.0327

Hughes K.W., Matheny P.B., Miller A.N., Petersen R.H., Iturriaga T.M., Johnson K.D., Methven A.S., Raudabaugh D.B., Swenie R.A. & Bruns. T.D. 2020: Pyrophilous fungi detected after wildfires in the Great Smoky Mountains National Park expand known species ranges and biodiversity estimates. Mycologia 112(4): 677–698.
https://doi.org/10.1080/00275514.2020.1740381

Huijsman H.S.C. 1955: Observations on Agarics. Fungus 25: 18–43.

Imbach E.J. 1948: Pilzflora des Kantons Luzern und der angrenzenden Innerschweiz. Mitteilungen der Naturforschenden Gesellschaft Luzern 15: 3–85.

Imesch N., Stadler B., Bollinger M. & Schneider O. 2015: Biodiversität im Wald: Ziele und Massnahmen. Vollzugshilfe zur Erhaltung und Förderung der biologischen Vielfalt im Schweizer Wald. Bundesamt für Umwelt, Bern. Umwelt-Vollzug Nr. 1503. 186 S.

Index Fungorum 2023: Community resource coordinated and supported by The Royal Botanic Gardens Kew represented by the Mycology Section, Landcare Research-NZ represented by the Mycology Group, and the Institute of Microbiology, Chinese Academy of Science (the custodians).
http://www.indexfungorum.org/Names/Names.asp (Stand 10.6.2023)

Institut für Systematische und Evolutionäre Botanik Universität Zürich 2023: Swissbryophytes.
https://www.swissbryophytes.ch (Stand 10.6.2023)

Itzerott H. & Thate R. 1974: A New Species of *Octospora (Humariaceae).* Kew Bulletin 29(3): 506.
https://doi.org/10.2307/4107996

Jabeen S., Ashraf T. & Khalid A.N. 2015: *Peziza succosella* and its ectomycorrhiza associated with *Cedrus deodara* from Himalayan moist temperate forests of Pakistan. Mycotaxon 130(2): 455–464.
https://doi.org/10.5248/130.455

Jacobsson S. 2018: *Hemistropharia* Jacobsson & E. Larss. In: Knudsen H. & Vesterholt J. (Eds.): Funga Nordica. Agaricoid, boletoid, clavarioid, cyphelloid and gastroid genera. 2. Auflage. Nordsvamp, Kopenhagen: 942.

- & Larsson E. 2007: *Hemistropharia,* a new genus in *Agaricales.* Mycotaxon 102: 235–240.

Jaklitsch W.M. & Voglmayr H. 2019: European species of *Dendrostoma (Diaporthales).* MycoKeys 59: 1–26.
https://doi.org/10.3897/mycokeys.59.37966

- & Voglmayr H. 2015: Biodiversity of *Trichoderma (Hypocreaceae)* in Southern Europe and Macaronesia. Studies in Mycology 80: 1–87.
https://doi.org/10.1016/j.simyco.2014.11.001

- & Voglmayr H. 2014: Persistent hamathecial threads in the *Nectriaceae, Hypocreales: Thyronectria* revisited and re-instated. Persoonia 33: 182–211.
https://doi.org/10.3767/003158514X685211

Jamoni P.G. & Bon M. 1993: Note di Micologia alpina: Reperti rari e nuovi della zona del Monte Rosa e dintorni (3a parte). Rivista di Micologia 36(1): 3–20.

Jargeat P., Chaumeton J.-P., Navaud O., Vizzini A. & Gryta H. 2014: The *Paxillus involutus (Boletales, Paxillaceae)* complex in Europe: Genetic diversity and morphological description of the new species *Paxillus cuprinus,* typification of *P. involutus* s.s., and synthesis of species boundaries. Fungal biology 118: 12–31.
https://doi.org/10.1016/j.funbio.2013.10.008

Jayasiri S.C., Hyde K.D., Jones E.B.G., Peršoh D., Camporesi E. & Kang J.C. 2018: Taxonomic novelties of hysteriform *Dothideomycetes.* Mycosphere 9(4): 803–837.
https://doi.org/10.5943/mycosphere/9/4/8

Jeannerot B. 2019: European key to the genus *Scutellinia.* Ascomycete.org 11(6): 297–308.
https://doi.org/10.25664/ART-0287

- 2010: Notes on scutellinioid fungi in collections of the Vienna University herbarium (WU). Österreichische Zeitschrift für Pilzkunde 19: 19–29.

Jenkinson T., Perry B., Schaefer R. & Desjardin D. 2014: *Cryptomarasmius* gen. nov. established in the *Physalacriaceae* to accommodate members of *Marasmius* section *Hygrometrici.* Mycologia 106(1): 86–94.
https://doi.org/10.3852/11-309

Jeppesen T.S., Froslev T.G. & Brandrud T.E. 2018: Subg. *Phlegmacium* (Fr.) Trog. In: Knudsen H. & Vesterholt J. (Eds.): Funga Nordica. Funga Nordica. Agaricoid, boletoid, clavarioid, cyphelloid and gastroid genera. 2. Auflage. Nordsvamp, Kopenhagen: 782–826.

Jeppson M. 2010: *Hydnum umbilicatum* – en taggsvamp att leta efter. Svenk Mykologisk Tidskrift 31(2): 48–51.

Josserand M. 1958: Une espèce nouvelle de Tricholomée: *Tricholoma (Dermoloma) hygrophorus.* Bulletin de la Société mycologique de France 74: 482–491.

- & Riousset L. 1972: *Lepiota cystophoroides,* sp. nova. Publications de la Société Linnéenne de Lyon 41(7): 133–137.

Jurkeit W. & Krauch F. 2009: *Russula atrorubens* Quélet und *Russula laccata* Huijsman – zwei unstrittige Arten, *R. olivaceoviolascens* Gillet – ein «Nomen confusum»! Zeitschrift für Mykologie 75(2): 129–148.

- & Krauch F. 2001: Fünf milde Täublinge mit gelbem bis ockerfarbenem Sporenpulver im Vergleich. Zeitschrift für Mykologie 67(1): 63–72.

Justo A., Miettinen O., Floudas D., Ortiz-Santana B., Sjökvist E., Lindner D., Nakasone K., Niemelä T., Larsson K.-H., Ryvarden L. & Hibbett D.S. 2017: A revised family-level classification of the *Polyporales (Basidiomycota).* Fungal Biology 121(9): 798–824.

Kajan E. 1988: Pilzkundliches Lexikon. Einhorn Verlag.

Kaminskyi S. o.J.: Fungi of Saskatchewan. Biology Department of the University of Saskatchewan.
https://biolwww.usask.ca/fungi (Stand 10.6.2023)

Kaounas V., Assyov B. & Alvarado P. 2011: New data on hypogeous fungi from Greece with special reference to *Wakefieldia macrospora (Hymenogastraceae, Agaricales)* and *Geopora clausa (Pyronemataceae, Pezizales).* Mycologia Balcanica 8: 105–113.

Kärcher R. 2002: *Russula*-Studien, Teil 8. Zeitschrift für Mykologie 68(2): 165–182.

Karich A. 2020: *Pholiotina pseudoampullaceocystis* sp. nov. – a new *Pholiotina* species. Boletus 41(2): 99–109.

- & Ullrich R. 2019: *Lamelloclavaria petersenii,* eine *Clavariaceae* mit agaricalem Hymenophor – Erstfund für Deutschland. Boletus 40(1): 17–23.

Karlson-Stiber C. & Persson H. 2003: Cytotoxic fungi – an overview. Toxicon 42(4): 339–349.
https://doi.org/10.1016/s0041-0101(03)00238-1

Kasparek F. 2000: Langgeschwänzt oder kurz wurzelnd. Der Rotschneidige Mürbling und seine nächsten Verwandten. Tintling 20(5/2): 36–44.

Kaufman C.H. 1909: Unreported Michigan Fungi for 1908, with a Monograph of the *Russulales* of the State. Report of the Michigan Academy of Science 11: 57–91.

Kautmanová I., Tomšovský M., Dueñas M. & Martin M.P. 2012: European species of *Clavaria (Agaricales, Agaricomycetes)* with dark basidiomata – a morphological and molecular study. Persoonia 29: 133–145. https://doi.org/10.3767/003158512X661543

Keizer P.-J. & Arnolds E. 1995: Taxonomical notes on macrofungi in roadside verges planted with trees in Drenthe (The Netherlands)–II. Persoonia 16(1): 81–112.

Kers L.E. 1980: *Stephensia bombycina* funnen i Sverige. Svensk Botanisk Tidskrift 74(1): 25–28.

Kibby G. 2015: On the correct names for two common species of *Russula*. Field Mycology 16(4): 132–134. https://doi.org/10.1016/j.fldmyc.2015.09.010

- 2014b: British Milkcaps *Lactarius* & *Lactarifluus*. 114 S.
- 2014a: The Genus *Russula* in Great Britain with synoptic key to species. 139 S.
- 2013: British Boletes with keys to species. 6th edition. 79 S.
- 2012b: The *Hygrophoropsis aurantiaca* Complex. Field Mycology 13(2): 43–50. https://doi.org/10.1016/j.fldmyc.2012.03.004
- 2012a: The genus *Agaricus* in Britain. 51 S.
- & Liimatainen K. 2022: *Hydnum reginae* newly described from Britain. Field Mycology 23(3): 77–80.

Kim W.G., Seok S.J., Lee M.W. & Hong S.K. 2009: Occurrence of *Dumontinia tuberosa* in Korea. Mycobiology 37(2): 155–157. https://doi.org/10.4489/MYCO.2009.37.2.155

Kiran M., Caboň M., Senko D., Khalid A.N. & Adamčík S. 2021: Description of the Fifth New Species of *Russula* subsect. *Maculatinae* from Pakistan Indicates Local Diversity Hotspot of Ectomycorrhizal Fungi in Southwestern Himalayas. Life 11 662: 2–14. https://doi.org/10.3390/life11070662

Kits van Waveren E. 1985: The Dutch, French and British Species of *Psythyrella*. Persoonia – Supplement, 2(1), 3–300.

- 1977: Notes on the Genus *Psathyrella* – IV. Four controversial species of *Psathyrella: P. fibrillosa, P. frustulenta, P. clivensis,* and *P. obtusata*. Persoonia 9(3): 281–304.
- 1970: The genus *Conocybe* subgen. *Pholiotina*. – I. The European annulate species. Persoonia 6(1): 119–165.

Klofac W. 2014: *Butyriboletus roseogriseus,* ein neuer Röhrling, auch in Österreich gefunden. Österreichische Zeitschrift für Pilzkunde 23: 89–96.

- 2013: Weltschlüssel der Gattung *Suillus* Österreichische Zeitschrift für Pilzkunde 22: 211–278.
- 2011b: *Boletus pseudosulphureus,* der gültige Name für den teilweise fehlinterpretierten *Boletus junquilleus?* Österreichische Zeitschrift für Pilzkunde 20: 53–72.
- 2011a: Rotfußröhrlinge (Gattung *Xerocomellus*) in aktueller Sicht. Österreichische Zeitschrift für Pilzkunde 20: 35–43.
- 2007: Schlüssel zur Bestimmung von Frischfunden der europäischen Arten der *Boletales* mit röhrigem Hymenophor. Österreichische Zeitschrift für Pilzkunde 16: 187–279
- & Krisal-Greilhuber I. 2021: *Gyromitra inflata,* die Wiederenteckung einer verschollenen oder fehlinterpretierten Art. Österreichische Zeitschrift für Pilzkunde 28: 93–106.
- & Krisal-Greilhuber I. 2020: *Chalciporus pseudopiperatus,* ein neues Taxon des *Chalciporus piperatus* Artkomplexes. Österreichische Zeitschrift für Pilzkunde 28: 75–78.
- & Krisal-Greilhuber I. 2006: Die Gattung *Chalciporus,* ein weltweiter Überblick. Österreichische Zeitschrift für Pilzkunde 15: 31–65.
- & Voglmayr H. 2003: Beobachtungen zur Gattung *Sowerbyella* in Österreich. Österreichische Zeitschrift für Pilzkunde 12: 141–151.

Kluting K.L., Baroni T.J. & Bergemann S.E. 2014: Toward a stable classification of genera within the *Entolomataceae:* a phylogenetic re-evaluation of the *Rhodocybe-Clitopilus* clade. Mycologia 106(6): 1127–1142. https://doi.org/10.3852/13-270

Knapp A. 1950b: Die europäischen Hypogaeen-Gattungen und ihre Gattungstypen. II. Fam. *Geneaceae* Ed.Fischer. Schweizerische Zeitschrift für Pilzkunde 10, Sondernummer 4: 153–179.

- 1950a: Die europäischen Hypogaeen-Gattungen und ihre Gattungstypen. Schweizerische Zeitschrift für Pilzkunde 7, Sondernummer 3: 101–118.

Knudsen H. & Taylor A. 2018: *Xerocomus* Quel. In: Knudsen H. & Vesterholt J. (Eds.): Funga Nordica. Funga Nordica. Agaricoid, boletoid, clavarioid, cyphelloid and gastroid genera. 2. Auflage. Nordsvamp, Kopenhagen: 228–233.

- & Vesterholt J. (Hrsg.) 2018: Funga Nordica. Agaricoid, boletoid, clavarioid, cyphelloid and gastroid genera. 2. Auflage. Nordsvamp, Kopenhagen. 1083 S.
- , Ruotsalainen J. & Vauras J. 2018: *Russula* Pers. In: Knudsen H. & Vesterholt J. (Eds.): Funga Nordica. Agaricoid, boletoid, clavarioid, cyphelloid and gastroid genera. 2. Auflage. Nordsvamp, Kopenhagen: 144–186.

Kobayashi T. 2002: Notes on the genus *Inocybe* of Japan: I. Mycoscience 43(2): 207–211. https://doi.org/10.1007/S102670200030

Koch R.A., Wilson A.W., Séné O., Henkel T.W. & Aime C. 2017: Resolved phylogeny and biogeography of the root pathogen *Armillaria* and its gasteroid relative, *Guyanagaster*. BMC Evolutionary Biology 17(33): 1–16. https://doi.org/10.1186/s12862-017-0877-3

Kokkonen K. 2015: A survey of boreal *Entoloma* with emphasis on the subgenus *Rhodopolia*. Mycological Progress 14(116): 1–52. https://doi.org/10.1007/s11557-015-1135-y

- & Vauras J. 2012: Eleven new boreal species of *Inocybe* with nodulose spores. Mycological Progress 11: 299–341. https://doi.org/10.1007/s11557-011-0783-9

Kosonen T., Huhtinen S. & Hansen K. 2021: Taxonomy and systematics of *Hyaloscyphaceae* and *Arachnopezizaceae*. Persoonia 46: 26–62. https:// doi.org/10.3767/persoonia.2021.46.02.

Kowalski T. und Butin H. 1989: Die natürliche Astreinigung und ihre biologischen Voraussetzungen. IV. Die Pilzflora der Tanne (*Abies alba* Mill.). Zeitschrift für Mykologie 55(2): 189–196. https://doi.org/10.1111/j.1439-0329.1990.tb01272.x

Kränzlin F. 2005: Pilze der Schweiz. Band 6, *Russulaceae* Milchlinge Täublinge. Verlag Mykologia Luzern. 319 S.

Krauch F. 2007: Zwei nicht alltägliche Täublinge. Zeitschrift für Mykologie 73(1): 105–110.

Kreisel H. 2001: Checklist of the gasteral and secotioid Basidiomycetes of Europe, Africa, and the Middle East. Österreichische Zeitschrift für Pilzkunde 10: 210–313.

- 1962: Pilze der Moore und Ufer Norddeutschlands III. *Pseudoplectania sphagnophila* (Fr. pro var.) Kreisel nov. comb. Westfälische Pilzbriefe 3(5): 74–77.

Krieglsteiner G.J. (Hrsg.) 2003: Die Großpilze Baden-Württembergs Band 4. Ständerpilze: Blätterpilze II. Verlag Eugen Ulmer, Stuttgart. 467 S.

- (Hrsg.) 2001: Die Großpilze Baden-Württembergs Band 3. Ständerpilze: Blätterpilze I. Verlag Eugen Ulmer, Stuttgart. 634 S.
- (Hrsg.) 2000b: Die Großpilze Baden-Württembergs Band 2. Ständerpilze: Leisten-, Keulen-, Korallen- und Stoppelpilze, Bauchpilze, Röhrlings- und Täublingsartige. Verlag Eugen Ulmer, Stuttgart. 620 S.
- (Hrsg.) 2000a: Die Großpilze Baden-Württembergs Band 1. Allgemeiner Teil, Ständerpilze: Gallert-, Rinden-, Stachel- und Porenpilze. Verlag Eugen Ulmer, Stuttgart.
- 1991: Verbreitungsatlas der Großpilze Deutschlands (West), Band 1A, 1B. Verlag Eugen Ulmer, Stuttgart.
- 1985: Was ist *Agrocybe ombrophila?* Zeitschrift für Mykologie 51(1): 89–94.
- 1984: Verbreitung und Ökologie 250 ausgewählter Blätterpilze. Zeitschrift für Mykologie Beiheft 5(2): 69–302.
- & Gminder A. (Hrsg.) 2010: Die Großpilze Baden-Württembergs Band 5. Ständerpilze: Blätterpilze III. Verlag Eugen Ulmer, Stuttgart.
- & Enderle M. 1987: Über neue, seltene, kritische Makromyzeten in der Bundesrepublik Deutschland (Mitteleuropa) IX. Zeitschrift für Mykologie 53(1): 3–38.
- & M. Enderle 1986: Über neue, seltene, kritische Makromyzeten in der Bundesrepublik Deutschland (Mitteleuropa) VII. Beiträge zur Kenntnis der Pilze Mitteleuropas 2: 125–162.
- & Baral H.O. 1985: Discomyceten an *Filipendula ulmaria* in Mitteleuropa (I). Beiträge zur Kenntnis der Pilze Mitteleuropas 2: 199–206.

Krisai I. 1986: Rote Liste gefährdeter Großpilze Österreichs. In: Rote Listen gefährdeter Pflanzen Österreichs. Grüne Reihe Lebensministeriums – AS_5: 178–192.

Krombholz J.V. 1831–1846: Naturgetreue Abblidungen und Beschreibungen der essbaren, schädlichen und verdächtigen Schwämme. Mykologische Hefte 9. https://doi.org/10.5962/bhl.title.15756

Kučera V., Lizoň P. & Tomšovský M. 2017: Taxonomic divergence of the green naked-stipe members of the genus *Microglossum (Helotiales)*. Mycologia 109(1): 46–54. https://doi.org/10.1080/00275514.2016.1274620

- , Lizoň P. & Tomšovský M., Kučera J. & Gaisler J. 2014: Re-evaluation of the morphological variability of *Microglossum viride* and *M. griseoviride* sp. nov. Mycologia 106(2): 282–290. https://doi.org/10.3852/106.2.282

Kühdorf K., Münzenberger B., Begerow D., Gómez-Laurito J. & Hüttl R.F. 2015: *Leotia* cf. *lubrica* forms arbutoid mycorrhiza with *Comarostaphylis arbutoides (Ericaceae)*. Mycorrhiza 25(2): 109–120.
https://doi.org/10.1007/s00572-014-0590-7

Kühner R. 1978: *Agaricales* de la zone alpine. Genre *Melanoleuca* Pat. Bulletin Mensuel de la Société Linnéenne de Lyon 47: 12–52.
https://doi.org/10.3406/linly.1978.10288

- 1972: *Agaricales* de la zone alpine. Genre *Galerina* Earle. Bulletin trimestriel de la Société mycologique de France 88(1): 41–118.
https://gallica.bnf.fr/ark:/12148/bd6t5340737d/f11.item (Stand 10.6.2023)

Kullman B. 1985: *Sowerbyella imperialis* (Peck) Korf in Estonia. Mycotaxon 22(2): 265–268.

Kumar L.M., Smith M.E., Nouhra E.R., Orihara T., Leiva P.S., Pfister D.H., McLaughlin D.J., Trappe J.M. & Healy R.A. 2017: A molecular and morphological re-examination of the generic limits of truffles in the *Tarzetta-Geopyxis* lineage – *Densocarpa, Hydnocystis,* and *Paurocotylis.* Fungal Biology 121(3): 264–284.
https://doi.org/10.1016/j.funbio.2016.12.004

Kumla J., Suwannarach N., Sungpalee W., Sri-Ngernyuang K. & Lumyong S. 2019: *Clitopilus lampangensis (Agaricales, Entolomataceae)*, a new species from northern Thailand. MycoKeys 58: 69–82.
https://doi.org/10.3897/mycokeys.58.36307

Kummer P. 1871: Der Führer in die Pilzkunde. Anleitung zum methodischen, leichten und sichern Bestimmen der in Deutschland vorkommenden Pilze, mit Ausnahme der Schimmel- und allzu winzigen Schleim- und Kern-Pilzchen.
https://doi.org/10.5962/bhl.title.50494

Kunze A. 2012: Hexenbutter und anderer schwarzer Glibber. Tintling 76(17/3): 53–62.

Kuo M. 2023: MushroomExpert.Com.
http://www.mushroomexpert.com/ (Stand 10.6.2023)

- 2011: The genus *Scleroderma*. Retrieved from the MushroomExpert.Com.
http://www.mushroomexpert.com/scleroderma.html (Stand 10.6.2023)

- , Dewsbury D.R., O'Donnell K., Carter M.C., Moore J.D., Renner S.A., Moncalvo J.-M., Canfield S.A., Stephenson S.L., Methven A.S. & Volk T.J. 2012: Taxonomic revision of true morels *(Morchella)* in Canada and the United States. Mykologia 104(5): 1159–1177.

Kuyper T.W. 1996: Notulae ad floram agaricinam Neerlandica. XXIV-XXVIII. Some taxonomic and nomenclatural changes in the *Tricholomataceae,* tribus *Clitocybeae*. Persoonia 16(2): 225–232.

- 1995: *Clitocybe* (Fr.) Staude. In: Flora Agaricina Neerlandica 3. Balkema, Rotterdam-Brookfield: 42–62.

- 1986: A Revision of the Genus *Inocybe* in Europe I. Subgenus *Inosperma* and the smooth-spored species of subgenus *Inocybe.* Persoonia Supplement Volume 3. Rijksherbarium, Leiden.

- , Vellinga E.C. & Noordeloos M.E. 2018: 1.1 The *Boletales*: Families and generic concepts. In: Noordeloos M.E., Kuyper T.W., Somhorst I. & Vellinga E.C. (Eds.): Flora Agaricina Neerlandica 7. Candusso Editrice, Orrigio: 65–69.

Lachat T., Pauli D., Gonseth Y., Klaus G., Scheidegger C., Vittoz P. & Walter T. 2010: Wandel der Biodiversität in der Schweiz seit 1900. Ist die Talsohle erreicht? Bristol-Stiftung, Bristol Schriftenreihe 25. Haupt, Bern. 435 S.

Læssøe T. & Petersen J.H. 2019: Fungi of Temperate Europe. Volume 1 & 2. Princeton University Press, Princeton and Oxford. 1715 S.

Lagrange E. & Vernoux J.-P. 2020: Warning on False or True Morels and Button Mushrooms with Potential Toxicity Linked to Hydrazinic Toxins: An Update. Toxins 12(8; 482): 1–13.
https://doi.org/10.3390/toxins12080482

de Lamarck J.-B.P.A. de Monet 1783: Encyclopédie méthodique. Botanique. Paris, Liège, Panckoucke; Plomteux. t.1.

Landeros F., Iturriaga T., Rodríguez A., Vargas-Amado G. & Guzmán-Dávalos L. 2015: Advances in the phylogeny of *Helvella* (Fungi: *Ascomycota*), inferred from nuclear ribosomal LSU sequences and morphological data. Revista Mexicana de Biodiversidad 86: 856–871.
https://doi.org/10.1016/j.rmb.2015.09.005

Landvik S, Schumacher T., Eriksson O.E. & Moss S.T. 2003: Morphology and ultrastructure of *Neolecta* species. Mycological Research 107(9): 1021–1031.
https://doi.org/10.1017/S0953756203008219

Lange J.E. 1940: Flora Agaricina Danica. Vol. V. Recato, Copenhagen.105 S.

- 1939: Flora Agaricina Danica. Vol. IV. Recato, Copenhagen. 119 S.

- 1935: Flora Agaricina Danica Vol. I. Society for the Advancement of Mycology in Denmark & The Danish Botanical Society, Copenhagen. 90 S.

Lannoy G. & Estades A. 1995: Monographie des Leccinum d'Europe. Chevallier Imprimeurs, La Roche-sur-Foron. 229 S.

Larsson E. (mündl.): In: Ludwig 2012, S.375.

- & Jacobsson S. 2014: Vilken vaxskivling var det som Fries beskrev som *Agaricus pudorinus*? Svensk Mykologisk Tidskrift 35(2): 5–9.

- , Kleine J., Jacobsson S. & Krikorev M. 2018b: Diversity within the *Hygrophorus agathosmus* group *(Basidiomycota, Agaricales)* in Northern Europe. Mycological Progress 17: 1293–1304.
https://doi.org/10.1007/s11557-018-1445-y

- , Vauras J. & Cripps C.L. 2018a: *Inocybe praetervisa* group – A clade of four closely related species with partly different geographical distribution ranges in Europe. Mycoscience 59: 277–287.
https://doi.org/10.1016/j.myc.2017.11.002

- , Campo E. & Carbone M. 2014b: *Hygrophorus exiguus,* a new species in subgenus *Colorati* section *Olivaceoumbrini,* subsection *Tephroleuci.* Karstenia 54(2): 41–48.
https://doi.org/10.29203/ka.2014.462

- , Vauras J. & Cripps C.L. 2014a: *Inocybe leiocephala,* a species with an intercontinental distribution range – Disentangling the *I. leiocephala – subbrunnea – catalaunica* morphological species complex. Karstenia 54(1): 15–39.
https://doi.org/10.29203/ka.2014.461

- , Ryberg M., Moreau P.-A., Delcuse Mathiesen Å. & Jacobsson S. 2009b: Taxonomy and evolutionary relationships within species of section *Rimosae (Inocybe)* based on ITS, LSU and mtSSU sequence data. Peroonia 23: 86–98.
https://doi.org/10.3767/003158509X475913

- , Jeppson M. & Larsson K.-H. 2009a: Taxomomy, ecology and phylogenetic relationships of *Bovista pusilla* and *B. limosa* in North Europe. Mycological Progress 8: 289–299.
https://doi.org/10.1007/s11557-009-0599-z

Larsson K.-H., Svantesson S., Miscevic D., Kõljalg U. & Larsson E. 2019: Reassessment of the generic limits for *Hydnellum* and *Sarcodon (Thelephorales, Basidiomycota).* MycoKeys 54: 31–47.
https://doi.org/10.3897/mycokeys.54.35386

- , Parmasto E., Fischer M., Langer E., Nakasone K.K. & Redhead S.A. 2006: *Hymenochaetales:* a molecular phylogeny of the hymenochaetoid clade. Mycologia 98(6): 926–936.
https://doi.org/10.1080/15572536.2006.11832622

Leal-Dutra C.A., Neves M.A., Griffith G.W., Reck M.A., Clasen L.A. & Dentinger B.T.M. 2018: Reclassification of *Parapterulicium* Corner *(Pterulaceae, Agaricales)*, contributions to *Lachnocladiaceae* and *Peniophoraceae (Russulales)* and introduction of *Baltazaria* gen. nov. MycoKeys 37: 39–56.
https://doi.org/10.3897/mycokeys.37.26303

Lechat C. & Fournier J 2020: Three new species of *Hydropisphaera (Bionectriaceae)* from Europe and French Guiana. Ascomycete.org 12(2): 39–46.
https://doi.org/10.25664/ART-0296

- , Fournier J., Chaduli D., Lesage-Meessen L. & Favel A. 2021b: *Dialonectria favaceae,* a new species from France, and *Dialonectria magnusiana* comb. nov. for *Nectria magnusiana.* Ascomycete.org 13(2): 75–82.
https://doi.org/10.25664/ART-0320

- , Fournier J., Hairaud M. & Mombert A. 2021a: Two new species of *Stylonectria (Nectriaceae)* from the French Alps. Ascomycete.org 13(1): 49–53.
https://doi.org/10.25664/ART-0316

- , Fournier J. & Gardiennet A. 2019: Three new species of *Dialonectria (Nectriaceae)* from France. Ascomycete.org 11(1): 5–11.
https://doi.org/10.25664/ART-0251

Leclair A. 1932: *Russula aquosa* Leclair nov. sp. Bulletin trimestriel de la Société mycologique de France 48(3–4): 303–305.

Le Gal M. 1940: *Lamprospora polytrichi* (Fr. ex Schum.). Bulletin trimestriel de la Société mycologique de France 56: 39–45.

Lehr T. & Schreiner J. 2006: *Xerocomus cisalpinus* für Deutschland nachgewiesen. Zeitschrift für Mykologie 72(2): 123–136.

Lepšová A. & Zibarová L. 2023: *Cystolepiota fumosifolia* (Bedlička). Mykologie.net. Výzkum – Znalecké posudky – Lektorství. v oborech: Mykologie – Fytopatologie dřevin – Ekologie lesa
http://www.mykologie.net/index.php/houby/podle-morfologie/lupenate/item/1905-cystolepiota-fumosifolia (Stand 10.6.2023)

Leuchtmann A. 1984: Über *Phaeosphaeria* Miyake und andere bitunicate Ascomyceten mit querseptierten Ascosporen. Sydowia 37: 75–194.

Li J.-X., He M.-Q. & Zhao R.-L. 2021: Three new species of *Micropsalliota (Agaricaceae, Agaricales)* from China. Phytotaxa 491(2): 167–176.
https://doi.org/10.11646/phytotaxa.491.2.6

Liimatainen K. 2022: Information per E-Mail von Kare Limatainen, Kew UK.

- 2017: Nomenclatural novelties. Index Fungorum 344: 1–5.

- , Kim J.T., Pokorny L., Kirk P.M., Dentinger B. & Niskanen T. 2022: Taming the beast: a revised classification of *Cortinariaceae* based on genomic data. Fungal Diversity 112(1): 89–170.
https://doi.org/10.1007/s13225-022-00499-9

- , Niskanen T., Dima B., Ammirati J., Kirk P.M. & Kytövuori I. 2020: Mission impossible completed: unlocking the nomenclature of the largest and most complicated subgenus of *Cortinarius, Telamonia.* Fungal Diversity 104: 291–331. https://doi.org/10.1007/s13225-020-00459-1

Lindemann U. 2021: Validation of the name *Byssonectria carestiae (Pezizales).* Ascomycete.org 13(5): 178. https://doi.org/10.25664/ART-0334

- 2013: Ärger mit *Tricharina* Eckblad. Über eine schwierige Gattung operculater Discomyceten. Mycologia Bavarica 14: 37–51.

- , Vega M., Richter T., Alvarado P. 2014: *Octosporopsis nicolai* – ein rätselhafter Vertreter aus der Familie der *Pyronemataceae.* Zeitschrift für Mykologie 80(2): 565–592.

Lindström H. 2018: Key P: Subgen. *Telamonia* sect. *Hydrocybe* (Fr.) Nezdojm. In: Knudsen H. & Vesterholt J. (Eds.): Funga Nordica. Agaricoid, boletoid, clavarioid, cyphelloid and gastroid genera. 2. Auflage. Nordsvamp, Kopenhagen: 878–882.

von Linné C. 1753: Species plantarum: exhibentes plantas rite cognitas ad genera relatas, cum diferentiis specificis, nominibus trivialibus, synonymis selectis, locis natalibus, secundum systema sexuale digestas. 560 S. https://doi.org/10.5962/bhl.title.37656

Littini G. 1988: *Gyromitra ticiniana* sp. nov. Pagine di botanica 12: 17–20.

Liu J.-W., Ge Z.-W., Horak E., Vizzini A., Halling R.E., Pan C.-L. & Yang Z.L. 2021: *Squamanitaceae* and three new species of *Squamanita* parasitic on *Amanita* basidiomes. IMA Fungus 12(4): 1–24. https://doi.org/10.1186/s43008-021-00057-z

Liu X.-Z., Wang Q.-M., Göker M., Kachalkin A.V., Lumbsch H.T., Milanes A.M., Wedin M., Yurkov A.B., Boekhout T. & Bai F.-Y. 2015b: Towards an integrated phylogenetic classification of the *Tremellomycetes.* Studies in Mycology 81(1): 85–147. https://doi.org/10.1016/j.simyco.2015.12.001

- , Wang Q.-M., Theelen B., Groenewald M., Bai F.-Y. & Boekhout T. 2015a: Phylogeny of tremellomycetous yeasts and related dimorphic and filamentous basidiomycetes reconstructed from multiple gene sequence analyses. Studies in Mycology 81: 1–26. https://doi.org/10.1016/j.simyco.2015.08.001

Livsey S., & Minter D.W. 1994: The taxonomy and biology of *Tryblidiopsis pinastri.* Canadian Journal of Botany 72(5), 549–557. https://doi.org/10.1139/b94-073

Lizoň P. 1992: The genus *Hymenoscyphus (Helotiales)* in Slovakia, Czechoslovakia. Mycotaxon 45: 1–59.

Lodge D.J., Padamsee M., Matheny P. B., Aime M.C., Cantrell S.A., Boertmann D., Kovalenko A., Vizzini A., Deutinger B.T.M., Kirk P.M., Ainsworth A.M., Moncalvo J.-M., Vilgalys R., Larsson E., Lücking R., Griffith G.W., Smith M.E., Lickey E.B., Ercole E., Hughes K.W., Courtecuisse R., Young A., Binder M., Minnis A.M., Lindner D.L., Ortiz-Santana B., Haight J., Læssoe T., Baroni T.J., Geml J. & Hattori T. 2014: Molecular phylogeny, morphology, pigment chemistry and ecology in *Hygrophoraceae (Agaricales).* Fungal Diversity 64: 1–99. https://doi.org/10.1007/s13225-013-0259-0

Lohmeyer T.R. & Häffner J. 1983: Beiträge zur Taxonomie und Verbreitung der Höheren Ascomyceten in der Bundesrepublik Deutschland. I. Einführung in die Gattung *Scutellinia* (Cooke) Lambotte und ihre rundsporigen Arten. Westfälische Pilzbriefe 10/11(8a): 189–209.

Loizides M. 2017: Morels: the story so far. Field Mycology 18(2): 42–53. https://doi.org/10.1016/j.fldmyc.2017.04.004

- , Gonou-Zagou Z., Fransuas G., Drakopoulos P., Sammut C., Martinis A. & Bellanger J.-M. 2021: Extended phylogeography of the ancestral *Morchella anatolica* supports preglacial presence in Europe and Mediterranean origin of morels. Mycologia 113(3) : 559–573. https://doi.org/10.1080/00275514.2020.1869489

Løken S.B., Skrede I. & Schumacher T. 2020: The *Helvella corium* species aggregate in Nordic countries – phylogeny and species delimitation. Fungal Systematics and Evolution 5(1): 169–186. https://doi.org/10.3114/fuse.2020.05.11

Looney, B.P., Birkebak J.M. & Matheny P.B. 2013. Systematics of the genus *Auricularia* with an emphasis on species from the southeastern United States. North American Fungi 8(6): 1–25. https://doi.org/10.2509/naf2013.008.006

Losi C. & Bizio E. 1990: Due interessanti discomiceti dell'Alto Agordino, *Ombrophila janthina* (Karst.) Rehm, *Rhodoscypha ovilla* (Peck) Dissing. Rivista di Micologia 33(1): 70–76.

Lowenhaupt Tsing A. 2019: Der Pilz am Ende der Welt. MSB Matthes & Seitz Berlin Verlagsgesellschaft mbH. 445 S.

Lübken T. 2006: Hygrophorone neue antifungische Cyclopentenonderivate aus *Hygrophorus*-Arten *(Basidiomycetes).* Dissertation in der Mathematisch-Naturwissenschaftlich-Technischen Fakultät (mathematisch-naturwissenschaftlicher Bereich) der Martin-Luther-Universität Halle-Wittenberg. 130 S. http://doi.org/10.25673/2553

Lucchini G. & Pellandini W. 1989: Presentazione di una nuova specie di *Discina* Fr. *Discina spinosospora* nov. sp. Schweizerische Zeitschrift für Pilzkunde 67(9/10): 186–187

Lüderitz M. 2001: Die Großpilze Schleswig-Holsteins – Rote Liste. Band 2 Blätterpilze *(Agaricales).* Landesamt für Natur und Umwelt des Landes Schleswig-Holstein (Hrsg.). 50 S.

Ludwig E. 2017: Pilzkompendium Band 4: *Cortinariaceae* (*Galerina, Hebeloma, Inocybe, Phaeogalera, Cortinarius* Teil I mit den Untergattungen *Cortinarius, Dermocybe, Leprocybe, Phlegmacium*). FUNGICON-Verlag, Berlin. Beschreibungen 793 S. Abbildungen 268 S.

- 2012: Pilzkompendium Band 3: Die übrigen Gattungen der *Agaricales* mit weißem Sporenpulver. FUNGICON-Verlag, Berlin. Beschreibungen 881 S. Abbildungen 298 S.

- 2007: Pilzkompendium Band 2: Die größeren Gattungen der *Agaricales* mit farbigem Sporenpulver (ausgenommen *Cortinariaceae*). FUNGICON-Verlag, Berlin. Beschreibungen 723 S. Abbildungen 209 S.

- 2001: Pilzkompendium Band 1: Die kleineren Gattungen der Makromyzeten mit lamelligem Hymenophor aus den Ordnungen *Agaricales, Boletales* und *Polyporales.* IHW-Verlag, Eching. Beschreibungen 758 S. Abbildungen 192 S.

Lukács Z. 2007: A *Gyromitra* nemzetség értelmezése napjainkban. Mikológiai Közlemények, Clusiana 46(2): 165–186.

Maas Geesteranus R.A. 1965: *Geoglossaceae* of India and adjacent countries. Persoonia 4(1): 19–46.

Mahiques R. & Ballarà J. 2012: Recolecciones en la Península Ibérica de *Cortinarius* poco iconografiados (I). Journal des Journées européennes du Cortinaire 14: 41–50.

Malaval J.C. 1989: *Heyderia cucullata* (Batsch : Fr.)Boud. et *Episclerotium sclerotipus* (Boud.) Kohn; two species new for «Haute-Normandie». Documents Mycologiques 19(75): 9–24.

Malençon G. 1977: Champignons du Maroc. Sydowia Beiheft 8: 258–267.

Malysheva E.F., Malysheva V.F. & Svetasheva T.Y. 2015: Molecular phylogeny and taxonomic revision of the genus *Bolbitius (Bolbitiaceae, Agaricales)* in Russia. Mycological Progress 14(8): 1–14. https://doi.org/10.1007/s11557-015-1087-2

Malysheva V., Spirin V., Miettinen O., Motato-Vásquez V., Hernawati, Seelan J.S.S. & Larsson K.-H. 2018: Revision of *Protohydnum (Auriculariales, Basidiomycota).* Mycological Progress 17: 805–814. https://doi.org/10.1007/s11557-018-1393-6

Mann H. & Mann P. 2014: *Morchella importuna.* The Pasadena mulch morel. Omphalina 5(2): 11–12.

Marchand A. 1968: Un bolet méconnu *Suillus* Boudieri (Quél.) Marchand. Acta Mycolgica 4(2): 249–263. https://doi.org/10.5586/am.1968.019

Marqua J. & Fischer C. 2012: Die Pilzflora des Ehinger Raumes. http://www.pilzflora-ehingen.de/pilzflora/ (Stand 10.6.2023)

Márquez-Sanz R., Gorjón S.P., Salcedo I. & Olariaga I. 2023: *Hydnum pallidum* Raddi, the Correct Name for *H. albidum* Peck in the Sense of European Authors and the Recently Described *H. reginae* Kibby, Liimat. & Niskanen. Journal of Fungi 9, 1141: 1–13. https://doi.org/10.3390/jof9121141.

Martinelli G. 2017: Mündliche Mitteilung von Guglielmo Martinelli, verstorben.

- 1998: *Peziza phyllogena* Cooke 1879 = *Peziza badioconfusa* Korf, Frühlingsbecherling. Der Pilz des Monats 6. Schweizerische Zeitschrift für Pilzkunde 76(3): 136–138.

Marxmüller H. 2014: Russularium Icones. Iconographie des Russules. Band 1 & 2. Anatis-Verlag, München. 712 S.

Massi M. & Polidori L. 2014: Due specie rare raccolte per la prima volta nelle Marche: *Hygrophorus leporinus* e *Boletus sanguineipes.* Micologia nelle Marche 8(2): 7–14.

Matheny P.B. & Swenie R.A. 2018: The *Inocybe geophylla* group in North America: a revision of the lilac species surrounding *I. lilacina.* Mycologia 110(3): 618–634. https://doi.org/10.1080/00275514.2018.1469880

- & Kropp B.R. 2001: A revision of the *Inocybe lanuginosa* group and allied species in North America. Sydowia 53(1): 93–139.

- , Hobbs A.M. & Esteve-Raventós F. 2020: Genera of *Inocybaceae:* New skin of the old ceremony. Mycologica 112: 83–120. https://doi.org/10.1080/00275514.2019.1668906

- , Moreau P.-A., Vizzini A., Harrower E., De Haan A., Contu M. & Curti M. 2015: *Crassisporium* and *Romagnesiella*: two new genera of dark-spored *Agaricales*. Systematics and Biodiversity 13(1): 28–41.
http://doi.org/10.1080/14772000.2014.967823

- , Vellinga E.C., Bougher N.L., Ceska O., Moreau P.-A., Neves M.A. & Ammirati J.F. 2007: Taxonomy of displaced species of *Tubaria*. Mycologia 99(4): 569–585.
http://doi.org/10.3852/mycologia.99.4.569

- , Ge Z.-W., Yang Z-L., Slot J.C., Ammirati J.F., Baroni T.J., Bougher N.L., Hughes K.W., Lodge D.J., Kerrigan R.W., Seidl. M.T., Aanen D.K., DeNitis M., Daniele G.M., Desjardin D.E., Kropp B.R., Norvell L.L., Parker A., Vellinga E.C., Vilgalys R. & Hibbett D.S. 2006: Major clades of *Agaricales:* a multilocus phylogenetic overview. Mycologia 98(6): 982–995.
http://doi.org/10.3852/mycologia.98.6.982

Matsumoto T., Nagasawa E.& Fukumasa-Nakai Y. 2005: Variation of ITS sequences in a natural Japanese population of *Pleurocybella porrigens*. Mycoscience 46: 370–375.
http://doi.org/10.1007/s10267-005-0262-8

Mattock G. 2016: *Lyophyllum caerulescens* new to Britain. Field Mycology 17(1): 21–22.
http://doi.org/10.1016/j.fldmyc.2016.01.009

Matzke-Hajek G., Hofbauer N. & Ludwig G. 2016: Rote Liste gefährdeter Tiere, Pflanzen und Pilze Deutschlands. Band 8: Pilze (Teil 1) – Großpilze. Naturschutz und Biologische Vielfalt 70(8). Landwirtschaftsverlag, Münster. 444 S.

Mauer B. 1992: *Plectania melastoma* (Sow.: Fr.) Fuckel – ein in Rheinland-Pfalz lange verschollener Ascomycet in der Westpfalz gefunden. Rheinland-Pfälzisches Pilzjournal 2(1): 28–30.

- & Häffner J. 1991: *Geopora sumneriana* (Cke.) De La Torre – Ein für die Bundesrepublik Deutschland seltener Ascomycet. Rheinland-Pfälzisches Pilzjournal 1(1): 32–41.

Melera S. & Ostellari C. 2020: Der Übersehene Täubling *(Russula recondita).* Schweizerische Zeitschrift für Pilzkunde 98(1): 7–9.

- , Ostellari C., Roemer N., Avis P.G., Ronolla M., Barja F. & Narduzzi-Wicht B. 2017: Analysis of morphological, ecological and molecular characters of *Russula pectinatoides* Peck and *Russula praetervisa* Sarnari, with a description of the new taxon *Russula recondita* Melera & Ostellari. Mycological Progress 16(2): 117–134.
http://doi.org/10.1007/s11557-016-1256-y

Melzer A. 2019: Schlüssel für psathyrelloide Arten. 53 S.

Mentrida S. 2016: Species delimitation and phylogenetic analyses of the genus *Hohenbuehelia* in central Europe. Masterarbeit Universität Wien. 52 S.

Mešić A. & Tkalčec Z. 2009: Studies on Croatian *Basidiomycota* 1: *Gerhardtia piperata (Agaricales).* Mycotaxon 110: 413–421
https://doi.org/10.5248/110.413

Meusers M. 1996: Bestimmungsschlüssel für europäische Gattungen *Conocybe* und *Pholiotina*. Österreichische Zeitschrift für Pilzkunde 5: 245–272.

Michael E. & Hennig B. 1958: Handbuch der Pilze. Band 1. Gustav Fischer Verlag, Jena. 260 S.

Micobalear C.B. 2007: Els bolets de les Balears: *Suillus bellini* (Inzenga) Watling.
http://bolets.uib.es/cat/bolet/7460.html (Stand 10.6.2023).

Miller S.L. & Buyck B. 2002: Molecular phylogeny of the genus *Russula* in Europe with a comparison of modern infrageneric classifications. Mycological Research 106(3): 259–276.
https://doi.org/10.1017/S0953756202005610

Mitchell A.D. & Bresinsky A. 1999: Phylogenetic relationships of *Agaricus* species based on ITS-2 and 28S ribosomal DNA sequences. Mycologia 91(5): 811–819.
https://doi.org/10.1080/00275514.1999.12061086

Miyauchi S. Kiss, E., Kuo, A. Drula E., Kohler A., Sánchez-García M., Morin E., Andreopoulos B., Barry K.W., Bonito G., Buée M., Carver A., Chen C., Cichocki N., Clum A., Culley D., Crous P.W., Fauchery L., Girlanda M., Hayes R.D., Kéri Z., LaButti K., Lipzen A., Lombard V., Magnuson J., Maillard F., Murat C., Nolan M., Ohm R.A., Pangilinan J., de Freitas Pereira M., Perotto S., Peter M., Pfister S., Riley R., Sitrit Y., Stielow J.B., Szöllősi G., Žifčáková L., Štursová M., Spatafora J.W., Tedersoo L., Vaario L.-M., Yamada A., Yan M., Wang P., Xu J., Bruns T., Baldrian P., Vilgalys R., Dunand C., Henrissat B., Grigoriev I.V., Hibbett D., Nagy L.G. & Martin F.M. 2020: Large-scale genome sequencing of mycorrhizal fungi provides insights into the early evolution of symbiotic traits. Nature Communications 11(5125): 1–17.
https://doi.org/10.1038/s41467-020-18795-w

Möller F.H. & Schäffer J. 1940: Zwei Russulae von den Färöern. Annales Mycologici 38(1–6): 332–334.

Mombert A., Hairaud M., Boittin F., Priou J.P., Gardiennet A. & Van Vooren N. 2023: Ascomycètes non lichénisés nouveaux pour la France. Notules n° 4. Ascomycete.org 15(1): 41–46.
https://doi.org/10.25664/art-0368

Moncalvo J.-M., Vilgalys R., Redhead S.A., Johnson J.E., James T.Y., Aime C., Hofstetter V., Verduin S.J.W., Larsson E., Baroni T.J., Thorn R.G., Jacobsson S., Clémençon H. & Miller Jr. O.K. 2002: One hundred and seventeen clades of euagarics. Molecular Phylogenetics and Evolution 23(3): 357–400.
https://doi.org/10.1016/S1055-7903(02)00027-1.

- , Lutzoni F.M., Rehner S.A., Johnson J. & Vilgalys R. 2000: Phylogenetic Relationships of Agaric Fungi Based on Nuclear Large Subunit Ribosomal DNA Sequences. Systematic Biology 49(2): 278–305.
https://doi.org/10.1093/sysbio/49.2.278

Montag K. 2023: Dieses virtuelle Pilzbuch...
http://tintling.com/pilzbuch/pilzbuch.html (Stand 10.6.2023)

- 2020: Speisewert: Strittig. Folge 19: Röhrlinge Teil 1: Dickröhrlinge s.l. Tintling 124(25/2): 37–49.

- 2013: Neuordnung der Wachsblättler *(Hygrophoraceae).* Tintling 85(18/6): 99.

- & Wilhelm M. 2011: Rauchblättriger Mehlschirmling. *Cystolepiota fumosifolia* (Murill) Vellinga. Tintling 73(16/6): Portrait Nr. 134.

Montecchi A. & Sarasini M. 2000: Funghi ipogei d´Europa. AMB, Fondazione Centro Studi Micologici. 714 S.

Moravec J. 2005: A World Monograph of the Genus *Cheilymenia (Discomycetes, Pezizales, Pyronemataceae).* Libri Botanici 21. IHW-Verlag, Echiing. 256 S.

- 1990: Taxonomic revision of the genus *Cheilymenia* – 3. A new generic and infrageneric classification of *Cheilymenia* in a new emendation. Mycotaxon 38: 459–484.

- 1985: A Taxonomic revision of species related to *Peziza apiculata.* Agarica 6(12): 56–66.

- 1984: *Peziza obtusapiculata,* a new species related to *Peziza apiculata.* Česká Mykologie 38(2): 121–122.

Moreau P.-A. & Courtecuisse R. 2013: Les noms qui changent… Documents Mycologiques 35: 350–364.

- , Welti S., Perić B., Jargeat P., Manzi S. & Vizzini A. 2013: *Alpova komoviana (Boletales, Paxillaceae),* a new sequestrate fungus from Montenegro, with a revised phylogeny of the genus in Europe. Mycological Progress 12(1): 109–119.
https://doi.org/10.1007/s11557-012-0818-x

- , Rochet J., Bizio E., Deparis L., Peintner U., Senn-Irlet B., Tedersoo L. & Gardes M. 2012: Agarics of alders 1 – the *Alnicola badia* complex. Mycotaxon 121: 1–22.
https://doi.org/10.5248/121.1

- , Rochet J., Richard F., Chassagne F., Manzi S. & Gardes M. 2011: Taxonomy of *Alnus*-associated hypogeous species of *Alpova* and *Melanogaster (Basidiomycota, Paxillaceae)* in Europe. Cryptogamie Mycologie 32(1): 33–62.
https://doi.org/10.7872/crym.v32.iss1.2012.033

Moreno G., Alvarado P. & Manjón J.L. 2012: Phylogenetic affiliation of *Choiromyces magnusii* and *C. venosus (Tuberaceae Ascomycota)* from Spain. Mycological Progress 11(2): 463–471.
https://doi.org/10.1007/s11557-011-0762-1

- , Contu M., Ortega A., Platas G. & Peláez F. 2007: Molecular phylogenetic studies show *Omphalina giovanellae* represents a new section of *Clitopilus (Agaricomycetes).* Mycological Research 111(12): 1399–1405.
https://doi.org/10.1016/j.mycres.2007.09.009

Morgado L.N., Noordeloos M.E., Lamoureux Y. & Geml. J. 2013: Multi-gene phylogenetic analyses reveal species limits, phylogeographic patterns, and evolutionary histories of key morphological traits in *Entoloma (Agaricales, Basidiomycota).* Persoonia 31: 159–178
http://doi.org/10.3767/003158513X673521

Mornand J., Girod G. & Péan R. 2013: Les *Cordyceps* entomophiles d'Europe. 23 S.
http://www.ascofrance.fr/documentation (Stand 8.6.2023)

Moser M. 1983: Die Röhrlinge und Blätterpilze *(Polyporales, Boletales, Agaricales, Russulales).* Band IIb/2 Basidiomyceten 2.Teil. 5. Auflage. Gustav Fischer Verlag, Stutgart, New York. 533 S.

- 1978: Über eine subboreale und eine subalpine *Russula* Art. Sydowia 31: 97–102.

- 1960: Die Gattung *Phlegmacium* (Schleimköpfe). «Die Pilze Mitteleuropas» Band 4. Deutsche Gesellschaft für Pilzkunde, Deutsche Botanische Gesellschaft und Verband Schweizerischer Verein für Pilzkunde (Hrsg.). Verlag Julius Klinkhardt, Bad Heilbronn. 440 S.

- 1952: Cortinarien-Studien. III. Spezieller Teil. Sydowia 6: 17–161.

Moser-Rohrhofer M. 1951: Bemerkenswerte Phlegmacienfunde. Zusammengestellt aus dem Nachlasse von Julius Schäffer. Sydowia 5: 357–365.

Mouton V. 1897: Troisième notice sur des ascomycètes nouveaux ou peu connus. Bulletin de la Société Royale de Botanique de Belgique 36: 10–21.

Moyne G. 2019: Clé de détermination des espèces du genre *Octospora* Hedw. et alliés *(Pyronemataceae)* à marge présentant de nombreux poils bien différenciés.
https://doi.org/10.25664/KEY-0004

- & Moingeon J.-M. 2008: Contribution à la connaissance des Ascomycètes de Franche-Comté: *Bryoscyphus dicrani* (Ade & Hahn.) Spooner. Bulletin annuel de la Fédération Mycologique de l'Est 6: 49–52.

Mu Y.-H., Yu J.-R., Cao T., Wang X.-H. & Yuan H.-S. 2021: Multi-Gene Phylogeny and Taxonomy of *Hydnellum (Bankeraceae, Basidiomycota)* from China. Journal of Fungi 7(1): 818.
https://doi.org/10.3390/jof7100818

Müller E. 1950: Die schweizerischen Arten der Gattung *Leptosphaeria* und ihrer Verwandten. Dissertation ETH Zürich. Sydowia 4: 185–319.
https://doi.org/10.3929/ethz-a-000096214

Müller G., Krikorev M. & Dahlberg A. 2023: The Global Fungal Red List Initiative.
https://redlist.info/ (Stand 10.6.2023)

Muñoz G., Pancorbo F., Turégano Y. & Esteve-Raventós F. 2022: New species and combinations of *Inocybe* with lilac or violet colours in Europe. Fungi Iberici 2: 7–26.
https://doi.org/10.51436/funiber/02.001

Muñoz J.A. 2005: *Boletus* s.l. (excl. *Xerocomus*). *Strobilomycetaceae, Gyroporaceae, Gyrodontaceae, Suillaceae, Boletaceae.* Fungi Europaei Vol.2. Edizioni Candusso, Alassio. 952 S.

Mürner R. 2023: BK Korrigenda. Aktuelle Namen und Korrigenda zu «Pilze der Schweiz» von Breitenbach J. & Kränzlin F.
https://mglu.ch/index.php/listen/bk-korrigenda/ (Stand 8.6.2023)

- 2023: Deutsche Gattungsnamen.
https://mglu.ch/index.php/listen/asco-gattungen/ (Stand 8.6.2023)

- 2023: Referenz- und Eingabedatenbank.
https://mglu.ch/index.php/listen/referenzlisten/ (Stand 8.6.2023)

Mycobank 2023: Mycobank Database. Fungal Databases, Nomenclature & Species Bank. An initiative of the International Mycological Association (IMA) and the Westerdijk Fungal Biodiversity Institute.
http://www.mycobank.org/ (Stand 8.6.2023)

mycodb o.J.: Base de données mycologique.
https://www.mycodb.fr (Stand 10.6.2023)

Nauta M.M. 2003: A new *Agrocybe* on woodchips in North Western Europe. Persoonia 18(2): 271–274.

Nedelin T., Gyosheva M., Kostov K. & Savev S. 2016: New records and data on hypogeous ectomycorrhizal fungi in Bulgaria. Forestry Ideas 22(2): 113–126.

Nespiak A. 1966: Mykologische Notizen aus dem «Hainholz» und «Beierstein» geplante Naturschutzgebiete im Landkreis Osterode/Harz. Westfälische Pilzbriefe 6(2): 24.

Neuhoff W. 1963: Der Salzwiesen-Egerling (*Agaricus bernardii* [Quélet] Sacc.). Zeitschrift für Pilzkunde 29(2): 40–42.

Neville P. 2004: *Amaniteae: Amanita, Limacella & Torrendia.* Edizioni Candusso, Alassio. 1120 S.

- & Poumarat S. 2009: Quelques espèces nouvelles ou mal délimitées d'Amanita de la sous-section *Vaginatinae.* Fungi non delineati raro vel haud perspecte et explorate descripti aut definite picti. Pars 51–52. 1er complément à *Amaniteae,* Fungi Europaei Vol.9. Edizioni Candusso, Alassio. 200 S.

Niemelä T., Kinnunen J., Renvall P. & Schigel D.S. 2003: *Phellodon secretus (Basidiomycota),* a new hydnaceous fungus from northern pine woodlands. Karstenia 43: 37–44.
https://doi.org/10.29203/ka.2003.391

Nierhaus-Wunderwald D., Engesser R. & Rigling D. 2012: Hallimasch – Biologie und forstliche Bedeutung. WSL, Birmensdorf, Merkblatt für die Praxis 21, 2. überarbeitete Auflage. 8 S.

Niskanen T. & Kytövuori I. 2018: Key D: Subgen. *Myxacium* sect. Vibratiles Melot. In: Knudsen H. & Vesterholt J. (Eds.): Funga Nordica. Agaricoid, boletoid, clavarioid, cyphelloid and gastroid genera. 2. Auflage. Nordsvamp, Kopenhagen: 778–781.

- , Liimatainen K., Nuytinck J., Kirk P., Olariaga Ibarguren I., Garibay-Orijel R., Norvell L., Huhtinen S., Kytövuorih I., Ruotsalainen J., Niemelä T., Ammirati J.F. & Tedersoo L. 2018: Identifying and naming the currently known diversity of the genus *Hydnum,* with an emphasis on European and North American taxa. Mycologia 110(5): 890–918.
https://doi.org/10.1080/00275514.2018.1477004

- , Liimatainen K., Dentinger B.T.M. & Ammirati J. 2016: *Cortinarius* subgenus *Callistei* in North America and Europe – type studies, diversity, and distribution of species. Mycologia 108(5): 1018–1027.
https://doi.org/10.3852/16-033

- , Liimatainen K. & Kytövuori I. 2011: *Cortinarius* sect. *Armillati* in northern Europe. Mycologia 103(5): 1080–1101.
https://doi.org/10.3852/10-350

Nitare J., Ainsworth A.M., Larsson E., Parfitt D., Suz L.M., Svantesson S. & Larsson K.-H. 2021: Four new species of *Hydnellum (Thelephorales, Basidiomycota)* with a note on *Sarcodon illudens.* Fungal Systematics and Evolution 7: 233–254.
https://doi.org/10.3114/fuse.2021.07.12

Noffsinger C.R. 2020: Systematic analysis of *Russula* in the North American Rocky Mountain alpine zone. Master of Science, Montana State University. 287 S.

- & Cripps C. 2021: Systematic analysis of *Russula* in the North American Rocky Mountain alpine zone. Mycologia 113(6): 1278–1315.
https://doi.org/10.1080/00275514.2021.1947695

Noordeloos 2018c: *Rhodocybe* Maire. In: Knudsen H. & Vesterholt J. (Eds.): Funga Nordica. Agaricoid, boletoid, clavarioid, cyphelloid and gastroid genera. 2. Auflage. Nordsvamp, Kopenhagen: 576–579.

- 2018b: 1.5. *Paxillaceae* Lotsy. In: Noordeloos M.E., Kuyper T.W., Somhorst I. & Vellinga E.C. (Eds.): Flora Agaricina Neerlandica 7. Candusso Editrice, Orrigio: 189–198.

- 2018a: 2. *Neoboletus* Gerlardi, Simonini & Vizzini. In: Noordeloos M.E., Kuyper T.W., Somhorst I. & Vellinga E.C. (Eds.): Flora Agaricina Neerlandica 7. Candusso Editrice, Orrigio: 99–102.

- 2011: *Strophariaceae* s.l., Fungi Europaei 13. Edizioni Candusso, Alassio.

- 1988: *Entolomataceae* Kotl. & P. In: Bas C., Kuyper T.W., Noordeloos M.E. & Vellinga E.C.: Flora Agaricina Neerlandica 1. Critical monographs on families of agarics and boleti occurring in the Netherlands. A.A.Balkema, Rotterdam: 77–177.

- 1982: *Entoloma* subgenus *Leptonia* in Northwestern Europa – I. Introduction and a revision of dann section *Leptonia.* Persoonia 11(4): 451–471.

- 1981: Introduction to the taxonomy of the genus *Entoloma* sensu lato *(Agaricales).* Persoonia 11(2): 227f.

- , den Bakker H.C. & van der Linde S. 2018: Flora Agaricina Neerlandica 7: *Boletales.* Candusso Editrice, Orrigio. 65–225.

- , Kuyper E.W. & Vellinga E.C. 2005: Flora Agaricina Neerlandica 6. Taylor & Francis, Boca Raton. 227 S.

Nuhn M.E., Binder M. Taylor A.F.S., Halling R.E. & Hibbett D.S. 2013: Phylogenetic overview of the *Boletinae.* Fungal Biology 117(7–8): 479–511.
https://doi.org/10.1016/j.funbio.2013.04.008

Oertel B. & Fuchs H.G. 2001: Pilzfloristische Beobachtungen auf Magerwiesen und Halbtrockenrasen im linksrheinischen Mittelgebirge: Clavariaceen sowie weitere bemerkenswerte Asco- und Basidiomyceten. Zeitschrift für Mykologie 67(2): 199–212.

Olagaria I. & Salcedo I. 2012: New combinations and notes in clavarioid fungi. Mycotaxon 121: 37–44.
http://doi.org/10.5248/121.37

- , Huhtinen S., Læssøe T., Petersen J.H. & Hansen K. 2020: Phylogenetic origins and family classification of typhuloid fungi, with emphasis on *Ceratellopsis, Macrotyphula* and *Typhula (Basidiomycota).* Studies in Mycology 96(1): 155–184.
https://doi.org/10.1016/j.simyco.2020.05.003

- , Van Vooren N., Carbone M. & Hansen K. (modified by Van Vooren N.) 2019: Key to the species of the genus *Otidea.* 5 S.
https://doi.org/10.25664/KEY-0007

- , Van Vooren N., Carbone M. & Hansen K. 2015: A monograph of *Otidea (Pyronemataceae, Pezizomycetes).* Persoonia 35: 166–229.
https://doi.org/10.3767/003158515X688000

- , Grebenc T., Salcedo I. & Martin M.P. 2012: Two new species of *Hydnum* with ovoid basidiospores: *H. ovoideisporum* and *H. vesterholtii.* Mycologia 104(6): 1443–1455.
https://doi.org/10.3852/11-378

Oliveira J.J.S., Vargas-Isla R., Cabral T.S., Rodrigues D.P. & Ishikawa N.K. 2019: Progress on the phylogeny of the *Omphalotaceae: Gymnopus* s. str., *Marasmiellus* s. str., *Paragymnopus* gen. nov. and *Pusillomyces* gen. nov. Mycological Progress 18: 713–739.
https://doi.org/10.1007/s11557-019-01483-5

Örstadius L., Ryberg M. & Larsson E. 2015: Molecular phylogenetics and taxonomy in *Psathyrellaceae (Agaricales)* with focus on psathyrelloid species: introduction of three new genera and 18 new species. Mycological Progress 14(5): 1047–1088.
https://doi.org/10.1007/s11557-015-1047-x

Orton P.D. 1980: Notes on British Agarics VII. Notes From The Royal Botanic Garden Edinburgh 38(2): 315–330.

Ostrow H. & Beenken L. 2004: *Hydnum ellipsosporum* spec. nov. *(Basidiomycetes, Cantharellales)* – ein Doppelgänger von *Hydnum rufescens* Fr. Zeitschrift für Mykologie 70(2): 137–157.

Otero P. 2013: *Morchella* cf. *pulchella, Morchella pulchella.*
https://www.biodiversidadvirtual.org/hongos/ (Stand 10.6.2023)

Pacioni G., Trappe J.M., Leonardi M. & Rossman A.Y. 2022: (2867–2871) Proposals to conserve the names *Tuber aestivum* Vittad. against *T. aestivum* (Wulfen)

Spreng. and *T. blotii, T. magnatum* against *T. griseum,* and *T. melanosporum* against *T. nigrum,* and to reject the names *T. albidum* and *T. cibarium (Ascomycota: Pezizomycetes).* Taxon 71(2): 463–465.
https://doi.org/10.1002/tax.12712

Parra L.A., Tan Y., Xo M.-L., Zhou J.-L., Wang B. & Zhao R.-L. 2016: A reexamination of *Allopsalliota* indicates synonymy with *Micropsalliota (Agariceae, Agaricaceae, Agaricales, Basidiomycota).* Mycoscience 57(5): 303–310.
https://doi.org/10.1016/j.myc.2016.02.005

- , Wisman J., Guinberteau J., Wilhlem M., Weholt Ø., Musumeci E., Callac P. & Geml J. 2015: *Agaricus collegarum* e *A. masoalensis*, due nuovi taxa della sezione *Nigrobrunnescentes* raccolti in Europa. Micologia e Vegetazione Mediterranea 30(1): 3–26.

Pärtel K., Baral H.-O., Tamm H. & Põldmaa K. 2017: Evidence for the polyphyly of *Encoelia* and *Encoelioideae* with reconsideration of respective families in *Leotiomycetes*. Fungal Diversity 82:183–219.
https://doi.org/10.1007/s13225-016-0370-0

Passerini G. 1872: Fungi parmenis enumerati dal Prof. G. Passerini. Nuovo Giornale Botanico Italiano 4. Pubblicato da Odoardo Beccari: 48–113.
https://hdl.handle.net/2027/hvd.32044106422777

Paz A., Bellanger J.-M., Lavoise C., Molia A., Ławrynowicz M., Larsson E., Ibarguren I.O., Jeppson M., Læssøe T., Sauve M., Richard F. & Moreau P.-A. 2017: The genus *Elaphomyces (Ascomycota, Eurotiales)*: a ribosomal DNA-based phylogeny and revised systematics of European 'deer truffles'. Persoonia 38: 197–239.
https://doi.org/10.3767/003158517X697309

Pázmány D. 1985: Die *Macrolepiota*-Arten in Transsilvanien (Rumänien). Zeitschrift für Mykologie 51(1): 51–60.

Peck C.H. 1907: Report of the state botanist 1906. New York State Education Departement 116, Botany 10. 117 S.

Peintner U. & Horak E. 1999: *Lepiota* and *Cystolepiota (Agaricales)* in Artic-alpine habitats. Österreichische Zeitschrift für Pilzkunde 8: 19–35.

- , Ladurner H. & Simonini G. 2003: *Xerocomus cisalpinus* sp. nov., and the delimitation of species in the *X. chrysenteron* complex based on morphology and rDNA-LSU sequences. Mycological Research 107(6): 659–679.
https://doi.org/10.1017/s0953756203007901

Perić B. 2011: *Helvella cupuliformis (Ascomycota, Pezizales)*, nouvelle espèce de la flore mycologique du Monténégro. Ascomycete.org 2(4): 51–56.
https://doi.org/10.25664/art-0038

- 2009: *Marcelleina rickii* –una specie nuova per la flora fungina del montenegro. Errotari 6: 20–38.

- & Perić O. 2011: Notes on Montenegrin species of *Geopora*. Mycologia Montenegrina 14: 117–150.

- , Baral H.-O. & Pärtel K. 2019: A new combination and new species in the genus *Cenangiopsis (Helotiales)*: *C. alpestris* comb. nov. and *C. andreae* sp. nov. Mycologia Montenegrina 20: 41–65.

- , Baral H.-O. & Pärtel K. 2015: *Cenangiopsis* raghavanii and *C. junipericola* spp. nov. *(Cenangiaceae, Helotiales)* collected in Montenegro, with redescription of a recent collection of *C. quercicola* C. Mycologia Montenegrina 18: 7–40.

Perry B.A., Hansen K. & Pfister D.H. 2007: A phylogenetic overview of the family *Pyronemataceae (Ascomycota, Pezizales)*. Mycological Research 111(5): 549–571.
https://doi.org/10.1016/j.mycres.2007.03.014

Persoon C.H. 1822: Mycologia Europaea seu Completa omnium fungorum in variis Europaeae regionibus detectorum enumeratio, methodo naturali disposita 1. 356 S. Ioanni Iacobi Palmii, Erlangen.

- 1801: Synopsis methodica fungorum: sistens enumerationem omnium huc vsque detectarum specierum, cum breuibus descriptionibus nec non synonymis et obseruationibus selectis. Apud Henricum Dieterich, Gottingae. 708 S.
https://doi.org/10.5962/bhl.title.166151

- 1799: Observationes Mycologicae. Seu descriptiones tam novorum quam notabilium fungorum. Exhibitae. Pars secunda. Sumptibus Genneri, Usterii et Wolfii, Lipsiae et Lucernaee. 107 S.

- 1797: Tentamen dispositionis methodicae fungorum in classes, ordines, genera et familias. Cum supplemento adjecto. Apud Pentrum Philippum Wolf, Lipsiae. 77 S.
https://doi.org/10.5962/bhl.title.42674

Petersen J.H. 1999: Key of the genera of clavarioid fungi in Northern Europe. University of Aarhus, Institute of Systematic Botany. 7 S.
https://www.mycokey.com/MycokeyDK/DKkeysPDFs/ClavarioidGenusKey.pdf (Stand 8.6.2023)

- 1999: Key of the species of *Ramaria* known from Fennoscandia. University of Aarhus, Institute of Systematic Botany. 12 S.
https://www.mycokey.com/MycokeyDK/DKkeysPDFs/RamariaKey.pdf (Stand 8.6.2023)

Petersen R.H. & Hughes K.W. 2021: *Collybiopsis* and its type species, *Co. ramealis*. Mycotoaxon 136(2): 263–349.
https://doi.org/10.5248/136.263

Petrini L.E. & Müller O. 1986: Haupt- und Nebenfruchtformen europäischer *Hypoxylon*-Arten *(Xylariaceae, Spaeriales)* und verwandter Pilze. Mycologia Helvetica 1(7): 501–627.

- & Petrini O. 2005: Morphological studies in *Rosellinia (Xylariaceae)*: the first step towards a polyphasic taxonomy. Mycological Research 109(5): 569–580.
https://doi.org/10.1017/s0953756205002510

- , Petrini O. & Francis S.M. 1989: On *Rosellinia mammaeformis* and other related species. Sydowia 41: 257–276.

Petrini O. 1992: *Rosellinia* species of the temperate zones. Sydowia 44(2): 169–281.

- 1982: Notes on some Species of *Chloroscypha* Endophytic in *Cupressaceae* of Europe and North America. Sydowia 35: 206–222.

Pfister D.H. 1976: A synopsis of the genus *Pulvinula*: A new combination in the genus *Gymnomyces*. Occasional papers of the Farlow Herbarium of cryptogamic botany 9: 1–19.
https://doi.org/10.5962/p.305839

- & Candoussau F. 1981: The Psilopezioid fungi. VIII. Additions to the genus *Pachyella*. Mycotaxon 8(3): 457–464.

Philippi S. 1994: *Helvella alpestris* Boudier, eine bisher selten gefundene *Helvella*-Art der alpinen Höhenstufe. Rheinland-Pfälzisches Pilzjournal 4(1): 20–30.

- 1992: *Anthracobia subatra* (Rehm) Moser und *Anthracobia melaloma* (A. & S.: Fr.) Boud. Pioniere junger Brandstellen. Handelt es sich um zwei sehr nahe verwandte Arten, oder sind sie konspezifisch? Rheinland-Pfälzisches Pilzjournal 2(2): 112–117.

Phillips A.J.L., Alves A., Abdollahzadeh J., Slippers B., Wingfield M.J., Groenewald J.Z. & Crous P.W. 2013: The *Botryosphaeriaceae:* genera and species known from culture. Studies in Mycology 76(1): 51–167.
https://doi.org/10.3114/sim0021

Piatek M. 2002: *Sistotrema confluens* Pers.: Fr. In Wojewoda W. (Ed.), Atlas of the geographical distribution of Fungi in Poland 2. W. Szafer Institute of Botany, Polish Academy of Sciences, Kraków, Poland: 103–106.

Pidlich-Aigner H. 2005: Bemerkenswerte *Russula*-Funde aus Ostösterreich 2. Österreichische Zeitschrift für Pilzkunde 14: 79–104.

- 1999: *Sarcoscypha austriaca* (Beck ex Sacc.) Boud. und *S. coccinea* (Scop.: Fr.) Lamb. *(Sarcoscyphaceae)* in der Steiermark. Untersuchungen zur Verbreitung, Ökologie und Unterscheidung der beiden Arten. Joannea Botanik 1: 5–26.

Pilát A. 1951: The Bohemian species of the genus *Agaricus*. Fossil Imprint/Acta Musei Nationalis Pragae, 7(1) Series B. Historia Naturalis, Prague. 142 S.

Pötz H. 2000: Drei neue Arten der *Entolomataceae (Agaricales)* in Kärnten. Carinthia II 190 (110): 611–616.

Pouzar Z. 1978: *Hypoxylon macrocarpum* Pouz. spec. nov., a new fragrant pyrenomycete. Česká Mykologie 32: 19–21.

Priou J.-P., Dechaume J.-P. 2014: *Geoglossaceae* de France: *Trichoglossum octopartitum* Mains, récolté en France. Ascomycete.org 6(5): 138–142.

Quijada L., Baral H.-O. & Beltrán-Tejera E. 2016: A revision of the genus *Orbilia* in the Canary Islands. Phytotaxa 284(4): 231–262.
http://doi.org/10.11646/phytotaxa.284.4.1

Rahm E. 1970: Über einige *Rhizinaceae* aus dem Hochtal von Arosa. Schweizerische Zeitschrift für Pilzkunde 75(7): 77–87.

Ramírez-Cruz V., Sanots da Silva P., Villalobos-Arámbula A.R., Brandon Matheny P., Nordeloos M., Morgado L., Borges da Silveria R.M. & Guzmán-Dávalos L. 2020: Two new species of *Deconica (Agaricales, Basidiomycota)* from Australia and Mexico. Mycological Progress 19: 1317–1328.
https://doi.org/10.1007/s11557-020-01629-w

Rastetter V. 1967: Anwendung von chemischen Reagenzstoffen bei der Bestimmung von Pilzen. Mitteilungen des badischen Landesvereins für Naturkunde und Naturschutz 9(3): 481–489.

Rauschert S. 1977: Die richtige Betonung der wissenschaftlichen Pilznamen. Zeitschrift für Pilzkunde 43: 97–103.

Reschke K., Morozova O.V., Dima B., Cooper J.A., Corriol G., Biketova A.Y., Piepenbring M. & Noordeloos M.E. 2022: Phylogeny, taxonomy, and character evolution in *Entoloma* subgenus *Nolanea*. Persoonia 49: 136–170.
https://doi.org/10.3767/persoonia.2022.49.04

Riaux-Gobin C. 2019: *Peziza phyllogena* Cooke, apport de la microscopie électronique. Mycologie et Botanique 34: 6–8.

Ricek E.W. 1974: *Hygrophorus persicolor* sp. nov. Der Flamingo-Schneckling. Zeitschrift für Pilzkunde 40(1–2): 5–8.

Richard F., Mellanger J.-M., Clowez P. Hansen K., O'Donnel K., Urban A., Sauve M., Courtecuisse R. & Moreau P.-A. 2015: True morels *(Morchella, Pezizales)* of Europe and North America: evolutionary relationships inferred from multilocus data and a unified taxonomy. Mycologia 107(2): 359–382.
http://doi.org/10.3852/14-166

Ricken A. 1915: Die Blätterpilze (1). Leipzig.

Rippel J. 2005: Kerndrüsling *(Myxarium nucleatum)*. Pilze Pilze Forum Archiv 2005 http://www.pilzepilze.de/cgi-bin/webbbs/parchive2005.pl?noframes;read=83549 (Stand 8.6.2023)

Riva A. 2010b: *Gyromitra littiniana* sp. nov. Descrizione di un ascomicete stipitato a crescita precoce nei boschi di latifoglie eliofile e sosia di *Gyromitra gigas*. Schweizerische Zeitschrift für Pilzkunde 88(6): 230–233.

- 2010a: *Gyromitra fastigiata*. Un ascomicete primaverile rara per la Funga Helvetica. Schweizerische Zeitschrift für Pilzkunde 88(4): 160–162.
- 2003: *Tricholoma* (Fr.) Staude. Fungi Europaei Vol. 3a. Supplemento. Giovanna Biella, Saronno. 620 S.
- 1988: *Tricholoma* (Fr.) Staude. Fungi Europaei Vol. 3. Giovanna Biella, Saronno. 204 S.

Rocchi F., Quaroni S., Sardi P. & Saracchi M. 2010: Studies on *Anthostoma decipiens* involved in *Carpinus betulus* decline. Journal of Plant Pathology 92(3): 637–644.

Rödig T. 2012: Die europäischen Arten der Gattungen *Xerocomus* s. str. und *Xerocomellus* nach dem Gattungskonzept von Sutara 2008 sowie Abgrenzung zu verwandten europäischen Gattungen und Arten. 22 S.

Rodriguez Estrada A.E., Jimenez-Gasco M.d.M. & Royse D.J. 2010: *Pleurotus eryngii* species complex: Sequence analysis and phylogeny based on partial EF1a and RPB2 genes. Fungal biology 114: 421–428. https://doi.org/10.1016/j.funbio.2010.03.003

Roffler U. 2004b: *Gyromitra geogenia* (Rahm) Harmaja, Erdige Lorchel. Der Pilz des Monats 10. Schweizerische Zeitschrift für Pilzkunde 82(5): 190–196.

- 2004a: *Geopora foliacea* (Schaeffer ex Boudier) Ahmad = *Sepultaria foliacea* (Schaeffer ex Boudier) Boudier, Dickfleischiger Sandborstling. Der Pilz des Monats 4. Schweizerische Zeitschrift für Pilzkunde 82(2): 58–68.

Rogers J.D., Ju X.-M. & Adams M.J. 2002: Home oft the Xylariaceae. https://mycology.sinica.edu.tw/xylariaceae/default.asp (Stand 10.6.2023)

- , Ju Y.-M., & Candoussau F. 1996: *Biscogniauxia anceps* comb. nov. and *Vivantia guadalupensis* gen. et sp. nov. Mycological Research 100(6): 669–674. https://doi.org/10.1016/s0953-7562(96)80196-1

Romagnesi H. 1967: Les Russules d'Europe et d'Afrique du Nord. Éditions Bordas.

- 1962: Taxa nova ex genere *Russula*. Bulletin mensuel de la Société linnéenne de Lyon 31(6): 172–177.

Romell L. 1921: Zwei (unbenannte?) grüne *Russula*-Arten. Der Pilz- und Kräuterfreund: mykologische Rundschau, Zentralbatt für Kryptogamenkunde, illustrierte Zeitschrift für praktische und wissenschaftliche Pilz- und Kräuterkunde 9: 192.

Ronikier A. 2008: Contribution to the biogeography of arctic-alpine fungi: first records in the Southern Carpathians (Romania). Sommerfeltia 31: 191–211. https://doi.org/10.2478/v10208-011-0011-7

Rostamian M., Kavosi M.R., Bazgir E. & Babanezhad M. 2016: First report of *Biscogniauxia mediterranea* causing canker on wild almond *(Amygdalus scoparia)*. Australasian Plant Disease Notes volume 11(30): 1–3.

Ruotsalainen J. & Huhtinen S. 2015 (2016): Type studies in *Russula* 1: on two species described by Kühner. Karstenia 55(1–2): 61–68. https://doi.org/10.29203/ka.2015.469

Ryberg M., Nilsson R.H., Kristiansson E., Töpel M., Jacobsson S. & Larsson E. 2008: Mining metadata from unidentified ITS sequence in GenBank: a case study in *Inocybe (Basidiomycota)*. BMC Evolutionary Biology 8(50): 1–14. https://doi.org/10.1186/1471-2148-8-50

Ryman S. & Holmåsen I. 1992: Pilze. Über 1500 Pilzarten ausführlich beschrieben und in natürlicher Umgebung fotografiert. Bernhard Thalacker Verlag, Braunschweig. 718 S.

Ryvarden L. & Melo I. 2014: Poroid fungi of Europe. Synopsis Fungorum 31 Fungiflora. 455 S.

Saar G., Schmidt-Stohn G. 2021: Erhard Ludwig, Pilzkompendium 4. Ergänzungen und Korrigenda. Journal des Journées européennes du Cortinaire 23: 65–68.

Saar I. 2012: The taxonomy and phylogeny of the genera *Cystoderma* and *Cystodermella (Agaricales, Fungi)*. Dissertationes Biologicae Universitatis Tartuensis 210. University Press, Tartu. 35 S. https://doi.org/10.13140/RG.2.2.10464.28164

Saccardo P.A. 1887: Sylloge fungorum omnium hucusque cognitorum 5. 1148 S. https://doi.org/10.5962/bhl.title.5371

Sammut C., Alvarado P. & Saar I. 2019: *Schizophyllum amplum (Agaricales, Schizophyllaceae)*: a rare Basidiomycete from Malta and Estonia. Italian Journal of Mycology 48: 50–56. https://doi.org/10.6092/issn.2531-7342/9426

Samuels G.J. 1988: Species of *Nectria (Ascomycetes, Hypocreales)* having orange perithecia and colorless, striate ascospores. Brittonia 40(3): 306–331. https://doi.org/10.2307/2807484

Sánchez-Garcia M., Adamčíková K., Moreau, P.A., Vizzini, A., Jančovičová S., Kiran M., Caboň M., Matheny P. & Adamčik S. 2021: The genus *Dermoloma* is more diverse than expected and forms a monophyletic lineage in the *Tricholomataceae*. Mycological Progress 20: 11–25. https://doi.org/10.1007/s11557-020-01651-y

- , Matheny P.B., Palfner G. & Lodge D.J. 2014: Deconstructing the *Tricholomataceae (Agaricales)* and introduction of the new genera *Albomagister, Corneriella, Pogonoloma* and *Pseudotricholoma*. Taxon 63(5): 993–1007. https://doi.org/10.12705/635.635.3

Sánchez Iglesias F. 2016: *Gyromitra accumbens* E. Rahm ex Harmaja, un discomiceto nivícola, nuevo para la flora micológica de España. Micobotánica-Jaén 11(4): 162–175.

Sarnari M. 2005: Monografia illustrata del Genere *Russula* in Europa. Vol. 2. A.M.B. Fondazione Centro Studi Micologici, Vicenza. 801–1168.

- 1998: Monografia illustrata del Genere *Russula* in Europa. Vol. 1. A.M.B. Fondazione Centro Studi Micologici, Vicenza. 1–800.

Sassi A. 2021: Der Gelbsporige Täubling *(Russula flavispora)*. Schweizerische Zeitschrift für Pilzkunde 99(2): 12–13.

Schäffer J. 1933: *Russula*-Monografie. In Sydow H.: Annales Mycologici 31(5/6): 305–463.

Schaeffer J.C. 1774: Fungorum qui in Bavaria et Palatinatu circa Ratisbonam nascuntur icones, nativis coloribus expressae 4.

- 1762: Fungorum qui in Bavaria et Palatinatu circa Ratisbonam nascuntur icones, nativis coloribus expressae 1. https://bibdigital.rjb.csic.es/viewer/10986/?offset=#page=1&viewer=picture&o=bookmark&n=0&q= (10.6.23)

Schild E. 1992: Erläuterungen zu *Ramaria obtusissima* und zu *Ramaria schildii*. Persoonia 15(1): 109–115.

- 1990: Ramaria-Studien. Zeitschrift für Mykologie 56(1): 131–150.
- 1981: Ramaria-Studien. Zeitschrift für Mykologie 48(1): 117–128.

Schmid H.A. 2014: Schlüssel zu den Gattungen *Xerocomellus* und *Xerocomus*, inklusive einiger verwechselbarer Arten aus anderen Gattungen. Zweiter Entwurf. 39 S.

Schmid-Heckel H. 1988: Pilze in den Berchtesgadener Alpen. Nationalpark Berchtesgaden, Forschungsbericht 15. 136 S.

Schmidt-Stohn G. & Oertel B. 2010: Methodik und Anwendung von DNA-Analysen in der Pilz-Taxonomie. Zeitschrift für Mykologie 76(1): 1–20.

- , Brandrud T.E., Bellú F., Soop K. & Dima B. 2019: Die europäischen Arten der Sekt. *Riederi* von *Cortinarius* – eine aktuelle Übersicht. Journal des Journées européennes du Cortinaire 21: 3–32.
- , Saar G., Brandrud T.E. & Dima B. 2016: Interessante *Phlegmacium*-Funde um Urbino. Journal des Journées européennes du Cortinaire 18: 77–96.

Schumacher T. 1990: Le Genre *Scutellinia (Pyronemataceae)*. 7 S. http://www.ascofrance.com/uploads/document/45-0001.pdf (Stand 10.6.2023)

- 1979: Notes on taxonomy, ecology, and distribution of operculate discomycetes *(Pezizales)* from river banks in Norway. Norwegian Journal of Botany 26(1): 53–83.
- & Moravec J. 1989: *Spooneromyces*, a new genus to accommodate *Peziza laeticolor* and the new species *S. helveticus*. Nordic Journal of Botany 9(4): 425–430. https://doi.org/10.1111/j.1756-1051.1989.tb01021.x

Schwöbel H. 1975: Die Täublinge. – Beiträge zu ihrer Kenntnis und Verbreitung IV. Zeitschrift für Pilzkunde 41: 123–142.

Seelan J.S.S., Justo A., Nagy L.G., Grand E.A., Redhead S.A. & Hibbett D. 2015: Phylogenetic relationships and morphological evolution in *Lentinus, Polyporellus* and *Neofavolus*, emphasizing southeastern Asian taxa. Mycologia 107(3): 460–474. https://doi.org/10.3852/14-084

Seidl M.T. 2000: Phylogenetic relationships within *Cortinarius* subgenus *Myxacium*, sections *Defibulati* and *Myxacium*. Mycologia 92(6): 1091–1102. https://doi.org/10.1080/00275514.2000.12061257

Senn-Irlet B. 2019: Mündliche Information von Beatrice Senn-Irlet, Bolligen.

- 2018: *Episphaeria*. In: Knudsen H. & Vesterholt J. (Eds.): Funga Nordica. Agaricoid, boletoid, clavarioid, cyphelloid and gastroid genera. 2. Auflage. Nordsvamp, Kopenhagen: 980–981.
- 2012c: Gemeine Steppentrüffel *Gastrosporium simplex* Mattirolo. Merkblatt Pilze. Eidgenössische Forschungsanstalt WSL, Birmensdorf. 2 S. https://www.dora.lib4ri.ch/wsl/islandora/object/wsl%3A18020 (Stand 10.6.2023)
- 2012b: Riesen-Ritterling. *Tricholoma colossus* (Fr.) Quél. Merkblatt Pilze. Eidgenössische Forschungsanstalt WSL, Birmensdorf. 2 S. https://www.dora.lib4ri.ch/wsl/islandora/object/wsl%3A18019 (Stand 10.6.2023)

- 2012a: Fingerhutverpel. *Verpa conica* (O.W. Müll.) Sw. Merkblatt Pilze. Eidgenössische Forschungsanstalt WSL, Birmensdorf. 2 S. https://www.dora.lib4ri.ch/wsl/islandora/object/wsl%3A18021 (Stand 10.6.2023)

- & Woltsche H. 2004: Eine seltene Risspilzart in der alpinen Stufe gefunden: *Inocybe aurea* Huijsmann 1955 – der Gold-Risspilz. Der Pilz des Monats 8. Schweizerische Zeitschrift für Pilzkunde 82(4): 148–153.

- , Blaser S., Schwab N. & Gross A. 2021: Fortschritte in den Kenntnissen der Schweizer Funga. Schweizerische Zeitschrift für Pilzkunde 99(2): 14–21.

- , Delmenico F. & Beenken L. 2016: *Hydnum ellipsosporum*. Ein Erstnachweis für die Schweiz. Pilzporträt 6. Schweizerische Zeitschrift für Pilzkunde 94(4): 4–5.

- , Aeberhard H. & von Niederhäusern F. 2008: *Rhytidhysteron hysterinum* nach 100 Jahren wieder in der Schweiz gefunden? Der Pilz des Monats 7. Schweizerische Zeitschrift für Pilzkunde 86(5): 178–180.

- , Bieri G. & Egli S. 2007: Rote Liste der gefährdeten Großpilze der Schweiz. Umwelt-Vollzug Nr. 0718. Bundesamt für Umwelt BAFU, Bern und Eidgenössische Forschungsanstalt WSL, Birmensdorf. 92 S.

- , Wiedmer E. & Bieri G. 2001: Les cortinaires de l'aulne vert *(Alnus viridis)* considérés notamment sous l'angle des mesures sporales. Journal des Journées européennes du Cortinaire 3: 10–32.

Sesli E. & Vizzini A. 2017: Two new *Rhodocybe* species (sect. *Rufobrunnea, Entolomataceae*) from the East Black Sea coast of Turkey. Turkish Journal of Botany 41(2): 200–210. https://doi.org/10.3906/bot-1607-1

Sheldrake M. 2021: Verwobenes Leben. Wie Pilze unsere Welt formen und unsere Zukunft beeinflussen. Ullstein, Berlin. 443 S.

Silva-Filho A.G.S., Seger C. & Cortez V.G. 2019: *Panaeolus (Agaricales)* from Western Paraná state, South Brazil, with a description of a new species, *Panaeolus sylvaticus*. Edinburgh Journal of Botany 76(2): 1–13 https://doi.org/10.1017/S0960428619000064

Singer R. 1986: The Agaricales in Modern Taxonomy. 4th Edition. Koeltz Scientific Books, Königstein. 1069 S .

- 1947: Champignons de la Catalogne. Espèces observées en 1934. Collectanea Botanica (Barcelona) 1(3): 199–246. https://bibdigital.rjb.csic.es/idurl/1/11978

- 1939: Contribution à l'étude des Russules (1). 4. Quelques Russules américaines et asiatiques (suite). Bulletin trimestriel de la Société mycologique de France 55: 226–283.

- 1938: Contribution à l'étude des Russules (1). 3. Quelques Russules américaines et asiatiques. Bulletin trimestriel de la Société mycologique de France 54: 132–177.

- 1926: Monografie der Gattung *Russula*. Hedwigia 66: 163–260.

- & Hausknecht A. 1989: Beiträge zur Kenntnis der Pilze Mitteleuropas 5: 87.

Skrede I., Ballester Gonzalvo L., Mathiesen C. & Schumacher T. 2020: The genera *Helvella* and *Dissingia (Ascomycota: Pezizomycetes)* in Europe – Notes on species from Spain. Fungal Systematics and Evolution 6(1): 65–93. https://doi.org/10.3114/fuse.2020.06.05

- , Carlsen T. & Schumacher T. 2017: A synopsis of the saddle fungi *(Helvella: Ascomycota)* in Europe – species delimitation, taxonomy and typification. Persoonia 39: 201–253. https://doi.org/10.3767/persoonia.2017.39.09

Šlejkovec Z., Byrne A.R., Stijve T., Goessler W. & Irgolic K.J. 1997: Arsenic Compounds in Higher Fungi. Applied Organometallic Chemistry 11: 673–682. https://doi.org/10.1002/(SICI)1099-0739(199708)11:8<673::AID-AOC620>3.0.CO;2-1

Société Mycologique du Dauphiné, SMD38. *Pulvinula convexella* (P. Karst.) Pfister. 3 S. http://smd38.fr/documents/fiches_techniques/toutes_especes/Pulvinula%20convexella.pdf (Stand 9.6.2023)

Smith A.H. & Weber N.S. 1996: The Mushroom Hunter's Field Guide. 2nd reprint revised edition. University of Michigan Press & Thunder Bay Press. 316 S.

Smith H.V. 1945: The Genus *Limacella* in North America. In McCartey E.S. & Van der Schalie H.: Papers of the Michigan Academy of Science Arts and Letters. University of Michigan. Volume 30: 125–159.

Solheim H., Torp T.B., Hietala A.M. 2013: Characterization of the ascomycetes *Therrya fuckelii* and *T. pini* fruiting on Scots pine branches in Nordic countries. Mycological Progress 12: 37–44. https://doi.org/10.1007/s11557-012-0813-2

Spatafora J.W., Chang Y., Benny G.L., Lazarus K., Smith M.E., Berbee M.L., Bonito G., Corradi N., Gigoriev I., Gryganskyi A., James T.Y., O'Donnell K., Roberson R.W., Taylor T.N., Uehling J., Vilgalys R., White M.M. & Stajich J.E. 2016: A phylum-level phylogenetic classification of zygomycete fungi based on genome-scale data. Mycologia 108(5): 1028–1046. https://doi.org/10.3852/16-042

Spirin V., Malysheva V., Yurkov A., Miettinen O. & Larsson K.-H. 2018: Studies in the *Phaeotremella foliacea* group *(Tremellomycetes, Basidiomycota)*. Mycological Progress 17: 451–466. https://doi.org/10.1007/s11557-017-1371-4

Spooner B. 2002: The larger cup fungi in Britain – part 4: *Sarcoscyphaceae* and *Sarcosomataceae*. Field Mycology 3(1): 9–14. https://doi.org/10.1016/S1468-1641(10)60122-3

Stadler M., Læssøe T., Fournier J., Decock C., Schmieschek B., Tichy H.-V. & Peršoh D. 2014: A polyphasic taxonomy of *Daldinia (Xylariaceae)*. Studies in Mycology 77: 1–143.

- , Wollweber H. & Fournier J. 2004: A host-specific species of *Hypoxylon* from France, and notes on the chemotaxonomy of the «*Hypoxylon rubiginosum* complex». Mycotaxon 90(1): 187–211.

Stahl H.-J. 2012: Lesehilfe zu den Autorenzitaten in lateinischen Pilznamen. https://www.pilzforum.eu/attachment/70669-lesehilfe-zu-autorenzitaten-stahl-pilzfreunde-mainfranken-rundbrief-12-2012-pdf/ (Stand 9.6.2023)

Stangl J. 1989: Die Gattung *Inocybe* in Bayern. Hoppea 46. 401 S.

- 1985b: *Inocybe xanthodisca* Kühner 1955 ist *Inocybe posterula* (Britz. 1883) Saccardo 1887. Zeitschrift für Mykologie 51(2): 251–256.

- 1985a: Einiges über Rißpilze, die seltener oder selten zu finden sind. Neue Erkenntnisse in der Pilzkunde 40: 35–39.

- 1979: Die eckigsporigen Risspilze (4). Zeitschrift für Mykologie 45(2): 145–162.

- 1977: Die eckigsporigen Risspilze (3). Zeitschrift für Pilzkunde 43(2): 131–144.

- 1976: Die eckigsporigen Risspilze (2). Zeitschrift für Pilzkunde 42(A): 15–32.

- 1975: Die eckigsporigen Risspilze (1). Zeitschrift für Pilzkunde 41(1–2): 65–80.

- & Kuyper T.W. 1985: Neue und seltene Risspilzarten in der Bundesrepublik Deutschland. Zeitschrift für Mykologie 51(2): 257–267.

- & Glowinski H. 1981: Zwei neue Arten *Inocybe* aus dem Ostsee-Raum. Karstenia 21: 26–30. https://doi.org/10.29203/ka.1981.200

Stuntz D.E. 1947: Studies in the genus *Inocybe;* new and noteworthy species from Washington. Mycologia 39(1): 21–55.

Suková M. 2005: A revision of selected material of lignicolous *Lachnum* species from the Czech Republic with a note on graminicolous material of the *Lachnum pygmaeum* complex. Czech Mycology 57(3–4): 183–219.

Šutara J., Janda V., Kříž M., Graca M. & Kolařík M. 2014: Contribution of the study of genus *Boletus*, section *Appendiculati*: *Boletus roseogriseus* sp. nov. and neotypification of *Boletus fuscoroseus* Smotl. Czech Mycology 66(1): 1–37.

Svrček M. 1974: New or less known Discomycetes. I. Česká Mykologie 28(3): 129–137.

- 1966: *Agaricales* aus Böhmen. 2. Česká Mycologie 20: 141–150.

Tamm H., Põldmaa K. & Kullman B. 2010: Phylogenetic relationships in genus *Geopora (Pyronemataceae, Pezizales)*. Mycological Progress 9: 509–522. https://doi.org/10.1007/s11557-010-0659-4

Tanchaud P. 2020: *Rustroemia calopus* (Fr.) Rehm. Champignons de Charente-Maritime, Charente et Deux-Sèvres. 3 S. https://www.mycocharentes.fr/ (Stand 9.6.2023)

Taşkin H., Doğan H.H., Büyükalaca S., Clowez P., Moreau P.-A. & O'Donnell K. 2016: Four new morel *(Morchella)* species in the elata subclade (*M.* sect. *Distantes*) from Turkey. Mycotaxon 131(2): 467–482. http://doi.org/10.5248/131.467

Taylor A.F.S., Hills A.E., Simonini G., Both E.E. & Eberhardt U. 2006: Detection of species within the *Xerocomus subtomentosus* complex in Europe using rDNA-ITS sequences. Mycological Reserach 110(3): 276–287. http://doi.org/10.1016/j.mycres.2005.11.013

Tedersoo L. & Matthew E.S. 2013: Lineages of ectomycorrhizal fungi revisited: Foraging strategies and novel lineages revealed by sequences from belowground. Fungal biology reviews 27(3–4): 83–99. https://doi.org/10.1016/j.fbr.2013.09.001

Tena Lahoz R. 2009: Aproximación al Género Scutellinia. Boletín Extraordinario del Grupo Micológico Caesaraugusta 3 y 4: 67–76.

Thompson P.I. 2013: Ascomycetes in Colour. Found and Photographed in Mainland Britain. Xlibris Corporation. 367 S.

Tóth A., Hausknecht A., Krisai-Greilhuber I., Papp T., Vágvölgyi C. & Nagy L.G. 2013: Iteratively Refined Guide Trees Help Improving Alignment and Phylogenetic Inference in the Mushroom Family *Bolbitiaceae*. PLoS ONE 8(2): e56143. https://doi.org/10.1371/journal.pone.0056143

Tulloss R.E., Kuyper T.W., Vellinga E.C., Yang, L.Z., Halling R.E., Geml J., Sànchez-Ramírez S., Gonçalves S.C., Hess J. & Pringle A. 2016: The genus *Amanita* should not be split. *Amanitaceae* 1(3): 1–16. www.amanitaceaethejournal.org (Stand 9.6.2023)

Turland N.J., Wiersema J.H., Barrie F.R., Greuter W., Hawksworth D.L., Herendeen P.S., Knapp S., Kusber W.-H., Li, D.-Z., Marhold K., May T.W., McNeill J., Monro A.M., Prado J., Price M.J. & Smith G.F. 2018: International Code of Nomenclature for algae, fungi, and plants (Shenzhen Code) adopted by the Nineteenth International Botanical Congress Shenzhen, China, July 2017. Regnum Vegetabile 159. Glashütten: Koeltz Botanical Books.
https://doi.org/10.12705/Code.2018

Ubillos Gonzáles J. 2020: *Clavulina amethystina*. fichas micológicas.
https://www.fichasmicologicas.com/?micos=1&alf=C&art=1460 (Stand 10.6.2023)

Urben M. 2018: Der Brennende Stacheling, *Sarcodon fuligineo-violaceus*. Pilzporträt 5. Schweizerische Zeitschrift für Pilzkunde 96(3): 6–8.

- 2015: Schneebecherlinge. Schweizerische Zeitschrift für Pilzkunde 93(2): 4–9.

Uzun Y., Karacan I.H., Yakar S. & Kaya A. 2018: New bryophillic *Pyronemataceae* records for Turkish *Pezizales* from Gaziantep province. Anatolian Journal of Botany 2(1): 28–38.
http://doi.org/10.30616/ajb.379549

- , Kaya A., Karacan I.H., Kaya Ö.F. & Yakar S. 2015: Macromycetes determined in Islahiye (Gaziantep/Turkey) district. Biological Diversity and Conservation 8(3): 209–217.

- , Acar I., Akçai M.E. & Akata I. 2014b: Additions to the Turkish Discomycetes. Turkish Journal of Botany 38(3): 617–622.
http://doi.org/10.3906/bot-1307-53

- , Acar I. & Akata I. 2014a: Notes on Turkish *Melanogaster*. Ot Sistematik Botanik Dergisi 21(2): 113–118.

Van de Putte K., Nuytinck J., De Crop E. & Verbeeken A. 2015: *Lactifluus volemus* in Europe: Three species in one – Revealed by a multilocus genealogical approach, Bayesian species delimitation and morphology. Fungal Biology 120(1): 1–25.
http://doi.org/10.1016/j.funbio.2015.08.015

Van Vooren N. 2021: Contribution à la connaissance des Pézizales *(Ascomycota)* en Auvergne-Rhône-Alpes: mise à jour des noms. Bulletin mycologique et botanique Dauphiné-Savoie 243: 17–24.

- 2020: Reinstatement of old taxa and publication of new genera for naming some lineages of the *Pezizaceae (Ascomycota)*. Ascomycete.org 12(4): 179–192.
http://doi.org/10.25664/ART-0305

- 2017b: Contribution à la connaissance des Pézizales *(Ascomycota)* en Auvergne-Rhône-Alpes – 3e partie. Cahiers de la FMBDS mycologie 5. 126 S.

- 2017a: Typification of *Gyromitra perlata*, type-species of the subgenus *Discina (Discinaceae)*. Ascomycete.org 9(2): 19–22.

- 2014c: Type-revision of *Lachnea velenovskyi*, a new species in the genus *Spooneromyces (Pezizales)*. Ascomycete.org 6(4): 89–92.
http://dx.doi.org/10.25664/art-0106

- 2014b: Contribution à la connaissance des Pézizales *(Ascomycota)* de Rhône-Alpes – 2e partie. Cahiers de la FMBDS mycologie 4. 172 S.

- 2014a: Contribution à la connaissance des Pézizales *(Ascomycota)* de Rhône-Alpes – 1re partie. Cahiers de la FMBDS mycologie 3. 148 S.

- 2013: *Wynnella silvicola (Helvellaceae)*: note de synthèse taxinomique et nomenclaturale. Ascomycete.org 5(5): 171–174.
http://dx.doi.org/10.25664/art-0091

- 2012d: Contribution à l'inventaire des *Pezizales (Fungi, Ascomycota)* du Lyonnais. 2e partie: taxinomie. Bulletin Mensuel de la Societe Linneenne de Lyon 81(9–10): 221–264.

- 2012c: Discomycètes rares ou remarquables récoltés en 2011 2e partie: *Helotiales*. Ascomycete.org 4(5): 109–118.

- 2012b: Discomycètes rares ou remarquables récoltés en 2011 1re partie: *Pezizales*. Ascomycete.org 4(3): 35–54.

- 2012a: *Helvella solitaria* and allies: interpretation and confusion.
http://www.ascofrance.com/forum/18785/helvella-solitaria-and-allies-interpretation-and-confusion (Stand 9.6.2023)

- 2011: Premiers signalements d'*Otidea caligata* (Nyl.) Sacc. *(Ascomycota, Pezizales)* en France. Ascomycete.org 3(4): 61–64.

- 2009 Rediscovery of «*Peziza aquatilis*» in the Lyonnais. Bulletin Mensuel de la Societe Linneenne de Lyon 78(1): 21–25.

- 2008: Key of the species of the genus *Otidea*. Version 0.1

- 2006: Ascomycètes, saison 2005. Bulletin mycologique et botanique Dauphiné-Savoie 183: 11–24.

- & Mauruc M.-J. 2020: Révision des types de Pézizomycètes publiés par J.-C. Donadini. Cahiers de la FMBDS mycologie 7. 102 S.

- & Carbone M. 2019: Preliminary phylogenetic and morphological studies in the *Gyromitra gigas* lineage *(Pezizales)*. 2. Typification of *Gyromitra fastigiata* and *Helvella grandis*. Ascomycete.org 11(3): 69–74.
https://doi.org/10.25664/art-0261

- & Carbone M. 2012: The genus *Otidea*. IV. *Otidea felina* and its interpretations. Ascomycete.org 4(2): 29–34.
http://dx.doi.org/10.25664/art-0063

- & Moreau P.-A. 2009g: Essai taxinomique sur le genre *Gyromitra* Fr. sensu lato *(Pezizales)*. 7. Taxons exclus, douteux ou insuffisamment connus. Ascomycete.org 1(4): 3–10.
http://doi.org/10.25664/art-0010

- & Moreau P.-A. 2009f: Essai taxinomique sur le genre *Gyromitra* Fr. sensu lato *(Pezizales)*. 6. Le genre *Pseudorhizina* Jacz. Ascomycete.org 1(3): 15–16.

- & Moreau P.-A. 2009e: Essai taxinomique sur le genre *Gyromitra* Fr. sensu lato *(Pezizales)*. 5. Le genre *Gyromitra* Fr., sous-genre *Melaleucoides*. Ascomycete.org 1(3): 11–13.

- & Moreau P.-A. 2009d: Essai taxinomique sur le genre *Gyromitra* Fr. sensu lato *(Pezizales)*. 4. Le genre *Gyromitra* Fr., sous-genre *Caroliniana*. Ascomycete.org 1(2): 15–20.

- & Moreau P.-A. 2009c: Essai taxinomique sur le genre *Gyromitra* Fr. sensu lato *(Pezizales)*. 3. Le genre *Gyromitra* Fr., sous-genre *Discina*. Ascomycete.org 1(2): 3–13.

- & Moreau P.-A. 2009b: Essai taxinomique sur le genre *Gyromitra* Fr. sensu lato *(Pezizales)*. 1. Le genre Gyromitra Fr., sous-genre *Gyromitra*. Ascomycete.org 1(1): 7–14.

- & Moreau P.-A. 2009a: Essai taxinomique sur le genre *Gyromitra* Fr. sensu lato *(Pezizales)*. 1. Introduction et systématique. Ascomycete.org 1(1): 3–6.

- & Mourgues Y. 2009: A propos du genre *Ramsbottomia* W.D. Buckley *(Ascomycota, Pezizales)*. Bulletin Semestriel de la Fédération des Associations Mycologiques Méditerranéennes 36(2): 27–38.

- & Audibert C. 2006: Révision du complexe «*Cordyceps sphecocephala*». 2e partie: les mouches végétale. Bulletin Mensuel de la Société Linnéenne de Lyon 75(5): 225–237.
https://doi.org/10.3406/linly.2006.13629

- , Dougoud R., Moyne G., Vega M., Carbone M. & Perić B. 2021d: Tour d'horizon des pézizes violettes *(Pezizaceae)* présentes en Europe. 3e partie: le genre *Geoscypha*. Ascomycete.org 13(5): 197–212.
https://doi.org/10.25664/ART-0337

- , Dougoud R., Moyne G., Vega M., Carbone M. & Perić B. 2021c: Tour d'horizon des pézizes violettes *(Pezizaceae)* présentes en Europe. 2e partie: le genre *Phylloscypha*. Ascomycete.org 13(3): 107–116.
https://doi.org/10.25664/art-0325

- , Dougoud R., Moyne G., Vega M., Carbone M. & Perić B. 2021b: Tour d'horizon des pézizes violettes *(Pezizaceae)* présentes en Europe. 1re partie: introduction, systématique et clé des genres. Ascomycete.org 13(3): 102–106.
https://doi.org/10.25664/art-0325

- , Valencia López F.J., Carbone M., Lindemann U., Vega M. & Valade F. 2021a: Exploring the European *Trichophaea*-like discomycetes (*Pezizales*) using morphological, ecological and molecular data. Part 2. Ascomycete.org 13(1): 5–48.
https://doi.org/10.25664/art-0315

- , Carbone M., Sammut C. & Gruppe A.C. 2019b: Preliminary notes on the genus *Tarzetta (Pezizales)* with typifications of some species and description of six new species. Ascomycete.org 11(6): 309–334.
http://dx.doi.org/10.25664/art-0288

- , Lindemann U. & Healy R. 2019a: Emendation of the genus *Tricharina (Pezizales)* based on phylogenetic, morphological and ecological data. Part 2. Ascomycete.org 11(5): 145–169.
http://dx.doi.org/10.25664/art-0268

- , Stöckli E. & Moyne G. 2017b: *Peziza tarembergensis* sp. nov. *(Pezizales)*, une pézize urophile nouvelle. Ascomycete.org 9(7): 259–265.

- , Lindemann U. & Healy R. 2017a: Emendation of the genus *Tricharina (Pezizales)* based on phylogenetic, morphological and ecological data. Ascomycete.org 9(4): 101–123.

Vasileyeva L.N. & Scheuer C. 1996: Neuere Aufsammlungen stromatischer Pyrenomyceten aus Österreich, insbesondere der Steiermark. Mitteilungen des Naturwissenschaftlichen Vereines fur Steiermark 126: 61–82.

Vaurus J. & Larsson E. 2016: *Inocybe baltica* and *I. suecica*, two new smoothspored species from the Baltic Sea region. Karstenia 56(1–2): 13–26.
https://doi.org/10.29203/ka.2016.472

Vega M., Janošík L., Sochorová Z., Martínez-Gil R. & Eckstein J. 2019: *Lamprospora densireticulata* sp. nov., *L. dictydiola* and *L. carbonicola (Pyronemataceae, Pezizales)* – three very similar species from very different hosts and habitats. Mycological Progress 18: 1013–1026.
https://doi.org/10.1007/s11557-019-01505-2

Velenovsky J. 1934: Monographia Discomycetum Bohemiae 1. Pragae. 436 S.

- 1920: České Houby. Díl 1. Nákladem «České Botanické společnosti». 950 S.

Vellinga E.C. 2003: Type Studies in *Agaricaceae – Chlorophyllum rachodes* an allies. Mycotaxon LXXXV: 259–270.

- & Pennycook, S.R. 2010: (1927) Proposal to conserve the name *Agaricus rachodes (Basidiomycota)* with that spelling. Taxon 59(2): 644. https://doi.org/10.1002/tax.592034

- & Huijser H.A. 1998: Notes on *Cystolepiota:* Sections *Cystolepiota* and *Pulverolepiota*. Persoonia 16(4): 513–526.

- , de Kok R.P.J. & Bruns T.D. 2003: Phylogeny and taxonomy of *Macrolepiota (Agaricaceae)*. Mycologia 95(3):442–456. https://doi.org/10.2307/3761886

Venturella G., Gargano M.L. & Compagno R. 2015: The genus *Pleurotus* in Italy. Flora Mediterranea 25 (Special Issue): 143–156. https://doi.org/10.7320/FlMedit25SI.143

- , Zervakis G. & La Rocca S. 2000: *Pleurotus eryngii* var. *elaeoselini* var. nov. from Sicily. Mycotaxon 76: 419–427

Verbeken M., Nuytinck J. & Noordeloos M.E. 2018: Flora Agaricina Neerlandica 7: *Russulales*. Candusso Editrice, Orrigio. 226–355.

Vesterholt J. 2018b: *Meottymyces* Vizzini. In: Knudsen H. & Vesterholt J. (Eds.): Funga Nordica. Agaricoid, boletoid, clavarioid, cyphelloid and gastroid genera. 2. Auflage. Nordsvamp, Kopenhagen: 948.

- 2018a: *Hebeloma* (Fr.) P.Kumm. In: Knudsen H. & Vesterholt J. (Eds.): Funga Nordica. Agaricoid, boletoid, clavarioid, cyphelloid and gastroid genera. 2. Auflage. Nordsvamp, Kopenhagen: 903–916.

- 2005: The genus *Hebeloma*. Fungi of Northern Europe Vol. 3. 150 S.

- 1989: A revision of *Hebeloma* sect. *Indusiata* in the Nordic countries. Nordic Journal of Botany 9(3): 289–319. https://doi.org/10.1111/j.1756-1051.1989.tb01004.x

- & Rald E. 2018: *Flammulaster* Earle. In: Knudsen H. & Vesterholt J. (Eds.): Funga Nordica. Agaricoid, boletoid, clavarioid, cyphelloid and gastroid genera. 2. Auflage. Nordsvamp, Kopenhagen: 970–973.

Vidal J.M. 2004: *Arcangeliella borziana* and *A. stephensii,* two gasteroid fungi often mistaken: A taxonomic revision of *Lactarius*-related sequestrate fungi. Revista catalana de Micologia 26: 59–82.

- , Alvarado P., Loizides M., Konstantinidis G., Chachula P., Mleczko P., Moreno G., Vizzini A., Krakhmalnyi M., Paz A., Cabero J., Kaounas V., Slavova M., Moreno-Arroyo B. & Llistosella J. 2019: A phylogenetic and taxonomic revision of sequestrate *Russulaceae* in Mediterranean and temperate Europe. Persoonia 42: 127–185. https://doi.org/10.3767/persoonia.2019.42.06

- , Vila J., García F. & Pérez-Jarauta T. 1997: Algunos hongos hipogeos de Castilla-León (España): Youngiomyces multiplex y *Genea thaxteri,* primeras citas para Europa. Revista Catalana de Micologia 20: 85–98.

Vila J., Carbó J., Caballero F., Català S., Llimona X. & Noordeloos M. 2013: A first approach to the study of the genus *Entoloma* subgenus *Nolanea* s.l. using molecular and morphological data. Fungi non delineati 66: 3–62.

Vittadini C. 1835: Descrizione dei funghi mangerecci più comuni dell'Italia e de' velenosi che possono co medesimi confonderse. 364 S. https://doi.org/10.5962/bhl.title.63260

Vizzini A., Cingarlini C., Sartori D., Maraia G.L., Setti L., Poumarat S., Kudzma L. & Dovana F. 2020b: Assessing the taxonomic status of *Amanita citrina* var. *intermedia (Basidiomycota, Agaricales)*. Phytotaxa 440(1): 55–68. https://doi.org/10.11646/phytotaxa.440.1.3

- , Consiglio G., Marchetti M. & Alvarado P. 2020a: Insights into the *Tricholomatineae (Agaricales, Agaricomycetes)*: a new arrangement of *Biannulariaceae* and *Callistosporium, Callistosporiaceae* fam. nov., *Xerophorus* stat. nov., and *Pleurocollybia* incorporated into *Callistosporium*. Fungal Diversity 101: 211–259. https://doi.org/10.1007/s13225-020-00441-x

- , Consiglio G. & Marchetti M. 2019b: *Mythicomycetaceae* fam. nov. *(Agaricineae, Agaricales)* for accommodating the genera *Mythicomyces* and *Stagnicola,* and *Simocybe* parvispora reconsidered. Fungal Systematics an Evolution 3: 41–56. http://doi.org/10.3114/fuse.2019.03.05

- , Picillo B., Perrone L. & Dovana F. 2019a: *Chrysomycena perplexa* gen. et sp. nov. *(Agaricales, Porotheleaceae)*, a new entity from the Lazio region. Revista Micologicy Romana, Bollettino dell'Associazione Micologica ed Ecologica Romana 107(2): 96–107.

- , Consiglio G., Ercole E. & Setti L. 2016: *Pseudoporpoloma,* a new genus for *Agaricus pes-caprae (Agaricales, Tricholomataceae)*. Phytotaxa 243(3): 271–280. http://doi.org/10.11646/phytotaxa.243.3.5

- , Angelini C. & Ercole E. 2015b: Molecular confirmation of *Gyroporus lacteus* and typification of *Boletus cyanescens*. Phytotaxa 226(1): 27–38. http://doi.org/10.11646/phytotaxa.226.1.3

- , Consiglio G., Setti L. and Ercole E. 2015a: *Calocybella,* a new genus for *Rugosomyces pudicus (Agaricales, Lyophyllaceae)* and emendation of the genus *Gerhardtia*. International Mycological Association Fungus 6(1): 1–11. http://doi.org/10.5598/imafungus.2015.06.01.01

- , Angelini C., Ercole E. 2014: Le sezioni *Velatae* e *Aporus* di *Agrocybe* sottogenere *Aporus*: rivalutazione del genere *Cyclocybe* Velen. ed un nuova specie. Revista Micologicy Romana, Bollettino dell'Associazione Micologica ed Ecologica Romana 92: 21–38. https://hdl.handle.net/2318/151924

- , Maggiora M.C., Tolaini F. & Ercole E. 2013c: A new cryptic species in the genus *Tubariomyces (Inocybaceae, Agaricales)*. Mycological Progress 12: 375–381. https://doi.org/10.1007/s11557-012-0843-9

- , Simonini G., Ercole E., Voyron S. 2013b: *Boletus mendax,* a new species of *Boletus* sect. Luridi from Italy and insights on the *B. luridus* complex. Mycological Progress 13(1): 95–109. http://doi.org/10.1007/s11557-013-0896-4

- , Picillo B., Ercole E., Voyron S. & Contu M. 2013a: Detecting the variability of *Hydnum ovoideisporum (Agaricomycetes, Cantharellales)* on the basis of Italian collections, and *H. magnorufescens* sp. nov. Mycosphere 4(1): 32–44. http://doi.org/10.5943/mycosphere/4/1/2

- , Ercole E. & Contu M. 2012: A contribution to the ITS-LSU phylogeny of the genus *Leucopaxillus* (/tricholomatoid clade, *Agaricales*), with three new genera and notes on *Porpoloma*. Mycosphere 3(1): 79–90. http://doi.org/10.5943/mycosphere/3/1/10

- , Para R., Fontenla R., Ghignone S. & Ercole E. 2011b: A preliminary ITS phylogeny of *Melanoleuca (Agaricales)*, with special reference to European taxa. Mycotaxon 118: 361–381. http://doi.org/10.5248/118.361

- , Contu M., Ghignone S. & Vellinga E. 2011a: A new volvate *Macrolepiota (Agaricomycetes, Agaricales)* from Italy, with observations on the *M. procera* complex. Mycotaxon 117: 149–164. https://doi.org/10.5248/117.149

- , Musumeci E. & Murat C. 2010: *Trichocybe,* a new genus for *Clitocybe puberula (Agaricomycetes, Agaricales)*. Fungal Diversity 42: 97–105. https://doi.org/10.1007/s13225-010-0030-8

- , Antonin V. & Noordeloos M.E. 2007: *Crinipellis pedemontana* sp. nov. *(Agaricomycetes)*, a new basidiomycete from Italy. Mycologia 99(5): 786–791. https://doi.org/10.3852/mycologia.99.5.786

Vlasák J. & Kout J. 2010: *Sarcoporia polyspora* and *Jahnoporus hirtus:* two rare polypores collected in South Bohemia, Czech Republic. Czech Mycology 61(2): 187–195. https://doi.org/10.33585/CMY.61209

Voglmayr H., Polhorský A., Halasů V. & Kirisits T. 2022: New species, combinations and records of *Thyronectria,* with a key to species. Mycological Progress 21: 257–278. https://doi.org/10.1007/s11557-021-01763-z

Voitk A., Saar I., Lebeuf R. & Kennedy P. 2020b: The *Pseudoomphalina kalchbrenneri* complex in North America. Botany 98(2): 91–101. https://doi.org/10.1139/cjb-2019-0011

- , Saar I., Lodge D. J., Boertmann D., Berch S.M. & Larsson E. 2020a: New species and reports of *Cuphophyllus* from northern North America compared with related Eurasian species. Mycologia 112(2): 438–452. https://doi.org/10.1080/00275514.2019.1703476

- , O'Donnell K., Beug M., Burzynski M. & Mann H. 2016b: Update: Our morels are named! Omphalina 7(2): 3–10.

- , Beug M., O'Donnell K. & Burzynski M. 2016a: Two new species of true morels from Newfoundland and Labrador: cosmopolitan *Morchella eohespera* and parochial *M. laurentiana*. Mycologia 108(1): 31–37. https://doi.org/10.3852/15-149

Voto P., Dovana F. & Garbelotto M. 2019: A revision of the genus *Psathyrella,* with a focus on subsection *Spadiceogriseae*. Fungal Systematics and Evolution 4(1): 97–170. https://doi.org/10.3114/fuse.2019.04.08

Vrålstad T., Jensen A.H. & Schumacher T. 1998: The postfire discomycete *Geopyxis carbonaria (Ascomycota)* is a biotrophic root associate with Norway spruce *(Picea abies)* in nature. Molecular Ecology 7(5): 609–616. https://doi.org/10.1046/j.1365-294x.1998.00365.x

Wagner I. 2023: asco-sonneberg. https://asco-sonneberg.de (Stand 10.6.2023)

Wanasinghe D.N., Hyde K.D., Jeewon R., Crous P.W., Wijayawardene N.N., Jones E.B.G., Bhat D.J., Phillips A.J.L., Groenewald J.Z., Dayarathne M.C., Phukhamsakda C., Thambugala K.M., Bulgakov T.S., Camporesi E., Gafforov Y.S., Mortimer P.E. & Karunarathna S.C. 2017: Phylogenetic revision of

Camarosporium (Pleosporineae, Dothideomycetes) and allied genera. Studies in Mycology 87(1): 207–256.
https://doi.org/10.1016/j.simyco.2017.08.001

Wang X.-H., Huhtinen S. & Hansen K. 2016: Multilocus phylogenetic and coalescent-based methods reveal dilemma in generic limits, cryptic species, and a prevalent intercontinental disjunct distribution in *Geopyxis (Pyronemataceae* s. l., *Pezizomycetes)*, Mycologia 108(6): 1189–1215.

Wang Y.-Z. & Chang J.-H. 2010: Newly Recorded *Pseudombrophila (Pyronemataceae)* Species in Taiwan. Taiwania 55(3): 328–330.
https://doi.org/10.6165/tai.2010.55(3).328

Wang Z., Binder M., Schoch C.L., Johnston P.R., Spatafora J.W. & Hibbet D.S. 2006: Evolution of helotialean fungi *(Leotiomycetes, Pezizomycotina)*: a nuclear rDNA phylogeny. Molecular Phylogenetics and Evolution 41(2): 295–312.
https://doi.org/10.1016/j.ympev.2006.05.031

Watling R. 1982: *Bolbitiaceae: Agrocybe, Bolbitius* and *Conocybe*. British Fungus Flora Agarics and Boleti 3. 139 S.

- & Gregory M. 1989: *Crepidotaceae, Pleurotaceae* and other pleurotoid agarics. British Fungus Flora, Agarics and Boleti 6. Royal Botanic Garen, Edinburgh. 157 S.

- , Kile G.A. & Gregory N.M. 1982: The genus *Armillaria*-Nomenclature, typification, the identity of *Armillaria mellea* and species differentiation. Transactions of the British Mycological Society 78(2): 271–285.
https://doi.org/10.1016/S0007-1536(82)80011-9

Wedin M., Zamora J.C. & Millanes A.M. 2016: *Phaeotremella foliacea* comb. nov. *(Tremellales, Tremellomycetes, Agaricomycotina)*. Mycosphere 7(3): 295–296.
https://doi.org/10.5943/mycosphere/7/3/4

Weiß M. & Oberwinkler F. 2001: Phylogenetic relationships in *Auriculariales* and related groups – hypotheses derived from nuclear ribosomal DNA sequences. Mycological Research 105 (4): 403–415.
https://doi.org/10.1017/S095375620100363X

Welt P. & Heine N. 2006: Beiträge zur Kenntnis coprophiler Pilze (1). Teil 1: Neue, seltene und sonstige Pilze auf Angusrind-Dung im Chemnitzer NSG «Um den Eibsee». Zeitschrift für Mykologie 72(1): 3–34.

- & Hahn C. 2005: Studien zur Gattung *Leccinum* (2). *Leccinum schistophilum,* Schiefer-Raustielröhrling *(Boletales, Boletaceae)* in Sachsen. Erstfund in Deutschland. Zeitschrift für Mykologie 72(1): 43–52.

Wendt L., Sir E.B., Kuhnert E., Heitkämper S., Lambert C., Hladki A.I., Romero A.I., Luangsa-ard J.J., Srikitikulchai P., Peršoh D. & Stadler M. 2017: Resurrection and emendation of the *Hypoxylaceae,* recognised from a multigene phylogeny of the *Xylariales.* Mycological Progress 17(1–2): 115–154.
https://doi.org/10.1007/s11557-017-1311-3

Wergen B. 2022: Über die nectrioiden Pilze Teil 3: *Stylonectria* Höhn. 1915. Südwestdeutsche Pilzrundschau 58(2): 15–30.

- 2017: Handbook of *Ascomycota*, Vol. Ib. *Pyrenomycetes* s. l. mit zweifach septierter bis mauerförmigen Sporen. www.wir-machen-druck.de. 521 S.

Wieschollek D. & Lindemann U. 2012: *Pseudombrophila bulbifera* (E. J. Durand in Hotson) Brumm. – ein selten nachgewiesener rundsporiger Dungbecherling. Zeitschrift für Mykologie 78(2): 203–209.

Wilhelm M. 2023: Seltene Arten. *Gerhardtia piperata* (A.H. Sm.) M. Bon.
https://www.pilze-basel.ch/seltene-arten (Stand 9.6.2023)

- 2015: Neue oder kritische Arten von Lamellenpilzen. Tintling 96(5): 53–61.

- 2011: Ein schöner, seltener Ascomycet: *Humaria solsequia* (Quél.) Van Vooren & Moyne. Ascomycete.org 3(1): 17–18.

- 2006: Flockenstiel-Helmling. Der Pilz des Monats 6. Schweizerische Zeitschrift für Pilzkunde 84(3): 98

- 2004: *Jahnoporus hirtus* (Cooke) Nuss, Brauner Haarstielporling. Der Pilz des Monats 12. Schweizerische Zeitschrift für Pilzkunde 82(6): 246–250.

- 2001: *Pluteus favrei* Antonin & Skubla. Fundmeldungen. Schweizerische Zeitschrift für Pilzkunde 79(3): 122–123.

Wilson K.L. & McNeill J. 2017: Report of the General Committee: 16. Taxon 66: 189–190.
https://doi.org/10.12705/661.15

Winkelmann M., Stangel W., Schedel I. & Grabensee B. 1986: Severe hemolysis caused by antibodies against the mushroom *Paxillus involutus* and its therapy by plasma exchange. Klinische Wochenschrift 64: 935–938.
https://doi.org/10.1007/BF01728620

Wollweber H. & Stadler M. 2001: Zur Kenntnis der Gattung *Daldinia* in Deutschland und Europa. Zeitschrift für Mykologie 67(1): 3–53.

Woltsche H., Senn-Irlet B. & Brunelli F. 2007: *Geastrum pouzarii* - der Böhmische Erdstern im Wallis. Schweizerische Zeitschrift für Pilzkunde 85(1): 2–6.

Wu G., Li Y.-C., Zhu X.-T., Zhao K., Han L.-H., Cui Y.-Y., Li F., Xu J.-P. & Yang Z.L. 2016: One hundred noteworthy boletes from China. Fungal Diversity 81: 25–188.
https://doi.org/10.1007/s13225-016-0375-8

Wuttke M. 2016: Steckbrief: Obstbaumkrebs *(Nectria galligena)*. Landesamt für Landwirtschaft, Lebensmittelsicherheit und Fischerei, Mecklenburg Vorpommern. 4 S.

Xu J., Yu X., Lu M., Hu J., Moodley O., Zhang C., Gong L. & Li Y. 2019: Phylogenetic Analyses of Some *Melanoleuca* Species *(Agaricales, Tricholomataceae)* in Northern China, With Descriptions of Two New Species and the Identification of Seven Species as a First Record. Frontiers in microbiology 10: 2167.
https://doi.org/10.3389/fmicb.2019.02167

Yacharoen S., Tian Q., Chomnunti P., Boonmee S., Chukeatirote E., Bhat J.D. & Hyde K.D. 2015: *Patellariaceae* revisited. Mycosphere 6(3): 290–326.
https://doi.org/10.5943/mycosphere/6/3/7

Yao Y.-J. & Spooner B.M. 2006: Species of *Sowerbyella* in the British Isles, with validation of *Pseudombrophila* sect. *Nannfeldtiella (Pezizales)*. Fungal Diversity 22: 267–279.

- & Spooner B.M. 2003: The occurrence of *Geopora arenosa* in the British Isles. Kew Bulletin 58(1): 247–252.
https://doi.org/10.2307/4119373

- & Spooner B.M. 2002: Notes on British species of *Tarzetta (Pezizales)*. Mycological Research 106(10): 1243–1246

- & Spooner B.M. 1996c: *Geopora sepulta (Pezizales)* in Britain, with a Key to British Species of the Genus. Kew Bulletin 51(2): 381–382.
https://doi.org/10.2307/4119336

- & Spooner B.M. 1996b: Notes on British species of *Pulvinula,* with two newly recorded species. Mycological Research 100(7): 883–884.
https://doi.org/10.1016/S0953-7562(96)80040-2

- & Spooner B.M. 1996a: Notes on British species of *Geopora*. Mycological Research 100(1): 72–74.
https://doi.org/10.1016/S0953-7562(96)80102-X

Yao Y.-J. and Spooner B.M. 2006: Species of *Sowerbyella* in the British Isles, with validation of *Pseudombrophila* sect. *Nannfeldtiella (Pezizales)*. Fungal Diversity 22: 267–279.

Yin X., Feng T., Shang J.-H., Zhao Y.-L., Wang F., Li Z.-H., Dong Z.-J., Luo X.-D. & Liu J.-K. 2014: Chemical and Toxicological Investigations of a Previously Unknown Poisonous European Mushroom *Tricholoma terreum*. Chemistry A European Journal 20: 1–10.
https://doi.org/10.1002/chem.201400226

Zang B.C. & Minter D.W. 1988: *Tuber himalayense* sp. nov. with notes on Himalayan truffles. Transactions of the British Mycological Society 91(4): 593–597.
https://doi.org/10.1016/S0007-1536(88)80032-9

Zang Y., He X., Baral H.-O., Qiao M., Weiß M., Liu B. Zhang K.-Q. & Yu Z. 2015: *Orbilia laevimarginata* sp. nov. and its asexual morph. Phytotaxa 203(3): 245–253.
http://dx.doi.org/10.11646/phytotaxa.203.3.3

Zeng H., Qi L, Ge Y. & Li Y. 2019: A new species of *Tubaria (Tubariaceae, Agaricales)* from northeast China. Phytotaxa 409(2): 93–100.
https://doi.org/10.11646/phytotaxa.409.2.5

Zervakis G.I., Venturella G. & Papadopoulou K. 2001: Genetic polymorphism and taxonomic infrastructure of the *Pleurotus eryngii* species complex as determined by RAPD analysis, isozyme profiles and ecomorphological characters. Microbiology 147(11): 3183–3194.
https://doi.org/10.1099/00221287-147-11-3183

Zhao C.-L., Chem H., He S.-H. & Dai Y.-C. 2016: *Radulotubus resupinatus* gen. et sp. nov. with a poroid hymenophore in *Pterulaceae (Agaricales, Basidiomycota)*. Nova Hedwigia 103(1–2): 265–278.
https://doi.org/10.1127/nova_hedwigia/2016/0350

Zheng H.-D. & Zhuang W.-Y. 2015: Four new species of *Crocicreas (Helotiales, Leotiomycetes)* from China. Ascomycete.org 7(6): 394–402.
https://doi.org/10.25664/art-0163

Zhong Z. & Pfister D.H. 2004: Phylogenetic relationships among species of *Leotia (Leotiales)* based on ITS and RPB2 sequences. Mycological Progress 3(3): 237–246.
https://doi.org/10.1007/s11557-006-0094-8

Zmitrovich I.V. & Kovalenko A.E. 2016: Lentinoid and Polyporoid Fungi, Two Generic Conglomerates Containing Important Medicinal Mushrooms in Molecular Perspective. International Journal of Medicinal Mushrooms 18(1): 23–38.
https://doi.org/10.1615/IntJMedMushrooms.v18.i1.40

Zmitrovich I.V., Bondartseva M.A. & Sidelnikova M.V. 2016: Noteworthy Polypores of Pushkin City near the Saint Petersburg (Russia), the Reserve of old growth Trees. 2. *Cerioporus varius* and *C. leptocephalus*. Podgorica, Agriculture & Forestry 62(4): 213–225.
https://doi.org/10.17707/AgricultForest.62.4.23

Index - deutsche Namen

A

B

C

D

E

F

G

I

J

K

M

P

Q

R

T

U

V

W

Y

Z

Index - wissenschaftliche Namen

A

B

C

D

E

F

G

H

I

J

K

M

N

O

P

Q

R

T

Gattungen

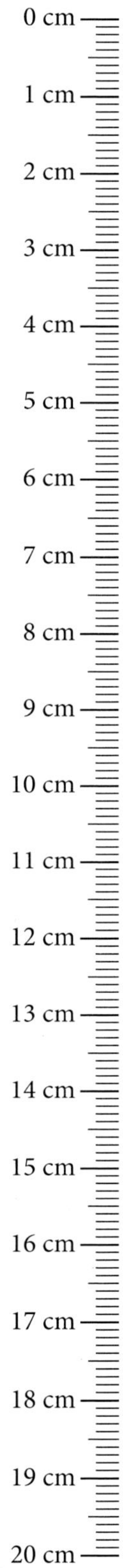
0 cm
1 cm
2 cm
3 cm
4 cm
5 cm
6 cm
7 cm
8 cm
9 cm
10 cm
11 cm
12 cm
13 cm
14 cm
15 cm
16 cm
17 cm
18 cm
19 cm
20 cm

3. Auflage: 2026

2. Auflage: 2024

1. Auflage: 2023

ISBN 978-3-258-08464-0

Gestaltung und Satz: Adrian Pabst, Gaby Keller, Rudolf Winkler, Zürich/Fehraltorf/Zürich

Illustrationen: Margrith Montalta Graf, Morissen

Mikrozeichnungen: aus PILZE DER SCHWEIZ, J. Breitenbach / F. Kränzlin, 1981–2005

Fachlektorat: Beatrice Senn-Irlet, Bolligen

Fotos Umschlag: Vorderseite: Petra und Werner Eimann, D-Kaarst-Driesch: *Mycena epipterygia;* Rückseite: Petra und Werner Eimann: *Gomphus clavatus* (Zeile 1, links), *Ampulloclitocybe clavipes* (Zeile 2, Mitte), *Suillellus luridus* (Zeile 2, rechts), *Lachnum virgineum* (Zeile 3, links), *Rhodotus palmatus* (Zeile 3, Mitte), *Artomyces pyxidatus* (Zeile 4), *Sarcoscypha austriaca* (Zeile 5). Max Danz, Attiswil: *Neofavolus alveolaris* (Zeile 1 Mitte), *Lactarius deliciosus* (Zeile 3, rechts). Rita Lüder, D-Neustadt: *Lycoperdon mammiforme* (Zeile 1, rechts). Karl Wehr, D-Krefeld: *Morchella vulgaris* (Zeile 2,links).

Wir drucken mit mineralölfreien Farben und verwenden FSC®-zertifiziertes Papier. FSC® sichert die Nutzung der Wälder gemäß sozialen, ökonomischen und ökologischen Kriterien.

Gedruckt in Slowenien

MIX
Papier | Fördert gute Waldnutzung
FSC® C106600

Diese Publikation ist in der Deutschen Nationalbibliografie verzeichnet.
Mehr Informationen dazu finden Sie unter http://dnb.dnb.de.

Der Haupt Verlag wird vom Bundesamt für Kultur für die Jahre 2021–2026 unterstützt.

Wir verlegen mit Freude und großem Engagement unsere Bücher. Daher freuen wir uns immer über Anregungen zum Programm. Falls Sie regelmäßig Informationen über die aktuellen Titel im Bereich Natur erhalten möchten, folgen Sie uns über Social Media oder bleiben Sie via Newsletter auf dem neuesten Stand.

Für Hinweise oder Fehlermeldungen zu diesem Buch wenden Sie sich bitte an die Autorin und den Autor unter mitteleuropa@pilze.ch.

Haupt Verlag AG
Falkenplatz 14
CH-3012 Bern
herstellung@haupt.ch
www.haupt.ch

Verantwortlich in der EU (GPSR):
Brockhaus Kommissionsgeschäft GmbH
Kreidlerstraße 9
DE-70806 Kornwestheim
haupt@brocom.de